U0366294

工程建设国家级工法汇编

（2009~2010年度）

第四分册

本书编委会　编

中国建筑工业出版社

目　录

第四分册

铁路T形简支梁现场预制循环流水生产线施工工法

GJEJGF253—2010

中铁十二局集团有限公司　中国土木工程集团有限公司
王立军　范军　王勇　王双卯　张金平

1. 前　　言

铁路T形简支梁现场预制循环流水生产线可以实现T形简支梁的工厂化、半自动化大规模批量生产。T形简支梁预制在国内外已经发展多年，施工技术非常成熟，无论是工厂制梁还是现场制梁，多年来一直采用传统的固定制梁台座生产方式，受无砟轨道双块式轨枕环形流水生产线的启发，借鉴相关行业工厂化、流水化、自动化生产经验，中铁十二局集团甘泉制梁场开始研究制梁循环流水生产线施工新方式，成功建设了世界上首条T梁预制循环流水生产线。根据该项技术研发的《铁路T形简支梁现场预制循环流水生产线施工技术》于2009年10月14日通过山西省科技厅成果鉴定，总体达到国际先进水平，获得了2009年度中国铁道建筑总公司科技进步一等奖与2009年度集团公司科技进步特等奖，形成的工法通过了2010年山西省省级工法鉴定，被评为2009年度山西省省级工法，并被评为2009～2010年度铁路建设工程部级工法与2009年度集团公司三级工法，该工法成功应用于包西铁路通道95座桥的T形梁预制，效益显著，推广前景十分广阔。

2. 工法特点

2.1　工厂化、流水化生产：通过动力系统牵引，所有工序集成在底模托架台车上按照制梁的顺序流水作业完成，始端输入原材料，循环中完善，终端输出产品。

2.2　施工方便，提高了工效，流水化生产环环相扣，车间内工人在固定区域进行固定的工作内容，专业化程度得以提升，开发了新型的劳务管理模式。

2.3　梁体在养护车间内恒温养护，在高纬度环境地区养护效果非常显著。

3. 适用范围

3.1　随着铁路建设的飞速发展，大标段成为必然，时速200km/h及以下的铁路，建设大规模T梁预制场成为现场制梁的主要方式，本工法适用于生产总量在1000片以上的所有T梁预制场。生产总量在1000片以下的T梁预制场，使用本工法时需调整生产线总长度、车间数及加强各个车间的功能共用性。

3.2　由于梁体生产的特殊性，使用本工法生产T梁时需注意，大风天气较多、温差较大地区需加强恒温养护后降温过程控制。

4. 工艺原理

制梁生产区共设计4条循环流水生产线，每2条线形成闭合双向循环，每条线分为9个生产车间13个台座，配置8套侧模、12套底模及托架台车。通过动力系统卷扬机的牵引，由专用的移动式底模托架台车在生产线轨道系统上完成各个制梁工序的不断往前推移，实现从原材料到半成品最后到成品梁的循环流水作业。

5. 施工工艺流程及操作要点

5.1 工艺流程

循环流水线制梁作业是将所有工序分解、排列、优化后再组合，所有工序全部集中在生产线的9个车间内进行作业，按工序作业顺序由底模作业车间、底腹板钢筋绑扎车间、模板安装车间、顶板钢筋绑扎车间、混凝土浇筑车间、养护车间、拆模车间、初张拉车间及横移车间组织作业生产。

工艺流程运转如图5.1所示

底模作业车间是负责底模就位，利用移梁机将闭合循环对面的底模吊移到生产线滚轮上，进行底模清理、反拱调整、涂刷脱模剂、安装支座板后，牵引底模拖架至底腹板钢筋绑扎车间。

底腹板钢筋绑扎车间完成梁体底腹板钢筋的原位梆扎，钢筋报检通过后牵引至模板安装车间。

模板安装车间完成端模、侧模及抽拔橡胶棒的安装，利用10t龙门吊安装端模及锚垫板，人工穿入橡胶棒，10t龙门吊安装侧模，安装检验完毕后牵引至顶板钢筋绑扎车间。

顶板钢筋绑扎车间完成桥面顶板钢筋的绑扎，调筋后报检通过牵引至混凝土浇筑车间。

混凝土浇筑车间完成梁体混凝土的入模及预留孔洞、断缝成型，同一生产线上的2片梁同时浇筑，拔除橡胶棒，拆除断缝板、横隔板、梳筋板后牵引相邻2片梁体至相临的养护车间养护。

养护车间完成梁体混凝土达到拆模强度前的自然养护，同条线的两个养护车间连接一个整体，用篷布、草帘、塑料布密封严实，保证棚内35～40℃的恒温养护效果，以快速增长混凝土强度，满足拆模及初张要求，加快模板循环。

拆模车间完成端模、侧模的拆除，达到强度后的梁体连同模板牵引到位后，在该车间进行模板拆卸作业，拆模采取“上顶下拉、同步平移”的方法，卸下整块钢模后，涂刷脱模剂，通过小龙门吊吊至对面相邻生产线进行安装，从而形成侧模的循环。

初张拉车间完成梁体的初次张拉，满足起吊移梁要求。

梁体横移车间完成梁体横移出生产线到存梁区及底模托架台车的调运，利用160t提梁机提至纵移区，再由2台80t龙门吊提吊到存梁区，待提梁机返回到生产线后，将整体底模托架提吊到对面生产线的滚轮上，本次的底模循环完成，进入另一次循环。

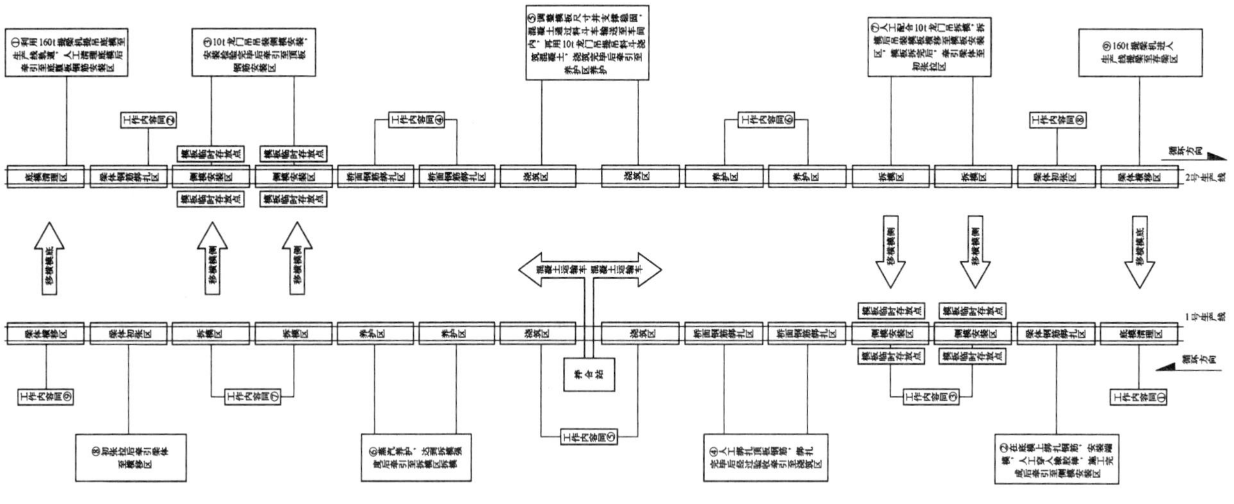

图5.1 T梁循环生产线工艺流程运转图

每条生产线共用一个牵引车间，每次每个台位前移40m后，回送主钢丝绳40m，再次牵引，依次将所有工序牵引前移，在横移车间，梁体预制完成，在存梁区内进行终张拉、压浆、封端、防水层、保护层等工序作业。

5.2 关键工序操作要点

5.2.1 循环流水生产线功能区高度集成

梁场流水生产线共设置4条，1号线与2号线、3号线与4号线分别组成环形流水作业，形成闭合循环。生产线与钢筋加工区、钢构件加工区、拌合站等配套车间平行设置，钢筋加工区对应于生产线绑扎区、拌合站对应于生产线浇筑区横向就近紧密设置。设置固定式养护通道，相对于传统分散式养护，解决了集中养护问题。

5.2.2 循环流水生产线轨道系统

流水线轨道系统分为重载区和轻载区，都采用轮轨式技术，由滚轮和基础两部分组成，重载区设计为整体条形基础，轻载区为两条条形基础，并在基础上均匀布置滚轮。生产线轨道系统断面图见图5.2.2-1。

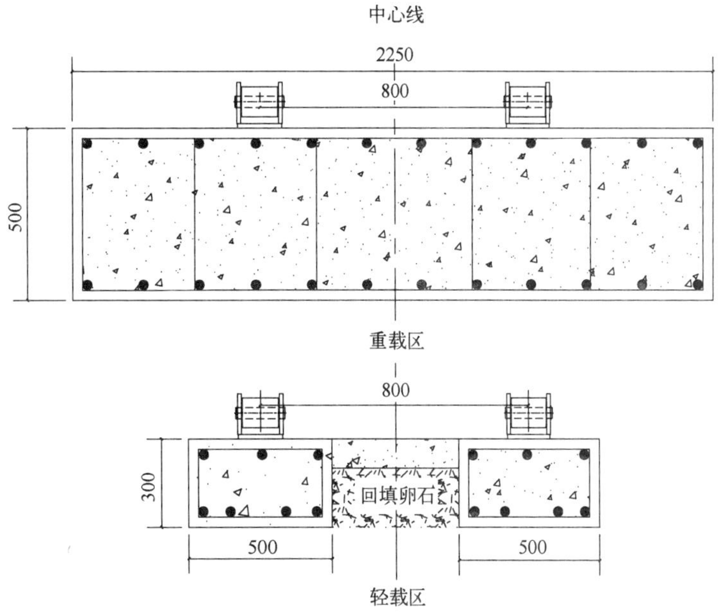

图5.2.2-1 循环流水生产线轨道系统断面图

滚轮加工设计为轮轴式结构，轴与轮的表面要进行热处理且硬度达到55HRC，轮与轴采用间隙配合、两者的配合间隙为0.008～0.02mm之间且表面光洁度要满足要求；轮两侧各凸起一个3mm高、13mm宽的凸台起导向作用；轴与支架间采用过盈配合，防止轴与支架间相互磨损；支架两侧挡板轴孔要同心，偏差不超过0.1mm，确保滚轮安装完成后轮顶面与支架底面平行，挡板要高出轮顶面2cm以防止侧滑，牵引时由轮与轴之间滚动完成台车纵移。滚轮构造图见图5.2.2-2。

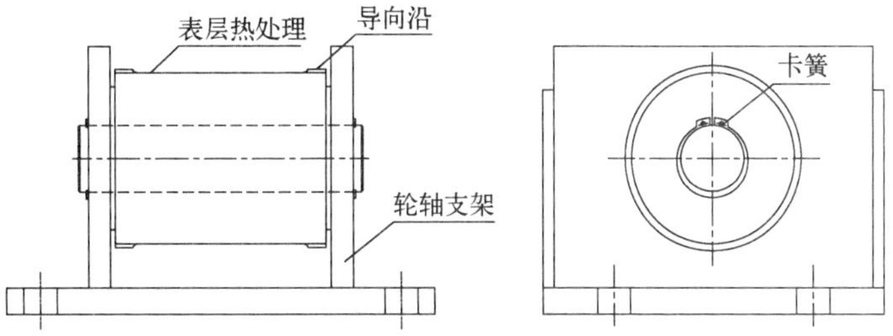

图5.2.2-2 滚轮构造图

滚轮安装采用栓接形式，内部填塞干硬砂浆由螺栓将其挤密，四周焊接钢板条进行加固，用电子测微水准仪（精度0.1mm）进行纵向高程测量，框式水平仪进行横向水平测量保证测量滚轮安装精准度，要求不大于1mm；为防止由于滚轮安装误差产生个别滚轮与钢轨不接触情况造成台车挠度过大出现偏向、变形等现象影响产品质量，滚轮布置设计为纵向间距1m。

5.2.3 循环流水生产线底模台车

底模托架台车是循环流水生产线预制T梁必要的工装载体，需要合格的刚度、强度及良好行走性能。台车共设计四道纵梁，纵梁间距为350mm，所用材料为16b号工字钢，纵梁与纵梁之间用小钢板连接，并在底部两侧纵梁加设滑移钢轨，保证了专用底模托架台车的良好的滑动性能。每隔1000mm设置一道横梁，横梁所处位置对应底模横担，横梁用1cm厚30cm宽的钢板，台车的两个端头均设置U形环挂钩，便于牵引时的连接。

底模托架台车经过计算，纵梁及横梁的强度、刚度、抗倾覆性均满足要求，在整体吊装时，最大挠度在允许弹性变形范围内，满足要求。

底模托架台车结构断面如图5.2.3所示。

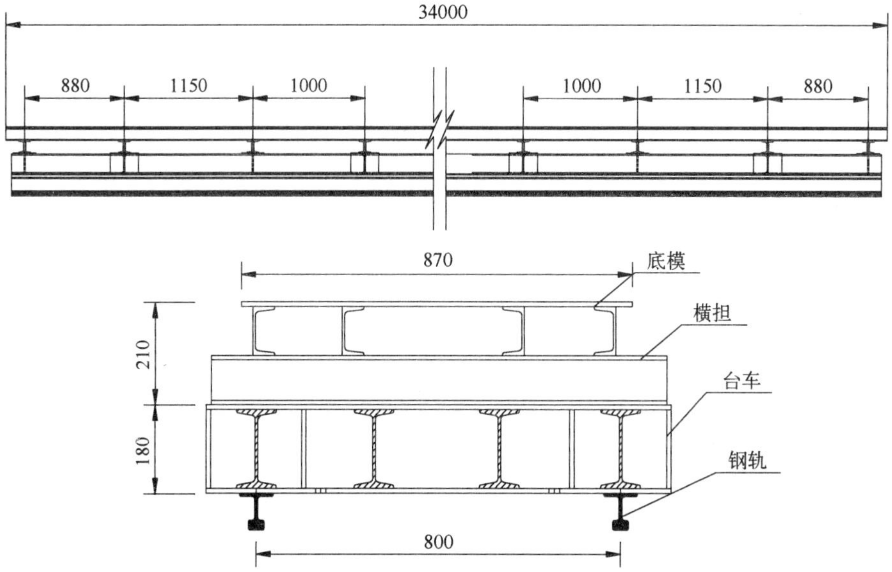

图5.2.3　底模托架台车断面图（单位：mm）

5.2.4　循环流水生产线牵引系统

生产线的动力系统由一台10t卷扬机和一台2t回送卷扬机组成，固定在生产线两端，采用单线往复式牵引，结构简单，操作方便，10t卷扬机用于牵引梁体，2t卷扬机用于回送钢丝绳，两台装置联动，使钢丝绳作往复运动，钢丝绳每40m设置一个牵引环，各个车间范围内采用分段牵引。在卷扬机前设置了滑轮组，增大牵引力，控制牵引速度，保证了梁体牵引过程的稳定性。牵引原理如图5.2.4所示。

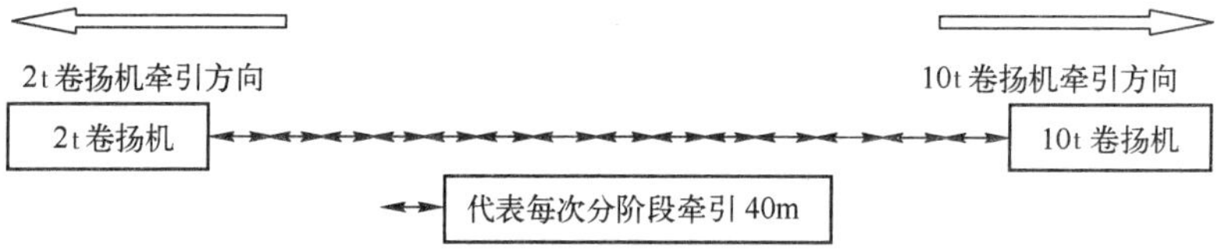

图5.2.4　牵引原理图

10t卷扬机将梁体往前牵引40m到位后，松开牵引卡环，用另一端的2t卷扬机回送主钢丝绳40m，再次用10t卷扬机牵引，依次将所有工序牵引前移。

5.3　生产线流水化生产组织要点

移动底模托架台车在各个车间之间平移，车间的功能有一定共用性，比如底模作业车间也可以绑扎梁体底腹板钢筋，底腹板钢筋绑扎车间也可以进行模板的安装及顶板钢筋的绑扎，在混凝土浇筑车间，所有的生产线都调整成两套底模托架台车同步移动，同条生产线上两片梁同时浇筑混凝土，同时进入养护车间养护，每16个小时每条生产线出梁2片。

同步推进、工序零接口：流水生产线按固定节拍进行循环。施工要特别防止某道工序对生产线造成拥堵，如果某一道工序未完成或者不合格，势必影响整条生产线的运转，所有的工序完成都必须准时化。工序组织者要合理安排工序衔接，工序完成后，及时牵引到下一车间进行后一道工序的施工，防止各工序之间停顿时间过长，牵引工作要有一定的提前量。同时组织下一道工序做好相关施工准备，保证流水线固定节拍的通畅运行生产，以防发生模板待立或钢筋待绑现象。

物流的准确性：生产流水线的特点决定厂内生产流水线的物流作业必须服从和服务于制梁工艺流程的需要，所以生产流水线的物流具有很强的配合性、动态性、集散性和均衡性。如果生产流水线上物流存在问题，必然会影响整个生产流水线的效率。比如钢筋的运输，由于钢筋运输工人惯性思维的影响，认为“这次多送点，下次便可少送点”，却未考虑生产流水线的节拍性和动态性，多送了钢筋占用了模板存放位置，影响生产线的畅通，增加了生产线的负担，少送了则导致钢筋绑扎无法正常施工，必须要保证配送的准时化、准确。

作业岗位的固定化：工人固定区域作业，专业化程度要求高，每一车间工人均固定作业，为保证工序的准时化、准确率，要求车间工人具有较高的技能水平，如工人频繁流动更换，势必影响生产线运转。

6. 材料与设备

6.1 材料

循环流水生产线预制T形梁所用的原材料与传统制梁方式相同，均需满足相关标准要求，主要材料见表6.1。

主要材料表 **表6.1**

序号	名　称	规格型号	主要技术指标
1	混凝土	C55、C50	抗冻 F≥200 电通量≤1000 库仑 抗渗≥P20 胶凝材料耐腐蚀系数 K≥1.0
2	钢　筋	Q235、HRB335	《热轧光圆钢筋》GB 1499.1-2007 《热轧带肋钢筋》GB 1499.2-2007
3	钢绞线	1×7-15.2-1860	《预应力混凝土用钢绞线》GB/T 5224-2003
4	压浆剂	M50	《铁路后张法预应力混凝土梁管道压浆技术条件》TB/T 3192-2008
5	防水卷材	L1.5 型	铁道部科技基[2007]56 号发布：《客运专线桥梁混凝土桥面防水层暂行技术条件（修订稿）》

6.2 设备

主要设备见表6.2。

主要设备表 **表6.2**

序号	名　称	规格型号	数量
1	滚 轮	ϕ100mm 自制	4500 个
2	专用底模托架台车	34m 长、自制	48 台
3	提梁机	QLM80/10+80-40A3	2 台
4	牵引卷扬机	10t	4 台
5	回送卷扬机	2t	4 台
6	主牵引绳	400m、ϕ28mm	4 条
7	回送牵引绳	200m、ϕ12mm	4 条
8	液压式张拉千斤顶	YCW300B-150	10 台
9	滑轮组	10t	4 套
10	静载试验架	32m	1 套

7. 质 量 控 制

7.1 T梁预制各工序工艺严格按《预制后张法预应力混凝土铁路桥T形简支梁技术条件》TB/T 3043-2005要求施工，并遵守相关铁路混凝土施工质量验收标准及耐久性规范。

7.2 轨道系统滚轮安装时，要求同条生产线上所有滚轮顶面高程误差小于1mm。

7.3 生产前对原材料进行严格检验，采用经检验合格的原材料；模板采用整体定型钢模，严格把好模板质量关，同时牵引前要检查模板的紧固性。

7.4 按设计图精确安放预埋件，同时设好保护层垫块，保证位置和几何尺寸准确无误。

7.5 成品梁检验符合《预应力混凝土铁路桥简支梁静载弯曲试验方法及评定标准》TB/T 2092-2003中相关的强度、刚度要求。

8. 安 全 措 施

根据T形简支梁现场预制循环流水生产施工工艺，安全措施主要体现在大型设备使用、用电安全及防火等方面。本工法除严格遵循《建筑机械使用安全技术规程》JGJ 6-86、《施工现场临时用电安全技术规范》JGJ 6-88的规定要求执行外，还在安全管理、技术及现场应急处理等方面采取了如下措施：

1. 针对模板、牵引、吊梁、移梁、预应力等重点工序，安排专职安全员旁站监督。

2. 循环流水生产线采用大型车间化作业，对大型机械，特别是起重设备、拌合站等操作司机专人专机，持证上岗。

3. 建立健全安全组织保证体系，落实安全责任考核制，把安全生产情况与每个人的经济利益挂钩，使安全生产处于良好状态。

4. 贯彻“安全第一，预防为主”的方针，坚持“安全为了生产，生产必须安全”的原则，做到思想保证、组织保证和技术保证，确保施工人身、设备的安全。

9. 环 保 措 施

环境保护是我国的一项基本国策，梁场与当地政府和环保部门联合协作，严格执行国家及地方有关环保法律法规，扎扎实实抓好环境保护工作，坚持“预防为主，综合防治，全面规划”原则，抓住本工程环保工作重点，有针对性地采取措施。

9.1 采用循环流水生产线施工，生产区高度集成，节约了大量的土地。

9.2 及早施作防护工程、排水工程，防止水土流失；工程完工后，及时进行现场彻底清理，并按设计要求处理。

9.3 对有害物质（如燃料、废料、垃圾等）要通过处理后运至指定地点，防止对人员造成损害。

9.4 临时工程、配套车间等统一规划，按施工环保的要求进行实施。严格在设计核准的用地界和经相关部门批准的临时用地范围内开展施工作业活动，用地使用完后必须恢复至原有的地形地貌或比原有更改善的状况。

9.5 对于施工中废弃的零碎配件，边角料、水泥袋、包装箱等设立清洁工班专门进行打扫，及时收集清理并搞好现场卫生，以保护自然环境与景观不受破坏。

10. 效 益 分 析

10.1 经济效益：初步测算，甘泉梁场共制梁4208片，按传统的制梁模式需要支付工费7313万元，循环流水生产线的制梁模式需支付工费用6450万元，节约费用863万元；循环流水生产线建场费用高，滚轮、底模托架台车等为固定资产周转使用材料，本次梁场建场摊销1390万元，传统模式建场费为1080万元，相比多支出310万元；在平移梁费用上，循环流水生产线模式相比传统模式节约费用55.5万元（已扣除机械摊销增加费用）；在养护费用上，循环流水生产线模式节约费用215万元；综合对比，采用工厂化循环流水线施工可累计节约资金823万元，通过分析和比较可看出实行循环流水线预制T形简支梁，经济效益显著。

10.2 节能效益：循环流水生产线生产区及制梁工序高度集成，运输距离短，倒置的轮轨式移动方式配合滑轮组牵引系统降低了牵引力，节约了动力，固定式恒温养护车间，提高了养护棚的密封性，降低了热能损失、水资源消耗，节能效益显著。

11. 应用实例

11.1 工程概况

中铁十二局集团甘泉制梁场承担着包西铁路通道（陕西段）BXS-2标段内95座桥，共4208片铁路预应力混凝土T形简支梁的预制任务，属特大型现场制梁场，任务重、工期紧，为按期完成施工任务，为后续工程施工创造条件，根据其多年的制梁经验，汲取高效率的生产流水化、工厂化理念，采用了循环流水生产线预制铁路T形简支梁的施工生产方案。

11.2 施工应用效果

2008年7月循环流水生产线建设完成并投入，预制的梁体内实外美，2008年10月22日顺利通过铁道部产品质量监督检验中心生产许可证实地核查认证，转入批量生产阶段，生产能力可达12片/日，截止2010年8月底，累计生产各类T梁4208片。在冬期施工、确保铺架方面，更是取得了优异成绩。

大跨度变截面栓焊结构钢管桁架拱肋加工制作工法

GJEJGF254—2010

中铁十三局集团第一工程有限公司　中国铁建股份有限公司
刘志　李志辉　刘宏宇　李长武　陶中原

1. 前　言

大跨度变截面栓焊结构钢管桁架拱肋加工制作是钢管桁架拱肋施工的关键技术。中铁十三局集团第一工程有限公司在总结沪蓉西高速公路支井河特大桥、浙江省象山县三门口跨海大桥、东莞水道特大桥等多座钢管混凝土拱桥钢管拱肋加工制作施工技术研究及成功实践的基础上形成本工法。本工法是针对具有结构复杂、管径大、板材厚、部件种类多、施工现场狭小等诸多特点的拱肋施工，宜选择在工厂内加工制作、厂内预拼、工地吊装的施工方案，不仅施工进度快，而且加工后的拱肋线形光滑圆顺，各项技术指标均符合设计和规范要求，将为主拱肋的顺利吊装提供保障，也能够为实现工程的总体目标工期打下坚实的基础。

2008年11月25日由吉林省科技厅组织专家对本工法关键技术进行了鉴定，认为加工制作大跨度变截面栓焊结构钢管桁架拱肋施工技术处于国际领先水平，具有广阔的推广应用前景。

2. 工 法 特 点

2.1　钢管拱肋采用栓焊结合工艺、变截面“5+1”拱肋整体卧拼技术，具有节能、节材、高效、安全等优势。

2.2　可提高大管径，厚板材钢管拱肋加工制造效率。

2.3　在充分保证施工质量前提下节约场地，形成流水作业，提高工作效率。

3. 适 用 范 围

本工法适用于大跨度栓焊结构变截面钢管桁架拱肋加工制作的拱桥加工，对相同类似结构工程可参照借鉴。

4. 工 艺 原 理

在工厂内设置胎架，按照工厂试验的焊接工艺完成拱肋桁片的制作后在胎架上进行节段制作。连续拱肋杆件完成后，通过单肋片组焊、弦管组焊接头法兰、节段组装，利用“栓焊结合”连接方式，“5+1”匹配制造完成全桥单拱肋的卧拼。

5. 施工工艺流程及操作要点

5.1　施工工艺流程（图 5.1）

5.2　操作要点

5.2.1　钢材进厂检验

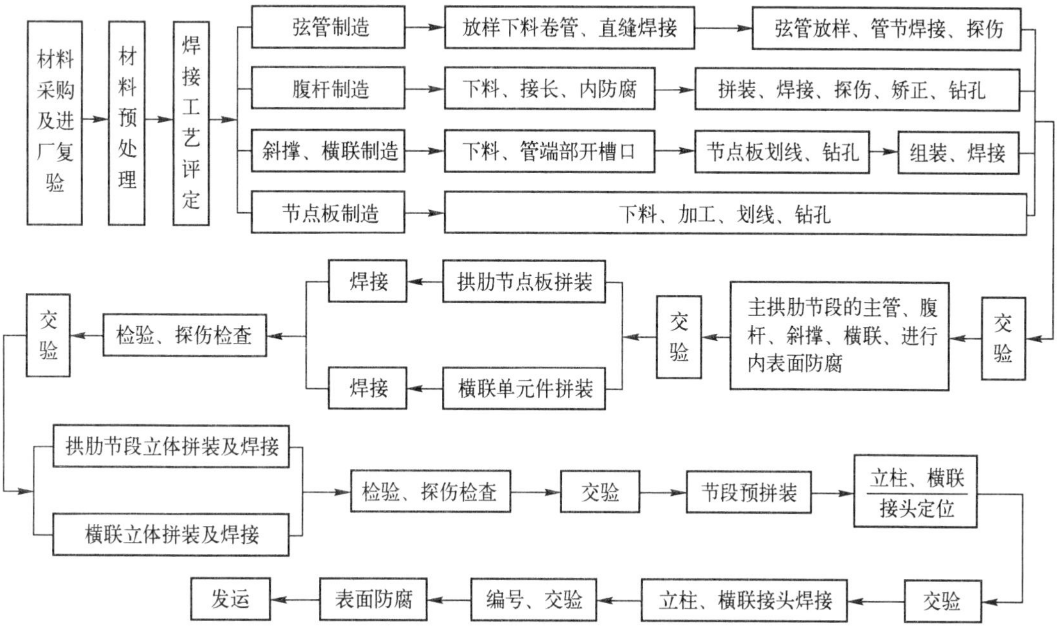

图5.1 工艺流程图

进厂钢材按照规定进行复验，复验结果应满足对钢材化学成分和机械性能的要求，合格后方可使用。

5.2.2 焊接工艺

根据设计要求，主拱各主要焊缝，均要求全熔透焊接，结合工厂的实际制造情况，采用埋弧自动焊、药皮焊条手工电弧焊和CO_2气体保护焊完成主拱的焊接工作。埋弧自动焊用于主弦管直环缝焊接、拱肋腹杆棱角焊缝的焊接和所有钢板接长的对接焊缝焊接。CO_2气体保护焊主要用于工厂内拱肋腹杆的棱角焊缝打底焊及制造时的平位和平角位的其他焊缝焊接。手工电弧焊用于工厂内的立、仰位置的焊缝焊接。

5.2.3 部件制作

按构件相似原理，拱肋部件制作分为弦管制造、腹杆制造、撑杆制造、节点板制造等4部分。在工厂内同时安排多条生产线分道作业，进行专业化生产，以保证构件质量和生产进度。

1. 弦管制造

1）单元管节制造

号料：

①下料按计算机放出的1∶1大样进行划线。包括下料切割线、管节接长的基准线（在两端打样冲眼），并用钢印在两端距端部及直缝边100mm位置打上管节编号。

②划线时要分清钢板的压延方向，使钢板压延方向与卷管方向一致。

③计算机放样时，相邻两管节直缝应错开180°，一节的直缝布置在顶部（使用状态下），其相邻管节则布置在底部，上弦管拱上立柱处尽量布置在下部。每根弦管两端管节，长度各预留30mm焊接收缩量。下料后长宽尺寸允许误差±2.0mm。

下料：

采用半自动气割机进行下料。下料后切口上不得产生裂纹，并不宜有大于1.0mm的缺棱，应清除边缘上的氧化物、熔瘤和飞溅物等。切口或坡口边缘上的缺棱，当其为1～3mm时，可用机械加工或修磨平整；当缺棱或沟槽超过3.0mm时则应用ϕ3.2mm以下的低氢型焊条补焊，并修磨平整。其他部件的下料要求与此相同。

加工焊接坡口：

采用半自动气割机加工焊接坡口。切割后用角磨砂轮机将坡口面及其侧边50mm范围内打磨光洁并清除锈斑、油污等脏物。单元管节焊接坡口型式如图5.2.3-1所示。

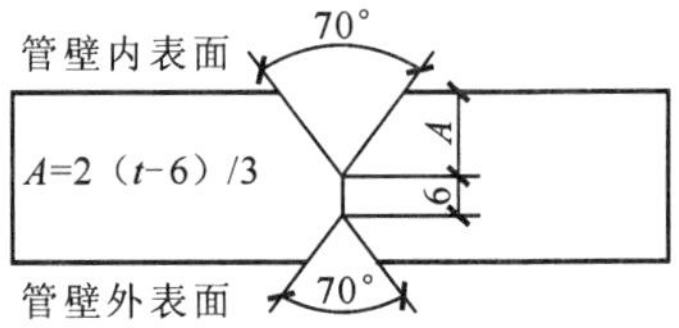

图5.2.3-1　弦管直缝、环缝坡口型式

卷管：

①采用三辊卷板机对钢板进行卷管加工，根据管径、板材厚度及卷板机性能，选择常温下卷制成型的冷卷工艺。

②卷管前，首先利用专用压模在压力机上将两端直缝边预压成型（引弧），如图5.2.3-2所示。然后再上卷板机卷管。

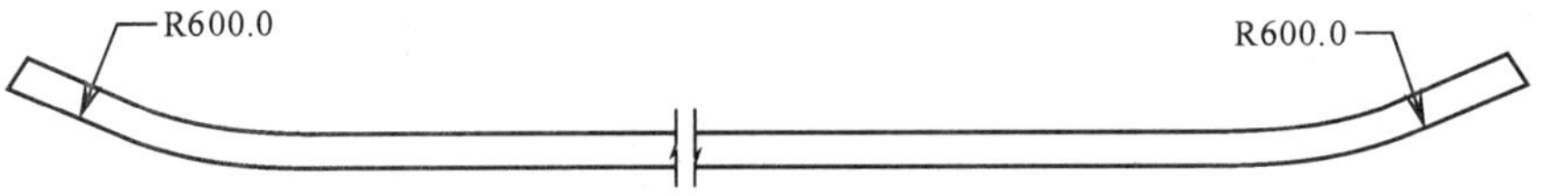

图5.2.3-2　弦管直缝边压型

③卷管时注意，管节接长基准线及管节编号标识所在的钢板面应是钢管的外表面。另外，钢板喂入角度应保证直缝边与卷板机辊轴平行。卷管直径允许误差为±2.4mm，直缝对接错边量不超过1.0mm。

④卷管时严格采用快速进给法和多次进给法，冷卷时，由于钢板的回弹，必须施加一定的过卷量，在达到所需的过卷量后，还应来回多卷几次。

⑤在管节直径较大的情况下，为防止钢板因自重而使已卷过的圆弧部分回直或被压扁，必须有吊车配合。

⑥在卷管过程中，应不断使用内圆样板检查钢板的弯曲度直至达标。

焊接纵缝：

①单元管节卷好后，按要求检查管径和直缝对接错边量允差，对局部超限的管节采用千斤顶、夹具、手拉葫芦等工具进行校正，合格后用手工焊点焊固定。

②采用埋弧自动焊焊接卷管直缝，先焊内侧，然后再清根焊外侧。

矫圆：

管节焊接后会发生变形，所以必须使用卷板机进行二次矫圆，以使管节外形尺寸达到工艺要求。矫正后管节端口失圆度不超过3.6mm。

2）组装节段弦管

当所有的单元管加工好后，下一步工作就是将单元管以折线对接连成所需要的节段弦管。在组装前，要将所有单元管的几何尺寸和焊接质量进行检查，合格后方可进行组装工作。所有组装工作均在专用的平台上进行。

放样：

在平台上放出节段弦管轴线大样，并依此轴线划出弦管轮廓线。对照轮廓线设置管节对接定位靠板。如图5.2.3-3所示。

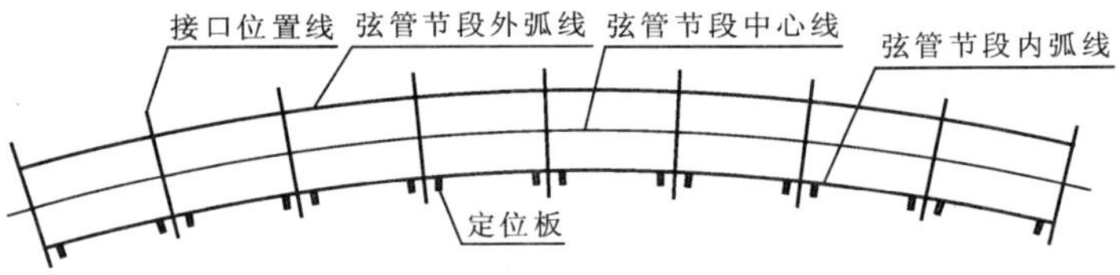

图5.2.3-3　弦管接长定位板设置示意图

组装单弦管：

每根管节的摆放位置和方向是惟一的，在组装时要严格根据管节编号进行排位，为了避免组装时出现错误，在摆放管节前，先在平台上标出每根管节的位置编号以及摆放方向（纵向），两者对照无误后才能摆放。

焊接环缝：

①采用手工定位焊对接各管节。焊缝厚度4～6mm，每段长度及间隔均为100～150mm，自动焊前，采用与定位焊相同的方法，将间隔补焊到与定位焊齐平。管节对接错边量不超过2mm。

②采用埋弧自动焊在专用的旋转胎具上进行环缝焊接。先焊接内侧，再清根焊外侧。将焊好的弦管放到平台大样上，检查其弧线精度，并对超差部位采用火焰矫正。矫正后实际弧线与设计弧线偏移

量不超过5mm。弦管节段制造完成后，用钢印在两端距端部及直焊缝100mm位置打上弦管编号。

3）制造要点

管节对接是进行单肋片和拱肋拼装的基础，其质量直接影响到拱肋的拼装质量。一要放出准确的单弦管对接大样，并经自检、互检和专检确定无误，大样是进行尺寸控制的基础；二要控制好焊接变形，如尺寸超差即采用火焰法进行矫正。

2. 腹杆制造

腹杆为截面尺寸为400mm×600mm的箱形结构，其盖板厚度16mm，腹板厚度18mm。

1）钢板接长

盖板和腹板尽量采用整板下料，在材料尺寸不满足要求时，允许接长，但不允许帮宽。最小接长长度不小于1000mm。钢板拼接均采用埋弧自动焊，焊后将焊缝余高磨平，拼接错边量不超过1.0mm。先接长，后进行切割下料。

2）号料及下料

按照施工详图放出腹杆盖、腹板及中间隔板的1∶1大样，划出下料切割线。为提高效率，采用多头直条切割机进行下料。下料宽度允差±2mm，盖板、腹板长度方向留30mm焊接收缩及修割余量。腹板的两侧边及中间隔板四周，每边留3～5mm机加工余量。

3）加工中间隔板、腹板边缘及坡口

用刨边机加工腹板边缘，用铣边机加工腹板坡口，坡口角度50°，钝边2mm。腹板两端各1000mm范围内宽度允差0～1mm，其余部位±2mm。用铣边机加工隔板四边，高、宽允差±1mm，对角线差不超过1mm。用机床对中间隔板、腹板边缘及坡口进行加工，能保证尺寸精度，确保组装质量。

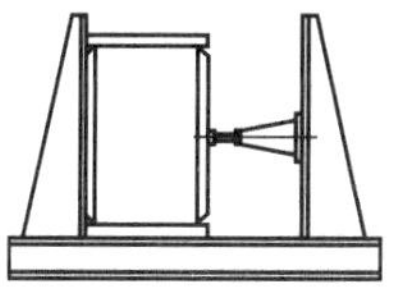

图5.2.3-4　腹杆组装胎架截面示意图

4）组装与焊接

①盖板、腹板内表面和隔板表面要按要求先进行内防腐，再进行组装。腹杆的组装在专用胎架内进行，如图5.2.3-4所示。先将一块盖板放入胎架内，然后按图纸划出隔板、腹板装配线，依次安装腹板、隔板和腹板。

②采用CO_2气体保护焊焊接隔板与腹板、盖板的连接焊缝。

③安装另一块盖板，并按图5.2.3-5所示顺序焊接4条棱角焊缝。棱角焊缝打底焊道（1，1′，2，2′）采用CO_2气体保护焊，盖面焊道（3，3′，4，4′）采用埋弧自动焊。

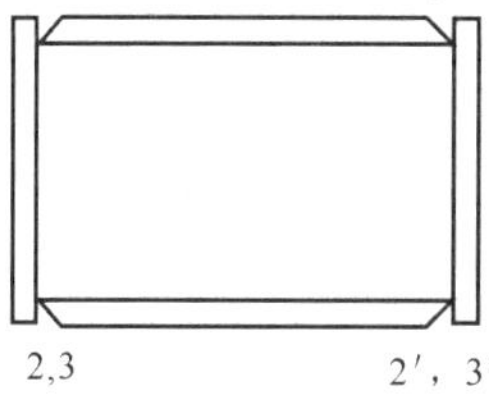

1（1′）、2（2′）为CO_2打底，3（3′）、4（4′）为埋弧焊盖面

图5.2.3-5　钢箱件棱角焊缝焊接次序示意图

5）矫正焊接变形

腹杆焊接成型后，对各部尺寸进行检测，对超差部位采用火焰法进行变形矫正。

6）钻连接螺栓孔

在刚性平台上放地样，将腹杆水平放在平台上，对地样划出两端孔群位置线。采用平面覆盖式模板，对线钻两端连接孔。

7）制造要点

防止腹杆焊后发生扭曲变形是腹杆制造的关键。为此须采取以下保证措施：一为保证组拼质量对腹板及中间隔板的边缘及坡口用刨边机和铣边机进行加工；二是严格按照焊接顺序进行施焊；三是焊后采用火焰法消除焊接应力并进行变形矫正。

3. 撑杆制造

撑杆钢管$\phi600\times16$mm，采用直缝焊接钢管，其制造及要求同拱肋弦管。斜撑$\phi402\times16$mm采用无缝钢管直接下料。

1）号料及下料

按照施工详图放出撑杆的1∶1大样，划出下料切割线。采用半自动气割机进行下料，长度允差±2mm。

2）加工焊接坡口

在平台上，划出两端坡口切割线，并采用半自动气割切割坡口。坡口根部宽度1～3 mm。切割后用砂轮打磨坡口，使之光洁，清除锈斑、油污等脏物。

3）卷管及焊接

利用专用压模，在压力机上将直缝边先压制成型，然后上卷板机卷管。采用埋弧自动焊焊接撑管直缝，先焊内侧，然后再清根焊外侧。对于需进行接长的撑杆，采用埋弧自动焊进行对接环缝的焊接，先焊接内侧，再清根焊外侧。

4）撑管矫正

撑管管节焊接完成后，应二次上卷板机进行矫正，矫正后管节端口失圆度不超过1.8mm。对接长的撑管应放到平台上，检查其弯曲度，并对超差部位采用火焰矫正。矫正后实际弯曲度，不超过3mm。

5）组焊节点板

先将同一端两节点板与填板及加劲板组焊成整体，填板与节点板间加1mm薄铁皮调整间隙，保证两节点板间距为正差2～3mm。加劲板与节点板的连接焊缝，非隐蔽部分留待工地安装焊接。撑管制造完成后，用钢印在两端距端部及直焊缝100mm位置打上编号。

6）制造要点

组焊两端节点板时，应严格控制好两端连接螺栓孔群的中心距精度。

4. 节点板制造

1）下料

本桥节点板数量大，形状尺寸各异，为保证精度提高效率，采用数控气割机下料，不留加工和修割余量。为保证钻孔质量，节点板螺栓孔采用数控钻床钻制。

2）钻孔

为减轻数控钻床工作量，提高工作效率，对相同型号的节点板，用数控钻床先钻1块，充当模板，再套钻其余节点板。每块模板，只可用于套钻1次。

3）制造要点

控制好节点板连接螺栓孔的位置精度是关键工序，为此采用数控钻床进行钻孔。先钻一块充当模板，再用其套钻其余节点板。每块模板，只能使用一次。

5.2.4 通过“5+1”整体卧拼进行单肋片的组装

1. 放样

单肋片组拼在刚性的平台上进行。按吊装节段施工图在平台上放出1∶1大样：上下弦管外缘轮廓控制线、拱肋中心线、腹杆中心线及拼装线、弦管对接线、横联撑杆的中心线。拱肋宽度加5mm的焊接收缩量。地样必须经自检、互检和专检，符合图纸尺寸要求后，用油漆标记，打上样冲眼。在平台上沿上弦管凸边轮廓线、下弦管凹边轮廓线、腹杆侧边轮廓线各设2个定位挡板，并在腹杆两端设置腹杆支承座。如图5.2.4-1所示。

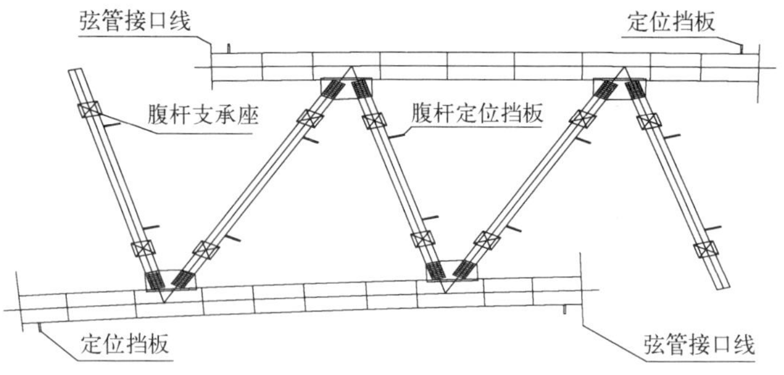

图5.2.4-1 拱肋肋片拼装定位示意图

2. 各部件就位

将上、下弦管分别吊上平台，对地样就位。上弦管控制上凸边轮廓线，下弦管控制下凹边轮廓线，允许偏移5mm，超出范围时用火焰进行矫正。将腹杆吊上平台，对地样就位，两端用支承座支撑，使其中心面与弦管中心在一个水平面内。

3. 安装腹杆节点板

先将下部的节点板栓在腹杆上，并用冲钉定位，接触面间垫1.0mm薄铁皮，然后对线将节点板与弦管点焊固定。当节点板与弦管间隙过大时，采用手工焊方法，先对节点板进行堆焊；节点板与弦管发生冲突时，采用气割的方法，对节点板进行修割。无论是堆焊还是修割，都须对坡口面进行修磨，使其表面光洁。再用相同的方法，组装上部的节点板。

焊接时先焊接节点板上侧坡口焊缝，应尽量使焊缝熔透，以减小背面清根量。焊接采用小线能量，多层多道焊。每焊接一道焊缝，须对焊道表面进行锤击处理。锤击后，焊道表面应有均匀的可见压痕。背面清根及封底焊，在拱肋试装完成，拆下腹杆后进行。

4. 安装横联节点板

横联节点板仅进行点焊固定。注意控制节点板孔群到肋片中心面的高度，和上、下弦管上的两个节点板的相对位置。同一节段中，只组装一个肋片上的节点板，另一个肋片上的节点板栓在横联上，在节段组拼时再进行定位。

5. 上下肋片合样

划出肋片两端弦管的切割线和距切割线100mm位置的切割检查线。切割线按相邻两节段弦管接口中心线确定，不考虑对接坡口的间隙要求，对接坡口在与相邻节段的肋片组装时进行修割。然后将肋片翻身，清根焊接另一面节点板坡口焊缝。按相同工艺组装另一侧单肋片，再将上下两肋片进行合样，检查并矫正使其几何尺寸在允差范围内。依此程序组装出全桥每个单肋片。

6. 单拱肋肋片"5+1"整体卧拼

相邻节段肋片以整体"5+1"单肋卧拼的形式进行合样，组焊节段接头法兰，确定出拱上立柱支座的中心位置。合样分三部分进行，次序分别为1号+2号+3号+4号+5号+6号，6号+7号+8号+9号+10号+11号，11号+12号+13号+14号+15号。

7. 制造要点

大样是进行结构尺寸控制的基础，放出准确的单肋片组拼大样后要经自检、互检和专检；要通过整体"5+1"拱肋卧拼技术对变截面拱肋线形进行控制；要控制好焊接变形，提前采取反变形措施，在拱肋宽度上加5mm的焊接收缩量；要对局部超差采用火焰进行校正。

5.2.5 拱肋预拼装

主拱肋各部件制作完毕后，即开始进行拱肋预拼装。拱肋节段厂内预拼的目的是检验大桥制造是否符合设计线形及尺寸要求，为工地吊装做好准备。

基本流程为：单肋片组焊→弦管组焊接头法兰→节段组装→拱肋拆开→节点板背面焊缝清根焊接→表面喷砂处理→表面喷铝处理→表面油漆→待装车发运。

1. 预拼平台

节段的预拼装必须在单肋片组焊合格后进行。为保证节段接头质量符合要求，肋片间横联撑杆、拱肋间横撑撑杆均能准确定位安装，须在专用的拼装平台上采用立式拼装。每组拼装4个节段（含8个拱肋节段，3道横向风撑），拼装台的长度和宽度要求，如图5.2.5–1所示。

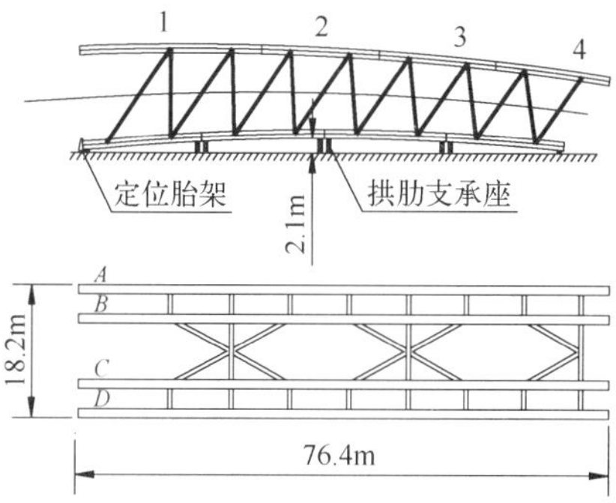

图5.2.5–1　拼装平台布置图

2. 预拼装顺序

节段预拼装工序为：1号+2号+3号+4号，4号+5号+6号+7号，7号+8号+9号+10号，10号+11号+12号+13号，13号+14号+15号。节段预拼顺序见图5.2.5-2。

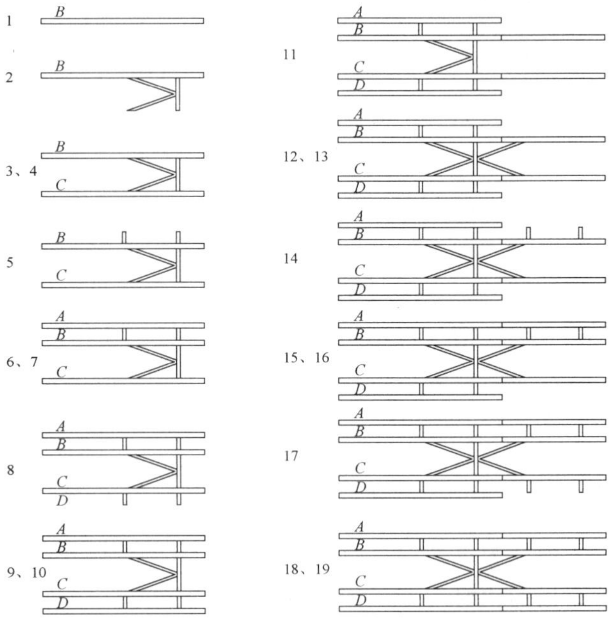

图5.2.5-2 预拼装顺序示意图

3. 预拼要点

1）拱脚段安装定位，以下弦管底端为基准。安装时下弦管底端基准面应进行精确测量、调整，确保4个基准面在同一个平面内，并且底部4个支撑点水平高度（h）相同。各支撑座基础应牢靠，应保证在拱肋重量作用下不下沉。如图5.2.5-3所示。

2）4号+5号+6号+7号，7号+8号+9号+10号，10号+11号+12号+13号，13号+14号+15号节段拼装时，作为基准的4号，7号，10号，13号节段B、C肋片间的横向风撑不可缺少，以保证AB和CD两拱肋相对位置正确。

3）每组拼装焊接完成后，对各个部件按规定进行编号标识，并对今后的安装基准（样冲眼）采用2mm铁皮点焊遮盖，以便工地安装时对号安装和测量。

4）拱肋预拼装后只对主弦管上的节点板进行焊接，其他焊缝在工地吊装时进行焊接。

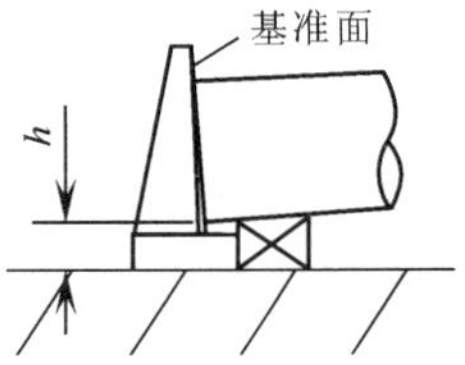

图5.2.5-3 拱脚定位基准

6. 材料与设备

6.1 主要材料

主要材料见表6.1。

主要材料表 表6.1

序号	名 称	型号、规格	单位	数量
1	Q345C钢材	16～35mm	t	5500
2	高强螺栓		t	45
3	铝丝	1070A（L1）ϕ2～ϕ3	t	14.5
4	油漆	环氧云铁及脂肪族聚氨漆	t	11.2

6.2 主要机具设备

主要机具设备见表6.2。

主要机具设备表 表6.2

序号	名 称	型号、规格	单位	数量
1	多头直条切割机	CG1-3000A	台	2
2	BCM等离子精密数控切割机	4m×18m	台	1
3	吸入式焊剂烘干机	YJJ-A-500	台	1
4	半自动CO_2气体保护焊机	NBC-400	台	22

续表

序号	名　称	型 号、规 格	单位	数 量
5	硅整流自动埋弧焊机	MZ-1-1000A	台	16
6	直流手弧焊机	GS-500SS	台	8
7	四柱万能液压机	YA32-500	台	1
8	桥式起重机	30t	台	2
9	龙门吊机	60t	台	1
10	卧式车床	C61125A	台	2
11	双工作台数控钻床	PD30	台	1
12	万向摇臂钻床	Z3732×8	台	8
13	双侧铣床	SX-20M	台	1
14	刨边机	B811-20A　12m	台	1
15	超声波探伤仪	CTS-2000	台	4
16	角焊缝磁粉探伤仪	DCT-C	台	1
17	测厚仪	LE—900	台	1
18	全站仪	徕卡 702	台	1
19	经纬仪	T2	台	1
20	冲击试验机	JB-300B	台	1

7. 质 量 控 制

7.1　质量标准

7.1.1　进厂钢材应符合设计文件要求和《低合金高强度结构钢》GB 1591的有关规定，除必须有材料质量证明书和合格证外，还应按《铁路钢桥制造规范》TB 10212-98的规定进行复验。

7.1.2　钢管拱肋的加工制作、焊接执行《公路桥涵施工及验收规范》JTJ 041-2000，全熔透焊缝按Ⅰ级验收。

7.1.3　拱肋制造精度要求：下料允差≤2mm；卷管直径允许误差为±2.4mm；直缝对接错边量≤1.0mm。管节对接错边量≤2mm。钢管棱角度≤1.5mm。

7.1.4　钢结构外表面采用电弧热喷铝长效防腐涂层。喷涂前，金属表面进行Sa3级喷砂处理。电弧喷铝1道，铝层厚度200±20μm；环氧云铁封闭漆1道，漆膜厚度20μm；环氧云铁中间漆1道，漆膜厚度60μm；红色脂肪族聚氨酯面漆2道，漆膜厚度50μm；

7.2　质量控制

7.2.1　所有的质量检验应由具有相应资质的单位进行。产品检验用仪器、工具及施工用的定扭扳手等，均应由相应资质的计量单位进行鉴定和标定。

7.2.2　加强对材料的管理与验收。所有的钢材、高强度螺栓、焊接材料和涂装材料，除了有生产厂家出具的产品质量合格证书外，使用前均应按生产的炉号或批号，根据其执行的相应的国家、行业进行材质复验。复验合格后才允许投入使用。材质复验的取样、送检和试验，应报请监理工程师旁站确认。

7.2.3　构件几何形状和尺寸的测量，应注意避免日照的影响。

7.2.4　加强质量控制，实行标准化作业，拱肋的加工从下料、卷管、破口、焊接到组样和预拼装，都要严格按照施工规范、技术标准操作，技术交底明确，配专职质检工程师，通过交接验、互验及监理检查认证后，才组拼和出厂，上道工序不达标，不允许进行下道工序的施工。

7.2.5 拱肋、撑杆、腹杆及节点板等钢结构均在工厂加工制作，所有钢管管节均采用直缝坡口焊，卷管方向与钢板压延方向一致，管节与构件制作标准及精度要求按照《公路桥涵施工及验收规范》JTJ 041-2000实施。

7.2.6 杆件焊接要严格执行施焊工艺，不得随意变更预定参数；施焊环境温度不应低于5℃，空气相对湿度不应高于80%。环境温度低于5℃时，应进行预热处理。相对湿度高于80%时，焊前应用烤枪对焊区进行烘烤除湿；焊前应清除焊接区的锈尘和油污。多道焊时应将前道熔渣清除干净，并经检查确认无裂纹等缺陷后再继续施焊；型接头的角焊缝和对接接头的平焊缝，两端应配置引弧板和引出板，其材质和坡口型式与被焊工件相同。

7.2.7 焊缝检测

1．外观检查

1）所有焊缝均须进行100%外观检查。焊缝外观质量要求成形美观、整齐，不得有裂纹、夹渣、焊瘤、未熔合、未填满弧坑等焊接缺陷。

2）所有角焊缝焊缝尺寸不低于设计要求，全熔透角焊缝，其焊缝外部焊脚尺寸为$t/2$（t为腹板板厚）但不大于10mm。

2．超声波探伤检查

1）超声波检查应在焊完24h后检查。检查等级符合《钢焊缝手工超声波探伤方法和探伤结果分级》GB 11345规定的B级要求。

2）所有钢板接长对接焊缝，钢管纵向和环向对接焊缝，接点板与弦管连接的全熔透角焊缝，拱肋腹杆、拱上立柱、钢盖梁的4条棱角焊缝进行100%超声波探伤。

3）质量等级：所有钢板接长对接焊缝，钢管纵向和环向对接焊缝，为《公路桥涵施工及验收规范》JTJ 041-2000规定的Ⅰ级焊缝，其他要求超声波探伤的焊缝为Ⅱ级。

3．射线探伤检查

1）射线探伤应符合《钢熔化焊对接接头照像和质量分级》GB 3323规定的射线照像质量等级AB级要求，射线探伤焊缝质量等级为Ⅱ级。

2）焊接钢管环向与纵向对接焊缝，均应按设计要求进行射线探伤，探伤比例为10%。射线探伤不合格的焊缝，要在其附近再选取2个检验点进行探伤，如这2个检验点中又发现1处不合格，则该焊缝必须全部进行射线探伤。

4．焊缝返修

1）焊脚尺寸不足或焊缝咬边，应采用手工电弧焊进行补焊返修。

2）发现有表面气孔或存在内部缺陷时，可采用碳弧气刨，将焊接缺陷清除并进行补焊。

3）发现裂纹，应先查明原因，制定出预防措施，再用清除缺陷的方法进行补焊。缺陷清除范围为裂纹两端各外延50mm。

4）焊缝返修后，采用原检验方法的要求进行重新检验，同一部位的焊缝，返修次数不宜超过2次。

7.3 质量保证措施

施工中除执行上述标准外，强调如下措施：

7.3.1 焊工必须持证上岗，高空焊接工人从中择优录用。

7.3.2 坡口打好后，由两人专门负责管口的打磨，工具用电动磨光机，使焊口清洁。

7.3.3 焊工的焊条起弧与收弧时决不允许在焊缝以外发生，应以焊缝端部（约10mm以上处）起弧、收弧，以避免气扎和夹渣现象发生。

7.3.4 对于主拱管的对接，如遇雨天，五级以上风天，停止施焊，雾天待构件表面无水分后，在上午9时以后施焊。

7.3.5 焊后对焊缝进行100%超声波检验，并进行抽探15%射线检查。如出现返工，则必须制定返工工艺，并按工艺严格执行，且返工不能超过两次。

7.3.6 在现场施工中，由于施工条件较差，为保证焊接质量，必须在施焊前采取必要的防风、防雨、防潮措施。

7.3.7 采取适当的焊接工艺。在现场施工中，由于构件较多，应采取先点焊定位，再先内后外对称施焊的施工工艺。

7.3.8 分段焊接后，应对分段尺寸进行检查，对发生的超标变形进行调整。

8. 安全措施

8.1 危险源识别

危险源主要有高空作业、钢管拱肋散件拼装及吊装、起重作业、施工用电、电气焊等。

8.2 采取的安全措施

8.2.1 起吊重物时，应进行试吊，当起吊吊车微微受力时，停机检查设备的灵敏性和可靠性及重物绑扎的牢固程度，确认情况正常后方可继续进行。

8.2.2 高空作业人员必须先经身体检查合格，不合适高空作业的人员不得进行高空作业。高空作业时，不仅要戴安全帽，穿防滑鞋，设置安全网，还应检查是否有系安全带的地方。

8.2.3 在高空焊接时，必须系好安全带，焊接周围备有消防设备；更换场地、移动电焊机时，必须切断电源，检查现场，清除烛渣。

8.2.4 严格执行三级安全教育和技术交底制度，未经安全教育和交底的人员，不准上岗作业。

8.2.5 作业人员持证上岗，作业时穿戴防护用品，电焊机设置单独的开关箱，施焊完毕，拉闸上锁。遇雨、雪天停止露天作业。

8.2.6 氧气瓶、乙炔瓶受热不得超过35 ℃，防止火花和锋利物件碰撞胶管。气焊枪点火时应按“先开乙炔、先关乙炔”的顺序作业。氧气瓶、氧气表及焊接工具的表面严禁沾污油脂；氧气瓶设防震胶圈，并旋紧安全帽，避免碰撞、剧烈震动和强烈阳光暴晒。

8.2.7 施焊时，场地应通风良好，点火时焊枪不得对人，正在燃烧的焊枪不得随意乱放，施焊完毕，将氧气、乙炔阀门关好，拧紧安全罩。

9. 环保措施

9.1 清理施工垃圾时使用容器吊运，严禁随意凌空抛撒，造成扬尘。清运垃圾时，适量洒水减少扬尘。

9.2 工程垃圾分类收集，运输到指定地点。

9.3 施工机械防止严重漏油，禁止机械在运转中产生的油污水未经处理就直接排放，或维修施工机械时油污水直接排放。

9.4 工地上使用的各类柴油、汽油机械执行相关污染物排放标准，不使用气体排放起标的机械。

9.5 办公区、施工区、生活区合理设置排水明沟、排水管，道路及场地适当放坡，做到污水不外流，场内无积水。

9.6 作业时尽量控制噪声影响，对噪声过大的设备尽可能不用或少用。在施工中采取防护等措施，把噪声降低到最低限度。

9.7 尽量避免夜间施工，确有必要时及时向环保部门办理夜间施工许可证，并向周边居民告示。

9.8 施工现场环境卫生落实分工包干。制定卫生管理制度，设专职现场自治员2名，建筑垃圾做到集中堆放，生活垃圾设专门垃圾箱，并加盖，每日清运。确保生活区、作业区保持整洁环境。

9.9 喷砂除锈要在封闭的车间进行。

10. 效益分析

10.1 利用场地条件，“5+1”卧拼，既保证了施工质量，又可有效利用施工空间、增加机械设备周转使用率，节约资金240万元。

10.2 在场内加工制作，质量完全能够得到保证，且具有一定生产规模，可以提高企业的影响力，创造一定的社会效益。

10.3 栓焊结合加工制造钢管桁架拱桥节段，在场内完成节段组拼后解体成散件运至现场，解决了整体运输的难题，使在无水运、无整体节段运输等复杂山区地形条件建设大跨度钢管混凝土桥梁成为现实。

10.4 在场内加工制造，与现场加工相比，避免了土地的大量占用和不可恢复，保护了环境，产生较大的环境效益。

10.5 钢构件加工采用了高强度钢材、高强螺栓、环保油漆等材料，再加上栓焊结合及电弧喷铝防护，有效的提高了钢构件精确度、可靠性和耐久性，具有节能、节材、环保、稳定的优势。

11. 应用实例

11.1 沪蓉国道主干线湖北宜昌至恩施高速公路支井河特大桥

11.1.1 工程概况

沪蓉国道主干线湖北宜昌至恩施高速公路支井河特大桥，为目前世界上最大跨度的上承式钢管桁架拱桥。全桥主拱部分由2个矩形钢管桁架拱肋、20道连接两拱肋的“米”字形横向风撑（横联）组成。拱肋中心轴线采用悬链线，计算跨径430m，计算矢高78.18m，矢跨比1/5.5。拱肋采用钢管和箱形钢腹杆组成的空间桁架结构，拱脚处截面中心高度13m，拱顶处截面中心高度6.5m。拱肋中心宽度4m。两拱肋内侧肋片之间中心距9m。整个拱肋桁架分30个节段（不含拱顶处弦管600mm调整段），最大节段吊装重量约280t。全桥主拱部分钢结构设计选材为Q345C，工程量约5500t。2005年6月开始加工制作，2008年7月拼装完成。

拱肋弦管直径均为1200mm，壁厚有变化。自拱脚下弦管1～4节段为35mm，5～7节段为30mm，其它节段为24mm；上弦管全桥均为24mm。节段间弦管连接，采用先高强度螺栓连接内置法兰定位，再将节段弦管与弦管进行焊接的工艺。拱肋腹杆为箱形杆件，截面尺寸为400mm×600mm，其盖板厚度为16mm，腹板厚度为18mm。连接两肋片的横联，采用直缝焊接钢管。上下横联为ϕ600×16 mm，斜撑为ϕ400×16 mm。腹杆、横联、斜撑与弦管连接型式均为高强度螺栓连接和焊接的组合连接。节点板厚度20mm。横向风撑的直杆和斜杆及其与弦管的连接型式和横联相同。

11.1.2 应用效果

本桥于2007年6月5日开始吊装，2008年7月29日顺利合拢。通过采用本工法，在工厂内进行拱肋加工制作、整体组拼，使各项指标均满足设计及规范要求，同时确保了现场立拼、安装的精度，钢管拱肋最终以对位高程偏差3mm、轴线偏差10mm的高精度合拢，不仅提高了企业的影响力、竞争力，还创造了良好的社会和经济效益。

11.2 浙江省象山县三门口跨海大桥

11.2.1 工程概况

浙江省象山县三门口跨海大桥工程位于象山县石浦镇西南约15km处的三门口海域地区，为象山县环石浦港陆岛交通工程的一部分。主跨为270m的中承提篮式钢管混凝土拱桥，矢高54m，矢跨比为1／5，吊杆间距8m。拱肋拱轴线采用悬链线，拱轴系数1.543，拱肋内倾角为8°。拱肋结构采用节间为4m的N形桁架形式，上、下弦杆采用4根ϕ800mm钢管，腹杆采用ϕ400mm钢管。截面尺寸拱肋宽2.4m

（钢管中心间距1.6m），高为5.3m（钢管中心间距4.5m）。单桥拱肋钢管桁架顺桥向安装分为13个节段，横桥向分为上、下游两肋，肋间由K形横撑相连，全桥共11道。

11.2.2 应用效果

本桥于2005年3 月18日开始吊装，2005年5 月8 日顺利合拢。通过采用本工法的核心技术，使各项指标均满足设计及规范要求，确保了现场拼吊装的精度。

11.3 丹东月亮岛大桥

11.3.1 工程概况

月亮岛大桥为钢管混凝土系杆拱桥，桥面宽9m，净跨径194.2m，计算跨径202m，矢高37m，吊杆间距5m。主拱肋为X形拱，两片拱肋内倾角11.57°，拱角间距12.5m，拱顶处间距5m；拱肋为桁架式钢管混凝土结构，弦杆为ϕ1100钢管，壁厚12mm，钢号为Q345-C，腹杆为ϕ500钢管，壁厚10mm，弦杆中心距3518mm，两拱肋间设15道横撑并设有K字形连接系，弦杆内泵送50号微膨胀混凝土。桥面采用吊杆下设预制钢筋混凝土横梁，横梁与后浇桥面板连接成整体，吊杆采用镀锌高强钢丝冷铸锚制作，外表为两层PE热挤护套防护。吊杆一端吊于拱肋顶，另一端锚在横梁底。该桥为无推力拱桥，桥面板中设37根ϕ15.24-12预应力钢束，作为拱桥系杆，纵向力筋锚固在端横梁上。

11.3.2 应用效果

本桥于 2001年10月20日开始吊装， 2001年12月5 日顺利合拢。通过采用本工法的核心技术，使各项指标均能满足设计及规范要求，使得成拱后能够保证质量和线形，而且节省资金，缩短工期，创造了良好的社会和经济效益。

潮汐大流速深水裸露基岩基础施工工法

GJEJGF255—2010

中铁十六局集团有限公司　中铁建电气化局集团有限公司
王小飞　潘寿东　楼敏　周培峰　郭秀琴

1. 前　　言

在潮汐大流速深水裸露基岩潮汐水深流急、覆盖层较薄或岩面完全裸露的水域进行桥梁下部结构施工需要解决钻机工作平台稳定性难题、钢护筒定位、稳定性及与河床表面的密贴、水下套箱稳定性等问题。310国道临洪河大桥主墩位于潮汐水位高差较大、基岩覆盖层较薄且岩面倾斜、水闸放水时流速较大等环境中，施工难度较大，为此，中铁十六局集团有限公司和中铁建电气化局集团有限公司针对工程特点，开展了一系列科技攻关，取得了“潮汐大流速深水裸露基岩双薄壁墩连续刚构桥基础及梁部施工技术”这一国内领先的成果，该技术成果于2009年获中铁建十六局集团公司科技进步一等奖、2010年度中铁建股份公司科技进步三等奖。同时形成了潮汐大流速深水裸露基岩基础施工工法，该工法获2010年度中铁建股份公司优秀工法。由于在钻孔桩作业平台搭设、钢护筒定位及稳定性方面效果明显，技术先进，故有明显的社会效益和经济效益。该技术成果经中铁建股份公司2010年9月组织专家评审，总体上达到国内领先水平，取得了良好的社会经济效益，具有推广应用价值。

2. 工 法 特 点

2.1　施工简单便捷。采用在岸上整体拼装壁板及内支撑，整体吊装入水，减少了水上作业时间。

2.2　钢套箱加工质量可靠。钢套箱拼装在岸上进行，大大降低了操作难度，质量易于控制。

2.3　降低了工程投入。利用内支撑系统作为钢护筒定位系统，充分考虑了套箱与河床面的摩擦力作为稳定措施，不需额外增加工程投入，大大减少了工程投入。

3. 适 用 范 围

本工法适用于河床覆盖层较薄或基岩裸露的水中桥梁下部基础施工，在受潮汐影响、河床覆盖层较薄或基岩裸露的深水桥梁下部基础施工经济效果最为显著。

4. 工 艺 原 理

采用钢套箱内支撑系统作为围笼进行钻孔桩钢护筒定位，利用封底混凝土解决套箱及钢护筒底与岩面的密贴问题，同时借助封底混凝土作为承重基础在其上搭设钻孔平台进行钻孔桩施工，利用封底混凝土与河床的摩擦力解决了钢套箱的稳定性问题，使下部主体结构能安全顺利地建成。

5. 施工工艺流程及操作要点

5.1 工艺流程（图5.1）

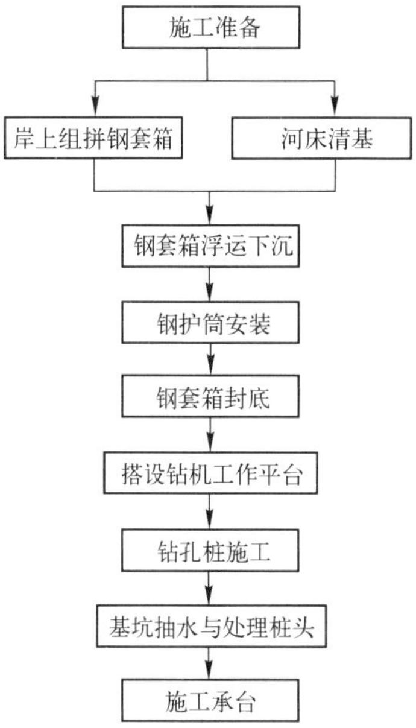

图5.1 水中墩基础施工工艺流程图

5.2 操作要点

5.2.1 钢套箱受力分析

钢套箱在施工中主要承受静水压力及流水压作用，特别是套箱的迎水面。

1. 满潮时套箱受力

由于潮水涨的比较缓慢，此时上游也不放水，所以计算过程中只考虑静水压力作用，不考虑动水压力（图5.2.1–1）。静水压力计算公式：

$$q_{静}=\gamma x=10x \qquad (5.2.1\text{–}1)$$

式中 $q_{静}$——静水压力，单位kN/m^2；

γ——水容重，取10，单位kN/m^3；

x——水深，单位m。

2. 临洪闸放水时

当上游放水时，套箱既承受静水压力又承受动水压力。动水压力图见图5.2.1–2。

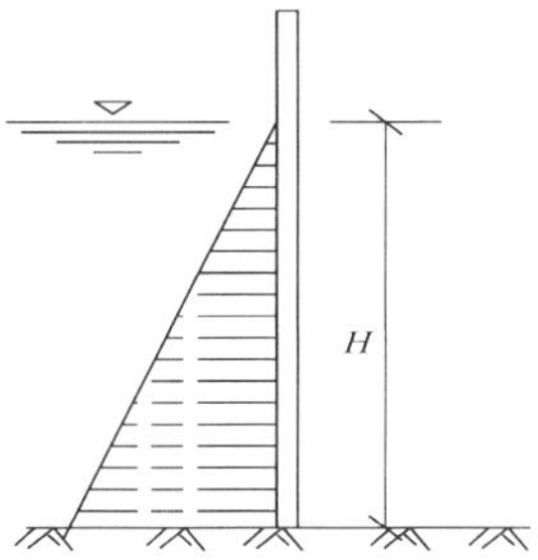

图5.2.1–1 静水压力图

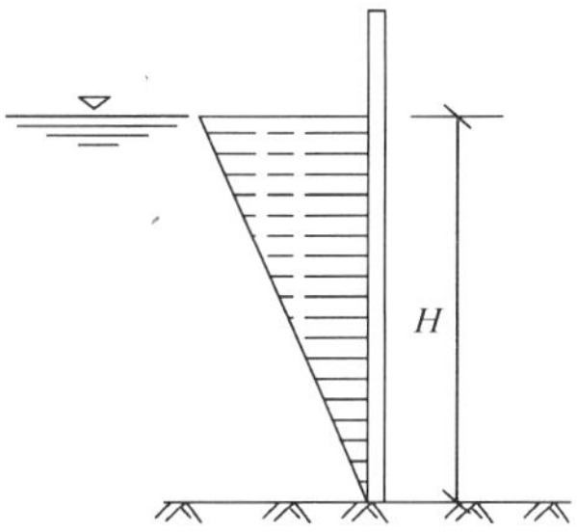

图5.2.1–2 动水（流水）压力图

根据动水压力的合力计算公式（详见《路桥施工手册·桥涵》p172页）及动水压力图，可以得出任一深度的动水压力公式：

$$q_{流}=2(H-x)\frac{\gamma v^2}{2g}\cdot\frac{1}{H} \qquad (5.2.1\text{–}2)$$

式中 $q_{流}$——动水压力，单位kN/m^2；

H——最大水深，单位m；

x——任意水深，单位m；

γ——水的容重，kN/m^3，取10；

v——水的流速，m/s，取2；

g——重力加速度，$9.81m/s^2$。

根据以上两种工况分别对钢套箱进行受力检算。

5.2.2 封底混凝土厚度计算

详见《简明施工计算手册》P257页。

5.2.3 钢套箱抗浮验算

套箱封底后抽水所受的浮力最大，为确保施工安全及经济上考虑，待桩基施工完毕后方可抽水，利用桩基与封底混凝土的粘结力共同抵抗上浮力。

1. 套箱承受的浮力

由于套箱结构比较规则，所以采用压力差法进行套箱浮力计算：

$$F_{浮}=F_{下}-F_{上} \tag{5.2.3-1}$$

式中 $F_{上}$——箱内底板上表面所承受的水压力，kN；

$F_{下}$——箱外底板下表面所承受的水压力，kN。

2. 抵抗浮力的各种力

套箱结构及封底混凝土自重；桩基自重与封底混凝土的粘结力。

1）桩基自重及桩与孔壁的摩阻力

桩基自重：

$$G=25nL\pi R^2/4 \tag{5.2.3-2}$$

式中 n——单个承台钻孔桩数量；

L——桩基长度为，m；

R——桩径，m。

2）桩基与孔壁的摩阻力

$$P=\frac{1}{2}UL\tau_i \tag{5.2.3-3}$$

式中 U——桩的周长，m；

L——桩的有效长度，m；

τ_i——钻孔桩桩周土的极限摩擦阻力，kPa。

3）混凝土与钢护筒之间的粘结力

根据经验数据，C40混凝土与钢护筒之间的粘结力为0.88MPa，从安全考虑取1/2，即440kPa。

$$P_{传}=440UL \tag{5.2.3-4}$$

式中 U——桩周长度，m；

L——桩与护筒的接触长度，m。

3. 套箱抗浮计算

$$F_{抗}>F_{浮} \tag{5.2.3-5}$$

5.2.4 套箱稳定性计算

套箱稳定性主要依靠河床与套箱底的摩擦力来实现，如河床面比较平缓，可采取在套箱四周引孔插入钢管等取辅助措施确保套箱稳定。

1. 套箱底与河床的摩擦力

河床岩面起伏不平有利于无底套箱平台的抗滑稳定性。

河床对无底套箱的摩阻力：

$$F=\mu G \tag{5.2.4-1}$$

式中 G——取无底套箱扣除浮力后的自重；

μ——套箱底与河床的摩阻系数，根据河床实际情况选取，本工程选用0.5。

2. 动水压力合力

动水压力的合力P（详见《路桥施工手册·桥涵》p172页）。

3. 无底套箱的稳定性抗滑稳定系数

$$K=F/p \tag{5.2.4-2}$$

式中 K——抗滑稳定系数，一般要求大于2；

F——套箱底河床面的摩擦力；

P——动水压力。

5.3 钢套箱及基础施工

5.3.1 钢套箱的尺寸与加工

1. 尺寸：为满足承台施工立模、套箱内抽水、支撑等需要，钢套箱平面尺寸每边比承台大0.9m。

2. 钢套箱采用6mm钢板作为面板，模板外侧用[14号槽钢作加劲肋，肋间距0.3 ~ 0.5m。单块钢模板四周肋与面板之间全部焊接密封，中间部分焊缝长度不小于50%。钢模安装时，钢板面向外，带肋面在套箱内侧。

3. 钢套箱需达到止水的目的，因此模板接缝必须设置止水条，并在套箱外侧做防水处理。

4. 钢套箱模板由工厂制作，并进行预拼试验，经预拼合格后运到工地进行现场安装。

5.3.2 套箱拼装和下沉

1. 钢套箱拼装准备

1）钢套箱在岸上拼装场地设在码头处，原地面进行换填和硬化。

2）根据套箱设计尺寸在地面放出轮廓线，沿套箱轮廓线用水泥浆找平，以便于安装套箱模板。

3）在地面轮廓线内侧搭设钢管脚手架，高度6.0m，并将第一、二层水平支撑槽钢预放到位。

2. 第一、二、三层钢套箱模板的拼装

1）用25t汽车吊起吊第一块套箱钢模，落位于设计位置，并与轮廓线对齐，上下口分别用8号钢丝与钢管脚手架连接牢固，平面位置、垂直度等要符合要求。

2）起吊相邻的第二块钢模，就位与第一块用螺栓连接，并与脚手架固定。依此类推，完成第一层钢套箱钢模的安装。

3）根据套箱设计，安装竖向支撑。竖向支撑为2I32a工字钢，与钢模焊接。

4） 安装第一层水平支撑，与竖向支撑焊接牢固。

5）在第一层套箱钢模上，对接第二层钢模，并安装第二层水平内支撑。

6）钢套箱内外侧所有模板接缝填充橡胶止水条，外侧拼缝处进行防水处理，防止漏水。

3. 第一、二、三层钢套箱起吊就位

1）起吊前应对吊架、钢丝等进行受力检算，按规范预留足够安全系数。

2）起吊前检查50t浮吊各部位、锚锭、钢丝绳等完整情况，确保没有问题才可以进行作业。

3）钢套箱就位，利用临洪河涨潮时从临时码头起吊（在临洪河岸边用ϕ55cm混凝土管桩和草袋进行护岸，作为临时码头，长50m。ϕ55cm钢筋混凝土管桩单根长12m，入土不少于5m，间距1m），临时安放于浮式平台上；在退潮时下沉就位。

4）下沉时用全站仪全程监测，及时调整套箱平面位置，确保套箱下沉到位后，其平面偏差控制在5cm以内。

5）由于河床面岩面倾斜，在钢套箱入水后，派潜水员在河床堆码砂袋将套箱找平，实测套箱底与河床面的间隙，绘制出套箱四周河床的岩面走趋图，按岩面走趋情况对底节钢套箱进行处理后，重新定位入水。

6）套箱二次下沉到位后，外侧四周用砂袋进行反压，其作用：一是防止在封底过程中，混凝土从钢套箱下口不平处大量流出，二是平衡封底混凝土浇筑时的侧压力。

4. 第四层钢套箱安装

第一、二、三层钢套箱下沉就位后，其顶面标高为0.5m，在退潮时顶面露出水位，因此利用退潮时间，进行第四层套箱钢模的拼装，并安设竖向、水平内支撑。第三、四层钢模采用螺栓连接，模板接缝处用橡胶条止水，套箱外侧拼缝处涂三层防水材料。

5.3.3 钢护筒的安设

1. 钢护筒的设计：钢护筒直径ϕ170cm，高11m，采用厚10mm的钢板卷制而成。

2. 在拼装钢套箱时，在第三层与第四层水平支撑上按图5.3.3所示尺寸固定定位槽钢（[12.6），待套箱下沉就位后从已预留好位置，直接插入钢护筒并用木楔打紧。

3. 安放时，根据测量放出的十字线对中，并调整好护筒的垂直度，就位到河床面，上口四周与顶层水平支撑之间用木楔固定，护筒内回填2m高砂袋，以防止在封底时护筒发生位移。

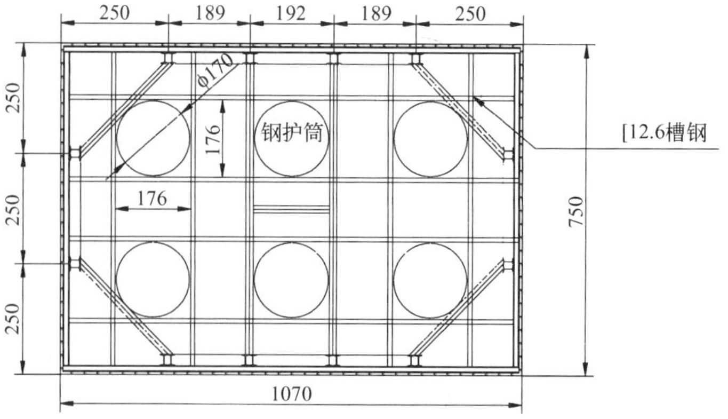

图5.3.3 钢护筒导向定位平面图（单位：cm）

5.3.4 套箱封底

钢套箱围堰内混凝土封底是钻孔桩及承台施工能否顺利进行的关键，为保证质量，一般按水下混凝土灌注方法进行，在围堰顶部设大料斗储存一定数量的首盘混凝土；设多点、多方向封底导管连续泵送灌注；控制坍落度在18～22cm；掺高效缓凝剂和粉煤灰，以提高流动性、延长初凝时间，封底过程中随时观测套箱内水位与外侧水位的高差，高差控制在50cm内，如超过50cn用水泵抽水保证堰内外水位平衡。

1. 封底顺序及导管布置

1）封底施工的顺序为：搭设封底平台→安装导管→布料机、中心骨料斗及分料槽→封底混凝土施工。

导管选用ϕ300mm，壁厚6mm钢管制作，丝口连接前经过水密试验。导管上口接1m^{3}小料斗，导管用夹具挂于横梁上。导管下口距河床面15～20cm。

2）导管数量及设置原则：① 单根导管作用半径取3m，全部导管作用范围覆盖钢套箱底面；② 导管与钢护筒外侧保持一定距离，以利于混凝土均匀扩散。

3）首批混凝土灌注：首批灌注时，先由中心骨料斗贮料，然后通过布料机让混凝土进入浇筑小料斗，当小料斗内充满混凝土，拔塞，同时骨料斗连续不断放料，直至完成导管封口。

2. 封底混凝土灌注步骤及要求如下

1）灌注顺序：分期对称封口，灌注。

2）封底前，用测绳自导管内测出导管下口与河床距离，用捯链调整导管下口距河床面15～20cm。

3）一根导管封口完成进行相邻导管封口工作时，先测量待封导管底口处混凝土顶标高，根据实测重新调整导管底口高度。为保证封口混凝土的顺利进行，在每根导管封口完成后，按不大于60min控制同一导管两次灌入混凝土的间隔时间。

4）测点设9m^{2}布置1个，浇筑混凝土时，做好测深导管原始长度，测量基准点标高等原始记录。同时每根导管封口结束后应及时测量其埋深及流动范围，并做好详细记录。

5）浇筑过程中，方量大，时间长，为防止导管堵管，在浇筑到一定方量时，应提升导管，每次提升高度控制在20cm内，且应缓慢、均匀提升。

6）浇筑过程中，注意控制每一浇筑点补料一次后的标高及周围5m范围内的测点都要测一次，并记录灌注、测量时间。

7）混凝土浇筑临近结束时，全面测出混凝土面标高，重点检测导管作用半径交会处，护筒周边，套箱内壁周边等部位。根据结果对标高偏低点进行补浇，力求混凝土面平整。当所有测点标高满足要求后，结束封底施工。

8）封底过程中，应随时观测套箱内外的水头差，当水头差达到20cm时，在钢套箱上开口，使钢套箱内外水头差保持在20cm以内，保证钢套箱的安全。

5.3.5 钻孔作业平台搭设及钻孔桩施工

1．钻孔平台搭设施工

在套箱内进行抽水试验来检验封底混凝土质量后，方可搭设钻孔桩施工平台。

钻孔平台采用在钢护筒上焊接钢牛腿，在牛腿上铺设I45a工字钢，在工字钢上满铺5cm厚的木板（钻机滚筒支腿直接落在工字钢上）。为分散封底混凝土受力，在护筒之间的工字钢下方支撑φ377×8mm钢管桩，钢管桩底部焊接10mm厚钢板。为减少悬臂端及两箱之间的工字钢挠度，在护筒与箱壁之间的工字钢下方也设置钢管桩（图5.3.5）。

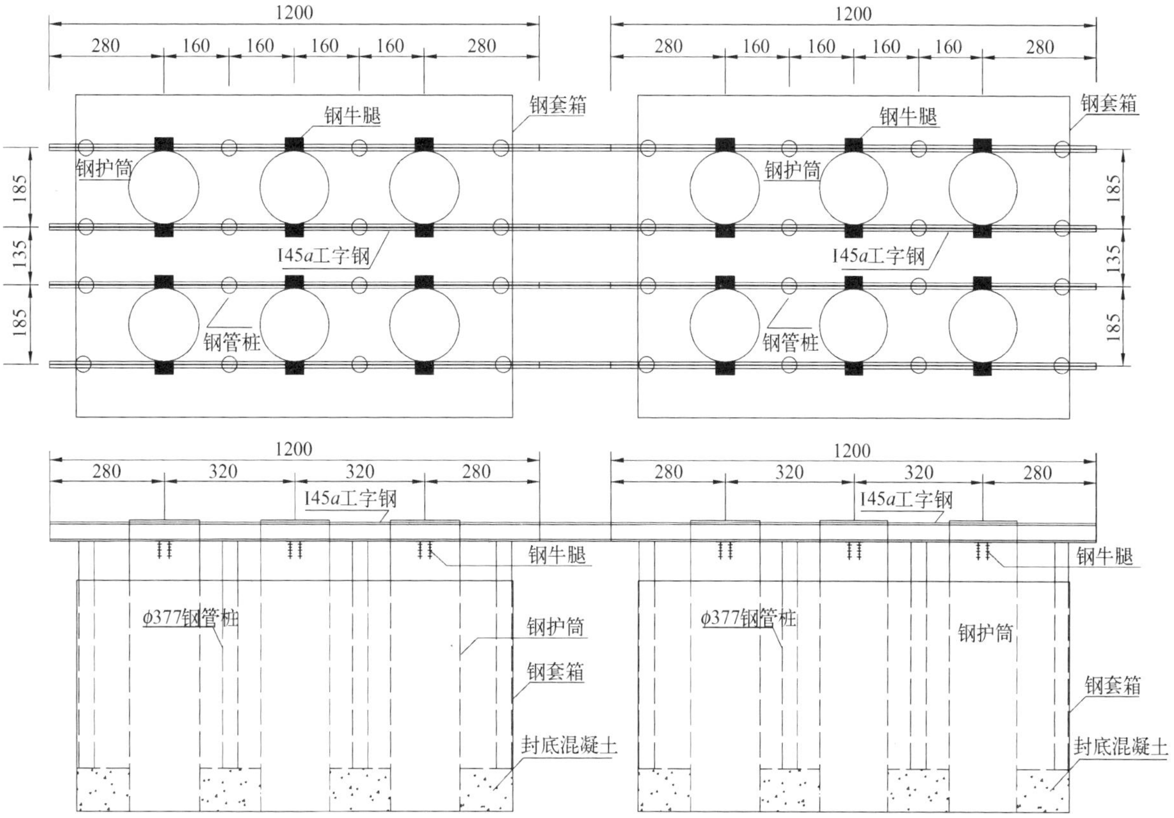

图 5.3.5　钻孔作业平台布置示意图（未示铺面）（单位：除钢材规格外均以 cm 计）

2．钻孔桩施工

搭设钻孔桩施工作业平台后即可进行钻孔桩施工。由于桥位处地质均为弱风化岩层，故只能采用冲击钻机成孔。

由于主桥钻孔桩开孔即为岩层，自造浆能力差，人工造浆比较烦琐，同时为了防止套箱封底混凝土底面与外侧串通，所以选用清水钻孔。

采用空气吸泥机进行清孔，并且钻孔过程中注意孔内水位与河流水位差不大于50cm。空气吸泥机选用外径150mm的钢管制作，送气管用选用外径30mm的钢管，空气压缩机选用9m^3/min。

5.3.6　套箱抽水

当封底混凝土强度达到设计值、6根钻孔桩完成不少于4d后，方可开始钢套箱内抽水。

开始抽水时，应派专人进行及时跟踪观查，如发现问题应立即停止抽水，查明原因并解决后，方可继续进行。

6. 材料与设备

6.1　主要材料（表 6.1）

主要材料表 表6.1

序号	材料名称	规格型号	单位	数量	说　　明
1	钢板	6mm	t	18.1	钢套箱面板
2	工字钢	32a	t	23.5	竖向支撑
3	槽钢	[28a	t	9	水平支撑
4	槽钢	[14a	t	16	水平大肋及钢护筒定位用
5	槽钢	[6.3a	t	8.4	竖向小肋
6	草袋		个	2000	套箱底围护用
7	贝雷片		片	40	封底平台用
8	工字钢	45a		8．1	钻孔桩平台

6.2　主要机具设备（表6.2）

材料与机具 表6.2

序号	机具名称	型　号	单位	数量	备　　注
1	浮吊	500kN	台	1	钢套箱就位及辅助施工
2	汽车吊	25t	辆	1	岸上拼套箱用
3	导管	ϕ300mm	套	6	封底用
4	测绳	30m	根	4	封底及钻孔过程用
5	冲击钻	GJD-150	台	6	
6	空气吸泥机	自制	套	6	清孔用
7	潜水泵		台	3	
8	污水泵		台	4	
9	布料机		台	1	封底
10	混凝土输送泵	HBT60C	台	1	
11	氧割设备		套	4	
12	水准仪	DS3-2	台	2	测量监控
13	全站仪	索佳	台	1	测量控制
14	全站仪	瑞士 Leica TC1800	台	1	监控

7. 质量控制

7.1　严格执行《公路桥涵施工技术规范》JTJ 041-2000和《公路工程质量检验评定标准》JTGF 80/1-2004。

7.2　深水基础施工难度大，技术含量高，工序多，安全风险也大。具体施工前，各主要工序和各工种都应制定安全防范技术措施亦认真进行技术和安全双交底。

7.3　钢结构加工制造或改装，要求高，应严格按照有关“施工规范”和“技术标准”进行。

7.4　封底前，必须清干净护筒外侧和套箱内壁泥皮，保证护筒壁与混凝土有良好的粘结力。

7.5　钢围檩是钢套箱稳固的保障，应按照设计图的要求施工，注意检查焊缝质量，确保结构安全。

7.6　套箱在下沉过程中，要加强观察，如有偏位及时采取纠偏措施。

7.7 在海上水位变化区长期使用情况下对劲板焊缝厚度会产生一定的锈蚀削弱，在使用过程中要加强对各构件焊缝质量检查和维修。

7.8 封底过程中，注意水位变化，根据水位情况，及时调整套箱内外的水头差。封底过程中，严禁船舶碰靠钢吊箱。

7.9 加强封底混凝土顶面标高的测量工作，及时计算出套箱内的抽水量，确保封底施工安全，顺利。

7.10 提拔导管或骨料斗应缓慢操作，严格按指挥者的口令进行，避免过快、过猛。

8. 安 全 措 施

8.1 安全管理措施

8.1.1 建立、健全安全组织机构，全面负责整个施工过程中的安全组织管理，对所有参加施工的职工进行安全教育。在每一个工作小组内设置一名兼职安全员，负责本小组安全监督与管理。每个工作面设一专职安全员，负责整个工作面安全管理，项目经理部设安全管理领导小组，对水中基础施工安全统筹管理。

8.1.2 整个水中基础施工，大部分属于水上作业，在施工过程中，尤其注意水上作业的安全保护工作。

8.1.3 建立定期安全检查制度，规定每个月检查的频率，尤其对水上作业环境进行全面检查，及时发现安全隐患。

8.1.4 制定详细的应急救援预案，并定期进行演练，以预防突发情况的出现。

8.2 安全技术措施

8.2.1 套箱下放属于水上施工，施工人员应穿好救生衣，戴好安全帽，穿好防滑鞋。套箱拼装人员还应该系好安全带。

8.2.2 吊装作业所用的钢丝绳、卡环应经过计算确定。起吊设备的钢丝绳在吊装作业前应进行仔细检查，满足要求后，方可使用。风力大于六级时应停止吊装作业。

8.2.3 起吊设备应听从指挥，小心作业。指挥人员要指令清晰，信号明确。

8.2.4 施工船舶在规定区域内行驶，并由获得船员证件的人驾驶。

8.2.5 任何作业人员不得酒后进入操作区域。

8.2.6 施工用电由电工专门负责，电工持上岗证。

9. 环 保 措 施

9.1 在施工期间要严格遵守国家环保有关要求进行施工，确保在施工的过程中对周边环境不造成影响。

9.2 在新大堤外侧禁止堆放建筑垃圾、生活垃圾、危险废物，以防止上述固体废物污染水域水体。

9.3 禁止施工期间发生破坏水域的行为。

9.4 施工过程中在水域沿岸进行建筑材料、化学品装卸活动的，应设置必要的保护措施，防止建筑材料及化学品在搬运中向水域泄漏，污染水体。同时装卸过程应由安全员监督，禁止野蛮作业的人为因素而影响水域环境。

9.5 建设项目施工期间，确因工程建设需要，在沿江河第一线水域破堤施工或者开缺、凿洞的，应向堤防或者防汛墙主管部门提出申请，经审核同意，报地方防汛指挥部批准后，方可施工。

10. 效益分析

10.1 经济效益（表10.1）

经济效益分析表 表10.1

序号	方案	工作内容	关键问题	投入
1	双壁钢围堰	围堰钢模板		6个围堰，每个81t，计340.2万元
		拼装和浮运就位		每吨2600元，计126.4万元
		封底混凝土		32.4万元
2	薄壁钢套箱	围堰钢模板		6个围堰，每个43t，计180.6万元
		拼装和浮运就位		每吨2600元，计67.1万元
		封底混凝土		28.9万元

两方案比较：薄壁钢套箱方案大大减少了钢套箱模板的投入和安装费用，节约主桥施工工期1个月，节约成本222.4万元。

10.2 社会效益

本工法由于采用了先堰后桩后再施工承台的施工工序，减少临时工程投入，加快了工程进度，质量、进度、安全、标化工地建设均满足业主及监理要求，未发生任何安全、质量事故，在月、季度安全质量评比中7次获第一名，取得了良好的社会效益。

11. 应用实例

11.1 工程概况

310国道临洪河大桥主桥结构设计为（40+48+2×70+2×48）m连续刚构，主墩采用矩形承台，长8.9m，宽5.7m，厚度为2.5m，基桩为6ϕ1.5m的钻孔灌注桩，桩基嵌岩。

主桥位于临洪闸下游，距临洪闸仅140m。桥址处，在修建临洪闸前为一座山，由于修建临洪闸的需要，被爆破，加之临洪闸长年放水冲刷，因此桥位处岩面裸露，岩面起伏较大。在主桥施工过程中即受临洪闸放水影响又受潮水影响，每日两潮，潮水落差4.90m左右。此时开闸，流量大、水流紊乱、冲刷严重，流速在4m/s以上。

11.2 施工情况

在施工过程中运用潮汐大流速深水裸露基岩双薄壁墩连续刚构桥基础施工工法，有效地解决了钻孔平台的稳定性、钢套箱与河床的密贴性问题，取得良好的经济和社会效益，质量、进度、安全、标化工地建设均满足业主及监理要求，未发生任何安全、质量事故，在月、季度安全质量评比中7次获第一名。

该桥于2008年5月正式开工，2009年12月工程完工，并于2010年元月顺利通车。

大跨度桁架式钢筋混凝土预应力桥斜拉挂篮施工工法

GJEJGF256—2010

中铁十八局集团第五工程有限公司　中铁建电气化局集团有限公司

程志强　代敬辉　李宇航　郑宏银　高强

1. 前　　言

斜拉桁架体系桥梁是近20年来发展起来的一种新的桥梁形式，属于高次超静定结构，与传统的混凝土斜拉桥相比具有圬工体积小、自重轻的明显优势。中铁十八局集团第五工程有限公司在宜昌市夷陵区长江市场主跨为173m小溪塔大桥施工中，由于业主要求保证桥下水路正常通行，针对这种实际情况，首次设计开发并运用不同于以往普通挂篮的特殊挂篮（底板下主梁以贝雷片拼装18m超长挂篮）施工斜拉桥，采用悬臂浇筑施工，并对施工过程结构的稳定性进行了有效控制，顺利地完成了主桥的施工任务。由此，总结出了《主跨173m预应力斜拉桁架连续刚构桥悬臂浇筑综合施工技术》，于2008年获得中铁十八局集团有限公司科技进步二等奖，于2009年获得中国铁道建筑总公司科技进步二等奖，总结形成的工法于2009年获得中铁十八局集团公司企业级工法。关键技术《主跨173m预应力斜拉桁架连续刚构桥悬臂浇筑综合施工技术》于2009年10月，通过天津市高新技术成果转化中心组织的鉴定会鉴定，鉴定结论为：该项成果总体水平达到国际先进水平。

小溪塔桁架式钢筋混凝土预应力斜拉桥的上部结构由上弦杆、下弦杆、腹杆组成。在两片斜拉桁架连续梁骨架之间，用了横梁（桁顶横梁、节点横梁、端横梁）联结，然后在横梁上安装预制空心板梁形成桥面。见图1。

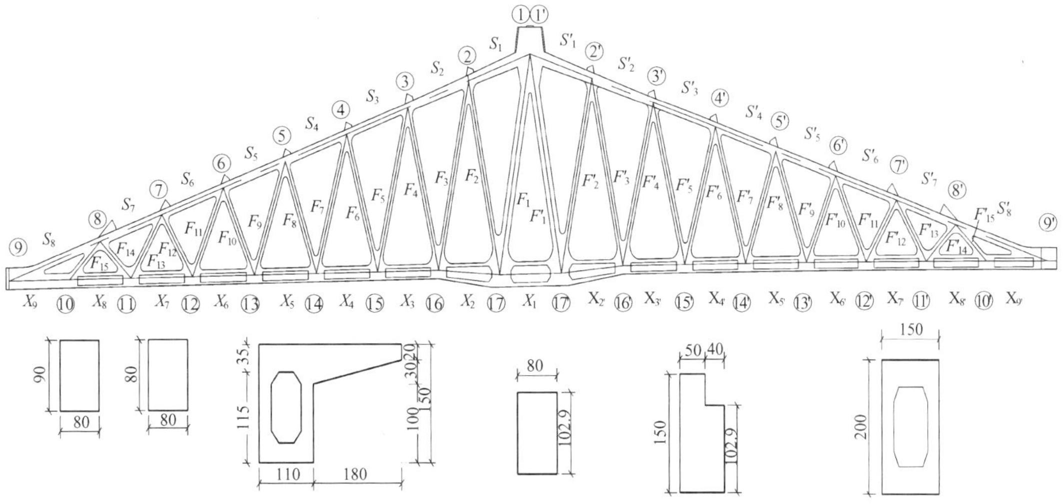

图1　斜拉桁架桥结构形式

2. 工 法 特 点

2.1　悬臂挂篮是长挂篮，长达18m，而一般的连续梁段只有2~5 m，主梁使用贝雷梁拼装而成。

2.2　斜拉桁架桥采用与斜拉桥挂篮类似的前支点挂篮，用斜吊杆作为主要传力结构。

2.3　在挂篮上浇筑下弦杆，在浇筑完成的下弦杆上搭设支架、支立模板来完成腹杆、上弦杆的浇筑。

2.4 斜拉桁架桥的挂篮前移需要缆索吊来完成。

3. 适 用 范 围

3.1 本工法适用于在施工中具有通航要求的大跨度、跨河桁架式斜拉桥；施工用地面积较小的山区公路、市政、铁路桁架式斜拉桥梁等。

3.2 本工法对施工季节没有特殊要求，对施工环境进行了很好的保护，当采用大跨度，又要保证桥下通航的要求，支架法施工有困难时，可以很好的采用本工法施工。

4. 工 艺 原 理

4.1 工艺原理

为保证大桥下水运的正常通航，故采用悬臂挂蓝施工的工艺，挂篮的设计、制作及安全操作施工是本工艺的关键技术。挂篮是实施悬浇施工的主要设备，悬臂挂在已完成悬浇施工的悬臂桁架上，用于进行下一节段的施工，如此循环直到桁架浇筑完毕。

挂篮组成（图4.1-1、4.1-2）：斜上横梁、斜吊杆、前下横梁、后下横梁、后上横梁、后吊杆、主梁（贝雷片）及限位器。

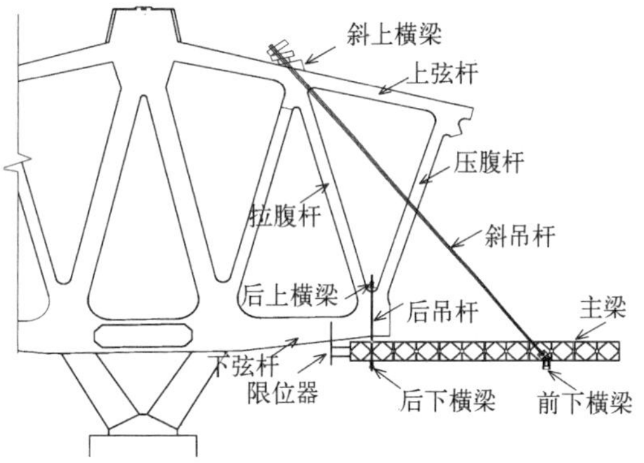

图4.1-1 挂篮组成

图4.1-2 悬臂浇筑施工照片

4.2 斜拉工作平台受力计算

荷载计算：按最大的混凝土方量计算，即施工下弦杆X2时（单侧重量），

混凝土：47.8m^3，合119.6t；（47.8×2.5）

主梁（贝雷架）：24片，合7.2t；（0.3×6×4）

方　木：45根，合3.645t；（0.9×45×0.152×4）

另加施工人员、一半横联及模板的重量，按150t计算。

后下横梁的计算：

4.2.1 后下横梁计算：

1. 4片贝雷片按后下横梁X2布置图布置，计算简图为图4.2.1-1。

弯距图与剪力图分别为图4.2.1-2、图4.2.1-3。

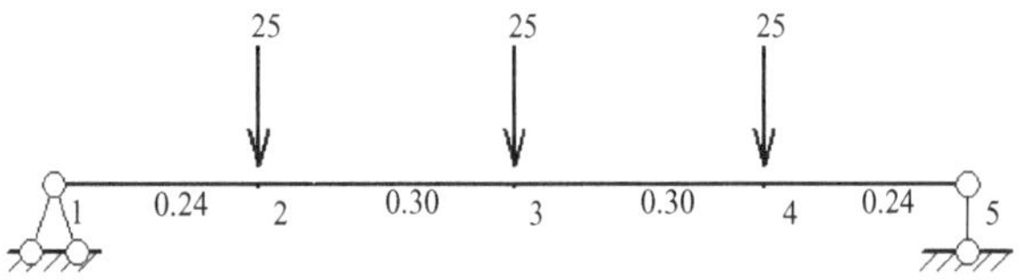

图4.2.1-1 计算简图

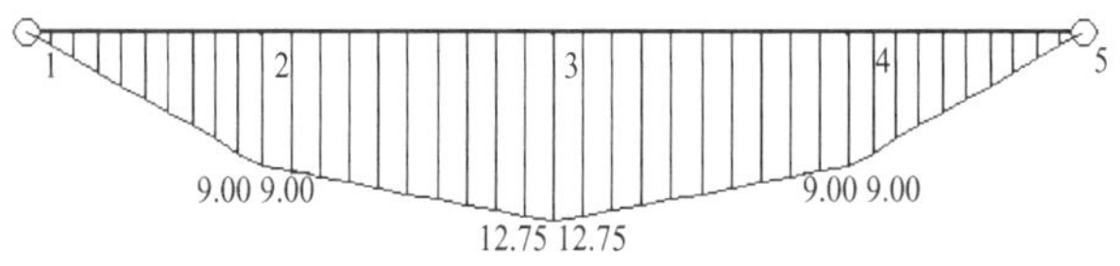

图4.2.1-2 弯距图

2．4片贝雷片按后下横梁X3–X7布置图布置，计算简图为图4.2.1–4。

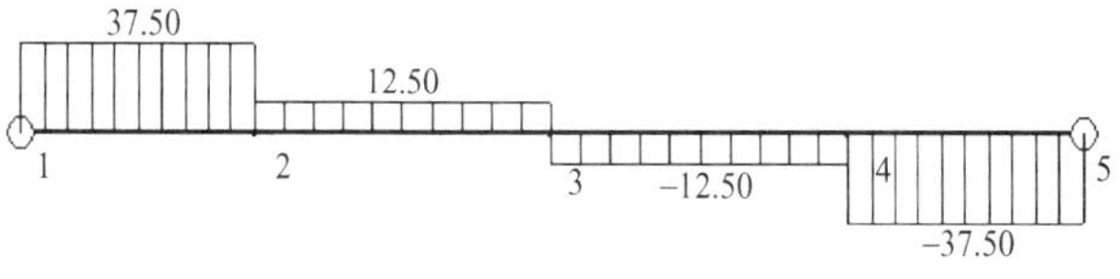

图4.2.1–3　剪力图

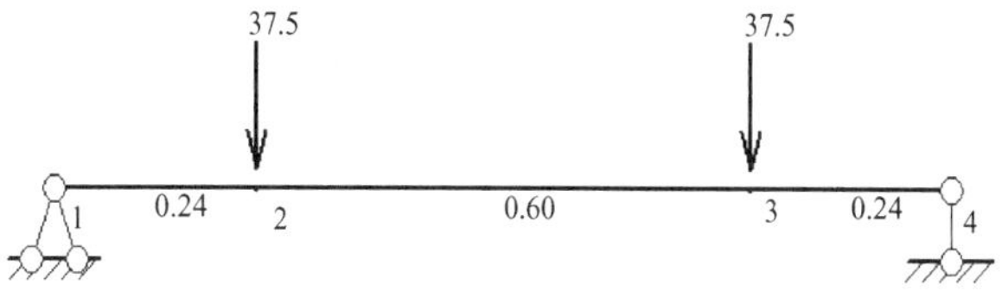

图4.2.1–4　计算简图

弯距图与剪力图分别为图4.2.1–5、图4.2.1–6。

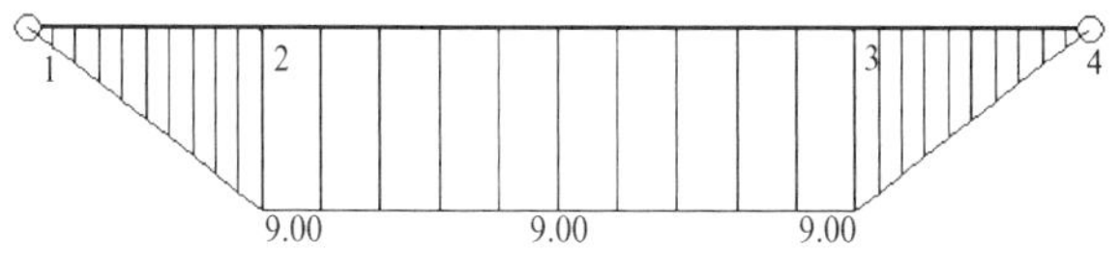

图4.2.1–5　弯距图

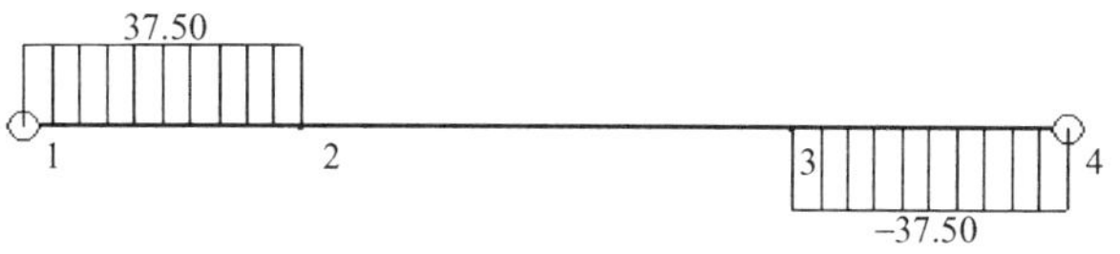

图4.2.1–6　剪力图

则 $W_{需}$=12.75 × 104/170 × 106 =750cm^3；

[40b的 W_x=932.2cm^2，为提高安全系数，取2根[40b；

Q_{max}=75t，　τ =37.5/83.05=45MPa<[τ]= 100 MPa。

3．后下横梁吊杆的计算

每侧后下横梁 ϕ32精轧螺纹钢吊杆共3根，则每根吊杆承重25t，而每根吊杆的极限拉力为64.3t，故拉力安全系数 K = 25/64.3 = 0.39 < [K] = 0.8，满足要求。

4.2.2　贝雷架主梁计算：

设置一道前下横梁，贝雷架受力布置与计算简图为图4.2.2–1。

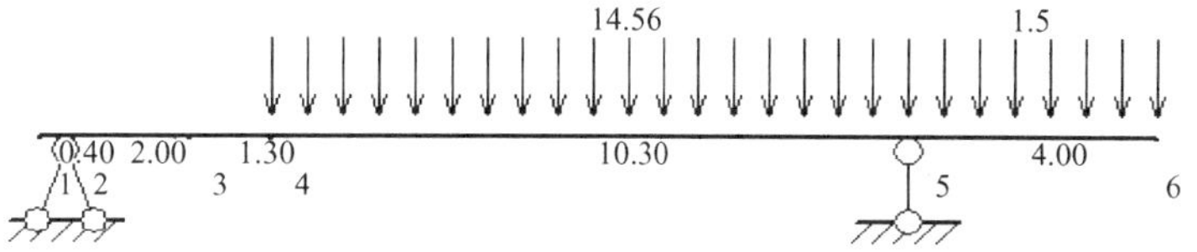

图4.2.2–1　计算简图

在该荷载下，弯距图和剪力图为图4.2.2–2、图4.2.2–3。

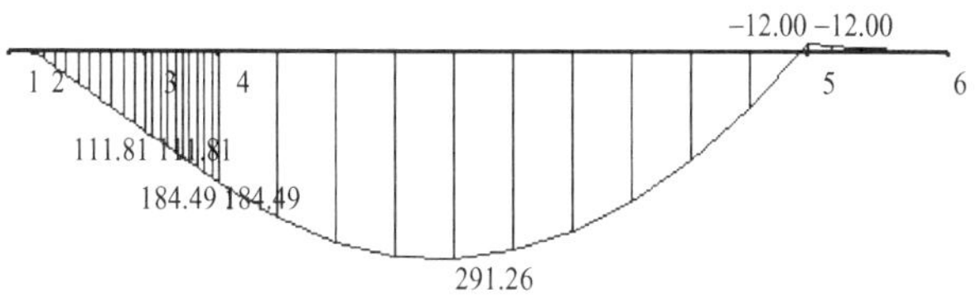

图4.2.2–2　弯距图

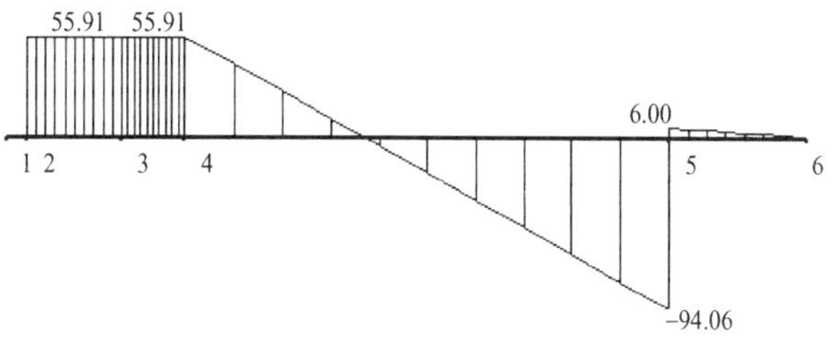

图4.2.2–3　剪力图

按4片贝雷架布置，则每片贝雷架的最大弯矩和剪力分别为：

M_{max}=291.26/4=72.815t·m=728.15kN·m < [M]=788.2kN·m

Q_{max}=88.06/4=22.02t=220.2kN<[Q]=245.2kN

Y_{max} = 5ql_4/384EI=5 × 14.56 × 104 × 13.64/（4 × 384 × 250497.2 × 10–8 × 2 × 1011）

=32mm < 13.6/400=34mm，满足要求。

实际施工过程中，先浇筑下弦杆混凝土，最大方量重为GX2 = 57t，故实际浇筑贝雷片最大挠度为12mm。

4.2.3　前下横梁的计算：

1．斜拉吊杆的计算：

前下横梁所受的最大拉力为：$T_{max}=104.37$t，斜吊杆采用4根 ϕ32精轧螺纹钢；ϕ32精轧螺纹钢的极限拉力为64.3t，而实际每根受力为26.09t，则拉力安全系数为$K=26.09/64.3=0.41<[K]=0.8$满足要求。

2．前下横梁的布置与受力简图为图4.2.3-1。

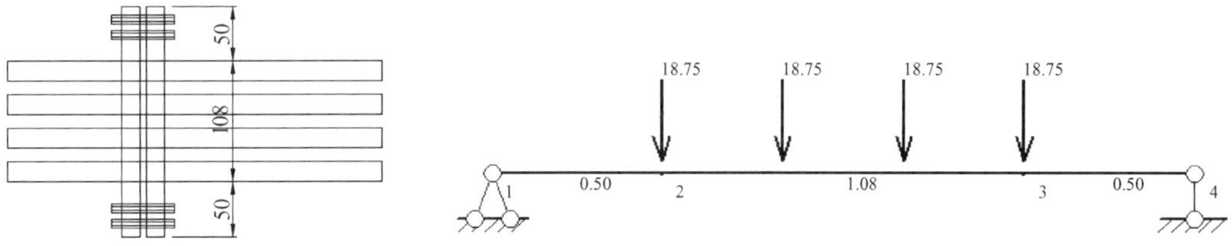

图4.2.3-1　计算简图

弯距图与剪力图为图4.2.3-2、图4.2.3-3。

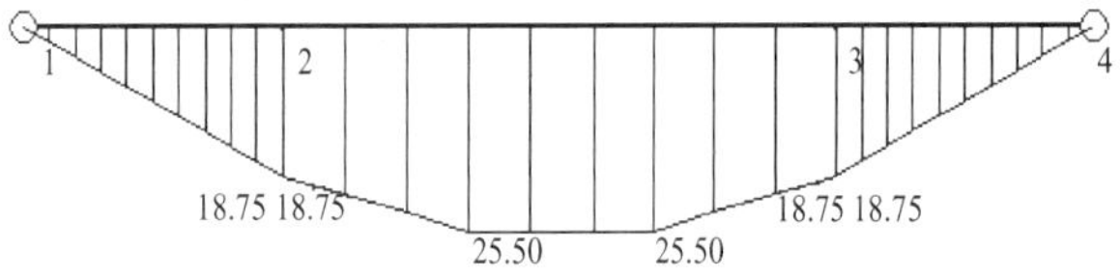

图4.2.3-2　弯距图

图4.2.3-3　剪力图

$M_{max}=25.5$t · m；$Q_{max}=37.5$t

布置两根工字钢，则每根$M_{max1}=12.75$t · m；$Q_{max1}=18.75$t，

则$W=12.75\times104/(170\times106)=0.075\times10^{-2}m^3=750cm^3$，取I40b，$W_{I40b}=1140cm^3$。

$\tau_{max}=Qs/Izb=18.75\times104/(33.6\times10^{-2}\times12.5\times10^{-3})=44.6MPa<[\tau]=100$ MPa；满足要求。

3．前下横梁轴计算

取用45号钢，受力简图为图4.2.3-4。

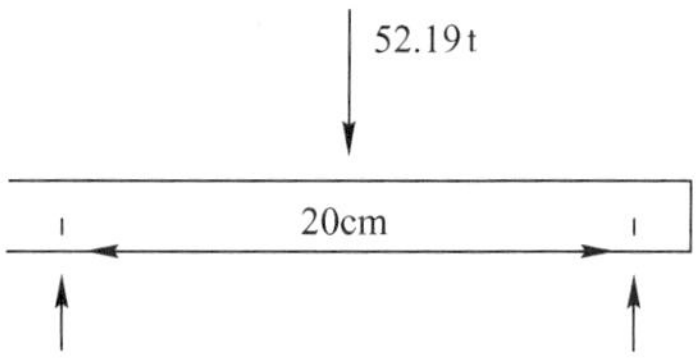

图4.2.3-4　计算简图

$M_{max}=PL/4=52.19\times104\times0.2/4=2.6\times104$N · m

$\sigma=M_{max}/W<[\sigma]=360$MPa；

$W>2.6\times104/(360\times106)=7.2\times10^{-5}m^3$；

$\pi d_3/32>7.2\times10^{-5}m^3$；$d>9.02$cm；

为安全起见，选d=13mm（45号钢）。

$\tau_{max}=16Q/(3\pi d_2)=16\times26.09\times104/(3\times3.14\times0.132)$

$=26.2$ MPa$<[\tau]=125$MPa；满足要求。

5. 施工工艺流程及操作要点

5.1　主要工艺流程（图 5.1-1）

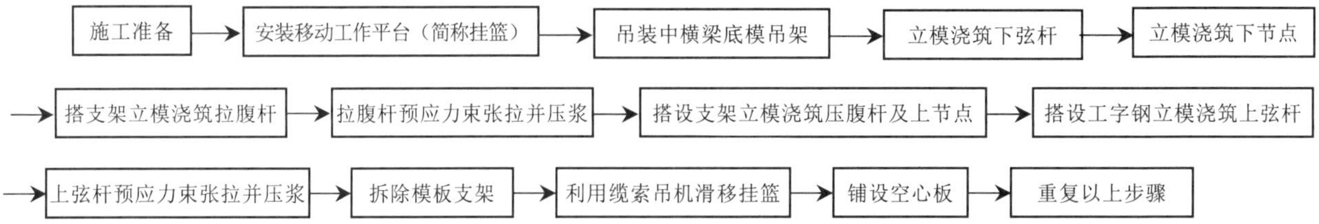

图5.1-1　工艺流程图

主要工艺流程如图5.1–2所示。

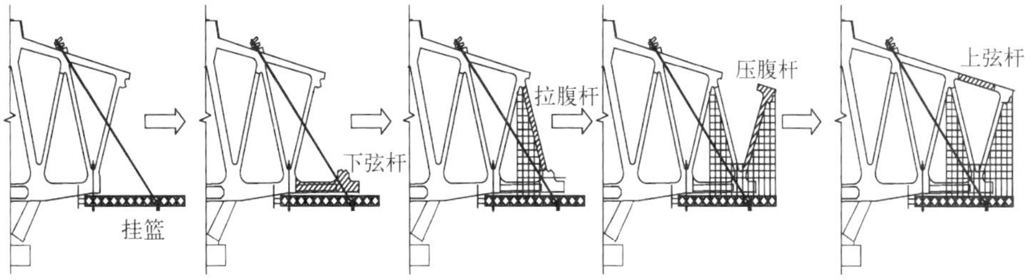

图5.1–2 主要工艺流程示意图

5.2 操作要点

5.2.1 精确安装悬挂式移动挂蓝

挂篮及中横梁底模拼装成整体后利用缆索吊吊装到预定位置，首先利用后吊杆固定挂篮主梁后端，斜上横梁固定于上节点位置，利用斜拉杆与前下横梁连接固定挂蓝主梁前端，然后根据监控单位提供的立模标高和中线对挂篮和中横梁底模标高、中线进行精确定位，挂篮主梁的标高利用斜拉杆和后吊杆进行调节，并固定牢固完成挂蓝的安装定位（图5.2.1–1、图5.2.1–2）。

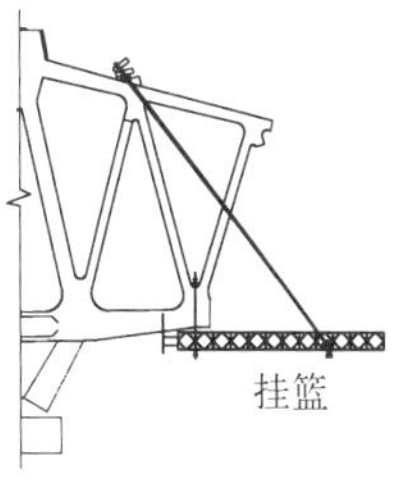

图5.2.1–1 挂篮安装

图5.2.1–2 挂篮安装

5.2.2 下弦杆、中横梁、下节点施工

在已精确定位固定好的挂篮工作平台上，根据设计图纸和规范要求施工下弦杆，下弦杆采用木模、钢管支架与主梁配合，利用缆索吊机运输混凝土并浇筑。浇筑前在下弦杆前端底部预埋4根40工字钢外露混凝土面40cm作为下一节段施工挂篮的后限位器。在绑扎下弦杆钢筋的同时安装本节段拉腹杆预应力钢绞线及压浆管道。下弦杆混凝土浇筑完毕后混凝土强度达到设计强度的85%后，浇筑本节段下节点混凝土。浇筑前对下节点混凝土与下弦杆混凝土接触面进行凿毛处理，保证混凝土的衔接（图5.2.2–1、图5.2.2–2）。

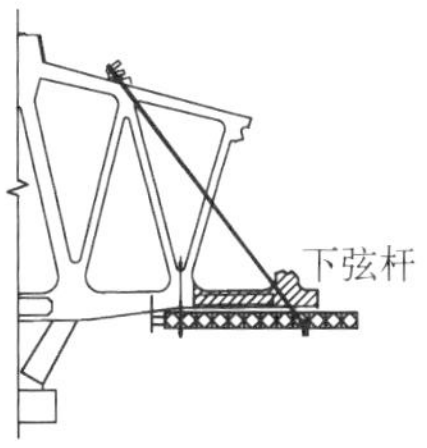

图5.2.2–1 下弦杆、中横梁、下节点施工

图5.2.2–2 下弦杆、中横梁、下节点施工

5.2.3 拉腹杆的施工

待下弦杆及下节点混凝土强度达到85%后，在已浇筑的下弦杆混凝土上搭设碗口支架立模浇筑拉腹杆混凝土。腹杆混凝土采用定制钢模板施工，由于腹杆长度较长（最长14m）故分两段浇筑，在腹杆模板顶面侧模开窗，用于浇筑混凝土并对混凝土振捣密实。由于腹杆是扇形斜面布置，故支架必须搭设牢固以免产生下沉变形。腹杆顶面与上一节段混凝土的上节点连接处模板设置成导斗形式，可使混凝土浇筑更为密实。拆模后将多余混凝土凿除并修面，在浇筑腹杆混凝土最后一斗时使用微膨混凝土，防止连接处出现裂缝（见图5.2.3–1、图5.2.3–2）。

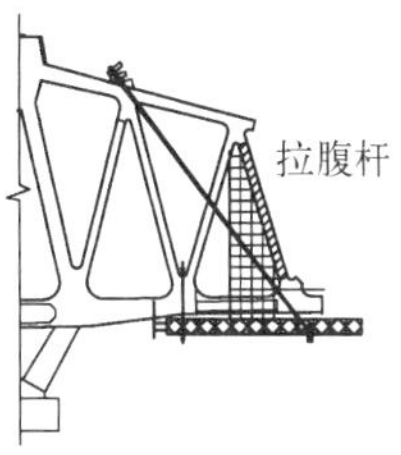

图5.2.3–1 拉腹杆的施工

图5.2.3–2 拉腹杆的施工

5.2.4 压腹杆、上节点的施工

待拉腹杆混凝土达到设计强度85%以上，完成拉腹杆预应力钢束的张拉和压浆后，就可以立模浇筑压腹杆混凝土，采用碗扣支架支立模板，绑扎钢筋，完成混凝土浇筑。在浇筑压腹杆前，压腹杆的支架与相邻已浇筑拉腹杆用钢管连接固定，加强压腹杆支架模板稳定性。压腹杆浇筑后待混凝土强度达到设计强度85%以上时立模浇筑上节点，在浇筑上节点时要横向预埋一根40型工字钢，使两端露出混凝土20cm，用于浇筑本节段上弦杆的立模牛腿（图5.2.4-1、图5.2.4-2）。

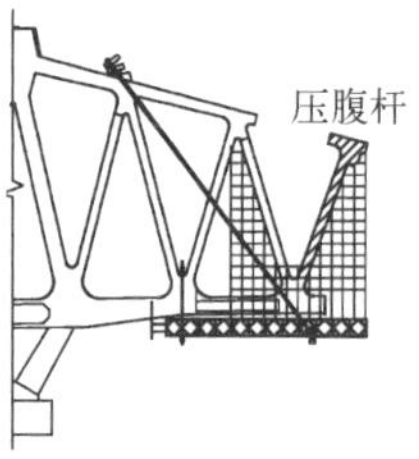

图5.2.4-1　压腹杆、上节点的施工

图5.2.4-2　压腹杆、上节点的施工

5.2.5　上弦杆的施工

将两根12m长的40型工字钢焊接于相邻两个上节点预埋工字钢上，12m工字钢间距40cm焊接肋板使2个工字钢连接成整体加强刚度，减小工字钢下挠，在两根工字钢上铺设15×15方木，间距为30cm，在方木上铺设竹胶板作为下弦杆底模，按照规范要求绑扎钢筋，连接前一节段上弦杆波纹管。波纹管连接要牢固，不能出现漏浆现象，并安装本节段预应力张拉锚具。经监理检验合格后浇筑上弦杆混凝土。待上弦杆混凝土强度达到设计强度85%后张拉本节段上弦杆预应力钢束，同一根上弦杆两根钢束应同时对称张拉，以免将上弦杆拉偏失稳，随上弦杆不断延长此项尤为重要(图5.2.5-1、图5.2.5-2)。

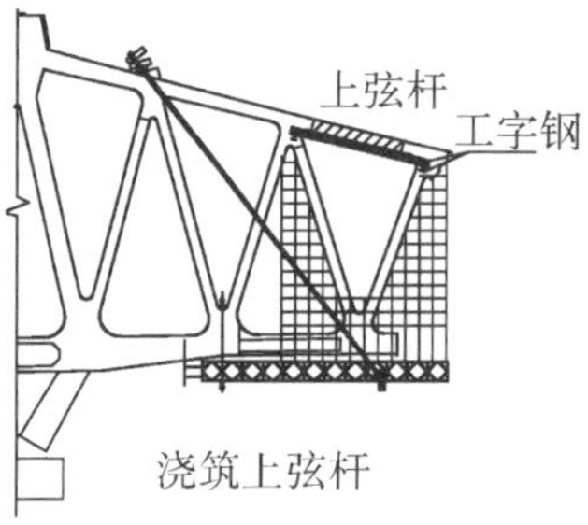

图5.2.5-1　上弦杆的施工

图5.2.5-2　上弦杆的施工

5.2.6　挂篮前移

上弦杆张拉压浆完成后拆除所有支架，将挂篮上多余方木一同吊运到桥下以减轻挂篮自重；先将挂篮用精轧螺纹钢锚固于以浇筑梁段，并与混凝土底板脱离，然后拆除斜拉吊杆和后吊杆，使用缆索吊机将斜上横梁及斜拉吊杆调运到下一个上节点处安放到位，最后利用4个缆索吊钩同时起吊将挂篮前移到下一个即将施工的节段处。前移到位后，先将后下横梁连接后吊杆锚固到位，松脱后边两个吊钩，利用松脱的两个吊钩连接斜拉吊杆和前下横梁，连接完成后松脱所有吊钩，初步固定挂篮，完成挂篮的前移。利用斜拉杆和后吊杆对挂蓝的立模标高和中线进行精确定位，开始下一节段的混凝土悬浇工作，如此循环，直至完成整桥施工（图5.2.6-1、图5.2.6-2）。

图5.2.6-1　挂篮前移

图5.2.6-2　挂篮前移

5.2.7　合拢段

合拢段的施工顺序按先边跨后中跨的顺序施工。边跨合拢段在挂篮端头搭设支架作为挂篮底部支撑，中跨合拢段将其中一对挂篮后移并拆除，将另一对挂篮前移，悬吊于已浇筑下弦杆预埋孔处，将整桥连为整体。前后吊点各用4根精轧螺纹钢连接，按设计要求施加配重。合拢段施工时，先将相邻两个下弦杆的梁面杂物清理干净，然后焊接劲性骨架绑扎钢筋，连接波纹管。经监理验收合格后，按照设计要求浇筑合拢段混凝土。

为了保证合拢段的合理受力状态，设计中考虑采用顶推法进行合拢，顶推力为2000kN。相邻两个“T构”上所有观测点的标高精确测量一遍，确定合拢段相邻的两个梁端顶面标高高差符合规范要求后，进行合拢段施工（图5.2.7-1、图5.2.7-2）。

图5.2.7-1　合拢段施工

图5.2.7-2　合拢段施工

5.2.8　施工监控

1. 施工控制的目的和意义

小溪塔大桥主桥属于大跨径预应力混凝土斜拉桁架连续刚构桥，是由杆件浇筑而成。其最终形成必须经过一个长时间而又复杂的施工过程。通过理论计算可以得到各施工阶段的理论定型定位尺寸，但在施工中存在着许多误差，这些误差均将不同程度地对桥梁的最终建成产生影响，严重的可能导致桥梁合拢困难、成桥线形及内力状态与设计要求不符等问题。因此，为确保施工过程中的施工安全，实现成桥线形与内力状态符合设计要求，必须对整个施工过程进行有效的监控。通过监控，分析各种影响成桥的各种因素，为制定施工方案提供数据上的支持。根据监控分析结果，制定施工方案，采取纠正措施，确保桥梁施工符合规范要求。

2. 实施方法

为了保证杆件轴线高程的施工精度，通过现场实测，及时准确地控制和调整施工中发生的偏差值。选用高精度水准仪（偶然误差≤1mm/km），高程控制以II等水准高程控制测量标准为控制网，箱梁浇筑以III等水准高程精度控制网联测。高程测量控制流程图5.2.8-1所示。

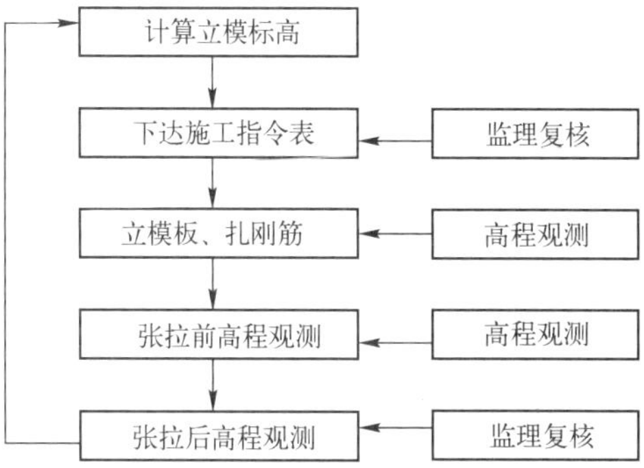

图5.2.8-1　高程测量控制流程图

大桥主梁的轴线和里程用全站仪进行测量，高程用水准仪进行测量。将轴线后视点引至过渡墩，用远点控制近距离点。

1）墩顶测量和基准点的设立

利用大桥两岸大地控制网点，使用后方交汇法，用全站仪测出墩顶测点的三维坐标。将墩顶标高值作为梁高程的水准基点，每一墩顶布置一个水平基准点和一个轴线基准点（做好明显的红色标识，施工单位做好严格保护措施）。以首次获得的墩顶标高值作为初始值，每一工况下的测试值与初始值之差即为该工况下的墩顶变位。

2）主梁挠度观测

测点布置：各控制截面设立三个标高观测点，同时也作为坐标观测点。测点须用短钢筋预埋设置并用红漆标明。各控制截面标高和线性测点布置如图5.2.8-2所示，如遇特殊情况，测点可以进行适当调整。

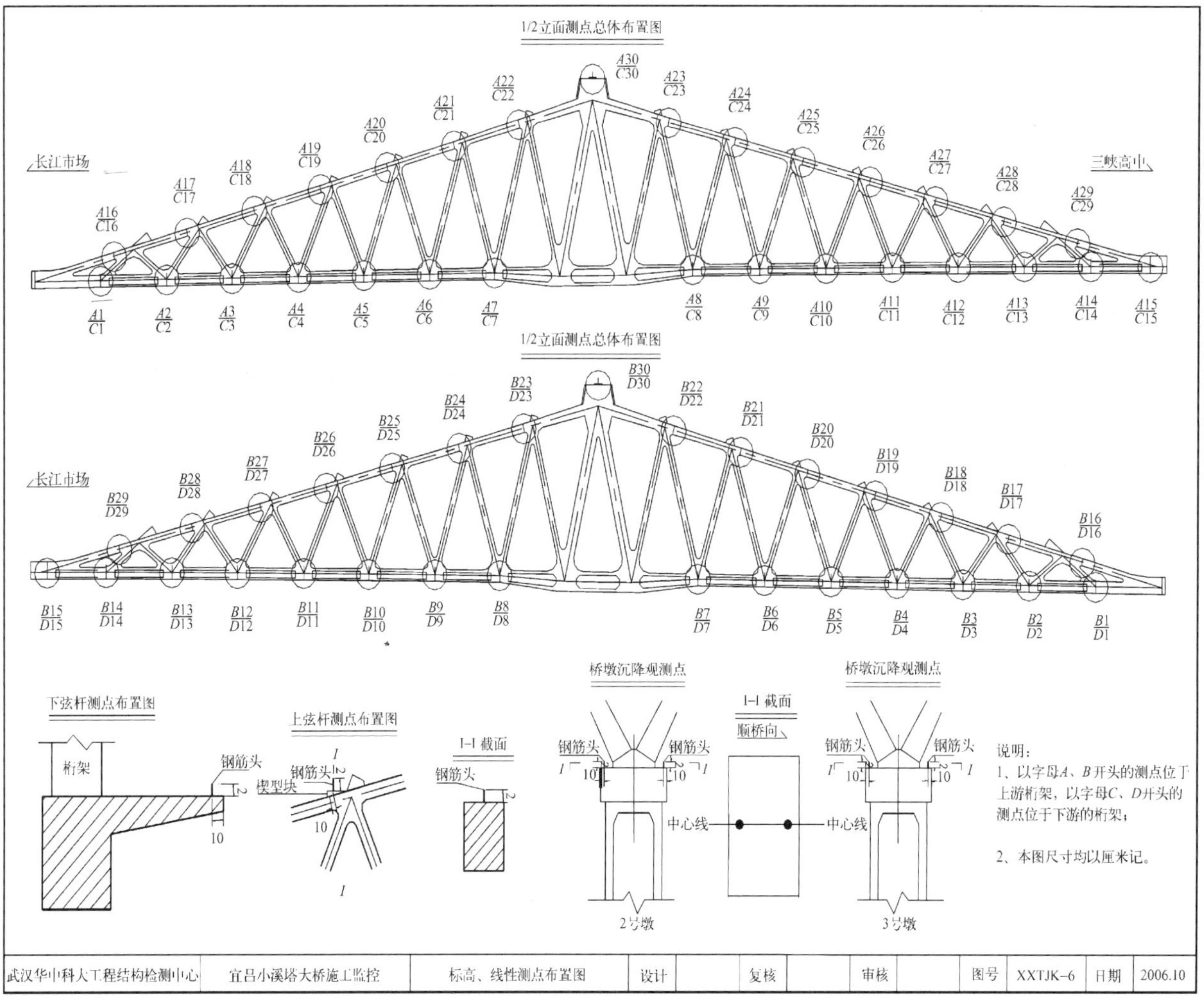

图5.2.8–2　标高和线性测点布置图

测试方法：用高精度水准仪测量测点标高。

测量频率：监控单位和施工单位按各节段施工次序，每一节段按3种工况（即立模后、浇筑混凝土后和张拉后）对杆件挠度进行平行独立测量，相互校核。

测试时间：尽量选择在稳定温度场进行测量。

3）杆件轴线抽测

测点布置：利用观测点的中间测点即可，不必另设观测点。

测量方法：使用全站仪和钢尺等，采用测小角法或视准法直接测量其前端偏位。

4）主梁立模标高及线性的测量

测点布置：立模标高的测点位置见图中的“|”所指处。

测量方法：用水准仪或高精度全站仪测量立模测点标高。

测量时间：立模标高的测量应避开温差较大的时段。施工单位立模到位、测量完毕后，监理单位、监控单位对立模标高进行复测。

5）杆件控制截面的高程的测量

在某一施工工况完毕后，对杆件高程进行直接测量。在测量过程中，同一控制截面测量3个测点，根据高差取其平均值，这样可得到主梁顶面的高程值。同时，根据不同的工况观察主梁的挠度（反拱度）变化值，按给定的立模标高（含预拱度）立模，也可得到杆件的高程值。两者进行比较后，可检验施工质量。

6）两边对称截面相对高差的直接测量

当两边施工节段相同时，对称截面的相对高差可直接进行测量和分析比较。当施工节段不同时，对称节段的相对高差不满足可比性。此时，可选择较慢的一边的控制截面和较快的一边已施工的对应截面作为相对高差的测量对象，在测量过程中，同一对称截面可测多点，根据横坡取其平均值，可得到对称截面的对应点的相对高差。

7）结构几何形状测量

结构几何形状的测量主要包括：下弦杆上下表面的宽度、腹板厚度、顶板和底板的厚度、杆件截面高度以及杆件施工节段的长度等。监控单位采用抽查的方式，不定期的进行测量。

3. 监控成果

由于采用了合理的监控方案，小溪塔合拢高差为1cm，桥面平顺，杆件轴线形平顺，达到成桥状态的控制目标，满足规范及设计要求。

6. 材料与设备

本工法无需特别说明的材料，所需的材料见表6-1，采用的机具设备见表6-2。

施工材料表 **表6-1**

序号	名　称	规格及型号	单位	数量	备　注
1	贝雷架		片	250	挂篮
2	精轧螺纹钢	ϕ32	t	20	挂篮
3	钢丝绳	ϕ28-6×19-纤维芯-1850	m	300	
4	自加工构件	OVM15-12	t	120	挂篮
5	方木		t	40	

施工机具设备表 **表6-2**

序号	名　称	规格及型号	单位	数量	备　注
1	缆索吊机	自制	套	1	
2	千斤顶	50t 液压	台	40	调模
3	导链	手动 5t	台	20	提升
4	千斤顶	500t	台	4	张拉
5	油泵	ZB4-50	台	4	张拉
6	全站仪	徕卡 TC1201	台	3	精度 1s
7	数字水准仪	DNA03	台	4	精度 0.3mm
8	计算机	HP	台	2	

7. 质 量 控 制

7.1 工程质量控制标准

按照《公路桥涵施工技术规范》和中华人民共和国行业标准《公路工程技术标准》JTG B01-2003、《公路斜拉桥设计规范》JTJ 027-96[S]。

7.2 质量控制措施

做好施工控制和施工监控，特别是基础坐标、墩台顶坐标及标高、桁架各节点坐标及标高要严格按照规范规定保证其准确到位。杆件制作要严格按照结构图尺寸和有关规范要求进行。

7.2.1 孔道成型特别是暗管应符合以下要求：

1. 位置准确符合设计要求，两段构件接合处孔位应吻合，孔道顺畅。
2. 锚具轴线与孔道轴线偏差不大于3mm。
3. 孔道周壁光滑，线型平顺、摩阻小。
4. 保证规定的孔道直径，并保持恒等。
5. 不串孔不漏浆。

制孔材料及注意事项可按照《公路桥涵施工技术规范》第12章预应力混凝土工程办理。

7.2.2 杆件的容许偏差：

1. 杆件纵轴线偏差 ≤6mm；
2. 杆件长度误差 ±5mm；
3. 杆件截面尺寸误差 ±2.5mm；
4. 端面平整度 ±3mm。

7.2.3 构件定位

1. 预埋测点进行高程测量，且所有杆件要采用同一标高系统，以供施工分析段本身的平直度、相邻杆件的滑移情况及块件的标高是否符合设计要求。高程测点的设置是在杆件上部两端各预埋2个露出混凝土面10mm的钢筋头，钢筋头平面位置离块件边缘5cm。

2. 在上弦杆及腹杆杆件端部（或侧端部）上画贯穿相邻杆件的定位线，顶部上则弹出桁架纵轴线、边线等3条墨线，供辅助定位、张拉时观察上滑现象，及作为桁架纵轴线的控制测点。

7.2.4 容许偏差

1. 各构件沿长度方向两端四角相对高差不大于1mm。
2. S1、S1′及F2、F2′杆件两端点控制点标高与设计值相差不大于±1.5mm；纵轴线偏差不大于2mm。
3. 其他构件高差（与先拼构件相比）不大于±2mm。
4. 其他构件纵轴线偏移不大于3mm。
5. 全部构件施工完毕后、合拢前，悬臂端部积累高差不大于±10mm。
6. 悬臂端纵轴线偏移不大于±10mm。
7. 斜拉式桁架顶部1号节点倾斜度偏差不大于6mm。
8. F1和F1′腹杆断面尺寸偏差不大于±10mm。

7.2.5 为了施工统一了验评标准，加强了施工质量的监控。各项标准如下（表7.2.5-1～表7.2.5-7）：

钢筋加工及安装实测项目 **表7.2.5-1**

项次	检查项目			规定值或允许偏差	检查方法和频率
1	受力钢筋间距（mm）	两排以上排距		±5	每构件检查2个断面，用尺量
		同排	梁板、拱肋	±10	
			基础、锚碇、墩台、柱	±20	
		灌注桩		±20	
2	箍筋、横向水平钢筋、螺旋筋间距（mm）			+0，-20	每构件检查5～10个间距
3	钢筋骨架尺寸（mm）	长		±10	按骨架总数30%抽查
		宽、高或直径		±5	
4	弯起钢筋位置（mm）			±20	每骨架抽查30%
5	保护层厚度（mm）	柱、梁、拱肋		±5	每构件沿模板周边检察查8处
		基础、锚碇、墩台		±10	
		板		±3	

钢筋网实测项目　　表7.2.5-2

项次	检查项目	规定值或允许偏差	检查方法和频率
1	网的长、宽（mm）	±10	用尺量
2	网眼尺寸（mm）	±10	用尺量，抽查3个网眼
3	对角线差（mm）	10	用尺量，抽查3个网眼对角线

模板安装的允许偏差　　表7.2.5-3

项次	项　　目	允许偏差（mm）
1	模板	±10
2	模板内部尺寸	±5
3	轴线偏位	±10
4	相邻两板表面高差	±2
5	平整度（2m直尺检查）	±5
6	预埋件中心位置	±3
7	预留孔洞中心位置	±10
8	预留孔洞截面内部尺寸	±10，0

现浇桁架梁（杆件）实测项目　　表7.2.5-4

项次	检 查 项 目		规定值或允许偏差	检查方法和频率
1	混凝土强度（MPa）		在合格标准内	按规范要求检查
2	断面尺寸（mm）		±5	用尺量2处
3	轴线偏位（mm）	$L\leqslant60$m	10	用经纬仪检查，每跨5处
		$L>60$m	$L/6000$	
4	预埋件位置（mm）		5	用尺量
5	杆件高程（mm）		±20	用水准仪检查，每杆件3处
6	对称点相对高差（mm）	$L\leqslant60$m	20	用水准仪检查，每杆件3处
		$L>60$m	$L/3000$	
7	竖直度（mm）		20	用全站仪检查，每件2处

钢筋混凝土主塔实测项目　　表7.2.5-5

项次	检 查 项 目	规定值或允许偏差	检查方法和频率
1	混凝土强度（MPa）	在合格标准内	按规范要求检查
2	塔底水平偏位（mm）	10	用经纬仪或全站仪检查
3	倾斜度（mm）	塔高的1/3000，且不大于30	用全站仪纵、横方向各检查2点
4	断面尺寸（mm）	±20	用尺量，每5m检查1个断面
5	风撑高度（mm）	±10	用水准仪或全站仪测量
6	塔下横梁高程（mm）	±10	用水准仪或全站仪测量
7	孔道位置（mm）	10	用钢尺量

现浇横梁及风撑实测项目 表7.2.5-6

项次	检查项目	规定值或允许偏差	检查方法和频率
1	混凝土强度（MPa）	在合格标准内	按规范要求检查
2	断面尺寸（mm）	+8，-5	检查3个断面
3	轴线偏位（mm）	10	用经纬仪测量3处
4	高程（mm）	±20	用水准仪检查，每件查3处
5	平整度（mm）	5	用2m直尺检查

后张法实测项目 表7.2.5-7

项次	检查项目		规定值或允许偏差	检查方法和频率
1	管道坐标	梁长方向	30	抽查30%，每根查10个点
		梁高方向	10	
2	管道间距	同排	10	抽查30%，每根查10个点
		上下层	10	
3	张拉应力值		符合设计要求	查张拉记录
4	张拉伸长率		±6	查张拉记录
5	断丝滑丝数		每束1根且每杆件断面不超过钢丝总数的1%	查张拉记录

8. 安全措施

8.1 安全生产引用和遵循的规范、规程和标准

在整个施工过程中，严格按下列规范、规程和标准进行：

1.《中华人民共和国建筑法》

2.《湖北省交通重点建设项目高危工程施工安全管理规定》

3.《施工现场临时用电安全技术规范》JGJ 46-88

4.《建筑施工高处作业安全技术规范》JGJ 80-91

5.《施工现场安全生产保证体系》JGJ 903-08

6.《建筑施工安全检查标准》JGJ 59-99

7.《建筑机械使用安全技术规范》JGJ 33-86

8. 建筑施工扣件脚手架安全技术规范JGJ 130-2001

9. 中华人民共和国水上、水下施工作业通航安全管理规定（交通部令第4号）

8.2 安全管理措施

8.2.1 梁部及桥面系施工为高空作业和临边作业。必须使用检验合格的安全带，安全带应高挂低用，不准将绳打结使用。安全带上的各种部件不得任意拆除，更换新绳时要注意加绳套。

8.2.2 因中间孔有通航要求，梁部及桥面系施工布设安全网。防止落物危及行船安全。安全网网绳不得破损，并生根牢固、绷紧、圈牢、拼接严密。

8.2.3 梁部及桥面系施工根据作业高度和现场风力大小、对作业的影响程度，制定适于施工的风力标准。

8.2.4 七级以上大风不得移动挂篮，同时将挂篮稳妥的锚在已浇梁段上。

8.2.5 已浇筑的梁段两侧设置临时栏杆，栏杆的强度和间距符合安全要求。

8.2.6 浮式吊机工作时，设有专人指挥吊机，吊机开始提升和下降指挥人员均要鸣哨。

8.2.7 混凝土强度达到设计强度要求后，才能张拉预应力筋和拆除支架。

8.2.8 挂篮所使用的材料要进行材料力学性能试验。挂篮试拼后，进行荷载试验。

8.2.9 悬臂浇筑梁段时，桥墩两侧的浇筑进度做到对称、均衡。

8.2.10 在已完成的梁段上前移挂篮时，后端要有压重稳定的措施，后端要锚固于已完成的梁段上。挂篮前移及在其上浇筑混凝土时，抗倾覆稳定系数不小于2.0。

8.2.11 搭设稳固的扶梯，人员上下要走扶梯，不得攀爬脚手架。

8.3 事故紧急处理措施

本工程全部是桥梁施工，主要为水上作业。安全工作的重点放在防台风、预防施工用电、高空作业安全、船舶和机械车辆事故等方面，充分考虑各种安全隐患，为安全顺利完成该项目工程，首先是从技术上采取先进稳妥的施工方案。现场加强施工调度指挥、专职电工、安全员负责专项工作等措施外，我们还准备以下应急处理措施：

8.3.1 建立应急工作领导小组，由项目经理任组长，负责处理一切突发事件。

8.3.2 落实值班车辆和司机，落实救护船和船员，确保应急工作需要。保证通信畅通。

8.3.3 工作车间、工区、生活区备足灭火器材。

8.3.4 医疗所建立值班制度，落实值班医生。

一旦发生人为不可抗拒的特殊事故，由应急工作领导小组统一指挥，各有关人员全力配合，协同作战，首先把人身安全放在第一位，努力减少突发事件带来的损失。充分利用现场医疗所对伤员急救处理再送往附近医院治疗。

对工程机械“专家会诊”，采取科学合理的措施进行工程机械维修，以使施工机械能够尽快修复，投入使用。

9. 环 保 措 施

在桁架式钢筋混凝土预应力斜拉桥挂篮施工过程中认真贯彻《中华人民共和国环境保护法》、《中华人民共和国水土保持法》和《中华人民共和国水污染防治法》的要求，积极维护当地的自然环境，最大限度的减少施工对自然生态的破坏。在施工中尽量最大限度维护原来的地貌地形，保持原来的生态环境。

项目经理部设专人负责环保工作。进场后及时与当地政府环保机构联系，了解地方环境保护法规签订有关协议、制定报审具体办法及办理相关手续。施工中严格履行合同中对取弃土、排污等施工环境保护方面的承诺。由于悬臂挂蓝的施工很好的保护了当地的水域的自然生态环境。

9.1 水环境的保护措施

9.1.1 污染源及影响

1. 污染源

水环境污染的污染源主要为施工泥浆水、设备油污、车辆冲洗水、施工人员生活污水等。

2. 影响

水环境污染的影响主要表现为污染受纳水体、破坏水质、破坏施工现场的水域环境。

9.1.2 水环境的保护措施

1. 废水排放严格执行各项排放标准，废水排入自然水体时悬浮物（SS）严格执行《污水综合排放标准》GB 8978-1996的二级标准（150mg/L）。

2. 在开工前完成工地排水和废水处理设施的建设，在生活营地设置污水处理系统，并配备临时的生活污水汇集设施；在每个施工作业平台上设置污水汇集和沉淀设施，防止污水直接排入海洋或其他系统；保证工地排水和废水处理设施在整个施工过程的有效性，做到现场无积水、排水不外溢、不堵塞、水质达标。

3. 桩基施工泥浆钢制沉淀池，并用运输船舶将泥浆运至指定地点。

4. 将工地生活区的生活垃圾、工程废料及废油分类堆放，将施工平台上的建筑垃圾等每天收集，由运输船舶运至岸上营地，并及时集运至当地环保部门指定的地点，避免造成污染。

5. 对有害物质和施工废水进行处理，严禁直接排放。

6. 优先安排电动机械施工，对柴油发电机安装防漏油设施，对机壳进行覆盖围护，避免漏油污染。

9.2 大气环境的保护措施

9.2.1 污染源及其影响

1. 污染源

大气环境的污染源主要为车辆、船舶运输、燃油机械施工、生活营地炉灶等。

2. 影响

大气环境污染的影响主要表现为扬尘、粉尘、废气。

9.2.2 大气环境的保护措施

1. 对易产生粉尘、扬尘的作业过程，制定操作规程和洒水降尘制度，保持湿度、控制扬尘。

2. 严禁在施工现场焚烧任何废弃物和会产生有毒有害气体、烟尘、臭气的物质等。

3. 水泥等易飞扬细颗粒散体物料在平台上建库存放，散装物料露天堆放场进行覆盖。

4. 对进出施工营地的施工便道，定期压实地面和洒水，减少灰尘对周围环境的污染。

5. 生活营地使用清洁能源，炉灶符合烟尘排放标准。

9.3 噪声环境的保护措施

9.3.1 污染源及其影响

1. 污染源

噪声环境的污染主要为施工期间施工机械、施工活动、运输车辆造成的噪声。

2. 影响

本工程附近没有居民区和企事业单位，噪声环境的影响主要表现在对参建职工的生产活动等造成噪声污染。

9.3.2 噪声环境的保护措施

1. 严格执行《工业企业噪声卫生标准》，控制和降低施工机械和运输车辆造成的噪声污染。

2. 施工组织采用两班制或三班制作业，使工人每工作日实际接触噪声的时间符合国家卫生部和劳动部颁发的允许工人日接触噪声时间标准的规定。

3. 设备选型优先考虑低噪声产品，机械设备合理布置，正确安装、固定，减少阻力及冲击振动。

4. 采用低噪声的施工工艺和方法。

5. 出入辅助施工区域的机械、车辆做到不鸣笛、不急刹车；对在施工水域航行的船舶加以控制；加强设备维修，定时保养润滑，以避免或减少噪声。

9.4 振动环境的保护措施

9.4.1 污染源及其影响

1. 污染源

振动环境的振动源主要有钻机作业、震动沉桩等施工活动。

2. 影响

振动环境污染的主要表现为对生产活动所造成影响。

9.4.2 振动环境的保护措施

其控制措施与噪声基本相同。

9.5 固体废弃物

9.5.1 污染源及其影响

1. 污染源

固体废弃物的污染源主要有建筑废料、生活垃圾。

2. 固体废弃物的影响

固体废弃物的影响主要包括对环境卫生等方面的影响。

9.5.2 固体废弃物的控制措施

1. 制定废渣等固体废弃物的处理、处置方案，及时清运，建立登记制度，防止中途倾倒事件发生并做到运输途中不撒落。

2. 剩余料具、包装及时回收、清退。对可再利用的废弃物尽量回收利用。各类垃圾及时清扫、清运，不随意倾倒，每班清扫、每日清运。

3. 施工现场无废弃砂浆和混凝土，运输道路和操作面落地料及时清扫，砂浆、混凝土倒运时采取防落措施，对于作业平台上的固定废弃物每天进行清理，并利用运输船舶返程运输至岸上设置的集中地点，然后定期清运至指定地点。

4. 教育施工人员养成良好的卫生习惯，不随地乱丢垃圾、杂物，保持工作和生活环境的整洁。

5. 严禁垃圾乱倒、乱卸。施工营地设垃圾站，各类生活垃圾按规定集中收集，及时清运。

10. 效益分析

10.1 经济效益

采用本悬臂挂篮施工与采用传统支架法施工的对比见表10.1。

施工方式材料对比 **表10.1**

施工方式	材料名称	成本	重复使用次数
挂蓝施工	挂蓝 4 套 100t	50 万	10
支架施工	碗扣架 660t	413 万	1
支架施工	方木 700m^3	123 万	1
支架施工	木板 3440m^2	14 万	1

因此采用本工法施工节约材料560t，节约成本550万元。

10.2 环境效益

因采用本工法不干扰河道，对河流保证了最少的污染，对环境无影响。

10.3 节能效益

10.3.1 因采用本工法大大减少了方木与木板使用量，从而节省了大量的国家木材能源。

10.3.2 预应力斜拉桁架桥具有圬工体积小、自重轻的特点，又具有斜拉桥的一些特性，受力合理，建筑高度低，经济指标合理，混凝土和钢材的用量不高，节约材料能源。同时预应力混凝土斜拉桁架桥的是以预应力混凝土刚性拉杆代替斜拉桥柔性拉索，是发展大跨度预应力混凝土桥梁结构很有潜力的一种结构型式。

10.4 社会效益

采用本工法充分利用了现场的施工条件，在保证桥下货轮水运的正常情况下，安全、可靠、高效的完成了该桥的施工任务，由于保证了桥下货轮水运的正常通航，为城市的经济产生了不可估量的经济效益，避免了不必要的城市经济损失

新技术与新工艺的利用，在课题组开展科技攻关的基础上，归类总结了该类型桥型的施工工艺及关键技术，填补了该类型桥梁的悬臂浇筑施工的空白，为该类型桥梁的设计、施工提供了宝贵的实践经验。课题实施过程中，培养了一批桥梁建设的高级人才，拓宽了公司施工领域，提高了公司市场竞争能力。

11. 应用实例

11.1 工程概况

宜昌市夷陵区小溪塔大桥位于宜昌市夷陵区，跨越黄柏河，全长421.56m。本桥上部结构为25m（预应力简支箱梁）+85.5m＋173m＋85.5m（预应力斜拉珩架式连续刚构）＋45m（预应力简支箱梁）；主桥斜拉连续钢构由上弦杆、下弦杆、腹杆组成。在两片斜桁架连续梁骨架之间，用了横梁（桁顶横梁、节点横梁、端横梁）联结。然后在横梁上安装预制空心板梁形成桥面板（图11.1-1、图11.1-2）。

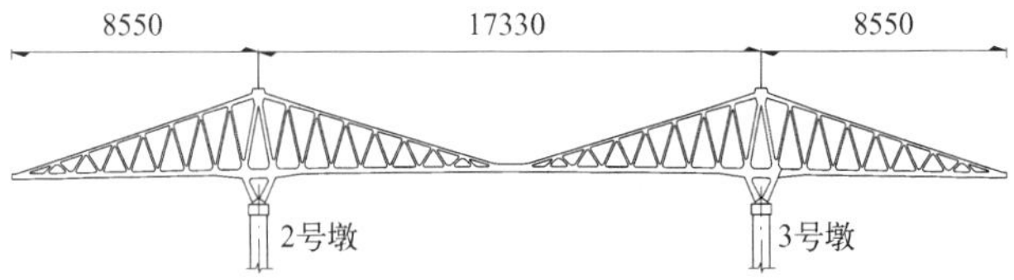

图11.1-1　小溪塔大桥桥型布置立面图（单位：cm）

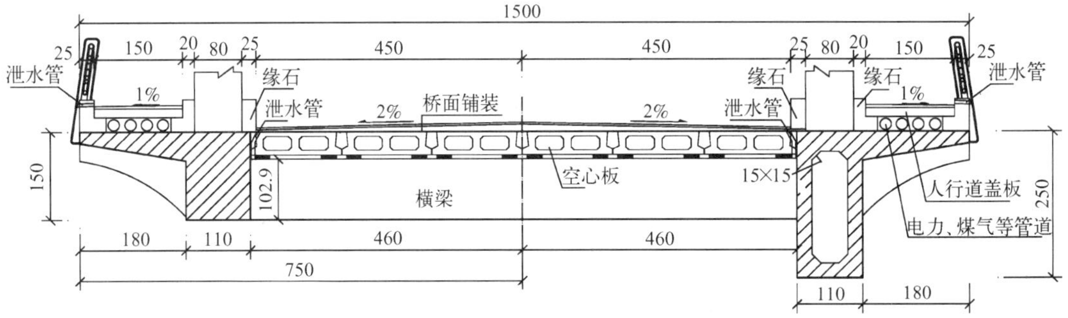

图11.1-2　小溪塔大桥标准横断面图（单位：cm）

11.2 实施情况

该工法于2006年1月～2009年3月在宜昌小溪塔大桥成功应用。应用期间，保证了河道的正常通航、施工安全和工程质量，取得了显著的经济效益和良好的社会效应。该桥顺利通过验收且已经通车，并经过严格的桥梁荷载试验。验收及试验结果表明，该桥性能指标完全符合设计要求，说明此工法在该桥应用取得了预期的效果。经成桥试验和通车一年的检验，桥梁线形和成桥应力符合规范要求，实现了设计意图。

11.3 应用效果

小溪塔大桥位于宜昌夷陵区，作为连接丁家坝和冯家湾的主要通道，该桥的通车对开发丁家坝，发展宜昌市夷陵区经济建设具有重要的意义。同时该桥结构新颖，外形美观，同黄柏河的地理环境相协调，该桥建成后成为该区域标志性建筑，为黄柏河上增添了一道亮丽的风景。该工程积累的施工经验，特别是上部结构施工中采用的悬臂对称浇筑技术，在大跨度斜拉桁架连续刚构桥施工中开辟了一条崭新的道路，填补了我国预应力斜拉桁架刚构桥悬臂浇筑施工的空白。

11.4 存在问题

本工法解决了支架法所无法解决的通航问题，避免了采用拼装法所带来的接头处易裂缝和接头被压碎等问题的发生，整体受力结构更合理，在跨河流、山谷等复杂地形情况下有很好的推广前景。该工法填补了我国在预应力斜拉桁架刚构桥悬臂浇筑施工的空白，对今后我国同类型桥的结构设计、施工具有参考和指导意义，从长远来看该工法对促进我国斜拉桁架刚构桥的发展具有很高的推广价值。本工法由于该桥型结构的特殊性，还是首次使用，故经验尚现不足，希望在今后同类型桥梁中得到广泛应用，并提出更宝贵的施工经验。

连续钢箱梁逐段拼装空间曲线顶推工法

GJEJGF257—2010

中铁二十局集团有限公司　中铁建电气化局集团有限公司
杜越　李庆民　王永丽　仲维玲　严朝锋

1. 前　　言

顶推法较多的应用于预应力混凝土直线或大半径的平曲线连续箱梁、钢桁梁、钢箱梁的架设之中，但对位于小半径平面圆曲线和凸形竖曲线地段的空间曲线钢箱梁，在支架上分段拼装分次顶推就位的施工在国内较为少见。中铁二十局集团有限公司在承建无锡硕放互通枢纽G、H匝道两座小半径空间曲线4跨连续钢箱梁桥时，针对沪宁高速公路不允许占道施工的实际情况，组织开展"小半径空间曲线钢箱梁顶推施工技术"的攻关活动，通过对"小半径空间曲线钢箱梁顶推施工技术"的总结后形成了此工法。 该工法解决了保证既有道路正常通车的情况下安装小半径空间曲线钢箱梁施工难题，社会经济效益显著。2007年10月20日"小半径空间曲线钢箱梁顶推施工技术"通过了中国铁道建筑总公司组织的专家评审，专家们一致认为该技术达到了国内领先水平。该成果获得了2007年度中国铁道建筑总公司科学技术二等奖，2007年度中国施工企业管理协会科学技术二等奖。该工法分别成功的应用于无锡硕放互通枢纽G、H匝道桥和南京长江四桥北引线工程麒麟互通枢纽G、H匝道桥工程，对跨越高等级公路、河流等类似条件的桥梁施工具有广阔的推广前景。

2. 工 法 特 点

2.1　保证既有道路正常通行。与满堂支架拼装法相比，不占用高速公路地面车道，从而保证了地面道路的正常通车，社会经济效益显著。

2.2　安全风险小。与满堂支架拼装法相比，由于在地面高速公路车道上不需要设置拼装支架，拼装作业在高速公路隔离栅以外进行，避免了施工对行车带来的安全隐患，以及车辆可能碰撞支架给施工带来的安全风险。

2.3　降低了施工成本。与满堂支架拼装方法相比，不仅支架投入数量较少（支架搭设长度可减少40%以上），而且减少了支架基础及地基处理工作量，从而达到降低施工成本的目的。

3. 适 用 范 围

本工法适用于小半径空间曲线钢箱梁的安装，也适用于平曲线钢箱梁或直线型竖曲线地段钢箱梁的安装，尤其适用于要求桥下地面道路保持正常通车情况下的钢箱梁施工。

4. 工 艺 原 理

在地面道路的一侧，沿钢箱梁线路中线位置布设数组钢支架作为拼装平台，在平台上分段拼装一定长度的钢箱梁和前导梁，经水平千斤顶施力，使梁段在滑道上向前滑动一定距离后暂停顶推，然后在支架平台的后端继续拼装钢箱梁节段，接着继续向前顶推。如此循环，直至全联连续钢箱梁就位。

布设支架时，其平面和纵面线形必须满足钢箱梁设计的平曲线及竖曲线要素要求。为减小顶推阻力，在滑道梁顶面安装带有不锈钢板的下滑道板及导向装置。钢箱梁拼装前，在下滑道面上放置好聚四氟乙烯滑板，在顶推过程中专人不断地往对应于下滑道部位的钢箱梁底部喂聚四氟乙烯滑板。

5. 施工工艺流程及操作要点

5.1 施工工艺流程

小半径空间曲线钢箱梁分段拼装顶推施工工艺流程见图5.1。

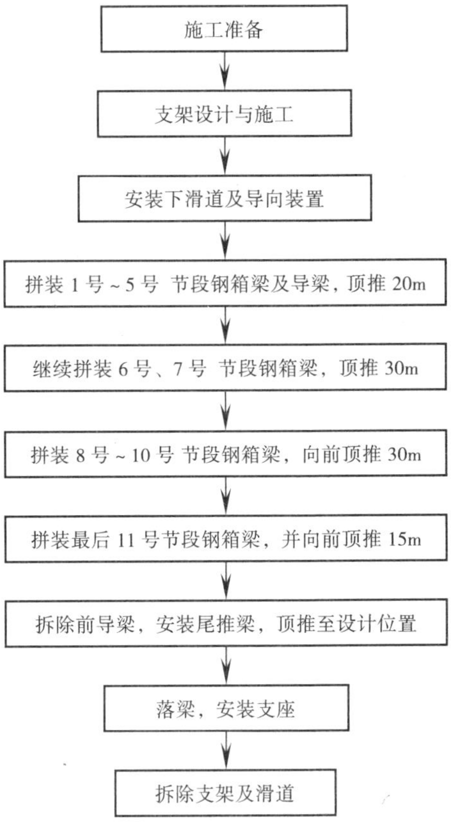

图5.1　钢箱梁顶推施工工艺流程图

5.2 操作要点

5.2.1 施工准备

施工准备工作主要包括：技术准备、施工场地准备、施工机具的准备和劳动力组织准备等几个方面，并对施工人员进行安全技术交底，必要时进行技术培训。

5.2.2 支架设计与施工

支架除满足钢箱梁拼装平台外，还要兼作钢箱梁实施空间曲线顶推之用。因此，在设计支架时，既要考虑其能承受顶推时的最大竖向荷载和最大水力，又要考虑满足钢箱梁在顶推过程沿同半径平面圆曲线和同曲率凸型竖曲线轨迹前进要求，并按位置准确计算和控制滑道进、出口的标高。

1. 支架结构

支架结构采用临时支墩式，临时支墩一般采用钢管支墩，并用钢板对上下端部作加强处理。本桥临时支墩均设计为ϕ500×8钢管柱，用Q235钢板卷制。一组临时墩共由4根钢管柱组成，柱间用16号槽钢作剪刀撑连接，柱顶设置用于固定下滑道的钢支座。考虑到拼装钢箱梁过程中需要设置用于调整接头标高的千斤顶，同时提高临时墩抗推能力。因此，需要在每组支墩上部设置2根I40纵梁。位于桥墩处的临时墩，其墩顶用型钢与桥梁支座垫石进行连接。

2. 支架基础

支架基础可采用钻孔桩基或钢筋混凝土扩大基础。本桥支架基础采用C25混凝土扩大基础。根据地基实际承载力（120kPa）及最大竖向荷载（一般墩为85t，中央分隔带处为176t），确定一般临时墩2个分离式基础尺寸为4m×2m×1.2m。在基础混凝土施工时预埋14个M25地脚螺栓，钢管柱与基础栓接。中央分隔带处临时墩基础充分利用匝道桥承台。临时墩确定后，根据顶推工况对其进行承载力和抗倾覆验算。

3. 支墩布置

临时墩沿线路中线径向布置，除各组临时墩平面满足与钢箱梁相同半径的圆曲线要求外，各墩顶部的标高必须满足钢箱梁对应的竖向圆曲线线形要求。

图 5.2.2

拼装地段的临时墩布设数量主要根据钢箱梁在顶推中处于最大悬臂（34m）工况时满足抗倾覆系数1.5来确定，各组临时墩纵向间距主要根据钢箱梁分段长度（9.93m）确定。因此，本桥拼装支架临时墩纵向中心间距10m。

每组临时墩钢管柱纵横向间距由设计提供的滑道位置及下滑道梁长度决定，据此计算出横向间距5.15m，纵向间距2m。钢箱梁的顶推高程与设计落梁高程相同。

4. 支架搭设

按照支架的临时墩布置图用全站仪放出各个临时墩位置，并对地基进行处理，随后按常规法用C25混凝土浇筑基础。待混凝土达到一定强度后安装钢管柱，采用[16槽钢设置好纵横向水平支撑和剪刀撑。临时支墩安装时垂直度≤1%，顶面标高0～−10mm。

图5.2.3-1 滑动装置

5.2.3 安装滑道和导向装置

滑动装置主要由下滑道、上滑板组成（图5.2.3-1）。

1. 滑道位置

钢箱梁顶推滑道一般设置在左右腹板下方的底板附近，并对腹板底部设三角形加劲肋，同时在顶推滑道中心位置沿纵向通长设80cm高肋板进行加强，以防止钢箱梁的变形。

2. 下滑道

下滑道由滑道梁、下滑板组成。滑道梁为2根[32b槽钢，下滑道有效长度2.0m，宽度30cm。考虑到钢箱梁在顶推过程中上滑块可能会出现挤死或卡住现象，需要起顶钢箱梁，故在每侧滑道梁的两端都设有吊篮，吊篮内可安放50t液压千斤顶以备用。

下滑板由5块□500×500×20（mm）钢板组成，每块钢板顶面外包545×450×1（mm）的不锈钢板（周边与钢板压焊）。钢板下料后四周剖成圆弧面，防止接缝处的棱角划伤聚四氟乙烯滑板面。

3. 上滑块

为减小顶推阻力，一般选择一面贴聚四氟乙烯、内部设两层钢板的氯丁橡胶板作为滑块。其规格为400×200×20（mm）。下滑板和上滑块共同组成顶推摩擦副，在顶推千斤顶的作用下，实现钢箱梁的顶推前进。

4. 导向装置

为方便钢箱梁节段拼装时的横向定位和顶推时的导向，在下滑道板外侧设置了导向装置（横向限位器）。导向装置主要由钢轴、螺母、垫片及导向轮组成。通过钢轴及螺母将导向轮固定在下滑道钢板面上。其结构见图5.2.3-2所示。

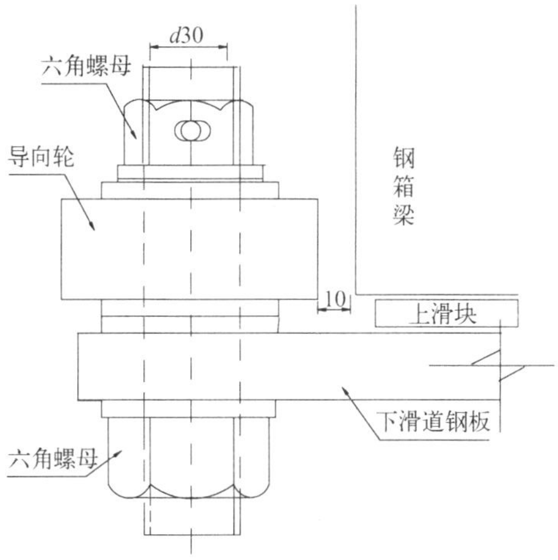

图5.2.3-2 导向装置示意图

5. 下滑道安装

下滑道加工好后，用吊车整体就位在钢管柱顶部的支座上，检查滑道顶面标高，必要时用钢板进行调整，符合要求后再将滑道梁与支座焊接。

5.2.4 拼装1号～5号 节段钢箱梁及导梁，顶推20m

1. 顶推方式及位置

为减小桥墩承受的水平力，考虑到平曲线及竖曲线顶推，本桥选择多点拉杆式连续顶推。即2台千斤顶分别固定于G匝道19号墩、20号墩（H匝道为11号、12号墩）。为防止顶推过程中两侧桥墩受扭，将水平千斤顶设置在桥墩两立柱间的操作平台上。

拉锚器设置在钢箱梁底板横向中心线处的横隔板部位。拉锚器与钢箱梁底板栓接。钢箱梁加工时，事先在底板上打好固定拉锚器的拴孔。

2. 牵引装置

根据顶推最大水平力，选择2台ZLD-100自动连续千斤顶提供水平动力。拉杆采用3根 ϕj15.24钢绞线和自动工具锚。锚固器采用Q235钢板组焊而成，其结构尺寸除满足最大顶推水平力外，还要兼顾水平千斤顶施力点尽量与拉锚器在一条直线上。每次顶推时，拉锚器与连续式千斤顶之间保持20～30m的距离，以减小其位置对平、竖曲线顶推的影响。

图 5.2.4-1

3．多点顶推同步运行控制

由于本桥2个水平千斤顶布置在两个桥墩中间，因此，多点顶推同步运行控制主要目的在于期望2个墩上的千斤顶出力克服该墩上的摩阻力，或限制顶推力与摩阻力的差值在桥墩能够承受的水平推力范围。就此而言，本桥桥墩最大允许的水平力为96t，而临时墩传递给桥墩的最大顶推力约65t。尽管如此，采购设备时按照2台千斤顶集中控制设置总控制台，控制2个泵站。每个千斤顶位置配备联络器具，随时可以互相与控制台人员通话、发布操作指令及反应顶推情况。

顶推力的控制主要由操作人员手动调整油泵压力控制施力。

4．梁段拼装

在支架上用1台250t汽车吊分别将G1～G5梁段吊装在支架上，调整钢箱梁标高、线形，焊缝焊接、检测。梁段吊装前，在滑道上铺设聚四氟乙烯滑板。

图 5.2.4-2

5．导梁的加工及安装

导梁长度一般为顶推跨径的0.6～0.7倍，本桥钢导梁长度内侧20m，外侧22m，其截面为工字形钢板梁。导梁顶板、底板厚度20mm，腹板厚度16～12mm。导梁高度及线形与钢箱梁相同，并与钢箱梁腹板拴接。考虑到导梁上墩时要设置千斤顶顶升，导梁前端成弃口。

6．顶推钢箱梁节段前移20m

司机操作泵站给千斤顶缓缓供油，在钢绞线的牵引下钢箱梁随之向前滑动。在顶推过程中随时观察滑板情况，一旦出现滑板脱空时，暂停顶推，及时在滑板与梁底间加垫钢板。当最前端滑板滑出后，及时从尾部喂新送滑板。

5.2.5 拼装6号～7号节段钢箱梁，顶推30m

用同样的方法吊装G6、G7分段，调整钢箱梁标高、线形，焊接好接头焊缝，随后安装G6、G7梁段的翼缘板和钢护栏，并进行涂装。完成后进行第二次顶推，顶推距离30m。当导梁伸进中央分隔带临时墩下滑道约40cm时，暂停顶推，用竖向千斤顶将导梁前端顶起一定高度（千斤顶下端垫上聚四氟乙烯滑板），接着继续顶推0.5～1m暂停，在导梁下端安装滑板，拆除导梁上墩用的千斤顶，继续顶推，直至梁段前移30m止。

5.2.6 拼装8号～10号节段钢箱梁，顶推30m

用汽车吊拼装G8～G10梁段，继续向前顶推30m。

5.2.7 拼装11号梁段，顶推15m

用汽车吊拼装G11梁段，继续向前顶推15m，并逐节拆除导梁。

5.2.8 拆除前导梁，安装尾推梁， 顶推至设计位置

拆除前端导梁后，将其安装在钢箱梁的尾部，用同样的方法顶推钢箱梁前进5m，使钢箱梁达到设计位置。

5.2.9 落梁、安装支座

拆除尾部导梁，调整梁端线、梁边线精度满足设计及施工规范要求后，用千斤顶起梁，准确量测支座位置及上座板螺栓孔位置后安装支座。支座位置、标高经复核无误，匀速缓慢的落梁于永久支座上。

5.2.10 拆除支架和滑道

先逐个用氧气乙炔将滑道梁与支墩顶部的支座割开，取下滑道梁，然后在割除钢管柱之间的剪刀撑等连接件，最后拆除钢管柱。

5.3 施工监控

为确保顶推过程中钢箱梁、桥墩及临时墩的安全，顶推全过程进行监控。

5.3.1 横向位移监控

在导梁顶面、钢箱梁顶板中线位置每隔10～20m固定一个小棱镜，分别在顶推前、顶推中、顶推就位后采用全站仪观测小棱镜，根据测设的小棱镜位置推断钢箱梁及导梁的横向位移偏差。用同样的方法，对临时墩顶部位移进行监控。

5.3.2 导梁挠度监控

采用水准仪法对导梁挠度进行监测。测点设在导梁前端，横向共2个测点，分别在顶推前、推中、抵达临时墩顶前、抵达墩顶后进行实测，并与设计提供的挠度值对比。

5.3.3 钢箱梁、桥墩、临时墩应力监测

在墩底部、钢箱梁腹板底部等部位安装应力计，实测应力，并与设计规定值对比。

5.3.4 落梁时永久支座反力的监测

在永久支座处设置应力计，落梁时对各永久支座的反力进行监测，根据测量结果调整支座高程。

5.4 劳动力组织

钢箱梁顶推施工劳动组织见表5.4。

钢箱梁顶推施工劳动力组织表 **表5.4**

序号	岗　位	人 数	工　作　内　容
1	总指挥	1人	负责支架及顶推施工，人员调度，指挥顶推作业，配置对讲机1个
2	技术人员	1人	制定方案、技术交底及顶推作业技术指导，配对讲机1个
3	泵站司机	2人	操作液压泵站总控制柜，配置对讲机1个
4	喂送滑块	4人/墩	滑板的喂送和交接，前期配合搭设支架
5	修理工	1人	维修油泵、千斤顶等
6	电　工	1人	负责顶推系统的电路
7	观测人员	3人	观测梁体中线，墩顶位移，配置全站仪及对讲机。
8	电气焊工	6人	支架施工

6. 材料与设备

6.1 材料

钢箱梁分段拼装分段顶推施工主要材料见表6.1。

钢箱梁逐段拼装分段顶推施工主要材料表 **表6.1**

序号	材 料 名 称	规 格	技术指标	用　途
1	钢管柱	$\phi 500\times 8$mm	材质Q235，单桩承载力50t	用于支架的支墩
2	槽 钢	[32b	材质Q235，$L\geqslant 2$m，宽30cm	用于下滑道梁
3		[16a	材质Q235	用于支墩间剪刀撑

续表

序号	材料名称	规格	技术指标	用途
4	不锈钢板	□545×450×1 mm	材质不锈钢板	用于下滑道面
5	下滑板	□500×500×20 mm	材质Q235	用于下滑道
6	聚四氟乙烯滑板	□400×200×20 mm	抗压强度≥12MPa	用于滑动面
7	钢绞线	ϕj15.24	强度等级1860MPa	

6.2 设备

钢箱梁分段拼装分段顶推施工主要机具见表6.2。

钢箱梁逐段拼装分段顶推施工主要机具表（不含监控设备） 表6.2

序号	设备名称	型号	单位	数量	用途
1	水平千斤顶	ZLD100	台	2	提供水平推力
2	液压泵站	ZLDB-100	台	2	提供水平推力
3	竖直千斤顶	YD200	台	10	落梁
4	下滑道梁	L=2.5m	块	22	由型钢及δ=1mm不锈钢板组焊而成
5	聚四氟乙烯滑板	□400×200×20mm	块	100	滑动
6	吊车	QY250t	台	1	吊装钢箱梁节段
7	汽车吊	QY25	台	1	搭设支架用
8	液压千斤顶	YD50	台	8	拼装钢箱梁用
9	电焊机	BX500型	台	2~4	搭设支架用

7. 质量控制

7.1 执行的标准或规范

本工法除执行施工设计图纸的有关技术要求，执行《公路桥涵施工技术规范》JTJ 041-2004，《公路工程质量检验评定标准》JTJ 071-98外，还应做到以下标准：

7.1.1 临时支墩安装时垂直度≤1%，顶面标高0～-10mm。

7.1.2 相邻支墩标高差控制在±2mm以内，同墩左右滑道标高差控制在±1mm以内。

7.1.3 下滑道表面要光洁，不得有毛刺、台阶。

7.1.4 顶推过程中滑板不得脱空。

7.2 质量控制

7.2.1 支架的强度、稳定性和基础沉降要满足设计要求。

7.2.2 对滑道表面的毛刺、错台进行打磨，并涂上一薄层黄油。

7.2.3 顶推速度控制在10～15cm/min。

7.2.4 钢梁顶升时，千斤顶要支承在有加劲板的地方，且最大高度及反力不得超过设计规定值。

7.2.5 喂入聚四氟乙烯滑块时要连续，不得中断，发现有滑块脱空时立即告诉总指挥暂停顶推，进行处理。

8. 安全措施

8.1 安全管理措施

8.1.1 顶推作业前由项目部组织设计、监理、路政管理部门、施工队班组等人员参加，进行安全技术交底。

8.1.2 在进行顶推作业期间，安全管理人员24h值班，一旦发生意外及时与路政、交警联系，并启动应急预案进行救援。

8.1.3 在作业地段设置前方施工警示牌，并用锥形桶封闭应急车道至施工区域结束，紧急停靠车道禁止停车。

8.1.4 发生大雾、大风、雨雪天等恶劣天气时，停止施工。

8.1.5 位于既有道路地段的钢箱梁在实施顶推前完成护栏及钢结构表面防护等施工，以防后续施工时对行车带来安全隐患。

8.1.6 在喂入聚四氟乙烯滑块时要小心，防止夹手。

8.1.7 现场做好安全用电管理工作，以及防火、防盗工作，配备消防器材等。

8.2 安全技术措施

8.2.1 根据顶推工况，由设计单位对钢箱梁结构进行施工验算，必要时在钢箱梁制造过程中进行加强处理，满足顶推施工要求。

8.2.2 顶推作业时对钢箱梁、临时墩、导梁、桥墩实施监控，确保结构安全。

8.2.3 在支架两侧用钢管搭设人行通道，并设置护栏，安装防落网，确保钢箱梁拼装及顶推时作业人员高空安全。

8.2.4 位于中央分隔带中的临时支墩四周设置防护网，防止物品坠入行车道。

8.2.5 导梁下设置安全防护网，防止从导梁上下落杂物，影响行车安全。

8.2.6 顶推时观测导梁前端挠度，确保通行高度满足要求并有一定富余量。

9. 环 保 措 施

除严格执行国家和工程所在地政府的环保政策、法律和法规外，保持施工地区环境的清洁卫生，本工法采取以下环境保护措施：

9.1 合理规划施工场地，优化临时施工设施的布置，尽量少占用施工用地，做好施工区域自然景观和既有设施的保护工作。

9.2 施工现场采用洒水车及时洒水，控制粉尘和扬尘，有效防止大气污染。

9.3 施工区域的生活污水集中处理后放排，生活垃圾严禁焚烧处理，投放到指定地点。

9.4 推顶施工完成后及时清理施工现场，搞好占地复耕，恢复植被，防止水土流失。

10. 效 益 分 析

10.1 经济效益

本桥顶推法施工需要支架约100t，滑道约10t，顶推设备约20万元（含竖向千斤顶），与支架法相比，主要经济性表现在：

10.1.1 少投入的支架费用约3.5万元。

10.1.2 省去交通防护设施费约28万元。主要是1200个锥形桶（55元/个），2个灯车（3.8万元/个），26个水马墙（680元/个），3种不同速度限速牌共12块（900元/块），各类施工告示牌共46块（2000元/块）等。

10.1.3 省去了路政、交警执勤费用30万元。

以上累合计61.5万元，扣除顶推设备摊销费6万元（30%折旧），累计降低成本55.5万元。

10.2 社会效益

该技术带来的社会效益主要表现在钢箱梁施工时不占道，确保了新沪宁高速公路8车道畅通。因此，地面行车和交通收费没有受到影响，社会效益显著，并为今后类似工程的施工提供了新方法。该技术获得了2008年度中国施工企业管理协会科学技术二等奖。

11. 应 用 实 例

11.1 无锡硕放互通枢纽G匝道桥

该匝道在跨越沪宁高速公路地段设计为（28+34+34+28）m一联单箱单室的钢箱梁，钢箱梁与线路呈135°交角。位于平曲线半径R=250m，竖曲线半径R=3000m的空间曲线地段。曲线两侧纵坡分别为2‰和2.1‰。竖曲线顶点位于钢箱梁中部。钢箱梁顶板宽10.5m，底板宽5.5m，顶板设有6%横坡。钢箱梁分11段加工，梁段长度在10.472～9.22m。施工时间2006年5月～7月。

11.2 无锡硕放互通枢纽H匝道桥

该匝道桥在跨越沪宁高速公路地段设计为（22+32+32+25）m一联单箱单室的钢箱梁，钢箱梁与线路呈105°交角。位于平曲线半径R=240m，竖曲线半径R=2000m的空间曲线地段。曲线两侧纵坡分别为2‰和2.1‰，钢梁顶板宽度10.5m，底板宽度5.5m，顶板设有6%横坡。钢箱梁分10段加工，梁段长度在13.391～10m。施工时间2006年6月～7月。

11.3 南京麒麟互通枢纽G、H匝道桥

G匝道桥在跨越沪宁高速公路地段设计为（20+30+30+20）m一联单箱双室的钢箱梁，位于平曲线半径R=160m，竖曲线半径R=2957.067m的空间曲线地段。钢梁顶板宽度10.5m。

H匝道桥在跨越沪宁高速公路地段设计为（30+35+35+30）m一联单箱双室的钢箱梁，位于平曲线半径R=160m，竖曲线半径R=3119.072m的空间曲线地段。钢梁顶板宽度12m。2009年11月～2010年1月采用该工法安全顺利的完成了钢箱梁施工。

变截面高桥墩模板制作与安装工法

GJEJGF258—2010

重庆交通建设（集团）有限责任公司
魏河广　潘正华　吴宏宇　曾好

1. 前　　言

变截面高桥墩是山区高速公路和一般公路中最常见的下部结构形式，特别是桥梁比较高的时候更为常见，一般有一箱式变截面空心薄壁墩和双箱式变截面空心薄壁墩等几种形式。一箱式空心薄壁墩较多。施工通常采用塔吊配合大模板吊装施工，但在山区中，桥为跨跃重丘沟谷而设，桥墩处于高山和沟壑中；山坡横坡大，滑坡多，便道和相连路基较难打通，运输条件极端恶劣，大型设备进场困难；同时存在相当部分的桥梁的墩柱比较少的现象，大型模板机具的租金和进场费将大大增加单位工程的施工成本。如此种种原因限制了传统大型模板机具使用。

在山区公路实际施工中，变截面高桥墩一般采用两种常见的施工方式：塔吊配合大模板吊装施工和钢管脚手架平台组合钢模配合卷扬机吊装。第一方案具有工期短、施工难度低等优点，但施工成本比较高（≥600元/ m^3）、吊装设备要求高；第二方案则施工成本比较低、吊装设备要求不高，模板可重复使用，但工期长、施工难度大，最大问题是墩柱外观质量差。

本工法与常见的大型模板施工方法相比节省了塔吊和大模板，克服了山区地区便道难以运进大型设备的缺点。本工法与常见的第二工艺相比则很好的加快施工进度，措施简捷、高效，能更好地保证施工质量，降低施工成本。

重庆建工集团有限责任公司交通建设集团公司在2003年渝黔高速公路雷崇段C1合同段桥珠溪沟特大桥、2006年重庆云阳至万州高速公路D合同段下枝子湾2号大桥和2008年重庆云阳至奉节高速公路B16合同段3个工程中成功运用了本工法。

本工法2008年6月进行了关键技术查新，国内未见报道，在市建协2003年度工程建设优秀质量管理小组成果评选中获二等奖。

2. 工 法 特 点

2.1　本工法模板采用装配形式，灵活、易操作，同时具备较强的刚度。模板单件的重量不大（200kg以下），通过钢管脚手架平台操作，利用配合卷扬机吊装，不用塔吊配合大模板吊装。

2.2　提高安全性。采用本工法，与传统方案的第一方案相比同样有钢管脚手架平台，可很好的保证人员的安全。与第二方案相比减少了组合钢模，用整体式钢模替代。整体模板刚度大，设计时考虑模板在最不利状态的受力情况，同时具有较大的安全系数，模板加固设备统一设计制作，可靠性高，克服组合钢模加固工作复杂、加固辅助材料多变、工人随意性大的问题，提高稳定性，杜绝安全事故发生。

2.3　成本降低。取消了塔吊，节约成本。模板一体化和变型设计缩短操作时间，提高工作效率，节省了大量的人工费、周转加固辅助材料损耗，成本较低。

2.4　工期缩短。采用本工法，与传统方案的第二方案相比减少了组合钢模拼装的时间，一次卷扬机吊装即可完成2～3m^2模板安装，工作时间只有原来的1/16 ～1/8。同时传统方案中，组合钢模整体性和刚度很差，需要较强的加固处理，加固工作时间很长，同时需要更多时间用于加固辅助材料的运输。变型模板设计可加快模板的安装定型工作，而且使模板截面更精确。在缩短模板安装时间后，可加快机具模板的周转，加快整个桥梁下部结构施工进度。

2.5 提高质量。一体式钢模采用型钢加固，刚度大，利于模板安装完成的加固，整体刚性保证在混凝土初凝时的稳定性，保证混凝土表面的平整度，模板统一制作，避免了第二方案中组合钢模的接缝不严，造成漏浆。

2.6 本工法模板采用模数设计（0.9m、1m或1.2m高），周转使用率高，使用成本低，工程完成后浪费少。在运输不便、吊装能力受限的情况下，技术经济优越性更强。

3. 适 用 范 围

本工法适用于变截面空（实）心薄壁墩施工，等截面墩也适合，变截面空心薄壁墩施工更显示其优越性。

山区公路施工中，对于桥位运输条件差、桥梁分散、桥数量较少、变截面空心薄壁墩桥的施工，其技术经济优势更为明显。

本工法适合各种季节施工。

4. 工 艺 原 理

4.1 设计原理

变截面空心薄壁墩施工中有2个常见问题：

第一，截面变型使钢模板不能通用，一般桥墩截面的一边按高度以1：80或1：100等较小比例收坡，其坡比率很小使得截面实际延米的变化数值小，实际施工中较难精确控制，细微的偏差就会带来误差的累计（墩柱高达40～90 m），影响墩柱的外形美观。

第二，如果塔吊不能进场，则只能采用组合钢模，但组合模板自身整体刚度较差。通常为保证模板系统的整体刚度，需要较强的加固处理，而且组合钢模面积小，接缝多，外观不美观。

部分工程中为解决以上问题，设计模板为标准的平行四边形的大钢模以适应坡度的变化和满足大面积的需要，同时制作部分梯形和三角形的钢模来填补两个四边形中间的部分，但此方案存在2个问题：首先，中间的梯形和三角形模板制作量大，利用率低，需要从桥墩的墩底制作到墩顶，高达60～90 m，以适合全桥墩柱的使用，但在每根桥墩施工中只利用一次；其次，由于梯形和三角形模板的利用率低，施工完成的桥墩外观颜色往往不一致，后期处理难度大，还有此类模板大小相差不大且外形相像，容易混淆，管理难度大，有些小的部分丢失后将影响整个桥墩的施工。

实际工程中，桥墩一般采用一方收坡，而一方固定。以重庆云阳至万州高速公路D合同段下枝子湾2号大桥为例：大桥跨 “V”形沟谷，下部构造为双柱式桥墩，墩身为矩形变截面空心薄壁结构，桥墩最高61m，桩基深27m，墩顶截面为纵向1.6m，横向1.8m，最高墩墩底截面为纵向3.15m，横向1.8m，桥墩截面的纵向尺寸按高度以1：80比例收坡，壁厚40cm，空心节段每隔6.3m设一道横隔梁，横隔梁高0.3m，空心段为6m。

模板设计每块为0.9m高（7×0.9m为一标准节），横向1.8m为定型模板，在高0.3 m和0.6 m处设计型钢组合用于调节变形，纵向模板采用包裹横向模板的形式，纵向模板高度方向尺寸按以1：80比例收坡，采用7块模板组成7m高的梯形两组标准节，下底宽3.4m和上底宽3.225m的标准节一为施工墩底到墩高30m模板，下底宽2.6m和上底宽2.425m的标准节二为施工墩顶到墩高30m模板。纵向模板高度方向尺寸按比例收坡制作的目的是为了模板安装、校准和加固更为方便，模板单件的重量在200kg以下（图4.1–1）。

拉杆设计：每块模板1m高内设计两层拉杆，上下层拉杆间距为45cm，两两对拉，对拉杆为ϕ22的高强圆钢，利用对拉杆抵抗混凝土浇筑对模板的压力，对拉杆和带型钢的钢模板组成系统的抗力体系，保证系统具有足够的强度和刚度（图4.1–2），然后在四个方向各设短拉杆保证模板的稳定性。

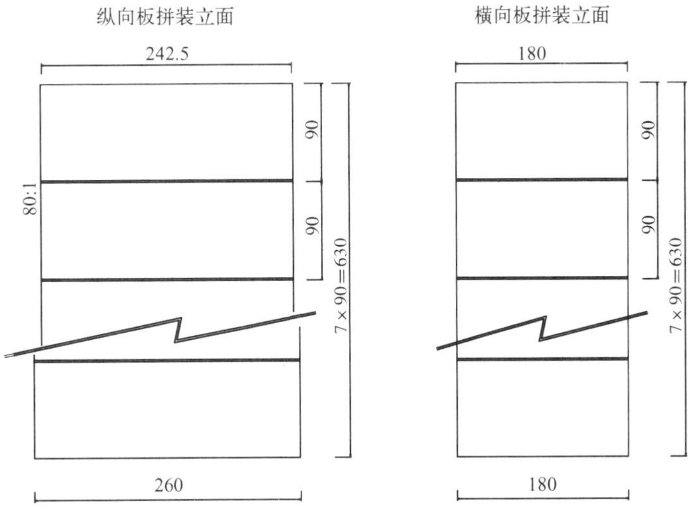

图4.1–1　纵、横向板拼装立面

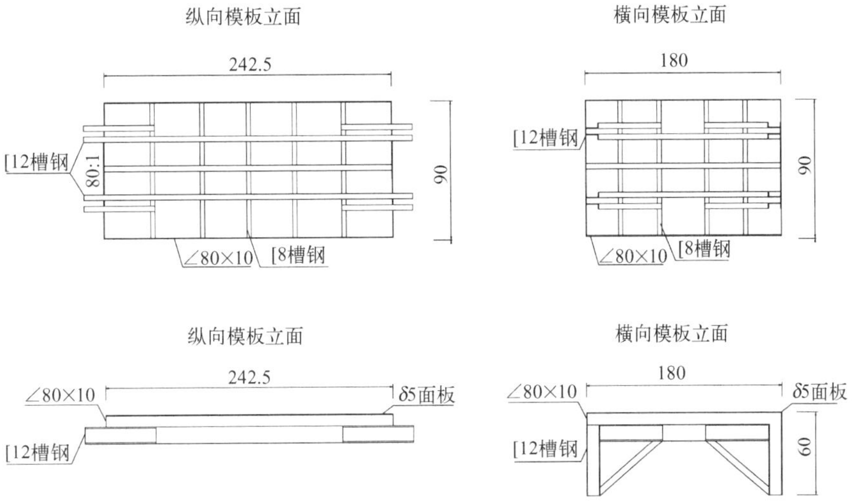

图4.1–2　纵、横向拉杆设计

4.2　安装原理

本工法的安装原理：使用卷扬机和钢管脚手架平台可将模板吊装到位，用对拉螺杆和固定螺杆完成模板的安装，利用模板的型钢结构来完成墩柱随高度截面大小的调节（图4.2）。

4.3　施工原理

本工法与常见的施工方法相比，其原理基本相同，但常见的施工方法速度慢、时间长。安装墩身的外模，使用卷扬机和钢管脚手架平台可将模板吊装到位，利用测量数据对模板的顶部和底部定位，后利用纵向模板的收坡对其他模板定位，使用横向模板和纵向模板之间的连接螺栓固定，对拉杆加固，再随后安装第一节墩身的内模并加固。

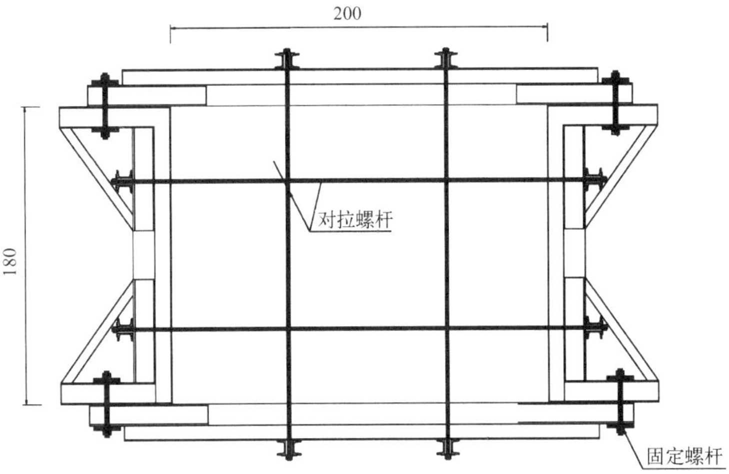

图4.2　纵、横向模板拼装图

5. 施工工艺流程及操作要点

5.1 施工方法

首先承台混凝土进行凿毛处理，保证混凝土结合紧密，开始基本节施工，先进行第一节墩身钢筋安装，随后安装第一节墩身的外模，利用纵向模板的收坡对其他模板定位，使用横向模板和纵向模板之间的连接螺栓固定，对拉杆加固，再随后安装第一节墩身的内模并加固，检查签证后灌注墩身混凝土，完成后对混凝土养护，拆内模后检测、缺陷修复，同时可进行横隔梁混凝土灌注，随后开始第二节墩身钢筋安装，拆除第一节墩身的外模，用于第二节墩身模板安装，重复以上的工序，完成墩身施工。

以重庆云阳至万州高速公路D合同段下枝子湾2号大桥为例：桥墩截面的纵向尺寸按高度以1∶80比例收坡，壁厚40cm，空心节段每隔6.3m设一道横隔梁，横隔梁高0.3m，空心段为6m。模板设计每块为0.9m高（7×0.9 m为一标准节），横向1.8m为定型模板，纵向模板采用包裹横向模板的形式，纵向模板高度方向尺寸按1∶80比例收坡。标准节刚好完成一空心阶段的施工，7节钢模组成高6.3m的标准节，施工中一次组合并定型加固，内模并加固后浇筑6m高混凝土，拆内模后，对空心段的顶部封闭进行横隔梁0.3m高的混凝土灌注。

5.2 施工工艺流程（图 5.2）

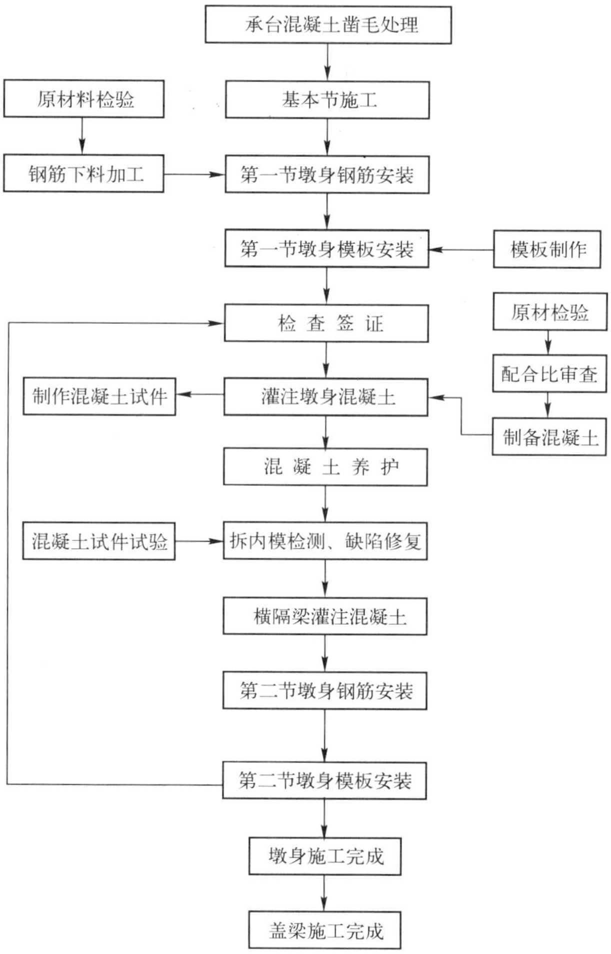

图5.2 施工工艺流程图

5.3 关键工序的技术要点和操作要点

5.3.1 模板设计阶段

在设备设计阶段，主要技术要求要满足具体的桥型，模板尺寸按桥墩的具体坡比设计，模板的面板钢板的厚度（≥5mm）、背楞型钢的形式、纵横向模板结合部分的型钢设计，根据桥墩的具体尺寸设计，且必须有足够的安全系数。拉杆的设计必须对长度和直径周密考虑，螺纹设计要具有通用性，作加硬处理，拉杆的设计必须有足够的安全系数。各部位受力、变形、稳定性满足规范要求，具体实施要点是进行可靠的、精确的理论计算分析，进行详细的结构设计。

5.3.2 模板制作验收阶段

模板制作必须找具有生产资质的大厂制作，严格按照设计图施工，首先材料的购买必须是大厂的检验合格钢板和型钢，其次，加工时保证下料精确、焊接饱满、平整度好。再次，严格进行验收，对结构尺寸、平整度、空位精度等严格把关，拉杆的硬度也是验收的一个重要方面。纵向板的坡度对墩柱的外观质量影响很大，模板验收时必须进行试拼，检查模板的坡度、平整度、模板间的拼缝大小。

5.3.3 模板安装阶段

模板的安装主要有模板的提升、就位、拼装、校正、内模安装、对拉杆加固、模板位置复合等几个步骤。

模板的提升，使用卷扬机和钢管脚手架平台来完成，钢管脚手架是工人操作的平台，同时也是模板放置的平台，由于本钢模系统外侧有型钢骨架结构，需要占用一定的空间，所以钢管脚手架距离墩柱表面应保持0.8m以上。卷扬机采用2t以上的型号，钢丝绳直径大于12mm，保证有较高的安全系数，同时平时注意钢丝绳和卷扬机的保养，钢丝绳的两端头每天必须检查，发现有损伤应立即更换。模板的提升除了操作卷扬机的工人外另配两工人在墩柱上辅助就位同时对墩顶上钢丝绳的吊点进行更换。因为模板的提升为高空作业安全措施尤为重要。

模板的就位施工工艺与使用塔吊施工的工艺相似。本操作是由墩顶上的工人来完成的，首先模板提升到位后，把模板入置在下端的已有模板上，利用模板螺栓将上两块模板临时相连，该模板的上方使用链条葫芦或麻绳固结在墩柱的钢筋骨架或劲型骨架上。按以上方法将4块模板全部临时固结在墩柱顶。然后开始该层模板的拼装，使用纵横向模板的固定螺栓（该螺栓的长度较长、硬度较大、直径在25mm以上）固定模板，此时，固定螺栓适当拧紧。完成以上工作后即完成了该层模板的拼装，重复以上的步骤即可完成所有七成模板的安装。

然后开始模板的校正，在模板的顶端和底端利用全站仪和水准仪放样出该桥墩高程墩柱四角的位置，在墩柱四角的上下两处形成一直线便于模板的校正，在这里我们应充分利用纵向模板自身设计的坡度来精确控制模板的平面位置，完成位置校定后即将纵横模板的固定螺栓拧紧，完成了模板的校正。

最后将墩柱的内模安装到钢筋笼内部，利用内模内衬加固模板，再安装对拉杆（对拉杆外侧一定要安装大小合适的PVC管，以减少混凝土的外漏）。再次复核模板的平面位置，最终将对拉杆螺帽拧紧，完成了整个模板的加固。

5.3.4 混凝土浇筑施工阶段

完成模板安装加固后，经质检工程师和监理工程师检查签认即可进行混凝土浇筑。由于本次混凝土的浇筑高度较大（以下枝子二号桥为例浇筑高度为6m），所以保证混凝土的浇筑质量尤为重要。首先应该配备足够长度的振动棒和施工经验丰富的操作人员。其次由于空心薄壁墩的墩壁尺寸较小，浇筑混凝土时人员不能进入墩壁内，所以施工段下部的混凝土密实度较难保证，通常在下段安装平板振动器来解决这个问题。最后，由于浇筑高度较大，混凝土对模板的压力较大，所以应随时注意拉杆和模板是否有变形的情况，同时也应注意拼缝和拉杆空的漏浆。

5.3.5 横隔梁施工阶段

完成混凝土浇筑，养护到期后，拆除内模，检测、缺陷修复，开始进行横隔梁混凝土灌注，横隔梁段的外模已经安装加固完成，只需要底模的安装加固，在实际施工中一般采用吊模施工，吊模自身必须具用足够的强度和刚度，以防强度不够模板折断和刚度不够模板漏缝出现混凝土漏浆。完成模板安装加固后，经质检签认即可进行混凝土浇筑。

6. 材料与设备

本工法体系涉及的主要施工设备及材料如表6所示。

主要施工设备及材料表 **表6**

序号	名称及规格	单位	数量	备　注
1	钢模板	套	4	根据桥型工况设计
2	纵横模板固定拉杆	套	224	每层 8 套
3	对拉杆	套	224	每层 8 套
4	脚手架	t	100	根据桥型工况定
5	卷扬机	台	3	2t
6	内木模板	套	4	
7	模板	m^3	4	施工平台
8	1t 链条葫芦	台	4	
9	全站仪	台	1	
10	水准仪	台	1	
备注	以上设备根据桥型工况设计，为落梁所用，常规的梁体预制设备、纵移的轨道、单导梁的设备未计在内。			

本工法所需要设备均为常见的小型设备，设备加工容易，工艺成熟，操作简便，一般的施工单位要采用本工法进行施工均容易实现。

7. 质量控制

本工法涉及模板设计制造、拉杆设计制造、高桥墩施工，主要规范和标准有：《公路桥涵施工技术规范》JTJ 041-2000；《钢结构设计规范》GB 50017-2003；《钢结构工程施工质量验收规范》GB 50205-2001。

对模板拉杆，主要是设计时应保证有足够的安全系数，制造时梁托拉杆的材质、加工、焊接、安装等方面的质量控制，最终确保模板拉杆的质量。

模板的垂直度、平面位置和高程是质量控制的重点，要符合设计要求和规范要求。本工法采用两次模板校正就是为了提高模板安装加固完成后的墩柱的线型质量。

必须在浇筑前、过程中、初凝前各个时段对模板和拉杆进行监测。预防爆模的发生，减少漏浆。

墩柱的外观质量非常重要，本工法虽处于大面积模板，但仍会出现错台、拉杆漏浆的问题，施工中注意控制保证表面光滑平整，出现表面不光滑平整的应及时打磨。

8. 安全措施

本工法在安全上，严格执行《中华人民共和国安全生产法》、《建筑施工安全检查标准》JGJ 59-99、《建筑施工高处作业安全技术规范》JGJ 80-91、《建筑机械使用安全技术规程》JGJ 33-2001等相关法律、法规，并制定严格的安全管理措施和技术措施，具体如下：

8.1 建立严格的安全保障体系，落实责任制度。

8.2 在施工中必须遵守有关施工作业的安全操作规程。

8.3 操作人员必须经过培训，特种作业人员必须持证上岗。

8.4 对各种工况应制定相应的对策，制定应急处理预案。

8.5 模板和拉杆设计方案必须经过严格的设计和审核，须经施工方技术负责人和总监签认，保证设计可靠。

8.6 模板要符合要求，加工、焊接、安装符合要求，必须严格按设计及规范要求进行加工和验收，试拼后验收合格。

8.7 拉杆加工符合要求，螺纹做加硬处理，必须严格按设计及规范要求进行加工和验收，作破坏性试验后验收合格。

8.8 拼装平台必须进行严格的检查，挂篮上安全网、护栏、人行道板、梯道等设置符合安全规定。

8.9 卷扬机和钢丝绳购买大厂的合格产品。

8.10 各个阶段施工前，应有详细的操作指导书和技术交底。

8.11 卷扬机采用2t以上的型号，钢丝绳直径大于12mm，保证有较高的安全系数。

8.12 平时注意钢丝绳和卷扬机的保养，钢丝绳的两端头每天必须检查，发现有损伤应立即更换。

8.13 高空作业人员必须佩戴安全带和安全帽，做到佩戴规范，操作规范。

8.14 严禁违规操作，安装和拆除模板，利用钢棍等工具，禁止用人工手取，避免安全事故。

8.15 模板吊装注意清除障碍物，应避免操作不规范引起的冲击荷载。

9. 环保措施

9.1 成立对应的施工环境卫生管理机构，在工程施工过程中严格遵守国家和地方政府下发的有关环境保护的法律、法规和规章，加强对过程材料、设备、废水、生产生活垃圾、弃渣的控制和治理，遵守防火及废弃物处理的规章制度，做好交通环境疏导，充分满足便民要求，认真接受政府相关部门的管理，随时接受相关单位的监督检查。

9.2 将施工场地和作业限制在过程建设允许的范围内，合理布置、规范围挡，标牌清楚、齐全，各种标识醒目，施工场地整洁文明。

9.3 及时检查设备，避免设备损坏，油液外流。

9.4 对施工场地内损坏的木材加强管理，及时回收。

9.5 优先使用先进的环保机械，采取设立隔声罩等消声措施降低施工噪声到允许值以下，合理安排施工进度，严禁夜间施工。

9.6 设备尽量使用标准化，减少非标件的使用，减少焊接量，提高周转率，保护环境，节能降耗。

10. 效益分析

10.1 经济效益

以云阳至万州高速公路D合同段下枝子湾2号大桥为例比较（表10.1-1、表10.1-2）。

方案一 塔吊配合大型钢模板 （单位：元/m^3） 表10.1-1

序号	项目	取费（元/m^3）	备注
1	塔吊摊销费用	60.00	进场费、租金
2	大钢模板摊销费用	44.00	一次摊销
3	人工费用	140.00	
4	零星材料损耗及其他	20.00	
5	混凝土材料费用	300.00	水泥、砂石、外加剂
6	管理费用	66.00	
7	综合单价（1~6小计）	630.00	指混凝土单价

方案二（钢管支架配合可变形模板施工） 表10.1-2

序号	项目	取费（元/m^3）	备注
1	变形钢模摊销费用	25.00	多次摊销
2	卷扬机摊销费用	2.00	
3	钢管支架摊销费用	28.00	
4	人工费用	140.00	
5	零星材料损耗及其他	15.00	
6	混凝土材料费用	300.00	水泥、砂石、外加剂
7	管理费用	50.00	
8	综合单价（1~7小计）	560.00	指混凝土单价

下枝子湾2号大桥下部构造为双柱式桥墩，墩身为矩形变截面空心薄壁结构，混凝土总量为6560m^3。

下部构造施工采用塔吊配合大型钢模板方案的工程造价：

C_1=630元/m^3×6560m^3=413280元

采用钢管支架配合可变形模板施工方案的工程造价：

C_2=560元/m^3×6560m^3=3673600元

C_1-C_2=413280元-3673600元=459200元

从上面的经济比较中可以看出，采用钢管支架配合可变形模板施工方案比塔吊配合大型钢模板施工方案直接节约工程成本459200元。

10.2　社会效益

采用本工法，与传统方案相比减少了组合钢模拼装的时间和加固时间，加快整个桥梁下部结构施工进度。加快了桥梁施工速度，实现提前通车，产生了巨大的社会效益。

采用本工法，钢管脚手架平台可很好的保证人员的安全。采用整体式钢模，刚度大可靠性高，克服组合钢模加固工作复杂、加固辅助材料多变、工人随意性大的问题，提高稳定性，杜绝安全事故发生，产生了良好的社会效益。

本工法常见空心板梁的安装施工提出新的思路，丰富了桥梁施工技术。在市建协2003年度工程建设优秀质量管理小组成果评选中获二等奖。

10.3　技术经济分析

本工法模板成功解决了一套模板施工变截面空心薄壁墩的问题，采用装配形式，模板自身变形以适应不同的截面。

本工法节省了塔吊和大型模板，通过钢管脚手架平台操作，利用配合卷扬机吊装，易操作，克服了山区地区便道难以运进大型设备的缺点

提高了施工质量，一体式钢模采用型钢加固，刚度大，利于模板安装完成的加固，整体刚性打保证在混凝土初凝时的稳定性，保证的混凝土表面的平整度。

本工法模板采用模数设计，周转使用率高，使用成本低，工程完成后浪费少。在运输不便，吊装能力受限的情况下，技术经济优越性更强。

11. 应 用 实 例

11.1　渝黔高速公路雷崇段C1段珠溪沟大桥

珠溪沟大桥是渝黔高速公路雷崇段C1合同段内的一座特大桥。大桥分左右两幅，其中左幅桥长425.044m，右幅桥长382m。桥梁上部结构采用40m预应力T梁，梁高2.5m，梁宽2m，共114片。下部构造为双柱式桥墩，墩身为矩形变截面空心薄壁结构，混凝土总量为4550m^3。墩顶截面纵向2m，横向2.5m，壁厚40cm，空心节段每隔7.5m设一道横隔梁。大桥跨珠溪沟“V”形沟谷，沟底至桥面最大高差达70m，墩身高度变化范畴为13~65m，其中4、5、6号墩的墩身高度高达50～65m，此工法的运用对4、5、6号的施工起了重要作用。

11.2　云阳至万州高速公路D合同段下枝子湾2号大桥

下枝子湾2号D合同段的桥梁之一。该桥为跨沟谷而设，属高架旱桥。上部结构为12～30m（右半幅）、11～30m（左半幅）后张法预应力混凝土连续T梁，结构为先简支后连续。下部结构采用钢筋混凝土柱式墩、变截面矩形空心薄壁墩，灌注嵌岩桩基础。本工法在该段空心薄壁墩施工成功应用，实践证明，该系统具有较好的技术先进性和经济适用性，特别在山区公路施工中加快工程进度、降低成本有重要的作用。

11.3　重庆云阳至奉节高速公路B16合同段马合村大桥

马合村大桥为预应力混凝土连续T形连续梁和装配式部分预应力混凝土T形连续刚构两种结构，施工方法为先简支后结构连续，上部构造为9～30m预应力混凝土先简支后连续T梁，桥梁长为372.4m。该桥的下部构造采用变截面矩形实心墩、挖孔灌注桩基础，该桥桥墩最高为63m。

11.4　完善与改进

以上工程实例充分证明了钢管支架配合可变形模板工法施工变截面空心薄壁墩具有很强的安全性、实用性、经济性，能显著节省造价和缩短工期，具有明显的经济效益和社会效益。

本工法只限于变截面空心薄壁墩外模设计，可以再进行改进和完善，用于内模工艺的改进。

斜拉桥塔梁错步并进施工工法

GJEJGF259—2010

贵州省公路工程集团有限公司
黄凡　靳如平　赵钦　伍祖涛　周大庆

1. 前　　言

在交通建设中，斜拉桥是一种跨度大、结构美观的桥型，但桥梁结构及体系复杂，施工难度大，施工周期长。其常规施工方法都是先施工主塔，然后施工梁体，这种方法施工技术比较成熟。

马岭河特大桥工程是汕昆高速公路贵州境板坝至江底段的重要控制性工程，主桥为155m+360m+155m的双塔斜拉桥，主塔为钻石形结构，最高192.075m。8号墩主塔的下塔比9号墩主塔的下塔高30m，8号墩主塔与9号墩主塔分属两个施工合同段，施工中要保证两岸梁体的同步对称进行，以达到理想的成桥状态，有效的控制桥梁体系内力。由于8号墩主塔下塔高30m，要保证桥梁上构梁体同步对称施工，顺利合拢，必须加快8号墩塔的施工进度，但若按常规的方法施工是无法达到的，需寻求新的施工方法或工艺。为此，贵州省公路工程集团有限公司设想是否可以进行主塔和梁体的同步施工来解决，但由于A型塔塔梁错步并进的施工，作为一种新的施工方法，没有可以借鉴的经验。最后通过分析，进行各种工况组合模拟计算。以马岭河特大桥作为依托工程，对该工艺进行研究，并进行工法开发。将研究成果用于马岭河特大桥的施工，经监控及最终的成桥状态，效果很好，达到了设计的理想状态。同时使用本工法的《汕昆高速公路马岭河特大桥建设关键技术研究》课题，已于2010年6月2日经贵州省交通运输厅组织验收，课题成果获得2010年度贵州省公路学会科技进步一等奖。

2. 工 法 特 点

斜拉桥常规的施工方法是先施工主塔，后施工主梁，塔梁施工相互分离的施工方法。而塔梁错步并进施工工法是在主塔没有施工完成以前，就开始主梁节段的悬臂施工，塔梁施工相互交融，在此过程中同时进行斜拉索的挂索及张拉。塔梁错步并进施工是通过对施工过程的数据采集和优化控制，在施工中及时把握现在，推算未来，避免施工差错，尽可能减少索力调整工作量，缩短工期，节省投资。

3. 适 用 范 围

适用于体系较为复杂，且施工工期较紧的斜拉桥施工。主要适用于主塔最后几个节段与主梁全面节段的同步施工。

4. 工 艺 原 理

4.1　塔梁错步并进工况组合施工时间

塔梁错步并进施工的工艺原理，其塔和梁的施工与常规的施工方法相同，主要是塔和梁并进施工部分的工况组合，如何进行塔梁错步并进施工的工况组合是工法的关键点，经模型仿真分析，该工法的塔梁组合工况为：8号主塔上塔柱38～43号节段（如图4.1）与主梁2～9号节段的组合施工，这种组合主要是从力学原理进行，组合施工时间如表4.1。

塔梁错步并进施工时间一览表　　表4.1

主梁部位	主梁实际完成时间	挂篮就位时间	主塔部位（上塔柱）	主塔实际完成时间
挂篮预压	2008-8-30	-	63~67.5m	2008-7-25
2号块	2008-9-13	2008-8-5	67.5~72m	2008-9-16
3号块	2008-10-4	2008-9-28	72~76.5m	2008-10-12
4号块	2008-10-16	2008-10-10	76.5~81m	2008-10-29
5号块	2008-10-28	2008-10-22		
6号块	2008-11-9	2008-11-3	81~85.5m	2008-11-26
7号块	2008-11-21	2008-11-15		
8号块	2008-12-4	2008-11-26	85.5~88m	2008-12-17

4.2　工况组合及计算模型

塔梁错步并进组合施工主要是对塔的内力进行仿真分析，将内力控制在设计容许范围内，控制塔梁的变位，确保塔梁最终的成桥线形达到理想的状态。经反复组合仿真分析，比较理想的塔梁错步并进工况组合如下：

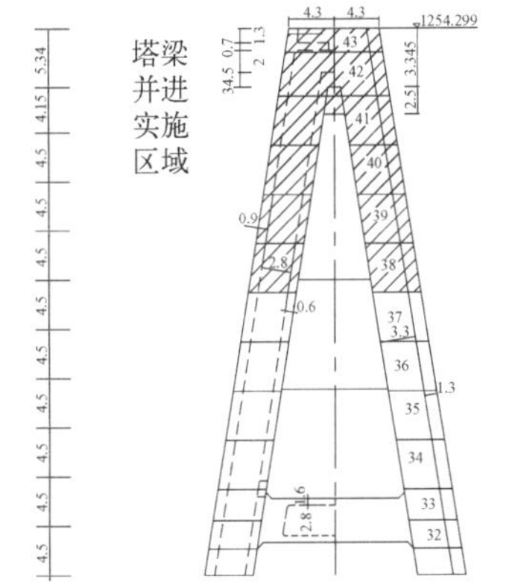

图4.1　塔梁错步并进塔的施工区域

工况一：主塔施工至上横梁完成，主梁施工至1号块，A1、B1斜拉索张拉。

工况二：主塔施工至38号块，主梁施工2号施工完成，A2、B2斜拉索完成第三次张拉。

工况三：主塔38号块完成，主梁施工至3号块，A3、B3斜拉索第一次张拉。

工况四：主塔施工至39号块，主梁施工完成3号块，A3、B3斜拉索完成第三次张拉。

工况五：主塔39号段完成，主梁施工至4号块，A4、B4斜拉索第一次张拉。

工况六：主塔施工至40号块，主梁施工完成4号块、5号块，A4、B4、A5、B5斜拉索完成第三次张拉。同时施加第四道撑杆及主动撑力800kN。

工况七：主塔施完40号块，主梁施工至6号块。

工况八：主塔施工至41号块，主梁施工完成6号、7号块，A6、B6、A7、B7斜拉索张拉。

工况九：主塔施工完成41号块，主梁施工至8号块，A8、B8斜拉索第一次张拉。

工况十：主塔施工至42号块，主梁施工完8号块，A8、B8斜拉索完成第三次张拉。

工况十一：主塔施工完42号块，主梁施工至9号块，A9、B9第一次张拉。

工况十二：主塔施工至43号块，主梁施工完9号块，A9、B9第三次张拉。

塔梁错步并进施工时各工况仿真计算模型如图4.2-1～图4.2-12所示。

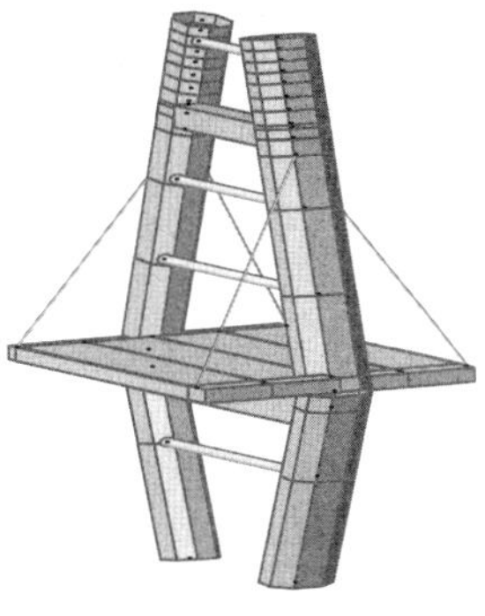

图4.2-1　工况一结构模型示意图

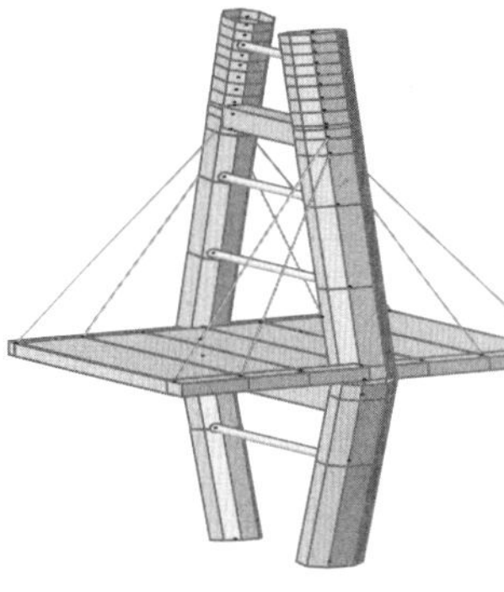

图4.2-2　工况二结构模型示意图

图4.2-3　工况三结构模型示意图

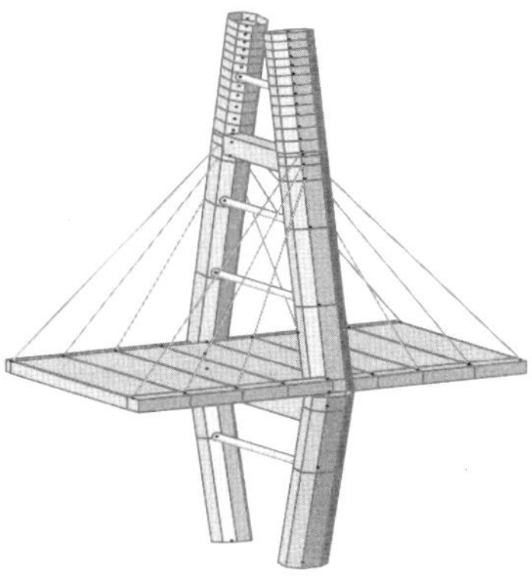

图4.2-4 工况四结构模型示意图

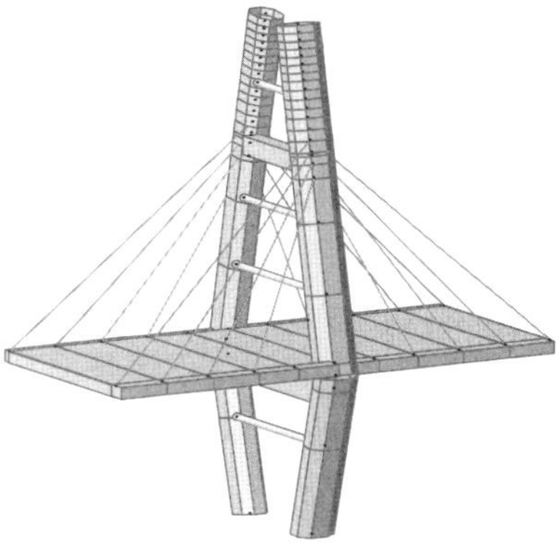

图4.2-5 工况五结构模型示意图

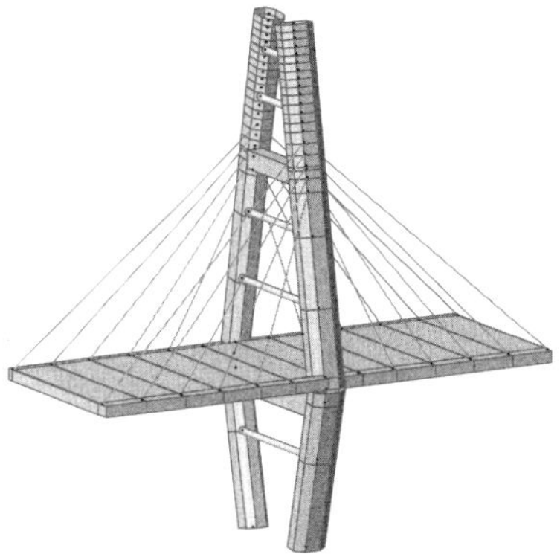

图4.2-6 工况六结构模型示意图

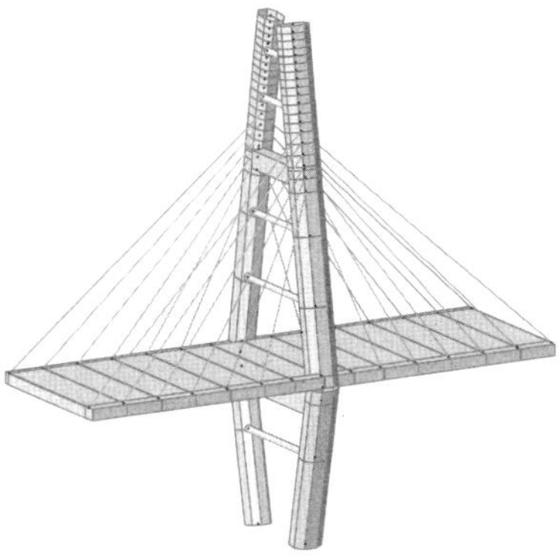

图4.2-7 工况七结构模型示意图

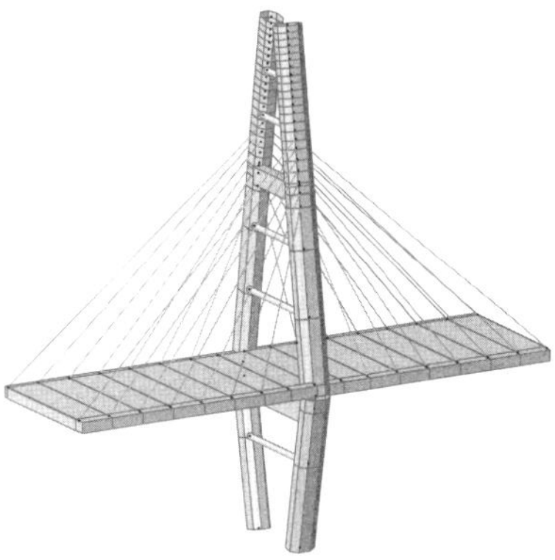

图4.2-8 工况八结构模型示意图

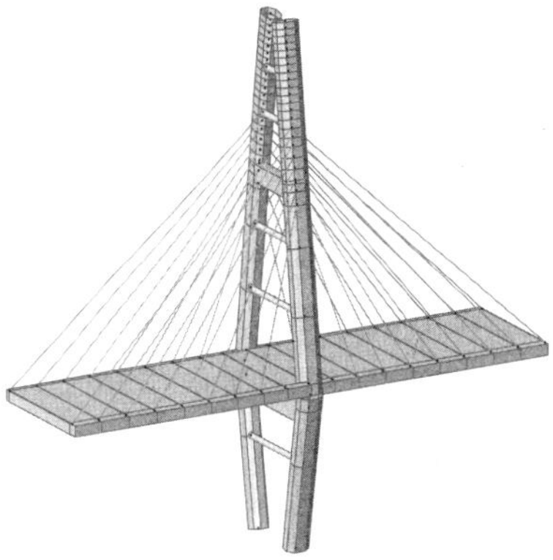

图4.2-9 工况九结构模型示意图

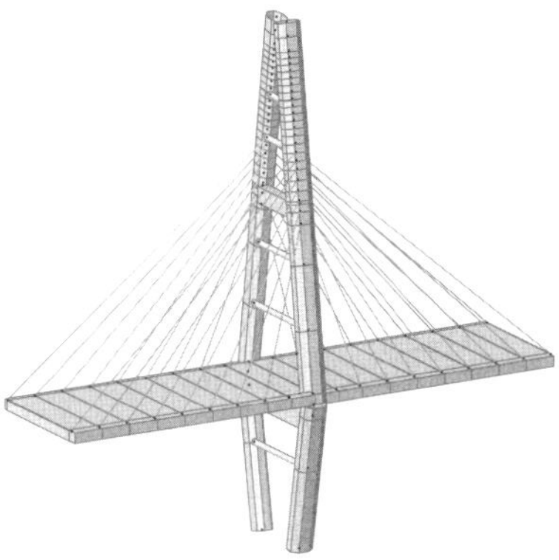

图4.2-10 工况十结构模型示意图

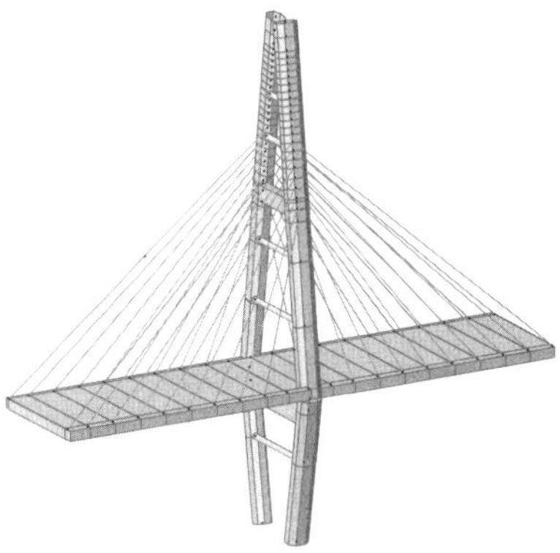

图4.2-11 工况十一结构模型示意图

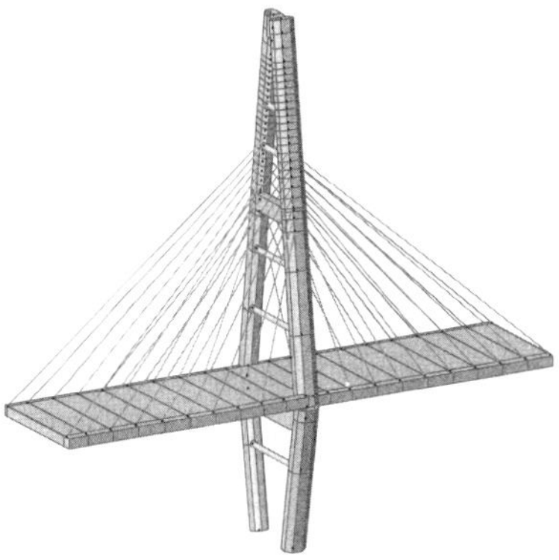

图4.2-12 工况十二结构模型示意图

4.3 斜拉桥作为大跨度高次超静定结构，所采用的施工方法、材料性能、浇筑程序、立模标高以及斜拉桥的安装索力等都直接影响成桥的线形与内力，且施工现状与设计的假定总会存在差异。为了确保主桥在施工过程中结构受力和变形始终处于安全的范围内，且成桥后的主梁线形符合设计要求，结构恒载内力状态接近设计期望，在主桥施工过程中必须进行严格的施工控制。

5. 施工工艺流程及操作要点

5.1 施工工艺流程图

塔梁错步并进施工工艺流程图如图5.1。

5.2 操作要点

5.2.1 塔的沉降观测

根据全桥施工监控布置的桥塔沉降观测控制网进行观测，获取节段施工控制的基础数据。

5.2.2 塔的施工测量监测

在塔梁错步并进施工过程中，对关键工序进行监督、控制。例如：立模、模板在浇筑混凝土时的变异、各段混凝土的就位情况（包括中线、各主要部位坐标）等等。

5.2.3 梁节段施工过程中，塔的变位测量

在塔梁错步并进施工过程中，要随时观测塔的弯曲变形、扭转变形、温度效应、日照偏位等。

根据主塔的施工工序，本阶段对主塔的应力测量，主要以观测为主，掌握其应力状态及其变化，同时为后续主梁施工的某些参数做准备。

5.3 主梁悬臂施工阶段

主梁悬臂施工阶段的测量工作较为繁杂，为了确保监控结果能够准确、快速的指导施工，施工、监理和监控3家单位组成联合测量小组。主梁施工过程中主要是对索力、截面应力（应变）进行施工监控。主梁采用悬臂浇筑，每一个梁段作为一个阶段，每一个阶段又分为不同的工况。主梁施工混凝土的方量要精确控制，混凝土体积超量在斜拉桥施工中是大忌，除了按体积控制外，还应增加重量控制措施。中跨与边跨要对称施工，浇筑不平衡重量一般不允许超过10t，按此要求控制浇完一侧之后就不受此限制。

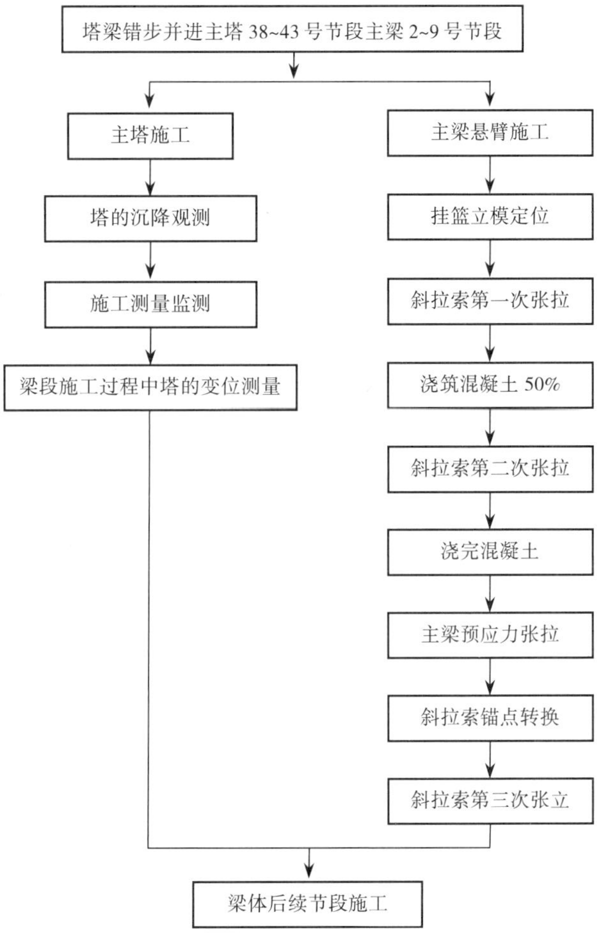

图5.1 施工工艺流程图

5.3.1 挂篮立模定位

根据施工监控数据，确定挂篮立模标高并进行挂篮定位，主要控制要点：

主梁标高控制：1）测控时必须确保空挂篮处于悬臂支承状态，并且不能挂索，也不能有钢筋或施工荷载在挂篮上。2）检测时间应避开局部温差影响，选择在一天中结构内温度场最均匀的时间检测。

立模控制：立模标高误差要求小于±5mm。立模标高的调整应在温度较恒定时段进行，此时节段标高受温度影响变化较小，最佳时段为每日00：00至日出前。斜拉索挂索前，当实测立模标高与设计标高误差大于±5mm时，应及时在现场施工中用千斤顶进行调整。在调整过程中随时用水准仪观测标高，将其控制在误差范围以内。

5.3.2 斜拉索第一次张拉

斜拉索的张拉分为三个阶段。斜拉索第一次张拉在立模标高初步调整后进行，主要控制要点，主梁标高及索力。

控制要求：1）斜拉索第一次张拉时，确保主梁除必要施工人员及设备之外无其他外力影响；2）以标高控制为主，索力误差按中间索力要求控制，挂篮上底模标高误差控制在±3cm以内，注意温度影响的修正或者回避日照温差影响。

斜拉索的张拉与调整立模标高一样，应在温度较恒定时段进行，此时节段标高受温度影响变化较小，最佳时段为每日00：00至日出前。斜拉索第一次张拉完成后，用水准仪对主梁标高进行测量，将实际测量数据与设计对比。当误差大于控制范围时，需在施工中，通过塔柱端千斤顶的顶升，增加或减少斜拉索的应力，从而将主梁的实际标高控制在误差范围之内。

5.3.3 斜拉索第二次张拉

当混凝土浇筑50%后，斜拉索进行第二次张拉。张拉完成后，由监控小组进行测试，控制要点及要求同第一次张拉。

在张拉过程中，施工现场需安排工作员在主梁及塔柱的斜拉索锚固部位同步观察，注意张拉过程中锚固部位的响动以及是否产生形变，如有异常，必须及时停止对斜拉索施加外力，在确保主梁及斜拉索正常工作后，方可继续施工。

5.3.4 浇完混凝土

主梁混凝土的浇筑与常规施工方法相同，主要监控主梁标高及塔顶偏位。控制要点：应尽量减小温度影响；以标高和索力双控，标高误差控制在±3cm，索力误差按中间索力要求校核。

在混凝土浇筑完成之后，主梁标高主要以观测为主，由施工进行监控采集数据，通过实测数据的分析为斜拉索的第三次张拉作准备。

5.3.5 主梁预应力张拉和斜拉索锚点转换

按照设计及相关规范要求进行，选择特殊梁段对混凝土应力应变进行测试。

5.3.6 斜拉索第三次张拉

当混凝土达到设计强度，索力转换，即将斜拉索主梁端锚点由挂篮转移到混凝土之后，斜拉索进行第三次张拉。主要控制要点有：主梁标高、索力、塔顶偏位、控制截面应力应变。

控制要求：回避温度影响，主梁标高和索力以及塔顶偏位在张拉前后各测一次，标高和索力双控，当前梁段标高误差小于±3cm，索力误差按控制索力张拉要求控制。

斜拉索第三次张拉时，温度与实际施工的要求与二张一致，张拉过程中仍然要对斜拉索的锚固端进行同步观察，如有异常，应及时停止对斜拉索施加外力，待确保斜拉索的受力正常后方可继续施工。利用千斤顶将索力调整在误差允许范围内即可。

5.4 数据分析与检验，准备进入下节段施工

一个梁段完成后，由控制方汇集所有的观测资料，由施工控制工作小组下达下一梁段施工控制指令表，并对上一梁段的控制情况作简要评述。将挂篮前移，准备进入下一节段的施工。

斜拉桥塔梁错步并进施工完成后进行一次施工控制小结，对有关设计参数作一次系统调整。

6. 材料与设备

本工法的主要材料与设备见表6。

材料设备配置表 **表6**

序号	材料设备名称	单位	数量	使用部位	备注
1	挂蓝	个	2	主梁悬臂浇筑	承载力 540t
2	JS750 混凝土拌合设备	套	1	主桥混凝土	
3	JS350 混凝土拌合设备	套	1	主桥混凝土备用	
4	高压输送泵	台	1	主桥混凝土	最高 270m
5	高压输送泵	台	1	主桥混凝土	最高 170m
6	塔吊 6020	台	2	主桥混凝土	
7	钢绞线 15.24	t	103	主桥混凝土	
8	斜拉索	t	704	主桥混凝土	

注：表中所列设备及材料，如果使用传统的常规方法同样需要使用，而使用本工法没有增加其他设备和材料。

7. 质 量 控 制

7.1 执行标准

7.1.1 《马岭河特大桥第一合同段合同文件》。

7.1.2 《公路桥涵施工技术规范》。

7.1.3 《公路工程质量检验评定标准》JTGF 80/1-2004。

7.1.4 《公路工程施工安全技术规程》。

7.1.5 项目涉及的相关规范、规程及标准。

7.2 一般要求

7.2.1 建立质量责任制。设置专职质量管理人员，由项目总工全面负责质量管理，班组设兼职质量员，明确各级责任。分项施工的现场应实行标示牌管理，标明作业内容和质量要求， 要认真执行三检制度，即：自检、互检、工序交接检验制度，根据合同及有关的技术标准的规定切实做好隐蔽工程的检查工作。

7.2.2 加强对现场施工人员的质量教育，强化质量意识，开工前做好技术交底，进行应知应会教育，严格执行规范，严格按规程操作。

7.2.3 加强质量监控，确保规范规定的检验、抽检频率，现场质检的原始资料必须真实、准确、可靠，不得追记，重要的隐蔽工程覆盖前应进行摄像或照相并保存现场记录。

7.2.4 完善检验手段，根据项目及合同要求建立满足现场检验要求的工地实验室，配备足够检测和试验仪器、仪表，并应及时检校确保精度。严格原材料检验程序，不合格材料严禁用于本工程。

7.2.5 建立质量奖罚制度，对质量事故要严肃处理，坚持三不放过：事故原因不明不放过，不分清责任不放过，没有改进措施不放过。

7. 3 施工工序过程控制

7.3.1 组织经验丰富的测设队伍，与监理及监控人员组成测控小组，负责大桥的施工测量及监控，及时收集有关监控数据，作为模拟分析及控制的依据。

7.3.2 塔梁错步并进施工中，要组织好塔梁的施工，减小相互的施工干扰，确保塔梁施工顺利进行。

7.3.3 塔梁错步并进施工中，及时做好施工监控、监测，收集数据，以便进行工况组合分析，保证塔梁错步并进施工的安全和质量。

7.3.4 随时检校模板尺寸及位置，确保结构混凝土的浇筑质量。在浇筑过程中，做到全程控制。在预应力钢束（钢绞线）的张拉过程中，从材料、施工方法，各种控制指标的收集、试验数据、事故原因分析等作好记录，同时，严格按规范规定的张拉程序操作。

7.3.5 工序控制要求：主梁挂篮及模板应由专业厂家生产，模板采用大块定型钢模板；控制好钢筋的保护层厚度，为避免钢筋骨架露天摆放时间过长而锈蚀，应加快施工进度，尽量缩短钢筋绑扎后模板安装到混凝土浇筑的时间间隔。节段两端的钢筋采用定型的梳子板，确保预埋钢筋间距及保护层的准确距离。

7.3.6 混凝土外观质量控制

1. 严格控制砂石材料的质量，生产碎石的石料必须是新鲜的岩石，石料抗压强度大于110MPa，碎石用反击式碎石机加工，用振动筛严格筛分成各种规格尺寸的碎石，细砂要特别注意含泥量和含粉量，要选择新鲜的抗压强度较高的岩石。混凝土的拌制根据试验确定的配合比，并结合现场材料现状进行及时调整。

2. 模板安装牢固平顺，特别注意模板的平整度、相邻模板的接缝高差，使用光洁平整的大块钢模，浇筑混凝土前必须对模板涂脱模剂。

3. 桥梁墩台采用厂制定型整体钢模，浇筑混凝土时均匀分层进行，捣固密实，混凝土外层振捣到位，严格控制混凝土的均匀性和坍落度。

4. 模板内的杂物，积水和钢筋上的污垢应及时清理干净。

5. 搭设施工平台时，平台与模板分离，不许相接触，不允许任何设备撞击。

6. 施工缝的处理得当。在混凝土的养护过程中，应避免物体对混凝土表面的碰撞及损害。

8. 安 全 措 施

8.1 成立安全领导小组，由项目经理担任组长，全面负责项目施工技术安全，按照项目及公司的安全管理办法执行管理。设立安全值班办公室，安全应急车辆，确保24h均有人员值班及车辆调用。

8.2 严格执行国家颁发的《建筑施工安全技术规范》及《公路工程施工安全技术规程》。

8.3 电焊作业应严格遵守施工现场用电安全技术规范。

8.4 施工现场临时电线线路必须符合建设部颁发的《施工临时用电安全技术规范》JGJ 46-88的要求，严禁任意拉线接电。

8.5 配电系统按施工组织设计要求设总配电箱、分配电箱、开关箱，实行分级配电。开关箱内必须装设漏电保护器，漏电保护器应符合《漏电电流动作保护器（剩余电流动作保护器）》GB6829-86标准的要求。严禁乱拉乱接，高压配电处设置明确标志，防止触电事故。配电盘要防止雨淋日晒。

8.6 用电管理，所有接线全部通过专业电工，全部采用皮线，所有接线板全部上锁，并设防雨装置，配置发电机，以备随时启用。

8.7 按照施工总平面设置临时设施，严禁侵占场内道路及安全防护等设施，同时应符合防火、防尘、防爆、防洪、防雷电等安全规定和文明施工的要求。

8.8 机械操作人员、电工等专业工种，必须按《特种作业人员安全技术考核管理规定》GB 5036-85经过技术培训，考试合格，发给操作证后方可单独作业，严禁无证操作。

8.9 配置2个专职安全员，4个兼职安全员，除平时检查外，每旬组织一次专项检查，每月作一次全面检查。

8.10 加强安全教育，安全技术交底，作好安全应急预案并进行演练。

8.11 所有进场人员均戴安全帽，高空及架子作业人员必须系安全带。

8.12 编制塔梁错步并进安全技术方案，对各层安全操作平台作结构验算，塔梁错步并进较差作业要组织好。

8.13 对主塔采取封闭措施，全部采用内爬梯；

8.14 采用多层防护平台立体防护方式，液压爬模本身有三层安全防护平台，利用上横梁的下方的贝雷梁刚性支架设一层防护平台，在0号块主梁再设一个人员行走安全通道，安全通道采用钢管搭设而成，高2m，宽1.5m，顶部采用5mm厚钢板铺设，侧面采用安全网封闭，在通过进出口设立安全警戒线，并设专人值班。

8.15 定期清理各层平台上的杂物，所有杂物全部采用塔吊吊放，小件物品采用铁桶装好之后再吊放。

8.16 针对塔梁错步并进施工时，采用同一个班组，便于统一节奏，在主塔上横梁下方用4205木方满铺，并在木方下面用安全网封闭，形成第一层安全防护平台。

8.17 在主梁与主塔交叉处设人员安全通道，安全通道高2m，采用厚5mm钢板铺设而成，形成第二级防护。

8.18 塔柱高空吊装重物时形成警戒线，不允许任何人穿越下方。

8.19 挂篮前移检查挂钩到位，所有与主梁的连接件是否取下；牵引千斤顶是否到位，已浇梁段前端的安全围栏必须全部牢固可靠；挂篮的所有操作平台全部满铺钢板网，在钢板网上再铺一层0.3mm的铁皮，随时清理杂物，并用手推车运至塔吊下方吊放地面上。确保任何时候无任何杂物落入挂篮下方。

8.20 人员上下除使用施工电梯外，另配旋转爬梯作紧急安全通道，爬梯的平台必须通过结构验算，焊接质量组织专项验收，爬梯全部用密目网封闭。

9. 环保措施

9.1 拌合设备应进行密封，或采用防尘设备降低粉尘，施工通道、混凝土拌合站应进行洒水降尘处理，防止粉尘对周围环境及大气的污染。降低施工噪声，减小对周围居民的干扰。

9.2 设置污水处理池，施工及生活废水，经处理达到排放标准后，才能排放，或用于洒水降尘，循环使用，节约资源降低成本。

9.3 清洗砂、碎石的污水经过沉淀池两次沉淀后再排出，或用于洒水降尘。

9.4 施工垃圾，运到指定的地方进行填埋，生活垃圾运到指定地方后撒石灰消毒后在进行处理，垃圾填埋场不能设置在水源附近，以免对水体造成污染。

9.5 高空施工中的废钢材、废混凝土不能从高空抛下，应集中后采用塔吊调运，以免对周围环境造成污染。

9.6 塔梁错步并进施工中，严禁重力敲打钢模、钢材等，以免产生的噪声影响环境，造成噪声污染。

10. 效益分析

在应用实例项目中由于一合同段8号主塔下塔墩比二合同段9号主塔高30m等综合因素，导致8号主塔与9号主塔进度不均衡，而塔梁错步并进主要集中在上横梁施工结束，上塔柱还有16m未施工完成期间，主梁第二节段~第九节段并进施工。采用塔梁错步并进施工工法后节约工期70天。

通过采用塔梁错步并进施工工法后缩短了工期，节约了承包人的间接费用，同时减少了监理费用、监控费用及中心实验室费用。效益计算如下：

承包人的间接费用为8万元/d，共计节约70d × 8=560万元。

监理费用、监控费用及中心实验室费用节约为：2.33月 × 30万元/月=70万元。

采用塔梁错步并进施工投入的科研费用70万元。

因使用本工法增加的安全防护投入20万元。

共计节约成本560+70−70−20=540万元。

直接经济效益相当显著。另外由于提前通车，项目提前投入使用，提前产生效益，其经济效益没有估算。对地方的经济发展具有较大的促进，具有明显的社会效益。

11. 应用实例

汕昆高速公路贵州境板坝至江底段马岭河特大桥，是路线的重要组成部分，也是项目的控制性工程。同时由于原进入兴义市干线中原马岭河大桥服务年限很久，不能满足兴义市发展的需要。汕昆高速公路马岭河特大桥提前开工，提前投入使用，也解决了兴义市的发展问题。提前投入使用对当地的社会经济具有较大贡献。

马岭河特大桥左幅全长1386m，右幅全长1367.5m，是贵州省内第一座也是最大一座三跨预应力混凝土双塔双索面斜拉桥[主桥为（155＋360＋155m），引桥采用40m × 1跨+50m × 13跨的预制预应力混凝土，先简支后刚构体系T形梁]。桥以跨中为界，分为1、2两个合同段，其中第1合同段，起讫桩号为K11+220 ~ K12+053.5，全长833.5m。其主塔与主梁采用本工法施工，缩短工期，质量保证、施工安全，已提前建成通车。

采用先拱后梁施工的大跨度系杆拱桥混凝土系杆无支架施工工法

GJEJGF260—2010

云南巨和建设集团有限公司　中达建设集团股份有限公司
朱治平　刘少伟　李福清　杨继东　徐林真

1. 前　言

1.1 系杆拱桥为系梁和钢管拱的组合体系，其中梁和拱都是主要承重结构，两者相互配合受力。与梁桥相比，系杆拱桥能够跨越相对一般简支梁桥更大的跨度；与拱桥相比，系杆拱桥虽然具有拱的外形，但由于拱与梁连接在一起，拱的水平推力就传给梁来承受，而对墩、台没有水平推力作用，因此对地基承载力要求不高。正因如此，近年来，拱桥作为一种新型桥梁型式，在市政、公路和铁路工程中得到了广泛的应用。

1.2 系杆拱桥的成桥方法根据钢管拱肋施工的先后，分为“先拱后梁”和“先梁后拱”两个成桥体系，所以，系杆作为系杆拱桥的主要承重构件之一，其施工方法也因为成桥体系不同而不同。采用“先梁后拱”成桥方案，系杆梁采用满堂支架法施工，适用于具备封闭水上或陆地交通的桥梁；采用“先拱后梁”成桥方案，系杆梁则采用预制吊装或者无支架现浇方案。对比两种系杆梁的施工方案，显然无支架现浇施工方案的难度最大。本工法针对在“先拱后梁法”成桥体系下，解决系杆如何实现在无支架条件下进行混凝土现浇施工的问题。

2. 工 法 特 点

2.1 系杆模板体系悬挂在钢劲性骨架桁架节点处，系杆混凝土自重荷载和施工荷载通过劲性骨架传递到永久吊杆上去，再通过吊杆传递到拱肋，从而实现现浇混凝土系杆的无支架施工。

2.2 系杆悬吊模板体系是在台座上附着在钢劲性骨架上整体拼装完成，然后再依据设计要求分解成几节段（一般划分为3段）进行吊装，有利控制模板平整度、纵向接缝和底模保护层，从而保证了系杆整体线形。

2.3 系杆的混凝土是分段浇筑完成的，系杆混凝土浇筑前，先张拉临时索，以平衡由于分段浇筑的系杆混凝土自重产生的水平推力。

2.4 系杆的悬吊模板悬挂在劲性骨架下弦杆桁架节点处，无需再设置上横梁和吊杆，可以节约钢材。

2.5 系杆悬吊模板、系杆钢筋、纵向预应力钢束连同钢劲性骨架一起，在施工场地的台座上完成，然后随着劲性骨架的吊装一起就位，避免了在高空作业条件下安装系杆的底模、悬吊系统和钢筋，大大降低了施工风险。

3. 适 用 范 围

本工法适用于跨越深水、航运繁忙的内河河道、跨度有限的江面上，大跨度系杆拱桥现浇混凝土系杆梁的无支架施工。

4. 工 艺 原 理

4.1 系杆悬吊模板由圆钢拉杆、悬吊小梁、底横梁和工字钢纵梁、模板底木方和底模面板等几部分组成。

4.2 系杆悬吊模板体系的荷载传递路径：面板→底模方木→工字钢纵梁→底横梁→悬吊小梁→圆钢拉杆→劲性骨架→吊杆→拱肋。

4.3 系杆悬吊模板体系设计时，需要对底模纵梁、底横梁、悬吊小梁和圆钢拉杆等几个构件进行计算分析，以确定构件规格。

4.4 系杆混凝土分段浇筑完成，可以避免一次加载过大，对拱脚产生过大的水平推力，影响整个桥梁结构的整体稳定性。

4.5 工艺设计时应考虑的影响因素

1. 劲性骨架的构造形式，因为整个施工阶段的恒载是传递到劲性骨架上面的，劲性为桁架结构，垂直荷载必须传递到劲性骨架的竖腹杆处；

2. 临时水平索对悬吊下横梁的影响；

3. 临时水平索对系杆外侧模板影响；

4. 吊杆下锚箱和吊杆张拉端螺母对底纵梁的影响；

5. 因为1、2、3、4号临时水平索的位置不同，对外侧系杆和内侧系杆的影响不同的问题。

6. 悬吊体系的拆除。

4.6 悬吊模板体系的示意图见图4.6-1和图4.6-2。

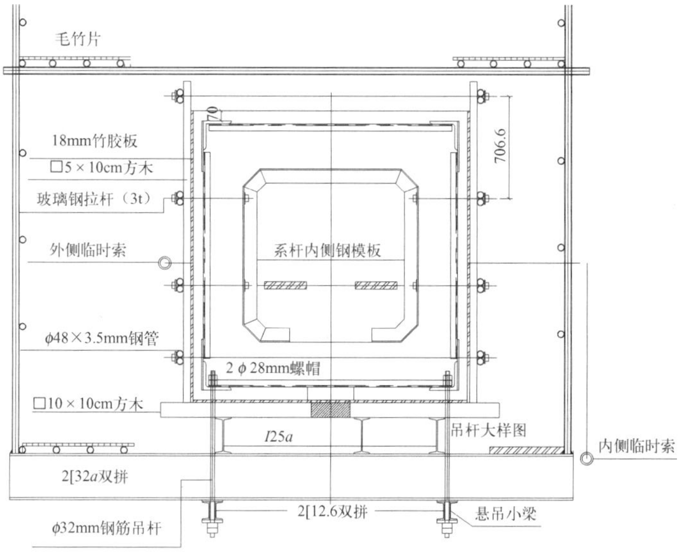

图4.6-1 悬吊模板体系横断面图

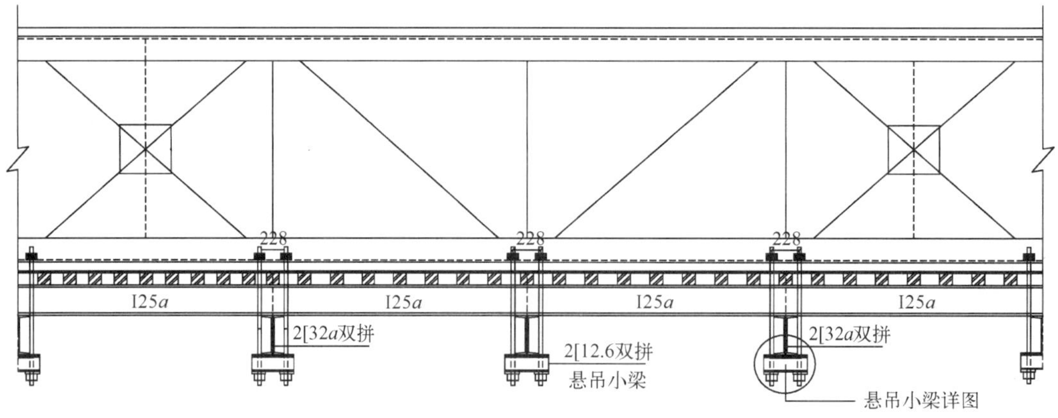

图4.6-2 悬吊模板体系纵断面图

5. 施工工艺流程及操作要点

5.1 工艺流程

见图5.1施工工艺流程图。

5.2 操作要点

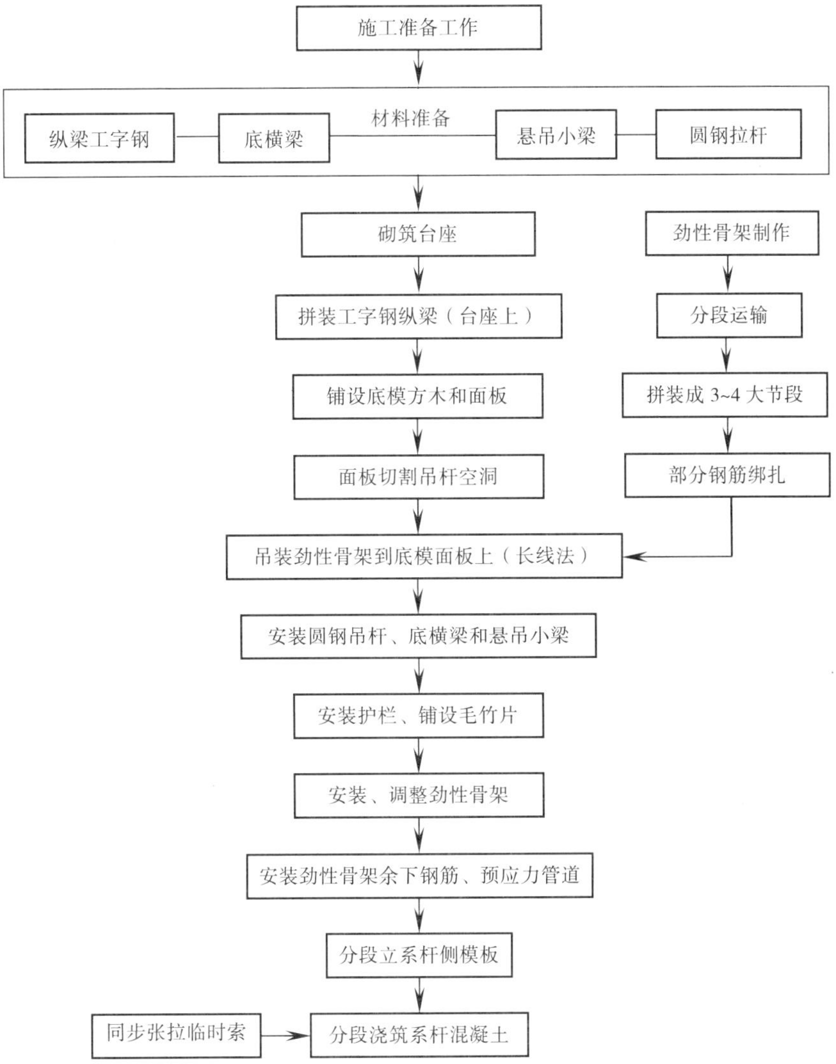

图5.1　施工工艺流程图

5.2.1　悬吊体系的加工制作

1. 根据对悬吊体系的计算分析，绘制施工方案图，选择圆钢吊杆、底纵梁、底横梁和悬吊小梁的构件材料；

2. 圆钢吊杆和悬吊小梁采用自行加工或者外委加工的方式；

3. 纵梁和底横梁采用租赁和采购的方式。

5.2.2　台座施工

1. 根据单根系杆劲性骨架的中间段长度，用钢管扣件搭设拼装台座，或者砌筑砂浆台座，台座的间距与劲型骨架的大段分段长度相匹配。

2. 台座的高度确定。台座的高度应满足张拉工作平台净空小于1.20m的要求，吊杆下用钢管和扣件拼装吊杆张拉工作平台。

3. 为保证系杆劲性骨架和系杆底模板铺设的平整度，要求台座顶部水平。台座搭设完成后或砌筑完成后，顶部必须用水准仪操平。

5.2.3　劲性骨架加工、运输和现场组拼、安装部分钢筋

1. 劲性骨架由具备资质的厂家加工制作，出厂前经过整体预拼，然后对劲性骨架的外部尺寸、总长度和吊杆间距进行检查，合格后方可切割成几大段运到施工现场。

2. 劲型骨架运输时，为防止骨架发生扭曲变形，应在骨架的端部拉设临时剪刀撑。

3. 劲性骨架运输到现场以后，先在台座边上铺设方木，然后在方木上将分段运输的劲性骨架二次拼装成设计要求的段数，组拼时应控制吊杆预留孔的间距和劲型骨架的整体轴线一致性。

4. 劲型骨架大节段组拼完成后，在地面上安装系杆底板和侧板的箍筋，以及底板的纵向钢筋。

5. 劲性骨架的整体二次拼装示意图见图5.2.3。

5.2.4 在台座上拼装底模纵梁

1. 台座经过找平后，按照系杆悬吊体系的横断面布置图，将3片工字钢纵梁平放到台座上，3片工字钢之间分段用角钢平联起来，以保持工字钢的横向稳定性。

2. 底纵梁的横向布置应考虑避开劲性骨架下部的吊杆下锚垫板，同时考虑悬吊体系的中心，工字钢放到底横梁悬臂长度小的那一侧。

3. 底纵梁在劲性骨架的吊装大节段分段处断开，其余接缝必须焊接牢固。

4. 底模纵梁拼装施工示意图见图5.2.4。

图5.2.3 劲性骨架整体二次拼装示意图

5.2.4 底模纵梁拼装施工示意图

5.2.5 铺设底模方木和竹胶板面板

1. 底模纵梁铺设完成后，在纵梁上横桥向铺设底模方木，方木的间距为20～25cm，方木和纵梁间采用钢丝绑扎。

2. 底模的面板用竹胶板，竹胶板铺设时应拉通控制整条系杆的轴线，轴线偏差控制在10mm以内。

3. 吊杆位置的预留空洞在底模铺设完成，经过精确放样后，用手持式电锯切割而成，尺寸应比吊杆下锚垫板小20～30cm。

5.2.6 吊装劲性骨架到系杆底模就位（图5.2.6-1、图5.2.6-2）

图5.2.6-1 劲性骨架拼装完成图

图5.2.6-2 吊装劲性骨架到系杆底模就位图

1. 劲性骨架就位前，先根据劲性骨架与底模之间的保护层准备厚度相等的混凝土垫块。

2. 大节段劲型骨架就位前，首先在第一个底模板吊杆预留空洞处，钉一根50×100mm定位方木，以便劲性骨架底板锚垫板与预留孔洞定位。

3. 劲性骨架吊装到系杆底模上用汽车吊机进行，汽车吊机的选择，根据大节段劲性骨架的实际重量进行，必须满足起吊的安全性要求。

4. 节段劲型骨架起吊前，两端必须拴上缆风绳，以便起吊以后控制劲型骨架的方向。

5. 就位时，首先将缓慢地放松钢丝绳，使劲性骨架地面接近台座上底模面板，然后通过调整吊机大臂使第一个吊杆下锚垫板与定位方木靠近，再通过两边的人员使劲性骨架横向就位。

6. 劲性骨架就位前，必须将底下的混凝土垫块垫好，混凝土的垫块必须左右对称地垫在同一根方木上。

7. 劲性骨架完全就位并落在混凝土垫块上后，要从前到后检查吊杆锚垫板与底模板上的预留孔是否吻合、劲性骨架两侧保护层是否满足要求，然后方可送吊机的钢丝绳。

5.2.7 安装悬吊拉杆、底横梁和悬吊小梁

1. 悬吊系统安装顺序：劲性骨架下弦杆钻孔→安装圆钢吊杆→将底横梁放到圆钢吊杆下方→用2个1t导链滑车将底横梁调整好横向位置后提升到两个圆钢吊杆之间→安装悬吊小梁→用螺杆将悬吊小梁上紧→松开导链滑车，完成一个悬吊梁的安装→同样的方法安装其他节点的悬吊小梁。

2. 劲性骨架制作完成后，在发往现场之前，由制作单位将系杆施工悬吊模板的悬吊圆钢拉杆的预留孔钻好，孔距必须按照施工方案布置图进行。

3. 布置底横梁时，应考虑到底横梁的槽钢与系杆两侧临时索是否冲突，否则要调整槽钢两侧相对位置。

4. 安装悬吊系统时，必须保证圆钢吊杆是垂直的，在用导链滑车收紧底横梁时，应同时调整，当吊杆不垂直时，应进行调整，等到吊杆垂直以后，再将悬吊小梁与圆钢吊杆上紧。

5.2.8 安装护栏、铺设人员通道和搭设吊杆张拉平台

悬吊体系的安全设施主要有：护栏、员工走道和吊杆张拉施工工作平台等几部分。

1. 安全设施的施工在悬吊体系安装完成后进行，护栏通过焊接在底横梁的槽钢上的短钢筋头定位，护栏、员工走道和吊杆张拉平台用钢管和扣件搭设，走道铺设毛竹片和防滑条。

2. 用于搭设护栏、员工走道和工作平台的钢管、扣件使用前必须经过检测，扣件的施拧必须经过扭矩扳手检查，以确保吊装后高空状态下安全设施的安全性和可靠性。

5.2.9 浮吊分节段吊装劲性骨架（图5.2.9）

1. 吊装准备工作

1）劲性骨架的吊装用水上浮吊实施，浮吊根据节段劲性骨架的重量选择，浮吊设计吨位一般选择120～160t；

2）劲性骨架吊装前，应提前航道管理部门联系，上报水上航道临时封闭计划，吊装期间应有港航监督部门协助航道封闭；

3）劲性骨架吊装前，由项目技术负责人对参与吊装吊装班组、安装班组和配合人员进行技术交底，落实相关人员的责任；

图5.2.9 浮吊分节段吊装劲型骨架图

4）劲性骨架吊装前，再次检查护栏、走道和工作平台的扣件有没有上紧，上面有没有散落的扣件和螺栓，确认安全后方可实施吊装；

5）劲型骨架吊装前，提前将安装单位的烘箱、电焊机和气割设备准备到位；

6）吊装工作实施前，应把负责转运劲性骨架的机驳准备好，并根据劲性骨架的分段长度在机舱里焊接临时支撑架。

2. 劲性骨架吊装施工控制要点

1）系杆吊装前，应组织所有人员进行安全技术交底；主要包括吊装人员、吊杆安装人员、钢结构安装人员以及配合吊装的人员。

2）劲性骨架的吊装1台160t浮吊或一台130t浮吊和一艘转运劲性骨架的机驳驳船进行。吊装时，首先将吊装的劲性骨架装到机驳上，运到钢管拱肋的下方，然后将浮吊靠过来定位后，将吊钩从两根临时索的中间放下来，将劲性骨架吊装起来，同时将吊杆从预留空洞里穿下来，安装下端吊杆锚固螺栓，调整好高程后，将劲性骨架与前段焊接起来。

3）劲性骨架吊装的工艺过程

浮吊和运输驳船就位→捆绑吊装劲性骨架钢丝绳→起吊节段劲性骨架脱离台座→安装余下的悬吊横梁→检查吊杆下的工作平台搭设情况→将节段劲性骨架放到驳船上面→浮吊就位在系杆临时索的侧面→驳船就位到临时索下方→浮吊放松起吊钢丝绳到驳船上面→捆绑起吊钢丝绳→在两根临时索之间，将劲性骨架起吊上来→当劲性骨架提升到吊杆下方时，安排人员将吊杆张拉端锚固螺母卸掉，放到旁边→将吊杆张拉端锚头对准劲性骨架的吊杆预留孔，一节劲性骨架的全部吊杆都对准预留孔以后→缓慢地提升劲性骨架，使吊杆从孔道中穿过→吊杆锚头穿过预留孔道以后→安排人员下到劲性骨架下方工作平台上，将张拉端螺母旋紧到预定位置→由劲性骨架安装人员调整劲性骨架对接接口，调整好以后实施焊接→完成节段劲性骨架的安装。

4）劲性骨架安装顺序：劲性骨架安装从一端向另外一段逐段进行，先安装第一节，在安装中间第二节，最后安装第三节，具体节段划分依据设计要求。

5）劲性骨架骨架的吊装时，必须在航道封闭的前提下进行，由港航监督部门在现场协助封闭航道。

6）劲性骨架的施工由吊装单位、焊接单位和配合人员一起完成，但必须统一指挥，确保劲性骨架的吊装有条不紊地进行。

7）劲性骨架吊装到驳船以后，首先用机驳将驳船拖到系杆下方的临时索之间，然后浮吊拖拉到位，将吊钩从两根临时索之间放下来，再捆绑吊装钢丝绳，钢丝绳与劲性骨架的角钢之间必须包裹钢管护套，防止吊装钢丝绳被割断，造成吊装钢丝绳破断。

8）劲性骨架提升到吊杆下方时，暂停一下，每根吊杆处安排一个人负责吊杆张拉端螺母拆除、吊杆对孔以及吊杆下放时对位和吊杆下放到位后，下面锚固螺母的进行安装和拧到要求的位置。根据吊杆预留长度的计算，劲性骨架就位以及吊杆张拉端螺母安装到位后，螺母的下端距离锚头的端头为140mm，施工时要求严格按照这个尺寸控制。

9）劲性骨架初步对位以后，吊装段的前端两侧应拉设缆风绳，以控制劲性骨架的水平位置，同时也便于劲性骨架纵向轴线的控制和调整。

10）劲性骨架水平缆风绳拉设完成，且劲性骨架完全就位和张拉端螺母拧到设计位置后，由项目部的管理人负责对每个吊杆的张拉段螺母的位置进行检查，确认没有问题后，再进行劲性骨架的接缝连接和调整，所有接缝调整到线形顺接的位置后，实施接缝焊接，焊接接缝焊接完成后，再放松吊机钢丝绳。

3. 劲性骨架吊装施工中应特别注意的问题

1）在劲性骨架吊装过程中，应监测墩身水平位移，吊装前将监控墩身水平位移的千分表安装到位，记录千分表的初始读数和温度，在劲性骨架吊装完松钩后，读取千分表读数和温度，根据千分表读数和温度修正，计算墩身水平位移，最大水平位移不得大于3mm。

2）在劲性骨架吊装前，要求做好临时索张拉的各项准备工作，人员到位，出于待命状态，一旦监测发现墩身水平位移超过3mm，则立即张拉临时索，以平衡加载引起的水平力。

5.2.10 张拉吊杆调整系杆的顶面高程

1. 整条系杆的劲性骨架安装完成后，钢结构安装单位负责接头的调整和焊接工作，等到所有接头焊接完成后，安排测量人员测量每个吊杆处的系杆实际标高，预吊杆预计标高比较，根据标高差用千斤顶通过张拉吊杆来调整劲性骨架的标高。

2. 系杆劲性骨架的预计标高计算

预计标高=系杆设计标高+吊杆伸长量+钢管拱肋变形（二期恒载作用下）

3．劲性骨架标高的调整从中间向两端对称进行，千斤顶张拉以后，旋紧吊杆下锚固螺栓，在转移千斤顶前，再次符合系杆标高，确认满足要求后，再转移千斤顶。

4．所有节点调整完成后，再次测量所有吊杆处系杆标高，其偏差应控制在10mm以内。

5.2.11 系杆钢筋绑扎

系杆为空心箱形结构，横向预留管道和定位槽钢与预制中横梁相接，内部的钢筋非常密，混凝土结构的含筋量比较大，加上与劲性骨架、中横梁预应力管道和预制中横梁定位槽钢相互交叉，施工难度相当大，所以必须引起高度重视，正确的处理好交叉部位的钢筋局部处理。

1．钢筋绑扎顺序。系杆钢筋的绑扎考虑到劲性骨架吊装就位以后材料运输和安装都比较困难，所以预先在缆索厂劲性骨架吊装之前，将比较难施工的钢筋先绑扎完毕，然后在劲性骨架吊装到位以后再绑扎其余部分的钢筋。正因如此，系杆钢筋绑扎主要分为缆索厂内安装和水上吊装以后安装两个施工阶段。

2．系杆钢筋施工的工艺流程：劲性骨架缆索厂分节预拼完成后→安装底部和两侧箍筋→吊装劲性骨架到台座上面并定位后→穿插底板纵向钢筋→安装悬吊系统→浮吊吊装劲性骨架水上拼装→绑扎侧面水平筋→安装系杆内模板→安装顶板和人行道悬臂梁钢筋→安装预埋钢筋。

3．因为系杆混凝土的浇筑施工是分段进行的，单根系杆分5次完成混凝土的浇筑，所以系杆的纵向钢筋也要求按照设计，分段绑扎完成，钢筋的分段搭接接头的处理必须满足规范要求。

4．交叉部位钢筋的处理

系杆钢筋施工的过程中，钢筋相互交叉的主要部位有：系杆纵向钢筋与系杆横隔梁钢筋交叉、系杆钢筋与中横梁预留钢筋交叉、系杆钢筋和中横梁预应力管道交叉，以及系杆预应力管道与中横梁预留钢筋、中横梁定位槽钢的交叉等，必须合理地处理上述钢筋交叉的部分。钢筋交叉处理的原则如下：

1）确保预应力管道的位置不能动。在普通钢筋与预应力筋交叉的时候，优先保证预应力筋的位置；

2）尽量保证不要切割普通钢筋。当钢筋出现相碰的时候，可以同监理单位商量后，适当移动普通钢筋，尽量不要将钢筋切断，如需切断，必须经过设计同意后，采取补强措施；

3）当普通钢筋因为相碰不得不切割掉时，必须对这些钢筋采取补强措施。可以采用增加部分搭接钢筋，或着采用错位焊接等补强措施对被割断的钢筋进行补强；

4）当钢筋与定位槽钢相碰时，适当移动普通钢筋。因为系杆定位槽钢将来要与预制中横梁上的定位槽钢对接，必须保证槽钢的位置，否则中横梁安装将很困难，所以遇到普通钢筋与定位槽钢相碰时，适当调整普通钢筋的位置。

5.2.12 系杆模板安装

1．为减少一次加载的对拱脚的水平推力，单根系杆混凝土的浇筑一般分5次进行，所以系杆侧模和内模的安装也是分5次进行的。系杆的模板由底模板、侧模板和内模板组成。系杆分段浇筑时，必须高度重视分段接缝的封头、预制中横梁定位槽钢、中横梁预应力管道预留和侧向人行道预留钢筋接缝的处理等问题。

2．因为水上没有吊机配合侧模板的安装，侧模板和内模的安装均采用人工的方式进行。侧模板安装完成后，用垂球检查垂直度，控制定位。

3．模板支立后，用对拉螺杆将两片外侧模板对拉起来，并且在施工中严禁碰撞定位索。侧模板的位置调整好以后，侧向用花篮螺丝将模板的口与侧面的钢管对拉起来，以保持侧模板的整体稳定性。

4．系杆模板应特别注意的问题

1）分段接头的封板制作和安装。

2）与预制中横梁相交部分的封头板制作：内侧的封头板包括中横梁预应力管道预留孔、中横梁吊装的定位槽钢，外侧的封头板主要有中横梁的预应力锚垫板和张拉槽口预留。

3）防止内模上浮的措施。在系杆顶部布置一道反压梁，反压梁的两端与底模对拉起来，内模与反压梁之间用粗钢筋支撑起来可以有效地防止内模上浮。

4）系杆模板的整体稳定性措施

因为受到风荷载和混凝土浇筑不均匀压力的作用，对于大模板应采取支撑和拉杆对模板进行整体加固，具体的加固措施如下：系杆侧模的上口和下口通过对拉螺杆和竹胶板面板定位，中部通过竖向槽钢和对拉螺杆加强，上部用方木和对拉螺杆实施定位。侧向用花篮螺丝将模板上口和侧面的支架对拉起来。

5.2.13 系杆混凝土浇筑

1．系杆混凝土的浇筑是分段进行的，单根系杆混凝土分5次浇筑时，最后一次浇筑为合拢段施工。系杆混凝土浇筑采用混凝土地泵泵送浇筑，系杆混凝土的浇筑从中间向两头对称进行，系杆混凝土浇筑的同时，同步按照设计要求张拉临时索，同时监控墩身水平位移。系杆混凝土分段浇筑节段的划分示意见图5.2.13系杆混凝土分段浇筑节段划分示意图。

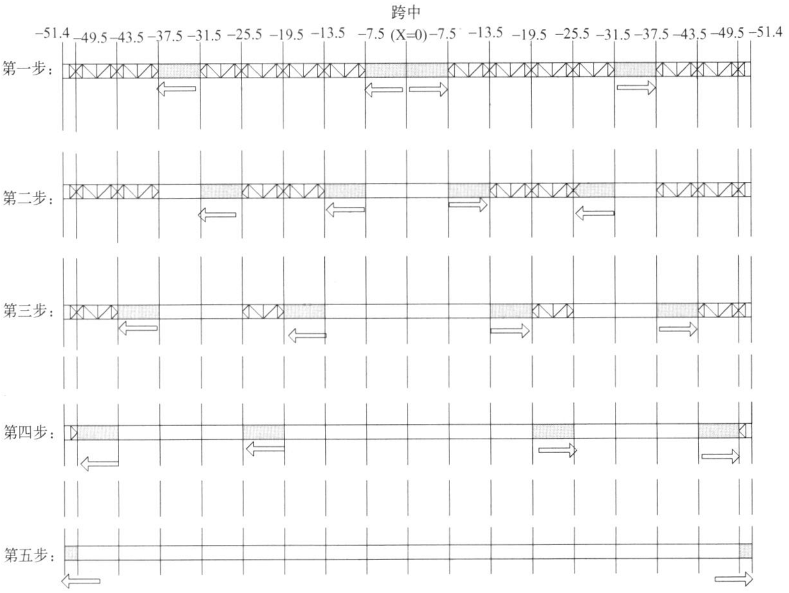

图5.2.13 系杆混凝土分段浇筑节段划分示意图

2．系杆混凝土施工的主要难点和对策

因为系杆腹板混凝土内有劲性骨架在里面，加上钢筋比较密集，混凝土的下料和振捣都比较困难，所以我们在系杆混凝土时，采用骨料比较细的C60混凝土，同时在外侧模板外安装附着式振捣器辅助振捣，底板浇筑时，安排人员钻到底板内模里面去，用平板振捣器拖振底板混凝土，以保证系杆混凝土的质量。混凝土浇筑施工工艺控制要点如下：

3．混凝土浇筑顺序：底板混凝土→侧板混凝土→顶板混凝土。

4．混凝土采用C60细骨料商品混凝土，系杆混凝土施工前，对混凝土厂家报送混凝土配合比进行验证，混凝土强度和和易性满足要求后，方可浇筑系杆混凝土。系杆混凝土由运输车运至施工现场，混凝土地泵输送入模，坍落度控制在12±3cm内。

5．在混凝土浇筑前，先对系杆分段接缝处的混凝土进行凿毛处理，并冲洗干净，浇筑混凝土时，先浇筑3cm厚的同强度的水泥砂浆。

6．系杆混凝土浇筑应特别注意的问题。

系杆第5次混凝土浇筑为1.5m合拢段施工，应引起高度重视，混凝土按照后浇带的混凝土控制，主要控制措施如下：

1）混凝土的强度等级比原设计级配提高一个级别；

2）混凝土的配合比中，要求掺假微膨胀剂，膨胀率不小于0.03%；

3）合拢段混凝土浇筑宜选择一天中的最低气温时开始浇筑；

4）合拢段混凝土应加强养护覆盖保湿养护。

5.2.14 系杆混凝土浇筑过程中墩身水平位移监控和临时索张拉

根据设计要求，在系杆混凝土混凝土浇筑过程中，为防止加载对拱脚产生过大的水平推力，要求同步张拉临时索，这就要求，在系杆混凝土浇筑前，在做好其他准备工作的同时，临时索的张拉准备工作必须到位。临时索的张拉要求如下：

1. 临时索的千斤顶、张拉机具和人员必须到位。

2. 每根临时索的张拉的时间、张拉力必须对现场的施工人员交代清楚，并张拉数据用标示牌挂在现场。

3. 各临时索分阶段张拉力的控制以设计张拉力为依据，以监控单位的墩身水平位移作为校核，控制混凝土浇筑期间，墩身的水平位移不大于3mm。

6. 材料与设备

6.1 起吊设备

6.1.1 浮吊

采用浮吊作为主要劲性骨架安装机械设备。浮吊由主船体、浮箱及起吊设备、动力设备现场拼装而成。 浮吊设备的选择应根据起吊拱肋的重量、水位标高、吊点高度等因素综合确定。拱肋整体吊装常采用160t浮吊和120t浮吊的主要参数如下。

1. 160t浮吊的主要参数和机械性能如下：

扒杆长度50m，安装工况时，扒杆仰角65°，其水平距离为50×cos65°=21.13m，大于19.8m。最大起吊重量140t>100/2=50t。最大可安装标高=2.7（常水位）+0.8（满载时甲板距水面高度）+0.75（扒杆铰距甲板高度）+50×sin65°−2（挂钩安全高度）=47.57m>43.5m（挂钩点安装标高）。吊装能力满足表6.1.1−1 160t浮吊机械性能表的要求。

160t浮吊机械性能表 **表6.1.1−1**

角　度	高　度（m）	水平面（m）	起重负荷（t）
65°	45.32	21.13	140
60°	43.3	25	105
50°	38.3	32.14	85
45°	35.36	35.36	70

2. 120t浮吊的主要参数和机械性能如下：

扒杆长度48m，安装工况时，扒杆仰角65°，其水平距离为48×cos65°=20.3m，大于19.8m。最大起吊重量100t>100/2=50t。最大可安装标高=2.7（常水位）+0.8（满载时甲板距水面高度+0.75（扒杆铰距甲板高度）+48×sin65°−2（挂钩安全高度）=45.7m>43.5m（挂钩点安装标高）。吊装能力满足表6.1.1−2 120t浮吊机械性能表的要求。

120t浮吊机械性能表 **表6.1.1−2**

角　度	高　度（m）	水平面（m）	起重负荷（t）
65°	43.5	20.3	100
60°	41.5	24.00	75
50°	38.3	30.8	60
45°	35.36	33.9	50

6.1.2 汽车吊机

劲性骨架的分节段吊装和悬臂体系的安装需要汽车吊机配合，吊机的吨位根据吊装的荷载重量来选择。

6.2 其他机具设备（表6.2）

其他机具设备 表6.2

序号	名　称	规格	单位	数量	备　注
1	工作小艇	—	艘	1	用于浮吊挂缆、联络等
2	电焊机	ZXE-400	台	4	用于接缝焊接
3	烘箱	500℃	台	2	用于接缝焊接
4	导链	5t	个	4	用于劲性骨架就位
6	导链	1t	个	6	用于劲性骨架就位
7	千斤顶	30t	个	4	用于接口调整
8	砂轮机	180°	个	4	用于焊缝打磨
9	卡环	60t	个	4	
10	卡环	10t	个	4	
11	钢丝绳	ϕ56mm	根	4	
12	花篮螺丝	0.5t	个	40	用于侧模固定
13	对讲机	3km	部	6	用于现场对讲

7. 质量控制

7.1 劲性骨架制作和组拼阶段，控制吊杆预留孔道的偏差，其偏差不大于10mm，劲性骨架制作尺寸偏差不大于10mm，焊缝满足必须满足设计要求。

7.2 劲性骨架的安装完成后，其轴线偏位不大于L/6000，高程偏差 ± L/3000。

7.3 钢筋的制作和安装的质量应满足规范和设计要求。

7.4 系杆混凝土浇筑的质量应满足“就地浇筑梁”质量检验标准的要求，强度满足设计要求。

8. 安全措施

8.1 在劲性骨架吊装施工前，应由技术负责人给全体管理及操作人员召开吊装前专项交底会，对各项工作作出统一部署，分工明确，落实责任，并在施工过程中严格控制各个环节的安全细节。

8.2 施工期间经常与水文、气象部门取得联系，避开恶劣天气，对于台风频发的地区，应特别注意收听天气预报有没有台风，在确认没有台风的前提下，再安排吊装作业。

8.3 劲性骨架吊装施工前，应提前与港航监督部门取得联系，按照规定办理水上作业许可证，上报水上施工作业封航计划，在拱肋吊装期间，请港航监督部门实施封闭航道，以免发生意外。

8.4 在劲性骨架拱肋吊装之前，用扣件式钢管拼装护栏、走道和吊杆张拉工作平台，走道和工作平台上铺设毛竹片和防滑条，确保施工人员可以安全地到达作业面。

8.5 在吊装期间，应每天检查浮吊的卷扬机、控制电路系统和保险装置，发现情况及时处理，不留任何安全隐患。用于捆绑拱肋用的主吊点钢丝绳在使用前必须检查用无脱丝现象，否则必须更换。

8.6 现场施工应明确岗位职责，严格纪律、统一指挥、统一信号、统一行动。

8.7 浮吊操作人员和吊装人员应持证上岗，施工中必须佩戴安全帽、防滑鞋，系好安全带，水上作业人员应穿好救生衣。

8.8 雷雨季节施工时，应安装避雷针，现场施工过程中发生雷雨时，应立即将拱上的施工人员撤离下来，防止发生雷击事件。

8.9 现场配备发电机，在拱肋安装过程中，如突遇停电，立即启用备用发电机，确保安装过程中的电力供应。

9. 环保措施

9.1 贯彻执行国家和地方环境保护法规，并教育施工人员自觉遵守环保、环境卫生管理条例，做文明员工。

9.2 各种施工用材料的选用应符合国家有关产品标准的环境保护指标要求。

9.3 对施工垃圾包括短钢筋、钢管、型材边角料、草袋、麻布等应按规定集中收集、存放，防止造成环境污染。

9.4 施工现场的强噪声的施工机械、施工作业尽量安排至白天施工。

9.5 如有夜间实施的焊接等有光污染的工序，应采取有效防护措施。

10. 效益分析

10.1 采用悬吊模板体系浇筑系杆混凝土，劲性骨架采用大节段吊装的方式，悬吊模板和劲性骨架一同吊装，悬吊模板的安装是在地面上进行的，大大减少了高空作业，能够满足施工质量的要求，施工起来方便操作，安全方面也易于控制，施工的风险大大降低。

10.2 系杆的施工完全依靠劲性骨架和吊杆作为承重构件，承重支点选择劲性骨架的下弦杆，不设置上横梁和吊杆，减少了大量的承重材料，每幅桥梁可以节省钢材75t，直接经济效益45万元。

10.3 施工时间也大大缩短，两幅拱桥的4根系杆劲性骨架吊装只需要7d时间；分段浇筑的系杆，每个节段的系杆从钢筋绑扎到系杆混凝土浇筑4d时间，两幅桥的4根系杆混凝土从劲性骨架吊装上去以后，到分节段混凝土浇筑完成仅需1.5个月的时间。

11. 应用实例

11.1 六奉公路改建工程三标段大治河桥

该工程为主跨120m的下承式钢管混凝土拱桥，上跨的大治河交通繁忙，不具备搭设满堂支架的条件，钢管拱肋和风撑采用整体吊装的方案，系杆的施工依托于劲性骨架和吊杆作为承重构件，采用悬吊模板进行施工，取得较好的经济效益和社会效益。施工照片见图11.1–1、图11.1–2。

图11.1–1　现场拼装的系杆劲性骨架

图11.1–2　吊装劲性骨架到系杆底模就位图

11.2 上海嘉金高速蕰藻浜大桥

该工程为中承式钢管混凝土系杆拱桥，拱肋跨径为156m，矢高31.2m，矢跨比$f/L=1/5$，拱轴线为m=1.6悬链线，钢结构部分总重约1000t。全桥横向采用三片拱肋，分别布置在道路机非分隔带与中央分隔带位置。拱肋采用桁架钢管混凝土拱结构，拱桁架高3.2m，上下弦主钢管为圆形，直径1.2m，钢管壁厚16mm，腹杆为圆形钢管，直径0.7m，钢管壁厚12mm。拱肋间设置X形风撑，保证桥梁整体稳定性，风撑钢管为圆形，直径分别为0.6m、0.8m，钢管壁厚12mm，系杆的施工依托于劲性骨架和吊杆作为承重构件，采用悬吊模板进行施。施工照片见11.2-1、图11.2-2。

图11.2-1　桥索悬吊劲性骨架节点图

图11.2-2　悬吊系杆劲性骨架和模板侧视图

11.3　京杭运河宿迁洋河大桥

该工程主跨钢管混凝土系杆拱跨径120m，矢高20m，线形为二次抛物线。拱肋采用哑铃型双圆钢管断面，截面高度240mm，钢管外径ϕ100cm，壁厚1.4cm。全桥共布置2片拱肋，并设5道哑铃型双圆钢管断面风撑，直径70cm，壁厚1.0cm。根据全桥总体施工方案，本工程每榀拱肋钢管与系杆内设劲性骨架形成整体钢骨架一次吊装，系杆的施工依托于劲性骨架和吊杆作为承重构件，采用悬吊模板进行施工。施工照片见图11.3-1、图11.3-2。

图11.3-1　悬吊模板下部节点图

图11.3-2　悬吊模板上部节点图

采用悬臂支撑体系进行梁体体系转换的施工工法

GJEJGF261—2010

新疆北新路桥建设股份有限公司

熊保恒　赵光军　陈长江　罗先宏　武涛

1. 前　言

近几年中国内地高速公路建设中，山区高速公路的高墩柱桥梁越来越多，山区施工场地狭窄，工程建设期短，运用采用悬臂支撑体系进行梁体体系转换的施工工法可以有效解决这些矛盾。采用悬臂支撑体系进行梁体体系转换的施工工法具有施工期短、速度快、经济效益显著、质量安全有保证的特点，成品外观质量较好，达到外美内实的效果。

2. 工 法 特 点

2.1　桥梁体系转换采用悬臂支撑体系施工，加快分项工程施工进度，缩短工期。

2.2　利用悬臂构件进行梁体体系转换的施工，既可进行桥面体系的施工又不影响桥下其他工作的施工。

2.3　工艺相对简单，现场操作简便、快捷，对加快施工进度和成本节约有着显著的改善。

2.4　悬臂支撑体系采用高强度工字钢，多次重复、周转使用，降低周转材料用量，节约成本。

2.5　施工前进行荷载验算和堆载预压，安全性有保证。

3. 适 用 范 围

山区施工、场地狭小，墩柱较高，尤其是上跨桥施工对桥下的路基、路面施工毫无影响。

4. 工 艺 原 理

在公路施工中的梁体由简支向连续体系转换时，利用墩身、盖梁作为支撑点，将制作完成悬臂结构的工字钢架设在墩顶，再将横梁架在悬臂结构的工字钢上组成结构承重体系。

承重体系悬臂构件的截面尺寸和连接件均需依据设计文件进行承载的最大荷载情况进行计算确定。

构件采用人工与机械配合完成承重体系组装，横梁与悬臂结构的工字钢之间放置砂箱，以便最终完成后的拆除。墩身两侧横梁距采用对拉杆固定，以保证其横梁加载后的稳定。

进行梁体安装时需对先吊装一侧的悬臂进行支撑，然后进行对称吊装施工，吊装完成的梁体采用钢筋进行相互连接，以保证稳定安全。

5. 施工工艺流程及操作要点

5.1　施工工艺流程

施工准备→加工构件→安装悬臂构件支撑体系→检查和验收→梁体吊装桥面系施工。

5.2　施工方法

1. 施工准备：

1）墩柱已施工完毕，并经检查合格。

2）场地平整。

3）根据尺寸，制作支撑构件。

4）支撑构件、支座等运输到现场。

2. 墩柱施工完毕后，对其各项指标进行检测，合格后用水准仪和钢卷尺测量出支座合格的标高及尺寸。

3. 因墩柱高度较高，从经济和施工方便的角度出发，考虑采用悬臂支撑体系作为支架。悬臂构件加工制作时应按下述施工要求进行：

1）根据计算结果选购满足计算要求的工字钢材料。

2）连接部位采用电弧焊和高强度螺栓进行连接。

3）焊缝采用剖口焊接，焊缝饱满无夹渣、气眼、咬边现象。

4）螺栓连接部位的螺栓孔开孔大小适中，螺帽根据要求安装适度，不可过度使劲破坏螺纹。

4. 悬臂支撑体系的安装

1）检查支撑面，确保悬臂构件于支撑面完全接触，采用人工机械配合完成安装。

2）考虑梁体在安装时对悬臂构件造成不平衡的压力，因此首先要进行2根临时支撑立柱的安装（梁体安装完成即可拆除），在安装临时支撑立柱过程中注意预留沉降量。

3）立柱安装完成后对悬臂梁和横梁进行安装，横梁与悬臂梁的工字钢之间放置砂箱，以便最终完成后的拆除。为保证其稳定安全性，墩身两侧横梁距采用对拉杆固定。

5. 检查验收

支撑体系安装完毕，应对体系再次进行详细的检查，尤其注重检查体系的稳定性。检查验收合格后，方能开始进行梁体吊装。

梁体吊装

1）梁体吊装时必须采用两侧对称进行，即2个孔跨依次循环进行吊装。

2）第一榀梁吊装到位后，立即进行稳定加固，利用横梁作为支撑点，从梁体两侧进行支撑，其余梁体均依次为基点相互连接为整体，增加其稳定性。

3）梁体吊装加固完成后，既可拆除临时支撑立柱，这样既不影响路基路面的施工，同时桥面体系转换也可同时施工。

6. 材料与设备

采用的机械设备配置如下：

1）混凝土拌合设备一套；

2）钢筋制作（调直、切断、弯曲等）设备一套；

3）混凝土搅拌车2台；

4）25t吊车2台；

5）端头模板一套；

6）电焊机1台；

7）支撑构件、支座、支撑等设备一套。

7. 质 量 控 制

7.1 工程质量执行标准

7.1.1 合同段招标文件中规定履行的相关标准。

7.1.2 国家、交通部颁发的有关文件及设计、施工规范及验收标准。

7.2 质量保证措施

7.2.1 建立质量管理领导小组，质量管理领导小组是整个工程质量管理的最高领导机构，由项目经理、技术负责人、质检科长、试验室主任组成。质检科和试验室专职抓现场质量管理，在施工过程中对各个工序进行检查和检测。

7.2.2 建立完善的工地实验室，配备满足适应工作需求的试验工程师，对各种原材料必须进行严格的检验，坚决做到不合格的材料不进场，以确保进场材料满足技术规范的要求。对不合格的产品不得用于下一道工序施工中。

7.2.3 坚持“三检”制度，即自检、互检、交接检。

7.2.4 树立全员质量意识，加强对施工人员全面、系统、全方位的质量教育，使“质量第一，顾客满意”的思想成为广大员工的自觉行为。

8. 安 全 措 施

8.1 安全组织保证

8.1.1 为保证工程的顺利进行，抓质量的同时必须抓安全，因此质量要以安全作保证，在质量控制的同时，加强安全控制，工程质量和施工安全并重是工程建设两大永恒主题。为此，项目部成立安全领导小组，确定工程项目安全目标，使整个施工安全都处于受控状态，安全隐患消除在萌芽之中。

8.1.2 建立由项目经理作为第一安全负责人，由项目副经理、总工程师、施工队长三条线分管共抓的安全管理网络，形成项目安全保证体系。项目副经理分管安全和材料供应科、机械设备科，具体负责进行安全措施的制订落实；总工程师分管工程技术科、质检科，从技术方案角度来制定安全生产措施。项目经理通过设立专、兼职安全员及制定安全责任制度，并做到有计划、有组织、有措施，实行工程施工安全一票否决制，将安全生产措施落实到人，确保工程项目安全顺利实施。

8.2 安全制度保证

8.2.1 建立各级人员安全生产责任制度，明确各级人员安全责任，责任落实到人。各施工队有明确的安全考核指标和包括奖惩办法在内的保证措施。

8.2.2 建立定期安全检查制度。有时间、有要求，明确重点部位、危险岗位。安全检查有记录。对查出的隐患及时整改，做到定人、定时间、定措施。

8.2.3 所有工作人员必须进行安全技术培训。工人掌握本工种操作技能，熟悉本工种安全技术操作规程；特种作业人员经培训考试合格持证上岗。

8.2.4 工程施工前进行全面的、针对性的安全交底，接受交底者履行签字手续；班组在班前进行上岗交底、上岗检查、上岗记录的“三上岗”和每周一次“一讲评”的安全活动。对班组的安全活动有考核措施。

8.2.5 建立事故档案，按调查分析规则、规定进行处理和报告。

8.2.6 施工现场危险场所设有安全警示牌，必要时要有安全防护围挡，避免人员误入引起人身伤害事故。

8.3 施工安全管理保证

8.3.1 项目部、施工队设置的专职安全员对现场进行安全监督、检查，发现有安全隐患，即可提出整改，有权对违章操作人员行使处罚及下达停工令。班组兼职安全员在每天上班前，对班组全体人员作3～5min安全教育，特别对机械操作手要安全提醒。

8.3.2 施工现场各工点要有明显的各种提示牌及警示牌，危险部位设栅栏封闭，施工地段设置必须的警示牌（灯）和警戒防护设备以保证来往行人及车辆的安全。在大雾、大雨及夜晚设专人在施工道口警戒和防护。

8.3.3 施工间隙或夜间大型专用设备均集中摆放，各站点设专人看护，作好防盗工作。

8.3.4 施工安全用电

现场用电按标准规范要求架设和使用，电器设备安装漏电保护器；车流量大的施工地段，架设动力线路采用较大截面的地下电缆通过，保证架设高度满足车辆安全通过。

8.3.5 各类施工机械设备安全保证措施

1. 项目部机械设备部对工地所有机械统一定期进行安全检查，发现问题及时解决，消除安全隐患。

2. 各种机械设备均要制定安全技术操作规程，认真检查落实情况。

3. 机械操作人员必须听从施工人员的正确指挥，精心操作。但对施工人员违反操作规程和可能引起危险事故的指挥，操作人员有权拒绝执行，并及时向工地负责人反映。

9. 环保措施

9.1 成立相应的环境保护组织机构，在施工中严格遵守国家和地方政府下发的有关环境保护的法律、法规和规章制度。加强对各种可能对环境造成污染的因素进行控制和治理。遵守相关的环境保护的规章制度。认真接受各级环保部门的监督检查。

9.2 将施工场地和作业限制在工程建设允许的范围内，合理布置、规范围挡，做到标牌清楚、齐全，标识醒目，施工场地文明、整洁。

9.3 对施工中可能影响到各类公共设施制定可靠的防损坏措施，加强实施过程中的监测、应对、验证。同时将相关方案对全体施工人员进行技术交底。

9.4 设立各种废弃物的集中处理设施，做好处置，从根本上防止施工对环境造成的污染。

9.5 定期清运施工垃圾，做好废弃物在运输过程中的防洒落和防污染措施，废弃物按当地环保部门的要求进行处置。

9.6 选用环保的施工机械，将施工造成的噪声降到最低，同时尽可能避免夜间施工。

9.7 对施工场地道路进行硬化，并经常对施工便道进行洒水，防止尘土飞扬。

10. 效益分析

10.1 本工法有别于传统的施工方法，避免了支架造成大量周转材料（架杆、扣件、支撑）的使用，在周转材料用量上大大节约，减少了材料租赁费，创造了经济效益。同时在施工周期和施工速度上，也比普通的施工时间短很多，加快了分项工程施工进度，同时施工场地大大减小，此工法技术促进了桥面体系施工技术进步，社会效益和环境效益明显增加。

10.2 本工法与同类施工方法相比，周转材料用量少、施工场地布置灵活、工程进度快、安全性有保证、有利于文明施工、各种资源能有效利用，分项工程工期提前造成总体工期提前，工程进度有保证，形成了较好的经济效益。

11. 应用实例

陕西潼关——西安公路工程，运用本工法进行梁体体系转换的施工，工程质量优良，外观质量良好，受到业主和监理的表彰和奖励，经济效益显著。

陕西汉中公路工程项目部（第A-C09标段）合同段，运用本工法进行梁体体系转换的施工，工程质量优良，外观质量良好，受到业主和监理的表彰和奖励，经济效益显著。

甘肃天定路基工程项目部（第TD15标段），运用本工法进行梁体体系转换的施工，工程质量优良，外观质量良好，受到业主和监理的表彰和奖励，经济效益显著。

单墩同步整体顶升板式支座更换施工工法

GJEJGF262—2010

杭州市市政工程集团有限公司　新疆维泰开发建设（集团）股份有限公司
张爱平　周松国　杨胜利　陈军　杨血烽

1. 前　　言

桥梁结构中各构件的使用年限与整桥的设计使用年限密切相关，往往桥梁支座的使用年限要小于桥梁的设计使用年限。造成桥梁支座损坏的原因有：部分桥梁板4个支座存在不同面现象，长期运营过程中支座老化变形不均匀加剧了这个现象；支座胶水老化，桥梁在活载作用下不规则振动使支座错位、掉落等；支座的橡胶老化接近使用期限。

目前大量运营中的桥梁需要进行支座更换，对于预制板梁结构的板式橡胶支座更换施工，关键是在狭小的操作空间内、保证板梁铰缝及桥面铺装不受损坏以及桥梁上下城市交通保持正常通行的情况下完成支座更换，本工法就是为了解决这些问题而总结形成的。

2. 工 法 特 点

2.1　单墩整体同步顶升操作简便，安全可靠。

2.2　顶升同步性好，对板梁间铰缝及桥面铺装几乎无损坏。

2.3　机械化程度高，减轻了人工工作量，加快了施工进度，降低了施工的综合成本，提高了经济社会效益。

2.4　采用悬固在盖梁上的挂篮操作平台，对桥下的交通通行影响较小。

3. 适 用 范 围

本工法适用于市政、公路桥梁中预制板梁结构的板式支座更换施工。

4. 工 艺 原 理

本工法原理是采用单作用液压顶升系统将同墩的预制梁板同步整体顶升，使原有板式支座脱离，并建立以千斤顶为支撑的新体系，同时进行板式支座更换。单作用千斤顶同步升降液压泵站（SXSLC-DZY-B4），利用若干变频调速液压泵作驱动，在压力和位移闭环自动控制下，实现多片梁板同步顶升或同步降落，很好地解决了液压顶升系统在顶托多片梁板时使多点协调一致地完成高精度同步升降困难的技术问题。

5. 施工工艺流程及操作要点

5.1　施工工艺流程

单墩同步整体顶升板式支座更换施工工艺流程见图5.1。

5.2　工艺操作要点

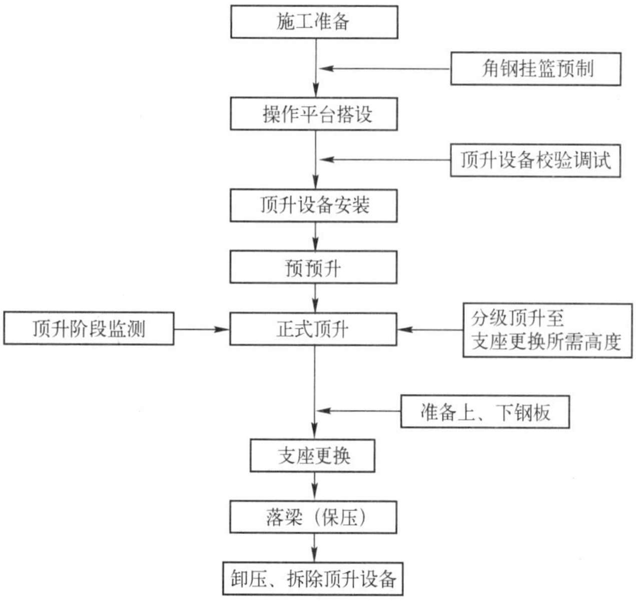

图5.1　单墩同步整体顶升板式支座更换施工工艺流程图

5.2.1　施工准备

1．对现有桥梁板式支座情况进行勘测、统计、分析，按照设计施工图进行比照，准备相应的钢板、支座以及挂蓝等材料；

2．检查及校验顶升设备；

3．对拟参加施工的人员进行技术交底；

4．做好施工便道、临时用电和临时用水布设的工作。

5.2.2　操作平台搭设

1．施工顺序：钢管梯搭设→挂点放样→安装挂篮→安装纵向水平杆→扎安全网→作业层铺脚手板。

2．人员上下采用钢管楼梯，钢管楼梯尽量选择搭设在盖梁两端的空地上。

3．根据设计要求尺寸，对各个吊挂点进行放样，其水平误差控制在10mm内。

4．安装∟63×8角钢挂篮，角钢挂篮在工厂预制，运输到工地现场在夜间利用GKZ-12型曲臂自行式高空作业平台，将角钢挂篮挂在盖梁上。紧贴盖梁侧面的桁架腹杆用锚栓将挂篮固定在盖梁上，具体可见图5.2.2。

5．纵向水平杆安装在角钢挂篮的下弦杆及外侧的腹杆上，采用扎丝固定。

6．纵向水平杆安装完后即扎二道安全网，第一道安全网网目密度不低于2000目/100cm^2，防止在施工过程中的螺丝螺母掉落；第二道安全网采用直径4mm维纶材料制成的网格不大于80mm，防止在铺脚手板时物体坠落。

7．作业层脚手板应铺满、铺稳。作业层端部脚手板探头长度取150mm，板长两端应与支承杆可靠固定。

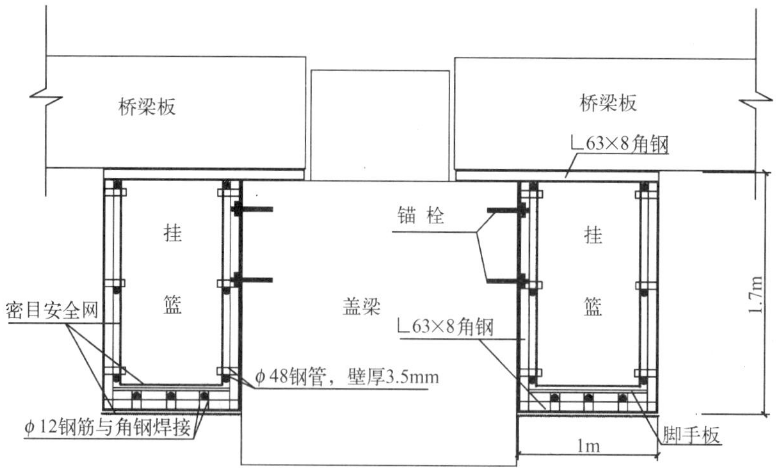

图5.2.2　挂篮断面图

5.2.3　顶升设备安装

1．千斤顶选用：盖梁与梁板之间的空间狭小，选用超薄千斤顶作为顶升设备。千斤顶参数：最大顶力100t，本体高度50mm，底座直径170mm，顶帽150mm，行程15mm（根据工程实际工程情况选用超薄千斤顶型号）。

2．千斤顶布置：根据顶升重量及顶升的稳定性要求，千斤顶布置在两块梁板绞缝下方的盖梁上。

具体布置如图5.2.3-1、图5.2.3-2。

图5.2.3-1　千斤顶布置平面图

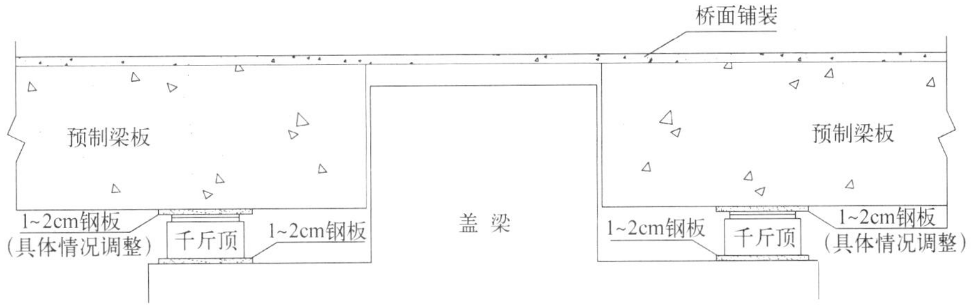

图5.2.3-2　千斤顶布置断面图

3. 整体顶升千斤顶上下支撑点：盖梁顶面用粘钢胶找平并垫1～2cm钢板作为整体顶升千斤顶下支撑点，梁板底部在两片板梁处用1～2cm（视盖梁与梁板间距调整）钢板垫平作为整体顶升千斤顶上支撑点。为便于顶升操作，所有千斤顶均按向上方向安装，即千斤顶底座在盖梁上，油缸在梁板底部。

4. 千斤顶安装时应保证千斤顶的轴线垂直。以免因千斤顶安装倾斜在顶升过程中产生水平分力。保证油顶安装稳固后再接通单作用千斤顶同步升降液压泵站，组成顶升系统。

5.2.4　预顶升

在正式顶升前进行预顶，预顶主要是为了消除支撑点下的非弹性变形，使位移传感器的显示位移归零，这样才能真实反映出顶升过程中梁板的位移。另外通过预顶可以检查出梁板顶升有无遇障碍物等异常情况。

5.2.5　正式顶升

1. 顶升

预顶升后，观察若无异常，便进行正式顶升，千斤顶顶升以2mm为一级，每顶升完成一级需进行百分表读数，传感器读数、梁板情况、桥面情况记录汇总，梁板顶升以满足支座更换施工要求高度为准，并且控制在1cm以内。顶升过程中，单作用千斤顶同步升降液压泵站，利用若干变频调速液压泵作驱动，在压力和位移闭环自动控制下，实现多片梁板同步顶升。

2. 顶升过程监测

顶升过程监测主要包括：梁板位移同步性监测、梁板结构观察、桥面观察。

每台单作用千斤顶同步升降液压泵站配套有4个位移传感器，泵站通过传感器反馈的数据进行压力调节，以控制梁板的同步位移。为防止出现意外，增加同步可靠性，需设置位移同步监测设备。每两块梁板上设置一百分表，精度为0.01mm，百分表读数与位移传感器读数相互校核，百分表与位移传感器的读数差控制在0.1mm以内，如有异常，需暂停顶升，对百分表、传感器、泵站进行检查。安排专人检查顶升过程中梁板、绞缝、桥面是否出现异常。

5.2.6　支座更换

准备上下钢板及支座→顶升到位→取出旧支座、上钢板及下钢板→下钢板安装→支座安装→上钢板安装。

1. 准备一个墩支座更换施工所需的上下钢板及支座；

2．顶升到位后，利用榔头、钢钎将上下钢板、支座敲松，取出旧支座及上下钢板。

3．根据原位置安放下钢板。下钢板安放必须保证水平，摆放时用水平尺进行四角调平，调平后下钢板与混凝土面之间用粘钢胶固定。

4．安放支座，支座摆放位置正确，且保证水平。

5．在上钢板上方涂抹4～5mm粘钢胶，然后安放在橡胶支座上方，全部上钢板安装时间要求控制在2h之内完成，并清除原梁底的锈迹、污垢及盖梁顶面。

6．将取出的上下钢板打磨除锈，用于下一墩支座更换施工。

5.2.7 落梁（保压）

全部安放完毕后，千斤顶慢慢回油，使梁体慢慢回落至原标高，将支座粘钢调平胶回压到四周溢出，用千斤顶支撑保压24h。

5.2.8 卸压、拆除顶升设备

千斤顶保压24h后，粘钢胶已经完全固化，千斤顶卸压后拆除顶升设备。

6. 材料与设备

6.1 操作平台材料：∟63×8角钢、ϕ48钢管、脚手片、密目网、锚栓。

6.2 支座更换材料：钢板、粘钢胶、板式橡胶支座。

6.3 主要设备：

以更换每跨由17块板梁组成的单墩支座的机具设备为例，其主要机具设备见表6.3。

主要设备表　　表6.3

序号	机具名称	数量	型号规格	备注
1	超薄千斤顶	36台	5cm厚，100t	顶升
2	单作用同步升降液压泵站	1台	SXSLC-DZY-B4	顶升
3	电钻	2台	TE-2	挂篮安装
4	曲臂登高车	1台	GKZ-12	挂篮安装
5	百分表	34只	精度0.01mm	监测
6	磨光机	4只	SA7000C	钢板除锈
7	位移传感器	17只	XS169	监测

7. 质量控制

7.1 质量控制执行国家相关规范及标准

本工法在施工过程中按《公路桥涵施工技术规范》JTJ 041-2000的相关要求控制，施工质量应达到《城市桥梁工程施工与质量验收规范》CJJ 2-2008。

7.2 支座安装允许偏差

支座安装允许偏差见表7.2。

支座安装允许偏差表　　表7.2

项目	允许偏差（mm）
支座高程	±5
支座偏位	3

7.3 质量保证措施

7.3.1 建立健全质量保证体系，加强对工作人员的岗位培训。

7.3.2 对进场支座进行检测，检测结果合格方能用于支座更换施工。

7.3.3 严格控制顶升高度在1cm以内，确保梁板间绞缝及桥面铺装不受损坏。

7.3.4 操作人员应熟悉设备的性能并按照设计要求自检操作工序达到质量标准，质检人员需要跟班检查顶升监控设备架设、支座更换施工等关键工序。

8. 安 全 措 施

8.1 建立健全安全岗位责任制。从项目部到作业班组，实行安全生产责任制，由专人负责，未经岗前教育和安全教育者不得上岗工作，特种作业人员必须持证上岗。在施工前对施工操作人员进行安全及技术交底。

8.2 所有机电设备都要满足国家安全认证。机械夜间作业必须保证有充足的照明。

8.3 挂篮侧面及底面的密目网一定要绑扎密闭，防止高空坠物发生安全事故。

8.4 必须安排专职安全员对操作平台、进行安全巡查，消除现场存在的安全隐患。

8.5 挂篮安装人员在装、拆挂篮时必须系安全带。

9. 环 保 措 施

9.1 施工过程中对于液压油、粘钢胶严格管理，废弃油料、胶水不得倾倒施工现场，应收集后统一处理。

9.2 各种机械设备都要安装良好的噪声消声装置，噪声大的空压机等尽量不在晚间使用，必须夜间使用的高噪声设备均应采取各种防护、降噪措施，使噪声尽量控制在市环保部门规定范围之内。

9.3 支座中钢板进行回收再利用，并且橡胶交于专业厂家处理。

10. 效 益 分 析

10.1 经济效益

本工法施工设备先进，人员投入少；工艺先进，施工效率高，节省了工程成本。相比较传统工艺采用单作用千斤顶同步升施工工艺可以节约劳动力投入约30%，减少工程投资10%左右。采用挂篮操作平台，挂篮在工厂预制成型，可以重复利用6~8次，也节省了满堂脚手架的材料投入15%，减少工程投资约8%。共计减少投资约18%。

10.2 工期效益

该施工工法采用机械化、自动化施工，协调性大大提高，能够确保一次性顶升到位，缩短了工期。其中桥梁顶升的施工时间缩短50%以上。

10.3 社会效益

采用该工法进行支座更换施工，梁板顶升高度小，不影响桥面交通通行，采用挂篮操作平台，不影响桥下交通通行。

11. 应 用 实 例

11.1 杭州市庆春立交桥改善工程

杭州市庆春立交桥改善工程位于杭州市庆春路与环城东路、凯旋路交叉口处，其上部结构采用预应力混凝土空心板梁，工程2010年8月30日开工，2010年10月10日竣工，板式支座型号有固定150×200×35、滑动150×200×35、固定200×220×35、滑动200×220×35、固定200×250×35、滑动200×250×35，本工程共计更换板式橡胶支座1634个。

板式橡胶支座更换采用了单墩同步整体顶升更换板式支座施工工法，支座更换施工期间桥面、桥下交通均未受到影响。支座更换完成后，对桥梁梁板、桥梁绞缝、桥面铺装进行了检查，检查发现桥梁梁板、绞缝均未出现破坏，桥面铺装未出现裂缝，支座更换施工未对桥梁造成破坏。

11.2　杭州市京杭运河桥梁（大关桥）整治工程

杭州市京杭运河桥梁（大关桥）整治工程位于杭州市拱墅区大关路跨越京杭运河处，老桥建于上世纪末，上部结构为预制空心板梁结构，本次整治工程拟对该桥的160个板式橡胶支座进行更换，工程于2005年5月20日开工，2005年12月30日竣工。

板式橡胶支座更换采用了单墩同步整体顶升更换板式支座施工工法，支座更换施工的同时确保了桥上交通、桥下航道的正常通行。通过支座更换，改善了桥梁的通车状况，取得了良好的社会效益。在支座更换完成后，对桥梁梁板、桥梁绞缝、桥面铺装进行了检查，检查发现桥梁梁板、绞缝均未出现破坏，桥面铺装未出现裂缝，支座更换施工未对桥梁造成破坏。

11.3　杭州市杭玻路桥抬升工程

杭州市杭玻路桥抬升工程位于杭州市下城区杭玻路跨越上塘河处，上部结构为预制空心板梁结构，本次整治工程拟将桥梁整体抬升69cm后同时对288个板式橡胶支座进行更换，工程于2009年6月23日开工，2009年9月22日竣工。

板式橡胶支座更换采用了单墩同步整体顶升更换板式支座施工工法，支座更换支座更换施工的同时确保了桥上交通、桥下航道的正常通行。通过支座更换，改善了桥梁的通车状况，取得了良好的社会效益。在支座更换完成后，对桥梁梁板、桥梁绞缝、桥面铺装进行了检查，检查发现桥梁梁板、绞缝均未出现破坏，桥面铺装未出现裂缝，支座更换施工未对桥梁造成破坏。

现浇钢筋混凝土拱桥无支墩施工工法

GJEJGF263—2010

安通建设有限公司　北京市公路桥梁建设集团有限公司
夏孝富　张韶华　董波　李辉　孙文龙

1. 前　　言

随着我国公路事业的高速发展，现浇钢筋混凝土箱形拱桥因其工量少、自重轻、截面合理、外形美观，近年来在大跨度钢筋混凝土拱桥中被广泛应用。我公司本次承建的包（头）—茂（名）高速公路毛坝至陕川界MC4合同段麻柳河大桥就是一典型的大跨度现浇钢筋混凝土拱桥实例。本桥地处高差达60多米的V字形陡峭山谷中，谷中是与本桥成正交的麻柳河，大部分时间下面河流较急，而且常年多雨。麻柳河在本年的11月至次年4月份为相对枯水期。为了尽量避免雨天水位上涨造成的影响，以及节省大规模改河道的成本投入，我们对桥施工方案进行了认真的分析研究，并对各种方案进行了反复比选，最终选用拱圈无支墩施工方案。在本桥施工中大力开展科技攻关，运用结构软件提前进行结构模拟验算，不断完善施工工艺，保证了施工安全，成功的克服了主拱圈下沟深、水流急而对施工造成的影响；无支墩贝雷梁拼组可调曲率桁式拱架搭设方法和要求；支撑主拱圈底模的杆件的材料选择与制作；主拱圈加载程序和拱架卸载程序；主拱圈间隔槽的预留位置；合拢温度的选择；混凝土分段和浇筑顺序；拱上运输系统的布置；消除拱架形、控制主拱圈变形等关键技术难题，本工法是在总结上述成功经验的基础上形成的。

2. 工 法 特 点

公路工程大跨度钢筋混凝土拱桥，近年来的桥跨已经发展到140m，它是集桥梁结构学、结构力学、地质结构学、测量学与材料科学等技术为一体，具有很高的技术含量和远景发展。大跨度钢筋混凝土拱桥无支墩施工工法具有以下特点：

2.1　采用无支墩贝雷梁拼组可调曲率桁式拱架，较以往的土牛和地面搭满堂架方法，能够很好的克服主拱圈下沟深、河流流量大的地形影响，大大降低了施工成本。

2.2　主拱圈底模采用螺旋千斤顶支撑，能够更加方便、准确、快速的对线性进行调整。

2.3　拱圈采用钢筋混凝土分段现浇，整体性强，结构轻盈，自重小，线性美观，减少了混凝土用量，节约了投资。

2.4　施工工艺完善、简便，可操作性强，降低劳动强度，便于推广。

2.5　施工速度、施工质量容易得到保证。

3. 适 用 范 围

本工法适用于钢筋混凝土箱形拱桥采用现浇的主拱圈，适合拱圈下部为山谷、沟壑、洼地、河流，跨度30～120m的钢筋混凝土拱桥施工。

4. 工 艺 原 理

大跨度钢筋混凝土拱桥无支墩施工工法设计理念先进，施工技术成熟，具有广阔的市场前景。通过对贝雷梁拼组过程中的全程控制，用螺旋千斤顶对拱圈底模的控制，使得拱圈线形与设计准确一致、美观大方。通过对混凝土原材料把关、配合比选定、混凝土搅拌、运输、浇筑过程的控制，以及后期通过混凝土养护、控制水温以降低混凝土内外温差，防止大体积混凝土出现裂缝等，保证了大体积混凝土施工质量。

5. 施工工艺流程及操作要点

5.1 拱座施工

5.1.1 施工准备

平整场地，整修道路，满足设备停放和进出要求。其后进行拱座基础放样及复核。根据设计图纸的测量坐标及现场三角控制网，用全站仪测放出拱座基础位置。

5.1.2 开挖基坑

1. 开挖采用微振爆破开挖，尤其是接近基底时严格控制药量，尽量减少对基底岩石的破坏。

2. 岩石基底应清除岩面松碎石块，凿出新鲜岩面，将表面清除干净，倾斜岩层应将岩面凿平或凿成台阶。

3. 基坑成型后应检查基地平面位置、尺寸及高程是否正确。基底地质与设计是否相符，若不相符应及时与监理设计单位联系。

4. 基坑达到设计标高后，要保证基础底面应嵌入弱风化岩石内不少于50cm且承载力不低于1300kPa，后台岩石挖成设计中要求的阶梯形，绑扎钢筋前必须将基底所有虚渣清理干净。

5.1.3 拱座钢筋绑扎

拱座钢筋的焊接、绑扎要求均按照《公路桥梁施工技术规范》JTJ 041-2000严格执行。

5.1.4 混凝土浇筑

每个拱座混凝土分两次浇筑，即先浇筑C30拱座基础混凝土，待其强度达到设计的70%以上再浇筑拱座C40混凝土。混凝土采用搅拌站集中拌合，混凝土灌车运输到施工现场，采用泵送浇筑。混凝土的浇筑应连续进行，如因故必须间断时，其间断时间应小于混凝土的初凝时间或能重塑的时间，浇筑时要严格控制基础顶标高，使其误差在±1cm范围内。注意在拱座混凝土浇筑时要预埋与拱架的连接钢板。

振捣时使用4台ϕ50插入式振动器振捣，选择具有丰富施工经验的人员进行混凝土振捣作业，并固定专人负责，振捣时应注意：

振捣器插入混凝土时速度要快和拔出时速度要慢，以免产生空洞；

振捣器要垂直插入混凝土内，并要插入前层混凝土中，以保证新浇筑和后浇筑混凝土结合良好，但插入下层深度不超过5cm；

振捣器工作点间距要均匀，间隔半径不得超过有效振动半径的1.5倍，且避免与钢筋和预埋件相碰触；

振捣要保持足够的时间和强度，以彻底振实混凝土，但时间不能太久以防止混凝土离析；

不能对已经硬化到振动作用下不能形成塑性的混凝土区段或层次直接或间接地施加振动，不能通过模板或钢筋进行振动。

5.1.5 混凝土养护

待混凝土强度达到2.5MPa以上时，保证其表面不因拆模而受损时方可拆模。加强混凝土洒水养护，在养护期内始终保持湿润状态。

5.2 拱圈施工

5.2.1 拱架施工

主拱施工方法的选定是本桥施工的关键。钢拱架采用贝雷梁拼装复合体系，其结构构成分别为贝雷梁拼装成型的拱架和有螺旋千斤顶、横木组成的拱盔，拱架卸落利用螺旋千斤顶完成。贝雷梁由专业厂家生产，在施工现场附近拼装钢拱架节段，然后纵向用“悬臂拼装法”，由拱脚向拱顶对称拼装，至钢拱架合拢。横向拼装采用差接绑贴法施工。

1. 拱架设计

拱架由321型贝雷桁架片组成，顺桥向桁架片以折线形式连接模拟主拱圈的曲线，构成多圆弧相连接的曲线特征，折线段的标准长度为2片桁片组成即6m，拱架中间合拢段用长2.3m的加工件，拱架轴线长度为69.32m。折线段间的贝雷上弦用特别加工的长18cm、高10cm的贝雷短臂和贝雷销连接，下弦直接用贝雷销连接；横桥向共布置16片拱架，拱片间分别用45cm、90cm规格的支撑架横向连接成整体，总宽度9.9m，拱架跨度为66m。为加强拱架的整体刚度，横桥向在拱架的下弦面上用[10槽钢连接成整体，[10槽钢环向间距30cm。施工拱架主要由拱架、拱盔组成，另外还有供拼装用的扣索等。在浇筑拱座混凝土时要预埋与拱架连接的钢板，拱架与钢板采用铰接。

1）拱架

拱架由321型贝雷梁的标准段、贝雷销、支撑架、贝雷短臂、联系槽钢等和长2.3m桁架加工件拼装而成。每片由22个标准段和一段长2.3m的加工件组成。贝雷短臂由2cm厚的钢板加工而成，具体尺寸参见图5.2.1-1，长2.3m桁架加工由[10槽钢焊接加工而成，具体尺寸参见图5.2.1-2，槽钢与拱架用ϕ16圆钢加工而成的U形螺栓连接详细尺寸参见图5.2.1-3。贝雷桁架片标准段规格为150cm×300cm，重量每片270kg。其容许应力为245MPa，贝雷销的允许剪力550 kN。贝雷桁架片拱架总体布置图参见图5.2.1-4。

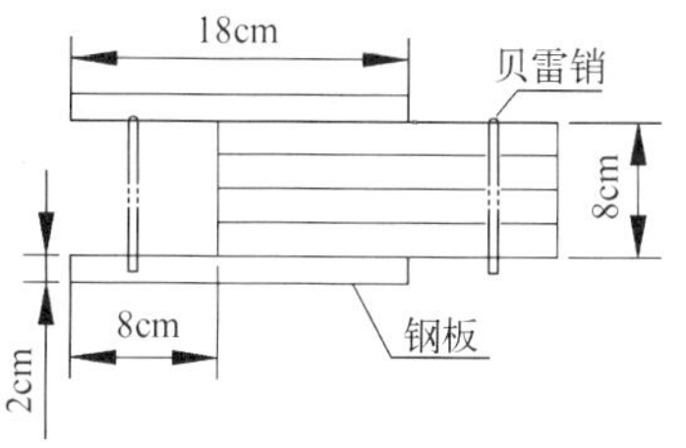

图 5.2.1-1　贝雷短臂平面示意图

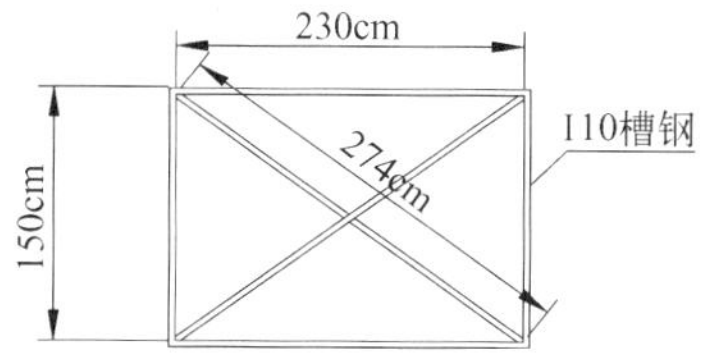

图 5.2.1-2　拱架加工件示意图

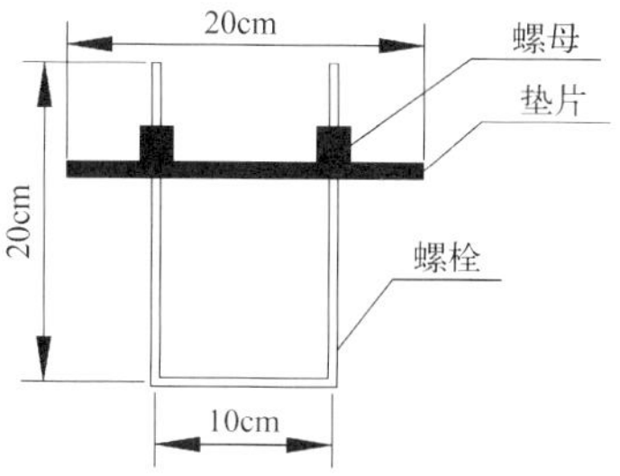

图 5.2.1-3　U 形螺栓示意图

2）拱盔

拱盔主要由钢管支架、螺旋千斤顶、横木组成，结构参见拱盔示意图5.2.1-5。钢管、螺旋千斤顶、横木的纵桥向间距均为30cm，钢管规格为ϕ50mm，横木规格为10cm×12cm，横桥向钢管、螺旋千斤顶间距为90cm，两层上下连接钢管的间距为80cm。钢管支架用必须用自制螺栓与拱架联结牢固防止滑动。

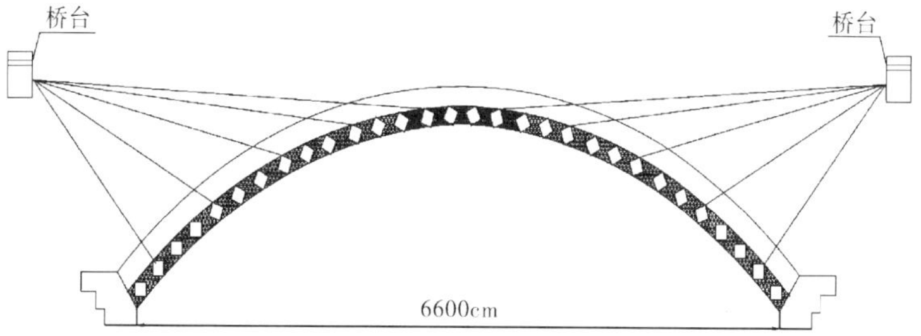

图5.2.1-4　贝雷桁架片拱架总体布置图

3）扣索、后锚风缆

对于扣索用ϕ21.5的钢丝绳，设置16组，扣索一端固定在后锚的地锚环上，另一端吊拉拱架片；松紧程度由5t慢速卷扬机调整。对于后锚利用先施工以达到设计强度的两岸桥台，在每个桥台前侧设置每组25根ϕ16的钢筋锚环。风缆的风绳采用ϕ21.5的钢丝绳，

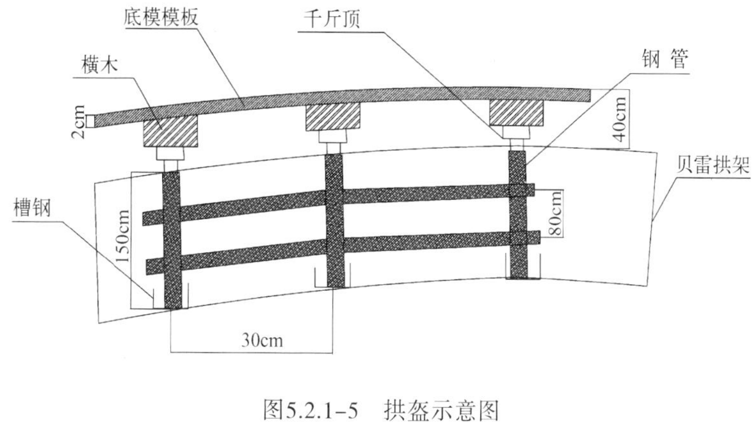

图5.2.1-5　拱盔示意图

在每个桥台的两侧适当位置分别设计两个2m×2m×2m的混凝土地锚，采用ϕ16的钢筋锚环。在桥台浇筑时为加强桥台的抗倾覆和抗滑能力，在桥台基底岩石中钻孔安装20根长300cm的ϕ28钢筋锚杆，锚杆嵌入岩石长度150cm。

2．拱架建模验算

1）基本资料

（1）321贝雷桁架

本次等截面悬链线钢筋混凝土箱形拱施工支架采用321贝雷桁架片拼装组成。该桁架片的力学性质见表5.2.1–1。

贝雷桁架片力学性质 **表5.2.1–1**

类型	高×长（cm）	弦杆截面积 F（cm^2）	弦杆惯距 I_x（cm^4）	弦杆断面率 W_x（cm^3）	桁片惯矩 I_0（cm^4）	桁片断面率 W_0（cm^3）
国产贝雷	150×300	25.48	396.6	79.4	250500	3570

类型	桁片允许弯矩 M_0（kN·m）	桁片允许剪力 Q_0（kN·m）	弦杆纵向允许轴力 N_0（kN）	弦杆回旋半径 $R=\sqrt{(I_x/F)}$（cm）	自由长度 l_p（cm）	长细比 $\lambda=l_p/R$	纵向弯曲系数 ϕ
国产贝雷	788.2	245.2	663.0	3.94	75.0	19.0	0.953

（2）施工荷载

经计算施工单位荷载为：G=18kN/m^2

2）现浇箱梁分阶段参与拱架整体受力验算

（1）计算模型

本次计算采用MIDAS软件进行计算分析，建立有限元模型，模型总共2224个节点，4292个梁单元。贝雷桁架片及横向联系槽钢采用梁单元。

施工荷载以均布荷载形式加于贝雷桁架片上，施工过程中底板、腹板及顶板湿重以节点荷载的形式加于贝雷桁架片上。本次计算中贝雷桁架片容许内力以贝雷桁架片力学性质表中弯矩、剪力和轴力的允许值为限进行评价，即在各施工阶段中贝雷桁架片任何部位的内力均不能大于该容许内力值，否则视为不满足要求。

（2）施工阶段划分

按照现浇主拱圈，应按分段、分环和纵、横向对称均衡的原则进行加载。进行施工阶段划分，共划分为11个施工阶段。参见施工阶段划分表5.2.1–2所示。

施工阶段划分表 **表5.2.1–2**

施工阶段编号	内 容 描 述
1	拱架施工
2	拼装底板等施工荷载
3	现浇主拱圈底板混凝土 1
4	现浇主拱圈底板混凝土 2
5	现浇主拱圈底板混凝土 3
6	现浇主拱圈腹板混凝土 1
7	现浇主拱圈腹板混凝土 2
8	现浇主拱圈腹板混凝土 3
9	现浇主拱圈顶板混凝土 1
10	现浇主拱圈顶板混凝土 2
11	现浇主拱圈顶板混凝土 3

（3）其计算模型参见麻柳河大桥拱架计算模型图5.2.1–6。

（4）施工阶段划分

严格按照本桥施工图设计文件中“主拱圈拱上加载程序图”中的相关规定—“在钢拱架上立模，现浇主拱圈，应按分段、分环和纵、横向对称均衡的原则进行加载。可按底板、腹板、顶板三环施工，前一环合拢并达到80%设计强度后，再进行下一环的施工。”进行施工阶段划分，共划分为14个施工阶段。参见施工阶段划分一览表5.2.1–3所示。

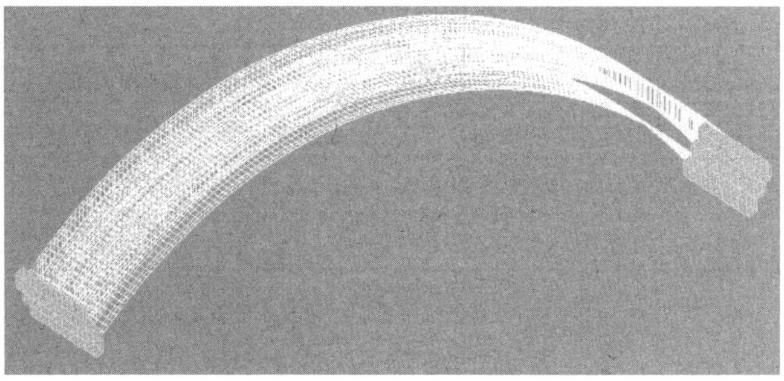

图5.2.1–6　麻柳河大桥拱架计算模型

施工阶段划分一览表　　**表5.2.1–3**

施工阶段编号	内　容　描　述
1	拱架施工
2	拼装底板等施工荷载
3	现浇主拱圈底板混凝土 1
4	现浇主拱圈底板混凝土 2
5	现浇主拱圈底板混凝土 3
6	现浇主拱圈底板合拢段，底板合拢
7	现浇主拱圈腹板混凝土 1
8	现浇主拱圈腹板混凝土 2
9	现浇主拱圈腹板混凝土 3
10	现浇主拱圈腹板合拢段，腹板合拢
11	现浇主拱圈顶板混凝土 1
12	现浇主拱圈顶板混凝土 2
13	现浇主拱圈顶板混凝土 3
14	现浇主拱圈顶板合拢段，顶板合拢

3）拱架悬拼阶段验算

（1）计算模型

本次计算采用MIDAS软件进行计算分析，建立平面杆系模型，模型总共27个节点，30个单元。其中梁单元24个，索单元6个。贝雷桁架片采用梁单元，扣索（ϕ21.5的钢丝绳）采用索单元。

移动卷扬机和支撑架重量以节点荷载形式加于贝雷桁架片上。由于每个拱片均独立采用扣索固定，故本次计算以一片拱片进行建模分析，计算模型参见麻柳河大桥拱架悬拼阶段验算模型（图5.2.1–7所示）。

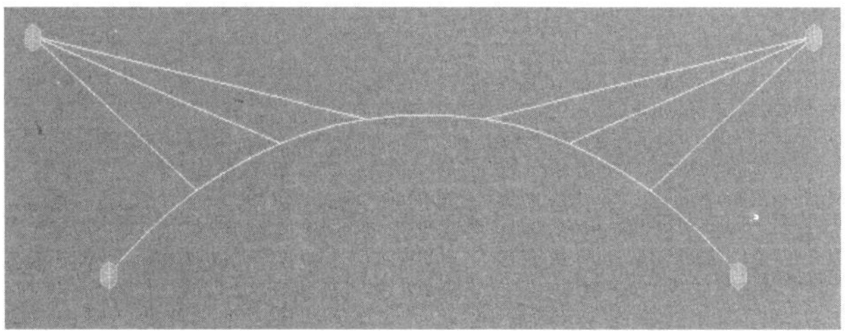

图5.2.1–7　麻柳河大桥拱架悬拼阶段验算模型

（2）施工阶段划分

根据麻柳河大桥施工方案，贝雷桁片安装采用“悬臂拼装法”，由拱脚向拱顶对称拼装，至钢架合拢。横向采用差接修订绑贴法实现拒拱架整体合拢。横向拼装采用差接绑贴法施工，先从两岸对称安装4片拱架，合拢后，以这4片为基础，对称绑贴拼装其他拒拱片，每个拱片均采用扣索固定，当16片拱架全部合拢后，上好槽钢使成为一个完好的整体。扣索从拱脚向拱顶依次编号为1、2、3，下同。参见施工阶段划分一览表5.2.1–4所示。

施工阶段划分一览表 **表5.2.1-4**

施工阶段编号	内容描述
1	安装桁架加工件及第1～3片贝雷桁架片，安装第1根扣索
2	安装第4～6片贝雷桁架片，安装第2根扣索
3	安装第7～9片贝雷桁架片，安装第3根扣索
4	安装第10～11片贝雷桁架片，拱架合拢

4）验算结果

通过分别对本桥主拱圈混凝土施工过程中拱架整体验算（分箱梁参与受力和不参与受力两种情况）和拱架悬拼阶段扣索拉力验算，可以得出以下结论：

箱梁参与受力模型：

（1）贝雷桁架片在主拱箱梁现浇过程中内力均满足其技术指标要求，其中最大弯矩只达到其允许值的22.8%，为180.10kN·m；剪力只达到其允许值的15.1%，为36.91kN；轴力最大达到其允许值的35.5%，为470.82kN。

（2）由贝雷桁架片组拼的钢拱架在主拱箱梁现浇过程中跨中挠度变形为8.34mm（扣除钢拱架自身变形及底模架作用下的变形后），变形较小，可以满足要求。

（3）贝雷桁架片在悬拼过程中各索的拉力最大为：第2根索，16.4kN，远小于ϕ21.5钢丝绳的破断拉力：245.5 kN（公称抗拉强度为1400 MPa），满足要求。

（4）施工过程中的稳定性特征值达到6.87满足要求。

3．拱架拼装

1）准备工作

拱架拼装准备工作包括材料、机械和人员等。

材料准备。拱架设材料由生产厂家按合同按时按量供应。各类材料应符合设计及规范要求，并经检验合格后才能使用。要落实元器件的进货检验制度，由物资装备科和试验室具体负责，把好原材料进场关。质量安全科落实检查，如现场发现不合格材料应立即清除，并做好记录。工程技术科及时做好施工技术交底，对原材料的适用标准予以明确，并严把操作的规范化。拱架主要材料一览表参见表5.2.1-5。

拱架主要材料一览表 **表5.2.1-5**

名称	单位	数量	重量（kg）
贝雷片	片	352	95040
支撑架	副	352	10406
槽钢	排	227	26383
螺旋千斤顶	个	2724	196068
方木	m^3	28	21000
钢管	m	11426.4	39992
贝雷销	个	912	2736
扣件	个	2724	5448
贝雷短臂	个	176	3064
加工件	片	32	2912
槽钢与拱架连接U形卡	个	2724	5720
木模板	m^2	1455	15280

机械、设备主要机械有装载机1台，运输汽车2台，卷扬机8台，全站仪1台，水准仪1台。

人员主要包括管理人员5人，技术人员8人，其他工人30人。

2）拱架拼装工艺流程

拱架的拼装严格按照设计及规范要求进行，拼装工艺流程参见图5.2.1-8。

拱架用汽车运输至河底，然后用吊车（或者卷扬机）吊装。纵向用“悬臂拼装法”，由拱脚向拱顶对称拼装，至钢拱架合拢。横向用差接绑贴法实现拱架整体合拢。悬臂拼装法就是利用吊车站在河床上吊装拱片，由拱脚向拱顶边安装边扣拉边推进直至拱架合拢的方法。首先安装中间4片，其具体方法及程序参见拱架断面示意图5.2.1-9、图5.2.1-10。合拢后以这4片为基础，对称绑贴拼装其他拱片，每个拱片均采用扣索固定，固定位置在标准片的第2、4、6、8、10节节点处，当16片拱架全部合拢后。拼装过程中利用扣索调整拱架标高（标高差值不超过2cm），利用风缆调整拱架中线（偏差不超过3cm）。

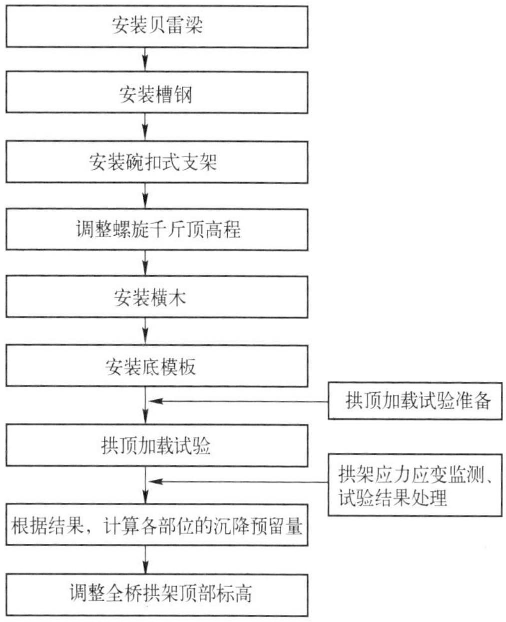

图5.2.1-8　拱架拼装施工工艺流程图

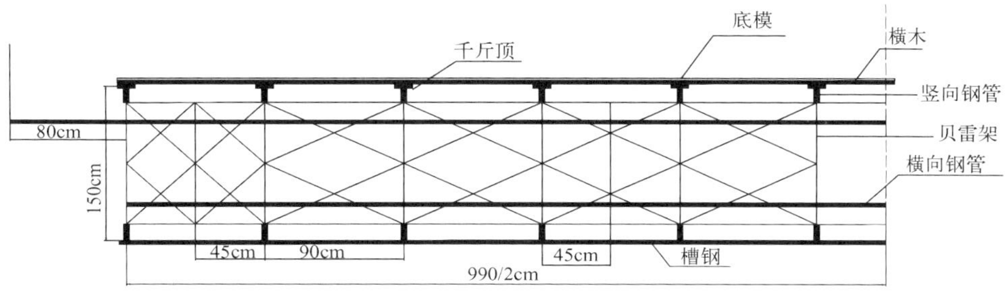

图5.2.1-9　拱架断面局部示意图

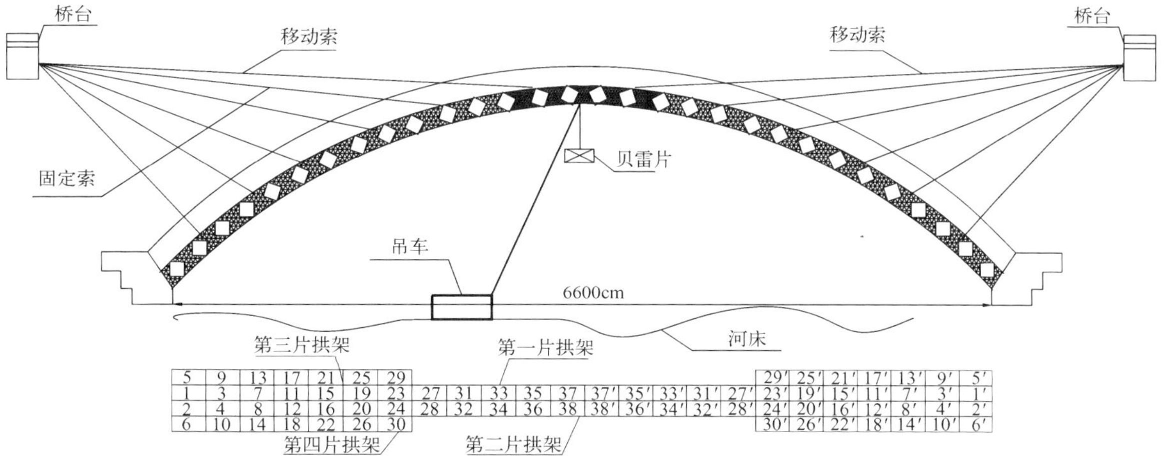

图5.2.1-10　拱架断面示意图

3）拼装中注意事项：

（1）扣点位置在已经上好贝雷销的节点处；

（2）拼装时要及时拉上风绳，以增加横向稳定性；

（3）在拱架拼装过程中，要及时测量主要节点处的高程及中线偏差；

（4）在拱架拼装时要左右对称、前后对称拼接。

4）拱盔安装

（1）高程控制。拱盔高程控制主要指底模施工时其顶面的高程，它直接关系到拱圈高程。底模施工高程由底板底面的设计高程和拱架、拱盔、拱圈的预拱度决定。

（2）拱架、拱盔、拱圈的预拱度。拱架受拱盔、拱圈的荷载产生变形（△拱架）；拱盔受拱圈的荷载产生的变形（△拱盔），包括拱圈受自重、混凝土收缩与徐变、墩台位移影响产生变形（△拱圈）。

（3）底模顶面施工高程H施：H施=H设+△拱架+△拱盔+△拱圈

5）底模安装

底模采用2cm的木模以便于减轻拱架荷载。

6）拱架的预压

为检验拱架应力及其结构的稳定性，拱架的弹性变形，减少非弹性变形，以确保现浇拱圈施工的安全和顺利进行，拱圈需进行预压，且预压荷载不小于拱圈恒重。全联整体预压，预压顺序按照实际施工浇筑顺序模拟进行。预压重量采用100%拱圈荷载总重量。

具体施工过程如下：

（1）拱架采用砂袋预压，预压时顺桥向按拱圈混凝土实际重量和其他荷载分配搁置，横桥向砂袋对拱架均布加载。全联拱圈体荷载总重量G=405×2500+168+80=1260.5t，每平方平均荷载：17.8kN，本次计算按18kN/m^2。底板、腹板的重量和顶板的分别按总重量的36%、29%和35%。预压按总重量分25%、25%、20%、20%、10%五个级别进行。

（2）预压程序：按照纵横对称的原则进行，每个砂袋重量估计为35kg计算。严格按照先拱脚到拱顶再拱腰的顺序。按5个阶段进行：第一阶段先按总重量25%，即4.5kN/m^2，按照先拱脚到拱顶再拱腰的顺序预压，预压观测两天拱架、拱盔各杆件应力变化情况及拱架、拱盔挠度和变形等；第二阶段按照继续按照25%即4.5kN/m^{2}的重量进行加载预压，预压观测两天拱架、拱盔各杆件应力变化情况及拱架、拱盔挠度和变形等；第三阶段按照20%即3.6kN/m^{2}的重量进行加载预压，预压后观测两天拱架、拱盔各杆件应力变化情况及拱架、拱盔挠度和变形等；第四阶段继续按照20%即3.6kN/m^{2}的重量进行加载预压，预压后观测两天拱架、拱盔各杆件应力变化情况及拱架、拱盔挠度和变形等； 第五阶段继续按照10%即1.8kN/m^{2}的重量进行加载预压，预压后观测两天以上拱架、拱盔各杆件应力变化情况及拱架、拱盔挠度和变形等，如数据稳定可停止预压。注意在每一预压过程如发现拱架、拱盔各杆件应力变化情况及拱架、拱盔挠度和变形等超过计算值应查找分析原因并采取补救措施确认安全后才能进行下一阶段预压。

（3）预压期不少于10d且连续两天沉降观测不大于1mm时，开始卸载。把观测的数据进行整理，绘出弹性变形量，并以此值为参考，考虑施工抬高值，设置跨中预拱度，按二次抛物线至拱圈各点。

（4）测点布设及观测方法：

预压观测将纵向分为67个断面，每断面布置4点，预压后每天定期观测。观测从开始预压到卸载的全过程。加载、卸载分级进行，分级观测，加载及卸载过程中随时观测拱架的稳定，防止局部失稳导致拱架架坍塌。参见沉降观测记录表5.2.1-6。

沉降观测记录表（预计加载为G） **表5.2.1-6**

观测断面位置： 观测开始时间： 结束时间：

测点编号	观测时间	1天	2天	3天	4天	5天	6天	7天	8天	9天	N天
1	加载级别（%G）										
	变化情况（mm）										
2	加载级别（%G）										
	变化情况（mm）										
n	加载级别（%G）										
	变化情况（mm）										

（5）砂袋加载及卸载运输：砂袋加载运输采用机械运输，人工摆放。

（6）砂袋卸载按照预压的相反顺序进行。卸载时首先抛掷河床后用车辆运输至指定地点处理。

7）数据分析处理及调整底模标高调整

对预压数据进行数理分析并和模拟计算数据进行校核，计算每个部位的沉降预留量，最后用螺旋千斤顶调整底模标高。

5.2.2 拱圈施工，包括模板安装、拱圈混凝土浇筑。

1. 设备配置及其他准备

本桥设混凝土搅拌站一座，配QZ-750搅拌机2台，HBT60混凝土输送泵2台。混凝土振捣以插入式振捣器为主，平板振动器为辅。在拼装完毕的拱架上搭建临时ϕ50钢管支架，用于运输、绑扎钢筋及混凝土浇筑等施工。

2. 模板安装

拱圈底模、侧模和顶模均采用优质木模板，重量轻可以减轻拱架的荷载，同时造价底可以减少成本技术上完全可行。缝隙用加工后的木条填塞，再用“即使帖”贴缝，以防漏浆。

模板的铺设顺序：

第一环混凝土浇筑时：拱圈底模——外侧模——安装拉筋。

第二环混凝土浇筑时：内侧模（包括横隔板下部侧模）——安装拉筋及分段侧隔板——设置横竖带木——安设下部（底板）盖板。

第三环混凝土浇筑时：顶模——侧模——安装拉杆及横竖带木——上缘盖板。

3. 钢筋加工及安装

拱圈底模铺好后，测设中线、边线、标高，标出各分段点及横隔板的位置，作为安装其他模板及绑扎钢筋的依据。

拱圈钢筋采用在桥下加工弯制，运至拱架上就地绑扎施工。钢筋绑扎顺序按拱脚至拱跨1/4段，先按箍筋后穿主筋的办法；拱跨1/4段至拱顶段先穿主筋后套箍筋，以利于施工。主筋接头、箍筋及横隔板钢筋连接采用焊接；间隔槽钢筋除纵桥向在绑扎分段钢筋时一次成型外，其余的横桥向钢筋和箍筋可以在浇筑前绑扎。

钢筋在绑扎中和骨架成型后，要做好支撑架避免变形，上层钢筋网采用钢管临时定位，保护层混凝土垫块按40cm间距布置，与主筋绑扎牢固。钢筋在浇筑前要保证其无锈蚀现象。

4. 浇筑工艺

拱圈混凝土浇筑采用分环分段法。分为底板、腹板、顶板三环，先浇筑第一环底板，再浇筑第二环腹板，最后浇筑第三环顶板。底板、腹板、顶板可分五段浇筑，先浇筑拱脚①，再浇筑拱顶②，最后浇筑③。浇筑时纵横须对称进行。拱圈施工示意图参见图5.2.2-1，拱圈施工工艺流程参见图5.2.2-2。

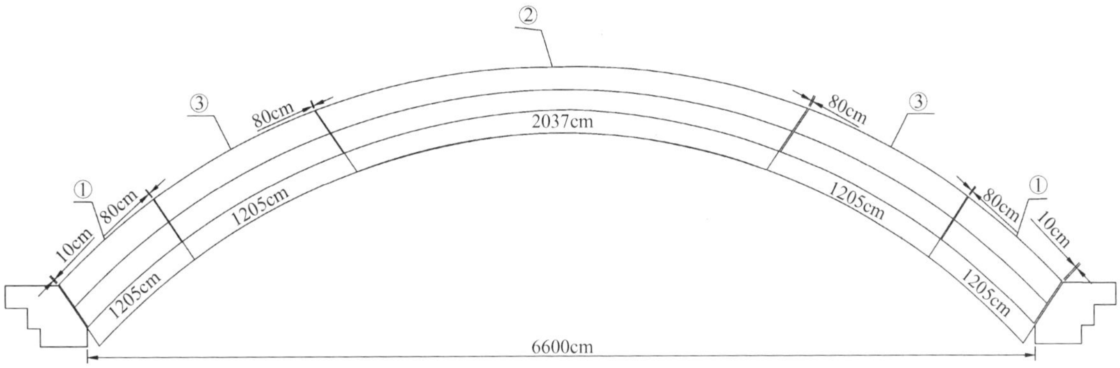

图5.2.2-1 拱圈施工示意图

段与段之间预留间隔槽，间隔宽度为0.8m，间隔槽混凝土，浇筑前要将分段混凝土表面凿毛冲净，残留混凝土清理干净后绑扎钢筋，立模浇筑，浇筑由拱脚向拱顶对称进行浇筑。拱圈合拢采用开口箱合拢，即在底板、腹板的所有分段混凝土和段间10cm缝混凝土强度达到设计强度的75%时，浇筑底板、腹板的间隔槽混凝土；在顶板的所有分段混凝土和段间10cm缝混凝土强度达到设计强度的75%时，浇筑顶板的间隔槽混凝土。这样底板、腹板形成拱，承受部分荷载，减少拱架承受荷载，利于安全施工拱圈。合拢温度宜在较低温度进行，合拢温度按设计要求在5～15℃条件下进行。

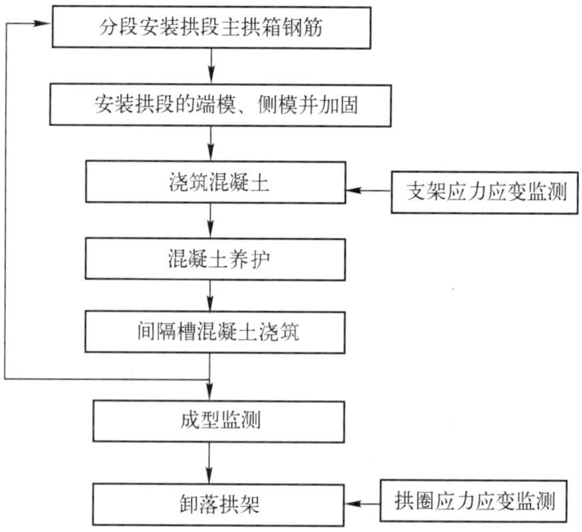

图5.2.2-2　拱圈施工工艺流程

混凝土泵送：混凝土施工前，有关的泵送设备应全面检修保养，以确保连续泵送。泵送前要用1m^{3}左右1：1的砂浆润滑管道，水泥砂浆应泵出模外。开始泵送时，混凝土泵应处于慢速、均匀并随时可反泵的状态，待各方面情况正常后转入正常泵送。正常泵送时，泵送要连续进行，尽量不停顿，遇有运转不正常的情况，可放慢泵送速度。混凝土供应不及时，可降低泵送速度，要保持连续泵送，但慢速泵送时间不能超过从搅拌到浇筑的允许连续时间，否则做废料处理。混凝土停泵时，料斗内应保留足够的混凝土，作为间隔推动管路内混凝土之用。短时间停泵，再运转时要注意观察压力表，逐渐过度正常泵送；长时间停泵应2～3min开泵一次，使泵正常运转和反转个两个冲程，以防止混凝土假凝堵管，同时开动料斗中的搅拌器，使之搅拌3～4转，防止混凝土离析，但不宜连续搅拌。在泵送过程中，应注意料斗内的混凝土量，应注意混凝土面不应低于上口20cm，否则不但吸入率低，而且易吸入空气形成堵塞。若吸入空气应进行反泵将混凝土反吸到料斗内，排除空气再正常泵送。

混凝土运输：采用混凝土罐车运到桥下，再用混凝土输送泵运至拱模内。浇筑混凝土前，对模板、钢筋、保护层、预埋件，预留孔道进行检查。并认真检查模板的结构尺寸、中线位置、水平位置、脱模剂的涂抹、钢筋骨架的安装、止浆垫的设置等情况，经检查合格后，方可浇筑混凝土。严格控制进场原材料的质量；不合格的原材料不准进场；在浇筑前，测定原材料的含水率，据此计算出本次施工配合比，在浇筑过程中，应经常测定拌合物的和易性和坍落度。混凝土浇筑时，应设专人检查模板、钢筋和预埋件、预留孔，发现有松动、变形、移位时应及时处理。混凝土施工时，温度控制在5～32℃之间，如果温度过高或过低，应采取降温或升温措施。

为了保证混凝土的强度，待初凝后，应及时覆盖并人工洒水养护；视天气温度，每天洒水5～7遍，保证混凝土表面经常处于湿润状态，养护时间一周以上。

5．模板的拆除

非承重侧模应在混凝土强度达到2.5MPa时方可拆除侧模。内侧模应在混凝土强度能保证其表面不发生塌陷和裂缝现象后可拆除。承重模板应在混凝土强度能承受自重和其他可能的外荷载时方能拆除。模板拆离拱圈后，吊放到存放处，清洗、修理、涂油以供下次使用。

6．卸架

拱架卸落必须在拱圈混凝土强度达到设计后进行。由于拱架设计中用螺旋千斤顶来调整标高和落架，落点达2724个（横向12排，纵向227排），对于如此多的落架点，落架技术难度大。根据计算分析，确定卸架原则：横桥向必须同时均匀卸落，在纵桥向从拱顶向拱脚逐排卸落，并保持拱顶两侧对称同步进行。对于卸落量开始小，后渐大，纵向从拱顶到拱脚逐渐减小，横向一致。

注意事项：卸架分若干次，每次按拱顶到拱脚的顺序进行一次。在卸架前、过程中、卸架后必须进行卸架监测。如果在卸架过程中出现异常现象（如拱圈偏位较大、拱圈混凝土出现拉应力等），必须立即停止卸架，待出现问题分析解决后，方能恢复。卸架监测包括四个方面：一是通过应力检测仪测应力变化；二是通过悬挂的线垂测挠度变化；三是通过全站仪测轴线偏位；通过值班人员检查异常。

7. 拱架拆除

拱圈脱架后，拆除上面横木和联系槽钢等，然后按拱架拼装的相反顺序，逐步拆除，所用的方法和设备一致。每片拱架对应拱圈都预埋一个ϕ15PVC孔，在卸架和拆除时，通过此孔用卷扬机将拱架落至河床。

5.3 应力监测

在施工过程中，需对拱圈应力及拱架的应力、挠度进行不间断监测。

5.3.1 监测设备和方法

拱架挠度监测采用垂吊垂球法，应力检测采用1G120电阻应变片作探头，牢固粘贴在被测部位，利用UCAM-70A-10型数据采集仪采集输出应力或应变值，并由此计算出杆件内力增量的方法。

5.3.2 监测内容

测试各施工阶段拱架典型截面的挠度，分析验证挠度数据；测试各施工阶段拱架典型截面的应力，验证结构分析数据；测试拱圈混凝土典型截面的应力，提供施工参考数据；通过数据分析对各施工阶段进行数据监控，保证施工安全。

5.3.3 监测分析

1. 拱架挠度监测分析。

绘制各工况下拱架挠度理论值与实测值曲线图，进行比较，各观测值与理论值十分接近，证明各施工过程是合理、安全的。

实测挠度值出现两边不对称或个别点差值较大现象，可能是由于估读误差和温度影响造成的。

采用垂球法监测拱架挠度，虽简单易行、经济、方便但受温度影响较大，温度上升，拱架和垂吊钢丝将上拱和伸长；反之拱架和钢丝将下挠和缩短，两者影响相互抵消一部分，其差值即为温度影响值。

2. 拱架应力监测分析。

绘制各工况下拱架应力理论值与实测值曲线图，在各工况下拱架应力各观测值与理论值非常接近，证明各施工过程是合理、安全的。对各测点的原始数据进行分析，如果各工况下拱片受力不均匀系数除个别点外其余均小于我们采用的不均匀系数，说明我们采用的不均匀系数是合理的。

3. 拱圈混凝土应力监测结果分析。

拱圈混凝土应力监测，在落架过程中，对于控制落架程序、保证混凝土拱圈混凝土不产生裂缝起关键作用。然而，拱圈各测点混凝土应力值并不代表其测点的实际混凝土应力，因为它包含着大量的混凝土徐变、收缩。所以在分析时必须把监测点混凝土徐变、收缩应变从总应变中分离出来。

5.4 拱上部位施工

5.4.1 拱上立柱、盖梁施工

在主拱圈的混凝土达到设计强度后，卸落拱架，按设计顺序对称浇筑拱上立柱。在浇筑混凝土立柱前在浇筑完的主拱圈上搭设满堂支架，支架纵横上下步距均为75cm，以便于立柱和行车道板的钢筋绑扎、模板安装、混凝土浇筑。在预留的PVC孔中插入钢筋，钢筋与钢管支架之间采用焊接等措施确保，支架不会滑移。立柱高度均小于10m，按常规方法分2～3次立模成型，浇筑混凝土即可。在施工时立柱钢筋应注意下料长度，宜制成长短不一，以避免钢筋连接时的焊接接头在同一截面。模板用脚手架钢管固定，模板采用特制组合钢模，分为上下节，每节由4块组成，每节3m高。盖梁模板采用定型钢模，钢筋的加工与安装严格按照桥规执行。混凝土采用输送泵浇筑，插入式振捣器振捣。

5.4.2 墩、台施工

1. 墩、台基础施工

按设计尺寸位置开挖，3号墩基础需嵌入中风化基岩不小于1.5m，基底承载力不低于600kPa，标高可根据开挖实际情况调整。桥台基底承载力不低于200kPa且不高于设计标高；达到设计要求后浇筑混凝土。

2．墩身、台身施工

1）施工准备。施工前应清除并凿毛基础混凝土表面上的浮浆并用高压水冲洗，放点定位。

2）搭设脚手架。由于本桥墩身、台身高度不大但由于地形坡度较大所以搭设双层脚手架均能满足施工需要，且在搭设前对地面做必要的抗滑处理。

3）模板加工。模板全部采用大块钢模板拼装，模板套数根据墩台数量、施工周期和工期安排确定，在工厂定点加工，墩身高度较小，一次安装浇筑。

4）模板安装。模板利用吊车及倒链配合进行安装，其连接螺栓及扣件按规定上够数量，并设好内部支撑及拉杆。模板应有足够的强度、刚度、稳定性和精确的结构尺寸，板面要求平整，接缝密贴，确保不漏浆，板面变形不大于1.5mm。

5）混凝土浇筑。墩身混凝土浇筑必须在其基础混凝土强度达到设计强度的85%以上方可进行。混凝土拌合采用拌合站集中拌合，混凝土罐车运输，拌合时严格按照混凝土的配合比进行配料，振捣采用插入式振捣器振捣，并配附着式振动器，浇筑高度大于2m时，设置串筒，以避免混凝土混合料从高处向模板内倾卸时产生离析。混凝土混合料分层进行浇筑，厚度不得超过30cm。用插入式振捣器振捣要仔细，以免漏振。振捣密实的标志是混凝土停止下沉，不再冒出气泡，表面呈平坦泛浆。

6）拆模及混凝土养护。混凝土初凝后应及时进行洒水覆盖养护，达规定强度后方可拆模，脱摸时先松开大块模板的联结扣件，用捯链配合人工逐块拆下各块模板倒至上部，经对板面进行清理及涂刷脱模剂后备下次周转使用。

5.4.3 盖梁、台帽

已成型的墩身上端，根据设计高度画好抱箍线，安装钢抱箍，其上搭设分配梁，铺设底模，绑扎钢筋，立侧模，经监理检查合格后，浇筑混凝土。台帽是在已施工好的台身上放线立模浇筑混凝土。

5.4.4 支座施工

为保证支座安装平整度和对其精度的要求，垫石施工标高较设计标高稍高，再利用整平器及精密水准仪量测，反复整平混凝土面，安装支座前凿毛垫石，铺2～3cm厚与垫石等强度的砂浆，砂浆浇筑标高较设计标高略高3mm左右，然后安设支座就位，用锤振击，使其符合设计标高。

5.4.5 桥面实心板施工

桥面实心板采用搭满堂支架施工。混凝土按照设计顺序对称进行。混凝土抗压强度低于2.5MPa前不得承受行人或其他物件的荷载，低于设计强度70%前，不得通行各种车辆。模板采用定制钢模，钢筋分段绑扎不得有锈蚀现象，模板支架在达到设计强度后拆除。施工时要严格控制混凝土的标高。

1．满堂支架施工

搭设满堂支架施工支架须进行设计计算，满足强度、刚度和稳定性支架采用满堂式布置，利用ϕ50钢管脚手杆搭设，支架底部与拱圈预留孔中插的钢筋和已浇筑好的立柱做连接处理防止支架滑移，支架顶部设置顶纵梁和横梁，其上铺设梁体模板。支架纵横向设置剪力撑顶部设单向风缆（靠墩方向），以增加其整体稳定性，并在支架上端与墩身间用方木塞紧。支架拼好后，进行预压，消除变形。钢管间距纵横上下步距均为75cm。支架与满堂支架因接头多，在荷重作用下的变形较大，且不易准确计算，为清除支架的变形和因地基沉陷、拱圈挠度变化而引起的实心板早期开裂，同时为验证支架的安全性和预拱值的准确性，不同跨径的支架须进行预压试验，预压在实心板底模支好以后，按设计荷载1.2倍换算出压载重量，在底板上模拟现浇重量加载预压。预压采用砂袋法，加载时尽量符合混凝土浇筑时的状态。

支架预压时在底模和地基、拱圈上设沉降监测点、底模监测点选在跨中和1/4跨共3点，在预压重量达设计荷载50%、75%、90%、100%时皆需进行监测，并派有专职施工员和安全员监测支架变形情况，一旦发现支架变形超出允许范围，必须立即停止预压，并分析原因，待处理完善后方可再进行预压。全部加载后不可立即卸载，需等一段时间（一般24～72h）后，再逐级卸载，逐级测量并详细记录。

2．实心板浇筑顺序：按纵横对称原则进行。

3．模板安装。模板采用钢摸以确保施工的质量。模板要有足够的刚度、强度，板面要平整，接缝密贴，确保不漏浆。用高强螺栓连接，安装时要严格按设计控制标高和中线。

4. 钢筋安装。严格按照设计及规范要求施工，钢筋不得有油污、锈蚀，注意控制保护层的厚度。

5. 混凝土浇筑。混凝土浇筑采用混凝土输送泵浇筑，严格控制配合比确保混凝土的强度，用插入式和平板震动器振倒确保混凝土的密实。

6. 材料与设备

本工法采用的材料及设备参见表6。

施工材料及机具汇总表　　表6

序号	项　目	机　具　设　备　名　称	规　格	单位	数量
1	混凝土作业	强制式搅拌机	500L	台	2
2		插入式振动器	HZ6X-50	台	8
3	钢筋作业	钢筋切断机	CQ40	台	1
4		钢筋调直机	TQ4/4	台	1
5		钢筋弯曲机	CW40	台	1
6		电焊机	BX3-500	台	8
7	缆索	简易索塔	槽钢拼装	个	2
8		电动卷扬机	30kN、20kN	台	4
9		天线滑车	自制	个	1
10		钢丝绳（牵引、升降索）	ϕ14mm	m	400
11		钢丝绳（承重索）	ϕ22mm	m	250
12		钢丝绳卡子	Y7-22	个	20
13		钢丝绳卡子	Y4-12	个	20
14	量测仪器	全站仪	拓普康	套	1
15		水准仪	蔡司 010B	台	1
16		塔尺		个	2
17	支架安装	倒链	100kN	个	4

7. 质量控制

本桥通过对主拱圈挠度形、拱架压缩形和地基沉降的控制，达到主拱圈轴线与设计悬链线最大程度的吻合。具体控制标准参见表7。

现浇拱圈的质量检测标准表　　表7

项　目　名　称		检　测　标　准
拱肋间距		5
检查项目		规定值或允许偏差（mm）
混凝土强度（MPa）		在合格标准内
轴线偏位（板拱）		10
内弧线偏离设计弧线		+L/1500
断面尺寸	高度	+5
	顶底腹板厚	+10.0

8. 安 全 措 施

除严格遵守国家相关安全技术规程外，本项目还根据本工程特点制定各项安全措施，包括雨季防汛安全措施，桥梁施工高空作业安全措施，交通安全措施及《施工现场安全管理办法》、《安全操作规程》、《治安、保卫、消防措施》；建立安全检查落实制度，经常定时召开安全例会，会前布置，会后检查落实，做到超前控制，定期和不定期开展安全评比工作，查违章、查隐患、查措施、抓落实、树立典型，使安全工作长抓不懈。

主要过程的安全措施：

拱架作业安全技术措施。对下落、提升贝雷片等必须有明确的色旗和哨音等指挥设备，设专职信号员，指挥吊装；采用差接帮贴法悬臂拼装拱架时，根据悬臂长度，随时拉好扣索和风缆，以确保稳定和拼装安全；扣索必须扣在拱架的大节点处，决不可扣在小节点处；拼装过程中，要及时上足拧紧螺栓并进行全面检查；提升的钢丝绳必须与吊钩连接牢固，保证升降时不脱钩，钢丝绳安全系数必须大于6，且派专人经常检查，发现断丝或伤口必须更换。

拱圈施工时安全措施。拱圈浇筑前，对机具设备及防护设施等进行检查，对施工人员进行技术交底；拱圈浇筑时，随时检查拱架和模板，发现异常情况及时采取措施；拱架经计算，具有足够的强度、刚度和稳定性；拱圈浇筑时，侧模外预留人行道并安装护栏；拱圈浇筑，严格按照浇筑顺序进行浇筑；拱圈浇筑时，应进行挠度、应力监测；夜间施工必须有充足的照明设施。

拱架卸架安全措施。拱圈卸架在其顶板合拢混凝土强度达到设计强度的90%进行；拱圈卸架按照开始小，后逐渐增大；纵向对称、横向同时的原则进行；对拱圈卸架前刻、过程中和完成后都应进行监控，包括拱架的挠度、拱架应力和拱圈应力等监控；拱圈卸架时，卸架人员必须戴安全帽、穿防滑鞋等。

9. 环 保 措 施

采用该成果施工对地形破坏程度小，防止了水土流失，有利于当地环境保护，具有较好的社会效益。

10. 效 益 分 析

该主拱圈由我单位独立施工，由于在材料、工艺、技术、程序上都得到了有效的保证，主拱圈无论在几何尺寸、结构强度和外观质量上都一次成优，受到业主的好评，取得了良好的社会效益。

采用无支墩贝雷梁拼装桥梁拱架与传统拱架比较有不少技术经济上的优势。节约大量材料和施工时间，且部分附属配套设施可以循环利用。

11. 应 用 实 例

位于陕西省紫阳县境内的包茂（包头—茂名）高速公路MC4标合同段麻柳河大桥为主跨L=66m的等截面悬链线钢筋混凝土箱形拱桥，净矢高11.0m，矢跨比为1/6，主拱圈为单箱三室整体现浇结构，顶板、腹板、底板厚均为20cm，箱高130cm。左线长88.9m，右线长87.4m，桥宽12m。设计荷载：汽车荷载－1级，抗震烈度Ⅵ度。2009年2月10日开始处理拱座基础，到2009年8月24日主拱圈合拢。采用本工法施工的项目工程，施工质量评定为优良，受到业主及监理单位的好评，积累了大跨度钢筋混凝土拱桥施工经验，对类似工程的施工有一定的指导作用。

弓弦式挂篮悬臂浇筑施工工法

GJEJGF264—2010

湖北省路桥集团有限公司
潘诚文　夏君华　王军　张泽宇　王能定

1. 前　　言

随着大跨径连续刚构桥梁建设技术的不断发展，箱梁节段重量也在不断增加。在保证挂篮结构变形满足相关规范要求的前提下，减小挂篮重量就显得尤为重要。一方面可以节约挂篮加工的材料，另一方面可以减小桥梁施工阶段的施工荷载和施工阶段的挠度，有利于箱梁线形控制。

湖北省路桥有限责任公司从保证挂篮结构变形满足要求和减轻挂篮重量两个方面出发，设计制作了8套弓弦式挂篮，并对该挂篮的施工工艺形成了一套施工工法，成功应用于湖北省沪蓉西高速公路龙潭河特大桥的上构箱梁施工。

2. 工 法 特 点

弓弦式挂篮施工工艺采用了弓弦式主受力结构，整体布局合理，安装操作方便，施工速度快，安全系数高。与传统的桁架式挂篮、三角挂篮、菱形挂篮相比，在施工质量、安全、进度、成本等方面均具有明显的优势。

2.1　结构合理，安全系数高、设计荷载300t。挂篮主桁架采用弓弦式主受力结构，其结构简单、受力明确、重量轻、刚度大、变形小。

2.2　施工安全。模板和内外作业平台一次安装形成封闭整体，施工作业防护设施齐全，安全可靠。弓弦式挂篮施工悬灌箱梁，施工作业空间宽敞，并在挂篮主桁上方设置遮阳棚，改善工人作业环境。

2.3　操作方便，施工周期短。弓弦式挂篮采用2根长轨道与挂篮的两组主桁架分离设计，挂篮行走无平衡重，采用液压油缸控制，降低工人劳动强度。

3. 适 用 范 围

弓弦式挂篮悬臂浇筑施工工法适用于各种大跨径的预应力混凝土连续T构、连续刚构桥梁。

4. 工 艺 原 理

弓弦式挂篮的主要工艺原理是利用弓弦结构作为挂篮的主受力构件，使结构整体在相同承载力的情况下变形更小、重量比更小。其行走原理是导轨与挂篮主桁架互为支点，相互提供反力前移。

5. 施工工艺流程及操作要点

5.1　工艺流程（图 5.1）

5.2　挂篮安装

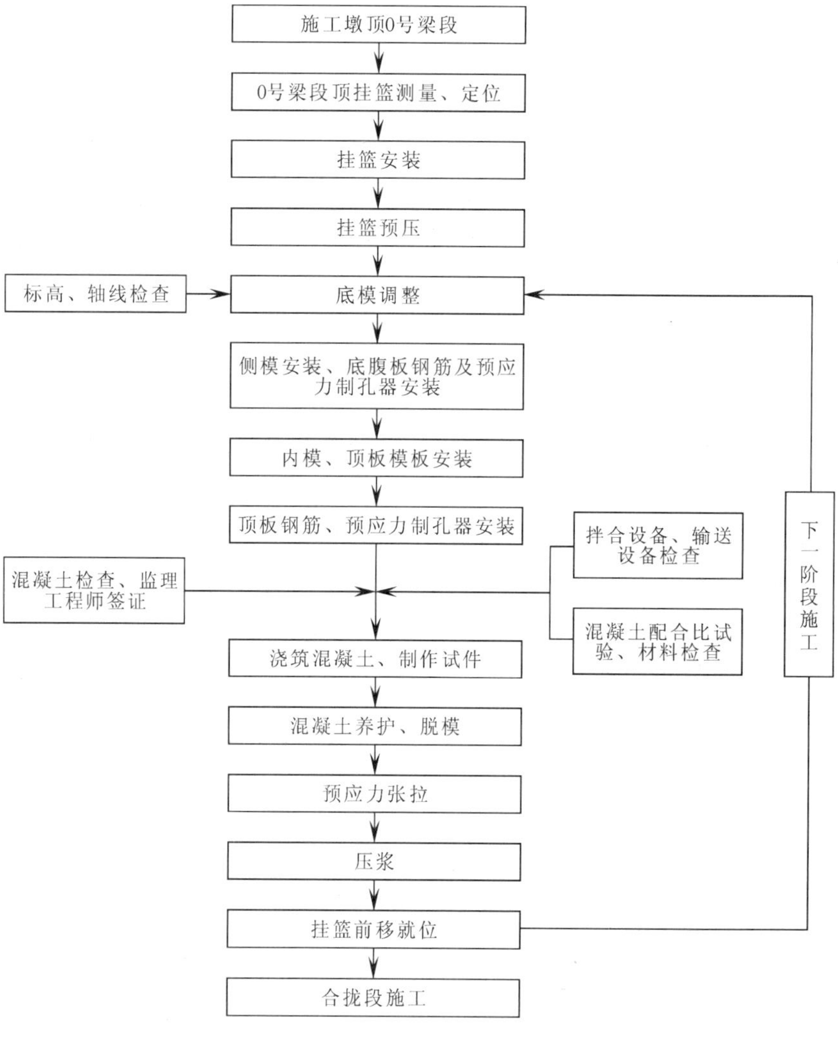

图 5.1　施工工艺流程图

5.2.1　挂篮拼装

1. 挂篮应进行使用前的调试组拼，调试组拼后，仔细地检查各部件连接情况，各接头焊缝是否开裂，杆件是否变形等现象，各连接配件是否齐全，尺寸是否符合设计要求，发现问题及时整改。

2. 挂篮现场拼装在箱梁0号节段上进行，在施工现场拼装时，先将部分杆件进行组装，组装多少根据起吊设备的起吊能力确定，以减少在梁顶高空拼装的作业时间。

3. 检查0号节段底板和顶板预留孔的孔径、位置、垂直度误差是否满足挂篮安装要求；检查挂篮锚固用精轧螺纹钢筋位置、伸出梁顶长度误差是否符合挂篮安装要求；清点挂篮桁架杆件、销轴、螺栓等连接材料是否齐全，清点挂篮安装用的小型机具、材料是否满足安装需要。确认塔吊起重能力是否满足安装工艺需要。

4. 安装轨枕和轨道。两侧轨道中心距误差不大于5mm，两侧轨道的中心线与箱梁中心线偏差不大于2mm。

5. 利用销轴将挂篮桁架各杆件连接拼成单片桁架。高强度螺栓施工严格按《钢结构高强度螺栓连接的设计、施工及验收规程》JGJ 82-91执行。

6. 挂篮拼装要注意各杆件的拼装顺序。先拼装走行系统、主桁结构及主桁后锚部分，然后拼装吊带及底篮平台部分，再拼装挂篮模板及工作平台，最后安装液压及电气系统。具体拼装流程如图5.2.1-1～图5.2.1-8所示。

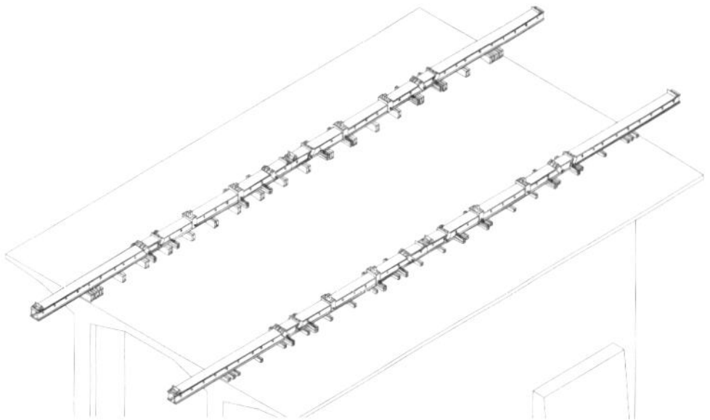

图5.2.1-1　轨枕、轨道、压轨梁、限位座、止推座安装

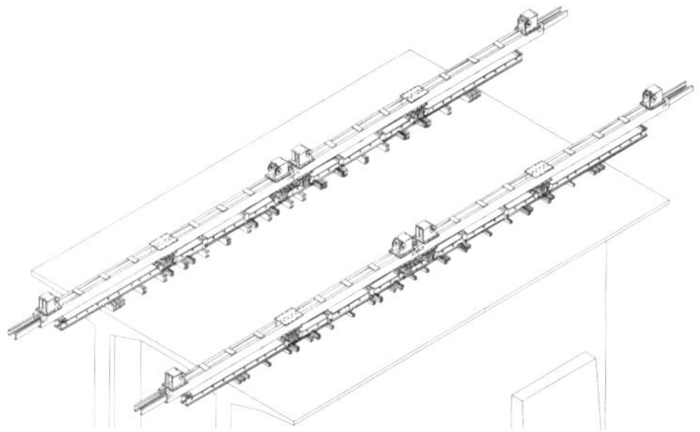

图5.2.1-2　主纵梁安装

图5.2.1-3　主桁架安装

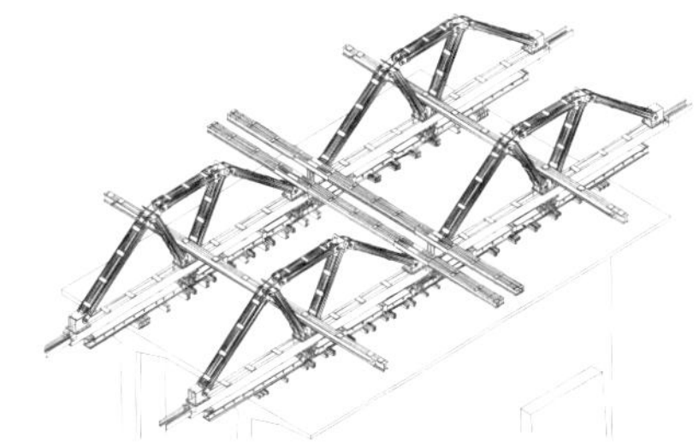

图5.2.1-4　后上横梁、后锚梁安装

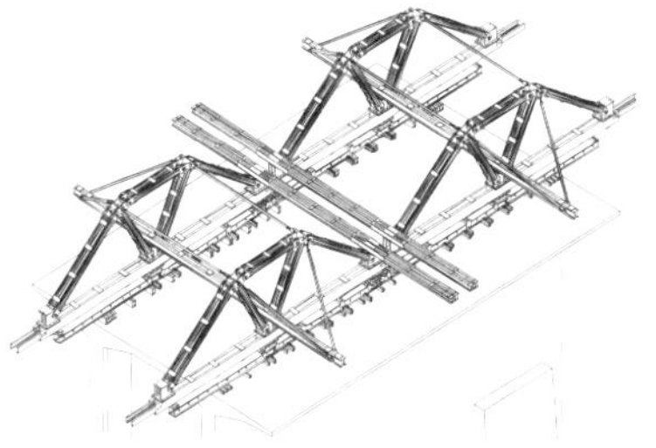

图5.2.1-5　横向联系安装

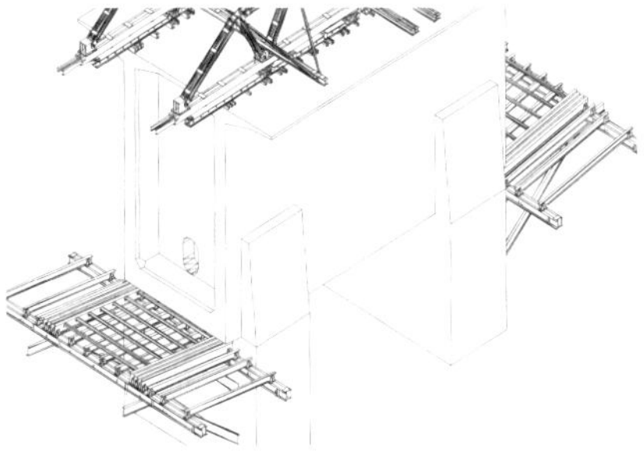

图5.2.1-6　底模平台安装

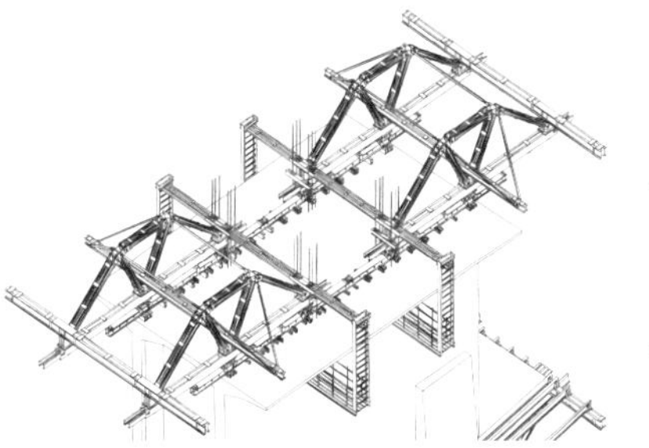

图5.2.1-7　后锚及前上横梁安装

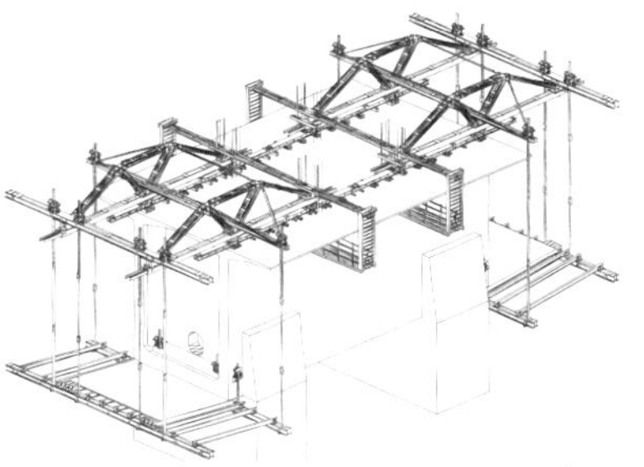

图5.2.1-8　悬吊系统安装

5.3　挂篮预压

为了确保箱梁悬浇施工中挂篮变形在安全范围内，在浇筑1号节段前需按设计要求对挂篮系统进行超载预压。预压加载过程采用分级加载的方式进行，测量人员跟踪观测。对加载观测记录数据进行整理分析，按照弹性变形值确定挂篮施工过程中弹性变形预留值。

5.4　挂篮行走

5.4.1　松外模吊杆，使外侧模支撑于挂篮底模平台的纵梁上，调整外侧抗倾覆梁；调整内模吊杆长度，使内模顶板脱离混凝土，并使内模导梁的行走滑轮受力。

5.4.2　解除后下横梁内侧4根吊带的受力状态，由外侧两根行走吊带受力。利用千斤顶调节前、后6根吊带的长度，使底模平台下降。

5.4.3　在已浇节段上按要求垫好轨枕后，少量松挂篮后压锚，用千斤顶将挂篮顶起，随着千斤顶的顶起量可继续少量松挂篮后压锚，直到挂篮轨道被挂篮的前后滑爪提起后为止。利用行走千斤顶将导轨前移至合适位置，逐渐放松千斤顶，将导轨在挂篮后支座处附近锚固，全部放松千斤顶。此时挂篮的后锚力全部转移到导轨及导轨压锚上，全部解除挂篮后下锚。利用行走千斤顶将挂篮缓慢前移，注意挂篮行走时两片桁架的同步。

5.4.4　挂篮行走就位后按照先内后外的顺序安装挂篮的后压锚；再按照先内后外的顺序安装挂篮后下横梁的4根锚杆，注意外侧锚杆处挂座的6颗螺栓应紧固，确保后锚吊带受力后挂座不会发生移动。

5.4.5　根据测量调节前下横梁的标高，调整模板四角坐标后顶紧后下横梁的4根压锚吊带，依次将外模安装就位。

5.5　劳动力组织

挂篮拼装及悬浇施工作业要求组织好现场施工作业人员，根据总体进度需要安排两班或三班轮流作业。拼装及悬浇施工工程组成见表5.5。

劳动力组织　　**表5.5**

起重工	模板工	混凝土工	钢筋工	张拉工

6. 材料与设备

弓弦式挂篮由两组弓弦式主桁架、底模平台、模板系统、悬吊系统、锚固系统及走行系统6大部分组成。具体详见图6所示。

6.1 主桁架

主桁架是挂篮的主要受力结构。由两榀弓弦式主桁架、竖向联结系和水平联结系组成。挂篮的横向连接杆件与挂篮的后上横梁连成整体。

6.2 底模平台

底模平台直接承受节段混凝土重量，并为立模、钢筋绑扎、混凝土浇筑等工序提供操作空间。其由前下横梁、后下横梁、纵梁、底模模板等组成。底模模板采用d=10mm的钢板。

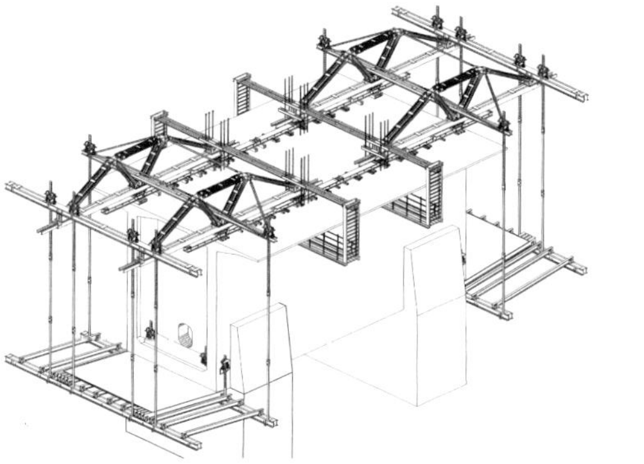

图6 弓弦式挂篮结构图

6.3 模板系统

内、外模板均采用钢模板，均采用模板、桁架整体式设计。内模可整体收缩，并利用手拉葫芦沿挂篮主纵梁整体滑移就位。

6.4 悬挂系统

悬挂系统用于悬挂底模平台、外模和内模。并将底模平台、外模、内模的自重、节段混凝土重量及其他施工荷载传递到挂篮主桁架及已浇节段上。悬挂系统包括底模平台前后吊带、内外模走行梁前后吊杆、垫梁、扁担梁及螺旋千斤顶。

6.5 锚固系统

锚固系统设在两片主桁架的后节点，采用两根15m长及两根1.7m长的压锚梁，每片桁架两侧各安装3根锚杆，后压锚合计12根锚杆。锚杆分别穿过箱梁顶板及翼缘板利用分配梁锚固，其作用是平衡浇筑混凝土时产生的倾覆力矩，确保挂篮施工安全。后锚杆采用ϕ32精轧螺纹钢筋。15m长的扁担梁两端安装下挂操作平台，用来安装和拆除翼缘板下的锚固分配梁，操作平台与挂篮同步行走。

6.6 挂篮走行系统

走行系统包括垫枕、轨道、前支座、后支座和牵引设备。挂篮行走时前支座在轨道顶面滑行，联结于主桁架后节点的后支座反扣在轨道翼缘下并沿翼缘行走。挂篮走行由4台液压油缸顶推前后支座并带动挂篮主桁架、底模平台及外侧模一同前移就位。挂篮行走通过滑爪与轨道实现自锚，无需配重。

7. 质 量 控 制

7.1 符合现行《公路桥涵施工技术规范》JTJ 041–2000、《公路工程质量检验评定标准》JTGF 80/1–2004要求。

7.2 每节段混凝土灌注完后及时养护，保证混凝土养护时间不少于7d。

7.3 模板要均匀涂刷脱模剂，不得有涂漏现象。

7.4 混凝土不得离析，严格控制混凝土的坍落度。

7.5 必须捣固密实，表面不得有蜂窝麻面，不得有跑模现象，外观美观。

7.6 挂篮在现场安装完毕后再进行预压；挂篮在加载预压前，吊带系统和后锚均应进行试验检验，在施工过程中进行常规检查，确保挂篮安全；挂篮吊带采用16Mn钢制作，便于调节。

7.7 挂篮悬臂浇筑施工开始前，对桥墩和0号节段的高程、平面位置情况以及混凝土强度进行详细复核和检查。

7.8 箱梁逐段悬浇过程中，梁段混凝土的浇筑、钢束的张拉、挂篮和机具的移动等，均要遵循对称、均衡、同步进行的原则，平常梁面上尽量少堆放材料和施工机具，必须堆放时应注意悬臂两端对称堆放。施工中的不平衡荷载不超过设计规定的范围。

7.9 悬臂节段浇筑时采用正确的混凝土浇筑顺序，腹板和顶板混凝土必须从前端向尾端方向浇筑，并适当调整混凝土初凝时间，以避免因挂篮前端挠度引起下层浇混凝土在接缝面处出现竖向裂缝。

8. 安 全 措 施

为确保挂篮施工的安全，配备挂篮施工班。人员要挑选有挂篮施工经验，安全意识强，责任心强的人员进行挂篮施工

8.1 挂篮拼装安全

8.1.1 挂篮组装过程中，施工人员必需佩戴安全帽、安全带，上下层同时作业要做好防护设施，禁止在直线上下作业，防止上面落物伤人。

8.1.2 在吊装过程中，有专人指挥，禁止无关人员进入吊装作业区范围内。

8.1.3 挂篮拼装时，各部件的吊装，要服从指挥人员的统一指挥，禁止盲目蛮干，防止意外事故发生。

8.1.4 为了保证挂篮拼装过程的安全操作应对千斤顶、导链葫芦、钢丝绳等机具设备进行检查，确保其满足现场施工要求。

8.2 挂篮施工安全

8.2.1 必须掌握平衡施工的原则，挂篮两端对称施工，尽量减小两端施工荷载差，保证两端基本平衡。

8.2.2 轨道行走就位后，复核其轴线距离及其安装位置，并安装压轨梁。

8.2.3 挂篮行走时应及时调整、纠正挂篮轴线偏差，保持挂篮自身平稳。

8.2.4 挂篮行走就位后，及时安装后压锚。

8.2.5 施工过程中，随时检查各个吊带、锚杆的情况，确保挂篮施工安全。

8.3 施工安全措施

8.3.1 桥梁施工中高处作业必须设置防护措施，脚手架搭设必须符合《建筑施工高处作业安全技术规范》JBJ 80-91的要求。按照《高处作业分级标准》GB 3608-83实行三级管理，由项目经理负责。

8.3.2 各工种进行上下立体交叉作业时，不得在同一垂直方向操作。

8.3.3 塔吊严禁载人，起吊重物时回转走行范围内不得行人。起重设备用专职人员操作指挥，对讲机设为专用频道，不得与其他频道混用。

8.3.4 移动式梯子梯脚底部坚实，上端有固定措施。爬梯工作角度75°左右为宜，不得有缺挡和垫高使用。

8.3.5 雨天和冬天进行作业时，必须采取可靠的防滑、防寒和防冻措施。强风、浓雾等恶劣气候不得从事高处作业。强风暴雨后，对高处作业设施逐一进行检查，发现有松动、变形、损坏等现象，立即修理完善。

8.3.6 夜间施工保证具有足够的照明强度，危险区悬挂警告标志，施工人员上桥前集合经安全员教育和检查，任何人员未经批准，不得擅自进入作业现场。

8.3.7 严格执行专职安全员日常巡检制，加强进场安全教育，真实及时记录安全日报表，每月进行一次安全生产大检查。发现问题及时通知整改。

9. 环保措施

9.1 建筑垃圾在场内设置临时堆放，集中堆放，定期运到指定地点。

9.2 修建废水处理设施，设置污水处理系统，并配备临时的生活污水汇集设施，防止污水直接排入河流和排灌系统。

9.3 拌合站、预制场等排出的废水、生活污水要经沉淀等处理后达标排放，不得排放流入农田、引水渠或引水沟中。

9.4 保证工地排水和废水处理设施在整个施工过程中有效，做到现场无积水排水不外溢、不堵塞，水质达标。

9.5 对易产生粉尘、扬尘的作业面制定操作规程和洒水降尘制度，保持湿度、控制扬尘。

9.6 拌合站和混凝土搅拌机为新进设备，设有防尘设施。

9.7 严禁在施工现场焚烧任何废弃物和会产生有毒有害气体、烟尘的物质。

9.8 对施工便道经常洒水保持湿润，避免过往车辆扬尘影响农作物的生长。

10. 效益分析

10.1 弓弦式挂篮设计合理，有效地降低了挂篮构件的重量，与传统挂篮相比，每套挂篮减轻重量约20t，节约社会资源及加工费约14万元/套。

10.2 受桥梁高度影响，设计外吊架安装挂篮后压锚，节省了后锚预埋件的费用，每套挂篮节省后锚杆预埋件3.4t，节省费用约2.4万元/套。

10.3 因其操作便捷，人力劳动强度低，能有效加快施工进度，每个节段施工节约工期约3d，合计加快工期约2个月，节约工期成本约40万元。

10.4 采用该工法施工，能有效节约社会资源和经济成本，加快了施工进度，降低了施工成本，取得了良好的社会效应和经济效益。

11. 应用实例

湖北沪蓉西高速公路龙潭河特大桥是沪蓉西高速公路关键性控制工程之一。龙潭河特大桥上构为106m+3×200m+106m五跨预应力混凝土连续刚构箱梁，左右线分离，箱梁顶板横向宽1250cm，箱底宽650cm，翼缘悬臂长300cm。该桥单T悬浇节段长90m，共分为22个悬浇节段（7×350cm+4×400cm+11×450cm），节段设计混凝土方量最大（1号节段）约为91m^3。湖北省路桥集团有限公司于2007年7月采用弓弦式挂篮进行悬臂浇筑施工。

采用该工法施工，大大加快了工程施工进度，保证了工程质量。箱梁标高、线型均满足设计要求。箱梁合拢段施工前，合拢口标高最大误差4mm，轴线偏差1mm。施工过程实现了安全零事故、零伤亡。该施工项目获得了湖北省安全生产委员会颁发的“2008年度全省安全生产先进单位”。

该工法施工便捷，可靠性高，施工质量能够得到有效保障。能有效地加快施工进度，箱梁线型能够得到有效控制，降低了施工成本，取得了良好的社会效应和经济效益。

悬索桥边跨无索区钢箱梁安装施工工法

GJEJGF265—2010

四川公路桥梁建设集团有限公司
卢伟　杨如刚　邓亨长　龙勇　李润哲

1. 前　言

桥梁跨越江海峡谷，联系两岸。悬索桥是目前跨越能力最强的桥型，目前悬索桥主梁分为钢箱梁与桁架式两种，桥型布置又分为两跨（三或四跨）连续或单跨双铰式主梁构造。主梁安装是悬索桥施工的关键工序之一。

舟山大陆连岛工程西堠门大桥是目前国内最大跨桥梁，也是世界第一大跨钢箱梁悬索桥与第二大跨悬索桥。大桥地处台风区，同时桥址处海流情况复杂、波急浪高、海床无覆盖层，这些因素使得大桥钢箱梁安装难度极大（面临很大挑战）。

在大桥北边跨无索区钢箱梁安装施工中形成了“悬索桥边跨无索区钢箱梁安装施工工法”。该工法解决了西堠门大桥边跨无索区钢箱梁安装难题，所用施工设备较少，技术先进，社会效益与经济效益明显。

2. 工 法 特 点

2.1　移动支架与固定支架结合

在悬索桥全桥钢箱梁桥位焊接前，以固定支架作为无索区钢箱梁临时存放场所，移动支架作为钢箱梁纵移就位的中转接力装置。结构简单有效。

2.2　无索区钢箱梁荡移，临时吊索、吊具及牵引系统的组合

借助临时吊索与水平牵引系统，采用连续荡移技术（即钢箱梁“荡秋千”），以缆载吊机与特制吊具将无吊索钢箱梁从运输船转运至支架上。充分利用已有设备，确保施工过程安全高效、安装定位准确。

2.3　无索区线形调整工艺

以千斤顶群作为无索区线形调整手段，结合线形精细调整监控技术，简单、快速、实用。

3. 适 用 范 围

受地形限制无法使用浮吊、大型履带吊安装的两跨（或多跨）连续钢箱梁悬索桥边跨无索区（锚侧）钢箱梁安装施工。

4. 工 艺 原 理

吊机、临时吊索与水平牵引系统以及支架系统（包括固定支架与移动支架）组成无吊索钢箱梁连续荡移安装系统。吊机垂直提升钢箱梁，水平牵引系统提供水平力牵引钢箱梁至临时吊索位置，连接临时吊索与钢箱梁，放松吊机吊索，使钢箱梁重量转移至临时吊索，同时吊机前行，通过吊机与临时吊索的交替接力，最终钢箱梁荡移至移动支架位置。总体布置见图4-1。

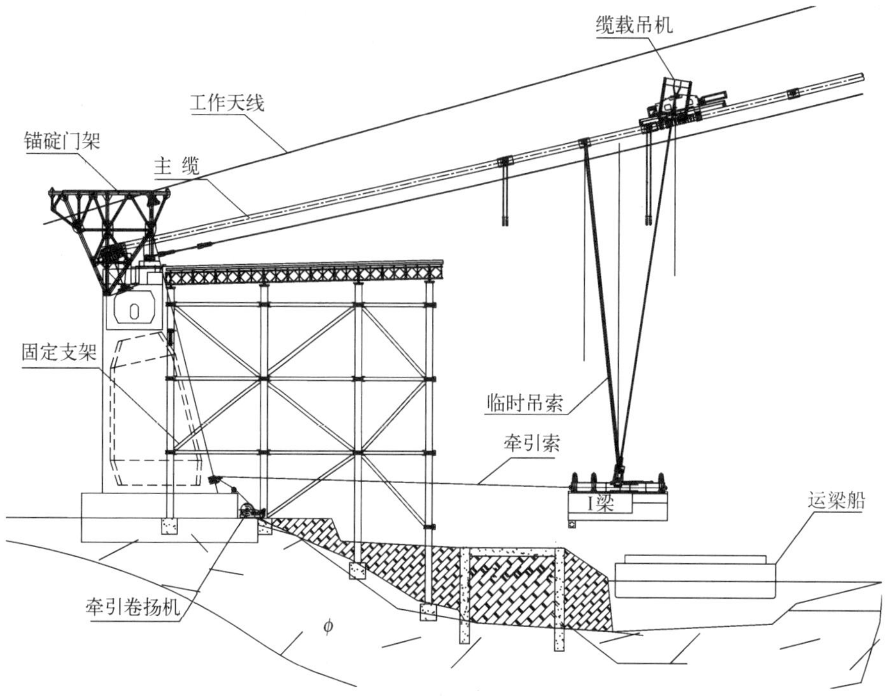

图4-1　连续荡移系统总体布置图

受吊机或吊索荡移角度所限，此时钢箱梁无法通过荡移施工平移至固定支架上，故设计移动支架，待钢箱梁提升超过支架高程后，横移移动支架并与固定支架联结，贯通钢箱梁纵移轨道后，下放钢箱梁至移动支架，解除吊具后纵移钢箱梁至固定支架上设计平面位置。支架布置见图4-2。

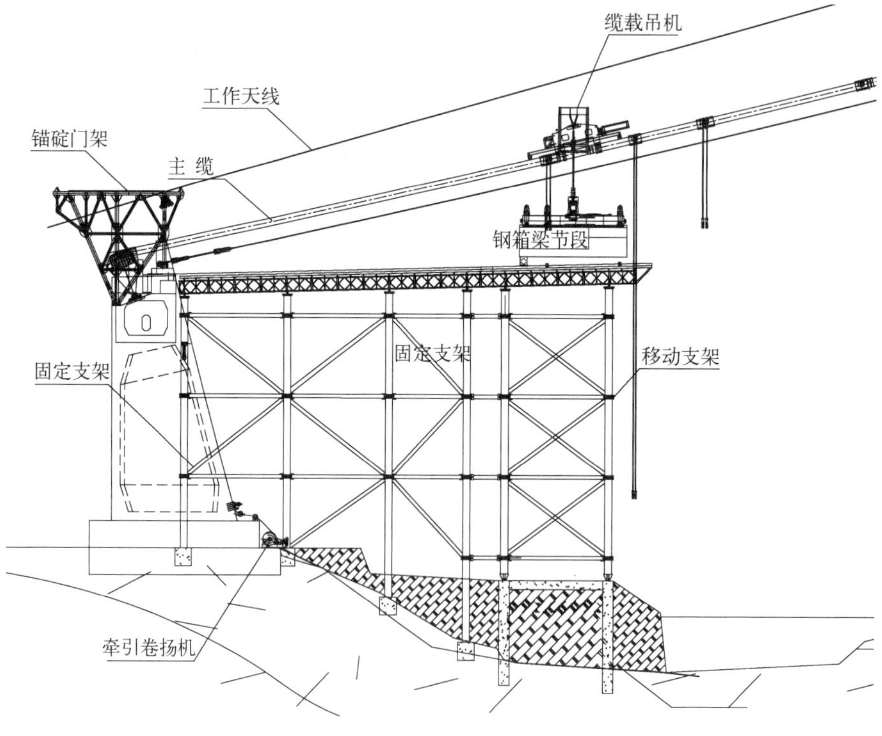

图4-2　支架系统布置图

待所有钢箱梁吊装完成后，按监控指令利用安放于支架上的千斤顶群调整无索区梁段高程，首先将支架上无索区梁段调整并焊为一体，再整体调整无索区梁段并与有吊索梁段临时连接、焊接，最后利用千斤顶群完成钢箱梁体系转换，整个调整过程均全程监测梁段高程变化，随时调整千斤顶作用力，确保调整过程安全。

5. 施工工艺流程及操作要点

正式安装前，首先搭设固定与移动支架，安装临时吊索与索夹，布置好水平牵引系统。加工特制吊具。吊机行走至可安装位置。

运梁船将梁段运到锚前可停泊位置，此时下放吊机吊具，连接临时吊耳与吊具，做好准备，即可进行钢箱梁安装。

5.1 施工工艺流程（图5.1）

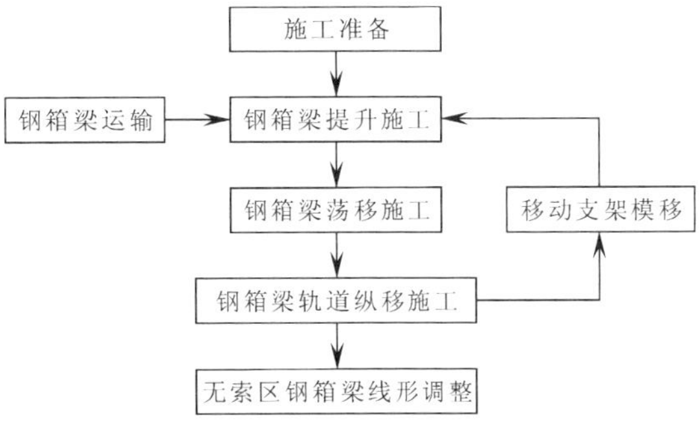

图5.1　无索区钢箱梁安装流程图

5.2 操作要点

5.2.1　钢箱梁提升施工

1．施工准备

1）支架搭设。无索区钢箱梁在与有吊索钢箱梁焊接前，必须考虑临时放置场地，按钢箱梁的安装平面与高程布置存梁的固定支架，一般考虑型钢桁架式，同时支架上还包含钢箱梁纵移系统与线形调节系统，前者一般为带水平牵引力的轨道，后者为钢支垫与千斤顶群的组合。

同时在固定支架外端靠塔侧布置可横桥向移动的移动支架，其高度与固定支架匹配，轨道与固定支架相接。

2）水平牵引系统布设。在将钢箱梁从起吊位置向安装位置方向荡移过程中，水平牵拉力由水平牵引系统提供，水平牵引系统由牵引卷扬机、钢绳、连接吊耳、锚固件、转向滑车等部分组成，均在吊装前布设好。

3）临时吊索与索夹安装。作为钢箱梁荡移中转装置，临时吊索与索夹也提前布置好，其安装位置与长度根据吊机最大允许荡移角度设计。

4）吊具与吊机就位。吊装前，缆载吊机需在主缆上行走至提升位置，并提前下放吊具至安全高度。

2．运输船就位

其他工作准备就绪后，运梁船将钢箱梁运抵提升吊机正下方，动力定位。

3．吊机垂直提升

连接吊具与钢箱梁临时吊耳，解除钢箱梁与运输船的临时约束，启动吊机提升钢箱梁至设计荡移高度。

钢箱梁提升要点如下：

1）钢箱梁固定支架与移动支架设计高度需考虑支垫与千斤顶作用空间，可低不可高。

2）临时吊索长度根据钢箱梁荡移角度确定，设计时需考虑主缆在钢箱梁重力作用下高程的变化。

3）吊具应针对无吊索钢箱梁设计与吊索对应的吊耳构造，作为荡移过程临时承力构造。

5.2.2　钢箱梁荡移施工

钢箱梁提升至一定高度后，此时水平牵引系统吊耳已连接好，启动水平牵引卷扬机开始连续荡移施工，其施工流程如图5.2.2。

5.2.3　钢箱梁轨道纵移施工

当完成最后一次荡移后，吊机提升钢箱梁超过移动支架高程，横移移动支架至钢箱梁下方，连接固定支架与移动支架（含轨道），布置好钢箱梁移运器与钢支垫，下放钢箱梁至移位器，吊机卸载并解除吊具。启动钢箱梁支架上水平牵引绳，沿支架轨道纵移钢箱梁至安装位置，利用千斤顶卸载，将钢箱梁转移至钢支垫上，纵移过程中，横向偏位除轨道约束外，另通过（手动葫芦）横向牵引钢箱梁调整平面位置（移运器与钢支垫上安装四氟板）。施工流程如图5.2.3。

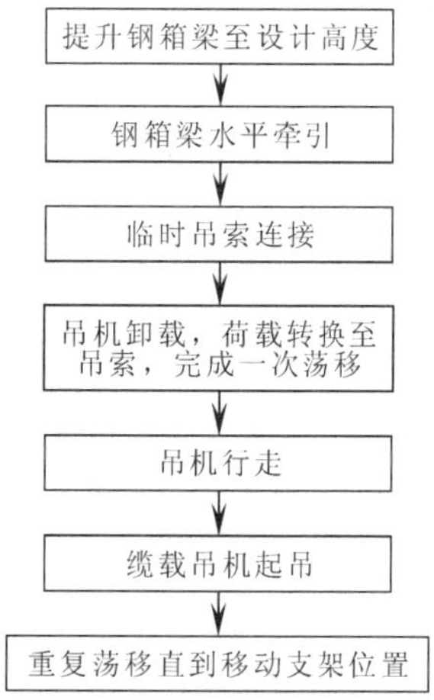

图5.2.2　钢箱梁荡移施工流程图

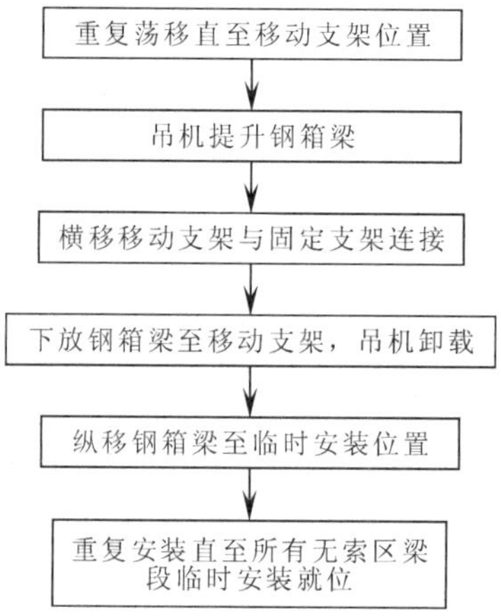

图5.2.3　钢箱梁轨道纵移施工流程图

5.2.4　钢箱梁线形调整

钢箱梁合拢段架设完成，将预先牵拉开的梁段恢复原来位置，随后进行主梁线形测量，施工监控单位在此基础上计算线形调整目标值，施工方根据上述数据计算无索区钢箱梁段标高调整量，即可开始线形调整工作。

无索区线形调整分两步进行：

第一步依次调整无索梁段的纵坡与高程，待无索区梁段高程调整完成后，利用千斤顶将梁段重量转至支承楔块，荷载转换至支垫后进行梁段高程与纵坡复测无误后焊接码板固定并焊接无索区梁间环焊缝以及纵隔板焊缝，待探伤合格后再对称施焊嵌补段焊缝。

第二步将第一、二段有吊索梁间临时连接与匹配件解除，利用千斤顶与特制工装，按监控指令调节无吊索梁段与相邻有吊索梁段的相对标高与纵坡。高程与纵坡调整完成后，调节焊缝宽度，焊接码板固定，焊接环焊缝以及纵隔板焊缝，待探伤合格后再对称施焊嵌补段焊缝。焊接完成后，利用千斤顶卸落无索区梁段支承，将无索区梁重量转移至主缆与支座，完成无索区梁段线形调整作业。施工流程如图5.2.4。

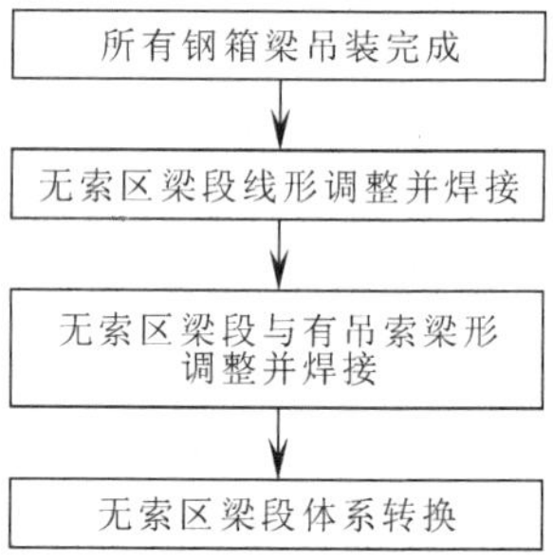

图5.2.4　钢箱梁线性调整施工流程图

5.2.5　监测技术与分析

无索区钢箱梁安装与线形调整过程需对大桥几何参数进行监测以确保线形调整结果的准确，监测内容包括

1．无索区箱梁梁面高程测量；

2．塔偏位及竖向变形测量；

3．主缆线形测量。

其中1项采用精密水准仪——索佳B1测量，每次线形调整前后均需测量；2、3项采用全站仪——TCA2003与TCA1800测量，仅在线形调整前进行一次测量。以上测量过程中，梁温为关键参数之一，需全程测量，采用专用温度传感器进行测量。与支座连接的钢箱梁安装时应在过程中监测梁轴线与高程变化并及时调整。

监测的关键在于线形调整过程的梁面高程测量而2、3项内容为监控复核所用，测量数据与监控分析计算值比较，及时反馈指导施工。

主要的监测内容参见表5.2.5。

监测项目汇总表 表5.2.5

序号	监测项目	监测仪器	监测频率	监测目的
1	主梁温度	LM35温度传感器	梁温：1～2次/梁每次调整，塔温：1～2次，均在气温稳定时（夜间或阴天）观测	掌握塔温与梁温，为监控计算提供数据
2	塔温			
3	主梁梁顶高程	索佳B1精密水准仪	1～2次/梁每次调整	掌握梁面高程，为监控计算与线形调整提供数据
4	桥轴线偏位	TCA2003、TCA1800全站仪	1次	掌握大桥钢箱梁轴线偏差与主缆实际线形，为大桥精确计算提供数据
5	主缆线形			

5.3 劳动力组织见表5.3

劳动力组织情况表 表5.3

序号	单项工程	所需人数	备注
1	管理人员	4	
2	技术人员	9	
3	钢箱梁转运与吊具安装	25	
4	钢箱梁提升施工	8	
5	钢箱梁荡移施工	14	
6	钢箱梁轨道纵移施工	26	
7	钢箱梁线形调整	60	与3～6不同时作业
8	杂工	5	
	合计	86（78）人	括号中数字为线形调整所用人员

6. 材料与设备

本工法无需特别说明的材料，采用的机具设备见表6。

机具设备表 表6

序号	设备名称	设备型号	单位	数量	用途
1	缆载吊机	370t	台	1	钢箱梁吊装
2	卷扬机	JKK10	台	2	钢箱梁荡移牵引
3	自航驳船	2000t	台	1	钢箱梁运输
4	临时吊索	GW40	台	1	钢筋加工
5	固定支架	钢管桁架	个	1	存梁，钢箱梁线形调整
6	移动支架	钢管桁架	个	1	钢箱梁安装
7	重物移运器	80t	台	10	钢箱梁安装
8	重物移运器	60t	台	10	钢箱梁安装
9	千斤顶	50t	台	16	钢箱梁线形调整
10	千斤顶	32t	台	9	钢箱梁线形调整，卸架
11	千斤顶	25t	台	8	钢箱梁线形调整
12	精密水准仪	索佳B1	台	2	钢箱梁安装，线形调整
13	全站仪	TCA1800，TCA2003	台	3	钢箱梁安装，线形调整

7. 质 量 控 制

7.1 工程质量控制标准

钢箱梁施工质量执行《公路桥涵施工技术规范》JTJ 041-2000与《舟山大陆连岛工程西堠门大桥专项质量检验评定标准》。钢箱梁安装允许偏差按表7.1执行。

钢箱梁安装允许偏差表　　表7.1

序号	项　目	允许偏差（mm）	检查频率	检验方法
1	相邻节段匹配高差	±2	每片梁	用钢尺
2	箱梁段轴线偏差	±10		全站仪
3	吊点偏位	±30		用全站仪
4	同一梁段两侧对称吊点处梁顶高差	±40		用水准仪

7.2 质量保证措施

7.2.1 缆载吊机、支架系统等主要承载构造均需进行详细的计算分析或完成荷载试验，保证钢箱梁吊装、存放的安全。

7.2.2 结合监控计算成果确定临时吊索长度，保证钢箱梁不接触地面构造物的同时，确保荡移角度足够大。

7.2.3 支架顶面高程应低于主梁合拢线形减去梁高，保证千斤顶有足够操作空间。

7.2.4 缆载吊机单机提升钢箱梁，故在安装前需计算每段梁的重心，并通过吊具进行相应调整，确保提升荡移过程钢箱梁的平稳。

7.2.5 无索区钢箱梁特别是首段梁纵移过程通过轨道进行限位，同时通过手动葫芦横向牵引纠偏，确保安装时桥轴线偏差控制在允许范围内。

7.2.6 用千斤顶进行线形调整时，应遵循同步、小量的原则，在夜间稳定时段测量（包括温度与梁顶高程）、白天统一进行线形调整。

8. 安 全 措 施

8.1 认真贯彻执行国家和行业的有关规定、条例，建立完善的施工安全保证体系，加强施工作业中的安全检查，确保作业标准化、规范化。

8.2 缆载吊机吊装、荡移与钢箱梁存梁固定、移动支架上施工均为高空作业，需做好安全防护措施以及对作业人员进行相应安全教育。

8.3 沿海风环境对钢箱梁安装影响极大，在吊装前应根据天气预报保证在吊机设计规定风速下进行吊装，同时因钢箱梁安装会穿越台风期，故缆载吊机、存梁固定支架与移动支架设计均考虑台风荷载并制订相应的防台预案。

8.4 无索区钢箱梁线形调整时，利用千斤顶群进行顶升或下降时，需进行全程监测，保证顶升的同步、小量，避免千斤顶不同步导致偏载引起安全事故。

9. 环 保 措 施

9.1 树立“以人为本”的理念；贯彻“施工过程中最大限度保护、实施中最小限度破坏及最大程度恢复生态平衡”的指导思想，根据工程所在地形、地貌、地质特点等因素，灵活运用技术标准，将工程与自然环境融为一体。

9.2 对施工界限内、外的植被、树木等尽量维持原状。临时用地范围内的裸露地表利用植草或种树进行绿化，工程完工后，及时彻底进行现场清理，并按设计要求采用植被覆盖或其他处理措施。

9.3 靠近生活水源的施工，用沟壕或堤坝同生活水源隔开，避免污染生活源。所有吊机与施工船只必须遵守有关海上防污染国际公约，严禁向海域抛设和倾倒废弃用品。陆上建立废油和废弃用品的回收站，负责及时处理。

10. 效益分析

10.1 本工法通过缆载吊机结合临时吊索与荡移牵引系统安装无索区钢箱梁，避免采用浮吊与大型汽车吊（或履带吊）等大型设备，简单易行，对环境影响小，为悬索桥边跨无索区钢箱梁安装提供了经济指标优越、适用性强的成套安装技术可资借鉴，该技术成功运用，将促进悬索桥施工技术进步，社会经济效益明显。

10.2 本工法利用存梁固定支架与千斤顶群结合调整无索区钢箱梁线形，不用缆载吊机辅助整体提升，占用大型设备时间短，节约建设资金，同时因不使用吊机，主缆防护等工作可同步开展，相应节约了至少一个月工期，产生了良好的经济效益。

以西侯门大桥为例进行效益比较（表10.2）。

经济效益分析表 **表10.2**

序号	方案简述	工程量	费用	备注
1	搭设固定和移动支架。通过缆载吊机荡移后提升，通过移动支架将梁段安装到位； 利用存梁支架与千斤顶群调整钢箱梁线形	支架和贝雷 673t	330 万元	本工法
2	采用浮吊船搭设支架进行安装； 缆载吊机辅助整体提升进行无索区线性调整	支架和贝雷 673t，1600t 浮吊、3200P 拖轮和锚艇各一艘，缆载吊机一台	550 万元	占用缆载吊机，主缆防护不能同时进行

11. 应用实例

浙江舟山大陆连岛工程西堠门大桥上部结构北边跨钢箱梁安装。

西堠门大桥是舟山大陆连岛工程的第四座大桥，大桥于2004年5月10日开工，2009年10月1日通车。大桥主桥为主跨1650m的两跨连续漂浮体系的钢箱梁悬索桥，钢箱梁连续总长为2224.2m。主跨跨径居世界第二、国内第一。

北边跨无索区三个梁段17号～19号梁长分别为12.414m、12.8m、12.4m，采用缆载吊机结合临时吊索、牵引系统连续荡移安装。全桥钢箱梁安装于2007年12月圆满安装完成。得到了行业人士的一致肯定，获得了良好的社会效益。

宽幅城市桥梁多箱分体顶推施工工法

GJEJGF266—2010

北京城建道桥建设集团有限公司

杨国良　寇志强　刘喜旺　陆文娟　王茂杰

1. 前　言

顶推施工技术已广泛应用于钢筋混凝土连续梁桥、拱桥以及斜拉桥等多种桥梁结构形式，其跨越公路、铁路、河道等较复杂工况的施工技术优势较为突出。近年来，在城市桥梁建设中，顶推施工技术的应用也日渐增多，尤其在城市架空广场建设及旧城区基础设施改造中具有较大的技术开发空间。

依托于北京市永定门南中轴广场工程，北京城建道桥建设集团有限公司深入探索和研究了顶推施工工艺在城市桥梁和广场建设方面的应用技术，通过采用顶推滑道设计、简易快拆式钢桁架导梁设计、临时支撑结构辅助拉接技术、轨道式运梁及运梁装置技术和钢箱梁多箱分体顶推协同性控制技术，解决了顶推钢箱梁底部节段间因栓接凸起增大顶推难度、桥梁小曲率半径竖曲线线形控制、狭小空间钢箱梁单体顶推工艺及控制、柔性支墩稳定性、宽幅桥梁多箱分体顶推施工协同性控制及宽幅桥面系等施工技术难题，单体工程中连续9次实施钢箱梁顶推，单次121.35m，跨越城市主干道及河道。工法关键技术——“宽幅城市桥梁多箱分体顶推施工技术”于2010年4月9日通过了北京市住房和城乡建设委员会组织的科技成果鉴定（证书号：京建科鉴字[2010]第007号），达到了国内领先水平，并获得了2009年度中国施工企业管理协会科学技术奖技术创新成果二等奖。该工法已获得“应用滚排滑道进行桥梁顶推施工的装置及其施工方法”发明专利（专利号为ZL 2010 1 0191977.8），“滚排滑道”实用新型专利（专利号ZL 2010 2 0215846.4），“简易快拆式钢桁架导梁”新型专利（专利号ZL 2011 2 0044145.3）。

该工法为城市无障碍施工提供了一种可行的方法，实用性强，应用前景广阔，经济和社会效益显著，可为类似工程提供借鉴和参考。

2. 工 法 特 点

2.1　采用滚排滑道设计，取代四氟乙烯橡胶板，利用滚动装置的机械特性，解决了顶推钢箱梁底部节段间因栓接凸起而导致顶推难度增大问题，安全、高效。

2.2　针对工程的工况条件和结构特点，设计了简易快拆式钢桁架导梁，拆装方便、转运便捷；采用简易桁架辅助拉接技术，解决了顶推过程中柔性墩的稳定性及侧移问题。

2.3　单体钢箱梁分节段采用轨道式运输、拼装，按桥梁纵曲线不等高设置运梁小车装置，使构件就位准确；采用多箱分体顶推施工协同性控制技术，解决了桥跨结构成型问题。

2.4　考虑混凝土本身的收缩特性和桥跨加载变形的整体效应，桥面铺装采用分块均衡浇筑，并在施工缝处加设钢板网片，有效地解决了宽幅桥梁桥面系施工控制问题。

3. 适 用 范 围

本工法适用于城市架空广场建设、旧城区基础设施改造中的钢箱梁安装工程，以及跨越交通繁忙路段、河流等复杂工况下的钢箱梁安装工程。

4. 工 艺 原 理

宽幅桥梁主体结构由多片单体钢箱梁组成。单体钢箱梁施工采用预制梁段现场连接、分节段顶推就位的方式，即在桥梁引道建设钢箱梁拼装场地和顶推平台，平台上设运梁滑移轨道、运梁小车和螺栓连接地沟；顶推采用单点拖拉方式，在钢箱梁位置两侧安装穿心式千斤顶，千斤顶与桥台通过反力座装置固定，千斤顶通过钢绞线与设置在钢箱梁两侧的固定端夹持器连接，启动千斤顶，牵引钢绞线，带动钢箱梁整体前进；为减小梁的悬臂长度，预先安装临时支墩和前导梁，并在桥梁墩台和临时支墩上安装滚排装置及纠偏装置；顶推时，启动油泵为千斤顶提供动力，钢箱梁通过滚排装置纵向移动，当完成一个顶推节段后，停止顶推并安装下一梁节段，直至将整片梁顶推就位；单体钢箱梁顶推就位后即拆除前导梁，移至下一顶推梁端再安装。宽幅桥梁多箱施工按照先安装桥梁轴线处的钢箱梁，待首件顶推就位后，再对称首件依次逐片顶推其他钢箱梁。待全部钢箱梁就位并完成箱梁间联系后统一实施落梁，调整桥梁竖向线形，进行桥面系施工，最后拆除临时支墩。

5. 施工工艺流程及操作要点

5.1 施工工艺流程图（图 5.1）

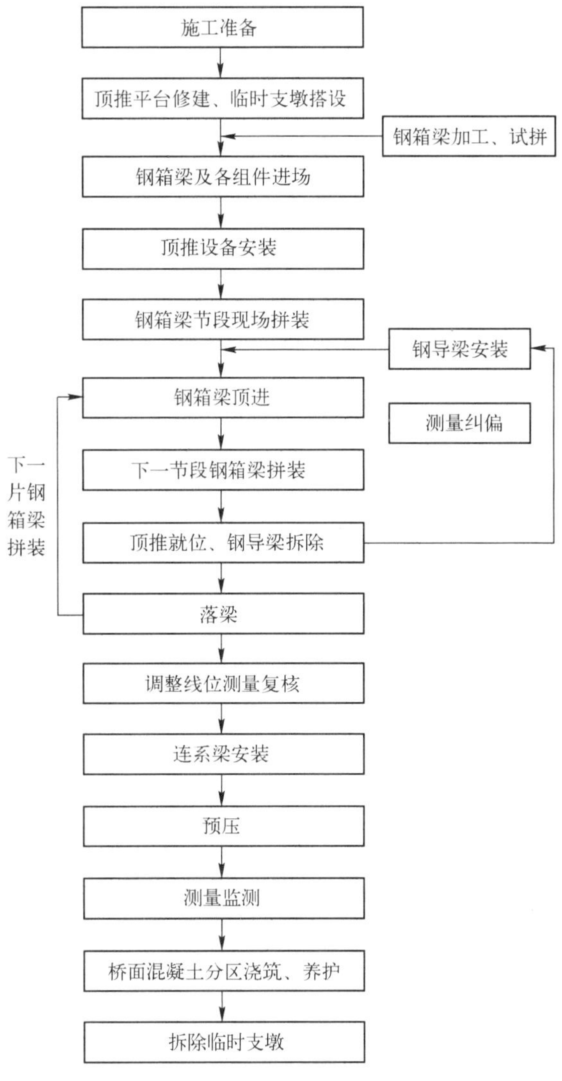

图5.1　工艺流程图

5.2 操作要点

5.2.1 顶推平台修建、临时支墩搭设

顶推轨道梁施工前，对顶推平台基础进行整体硬化处理。硬化结构采用级配砂砾+石灰粉煤灰碎石，分层压实后满足设计地基承载力要求。轨道梁为钢筋混凝土结构，其上铺设43号铁路钢轨作为钢箱梁顶推轨道，轨道梁间的场地采用道砟碎石回填密实（图5.2.1-1）。

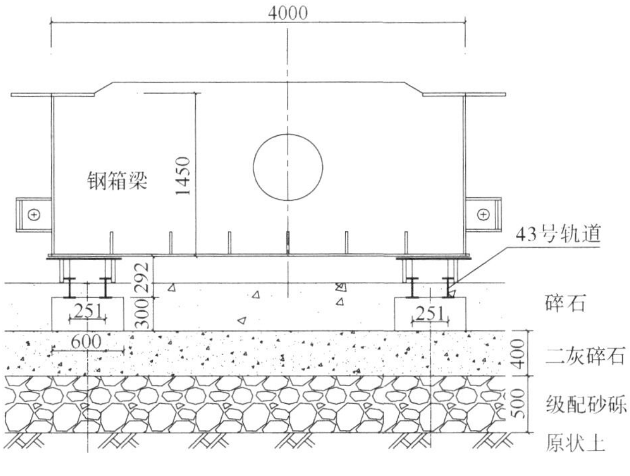

图5.2.1-1　顶推平台布置断面图

钢箱梁节段间采用螺栓连接，为保证箱梁下方有足够的螺栓安装空间，在顶推平台设置1.5m×1.5m操作地沟，地沟间的距离按照箱梁节段的长度确定。地沟上的钢轨基础采用工字钢支搭在地沟两侧（图5.2.1-2）。

顶推平台搭建完成后，在钢轨上放置运梁小车，按桥梁竖曲线要求，在运梁小车的上方设置不等高的钢管柱，并采用垫钢板的方式微调高程。顶推过程中，小车在轨道上随箱梁一起移动，直至将箱梁送出顶推平台（图5.2.1–3）。

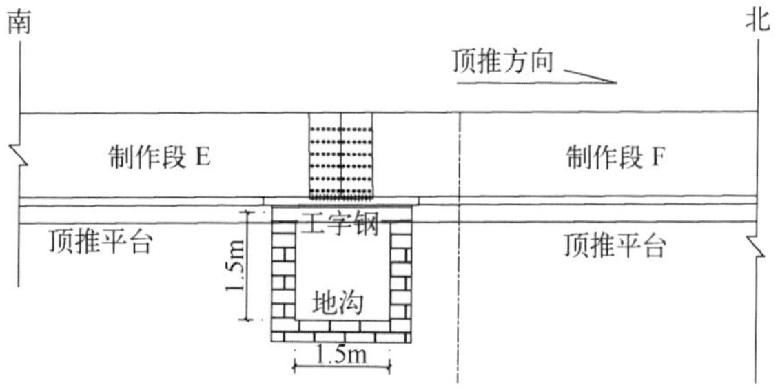

图5.2.1–2　箱梁拴接地沟布置图

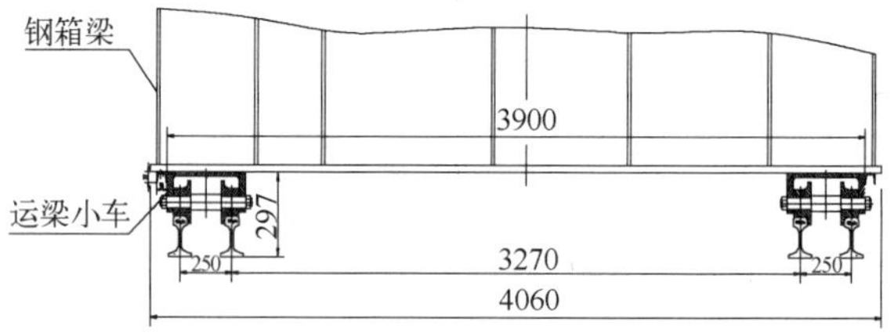

图5.2.1–3　运梁小车安装位置示意图

根据设计核算要求，钢箱梁悬挑长度应不小于25m，跨径应小于45m，考虑以上因素顶推施工需设置两排临时支墩。临时支墩立柱采用直径600mm、壁厚10mm的钢管，间距2m，立柱顶部并排安装4根50号工字钢，钢管柱采用钢筋混凝土基础与钢管柱固接（图5.2.1–4）。

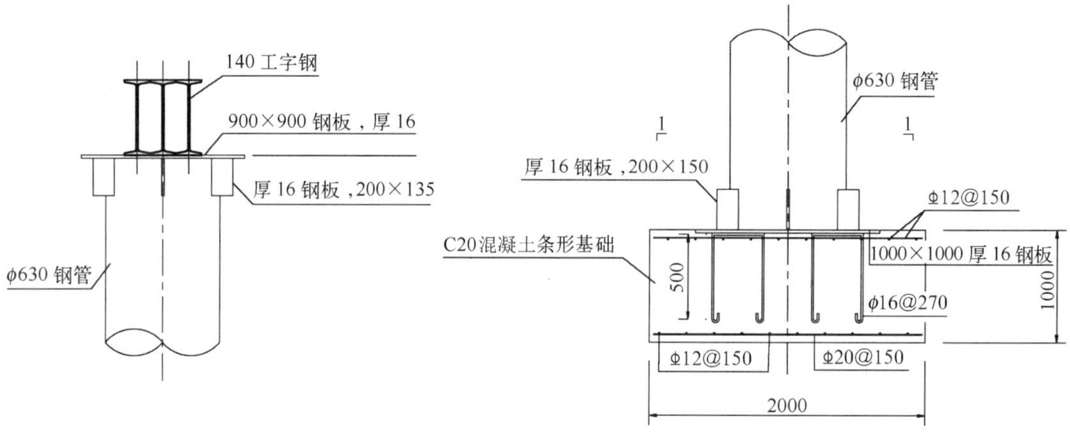

图5.2.1–4　临时支墩立柱安装示意图

采用辅助拉接技术加强临时支墩的刚度，在临时支墩与盖梁间安装三角桁架。三角桁架主管采用直径80mm、壁厚5mm钢管，主管间联系采用直径48mm、壁厚3.5mm钢管。桁架一端与临时支墩顶部工字钢焊接，另一端与盖梁上预埋钢板焊接（图5.2.1–5）。

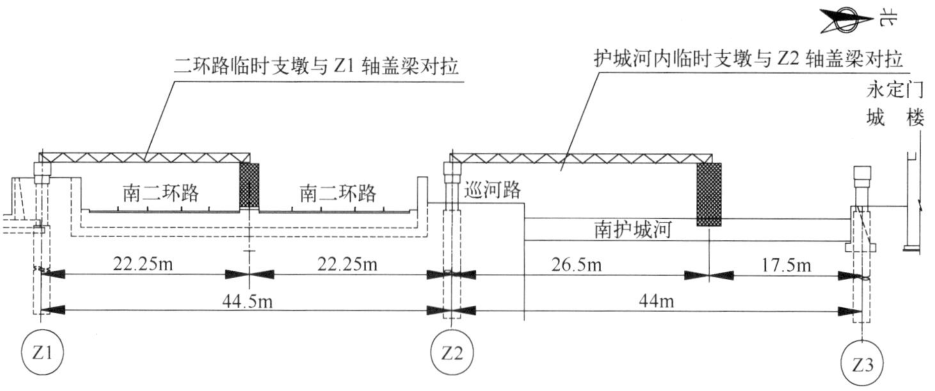

图5.2.1–5　三角桁架安装示意图

5.2.2　顶推设备安装

顶推设备由动力牵引装置、滚动送梁装置和限位装置组成。

在桥台台顶设置穿心式千斤顶，通过钢绞线连接至顶推平台上的钢箱梁两侧固定端夹持器，利用千斤顶的往返伸缩，拉动钢绞线拖动钢箱梁在滑轨、滚排上移动。桥台施工时按设计要求浇筑反力座基础，通过预埋地脚螺栓的形式安装千斤顶反力座（图5.2.2-1、图5.2.2-2）。

在桥台、各墩柱及临时支墩顶端预设滚排滑道，钢箱梁顶推时底板在其上滑动。滚排滑道与墩台采用预埋地脚螺栓连接，与临时支墩采用焊接连接（图5.2.2-3）。

为保证钢箱梁在顶推过程中沿设计轴线移动，在各墩柱及临时支墩顶部设置侧向限位装置。限位装置由钢制支架和滚轴组成，位于钢箱梁两侧，通过滚动限位，防止钢箱梁在移动过程中偏离轴线（图5.2.2-4）。

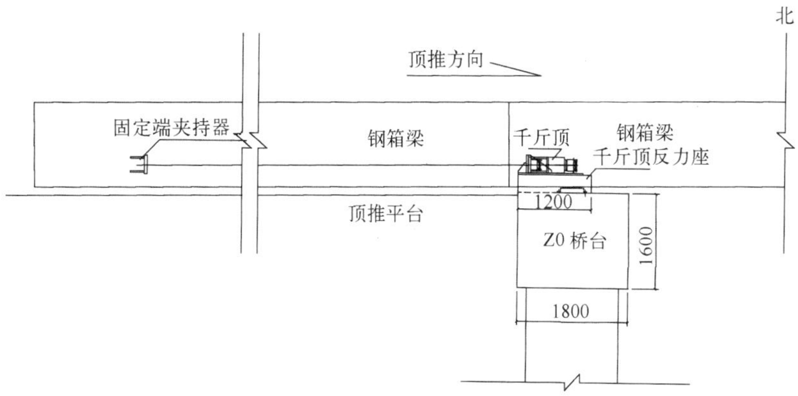

图5.2.2-1　动力牵引装置立面示意图

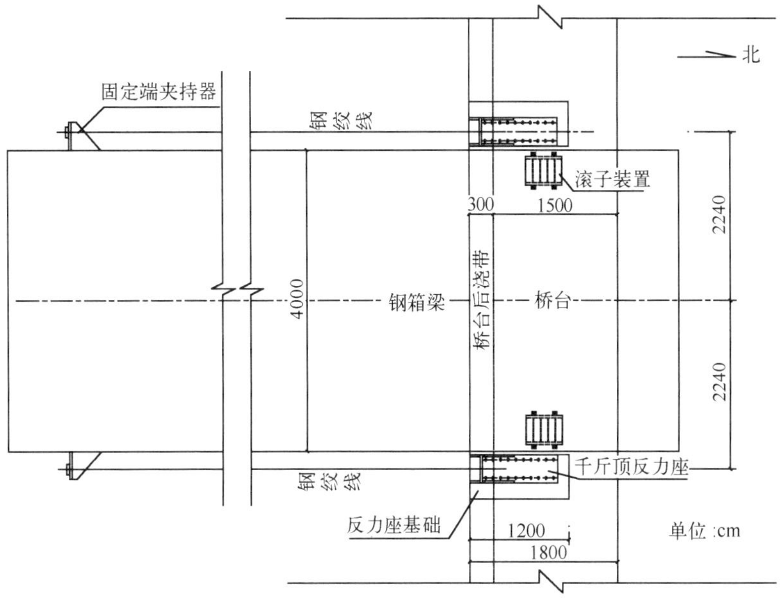

图5.2.2-2　动力牵引装置平面示意图

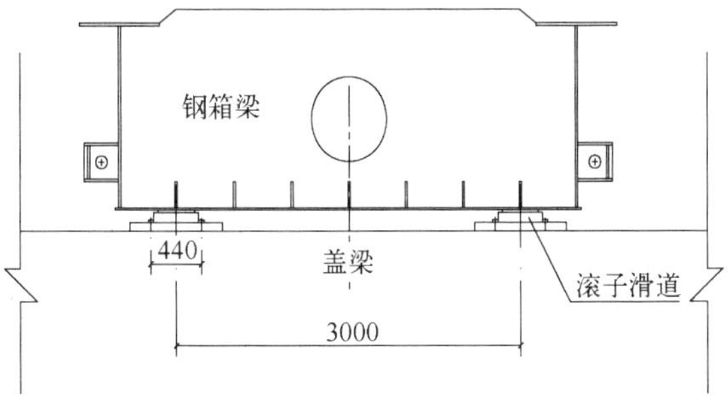

图5.2.2-3　滚排滑道安装示意图

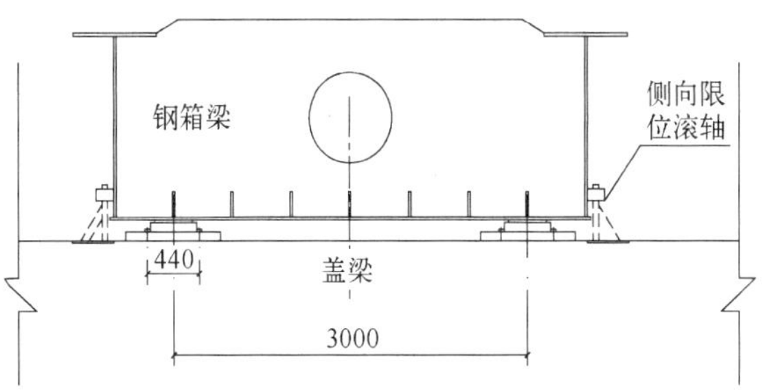

图5.2.2-4　侧向限位装置安装示意图

5.2.3　节段连接拼装

单片梁采用边顶推边拼接的方式。每片钢箱梁顶推前，根据顶推平台场地长度，将若干段钢箱梁按拼接顺序放置于轨道上，在预设地沟内进行梁段的栓接操作。

5.2.4　简易快拆式钢桁架导梁安装与拆除

钢桁架导梁全长16m，由1个连接箱梁段、5个标准段、2个鼻梁段共8个拼装节段组成，各段均长2m。导梁采用高强螺栓。拆除时，由最前端依次拆除，分节段倒运至顶推平台维护待用（图5.2.4）。

5.2.5 钢箱梁顶推

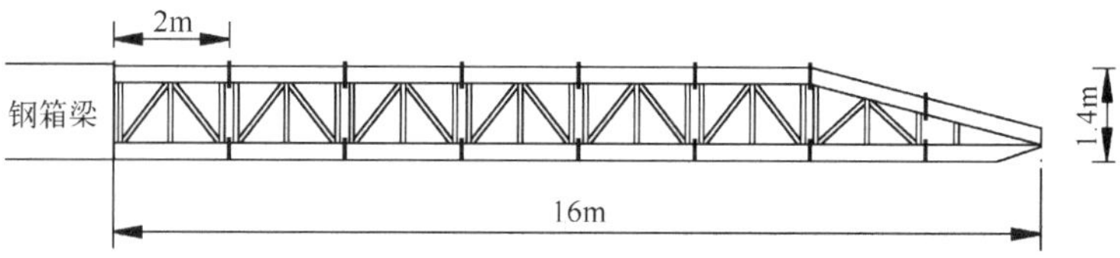

图5.2.4 钢导梁设计组拼示意图

钢箱梁梁段及钢导梁拼装完成后，将钢箱梁侧面的固定端夹持器与千斤顶用钢绞线相连并预紧，顶推至预定位置后，切除固定端夹持器，将千斤顶与下一个夹持器相连，继续顶推。顶推过程中，测量人员随时监控箱梁的中线偏移情况，通过千斤顶不对称施力来调整箱梁移动状态，使箱梁顶推轴线控制在允许范围之内。

钢箱梁顶推到设计位置后，在各个桥墩上布置两台YD50-100型千斤顶，将梁落到正式支座上。落梁前应拆除各墩、台上的滚排装置及限位装置，并根据测量复核结果，利用千斤顶调整箱梁竖曲线。

单片钢箱梁顶推就位后，下一片钢箱梁梁段进场。拆除导梁，运回顶推平台，安装导梁重复顶推过程，至全部梁体顶推到位。

5.2.6 连系梁安装

钢箱梁间连系梁采用垂直升降机载人焊接安装，相邻两片钢箱梁顶推就位后，由测量确定箱梁竖曲线符合设计要求后，方可进行钢箱梁间系梁的安装。系梁安装完成后，焊接钢箱梁内及钢箱梁间钢模板。

5.2.7 预压及桥面混凝土铺装

为确保钢箱梁成桥竖曲线满足设计要求，消除临时支墩基础在箱梁桥面混凝土浇筑过程中产生的沉降，在箱梁顶推到位并完成落梁后，桥面系混凝土浇筑前对临时支墩进行预压。采取分次预压法，每3片钢箱梁进行一次预压，在预压过程中注意收集临时支墩沉降数据，结束后根据沉降量，采用千斤顶顶升等措施，调整临时支墩墩顶高程至成桥梁底高程。考虑混凝土本身的收缩特性和桥跨加载变形的整体效应，采用分块均衡浇筑法施工。

5.2.8 测量监控

为确保顶推过程中钢箱梁、桥墩及临时墩的安全，箱梁沿正常轨迹顶进，实施全程监控。监测项目包括：

1. 对导梁悬臂端、箱梁各节段的跨中挠度进行监测；
2. 对顶推过程中各固定墩、临时墩的支座反力进行监测；
3. 检查滚排装置、固定端夹持器反力座、侧向限位装置的受力及变形情况；
4. 检查导梁与钢箱梁连接处、钢箱梁节段间的连接螺栓是否有变形或剪断等情况；
5. 监测各固定墩、临时墩在顶推水平推力作用下所产生的水平及竖向位移情况；
6. 监测钢箱梁在顶推过程中的轴线位移情况；
7. 在预压期间对临时支墩沉降进行观测，当24h内沉降变化值小于10mm时停止预压，并对临时支墩处梁底高程进行调整后，开始桥面混凝土的浇筑。

在箱梁及支墩观测点上设置反光胶带，做好标记，观测员每分钟汇报一次监测数据纠偏。当梁水平位移偏移2cm以上时，采用调节箱梁两侧顶推千斤顶顶速控制。

5.2.9 临时支墩拆除

当桥面板混凝土达到设计强度、附属结构物施工完成后，进行临时支墩拆除作业。拆除顺序为由桥梁两侧向中心轴线对称进行，逐步卸载完成受力体系转换。

6. 材料与设备

本工法所用主要材料见表6-1，主要设备见表6-2。

本工法所用主要材料 **表6-1**

序号	材料名称	规格	需要数量
1	钢绞线	Dk15.24	5000kg
2	高强螺栓	—	5000个
3	钢轨	43号	2500m
4	工字钢	40a	200m
5	工字钢	50a	300m
6	工字钢	25a	4350m
7	钢管	ϕ600，壁厚10mm	220m
8	钢管	ϕ48，壁厚3.5mm	500m

本工法所用主要设备 **表6-2**

序号	材料设备名称	规格	需要数量
1	顶推千斤顶	TSD100-300型	4套
2	顶升千斤顶	YD50-100型	24台
3	千斤顶反力座	定制	18套
4	泵站	TSDB25	2台
5	电动油泵	ZB4-500型	7台
6	顶推控制系统设备	TSDK	2套
7	固定端夹持器	—	4套
8	钢导梁	定制	3套
9	滚排结构	定制	36套
10	运梁小车	定制	44个
11	电焊机	—	30台

7. 质量控制

7.1 工程质量控制标准

钢桥施工质量执行以下规范：

《桥梁工程施工质量检验标准》DBJ 01-12-2004

《北京市城市桥梁工程施工技术规范》DBJ 01-46-2001

《钢结构工程施工质量验收规范》GB 50205-2001

《路桥 市政工程施工工艺标准》CJJT-JS 02-2004、QB-017-2004

钢梁安装后的基本尺寸允许偏差按表7.1-1和表7.1-2执行。

基本尺寸允许偏差 **表7.1-1**

序号	项目		规定值或允许偏差（mm）	检查频率		检验方法
				范围	点数	
1	轴线偏位	钢梁中线	10	每件	2	用经纬仪、水准仪量测
		两孔相邻横梁中线相对偏差	5			
2	梁底标高	墩台处梁底	±10		4	
		两孔相邻横梁相对高差	5			

钢梁安装后的允许偏差 **表7.1-2**

项　目			规定值或允许偏差（mm）
轴线偏位	钢梁中线		10
	两孔相邻横梁中线相对偏差		5
梁底标高	墩台处梁底		±10
	两孔相邻横梁相对高差		5
支座偏位	支座纵、横线扭转		1
	固定支座顺桥向偏差	连续梁或60m以上简支梁	20
		60m以下简支梁	10
	活动支座按设计气温定位前偏差		3
支座底板四角相对高差			2
连接	对接焊缝的对接尺寸、气孔率		符合本规范17.2.7条要求
	高强度螺栓扭矩		±10%

7.2　质量保证措施

7.2.1　顶推平台按设计坡度逐层回填碾压密实，轨道梁的浇筑及钢轨安装应牢固可靠。

7.2.2　按设计位置和高程，精确安装千斤顶反力座、滚排装置和侧向限位装置。

7.2.3　钢箱梁在轨道上进行分段组拼时，严格控制梁底运梁小车的高程，确保顶推过程中箱梁的整体线形。

7.2.4　钢箱梁现场拼装和顶推过程中，最大悬臂长度和最大跨度应在设计允许范围内。

7.2.5　顶推时，用全站仪对梁体中线进行观测，通过调节两侧水平千斤顶的速度纠偏。

7.2.6　顶推箱梁差2m就位前，进入精调阶段。通过连续观测和精确纠偏，确保就位时箱梁中心轴线偏差控制在10mm之内。

7.2.7　导梁按照加工厂的预拼装编号，严格拼装顺序并控制栓接质量，避免导梁底部相邻节段间产生错台。导梁节段安装所采用高强度螺栓均为一次性使用。

8. 安 全 措 施

8.1　制定切实可行的交通导改方案，成立交通导改领导小组负责落实交通导流方案，配合交管部门，在需要导行的路口设置交通标志牌和安全施工宣传牌，设专职交通协管员，指挥疏导行人及车辆，确保安全。

8.2　施工前，管理人员须熟悉管线图纸，详细调查现场，确定各管线的位置及埋深，并在管线上方设置警示牌，管线周围1m内禁止机械开挖。土方施工前，安排专人在管线位置挖设探坑，向土方机械施工操作人员进行现场交底。

8.3　顶推前，对箱梁上方物品进行清理，确定物品的牢固程度。盖梁、临时支墩上方的滚排滑道须固定牢固。

8.4　顶推过程中，严禁施工人员在箱梁上方行走、作业。临时支墩上方监测人员须佩带安全防护用品，包括安全带、安全帽等。

8.5　根据交通、施工现场情况综合考虑，确定切实可行的钢箱梁运输路线及吊装方案。钢箱梁吊装过程中应严格控制悬臂角度，确保安全。

8.6　配电系统必须施行分级制，配电线路必须按规范要求架设整齐。各级配电箱、开关箱的箱体安装和箱内电器必须可靠完好。开关箱实行“一机、一箱、一闸、一漏”制，各级配置应匹配。有专人负责，上锁编号管理。

9. 环 保 措 施

9.1 建立环保组织机构，完善环境保护体系，配备相应的环保设施。

9.2 施工中保护好现场环境，管理好施工中的燃料、油、污水、废料和垃圾等有害物质。

9.3 及时清理建筑垃圾，定期运出现场并按规定进行处理。土方运输采取有效措施封闭车厢，车辆出入现场设循环水池并配备专人清扫、冲洗车体，防止扬尘污染。

9.4 保持机械设备完好，采取必要的降噪措施。

9.5 在河道及现况道路上方施工时，做好防护工作，防止焊条焊渣、机械油污等掉落，对社会和自然环境造成污染。

10. 效 益 分 析

10.1 技术、经济效益

本项目采取综合技术措施，降低了施工成本，缩短了施工工期，创造了一定的经济效益，共节约成本57.6万元。经济效益分析如下：

1. 顶推平台设计中采用下沉式地沟作为钢箱梁节段栓接操作间，采取轨道式运输箱梁等技术措施，节省了操作空间，便于顶推作业。此工艺与设计架空平台相比，可节约工程成本18万元。

2. 二环路临时支墩钢管柱基础采用深地梁式（1.5m深），取代原设计桩基础，节约施工成本5.6万元。

3. 桥面系施工前支架预压采用水袋预压法，循环利用护城河中的水，节约费用34万元。

10.2 社会效益

1. 不占路施工，将桥梁施工对交通和环境的影响降到最低。不占路施工减少了对社会交通和居住环境的影响，总计为社会节约有效时间工作价值3303.4万元，减少CO、CO_2等温室气体排放161.2t，有毒气体排放4.04t。

2. 钢箱梁采用分节段现场拼装，拼装场地沿桥梁纵轴方向设置在桥台后，同时可作为材料周转、存放和加工场地使用，节约了施工占地。

3. 施工噪声低、环境污染小，有效降低了施工对环境及周围居民的影响。

11. 应 用 实 例

永定门南中轴广场工程位于北京市东城区。工程跨越两路一河，分别为南二环路、南二环辅路、南护城河，采用桥梁盖板结构形式，桥梁竖曲线半径为R=500m，桥梁上部结构形式为3跨钢混凝土连续加短悬臂的叠合梁形式，跨径布置为28m+44m+44.5m+4.85m，桥梁总长121.35m，桥梁总宽度69m。桥梁横断面为9片独立箱室结构，桥梁下部结构为钻孔灌注桩接柱。由于本桥所处位置的特殊性，综合考虑交通、防汛、环境等因素，采用顶推施工法进行桥梁主体钢箱梁施工。

工程于2009年6月2日正式开工，于2009年9月28日主体施工完毕，2009年12月31日竣工验收。本工程分体顶推单箱共计9片，每片由6个钢箱梁单元梁段组成，总重2700t，栓接螺栓40536套。分体顶推施工采用由中间向两边的顺序同步进行。工程共投入3套顶推设备，每梁平均用时45个小时，9片钢箱梁全部顶推就位，总历时25 d。

工程施工以其优质、高效、安全、环保，赢得了各方的好评，工法的成熟性、可靠性得到了充分验证。

复杂条件下城市高架现浇混凝土箱梁混合式排架施工工法

GJEJGF267—2010

上海市第四建筑有限公司　浙江舜江建设集团有限公司
吴联军　陈家伟　虞硕华　江家杰　严忠海

1. 前　　言

随着城市道路网络的日趋完善，城市高架道路面临跨越既有交通和其他重要建构筑物的问题，施工难度日益加大。同时，城市高架的设计形式主要为现浇混凝土，高架道路的施工对社会交通和环境保护的影响成为了重要课题，而现有的常规形式的满堂排架无法满足复杂条件下现浇混凝土箱梁的施工。

本工法提出了"混合式超高排架支撑体系"的技术路线：采用钢结构平台结合满堂钢管排架的组合形式，即通过大口径钢管（ϕ580或者ϕ609）和型钢搭设一个钢平台，再在钢平台上搭设普通钢管排架，通过钢平台的搭设高度降低普通钢管排架搭设高度，便于安全的保证和施工的便利。

2. 工 法 特 点

混合式超高排架支撑体系采用了24m高的钢平台和10m高的普通满堂排架组合的混合式排架，突破了目前规范中排架最高搭设高度30m的限制；此外，由于采用了钢平台，相对于传统的ϕ48钢管满堂排架每立方米空间的含钢量大大降低，既节省了工程造价，又使排架的稳定性得到了大大提高。

3. 适 用 范 围

适用于现浇混凝土高度大于30m、排架中间需留设门洞的高架道路施工。

4. 工 艺 原 理

"混合式超高排架支撑体系"在设计上首次采用了钢平台，其结构包括了：地梁、钢立柱、斜撑、顶部平台主次梁、支撑梁。地梁为钢筋混凝土形式，界面大小根据上部荷载计算确定；钢立柱采用ϕ580或者ϕ609大口径钢管；45号工字钢顺纵向作为主梁搁在柱顶；上部铺设36号工字钢作为平台次梁；再铺设12号工字钢作为钢管排架立杆的支撑梁。整个平台体系受力明确，焊接节点、机械安装（图4）。

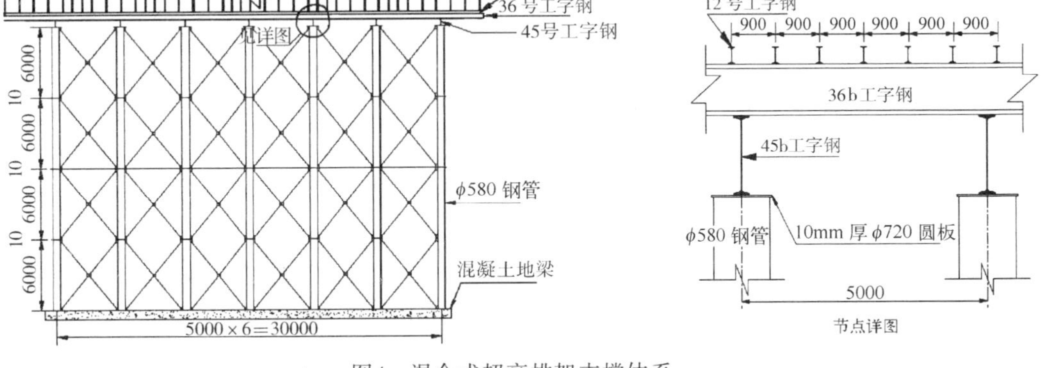

图4　混合式超高排架支撑体系

上部支撑系统：考虑上部结构自重的分布，排架间距相对应调整。

5. 施工工艺流程及操作要点

5.1 搭设施工流程如图 5.1 所示

5.2 操作要点

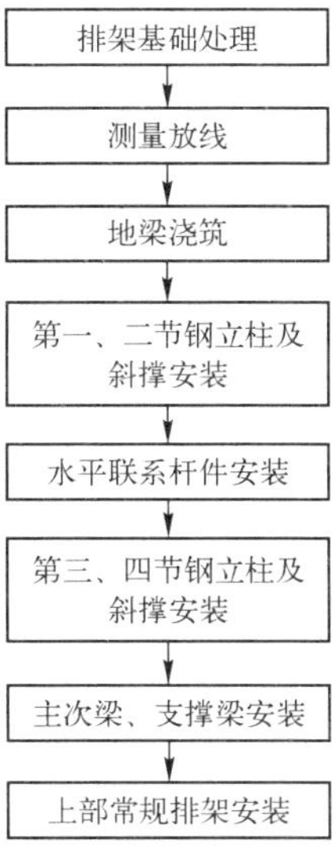

图 5.1 搭设施工工艺流程图

1. 排架基础：根据现有路状、填土情况以及上部结构荷载状况，对排架地基按受力要求进行处理，地基承载力特征值不小于70kPa。基底以下500mm采用砂石换填，换填材料选用级配良好的中、粗砂，含泥量小于3%，并去除杂质。砂中掺入30%至50%的碎石，碎石最大粒径不宜大于50mm，砂石换填应分两层夯实，每层250mm，压实系数不小于0.94。

2. 测量放线：按排架设计尺寸对地梁、预埋件进行放线。

3. 地梁浇筑：浇筑钢筋混凝土地梁之前应浇筑素混凝土垫层，强度等级为C10。地梁上大口径钢管位置处预埋件，预埋件底部钢筋长度不小于3/4地梁高，并弯起、绑扎牢固，防止偏移。地梁底面保护层厚度为40mm，顶面为30mm。

4. 第一、二节钢管立柱施工：当第一、二节钢管就位后，将预埋钢筋弯折，并与钢管下端焊接，确保钢管的稳定性；利用钢管上、下端的法兰盘连接竖向钢管，通过螺栓连接法兰盘。立柱之间按高度6m设置垂直剪刀撑，形成一个整体刚性框架。剪刀撑采用角钢100×100×10，与钢管上的连接板电焊连接。

5. 水平联系杆件：在第二节钢管顶面，增设一块900mm×900mm×10mm的连接板，螺栓孔眼对齐，连接板与法兰盘连接。采用20号槽钢作为纵横向联系杆件，槽钢与连接板采用电焊连接；采用10号角钢作为水平联系剪刀撑，与连接板焊接。槽钢与角钢形成水平联系杆件。

6. 第三、四节立柱安装：待水平联系杆件形成体系后，安装三、四节钢立柱及斜撑。

7. 主次梁、支撑梁施工：在钢管顶部设置型钢平台，采用三层结构：首先钢管顶部沿顺桥方向铺设56号工字钢作为钢平台的主梁，工字钢与钢板采用电焊连接，在工字钢底部与钢管顶部接触处设置限位钢板，防止工字钢侧向移动；其次在56号工字钢上部横桥向铺设36号工字钢作为平台次梁，次梁与主梁采用电焊连接；最后在次梁上部铺设12号工字钢作为上部ϕ48钢管排架立杆的支撑梁，工字钢与次梁通过电焊连接。主梁、次梁和支撑梁形成钢平台。

8. 常规排架安装：搭设ϕ48钢管排架，排架搭设分横梁、腹板、空腹3部分，钢管纵横向间距依据上部荷载计算确定。排架剪刀撑按规范要求设置，钢管底部与12号工字钢接触部分，垫上8号槽钢或δ=50mm的木板；槽钢要与工字钢焊接，木板必须用钢丝绑扎捆牢。排架顶部两侧1.2m宽走道立杆应直通至下部12号工字钢上，走道两侧按规范要求设置防护网等安全设施。

6. 材料与设备

6.1 主要材料（表 6.1）

主要材料表　　表6.1

名　　称	型　　号
立柱	ϕ580 或 ϕ609 钢管，壁厚 16mm（配备法兰盘和螺栓）
主梁	56 号工字钢
次梁	36 号工字钢

续表

名称	型号
支撑梁	12号工字钢
水平联系杆件	20号槽钢、10号角钢
混凝土	地梁混凝土强度等级不低于C20

6.2 主要设备（表6.2）

主要设备表 表6.2

类型	机械种类
起吊设备	25t汽车吊和50t履带吊

7. 质量控制

7.1 参照规范

1.《建筑结构荷载规范》GB 50009-2001；

2.《建筑施工扣件式钢管脚手架安全技术规范》JGJ 130-2001；

3.《市政桥梁工程施工及验收规程》DBJ 08-228-97；

4.《公路桥涵施工技术规范》JTJ 041-2000；

5.《钢管扣件水平模板的支撑系统安全技术规程》DG/TJ 08-016-2004；

6.《钢结构设计规范》GB 50017-2003。

7.2 混凝土地梁施工

准确测设地梁位置，地梁纵横向轴线允许偏位控制在±5cm以内；地梁内钢筋配置、规格、数量及钢筋安装符合计算要求；预埋件水平偏差±5mm，标高±2mm，插入地梁深度不小于0.75*H*（地梁高），地梁混凝土强度等级不低于C20。

7.3 钢管立柱装

1. 对进场钢管逐根检查，法兰盘平面要求平整，整个钢管无破损、锈蚀等现象，长度误差在5mm以内；钢管立柱总高度误差控制在50mm以内。钢管立柱纵横向的垂直度控制：底节为10mm，整体立柱在纵向为*L*/200，横向为*L*/400（*L*代表钢管立柱总高度）；连接螺栓采用国家标准。

2. 钢管安装位置要准确，其安装误差、倾斜度、焊缝等应达到质量控制要求；钢管下部锚固钢筋、剪刀撑、水平联系件、垫块及其上部主次梁等连接部位均采用电焊连接。电焊、封头板平整度、连接铁板、螺栓规格、数量等均应符合施工规范要求。

3. 每节钢管间的连接螺栓，其规格≥ϕ20，螺杆丝扣必须伸出螺帽至少三丝；螺栓数量不得少于12只。

7.4 钢平台安装

主梁安装时，应基本保持一直线型，搁置在钢管中部；主梁下设置调节垫块，垫块采用铁板，大小超过钢管直径，厚度同立柱壁厚；支撑梁12号工字钢铺设前，先放出箱梁的横梁和腹板位置线，并按照要求从中间往两边铺设工字钢，其间距误差≤20mm。

7.5 剪刀撑及水平联系杆件安装

剪刀撑长度，根据实际丈量尺寸决定；剪刀撑与连接板两侧电焊，单侧焊缝长度≥80mm；水平联系杆件与连接板两侧电焊，单侧焊缝长度≥50mm。

7.6 上部钢管排架搭设

排架步距1.8m，每3.6m设一道水平剪刀撑，从下至上共设4道水平剪刀撑，纵横向垂直剪刀撑每隔4排立杆设一道，从上至下连续设置，剪刀撑的角度控制在45°至60°之间；扣件拧紧力矩达到规范要求。

8. 安全措施

8.1 排架搭设

按施工方案进行搭设； 有变形的杆件和不合格的扣件不得使用；杆件的搭设顺序按照规范要求操作；随时校正杆件垂直度和水平偏差，避免偏差过大；当日没有完成的脚手架，在收工时确保架子稳定，以免发生意外。用于连接横杆的扣件，开口朝向内侧，螺栓向上，避免雨水进入；扣件拧紧力矩符合规范要求。

剪刀撑两端扣件与立杆节点（即立杆与横杆的交点）的距离不大于20cm，底层的剪刀撑与立杆的连接点离地面不大于50cm。各杆件相交伸出的端头大于10cm，防止杆件滑脱。

8.2 排架拆除

划出拆除排架的施工标志，禁止行人进入；严格遵守拆除顺序，由上而下，后搭者先拆，先搭者后拆；先拆栏杆，脚手板，剪刀撑，而后拆下小横杆，大横杆，立柱。

8.3 排架安全防护措施

排架外侧面设有栏栅和挡板，增设安全网；设置供人员上下走动使用的梯道，梯道斜率不大于1∶3，梯道上应有防滑木条措施；夏季施工，高于10m的钢管脚手必须有良好的防电，避雷装置（可靠接地线）。

9. 环保措施

在整个施工过程中必须严格按照现行国家及地方各级法规所规定的各项环保规定要求。

9.1 大气污染

施工现场搭设封闭式临时专用垃圾道或采用容器吊运，严禁随意凌空抛散，垃圾及时清运，适量洒水，减少扬尘。水泥等粉细散装材料，采取室内（或封闭）存放或严密遮盖，卸运时采取有效措施，减少扬尘。现场的临时道路地面做硬化处理，防止道路扬尘。在现场设置搅拌设备时，安设挡尘装置。

9.2 水污染

作业现场设置沉淀池，使清洗机械和运输车的废水经沉淀后排入市政污水管线或回收用于洒水降尘。控制施工生产的污水流向，防止漫沿，并在合理的位置设置沉淀池，经沉淀后排入污水管线、严禁流出施工区域，污染环境。现场存放油料的库房进行防渗漏处理，储存和使用都采取措施，防止跑、冒、滴、漏，污染水体。施工现场的临时食堂设置简易有效的隔油池，定期掏油，防止污染。

9.3 噪声污染

施工现场遵照《中华人民共和国建筑施工场界噪声限值》GB 12523-90制定降噪的相应制度和措施。进行强噪声、大振动作业时，严格控制作业时间。必须昼夜连续作业的，采取降噪减振措施，做好周围群众工作，并报有关环保单位备案后施工。

10. 效益分析

混合式超高排架支撑体系在超高现浇箱梁或超高现浇构筑物施工中的采用，无疑解决了ϕ48扣件式钢管排架、碗扣式排架、门式排架等普通常规现浇混凝土模板支撑体系在遇到超高（>30m）情况下的局限，同时降低了风险。

经济效益：由于混合式钢管排架可以采用市场上较为标准的ϕ580或ϕ609钢管，可周转重复使用，利用率高；同时相对常规排架扣件损耗率20%的情况，混合式超高排架支撑体系的下部钢平台几乎没有材料损耗，其经济效益明显，耗用资源较少。

社会效益：混合式超高排架支撑体系的采用，在施工期间对周边的交通不产生影响，社会效益明显。

11. 应用实例

11.1 中环线A3.9标虹梅路立交工程

中环线虹梅路立交（益梅路～桂江支路）是中环线（浦西段）的一部分，其主线高架桥梁施工范围为K0-693.892（-21号墩）～K1+041.769（33号墩），全长约1.74km，全线共计16联53跨箱梁（钢结构箱梁2联6跨，钢箱混凝土箱梁4联15跨，预应力钢筋混凝土箱梁10联32跨）。

主线现浇箱梁施工区域内除10号～21号墩地面标高为5.0～6.5m外，其他区域地面标高均为4.0～5.0m。主线现浇箱梁桥面最高点标高为41.241m（3号墩），箱梁底中心距地面绝对高度达34m。

标准段桥面宽30.5m，箱梁结构宽30.2m，横断面为单箱6室，相邻各箱室中心间距为5.07m。顶板厚0.2m，端横梁厚1.5m，中横梁厚3.0m，中间四个箱室设ϕ700人孔。

主线高架桥梁K2～K5及K6～K12两联混凝土连续箱梁的净空高度为30～34m，排架体系设计采用下部24mϕ580钢管，上部10m碗扣式钢管的混合式排架；K-11～K-5及K6～K12两联箱梁有1/3与原虹梅路跨线桥投影线重叠，原跨线桥为板梁结构，排架体系采用ϕ580钢管对顶的形式，以保护老桥结构。

在现浇混凝土箱梁施工时，由于排架高度超过了原常规ϕ48扣件式钢管排架30m高度的设计计算依据，且主线箱梁跨越现有立交桥、匝道等构筑物，现场环境复杂，如采用常规现浇箱梁排架体系，施工风险极大。故采用“混合式超高排架支撑体系”的技术路线进行现浇箱梁施工，并对相应的排架设计及搭设过程中的控制要点进行了专题攻关。通过整个混合式排架体系的实施过程，该排架体系的设计、施工顺利满足现浇箱梁的施工要求。

该工程获得上海市市政金奖。

11.2 中环线A2.5标汶水路高架东段工程

汶水路高架东段工程现浇箱梁施工过程中为确保原有交通的顺利组织，采用了混合式钢管排架，效果良好。

多圆弧异型独柱塔悬臂模板施工工法

GJEJGF268—2010

中铁十五局集团有限公司　安阳建工（集团）有限责任公司
贾贯乾　魏俊龙　王晓飞　赵东海　董莹

1. 前　言

南京长江隧道江心洲右汊大桥为独柱塔自锚式悬索桥，桥塔高107m，塔身截面设计新颖、美观，截面外轮廓为4段凹圆弧、4段凸圆弧及8个过渡小圆弧围成的变截面。截面圆弧随着高度变化其自身曲率连续不规则变化，各面圆弧的半径和弦长都在收缩，施工时必须采用可调圆弧状异型模板，如何选用结构简单、安装容易、操作方便、施工速度快的模板并浇筑出优质的主塔构筑物是同类型桥梁施工中的一项关键施工技术。

中铁十五局集团有限公司开展科技创新，针对本桥主塔异型、多圆弧、变截面、收坡等一系列难题，设计制造了特殊的悬臂模板体系，实现了每天完成1m塔身施工技术的突破，通过技术总结后形成此工法。经专家评审达到了整体水平国际先进、关键技术国际领先水平，获得中国铁建股份有限公司2009年度科技进步一等奖，取得了显著的社会效益和经济效益。

2. 工 法 特 点

2.1　解决了异型、多圆弧、变截面塔身施工工序复杂和工期长的问题，保证了工期要求。

2.2　采用悬臂模板不需搭设脚手架，设备投入少，工序施工速度快、操作简单、方便安全，适于高空作业。

2.3　采用悬臂模板体系解决了塔身混凝土错台等通病，塔身混凝土光滑、平整，截面圆顺，保证了工程质量。

3. 适 用 范 围

本工法适用于圆弧面或异型截面组成的桥塔或桥梁高墩。

4. 工 艺 原 理

采用的悬臂模板（多圆弧、变径、收坡）技术，解决了传统的整体模板及液压模板只适于平面矩形、无法收坡和变径的技术难题。悬臂式模板分层施工，每层按照3m标准节进行配置，外模板分为8个单元，塔吊配合提升爬架。模板高度3m配置，按照塔底最宽处设置，收坡时，将模板依次按照收坡尺寸切除，8个小圆弧模板做成定型模板。内模采用井筒式结构，利用塞板进行收坡尺寸的调整。该操作工艺简单，既减少了资金投入、降低了成本，又提高了施工效率。

5. 施工工艺流程及操作要点

5.1　施工工艺流程

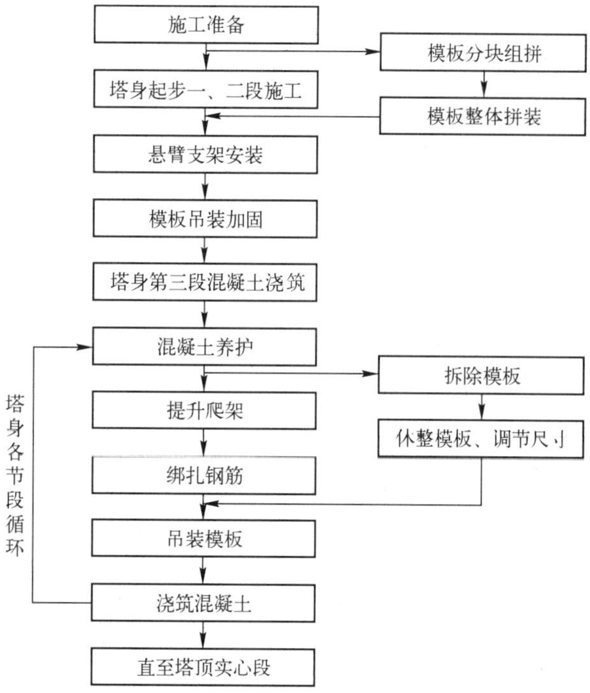

图5.1　悬臂模板施工工艺流程图

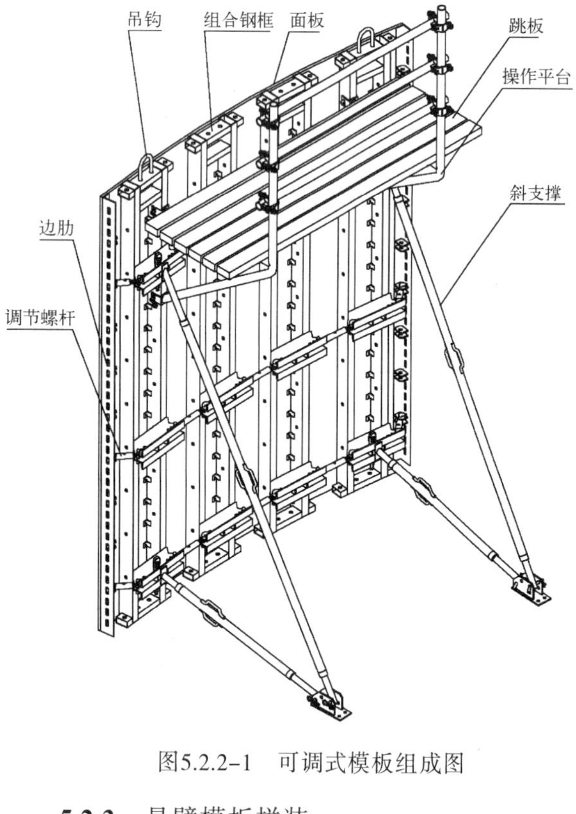

图5.2.2-1　可调式模板组成图

悬臂模板施工工艺流程参见图5.1。

5.2　操作要点

5.2.1　多圆弧异型独柱塔塔身截面

独柱塔身截面外轮廓为4段凹圆弧、4段凸圆弧及8个过渡小圆弧围成的变截面，主塔塔身截面轮廓图参见图5.2.1。

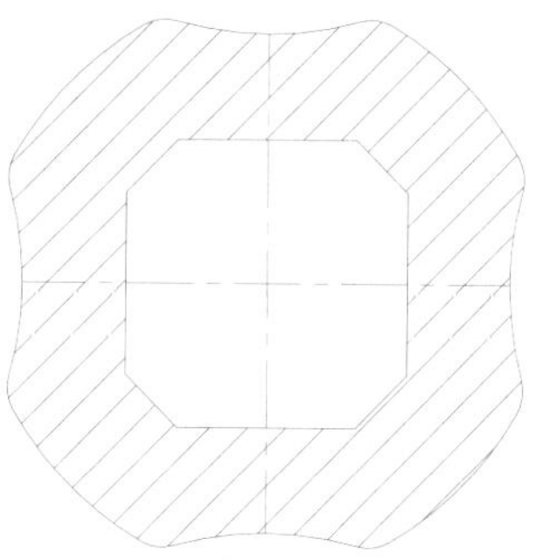

图5.2.1　主塔塔座处及塔身截面轮廓图

5.2.2　悬臂模板构造

1. 模板

模板采用木胶合板（维萨板）+钢框模板体系（竖肋为矩形钢管组焊而成的单元架，横楞为双根[10钢），木胶合板的面板厚18mm，模板高度为3150mm，标准浇筑层高为3000mm。塔身外侧圆弧模板采用后移式支撑体系，把模板固定在悬臂支架上。可调式模板组成参见图5.2.2-1。

2. 埋件

悬臂模板体系的锚定总成包括：埋件板、高强螺杆、爬锥、受力螺栓和埋件支座等。埋件板与高强螺杆连接，能使埋件具有很好的抗拉效果，埋件体积较小减少了其碰钢筋的问题。爬锥和安装螺栓用于埋件板和高强螺杆的定位，混凝土浇筑前，爬锥通过安装螺栓固定在面板上。

3. 悬臂模板总构架

悬臂模板主构架是悬臂模板系统的核心，是模板的依托和施工的操作平台及提升的操作台，主要由挑架、斜撑、主梁三角架、吊平台等组成。

悬臂模板构造参见图5.2.2-2。

5.2.3　悬臂模板拼装

1. 悬臂模板在专门搭设的平台上按照图纸设计进行拼装，外圆弧模板单元架和单元竖肋的拼装流程参见图5.2.3。

2. 悬臂模板在作业面附近进行拼装，经检查合格后，未安排使用时，不得将拼装好的模板随意摆放，采用钢管搭设模板专用竖向搁置架，模板竖向插入，底边采用方木垫平，以免使模板产生变形扭曲。

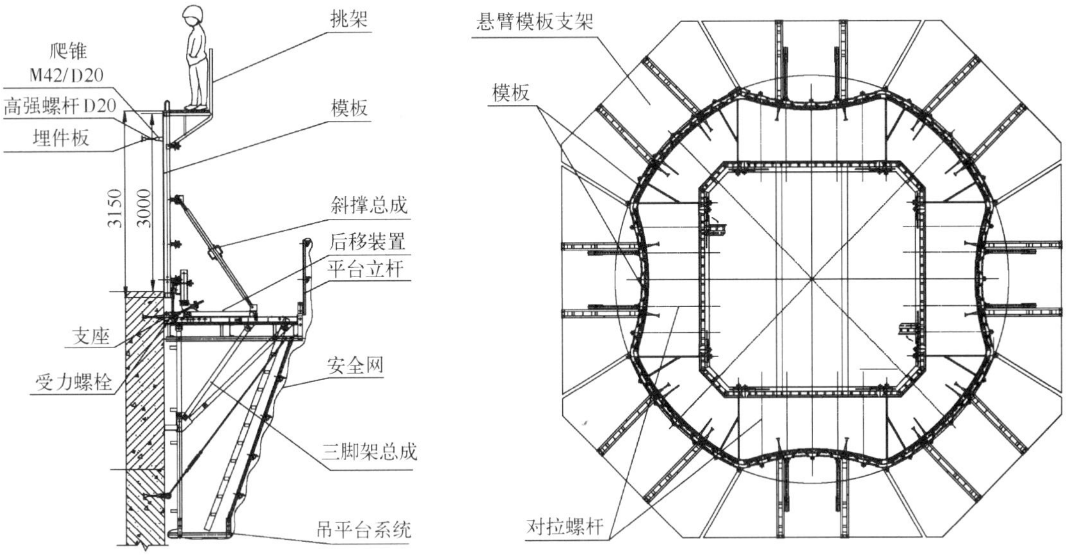

图5.2.2-2　悬臂模板构造图

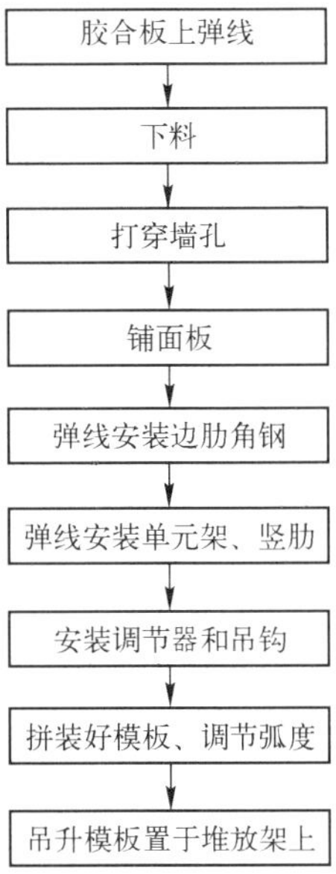

图5.2.3　悬臂模板拼装施工工艺流程图

5.2.4　悬臂模板提升

1．面板吊装时，利用模板内肋上的专用吊装孔水平起吊，防止磕碰。

2．混凝土强度达到15MPa时，悬臂模板才可爬升（避免爬锥拔出）。悬臂模板提升时分单元依次进行，缓慢提升保持系统基本水平。塔吊提升时，采用钢丝绳挂在模板的提升钩上，松开固定螺栓，将单元模板缓慢提升，提至上一层高度后，将模板缓慢靠近塔身，将模板主构架落入与预埋在塔身混凝土的爬锥相固接的支座槽内，插入安全销；依次提升其余单元模板。

5.2.5　塔身施工

1．塔身采用悬臂式模板分层施工，每层按照3m标准节进行配置，外模板分为8个单元，塔吊配合提升爬架，模板按照塔底最宽处设置，收坡时，将模板依次按照设计收坡尺寸切除，8个小圆弧模板做成定型木模板。塔身施工时，在承台上设置塔吊，配合施工。

2．每层施工完毕模板提升后，按照每层截面上下端不同标高计算出的半径，制作模板卡板，按照标准卡板调节模板背肋收坡装置，将模板调整到设计的圆弧半径，同时，按照计算所得的圆弧长度，将8块大模板从两侧切除多出弧长。

5.2.6　施工控制点分析

1．面板就位前，将已浇混凝土侧面清洗干净，保证面板能贴紧混凝土面。面板就位时，先将面板调整到竖直，将面板下沿贴紧已浇混凝土侧面，调整斜支撑螺杆，将板面上口内沿调整到设计边线位置。然后，紧固水平微调，使面板顶紧贴混凝土面。预埋件安装就位时，如果与钢筋的位置冲突，应调整钢筋，保证预埋件位置准确。

2．锚固点混凝土强度不小于15MPa；当气温小于15℃时，混凝土的浇筑速度不大于0.3m/h。当气温在15℃以上时，混凝土的浇筑速度不得大于0.4m/h。

3．混凝土下料堆积高度不得大于0.5m。混凝土达到预定强度后，应尽早脱模，清理板面。

4．模架的使用与安装预埋定位螺栓组合件时，应认真检查该埋件是否有损伤，如果发现有损伤，应立即更换。

5. 模板在经多次使用后对模板面的损伤应当进行现场快速修补。模板的损伤分为贯穿性损伤和浅表性损伤两种。对于贯穿性损伤建议采用木块填塞或背面补平后，正面用含有树脂成分的腻子（原子灰）抹平。对于浅表性的损伤可直接用含有树脂成分的腻子（原子灰）抹平即可。对于损伤部位边缘的毛边，在修补前可用凿子或手提砂轮机打磨清理干净。

6. 主塔施工完毕后，将安装检查平台、电梯及各种电路设备，故在施工时，需预埋的钢板较多，在施工时，按照设计图纸，认真复核，将各种预埋件按照尺寸要求埋设到位。

5.3 劳动力组织（表5.3）

劳动力组织情况表　　表5.3

序号	工　序	工种	所需人数	备　注
1	模板修整、提升及安装	木工	6	模板修整、安装
2		架子工	6	模板提升、安装
3	钢筋加工、安装	电焊工	4	钢劲性骨架制作、安装
4		钢筋工	8	塔身钢筋加工、安装
5	混凝土灌注	混凝土工	6	塔身混凝土灌注
6	其他	普工	4	材料清理、运输
总　计			34	不包括塔吊、输送泵人员

6. 材料与设备

机械设备如表6所示。

机械设备表　　表6

序号	机械设备名称	型号规格	单位	数量	用　途
1	塔吊	F0/23B	台	1	材料吊装
2	混凝土输送泵	HBT100A	台	1	混凝土灌注
3	空压机	4L-20	台	1	混凝土凿毛
4	电焊机	BX1-500	台	4	钢筋焊接
5	钢筋直螺纹套丝机		台	1	塔身钢筋套丝
6	全站仪	徕卡	台	1	测量与监测
7	水准仪	索佳	台	1	测量与监测

7. 质 量 控 制

7.1 质量控制标准

影响模板组拼质量的主要因素是槽钢次背楞安装质量、几字形钢梁或组合钢框固定质量、平整度和面板外形尺寸以及模板的刚度和耐久性。因此，在模板组拼过程中，对以上三者必须采取针对性控制，以最终达到板面平整度、断面尺寸、面板接缝（水平缝或竖直缝）要求。模板拼装质量控制指标见表7.1。

模板拼装质量控制指标　　表7.1

序号	组成部位	细部名称	设计值（mm）	偏差标准（mm）
1	工作平台	整体标高		2
2	槽钢背楞	平面位置	[14	3
		上下道背楞间对角线		3
		直线度		2
3	几字形钢梁及矩形钢梁	长度	3150	−1 ~ +1
		高度	100	0 ~ 1
		平面位置		2
		整体对角线		2
		上口（下口）相对高差		1
4	面板	单板断面尺寸	2440 × 1220 × 18	−1 ~ +1
		整体断面尺寸		3
		单板对角线		1
		整体对角线		2
		平整度		1.5
		缝宽		1
		水平和竖向缝间相对位置		2
		相对错台		0.5

7.2 质量保证措施

7.2.1 拼缝处模板面板保护措施

因在拆除和安装模板时，面板与面板之间相互错动，易导致面板端头破损，因而前后移动忌动作粗暴，教育工人对模板精心呵护。

7.2.2 模板底口封闭防止漏浆措施

每层墙体浇筑完成后，在混凝土墙体上弹线找平，沿线切割混凝土表面，切线须平直。要求对混凝土上表面冲洗干净后，才能合模。

7.2.3 混凝土浇筑质控措施

1. 在混凝土浇筑过程中，设专人对模板进行观测，若发现模板位移超过10mm时，应立即采取暂停浇筑、控制浇筑速度、加固模板等措施。塔柱施工必须保证泵送混凝土的流动性、和易性，确保混凝土浇筑后振捣密实，表面光洁，杜绝蜂窝麻面，并保持全塔混凝土外观颜色一致。对施工缝接触面应认真凿毛、清洗，以保证新老混凝土的接缝质量。混凝土振捣时，振捣器不得与组合锚件及板面接触，一旦发现组合锚件松动，应立即进行紧固。

2. 严格控制塔柱的倾斜度、高度、断面尺寸。塔柱各控制点的浇筑高度严格按照设计预抬高度施工，施工过程中随时监测、随时调整，以保证塔柱施工精度。

7.2.4 模板维护及保养措施

1. 拆模时先拆除安装配件，后松动、拆除穿墙螺栓，使模板与混凝土产生脱离，然后将螺栓退出混凝土。拆模后必须立即用水将模板表面清洁干净。模板在经多次使用后有贯穿性和浅表性两种损伤，对于贯穿性损伤可采用木块填塞或背面补平后，正面用含有树脂成分的腻子（原子灰）抹平；对于浅表性的损伤可直接用原子灰抹平即可。

2. 模板采用进口18mm厚WISA木模板，模板与骨架连接采用平头螺栓固定，混凝土浇筑后，在螺栓处留有凸印；随着模板多次周转使用，不断的变径切割，木模板变形量较大，表面局部损坏，影响混凝土表面外观质量。针对此情况，必要时采用在模板上贴膜处理，以保证混凝土外观平整、光滑。

8. 安全措施

8.1 埋件和爬锥的埋设必须与混凝土表面保持垂直，特别要保证使高强螺杆与爬锥的旋合长度在80～85mm之间，确保安全。混凝土振捣器不得碰撞预埋受力螺栓。不得对任何埋件或爬锥实施焊接作业，避免破坏其金相组织，降低其强度。墙体混凝土强度必须达到15MPa以上方可提升架体。模板和其他物件起吊时，不得撞击支撑架、模板和组合锚件。不得在除物料平台之外的作业平台上堆放重物。

8.2 外平台模板移动前，调整可调斜撑使模板倾斜；外平台模板移动结束后，及时将后移装置与主梁连接的销轴插好就位。在承重三角架的主梁外部与下部埋件支座之间拉好防风缆绳。遇六级（含六级）以上大风时不得进行模板前后移动作业。

8.3 悬臂支架自主平台护栏以下设全封闭式防护栏，防护栏外围满设密目网。主平台上方外围满设大眼安全网。定期对悬臂支架进行维护保养，保证万无一失。

8.4 模架吊升时操作人员应配戴安全带，安全带应妥善系牢在不动架上，各平台上的所有物品应妥善放置，不得滚动或掉落。

8.5 信号工和塔吊司机要协调好，模板吊升应轻吊轻放。

8.6 架体底层的脚手板必须敷设紧密，且应用平网及密目安全网兜底，底层脚手板靠墙一侧还应设可拆卸的翻板构造，模架吊升时可翻起，吊升结束立即翻下翻板，防止物料坠落。

8.7 外墙模架共有三道作业平台：下平台供拆除下层支座和爬锥用；主平台供调整前后移动模板以及安装和拆除对拉螺栓之用；挑架供绑扎钢筋及浇捣混凝土用。这三道作业平台间都要搭设便梯，跳板上开出人孔，要求便梯搭设牢固，并设有扶手，人孔周围应设栏杆或加盖。

8.8 混凝土浇筑养护后退模，模板一经后移，立即在模板上口和下口墙面与模板间满拉大眼安全网，一直维持到合模为止。

8.9 模板拆除时，应由上至下进行，所拆的材料，不得抛扔。拆下的模板及木方运到指定地点清理干净、堆码整齐，不得乱堆乱放，平台上严防模板及木方的钉子朝天伤人。

8.10 冬期施工，要注意大风后检查悬臂支架的稳定性，防护措施是否有损伤，扣件紧固部位是否松动等内容，防止大风对架子安全造成的不利影响。

9. 环保措施

9.1 建立健全环境保护管理机构，明确环保工作任务，健全和完善环保目标责任制，投入环保资金，配备环保设施，建立环保奖罚基金。

9.2 施工中严格遵守《中华人民共和国噪声标准（建筑施工现场噪声限值）》GB 12523-90，优先选用先进的环保机械，使施工噪声控制在国家规定的噪声标准极限内。

9.3 将施工场地和作业限制在工程建设允许范围内，合理布置、规范围挡，做到标牌清楚、齐全，各种标识醒目，施工场地整洁文明。

9.4 在塔身施工过程中，对施工产生的垃圾及时集中清理，严禁随意丢弃，保持场地清洁。

9.5 对施工场地道路进行硬化，运输道路专人养护，洒水防止尘土飞扬。

9.6 严格执行奖罚措施，使每个施工人员自觉按环保要求约束自己的施工行为。

10. 效 益 分 析

10.1 采用多圆弧异型独柱塔悬臂模板施工方法，通过施工过程的工序优化研究，在模板提升、安装等施工阶段实现安全、快速施工。与采用整体式模板施工相比，缩短施工工期3个月，节约成本120万元。

10.2 多圆弧异型独柱塔悬臂模板施工方法，对今后国内同类型桥梁的施工具有重要的参考作用，具有广阔的发展前景及推广应用价值。

10.3 本桥在施工期间，许多设计、建筑单位前来参观学习。

10.4 该工程的竣工，彻底改变了江心洲与市区通过轮渡通行的现状，实现了全天候通行；同时也提升了单位的桥梁综合施工技术水平，增强了单位竞争力，产生了良好的社会效益。

11. 应 用 实 例

11.1 工程概况

南京长江隧道工程右汉大桥主塔设计为独柱形式，塔身总高107m，主塔截面一般为空心截面，塔身截面设计新颖、美观，截面外轮廓为4段凹圆弧、4段凸圆弧及8个过渡小圆弧围成的变截面主塔。

主塔底部3m段为塔座，采用实心圆形截面，塔座底截面直径14.3m，塔座顶截面直径11.3m。塔身在塔座顶部的截面外轮廓尺寸为顺桥向宽10m，横桥向宽10m，壁厚2m。塔身在塔座顶部14m处的截面外轮廓尺寸为顺桥向宽8m，横桥向宽8m，壁厚1.5m。塔身在塔座顶部89.2m处以上部分的截面外轮廓尺寸为顺桥向宽6m，横桥向宽6m，壁厚1.2m。主塔在鞍座下设有3m厚的实体段，该实体段底部距顶部13.792m。

主塔塔座为圆台，塔身外轮廓坡度共分为3段，塔座顶部14m内塔身外轮廓坡度为1：14，塔身14m处至塔身89.2m之间外轮廓坡度为1：75.2，塔身89.2m以上部分为直线段，没有坡度。主塔塔身立面、侧面如图11.1所示。

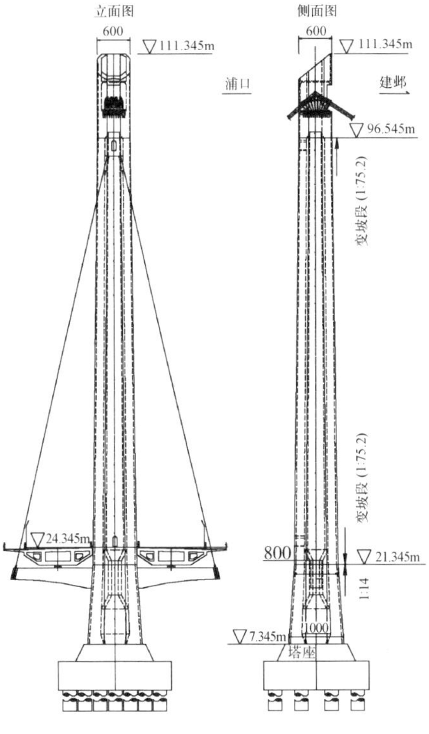

图11.1 主塔塔身立面、侧面图

11.2 施工情况

针对多圆弧异型独柱塔的特点，成功研制和运用悬臂式模板施工了107m高、多圆弧变截面的异型主塔。该模板体系为模板、埋件、主构架组成，模板采用木胶合板（维萨板）＋钢框模板体系组成；模板体系分为8个单元，每单元通过塔吊提升，施工速度快、操作简单、方便安全。

该工程于2006年9月25日开工，2009年9月30日竣工。

11.3 工程检测与结果评价

本工法的运用确保了南京长江隧道右汉大桥工程的顺利实施，施工全过程处于安全、稳定、快速、优质的可控状态，实现了每天完成1m塔身施工技术的突破，经专家评审达到了整体水平国际先进、关键技术国际领先水平，取得了显著的经济效益和社会效益，对今后国内同类型桥梁的施工具有重要的参考作用，具有广阔的发展前景及推广应用价值。

悬索桥卷扬机式吊装系统钢箱梁安装施工工法

GJEJGF269—2010

四川公路桥梁建设集团有限公司

邓亨长　卢伟　杨如刚　虞业强　鲁翼

1. 前　言

在多种桥梁结构形式中，悬索桥是目前跨越能力最强的桥型。目前，悬索桥主梁分为钢箱梁与桁架式两种，主梁安装是悬索桥施工的关键工序之一。

地锚式悬索桥钢箱梁安装最常用方法为缆载吊机安装，其次为浮吊或缆索吊安装。我国已建的大跨度悬索桥中，塔区钢箱梁一般采用缆载吊机起吊、一次或多次荡移到位安装，索塔位置距钢箱梁水上起吊位置较远时，通常布置支架和纵移系统配合进行安装。

舟山大陆连岛工程西堠门大桥是我国已建成最大跨桥梁，也是世界第一大跨钢箱梁悬索桥与第二大跨悬索桥。大桥地处台风区，同时桥址处海流情况复杂、波急浪高、海床无覆盖层，这些因素使得大桥钢箱梁安装难度极大。为减少缆载吊机移动次数，减少台风对钢箱梁安装顺序和缆载吊机跨中吊梁进度影响，北塔区钢箱梁采用了新开发的“卷扬机式吊装系统”进行安装，该工法解决了西堠门大桥北塔区钢箱梁安装难题，所用施工设备较少，工序简单，社会效益与经济效益明显，在国内大跨度悬索桥施工中尚属首次。

2. 工 法 特 点

2.1　卷扬机式起吊系统

卷扬机式起吊系统，依托主缆，直接悬挂在主缆上，省略了类似缆载吊机横梁结构与行走机构，结构简便，工序简单、快速、有效。

2.2　起吊系统与牵引系统的组合

在桥塔桥面高程处布置荡移牵引系统配合起吊系统来进行梁段长距离的水平荡移，塔区所有梁段均采用一次性荡移就位。整套系统具有起吊与荡移牵引协同作业要求高、工艺高效、构造简洁的特点。

2.3　无索区线形调整工艺

以千斤顶群作为无索区线形调整手段，结合线形精细调整监控技术，简单、快速、实用。

3. 适 用 范 围

悬索桥塔、锚区和主缆上固定位置梁段的起吊和大角度长距离荡移。

4. 工 艺 原 理

卷扬机式起吊系统、荡移牵引系统和支架系统组成塔区钢箱梁长距离、大角度水平荡移安装系统。卷扬机式起吊系统提升钢箱梁，水平牵引系统提供水平力牵引钢箱梁梁荡移至支架位置进行钢箱梁安装。

结合塔区箱梁安装无需行走的特点，卷扬机式吊装系统采用骑跨式临时索夹将吊装重量均匀分布在主缆上。荡移牵引系统采用在塔柱中门洞（其高程与钢箱梁桥面接近）处设置锚固钢梁为锚固着力点，布置滑车组及动力系统，以保证提供足够的水平牵引力。

5. 施工工艺流程及操作要点

塔区梁段分为有吊索梁段和无吊索梁段，均采用卷扬机式吊装系统和荡移牵引系统一次性起吊、荡移到位。无吊索梁段，通过在塔区布设临时支架进行放置，梁段荡移、卸落到施工支架之上，在全桥钢箱梁吊装完成后，采用千斤顶精确调位后整体进行焊接。有吊索梁段，采用卷扬机式吊装系统起吊并荡移到位，安装吊索，梁段吊装到位后，先进行临时连接，全桥合拢后焊接。

5.1 施工工艺流程（图 5.1）

5.2 施工操作要点

5.2.1 卷扬机吊装系统和荡移牵引系统设计（图5.2.1–1）

1. 卷扬机式吊装系统

1）参考设计参数

卷扬机式吊装系统设计起吊重量为480t（包括钢丝绳和吊具重量）。吊装系统由临时索夹、起吊滑车组、起吊钢丝绳和起吊绳转向系统、吊具以及起吊卷扬机等组成。其主要参数：

提升能力：480t；提升速度：2m/min

最大水平荡移距离：63m；最大荡移偏转角：24.5°；

荡移牵引能力：200t。

2）起吊系统悬挂临时索夹设计

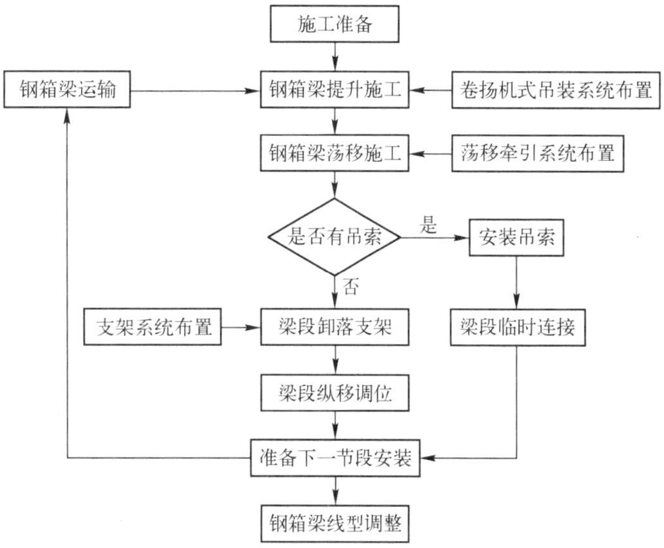

图5.1 塔区钢箱梁安装施工流程图

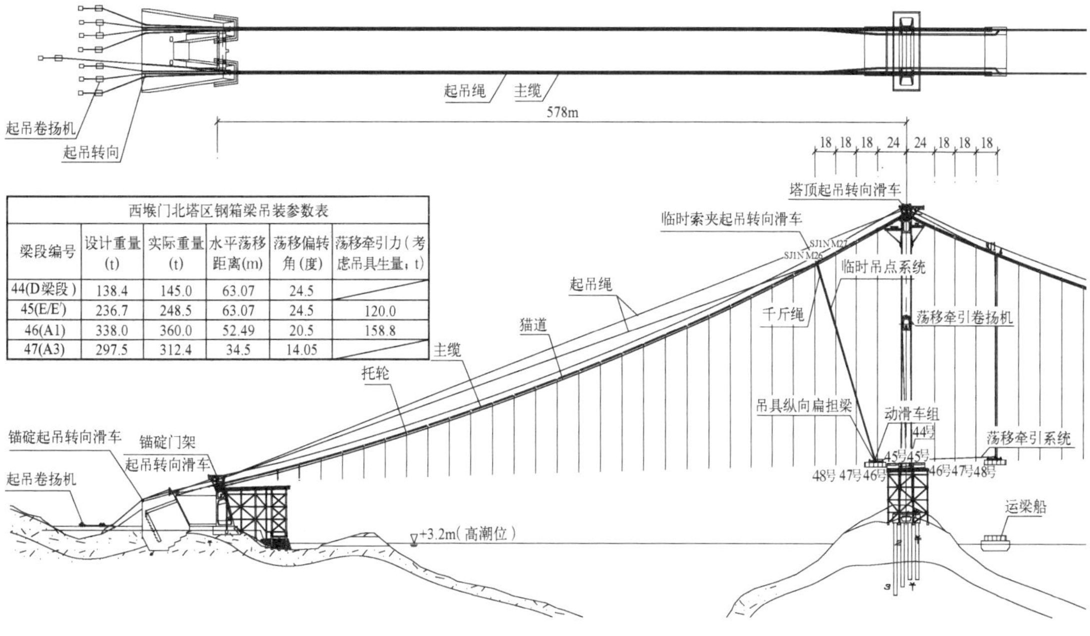

西堠门北塔区钢箱梁吊装参数表

梁段编号	设计重量(t)	实际重量(t)	水平荡移距离(m)	荡移偏转角(度)	荡移牵引力（考虑吊具生量，t）
44(D梁段)	138.4	145.0	63.07	24.5	
45(E/E′)	236.7	248.5	63.07	24.5	120.0
46(A1)	338.0	360.0	52.49	20.5	158.8
47(A3)	297.5	312.4	34.5	14.05	

图5.2.1–1 塔区钢箱梁吊装系统总体布置图

卷扬机式吊装系统采用骑跨式索夹悬挂于主索上。作为骑跨式索夹（图5.2.1–2），其功能必须满足垂直起吊和钢箱梁荡移时悬挂钢绳在绳槽内自由滑动的施工要求，同时要避免悬挂钢绳在钢箱梁荡移过程中，与索夹之间产生的静摩擦转变成动摩擦而产生突然滑动，影响吊装施工安全。

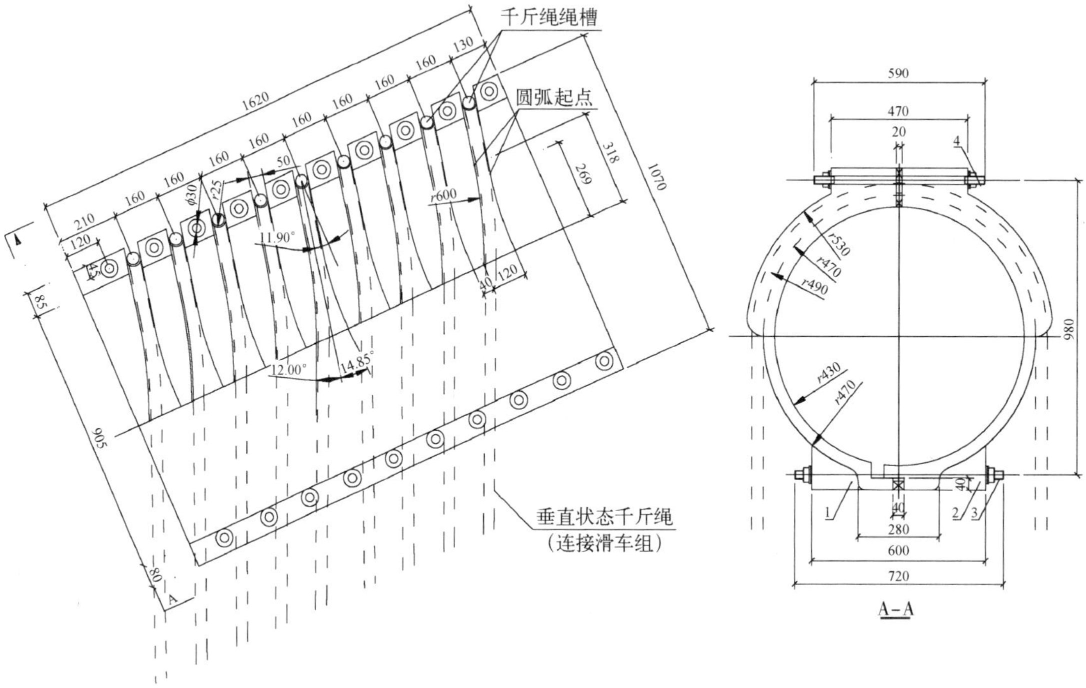

图5.2.1-2　临时索夹设计图（单位：mm）

临时索夹采用铸钢铸造并经机器加工而成，临时索夹分两块制作，通过张拉对拉螺杆，紧固在主缆上。索夹采用《公路悬索桥设计规范条文》进行验算，在自重和吊装施工荷载作用下抗滑安全系数大于3.0。

临时索夹的索槽从索夹顶部往下从在一个垂面内布置逐渐向弧线过渡，适应荡移时悬挂钢绳大角度偏转的要求。

2. 荡移牵引系统

荡移牵引系统需满足中跨和边跨侧梁段的纵桥向梁段荡移要求，荡移最大牵引力158t。

一套钢箱梁荡移牵引系统采用2台10t卷扬机作动力，分别通过100t滑车组、ϕ28钢绳走12线牵引两个纵向吊具牵引定滑车组，提供200t荡移顺桥向牵引力。荡移牵引系统边跨侧、中跨侧布置一套。

5.2.2　钢箱梁提升施工

1. 施工准备

1）支架搭设

无索区钢箱梁，按钢箱梁的安装平面位置与钢箱梁安装高程布置存梁的固定支架，一般考虑型钢桁架式，同时支架上还包含钢箱梁纵移系统与钢箱梁线形调节系统，前者一般为带水平牵引力的轨道，后者为钢支垫与千斤顶群的组合。

钢箱梁支架设计高度需考虑支垫与千斤顶作用空间，可低不可高。

2）水平荡移牵引系统布设

在将钢箱梁从起吊位置向安装位置方向荡移过程中，水平牵拉力由水平牵引系统提供，水平牵引系统由牵引卷扬机、钢绳、连接吊耳、锚固件、转向滑车等组成，均在吊装前布设好。

3）起吊系统布设

①临时索夹安装

临时索夹安装方法与悬索桥骑跨式索夹安装方法相同，通过张拉临时索夹上的高强螺栓提供对主缆的握裹力。

②依次安装起吊滑车组、起吊钢丝绳和起吊绳转向、吊具以及起吊卷扬机等各组成部分，形成起

吊系统。

4）吊具与吊机就位

吊装前，加工布置特制吊具，并提前下放吊具至安全高度。

2. 吊机垂直提升

待钢箱梁船运到位后，连接吊具与钢箱梁临时吊耳，解除钢箱梁与运输船的临时约束，启动卷扬机提升钢箱梁至设计荡移高度。

5.2.3 荡移落梁施工

钢箱梁提升至一定高度后，连接水平牵引系统吊耳。启动水平牵引卷扬机，荡移钢箱梁至安装位置，挂索或利用起吊系统将钢箱梁放置至钢支垫上。对于支架上无吊索梁段，利用牵引系统对钢箱梁轴线偏位进行微调。

起吊安装节段起吊高度经计算获得，保证钢箱梁绕索夹作钟摆运动恰好荡移到安装设计位置，计算时需考虑主缆在钢箱梁重力作用下高程的变化。

5.2.4 钢箱梁线形调整

对于支架上梁段，应制定专门的调整和连接对策，把握好连接时机。在大跨度悬索桥钢箱梁安装施工中，主缆线形会随加载过程发生较大的变化，支架上梁段与相邻有吊索梁段高差也处在一个动态的变化过程中，连接时机不利，可能导致钢箱梁节段连接部位产生局部变形并对施工支架产生不利影响。采用塔区支架上无吊索梁段与有吊索梁段在全桥合拢后进行临时连接和焊接的策略，支架上梁段与有吊索梁段之间采用垫设木板和设置橡胶等措施以防止梁段之间相互碰撞引起擦伤。

1. 无索区线形调整前准备工作

1）施工、监控单位对加劲梁合拢线形进行测量，观察钢箱梁的线形是否与监控计算标高相吻合，为下步线形调整工作提供基础数据。

2）设计与监控单位通过计算分析，提供合拢时加劲梁线形，对无索区梁段，还需结合合拢线形测量数据确定其预拱度及调节坡度作为线形调整施工的目标值。

2. 线形调整

无索区钢箱梁线形调整工作主要在支架上进行，同时相邻有索与无索梁段间线形调整，需通过设置相应工装完成。

1）无索区钢箱梁线形调整系统按设计要求，无索区钢箱梁存放按八支点支垫搁置，钢箱梁线形调节是通过支架支点位置下方设置厚钢板支垫，并安放32～50t螺旋千斤顶，钢箱梁平面位置调整完成后依靠千斤顶顶升并结合支垫楔块调节梁段线形（图5.2.4）。

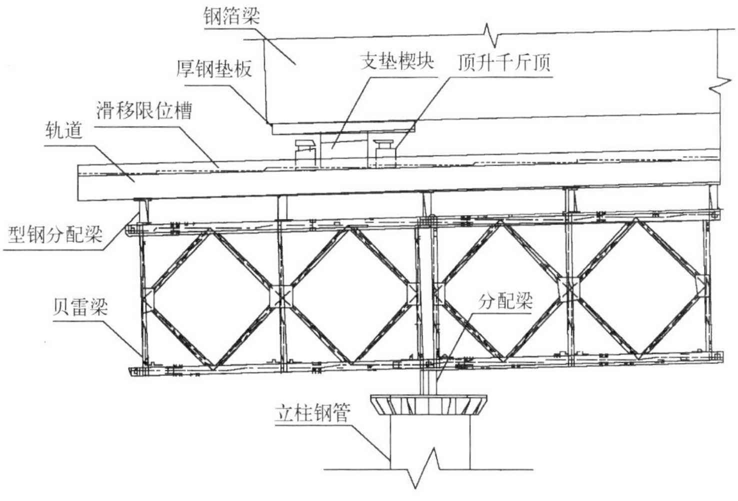

图5.2.4 钢箱梁支垫及标高调节装置

2）有索区梁段线形调整

无索区钢箱梁与有吊索钢箱梁之间的线形调整，即塔区45～46号梁还需借助一套工装完成。

工装为通过焊接在钢箱梁顶板临时连接件位置的型钢提升支架以及连接耳板的，可独立操作的4部提升链滑车。

5.2.5 监测技术与分析

无索区钢箱梁安装与线形调整过程需对大桥几何参数进行监测以确保线形调整结果的准确，监测内容包括：1）无索区箱梁梁面高程测量；2）塔偏位及竖向变形测量；3）主缆线形测量。1）项采用精密水准仪——索佳B1测量，每次线形调整前后均需测量；2）、3）项采用全站仪——TCA2003与TCA1800测量，仅在线形调整前进行一次测量。以上测量过程中，梁温为关键参数之一，需全程测量，采用专用温度传感器进行测量。与支座连接的钢箱梁安装时应在过程中监测梁轴线与高程变化并及时调整。

监测的关键在于线形调整过程的1）项梁面高程测量，而2）、3）项内容为监控复核所用，测量数据与监控分析计算值比较，及时反馈指导施工。

主要的监测内容参见表5.2.5。

监测项目汇总表 **表5.2.5**

序号	监测项目	监测仪器	监测频率	监测目的
1	主梁温度	LM35温度传感器	梁温：1～2次/梁每次调整，塔温：1～2次，均在气温稳定时（夜间或阴天）观测	掌握塔温与梁温，为监控计算提供数据
2	塔温			
3	主梁梁顶高程	索佳B1精密水准仪	1～2次/梁每次调整	掌握梁面高程，为监控计算与线形调整提供数据
4	桥轴线偏位	TCA2003、TCA1800全站仪	1次	掌握大桥钢箱梁轴线偏差与主缆实际线形，为大桥精确计算提供数据
5	主缆线形			

5.3 劳动力组织（表5.3）

劳动力组织情况表 **表5.3**

序号	单项工程	所需人数	备注
1	管理人员	4	
2	技术人员	9	
3	钢箱梁转运与吊具安装	25	
4	钢箱梁提升施工	8	
5	钢箱梁荡移施工	14	
6	钢箱梁轨道纵移施工	26	
7	钢箱梁线形调整	60	与3～6不同时作业
8	杂工	5	
	合计	86（78）人	括号中数字为线形调整所用人员

6. 材料与设备

本工法采用的材料与机具设备见表6.1。

机具设备表 **表6.1**

序号	设备名称	设备型号	单位	数量	用途
1	卷扬机	20t	台	8	起吊卷扬机
2	卷扬机	10t	台	4	牵引卷扬机
3	滑车组	250t	个	8	起吊系统滑车组
4	滑车组	100t	个	8	牵引系统滑车组
5	临时索夹		套	4	起吊系统悬挂
6	偏拉锚固梁		套	2	

续表

序号	设备名称	设备型号	单位	数量	用途
7	固定支架	钢管桁架	个	1	存梁，钢箱梁线形调整
8	千斤顶	50t	台	16	钢箱梁线形调整
9	千斤顶	32t	台	9	钢箱梁线形调整，卸架
10	千斤顶	25t	台	8	钢箱梁线形调整
11	精密水准仪	索佳 B1	台	2	钢箱梁安装，线形调整
12	全站仪	TCA1800，TCA2003	台	3	钢箱梁安装，线形调整

7. 质量控制

7.1 工程质量控制标准

钢箱梁施工质量执行《公路桥涵施工技术规范》JTJ 041-2000与《舟山大陆连岛工程西堠门大桥专项质量检验评定标准》。钢箱梁安装允许偏差按表7.1执行。

钢箱梁安装允许偏差表 **表7.1**

序号	项目	允许偏差（mm）	检查频率	检验方法
1	相邻节段匹配高差	±2	每片梁	用钢尺
2	箱梁段轴线偏差	±10		全站仪
3	吊点偏位	±30		用全站仪
4	同一梁段两侧对称吊点处梁顶高差	±40		用水准仪

7.2 质量保证措施

7.2.1 起吊节段起吊高度经计算获得，保证钢箱梁绕索夹作钟摆运动恰好荡移到安装设计位置，计算时需考虑主缆在钢箱梁重力作用下高程的变化。

7.2.2 支架顶面高程应低于主梁合拢线形减去梁高，保证千斤顶有足够操作空间。

7.2.3 钢箱梁起吊安装过程应基本保持水平，这就要求提升系统两吊点基本同步。采用以下措施：1）起吊卷扬机选用线速度恒定的摩擦式卷扬机；2）一个起吊点采用两台卷扬机同步提升，保证钢箱梁吊装过程的平稳安全；3）通过精确测定钢丝绳出入绳长度以反应吊点提升高度，间接来控制两吊点的同步性。

7.2.4 用千斤顶进行线形调整时，应遵循同步、小量的原则，在夜间稳定时段测量（包括温度与梁顶高程）、白天统一进行线形调整。

8. 安全措施

8.1 卷扬机式吊装系统、临时索夹、支架系统等主要承载构造均需进行详细的计算分析、完成荷载试验，保证钢箱梁吊装、存放的安全。

8.2 无索区钢箱梁线形调整时，利用千斤顶群进行顶升或下降时，需进行全程监测，保证顶升的同步、小量，避免千斤顶不同步导致偏载引起安全事故。

8.3 建立完善的施工安全保证体系，加强施工作业中的安全检查，确保作业标准化、规范化。

8.4 针对起吊绳布线跨度较大的特点，全线派专人看护，防止意外发生。

8.5 沿海风环境对钢箱梁安装影响极大，在吊装前应根据天气预报保证在吊机设计规定风速下进行吊装，同时若钢箱梁安装会穿越台风期，存梁固定支架设计需考虑台风荷载并制订相应的防台预案。

9. 环保措施

9.1 环境保护措施

采取措施控制施工现场的各种粉尘、废水、废气、废渣等对环境的污染和危害。

9.2 水土及生态环境的保护措施

工程完工后，及时彻底进行现场清理。对有害物质（如燃料、废料、垃圾等），按规定处理后，运至监理工程师指定的地点进行掩埋，防止对动、植物造成损害。

9.3 水环境保护措施

施工船只严禁向海域抛设和倾倒废弃用品，必须排除施工船上所有设备的滴、冒、跑、漏，并配有应急的油污染收集设施和粪便收集装置。机动船只必须设有油水分离设备，燃油供应船配备应急的围栏、消油剂等应急用具。

9.4 大气环境保护及粉尘的防治

对施工道路和施工场地进行硬化，对施工现场和运输道路经常进行洒水湿润，减少扬尘。

10. 效益分析

10.1 本工法通过卷扬机式吊装系统与荡移牵引系统安装塔区钢箱梁，是在悬索桥特殊梁段安装和在特殊环境下梁段安装方面，采用缆载吊机以外的施工手段，进行梁段架设的一次有益尝试，丰富了悬索桥梁段架设的施工方法。

10.2 由于塔区梁段施工周期一般较长，在塔区设置卷扬机式吊装系统取代缆载吊机完成塔区梁段的吊装，节省了缆载吊机来回运行时间，减少了缆载吊机吊梁数量，总体上缩短大桥的架梁工期约1.5个月，节约工程成本450万元以上。同时，卷扬机式吊装系统的采用，更利于全桥统一和协调钢箱梁安装顺序，满足钢箱梁台风期吊装的各种工况要求，减少台风期架梁的施工风险，社会效益和经济效益明显。

10.3 本工法利用存梁固定支架与千斤顶群结合调整无索区钢箱梁线形，不用缆载吊机辅助整体提升，占用缆载吊机占用时间，产生了良好的经济效益。

11. 应用实例

浙江舟山大陆连岛工程西堠门大桥，于2004年5月10日开工，2009年12月25日通车。大桥主桥为主跨1650m的两跨连续漂浮体系的钢箱梁悬索桥，跨径布置为578m+1650m+485m，钢箱梁连续总长为2224.2m，矢跨比1/10（图11-1）。

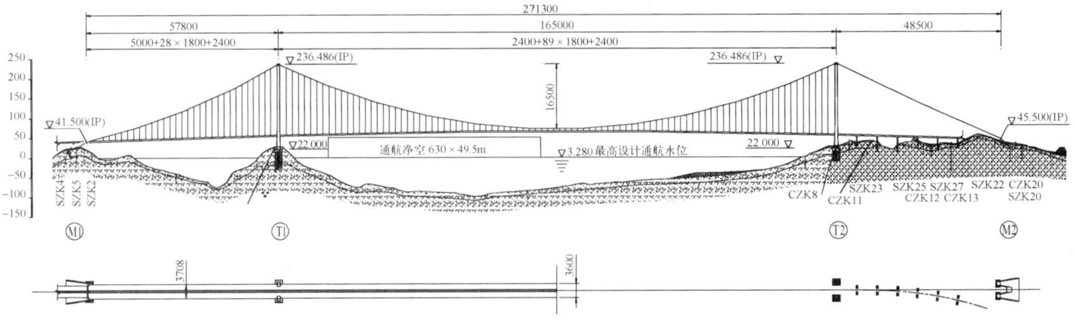

图11-1 西堠门大桥结构总体布置图

全桥共计126个梁段：北边跨标准梁段24个，中跨标准梁段84个，北边跨合拢段1个，中跨合拢段2个，其余特殊梁段15个。大桥梁钢箱梁形式为扁平流线形分离式双箱断面，两个封闭钢箱梁横桥向拉开6m距离（图11-2）。钢箱梁梁宽36.0m，梁高3.51m，钢箱梁总长2224.2m，总重30379.7t。钢箱梁制造以节段为单元，设计采用18m标准吊索间距，标准梁段长18m。

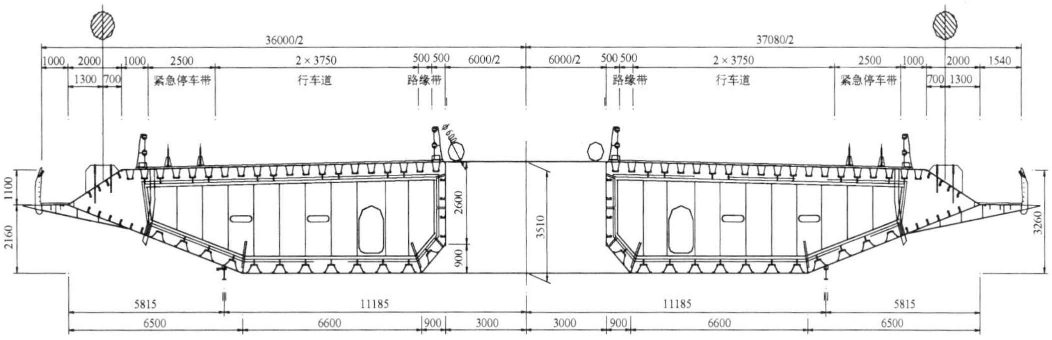

图11-2　西堠门大桥钢箱梁标准断面示意（尺寸单位：mm）

北塔塔区44号～49号共11个梁段采用卷扬机式吊装系统结合牵引系统、固定支架进行安装。其中44号、45号梁段3个梁段无吊索，46段梁有吊索，是全桥最重的钢箱梁，其自重为360t。无吊索梁段和有吊索梁段均采用一次荡移落梁。无吊索梁段最大荡移距离63.07m，最大荡移偏角达到24.5°。

超长预应力钢绞线机械穿束施工工法

GJEJGF270—2010

云南建工第五建设有限公司　云南建工第四建设有限公司
焦伦杰　王剑非　陈芝轩　王天锋　周伟

1. 前　言

自20世纪80年代以来，为了扩大空间，增加空间分割自由度，大型桥梁、高层、超高层建筑和超长混凝土结构大量涌现，预应力混凝土成为桥梁等大跨度工程首选的施工技术。预应力混凝土用途广、强度高，是比较有发展前途的工程技术之一，与普通钢筋混凝土结构相比，预应力混凝土结构具有挠度小、跨度大、自重轻、抗裂性能好、节约钢材等诸多优点。在增加了建筑物的实用性和美观性的同时也加大了工程施工难度。昆明新机场航站楼楼前高架桥主桥工程，桥宽50m，全长432m，共计三联，单联长度144m（钢绞线单股长155m）。钢绞线用量共计700余吨，累计约640000延长米，工期紧张，如何缩短施工工期和确保超长预应力穿束的实现是一具有重大挑战的技术难题。

在昆明新机场航站楼楼前高架桥（F2-M桥）、昆明机场高速两面寺立交桥工程及昆明二环快速系统改造工程，施工过程中我公司会同云南建工第四建设有限公司和四川省建科工程技术公司昆明分公司，对预应力机械穿束技术进行了认真研究与实验，成功应用了预应力机械穿束技术，逐步形成超长预应力钢绞线机械穿束施工工法，在解决超长有粘结预应力穿束和缩短施工工期方面效果明显，其技术先进、操作方便，有显著的社会和经济效益。

昆明新机场航站楼楼前高架桥（F2-M桥）获2010年度云南建工集团建筑科技进步一等奖结构质量十佳工程。停车楼及高架桥、引桥综合施工技术设计与应用技术获云南建工集团2010年度科技进步奖一等奖。

2. 工 法 特 点

2.1　传统预应力钢绞线穿束通常使用人工穿束，最大人工穿束长度约在70m以内，超长预应力人工穿束费工费时，波纹管内钢绞线数量越多越难实施，施工多采用分段牵引方式，必须在波纹管上开牵引孔，存在质量隐患。本工法可实现150～200m超长预应力穿束。

2.2　在解决了超长预应力穿束难题的同时，有粘结预应力穿束施工难度得到了大幅度降低，降低了施工成本。机械穿束由4人加一台设备为一个作业组，施工速度快，平均穿束速度达40m/min，最快可达78m/min。

2.3　使用机械穿钢绞线时无需提前下料，对作业面无特殊要求。钢绞线用钢管架设下料盘固定，成捆使用，下料盘设置灵活，离梁端头可近可稍远，结构需要多长就穿多长，可明显减低原材损耗及避免下料误差。

2.4　本工法所使用穿束机总重约60kg，拆装、移动极其方便。

3. 适 用 范 围

200m以内有粘结预应力混凝土结构钢绞线穿束施工。

4. 工 艺 原 理

预应力钢绞线穿束机，由1个基座，基座前侧固定了电机、制动装置、砂轮切割机，后侧固定两块固定板，4组转动轮（主动轮、从动轮、副主动轮、副从动轮）设于固定板之间，5个两两啮合的齿轮等主要构件组成（图4-1、图4-2）。

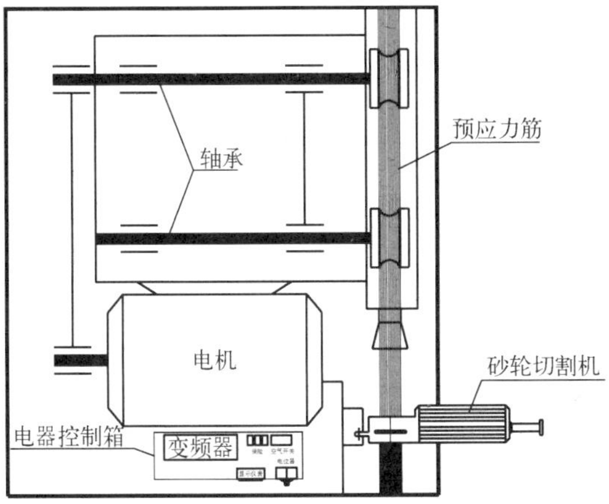

图4-1　预应力穿束机平面示意图

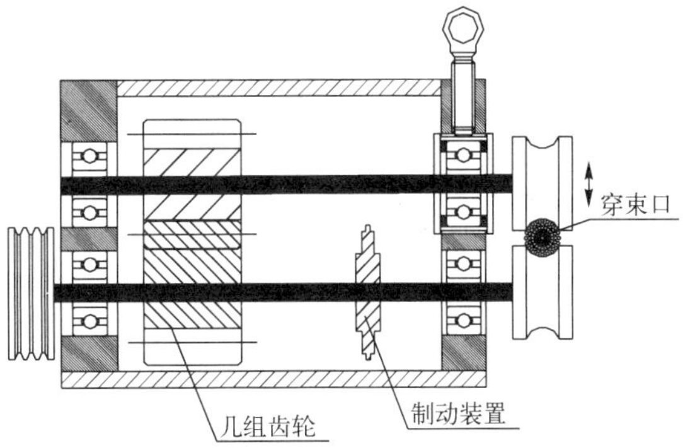

图4-2　预应力穿束机剖面图

在完成预应力孔道波纹管埋设、检查验收，穿束机安装就位后，预应力钢绞线的一端从基座后侧装入，预应力钢绞线依次穿过后侧的定位孔、主动轮和从动轮之间的凹槽、副主动轮和副从动轮之间的凹槽、前侧的定位孔之后穿进对应的波纹管道口，然后调节调整螺母使螺杆下降压迫轴承座和副轴承座，直到所有转动轮都尽可能的夹紧预应力钢绞线，最后启动电机（图4-3）

图4-3　预应力穿束机各齿轮配合关系

将钢绞线穿过穿束机定位滚轮控制钢绞线及运行方向，采用电机作为动力，带动由齿轮组成的减速装置将钢绞线穿入波纹管内。通过变频控制系统，可灵活自如的控制钢绞线前进或后退的速度。钢绞线穿束过程中遇到阻碍能迅速退回，检查、调整后再重新穿束。

5. 施工工艺流程及操作要点

5.1　工艺流程

施工前期准备 →放线定点→焊接托架筋→ 安装预应力波纹管→焊波纹管定位筋→安装锚垫板、螺旋筋→检查验收波纹管→机械穿入钢绞线→检查预应力钢绞线数量和孔道质量→进入下道工序施工。

5.2　操作要点

5.2.1　波纹管安装与锚垫板埋设

波纹管是用来预留预应力孔道的，因此预应力混凝土用波纹管应内、外清洁，无油污，无孔洞和不规则褶皱，咬口无松动，无开裂，无脱扣，在一定的外荷载作用下，有抵抗变形的能力，在浇筑混凝土过程中水泥浆不能渗入管内。

1．波纹管的埋设

1）预应力波纹管坐标

根据施工图所示预应力筋孔道曲率、控制点坐标进行打点放线，对应的孔道坐标用粉笔在钢筋架上标记定位。

2）波纹管的选用

根据设计要求选用波纹管预留孔道（超长预应力结构宜优先选用塑料波纹管），针对不同的束选用相应的波纹管直径以保证管道内一定面积的空隙以利灌浆、穿束。

3）波纹管托架

为保证波纹管埋设高度、曲线坐标及混凝土浇筑过程中位置的准确，采取ϕ12托架筋焊于梁箍筋上，根据并沿长度方向每米用ϕ6 的U形钢筋电焊在托架筋上，确保管道在混凝土浇筑时不上浮，不变位。管道容许偏差纵向不大于30mm，竖向不大于10mm（图5.2.1-1）。

4）波纹管接长

当波纹管需接长时，用大一号的波纹管做接头，接头管长度为300～400mm，在接头处用胶带密封，防止渗漏。如图5.2.1-2所示：

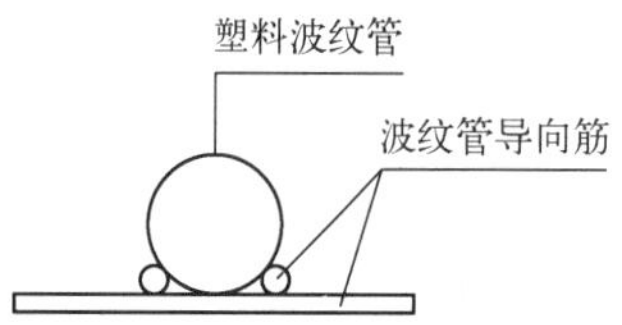

图5.2.1-1

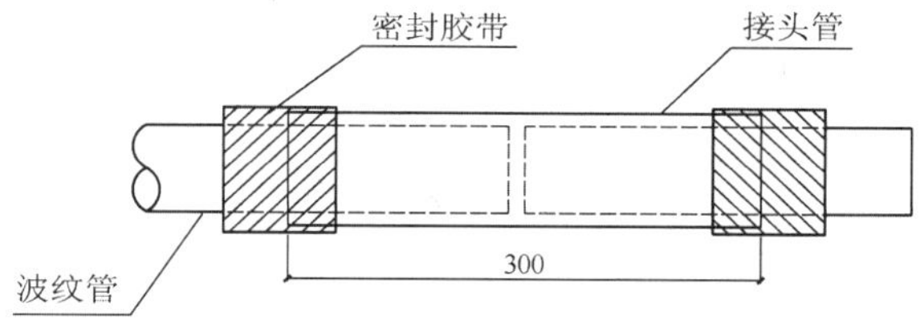

图5.2.1-2　波纹管的连接

5）准确的孔道波纹管预埋（孔道坐标、曲率、曲线），是保证预应力工程施工质量的关键，同时也有利于预应力筋穿束施工的顺利进行。

6）做好成品保护工作，防止人员踩踏变形、移位和波纹管损坏，保证预应力工程质量和防止穿束堵管现象。

2．锚垫板埋设

1）根据束的根数的不同，选用与之相适应的锚板及螺旋筋。

2）安装时，先安装螺旋筋，再安装锚垫板，锚垫板的端部平面应与钢束轴线垂直，必要时可将螺旋筋、锚垫板与周围钢筋焊接在一起。

3）锚垫板安装时注意灌浆孔应朝上布置。锚垫板与波纹管连接处用海绵或棉纱将缝隙填充密实，并用塑料胶布缠绕密封，防止漏浆。

张拉端锚具安装示意图如图5.2.1-3。

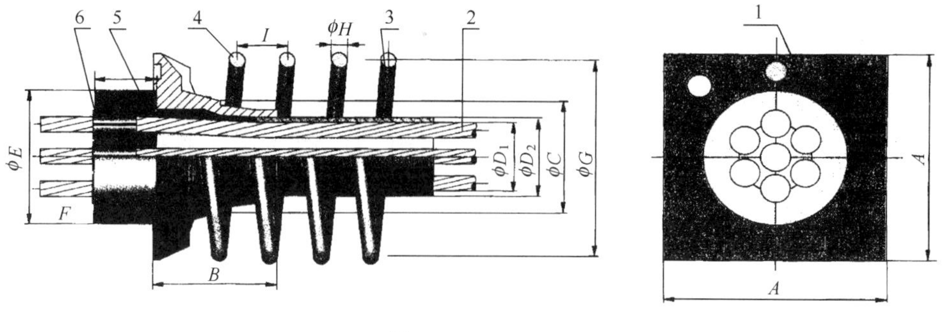

图5.2.1-3

1—锚垫板；2—预应力筋；3—波纹管；4—螺旋筋；5—锚板；6—夹片

固定端锚具安装示意图如图5.2.1-4。

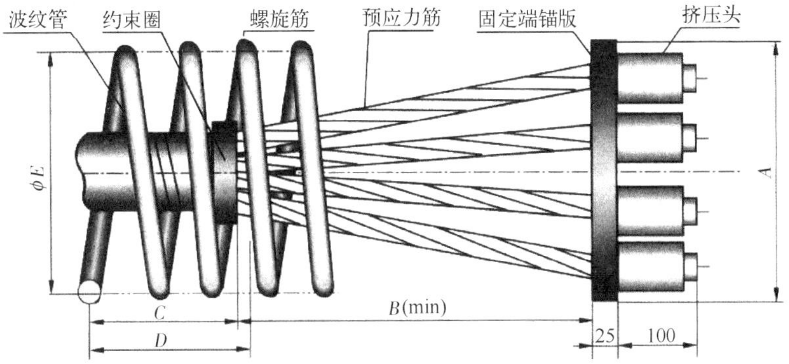

图5.2.1-4　固定端锚具安装

5.2.2　机械穿束

1. 作业平台准备

机械穿束施工前，应搭设可靠的穿束施工作业平台。作业平台需满足同时容纳2人和一台穿束设备所需作业面（不小于1.5m×3.0m）。

2. 钢绞线为预应力工程的主要材料，其质量好坏直接影响到整个工程的质量，因此对所用的钢绞线应严格检查、验收，妥善存放。

3. 每条梁的预应力波纹管埋设完并且端头板固定好后，架设穿束机械，吊运钢绞线至梁端头附近，用钢管架设下料盘固定钢绞线，下料盘适当靠近穿束位置（水平距离小于20m，垂直高差小于15m）。

4. 穿束

本工法所采用的机械穿束由4个人和一台穿束机组成一个工作组（穿束梁两端各1人、钢绞线下料盘1人、机械操作1人），准备就绪后开机穿束，根据锚具及千斤顶所需尺寸预留外伸长度（约900mm）后切断，完成单根穿束，如此循环直至穿束完成。

6. 材料与设备

6.1　材料（表6.1）

材料表　　**表6.1**

序号	设备名称	设备型号	数量	备注
1	波纹管	φ90、φ110	根据工程需要	
2	无粘结预应力筋	φs15.2		
3	群锚	QM15-9、QM15-11、QM15-12、QM15-16、QM15-18		
4	钢管	φ48×3.5		作业平台及钢绞线固定

6.2　设备（表6.2）

设备需用表　　**表6.2**

序号	设备名称	设备型号	单位	数量	用途
1	穿束机	3.0kW	台	1	穿束
2	手提式砂轮机	0.6kW	台	1	钢绞线切割
3	砂轮切割机	1.4kW	台	3	波纹管切割
4	电焊机	33.6kVA	台	3	波纹管托架
5	角磨机		台	2	钢绞线端头打磨
6	活动扳手	22	把	2	搭设作业平台及下料盘
7	对讲机	TX-818	台	3	信号联络

7. 质量控制

7.1　工程质量控制标准

预应力钢绞线应按照国家标准《预应力混凝土用钢绞线》GB/T 5224-2003要求进行检查、检验和验收合格后方可使用。锚具标准应符合《预应力筋用锚具、夹具和连接器》GB/T 14370-2007的要求，且应满足应力幅度为120MPa的动载试验，经200万次荷载循环无断丝；锚具配套产品如锚垫板、锚下螺旋筋尚应满足设计及相关规范要求。预应力管道采用塑料或金属波纹管，性能应符合《预应力混凝土桥梁用塑料波纹管》JT/T 529-2004或《预应力混凝土用金属螺旋管》JG/T 3013-1994标准规定的要求。

7.2　质量保证措施

7.2.1　钢绞线不得锈蚀（浮锈除外），钢绞线不得有死弯，否则应切除。

7.2.2　应采取措施防止钢绞线污染，特别是油污。

7.2.3　波纹管卷制完成后，进行水密性实验等工作。预应力筋下料场地清洁，下料、挤压锚具完成后将钢绞线编号盘好，下垫枕木，并用防雨布包裹严实备用。

7.3　过程控制

7.3.1　穿束过程中严格控制钢绞线的伸出长度和预留长度，确保材料不浪费。

7.3.2　穿束时，钢束运行过程中，专人负责观察、控制运行情况，避免出现钢绞线穿破出波纹管还在继续运行的情况。

7.3.3　穿束结束后，专人负责检查穿束的数量，两端均要检查、核对，严格依照设计要求穿束。

7.3.4　若发生堵管致钢绞线过弯的现象，要及时回退、切除，更换预应力筋重新进行穿束，保证钢绞线的成型质量。

8. 安全措施

8.1　穿束时必须设置牢固可靠的操作平台，临边作业时，须有安全可靠的外平台及防护措施。操作时应在显著位置挂安全警示牌，交叉作业时，应在作业平台上方铺设隔离防护板，严防高空坠物伤人。高处作业严格执行《建筑施工高处作业安全技术规范》。

8.2　钢绞线应设置下料盘，防止钢绞线散开。钢绞线从下料盘到梁端的路径设置隔离区，搭设防护栏，专人全程监护防止钢绞线随意甩动伤人。

8.3　机械穿束作业人员须经上岗培训合格，优先选择熟练操作工人施工，防止机械伤人、穿出端伤人等意外事故。

8.4　穿入端、穿出段、下料盘3个位置必须设专人监护，并建立三点之间通信联系。

8.5　施工用电应符合《施工现场临时用电安全技术规范》JGJ 46-2005标准规定的要求，现场用电应由专业电工负责搭接，必须保证用电安全，所有电箱须有漏电保护装置，防止漏电伤人，做到人走电断。严禁私拉乱接，施工用电必须有专业人员操作，严禁非专业人员动电，以防触电伤人。

9. 环保措施

9.1　预应力钢绞线包装材料应分类回收。

9.2　废弃短料回收后应妥善保存，用于较短的构件上，减少资源浪费。

9.3　作业面上禁止有油污污染钢绞线。

9.4　穿束机更换的润滑油脂，必须妥善收集处理，严禁随意倾倒。

10. 效 益 分 析

本工法可实现150～200m超长预应力穿束，为超长、大空间预应力混凝土结构设计、施工提供了更大的选择空间。在工程成功应用机械穿束实例，经济效益大大提高，表10为传统穿束与机械穿束效益对比情况分析表。

效益分析表　　表10

穿束形式	传统人工穿束	机械穿束技术
工　期	无改善	缩短 60%
操作人数	15 人以上	2～4 人
速度	速度不均匀、容易损伤波纹管	匀速且高速，不容易损伤波纹管
相关设备	需要吊车、卷扬机等机械配合	预应力穿束机
安全	无改善	降低施工难度及安全风险

11. 应 用 实 例

11.1　昆明新机场楼前高架桥

昆明新机场航站楼楼前高架桥（F2–M桥），东西向长432m，宽50m，桥面面积21600m^2，桥高16.05m（-5.45m～+10.60m）。位于B1～F2层，为离港层大平台，下卧昆明市轨道交通6号线航空港南站，F2–M桥与停车楼重叠范围内墩柱共构，出停车楼两侧与两侧F1–R桥和F1–L桥相接的分联公用墩处设置盖梁，全桥一色现浇清水混凝土连续箱梁。

2010年11月1日至2010年12月31日，在短短的60d内完成混凝土27839.5m^3、钢筋制安4715.6t、模板制安72200m^2、支架搭设约30万m^3，ϕs15.2钢绞线共计705.024t（约64万m），钢绞线单股长155m，预应力穿束从开始到结束仅持续了9d，大大提高了工作效率，保证了新机场“12.31”重大进度节点目标的如期实现（图11.1）。

图11.1

11.2　机场高速两面寺立交桥工程

机场高速两面寺立交桥工程于2010年2月开工，2010年6月竣工，工程位于昆明新机场高速路第一标段金瓦路，分为左幅和右幅，左幅：5联，共计417m；右幅：4联，共计387m。

现浇连续箱梁的高度在3m至27m之间，金瓦路上梁宽从19.71m变化至27.49m。

主要截面形式为：梁高1.8m，顶板厚度为0.22m，底板厚度为0.20m，腹板厚度为0.45～0.65m。预应力筋机械穿束长度达90～115m。

预应力机械穿束技术在机场高速两面寺立交桥工程得到了成功应用（图11.2）

11.3　昆明二环快速系统改造工程

昆明市主城二环快速系统是昆明市交通畅通工程的关键性项目，是实施现代新昆明建设的一项重要任务，对缓解主城区交通压力、合理分布交通流量具有极其重要的作用。该工程已被列为昆明交通环境整治的关键性工程，并得到了昆明市委市政府的高度重视和大力支持。

昆明市二环系统于2009年9月4日开工，2010年5月1日竣工，工程全长27.08km，系统由两层体系组成，高架层为快速系统，主要承担快速交通和较长距离的迂回交通；地面层为城市慢速系统，主要承担沿线进出高架的转换交通。全线上部结构采用现浇预应力混凝土箱梁、普通钢筋混凝土箱梁和连续钢箱梁三种结构形式。

最大高度为34m，桥面宽度为8m、13m、24m，箱梁高度为1.8～2.3m。预应力穿束长度100～120m，最长达126m。

预应力机械穿束技术在昆明二环快速系统改造工程得到了成功应用（图11.3）。

图11.2

图11.3

高压注浆置换处理桩基施工工法

GJEJGF271—2010

中国云南路建集团股份公司
夏传友　倪生会　王春华　全凤文　肖国新

1. 前　　言

桥梁基础是桥梁结构的重要组成部分，在众多桥梁基础中，钻孔灌注桩基础是比较普遍和常用的一种。

在钻孔灌注桩施工中，由于所处环境不同，地质情况千差万别：软泥层、砂砾层、土洞、溶洞、松散土层等层出不穷，给成孔和水下混凝土灌注带来极大困难，甚至是安全问题，尽管施工中采取各种方法和措施加强控制，由于是隐蔽工程施工，不确定因素太多，成桩后质量检测中断桩，缩径，桩身局部混凝土松散、夹渣、夹泥等情况时有发生，致使桩基存在不同程度的质量缺陷。对于缺陷程度严重的桩基必须报废返工重建或通过加桩方案处理补救；但对于缺陷程度轻且缺陷问题对结构质量和使用功能不构成严重影响的可通过妥善的处理方法和措施进行补强加固处理，消除缺陷问题使桩基同样达到质量验收标准，完全满足其正常使用功能。

公司在多年的桥梁工程施工中，多次采用高压水泥注浆置换法对桩基或其他混凝土结构缺陷进行处治，并不断总结经验，提高施工技术，使其日臻完善。通过在广州南二环高速公路S05合同段浅海涌特大桥、广州西二环高速公路C15合同段茅山互通主线桥大桥、广东阳江至茂名高速公路第三合同段黄什河大桥等工程的实践，通过相关建设单位、质量检测单位和设计单位的论证和认定，取得了良好效果。该工法及其关键技术于2011年3月1日通过云南省交通运输厅科学技术成果鉴定（证书号：云交科鉴字[2011]05号）。

高压注浆置换处理桩基施工工法还可以应用于桥梁其他混凝土结构的病害处治（如承台、墩身等），工法具有施工简便、工艺成熟、质量可靠、成本降低、工期节约、施工安全、环保节能等多项优点，具有显著的先进性和实用性，具有积极的推广意义和价值。

2. 工 法 特 点

2.1　消除质量隐患、改善结构安全性能，避免返工重建、减少损失、节约工期。

2.2　工艺成熟、施工简便、可操作性强、施工安全、环保、节能。

2.3　处治效果显著、检测技术和手段完善、质量可靠。

3. 适 用 范 围

本工法可应用于桥梁混凝土结构质量缺陷补强加固及病害处治，对桥梁桩基，特别是水中深、大桩基础深度部位缺陷处治更具实用、经济、快捷、安全可靠等优越性。

4. 工 艺 原 理

首先采用高压清水旋喷切割技术对结构缺陷部位混凝土（低于设计强度部分）、夹杂物等进行高压清水切割、破碎，然后利用大排量清水联合气举反循环法把切割剥落的破碎、离析混凝土块或其他沉渣清除出桩体外，形成清洗彻底、干净的空腔并与各补强孔道相互连通体系，为注浆施工创造必要条件。采用掺配外加剂高强度水泥浆进行孔底静压注浆，再自下而上在主要缺陷段范围内进行高压旋喷注浆，最后逐一进行封闭式水泥压浆施工、补浆处理，直至孔口满浆为止。通过采用高强度水泥浆置换、充填缺陷部位，使桩身完整性和桩基承载力都满足设计要求。

5. 施工工艺流程及操作要点

5.1 施工工艺流程

高压注浆置换处理桩基施工工艺流程见图5.1。

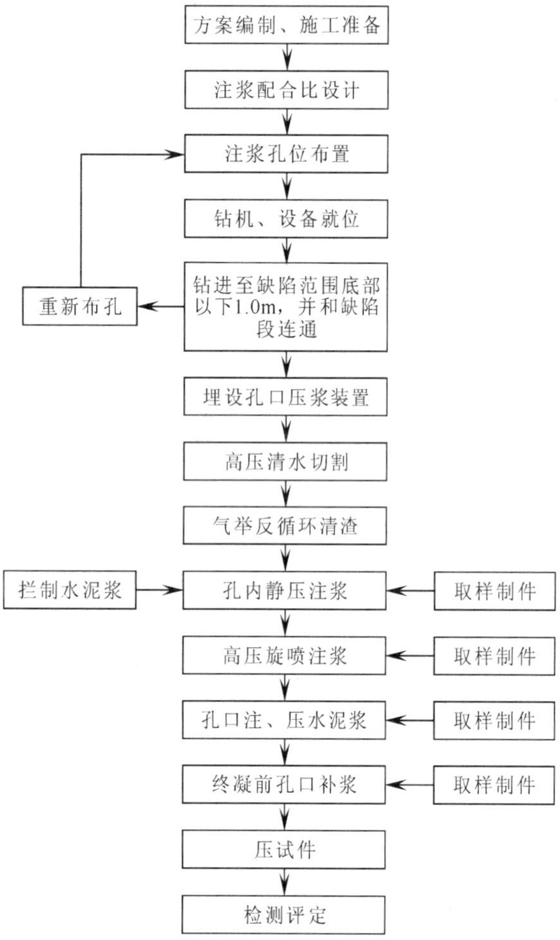

图5.1 施工工艺流程图

5.2 水泥注浆配合比设计

5.2.1 灌浆材料选用

水泥：P.O42.5R普通硅酸盐水泥；外加剂：高效缓凝型减水剂（JB-2SC）；水：普通自来水；膨胀剂：HEA（粉剂）。

5.2.2 水泥注浆配合比设计

水泥注浆配合比设计结果参见表5.2.2 。

水泥注浆配合比设计（M40）　　表5.2.2

材料名称	水泥	减水剂	水	膨胀剂
质量比	1	0.012	0.45	0.1

为确保桩基处置后补强效果及质量，建议采用高于原结构强度1～2级标准进行设计。

5.3 施工工艺要求及操作要点

5.3.1 注浆孔布设

利用超声波、小应变、钻孔抽芯等方法和资料相结合，分析缺陷发生原因、属性，界定缺陷性质，确定缺陷部位和处理范围，进行补强孔位布设。钻孔位置、孔径大小、孔间距及数量视缺陷范围（深度、宽度）大小而定，补强孔应尽量在桩身缺陷范围内均匀布置，使之在高压切割和旋喷施工中尽量扩大高压喷射流的有效影响范围。总之，以能控制缺陷范围和利于切割、清渣、注浆施工为原则，小范围缺陷处治孔位不少于3个。

5.3.2 钻孔

采用XY-1A高速液压回转地质钻机，ϕ101mm金刚石双管钻具抽芯孔施工，每孔抽芯完成后，采用ϕ110mm金刚石钻具在孔口段深度约0.5m以内进行扩孔，钻孔终孔深度为穿过缺陷段以下不小于1.0m（注意：所钻孔道必须穿越缺陷段范围，否则重新调整布孔重钻）。

5.3.3 埋设孔口压浆装置

全部补强孔道完成后（各孔均与缺陷段连通），将桩顶表面杂物清洗干净，在孔口埋设ϕ110mm孔口管作为孔口封闭压浆管。

5.3.4 高压清水旋喷切割

通过各补强孔道利用高压泵产生的高压水喷射流对缺陷段进行旋喷切割、破碎施工。高压水喷射流的压力参数指标控制应低于桩基混凝土设计强度2～5MPa，以实现对桩身缺陷段不符合设计强度要求混凝土、夹杂物切割的同时避免喷射流对其他合格部分混凝土造成破坏为原则。例如桩基混凝土设计强度为C30，旋喷切割采用水压：28MPa；流量：60～90L/min；转速：10r/min；提升速度：10cm/min；在缺陷处理段内反复进行切割、清洗直至孔口返出清水为止。

5.3.5 气举反循环清渣

采用空气压力：0.7MPa；空气排量：$6m^3/min$；对各孔缺陷段进行反复多次气举反循环清渣施工，使沉渣返出孔口，直至各孔口排出清水基本无明显杂质为止，达到清渣目的。

5.3.6 孔内静压注浆

清渣完成后，从孔口下注浆管至孔底自下而上进行静压注浆，直至孔内的清水被水泥浆置换出孔外，孔口返出浓水泥浆。

5.3.7 高压旋喷注浆

采用压力：28MPa；流量：60～90L/min；提升速度：10cm/min；旋转速度：8r/min；从孔底自下而上进行高压旋喷注浆施工，喷射段长度为自孔底至处理段顶以上1.0m。

5.3.8 孔口水泥压浆

当高压旋喷注浆孔口返出浓水泥浆后，关闭孔口返浆阀门进行孔口封闭压浆，注浆泵压力：2.0MPa、流量：30～60L/min。

5.3.9 孔口补浆

压浆结束后在水泥浆液终凝前再进行孔口补浆，消除浆液回缩，直至孔口满浆为止。

6. 材料与设备

6.1 材料

水泥：P.O42.5R普通硅酸盐水泥；

外加剂：高效缓凝型减水剂JB-2SC；

膨胀剂：HEA；

水：清孔施工用水量大，可就近采用塘、河之自然水，压浆用水采用普通自来水。

6.2 机具设备

机具设备见表6.2。

钻孔、压浆设备、机具表 **表6.2**

序号	名称	型号	数量（台）	备注
1	旋喷钻机	XY-1A	1	可在1～100m深度内进行旋喷
2	钻机	XY-1	1	可钻深度180m
3	高压注浆泵	ZJB-15	1	压力50MPa、排量160L/min
4	注浆泵	BWJ150	1	压力8MPa、排量150L/min
5	排污泵	BPW	3	
6	搅浆桶		2	
7	电焊机	12kW	1	
8	喷嘴、钻头、高压胶管等辅助设备		批	

7. 质量控制

7.1 质量标准、施工依据

7.1.1 建设部《建筑地基处理技术规范》JGT 79-2002；

7.1.2 国家《建筑地基基础工程施工质量验收规范》GB 50202-2002；

7.1.3 建设部《建筑机械使用安全技术规范》JGJ 33-2001；

7.1.4 交通部《公路桥涵施工技术规范》JTJ 041-2000；

7.1.5 超声波、小应变及钻孔抽芯资料；

7.1.6 地质钻孔资料、桩基冲孔记录。

7.2 工前控制

7.2.1 精心设计，合理布孔。

7.2.2 科学进行配合比设计，严格控制材料质量、标准。

7.2.3 加强机具、设备检验控制，确保性能良好。

7.3 施工过程控制

7.3.1 钻孔过程应确保孔道垂直，注意观察芯样，做好钻孔记录，分析缺陷范围芯样所含成分是否和钻前分析的情况吻合，确定是否与缺陷部分连通，情况若有不符调整方案。

7.3.2 加强高压清水切割、清渣过程控制，做好记录，注意观察，确保切割充分，清洗干净，将孔内杂质清洗排除，互相贯通。

7.3.3 注浆施工、孔口压浆及补浆工序尽量安排在当天气温相对较低时段进行，以减少气温变化对水泥浆收缩造成的不利影响。

7.3.4 试验人员现场严格按设计配合比配制水泥浆，搅拌时间不小于4min，以使水泥浆搅拌充分，并现场取样制作试件。在注入水泥浆时不可停止搅拌，以防沉淀。

7.3.5 注浆施工时，技术人员全过程旁站控制仪表读数，保证注浆的压力和时间，以确保水泥浆充分渗透到桩身并准确、及时地做好施工记录。根据压浆顺序和压浆情况观察孔口出浆情况，对各孔道和缺陷段理论容积与实际贯入水泥浆量作对比，估算分析注浆是否填充密实、正常，一般情况下总灌浆量以15%损耗折计后，实际灌入量宜大于缺陷段及孔内理论容积的1.4倍较为理想。

7.4 质量检测

7.4.1 根据龄期，对水泥浆试件做抗压强度试验，编制试验报告；

7.4.2 抗压强度满足设计要求，邀请质量检测部门对处治后的桩基作质量检测，出具桩基质量检测报告。

8. 安全措施

8.1 设计方案中必须完善安全施工技术措施，做好现场参与人员的安全技术交底工作。

8.2 现场围蔽，入口处设置警示标志，严禁旁人进入。

8.3 钻机、设备就位后进行全面检查，确保机具平稳牢固，必要时钻架加设斜撑或揽风绳。

8.4 水上作业，施工平台应护栏围蔽，配备船只、救生圈等救援设备，派专职安全员巡视值班。

8.5 特殊工种应持证上岗，施工机械要专人操作，加强维护保养，日常检查，保证设备性能完好。

9. 环保措施

9.1 施工过程应采取消声、减噪、防尘措施。

9.2 施工废水需先集中沉淀，再排入沟渠或回收利用，沉渣、废料及时运送至指定地点弃放、平整。

10. 效益分析

本工法是对原有的结构物进行病害缺陷处理，避免了结构带病使用的质量安全隐患和返工重建的经济损失，相对重建施工而言，采用本工法施工减少了施工时间，降低了成本投入，用最低的代价，最大限度地保护、保证了原有结构的质量安全、使用功能，使安全、质量、工期和效益得到了充分兼顾和保证，具有显著的实用性和积极的推广价值。

11. 应 用 实 例

11.1 项目名称：广州南二环高速公路S05合同段；工程地点：广州市番禺区揽核镇；工程结构名称及形式：浅海涌特大桥主墩7-7号水中桩基，桩径1800mm，桩长42.15m，桩身混凝土设计强度C30，桩端持力层为微风化泥质粉砂岩。经检测单位超声波及抽芯检测，发现在41.22～41.94m处桩身边缘约占桩截面1/5范围内存在质量缺陷，为暂不评定桩。所取芯样为半边凹槽状，凹面粘有泥质粉砂岩，碎石粒及泥土。处理方案经相关单位论证同意，采用该工法对7—7号桩基的缺陷部位进行补强加固处理，以保证桩基的完整性和整体强度。

补强施工自2009年5月12日开始，钻孔7个（其中1个偏孔作废），其余6孔均穿过缺陷范围，于5月30日结束，历时18d完成补强施工，经检测单位复检，原来缺陷部分补强效果明显，强度大幅增强，评定结果为Ⅱ类桩，达到了预期目的，避免了返工，缩短了施工工期，减少了经济损失。

11.2 项目名称：广州西二环高速公路C15合同段；工程地点：广州市白云区江高镇；工程结构名称及形式：茅山互通主线桥0号台坐板式薄壁桥台，长23.79m、宽1.7m、高3.2m。经检测发现横桥向右侧距底部0.5m处有缺陷，芯样显示局部范围混凝土离析、少浆松散。采用本工法对该桥台缺陷部位进行注浆补强加固处理，补强施工自2006年6月7日开始至10日结束。处理后经小应变、抽芯检测达到设计要求，处理效果良好。

11.3 项目名称：广东阳江至茂名高速公路第三合同段；工程地点：广东省阳江市阳西县陈村镇；工程结构名称及形式：黄什河大桥3-4号水中桩基，桩径1500mm，桩长37.45m，桩身混凝土设计强度C25，桩端持力层为微风化砂岩。在抽芯检测中芯样局部范围混凝土存在离析、少浆松散现象。处理方案经相关单位论证同意，采用该工法对3-4号桩基的缺陷部位进行补强加固处理，补强施工自2003年6月2日开始至17日结束。补强处理后经复检桩基各项技术指标均满足设计要求。

薄壁空心墩施工工法

GJEJGF272—2010

中国云南路建集团股份公司
赖国富　沈杰

1. 前　言

由于高速公路在山岭重丘修建，需跨越较多的地势陡峻的“V”字形深壑，使得小跨径桥梁墩柱在高度上不断增加，在桥梁墩柱高度超过40m时，墩柱采用薄壁空心墩形式较多。在对于地势陡峻的“V”字形深壑，由于施工便道无法到达工地现场或到达施工现场难度较大，当传统的桥梁施工机械设备无法在施工现场拼装就位时，这就使得传统的施工方法难以实施或者施工成本大幅增加。

对于该类型桥墩，我们采用本工法，不仅有效的解决了在高墩施工中容易产生偏心、扭转的现象，而且加快了施工速度，显著的降低了施工成本。本工法2008年12月通过了中国云南路建集团股份公司企业级工法；2009年3月通过了云南省住房和城乡建设厅省级工法。

2. 工 法 特 点

本工法是高墩桥墩身施工中形成的一套科学合理的高墩桥墩施工方法，能有效的指导高墩施工，保证高墩施工的安全、质量、进度。

2.1　易控制墩身偏心、扭转，能够随着施工进度随时纠正墩身施工误差，保证墩身垂直度要求。墩身混凝土表面平整光洁，外观质量好。

2.2　翻转模板、施工机具能够多墩台循环使用，显著的降低了施工成本。

2.3　工程质量较易控制、人员操作安全、工人劳动强度低。

3. 适 用 范 围

本工法适用于多孔小跨径高墩施工，对于铁路、公路的矩形空心高墩可采用此法，建筑高度越高，高墩越多，越显出此法优越性。

4. 工 艺 原 理

本工法采用每节2.2～3.0m钢模翻模施工。整套模具由可翻转钢模、内外工作平台、塔吊、手拉葫芦、木制内模组合而成。墩身施工时先将第一段到第三段钢筋全部绑扎完成，然后将第一节模板支立于墩身基顶（或承台顶面）上，第二节模板支立于第一节模板上，第三节模板支立于第二节模板上。第一次浇筑3m左右高墩柱实心段，待混凝土浇筑完成终凝后，开始制作空心段内模，待内模制作加固好后，进行第二次混凝土浇筑，待混凝土浇至第三节模板顶并终凝后，绑扎第四段钢筋。绑扎完毕后，利用塔吊和手拉葫芦相互配合拆除第一节模板，并将其分别翻升至第四段，再绑扎第五段钢筋，拆除第二节模板，将其翻升至第五段，然后将内模制作加固好后，进行混凝土浇筑，以后每次浇筑2段，4～6m高度混凝土，形成钢筋绑扎、拆模、翻升立模、测量定位、接长泵送管道、浇筑混凝土、养护和标高复核的循环作业，直至达到设计高度。

5. 施工工艺流程及操作要点

5.1 施工工艺流程

薄壁空心墩施工一般按施工准备、钢筋的加工及安装、模板的安装（外模安装、内模安装）、模板的检查、混凝土的运输、混凝土的浇筑、混凝土顶面高度的控制、凿毛、模板的拆卸和翻模等步骤完成，见图5.1。

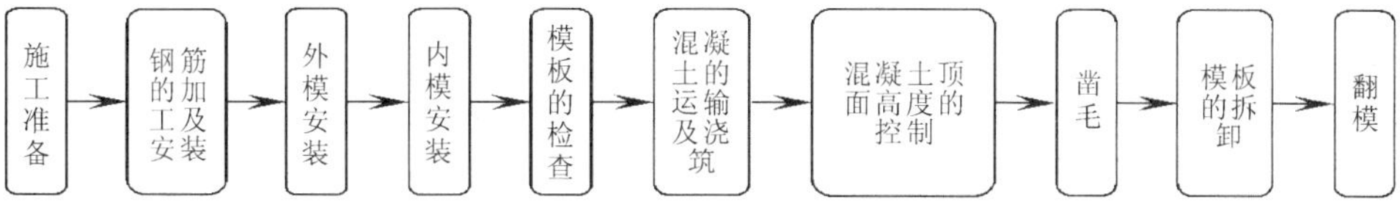

图5.1 施工工艺流程图

5.2 施工操作要点

5.2.1 施工准备

塔吊安装、调试完，施工机具、备用发电机等进入施工现场后，首先进行模板制作（模板最大重量应小于进场塔吊最大起吊重量的80%）与模板预拼装，检查模板各部分尺寸、模板接缝及平整度，在墩身施工前，在承台顶面用全站仪放出墩身边线，并放出墩身纵横方向的护桩，以便在以后施工中校模时使用。

5.2.2 钢筋的加工及安装

根据设计图纸，对钢筋进行下料，墩身主筋采用等强镦粗直螺纹连接，为保证镦粗钢筋的质量，每加工一根镦粗直螺纹钢筋，用通规和止规检测；钢筋的绑扎、安装严格按图纸中的位置、间距以及规范中规定的允许误差进行。

5.2.3 模板的安装

钢筋绑扎完毕检验合格后进行模板的安装，首先进行外模安装，外模安装完毕后进行内模安装。

1．外模安装

外模安装前先将模板磨光清除干净，涂抹隔离剂，隔离剂可采用新鲜机油，涂刷时要轻、薄、均匀，以保证混凝土表面颜色一致，然后进行外模拼装。

2．内模安装

由于内模采用木模，将预先按设计图纸下好的各块内模吊入墩内进行拼装，然后穿入拉杆与外模相连，用以确保内模的刚度与强度。

5.2.4 模板的检查

模板安装后对模板进行检查，首先检查模板的接缝及错台，模板的接缝控制在1mm以内，模板的错台控制在2mm以内；用钢尺检查模板的几何尺寸，拉线检查模板的垂直度，用全站仪检查校正模板的垂直度。施工中应严格控制墩轴线的偏位。若经检查后有不合格情况出现，则需用手拉葫芦进行调整。

5.2.5 混凝土的运输

混凝土运输采用混凝土输送泵进行输送，在墩身四个角及大面中间安置串管6道（防止混凝土离析），混凝土经过泵机输送后由泵管经串管后进入模板。

5.2.6 混凝土的浇筑

混凝土浇筑前，先将墩内杂物清理干净。混凝土的振捣采用插入式振捣器，振捣器的移动距离在30～50cm范围内，与侧模保持5～10cm的距离；混凝土分层浇筑，根据试验墩经验每层厚度控制在30～40cm左右，每放一层料时先将料扒平再开始振捣，振捣顺序为：先振捣倒角处，再从两边向中间振捣，振捣时间控制在20s左右，以混凝土不再下沉、不再冒气泡、表面泛浆为准，在混凝土的振捣过程中有现场技术人员严格控制。为保证混凝土的外观质量，在混凝土的浇筑过程中进行混凝土的质量控制，保证混凝土具有良好的和易性、流动性，并控制混凝土的坍落度基本相同，以保证混凝土表面颜色一致；混凝土浇筑过程中应有质检人员看护模板，防止螺栓松动导致跑模影响混凝土质量。

5.2.7 混凝土顶面高度的控制

因墩身混凝土分节浇筑，控制好每节混凝土顶面高度可以保证相邻两段墩身接缝良好，从而保证混凝土的外观美观。当混凝土浇筑到顶层时，使混凝土面稍高于模板顶，以便凿毛时方便清洗处理；浇筑完毕后派专人用木抹子将模板四周附近的混凝土抹平，保证混凝土面与模板顶面平齐，以保证上下两节段为一条平齐的接缝。

5.2.8 凿毛

为了保证上下两节段混凝土的良好的结合，待混凝土强度达到2.5MPa 后进行人工凿毛，凿毛标准为：首先必须将混凝土表面的浮浆凿掉，露出石子，凿深1～2cm，凿完后用风枪先吹掉混凝土残渣，再用高压水冲洗干净。保证凿毛的混凝土面清洁。

5.2.9 模板的拆卸和翻模

凿毛完毕后，即可进行下一循环的钢筋绑扎。钢筋绑扎过程中，待浇筑完混凝土达到拆模强度时后，可拆除底层模板。底层模板采用塔吊配合手拉葫芦拆除，最上层一节模板不动，作为下一墩段的持力点，手拉葫芦挂在上面，拆除的模板用钢丝绳或手拉葫芦直接吊在最上层一节模板上。当钢筋绑扎完毕后，用塔吊将模板安放到位。拆除的模板清除掉板面上的混凝土、涂刷隔离剂进入下道工序。至此，翻模施工完成一个循环。

6. 材料与设备

6.1 主要材料

6.1.1 安全绳：用于确保施工人员人身安全。

6.1.2 安全网：用于确保工地安全，防止高空坠物。

6.1.3 竹胶板：用于内膜制作。

6.1.4 拉杆：用于模板加固。

6.1.5 顶衬：用于模板加固。

6.2 机具设备配置

机具设备配置见表6.2。

机具设备配置表 **表6.2**

序号	机械名称	型号	数量
1	塔吊	QTZ-63	每2个墩配置一台
2	交流电焊机	BX1-500	20台
3	钢筋切断机		2台
4	钢筋弯曲机		2台
5	钢筋镦粗机	按设计图纸要求	2台
6	混凝土拌合站		1
7	混凝土泵机	HBT	1台
8	振动棒		20根
9	装载机	LW500F	1台
10	备用发电机	≥120kW	1台
11	提升机		每墩配一台
12	手拉葫芦	（1～3）t	若干

7. 质 量 控 制

本工法除执行施工设计图等文件的有关技术要求外，还应执行《公路桥涵梁施工技术规范》JTGF 60-2009、《公路工程质量检验评定标准》JTGF 80/1-2004、《公路桥涵设计通用规范》JTGD 60-2004，同时应注意以下施工要点：

7.1 严防墩轴线偏位，做到浇筑前、浇筑后观测，发现异常，立刻采取措施。

7.2 混凝土浇筑时，应派熟练工人进行振捣，防止拆模后，混凝土出现空洞、麻面等现象。

7.3 混凝土浇筑时应派专人观测内、外模变形情况，确保浇筑质量。

8. 安 全 措 施

8.1 高墩施工属高空作业，应严格执行《高空作业安全操作技术规范》，完善安全管理制度，正确佩戴安全防护用品，完善安全操作设施。

8.2 重视天气变化情况，及时与气象部门取得联系，遇有五级以上大风则停止吊装作业。

8.3 塔吊作为主要吊装器械，应定期进行各部位检查，包括卷扬机、钢索、索夹、钢绳等，确保各部件处于安全工作状态。

8.4 应随时检查手拉葫芦的安全性，发现破损，立即更换。

8.5 严禁塔吊载人。

9. 环 保 措 施

9.1 浇筑混凝土时，应尽量避免污染施工场地。

9.2 施工完毕后，应清除废物，确保施工场地环境。

9.3 施工营地、场地、便道等在使用完毕后，按要求及时恢复。

10. 效 益 分 析

采用此工法施工，不仅能提高施工速度，并且施工较为安全稳定，不受天气变化影响，多个工作面可以同时展开，能显著降低施工成本；本工法适用于多孔小跨径高墩施工，对于铁路、公路的矩形空心高墩可采用此法，建筑高度越高，高墩越多，越显出此法优越性。

11. 应 用 实 例

11.1 云南元武高速公路K98＋588（左幅）、K98＋673（右幅）桥位于西部开发通道兰州～磨憨公路元谋至武定高速公路B7合同沙沟段，孔跨布置为：8孔30m（路中线处）T形连续梁桥，其中左幅设有3号（60m）、4号（91m）、5号（91m）、6号（56m）4个高墩；右幅设有2号（57m）、3号（86m）、4号（73m）、5号（51m）、6号（40m）5个高墩。高墩采用的形式为薄壁双箱空心墩。

开工初期，由于施工便道无法修筑到每个墩位现场，传统的桥梁施工机械无法在现场就位安装，致使该桥停工近半年多，导致工期紧张，施工压力较大。后经采用此工法，施工进度比业主要求工期节约时间25d，并且施工较为安全稳定，不受天气变化影响。该桥采用上述方法施工，薄壁空心墩部分节约资金69万元。

11.2 云南武昆高速公路第4合同段罗富村大桥，孔跨布置为16×40mT形梁桥，墩身超过40m为双箱空心墩有23棵，其中最高墩为63.5m。

由于本桥为昆武高速公路控制性工程之一，为确保该桥的施工进度，我们对所有空心墩采用本工法施工，经过精心组织和严密施工，最后提前30d完成墩柱，并降低了施工成本。

11.3 云南保龙高速公路第四合同段佛掌山大桥，全长978m，大桥采用上、下行分离的单向行车双车道，墩柱最高为61m，为云南保龙高速公路重点难点控制性工程之一。

在使用该工法后，不仅墩柱施工速度能够满足业主要求，而且在施工中保证安全事故、质量事故的零发生率，降低了施工成本，确保该桥实现了按期顺利通车的要求。

上承式钢管混凝土拱桥盖梁预制吊装施工工法

GJEJGF273—2010

甘肃路桥建设集团有限公司
刘建勋　张訸　田过勤　姜敏　王生辉

1. 前　言

常规的盖梁施工，通常采用抱箍法现浇。桥墩较低时也可采用满堂脚手架法现浇施工。而在国道213线祁家黄河大桥15片盖梁施工时，由于立柱较高且设有人行爬梯，施工难度极大，受现场施工条件限制，如采用现浇施工方案，则存在高空作业量大、安全隐患多，对拱肋、立柱和水库水体造成一定的污染等问题。

国道213线祁家黄河大桥，为净跨180m无铰推力式拱，全长248.06m，拱上结构为梁柱式，立柱采用C50微膨胀钢管混凝土，盖梁与立柱顶直接连接，盖梁顶距水面平均距离60m，为保证施工安全，降低施工难度，节约工程费用，积极开展“QC”技术攻关活动，在施工中通过对盖梁的连接形式及受力分析，确定了将盖梁进行预制吊装的施工方案，将15片盖梁全部在岸上预制，利用现有缆索吊装设备进行吊装，加快了施工进度，减少了高空湿作业，符合“四节一环保”的绿色施工标准。通过对施工过程的总结和完善，形成本工法。

祁家黄河大桥先后被评为甘肃省建设“科技示范工程”、甘肃省建设工程“飞天奖”。

2. 工 法 特 点

2.1　就地利用现有缆索吊装设备，施工成本低。

2.2　无需搭设高空脚手架，减少了高空作业及劳动强度。

2.3　施工工艺简单，操作简便安全，施工速度快。

2.4　采用预制吊装方法施工盖梁，减少了混凝土浆液对立柱、拱圈和河流的污染，有利于环境保护。

3. 适 用 范 围

本工法适用现浇施工难度大、高空作业安全防护要求高，且具备一定吊装能力的桥梁盖梁施工。

4. 工 艺 原 理

上承式钢管混凝土拱桥盖梁预制吊装施工，就是墩柱施工时，在墩柱顶预埋与盖梁连接的预埋件。在预制场将盖梁按照设计的规格尺寸并预留与墩柱连接的预留孔进行预制，待预制完成的盖梁混凝土强度达到设计强度的100%后，采用现有缆索吊装设备将盖梁吊装就位，测量并调整高程和轴线偏位，满足要求后将预留孔中的预埋钢筋与墩柱顶预埋件进行焊接连接，然后在预留孔中浇筑高于盖梁混凝土强度等级的微膨胀混凝土并振捣密实，完成盖梁施工。

5. 施工工艺流程及操作要点

5.1 工艺流程

盖梁预制安装工艺流程见图5.1。

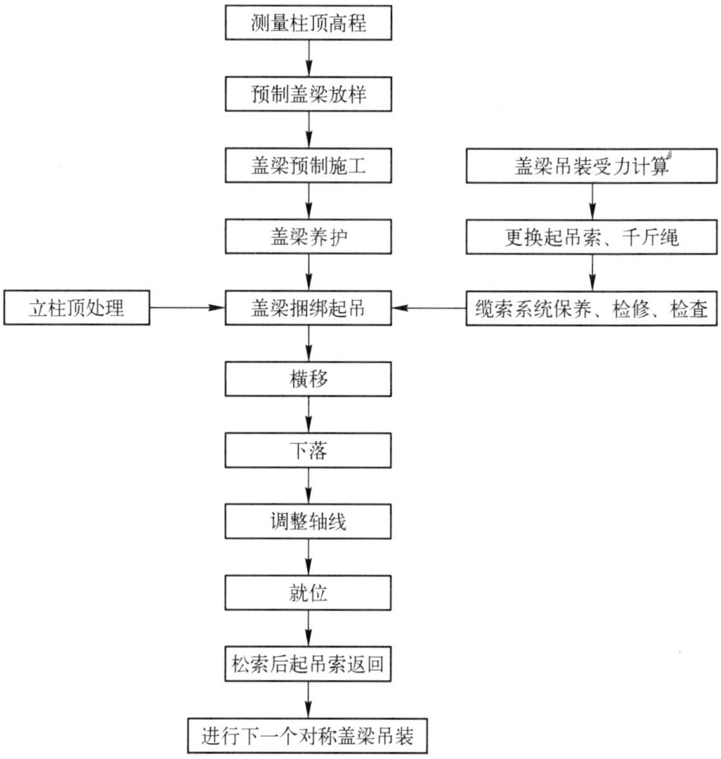

图5.1 盖梁预制安装工艺流程图

5.2 操作要点

5.2.1 盖梁预制

1. 场地准备及底模制作

1）预制场地平整硬化，排水通畅，配备施工电源、水源，同时保证原材料及制成品的运输方便。根据盖梁的重量计算预制基座的承载力，预防不均匀沉降和雨后沉陷，必要时可作级配砾土或碎石垫层提高地基承载力。

2）底模采用钢模板，底模可比设计盖梁每侧宽20～40cm，以便不同规格的盖梁使用同一套底模，同时沿盖梁长度方向在底模表面每1m焊接挡块一个，用以加固侧模板。底模的制作质量直接影响到盖梁的外观及尺寸，因此要求表面必须平整、光滑，侧模安装几何尺寸控制在允许误差范围内。

2. 侧模制作安装

1）侧模制作 模板必须有足够的强度、刚度和稳定性，能可靠地承载混凝土的侧压力即施工荷载。侧模板一般选用5mm厚钢模板做面板，用扁钢或角钢做加劲肋。

2）侧模安装 为避免模板接缝漏浆并保证尺寸准确，模板之间的连接采用螺栓连接，底模侧边粘2mm厚的泡沫双面胶，将模板与底模侧边紧贴防止漏浆，再通过焊接的挡块及设置拉杆固定紧密，模板上部放置与底模同宽的钢筋或木条做顶杆，确定上口宽度，然后用对拉螺栓将侧模拉紧，端模用螺栓固定于侧模上，锚垫板灌浆口应朝上放置并用螺栓固定于端模上。检查调整顺直度和垂直度等尺寸后，拧紧拉筋，加固支撑。

3. 钢筋加工

1）在底模上用墨斗弹出底面各普通钢筋位置的墨线，然后直接涂刷好脱模隔离剂（如黄油等），开始绑扎钢筋及骨架成型。

2）钢筋绑扎 首先绑扎焊接盖梁主筋，绑扎完成后设置保护层垫块，采用混凝土垫块，间距1m左右，并按梅花形布置，然后绑扎箍筋和预留孔连接钢筋。

4. 预留孔设置

在浇筑盖梁混凝土之前，按照设计图要求，进行预留孔模板的安装和预留孔中预埋件的焊接。预留孔模板加固牢靠，在混凝土浇筑时不能发生变形且便于拆卸。预留孔的尺寸满足两个要求，一是在盖梁就位时要有一定的移动余地，便于轴线调整；二是盖梁在墩柱顶接触面积的大小满足其本身重量的要求。

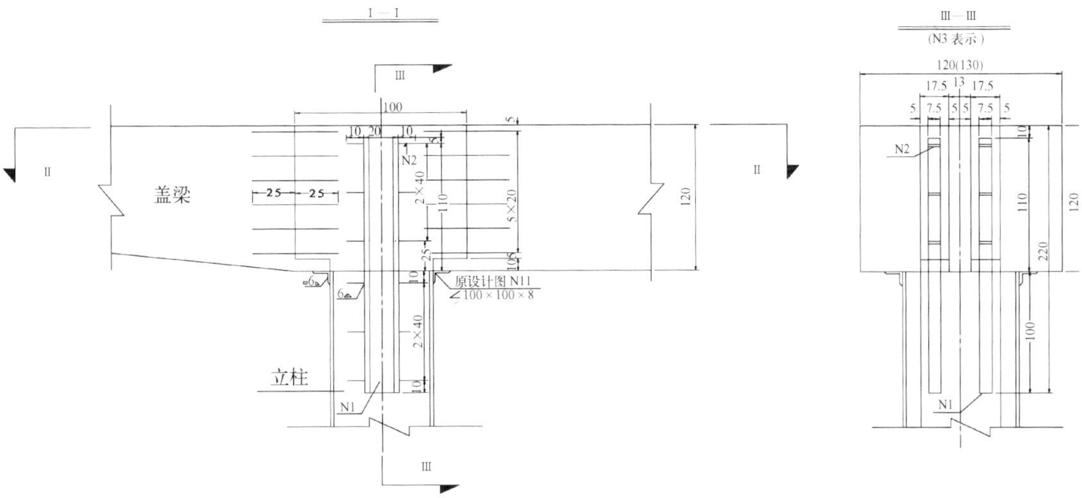

图5.2.1　祁家黄河大桥盖梁与墩柱连接示意图

5．混凝土浇筑

1）混凝土浇筑前检查钢筋规格、数量是否与设计相符，绑扎是否牢靠，垫块数量、位置是否正确，模板尺寸、强度、刚度、稳定性及接缝是否严密，模板内杂物、积水和钢筋上的污垢是否清理干净。

2）水灰比是影响混凝土强度的重要因素，准确测定砂、石含水量，严格按照配合比进行施工。为确保盖梁的使用寿命，水必须经化验达到饮用水标准方可使用，不要轻易使用地下水。

3）混凝土浇筑分层进行，控制好分层厚度。振捣时两侧对称振捣，以防止钢筋骨架左右移位，振捣过程中50型振动棒与模板间距保持5～10cm，不得直接或间接地通过钢筋施加振动。振捣上层混凝土时，振动棒插入下层混凝土内5～10cm，需快插慢拔减少混凝土中出现的气泡。施工时，每一块盖梁做不少于3组混凝土试件，并与盖梁同种条件下养护。

6．养护、拆模

盖梁的养护采用铺设养护布覆盖进行洒水养护，使盖梁顶面及侧面始终保持湿润状态。由于盖梁为实心构造，体积较大并且构造配筋较少，如果昼夜温差较大热胀冷缩有可能引起表面开裂，因此露天作业时通过搭遮阳篷等措施减少混凝土昼夜温差。外模板拆模时混凝土强度需达到2.5MPa，以拆模不粘模板，混凝土不缺棱掉角为宜。

5.2.2　盖梁吊装受力分析

1．地锚、塔架系统受力分析

按照对吊装系统受力最不利考虑，最大吊重为70t（盖梁），拱肋吊装时最大吊装重量90t，此时地锚系统、塔架系统的受力及安全性均能满足要求，故只对主吊起重索进行受力分析。

2．主吊系统主索、起重索、牵引索受力分析

主吊起重索受力分析

主吊起重牵引选用ϕ22钢丝绳（6×37-155型），单卷扬机布置，走8绳，起重采用40kW5t中速（40m/min）卷扬机，如图5.2.2所示。

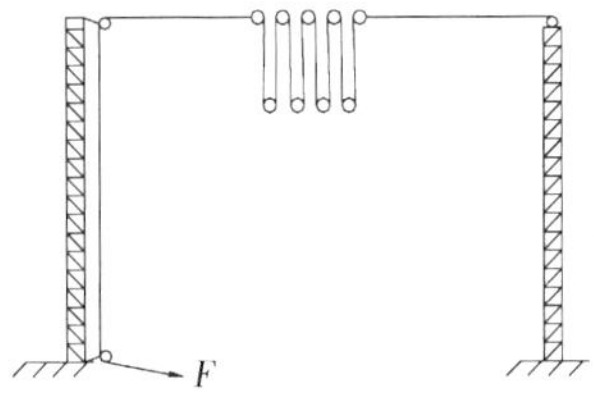

图5.2.2　起重索布置示意图

起重绳线绕过卷扬机上的张力及应力受力分析：

起重卷扬机收紧拉力按下式计算：

$$F=\frac{P}{\alpha}\mu \qquad (5.2.2\text{-}1)$$

式中　P——吊重；

α ——滑轮组系数；

μ ——考虑拱肋两点起吊的不均匀受力和起吊的冲击影响。

起重索接触应力按下式计算：

$$\sigma_{max}=\frac{F_{起}}{A}+E_K\frac{d}{D_{sin}} \tag{5.2.2-2}$$

式中 D_{min}——平滑最小直径，按规定其值不小于300倍钢丝直径。

3. 千斤绳受力分析

千斤绳选用ϕ43.5钢丝绳（6×37+1），两点起吊，走2绳。

钢丝绳内力根据下式受力分析：

$$S=\frac{Q}{n}.\frac{1}{\sin\alpha}\leqslant\frac{S_b}{K} \tag{5.2.2-3}$$

式中 Q——构件重力；

n——钢丝绳根数；

α——吊索与水平面夹角；

S_b——钢丝绳破断拉力；

K——安全系数，取K=6。

5.2.3 盖梁吊装（图5.2.3）

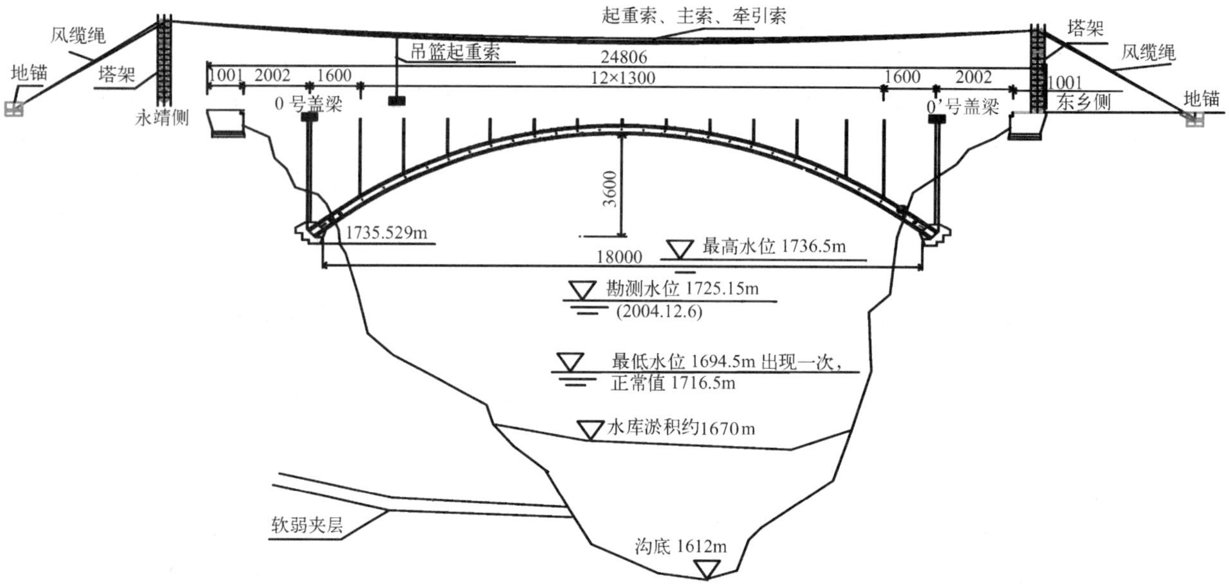

图5.2.3 祁家黄河大桥盖梁吊装过程示意图

1. 盖梁吊装前对吊装设备进行全面检查，并对吊装施工按规范要求进行详细计算，确保吊装施工满足要求。

2. 盖梁吊装就位前，对墩柱顶混凝土进行凿毛并清理干净表面浮浆，用水湿润后敷设厚度为1cm左右的高强度砂浆，以便与预留孔新浇筑的混凝土更好的连接。

3. 施工时盖梁钢筋与预埋件干扰处，先作截断处理，待安装就位后再焊接，与斜筋干扰时处，调整斜筋横向位置。

4. 盖梁起吊时采用捆绑方式，对于钢丝绳与盖梁接触处进行必要的防护处理，防止钢丝绳损坏盖梁棱角。

5. 预埋槽钢插入盖梁预留孔实施就位过程中，人工采用撬杠等工具调整盖梁纵、横轴线，符合要求后缓慢放松起吊索，将起吊索承担的重量逐步由墩柱承担，完成盖梁就位。

6. 盖梁就位后，焊接连接预留孔中钢筋和钢筋与柱顶预埋槽钢，填塞预留孔与柱顶间的空隙。

7. 在盖梁预留孔中浇筑高于盖梁混凝土强度等级的微膨胀混凝土并振捣密实，完成盖梁施工，进入下道工序。

6. 材料与设备

6.1 主要材料名称、规格及主要技术指标（表 6.1）

主要材料名称、规格及主要技术指标　　表6.1

序号	材料名称	规　格	技术指标
1	钢丝绳	ϕ8.7、ϕ13.5、ϕ15.5、ϕ17.5、ϕ19.5、ϕ22、ϕ28.5、ϕ32.5、ϕ43.5、ϕ47.5	抗拉强度 1550MPa
2	吊环（卸扣）	GD9.5、GD4.5、GD2.7、GD2.1、GD0.9、GD0.48	符合相关要求
3	钢丝绳卡	Y12-45、Y10-32、Y9-28、Y7-22、Y7-20、Y5-15、Y3-10、Y2-8	符合相关要求
4	滑轮组		符合相关要求
5	吊　篮	1.5m × 1.5m × 0.6m	符合相关要求
6	主索鞍		符合相关要求
7	扣索鞍		符合相关要求
8	塔架（万能杆件）	主肢 L125 × 125 × 10mm、缀条 90mm × 90mm × 8mm	符合相关要求
9	地锚预埋件及拉杆		符合相关要求
10	地锚主索平衡轮	D=400mm	符合相关要求
11	其他轴、销等		符合相关要求

6.2 主要机具、仪器、仪表等名称、型号、性能及数量（表 6.2）

主要机具、仪器、仪表等的名称、型号、性能、能耗及数量　　表6.2

序号	机具、仪器、仪表名称	型号	性能	能耗	数量
1	混凝土运输车		良好		2 辆
2	混凝土拌合站	$50m^3/h$	良好		1 座
3	发电机	75kW	良好		1 台
4	装载机	$3m^3$	良好		1 辆
5	直流弧电焊机		良好		2 台
6	抽水泵		良好		1 台
7	盖梁模板				2 套
8	插入式振捣棒				4 组
9	吊装设备				1 套
10	千斤绳				若干
11	载人吊篮				2 个
12	对讲机				4 个

7. 质 量 控 制

7.1 质量控制标准及规范

《公路工程技术标准》JTGB 01-2003；

《公路桥涵施工技术规范》JTG 041-2000；
《公路工程岩石试验规程》JTGE 41-2005；
《公路工程质量检验评定标准》JTGF 80/1-2004；
《公路工程集料试验规程》JTGE 42-2005；
《混凝土结构工程施工质量验收规范》GB 50204。

7.2 钢筋的质量控制

所有钢筋进场必须有出厂合格证，并进行外观检查；钢筋以同批号不超过60t为一个检验批，经检验合格后方可使用，其机械性能分别按《钢筋混凝土用热轧光圆钢筋》GB 13013、《热轧光圆钢筋》GB 1499和《预应力混凝土用钢绞线》GB/T 5224执行。进场时按规定进行外观检查、硬度检验，经检验合格后方可使用。

7.3 混凝土质量控制

混凝土运到现场后，必须进行坍落度试验，符合要求后方可浇筑，混凝土严格按程序分层、连续浇筑，一次完成；振捣时按操作规程进行，确保振捣均匀、密实，不漏振也不过振；混凝土初凝后用养护布覆盖，终凝后再洒水养护，洒水频率以混凝土表面经常处于湿润状态为准，连续养护7d。

7.4 盖梁安装质量控制

盖梁就位时，要严格控制好纵、横向的轴线偏位和盖梁顶面高程，具体项目见表7.4。

盖梁安装实测项目检查表 **表7.4**

项次	检查项目	规定值或允许偏差（mm）	检查方法和频率
1	轴线偏位	5	全站仪：每梁检查纵、横两点
2	倾斜度（%）	1.2	吊垂线：每梁检查2处
3	梁顶面纵向高程	+8，−5	全站仪：每梁检查2点

8. 安全措施

认真贯彻执行“安全生产，预防为主，综合治理”的方针，严格按操作规程、施工工艺、施工方案进行施工，建立健全安全保证体系，消除不安全因素，坚持做好安全生产的三级教育。

8.1 现场设置盖梁安装场地警界线，非施工人员严禁入内。高空作业悬挂安全警示标志牌。

8.2 每片盖梁安装结束，即时清理现场、机具，准备下一个工作循环。

8.3 高空作业人员应佩戴安全帽和安全绳，不得向下乱抛东西以免伤人。缆索吊装人员必须持证上岗，配戴安全帽、安全带及安全绳，并安排专人负责施工安全。

8.4 对进场工人在开工前进行安全教育，严把各工种工人进场关，严禁带病和素质低下的工人进场。

8.5 在整个施工过程中，施工区内设立施工警示牌，白天挂警示旗，晚间挂警示灯。施工人员和机械应注意安全，严禁违章指挥，违规操作。

8.6 缆索吊装设备必须由相关单位进行鉴定并出具其证书，操作人员必须熟悉和熟练操作起重设备作业，每次吊装前详细检查各紧固件连接是否可靠，开机前进行空载，试运转无异常才可正式工作。专职安全员必须在场，负责安全协调。

8.7 加强机械设备管理，确保安全。对机械设备的使用和维修人员进行岗位培训，熟悉机械设备性能，掌握机械设备的作用和维护性能，杜绝重大机损、机械伤人事故的发生。

8.8 定期检查各种吊索、吊具，发现问题立即报告并处理。吊装时注意吊索、吊具的布置、使用要安全可靠。

8.9 现场所使用的各种机具设备、电器设备要有专人管理、专人操作；现场吊运施工时，设专人指挥，所有操作人员必须接受指挥人员的指挥。严禁违章指挥、违章施工。

9. 环 保 措 施

在施工过程中，按照国家和地方的相关法律法规和行业要求，采取措施控制施工现场的粉尘、废水、废气、固体废弃物等对环境的污染和危害，同时要防止混凝土浆液直接排入黄河对水源造成污染，保护和改善施工环境，保证施工人员身体健康，消除外部干扰，保证施工顺利进行。

9.1 管理措施

9.1.1 环境保护管理机构

建立环境保护管理机构，定期进行环保检查，明确施工人员各自的环保责任，建立健全环境保护奖惩制度，把环境保护同经济利益挂钩。

9.1.2 环境保护教育

将环境保护管理方针、管理体系的有关要求、环境知识通过各种形式传达到每一个施工人员，增强环保意识。

9.2 技术措施

9.2.1 在运输和储存施工材料时，采取覆盖、仓储等措施，防止材料漏失，生活、生产垃圾集中堆放、处理。

9.2.2 施工中产生的污水和废水，集中处理，不能随意排放。

9.2.3 施工期间修建足够断面的临时排水设施，不形成淤积和冲刷。做到工完、料尽、场地清。

10. 效 益 分 析

利用现有缆索设备进行吊装，节约了施工辅助材料，减少高空作业及劳动强度，降低了施工成本。

上承式钢管混凝土拱桥盖梁预制吊装施工，就地利用现有缆索吊装系统，减少了空中施工作业量，有效降低了施工过程中的安全风险，盖梁预制吊装施工缩短工期20d，节约成本10万元。施工中严格按相关规程、规范操作施工，工序衔接有序，施工过程未发生安全责任事故。同时降低了管理费、人工费、机械费等成本，经济效益显著。

采用该工法施工，防止了因现浇混凝土而造成的对河流的污染，节约了社会资源，利于环保，环境效益和社会效益显著。

积累了在高墩位盖梁预制吊装方面的施工经验。

11. 应 用 实 例

11.1 工程名称：祁家黄河大桥。

11.2 工程地点：甘肃省临夏回族自治州永靖县刘家峡库区祁家渡口上游1km处。

11.3 开、竣工日期： 2006年8月开工，2009 年9月19日交工通车。

11.4 工程造价：3293万元。

11.5 工程概况：桥梁结构为主跨180m的上承式钢管混凝土无铰拱桥，净矢跨比采用1/5，拱圈采用截面高度相等的悬链线，拱轴系数m=1.543，起拱线标高1741.826m。跨径组合为：20m简支梁+净跨180m 拱+20m简支梁，全长248.06m。技术标准：公路等级二级，双车道，桥面宽12m，两侧设防撞墙，设计荷载：公路 - I级。

该桥拱圈截面由哑铃形桁式双肋组成；拱脚段将腹杆改成缀板，内填充C50微膨胀混凝土形成实腹段。每肋由4根直径ϕ700，壁厚12mm的16Mnq钢组成，内灌C50微膨胀混凝土作为弦杆；上弦和下弦横向两根钢管之间用缀板连接，内灌C50微膨胀混凝土。拱上结构采用梁柱式；桥面板为13m预应力混凝土空心板；拱脚处跨度16m，两侧各设一孔20m预应力混凝土空心板梁与路基相接；普通重力式拱座；U形桥台，明挖扩大基础。

11.6 施工过程简介

在盖梁预制前，通过对各立柱顶面高程的反复测量，根据立柱顶高程误差确定盖梁预制高度。预制时，严格控制盖梁的结构尺寸，特别要精确控制预留孔的位置和尺寸，以便吊装时能准确就位。盖梁吊装前必须对吊装设备进行全面检查，并对吊装施工按规范要求进行受力分析计算，确保吊装施工满足要求。

盖梁吊装时，就地利用现有缆索吊装设备，从两岸相向进行对称吊装。吊装就位后，测量调整纵、横向轴线偏位，符合要求时将盖梁钢筋与预埋件进行焊接连接，然后在预留孔中浇筑高于盖梁混凝土强度等级的微膨胀混凝土并振捣密实，完成盖梁吊装。吊装就位后，完成盖梁预制吊装施工。

11.7 应用效果

该工法充分利用现有缆索系统，完成了盖梁吊装，施工期间未发生一起安全事故；防止了现浇混凝土因高空作业而造成对拱肋、立柱和水库水体的污染，利于环保。缩短工期20d，节约成本10万元。

预制盖梁吊装施工技术在国内首次应用，具有很强的实用性，可广泛的应用于类似工程施工，具有广阔的推广应用前景。

经济效益、环境效益和社会效益显著。

接力式双排钢板桩水中深基坑支护施工工法

GJEJGF274—2010

中国建筑第六工程局有限公司　天津住宅集团建设工程总承包有限公司
王建朋　巩汉波　高小强　衣成林　刘鹏

1. 前　言

当今社会经济发展迅速，随着人民生活水平日益提升，交通也成为经济发展的一个反应，桥梁的建设日超繁荣。桥梁施工中不仅需要保证桥梁工程整体的施工质量，还需妥善的解决桥梁施工时对周边环境的影响问题。

随着国家基础设施建设的发展，钢板桩以其施工速度快、施工机械方便、经济效益明显等优点，日益被广泛应用于多方面领域， 中国建筑这一老牌国有企业在当今桥梁的建设中，本着“中国建筑服务跨越五洲，过程精品品质重于泰山”的企业理念，创新设计使用接力式双排钢板桩结合钢筋混凝土与型钢组合支撑体系在深基坑支护施工中的施工工法，圆满完成滨海新区中央大道永定新河特大桥主桥水中深基坑桥墩建设，技术成熟，效益显著。该工程的施工探索和总结，解决了在河流入海口处淤泥质、粉质黏土层特殊地质条件下，水中超大深基坑施工技术难题，保障了工程建设的顺利进行。

2. 工 法 特 点

接力式双排钢板桩的作用主要为：1）支护受力结构；2）止水作用；3）挡土作用；4）防浪潮冲击作用。

2.1　施工简便明了。钢板桩的施工主要采用机械化施工，工艺成熟，主要是单纯作业的重复，不需要大量技工，可以大大缩短工期。

2.2　回收利用率高。由于钢板桩强度高，施打过程损坏较小，可回收重复利用，利用率达95%以上。

2.3　施工成本低。由于钢板桩可回收利用，且钢板桩可租赁，因此施工成本较低，与超大深基坑常规做法的双壁钢围堰、沉井、钢吊箱等相比，施工成本极低。

2.4　施工工期短。由于钢板桩施打设备较为普及且工艺成熟，施工速度快，也可多台设备同时施工，可大大缩短施工周期。

2.5　施工限制少。由于钢板桩施工几乎全部使用机械化作业，故环境限制较小，除大风天气以外任何季节都可正常施工。

3. 适 用 范 围

接力式双排钢板桩水中深基坑支护施工工法应用范围广泛，可用于桥梁、水利、码头、港口、防坡堤等多个领域的深基坑支护施工。

4. 工 艺 原 理

主要根据施工现场水文地质状况和目前国内外的现有设备以及钢板桩型号情况，采用钢板桩支护既挡土又止水，内设多道钢筋混凝土与型钢组合水平支撑体系。采用薄壁强撑的原理解决超大深基坑支护问题，由于本工程在海水中施工，桥位处水位受海潮影响较大，本工程海域属不规则半日潮，一天两次涨潮，两次落潮，风暴潮对钢板桩支护的冲击力较大，浪头较高，钢板桩刚度相对较小，易弯曲变形，为了克服这一难题，创新设计使用接力式双排钢板桩外部维护结构，内部利用刚度较大的钢筋混凝土腰梁结合水平、垂直型钢组合体系相互作用，形成空间结构体系以达到取长补短的作用。既利用钢板桩接力解决了钢板桩长度限制问题，又利用钢筋混凝土与型钢组合支撑体系刚度大解决了钢板桩刚度弱的问题，且型钢施工速度快，确保施工安全可靠、科学合理、经济适用、施工速度快。

根据工程地质状况，经计算围堰需采用24m的钢板桩。受到钢板桩长度的限制，同时考虑到通过焊接接长会造成焊接量大、成本增高、工期延长。故采用相似于接力式双排钢板桩结构形式，布设内外两排钢板桩，通过相交部分的黏、砂土间接传力。实践证明采用该形式布设，既可以减少施工工期，又能保证完整回收钢板桩。

钢板桩主要靠抗弯刚度和桩入土深度的侧向抵抗力来支持土压力、水压力等荷载。基坑支护结构设计采用有限元计算程序，支护桩体计算模型为弹性抗力法，土压力采用水土分算。设计步骤如图4所示。

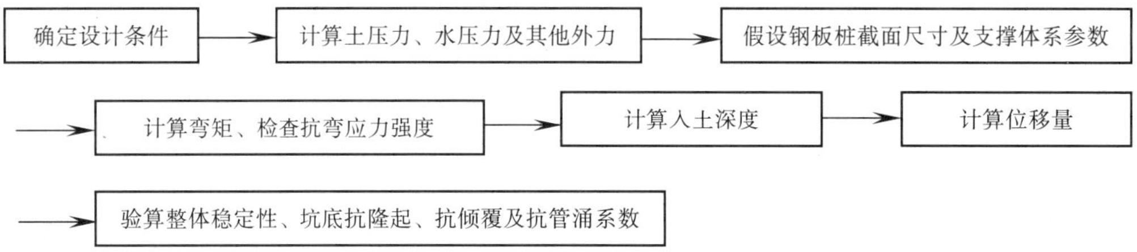

图4　计算步骤

经计算，内外侧钢板桩均满足设计要求，在设计条件下有较高的安全系数，能够保证施工期间围堰的安全。

5. 施工工艺流程及操作要点

5.1　施工工艺流程（图 5.1）

5.2　操作要点

5.2.1　测量放样

在施工现场对钢板桩的位置进行测量定位，以便于最后的钢板桩准确的合拢。

5.2.2　安装导向架

为确保正确的打设位置及施工时钢板桩的稳定性，导架的施工采用双面导架，导梁的间隔控制在与钢板桩保持2～5cm的富裕。导架按4m间距与围堰垂直方向打设2列导桩，内侧安装导梁。导架和导桩采用I40b工字钢，导桩长度为12m。导向架示意图见图5.2.2。

5.2.3　钢板桩的吊运和插打

1. 用驳船将钢板桩装载搬运到现场，放置在便于吊装的位置。利用吊孔吊钢板桩的时候，通过吊环牢固地连接起来，并在吊孔下端系上绳子以防止钢板桩出现过大的摇摆。

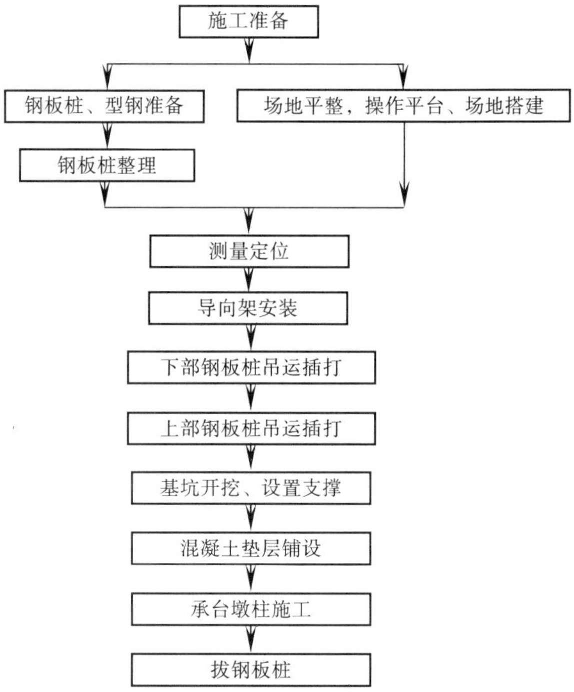

图 5.1　施工工艺流程图

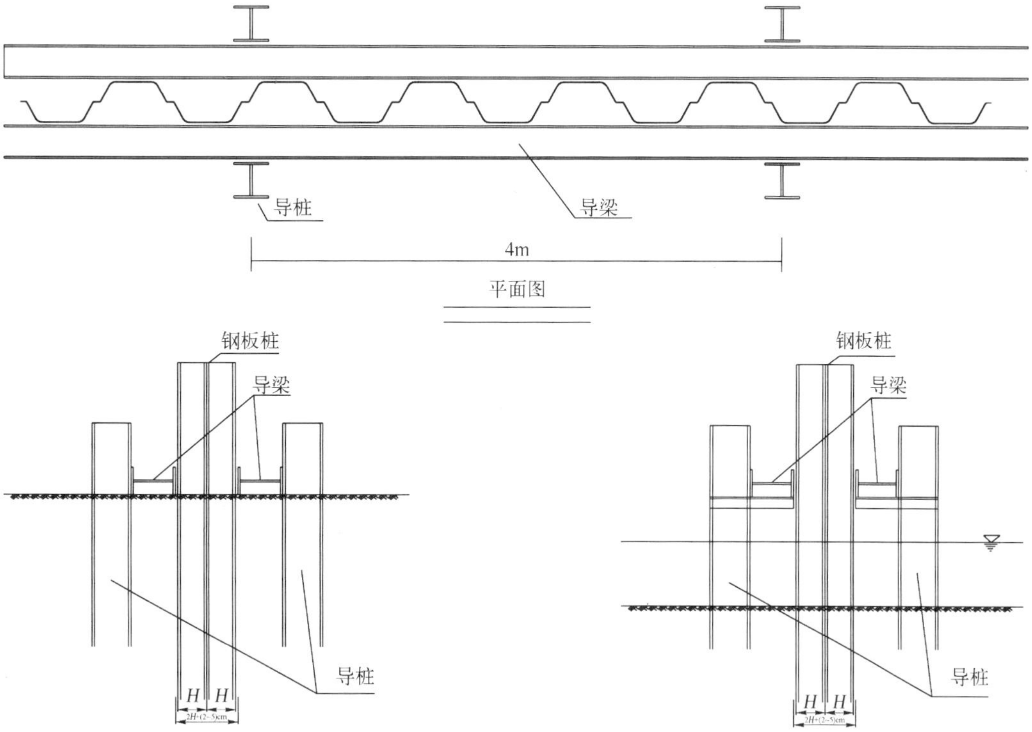

图5.2.2　导向架示意图

2．振动锤的重心与钢板桩的重心不合造成偏心，同时钢板桩还容易倾斜、转动。因为最初的钢板桩是以后钢板桩的标准，这对施工提出了严格的要求，必须用经纬仪对其位置和倾斜度细心观察，注意避免偏心力斜向拉伸，扭转或者锁口处的损伤。为检验预定深度钢板桩锁口的互锁状态，进行了钢板桩锁扣状态检验，试验采用剪切分离型传感器，结果显示板桩锁口之间在预定深度咬合良好。

3．为了控制锁扣缝隙，插打时，应在导向框上标识出每个钢板桩的位置。

4．安插钢板桩时，使用吊车（或浮吊）的两个吊钩将钢板桩吊起，用两个吊钩起吊和下放，使钢板桩成垂直状态，利用夹持器夹紧板桩，脱出小钩移向安插位置。

5．钢板桩插打的顺序是，先插打内侧钢板桩，后插打外侧钢板桩。从上游中部开始，顺次逐根向两侧插至角桩，再逐渐从上游向下游插打，最后在下游中部合拢。

6．插打到下游中部即将合拢时，先暂停插打，将所剩位置全部预插上钢板桩，调整至合适角度后全部间隔插打，以保证顺利合拢并保证合拢质量。

7．钢板桩下沉前，应在锁扣处涂抹黄油，以减少下沉时锁扣的摩阻力，下沉时应采取分部进行（每次下沉深度以不超过3m为宜），间隔（先1、3、5再2、4、6）进行，以便及时调整。

8．全部钢板桩入土深度超过10m时，可拆除导向架，逐个打至设计标高。

9．在插打过程中，加强测量工作，发现倾斜，及时调整。

5.2.4　基坑开挖、设置支撑

钢板桩插打完后，先进行抽水作业，在抽水过程中要对钢板桩的变形、位移以及渗漏水情况进行观测，以确保施工安全，为了加快施工进度，开始时先利用长臂挖掘机取土（可取土至8m深度），开挖深度到达支撑设计位置时，支立腰梁模板，绑扎钢筋，安装倒角支撑，浇筑腰梁混凝土。混凝土强度达到设计强度90%以上时，才能继续进行往下开挖，严禁设置支撑前超挖。当挖深超过挖掘机工作范围后，采用水力吸泥开挖，用浮吊悬吊状态管，使管身垂直，并在围堰内移动。吸泥时，吸泥管口离泥面的高度可以上下调整，一般情况下为0.15～0.5m，以保持最佳吸泥效果。吸泥时应经常变换位置，增加吸泥效果，并使围堰底泥面均匀下降。靠近板桩的土层，如不能向中间锅底自行塌落时，可用高压射水赶向中间后再进行吸出。吸泥深度大于支撑高度时，要加设支撑后才能继续进行往下抽水或吸泥开挖，严禁设置支撑前超挖。抽水或开挖到达设计位置时，在钢管立撑柱上焊接牛腿架设型钢托撑，支立腰梁模板，绑扎钢筋，安装倒角支撑，浇筑腰梁混凝土，混凝土强度达到设计强度90%以上时，才能继续进行往下抽水开挖，在加设支撑时要检查各节点是否顶紧，防止因抽水而出现事故。当锁口不紧密漏水时，用棉絮等在内侧嵌塞，同时在漏缝处撒大量锯末，使其由水夹带至漏水处自行堵塞。当坑底土质较密实，土质强度较高时，水力吸泥开挖速度比较缓慢，为了加快施工速度，可在基坑内搭设机械操作平台，把长臂挖掘机用大大吨位浮吊吊至机械操作平台上，在坑内挖土取土。

5.2.5 混凝土垫层及承台墩身施工

基坑开挖、支撑设置完毕后，观察围堰内部结构稳定性及渗水情况，要准备水泵对基底随时抽水。若围堰满足施工要求，可进行下一道工序，即混凝土垫层及承台墩身施工。

5.2.6 拆除腰梁、支撑

待墩柱施工完毕，板桩围堰开始拆除。25号围堰拆除的方法是，先对承台四周回填砖渣至承台顶面，开始拆除第二道支撑。第二道支撑拆除时，在钢管立撑下设两根临时立柱支撑腰梁和对撑，置换立柱可采用混凝土短柱也可采用钢管支撑，然后割断钢管立撑、割除钢管角撑，再将混凝土对撑和腰梁破断成数段拆除。第二道支撑体系拆除后，继续回填黏土至0.5m标高处，此时基坑深度只有4m，板桩的悬臂支撑状态完全满足抗倾覆要求，拆除第一道支撑体系，拔除板桩和钢管立撑。26号墩围堰的拆除方法是，先用砖渣回填至第4道支撑底面，拆除第4道支撑体系，对支撑与承台的相贯面进行修饰处理。第4道支撑拆除后，继续回填砖渣至承台顶面，在钢管立撑下设两根临时立柱支撑腰梁和对撑，割断钢管立撑，然后回填黏土至第3道支撑底面，此时板桩的悬臂支撑状态已能满足抗倾覆要求，拆除第3道支撑和第2道支撑。第2道支撑拆除后，内侧板桩拔除，拆除第1道钢支撑体系，拔除外侧板桩和钢管立柱。

5.2.7 拔桩

墩身施工完毕并达到设计强度后，可进行拔桩工序。在钢板桩插打前，对插入土层内部的钢板桩内外两侧涂刷沥青，减少拔桩的摩擦力，钢板桩拔桩前，先将围堰内的支撑，从下到上陆续拆除，并陆续回填至设计位置，使内外压力平衡及板桩挤压力消失，并与部分混凝土脱离（指有承台底垫层部分）。再在下游选择一组或一块较易拔除的钢板桩，先略锤击振动各拔高1～2m，然后依次将所有钢板桩均拔高1～2m，使其松动后，再从下游开始分两侧向上游挨次拔除，对桩尖打卷及锁口变形的桩，可加大拔桩设备的能力，将相邻的桩一齐拔出，必要时进行水下切割。

5.2.8 钢板桩防渗漏措施

钢板桩主要依靠锁口自身密实性进行防漏，但是如果锁口不密、外侧水压力过大，钢板桩围堰会出现渗漏。

1. 施工时的预防渗漏措施。钢板桩渗漏一般出现在锁口位置，因此施工过程中重点加强对锁口的检查。施工前用同型号的短钢板桩做锁口渗漏试验，检查钢板桩锁口松紧程度，过松或过紧都可能导致钢板桩施工后渗漏；施打前在钢板桩锁口内抹黄油；施打时控制好垂直度，不得强行施打，损坏锁口。

2. 施工后的小渗漏处理。抽水后发现钢板桩锁口漏水，但不太严重时，可用破棉絮或勃土对渗漏位置填堵。

3. 施工后的大渗漏处理。对于退潮后不渗漏但涨潮时渗漏较大时，则可用快速堵漏剂将锁口位置进行封堵；渗漏严重时，在钢板桩围堰渗漏外侧堵砂袋或散装细颗粒堵漏物（如木屑、炉渣、谷糠等），内侧用板条、棉絮、麻绒等在板内侧嵌塞。

6. 材料与设备

6.1 材料

6.1.1 混凝土支撑材料：本工法所用材料大部分为普通材料，主要为钢筋、混凝土、木模板、木方等常规材料。

6.1.2 型钢材料：YASP-IV钢板桩、SKSP-SX27型卢森堡钢板桩，型钢有I40b工字钢、ϕ630钢管。本工法所需主要辅助材料品种见表6.1.2，数量需根据工程具体情况确定。

成桩所需主要辅助材料品种表 表6.1.2

序号	材料名称	备注
1	混凝土	支撑腰梁及封底
2	钢材	支撑腰梁骨架
3	木模板、木方	支撑腰梁模板体系
4	YASP-IV、SKSP-SX27 型卢森堡钢板桩	支护围护、止水、挡土体系

6.2 设备（表 6.2）

现场投入机械设备表 表6.2

序号	设备名称	规格型号	数量	单位
1	浮吊	80t	1	台
2	混凝土罐车	华建 $10m^3$	8	台
3	切割机	GQ40-B	1	套
4	长臂挖掘机	Ex200	2	台
5	履带吊	50t	2	台
6	振动锤	90kW	2	台
7	振动锤	120kW	2	台
8	发电机	250kW	2	台
9	电焊机	BX1-500-3F	6	台
10	铁驳船	400t	1	艘
11	水力吸泥机	60kg 级	1	套

7. 质量控制

7.1 在拼接钢板桩时，两端钢板桩要对正顶紧夹持于牢固的夹具内施焊，要求两钢板桩端头间缝隙不大于3mm，断面上的错位不大于2mm，使用新钢板桩时，要有其机械性能和化学成分的出厂证明文件，并详细丈量尺寸，检验是否符合要求。

7.2 对组拼的钢板桩两端要平齐，误差不大于3mm，钢板桩组上下一致，误差不大于30mm，全部的锁口均要涂防水混合材料，使锁口嵌缝严密。

7.3 为保证插桩顺利合拢，要求桩身垂直，并且围堰周边的钢板数要均分，为保证桩身垂直，于第一组钢板桩设固定于围堰支撑上的导向钢管桩，顺导向钢管桩下插，使第一组钢板桩桩身垂直，在施工中加强测量工作，发现倾斜，及时调整，使每组钢板桩在顺围堰周边方向及其垂直方向的倾斜度均不大于5‰。

7.4 在使用拼接接长的钢板桩时，钢板桩的拼接接头不能在围堰的同一断面上，而且相邻桩的接头上下错开至少2m，所以，在组拼钢板桩时要预先配桩，在运输、存放时，按插桩顺利堆码，插桩时按规定的顺序吊插。

7.5 在进行钢板桩的插打时，当钢板桩的垂直度较好，一次将桩打到要求深度，当垂直度较差时，要分次进行施打。

7.6 打桩时必须在桩顶安装桩帽，以免桩顶破坏，切忌锤击过猛，以免桩尖弯卷，造成拔桩困难。

7.7 同一围堰的钢板桩只能用同样的锁口，按设计尺寸计算出使用钢板桩的数量，以确保够用。

7.8 剔除锁口破裂、扭曲、变形的钢板桩。

7.9 剔除钢板桩表面因焊接钢板、钢筋留下的残渣瘤。

7.10 在接长焊接时，相邻焊缝高度差不得小于1m。

7.11 钢筋混凝土腰梁施工位置要准确，平面、竖向间距尺寸严格按设计图纸施工，并保证腰梁紧贴外围钢板桩。以确保共同受力。

7.12 支撑型钢与腰梁连接预埋件焊接要满焊，确保焊接质量。

7.13 在腰梁混凝土满足要求强度时方可继续向下开挖取土。

7.14 开挖过程中严禁机械对钢板桩和支撑体系的碰撞。

7.15 做好施工过程中基坑支护体系变形观测工作。

8. 安 全 措 施

8.1 建立安全管理体系（图8.1）

8.2 安全管理措施

8.2.1 施工现场成立安全生产管理小组，负责对工地进行日常安全管理与定期检查。建立、健全对施工人员的日常安全教育、技术培训和考核制度，并严格组织实施。

8.2.2 对操作人员进行安全思想教育，提高安全意识，机械设备操作运行人员、电工、焊工、起重工、现场指挥人员等，实行持证上岗制度，不经培训或无证者，不得进行上岗操作。

8.2.3 坚持“安全第一，预防为主”的方针，加强全体施工人员的安全生产意识，做到人人对岗位安全心中有数，定期举行安全会议和安全检查，及时发现和处理安全隐患，把各种不安全因素消灭在萌芽状态。

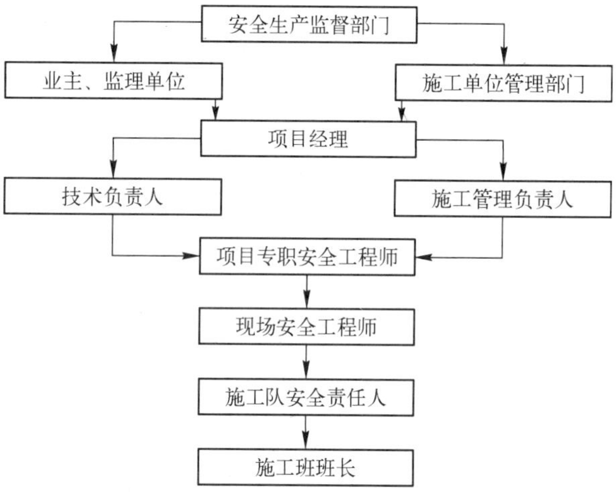

图8.1 安全管理体系示意图

8.2.4 加强各类机械设备的“管、用、修、养”，定人、定机、定责管理，禁止机械设备带病工作，防止意外事故的发生。

8.2.5 工地上所用的各种材料堆放有序，分类标识。

8.2.6 施工机械的操作应符合操作规程，有专人指挥。安排专人负责日常检查和养护工作，在施工过程中设专人指挥，避免人多时乱指挥，出现安全事故。

8.2.7 施工现场必须做好交通安全工作，设专人指挥车辆、机械。交通繁忙的路口应设立标志，并由专人指挥。夜间施工，路口及基准桩附近应设置警示灯或反光标志，专人管理灯光照明。

8.2.8 施工过程中，按照基坑开挖的施工工况，利用水准仪及全站仪对于地表及立柱桩顶沉降每隔一天测一次，支护结构水平位移每两天测一次，对于观测数据结果进行整理，将实测数据和预测值相互比较，以判断此前的施工工艺及施工参数是否符合预期要求，确保施工安全，并确定和优化下一步的施工参数和施工工艺。

8.2.9 对所有滑轮和钢丝绳每天进行检查，特别是要注意滑轮的轴和钢丝绳摩损情况，危及安全的要及时维修、更换。

8.2.10 水上作业操作人员必须穿救生衣，以防人员落水。

8.2.11 拔桩时要先震动1～2min，再慢慢启动振动桩锤拔桩。在有松动后再边震边拔，防止蛮干。

8.2.12 在26号墩钢板桩围堰上下游各20m处插打长度为13m直径为2.3m的钢护筒，与围堰平行方向每隔5m插打一个，以防船舶撞击围堰，造成安全事故，钢护筒上设置警示标志和夜间警示灯。

8.2.13 拔桩时要先震动1～2min，再慢慢启动振动桩锤拔桩。在有松动后再边振边拔，防止蛮干。

9. 环 保 措 施

9.1 认真学习贯彻国家、地方政府、建设单位、监理工程师及合同条款有关环保法规及规定，明确本工程的环保要求，健全环境保护体系，把环境保护工作作为一项重要施工管理内容，制定和落实环境保护措施，修建环保设施，处理好施工与环保的关系。

9.2 建立环境保护、水土保持目标责任制，并制定环境保护目标责任书，将环境保护工作与每个施工人员的责任、权力、利益和义务有机结合，切实做到奖优罚劣。

9.3 规范施工现场的场容，保持作业环境的整洁卫生。施工现场设置明显的标识牌。

9.4 施工中的机具应经常维修保养，防止漏油。

9.5 成品、半成品材料严格按照施工总平面图摆放，并设安全文明施工标识牌。

9.6 加强人为噪声的监管力度，要防止人为敲打、叫喊、野蛮装卸噪声等现象，最大限度减少噪声扰民。

9.7 插打钢板桩尽量采用新型低噪声振动锤进行施打。

9.8 施工现场垃圾及时清出现场，基本做到不扬尘，减少对周边环境的影响。

9.9 水泥和其他易飞扬的细颗粒散体材料，应安排在库存存放内存放或严密遮盖。

9.10 清洗施工机械、设备及工具的废水、废油等有害物质及生活污水，不得直接排放于河道，也不得倾泻于饮用水源附近的土地上，以防污染水体和土壤。

9.11 项目部成立环境管理小组，并设组长全权负责环境目标的实现和环境措施的实施。

10. 效 益 分 析

接力式双排钢板桩深基坑支护和钢筋混凝土与型钢组合支撑体系具有造价低廉、施工简便、造型美观、节省占地以及结构可靠等显著特点，通过接力式双排钢板桩这一创新设计施工解决了超深基坑受到钢板桩长度的限制，同时考虑到通过焊接接长会造成焊接量大、成本增高、不利回收、工期延长等问题，从而得到了迅速推广。而锁扣钢管桩、双壁钢围堰因其造价高，运输不方便，加工精度难以保证，起重设备吨位大，施工难度高等不利因素有被接力式双排钢板桩与钢筋混凝土和型钢组合支撑体系取代的趋势。

经过统计比较，结合本工程实地施工情况，采用接力式钢板桩方案成本约730万，锁扣钢管桩方案成本约1960万，双壁钢围堰方案成本约2450万，这样采用钢板桩方案直接节约成本约1200万，同样工期也大大缩短。

11. 应 用 实 例

中央大道永定新河大桥地处天津滨海新区永定新河入海口处，北起青坨子段的修筑终点K14+300，南至中央大道～京津塘高速二线互通立交修筑起点K16＋077.401，于2007年11月开工。该段桥梁总长为1367m，主跨为100+160+100m悬臂现浇变截面预应力混凝土连续梁。该桥跨径在同类型桥梁中居国内第二、华北地区第一。

主桥25号墩承台尺寸为41.45m×24.4m×4.5m，承台顶标高-1.116m，承台底标高-5.616m，承台位于软土层中。26号墩承台尺寸为41.45m×29.6m×5m，承台顶标高-2.793m，承台底标高-7.793m，承台同样位于软土层中，主桥承台最大尺寸为41.45m×29.6m×5.0m，相当于三个篮球场大小，最大承台混凝土量6135m^3，承台河床下最大埋深为10.6m（潮位高程4.0m，水下最大埋深17m），如此超大体积混凝土和水中超大深基坑施工，在天津地区也是首例。

桥位处水位受海潮影响较大，海域属不规则半日潮，一天两次涨潮，两次落潮。在一个全潮过程中，两个半潮的潮型有明显区别，两个半潮的高潮潮位比较接近，而低潮潮位相差较大。最小潮差1.4m，最大潮差3.53m，最高潮位5.72m，最低潮位-1.8m，平均潮位3.77m。

永定新河大桥水中超深承台，由于采用接力式双排钢板桩深基坑支护和钢筋混凝土与型钢组合支撑体系，既可以克服钢板桩在深基坑中的缺点，又能体现钢板桩施工施工速度快、环保效果好的优点。通过相关理论计算确认本工程钢板桩围堰施工工艺的合理性，并经过多轮专家论证，保证了基坑的整体稳定性和施工的可行性，从钢板桩施打、加固、挖土取土、吸泥直至浇筑封底混凝土的全过程，与传统的钢吊箱、沉井、双壁钢围堰、锁扣钢管桩等施工工艺相比，具有费用省、工期短的优点。工程中钢板桩围堰的成功施工应用，取得了良好的社会效益和社会效益，为类似地质条件及水文条件下超深基坑开挖支护提供了可靠的经验。

景观橡胶坝施工工法

GJEJGF275—2010

山西六建集团有限公司　江苏省盐阜建设集团有限公司
赵泳钢　郭丽丽　孙国梁　周爱民　王斌

1. 前　　言

1.1 景观橡胶坝是近几年发展起来的一种挡水建筑物，其特点是设计规范，施工操作简便，安装维修方便。橡胶坝主要用于防洪、灌溉、发电、供水、航运、挡潮及城市建设改造等工程中。河道建设工程中橡胶坝工程获得建设部"中国人居环境最佳范例奖"，并荣获"联合国迪拜国际改善人居环境最佳范例奖"。

1.2 山西六建集团有限公司和江苏省盐阜建设集团有限公司开展了科技创新，在施工橡胶坝袋下压板时，针对坝袋预埋螺栓多及下压板和螺栓位置不易控制的工程特点，以及现场实际施工条件，通过多种方案对比分析，下压板和螺栓的固定采用了X形支架、U形架固定架体和下部螺栓内角用钢筋整体通长连接，该方法具有实用性强，且施工简单，工期短、安全可靠、节约成本、效益显著的特点，解决了固定下压板和螺栓位置施工的难度。经过工程实践，从而形成了本工法。

1.3 该工法关键技术于2010年12月5日经山西省住房和城乡建设厅鉴定委员会鉴定，达到了国内领先水平，并获得了国家专利。

2. 工 法 特 点

2.1 采用X形、U形架体固定下压板。

2.2 采用下部螺栓内角用钢筋整体通长连接。

2.3 下压板和预埋螺栓位置控制精确，加快了施工进度，降低了工程成本。

3. 适 用 范 围

适用于水利、水坝等工程锚固螺栓的预埋施工，主要用于橡胶坝中高强度锚固螺栓的施工。特别适合于充气式和充水式橡胶坝袋锚固施工操作。压板式锚固是橡胶坝袋锚固形式最常用的，锚固系统中直接关系到橡胶坝能否正常运用的关键部位。

4. 工 艺 原 理

工艺原理是采用X形支架、U形架固定架体固定下压板和下部螺栓内角用钢筋通长连接，以保证下压板和螺栓位置不发生偏移（图4.1）。

图 4.1　支架构造原理图

5. 施工工艺流程及操作要点

5.1　工艺流程

施工工艺流程：放锚固槽轴线→放固定支架的预埋钢筋线→提前预埋固定支架钢筋→预制、焊接X形、U形支架→测试支架标高→下压板安装→锚固螺栓安装与保护→下压板上两侧模板安装、焊接→检查验收。

5.2　操作要点

5.2.1　放锚固槽和固定支架的预埋钢筋线

根据图纸要求用全站仪放出锚固槽轴线，在离锚固槽轴线两侧100mm处用全站仪放出第一排固定支架的预埋钢筋线，然后在离锚固槽轴线两侧500mm处用全站仪再放出第二排预埋钢筋线。每隔5m测一次并做好标记，确保预埋钢筋成一条直线。

5.2.2　预埋固定支架的钢筋

将预埋固定支架的钢筋加工成500mm长的ϕ16钢筋，沿锚固槽轴线方向每隔1m按预埋固定支架的钢筋线放置预埋钢筋，预埋钢筋应埋在碎石垫层上，预埋的钢筋应用碎石挤紧且位置正确牢固可靠，然后再浇筑橡胶坝段的混凝土垫层，混凝土浇筑时应连续施工，并从远端向近端推进。垫层混凝土浇筑完后，预埋钢筋应露出垫层200～300mm（图5.2.2-1、图5.2.2-2）。

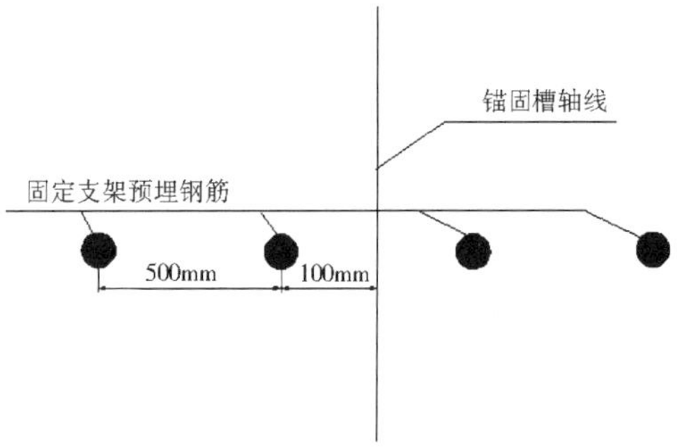

图5.2.2-1　预埋钢筋位置

图5.2.2-2　预埋钢筋位置

5.2.3　固定支架预制和预埋钢筋的焊接

依据设计要求进行支架下料工作，不得浪费材料，并确保支架牢固。

X形支架：2根ϕ12钢筋分别和第二排的固定支架的预埋钢筋焊接成X形支架，焊接时支架与预埋钢筋之间焊接应牢固。

U形支架：用ϕ12钢筋加工成U形钢筋，焊接时应首先把U形架的U口向下，然后与第一排预埋钢筋进行焊接。

5.2.4　X形支架与U形架焊接

X形支架与U形架焊接时，应首先把U形架的 U口向下，然后与第一排预埋钢筋进行焊接，焊接完以后，再将X形支架与U形架进行焊接。U口向下的U形支架顶标高为下压板下面设计标高。U形支架中心线用全站仪来控制，应保证所有的U形支架的中点在一条直线上。U口向下的U形支架顶面宽以略大于下压板宽度为宜（图5.2.4-1、图5.2.4-2）。

5.2.5　支架标高控制

为了保证下压板安装时标高符合图纸设计要求， U形支架安装时每隔5～6m测一次标高，用提供的高程控制点严格控制U形支架顶高，误差应控制在1～2mm内，然后根据测好的标高用工程线进行拉线找平，再把间隔处未安装好的支架根据工程线找平的标高再进行安装。浇筑混凝土时，采用小型振动棒且不能直接接触到支撑架体，在浇筑过程中施工员要随时检查支撑架体，待混凝土浇完尚未初凝之前应再一次核准预埋螺栓的尺寸，如发现有问题应及时纠正，确保压板和螺栓的位置和标高的准确。

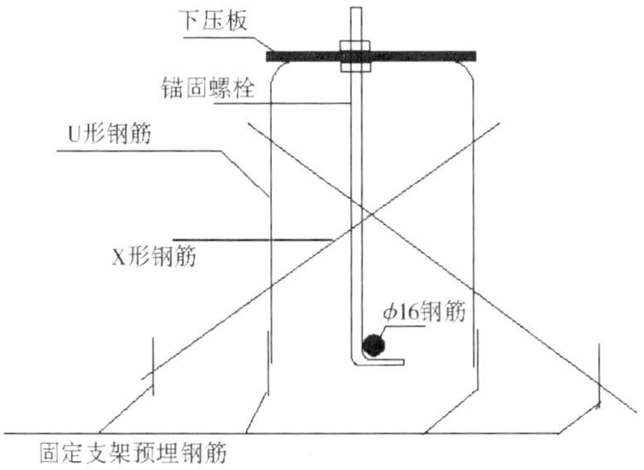

图5.2.4-1　支架构造形式

图5.2.4-2　支架构造形式

5.2.6　下压板安装

安装完支架并确保牢固后，进行拉线保证下压板中间孔在一条直线上，偏差不超过±1mm，然后点焊下压板固定在U形架上（图5.2.6）。

图5.2.6　下压板的安装

5.2.7　锚固螺栓安装和保护

锚固螺栓安装时，确保螺纹在下压板上面外露120～130mm且螺栓下端弯钩全部调至内侧，压板下面的螺母虚拧，在螺栓下端内角处用φ16螺纹钢筋将螺栓逐个用电焊固定，连成整体。

用全站仪、水准仪进行校正螺栓的位置及标高，使其位置在一条直线上，标高符合设计要求。校正完后将所有的螺母全部拧紧，并把外露的螺纹全部用塑料薄膜包裹严密，保证螺栓的螺纹不被污染（图5.2.7）。

5.2.8　锚固槽模板焊接

锚固槽侧面模板为加工好的钢板，用竹胶板支座2块锚固槽的断面模型，保证锚固槽同一槽宽、同一标高，外侧每隔1m加焊一根250mm长的φ8钢筋和U形架连接，锚固槽模板顶面隔1000mm焊一根φ12钢筋，以确保模板牢固、可靠。

图5.2.7　螺栓保护

图5.2.8　锚固槽模板焊接

5.2.9　检查验收

在施工过程中按要求控制预埋螺栓的标高偏差、水平偏差、垂直偏差、中心位移，并做好记录以及施工过程焊工技能、焊条性能、钢筋级别、预埋件型号及外观质量验收。预埋螺栓安装质量标准和检验方法见表5.2.9。

预埋螺栓安装质量标准和检验方法　　表 5.2.9

类别	序号	检 查 项 目	质 量 标 准	单位	检验方法及器具
预埋螺栓	1	水平偏差	≤1	mm	水平尺检查
	2	中心位移	≤2	mm	全站仪或拉线、钢尺检查
	3	垂直偏差	≤3	mm	吊线或钢尺检查
	4	标高偏差	-5～+5	mm	水准仪检查

6. 材料与设备

6.1 材料准备

6.1.1 螺栓、钢筋、预埋钢板必须符合设计及有关标准的要求，并有出厂质量证明书，必要时应送质量检验机构进行型式实验。

6.1.2 锚固件各部尺寸，要严格按设计要求控制，制作完成的锚固件，要将各边角打磨光滑、平整。

6.1.3 焊条：焊条符合设计要求，并有出厂质量证明书。

6.1.4 钢筋：必须符合设计要求，并复试合格。

6.1.5 防腐材料：应符合设计要求，并有出厂质量证明书。

6.1.6 测量仪器：应检定仪器设备，校核后方可使用。

6.2 机具准备

对锚固螺栓施工中所需要的所有机械设备进行全面的检查，全站仪、水准仪应送到质量监督部门检测，用于定位、操平；力矩扳手用于紧固螺栓和检查是否拧紧。电焊机用于上、下预埋板与钢筋焊接固定。

7. 质 量 控 制

7.1 焊接前必须首先核对钢筋的材质、规格及焊条类型符合钢筋的设计施工规范，有材质及产品合格证书和物理性能检验报告。

7.2 焊工必须持相应等级焊工证才允许上岗操作。

7.3 钢筋的表面应保持清洁。带有颗粒状或片状老锈经除锈后仍有麻点的钢筋严禁按原规格使用。

7.4 质量标准：执行《钢筋混凝土热轧带肋钢筋》GB 1499、《碳钢焊条》GB/T 5117及《钢筋焊接及验收规程》JGJ 18中有关规定。

7.5 支架焊好以后应检查焊接是否牢固，下压板标高应满足设计图纸要求，下压板上的螺栓孔应在一条直线上，偏差不超过1mm。相邻下压板之间焊接饱满，打磨光滑平整。

7.6 锚固螺栓内在直角处用钢筋连接时，应注意在钢筋与螺栓焊接时不能出现咬边现象。

7.7 冬期施工应设专人与当地气象台联系和收听天气预报，提前落实各项防范工作，做到有备无患，确保安全施工。

7.8 在室外焊接时，其环境温度不得低于-20℃，风力超过3级时应有挡风措施。焊后未冷却的接头，严禁碰到冰雪。

7.9 钢筋负温电弧焊时，必须防止产生过热、烧伤、咬肉和裂纹等缺陷。

7.10 成品保护措施

7.10.1 项目部在组织装卸搬运时，必须用适合的机械设备和工具，制定必要的措施，进行安全技术交底，防止损坏、扬尘、泄露、腐蚀、污染及安全事故发生。

7.10.2 螺栓及螺母的丝扣必须定做塑料保护套，防止丝扣损坏。

7.10.3 在浇筑混凝土前用塑料带把下压板和侧锚固槽的焊缝粘住，严防混凝土流入槽内。

7.10.4 螺栓安装好后，应立即安装防护帽，防止螺栓外露部分腐蚀。

8. 安 全 措 施

8.1 施工前对施工操作人员进行安全生产教育，树立安全第一的思想，建立安全生产责任制度。

8.2 建立健全劳动安全生产教育培训制度，加强对职工的教育培训；未经安全生产教育培训的人员不得上岗作业。

8.3 加强劳保用品管理，按国家劳动保护法的规定，现场作业人员一律发相应的劳动用品。

8.4 在施工过程中制定安全防护措施，保证工程施工安全，维护工地正常生产、生活秩序。

8.5 作业前，要有针对性地对施工人员做出安全、技术书面交底。

8.6 夜间施工要有足够的照明设备，施工区、生活区和道路设置照明系统。

8.7 冬期施工现场电气线路等必须由专职电工负责，严禁使用裸线，要防止电线冻结在冰雪天中，遇大风冰雪前后都要及时对供电线路进行检查。

8.8 操作前应检查所有工具、电焊机、电源开关及线路是否良好，金属外壳应有可靠接地，进出线应有完整的防护罩，进出线应用铜接头焊牢。

8.9 焊接时周边的易燃物应清理出施工作业区。施工作业场地需配备消防设备器材，消防设备器材应随时检查保养，使其始终处于良好的状态。

8.10 作业队在班前班后对操作人员的安全作业情况进行检查和总结，并及时处理安全作业中存在的问题。对于危险作业，应加强安全检查，建立专门安全监督岗，并在危险作业附近设置醒目标志，以引起操作人员的注意。

9. 环 保 措 施

9.1 加强环保教育，宣传有关环保政策，强化职工的环保意识，把环保作为全体施工人员的上岗教育内容之一，使保护环境成为参建职工的自觉行为。生活区、施工段应经常清理环境卫生，做到文明施工。

9.2 施工期间，对环境保护工作应全面规划，综合治理，采取一切可行措施，将施工现场周围环境的污染减至最小程度。

9.3 施工地点要防止噪声污染，对噪声过大的设备尽可能不用或少用，在施工中采取防护等措施，把噪声降低到最低限度。施工便道经常洒水，防止车辆通过时尘土飞扬。

9.4 钢筋、焊条等的废弃物应分类集中堆放。

9.5 生产和生活区内，在醒目地方悬挂保护环境卫生标语，以提醒各施工人员。生活区内垃圾定点堆放，及时清理，并将其运至业主指定的地点进行掩埋或焚烧处理。生活和施工区内，设置足够的临时卫生设施，及时清扫。

9.6 工地生活区范围备有临时的生活污水汇集处理设施，不得将有害物质和未经处理的污水直接排入河流。

9.7 保护好施工周围的树木、绿化，防止损坏。

9.8 在工程完成后，必须拆除一切必须拆除的施工临时设施和临时生活设施。拆除后的场地应彻底清理，做到工完料尽地清。

10. 效益分析

10.1 经济效益

10.1.1 临汾市汾河城区段生态环境综合治理修复与保护工程第一标段，橡胶坝长度为274m，宽度为60m。传统法是将预埋螺栓根据设计的外露尺寸垂直焊接在钢板上，然后用钢筋支架将钢板固结在二期混凝土槽内，用传统方法焊工按一天焊20套（一套包括一块压板4个螺栓及固定压板的支架）。采用X形和U形架组成的架体固定压板及下压板下面用螺母紧固预埋螺栓的方法，焊工一天可以焊40套，比传统方法缩短了7d的工期，预计节约经济效益15.5万元。

10.1.2 临汾市汾河城区段生态环境综合治理修复与保护工程第二标段，橡胶坝长度为294m，宽度为60m。传统法是将预埋螺栓根据设计的外露尺寸垂直焊接在钢板上，然后用钢筋支架将钢板固结在二期混凝土槽内，用传统方法焊工按一天焊20套（一套包括一块压板4个螺栓及固定压板的支架）。采用X形和U形架组成的架体固定压板及下压板下面用螺母紧固预埋螺栓的方法，焊工一天可以焊40套，比传统方法缩短了8d的工期，预计节约经济效益16万元。

10.1.3 临汾市汾河城区段生态环境综合治理修复与保护工程第四标段，橡胶坝长度为300m，宽度为60m。传统法是将预埋螺栓根据设计的外露尺寸垂直焊接在钢板上，然后用钢筋支架将钢板固结在二期混凝土槽内，用传统方法焊工按一天焊20套（一套包括一块压板4个螺栓及固定压板的支架）。采用X形和U形架组成的架体固定压板及下压板下面用螺母紧固预埋螺栓的方法，焊工一天可以焊50套，比传方法的工期缩短了10天的工期，预计节约经济效益18万元。

10.2 社会效益

采用此施工技术在施工效率方面，由于支架的前期加工制作，不占用关键工期。施工过程简单，操作方便，同时采用此方法消除了下压板和螺栓位置发生偏移的隐患，深受业主好评。

11. 应用实例

11.1 工程实例一

临汾市汾河城区段生态环境综合治理修复与保护工程，共计4个标段，该工程位于临汾城区西侧的汾河上，工程北起马务桥上游1.266km，南至平阳桥下游0.469km，全长6.27km。其中橡胶坝第一标段工程桩号0+000.00～0+060.00，橡胶坝长274m。工程等别为Ⅳ等。橡胶坝坝带采用螺栓压板锚固，锚固螺栓采用35号圆钢，螺栓间距200mm。

该工程于2009年12月25日开工，2010年2月7日完工，经相关部门检测验收，各项指标符合要求，取得良好的效果。

11.2 工程实例二

临汾市汾河城区段生态环境综合治理修复与保护工程，共计4个标段，该工程位于临汾城区西侧的汾河上，工程北起马务桥上游1.266km，南至平阳桥下游0.469km，全长6.27km。其中橡胶坝第二标段工程桩号0+000.00～0+060.00，橡胶坝长294m。工程等别为Ⅳ等。橡胶坝坝带采用螺栓压板锚固，锚固螺栓采用35号圆钢，螺栓间距200mm。

该工程于2009年12月25日开工，2010年2月7日完工，经相关部门检测验收，各项指标符合要求，取得良好的效果。

11.3 工程实例二

临汾市汾河城区段生态环境综合治理修复与保护工程，共计4个标段，该工程位于临汾城区西侧的汾河上，工程北起马务桥上游1.266km，南至平阳桥下游0.469km，全长6.27km。其中橡胶坝第四标段工程桩号0+000.00 ~ 0+060.00，橡胶坝长300m，工程等别为Ⅳ等。橡胶坝坝带采用螺栓压板锚固，锚固螺栓采用35号圆钢，螺栓间距200mm。

该工程于2009年12月20日开工，2010年2月3日完工，经相关部门检测验收，各项指标符合要求，取得良好的效果。

超大有轨弧形平面双开钢闸门在独立门库移位安装工法

GJEJGF276—2010

江苏省水利机械制造有限公司　江苏省第一建筑安装有限公司
王兵　仇翼建　田建京　王进　王勇

1. 前　言

随着京杭运河所经市区水利工程规划防洪标准的提高，同时运河又需正常通航“不阻航”，为符合交通部门航道规划的要求，大跨度有轨弧形平面双开钢闸门应运而生。由于浮吊起重能力及当地水深的限制，有些大型弧形闸门结构在某些区域不能直接进行浮吊就位，此外由于水工薄壁混凝土结构的特点，汽车吊装存在较大的风险，迫使闸门制造、安装单位寻找安全、经济的安装就位方法。因此在独立门库移位安装的技术就出现了。

在独立门库移位安装的技术，主要是针对体积较大、吨位较重，起重机械无法直接一步吊运到位的结构件水上安装的工艺。特别是为满足“不阻航”状态，大型结构件需在独立测量放样的工况下进行安装，并受到水上浮吊起重能力的限制而不能直接进行水上吊装就位时，多用此方法来进行安装，此方法在亚洲尚未有应用记载。

我公司在常州钟楼防洪控制工程超大有轨弧形平面双开钢闸门安装工程中成功应用了此项技术。该防洪闸设计闸孔净宽90m，采用有轨弧形平面双开钢闸门结构，单孔大跨度钢闸门设计为全国水利工程之最。在国内尚无运用先例，在国际上虽有类似工程，但结构构造形式不同，缺少施工经验，弧形钢闸门的安装是工程建设的一大技术难点。我们在运用该技术时有很多问题需要我们根据自己的实力来自行设计研究，尤其是超大有轨弧形平面双开钢闸门需在独立门库测量放样的工况下安装就位，需要综合考虑各方面的因素，如弧门移位时因重心高存在构件易失稳倾覆的风险，南、北两岸支臂与门体连接就位时的温差影响，以及施工过程中各种累积误差等客观因素的影响等。我们在运用结构力学、温度学、力学动态平衡等方面知识的基础上，运用计算机建立数学模型，顺利地完成了大跨度平面弧形双开门的就位施工，探索出独特的浮装移位技术。

2. 工 法 特 点

2.1　采用厂内分节制造、整体组装，并用驳船运输至工地检修口门处就位水域，近距离构件浮吊吊装的方案，打破了超大、超重构件陆地运输的瓶颈，降低吊装的难度，解决了水工薄壁混凝土结构汽车吊装存在安全隐患的风险。

2.2　通过轨道、底滚轮、侧导向轮、卷扬机以及调整系统的协同工作来完成牵引移位作业，解决了超大有轨弧形平面双开钢闸门结构远距离构件不能直接进行浮吊就位的难题。

2.3　通过在弧形平面双开钢闸门各自独立的门库测量放样、安装就位，解决了通航河道中航运“不阻航”与安装施工的矛盾问题。

2.4　采用先进的施工工艺和方法，如计算机辅助施工、温度学的应用等，侧止水与埋件及中缝止水相互吻合，闸门运行关闭时侧止水和中缝止水同步压缩的技术难题，以及温差对支臂和门叶曲率半径相对吻合度的影响。

2.5　解决了支臂受重力下挠及在浮力的作用下连接闸门后应力应变难以控制，门体垂直度难以保证的技术。

3. 适 用 范 围

3.1 适用区域：此工法适用于薄壁混凝土结构，不能采用汽车吊装的水上作业，水深在5m以上，远距离大型构件浮吊不能直接吊装就位、需在独立门库测量放样安装就位的工况。

3.2 适用规模：此工法适用于单孔跨径40～200m左右，1000t以上大跨度双开钢闸门止水需精确定位的门型结构，且保证通航河道畅通——在“不阻航”的状态下施工。

3.3 此工法适用于水利工程大跨度、结构复杂的大型（超大型）构件，在厂内分节制造，现场组装的水工钢结构，以及交通、港航大型结构件的移位安装。

4. 工 艺 原 理

4.1 主体闸门分为14个安装单元，安装遵循按编号由远及近，再由门中至门尾端顺次进行的原则，支臂划分为22个安装单元，安装遵循对称同步的原则。

4.2 利用立体几何学的原理，测放双开门的旋转中心，并互为基准复核，确保两岸支臂和门叶在开门位置安装的大样一致，同时随着工序的推进，采集旋转中心，确保不同工序构件的安装采用同一旋转中心。

4.3 采用同步运行的原理，确保闸门关闭后两岸侧止水和中缝止水的吻合度。

4.4 通过机械牵引原理，将通过驳船水运到口门的单侧分节门叶，采用浮吊卸至支臂平台上，换钩翻身直立吊入门库并置于门底轨道上，安装侧导向轮、防倾支撑架和底滚轮等，采用卷扬机和调整系统的协同工作完成远距离构件的牵引移位作业，近距离构件通过浮吊直接按测放大样吊装就位，远距离构件逐一反向索引移位，依次就位对接。

5. 施工工艺流程及操作要点

5.1 工艺流程

5.1.1 弧形平面双开钢闸门属于大宽高比闸门，因体积大、吨位重，受起重设备、运输能力和“不阻航”等诸多因素的限制，采取厂内分段制作、工地整体拼装，相关参数见表5.1.1。

弧形平面双开钢闸门和支臂技术参数 **表5.1.1**

项　目	参　数	
位　置	弧形平面双开钢闸门	支 臂
底高程近期为（m）	-1.00	3.5
底高程远期为（m）	-1.50	
长度（m）	58.357（展开长）	56.5
高度（m）	8.5	4.02
宽度（m）	3.5	
外弧半径（m）	60	
重量（t）	约 1150	约 650
主要材料	δ60、δ16、δ12　Q235B	φ520×18、φ245×15（30）、φ203×15 无缝钢管
结构形式	圆弧箱形结构（双向面板）	三角形桁架
支铰结构	铸钢铰链、铰座、自润滑球关节轴承	
启闭方式	600kN 卷扬式启闭机双向牵引，沿平面弧形轨道滑动运行	
焊接形式	对接、角、组合焊缝现场全位置焊接	
止水形式	中缝油尼龙+V 形橡皮止水	
	底 L 形、侧 P 形橡皮止水	

5.1.2 本工法着重介绍弧形平面双开钢闸门的移位和主要部位的安装、控制方法，其安装工艺流程见图5.1.2。

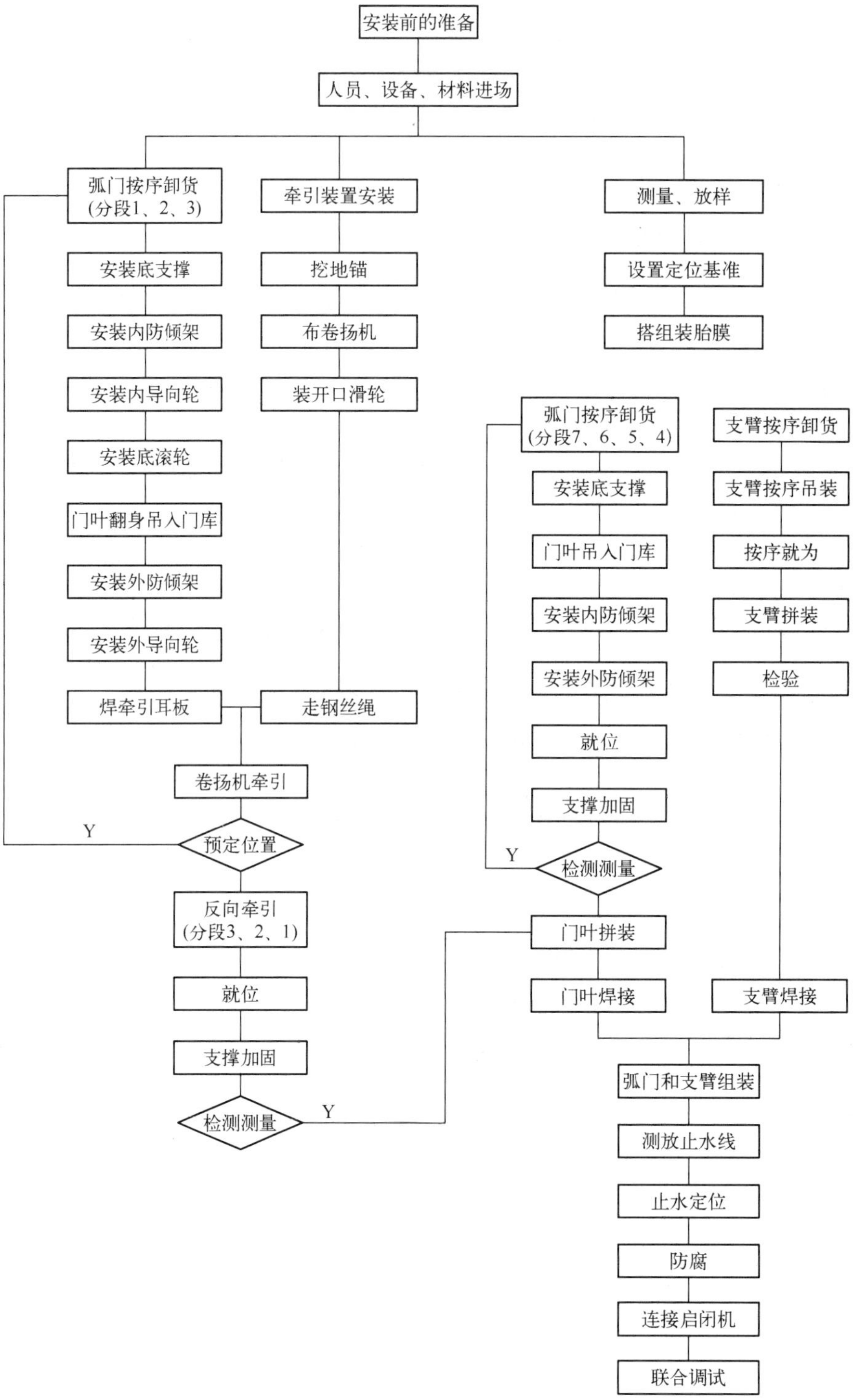

图5.1.2　安装工艺流程图

5.2 操作要点

5.2.1 准备工作和测放控制线

1. 编制安装方案，包括卸船方案、吊装方案、移位方案、就位方案等；组织各工种负责人勘探现场，学习安装方案等有关文件。

2．在建筑物沉降稳定之后，安排部分人员先期进场，清理安装场地，组装及工作场地要求坚实平整，所有地面及空中障碍物清除干净。

3．安排施工人员、设备进场，进行现场的布置，确定进场构件的堆放位置、运输通道和门体吊装位置等。准备好安装过程中所需的辅助材料、工器具等，工器具和辅材用量参见计划表。

4．清理工作面，校核高程线：底轨高程线、旋转中心高程线，计算埋设高程和设计高程的误差，确定消除误差的措施。

5．测放开门位置安装弧门和支臂的大样：中心线、内外弧曲率半径、门中尖角线、内弧转角线、外弧转角线、门端控制线、弧门分节就位控制线、支臂分节就位控制线、支臂与门体对接控制线、门中止水控制线、侧止水控制线、旋转中心等。由于弧形平面双开钢闸门的安装要求高，安装控制测量网点是闸门安装几何位置的控制依据，样点的放设和测量工作很关键。

6．测放开门位置安装时分节弧门和支臂的接缝位置，在各分段处设置就位控制线。弧门底轨宽度为1m，弧门宽度为3.5m，底轨高出地面0.5m，混凝土伸缩缝处渗水，地样不好测放，在轨道内、外弧侧铺设支撑胎架，在胎架上铺设辅助承压钢板进行放样。

5.2.2 牵引装置安装

1．起重人员进行现场的布置，根据浮吊的起吊能力，需移位构件的运行轨迹等，确定牵引装置的安装位置，见图5.2.2。

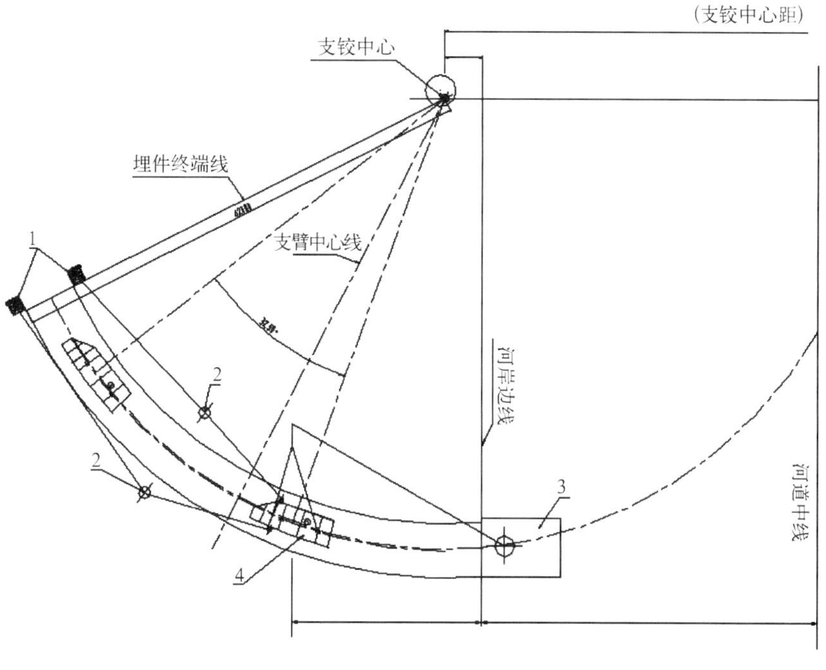

图5.2.2 卷扬机牵引装置和调整装置图

1—卷扬机牵引装置；2—调整转向装置；3—160t浮吊；4—1号移位门叶

2．弧门共分7节（门端为1号，门中为7号），受通航河道通航的影响和水深的限制，采用160t浮吊，需移位的分节弧门为最远端的1号、2号、3号，门叶支撑在底轨上移位，重心偏上，最终确定牵引装置安装在弧门门库顶部的最远端，内、外弧对称布置。

3．移位的最大分节弧门重量达98t，牵引装置采用2台5t卷扬机，并用调整装置进行转向。

4．进行门库顶部安装卷扬机位置的基础开挖，埋设固定卷扬机用的地锚，确定牢固后回填土，并压实、整平。

5．用16t汽车吊将卷扬机吊卸到埋设地锚的基础上，安装卷扬机，并与地锚连接牢固。

6．进行门库顶部中间位置安装调整装置的基础开挖，埋设地锚，确定牢固后回填土，并压实、整平。

7. 安装调整装置，走钢丝绳。

5.2.3 分节门叶、支臂吊装

1. 在分节门叶上确定临时吊耳位置后焊好临时吊耳，并根据分节门叶门体重量，配制钢丝绳：外弧侧2根，内弧侧2根，卸扣4只。

2. 对沿途运河航道的级别、桥梁的通航净高、船闸的通航净宽等水运工况进行调查和勘测，确定运输船舶为1500t甲板船2条，1000t甲板船2条。在船上放置配备的垫木，装船时将各分节的门叶和支臂平放于甲板垫木上，每2条船作为一个发运批次，往返对倒运输。

3. 准备一条160t、50m臂杆的浮吊，其性能参数见表5.2.3-1。

浮吊性能参数 **表5.2.3-1**

吊角	平伸距离	吊高	荷载	
65°	21.13m	45.32m	130t	50m吊杆时
60°	25m	43.3m	110t	
50°	32.14m	38m	85t	
45°	35.36m	35.36m	65t	

4. 现场吊装前对检修门侧止水采取局部堵漏，抽排主门库内的渗漏水，保证吊安装现场检修门库的底槛位置无水。

5. 用浮吊将闸门1号段平吊到▽3.5m平台上后，换位于门顶吊点，将门体调整姿态从平置改为竖立，吊竖立起来后转入弧门库已设定的位置，缓缓落下放置于轨道上，安装防倾导向架。

6. 吊装顺序：第一批次北侧，弧门门体部分：1号、2号、3号、7号、6号、5号、4号吊装，弧门支臂部分、支座、支臂分节1号、2号、3号、6号、4号、8号、10号、7号、5号、11号、9号，第二批次发运南侧，同样排号，弧形平面双开钢闸门和支臂分节工艺参数见表5.2.3-2。

弧形平面双开钢闸门和支臂分节工艺参数 **表5.2.3-2**

项目		工艺参数	
位置		弧形平面双开钢闸门	支臂
分节单元（节）		7节×2	11节×2
最大分节（t）		85	45
最大分节外形尺寸	长（m）	11.3	24.2
	宽（m）	3.8	3.64
	高（m）	8.5	4.02
拼装方式		外弧朝下卧拼	立模整拼
吊装方式		大型浮吊	
运输方式		大型平板车转运、水路运输	
焊接形式		对接、角、组合焊缝现场全位置焊接	

5.2.4 分节门叶移位

1. 分节门叶平吊到▽3.5m平台上后，在内弧侧安装4套防倾导向架和导向轮。

2. 分节门叶底箱梁位置焊接2只支撑架，安装底滚轮，材料为MGE复合材料，自润滑并能承载，能较好保证门体平稳移位。

3. 在滚轮与底轨接触的轨面上，沿运行轨迹涂抹黄油，以减少闸门牵引移位时的摩擦阻力。

4. 在门叶两侧加设牵引点，安装位置基本与牵引钢丝绳等高程，防止牵引时上拉或下倾。

5. 在门叶外弧侧安装4套防倾导引架，端部安装导向轮，保证门体在略有倾斜的状态下，较好地导向前行。

6. 利用调整装置的埋设环安装导引开口葫芦，并布置钢丝绳。

7. 利用门库顶端两侧设置的2台5t卷扬机，牵引门叶内外弧侧牵引点，进行牵引移位。门底滚轮沿弧门底轨缓慢转动，运行到指定位置。

8. 1号分节运行到位后，放置于弧门轨道上，搭焊固定支撑架，拆除导向架和导向轮。

9. 按同样方法移位2号分节和3号分节。

5.2.5 门叶组装

1. 复核开门位置安装弧门的大样：中心线、内外弧曲率半径、门中尖角线、内弧转角线、外弧转角线、门端控制线、弧门分节就位控制线、旋转中心等。

2. 根据以支铰中心测放出的门叶就位大样，定出末端固定位置、搭焊靠山。

3. 分节弧门7号、6号、5号、4号段由浮吊依次直接吊入门库入位固定，然后将3号、2号、1号段进行反拉牵引移位，再依次进行对接固定。

4. 分节门叶直接搁置在弧门底轨上拼装，拼装基准以地样为准，并按平面控制大样就位。

5. 曲率半径以外弧面为准，控制其垂直度，保证符合规范要求。在确保垂直的前提下，控制曲率半径、南北侧尺寸统一，并控制到最小偏差。

6. 在拼接6号、2号分节门叶时，控制支臂中心相对位置尺寸，确保支臂与门体连接的中心位置相吻合。

7. 采用固定板连接弧门拼装接缝，控制焊接收缩和变形造成的尺寸偏差。

8. 整体组装符合施工图纸的外形尺寸和规范的要求后，进行焊接。

9. 整个门体全部拼焊结束后，进行对接缝的探伤检验。

5.2.6 支臂组装

1. 根据门体大样放出开门位置安装支臂的大样：中心线、支臂分节就位控制线、支臂与门体对接控制线、旋转中心等，确保支臂与门体对接线相吻合，便于与门体连接就位。

2. 弧门门枢根据弧门底轨高程确定其相对高程，按设计尺寸就位固定牢固后浇筑支铰预埋件。

3. 在支臂各分节处铺设承压钢板，南、北各13块，支臂分段接缝处下方挖700~800cm深坑，便于焊接操作。在钢板上立大于支臂宽度的胎架，控制高程与水平至设计要求。

4. 将公路运输到位的支铰座和铰链组件，用吊车配合安装就位。

5. 用浮吊直接吊1号段与铰链连接并就位固定，将7号段吊放置便于吊车吊装配合的位置上，其余2号、3号、4号、5号、6号、8号、9号、10号、11号分段分别吊放到▽3.5m平台上，并按大样位置初步摆放到位。

6. 支臂的安装顺序为：1号段、2号段、3号段、6号段和7号段拼装焊接，其他待弧门拼装焊接结束后，再与弧门连接。

7. 分别就位8号和11号段、9号和10号段，最后与门体连接定位的为4号和5号段，其连接方式接缝处采用固定板连接。

8. 施工过程的偏差调整：确定安装的先后顺序，先安装可调部分，后安装固定部分，先安装部分的偏差调整采用钢结构焊接常用的千斤顶顶压调整和火焰调整，待可调整部分安装到位后再进行固定部分构件和组件的安装。

9. 检查各部分尺寸符合要求后施焊，施焊结束拆除固定板，清理现场并打磨。

10. 进行探伤检验。

5.2.7 支臂与门体对接

1. 拼装就位时控制南北岸曲率半径一致，并在南北岸等温时操作，严格控制南北岸弧门和支臂因日照、温差等造成结构在整个安装过程中无序变形影响（这种变形并非计算机所能精确模拟）产生尺寸偏差。

2. 闸门、支臂的防腐严格按照防腐工艺要求进行，每道工序都有质检、监理进行检查并有跟踪检测记录。

3. 对整个弧门外表面进行喷砂、喷锌和油漆防腐处理，弧门内表面补油漆防腐处理。在▽3.5平台地砖贴完，对支臂表面进行最后一道面漆的防腐处理。

5.2.8 止水定位安装

1. 由于水下工程验收结束后，河道已正式通航，南、北岸门需在独立门库进行底、侧和中缝止水的安装，故测放底、侧止水控制线，门中止水控制线时的基准选择，以及对测量数据结合起来进行数据分析至关重要。

2. 首先进行中缝止水的定位。实测南、北岸旋转中心的相对尺寸。控制外弧面和中间止水座面的垂直度与平面度，保证南、北岸弧门相对尺寸的统一，确保满足规范要求，其止水结构见图5.2.8–1。

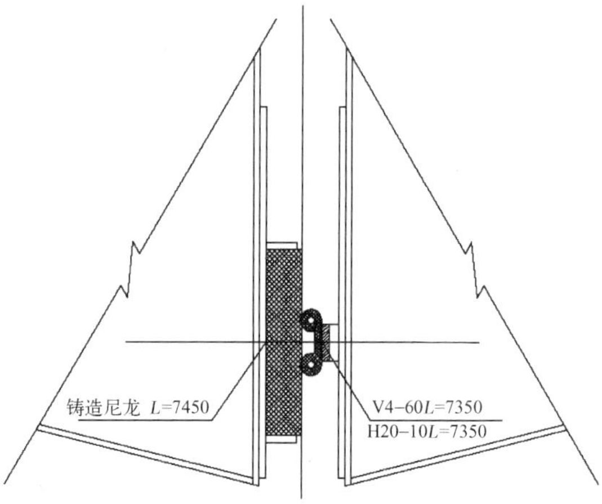

图 5.2.8–1 中缝止水结构图

3. 控制弧门侧止水座的位置，与已埋铁件的吻合度，并根据实际尺寸进行理论分析，最终确定安装位置，其结构见图5.2.8–2。

4. 底止水既长又薄，控制弧门底止水座的位置，与已埋底轨的吻合度，并根据实际尺寸进行调整，最终确定安装位置，其结构见图5.2.8–3。

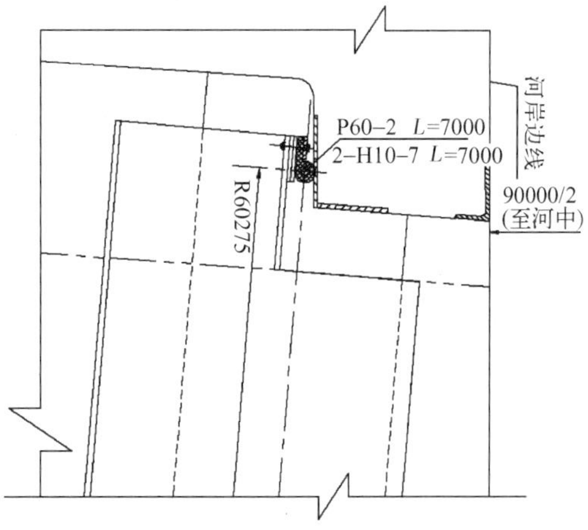

图5.2.8–2 侧止水结构图

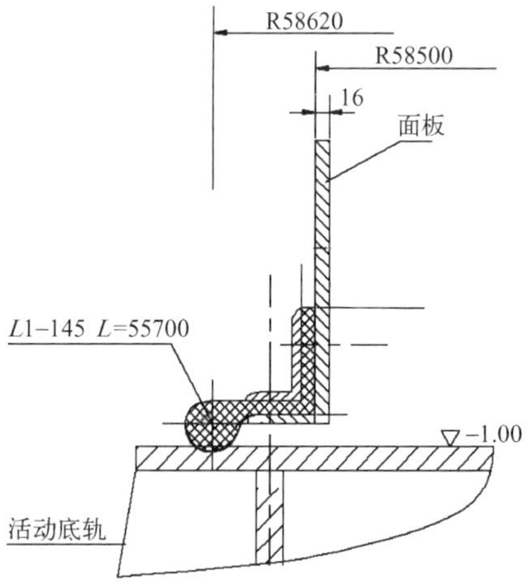

图5.2.8–3 底止水结构图

5. 报验合格后，穿钢丝绳与启闭机连接，并安装底止水、侧止水等附件。

5.2.9 充排水系统安装

1. 检修门库内充排水辅助系统采用DFLZ150–20立式自吸泵（Q=200L/h；H=32m），南北岸各安装2台，共计安装4台泵；主弧门充排水辅助系统采用100WFB–A立式自吸泵，每扇弧门每个设备舱安装2台，共计安装8台泵。

2. 充排水系统均采用立式自吸泵，并且为一主一备，必要时2台水泵可同时开启，由自动化集中控制也可现地柜手动控制。

3. 清理安装现场，根据水泵安装布置图和管路走向图，在底板上测放安装大样和控制线，作为水泵和管路的定位基准。

4. 管路穿越外墙时用钢制套管方式进行止水处理，防止水沿钢管渗入室内。管路用角钢和膨胀螺栓组成的支架固定，管路埋设定位后，进行1.5倍工作压力水压试验30min，不产生渗漏后对管口封堵。

5. 充排水辅助系统安装完毕后进行水压试验，试验压力为1.5倍工作压力，试验10min，不产生渗漏变形。

6. 在试验过程中，水泵各转动部分响声正常，轴承等温度不超标，检查充排水辅助系统设备无漏水、渗水、变形等。

5.2.10 卷扬式启闭机安装

1. 清理现场，根据启闭机安装布置图，在底板上测放中心位置大样和控制线。

2. 用浮吊将启闭机主副机架分别吊装到位，调整启闭机位置，根据吊点中心线找正其纵、横中心线偏差不应超过 ± 3mm。用水准仪测量机架控制面高差其偏差不超过 ± 5mm、水平偏差不大于0.5/1000。

3. 对减速箱、开式齿轮和轴承按要求加注润滑油或润滑脂。对启闭机滑轮组、各部位传动部件的间隙、同心度、同轴度等进行调整，至符合设计及规范要求。

4. 进行启闭机制动器、减速箱、电动机的调整。确保制动器制动灵活有效；减速箱不漏油，无异响振动（噪声≤85dB）；电动机三相电流不平衡度不超过10%，温升不超过规定值。

5. 检查开式齿轮啮合情况，制动轮跳动情况。用塞尺检查齿轮侧间隙、空载宜略小于保证间隙，以确保在正常运行时得到保证间隙，用百分表检测制动轮跳动，不大于100um。

6. 安装启闭机启门和闭门钢丝绳，钢丝绳的牵引用卷扬机进行，安装锥形座和导向滑轮，钢丝绳由导向滑轮向主弧门过渡连接。

7. 锥形套浇锌，安装配重块，张紧装置适度拉紧钢丝绳，锥形套入套就位。

5.2.11 联合调试

1. 南、北两岸检修门库和主弧门设备舱内充排水设备调试。手动闸阀全部打开，电动充水闸阀开启至全开，向主门库充水、排水，反复试验几次，直至动作灵敏、工作可靠。

2. 对工作泵和备用泵分别进行调试，调试过程泵运转正常。

3. 调试结束后，手动闸阀全部打开，电动充水闸阀开启至全开，主门库充水至高程3.40m，关闭电动充水闸阀。设备舱按下游水位高程3.50m进行压水，舱内水位高度值将底甲板面高程设定为0.00m，水舱水位控制参数见表5.2.11。

弧形平面双开钢闸门水舱水位控制参数表 **表5.2.11**

下游水位（m）	浮箱中水位高程（m）	
	对轨道压力为100t时	对轨道压力为150t时
3.5	0.59	0.9
3.7	0.84	1.13
3.9	1.07	1.34
4.1	1.29	1.55
4.3	1.49	1.64
4.5	1.58	1.84

续表

下游水位（m）	浮箱中水位高程（m）	
	对轨道压力为100t时	对轨道压力为150t时
4.7	1.78	2.04
4.9	1.98	2.24
5.1	2.18	2.44
5.3	2.38	2.64
5.5	2.58	2.84

4. 对冲淤系统能效性进行了检验，水舱水位调节能力进行了测定。

5. 主弧门和卷扬式启闭机联合系统调试。主门库充水至高程3.40m左右，进行平面弧门和卷扬式启闭机的联调试验。

6. 联调试验在主门库内进行，测试启闭机和主弧门运行稳定。监测到各机构电动机及电气设备运转时无异常声响，电机及各轴承处无异常发热。

7. 整定闸门开度仪全开、门库内行走位置极限的数值，固定极限位置行程开关。

8. 调试结束，将弧形平面双开门牵引到开度为零的设定位置，做好调试过程记录，为试运行提供参数保障。试运行工艺流程见图5.2.11。

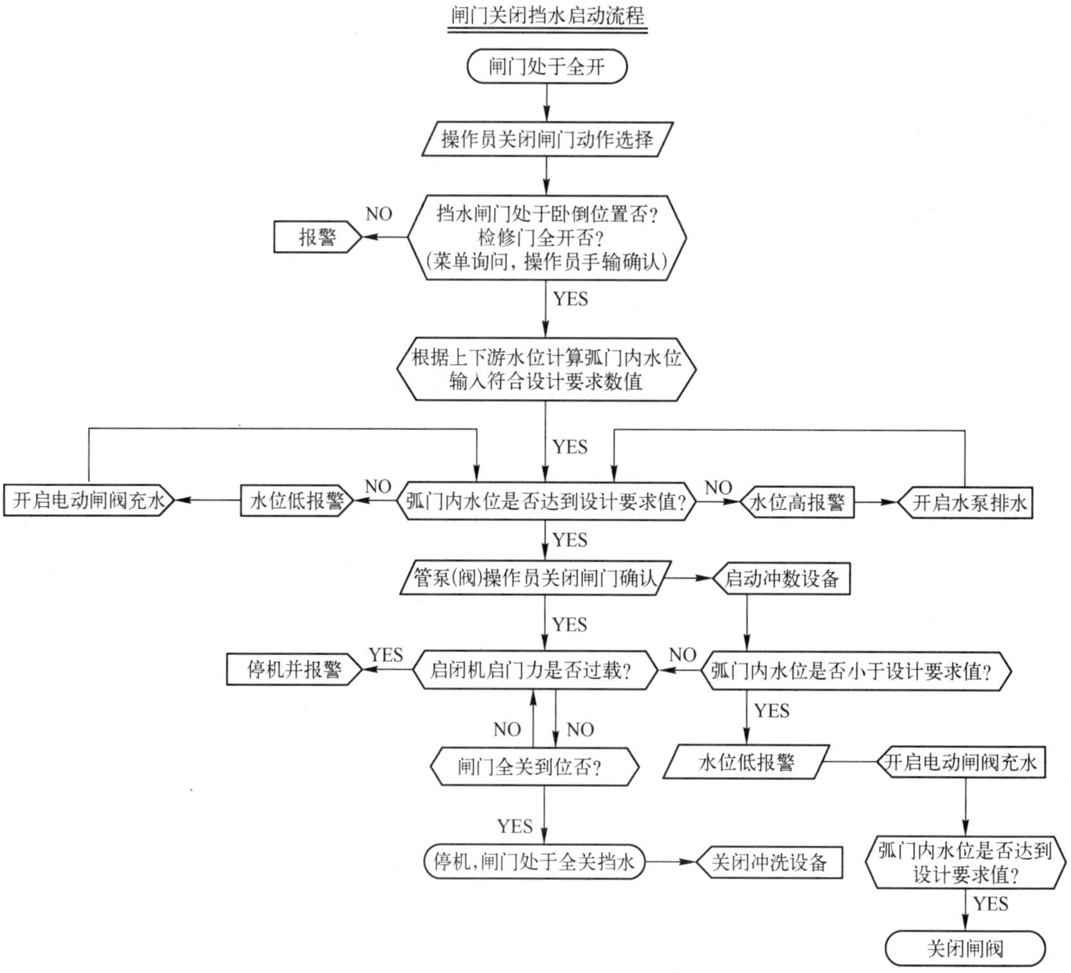

图5.2.11 试运行工艺流程图（一）

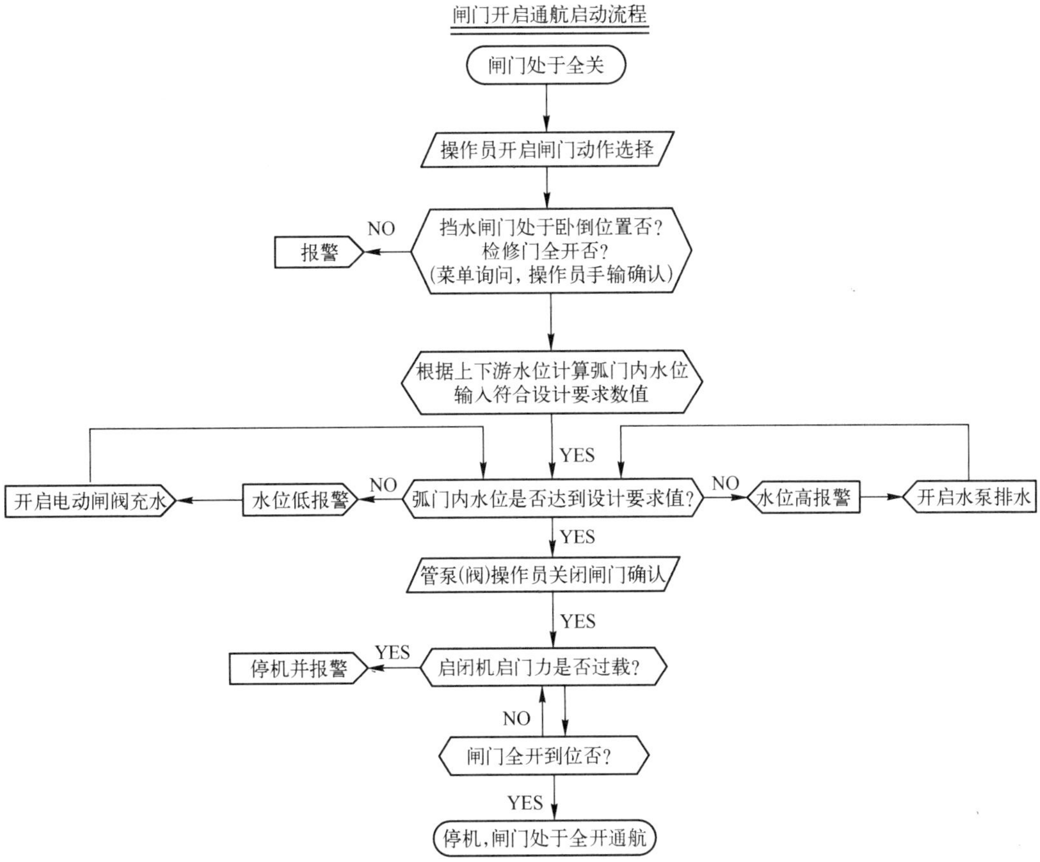

图5.2.11 试运行工艺流程图（二）

5.3 劳动力组织

本工法的劳动力组织根据南、北两岸平面弧形双开门需分期吊装、同步安装，且工期紧的特点配备。

5.3.1 组织机构（图5.3.1）

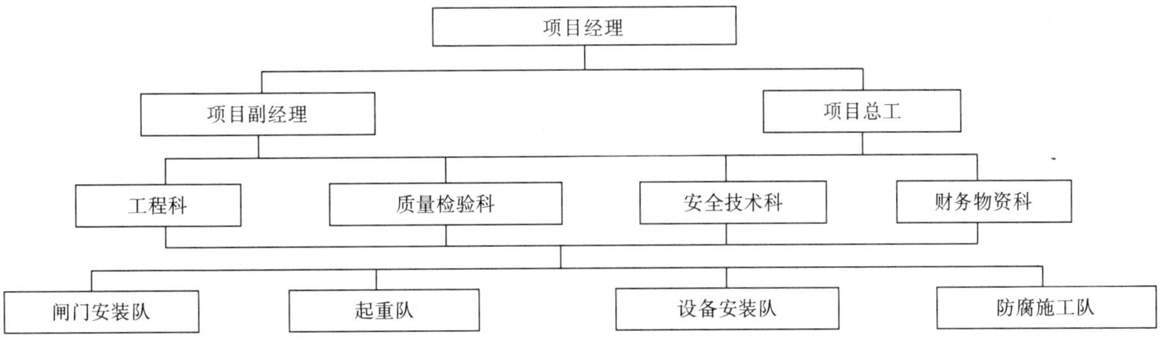

图5.3.1 组织机构示意图

5.3.2 施工人员（表5.3.2）

施工人员一览表 **表5.3.2**

序号	岗　位	人员	序号	岗　位	人员
1	项目经理	1人	5	施工工艺工程师	2人
2	项目副经理	2人	6	焊接工程师	1人
3	项目总工	1人	7	起重吊装工程师	1人
4	项目安全工程师	1人	8	焊接专职检验员	2人

续表

序号	岗　位	人员	序号	岗　位	人员
9	钢结构专职检验员	1人	17	电工	2人
10	防腐专职检验员	1人	18	设备保障	1人
11	专职安全员	2人	19	辅助工	20人
12	焊接	20人	20	采购员	1人
13	起重	12人	21	仓库保管员	2人
14	闸门安装	36人	22	后勤	4人
15	防腐队	5人	23	财务	1人
16	测量放样员	1人			

6. 材料与设备

6.1 在设备和材料订货前，正确选择生产厂家的产品，在签定合同时明确有关的技术要求和随行技术资料，在施工过程中，严格按产品的有关要求进行施工。

6.2 材料

6.2.1 全部钢材材质为Q235B，钢板厚度12～60mm不等，无缝钢管直径ϕ203～ϕ520不等，用钢量约1800t。

6.2.2 本工法所用到的主要钢材，均有出厂合格证和检测报告等，材料进厂后进行了现场见证、抽样检查，并出据检验报告。

6.2.3 本工法所用到的焊条：均满足《碳钢焊条》GB 5117-85、《不锈钢焊条》GB 983-85、《焊接用钢丝》GB 1300-77《碳素钢埋弧焊用焊剂》GB 5293-85等标准和规范的要求。

6.3 机具设备

本工法的机具设备，按南、北两岸弧形平面双开钢闸门分期吊装、同时安装的特点考虑，因受现场条件所限，弧形平面双开钢闸门事先在厂内分段制作好，然后船运到现场吊装入门库，现场不再另设构件制作场地，机械设备见表6.3。

机械设备一览表 **表6.3**

序号	名　称	规 格 要 求	数量	备　注
1	浮吊	50m 臂杆，160t	1艘	起重设备
2	汽车吊	50t	2辆	
3	千斤顶	100t	9只	
4	开口	5t	4只	
5	卷扬机	5t	2台	
6	撬扛		12根	
7	卸扣D型	d=60，$d1$=70		
8	大型运输船	39m×9.7m	4艘	运输设备
9	大型平板车		2辆	
10	空压机	12m^3/75kW	1台	防腐设备
11	喷涂设备		1套	
12	探伤机			检测设备

续表

序号	名　称	规 格 要 求	数量	备　注
13	手拉葫芦		8只	安装设备
14	滑轮组		5只	
15	卧式千斤顶		6只	
16	空压机	$0.6m^3$	2台	焊接设备
17	CO_2焊机		10台	
18	硅整流焊机		2台	
19	焊条烘箱		2只	
20	碳刨机		2套	
21	交流焊机		10台	
22	通风设备		6套	
23	全站仪		1台	装配设备
24	经纬仪		1台	
25	水准仪		2台	
26	三维仪		1台	
27	千斤顶	30t	12只	
28	千斤顶（矮型）	20t	16只	
29	等高铁	300×400×400	28只	
30	花篮螺栓	M20	60只	
31	扳手		8套	根据螺栓配
32	拉马		20只	
33	潜水泵		2只	

7. 质 量 控 制

7.1 质量要求

7.1.1 弧形平面双开钢闸门的安装满足《钢结构工程施工质量验收规范》GB 50205-2001的相关要求。

7.1.2 弧形平面双开钢闸门的安装满足工程设计技术文件的相关要求。

7.2 质量标准及检测方法

弧形平面双开门安装检测项目、允许偏差和检测方法参照表7.2。

弧形平面双开钢闸门安装检测项目、允许偏差和检测方法表　　表7.2

序号	检　测　项　目	允许偏差（mm）	设计值（mm）	实测值（mm）	检验方法
1△	支臂中心与铰链中心吻合度	2		0.5	全站仪测量
2	支铰中心至外弧面板曲率半径（R）	±10	60000	59997、59998	全站仪、钢尺测量
3△	支铰中心至面板外缘两侧半径相对差	10		3	全站仪、钢尺测量
4△	支铰中心对孔口中心距离（b）	±3.0	50000	50000、50001	全站仪测量
5Δ	门叶顶甲板平面度	2		0.5、0、1.0	水准仪测量
6	门叶箱形梁体扭曲度	3		1	用钢尺量
7Δ	门叶底横梁平面度	2		1.5、0.5	水准仪测量
8	门叶内、外弧面板纵向垂直度	2		1.0、1.0	吊线垂、用钢尺量
9	门叶分段接缝错位	≤1.0		0.5、0、0.5	用钢尺量
10	门叶高度	±3	5027	5026、5024	用钢尺量

续表

序号	检测项目	允许偏差（mm）	设计值（mm）	实测值（mm）	检验方法
11	门叶宽度	±2	3500	3498、3501	用钢尺量
12	南、北岸门体相对高差	1		0.5、0.5	水准仪测量
13	底止水橡皮压缩量相对设计压缩量	−1		−1	比较
14	侧止水橡皮压缩量相对设计压缩量	−1		−1	比较
15△	侧止水橡皮与预埋件吻合度	符合图纸或规范要求		符合	观测检查
16△	中缝止水橡皮与承压块吻合度	符合图纸或规范要求		符合	观测检查
17	支臂铰链座与支座连接吻合度	符合图纸或规范要求		符合	用塞尺量
18△	底滑块与底轨的接触度	符合图纸或规范要求		符合	用塞尺量
19	现场拼装一、二类焊缝	符合图纸或规范要求		符合	X光、探伤检查
20	现场焊缝外观检查	符合图纸或规范要求		符合	观测、煤油检查

注：因本程设计为全国水利工程之最，在国内尚无运用先例，目前还没有现成的检测记录表样式可以借鉴；
本工法所用检测记录表中检测项目、允许偏差均为设计、监理和施工单位共同制订，并报江苏省质检站最终认可。

7.3 质量控制

7.3.1 建立健全规章制度，落实各项责任措施，编制了《京杭运河常州市区改线段钟楼防洪控制工程质量管理办法》和《京杭运河常州市区改线段钟楼防洪控制工程质量管理实施细则》。

7.3.2 建立该工程质量责任人网络，明确各层次的质量责任人，实行工程质量终身负责制，并对该工程质量责任人网络报质检站存档备案，随工程建设的不断进展，适时增加相关质量责任人。

7.3.3 施工人员进场进行技术交底，熟悉图纸和规范要求，严格按照施工图尺寸和工艺进行施工。树立“质量第一、争创精品”的理念，创“优质工程”的目标。

7.3.4 加大检测设备、仪器的投入，做好温控措施和检测仪器的标识，并增加检测频率。

7.3.5 运用主动的动态控制方法，跟踪金属结构制作、安装的全过程。

7.3.6 把质量责任落实到每一个环节、每一道工序和每一个人员，切实加强超大型弧形闸门的尺寸控制、焊接质量控制和预埋件的制作、安装精度控制等。

7.3.7 质检员严格按照标准检验，把好每一个关键点，执行“三检”制度，一次报检合格率达98%以上。

8. 安全措施

8.1 结合工程施工实际，实施了工程安全事故月报表制度，组织编制了本工程安全生产措施方案和安全生产事故应急救援预案。

8.2 成立了安全生产工作领导小组，建立安全生产责任网络，明确了安全生产责任人，同时吊装作业现场配备专职安全员，负责做好安全教育、安全检查及安全技术交底。

8.3 起重作业人员经过特殊性工种培训，有上岗证，严格按照操作规程执行。起重作业人员和安装人员进场前进行安全技术交底，明确分工和责任、规程的要求。

8.4 邀请专家组对多种吊装方案反复比较，并对最终确定的安装方案进行可行性认证，同时对安装过程可能产生的意外情况进行细致的分析和预测，制订了详细的应急预案，确保工程万无一失。

8.5 对分节闸门运输、吊装和移位拼装方案进一步细化，充分估计可能发生的每一个细小问题，每个过程、各项程序、每道工序均严格审核把关，超前谋划，确保吊装、移位顺利完成。

8.6 分节门叶较大、吨位较重，吊装时选择符合安全规定的起重设备。起吊重物时，预先进行试吊，试吊高度约50cm，试吊发现无危险、重心找准稳定时进行正式吊装。

8.7 运用动态控制方法，门叶移位过程中，有专人指挥， 专人跟踪门叶移位、安装就位的全过程，监测防倾架和底滚轮的运转。牵引过程中卷扬机周围设置警示标志，钢丝绳工作周围严禁站人等。

9. 环 保 措 施

9.1 认真学习环境保护法，执行当地环保部门的有关规定，接受环保部门的监督管理，督促本公司员工自觉做好环境保护工作。

9.2 加强工区内社会治安环境的治理，搞好与工地周围群众关系，工地实行封闭管理，创造安定的施工和生活环境。加强现场作业及生活环境的卫生、文明状况的管理；提高职工就餐、居住条件，划分若干个卫生包干区，包干到班组，落实责任人，并定期检查评比；定期对员工进行健康检查，保障职工的身体健康。

9.3 加强工区内及现场作业环境管理，施工作业做到不扰民，现场门叶和支臂堆放、施工机械停放整齐、有秩序，临建房屋、各种管道等设施按设计规定进行布置。

9.4 门叶和支臂喷砂、喷锌施工时进行必要的遮挡，以防扬尘飘出，污染周围环境。风力大时停止施工，做到不影响周围群众的健康生活。

9.5 保护施工现场的环境，对施工垃圾定点堆放及时清理，不污染周边环境。工程竣工结束撤场时及时、全面的清理施工现场，做到施工垃圾的无害化处理。

10. 效 益 分 析

10.1 经济效益

10.1.1 本工法的经济效益主要表现在：质量易于控制、安装速度快捷，降低安全事故的发生率，节省了安装费用和建设投资。

10.1.2 直接效益

在常州钟楼防洪控制工程超大有轨弧形平面双开钢闸门安装过程中，采用在独立门库移位安装的方案，直接为公司节约安装经费约45.496万元。

弧形平面双开钢闸门安装工日、经费统计表　　表10.1.2

项目名称	安装子目	安装时间（2008年）	安装工日	安装单价（元/天）	安装经费（元）	备注
平面弧形双开门	吊　装	3.24～4.16			285000	浮吊
	北岸门移位	3.24～3.30	189	90	17010	
	北岸拼装	3.25～4.10	1207	90	108630	
	南岸门移位	4.6～4.12	154	90	13860	
	南岸门拼装	4.7～4.22	1136	90	102240	
	焊　接	3.25～5.30	1220	90	109800	
	50t汽车吊				140000	配合
	16t汽车吊	3.24～6.28			108000	配合
	消耗性材料等				100500	
	合　计				985040	

如果在常规“阻航”状态即关门位置下安装，需安装经费约：

800元/t×1800t=1440000元；

则直接节约安装经费约：

1440000元−985040元=45.496万元。

10.1.3 间接效益

苏南运河是江苏南部地区内河水运大动脉，京杭运河常州段会长44.5km，据统计，该段航道货运量近12年来以年均9.8%的速度增长，2004年货物通达量达16876万t，日货运量达47万t。按每船增加过闸时间10min计，船速10km/h，按现行货运价2000元/万t·km计算，多年年平均增加运费：

16876万t×10/60h×10km/h×2000元/万t·km=5636万元。

如果在常规“阻航”状态即关门位置下安装，则从2007年12月28日通过水下工程验收，至2008年6月28 日通过试运行验收， 共计约需延长安装时间180d，则会因此带来通航货运运费损失约为：

5636万元/年×180d/365d≈2780万元。

10.2 社会效益

10.2.1 本工法能够解决通航河道中航运“不阻航”、在独立门库安装施工的问题，能较好的解决水利、交通工程交叉施工的问题。

10.2.2 超大有轨弧形平面双开钢闸门在独立门库移位安装施工，国内尚无运用先例，采用本工法保证了工程的顺利实施，有利于企业扩大自身的知名度，增加企业本身的竞争力。

10.2.3 该工程设计为全国水利工程之最，为今后设计向大型化、新颖化方向发展，大胆构思、设计同类型大跨度、大型水工钢闸门安装开拓了思路、提供了范例。

11. 应用实例

京杭运河常州市区改线段钟楼防洪控制工程

11.1 工程概况

常州钟楼防洪控制工程是苏南运河常州市区段改线后，新增建的武澄锡西控制线防洪控制性工程，位于常州市钟楼区西林街道境内。根据“不设梯级、不阻航、特大洪水断航，远景预留船闸位置”的建闸原则，工程规模按预留扩建Ⅲ级航道标准进行设计，闸孔净宽90m。经过技术经济比选，采用超大有轨弧形平面双开钢闸门结构型式。单扇闸门弧面半径60.0m，弧形门外侧面板总弧长58.357m；门底高程近期为－1.00m，远期为－1.50m，门顶高程6.5m。支臂采用3根ϕ520×18钢管组成的格构杆，长56.5 m，闸门加支臂重量约1800t。采用600kN卷扬启闭机双向牵引，在平面轨道上运行，闸门内设水舱，通过内置充排水系统自动调节舱内水量，准确控制闸门对轨道的下压力。平面布置见图11.1所示。

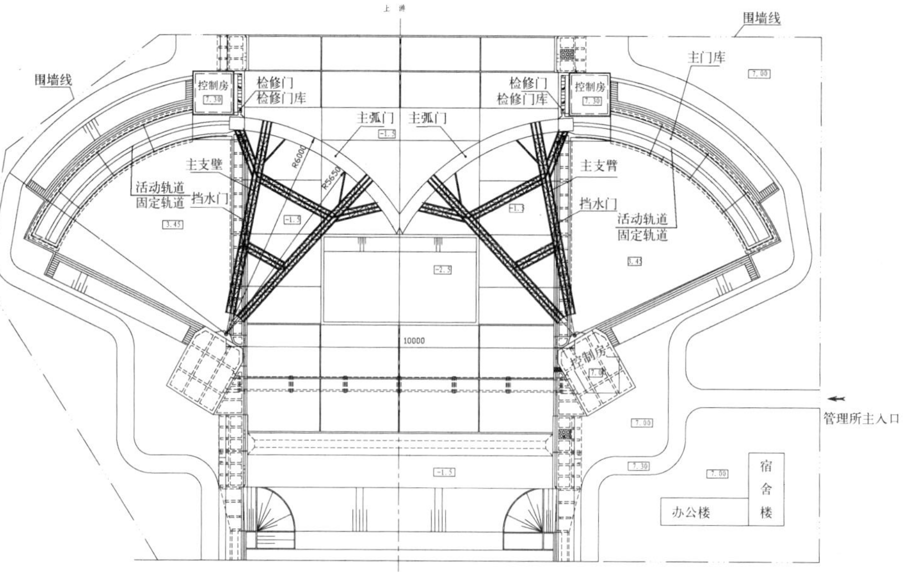

图11.1 平面布置图

11.2 施工情况

京杭运河常州市区改线段钟楼防洪控制工程钢闸门制造及安装工程于2007年7月20日发布招标公告，8月31日建设处与公司签定了合同协议书。水下工程部份工程量为：平面弧形闸门底轨约250m×2，共约246t；检修闸门底轨、侧轨、抗扭导轨共约43.5t；检修闸门2扇共约30t；检修闸门液压启闭机2台及其配套设施。

工程于12月27日顺利通过了江苏省水利厅组织的水下工程验收，经过突击拆除，12月31日围堰开始放水。提前实现放水通航目标，为保证京杭运河常州市区改线段整体工程建成通航作出了重要贡献 。

2008年3月20日平面弧形双开门厂内制作结束，通过水路运输至工地现场，3月25日160t浮吊进场吊装闸门和支臂；随接进入主弧门和支臂的拼装焊接、600kN卷扬式启闭机和充排水系统等设备的安装；5月30日开始分别进行了600kN卷扬式启闭机的负载试验、检修门库充排水系统试验、3.5m平台挡水门的翻倒试验和充排水系统试验、弧门充排水系统试验，检修门液压启闭机运行试验等，各项试验合格，设备运行状态良好。于2008年6月28日通过联合试运行验收，11月5日通过投入使用验收，具备汛期应急使用条件，为太湖流域的防洪安全提供了安全保障，工程于2010年6月25日通过竣工验收。

11.3 工程测评与结果评价

钟楼防洪控制工程钢闸门结构形式在国内是新颖独特的，尚无运用先例，在国际上虽有类似工程，但结构构造形式不同。此工法在钟楼工程中得以实际应用，取得了良好的经济效益和社会效益。

超大有轨弧形平面双开门安装完毕投入试运行，经现场原型观测后运行平稳、止水效果良好，在该工程中采用的施工新技术和新工艺，较成功地解决了闸门结构复杂、跨度大、支臂长的焊接问题，通航河道中航运与安装施工的矛盾问题，独立测量放样精度和止水定位位置度问题。

2009年5月7~8日，江苏省水利厅在南京组织召开了“超大有轨弧形平面双开钢闸门研制与应用”成果鉴定会。通过实地查勘现场，观看工程施工、运行录像，听取课题组汇报，审阅相关资料，最终形成如下鉴定意见：该研究成果为有轨弧形平面双开闸门的设计、制作、安装和运行提供了理论依据和技术支撑，取得了显著的社会和经济效益，并为平原水闸建设提供了范例。鉴定委员会认为，该研究成果处于国际先进水平。

渠道薄板混凝土衬砌施工工法

GJEJGF277—2010

安蓉建设总公司
陶然　韩冬杰　张仕超　黄强　李晓鹏

1. 前　　言

传统大型渠道衬砌工程施工工艺一般采用滑模浇筑混凝土或采用浆砌混凝土预制板衬砌。采用滑模衬砌时，混凝土的均匀性和外观平整度较差，施工速度较慢；采用浆砌混凝土预制板衬砌时，砌缝面积约占衬砌总面积的10%，存在砌缝砂浆开裂、缝内长草、衬砌体失稳破坏现象，混凝土衬砌层防渗作用降低。采用渠道薄板混凝土衬砌施工技术进行渠道薄板混凝土衬砌，机械化施工程度高，施工速度快，施工质量提到提高。

随着施工技术的不断革新，渠道混凝土衬砌设计厚度在逐渐降低，施工中出现了较多厚度在6～12cm的实例。薄板混凝土衬砌施工工法采用具有国际领先技术水平的渠道衬砌设备机械化施工，根据南水北调京石段应急供水工程直管第一施工标段施工实践证明，不仅能减少原材料使用量、人工投入，而且缩短了工程建设周期、产生了明显的经济效益。

2. 工 法 特 点

2.1　混凝土集中拌制。

2.2　对混凝土坍落度控制要求较高，一般控制在5～8cm。

2.3　施工效率高，在衬砌机正常运转、配合充分的情况下，最大混凝土浇筑量达$20m^3/h$。

2.4　采用渠道衬砌机施工，可选用振动碾压式衬砌机或振动滑模式衬砌机和相应配套机械。振动滑模衬砌机适应性较强，效率较高，衬砌质量容易保证，宜优先选用。主要的配套机械设备有削坡机、切缝机、填缝机和人工台车等。在坡长较短、衬砌厚度较小的情况下，可选用振动碾压衬砌机。主要配套机械设备有削坡机、混凝土布料机、切缝机、填缝机和人工台车等。渠底衬砌机械化施工应配备皮带式混凝土输送机或大型滑槽。

3. 适 用 范 围

适用于纵向坡比≤1%、横向坡比≤1：1的梯形断面渠道混凝土衬砌、河道堤防及坝高较低、坡长较短的水库大坝等薄板混凝土护坡工程施工。

4. 工 艺 原 理

振动滑模衬砌机（振动碾压式衬砌机工艺原理与此设备稍有不同）主要由行走系统、升降调整系统、框架结构、摊铺布料系统、振动成型系统和自动控制系统等部分组成，能自动完成坡面、坡顶和坡脚弧面及渠底衬砌混凝土上料、布料、振捣密实、挤压成型。

4.1　行走

衬砌机行走均采用导轨式。

4.2 升降调整

升降调整系统根据实际施工坡面液压调整。

4.3 布料

布料机系统有皮带机、螺旋布料器一套，可将混凝土从渠道顶部均匀地输送到渠底、坡角、渠坡和渠肩处，需人工辅助。

4.4 振捣、成型

振捣系统设有14套高频电动振捣器，其成型、振捣原理是：料仓内置12000Hz插入式高频振捣棒将混凝土内部气泡逸出，捣实、提浆，靠设备自重利用滑模板挤压成型。

4.5 抹面、压光

由于混凝土坍落度较低，振捣挤压成型混凝土表面不能满足外观要求，需用抹面机抹面，人工压光。

5. 施工工艺流程及操作要点

5.1 施工工艺流程

本工法施工工艺流程如图5.1所示。

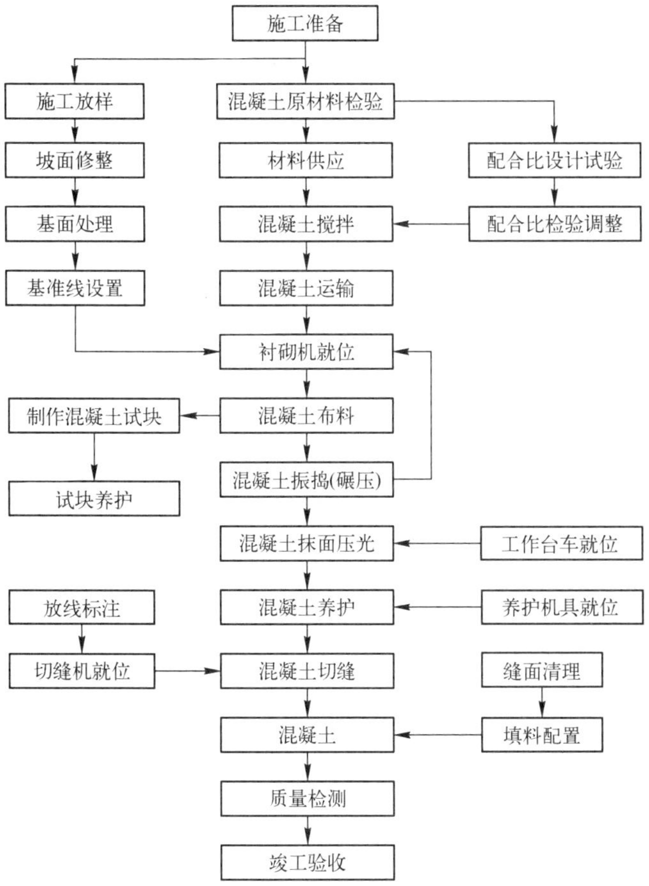

图5.1 施工工艺流程图

5.2 操作要点

5.2.1 原材料及配合比试验

水泥、粉煤灰、砂石骨料、水、外加剂等原材料的选用应符合设计和有关规范要求，同时骨料的最大粒径不大于衬砌混凝土板厚的1/3。

5.2.2 基准线设置

根据布设的导线控制桩、设计断面尺寸和衬砌机参数确定。

5.2.3 坡面修整

衬砌施工放样应按设计要求提前进行全断面的复核、修整，确保混凝土衬砌的施工质量。

5.2.4 生产性施工检验

施工前应首先进行生产性施工检验，检验长度不小于100m，应达到以下目的：

1. 检验施工系统机械性能和生产能力，检验与实际生产能力相匹配的配套机械性能；
2. 确定衬砌机工作速度、振捣时间，抹面、压光的适宜时间和遍数，切缝时间、切缝强度等；
3. 确定辅助机械、机具的种类和数量、劳动力数量、定岗，制定施工组织方案和施工工艺流程；
4. 检验新拌制混凝土坍落度、含气量、泌水量、水胶比等；
5. 明确现场施工组织安排程序及管理办法；
6. 确定衬砌混凝土面养护方法及效果；
7. 确定施工产量和进度，完善施工进度计划。

不同气温、日照、风力等条件下运输过程中的混凝土坍落度损失以及工作速度、抹面压光时间、切缝时间等应在后续施工中持续检验、修正。

5.2.5 拌制、运输

渠道衬砌混凝土应尽量采用就近布置的拌合站提供，避免运输距离过长造成坍落度损失过大。

在进行衬砌施工前，试验室必须提前进行砂石骨料的含水率、超逊径、表面温度等数据的检测，并根据砂石骨料的检测数据、当时的气温和运输距离及布料时间等，优化衬砌混凝土设计配合比，以确保入仓混凝土质量适应机械化施工要求。配合比参数严禁随意变更，当气候和运输条件变化时，可由试验室微调，使入仓坍落度保持最佳，保证衬砌混凝土机械化施工的工作性。混凝土入仓坍落度根据出机口坍落度和运输过程中的坍落度损失确定。同一座拌合楼每盘之间、拌合楼之间的混凝土拌合物的坍落度允许偏差应控制在±1cm。

在投入生产前，砂石骨料和胶凝材料等计量器具应经计量部门标定，拌合站配料计量偏差不应超过表5.2.5-1的规定：

拌合站配料计量偏差精度要求 **表5.2.5-1**

材料名称	水泥	掺合料	砂	石	水	外加剂
允许偏差（%）	±1	±1	±2	±2	±1	±1

外加剂采用后掺法掺入，外加剂应以液体形式掺加，其浓度和掺量根据配合比要求确定。

混凝土运输应选用载重容量不小于6m³的专用混凝土搅拌运输车，行驶速度应控制在10km/h以下，避免运输过程混凝土离析。场内应将重车送料和空车返回道路分设，避免对已成型衬砌混凝土板产生扰动。在高温或低温季节施工时，混凝土搅拌车应采取相应的防晒、保温措施，严禁运输过程加水。

混凝土搅拌运输车辆数量可依据所有拌合站每小时生产能力、混凝土运距、车辆行驶速度、运输车载重能力进行配置，可按式（5.2.5-1）估算确定，但不得少于2台。

$$N=\frac{2k\gamma_c Q}{v_j\rho\xi} \tag{5.2.5-1}$$

式中 N——搅拌运输车总数（辆）；

K——最长单程运输距离（km）；

γ_c——新拌混凝土的密度（kg/m^3）；

Q——所有搅拌楼的每小时拌合能力（m^3/h）；

v_j——车辆的平均运输速度（包括卸料时间）（km/h）；

ρ——汽车载重能力（kg/辆）；

ξ——车辆完好出勤率（%）。

混凝土拌合物从拌合楼出料至卸料入仓完毕的最长允许运输时间应执行相关规范规定，可参照表5.2.5-2确定：

混凝土拌合物最长允许运输时间 **表5.2.5-2**

施工温度（℃）	允许最长运输时间（h）
5～18	1.75
19～28	1.5
29～33	1.25

5.2.6 摊铺布料及衬砌施工

1. 衬砌施工前，应对施工现场以下项目进行检查：

垫层、基面验收合格；

校核基准线；

拌合系统运转正常，运输车辆准备就绪；

模板、工作台车、养护洒水等施工辅助设备状态良好；

衬砌机设定到正确高度和位置，空载试运行正常；

检查衬砌板厚设置，板厚与设计值的允许偏差满足相关要求。

2. 应安排专人负责指挥布料。布料前质检员检测混凝土拌合物的坍落度、含气量、入仓温度等。混凝土运输车辆卸料时，混凝土自由下落高度应小于1.5m。采用螺旋布料器布料时，料位的正常高度应在螺旋布料器叶片最高点以下，但不应缺料；采用皮带输送机布料时，应保持各料仓的料量均匀。渠道坡脚处、坡顶和模板两侧等部位，需采用人工辅助布料摊平，软轴和平板振捣器振捣。

3. 衬砌机宜沿渠坡自下而上匀速连续工作。

4. 衬砌施工过程中应经常检查振捣棒的工作情况，如发现衬砌后的板面上出现露石、蜂窝、麻面或横向拉裂等现象，必须停机检查、修理或更换振捣棒，并对已浇筑混凝土进行处理。

5. 布料过程中不能出现离析现象。必须控制布料强度与振捣时间匹配，不过振、漏振或欠振，达到表面出浆，不出现露石、蜂窝、麻面等。

6. 衬砌机料仓内应保持充足的混凝土，仓内混凝土料位应高于振捣棒20cm。

7. 进入弯道施工时，应保证衬砌机始终与渠道上口线保持垂直工作状态。

8. 衬砌施工停机处理。

施工过程中停机中断施工时，应进行以下作业：

停机同时解除自动跟踪控制，升起机架，将衬砌机驶离工作面，清理粘附的混凝土，整修停机衬砌断面，同时保养衬砌机。

当衬砌机出现故障停机时，应立即通知拌合站停止生产。在故障排除时间内衬砌机内混凝土尚未初凝，允许继续衬砌。停机时间超过2h，应将衬砌机驶离工作面，及时清理仓内混凝土，故障出现后浇筑的混凝土需进行严格的质量检查，并清除分缝位置以外的浇筑物，为恢复衬砌作业做好准备。

5.2.7 抹面压光

衬砌成型后的混凝土宜采用工作台车，视气温、风速情况在混凝土初凝前抹面，以满足渠道糙率要求。操作人员穿平底鞋，踩在混凝土面上操控抹面机施工。抹面机施工时采用自下而上，由先浇面至后浇面有序搭接，机械抹面3遍。

初凝前应及时压光，以消除表面气泡，使混凝土表面平整、光滑、无抹痕。人工用铁抹子压光。施工人员必须穿软平底鞋，且鞋底要干净，没有渣土。压光应由渠坡横断面最初施工的一侧向另一侧推行，在施工时应随时用2m直尺检查，对不符合要求的及时处理，确保表面光滑平整。压光时禁止洒水湿润。

5.2.8 养护

混凝土浇筑完毕后，及时喷洒养护剂进行初始封闭保水养护，浇筑完毕后6～18h之间开始洒水养护，并覆盖棉芯膜。经常观察混凝土表面湿润情况，及时补水，应保证湿润养护不少于28d。

5.2.9 特殊气候施工

一般当风速大于6m/s时，应适当调整混凝土外加剂的掺量和用水量，确保混凝土入仓时的坍落度满足施工要求，同时应对混凝土表面喷雾养护。

日最高气温超过30℃时，宜选择在早晨、傍晚或夜间施工，并采用添加缓凝剂、控制水温等措施；当现场气温超过35℃时，应停止施工。

当日平均气温连续5d稳定在5℃以下或现场最低气温在0℃以下时，应采用添加防冻剂、控制水温等措施，以保证混凝土拌合物入仓温度不低于5℃；当日平均气温低于0℃时，应停止施工。

5.2.10 切缝

切缝时间应控制在容易切缝成型，又不松散和崩裂时进行，一般在混凝土终凝时开始。在气温较低或混凝土衬砌连续作业，切缝施工强度较大时，应选用水泥混凝土软切缝机施工。

1. 边坡纵缝切割

首先将要切割的坡体横缝和纵缝用墨斗弹线，在边坡纵缝线沿横线方向一定距离用电钻打孔，孔内插入ϕ10钢筋将导向梁固定，切缝机依托导向梁施工。施工时用软塑料管冲刷锯片降温。在缝形成后，用水枪、风机等将缝内浮浆、碎渣冲洗干净。切缝过程中应控制切缝机的行走速度，尽量减少松散和崩裂的现象。

2. 边坡横缝切割

横缝切割时，利用纵缝位置加设轨道固定设施，施工中要严格控制切缝深度。切缝过程中通过控制卷扬机来控制切缝机的行走速度。

3. 渠底横纵缝

渠底横纵缝属于平面作业，人工控制切缝机沿墨线切割。

4. 混凝土软切缝

水泥混凝土软切缝机具有体积小、重量轻、噪声小、不需水冷锯片、操控简单等显著特点。利用软切缝机可在混凝土初凝结束前施工，一般来说，当混凝土初凝具有一定强度（以操作人员行走而不影响抹面质量为准，此时混凝土强度为1～3.5MPa）时即可进行切缝作业。

5.2.11 填缝

填缝材料填充前缝壁应干燥、干净，应采用专用工具压入，并保证上层填充密封胶的设计深度。密封胶应与混凝土粘结牢固。

5.3 劳动力组织

劳动力组织情况见表5.3。

劳动力组织情况表 **表5.3**

序　号	工　　种	所需人数（人）
1	管理人员	2
2	技术人员	8
3	坡面修整	4
4	混凝土衬砌	32
5	混凝土养护	4
6	混凝土切缝	12
7	混凝土填缝	4

6. 材料与设备

本工法没有需要特别说明的材料，采用的机具设备见表6。

机具设备表 **表6**

序号	设备名称	单位	数量	用途
1	振动滑模式渠道衬砌机	台	1	边坡混凝土衬砌
2	拌合站	套	2	混凝土拌合
3	混凝土罐车	辆	3	混凝土运输
4	抹光机	台	3	混凝土抹光
5	平板振捣器	台	2	辅助边角振捣
6	插入式振捣棒	台	2	辅助边角振捣
7	电钻	台	2	固定切缝导向梁钻孔
8	发电机	台	1	备用电源
9	起重机	台	2	吊装衬砌机混
10	切缝机	台	5	混凝土切缝
11	空压机	台	1	缝面清理

7. 质 量 控 制

7.1　工程质量控制标准

执行相关行业规范以及《南水北调中线干线渠道工程施工质量评定标准（试行）》NSBD 7-2007、《渠道混凝土衬砌机械化施工技术规程》NSBD 5-2006以及设计要求等。渠道混凝土衬砌允许偏差见表7.1。

允许偏差表　　表7.1

序号	检查（测）项目	规定值或允许值	检查（测）方法	检查（测）数量
1	入仓混凝土	无不合格料入仓	现场抽样试验	全数检查
2	渠底高程	允许偏差：0～－10mm	水准仪测量	每个单元测1个断面，每个断面不少于3点
3	渠底宽度	允许偏差：+20mm	尺量、全站仪测量	每个单元不少于3个断面
4	渠道中心线	直线段允许偏差：±20mm，曲线段允许偏差：±50mm	全站仪测量	纵、横断面每个单元不少于3点
5	衬砌顶开口宽度	允许偏差：0～+30mm	全站仪测量	每个单元不少于3个断面
6	混凝土厚度	允许偏差：-5～+10mm	直尺/卷尺	每个单元测5个断面，每个断面不少于3点
7	表面平整度	允许偏差：8mm/2m	2m尺检查	每个单元测3个断面，每个断面不少于3点

7.2　质量保证措施

7.2.1　基面上的杂物、泥土及松动砂浆均应全部清除，并保持洁净和湿润，必须经验收合格后，方可进行混凝土衬砌。

7.2.2　模板安装，必须按设计图纸测量放样，弧段处应多设控制点，以利检查校正；模板与混凝土接触的面板以及各块模板接缝处，必须平整严密，以保证混凝土表面的平整度和混凝土的密实性；模板安装的允许偏差：结构物边线与设计边线不大于±10mm，顶部高程控制在±3mm；模板安装就位后，应有足够强度的固定措施，防止在浇筑过程中错位。

7.2.3　混凝土浇筑过程中，要有专人负责经常检查、调整模板的形状及位置；在浇筑混凝土过程中，严禁往仓号中加水；如发现混凝土和易性较差时，应采用加强振捣等措施，以确保混凝土质量；不合格混凝土严禁入仓，已入仓的不合格混凝土必须清除。混凝土浇筑时要保持连续性，如因故中止且超过允许间隔时间，则应立即将混凝土缝留齐终止浇筑，若能重塑者，仍可继续浇筑混凝土（重塑标准：用振捣器振捣30s，周围10cm内能泛浆且不留孔洞）。

7.2.4　混凝土及原材料严格按照配合比要求进行控制，每次开盘前，都对原材料预先检测，根据检测数据及时对混凝土配合比进行微调，同时检测每罐混凝土的出机和入仓温度及坍落度，对不能满足要求的混凝土不允许入仓。

7.2.5　混凝土拌合必须按照试验室出具、监理工程师审核并签发的混凝土配料单进行配料，严禁擅自更改。混凝土外加剂应提前按要求配制成水溶液，控制好掺量。混凝土拌合时间不得小于90s。

7.2.6　混凝土运输采用计算配置的混凝土搅拌车运输，运输及卸料时间应控制在45min内，混凝土自上向下落的高度不大于1.5m，衬砌机布料滑车料斗底设置缓冲装置。

7.2.7　混凝土浇筑必须按照《水工混凝土施工规范》DL/T 5144-2001要求实施。为避免新浇混凝土出现表面干缩裂缝，应及时采取混凝土表面洒水并加盖棉毡等方法保持混凝土表面湿润和降低水分蒸发损失。模板相邻两面板高差小于3mm，局部不平小于5mm，结构物边线与设计边线偏差小于10mm。混凝土表面的平整度（用2m直尺检查）不得超过8mm。由于采用衬砌机进行机械控制振捣，在施工时应注意振捣条线间距不超过振捣器的有效半径的1.5倍（20cm）。提浆表面或振动器振板行距宜重叠5～

10cm。现场浇筑混凝土完毕，应及时收面，混凝土表面应密实、平整、光滑且无露石。

7.2.8 混凝土养护须及时，并有专人负责，保持混凝土面湿润。

7.2.9 在衬砌外露缝切割时，要注意控制切割深度，缝线平直尽量减少松散和崩裂的现象。隔缝材料接头部位不用搭接，但要保证接缝部位连接严密。

8. 安全措施

8.1 严格按施工组织设计布置施工现场，并满足防洪、防火、防盗、防雷等要求。

8.2 施工现场临时用电布置严格按照《施工现场临时用电安全技术规范》JGJ 46-2005有关规定执行。

8.3 严格遵循设备使用、维护手册上的规定，严禁违规操作、违章操作。

8.4 做好劳动保护工作，确保劳保用品及时足量发放，并正确佩戴和使用。

8.5 在渠坡施工时加设防滑踏板，防止上下行走施工人员跌伤。

8.6 设备启动命令只能由现场调度员下达，任何人发现故障或危险时，都有责任将发现的故障、危险及时传达给调度员或要求紧急停机。

9. 环保措施

9.1 施工过程中必须严格遵守《环境保护法》、《水污染防治法》、《大气污染防治法》、《固体废物污染防治法》、《噪声污染防治法》、《土地管理法》、《水土保持法》、《野生动物保护法》、《森林法》等法律、法规。

9.2 生产废水的处理、排放。生产废水包括施工机械设备清洗的含油废水、混凝土养护冲洗水、砂料冲洗水、开挖土方的排水。对含油的废水先除去油污；对砂石土的废水则由沉淀池将其中固体颗粒沉淀下来，达到规定的标准再排于河中；混凝土拌合楼的废水经集中沉淀池充分沉淀处理后排放，沉淀的浆液和废渣定期清理后集中处理。

9.3 生活污水的处理、排放。生活污水包括施工人员的生活排泄物、洗浴、食堂冲洗、生活区打扫卫生冲洗的所有污水。按生活居住区相对集中到一块，修建生活污水处理设施，选用以生物接触氧化为主体的处理工艺，处理达标后排放。

9.4 采取一切措施尽可能防止运输车辆将砂石、混凝土、石渣等撒落在施工道路及工区场地上，安排专人及时进行清扫。场内施工道路保持路面平整，排水畅通，并经常检查、维护及保养。晴天洒水除尘，道路每天洒水不少于4次。

9.5 在现场安装冲洗车轮设施并冲洗工地的车辆，确保工地的车辆不把泥土、碎屑及粉尘等带到公共道路路面及施工场地上，在冲洗设施和公共道路之间设置一段过渡的硬地路面。

9.6 每月对排放的污水监测一次，发现排放污水超标，或排污造成水域功能受到实质性影响，立即采取必要治理措施进行纠正处理。

9.7 施工弃渣和固体废弃物以国家《固体废弃物污染环境防治法》为依据，按设计和合同文件要求送至指定弃渣场。做好弃渣场的治理措施，有序地堆放和利用弃渣，防止随意弃渣阻碍河、沟等水道。

9.8 施工区设置截、排水沟和完善排水系统，防止水土流失，防止破坏植被和其他环境资源。

10. 效益分析

渠道薄板混凝土衬砌施工工法与传统人工衬砌、滑模衬砌相比，人员、材料投入量大幅度减少，操作简单，运行、维护费用低、设备可靠性高，实现了机械化连续作业，显著提高施工工效，大大提高工程建设速度，降低工程成本。

11. 应用实例

11.1 工程概况

南水北调中线京石段应急供水工程（石家庄至北拒马河段）第一施工标段自南水北调中线总干渠北横岐公路桥至河北省与北京市交界，全长5.145km（桩号：222+230–227+375.35）。工程近期担负着向北京市应急供水任务，远期还将担负着南水北调中线一期工程输水的基本任务。主要由明渠和渠系建筑物组成，包括北拒马河南支渠道倒虹吸大型河渠交叉建筑物、4座公路桥、渠渠交叉建筑物和排水建筑物8座以及明渠。

渠道设计流量50～60m^3/s，总长4330.35m，纵坡1/24000～1/25000，底宽7.5～11m，渠深5.1～5.75m。包括全挖方渠段和半挖半填渠段，段内涉及两个弯道。

渠道断面设计为梯形断面，边坡坡比为1：2.5。过水断面采用现浇素混凝土衬砌，衬砌厚度10cm。渠道衬砌结构自上而下依次为10cm渠道混凝土面板、浆砌卵石、复合土工膜、砂砾料反滤层、纵横向排水管网、砂砾料反滤层。排水管网为D200无砂混凝土管，其中横向排水管每2m设一道，出水口在加大水位以上15cm，纵向排水管在坡脚下设两道，用PE四通管相连接。渠道衬砌结构示意图如图11.1所示。

合同完工日期2007年10月31日，由于开工日期延后，工程完工日期推迟至2007年12月31日；新增加交通桥后，确定2008年4月底具备试通水条件为新的工期目标。

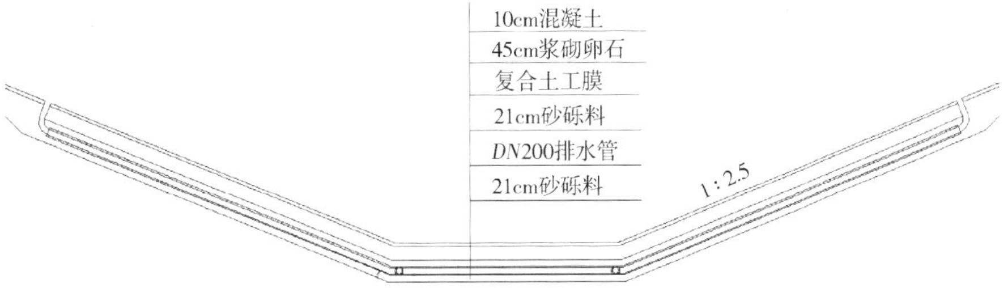

图11.1 渠道衬砌结构示意图

11.2 施工情况

渠道边坡薄板混凝土衬砌基本采用振动滑模式衬砌机施工，临近建筑物部位设备无法靠近时采用人工滑模辅助衬砌，底板混凝土采用水泥混凝土滑模摊铺机衬砌。

遇建筑物无法通过时，衬砌机拆解为布料系统和衬砌系统，采用两台50t、25t汽车吊相配合搬迁、吊装。

按先边坡，后底板顺序施工。由于渠道段内建筑物较多，能连续衬砌边坡混凝土施工的渠道段最长为822m，底板混凝土衬砌速度较快，基本上能在全段边坡衬砌完成后一周内施工完毕，按工期计划安排，边坡混凝土衬砌为本项工程的关键线路。

渠道混凝土衬砌于2007年7月20日开工，竣工时间为2008年3月31日，完全满足4月底试通水目标。

11.3 结果评价

施工过程中按相关行业规范以及《南水北调中线干线渠道工程施工质量评定标准（试行）》NSBD 7–2007、《渠道素混凝土衬砌机械化施工技术规程》NSBD 5–2006控制施工质量，混凝土密实度高且均一，坡面平整，提浆效果好，无骨料暴露，工程质量优良。工期进度按计划落实，未发生安全事故。

水平深孔对穿锚索施工工法

GJEJGF278—2010

湖北安联建设工程有限公司

陈勇　陈孝英　陈太为　郭冬生　申逸

1. 前　　言

预应力锚固技术在我国水利水电工程的应用只有40余年的历史，到20世纪90年代，才开始步入规范化设计和施工的轨道。三峡永久船闸是双线连续五级船闸，也是目前世界上造建船闸工程规模最大，设计总水头和级间水头最大、闸槽最深最长和直立坡最高的船闸。船闸采用大量3000kN级大吨位水平对穿预应力锚索，锚孔孔斜要求≤1.0%，最大孔深为60.0m，最大孔径 ϕ176mm。它既能同时解决两面岩体及结构变形和稳定问题，又避免了端头锚内锚段集中应力过大造成岩体内局部岩体的拉裂和损伤问题，同时还起到改善施工环境、简化束体结构、方便施工的效果。

湖北安联建设工程有限公司联合设计单位和大专院校结合工程实际，有针对性地对水平深孔预应力锚索施工技术开展了研究和创新。通过对锚索钻机机具改进和钻孔、验孔、穿索、张拉、封孔灌浆等关键工序施工工艺的探索研究，取得了丰硕成果，并形成此工法。该工法在三峡永久船闸直立边坡锚索施工中广泛应用，施工质量优良。由于对穿锚索在处理岩石边坡和闸首混凝土结构稳定方面效果明显，技术先进，得到了设计、监理、业主等单位和国务院三峡工程质量专家组及业内人士的高度赞誉，具有明显的社会效益和经济效益，该工法技术使我国水平深孔对穿锚索施工技术提高到一个新的高度。

三峡永久船闸工程中包括水平深孔对穿锚索在内的开挖锚固综合施工技术研究成果，分别获得2002年度中国电力科学技术二等奖、2005年度国家科技进步二等奖，三峡永久船闸工程获得2006年度詹天佑奖。

2. 工 法 特 点

2.1　水平对穿预应力锚索，既充分利用两个临空面的优越性，又充分利用了钢绞线的高抗拉强度和混凝土与岩体的高抗压强度的特性。同时，还具有对岩体及结构扰动小，简化束体结构，方便施工和受力科学等优点，是一项在工期、质量、安全和造价等技术经济效能方面都具有一定的先进性、实用性和新颖性的工程施工技术。

2.2　对穿锚索除具有端头锚索的主动作用和作用快的共同优点外，还具有如下显著特点：

1. 受力结构更科学。端头锚索是内端受拉，外端受压；对穿锚索岩体或结构两面同时受压。它充分利用了岩体和结构高抗压能力，且两面压力又通过传力结构传给岩体或结构，既起控制岩体或结构变形，又起到提高岩体或结构稳定能力的效果。

2. 简化束体结构。端头锚索结构由内锚段、自由段和外露段3部分组成；而对穿锚索只由自由段（张拉段）和两个外露段组成，束体结构单一。

3. 减少干扰和提高工效。对穿锚索施工可以充分利用两个工作面的有利条件，减少对开挖工程施工的干扰，加快施工进度和及时加固的效果。在三峡船闸对穿锚索施工中，充分利用南北坡山体内五层排水洞和南北线开挖与锚索交错施工的条件，提前进行水平锚孔造孔，有效减少施工干扰，提高锚固时效和工效。

3. 适 用 范 围

本工法适用于对厚度在70m以内的岩体或建筑物的加固，宜用于双线船闸、地下洞群、地下厂房及地下建筑物进出口岩体或结构的加固。

4. 工 艺 原 理

在岩体中钻孔（或在新浇混凝土结构内预留孔），穿入由数股钢绞线编制组成的束体，采用液压千斤顶，通过两端的承力结构（垫座）对束体进行预紧、张拉和锁定，从而实现主动给岩体或结构加力的作用，起到主动控制岩体或结构变形和提高岩体或结构稳定能力的目的。

锚孔导直工艺。主要是根据杠杆原理，设正副导正器。主导正器是控制钎头导直，副导正器是控制钻杆重力作用下的自然弯曲，副导正器可根据实际孔深可多设。

钻孔消尘工艺。利用双臂钻杆的环状间隙向孔内冲击器附近注水，使粉尘与水通过风水压差作用，在孔内充分混合成水泥浆状物排出孔口外，从而达到除尘的目的。

穿束工艺。采用一端用小型卷扬机牵引，另一端用人工理顺推递，完成穿束工艺。

5. 施工工艺流程及操作要点

5.1 施工工艺流程

水平深孔对穿锚索施工工艺流程见图5.1。

5.2 操作要点

5.2.1 施工准备

锚索施工前做好以下准备工作：搭设施工平台（钢管排架）、孔位测量放样、机具安装调试、材料及风水电准备等。

为保证锚索钻孔的开孔偏差不大于10cm，使用满足设计精度要求的测量仪器进行开孔定位。

5.2.2 造孔

测量布孔后用测量仪器辅助钻机就位，然后固定钻机，保证钻杆中心线与锚索孔中心线重合，确保锚孔开孔孔位和孔轴线符合设计要求。为保证锚孔钻进的孔斜符合设计要求，开孔进尺5m后对锚孔的孔斜进行一次检测，校对和调整钻孔参数，必要时采取纠偏措施（使用导直器、扶正器等）；此后每钻进10m对锚索孔的孔斜进行一次检测，以便及时校对和更改钻孔参数。

锚索孔钻进过程中，认真做好钻孔进尺记录（包括钻孔的尺寸、回水颜色、钻进速度和岩粉状态等数据），对每一段的地质情况作一个评价，为下一步地质缺陷处理或灌浆施工提供依据。

在钻孔完毕后，连续不断地用高压风水将孔道内的钻孔岩屑和泥砂冲洗干净，直到回水变清、钻孔彻底冲洗干净为止；在安装锚索前将钻孔孔口堵塞保护。

通过新浇混凝土结构的锚索按设计和规范要求在锚索孔部位的混凝土结构内预留锚孔。

5.2.3 验孔

水平深孔对穿锚索验孔主要采用经纬仪和全站仪对锚索孔两端孔口坐标进行测量，并与设计值相比较，求出终孔孔轴偏差。如果在验孔过程中发现锚孔为弧形，可使用磁方位摄影测斜法等对部分孔段进行辅助验孔。锚索孔验收完毕后，须做好孔口保护工作。

5.2.4 锚索地质缺陷处理

1. 锚索孔口地质缺陷处理

为保证锚索承压垫座混凝土的施工质量，在锚索穿索施工前对锚索孔口承压垫座混凝土基础的地

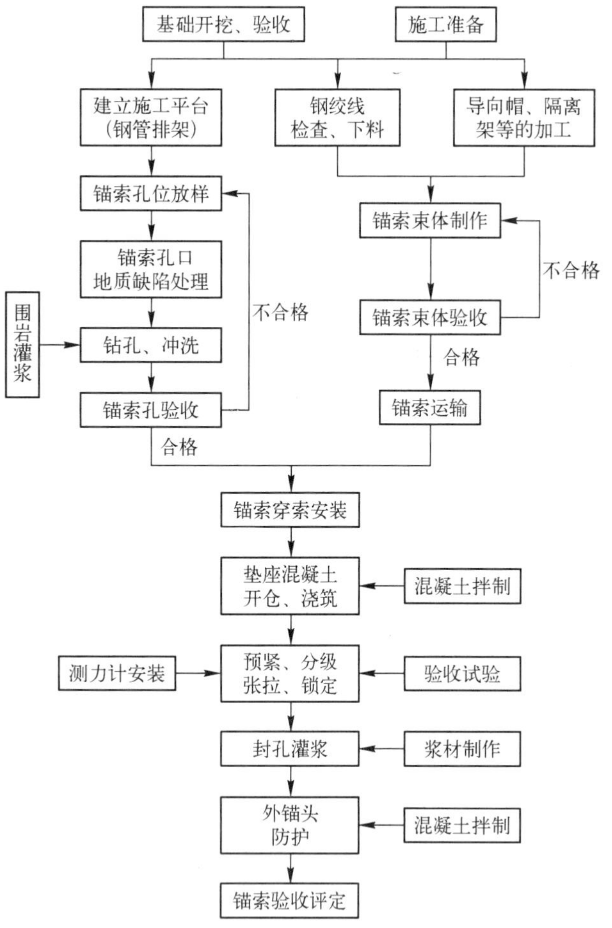

图 5.1 水平深孔对穿锚索施工工艺流程图

质缺陷及时进行处理，以免造成锚索张拉时垫座混凝土开裂破坏或锚索张拉后预应力损失较大的情况发生。缺陷处理一般先将孔口周围岩面清理干净，同时对松动块体进行清撬处理，大型块体预先采用锚杆加固，并在光滑岩面上增加适量的抗滑钢筋。

2. 锚索孔围岩灌浆处理

对于破碎带或渗水量较大的围岩（即钻孔过程中遇到不回风、不回水、塌孔、卡钻等现象），经确认为地质缺陷后，对锚孔进行围岩灌浆，采用分段固结灌浆、扫孔钻进的方法进行处理。围岩灌浆过程中如灌入量较大且不起压，可间歇12h后再复灌。灌浆结束3d后才能进行锚孔扫孔作业。

5.2.5 编索

编索采用车间生产方式，将钢绞线平放在车间工作平台上，对单根钢绞线进行除污、除锈并编号，按结构要求编制成束后对应锚索孔号进行挂牌标识。针对每一个锚索，精确计算钢绞线的下料长度（长度须满足结构设计和工艺操作的要求，根据锚索实际孔深、锚具厚度、张拉设备工作长度、测力计装置的厚度和调节长度等确定）；下料前先检查钢绞线的表面，没有损伤的钢绞线才能使用；下料时采用电动砂轮切割机切割，下料误差不得大于5cm。锚索钢绞线按照设计结构编制，导向帽、隔离架等设置符合设计要求，灌、回浆管采用无锌铅丝按要求绑扎（不得使用镀锌铁丝作捆绑材料）。锚索捆扎完毕后采取保护措施防止钢绞线锈蚀。

无粘结锚索两端的钢绞线应去皮和清洗；去皮采用电工刀切口、人工拉皮；清洗时用专用工具将钢绞线松开，用汽油人工逐根清洗，干净棉纱擦干，其长度按设计要求，误差控制在1cm以内。普通锚索的钢绞线也要用干净棉纱进行擦拭，保证其表面无锈斑、油污及杂质。

5.2.6 穿束

1. 束体运输。

束体水平运输的方法，交通条件好的，采用人工或拖车运输。交通条件差的，采用人工或拖车运输到紧靠现场附近，然后采用简易缆索（钢丝绳和滑轮组合）运输。运输过程中，每2.0m应设一个支点，转弯半径以不改变束体结构为限，一般转弯半径不小于5.0m。

2. 穿束。

穿束一端采用人工推送，另一端用小型卷扬机配合牵引，完成穿束工序。穿索时要注意保持束体平顺，不得损伤束体结构。穿束完成后，要认真检验两端孔口外束体长度是否满足后续施工工艺要求，并及时做好外露束体的保护工作。

5.2.7 承压垫座混凝土浇筑

承压混凝土垫座浇筑是在穿束工序完成后进行。垫座混凝土浇筑时，先清理锚孔孔口周边围岩岩面及松动岩块，然后安装钢套管、钢垫板、钢筋网，再进行立模、验仓和浇筑。安装时，保证预埋的钢套管中心线和钻孔轴线重合，钢垫板与钻孔轴线垂直。垫座混凝土宜采用$R_7$350号混凝土（二级配），具体配合比由试验确定。垫座混凝土采用小型拌合机拌制，人工喂料，软轴振捣器分层振捣密实，施工中要特别注意对边角部位混凝土的振捣。

5.2.8 预紧张拉

在承压垫座混凝土强度达到设计要求后进行锚索预紧张拉施工。对穿锚索两端要分别进行预紧，先采用预紧千斤顶对每根钢绞线进行2次以上的预紧，使锚索每股钢绞线受力均匀。预紧采用单根钢绞线对称和多次循环预紧方式，先对中间轴心1根钢绞线预紧，再由外及里对称预紧，预紧荷载宜为0.2～0.3倍设计张拉力。每根钢绞线以两次预紧伸长长度差不超过3mm为限，伸长长度差超过3mm的钢绞线则进入下一循环继续预紧，如此反复，直至每根钢绞线伸长长度差均不超过3mm，且每股钢绞线的预紧实际伸长位移应大于预紧理论伸长位移。

整体张拉采取分级进行的方法，根据设计张拉力来确定分级吨位和级数，张拉力逐级增大，其最大值为锚索设计荷载的1.03～1.1倍，张拉升荷速率每分钟不得大于设计张拉力的10%。每级张拉结束时需要稳压一定的时间（一般为5～7min），达到最终设计张拉吨位结束张拉时，要稳压的时间更长些（宜采用10～20min），以减少应力损失，保证锚固效果。整体张拉过程中，采用精度为1mm的钢尺对钢绞线的每级伸长值进行测量，并与理论计算伸长值进行对比分析。当每一级的实测伸长值大于理论计算伸长值10%或小于5%时暂停张拉，待查明原因并及时采取措施予以调整后方可继续张拉。

长度超过24m的对穿锚索宜采用两端同步张拉。

对设计上要求安装测力计的锚索，应先安装好测力计，测量测力计原始数据后，在监测人员的指导下进行预紧和张拉锁定施工。

对设计上要求做验收试验的锚索，应先按验收试验的要求进行验收试验。验收试验满足设计要求后，再卸荷，重新张拉机具，再按预紧、张拉要求实施。

5.2.9 封孔灌浆

为减小锚索钢绞线在高应力状态下的应力损失，张拉锁定后（或在补偿张拉工作结束经检查确认锚索应力已达到稳定的设计值后）立即进行封孔灌浆。

封孔灌浆采用锚索的灌浆管从锚具系统中的灌浆孔施灌，采用有压循环灌浆方式进行，灌浆压力一般为0.5～0.7MPa。灌浆前先检查灌浆管是否畅通，若灌浆管堵塞及时采取有效的措施进行处理，保证锚索封孔灌浆的密实度；处理措施主要为采用排气管或备用管灌浆，加钻孔排气等措施进行灌浆等。为保证所有空隙都被浆液回填密实，在浆液凝固到不自孔中回流出来之前，保持0.3～0.4MPa的压力进行屏浆。结束灌浆的控制标准为：灌浆量大于理论吃浆量，回浆比重不小于进浆比重，且稳压30min，孔内不再吸浆，进、排浆量一致。

锚索孔岩石破碎的部位可能存在裂隙与开挖岩面相通而漏浆，在进行灌浆时要边灌浆边用速凝剂封堵裂隙，同时灌浆压力要适当减小，通过延长屏浆时间来保证灌浆的密实性，必要时采用间歇灌浆法施工。

5.2.10 外锚头保护

锚索灌浆完成后锚具外的钢绞束留存5～15cm，其余部分采用砂轮切割机切除；然后将工作锚具和留存的钢绞线端头清洗干净，并对垫座混凝土进行凿毛，最后涂环氧保护层和浇10～20cm厚的混凝土保护帽，完成对外锚头的保护。

6. 材料与设备

6.1 材料

6.1.1 锚索体材料

一般选用标准型或压紧型1860MPa（270级）高强低松驰普通钢绞线和无粘结钢绞线，国内生产的厂家有江西新余、无锡金羊等品牌钢绞线厂家。

6.1.2 锚具

锚具选用以适合钢绞线为宜，主要类型有OVM等。

6.1.3 灌浆材料

选用水泥浆或水泥砂浆以高强、早强、微膨胀、可灌性好、对钢绞线不产生锈蚀和应力损失为宜。水泥浆液水灰比宜采用0.3～0.4，水泥砂浆水灰比宜采用0.45～0.5；浆液配合比根据试验选用。

6.2 设备

1．水平深孔对穿锚索施工一般属于高处作业，机械设备宜选用可移动式和装配式的，且机械设备作业效率要求较高。

2．测量仪器

可选用捷创力520型全站仪（测量精度为2″、测距精度为2+2ppm）、拓普康SL-3型测距仪（测距精度为2+2ppm）、蔡司010型经纬仪（测量精度为2″）和苏光J2-2型经纬仪（测量精度为2″）等满足测量精度要求的仪器。

3．造孔设备

可选用经改进和研制的DKM-1型轻便型钻机、宣化英格索兰MZ165D型钻机和MGJ-50D型微小型钻机等整机性能稳定可靠、安装定位方便、钻孔精度高、能适应复杂地质条件的钻机。

4．灌浆设备

根据浆材选用砂浆泵或灰浆泵，常用的砂浆泵有四川绵竹五金机械厂生产的150/50型砂浆泵，灰浆泵有杭州市建筑机械厂生产的UBJ-2型灰浆泵等灌浆设备。

5．预紧张拉机具

1）预紧设备可选用YCD-18型、YKD-18型，根据不同的预紧吨位来选用相应的型号。

2）张拉设备可选用YCW-400型，根据不同的张拉吨位来选用相应的型号。

3）油泵可选用ZB4-500型和ZB4-500S型等油泵。

6．切割钢绞线设备

可选用电动砂轮切割机，其具有操作简单、移动方便等特点。

6.3 劳动组合

水平深孔对穿锚索工程施工属于多工序施工，对工序间的间隔时间作了严格规定，如张拉锁定后立即进行封孔灌浆；再加之有的工序施工需要劳动力特别多，如穿索时运输锚索入孔，按30m来算大致需要20人左右，而其他工序则最多需要10人左右；施工人员的合理配置和组织是一个关键，因此各个工序之间的衔接组织显得特别重要，各工序的劳动力组织安排见表6.3。

水平深孔对穿锚索施工组织人员分配表 **表6.3**

分工		人员/班	职责范围	备注
现场指挥		1	全面负责施工现场工作，及时处理各项技术质量事宜	
现场调度		1	负责各施工工序的人员协调和工作安排	
现场质量、安全管理及技术负责		3	负责现场施工质量安全监督和技术措施的处理	
工序	测量	3	负责锚索孔的孔位放样、孔斜校核、检测	
	造孔	3	负责钻孔机械的管理、施工	
	编索	4	负责钢绞线的清尘和按结构图编索	
	穿索	20	负责锚索的运输和入孔	按30m计
	承压垫座混凝土浇筑	3	负责承压垫座混凝土立模、浇筑	
	预紧张拉	4	负责钢绞线的预紧和张拉施工	
	封孔灌浆	4	负责封孔灌浆施工	
	外锚头保护	3	负责外锚头保护施工	

7. 质 量 控 制

7.1 水平深孔对穿锚索施工必须遵照《水电水利工程预应力锚索施工规范》DL/T 5083-2004、《水工预应力锚固施工规范》SL 46-94等执行。

7.2 锚索施工属于隐蔽性工程，施工时应实行全过程监控，确保工程施工质量。

7.3 施工中的水泥、外加剂、钢绞线、锚具、夹片等各种原材料均应有供货商（厂家）提供的材质证明书、产品合格证及试验检验报告等，并按试验规程规范要求进行检测。

7.4 灌浆材料（水泥浆或水泥砂浆）配合比应按规范要求进行现场试验确定。

7.5 锚索钻孔的位置、方向、孔径及孔深应符合施工图纸要求。开孔时严格控制钻具的倾角及方位角，当钻进20～30cm后应校核角度，在钻孔中及时测量孔斜及时纠偏，终孔孔轴偏差不得大于孔深的2%，方位角偏差不得大于3°。

7.6 锚索制作完毕后应妥善存放，并登记、挂牌标明锚索编号与长度；存放点要求防潮、防水、防锈、防污染，索体入孔前应检查灌浆管、回浆管是否畅通。

7.7 为保证张拉控制力的准确，在第1束锚索张拉前或张拉设备发生下列情况之一时，应对张拉设备系统（包括千斤顶、油泵、压力表等）进行“油压值—张拉力”的标定。

1. 千斤顶经过拆卸、修理。
2. 压力表受到碰撞或出现失灵现象。
3. 更换压力表。
4. 张拉中钢绞线发生多次破断事故或张拉伸长值误差较大。
5. 标定值与理论计算值误差大于±3%。
6. 标定间隔时间超过6个月。

7.8 钢绞线在张拉施加预应力后如不及时进行水泥浆或水泥砂浆的防护，钢绞线在高应力状态下应力损失较快；因此应尽快（一般不超过24h为宜）对有粘结钢绞线在高应力状态下进行防护。

7.9 锚索在进行封孔灌浆时要求灌浆密实才有利于对钢绞线的防护，实际施工中一般采用有压循环灌浆。为保证锚索孔顶部空间浆液的密实度，在回浆管回浓浆后屏浆30min左右，通过屏浆对孔内浆液进行泌水、排气，进一步提高灌浆质量。

8. 安 全 措 施

8.1 水平深孔对穿锚索施工工序复杂、危险源较多，应加强安全组织教育，建立安全生产保证体系，确保施工安全。

8.2 锚索一般是在高排架上施工，施工排架的搭设应符合规程规范要求；施工排架上的操作平台应铺满跳板，跳板接头搭接牢固，施工平台边缘设置护栏和安全网。在锚索钻机工作的施工排架上采用增加脚手架钢管和加设插筋等方法增强排架的刚度，保证钻机在钻孔时的稳定，防止在钻进时排架“漂移”。

8.3 锚索钻机就位前先清除锚索孔口周围的松动块石，以免钻孔冲击时掉石块砸伤施工人员及设备。

8.4 锚索运输和穿索过程中特别是上下坡时，一定要按指挥员号令统一行动，不得随意放下和换肩。

8.5 锚索张拉受力时，千斤顶出力方向45°内严禁站人。

9. 环保措施

9.1 水平深孔对穿锚索施工应根据ISO14001要求，结合工程特点制定生态环境保护措施。

9.2 锚索钻孔要求：

1. 钻机应配备消声、捕尘装置。
2. 钻孔作业人员应配带隔声、防尘器具。
3. 制定施工污水处理排放措施。

9.3 灌浆及混凝土施工要求：

1. 水泥堆放应有防护设施，避免水泥粉尘散扬。
2. 弃浆、污水应经处理才能排放。

9.4 锚索施工结束，应对施工现场进行清理。

10. 效益分析

10.1 对于边坡的加固，采取预应力锚索的加固方案同其他加固方案比较，可节省投资20%～50%，工期缩短50%左右，对边坡扰动也较小。

10.2 采用水平深孔对穿锚索加固除具有上述普通预应力锚索加固相同的优点以外，能合理减轻与开挖施工的干扰，提高工程施工进度，从而进一步节省投资。

11. 应用实例

在三峡船闸施工中，采用南、北坡与岩体深部的排水洞对穿、中隔墩两侧相互对穿的形式共施工3000kN级水平深孔对穿锚索1987束（三峡船闸水平深孔对穿锚索布置见图11），有效保证了三峡船闸两侧高边坡、直立墙及中隔墩直立墙的安全稳定，减轻了与闸槽开挖的相互干扰。三峡船闸水平深孔对穿锚索布置如图11所示。

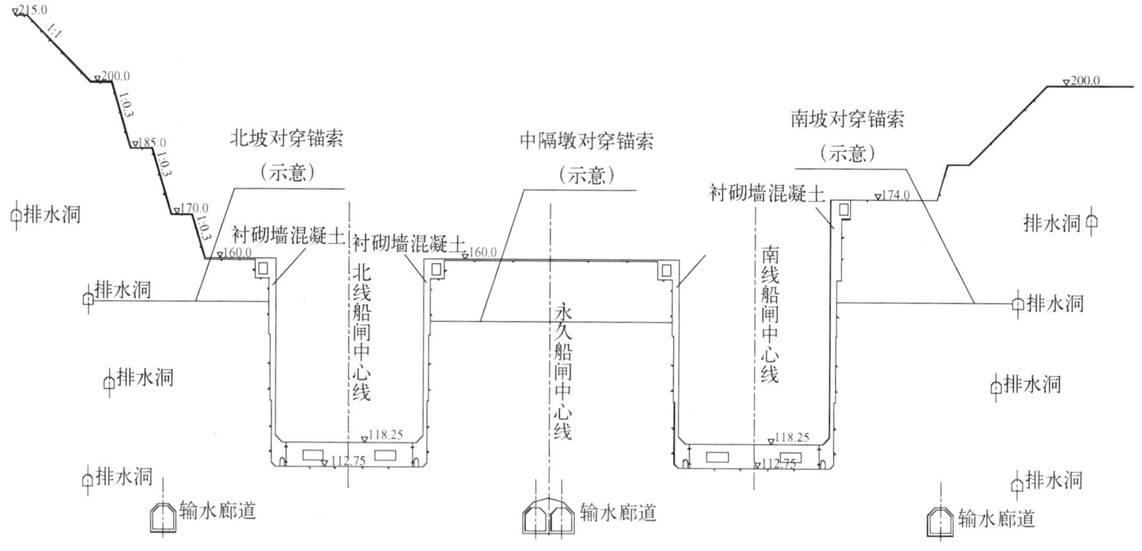

图11　三峡船闸水平深孔对穿锚索布置示意图

11.1　造孔

三峡船闸锚索施工在高排架平台上进行，选用DKM-1型钻机和MZ165D型钻机，采用全断面风动冲击钻进法钻孔。锚索孔径为165mm，对穿锚索施工水平孔孔斜控制在孔深的1%以内。

为提高锚索孔斜施工质量，三峡船闸锚索施工中采用导直钻进工艺，具体如下：

钻孔偏斜主要由两个方面的原因造成，一是钻具与钻杆结构特征造成的自然偏斜，二是钻进过程中长度较大的钻杆在强大钻进压力下造成的弯曲；导直钻进工艺包括对这两方面钻孔偏斜的控制。

1．钻具自然偏斜误差与控制

钻具包括钻头、冲击器，全长1.45m，头部直径ϕ165，尾部直径ϕ136；后部接细小钻杆，在水平钻孔中具有自然偏斜角。钻进过程中当钻进到钻杆第一挠曲波长时，在自重力作用下钻杆开始呈抛物线下垂，钻进越深，垂曲距离越大。为克服这种自然偏斜造成的钻孔精度误差，保证钻孔精度，在冲击器后部安装一较大直径的钻具扶正器，见图11.1–1～图11.1–3。

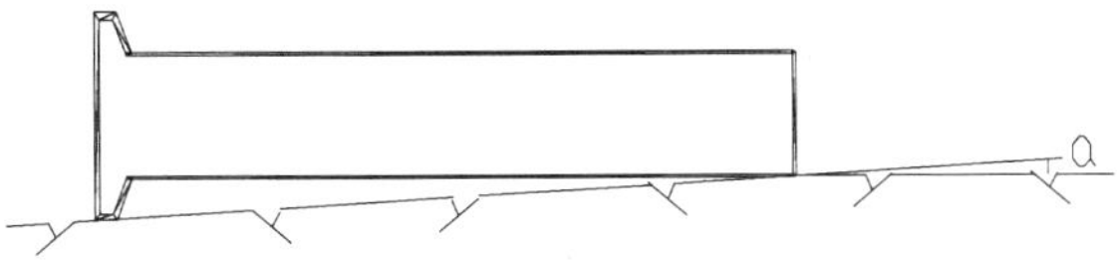

图11.1–1　钻具自然偏斜角示意图

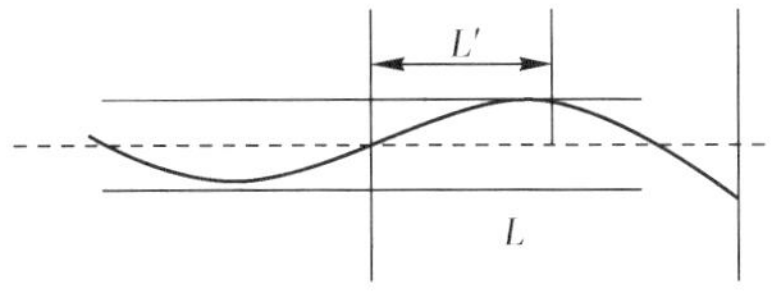

图11.1–2　钻杆钻具挠曲半波长示意图

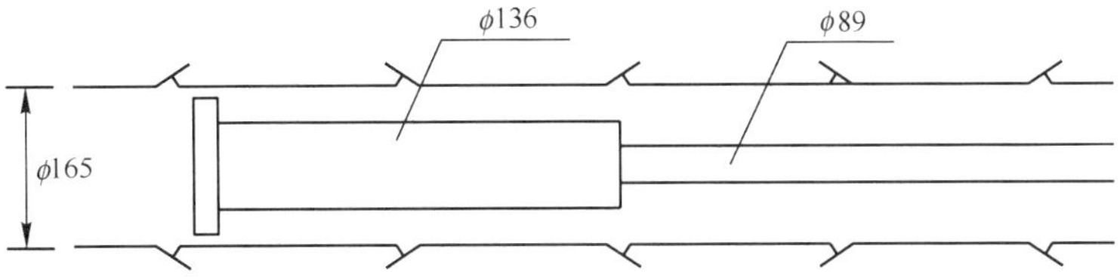

图11.1–3　钻具级配间距示意图

试验表明对上述钻具配备的扶正器参数如下：长度0.3～0.5m，直径ϕ158～ϕ160，表面刨槽凸棱，表面冷压合金柱齿与表面贴平，增加耐磨能力和加大导风排碴效果，减小重复破碎保证进尺效率。

2．钻杆弯曲与控制

三峡船闸锚索孔深普遍在30～50m，使用ϕ89钻杆，其径长比约为：3/1000～18/10000，其变曲度发生在孔内回转时，螺旋弯应力导致钻杆自转（绕钻杆中心轴转动）；加上轴向压力，偏斜力成倍上升，沿重力方向偏斜越来越严重。

控制钻杆弯曲的方法：加强钻杆刚度，采用ϕ89双壁钻杆和增大钻杆直径至ϕ108，来提高钻杆刚度；增加钻杆扶正器，延长钻杆弯曲波长，即在弯曲半波长位置增加扶正器支点。这样可以使钻杆绕着钻孔轴心，沿孔壁滑动做公转运动，使孔轴心呈直线延伸，减小弯曲力，减轻钻机负荷，达到水平成孔效果。

两种措施构成了导直钻进工艺，结构如图11.1–4。

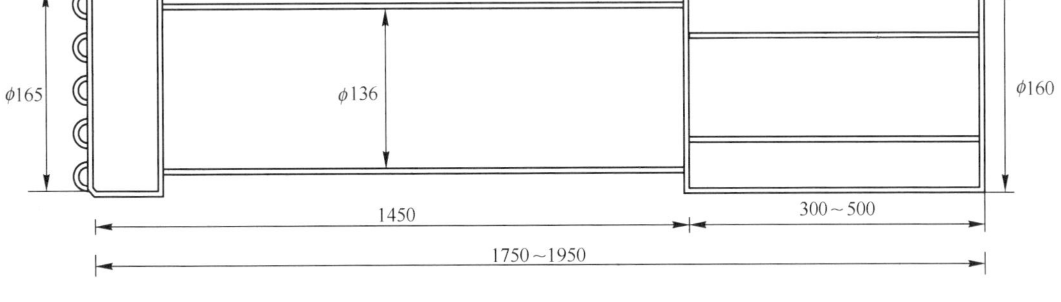

图11.1–4　钻具扶正示意图

该钻具组合在三峡船闸锚索施工中造孔4300余个，孔斜误差≤1%的成孔保证率达80%以上。

11.2　编索

编索采用车间生产方式，将钢绞线平放在车间工作平台上，对单根钢绞线进行除污、除锈并编号，按结构要求编制成束后对应锚束孔号挂牌，出厂前进行验收。对穿锚索张拉端采用OVM夹片式锚具，下料长度按锚索实际孔深、锚具厚度、张拉设备工作长度、锚索测力计厚度和调节长度的总和考虑。由于边坡起伏较大，综合考虑各影响因素，对穿锚索实际施工中下料长度按实际孔深加上2.4～3m控制，钢绞线采用砂轮切割机切割。

11.3 穿索

编制好的锚索用人工水平运输到相应部位，采用人工、滑轮挂钩或小型起重机将锚索运送到相应的施工排架平台上，人工穿索，穿索时注意保持索体平顺。

11.4 承压垫座混凝土浇筑

承压垫座混凝土内设置的钢套管、钢垫板、钢筋网及灌浆套管在车间进行加工，现场调整安装。安装前将孔口周围岩面清理干净并处理松动块体，安装时保证预埋的钢套管中心线和钻孔轴线重合，钢垫板与钻孔轴线垂直。立模后，进行开仓验收合格方可浇筑。垫座混凝土采用$R_7$350号混凝土（其配合比见表11.4），小型拌合机拌制，人工喂料，管式振捣器分层振捣密实。

$R_7$350号垫座混凝土施工配合比 **表11.4**

水泥强度等级	配合比参数			每方材料用量（kg）				
	w/c	*w*	*s*%	水	水泥	人工砂	碎石（mm）5～20	JG_2（固体）
普通硅酸盐水泥 525号	0.32	147	38	147	459	689	1171	2.75

11.5 预紧张拉

锚索承压垫座混凝土浇筑7d后采用YKD-18型千斤顶进行单根预紧，预紧吨位为30kN。

预紧完成后采用YCW-400型千斤顶进行整体张拉，分级张拉程序为：预紧→750kN（25%P）→1500kN（50%P）→2250kN（75%P）→3000kN（100%P）→3450kN（115%P）；每一级稳压7min，最后一级稳压15min。后期锚索施工不进行超张拉，分级张拉程序为：预紧→800kN（27%P）→1450kN（48%P）→2100kN（70%P）→2750kN（92%P）→3000kN（100%P）；每一级稳压5min，最后一级稳压10min。

11.6 封孔灌浆

锚索张拉锁定后立即进行封孔灌浆，灌浆压力0.2～0.7MPa，并浆压力0.2MPa，并浆时间30min，浆液配合比见表11.6。

R_{28}350号封孔水泥净浆施工配合比 **表11.6**

水泥强度等级	水胶比	每方材料用量（kg）				备注
		水	水泥	AEA	JG_2（固体）	
普通硅酸盐水泥 525号	0.4	537	1235	107	6.71	AEA代水泥8%

11.7 外锚头保护

锚索在张拉锁定并完成封孔灌浆后，将锚具外的钢绞束留存50mm，其余部分采用砂轮切割机切除；然后将工作锚具和留存的钢绞线端头清洗干净，并对垫座混凝土进行凿毛，最后涂环氧保护层和浇200mm厚的混凝土保护帽（R_{28}250号混凝土）。

大跨度上承式预应力混凝土拉杆拱施工工法

GJEJGF279—2010

中国水利水电第十三工程局有限公司
徐建亭　刘持鹏　郑花香　雒焕斌　齐宗海

1. 前　　言

中国水利水电第十三工程局有限公司承建的南水北调东线胶东界河渡槽工程主要结构形式为跨度50.6m的上承式预应力混凝土拉杆拱式矩形渡槽，该结构形式在国内外水利工程设计、施工方面属首次采用（图1-1）。

上承式预应力拉杆拱结构施工存在的主要技术难点包括支撑体系设计、支架搭设及稳定和变形控制、拱肋线形控制、拉杆拱浇筑分段及浇筑顺序、长细杆构件预应力张拉等。公司为此专门成立了课题攻关小组，小组成员经过一年半的不懈努力，终于攻克了以上难题，并总结形成了一套完善、合理、先进的上承式拉杆拱施工工法。本工法在界河渡槽工程施工中取得显著成效。2008年4月，经中国水利水电建设集团公司鉴定，课题研究成果在同类工程施工领域中达到“国际先进水平”，并获得中国水利水电建设集团公司2008年度科学技术进步二等奖。

上承式预应力拉杆拱结构形式见图1-2所示。

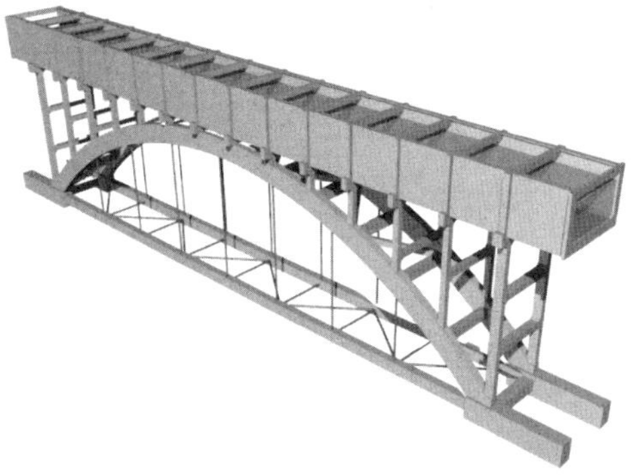

图1-1　上承式预应力混凝土拉杆拱式矩形渡槽结构示意图

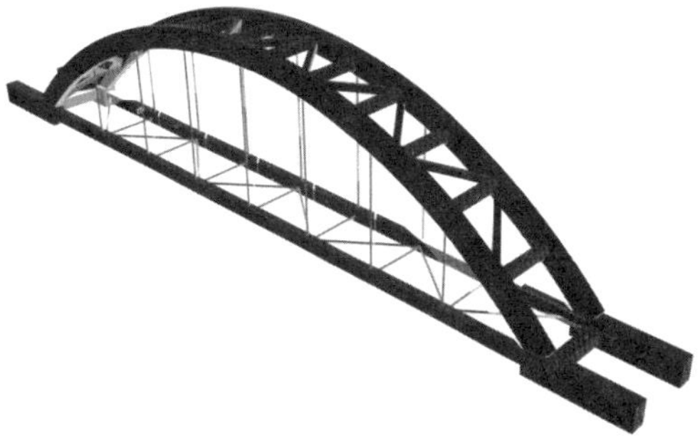

图1-2　上承式预应力混凝土拉杆拱结构示意图

2. 工 法 特 点

本工法采用碗扣式脚手架，具有材料通用性强、基础处理简单、搭设速度较快等特点；拱肋底模加工定型桁架模板，既能保证拱肋轴线符合设计要求，又便于底模的安装、加固与拆除；拱肋钢筋采用分段加工成骨架再吊装焊接成整体的方法施工，提高了施工工效，保证了钢筋施工质量；拉杆拱合理的分段和浇筑顺序减少了混凝土浇筑次数和施工缝凿毛工程量，缩短了工期，加快材料的周转；拉杆对称、同步张拉，有效防止了长细杆的失稳和出现裂缝。

3. 适 用 范 围

本工法适用于跨度在50m以内，拱肋断面尺寸在1400mm × 800mm（高 × 宽）左右，净空高度30m以下的旱地施工，两端拱支座间带预应力混凝土拉杆的双拱肋上承式钢筋混凝土拉杆拱，跨越结构在支架模板上现浇施工的工程。

4. 工 艺 原 理

施工时的各种荷载均由支架承担，因此，支架的稳定是本工法成败的关键。

模板支架设计采用空间杆系有限单元法和空间梁柱有限单元法进行计算，其基本原理是杆件为基本单元，以节点位移为基本未知量，先由杆件内力与节点位移之间的关系建立单元刚度矩阵，然后根据各节点平衡及变形协调条件，建立结构的节点荷载和节点位移间关系，形成结构总刚度矩阵和总刚度方程。总刚度方程是以节点位移为未知量的线性方程组。引入边界条件后，求解出各节点位移值。最后由杆件单元内力与节点位移间关系求出杆件内力。

5. 施工工艺流程及操作要点

5.1 施工工艺流程（图5.1）

5.2 操作要点

5.2.1 基础处理

界河渡槽工程勘探控制深度内的地层主要为全新统冲积堆积的砾质粗砂、冲洪积堆积的砂壤土和上更新统冲洪积堆积的砾质粗砂、残坡积堆积的砂质壤土；基岩为燕山早期花岗岩，间杂有燕山明期辉长岩脉的侵入。基础处理时，先用装载机清除地表腐殖土，地基用18t振动碾碾压密实，铺筑30～50cm砂砾石，再次碾压后，利用重型钎探仪进行重型动力触探试验，地基承载力达到支架设计时要求的承载力（根据脚手架规范第5.5条要求计算，界河渡槽工程要求地基承载力特征值不小于0.279MPa）后，进行支架施工。对于承载力不满足要求的局部区域可采用基础换填、进一步压实、加大支架垫板宽度等方法进行处理。

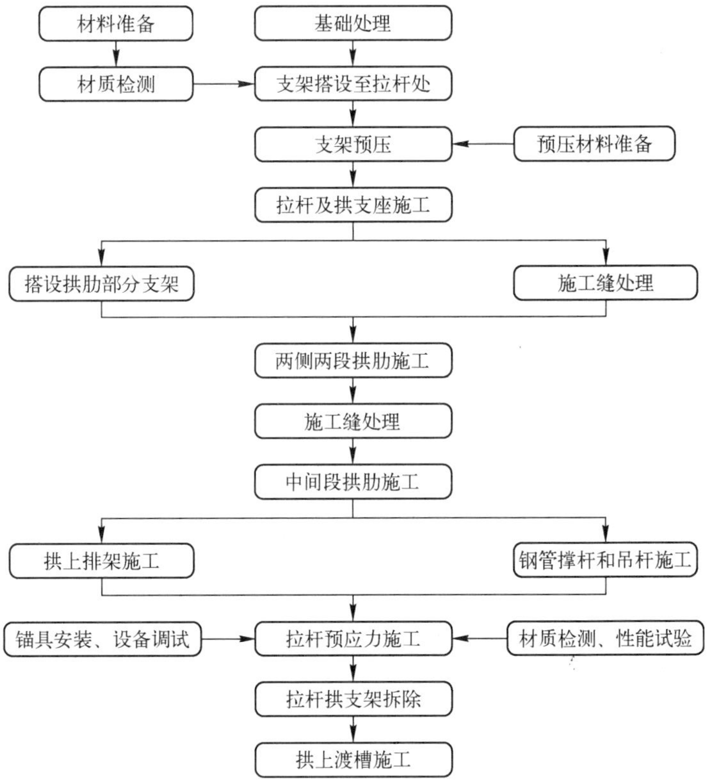

图5.1　大跨度上承式拉杆拱施工工艺流程

施工中应保证支架基础高于四周地面，并在四周设置排水沟排除外来雨水，防止基础被雨水浸泡而降低承载力。

5.2.2 支架施工

1．支架搭设

支架设计可采用空间杆系有限单元法和空间梁柱有限单元法进行计算，结合建筑物结构形式确定支架搭设方案。

界河渡槽工程支架主体采用碗扣式脚手架，剪刀撑（斜撑）和局部不合模数的支架采用扣件式脚手架搭设。纵向斜撑在支架两个外侧立面由底至顶连续设置；横向斜撑沿纵向每隔3m设一道，由底至顶层呈之字形连续布置；水平斜撑沿高度方向每隔6～7m设一层；为保证支架整体稳定并承受水平力，支架两端与拉杆拱支墩（双排架）用扣件式脚手管锁成一个整体。剪刀撑（斜撑）采用搭接方式接长，搭接长度不小于1m，用不少于2个旋转扣件连接牢固，端部扣件盖板的边缘至杆端的距离不小于10cm。剪刀撑斜杆与支架立杆用旋转扣件连接牢固。见图5.2.2-1～图5.2.2-3所示。

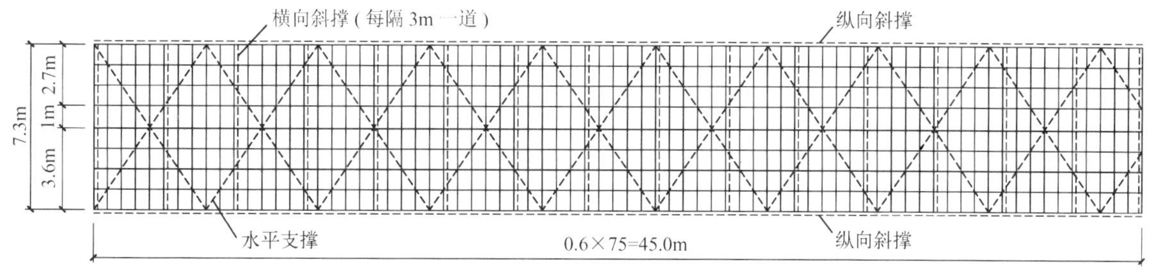

图5.2.2-1　支架平面图

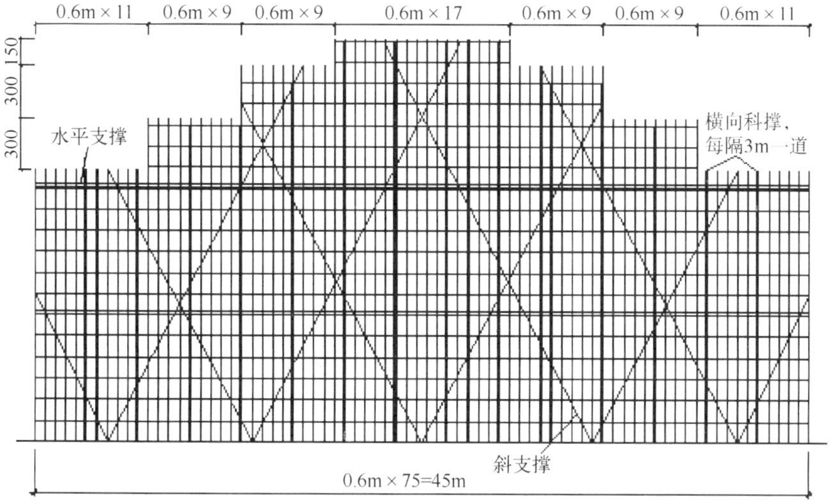

图5.2.2-2　支架正立面及纵向斜撑图

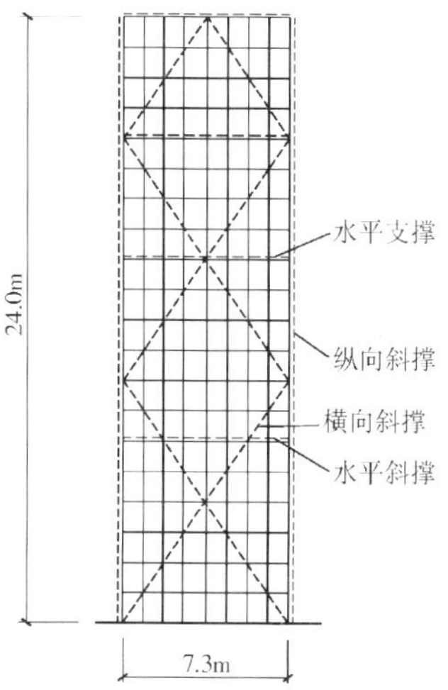

图5.2.2-3　支架侧立面及横向斜撑图

支架底部木垫板长度不少于4m，厚度不小于5mm，宽度不小于200mm，垫板底应用粗砂找平，保证与基础接触良好。为便于调节支架高度，在支架底部安放KTZ-60可调底座，底座应坐在垫板正中，并位于定位线上。

支架底层水平框架的纵向直线度应≤$L/200$；横杆间水平度应≤$L/400$。

脚手架全高的垂直度应小于$L/500$；最大允许偏差应小于100mm。

2．拱肋部分支架搭设

在拉杆混凝土达到设计强度50%后，搭设拱圈部分支架。根据拱肋底模桁架的高度和长度尺寸，支架搭设成台阶形，当搭设高度不符合碗扣管模数时采用扣件式脚手架管搭设。支架搭设结束后，安放KTC-60可调顶托和10cm×10cm方木，根据技术需要调整顶托和方木高程。验收合格后，安放底模桁架。

3．支架卸落

支架卸落必须在拉杆预应力张拉施工结束后进行。由于此时拉杆已张拉完毕，拱圈在预应力作用下往上起拱，此时拱圈重力已经转移给拱圈自身承担，支架卸落可全断面作业，自顶层开始逐层向下进行。

5.2.3　预压施工

预压目的是消除支架基础和支架的塑性变形，掌握其弹性变形，确定施工预拱度。

预压荷载按设计永久荷载的110%考虑，预压荷载采用均布加载。预压材料的选择应结合工地现有资源。

预压加载过程中，注意对支架进行观测，发现异常情况立即停止加载，分析原因并采取处理措施后再行加载，防止出现意外。预压荷载应基本对称堆放、分层安装，按混凝土浇筑顺序、速度自两端向中间推进。

支架预压沉降观测在加载前及卸载后各进行一次，在预压期间每天早晚各进行一次，观测仪器采用精平水准仪或全站仪。沉降观测结果应及时整理分析。预压开始时沉降量变化较大，随着时间的推移，沉降量逐渐变小，当沉降量趋于稳定时（一般情况下，预压3d基本能满足12h沉降量小于2mm的要求），停止预压，开始卸载。观测点的布置要均匀合理并便于观测，可在每条拱肋下各布设上下两排观测点，观测点间距7～8m。下排观测点设置在支架底垫板上，用于计算地基的弹性变形量和塑性变形量；上排观测点设置在靠近支架顶部的钢管侧壁上，用于计算总的弹性变形量和塑性变形量，以及支架的弹性变形量和塑性变形量。

5.2.4 拉杆拱施工

1．钢筋制安

由于拉杆和拱肋施工属于高空作业，其主筋长达50余米，再加上箍筋种类多、数量大，现场绑扎施工难度大、危险性大，质量也难保证。宜采取在地面分段绑扎并点焊成钢筋骨架，再吊装后焊接成整体的方法施工。

箍筋在钢筋加工厂加工，钢筋骨架在需安装部位附近的地面上制作，钢筋按原材长度（9m）制作钢筋骨架。为防止吊装过程中出现过大变形或散架，骨架需点焊成整体。成型的钢筋骨架采用塔吊吊装就位，采用搭接焊将多片骨架焊接成整体，焊接采用双面焊，无法采用双面焊的接头采用单面焊。拱支座钢筋与相连的一段拉杆钢筋加工成骨架后一起吊装就位，拱肋插筋在拉杆和拱支座钢筋就位、预应力管道和拱肋底模安装后施工。拱横梁和斜梁钢筋在拱肋钢筋焊接完成、垫好保护层后现场绑扎。

钢筋的绑扎、焊接、接头、保护层等具体要求同常规钢筋施工。

2．模板施工

1）模板制作

（1）拉杆、拱肋横梁和斜梁模板采用侧模夹底模的制作形式。底模主要加工成宽度与结构物同宽，长度为2.44m的标准节，长度不足2.44m时单独加工。底模用竹胶板作面板，用三根60mm×80mm方木作肋（方木垂直于面板方向为80mm），用铁钉均匀固定在竹胶板上。侧模高度为结构物断面高度和底模厚度之和，加工方法和方木布置同底模。拉杆与拱支座连接处的抹角模板在现场放样后，用竹胶板和60mm×80mm方木加工成型。

（2）拱支座模板制作，拱支座底模外露于双排架之外的部分加工成定型模板，方法同上；位于双排架顶梁上的部分现场加工制作，在双排架顶梁上沿拱支座结构边线砌一圈120mm厚砖墙至拱支座底，预留12mm（竹胶板厚度），保证砖墙外皮与拱支座边线平齐。砖墙用泥砌筑，以便于拆除。砖墙内回填粗砂，回填前对支座采取围护措施，防止粗砂进入支座内。回填结束后，上铺竹胶板作底模。拱支座侧模用竹胶板作面板，60mm×80mm方木竖向放置作肋（方木垂直于面板方向为80mm），间距200mm。侧模加工时，为减轻模板重量，将部分方木按间距600mm用铁钉与面板固定在一起，其余方木在侧模安装就位后安装，可利用在方木顶端横向钉铁钉的方法直接挂在面板上。

（3）拱肋底模制作，为保证拱肋轴线符合设计要求，便于底模安装、加固和拆除，将拱肋底模加工成桁架形式。由于吊杆的限制，每道拱肋底模分为8段，为方便底模拆除和吊杆安装，在每道吊杆位置预留40cm长的一段单独加工底模，该处底模在拱肋混凝土达到一定强度、吊杆安装前拆除。为方便靠近拱脚处的底模桁架拆除，该桁架底梁应高出拉杆一定距离。拱脚处剩余部分拱肋底模直接在现场加工制作。

在拱肋放样平台上根据绘出的拱腹线和吊杆位置划分底模分段位置，分段加工底模。底模桁架底梁水平设置，采用100mm×100mm等边角钢制作，两道底梁间采用4道$\phi 48\times 3.5$mm钢管连接。桁架顶梁采用[8槽钢制作，槽钢根据拱腹线大样加工成型。顶梁与底梁间采用$\phi48\times3.5$mm钢管焊接在一起，桁架两端的钢管距两侧吊杆中心距离为30cm，中间钢管间距60cm（保证安装时桁架钢管与底部支架立杆位置相对应）。拱肋底模采用竹胶板，竹胶板直接利用沉头螺栓铺设在槽钢顶梁上，为防止竹胶板变形，在两道槽钢间每隔30cm焊接一道40mm×40mm等边角钢。

底模分段情况见图5.2.4-1，底模桁架形式见图5.2.4-2。

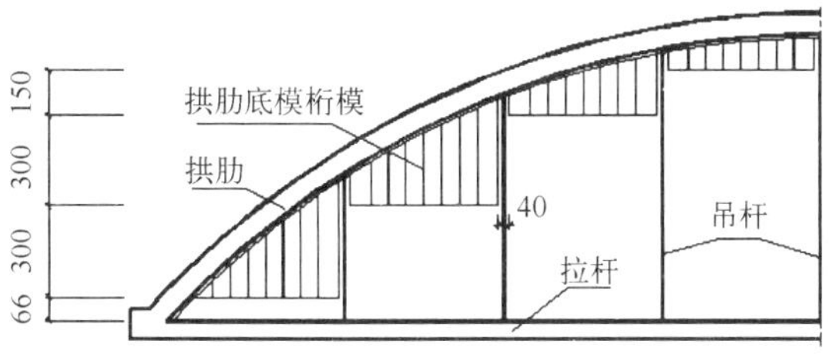

图5.2.4-1　1/2跨拱肋底模大样示意图（单位：cm）

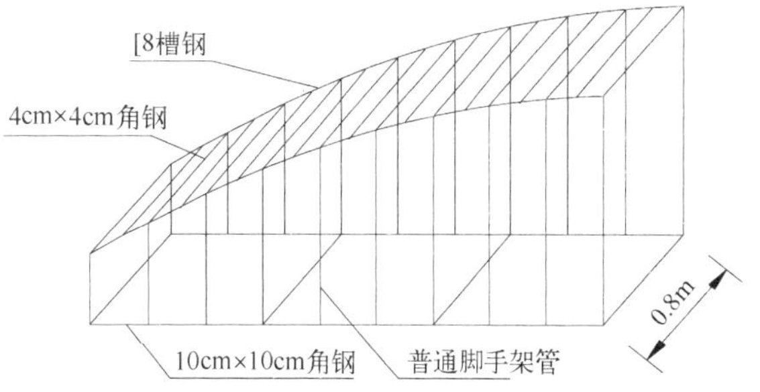

图5.2.4-2　底模桁架简图

（4）拱肋侧模制作，根据放样平台上的拱肋大样分段加工拱肋侧模。拱肋侧模采用竖向安装（注意：不是垂直于拱轴线方向），每块侧模宽1.22m，用7根60mm×80mm方木作肋（方木垂直于面板方向为80mm）。为减轻模板重量，方便工人操作，侧模加工时只将两边肋和中间的一条肋用铁钉固定在面板上，其余方木在侧模安装就位后，利用在方木顶端横向钉铁钉的方法直接挂在面板上。

（5）盖模制作，由于拱上3号排架以下部分的拱肋和拱斜梁坡度较陡，为方便混凝土浇筑和防止混凝土向下流动，对该段拱肋和拱斜梁加封盖模。每2道排架间的拱肋盖模、每条拱斜梁盖模均分为3段加工，随混凝土的浇筑进度装钉盖模。盖模加工方法与拉杆侧模板加工方法相同。

2）模板安装

（1）拉杆模板安装，沿跨度方向在拉杆两侧的支架立杆上各敷设一道水平扣件式脚手架钢管，在立杆靠近拉杆的一侧，用十字扣件与立杆逐根连接牢固，作为底模横围檩的支撑并调直拉杆两侧支架立杆，以方便拉杆底模和侧模安装。水平钢管的安装高程根据拉杆底高程扣减底模及横围檩厚度并考虑预拱度后得出，预拱度根据支架预压结果设置。底模横围檩采用1.5m长$\phi48\times3.5$mm钢管，用十字扣件与纵向水平钢管连接，围檩间距60cm。为确保两拉杆的相对位置准确和增加整体刚度，每隔3m用6m长$\phi48\times3.5$mm钢管将两拉杆下的4条纵向水平钢管连成一体。拉杆底模直接安装在横围檩上，为防止底模侧移，在底模两侧的横围檩上加十字扣件固定。

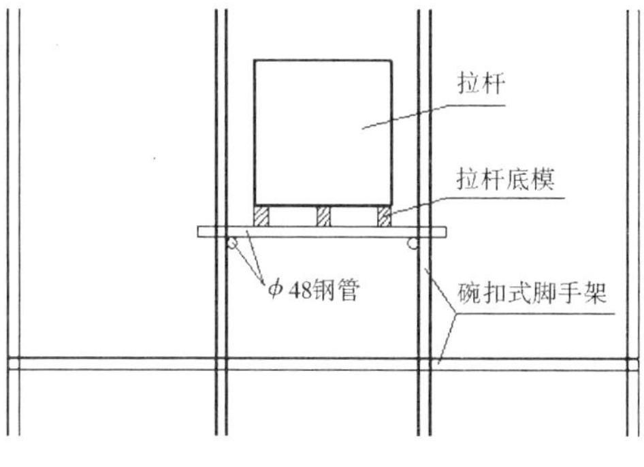

图5.2.4-3　拉杆底模安装示意图

拉杆底模安装示意见图5.2.4-3。

拉杆侧模采用6cm×8cm方木作竖向围檩，两侧对称设置，顶端钉拉木固定，底端采用步步紧加固。方木应高出拉杆顶面3cm左右，以便于顶部钉拉木后混凝土抹平、压光。

（2）顶托和方木高程满足要求后安装拱肋模板，利用塔吊将拱肋底模桁架就位。为保证底模桁架的整体稳定性和刚度，纵向用扣件式脚手架管将相邻两段连成一个整体，横向用6m $\phi48\times3.5$mm钢管将两道拱肋的桁架连成整体，相邻两段桁架的连接部位加斜向剪刀撑。

拱肋侧模现场拼装，采用$\phi12$拉条固定，方木对顶，底部采用侧模夹底模的形式。拉条在同一断面上设三道，混凝土中间一道，拱肋上、下各一道；每块侧模设两排拉条，拉条水平间距不大于70cm。侧模采用$\phi48\times3.5$mm钢管作横围檩，用燕尾卡和拉条固定。为保证模板整体稳定性和刚度，每隔3m用6m $\phi48\times3.5$mm钢管将两条拱肋连成整体。为方便拉条拆除和周转使用，在拉条外套80cm长$\phi20$硬质塑料管作套管，并兼作模板内部支撑。

（3）拱横梁和斜梁底模在拱肋底模桁架安装、加固完成后进行，采用在支架立杆上加横杆的方法作支撑，每条横梁或斜梁底部支撑间距不大于0.9m。安装、加固方法同拉杆底模。拱横梁和斜梁侧模可与拱肋侧模同时安装、加固，方法同拉杆侧模。

（4）模板的清理、刷油、模板缝的处理及加工、安装的允许偏差同常规模板施工。

3. 混凝土施工

1）拉杆拱分段及浇筑顺序

根据《桥规》规定，为避免拱肋变形产生裂缝以及减少混凝土的收缩应力，超过16m跨度的拱肋必须沿拱跨方向分段浇筑。50.6m的拉杆拱宜直接分为4段施工，不留间隔缝，分段如图5.2.4-4所示。

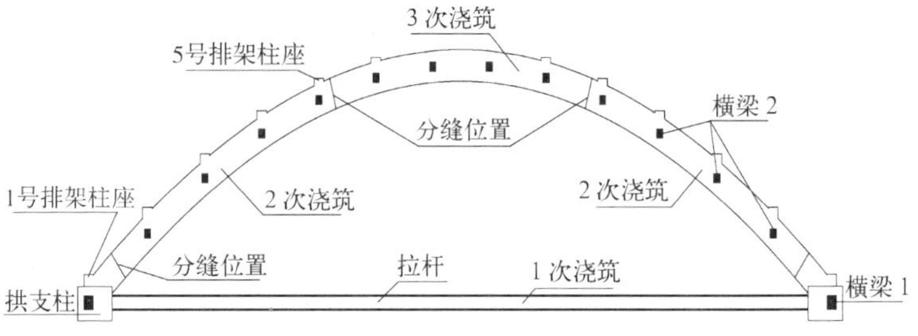

图5.2.4-4 拉杆拱分段及浇筑顺序示意图

第一道分缝设于拱支座往上约1m处，第二道分缝设于拱上5号排架与6号排架之间靠近5号排架处，各段的接缝面须与拱轴线垂直。

混凝土浇筑顺序为：第一次浇筑“拉杆、拱支座、横梁1和部分拱肋（约1m长）”→第二次浇筑“两侧的两段拱肋及段内的拱横梁和斜梁”→第三次浇筑“中间段的拱肋、拱横梁和斜梁”（图5.2.4-4）。

2）混凝土配合比

混凝土配合比应按有关规定进行设计及试配，确保其强度、和易性、耐久性等指标符合有关规范要求。C50拉杆拱混凝土坍落度为50～70mm，配合比见表5.2.4。

C50拉杆拱混凝土配合比（kg） **表5.2.4**

水泥（kg）	粉煤灰（kg）	砂子（kg）	5～20碎石（kg）	20～40碎石（kg）	外加剂（kg）	水（kg）
372	79	633	471	706	9	147

3）混凝土拌制与运输

混凝土采用搅拌站拌制，电子称量系统计量。混凝土水平运输采用混凝土搅拌运输车，垂直运输采用5013型塔吊。

4）混凝土浇筑

拉杆及拱支座的浇筑从其中的一个拱支座开始，向两边分出两个作业面基本对称向前推进。拱肋、拱横梁及斜梁浇筑时，混凝土分4个作业面从四角向跨中方向推进，拱横梁及斜梁混凝土随之跟进；塔吊吊混凝土入仓应按一定顺序进行，往4个作业面循环送料，以保证浇筑速度基本相等，使拱架变形保持均匀和最小。

5）混凝土振捣、养护和施工缝处理等

同常规混凝土施工。

4. 预应力施工

预应力施工流程为：施工准备→预应力管道埋设→钢绞线安装→锚垫板、螺旋筋等埋件安装→混凝土浇筑→锚具安装→预应力张拉→灌浆→封锚。

1）预应力管道埋设

预应力筋成孔采用ϕ80mm塑料波纹管，接头采用承插螺旋接头。波纹管采用ϕ10钢筋焊成的井字架固定在拉杆主筋上，井字架间距1m，波纹管的接头用胶带缠绕密实，防止漏浆堵孔。

2）钢绞线、锚垫板、螺旋筋及加强筋安装

（1）钢绞线下料

钢绞线下料使用砂轮切割机切断，下料长度应考虑结构的孔道长度、锚夹具厚度、千斤顶长度和外露长度等因素。钢绞线采用两端张拉时，其下料长度可按5.2.4–1公式计算。

$$L=l_1+2\times(l_2+l_3+l_4+l_5+l_6+l_7) \quad (5.2.4\text{–}1)$$

式中 L——钢绞线下料长度；

l_1——结构孔道长度；

l_2——工作锚及工作夹片厚度；

l_3——限位器厚度；

l_4——千斤顶长度；

l_5——限位板厚度；

l_6——工具锚及工具夹片厚度；

l_7——钢绞线外露长度。

（2）钢绞线安装

安装前，将钢绞线的前端戴上专用的塑料帽或用胶带缠绕，防止碰破波纹管造成漏浆。安装时所有操作人员要协调一致。预应力钢绞线安装完成后，检查波纹管是否有破损，破损处采用胶布缠裹密实，防止漏浆，并将裸露在外的钢绞线进行包裹，防止水泥浆漏入波纹管或污染张拉端，影响预应力筋的张拉。

（3）锚垫板、螺旋筋和加强筋安装

螺旋筋、锚垫板安装和加强筋绑扎在预应力筋安装结束进行。螺旋筋应紧靠锚垫板，加强筋应绑扎牢固、位置准确，必要时将加强筋点焊成整体，防止在混凝土浇筑过程中钢筋移位或散乱。安装锚垫板时，应将波纹管端头插入锚垫板内并将接头处用胶布缠裹密实，防止漏浆；钢绞线与锚垫板之间的空隙及灌浆孔用毡布或棉纱堵塞密实；锚垫板用螺栓固定在拱支座端头模板上，锚垫板与模板应紧密接触，并垂直于管道中心线。

3）混凝土浇筑中过程的保护

混凝土浇筑过程中应做好预应力管道和预应力束的保护工作，严禁振捣棒碰触预应力管道。锚垫板后钢筋密集部位，应加强振捣，必要时人工捣实。混凝土凝固前，要将钢绞线前后移动，观察是否有漏浆现象，以便发现问题早作处理。

4）预应力张拉

拉杆拱采用两端张拉，采取张拉力与伸长量双控措施，以张拉力为主控。由于拉杆为长细构件，为防止变形过大，出现裂缝、扭曲，要求同跨中两条拉杆中的预应力筋同时、对称、同步张拉，两端千斤顶升降压速度保持大致相等。

图5.2.4–5 张拉顺序图

张拉顺序见图5.2.4–5。

（1）预应力张拉的条件

①混凝土达到75%设计强度；②拉杆之间的钢管横撑、斜撑，以及拉杆与拱肋之间的竖向吊杆均焊接完成；③拱支座处的底模已拆除，内填的砂子清除干净；④调低拱脚处的拱肋底模桁架，消除桁架对拱肋变形的限制；⑤千斤顶与压力表联合标定结束，并根据其关系曲线计算出各张拉控制应力下压力表的读数；⑥张拉设备和灌浆设备试运行良好；⑦对预应力管道进行压气检查，管道无堵塞情况。

（2）千斤顶就位

将钢绞线按顺序穿入工作锚锚孔内，用套管将工作夹片均匀打入锚孔，确保锚具准确嵌入锚垫板凹槽内。然后安装限位器、千斤顶、限位板和工具锚，将工具夹片均匀打入锚孔。调整锚具和千斤顶位置，使孔道、锚具和千斤顶三者轴线重合。

工具锚和工具夹片可采用工作锚和工作夹片代替，但工具锚和工具夹片使用1～2次后，必须改为工作锚和工作夹片使用到工程中去，以免使用次数过多而造成废品。为方便退顶，工具夹片安装时，可在夹片外缠绕塑料薄膜。

（3）张拉

低松弛钢绞线张拉程序为0→0.2σ_k→0.6σ_k→σ_k（持荷3min锚固）。

千斤顶充油，两端同时张拉至初应力（0.2σ_k），用钢尺测量油缸伸出长度L_1，再稳步张拉至σ_k并稳压3min，测量油缸伸出长度L_2，按公式5.2.4-2和公式5.2.4-3计算实际伸长值（$L_{实}$）和理论伸长量（$L_{理}$），比较两者差值是否在±6%之内。如不符合要求，应查明原因并采取措施予以调整后，方可继续张拉。稳压结束，再将千斤顶补油至k_σ，回油锚固。

$$L_{实}=L_2-L_1+L_{初} \tag{5.2.4-2}$$

$$L_{理}=\sigma_k\times L/E_g \tag{5.2.4-3}$$

式中 $L_{实}$——实际伸长值，mm；

$L_{理}$——理论伸长值，mm；

L_1——初应力0.2σ_k时，千斤顶油缸伸长值，mm；

L_2——张拉控制应力σ_k时，千斤顶油缸伸长值，mm；

$L_{初}$——初应力以下的推算伸长值，$L_{初}=0.2\sigma_k\times L/E_g$；

σ_k——张拉控制应力，MPa；

L——预应力筋长度，mm；

E_g——钢绞线弹性模量，MPa。

5．管道灌浆及封锚

张拉结束后，及时对预应力管道进行压力灌浆和封锚工作。

1）压浆前的准备工作

（1）用手砂轮切割锚外多余钢绞线，切割后的余留长度不小于3cm。

（2）锚具外的钢绞线间隙用砂浆进行封堵，待砂浆强度达到50%设计强度后，方可进行压浆作业。

（3）冲洗孔道，以排除孔内粉渣等杂物，冲洗后用空压机吹去孔内积水。

2）水泥浆拌制

（1）压浆用纯水泥浆的水灰比控制在0.4～0.45之间，稠度控制在14～18s之间。为提高压浆质量，可选用膨胀砂浆。

（2）水泥浆强度不低于30MPa。

（3）拌合时，先加水再加水泥，拌合时间不小于1min。

（4）达到设计要求稠度后，过筛注入压浆机内。水泥浆自调制到压入管道的间隔时间不得超过40min。水泥浆在使用前和压注过程中应连续搅拌。

3）压浆工艺

（1）孔道压浆顺序是先下后上，同一根拉杆上的4个孔宜一次压完。

（2）每个压浆孔道两端的锚垫板进、出浆口均安装一节带阀门的短管，以备压注完毕时封闭，保持孔道中的水泥浆在有压状态下凝结。整个压注系统、胶管、各阀门处内径不得小于10mm，以防堵塞。

（3）压浆的压力以保证压入孔内的水泥浆密实为准，开始压力要小，逐步增加，一般为0.5～0.7MPa。压浆速度控制在5～15m/min。

（4）当孔道另一端饱满出浆，水泥浆浓度与进浆口水泥浆浓度一致时，关闭出浆口的阀门，进浆口继续保持压力在0.5MPa左右2～3min后关闭进浆口阀门。灌浆应缓慢均匀地进行，不得中断，并应排气通顺。

4）封锚

孔道压浆后，清除锚垫板、锚具及端面混凝土上的水泥浆等污垢，将端面混凝土凿毛，设置钢筋网，浇筑封端混凝土。当设计对封端混凝土强度无规定时，其强度不宜低于拱支座及拉杆强度的80%。

6．注意事项

1）点焊固定波纹管的井字架时，不得烧伤主筋、不得污染工作面，如有污染应及时清理。安装波纹管时，注意保护钢筋。

2）拉杆侧模安装前，先安装钢绞线，然后对波纹管进行仔细检查，发现有破损处用胶布缠绕密实，接头脱开处根据脱开宽度加套管并用胶布缠裹密实。

3）钢绞线切割可采用砂轮切割机或手砂轮，不得采用电弧或气割。

4）立端头模板前，将钢绞线与锚垫板之间的空隙和注浆孔用毡布或棉纱塞堵密实。

5）混凝土浇筑过程中严禁振捣棒碰触波纹管。锚垫板后钢筋密集部位，应加强振捣，必要时人工进行捣实。

6）张拉施工前要检查油泵、油表，千斤顶和油表必须对号。

7）锚具不得有锈蚀、水和泥浆等杂物，当预应力筋有浮锈或粘附泥浆时，应将锚固夹持段上的浮锈或泥浆用钢刷清除干净。夹片不应粘附泥浆或其他杂物，允许其外表面涂少量润滑剂，有利于夹片跟进及退锚灵活，但其牙面不得粘附油污，以免滑丝。

8）安装工作锚具应与锚垫板止口吻合，工作夹片应保证两片接缝大小一致、端面平齐，但不得过重敲打，以免敲坏。

9）灌浆时不得污染成型的混凝土面，如有污染及时清理。

5.3 劳动组织

单跨上承式预应力拉杆拱劳动组织见表5.3。

劳动组织表（单跨） **表5.3**

序号	类 别	人数	技 能 要 求
1	工程技术人员	2	中专以上
2	施工员	2	持证上岗
3	安全员	1	
4	电 工	1	
5	起重工	2	
6	测量工	2	
7	普 工	15	

操作前先根据工程量和工期合理组织人员，定岗定人，分组演练，材料、机械专人负责，摆放到位，确保配合协调，操作熟练。

6. 材料与设备

6.1 主要原材料

1．钢筋：Ⅰ级圆钢（HPB235）、Ⅱ级螺纹钢（HRB335）、Ⅲ级螺纹钢（HRB400）。

2．绑丝： 20～22号钢丝。

3．电焊条：对于HRB335钢筋（Ⅱ级钢），采用FA303型号的电焊条；对于HRB400钢筋（Ⅲ级钢），采用E5003型号的电焊条。

4．保护层：砂浆垫块、大理石垫块、各种挂钩或撑杆等。

5．波纹管：采用塑料波纹管，内径80mm。

6. 钢绞线：1860MPa级低松弛钢绞线，规格为ϕ_j15.20mm（7ϕ5）。

7. 锚具和夹片：HQM15－8系列产品。

8. 锚垫板：铸铁锚垫板。

9. 水泥：强度等级不低于42.5级的低碱硅酸盐水泥或低碱普通硅酸盐水泥，水泥熟料中C_3A含量不大于8%，在强腐蚀环境下不大于5%。

10. 砂：硬质洁净的天然中粗砂，细度模数2.6～3.0，含泥量不大于1.5%。

11. 石子：坚硬耐久的碎石，压碎指标不大于10%，母岩抗压强度与梁体混凝土设计强度之比大于2；本工程所用石子采用二级配，5～20mm和20～40mm碎石两种。

12. 掺和料：一级粉煤灰。

13. 外加剂：采用高效减水剂，减水剂质量应采用符合规范规定，经检验合格后方可使用。

14. 水：符合饮用水标准的水。

6.2 周转材料

6.2.1 碗扣式脚手架

1. 碗扣式脚手架用钢管、上碗扣、可调底座及可调托撑螺母、下碗扣、横杆接头、斜杆接头、杆连接外套管等构配件材料和制作要求应符合《建筑施工碗扣式脚手架安全技术规范》规定。

2. 杆件的焊接应在专用工装上进行，各焊接部位应牢固可靠，焊缝高度不小于3.5mm，其组焊的形位公差应符合规范要求。

6.2.2 扣件式脚手架

1. 扣件式脚手架用钢管、扣件应符合《建筑施工扣件式钢管脚手架安全技术规范》规定。

2. 脚手板可采用钢、木、竹材料制作，每块质量不宜大于30kg。冲压钢脚手板、连墙杆的材质应符号现行国家标准《碳素结构钢》GB/T 700中Q235－A级钢的规定，木脚手板应采用杉木或松木制作，其材质应符合现行国家标准《木结构设计规范》GBJ 5中Ⅱ级材质的规定。竹脚手板宜采用由毛竹或楠竹制作的竹串片板、竹笆板。

6.2.3 预压材料

视工程现有材料情况和预压周转次数，宜选用砂袋、预制混凝土块或钢筋等材料。根据起重设备确定单件的重量，预压材料的总重量不应小于设计永久荷载的110%，并视材料种类、周转次数的不同，有一定的富裕量。

6.2.4 模板

竹胶板，规格1220mm×2440mm×12mm；60mm×80mm方木；100mm×100mm方木；ϕ12拉条和螺帽；ϕ48×3.5mm钢管；燕尾卡；步步紧；各种规格铁钉；10号钢丝；40mm×40mm角钢；100mm×100mm角钢；[8槽钢；电焊条等。

6.3 木工设备

台锯2台，台钻1台，电刨1台，手电钻2台，手电锯2台，BX－315电焊机2台，扳手、木工锤和钳子若干。

6.4 钢筋设备

切断机2台、弯曲机2台、箍筋弯曲机1台、3t卷扬机1台、BX－400电焊机4台、UN1-100-1对焊机1台。

6.5 混凝土设备

HZS50混凝土搅拌站1座、混凝土搅拌运输车2辆、振捣器若干。

6.6 预应力施工设备

200t单作用穿心式千斤顶9台，其中1台备用；2YBZ2-50型油泵9台，其中1台备用；水泥浆搅拌机1台；活塞式压力注浆机2台；砂轮切割机1台、手砂轮2台。

6.7 其他设备

15t自卸车1辆、ZL50装载机1台、5013型塔吊2座、25t汽车吊1辆、YZ18振动碾1台、TY160推土机1台、重型钎探仪1台；观测仪器为DS3型精平水准仪1台。

7. 质量控制

7.1 施工前编制施工方案，经审批后，编制成详细的施工作业指导书。施工严格按作业指导书进行。

7.2 对全体员工进行岗前质量意识教育、技能培训，提高全体施工人员质量意识和工作技能、工艺水平。认真做好施工前的技术交底工作，做到人人心中有数，不盲目施工。

7.3 坚持工序交接制度，严格控制各道工序施工质量，坚持“三检制”。

7.4 坚持现场材料管理和设备管理制度，不合格的材料不得用于工程施工，保证施工设备的正常运行。

7.5 设置试验室、测量队并配备专业试验、测量人员，对施工材料、成品、半成品和各工序质量按规范要求进行检验、试验、测量。测量、检验、试验设备按其检定周期定期送有资质的单位进行检定，保证其完好、精确，并建立台账。

7.6 隐蔽工程在隐蔽前必须经有关人员验收签字后方可隐蔽。

7.7 施工技术资料与工程形象进度同步，确保资料真实、完整。建立质量记录归档制度，完善质量信息收集、整理、归档和质量反馈，指导工程施工的质量控制。

7.8 对于技术要求高和特殊工种的操作人员要求持证上岗。

8. 安全措施

8.1 安全施工的一般要求

1. 建立安全管理制度及安全施工守则。醒目处张贴安全标语，加强职工安全教育，增强安全意识。

2. 严禁违章作业和违章指挥，严格遵守各项操作规程。

3. 施工人员进入施工现场必须做好安全防护工作，佩戴安全帽。

4. 非机电人员不准使用机电设备，机电设备防护措施要完善，手持电动机具安装触电保护器。

5. 夜间施工，做好照明设施，确保施工人员、机械设备及交通行车安全。

8.2 支架施工与高空作业

支架的整体稳定是本工法涉及的最大安全问题，需根据工程具体情况进行计算论证后，才可进行施工。在支架施工与高空作业时需注意：

1. 严格遵循有关安全制度和规定，针对支架施工高空作业特点开展经常性的安全教育，并实行严格监控和检查，及时发现、解决安全存在的问题，消除安全隐患。

2. 施工现场设明显标志，与支架施工无关的人员严禁进入支架作业范围内。

3. 高空作业人员必须把袖口、裤腿捆扎好，不得穿硬底鞋及带有钉子的皮鞋登高作业。操作时，应将工具、螺栓等装在专用的工具袋内，严禁向地面投掷任何物体及掉落工具材料等，以免伤人。

4. 当遇到六级以上的大风、雪或雷雨时，所有高空作业必须停止，设备操作人员应迅速下到地面，切断电源。

5. 支架预压荷载摆放要整齐均匀。吊装用钢丝绳随时检查，如每1m长度内有10%的断丝时，应预更换。

6. 浇筑混凝土前，对支撑系统进行全面的检查，做到万无一失，浇筑过程中，派专人检查支架和模板，发现问题及时处理。

7. 脚手架拆除时必须划出安全区，设置警戒标志，派专人看管。拆除前清理干净脚手架上的器具及多余的材料和杂物。

8. 拆除作业应从顶层开始，逐层向下进行，严禁上下层同时拆除。脚手架采取分段、分立面拆除时，必须事先确定分界处的技术处理方案。

9. 连墙件必须拆到该层时方可拆除，严禁提前拆除。

10. 拆除的构配件应成捆用起重设备吊运或人工传递到地面，严禁抛掷。拆除的构配件分类码放整齐，以便于运输、维护和保管。

8.3 预应力施工

1. 钢绞线下料时，必须将钢绞线放入下料架内再拆除包装，严禁不用下料架直接拆除包装并下料。抽拽钢绞线时，应在下料架的钢绞线出口附近设置导向装置，防止钢绞线来回摆动伤人。

2. 张拉现场应有明显标志，与该工作无关人员严禁入内。

3. 预应力施工过程中，危险范围内应设防护装置，操作人员始终应站在构件两侧。千斤顶正前方严禁站人，放张锚固后不得重力敲打锚具和预应力筋。

4. 张拉前，检查所有设备是否存在漏电现象，防止电击伤人。

5. 油泵运转有不正常情况时，应立即停车检查。在有压情况下，不得随意拧动油泵或各部位的螺丝。

6. 作业应由专人负责指挥，操作时严禁摸踩及碰撞预应力筋。张拉作业时，油泵操作人员应精力集中，禁止在千斤顶顶压过程中操作人员远离油泵，防止出现意外事故。在测量伸长值时，应停止开动千斤顶。

7. 高压油管的接头应加防护套，以防喷油伤人。

8. 千斤顶不可出顶过快，应缓慢加压，千斤顶最大行程不宜大于90%额定行程。

9. 千斤顶支架必须安装牢固，位置居中，防止支架不稳或受力不均倾倒伤人。

8.4 安全施工的特殊要求

1. 支架观测分三个阶段，包括预压前的初始观测、预压期间的观测和卸载后的观测。沉降观测点布设位置要均匀合理并便于观测。测量精度应满足国家4级测量精度要求。

2. 压载和施工要对称施工。

3. 支架横断面上不得产生偏心受压。

4. 为防止支架产生倾斜，在个别支架与地面连接部位对称施加压载。

9. 环保措施

9.1 支架搭设或拆除时，需敲击碗扣和钢管，噪声较大，现场操作人员应佩戴防护耳塞，并经常轮换作业以减少噪声对健康的危害；同时，控制敲击力度，尽量降低噪声。

9.2 支架预压材料采用砂袋时，应做好砂袋保护工作，防止砂袋破损，砂子泄漏，产生灰尘。

9.3 废弃的砂袋、脚手架板等材料应集中堆放，能回收利用的均回收利用，不能利用的按相应标准处理。

9.4 水泥等易飞扬细颗散体物料尽量采取储罐或库内存放，运输和存放时采取措施以防扬尘，水泥贮仓安装粉尘报警信号器，所有通气口安装合适的过滤网。

9.5 对综合加工场和起尘大的施工道路，采取洒水降尘措施。运输道路和操作面落地料（砂浆、混凝土等）及时清扫。

9.6 在拌合系统附近设沉淀池，对混凝土拌合系统和运输设备冲洗废水采用间歇式自然沉淀的方式去除易沉淀的砂粒，待废水沉淀达标后排出。

9.7 机械修理时产生的含油废水采用间歇式小型隔油沉淀池并定时投加絮凝剂的处理方式。不能利用的废油进行焚烧或中和处理。

9.8 施工车辆安装尾气净化装置；噪声超标的机械设备安装消声管、消声器等；行驶的机动车辆，现场只允许鸣低音喇叭，场外行驶严禁鸣笛。

9.9 预应力施工时产生的废弃物、边角料等集中堆放或销毁。油泵移位时防止倾斜漏油；张拉操作时，油路各接口处拧紧、检查无误后再行开动油泵产。灌浆作业时，水泥浆应计算准确，避免灌浆结束却剩余大量水泥浆的现象发生。灌浆结束后，及时清除锚垫板、锚具及端面混凝土上的水泥浆等污垢。

10. 效益分析

10.1 经济效益

由于上承式预应力混凝土拉杆拱结构造价在工程总造价中所占比例大，本工法采取的系列技术措施，一方面能保证工程的质量和安全，加快进度，另一方面，新技术、新工艺和新方法的引用，大幅度地降低工程施工成本，创造较好的经济效益。

普通脚手架搭设需大量扣件，丁字螺栓很容易丢失；碗扣式脚手架搭设基本不需要扣件，有效地提高了搭设速度，减少了丁字螺栓损耗。普通脚手架6m立杆安装较困难，危险性大；碗扣式脚手架立杆仅长3m，安装较易，有利于保证施工安全。在支架较高的情况下，普通脚手架立杆垂直度较难控制；碗扣式脚手架立杆用定尺的横杆连接，基本只需在第一层控制好一排立杆的垂直度就可满足垂直度要求，提高了搭设速度。另外，碗扣式脚手架拆除速度也快于普通脚手架。搭拆时间的减少有利于节约工期和周转材料及设备租赁费。

本工法采用的利用可调顶托调节底模高程方案，周转材料回收价值较大，部分拆除的架管可加工成1m、1.5m、2m等定尺的钢管用于其他工程；支架搭设时不需再加工不同长度的普通架管，只需按要求和高程搭设成台阶形，桁架安装简单、迅速，施工效率高；桁架底梁水平设置，受力条件好，桁架上部荷载直接传递到下部的方木和支架上，只需将桁架安放在支架顶端的横向方木上。两片底模桁架之间、同拱圈上相邻的两片桁架之间均可采用普通脚手架管连接，连接加固简单；桁架坚固性好，周转次数多，维修量小。桁架重量大，在安装和拆除时受风力影响小，安装和拆除效率高，有效保证拱圈尺寸，加快了施工速度，保证了施工质量，增大了安全系数。

10.2 社会效益

上承式预应力拉杆拱式渡槽是一种新型结构形式，具有投资省、结构美观、运行可靠的等优点，本工法系统解决了地基处理与测试方法、碗扣式高钢管支架的设计和加载变形数据规律、大跨度拉杆拱桁架体系的施工难题及多风地区高支架的设计、支架安全稳定验算、支架预压变形检测、拱桁架模板设计及设计拱轴线线形控制、拱圈分段及混凝土浇筑顺序等施工技术难点，对工程施工质量、安全、成本进行有效管控，该工法的成功实施，为今后类似工程的施工提供了借鉴，具有较好的社会经济效益和应用价值。

11. 应用实例

2005年12月中国水利水电第十三工程局有限公司中标承接的南水北调东线胶东界河渡槽工程，位于山东省烟台市招远境内，全长2021m，造价3534.14万元。界河渡槽主要结构形式有3种：一是上承式预应力混凝土拉杆拱式矩形渡槽结构，跨度50.6m，共21跨；二是简支梁板式预应力混凝土矩形渡槽结构，跨度20m，共36跨；三是简支梁板式普通钢筋混凝土矩形渡槽结构，跨度10m，共18跨。

50.6m 的上承式预应力混凝土拉杆拱式矩形渡槽存在施工难度大、技术含量高、高空作业多等特点。上弦杆采用两榀 C50钢筋混凝土矩形断面（1.4m × 0.8m）、抛物线形拱肋，之间设 C50钢筋混凝土横梁和斜撑，横梁断面0.6m×0.6m，斜撑断面0.5m×0.5m。拱肋抛物线矢高 f=10.5m，净跨度 l=47m。为抵消支座的水平推力，下弦杆采用两道预应力钢筋混凝土拉杆连接两端拱支座，拉杆断面0.6m×0.6m，每根拉杆内设4束低松弛钢绞线，每束8根钢绞线（f_{ptk}=1860MPa）。拱圈上设14道 C40钢筋混凝土排架柱作为矩形渡槽的竖向支撑结构。拱上渡槽采用 C40聚丙稀纤维混凝土，抗冻等级 F200，抗渗等级 W4。渡槽设计流量16.3m^3/s。受现场施工条件和工程结构特点制约，拉杆拱支架宽7.3m，高25～30m，支架高宽比超标；另外，工程靠近莱州湾，风多且风力较大，因此支架稳定问题、支架竖向和侧向变形控制问题尤其突出。

界河渡槽工程实施过程中，上承式拉杆拱施工工法取得了较好的使用效果，为顺利完成本工程起到了重要作用。界河渡槽工程在实施过程中没有发生一起质量和安全事故，多次在沿线在建工程的检查评比中名列前茅。

高水头弧形闸门及埋件适宜紧密止水安装工法

GJEJGF280—2010

中国葛洲坝集团股份有限公司
张为明　熊高峡　卫书满　陈群运　李齐

1. 前　　言

弧形闸门是大、中型水利水电枢纽工程中不可缺少的组成部分，主要担负着水利水电枢纽工程的蓄水、泄洪安全任务。长期以来，水电站弧形闸门及埋件一直采用先安装埋件后安装门体的传统安装工艺。这种安装工艺具有一定的局限性：一是闸门及埋件安装受相关联的土建施工工序与进度所制约，安装周期较长；二是由于埋件先期安装并已浇筑二期混凝土，因此闸门及埋件制造和安装引起的尺寸误差后期不利消除，有的尺寸误差相互叠加，造成闸门止水质量安装达不到规范要求，引起漏水，特殊情况下会造成设备运行期间的闸门震动。目前，国内外水电水利工程高水头弧形闸门实际运行的情况表明，弧形闸门的失效有许多是由于闸门漏水产生振动引起的，而其止水橡皮密封效果不良又是引起闸门漏水的重要原因。止水橡皮密封效果不良有多种原因，其中弧形闸门及埋件的最终安装精度受各构件安装尺寸链的相互关联，安装时各种误差的积累造成闸门止水座板与闸门埋件水封面间隙不均匀，致使工作段遭受不均匀压缩，是造成止水橡皮密封效果不良的重要因素之一，而且它还易使水封局部磨损过快，导致水封使用寿命缩短。另外，在大型水电站泄洪建筑群中布置有大量的高水头的弧形闸门，这些闸门是维护枢纽安全运行的重要水工建筑物。通常情况下，这些闸门需要在较短时间内集中安装，其有效安装工期较短，施工高峰重叠，如何规划施工期间闸门安装进度、均衡月安装强度以及保证闸门及埋件的安装质量显得尤为重要，需做好重点研究。如何在安装过程中，通过工艺调整消除各种累积误差，解决弧形闸门橡胶止水安装质量和合理削减安装高峰期是我们一直研究的课题。高水头弧形闸门及埋件适宜紧密止水安装工法就是在传统弧形闸门及埋件安装工艺的基础上结合其安装的特点创新出来的一种全新的高水头弧形闸门及埋件安装工艺。

本工法的形成经历了3个阶段：

第一阶段为1999年12月以前。这一阶段主要是根据三峡二期工程深孔弧形工作门的设计特点，提出了适宜性紧密止水安装的理论并结合实际情况进行了相关基础研究，研究并制定了一套较为完整的弧形闸门及埋件适宜紧密止水安装的工艺。

第二阶段为2000年3月～2000年10月以前。为对三峡二期工程深孔工作弧门及埋件适宜紧密止水安装工法的实施作必要的技术应用实践验证，在湖北兴山古洞口水电站泄洪洞工作弧门成功实现了单孔闸门的埋件及门体安装与调试，取得了令人满意的结果，并对该研究成果应用于生产实践进行了总结提高。还在三峡二期泄洪坝段底孔弧形工作门及埋件安装的部分闸门及埋件的安装中做了一些实践性验证。

第三阶段为2000年5月至2002月12月。这一阶段为将研究成果全面应用于三峡二期工程深孔弧形工作闸门安装的生产实践。

该工法在湖北兴山古洞口水电站泄洪洞弧形工作闸门，三峡二期工程底、深孔弧形工作门安装工程中得到成功应用。综合多项工程实践：该工法可有效提高工效1～1.5倍，综合成本下降15%～20%，同时改善闸门橡胶水封的止水效果和使用寿命，提高闸门启闭机使用寿命，保证闸门启闭机运行质量，社会、经济效益显著。

本工法在国内外水电站高水头弧形闸门及埋件安装的应用上处于领先水平，特别是三峡工程泄洪坝段大量深孔弧门及埋件安装的成功应用，使得该工法填补了国内外在该领域的空白。

在三峡二期泄洪坝段23孔深孔弧形工作闸门中应用成功的安装技术《三峡泄洪坝段深孔工作门及埋件安装方案优化》已获中国葛洲坝集团公司2001年度科技进步一等奖；在湖北水布垭放空洞弧形工作闸门中应用成功的《水布垭放空洞高水头超大型偏心铰弧门及启闭机安装技术研究与应用》已获中国葛洲坝集团公司2005年度科技进步一等奖。

2. 工 法 特 点

2.1 适宜调节闸门及埋件制造安装误差，改善闸门制造、安装误差引起的工作水封安装质量。采用该工法进行埋件安装，在弧门门体安装完毕后再进行止水橡皮安装，然后利用埋件侧轨的调整来控制橡皮的压缩量，这样既可以弥补弧门和埋件制造和安装造成的实际偏差，又可尽可能地保证埋件与弧门门叶止水橡皮压缩量。

2.2 加快闸门安装进度，缩短工程施工工期。由于采用先安装少量埋件后再安装闸门门体然后调整主要埋件与闸门间隙、浇筑二期混凝土的方法，可不必等待全部埋件安装及其二期混凝土回填施工完成后再安装闸门，避免了工期重叠。本工法适合巨型、大型水电站泄洪建筑群密集布置弧形闸门的安装，显著缩短弧形闸门安装工期，有效削减施工高峰，节约施工高峰期各种设备和人力资源的投入，综合利用该工法较传统安装工艺提高1～2倍工效，节约成本投入约20%。

2.3 减少运行期间工作水封磨损，改善闸门和启闭机运行质量。工作水封以埋件实际安装误差为基准控制水封的压缩量，本工法水封压缩量均匀、合理，有利于减少闸门运行时的附加摩擦和振动，提高闸门及启闭机的使用寿命，保证闸门及启闭机的长期安全运行。

3. 适 用 范 围

本工法适用于水电站潜孔式弧形工作闸门及埋件的安装施工。特别是高水头弧形闸门及埋件的安装施工。也可适用于精度要求高的水电站露顶式弧形工作闸门及埋件的安装施工。

4. 工 艺 原 理

本工法采用适宜紧密止水的闸门及埋件安装新工艺；埋件与闸门安装的配合质量易于保证，缩短从埋件至闸门门体全部安装完成的总工期，便于操作。其工艺原理分析如下：

闸门安装后，通常情况下受闸门自重影响，其门叶底缘与底槛均能全线接触，故闸门运行期间产生闸门水封橡皮止水效果不佳而渗漏或局部磨损过大的现象主要发生在侧止水橡皮。主要原因是由于闸门实际中心与闸门理论孔口中心存在偏移造成或闸门与埋件安装制造安装误差偏大引起的。误差产生的形式主要有：1）闸门实际中心与埋件实际中心的整体偏移；2）闸门实际中心与启闭机中心的整体偏移；3）闸门与埋件整体倾斜。其中埋件中心及启闭机中心与实际闸门中心整体偏移使得在闸门门叶两侧水封座板与侧轨的左右间隙差值较大；闸门与埋件中心倾斜是由于同侧水封座板与其对应的侧轨上部与下部的间隙差值较大。

造成上述现象归纳起来主要有以下几个方面的原因。

4.1 设备制造原因分析

4.1.1 左右支臂制造长度误差的影响。设闸门的宽度为a_1，支臂的长度为b_1，两支臂制造长度相对误差为c_1，则门叶侧边顶部水平移动距离$h_1 = a_1\left[1-\sqrt{1-\left(\frac{c_1}{a_1}\right)^2}\right]$，规范允许的支臂长度误差为±2mm，故对门叶顶部侧向水平偏移影响不大，导致对侧水封安装影响也不大。

4.1.2 门叶的底缘制造误差的影响。设门叶底缘长为a_2，门叶高度为b_2，则门叶底缘两端水平高差c_2对门叶顶部侧边水平移动距离的影响为h_2，$h_2=c_2 \cdot b_2/a_2$。一般深孔弧门门叶高度大于其宽度，规范允许门叶底缘的两端最大高差为2.0mm，对门叶顶部侧向水平偏移影响较大，导致对侧水封安装影响也较大。

4.2 设备安装原因分析

4.2.1 底槛安装水平度误差对侧水封安装的影响。该项影响因素与门叶的底缘制造误差对侧水封安装影响相同。

4.2.2 侧轨安装垂直度误差的影响。侧轨止水座板对孔口中心线的误差规范允许为−1～+2mm，对门叶侧向水平移动的距离h_3为$-1\text{mm} \leqslant h_2 \leqslant +2\text{mm}$，由安装偏差确定。

4.2.3 支铰同轴度安装误差的影响。支铰同轴度的规范允许误差为2mm，对门叶侧向水平移动距离的变比为$I_4 = b_4/a_4$（b_4为支臂的长度，a_4为两支铰的中心间距），考虑高水头潜孔式弧形闸门的左右支铰的中心间距较小，故其变比I_4速率变化较大。如三峡深孔工作弧门的曲率半径为16m，两支铰的中心间距为4.2m，若按规范支铰允许同轴度为2mm考虑，则闸门整体向一侧偏移的最大偏移量h_4为7.6mm。如不加以纠正会严重影响闸门侧水封的安装和运行。

4.2.4 门叶与支臂整体拼装误差的影响。门叶与支臂整体拼装对闸门的正确定位非常重要，安装工艺处理不妥会使门叶整体偏移或产生扭曲导致同侧止水座板与相应侧轨止水面的上下间隙差值过大，其变比为不确定的变量。

4.2.5 启闭机安装的中心误差对门叶的整体偏移影响也会对水封的安装及运行直接造成不利影响。该变比也为常量，由安装偏差确定。

4.3 测量工艺原因分析

4.3.1 测量控制基准点的误差。测量基准点的误差可使闸门实际中心整体偏移或与闸门理论中心形成交角，影响闸门水封的正常安装。

4.3.2 测量仪器精度的误差。测量仪器的精度也会产生上述各种不利的影响因素，但此种误差不能消除。

由前述可知支铰同轴度的误差和底槛水平度的误差因素对侧水封安装质量影响最大，而且各种误差的同向叠加对水封安装的影响更大，因而必须从安装工艺上考虑消除闸门及埋件安装的各种误差，使其影响最小。传统的安装工艺很难解决上述安装误差造成的根源，从施工角度考虑必须在工艺上研究出质量更有保障、操作更容易的施工工艺，才可满足设备安装质量要求。在此基础上通过深入调查研究提出对高水头弧形闸门及埋件的传统安装工艺进行重大的工艺改革，采用新的埋件安装工艺进行高水头弧形闸门及埋件的安装。新的埋件安装工艺就是在弧形闸门的埋件吊装就位，但尚未完全安装调整就绪的前提下，将门体、启闭机安装就位，整体联门调试完成后进行埋件的正式安装及二期混凝土施工，然后根据闸门水封座板与埋件水封面的实际间隙进行水封橡皮的适宜性安装。

5. 施工工艺流程及操作要点

5.1 施工工艺流程

施工工艺流程见图5.1。

5.2 操作要点

5.2.1 弧形闸门埋件安装顺序

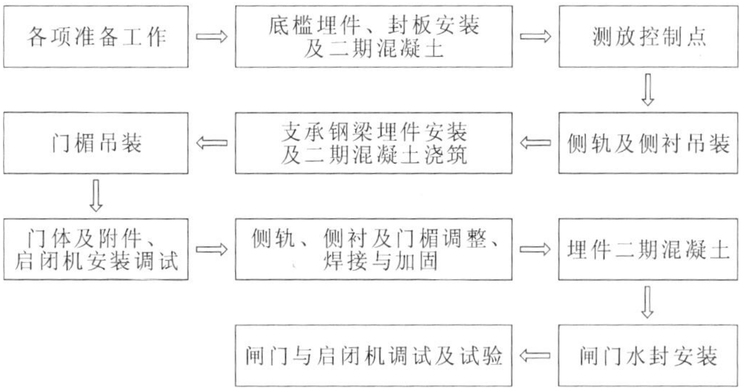

图5.1 高水头弧形闸门及埋件安装新工艺程序框图

传统安装工艺与新安装工艺的主要区别是：传统安装工艺是将底槛安装完毕后进行支承钢梁的安装，然后进行其他弧门埋件的吊装、调整及验收工作，待所有埋件二期混凝土浇筑完毕后再进行门体的安装；新安装工艺是在弧门底坎埋件安装完毕后，测放侧轨、侧衬及支承钢梁控制点后进行支承钢梁的安装，并将侧轨、侧衬直接吊装就位。待门体、启闭机安装调试完毕后再进行侧轨、侧衬等埋件的安装、调整、加固、验收及混凝土回填工作。因新安装工艺的弧门埋件与门体的关键安装工序在工艺上相互独立，且可以充分兼顾侧轨和门楣与闸门水封座板之间的合理间隙误差，确保水封安装有效的压缩量，从而保证埋件利于紧密止水的效果。

5.2.2 门体及附件的安装

待底槛底衬及支承钢梁的埋件安装完毕且受力部位的二期混凝土凝固期满后，即可进行门体及附件安装。待门体吊装完毕、调整合格、验收完毕后即可进行附件安装，此时可将水平支撑、侧轮及水封等附件安装就位。此工序质量从技术上是易于保证的。

5.2.3 侧轨、侧衬及门楣与轻轨的调整

侧轨、侧衬的调整就位工作应以前述在底槛底衬上测放的控制点为基准点，同时需考虑门叶安装的实际孔口中心线与先期测放的基准孔口中心线偏差的影响；并以门叶底缘为分界线从上游、下游分别架设经纬仪等测量工具，对侧轨侧衬的中心、里程、曲率半径、跨距及扭曲、错牙等控制指标进行调整。此时应注意侧轨孔口中心的调整以满足侧水封的压缩量为前提有意识地控制侧轨孔口中心的偏差。门楣的调整按传统安装工艺调整至理论设计高程后测量门叶顶水封与门楣不锈钢止水座板的压缩量，此时门楣的高程应以控制门叶顶水封的压缩量为前提有意识地调整其偏差。采用这种方式既可使埋件的安装尺寸达到规范允许的误差要求，又可以保证水封橡皮与埋件工作止水面有较好的压缩量，起到埋件利于紧密止水的作用，延长了水封橡皮的使用寿命。

5.2.4 测量工艺操作保证

考虑到门体吊装就位后弧门侧轨及侧衬的调整有一定困难。因此，此时测放控制点应在已安装完毕的底槛及底衬上将弧门侧轨侧衬、门楣及支承钢梁的基准全部测放在底槛底衬上，并加以标识，作为永久控制点进行校核。在测放侧轨、侧衬的控制点时应以底槛中心为基准将侧轨、侧衬分为上、下游两段将埋件各控制点全部一次测放就位，以避免后期各控制点返点造成的误差。在支承钢梁测放控制点时以前述测放的基准点向支承钢梁的支铰中心返点，确保测量系统控制点的误差减少到最小。在调整侧轨侧衬及门楣的控制尺寸时，以测放的基准控制点架设满足精度要求的测量仪器进行调整，能够满足测量调整及验收的要求，此时虽弧门门体已安装就位，但因有前述测放足够的测量点，可以满足测量仪器架设的要求。此道施工工序通过与测绘单位的技术人员共同研究实施，技术实施上满足闸门及埋件安装质量控制要求。

6. 材料与设备

6.1 材料

采用新型的安装工法与传统的安装工法相比，所使用的材料基本相同。主要有焊材、型材及螺杆等辅助性施工材料。主要材料详见表6.1。

主要材料 表6.1

序号	材料名称	型号或规格	用途	备　注
1	不锈钢焊条	A310，ϕ3.2mm	埋件（复合钢板）的不锈钢层焊接	
2	碳钢焊条	J507，ϕ3.2mm 和 ϕ4.0mm	埋件（复合钢板）的碳钢层焊接	
3	角钢	∟70×6、∟80×8	埋件托架	
4	槽钢	[12、[16	埋件托架	
5	生胶		水封接头填充	
6	氯丁橡胶粘合剂		水封接头粘结	
7	螺杆	ϕ20×500	埋件调整与加固	
8	连接板	δ16	埋件加固	
9	圆钢	ϕ24×500	埋件加固	

6.2 主要设备与工器具

采用新型的安装工法与传统的安装工法相比，所使用的主要设备与工器具基本相同。主要有吊装设备如吊车、起重梁等；起重工器具如环形葫芦、千斤顶、钢丝绳、吊具、吊环等；测量仪器如经纬仪、全站仪、水准仪等、焊接设备如焊机等。主要设备与工器具详见表6.2。

主要设备与工具 表6.2

序号	设备名称	型号或规格	数量	用途	备　注
1	吊车	K1800，最大起重量 63t	1 台	闸门及埋件的吊装	
2	缆机	最大起重量 25t	2 台	闸门及埋件的吊装	
3	起重梁	5t	1 套	门叶与支臂配合组装	
4	卷扬机	L70×6、L80×8	2 台	门叶与支臂配合组装	
5	环形葫芦	3t	4 件	埋件吊装与调整	
6	环形葫芦	5t	2 件	埋件吊装与调整	
7	千斤顶	5t	2 台	埋件吊装与调整	
8	千斤顶	10t	4 台	埋件吊装与调整	
9	千斤顶	16t	2 台	埋件吊装与调整	
10	千斤顶	32t	2 台	埋件吊装与调整	
11	经纬仪	J2	1 台	埋件调整测量	
12	全站仪	TPS400	1 台	埋件调整测量	
13	水准仪	SDL30	1 台	埋件调整测量	
14	焊接	ZX7-400	4 台	埋件焊接	
15	焊接	ZX7-630	1 台	焊缝清根	

7. 质 量 控 制

7.1 工程质量控制标准

7.1.1 水电站水工钢闸门安装与验收执行《水电水利工程钢闸门制造安装及验收规范》DL/T 5018-1994；埋件安装应符合：

弧门铰座的基础螺栓中心和设计中心的位置偏差不大于1.0mm。

弧形闸门埋件安装允许公差与偏差按《水电水利工程钢闸门制造安装及验收规范》DL/T 5018-1994T中表9.1.6的规定。

7.1.2 高水头弧门采用突扩式门槽时，侧面止水座中心线至孔口中心线的距离允许偏差为+2.0mm；侧止水座基面的曲率半径允许偏差为±3mm，其偏差应与门叶面板外弧的曲率半径偏差方向一致，侧止水座基面至弧门外弧面间隙公差应不大于3.0mm。

7.1.3 弧门铰座钢梁单独安装时，钢梁中心的里程、高程和孔口中心线距离的允许偏差为±1.5mm。

7.1.4 埋件安装调整好后，应将调整螺栓与锚栓或锚板焊牢，确保埋件在浇筑二期混凝土过程中不发生变形或移位。若对埋件的加固另有要求则应按设计图样要求予以加固。

7.2 质量保证措施

7.2.1 所有参加闸门安装的各工种均须经培训考试合格后，持证上岗，作业人员培训考试项目须与实际操作相适应。

7.2.2 所有参加闸门安装的作业人员均须熟悉安装工艺文件的要求，并严格按安装工艺文件的要求执行，严格执行"三检制"。

7.2.3 严格材料保管、领用、回收制度，保证所有的各种材料质量符合施工要求。

7.2.4 施工设备应有专人维护管理，以保证施工设备性能的正常、稳定。

7.2.5 做好施工前工序交接，构件组对质量须经检验合格，以确保构件拼对质量符合要求。

7.2.6 施工过程中，保持全过程跟踪监控，根据实际施工情况，适时调整作业工艺规范。

7.2.7 及时做好施工后自检工作，做到工完场清。

8. 安全措施

8.1 认真贯彻"安全第一，预防为主"的方针，根据国家有关规定、条例，结合实际施工情况，组成专职安全员和班组兼职安全员以及工地安全负责人参加的安全生产管理网络，执行安全生产责任制，明确各级人员的安全生产职责，抓好工程的安全生产。

8.2 施工现场按防火防爆、防风雨雷击、防电击、防摔防砸等安全规定及安全施工要求进行布置，并完善布置各种安全标识。

8.3 安装现场及其附件的氧气瓶、乙炔瓶等易燃易爆物的存放须符合有关安全规范的要求。

8.4 作业人员劳保着装须符合相关规定的要求。

8.5 注意设备吊装过程的安全操作细则，严格安装作业指导书的要求执行。

8.6 所有用电须由专职电工进行，禁止自接电源。

8.7 高空作业或其他高危场合的作业人员施工，须有专人监护。

8.8 建立完善的安全施工保障体系，加强施工作业中的安全检查，确保作业标准化、规范化。

9. 环保措施

9.1 成立对应的施工环境卫生管理机构，在施工过程中严格遵守国家和地方政府下发的有关环境保护的法律、法规和规章，加强对施工材料、设备、废弃物等的控制和管理，随时接受相关单位的监督检查。

9.2 在工程建设允许的范围内布置施工场地，进行施工作业，对施工场地进行合理布置，规范管理，做到标牌清楚、齐全，标识醒目，施工现场整洁文明。

9.3 对施工垃圾进行及时清理、转运，做到工完场清。

10. 效益分析

10.1 高水头弧形闸门及埋件适宜紧密止水的安装技术在国内水电工程建设中填补了一项空白，实现了我国水电站传统闸门及埋件的现场安装技术工艺应用上的突破，提高了公司水工闸门安装技术在国内领域的影响力，增强了施工企业的核心竞争力。

10.2 在水工钢闸门安装工程中采用利于紧密止水的埋件安装新工艺，较传统埋件安装相比具有如下优越性：

1. 有利于提高安装质量：用新工艺进行埋件安装即是在弧门门体安装完毕后再进行止水橡皮安装，然后利用埋件侧轨的调整来控制橡皮的压缩量，这样既可以弥补弧门和埋件安装造成的实际偏差，又可尽可能地保证埋件与弧门门叶止水橡皮压缩量的安装质量及后期运行质量；可以在很大程度上减少由于水封安装质量对闸门制造质量的依赖性，从而可使提高橡皮水封的使用寿命。

2. 有利于减少闸门运行时的振动，保证闸门长期安全运行。

3. 采用埋件安装的新工艺可以有效均衡生产，削减安装高峰期，可以在很大程度上减轻作业人员的劳动强度，改善作业条件。

4. 可以减少油缸的附加应力及油封的磨损，有利于保证液压启闭机的安全运行。

5. 较传统埋件安装工艺可以提高工作效率1～2倍。

总之，在大量水工闸门的集中施工中，采用适宜紧密止水的埋件安装新工艺，可以大大改善劳动条件和降低劳动强度，提高安装工效，提高安装质量，其经济效益和社会效益是巨大的，具有广阔的推广应用前景。

11. 应用实例

11.1 三峡二期工程泄洪坝段底孔弧形工作闸门及埋件安装工程

11.1.1 工程概况

三峡二期工程泄洪坝段设有底孔弧形工作闸门及埋件共计22孔，分别跨缝布置于22个泄洪坝段。该弧门宽为6.0m，弧面曲率半径18m，单扇闸门总重约210t。单扇工作弧门埋件主要由底槛及底衬、侧轨及侧衬、门楣等部件组成，门体构件主要由铰链、支臂、门叶及附件等组成。其中门叶为两片对称纵向结构，采用高强螺栓连接，单片门叶自重为32t；整个支臂由左右两片的上下支臂、竖向支撑及水平支撑焊接而成。

11.1.2 施工情况

由于受到土建部位制约，大量闸门及埋件亟需在较短时间内全部安装完成，为此部分采用该工法，一方面避免二期埋件安装后等待二期混凝土施工的时间制约，另一方保证了闸门及埋件的安装质量，利于紧密止水的效果。本工程自1999年11月开始安装，于2002年3月完成全部安装，于2002年5月1日，22孔底孔工作弧门成功投入运行，比合同工期提前约3个月。

11.1.3 工程监测及评价结果

运用本工法安装的全部22扇底孔弧形工作闸门及埋件的各项安装质量指标均符合《水利水电工程钢闸门制造、安装及验收规范》DL/T 5018-1994和中国长江三峡标准《弧形闸门安装质量检测及质量等级评定标准》TGPS・J28-2000要求，在三峡蓄水后的实践检验中被证明安装质量良好，闸门水封堪称 “滴水不漏”，被国务院专家组和业主誉为精品工程。为三峡工程上、下游围堰成功拆除，实现三峡工程初期目标作出了贡献。

11.2 三峡二期工程泄洪坝段深孔弧形工作闸门及埋件安装工程

11.2.1 工程概况

三峡二期工程泄洪坝段设有深孔弧形工作闸门，共计23孔，分别跨坝体上下坝块接缝布置于23个泄洪坝段。单扇工作弧门门体重245t，埋件重约240t。单扇工作弧门埋件主要由底槛及底衬、侧轨及侧衬、门楣等部件组成，门体构件主要由铰链、支臂、门叶及附件等组成。其中门叶为两片对称纵向结构，采用高强螺栓连接，单片门叶自重为44t；整个支臂由左右两片的上下支臂、竖向支撑及水平支撑焊接而成。

11.2.2 施工情况

由于受土建部位制约，大量闸门及埋件亟需在较短时间内全部安装完成，为此全部采用该工法，一方面避免二期埋件安装后等待二期混凝土施工的时间制约，另一方保证了闸门及埋件的安装质量，利于紧密止水的效果。

本工程自2000年5月开始安装，于2002年10月完成全部安装，2003年5月投入正式运行，比合同工期提前约6个月。

11.2.3 工程监测及评价结果

运用本工法安装的全部23扇深孔弧形工作闸门，各项安装质量指标均符合《水利水电工程钢闸门制造、安装及验收规范》DL/T 5018-1994和中国长江三峡标准《弧形闸门安装质量检测及质量等级评定标准》TGPS·J28-2000要求。在三峡蓄水后的实践检验中被证明安装质量良好，堪称 “滴水不漏”，被国务院专家组和业主誉为“精品工程的典范”。目前经过近8年的运行，质量优良、运行可靠。为三峡工程2003年6月实现初期“蓄水、通航、发电”目标作出了突出贡献。

11.3 湖北水布垭放空洞高水头超大型弧形工作闸门及埋件安装工程

11.3.1 工程概况

湖北清江水布垭水利枢纽属国家重点工程，其大坝高233m，为世界上最高的面板堆石坝。在大坝右岸250m高程，设置有放空洞一个。放空洞布置有用于大坝放空检修的偏心铰弧形工作门1扇，其门型尺寸为7.2m×11m，曲率半径为14m，闸门和门槽总重为473t，其中门槽约234t，闸门门叶为纵向分缝的螺栓连接结构。该闸门挡水水头150m，其设计水头居世界第二，仅次于前苏联的罗贡电站，操作水头为110.00m，居世界第一。该闸门安装难度和技术复杂程度在国内均处于领先水平。

11.3.2 施工情况

经多方面论证与研究，最终决定采用该工法所述的适宜紧密止水工艺进行安装。该工程于2004年11月开工，2005年6月完工。

11.3.3 工程监测及评价结果

工程完工后的质量验收及事后的运行表明安装质量完全满足设计和规范要求，运转自如，止水质量优良。目前经过6年的运行，质量可靠、运行正常。为水布垭工程首台机组发电及全面竣工投产作出了贡献，得到业主等参建各方的高度赞誉。

大型升船机液压自升式模板施工工法

GJEJGF281—2010

中国葛洲坝集团股份有限公司

曾明　孙昌忠　詹剑霞　杨富瀛　周雄

1. 前　　言

三峡升船机船厢室平面结构布置呈规则矩形，船厢室段建筑物的平面尺寸为121.0m × 59.8m，高程50.0 ~ 196.0m之间为船厢室段塔柱结构，由墙—筒体—墙—筒体—墙组成，底板上的4个塔柱结构形态相同，为平面对称布置的薄壁钢筋混凝土结构，空间最大高度169m（含顶部机房）。单个塔柱顺流向长度为40.3m，每侧宽16.0m，顶部高程196.0m，高度146.0m。筒体结构厚度为1.0m，设有大型埋件部位的结构厚度为1.5 ~ 2.0m，最小结构厚度为0.5m。单个塔柱平面结构总体上呈“凹”形，可分为两侧矩形筒体段和中部竖井段，中部竖井段内设有垂直电梯井和楼梯间等，在筒体内不同高程布置有维修平台。塔柱上下游端部和两塔柱之间设有剪力墙，剪力墙与塔柱同高，剪力墙与筒体间通过布置在不同高程的纵向连系梁连接为整体，对称布置在升船机中心线两侧，另在左、右侧塔柱高程196.0m设有跨航槽中控室、观光室平台，以及7根横向连系梁，与上、下闸首净距1.0m，在船厢室左右外侧高程185.4m还设有观光交通廊桥。

根据升船机塔柱结构及液压自升式模板安装条件，高程57.21m以下主要采用无支架的D15、D22多卡模板，其中筒体楼梯间、电梯间、电梯井前厅和侧厅、楼梯井前厅和侧厅使用D22模板，拐角部位采用专用的D22角模，其余部分主要采用D15模板，补缝时主要采用木模板或胶合板模板。胶合板模板肋板中心间距不大于30cm，模板拉条间距不大于75cm × 75cm。D22模板面板不贴胶合板，但要求面板平整，3m宽的模板使用三背架，2.1m宽的背架使用二背架；D15模板面板贴胶合板，2.4m宽的模板使用三背架，2.1m宽的背架使用二背架，1.2m宽的模板尽量与相邻模板拼装在一起使用。遇特殊结构（如孔洞、预留凹槽、不允许预留凹槽的圈梁部位）采用木模板拼装，补缝采用胶合板。

筒体楼梯井前厅和侧厅采用提升式竖井模板，并且楼梯井前厅、电梯井、电梯井前厅、电缆竖井均采用液压自升式爬模，面板为钢面板，其余部位均为芬兰面板配doka木工字梁。高程57.21m以下筒体模板配置详见图1–1、图1–2。

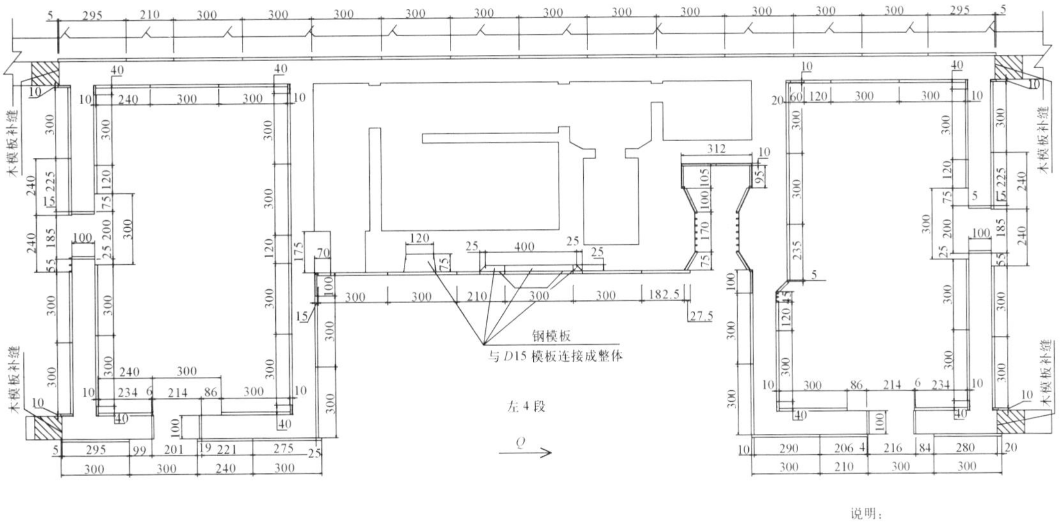

说明：
1. 图中尺寸单位以厘米计。
2. 图中D15模板贴1.8cm胶合板。

图1–1　高程57.21m以下筒体模板配置示意图

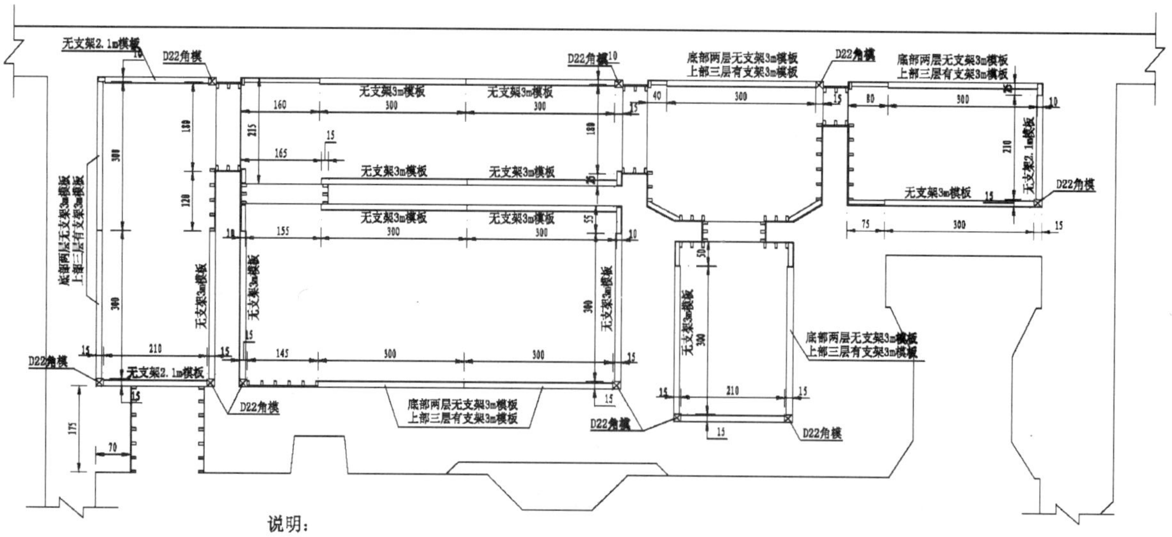

说明：

1. 图中尺寸单位以cm计。
2. 图中D22模板不贴胶合板，但需保证面板平整满足质量要求。

塔柱模板典型加固图

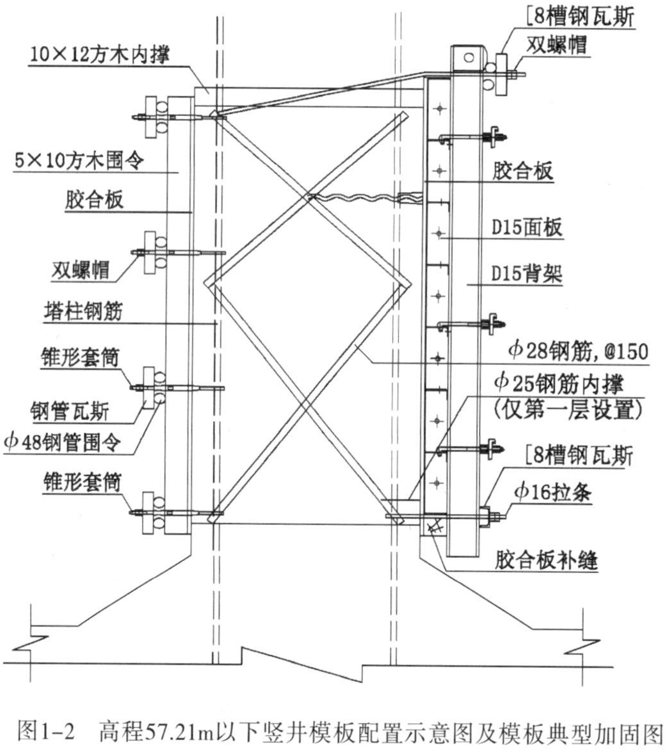

图1-2　高程57.21m以下竖井模板配置示意图及模板典型加固图

高程57.21m以上除竖井模板外仍采用与高程57.21m以下配置，二期混凝土部位、平衡重凹槽部位、电缆槽部位等采用木模板或专用模板，纵向连系梁牛腿部位采用专门加工的牛腿模板外，其余部位均采用液压自升式模板。因筒体边界条件不同，液压自升式模板的爬升体系相应不同，预埋挂锥的高度也相应有所不同，其中塔筒墙体靠近山体侧、上闸首、下闸首仅1.0m的部位，液压自升式模板采用窄边爬模，其余部位均采用标准配置的液压自升式模板。高程57.21m以上筒体模板配置详见图1-3、图1-4。

液压自升式模板依靠自身的提升机构在脱模、合模及爬升时模板和爬架始终通过锚固系统悬挂在混凝土墙壁上，通过液压自升式模板的动力系统经输油管将千斤顶顶升和回收，从而将爬升架体及导轨爬升至预定位置，然后采用挂靴和定位锥固定液压自升式模板导轨及爬升架体。

竖井内的提升钢模板则通过布置在左右两侧的建筑塔吊依次将竖井钢模板分块提升至预定位置，然后采用定位锥进行加固的一种模板型式。

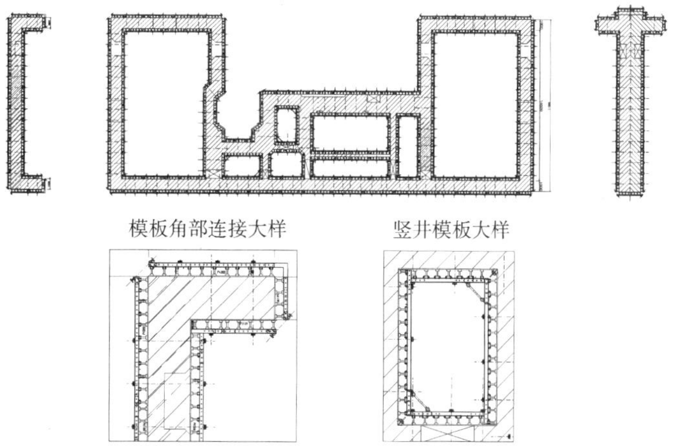

图1-3 高程57.21m以上筒体模板配置示意图

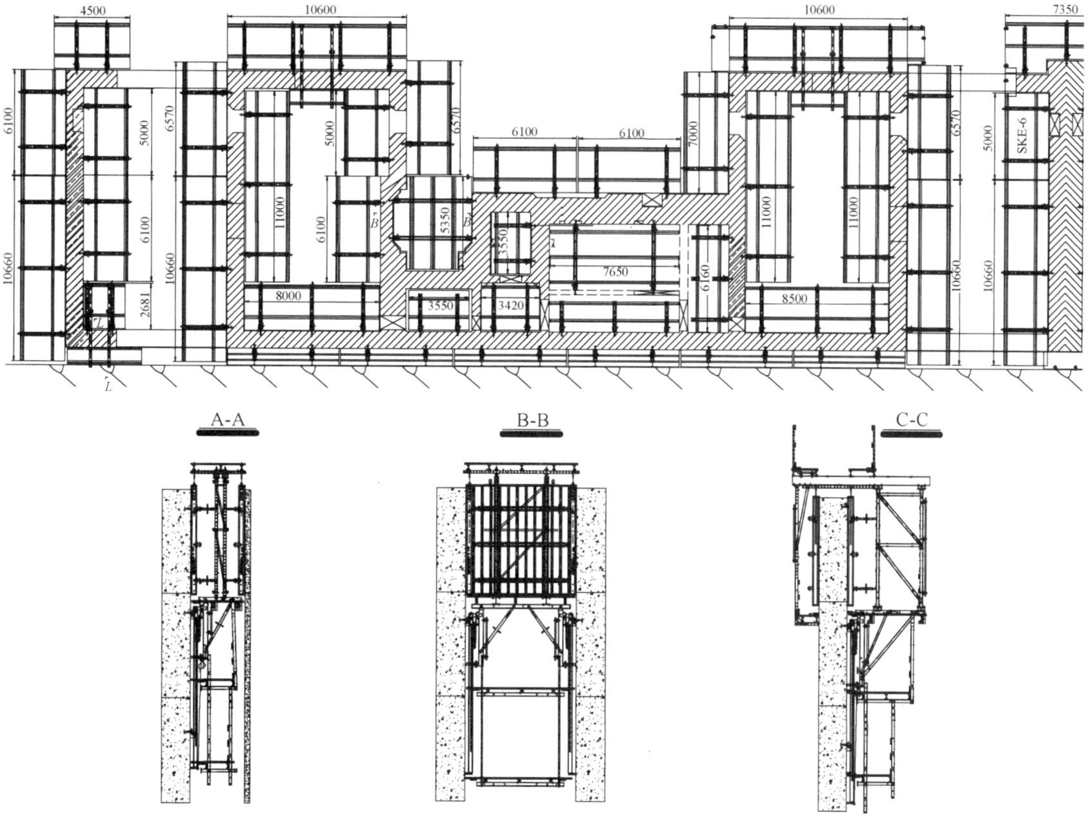

图1-4 高程57.21m以上筒体液压自升式模板爬架布置示意图

2. 工 法 特 点

2.1 根据液压自升式模板结构特点，依靠自身的提升机构及动力系统爬升，不需任何起吊设备，先爬升导轨后爬升架体。

2.2 模板和爬架始终锚固在混凝土结构上，承载能力高，适合升层高混凝土墙体浇筑。液压自升式模板可一次定位，连续上升。

2.3 爬升操作简单，多层平台可同时上升。模板可单升，可群升。

2.4 模板上升、定位、调整方便快捷，适应高精度、高质量施工要求。

2.5 具有封闭宽敞的施工平台。备仓、立模、混凝土外观质量修补、模板退模、合模、爬升等各层平台集于一身，可在不同的工作层面上同时展开，最大程度地节省了施工时间及成本。此外该封闭的工作平台受气候因素的影响小，安全性好。

2.6 对各种结构形状以及不同的特殊用途具有广泛的适应性。

3. 适 用 范 围

根据不同的结构形状可灵活布置，模板宽度可自由组合，因此可适用于各种建筑结构如圆筒状墙体、桥墩和竖井等，尤其适用于在狭小的场地建造超高层建筑物的施工。由于升船机塔柱筒体内竖井较多，考虑到与其他机械设备的影响，除楼梯井前厅和侧厅采用整体提升式模板外，其余均采用液压自升式模板。

4. 工 艺 原 理

液压自升式模板是依靠自身的提升机构上升，自动爬升器是一种液压驱动的提升设备。与爬架连接，用于提升模板或承担建筑施工中的其他荷载。液压自升式模板是一种不需要吊车提升的爬升模板，主要由模板系统、爬升架体、爬升系统3大部分组成。爬升系统包括锚固预埋件部分、导轨系统、液压系统。模板的顶升通过液压油缸对导轨和爬架交替顶升来实现。

5. 施工工艺流程及操作要点

5.1 施工工艺流程

液压自升式模板施工工艺流程如图5.1所示。

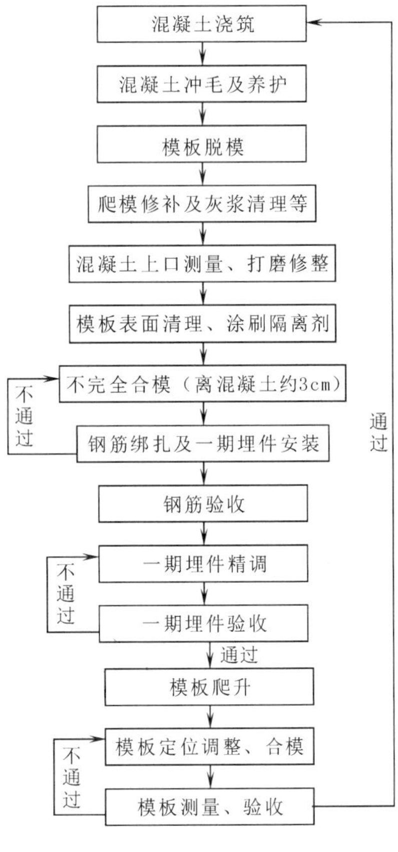

图5.1　液压自升式模板施工流程

5.2 液压自升式模板操作要点

5.2.1 液压自升式模板系统简介

液压自升式模板主要由模板系统、爬升架体和爬升系统3部分组成。

1．模板系统TOP50

TOP50系统由胶合板、木工字梁、水平钢围檩、连接件及对拉系统组成（图5.2.1–1），是典型的钢木结合型模板。在设计上相邻大板间隙设计尺寸为0.5mm，木胶合板面板具有吸水性，不但可防止混凝土浇筑面气泡的产生，亦可缩小板缝，从而保证混凝土外观质量。

1）面板设计采用木工字梁表面贴21mm的胶合板，面板与木工字梁直接通过木螺钉连接，横背楞之间采用“连接爪”进行连接；面板与面板之间采用芯带连接，同时为防止漏浆，在面板与面板间缝隙内涂抹硅胶。该型面板刚度大，接长和接高方便，在一定范围内能拼装成各种大小不一的模板。

面板高度按混凝土标准层高度3.5m设计，面板高3.66m，其中模板压老混凝土面100mm，上露50mm。面板宽度根据结构部位不同而不同，最宽可达6.1m。

为减少面板的拼缝，根据爬模的升层高及结构尺寸，订做了

3.66m的芬兰板，考虑到芬兰板多次周转使用，对爬模面板上安装外贴芬兰板提出了严格的要求。芬兰板面板在良好的使用及维护条件下，要求浇筑仓次为45次以上。在其拼装时各道工序均需严格按照芬兰板施工技术要求施工。

2）木工字梁：截面高200mm，上下翼宽80mm，翼高40mm，腹板厚32mm，木工字梁可使用6～7年。

3）水平钢围檩：在设计中采用2U100双槽钢型钢围楞。

4）多卡连接卡具：钢围檩与木梁之间有多种方式连接，所有连接件均经过热镀锌处理，从而大大的提高了螺栓构件的使用寿命及周转使用次数。

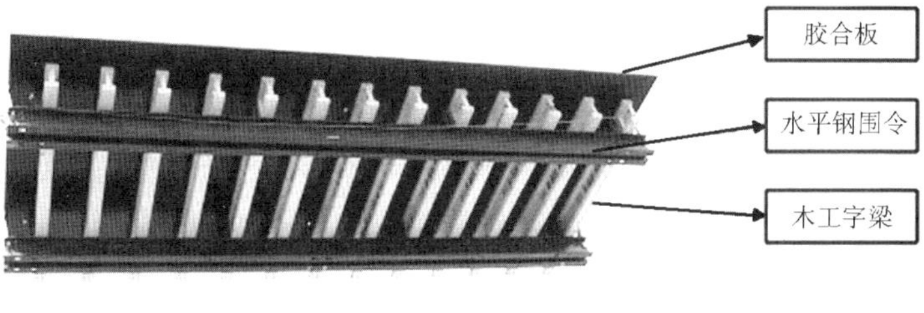

图5.2.1-1　TOP50组成示意图

5）对拉螺杆系统：拉杆系统由高强对拉钢筋、拉接螺栓及塑料套管3部分构成。对拉杆直径为15mm，其抗拉强度可达120kN。

2．爬升架体系统

爬升架体系统分上下架体，上架体为桁架式结构，通过钩头螺栓与面板横围檩相连，架体由上至下设3层操作平台，可作为钢筋绑扎、混凝土振捣、模板操作及修补等平台。下架体为三角形桁架结构形式，设2层工作平台，分别起操作液压系统、修整混凝土面和保温被施工工作平台的作用。爬升架体系统见图5.2.1-2。

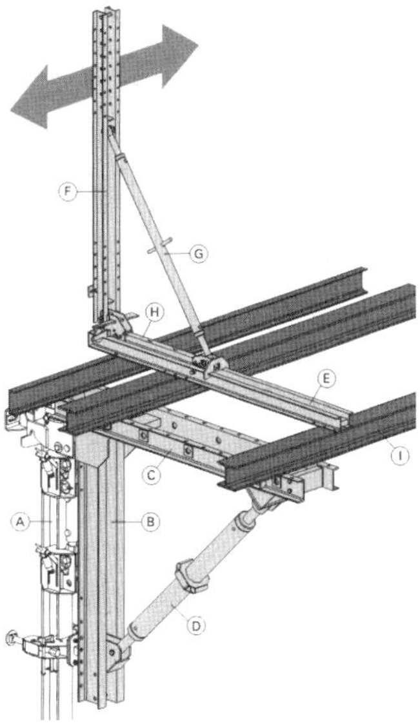

图5.2.1-2　爬升架体系统示意图

A—自动爬升器 SKE 100；B—垂直钢梁 SKE 100；C—水平钢梁 SKE 100；D—可调轴杆 SKE 100；E—行走钢梁 MF SKE 100；F—竖向钢梁 MF3,0 m；G—可调丝杆 MF 3,0 m；H—行走单元 MF；I—平台钢梁 IPB 200

3．爬升系统

爬升系统包括锚固系统、导轨系统、液压系统。

1）锚固系统

埋件板、高强螺杆、爬锥、受力螺栓和埋件支座等（图5.2.1-3）。

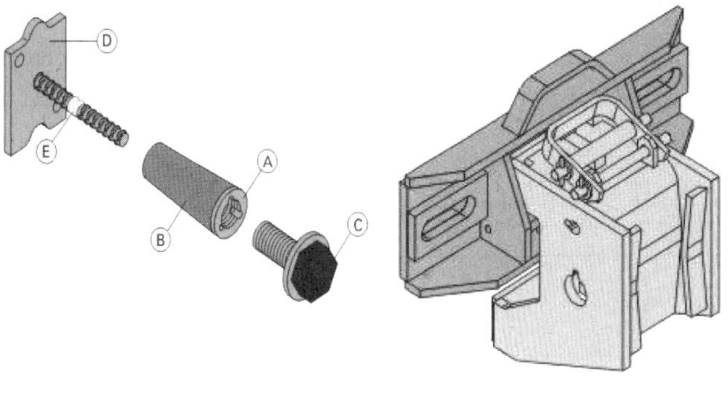

图5.2.1-3　锚固系统示意图

A—通用爬升锥 15,0；B—密封套 K 15,0；C—B7 螺栓；D—锚杆 15,0；E—深度标识

2）导轨系统

导轨是整个爬模系统的爬升轨道，它由16号工字钢及一组梯档（梯档数量依浇筑高度而定）组焊而成，梯档间距225mm，供上下轭的棘爪将载荷传递到导轨，进而传递到埋件系统上。见图5.2.1-4所示。

3）液压系统

液压系统由液压动力柜RL、环向油管及十安分配器组成。液压动力柜RL液压泵、油缸、上、下换向盒4部分。液压泵和油缸向布置在爬模挂靴上的千斤顶提供升降动力。

5.2.2　操作要点

1．模板拼装

1）芬兰板的储存与保护

芬兰板应水平堆放，底部应用方木支垫并找平，堆放场地应通风良好并有遮盖严密，避免雨水进入和太阳暴晒。芬兰板可以重叠堆放，但高度不应超过3包。若在潮湿及炎热的环境中堆放超过半个月以上时，应事先将模板上的打包带拆除，以避免由于水分含量变化造成模板厚度膨胀后打包带在模板的上下沿边角留下勒痕。

2）模板拼装在专设的拼装厂进行。为保证模板拼装有序进行，拼装场划分为仓储区、拼装区及成品堆放区。拼装场应场地平整、布局合理、功用明确，拼装区设预拼装区及拼装平台。预拼装区采用混凝土硬化地平，面积不小于200m²，底部用方木找平，主要用于爬模结构的拼装；拼装平台采用方木，厚木板（厚度≥50mm）在混凝土硬化的地平上搭设。拼装平台必须坚固牢实，采用边长量具及水平仪调水平，且表面不平度≤1mm。拼装平台专用于面板的定位拼装。模板拼装严格按图纸进行。

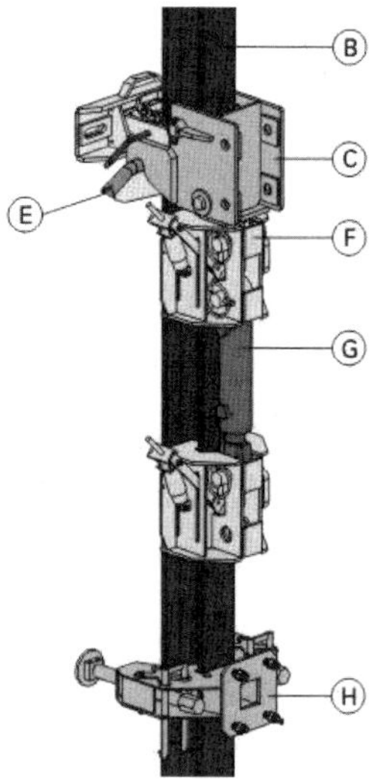

图5.2.1-4　导轨组成图

导轨组成结构：A—悬挂靴 SKE 100；B—爬升导轨 425 SKE 100；C—爬升架 SKE 100；D—安全插销 SKE 100；E—悬挂插销 SKE 100；F—提升机构 SKE 100；G—液压千斤顶 SKE 100 RL；H—支撑脚 SKE 100

3）模板系统TOP50

模板系统TOP50由胶合板、木工字梁、水平钢围檩及其他附件组合而成。模板使用的胶合板为进口芬兰板，在现场根据图纸裁剪拼装。芬兰板尺寸有三种： 3.6m（长）×1.25m（宽）×21mm（厚）、3.6m（长）×1.50m（宽）×21mm（厚）、3.6m（长）×1.525m（宽）×21mm（厚）。升船机每个筒体需拼装81块摸板。

4）模板拼装场地

严格按照图纸尺寸放置水平钢围檩，在水平钢围檩上放置木工字梁，用螺栓将木工字梁钻孔和钢围檩连接，然后用螺钉将芬兰胶合板固定在木工字梁上。顺序为：放置水平钢围檩→木工字梁→芬兰胶合板→自攻螺钉固定

5）模板拼装、测量的工器具

液压自升式模板拼装分为两部分，先拼装各层爬升架，再拼装面板部分。其中面板拼装采用卷尺通过勾股定理计算来检测面板拼装的精度。模板拼装工器具见表5.2.2-1。

爬模拼装、测量主要工器具及设备表　　**表5.2.2-1**

序号	设备、材料名称	数量	单位
1	圆木	273.6	m³
2	20t 自卸车	1	辆
3	圆盘锯	1	台
4	大带锯	1	台
5	小带锯	1	台
6	小型空压机（1m³）	1	台
7	手风钻	2	台
8	切割机	2	台
9	电焊机	2	台
10	20t 平板汽车	1	辆
11	25t 汽车吊	1	辆
12	卷尺	2	个

由于模板面板采用芬兰板，且芬兰板多次周转使用，因此需每个环节加强对面板的保护。经通过现场面板拼装过程察看，主要有以下几点需改进：

（1）芬兰板拼装保护

面板与工字木通过自攻螺钉连接为一整体，加上每块芬兰板较大，在拼装过程中拼装人员势必要到面板上进行施工，为了避免操作人员鞋钉等损坏芬兰板表面，操作人员应穿着鞋底较软的鞋上下面板，或者操作人员施工时脚踩保温被等软体材料进行施工。

（2）芬兰板保护

液压自升式模板面板安装时在其切割边缘和对拉杆孔周边采用丙烯酸漆或防水油漆封边漆2次，鉴于对拉杆多次穿取，面板边缘备仓过程中没有及时有效的保护，磨损了对拉杆孔边缘及面板边缘的封边防水漆，要求对拉杆孔每仓混凝土施工完毕后均需重新涂刷防水漆，面板边缘及时涂刷防水漆。目前模板在起吊点处芬兰板上口未采用木板进行了保护，为避免芬兰板上口边缘破损，应将芬兰板上口全部采用木板保护，木板宽约20cm，厚5cm，这样绑扎钢筋及混凝土浇筑时均可站在木板上面操作。

（3）芬兰板储存

模板的储存时应堆放在通风良好并有适当遮盖，避免雨淋和太阳暴晒。此外芬兰板可以重叠堆放，但高度不应超过3包，且堆放场地尽可能平整。若在潮湿及炎热的环境中堆放超过半个月以上时，应事先将模板上的打包带拆除，以避免由于水分含量变化造成模板厚度膨胀后打包带在模板的上下沿边角留下勒痕。切割加工时应沿表面木纹方向切割。为了尽可能增加模板的周转使用次数，在切割边缘采用丙烯酸漆或防水油漆封边两次，在模板钻孔处也采用同样方法进行封边。

6）模板拼装的操作要点

（1）切割加工

沿表面木纹方向切割，若表面用细齿锯刀，则需控制好切割速度。参考表5.2.2-2。

切割锯参数表 **表5.2.2-2**

机　器	切 割 速 度	进 给 速 率
圆形锯齿	3000 ~ 6000m/min	31m/min
条形锯齿	3000m/min	1 ~ 7m/min
线形	540m/min	3.2m/min

模板切割后直线度偏差≤1mm。纵横向垂直度偏差≤1mm。

（2）封边及钻孔

为了尽可能增加模板的周转使用次数，在切割后必须及时对切剖边进行封边，封边时模板应在干燥状态下进行，切割边不平整处需先行打磨平整，并且必须采用丙烯酸漆或防水油漆封边两次。模板可采用木工钻或手电钻钻孔，模板钻孔后在其钻孔周边采用同样方法进行封边。

（3）模板和背后支撑的铺设方式

为了获得芬兰板的最大使用强度，模板的背支撑应当与模板表面木纹方向垂直（表面木纹方向就是模板短边方向）。

（4）模板间拼接

由于不同木材含水率不同，尺寸会有细微的变化。因此安装时模板与模板之间的拼缝处采用硅胶在模板侧面填充，使模板在反复使用后有伸缩的余地。

（5）模板的固定

芬兰板的固定通常采用螺钉或螺栓来固定在支撑体系上。采用螺钉固定可分为从模板正面安装和反面安装。采用正面固定，事先钻细孔作为导向定位，固定部位应离边缘20mm以上，离角部25mm以上。在紧固螺钉前先在模板通孔内打上硅胶，以确保螺孔防水。若采用从模板背后固定，则至少预留3 ~

4mm的模板不穿透，以确保模板表面光滑不破损。在对混凝土表面有特殊要求时，可采用从模板背面紧固的方式；若从模板正面固定，则应采用沉孔方式来安装，螺钉头应至少紧固至模板表面以下3～4mm，然后用腻子等填充材料抹平。此外，普通的钉子只用来固定水平模板时使用，竖直方向固定模板时，严禁使用普通钉子固定。

（6）隔离剂涂刷保护

升船机隔离剂采用国产粉状水溶性的水性隔离剂。为防止太阳暴晒或雨淋，模板拼装完毕后应及时在其表面上涂刷1～2层隔离剂。

隔离剂应严格按照厂家配方及配制的工艺要求，由专人集中配制并发放。不允许现场随意改变隔离剂浓度。

2. 爬升架体拼装

1）爬升架体布置及功用

爬升架体共有5层平台，从上到下分别为+1、+2、0、-1、-2平台，拼装时按照图纸施工。爬升架体结构见图5.2.2-1。

爬升架体各层平台为施工人员提供了一个安全方便的施工空间，模板的安装工作均在平台上进行。各层平台主要功用如下：

+2 平台用于钢筋绑扎和混凝土浇筑。

+1 平台用于安装、调整模板。

0 平台为主平台，用于合模、脱模操作。

-1 平台为悬挂平台，用于操作自动爬升装置和完成混凝土修补工作。

-2 平台为悬挂平台，用于拆除悬挂靴和完成混凝土修补工作。

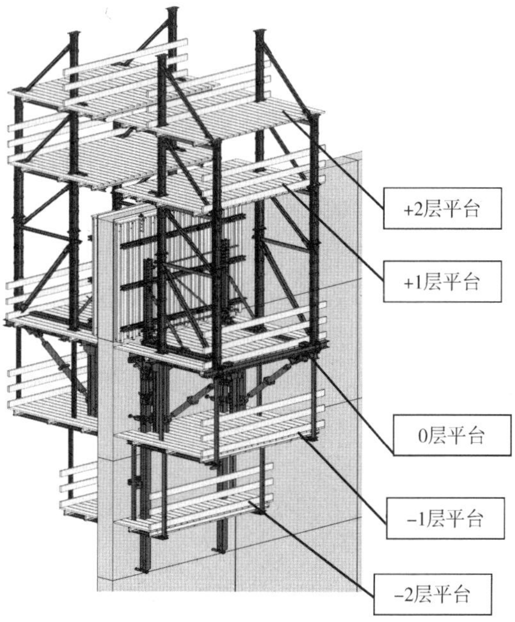

图5.2.2-1 爬升架体分布图

2）爬升架体的拼装

爬升架体拼装严格按照液压自升式模板组装图施工。

3. 液压自升式模板堆放、运输及吊装

长时间堆放，应采用防雨布进行遮盖，防止暴晒或雨淋。

为了避免钢丝绳磨损爬升架体防腐漆和损坏芬兰板边缘，起吊时必须采用纤维软体吊带。

液压自升式模板运输采用平板车，且爬升架体及面板落放时必须垫木方，不得直接将其放至车厢内。模板运输应慢速平稳，防止颠簸，车速应≤20km/h。模板卸车起吊过程中，应采取合适的起吊及支垫方式，防止在卸车起吊过程中模板边缘直接接触物体导致损坏，有效的保护方法是：在合适的部位放置方木，使模板边缘在起吊下放过程中始终处于悬空状态；或在相应部位设置橡胶运输带，支垫模板边缘。

液压自升式模板分爬升架体安装及TOP50模板安装，各部位的爬升架体及TOP50模板必须根据设计图纸编号对应挂装，尤其在挂装面板时必须设专人指挥，防止与周围的物件碰撞。若与周围物件有干扰时必须先清除障碍物方可挂装。在模板吊装时，为防止模板上的钢背檩弯曲变形，模板吊装运输时采用制作的专用平台托架或［16双槽钢制作而成的扁担进行模板的整体吊装，放置平稳并绑扎牢靠；面板运输时一次不得超过3块，面板上下之间用光滑的木条进行隔离放置。此外为了避免钢丝绳磨损爬升架体防腐漆和损坏芬兰板边缘，起吊时必须采用纤维软体吊带，并且爬升架体及面板必须垫木方，不得直接放入车内或地面上。

4. 钢筋、预埋件与埋件施工

1）钢筋加工

（1）按照设计图纸文件放样配置钢筋，安装前做好详细的施工交底，对钢筋的叠放位置、绑扎顺序及相互间占位避让关系作好统筹安排，不可伤及模板；绑扎前先按设计位置调整钢筋保护层（宜按正误差控制，尽量不用预制混凝土块来控制保护层），入仓的钢筋要保持清洁，无明显水锈、油污及其他污染，绑扎钢筋的轧丝向墙内弯折，不可因外露造成锈斑。钢筋安装前，先将竖筋校正到位后再画线绑扎水平钢筋，使水平筋、竖筋横平竖直且间距均匀，并且水平筋、竖筋间距及钢筋保护层满足规范要求。钢筋交叉的连接按设计规定进行，设计文件未作规定的，且钢筋直径在25mm以下时，则除楼板和墙内侧靠近外围两行钢筋之相交点应逐点扎牢外，其余按50%的交叉点进行绑扎。竖向钢筋以直螺纹套筒连接为主，水平筋以搭接焊为主，当竖筋采用搭接焊时，采用偏头焊接，确保受力主筋在同一轴线上连接。由于现场施工钢筋布置空间狭小，楼板预留槽、检查通道预留槽处的竖筋保护层要求按正偏差控制，其余部位钢筋的安装位置、间距、保护层均按规范和设计要求执行。

（2）钢筋加工安装的允许误差

钢筋加工安装的允许误差均应严格按照施工详图及有关文件规定执行。如无专门规定，钢筋加工和安装允许误差则遵照表5.2.2-3和表5.2.2-4执行。

加工后钢筋的允许偏差 **表5.2.2-3**

偏差项目	允许偏差值（mm）
受力钢筋全长净尺寸的偏差	±10
箍筋各部分长度的偏差	±5
钢筋弯起点	±20
钢筋转角的偏差	30

钢筋安装的允许偏差 **表5.2.2-4**

<table>
<tr><th colspan="3">偏差项目</th><th>允许偏差（mm）</th></tr>
<tr><td rowspan="2">绑扎钢筋网</td><td colspan="2">长、宽</td><td>±10</td></tr>
<tr><td colspan="2">网眼尺寸</td><td>±20</td></tr>
<tr><td rowspan="2">绑扎钢筋骨架</td><td colspan="2">长</td><td>±10</td></tr>
<tr><td colspan="2">宽、高</td><td>±5</td></tr>
<tr><td rowspan="5">受力钢筋</td><td colspan="2">间距</td><td>±10</td></tr>
<tr><td colspan="2">排距</td><td>±5</td></tr>
<tr><td rowspan="3">保护层厚度</td><td>基础</td><td>±10</td></tr>
<tr><td>柱、梁</td><td>±5</td></tr>
<tr><td>板、墙、壳</td><td>±3</td></tr>
<tr><td colspan="3">绑扎箍筋、横向钢筋间距</td><td>±20</td></tr>
<tr><td colspan="3">钢筋弯起点位置</td><td>20</td></tr>
<tr><td rowspan="2">预埋件</td><td colspan="2">中心线位置</td><td>5</td></tr>
<tr><td colspan="2">水平高差</td><td>+3，0</td></tr>
</table>

2）施工预埋件埋设及钢筋避让

（1）对拉杆、模板锚锥部位钢筋避让

对拉杆属于周转使用材料，因此必须确保对拉杆的重复使用。为了更方便快捷的拔出对拉杆，确保锚锥预埋质量，在绑扎钢筋之前，应先量取对拉杆孔、锚锥大致位置，并在模板上口作出醒目规则的标记。在钢筋绑扎时先行调整竖向钢筋位置，使竖直钢筋避开对拉孔。其后在绑扎水平钢筋及箍筋时，也应调整间距避让对拉杆。锚锥孔均在两竖向钢筋正中间，以避免对拉杆不能安装或折卸困难、锚锥孔移位等问题。水平钢筋绑扎也应注意适当调整位置对上述孔位进行避让。

（2）施工预埋件埋设固定

①液压自升式模板锚锥埋设固定

液压自升式模板锚锥的预埋设质量直接影响着液压自升式模板是否能顺利爬升和高空作业安全的关键。因此为了确保液压自升式模板锚锥的预埋质量，锚锥埋设时采用测量仪器定位，即根据规划好的锚锥埋设位置，通过测量仪器将锚锥的高程和X、Y桩号分别放样，并在钢筋网上做好标识，然后在做好的标识位置安装锚锥，并采用钢筋与周边钢筋网焊接加固，待液压自升式模板爬升到位后，将B7螺栓穿过液压自升式模板面板与锚锥旋紧。这样即避免了混凝土下料时冲击锚锥和蛇形筋而使得锚锥移位，也保证了液压自升式模板锚锥安装的精度。

②其他模板锚锥埋设固定

其他模板主要包括竖井整体提升钢模板和牛腿模板，在该部位锚锥预埋除采用液压自升式模板锚锥测量定位方式外，牛腿受荷载较大的部位还采用了锚锥定位模具进行定位，以保证预埋锚锥受力均匀。以纵向联系梁牛腿为例：

根据设计图纸，每个筒体在不同高程均布置有4个纵向联系梁，该梁混凝土采用钢结构桁架梁支撑方案进行浇筑。钢结构桁架梁由钢牛腿经M42定位锥固定，各层纵向连系梁预埋锚锥相同。而每个桁架梁约重10t，再加上3.5m高、宽1.0m、长约6.6m的混凝土纵梁，总计重65t。这些荷载全部由每根纵梁两端预埋的12个M42定位锥承载，故锚锥的预埋质量直接影响施工安全。为了确保每个M42定位锥受力均匀，根据定位锥预埋尺寸和直径，专门加工制作定位样板。定位样板靠近爬模一端处将其安装在面板内侧，并与周边钢筋网双面焊接，然后D25锚筋、M42高强螺栓旋紧到位，其中M42高强螺栓要求上入M42锚锥长度为60mm，D25蛇形筋要求上入M42锚锥长度为70mm。具体详见图5.2.2-2。

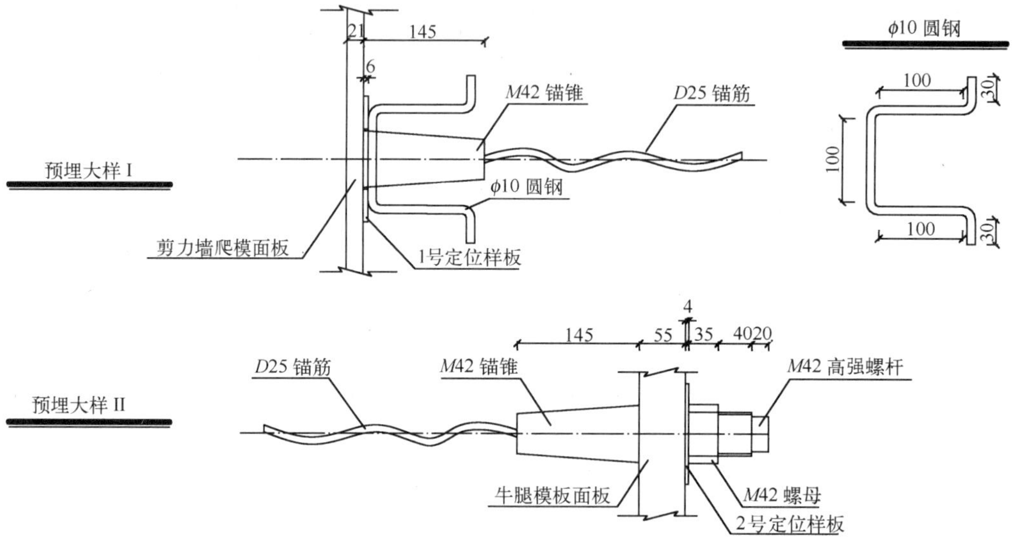

图5.2.2-2　特殊模板锚锥预埋固定

③对拉杆套筒埋设

对拉杆套筒采用ϕ18×2mm的PVC管，埋设在模板合模后进行，要求能顺利穿过模板的预设埋设孔，且不与钢筋干涉，并要求套管两端各超出模板背面10～15cm。

3）钢筋绑扎

为了防止钢筋绑扎施工及金结埋件施工时损坏面板，钢筋绑扎及金结埋件必须在液压自升式模板爬升前完成（除螺母柱、齿条二期部位外），并且严格按照相关部位钢筋绑扎流程施工，以免返工而影响液压自升式模板。

4）特殊部位钢筋施工

平衡重部位钢筋施工。

根据升船机结构钢筋图、平衡重导轨一二期混凝土连接钢筋平面图及平衡重轨道布置图，平衡重导轨凹槽共分3种形式，即平衡重导轨凹槽A、B、C和平衡生导轨宽槽。由于平衡重导轨埋件布置有钢锚钉，每20～30cm布置有一个钢锚钉，而导轨凹槽和宽槽部位均布置有竖向钢筋和水平钢筋，钢筋间距10～15cm，钢筋能否准确定位直接影响导轨的安装。因此对于导轨凹槽和宽槽部位的竖向钢筋和水平钢筋必须严格控制每个升层钢筋起始基准高程及间排距。

（1）平衡重导轨凹槽A

平衡重导轨凹槽A宽1.30m，嵌入墙体0.50m，凹槽内布置有8根 φ25竖向钢筋，另外还布置有 φ25的水平结构钢筋。对于水平结构钢筋需采取测量定位的方法对其进行绝对高程的定位，每隔1.65m左右测量钢筋的绝对高程。竖向钢筋间的间距为15cm，其中凹槽或宽槽两端的竖向钢筋距凹槽或宽槽中心线7.5cm，其绑扎误差不得大于2cm。箍筋紧贴着竖向钢筋将水平钢筋每2根或4根绑扎成整体，其绑扎误差不得大于1.0cm。

平衡重导轨凹槽A钢筋施工见图5.2.2-3。

（2）平衡重导轨凹槽B

平衡重导轨凹槽B宽1.30m，嵌入墙体0.50m，与凹槽A所不同的是凹槽B向墙体内凹进18cm， 且导轨锚板布置在凹槽内，导轨锚板背面的锚钉较凹槽A内的导轨锚板背面的锚钉多一排，并且锚钉呈梅花形布置。凹槽B内同样布置有8根 φ20竖向钢筋，竖向钢筋距锚板5cm，另外还布置有 φ28的水平结构钢筋。对于水平结构钢筋采取与凹槽A相同的方法对其进行绝对高程的定位，每隔1.65m左右测量钢筋的绝对高程。竖向钢筋间的间距为15cm，其中凹槽或宽槽两端的竖向钢筋距凹槽或宽槽中心线7.5cm，其绑扎误差不得大于2cm。箍筋紧贴着竖向钢筋将水平钢筋每2根或4根绑扎成整体，其绑扎误差不得大于1.0cm。平衡重导轨凹槽B钢筋施工见图5.2.2-4。

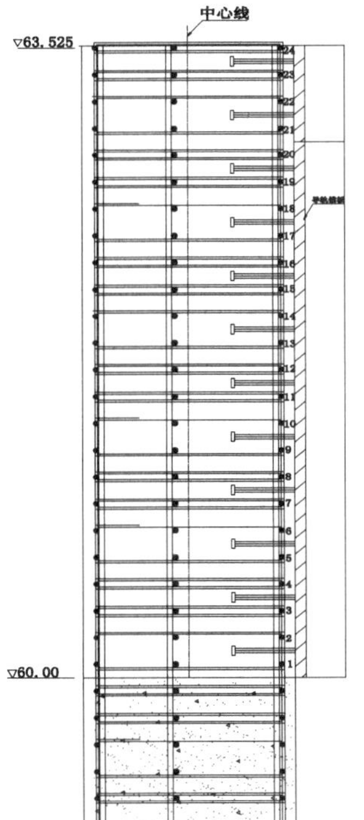

平衡重导轨凹槽A处高程60m～高程63.53m钢筋布置定位表

编号	高程	编号	高程
1	▽60.075m	13	▽61.875m
2	▽60.225m	14	▽62.025m
3	▽60.375m	15	▽62.175m
4	▽60.525m	16	▽62.325m
5	▽60.675m	17	▽62.475m
6	▽60.825m	18	▽62.625m
7	▽60.975m	19	▽62.775m
8	▽61.125m	20	▽62.925m
9	▽61.275m	21	▽63.075m
10	▽61.425m	22	▽63.225m
11	▽61.575m	23	▽63.375m
12	▽61.725m	24	▽63.525m

平衡重导轨凹槽A处竖向钢筋布置定位表

编号	桩号	编号	桩号
25	Y^S=15.075m	29	Y^S=15.675m
26	Y^S=15.225m	30	Y^S=15.825m
27	Y^S=15.375m	31	Y^S=15.975m
28	Y^S=15.525m	32	Y^S=16.125m

说明：

1. 图中尺寸以cm计，高程以m计。
2. 图中钢筋间距15cm，并且图中仅示意出3.5m高钢筋绝对高程，其余参照上述原则依次类推直至高程102m。
3. 钢筋定位表中的高程、桩号均指钢筋中心高程和中心距离。
4. 上述凡是编号钢筋需严格控制按照间距施工。
5. 竖向钢筋表中桩号指距船厢室中心线的距离。
6. 以上编号钢筋均指黑点钢筋。

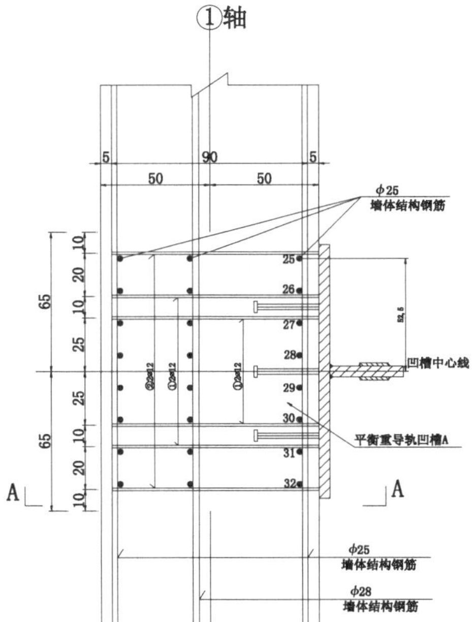

图5.2.2-3　平衡重导轨凹槽A钢筋施工示意图

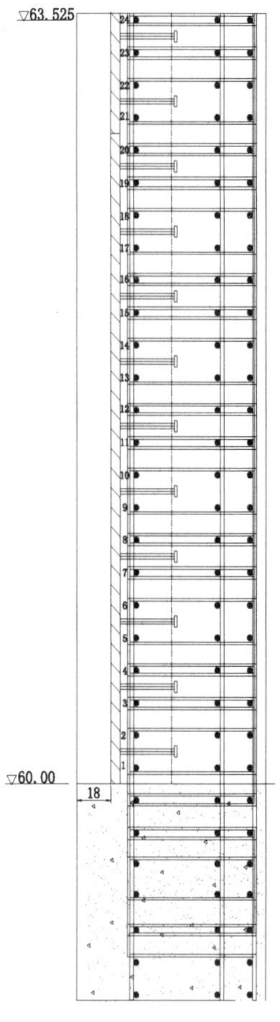

平衡重导轨凹槽B处高程60m～高程63.53m钢筋布置定位表

编号	高程	编号	高程
1	▽60.075m	13	▽61.875m
2	▽60.225m	14	▽62.025m
3	▽60.375m	15	▽62.175m
4	▽60.525m	16	▽62.325m
5	▽60.675m	17	▽62.475m
6	▽60.825m	18	▽62.625m
7	▽60.975m	19	▽62.775m
8	▽61.125m	20	▽62.925m
9	▽61.275m	21	▽63.075m
10	▽61.425m	22	▽63.225m
11	▽61.575m	23	▽63.375m
12	▽61.725m	24	▽63.525m

平衡重导轨凹槽B处竖向钢筋布置定位表

编号	桩号	编号	桩号
25	Y^S=15.075m	29	Y^S=15.675m
26	Y^S=15.225m	30	Y^S=15.825m
27	Y^S=15.375m	31	Y^S=15.975m
28	Y^S=15.525m	32	Y^S=16.125m

说明：
1. 图中尺寸以cm计，高程以m计。
2. 图中钢筋间距15cm，并且图中仅示意出3.5m高钢筋绝对高程，其余参照上述原则依次类推直至高程102m。
3. 钢筋定位表中的高程、桩号均指钢筋中心高程和中心距离。
4. 上述凡是编号钢筋需严格控制按照间距施工。
5. 竖向钢筋表中桩号指距船厢室中心线的距离。
6. 以上编号钢筋均指黑点钢筋。

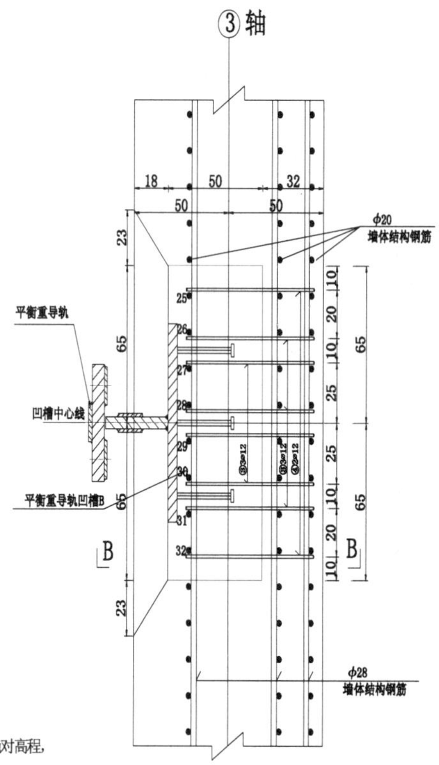

图5.2.2-4　平衡重导轨凹槽B钢筋施工示意图

（3）平衡重导轨凹槽C

平衡重导轨凹槽C宽1.30m，嵌入墙体0.50m，导轨锚板布置在凹槽外，导轨锚板背面的锚钉关于凹槽中心线对称布置。凹槽内布置有8根ϕ28竖向钢筋，还布置有ϕ25、ϕ28的水平结构钢筋，其中2排ϕ25水平钢筋布置在凹槽内，2排ϕ28水平钢筋布置在墙体内，水平结构钢筋同样采取测量定位的方法对其进行绝对高程的定位，每隔1.65m左右测量钢筋的绝对高程。竖向钢筋间的间距为15cm，其中凹槽或宽槽两端的竖向钢筋距凹槽或宽槽中心线7.5cm，其绑扎误差不得大于2cm。箍筋紧贴着竖向钢筋将水平钢筋每2根或4根绑扎成整体，其绑扎误差不得大于1.0cm。平衡重导轨凹槽C钢筋施工见图5.2.2-5。

（4）平衡重导轨宽槽

平衡重导轨宽槽宽1.30m，嵌入墙体0.50m，与其他凹槽所不同的是宽槽直接将轴⑦墙分为左右两块，导轨锚板一块凹进墙体18cm，且布置在内侧，另一块则布置外侧。导轨锚板背面的锚钉呈现连续布置。宽槽内布置有16根ϕ20竖向钢筋，竖向钢筋距锚板5cm，另外还布置有2排ϕ28的水平结构钢筋紧贴着竖向钢筋布置在内侧。水平结构钢筋绝对高程的定位参照其他凹槽内的定位方法。由于宽槽内导轨锚钉连续布置，故宽槽内的水平钢筋每隔1.65m左右测量钢筋的绝对高程。竖向钢筋间的间距必须严格按15cm控制，其中宽槽两端的竖向钢筋距宽槽中心线7.5cm，其绑扎误差不得大于2cm。箍筋紧贴着竖向钢筋将水平钢筋每2根或4根绑扎成整体，其绑扎误差不得大于1.0cm。平衡重导轨宽槽钢筋施工见图5.2.2-6。

5）纵导向导轨部位钢筋施工

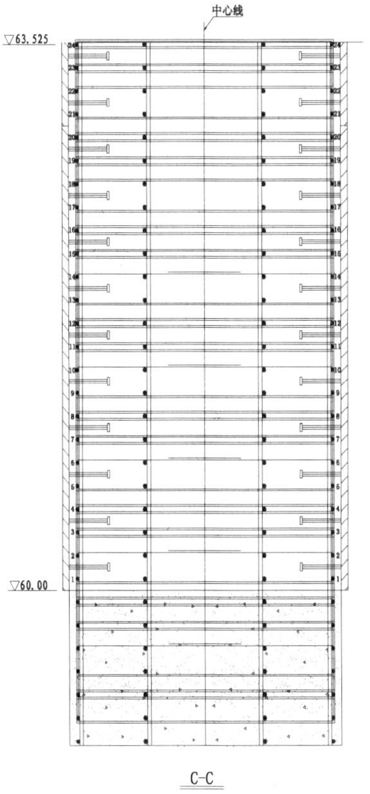

平衡重导轨凹槽C处高程60m～高程63.53m钢筋布置定位表

编号	高程	编号	高程
1	▽60.075m	13	▽61.875m
2	▽60.225m	14	▽62.025m
3	▽60.375m	15	▽62.175m
4	▽60.525m	16	▽62.325m
5	▽60.675m	17	▽62.475m
6	▽60.825m	18	▽62.625m
7	▽60.975m	19	▽62.775m
8	▽61.125m	20	▽62.925m
9	▽61.275m	21	▽63.075m
10	▽61.425m	22	▽63.225m
11	▽61.575m	23	▽63.375m
12	▽61.725m	24	▽63.525m

平衡重导轨凹槽C处竖向钢筋布置定位表

编号	桩号	编号	桩号
25	Y^S=15.075m	29	Y^S=15.675m
26	Y^S=15.225m	30	Y^S=15.825m
27	Y^S=15.375m	31	Y^S=15.975m
28	Y^S=15.525m	32	Y^S=16.125m

说明：
1. 图中尺寸以cm计，高程以m计。
2. 图中钢筋间距15cm，并且图中仅示意出3.5m高钢筋绝对高程，其余参照上述原则依次类推直至高程102m。
3. 钢筋定位表中的高程、桩号均指钢筋中心高程和中心距离。
4. 上述凡是编号钢筋需严格控制按照间距施工。
5. 竖向钢筋表中桩号指距船厢室中心线的距离。
6. 以上编号钢筋均指黑点钢筋。

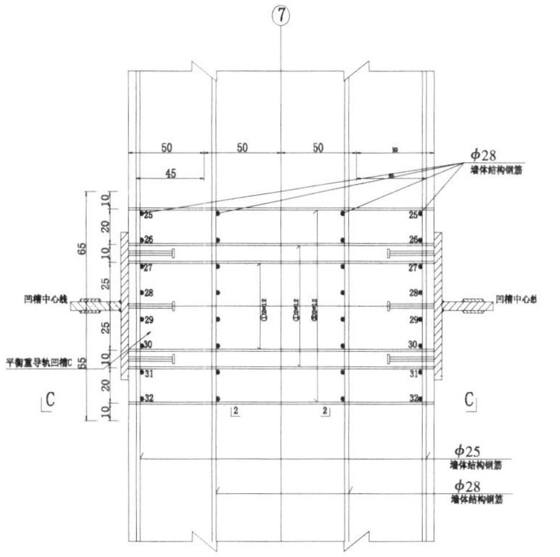

图5.2.2-5　平衡重导轨凹槽C钢筋施工示意图

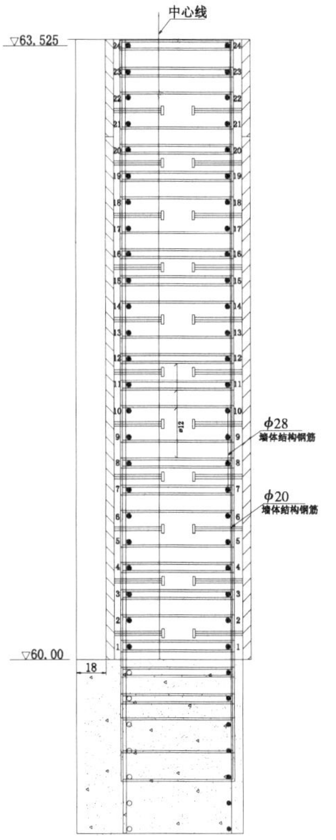

平衡重导轨凹槽C处高程60m～高程63.53m钢筋布置定位表

编号	高程	编号	高程
1	▽60.075m	13	▽61.875m
2	▽60.225m	14	▽62.025m
3	▽60.375m	15	▽62.175m
4	▽60.525m	16	▽62.325m
5	▽60.675m	17	▽62.475m
6	▽60.825m	18	▽62.625m
7	▽60.975m	19	▽62.775m
8	▽61.125m	20	▽62.925m
9	▽61.275m	21	▽63.075m
10	▽61.425m	22	▽63.225m
11	▽61.575m	23	▽63.375m
12	▽61.725m	24	▽63.525m

平衡重导轨凹槽C处竖向钢筋布置定位表

编号	桩号	编号	桩号
25	Y^S=15.075m	29	Y^S=15.675m
26	Y^S=15.225m	30	Y^S=15.825m
27	Y^S=15.375m	31	Y^S=15.975m
28	Y^S=15.525m	32	Y^S=16.125m

说明：
1. 图中尺寸以cm计，高程以m计。
2. 图中钢筋间距15cm，并且图中仅示意出3.5m高钢筋绝对高程，其余参照上述原则依次类推直至高程102m。
3. 钢筋定位表中的高程、桩号均指钢筋中心高程和中心距离。
4. 上述凡是编号钢筋需严格控制按照间距施工。
5. 竖向钢筋表中桩号指距船厢室中心线的距离。
6. 以上编号钢筋均指黑点钢筋。

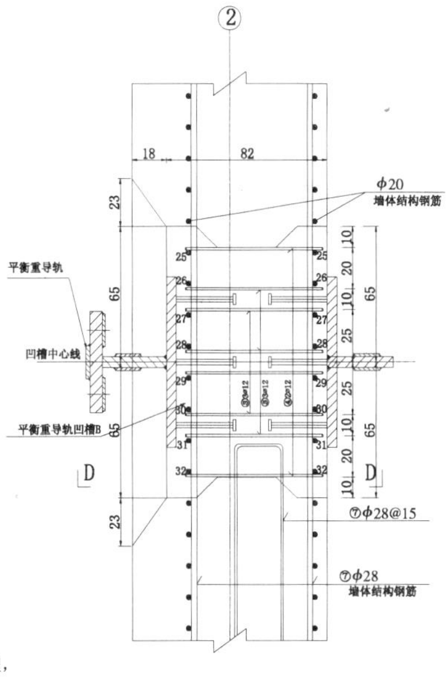

图 5.2.2-6　平衡重导轨宽槽钢筋施工示意图

纵导向导轨处二期混凝土流向宽20cm，左右向宽80.5cm，在纵导向导轨处二期混凝土部位左右向15cm、高程上30cm左右间隔布置有一个钢锚钉，钢筋能否准确定位直接影响导轨埋件的安装。因此对于纵导向导轨处的相应钢筋必须严格控制每种钢筋起始基准高程及间排距。纵导向导轨二期混凝土部位钢筋绑扎施工流程见图5.2.2-7。

其中12号竖向钢筋需精确控制左右向、上下游方向间距位置；8号水平钢筋需精确控制起始高程及左右向间距；9号钢筋需精确控制起始高程及上下游方向间距位置；10号钢筋在二期混凝土施工时与对应的9号钢筋焊接，9号钢筋定位准确即可精确控制10号钢筋；11号钢筋在二期混凝土施工时安装，需精确控制起始高程及上下游方向间距位置。相应钢筋控制高程及桩号见图5.2.2-8。各种编号钢筋的绑扎误差不得大于1cm。

5．液压自升式模板安装

1）锥体埋设

（1）液压自升式模板锚锥埋设按照施工预埋件埋设固定，然后将蛇形筋旋入定位锥内，旋入的尺寸以蛇形筋标识为准。

（2）特殊部位锥体埋设

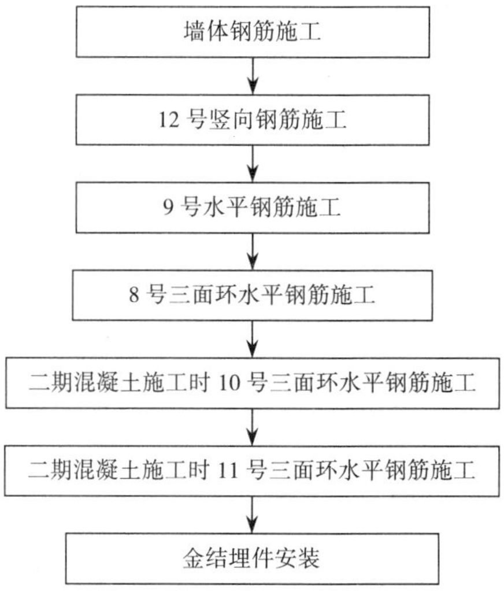

图5.2.2-7　纵导向导轨二期混凝土部位钢筋绑扎施工流程图

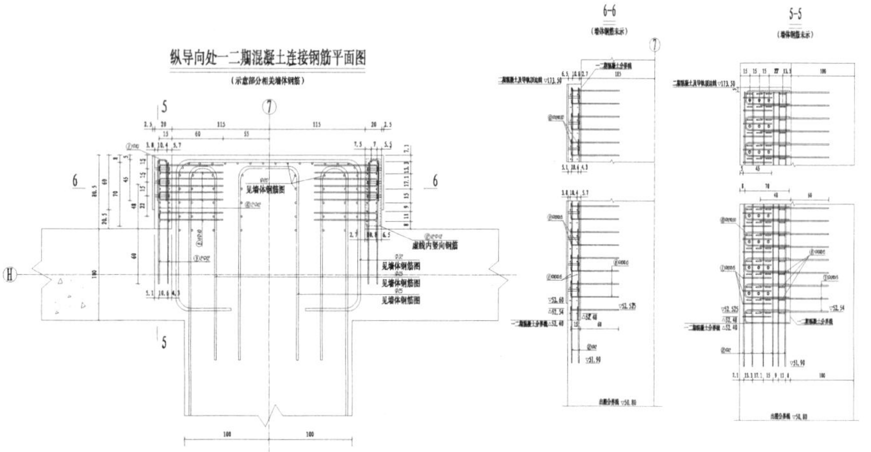

纵导向处高程52.40m～高程55.90m钢筋布置定位表

起始顺序	中心高程(m)			
	8#钢筋	9#钢筋	10#钢筋	11#钢筋
第 1 根	52.525	52.54	52.402	52.48
第 2 根	52.675	52.69	52.702	52.63
第 3 根	52.825	52.84	53.002	52.78
第 4 根	52.975	52.99	53.302	52.93
第 5 根	53.125	53.14	53.602	53.08
第 6 根	53.275	53.29	52.902	53.23
第 7 根	53.425	53.44	54.202	53.38
第 8 根	53.575	53.59	54.502	53.53
第 9 根	53.725	53.74	54.802	53.68
第 10 根	53.875	53.89	55.102	53.83
第 11 根	54.025	54.04	55.402	53.98
第 12 根	54.175	54.19	55.702	54.13
第 13 根	54.325	54.34	56.002	54.28
第 14 根	54.475	54.49		54.43
第 15 根	54.625	54.64		54.58
第 16 根	54.775	54.79		54.73
第 17 根	54.925	54.94		54.88
第 18 根	55.075	55.09		55.03
第 19 根	55.225	55.24		55.18
第 20 根	55.375	55.39		55.33
第 21 根	55.525	55.54		55.48
第 22 根	55.675	55.69		55.63
第 23 根	55.825	55.84		55.78

左侧纵导向处12#钢筋布置定位表（从右至左）

编号	桩号	编号	桩号
第1根	Y^5=12.82m	第4根	Y^5=12.47m
第2根	Y^5=12.71m	第5根	Y^5=12.299m
第3根	Y^5=12.62m	第6根	Y^5=12.166m

1．表中尺寸、桩号均以m计。
2．表中钢筋高程仅示意至55.90m高程内的绝对高程，其余参照上述原则依次类推。
3．钢筋定位表中的高程、桩号均指钢筋中心高程和中心距离，三面环钢筋指底部钢筋中心高程。
4．上述钢筋需严格控制按照间距施工。
5．竖向钢筋表中桩号指距船厢室中心线的距离。

图5.2.2-8　纵导向轨部位钢筋施工示意图

当液压自升式模板挂锥位于凹槽或凹槽附近时，先期需将挂锥周边的凹槽采用混凝土浇满，待液压自升式模板脱离该挂锥后，由人工凿除挂锥周边混凝土形成凹槽。当液压自升式模板挂锥位于楼板梁预留门洞时，利用门洞内塔柱墙体钢筋网加焊钢板的形式固定加长B7螺栓及爬模挂靴。

当液压自升式模板挂锥位于结构门洞内时，采取在门洞侧墙预埋多卡锚锥，后期采用型钢支撑的方式固定加长B7螺栓及爬模挂靴。详见图5.2.2-9所示。

定位锥安装到位后将蛇形筋旋入定位锥内，旋入的尺寸以蛇形筋标识为准。

2）爬靴安装

固定悬挂靴的部件为通用爬升锥和B7高强螺栓。预埋锥体必须按照设计图纸埋设准确。

3）爬升架体安装

因爬升架体与操作平台连接为一整体，故实际上爬升架体与操作平台同步安装。安装顺序如下：

（1）先安装0平台，将0平台主支撑体系挂在悬挂靴上，然后插入安全销锁紧。

（2）将 +1、+2安装在0平台，然后依次将-1、-2平台悬挂在0平台钢构件上。

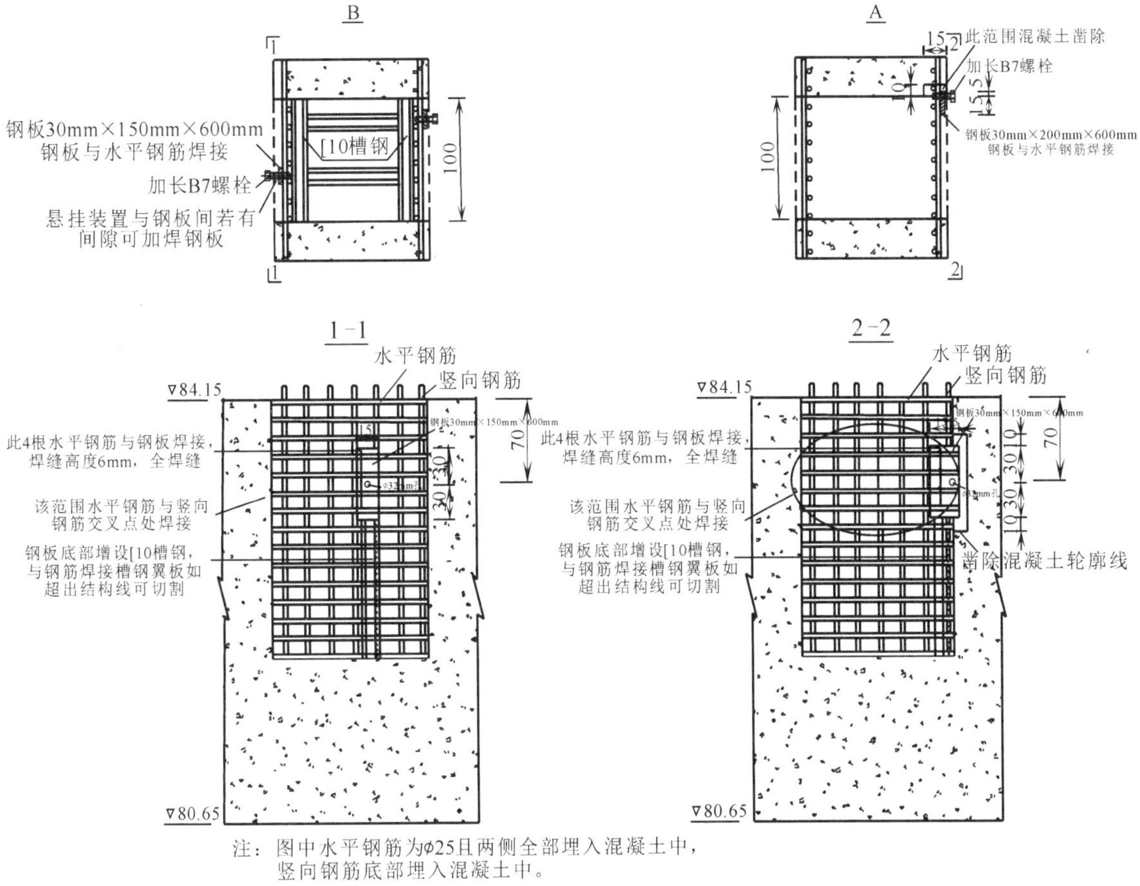

图5.2.2-9　门洞与模板挂锥干扰处理示意图

4）面板系统安装

用起吊设备吊装面板，并勾头螺栓将其与+1、+2平台的横贯钢梁相连。

挂装模板时必须先通过定位锥定位爬架，再通过对拉杆定位固定面板。由于筒体模板不能在仓外布置外撑加固，因此只能在仓内采用对拉+对撑形式加固。待模板定位且合模后按照爬模布置的拉杆孔安装拉杆，首先安装PVC套管，并且伸出模板5～10cm，在套管安装之前，检查拉杆孔周边是否磨损，对周边磨损的孔先打磨平整，再封边两次，然后及时采用含树脂成分的原子灰抹平，以保护芬兰板避免发胀。

5）液压自升式模板安装验收

（1）在50m底板做好轮廓控制点，作为模板验收使用；

（2）利用测量中心提供的不同高程面上的专用控制网点架设精密测量仪器（如TCA2003、NET05全站仪等）对模板进行粗调，粗调的结果是使模板偏离结构线±3mm以内；

（3）在50m底板轮廓控制点上架设两台激光天顶仪，对模板进行精确调整直至满足设计结构线要求后加固模板；

（4）在模板上口与投测点一致的位置焊接2根强度较高的钢条，根据投测坐标在2根钢条上张拉一根钢丝，作为混凝土浇筑过程中模板位移的监控线。

6．液压自升式模板定位、调整及固定

1）与测量的配合及相关定位调整办法

首先通过测量仪器检测模板上口宽度是否达到设计要求，定位调整检查项目和标准见表5.2.2-5所示。

模板定位调整检查表 **表5.2.2-5**

调整部位	检查项目	检查标准	备注
0层平台	悬挂安全销、防跳安全销	安装位置正确	
	竖向钢梁垂直度	竖向钢梁平行与垂直	
	移动支架	两支撑腿调节一致、且钢梁内侧面与墙面平行	
	加固钢管	加固钢管连接牢固	
+1、+2层平台	爬架竖向钢围楞垂直度	竖向钢围檩平行与垂线	
	平台框架	平台框架无倾斜、扭曲	
	可调螺杆 M36	高度一致且水平	
	后退装置、竖向钢围楞楔铁	后退装置一致，楔铁楔合牢固	
	加固钢管	加固钢管连接牢固	
模板面板	模板面板垂直度	模板无扭曲且平行垂线	
	模板上下端面水平度	模板上下端面水平	
	模板面板错缝	模板板缝小于 1mm	
	面板平面或高度方向错台	模板面板平整、端面无明显错台	
	钩头螺栓	钩头安装正确且连接牢固	
	定位锥孔	定位锥孔垂线与悬挂靴锥孔垂线重合	

2）定位调整过程中遇有混凝土上口定位面与已安装钢筋、埋件干涉，必须对混凝土定位面、钢筋、埋件进行处理，消除干涉因素方可进行调整、固定。

3）对拉杆必须与模板面各向垂直，且不与任何钢筋、埋件干涉。对拉杆必须均匀压于两工字木梁间，对拉承力后必须保持对拉杆原安装状态不变位，绝对不允许采用普通钢筋替代高强螺杆。

7. 混凝土施工

1）混凝土强度等级、级配、坍落度

混凝土强度等级为R28 350号 F200 W8，二级配混凝土，高程63.15m以下主要采用天泵，高程63.15m以上采用布料杆浇筑，采用布料杆浇筑时根据输送高程，混凝土由低压混凝土泵以及高压混凝土泵配合布料杆入仓，输送高度≤50m时，坍落度以16～18cm为宜；输送高度50～100m时，坍落度以18～20cm为宜。输送高度≥在100m时，坍落度以20～22cm为宜。

2）混凝土浇筑

混凝土水平运输搅拌车，垂直运输采用混凝土泵+布料杆浇筑，建塔辅助浇筑。混凝土采用平铺法，坯层厚度40cm。为防止飞溅起的灰浆污染模板表面，混凝土采用多点定点下料的方式，下料点以3m左右为宜，下料高度应控制在1m以下。对于飞溅在模板上的灰浆采用类似拖把的软体材料或抹布进行擦拭，亦可用软性材料的灰铲及时清理，直至混凝土浇筑结束。另外，液压自升式模板退模后必须及时采用灰铲清理模板上的灰浆，现场管理人员及时督促相关人员及时清理。液压自升式模板面板灰浆清理工具如图5.2.2-10所示。下料点应在开仓前布设好，原则应布设在钢筋相对稀疏处，并将下料点处可能阻碍下产导管伸入墙体的水平箍筋临时先移除，待浇筑至相应高程时恢复。混凝土浇筑时原则上应待下料导管移动至下料点并伸入墙全后不规则卸料，尽量避免下料导管在过程中污染钢筋和模板。卸料过程中被局部污染的钢筋和模板，应及时采用高压风枪将混凝土清除。尤其注意齿条、螺母柱部位混凝土下料不能对着PVC套管下料，浇筑过程中严禁振捣棒碰撞PVC套管。

振捣器主要为ϕ100插入式振捣棒，局部辅以ϕ50软轴振捣器振捣，齿条钢架钢筋密集部位主要采用6m长ϕ70、ϕ50软轴振捣棒，一般30～40min后用ϕ80手持式振捣器复振，顶层在30min后进行复振（浇筑过程中，严禁棒体触及模板）。振捣棒插入下一坯层深度达到5～10cm，振捣时间以混凝土翻浆不再下沉和表面无气泡泛起为止，一般为30s左右。用振捣器振捣边侧混凝土时，防止振捣器碰撞预埋锚筋，以免锚筋松动及面板定位孔变形。振捣完毕后，用木刮尺沿收仓面角钢刮平仓面，再用抹子压平、压实；施工缝处或有预埋件及插筋处也用抹子压平、压实，收仓面不得凹凸不平。冲毛时冲毛枪应在竖向钢筋内侧，且冲毛枪角度宜控制在$70^0 \sim 90^0$进行。

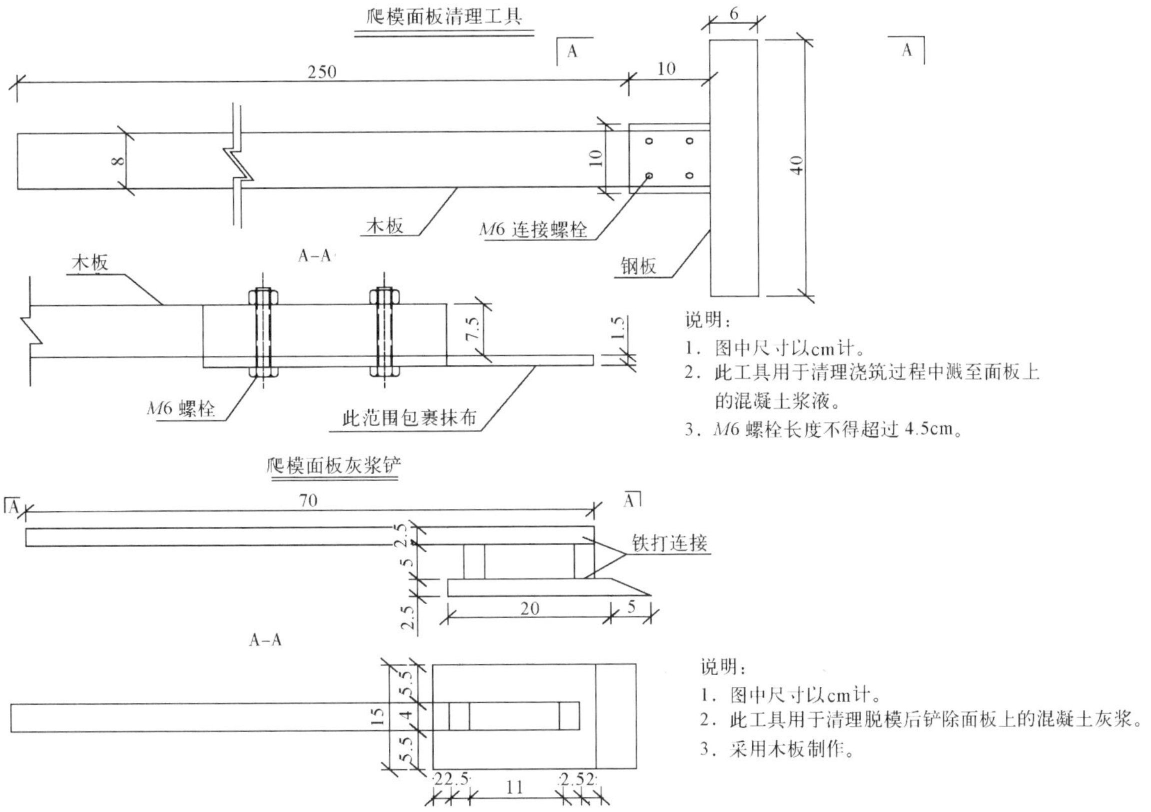

图5.2.2-10　液压自升式模板面板清理工具

混凝土浇筑注意事项：

（1）混凝土浇筑过程中工作平台应保持清洁，尤其是安装液压系统以后，尘土将直接影响液压系统的运行。因此应从各个环节加强控制入仓下料、振捣及冲仓打毛等工序避免混凝土及灰浆污染模板及平台，随时安排专人清扫洒落在平台的混凝土料及其他杂物。

（2）为确保混凝土收仓面上口及外表面不在冲毛过程中冲蚀破坏，保证模板上端口不被冲蚀产生发胀现象，在芬兰板上口边缘采用3cm厚，宽20cm的木板遮盖，然后在木工字梁外侧采用角钢将木工字梁与木板包裹，这样也可防止冲毛时高压水冲坏芬兰板边缘。收仓后严禁养护水正对着模板出水。

（3）振捣时应避免振捣头与模板面直接接触而引起模板板面损伤。

3）混凝土养护

流水养护时，严禁水管直接对着模板，应该将其固定在收仓面缓慢流，并且出水口需留在二期混凝土部位。

冷却水管出水口必须伸出操作平台并将其固定，避免冷却水对模板或操作平台浸泡造成发胀。

4）脱模、退模及模板保护

脱模、退模。

（1）脱模、退模时间控制

混凝土浇筑完毕且强度达到2.5MPa（具体时间可根据当地环境气温通过试验确定）即可脱模。按目前环境气温，达到2.5MPa需1～2d）时，即可松动对拉杆螺栓，同时转动对拉杆2～3圈，便于后期对拉杆的拔出。然后将液压自升式模板后退，对面板进行清理，去除面板上的灰浆等杂物，再将液压自升式模板合拢，以形成钢筋施工所需的完整通道及安全稳定的工作平台，然后进行钢筋绑扎施工。利用液压自升式模板平台进行钢筋等工序施工时，液压自升式模板离混凝土面距离不宜过大，同时需恢复部分对拉杆，确保爬模仍处于整体连接状态。

脱模前准备及检查：

①脱模时先将对拉杆全部拆除，以免脱模时损坏拉杆孔。

②了解隔离剂的使用相关技术要求，尤其是隔离剂涂刷时机；严格按照该产品的使用说明书的比例配制及控制每升的涂刷面积。尤其注意每次合模前必须重新涂刷一次隔离剂（隔离剂在涂刷前必须搅拌均匀）。隔离剂兑水使用（使用比例为F850W：水=1：2～3；F850S：水=1：1），搅拌均匀。可使用机械喷涂或人工均匀涂布。

（2）退模前检查

①退模前首先检查0层以上平台拐角处是否连接。若连接则需先解开，同时检查是否被其他构件卡住，全部检查后方可退模。

②退模必须采取模板平行退模作业方式，严禁单侧单独退模，特别对于内转角部位退模，必须先将封边模板拆除，然后再平行退模。

③模板后退后，后退装置上的压紧楔铁必须楔紧，固定楔铁必须固定牢靠；0层平台以上的竖向杆件必须设置水平和剪刀撑钢管。

5）混凝土上口测量及打磨修整

为了确保液压自升式模板合模时其底脚模板紧贴混凝土面，脱模后需通过测量仪器检查混凝土上口平整度，必要时采用墨斗打线，沿线采用打磨机进行打磨。

6）模板保护

（1）严禁采用敲、锤、撬等方法进行脱模。

（2）模后，及时清理粘在面板的灰浆等杂物。

（3）模板下部可滑移齿轮与上部螺杆同步后退，避免模板变形。

8. 模板爬升

1）导轨爬升前需检查的事项

（1）强度达到10MPa以上；

（2）挂件安装到位，B7螺栓紧固到位；

（3）靴位置符合设计；

（4）轨和支撑靴并在导轨表面涂上润滑油，支撑靴抵紧墙面；

（5）爬升机构手柄的方向，使其一致向上（确保此时油阀关闭状态）；

（6）统各部件和控制柜状况处于良好状态；

（7）观察人员到位，通信设施（对讲机）联系畅通。

2）爬升架体爬升前需检查的事项

（1）清除爬升架体上不必要的荷载、固定爬升架体内部活动物品；

（2）强度达到10MPa以上；

（3）检查爬升架体各层在爬升轨迹上是否有阻碍物；

（4）各层平台和栏杆之间的连接是否解除，同时拆除与相邻大模板及脚手架间的连接杆件，使各个爬升模板单元系统分开。然后拆卸爬升架上或爬升大模板上的穿墙螺栓，调整好大模板或爬升支架的重心，使其保持垂直，防止晃动与扭转；

（5）抬起爬升导轨底部支撑脚并旋转收缩爬架支撑脚；

（6）检查爬升架体主供电电缆的长度，保证爬架爬升时电缆有足够伸展长度；

（7）检查相邻边的连接（如跳板等）是否解除；

（8）改变提升机构手柄的方向，使其一致向下（确保此时油阀关闭状态）；

（9）液压系统各部件和控制柜状况是否处于良好状态；

（10）拔出安全插销，爬升操作前各层平台上观察人员到位，联系畅通。

（11）各部件安装后，应对所有连接螺栓和穿墙螺栓进行紧固检查，并应试爬升和验收。

3）导轨爬升

首先将控制手柄向上推动至“Profile”位置，使油缸进入空行程，即千斤顶回油，待千斤顶完全回油到位后，再次将控制手柄向下推动至“Profile”位置，使油缸进入工作行程，即千斤顶顶升，将导轨顶升直至安装高程。见图5.2.2-11。

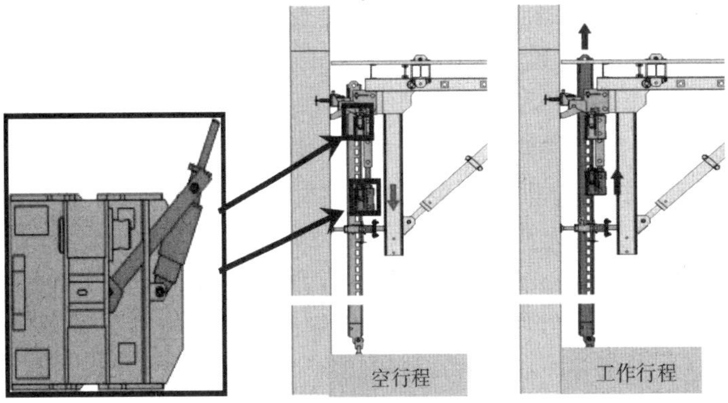

图5.2.2-11　导轨爬升示意图

4）爬升平台

首先将控制手柄向下推动至“Platform”位置，使油缸进入空行程，即千斤顶回油，待千斤顶完全回油到位后，再次将控制手柄向下推动至“Platform”位置，使油缸进入工作行程，即千斤顶顶升，将平台顶升直至安装高程。见图5.2.2-12。

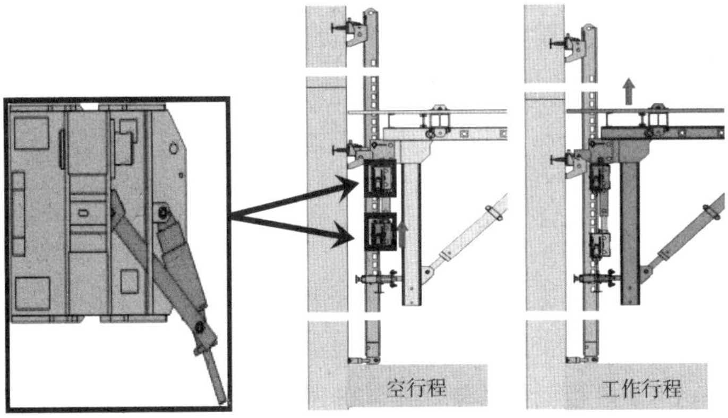

图5.2.2-12　操作平台爬升示意图

9．液压自升式模板的保养维修

1）面板保养与维修

每仓脱模后，面板上粘灰浆的部位及时清理，并均匀涂刷水性隔离剂一次，同时应对模板面板进行仔细检查，发现面板损伤，及时对面板进行修补。当面板破损部位较少，破损程度较轻时，可直接在立模状态下修补；当破损程度较严重或破损部位较多时，应将模板折下吊运至地面并处于平置状态。修补前，应对损伤部位进行清理或凿除，使面板修补部位为新鲜的木材糙面，采用日晒或电吹风等干燥方法，使被修补部位为干燥状态。对于贯穿性损伤建议采用木块填塞或背面补平后，正面用含树脂成分的原子灰抹平即可；对于浅表性损伤可直接用含树脂成分的原子灰抹平即可。对于损伤部位边缘的毛边，在修补前可用凿子或手提砂轮机打磨清理干净。

2）爬升架体系统

爬升架体系统主要包括液压自升式模板各种支撑系统、连接件等，故应经常检查杆件间的连接处、焊接部位，对损坏较小的杆件及时维修加固，损坏较大的杆件应更换。

3）爬升系统

（1）爬升导轨检查

爬升导轨为一工字钢，肋板每隔4cm设计有一个4cm×3cm的空档，主要为爬升提供支承，因此每仓脱模后必须检查该空档是否堵塞及导轨磨损情况。

（2）液压系统检查

液压系统是液压自升式模板爬升的动力结构，主要由液压装置、分油器、液压千斤顶、液压管和连接器组成。而灰浆对液压装置的影响较大，对液压装置必须遮盖，同时定期检查油管、液压千斤顶及油量。此外由于油管较多，油管与油管间通过边接器连接，因油管长度较长，故油管应整齐布置，特别是油管间的连接器部位采用抹布等包裹，防止灰浆污染。

（3）锚固系统检查

液压自升式模板的所有荷载均由锚固系统承载，因此锚固系统的牢固是确保液压自升式模板高空作业施工安全的关键。锚固系统由悬挂靴、B7螺栓、安全销轴和防跳销轴组成，定期检查悬挂靴、B7螺栓、安全销轴和防跳销轴表面是否有裂纹，有裂纹的严禁使用。此外模板爬升后悬挂靴及时拆除严禁长期悬挂于混凝土墙壁上。

4）操作平台及安全设施

（1）升船机施工部位长期处于露天施工环境及施工弃水，混凝土养护用水影响等因素，考虑操作平台木板长期受潮湿环境腐蚀，其安全性要求操作平台正面及背面每隔半年重新涂刷一次防腐漆。

（2）混凝土浇筑完毕后，及时清理各层操作平台上掉落的灰浆，保持操作平台干净。特别是转角部位翻转通道板，经两道简易的活页螺栓连接形成，故应经常检查转角部位翻转通道板。

（3）防护栏杆损坏的及时修复，尤其是+2层全封闭平台，防护全部采用木板。

5）自爬升模板优点及使用问题

（1）采取相关结构措施后，可适应有一期埋件和超出结构边线埋件的施工工况；

（2）采用多层对拉结构，模板系统纵向刚度较大，单块模板面积大且表面平整，便于提高混凝土的形体尺寸及表面质量。

（3）可依靠模板配置的液压自升装置群体分段或单独自行上升，不需要其他起重设备安装，便于操作，大大缩短了备仓时间。

（4）简化了立模、拆模工作，提高了模板利用率，同时减少了接缝处理工作，使混凝土表面平整光洁，增强建筑物的整体性。

（5）液压自升式模板是逐层分块安装，故其垂直度和平整度易于调整和控制，可避免施工误差的积累。

（6）模板安装、拆卸工序繁杂，工作量大，且要求具备相应的安装条件。

（7）模板定位锥留下的孔洞后期需回填砂浆影响外观；

（8）模板面板及工字梁均为木质结构，较易破损。

6. 材料与设备

主要施工机械设备及材料见表6。

主要施工机械设备及材料表 **表6**

序号	设 备 名 称	数量	备 注
1	圆木	2台	操作平台用
2	圆盘锯	1台	操作平台拼装用
3	大带锯	1辆	
4	小带锯	1辆	
5	小型空压机	1辆	$1m^3$
6	手风钻	2台	
7	切割机	2台	
8	电焊机	2台	
9	20t平板车	1台	拼装及运输
10	25t汽车吊	1台	
11	电钻	2台	

7. 质 量 控 制

7.1 控制标准

7.1.1 模板控制标准

模板制作标准见表7.1.1–1。

模板制作验收标准 **表7.1.1–1**

偏差项目			允许偏差（mm）
木模	小型模板：长和宽		±2
	大型模板（长、宽大于3m）：长和宽		±3
	模板面平整度（未经刨光）	相邻两板面高差	0.5
		局部不平（用2m直尺检查）	3
	面板缝隙		1
钢模	模板长和宽		±2
	模板面局部不平（用2m直尺检查）		2
	连接配件的孔眼位置		±1

模板安装质量检查项目、质量标准、检查方法和检查数量见表7.1.1–2。

模板安装质量检查项目、质量标准、检查方法和检查数量 **表7.1.1–2**

项类	检查项目			质量标准	检查方法	检查数量
主控项目	1. 强度、刚度和稳定性			符合模板设计要求	对照审定的模板设计文件和施工技术方案现场检查	全数检查
	2. 大模板安装位置偏差	位置		≤3mm	钢尺检查	对于每一检查项目，模板面积在100m²以内时，总检查点数不少于20个；模板面积在100m²以上时，每增加100m²检查点数增加不少于10个
		标高		±5mm	水准仪或拉线、钢尺检查	
		上口宽度		±4mm	钢尺检查	
		垂直度		≤5mm	吊线锤、钢尺检查	
	3. 爬升模板组装偏差	预留穿墙螺栓孔	位置	±5mm	钢尺检查	
			直径	±2mm	钢尺检查	
		爬升支架	标高	±5mm	水准仪或拉线、钢尺检查	
			垂直度	≤5mm或≤1‰	吊线锤、钢尺检查	
一般检查项目	1. 模板平整度	相邻两面板错台		≤2mm	2m靠尺和塞尺检查	对于每一检查项目，模板面积在100m²以内时，总检查点数不少于20个；模板面积在100m²以上时，每增加100m²检查点数增加不少于10个
		局部不平		≤2mm	2m靠尺和塞尺检查	
	2. 板面缝隙			≤1mm	塞尺检查	
	3. 模板外观			规格符合设计要求，表面光洁无污物	现场观察	
	4. 隔离剂			质量符合标准要求，且涂抹均匀	现场观察	
	5. 预留孔洞	中心线位置偏差		±5mm	钢尺检查	
		截面内部尺寸偏差		0~10mm	钢尺检查	

7.1.2 混凝土结构面体形尺寸允许偏差

混凝土结构面体形尺寸允许偏差见表7.1.2。

混凝土浇筑后复测验收标准 **表7.1.2**

项目		允许偏差（mm）
混凝土结构面	墙、柱、梁	5
	剪力墙	5
垂直度	每层	8
	全高	H/1000且≤30
标高	每层	±8
	全高	±25
截面尺寸	混凝土构件	+8，-5（抹灰） +5，-2（不抹灰）
表面平整度	（2m长度）	5（抹灰），3（不抹灰）
预留孔洞中心线位置		10
预埋设施中心线位置	预埋件	10
	预埋螺栓	5
	预埋管	5
电梯井	井筒长、宽对定位中心线	+25，-0
	井筒全高垂直度	H/1000且≤30

注：H为结构全高。

7.2 控制措施

7.2.1 模板安装控制措施

1）液压自升式模板分爬升架体安装及面板安装，各部位的爬升架体及面板必须根据设计图纸编号对应挂装，并按照技术要求进行组件的调整，调整完毕后申请报验。

2）为了确保爬升架安装顺利，同时保证爬升架灵活自如爬升，定位锥体严格按图纸规定尺寸预埋，以保证不同高程定位锥孔垂线与悬挂靴锥孔垂线重合，为爬升架安装及爬升提供条件。此外目前+1、+2层平台倾斜度较大，对此则要求采用吊线锤的方法来确定+1、+2层平台的垂直度。

3）筒体模板采用对拉+对撑形式加固，待模板定位且合模后按照液压自升式模板布置的拉杆孔安装拉杆，首先安装PVC套管，然后再将对拉杆水平横穿模板。3.5m升层模板布置3层对拉拉杆，其中底部对拉拉杆距已浇混凝土面45cm，上部对拉拉杆距收仓面75cm，中部对拉杆距底部和上部对拉杆约1.13m。

4）对拉杆采用10.9级的高强螺杆，严禁采用普通钢筋替代高强螺杆直接与钢筋焊接，若确实需要焊接则必须采用焊接套筒方可与钢筋焊接。

5）塔柱墙体在拐角及“T”字形处无法形成拉杆对拉部位，采用可焊套筒与钢筋网焊接牢固，同时用两根ϕ16圆钢成“人”字或“八”布置与周边钢筋网焊接，可焊套筒焊接在同高程的水平钢筋上，水平钢筋与竖向钢筋点焊，点焊的竖向钢筋不得少于5根。

6）在绑扎钢筋之前，应首先量取对拉杆孔大致位置，并在模板上口作出醒目规则的标记。在钢筋绑扎时先行调整竖向钢筋位置，使竖直钢筋避开对拉孔。其后在绑扎水平钢筋及箍筋时，也应调整间距避让对拉杆。两侧模板的对拉杆孔应一一对应且确保安装的对拉杆水平，且垂直模板面板。对拉杆外部的PVC套管必须穿过模板且每端均应出露10～15cm。

7）模板上口设置可调节的钢制对撑（图7.2.1-1），该钢制对撑具有双向限位功能，即防止向外跑模又可防止向内收缩，从而实现提高模板上口精度要求。

8）在仓内模板中间增加一道钢支撑，该钢支撑类似花篮螺栓可调节，用于调节模板拉条时起向内限位作用。当混凝土浇筑2～3个坯层后，拆除内支撑。

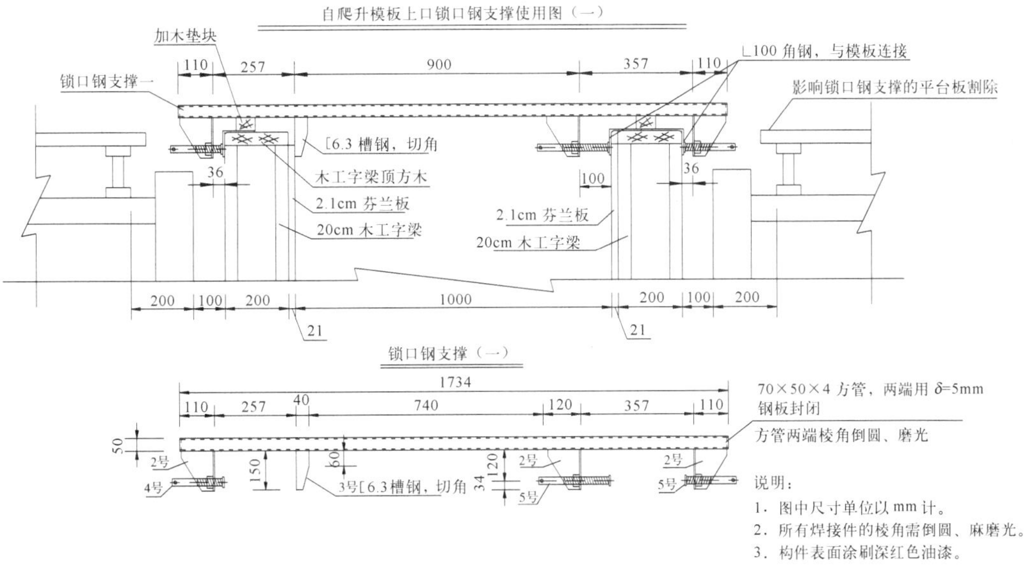

图7.2.1–1　双向限位调节钢对撑

9）模板与老混凝土搭接处应在模板脱模后拉线打磨，搭接部位处理后必须平直光洁、圆滑过渡，无明显凸凹不平，无粉尘颗粒等杂物。模板与老混凝土搭接处以及模板拼接缝处应粘贴双面胶，防止振捣时漏浆。

7.2.2　混凝土浇筑质量保证措施

1）在浇筑混凝土前做好周密的仓面设计，落实操作人员岗位职责，作业班次、交接时间和交接制度，做好交底工作，落实操作人员岗位职责，做好天气预报预警。

2）确保适宜的入仓强度，在墙体浇筑过程中，合理调度输送料时间，防止待料时间过长。严格控制每次下料的高度和厚度，保证分层厚度不超过35～40cm。下料时，按照坯层线控制每坯层混凝土浇筑高度，下料时应控制导管或罐体混凝土不得直接冲击模板。

3）确保混凝土和易性，要求对每车运输的混凝土进行检查，发现坍落度过大或过小均不得使用。采用泵机浇筑时，当严密观察搅拌车向泵机卸料全过程，发现超径石，必须捡出。

4）每仓混凝土浇筑收仓后，及时对混凝土输送泵管进行清洗，对于弯折≥90°的弯管应拆除清洗，确保泵管内无混凝土余料。每仓混凝土开仓前对混凝土输送泵机、布料杆进行检查调试，确保处于良好状态。

5）振捣应及时，有序，振捣间距50～80cm（视振捣棒规格调整），振捣时间30s。不得漏振、欠振和过振，确保混凝土内部密实，外表面光滑、无麻面、无气泡。采用二次振捣法，以减少表面气泡。

6）混凝土浇筑过程中，采用有效的方法清除混凝土下料时对钢筋、模板的污染，应紧随卸料导管用高压风管将粘结在钢筋、模板的混凝土吹除，对溅在模板面上的混凝土浆液用麻布擦干净。

7）施工过程中如胶合板受损或松动移位必须及时修复紧固或调整到位，保证混凝土的外观质量和形体尺寸。

8. 安 全 措 施

8.1　为了确保爬升架安装顺利，同时保证爬升架灵活自如爬升，定位锥体严格按图纸规定尺寸预埋，控制埋设尺寸偏差在要求范围内。其中剪力墙部位除13轴外挂锥预埋精度控制在±1mm内，轴7墙纵导向部位锥体埋设精度控制在0.5mm左右，其余部位挂锥预埋设精度均控制在±2mm内。高程57.21m以上液压自升式模板自身已开定位锚锥孔，仅需按此定位孔安装锚锥即可。以保证不同高程定位锥体成一直线布置，为爬升架安装及爬升提供条件。此外目前+1、+2层平台倾斜度较大，对此则要求采用吊线锤的方法来确定+1、+2层平台的垂直度。

8.2 液压自升式模板的加固方式主要采用定位锚锥和对拉拉杆。5层平台上的荷载全部集中于定位锥体上，这样单个B7螺栓所受的荷载较大，不利于稳定。

针对此问题，根据目前使用B7螺栓相关材质证明，对B7螺栓进行了承载力复核，同时严格控制堆放在平台上的荷载。因此钢筋及其他杂物严禁集中堆放，因每层平台跨度及爬升架体宽度不同，所承受的荷载也相应有所不同。标准模板平台允许荷载严格按表8.2-1控制，窄边模板平台允许荷载按表8.2-2控制。

标准模板平台允许荷载表 **表8.2-1**

跨　度	平台允许荷载					部位
	+2层	+1层	0层	-1层	-2层	
2.10m	0.378t	0.189t	0.85t	0.674t	0.47t	13号、1号剪力墙内侧
3.20m	0.576t	0.294t	1.296t	1.027t	0.720t	
3.20m	0.576t	0.294t	1.296t	1.027t	0.720t	筒体墙
3.26m	0.586t	0.294t	1.320t	1.027t	0.733t	
3.90m	0.702t	0.358t	1.579t	1.251t	0.877t	
3.00m	0.540t	0.275t	1.215t	0.963t	0.675t	
4.60m	0.828t	0.422t	1.863t	1.476t	1.035t	
2.85m	0.513t	0.261t	1.154t	0.914t	0.641t	
2.65m	0.477t	0.243t	1.073t	0.850t	0.596t	
2.575m	0.463t	0.236t	1.042t	0.826t	0.579t	
1.478m	0.266t	0.135t	0.598t	0.474t	0.332t	
3.455m	0.621t	0.317t	1.399t	1.109t	0.777t	
4.15m	0.747t	0.381t	1.680t	1.332t	0.933t	
4.20m	0.756t	0.385t	1.701t	1.348t	0.945t	
3.38m	0.608t	0.310t	1.368t	1.084t	0.760t	
4.40m	0.792t	0.404t	1.782t	1.412t	0.990t	7号剪力墙
2.40m	0.432t	0.220t	0.972t	0.770t	0.540t	
3.70m	0.666t	0.339t	1.498t	1.187t	0.832t	

窄边模板平台允许荷载表 **表8.2-2**

跨　度	平台允许荷载				部位
	+1层	0层	-1层	-2层	
2.20m	0.283t	0.316t	0.156t		13号、1号剪力墙外侧及基岩侧
3.18m	0.410t	0.457t	0.228t		
4.00m	0.516t	0.576t	0.288t		
4.25m	0.548t	0.612t	0.306t		
1.00m	0.129t	0.144t	0.072t		

注意：本表中的跨度指每榀爬升架两定位锥间的距离。

8.3 液压自升式模板安装到位后，发现各层作业平台均有不同程度的晃动，特别是+2层平台。

经现场察看分析，液压自升式模板整体晃动主要与爬模的施工流程有关。在混凝土强度达到2.5MPa（可根据当地环境气温通过试验确定具体时间）时即可后退，满足模板清理、隔离剂涂刷即可，模板清理完毕后，再次向混凝土仓面靠拢距混凝土墙面约3cm，使液压自升式模板处于合模状态，，以形成钢筋施工所需的完整通道及安全稳定的工作平台，然后进行钢筋绑扎施工。此外0层平台模板背面采用钢管打剪刀撑，同时各层平台外侧栏杆上也采用钢管打剪刀撑。

8.4　模板平台栏杆设置

1）全部利用单向扣件将防护栏杆可靠固定在液压自升式模板相关钢构件的钻孔位置处，不允许采用钢丝绑扎。

2）栏杆接头必须平整，不允许搭接。接头不允许有局部凹出部，栏杆端部必须设封头，且打磨平滑。

3）转角位置设柔性护栏，柔性护栏采用铁链或绳索，采用中套环固定。模板爬升时将转角柔性护栏断开。

4）竖向护栏水平间距控制在3.0m以内，超过3.0m的增加相应的护栏。

5）栏杆以及围护钢管或木板安装完毕后，用安全网对各层平台进行封闭式。

6）每层平台（除转角部位）上的栏杆长度应与该层平台的长度等长，以避免模板每次爬升均需拆除栏杆。

8.5　液压自升式模板平台转角部位退模后，+2、+1及0层平台断开，使得液压自升式模板平台通道中断，影响施工安全。对此请按照液压自升式模板施工流程施工，特殊部位如纵向联系梁处确实无法形成通道，应制作翻转式平台并做好栏杆防护，模板分组提升时，该临时平台必须分离。

8.6　由于液压自升式模板各层平台均为木板，且表面涂刷了油漆。同时考虑到钢筋焊接时有大量的火星掉落至模板上。因此每个筒体均应在各平台板上设置2～3个灭火器等消防设施。

8.7　液压自升式模板在运行前，根据液压自升式模板运行的岗位要求，明确指挥责任人、安全责任人及各岗位职责，做到统一指挥、分工合作、明确到人、各负其责。

8.8　液压自升式模板爬升前，必须由专职安全员负责检查、清除运行前所有的障碍物以及影响液压自升式模板的安全运行的因素。经确认无误后，负责通知运行指挥人。

8.9　在爬模爬升前应通知液压自升式模板底下作业人员撤离，并确认上述部位所有作业人员全部撤离后方可进行爬升作业。

8.10　液压自升式模板爬升前，必须确认爬升的各定位装置已松开或撤除，各装置不得影响爬升的正常行走。

8.11　液压自升式模板单元爬升必须同步，爬升时各层操作平台上必须将所有杂物清除干净。除操作人员外不允许其他人员站在操作平台上。

8.12　检查液压系统是否正常，各部位连接螺栓齐全、牢固有效。

8.13　检查供电系统、电气控制操作系统、电压、电缆是否安全正常。

8.14　液压自升式模板爬升至指定地且定位后，为保证施工安全必须及时进行必要的加固。

9. 环 保 措 施

9.1　液压自升式模板液压系统使用的液压油等材料尽量使用易处理、无污染的品种。

9.2　施工过程中做到工完场清，不允许直接从模板上直接抛投弃物、混凝土弃料，废杂物应装袋运出，并运至指定地点堆积。

9.3　液压自升式模板各层操作平台上及时清理废弃杂物，保持平台清洁干净。

10. 效 益 分 析

10.1 液压自升式模板成功应用于升船机主体工程土建施工，提高了混凝土施工质量，保证了混凝土形体尺寸的精度。

10.2 液压自升式模板综合悬臂模板和滑模工艺及施工特点的一种模板新工艺，具有悬臂模板和滑模共同的优点，施工方便、快捷。

10.3 液压自升式模板是依靠自身的提升机构上升，是一种不需要外部超重提升的自爬升模板，大大节省了人力资源投入，加快了施工进度。

10.4 液压爬升模板是逐层分块安装，故其垂直度和平整度易于调整和控制，可避免施工误差的积累。

10.5 升船机工程完成后，液压自升式模板装置及液压设备可继续在其他工程使用，或者由厂家回收，从而降低了施工成本。

10.6 施工现场文明施工便于控制。

11. 应 用 实 例

三峡升船机塔柱混凝土施工

1. 工程概况

三峡升船机船厢室平面结构布置呈规则矩形，由墙—筒体—墙—筒体—墙组成，底板上的四个塔柱结构形态相同，为平面对称布置的薄壁钢筋混凝土结构，空间最大高度169m（含顶部机房）。单个塔柱顺流向长度为40.3m，每侧宽16.0m，顶部高程196.0m，高度146.0m。筒体结构厚度为1.0m，设有大型埋件部位的结构厚度为1.5～2.0m，最小结构厚度为0.5m。单个塔柱平面结构总体上呈"凹"形，可分为两侧矩形筒体段和中部竖井段，中部竖井段内设有垂直电梯井和楼梯间等，在筒体内不同高程布置维修平台。塔柱上下游端部和两塔柱之间设有剪力墙，剪力墙与塔柱同高，剪力墙与筒体间通过布置在不同高程的纵向连系梁连接为整体，对称布置在升船机中心线两侧，另在左、右侧塔柱高程196.0m设有跨航槽中控室、观光室平台以及7根横向连系梁，与上、下闸首净距1.0m，在船厢室左右外侧高程185.4m还设有观光交通廊桥。

2. 施工情况

从2009年4月到2011年3月中旬，三峡升船机采用液压自升式模板已顺利浇筑混凝土114个仓次，整个施工过程安全平稳，混凝土成型后精度合格达到了95%以上。

3. 工程监测及评价结果

三峡升船机模板施工实践证明，本工法先进、成熟，全面、系统的解决了水利水电高层建筑物高精度混凝土模板所涉及的所有复杂技术难题，为今后类似工程标准化、规范化方案设计奠定了坚实基础，取得了明显的社会、经济效益，值得大范围推广应用。同时该工法首次在世界第一的升船机成功应用，有效的将该类型模板的使用领域拓展到了水利工程。

整体吊装模板在水下混凝土施工工法

GJEJGF282—2010

葛洲坝集团第二工程有限公司　浙江中南建设集团有限公司
余炳福　刘江平　陈光国　魏义民　段洪涛

1. 前　　言

水上拼装整体模板，通过吊装设备沉入水下预定位置，将拌制的高流态混凝土送入该部位成型和硬化，这一过程称为整体吊装模板水下混凝土施工。这是一种实现干地修建混凝土围堰难度较大或不可行的情况下，采用的一种水下施工方法，也运用于护坦修复、护岸工程和导墙工程等。

山西天桥水电站是黄河上最后一座险坝，除险加固工程包括新增混凝土建筑物：新增2孔泄洪闸及4孔排砂底孔，位于原泄洪闸右侧混凝土重力坝段，紧靠原闸，闸宽64.0m。泄洪闸单孔净宽13.5m，排砂底孔单孔净宽4.5m；新增土坝加高：原土坝坝顶高程为836.0m，除险加固后的坝顶高程为836.7m，并增加防浪墙、排水孔等项目。除险加固工程的工程级别为Ⅲ等，工程规模为中型。工程紧邻老泄水建筑物，地形地质条件极为复杂，为确保除险加固项目在干地施工，需修建围堰，形成施工基坑。围堰设计时既要考虑不占压基坑施工区域，又要不占压原泄水通道，通过采用水下混凝土围堰实现这一目的。根据前期水下混凝土施工经验，在本项目实施中进行检查、总结，并会同业主、设计、监理共同进行评估、改进和补充。逐步形成了 “整体吊装模板水下混凝土施工工法”，以此指导后续工程施工。

目前运用本工法已完成天桥除险加固工程、湖南风滩扩建工程、广西岩滩水电站墩板式导墙工程，天桥除险加固工程的护坦修复也将采用此工法。

2. 工 法 特 点

2.1　水上作业平台设计

水下混凝土施工必须在水上搭设作业平台。根据混凝土浇筑仓位的大小进行操作平台设计。一般需要3个作业平台：一是转运作业平台；二是吊装作业平台（浮吊），三是施工作业平台。转运作业平台承担陆上到水面的运输，吊装作业平台承担机具吊装、水下模板拆除等；施工作业平台承担沉放模板、混凝土浇筑等。平台一般采用自制小型浮箱拼装而成。

2.2　水下组合大模板设计

为便于水下作业，根据仓位结构尺寸，设计拼装大模板，一般采用3mm的钢板做板面，[16的槽钢作围檀。在施工作业平台拼装并完成加固，整体沉入水下，水下补缝。

2.3　混凝土配合比设计

考虑水下混凝土施工的特点，其配制强度必须比设计强度提高40%～50%。同时，水下混凝土配合比设计必须考虑作为一种自密实混凝土，需要高流动性和低泌水性，坍落度要大于40cm，胶凝材料必须大于400kg。

2.4　水下混凝土施工工艺特点

相比常规混凝土，整体吊装模板水下混凝土施工是在水上完成大型模板拼装，整体沉入水下，清基、锚杆施工、模板补缝、混凝土浇筑都需要有经验的潜水员在水下完成，收仓面的整平也由潜水员完成。水下混凝土一般为自密实混凝土，高流态、大摊扩度，小泌水率。施工缝不做处理，满足一般挡水要求。水下混凝土采用导管浇筑法，必须由一名潜水员在仓内检查混凝土的摊铺情况，保证导管埋入混凝土内的深度，杜绝新入仓混凝土直接与水接触。

3. 适 用 范 围

本工法适用于必须水下施工的混凝土围堰、护岸、护底、导墙工程等。

4. 工 艺 原 理

整体吊装模板水下混凝土与陆地常规混凝土施工相比，是在水下完成模板工程和混凝土浇筑施工。关键要控制混凝土浇筑时杜绝或减少高流态混凝土与水接触机会，其工艺原理主要包括以下几个方面：1）采用高压水枪扰动仓内淤积物，泥浆泵抽排出仓外，完成清基施工；2）在水上搭设施工平台，完成大型模板拼装，整体沉入水下预定位置，潜水员在水下完成锚杆作业、模板定位、加固和补缝作业以及后续拆除模板施工；3）采用高流态、低泌水性、自密实混凝土，导管法入仓，仓内无需振捣，最大限度减少混凝土与水接触，混凝土在水下硬化形成设计结构体型。

5. 施工工艺流程及操作要点

5.1 施工工艺流程（图5.1）

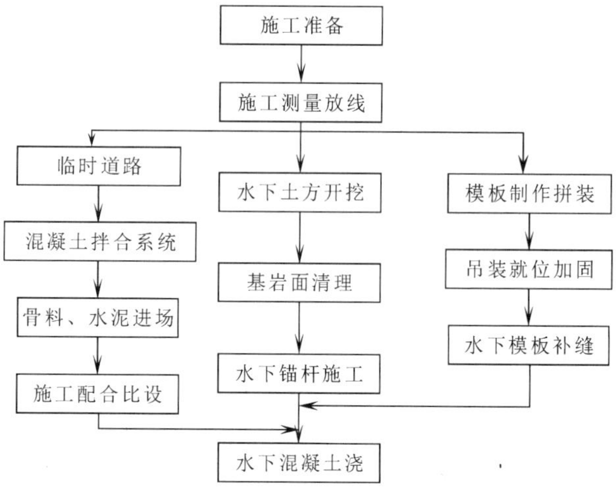

图5.1 施工工艺流程图

5.2 施工准备

根据设计施工图以及现场地形的实际情况，布设水上施工控制点。水上控制点位采用浮标做标记，并将相应的点或线延伸引至陆地。施工准备阶段控制点主要用于控制开挖范围，大型模板吊装时应重新精确放样，采用边定位边校核的方法。

5.3 淤泥开挖

5.3.1 淤泥开挖

分水上部分开挖和水下部分开挖。水上部分开挖直接采用反铲配合自卸汽车，并完成水面以下3.0m部分的开挖。水下部分开挖采用1艘1m^3的抓扬式挖泥船，2艘30m^3开底驳，并配备交通艇1艘，按从中间向两边开挖顺序施工。开挖后的淤泥用60m^3的开底船运到指定弃渣地点。

5.3.2 淤泥开挖施工要点

水下部分为淤泥，并具有一定的黏性，且随着淤积深度的增大，含水量逐渐减小，黏性逐渐增大。水上部分为砂壤土，土质颗粒均匀，具有一定的强度，但遇水即软化。水下部分淤泥开挖范围距离结构线应不小于2.0m，防止结构部位开挖完成，周边淤泥重新淤积。水上部分开挖形成稳定边坡，防止施工过程发生垮塌现象。水下部分淤泥开挖可依据出采砂船砂链斗的出砂情况，判断是否开挖至基岩面，当链斗内出渣为泥浆，则未开挖至基岩面；当链斗内出渣为浑水，则说明开挖至基岩面。

5.4 水上操作平台搭设

5.4.1 平台搭设

采用多只浮箱拼装成相应尺寸的水上作业平台。单个浮箱尺寸可根据运输、吊装以及钢板的规格确定，一般可采用2.4×2.4×4.8（m），便于运输和吊装。拼装的水上作业平台首先是满足整体大型模板拼装和吊装，还要考虑布置一个1.5m^{3}的骨料斗和多根钢导管。导管的作用半径是3.5m，因此，重力式混凝土墩横向断面（一般不大于8m）布置不少于2根导管，纵向断面（一般不大于12m）布置不少于3根导管，间距控制4m为宜。平台的搭设通过计算确定材料，保证有足够的强度和刚度。

5.4.2 水上操作平台施工要点

1）水上操作平台必须四周设安全防护栏。

2）水上施工人员劳保着装整齐，必须穿戴救生衣，并在现场配备一定数量的救生圈，做好防冻、防滑工作。

3）操作平台上的材料、机具必须有可靠的防护，预防材料、设备因防护不充分在操作平台承载或卸载过程上下浮动造成损失。同时机具设备起吊必须专人指挥，并通知平台上的操作人员站稳扶好。

5.5 组合大模板吊装

5.5.1 模板吊装

根据仓面尺寸，在加工场采用钢板和型钢加工可拆卸的组合式模板。模板运至现场后，在陆地上用螺栓连接。模板上设置拉条孔，采用ϕ16圆钢按70cm×70cm的间距排，呈梅花形布置，加强模板的整体稳定性。模板拼装完成用25t汽车吊将组合大模板转到水上操作平台，由浮吊将整体大模板拼装成型，通过水上作业平台4个角点的提升装置将模板缓缓沉入水下。模板四周设置定位装置，与水下定位点重合，再经测量验收校核，模板满足设计要求后，在水下进行模板加固。模板底部的间隙采用木板及沙袋等进行封堵。

5.5.2 组合模板吊装施工要点

1）加工组合模板的钢板、型材的质量必须满足相关规范要求。

2）严格按照模板设计图进行加工制作，构建之间焊接包满，母材没有受损。

3）组合模板吊装必须由专人指挥。

5.6 基岩面清理

5.6.1 清基

由潜水员配高压水枪，入仓冲刷扰动局部采砂船无法完全开挖完的淤泥，清淤管（虹吸管）吸渣并送至仓外下游。

5.6.2 基岩面清理施工要点

淤泥受到开挖扰动影响，部分淤泥被重新“溶解”，细颗粒悬浮于水中形成泥浆。当周围扰动停止后部分颗粒重新沉淀聚集，形成“泥浆层”，刚形成的“泥浆层”不具有黏性。

基岩面清理主要针对“泥浆层”，根据“泥浆层”特性采用“固定区域内抽换法”。即组合大模板按照设计的仓位尺寸安装完成形成一定施工区域，再由潜水员配高压水枪入仓冲洗扰动“泥浆层”，同时打开操作平台上的泥浆泵，将仓内的浑水抽至仓位下游。大模板阻隔仓外的淤泥涌入，新的补给水进一步“稀释”仓内泥浆，进而达到仓内基岩面清理。

5.7 水下锚杆施工

5.7.1 水下锚杆施工

锚杆主要用于增大混凝土与基础的结合力以及用于焊接拉条加固模板。采用HPR20294型的液压动力钻钻孔，钻孔直径为45mm，成孔后采用高压水枪进行清孔，并检查孔深、孔内清理是否满足施工要求，然后再进行安放锚固剂、插杆的施工。

5.7.2 锚杆施工要求

1）钻孔孔位偏差不大于10cm，孔轴线应沿结合面法线方向，偏斜偏差小于5°，孔径5cm，孔深应符合设计要求，允许偏差应不大于5cm。

2）锚固剂采用药卷式水下锚固剂，进场后进行抽样检查，检验合格后方能进行使用。

5.8 导管配置

5.8.1 导管配置

水下混凝土属于特种混凝土，采用导管法将拌制合格的混凝土送入水下预订部位成型硬化。整个混凝土浇筑过程无法振捣，主要依靠下料导管内混凝土的自重压力自行密实。因此导管的密封性良好与否、导管长短配置在其提升拆卸过程难易情况等，都影响混凝土浇筑。导管选用ϕ250钢管，导管之间采用套接，增强导管的密封性。导管长度选用2.0m和0.5m两种规格，最底部选用2.0m的长导管，再接两节0.5m短导管，然后长短间隔布置接出仓外。导管底部距离基岩面不大于0.5m。

根据仓面的大小布设导管套数，导管的间距不大于4.0m，且导管距离结构边线不小于1.5m。

5.8.2 导管配置施工要点

1）导管管径与浇筑强度和骨料最大粒径有关，导管直径应不小于骨料最大粒径的4倍。

2）导管的平面布置与混凝土的扩散半径有关，一套导管的控制面积不宜超过30m^2，并且在浇筑块最低部位不设专门的下料管。

3）导管安装前应进行压水检验，水压力应大于满管混凝土时的最大压力，且管身与接头不得漏水。

4）导管各节通过法兰盘用螺栓连接，螺栓连接要可靠，随混凝土浇筑上升在导管逐节拆除。

5.9 混凝土浇筑

5.9.1 混凝土浇筑

采用6m^{3}搅拌车配IPF-85B2型混凝土泵机送入收料斗，由收料斗经下料导管入仓，如图5.9.1所示。

根据水下混凝土的特性，浇筑过程应尽量减少甚至避免混凝土直接与水接触，影响混凝土质量。因此首批入仓的混凝土量必须确保导管底部具有一定的埋深，保证后续入仓混凝土通过挤压的方式连续不断的抬升先浇筑混凝土面，避免与水接触，同时达到挤压密实混凝土。导管的埋深根据导管间距与混凝土扩散坡率（混凝土试验确定）的乘积来确定。再根据混凝土扩散范围和埋深确定首批入仓的混凝土量。

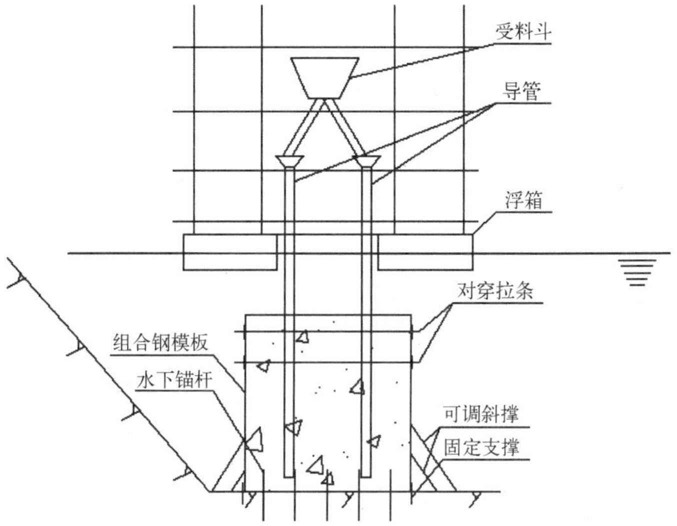

图 5.9.1 水下混凝土立模浇筑示意图

水下混凝土是靠下料导管内外的压力差来达到密实效果，同时保证混凝土下料通畅，不出现堵管现象，通过控制下料导管距水面的最小高度来控制。根据公式：

$$H_a=P-(R_C-R_W)\times H_{ac}/R_c$$

式中 P——导管底部的最小超压力取7.5t/m^2；

R_C——水下混凝土的容重取2.4t/m^3；

R_W——水的容重取1t/m^3；

H_{ac}——水面至已浇筑混凝土面的高度，取最小值0m。

则下料导管距离水面的最小高度为3.0m。

5.9.2 混凝土施工要点

1）混凝土施工前必须完成水下混凝土配合比的设计与报批。水下混凝土易采用复合水泥，其摊扩度必须大于40cm，具有高流态性和低泌水性，粉煤灰掺量不大于20%，胶凝材料的用量不得低于400kg，强度满足混凝土设计指标。

2）混凝土开始浇筑时，为避免堵管，先用水泥砂浆润滑泵管。水泥砂浆用量根据输送泵管长度确定。

3）混凝土浇筑应连续，若浇筑间隙时间过长或浇筑过称导管脱空导致停仓，均应按施工缝处理。

4）根据混凝土生产系统的供应能力进行仓面划分，同时浇筑量控制在白班时段能完成。单层仓位应跳仓施工，减少组合模板的安装工程量，相邻层仓位必须进行错缝，错缝长度不小于1.5m。水平和垂直施工缝上应设置过缝插筋，过缝插筋设计参数为ϕ20@1500呈梅花形布置。

5）施工过程派专人进行下料指挥，在保证混凝土浇筑连续性的条件下，根据实际浇筑方量和导管提升、拆卸长度控制导管埋深；各个导管应轮流下料，确保混凝土面均匀上升，防止出现覆盖产生堰体空洞。

6）收仓阶段由于随混凝土浇筑面的上升，导管内外的压力也随之减少，下料难度增大，为达到预定的浇筑高程，避免产生欠浇、高差过大等缺陷，采用加大入仓混凝土的坍落度、经常活动下料导管以及改用软管下料等方式。

7）混凝土浇筑过程必须严格控制混凝土的质量，受原材料、配料、搅拌及施工组织等各方面的原因，混凝土的和易性难免受到影响，采用和易性较好、坍落度损失较小的配合比，入仓的混凝土坍落度不小于18cm。

8）混凝土凝固后要凿除与水接触部位强度不满足要求部分。

6. 材料与设备

6.1 混凝土主要施工材料

水泥：选用满足《通用硅酸盐水泥》GB 175–2007标准的P.C32.5复合水泥。

粉煤灰：选用满足《用于水泥和混凝土中的粉煤灰》GB/T 1596–2005标准的Ⅱ级粉煤灰。

砂：采用满足《建筑用砂》GB/T 14684–2001标准中II类砂的要求的天然砂。

骨料：采用人工骨料，质量标准满足《建筑用卵石、碎石》GB/T 14685–2001标准中I类碎石的品质要求。

外加剂：外加剂品质应符合《混凝土外加剂》GB 8076–1997要求，不同品种外加剂应分别储存，在运输与储存中不得相互混装，以避免交叉污染。

6.2 锚杆主要施工材料

钢筋：选用Ⅱ级螺纹钢筋；

锚固剂：采用HK–983高强水下树脂锚固剂。

6.3 施工主要机具

水下混凝土施工主要机具见表6.3。

主要机具设备表 **表6.3**

序号	设备名称	型号	单位	数量	备注
1	水下测仪		套	1	
2	潜水装具	TF–12	套	4	轻装、重装
3	空压机	0.9	套	3	潜水专用
4	移动空压机	$9m^3$	台	1	供风
5	液压钻	HPR20294	台	4	锚杆施工
6	直流焊机	500A	台	2	
7	水下割焊矩	SWH–Ⅱ	套	2	
8	高压水泵	1.0MPa	台	2	
9	浮舶	4.8×2.4×2.4	只	20	
10	泥浆泵	5.5kW	台	5	
11	电焊机	300A	台	3	
12	经纬仪	J2	台	2	

续表

序号	设 备 名 称	型号	单位	数量	备 注
13	水准仪	DSC240	台	1	
14	运输车	10t	辆	1	
15	泵车	IPF-85B2	辆	1	每小时 $60m^3$
16	混凝土运输车	$6m^3$	辆	2	

7. 质 量 控 制

7.1 水下混凝土施工没有专门的施工规范，质量控制严格执行常规混凝土施工相关规范。

7.2 混凝土采用导管法施工，导管直径不小于20cm，内壁光滑圆顺，底端高出沉渣面30～50 cm。灌注混凝土时，单根导管控制范围亦小于3m半径，浇筑过程中导管必须埋入混凝土面以下1.0m，防止混凝土出现离析和压入空气。相邻导管间下料高差不应大于20cm，并连续供料保证混凝土匀速整体上升。

7.3 控制混凝土入仓温度，不低于3℃，混凝土顶面未达到设计强度的50%前不受冻；气温高于30℃时，混凝土运输过程必须采取降温措施。

7.4 锚杆施工时，每批锚杆材料均应附有生产厂家的质量证明书，应按规范规定抽检数量检验材料性能。应按规范规定在现场对锚固剂取样制作试块进行抗压强度试验。

7.5 严格执行模板验收程序，水面以上采用全站仪定位，水下采用吊垂球的方式定位与检查，严格控制在规范允许的范围内。

7.6 施工过程，进行严格的全面质量管理，质检部门随时对施工质量进行检查，杜绝质量事故的发生，确保质量目标的实现。

7.7 按科学化、标准化、程序化作业，实行定人、定部位、定岗施工，在岗位人员应承担岗位工作的质量责任。施工现场挂牌，写明施工区域，技术负责人及行政负责人，接受全方位、全过程的监督。

7.8 严格执行质量三级自检制度。在施工的整个过程中坚持质检员旁站制。在现场进行质量跟踪检查，加强对各道工序的专职检查，严格把关，发现问题及时督促有关人员纠正。对在施工中发现的问题做好记录，达不到质量要求或工艺要求的工序不得进入到下道工序。

8. 安 全 措 施

8.1 依照国家颁布的安全生产法规、政策，结合生产实际，组织编制项目施工安全生产技术措施。

8.2 认真实行标准化作业，严格按安全操作规程进行施工，严肃劳动纪律，杜绝违章指挥与违章作业，保证防护设施的投入，使安全生产建立在管理科学、技术先进、防护可靠的基础上。

8.3 深化安全教育，强化安全意识。施工人员上岗前必须进行安全教育和技术培训，牢记“安全第一”的宗旨，安全员坚持持证上岗。

8.4 严格执行操作规程，遵守安全文明生产纪律，施工人员进入施工现场按劳保规定着装和使用安全防护用品，禁止违章作业。

8.5 各种交通、施工信号标志完备，供电线路畅通、架设正确。施工现场紧张有序，施工工序有条不紊。

8.6 施工现场的临时用电严格按照《施工现场临时用电安全技术规范》JGJ 46-2005的有关规定执行。浇筑设备用电，按用电规范配置接线盘、接线板、设置漏电保护器，雨期施工时，加强线路、设备检测，防止漏电事故。

8.7 潜水员潜水施工时，必须专人负责指挥，并备用一套潜水工具，进行应急。上操作平台作业人员必须穿戴救生衣，并在现场配备一定数量的救生圈。操作平台四周设置栏杆，做好防冻、防滑工作。

8.8 安排专职人员与相关部门联系，24h了解施工区域水位及流量情况，随时做好2h内全部撤离现场准备。

8.9 必须专线供应水下作业施工用电，严禁乱搭乱接，防止超负荷跳闸断电，并配备应急电源。

8.10 水上作业必须遵照地方海事部门的相关规定。

9. 环 保 措 施

9.1 严格遵守《中华人民共和国环境保护法》、《中华人民共和国水污染防治法》、《中华人民共和国大气污染防治法》、《中华人民共和国噪声污染防治法》、《中华人民共和国水土保持法》等一系列国家及地方颁布的各项环境保护法律、法规、条例和制度，坚持“以防为主、防治结合、综合治理、化害为利”的原则，制订环境保护和水土保持的实施方案和具体措施，确保生态环境不受破坏。

9.2 建立环境保护与水土保持领导小组，由生产副经理、总工程师、各部门负责人及环保与水保专职监督员组成，严格按照环境保护、水土保持措施落实各项工作，确保生态环境不受破坏。

9.3 施工现场所有施工机械、材料、机电设备等全部实行定置化管理，定置地一律划线挂牌，明确停放物的名称、所属单位（部门）、数量等；所有材料、设备的停放按规格、型号、专业分类，标识用标牌、字形、色标均按规定统一设置。

9.4 施工现场设置指定的垃圾收集箱和废弃物堆放场，钻孔灌浆的施工废水，就近设沉淀、过滤箱，合格后排放。

9.5 对易扬尘的部位移动洒水、高噪声作业采取封闭区域、调整施工时间或降噪等措施，将噪声对环境的影响减少到最低限度。

9.6 加强噪声的控制和管理，合理安排施工时间，选用低噪声设备，加强机械设备的维护和保养，降低施工噪声。

9.7 施工弃渣和固体废弃物以国家《固体废弃物污染环境防治法》为依据，按要求送至指定弃渣场。遇有含有害成份的废渣，经报请当地环保部门批准，在环保人员指导下进行处理。

9.8 机械设备使用过程中谨防燃油和机油泄漏，处理废机油等油性杂物应采取有效的措施防止污染空气、水体和大地。

10. 效 益 分 析

本工法针对水下混凝土施工的关键技术问题，制定了水下混凝土施工的相关施工程序、施工方法和控制措施内容，解决水下混凝土施工的关键技术，提高了水下混凝土施工质量，有利于促进水下混凝土施工技术规范化，为类似工程施工提供借鉴和参考，社会效益显著。

11. 应 用 实 例

11.1 山西省天桥水电站除险加固工程

11.1.1 工程概况

山西省天桥水电站是黄河中游北干流上第一座低水头大流量河床径流式电站，工程于1978年7月竣工投入运行。除险加固工程包括新增混凝土建筑物：新增2孔泄洪闸及4孔排沙底孔；新增土坝加高。为使除险加固工程在干地施工，设计上下游围堰，在上游围堰临河段设计水下混凝土围堰，总混凝土浇筑量约5000m^3。

11.1.2 施工情况

1．淤泥开挖

水下混凝土施工区域位于天桥水电站库区，黄河多流砂的特点使得该区域淤积较厚，前期策划采用链斗开挖。施工前，恰逢一年一度的黄河排砂，库区放空，该施工区全部露出水面。利用一天时间，反铲修筑施工便道，进入施工区直接将淤泥挖出。后期清淤在水下采用高压水枪实施。

2．平台搭设

采用钢板制作规格为4.8m×2.4m×2.4m浮箱，根据本项目的需要共制作20个。分别拼装成一个施工作业平台和一个吊装平台，另拼装一个转运工作平台。

3．模板制作与转运

大模板设计尺寸为8m×1.5m和6m×1.5m两种规格，直接在加工车间制作。板面为3mm钢板，围檩为16槽钢，提前将拉条螺杆孔钻好，设置模板拼接装置。8t平板汽车运输至施工现场，采用25t吊车将模板转运到水上作业平台。

4．锚杆施工

水下锚杆施工主要选用YT-26手风钻钻孔，空压机布置在岸上，通过风管供风到水下，潜水员作业。锚杆孔内注入快硬水泥药卷，人工插入锚杆。

5．模板拼装

模板拼装在施工作业平台完成，采用布置在岸边的25t吊车和水面浮吊共同完成吊装，拼装成型后内加支撑，并采用ϕ16的圆钢作拉条。拼装成8m×6m×3m，检查校核结构尺寸后，通过布置在施工平台4个角落的手动葫芦平缓均匀地将模板沉入水下预定位置。基岩不平整位置在水下完成补缝作业。

6．混凝土浇筑

在施工作业平台搭设排架，安装骨料斗和导管。骨料斗骨料体积大于1m^3，确保第一次下料将导管埋入混凝土内一定深度。单仓共布置4个导管，骨料下方设置四个分料口，混凝土通过滑槽进入导管然后进入水下浇筑区域。

7．模板拆除

混凝土达到龄期后进行模板拆除，一般3d后即可施工。拆除时先用浮吊把单片模板锁定，水下采用碳弧气刨进行螺杆割除，待模板完全脱离混凝土墙面后采用浮吊缓缓提升，进行下一个升层模板安装或吊出水面。

11.1.3 结果评价

山西天桥大坝除险加固工程水下混凝土围堰经采用上述技术措施，3个月时间顺利完成约5000m^{3}的水下混凝土施工，实现了上游围堰挡水度汛。在围堰运行一年多时间，监测成果表明围堰稳定。从围堰背水侧开挖至基岩面看，水下混凝土与基岩结合良好，仅有很小的渗水现象，满足围堰功能要求。

施工过程中通过采用合理的施工程序，形成规范、标准的作业程序，保证了水下混凝土的施工质量，提高了施工工效。无安全生产事故发生，得到了各方的好评。

11.2 湖南风滩水电站扩建工程

11.2.1 水下混凝土围堰设计

根据尾水出口地形条件，围堰形式采用重力式水下混凝土结构；围堰底部高程为110.30m，顶部高程为120.25m，底部最大宽度为11m。设计围堰挡四台机组下泄流量，考虑一定的安全超高，确定围堰顶高程为120.25m，最大堰高9.95m；迎水面采用直墙式，背水面采用台阶式设计，堰顶宽根据后期施工需要确定为2.0m；围堰顺水流方向平顺布置，在避免占压基坑的前提下尽量向岸边靠拢，其轴线长度约58m。

11.2.2 围堰施工

根据围堰所处的地理位置及水文条件，主要利用2005年1月～2月枯水期进行围堰施工。为保证围堰施工的正常进行，自本工程开工后即进行前期准备工作，对围堰所在位置的地形及水流情况进行收集。2005年1月1日，正式开始围堰基础进行清理，保证后续混凝土的施工；2005年2月1日开始进行围堰混凝土浇筑，于3月底完成，形成尾水基坑。2005年度汛期后进行尾水出口段开挖施工及尾水洞混凝土施工，在尾水闸门下闸，具备挡水条件后将尾水围堰利用爆破的方式进行拆除。

1. 围堰清淤施工

在进行施工前，利用自制浮箱对尾水围堰范围内地形进行实地测量，确定清理方式。根据实地调查结果，围堰基础土石方主要边坡垮落堆积体和上游冲积砂砾石。由于该处水位较深，主要采用水力冲洗的方法。主要施工方法利用自制浮箱在围堰基础范围相应水域形成工作平台，将自制的风枪插入水底，然后通高压风（15MPa），进行围堰基础清理。

清理时应从上游侧开始，逐步向下游侧移动，保证移动过程中连续均匀，无遗漏。以水面不再泛起污浊水流为冲洗清理干净的标准。

2. 围堰混凝土施工

根据围堰设计结构形式，围堰采用重力式水下混凝土结构，为满足围堰防洪渡汛要求，同时在水面以上进行围堰加高，加高部分亦采用混凝土结构。

1）水下模板施工

尾水围堰混凝土浇筑用模板主要采用普通钢模板和型钢联合加工制作的整体性大模板，该模板在地面上根据事先确定的浇筑尺寸及相应部位的地形进行加工。安装时，首先让潜水员在围堰基础范围内沿立模边线内侧1～2m范围施工两排锚筋，然后利用自制浮箱沿导向标杆将已经加工好的整体模板用起吊船送入水下，并进行固定；由于基础的不平整性，局部凹陷部位采用袋装水泥进行塞填，以保证混凝土浇筑。

2）水下混凝土施工

模板安装并加固完成以后，利用浮箱在水面形成混凝土浇筑平台，并根据仓面大小，安装足够数量的混凝土输送导管。混凝土采用两台6m^{3}混凝土搅拌运输车从拌合系统沿老厂进厂公路运输至围堰施工区域，在围堰上部公路边坡安装ϕ400钢制溜筒，同时在高程120.30m平台布置混凝土泵，然后通过泵管向浇筑平台顶部的骨料斗供料。仓号内，按照间距2.0m埋设混凝土下料输送导管，导管直径为ϕ159，长度从河床底部至水面以上0.5m。为保证混凝土浇筑质量，混凝土下料输送导管要边浇边提升，一般每浇筑3m^{3}混凝土提升一次，提升高度约30～50cm。混凝土一般为水下二级配，要求有较好的自流平性能和速凝性能。

混凝土分层：为保证混凝土对模板的侧压力以及模板安装的方便，临近基础面分层采用小分层，分层高度约1.5m；脱离基础面后，分层高度采用2.5～3.0m。

混凝土分区：为避免临时材料的过多投入，造成浪费，该围堰水下混凝土浇筑共分3个区进行施工，其中一区为上游侧横向围堰（围堰0+0～0+22）；二区为纵向围堰（围堰0+22～0+42，分两段）；三区为下游侧横向围堰（围堰0+42～58）。施工时优先施工一区。

3）模板拆除

因水下模板拆除比较困难，为加快施工进度，考虑围堰施工工期，只拆除端头模板。迎水面模板留待围堰施工完成后再进行拆除，背水面模板待基坑水抽干后进行拆除。

11.2.3 效果评价

建成的水下混凝土围堰几乎不占用河道，度汛安全可靠。与基岩结合面采用灌浆措施后，围堰基本不渗漏。

11.3 广西岩滩水电站墩板式导墙工程

岩滩水电站墩板式导墙工程由11个独立墩、8块闸板组成，独立墩水下部分尺寸为8m×12m高度为14m，分两次浇筑完成，每个墩水下混凝土量为1344m^3，墩与墩之间的有10m的隔墙，浇筑了厚度为0.5m、长度为10m的水下混凝土，高度仍为14m。经过多年的运行没有发现任何质量问题。

核电站钢衬里壁板安装自动焊施工工法

GJEJGF283—2010

中国核工业华兴建设有限公司

张科青　程小华　别刚刚　魏金锁

1. 前　　言

核电站钢衬里是核岛反应堆厂房的密封性内衬金属结构，其主要功能是防止事故状态下放射性物质外泄，是反应堆厂房的重要安全防护屏障之一，属于核质保一级、核安全二级设备。

钢衬里壁板是钢衬里的筒身结构件，由6mm厚的钢板拼焊而成，在其外侧焊有环向、纵向型钢加强肋和锚钉，用以加强筒身结构并与反应堆厂房混凝土结构锚接。壁板在车间制造时根据生产条件将其分成若干小的单元块，经制造检验合格后运往核岛现场，再按顺序逐块逐层进行就位、组对、焊接并安装相应的钢衬里附件，最终形成完整的筒身结构。

以往国内所有已建核电站钢衬里壁板安装的现场焊接均采用手工焊条电弧焊方法，但该焊接方法存在焊接效率低、焊接变形大、劳动条件差、劳动强度高、焊接质量不稳定、人工成本高等缺点。随着我国核电建设步伐的加快和建造要求的提高，传统的焊接方法已难以满足核电建设的需要，开发新的、更高效的核电站钢衬里壁板安装焊接工艺和方法，以满足“安全、优质、高效”建成核电站的要求，已成为核电站核岛施工承包商需要解决的重要难题之一。

中国核工业华兴建设有限公司对核电站钢衬里壁板安装焊接中手工焊条电弧焊工艺存在的缺点以及现有成熟的焊接工艺技术进行了分析研究，决定采用自动焊技术代替传统的手工焊条电弧焊方法，通过对专用自动焊设备与工装的研制、自动焊焊接施工工艺的研究、现场施工工装的开发等形成了一整套核电站钢衬里壁板安装自动焊施工工艺。2009年3月中国核工业建设集团公司在大连主持召开了“核电站钢衬里壁板现场安装自动焊工艺”技术成果评审会，专家组一致认定本成果创新性明显、意义重大，应用于核电建造领域属国内首创、国际先进，可在核电项目建设中推广应用。在此基础上，华兴公司将该成果技术在红沿河核电站2号核岛钢衬里壁板安装施工中进行了应用，并经红沿河核电站3、4号核岛钢衬里壁板安装施工以及阳江核电站钢衬里壁板安装施工的应用、改进与完善，逐步形成了本套施工工法。本套施工工法克服了传统施工方法的不足，更加有效地保证了核电站钢衬里施工质量，缩短了钢衬里壁板现场安装施工工期，提高了我国核电建造技术水平。

2010年度，采用本工法的“核电站钢衬里壁板安装自动焊工艺研究”成果也获得了中国施工企业管理协会科学技术奖一等奖。本工法关键技术已申请了国家发明专利《钢衬里底板和筒体安装方法》（专利申请号201010536718.4）。

2. 工 法 特 点

2.1　本工法替代传统的手工电弧焊工艺，其焊接参数稳定、工作效率高、飞溅小、焊缝外观成形美观，同时减少了人为引起的焊接质量问题，保证了焊接质量的稳定性。

2.2　自制配套的焊机机头和柔性轨道适应于可变弧形结构和窄小工作面的焊接。

2.3　本工法的自动焊工艺采用双重惰性气体保护，通过适当的气体调节，可使电弧得到高度压缩，从而获得更高的电弧能量、更大的焊接熔深、更多的熔敷金属填充量。

2.4　配套采用脉冲电源，焊接热输入量少，电弧能量集中且挺度高，接头热影响区和变形小，对焊接顺序无特殊要求。

2.5 与传统的焊条手工电弧焊工艺相比，减少了焊接层数及清根工作量。

3. 适 用 范 围

本工法适用于压水堆核电站安全壳钢衬里壁板现场安装施工，也可使用于我国三代核电站安全壳钢衬里壁板现场安装施工，以及其他类似核设施的钢内衬焊接施工。

4. 工 艺 原 理

本工法所开发的双重气体保护的钨极氩弧脉冲自动焊设备采用中心气和保护气双重气体喷嘴，通过适当的气体调节，使TIG电弧能够高度压缩，从而获得较高的电弧能量、更大的焊接熔深、更多的熔敷金属填充量。同时采用低频脉冲焊技术，焊接时，通过对脉冲波形、脉冲电流和基值电流幅值、脉冲频率和脉宽比的调节，可以精确控制焊接热输入，从而精确控制焊缝和焊接热影响区的尺寸，保证焊缝质量可靠稳定优质。因此，6mm厚钢衬里壁板对接焊，无需碳弧气刨清根，正反各一道或两道就可以满足要求，同时焊接变形小，可灵活采用多种施焊顺序。

针对钢衬里壁板现场安装组对实际情况，通过组对间隙工艺试验确定组对间隙，并采用导向板来控制组对的间隙。在壁板焊接坡口一侧安装好柔性轨道，在柔性轨道上安装好自动焊接小车，即可以按制定的焊接工艺参数进行现场自动焊接施工。

5. 施工工艺流程及操作要点

5.1 施工工艺流程

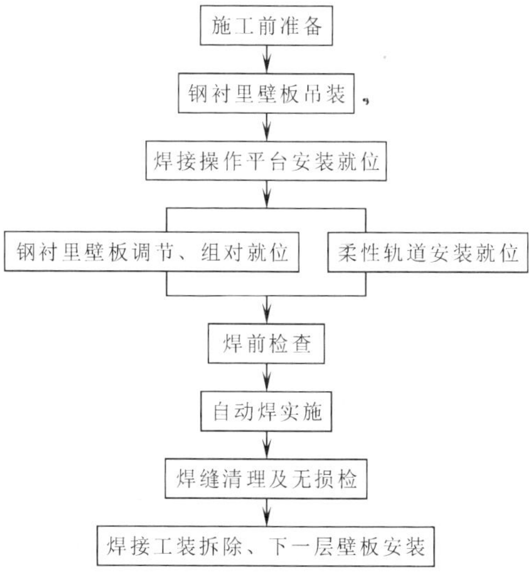

5.2 操作要点

5.2.1 施工前准备

施工前准备工作主要如下：

1. 由施工部门技术负责人组织，对相关的技术员、焊工、铆工、电工、吊装工进行施工前培训和安全技术交底。

2. 对自动焊设备、柔性轨道等进行检查，确保焊接电源运转正常、焊接小车行走自如、柔性轨道平面度偏差不超过5mm。

3. 对立缝和环缝焊接操作平台进行检查，确保操作平台与壁板连接钢卡槽焊脚高度不小于4mm。

4. 对自动焊用焊丝、氩气、钨极等材料的领用出库进行检查，确保相关材料按照采购标准验收合格。

5. 施工前，按照《压水堆核岛机械部分设计与建造规程》RCC-M进行焊材验收、自动焊环缝和立缝的焊接工艺评定并符合要求。

6. 施工前，按照《民用核安全设备焊工焊接操作工资格管理规定》HAF603进行自动焊环缝和立缝的焊工考试并取得相应焊接位置资格。

5.2.2 钢衬里壁板吊装

CPR1000反应堆钢衬里沿高度等分为12层，1～5层由沿周长等分的11块壁板组成，6～12层由沿周长等分的9块壁板组成，每层高度3777.5mm。

每一块壁板在其后环向加强角钢上左右各开了两个吊装孔，现场采用塔吊进行壁板吊装，每一层钢衬里都留有一块带余量的加长板，钢衬里安装时以加长板作为最后进行安装的一块板为主要原则，以加长板相邻的壁板为起点，按顺时针或逆时针方向依次吊放就位，最后吊装加长板。

在吊装就位时通过导向板与下层壁板靠紧，和扶壁柱、眼镜板共同将壁板固定就位好，确保壁板吊装后不会有较大变形，见图5.2.2。

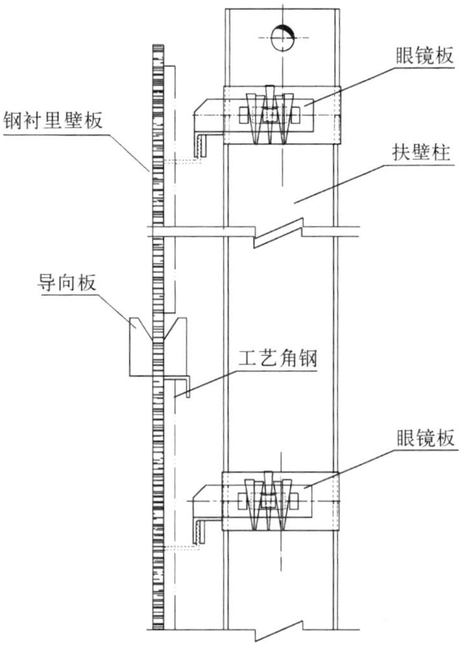

图5.2.2　壁板在钢衬里上固定示意图

5.2.3　焊接操作平台安装就位

焊接操作平台为采用结构用角钢、圆钢、花纹钢板等加工而成的钢构架，分为环缝和立缝焊接操作平台，见图5.2.3-1和图5.2.3-2，每一层由若干个相同单元组成，现场采用塔吊安装就位，通过钢卡槽和螺栓与壁板连接固定。安装顺序如下：

1. 钢衬里壁板吊装前，应先把壁板内侧环缝焊接操作平台安装好。

2. 等所有一层壁板吊装好后再把外侧环缝焊接操作平台安装好，同时，可以安装立缝焊接操作平台。

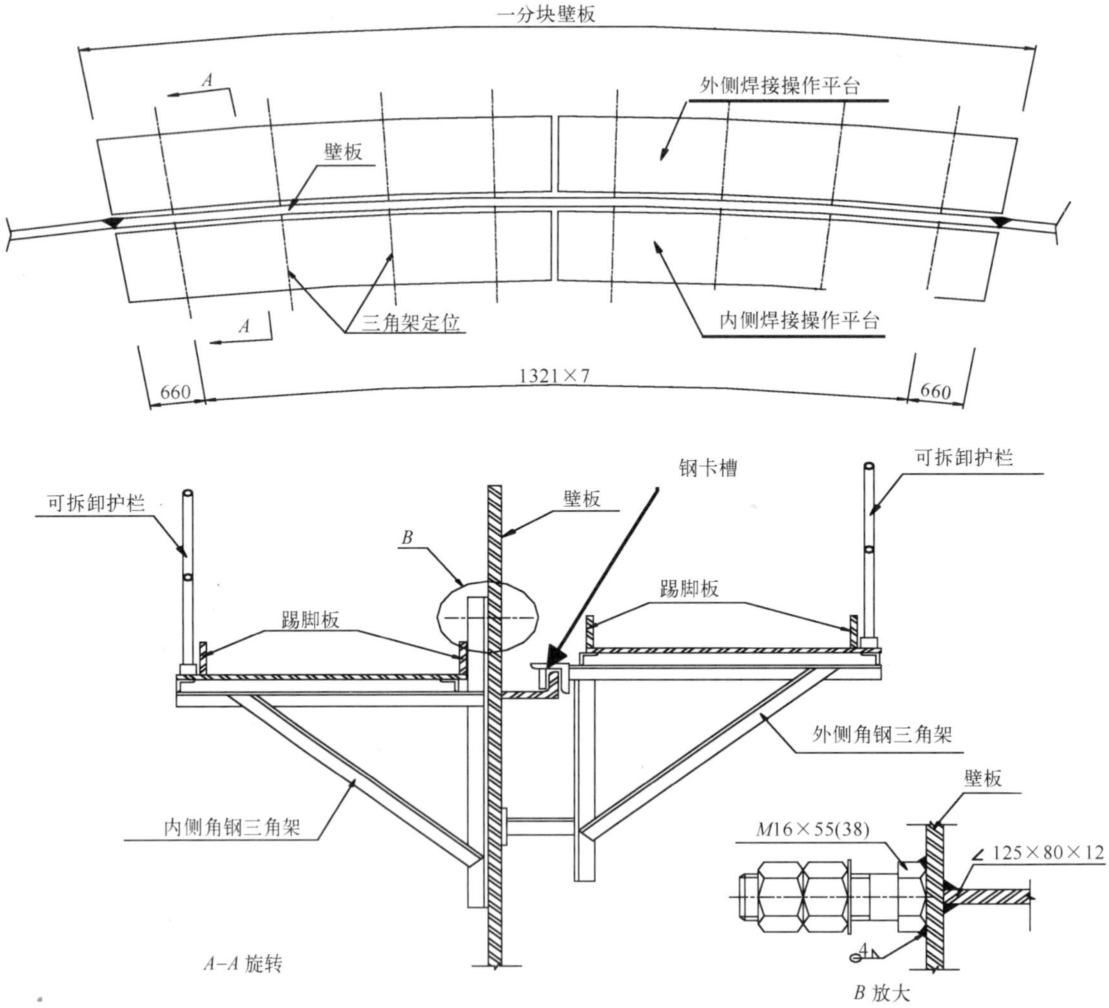

图5.2.3-1　环缝焊接操作平台

5.2.4 钢衬里壁板调节、组对就位

钢衬里壁板吊装完成后，进行壁板调节、组对，操作要点如下：

1. 采用全站仪架在核岛中心点上，通过测钢衬里半径来检查每一块壁板的垂直度，采用捯链、千斤顶等进行调节。

2. 调节垂直度的过程中，同时进行立缝和环缝的组对工作，钢衬里壁板组对要求较高：坡口组对间隙0～3mm、错边不超过1.5mm。

3. 采用手工TIG焊进行组对，采用导向板来控制组对间隙和错边。

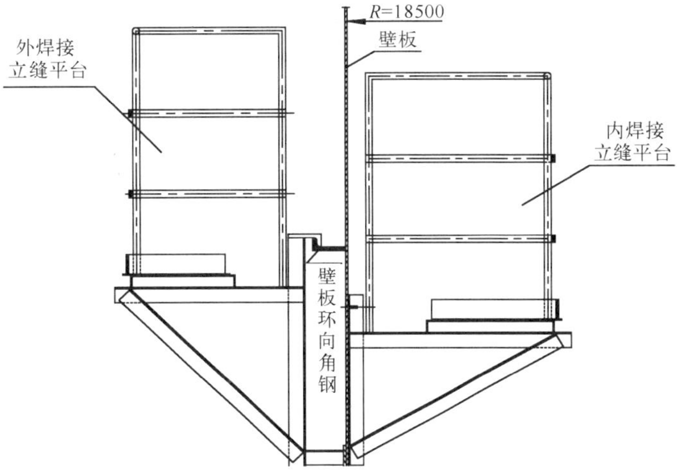

图5.2.3-2 立缝焊接操作平台

4. 先对收缩缝对面一张钢衬里壁板的立缝进行组对打磨点焊，该段立缝组对好后，接着组对点焊已打磨处理好的相邻的两条环缝，以此类推，组对其他壁板的立、环缝立、环缝组对顺序见图5.2.4。

5. 壁板坡口组对打磨好后，如果不立即施焊，需要用纸胶带对坡口进行密封保护，可起到防锈、防止铁屑等进入坡口的作用。

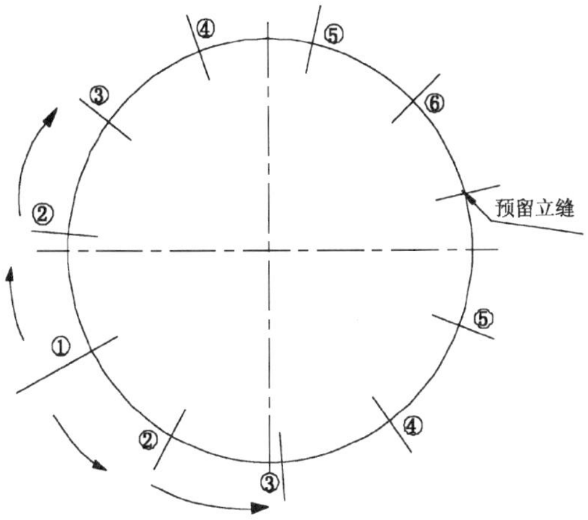

1~5层壁板立、环缝的组对、焊接顺序

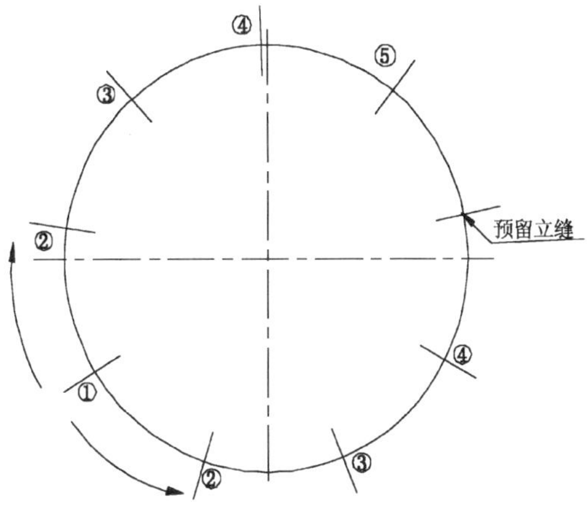

6~12层壁板立、环缝的组对、焊接顺序

图5.2.4 壁板立、环缝组对、焊接顺序

5.2.5 柔性轨道安装就位

采用磁铁和面板分离的可拆卸式的柔性轨道，安装操作要点如下：

1. 以焊接坡口边缘线为基准线，离坡口边缘线160mm处划线并安装磁铁，磁铁间距300mm。

2. 磁铁安装完，用螺母将柔性面板和磁铁上的螺杆连接上即完成了一根柔性轨道的安装。

3. 施工中采用至少两根柔性轨道，当焊接小车行走在一根轨道上施焊时，就可以把另一根轨道安装在焊接方向的前方，这样就可以保证循环施焊，两根轨道的连接处采用专用的连接小板以确保焊接小车在连接处行走自如。

5.2.6 焊前检查

1. "试焊"检查：把装有自动焊丝的焊接小车卡在柔性轨道面板上，调节好双层气体流量，将遥控器面板上"试焊"按钮按下，让焊接小车行走并进行检查，检查内容有：双层气体流量是否准确、小车焊枪头摆动伸缩是否顺畅、焊丝是否自动添加、脉冲参数是否选择正确、焊接小车在轨道上是否行走顺畅等。

2. 对待焊坡口进行检查：坡口的组对间隙和错边应满足要求，坡口附近20mm范围的铁锈、油污、氧化物等进行机械打磨清理。

3. 用温湿度计检查焊接区域环境的温湿度，当温湿度超出规范要求时，应进行适当的加热除湿。

4. 用风速计检查焊接区域环境的风速，当风速过大时，应采取防风措施或停止施焊。

5.2.7 自动焊实施

将焊接电源吊至焊接操作平台上，把装有自动焊丝的焊接小车卡在柔性轨道面板上即可以进行自动焊接工作。

1. 焊接操作工艺：钢衬里壁板组对好后，根据自动焊工艺评定以及焊接母材材质、板厚、焊接位置等，选取设置合适的双层气体流量、自动焊焊接电流、电压、焊接速度、脉冲频率等工艺参数进行钢衬里壁板焊接。

2. 焊接顺序：由于采用钨极氩弧脉冲自动焊焊接热输入量少，电弧能量集中且挺度高，接头热影响区和变形小，因此，从一个方向连续焊接即可。具体焊接顺序要求如下：

每层钢衬里壁板预留一条立缝作为收缩缝，当收缩缝对面的立缝组对好后，即可以进行自动焊焊接，先焊接立缝，立缝焊接从收缩缝对面的壁板立缝开始两边对称朝收缩缝方向焊接，环缝焊接同样从收缩缝对面的壁板环缝开始两边对称朝收缩缝方向焊接，立缝环缝焊接可交叉进行，两条焊接完成的相邻立缝间的环缝可按顺序随时进行焊接。当环缝焊接到收缩缝两边约1.5m处，放样，切割收缩缝的余量，并组对同时施焊预留环缝和收缩缝，收缩立缝采用手工焊条电弧焊工艺，立、环缝焊接顺序见图5.2.4。

3. T字口的焊接：环缝和立缝交接处称为T字口，先焊T字口处立缝，后焊环缝。由于采用钨极氩弧脉冲自动焊焊接热输入量少，电弧能量集中且挺度高，接头热影响区和变形小，通过对自动焊起弧时间的设置，T字口处立缝焊接可从环、立缝交叉处偏向环缝下方一定位置处起弧向上焊接。T字口处环缝的焊接按照正常的自动焊环缝焊接即可，起弧和收弧要避开T字口。环缝焊接溶池完全熔化并填满立缝起弧长度，与立缝交叉处自然圆滑过渡。

5.2.8 焊缝清理及无损检测

钢衬里壁板安装自动焊结束后，对完工焊缝表面的氧化物、凹坑、焊瘤、咬边、错边等进行适当机械打磨清理或修补，之后按照核I级焊缝无损检验要求进行相关的焊缝外观检查、真空盒密封性检查、液体渗透检验和射线检验。

5.2.9 焊接工装拆除、下一层壁板安装

焊缝无损检测合格后，即可以将焊接操作平台、导向板等焊接工装进行拆除，同时对焊接设备、柔性轨道等进行除污上油保养，准备下一层钢衬里壁板的安装。

6. 材料与设备

主要材料设备机具见表6。

材料设备机具表 **表6**

材料设备机具名称	规格型号	单位	数量	备注
自动焊焊丝	ER50-3	kg	根据实际施工量确定数量	
组对用手工TIG焊丝	ER50-3	kg	根据实际施工量确定数量	
焊接用氩气	纯度99.99%以上	瓶	根据实际施工量确定数量	
钨极	WC20	根	根据实际施工量确定数量	
自动焊电源	INVERTER ELECON 500P	套	2	带焊接控制系统

续表

材料设备机具名称	规格型号	单位	数量	备注
自动焊专用焊接小车	HS-TIG-BUG-II	套	2	带双气流喷嘴焊枪
直流焊机（可焊接氩弧）	WS-400E	台	3	手工 TIG 焊坡口组对用
柔性轨道	6mm 厚镀锌薄钢带	根	50	与焊接小车配套
焊条烘干箱	YCH-200 型	台	1	
电动磨光机	GWS 8-125C	台	10	
全站仪	TCR402	台	1	
水平仪	NA728	台	1	
天顶仪	ZL	台	1	
其他常用工机具			若干	

7. 质量控制

7.1 质量控制执行标准

《压水堆核岛机械设备设计与建造规程》RCC-M

《民用核安全设备焊工焊接操作工资格管理规定》HAF603

《气体保护电弧焊用碳钢、低合金钢焊丝》GB/T 8110

《建筑钢结构焊接技术规程》JGJ 81

《安全壳防泄衬里和空气闸门建造焊接技术规格书》BTS-3.11

《安全壳防泄衬里和空气闸门建造检验技术规格书》BTS-3.12

《安全壳防泄衬里和空气闸门建造无损检验技术规格书》BTS-3.15

钢衬里安装相关设计图纸

7.2 施工前，应使用钢直尺和塞尺对柔性轨道面板的平面度进行检查，平面度偏差不超过5mm。

7.3 施工前，应按照《气体保护电弧焊用碳钢，低合金钢焊丝》GB/T 8110和RCC-M要求进行自动焊焊材验收和焊接工艺评定。

7.4 施工前，应按照《民用核安全设备焊工焊接操作工资格管理规定》HAF603进行自动焊焊工考试并取得相应焊接位置资格。

7.5 施工前对所有参加施工人员进行安全技术交底，使施工人员熟悉和掌握图纸要求及各种安全注意事项。

7.6 施工过程中，施焊区域温湿度按照RCC-M规定执行：区域环境温度≥-10℃、施焊构件温度≥5℃、区域环境湿度≤90%，当不满足要求时，需采取加热除湿措施。

7.7 施工过程中，施焊区域风速按照JGJ 81规定执行：风速≤2m/s，当风速超标时，需采取防风措施或停止施焊。

7.8 施工过程中，应严格按照设计要求及相关现场作业程序要求来完成每一道工序，整个施焊过程由专业焊接技术员和焊接班长全过程跟踪检查。对于局部几何尺寸，焊接过程中由焊接技术员随时进行检查；对于整体外形尺寸，焊接过程中一旦发现有较大变形，即刻通知测量人员进行检测并校正。

7.9 钢衬里整体外形尺寸检查。

7.9.1 在水平面检查，检查标准为《安全壳防泄衬里和空气闸门建造检验技术规格书》BTS-3.12，对每个环段，检查紧接上部水平加劲肋处的半径及导圆上各点位置，内半径公差：±50mm。

7.9.2 在垂直面标高检查，检查标准为《安全壳防泄衬里和空气闸门建造检验技术规格书》

BTS-3.12，公差：±3mm。

7.9.10 钢衬里局部几何尺寸检查:

7.10.1 用1m的量规检查母线和理论水平弧线，检查标准为《安全壳防泄衬里和空气闸门建造检验技术规格书》BTS-3.12，这两项检查的公差：20mm/1m。

7.10.2 使用300mm量规沿着理论弧线，检查焊缝交叉处（T字口），检查标准为《安全壳防泄衬里和空气闸门建造检验技术规格书》BTS-3.12，公差为：±5mm。

7.10.3 使用塞尺和钢直尺检查坡口间隙和错边，检查标准为设计图纸和RCC-M，坡口间隙要求0～3mm、错边≤1.5mm。

7.10.4 钢衬里壁板环、立焊缝无损检验，验收标准为《安全壳防泄衬里和空气闸门建造无损检验技术规格书》BTS-3.15：

外观检查　100%

真空盒密封性检查　100%

液体渗透检验　100%

射线检验　2%（T字口焊缝　100%）

8. 安全措施

8.1 施工安全执行标准主要有：《建筑施工高处作业安全技术规范》JGJ 80、《建筑施工机械安全使用规程》JGJ 33、《建筑施工安全检查标准》JGJ 59。

8.2 施工人员进入施工现场必须戴好安全帽，必须使用符合规定标准的劳动防护用品。焊工必须持证上岗，无证人员不得进行焊接作业。施工现场所使用的材料、机具等应合理放置。

8.3 焊接作业之前必须了解现场周围环境，必须对焊接作业区域进行隔离围护，无关人员不得进入，以免影响焊接作业或造成人员伤害。打磨作业时，作业人员必须佩戴防护眼镜，做好个人防护。

8.4 施焊场地清除易燃易爆物品，并应对周围的易燃易爆物品进行覆盖、隔离。动火作业应在施工前办理动火证，设专职动火监护人、消防器材和防火设施。固定点灭火器配置齐备性能良好且在有效范围内。

8.5 各类气瓶应有明显色标和防震圈。氧气瓶及其附属配件应严防沾染油脂。乙炔瓶、氧气瓶均应安装有防止回火的安全阀。工作之前检查管路是否通畅或有破损，若有安全隐患必须立即向工长或班长报告以便及时修补或更换。

8.6 乙炔气瓶和氧气瓶距离在使用时应大于5m，临时存放时须大于10m，而且离动火点应保持10m以上的距离，搬运氧气、乙炔气瓶时应避免碰撞和剧烈振动，存放与使用时必须保持立放。

8.7 焊接氩气瓶里焊接设备应保持在2m以上的距离。

8.8 吊装机械及吊装时，驾驶、指挥人员必须持有效证件上岗。吊索、绳扣配备使用应规范合理，严格掌握报废标准。各类安全装置的防护罩、盖应齐全可靠。使用的吊具应认真检查，严禁吊装设备带病运行，吊装器具完好。

8.9 各类施工操作平台、挂架必须有防坠落等安全保障措施。相邻焊接走道板之间的缝隙须加以覆盖，平台护栏用钢丝网绑扎牢固并经常检查是否有破损。

8.10 施工人员必须系安全带，安全带挂钩在施工过程中一定挂在牢固物体上，且高挂低用。作业人员配备工具袋，手持工具须绑上绳子，以免掉落。严禁高空投掷东西。

8.11 做好洞口临边防护。

8.12 操作前应检查所有电动工具是否运作正常，线路是否有破损，电焊机接地是否良好。为防止触电必须遵守有关电气安全规程。

8.13 做好自动焊机的安全防护工作，自动焊机吊笼和焊接气瓶放置距离至少2m以上，焊接立缝时焊接小车头必须牢挂在安全绳上。小车轨道要每天定期检查，螺丝要经常紧固。

8.14 氩弧焊焊接会产生强烈的紫外线和臭氧等有害气体，焊工在防风棚内焊接时需将衣服领口、袖口扎紧，尽量不要穿戴棉布衣服，以防出现皮肤过敏。

8.15 焊接操作工连续焊接超过约2个小时后需到通风处休息5～10min再继续施焊，整个焊接过程焊工需配备一名负责应急工作的监护人。

9. 环 保 措 施

9.1 在工程施工过程中严格遵守国家和地方政府下发的有关环境保护的法律、法规和规章，加强对施工材料、设备、施工垃圾、弃渣的控制和治理，遵守有防火及废弃物处理的规章制度，随时接受相关单位的监督检查。

9.2 焊丝盘或焊丝头应随当天未用完的焊丝一起回收，并进行数量核对，确保二者相符，并把焊丝盘或焊丝头放到指定地点。

9.3 残留气体、冷却水应及时收集处理，不得随意排放。

9.4 做好现场施工垃圾的管理工作，要及时清理、定点存放，做到工完场清。

10. 效 益 分 析

10.1 经过初步测算，钨极氩弧脉冲自动焊工艺在钢衬里壁板安装全面应用后，具有一定的经济效益。目前，国内核电站钢衬里壁板安装采用的是手工焊条电弧焊工艺，因此，我们从人工费、机械使用费、焊接耗材、管理费用4个方面进行手工焊条电弧焊（手工焊）和钨极氩弧脉冲自动焊（自动焊）的成本对比，以单个反应堆钢衬里壁板安装周期为一年计算，具体情况见表10.1。

手工焊与自动焊的成本对比　　表10.1

序号	项目	手工焊	自动焊	相比差额（手工焊-自动焊）/堆	说明
一	人工费	一层筒壁板手工焊需要11个（考虑休假）高技能焊工及8个辅助工	3台自动焊机需要6个（考虑休假）焊接操作工+8个辅助工	30万	采用自动焊可节约5个工人，按照目前人工成本核算一年节约5×6万=30万
二	机械使用费	按施工一层筒壁板使用10台焊机，台班费用180元/台班，其机械费用为63万元/堆	采用自动焊工艺使用3台设备，年使用费用为20万元/台·堆，共计费用60万元/堆	3万	
三	管理费用	焊工的培训费用5万元/人、由于人员的流动要求配置更多的补充人员，且人员培训期限较长，并需在工作过程中对技能有很好的提高。一个标准堆管理费用预计为11×5=55万元	采用自动焊工艺使用3台设备，操作人暂按6人配置，人员的素质要求包括实际操作以及对产品技术掌术的过程，需要进行半年的实际操作过程。年度费用预计为4万元/人×6=24万元，另需配置一名专业工程师费用预计11万元	20万	采用自动焊可节约工人的培训费用，并能保证施工质量
四	合计			53万/堆	采用自动焊，可节约直接成本约53万/反应堆

10.2 与传统手工焊条电弧焊相比，安装一层壁板可缩短工期3～5d，1座核电站的钢衬里壁板安装时间可缩短约两个月，建造周期压缩带来的间接经济效益至少在千万以上。

自动焊的应用为钢衬里壁板安装的作业化、机械化、模块化打下了坚实基础，为核电站建造周期的压缩提供了有力的技术支持。

总之，采用钨极氩弧脉冲自动焊工艺不仅可以节约适当的项目成本，更重要的是可以提高施工质量、缩短施工工期。

10.3 核电站钢衬里壁板安装自动焊的应用，有利于在消化吸收国内外先进核电焊接经验的基础上，实现我国核电焊接技术的创新性和创造性，形成国产化核电站自主化建造自动焊焊接技术，并应用于我国未来核电站的建造，为核电建设的工期不断压缩提供施工技术上的支持。有利于推动我国核电建造自动化技术的发展，有利于缓解核电大发展对高技能焊工的大量需求瓶颈。

总之，核电站钢衬里壁板安装自动焊的应用具有良好的社会效益。

11. 应用实例

11.1 辽宁红沿河核电站2号核岛

11.1.1 工程概况

辽宁红沿河核电站位于辽宁省大连市瓦房店红沿河镇，地处瓦房店市西端渤海辽东湾东海岸。厂址东距瓦房店市火车站约50km，南距大连港110km，北距海城160km。厂区三面环海，一面与陆地接壤。机组采用中国广东核电集团经过渐进式改进和自主创新形成的中国改进型压水堆核电技术路线——CPR1000。辽宁红沿河核电1、2号核岛于2007年8月18日正式开工，2009年12月穹顶安装工程全部完成。

核岛安全壳衬里可视为大致上由底板、截锥体、筒体、穹顶4大部分构成的一个密封壳体，主要由δ=6mm的钢板焊接而成，内壁直径ϕ=37000mm。钢衬里筒体下口安装于底部截锥体上，上口与钢衬里穹顶对接；筒体由12层安装层（壳环）构成，每个安装层高度均为3777.5mm，总高45330mm，1~5层每个安装层由11块预制壁板构成，6~12层每个安装层由9块预制壁板构成；筒壁上还有直径250~1300mm的各类工艺及电气贯穿件168个（2号核岛为167个）、1个设备闸门套筒、2个空气闸门套筒、36个环吊牛腿以及其他附件和非贯穿锚固件等。核岛安全壳衬里见图11.1。

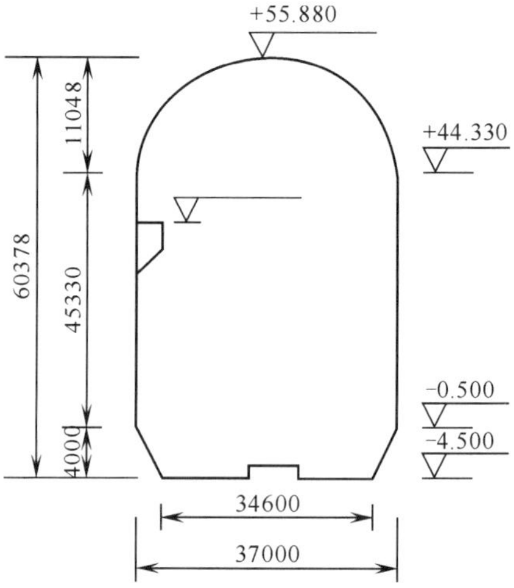

图11.1 核岛安全壳衬里外形示意图

11.1.2 工法应用情况

本工法在红沿河核电站2号核岛钢衬里壁板安装施工中，克服了传统手工施工方法的不足，通过自动焊工艺研究、对专用自动焊设备与工装的研制、现场施工工装的开发实现了在钢衬里壁板现场安装横缝和立缝的焊接上采用自动焊工艺，有效地保证了核电站钢衬里施工质量，缩短了钢衬里壁板现场安装施工工期。

11.1.3 工法应用效益分析

红沿河核电站2号核岛钢衬里壁板安装施工中，通过自动焊施工工法的应用，在人力资源和消耗材料上节约了直接工程成本约有25万元。钢衬里安装的施工工期上压缩了近一个月，为2号核岛反应堆厂房穹顶提前吊装完工提供了有力的支持。

红沿河2号核岛钢衬里壁板安装自动焊的应用，首次实现了我国核电设备现场安装中采用自动化技术，具有重大的技术创新性和创造性，为核电建设工期的不断压缩提供技术上的支持，有利于推动我国核电建造自动化技术的发展，并应用于我国未来核电站的建造。

11.2 辽宁红沿河核电站3号核岛

11.2.1 工程概况

红沿河核电站3号机组位于辽宁省大连市瓦房店红沿河镇，地处瓦房店市西端渤海辽东湾东海岸。厂址东距瓦房店市火车站约50km，南距大连港110km，北距海城160km，紧邻红沿河2号机组。机组采用中国广东核电集团经过渐进式改进和自主创新形成的中国改进型压水堆核电技术路线——CPR1000。辽宁红沿河核电3号核岛于2009年初正式开工，2011年4月穹顶现场吊装完成。

11.2.2 工法应用情况

本工法在红沿河核电站3号核岛钢衬里壁板安装施工中，通过对2号核岛钢衬里壁板安装自动化施工中的焊接工艺和施工工装的改进，基本上形成了一套完整的壁板安装自动焊施工工艺规程和施工工装，为钢衬里壁板安装的机械化、模块化打下了坚实基础，为核电站建造周期的压缩提供了技术支持。

11.2.3 工法应用效益分析

红沿河核电站3号核岛钢衬里壁板安装施工中，通过自动焊施工工法的应用，在人力资源和消耗材料上节约了直接工程成本约有50万元。钢衬里安装的施工工期上压缩了近两个月，为3号核岛反应堆厂房穹顶提前吊装完工提供了有力的支持。

红沿河3号核岛钢衬里壁板安装自动焊的应用，为核电建设的工期不断压缩提供技术上的支持，有利于推动我国核电建造自动化技术的发展，并应用于我国未来核电站的建造。

11.3 辽宁红沿河核电站4号核岛

11.3.1 工程概况

红沿河核电站4号机组位于辽宁省大连市瓦房店红沿河镇，地处瓦房店市西端渤海辽东湾东海岸。厂址东距瓦房店市火车站约50km，南距大连港110km，北距海城160km，紧邻红沿河3号机组。机组采用中国广东核电集团经过渐进式改进和自主创新形成的中国改进型压水堆核电技术路线——CPR1000。辽宁红沿河核电4号核岛于2009年8月正式开工，2010年12月核岛钢衬里筒体安装工程全部完成。

11.3.2 工法应用情况

本工法在红沿河核电站4号核岛钢衬里壁板安装施工中，通过对3号核岛钢衬里壁板安装自动化施工中的焊接工艺和施工工装的进一步改进完善，形成了一套完整的壁板安装自动焊施工工艺规程和施工工装，为该自动焊工艺在国内其他核电钢衬里壁板安装中的应用打下了坚实的基础。

11.3.3 工法应用效益分析

红沿河核电站4号核岛钢衬里壁板安装施工中，通过自动焊施工工法的应用，在人力资源和消耗材料上节约了直接工程成本有50余万元。钢衬里安装的施工工期上压缩了近两个月，为4号核岛反应堆厂房的提前完工提供了有力支持。

红沿河4号核岛钢衬里壁板安装自动焊的应用，大大缩短了钢衬里筒体施工工期，同时降低了施工难度，可以更好的保证壁板拼接缝的焊接完成，减少工作量，提高工作效率，为核电建设的工期不断压缩提供技术上的支持，有利于推动我国核电建造自动化技术的发展，并应用于我国未来核电站的建造。

11.4 广东阳江核电站一期工程

11.4.1 工程概况

阳江核电站位于粤西阳江市东平镇沙环村，三面环山，南面临海。厂址西北距东平镇5.6km，西北西距阳江市35km。国家核电自主化工作领导小组于 2004年9月2日同意项目建议书。项目规划建设6台百万千瓦级或更大容量的核电机组，分两到三期建设，首期建设2台。一期工程于2007年10月开工，首期2台机组于2012年左右建成投入商业运行。

11.4.2 工法应用情况

2010年11月开始，本工法在广东阳江一期核岛钢衬里壁板安装中进行了推广应用，大大缩短了钢衬里壁板施工工期，降低施工工期的同时降低了施工难度，同时可以更好的保证壁板拼接缝的焊接完成，减少工作量，提高工作效率。

11.4.3 工法应用效益分析

阳江核电站一期核岛钢衬里壁板安装施工中，通过自动焊施工工法的应用，在人力资源和消耗材料上节约了直接工程成本约有50万元。钢衬里安装的施工工期上压缩了近两个月，为核岛反应堆厂房的提前完工提供了有力支持。

通过采用核电站钢衬里壁板安装自动焊工艺应用，有利于在消化吸收国内外先进核电焊接经验的基础上，实现我国核电焊接技术的创新性和创造性，形成国产化核电站自主化建造自动焊焊接技术，并应用于我国未来核电站的建造，为核电建设的工期不断压缩提供施工技术上的支持，大大节省核电建造投资，提高核电在能源市场的竞争力；有利于推动我国核电建造自动化技术的发展，缓解核电大发展对高技能焊工的大量需求瓶颈。

高海拔、寒冷地区超长GIS设备基础施工工法

GJEJGF284—2010

青海送变电工程公司　浙江中联建设集团有限公司
何恩家　王彤　王鹏武　刘文革　曾光昌

1. 前　言

随着电网建设技术水平不断提高，越来越多的变电站工程采用GIS 组合电器设备，其基础形式多采用通长大板基础。依据《大体积混凝土施工规范》GB 50496-2009对大体积混凝土的定义（混凝土结构物实体最小几何尺寸不小于1m），变电站GIS 设备基础均为超长大体积混凝土。结合青藏高原高寒气候条件，为总结、推广此种混凝土设备基础施工方法，特编写了本工法。

一般建筑工程的基础埋深较深，且基础施工完成后进行回填，受温差、冻融循环等外界环境的影响很小。变电站的GIS设备混凝土基础埋深较浅，且常年暴露，受温差和冻融循环等因素的影响很大，易出现混凝土表面裂纹现象，影响观感质量，其施工方法与一般建筑工程在施工技术上有较大的差异性。因此，如何有效控制GIS 设备基础表面裂纹、保证基础观感质量在高寒地区是一项重大的技术难题。

青海省送变电公司与浙江中联建设公司组织相关人员历经7年，结合高原现场施工特点，通过对GIS基础混凝土裂缝出现的原因和机理的研究，针对施工中的各种不利因素，对人员、机械、材料、施工方法、施工环境进行分析，总结出了一套适合于高寒地区常年外露的GIS设备基础施工的方法。该工法获得2008年度电力行业工法，2009年度青海省省级工法，列入国家电网公司典型施工方法，该工法在750kV 西宁变电站工程、750kV 官亭变电站工程、750kV 日月山变电站工程中进行了应用，至今未发现贯通裂缝，取得了良好的效果。

2. 工 法 特 点

2.1 本典型施工方法相对于常规施工，减少了施工工序，降低了劳动强度，缩短施工工期，确保混凝土施工质量。

2.2 使用新材料延缓混凝土水化热产生的速度和混凝土的初凝时间，使现场搅拌机械满足浇筑要求。

2.3 使用新材料控制混凝土表面龟裂，减小使用期间强紫外线照射对大体积混凝土表面质量的影响。

2.4 搭设防风保温棚，有利于减小混凝土内外温差和混凝土初凝期间与表面收光时由于混凝土表面失水过快引起的表面龟裂。

2.5 特殊支模拉结工艺、架立筋钢丝网后浇带工艺、电缆沟口“Z”形钢敷设、基础角钢包边工艺、预埋件安装工艺均为首创，确保基础浇筑质量。

2.6 对混凝土表面进行切缝处理，减少在使用期间混凝土表面受外界环境的影响产生浅表性裂纹。

2.7 采用可调温“单导发热电缆”采暖新技术，结合混凝土外保温设施的布置，有效的保证了混凝土内外温差及降温速率，减小混凝土因温差及温降速率过大产生的裂纹。

3. 适 用 范 围

本工法适用于变电站工程高海拔、寒冷地区超长GIS设备基础施工。

4. 工 艺 原 理

4.1 施工前的技术准备

4.1.1 完成原材料（水泥、砂、石及各种外加剂）检验、复试工作，保证原材料质量达到各项相应技术指标要求。

4.1.2 确定浇筑方式：根据《大体积混凝土施工规范》GB 50496-2009 要求，按设计留置后浇带，采用分仓、分层法浇筑。

4.1.3 根据浇筑方式和最大浇筑量，确定混凝土搅拌设备和输送设备的数量。

4.1.4 根据混凝土搅拌设备和输送设备的数量，确定混凝土的最短初凝时间。

4.1.5 根据混凝土的最短初凝时间，委托试验室进行混凝土配合比试验，配合比中掺入缓凝剂、高效抗裂防水剂、麦富纤维。

4.1.6 根据配合比试验报告中的初凝时间，对混凝土搅拌设备和输送设备进行复核，在尽量少投入设备的情况下，满足混凝土浇筑的相关技术要求。

4.1.7 通过热工计算软件的开发，使大体积混凝土热工计算更加快捷和准确，提高数据分析速度，在第一时间为施工技术人员提供依据，便于动态修正施工方法和技术参数，及时采取措施。

4.2 控制施工环境

在面层混凝土施工时，应搭设防风保温棚，有利于减小混凝土内外温差和混凝土初凝期间和表面收光时由于混凝土表面失水过快引起的表面龟裂。暖棚搭设见图4.2。

图4.2 防风保温棚

4.3 混凝土浇筑

4.3.1 利用3DMAX 计算机技术，为施工人员演示施工过程中关键控制点的控制方法和流程。

4.3.2 使用新材料延缓混凝土水化热产生的速度和混凝土的初凝时间。

4.3.3 运用建设部推广的10项新技术，实现混凝土超远距离泵送混凝土。

4.3.4 使用新工艺控制预埋件和基础表面平整度。

4.3.5 使用新材料控制混凝土表面龟裂。

4.4 混凝土温控

采用可调温“单导发热电缆”采暖新技术，对混凝土进行温控。在混凝土浇筑前将“单导发热电缆”敷设在混凝土内部钢筋骨架的横向钢筋上，并绑扎牢固，在混凝土浇筑后通电对混凝土内部温度进行调控。单导的结构是电缆由“冷线”进入，串接“热线”，再接“冷线”引出。单导发热电缆的特征是“有头有尾”，头尾均是欲接入温控器的“冷线”。将热能通过热传导（对流）的方式和发出的8～13*um*的远红外线辐射方式传给受热体，工作原理为：供电线路→温控器→发热电缆→混凝土内辐射热量。

5. 施工工艺流程及操作要点

5.1 施工工艺流程

大体积混凝土施工工艺流程参见图5.1。

5.2 操作要点

5.2.1 施工准备

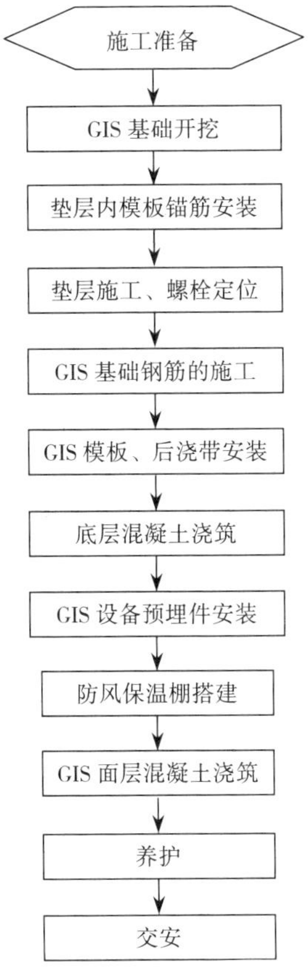

图5.1 大体积混凝土施工工艺流程图

1. 施工现场的供水、供电应满足混凝土连续施工的需要，当有断电可能时，应有双路供电或自备电源等措施。

2. 对工人进行专业培训，并应逐级进行技术交底，同时应建立严格的岗位责任制和交接班制度。

5.2.2 GIS 基础开挖

GIS 基础土方工程采用机械开挖。基坑开挖完毕后由设计人员验槽后方可进行下道工序。开挖时应按基础长方向进行开挖。开挖出的土方需随挖随运至指定堆土场。

5.2.3 第一次接地施工验槽完毕后进行第一次主网接地施工。

5.2.4 GIS 基础垫层施工

GIS 基础垫层为100mm 厚C15 素混凝土，由于基础垫层面积较大，因此混凝土采取分段浇筑。分段时施工缝采用15mm 厚、100mm 高的条形模板分隔。在浇捣前，用间距不大于2m 的混凝土灰饼做好控制标高。浇捣时用平板振动器振捣，表面平整密实，提浆抹平，不允许表面有松散、浮浆的现象发生。

5.2.5 GIS 基础钢筋的施工

1. 在钢筋成品加工前，必须认真熟悉施工图纸，对钢筋的型号、间距、锚固长度，都要严格按照设计及规范要求编制出钢筋下料单，并经项目部技术组审核后，方可进行制作。

2. GIS 基础钢筋骨架为ϕ20螺纹钢为主，上下钢筋网均为ϕ20螺纹钢，四周用ϕ12@200mm 双向钢筋封口，第一、二次混凝土面上浇筑预留ϕ6@300mm 插筋。钢筋保护层厚度为40mm，由于基础钢筋重量大，为确保保护层垫块不被破坏，特采用40mm厚的大理石垫块，间距800～1000mm呈梅花形布置。上层钢筋网片支撑用马凳筋应精确其下料高度，凳腿与垫层支撑牢固，采用ϕ20螺纹钢，间距0.8～1.2m呈梅花形布置，确保上层钢筋网片间距、高度准确，混凝土浇筑时钢筋不移位。

3. 按设计指定位置留置后浇带，在后浇带上下设横向ϕ16、间距150mm 的加强筋，竖向采用直径10mm、间距100mm 钢筋支架，后浇带的垂直支架系统宜与其他部位分开。在后浇带两侧的支架处绑扎两层镀锌钢丝网，遇钢筋开口时，底部向里插进5～10cm，同样遇钢筋时钢丝网开口并绑扎牢固，以挡住混凝土流入后浇带内。

4. 将“单导发热电缆”沿钢筋骨架中的横向钢筋敷设，并用电缆绑扎扣绑扎牢固。最底层敷设于底板钢筋上，横向间距200mm，竖向间距为200mm。每层采用单独回路，并配备温控开关。发热电缆敷设完毕后必须用万用表和摇表检测每一根发热电缆是否通畅。

5.2.6 GIS 预埋铁件的加工

1. GIS 预埋件委托专业钢结构厂家进行加工制作，严格控制埋件的焊接变形和镀锌变形。设计要求所有埋件热浸镀锌，埋件运送到工地现场安装，安装时严格按照图示要求、轴线平面位置、标高、拉线就位、调平。

2. 预埋件加工及安装位置的偏差允许。

1） HM-200mm×150mm 型钢上钻螺栓孔：孔距放样，样板的截面偏差、孔心距及轴线距要求≤±0.5mm。

2）围焊焊缝必须平直，无咬肉、夹渣、漏焊。

3）镀锌面应光洁、无流坠。接地点二次灌浆预埋采用200mm×200mm×200mm 的定制铁盒，铁盒面板采用不锈钢盖板。

5.2.7 预埋螺栓安装

1. 按照设计图纸尺寸，将螺栓的纵横轴线位置在垫层表面弹出墨线，在基础外侧引测

轴线桩。地脚螺栓安装前，首先对每一小组螺栓以4（6）根进行整体化，即在螺栓根部左右处套一根 ϕ10箍筋，在螺栓头部用预先精确打孔（孔径 ϕ25）的模板套住，将模板校核水平，并用上下螺母拧紧夹住模板。螺栓下部水平段要在同一平面上，螺栓与箍筋点焊固定，形成螺栓笼，将箍筋及螺栓模板均划出双向轴线（中心线），并应重合进行控制。具体施工过程见图5.2.7。

图5.2.7 GIS基础预埋螺栓定位

2. 在基础底板下层双向主筋安装绑扎完成后，按照埋件位置，逐组进行螺栓布置。螺栓的双向轴线与垫层及模板上的双向轴线吻合后，用 ϕ20钢筋成“八”字式在四角做45° 斜撑，斜撑的上部与螺杆焊接固定、下部与底板主筋焊接固定。每组螺栓，用带孔模板或木方连成整体并复核准确。分组螺栓安装合格后，由班组技术员对照施工图进行拉线及尺量检查、校正、验收。分组螺栓安装校验合格后，再对所有螺栓进行整体复验、校核。在复验校核过程中，若发现超标偏差，必须及时校正。

3. 在混凝土浇筑前，将轴线引测到基础外侧模板上进行标识。用红（或黄）色油漆标明埋件编号，埋件编号亦用同样方法在模板上标识。模板顶部轴线引测完成后再对螺杆的上部进行校核，经验收合格后方可进行混凝土浇筑。

5.2.8 GIS 基础模板施工

因胶合板有良好的保温性能以及能很好的保证混凝土观感质量。GIS 模板采用15mm 厚黑色木胶合镜面模板，模板按施工图尺寸要求一次支设到位。

1. 外模支设：基础垫层浇筑时，沿四周在外模内侧距外模板1.50m 处预埋 ϕ12圆钢，距50～70cm，露出混凝土垫层面5cm。基础外立面模板用5cm×9cm 方木做背方，间距25cm 竖向设置。外模立好后，在外模上打孔，打孔位置距垫层面0.30m 一道、1.2m 一道，横向间距同垫层上预埋的圆钢（50～70cm）不等。最后将 ϕ12螺杆一端与预埋圆钢焊接（预埋圆钢再与底板钢筋焊接），在模板内侧与螺杆交接焊接 ϕ8长40mm 的定位钢筋（统一沿水平方向焊接），一端将外模用水平钢管和蝶形卡进行拉接。由于第一次浇筑与第二次浇筑间隔时间较长，模板受自然环境影响，可能出现模板与已浇面的缝隙，可能减小两次浇筑接槎处的平整度偏差。在第二次浇筑前对模板拼缝处用腻子刮平。外模除用拉杆拉接外，顶面用水平钢管进行拉接，外侧设立斜撑进行加固。水平钢管与背方有间隙处需用小木楔逐个楔紧，避免细微胀模，如图5.2.8-1所示。

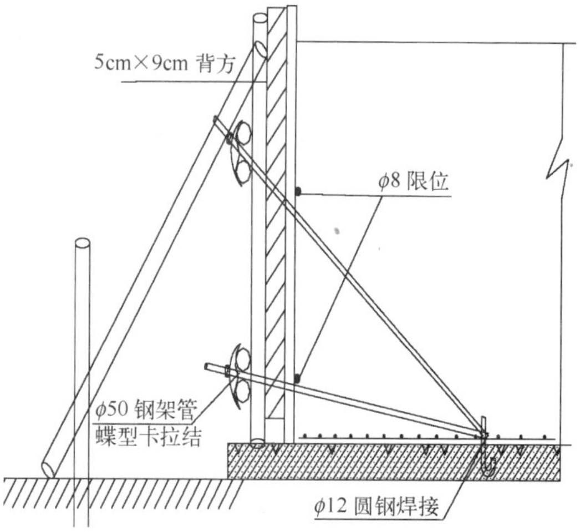

图 5.2.8-1 GIS 侧立面模板加固

2. 缆沟模板支设。基础内沟道根据电缆沟坡度配制模板，保证沟道上口的模板精准定位，以确保 GIS 基础表面的平整度，沟道模板置于水平钢筋限位上，沟道内壁设5cm×9cm方木、间距25cm 竖向背方。其内横向、斜向做顶撑，加固牢靠，保证沟道截面尺寸。在电缆沟沟底垫层上预埋 ϕ14@1000mm 竖向钢筋（将螺杆与 ϕ14@1000mm竖向钢筋焊接，并再与底板钢筋焊接）。然后沿电缆沟上部垂直于电缆沟方向设置方木（间距为600～800mm），然后在木方上部平行于电缆沟方向用两根 ϕ50钢管和蝶形卡连接，压住电缆沟模板，防止浇筑混凝土时模板上浮。在电缆沟沟底模板开 ϕ12@500mm 圆孔。以便浇筑混凝土时排出空气，保证混凝土的密实性，如图5.2.8-2 所示。

3. GIS 基础模板拆除应控制在全部浇筑成型后5～7d。

5.2.9 搭设混凝土浇筑棚（夏季作遮阳棚用，冬季作暖棚用）

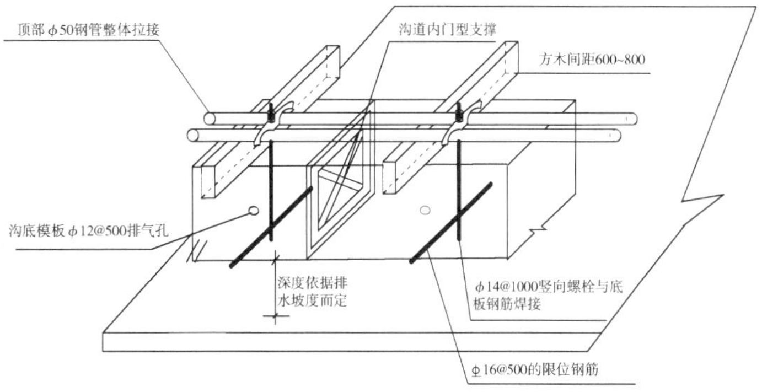

图5.2.8-2 GIS电缆沟道模板加固图

1. 混凝土浇筑棚需进行两次搭设：第一次搭设时，将立杆立于GIS 基础上部钢筋网（下设混凝土垫块）及电缆沟内，待第一次混凝土浇筑完毕后拆除；第二次搭设时，将立杆置于已灌浆完成的预埋件上和电缆沟内，待完成养护后进行拆除。

2. 混凝土浇筑棚搭设采取满堂搭设，混凝土浇筑棚搭设采用48mm × 3.5mm 钢管和扣件搭设，搭设立杆纵横间距为1.8m，立杆平均高度为2.0m。施工棚搭设为双坡型利于排水，最低处不低于1.8m。

3. 沿基础顶面200mm 以上处设一道纵横向扫地杆，每根立杆不得悬空；混凝土浇筑棚顶部纵横向水平杆间距设为900mm，混凝土浇筑棚顶部采用单块通长遮阳布（篷布），沿短边敷设；固定于钢管上用10 号铁丝扎紧。

4. 混凝土浇筑棚四周将遮阳布（篷布）固定在钢管骨架外侧，并悬挂于GIS 基础下部500mm，底部采用木条将遮阳布（篷布）固定在基础外侧模板上。

5. 混凝土浇筑棚内部设置剪刀撑，剪刀撑沿GIS 基础四周连续设置，基础中部沿长方向连续设置，在GIS 基础外侧四周适当部位加设斜撑确保遮阳（隔热）棚、暖棚骨架的稳定性。

6. 冬期施工时因提前在暖棚内生火保温，在保证连续24h 棚内温度在10℃以上后，方可进行下道工序的混凝土浇筑工作。

7. 混凝土浇筑棚内在维护的遮阳布（篷布）设置通风口，通风口间距8m，冬期施工时应在顶部开设天窗，利于排烟。

8. 混凝土浇筑棚内设置照明措施，采用PVC 电管穿线，明敷方式，220V 低压电源，灯具以普通照明灯具为宜并设置灯罩，不可选用发热量较大的灯具，以20m^{2}设置一盏为宜，灯具照明要求满足施工照明需求即可。

5.2.10 GIS 基础混凝土浇筑

1. 混凝土的供应能力应满足混凝土连续施工的需要，不宜低于单位时间所需量1.2 倍。

2. 基础采用中（低）热硅酸盐水泥加入（麦富纤维二次C35 混凝土浇筑中使用）、UNF—2C 型高效缓凝减水剂和膨胀剂、粉煤灰外加剂的方法进行施工，掺量由试验确定。依据试验室出具的C30、C35泵送混凝土配比进行泵送施工。符合现场施工条件后，方可投到大规模生产过程中。

3. 混凝土的测温监控设备标定调试应正常，保温用材料应齐备，并应派专人负责测温作业管理。

4. 用于大体积混凝土施工的设备，在浇筑混凝土前应进行全面的检修和试运转，其性能和数量应满足大体积混凝土连续浇筑的需要。

5. 混凝土搅拌：在混凝土搅拌时工作人员必须要尽职尽责，要严格控制水、外加剂和掺合料的加入量。C30 混凝土搅拌时间不得少于90s/盘。试验人员应及时检查砂、石料的含水量，当发生偏差时及时通知技术人员和质量专责进行复检和确认，以便及时采取相应措施进行调整。混凝土施工配合比的调整要征得现场监理的同意和认可。混凝土配合比的称量检查：每班都应进行检查，并且检查次数不少于两次，检查数量不大于100m^{3}混凝土。投料顺序为：水、砂、水泥、石子、掺合料、外加剂。砂石料计量为电子计量；水泥由专人负责按袋投料；掺合料和外加剂按照每盘配合比制作专用容器（或提前称量成小包装）由专人负责投料。二次浇筑C35混凝土中掺入麦富纤维由专业人员现场指导操作。

6. 混凝土浇筑：混凝土浇筑时，混凝土振捣工等作业人员应有足够的工作面，需搭设专用的施工平台用于支撑泵管和作业人员，专用架平面应与模板支撑及加固系统分开，施工平台架立管应设在GIS

基础南北向中部，立管可浇入混凝土中，并铺设东西向架板搭设平台，立管应避开电缆沟道和预埋铁件螺栓，以防螺栓碰撞位移。

7．浇筑顺序及振捣方法：鉴于GIS 基础厚度（1.30m）和面积较大的特点，采用分层浇筑、分层振捣的方法进行，混凝土浇筑厚度根据混凝土的初凝时间确定，要求试验室将初凝时间设置在13h 以上。按最大施工段（即第Ⅲ施工段）混凝土浇筑量990m^3考虑，其中电缆沟沟底以下混凝土浇筑量为520m^3，电缆沟沟底以上混凝土浇筑量为470m^3。根据混凝土分层覆盖需在初凝时间（13h）内浇筑的原则，依据PLD1200型混凝土泵站23方/h 的出料量（已经综合考虑不利因素），以及插入式振捣器的作用深度、混凝土的和易性，混凝土连续浇筑分层厚度按300～500mm 计算，电缆沟沟底以下每层浇筑厚度为300mm，共分两层浇筑；电缆沟沟底以上每层浇筑厚度为350mm，共分两层浇筑。浇筑方向自东向西（基础宽23.5m），振捣人员共分3 组排开振捣，依次推进。振捣时，严禁振动棒振捣模板，对放置测温点的部位，进行标记，在测试点周边0.5m 半径范围内不得振捣，有效避免振捣对测温点的影响。插点梅花形布置，捣点间距不大于30cm。振捣棒的操作，要做到“快插慢拔”。在振捣过程中，宜将振捣棒上下略有抽动，以便上下振动均匀。分层连续浇筑时，振捣棒应插入下层50mm，以消除两层间的接缝。因每层浇筑厚度为30～35cm，故振捣时间不宜过长，30s/点左右为宜，还应视混凝土表面呈水平不再显著下沉、不再出现气泡、表面泛出灰浆为宜。同时，混凝土宜采用二次振捣工艺，在浇筑20～30min 后进行第二次复振。特别注意在后浇带钢板网等特殊部位要细致振捣，但不得过振。严格控制振动棒的移动距离、振捣时间、插入深度，避免浇筑带交界处的漏振。浇筑过程中混凝土均匀上升，严格按浇筑顺序进行，避免混凝土拌合物堆积过高。混凝土振捣见图5.2.10–1。

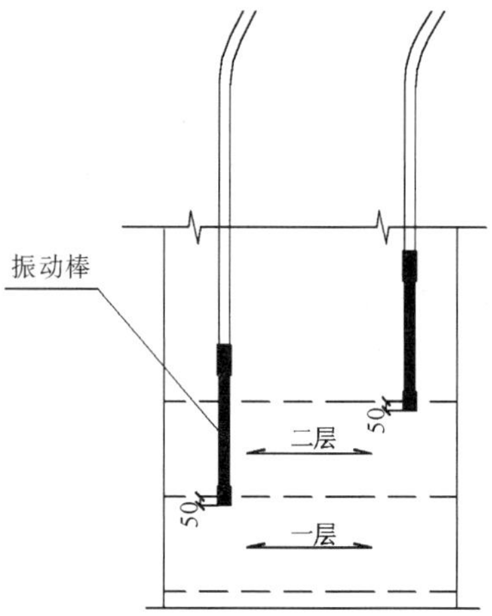

图5.2.10–1　混凝土振捣

8．标高控制及表面处理：分层浇筑时，应在钢筋上用红色油漆明显标识出每层混凝土的浇筑厚度。第一次C30 混凝土浇筑完成后，在混凝土初凝后用钢丝刷或其他工具清除浇筑表面的浮浆、软弱混凝土层及松动的石子，并均匀的露出粗骨料，将混凝土表面的氧化层全部剔除。

9．泌水处理：大体积混凝土在浇筑、振捣过程中，会产生较多的泌水和浮浆，不予以彻底清除，将影响混凝土质量，给生产留下隐患。遇到这种情况应采取以下措施处理：

1）振捣手负责在合适位置留出振捣集水潭，使泌水集中在集水潭内，用盛水器具将泌水及时排除，并进行二次振捣。可以排除混凝土因泌水在粗骨料、水平钢筋下部生成的水分和空隙，提高混凝土与钢筋的握裹力，防止因混凝土沉落而出现裂缝，减少内部微裂，增加混凝土密实度，使混凝土的抗压强度提高，从而提高抗裂性。

2）标高控制及表面处理：分层浇筑时，应在钢筋上用红色油漆明显标识出每层混凝土的浇筑厚度。

3）第一次C30 混凝土浇筑完成后，在混凝土初凝后终凝前用钢丝刷或其他工具清除浇筑表面的氧化层、浮浆、软弱混凝土层及松动的石子全部剔除，并均匀的露出粗骨料。

10．混凝土养护。

1）根据青海历年月度天气情况，六月份是最适宜浇筑混凝土的天气，日平均气温在20℃左右。

2）浇筑后，做好保温、保湿养护工作，缓缓降温，降低温度应力。应在初期养护阶段（混凝土水化热达到峰值前）采用保温、保湿养护法。具体为：在混凝土表面铺设一层塑料薄膜、若干层毛毯养护。在后期养护阶段（混凝土水化热达到峰值后），采用蓄水养护法。

3）采取长时间养护，连续养护至少14 昼夜。应经常检查保温层的完整情况，保持混凝土表面湿润。等混凝土达到拆模强度值时拆模。

4）养护前7d内不得在混凝土表面浇凉水，待混凝土内部温度处于降温阶段后转入正常养护工作。

5）保温覆盖层的拆除应分层逐步进行，当混凝土的表面温度与环境最大温差小于20℃时，可全部拆除。

6）在保温养护过程中，应对混凝土浇筑体的里表温差和降温速率进行现场监测。当实测结果不满足温控指标的要求时，应及时调整保温养护措施。

11. GIS 基础浇筑的测温及温度控制方法

1）GIS设备基础是几何尺寸大、混凝土方量较大的复杂结构。对于这类大体积混凝土结构由外荷载引起裂缝的可能性较小，但是由于水泥水化过程中释放的水化热引起的温度变化，以及混凝土收缩而产生的温度应力。因此，在施工过程中，必须严格控制基础内外温度差，控制裂缝的产生。

2）水化热温度计算过程（略）。

3）经计算可知：混凝土基础的内部温度是先升高，后降低，混凝土最高温度值大约出现在龄期为7d时，混凝土中心温度峰值为52.6℃。

4）对基础的同一剖面进行分析，在同龄期内，表层与中心的距离比侧面与中心的距离小，中心与表层的温差数值要比中心与侧面的温差值小，规范规定混凝土内外温差小于25℃时，混凝土内部不产生裂缝，经计算通过温控及保温层设置，混凝土内外温差可控制在20℃以内。

5）测温点的布置范围，以所选混凝土浇筑体平面图对称轴线的半条轴线为测温区，在测温区内测温点按平面分层布置；在每条测试轴线上，监测点位宜不少于4处，应根据结构的几何尺寸布置；沿混凝土浇筑体厚度方向，每测点3根伸入混凝土的底部、中部及表层。混凝土浇筑体的外表温度，宜为混凝土外表以内50mm处的温度；中部测温探头设在基础中部，混凝土浇筑体底面的温度，宜为混凝土浇筑体底面上50mm处的温度，见图5.2.10–2。其余测点宜按测点间距不大于600mm布置。

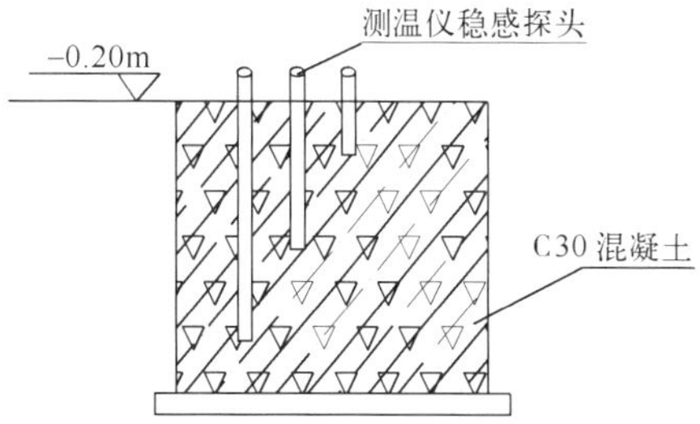

图5.2.10–2　GIS测温探头布置图

6）根据现场测温点布置，绘制平面测温点布置图，见图5.2.10–2。在混凝土浇筑后，每昼夜可不应少于4 次；入模温度的测量，每台班不少于2次。在降温阶段每8h 测一次，7d以后每天测一次，测温21d。测温工作由专业人员负责，坚持24h 测温，混凝土表面温度用水银温度计进行测温，其测点除与温感探头测点相对应外，在平面合适位置还应加密。经过测温，若温差超过25℃或温升梯度大于15℃/m 或降温速率大于2.0℃/d时，则立即采取保温措施，用发热电缆调整混凝土内部温度。通过测定的温度值，对混凝土内部采用发热电缆加温并进行温度可调控制，调节混凝土不同浇筑层的内部温度，将温度控制在规范要求之内。大体积混凝土结构测温记录表见表5.2.10–1。

大体积混凝土结构测温记录　　**表5.2.10–1**

编号：　　SGJLⅤ–10–1

<table>
<tr><td colspan="2">工程名称</td><td colspan="10"></td><td colspan="4">结构部位</td><td colspan="3"></td></tr>
<tr><td colspan="2">混凝土强度等级</td><td></td><td colspan="6">配合比编号</td><td colspan="3"></td><td colspan="4">混凝土数量（m³）</td><td colspan="3"></td></tr>
<tr><td colspan="2">混凝土浇灌日期</td><td></td><td colspan="6">混凝土浇灌温度（℃）</td><td colspan="3"></td><td colspan="4">开始养护温度（℃）</td><td colspan="3"></td></tr>
<tr><td colspan="2">测温时间</td><td rowspan="3">气温（℃）</td><td colspan="15">各测点温度</td><td rowspan="3">备　注</td></tr>
<tr><td rowspan="2">（年、月、日）</td><td rowspan="2">（时、分）</td><td colspan="3">1</td><td colspan="3">2</td><td colspan="3">3</td><td colspan="3">4</td><td colspan="3">5</td></tr>
<tr><td></td><td></td><td></td><td></td><td></td><td></td><td></td><td></td><td></td><td></td><td></td><td></td><td></td><td></td><td></td></tr>
<tr><td></td><td></td><td></td><td></td><td></td><td></td><td></td><td></td><td></td><td></td><td></td><td></td><td></td><td></td><td></td><td></td><td></td><td></td><td></td></tr>
<tr><td></td><td></td><td></td><td></td><td></td><td></td><td></td><td></td><td></td><td></td><td></td><td></td><td></td><td></td><td></td><td></td><td></td><td></td><td></td></tr>
<tr><td colspan="14">项目专业技术负责人：　项目专业质量检查员：　测温员：</td><td colspan="3">测温仪名称及计量编号</td><td colspan="2"></td></tr>
</table>

7）温感探头的布置和标识：温感探头的平面布置如图5.2.10–3所示，在埋设温感探头时，按浇筑分区和各测点的埋设进行编号。为了保证测温数据的准确性，温感探头必须在水下 1m 处经过浸泡24h不损坏方可使用；接头安装位置应准确，固定应牢固，并与结构钢筋及固定架金属体绝热；引出线宜集中布置，并应加以保护；周围应进行保护，混凝土浇筑过程中，下料时不得直接冲击测试测温元件及其引出线；振捣时，振捣器不得触及测温元件及引出线。为防止温感探头的损坏，每只探头埋设到位后应进行检测，确认其完好，派专人用开口盒对温感探头进行围遮保护和看护。

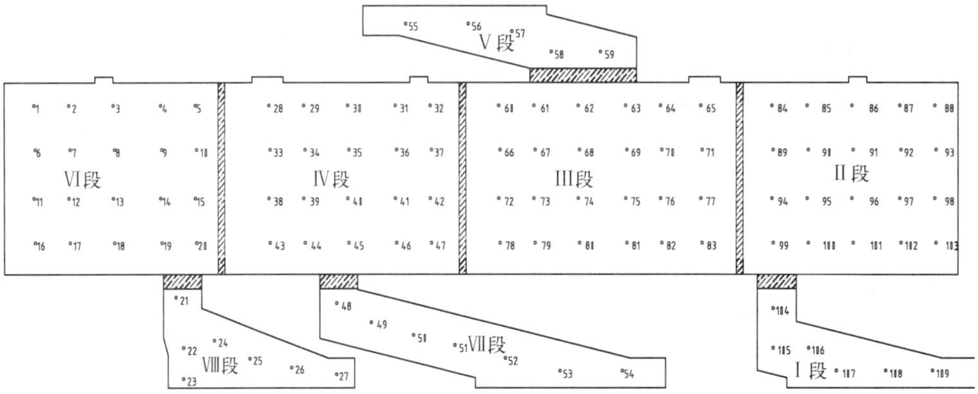

图5.2.10–3　GIS测温点平面布置图

8）测温过程中应及时描绘出各点的温度变化曲线和断面的温度分布曲线，并按表5.2.10–2 做好记录。发现温控数值异常应及时报警，并应及时采取相应措施。

大体积混凝土结构测温示意图　　**表5.2.10–2**

编号：　　SGJL Ⅴ–10–2

<table>
<tr><td colspan="2">工程名称</td><td colspan="11"></td><td colspan="5">结构部位</td><td colspan="6"></td></tr>
<tr><td colspan="2">养 护 条 件</td><td colspan="22"></td></tr>
<tr><td colspan="24">测温点位示意图：</td></tr>
<tr><td colspan="24">点位温度——时间关系图：</td></tr>
<tr><td rowspan="5">最大温差（℃）</td><td>时间（d）</td><td></td><td></td><td></td><td></td><td></td><td></td><td></td><td></td><td></td><td></td><td></td><td></td><td></td><td></td><td></td><td></td><td></td><td></td><td></td><td></td><td></td><td></td></tr>
<tr><td>表面温度</td><td></td><td></td><td></td><td></td><td></td><td></td><td></td><td></td><td></td><td></td><td></td><td></td><td></td><td></td><td></td><td></td><td></td><td></td><td></td><td></td><td></td><td></td></tr>
<tr><td>中部温度</td><td></td><td></td><td></td><td></td><td></td><td></td><td></td><td></td><td></td><td></td><td></td><td></td><td></td><td></td><td></td><td></td><td></td><td></td><td></td><td></td><td></td><td></td></tr>
<tr><td>底部温度</td><td></td><td></td><td></td><td></td><td></td><td></td><td></td><td></td><td></td><td></td><td></td><td></td><td></td><td></td><td></td><td></td><td></td><td></td><td></td><td></td><td></td><td></td></tr>
<tr><td>最大温差</td><td></td><td></td><td></td><td></td><td></td><td></td><td></td><td></td><td></td><td></td><td></td><td></td><td></td><td></td><td></td><td></td><td></td><td></td><td></td><td></td><td></td><td></td></tr>
<tr><td colspan="2">制图人</td><td colspan="5"></td><td colspan="3">校核人</td><td colspan="7"></td><td colspan="2">日期</td><td colspan="5">年　月　日</td></tr>
</table>

12．后浇带施工。

1）根据设计要求，后绕带的留置有利于散热和降低混凝土的内部温度。

2）因施工期相对较长（约45d），故在后浇带顶面用模板覆盖，以免杂物掉入后浇带内，尽管如此还可能有少数杂物进入后浇带内，故在顶面钢筋网上开洞600mm×600mm 以便清理，开洞个数视清理量而定。清理完毕后，对其洞口钢筋焊接恢复。

3）后浇带混凝土掺膨胀剂（掺量由试验室确定），强度等级C35。浇筑前冲洗干净和充分湿润，不得积尘。

4）后浇带施工完毕后，后浇带的养护与大体积混凝土的养 护相同。

13．预埋件、护角安装及第二次接地施工。

1）上部HM 型钢及22mm 厚钢板整体埋件，在第一次混凝土浇筑完成后进行安装。安装时测定钢板轴线及标高，用螺母调平，表面标高误差在 ± 2mm 内，检修箱基础的16块M-2铁件安装较容易，但必须严格控制顶面标高、平整度及轴线位置。

2）电缆沟顶部镀锌角钢的预埋：采用“Z”形型钢，在电缆沟侧模内侧测出型钢上表面的标高，标于模板上，水平点布置约800 ~ 1000mm 设一点。后用六角机螺丝穿过角钢上预先打好的孔，按已抄水平将其固定于模板上，然后在角钢内侧焊接8mm 锚筋。镀锌扁钢做法相同。

3）为保证GIS 基础外边缘阳角方正、完整，沿GIS 基础、主母线基础+0.1m 处四周阳角采用∟50mm × 5mm 等边镀锌角钢护角，安装方法同电缆沟顶部“Z”形角钢。

4）电缆沟内壁两侧，只预埋上部两根镀锌扁铁，下部两根扁铁在拆模后根据电缆沟支架的间距采用植筋，将支架焊接到植筋上。

5）预埋件安装位置的偏差允许：预埋件安装中心线偏差控制在≤ ± 3mm；预埋件安装表面水平高差控制在≤ ± 2mm；预埋件安装表面标高控制在≤ ± 2mm；接地点二次灌浆预埋采用200mm × 200mm × 200mm 的定制铁盒，铁盒面板采用不锈钢盖板，安装时必须保证盖板方向一致。

6）在此期间进行第二次接地施工。

14. CGM-2 灌浆料施工。

1）施工时灌浆层表面不得有碎石浮浆等杂物，灌浆前应充分湿润基面。

2）灌浆严禁有跑浆、漏浆的情况出现，灌浆时用漏斗单侧进行浇筑，利用自重自流填充满H形底板。

3）灌浆开始后不得间断，并严禁振捣，充满后压光。

15. 二次浇筑。

1）在第二次C35 混凝土浇筑前，应用压力水冲洗混凝土表面的污物，充分润湿，但不得有积水。面层混凝土浇筑后由于表面浮浆较厚，为保证混凝土的强度，故在初凝前均匀撒一层10 ~ 20mm 石子，用振动器振实。初步按标高用铝合金刮尺刮平，初凝前用铁滚筒纵横碾压几遍，再用木抹打磨压实，混凝土终凝前再进行至少三次搓压，以闭合表面收缩裂缝。最后用铁抹子压光（严禁在混凝土表面使用干水泥或砂浆拌合物）进行二次抹压处理。在成型收光时必须用水平仪、2m 靠尺进行绝对高程的控制和表面平整度的控制。混凝土表面平整度不大于3mm。质量专责应对每次混凝土浇筑厚度、混凝土表面标高、平整度及时进行验证，并及时报请监理单位进行旁站。如图5.2.10-4示。

图5.2.10-4　混凝土收面

2）在电缆沟阴角处、主母线阴角处（+0.1m）及预埋铁盒阴角处加设 ϕ6@50mm 的加强筋，防止出现裂缝。

3）在混凝土终凝后，马上进行切缝处理，在GIS 基础东西方向设置两道横向的切割缝，在变截面处以及电缆沟端头部位切通缝，以防止基础表面裂纹。切缝宽度以控制在5 ~ 8mm，切缝深度控制在30 ~ 50mm，但不得切断放射钢筋网片和混凝土表面的构造钢筋网片。切缝后及时用硅酮结构胶嵌缝，如图5.2.10-5所示。

4）上述工作完成后及时做好保温措施，底层铺设塑料薄膜然后加盖保温毯，做好保湿、保温养护。

5）待面层混凝土达到拆模强度后即可将整个大体积混凝土模板一并拆除，地下结构应及时回填土，避免其侧面长期暴露。

5.3　人员组织

5.3.1　混凝土浇筑人员应根据现场混凝土浇筑量及工作内容等情况进行配置，一般情况下，人员组织配置见表5.3.1。

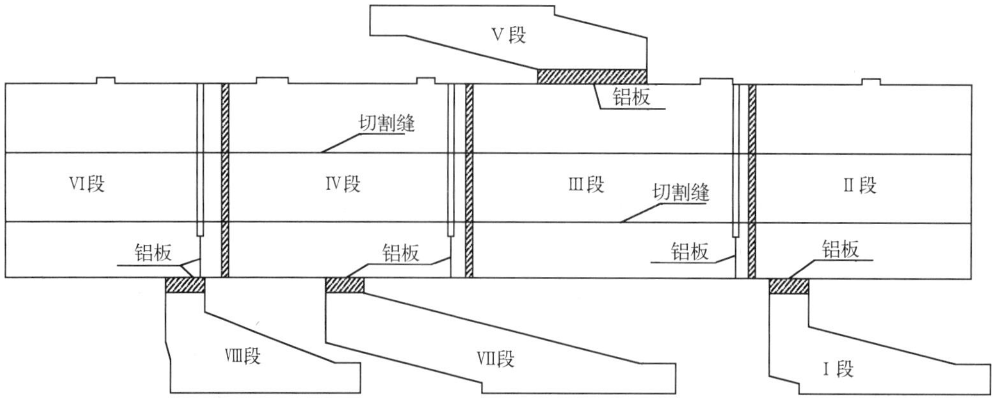

图5.2.10-5　S切缝与铝板平面布置

人员组织配置　　表5.3.1

序号	工种名称	人员数量	技术要求	职 责 划 分
1	工作负责人	1	工程师职称	负责混凝土浇筑的现场组织、工器具调配等组织协调工作
2	技术员	2	助理工程师	负责现场技术工作
3	机械操作工	8	中级工	负责混凝土输送和机械操作
4	混凝土工	16	高级工	负责混凝土浇筑振捣及抹面收光工作
5	试验员	2	助理工程师	负责混凝土温度的监控工作
6	钢筋工	3	中级工	负责混凝土浇筑过程中钢筋监护和维护工作
7	木工	3	中级工	负责混凝土浇筑过程中模板监护和修补工作

5.3.2　施工前，应按照要求对全体施工人员进行安全技术交底，交底要有记录，签字齐全。特殊作业人员必须经过安全技术培训、考试，合格后方可上岗。

6. 材料与设备

6.1　材料配置

本典型施工方法材料配置见表6.1。

材料配置表　　表6.1

序号	名　称	规　格	主要技术指标	外观	要　求
1	钢筋	HIP335	抗拉强度：≥33.5MPa	螺纹	无锈蚀
2	砂	粗砂	含泥量：≤2%	粉状	级配均匀
3	石	1-2	含泥量：≤2%	颗粒状	级配均匀
4	中热硅酸盐水泥	42.5级	水化热：≤293 kJ/kg	粉状	混凝土水化热低
5	麦富纤维	直径不大于5um	抗拉强度：≥2.4MPa/mm^2	粉状	提高混凝土的抗拉强度
6	高效抗裂防水剂	WG-HEA	抗折强度：≥6.5MPa	粉状	提高混凝土的抗折强度
7	高效缓凝减水剂	UNF-2C	减水率：≥12	粉状	延长混凝土初凝时间
8	粉煤灰	散装C类	烧矢量：≤8%	粉状	二级以上

6.2　工具设备

本典型施工方法工具设备配置见表6.2。

主要施工机械及工器具配置表　　表6.2

类别	名称	型号规格	单位	数量
GIS设备基础施工主要施工机械及工器具	挖掘机	WH12	台	1
	装载机	ZL30\ZL50	台	各一台
	自卸汽车	8t	辆	4
	压路机	16t	辆	1
	木工刨床	NLQ-3425	台	2
	混凝土搅拌站	PLD1200	套	1
	自落式搅拌机	350L	台	3
	钢筋切断机	J03T-905	台	1
	对焊机	UNI-100	台	4
	装载机	ZL30；ZL50	台	2
	电焊机	500型	台	5
	卷扬机	JJm-2	台	1
	测温仪	TM-902C	台	2
	温感探头		只	231
	振捣器	ZN-70	套	10
	水准仪	AP-128	台	1
	水准仪	DH32H（精度1mm）	台	1
	经纬仪	苏光J2-2	台	1
	全站仪	苏光RTS238/538	台	1
	天平	JYT-5	套	1
	坍落筒		套	1

7. 质量控制

7.1 质量控制标准

本典型施工方法采用质量控制标准见表7.1。

采用质量控制标准　　表7.1

序号	名称	编号
1	混凝土强度检验评定标准	GBJ 107-87
2	混凝土质量控制标准	GB 50164-92
3	混凝土泵送施工技术规程	JGJ/T 10-95
4	普通混凝土配合比设计规程	JGJ 55-2000
5	建筑工程施工质量验收统一标准	GBJ 50300-2001
6	混凝土结构工程施工质量验收规范	GB 50204-2002
7	建筑地基与基础工程施工质量验收规范	GB 50202-2002
8	普通混凝土力学性能试验方法标准	GB/T 50081-2002
9	钢筋焊接及验收规程规定	JGJ 18-2003
10	输变电工程建设标准 强制性条文实施管理规程	Q / GDW 248-2008

续表

序号	名　称	编　号
11	工程建设标准强制性条文房屋建筑部分	2009版
12	《工程建设标准强制性条文电力工程部分2006年版》	
13	大体积混凝土施工规范	GB 50496-2009
14	工程施工图纸	
15	混凝土减水剂质量标准和试验方法	JGJ 56-84
16	粉煤灰在混凝土和砂浆中应用技术规程	JGJ 28-86
17	粉煤灰混凝土应用技术规范	GBJ 146-90
18	混凝土中掺用粉煤灰的技术规程	DBJ 01-10-93
19	混凝土泵送剂	JC 473-2001
20	混凝土矿物掺合料应用技术规程	DBJ/T 01-64-2002
21	混凝土外加剂应用技术规范	GB 50119-2003
22	中热硅酸盐水泥 低热硅酸盐水泥 低热矿渣硅酸盐水泥	GB 200-2003
23	混凝土用水标准	JGJ 63-2006
24	普通混凝土用砂、石质量及检验方法标准	JGJ 52-2006
25	通用硅酸盐水泥	GB 175-2007
26	混凝土外加剂	GB 8076-2008

7.2 质量控制措施

7.2.1 质量标准要求

施工应达到的质量标准要求见表7.2.1。

质量要求　　表7.2.1

<table>
<tr><th colspan="5">项目名称</th><th>规范标准（mm）</th><th>内控标准（mm）</th></tr>
<tr><td rowspan="10">模板安装</td><td rowspan="3">预埋件、预留孔允许偏差</td><td colspan="3">预埋钢板中心线位置</td><td>3mm</td><td>2mm</td></tr>
<tr><td rowspan="2">预埋螺栓</td><td colspan="2">中心线位置</td><td>2mm</td><td>2mm</td></tr>
<tr><td colspan="2">外露长度</td><td>+10，0mm</td><td>+8，0mm</td></tr>
<tr><td colspan="2" rowspan="7">模板安装允许偏差</td><td colspan="2">轴线位置</td><td>5mm</td><td>3mm</td></tr>
<tr><td rowspan="2">截面内部尺寸</td><td>基础</td><td>±10mm</td><td>±8mm</td></tr>
<tr><td>柱、墙、梁</td><td>+4，-5mm</td><td>+4，-5mm</td></tr>
<tr><td rowspan="2">层高垂直度</td><td>不大于5m</td><td>6mm</td><td>5mm</td></tr>
<tr><td>大于5m</td><td>8mm</td><td>8mm</td></tr>
<tr><td colspan="2">相邻两板表面高低差</td><td>2mm</td><td>1mm</td></tr>
<tr><td colspan="2">表面平整度</td><td>5mm</td><td>2mm</td></tr>
<tr><td rowspan="5">混凝土现浇结构外观及尺寸偏差</td><td colspan="2">轴线位置</td><td colspan="2">基础</td><td>15mm</td><td>10mm</td></tr>
<tr><td colspan="2">标高</td><td colspan="2">全高（H）</td><td>H/1000且≤30mm</td><td>H/1000且≤20mm</td></tr>
<tr><td colspan="4">截面尺寸</td><td>+8，-5mm</td><td>+8，-5mm</td></tr>
<tr><td colspan="4">表面平整度</td><td>8mm</td><td>5mm</td></tr>
<tr><td colspan="2">预埋设施中心线位置（mm）</td><td colspan="2">预埋件</td><td>10mm</td><td>3mm</td></tr>
</table>

7.2.2 质量控制措施

1．为保证基础混凝土不产生结构裂缝和表面裂缝，采用了水化热低的普通硅酸盐水泥、膨胀剂和C35 混凝土面层处的麦富纤维及高效抗裂剂。

2．为保证GIS 基础四周阳角在设备安装时不被破坏，将基础四周采用∟50mm×5mm 的镀锌角钢护角，增强了基础的美感。

3．在二次混凝土浇筑前预埋200mm×200mm×200mm 的定制不锈钢接线盒，灌浆结束后用不锈钢盖板罩面，并保证方向一致，增强了基础的美感。

4．二次浇筑C35 混凝土设计为一次浇筑，困难较大，为保证面层的平整和清晰感，在相应部位设置铝板分格缝。

5．为保证电缆沟底部混凝土的密实性，将电缆沟沟底模板开12mm×500mm 排气孔，混凝土浇筑时空气从此孔内排出，保证了混凝土的密实性。

6．为保证电缆沟顶部搁置的盖板处混凝土边角的完整，现改为“Z”形型钢，可保证盖板处混凝土边角的完整性。

7．基础混凝土测温取消了传统的水银温度计及温感探头，选用了先进的大体积混凝土电脑测温系统，能准确、及时的反映实际数据。

8. 安 全 措 施

8.1 项目部制订安全领导小组，制订齐全各项安全责任制明确分工，责任到人。对于新员工实行安全三级教育，以老带新的分工形式进行实际操作。

8.2 对于工程中的重点：机械的使用及装、拆。临时用电的管理必须制订专项施工方案，并在施工过程中必须严格执行。

8.3 临时设施：搅拌站、钢筋操作场、木工间均用钢管搭设主架，采用彩钢瓦围护和房顶覆盖。悬挂安全规程操作牌和安全宣传标语。

8.4 临时用电电工应做好自身防护，戴好绝缘手套、穿好绝缘鞋，做好有电距离的围护和警示，经常对临电和中小型机具的检查，发现问题及时整改，特别大风雨后必须逐个检查，规范操作。对违规作业人员有权责令停工。

8.5 安全材料的进场必须进行检验合格，不合格材料杜绝接收，同时必须有相关的检测资料。

8.6 所有进场材料应堆放整齐，不得超高、乱堆、乱放，以免造成事故隐患。

8.7 工地配备充足的值班人员。

8.8 GIS混凝土浇筑时，操作人员应搭设专用操作平台，严禁利用原有的模板支撑系统，严禁踩踏钢筋。

8.9 混凝土浇筑前先填写详细的安全工作票，各负责人应各司其职，对施工人员做详细的安全交底。

8.10 严格执行安全工作票制度和班前讲话制度，坚持每周根据GIS 施工进度情况召开一次安全例会，总结施工中不安全因素和事故隐患，提出今后的防范措施。

8.11 严格按照安全施工技术措施及作业指导书进行施工，整个施工过程项目部设专人监护。未经批准，施工队不得擅自更改施工方案。

8.12 施工现场按符合防火、防风、防雷、防洪、防触电等安全规定及安全施工要求进行布置，并完善布置各种安全标识。

8.13 各类房屋、库房、料场等的消防安全距离做到符合公安部门的规定，室内不堆放易燃品；严格做到不在木工加工场、料库等处吸烟；随时清除现场的易燃杂物；不在有火种的场所或其近旁堆放生产物资。

9. 环保措施

9.1 成立对应的施工环境卫生管理机构，在工程施工过程中严格遵守国家和地方政府下发的有关环境保护的法律、法规和规章，加强对施工燃油、工程材料、设备、废水、生产生活垃圾、弃渣的控制和治理，遵守有防火及废弃物处理的规章制度，做好交通环境疏导，充分满足便民要求，认真接受城市交通管理，随时接受相关单位的监督检查。

9.2 将施工场地和作业范围合理布置、规范围挡，做到标牌清楚、齐全，各种标识醒目，施工场地整洁文明，符合《国家电网公司安全文明施工标准化手册》的要求。

9.3 对施工中可能影响到的各种公共设施制订可靠的防止损坏和移位的实施措施，加强实施中的监测、应对和验证。同时，将相关方案和要求向全体施工人员详细交底。

9.4 设立专用排浆沟、集浆坑，对废浆、污水进行集中，认真做好无害化处理，从根本上防止施工废浆乱流。

9.5 定期清运沉淀泥砂，做好泥砂、弃渣及其他工程材料运输过程中的防散落与沿途污染措施，废水除按环境卫生指标进行处理达标外，并按当地环保要求的指定地点排放。弃渣及其他工程废弃物按工程建设指定的地点和方案进行合理堆放和处治。

9.6 优先选用先进的环保机械。采取设立隔声墙、隔声罩等消声措施降低施工噪声到允许值以下，同时尽可能避免夜间施工。

9.7 对施工场地道路进行硬化，并在晴天经常对施工通行道路进行洒水，防止尘土飞扬，污染周围环境。

10. 效益分析

10.1 本工法有效解决了长期以来变电站GIS设备混凝土裂缝普遍，基础观感质量差的难题，使工程质量有大的飞跃，避免了由于质量缺陷造成的返工现象，节约工程施工成本，有效降低工程全寿命成本，经济效益显著。同时也有利于工程达标投产、创优活动的顺利开展。

10.2 本工法推广后具有辐射带动作用，能提高变电站工程大体积混凝土基础的整体质量水平，为变电站工程中的其他技术难题提供思路和方向，对提升变电站工程的整体施工质量和工程管理水平具有积极的推动作用，具有显著的社会效益。

11. 应用实例

11.1 实例1：750kV 西宁变电站工程

工程概况：750kV 西宁变电站GIS 设备基础全长138.35m、宽（含局部突出）为46.8m。基础为±0.00m，高程为2614.1m。基础埋深-1.50m，露出地面100mm。基础垫层混凝土强度等级C10，基础混凝土强度等级采用C30、C35 两种，二次灌浆采用CGM-2 普通型高强灌浆料。基础顶部设ϕ4@200mm×200mm 冷拔丝，保护层厚度20mm。基础钢筋保护层厚度40mm。钢筋使用Ⅰ级钢筋HPB235 和Ⅱ级钢筋HRB335，钢筋总重量约430t；混凝土总方量（含混凝土垫层）6650m^3。GIS 顶部设备基础埋件共计327 组，3784 根预埋螺栓，预埋螺栓与HM200×150H型钢通过螺栓连接，HM200×150H 型钢上焊22mm 厚钢板作为设备埋件。埋件整体平整度要求很高，最终埋件顶面的高差在±2mm 内，中心线偏差不超过±3mm。基础顶面的高差在同一间隔内不超过±2mm。基础顶面有东西向1000mm×1000mm 电缆沟一道，总长度138.35m；500mm×650mm 电缆沟四道，总长100.92m；南北向1000mm×1000mm 电缆沟27 道，总长度530.30m。电缆沟盖板采用为6mm 厚花纹钢板外包铝合金条盖板，沟道拐角处按设计埋设L75mm×6mm 角铁，用于支撑沟道花纹盖板。

该工程经过两个冬季，至今未发现裂缝。在2008 年4 月国家电网公司安全质量管理流动红旗检查中，得到了国家电网公司专家的一致肯定。业主单位予以高度评价。

11.2　实例 2：750kV 日月山变电站工程

工程概况：750kV 日月山变电站750kV GIS 设备基础，是目前青海省内GIS 基础中体积最大、距离最长的GIS 设备基础，GIS 基础全长412.04m，最宽（含局部突出）为27.65m，最窄处为9.7m，基础及沟道混凝土强度等级采用C30，垫层采用C15，保护层厚度40mm，面层 ϕ6@150mm×150mm 钢筋的混凝土保护层厚度25mm。钢筋：Ⅰ级钢筋HPB235，Ⅱ级钢筋HPB335；其中主设备基础混凝土方量（含混凝土垫）6802.86m^3，主/分支母线基础方量从509～213.87m^3不等。GIS 基础埋深-1.50m，GIS 主设备区基础上部有南北向700mm×1000mm 电缆沟40道，总长度346.4m，300mm×300mm 电缆沟81道，总长791.72m，南北向800mm×1000mm 电缆沟1道，总长度9.7m。南北向1000mm×1000mm 电缆沟3 道，总长度29.1m，东西向500mm×500mm 电缆沟120 道，总长度120m。GIS 顶部设备基础埋件共计120 组，480 个埋件，1920 根螺栓。埋件敷设方式为每块根部均为 ϕ25mm 圆钢螺栓×4，螺栓与HM200×150H型钢连接，上敷设22mm 厚钢板作为设备埋件，埋件整体平整度要求很高，同组要求在±2mm 内，水平施工高差不大于3mm。GIS 基础在清除基底冻土层至设计基底标高处，按设计要求每隔30m 左右设置一条后浇带，根据计算主设备基础东西向，至少要设置11道后浇带；各分支母线基础部分与主设备基础连接处，设置密目钢丝网施工缝。主设备基础分12段浇筑，第一次浇筑采用C30 混凝土，第二次浇筑采用C35 细石混凝土。目前此施工方法已运用到该工程的建设中，并取得显著成效。

11.3　最终效果展示

GIS 基础表面施工完成后效果见图11.3-1和图11.3-2。

图11.3-1

图11.3-2

陡边坡混凝土面板无轨拉模施工工法

GJEJGF285—2010

江夏水电工程公司

严匡柠　陈剑华　王松波　陈和勇　姚自友

1. 前　　言

对于水利水电工程混凝土面板堆石坝而言，堆石坝上下游坡比一般在1：1.3～1：5之间，其面板混凝土采用的无轨拉模施工已经是相当成熟的一项技术措施。但是对于岩石基础、坡度比1：0.75高陡边坡情况下的面板混凝土采用无轨拉模施工，这不仅需要保证施工中的安全，还须妥善解决混凝土浮托力、混凝土在陡边坡入仓过程中的骨料分离、最大限度减小面板裂缝等一系列的特殊技术问题。

山西西龙池抽水蓄能电站下水库库岸钢筋混凝土面板，标准面板块高差53.44m，面板坡度1：0.75。公司进行了深入探索和研究，并通过现场试验论证，采取相应的特殊技术措施，成功实施了无轨拉模施工。无轨拉模浇筑面板混凝土，即能保证施工质量，又能加快施工进度，且能节省模板。

施工过程中对其施工工艺进行研究、总结，形成本工法。由于技术先进，施工质量优良，有明显的社会效益和经济效益。

2. 工 法 特 点

2.1　无轨拉模的工艺简单，易于推广。侧模采用木模，重量轻，坡面上运输安装较简单。尤其对于不规则混凝土板块，也可实施滑模作业。

2.2　混凝土浇筑、振捣、抹面一次完成，速度快，质量易于保证。采用跳块浇筑面板混凝土，能够实现流水作业，便于安排各道工序，合理利用劳动力。因此施工进度快，混凝土质量优良。

2.3　通过控制混凝土入仓后的坍落度减小混凝土的浮托力；控制滑模上升速度以利用混凝土的逐渐初凝减小混凝土的浮托力；较小的滑动模板自重加配重解决滑模的抗混凝土浮托力；优化面板混凝土配合比等多项措施，将混凝土的浮托力降下来，顺利实现面板混凝土的无轨拉模施工。

3. 适 用 范 围

本工法适用于不陡于1：0.75坡比的大面积陡边坡混凝土面板浇筑工程。

4. 工 艺 原 理

陡边坡混凝土面板无轨拉模，由滑动模板、侧模、卷扬机牵引系统3部分组成，以卷扬机牵引特制的重力式滑动钢模板沿坡面边浇筑混凝土边滑升，可连续浇筑到顶。

无轨拉模是在有轨滑模的基础上，取消专用钢轨道，利用两侧的木模轨道或已浇块混凝土块来支撑、导向和控制混凝土面板的浇筑厚度。滑动模板的长度由面板纵缝距离确定，模板采用分段组合式。

通过控制入仓后混凝土坍落度、控制滑模上升速度、优化混凝土配合比等措施降低混凝土浮托力。在浇筑过程中，混凝土的浮托力由模板自重和附加配重来克服。

无轨拉模施工时的滑升速度与浇筑强度、脱模时间相适应。

5. 施工工艺流程及操作要点

5.1 施工工艺流程

陡边坡面板混凝土施工项目主要包括钢管爬梯搭设、铜止水安装、钢筋制安、侧模安装、滑动模板安装、混凝土浇筑、混凝土面层处理及混凝土养护等。

混凝土面板无轨拉模施工流程见图5.1。

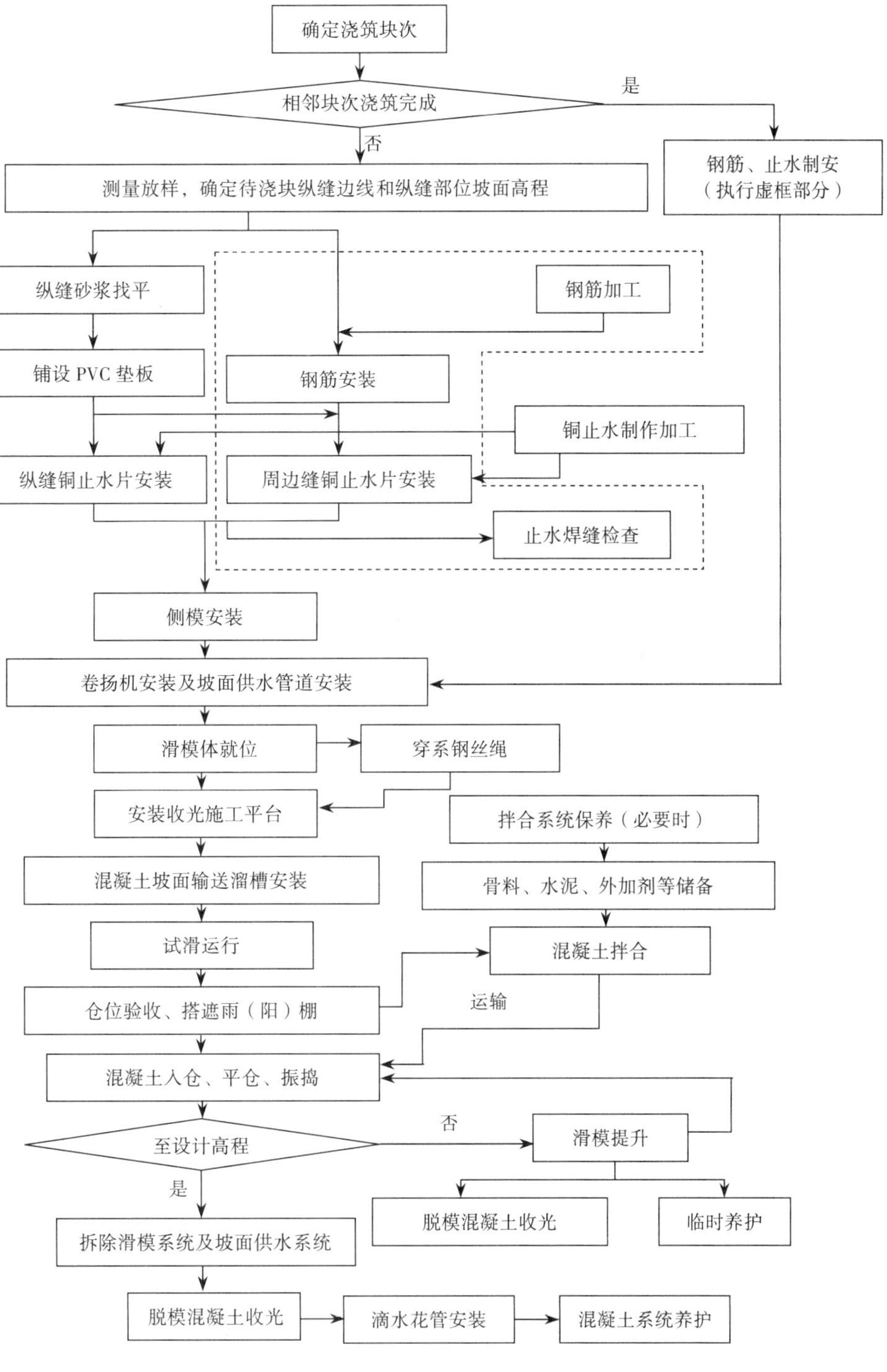

图5.1 混凝土面板无轨拉模施工流程示意图

5.2 操作要点

5.2.1 施工准备

1. 确定混凝土配合比

面板混凝土配合比除满足面板设计性能外，无轨拉模施工对其有特殊要求：

1）为减小混凝土对滑模体的浮托，混凝土入仓坍落度不大于5cm，以3～4cm为宜。此乃陡边坡无轨拉模成功与否的关键。

2）为了保证模板顺利滑升，要求混凝土凝结时间合适。

3）便于溜槽输送，且在输送过程中不离析，不分层。

4）入仓后易于振捣，脱模后不泌水、不下塌、不被拉裂。

5）具有良好和易性，满足施工对混凝土流动性的要求。

2. 滑动模板设计及制作

1）滑动模板设计的技术要求

（1）滑模必须有足够的自重，再设置附加配重，以克服混凝土振捣时的浮托力。

（2）滑模必须有足够的刚度，以保证滑模在下放和上拉时不扭曲，中间挠度不超过5mm。

（3）滑模须提供安全可靠的操作平台，包括上部的行人走道及后部的抹面平台。

（4）滑模设计时要满足新浇混凝土的保温、养护要求。

2）滑动模板制作

模体由组合式桁架和钢面板组成，滑模体长度根据面板混凝土浇筑块宽度进行确定，滑模两端各挑出0.5～1m。为满足不同宽度面板施工需要，滑动模板设计为组合式，中间可以拆卸。滑模底部滑板宽1.2m，用厚12～16mm钢板制作；在桁架上方搭设操作平台，尾部设抹面平台，两端设挂钩，与牵引钢丝绳连接。如图5.2.1-1、图5.2.1-2所示。

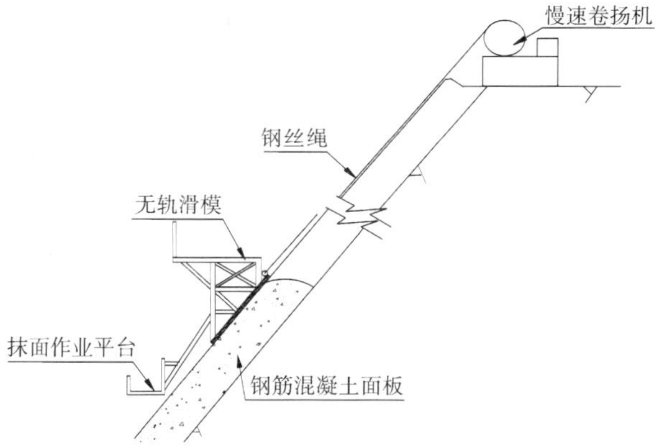

图5.2.1-1 陡边坡混凝土面板无轨拉模施工示意图

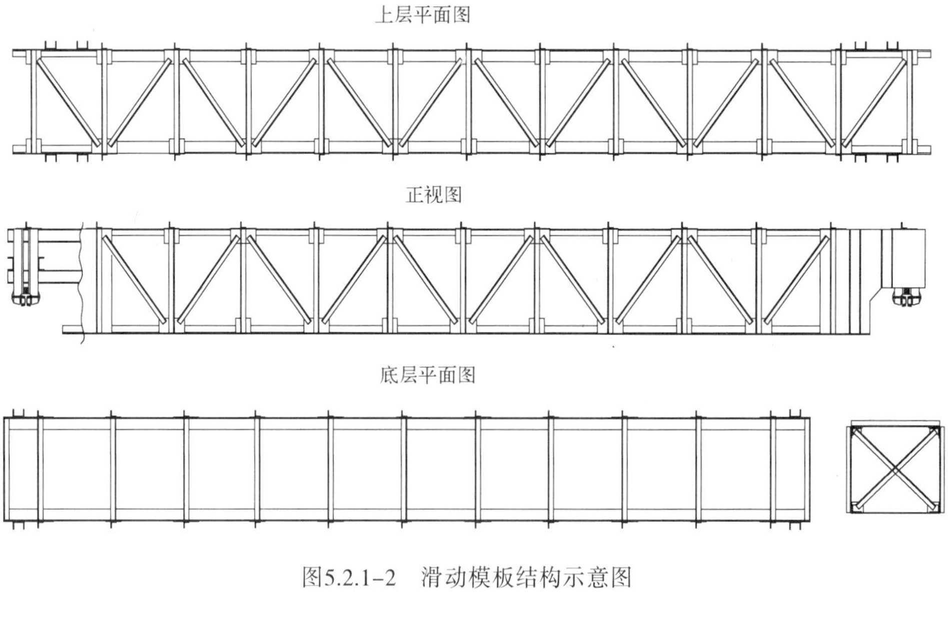

图5.2.1-2 滑动模板结构示意图

3. 基础验收

岩基上的杂物、泥土及松动岩石清除后冲洗干净并排干积水，清洗后的基础岩面在混凝土浇筑前保持清洁、干燥。如遇有承压水，根据现场情况制定引排措施。最终建基面在验收合格后，方可进入下一道工序施工。

4. 技术交底

为确保面板混凝土浇筑的质量和安全，施工前对施工人员进行技术交底，技术交底的内容包括设计要求、施工方法、工期要求、安全质量要求等。

5.2.2 上下交通钢管爬梯搭设施工

侧模安装前，首先由测量人员在边坡的上下两端测设施工纵缝边线，然后采用钢管在纵缝边线外侧坡面上搭设人员上下的交通爬梯。钢管爬梯安装在面板混凝土外侧，距分缝线0.5m左右，每一节爬梯都用短锚杆固定在坡面上，爬梯用钢管扣件连接，基础面凹凸不平部位用钢管支撑，爬梯应设稳固的安全扶手。

在此基础上，测量人员在边坡的上下两端及中部每隔一定间距对纵缝边线及控制点高程进行精确放样，据此控制点挂线安装侧模。

5.2.3 铜止水片安装

在相对应混凝土纵缝基础面上铺设一层砂浆垫层，然后在砂浆垫层上铺设PVC垫片。铜止水片采用紫铜卷材，加工前先进行退火处理，并采用铜片止水加工设备一次加工成型（包括"T"、"十"字接头），然后运输到现场后进行焊接。

5.2.4 钢筋制安

按照钢筋配料单下料加工钢筋后，运输到现场。通过人工传输至相应位置后进行绑扎、焊接。钢筋安装时，利用设置于坡面的锚杆作为支架钢筋，做架立网，施工前在锚杆上用油漆标明钢筋网高程，安装结构钢筋及分布筋，钢筋接头按规范要求进行焊接。钢筋安装应保证钢筋网平整、牢固，间距符合设计要求，钢筋网间距准确、均匀。

5.2.5 侧模安装

先浇面板块需安装侧模。侧模的安装原则上沿坡面自下而上进行。

侧模主要采用规格为10cm×10cm的方木进行拼装，侧模外侧在坡面上设置ϕ25插筋，插筋入岩50cm，外露20cm，插筋坡面间距为90cm，用于支撑侧模，侧模顶部安装一规格为∟50×5的角钢，作为无轨拉模的滑动轨道，并使角钢上表面与待浇筑的混凝土上表面一致。角钢钻孔后用螺栓拼装连接，侧模制作时块与块之间要清缝，靠混凝土侧要刨光。模板拼接处要有错口缝，防止漏浆。侧模安装如图5.2.5所示。

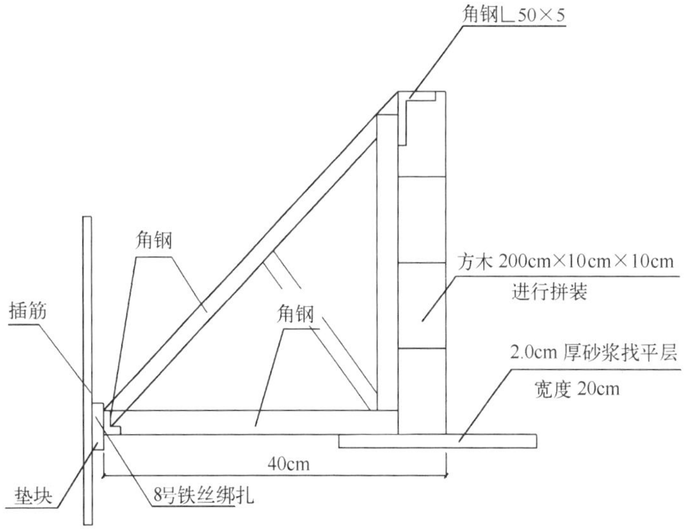

图5.2.5 侧模安装示意图

模板全部安装完毕，进行测量校正，侧模安装必须垂直，误差不大于3mm，顶面必须顺直，不能有突变，否则影响无轨滑模的滑行，也会造成面板混凝土表面凹凸不平。校正无误后，再进行嵌缝、刷隔离剂，顶面角钢涂润滑油，以利滑模滑行，减小阻力。

5.2.6 卷扬系统安装

滑动模板采用2台10t慢速卷扬机进行牵引。卷扬机布置位置与待浇混凝土的施工纵缝相对应。

卷扬机基础要求位于岩基上，打设锚杆将其固定牢固，并配置混凝土配重块。

5.2.7 滑动模板及水电、照明等安装

滑动模板在平地上根据浇筑宽度先进行组装，再采用汽车吊机将其吊装于侧模的轨道上，并将卷扬机钢丝绳穿系于滑动模板上。牵引系统安装完毕后，使滑动模板轻轻落在侧模上。先空载牵引滑动模板上行一段距离，确认其系统可正常运行后，施工准备全部结束即可进行混凝土浇筑。

修整平台随滑动模板一同安装，修整平台分为两种，一种为滑动模板附着式修整平台，一种为分离式修整平台。分离式修整平台在滑动模板上升一定高度后采用钢丝绳系在滑动模板的底部。

采用软式水管将水引至滑动模板，用作混凝土的临时养护用水。同时将动力电源及照明电源引至滑动模板上。根据气候条件，为避免刚浇筑后脱模的混凝土受太阳暴晒或受雨淋，在滑动模板上采用钢管搭设遮阳（雨）棚。

为防止在混凝土浇筑过程中因混凝土浮托力过大，使滑模"跑模"，初期滑模采用坡面锚杆进行初步锁定，并配置一定的配重后运行一段距离，确认其系统可正常运行后，在模具的内侧增设加固支撑，一端顶紧模板，另一端支撑于岩面上，支撑设立结束后即可进行混凝土浇筑。

5.2.8 溜槽安装

采用溜槽解决陡边坡面板混凝土入仓过程中的骨料分离问题。

溜槽由$\delta=1.2$mm厚的铁皮加工而成，每个溜槽为半圆形（半径30cm），长度为2.0m。溜槽沿长度方向每100cm设一铁箍，溜槽与溜槽之间通过挂钩连接。溜槽每3～4节与坡面钢筋绑扎牢固。

溜槽安装时，在已开挖坡面上先设置插筋，插筋入岩40cm，外露30cm，采用8号钢丝与溜槽固定。为保障混凝土浇筑强度，每个结构块浇筑时在结构块长度方向平均布置两条溜槽，溜槽的末端可左右方向移动。溜槽外侧上下设置吊耳并采用卡扣与钢丝绳连接牢固。为防止混凝土在下料过程中飞溅伤人，溜槽敞开表面采用无纺布（或帆布）进行覆盖。

为防止混凝土在溜槽内产生分离，在每节溜槽内安装一缓冲钢板。缓冲钢板自上而下的重量不等，底部溜槽的缓冲板重于顶部溜槽的缓冲板。混凝土在溜槽下滑过程中，粗骨料的下滑速度一般要快于水泥浆及细骨料的速度，但粗骨料必定受缓冲板的阻挡，粗骨料受到阻挡后，速度明显得到控制，同时部分欲飞溅出溜槽的骨料碰撞在无纺布（或帆布）上后回弹，也有效地缓解了其下滑速度。如图5.2.8所示。

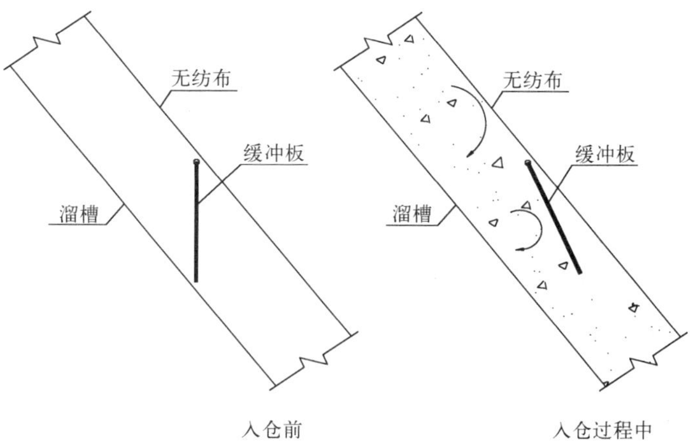

图5.2.8 溜槽设缓冲钢板装置示意图

5.2.9 钢筋混凝土防渗面板无轨拉模现场工艺性试验

由于库岸边坡较陡（1：0.75），混凝土面板施工难度较大，在开始正式施工前需要进行现场工艺性试验。

现场工艺性试验需要验证面板混凝土无轨拉模施工的可行性以及混凝土试验配合比的施工性能，并要确定混凝土面板施工的浇筑、振捣、收面及无轨拉模在滑升过程中的稳定性等内容。混凝土面板工艺试验中质量检查人员对每一道工序进行跟踪，并记录有关数据，逐步确定了无轨拉模的安装、模体滑升速度、混凝土浇筑、振捣及收（压）面等工艺参数，并对混凝土配合比进行了优化和完善。

5.2.10 混凝土拌合与运输、入仓

仓位验收后即可安排混凝土浇筑。

混凝土在拌合站拌合后，由混凝土罐车从拌合站运输至浇筑块的溜槽端部的骨料斗上。为防止混凝土坍落度过大导致滑模浮托力过大，拌合系统严格控制出机口坍落度在6～7cm范围内，混凝土入仓坍落度严格控制在3～4cm。

实施无轨拉模关键是控制入仓后的混凝土坍落度，主要采取以下措施：

1）增加混凝土拌制过程中的砂石骨料含水量的检测频次，根据骨料含水量及时修正混凝土配合比中的加水量；

2）建立混凝土坍落度损失对应表，根据气温、空气湿度以及混凝土运输距离的变化及时调整混凝

土出机口的坍落度；

3）加强混凝土的振捣与管控工作，防止漏振或过振，严禁在入仓后的混凝土中加水等，以解决混凝土坍落度小造成振捣难度大问题。

5.2.11 平仓、振捣、滑动模板提升及混凝土表面抹面

混凝土浇筑之前，为防止底部出现石子架空现象，先在面板底部铺筑一层厚2～3cm的砂浆（砂浆强度等级不低于面板混凝土）。混凝土入仓后，人工进行平仓，使浇筑层厚为30cm左右，并专门挑选含粗骨料较少的混凝土至铜止水附近，避免粗骨料在止水周边产生架空而出现渗漏。平仓后采用D50软轴振捣器进行振捣，在进行混凝土振捣过程中，采用双排交错连续振捣的方法进行混凝土的振捣施工，即从一端向另一端或从中间向两端进行错位连续振捣，避免在混凝土浇筑过程中漏振，铜止水片部位采用D30软轴振捣器振捣。在振捣过程中振捣器插入下一层混凝土面的高度不宜超过10cm，且插入深度不得少于5cm，以保证混凝土振捣密实。

如在浇筑过程中突然下雨，应在滑动模板上架设钢管架，用彩条布覆盖作雨棚，避免雨水冲刷已浇筑的混凝土。如雨过大致使仓面积水，无法正常浇筑时，则停仓作施工缝处理。如雨较小，将仓内积水排除后可继续进行混凝土浇筑。

滑模滑升由专人统一指挥，指挥人员在滑模附近，统一指挥语言，指挥其滑升。滑动模板滑升前，必须清除前沿超填混凝土。

混凝土浇筑后一次提升高度为30cm，滑动模板的提升速度初步控制在0.6～0.8m/h，根据混凝土脱模的效果加大或减小滑动模板的提升速度。

滑模拉升时，模板下缘混凝土表面要承受较大的拉应力，如混凝土坍落度太小或脱模时间接近初凝往往会造成机械损伤，因此要掌握好脱模时间，并在脱模后及时抹面压平，消除表面伤痕。面板浇筑中间不要停顿，以免过程中形成冷缝。如因故停顿造成冷缝，应停止施工，按施工缝处理后再继续浇筑。

因为混凝土供料或其他原因造成待料时，滑模应在30min左右拉动一次，防止滑模的滑板与混凝土表面产生粘结，增大卷扬机的启动功率。为了滑模运行安全，还需在两侧加挂10t手动葫芦，以增加安全保障，即使在上部卷扬机出现意外如停电时，10t葫芦还可起到保护作用和将滑模滑升至与混凝土面脱离。

在滑模提升一定高度后，人工在修整平台上对脱模混凝土人工找平、收光、压光。滑模滑过的面板混凝土表面，由抹面平台上的抹面工用长0.5m的木尺初抹，表面平整后，用样板控制平整度，用铁抹子抹面、收光，使面板混凝土达到平整美观。

5.2.12 滑模拆移

拆模前先将模板配重卸载，整体吊起，拆解钢丝绳，解体后的模具吊装至平板车上，转运至下一个施工工作面。

5.2.13 混凝土养护

在浇筑过程中，在修整平台人工洒水对已浇混凝土面进行养护，并立即用塑料薄膜覆盖保湿防止面板开裂。混凝土浇筑至顶后，采用无纺布等隔热保温用品进行覆盖，在面板顶部通过供水花管进行常流水养护，并同时辅以人工养护。面板冬季保温采用两层保温材料养护。

5.3 劳动力组织

劳动力组织见表5.3。

一条混凝土面板作业流水线劳动力组织情况表 **表5.3**

序号	人 员	单 位	数 量
1	钢筋工	人	10
2	混凝土工	人	8
3	架子工	人	4
4	车辆驾驶员	人	6

续表

序号	人　员	单　位	数　量
5	木工	人	9
6	电焊工	人	3
7	止水工	人	2
8	其他技工	人	3
9	普工	人	10
10	现场管理人员	人	2
合计		人	57

6. 材料与设备

本工法与常规面板堆石坝面板无轨拉模施工的设备基本相同，由于为陡边坡无轨拉模施工，牵引力较常规的拉模施工要大，故卷扬机的额定牵引力应大些。主要机具及材料投入见表6。

一条混凝土面板作业流水线主要机具及材料投入表　　**表6**

序号	机 械 名 称	单位	数量	备　注
1	强制式搅拌机	台	1～2	根据强度确定
2	混凝土搅拌车	辆	3	$8m^3$
3	平板车	辆	2	8t
4	卷扬机	台	2	10t
5	溜槽	节	60	2m/节
6	滑动模板	套	1	
7	铜止水模具	套	1	
8	平板振捣器	台	2	
9	软管振捣器	台	3	$\phi50$
10	软管振捣器	台	1	$\phi30$
11	汽车吊机	台	1	25t

7. 质 量 控 制

7.1　工程质量控制标准

施工质量执行《混凝土面板堆石坝施工规范》DL／T 5128-2001、《混凝土面板堆石坝接缝止水规范》DL／T 5115-2000、《水工混凝土施工规范》DL／T 5144-2001等的要求。

7.2　质量保证措施

7.2.1　加强混凝土坍落度的质量控制。坍落度是影响无轨拉模施工质量和进度的最重要因素。坍落度过大，混凝土易产生离析、分层，且脱模时间过长，容易泌水、下塌；坍落度过小，难振捣密实，易出现蜂窝、麻面现象。

7.2.2　避免或减小滑模的机械损伤、浇筑时中断时间过长又未按规定处理的冷缝、入仓时加水等易诱发面板裂缝的薄弱环节。

7.2.3　加强混凝土振捣质量控制。振捣是混凝土内在质量和外观质量的主要决定因素之一，必须使仓内布料均匀平整，无分离现象，振捣密实，同时不得过振或漏振，以防止混凝土脱模泌水与滑动模板上浮。

7.2.4 施工期间密切关注天气变化，尽量避开雨天施工。如遇小雨，在滑动模板上架设钢管架，用彩条布覆盖作雨棚，保证入仓混凝土质量。抹面后及时用彩条布覆盖，防止雨水对混凝土面板的冲刷。

7.2.5 面板混凝土脱模后，立即用塑料薄膜覆盖保湿，防止面板开裂。初凝后揭除薄膜覆盖，盖上无纺布等隔热保温用品，并及时洒水养护，宜连续养护至水库蓄水为止。

7.2.6 模板支撑基础坚实，支撑架和牵引钢丝绳等稳定、牢固；滑模、侧模稳定、牢固，牵引拉升调节系统正常工作；模板拼缝严密。

8. 安全措施

8.1 必须按设计图纸加工无轨拉模操作平台。平台各部件的焊接质量必须经检验合格。操作平台及吊脚手架上的铺板必须严密平整，防滑、固定可靠，不得随意挪动。操作平台上的孔洞（如上、下层操作平台的通道孔，梁模滑空部位等）应设盖板封严。操作平台（包括内外吊脚手）边缘应设钢制防护栏杆，其高度不小于120cm，横挡间距不大于35cm，底部设高度大于18cm的挡板。在防护栏杆外侧应满挂安全网封闭，并应与防护栏杆绑扎牢固。

8.2 定期检查卷扬机、吊点、钢丝绳是否磨损以及模板结构块间连接是否牢固、吊点与钢丝绳之间采用鸡心环联结等，严格按照操作规程操作定期对设备及相关设施进行维护保养。

8.3 卷扬机基础应平整、结实牢固。采用根据负荷计算且满足安全要求的混凝土配重块固定卷扬机，所有卷扬机采用单独电源供电，施工现场一律采用电缆作为导线，采用漏电开关保护，并实行一机一闸。卷扬机、吊点、牵引点应保持在同一轴线上。工作中每日检查一次锚杆各部位的位移情况。

8.4 面板施工的动力及照明用电应设有备用电源。混凝土工作平台上采用380V电压供电的设备，应装有触电保安器。经常移动的用电设备和机具的电源线，应使用橡胶软线。所有电气设备必须接地，且电阻不得大于4Ω。用电设备必须使用漏电开关，且必须安装防止短路的保险器，不得使用单极和裸露开关。敷设于操作平台上的电气线路应安装在隐蔽处，对无法隐蔽的电线应有保护措施。

8.5 夜间施工应保证工作面照明充分。操作平台上有高于36V的固定照明灯具时，必须在其线路上设置触电保安器，灯泡应配有防雨灯伞或保护罩。

8.6 滑模提升的操作工必须专人培训上岗。滑模提升时必须在指挥人员的统一指挥下进行。拉模前必须进行滑行试验，在确保安全的情况下进行施工。

8.7 面板上升后拆除的溜槽等不用的材料、物件及时清理运至地面，不能大量堆放在混凝土浇筑工作平台上。

8.8 施工人员必须系好安全带，设置专职安全监护人员。同时在坡面上另设两条绳索作为断绳安全保护装置，将安全绳固定在绳索上。滑模上的安全绳与模板同步上升。

8.9 拉模施工时，上下工作人员密切配合，信号统一，用对讲机进行上、下通信联络，同时辅助以口哨、红绿旗等工具。通信联络设备及信号设专人管理和使用，联络不清，信号不明，不得擅自启动垂直运输机械。

8.10 施工中经常与当地气象台取得联系，遇到雷雨、六级和六级以上大风时，必须停止施工。停工前做好停工措施，操作平台上人员撤离前，应对设备、工具、零散材料、可移动的铺板等进行整理、固定并做好防护，全部人员撤离后立即切断通向操作平台的供电电源。

9. 环保措施

9.1 对于混凝土拌合、混凝土浇筑、交通运输等施工强噪声源，按照《建筑施工场界噪声标准》GB 12523-90规定，优先选用低噪声动力机械设备以降低噪声值，并合理安排工作人员减少接触噪声的时间。

9.2 施工产生的废水需经过处理后方可排放。仓位冲洗、混凝土养护、混凝土冷却的施工废水重点控制悬浮物的排放，根据施工现场情况布置一定数量的施工污水沉淀池，经沉淀达到排放标准后，方可排放。浇筑混凝土时产生的废水，还要控制pH污染因子，当pH值较高达不到排放标准时，作适当酸碱中和处理，达到《污水综合排放标准》GB 8978-96规定的一级标准后方可排放排放。

9.3 按照《环境空气质量标准》GB 3095-1996，对施工期间粉尘排放，采取：①选配或安装有效的除尘设备，且与施工设备同时运行，并保持完好运行状态；②经常清扫工地和道路，保持工地和所有场地道路的清洁；③洒水车定时洒水。在施工高峰期及干燥季节，视路面扬尘情况，随时增加洒水次数，

9.4 对交通运输车辆、拌合站等施工机械排放废气造成污染的大气污染源，采取：①加强对各类机械设备的保养维护，保证发动机在良好状态下工作；②选择使用符合环保要求的燃油，减少污染气体的排放；③不在工地焚烧残留物或废料等措施进行控制。

10. 效 益 分 析

国内陡边坡混凝土面板的施工工艺，主要有无轨拉模、有轨滑模两种。

对于有轨滑模，轨道安装精度高、难度高，施工复杂，难以满足进度要求。对于无轨拉模，只要混凝土坍落度、滑模的配重、滑模提升速度等方面控制好，可顺利实现无轨拉模施工。

10.1 无轨拉模与有轨滑模的技术方案对比分析

对于有轨滑模，其轨道为I20的工字钢，单根工字钢较重，在陡边坡上安装，人工运输困难，施工作业危险，且安装精度要求较高，施工复杂，难以满足进度要求，且不规则混凝土板块很难实施拉模作业。

改用无轨拉模后，与有轮有轨滑模相比，无轨拉模侧模采用木模，可节省钢轨道，木模重量轻，坡面上运输较简单，安装精度要求较低，施工进度快，尤其对于不规则混凝土板块，均可实施拉模作业。

有轨滑模与无轨拉模两种施工方案在施工工艺上各有优点与不足，但是相对比可以发现，陡边坡混凝土面板无轨拉模可操作性强，便于实施。两种施工方案的施工特点比对见表10.1。

无轨拉模及有轨滑模施工工艺比对表 **表10.1**

比对项目	无 轨 拉 模	有 轨 滑 模
模板大小	12m × 1.2m	12m × 1.2m
模板侧压力	172.8kN（包括振捣器激振力）	172.8kN（包括振捣器激振力）
总牵引力	709.44kN	356.2kN
压　重	23.8t	无
模板自重	5t	5t
施工 工艺 特点	1. 对提升系统的牵引力要求较高； 2. 施工中模板顶部的压重大； 3. 面板表层混凝土强度损失大； 4. 混凝土施工结束后短时间内只可采用覆盖养护措施； 5. 不需跨面板内埋设的锚杆； 6. 模板压重较大对整个拉模的稳定不利； 7. 与锚杆的施工工艺要求的高低无关； 8. 整个拉摸的施工总荷载较有轨滑模小； 9. 采用无轨拉模施工可连续进行浇筑； 10. 拉模施工后缺陷处理工程量大； 11. 模板移位或就位必须借助起重设备； 12. 模板的自重不影响拉模的牵引力及稳定	1. 对提升系统牵引力要求不高； 2. 施工中面层模板不需压重； 3. 面板表层混凝土强度损失小； 4. 混凝土施工结束后即可采用覆盖养护，终凝后采用洒水及流水养护措施； 5. 需要跨面板内埋设的螺杆； 6. 对导轨与螺杆等连接件、导轨与导轨连接件及导轨、母体桁架的刚度要求高； 7. 导轨与锚杆连接件间交错换位对整个导轨受力平衡及稳定不利； 8. 增加了倒运模板、套筒埋设、连接螺杆换位等施工工程序； 9. 对锚杆的施工工艺要求高（必须满足拉模的整体稳定的要求）； 10. 采用手拉葫芦牵引时，葫芦的交换牵引对拉模的稳定不利； 11. 整个滑模的施工荷载较小； 12. 在一层浇筑结束后，须停顿一段时间后方可进行下层浇筑； 13. 滑模施工结束后缺陷处理工程量小； 14. 滑模就位或移位须借助于起重设备； 15. 母体自重对提升系统牵引力要求影响较大

10.2 无轨拉模与有轨滑模的经济与社会效益对比分析

有轨滑模与无轨拉模在材料方面投入的不同主要在于有轨滑模使用了I20的工字钢作为轨道。

山西西龙池抽水蓄能电站下水库库岸钢筋混凝土面板为满足按期蓄水的工程进度需要，必须投入8条面板施工作业流水线。如果采用有轨滑模，需要投入I20的工字钢1500m，计55t，每吨包括材料费在内安装费按10000元计，则合计55万元。用于固定钢轨道的锚杆共计8370根，ϕ28入岩1m。外露0.65m，每根单价按30元计，合计25.1万元。与无轨拉模相比，有轨滑模在轨道的安装和拆除上按每套需增加投入30人工日计算，则可需要增加人工费22.5万元。以上总计增加投入约102.6万元人民币。

面板混凝土采用无轨拉模后，除在上述成本上有节约外，由于无轨拉模的侧模安装工艺简单，施工进度有了很大提高，在2006～2007年混凝土施工强度高，各种外界制约因素繁杂的情况下，圆满完成了面板混凝土施工任务，有效确保了西龙池抽水蓄能电站的按期蓄水发电，得到了建设单位、监理单位、设计单位等各方的好评，社会效益显著。

10.3 陡边坡混凝土面板无轨拉模的优点

从上述对比分析可以看出，陡边坡混凝土面板无轨拉模具有以下优点：

1. 采用无轨拉模方案，侧模采用木模，重量轻，坡面上运输较简单，安装精度要求较低，施工进度快；

2. 有轨滑模需要跨面板内埋设锚杆，锚杆的施工工艺要求高（必须满足拉模的整体稳定的要求），而无轨拉模不需跨面板内埋设的锚杆，节约了施工费用和锚杆施工时间，加快了施工进度；

3. 有轨滑模在一层浇筑结束后，须停顿一段时间后方可进行下层浇筑。而采用无轨拉模施工可连续进行浇筑，对施工浇筑质量有保障，加快了浇筑进度；

4. 无轨拉模与有轨滑模相比减少了倒运模板、套筒埋设、连接螺杆换位等施工程序，加快了施工进度；

5. 无轨拉模与有轨滑模相比，在材料、人工等投入方面节省了较多费用。

11. 应 用 实 例

由于国内陡边坡混凝土面板比较少见，在山西西龙池抽水蓄能电站下水库工程成功应用后，现已经是一项较为成熟的先进工法。同时，在湖北省鹤峰县江坪河水电站下游侧右岸瓦屋台河床边坡加固工程以及云南糯扎渡水电站黏土心墙堆石坝的岸坡段心墙混凝土底板施工中得到了推广运用。

11.1 山西西龙池抽水蓄能电站下水库

山西西龙池抽水蓄能电站下水库为减少高陡库岸的开挖，满足库容需要，面板坡度为1：0.75。混凝土面板沿库岸轴线方向累计长度约1055.3m，面板不设水平缝，只设垂直缝。混凝土面板总块数115块。混凝土面板设计标准块宽度有12m、10m、8m、6m，标准面板高53.44m，斜长为66.8m。面板混凝土厚度为40cm（法向）。混凝土面板总面积为6.85万m^2。

面板采用C25W8F300混凝土。水泥为42.5普通硅酸盐水泥，人工骨料。外加剂有引气剂、高效减水剂等，掺合料有粉煤灰、聚丙烯纤维。混凝土配合比为水胶比0.4（水泥244kg/m^3）、掺粉煤灰25%（81kg/m^3）、砂率37%（砂722kg/m^3、石1236kg/m^3），另加适量的减水剂、引气剂等。

由于无轨拉模工艺简单，施工速度快，使本工程能够按期完成。钢筋混凝土防渗面板施工于2005年11月6日开始，2007年11月2日按期完成。

面板采用无轨拉模一次连续浇筑，夏季高温施工采取预冷措施，入仓温度控制在28℃以下。面板混凝土养护至水库蓄水。面板冬季采用EPE保温被和棉被两层保温材料保温。

施工中加大技术措施落实力度，加强混凝土原材料质量控制，并重点加强现场施工质量管理，从面板混凝土浇筑后的施工质量情况看，整体质量较好，达到面板混凝土质量控制要求。施工过程中严格控制各工序质量，拌合物质量控制较好。面板混凝土C25F300W8的28d抗压强度共检测707组，强度保证率为95.2%，满足设计要求。

2007年12月，混凝土防渗面板顺利通过中国水电工程顾问集团公司组织的山西西龙池抽水蓄能电站下水库蓄水安全鉴定。

11.2　湖北省鹤峰县江坪河水电站下游侧右岸瓦屋台河床边坡加固工程

湖北省鹤峰县江坪河水电站下游侧右岸瓦屋台河床边坡加固工程是江坪河水电站的一个抢险加固工程。江坪河水电站在施工期间，2007年汛期出现特大暴雨，电站下游左岸梅家台山体出现大滑坡，形成堰塞湖。致使河床水流改向，直接冲刷右岸的瓦屋台河床边坡，危及右岸边坡的安全稳定。2007年汛末以及2008年在对堰塞湖清挖处理后，为确保右岸边坡的安全稳定，特对瓦屋台河床边坡进行加固处理。即先对坡进行开挖修整，坡比为1：1，坡面采用C25混凝土面板进行防护，混凝土工程量约6200m^3，并在混凝土面板坡面上安装预应力锚索对河床边坡进行加固。

该项目于2008年11月15日开工，2009年4月25日竣工。施工中，混凝土面板护坡参照了陡边坡混凝土面板无轨拉模施工工法进行施工，施工工艺简便快速，进度、质量满足合同、设计和规范要求，所施工的各单元工程质量检测成果优良。经历了2009年全年十年一遇洪水和2010年汛期日降雨量270mm的百年不遇的特大暴雨的考验，运行情况良好。

复杂地质条件下深厚覆盖层竖井施工工法

GJEJGF286—2010

中国水利水电第六工程局有限公司
翟万全　王金田　蔡荣生　刘永胜　张坤

1. 前　　言

溪洛渡水电站左岸地下厂房共设1号、2号两条出线竖井，竖井工程规模巨大，开挖直径达14m，竖井深度最大达488.5m，覆盖层深度最深达126m，且地质条件及其复杂，土体透水性强，稳定性差，井身覆盖层先后穿过洪积堆积体、冰川、冰水堆积体、古滑坡堆积体等地层，且土体内含大量孤石与土石胶结体，施工难度极大。竖井施工采用"正井法"施工，在施工过程中如何合理安排开挖、支护、衬砌之间的关系，减少井内施工干扰，关系着施工安全以及节点工期的实现。对此，我局制定了"复杂地质条件下深厚覆盖层竖井施工技术"工法，采用井口桁架梁、仞脚模板、大盘以及井壁混凝土斜接茬技术有效解决了"正井法"开挖、混凝土"倒悬法"浇筑的各种施工难题，溪洛渡水电站左岸出线竖井施工受到业主单位及水利水电专家的一致好评，其施工技术被集团公司评为"2010年科技进步"三等奖。在工程实践中此工法的应用取得了良好的效果，在溪洛渡水电站右岸3号、4号出线竖井施工及其他工程中得到了推广应用。

2. 工 法 特 点

2.1　成功探索出洪积堆积体、冰川、冰水堆积体、古滑坡堆积体等复杂地质条件下深覆盖层竖井开挖、支护快速施工技术。

2.2　成功解决了复杂地质条件下深覆盖层竖井井壁含管涌通道及井壁渗水施工难题。

2.3　成功探索出全圆"倒悬法"一衬混凝土紧跟开挖进行浇筑施工技术。

2.4　成功解决了混凝土"倒悬法"施工时，钢筋接头错头问题，上下层混凝土接缝浇筑不满施工难题。

2.5　成功解决了竖井开挖、支护、衬砌、灌浆等各工序上下立体作业施工干扰问题。

2.6　采用配套先进合理的施工安全系统，确保竖井施工安全。

2.7　不断优化施工方案、大胆尝试、勇于创新，创造了深覆盖层大直径竖井月施工强度55.5m的国内新纪录。

3. 适 用 范 围

适用于水利水电工程中复杂地质条件下深厚覆盖层竖井施工。

4. 工 艺 原 理

复杂地质条件下深厚覆盖层竖井施工工法，其工艺原理主要是：

4.1　开挖工序有利于保护井壁，减少施工对松散井壁的扰动，防止井壁垮塌。

4.2 支护方法快捷、简便，减少开挖后土体暴露在外时间。

4.3 一衬混凝土采用“倒悬法”浇筑，及时跟进开挖施工，确保井壁安全。

4.4 通过爆破质点振动监测试验，控制单响药量，减少了孤石爆破时对井壁及已浇混凝土的影响。

4.5 采用井口桁架梁、井内作业大盘，仞脚模板技术实现了竖井开挖、支护、混凝土衬砌、壁后灌浆施工的上下交叉作业。

5. 施工工艺流程及操作要点

5.1 施工工艺流程

井挖施工人员乘载人电梯至工作面→门机吊运反铲、吊斗等井挖设备至工作面→反铲装渣到吊斗→吊斗装满后挂钩，起吊→在出线场1号、2号竖井中间倒渣区翻斗卸渣→吊斗挂钩再吊至工作面→本层可直接挖装的石渣出完，孤石出露→钻孔→装药、联线、防护→反铲、锚杆钻车等机械设备吊出井外，不能吊出的井盘等吊至井口并加强防护，人员全部撤至井外安全地带→井外鸣警、响炮→通风、散烟→施工人员乘载人电梯至工作面检查爆破效果、排险→门机吊运反铲、吊斗至工作面进行工作面清理→本层开挖全部渣出完→井挖施工人员乘载人电梯、吊斗通过门机撤至另一竖井进行井挖施工→同时井身支护与混凝土衬砌施工人员进入工作面。

5.2 操作要点

5.2.1 施工布置

由于竖井覆盖层采用“正井法”施工，井口布置直接关系到竖井开挖、支护、衬砌之间的衔接以及平行交叉作业，是实现井内立体施工的纽带。井口布置方案为：在竖井顶部平台布置一台16t门机，进行机械、设备、材料、出渣等垂直运输。每个竖井井口布置一桁架，作为大盘、风管、水管、混凝土下料管等支撑平台。每个竖井井口布置一台施工电梯，进行施工人员上下竖井垂直运输。在出线平台，每个竖井布置一个稳车群，用于大盘、电梯的升降。

每个出线井内布置一个单层桁架梁结构吊盘，吊盘分8节采用∟80×8、∟75×7角钢和[8槽钢焊制，上铺δ3mm网纹钢板，吊盘外径10.6m，外侧管线位置留豁口，以便吊盘顺利通过。中间空心，中空直径6m，内外侧用钢筋护栏和安全网防护。吊盘主桁架梁高、宽均为1m，内外侧为三角形结构。吊盘自重约7t，用两台10t车通过两根6×19-ϕ28-1670钢丝绳悬吊，钢丝绳破断力总和1071kN。井口布置见图5.2.1-1，大盘结构图见图5.2.1-2、图5.2.1-3。

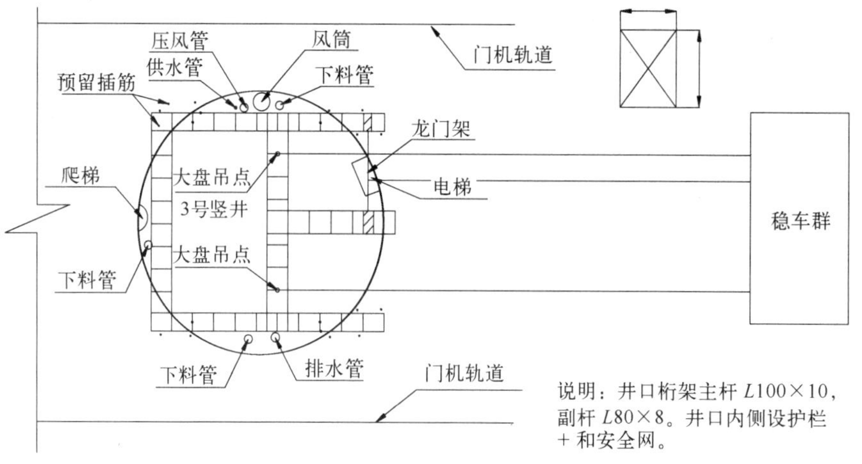

图5.2.1-1 井口布置图

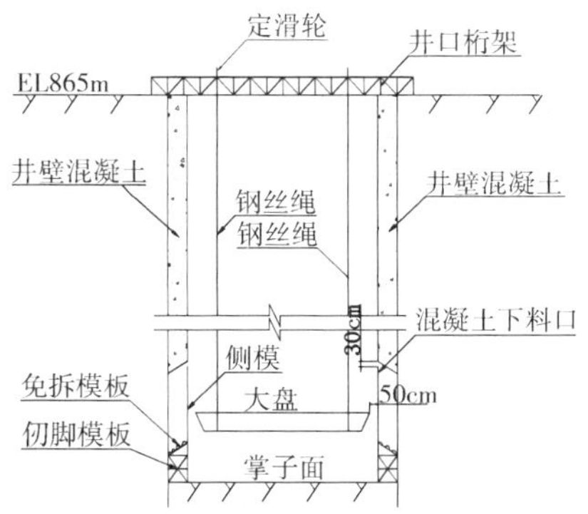

图5.2.1-2　大盘示意图

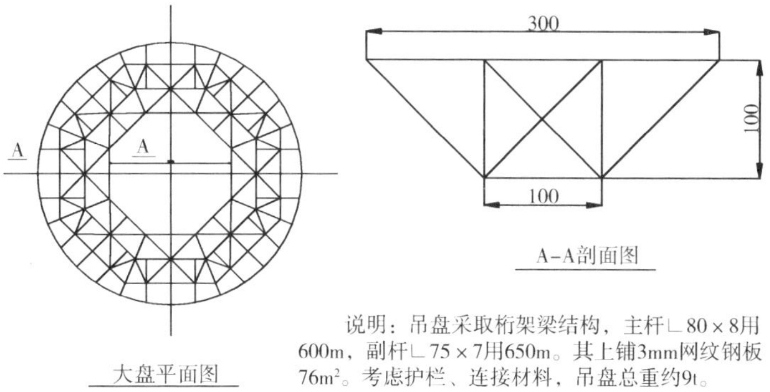

说明：吊盘采取桁架梁结构，主杆∟80×8用600m，副杆∟75×7用650m。其上铺3mm网纹钢板76m²。考虑护栏、连接材料，吊盘总重约9t。

图5.2.1-3　吊盘结构图

5.2.2　覆盖层开挖施工

竖井开挖、支护及混凝土浇筑施工循环进行，循环进尺控制在3.0m以内，开挖一层支护一层。覆盖层段开挖采用人工配合0.3m^{3}液压反铲进行。先采用液压反铲扩挖竖井中间部分，靠井壁预留30cm保护层采用人工开挖。

大块孤石在每循环土体开挖完毕之后，集中采用钻孔爆破法解体后随土方挖出，井壁处孤石在井中开挖完毕之后采用人工持手风钻钻水平孔，进行爆破，爆破后再进行人工持风镐修整。孤石解爆时，先在竖井底部挖一大坑，井内孤石采用反铲将孤石移至大坑中，然后进行钻孔；井壁内嵌孤石直接在原位钻水平孔。装药完毕之后采用钢筋网、砂袋对孤石进行覆盖后起爆。爆破后孤石随土方由反铲进行装渣。

由于出线竖井开挖掌子面距离井壁新浇混凝土距离很近，距离仅1.5m，因此采用质点震动监测试验，确定一次最大起爆药量，井内爆破必须严格控制一次起爆药量，防止爆破对新浇混凝土造成损伤。通过质点振动监测试验，测试振动速度均小于安全质点振动速度1.2 cm/s的最大单响药量为4.0kg。

爆破完毕之后立即进行检查，确定无安全隐患之后，采用门机将0.3m^{3}液压反铲吊运至井底，开挖弃渣直接采用液压反铲装自制6.0m^{3}吊斗，用门机提升到井口临时堆渣场卸渣，然后适时采用3.0m^{3}载机装20t自卸汽车，运至指定渣场。

由于竖井覆盖层地质结构复杂，土体内部架空现象严重，在开挖过程中多次遇见内部架空结构。当开挖遇见管涌通道时，对管涌通道洞口做适当扩挖，以保证施工安全为原则。扩挖后清除管涌通道内跨塌堆积的松散物，然后对管涌通道采用C20混凝土进行分层回填。首先对管涌通道空隙较小的部位进行回填，并充分振捣，然后回填空隙较大的部位，确保回填密实。回填时在管涌通道顶部预埋回填灌浆花管，回填完成后首先进行回填灌浆，灌浆压力0.1～0.15MPa，然后再对周边自进式锚杆进行固结灌浆。

5.2.3　覆盖层支护施工

受地质条件影响，覆盖层井壁较为松散，为保证井壁的安全，必须对井壁进行灌浆加固。根据原来设计方案，出线竖井覆盖层支护方式为：土锚杆ϕ48@1.0×1.5m，在施工过程中，由于土体内部孤石含量高且内部架空现象严重，土锚杆施工极其困难。根据现场实际施工情况，土锚杆在进入土体后遇大孤石，再也无法继续施工，且不能拔出，锚杆损失量非常大。即使施工完毕的土锚杆，施工时间大大超出预期。

1．试验

为进一步确定土锚杆施工方法及程序，在左岸出线竖井井口段及出线场内进行了土锚杆、自进式锚杆钻孔灌浆试验。土锚杆与自进式锚杆均采用D7进行施工，土锚杆分别采用直接造孔和先造孔后插杆两种方法进行施工。

1）土锚杆直接造孔：采用在D7液压钻钎尾上加设连接套，将ϕ48土锚杆装入连接套中，利用D7液压钻凿岩机冲击力将土锚杆压入土体中。现场在井口段不同部位共施工土锚杆10根，最大入土深度为1.5m，最小入土深度0.5m，均不满足设计要求的5.5m入土深度，合格率为零，且钻进速度缓慢，造孔平均速度为0.5～1.0m/h。

2）土锚杆先造孔后插杆：采用D7液压钻先钻设ϕ76mm土锚杆孔，然后采用在D7液压钻钎尾上加设连接套，将ϕ48土锚杆装入连接套中，利用D7液压钻凿岩机冲击力将土锚杆打入孔中。由于土体钻孔后出现严重塌孔现象，钻杆退出孔内时需要多次吹孔，且成孔率低，因此通过此方法，现场在井口段不同部位共施工土锚杆47根、在出线场内共施工土锚杆3根，最大入土深度为5.5m，最小入土深度3.0m，其中满足设计要求5.5m入土深度的土锚杆共5根，合格率为10%，施工速度缓慢，且施工投入增加，造孔平均速度为1.5～2.0m/h。

3）自进式锚杆：采用在D7液压钻钎尾上加设连接套，将ϕ32自进式锚杆装入连接套中，利用D7液压钻凿岩机冲击力将自进式锚杆带压钻入土体中。通过此方法，现场在井口段施工ϕ32自进式锚杆9根（其中有3根为带连接套的3m长锚杆连接而成，有5根按技术要求钻设了花孔）、在出线场内共施工土锚杆6根（其中有3根按技术要求钻设了花孔），最大入土深度为5.6m，最小入土深度5.5m，全部满足设计要求5.5m的入土深度，合格率为100%。且施工速度快，造孔平均速度为11～16.5m/h。

4）灌浆试验对比：出线竖井土锚杆及自进式锚杆灌浆试验共试验了10根，土锚杆3根，自进式锚杆7根，其中3根自进式锚杆没有钻设花孔，4根自进式锚杆按技术要求钻设花孔。试验数据如表5.2.3。

灌浆工程量表 **表5.2.3**

序号	孔号	锚杆形式	水灰比	灌浆注灰量（kg）	单位注灰量（kg/m）	总注浆量（L）	备 注
1	1-1	ϕ32 自进式	0.7：1	306.10	55.65	313.65	钻花孔
2	1-2	ϕ32 自进式	0.7：1	306.93	55.81	314.50	钻花孔
3	1-3	ϕ32 自进式	0.7：1	288.97	52.54	296.10	无花孔
4	2-1	ϕ32 自进式	0.7：1/0.5：1	590.69	107.40	558.81	钻花孔
5	2-2	ϕ32 自进式	0.7：1	238.96	43.45	244.85	无花孔
6	2-3	ϕ32 自进式	0.7：1	181.28	32.96	185.75	无花孔
7	3-1	ϕ48 土锚杆	0.7：1	148.20	26.95	361.45	钻花孔
8	3-2	ϕ48 土锚杆	0.7：1/0.5：1	1208.13	219.66	1269.39	钻花孔
9	4-1	ϕ48 土锚杆	0.7：1	432.41	78.62	260.65	钻花孔
10	4-2	ϕ32 自进式	0.7：1	281.82	51.24	288.75	无花孔

根据现场灌浆工程量表，钻设花孔的自进式锚杆灌浆量大于无花孔的自进式锚杆灌浆量；土锚杆正常灌浆量与钻设花孔的自进式注浆量基本一致；土锚杆注浆量相互间差别较大，注浆效果不均衡。而自进式锚杆注浆量相互间差异较小。且自进式锚杆施工速度快，锚杆损失量小，且能达到土锚杆的效果（对井壁土体进行固结），因此在实际施工过程中系统支护采用自进式锚杆。

2. 自进式锚杆施工

根据试验结果，出线竖井覆盖层系统支护采用自进式锚杆替代土锚杆，自进式锚杆间排距为1.2m×1.0m，∟=6.0m，入岩5.5m，锚杆底部1.5m范围内设置花孔，花孔间距10cm。开挖结束后采用门机将液压反铲吊运至井口安全区域，随即进行井壁系统支护。由于竖井覆盖层中含有大量孤石以及架空结构，采用手风钻进行锚杆施工困难，且容易断杆。因此系统支护采用CLM-15履带式锚杆钻车进行施工（CLM-15履带式锚杆钻车采用门机进行竖井内的垂直运输）。为了减小由于断杆造成的锚杆损失，每根自进式锚杆由两节3.0m长锚杆组成，先进行第一节（第一节锚杆含花孔）锚杆施工，然后由第二节锚杆进行加长，继续施工。

锚杆注浆时为了保证灌浆压力满足设计要求，将大盘移动到需要注浆部位，通过门机将注浆机吊运至大盘上，对于井底锚杆注浆，将注浆机直接吊运至井底进行注浆，保证注浆机与被注浆锚杆之间的垂直高差小于1.5m，减少附加注浆压力。注浆站布置在井口适当位置，浆液制成后通过高压橡胶管自流至储浆桶中，然后通过注浆泵进行注浆。

由于竖井地质结构复杂，内部架空现象严重，注浆异常情况时有发生。单根锚杆当吃浆量大于500L时，停止注浆，依次进行同一截面上的其他锚杆注浆，待一圈注浆完成后，对没有达到结束标准的锚杆进行补灌，直至每根锚杆注浆都达到结束标准。

5.2.4 覆盖层混凝土施工

出线竖井混凝土主要为井壁一衬混凝土施工。由于出线竖井覆盖层采用正井法施工，因此井壁混凝土施工采用“倒悬法”进行施工。混凝土衬砌滞后开挖1 ~ 2个循环。混凝土施工采用井内布置的大盘作为施工平台，井壁一衬混凝土厚度1.0 ~ 1.2m。由于混凝土衬砌采用“倒悬法”浇筑，因此混凝土施工存在两大技术难点，一是钢筋接头错头的问题，一是相邻两层混凝土接缝问题（相邻混凝土接缝处浇筑不满的问题）。

1. 模板施工

为了满足钢筋错头的要求，底模支撑采用仞脚模板，为了避免进行底部混凝土凿毛，在仞脚模板上采用免拆模板。钢筋穿过免拆模板后伸入仞脚模板中。仞脚下行钢模板高1.35m，仞脚下部高0.9m，斜面坡度30º，使钢筋接头能错开0.6m，单个仞脚模板长1.5m，模板加工拼装安放在下部刃脚模板上。模板和刃脚之间采用钢筋插销活连接，仞脚模板结构见图5.2.4–1所示：

仞脚模板安装后示见图5.2.4–2所示：

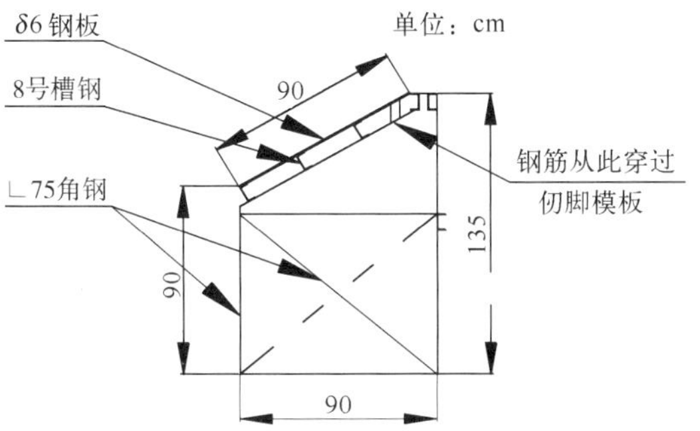

图5.2.4–1　仞脚模板断面图

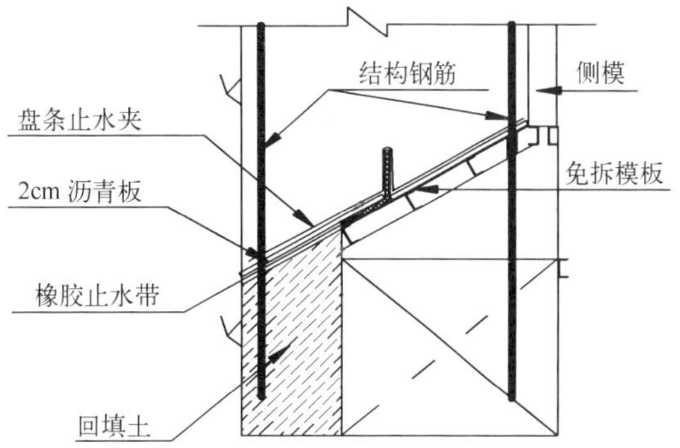

图5.2.4–2　仞脚模板拼装后示意图

侧模采用P1015、P3015标准钢模板拼装。侧模施工平台采用井内布置的大盘。大盘运行到作业面时，采用大盘四周布置的丝杠，将大盘与井壁顶死，避免在大盘上作业时晃动。 侧模拼装后结构如图5.2.4–3所示：

2. 混凝土下料系统

为满足出线竖井混凝土衬砌井内垂直输送，在每个竖井上部井口设置3个下料口，配备3套ϕ159mm溜管。溜管无缝钢管制作，每节长度6m，采用法兰连接，溜管采用两根钢丝绳悬吊，溜管用卡扣固定在钢丝绳上，沿井壁向下敷设，为防止混凝土在长距离溜管下落过程中产生骨料分离，每一节溜管设置1个与主管135° 夹角的岔管，溜管从井口连接到距离仓面8m高度改用溜筒或软管连接到浇筑仓面。此混凝土下料系统制作简单、安装方便、成本低廉。

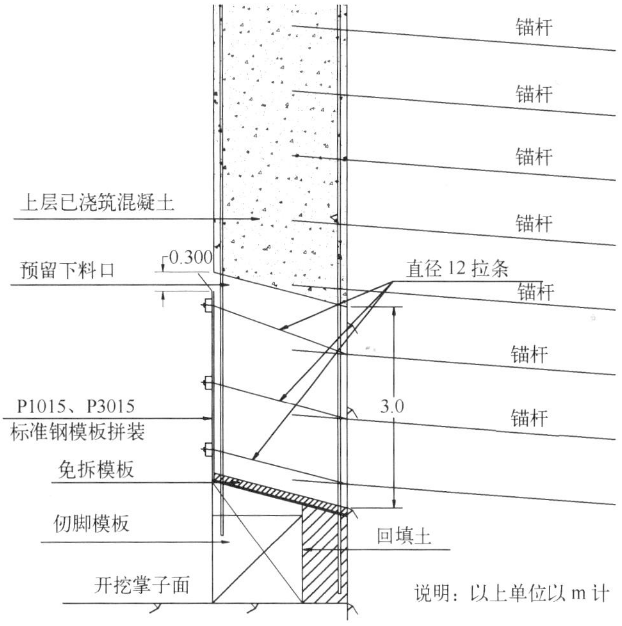

图5.2.4–3　模板拼接后示意图

混凝土下料程序：混凝土→井口下料口料斗→溜管→溜筒或软管→仓号→平铺、振捣。混凝土最大垂直输送距离126m，竖井井壁混凝土施工一年来，混凝土井内垂直运输时没有出现骨料分离现象，混凝土完全符合设计要求。

3. 混凝土入仓、振捣

模板施工时，模板顶部设开放振捣口，即模板上部30cm外倾30°，使模板上口与上仓混凝土面保留30cm空隙作为仓号上部进料空间与振捣棒振捣口，保证混凝土进料与振捣在整圈范围皆可进行，并在侧模中部适当位置设进人孔，仓号底部1.5m范围浇筑时施工人员从进人孔进入仓号内进行布料和振捣，待一仓混凝土浇筑3/4时，所用施工人员撤出仓号，对进人孔钢筋、模板进行恢复，然后通过模板上部预留的30cm空隙作为仓号上部进料空间与振捣棒振捣口进行混凝土浇筑。

混凝土铺料采用平铺法，平铺层的厚度控制在40～50cm之间。混凝土平仓采用人工平仓，橡胶止水处采用人工送料填满，并用钢筋夹将止水固定支撑。为了防止模板在混凝土下料过程中产生位移，混凝土采取对称入仓方式。下料管下料达到一定量后要移位一次，避免下料集中。混凝土振捣采用直径ϕ50mm和ϕ70mm的软轴插入式振捣器振捣，模板周围和埋件附近采用ϕ50振捣器或采用人工捣固密实，特别是止水周围，要细心振捣，以防模板走样和埋件位移。

4. 两循环间混凝土接缝处理

每仓混凝土均采用免拆模板作为底模，因此每仓混凝土底面不再进行凿毛处理，减少了施工强度，加快了施工进度。

5. 竖向钢筋接头处理

根据施工规范要求，同一截面上的钢筋接头不大于50%，且相邻接头之间距离大于50cm。钢筋采用滚轧直螺纹丝套进行连接。钢筋错头采用仞脚模板作为平台，钢筋穿过免拆模板后，伸入仞脚模板内进行错头，相邻钢筋之间错头达到60cm以上。

6. 混凝土拆模与养护

根据溪洛渡水电站导流洞的施工经验，混凝土浇筑36h后进行侧面模板拆除，侧模拆除以及混凝土洒水养护均采用大盘作为施工平台，拆除的模板集中放置在井底，然后由门机集中吊出竖井。混凝土拆模后，及时对混凝土进行撒水养护，洒水采用胶管从沿井壁布置的供水管接水。为了保证施工安全，侧模拆除时停止井内其他工序施工。底模拆除在下一循环土方开挖时进行，先开挖井中部分，待上一层混凝土浇筑48h后，对底模下部进行开挖，随着土方开挖的进行，底模下部将被掏空，底模自然脱离与混凝土的接触。由于竖井开挖需要进行孤石解爆，底模拆除后由门机吊运出井，放置在现场适当地方。模板出井后及时清理干净、修补整齐，混凝土浇筑前涂刷隔离剂。

5.2.5 覆盖层一衬井壁壁后灌浆施工

本工程竖井灌浆主要指井壁混凝土壁后灌浆，在井壁混凝土施工时，在井壁混凝土中预埋外径不小于57mm，壁厚为3.5mm的壁后灌浆钢管，防止在混凝土浇筑过程中管道变形甚至破坏。在进行壁后灌浆施工时，进行预埋灌浆管扫孔，进行壁后灌浆。灌浆采用大盘作为施工平台。为了减小由于高差引起的灌浆附加压力，灌浆设备放置在大盘上（大盘与灌浆孔之间的垂直高差小于1.5m），在井口布置一个集中制浆站，然后通过高压橡胶管自流至大盘上的储浆桶里，然后进行灌浆。

由于本竖井覆盖层段地质条件极其复杂，内部架空结构以及管涌通道较多，灌浆必定出线较多异常情况，为了保证灌浆质量以及灌浆施工的顺利进行，采用先试验，然后再全面施工的思路。左岸竖井选取2个单元（每个段元15个孔），进行试验，通过试验，得出以下结论：

1. 根据现场注浆实际情况，绝大部分注浆孔，在灌注500L以内纯水泥浆都能达到结束标准。个别注浆孔注浆量特别大，对于吃浆量特别大的注浆孔，最初采用间歇灌浆的方式，使得部分吃浆量大的注浆孔达到了结束标准；对于采用间歇灌浆仍然不能达到结束标准的注浆孔，采用灌注水泥砂浆的方式进行注浆，采用这种方式也能使部分注浆量大的孔很快达到结束标准；但是仍然有少量注浆孔采用水泥砂浆灌注仍然不能很快达到结束标准，为此采用掺入水泥砂浆体积3%的水玻璃砂浆进行灌注，效果很好。例如：注浆量最大的注浆孔为819.3m高程S4-9号注浆孔，总注浆量达到了6570.15L，在灌注5683.85L水泥砂浆后，注浆孔吃浆量仍然特别大，我局后来在砂浆中掺入3%的水玻璃后，继续灌注280.40L砂浆，该注浆孔即达到了结束标准。

2. 根据灌浆试验记录，同一排注浆孔吃浆量差别很大，约50%的注浆孔吃浆量在200～500L之间，约50%的注浆孔需要灌注水泥砂浆，约30%的注浆孔需要灌注水玻璃砂浆，注浆孔注浆量都远远超过回填灌浆的工程量。

3. 由于存在一定比例的注浆孔吃浆量特别大，因此左岸竖井井壁土体内部可能存在较大的管涌通道。由于竖井覆盖层段采用自进式锚杆支护，自进式锚杆对覆盖层土体起到了固结作用，竖井壁后注浆主要为填充竖井一衬井壁混凝土与其周边土体之间的空隙，因此，采用以下方式是可行的：

1）注浆量≤500L时，采用0.5：1的纯水泥浆进行注浆。

2）注浆量≥500L时，采用1：0.5：0.3（水、水泥、砂）的砂浆进行注浆。

3）注浆量≥2000L时，在砂浆中掺入砂浆体积3%的水玻璃进行注浆（砂浆配比仍然为1：0.5：0.3（水、水泥、砂）。

5.2.6 井壁渗水处理

为了保证竖井井壁的安全，防止因为井壁渗水引起井壁坍塌，经我课题攻关小组多方咨询以及多次试验，采取以下方案：

1. 及时将渗水通过高扬程水泵排至井外；

2. 针对竖井内施工场地狭小的问题，对于井壁面渗的问题，采用自进式锚杆的浆液，在渗水部位均匀浇洒一层，可有效减少渗水量；

3. 覆盖层段的混凝土衬砌及时跟进。

6. 材料与设备

6.1 材料

6.1.1 火工材料

采用乳化炸药、非电毫秒管及导爆索。

6.1.2 仞脚模板

采用仞脚模板成功解决了钢筋接头错头问题。

6.2 设备

0.3m^{3}小松挖掘机、CLM-15履带式锚杆钻车。

在竖井开挖过程中采用0.3m^{3}小松挖掘机，掘进速度快，装渣时回转半径小可加快开挖进度；采用CLM-15履带式锚杆钻车可一次将锚杆钻入土体内，钻进速度快，效率高。

7. 质 量 控 制

7.1 建立出线竖井施工质量保证体系，确立管理人员名单，负责各工序的组织管理工作。

7.2 施工机械设备组织到位。

7.3 施工前，技术人员组织召开专题会议，对测量人员、施工作业队各个工序有关人员进行技术及工法交底。

7.4 每班作业均由一名技术员和一名质检员进行全过程质量检查控制与技术指导、监督，填写质量检查控制表。

7.5 项目总工程师、质检部部长、技术部部长、施工队队长要对每一循环施工质量进行检查、总结，制定下一循环改进措施予以实施。

8. 安全措施

8.1 为保证照明安全，必须在各作业面、道路、生活区等设置足够的照明系统，地下工程照明用电遵守《水工建筑物地下开挖工程施工技术规范》SDJ212-83第10.3.3条的规定，在潮湿和易触电的场所照明供电电压不大于36V。施工用电线路按规定架设，满足安全用电要求。

8.2 进行爆破时，人员撤至安全距离之外。

8.3 每道工序施工完成，经过安全检查合格后，才能进入下一道工序的施工。

8.4 定期进行井壁围岩变形观测，如发现异常情况及时报告有关人员，并立即组织施工人员和机具撤离。

8.5 项目部成立安全管理小组，针对本工程安全重点由技术部编制安全技术措施指导现场生产，加强施工现场安全管理工作，科学组织施工，确保施工安全。

9. 环保措施

9.1 爆破粉尘及烟气得到了及时有效的排放。

9.2 施工废水都按要求进行了处理，排入场内系统排水沟内。

10. 效益分析

10.1 经济效益

10.1.1 模板支撑

底模采用彻脚模板，免去了底模支撑以及底模安装，底模安装时，每个竖井仅需要4个工人配合门机进行就位，费时4h。若采用常规模板进行支撑，则需要10个工人，费时1d且底模安装以及封堵需要5个工人，费时1d。每个循环需要脚手架钢管942m，每循环脚手架钢管考虑10%的损耗，总共需要脚手架钢管15t，每吨价格按5600元考虑。由于模板支撑安装需要技术工人，每个工人每天工资按100元计算，1号、2号竖井总共有混凝土42仓，此项2个竖井可节省资金：[15×5600+100×（15−4×0.5）×42]×2=277200元。

10.1.2 井壁混凝土防护：孤石解爆时，采用井内挖坑以及控制一次最大起爆药量进行孤石解爆，不需要对井壁混凝土进行防护。若采用常规方法爆破，必须对井壁混凝土进行防护，因此需要马道板200m^2，废旧轮胎175个（按最底一仓混凝土进行防护），每个循环考虑20%的损耗量。因此2个竖井混凝土防护需要马道板3680m^2，废旧轮胎3220个，马道板每平米95元，废旧轮胎每个35元。每次防护需要10个工人，费时1天，每个工人工资按100元一天考虑。因此整个防护费用为：

3680×95+3220×35+100×10×42×2=315150元。

10.1.3 井口桁架以及井内大盘：本项目竖井内均采用大盘作为操作平台。若采用常规方式，混凝土防护、竖井壁后灌浆、混凝土侧模安装以及浇筑均需要在井内搭设脚手架钢管作为施工平台。搭设脚手架按双排脚手架，间排距1.0m、步距1.0m考虑，每循环需要搭设ϕ48脚手架钢管1130m，脚手架钢管每次搭设按10%的损毁率计，共需要ϕ48脚手架钢管44t，现在市场价为5600元/t，同时每次脚手架搭设需要6个工人，费时1.0d，每个工人平均按100元一天考虑，需要资金资金：

44×5600+6×1.0×100×42×2=173600元。

10.1.4 后期竖井壁后灌浆需要整个竖井搭设脚手架钢管，因此总共需要脚手架钢管77174m，若考虑采用租赁的方式，按0.18元/m一天计算，同时使用过程中，按10%的损毁率考虑，需要资金：38587×0.18×60+38587×10%×3.84÷1000×5600=499717元（脚手架钢管租赁时间考虑60d）。每个竖井搭设脚手架需要20个人工，费时15d，需要资金15×20×100×2=60000元。每个大盘造价40000元，每个大盘采用2台10t卷扬机牵引，卷扬机每台65000元，每年按20%的折旧率，本项目结束后残值为58500元。因此采用大盘可节约资金499717+60000−40000×2−（65000−58500）×4=453717元（每个竖井各一套大盘系统）。

10.1.5 本工程采用的新技术最大的亮点在于节约工期上。竖井覆盖层月施工强度最高达55.5m，创2009年行业纪录，岩石层段最高强度达175m，使得竖井较合同工期提前3个月完工，节省了施工管理费用，且保证了工程质量，潜在效益巨大。左岸竖井总共配备管理人员如下：工点长1人，技术员2人，质检员2人，测量2人，共计7人，每人每月按3000元工资计算，总共节省资金7×0.3×3=6.3万元，参考竖井运行费用，每个月风水电等开销，平均每月42万元，因此，提前3个月完工，可节省资金：42×3+6.3=132.3万元。

10.1.6 间接经济效益

本竖井工程规模巨大，地质条件及其复杂，覆盖层深度大。由于对本竖井工程的各种施工技术进行研究，并取得成功，使得竖井提前3个月完工，极大的提升了公司的形象，给业主、设计、监理等单位留下了深刻的印象。因此，公司2009年10月收到业主“溪洛渡水电站左右岸出线竖井上段二期土建工程议标邀请书”，并于2009年12月与业主签订承包合同，合同金额约9000万元，按照7%的利润计算，可增加收入：9000×7%=630万元。

综上所述，由于进行“复杂地质条件下大直径深覆盖层出线竖井群施工技术”研究并取得成功，使得公司实现直接经济效益：

277200+315150+173600+453717+1323000=254.27万元。间接经济效益630万元。

10.2 社会效益

复杂地质条件下深厚覆盖层竖井施工工法是水电六局在总结过去多年地下工程开挖经验的基础上一项新技术，在工程实践应用中得到了业主及社会各界的一致好评，为水电六局在地下工程施工中创造品牌工程奠定了基础。

11. 应用实例

11.1 复杂地质条件下深厚覆盖层竖井施工工法在溪洛渡水电站1号出线竖井中的应用

金沙江溪洛渡水电站为仅次于三峡电站的巨型水电站，电站装机容量13860MW，近期年发电量为571.2亿kW·h，枯水期平均出力为3395MW，远景可达640.6亿kW·h和6657MW。电站水库正常蓄水位600m，正常蓄水位下库容为115.7亿m^3。

溪洛渡水电站左岸地下厂房1号出线竖井工程规模巨大，开挖直径达14.6m，竖井总深度488.5m，覆盖层深度最深达114m，地质条件极其复杂，土体透水性强，稳定性差，为世界罕见。井身覆盖层先后穿过洪积堆积体、冰川、冰水堆积体、古滑坡堆积体等地层，且土体内含大量孤石与土石胶结体，施工难度极大。采用井口桁架梁、仞脚模板、大盘以及井壁混凝土斜接茬技术有效解决了“正井法”开挖、混凝土“倒悬法”浇筑的各种施工难题，项目部严格管理、合理组织、精细化施工，有效地保证了混凝土的质量和进度。

按照此工法的实施和施工现场合理的组织，在2009年11月份完成了溪洛渡水电站左岸地下厂房1号出线竖井施工，受到业主单位及水利水电专家的一致好评，其施工技术被集团公司评为“2010年科技进步”三等奖。

11.2 复杂地质条件下深厚覆盖层竖井施工工法在溪洛渡水电站2号出线竖井中的应用

金沙江溪洛渡水电站为仅次于三峡电站的巨型水电站，电站装机容量13860MW，近期年发电量为571.2亿kW·h，枯水期平均出力为3395MW，远景可达640.6亿kW·h和6657MW。电站水库正常蓄水位600m，正常蓄水位下库容为115.7亿m^3。

左岸地下厂房2号出线竖井工程开挖直径达14m，竖井总深度488.5m，覆盖层深度最深达124.8m。

地质条件极其复杂，土体透水性强，稳定性差，为世界罕见。井身覆盖层先后穿过洪积堆积体、冰川、冰水堆积体、古滑坡堆积体等地层，且土体内含大量孤石与土石胶结体，施工难度极大。采用井口桁架梁、仞脚模板、大盘以及井壁混凝土斜接茬技术有效解决了“正井法”开挖、混凝土“倒悬法”浇筑的各种施工难题，项目部严格管理、合理组织、精细化施工，有效地保证了混凝土的质量和进度。

按照此工法的实施和施工现场合理的组织，在2009年11月份完成了溪洛渡水电站左岸地下厂房1号出线竖井施工，受到业主单位及水利水电专家的一致好评，其施工技术被集团公司评为“2010年科技进步”三等奖。

11.3　复杂地质条件下深厚覆盖层竖井施工工法在溪洛渡水电站3号出线竖井中的应用

金沙江溪洛渡水电站为仅次于三峡电站的巨型水电站，电站装机容量13860MW，近期年发电量为571.2亿kW·h，枯水期平均出力为3395MW，远景可达640.6亿kW·h和6657MW。电站水库正常蓄水位600m，正常蓄水位下库容为115.7亿m^3。

溪洛渡水电站右岸地下厂房3号出线竖井工程规模巨大，开挖直径达14.6m，竖井上段深度252.03m，覆盖层深度最深达64.7m，且地质条件极其复杂，土体透水性强，稳定性差，为世界罕见。井身覆盖层先后穿过洪积堆积体、冰川、冰水堆积体、古滑坡堆积体等地层，且土体内含大量孤石与土石胶结体，施工难度极大。采用井口桁架梁、仞脚模板、大盘以及井壁混凝土斜接茬技术有效解决了“正井法”开挖、混凝土“倒悬法”浇筑的各种施工难题，项目部严格管理、合理组织、精细化施工，有效地保证了混凝土的质量和进度。

按照此工法的实施和施工现场合理的组织，在2009年10月份完成了溪洛渡水电站右岸地下厂房3号出线竖井施工，受到业主单位及水利水电专家的一致好评。

11.4　复杂地质条件下深厚覆盖层竖井施工工法在溪洛渡水电站4号出线竖井中的应用

金沙江溪洛渡水电站为仅次于三峡电站的巨型水电站，电站装机容量13860MW，近期年发电量为571.2亿kW·h，枯水期平均出力为3395MW，远景可达640.6亿kW·h和6657MW。电站水库正常蓄水位600m，正常蓄水位下库容为115.7亿m^3。

溪洛渡水电站右岸地下厂房4号出线竖井工程规模巨大，开挖直径达14.6m，竖井上段深度252.03m，覆盖层深度最深达61.7m，地质条件极其复杂，土体透水性强，稳定性差，为世界罕见。井身覆盖层先后穿过洪积堆积体、冰川、冰水堆积体、古滑坡堆积体等地层，且土体内含大量孤石与土石胶结体，施工难度极大。采用井口桁架梁、仞脚模板、大盘以及井壁混凝土斜接茬技术有效解决了“正井法”开挖、混凝土“倒悬法”浇筑的各种施工难题，项目部严格管理、合理组织、精细化施工，有效地保证了混凝土的质量和进度。

按照此工法的实施和施工现场合理的组织，在2009年11月份完成了溪洛渡水电站右岸地下厂房4号出线竖井施工，受到业主单位及水利水电专家的一致好评。

复杂地质边坡大孔径深孔锚索钻孔施工工法

GJEJGF287—2010

中国水利水电第七工程局有限公司　中国水电建设集团铁路建设有限公司
罗建林　李正兵　黄平　吕文强

1. 前　言

随着国家西部大开发的深入推进，超大型及巨型水电工程在复杂地质条件下进行的超高人工边坡开挖及治理越来越多，其施工已成为影响水电工程建设进度、安全乃至成败的关键。小湾和锦屏一级水电站大坝坝肩自然边坡高度均超过2000m，开挖边坡分别高达700m级和550m级，边坡工程地质条件错综复杂，大坝及缆机平台边坡采用了数量众多、规模庞大的深孔（孔深60～80m）、大孔径（孔径ϕ165～ϕ180）预应力锚索为主要措施进行工程治理。在复杂地层条件下进行深孔大孔径锚索的成孔难度非常大，是制约施工进度和影响质量控制的关键工序。锦屏一级水电站大坝左岸550m级人工开挖边坡已成功治理，围绕该项目形成的《复杂地质高陡边坡施工技术与安全控制》的科研项目通过中国水电建设集团组织的成果验收鉴定且被鉴定为达到了国际先进水平，同时形成了多项科研成果和发明专利，技术成果应用于后续施工项目，取得了显著的经济效益，节省施工成本超过1000万元。以该工程边坡为典型实例之一编撰的《水电水利工程边坡施工规范》（送审稿）于2009年9月通过审查，该标准是水电水利工程边坡施工的首部标准，填补了行业空白，总体达到了国际先进水平。中国水电七局在总结上述水电工程边坡岩锚施工经验和工程应用基础上，编制形成该工法。

2. 工法特点

2.1　针对不同作业条件选择相应的钻机及施工程序，满足边坡支护安全和进度的要求。

2.2　钻孔的开孔定位与导向控制措施，保障开孔的精度，并有利于固壁灌浆及孔道灌浆的实施。

2.3　研制的不提钻反吹研碎及扶正装置，可有效提高钻进效率、保障成孔质量。

2.4　针对不同的钻孔机具配置，提出了复杂地层深孔、大孔径钻孔施工适宜的钻进参数，制作了风水混合器，达到提高孔斜控制精度、提高钻孔施工质量和效率，降低粉尘污染。

2.5　利用研制的流动性与凝固时间可控、护壁与嵌缝效果好、早期强度高的粘时变浆液，进行钻孔中固壁灌浆处理，保证了施工质量，加快了施工进度，节省了工程投资。

3. 适用范围

本工法适用于工程地质条件复杂的水电水利、公路与铁路、市政及地质灾害治理等工程深孔、大孔径岩锚钻孔施工。

4. 工艺原理

利用岩土钻掘技术，将压缩空气作为动力介质，推动潜孔冲击器做功，破碎岩体凿岩成孔。根据地层情况和作业条件，选择合适的钻孔机具及钻孔作业参数，满足支护对施工进度和工程安全的需要。在覆盖层或堆积体中钻孔采用跟套管钻进技术成孔；在地层复杂的基岩中钻孔时遇到宽大裂缝或掉块、塌孔时，采用粘时变浆液（可泵时间、流动性、初凝时间及终凝时间可根据工程实际情况调整）的物理化学及力学特性进行固壁灌浆或破碎岩体固结灌浆，保证孔壁稳定和嵌缝堵漏；同时使用不提钻反吹研碎及扶正装置来处理钻进过程中出现的埋钻卡钻事故，并防止钻孔弯曲的产生。采用上述综合的工艺方法，最终实现复杂地层岩锚施工钻进成孔。

5. 施工工艺流程及操作要点

5.1 施工工艺流程

5.1.1 复杂地层深孔大孔径岩锚钻孔施工主要采用多功能全液压履带式钻机紧跟开挖面及轻型锚固钻机在脚手架上钻孔相结合的方式施工，见图5.1.1–1、图5.1.1–2。

图5.1.1–1 全液压钻机紧跟工作面施工

图5.1.1–2 轻型锚固钻机排架上施工

5.1.2 复杂地层深孔大孔径岩锚钻孔施工工艺流程见图5.1.2。

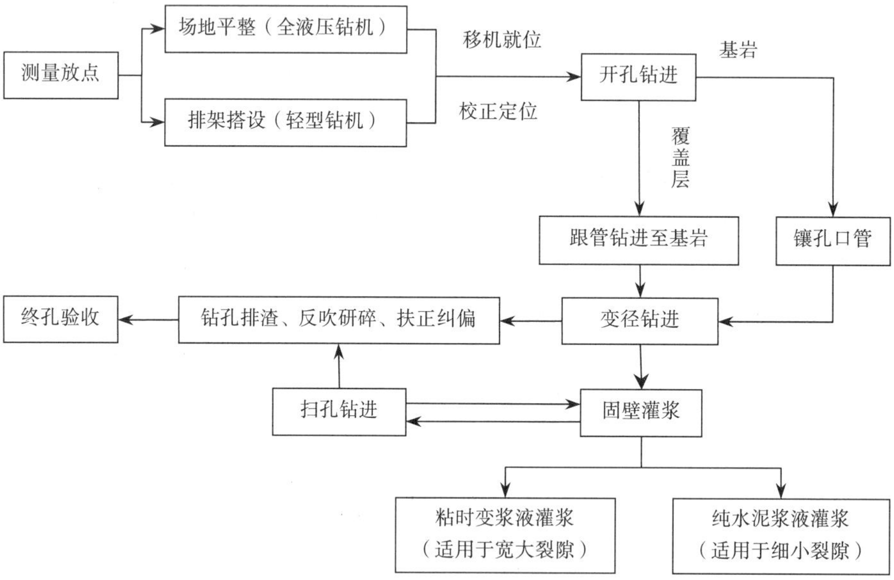

图5.1.2 岩锚钻孔施工工艺流程

5.2 操作要点

5.2.1 测量放点

根据锚索设计布置位置在作业面依次用全站仪放样，并做孔位标记。

5.2.2 作业场地平整

按放样的锚索孔部位对作业面进行平整，使钻孔机具能够良好就位，或为作业平台的搭建创造条件。

5.2.3 排架搭设

若锚索作业时需要形成锚固工作平台时，脚手架搭设需遵循《建筑施工扣件式钢管脚手架安全技术规范》JGJ 130-2001中的相关要求。脚手架上作业的轻型液压锚固钻机应按一定的间距均匀分布，不可集中作业。钻孔操作平台临空面及上部，必须设置安全防护设施进行立体防护。

脚手架搭设完毕后，在脚手架上采用全站仪按钻孔设计角度放出锚索孔的后视点，锚索钻孔方位角按孔位、后视点连线控制，见图5.2.3。

图5.2.3 钻孔方位角控制

5.2.4 开孔钻进

钻机就位并校正好钻孔角度后，将钻机固定牢固。开钻前，应仔细检查钻机完好情况，并采用压缩空气清除钻杆内杂物，同时清除孔口周围的松动岩块。钻孔时，先采用较设计钻孔孔径大一级的钎头开孔。开始钻孔时，打开送气阀，冲击器向前给进，钎头顶住岩面，使冲击器只冲击工作，不回转钻进。当冲击出一个凹形小坑稳住钻具后，再回转使冲击器进入正常工作。亦可在设计孔位上先采用人工钻凿出与锚孔孔径相匹配的凹槽，以利于钻具定位及导向。

5.2.5 孔口管镶铸

当钻进至1.5m时，停止钻进，并起钻，镶铸带法兰盘的孔口管，孔口管管径需与设计钻孔孔径相协调，其方位角与倾角皆应满足设计要求。孔口管镶铸完毕后应仔细对镶铸精度进行检查。孔口管镶铸的目的是：①保护孔口，②钻孔导向，③可及时进行有压固壁灌浆或锚索束体安装完成后孔道灌浆。

5.2.6 跟管钻进

当覆盖层较厚时，为确保能有效成孔，可先采用跟管钻进至基岩后，再采用普通潜孔锤钻孔至设计深度。跟管钻进时应注意以下几点：

1. 套管级配和钻孔结构应相适应，钻具选择应适合地层和钻孔需求。
2. 跟管前应逐一检查潜孔冲击器、钻头及套管、管靴，保证钻具材质的可靠性。
3. 钻进过程中，随孔深增加同步加接钻杆及套管，并保持孔内清洁。

5.2.7 变径钻进

孔口管镶铸完毕并待凝24h后，换用与锚孔设计孔径匹配的钎头钻进。

5.2.8 钻孔排渣

1. 复杂地层钻进时，漏风、掉快、卡钻和埋钻现象严重，岩屑难以有效排出。一部分岩屑进入漏风裂隙带或破碎岩体缝隙中随着孔内高压介质的强弱来回移动，与松散破碎岩石碎块一起造成塌孔埋钻事故；另一部分岩屑因高压介质漏失力量减弱，被搬运至冲击器尾部，充填于孔壁与钻杆形成的环状空间内，致使卡钻、埋钻事故频繁。

在钻孔过程中，每加接一根钻杆前，须上下活动钻具并反复吹孔至少一根钻杆长度。提钻时，应缓慢、均匀，并保持空压机连续供风。

2. 有效清除孔内岩屑，可在冲击器尾部安装钻孔反吹与研碎装置。增加钻孔反吹与研碎装置的工作特征在于：

1）在钻进过程中，压缩空气经钻杆中心通道、钻孔反吹装置中心通道直接作用于潜孔锤使冲击锤高频振动、做功并传给钎头，同时在回转力的作用下凿岩成孔，见图5.2.8（*a*）。

2）在提钻过程中，压缩空气经钻杆中心通道直接传至钻孔反吹装置排气口（不驱使潜孔锤做功）直接往孔外排气，将孔内岩屑直接吹出孔外，见图5.2.8（*b*）。

3）该装置尾部镶嵌有钢粒，可切削、研碎孔壁的探头石及掉块产生的较大岩块。

通过钻孔反吹及研碎装置的使用，在大大降低孔径的同时，可将锚孔孔道清洗的更干净，有利于锚索安装，提高锚索施工质量。

5.2.9 钻孔纠偏

1. 复杂地层锚索钻孔过程中，钻孔轴向沿软弱层面倾斜，钻孔轨迹呈“S”形或类“抛物线”形。为达到设计所要求的锚索孔偏斜率≤2%，钻孔中采用刚度大的粗径钻杆、钻具上加粗径扶正器和选择合理的钻进参数。

2. 粗径钻杆的使用。钻杆的尺寸需与钻孔机具相匹配，根据设计钻孔孔径，主要选用了ϕ89、ϕ114、ϕ130等刚度较大的粗径钻杆。

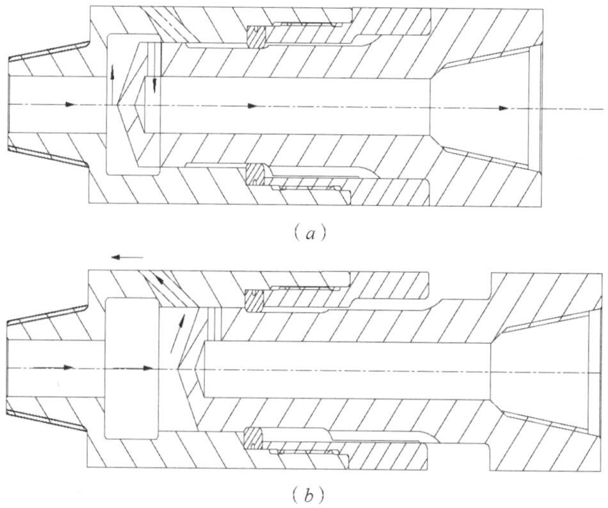
（a）

（b）

图5.2.8 钻孔反吹装置

3. 粗径扶正器的使用。粗径扶正器安装在潜孔锤尾部，具体尺寸根据钻孔孔径确定，同时在粗径扶正器上镶嵌刚粒，以扫除探头石及孔内岩屑、岩石碎块。在复杂地层，特别是地层中存在宽大裂隙横穿钻孔时，若粗径扶正器长度过短，扶正器会掉入裂缝而失去作用，甚至影响钻具的给进和提升。解决办法为：

1）加长粗径扶正器，但其长度不宜超过单根钻杆长度；

2）增加粗径扶正器数量，每5m左右设置一个扶正器。施工中采用上述方法，大大减小了孔斜，而且有利于通过裂缝。扶正器装置示意图及现场使用见图5.2.9–1、图5.2.9–2。

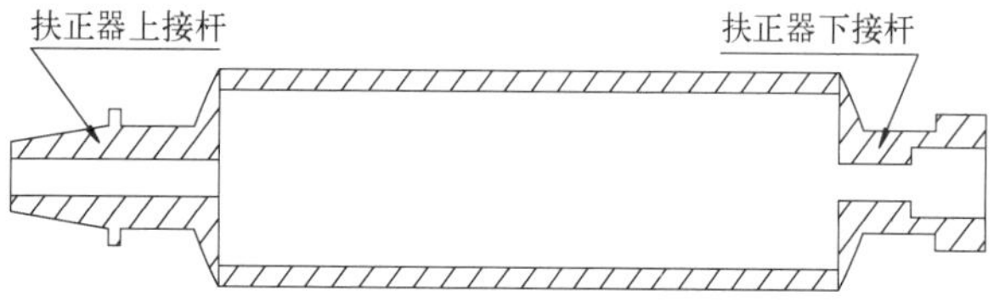

图5.2.9–1 扶正器装置示意图

图5.2.9–2 钻孔过程中使用的扶正器

4. 选择合理的钻进参数。合理的钻进参数应根据施工区域所处工程地质条件和岩石特性来决定。经过若干组试验，得出复杂地质条件下高边坡锚固钻孔施工一般应符合“中等钻压、慢转速、平稳风压”的操作要求，造孔进尺效率为3～5m/h，风压稳定在1.0～1.2MPa时，冲击频率为18次/s，转速为18～23r/min比较合理。钻压大小以孔内钻具的总重量为参考值，在钻进过程中应不断调整相关参数。

5.2.10 破碎岩体灌浆

1. 钻进过程中若发生掉块、塌孔、卡钻而无法继续钻进，可采用普通水泥浆液进行有压灌浆，灌浆水灰比宜为0.45：1～0.5：1。此时，可直接利用已镶铸的孔口管结合简易孔口封闭器进行灌浆。循环式有压灌浆，见图5.2.10–1。具体操作如下：退出钻杆后，往孔内下入进浆管、回浆管（一般采用脆性PVC管以方便扫孔），将法兰盘制作的简易孔口封闭器，用螺栓与孔口管上的法兰盘连接牢固，接上进、回浆管路，进行灌浆。采用此方法较常规有压灌浆减少封孔待凝时间约6～8h，可大大提高钻孔施工效率。同时，锚索束体安装完成后，可直接将快速封孔器采用螺栓与孔口管上的法兰盘连接牢固，直接进行锚索孔道灌浆，见图5.2.10–2。

2. 钻孔过程中若遇到漏风严重，并探明存在较大漏失通道时，则采用粘时变浆液进行灌浆（专利局已受理发明专利申请）嵌缝、堵漏和固壁。具体操作如下：

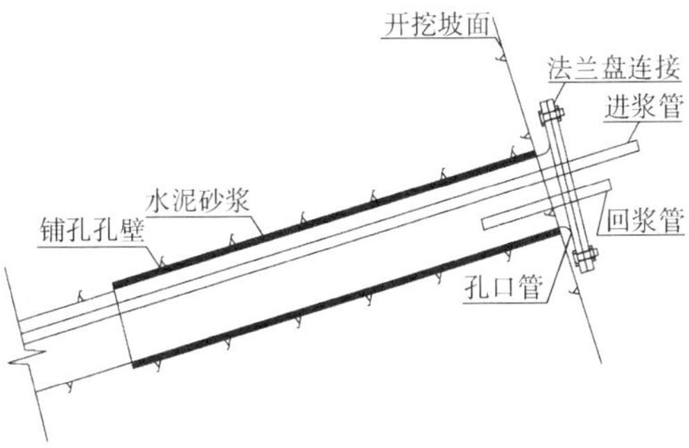

图5.2.10-1　有压循环固壁灌浆示意图

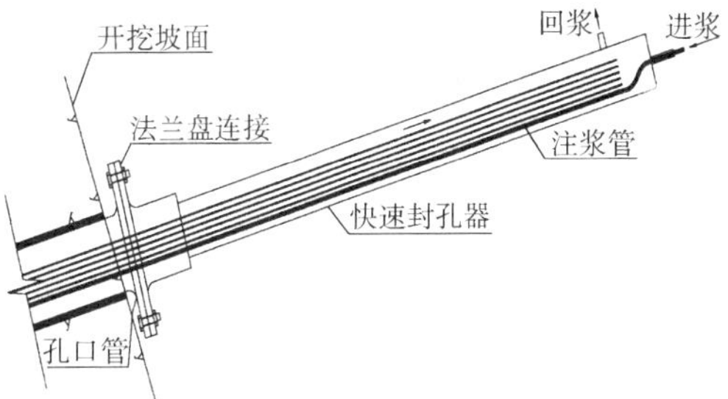

图5.2.10-2　锚索孔道灌浆示意图

1）根据钻孔或孔内电视显示的情况，调剂配制粘时变浆液各组份的配合比（该复合浆液有4种组分——水泥基液、引气剂、减水剂及速凝剂），根据现场实现操作要求确定浆液的可泵时间、初凝时间、终凝时间及强度指标。

2）配置灌浆所需的施工设备和机具，按加料顺序制备适宜现场泵送要求、嵌缝和堵漏能力强的浆液，并在现场检测其流动性、黏度。

3）按照普通水泥浆液进行有压灌浆的工艺方法，将灌浆材料送至孔道内，直至孔口返出浓浆后适当屏浆后停止。

4）当长时间灌注后难以返浆时，可根据现场实际情况调剂浆液配合比，增强其嵌缝和堵漏的能力。或者采取待凝后复灌的措施。

5）灌浆结束后，应及时冲洗制灌浆设备及管路，避免浆液沉淀或凝固对其产生不利影响。

5.2.11　终孔验收

钻孔终孔后，反复对钻孔进行清孔。清孔结束后，采用特制探孔器（一端带导向帽并标有刻度的钢绞线）进行钻孔孔深测量，不满足设计孔深要求则进行扫孔处理。

5.3　劳动力组织

锚索钻孔一般按3人/钻机/班配置，每天3连续施工。相关人员配置参见表5.3所示。

锚索钻孔施工人员配置表　　　　**表5.3**

工种	单位	数量	备　注
架子工	人	4	
测量员	人	2	
钻探工	人	6	三班作业
灌浆工	人	12	三班作业

6. 材料与设备

6.1　钻机

主要选用轻型液压锚固钻机及多功能全液压履带式钻机。各类锚固钻机性能参数见表6.1。

各类锚固钻机性能参数表　　　　**表6.1**

钻机类型	产　地	最大扭矩（N·m）	最大提升力（kN）	给进力（kN）	钻机倾角（°）	适应钻孔深度（m）	适应钻孔孔径（mm）
KLEMM\Atlas	德国\瑞典	12000	80	50	-30 ~ 30	150	90 ~ 260
YG-80	无锡双帆	3500	45	30	0 ~ 3600	80 ~ 100	220 ~ 130
MGY-80	重探厂	3500	50	34	0 ~ 360	80 ~ 100	200 ~ 110
MG-70	长沙矿院	3900	36	24	-35 ~ 100	70	105 ~ 165
YXZ-90、70	成都哈迈	5800	65	45	0 ~ 360	45 ~ 120	150 ~ 260

6.2 钻杆

钻杆的选用需要综合钻机能力和排渣能力进行考虑。复杂地质条件下高边坡锚索施工实践表明，选用粗径外平式钻杆，缩小钻杆与孔壁的环状间隙，将十分有利于清孔排渣，尤其是遇到复杂地层时，可以有效地减少掉块卡钻、塌孔埋钻等孔内事故，达到防斜目的。钻杆选用见表6.2。

钻杆规格与适用孔径、适配机型一览表　　表6.2

外平钻杆规格	φ73mm	φ89mm	φ114mm	φ130mm
适用钻孔直径（mm）	110～130	110～165	140～180	165～180
适配钻机型号	MG-70\YXZ-70	YG-80\KLEMM \Atlas	YXZ-90\KLEMM \Atlas	YXZ-90\KLEMM \Atlas

6.3 冲击器及钻头

冲击器的选用与空压机的功能相匹配，同时必须针对工程所在区域岩石条件，通过相关适应性试验再予以确定。通过锦屏左岸高边坡锚固工程施工试验与实践，确定了变质砂岩与板岩、大理岩中进行钻掘施工，必须采用中、高风压冲击器，同时使用无阀式潜孔锤（该类型冲击器耗风量小、结构简单、风压适用范围广），钻头则根据要求进行相应口径尺寸选定，见表6.3。

无阀式冲击器规格与适用钻孔直径的匹配表　　表6.3

型号	孔径（mm）	钻具外径（mm）	耗风量（m^3/min）	工作风压（MPa）	冲击功（J）	冲击频率（Hz）	兼容钻头
TH122	130～150	122	20	1.2～2.2	50	5	COP54、DHD350
TH139	150～180	139	24	1.3～2.4	70	5	COP64、DHD360
TH150	168～220	150	25	1.4～2.5	85	4	COP84、DHD380

6.4 空压机

空压机应根据钻孔设备的供风要求进行选择，针对复杂工程地质条件下深孔、大孔径岩锚钻孔施工，一般配置供风风量大于20m^3/min、风压大于2MPa的高风压空压机；或采用供风量不小于20m^3/min、风压不小于1.4MPa的中风压空压机进行群机并联供风，同时配置储气罐，以保障钻孔的正常进行。

7. 质 量 控 制

7.1 质量要求

施工及质量检查按《水电水利工程预应力锚索施工规范》DL/T 5083-2004中的要求，锚索终孔孔轴偏差不得大于孔深的2%，方位角偏差不得大于3°，终孔孔深宜大于设计孔深40cm，终孔孔径不得小于设计孔径10mm。

7.2 质量控制

7.2.1 锚索钻孔开孔前，作业机组需填写锚索钻孔开孔申请表。由技术员、安全员分别对钻孔角度、操作平台等逐项进行检查，合格后方可开孔。

7.2.2 镶铸孔口管时，应仔细检查孔口管安装精度，安装合格后方可进行后序工序施工。

7.2.3 钻孔过程中，随时检查脚手架、扣件变形情况，对松弛的扣件进行再次拧紧，确保钻孔质量。

7.2.4 固壁灌浆过程中，脚手架上的钻机不能移位，确保扫孔精度。

8. 安 全 措 施

8.1 锚索钻孔脚手架搭设前须进行技术交底。立杆应支撑在较完整的岩石上，同时在架设过程中要与锚筋相连接，排架架设宽度应保证施工人员能在平台上正常施工，排架上设置斜撑和剪刀撑加强其整体荷载性能，使排架能承受人员设备重量和施工时产生的振动。

8.2 一般按每两排锚索设置一层安全通道，马道之间纵向按一定间隔设置爬梯，便于人员通行；危险部位有明显的安全标识；安全通道及爬梯两侧设置防护栏杆，并张挂安全防护网。

8.3 钻孔操作平台顶部采用竹马道板，底部采用5cm厚木板进行上下立体防护（竹马道板及木板必须利用钢丝绑扎牢固），周边设置防护栏杆并张挂密布安全防护网，防护栏杆高度1.0m。见图8.3。

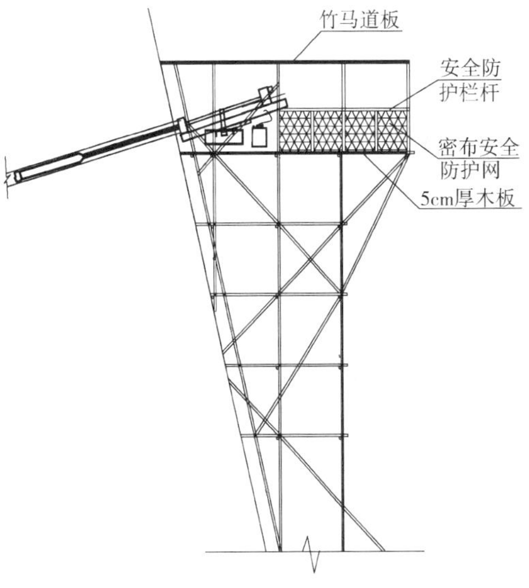

图8.3　钻孔操作平台防护示意图

8.4 所有施工人员必须按要求佩戴安全帽、安全带，灌浆人员必须佩戴防护眼镜。

8.5 锚索开孔时，对锚孔周围不稳定的围岩进行清理，防止在钻进时，因冲击器振动导致危石坠落伤人。

8.6 锚索钻孔完毕后，操作平台及施工排架上产生的机械漏油应立即进行清除，防止施工人员因接触机械漏油而发生滑落事故。

8.7 锚索钻孔施工期，必须定期对施工排架进行检查，存在安全隐患立即整改。

9. 环保措施

9.1 锚索钻孔过程中需采取降尘措施，避免粉尘太多对施工人员身体健康带来影响。钻孔除尘分孔内除尘和孔口除尘两种。对于完整地层，可采用孔内除尘，即将部分清水注入钻孔孔道内，和压缩空气混合，将孔内粉尘聚集成颗粒排出孔外，可降低粉尘70%～80%；对于破碎地层，可采用孔口除尘，即加工专用除尘器，在孔口将压缩空气与清水混合形成雾状混合物，达到除尘目的，可降低粉尘60%～70%。

9.2 灌浆产生的废水、污水必须经沉淀池处理后统一排放。

10. 效益分析

10.1 经济效益

锚索造孔施工是超长锚索施工技术难题中最关键的制约环节。复杂地层深孔大孔径锚索钻孔通过开孔定位导向装置、钻孔反吹研碎及扶正装置、跟套管钻进和采用粘时变浆液灌浆等技术在锦屏及小湾水电工程的成功应用，锚索钻孔工效可由初期阶段5～8m/d提高至22～25m/d，大大提高了锚索施工进度；锚索孔道破碎岩体灌浆节约水泥30%～40%，节约锚索施工工期约7个月，直接减少投资及施工成本约1200万元。

10.2 社会效益

该工法的推广应用，可以解决复杂地层深孔大孔径锚索钻孔施工技术难题，提高锚固工程施工质量，保障施工工期，节省工程建设投资，有效保障工程安全，社会效益极为明显。

11. 应用实例

11.1 锦屏一级水电站

锦屏一级水电站位于四川凉山州盐源县、木里县交界的雅砻江上，是雅砻江水能资源最富集的中、下游河段五级水电发电中的第一级水电站。大坝为混凝土双曲拱坝，坝顶高程EL1885m，最大坝高305m，水库总库容77.6亿m^3，装机容量3600MV。

锦屏一级水电站大坝左岸550m级高陡边坡CⅡ标、CⅢ标预应力锚索共布置近6500束。锚索结构为自由式单孔多锚头压力分散型无粘结预应力锚索，对钻孔质量要求高。锚索间排距按沿开挖坡面4m×4m、5m×5m、6m×6m布置，其中按4m×4m布置锚索居多；支护吨位有1000kN、2000kN、3000kN三种，其中2000kN、3000kN，L=60m、80m锚索居多。深孔、大孔径钻孔工程量总共达约408000m。

CⅡ标预应力锚索自2005年11月开始施工，2008年1月全部施工完毕，CⅡ标边坡开挖支护工程于2009年12月顺利通过竣工验收并评为优质工程；CⅢ标大坝左岸工程预应力锚索施工也于2009年7月份全部施工结束。在锚索钻孔过程中，开孔定位导向装置、钻孔反吹扶正装置、粘时变浆液等先进技术的成功应用，解决了复杂地质条件下锚索成孔问题。

根据施工期间埋设的多点位移计、锚杆应力计监测成果及锚索锚固力变化表明，开挖边坡锚固范围内岩石处于稳定状态，大吨位、长锚索锚固效果优良。锦屏一级水电站大坝左岸550m级高边坡治理效果图如图11.1所示。

图11.1　锦屏一级水电站左岸550m高边坡深孔、大吨位锚索治理效果图

11.2 云南小湾水电站

小湾水电站位于云南省大理州南涧县与临沧地区凤庆县交界澜沧江与黑惠江交汇点下游1.5km处，是澜沧江水电站基地的龙头水库和龙头电站。小湾水电站混凝土双曲拱坝高292m。大坝建成后，水库正常蓄水位为1240m，总库容量为149.14亿m^3，有效库容量达98.95亿m^3，装机容量420万kW，年发电量188.9亿kW·h。

小湾水电站两岸预应力锚索共6800余根（其中堆积体锚索2344根）。支护吨位有1000kN、1800kN、3000kN三种，最深锚索为75m，一般为25～50m。

小湾电站于2002年开工，2009年9月实现首台机组发电，2010年8月6台机组全部投产发电，整个电站总工期较原计划缩短2年。

该工程预应力锚索钻孔施工除堆积体采用跟管钻进技术外，其他部位锚索钻孔施工均应用了反吹扶正装置、固壁灌浆技术，成功解决了复杂地质条件下锚索成孔问题。

根据施工期间埋设的监测仪器监测结果表明，小湾水电站两岸边坡整体没有产生变形，边坡处于稳定状态。

小湾水电站700m级高边坡治理效果图如图11.2所示。

图11.2　小湾水电站700m高边坡深孔、大吨位锚索治理效果图

水工建筑物过流面抗磨蚀层环氧胶泥施工工法

GJEJGF288—2010

中国水利水电第十一工程局有限公司　中国水电建设集团铁路建设有限公司
张涛　丁清杰　黄俊玮　张汉平

1. 前　言

水工建筑物过流面抗磨蚀层环氧胶泥施工技术于2000年首次在长江三峡水利枢纽工程永久船闸输水系统应用，作为抗磨蚀保护层，施工应用总面积140000余平方米，效果良好。此后，在四川二滩、云南大朝山、四川瀑布沟、四川双江口以及刚果（布）等国内外几十个水利水电工程中应用，总施工面积超过300000m^2，创造了环氧胶泥大面积应用的中国之最。该工法采用的环氧胶泥及其应用技术2003年12月通过了水利水电建设集团组织的技术成果鉴定，专家鉴定结果处于国内领先水平，并荣获中国水利水电建设集团科技进步三等奖。

本工法选用的环氧胶泥是由环氧树脂、固化剂及特种填料等配制而成的高强度、抗气蚀、耐磨损的高性能材料。近年来，作为泄水建筑物混凝土表面缺陷和抗磨蚀材料，应用效果良好。

为推进我国水工建筑物混凝土过流面缺陷修补和抗磨蚀处理技术的发展，总结多年来环氧胶泥施工的成功经验，形成本工法。

2. 工 法 特 点

2.1 施工过程及工艺对施工人员无健康危害，不污染环境，施工材料无毒无污染，符合环保要求。

2.2 常温条件施工，不粘施工器具，方便、快捷，施工面平整、光洁。

2.3 按照本工法施工，使环氧胶泥与基底混凝土的相容性、粘结力提高，使用耐久性好。

2.4 施工工序简单，易于保证施工质量。

2.5 能够在干燥面、低温等不同环境条件下施工，适用范围广泛。

3. 适 用 范 围

3.1 适用于水工建筑物混凝土过流面的抗磨蚀和抗气蚀保护。

3.2 适用于混凝土建筑物表面气孔、蜂窝、麻面、砂线等缺陷修补。

3.3 适用于混凝土表面防碳化、抗冲蚀处理。

3.4 适用于特种行业混凝土及金属构件的防腐蚀处理。

3.5 适用于混凝土的防渗处理等。

4. 工 艺 原 理

本工法采用的环氧胶泥既具有良好的粘结性和耐磨性，又有很好的柔韧性，可以提高水工建筑物过流面的使用耐久性。同时，分两次施工，既能保证将表面气孔、麻面等混凝土缺陷填充密实，又能达到最终的施工面平整、光滑，起到耐腐蚀、防碳化、抗磨蚀的作用。

5. 施工工艺流程及操作要点

5.1 施工工艺流程（图5.1）

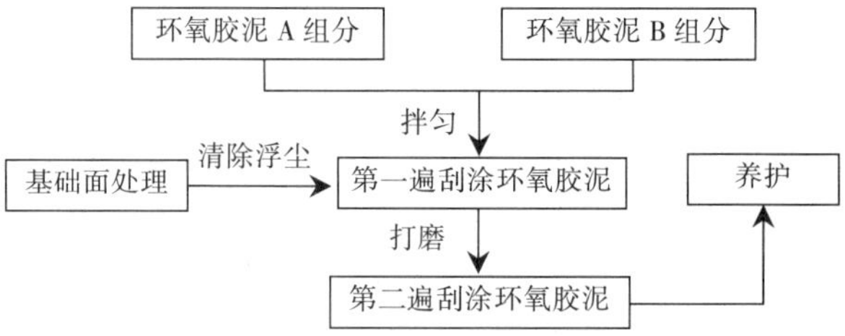

图5.1 施工工艺流程图

5.2 基面处理

5.2.1 基面渗水处理

混凝土表面的渗水缝必须进行处理。根据渗水量的大小，可采用凿槽封堵、化学灌浆或用排水管引水等方法进行处理。

5.2.2 基面洁净处理

根据混凝土基面施工面积及环境条件的不同情况，可采用喷砂法、高压水刀冲洗法、角磨机磨削清除法，对混凝土基面乳皮、薄弱层、松动颗粒、灰尘污物等进行清除处理。

1. 喷砂法采用工作压力为0.5~0.7MPa的风砂喷枪，风源由9m^3或以上方量空压机提供。选用天然、人工混合，粒径为0.8 ~2.0mm的干砂作为喷砂机用砂。处理质量标准以清除混凝土基面上的乳皮、松动颗粒、灰尘泥浆等，外露新鲜密实混凝土或骨料为佳。此处理方法的优点是：效率高、对混凝土无扰动、表面有一定糙度，增大材料与混凝土接触面积，提高粘结力。缺点是：重型设备移动不便、粉尘及残料对周围环境影响大。

2. 高压水刀冲洗法是采用50000PSI的高压水刀，将混凝土表面的水泥浆薄层及污染物全部冲洗掉，使混凝土基面外露新鲜密实的混凝土或骨料。此处理方法的优点是：效率高、对混凝土基面基本无扰动、表面糙度好。缺点是：重型设备移动不便、需要解决施工用水及排水问题、设备资金投入较大。

3. 角磨机磨削法是采用电动角磨机，使用金刚石磨轮及碗型钢丝刷配合对混凝土基面进行清除处理。先用金刚石磨片将混凝土表面的乳皮及污垢磨除干净，再用电动钢丝刷和高压风清除松动颗粒和粉尘。此处理方法的优点是：施工灵活轻便、对基面骨料无扰动、对周围环境影响较小。缺点是：施工效率较低、粉尘比较大。

4. 基面通过前三种方法的其中一种方法处理后，用高压水或高压风清除混凝土基面上的粉尘，基面清理干净后，对局部潮湿的基面进行干燥处理，干燥处理采用喷灯烘干或自然风干的方式进行。

5.3 环氧胶泥施工

5.3.1 材料拌合

按给定的配合比与配制方法称量与拌合。环氧胶泥拌制应现拌现用，拌合时间一般为3min，材料颜色达到均匀一致方可停止拌合。材料拌合后可施工时间一般为30min，30min以后未能涂抹的材料应当作为废料处理，以免因时间过长而影响刮涂质量，造成粘结力降低。

5.3.2 第一遍刮涂

将拌合均匀的环氧胶泥用刮板刮涂在洁净的混凝土基面上，进行第一遍的刮涂施工，施工厚度约0.5 ~0.7mm。刮涂时重点将混凝土表面的气孔、麻面等部位反复批刮填充密实，其他平整部位要薄而均匀的覆盖混凝土。

5.3.3 第二遍刮涂

第一遍环氧胶泥施工后，需36h至48h自然养护，待固化后用角磨机轻轻将整个施工面打磨一遍（角磨机磨片最好使用五成新的旧磨片），目的是磨除第一遍环氧胶泥施工时产生的刮痕、坑槽部位溢出的胶泥及挂帘等，再用高压水冲洗基面，表面干燥后，进行第二遍环氧胶泥刮涂，第二遍胶泥刮涂时，只需薄而均匀刮涂即可，刮涂厚度约0.3~0.5mm。刮涂好的施工层表面要平整无施工涂刮搭缝、流挂、划痕等现象。

5.4 施工面养护

环氧胶泥施工养护期为7d。养护期间的环氧胶泥应避免硬物撞击、刮擦等。已施工完毕的环氧胶泥3d内避免水浸或水冲。

6. 材料与设备

6.1 环氧胶泥的主要性能指标（表 6.1）

环氧胶泥的主要性能　　表6.1

主要技术指标		检测指标	备　注
抗压强度		60.0MPa	—
抗拉强度		10.0 MPa	—
与混凝土粘结抗拉强度		>4.0MPa	“>”表示破坏在C50混凝土本体
抗冲磨强度		7.0 h · m^2/kg	—
不透水系数		19.6 MPa•h	不透水
抗压弹性模量		588MPa	—
碳化深度		0mm	—
抗冲击性		10.2kJ/m^2	—
吸水率		0.87%	—
老化性能		优良	—
耐化学腐蚀性	30%NaOH	耐	—
	50%H_2SO_4	耐	—
	10%盐水	耐	—
毒性物质含量	苯	合格	按室内装修材料测试方法检测
	甲苯+二甲苯	合格	
	总挥发物	合格	

6.2 材料性能检验方法参照或执行标准

《树脂浇铸体性能试验方法》GB/T 2567-2008；

《碳纤维片材加固修复混凝土结构技术规程》CECS 146-2003；

《水泥胶砂强度检验方法》GB/T 17671-1999；

《水工混凝土试验规程》DL/T 5150-2001；

《普通混凝土长期性能和耐久性能试验方法标准》GB/T 50082-2009；

《室内装饰材料胶粘剂中有害物质限量》GB 18583-2008；

《纤维增强塑料吸水试验方法》GB/T 1462-2005。

6.3 施工工效

6.3.1 配置角磨机处理基面

按1000m^2一个工作面，配备角磨机打磨处理基面方法，所需要的机具设备见表6.3.1。完成环氧胶泥施工所需施工人员10人，施工时间共需约10d。

主要设备机具　　表6.3.1

设备名称	型号及规格	数量（台）	备　注
高压冲洗机	0.3 ~ 0.5MPa	1	—
电动角磨机	1000W	15	—
搅拌器	1000W	2	—

6.3.2 配置喷砂机处理基面

按1000m^{2}一个工作面，配备喷砂机处理基面方法，所需要的机具设备见表6.3.2。完成环氧胶泥施工所需施工人员8人，施工时间共需约8d。

主要设备机具 表6.3.2

设备名称	型号及规格	数量（台）	备注
高压冲洗机	0.3～0.5MPa	1	—
喷砂机	0.7MPa	1	—
空压机	9m^3	1	—
电动角磨机	1000W	4	—
搅拌器	1000W	2	—

6.3.3 配置水刀处理基面

按1000m^{2}一个工作面，配备水刀处理基面方法，所需要的机具设备见表6.3.3。完成环氧胶泥施工所需施工人员8人，施工时间共需约9d。

主要设备机具 表6.3.3

设备名称	型号及规格	数量（台）	备注
高压冲洗机	0.3～0.5MPa	1	—
高压水刀	50000PSI	1	—
电动角磨机	1000W	4	—
搅拌器	1000W	2	—

7. 质量控制

7.1 施工期间每班次应进行施工拌合料的抽检及施工质量检测，并做好检测记录。

7.2 基础面处理控制——基面处理施工时，应特别注意对渗水区域的处理和表面洁净度的检查，基面处理结束后要达到无混凝土乳皮、灰尘、渗漏水、松动颗粒，经验收合格，可进行下道工序的施工。

7.3 表面缺陷填充密实控制——第一遍刮涂施工时应严格控制将混凝土表面气孔、麻面等缺陷填充密实，保证材料施工厚度，不满足技术要求必须及时解决和补救。

7.4 表观质量控制——第二遍胶泥施工期间要求不间断进行检查，表面不得有搭缝、流挂、划痕等异常现象。保证最终施工面满足平顺、平滑、光洁的要求。

8. 安全措施

8.1 施工人员应配备工作服、安全帽、防尘口罩和防护手套，基面处理人员还应配戴防护眼镜及防尘帽，高压水刀处理基面时应配备雨衣雨裤和防护面罩，喷砂处理基面时应配备防护面罩，高空作业时应配备安全带。

8.2 施工现场严禁烟火。

9. 环保措施

9.1 经国家建筑材料测试中心对本工法所使用的环氧胶泥按室内装修材料测试方法进行毒性试

验检测结果显示：环氧胶泥的各项主要毒性成分的含量均远低于国家标准规定的合格值。

9.2 环氧胶泥包装桶及掉落的材料应及时回收清理，统一运出施工现场。

9.3 对施工过程中产生的废料一定要将废料固化后统一收集运送至符合规定的垃圾处理掩埋场。

9.4 现场材料设备摆放整齐，废旧包装由专人负责统一回收处理，做到工完、料清、场地净。

10. 效益分析

10.1 本工法采用的环氧胶泥及其施工技术目前在国内处于领先水平，缩短了我国与其他环氧胶泥应用技术先进国家的差距，为环氧胶泥在更广阔的领域应用积累了丰富的实践经验。

10.2 本工法施工简便、快捷，施工效率高，而且施工后的表面光滑、平整。

10.3 与国外同类材料施工技术相比，综合单价降低约30%。

11. 应用实例

11.1 该施工技术首次在长江三峡水利枢纽工程永久船闸输水系统工程大面施工应用。采用环氧胶泥作为表面缺陷处理材料对过流面混凝土存在的气泡、麻面、沙线等进行处理，施工过程采用本工法进行，施工面积约140000余平方米，施工时间为2000年10月至2002年8月，施工质量满足设计要求。到目前为止，经检查该电站环氧胶泥抗磨层运行状况良好，无脱落和磨损现象发生。

11.2 此外，该环氧胶泥施工技术还先后在四川二滩水电站、云南大朝山水电站、四川瀑布沟水电站、四川双江口水电站、刚果（布）鲁水电站等国内外几十个大中型水利水电工程上成功使用，取得了良好的经济效益和社会效益。

地下厂房混凝土无盲区高速布料施工工法

GJEJGF289—2010

中国葛洲坝集团股份有限公司

周厚贵　郭光文　石义刚　余英　屈庆余

1. 前　　言

地下厂房混凝土浇筑通用手段为：混凝土泵机泵送、桥机配卧罐吊运、溜槽溜送等，上述混凝土输送手段最主要的问题是施工速度慢，无法满足地下电站工程混凝土经济高效快速施工的要求。

鉴于上述问题及提高地下厂房混凝土浇筑速度的要求，为解决地下厂房混凝土输送手段这一制约混凝土浇筑速度的瓶颈问题，使中国葛洲坝集团股份有限公司在地下厂房混凝土施工技术处于领先位置，中国葛洲坝集团股份有限公司2006年组织开展了地下厂房混凝土快速施工技术的研究。

中国葛洲坝集团股份有限公司技术中心科技人员在研究各种混凝土输送技术的基础上，针对地下厂房混凝土施工的特点，设计了地下厂房混凝土无盲区高速布料系统，研制出一种地下厂房混凝土皮带运输布料系统的布设与运行使用技术——地下厂房混凝土无盲区高速布料施工工法。

该技术2010年成功应用于三峡开发公司溪落渡电站工程左岸地下厂房混凝土浇筑施工中，取代原浇筑方案与设备，在溪落渡电站工程左岸地下厂房混凝土施工中发挥重要作用。截至2010年底，已成功获得：混凝土拐臂布料机（专利号：200920228875.1）、一种狭窄空间内的混凝土输送方法及其设备（专利号：200910272439.9）、液力驱动连接盘自动水平调节装置（专利号：201020145704.5）等6项实用新型专利授权与3项发明专利公示。

2. 工 法 特 点

2.1　混凝土输送覆盖范围大，无浇筑盲区与死角。两条桁架结构皮带等组成拐臂布料机，其中一条皮带的机尾与另一条皮带的机头通过回转支承连接盘铰接，形成可以曲折伸展、仰俯运动的皮带输送系统，最大可能地增加该系统在狭窄地下厂房混凝土浇筑输送覆盖范围，平面上可以覆盖地下厂房3个机组坝段，高程上可以满足发电机层以下混凝土浇筑，同时铰接回转功能可以避免覆盖范围内的浇筑死角与盲区。

2.2　输送速度快，生产率高。该系统较卧罐+桥机、泵送混凝土等方法生产率提高4~6倍。

2.3　可输送各种级配混凝土，有利于混凝土质量控制，便于组织混凝土生产与降低成本。

2.4　操作简便，布料均匀精度高，减少平仓转料时间，降低工人劳动强度。

2.5　岩壁悬挂，靠边停放，对地下厂房施工干扰小。

2.6　由于工作范围大，一次安装可以满足多个机组段混凝土浇筑施工，系统相应拆装次数少，费效比高。

3. 适 用 范 围

本工法适用于水电工程地下厂房混凝土浇筑运输。

4. 工 艺 原 理

如图4-1～图4-3所示，地下厂房混凝土无盲区高速布料系统一般由拐臂布料机、桥机、锚挂卷扬升降系统、下锚架、母线洞皮带、料斗等组成，其中关键设备为拐臂布料机。对母线洞与主变室无高程差的地下厂房，系统不需布置母线洞皮带、料斗。

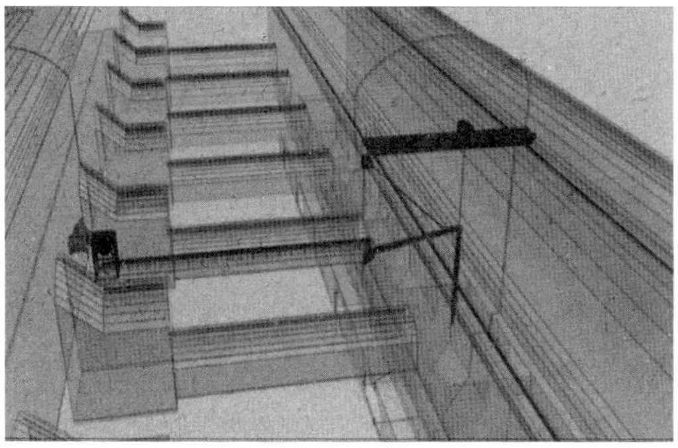

图4-1

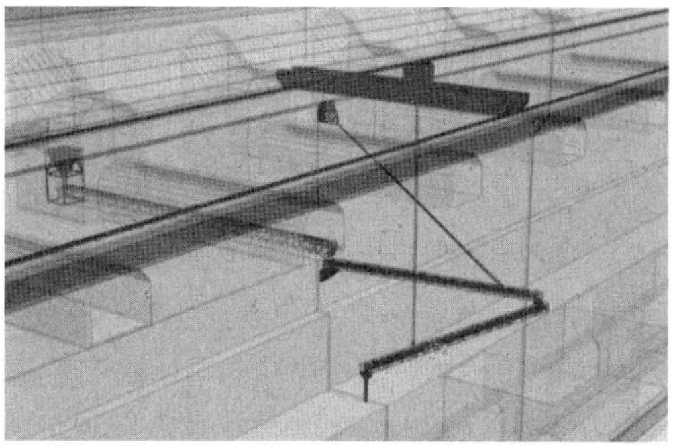

图4-2

拐臂布料机由1号、2号桁架式皮带（前端简称1号皮带，后端简称2号皮带）通过1号皮带机尾上部与2号皮带的机头下部的回转支撑连接盘铰接，形成可以左右水平摆动和上下仰俯升降的皮带输送系统，2号皮带的机尾安装于母线洞下部的下锚架上，2号皮带前端上部用锚挂卷扬升降系统斜拉于母线洞与岩锚梁间的岩壁上，用桥机吊挂1号皮带前端，母线洞皮带与料斗根据具体厂房结构布设于主变室与主厂房之间。

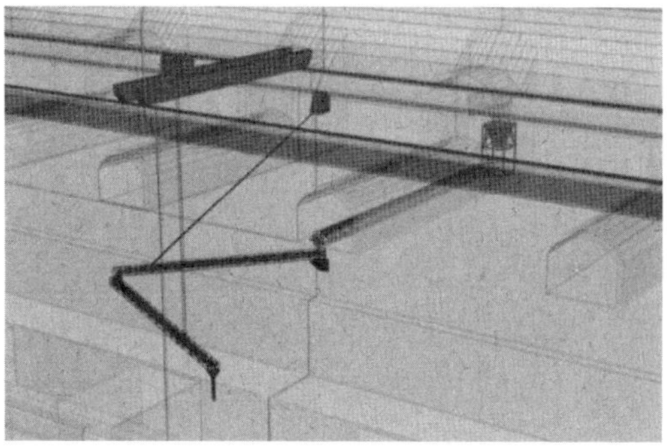

图4-3

混凝土浇筑时，由拌合楼运送至主变室的混凝土，卸入布设在母线洞口的料斗，料斗放料至母线洞皮带，母线洞皮带运卸至拐臂布料机的2号皮带机尾导料槽，经2号、1号皮带运至指定的混凝土浇筑部位。

拐臂布料机按照厂房浇筑混凝土仓面的指挥，由桥机水平移动牵引1、2号皮带曲折伸缩，使1号皮带机头下料点水平移至指定部位下料；桥机吊钩升降带动1号皮带上下移动至需要的高程，锚挂卷扬升降系统钢丝绳的收放，带动2号皮带仰俯，可以改变1号、2号皮带高程位置。1号、2号皮带空间高程与水平位置的变化可以满足该系统覆盖范围地下厂房不同混凝土浇筑仓内的混凝土输送要求。

地下厂房混凝土无盲区高速布料系统特性：

1）拐臂1号、2号桁架皮带铰接回转机构充分利用厂房有限空间，避免施工盲区，增大了狭窄空间布料半径，减少设备拆移吊装工作。

2）拐臂布料机上下仰俯功能，降低施工布料的高差，增强了系统对厂房复杂施工环境的适应性，有利于保证混凝土输送质量。

3）系统浇筑混凝土时，通过母线洞运输混凝土；不工作时，系统靠边悬挂，故无论工作或非工作状态，对地下厂房施工影响非常小。

4）可根据需要调整拐臂布料机高度，便于避让工程结构等，有利于设备安全运行。

5）可输送各种级配混凝土，有利于降低成本及混凝土质量控制。

5. 施工工艺流程及操作要点

5.1 地下厂房混凝土无盲区高速布料系统工艺流程

5.1.1 混凝土输送工艺流程

地下厂房混凝土无盲区高速布料系统按照不同的厂房结构及设备配备情况，其混凝土输送的工艺不同，具体分别叙述如下：

1. 母线洞与主变室高程不同，车辆无法进入母线洞

检查地下厂房混凝土无盲区高速布料系统，确认系统正常→自卸汽车拌合楼接料→通过地下厂房交通洞进入主变室→在母线洞布设的受料斗处卸料→按启动警示铃3响→确认地下厂房混凝土无盲区高速布料系统具备运行条件，并提示现场人员做好准备，系统将开始输送混凝土→启动地下厂房混凝土无盲区高速布料系统，系统开始运行→空转5s确认空载运行正常→慢慢打开料斗弧门，混凝土开始卸至下部的母线洞皮带导料槽处→注意观察下料情况，控制调整料流，使料流均匀、顺畅、适当→混凝土由母线洞皮带运卸至拐臂布料机2号皮带→拐臂2号皮带机尾导料槽受料，拐臂2号皮带运卸至拐臂1号皮带→拐臂1号皮带机尾导料槽受料，拐臂1号皮带运卸至拐臂1号皮带机头象鼻溜管→下料至混凝土浇筑仓内。

2. 母线洞与主变室高程相同，车辆可从主变室进入母线洞

按照设备配备及系统布置不同情况，工艺流程如下：

1）搅拌车运输混凝土、2号皮带机尾导料槽受料

检查地下厂房混凝土无盲区高速布料系统，确认系统正常→搅拌车拌合楼接料→通过地下厂房交通洞进入主变室、进母线洞→地下厂房混凝土无盲区高速布料系统按启动警示铃3响→确认系统具备运行条件，并提示现场人员做好准备，系统将开始输送混凝土→启动系统，开始运行→空转5s确认空载运行正常→搅拌车在母线洞与厂房交接洞口处卸料（注意观察下料情况，控制调整料流，使料流均匀、顺畅、适当）→拐臂2号皮带机尾导料槽受料，拐臂2号皮带运卸至拐臂1号皮带→拐臂1号皮带机尾导料槽受料，拐臂1号皮带运卸至拐臂1号皮带机头象鼻溜管→下料至混凝土浇筑仓内。

2）自卸车运输，加配斗带机

检查地下厂房混凝土无盲区高速布料系统，确认系统正常→自卸车拌合楼接料→通过地下厂房交通洞进入主变室、进母线洞→地下厂房混凝土无盲区高速布料系统按启动警示铃3响→确认地下厂房混凝土无盲区高速布料系统具备运行条件，并提示现场人员做好准备，系统将开始输送混凝土→启动系统，系统开始运行→空转5s确认空载运行正常→自卸车卸料→母线洞布设的斗带机卸料（注意观察运料情况，控制调整料流，使料流均匀、顺畅、适当）→拐臂2号皮带机尾导料槽受料，拐臂2号皮带运卸至拐臂1号皮带→拐臂1号皮带机尾导料槽受料，拐臂1号皮带运卸至拐臂1号皮带机头象鼻溜管→下料至混凝土浇筑仓内。

5.1.2 地下厂房混凝土无盲区高速布料系统操作工艺流程

地下厂房混凝土无盲区高速布料系统进行混凝土输送前已完成安装及空载调试工作，具备正常输送功能，并对员工进行必要的培训，明确指挥、操作运行人员的职责及相关混凝土施工人员的协调要求。具体运行操作工艺见图5.1.2。

5.2 地下厂房混凝土无盲区高速布料系统操作要点

5.2.1 地下厂房混凝土无盲区高速布料系统规划与技术参数的确定

地下厂房的结构尺寸与特征各不相同，主厂房、母线洞、主变室也有不同的结构特征，具体承建单位配备的运输混凝土设备不同。系统应根据主厂房、母线洞、主变室以及承建单位的设备情况，确定具体的混凝土运输工艺流程，同时确定系统的组成与技术参数。

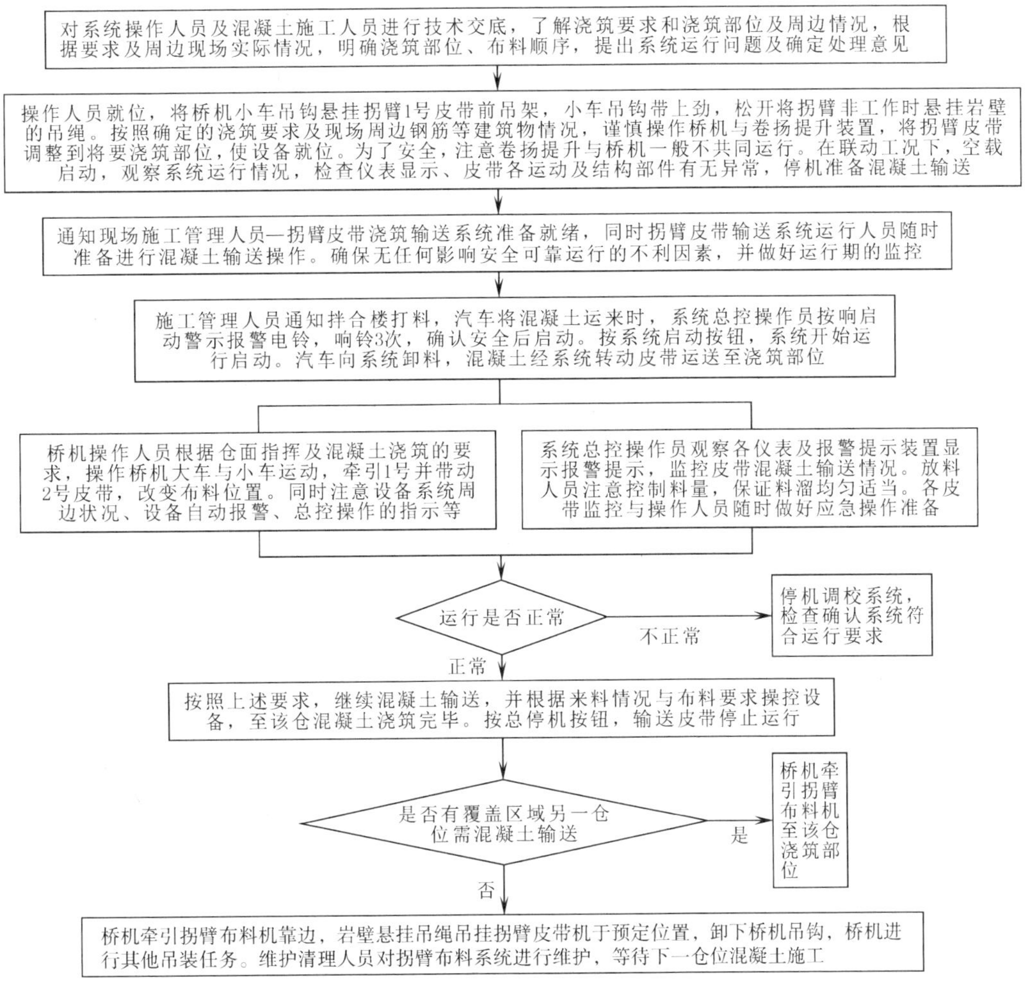

图5.1.2　布料皮带系统运行操作流程图

5.2.2　地下厂房混凝土无盲区高速布料系统投入使用前的准备

1. 配备固定操作使用人员，运行操作人员具备一定皮带运行使用及混凝土施工经验，带班与总控人员必须熟悉皮带操作使用技术及混凝土施工工艺要求。

2. 必须对操作人员与相关指挥协调人员进行培训，使其熟悉设备工作原理、操作方法、注意事项、维护要求。

3. 操作人员需参与设备的安装调试，熟悉设备状况与功能，在技术人员的指导下进行空载操作以及初次运行使用。

4. 按照使用说明书对设备进行检验与维护。

5. 根据具体浇筑情况，制定指挥协调联络方法、程序及运行管理组织结构，保证系统运行顺畅。

6. 做好照明布置，保证良好的运行监控视野。

7. 操作人员了解和明确浇筑要求、浇筑仓位区域相关结构、设备状况，做好布料程序、下料点运行轨迹的预先规划。

5.2.3　地下厂房混凝土无盲区高速布料系统运行

1. 混凝土开浇前检测系统皮带、滚筒、刮刀、清扫器、挡料罩、导料槽、桁架（尤其焊接部位、铰接接头）等有无损伤、不正常状况。

2. 检查地下厂房混凝土无盲区高速布料系统内外通信联络状况，空载启停系统，确认系统正常。

3. 地下厂房混凝土无盲区高速布料系统运行的关键是布料操作，拐臂布料机的空间运动由桥机牵引决定，桥机操作人员须时刻注意设备空间运动状况，保证布料准确，防止设备与钢筋、上下游岩壁及其他结构等碰撞。按照仓面指挥人员要求布料，布料运动要稳、准、慢。

4. 控制放料速度，保证混凝土下料均匀。

5. 总控人员，时刻注意象鼻溜管状况，防止堵料；根据仓面浇筑情况及仓面指挥的指示，协调系统的操作。

6. 各部位操作人员，注意监控系统运行状况，发现异常，立即拉动或操作急停装置，停止设备运行。

7. 混凝土浇筑运输过程中一般不进行2号皮带仰俯操作，仅升降桥机吊钩改变1号皮带的仰俯角度，从而改变布料高程。

8. 拐臂皮带机的1、2号皮带的仰俯角度有一定的范围，同时要注意1、2号皮带之间的相对角度，操作时注意仪表角度显示及限位开关等的报警提示，避免拐臂系统结构相互干涉及损坏设备结构，影响正常使用。

9. 拐臂2号皮带机头两侧安装防碰撞轮胎或缓冲软垫，减少碰撞时的冲击力，保证设备运行安全。

5.2.4 拐臂皮带机仰俯操作要点

拐臂皮带是地下厂房混凝土无盲区高速布料系统最关键的设备，改变拐臂皮带仰俯角度可以改变拐臂皮带空间高程位置，要求空载和皮带停机状况下操作。在下述状况下需改变拐臂皮带的仰俯角度。

1. 靠边悬挂，将混凝土浇筑施工结束的拐臂皮带机牵引到下游岩壁悬挂维护处。拐臂系统不浇筑混凝土时，为避免对厂房施工的干扰，须将拐臂布料机平行贴挂在厂房下游岩壁的一定高程处，该处设置检修维护平台，其上布设悬挂钢丝绳或支撑柱等设施将拐臂皮带靠边停放在下游岩壁侧，便于设备的维护清洗与检查。

2. 混凝土浇筑前，须将拐臂皮带从岩壁悬挂处牵引至布料点并将布料高度调整到合适高程。首先将桥机挂钩吊住并轻轻提起1号皮带，再松开吊挂拐臂皮带1号与2号皮带的岩壁牵引固定绳，使拐臂皮带在桥机吊挂下与下游岩壁离开一定距离，并牵引至布料点，此时，根据布料高度要求，启动卷扬装置，改变2号皮带的仰俯角，同时桥机操作人员注意调整1号皮带的仰俯角，防止设备结构间干涉，使拐臂布料机的下料高度符合规范要求。

3. 改变布料位置时，拐臂布料机周边结构或设备障碍其移动需要改变拐臂皮带空间高程位置。

4. 混凝土分层浇筑需改变浇筑高程时，提升拐臂1号皮带。

5.2.5 地下厂房混凝土无盲区高速布料皮带维护操作

地下厂房混凝土无盲区高速布料系统为皮带输送系统，混凝土皮带输送易造成砂浆粘结，影响皮带使用寿命，增加不利附加荷载。同时系统为空中悬挂运动结构，运行时周边环境与受力复杂，不利于设备安全运行，应从以下几方面做好维护工作。

1. 地下厂房混凝土无盲区高速布料系统输送完混凝土后必须靠边悬挂并进行维护。

2. 混凝土粘结部位必须立即用水或薄铲清除。系统粘结混凝土清理一般采用薄铲干清，清水冲洗必须做好排水措施，避免影响刚浇混凝土质量。

3. 刮刀、桁架下层结构、回转支承、混凝土转料部位、皮带表面为重点维护清理对象。

4. 刮刀为避免砂浆流失，保证质量重要部件。首先调节好刮刀对皮带压力，逐渐调高刮刀对皮带压力，直到将粘附皮带表面的砂浆刮净为最佳压力状态。另刮刀属易损件，容易磨损，应经常检查其磨损情况并及时更换。粘附在刮刀上的混凝土需在固化前将其清理干净，防止其固化干结后划伤皮带，影响混凝土浇筑质量与皮带使用寿命。

5. 导料槽、挡料罩、象鼻溜管为输送过程混凝土冲击部位，易打穿磨坏，注意检查修补与更换。

6. 各铰接、回转连接部位为设备布料转动关键部位，定期检查上油，保证转动运行正常。

7. 桁架结构焊接部位、结构框架表面、吊点等受力及易疲劳破坏部位应重点检查，避免结构破坏，影响安全运行。

8. 锚挂卷扬提升钢丝绳等构件需经常检验，按照其使用破坏判断标准及时更换。

5.3 劳动力组织

按照具体的地下厂房结构、施工设备配置不同，人员组织略有不同，具体配置见表5.3。

劳动力组织结构表（单位：人） 表5.3

人员组成	厂房结构、设备配置及工艺流程状况		
	5.1.1 条 1 款	5.1.1 条 2 款 1）项	5.1.1 条 2 款 2）项
带班组长	1	1	1
总控	1	1	1
料斗放料	1	/	/
上料皮带机	1	/	/
斗带机	/	/	1
桥机	1	1	1
安全巡视	1	1	1
合计	6	4	5

注："/"表示该工艺状态下不配备该设备与人员。

6. 材料与设备

本工法无需特别说明的材料，采用的机具因地下厂房结构和配套设备的不同，其工艺不同，系统设备组合略有不同，具体见表6。

各种工艺状况下机具设备表 表6

设 备 组 成	厂房结构、设备配置及工艺流程状况		
	5.1.1 条 1 款	5.1.1 条 2 款 1）项	5.1.1 条 2 款 2）项
电气控制系统	√	√	√
料斗	√	/	/
上料皮带机	√	×	×
斗带机	×	×	√
桥机	√	√	√
锚挂卷扬升降系统	√	√	√

注：1. 该表中设备数量为一台套；

2. 表中"×"表示该工艺状态下不配备该设备；

3. 表中"√"表示该工艺状态下配备该设备；

4. 自卸汽车或搅拌运输车数量根据现场设备配置、实施工艺、运距远近等灵活配置。

7. 质 量 控 制

7.1 工程质量控制标准

7.1.1 《混凝土结构工程施工质量验收规范》GB 50204-2002；

7.1.2 《水工混凝土施工规范》DL/T 5144-2001；

7.1.3 《带式输送机技术条件》GB 10595-89。

7.2 质量保证措施

7.2.1 调整皮带运行状态，避免皮带跑偏撒料。

7.2.2 开机运行前，用水湿润输送皮带表面。

7.2.3 第一盘混凝土较标准配合比混凝土砂浆含量高一些。

7.2.4 调整好刮刀，将皮带表面的砂浆刮净，避免砂浆损失，同时刮刀对皮带的压紧力不可过大，以正好刮净皮带表面砂浆为宜。

7.2.5 挡料与转料部位包扎严密，防止漏料。

7.2.6 下料高度符合规范要求。

7.2.7 放料均匀适量，避免过多或过少。

7.2.8 尽量保证混凝土供料的连续性。

7.2.9 配备足够的通信器材及相应的运行指示装置，保证仓面混凝土施工与系统操控人员的信息沟通舒畅、及时。

7.2.10 运行部位布置足够的照明设施，便于运行观察。

7.2.11 混凝土浇筑完后，立即清洗系统，做好排水措施，避免清洗水流入浇筑仓位。

8. 安全措施

8.1 认真贯彻“安全第一，预防为主”的方针，根据国家有关规定、条例、结合施工单位实际情况和工程的具体特点，组成专职安全员和班组兼职安全员以及工地安全用电负责人参加的安全生产管理网络，执行安全生产责任制，明确各级人员的职责，抓好工程的安全生产。

8.2 对进场施工的所有人员必须加强安全教育，并对所有人员进行安全交底，提高员工的安全防护意识。各类操作人员都经过培训后，持证上岗，定员定岗，严格按规程操作。

8.3 施工现场按防火、防触电等安全规定及安全施工要求进行布置，并完善布置各种安全标识。

8.4 施工现场的临时用电严格按照《施工现场临时用电安全技术规范》的有关规范规定执行。

8.5 电缆线路应采用“三相五线”电器设备，电器线路必须绝缘良好，按安全规定要求进行场内电力线路的架设。

8.6 配电柜、配电箱等前要有绝缘垫，并安装漏电保护装置，施工现场使用的手持照明灯须为36V的安全电压。

8.7 施工现场应封闭管理，严禁闲杂人员进入施工场地，对于母线洞口高陡坎部位设置防护栏，上下设置稳固的楼梯通道，同时应有醒目的标识和防坠落的安全措施。

8.8 建立完善的施工安全保证体系，加强施工作业中的安全检查，确保作业标准化、规范化。

8.9 系统运行必须由专业人员操作，同时每班必须配备1名安全监督员。

8.10 放料均匀，防止飞料砸人，尽量降低下料高度，必要时设置安全防护网，避免高空飞石伤人。

8.11 混凝土浇筑完后，在下游岩壁悬挂稳固，并立即对设备进行清理维护检查，及时对结构、挡料罩、导料、刮刀等可能影响安全与质量的因素进行处理加强。

9. 环保措施

9.1 地下厂房混凝土无盲区高速布料系统为电力驱动的混凝土输送装置，不会产生有害物质，施工技术符合环保要求。

9.2 运行后冲洗废水按照施工规划沉淀排放，弃渣运至指定的渣场。

9.3 设备修理保养更换的废油旧件，要装入专用器具内，严禁随意抛洒。

10. 应用实例

溪落渡电站左岸地下厂房混凝土施工

1. 概述

溪洛渡电站左岸地下厂房共有9台机组，1号机间长34.81m，2号～9号机间长34m。主机间总长306.81m，9台机组混凝土工程量约74000m^3。

2006年至2010年设立3个科研项目，落实“大型地下厂房无盲区高速布料系统”研究工作，逐步推进地厂混凝土施工技术创新。2009年9月在设计制造拐臂布料机等研究成果的基础上，于宜昌进行“大型地下厂房无盲区高速布料系统”厂内试验，对关键技术及结构强度进行试验，验证各项设计指标及工作原理。

2. 施工情况简述

2010年5月大型地下厂房混凝土工程无盲区高速布料系统进入溪落渡工程，完成生产性试验工作并投入地下厂房混凝土生产性运行中，目前已取代原浇筑设备，安全运行110d，浇筑12仓混凝土4850m^3，完全达到预期生产性试验目的，研究达到预期试验目标与设计要求，取代原浇筑方案成为左岸地厂混凝土浇筑的关键设备。

中国葛洲坝集团公司技术中心研制的“大型地下厂房无盲区高速布料系统”布置在溪落渡地下厂房7号机进行生产性验证试验，试验证明系统完全达到预期研究目的，取得了很好的社会和经济效益，该工法为上述研究成果之一。系统在完成6～8号机组浇筑后移至3号机组，进行2～4号机组混凝土施工。

3. 工程效果

该施工工法较以往的技术有以下进步：

1）全新的混凝土皮带输送工艺与布置设计。从主变室进料，母线洞口厂房侧拐臂布料机布料，系统的料斗、供料皮带布置在母线洞内，锚座、锚挂系统布置岩壁上，拐臂布料机非工作时靠下游岩壁摆放，对厂房施工没有干扰。

2）拐臂布料机结构设计先进。其两条皮带回转铰接，具备仰俯曲折及360° 回转功能，升降摆动回转操作灵活，两条铰接皮带在锚挂钢丝绳收放、桥机吊钩牵引作用下可以仰俯升降水平移动至覆盖区域任意下料点，满足覆盖范围任意点混凝土下料要求，下料均匀准确，极大降低操作工人劳动强度。

3）覆盖范围大：浇筑半径52m，满足3台机组段混凝土浇筑，满足高程自肘管底部至发电机层顶混凝土浇筑输送要求，无浇筑盲区，一台套设备布料范围相当于固定伸缩布料机的3套布料范围。

4）输送速度快，额定生存率：120m^3/h，瞬时浇筑速度达240m^3/h，实测生产率72m^3/h（溪落渡受主变室施工限制用罐车输送混凝土，若采用自卸汽车生产率将更高），输送效率为泵机、桥机卧罐的4～8倍。

5）PLC集中控制联动，具备手动与联动两种设定工况，可以根据需要选择，具备无限数据传输功能、堵料报警破断保护、位置状况显示、极限状况提示、紧急停机等安全保护功能。

根据溪落渡应用研究成果，经济上有以下效益：

1）节约设备投入费用：

伸缩式布料机一台套只能满足左右半个机组段混凝土施工，还需要配泵机，而高速布料系统可以覆盖3个机组段，且无盲区。在溪洛渡左岸地下厂房中，设计采用2台套伸缩式布料机，如果直接选择无盲区高速布料系统，则1台套即可满足现场生产。高速布料系统和伸缩式布料机单套设备费用基本相当为90万元，即至少可节约设备费用90万元。

2）节约系统运行费用：

在溪洛渡左岸地下厂房中，设计浇筑方案主要采用伸缩式布料机，采用无盲区高速布料系统后，每方混凝土运行较之伸缩式布料机节约运行费用约13.47元，按浇筑4万m^3混凝土考虑，可节约运行成本约13.47元/方×4万m^3 =53.88万元。

3）节约安拆费用：

2台套伸缩式布料机共计需要安拆8次，而无盲区高速布料系统只需要安拆3次即可完成9台机组混凝土浇筑。每次安拆费用基本相当大约27万，节约5次安拆，可节约安拆费5×27=135万元。

合计节约成本：90+53.88+135＝278.88万元。

大深度沉井群施工工法

GJEJGF290—2010

中国葛洲坝集团股份有限公司　长江航道局
郭光文　屈庆余　石义刚　余英　戴志清

1. 前　言

水电建设在20世纪60年代开始引入沉井技术，先后在一些大型水利水电工程中应用。最近10年来，沉井逐渐向着大深度、大尺寸、大规模发展，在许多特大工程项目中显示了它的独特性。向家坝二期纵向围堰沉井群（由10个23m×17m的沉井组成，下沉深度最浅43m深、最深达57.4m）工程，属国内目前最大规模的沉井群工程。中国葛洲坝集团股份有限公司在地质状况复杂、施工场地狭窄的情况下，先后克服了降水、纠偏、入岩和填芯混凝土施工等技术难关，成功地完成了这一施工任务，取得了国内领先的"大深度沉井群施工技术"的新成果，并总结形成了大深度沉井群施工的新工法。

大深度沉井群施工技术，技术领先、效果明显，具有明显的社会效益和经济效益。

2. 工 法 特 点

2.1　由于沉井（群）具有躯体刚度大，承载力大，抗渗能力强，耐久性好，占地面积小，对于地层变化、流砂、淤泥等不良地层的适应性强等优点，故其可在各种复杂地形、地质和场地狭窄条件下施工，施工深度可以很深，最深可达200m。

2.2　沉井（群）施工，振动、噪声小，对临近建筑物影响小，内部空间可利用，下沉过程中，本身作为挡土和挡水围堰结构物，不需要板桩围护，从而可节约投资。

2.3　与地下大开挖相比，可大大减少挖、运、回填土方量，加快施工进度，降低施工费用。

2.4　施工方便、技术成熟、质量有保证。当单个沉井尺寸较大，在制作和下沉时，均能使用机械化施工。

3. 适 用 范 围

适用于土层或砂砾石层，也可在风化和软弱岩层中沉入，必要时，也可沉入坚硬完整的岩石，以达到嵌入基岩的目的。故而广泛用于煤炭、铁路、交通、水电等行业中治理大规模山体滑坡、河流防冲护岸，桥梁墩台防冲以及取水井筒等；对某些建筑物基础承载能力不足又不宜明挖的情况下，也可采用沉井（群）加强基础。

4. 工 艺 原 理

在现浇或预制好的钢筋混凝土井筒（井壁）内挖土，依靠井筒（井壁）自重克服井壁与地层的摩擦阻力逐步沉入地下，根据下沉深度要求，逐节增加井筒（井壁）高度，逐节开挖下沉，完成单个沉井下沉。按一定的施工顺序，分区分段完成各个沉井施工，形成沉井群，最终实现工程目标。

5. 施工工艺流程及操作要点

5.1 施工工艺流程

沉井群是由大小不一，深浅不同的沉井组成的群体。它的施工具有井间距离小、相邻沉井沉放过程中互相制约的特点。恰当地选择井群的开挖顺序是确保沉井施工质量和进度的关键之一。

5.1.1 沉井群的分区与分期

根据井群的布置、工期要求和施工场地情况，将沉井群分成若干个区段（3～5个沉井作为一个区段），选择一、二个区段先行施工，后续区段逐步展开。

5.1.2 先行井施工

在前期施工的区段内根据地质及地下水情况选择一个具有典型特点的先行井领先施工，它对井群施工起探索作用。也可以作为降低地下水位的措施。

5.1.3 平行交叉流水作业

当多个沉井依次排列井间距离较小时，为确保施工安全及减少在沉井下沉过程中的相互干扰（如爆破振动影响），一般应在某个沉井第一节开挖下沉停止后才进行相邻沉井的混凝土浇筑。可将沉井按单、双序号分成两组，先施工第一组，待其开挖下沉高度超过2/3 H_1（H_1为第一节井筒的高度）后，即开始第二组沉井施工，而第一组沉井照常开挖下沉。由此往复循环，平行交叉流水作业。

5.1.4 单个沉井施工工艺流程见图5.1.4。

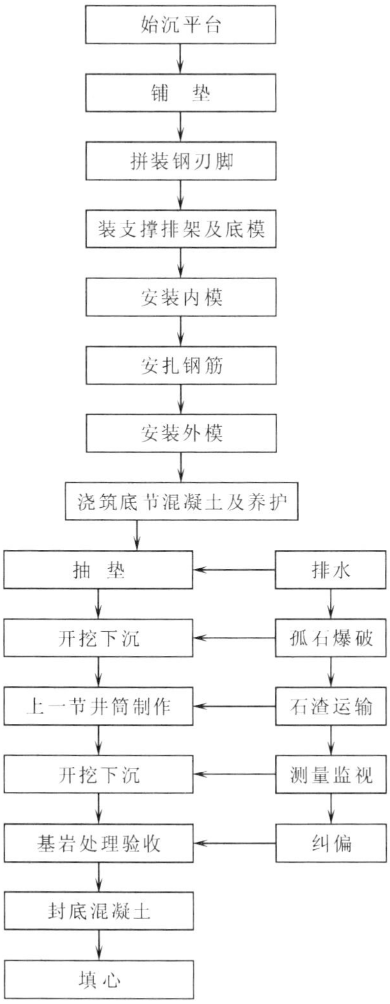

图5.1.4　单个沉井施工工艺流程图

5.2 操作要点

5.2.1 始沉平台

始沉平台（首节沉井施工平台）的高程应根据施工季节的河水位或地下水位确定。如地下水位较低，则地下水位以上可采用明挖方式以减小下沉的总高度。难于压实和承载力太低的土层应予以清除换填。

5.2.2 底节井筒施工

混凝土井筒应按设计图纸分节施工。底节井筒带有刃脚，在它的围护下边挖掘边下沉，并逐节接高，然后再开挖、再下沉，直至设计深度。

1．铺垫砂砾石及垫木

铺垫砂砾石层和铺设垫木。始沉平台场地经平整碾压密实后，在垫木铺设范围内铺垫最大粒径不超过4cm的砂砾石，其厚度不小于25cm，用机械或人工进行找平夯实。

垫木是在地基满足承载能力的前提下，为防止沉井浇筑混凝土过程发生的不均匀沉陷和减少对地面的压强而设置的。垫木采用质量良好的普通枕木及短方木，一长一短（3m，1.5m，部分长2m）依次摆平，在刃脚的直线部位应垂直铺设，四角（或圆弧）部位应径向铺设。垫木数量应依据首节沉井重量和附加荷重均匀分布到地基经计算确定。先用24根作为定位支点垫木，分成6组，中间2组，角上4组，用水平仪找平，然后拉线放置其余垫木。

2．刃脚制作与安装

刃脚是位于底节沉井下端的三角形结构，它以角钢为骨架，底部镶焊槽钢，表面衬焊钢板，俗称钢靴。

刃脚是沉井下沉全过程的关键部件，应按照钢结构施工规范的要求保证刃脚的制作和安装质量。通常先在厂内分段加工成型，然后运至现场拼装、调整、焊接成整体，要求外形尺寸正确，钢靴和钢筋之间焊接可靠，能承受沉井下沉全过程中产生的挤压振动和冲击。

3．刃脚下的承重桁架及井筒内模施工

根据首节沉井结构尺寸和承重荷载的要求，对井筒内模周边、转角和隔墙可采用木制承重桁架，该桁架支承在已做好的基础垫木上（某些荷载集中的支点也可用砖砌筑承重平台）。刃脚下和井内隔墙下垫木应力应基本相等，以免不均匀沉陷使井壁连接处混凝土出现裂缝。

内侧模板可采用在加工厂加工成型的标准模板在现场拼装，局部接头使用散装模板拼接。先安装斜面和隔墙承重模板，后安装侧面模板，并用内撑固定。

4．钢筋安装及预埋件施工

经过检查确认内模符合设计要求后，才能进行钢筋安装。钢筋先在厂内加工，现场手工绑扎。在起重机械允许的条件下钢筋也可在场外绑扎，现场整体吊装。刃脚钢筋布置较密，可予先将刃脚纵向钢筋焊至定长，然后放入刃脚内连接。主筋要预留焊接长度，以便和上一节沉井的钢筋连接。

沉井内的各种埋件，如灌浆管、排水管以及为固定风、水、电管线、爬梯等的埋件，均应在每节钢筋施工时按照设计位置预埋。

5．井壁外侧模板施工

沉井井筒外壁要求平整、光滑、垂直，严禁外倾（上口大于下口）。为了施工快捷和有利模板平整，外模宜采用大模板。模板支撑采用对拉方式。内外模板均应涂刷隔离剂。

内外侧模板和钢筋之间，要有足够的保护层，通常安设预制的砂浆块来控制保护层厚度。

6．底节井筒混凝土浇筑

模板、钢筋、埋件等在安装过程中和安装完成以后，必须经过严格检验，合格后方能进行混凝土浇筑。浇筑前先搭设浇筑平台，并按规定距离布设下料溜筒，一般5～6m布置一套溜筒，混凝土通过溜筒均匀铺料。为避免不均匀沉陷和模板变形，四周混凝土面的高差不得大于一层铺筑厚度（约40cm）。

5.2.3 井内开挖及井筒下沉

底节井筒模板及支撑排架拆除后，井筒混凝土经养护达到设计强度70%以后，才能进行抽垫，开始挖渣下沉作业。

1．底部垫木抽除

为了保证沉井的垂直度，抽除垫木是关键之一。在抽垫过程中，应分区、依次、对称、同步地进行，先隔墙，后井筒；先短边，后长边；最后保留设计支承点。每次抽去垫木后刃脚后立即用卵砾石填塞捣实，使沉井自重逐渐由卵石承受。在整个作业过程中加强仪器观测，发现沉井倾斜时应及时采取措施调整。抽垫次序分区见图5.2.3-1，井筒抽垫作业分3步进行：

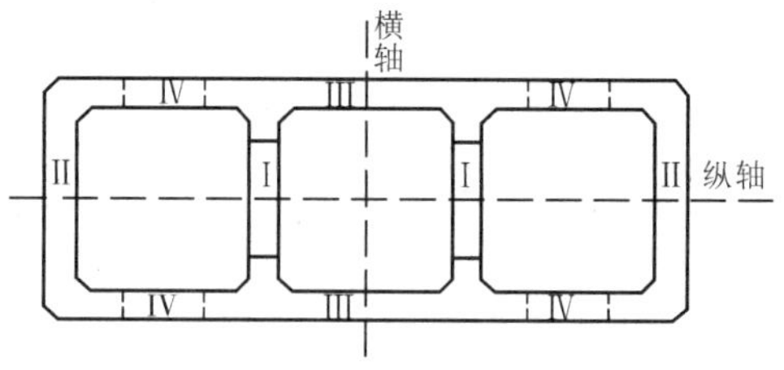

图5.2.3-1　沉井底部垫木抽除次序分区示意图

I—隔墙；II—短边；III/IV—长边

1）先间隔墙I，后同步抽出两短边II—II轴左右1/2组垫木，再抽出四角垫木，然后间隔同步抽出两长边III—III轴左右1/2组垫木。

2）留下长边III—III轴及四角1～2组支承点垫木，依次抽出短边II—II轴左右余下垫木，然后抽出长边III—III轴左右余下垫木。

3）同步抽出作为支承点的垫木。此时垫木有可能已被压断，沉井下沉10～20cm。

具体每步抽出垫木多少，应视沉井倾斜情况适当调整。

2．沉井开挖下沉

1）水工沉井一般采用抽水吊渣法施工，采用小型挖渣机械开挖或人工井下开挖，由起吊机械及

1～$2m^3$吊渣斗装汽车卸至渣场。

2）下沉时，每个沉井内除了配置必要的开挖设备外，还要配置砂石泵等强排水设备。强排水设备的作用一方面是排除井内的地下水，保证挖掘机能够干地施工；另一方面，在刃脚开挖过程中，适时采取高压水冲挖、泵吸的方式配合开挖、下沉。

3）对于覆盖层或一般土层开挖应从中间开始向四周逐渐展开，并始终均衡对称地进行，每层挖土厚度为 0.2~0.3m。刃脚处留0.8~1.5m宽土垅，用人工逐层全面、对称、均匀地削薄土层，每人负责2~3m一段。当土垅经不住刃脚的挤压时，便在自重作用下均匀垂直破土下沉[图5.2.3-2（*a*）]；对有流砂情况发生或遇软土层时，则采取从刃脚挖起，下沉后再挖中间的顺序[图5.2.3-2（*b*）]。当土垅挖至刃脚沉井仍不下沉，可采取分段对称地将刃脚下掏空或继续从中间向下进行第二层破土的方法。

4）任何情况下，隔墙不得承重。隔墙处应保持1m的净高，以利通行。

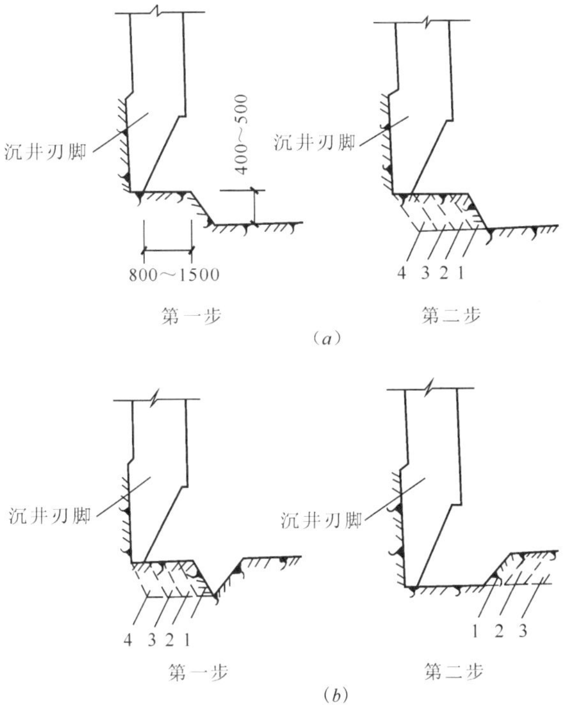

图5.2.3-2　刃脚土石开挖示意图（尺寸单位mm）
图中1、2、3、4为施工顺序

3. 下沉过程中可能会出现的问题及采取的措施：

1）下沉过快

在砂土中下沉时，因砂层压缩性较大，而且不均匀，局部土的承载力较低，可能使沉井下沉速度超过挖土速度，出现突然下沉的现象。发现下沉过快，立即停止开挖或减少开挖土体，待稳定后再逐渐分层开挖，并在沉井井壁间回填粗糙材料，增大摩阻力。

2）下沉过慢、下沉被卡

由于井壁表面粗糙，刃脚削土深度不足造成下沉过慢，采取的措施相应为：严格按照设计和工艺标准制作沉井；根据压力监测，分阶段计算下沉系数，加大土体开挖深度。另外，遇含崩（块）石砂卵砾石层，很容易发生不均匀下沉、造成沉井倾斜或出现下沉被卡沉不下去的现象。出现这种现象后，首先根据刃脚荷载计的测量数据分析刃脚应力分布情况，判断出应力集中、突出的位置，即为崩（块）石所在部位。然后对称分段挖掘刃脚砂砾石，分段长度视具体块石大小确定。崩（块）石的清除可以根据其大小、难易情况，采取直接挖掘清除或爆破后清除。采取爆破手段清除，炮孔距刃脚不小于50cm，其方向须与刃脚斜面平行，药量不得超过200g，并设钢板、草垫防护，不得用裸露爆破。刃脚块石清除处理完毕后，及时回填3～5cm大小的砂卵石并予适当夯实。块石全部清除并回填砂卵石后，再分层对称削挖刃脚砂卵石，此时沉井因承压面减少故可平衡下沉。

其施工顺序为：削挖中央砂卵石→分段对称削挖刃脚砂卵石→崩（块）石清除→回填砂卵石→分段对称削挖刃脚砂卵石→沉井下沉。

3）流砂和瞬间突沉

在下沉到砂层时，由于动水压力的作用，产生向井内流砂现象，造成沉井急剧下沉，可能瞬间失去控制，下沉量很大。

采取措施为：加强操作控制，严格按次序均匀取土，避免在刃脚处过多掏空或开挖较深；也可向井内补水，增大井内水头压力，控制流砂等。

4）井筒倾斜、偏移

土体软硬不均或挖土不均匀、井内土面高低悬殊、局部开挖过深、刃脚下掏空过多、地层状况差异较大等等都可引起井筒倾斜。

施工中需加强观测，预防为主，一旦沉井发生倾斜或倾斜趋势立即开始纠偏。

偏除土纠偏：在高的一侧多挖土，低的一侧少挖土或回填块石来纠正。一般可在刃角高的一侧挖土，并且预先使沉井向偏位方向倾斜，然后沿倾斜方向下沉直至中轴线与设计中轴线接近，再将沉井稍微向相反方向倾斜，调正沉井，保证沉井位移和倾斜在规范范围内。

井外射水结合井内偏除土纠偏：当沉井下沉深度较大时，沉井纠偏关键在于减少一侧的摩擦阻力。将高压射水管沿沉井高的一侧井壁外面插入土中射水，破坏土层结构，使此井壁摩擦阻力降低。这时，再采用上述的偏除土来纠偏法，可使沉井的倾斜逐步得到纠正。

配重纠偏：在沉井顶部高的一侧加适量配重。

助沉纠偏：在高的一侧压触变泥浆，减少高侧沉井井壁的摩阻力。

纠偏手段是分析监测得到的数据的基础上，进行计算后制定的，通常采用的措施可能是上述的一种单独使用，也可能是上几种综合应用。

5）沉井扭转

沉井下沉过程中或下沉后，筒体轴线位置发生两个方向的偏移（称为扭转）。

沉井位置如发生扭转，如图5.2.3-3。可在沉井的A、C二角偏出土，B、D二角偏填土，借助于刃脚下不相等的土压力所形成的扭矩，可使沉井在下沉过程中逐步纠正其位置。

以上所述沉井的倾斜、位移、扭转，应在沉井距设计标高1m以上时基本纠正到位。在沉井刃脚接近设计标高30cm以内时，不应再有超出容许范围的偏差，否则难以纠正。

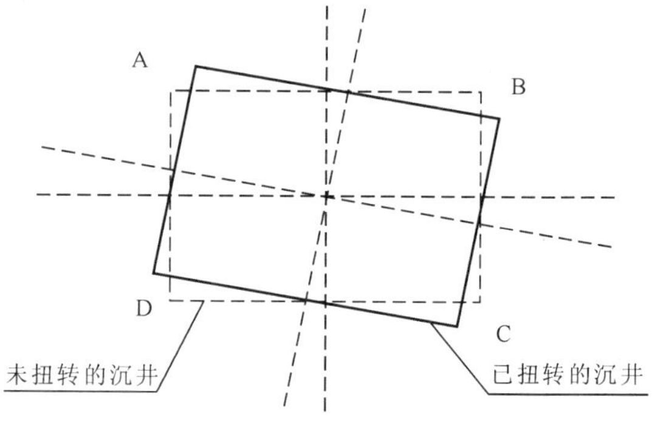

图5.2.3-3　扭转的纠正示意图

5.2.4　沉井的助沉措施

1．采用改型刃脚卵砾填缝助沉

为了降低沉井下沉的阻力，或为了预防沉井下沉过程中，周围的孤石、块石坍塌挤压沉井外壁，造成沉井下沉困难，采用沉井刃脚外撇20cm的八字形刃脚，在外壁空腔内根据下沉情况，不断充填粒径约4cm的河卵砾石，使沉井外壁与地层间的摩擦由原来的滑动面摩擦变为球体滚动摩擦，故沉井下沉时的摩阻力大幅度下降，且由于填充了卵砾石，使井外壁与地层之间没有空隙，不会产生地层大孤石、块石垮塌挤压井壁的现象，同时由于缝隙中填充了卵砾，使井筒与地层之间保持有一定的距离，所以井筒位置稳定，偏斜小。

通过调整刃尖下方土体的阻力可以及时地修正沉降过程中出现的倾斜。下沉施工完结后向充满卵砾的缝隙中注入固结浆液，使井筒和地层固结在一起。改型刃脚卵砾填缝自沉工法助沉示意图见5.2.4-1。

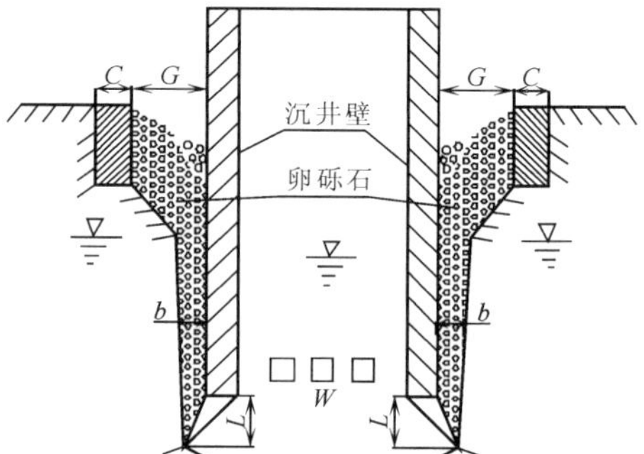

图5.2.4-1　改型刃脚卵砾填缝助沉示意

C—导向墙；*G*—导向墙与井壁间距（0.7～1.0m）；*b*—间隙，内填卵砾石；*L*—刃脚钢靴；*W*—水口

2．压沉助沉

沉井压沉助沉是通过外部荷载的增加，使沉井的沉降系数增大，改善沉井下沉条件的方法。施加荷载的方法分为两种：1）通过反力地锚施加荷载压沉；2）依靠增加沉井高度或加放压重块施加荷载。前者优于后者，有利于控制沉井的下沉姿态。

1）反力地锚压沉

反力地锚的布置方式：在沉井外侧60～80cm或四角部位对称布设地锚，地锚孔孔径 ϕ129～140，采用跟管钻机和地质钻机进行造孔，孔深深入基岩5～6m，埋设竹节式加固锚筋或直接通过 ϕ50～73钻杆注入0.5：1的水泥浆液加压灌注，将钻杆埋入孔内作为反力地锚孔内部分，地表安设锚固台和锚固拉杆。

地锚的允许拉力大小根据计算、现场试验确定，地锚反力压入装置见图5.2.4-2。

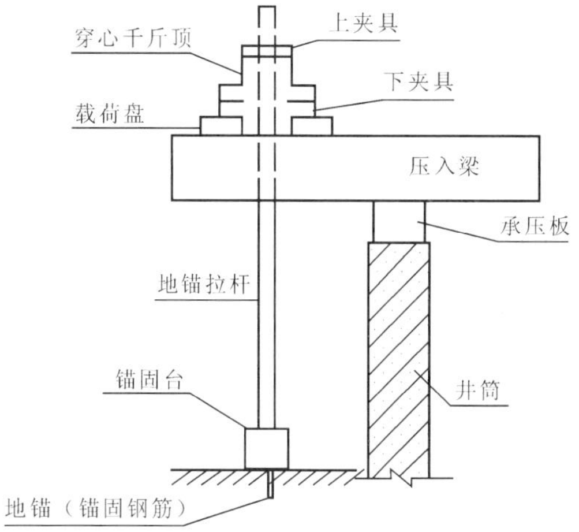

图5.2.4-2　地锚反力压入装置示意图

2）压重块加载助沉

压重块加载通过在沉井上加放混凝土预制块，增加下沉力。在下部无大块石或大块石已清除后，沉井由于受井壁外侧地层侧压力增加、摩阻力增大，造成下沉困难或沉不下去时，根据周面摩擦计反应数据，对摩擦力较大侧加放预制块施加荷载；在沉不下去情况下则四周同时对称施加荷载。也可根据沉井的倾斜状况进行荷载施加。

施加荷载时，不能速度过快，以免发生突然下沉或下沉过快造成纠偏过度，另外，预制块在沉井侧壁上应有固定措施，施加荷载大小需要按照沉降系数1.1～1.2，根据周面摩擦阻力、刃脚阻力进行计算求得。

混凝土预制块的大小以2m×2m×2m或2m×2m×1.5m为宜，每个预制块重15～20t。

3．触变泥浆助沉

触变泥浆常规方法是通过沉井墙壁预留的压浆管、出浆口进行压力灌注，亦可通过从井壁外侧钻孔插管的方法进行注浆，作为一种补充措施。

压浆管路沿沉井内壁每2.0～2.5m布置一根 ϕ50mm钢管作为压浆管，在沉井侧墙下部刃脚牛腿处穿过井壁。为避免排水下沉时，泥浆向井内渗漏，出浆口距刃脚距离大于6～10m，压浆管、出浆口预留在刃脚牛腿上部，出浆口处采用长度20cm的∟100×100×10mm角钢作为孔口保护。为保证井壁外泥浆套不受地表地层坍塌，特别是夹砂层出现流砂造成破坏，在沉井四周外侧设钢板结构泥浆围圈，围圈高出地表0.5m，围圈与井壁间距1.0m，围圈内充满泥浆。随着沉井下沉，不断地用BW250/50型泥浆泵通过压浆管、出浆口向井壁四周及时补充泥浆，保证泥浆套的连续性。

触变泥浆压浆管、出浆口钢结构泥浆围圈布置见图5.2.4-3。

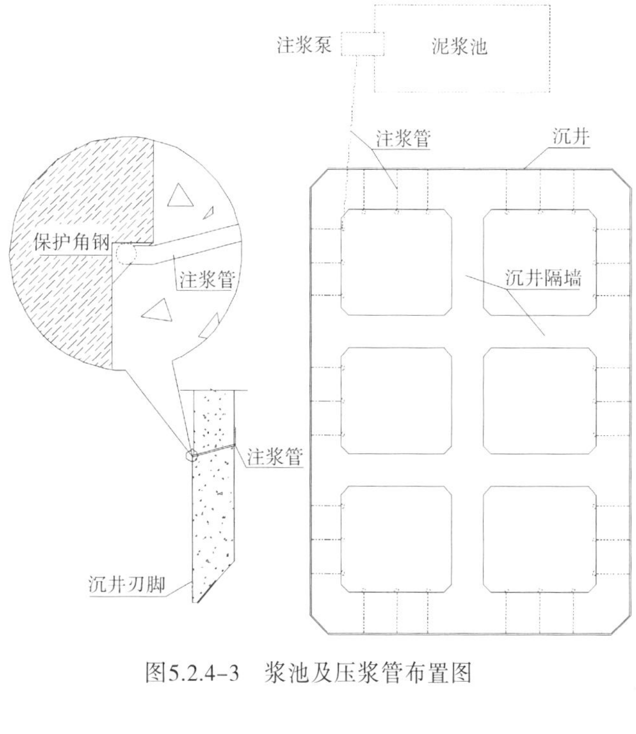

图5.2.4-3　浆池及压浆管布置图

泥浆采用膨润土、烧碱和水按设计配合比（膨润土20%、烧碱5%、水75%）配置并搅拌好，通过注浆泵压入井壁。

当沉井下沉至设计深度后，向压浆管内注入0.5：1的浓水泥浆液置换管内泥浆及井壁泥浆，使沉井与地层间充满水泥浆液，凝固后形成一个整体。

4．空气幕助沉

对下沉较深的沉井，为预防在沉井下沉过程中下沉系数偏小而不能下沉，采用空气幕法来减少井壁摩阻力，以此达到助沉目的。空气幕助沉的优点是：井壁摩阻力容易恢复；下沉容易控制；不受水深限制；施工设备简单，经济效果较好。

1）空气幕助沉的原理

空气幕助沉的原理是向预先埋设在井壁四周的气管中压入高压空气，经设在井壁的喷气孔喷出，并沿井壁外表面上升溢出地面，从而在井壁周围形成一层松动的含有气体与水的液化土层，含气土层如同幕帐一般围绕沉井。其主要构件有气龛、气管和压缩空气的供气系统。

空气幕助沉压气时间与地层情况、供气系统、水位差等有关，压气时间不宜过长，一般不超过5min/次。

2）气龛的构造

气龛布置在沉井井壁表面上，高18 cm、上宽15 cm，下宽5cm的梯形，深3cm呈棱锥状的凹槽，凹槽底部与水平管相贴，在水平管上钻一个ϕ3mm喷气孔。气龛结构简图如图5.2.4-4。

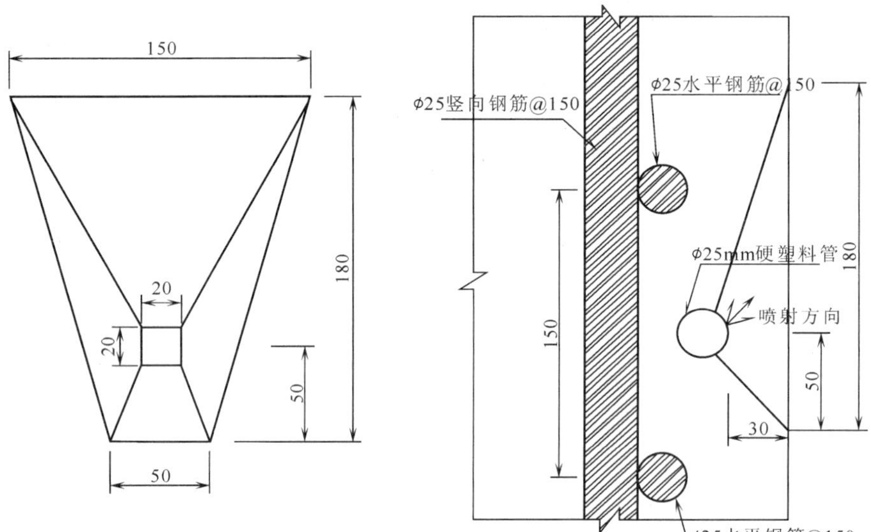

注：图中尺寸以mm计

图5.2.4-4　气龛结构简图

3）气龛的排列布置

气龛从第四节开始布置。为了保证下沉平稳，只在短边使用空气幕。

水平方向以1.5m为标准间距，相邻两层气龛位置交错布置，呈梅花状。

4）气龛的制作及安装

气龛采用4mm厚的钢板制作。安装在沉井外壁模板上，用钢筋头和U形钢筋将气龛、充气管固定在结构钢板网格中间位置，并紧贴模板。

5）空气管路的设计

预埋在井壁内的管道，采用有一定弹性的ϕ25mm聚氯乙烯硬管（竖管的最后2m采用ϕ50mm的无缝钢管）。

管路布设具体如图5.2.4-5。

6）管路的安装

将水平管安装在气龛内侧的凹槽位置，用钢筋头将水平管和气龛固定在模板上。在安装水平管时每段水平管的两端头接一段有封头的弯管（沉淀管），以存贮可能进入管内的泥砂，防止堵塞气孔。存贮封头管采用ϕ50mm长30cm长的聚乙烯硬管。如图5.2.4-6防堵措施示意图。

竖管通过三通接头与水平管相连，连接时做好防漏措施。同时各分区管路按要求引出，做好各分区标记，便于压气助沉过程进行控制，安装时不可将各管路混乱。

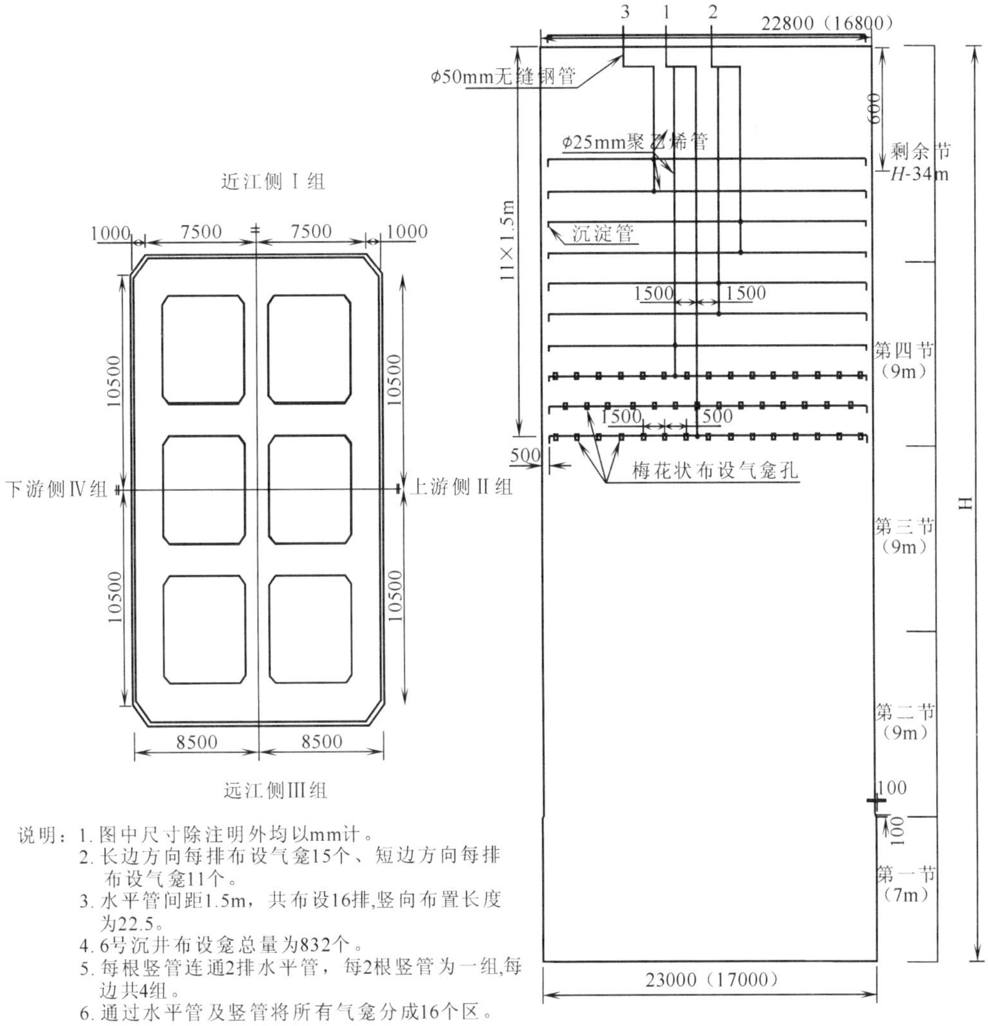

图5.2.4-5　空气管路布设图

7）管路保护

混凝土浇筑振捣时需特别注意不可触碰到充气管路，振捣棒与充气管路之间保持一定的距离（但此距离不能大于振捣作用半径），养护完成拆模后，将水平管上的橡胶套向侧面稍微推开，在水平管上钻 ϕ3mm喷气孔，喷气孔的位置在水平管弧形外表的中间稍偏上，将橡胶套复位，在外罩的橡胶套上用小钢钉扎孔，既可防止砂土堵孔，又可保证喷气正常。喷气孔施工完毕后，向预埋管内压风，检查喷气孔是否通畅，若堵塞应及时将喷气孔进行疏通。井壁外供气管路由搁置在井壁外侧预埋牛腿上的供气总管，通过空气分流装置连到空气幕每个区块的供气支管上。在分流装置上设有阀门和气压表以便于控制。

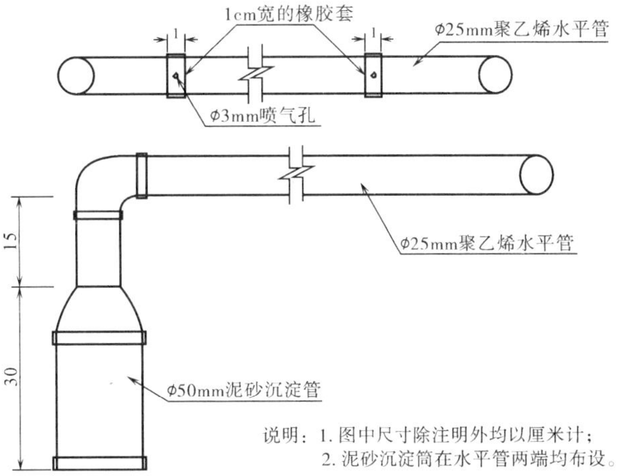

图5.2.4-6　防堵措施示意图

8）压缩空气供气系统

送风压力不小于气瓮入土深度理论水压的1.6～2.0倍时，可以达到满意的效果，所以送风压力不小于5个标准大气压。

供风时以每个气龛耗风量不小于0.02～0.025m^3/min计算总供风量，可以达到预期的下沉效果。则供风量不应小于21m^3/min。

空气幕助沉施工时，先打开空压机，待气包内压力接近其允许值时，打开供气管路的气阀，开始送风，压力保持在5kg以上，如果压力下降，说明气量不足，此时空气幕的效果不理想。

5.2.5 沉井排水

对于下沉过程中要穿过较厚的地质层，终沉时刃脚需入基岩一定深度，以满足抗倾和抗滑稳定要求，终沉后井内要进行锚杆及钢筋混凝土底板（封底混凝土）施工，必须达到“干地施工”条件的沉井群，下沉的合理方式为“排水下沉”，排水方法有集水井排水法和外围排水法。

1．井内排水法

这种方法是在开口沉箱内部底面上设置集水井，使渗向底面的地下水集中在集水井中，然后用泵压送到井外的方法。如果水位下降量大，则开挖底面时的动水坡度增大，有可能产生流砂现象。另外，由于排水致使周围土体冲填压实，给箱体下沉带来困难。

2．外围排水法

这种方法是在开口沉箱的外侧设置几条深井，在各深井中插入水泵一起向外抽取地下水的方法。地下水位下降后的水位分布形状，因地层渗透系数的不同而异：渗透系数越小，水位的下降量和范围越小；渗透系数越大，层厚越厚，排水效果越好。该方法与井内集水井排水法相比，排水量越大，影响范围也越大。流入过滤管的地下水中夹有周围地层中的土砂，会使过滤管堵塞，同时也可能造成外围地层的沉降。作为防止排水法造成周围地层沉降的防止措施，还可并用设置防渗墙和抽取地下水再回灌地层的恢复水位方法。

对于大型沉井群，由于分布范围大，地下水分布情况复杂，一般是采取井内排水法和外围排水法相结合的方式进行排水。

5.2.6 后续井筒施工

在底节沉井下沉到预定深度后就应停止下沉，准备进行上面一节沉井的施工。沉井的接高应符合以下要求：

1．接高前应调平沉井，井顶露出地面应有1m左右高度。

2．第二节沉井高度可与底节相同（5～7m）。为减少外井壁与周边土石的摩擦力，第二节井筒周边尺寸应缩小5～10cm。以后的各节井筒周边也应依次缩小5～10cm。

3．上节模板不应支撑在地面上，防止因地面沉陷而使模板变形。

4．为防止在接高过程中突然下沉或倾斜。必要时应在刃脚处回填或支垫。

5．接高后的各节井筒中心轴线应为一直线。

6. 第二节井筒混凝土达到强度要求后，继续开挖下沉。以后再依次循环完成上部各节井筒的制作、下沉。

5.2.7 井底地基处理

1．按设计要求打好插筋，清除岩面浮渣杂物，浇筑封底混凝土和填心混凝土。打插筋、清基、封底、填心各工序必须紧密衔接，缩短工期。如果工期拖延过长，井内长时间排水，既增加排水费用，又可能淘空四周地层中的砂及小粒径卵砾石，对沉井安全不利且增加了清理量。

2．沉井下至设计位置后，如设有深挖齿槽，为保证齿槽的顺利施工，应将井周刃脚部位封堵。齿槽可沿长度方向分段跳块开挖，一般分4块（或3块），分2个阶段开挖。第一阶段先开挖1至2块，立模先浇混凝土。第二阶段可全部开挖，该阶段齿槽混凝土可与封底混凝土一起施工。

齿槽开挖前槽口边沿应打插筋，齿槽开挖的边坡可采用喷混凝土支护，若遇破碎层可用锚喷支护。

3．井间齿槽可采用平洞法开挖，并回填混凝土至刃脚底面。

5.2.8 填心混凝土施工

1. 作为一般基础沉井，可用C15混凝土封底，高度为2～5m。

2. 若渗水量不大，填心、封底可采用分期施工方法。第一期可采用预留泵坑，一边排水一边从一端向另一端封堵填心，最后撤出水泵封堵水泵坑。

3. 若渗水量较大，无法采用排水法封堵，也可采用导管法水下浇筑混凝土封堵。水下混凝土浇筑厚度可为3～5m，以上部分将积水排出后仍采用普通混凝土方法浇筑填心混凝土。用导管法浇筑水下混凝土时，应按照水下混凝土施工规范中“特种混凝土”的有关规定执行。水下浇筑混凝土的强度等级应较混凝土设计强度提高一级。

4. 井底封堵后若要进行防渗处理，则井底可作为防渗处理的工作面。井底混凝土封堵后，其上应根据设计需要，浇筑混凝土或填砂砾石。

6. 材料与设备

6.1 本工法无需特别说明的材料。

6.2 对于大规模沉井群工程施工的机具设备配置规格、数量，须根据工程规模、工期要求、场地大小、布置空间、干扰程度等综合考虑。目前较常用机具设备见表6.2。

主要机具设备表　　表6.2

序号	设备名称	规格、型号	用途	备注
1	圆筒门机	MQ600B/30	吊渣、浇筑混凝土	
2	液压履带	QUY80A	吊渣、浇筑混凝土	
3	小型挖掘机	日立 ZAXIS70LC	挖渣	
4	履带装载机	S300	挖渣	
5	吊斗	$1.5m^3$	吊渣	
6	自卸汽车	15t	运渣	
7	搅拌站	$200m^3/h$	拌合混凝土	
8	混凝土运输车	$6m^3$	运输混凝土	
9	装载机	ZL50	装料	
10	混凝土泵车	$60m^3/h$	输运混凝土料	
11	混凝土布料机	$60m^3/h$，臂长 30m	布料	
12	砂石泵	75kW	排除井内积水	
13	注浆泵	ZJ-12	泥浆助沉	
14	空压机	$20m^3/min$	井内通风	
15	高压泵	180kW	挖渣辅助设备	
16	高压水枪、补水泵		挖渣辅助设备	

7. 质量控制

7.1 质量控制标准

沉井、沉箱制作及下沉质量控制应遵守《建筑工程质量检验评定标准》GBJ 301-88，允许偏差项目见表7.1。

沉井、沉箱的允许偏差和检验方法 **表7.1**

项次	名称			允许偏差（m）	检验方法
1	井、箱制作质量	平面尺寸	长度、宽度	± *a*/2 且不大于 100	尺量检查
			曲线部分半径	± *r*/200 且不大于 50	拉线和尺量检查
			对角线差	*b*/100	尺量检查
		井、箱壁厚度		± 15	
2	下沉后质量	刃脚平均标高		± 100	用水准仪检查
		底面中心位置偏移	*H*＞10m	≤ *H*/100	吊线和尺量检查或经纬仪检查
			H≤10m	100	
		刃脚底面高差	*L*＞10m	*L*/100 且不大于 300	用水准仪检查
			L≤10m	100	

注：① 适用于陆地沉井、沉箱。② *a*为长度或宽度；*r*为半径；*b*为对角线长；*H*为下沉总深度；*L*为最高与最低两角间距离。

7.2 质量控制措施

1．沉井拆除垫层前，先在互相垂直的两个方向上放出井的竖直中心线，以控制井的垂直度；以刃脚底面为±0m标高，在中心线旁画出标高刻度，以随时显示沉井下沉深度。

2．下沉要严格按顺序对称、均衡进行，每次每格取土深度为0.2~0.5m，邻格高差小于0.5m。

3．沉井施工测量控制

1）高程控制点：在沉井壁上设置观测点观测沉井下沉及倾斜状况。

2）平面控制：下沉前在沉井两外墙（岸侧及上游）上设置中轴线，并以醒目标志。基线上架2台经纬仪，定期、定时观测沉井偏位情况。

3）沉降观测及偏位观测：下沉期间观测，初沉2h一次，中期4h一次，终沉1h一次。出现异常情况持续观测。

4．施工监测

施工监测包括沉井自身状态监测和施工对周围环境影响监测两部分。沉井自身状态监测包括：井筒自身位置（深度、中心偏离）监测，姿态（倾斜）监测及井筒受力状况的监测。对周围环境影响的监测包括：地层沉降的监测及周围建筑物倾斜监测。沉井下沉监测项目见表7.2。

沉井下沉监测项目 **表7.2**

监 测 项 目	仪 器 设 备
平面几何中心的偏离	经纬仪、水准仪
下沉深度的测定	水准仪
井身姿态的监测	重锤
井筒上的监测	土压力盒
井筒钢筋监测	钢筋计

1）井筒自身位置监测，姿态监测

在井外地面设置纵横十字控制桩、水准基点。下沉时，在井壁上设十字控制线，并在四侧设水平点。于壁外侧用红铅油画出标尺，以测沉降，井内中心线与垂直度的观测系在井内壁四边标出垂直轴线，各吊垂球一个，对准下部标志板来控制，并定时用两台经纬仪进行垂直偏差观测。挖土时随时观测垂直度，当垂球离墨线边达50mm或四面标高不一致时，立即纠正，沉井下沉过程中，每班至少观测两次，并在每次下沉后进行检查，做好记录，当发现倾斜、位移、扭转时，及时纠正，使偏差控制在允许范围以内。沉井在下沉过程中，最大沉降差均控制在250mm以内。当沉至离设计标高2m时，对下沉与挖土情况应加强观测，以防超沉。

2）井筒受力状况的监测

（1）刃脚下方土体对刃脚的抗力：在刃脚四周踏面处每隔2～3m布置一个刃脚荷载计。

（2）周边摩阻力：沿沉井周边横向每隔3～5m，竖向5～6m布置一个周面摩擦计，呈梅花形布置。

（3）井筒钢筋监测：在四周15m、25m和45m处每边埋设2个钢筋计，横纵隔墙在15m和25m各埋设1个钢筋计。

钢筋计安装随工程钢筋绑扎同步进行，应焊接在同一直径的受力钢筋上并保持同一轴线，受力钢筋之间的绑扎接头距仪器1.5m以上，钢筋计焊接可根据现场情况采取对焊、坡口焊或熔槽焊，焊接时可在仪器部位浇水冷却，使仪器温度不超过60℃，但不得在焊接处浇水。安装、绑扎带钢筋计的钢筋，将电缆引出点朝下，混凝土入仓远离仪器，振捣时振捣器至少距离钢筋计50cm，振捣器不可直接插在带钢筋计的钢筋上。

3）对周围环境影响的监测

根据施工场地布置、周围地表、建筑物等重要程度制定相应的监测措施和计划，发现问题及时采取措施，确保周围建筑物安全。

8. 安 全 措 施

沉井施工除应遵循土石方开挖、混凝土浇筑的安全操作规程外，还应采取以下措施：

1. 沉井施工场地应进行充分碾压，对形成的边坡应作相应的保护。施工机械尤其是大型吊运设备应建在坚实（或经过处理）的基础上。沉井下沉到一定深度后，井外邻近的地面可能出现下陷、开裂，应注意经常检查基础变形情况，及时调整加固起重机的道床。

2. 施工区内的地表水应排到施工场地以外，井内排出的渗水严禁反流井下。

3. 井顶四周应设临时钢筋拦杆和挡板，以防坠物伤人。

4. 起重机械进行吊运作业时，施工人员应躲避到安全部位，指挥人员与司机应密切联系，井内井外指挥和联系信号要明确，严防事故发生。

5. 石方爆破时，起爆前应切断照明及动力电源，并妥善保护水泵。爆破后加强通风，排除粉尘和有害气体。

6. 施工电源（包括备用电源）应能保证沉井连续施工。水泵和照明电源尤应可靠，严防淹没事故发生。

7. 井内吊出的石渣应及时运到渣场，以免对沉井产生偏压，造成沉井下沉过程中的倾斜。

8. 装运石渣的容器及其吊具要经常检查其安全性，渣斗升降时井下人员应回避。

9. 环 保 措 施

9.1 建立健全环境保护管理体系

根据各种环境污染因素制定出来的环保措施要得到有效的顺利执行，还有赖于建立健全一套完整的环境管理体系，需要完整的组织机构、执行机构和监督机构去向全体施工人员进行环保意识教育，建立健全各级环保责任制，人人自觉地在生产过程中认真自觉执行拟订的环保措施，并能随时监测环境状况，及时发现问题，及时整改。

9.2 环境保护措施

9.2.1 水环境保护

含油废水经排水沟收集后，进入集水井，然后经泵提升进入油水分离器（泵与分离器一体化设备）进行油水分离，保证出水水质达一级排放标准<5mg/L的浓度。

9.2.2 交通扬尘防治措施

限制施工车速，一般控制在15km/h以内。必要时采用洒水车洒水除尘。

9.2.3 汽车尾气防治措施

强化对运输车辆的排放性能检测，强制不达标车辆进行正常维修保养，保证车辆发动机处于正常技术状态，经常清洗运输车辆，并使用零号柴油和无铅汽油。

9.2.4 噪声防护

加强对机械设备的维修和保养，减振降噪。在居民区和车流量较大的公路控制鸣笛，减少突发噪声，放慢车速。对参与爆破的施工人员发放防噪用具，严格执行劳动保护措施，同时严格控制一次性起爆的总炸药量，防止产生超标的噪声与冲击波。

10. 效益分析

10.1 本工法用于各种复杂地形、地质和场地狭窄条件下施工，占地面积小、成本低。施工产生的振动、噪声小，对临近建筑物影响小，达到环保和安全的要求。环境效益和安全效益显著。

10.2 与同类地下工程相比，可大大减少挖、运、回填土方量，加快施工进度，降低施工费用。

10.3 沉井内部空间可利用，下沉过程中，本身作为挡土和挡水围堰结构物，不需要板桩围护，从而可节约投资。

11. 应用实例

11.1 向家坝水电站二期纵向围堰沉井群施工

11.1.1 工程概况

向家坝水电站二期纵向围堰沉井群工程由10个23m×17m的沉井组成，沉井群既是左岸一期土石围堰内侧边坡的挡土墙，又是二期纵向碾压混凝土围堰体的一部分。沉井群前期发挥挡墙作用，一期工程结束后，还将作为二期纵向围堰的基础继续发挥作用。

单个沉井内分6格，井格净空平面尺寸为5.2m×5.6m（含40cm×40cm的倒角），

外墙厚2m，隔墙厚1.6m，最深9号沉井高度达57.4m 。沉井设计由下到上结构情况如下：底节高7m（其中底部1m为钢刃脚结构），刃脚踏面宽30cm，刃脚斜面高2m；中隔墙离刃脚踏面高度1～3m；底节高7m处设10cm×10cm的斜向倒角，其上2～5节设计按5m一节段配筋。沉井壁混凝土设计强度等级：底节混凝土大部分沉井为C35W6（其中 8号、9号为C40W6 ）；其余节均为C25W6。井内填芯混凝土强度等级为C10W6。沉井工程特性见表11.1.1。

沉井工程特性表 **表11.1.1**

沉井分序	沉井编号	平面外形尺寸（m×m）	沉井高度（m）	开挖量（m^3）	沉井壁混凝土量（m^3）	沉井回填混凝土量（m^3）	取土井尺寸一个（m×m）
I	1	23×17	43.50	17009	8832	7808	6–5.2×5.6
	3		43.50	17009	8832	7808	
	5		43.00	16813	8728	7721	
	7		49.00	19159	9979	8758	
	9		57.40	22443	11730	10210	
	合计	—	—	92432	48100	42304	—

续表

沉井分序	沉井编号	平面外形尺寸（m×m）	沉井高度（m）	开挖量（m^3）	沉井壁混凝土量（m^3）	沉井回填混凝土量（m^3）	取土井尺寸一个（m×m）
Ⅱ	2	23×17	43.50	17009	8832	7808	6–5.2×5.6
	4		43.00	16813	8728	7721	
	6		44.50	17400	9041	7980	
	8		52.50	20528	10708	9363	
	10		47.00	18377	9562	8412	
	合计	—	—	90126	46870	41284	—
总计		—	—	182558	94971	83588	—

11.1.2 地质情况

沉井所穿过的冲积地层厚度45～62m，具有三层构造，上部为砂卵砾石层，总体以卵砾石为主，粒径主要在2～15cm之间；中间砂层总体以中细砂为主，局部含淤泥质土；底部为含崩（块）石的砂卵砾石层，其突出特点是较普遍地含有块径不等的崩（块）石，崩（块）石的平均块径1.26m，最大4.20m（钻孔资料）。块石的母岩主要为灰白色中细砂岩、细砂岩及少量石英砂岩，系两岸谷坡崩塌堆积形成，大都呈微风化到新鲜状态。

11.1.3 施工情况简述

该沉井群施工的总体方案为：间隔制作、交替排水下沉。即先制作1、3、5、7、9单号沉井的第一、二节段，待其下沉到位后，再开始2、4、6、8、10双号沉井的制作下沉施工，然后，单号和双号沉井依次交替制作、下沉；下沉深度达30m后，沉井群平行施工。

当10号沉井下沉到223m时，停止下沉，其余沉井依旧按原定施工顺序进行施工。待9号沉井下沉到位并施工完其部分填芯混凝土后，再行开挖10号沉井顶面的土石方，且边开挖边下沉，直至设计标高210m。

9号沉井的制作下沉始终是先行施工，作为全部沉井群的先导井，利用该井探索、验证施工方案，同时作为沉井群区域的集水井抽取局部地下渗水，降低其他沉井的地下水位。

11.1.4 工程效果

该沉井群于2006年3月开工，2007年8月完工，历时18个月，沉井群快速、优质下沉到位，质量满足设计要求，运行安全、稳定，为2007年9月按期开仓浇筑主体工程混凝土奠定了坚实基础，经济效益显著。

11.2 铜街子水电站导流明渠边坡阻滑沉井群施工

11.2.1 工程概况

铜街子工程施工导流采用左岸明渠分期导流，明渠左岸大面积覆盖着古滑坡堆积物—碎石土，厚达30余米，如果大开挖将破坏碎石土边坡的自然稳定状态，可能引发大面积牵引式塌滑。采用沉井方案可基本上不挖碎石土边坡，井身可以作为明渠左边墙的一部分。明渠右边墙的尾端因为玄武岩埋藏较深，为防止冲刷，根据地质条件也设置了沉井。

方案要求在导流明渠左侧岸坡沿线共布置了16个沉井（另有4个防洪堤沉井），其群体和外轮廓线受水工结构布置的影响呈曲线型，展线总长约400m。

沉井布置在导流明渠左侧边墙部位并与墙体结合，在不同时期承受不同荷载。明渠在沉井的防护下开挖以后，在沉井右侧和顶部再浇筑部分混凝土，形成边墙墙体的全断面，满足明渠过水的要求。

单个沉井结构系钢筋混凝土箱型结构，平面上呈矩形，隔仓布置分单排和双排两种。底节井筒设楔形刃脚，刃脚护脚钢板厚10mm，高80cm。沉井在地表制作，节高一般5m，每座沉井根据下沉深度分为3～6节。各沉井结构特征见表11.2.1。

11.2.2 施工情况简述

采用现场制作，抽水下沉，人工出渣的方案。

由于工期紧，沉井群组织三个作业队分片施工，每个施工片区的多个沉井采用大流水作业。自1983年6月开始施工至1986年3月完成，历时33个月，各个沉井因地质情况不同施工进度亦有差异，一般沉井施工从井身（高5m一节）制作到出渣下沉，再至上一节沉井开始制作，平均工期一个月。

沉井结构特征表 **表11.2.1**

井号	平面尺寸（长×宽）（m）	节数	外壁厚（m）	隔墙厚（m）	井顶高程（m）	首节				二、三节合计		四节		五节		备注
						刃脚钢材（t）	刃脚钢筋（t）	钢筋（t）	混凝土（m^3）	钢筋（t）	混凝土（m^3）	钢筋（t）	混凝土（m^3）	钢筋（t）	混凝土（m^3）	
1-8	25×10	3	2	1.4	435 440	20.54	0.61	34.75	570	11.11	1400	—	—	—	—	
11	25×10	3	2	1.4	435	21.72	0.65	29.88	636	12.80	1730	—	—	—	—	
17、18	25×12	5	2	1.4	435	13.90	0.43	31.89	560	20.48	1440	9.63	660	9.02	610	17号井为六节
16	17.2×14	5	1.6	1.0	435	11.60	0.35	26.31	440	16.57	1150	7.87	520	5.25	490	
12	14×17.2	4	1.6	1.0	435	11.60	0.35	29.70	440	16.57	1150	9.30	640	—	—	
13、14、15	30×16	4	1.6	1.0	435	17.47	0.45	46.14	780	31.59	1860	16.39	1030	—	—	15号沉井5节
19、20、22	16×30	5	1.6	1.0	435	17.47	0.45	47.20	780	31.59	1860	13.66	860	10.71	980	
21	30×16	5	1.6	1.0	435	17.47	0.45	47.20	780	28.76	1670	—	—	—	—	

注：沉井长度为沿明渠水流方向的尺寸。

11.2.3 工程效果

导流明渠左边坡阻滑沉井群于1986年3月全部完工，随即展开明渠的大开挖，在边墙、底板全部完成混凝土浇筑以后，同年11月河床截流，明渠过水运行。沉井群承受了明渠开挖浇筑期和明渠过流运行的荷载考验，运行情况良好。在施工过程中，井群承受了来自碎石边坡的侧压力，除个别外，均无大的位移发生。仅16号沉井由于地基软弱岩石未挖尽，所以在明渠出口地基开挖时，发生位移5～8cm，后经灌浆处理以及出口段混凝土浇筑，位移中止。实践证明铜街子工程沉井群达到了边坡阻滑和导流明渠导墙抗冲防滑的双重目的，设计和施工是成功的。

11.3 宝珠寺水电站沉井群施工

11.3.1 概述

宝珠寺水电站位于四川省广元市境内白龙江干流上，是大型水利水电枢纽工程之一。该水电站施工导流方式采用明渠导流。明渠左导墙部分基础采用沉井相互连接成墙的方案。共布置了13个大型沉井，布置如图11.3.1所示。沉井的特

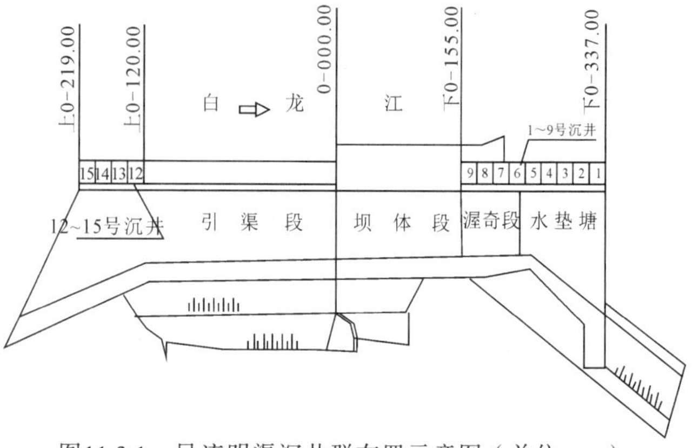

图11.3.1 导流明渠沉井群布置示意图（单位：m）

征参数见表11.3.1。

沉井的特征参数表 表11.3.1

沉井编号	平面尺寸长×宽（m）	设计高程（m）		井壁厚度（m）	沉井总高	井间距离	分节高度		
		顶部高程	底部高程				一	二	三
1	20×14	489.50	473.00	2.0	16.5	—	8.3	8.2	—
2	20×14	489.50	471.50	2.0	18.0	1.5	7.5	7.0	3.5
3	20×14	489.50	469.50	2.0	20.0	1.5	7.5	7.0	5.5
4	20×14	489.50	468.004	2.0	21.5	1.5	7.5	7.0	7.0
5	20×14	489.50	468.00	2.0	21.5	1.5	7.5	7.0	7.0
6	20×12	489.50	468.00	2.0	21.5	1.5	7.5	7.0	7.0
7	15×12	489.50	473.00	2.0	16.5	1.5	5.0	5.0	6.5
8	20×12	489.50	474.50	2.0	15.0	1.5	7.5	7.0	—
9	15×12	489.50	479.00	2.0	10.5	1.5	5.5	5.0	—
10	24×7	488.50	481.50	1.5	7.5	—	7.5	—	—
11	24×7	488.50	478.00	1.5	10.5	1.0	5.5	5.0	—
12	20×12	488.50	473.50	2.0	15.0	1.0	7.5	7.5	—
13	20×12	488.50	473.50	2.0	15.0	1.0	7.5	7.5	—

11.3.2 施工情况简述

为满足工期要求，采用平行交叉法施工。将沉井按单、双号分成两组，先施工第一组，待其开挖下沉深度超过2/3H_1（H_1为第一节浇筑高度）后，即开始进行第二组沉井施工，而第一组沉井照常开挖下沉，由此往复循环，平行交叉流水作业。这样工序衔接紧凑，提高了机械利用率，从而大大缩短了工期。

采用平行交叉法施工时，一个井开挖对邻井浇筑影响是较大的。为避免正在浇筑的井身发生倾斜。采取了在井身相邻侧缩短垫木加密、回填黄土、跟班夯实的技术措施。因沉井群井间间距较小，故两沉井之间垫木长度由原长3m缩短为1.5m，但垫木间距加密以不改变原基础设计允许应力为限，垫木截面为20cm×20cm。

11.3.3 工程效果

宝珠寺水电站明渠左导墙部分基础大规模沉井群方案成功实施，充分显示了沉井群在地基处理中，特别是施工场地狭小的地基处理中的独特性和优势，在进度、质量，经济效益方面效果显著。

现浇混凝土闸门封堵导流洞进水口施工工法

GJEJGF291—2010

葛洲坝集团第一工程有限公司

张小华　黎学皓　刘经军　才永发　邱书茵

1. 前　言

广东锦潭水电站是一个以发电为主，兼顾下游地区的灌溉和防洪的综合利用工程。设计总库容2.49亿m^3，最大坝高123.3m，装机容量2.7万kW。工程右岸导流洞进水口结构设计为衬砌混凝土，后断面形状为下方上圆形，宽5.8m，高6.5m，导流洞进水口封堵采用钢闸门封堵方式，内设一扇重86.7t平板钢闸门，35m高启闭机排架，顶部设1台起重能力90t、自重30t的固定卷扬机。

在工程开工后因现场条件变化，在大坝基坑开挖前3个多月的时间只能完成右岸导流洞的开挖、洞内进出口段混凝土衬砌施工，无法在汛期前完成进水口启闭机排架混凝土浇筑、闸门和固定卷扬机的制作安装等项目施工。在导流洞过水后，大坝基坑开挖，现场通往导流洞进水口的施工道路将被挖断，不能进水口施工。在大坝缆机形成后继续进水口施工，存在闸门转运和起吊施工困难，施工费用高等问题。为此葛洲坝集团第一工程有限公司组织开展了导流洞进水口封堵施工技术研究，以满足工程进度和导流洞封堵要求。通过反复研究和方案比较，提出了用现浇钢筋混凝土闸门封堵导流洞进水口施工的创新方案，取代用大型钢闸门、启闭机排架、启闭机组成的传统的进水口封堵方案，并取得了成功，缩短工程直线工程3个月，节省工程投资220多万元，同时为工程带来了提前发电的效益，达到了经济高效的预期效果。

本工法核心技术已获国家专利授权，专利号201010176721.x；　201020195818.0。

2. 工法特点

2.1　传统水利水电工程导流洞进水口封堵多采用钢闸门、预制叠梁等方式，存在施工时间长，工程量大，施工难度较大，工艺要求较高，成本高等问题。在封堵时间上受制于挡水、泄洪等主体建筑物进度，一般要主体建筑物具备蓄水、过流条件后才能开始封堵施工。本工法采用的是不断流封堵方式，可在主体工程具备下闸条件前提前进行导流洞进口封堵施工，不需要设置大型钢闸门、启闭机钢筋混凝土排架、大型启闭机等结构，施工难度显著降低。

2.2　与传统施工方法比，本工法采用不断流封堵施工创新技术，可减少导流洞进水口建筑物结构工程量，可减少导流洞施工强度，缩短施工工期，对环境的破坏也较小。用现浇混凝土闸门封堵导流洞进水口，施工工艺简单，施工成本较低，且可提前开始导流洞进口封堵施工，缩短工程直线工期2个月，经济和社会效益明显。

3. 适用范围

本工法适于中小型水利水电工程导流洞进水口封堵施工，宜在枯水期进行。应用本工法时应根据工程进展情况、施工期水文情况等资料计算现浇钢筋混凝土闸门结构、施工挡水导流钢闸门及闸门内导流孔尺寸，合理确定封堵时间。

目前水电站梯级开发的情况较多，在应用本工法时应考虑上游水库发电或泄洪对导流洞进水口封堵施工的不利影响。

4. 工 艺 原 理

本工法核心技术为导流洞进水口不断流封堵施工技术，是水利水电工程施工技术的一项创新。它提出了一个全新的导流洞封堵观念和方法，它可在主体建筑物具备蓄水、过流条件前，提前进行导流洞进水口的封堵施工，能有效缩短导流洞封堵工程的直线工期。首先采用小型施工挡水导流钢闸门控制水流，将大断面的导流洞封堵变成小断面的施工钢闸门内的导流孔封堵，解决了不断流也能干地施工问题，降低了封堵施工难度。通过一个带导流孔的小型施工钢闸门实现导流洞口不断流封堵，然后采用干地施工方式浇筑钢筋混凝土闸门，钢筋混凝土闸门达到强度之后即可在工程封堵条件具备时关闭导流孔闸门，实现对整个导流洞进水口的封堵，之后可按设计进行导流洞内堵头施工。

本方法构思巧妙、新颖，封堵导流洞进水口的结构布置简单，实施便捷可靠，经济和社会效益明显。

5. 施工工艺流程及操作要点

5.1 施工工艺流程

导流洞进水口建筑物设计、施工→导流洞过水→现浇钢筋混凝土闸门设计，施工挡水导流钢闸门设计制作→施工挡水导流钢闸门下闸→导流孔闸门吊装→现浇钢筋混凝土闸门施工→关闭导流孔闸门（大坝蓄水）→钢筋混凝土闸门导流孔封堵→导流洞内堵头段施工。

5.2 操作要点

5.2.1 现浇钢筋混凝土闸门结构设计

1. 门槽设计：在洞口两侧边墩处设两道门槽，上游门槽为施工挡水导流钢闸门槽，有门槽埋件；下游门槽为现浇钢筋混凝土闸门槽，无门槽埋件，需按现浇钢筋混凝土闸门结构设计预埋钢筋等。门槽尺寸、位置应通过计算确定，锦潭水电站施工钢闸门槽宽50cm，现浇钢筋混凝土闸门槽宽150cm。

2. 闸门设计：共设置3道闸门，其中下游为封堵导流洞口现浇钢筋混凝土闸门，中间为施工挡水导流钢闸门，上游为关闭导流孔的小钢闸门，闸门结构应通过计算确定。

3. 不断流封堵导流孔设计：在施工挡水导流钢闸门内设置两个导流孔（也可设置一个），孔内安装通到钢筋混凝土闸门下游侧的导流管，下闸后由导流管过流。导流孔数、管尺寸根据施工时段水文情况计算确定。

4. 启闭结构：在现浇钢筋混凝土闸门顶部设置导流孔钢闸门启闭支架，通过滑轮组控制导流孔闸门开启和关闭。

导流洞进水口钢筋混凝土封堵闸门结构布置参图5.2.1。

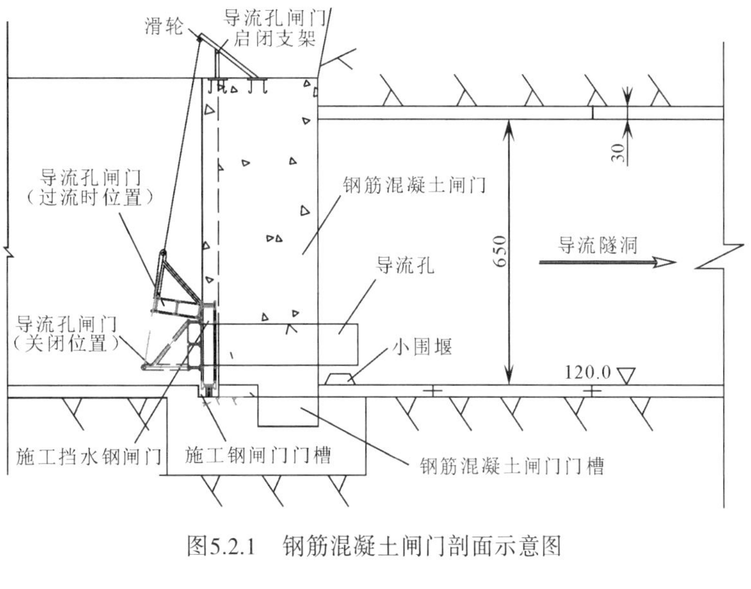

图5.2.1 钢筋混凝土闸门剖面示意图

5.2.2 小型施工导流钢闸门下闸实现不断流封堵

在工地金结厂按照设计图进行施工挡水导流钢闸门、导流孔封堵闸门、导流管制作。在导流洞进口结构及门槽埋件施工完成后，可利用8t汽车吊等起重设备适时将施工导流钢闸门吊装到上游门槽内。首先由人工将施工钢闸门槽和底坎清理干净，由8t汽车吊将带有导流孔的施工钢闸门吊入门槽内挡水，人工随之对门槽内止水封条进行加力，保证闸门挡水防渗效果，然后将导流管安装到闸门导流孔内，上涨河水通过施工钢闸门内导流管流到钢筋混凝土闸门下游侧，使钢筋混凝土闸门施工能在干地施工。

施工钢闸门下闸时机应根据工程总体进度情况和工区河流水情确定，一般可选择在下闸蓄水节点或导流洞进水口计划封堵日期前2到3个月进行。

5.2.3 导流孔闸门吊装

用8t汽车吊将导流孔闸门吊装到施工钢闸门上，并在进水口左右边墩顶面上放一根16槽钢，用钢丝绳将导流管封堵闸门吊至开启位置固定，不影响导流孔过流。

5.2.4 钢筋混凝土闸门浇筑

施工导流钢闸门安装完成，导流管过流后，在钢筋混凝土闸门门槽下游用袋装黏土等修筑一小围堰，抽干施工导流钢闸门和小围堰间的积水，用干地方式进行钢筋混凝土闸门结构模板、钢筋、混凝土浇筑施工。人工在钢筋混凝土闸门槽内首先进行底坎、两侧门槽缝面凿毛处理，然后依次进行立模、闸门钢筋安装、缝面冲洗。混凝土浇筑时用ϕ100、ϕ50插入式振捣器平仓、振捣，达到设计高程后由人工抹面。浇至顶部时预埋导流孔钢闸门启闭支架埋件及滑轮组埋件，收仓后做好混凝土养护工作。

5.2.5 关闭导流孔闸门

在现浇钢筋混凝土闸门混凝土到达70%以上设计强度时，可开始顶部启闭支架及滑轮组安装工作，安装完成后将固定导流孔闸门的钢丝绳换到导链滑轮吊钩上，调整好闸门封堵开启位置。在闸门混凝土达到设计强度且工程具备初期蓄水条件时，在现浇混凝土闸门顶部人工操作导链滑轮组，使导流孔钢闸门向下转动关闭导流孔。

5.2.6 钢筋混凝土闸门导流孔封堵

当施工钢闸门的导流孔封堵后，由人工在现浇钢筋混凝土闸门下游侧将导流孔出口处割断的受力钢筋焊接好，再用混凝土封堵导流孔，从而完成现浇钢筋混凝土闸门封堵导流洞进水口施工。

5.2.7 导流洞堵头施工

现浇钢筋混凝土闸门封堵导流洞进水口后，可按设计要求适时进行下游导流洞洞内堵头施工。

5.3 劳动力组织（表5.3）

劳动力组织情况表 表5.3

序号	工 种	人数	备 注
1	管理	6	调度、测量、施工、质量、安全
2	机械操作手	3	反铲、吊车、汽车司机
3	起重工	2	
4	金结制安	6	放样、电焊、钳工、车工
5	钢筋工	6	
6	电焊工	4	
7	模板工	4	
8	浇筑工	6	
9	电 工	2	

6. 材料与设备

6.1 主要材料

本工法采用施工导流钢闸门进行不断流封堵，施工钢闸门结构根据开始不断流封堵至水库下闸蓄水期间工区水文情况、上游围堰高程等计算确定，保证钢筋混凝土闸门施工期间导流洞进水口不漫过施工刚闸门，导流孔的过流能力应保证上游围堰不过流。

无其他需特别说明的材料。

6.2 主要设备与施工机具

采用的主要机具设备见表6.2。

主要机具设备表 表6.2

序号	设备名称	设备型号	单位	数量	用途
1	汽车吊	8t	辆	1	施工钢闸门吊装等
2	手拉葫芦	2t	台	4	闸门导流孔启闭
3	滑轮组	10t	套	2	闸门导流孔启闭
4	钢支架	自制	台	2	闸门导流孔启闭
5	钢模板	3015	套	1	混凝土浇筑
6	防水服	高腰	件	5	下钢闸门水中作业用
7	钢筋弯曲机	GW40	台	1	钢筋加工
8	电焊机	BX-500	台	4	钢筋焊接
9	钢筋切割机	GJ40	台	1	钢筋加工
10	振捣器	ϕ100	台	2	混凝土浇筑
11	振捣器	ϕ50	台	2	混凝土浇筑
12	自卸车	20t	台	3	混凝土运输
13	潜水泵	2kW	台	2	排水、养护

7. 质量控制

7.1 工程质量控制标准

7.1.1 现浇混凝土闸门施工质量执行《水利水电工程质量检验与评定规程》、《水工混凝土施工规范》。

7.1.2 施工钢闸门制安执行《水利水电工程钢闸门制造安装及验收规范》。

7.1.3 导流洞进水口及门槽结构设计、现浇混凝土闸门设计执行《水工混凝土结构设计规范》、《水利水电工程进水口设计规范》。

7.2 质量保证措施

7.2.1 控制好施工导流钢闸门门槽及埋件的施工质量，在闸门吊装前安排人工清理门槽及底坎面，以利施工钢闸门吊装作业，并保证不断流封堵效果。

7.2.2 现浇混凝土闸门模板安装、钢筋制安、混凝土浇筑等施工过程中应注意对导流管的保护，做好临时支撑，防止碰撞移位或破坏。

7.2.3 导流孔闸门在安装前应在场内进行预拼和启闭试验，验证设计和制作质量和关闭时的密闭性，保证安装后能正常使用。

7.2.4 现浇混凝土闸门浇筑前，应对其门槽及设计范围内的导流洞底板和侧墙混凝土面应进行打毛处理。

8. 安全措施

8.1 遵守国家、地方安全法律法规及行业施工安全标准规范。成立现场施工安全管理机构，明确各级人员的职责，执行安全生产责任制。

8.2 施工前编制导流洞进水口不断流封堵施工专项安全技术措施，并向各级施工人员进行安全技术交底。

8.3 应重点关注施工钢闸门吊装作业，门槽清理、止水加力等水下作业的施工安全。

8.4 在施工钢闸门吊装、导流孔闸门安装及关闭等过程中应做好高处作业的安全控制。

8.5 现浇钢筋混凝土闸门施工仓内及夜间作业时应有足够的照明。施工现场的临时用电严格按照《施工现场临时用电安全技术规范》的有关规范规定执行。

9. 环保措施

9.1 在工程施工过程中严格遵守国家和地方政府下发的有关环境保护的法律、法规和规章，加强对导流洞进水口不断流封堵施工中施工燃油、润滑油、工程材料、设备、生产生活垃圾及废弃物的控制和治理，随时接受相关单位的监督检查。

9.2 将施工场地和作业限制在工程建设允许的范围内，合理布置、规范围挡，做到标牌清楚、齐全，各种标识醒目，施工场地整洁文明。

10. 效益分析

10.1 经济效益

本工法在广东锦潭水电站工程施工中产生了良好的经济效益，与投标时所用传统的钢闸门封堵导流洞进水口方案相比，可节省施工成本224万余元。

传统钢闸门封堵方案所需费用如下：

1）86.7t钢闸门制安，636699元；

2）50t闸门安装埋件制安，358864元；

3）一台卷扬机采购安装，455419元；

4）C20混凝土浇筑2103m^3，531008元；

5）钢筋制安174t，588388元；

合计Σ=2570378元。

本工法进行导流洞进水口封堵，所需费用如下：

1）施工挡水导流钢闸门、导流孔封堵闸门制安5.1t，37453元；

2）闸门C30混凝土浇筑167m^3，71977元；

3）进水口底板，边墩C20混凝土浇筑344m^3，86860元；

4）钢筋制安31.9t，108683元；

5）浆砌石挡墙215 m^3，22059元；

合计Σ=327032元。

节省投资总额为：2570378元－327032元=2243346元。

10.2 社会效益

1）应用本工法可缩短直线工期2到3个月，节省施工固定成本，并可为工程带来提前发电效益，如广东锦潭水电站提前2月发电，产生效益600多万元。

2）应用本工法进行导流洞进水口封堵，不需要大型封堵闸门的上部结构，不但施工工程量较少，难度较低，且对环境的破坏较小，具有明显的环保效益。

3）本工法使用的导流洞进水口现浇钢筋混凝土闸门不断流封堵技术，提出了一个全新的导流洞进水口封堵观念和方法，技术经济效益良好，是水利水电工程施工技术的一项重要创新，促进了水利水电工程施工技术的发展， 它的推广应用将产生更大的社会效益。

11. 应用实例

锦潭水电站工程位于广东省英德市境内，枢纽主要建筑物由混凝土大坝、引水隧洞、发电厂房组成，是一个以发电为主，兼顾下游地区的灌溉和防洪的综合利用工程。设计总库容2.49亿m^3，最大坝高123.3m，装机容量2.7万kW。工程右岸导流洞进水口结构设计为衬砌混凝土后断面形状为下方上圆形，宽5.8m，高6.5m，导流洞进水口封堵采用钢闸门封堵方式，内设一扇重86.7t平板钢闸门，35m高启闭机排架顶部设1台起重能力80t，自重30t固定卷扬机。

工程开工时间2003年8月8日，完工时间为2006年5月，在广东锦谭水电站工程施工中，项目技术人员开展了导流洞进水口不断流封堵施工技术研究，从2003年9月立项到2006年2月实施，历时近3年，通过不断的研究和实践，确定了导流洞进水口现浇钢筋混凝土封堵闸门的结构设计和现场实施方案，并在工程应用中形成了该施工工法。应用本工法施工的广东锦谭水电站导流洞工程，封堵后的导流洞进水口封堵严实，没有出现渗漏水现象，施工质量到达封堵设计要求。节省施工成本220多万元，提前了工程总体工期2个月，产生了很好的经济和社会效益。

在锦潭水电站导流洞工程实践中，施工挡水导流钢闸门按照2006年1月进行导流洞进水口封堵施工，相应1月份枯水期平均流量，选择闸门高度。按照水库坝址2月份最大月平均流量23.4m^3/s，选择施工闸门导流孔断面尺寸。进水口底板，左右侧边墩、上游右侧浆砌石挡墙，左右侧边墩在洞口处设两道门槽等结构设计和施工，经受了2年时间汛期20年一遇洪水的检验，经现场检查未发现损坏现象，结构设计和施工质量好。

本施工工法可有效降低水电工程导流洞封堵施工成本和施工难度，缩短封堵直线工期，具有较好的经济和社会效益明显，在水电工程导流洞封堵施工中有较好的应用前景。

无套管一次性注浆预应力锚杆施工工法

GJEJGF292—2010

葛洲坝集团第二工程有限公司　浙江中南建设集团有限公司
杨忠兴　高一军　姚金满　闫平　罗运诚

1. 前　　言

水工建筑物在开挖施工中，一些交叉洞段、软弱夹层带以及岩石表层滑动面等部位常出现变形或破坏的问题。为了解决这些部位开挖后岩石稳定性问题，经常布置大量的粘结式预应力钢筋锚杆，使预应力锚杆结构与岩层连锁在一起，有效地承受拉力和剪力，提高潜在滑移面上的抗剪强度，有效地阻止岩石的变形位移。常规的预应力钢筋锚杆结构采用张拉后二次注浆或张拉端套管的方法来施工；这两种方法存在施工工序多、施工时间长、锚杆注浆密实度较低的问题，难以满足施工规范要求。为了解决这些问题，经过施工研究，采用无套管一次性注浆预应力锚杆施工能很好地解决这些问题，通过无套管一次性注浆预应力锚杆现场施工总结形成本工法。

2. 施 工 特 点

2.1　本工法通过一次性注浆取消了张拉后注浆施工工序，加快了施工速度，使锚杆能在短时间内受力。

2.2　本工法简化为一次注浆，减少二次注浆对环境的污染。

2.3　锚杆未设套管，增大了锚杆与砂浆、岩石摩擦面积，加大了摩擦力形成的抗拔力，锚固效果更好。

2.4　具有其他预应力锚杆的特点，如施工所需钻孔孔径小，不用大型机械，机具轻便简单、灵活；通过钢筋的张拉施加预应力，有效的控制岩石的变形量。

3. 适 用 范 围

本工法适用于隧道洞壁、地下厂房顶拱、岩石开挖边坡等的不良地质部位岩石滑动面加固施工。

4. 工 艺 原 理

无套管一次性注浆预应力钢筋锚杆施工工法工作原理为：预应力锚杆锚固段采用速凝锚固材料和张拉段用缓凝锚固材料按照次序一次性注浆，待预应力锚杆锚固段的速凝锚固剂达到设计强度满足张拉受力条件，而张拉段缓凝砂浆未初凝张拉时能自由伸缩的情况下，进行锚杆张拉施加预应力，待张拉段缓凝砂浆凝固后，张拉段和锚固段共同受力，与常规预应力锚杆相比，提高了锚杆注浆密实度，增加了锚杆与岩石之间的摩擦力，更有效地共同承受岩石压力、水压力、抗浮、抗倾覆等所产生的拉力和剪力，改善岩体的稳定条件。其工艺原理见图4。

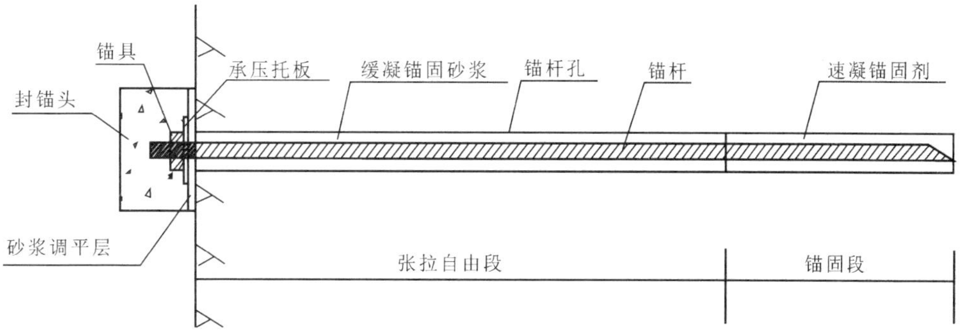

图4　无套管一次性注浆预应力锚杆工艺原理

5. 施工工艺流程及操作要点

5.1　施工工艺流程

施工工艺流程见图5.1。

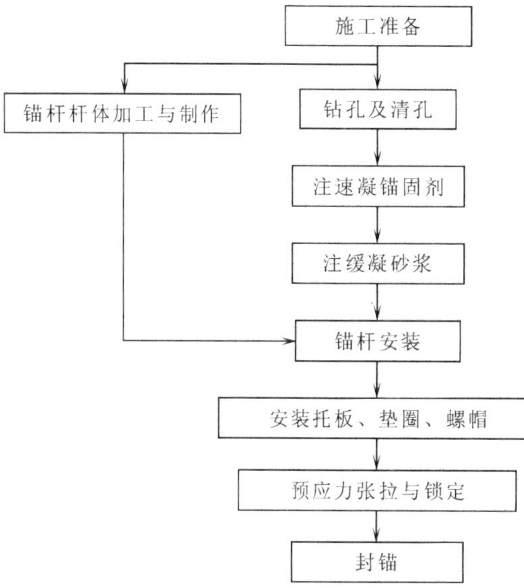

图5.1　施工工艺流程图

5.2　操作要点

5.2.1　施工准备

1. 施工前，根据图纸、地质报告以及技术规范编制专项施工方案，进行技术交底。

2. 根据预应力锚杆设计要求、岩层条件和环境条件，合理选择材料、设备、器具，布置水、电设施。

3. 预应力锚杆造孔前，对地质条件较差的部位采用人工配合挖掘机对松动岩石进行清撬处理，再喷3～5cm厚混凝土。

4. 测量定位，设置水准点、变形观测点，并用不同颜色的油漆（或相同颜色的油漆采用不同的标记符号）进行标记，以区别不同类型的锚杆孔位。

5.2.2　钻孔

1. 多采用多臂钻、潜孔钻钻孔。在钻机安放前，按照施工设计图采用全站仪进行测量放样，确定孔位以及锚孔方位角，并做出标记。钻机就位后，应保持平稳，导杆或立轴与钻杆倾角一致，并在同一轴线上。

2. 锚孔钻进应根据具体施工部位地质情况采用水钻或干钻。钻孔速度应根据使用钻机性能和锚固岩层严格控制，防止钻孔扭曲和变径，造成下锚困难或其他意外事故。

3. 开孔时应用小功率缓慢钻进，钻进约50cm后要校正钻孔方向，再全功率的钻进。在钻进过程中，合理掌握钻进参数及钻进速度。

5.2.3　清孔及验孔

锚杆孔钻孔完成后，用高压水或高压风反复冲洗直至干净。清孔完成后对孔号进行编号，并验收。

5.2.4　锚杆制作

1. 根据锚杆设计长度，托板、垫圈、螺帽厚度，外锚头长度以及张拉设备的工作长度等，确定适当的下料长度进行下料。

2. 剪裁锚杆，应使用砂轮机切割，不得采用氧割或电焊；锚杆接长使用闪光对焊或套筒连接。

3. 根据设计图纸尺寸，在锚杆上安置对中装置。

4. 锚杆制作完成后，进行外观检验，按锚杆长度、规格对应孔号进行编号。

5. 锚杆制作完成后尽早使用，避免长期存放；锚杆应存放在干燥、清洁的地方，锚杆体裸露部分应用浸渍油脂的纸张或塑料布进行防潮处理，不得受到机械损坏。

5.2.5 预应力锚杆砂浆拌制

预应力锚固砂浆配料严格按照配合比进行称量，施工现场配置经过率定合格的磅秤、称量容器，锚固剂、水称量误差应≤2%，砂称量误差应≤3%。

速凝锚固剂的水灰比为0.25～0.3：1，采用人工在拌料槽中进行，拌制时间为3～5min，每次拌量按单根锚杆用量及耗量来控制，拌制的速凝锚固剂拌制后立即由拌制槽转入注浆机进行注浆。

缓凝砂浆采用缓凝锚固剂加砂，缓凝砂浆的配合比为水：缓凝锚固剂：砂=0.4：1：0.5，采用注浆机直接拌制，与速凝锚固剂同时分开拌制，根据现场注浆强度一次性拌制2～4根锚杆所需浆量。

速凝锚固剂和缓凝砂浆必须拌制均匀。

5.2.6 锚固段注浆

预应力锚杆的内锚固段的锚固体采用速凝锚固剂，需先行注装。注浆前根据设计要求在注浆管上用胶带等做好标记（分别在距注浆管出浆口与锚杆孔深及张拉段相等长度处），并将锚杆孔洞里面的积水等杂物清理干净。

速凝锚固剂拌制后立即由拌制槽转入注浆机，通过ϕ25的注浆管进行注浆，将注浆管插至孔底（通过管壁标识复核孔深），然后抽回5cm开始注浆。注浆操作人员随着浆液的均匀注入缓慢拔管，原则上是利用注浆压力把灌浆管慢慢推出，在注浆过程中，需人工将注浆机进料斗中的余料都铲进进料口，确保速凝锚固剂全部注入，待注浆管露出张拉段长度标记时，说明锚固段长度已注浆到位。

5.2.7 张拉段注浆

预应力锚杆的张拉段锚固体采用注装缓凝砂浆。为了保证内锚段的长度，减少两种浆液的相互污染，同时又要保证注浆的连续性，防止注浆过程中空气混入降低砂浆密实度，在速凝锚固剂浆液全部进入注浆管时立即加入缓凝砂浆，注浆过程中注浆管拔管操作控制同速凝锚固剂浆液注浆，在孔口1m段拔管速度应适当减缓，防止浆液下掉，确保孔口段浆液的饱满度。

5.2.8 锚杆安装

缓凝锚固剂注装结束后，开始安插钢筋锚杆，杆体必须在速凝锚固剂初凝前安装完毕（宜在45min前安装完毕）。为了防止在插杆过程中浆液污染锚杆丝扣和损坏丝口，锚杆安装前应先将托板、垫圈、螺母等锚具都安装上。锚杆安装时采用操作平台车配合人工进行，插杆要缓慢、匀速，切忌扰动杆体过大，造成浆液下掉和注浆不密实，插杆时可采用棉纱临时封住孔口。

5.2.9 安装锚具

锚杆安插完毕，开始安装锚杆托板、垫圈和螺帽等锚具并调整托板位置，使之与锚杆轴线垂直，若通过垫圈也不能将螺帽与托板调平时，需用榔头对岩面进行局部处理或用适量的速凝锚固剂垫平。

5.2.10 张拉锁定

锚杆张拉锁定应在缓凝砂浆初凝前、速凝锚固剂强度达到设计强度后进行，具体张拉时间根据工艺试验的结论数据实施（常规锚杆安插8～12h即可张拉）。

张拉施工前，将扭力扳手按设计要求率定。扭力扳手张拉前用常规活动扳手对螺帽进行预紧，在保证托板紧贴岩面后，用钢板尺测量螺帽外锚杆杆体的长度，再用扭力扳手施荷加载，一次性张拉到设计张力的110%，然后锁紧杆体，再次测量杆体张拉后螺帽外杆体长度，两次测量长度之差即为张拉伸长值（杆体理论伸长值允许范围为4～7mm）。

5.2.11 封锚

张拉达到设计要求后，用砂轮切割机切掉张拉端多余的预应力钢筋，预应力钢筋的外露长度不宜小于其直径的1.5倍，且不宜小于30mm，用环氧树脂涂封锚具及外露钢筋，封闭前应将锚具周围的混凝土凿毛、冲洗干净，凸出式的锚头宜配置钢筋网片，用微膨胀细石混凝土进行封闭。

5.3 劳动力组织

现场施工可根据工作面大小及工期要求分为若干作业组进行，工种包括钢筋工、机械操作手及普工等。劳动力组织情况见表5.3。

劳动力组织情况表　　表5.3

序号	工种	人数
1	钢筋工	1
2	机械操作手	2
3	普工	2
4	合计	6

6. 材料与设备

6.1　材料

6.1.1　预应力锚杆材料：预应力锚杆钢筋为高强螺纹钢筋，锚具由螺帽、垫圈、托板组成，其力学性能指标应满足相关规范和设计要求。

6.1.2　浆体材料：浆体材料有速凝锚固剂、缓凝锚固剂、砂、水，其性能指标应满足规范及设计要求。

6.1.3　对中架可选用钢筋、塑料制作。

6.2　主要施工机具设备

6.2.1　钻孔设备：潜孔钻机1台或多臂钻1台。

6.2.2　供风设备：$20m^3/min$空压机1台。

6.2.3　注浆设备：麦斯特注浆机1台和灰浆搅拌机1台等。

6.2.4　张拉设备：扭矩扳手1把、活动扳手1把。

7. 质量控制

7.1　质量控制标准

7.1.1　预应力锚杆施工技术指标应符合标准《锚杆喷射混凝土支护技术规范》GB 50086、《建筑边坡工程技术规范》GB 50330、《岩土锚杆设计与施工规范》CECS 22：90的规定。

7.1.2　预应力锚具与连接器应符合现行国家标准《预应力筋用锚具、夹具和连接器》GB/T 14370和《预应力筋用锚具、夹具和连接器应用技术规程》JGJ 85的规定。

7.1.3　现场抽检的锚杆数量不少于锚杆总数的5%且不得少于3根进行抗拔力试验。

7.1.4　锚筋组装、安装的允许偏差应符合规范与设计要求。

7.2　质量保证措施

7.2.1　根据设计文件要求编制详细的施工方案，严格按技术要求进行施工，每道工序合格后，方可进行下道工序作业。

7.2.2　钢筋、水泥、锚具等材料应有产品合格证及相应的检验、试验报告。

7.2.3　用仪器测定钻机导向架的倾角，在钻进过程中随时检查控制倾斜度。

7.2.4　钻孔的孔深、孔径均应符合设计要求，钻孔深度不宜比规定值大200mm以上，钻头直径不应比规定的钻孔直径小3.0mm以上。

7.2.5　速凝锚固剂浆液全部进入注浆管时立即加入缓凝砂浆，注浆拔管速度要适当，确保砂浆密实度，避免串浆。

7.2.6　锚杆插入段进行切角处理，插杆要求均匀、缓慢，少扰动，减少浆液下掉。

7.2.7 张拉时间控制在速凝锚固剂强度达到设计强度后和缓凝砂浆未初凝前进行。

8. 安全措施

8.1 预应力施工操作人员在用电及机械使用时应遵守《施工现场临时用电安全技术规范》JGJ 46及《建筑机械使用安全技术规程》JGJ 33的有关安全规定。

8.2 施工前应认真进行技术交底，施工中应明确分工，统一指挥。

8.3 预应力锚杆张拉时孔口前方严禁站人。

8.4 注浆管路应畅通，防止塞泵、塞管。

8.5 机械设备的运转部位应有安全防护装置。

9. 环保措施

9.1 粉尘的作业环境中作业，干钻时洒水，作业人员配备劳保防护用品。

9.2 合理安排作业时间，避免夜间施工，使施工噪声对周围环境影响减少到最低程度。

9.3 工程完工后，及时清理干净施工现场。

10. 效益分析

10.1 与常规预应力锚杆施工比较，取消了张拉段套管或二次灌浆，节约了施工材料，减少了施工工序，加快了施工速度，节约了施工成本。

10.2 与其他预应力锚杆施工技术相比，张拉采用扭矩扳手，具有价格便宜、工艺简单，适宜高空作业。

10.3 无张拉段套管或二次灌浆，保证注浆密实度，确保了预应力锚杆施工质量，加大了锚杆的抗拔锚固力。

11. 应用实例

11.1 锦屏二级水电站进水口工程

11.1.1 工程概况

锦屏二级水电站利用雅砻江下游河段150km长大河弯的天然落差，通过长约16.67km的引水隧洞，截弯取直，获得水头约310m。电站总装机容量4800MW，单机容量600MW。工程枢纽主要由首部拦河闸、引水系统、尾部地下厂房3大部分组成，为一低闸、长隧洞、大容量引水式电站。其电站进水口位于雅砻江大河弯西端景峰临时桥下游550~730m的右侧凹岸，为独立岸式进水口。拦污栅布置在地面岸塔式拦污栅墩内，进水口事故闸门采用地下洞内竖井式布置。进水口工程于2007年10月开工，2012年12月完工。

11.1.2 施工情况

在进水口工程的闸门室、开挖高边坡及危岩体处理，存在部分围岩完整性及稳定性较差，局部沿长大裂隙渗、滴水。在闸门室和开挖高边坡设置了约1000根ϕ32预应力钢筋锚杆，锚杆设计孔径ϕ65mm，长度9m。在预应力锚杆施工中采取这种无套管一次性注浆预应力锚固施工工艺，采用先注浆后插杆工艺。20m^3/min电动空压机供风，卡特拉斯多臂钻和B100型潜孔钻钻ϕ65mm的孔，孔深9.2m，钻杆加长一次；麦世特注浆机注浆，先注锚固段的速凝锚固剂，紧接着注自由张拉段的缓凝砂浆，注浆完毕立即插杆；待速凝锚固剂满足张拉强度，缓凝砂浆未初凝前完成张拉锚固，用扭矩扳手进行张拉。

11.1.3 工程监测及评价结果

进水口工程开挖支护于2010年4月基本结束，共完成预应力锚杆1000多根，经检测锚杆密实度均在90%以上，合格率100%，优良率93%，抗拔力检测合格率100%。通过采取这种无套管一次性注浆预应力锚固施工工艺，缩短支护工期，加快了闸门室4条竖井和进口高边坡的开挖速度，防止塌方、滑坡等地质灾害的影响。

11.2 两河口水电站导流洞工程

11.2.1 工程概况

两河口水电站位于四川省甘孜州雅江县境内的雅砻江干流上，为雅砻江中下游梯级电站的控制性水库电站工程。两河口水电站导流洞工程两条1号、2号导流洞均布置在雅砻江右岸，于2008年11月开工，2010年12月完工。1号导流洞洞身长1724.65m，其中与电站尾水隧洞结合段长610.82m，在0+157.06m至0+170.06m间设封堵闸门竖井，出口处设有尾水闸室；2号导流洞洞身长1983.43m，其中与电站尾水隧洞结合段长755.82m，在0+209.14m至0+222.14m间设封堵闸门竖井，出口处设有尾水闸门。1号和2号导流洞为城门洞型，净断面尺寸为12m×14m（宽×高），与尾水隧洞结合段净断面尺寸为12m×15m（宽×高），洞身采用钢筋混凝土衬砌。

导流洞洞身闸室段顶拱及边墙岩性为含斑玄武岩、角砾集块熔岩。层内错动带及高、中、缓倾角裂隙较发育，部分岩性稍好，裂隙闭合、无充填、微风化，腰线以上围岩完整性及稳定性稍好，腰线以下围岩完整性及稳定性较差，局部沿长大裂隙渗、滴水。

11.2.2 施工情况

导流洞上闸室段跨度断面大，部分位置岩性偏差，为确保右岸闸室段在施工期岩体稳定及建筑物结构安全，避免发生重大地质灾害，设计在原有锚喷支护的基础上，对闸室段顶拱共增设了760根15t预应力锚杆进行加强支护。预应力锚杆沿闸室段顶拱梅花形布置，间排距长9m，材料采用精轧螺纹钢筋，直径ϕ32mm。锚杆孔设计钻孔直径为ϕ65mm，锚固段长3.0m，锚杆孔口承压托板尺寸为150mm×150mm×10mm，高强螺栓锁定。预应力锚杆在施工中采用自由段无套管一次性注浆施工工艺，采用先注浆后插杆工艺。20m^3/min电动空压机供风，卡特拉斯多臂钻和B100型潜孔钻钻ϕ65mm的孔，孔深9.2m，钻杆加长一次；麦世特注浆机注浆，先注锚固段的速凝锚固剂，紧接着注自由张拉段的缓凝砂浆，注浆完毕立即插杆；待速凝锚固剂满足张拉强度，缓凝砂浆未初凝前完成张拉锚固，用扭矩扳手进行张拉。

11.2.3 工程监测及评价结果

2009年3月开始开挖施工，于2010年4月开挖结束，共完成预应力锚杆760根，经检测锚杆密实度均在90%以上，合格率100%，优良率93%；抗拔力检测合格率100%，加快了施工速度，提高了锚杆施工质量，确保了闸室段的开挖安全和结构安全。

11.3 锦屏二级水电站厂区枢纽工程

11.3.1 工程概况

锦屏二级水电站锦屏二级水电站利用雅砻江下游河段150km长大河弯的天然落差，通过长约16.67km的引水隧洞，截弯取直，获得水头约310m。电站总装机容量4800MW，单机容量600MW。工程枢纽主要由首部拦河闸、引水系统、尾部地下厂房3大部分组成，为一低闸、长隧洞、大容量引水式电站。其厂区枢纽工程主要由上游调压室、高压管道、地下厂房系统、尾水隧洞、尾闸室以及尾水出口等建筑物组成。其中地下厂房系统主要由主副厂房洞、主变洞、出线场、母线洞、进厂交通洞、通风兼安全洞、厂顶排风排烟洞、GIL出线洞、主变进风洞、主变排风洞以及排水廊道等建筑物组成。厂区枢纽于2007年3月1日进点，计划于2013年9月30日全部完成。

11.3.2 施工情况

厂区枢纽洞室群，节理发育，工程地质较复杂。在这些大型洞室的边顶拱主要支护手段是砂浆锚杆、中空锚杆、预应力锚杆和预应力锚索相结合，预应力锚杆主要布置在洞室交叉段、洞室软弱夹层带（Ⅲ、Ⅳ类围岩），总量约6000根，直径ϕ36mm精轧螺纹钢筋，长度为10m、12m，采用黏结式预应力钢筋锚杆。在洞室开挖支护中的预应力钢筋锚杆施工采用张拉段无套管一次性注浆施工工艺，采用先注浆后插杆工艺。20m^3/min电动空压机供风，卡特拉斯多臂钻和B100型潜孔钻钻ϕ65mm的孔，孔深9.2m，钻杆加长一次；麦世特注浆机注浆，先注锚固段的速凝锚固剂，紧接着注自由张拉段的缓凝砂浆，注浆完毕立即插杆；待速凝锚固剂满足张拉强度，缓凝砂浆未初凝前完成张拉锚固，用扭矩扳手进行张拉。

11.3.3 工程监测及评价结果

厂区枢纽的开挖支护于2010年11月全部完成，共完成预应力锚杆6000余根，经检测锚杆密实度均在90%以上，合格率100%，优良率95%，抗拔力检测合格率100%，极大的提高了预应力锚杆施工质量，实现了快速施工，有利地保证了洞室群开挖安全和结构安全。

导流洞混凝土堵头施工工法

GJEJGF293—2010

江南水利水电工程公司
韦顺敏　李虎章　帖军锋　范双柱　赵志旋

1. 前　　言

导流洞封堵混凝土工程是水电站蓄水发电的重要项目之一，成功与否，将直接影响到电站能否按期蓄水发电，工程质量的好坏也将直接关系到电站是否能正常蓄水和运行。导流洞封堵混凝土工程施工质量要求高、工期紧、任务重，因此，如何保证混凝土施工质量及进度是导流洞封堵成功的主要因素。根据我部在洪家渡水电站、天生桥一级水电站、盘石头水库导流洞封堵混凝土施工工艺，总结出导流洞封堵混凝土施工工法。

2. 工 法 特 点

2.1　薄分层，辅以埋管通水冷却，解决导流洞封堵大体积混凝土内部均匀散热的问题，加快施工进度，保证工程质量，取得良好效果。

2.2　本工法优化混凝土配合比，采用中低热水泥，掺加粉煤灰、外加剂，减少水泥用量，降低水化热，从而大大降低了由于水化热对混凝土质量的影响，保证了工程质量，也节约施工成本。

2.3　本工法采用外掺MgO补偿收缩型混凝土，有效解决了由于混凝土收缩形成周边缝的脱空现象，保证与原导流洞衬砌混凝土面牢固结合，工程质量优良。

2.4　施工便捷，进度快，缩短工期，工效得以提高。

3. 适 用 范 围

适用于各种导流洞封堵混凝土工程及类似于封堵混凝土施工项目。

4. 工 艺 原 理

针对导流洞封堵混凝土工程施工特点，如工程量大、工期紧、任务重，且施工质量要求高等，因此，如何控制混凝土施工的工序连接、分层、温度、收缩、止水等是关键问题。根据施工进度及设计要求，下闸后及时进行洞内排水，合理的分段、分块进行仓号准备，原衬砌混凝土面凿毛处理、锚杆施工、钢筋安装、蛇形冷却管、GBW止水条安装、模板组立等工序施工；采用低水化热、外掺MgO补偿收缩型混凝土进行浇筑，合理的入仓方式，有效的解决了封堵混凝土施工中温度、收缩控制的难题；拆模后及时进行洒水养护和通水冷却，有效控制混凝土的温度；最后进行回填灌浆施工。

5. 施工工艺流程及操作要点

5.1　施工工艺流程

施工工艺流程见图5.1。

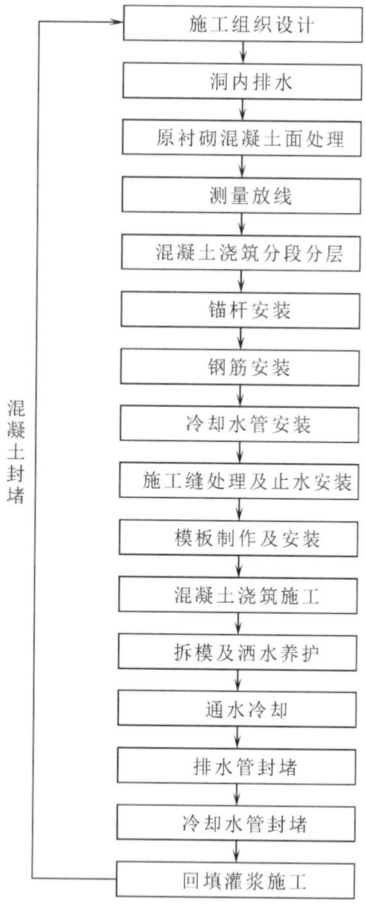

图5.1　导流洞封堵混凝土施工工艺流程图

5.2　操作要点

5.2.1　施工组织设计

根据设计图纸文件要求，编制导流洞封堵施工组织设计，按施工组织要求，做好施工前的各项工作准备，主要是混凝土配合比设计、设备、材料、人员等准备到位。

5.2.2　洞内排水

导流洞进口闸门下闸，导流洞出口采用填筑围堰挡水（$P=10\%$），围堰高程根据当年长期水情预报确定，对堵头段上游的渗水采取堵排方法：在堵头段上游2.0m的地方修筑黏土心墙黏土麻袋围堰，前期通过抽排方式，在小围堰内布置2台水泵时行抽排。后期当混凝土浇筑到廊道时，撤掉水泵，上游的渗水通过在堵头段预埋钢管引至廊道内排至堵头下游侧，钢管的大小根据上游来水量决定。排水钢管结构为：将钢管进水口打磨光滑，端头上安一带螺杆的活塞。在排水期，活塞由螺杆控制，活塞不封闭排水口（图5.2.2）。

5.2.3　原导流洞衬砌混凝土面处理

在堵头段集水排干后，对原导流洞衬砌混凝土面凿毛处理。先底板后边顶拱，底板直接进行人工凿毛，边顶拱采用搭设钢管脚手架，人工进行凿毛，凿毛深度1.5cm。

5.2.4　测量放线

根据设计图纸及施工组织设计，对分段、分层、止水、锚杆、钢筋、模板、灌浆廊道进行准确放线，确定位置，并采用红油漆标示于原衬砌混凝土面上。

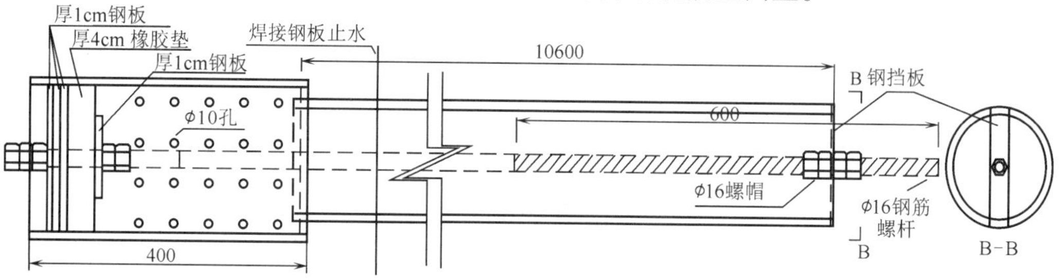

图5.2.2　导流洞封堵堵头段排水管结构图

5.2.5　混凝土浇筑分段分层

1. 分段：导流洞封堵分成三段进行浇筑，上游段为堵头段灌浆廊道以上部分，长10m，下游段为堵头段平直部分，中间段根据长度定为一段（图5.2.5–1）；

2. 分层：浇筑分层按设计要求，基础约束层浇筑厚度为1.5m，灌浆廊道两侧浇筑层厚度为3m，其余部位不超过2m。分层浇筑见图5.2.5–2。

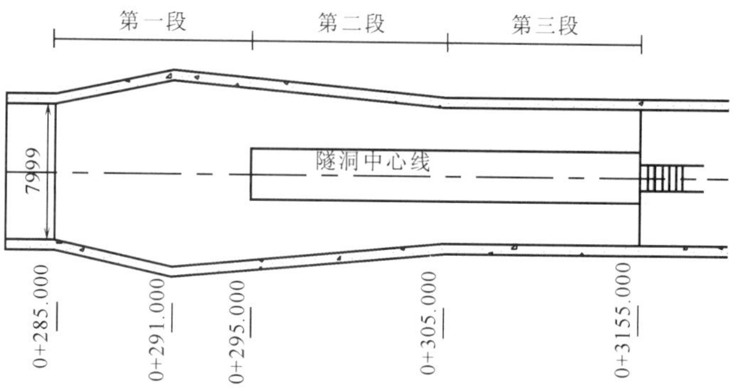

图5.2.5–1　混凝土分段浇筑图

5.2.6　锚杆施工

堵头段锚杆布置型式为梅花形全断面布设；先搭设满堂脚手架，测量放点，采用手风钻钻孔，边墙锚杆采用注浆机注浆，砂浆配合比为水泥：砂：水＝1：1.2：0.44。顶拱锚杆采用快硬性水泥卷锚杆

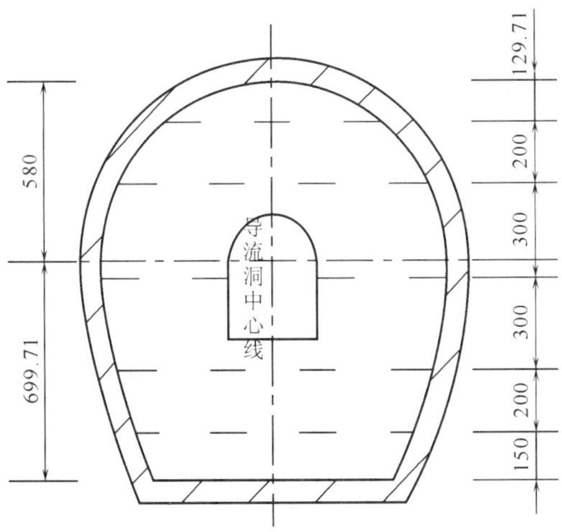

图5.2.5-2 混凝土分层浇筑图

（药卷直径一般小于孔径4～6mm），人工安装锚杆。

5.2.7 钢筋安装

堵头段上游段（长10m）布置双层钢筋，根据设计图纸，在钢筋加工厂进行钢筋加工，运至工作面进行安装，安装中必须保证其规格、数量、间距、接头质量、保护层厚度等设计和规范要求。

5.2.8 冷却水管安装

浇筑混凝土之前，在每层混凝土中间预埋ϕ25蛇形冷却管（镀锌钢管），灌浆廊道部位冷却管按间距1.0m布置（具体见图5.2.8-1），除灌浆廊道部位外其他部位冷却水管按间距1.4m布置（具体见图5.2.8-2），铺设层数与混凝土分层相同，冷却水管的进、出口端直接与灌浆廊道外供水管连接。

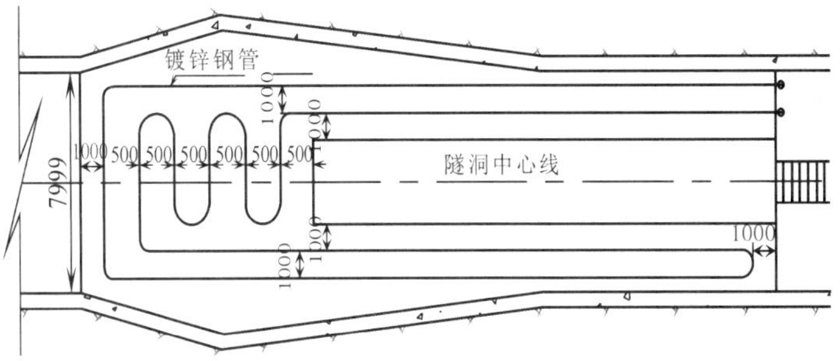

图5.2.8-1 灌浆廊道部位冷却水管布置图

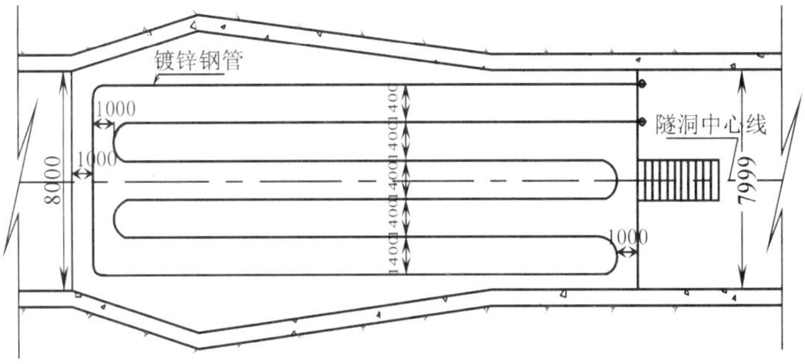

图5.2.8-2 除灌浆廊道部位外冷却水管布置图

5.2.9 施工缝处理及止水安装

1. 分段施工缝

根据设计图纸，分段间留施工缝，缝面采用人工凿毛，凿毛深度1.5cm，在距分块边缘50cm处布置GBW止水条，止水条规格为30mm×20mm，环行布置，止水条搭接长度为5cm，同时在第一段与第二段间分缝垂直面上布置插筋，梅花形布置ϕ25@100×100cm，L=200cm，各伸入缝两侧混凝土中100cm。

2. 层间施工缝

用人工进行凿毛，高压水进行冲洗，凿毛深度1.5cm。

3. 堵头段上下游距分缝位置75cm处分别设置一道GBW止水条，止水条规格为30mm×20mm，环行布置，技术指标应满足设计要求。施工时先用人工将原混凝土面清洗干净，待贴面干燥后再用人工贴上，止水条搭接长度为5cm。

5.2.10 模板制作及安装

模板种类有两种：半悬臂模板、廊道顶拱模板，采用P3015钢模板和P1015钢模板组合而成（具体见图5.2.10-1、图5.2.10-2）。

1）半悬臂模板

半悬臂模板用于每段混凝土浇筑上下端施工缝及灌浆廊边墙部位。其纵横向围楞均用ϕ48mm钢管焊接而成，两钢管间净距为16mm，以便于拉筋加固（图5.2.10-1）。

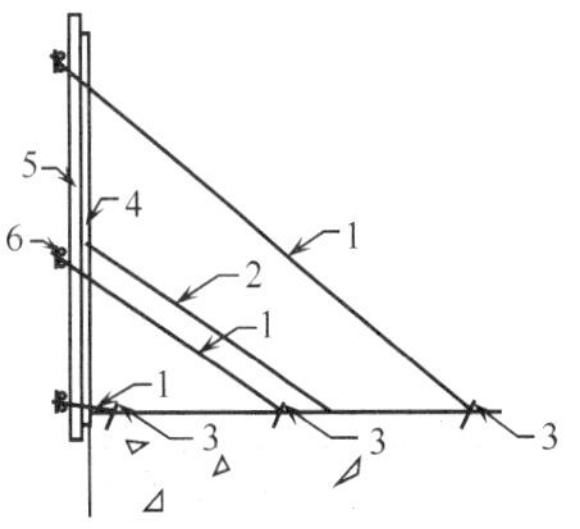

图 5.2.10-1 半悬臂模板

1—拉筋；2—钢支撑；3—预埋插筋；4—模板；5—ϕ48 双钢管纵围楞；6—ϕ48 双钢管横围楞

2）灌浆廊道顶拱模板

廊道顶拱半径150cm，顶拱模板骨架用ϕ48钢管按设计要求冷弯成半圆，弦杆用ϕ28钢筋制成，安装时每榀间距75cm布置，先加固好拱架，然后再在其上拼装P1015钢模板（图5.2.10-2）。

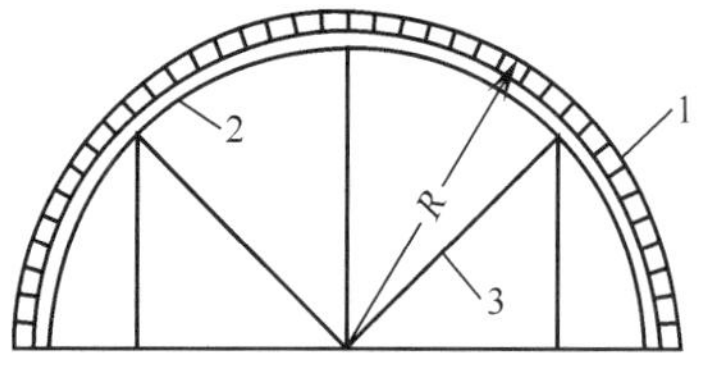

图5.2.10-2　廊道顶拱模板

1—面板；2—ϕ48钢管拱圈；3—钢筋桁架

5.2.11　混凝土浇筑施工

1．混凝土配合比设计

混凝土采用低水化热、补偿收缩混凝土，设计技术指标为：C25、W12、F100。优化配合比，采用中低热水泥，掺加粉煤灰、外加剂，减少水泥用量，降低水化热，同时，外掺MgO达到微膨胀效果。为确保混凝土的耐久性，保证混凝土浇筑的和易性，含气量要求控制在4%～6%范围内，混凝土仓面最大坍落度控制在12～16cm范围内。

2．混凝土拌合及运输

混凝土拌合采用拌合楼拌制，拌合楼称料、拌合均由电脑自动控制。拌合系统的主要设备有：HL90-2Q1500型拌合楼一座，自动配料间一座，压风送灰系统一套，水泥、粉煤灰贮罐共2个。

水平运输采用6m^{3}混凝土搅拌运输车，从拌合楼到浇筑地点；垂直运输采用混凝土泵运输，运输能力根据现场而定。

3．混凝土浇筑

1）入仓方式

由于导流洞上游已经封堵，混凝土料只能从下游工作面泵送入仓。现场布置两台混凝土泵车，分别负责块号左右两侧的进料，保证混凝土浇筑每层均匀上升。

2）铺料方法

采用两种：平铺法和台阶法。

①平铺法

在仓号位面积不大的部位，可采用平铺法铺料。卸料时，两侧应均匀上升，其两侧高差不超过铺料层厚50cm，一般铺料层厚采用25～50cm。

②台阶法

在仓号面积较大的部位，可采用台阶法铺料。台阶法混凝土浇筑程序从块体短边一端向另一端铺料，边前进、边加高，逐步向前推进并形成台阶，直至浇完整仓。其浇筑程序见图5.2.11。

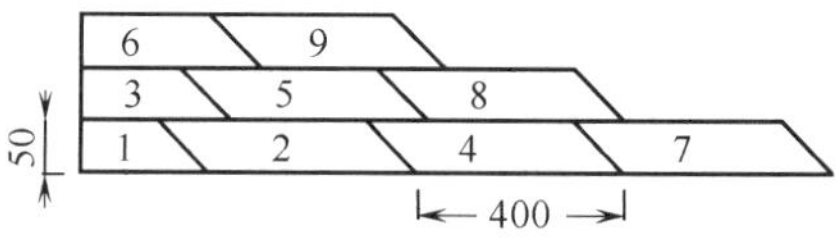

图5.2.11　台阶法浇筑程序示意图（单位：cm）

3）平仓

平仓均采用人工平仓配合设备进行，但在靠近止水、模板和钢筋较密的部位用人工平仓，使骨料分布均匀。

4）振捣

根据施工规范规定，平仓后及时进行混凝土振捣，从上游向下游振捣，时间以混凝土不再显著下沉、不出现气泡、开始泛浆为准。

5）混凝土铺料间隔时间

混凝土铺料间隔时间均应符合规范要求。《水工混凝土施工规范》规定，用振捣器振捣30s，振捣棒周围10cm内仍能泛浆且不留孔洞、混凝土还能重塑时，仍可继续浇筑混凝土。否则，作为“冷缝”按施工缝处理后继续浇筑。

5.2.12　拆模及洒水养护

混凝土拆模后及时采用人工洒水养护，保持混凝土面湿润为标准。水平施工缝养护至下一层浇筑止，其余部位养护时间不少于21d。

5.2.13　通水冷却

混凝土内部采用养护散热。初期冷却水采用水库内的普通水，混凝土浇筑时管内水流速控制在0.6m/s左右，每天改变通水方向一次，使混凝土内能均匀降温，保证冷却水与混凝土内部温差不超过25℃，混凝土日降温幅度不超过1℃，初期冷却时间通过计算确定，一般为10～15d，后期冷却在混凝土内部温升稳定后进行，考虑先用天然水冷却，若达不到灌浆温度要求时，再考虑采用冰水冷却，拟配备1台制冷机，供冷却水能力为7m^3/h。直到混凝土降温至设计要求的灌浆温度为止。混凝土内部温度测定，可采用冷却水管闷水测温的方法测定。

5.2.14 排水管封堵

在堵头混凝土接触灌浆完毕，拉紧螺杆，活塞将进水口封闭，然后从出水口向排水管内灌微膨胀砂浆以封闭密实，并将出水口用钢板焊接严密。

5.2.15 冷却水管封堵

冷却结束后通过灌水泥砂浆封堵冷却水管。

5.2.16 回填灌浆施工

1．施工工艺流程

施工准备工作→灌浆管埋设→灌浆管检查→Ⅰ序孔灌浆→待凝48h以上→Ⅱ序孔灌浆→待凝7d以后、灌浆质量检查。

2．施工准备工作

在堵头段外附近用钢管脚手架就近搭设临时制浆平台，采用集中制浆、长距离输浆工艺对施工现场进行供浆。

3．灌浆管埋设

根据施工图纸把回填灌浆孔位布置好，孔位偏差控制在20cm以内，用红油漆标注孔位之后。进行预埋施工，为了避免管路堵塞，预埋管在两端绑扎塑料薄膜。用ϕ11/2″钢管作为进浆管，排气管进浆管埋法一致，采用ϕ3/4″管，事先用电钻在老混凝土上钻孔深入衬砌5cm，钢管出浆口加工成45°斜向插入孔内。埋设深度将根据混凝土浇筑分层分块穿插进行，采用接头进行对接。

一期布置：主要是堵头段及加衬段回填灌浆施工，用ϕ11/2″钢管作为进浆管，排气管进浆管埋法一致，采用ϕ3/4″管，事先用电钻在老混凝土上钻孔深入衬砌5cm，钢管出浆口加工成45°斜向插入孔内。埋设深度将根据混凝土浇筑分层分块穿插进行，采用结头进行对接。

二期布置：主要是灌浆廊道回填灌浆施工，用ϕ11/2″钢管作为进浆管，间隔5m，用ϕ3/4″管接出作为灌浆岔管，灌浆岔管位置事先用电钻在老混凝土上钻孔深入衬砌5cm，岔管出浆口加工成45°斜向插入孔内。灌浆主管可固定在浇筑前埋设的锚杆上。排气管与进浆管埋法一致，采用ϕ3/4″管，位置比进浆管高。

4．灌浆施工

衬砌混凝土达70%设计强度后，开始进行灌浆。

1）孔位检查和钻孔

预埋管在灌浆前进行检查，发现堵塞，采用岩石电钻进行钻孔。孔径不小于38mm，孔深穿过混凝土进入衬砌5mm。

2）灌浆

①灌浆方法：采用纯压式灌浆法。

②灌浆材料：水泥采用PO.42.5普通硅酸盐水泥；灌浆用砂应为质地坚硬清洁的天然砂或人工砂，不得含泥团和有机物，粒径不大于2.5mm，细度模数不大于2.0。灌浆使用的水泥必须符合规定的质量标准。

③灌浆次序：施工按两个次序进行，先灌Ⅰ序孔，拱座2根进浆管，后灌Ⅱ序孔，顶拱进浆管，直至结束。

④浆液水灰比：根据施工实际情况Ⅰ序孔可灌注水灰尘比0.6（或0.5）的水泥浆，Ⅱ序孔可灌注1和0.6（或0.5）两个比级的水泥浆。空隙大的部位应灌注水泥砂浆或高流态混凝土，水泥砂浆的掺量不大于水泥重量的200%。

⑤灌浆压力：采用0.3～0.5MPa。

⑥封孔：灌浆结束后，应排除钻孔内积水和污物，采用浓浆将全孔封堵密实和抹平，露出衬砌混凝土表面的管应割除。

3）灌浆质量检查

①回填灌浆质量检查应在该部位灌浆结束3d后进行。灌浆结束后，承包人应将灌浆记录和有关资料提交监理人，以便确定检查孔孔位，检查孔应布置在顶拱中心线脱空较大、串浆孔集中及灌浆情况异常的部位，孔深穿透衬砌深入老混凝土5mm。每10～15m布置1个检查孔，异常部位可适当增加。

②采用钻孔注浆法进行回填灌浆质量检查，应向孔内注入水灰比为2：1的浆液，在规定压力下，初始10min内注入量不超过10L，即为合格。

③检查孔钻孔注浆结束后，应采用水泥砂浆将钻孔封填密实，并浆孔口压抹平整。

5.3 劳动力配置

主要劳动力配置见表5.3。

主要劳动力组织配置表 **表5.3**

序号	工 种	人 数	序号	工 种	人 数
1	木 工	20	9	电工	6
2	钢筋工	10	10	普工	57
3	电焊工	5	11	装载机工	1
4	清洗凿毛工	100	12	机修工	2
5	钻孔工	21	13	现场值班调度	3
6	制、注浆工	9	14	现场质检技术员	5
7	混凝土泵运转工	8	15	测量员	3
8	混凝土罐车司机	10	16	管理人员	20
合 计					280

6. 材料与设备

主要施工材料、机械设备配置见表6。

主要施工材料、机械设备配置表 **表6**

序号	设 备 名 称	单位	数量	备 注
1	P3015 钢模板	m^2	500	
2	P1015 钢模板	m^2	150	
3	钢管拱架	榀	84	
4	灌浆廊道拱架	榀	37	
5	钢管	t	100	φ50mm
6	空压机	台	2	
7	混凝土泵车	台	3	1台预备
8	混凝土罐车	辆	5	
9	装载机	台	1	
10	自卸汽车	辆	3	
11	手风钻	台	4	
12	高速制浆机	台	1	
13	浆液搅拌机	台	1	
14	输浆泵	台	1	BW250/50

7. 质量控制

7.1 选用低热水泥，并掺一定比例的粉煤灰。对选用的水泥和粉煤灰应做试验，只有水泥达到合格，粉煤灰达到国家一级标准才能使用。

7.2 基础面浇筑第一层混凝土前，先铺一层2～3cm厚的水泥砂浆，保证混凝土与基岩面结合良好。

7.3 在浇筑过程中，要求台阶层次分明，铺料厚度50cm，台阶宽度一般大于1.0m，坡度一般不大于1：2。

7.4 振捣器移动距离均不超过其有效半径的1.5倍，并插入下层混凝土5～10cm，顺序依次、方向一致，避免漏振。

7.5 混凝土采用预埋冷却水管通水冷却至稳定温度。

7.6 施工前检查混凝土浇筑设备的运行情况，保证施工能够连续进行。

7.7 锚杆孔直径应大于锚杆直径约15mm，孔壁与锚杆之间应灌满水泥砂浆。

7.8 为保证混凝土浇筑时不混仓和减少最后一仓混凝土的脱空范围，在浇筑时用模板作临时隔板，待泵送二级配混凝土临近初凝状态时，将隔板取掉后继续进行后续混凝土的浇筑。

7.9 模板施工的质量要求：

1）工程所用的模板均满足建筑物的设计图纸及施工技术要求。

2）所用的模板均能保证混凝土浇筑后结构物的形状，尺寸与相对位置符合设计规定和要求。

3）模板和支架具有足够的稳定性、刚度和强度，做到标准化、系列化、装拆方便。

4）模板表面光洁平整、接缝严密、不漏浆，混凝土表面的质量达到设计和规范要求。

5）模板安装，均按设计图纸测量放样，设置控制点，并标注高程，以利于检查、校正。

6）模板的面板均涂刷隔离剂，且对钢筋及混凝土无污染。

7）模板的偏差，应满足规范规定，按相关验收规范执行。

8）不承重的侧面模板拆除，在混凝土强度达到25kgf/cm^{2}以上时才拆除。钢筋混凝土结构的承重模板拆除均使混凝土强度达到表7.9的要求。

承重模板拆除与混凝土强度对照表 表7.9

部位	跨度	混凝土强度
梁、板、拱	≤2m	50%
	2～8m	70%
	＞8m	100%

7.10 灌浆结束标准：

1）若排气管有回浆：在规定的压力下，排气管出浆后，延续灌注10min即可结束。

2）若排气管无回浆：在规定的压力下，灌浆孔停止吸浆，延续灌注10min即可结束。

8. 安全措施

8.1 保证安全生产，文明施工，施工中严格贯彻国家、省和上级主管部门颁发的有关安全的法令、法规和劳动保护条例，制定安全目标。

8.2 建立安全保证体系。强化安全监督和管理，建立健全安全管理机构，成立以项目负责人为第一安全负责人，项目总工程师为主要负责人的安全管理机构。项目部设专职安全员，委派责任心强富有经验的安全管理人员负责施工安全管理，对施工现场进行安全监督和检查，把好安全关，消除事故隐患。

8.3 抓好“三级安全教育”，对全体施工人员进行安全教育，考试合格后持证上岗，牢固树立“安全第一”的思想，特殊工种作业人员需经培训考试合格持有特殊作业操作证，持证上岗。

8.4 建立健全安全责任制，实行责任管理，将安全目标落实到每个施工人员。

8.5 严格执行交接班制度，坚持工前讲安全、工中检查安全、工后评比安全的“三工制度”。

8.6 每一项目开工前制定详细施工技术措施和安全技术措施，报监理工程师审批后，及时进行施工技术和安全技术的交底，并落实措施。

8.7 在施工现场设置安全方面的标志、制度、注意事项。安全员上岗必须配戴醒目标志。

8.8 进入现场施工的人员必须按规定配戴安全劳保用品（如安全帽等），严禁穿拖鞋上班。

8.9 高空作业要架设安全设施（搭设脚手架、悬挂安全网、设置安全栏杆、施工人员绑安全绳等），上述措施经检查合格后才能使用并派专人巡视和维护。

8.10 以定期（每月一次）及不定期的方式组织开展安全检查，召开安全会议，把安全事故消灭在萌芽状态。

9. 环保措施

9.1 控制烟尘、废水、噪声排放，达到排放标准。

9.2 固体废弃物实现分类管理，提高回收利用率。

9.3 尽量减少油品、化学品的泄漏现象，环境事故（非计划排放）数量为零。

9.4 实现环境污染零投诉。

9.5 降低生产中自然资源和能源消耗，水电消耗控制在预算95%以内。

10. 效益分析

导流洞封堵混凝土通过优化配合比，降低了水化热影响，保证了工程质量，同时也节省了温控费用；另外，由于导流洞封堵混凝土采用了薄分层辅以埋管通水冷却的方法，解决了导流洞封堵大体积混凝土内部均匀散热的问题，加快了施工进度，取得了良好效果。

11. 应用实例

本工法是在洪家渡水电站、天生桥一级水电站、盘石头水库导流洞封堵混凝土施工中的成功案例。

11.1 洪家渡水电站

洪家渡水电站导流洞洞长813m，进口高程980.0m，出口高程978.5m，斜坡段洞身底坡i=1.8797‰。断面为修正马蹄形，高度12.80m，宽11.6m，上半洞为半圆形，半径为R=5.8m，侧墙半径R=14.5m，底宽8.0m。导流洞封堵段位于导流洞K0+295.7～K0+333.7段，长38m，分为三段封堵，每块分为6层，每块分缝位置均与原导流洞分缝位置错开1.5m以上。导流洞封堵工程于2004年4月1日开始，工期为3个月，混凝土工程量5458m^3。

在导流洞封堵混凝土施工中，主要采取以下措施：

1. 在控制混凝土水化热方面：优化混凝土配合比，采用中低热水泥，掺加粉煤灰、外加剂，减少水泥用量，降低水化热。设计技术指标为：C25、W12、F100。

具体混凝土施工配合比如表11.1。

导流洞封堵混凝土施工配合比　　表11.1

w/c	砂率（%）	粉煤灰（%）	MgO（%）	减水剂 UNF-2C（%）	引气剂 AE（/万）	每方材料用量（kg/m^3）						
						水	水泥	煤灰	MgO	砂子	小石	中石
0.47	44	25	3.4	0.8	0.8	152	242	81	11.0	842	536	536

2. 在控制混凝土收缩脱空现象：采用外掺MgO（11.0kg/m^3）混凝土，形成补偿收缩型混凝土，有效解决了由于混凝土收缩形成周边缝的脱空现象，使封堵混凝土与原导流洞衬砌混凝土面牢固结合，保证工程质量。

3. 在控制混凝土温度方面：采用薄分层，辅以埋管通水冷却。

经过以上几方面的控制，在贵州洪家渡水电站导流洞封堵混凝土施工中取得成功，加快施工进度，保证工程质量和工期，降低了施工成本，赢得业主、设计、监理的高度认可，为洪家渡水电站提前发电起到至关重要的作用。经过3年的运行监测，该工程满足设计和规范要求，安全运行。

洪家渡水电站于2008年12月获第八届“中国土木工程詹天佑奖”和“中国建设工程鲁班奖”。

11.2 天生桥一级水电站

天生桥一级水电站位于广西隆林、贵州安龙县交界的南盘江干流上，是红水河梯级开发水电站的第一级。电站总装机容量1200MW，最大坝高178m，总库容量102.6亿m^3。天生桥一级水电站两条导流洞位于河床左岸，于1997年12月中旬完成导流任务，进口闸门下闸开始封堵。堵头原设计长度为40m，后经设计进一步优化，将堵头段长度修改为21m的瓶塞型结构。总工程量为7050m^3，钢筋37t。施工工期：1998年1月至1998年6月底。采用导流洞封堵混凝土施工方法在天生桥一级水电站施工中取得圆满成功，加快了施工进度，保证了工程质量，降低施工成本，同时，为天生桥一级水电站发电起到至关重要的作用。

导流洞封堵混凝土质量等级为优良。

11.3 盘石头水库

盘石头混凝土面板堆石坝最大坝高102m，坝顶长666m，坝顶宽8m。导流洞全长516.0m，起点的洞型为7.0×8.1m矩形，经过15m渐变段，变成7.0m宽，直墙高为7.7m，拱顶半径为4.0m，中心角为122.09°的城门洞型，开工日期为2000年4月，完工日期为2007年12月。导流洞封堵段施工范围0+35.94～0+195，总长159.06m。 导流洞封堵主要工程量：混凝土5527.6m^3，回填灌浆400m^2。采用此施工方法施工，进行连续混凝土浇筑，保证了混凝土施工质量，又加快了施工进度，比原计划工期提前了3个月。本工程已通过单位工程验收，单元工程优良率92%，分部工程优良率100%，单位工程评定为优良。工程运行至今，运行状况良好，无质量问题。

凿岩棒水下环保碎岩施工工法

GJEJGF294—2010

中交广州航道局有限公司　中国港湾工程有限责任公司

潘永和　张胜康　苏绍鑫　刘毅光　吴院生

1. 前　　言

沿海及内河航道与码头的建设中，水下土石方开挖工程不可避免地会遇到硬质岩土。而随着国家海洋环境法律法规的完善和对水资源保护及渔业养殖的重视，传统的爆破碎岩施工方法将受到更多的限制。扩建期内港口生产和船舶通航不能中断，对爆破作业的安全性问题将提出更多要求。这就需要有利于海洋环境保护和满足通航安全要求的新施工方法。

广州港出海航道二期莲花山东航道工程和国华宁海电厂进港鞋子礁清礁浚深工程等工程中遇到了施工区域毗邻码头建筑物和海上养殖场，只能间歇性封航施工保证高潮期间大型船舶安全通过、不能使用炸药爆破伤害鱼虾类养殖物和水生生物、污染水体等技术难题。

中交广州航道局有限公司对凿岩棒水下碎岩施工工艺进行了专项研究，掌握了“凿岩棒水下环保碎岩施工技术”这一国内领先的关键技术，2009年11月取得一项国家知识产权局专利授权，2010年5月通过了中国水运建筑行业协会组织的审定，获2010年度中国水运建设科学技术三等奖，开发的工法被评为2010年度交通运输部水运工程一级工法，很好地解决了水下碎岩施工所遇到的海洋环境保护、渔业资源保护和港口生产、船舶通航以及邻近建筑物安全的难题，取得了明显的经济效益和社会效益。

2. 工 法 特 点

2.1　采用抓斗挖泥船配备凿岩棒构成凿岩系统进行水下碎岩预处理施工，用同一艘挖泥船配泥驳进行碎岩和清礁，配置简便经济，无需增加其他船舶和人员（图2.1）。

图2.1　抓斗挖泥船及凿岩棒系统配置图

2.2　采用DGPS定位系统、疏浚工程电子监控系统等一整套集成系统监控指导施工，确保施工精确、快捷。

2.3　凿岩棒碎岩后岩土膨松率很小，通常仅为10～15cm，对通航水深影响不大，更能满足扩建期内的通航要求。

2.4　采用机械作用方式碎岩，操作安全可靠，作业时产生的水击波和振动波的能量较小，对周边水域环境和建筑物的安全影响不大，其冲击波峰值远小于鱼类可承受的安全值。对凿岩棒施工安全距离的研究形成了特有的关键技术。

2.5 没有像爆破炸礁施工时炸药等化工原料给水体造成的污染，更符合建设工程日益严格的环保要求，特别适用于沿海、内河水域，特别是自然保护区水域内的施工。

2.6 不涉及雷管、炸药的使用，也不存在炸药等化工原料给水体造成的污染，办理施工手续更便捷，作业时间不受夜间、雷雨天气的限制，有利于施工安排和工期保证。

3. 适用范围

本工法适用于以下各种水域、工况的水下环保碎岩施工：

3.1 沿海、内河水域、自然保护区、水产养殖区等对环境保护要求高，对水击波、振动波和水体污染较敏感的生态敏感区水域。

3.2 临近码头、护岸、船闸、船坞等建筑物或城市、村镇的水域。

3.3 建设期内不能停止港口生产、船舶通航密度大的港池航道工程。

4. 工艺原理

在挖泥船的抓斗吊机上装铸钢制造的凿岩棒，施工时将其提升到一定高度后自由落下。依靠重力作用冲击海（河）床岩体。由于凿岩棒具有一定的重量和落高，产生的重力势能远远大于浮阻力，因此使被冲击岩体在一定范围内破碎。

海底的岩石表面受到冲击力的作用时，先在接触处产生弹性变形，随后出现微裂纹，然后逐渐形成放射裂纹，岩石表面突然破裂，最后出现岩体破碎。

这种方法的特点是接触应力瞬间可达极高值，应力比较集中，所以尽管岩石的动硬度要比静硬度大，但仍易产生裂纹。而且冲量愈大，岩石脆性愈大，愈有利于裂隙发育。因此，用不大的冲击能，就可以破碎较坚硬的岩石。

凿岩棒碎岩施工产生的振动波及范围与凿岩棒的重量有关、产生的水击波与凿岩棒的形状有关。不同形状的凿岩棒，将产生不同的入射应力波形。一般而言，细长状凿岩棒入射波的振幅小，波长长；短粗状凿岩棒入射波的振幅大，波长短。改变入射波的形状，主要是改变凿岩棒的形状，可以产生不同的碎岩效果。应用本工法时可根据所在工程的具体岩质条件选择合适形状和重量的凿岩棒，几种不同形状和重量的凿岩棒参见图4所示。

斧头形	铅笔形-1	铅笔形-2	多齿形

35t	16t	18t	8t

图4 几种不同形状和重量凿岩棒的外观

5. 施工工艺流程及操作要点

5.1 施工工艺流程（图5.1）

5.2 操作要点

5.2.1 施工区平面控制点布设

1. 平面控制点检验

将差分式全球卫星定位系统（DGPS）天线放到各个控制点上进行数据采集，把采集到的数据用XYPLOT软件进行处理，将处理得到的平面坐标与控制点已知坐标进行比较并验证平面控制点，以证实误差符合交通部《水运工程测量规范》的要求。

2. 平面控制点的布设

根据业主提供的经过验证的平面控制点，各施工区选用最佳的定位控制点控制整个施工区。施工船定位采用DGPS进行，接收离工程施工区最近的差分站发射的固定频率数据链，以此作为定位的基准数据，精度为±1～3m。

3. 浚前水下地形测量

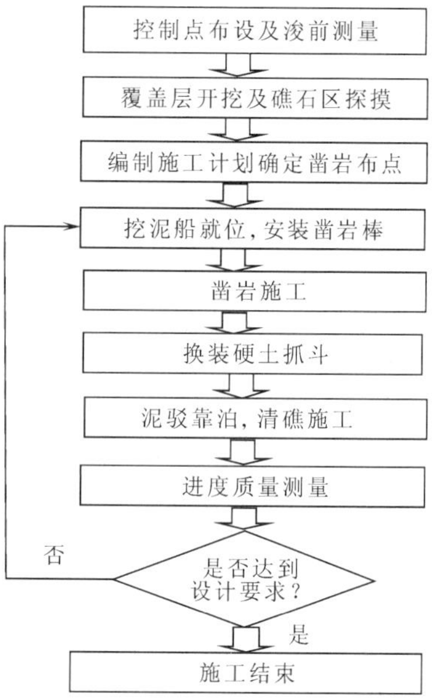

图5.1 施工工艺流程图

测量船：采用适合工程所在地工况的专用或由机动船改装的测量船，测深仪换能器安装在距测量船船艏1/3～1/2船长位置，DGPS接收机天线与测深仪换能器置于同一铅垂线上，DGPS接收机与测深仪的数据采集同步进行，确保测深点与定位点完全重合并做到测深定标与定位时间完全同步，从而保证测深质量。

水位控制：根据设计资料，依据实际情况和规范要求在施工区附件设立施工水尺，并设置自动验潮仪和潮位遥报仪，实时记录并传报潮位变化情况，以作测量水位修正。

水下地形测量成果整理：根据外业测量成果，整理水下地形图、等深线图等，叠套地质成果资料，形成指导施工的浚前图。

5.2.2 施工准备

1. 办理水上、水下施工作业许可证、废弃物海洋倾倒许可证、航行通告等必要手续。

2. 根据计算机导航画面将挖泥船移入施工区就位。

3. 船体定位系统（锚链系统、钢桩系统）选择：在施工水域受限或施工干扰较大的情况下或施工区域较小，礁石面积小要求定位精度较高时使用钢桩系统进行施工；在施工水域条件许可的情况下采用锚链系统施工。

5.2.3 凿岩棒选择

1. 凿岩棒的重量

主要根据礁石形态、岩层厚度、船舶设备的起重能力以及兼顾施工成本等因素进行选择。一般情况下，岩块硬度较大，岩层较厚时应采用重量较大的凿岩棒施工；而岩层较薄、岩石强度不大、只需凿一次就可以达到设计深度时可选用重量较小的凿岩棒施工。在安全距离允许的范围内，适当增加凿岩棒的重量可提高水下碎岩的施工速度。

2. 凿岩棒的形状

前端为斧头形状的凿岩棒对较大面积的岩盘有较好的破碎效果。这种凿岩棒一般头部两侧呈楔形，并以弧形流线向凿岩棒中上部过渡，转变为直立式，其形状有利于凿岩棒的能量只向两侧传递，增加对岩土的破坏作用，并且在凿岩棒嵌入岩土过深时可减少棒身侧向的摩擦阻力，使凿岩棒更易提起来。铅笔形状的凿岩棒可产生集中的冲击荷载，如果下层的岩石比较硬，建议使用笔状凿岩棒。

3. 安全距离要求

凿岩棒是在一定水深条件下依靠凿岩棒重力作用冲击岩体破岩，其产生的冲击波和振动波会对水生生物或周边的建筑物造成影响或伤害。施工中产生的振动波及范围与凿岩棒的重量有关、产生的水击波与凿岩棒的形状有关，因此当施工区域靠近养殖区、海洋生物保护区或建筑物时，选择凿岩棒时需考虑凿岩棒产生的冲击波和振动波对养殖物、水生生物和建筑物的影响。由于凿岩棒破岩和炸药水下爆炸破岩除了能量释放速率不一样外，其他效应基本相同，所以其产生的振动波、冲击波等可以参照炸药水下爆炸对鱼类等水生生物和邻近建筑物能否造成伤害或伤害程度作为判断的依据。把凿岩棒的冲击能折算成产生等量能量需要的硝铵类炸药用量，计算凿岩棒施工对水生生物和邻近建筑物的危险区半径。因忽略了较多的阻力，因此计算所得水生生物和建筑物危险半径安全系数比实际的大。根据现场的监测结果，表5.2.3的安全距离满足水生生物和建筑物的安全要求。表中列出的安全距离是按不同重量的凿岩棒提升到15m高度下放碎岩进行计算的半径距离。

凿岩棒施工对鱼类和建筑物的安全距离 **表5.2.3**

序号	凿岩棒重量（t）	相当炸药量（kg）	水生生物安全距离（m）	建筑物安全距离（m）	备 注
1	8	0.3	20	7	
2	11	0.4	23	8	
3	14	0.5	26	8	
4	16	0.6	28	9	
5	19	0.7	31	9	
6	22	0.8	33	10	
7	25	0.9	35	10	
8	27	1.0	37	11	
9	30	1.1	38	11	
10	33	1.2	40	11	
11	36	1.3	42	12	
12	38	1.4	43	12	
13	41	1.5	45	12	
14	44	1.6	46	12	
15	46	1.7	48	13	
16	49	1.8	49	13	
17	52	1.9	50	13	
18	55	2.0	52	13	
19	57	2.1	53	14	
20	60	2.2	54	14	

注：上表建筑物以重力式码头作为参考，取安全振动速度为5cm/s。

5.2.4 确定施工方案

选择试验区域：根据工程实际情况，可以通过试凿作业为确定凿岩棒的重量和形状、凿岩布点间距以及凿岩棒提升高度提供依据。一般根据现有地质资料选择岩石抗压强度最大的区域作为试凿区，以不同的组合参数按一定的距离分块试验，一般分块大小30m×30m比较合适。可根据试凿结果和对岩石强度的了解调整各凿岩施工参数。

确定凿岩布点间距：凿岩布点间距要综合考虑凿岩棒的大小、形状和岩盘的层厚及硬度。一般情况下，凿岩棒的布点距离控制在斧头形凿岩棒厚度或者铅笔形和多齿形凿岩棒直径的1.5～2倍左右，参见图5.2.4。

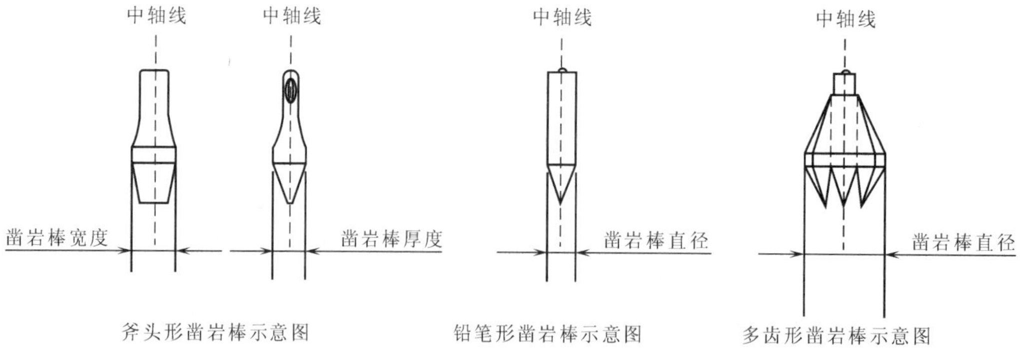

图5.2.4　凿岩棒尺度示意图

凿岩棒的布点间距可参见表5.2.4。

不同土质和凿岩棒的布点间距参考表（单位：m）　　**表5.2.4**

凿岩棒 / 土质	8t凿岩棒	16t凿岩棒	35t凿岩棒	备　注
强风化岩	2.5～3.0	2.0～2.5	2.5～3.0	
中风化岩	1.5～2.0	1.5～2.0	1.8～2.5	
微风化岩	不适用	1.0～1.5	1.5～1.8	

覆盖层清挖：主要目的是减少岩石表层存在的软质土削弱凿岩棒的能量、确定礁石区的具体范围、厚度、礁石区边界的地质情况。覆盖层清挖过程中要注意泥层厚度及土质类别，存在粒径较大碎石时施工应使用长齿的石斗。在不影响施工效率的情况下，应尽可能一次开挖到设计标高，以减少凿岩棒施工的面积。

5.2.5　碎岩操作要点

1．根据施工区岩层性质、厚度及分布、潮流方向及流速、风向风力等因素，确定合适的施工操作方案。

2．查验DGPS定位显示系统上的方位数据及施工区数据是否正常。

3．将凿岩棒吊起，棒尖靠近水面，这时将仪表上的基准高度复位，并根据潮位数据和施工水深设定水深补偿值。

4．根据施工计划和计算机屏幕画面，将凿岩棒移吊至开凿点上方的指定高度（根据水流急缓程度和方向等实际状况对位置进行修正）。

5．扳动离合器操作手柄，松脱离合器，使凿岩棒自由落下。

6．注视仪表显示的落下深度，在撞击底岩前的适当距离及时制动（制动时间、距离与提棒高度有关，高度越高，制动越早）。

7．观察凿岩棒撞击底岩后主吊缆的松出状态，对制动深度位置值进行调整，避免出现钢丝过度松出或者过度绷紧的现象。

8．手柄扳至离合器合上位置，吊起凿岩棒。凿岩棒一般应吊离水面，以便观察棒体和连接钢丝的状况。

9．根据GPS导航画面以及仪表指示，旋转吊臂至下一个凿岩布点位置。

10．操作过程中与船位集控室保持联系，根据施工位置的变化情况配合船位移动。

11．重复上述4至10的操作，直至本次作业结束。

5.2.6　清礁施工步骤

根据测量结果制定清礁施工计划，从凿岩施工转为清礁施工，步骤如下：

1．拆卸凿岩棒，换装硬土抓斗；

2．泥驳靠船的左舷或右舷，或同时靠两舷；

3. 根据潮位数据设定水深补偿值；

4. 根据计算机导航定位画面将抓斗吊移至开挖位置；

5. 按照施工计划和要求进行清挖碎岩和装卸驳作业。

5.2.7 提高凿岩施工效率

1. 凿岩施工一般按“凿岩—清渣—凿浅点—再清渣”这样的步骤循环施工，要求精确掌握覆盖层凿岩施工和第一次清渣的土质变化，据此合理调整凿岩棒的类型，尽量减少凿岩的次数，提高施工效率。

2. 在清渣过程中，应观察挖起碎岩的状况判断碎岩效果，结合测量结果及时对下一步碎岩施工安排和参数作出相应的调整。

3. 施工期间，凿岩棒以自由落体反复撞击岩石，一定时间后会对棒端部分造成较大的磨损甚至破损，参见图5.2.7。为了保证凿岩效率，应及时对磨损或破损的凿岩棒进行修补。

凿岩棒端头（新）

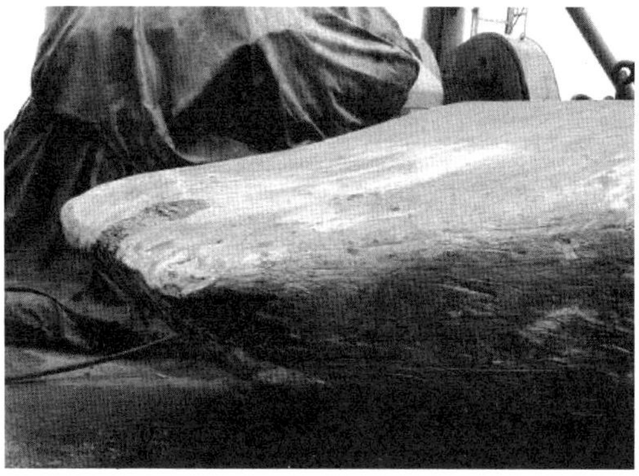

凿岩棒端头（磨损）

图5.2.7 凿岩棒尖磨损状况对比

凿岩棒采用高强度合金铸钢制作，重量大，造价高，一般情况下采用修补方式延长其使用寿命。凿岩棒的修补采用堆焊的方式进行。堆焊工艺要具体根据凿岩棒的材质和修补量考虑选择不同硬度的焊条及其搭配比例、焊接部位预热和保温的时间和温度等，以达到所要求的指标。

目前，公司已研制了“棒尖可更换式凿岩棒”，该棒的使用不损坏棒本体，棒尖更换方便快捷、效率高，费用低，并于2009年11月获国家知识产权局专利授权，可采用该专利技术成果。

5.2.8 劳动力组织

无额外的劳动力需求，可按照疏浚工程抓斗挖泥船施工的人员配置进行安排。

6. 材料与设备

本工法无需特别说明的材料，采用的设备是在抓斗挖泥船上配备凿岩棒、由泥驳等辅助船舶配合施工，参见表6所示。

抓斗挖泥船配置凿岩棒及辅助船舶一览表 表6

凿岩系统设备	类 型 及 配 置
挖泥船	抓斗挖泥船
动力配置	主发电机，副发电机
挖泥吊机	
主动力	柴油发动机
主要配置	吊臂，变速装置，制动装置

续表

凿岩系统设备	类型及配置
抓斗	泥斗、石斗
凿岩棒	形状：斧头形、铅笔形、多齿形 重量：15～35t（8～60t）
泥驳	500～1000m^3开体式自航泥驳
抛锚艇	257kW

6.1 抓斗挖泥船

抓斗挖泥船（图6.1）为凿岩棒施工的主要设备，主要分为船体、吊机、锚链和定位桩系统等几个部分。

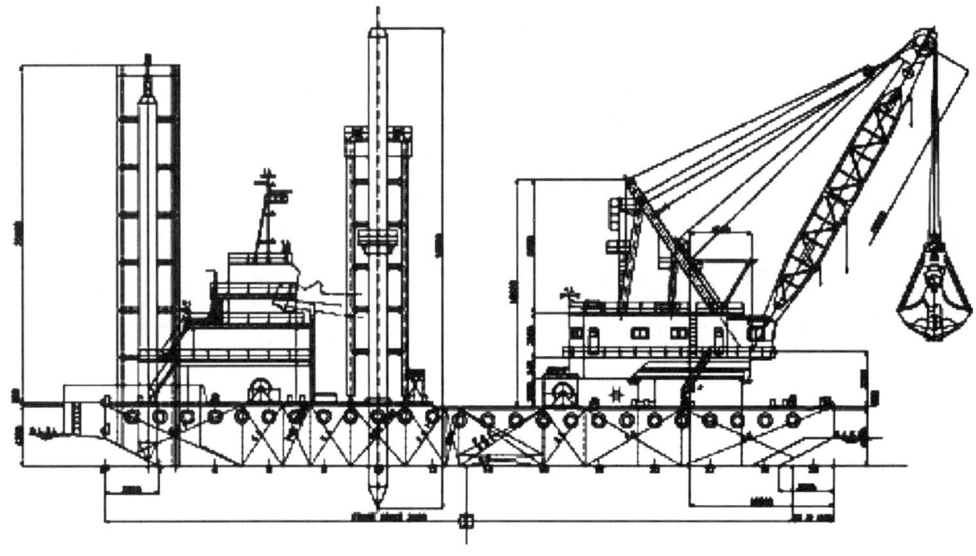

图6.1 抓斗挖泥船布置示意图

6.2 凿岩棒

凿岩棒有不同的形状和尺寸重量，它们不同的撞击面接触条件将产生入射应力波形和不同的破岩效果，可根据所在工程的具体地质条件选择使用。

6.3 测量仪器及软件系统

本工法使用的测量仪器及软件系统如表6.3所示。

凿岩施工测量仪器及软件 **表6.3**

序号	设备及软件名称	型号	精度
1	DGPS接收机	Trimble 132	1～3m
2	测深仪	ODOM K2	<0.1m
3	双频测深仪	DESO17	<0.1m
4	全站仪	PTS-V2	2mm+2ppm
5	水准仪	NA824	2mm/km
6	潮位遥报仪	VYNER	<0.05m
7	计算机	PⅥ	
8	测量软件	HYPACK MAX软件等	
9	施工定位软件	疏浚工程定位系统	

7. 质 量 控 制

7.1 工程质量控制标准

7.1.1 疏浚工程施工质量执行交通部《疏浚与吹填工程质量检验标准》。参照使用挖岩和炸礁清渣的质量检验标准。

1. 挖岩与炸礁清渣应满足设计要求，开挖区内不得出现浅点，平均超深不得大于1m，平均超宽不得大于4m，边坡不得陡于设计边坡。

2. 炸礁工程的质量检验应符合交通部《航道整治工程质量检验评定标准》和《水运工程爆破技术规范》的有关规定。

7.1.2 航道整治工程施工质量执行交通部《航道整治工程质量检验评定标准》。参照使用水下爆破及清渣的质量检验标准，其允许偏差、检验数量和方法应符合表7.1.2的规定。

水下爆破及清渣允许偏差、检验数量和方法 **表7.1.2**

<table>
<tr><th>序号</th><th colspan="2">项　　目</th><th>允许偏差（mm）</th><th>检验单元和数量</th><th>单元测点</th><th>检验方法</th></tr>
<tr><td rowspan="2">1</td><td rowspan="2">无挖线</td><td>钻孔爆破</td><td>+1000
0</td><td rowspan="4">每个断面(每4～10m一个断面)</td><td rowspan="2">1</td><td rowspan="4">用测深仪和经纬仪等仪器测量，并进行硬式扫床</td></tr>
<tr><td>裸露爆破</td><td>+2000
0</td></tr>
<tr><td rowspan="2">2</td><td rowspan="2">高程</td><td>航行区域</td><td>0
−400</td><td rowspan="2">3</td></tr>
<tr><td>非航行区域</td><td>+50
−400</td></tr>
</table>

注：①硬式扫床应提交扫床测量轨迹图，相邻扫床轨迹的重叠宽度不得小于1m；
②开挖线项目中“+”代表超挖。

7.2 工程质量目标的技术措施和管理方法

7.2.1 凿岩施工的质量控制可借助于测深、水下摄像仪等手段和设备了解现场实际地形和岩石破碎状况，在施工过程中综合这些状况、岩土性质及水深潮流等要素随时调整施工计划和操作方法。

7.2.2 在凿岩过程中，要严格按照计划的凿岩布点间距开凿，防止因凿岩点位置发生较大偏移造成实际凿岩点不均匀，使部分区域岩石没有破碎而直接影响到下一步碎岩和清礁效果，并且容易造成抓斗损坏。

7.2.3 施工过程检测：在清除完破碎的岩渣后必须通过水深测量或水下探摸了解岩盘的最新状况，分析凿岩施工的效果，根据岩层的厚度和破碎情况，调整布点间距或重新选用合适重量和形状的凿岩棒。

7.2.4 扫浅过程控制：最好采用多波束测深系统进行检测，以便及时全面的反映已施工区域的浅点分布情况。若无多波束测深仪，可通过单波束加密测量来解决。

7.2.5 竣工验收用测深仪和经纬仪等仪器测量，并进行硬式扫床；亦可采用多波束测深系统扫床，不宜采用软式扫床。

8. 安 全 措 施

8.1 工前准备

8.1.1 针对凿岩施工作业组织必要的培训。

8.1.2 根据当地海域特点配备水上施工安全设施，对船舶进行安全检查，消除隐患。

8.1.3 建立通畅的联系渠道，及时与海事、海洋、业主、气象部门等相关方沟通和交流，以便能够及时获取和处理相关信息。

8.1.4 确保海上施工现场与项目经理部之间的通信畅通无阻。

8.1.5 加强安全技术交底。

8.2 过程控制

8.2.1 凿岩清礁作业

1. 操作人员要严格按照挖泥机操作程序进行操作，施工过程中密切注意各仪表的参数，发现问题及时停止操作并通知值班轮机员。

2. 操作时要集中精神，充分利用视觉与听觉留意仪表和机器的运转情况，起吊时注意观察凿岩棒、起吊钢丝绳和连接扣件的情况，发现问题及时报告处理。

3. 轮机人员要定时巡查吊机主要设备的运转状态，确保正常运转。

4. 注意施工区域周围通航情况的变化，及时做出避让措施。必要时提前了解船舶经过施工区的动态。

8.2.2 移船作业

1. 操作前确认周围水域的情况。

2. 在移船前，由甲板值班人员查看现场，确认正常后报告控制室。

8.3 防台预案

因为凿岩施工在宽阔的海域中进行施工，可能受到热带气旋和台风的影响。因此，在施工前必须制定完善的防台预案，并报公司相关部门批准实施。避风锚地的选择要提前征得当地海事部门的同意。

8.4 凿岩棒连接

8.4.1 凿岩棒连接效果的好坏直接关系到凿岩棒的安全和凿岩施工的效率，宜采用有足够富裕量的牢固连接方式，可采用单钢丝绳或双钢丝绳连接。但其吊架两滑轮间距较小时，需考虑凿岩棒作业时出现旋摆的情况。为了防止强烈的碰撞和刚性连接对主吊钢丝绳造成损伤，主吊钢丝绳与穿接凿岩棒钢丝绳之间应串接数节足够强度的扣环及旋转接头作为过渡；同时必须加装保险钢丝绳，并且保险钢丝绳与主吊钢丝绳能同时固定在同一扣件上，以防止连接钢丝绳或卡环断裂后凿岩棒失落水底。保险钢丝绳应有一定的长度，并且不阻碍凿岩棒旋转（连接参见图8.4.1）。

图 8.4.1 凿岩棒连接主吊钢丝绳

8.4.2 连接凿岩棒的钢丝绳、卡环质量要求较高，选用时应考虑较多的富裕抗拉强度，以避免频繁更换钢丝绳而影响施工。

9. 环保措施

9.1 凿岩棒施工的环保问题主要是考虑振动、水击波和海上倾倒对周围水体中鱼类的影响。凿岩棒冲击岩体过程中对破碎区以外的海床岩体产生弹性扰动，这种扰动以振动波的形式向外传播。海床岩体的振动波传达到与水的交界面，使交界面及以外的水体产生扰动，扰动达到一定强度便会产生水击波。水击波的强度与距凿岩棒冲击点的半径范围、凿岩棒的形状和重量有关。

9.2 凿岩棒施工应注意采取以下环保措施：

9.2.1 施工组织和安排严格按照合同的环境要求。由工程主管、环保主管负责监督所在工程施工的环保工作，制定环保改进措施，保持与有关环保部门的联系。

9.2.2 根据凿岩棒施工振动与水击波对周围水域影响监测报告的结果（表9.2.2），对可能造成影响范围内的施工区域应在施工前与业主等相关方进行充分的协商。

凿岩棒施工水击波影响范围　表9.2.2

凿岩棒重量（t）	水击波影响半径（m）
15	50
35	150

9.2.3　严格执行国家海洋局颁布的倾卸海洋废弃物的有关规定。为确保到指定的抛泥区卸泥，应将得到有关部门批准的抛泥区位置及抛泥航线输入泥驳（或拖轮）用于导航的计算机。

9.2.4　开工前应对所有的施工设备，尤其是泥舱的泥门进行严格检查，发现有可能泄漏污染物（包括船用油类及疏浚泥砂）的必须先修复后才能施工；在施工过程中应密切注意有无泄漏污染物的现象，如有发生应立即采取措施。

9.2.5　加强施工船舶自身的防污管理，船舶施工时产生的油污水必须通过船舶身配置的油水分离器处理，处理后的污油用桶装运到指定地点；禁止把施工中的生活垃圾直接抛入水中，应用袋装处理后运到指定地点。

9.2.6　与当地的环保部门密切配合，共同做好工程施工环保工作。

10. 效 益 分 析

10.1　经济效益

10.1.1　经济成本低：船载凿岩棒仅使用有一定起吊能力的抓斗挖泥船配置凿岩棒进行施工，不需要另外投资增加设备。该工艺对岩石强度为中风化以弱的礁石区破碎预处理是非常经济、有效的。例如，在广州港出海航道二期莲花山东航道预备工程中，凿岩棒施工的单方成本比采用爆破炸礁工艺节约了约10%。

10.1.2　办理施工相关手续更简单便捷：由于船载凿岩棒施工与一般的挖泥船施工作业相似，因此办理水上水下施工许可证方面没有特别的要求。与爆破施工相比，可以赢得时间。

10.1.3　作业时间不受夜间、雷雨天气的影响，有利于工期的保障。

10.1.4　由于大多港口码头都临近城市，采用爆破施工的施工时间往往受到限制，而凿岩棒施工则不存在这种情况，可以加快工程的整体进度。

10.1.5　充分利用了原有的疏浚设备和技术，无需额外增添设备和人员配置，操作简单便捷，解决了船舶资源与工期保障问题。

10.2　社会效益

10.2.1　由于国家对环境保护法律法和管理日益健全，传统的水下爆破工艺对底岩进行破碎预处理，不但水中冲击波和地震波较大，而且炸药等化工原料也对水体造成污染，在很多场合已受限制或被禁止。凿岩棒水下破岩施工不使用炸药，现场观测结果表明，本工艺产生的振动和水击波以及施工噪声对周围环境和海洋生物影响很小（对50m外的网箱养殖鱼类没有影响），具有良好的环保特性，符合环保新趋势的要求，已引起有关社会的热切关注，包括《中国水运报》、《杭州日报》在内的多家媒体对本工艺进行了介绍并给予了很高的评价。

10.2.2　随着沿海和内河航道、码头建设规模、尺度的提升，港口航道在原有基础上进行扩建，建设期内港口生产、船舶通航又不能中断，对爆破作业的安全性问题必然会提出更多要求。凿岩棒碎岩施工正是符合这种要求的新的施工作业方法，经凿岩棒碎岩后的岩石膨松率很小，对通航水深影响不大并且容易维护，不影响港口生产、船舶通航。

11. 应 用 实 例

11.1　广州港出海航道二期莲花山东航道工程

广州港出海航道二期工程项目是国家“十五”重点建设项目，莲花山东航道备工程是本工程中的难点。该段航道长7723m，设计底宽160m，设计底标高-13.2m，工程量157万m^3，其中岩石段长5435m，岩石层厚1～3m，岩石开挖量为101.35万m^3。

为保证港口的正常生产，港口方要求实行间歇性封航施工，每天高潮前后开通5个小时供大型船舶进出；而且该航段紧邻新沙港区，如果采用爆破碎岩施工，则难以保证码头和过往船舶的安全；环保部门为防止炸药污染水体，不允许采用爆破施工。因此，本工程礁石区全部采用凿岩棒辅助抓斗清除风化岩的施工工艺。

从2005年10月到2006年6月，历时9个月施工，工程按时完成，质量优良，安全生产无事故，受到各方的好评。施工工艺被总结提升为工法，其技术经济效益显著，共取得效益约1492万元。针对棒尖磨损问题研制的“棒尖可更换式凿岩棒”于2009年11月获国家知识产权局专利授权。

11.2　国华宁海电厂进港航道鞋子礁清礁浚深工程

工程位于浙江省北部象山港附近，进港航道大部分水深12m以深，而当中的鞋子礁5000m^2礁盘平均水深只有6.6m，要保证5万吨级的运煤船满载进出，必须清除这段“拦路虎”。

该工程原由某施工单位采用水下钻孔爆破方法施工，爆破作业产生的振动波、冲击波以及受污染的混浊水体给邻近的海上养殖场造成很大损害，电厂业主遭受索赔、工程被迫停工

2006年10月，公司受委托接手该工程，采用本工法施工使工程得以复工。使用18m^3抓斗挖泥船配备重35t、长约5m、端部为斧头形状的凿岩棒破岩施工。挖泥船用3根钢桩定位和移船，满足了施工期间不封航的要求。施工过程中该海域未发现养殖鱼类死亡现象，也不再有渔民的抱怨和投诉。经过3个月施工，工程提前顺利完成，质量优良，业主非常满意，技术经济效益显著，较短的施工期取得效益32.28万元。先进的环保施工工艺也得到了社会各界的关注和肯定，《中国水运报》、《杭州日报》等多家媒体对此进行了积极的报道。

11.3　汕尾发电厂一期工程港池航道疏浚工程

汕尾发电厂一期工程是广东省十大重点工程之一。其煤港港池航道工程施工地质情况复杂，礁石分散，孤石较多，岩面标高和体积差异很大，施工过程中发现设计礁石区范围外还存在面积较大、包含较多孤石且位置分布不确定的礁石浅区，地质钻探资料无法满足施工要求，不仅给施工设备造成损坏，而且严重影响施工进度。

项目部于2007年7月运用本工法施工，采取分条分段尽量加密布点的原则，对设计范围内礁石区及疑似新增礁石区进行了全面地质探摸和碎岩施工，累计完成碎岩面积4.3万m^2。大部分的硬土和风化岩浅区经凿岩施工后均松散、破碎，可以用抓斗船直接挖除，还掌握了需要爆破的坚硬花岗岩类礁石（孤石）的平面位置及分布情况，有效减少了爆破炸礁的工作量，大大缩短了施工时间，节省了施工成本252.5万元，取得了良好的施工效果和经济效益，较好地解决了本工程土质复杂多变这一施工难题。

11.4　沙特扎瓦尔港主航道疏浚工程

沙特扎瓦尔港工程航道22～23km段土质主要为3～4m厚的砂岩层，土质硬、距离长、范围广，由世界第一抓200方抓斗施工，施工效率低，对抓斗损坏严重，不但给施工设备带来较大隐患，而且严重影响工程施工进度，我部于2009年8月15日～9月19日应用“凿岩棒碎岩施工工法”新工艺——利用18m^3抓斗船“金建”配备重35t、长约5m、端部为斧头形状的凿岩棒，采取分条分段施工，按每条宽度为20m，横向和纵向布点间距2～2.5m，平均移船前进距离5～8m，凿岩布点尽量加密原则，对宽175m，长1km的航道进行了全面凿岩施工，累计凿岩施工565.6h，完成凿岩面积17.5万m^2，经凿岩施工使砂岩层均有一定的松散、破碎，200方抓斗再次施工时效率提高了20%，且大大降低了抓斗的损坏率，节约了施工成本，保证了工程进度。

大型钢桩式抓斗挖泥船施工工法

GJEJGF295—2010

中交上海航道局有限公司　上海港务工程公司
肖剑　刘少丞　冯进华　房德明　陶冲林

1. 前　言

抓斗挖泥船是一种适用范围较广的疏浚船型，适用于开挖基槽、基坑、码头泊位区及航道等各种施工区域，在有障碍物和垃圾的施工地段，其施工优越性更加明显。但在正常生产营运的港池、泊位及航道区域维护疏浚施工时，由于抓斗挖泥船一般采用抛设锚缆的定位移船方式，占用较多的施工水域，往往造成维护疏浚施工和港口生产营运相互干扰的矛盾，大大影响了施工效率和港口通航安全。

为有效解决以上矛盾，同时适应更多的工程实际需要，中交上海航道局有限公司在总结多年抓斗挖泥船工程疏浚施工技术，在做了大量的市场调研的基础上，建造了大型钢桩式抓斗挖泥船“新海蚌轮”，在工程的实践中得到了较好应用。经过工程实践，不断总结完善施工技术，提炼形成了《大型钢桩式抓斗挖泥船施工工法》，在上海港黄浦江、山东日照等航道维护、基槽开挖工程中应用此工法，充分发挥了其钢桩定位移船灵活、不影响航道正常通航的优势，安全、高效地施工作业，取得了显著的经济效益和社会效益。有关公司“新海蚌”轮见图1所示。

图1　大型钢桩式抓斗挖泥船“新海蚌轮”全貌

2. 工 法 特 点

2.1　钢桩式抓斗挖泥船定位、移船具有灵活、准确、稳定的特点，在不影响码头作业、船舶通航的情况下，能确保施工质量和工期。

2.2　减少了施工占用水域，最大程度上减少避让等施工停歇时间，提高了挖泥船的施工时间利用率。

2.3　降低了挖泥船对挖槽两侧水域宽度、水深的要求，在狭小以及两侧水深浅的区域无须地垄等系缆装置，减少了施工前准备工作。

2.4　通过对钢桩定位、移船施工技术的实践分析总结，挖泥船横向移动也可以利用钢桩和抓斗自行完成，降低了施工辅助成本。

2.5　本工法的使用，能有效降低施工中的安全风险，船舶操作灵活、方便可靠、简单易行。

2.6　本工法工艺简单，能广泛适用于内河和沿海地区港口工程中的疏浚工程。

3. 适 用 范 围

本工法适用于钢桩式抓斗挖泥船在水深条件满足钢桩定位深度的内河、沿海地区的软质土、中粗砂、砂质黏土、卵石、砾石和抗压强度不大于50MPa的强风化岩等疏浚土质的航道港池、码头泊位、基槽、深坑或管沟等疏浚工程。

4. 工 艺 原 理

4.1 钢桩定位。利用船舶配备的3根钢桩（船舯左右舷各一根，船艉中部一根）插入海底，构成平面三角形固定船位，利用三角形的稳定性，克服自然风、流和施工中荷载等外力影响，使船在水面上固定、安全施工作业。

4.2 钢桩步进。通过摆动船艉可倾斜式定位桩实现步进。当钢桩处于垂直位置时，液压顶杆、钢桩、基座系统形成一个直角三角形（图4.2），液压顶杆为斜边，钢桩为垂直直角边，基座为水平直角边，通过斜边长短的变化，使垂直直角边即钢桩前后倾斜，钢桩角度的变化使船舶发生前后位移，完成步进。具体步进步骤可参见图5.2.4抓斗挖泥船钢桩步进船体前移流程示意图。

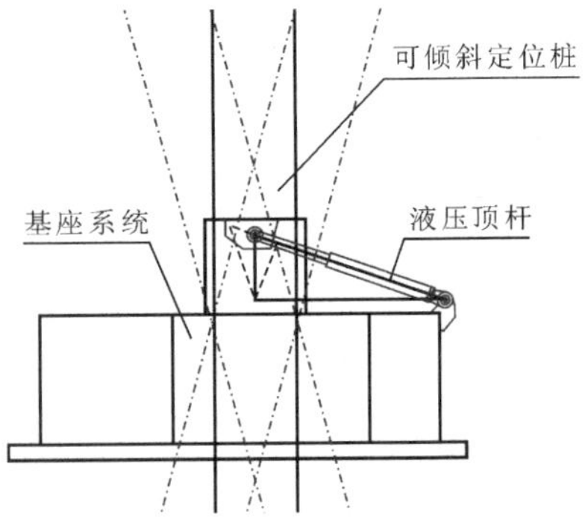

图4.2　可倾斜定位桩倾斜步进原理图

5. 施工工艺流程及操作要点

5.1 施工工艺流程

如图5.1　大型钢桩式抓斗挖泥船施工工艺流程图所示。

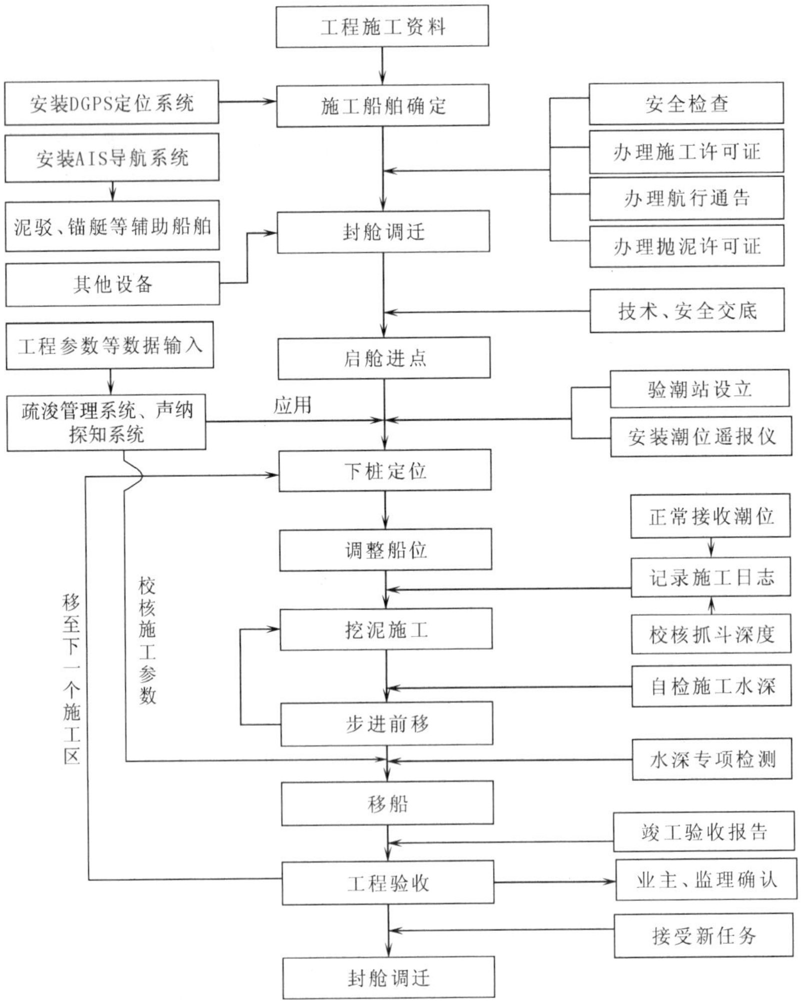

图5.1　大型钢桩式抓斗挖泥船施工工艺流程图

5.2 施工操作要点

5.2.1 工前准备

1. 工前施工、安全技术交底。工前组织挖泥船船长、自航泥驳船长、驾驶员及相关施工操作人员，根据作业任务书和施工图，查看相关资料，研究风、流对施工的影响，收集港内其他作业船舶进出港、靠离泊、施工区障碍物、施工区域内水深状况、底质等信息资料。

2. 制定科学合理的施工方案和安全应急预案。包括分条施工边线、船位中线、起挖点位置等确定，并在船舶计算机疏浚管理系统中标注明确。

3. 开工前必须对挖泥船疏浚、钢桩定位等设备、自航泥驳航行、泥门开闭等设备进行检查和必要的保养维修，确保处于良好可靠的适挖适航状态。

5.2.2 进点驻位

1. 挖泥船上线定位。由于大型钢桩式抓斗挖泥船一般为非自航船舶，开工展布需拖轮配合。进点一般宜选择在风力较小、流速较慢、通航密度较小的时段进行。由拖轮绑拖，根据计算机疏浚管理系统GPS平面监控显示的实时船位驾驶至设定的起挖点，慢速或停车，做好下放抓斗或定位桩的准备工作。

2. 调整船位，实现精确定位。待钢桩下放到位，船位稳定后，校对船位与起挖点实际偏差。如果偏差较大，利用拖轮或者锚艇配合移船至起挖点；如果偏差较小，利用风、流、钢桩定位移船系统自行移船至起挖点。

5.2.3 挖泥施工方法

利用钢桩定位和步进，采用纵挖法（分段、分层、分条）进行挖泥施工。施工中，依据每条的泥层厚度分层依次排斗开挖，挖完一个断面（关）时，用水砣和水下地形探知声纳系统进行水深自检，当达到设计深度后，前移挖下一断面（关），依此类推，见图5.2.3所示。

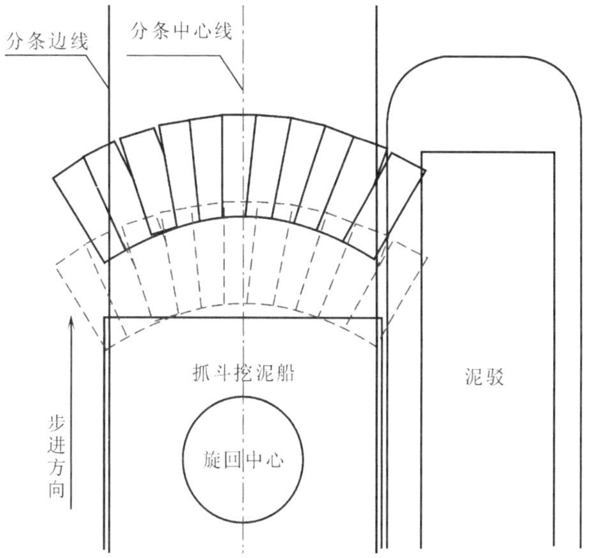

图5.2.3　抓斗挖泥船施工轨迹图

5.2.4 步进

当一个开挖断面完成后需利用钢桩系统前移步进。船艉可倾斜式定位桩桩后倾插入泥土一定深度后，起两侧固定式定位桩，放下抓斗临时固定船位，用液压动力推动可倾斜式定位桩倾斜来拨动挖泥船向前移动，再放下定位桩固定船位，提起抓斗，完成步进。具体可见图5.2.4所示进行前移步进，后退步进流程类似，将钢桩的后倾操作变为前倾操作即可。

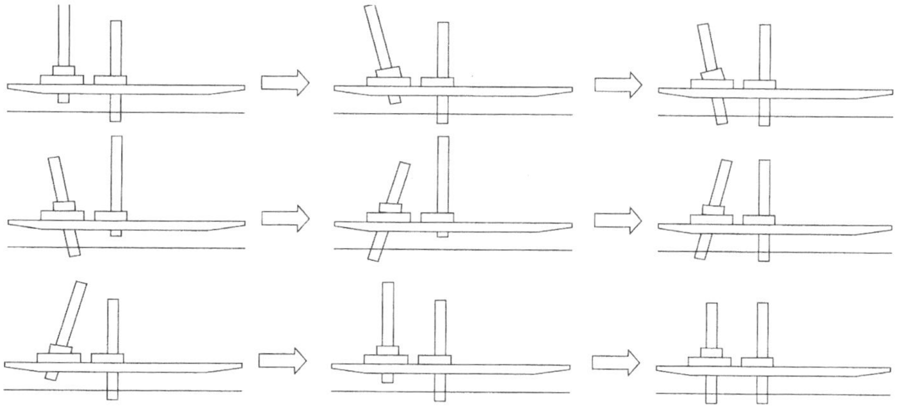
图5.2.4　抓斗挖泥船钢桩步进前移流程示意图

5.2.5 移船

当一个施工区段完成后，如果下一施工区段相距较远，可利用拖轮或锚艇转移至下一施工区段。当下一施工区段相邻，挖泥船可根据风、流及通航情况，利用自身抓斗及钢桩允许转动角度进行横移。横移的原理是利用一根定位桩插入海底做转动轴，其他两根桩提起至海底泥面以上，将抓斗抛入海底，旋转吊机，使船体绕定位桩转动，通过多次旋转以及旋转轴的变化实现船体横移。如图5.2.5所示，当船舶根据施工需要向右移至下一条施工区域施工时，可根据该示意流程图进行移船。

1. 将右、后定位桩提出泥面，左定位桩仍插入海底，将斗张开抛向挖槽左边。

2. 吊机向右旋转，待后定位桩到达下一条挖槽中心线时，吊机停止转动，将后定位桩插入海底。

3. 提起抓斗，抛向挖槽的右侧，然后提起左定位桩，吊机向左旋转，将船位调整至挖槽中心线上，将左右两根定位桩插入海底，完成横移过程。如果船舶横移的距离较大，可通过多次上述操作，实现船舶横移。

4. 船舶在施工步进中，船可能受横向风、流或其他因素影响，船头偏离挖槽中心线，也可以通过上述中移船的操作方法，实现精确校准船位。

5.2.6 扫浅

由于受水深、土质、风流、通航避让以及操作人员操作水平等等各种因素影响，钢桩式大型抓斗挖泥船在完成一个工程的开挖施工后，往往会不可避免的出现浅点，利用钢桩定位较传统抛设锚缆定位灵活、精准的优势配合疏浚管理系统和水下地形探知声纳系统可以实现高效便捷的扫浅施工，这也是本工法的一大优势。

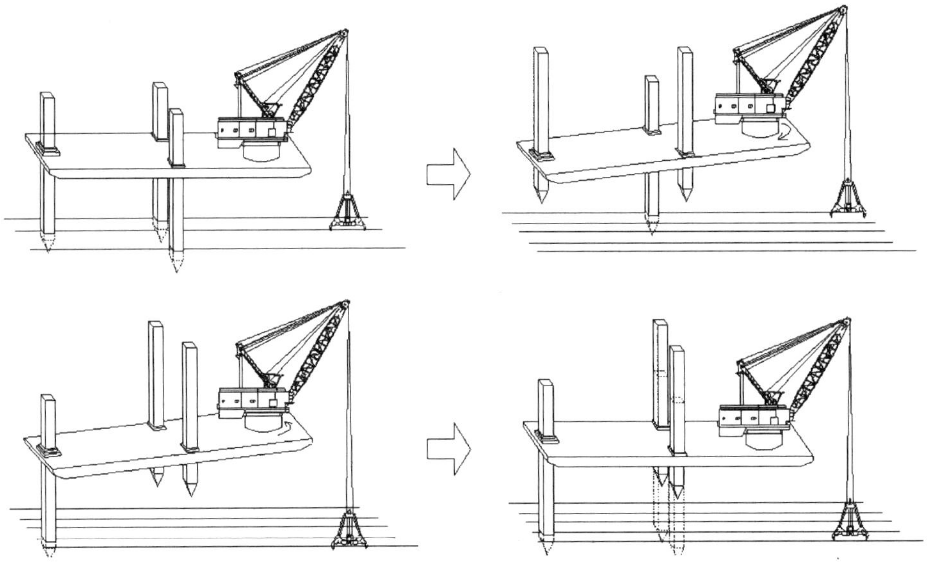

图5.2.5 船舶利用钢桩吊机横移流程示意图

5.2.7 收工集合

6. 材料与设备

6.1 材料

6.1.1 船舶配件及机械耗材。

6.1.2 燃、润油：船用轻、重柴油及润滑油等各种油料。

6.2 机具设备

6.2.1 施工主船

实施本工法施工的抓斗挖泥船必须为钢桩式抓斗挖泥船，且利用钢桩步进。有关公司大型钢桩式抓斗挖泥船“新海蚌轮”的主要性能见表6.2.1所示。

新海蚌轮船舶性能表 **表6.2.1**

总长	65.8m	满载吃水	平均	2.70m	燃油舱容	$262m^3$
型宽	24m		船尾	2.70m	淡水舱容	$211m^3$
型深	4.8m	空载吃水	平均	2.46m	生产率	$747m^3/h$
总吨位	2947t		船尾	2.29m	最大挖深	56m
净吨位	816t	排水量	满载	4022.1t	最大起重量	110t
空船重量	1849.7t		空载	3643.9t	最高建筑距基线高	33.3m
装机总功率	2687kW	抓斗	中型	$22m^3 \times 66t$	重型	$10m^3 \times 90t$

固定型定位桩辊销式升降系统		摆动型定位桩辊销式升降系统	
型号	URG-4400：110	型号	URG-4400：110
额定速度	1078kN × 3m/min 539kN × 6m/min	额定速度	1078kN × 3m/min 539kN × 6m/min
桩长度	35m	桩长度	36m
数量	2	数量	1
截面尺寸	1500mm × 1500mm	截面尺寸	1500mm × 1500mm

6.2.2 辅助船舶

配合施工主船施工时一般需配备足够数量的自航泥驳和一艘锚艇。泥驳承担装运疏浚土任务，锚艇主要负责挖泥船移船避让等辅助工作。泥驳数量根据舱容、装驳时间、运距以及泥驳轻重载航行速度等确定。

7. 质 量 控 制

7.1 施工质量执行以下标准

7.1.1 《疏浚工程技术规范》JTJ 319-99。

7.1.2 《水运工程质量检验标准》JTS 257-2008。

7.1.3 《水运工程测量规范》JTJ 203-2001。

7.1.4 企业定额。

7.2 质量控制措施

7.2.1 严格按照工程施工质量、环境和职业健康安全管理体系要求，结合工程实际开展质量管理工作，确保施工全过程始终处于受控状态。

7.2.2 成立质量管理小组，工程项目总工程师为质量管理小组组长，疏浚工程师、测量工程师、设备工程师、挖泥船船长（含船舶施工员）、泥驳船长、泥驳驾驶员等为质量管理小组成员，针对质量管理开展工作，通过PDCA循环程序解决质量难题。

7.2.3 不断优化施工工艺，向施工船舶作详细的施工技术交底，明确质量控制内容要点，严格执行操作规程。

7.2.4 及时掌握施工效果，分析影响质量的因素，制定对策。

7.2.5 控制超深措施

1. 定期对抓斗下放深度指示器进行复零位校核，控制误差在允许范围内，同时利用生产间隙实践不定期地进行校核。

2. 严格按照有关操作规程，做好施工水深自检记录，及时了解施工情况，必要时应调整施工方案，码头前沿施工时应严格控制超深，港池、航道断面控制在允许值内。

3. 利用计算机疏浚管理系统、水下地形探知声纳系统，设定符合施工情况的相关参数，便于施工操作人员及时掌握施工质量。

4. 由于受抓斗几何形状所限，抓斗挖掘的轨迹成类似“W”的曲线型轨迹。如图7.2.5-1所示，BC之间的凹陷和BA残留山形会使得工程中很容易出现浅点或者超深，施工时应根据斗的大小、土质情况确定其误差，保证施工质量。

施工主船挖泥方式主要有3种工作模式：定深挖泥、平挖以及沉挖，其中平挖工作模式是通过控制升降钢缆的放缆量进行挖深控制，从而使抓斗的挖掘轨迹线形成一个近似的平面（图7.2.5-2），可用于工程后期的精挖施工，保证施工质量。

7.2.6 控制超宽措施

1. 施工中，实行定期校核船位制度，确保船位始终与施工条保持平行或重合，发现偏离，及时调整到位，并记录在册。

2. 根据施工土质、设计边坡，设计出合理的开挖终止线，输入计算机疏浚管理系统。码头根部安全距离严禁超挖。

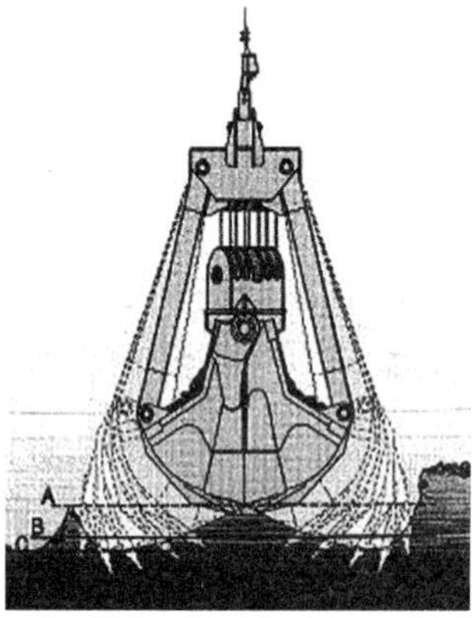

图7.2.5-1 抓斗挖掘轨迹示意图

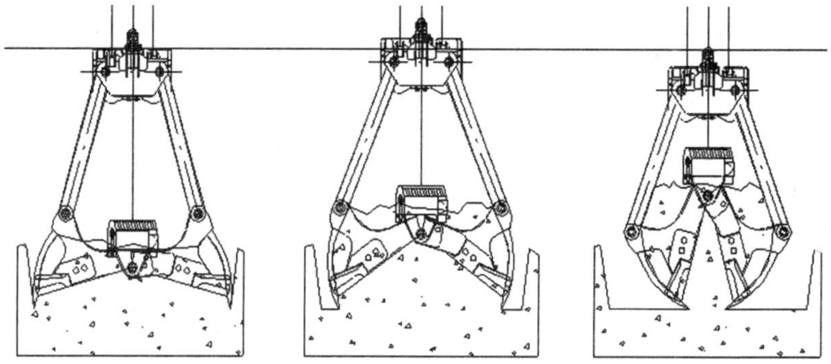

图7.2.5-2 抓斗平挖功能示意图

3. 应用船舶计算机疏浚管理系统和水下地形探知声纳系统，实时显示疏浚深度和抓斗轨迹，辅助施工人员合理分布抓斗每斗的下放位置，结合施工辅助线，正确合理的掌握开挖宽度，防止超挖和欠挖。

4. 加强水深检测，将超宽严格控制在规范、标准规定值以内。

7.2.7 控制边坡措施

1. 按台阶式开挖边坡。设计台阶的高度主要以设计边坡和抓斗一次所能开挖的泥层厚度而定。如果工程对边坡质量有较高的要求，台阶高度可适当放低些。

2. 边坡的控制，也就是边坡台阶宽度和深度的控制，其控制的方法与挖宽、挖深控制相同。

8. 安全措施

8.1 工前准备

8.1.1 成立安全管理小组。以项目经理、挖泥船船长、自航泥驳船长、驾驶员等组成的安全管理组织体系，严格按照公司质量、环境和职业健康安全管理体系，开展危险源辨识与风险评价工作，确保施工全过程安全处于受控状态。

8.1.2 组织安全培训，落实施工安全技术交底，增强施工人员安全意识。

8.1.3 根据当地施工区域特点，因地制宜的配备水上施工安全设施，定期对船舶进行安全检查，消除隐患。

8.1.4 建立畅通的联系渠道，及时与海事、业主、项目经理部等相关方沟通交流，建立施工安全专项应急预案。

8.2 施工过程

8.2.1 严格按照航行通告规定的水域进行施工作业，施工悬挂规定的作业信号。

8.2.2 及时掌握施工水域船舶动态，加强瞭望和安全值班，及时处理应急情况。

8.2.3 施工操作人员严格按照规章制度配戴劳防用品，严格按照作业程序操作。

8.2.4 定期组织召开工程施工安全例会，加强安全风险教育，增强安全意识。

9. 环 保 措 施

9.1 环保措施

9.1.1 根据公司质量、环境和职业健康安全管理体系进行环境因素辩识与分析评价，编制成册并分发至施工人员，结合工程实际情况制定管理方案加强环境保护工作。

9.1.2 严格执行《中华人民共和国水污染防治法》、《中华人民共和国海洋倾废管理条例》、《船舶污染物排放标准》及地方水域污染管理条例等章程，不违章或超标排污。

9.1.3 编制环保实施细则和操作规程，制定环保预警和应急救援抢险预案，制定专人负责环保工作的实施。

9.1.4 各施工船舶、机具严禁向水域排放废油、残油、有害金属及可溶性剧毒废渣。

9.1.5 在施工生产和生活区的垃圾，应用专用垃圾袋、箱集中分类放置，妥善处理。

9.1.6 船舶应集中油污、污水并妥善处理，严防泄漏到施工水域中。

9.2 节能降耗措施

9.2.1 减少倒换钢桩等生产性停歇时间，增加船舶有效挖泥时间。

9.2.2 减少辅助船舶设备作业时间。

9.2.3 减少相应设备的使用和消耗。

9.2.4 控制工程施工质量，减少废方量。

10. 效 益 分 析

与常规锚缆定位的抓斗施工方法相比，《大型钢桩式抓斗挖泥船施工工法》具有如下优点：一是通过钢桩定位步进前移，极大地减少了施工占用水域，使原来许多工况不能施工变成了可能，提高了船舶的适应性和设备利用率；二是有效地降低了风、流以及靠离泊等荷载对船舶定位的影响，能实现高精度定位，有效减少了后期扫浅施工时间，降低施工成本；三是一定程度上降低了对拖轮、锚艇的需求；四是定位灵活、迅速，省去了传统繁琐的抛锚作业时间，简约了工作程序和生产成本，提高了船舶的施工效率和时间利用率。由此，产生较好的经济效益和社会效益。

2009年6月至8月，上海港黄浦江关港航道浅段应急维护疏浚工程，由于疏浚土中存在大量建筑垃圾自航耙吸式挖泥船不适应本工程，传统抛锚定位施工的抓斗挖泥船影响航道通航也不适应本工程，后经多方论证，选择了“新海蚌轮”，通过应用《大型钢桩式抓斗挖泥船施工工法》，成功解决了以上两大施工难题，创造了极大的社会效益。在本工程施工中，通过采用该工法，施工时间利用率提高了10%，每月增加工程量2.64万m^3，月新增产值115.98万元。

2009年9月，新海蚌在岚桥一期泊位、滑道疏浚工程施工，施工区域为油码头前沿泊位，不允许船舶系带钢缆，新海蚌轮应用《大型钢桩式抓斗挖泥船施工工法》，无须带缆，在不影响施工的情况下，消除了安全隐患，“新海蚌轮”施工效率提高了10%，利用率提高了12%，每月增加工程量1.32万m^3，月新增产值46.2万元。

2009年9月上旬到11月下旬，“新海蚌轮”承担了山东日照岚桥15万t级散货泊位工程施工任务，施工区域近邻防波堤，无法抛锚施工，传统抛锚定位施工困难，需在防波提上开挖地垄实现抛锚。“新海蚌轮”应用《大型钢桩式抓斗挖泥船施工工法》施工，解决了施工水域限制问题，减少了其他的施工准备事项，节省了大量的人力物力，节约了施工成本，优质快速的完成了施工任务，取得了良好经济效益和社会效益。在本工程施工中，通过采用该工法，“新海蚌轮”施工效率提高了15%，时间利用率提高了12%，每月增加工程量1.87万m^3，月新增产值65.45万元。

11. 应用实例

11.1 2009年6月中旬到8月上旬，黄浦江关港航道浅段应急维护疏浚工程，应用《大型钢桩式抓斗挖泥船施工工法》，施工中只占用不到1/3航道宽度，消除了对航道通航的影响，保障了施工工期，给大型抓斗承担航道维护疏浚工程成为可能，产生极大的社会效益。由于应用施工工法得当，施工中对通航干扰降低到最小程度，保障了航道上游港口的正常运转，得到了业主以及航运单位的极大赞誉。

11.2 2009年9月，新海蚌在岚桥一期泊位、滑道疏浚工程施工，施工区域为油码头前沿泊位，施工业主不允许船舶系带钢缆，“新海蚌轮”应用《大型钢桩式抓斗挖泥船施工工法》，无须带缆，在不影响施工的情况下，消除了安全隐患，得到了业主的认可。

11.3 2009年9月上旬到11月下旬，新海蚌轮承担了山东日照岚桥15万t级散货泊位工程施工任务，施工区域近邻防波堤，无法抛锚施工，传统抛锚定位施工困难，需在防波提上开挖地垄，用来抛锚。新海蚌轮应用《大型钢桩式抓斗挖泥船施工工法》施工，解决了施工水域限制问题，减少了其他的施工准备事项，节省了大量的人力物力，节约了施工成本，优质快速的完成了施工任务，受到业主的好评。

绞吸船开挖珊瑚礁灰岩施工工法

GJEJGF296—2010

中交天津航道局有限公司　中国港湾工程有限责任公司
周泉生　高伟　赵凤友　闫永桐　关巍

1. 前　言

珊瑚礁是以造礁珊瑚为主体，与石灰质藻类、贝壳等胶结堆积而形成的有孔隙的钙质礁岩体，在世界上分布较为广泛。随着经济的发展，海运物流急速增加，世界各国都在增大基建投入，特别是扩大港口规模建设。由于很多港口都拟建在珊瑚礁海岸带上，珊瑚礁作为一种特殊的疏浚物质，给疏浚行业带来新的机遇和挑战。中交天津航道局有限公司和中国港湾工程有限责任公司自2000年以来，实施了多项珊瑚礁开挖工程，取得了大型绞吸船开挖珊瑚礁的实践经验，经总结、完善、创新形成了成熟的开挖珊瑚礁灰岩施工工法，避免了以往坚硬岩石采取爆破处理严重影响生态环境的弊端，填补了我国疏浚史上的一项空白，取得了明显的经济效益和社会效益。

该项目获得中国建设企业协会《2007年度全国建设工程优秀项目管理成果一等奖》，本工法的创新技术获得了《2008年度中国施工企业管理协会科学技术奖技术创新成果一等奖》，并取得了四项专利申请受理书：《一种绞吸式挖泥船绞刀吸泥口防石环》、《一种绞吸船挖岩施工用带有耐磨防护装置的胶管》、《一种带有耐磨防护层的管线》、《一种绞吸船在珊瑚礁、岩石施工绞刀挖岩方法》。

天津市科学技术委员会委托天津市科学技术评价中心于2009年1月18日组织有关专家对“绞吸船开挖珊瑚礁灰岩施工工艺研究”成果进行了鉴定；专家鉴定委员会一致认为该成果达到国际先进水平。

2. 工法特点

1. 此工法装配专门挖岩绞刀头和挖岩尖齿，并通过绞刀齿、齿座的改进，较大地增强了其挖掘性能；有效地保护挖掘机具，减少绞刀齿座和刀齿的损耗，节约成本，提高效益。

2. 针对开挖珊瑚礁，提出并验证了“正刀空摆、反刀挖岩”关键施工工艺，解决了1500kW功率的绞刀挖掘、破碎珊蝴礁灰岩的难题。使开挖珊蝴礁生产效率有较大提高，同时施工的残留层较少，有利于保证施工质量。

3. 对排泥管进行了改造，增加耐磨层厚度，提高了抗磨性能。

4. 设计使用了三叶轮泥泵，明显减少了堵泵时间，提高了吸、输能力和泥泵生产效率。

5. 绞刀加装防石环，可避免过大的块石进入管道和泥泵，造成堵泵和堵管。

3. 适用范围

本工法适用于绞刀功率1500kW以上的大型绞吸船开挖抗压强度在$40kg/cm^3$以下的珊瑚礁灰岩、风化岩土质的疏浚与吹填工程。

4. 工艺原理

绞吸挖泥船主要依靠绞刀头旋转，带动绞刀齿撞击来破碎珊蝴礁的，由于珊瑚礁特有的物理特性和地质结构，其强度大、韧性高、绞刀挖掘时强大的反力容易导致刀齿受力不均造成一定的损坏，根据绞刀头旋转切岩和绞刀头平移方向相互关系，分为正刀切削与反刀切削两种，其受力情况见图4-1、图4-2。

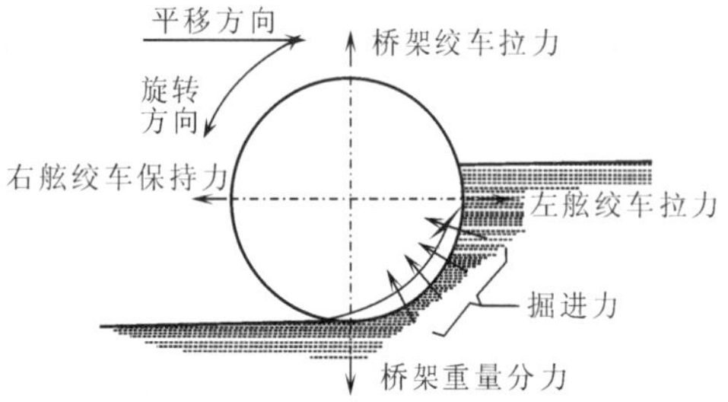

图4-1　反刀切削时绞刀受力情况

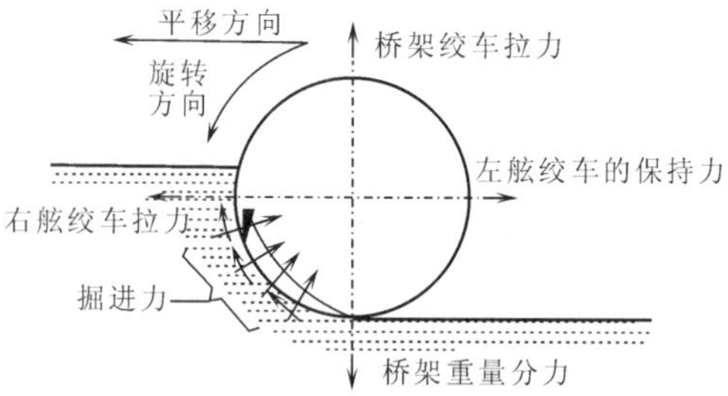

图4-2　正刀切削时绞刀受力情况

从图中不难看出，绞刀正刀向下切削时，绞刀与被切削土体受力相似于侧限剪切，并且横移运动对绞刀线速度施加反向拉力，这意味着绞刀的挖掘力变小；土质坚硬又会使绞刀齿切入困难，并对桥梁产生支起的效果，绞刀臂、刀齿、齿座受力会相当大；这时绞刀横移速度与转速不匹配比率使船舶产生振幅较大的跳动和瞬时加速，致使绞刀齿、齿座的受力突变断损及“滚刀”情况的发生。

当绞刀反刀向上切削时，其受力相似于无侧限剪切，而且横移运动对绞刀线速度施加同向拉力，这样横移绞车与绞刀共同作用产生所需要的最大挖掘力。由于绞刀在礁体内侧向上切削，礁体上方无约束，在绞刀挖掘力的作用下较容易破碎；而且绞刀齿、齿座的受力均匀且大大小于正刀挖掘；另外绞刀掘进礁体后被前部礁体约束着平稳运行，不会出现“滚刀”现象。

另外，绞刀正刀向下切削时，绞刀切削下的礁体一部分被刀片挤压进刀腔内被泥泵吸走，一部分从绞刀下方被挖起，抛向绞刀挖过的后方形成遗漏。

当绞刀反刀向上切削时，礁体被绞刀向上方切离、破碎，礁体大部分被挤压进刀腔内由泥泵吸走，同时亦有部分被抛离到绞刀前上方（与挖掘向一致），但随着绞刀挖掘前移，礁体会被再次吸挖进刀腔内；施工的残留层较少，容易保证施工质量，这就是反刀挖掘比正刀挖掘遗漏少的原因。

由此可见，在同样的边界条件下，与正刀挖岩相比。反刀挖岩时每个刀齿受外力小，刀臂、刀齿、齿座受力均匀，受力变化的幅度小，绞刀断齿、断座数量少，而吸入浓度高，生产率高，且反刀时不会出现“滚刀”现象。也正因此，在开挖坚硬的岩石时，由于船舶横移速度低，与其将约一半时间花费在生产率低、易断齿、易“滚刀”的正刀开挖上，还不如用少量时间用于正刀快速回摆，而大部分时间用于反刀开挖上，其优点在于不会出现“滚刀”现象，且反刀挖岩生产率高，根据公司挖岩数据统计表明：正刀空摆、反刀挖岩要比正、反刀都挖岩时的生产率高。

此外，在挖岩时，将泥泵叶轮由5片叶轮改为3片叶轮，增大了泥泵可通过的块石粒径，增强了大块的珊蝴礁输送能力，可提高船舶生产效率。而在绞刀吸口处加装防石环，又可避免过大的块石进入管道和泥泵，造成堵泵和堵管。

珊瑚礁块石菱角突出且较为锋利，对吸排泥管系磨损较为严重，为延长管线的使用寿命，应采用加厚钢管及加筋胶皮套。条件许可的情况下，可采用球形接头代替胶皮套。

采用白钢焊条加白钢耐磨防护层对各挖（排）泥机具进行防护。船舶吸排泥管系需进行内覆板处理，特别是弯管易磨耗位置，须进行内外覆板，覆板接缝处采用白钢焊条堆焊，可以增强管系的抗磨耗能力，延长管系使用寿命，减少管线安拆次数。

5. 施工工艺流程及操作要点

5.1　工艺流程

工艺流程图如图5.1。

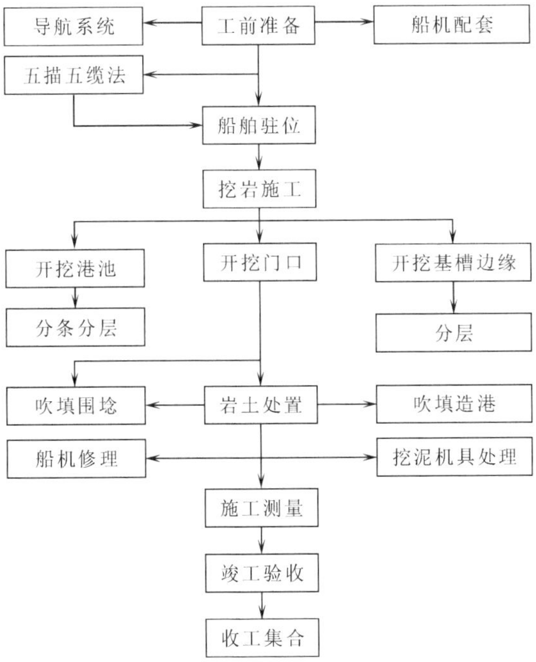

图5.1　工艺流程图

5.2　操作方法

利用船舶主桩为定位桩，船舶副桩为步进桩，采用定吸、步进横挖交替进行施工。施工中根据开挖泥层厚度，进行分层施工，在一个开挖断面上控制绞刀逐次下放分层开挖至设计深度。

1．分条施工

分条宽度宜等于钢桩中心到绞刀头水平投影的长度，硬土质分条可窄一些，以保证绞刀、锚、缆受力处于较佳的几何状态。

2．分层施工

根据土质类型、船舶绞刀功率及直径等因素进行分层施工。由于开挖的珊瑚礁灰岩厚度大，且坚硬有韧性，采用1500kW功率的绞刀挖掘须分层厚度宜控制在0.2～0.7m，其中，上层分层较厚，最后一层应薄一些，并适当放慢横移速度，使泥土能吸干净，以保证工程质量。

3．采取"正刀空摆，反刀挖岩"的施工工艺

灰岩对绞刀强大的反作用力造成绞刀齿、座的损毁还是相当严重的。因此，宜采用"正刀空摆反刀挖掘"的施工工艺对珊瑚礁灰岩分层进行开挖，其操作流程如下：

利用横移锚拉力将绞刀摆至右挖泥边线→下放绞刀（切泥厚度为2/3绞刀长度）→左横移挖泥（横移速度8～10m/s为宜，横移电流不超负荷）→至左挖泥边线，停止横移（绞刀在原位稍作停留，以充分吸泥）→起绞刀桥梁（起桥高度以不扛桥梁为标准）→快速向右空摆，到位后，下放绞刀进行下一刀施工作业。如此循环，逐渐开挖至分层深度→进步（进步距离为1/2绞刀长度）→进行下一断面施工。上层施工完毕后，退船进行下层施工，循环作业。

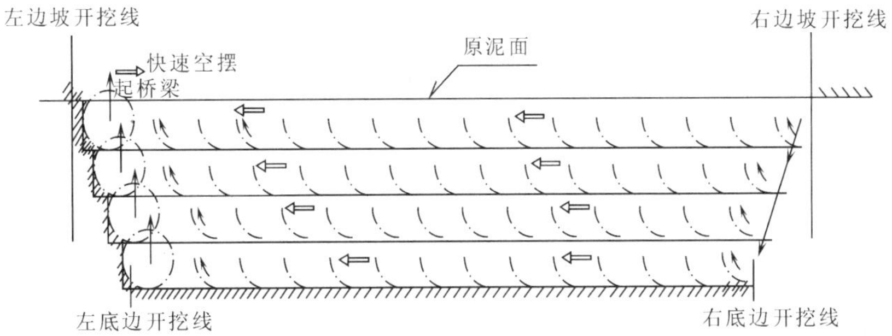

图 5.2　正刀空摆，反刀挖岩轨迹示意图

其挖岩轨迹如图5.2。

5.3　操作要点

"正刀空摆反刀挖掘"的施工工艺是成功开挖珊瑚礁灰岩的核心工艺，其关键口诀如下：开挖上层及岸坡：正刀空摆，反刀挖岩。开挖中、下层：正反刀结合挖岩，正刀小切厚，反刀大切厚；"进2退3"拾遗，反刀收底。具体操作要点如下：

1．在施工中尽量加大步进和吃刀量，吃刀厚度应大于半个绞刀，以增加工作刀片，使更多的刀片联合作战，避免单齿受力，以将刀齿损耗降到最低。当绞刀齿座损毁约1/3须更换绞刀，根据绞刀齿、座损毁情况进行改进（改变切削角）和加固。操着顺序见图5.3。

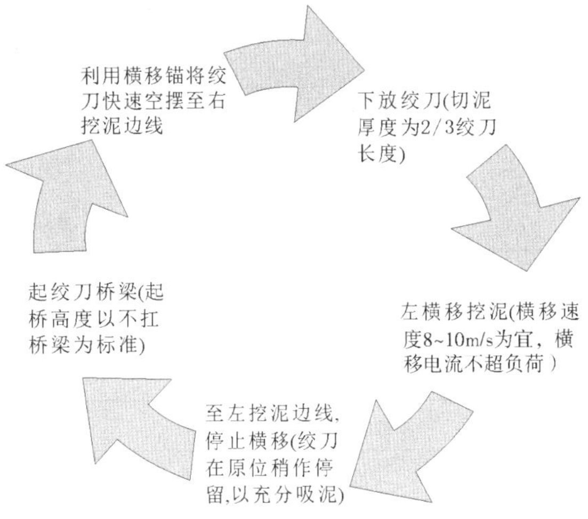

图5.3　正刀空摆，反刀挖岩操作流程图

2．横移锚串联（一大一小），表层珊瑚礁坚硬，横移锚难以入土，抓着力不够，一大一小横移锚串联增大横移抓着力。

3．在保证设备安全的情况下，驾驶员要精心操作，注意绞刀转速与横移速度的匹配，尽量以稳定的绞刀电流，较高绞刀转速、匹配的横移速度、稳定的浓度进行施工作业。

4．挖掘水面以上避免水下泵吸口吸空气现象。

5．在礁质变化层，在设备允许的条件之下，可适量加大切层厚度与横移速度，并适时采用正反刀都挖掘工艺来提高生产率。

6．开挖厚岩面时局部可能发生塌方现象，为防止绞刀“扛脖子”，分层施工时，根据实际情况，以台车行程为依据，采取进2退3的“拉抽屉”式施工方法。

7．最后收底，切层厚度要小，以便使能够吸净。在施工的过程中要灵活掌握，合理运用。

6. 材料与设备

6.1 材料

1．燃、润油：船用轻、重柴油及润滑油。

2．挖泥机具备配件及耗材。主要包括绞刀（含齿座、刀齿）和泥泵，为保证珊瑚礁开挖的适应性，质量上乘为佳。建议使用美国ESCO公司或日本三菱重工生产的54D绞刀及配件。为保证珊瑚礁岩的输送，建议采用大流道泥泵或三片叶轮施工。

3．管线及工程机械耗材。主要包括管线、胶皮套（或球形接头）及浮筒。材质为16MN材料的钢管对珊瑚礁岩的适应性较好。

6.2 机具设备

6.2.1 挖泥船

实施本工法施工的主船为大型绞吸式挖泥船。在苏丹港达玛疏浚吹填工程、苏丹港绿地疏浚吹填工程、苏丹港新集装箱泊位疏浚工程进行开挖珊蝴礁的挖泥船为公司的津航浚215绞吸式挖泥船，见图6.2.1，基本性能见表6.2.1。

图6.2.1 津航浚215船

津航浚215船基本性能表 表6.2.1

总吨位：4380t	满载排水量：5904t
总长：113.01m	最大挖深：30m 最小挖深：6m
总宽：19.5m	燃油舱容：818m^3
满载吃水（船尾）：4.71m	挖宽：30~100m
流量：11500m^3/h	排距：500~4500m
舱内泵功率：2940kW×2	舱内泵主机额定转数：600r/min

续表

舱内泵转数：340r/min	叶轮宽度：460mm
水下泵功率：900kW	水下泵主机额定转数：900r/min
水下泵转数：900r/min	水下泵叶轮宽度：560mm
绞刀功率：750kW×2	绞刀转数：2.5～30r/min
绞刀重量：19.2t	桥梁重量：590t
钢桩：长46.5m、直径1.6m、重量90.5t。	
排距：500～4500m	出厂日期：1985.6

6.2.2 辅助船舶

配备施工主船的辅助船舶为一艘专业锚艇，它的主要功能是辅助施工主船移锚、移船、调整水上浮筒管线等。与津航浚215配套的辅助船舶津航艇22如图6.2.2。

图6.2.2 津航艇22

6.2.3 工程机械

配备装载机、挖掘机、推土机各1台，它们的主要功能是管线运送、接卡、吹填区整平等。

7. 质量控制

7.1 施工质量执行以下标准：

1. 《疏浚工程技术规范》JTJ 319-99；
2. 《疏浚工程质量检验标准》JTJ 324-2006；
3. 《水运工程测量规范》JTJ 203-2001。

7.2 质量控制措施

1. 严格按照工程施工质量管理体系要求，开展各项质量管理工作，确保施工全过程得到有效控制。
2. 制定质量工作计划，分析影响质量的因素，找寻对策。
3. 针对质量管理开展工作，通过PDCA循环不断解决、改进质量难题。
4. 向施工船作详细技术交底，明确质量控制内容，严格执行操作规程。

7.3 控制超深措施

1. 工前疏浚主管会同挖泥船船长对挖泥绞刀下放深度指示器进行校核，误差控制在正负0.1m以内。
2. 码头基槽断面不得超挖，港池、航道断面控制在允许值内。
3. 严格执行检测制度，掌握自检与专检的误差规律，总结分析不同土质造成的残留程度，及时调整绞刀的下放深度。

7.4 控制超宽措施

1. 应用先进的DGPS定位系统指导施工，配备计算机辅助决策系统，实时跟踪挖泥绞刀所处的平面位置。
2. 施工技术人员根据开挖土质情况、设计坡比及挖泥机具特性等，设计出正确合理的开挖终止线，码头根部安全距离严禁超挖。
3. 施工船驾驶人员应根据DGPS指示的绞刀位置、设计开挖终止线、土质塌坡情况等确定绞刀到线后的回摆时机，防止超挖和欠挖。

4．加强检测，根据检测数据修正设计挖泥终止线及操作工艺后进行正确的挖泥控制操作，将平均超宽值严格控制在规范、标准规定值以内。

8. 安全措施

8.1 安全工作方针

坚持“安全第一，预防为主”的方针，认真贯彻执行《安全生产法》，执行当地有关安全生产规定。

8.2 安全工作目标

重大、大责任事故，船舶、车辆交通事故，职工重、轻伤事故零起。

8.3 建立健全安全组织机构和安全管理体系，设立专职安全员

8.4 安全工作制度

1．坚持“五同时”制度：每个人在计划、布置、检查、总结、考核生产的同时，计划、布置、检查、总结、考核安全工作。

2．在安全管理上实行“四全”管理制度：对安全工作实行全员、全过程、全方位、全天候管理。

3．坚持“四不放过”原则：事故原因未查清不放过，事故责任者未受到处罚不放过，群众未接受教育不放过，防范措施未落实不放过。

4．执行安全生产责任制：明确安全生产责任人，把安全生产的指标落实到工地各个单位、各个岗位和每个人。贯彻“谁负责生产、谁负责安全”的原则。

5．执行安全例会和安全检查制度：经理部每月召开一次安全例会（可与生产调度会合并召开），总结工地安全工作情况，排查事故隐患，制定整改措施。由经理部兼职安全员牵头负责按有关规定定期开展安全检查。

6．认真贯彻执行岗位安全操作规程和安全规定，严禁违章指挥和违章操作。

8.5 安全工作措施

1．施工避让措施

在工程开工前要求业主以及当地港口、海事等部门共同制定船舶避让方案，避让各方必须严格执行，定期联络解决避让中存在的问题。

2．制定各项应急预案

制定火灾、触电、职工疾病、船舶进水、船舶机损、溢油等应急预案。

3．危险源因素辩识与方案管理

为了加强安全工作管理，根据公司危险源因素清单进行辩识，形成重大危险源因素清单，并结合工程当地情况进行补充，根据重大危险源因素清单制定管理方案加强安全工作。

9. 环保措施

9.1 环境保护方针和目标

1．方针

坚决贯彻“科学管理、防止污染、严格控制、保护环境”的方针，积极接受当地有关环保部门的指导、监督和检查，把环境保护工作做好。

2．目标

海洋环境污染事故为零，人身伤害事故为零。

9.2 环境保护措施

1. 严格遵守《海洋保护法》，严格执行国际有关组织及工程所在地关于海洋环境保护的各项规定。

2. 督促施工船编制环保实施细则和操作规程，制定环保预警和应急救援预案，并指定专人负责环保工作的实施。

3. 工程所有船舶均须采取有效措施，集中油污、污水并妥善处理，严防油污、污水泄漏到施工水域中。加装燃、润油时做好全过程管理，做好溢油事故的应急处理方案。

4. 在施工水域和生活区的垃圾，放置到专用垃圾袋箱内，联系当地环保部门妥善处理。

5. 积极配合当地海洋环保部门的工作，做好当地海洋环保部门要求的其他工作。

9.3 环境因素辩识与管理方案

为了加强环境保护与管理，应对环境因素清单进行辩识，形成项目经理部和船舶的重要环境因素清单，结合工程当地情况进行补充，根据重大环境因素清单制定管理方案，加强环境保护工作。

10. 效 益 分 析

在苏丹港绿地疏浚吹填工程、苏丹港新集装箱泊位疏浚工程、苏丹港达玛成品油码头疏浚工程等使用了“绞吸船开挖珊瑚礁灰岩施工工法”，采用“正刀空摆，反刀挖岩”施工工艺，解决了正刀挖岩时滚刀问题，有效地保护了绞刀齿和齿坐，提高了产量，取得了很好的经济效益。

在苏丹港开挖珊瑚礁灰岩施工过程中对正、反刀施工进行跟踪，采集、分析、比较各运转参数。绞刀转速24rpm，舱内泵机转速500rpm，水下泵开3档，前移距1.5m。正刀开挖层厚0.7m，横移速度10m/min左右，吸入浓度平均仅为0.5%～3%左右，而且齿座、刀齿损耗严重，时有“滚刀”现象发生。反刀开挖1.2m层厚时，横移速度7～12m/min，吸入浓度平均为3%～6%，而且齿座、刀齿的消耗量较正刀少，没有滚刀现象发生。正反刀的生产效率计算过程如下：

“正刀空摆、反刀挖泥”施工时的生产率822.7m^3/h；考虑倒桩、吹水及开挖上层等因素影响的时间，这些时间约占35%，综合生产率为822.7×65%=534.8m^3/h。

“正反刀全部挖泥”施工时的生产率 734.4 m^3/h，考虑到桩等其他时间约为35%，综合生产率为477.3m^3/h。

根据现场数据统计计算，一般情况下，正刀空摆、反刀挖岩要比正、反刀都挖岩时的生产率高出12%。

另外，从环保角度分析，这种岩石按以往的施工经验，是不能开挖的，需要爆破施工，爆破施工将造成极大的生态破坏。从经济角度分析，国外爆破、疏浚此类工程平均单价约35美元/ m^3，则该工程每立方米节省约30美元，按在苏丹港挖岩300万m^3计算，节省费用9000万美元；经济效益和社会效益显著。

11. 应 用 实 例

11.1 苏丹港绿地疏浚吹填工程

绿地工程计划工期：2000年11月6日～2001年7月21日，实际2000年11月11日～2001年4月30日竣工，比计划工期提前工期82d，设计工程量：107.0568万m^3，实际完成工程量：106.0182万m^3，实现经济效益约62万美元。在苏丹绿地疏浚吹填工程施工中，应用“正刀空摆，反刀挖掘”施工工艺成功的挖掘了珊蝴礁灰岩，使工程得以顺利实施和竣工。

11.2 苏丹港“达玛”成品油码头疏浚工程

达玛成品油工程：设计疏浚工程量：78万m^3；竣工工程量79.86万m^3。按2001年6月1日“达玛”工程开工计算，实际2001年10月24日竣工，比计划工期2002年1月15提前工期38天，实现利润66万美元。

11.3　苏丹港新集装箱泊位疏浚工程

苏丹港新集装箱泊位疏浚工程，2007年2月1开工，2007年8月26竣工；设计挖岩工程量109万m^3，实际完成工程量116万m^3，新集装箱工程应用该工法施工，使工程提前21d完工，实现经济效益约70万美元。

经过推广、使用本施工工法，优化了挖岩施工工艺，设计并改造了挖泥设备，实践表明该施工工艺减小了管道磨损，降低了油耗，提高生产率，取得了明显的社会、经济效益及环保效益，具有较高的推广价值和广阔的应用前景。

抓斗挖泥船平板侧推扫浅施工工法

GJEJGF297—2010

长江航道局　重庆城建控股（集团）有限公司
江建明　罗宏　蒋状　王峰　罗磊

1. 前　　言

在疏浚工程中，对于土质较硬的黏土、砂等常采用抓斗挖泥船施工。由于抓斗挖泥船抓斗闭合时的运行轨迹为曲线，挖掘后的地面平整度差，容易形成浅点，需在疏浚施工后期进行清浅，以确保河底（海底）高程达到设计要求。在清浅阶段，因浅点分散，开挖泥层薄等原因，采用抓斗逐点清挖，很难保证一次性清挖到位，需反复测量、反复定位和清挖，同时也易造成超深过多，增加额外土方外运量，从而使得清浅施工效率低，施工成本大幅度增加。这种情况是目前抓斗挖泥船在清浅作业中难以克服的技术难题。

长江航道局根据疏浚工程中传统的清浅方法在施工过程中反映出的问题，针对抓斗逐点清浅施工难、效率低的这些特点，对清浅施工工艺进行了改进，采用在抓斗挖泥船现成的抓斗上安装扫浅装置，将逐点清浅工艺改为侧推扫浅，较好地解决了疏浚工程中清浅施工时间长、质量难以控制和清浅成本高的问题，形成了抓斗挖泥船平板侧推扫浅施工的新工艺。经过在大连大窑湾北航段疏浚工程等项目中成功应用，表明该施工技术工艺先进、方法简便适用、成本大幅降低、工效显著提高，符合节能环保要求，具有较好的经济效益和社会效益。

抓斗挖泥船平板侧推扫浅装置目前已获得了国家实用新型专利证书（专利号：200920127816.5）；《抓斗挖泥船平板侧推扫浅施工关键技术研究》经中国水运建设行业协会组织专家鉴定，达到国内领先水平。

2. 工 法 特 点

2.1　扫浅平板组装简单，利用现有的抓斗设备，用钢板焊接成具有较强刚度的平板状钢结构，安装在张开的抓斗斗齿之间即可。

2.2　抓斗挖泥船平板侧推扫浅时，扫浅底标高能始终保持在一个预设的平面上，一次性扫浅面积大，施工效率高，比传统的抓斗逐点清浅节约近三分之二的施工时间。

2.3　扫浅时严格控制扫浅平板下放到合适深度，利用挖泥船吊机的旋转，侧推扫浅平板，扫浅后水下地形平整度好。施工全过程由GPS监控平面位置，保证扫浅合理搭接，不漏扫，扫浅效果显著。

2.4　扫浅工艺利用“去高填低”的原理，泥土不需要泥驳外运，节约了泥驳的使用费用。相对于用抓斗直接清挖，挖泥船油耗较低，清浅成本大幅度下降。

3. 适 用 范 围

本工法适用于疏浚工程中，淤泥、黏土、砂等土质扫浅，尤其适用于采用抓斗挖泥船开挖后，地面不平整的大范围水域扫浅施工。

适用的工况条件：水流流速不宜大于1m/s，水深不宜大于25m。

4. 工 艺 原 理

4.1 在抓斗完全张开的情况下，在抓斗两斗瓣之间安装一块具有足够强度的扫浅平板，形成一个扫浅装置。依靠扫浅装置自身足够的重量、横移抓斗产生的惯性以及吊臂旋转拖带扫浅平板产生的侧推力，将浅点扫入深区。

4.2 抓斗挖泥船按设计标高开挖后，水下地形不平整，在设计标高上下较小范围内出现浅点和深坑，而达不到设计验收要求。利用“去高填低”的原理，将浅区泥土侧推至深坑，使施工区域有较高的平整度，达到设计标高，符合验收要求。

4.3 抓斗挖泥船上安装GPS测量控制系统，控制挖泥船的平面位置和移动轨迹，确保扫浅平板准确地在预设的扫浅区域进行扫浅。抓斗操作室内深度指示仪能够准确地控制扫浅平板下放深度，能使扫浅平板下边缘始终保持在一个合适预设深度，左右往复缓慢地移动扫浅装置，直至完成整个区域扫浅施工。

5. 施工工艺流程及操作要点

5.1 施工工艺流程

施工工艺流程如图5.1所示。

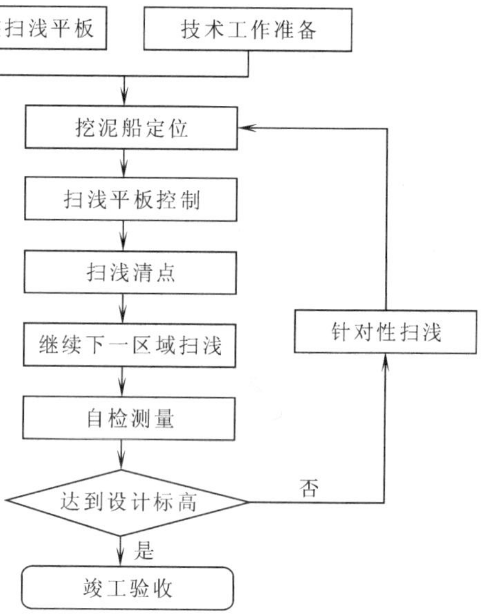

图5.1 施工工艺流程图

5.2 施工操作要点

5.2.1 制作、安装扫浅平板

1. 扫浅平板的制作

1）选用两块相同尺寸的高强度钢板焊接成“钢箱”形式，并在平板上焊接多组加强肋板，以增强其刚度。钢板厚度宜采用$\delta 25 \sim \delta 30$mm。

2）扫浅平板总长度L按抓斗完全张开状态下的宽度加上两侧富裕长度确定。每侧富裕长度以抓斗最大开斗宽度的10%为宜，以保证操作过程中，平板能始终卡在斗齿之间，且能增大一次性扫浅幅宽。

3）扫浅平板要有合适的高度H，在侧推过程中，H过小土体容易翻过平板形成新的浅点，过宽则增加材料成本。H一般以60～80cm左右为宜。

2. 扫浅平板的安装

1）用吊机将扫浅平板直立放置在挖泥船甲板上，抓斗完全张开后，将扫浅平板置于抓斗的中间两斗齿之间。

2）在抓斗和扫浅平板上牢固焊接吊环后，用钢缆绳将扫浅平板与抓斗连接稳妥，并保持松紧适当。

3）两斗齿间距较扫浅平板厚度大，为保证扫浅过程中平板处于竖直状态，需在斗齿与平板之间安装限位块。

扫浅平板结构及安装示意如图5.2.1所示。

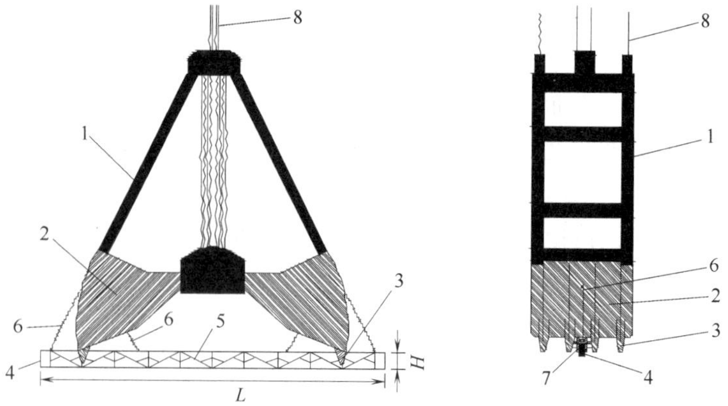

图5.2.1 扫浅平板结构及安装示意图

1—斗架；2—斗瓣；3—斗齿；4—扫浅平板；5—加强肋板；6—钢缆吊索；7—限位块；8—大小排钢缆；L—扫浅平板长度；H—扫浅平板高度

5.2.2 技术工作准备

1. 根据施工区域水下地形图，标示出需要扫浅的区域，分析浅点及深坑分布特征，按照“挖泥船在扫浅过程中调头及横向移船次数最少”的原则，合理分区、分段，规划扫浅顺序。

2. 将电子导航图、规划扫浅顺序的各控制点坐标、抓斗几何参数装入定位操作控制室电脑供定位使用。对扫浅平板下边缘进行零点校准，与抓斗操作室的深度指示仪零点保持一致，以便施工时控制平板下放深度。

3. 确定扫浅分层厚度及分层底标高

扫浅分层厚度根据土质软硬特点、浅点与深坑分布情况确定。土质较软或深坑较多时，分层厚度可大一些；土质较硬或浅点较多时，分层厚度宜小一些。经工程实践，扫浅分层厚度一般按0.2m左右控制比较合理。根据分层厚度，确定各分层底标高。

4. 确定扫浅实施方向

根据施工区地形图和浅点及深坑分布情况，按照由浅至深的原则确定扫浅实施方向。

5.2.3 挖泥船定位

抓斗挖泥船的定位和移船主要采用锚缆定位和钢桩定位方式。目前大多数中、小型抓斗挖泥船采用锚缆定位，钢桩定位则多应用于大、中型抓斗挖泥船。平板扫浅依靠抓斗吊臂旋转带动扫浅装置在一定范围内横向移动“去高填低”，采用钢桩定位，扫浅平板在侧推过程中不受钢缆的阻挡，能够增加一次性扫浅面积；若采用锚缆定位则因受锚缆布置的影响，可能会影响扫浅幅面宽度，扫浅效率有所降低。

目前挖泥船定位已为常规技术，一般在操作室配置有控制显示器，通过GPS仪器、电子导航软件，直观准确，能实时掌握挖泥船平面位置。

5.2.4 扫浅平板控制

1. 平面位置控制

在抓斗挖泥船上，抓斗操作室一般均随船配置有抓斗旋转位置监控软件，事先已将抓斗几何参数在软件中设置后，通过显示器，能够直观地显示抓斗带动扫浅平板的实时横移位置，若出现位置偏差，可通过调整吊臂进行纠正。

2. 扫浅深度控制

1）扫浅实时水位的提供

抓斗挖泥船平板扫浅施工时，要严格掌握水位变化，以便及时调整扫浅平板下放深度。实时水位的提供可以在施工区附近岸边设置水尺，也可采用自动潮位遥报仪。两种方法均需对水位零点进行定期检测校核，以确保水位观测的准确性。

2）按照分层底标高和实时水位（均换算为绝对高程），计算扫浅平板下缘入水深度＝实时水位－分层底标高。

3）实际扫浅过程中，扫浅分层厚度还应根据扫浅平板装置自重、扫浅区域浅点分布情况进行适当调整，以避免泥层堆积越过扫浅平板，形成新的浅点；或者是侧推阻力过大，损坏扫浅平板。

4）最底层扫浅底标高不能按设计标高确定。疏浚工程中一般设计超深值为0.4m，如果按设计超深标高控制则增加了扫浅工作量，加大了扫浅成本；如果按设计标高控制，扫浅质量不能得到有效保证。经过工程实践，最底层扫浅标高一般以低于设计标高0.2m为宜，既可满足质量要求，同时又加快了扫浅进度、降低施工成本。

5）扫浅平板下放深度监控

调整抓斗操作室的深度指示仪零点与平板下边缘零点保持一致，扫浅过程中还应对深度指示仪零点进行定期检查。根据实时水位和分层底标高计算的扫浅平板的入水深度，通过抓斗操作室深度指示仪进行监控。

5.2.5 扫浅清点（图5.2.5）

1. 根据挖泥船宽度确定每次扫浅分条宽度，为保证条与条之间的搭接，分条宽度一般要小于船宽度2m。根据扫浅平板长度确定每关进尺距离，为保证关与关的搭接，进关距离一般要小于扫浅平板长度2m。合理的分条宽度及进关距离，既不会漏扫浅点，又增大了每定位一次的扫浅面积，提高扫浅效率。

2. 根据浅点和深坑分布情况，按由浅至深原则确定扫浅平板横移侧推的初始方向，到达分条边线再回扫一遍，然后再进关，即同一深度往返一次扫浅。

3. 在扫浅过程中如果扫浅平板单端受阻力较大，而导致扫浅平板旋转幅度较大时，应适当减小进关距离。

4. 扫浅时应控制好扫浅平板的横移速度，宜控制在0.5m/s左右，并保持横移速度均匀。扫浅平板的横移速度不宜过快，以防止扫浅平板旋转和侧滑。

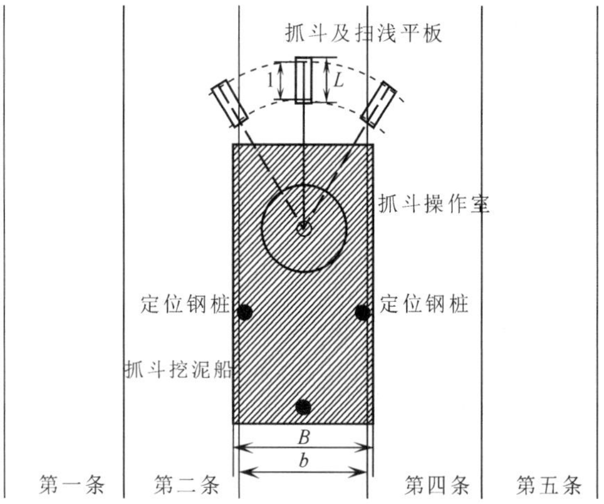

图5.2.5 平板侧推扫浅清点示意图

B—挖泥船宽度；*b*—分条宽度；*L*—扫浅平板长度；*l*—进尺距离

5.2.6 自检测量

在完成全部浅点区域扫浅后，需通过测图对扫浅效果进行检测。检测仪器为GPS和测深仪，平面定位采用GPS进行测量，水下地形宜采用多波束测深仪进行扫测。

外业作业时水位观测与水深测量同步进行，完成全部外业工作后进行内业数据处理并成图，通过测图可以直观地反映出扫浅效果。若还存在浅点，再按前述方法有针对性地进行扫浅施工。

5.2.7 关键环节的控制

1. 扫浅平板的安装。扫浅平板安装时应采用“软连接”方式，即扫浅平板不能直接焊接在抓斗斗唇上，需通过钢缆悬挂于斗齿间横向焊接的两限位块之间。这种安装方式，一是扫浅平板可以在两限位块之间滑动，以减小扫浅过程中抓斗小幅度张、闭时对扫浅平板产生的轴向压力；二是在浅点较多或土质较硬的区域能有一个小幅度的缓冲高度，减少对扫浅平板的损坏。

2. 确定合理的分条宽度、进关距离及扫浅平板的下放深度。实际扫浅过程中，结合挖泥船的性能特点、抓斗及扫浅平板自重、扫浅区域浅点分布情况及土质软硬特点等进行适当调整，以确保不漏扫，并一次性扫浅到分层标高。

3. 扫浅方向和速度。扫浅方向应按由浅至深方向进行，同一分层标高往返一次扫浅。扫浅横移速度均匀，不宜过快。

6. 材料与设备

6.1 所需材料主要为扫浅平板的制作安装所需材料，主材选用δ25～δ30mm的高强度钢板，配套需用ϕ18mm的U形扣、ϕ18mm的钢缆绳安装。其他材料无需特别说明。

6.2 平板扫浅施工所需设备主要是抓斗挖泥船、测量仪器等，详见表6.2。

主要机具设备表 **表6.2**

序号	设备名称	设备型号	单位	数量	用途
1	抓斗挖泥船	$8m^3$及以上	艘	1	扫浅施工
2	GPS姿态定位仪	Vector ensor	套	1	挖泥船定位
3	DGPS信标机接收	HD8600	套	1	测量
4	多波束测深仪	PDR-8000S	套	1	扫测水深
5	自动潮位遥报仪	Valeport 740	台	1	获取水位

6.3 平板扫浅法是依靠抓斗挖泥船的抓斗及扫浅平板自身重量，通过横向移动侧推浅点至深坑，达到清浅目的。对抓斗挖泥船的要求主要有以下几点：

1. 挖泥船定位系统和抓斗深度控制系统工作状态良好。

2. 抓斗为重型抓斗，重容比一般大于3.0，以增加抓斗及平板扫浅装置自身重量，增大侧推力。

3. 抓斗开、闭斗方向为纵向，即与船轴线平行，才能通过旋转吊臂带动抓斗及扫浅平板横移侧推进行扫浅。

4. 尽可能采用钢桩定位，扫浅平板在侧推过程中不受锚缆的影响，能够增加一次性扫浅面积。若采用锚缆定位则因受锚缆的影响，制约一次性扫浅面积，扫浅效率有所降低。

7. 质量控制

7.1 质量控制标准

扫浅质量控制标准严格按《水运工程质量检验标准》JTS 257-2008第3篇“疏浚与吹填工程质量检验”的规定执行，通航水域疏浚工程质量应符合下列规定：

1. 设计通航水域内的中部水域，无论属于何种底质，均严禁出现浅点。

2. 设计通航水域内的边缘水域，对硬底质，严禁出现浅点；对中等底质、软底质，遗留浅点的允许欠挖值应控制在表7.1规定之内；浅点不得在同一断面或相邻断面连续出现。

疏浚工程欠挖允许值表　　表7.1

工程位置		沿海			内河
设计通航水深 D_0（m）		< 8.0	8.0～10.0	> 10.0	
允许浅值（m）	中等底质	0.1	0.2	0.3	0.1
	软底质	0.1	0.2	0.3	0.2

7.2 质量控制措施

7.2.1 材料、焊接质量控制

1. 主材选用高强度钢板，保证钢板具有足够的强度，防止在施工过程中扫浅平板弯曲变形。

2. 扫浅平板制作时焊接牢固可靠，确保焊接质量，防止施工过程中扫浅平板焊口断裂。

7.2.2 挖泥船采用GPS进行定位，控制好精度，保证扫浅位置与测图反映浅点位置一致；保证相邻扫浅平面之间的搭接宽度。

7.2.3 控制扫浅平板下放深度，避免扫浅厚度过大，泥层堆积越过扫浅平板，形成新的浅区。施工过程中随时观察水位变化，防止因水位不准造成扫浅平板下放深度不准确。

7.2.4 根据测图浅点和深坑分布情况，严格按由浅至深控制扫浅方向，并控制好扫浅平板横移侧推的速度。

8. 安全措施

8.1 本工艺系水上作业，应严格遵守水上作业的相关规定。

8.2 在施工区域设置专用标志，警示过往船舶不得进入施工区域。

8.3 施工船舶如遇大风、雾天，超过船舶抗风等级或能见度不良时，应停止作业。

8.4 当班人员应加强责任心，对船机设备勤检查，确保船机设备处于安全状态。

8.5 经工程实践中的观测，扫浅时吊机负荷远小于抓斗挖泥时满斗状态下吊机旋转时的负荷，因此设备的负荷安全可以得到保证。但扫浅过程中，横移速度仍不宜过快，以保持设备受力均匀。

9. 环 保 措 施

9.1 严格执行《中华人民共和国水污染防治法》、《中华人民共和国海洋环境保护法》、《船舶污染物排放标准》等相关法律法规，自觉接受海事、环保等部门的监督和管理。

9.2 严禁向水中倾倒废油、污水、生活垃圾、酸碱液及其他有毒废液。施工船舶产生的废油、垃圾等污染物，应当由专门的部门回收处理，减少施工对水体的污染。

9.3 施工船舶应当按照规范要求设置与生活污水产生量相适应的处理装置或储存容器。处理装置和储存容器做到标识清楚、醒目。

9.4 积极加强施工管理，尽量减少污染，力争做到经济、社会、环境效益的有机统一。

10. 效 益 分 析

10.1 在港口与航道疏浚工程中，由于抓斗式挖泥船自身设备的局限性，施工后期难免存在大量的浅点需重复施工，抓斗挖泥船平板侧推扫浅法与传统的逐点清挖法比较，不仅具有效果好、精度高的特点，而且弥补了抓斗船设备自身的缺点，大大提高了扫浅施工效率。

10.2 与传统的抓斗挖泥船逐点清挖法比较，清浅施工时间可缩短60%以上，清浅施工成本可降低40%以上。

10.3 抓斗挖泥船平板侧推扫浅法的扫浅平板制作简单、方便，易于推广。

10.4 抓斗挖泥船平板侧推扫浅法在施工过程中充分利用了“去高填低”的原理，无需泥驳对疏浚土进行外运，节约了能源，降低了施工成本，同时减少了对抛泥区水环境的污染。

10.5 抓斗挖泥船在疏浚施工中是一种不可或缺的施工设备，疏浚后期的扫浅又是不得不面临的技术难题，本工法在疏浚施工中的应用为港口与航道疏浚后期扫浅提供了技术支持，具有良好的社会效益。

10.6 采用本工法清浅，抓斗挖泥船在开挖时可按照梅花形挖泥法（如图10.6所示），将浅点与超深控制一定在一定范围内（如0.5m以内），施工后期再使用平板法进行扫浅，效果将十分明显，具有良好的经济效益。

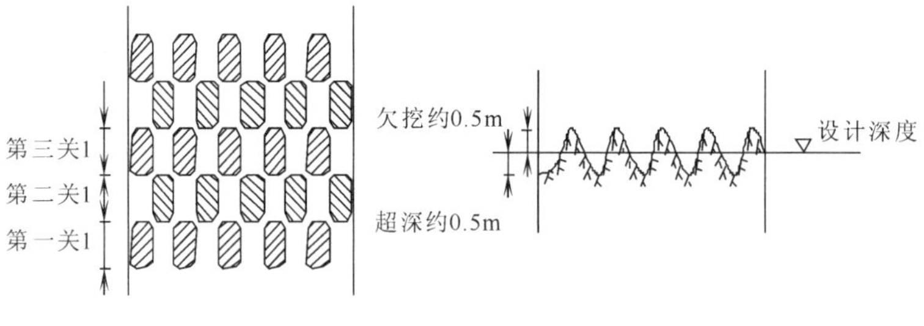

图10.6 梅花形挖泥法示意图

11. 应 用 实 例

11.1 大连大窑湾港区航道建设工程北航段疏浚工程（标段一）

该工程位于大连市开发区大窑湾港内，受风浪影响小，平均潮差2.36m，最大涨潮流速0.57m/s，最大落潮流速0.29m/s。施工内容主要为航道淤泥、黏土的开挖，总工程量359.4万m^3，航道全长约2km，设计航道底宽230m，转弯段最宽达326m，浚后设计标高为–15.0m，施工总面积约50万m^2（不含超宽及边坡）。本工程建设单位为大连市港口公用基础设施建设管理中心，施工单位为长江重庆航道工程局。该工程于2006年11月20日开工，2008年5月30日完工，其中施工后期扫浅时间20d。

施工前期主要采用绞吸式挖泥船开挖覆盖层淤泥及少量黏土，后期由于土质较硬，主要采用抓斗挖泥船开挖。由于工程量大，工期紧，下层施工主要采用的是目前我国最大的抓斗挖泥船“长鹰50”，其抓斗重达120t。在施工过程中按平均0.5m超深作为目标进行控制，达到设计水深的部分平均超深得到了较为有效的控制，但是仍出现了大量浅点。在本工程后期清浅阶段，用“长鹰50”抓斗挖泥船按照本工法的施工工艺进行扫浅施工，取得了良好的效果。

根据“长鹰50”的抓斗特点制作安装扫浅平板，施工准备工作中调试好GPS电子导航水深图、深度指示仪、船机设备等。“长鹰50”采用钢桩定位方式，扫浅分条宽度根据船宽27m确定为25m；进关距离根据扫浅平板的长度12m确定为10m，每关扫浅面积约为250 m^2。为保证扫浅平板下放深度的准确性，在安装完扫浅平板后重新对平板下边缘零点进行校准，与抓斗操作室上的深度指示仪保持一致。一次扫浅分层厚度按20cm控制，同时施工过程根据扫浅区域周边水深及土质情况进行调整，以避免泥层堆积越过扫浅平板，形成新的浅区。扫浅方向根据测图浅点和深坑分布确定，同一深度往返一次扫浅。扫浅时，控制横移侧推扫浅平板的速度在0.5m/s内，并保持扫浅平板横移侧推速度均匀。

通过采用平板侧推扫浅方法，仅用20d的时间完成了约50万m^2的扫浅面积，工期大为提前。多波束测图显示扫浅区域无任何浅点，统计平均超深仅0.23m，完全符合规范要求，得到了业主及监理的一致好评。

如果按“长鹰50”传统的逐点清浅方法施工，每正常进一关加上挖泥的平均用时约48min，而采用平板侧推扫浅法，每进一关和扫浅的平均时间只有16min，节约了2/3的施工时间。采用清挖方式，通过测算，挖泥船每小时油耗比采用平板侧推扫浅法多消耗100kg左右。采取清挖方式，还将产生大量的废方，需要泥驳外运，平板侧推扫浅法利用“去高填低”的原理，不需要外运泥土。

本工程通过采用平板侧推扫浅法，不仅保证了施工质量，加快了施工进度，还极大地节约了施工成本。通过本工程的实践可以看出，平板侧推扫浅法在疏浚扫浅施工中效果十分明显，应用前景较好，值得推广应用。

11.2 大连大窑湾航道改扩建二期工程（中心航段与北航段连接段）疏浚工程

该工程位于大连市开发区大窑湾港内，施工区受风浪影响很小，平均潮差2.36m，最大涨潮流速0.57m/s，最大落潮流速0.29m/s。施工内容主要为航道淤泥、黏土的开挖，总工程量216万m^3，浚后设计标高为-15.0m。

本工程由长江重庆航道工程局施工，在2008年5月进入后期清浅阶段，采用抓斗挖泥船平板侧推扫浅施工工艺进行施工。在抓斗挖泥船“长鹰50”的抓斗上安装扫浅平板装置，依靠抓斗及扫浅装置自身足够的重量、横移抓斗产生的惯性以及吊臂旋转拖带扫浅平板产生的侧推力，利用“去高填低”的原理，将浅区泥土侧推至深坑，使施工区域有较高的平整度，达到设计标高，符合验收要求。整个扫浅施工过程按施工工艺流程及操作要点有序进行，确保了扫浅施工质量，工程质量达到优良标准。

扫浅施工中，施工单位克服了扫浅面积大，浅点多的困难，改传统的抓斗挖泥船逐点清挖方法为平板扫浅方法施工，降低了船机设备的使用成本，提高了清浅施工工效，全部扫浅共用时14d，比常规的清挖施工方法节约22余天，圆满地完成了本工程的最终扫浅施工，提升了工程的整体效益，创造了较好的经济效益和社会效益。

11.3 三峡库区胡家滩航道维护疏浚工程

胡家滩位于长江三峡库区内，该河段为宽浅型河段，在三峡水库175m蓄水后，受水库回水影响，流水减缓，发生泥砂大量落淤。该河段航道狭窄，若在低水位时施工，必须禁航，对航运影响大，且施工与通航的矛盾非常突出，为保证水库消落期航道畅通，需在高水位时期提前进行航道维护疏浚施工。在三峡水库坝前水位170m以上时，胡家滩受回水顶托，施工区流速平缓，疏浚物以淤砂夹少量卵石为主，在抓斗挖泥船施工后期清浅，适合采用平板扫浅法清浅。

2009年度胡家滩维护疏浚于12月11日开工，2010年元月16日完成，疏浚区面积3.3万m^2，疏浚工程量26270m^3，属浅薄层开挖。施工时，采用“长鹰2号”抓斗挖泥船，先根据河道地形图，对航槽内浅区通挖一遍，然后进行测图，对仍尚存的大面积浅区再次用抓斗开挖。由于抓斗开挖的不连续性，最后的测图显示，在航槽内仍有深浅不一的杂乱浅点。清浅施工采用平板扫浅，在抓斗完全张开状态下，在斗齿间安装扫浅平板，将平板下放至设计开挖河底高程处，旋转吊臂，带动扫浅平板，将浅点扫入深坑。由于开挖层本身较薄，未分层扫浅。通过一遍扫浅施工后，测图显示，疏浚区全部达到了设计底高程。采用侧推扫浅方法清浅，较逐点清浅法大大提高了施工效率，施工成本显著降低。

软弱地质条件下码头超深T形地下连续墙施工工法

GJEJGF298—2010

中国港湾工程有限责任公司　中交第四航务工程局有限公司
陈米　刘天云　林治平　周翰斌　朱信群

1. 前　　言

地下连续墙结构源于欧洲，初期用于坝体防渗，水库底下截流等，后来发展为挡土支护结构、地下构筑物，近期更应用于特殊地质条件下的码头基础结构。

2008年9月开始建设的埃及塞得东港集装箱码头5号泊位、6号泊位、7号泊位工程地处尼罗河三角洲边缘与地中海交界处，表层为厚度超过75m的软弱淤泥质粉砂层，采用地下连续墙作为码头的基础结构，其中T形桩作为主要受力单元，平均桩长达55m，槽孔最大深度达59m以上，必须防止超深T形连续墙施工时产生塌孔、保证垂直度偏差小于1/300以及控制细长T形钢筋笼起吊变形是项目的重大技术难题。码头结构三维图见图1-1。

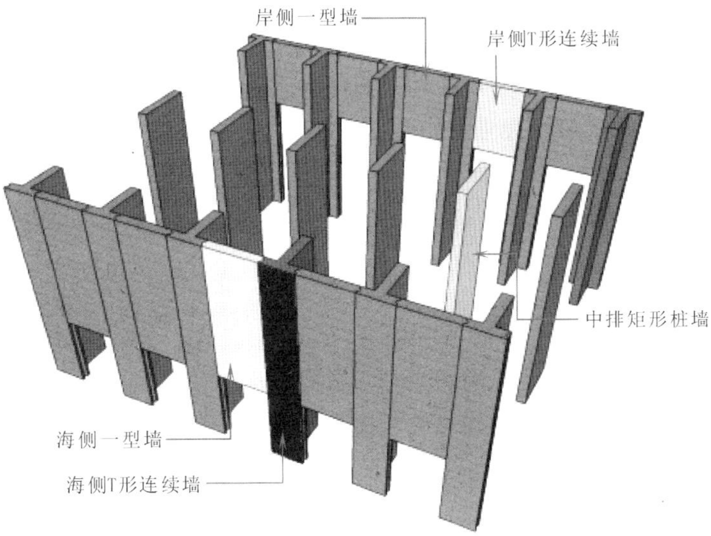

图1-1　T形码头结构三维图

中国港湾工程有限责任公司、中交第四航务工程局有限公司通过技术创新，开展了“软弱地质条件下码头超深T形地下连续墙施工”技术研究，首次在5号泊位中成功应用，成功解决了上述技术难题，形成了一套新颖可靠、经济实用的施工工法，并推广应用于6号泊位、7号泊位等工程。关键技术成果于2010年9月17日经中国水运建设行业协会鉴定，认为该技术达到国际先进水平，工艺技术先进，具有明显的社会、经济效益和推广价值。

2. 工 法 特 点

2.1　采用“抬架垂直转体法”吊装细长T形钢筋笼，即型钢桁架辅助运输、吊装钢筋笼，有效控制了钢筋笼的变形，并减少了钢筋笼加强筋的使用量。

2.2　应用护壁能力强的泥浆，有效保证高水位下的T形槽壁稳定。

2.3　采用带垂直度纠正系统的旋挖钻机引孔，保证了槽壁垂直度偏差小于1/300，提高了成槽效率。

2.4　选用加重导板型液压抓斗，使用超声波测壁仪对槽孔垂直度进行过程监控与检测，动态修正成槽的垂直度，同时加快了成槽的出土效率。

2.5　采用深层水泥搅拌桩加固新回填区T形槽壁两侧的土体，以及其他表层为松散砂层区域的T形槽壁阳角部位，有效防止了槽壁出现塌孔现象，确保施工安全、快捷。

2.6　配置高流动度、高保塑性的高强度混凝土，保证了超深T形地下连续墙在高温干燥环境下的混凝土浇筑质量。

3. 适 用 范 围

适用于软弱层厚、持力层埋深大、结构刚度及沉降要求高的高水位临水环境的码头T形地下连续墙施工，也适用于类似地质条件下挡土支护结构、地下构筑物等工程的地下连续墙施工。

4. 工 艺 原 理

4.1 利用型钢桁架刚度大、重量较轻的特点，为钢筋笼在制作及吊装提供一个临时的"抬架"，有效控制T形钢筋笼在起吊过程中由平放转为竖直的变形，实现钢筋笼快速而顺利地入槽，即"抬架垂直转体法"。

4.2 使用能准确控制垂直度的旋挖钻机施工导孔，以保证成槽垂直度，提高施工效率。

4.3 泥浆中掺入可溶于水的重晶石粉，通过提高泥浆的比重来抵抗水压力，提高槽壁稳定性，降低了地下水对槽段施工的不良影响。

4.4 应用增大面积减小压强的原理，采用加宽底板面积的"][" 形钢筋混凝土导墙，有效地分散大型施工设备对槽口及阳角超载，降低塌孔风险，保护槽壁的阳角部位。

5. 施工工艺流程及操作要点

5.1 施工工艺流程

超深T形地下连续墙施工工艺流程图详见图5.1。

5.2 操作要点

5.2.1 泥浆制备

超深T形地下连续墙应采用的泥浆性能指标相对较高，以稳定槽壁，降低地下水（尤其是海水）解决对成槽及混凝土施工的不利影响。

1. 本工法泥浆采用"膨润土+重晶石粉"配制的复合膨润土泥浆，在符合规范要求的前提下，适当提高泥浆的比重、黏度以及泥皮厚度等各项指标参数。

2. 泥浆在配制和使用应注意如下几个方面：

1）护壁泥浆在施工过程中由于土层存在变化，应根据监控数据及时调整泥浆指标。泥浆中的膨润土掺量一般控制在4.5%～5.5%，重晶石粉的掺量一般控制在6%～8%；泥浆性能指标要求参见表5.2.1。

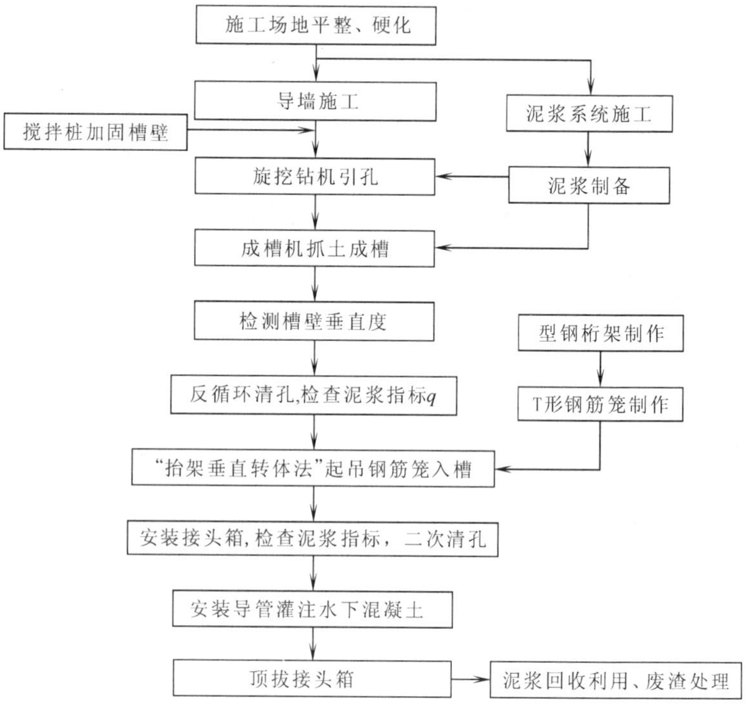

图5.1 超深T形地下连续墙施工工艺流程图

2）槽段中的泥浆取样检测，采用有顶、底盖的泥浆深层取样器对槽孔上、中、下位置的泥浆进行取样，使所测的泥浆指标更具有代表性。

3）泥浆使用一个循环之后，利用泥浆净化装置对泥浆进行分离净化并补充新制泥浆，恢复原有的护壁性能，以提高泥浆的重复使用率。

泥浆性能指标要求 **表5.2.1**

项目	密度（g/cm³）	黏度 （sec）	含砂率（%）	失水率 （mL/30min）	泥皮厚度（mm）	pH值
新浆（含重晶石粉）	1.08～1.13	40～50	n.a.	<30	<3	7～11
使用中泥浆	<1.25	40～60	n.a.	<50	<6	7～12
灌注混凝土前	<1.15	40～50	<4	n.a.	n.a.	n.a.

说明：1. n.a.为不适用。2. 黏度为使用1500/946mL的马氏黏度漏斗的检测数据。

5.2.2 搅拌桩加固槽壁

1. 在深水新回填区，由于回填砂土固结时间短，成槽过程中塌孔风险非常大，成槽前采用水泥搅拌桩对T形槽段两侧的土体进行深层加固，深度为穿透原状土2m，以有效防止塌孔的发生。

2. 在其他区域，表层10～15m为松散砂层时， 成槽施工时阳角部位容易塌孔，非常不利于T形槽的成孔，在施工导墙前，在导墙底的槽壁阳角部位采用3根水泥搅拌桩进行加固，加固底面高程根据砂性土层的埋深确定一般不超过18m，以防止施工过程中出现塌孔等事故。搅拌桩直径为0.6m，水泥掺量为20%，水灰比为0.4，28d试块无侧限抗压强度标准值>1.0MPa。

5.2.3 导墙施工

1. 为保证导墙在施工过程中不变形、不塌陷移位，导墙采用增加底板面积的][形整体式C20钢筋混凝土结构，净宽比连续墙厚加大50mm，深1.7m，断面如图5.2.3所示。

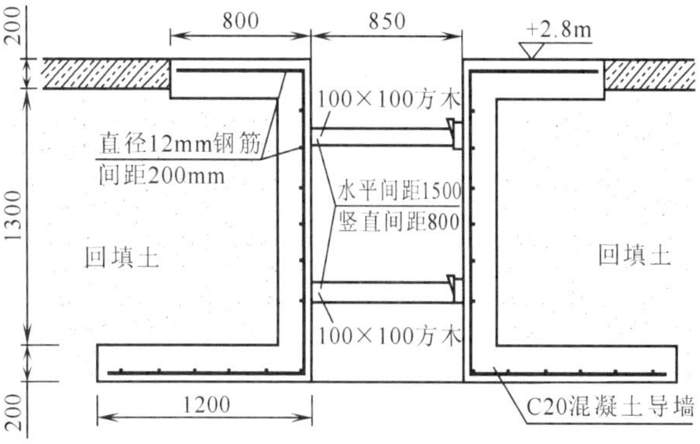

图5.2.3 导墙断面图

2. 导墙必须坐落在坚实基础上，导墙基坑采用PC200挖掘机挖土，人工配合清底、夯填、整平。

3. 导墙分两次浇筑成型，第一次浇筑底板和侧板，回填压实后浇筑顶板，压实采用人工配合小型振冲器实施，导墙侧板内侧采用100mm×100mm方木支撑以免回填造成导墙侧板移位。

5.2.4 槽段成槽施工

1. 成槽施工的质量直接影响到T形钢筋笼的入槽及桩体的使用性能。

2. T形地下连续墙的成槽按以下要求进行施工：

1）采用SD28型旋挖钻机按图5.2.4所示位置施工引导孔，施工时控制旋挖钻机的钻头中心位置与引孔中心位置偏差不超过25mm。施工引导孔和液压抓斗成槽机挖土成槽过程中，利用旋挖钻机和成槽机上配备的垂直度检测仪表及自动纠偏装置来保证引导孔和成槽的垂直度，挖槽过程中的钻头和抓斗入槽、出槽应慢速、平稳，以保证槽孔的垂直度偏差小于1/300。

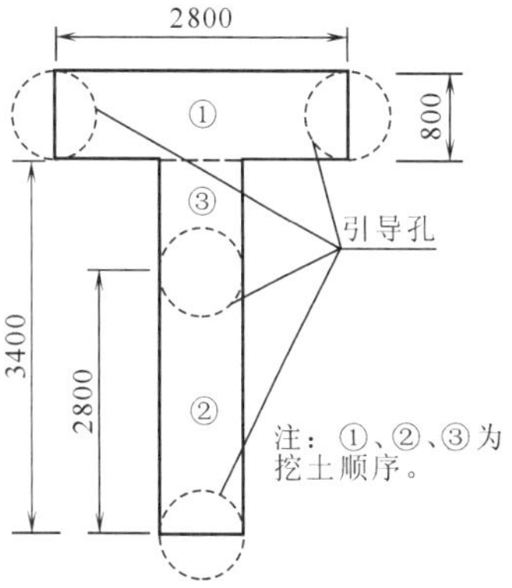

图5.2.4 T形地下连续墙成槽的引导孔及挖土顺序布置图

2）按图5.2.4所示的挖土顺序，采用液压抓斗成槽机进行槽段开挖，开挖过程中始终保持槽内泥浆面不低于导墙顶面以下0.4m及地下水位1.5～2.0m。

3）在泥浆可能漏失的土层中成槽时，储备足够的泥浆，并采取相应的堵漏措施。

4）槽段开挖一个阶段后，采用超声波测壁仪对已完成的槽孔进行垂直度检测，对不满足垂直度要求的部位采取修正措施。

5）达到槽段设计深度后，首先利用成槽机抓斗将底部泥渣抓出，并采取特制刷壁器对先行幅墙体接缝进行反复刷动清洗，直到刷壁器上无泥为止，然后采用气举反循环工艺配合滤砂机除砂（即泥浆净化装置）进行清孔。气举清孔时根据具体槽深控制空压机压力，一般超过55m深的槽孔的$6m^3$空压机压力控制在0.7～0.9MPa。判断清孔是否完成的标准且采用检测槽孔上、中、下位置的泥浆含砂率作为依据，一般情况下当泥浆含砂率<4%，密度<1.15 g/cm^3时，可以停止清孔，进入下一步的钢筋笼吊装工作。

5.2.5 钢筋笼施工

1．超长T形钢筋笼分两至三段在钢筋加工场内制作，采用型钢桁架作为制作、运输及吊装的辅助工具，即“抬架垂直转体法”。使T形钢筋笼在入槽前不会发生较大的变形而可顺利入槽，提高钢筋笼安装的效率及安全性，减少了钢筋笼辅助加劲筋的使用。

2．钢筋笼制作及安装控制过程如下：

1）对钢筋笼进行合理分段制作，合理选用吊机。应考虑选用起吊能力大的履带吊机，以尽量减少钢筋笼的分段数，降低钢筋笼的接驳时间。

2）根据最不利起吊工况，设计钢筋笼起吊桁架及桁架吊点，并对桁架的强度、刚度、稳定性进行验算，控制桁架的最大挠度不超过25mm（桁架结构示意图参见图5.2.5-1）。

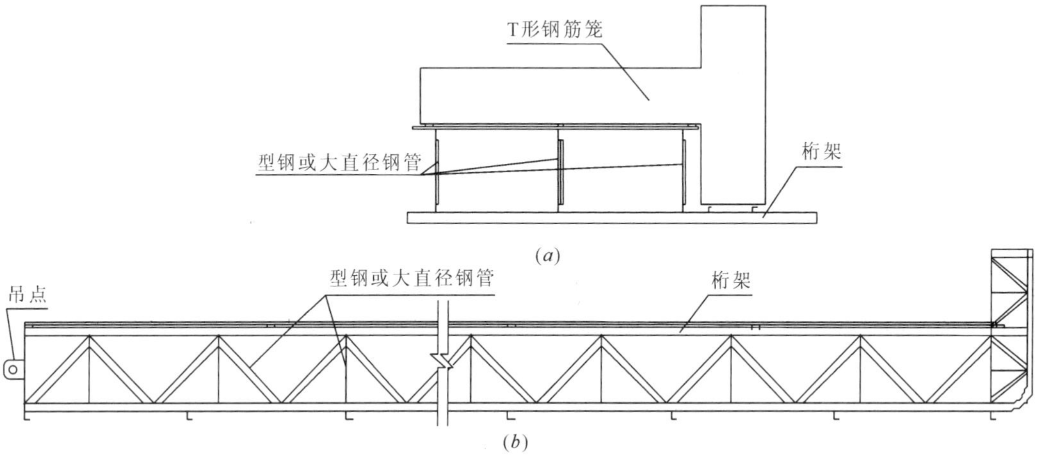

图5.2.5-1 超长T形钢筋笼吊装的桁架结构示意图

（a）桁架结构的横截面图；（b）桁架结构的纵断面图

3）钢筋笼吊点、钢筋笼起吊扁担按图5.2.5-2所示进行设置，并必须按照规范要求进行计算复核。

4）分节制作的钢筋笼成型时，布置合理的辅助加劲筋，以保证钢筋笼自身的刚度。

5）由两台30t龙门吊将钢筋笼连同桁架一起装上拖车出运至现场后，桁架吊机摆放在正起吊端，钢筋笼吊机摆放在桁架的转轴端的一侧，吊臂相向。桁架吊机首先吊起桁架的起吊端，将桁架抬至与地面成85°，钢筋笼吊机在此过程中需使钢丝绳保持垂直松弛

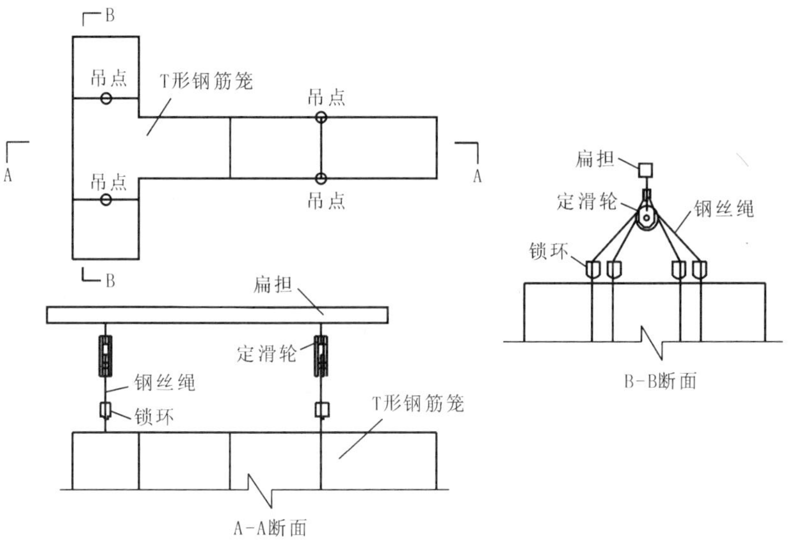

图5.2.5-2 T形钢筋笼吊点布置示意图（图中未示吊装桁架）

状态。待桁架到达预定角度，钢筋笼吊机缓缓将钢筋笼垂直吊起，将钢筋笼与桁架脱离并吊入槽内，对钢筋笼、声测管及其他预埋件进行检查，拆除临时斜撑。首段钢筋笼就位后，用型钢将其挂在导墙上，待下一段钢筋笼起吊至其正上方，进行钢筋笼的对接和下放入槽。起吊过程示意图参见图5.2.5–3。

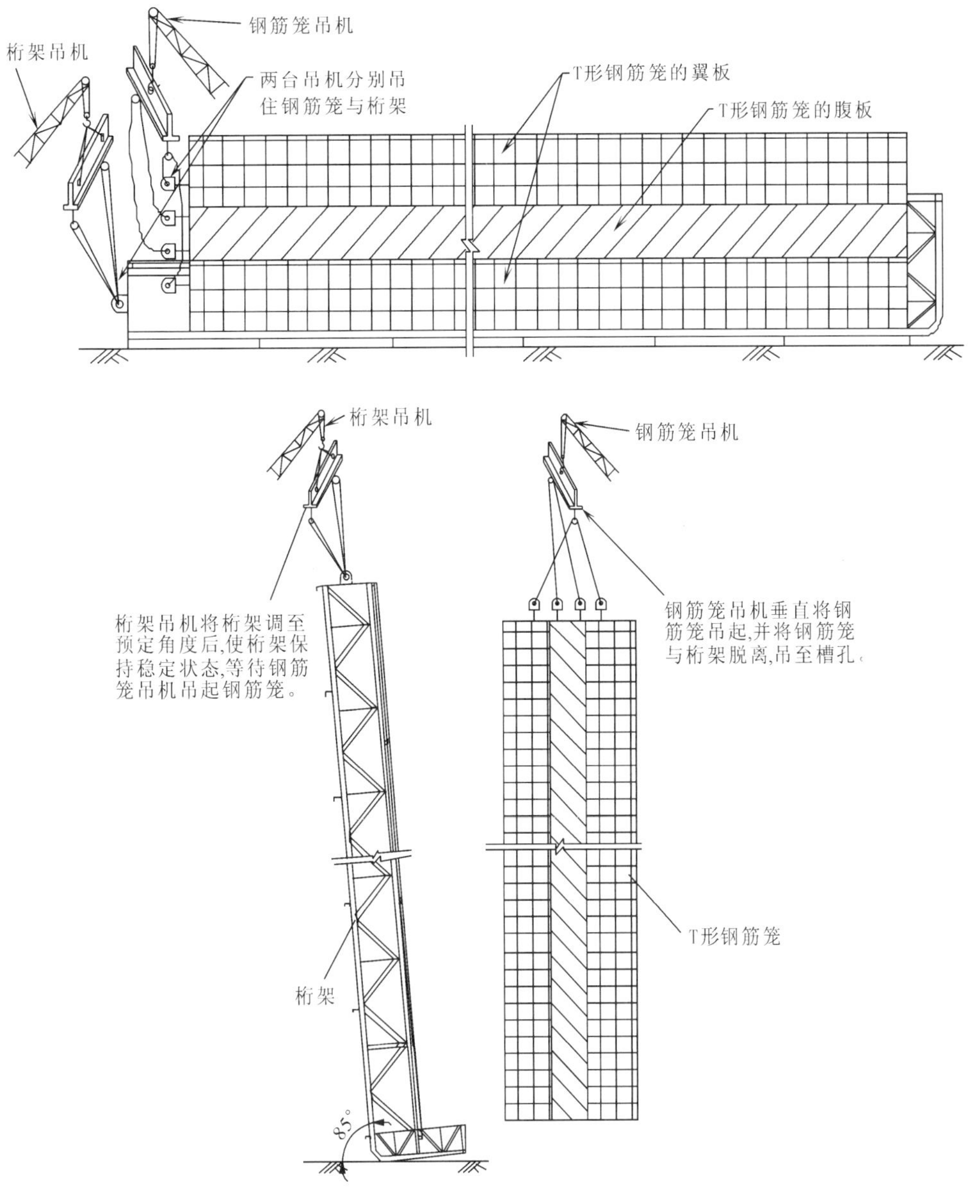

图5.2.5–3 “抬架垂直转体法”起吊T形钢筋笼示意图

5.2.6 水下混凝土灌注施工

1. 钢筋笼下放完毕后，按设计位置布置接头箱，接头箱可采用圆形钢管，接头箱在垂直状态下插入底部土体0.5～0.8m，上端用型钢定位于导墙；然后下放导管，检查槽底沉渣厚度及泥浆指标，如不符合要求则利用导管进行二次清孔。

2. 水下混凝土的配合比需根据灌注的持续时间、接头箱形式及顶拔方式来确定坍落度、流动度及初凝时间等指标。应用本工法的地下连续墙的混凝土强度等级为C50，试配强度需大于65MPa，入槽坍落度180～210mm，流动度不小于550mm，入槽温度不大于32℃，初凝时间为8～10h。为满足C50水下混凝土的强度要求及流动性大、保塑时间长的施工要求，混凝土经多次试配掺加了缓凝型高效减水剂与硅灰。

1）超深T形地下连续墙的混凝土灌注采用双导管法进行施工（图5.2.6为应用本工法的导管布置），导管选用直径250mm的圆形螺旋快速接头，并采用橡胶圈进行密封。采取两根导管同时灌注混凝土，避免单侧灌注造成混凝土面不均匀上升。灌注时及时测量及计算槽孔内的混凝土面标高，以保证槽内混凝土面的高差不大于30cm，以及适时拔拆导拔管和顶拔接头箱，并保证导管埋深控制在2～6m。

2）混凝土灌注入槽前需要测试坍落度、流动度以及温度，在灌注过程中做好混凝土试块。试块制作数量按设计要求或按现行规范制作。

3）接头箱顶拔

根据水下混凝土凝固速度及施工中测试数据，混凝土灌注开始后4～5h左右开始顶拔接头箱，以后每隔30min提升一次，其幅度不大于50～100mm，待混凝土灌注结束7～9h，即混凝土达到终凝后，将接头箱拔出。

4）空槽部分回填

应用本工法的连续墙上部空槽部分深2.0～3.5m，为保证相邻槽段的成槽安全以及大型机械行走安全，在连续墙检查后，对空槽部分回填砂至导墙面。

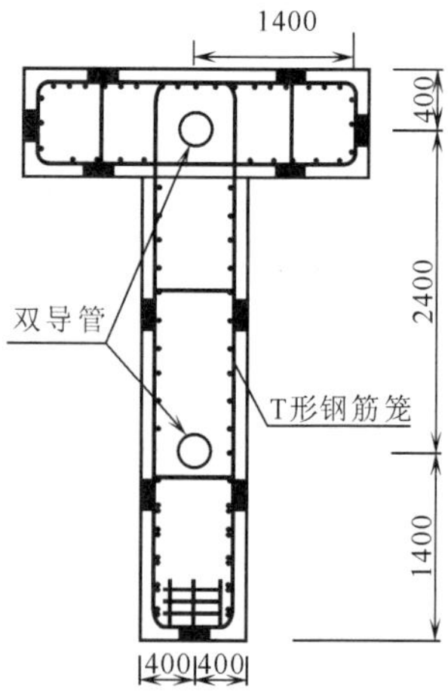

图5.2.6　灌注T形连续墙水下混凝土的双导管布置图

5.3　劳动力组织

以埃及塞得东港集装箱码头5号泊位工程为例，分成两个班组进行24h流水作业，其劳动力组织情况见表5.3。

劳动力组织情况表　　**表5.3**

序号	单项工程	所需人数	备　注
1	管理人员	3	
2	技术人员	8	
3	导墙施工	15	
4	泥浆制作	6	
5	钢筋笼制作吊装	100	
6	成槽施工	20	
7	混凝土施工	18	
8	辅助工	30	
	合　计	200人	

6. 材料与设备

6.1　本工法采用的主要材料见表6.1

主要材料表　　**表6.1**

名　称	规　格	主要技术指标（API标准）	范　围
高屈服型膨润土	OCWFF	屈服值 塑性黏度	＞100bbl/t ＞16.0m³/t
		滤失量（30Min-6.4%膨润土	＜16.0mL
		含水量（105℃±3℃）	＜13%
		干法筛分分析：-（%） 100 us 筛网过筛率	＞98%
		pH值（5%悬浮液）	9～10

续表

名　称	规　格	主要技术指标（API 标准）	范　围
高屈服型膨润土	OCWFF	悬浮液属性： 22.4 克膨润土/350mL 水，刻盘读数@ 600/300 （cp）	> 30
		湿法筛分分析：-（%） 200 us 筛网筛余量	< 2.5%
		液限 塑限 塑性指数	400 ~ 500 > 30.0% 370 ~ 470
重晶石粉		硫酸钡含量：	> 92%
		镉含量	< 0.7%
		汞含量	< 0.5%
		砷含量	< 0.1%
		铅含量	< 0.087%
		含水量	< 0.5%

6.2　本工法采用的主要机具设备见表 6.2

主要机具设备表　　**表6.2**

序号	设备名称	设备型号	单位	数量	用　　途
1	液压旋挖钻机	SD28	台	2	引导孔施工
2	液压成槽机	SG40A	台	4	成槽施工
3	50t 履带吊	SCC500E	台	1	场内大型机具转移，以及钢筋笼起吊
4	150t 履带吊	徐工	台	1	
5	180t 履带吊	日本神钢	台	1	
6	30t 龙门吊	QLM30-21A3	台	2	钢筋笼在钢筋场内装车
7	拖车	420HP	台	1	钢筋笼及桁架运输
8	自卸车	$16m^3$	台	8	成槽余泥运输
9	滤砂机	黑旋风-250	台	3	清孔过滤泥浆
10	挖掘机	PC200	台	1	场内挖土，导墙施工
11	装载机	LW541F	台	1	场内装土
12	泥浆搅拌机	$2m^3$	台	4	泥浆制作
13	泥浆泵	15kW	台	30	泥浆泵送
14	混凝土罐车	$8m^3$	台	6	混凝土运输
15	液压千斤顶	200ton	台	4	接头箱顶拔
16	超声波测壁仪	KODEN DM602/604	台	1	垂直度检测

7. 质 量 控 制

7.1　工程质量控制标准

7.1.1　导墙质量控制标准

导墙施工质量执行《港口工程地下连续墙结构设计与施工规程》JTJ 303-2003，导墙允许偏差值按表7.1.1执行。

导墙施工允许偏差　　表7.1.1

序号	项　　目		单 位	允 许 偏 差
1	轴线距离		mm	± 10
2	导墙顶面	整体	mm	± 10
		局部	mm	± 10
3	内外导墙净距		mm	± 10
4	墙面不平整度		mm	10

7.1.2　泥浆质量控制标准

施工中泥浆的质量控制标准采用欧标“EN 1538 Execution of special geotechnical works –Diaphragm wall”（January 2000），具体指标参见表7.1.2（对应的国内标准为《港口工程地下连续墙结构设计与施工规程》JTJ 303–2003）。

泥浆性能参数指标（EN 1538-2000）　　表7.1.2

项　　目	施工阶段		
	新浆	循环浆	混凝土浇筑前
密度（g/cm^3）	< 1.10	< 1.25	< 1.15
粘度（s）	32 ~ 50	32 ~ 60	32 ~ 50
失水量（mL/30min）	< 30	< 50	n.a.
pH 值	7 ~ 11	7 ~ 12	n.a.
含砂率（%）	n.a.	n.a.	< 4
泥皮厚度（mm）	< 3	< 6	n.a.

说明：1. n.a 为不适用。2. 黏度为使用 1500/946mL 的马氏粘度漏斗来检测。

EN1538–2000对于新浆的密度要求是针对于一般形式的地下连续墙的，由于超深T形截面形式特殊、深度大，为了保证施工期间槽壁稳定，泥浆中添加了重晶石粉，泥浆密度稍大于规范中的要求而达到1.13g/cm^3，但其他过程的泥浆指标满足规范要求的，这也是容许的。

7.1.3　槽段施工质量控制标准

施工中采用欧标“EN 1538 Execution of special geotechnical works–Diaphragm wall”（January 2000），具体指标参见表7.1.3（对应的国内标准为《港口工程地下连续墙结构设计与施工规程》JTJ 303–2003）。

槽段施工质量控制指标（EN 1538-2000）　　表7.1.3

序号	项　　目	允许偏差	备　　注	
1	墙体宽度	不小于设计值		
2	墙体深度	不小于设计值		
3	暴露部分的轴向位置	20mm	纵向	当遇到卵石或大石块时，偏差值可适当放大
		50mm	横向	
4	垂直度	1/150	正面、侧面	
5	相邻槽段错位	30mm		

7.2　质量保证措施

7.2.1　导墙质量保证措施

1. 导墙的放线应正确，导墙净宽比挖槽设备大5cm。

2. 导墙在拆模后及时在两侧板之间用方木支撑，并且在导墙达到强度以前禁止重型机械在旁边行走，以防导墙变形。

7.2.2 成槽质量保证措施

1. 成槽机成槽时及时补浆，防止塌方，泥浆液面应高于地下水位1.5～2.0m，设备在工作前必须操平对中，正确无误。

2. 在成槽期间，需通过精密仪器和预先安装在液压抓斗机上的测斜仪进行监测，以保证槽壁垂直度，达到垂直度偏差小于1/300的要求。

3. 控制槽段深度的测绳要求做到每抓一幅测1～2次，测绳应采用延伸率小的小直径钢丝绳，并应经常校核测绳的长度。

4. 采用泥浆取样器，对槽孔的上、中、下部的泥浆进行取样检测泥浆指标，使数据更准确，更有代表性。

5. 每单元槽段开挖完成后，侧壁，底部和连接处须进行妥善的清理。

7.2.3 钢筋笼制作安装质量保证措施

1. 钢筋笼制作的桁架平台必须平整，保证尺寸标准。桁架和钢筋笼在运输和起吊期间的最大挠度不宜大于25mm，桁架在使用前进行钢筋笼荷载试验，测量最大挠度。

2. 钢筋笼笼头部分与设计位置偏差不能超过±10mm，水平纵向位置与理论位置的偏差不能超过±30mm，水平横向位置与设计位置不能超过±10mm。

7.2.4 混凝土施工质量保证措施

1. 在混凝土开始灌注前，检查每个导管距槽底位置，以确保混凝土在正确的高度灌注，泥浆含砂率应小于4%，密度应小于1.15g/cm^3。

2. 记录混凝土的拌合时间，现场检查混凝土的坍落度、流动性能及温度，符合规范要求的方可灌入槽内，并记录浇筑时间，配合混凝土初凝时间作为接头箱顶拔的依据。

3. 保证混凝土的质量，槽内混凝土面灌注上升速度，不应小于4m/h，，但不宜大于8m/h。

8. 安全措施

8.1 一般规定

8.1.1 严格贯彻执行《安全生产法》，执行安全生产责任制，制订详细的安全管理体系和制度，安全责任明确落实到工程建设中的每个人。

8.1.2 对施工人员进行进场培训教育，增强自我保护能力；分项工程开工前，对施工人员进行分项施工安全技术交底。定期进行安全演习，提高突发事故处理能力。

8.1.3 施工现场严格按照当地政府和业主对用电、用火、危险品的使用的安全规定执行，做好防风、防雷、防洪等预防措施。在开挖槽段、泥浆池及钢筋笼起吊等施工危险区域设置明显的警示标志及采取保护措施。

8.2 制订槽段开挖、钢筋笼起吊安装作业专项安全预案

8.2.1 槽段开挖安全预案

1. 成槽机械在槽口施工时，下垫施工垫层钢板以减小槽口周边土体的荷载，加强施工过程安全监测。

2. 暴露的槽口设置钢筋保护网片覆盖，周边设置安全标示及警示标志以及配备救生圈等急救设备。

8.2.2 钢筋笼起吊安装作业安全预案

1. 钢筋笼制作桁架平台设计、制作要满足规范要求，并经常性对桁架的结构及焊缝进行检查、维护。

2. 钢筋笼吊点的焊接要明确焊接要求，并落实安全技术交底，实施吊装责任制度，吊装前对吊点

焊接情况仔细检查；吊具和吊绳的选用严格按照规范要求执行。

3. 桁架与钢筋笼起吊前，对桁架、混凝土保护层垫块的可靠性及可能遗漏在笼体上的物件进行检查排除；对起吊区域进行清场，设置安全员巡查、交通疏导及标示安全警示；起吊时；桁架起吊速度保持平稳，在笼架分离时，钢筋笼吊机必须在钢筋笼上方垂直吊起笼体，防止斜吊致使钢筋笼变形、失稳。

4. 风力在六级以上，停止起吊作业。

9. 环保措施

9.1 按照当地政府（国家）及业主有关环境保护的法律、法规和制度的要求编制工程的环保制度与措施，成立环保管理和监督小组，保证环保制度与措施的落实和执行。

9.2 实行定期环保卫生检查，并连同当地政府及业主对施工场地进行文明施工检查。

9.3 加大环保教育与宣传力度，增强施工人员的环保意识。

9.4 对施工场地进行合理的布局，对施工范围进行围闭管理，树立明显的标识、警示标志，场内的材料堆放需按规定分类标识且有序。

9.5 对环境会造成污染的设备燃油、废机油、施工与生活污水、成槽泥浆进行统一管理，按照相关规定制度进行处理；施工现场、生活区合理设置污水收集管沟、池，防止污水漫溢，并运输或排放到指定区域，严禁排放到运河或其他受控区域。

9.6 槽段周边做好集浆沟，防止施工过程中泥浆外溢污染施工场地。

9.7 定期对现场废弃的材料进行收集、处理；所有的电缆线路规整，并标识清晰。

9.8 场内的便道进行硬化处理，干燥天气对道路进行洒水防止扬尘。废泥浆的外运应采用密封的自卸车，防止泥浆外泄；余泥外运车辆车厢必须封闭，严禁超载，避免运输过程中泥块散落。

10. 效益分析

10.1 超深T形地下连续墙在软弱地层较厚的地区中应用，相对其他形式的基础结构而言，可以缩短桩长，减少工程量。由于刚度大、水平受力明确，在设计配筋时，超深T形连续墙的钢筋使用量可以大为减少。超深T形连续墙作为基础结构的同时，还可以起到围护结构的作用。超深T形连续墙与常用的钻孔圆桩在结构受力、材料用量方面的比较见表10.1。

T形地下连续墙与钻孔圆桩效益对比表 **表10.1**

序号	比较项目	T形地下连续墙	钻孔圆桩
1	钢筋用量（kg/m^3混凝土）	100	150
2	桩长[1]	缩短60%	100%
3	每50m码头的基础造价（万元）	1300	2100

注：1. 以上比较均为摩擦桩；2. 序号2中的上标1为以钻孔圆桩为100%。

10.2 本工法提高了成槽、钢筋笼制作吊装、清孔、混凝土浇筑的效率，降低了塌孔风险，缩短了施工工期，使基础结构的质量得到了保证；特别是钢筋笼的集中加工和桁架辅助吊装的采用，提高了钢筋笼制作与吊装的效率，保证了钢筋笼的质量与吊装可靠性，具有明显的经济与社会效益。

10.3 整套工艺技术缩短了T形连续墙的成桩时间，一个T形地下连续墙槽段的施工时间控制在60～72h，超深T形地下连续墙的质量得到了很好的保证。

10.4 超深T形地下连续墙在码头桩基础中得到成功应用，在提高了桩基础的结构使用性能外，同时降低了项目成本，实现了较高的经济与社会效益；本工法实现了在海水环境下、地质条件较差的地层中超深T形地下连续墙的高效、高质、安全施工，安全事故率为零，平均日灌注混凝土方量达到500m^3，进度、质量及安全方面均获得当地政府、业主及咨工的认可。

11. 应用实例

11.1 埃及塞得东港集装箱码头5号泊位工程

5号泊位码头长350m、宽35m，全部桩基础混凝土方量约50000m^3，其中连续墙共有104个单元，平均高度53m；码头前沿疏浚标高为-17.5m，码头面标高+2.5m。由于处于4号泊位的调头区，水深达20m，码头基础结构施工前进行了20m的深水回填，由于新回填土没有足够固结时间，采用水泥深层搅拌桩对槽壁周边土进行加固；所处地层均是SPT击数为13～16击的淤泥质粉砂层，坚硬持力层在-70m以下。采用超深T形连续墙结合一型墙构成的密封式的地下连续墙基础结构，实现了减少桩长、控制沉降、减小回淤等目的。

施工中采用高性能泥浆与水泥搅拌桩的联合作用有效地保证槽壁的稳定，期间未发生任何的塌孔问题；旋挖钻机的引导孔+成槽机的"四钻三抓"工艺，使槽壁的垂直度达到1/600，单T墙的250m^{3}开挖在40h内即完成，效率较高；"抬架垂直转体法"起吊钢筋笼有效避免了钢筋笼在吊装过程中的变形和施工安全，成功率达100%；成桩后的超声波检测I类桩墙达到97%。5号泊位运营到目前的沉降量最大为3mm，水平位移最大为25mm。

该工程于2009年8月开始施工，2010年3月完工。

11.2 埃及塞得东港集装箱码头6号泊位工程

6号泊位码头长度为290m，宽35m，全部桩基础混凝土方量约38000m^3，其中T形连续墙共有84个单元，平均高度55.5m；码头前沿疏浚标高为-17.5m，码头面标高+2.5m。该泊位所处的地层为SPT击数为8～11击的较弱的淤泥质粉砂层，持力层位于-75m以下。

码头超深T形连续墙施工过程中，采用深层搅拌桩加固表层地层为松散砂层的槽壁阳角部位，并充分利用高性能泥浆的强护壁能力，提高槽壁自稳能力，有效减低海水对成槽及混凝土施工的不良影响，控制好泥浆与海水的液面高差，槽段的平均扩孔系数仅为1.04，塌孔问题得到很好的控制。引导孔的应用，使槽段的垂直度也控制在1/550以上。I类桩墙比率达到98%。6号泊位运营到目前的沉降量最大为2mm，水平位移最大为28mm。

6号泊位工程于2010年1月开始施工，2010年5月完工。

11.3 埃及塞得东港集装箱码头7号泊位工程

7号泊位码头长度为300m、宽35m，全部桩基础混凝土方量约39000m^3，其中T形连续墙共有86个单元，平均高度58.5m；码头前沿疏浚标高为-17.5m，码头面标高+2.5m。该泊位所处的地层为SPT击数为2～4击的极弱的淤泥质粉砂层，持力层位于-80m以下。

超深T形连续墙施工过程中，"][" 形的导墙的使用有效解决地基软弱导致导墙下沉的问题，采用深层搅拌桩加固表层为淤泥质粉砂层的槽壁阳角部位，加入重晶石粉的泥浆提高了软弱的淤泥质粉砂层自稳能力，槽段的平均扩孔系数仅为1.08，有效控制了塌孔。旋挖钻机施工的引导孔，使槽段的垂直度也控制在1/550以上。I类桩墙比率达到95%。7号泊位运营到目前的沉降量最大为2mm，水平位移最大为21mm。

7号泊位工程于2010年3月开始施工，2010年8月完工。

黏性土航道免扫浅施工工法

GJEJGF299—2010

中交上海航道局有限公司　中国路桥工程有限责任公司
诸葛玮　吕玉琪　戴自国　熊仕伶　黄锦彬

1. 前　　言

耙吸挖泥船在疏浚施工过程中，由于耙头着床宽度有限，且受到潮流、风和土质等自然影响以及航道中其他航行船舶的干扰，再加上原有施工工艺技术手段的落后，不可避免地存在超挖、漏挖现象，造成施工床面上出现高低不平的浅点和垄沟，耙吸船不得不在工程后期耗费大量的时间进行低效的扫浅施工，这一问题在黏性土航道疏浚工程施工中表现得尤为突出。根据《疏浚岩土分类标准》JTJT 320–96，黏性土共分4类，其主要特性指标如表1所示。

黏性土特性指标　　表1

级别	状态	标贯击数 N	天然重度 γ（kN/m³）	液性指数 I_L	抗剪强度 τ（kPa）
3	软	≤4	≤17.6	≤1.0	≤25
4	中等	≤8	≤18.7	≤0.75	≤50
5	硬	≤15	≤19.5	≤0.50	≤100
6	很硬	>15	>19.5	<0.25	>100

由于黏性土不易坍塌的土质特性，施工过程中形成的浅点和垄沟一旦没有被及时清除，随着施工浚挖深度的增加，浅点和垄沟的高差往往将继续加大，耙吸船耙头接地施工时极易从高处滑落，大大增加了工程后期扫浅施工的难度；同时在开挖黏性土时，由于大块黏土极易堵塞耙头，造成泥泵吸入面积的大幅减少，不仅施工效率低下，而且极易造成泥泵气蚀。因此，有必要研究黏性土航道疏浚的针对性施工工法，大幅改善耙吸挖泥船对黏性土航道的施工效果。

公司在营口、连云港、洋山等航道疏浚工程中，积极开展了“黏性土航道免扫浅疏浚关键技术研究”，把疏浚监测平台的新技术运用到传统施工过程中，使耙吸挖泥船具备了主动控制精确上线、精确下耙施工的能力，使浅点与垄沟在施工过程中即消灭于萌芽状态；并通过简单的设备改装，解决黏性土区域耙头破土难和易阻塞的问题。2010年12月6日，中国交通建设股份有限公司组织召开专家评审会，对“黏性土航道免扫浅疏浚关键技术研究”项目进行了评审，专家一致认为该研究成果达到国内领先水平，经济效益和社会效益显著，具有广阔的推广应用前景。公司在该关键技术的基础上形成了一套“黏性土航道免扫浅疏浚施工工法”，可以大大改善耙吸挖泥船对黏性土航道的施工效果。

耙吸疏浚监测平台，是公司在充分消化吸收国际先进的DREDGEPACK和DTPS功能的基础上，进一步结合自身工程实践经验，自主开发的具备完全自主知识产权的新一代耙吸疏浚施工监测系统，获得2010年度中国水运协会科学技术三等奖。经专业机构检索和专家委员会鉴定，在耙吸疏浚施工监测领域已达到国际先进水平。共有“耙吸挖泥船实时施工中三维显示方法”、“自动识别系统及雷达在耙吸挖泥船中的运用”、“自主配置的硬件组态在疏浚软件中的应用”三项发明专利成功被国家知识产权局受理，并获得软件著作权8项。

2. 工 法 特 点

2.1　本工法充分利用疏浚监测平台的新技术，将传统的施工工艺注入新的理念和元素，能使浅点与垄沟在施工过程中即消灭于萌芽状态，且免除了工程后期常规扫浅施工阶段，真正实现了均匀增深，能更好地控制航道的平整度，减少超深、超宽造成的废方。

2.2 通过在自航耙吸挖泥船耙头上加装“刀形”或“倒T形”等不同形状的特殊耙齿，解决黏性土区域耙头破土难的问题；适当地调整耙头格栅安装位置，加大耙头格栅通道，解决耙头易被黏性土阻塞问题，确保输送管道通顺。

2.3 不仅大大缩短了耙吸船常规施工需要的扫浅时间，而且施工质量也有大幅提高，超挖控制明显优于常规施工方法，最终耙吸船的施工效率得到了提高。

2.4 本工法简单实用，但是需要疏浚监测平台新技术的支持，且对操作人员的业务能力、监测设备精度要求较高。

3. 适用范围

该工法适用范围为：土质为黏性土质的航道或港池基建性或维护性工程。

4. 工艺原理

4.1 在分层施工中操耙手以分层深度控制下耙深度，严格按照各分层水深要求进行开挖，定深控制浚挖，并通过驾驶员的精确上线保证耙头始终紧贴河床，泵吸始终处于饱和挖实状态，施工效率得到最大发挥。避免了常规浚挖过程中因河床深浅不一、高低起伏不平、耙头跳跃而形成“放空”造成施工的泵吸效率低下的问题。

4.2 在各分层施工过程中，改变传统的三班驾驶员各分一带的施工工艺，而以整个施工区的浅点、浅区为目标进行走线。驾驶员整体综合考虑浅区位置、通航干扰和风流影响等因素，利用疏浚监测平台提供的精确的耙头深度与位置指示，以及直观的横纵断面和三维地形功能，运用高超的操船工艺，主动控制两个耙头的走线，对局部范围的浅区和孤立浅点采取主动精确过耙。在其处于初始阶段且易于浚挖时，便即予以扫除，避免后期形成浅埂、垄沟，增加后期扫浅难度。这种对浅区的主动式浚挖贯穿施工全过程。

4.3 船舶配置大屏幕显示器，施工时驾驶员按需选择疏浚监测平台提供的各种功能窗口，尽可能放大屏幕仔细观察耙头走线，并利用耙迹记录和施工过程回放功能，控制对不同水深分布、不同土质区域的过耙频率，避免漏挖、超挖，实现均匀增深。

4.4 在耙吸挖泥船的耙头上分别加装不同形状的耙齿，“刀形”耙齿具有切割作用，“倒T形”耙齿具有切割和提升松土的作用，“铲形”耙齿或“平形”耙齿具有提升松土的作用。施工时耙齿对地呈45°，通过耙头对地运动使耙齿插入泥土中切割并提升黏土。通过调整耙头格栅安装位置，适当的加大耙头格栅通道，使黏土可以顺利通过格栅，提高了挖泥效果。

4.5 将传统工程后期的“扫浅”化整为零，分摊至各分层开挖阶段中，改变了传统“前期大量开挖、后期低效扫浅”的施工方法，避免在工程后期因扫浅造成时间、设备等资源的浪费。

5. 施工工艺流程及操作要点

5.1 施工工艺流程见图 5.1

5.2 工艺操作要点

5.2.1 浚前测量及工前准备

1）运用单波束或者多波束测深仪，获得施工区域的水深情况，计算出比较精确的工程量，同时根据水深情况确定分层的计划。收集并分析施工区域土质资料、水文、气象资料、船舶通航密度、通航条件、小船渔船等影响航行的因素。

2）耙头加装耙齿：目前耙齿多安装在耙头的活动罩上，新增的耙齿安装在耙头固定体的耐磨块上，通过改进耙头耐磨块的形状并重新排列，使耙齿能够快速拆装。根据土质资料选择耙齿数量和形状（“刀形”或“倒T形”），见图5.2.1–1。

3）改进格栅：根据泥泵叶轮孔径调整格栅，减少格栅材料的径向面积，使耙头格栅的通过面积尽量增大。以4500 m^3自航耙吸挖泥船为例，将耙头格栅由原来的300mm×330mm增大到450mm×330mm，材料由原来的直径50mm的圆钢改为厚度25mm的钢板。

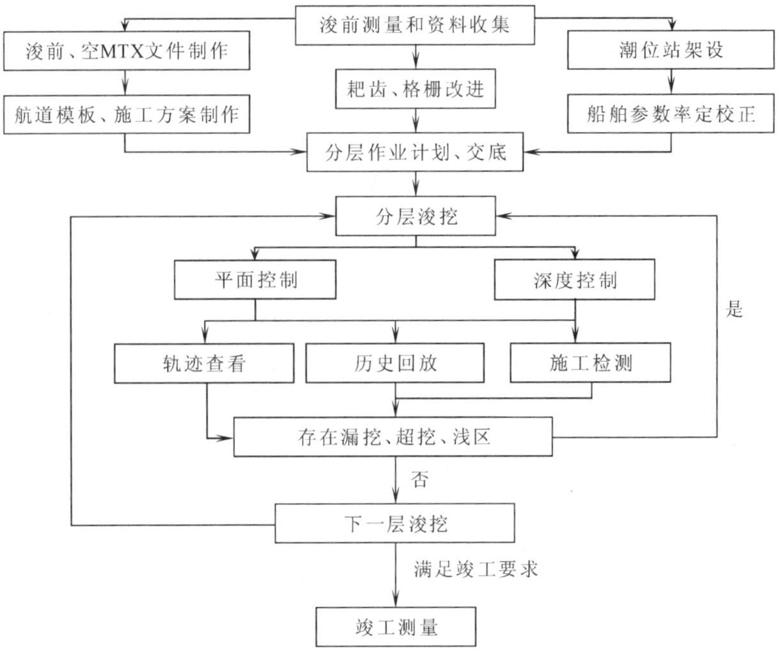

图5.1　施工工艺流程

4）对船舶设备的参数进行率定或校正，主要包括耙臂垂直、水平传感器、吸口吃水传感器、潮位遥报仪、DGPS等。仪器仪表的精确程度，对施工质量起着决定性的作用。

5）根据工况条件决定船舶的布线：根据土质的密实情况，决定布线的间距。

6）根据浚前水深图制作MTX文件（包含x、y，z三维变量，即平面位置和深度），用于浚前二维横纵向断面和三维地形显示，并制作一个空的MTX文件用于保存耙头过耙信息，并自动生成已挖掘二维横纵向断面和三维地形显示，见图5.2.1–2。

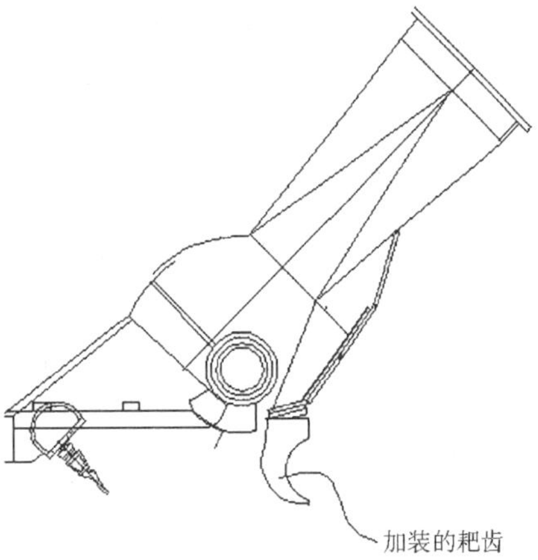

图5.2.1–1　加装耙齿示意图

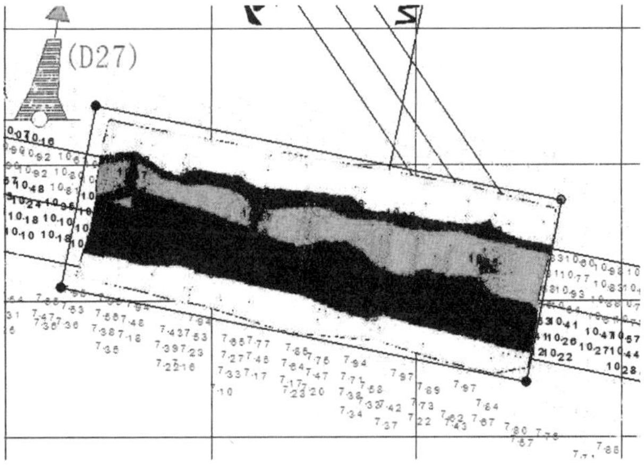

图5.2.1–2　浚前MTX文件制作

7）对需要进点的船舶进行施工方案、施工要求、质量、安全、环保等事项的技术交底。

5.2.2　分层施工计划

综合工程需增深的深度及工程节点、参建施工船舶的破土性能，特别是黏性土土质制定分层方案，一般以0.3~1.0m为一层开挖层，贯入击数>15的土质不超过0.3m，贯入击数<4的土质不超过1m。

边坡区域则呈现由浅至深、均匀台阶型增深，确保边坡坡比质量，如图5.2.2。

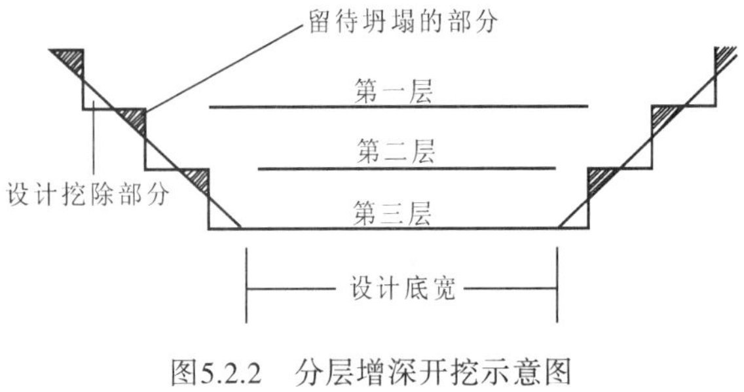

图5.2.2　分层增深开挖示意图

5.2.3　现场施工方法

现场施工作业一般采用装舱溢流法，这是耙吸挖泥船最主要、最常规的施工方法。当挖泥船进入指定的开挖带内，启动泥泵，根据届时潮位将耙头下放至泥面，将耙管内的清水和低浓度泥浆直接排出舷外，待泥浆达到一定浓度后再打开进舱闸阀装舱。待泥舱满舱后继续泵吸泥浆进舱，使泥舱上层低浓度的浑水从泥舱溢流口溢出，根据不同土质控制溢流时间，尽可能使泥舱的装载量最大、土方量最多。然后停泵起耙，把装载的泥砂运到指定的抛泥区抛卸。

5.2.4 实施与监测分析

1）在保证安全工况条件许可的情况下，对于重点难挖浅区，采用拖耙调头施工方法，增加对浅区的斜向或横向破土作用，可以避免垄沟的产生，提高挖掘效果。

2）为了让耙齿切入泥土，通过调低波浪补偿器压力提高耙头对地压力，同时挖泥航速要求适当的增加，一般控制在3～4节速度。

3）施工过程中，经常采集泥样，随时掌握土质的变化情况。

4）严格按照分层施工计划实行定深挖泥。

5）根据耙头的有效宽度和黏性土土质决定布线的间距，贯入击数>15的土质间距要小，贯入击数<4的土质间距要大，总体来说布线间距越小越好，但是走完一遍布线所需时间也越多。

6）驾驶员结合水深图进行施工，尽量选择每个分层中的浅点上线施工，同时操耙手要及时调整下耙深度。

5.2.5 辅助施工软件的运用

1）耙吸疏浚监测平台提供精确的耙头下放深度指示，操耙手可以实时控制下耙深度，以此来进行定深施工。

2）实现耙头在浚挖区域浚前水深图的横、纵断面和三维地形上的精确位置指示，驾驶员据此驾驶船舶，操耙手据此控制耙臂，对局部范围的浅区和孤立浅点采取主动精确过耙，实现对浅区的主动式精确挖掘，见图5.2.5-1。

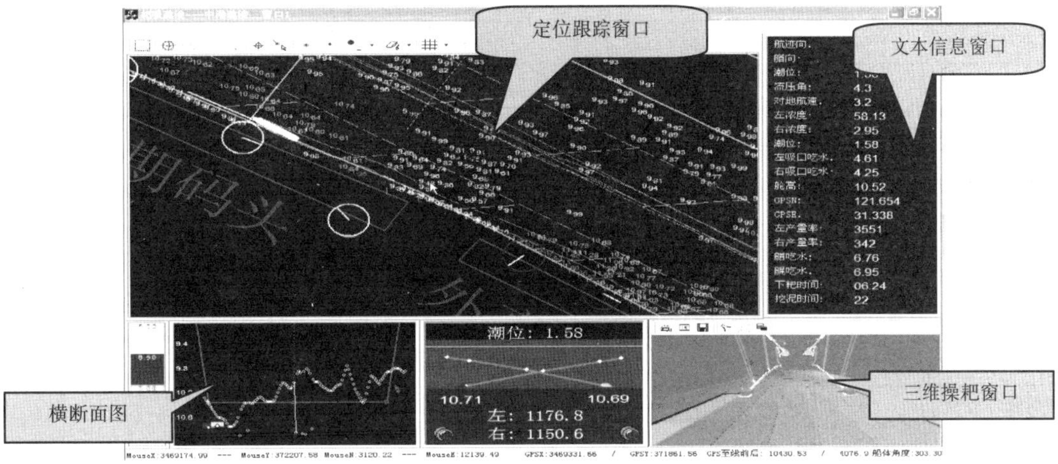

图5.2.5-1 监测平台功能窗口组合视图

3）结合施工船耙头轨迹深度显示功能和水深色块颜色变化，以及系统根据过耙深度自动生成的已挖掘断面显示功能，驾驶员可以直接对挖掘效果进行了解，避免因重复上线造成效率损失，或者对没有走到位的区域进行拾遗补缺，施工轨迹见图5.2.5-2。

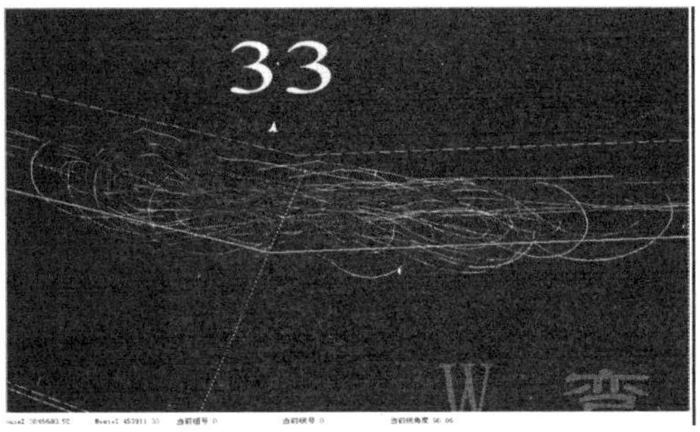

图5.2.5-2 施工轨迹线显示

4）通过历史施工过程回放可以回溯驾驶员和操耙手的工作过程，不仅可以对其工作质量进行监督，还能对存在的质量隐患成因进行直观的分析和判断，以便进行及时的纠正和指导。

6. 材料与设备

6.1 材料

燃、润油：船用柴油、润滑油等各种油料，其主要参数如表6.1。

6.2 设备

耙吸挖泥船：各类挖泥船主要性能参数如表6.2。

挖泥船的主要挖掘器具是耙头，耙头结构主要分为两类，即加利福尼亚型耙头和IHC耙头。两类型耙头在前面部分的结构基本相同，而耙唇处的结构有较大差异，其他类型的耙头也都是在耙唇位置存在结构设计上的不同，适用于不同的土质。

耙头构件有：吸入口、格栅、颚板、耙轴、压铁、进水口、耙齿、高压冲水、橡皮靠垫、天窗等。通过改进耙头构件能达到提高施工效率的目的。

燃、润料的主要参数表 **表6.1**

规格	重油	轻油		润油	
	180号	0号	4号	Agina X40	长城4012
密度（t/m^3）	0.97~0.985	0.83~0.86	0.92~0.94	0.85~0.90	

耙吸挖泥船主要性能表 **表6.2**

船型		日本6500m^3	日本4500m^3	荷兰4500m^3	中国4500m^3
泥舱容积（m^3）（最大）		9000	4500	4500	4500
载泥重量（t）		10000	7650	7870	7200
主尺船度	总长（m）	161.20	129.6	101.5	115.37
	柱间长（m）	153.0	120.0	94.0	107.0
	型宽（m）	29.0	18.4	17.2	18.96
	型深（m）	12.0	9.2	8.9	9.90
	满载/轻载吃水（m）	8.0/6.0	7.5/5.03	8.00/3.37	满7.20
最大挖深（m）		24	22	26	20
耙管数×管径（mm）位置		4×900 2中 2边	2×900 左 右	2×900 左 右	2×900 左 右
泥门	型式、数量、规格	锥型 20×ϕ3.2m	矩型16×2.39×2.69	矩型22对16×2.39×2.69	锥型，20×ϕ3.5m
边抛舷外跨距（m） 管径ϕ（mm）		100×100	—	—	—
自卸排泥	排管ϕ（mm） 排距（m） 高程（m）	ϕ900	ϕ900，1000m	ϕ900，850m+4m	ϕ900
推进功率（kW）（柴油机）		2×5737C.P.P	2×3236	2×1985	2×1911C.P.P
横向推进功率（kW）（电动）		710		泥泵喷水	泥泵喷水
泥泵	功率（kW）（柴油机） 流量（m^3/h）×扬程（m）	4×2354，10500×40 边抛 1200×22.5 装舱	2×1581， 10000×18/28	2×882， 13000×17.5	2×992， 10000×18.5
冲水泵	功率（kW）（电动机） 流量（m^3/h）×扬程（m）	4×375， 900×90	2×700 1000×150	—	4×5.5 45×32.5 （封水）
总装机功率（kW）		24900	12562	6730	7262

7. 质量控制

7.1 执行相关国家及行业的现行技术标准

7.1.1 《疏浚工程技术规范》JTJ 319–99。

7.1.2 《疏浚与吹填质量检验标准》JTJ 324–2006。

7.2 质量控制措施

7.2.1 制定分层、定深施工方案。

7.2.2 施工过程中正确掌握通航干扰、风流影响，按照计算机电子海图屏幕的计划航线及疏浚监测平台显示的轨迹线，进行准确上线与布线。

7.2.3 分层施工过程中，采取定深浚挖，操耙手要注意真空、浓度的变化，及时调整耙头姿态。

7.2.4 基建工程分层施工中，挖足边坡，满足坡比要求，使航道、边坡同步增深。

7.2.5 通过各道工序（分层）的施工质量，确保整体的施工质量。

7.2.6 施工全过程采取定深浚挖，舵工高精度操舵，操耙手全神贯注操耙。

7.2.7 定期校验、校核仪器和仪表，保证仪器、仪表的精度。

7.2.8 加强分析监测力度，保证监测及时准确。

8. 安全措施

8.1 认真贯彻“安全第一、预防为主”的方针，根据有关规定，设立专职安全员，执行安全生产责任制，明确各级人员职责，抓好工程的安全实施。

8.2 建立完善施工安全保证体系，加强施工作业过程中的安全检查，确保作业标准化、规范化。

8.3 确保投入设备完好、有效，船舶要适航、员工要适任。

8.4 船舶驾驶员在注意上线的同时，也要注意附近的船舶动态，时刻注意安全。

9. 环保措施

9.1 环境因素识别、评价和控制的策划和危险源辨识、风险评价和控制的策划。

9.2 识别和辨识施工范围内的环境因素和危险源，并负责具体实施管理方案。

9.3 严格遵守《海洋保护法》，严格执行国家关于海洋环境保护的各项规定，在海洋局指定抛泥区进行泥土处理。

9.4 集中油污、污水并且妥善处理，严防油污、污水泄漏，做好溢油事故的应急处理预案。

9.5 按规定处理在施工、生活过程中产生的各类垃圾。

9.6 积极配合海洋环保部门，做好海洋环保部门要求的其他工作。

10. 效益分析

根据由浅到深开挖、分层均匀增深原则，充分利用疏浚监测平台的平面和断面显示功能，纵向精确定深，平面精确定位，做到船舶到位、耙头到位，避免耙头空放，实施精细化施工，不仅免除了常规施工后期的扫浅施工，加快了施工进度，而且有利于提高施工质量，减少费方。同时解决了黏土质区域破土难、易堵塞耙头等难题，大幅提高了施工效率。

在连云港2006年庙岭二期港池调头区拓宽增深工程、长江口深水航道治理三期工程、上海洋山深水港区一期工程外航道疏浚工程中应用该工法，通过减少超挖土方，给公司创造了1300余万元的效益，同时，为国家港口建设作了大的贡献，促进地方或区域经济的发展与振兴，具有明显的社会效益。

11. 应 用 实 例

11.1 上海洋山深水港区一期工程外航道疏浚工程

上海洋山深水港区一期工程外航道疏浚工程，位于小衢山北侧黄泽洋海域的进港外航道部分区段水深条件相对较差，需采用疏浚的方式达到其设计水深的要求，称为人工疏浚段；人工疏浚航槽长度为10.34km，纵向断面水深呈隆起的馒头状，施工土质为黏性土，工程难度较大、工期较紧、施工任务较重。

为了保证工期和施工质量，公司采用了黏性土航道免扫浅疏浚施工工法，通过疏浚监测平台提供的过耙航槽断面和直观的三维地形的不断实时更新显示，以及断面浏览、水深色块等功能，实现了较高的施工效率和良好的平整度控制。根据上海海测大队洋山航道人工疏浚段竣工测量数据分析：航道中部水域（航道中心轴线两侧95m范围内）平均水深为16.92m，且无小于16.5m的浅点；航道边缘水域（航道底边线向内各47.5m范围内）平均水深为16.89m，也不存在小于16.5m的浅点；两侧边坡平均坡比分别为1∶18和1∶17.9，都缓于设计边坡1∶15的坡比。规范允许超宽9m、超深0.7m，本工程最终竣工超宽7m，超深0.4m。

11.2 连云港2006年庙岭二期港池调头区拓宽增深工程

连云港港地处江苏省北部黄海海州湾西南岸，是陇海、兰新铁路沿线广大地区最经济便捷的出海口，是我国沿海主枢纽港之一，是我国沿海中部能源外运和对外贸运输的重要口岸。连云港庙岭港区港池调头区扩建疏浚工程，是连云港15万t级航道扩建工程的配套项目，包括庙一调头区、34号泊位区及29号、30号泊位港池及调头区3个部分，工程分别浚挖至-16.0m、-18.2m、-15.0m。该工程的实施，为连云港改善港口的煤炭外运和对外贸易条件，以及使其成为深水大港奠定了坚实基础。

其中连云港庙岭二期港池调头区拓宽增深项目的后期扫浅阶段，于2006年6月底开工，工期仅有短短的25d，总工程量达38万m^3，且施工土质主要为黏性土。根据公司在连云港的施工经验，由于黏性土不易坍塌，施工过程中形成的浅点和垄沟一旦没有被及时清除，随着施工浚挖深度的增加，浅点和垄沟的高差往往将继续加大，耙吸船耙头接地施工时极易从高处滑落，大大增加了工程后期扫浅施工的难度；同时在开挖黏性土时，由于大块黏土极易堵塞耙头，造成泥泵吸入面积的大幅减少，不仅施工效率低下，而且极易造成泥泵气蚀。

为了优质、高效完成本工程，公司安排已安装“耙吸疏浚监测平台”的4008轮进驻现场。“耙吸疏浚监测平台”作为公司当时的最新研发成果，它提供了精确的耙头下放深度和位置指示功能，并实现耙头在浚挖区域浚前水深图的横、纵断面和三维地形上的精确位置指示，使耙吸挖泥船具备了主动控制、精确上线、精确下耙施工的能力；同时结合耙吸船耙头轨迹深度显示和水深色块颜色变化，以及系统根据过耙深度自动生成的已挖掘断面显示功能，驾驶员可以直接对挖掘效果进行了解，避免因重复上线造成效率损失，或者对没有走到位的区域进行拾遗补缺；此外，还可以通过历史施工过程回放回溯驾驶员和操耙手的工作过程，不仅可以对其工作质量进行监督，还能对存在的质量隐患成因进行直观的分析和判断，以便进行及时的纠正和指导，避免了工程后期的扫浅施工，提高了施工效率。

连云港庙岭二期港池调头区拓宽增深工程后期扫浅阶段的施工分成南、北两个半槽实施，其中南半槽由安装了“耙吸疏浚监测平台”的航浚4008轮施工，该轮充分利用新技术，做到了纵向精确定深、平面精确定位，实现立体化、精细化施工，仅15d整个南半槽就基本成型，比预计工提前了10d，并形成了《黏性土航道免扫浅疏浚施工工法》；而扫浅工程量与南半槽相近的北半槽由尚未安装“耙吸疏浚监测平台”的其他船舶采用常规施工方法施工，相同扫浅时间则形成大片垄沟与浅点。南槽完工后，航浚4008轮支援北半槽施工，应用本工法仅用10d就完成了全部任务，满足了工期要求，工程质量符合设计要求。

11.3 长江口深水航道治理三期疏浚工程

长江口深水航道治理三期工程航槽全长92.27km，航道设计底宽从350~400m，计算允许超宽3.0m，水深由-10m增深至-12.5m，计算允许超深0.3~0.5m，边坡1：20。其中施工区段上游内航道大约12km的区域黏性土分布较集中，土质较硬。

公司采用《黏性土航道免扫浅疏浚施工工法》，根据施工条件和船舶性能制定了可行的施工方案。在施工过程中，参建船舶应用疏浚监测平台的横纵断面和三维地形显示功能，做到了对局部范围的浅区和孤立浅点采取主动精确过耙，在其处于初始阶段易于浚挖时即予以扫除，避免后期形成浅埂、垄沟；并利用耙迹记录和施工过程回放功能，控制对不同水深分布、不同土质区域的过耙频率，实现均匀增深，有效的控制超深、超宽，提高了施工区段的平整度，为保证长江口深水航道通航保证率作出了贡献。

生态型雨水回收透水地面施工工法

GJEJGF300—2010

潍坊昌大建设集团有限公司　威海建设集团股份有限公司
张连悦　王奋　王建波　胡曰俊　张建平

1. 前　　言

当前城市建设日新月异，大小广场、停车场、人行道不断建设增加，给人们出行和活动健身带来了极大的方便，但这些场区面层大部分用不透水性材料，如水泥、花岗岩、广场砖等，这些场区面层缺乏呼吸性、吸热性和渗水性能力，随之产生一系列环境问题，能够渗入地下的雨水明显减少，很难与空气热量进行湿度交换，产生“热岛现象”，雨水不是存积，就是排入市政管网，使紧缺的水资源没有得到循环利用。

生态型雨水回收透水地面施工工法是潍坊昌大建设集团有限公司、威海建设集团股份有限公司在原有地面施工基础上研究改进而成，先后应用于潍坊市风博广场、潍坊市福寿街、创新大厦景观、威海蓝湾怡庭住宅小区、威海国际商品交易中心、威海幸福广场等工程的地面施工。2010年9月该技术经山东建筑工程管理局和山东土木建筑学会的专家进行鉴定，认为该技术通过路面分层及引流管的设置，能将多余的水分收集进行二次利用，可有效降低污水处理成本，促进水资源高效循环利用，研究成果总体达到国内领先水平，推广应用前景广阔，该工法被评为2010山东省省级工法。

2. 工 法 特 点

本工法保留了普通硬化场区的一切优点，与普通硬化场区相比，透水地面不但整齐耐用，而且能透水蓄水回收，生态环保，无需增加专用机械，维护方便。主要优势体现在以下几个方面：

2.1　施工采用柔性铺装法，即平整基底、压实，基层处铺设雨水引流管，然后铺级配碎石基层，铺砂刮平，再铺透水砖面层。其施工方便、快捷、成本低。

2.2　在基层处设立专用的引流管，将雨水收集后用来洗车、绿化等，雨水资源得以循环利用，减少了水资源的消耗。

2.3　透水面砖可根据实际情况，将组拼缝增宽成为种植缝，使光秃的场区增加了绿色生机，同时起到固尘、降噪的作用。

2.4　透水地面具有快速及长久的透水性能，在连续降雨或大暴雨时能及时将多余的雨水回收，做到雨水二次利用。自动调节温度和湿度，降低城市“热岛效应”，维护城市地表生态平衡。

2.5　透水地面面层由于经特殊工艺加工，具有高耐磨、高强度、耐腐蚀性，同时透水砖地面的辐射性很低，符合国家绿色建材标准。因此人们走在上面更加安全，也不容易感到疲劳。可以大量吸收噪声，这个是其他硬化地面所不可能做到的。

3. 适 用 范 围

适用于广场、停车场、小区、人行道、公园、别墅庭院、步行街等地面。在市区和有条件的场区，在级配碎石基层底部增设引流管，组织汇集多余的雨水，可用于浇灌、洗车等。

4. 工 艺 原 理

生态型雨水回收透水地面施工技术铺装结构分为三层：透水砖面层、净砂结合层、级配碎石承载过滤基层。采用该种铺设方法的场区，完全能满足一般场区荷载要求，能承载较大的荷载，并能够实现雨水渗透补充地下水；同时在基层处设置引流管，在降雨量大时，将渗入水分，有效的引流收集，把多余的雨水收集二次利用。见图4。

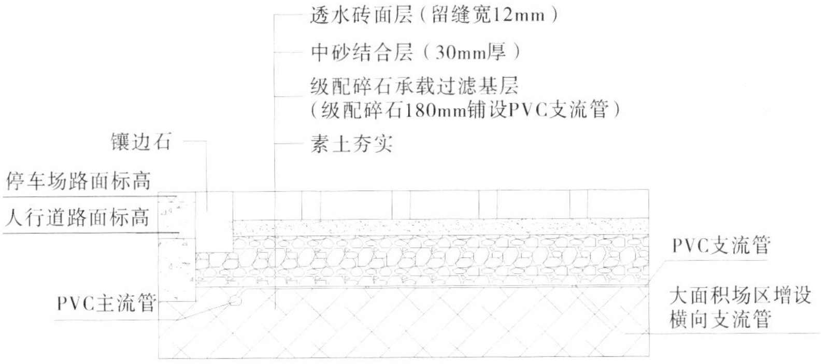

图4　透水地面有组织排水剖面图

5. 施工工艺流程及操作要点

5.1　施工工艺流程（图 5.1）

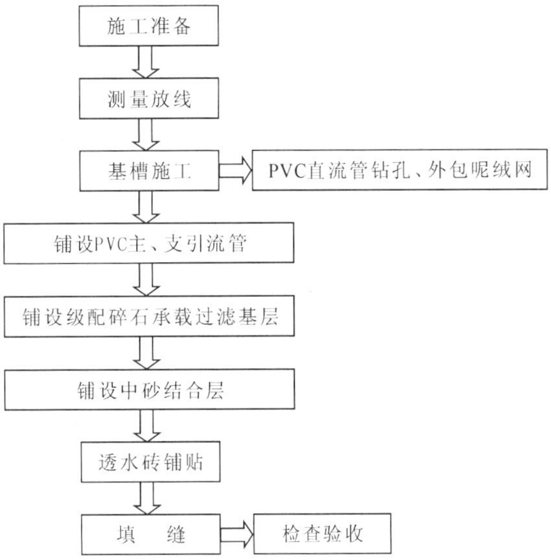

图5.1　施工工艺流程示意图

5.2　操作要点

5.2.1　施工准备

1. 施工前组织施工人员学习图纸和有关设计文件。

2. 熟悉施工现场情况。

3. 结合现场实际情况编制施工方案，并报监理审批。

4. 编制技术交底，并组织交底学审。

5. 组织施工人员、材料进场。

6. 施工中应依据国家现行标准的有关规定，做好量具、器具的检测工作与有关原材料的检验。

7. 遇冬、雨期等特殊气候施工时，应结合工程实际情况，制定季节性施工方案，并经审批程序批准后实施。

8. 施工地段设置行人及车辆的通行与绕行路线的标志。

5.2.2　测量放线

对给定的控制点进行复测验线，按图示尺寸结合施工要求进行实地放线。按照场区的大小确定桩，在桩橛划出预定标高“红平”。

5.2.3　基槽施工

根据设计和规范要求，基槽挖填、夯压整平并达到设计标高；基底层平整后以机器碾压为主，人工为辅的方法，碾压应自地基边缘向中央进行，填土时每层虚铺250～300mm，约碾压5～8遍，机械碾压不到位时，可用人力夯，夯打不少于5遍，且达密实度为止。

5.2.4 主、支引流管铺设

为便于施工和保护主、支引流管，宜先铺设支引流管，后铺设主引流管，基底夯填整平后方可进行铺设，支引流管用ϕ32PVC管，两侧先钻ϕ5孔间距200mm，为防止泥砂堵塞滤水孔，PVC管在铺设之前外包尼龙网，其PVC支管端头用呢绒网先窝折包封端头，后绕缠，其两孔平行与基底，场区纵向小于6m时，可采用单向纵排间距3m，大于6m时，采用“网格”形布置，其纵向、横向均为ϕ32PVC管，纵横间距为2m，支流管的纵横连接使用同材质配套的“T”、“十”形PVC管件接口采用胶结。支流管铺设完成后，要进行一次顺直调整，并用“U”形自制卡加以固定于基底中。为利于雨水渗入地下，涵养水份，又能在大雨引排多余雨水，场区内支引流管不宜设置坡度，场区外为主引流管，主引流管应有1‰坡度，坡向集水池。先端用ϕ50PVC管，与支流管水平吻合，视引流量逐步增加主引流管的管径；自后继接支流管，由于主引流管坡度而产生的与支流管立距高差，增设弯头和立管，与支引流管和变径连接使用同材质配套管件胶结；与主引流管连接，连接处严禁出现倒坡。

5.2.5 铺设级配碎石承载过滤基层

基层摊铺夯压均以机械为主，机械不到位时可采用人工方法，碎石粒径宜采用5～50mm，需使用8t以上压路机械碾压，摊铺碎石时，应从一端开始，向前推进，以确保支引流管不被破环，碾压时，压路机应按长向顺直逐行碾压，碾轮每行次重叠150～200mm，碾压4～6遍，压实系数应达93%以上。

5.2.6 铺设中砂结合层

为保证面层透水砖的平整，在基层之上，用中砂摊平（不能使用胶凝材料），然后用靠杆粗平，抹子细平。一般场区的厚度控制在20～25mm，停车场的结合层厚度为30～35mm。

5.2.7 透水砖铺贴

与车行方向成45°角的“人”字形铺法，一般适用于停车场，对于“人”字形铺贴时，为控制缝间距，铺贴时用与缝相同尺寸的废旧钢筋制成“L”形间隔（缝宽宜为12mm），在铺贴完成一排后将钢筋“L”器取出重复使用。“一”字形和“花篮形”铺设方法一般适用于人行道和场区，为控制缝间距，“一”字形和“花篮”形一般采用挂纵横线的方法，纵线不动，横线平移，依次按线铺贴。

5.2.8 填缝

面层铺装完成并养护24h后，缝内填入过筛细砂，并留30mm不填，再用细砂与草种拌种后，填入缝中，扫平即可。为保证场区内草种的成活率，要做好洒水养护工作。

5.2.9 检查验收

当每区段面层铺设完后，要淋水一次，在进行实体检验，检验标准按《城镇道路工程施工与质量验收规范》CJJ 1-2008中广场、停车场料石面层允须偏差项内容进行实体检验。其主要检查内容有：高程、平整度、坡度、相邻块高差、纵横缝直顺度，缝宽及外观等。

6. 材料与设备

6.1 主要材料见表 6.1

主要材料表　　　　表6.1

序号	材料名称	规格	生产厂家及执行标准
1	级配碎石	5～50mm	执行标准《建筑用卵石、碎石》GB/T 14685-2001
2	砂子	中砂	执行标准《建筑用砂》GB/T 14684-2001
3	呢绒网	–	单县宜家网业有限公司
4	PVC 管	ϕ32	联塑科技发展（武汉）有限公司
5	PVC 管	ϕ50	联塑科技发展（武汉）有限公司
6	透水砖	100mm×100mm×200mm	淄博鑫亿建材有限公司 执行标准《透水砖》JC/T 945-2005

6.2 机具设备

6.2.1 施工所需主要施工机具设备见表6.2.1。

施工机具设备用表 表6.2.1

序号	机械设备名称	规格型号
1	挖掘机	DX225
2	推土机	东方红 75
3	装载机	ZL50
4	压路机	12t
5	打夯机	HW-60
6	切割机	-

6.2.2 测量、计算器具：水准仪、钢卷尺、靠尺、角尺、小线。

6.2.3 辅助工具：橡皮锤、钳子、抹子、扫帚、水桶、靠杆。

7. 质量控制

7.1 工程质量控制标准

《城镇道路工程施工与质量验收规范》JJ 1-2008。

7.2 质量控制措施

7.2.1 进场材料应有合格证和检测报告，经现场复验合格后方能投入使用。

7.2.2 在铺设时，应根据设计图案铺设透水砖，铺设时应轻轻平放，用橡胶锤锤打稳定，但不得损伤砖的边角，铺砌时应随时用靠尺检验平整度，出现问题及时修整。

7.2.3 铺设好的透水砖应检查是否稳固、面层是否平整，发现活动部位应及时整改。

7.2.4 广场、人行道、停车场等面层与其他构筑物应接合平顺，套割吻合。

7.2.5 制订质量检查表，规范化、标准化组织质量检查工作。

7.2.6 管理人员应做好各项监督、检查及指导工作，做到及时发现问题及时解决问题，确保分项工程一次验收合格率达到100%，不合格的工程项目决不转入下道工序。做到检查上道工序，做好本道工序，服务下道工序。

8. 安全措施

8.1 认真贯彻“安全第一，预防为主”的方针，执行安全生产责任制，明确各级人员的职责，抓好工程的安全生产。

8.2 所有工种操作人员都必须加强岗前培训，系统掌握有关安全知识，并通过考核合格后，持证上岗。

8.3 使用的各种机械，应符合相应的安全技术操作规程要求，配齐安全防护。

8.4 施工过程中所用的电气设备，电动机具的安装、拆除、检修等，必须由专业电工进行操作，其他人严禁动用。

8.5 安全员必须每日检查安全生产情况，发现并报告不安全因素和事故苗头，及时采取有效措施，杜绝不安全因素产生。

8.6 施工现场按符合防火、防风、防雷、防洪、防触电等安全规定及安全施工要求进行布置，并完善布置各种安全标识。

9. 环保措施

9.1 成立对应的施工环境卫生管理机构，在工程施工过程中严格遵守国家和地方政府下发的有关环境保护的法律、法规和规章，加强对工程材料、设备、废水、生产生活垃圾、弃渣的控制和治理，遵守有防火及废弃物处理的规章制度，做好交通环境疏导，充分满足便民要求，认真接受城市交通管理，随时接受相关单位的监督检查。

9.2 将施工场地和作业限制在工程建设允许的范围内，合理布置、规范围挡，做到标牌清楚、齐全，各种标识醒目，施工场地整洁文明。

9.3 对施工中可能影响到的各种公共设施制定可靠的防止损坏和移位的实施措施，加强实施中的监测、应对和验证。同时，将相关方案和要求向全体施工人员详细交底。

9.4 切割砖时，操作人员应戴上口罩，并且在切割板前方放置一条湿布，降低粉尘污染。施工现场清扫时，或在易产生扬尘的季节，应经常性对施工场地或道路适量洒水降尘，避免尘土飞扬，环境污染。

9.5 尽量使用低噪声的施工作业设置，无法避免噪声的施工设备，则应对其采取噪声隔离措施。

9.6 现场出入口设置车轮清洁池，专人负责冲刷车轮，绝不带土上路。

9.7 对料场地面进行硬化，作业点做到工完料尽、场地清，保持现场文明整洁。

9.8 将切割剩余下的砖加工粉碎后和石子一起作为级配砂石使用，节约了材料。

10. 效益分析

10.1 经济效益

1. 透水砖与花岗岩面层，假定主材料价格等同无差价：

铺贴人工费：花岗岩25元/m^2；透水砖6.8元/m^2；

结合层：花岗岩1：2.5水泥砂浆3cm厚6元/m^2；透水砖1.5元/ m^2。

2. 基层

1）花岗岩C20商混凝土100mm厚：

0.1×240元/ m^2+5元（人工费）=29元/m^2

29元/m^2+2元（覆盖养护费）=31元/ m^2

2）透水砖级配碎石180mm厚：

0.18×60+3元（摊铺碾压费）=13.8元/ m^2

3. 养护

1）花岗岩：按成活后7d养护计算，养护费约1.8元/m^2。

2）透水砖：成活后无需进行养护，方可投入使用。

经测算按与透水砖等同价格的花岗岩地面相比，每平方节约41.7元，以创新大厦景观工程为例，该工程共计1800个停车位，每个停车位面积22.75m^2，节约投资170余万元。

10.2 社会效益

透水地面集雨水回收、过滤、净化等功能与一体，采用其铺砌的路面能使雨水快速渗透地下，透水时效长，避免了地表积水给行人和交通带来的不便，相应减少了雨水污水在污水管道的排放和污水处理费，回收后的雨水，直接用于绿化、洗车，减少了水资源的消耗。有利于吸附地面的灰尘和进行热量交换，自动调节温度和湿度降低城市“热岛效应”，有效改善人居环境。

与传统的施工工艺相比，透水地面施工方便，操作简单，适用性强，透水性能好，实现了资源综合利用，减轻了排水设施的负担，具有广泛的发展前景。

10.3 节能环保效益

透水地面具有快速及长久的透水性能，能将雨水渗透地下直接补充地下水，在大雨、暴雨时结合雨水收集系统能将雨水收集回收直接用于绿化、洗车等，可改善城市水资源，降低污水处理成本促进水资源高效循环利用，节能环保作用明显。

11. 应用实例

11.1 潍坊市胜利街人行道工程位于潍坊潍城区向阳路至月河路之间，工程施工面积6900m^2。该工程于2007年4月开工，2007年6月竣工。在冬、雨季节，人行道上无积水、不打滑，雨水渗入地下或涵养在砖体内，可调节大气湿度、温度，为人们提供了舒适的车行、人行环境。

11.2 潍坊市福寿街工程位于潍坊市奎文区，工程施工面积15860m^2。该工程于2008年3月开工，2008年10月竣工。整体效果良好，透水时效长，避免了地表积水给行人和交通带来的不便，其施工方便，快捷、成本低，得到了建设单位及社会各界的好评。该工程荣获2009年度全国市政金杯奖。

11.3 潍坊高新区创新大厦景观工程，位于潍坊高新区健康街与潍安路交叉路口西北角，占地面积89457m^2。该工程于2008年12月开工，于2009年09月竣工，停车位1800个，停车位面积22.75m^2/个，透水地面面积40950m^2，按潍坊市年平均降雨量671.5mm，按2/3回收，每年可回收雨水805.8m^3，直接经济效益4834.8元。

11.4 威海蓝湾怡庭住宅小区工程，位于威海海滨南路西侧污水处理厂北，该工程室外广场面积20000m^2， 在冬、雨季节，人行道上无积水、不打滑，雨水渗入地下或涵养在砖体内，可调节大气湿度、温度，为人们提供了舒适的车行、人行环境。

11.5 威海国际商品交易中心工程，位于威海市青岛路东、海滨南路西，室外广场面积10000m^2，快速及长久的透水性能，避免了地表积水给行人和交通带来的不便，其施工方便，快捷、成本低，得到了建设单位及社会各界的好评。

11.6 威海幸福广场工程，位于威海新外滩公园内，该工程透水地面面积为20000m^2，经历了2008～2009年两年雪雨的考验，雨水渗入地下，直接补充地下水，做到雨天无积水、雪天不打滑，施工工程按合同工期如期完工，受到了业主的好评。

预应力锚索网格梁板施工工法

GJEJGF301—2010

云南建工水利水电建设有限公司　湖北地矿建设工程承包集团有限公司
吴亚俊　王嘉贵　李家向　陈少平　张志　阳志雄

1. 前　　言

水利水电工程主要处于山岭陡峭、地形复杂、山高谷深的地区，边坡稳定问题是水利水电工程中经常遇到的问题，边坡的稳定性直接决定着工程修建的可行性，影响着工程的建设投资和安全运行。在进行土石方开挖时需防止由施工引起地层移动、发生滑坡，需防止岩层发生变形与破坏是一个很大的技术难题。

在昭通鲁甸洪石岩水电站发电厂房、国电阿墨江水电站、禄劝电石厂等工程的高边坡加固处理过程中，采用预应力锚索网格梁板进行加固处理，由于采用锚索与钢筋混凝土网格梁板共同作用，加固效果显著，技术先进，对施工经验进行总结形成本工法。

2. 工 法 特 点

2.1　施工工艺简便，结构受力明确。

2.2　利用锚索与钢筋混凝土网格梁板共同作用，提高边坡土的结构强度和抗变形刚度，减少土体侧向变形，增强边坡的整体稳定性。

3. 适 用 范 围

本工法适用于公路、铁路、水利、城市建设等相关领域的高边坡稳定处理，主要应用于岩土边坡和滑坡岩体加固处理。

4. 工 艺 原 理

穿过边坡滑动面的预应力锚索，外锚端固定于钢筋混凝土网格梁上，内锚端锚固在稳定整体岩体中。锚索的预应力使不稳定岩体处于较高围压的三向应力状态，岩体强度和变形比在单轴压力及低围压条件，使结构面处于压紧状态，锚索的锚固力直接改变了滑动面上的应力状态和滑动稳定条件，结构面对岩体变形影响减弱，显著提高岩体的整体性。

5. 施工工艺流程及操作要点

5.1　施工工艺流程

施工工艺主要分为锚索施工、钢筋混凝土网格梁施工和湿法喷射混凝土板施工三大部分，其工艺流程见图5.1。

5.2　操作要点

5.2.1　孔位放样

采用全站仪进行定位放样，放样精度达到设计要求，必须进行复测放样的准确性。

5.2.2 钻机就位

在依附边坡搭设的承重排架上安装钻机，钻机就位应对准所放孔位，钻机与坡面的夹角应满足设计要求，钻机摆放平稳，与操作平台连成一体，保证钻孔的位置、角度、孔斜满足施工技术要求，达到验收标准。

5.2.3 钻孔

采用MGJ-50D潜孔冲击钻机进行钻孔，开钻前复测钻机定位参数,核对无误后方可供风开钻。按锚索设计长度将钻机所需钻杆摆放整齐，钻杆用完孔深也恰好到位。钻进采用干孔钻进，钻进过程中应对每个孔的地层变化、钻进状态及一些特殊情况进行分析，如遇地层松散，破碎时采用跟套管钻进技术，如遇塌孔或地下水丰富时，应立即停钻，对围岩进行固结灌浆处理（灌浆压力0.2～0.4MPa），待水泥浆凝固后，再重新扫孔钻进。钻孔到位后，用高压风（风压大于0.5MPa）将孔内的岩粉清干净。

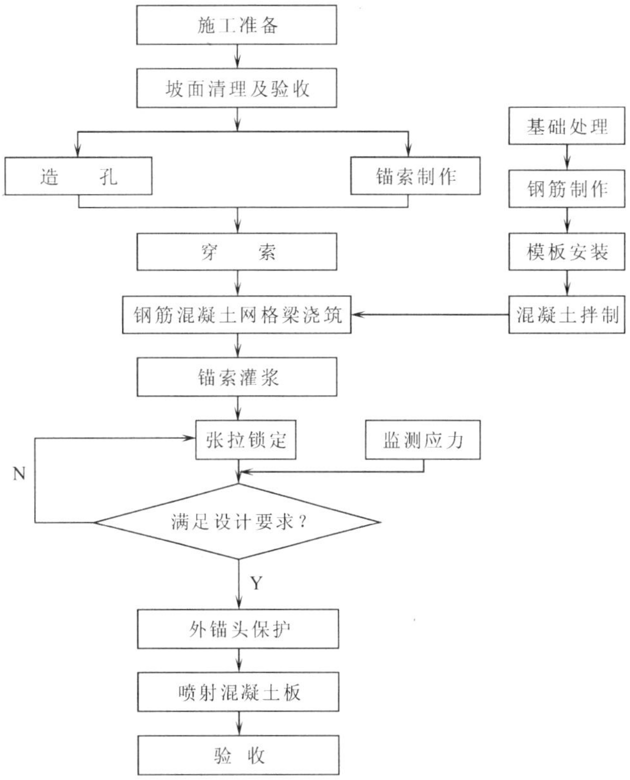

图5.1　预应力锚索网格梁板施工工艺流程

5.2.4 锚索制作

钢铰线下料长度按照锚索实际孔深、并满足张拉和设计要求的最小长度截取，每根绞线长度误差控制在10cm左右。钢绞线下料后，将钢绞线内锚段长度去皮、清洗油脂，切除外皮时不得伤及钢绞线；清洗时，先将内锚段长度内的钢绞线逐丝散开，使用清洗剂去除防腐油脂，油脂必须清除干净，以免影响钢绞线与水泥浆之间的粘结力。

编制时，将钢绞线与各种进、回浆管，平行堆放于操作平台上，钢绞线按顺序用钢丝编帘，对进、回浆管加以标识，然后安装架线环等附件。锚索钢绞线和塑料管之间用硬质塑料支架分离，支架间距在内锚固段为0.75m，自由段内为3.0m；在内锚固段与自由张拉段相连部位，钢绞线PE套管用胶带缠封。钢绞线在隔离架上的孔位要一一对应，索体绑扎牢固，绞线平行顺直。

对不同位置处的承载体相应的绞线外露端做出临时和永久性标记。灌浆管绑扎在锚索体上，灌浆管头部距孔底5～10cm，灌浆管使用前，要检查有无破裂、堵塞。绑扎好的锚索顶部要安装导向帽，以方便穿索。

5.2.5 穿索

穿索前，要核对锚索编号是否与孔号一致，确认无误。用人工将锚索平顺穿入锚孔，当外露部分满足工作长度时即到位，停止穿索。锚索往孔内穿时，索体必须平顺，不得扭绞，同时应避免损伤PE管及支撑环脱落。

5.2.6 钢筋混凝土网格梁浇筑

按设计图纸进行放线，开挖基础，将坡面松渣清理干净。根据设计图纸进行钢筋制作安装，并将后期喷锚用的钢筋网与网格梁钢筋连接，钢筋安装必须满足施工规范要求。模板固定在依附边坡搭设的承重排架上，其安装几何尺寸满足设计要求。用机械拌合，人工配合卷扬机运输混凝土入仓，振捣棒插捣的方式进行浇筑，拆模后及时进行养护。

5.2.7 锚索灌浆

灌浆在混凝土网格梁浇筑完成且有一定强度后进行全孔一次注浆。沿一次灌浆管用压力风水冲洗孔内渗水，并检查管道是否通畅和阻浆系统的密封性。

浆液采用PO42.5级水泥，浆液中掺入一定数量的膨胀剂和减水早强剂，具体配比及外加剂掺量如下：水灰比为0.35，外加10%SW复合型膨胀剂和0.7%的SW高效早强减水剂，浆体强度不小于40MPa。

浆液由NJ600搅拌机拌制，浆液输送至JJS-2B搅拌桶由UBJ2型挤压式灰浆泵。从一次灌浆管自下而上连续缓慢灌注浆液，排气兼回浆管返浆，锚固段灌浆压力为0.3~0.5MPa。灌浆结束标准为：灌浆量大于理论吸浆量，回浆量比重不小于进浆量，且稳压30min，孔内不再吸浆，即进、排浆量一致。注浆过程中要做好相关记录，并做好试验块。

5.2.8 锚索的张拉及锁定

待锚孔注浆体强度达到设计要求后可进行张拉。其张拉工艺流程如图5.2.8。

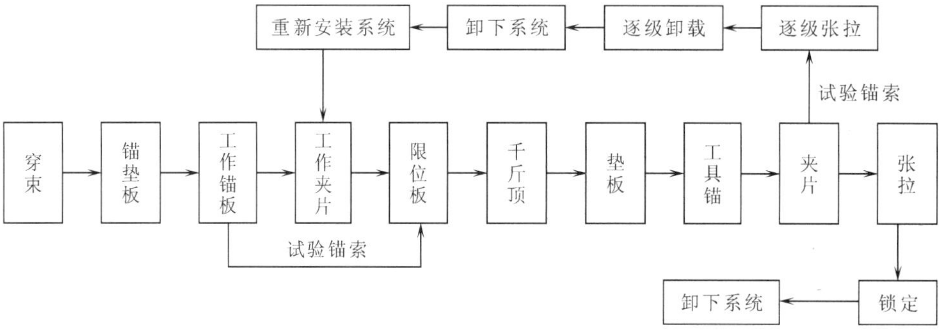

图5.2.8 锚索张拉工艺流程图

张拉采用OVM锚固体系和YCW200千斤顶。千斤顶和配套的油泵、高压油表、测力器等张拉机具必须在张拉前准备齐全并进行严格的率定和校验，计算出千斤顶受力与油压的线性方程。

所有锚束均采用一端张拉。张拉方法采用单根预紧，整束张拉，分级加荷，一次张拉到位并在设计超张拉吨位锁定。以小千斤顶逐根预紧，大千斤顶整束张拉至超张拉吨位。超张拉吨位计算公式为：$0 \rightarrow nP_{con}$。式中：n——1.05~1.10超载安装系数，P_{con}——设计张拉力。1000kN吨级：由7根钢绞线成束，设计吨位1000kN，超张拉吨位1100kN，锁定吨位1100 kN。锚索张拉时，逐级测量锚索伸长量，采用应力控制（千斤顶油压表控制）张拉，伸长值校核（理论伸长值和实测伸长值比较）的双控操作方法综合控制锚索应力，并兼顾测力计同步观测值。锚索张拉分级如下：1000kN锚索张拉分级：预紧→500kN→750kN→1000kN →1100kN（锁定）。采用检验过的直钢尺，在荷载稳定后以钢铰线的同一基准点进行两次伸长值量测。锚索应力损失基本稳定后，若锚索锁定的张拉力低于规定的设计值，对锚索进行补偿张拉。

5.2.9 应力监测

选择具有代表性的锚孔装上特殊的传感器元件，然后装上锚具，通过预应力的施加和观测，测出不同时期锚索拉力的变化情况，进行有关的处理，轴力读数时应与锚索张拉伸长情况相对应进行观测。

5.2.10 湿喷混凝土板

湿式喷射混凝土工艺流程如图5.2.10。

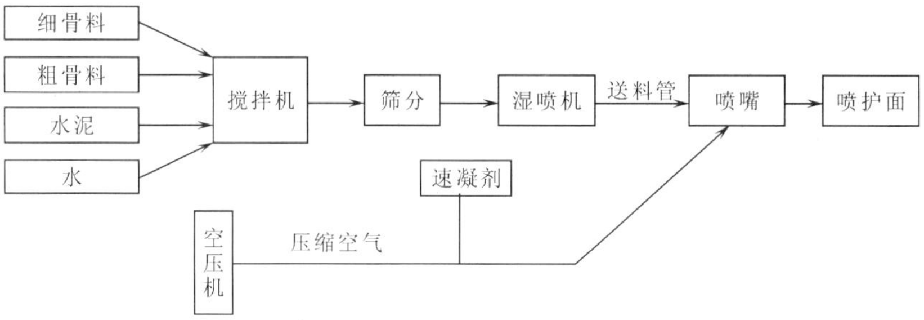

图5.2.10 湿式喷射混凝土工艺流程

1. 原材料的要求

水：不含影响混凝土性能的矿物质成分，一般饮用水标准；砂：筛分后剔除超径石，细度模数$F \cdot M=2.2 \sim 2.6$为宜；石：最大粒径不得超过15mm；速凝剂：以水剂为佳；混凝土坍落度控制：根据受喷面的距离、混凝土强度等级等确定，以8～12cm为宜。

2. 机械操作要点

料斗内无异物、速凝剂液面高度合适，调节计量泵使速凝剂添加比例符合混凝土配合比设计要求；压力控制器的动作压力与输送距离等有关参数相适应；防止混凝土管出现急拐弯和憋劲现象；转子运动方向是否与所标方向一致，观察吸入管内的液体流动是否正常，喷嘴有无堵塞；开机并观察风压值变化；根据喷嘴出料情况来调整主风阀的开度。

3. 施工要点

上料速度要均匀连续，保持进料斗中有一定的储藏量；及时清除振动筛上粒径大于15mm的粗料或其他异物；喷射手在操作喷嘴时，应尽量使喷嘴与受喷面垂直，距离以1.0m左右为宜；喷混凝土时应采取分片自下往上喷射，喷嘴应呈螺旋形转动，均匀喷射至岩面。

5.3 劳动力组织（表5.3）

劳动力组织情况表　　表5.3

序号	项目/工种	人　数	备　注
1	管理人员	2	
2	技术人员	3	
3	钻　　孔	9	
4	锚索制作与安装	13	
5	锚索灌浆	5	
6	锚索张拉与锁定	9	
7	钢筋制安	5	
8	混凝土浇筑	12	
9	喷射混凝土	11	

6. 材料与设备

采用的主要材料与设备如表6。

主要材料与设备表　　表6

序号	材料与设备名称	规　格	单位	数量	备　注
1	预应力锚索	ϕ=15.20mm	根	7	7根/束
2	钻机	MGJ-50D	台	2	
3	空压机	LGY-17/7	台	2	
4	注浆泵	SNS200/50	台	1	
5	灰浆搅拌机	2000L	台	2	
6	油泵	ZB_4/500S	台	4	带S阀
7	千斤顶	YCW200A	台	1	
8	千斤顶	YDC240Q	台	4	带顶压头4个
9	千分表		只	2	
10	单孔工作锚	OVM	套	5	带25副工作夹片
11	湿喷机	TK961	台	2	
12	混凝土搅拌机	350	台	2	

7. 质量控制

7.1 熟悉施工图纸，明确设计技术要求，熟悉工程地质勘察报告，掌握地层情况。编制专项施工方案及施工作业指导书，向施工各方进行技术交底。

7.2 施工平台的架设符合相关要求，其稳定性、坚固性满足施工需要，避免因钻机固定不牢而导致孔位出现偏差。

7.3 锚孔深度、孔径均不得小于设计值，锚固孔的倾角、方位角应符合设计要求，锚索孔径允许误差±2mm，倾角允许误差±1°，孔斜误差不得大于是3%，孔口坐标误差不得大于10cm。若遇塌孔，应立即停钻，进行固壁注浆处理，注浆24h后重新扫孔钻进。锚孔要清洗干净，空中不得留有岩粉和水。

7.4 预应力锚束的制作、存放、下束均应满足设计要求，锚束的编制要确保每一根钢绞线始终均匀排列、平直、不扭不叉，锈、油污要除净，对有死弯、机械损伤及锈坑者应剔出。施工重点控制下料长度、束体上各种元件安放位置、锚索在束体中平顺情况、绑扎牢固情况。锚索下料长度应基本相同，长短之差控制在5cm之内，隔离架间距偏差不得大于±5cm。

7.5 锚索注浆一次性连续完成，水泥浆强度不低于设计要求，并在现场进行取样检测。

7.6 外锚头几何尺寸、结构强度必须满足设计要求。承压钢垫板应与锚孔轴线垂直，其偏差不得大于±2°，锚墩强度不得小于设计强度。

7.7 钢筋网格梁浇筑按《水工混凝土钢筋施工规范》、《水工混凝土模板施工规范》、《水工混凝土施工规范》相关技术要求和设计技术要求进行施工，其质量符合相关验收质量标准。

7.8 锚索的张拉要在注浆体强度达到设计要求后方可进行。张拉荷载及锁定荷载应满足设计要求，张拉荷载均不宜大于预应力钢材极限抗拉强度的69%；采用应力控制及伸长值校核方法控制张拉过程，实际伸长值应在理论伸长值的95%～110%；加载及卸载应缓慢平稳；夹片错牙不应大于2mm，锚具锁定时，夹片缩回量不大于5mm。

7.9 封孔灌浆压力、屏浆时间与设计相符，保证锚孔的密闭性。

7.10 预应力锚索在锚具外的长度不小于2cm，采用砂轮切割机进行切割。

7.11 喷射混凝土按《水电水利工程锚喷支护施工规范》的相关要求进行施工，施工质量应满足质量验收标准。

7.12 做好成品保护，定期了解预锚运行情况。

8. 安全措施

8.1 施工前进行安全技术交底，施工过程中要明确分工，统一指挥。上岗前要做好安全培训工作，施工人员进入现场要戴好安全帽，操作人员遵守有关安全操作规程。

8.2 各种机具设备应处于完好状态。切割钢绞线使用的砂轮切割机要设置安全护罩，以防断片伤人。

8.3 高空作业要设置必要的防护措施，作业人员必须佩戴安全带。脚手架的搭设必须稳定，对紧固体的紧固必须有人复核。

8.4 施工用水、用电管线分开架设，用电线路通过脚手架时应架空通过或加装防护套管，严防漏电，并派专人定期巡视与维护。

8.5 施工操作人员应配备防尘、隔声器具；造孔时应有除尘装置，降低粉尘排放量。

8.6 注浆管路应畅通，不得有堵塞现象，避免浆液突然喷出伤人，注浆管路不使用时要及时注压清水冲洗干净。

8.7 张拉机具各部件应牢靠，特别是高压油管的连接点，以避免突然断裂脱口喷出伤人。在张拉过程中，千斤顶前不得站人，以防锚索断裂造成事故。

8.8 钢筋网格梁浇筑应注意高空作业方面的施工安全，切实做好防范措施。

8.9 在喷射混凝土的施工过程中，注意高空作业、物体打击等方面的安全问题。

9. 环 保 措 施

9.1 施工现场应按施工要求规范设置排水沟、沉淀池、过滤池等，施工废水经沉淀过滤后，方可排至河中。

9.2 严禁随意倒弃建筑垃圾，应运送至指定地点，维护生态环境。

9.3 施工产生的水泥浆、废渣，采取过滤的方法进行处理，以免污染环境。

9.4 施工噪声大的工作，选择合适时间施工，采取相应的隔声、降噪措施，降低噪声对环境的影响。

9.5 在锚孔作业过程中产生大量粉尘，使用除尘装置进行处理，降低粉尘排放量，施工人员应配备防尘器具。

10. 效 益 分 析

施工工法为松散岩土体和边坡加固工程施工积累了成功的经验，为预应力锚索施工提供作业方法，对滑坡体表层坡体起保护作用并增强坡体的整体性。为后续工程施工提供保障，为工程的顺利进行提供条件，确保工程按期完成。

11. 应 用 实 例

11.1 三江口水电站位于云南省墨江县阿墨江下游河段上，为阿墨江梯级开发的第三级水电站，也是阿墨江梯级开发的最后一级。电站以发电为主，水库总库$0.8452\times10^8m^3$，最大坝高77m，装机容量99MW（3×33MW），为Ⅲ等中型工程。枢纽工程由面板堆石坝、左岸溢洪道、冲沙（兼泄洪）道、引水发电系统及导流建筑物等组成。

水电站导流建筑物由左岸导流洞、上下游围堰组成。断面形式为方圆形，断面尺寸为9m×13m（宽×高），进口底板高程为562.00m，洞长538.145m，隧洞底坡为i=0.98%，出口底板高程为557.00m。导流洞出口段处于强卸荷区，地质构造发育，小断层、节理裂隙较发育，以压扭性断层为主，多闭合～微张，局部张开1～5cm，岩体破碎，结构差，稳定性差，局部有渗水。前期导流洞出口边坡的加固处理采用12～15m长的锚筋桩进行边坡加固处理，由于未穿过断层而未达到处理目的，边坡变形未能抑制。通过几种方案对比，由设计提出用预应力锚索网格梁板进行处理的方案，采用该方法后达到目的。

边坡加固采用预应力锚索钢筋混凝土网格梁板进行处理，其结构形式见图11.1。预应力锚索排距3.0m， 孔距3.0m，锚索长30～85m，锚固端长8.0m，设计张拉力1000kN，共完成151棵预应力锚索；网格梁为30cm×30cm，主筋为ϕ20@100，箍筋为ϕ8@100～150，网格梁交叉部位设为锚索张拉点；混凝土板为C25喷射混凝土，厚为10cm。经过处理后，监测未变形，为导流洞的开挖提供条件。

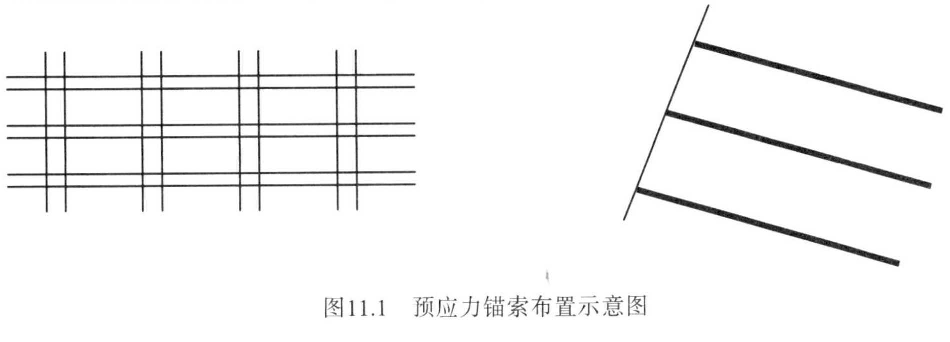

图11.1 预应力锚索布置示意图

11.2 洪石岩水电站是金沙江右岸一级支流牛栏江中上游水电开发规划的第六级电站，位于云南省昭通地区鲁甸县境内。洪石岩水电站工程水库总库容69.3万m^3，电站装机容量4×20000kW，年发电量3.08×10^4 kW·h，工程规模属于中型，为Ⅲ等工程。主要建筑物水库大坝、电站、输水隧洞进口为3级建筑物，临时建筑物级别为5级建筑物。电站为引水式开发，枢纽由钢筋混凝土拦河闸、右岸引水道及地面厂房组成。

厂房为地面厂房，布置于右岸查平子坡基座阶地上，电站主厂房长77.3m、宽23.5m、高43m，内装4台单机容量2×10^4kW的水轮发电机组。副厂房及升压站位于主厂房后山公路边台地上，开关站位于主厂房后山右侧之台地上。由于洪水位较高，主厂房采取封闭式钢筋混凝土结构。

厂房后边坡采用预应力网格梁板进行加固处理，预应力锚索排距4.0m， 孔距4.0m，锚索最长近80m，锚固端长10.0m，设计张拉力1500kN，共完成112棵预应力锚索；网格梁为45cm×45cm，主筋为ϕ25@150，箍筋为ϕ8@100/150，网格梁交叉部位设为锚索张拉点。现已完工3年，边坡没有发生变形，处理效果良好，为电站的运行提供保证。

11.3 禄劝县电石厂工程位于禄劝县九龙镇达吉坡，地貌总体上属中山地貌，微地貌为山麓缓坡地貌，拟建场地东、南、北三面环山，西面开阔，东高、西低，南高北低的多级农田旱地。该场所地质分布较复杂，成因类型多，以坡残积作用为主，无软土分布。1号边坡位处厂区南侧，M～N段全长193m，坡比1∶0.5，最大坡高30.8m；N～P段全长118m，坡比1∶0.75，最大坡高12.6m，土质多为黏土与强风化灰岩；2号边坡位处厂区正东，I～J段全长165m，坡比1∶0.3，最大坡高15.5m，J～K段全长103m，坡比1∶0.3，最大坡高16.7m，K～M段全长180m，坡比1∶0.3，最大坡高31.8m，土质多为黏土；3号边坡位处厂区北侧，E～F段全长180m，坡比1∶0.2～0.3，最大坡高32m，F～H段全长179m，最大坡高为17.3m，土质多为黏土与强风化灰岩。4号边坡位处厂区西北，A～D段全长112.5m，坡比1∶0.2，最大坡高12.71m，土质多为黏土。

综上所述，该高边坡存在土体松软、坡比极不合理等情况，属施工技术复杂的超高度的危险边坡。

在这样复杂的情况下，应用了预应力锚索和网格梁板技术，稳定了高边坡，取得了良好效果，和原来设计的大面积开挖相比，避免了更多山林的破坏，避免了水土流失，同时取得了较好的经济效益和社会效益。

序列式柔性振动沉模板桩防渗墙施工工法

GJEJGF302—2010

浙江海天建设集团有限公司　中国水电建设集团十五工程局有限公司
卢锡雷　胡新峰　王东　何小雄　杜立红　乔勇

1. 前　言

序列式柔性振动沉模板桩防渗墙技术，是在总结已有建造混凝土防渗墙工法的基础上研制成功的一项构筑柔性防渗墙的新型工法，在成槽、成墙工艺和设备及材料等方面均有所创新，利用高频振动桩锤将钢模板交替将序列Ai桩和序列Bi桩沉入土中的新工法，建造防渗墙，比单板工艺更具有独特的优越性，有效地保证了防渗墙体连续、完整、墙厚均匀，垂直度易控制，不仅不存在接缝、夹泥、断墙、缩板和纵横向开叉等缺陷，而且单板间接头处得到加厚加强。已取得相关专利两项（无缝连接防渗墙钢模板：ZL 200720187128.9；带润滑的活瓣桩尖灌注排桩模管：ZL 200720187133.X），一项发明专利（无缝连接沉模灌注排桩施工工艺：受理号200710300223.X，初审合格，实质性审查中）。该项新技术比现有其他建造连续墙技术工效高，且单价低，在我国江河湖海堤坝防渗加固工程建设方面有着广阔的应用前景。

2. 工法特点

2.1　本工法建造的墙体垂直连续，无接缝，无纵横向开叉等缺陷，墙面平整，厚度均匀，因挤土、渗透、振动等因素所致的综合效应，防渗效果好。

2.2　本工法造墙工效高，每台班可造墙约400～500m^2无缝连接防渗墙。

2.3　本工法工艺简单，充分利用了空腹钢板的造槽、导向、护槽、灌注、振捣等功能一次连续成墙，易于控制施工质量。

2.4　本工法施工速度快，工程造价低，每平方米防渗墙造价较其他混凝土连续墙便宜1/3左右。

2.5　由于成墙浆材具有较大的可变形特性，具有一定的柔性，适合堤坝等有一定变形特点防渗要求的工程。

3. 适用范围

以砂、砂性土、砂质黏土、淤泥质土及砂砾地层为主的防渗墙施工。有较大体积的孤石、地下障碍物等地质条件时，需要其他方法配合预先处理，否则对沉桩效率有所影响。

4. 工艺原理

序列式柔性振动沉模板桩防渗墙技术，是利用大功率、高频振动锤产生的激振动力将工字形空腔的钢板模板沉入土体中，达到设计深度，在起拔模板的同时向空腔内连续灌注浆液（浆材根据具体防渗要求设计，砂浆适用于10～20cm厚的防渗墙，塑性混凝土适用于大于20cm厚的防渗墙），边振动边拔模边灌液，浆液在重力作用下留于槽孔中形成单块板墙，将单板连接起来，即形成连续、完整的防渗板墙帷幕；而且钢板模在振动沉入和振动提拔过程中，对土体进行了有效挤土，并对已注入模板和槽孔内的浆液有连续振捣作用，使墙体内浆液充分振动密实，同时又使浆液向两侧挤压、渗透，增大了板墙防渗的有效厚度。

5. 施工工艺流程及操作要点

5.1 工艺流程（图5.1）

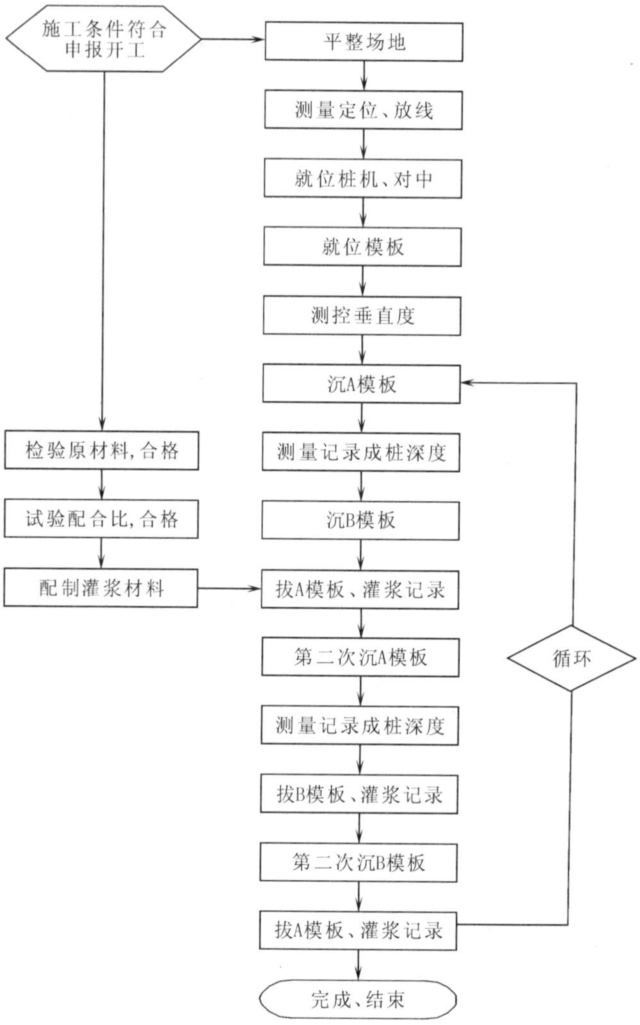

图5.1 工艺流程

5.2 操作要点

5.2.1 测量定位、放线

采用全站仪根据地面控制点进行实地放样，并做好定位桩，拉好用普通钢丝做标志的基线，作为防渗墙的位置控制线。

5.2.2 模板就位

先将桩机调平，使立柱垂直，再将A模板对准孔位，靠振动体系的自重落下，检测调整模板的垂直度达到工法要求。

5.2.3 振动沉模

1. 启动振捶，先将A模板沿施工轴线沉入地层，达到设计深度。A模板为先导模板，有起始、定位、导向作用，故其垂直倾斜度要求小于3‰～5‰；A模板带阴连接。

2. 再将B模板沿施工轴线紧靠A模板前沿沉入地层中，达到设计深度。B模板为前接模板，起到延长板墙长度的作用；B模板带阳连接。

3. 根据设计要求检测桩墙的沉桩深度，并记录沉模深度和时间。

5.2.4 灌浆拔模

向A模板空腹内灌注浆液，然后边振动、边拔升、边灌注，直至将A模板拔出地面，浆液留于槽孔内，凝固后形成密实的单板墙体，并记录灌拔时间。

5.2.5 再沉A模

当A模板灌浆拔模至地面后，移至B模板前沿沉模时，B模板也起到定位、导向作用。此时A模板为前接模板，起到加长板墙的作用，A、B模板的定位、导向作用互换。

重复5.2.2～5.2.5工序，连续不断地施工，即可形成一道竖直连续的整体板墙，见图5.2.5。

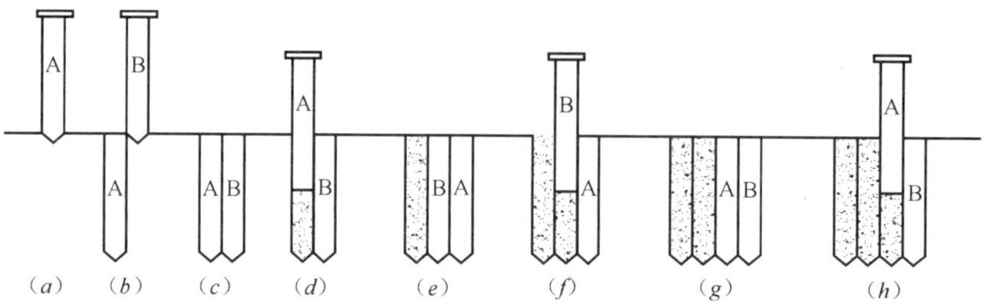

图5.2.5 施工工序示意图

（a）A就位；（b）A沉入，B就位；（c）B沉入；（d）A灌注；
（e）A再次沉入；（f）B灌注；（g）B再次沉入；（h）A再次灌注

5.3 关键技术

5.3.1 为了保证防渗墙的垂直度及能为后续模板正确导向，故模板沉模时的垂直度要求不超过3‰。垂直度采用全站仪和桩机的垂直度尺来检测，通过调整桩机的底盘和桩架来达到要求。

5.3.2 施工中的特殊情况处理。

1. 在振动沉模及拔模过程中，桩体周围一定范围内，地表面将产生一些裂缝和挤压变形，在灌浆过程中，桩体周围应有浆液冒出，若发现无浆液冒出，说明拔桩速度过快，应停止拔模，待有浆液冒出时再拔模。

2. 在振动拔模过程中，由于浆液充填与槽孔相连的裂缝、空洞、漏水通道，使浆液的灌入量远远大于该板桩所需的灌浆量，形成漏浆，如遇到漏浆现象，这时要停止模板提升，直到浆液注满空洞，再继续拔模。如发现特别异常，应查明原因后再行施工。

3. 新、老板桩墙的处理方法：

分段施工或施工如遇到特殊情况停止施工后再次施工时，会遇到新、老板桩墙的连接问题，处理该问题的方法可参照图5.3.2-1施工。即与成墙部分平接，再在接缝处内侧平接一根桩，该桩施工时先振动注浆拔桩，再原位沉模，静拔并注浆。

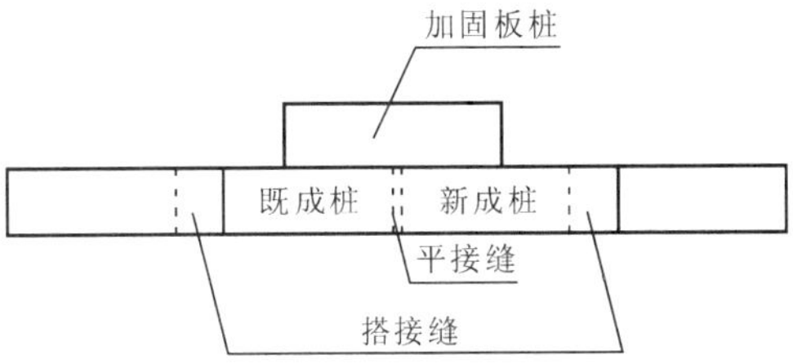

图5.3.2-1 新、老板桩墙连接示意图

4. 板桩墙开天窗的处理：

在每一施工段过程中，遇到特殊情况停工，造成板桩墙开天窗，处理措施按图5.3.2-2进行施工，即在开天窗处内侧面平接两根或数根板桩，封堵该天窗。

5. 障碍物时的处理：

当施工时遇到沉模困难时，即将模板越过障碍物后再继续施工，留下的空缺处，用高喷灌浆造墙修补，高喷灌浆板墙与桩墙搭接长度为30～50cm；如图5.3.2-3施工。

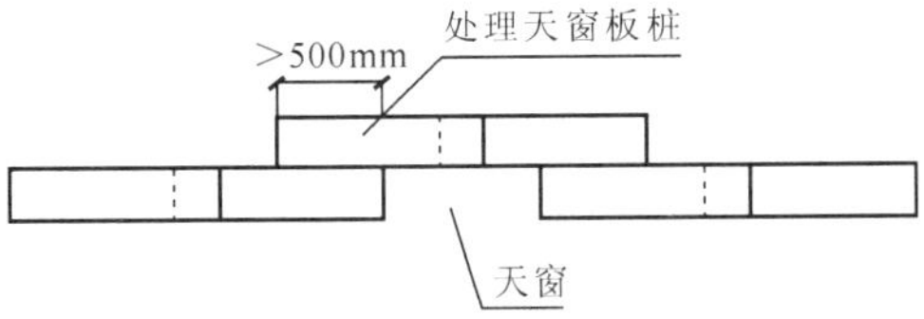

图5.3.2-2 板桩墙开天窗处理示意图

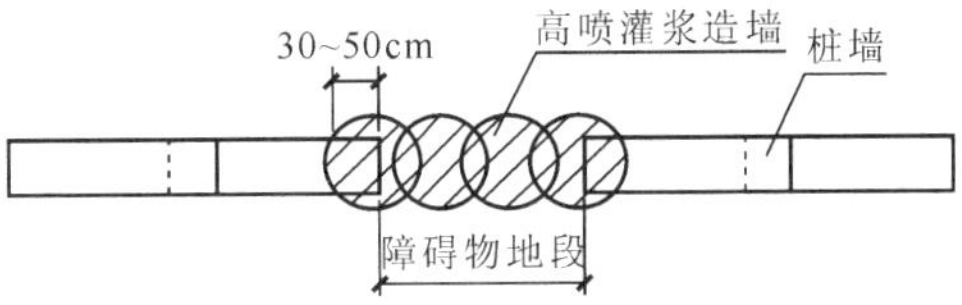

图5.3.2-3 遇障碍物时的处理示意图

5.3.3 无缝连接的关键。

首先是成桩设备的独特性，可参见本工法相关的专利。其次是成墙工艺上，采用双序列钢模板。再次是浆材采用可塑性大的流态或凝塑性配合比。以保证连续施工，墙体材料固化形成整体。

6. 材料与设备

6.1 主要机具设备（表6.1）

主要机具设备 **表6.1**

分 类	名 称	规 格 型 号	功率（kW）	数 量
沉模系统	履带式桩架	DJB型	30～44	1
	振锤	DZ型	40–90	1
	液压夹头	DZ型	11	1
	水泵	4SNS型	11	1

续表

分类	名称	规格型号	功率（kW）	数量
	钢模板	采用δ12钢板拼焊成双工字形钢桩，并设置拍门，桩长、厚按工程要求确定，宽度一般在0.6～0.95之间。见专利		2
制浆、灌浆、输浆系统	搅拌机	$0.4m^3$（可视要求定）	15	2
	输浆泵	2PNL型（也可用混凝土泵车）		1
	储浆池	2.0×1.5×10m		1
	加强波纹管	做输浆管道		视情况

6.2 施工人员安排表（表6.2）

施工人员安排　表6.2

序号	工种	人数	工作内容
1	技术人员	2	负责工程技术指导工作、测量
2	队长	1	负责机组施工全面工作
3	桩机组	4	指挥、桩架操作司机、模板定位、记录
4	泥浆泵组	4	泥浆泵、水泵操作、管道拆卸、记录
5	搅拌机组	4	运料、上料、搅拌、供浆、记录
6	检修组	2	供电、电气焊、设备维修、记录

7. 质量控制

7.1 桩墙定位控制

以设计的防渗墙中心线为放样基准，施工中每次移动桩机时，都用经纬仪校正，使夹头中心线、模板中心线与基准线吻合，控制桩墙定位误差在3cm以内。

7.2 垂直精度控制

防渗墙施工作业前，调整桩架转盘及桩架斜撑，使模板中心与施工轴线的偏差不超过3cm，模板铅垂倾斜度不超过3‰；垂直度采用全站仪和桩机的垂直度尺来检测，通过调整桩机的底盘和桩架来达到要求。

7.3 墙体质量控制

使用合格的原材料，现场严格控制每个桩的材料用量，严格掌握浆液的配比和均匀性，保证浆液具有良好的流动性，并在防渗墙体灌注浆料前，应备足一块单元板体所需的浆料确保浆液能连续灌注直至整个桩体饱满；灌注时，做到泵送量与模板提升速度相协调，保持模板内一定高度的浆面，不出现脱光现象，灌注时保证浆料灌注充盈系数大于1.100，为防止提拔模板时有土块掉入已灌注浆料的槽孔中而影响墙体质量，在新浇筑浆料的单元中沿未拔模板侧壁沉入护板后再沉下一模板。

7.4 墙体接缝质量控制

本工法采用双模板交叉套接连续施工法，先沉入的模板作为后沉入模板的导向，由于单块墙体施工时间短，在浆料初凝前，相邻槽孔中的浆料在振动力作用下相互混合，可连续完成多块墙体，实现无缝连接。因采用了双模块施工工艺，能够保证定位的准确性，从而确保了单元墙体在一个平面内紧密结合，相邻墙体不分叉，加上高频振动力的作用，使施工冷接缝无夹泥现象，质量得到保证，在弧线段上采用改进的带转角的钢模板（专利申请中）套接打施工，保证了墙体的连续性。

7.5 柔性振动沉模板桩防渗墙质量检验标准见表7.5

柔性振动沉模板桩防渗墙质量检验标准　　表7.5

项	序	检查项目	允许偏差或允许值	检查方法
主控项目	1	水泥及外掺剂质量	设计要求	查产品合格证书及抽样送检
	2	墙体抗压强度	设计要求	成型试块检验或取样检验
	3	墙体渗透系数	$\leq 1.0 \times 10^{-7}$cm/s	渗透试验
	4	水泥用量	参数指标	查看流量计
	5	桩体物理性能检验	设计要求	按规定办法
	6	灌浆压力	>0.8	拔桩时周围有浆液冒出为准
	7	灌浆量	>0.35m^3/min	查看流量计
一般项目	1	拔桩速度（m/min）	≤1.6	量模板上升距离及时间
	2	桩底标高（mm）	±200	测模板深度
	3	桩顶标高（mm）	+100，-50	水准仪
	4	桩位偏差（mm）	<30	用钢尺量
	5	垂直度（%）	≤3‰	经纬仪、桩机垂度尺
	6	搭接时间	初凝时至终凝之前	观察检查

8. 安全措施

8.1 施工现场用电统一规划，由专职电工统一管理，严禁乱接、乱拉电缆和电线，电器设备做好三级漏电保护，保证用电安全；

8.2 设备运行前，各种机械应进行调试运转，检查工作是否正常，对各管路、接头要认真检查是否畅通；

8.3 各种施工机械要定期保养检修，经常检查，保证运转中不发生故障，严禁私自拆卸；

8.4 吊、放施工机具时，严禁下面站人；

8.5 正常施工时，要密切注视各机械的运转情况，如发现异常立即停机处理；

8.6 夜间照明要充分，运转桩机、振头、管路、搅拌系统、灌浆系统均应有充足的照明；

8.7 所有进入工地人员必须戴好安全帽；登高作业必须系安全带；

8.8 施工人员必须按规程操作，严禁违章作业。

9. 环保措施

9.1 该方法施工时因冲击振动产生噪声，因此夜间施工时，应取得当地政府部门颁发的夜间施工许可证并严格遵守不扰民制度；

9.2 多台机械施工时须合理安排时间，防止群机施工时造成噪声超标；

9.3 施工机械维修、保养时产生的废油等应合理收集，防止对土体产生污染；

9.4 施工过程中产生的废浆须沉淀后排放。

10. 效益分析

10.1 社会效益

序列式柔性振动沉模板桩防渗墙施工速度快，工效高、造墙质量好、防渗性能好、施工安全有保障，利于创造良好的外部形象。

10.2 经济效益

序列式柔性振动沉模板桩防渗墙技术具有较好的经济效益：浆液可以根据具体需要，采用粉煤灰+水泥；粉煤灰+水泥+砂；粉煤灰+水泥+砂+石；水泥+砂+石等多种备选方案，因此具有良好的经济性。工程实践证明，其防渗成墙的综合成本，是大型机械成墙如深层搅拌、高压旋喷、铣挖等工艺的60%～70%；是铺塑、薄壁、射水法的90%，但其防渗效果优于该类方法。

11. 应 用 实 例

11.1 青山热电厂岱家湖灰堤危险段加固工程

11.1.1 概况

岱家湖储灰场用于储存武汉市青山热电厂排放的粉煤灰及炉渣。由于发电能力的不断扩展，灰堤不断加高。在原灰堤部夹有许多粉煤灰及透水砂层，未予清除。储灰量加大后，原堤经常出现管涌、渗水、漏灰，严重影响大堤的安全、周围居民和工厂的正常生活，生产也受到相当的影响。因此，武汉市青山区政府、青山热电厂下决心彻底根治隐患。

11.1.2 工程方案

该方案主要采用堤内打设防渗板桩墙，堤坡铺设复合土工膜隔水，膜与防渗墙用沥青粘合，形成隔水体系。上覆黏土加厚堤身，干砌块石护坡，灰场中排水通过排水箱涵排至堤外。其中防渗墙长1.6km，深度7～9m，计约15000m^2，工期8个月。

11.1.3 施工技术要求

工程先进行试验段施工，后正式施工。施工主要参数：

（1）防渗墙要求：

深度7～9m，厚度20cm；

渗透系数$K<1.0\times10^{-7}$cm/s；

抗压强度$R_{28}>5.0$MPa。

（2）施工机械：ZCB-1型静压振动两用打桩机4号机施工，振动锤功率20kW，静压力80kN，激振力200kN。

（3）配合比：水泥：粉煤灰：水：PN-2：早强剂=1：1：1.65：0.5‰：3%。

（4）灌浆压力：灌浆压力0.2MPa；灌浆速率>0.35m^3/min。

（5）沉桩拔桩速率：沉桩速率1～2 m/min；

拔桩速率<2 m/min。

11.1.4 竣工后情况

工程完工后，彻底根治了渗灰漏水、管涌等现象，解决了多年来困扰多方的难题，施工质量获得业主、设计单位等多方面好评。

11.2 湖北省洪湖长江干堤套口段处理工程

11.2.1 工程概况

工程所在地位于洪湖市龙口镇，长江北岸，工程起讫桩号458+000——458+000，长800m。长江干堤该堤段有两个近“Z”字形弯点，形成“回水湾”的水文特点，堤外有沉积形成的外滩，滩上458+000——458+000段种有防浪林。在1998年的特大洪水中，该堤段多处出现管涌等险情，严重威胁着长江干堤的安全，湖北省各级政府决定采用地下防渗墙对该堤段进行综合整治。

11.2.2 工程方案

中标方案为柔性振动沉桩板桩灌注防渗墙，简称板桩防渗墙。地下防渗墙设计深度18.15m，防渗墙厚度20m，成墙材料为水泥、粉煤灰混合液，固化后形成连续防渗墙体。其中防渗墙14400m^2，工期

6个月。

11.2.3 施工技术要求

施工时间为1999年4月—1999年7月。施工主要参数：

1. 防渗墙：

1）施工深度（H）≥18.15m；

2）成墙厚度（B）≥20cm；

3）墙体强度（R_{28}）≥6.0MPa（实际>7.0MPa）；

4）渗透系数（K_{28}）≤1.0×10^{-7}cm/s （实际<10^{-8}cm/s）；

5）搭接长度（L）≥5cm。

2. 施工机械：ZCB-1型振动打桩机3号机施工，振动锤功率60kW，激振力630kN。

3. 配合比：水∶水泥∶粉煤灰∶外加剂=0.5∶1∶1∶2%。

4. 灌浆压力（P）≥0.2MPa；

灌浆速率（V）≥0.35m^3/min。

5. 沉桩速率（V_1）≤2m/min；

拔桩速率（V_2）≤2m/min。

11.2.4 竣工后情况

工程竣工后，正值1999年汛期，最高水位达历史第3，汛期项目部派人巡视现场，管涌现象未再发生，抗洪压力明显减小。获得业主、设计单位、管理单位、当地政府等多方好评。

碾压混凝土坝异种混凝土同步浇筑上升施工工法

GJEJGF303—2010

中国水利水电第十六工程局有限公司　中国水利水电第十一工程局有限公司
陈祖荣　周宗斌　吴友旺　宋海波　李晓光

1. 前　言

碾压混凝土重力坝的溢流坝段通常设置河床部位（坝体中部），溢流坝段的结构布置及材料分区特点为：内部为大体积的碾压混凝土，上部为闸室闸墩及表孔弧门等，下游面为溢流面、导墙是钢筋混凝土结构。大坝表孔通常设计为一定厚度的钢筋混凝土，光照大坝坝高200.5m，表孔泄水水头落差大，故导墙及溢流面的表面50cm厚设计为高强度等级的C40抗冲耐磨混凝土。图1为贵州光照大坝溢流坝段剖面图。

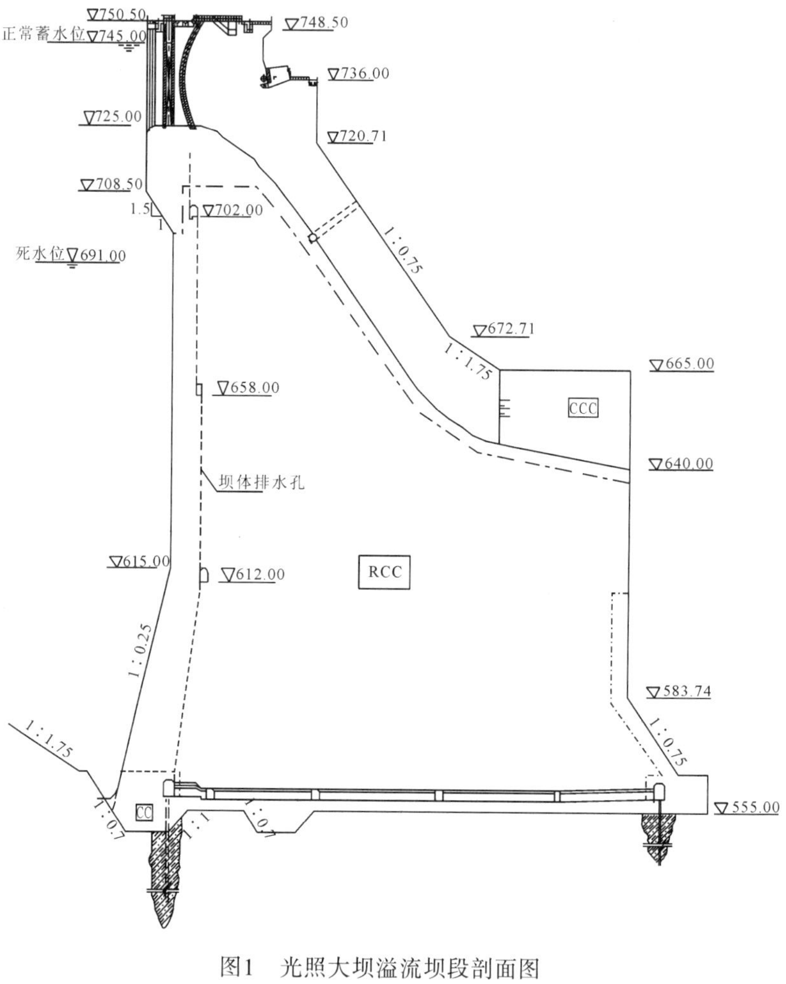

图1　光照大坝溢流坝段剖面图

国内水电工程传统施工方法一般导墙溢流面常态混凝土与坝体碾压混凝土分开进行浇筑，在碾压混凝土下游面布置台阶面及插筋，后期打毛进行溢流面的常态混凝土浇筑。随着水电工程的大量开工，机械设备的日益更新，大坝混凝土施工技术尤其是碾压混凝土施工技术的逐渐成熟、推广，水电站建设的周期日益缩短，表孔常态混凝土二期浇筑就成为了制约大坝施工进度的一个瓶颈。

中国水利水电第十六工程局、中国水利水电第十一工程局在总结分析这两种施工方法利弊及同步浇筑上升施工技术可行性的基础上，首次在百色电站大坝上大胆尝试进行导墙溢流面常态混凝土与坝体碾压混凝土异种混凝土同步浇筑上升，确保了施工质量，并在进度及经济效益上取得了显著效果。随后，中国水利水电十六工程局承建的贵州光照水电站碾压混凝土大坝工程、福建洪口水电站大坝工程、云南戈兰滩大坝及新疆喀腊塑克大坝也相继成功应用了该方法进行表孔常态与碾压混凝土同步浇筑上升。同时，光照大坝的《200m级碾压混凝土坝快速经济施工技术研究与应用》科研项目获2009年度中国水利水电建设集团科学技术进步奖一等奖、中国水力发电2010年度科技进步二等奖和中国华电集团2010年度科技进步二等奖的殊荣。本工法具有较强的实用性，有利于施工进度，经济效益明显，可在水电工程中推广应用。

2. 工 法 特 点

碾压混凝土坝异种混凝土同步浇筑上升施工工法（导墙及溢流面常态混凝土与碾压混凝土同步浇筑上升）迎合了碾压混凝土施工的最大特点与宗旨——快速施工。

异种混凝土同步浇筑上升的前提是各类型混凝土入仓强度及浇筑手段的保证，生产安排合理、互相配合、互不制约，施工资源需同时保证两种混凝土浇筑的质量。

异种混凝土同步浇筑上升的特点有如下几点：

2.1 质量方面：常态混凝土与碾压混凝土同时浇筑结合良好，不存在二期结合面；避免常态混凝土大面积、大体积浇筑带来的温度应力裂缝及干缩裂缝的产生。避免了后期混凝土浇筑时的浇筑仓面狭小、振捣困难、仓面清理困难、入仓手段匮乏等不利状况，有利于保证混凝土的浇筑质量。

2.2 进度方面：常态混凝土与碾压混凝土同步上升，提前进行大坝表孔常态混凝土浇筑，既降低了常态混凝土浇筑强度，又节约了工期。

2.3 效益方面：节省了溢流面一期台阶面立模、拆模、插筋、变态混凝土、台阶面人工凿毛、台阶面的清理及后期常态混凝土浇筑前的砂浆铺筑等，入仓手段简单，经济效益明显。异种混凝土浇筑过程中可使部分资源达到共享，节约了施工成本。采用同步异种混凝土同步浇筑上升技术，在一定的条件下可以减少溢流面常态混凝土垂直运输设备（门机、塔机等）的投入或缩减垂直运输设备的使用时段。

2.4 施工方面：同步浇筑上升使常态混凝土浇筑工作面增大，溢流面常态混凝土可采用仓面自卸车直接入仓，避免传统的采用搅拌车运输高坍落度常态混凝土带来的混凝土成本增加及温度裂缝所带来的不利影响。

2.5 安全环保方面：避免常态混凝土后期浇筑产生的上下施工作业面，同步浇筑上升增大常态混凝土部位的工作面，有利于钢筋模板安装及混凝土浇筑作业的实施；无需单独搭设走道或爬梯进入常态工作面；台阶面一般采用木模板进行立模，同步浇筑上升法可节省木材用量，同步浇筑上升可避免台阶面凿毛产生的大量施工弃渣，有利于环保。

3. 适 用 范 围

本工法适用于在建、拟建的大部分碾压混凝土重力坝。通过130m高的广西百色水电站大坝、200.5m高的贵州光照大坝、130m高的福建洪口水电站大坝、113m高的云南戈兰滩大坝及121.5m高的新疆喀腊塑克大坝的成功应用，证明了异种混凝土同步浇筑上升方法的可行性及经济性，在确保质量的前提下加快了施工进度，保证了大坝下闸蓄水目标的实现，该工法具有极强的适用性及推广价值。

图3　光照大坝下游面施工照片

4. 工 艺 原 理

异种混凝土同步浇筑上升的主要原理为：在碾压混凝土大仓面、大体积浇筑的工况下，择时进行导墙溢流面常态混凝土的浇筑。异种混凝土同步浇筑上升以碾压混凝土正常浇筑为前提及计算条件，常态混凝土的入仓及浇筑强度在保证不初凝的前提下，也要保证异种混凝土搭接处的混凝土能够跟随大仓面的整体浇筑速度。

混凝土浇筑之前要绘制浇筑要领图（仓面施工组织设计），根据混凝土拌制能力、运输能力、仓面大小、混凝土初凝时间、混凝土浇筑方法、浇筑强度、施工难度等综合因素计算导墙及溢流面常态混凝土浇筑强度及开始浇筑的时间。混凝土浇筑之前要进行现场的技术交底，浇筑过程中仓面指挥长需根据现场实际情况（环境气候、实际浇筑强度、资源运行情况等）及时的进行现场动态调整，以“不影响碾压混凝土正常浇筑速度、搭接处的异种混凝土跟随大仓面整体浇筑”为最佳原则。

4.1　碾压混凝土施工

碾压混凝土浇筑根据仓面特性、混凝土生产能力、资源配置等因素有平层碾压及斜层碾压两种方式。三级配碾压混凝土的浇筑层厚通常为30cm。碾压混凝土浇筑强度以层间间隔时间及直接铺筑允许时间（初凝时间）为控制指标。层间间隔系指从下层混凝土拌合物拌合加水时起到上层混凝土碾压完毕为止的历时；直接铺筑允许时间指不经任何层面处理直接铺筑上层碾压混凝土就能够满足层间结合质量要求的最大层间间隔时间，也就是通常所指的碾压混凝土初凝时间。

碾压混凝土的初凝时间根据浇筑强度需要、施工气候、原材料、配合比等因素决定，高温季节施工有时会掺用高温型缓凝减水剂，使得碾压混凝土的初凝时间增长。

斜层碾压一般从下游向上游铺筑，坡度不陡于1：10。在坝体中部以上高程，坝段数量多，仓面上下游距离变短，多采用从左到右或从右到左的方向进行斜层碾压。如图4.1。

每个仓块的碾压混凝土浇筑方式（平层或斜层碾压、斜层碾压浇筑方向）决定了常态混凝土浇筑的开始时间及方式。

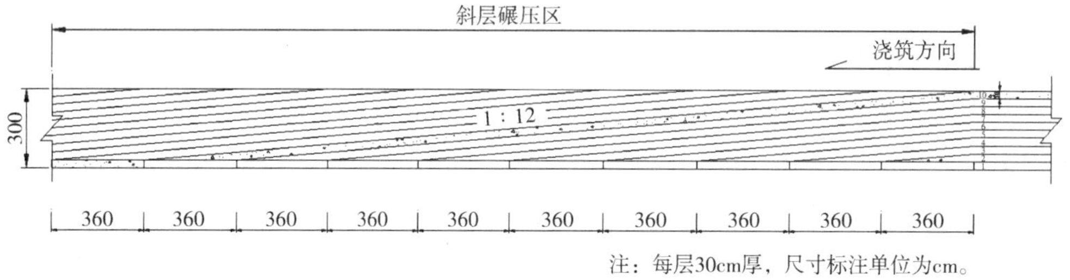

图4.1　光照大坝斜层碾压分层图

4.2　常态混凝土施工

常态混凝土的运输有自卸车、搅拌车、门塔机、缆机等。混凝土的浇筑可采用平铺法或台阶法施工。应按照一定厚度、次序、方向，分层进行。台阶法施工的台阶宽度不应小于2m。混凝土的浇筑坯层厚度，应根据拌合能力、运输能力、浇筑速度、气温及振捣器的性能等因素确定。一般为30～50cm。有条件时，优选平铺法进行浇筑。如图4.2。

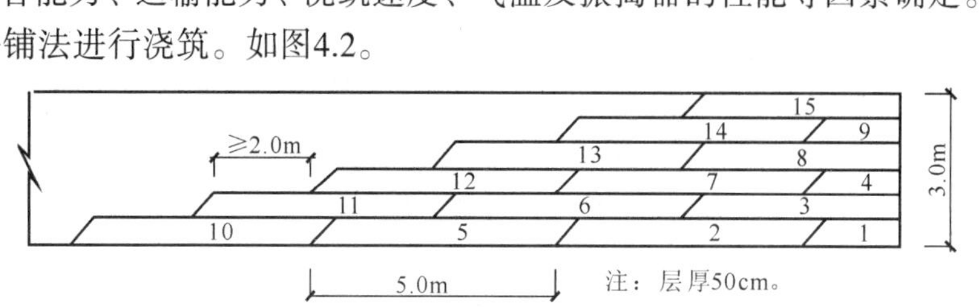

图4.2　光照大坝常态混凝土台阶法浇筑图

4.2.1　溢流面常态混凝土施工

溢流面常态混凝土通常情况下采用平层法进行浇筑，其浇筑面积较小，平层浇筑操作简单。在大坝全断面左右岸斜层碾压的情况下，溢流面的常态混凝土需采用左右方向台阶法进行浇筑，保持与碾压混凝土浇筑方向一致。

4.2.2 导墙常态混凝土施工

导墙的浇筑尺寸根据导墙结构、浇筑高程的不同而不同，导墙的浇筑仓块一般呈长条形，短边与碾压混凝土交界，故一般采用下游往上游台阶法进行浇筑。在导墙仓块浇筑面积较小施工的情况下，也可以采用平层法进行浇筑。

5. 施工工艺流程及操作要点

5.1 工艺流程（图 5.1）

5.2 施工要点

5.2.1 混凝土配合比

光照大坝混凝土采用人工砂石骨料，骨料为灰岩，最大骨料粒径为80mm，水泥采用贵州畅达水泥股份有限公司生产的畅达牌大坝42.5普通硅酸盐水泥，粉煤灰为安顺火电厂生产的安顺Ⅱ级灰，外加剂采用南京瑞迪HLC-NAF缓凝高效减水剂和山西黄河的HJAE-A引气剂。光照水电站大坝碾压混凝土配合比见表5.2.1-1～表5.2.1-3。

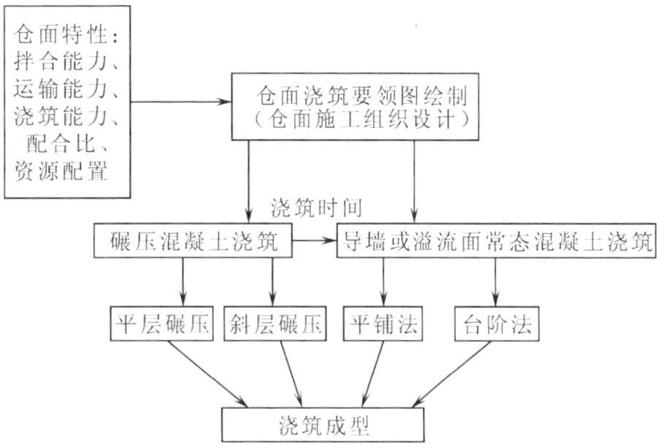

图 5.1 导墙溢流面异种混凝土同步浇筑上升施工工艺流程图

光照水电站大坝碾压混凝土配合比 **表5.2.1-1**

设计强度	级配	水胶比	灰掺量（%）	砂率（%）	单位体积材料用量（kg/m³）								外加剂		Vc值（S）
					水泥	粉煤灰	灰替砂	砂	5～20 mm	20～40 mm	40～80 mm	水（W）	HLC-NAF（%）	HJAE-A（1/万）	
C20	二	0.50	55	39	75	91	23	822	546	820	—	83	0.7	6	3～5
C15	三	0.55	60	35	55	82	22	768	454	606	453	75	0.7	4	3～5

光照水电站大坝导墙或溢流面C25常态混凝土配合比 **表5.2.1-2**

设计强度	坍落度（cm）	级配	水胶比	灰掺量（%）	砂率（%）	单位体积材料用量（kg/m³）							外加剂	
						水泥	粉煤灰	砂	5~20 mm	20~40 mm	40~80 mm	水	HJUNF-2H（%）	HJAE-A（1/万）
C25	5～7	三	0.47	20	31	179	44	648	297	446	740	105	0.6	0.5
C25	5～7	二	0.47	20	34	208	52	689	551	826	—	122	0.6	0.5

光照水电站大坝导墙溢流面C40抗冲磨常态混凝土配合比 **表5.2.1-3**

设计强度	级配	水胶比	灰掺量（%）	单位体积材料用量（kg/m³）							HF 外加剂（%）	减水剂 HJUNF-2H（%）	引气剂 HJAE-A（1/万）	坍落度（cm）
				水泥	粉煤灰	纤维	砂	5～20 mm	20～40 mm	水				
C40	二	0.36	15	283	50	0.9	704	516	774	120	1.8	0.3	0.3	5～7

注：外加剂为山西黄河新型化工有限公司生产的HJUNF-2H缓凝高效减水剂、HJAE-A引气剂和甘肃巨才电力技术有限责任公司生产的HF高强耐磨混凝土外加剂，纤维为广州市建腾建筑材料有限公司生产的“维锋”聚丙烯纤维。

5.2.2 拌合系统及入仓方式

根据施工总进度计划安排，混凝土高峰月浇筑强度为23.2万m³，其中常态混凝土0.95万m³，碾压混凝土22.25万m^3。光照水电站拌合系统分左、右岸布置，左岸布置1号、2号两座2×4.5m^3强制式搅拌楼，3号一座2×3.0m^3强制式搅拌楼，右岸布置一座4×3.0m^3自落式4号搅拌楼，大坝左右岸拌合系统的碾压混凝土拌合能力（铭牌）为660（左）+180（右）=840m^3/h。

大坝碾压混凝土水平运输主要采用汽车和深槽高速皮带机；垂直运输主要采用缆机和箱式满管。RCC入仓方式采用了自卸汽车直接入仓、皮带机+箱式满管入仓+自卸汽车、自卸汽车+箱式满管、自卸汽车+缆机入仓四种入仓方式。大坝相应部位的RCC入仓方式及工程量详见表5.2.2。

大坝相应部位的RCC入仓方式及工程量 **表5.2.2**

序号	入仓方式	浇筑高程	工程量（万m^3）
1	自卸汽车直接入仓	556.5～622.5	82.5
2	皮带机+2号箱式满管+自卸汽车入仓	622.5～676.5	67.5
3	皮带机+1号箱式满管+自卸汽车入仓	667.0～740.5	77.5
4	自卸汽车+3号箱式满管	704.5～740.5	11
5	自卸汽车+大溜槽	740.5～748.5	1.5

大坝常态混凝土主要采用自卸车直接入仓、满管+自卸车、缆机三种入仓方式，自卸车直接入仓主要为EL622.5以下部位，大坝表孔布置在EL640以上，导墙溢流常态混凝土的入仓方式主要为满管+自卸车、缆机（2台20t辐射式）两种入仓方式。

5.2.3 平层碾压施工工况下的异种混凝土同步浇筑上升

仓面相对较小的情况下（3个坝段以内）碾压混凝土采用平层碾压浇筑。碾压混凝土的浇筑层厚为30cm，常态混凝土浇筑厚度为30~50cm。根据碾压混凝土仓面面积、拌合能力、入仓浇筑强度、初凝时间计算碾压混凝土每层覆盖浇筑的时间。常态混凝土再根据仓面面积、浇筑坯厚、初凝时间、碾压混凝土每层覆盖时间倒算常态混凝土需要的入仓浇筑强度。

若导墙部位上下游尺寸较长，常态混凝土入仓强度难以满足时，可以采用调整配合比以延长常态混凝土初凝时间、导墙部位提前开始从下游往上游方向台阶法进行浇筑两种方法。同时保证不影响碾压混凝土浇筑进度及常态混凝土浇筑质量。

5.2.4 斜层碾压施工工况下的异种混凝土同步浇筑上升

光照电站大坝碾压混凝土斜层碾压方向有下游往上游方向及左右方向两种。根据大坝结构特点，大坝EL662.5以下斜层碾压浇筑方向为由下游往上游，EL662.5以上斜层碾压浇筑方向为由右岸往左岸，斜层碾压的混凝土量占大坝碾压混凝土总量的92%。

（1）下游往上游方向斜层碾压

以光照大坝5～11号坝段EL643.5～EL646.5碾压混凝土与大坝1号导墙同步浇筑上升为例说明。该仓块的浇筑范围为坝左0+113.05～坝右0+020.50、坝纵0+000～坝纵0+122.50，混凝土共3.17万m^3。大坝浇筑仓块平面图如图5.2.4-1。

具体工程量见表5.2.4-1。

混凝土工程量表 **表5.2.4-1**

序号	名称	单位	设计量	备注
1	RⅣ：C25-90W12F150二级配碾压混凝土	m^3	2863	总量：31703m^3
2	CbⅠ：C25-90W12F150二级配变态混凝土	m^3	356	
3	RⅡ：C20-90W6F100三级配碾压混凝土	m^3	26813.54	
4	CbⅢ：C20-90W6F100三级配变态混凝土	m^3	779	
5	CⅣ：C25-28W8F100三级配常态混凝土	m^3	847	
6	CⅥ：C40-28W8F150二级配常态混凝土	m^3	45	

图5.2.4-1 光照大坝5～11号坝段EL643.5～EL646.5混凝土浇筑平面图

该仓块最先开始浇筑的部位为下游的1号导墙，采用2台20t辐射式缆机进行浇筑，由下游向上游台阶法进行浇筑，常态混凝土浇筑层厚50cm，当底层50cm厚常态混凝土开始铺筑至导墙与坝体碾压混凝土材料分区线时，开始进行碾压混凝土的浇筑，当坝体下游面碾压混凝土铺筑第9层时，1号导墙常态混凝土浇筑完毕。由于1号导墙断面较小，当碾压混凝土开始浇筑时，两台20t辐射式缆机的入仓强度足以满足常态混凝土浇筑速度，仓面指挥长可视碾压混凝土浇筑实际情况，适当调整1号导墙常态混凝土浇筑速度，以常态混凝土不初凝且交界处异种混凝土搭接浇筑顺畅为原则。

（2）左右方向斜层碾压

以光照大坝3～18号坝段EL695.5～EL698.5碾压混凝土与大坝1～4号导墙溢流面同步浇筑上升为例说明。该仓块的浇筑范围为坝左0+161.45～坝右0+153.45、坝纵0+000～坝纵0+54.66，混凝土共3.4万m^3。大坝浇筑仓块平面图如图5.2.4-2、图5.2.4-3。

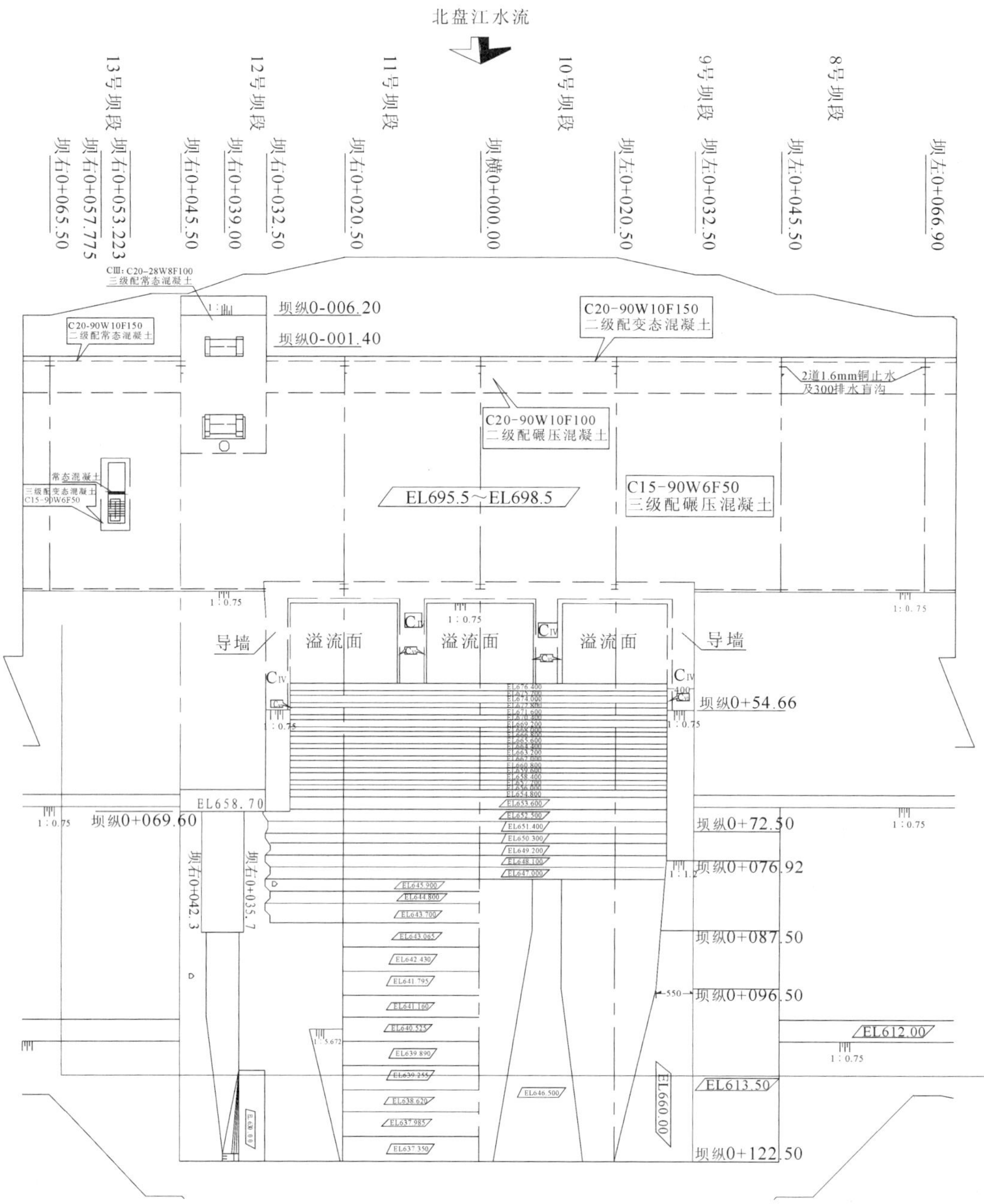

图5.2.4-2　光照大坝3～18号坝段EL695.5～EL698.5混凝土浇筑平面图

具体工程量见表5.2.4-2：

混凝土工程量表　　　　**表5.2.4-2**

序号	名　　称	单位	设计量	备　注
1	CbⅡ：C20-90W10F150 二级配变态混凝土	m^3	1114.8	总混凝土量：34254m^3
2	RⅤ：C20-90W10F100 二级配碾压混凝土	m^3	4804.5	
3	RⅢ：C15-90W6F50 三级配碾压混凝土	m^3	25608	
4	CbⅢ：C15-90W6F50 三级配变态混凝土	m^3	592	
5	CⅢ：C20-28W8F100 三级配常态混凝土	m^3	1053	
6	CⅣ：C25-28W8F100 三级配常态混凝土	m^3	796	
7	CⅥ：C40-28W8F150 二级配常态混凝土	m^3	282	
8	C25-90W10F100 二级配常态混凝土	m^3	3.85	

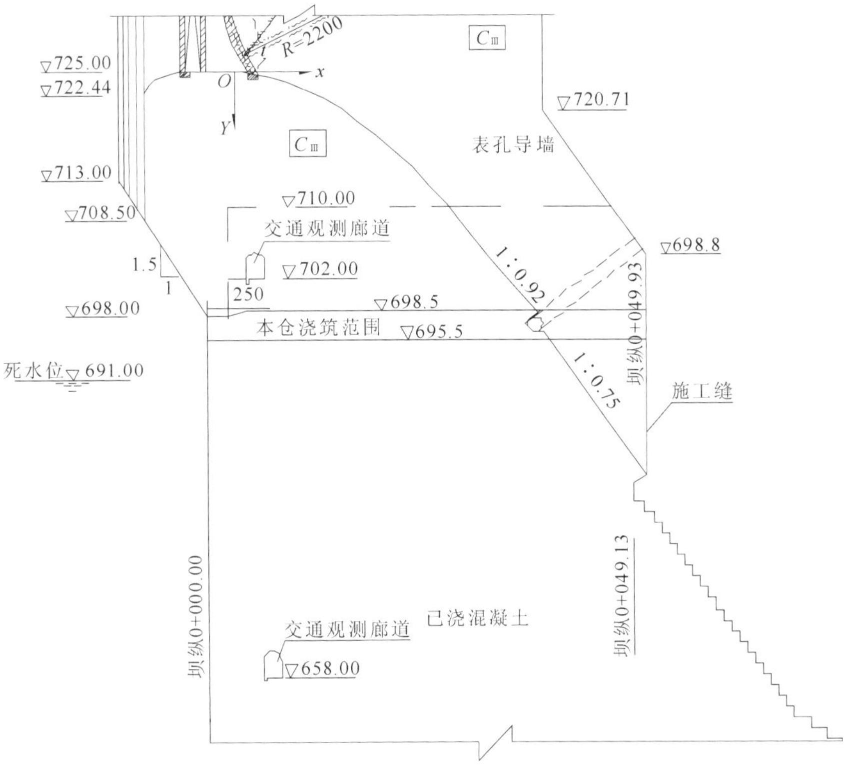

图5.2.4-3　光照大坝4号导墙EL695.5～EL698.5浇筑剖面图

该仓块从右岸往左岸方向进行斜层碾压，最先浇筑右岸的18号坝段碾压混凝土，溢流面导墙位于9～12号坝段，斜层碾压的坡度为1：12。导墙的浇筑面积较小，入仓强度满足平层浇筑要求，导墙采用平铺法进行浇筑，溢流面顺斜层碾压方向采用由右向左台阶法进行浇筑，浇筑坯厚均为50cm。斜层碾压混凝土坡脚即将到达4号导墙时即可进行4号导墙常态混凝土浇筑，其余导墙依次进行。溢流面常态混凝土随碾压混凝土同步进行，常态混凝土采用自卸车直接入仓浇筑，平仓机、反铲辅以人工进行台阶分层浇筑，类似于模板边机拌变态混凝土的浇筑方法。如图5.2.4-4。

图5.2.4-4　光照大坝左右方向斜层碾压施工照片

5.2.5　施工注意事项

（1）如果具备浇筑条件，导墙的常态混凝土可以直接从底部开始与坝体碾压混凝土同步浇筑上升。溢流面可以选择在直线段或者反弧段开始，弧线处最好在其切线接近45°附近开始，有利于钢筋模板安装及混凝土浇筑。

（2）溢流面异种混凝土同步浇筑上升起始断面与已浇筑溢流面交界面要设置纵缝，纵缝垂直溢流面线形设置，并在纵缝上布置插筋、止浆片。

（3）导墙及溢流面混凝土施工质量尤为关键，异种混凝土同步浇筑上升之前需进行精细的仓面组织设计并绘制浇筑要领图进行现场交底，要有充足的施工资源。仓面指挥长在浇筑过程中需全程掌控浇筑进度及质量情况，并进行灵活调整。

（4）混凝土浇筑时，碾压机及重型设备不宜靠近溢流面导墙部位的混凝土，避免增大混凝土侧压力导致导墙溢流面的模板发生位移或变形。

6. 材料与设备

6.1 材料

异种混凝土同步浇筑上升较碾压混凝土单独浇筑增加投入的材料主要用于导墙溢流面模板、钢筋的制安及常态混凝土拌制及浇筑。

6.2 机具准备

光照大坝碾压混凝土与导墙溢流面常态混凝土同步浇筑上升配置的机具设备见表6.2。

机具设备 **表6.2**

序号	机械设备名称	型号或规格	单位	数量	备　注
1	强制式拌合楼		座	3	1号、2号、3号拌合楼
2	2号满管泄槽		套	1	2条满管
3	自卸汽车	20t	辆	12	混凝土运输
4	辐射式缆机	20t	台	2	常态混凝土入仓
5	混凝土搅拌车		辆	1	砂浆运输
6	高压冲毛机		台	2	
7	切缝机		台	2	
8	喷雾机		台	3	
9	运浆车	FY20A	台	2	运浆
10	宝马振动碾	BW202AD－4	台	3	
11	振动碾	三一重工	台	1	备用
12	平仓机	TS80D	台	3	备用一台
13	高频振捣器	ϕ100	台	8	常态混凝土、变态混凝土振捣
14	反铲	PC200	台	1	
15	喷雾机		台	3	

7. 质量控制

7.1 质量检查

质量检查包括原材料检查、混凝土拌合质量检查、浇筑质量检查等以及过程控制中的工序间质量检查。常态混凝土及碾压混凝土质量均按照国家标准及行业标准的要求进行严格控制，施工过程按设计技术要求及工法进行实施，仓面质检落实“三检责任制”，严把质量关。

7.2 检测记录

检测记录是督促施工者重视质量的重要手段，也是评定工程质量的重要依据。每个施工者、质检员和管理人员都要事实求是地认真填写。做到资料齐全，不漏项。

8. 安全措施

8.1 施工前，应建立健全安全生产管理体系，成立以项目经理为首的安全管理小组。专职安全员持证上岗，各班组设置兼职安全员，层层落实安全责任制。

8.2 根据工程的具体特点，做好切合实际的安全技术书面交底工作，定期与不定期地进行安全检查，经常开展安全教育活动，使全体员工提高自我保护能力。

8.3 吊装入仓作业范围内，设立警戒线，并树立明显的警戒标志，禁止非工作人员通行；现场所有工作人员必须坚守工作岗位，听从指挥，统一行动，以确保安全。

8.4 现场用电必须严格执行安全用电规程的有关规定，电工需持证上岗。

8.5 严禁超载吊装，歪拉斜吊；要尽量避免满负荷行驶，构件摆动越大，超负荷就越多，就可能发生事故。

8.6 进入施工现场必须戴安全帽，高空作业必须系安全带，穿防滑鞋。

8.7 做好防暑降温、防寒保暖和职工劳动保护工作，合理调整工作时间，合理发放劳保用品。

9. 环保措施

在生产运行期间，加强对员工进行环保知识教育，提高员工的环保意识，并采取有效的措施进行环境保护，建立健全环境内部保护体系，成立环境保护领导小组，搞好施工现场的环保工作，制定环境保护岗位责任制，具体措施如下：

废料处理：生产过程中产生的废料，集中清理运到指定的位置堆放。

保护河流水质：生产废水、生活污水经处理达到排放标准后，才能排放。

控制扬尘：运输道路用洒水车洒水，使粉尘减少到最低程度。

保护环境卫生清洁：在现场设置移动厕所，及时清除施工区的垃圾，并运到指定的地点堆放和处理；进入现场的材料、设备放置有序，防止任意堆放阻塞工作场地周围的通道和破坏环境。

严格遵守国家和地方政府有关环境保护的法令、法规和合同规定，对施工活动范围内的环境予以认真保护。教育职工遵守环境法规，提高环境意识，并根据工程环保的特点制定一系列具体措施加以贯彻落实，自觉接受有关监督、管理部门对施工活动的监督、指导和管理，积极改进施工中存在的环保问题，提高环保水平。

10. 效益分析

10.1 技术比较分析

光照大坝导墙溢流面均布置于EL640以上，1号导墙常态混凝土全部与坝体碾压混凝土同步浇筑上升，2～3号导墙及溢流面常态混凝土从EL672.4开始与坝体碾压混凝土同步浇筑上升，4号导墙常态混凝土从EL654.5开始与坝体碾压混凝土同步浇筑上升。同步浇筑上升的常态混凝土质量均达到规范及设计要求，混凝土表面未出现裂缝。预留台阶后期浇筑的导墙溢流面常态混凝土仓面狭小，插筋及钢筋密布，凿毛、冲洗、浇筑施工难度大。后期浇筑常态混凝土占用了缆机、自卸车、模板及浇筑人员等施工资源，给“三枯”下闸蓄水前混凝土施工增加了大量施工工作量。光照大坝异种混凝土同步浇筑上升施工技术为大坝节省了近三个月的工期。

10.2 经济比较分析

不考虑同步浇筑上升在施工进度上的有利作用并对施工资源的减少投入、合理利用方面的优势，仅对光照大坝表孔与坝体碾压同步浇筑上升的混凝土对减少台阶面设置上的减少投入统计如下：

（1）减少台阶面木模板立模：$4500m^2 \times 160$元/m^2＝72万元；

（2）减少台阶面插筋：$\phi 28mm$，$\phi 36mm$，$85t \times 4800$元/m^2＝40.8万元；

（3）减少台阶面人工凿毛：$8500m^2 \times 50$元/m^2＝42.5万元；

（4）减少后期台阶面M30砂浆铺筑：$200m^3 \times 400$元/m^2＝8万元；

（5）减少爬梯、走道等安全设施投入：12万元。

光照大坝采用同步浇筑上升的施工方法仅减少台阶面布置可直接节省投入175.3万元。

由此可知，碾压大坝的表孔常态混凝土与碾压混凝土同步浇筑上升施工方法带来的经济效益非常可观（图10.2）。

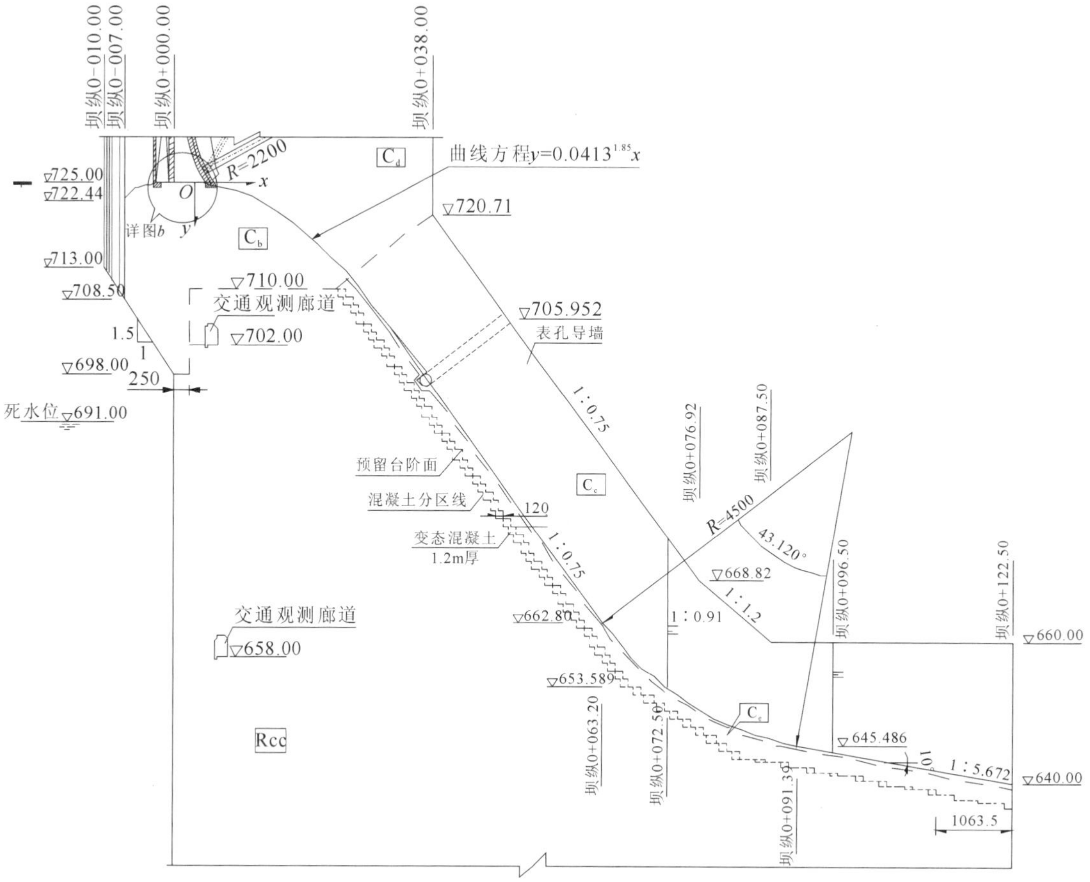

图10.2 光照大坝导墙溢流面预留台阶设计断面图

11. 应用实例

11.1 工程概况

光照水电站位于贵州省关岭县和晴隆县交界的北盘江中游，是北盘江干流的龙头梯级电站，工程以发电为主，其次航运，兼顾灌溉、供水等任务。工程枢纽由碾压混凝土重力坝、坝身泄洪表孔、放空底孔、右岸引水系统及地面厂房等组成。电站装机容量1040MW（4×260MW），保证出力180.2MW，多年平均发电量27.54亿kWh。水库正常蓄水位745m，死水位691m，总库容32.45亿m^3，死库容10.98亿m^3，为不完全多年调节水库。

大坝坝顶全长410m，坝顶高程750.50m。最大坝高200.5m，是目前世界上在建、已建中最高的碾压混凝土重力坝。光照水电站坝址区岸坡坡角约45°，地形完整，两岸地形较为对称，为典型的“V”形横向河谷，山体雄厚，河谷狭窄。坝址区山高坡陡、峡谷险峻，施工道路布置困难。

光照水电站大坝工程混凝土约280万m^3，其中碾压混凝土约240万m^3、常态混凝土约40万m^3，最高级配为三级配。混凝土分别由左、右岸拌合系统生产，左岸有2座2×4.5m^3强制式拌合楼和1座2×3m^3拌合楼，右岸有1座4×3m^3自落式拌合楼。根据施工进度安排，大坝混凝土最高浇筑强度为24万m^3/月，其中碾压混凝土浇筑强度为21万m^3/月，常态混凝土浇筑强度为3万m^3/月。

11.2 碾压混凝土与常态混凝土同步浇筑上升情况

11.2.1 浇筑量

光照大坝表孔EL725以下的导墙溢流面常态混凝土共8.25万m^3，其中与坝体碾压混凝土同步浇筑上升的常态混凝土共5.8万m^3。

11.2.2 浇筑质量

为验证光照水电站大坝溢流面及导墙混凝土质量情况，对该部位的常态混凝土进行了取样，试验结果表明：其各项混凝土性能指标均满足设计及规范要求。溢流面及导墙未出现施工裂缝，混凝土表面光滑平整。

11.3 施工效果

大坝碾压混凝土与表孔常态混凝土同步浇筑上升，既保证了混凝土施工质量、节省了投资，又加快了施工进度，确保了光照大坝下闸蓄水目标的成功实现。

浮箱式闸首施工工法

GJEJGF304—2010

中国交通建设股份有限公司
童小飞　刘瀚波　季汉忠　李天恩　刘学勇

1. 前　　言

浮箱式闸首是为实现船闸外闸口整体预制安装施工方法而设计的一种新颖结构。大型浮箱内装有闸门、闸门板、门槽、门库存、启闭控制设备，这些设备都按照今后船闸正常运行时的相对位置制造、定位，只要将浮箱整体移动安装到设计位置，闸首各结构施工亦完成。这种施工方法避开了大量水下作业，缩短了现场施工时间。

中船长兴造船基地3号线船闸工程应用这种工法施工，将闸首结构提前制作后，“隐藏”于116.5m×20.5m×16.8m重2.25t的非对称浮箱之中，运用工法中水下复合地基处理技术、浮箱移动定位下沉姿态即时监控技术、止水帷幕技术完成了船闸闸首施工，质量提高、进度缩短、占用水域减少等综合经济和社会效益明显。

浮箱式闸首施工关键技术2008年7月通过上海市级科技成果鉴定，2008年被评为中交三航局科技进步一等奖，申请了多项专利。

专利申请情况见表1。

专利申请情况汇总表　　表1

序号	专利申请名称	申请日期	专利申请号	专利类型
1	钢浮箱沉放平面位置控制方法	2007-10-11	200710046948.0	发明专利
2	钢浮箱沉放标高控制方法	2007-10-11	200710046946.1	发明专利
3	钢浮箱沉放 GPS 位置实时跟踪系统	2007-10-11	200710046947.6	发明专利
4	软土地基上大型钢浮箱的施工方法	2007-10-11	200710046949.5	发明专利

2. 工 法 特 点

2.1　船闸构筑物异位制作，整体安装。

2.2　将永久结构与临时围堰相结合，结构形式新颖，布局紧凑，节约材料。

2.3　浮箱沉放GPS实时监控系统软件，可即时显示浮箱平面位置和沉放姿态，并形象地显示在电脑屏幕上，系统界面清晰、操作性强。

2.4　结构基础处理技术使浮箱式闸首稳定，实现挡水功能。

2.5　止水帷幕技术使闸首、闸室地下止水系统连为一体。

3. 适 用 范 围

本工法涉及多项工程施工内容，主要有深水多层次复合基床施工工艺；浮箱沉放三维控制技术；浮箱沉放GPS实时监控系统；浮箱配重调平方式及选配相适应的拖轮；基床注浆止水帷幕施工工艺。

应用范围可涉及：（1）各类船闸和船坞的闸首、坞口的布局、结构设计和实施；（2）各类结构物的（复合）基床施工、整平、填充等，结构物下的防渗体系、各类临时围堰的止水帷幕；（3）各类大型沉井、沉箱、浮箱和其他大型构件的水上拖运、定位和沉放，可籍助GPS系统对定位实精确定、并通过限位装置进行位置锁定。适合于有场外制作条件、水上浮运航道、6级以风浪环境的地区。

4. 工 艺 原 理

4.1 浮箱沉放 GPS 实时监控系统

4.1.1 系统原理

2台RTK GPS+1台测倾仪：2台RTK GPS用于实时确定钢浮箱的平面位置和方位，1台测倾仪确定箱体的姿态；第3台RTK GPS可以对钢浮箱位置、方位和姿态进行复核。

4.1.2 模型参数

系统参数：GPS天线位置（GGA格式的大地坐标）、GPS WGS84坐标到工程坐标的坐标系转换参数（实时）、GPS天线安装位置、钢浮箱角点位置。

设计参数：钢浮箱尺寸（长、宽、高）、钢浮箱设计顶、底高程，限位墩台尺寸、限位墩与钢浮箱之间的位置关系。

4.1.3 系统校核

参考面校核：参考面是建立钢浮箱体坐标系的基础，RTK—GPS天线高度量取及测倾仪初值的设置均需要依据参考面。当钢浮箱处于正常状态时，这个参考面是水平的，RTK—GPS天线标杆垂直于参考面。

天线间距检核：系统自动计算的RTK GPS天线间距与实测间距进行比较，可以确定GPS天线安放正确性。

4.2 深水多层复合基床施工工艺

复合基床通过大头方桩承载，以素混凝土基床连系桩基，使桩基均匀受力，通过碎石基床找平混凝土基床，以使上部的钢浮箱荷载能均匀分布。复合桩基施工前，在基床周围形成水下围堤以防止基坑回淤；通过精确安装桩垫块作为碎石基床整平的参考点和整平导架行走支点，可确保碎石基床达极细平效果。

4.3 基床注浆与止水帷幕施工工艺

通过控制抛石厚度、石块粒径、以期达到合适的基床孔隙率，配置有良好的流动性和注入性的水泥砂浆，并采取可靠的工法和工艺参数对基床抛石进行注浆，能完全充填基床抛石粗骨料的空隙；注浆体硬化后具有较高抗压强度和粘结力；这样整个基床具有足够的耐久性和水密性。

基床下的高压止水帷幕采用高压旋喷排桩，旋喷桩采用新双管法——采取高压浆射流直接切割地层，浆射流周围以环绕压缩气加以保护，切割下的土体与浆液充分掺搅，大部分浆液留在地下与切割土体凝结成为所需要加固防渗体；并适当改进工艺如增大浆压、气压等可以有效克服含气量大、腐殖物丰富的土层高压旋喷桩难以形成的困难，形成的高压旋喷桩桩体具有连续性良好、桩体质量稳定、抗渗性能优的特点。

5. 施工工艺流程及操作要点

浮箱在干船坞内完成钢结构壳体制作并完成钢筋混凝土底板筑，同步完成浮箱水下桩基和基床施工。开发、安装和校核GPS实时监控系统，浮箱配重调平后拖轮拖带浮箱至施工现场，通过GPS监控系统和限位墩实现浮箱精确定位，浮箱注水下沉，并最终利用潮位特性平稳坐床，沉放后对浮箱底面基床注浆及进行旋喷止水帷幕施工，最后进行浮箱分舱抽水进行结构施工；浮箱式闸首施工关键流程如图5.1。

5.1 施工工艺流程（图5.1）

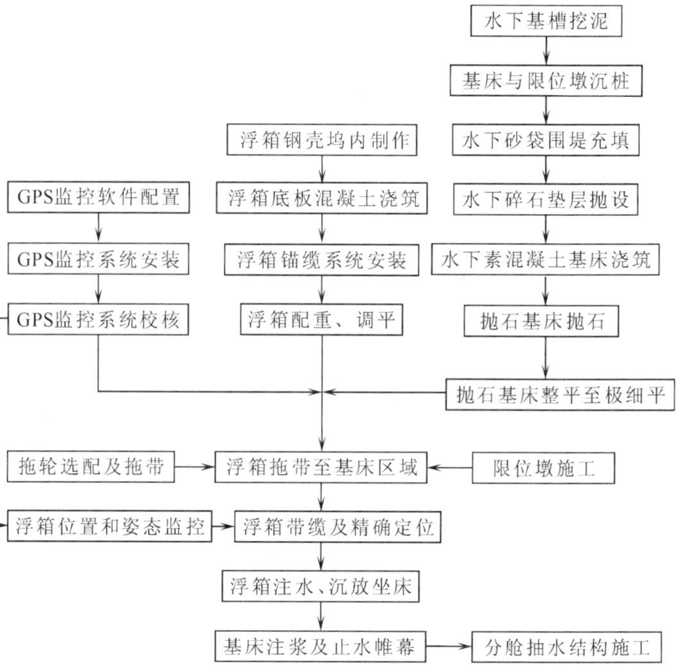

图5.1 施工工艺流程图

5.2 复合基床施工工艺

5.2.1 基床构成

浮箱水下基础由桩基加深水复合基床组成；桩基采用小直径的管桩或方桩等，桩尖必须进入选定的持力层；深水复合由下到上依次由0.2～0.3m抛石垫层、1～2m水下素混凝土基床、0.3～0.8m的抛石基床碎石（注浆）组成。基床结构如图5.2.1所示。

5.2.2 水下围堤

水下围堤主要是在混凝土基床四周形成充泥管袋围堤，围堤标高和高度同复合基床相同。围堤采用吹填砂被方法实施；围堤砂被分层实施，每层砂被厚度约0.5m，破被断面成梯形布置，围堤具有阻挡淤泥回积和兼作混凝土浇筑时的模板功能。

5.2.3 抛石垫层

水下混凝土基床浇筑前在基槽面上抛碎石垫层，以隔离土层与混凝土，碎石粒径为5~10cm，抛石厚度为0.2～0.3m；抛石垫层采用抓斗船撒抛，顺流进行，并根据试抛确定合理的抛设时机和抛设密度等。

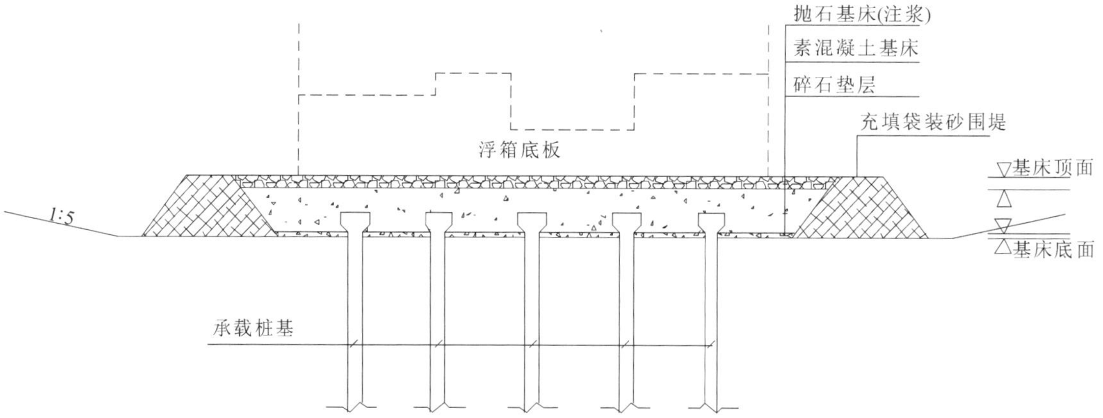

图5.2.1 基床结构断面

5.2.4 混凝土基床

水下素混凝分基床可根据大小可分块依次浇筑，分块之间采用大型钢模水上安装，混凝土浇筑采用水下导管法进行实施，素混凝土由水上大型混凝土搅拌船供应。

5.2.5 抛石基床

基床抛石粒径为5～15cm，厚度约0.5m，抛石方法与抛石垫层的方法相同。抛石基床的标高决定浮箱沉放标高的准确与否，故抛石厚度控制坚持宁低不高的原则。抛石完成后，潜水员在测量配合下对抛石标高进行检测，然后采取导轨法进行抛石平整工作。

5.2.6 基床极细平

基床极细平要求标高偏差小于0.03m，需采取有效措施控制基床标高和平整度。根据复合基床构成，选定适量的桩顶安装混凝土垫块（支点）作为整平抛石基床架立重型钢轨的基座，混凝土垫块低于抛石基床0.03m，垫块顶架立重型钢轨。

基床沿纵向布置三道重型钢轨，架设于预制垫块顶部并固定牢靠。重型钢轨上铺设导架，导架采用钢管制作，下口焊接刮刀，刮刀下口位置即为基床顶标高，移动导架即可实施基桩整平。导架在基床全范围内一个来回，确保基床标高和平整度均达到极细平精度要求。

5.3 沉放GPS实时监控系统

为实时跟踪并控制浮箱在拖带沉放过程中的位置及标高情况，GPS实时监控系统对浮箱拖带、沉放过程进行浮箱三维坐标的实时跟踪监测，以利于控制浮箱空间姿态，GPS监控系统显示界面见图5.3。

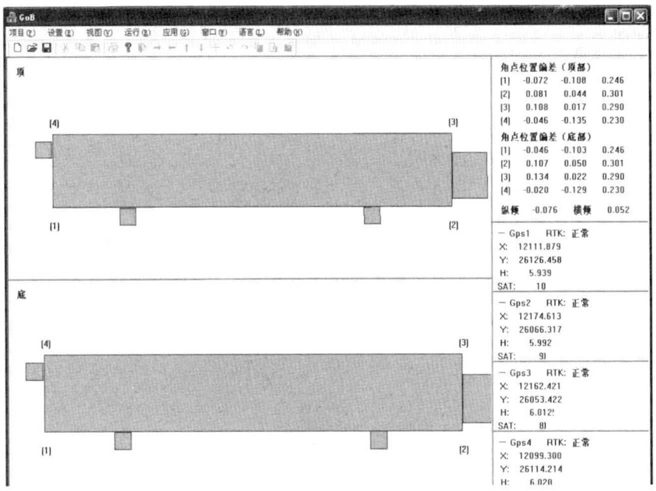

图5.3　GPS实时监控系统显示界面

5.4 基床注浆止水帷幕施工工艺

浮箱底部抛石空隙及抛石与浮箱之间的空隙注浆填充，形成密实结构，浮箱底部受力均匀，避免局部应力集中，产生差异沉降。浮箱式闸首建成后需发挥挡水功能，浮箱地基土土质为粉土，为防止浮箱底部渗漏形成管涌通道，浮箱底部以下高压旋喷形成止水帷幕，浮箱沉放到位后施工。

钢浮箱制作时内部预设ϕ150钢管作为注浆和高压旋喷注浆套管，套管埋至浮箱底，注浆套管按梅花型布置间距3m。闸首设置两道双排高压旋喷止水帷幕，呈“口”字形布置，套管间距1000mm，排距800mm，见图5.4。

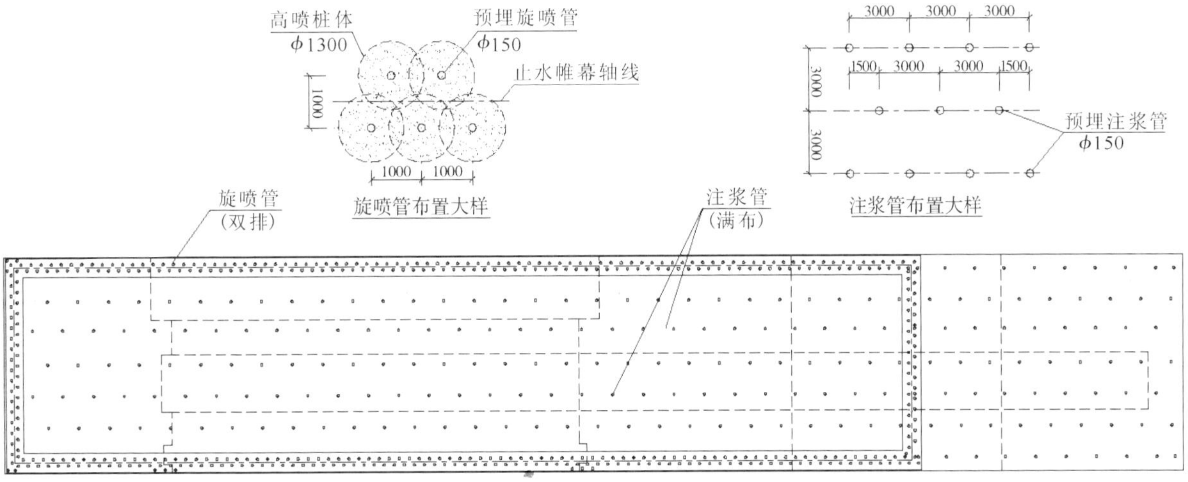

图5.4　基床注浆与高喷孔位布置

基床注浆先于高压旋喷止水帷幕施工，基床注浆压力小而高压旋喷压力大，高压旋喷作为对基床注浆的有效补充，所形成的结合体强度高，抗渗性好。

5.4.1 基床注浆

注浆沿浮箱纵向（长度方向）分三序注浆，先施工第1、4、7排、接着施工第2、5排、再施工第3、6排，每排注浆孔又跳挡进行注浆。

注浆施工选用XY-2液压钻机功率22kW×2，钻杆外径89mm内径20mm，从预设注浆套管处下到基床顶部冲击成孔，直至钻头触及混凝土基床顶部停止成孔，进行注浆。注浆泵选用高压砂浆泵注浆，注浆压力0.5~0.7MPa，水泥砂浆由钻杆下端涌出，随压力的调整，水泥砂浆沿石块孔隙散布开来。注浆压力由低至高，终止注浆压力不低于0.7MPa。随着注浆量的增加，预设套管内水位逐渐上升，直至砂浆充满套管停止注浆，静置半小时套管内浆液液面不下降，随后进行下一孔注浆。

5.4.2 止水帷幕

施工技术要求高压旋喷桩有效直径不小于1300mm，28d龄期强度不小于2MPa，渗透系数<10^{-6}cm/s。

采取在传统二重管法的基础上进行工艺革新，采取高压浆射流直接切割地层，浆射流周围以环绕压缩气加以保护，切割下的土体与浆液充分掺搅，大部分浆液留在地下与切割土体凝结成为所需要加固防渗体，少量土体混合少量浆液冒出地面形成废浆。采用此旋喷工艺开展典型试验。试验的主要目的确定旋喷参数、检验成桩直径、钻孔取芯芯样强度、旋喷桩渗透系数。

高压旋喷达到28d龄期后按规范要求选取1%的高压旋喷桩钻孔取芯，现场察看取芯率，取芯率可大于80%以上，并选取芯样送检，芯样强度均需大于2.0MPa。同步进行压水试验，要求检测取芯孔的渗透系数小于10^{-6}cm/s。

6. 材料与设备

浮箱式闸首施工主要设备见表6。

浮箱式闸首施工主要设备　　表6

序号	阶段	名称	数量	作用
1	基床施工	吹砂船	1	吹填水下围堰
2		100m³/h 混凝土搅拌船	1	水下素混凝土基床施工
3		60 起重船	1	基床施工配合
4		200HP 潜水船	2	施工配合、基床整平
5		整平导架	1	基床整平
6		抛石船	1	碎石垫层和抛石基床施工
1	GPS系统	RTK GPS 参考站	1	用于高精度 RTK 定位的参考站
2		RTK GPS 接收机	4	确定浮箱的位置、方位和姿态
3		多媒体计算机	1	运行系统软件
4		多串口卡	1	系统采集各传感器数据的硬件接口
1	拖带沉放	1000~3000HP 拖轮	5	浮箱拖带
2		200kW 发电机	1	电力供应
3		锚缆系统	4	抛锚、带缆
4		20t 卷扬机	4	绞缆进位
5		限位墩墩及限位件	4	浮箱平面位置锁定
1	注浆高喷	XY-2 液压钻机	2	钻孔、注浆
2		WJG-80 搅浆机	2	搅拌水泥浆
3		GP-5 高喷台车	2	高压喷旋喷桩作业
4		PP-120 高压泵	2	水泥浆体输送、压浆
5		YV-6 空压机	2	提供高喷气压

7. 质量控制

根据《港口工程质量检验评定标准》，新型浮箱式闸首施工主要技术质量标准为：

7.1 基床达极细平（±3cm）要求。

7.2 浮箱一次沉放后4个角点位置误差小于100mm、高程误差小于30mm、浮箱倾斜小于1/1000。

7.3 旋喷止水帷幕渗透系数达10^{-6}cm/s级、芯样强度达2MPa，基床注浆体强度达12MPa。

8. 安全措施

8.1 施工人员严格执行国家、地方各项安全法律、法规；严格执行企业各项安全生产操作规程。

8.2 设备安装，提供稳定的220V低电压线路，合理设计配电线路的走向，并具备良好的保护措施。

8.3 对检测仪器外部采用金属外壳加以保护，防止受外力破坏。

8.4 定位系统必须通过陆上比测，数据相吻合后才能进行水上作业。

8.5 人工检测作业需要爬上爬下，扶梯必须扎牢。水上作业必须穿好救生衣，戴好安全帽。

8.6 定位软件系统操作事先必须通过培训，熟悉理解整个系统后方可进行现场施工。

8.7 严禁非系统操作人员操作主控计算机，避免系统数据或各项参数的改动而造成施工错误。

8.8 对所有作业的软件操作人员、测量技术人员等进行全面的水上作业培训，并严格执行各项规定要求。

9. 环保措施

9.1 施工船只严格执行国家有关海上法规，保护海上环境。

9.2 施工过程严格执行上海市文明施工规定，进行文明施工保护环境。

9.3 浮箱出运前，在船坞进行必要的构件表面清洁，禁止存在油污等污染。

9.4 禁止定位配套船只施工人员向海中倾倒生活垃圾，安排固定船只收集垃圾运至岸上进行统一安全处置。

9.5 如果出现海上较大规模的油品污染事件，及时通知政府有关部门进行环境保护处理。

10. 效益分析

大型钢浮箱结构兼作施工临时围堰和闸首永久结构，是目前国内最大规模的钢浮箱闸首结构工程。通过课题组小组的潜心研究与开发，攻克了浮箱式闸首施工中的诸多关键技术问题，并最终实现3号线船闸胜利建成。从设计和施工方面比传统的船闸建设更具备良好的社会效益与经济效益。

10.1 经济效益

根据合同要求与前期计划，深水复合基床和浮箱拖带沉放应于2006年3月25日前完成，实际完成日期为2006年2月24日，节约工期29d；浮箱底注浆与高喷止水帷幕到7月31日完成，实际完成日期为2006年7月15日，节约工期16d，由此节约了水下基床处理船机台班费、高喷与注浆设备台班使用费，配合作业工人人工费和现场滞留时间，合计节约成本639270元。

同时由于基床处理、浮箱拖运沉放和高喷止水的提前，为后续施工结构施工创造了有利条件，在总工期极短的情况下减少了后续结构施工时较多赶工措施和费用。

10.2 社会效益

由于新技术新工艺的开发和应用，攻克了软土地基深水复合基床、大型浮箱沉放、止水帷幕封闭等施工关键技术问题，很好地解决了深水复合基床的高精度、钢浮箱沉放限位控制、闸墩—基床—地基间的施工其稳定和闸首结构永久性止水等一系列技术难题，达到了设计的技术标准，满足了业主的工期要求。

11. 应用实例

中船长兴造船基地一期工程位于长江口深水航道南港南侧，北槽分流口的北侧，距园沙航道875m。船闸外闸首采用大型浮箱结构兼作施工临时围堰和闸首永久结构，并采用桩基加复合基床作为基础，是目前国内最大规模的浮箱闸首结构工程。

浮箱竖向为断面呈“U”形的钢壳体结构，浮箱钢壳体底板上现浇有钢筋混凝土底板，钢筋混凝土底板厚度2.0～ 4.3m。浮箱壳体平面尺寸116.5m×20.5m、高16.8m，浮箱由下游至上游分5个大舱，各舱内又分若干小舱。

浮箱基础由桩基+复合基床组成。桩基为600mm钢筋混凝土预应力大头方桩，桩顶标高-13.20m，桩尖标高-50.50m，进入⑤$_{3-2}$层4m；复合基床厚度2.5m，从上至下分别为0.5m厚抛石基床、1.8m厚的C30素混凝土基床和0.2m厚的碎石垫层。

项目组开发的浮箱拖带沉放过程GPS实时监控软件系统能正常、有效运行，实时数据显示在多媒体计算机屏幕上，通过图形、文字、设备状态显示，反映浮箱状态，指导工程技术人员施工，及时调整浮箱空间姿态。

中船长兴一期3号线船闸的浮箱式外闸首于2006年10月30日实现闸首结构封顶，2007年2月14日浮箱开舱、横拉门开启，闸船注水成功，自2007年5月22日船闸投入运行以来至今已有2年，使用情况良好。

大直径高筒仓综合成套技术施工工法

GJEJGF305—2010

中平能化建工集团有限公司　河南省第二建设集团有限公司
宋永恒　于朝辉　高山林　刘学辉　孙智会

1. 前　　言

神华包头煤制烯烃项目是国家重点煤化项目示范工程，3个高75m、直径30m的原料筒仓，当时被誉为亚洲第一高仓。

该工程不但具备有高筒仓、大直径的特点，还要克服当地高寒、沙尘大风干燥气候影响等施工困难，中平能化建工集团有限公司采用了大体积混凝土温度集中测温及控温技术、电脑控制电脱模柔性滑模施工技术、型钢中心框架支撑辐射支撑平台、无粘结后张法环向预应力钢绞线张拉四项技术，形成了大直径高筒仓施工成套施工工艺，有效地解决了华北高寒地区高筒仓的施工技术难题。2009年1月该工程获得中国神华集团精品工程奖，同年年底关键技术通过河南科技厅鉴定为达到了国际先进水平，《大直径筒仓综合施工新技术的研究与应用》2010年获河南省科技成果奖、河南省工信厅科技成果一等奖、河南省建设厅科技成果一等奖；《大直径超高筒仓综合施工新技术的研究与应用》获2009年度中国建设施工企业管理协会科技成果一等奖。经国内外查新均未发现有相同内容的文献报道。

2. 工 法 特 点

2.1　工艺先进科学、技术综合配套、经济合理、效益显著。

2.2　将电脑集中测温技术与混凝土"三掺"、配合冷却管控温技术有机结合，不但有效地防治了大体积混凝土裂缝，而且节约了水泥高达30%，施工更科学合理。

2.3　筒仓内采用型钢中心框架辐射支撑平台，施工便捷，更安全可靠，工效高，成本低。

2.4　无粘结后张法环向预应力钢绞线技术可有效减少仓壁厚度，节能环保，张拉不占用工期，工期短，可提前发挥投资效益数百万以上。

2.5　自然脱模，筒壁外观质量好，达到了清水混凝土效果。

3. 适 用 范 围

大直径预应力混凝土高筒仓。

4. 工 艺 原 理

筒仓基础属于大体积混凝土，采用电脑集中测温技术及混凝土"三掺"温度控制技术，根据当地环境特点设计混凝土配合比，提高混凝土性能，减少混凝土水化热，控制混凝土裂缝。仓壁施工分别采用无粘结后张法环向预应力钢绞线，电脑控制电脱模柔性滑模施工技术。仓盖施工完毕，此时仓壁混凝土强度已达到张拉要求，从下向上逐段张拉给仓壁施加环向预应力可以使仓壁减少裂缝、从而可承受更大的侧压力。电脑控制电脱模柔性滑模施工技术是通过对混凝土的电解电离使混凝土与模板之间产生一层水汽膜、外观更美观，脱模更方便。采用型钢中心框架辐射支撑平台，减小了支撑平台跨度，结构更安全、合理、可靠。

5. 施工工艺流程及操作要点

5.1　施工工艺流程

施工准备→电脑集中测温及混凝土“三掺”温度控制大体积混凝土基础施工→筒体钢筋绑扎、钢绞线固定→筒体电脑控制电脱模柔性滑模→型钢中心框架辐射支撑平台→锥形仓盖→仓壁钢绞线张拉→配套收尾工程。

5.2　操作要点

5.2.1　混凝土“三掺”温度控制大体积基础施工及电脑集中测温

大体积基础混凝土测温及温控工艺流程如图5.2.1：

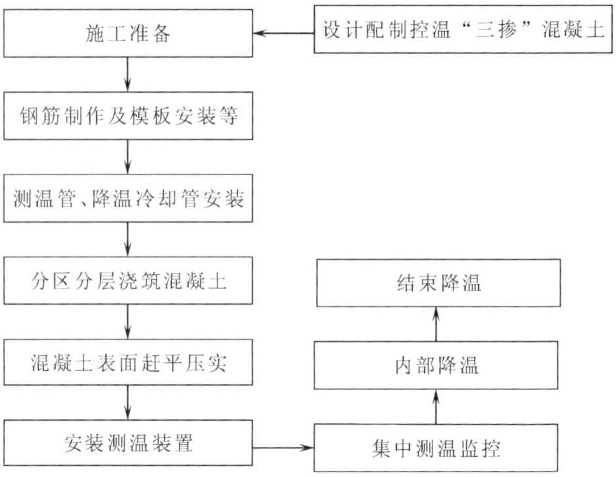

图5.2.1　大体积混凝土基础施工工艺流程图

1）根据当地特殊环境条件，经过大量配比试验，依据规范要求再设计并严格控制混凝土中矿渣粉、粉煤灰、外加剂“三掺”配合比计量，确保混凝土强度等级。

2）严格分层分区浇筑混凝土，振捣上层混凝土时，振捣棒插入下层混凝土5cm左右，且必须振捣密实。

3）严格按照事先设计安装多方位、多层次、多点计算机测温控制传感探头和冷却管，严禁碰撞冷却管，做好冷却管的保护。

4）混凝土浇筑后及时覆盖一层塑料薄膜+两层岩棉+一层塑料薄膜保温。12h后浇水蓄热保湿养护，每天洒水上、下午各两次，并视实际情况变动洒水次数，保证混凝土表面的湿度。

5）设专人专职电脑集中测温，并及时反馈测温信息，掌握基础混凝土内部温度变化。

6）混凝土浇筑完12h后，方可启动降温系统，严格控制大体积混凝土的内外温度大约25℃，根据电脑测温参数，利用冷却管进行降温，对防止混凝土裂缝的出现具有重要的意义。

7）终止测温、降温后，采用高强度等级无收缩防水砂浆注浆封闭降温管。

5.2.2　筒仓电脑控制电脱模柔性滑模

滑模前应做好施工准备工作：模板系统操作平台系统、控制系统、液压系统及施工精度控制系统组装调试完成，钢筋及钢绞线安装固定到位，工艺流程图如图5.2.2：

1）模板系统、操作平台系统、液压系统以及施工精度控制系统组装完成，钢筋钢绞线安装固定完成。

2）安装电极：阳极插入混凝土中，阴极固定于开字架上，电极露出部分应设置塑料绝缘防护。阳极在工作时间内随同混凝土浇筑提升。

3）布线：由两根4mm^{2}铜线形成回路干线，正极干线上每3～4m引出一根支线通向电极。负极每隔10m引出支线通向模板。

4）接入脱模器：将两根回路干线对应接于脱模器正负极上，接通电源，启动电解电离自脱模系统。

5）电脑控制系统选择档位参数：当浇入混凝土后，选择档位进行脱模反应，当混凝土电解电离水汽隔离膜形成，有气泡溢出，且非常明显时，此时档位满足要求；当气泡不明显，或者没有反应时，应重新选择档位参数，直至正常反应。

6）每次滑升，按上述要求循环往复仓壁可滑升到顶。

5.2.3　型钢中心框架支撑辐射支撑平台

锥型仓盖施工支撑平台采用型钢加工制作钢构中心框架支座，其下方生根于中心漏斗梁框架梁顶上，施工工艺流程如图5.2.3-1：

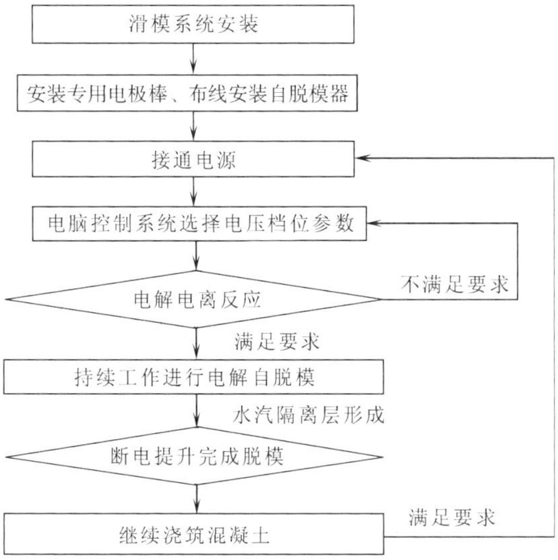

图5.2.2　电脑控制电脱柔性滑模工艺流程图

图5.2.3-1　型钢中心框架射支撑平台工艺流程

1）根据筒仓较高的特点，打破常规，用中心型钢框架代替传统的满堂脚手架，经计算支架立柱4根，选用HW400×400×21型钢，见详图5.2.3-2。

2）在漏斗十字梁上根据定位放线预埋好地脚螺栓，浇筑后对定位放线再次复核，确保安装精度。仓壁滑模施工至平台辐射（梁）下4m时，沿煤仓中心线每1.6m在仓内侧安装预埋铁件作为辐梁斜支撑焊接点，滑模施工至平台辐射梁下平时，在仓壁内侧预留孔洞，下方预埋铁件。

3）支架就位后临时固定地脚螺栓，校正垂直度。

4）上节支架对准下节支架中心线后，即用高强螺栓初拧固定。

5）安装到位后，要做好标高调整，支架垂直度校正，完成校正后支架各部位高强螺栓进行终拧。

6）安装平台型钢辐射（梁），分别穿入留孔洞内，仓壁外侧外露100mm，并将梁与预留孔下方预埋件焊接，梁与中心支架用高强螺栓连接，辐射梁靠仓壁侧斜支撑将梁与预埋件焊接在一起。

7）各项检查指标符合要求后，即可进行仓顶斜锥壳支撑的施工。

5.2.4　大直径筒仓无粘结后张法环向预应力张拉

高筒仓无粘结合张法环向预应力工艺流程图如图5.2.4-1：

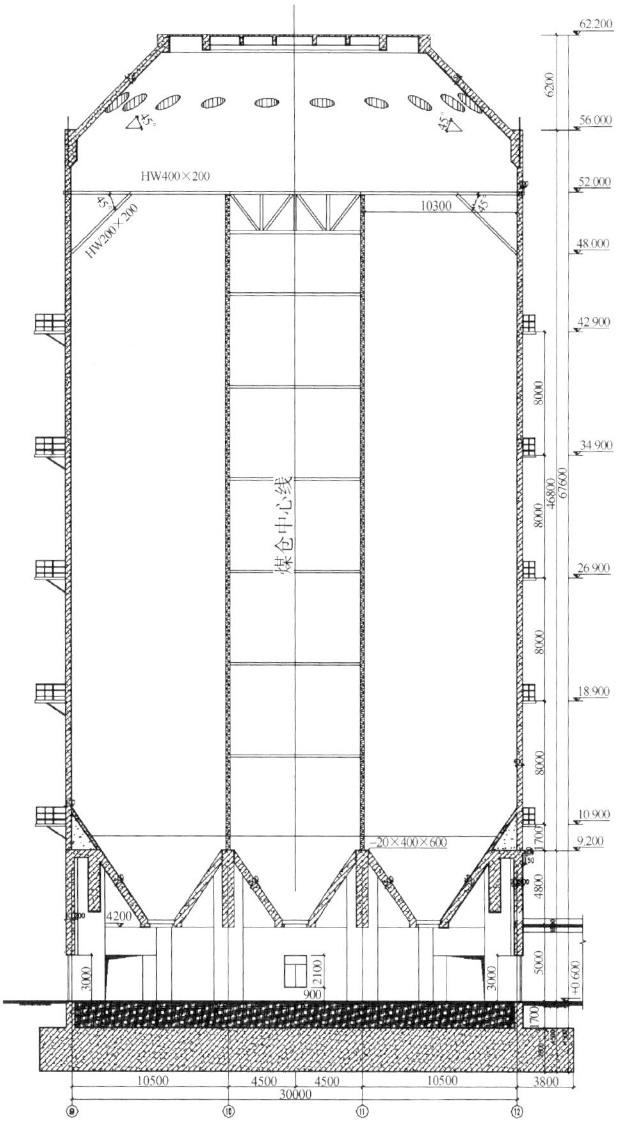

图5.2.3-2　支撑剖面图

1）无粘结预应力筋下料

钢绞线的下料长度应计算确定，综合考虑其曲率、张拉伸长值及混凝土压缩变形等因素，并应根据不同的张拉方法和锚固形式，适当增加预留长度50～100mm。

2）端头承压板和螺旋筋的设置端头承压板和螺旋筋的埋设位置应准确，可用螺栓固定于模板内表面，以确保承压板表面与浇筑混凝土表面平整，平整度差不大于3mm，且应保持张拉作用线与承压板面垂直。无粘结预应力筋的外露长度应根据张拉机具所需的长度确定，曲线筋末端的切线应与承压板相垂直，曲线段的起始点至张拉锚固点应有不小于300mm的直线段。

3）无粘结预应力钢绞线的环向铺设和固定

无粘结预应力钢绞线的竖向及水平环向的位置应按设计曲率要求进行绑扎和固定，其垂直高度可用特制的定位支架来控制主钢绞线位置的准确性。铺设钢绞线时，应从下部开始，每一固定点都要用22号钢丝绑牢。无粘结预应力环向钢绞线的位置应保持设计曲率要求，预防折线出现，其安装偏差应符合标准要求（图5.2.4-2）。

4）混凝土的浇筑和养护

无粘结预应力钢绞线铺设完毕后，应进行隐蔽工程验收，当确认合格后方能浇筑混凝土。

混凝土宜采用大流动性的泵送混凝土施工，浇筑时严禁碰撞无粘结预应力钢绞线、支撑架及端部预埋件，张拉端、固定端混凝土必须振捣密实。混凝土应一次浇捣完毕，不得留有施工缝，浇筑完后，应按要求进行养护。

5）张拉机具的检验

张拉设备的校验期限，正常使用不宜超过半年，新购置的设备和使用过程中发生异常情况的要及时进行配套校验，并出具校验报告。

6）张拉

待结构混凝土强度达到设计强度70%以上或规范要求后，即可按设计给定的张拉顺序和张拉应力，依次进行张拉。

（1）张拉前应对锚固肋上锚固筋的埋件位置、数量以及锚固肋的混凝土质量进行检查，对承压板表面进行清理并涂刷防腐涂料。

（2）张拉顺序如下：安装锚夹具→安装千斤顶→给油张拉→伸长值校核→持荷顶压→二次张拉→卸荷锚固→填写记录。

（3）张拉应自下而上，逐环进行，为使筒壁对称受力，应采用4台千斤顶对一环两根无粘结预应力筋同时张拉。

（4）采用超张拉方法，其程序为：从零应力开始张拉到1.05倍预应力筋的张拉控制应力。即0～105%σ_{con}持荷2min后锚固。

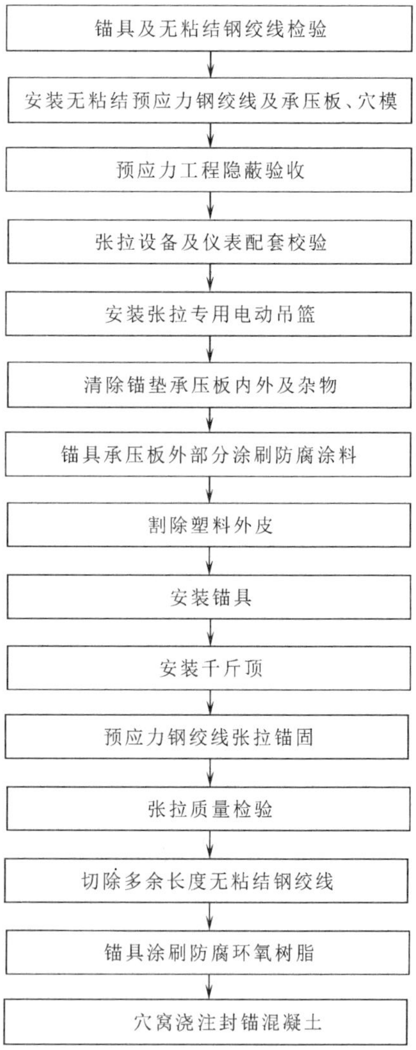

图5.2.4-1　高筒仓无粘结合张法环向预应力工艺流程图

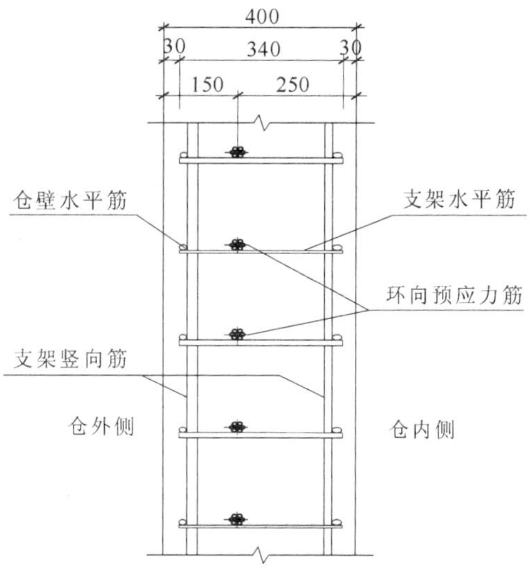

图5.2.4-2　环向钢绞线的铺设和固定

（5）无粘结预应力筋的张拉控制应力，应符合设计要求，如需提高张拉控制应力值时，不宜大于碳素钢丝、钢绞线强度标准值的75%。

（6）张拉力值的控制

采用应力控制方法张拉时，应校核无粘结预应力筋的伸长值，如实际伸长值大于计算伸长值10%或小于计算伸长值5%，应暂停张拉，查明原因并采取措施予以调整后，方可继续张拉。无粘结预应力筋的计算伸长值和实际伸长值可按《无粘结预应力混凝土结构技术规程》JGJ / T 92-93。

（7）当千斤顶的额定伸长值满足不了要求时，只需将千斤顶反复张拉，即可满足任意伸长值的需要。

7）封堵锚固端：应用无齿切割机割掉夹具外多余的钢绞线，外露长度不宜小于30mm，然后内灌防腐油脂，套上塑料封端帽。按图纸要求对封闭部分的混凝土池壁和混凝土锚固肋进行凿毛，涂刷胶粘剂，再安设模板，由下往上逐层用C40细石膨胀混凝土封严端头。

6. 材料与设备

采用的主要机械设备、材料如表6：

主要机械设备材料表 **表6**

序号	设备名称	设备型号	单位	数量	用途
1	电脑		台	1	监控、测温
2	数据采集器		套	4	测温采集数据
3	温度传感器		个	66	测温采集数据
4	汽车泵		台	2	浇筑混凝土
5	振捣器		台	6	振捣混凝土
6	混凝土灌车		台	6	混凝土运输
7	清水泵		台	3	降温
8	电脱模器及控制系统		台	2	电脱膜
9	特制电极		根	60	电脱膜
10	电极支架		根	60	电脱膜
11	吊车		台	1	安装
12	电焊机		台	3	钢构制安
13	全站仪		台	1	测量、检查
14	内卡式液压千斤顶	YCN	台	4	张拉用
15	砂轮切割机	SQ-10B	台	1	下料用
16	便携切割机	51M-150A	台	4	余筋切断
17	电动吊篮		台	4	工作平台
18	钢尺	50m	把	1	下料
19	钢板尺	150mm	把	4	检查
20	对讲机		对	4	联络
21	H型钢	多种型号	t	230	中心框架支撑平台
22	钢绞线	（1×7）$\phi j15.2$	t	247	仓壁施工
23	锚具		套	1490	钢绞线锚固

7. 质量控制

此要求执行国家质量验收规范及国家强制性条文要求。

工程质量控制标准

7.1 混凝土“三掺”温度控制大体积基础混凝土施工及电脑集中测温，执行表7.1.1质量控制规范依据。

大体积混凝土质量控制规范依据　　表7.1

序号	规范标准
1	《大体积混凝土施工技术规范》GBT 50496-2009
2	《混凝土外加剂及应用技术规范》GB 50119-2003
3	《粉煤灰混凝土应用技术规范》GBJ 146-90
4	《粉煤灰在混凝土和砂浆中应用技术规程》JGJ 82-86
5	《用于水泥和混凝土中的粉煤灰》GB 1596
6	《用于水泥和混凝土中的粒化高炉矿渣粉》GB/T 18046

7.2 筒仓电脑控制电脱模柔性滑模执行《液压滑动模板施工技术规范》GBJ 113-87,《混凝土结构工程施工质量验收规范》GB 50204，滑模施工工程混凝土结构的允许偏差见表7.2。

滑模施工工程混凝土结构的允许偏差　　表7.2

项目			允许偏差
圆形筒壁结构	半径	≤5m	5
		＞5m	半径的0.1%，不大于10
标高	全高		±30
垂直度	每层	层高≤5m	5
		层高＞5m	层高的0.1%
	全高	高度＜10m	10
		高度≥10m	高度的0.1%，不得大于30
轴线间的相对位移			5
墙、柱、梁、壁截面尺寸偏差			+8、-5
表面平整 2m靠尺检查	抹灰		8
	不抹灰		5
门窗洞及预留洞口位置偏差			15
预埋件位置偏差			20

7.3 型钢中心框架支撑辐射支撑平台质量执行表7.3质量控制规范标准。

中心型钢支架辐射平台质量控制依据　　表7.3

序号	规范标准
1	《钢结构设计规范》GB 50017
2	《钢结构高强度螺栓连接的设计施工及验收规程》JGJ 82-91
3	《钢结构工程施工质量验收规范》GB 50205
4	《建筑钢结构焊接技术规程》JGJ 81

7.4 大直径筒仓无粘结后张拉环向预应力工程质量执行表7.4质量控制规范标准。

大直径筒仓无粘结后张拉环向预应力质量控制依据 表7.4

序号	规范标准
1	《预应力筋用锚具、夹具和连接器》GB/T 14370
2	《无粘结预应力混凝土结构技术规程》JGJ/T 92
3	《预应力混凝土用钢绞线》GB /T 5224

8. 安全措施

本工法符合国家安全规程及国家强制性条文要求。

认真贯彻“安全第一，预防为主”的方针，明确各级人员的职责，严格执行《液压滑动模板施工安全技术规程》JGJ 65-89、《建筑机械使用安全技术规程》JGJ 33-2001、《施工现场临时用电安全技术规范》JGJ 46-2005及《建筑施工高处作业安全技术规范》JGJ 80-91的有关规定，建立完善的施工安全保障体系，加强施工作业中的安全检查，确保作业标准化、规范化。

9. 环保措施

此工法符合国家节能环保及国家强制性条文要求。

9.1 成立对应的施工环境卫生管理机构，在工程施工过程中严格遵守国家和地方政府下发的有关环境保护的法律、法规和规章，加强对施工燃油、工程材料、设备、废水、生产生活垃圾、弃渣的控制和治理，遵守有防火及废弃物处理的规章制度，做好交通环境疏导，充分满足便民要求，认真接受城市交通管理，随时接受相关单位的监督检查。

9.2 将施工场地和作业限制在工程建设允许的范围内，合理布置、规范围挡，做到标牌清楚、齐全，各种标识醒目，施工场地整洁文明。

9.3 对施工中可能影响到的各种公共设施制定可靠的防止损坏和移位的实施措施，加强实施中的监测、应对和验证。同时将相关方案和要求向全体施工人员详细交底。

9.4 设立专人对废油进行收集，认真做好无害化处理，从根本上防止施工废油乱流。

9.5 优先选用先进的环保机械。采取设立隔声墙、隔声罩等消声措施降低施工噪声到允许值以下，同时尽可能避免夜间施工。

10. 应用实例

神华包头煤制烯烃卸储煤装置煤仓于2007年5月开工，采用了大直径高筒仓综合成套技术施工工法，2008年8月完工，筒仓质量达到清水混凝土标准，安全无事故，被建设单位评为精品工程奖，该成套施工技术工法应用于工程见工程应用实例表10。

工程应用实例 表10

工程名称	工程地点	结构型式	开竣工日期	实施效果
神华包头煤制烯烃卸储煤装置煤仓	包头	大直径煤仓	2007年5月～2008年8月	良好
中平能化一矿储仓工程	中平能化一矿	大直径煤仓	2008年4月～2009年9月	良好
中平煤电平姚储仓工程	平姚	大直径煤仓	2008年11月～2009年11月	良好

地下矿山掘进高分段（大参数）无底柱分段崩落施工工法

GJEJGF306—2010

攀钢集团冶金工程技术有限公司　中国三冶集团有限公司
周旭　黄勇　王巧兰　徐晓军　史铭杰

1. 前　　言

1.1　采矿方法介绍

大红山铁矿是我国近年开发的最大规模的地下矿山，一期设计规模为400万t/年，扩产后其地下开采规模将达到800万t/年以上，采矿方法为无底柱分段崩落法。所谓无底柱分段崩落法，它是将阶段用分段回采巷道划分为若干分段，由上向下逐个分段进行回采，随后由崩落围岩充填采空区，分段下部不设出矿的底部结构，以小的崩矿步距爆破下来的矿石在崩落围岩的覆盖下直接由回采端部放出，凿岩、出矿共用同一巷道。它具有国内外广泛应用、能够适应各种矿山地质条件的采矿方法、高效、安全可靠、环保等优点。本文着重介绍了该地下矿山掘进高分段（大参数）无底柱分段崩落施工方法的主要特点、适用范围、工艺原理、主要工艺流程及操作要点等。

2010年8月《高分段无底柱分段崩落法在大红山铁矿的应用研究》通过了中国冶金建设协会组织鉴定的科技成果评审，评审意见：该施工技术在工程应用中取得了显著的经济效益和社会效益。技术整体达到国内领先水平，具有推广应用价值。此项施工技术被评为2009年四川省政府年度科技进步二等奖、荣获2009年度攀枝花市科技进步奖二等奖、2009年度攀钢科技进步奖一等奖；发明专利“极硬断层条件下掘进采切巷道的爆破方法”已被国家专利局受理，申请号：201010137750.5，并形成多项企业专有技术。

1.2　工法简介

地下矿山掘进无底柱分段崩落法于19世纪90年代，在美国Lake Superior矿区由分层崩落法演变而来，至20世纪50年代，在瑞典形成典型开采方案，即深孔落矿、端部出矿、无底柱分段崩落。因该法具有安全简单、开采强度大及成本低等特点，从20世纪60年代开始在全世界范围内得到迅速的推广应用。该法占黑色地下矿产量在国外已达67%，在国内更达85%。其结构参数国外也从最早的7.5m×7.5m发展到现在的30m×27m，国内则是15m×20m，随着2007年大红山铁矿的投产，该参数已达20m×20m。

随着结构参数的加大，不仅是简单的放大，它涉及到两方面的问题：一是由于放出体发育过程的非线性，加大后的结构参数应尽可能与放出体匹配，同时要求在出矿上得以操作体现；二是应在凿岩、爆破这两个环节上具有可操作性。事实上，由于这一结构参数为国内最大，没有现成的经验可利用，这就要求我们从理论和实践两方面进行系统研究，以取得较为理想的效果。

为此我们开展了结构参数的完善研究，在既定结构参数下，优化选取了第三维参数即崩矿步距（3.2m），使得崩落矿石的爆破堆积体形态与放出体的形态具有更高的吻合程度，从而获取更好的技术经济指标。

凿岩爆破参数通过影响矿石粒级分布，影响回贫指标的优劣。针对大红山铁矿的岩石性质、结构参数及设备状况，根据多年的生产实践，单耗在0.32～0.34kg/t范围内比较合理，炮孔孔径取ϕ76mm，密集系数有1.1和1.8两种，起爆方式采用导爆索与孔口起爆药包并联的方式，边孔角取定为60°，进路规格4.8m×3.8m。

根据大红山铁矿矿体赋存状况及回采工艺特点，经过充分的论证分析，决定采用定量放矿的方式进行放矿。

上述三点形成了整个工法的核心，该工法的应用为大红山铁矿降低生产成本，改善各项技术经济指标起到了关键性的作用，充分体现了科学技术的巨大威力。

2. 工 法 特 点

通过开展结构参数的完善研究、凿岩爆破参数研究及放矿工艺研究，取得了很好的成果并将其充分的运用到现场中去，与现行国内结构参数15m×20m相比。具有安全可靠、开采强度大及成本低等优点，创造了良好的技术经济指标，有效的改变了无底柱分段崩落法回贫指标差这一特点。

3. 适 用 范 围

适用于所有采用地下金属矿山掘进无底柱分段崩落法的矿山，特别是采用大结构参数的矿山，并对结构参数的确立很好的指导作用。

4. 工 艺 原 理

4.1 以结构参数空间排列理论（立体模型，该模型已获国家专利，专利号02136190.8，也是本工法所用模型）为基础，采用崩落矿石的爆破堆积体形态尽可能地与放出体体形相吻合，得出最优的三种排列方式，即大间距结构、高分段结构及大崩矿步距结构，因为考虑了放矿的立体空间性，三种排列方式都有效地解决了平面模型中前后两步距间存在的空挡问题，也使得该理论下的矿石回采率、矿石贫化率指标更优。

4.2 以定量放矿管理为核心，通过分析讨论不同落顶方案下不同矿体厚度之下的技术经济指标，得出"若一开始放矿时，随即就进行岩石放顶，早早形成一定厚度的覆盖层，早早形成矿岩混杂层，此时一般采用截止品位放矿方式"。而该工法整体落顶方案采用强制落顶与自然落顶相结合的方式形成覆盖岩层，初期采用强制落顶来满足生产需要。由上面的分析结论我们知道，在此情况下一般采用截止品位放矿方式，但截止品位放矿方式会破坏矿岩界面的完整性，从而影响回贫指标，为此我们采用以定量放矿管理为核心的新放矿模式。在回采的第一、第二分段仅以满足爆破条件为目的进行定量出矿，尽可能的减轻矿岩界面的破坏程度，以取得较好的回贫指标。

4.3 以现代化大型机械设备进行凿岩爆破、出矿，提高劳动生产率，实现低成本、大规模地下采矿。

5. 施工工艺流程及操作要点

5.1 施工工艺流程

采切掘进 → 炮孔设计 → 回采炮孔凿岩 → 回采爆破 → 出矿

5.2 操作要点

5.2.1 采准工程掘进施工

1. 技术部应根据分层平面布置图和矿体情况编制掘进施工组织设计，设计的内容主要包括：标准巷道炮眼布置图、局部通风、循环图表、支护方案、施工进度、劳动组织、材料消耗及经济指标等。

2. 技术人员要经常深入现场，当现场地质情况与已有资料有较大出入时，及时上报业主主管部门，由业主相关部门对采准工程设计做出变更。

3. 为保证施工质量，测量人员应在每条施工巷道设立一组中线点和一组腰线点，它们距掘进工作面的最大距离分别不得大于30m和15m。

4. 对施工中出现的裂隙、破碎等地质异常情况，采矿组应及时提出支护方案报业主相关部门审核，以便组织支护工作，并对支护、浇筑混凝土等做好隐蔽工程记录。

5. 采准工程掘进超前回采矿石在6个月以上。

5.2.2 炮孔设计

1. 测量组提供实测的上、下分层断面图（1：1000）及上下两分层进路对照图（1：1000）。

2. 地质组提供进路和联络道的地质剖面图（1：1000）及分层地质平面图（1：1000）。

3. 炮孔设计人员根据图纸资料和技术要求进行设计。

4. 技术部门主管人员对设计好的炮孔进行不定期的抽查审核，抽审数量为设计炮孔总数的5%～10%。发现有不符合要求的立即整改。

5.2.3 回采炮孔凿岩

1. 测量人员按采矿设计的要求划出排位线，排位线的排距误差不得大于±0.10m。两条联络巷间的每条进路的排距的累积长度应以进路两端的导线点控制，累积误差不得超过±0.30m，累积误差应在导线点之间消除掉，不得带入下一个矿块。

2. 中深孔台车的摆放，必须保证排面放射中心在巷道中心线上，以确保中深孔施工与设计一致。

3. 严格按中深孔设计的凿岩方向、进路、排号进行中深孔施工。

4. 施工时，每排中深孔的开口位置，必须在本排中深孔排面内，确保施工排面与设计排面一致。

5. 详细看图纸、报孔号、量角度、上钎头和钎杆，要求炮孔角度误差≤±1°，上钎杆时，上端先夹入夹钎器，下端再连接钎尾。

6. 加强作业过程中控制，要求在开孔前、第一根钻杆进入一半时、钻孔施工一半时均要进行钻孔角度的监测，发现超过偏差，及时调整处理。在钻进接杆过程中和卸杆时，要求对钻孔长度进行监测，避免出现长度偏差。

7. 技术部定期按验收标准进行验收，发现不合格炮孔应及时报给采矿技术组，由其根据现场情况作出处理方案。其检验标准如下：

1）中深孔炮孔角度误差≤±1°；

2）中深孔排面倾角允许误差在设计倾角±1°范围内；

3）中深孔排面内炮孔倾角允许误差在设计倾角±2°范围内，炮孔深度允许误差在设计炮孔±0.5m范围内；

4）中深孔排间距允许误差在设计排间距±0.1m范围内。

5.2.4 回采爆破

1. 爆破前由技术部下达探孔任务单，对炮孔孔深进行实测，要求测孔管刻度准确，测出数据误差值，并正确填写探孔表，注明炮孔所在的盘区、排位、孔别、孔号、孔深、总延米。被破坏的炮孔要设法处理。

2. 采用孔口起爆方式，孔内全长安装导爆索，以确保爆破成功。

3. 每日爆破必须由技术部编制和下达指令单。爆破指令单应指明：爆破地点、爆破孔深、爆破药量、技术要求、安全注意事项等。

4. 装药采用装药台车装药，填塞采用预先制作好的炮泥填塞。

5. 起爆系统采用非电起爆系统起爆。

5.2.5 回采出矿

1. 技术人员根据生产安排，编制每天出矿的配矿指令单，下发回采工区实施。

2. 要求严格按指标单实施出矿，以确保实际出矿量与设计出矿量的一致。

3. 出矿使用6m^{3}电动铲运机或柴油铲运机出矿。

4. 放矿采用定量放矿方式（截止品位放矿适用于止最上面两个分段），使放矿体呈隋球体分布。

5. 每个分层放矿溜井按80m间距设置一个。

6. 材料与设备

6.1 施工材料见表 6.1（每个循环材料消耗）

主要施工材料表　　表6.1

序号	名　称	规　格	数　量	备　注
1	炸药		100kg	
2	非电雷管		50 发	
3	母线		100m	
4	合金钻头	ϕ45	3 个	
5	合金钻头	ϕ100	1 个	

注：材料用量根据具体工程实际需要选用。

6.2 施工机具设备见表 6.2

主要施工机具设备表　　表6.2

序号	机 具 名 称	规格型号	数量	备　注
1	液压凿岩台车	Rocket Boomer 281	1 台	凿岩用
2	液压凿岩台车	Simba H104-28	1 台	凿岩用
3	凿岩机	YSP-45	3 台	凿岩用
4	1.5～2.0t/台	H1354	2 台	凿岩用
5	高效液压凿岩机	Cop1838 型	4 台	凿岩用
6	BQF-100 型装药器	1.5～2.0t/台	4 台	装药用
7	Toro 1400E 电动铲运	6.0m^3	3 台	出碴（矿）用
8	ST-3.5 柴油铲运机	3.1m^3	2 台	出碴（矿）用
9	ST-1010 柴油铲运机	4.0m^3	2 台	出碴（矿）用
10	全站仪	TC1800（徕卡）	1 台	测量用
11	光电测距仪	ND3000	1 台	测量用
12	全站仪	DTM-352L	2 台	测量用
13	轴流通风机	11kW	4 台	通风用
14	变压器	315kVA	1 台	井下变配电
15	安全变压器	36V	3 台	井下照明
16	自卸汽车	5t	5 台	运输

注：数量根据具体工程的实际需要适当选用。

7. 质 量 控 制

7.1 本工法应执行的标准

《矿山井巷工程施工及验收规范》GBJ 213-90；

《混凝土结构工程施工质量验收规范》GB 50204-2002；

《锚杆喷射混凝土支护技术规范》GB 50086-2001；

《冶金矿山井巷工程质量检验评定标准》YBJ 218-89；

《工程测量规范》GB 50026-2007；

《混凝土质量控制标准》GB 50164-92。

7.2　质量控制管理措施

1. 严格按照设计图纸施工，执行国家现行施工与验收标准、规范。严格执行工程质量监督管理制度。

2. 严格执行业主工程质量监督管理制度。

3. 加强职工技术培训，不断提高全员职工质量意识和操作技能，以创优良工程为目标，实行质量与工资挂钩的质量否决制度。

4. 建立健全质量管理制度、质量管理责任制，明确各级职责，严明奖罚制度。定期开展质量检查评比，严格执行奖罚。

5. 坚持执行关键工序领导值班制，做好质量管理24h不失控。

6. 严格执行一工程一措施的管理制度，每项工程开工前现场技术人员首先编制《质量计划》、《施工作业指导书》，施工前向全体人员进行技术交底。

7. 实行挂牌留名制度，明确各级质量责任，主要工种须持证上岗。

8. 掘进施工中坚持执行光面爆破，严格按光爆图表施工。现场施工技术人员根据岩层实际情况，及时合理调整爆破图表。

9. 严把原材料进场关，不合格不得入场，存放过期、变质的原材料不得使用。加强计量工作，保证混凝土搅拌、运输、捣制的质量。

10. 及时做好隐蔽工程的检查验收与签证工作。

11. 搞好施工质量原始检查记录，各种资料和各项材料试验报告数据的整理归档工作。

12. 抓好施工过程中的工序管理，做到每一道工序严格把关，上道工序不合格下道工序不许施工。

7.3　主要质量保证技术措施

1. 要求相关技术人员根据采矿方法和施工图纸的要求进行必要的验算，并形成施工作业图纸，避免原则错误。

2. 设备操作人员精心操作，不可为追求进度而忽视质量。

3. 设备维修和保养必须按规定执行，保证设备运行出于最佳状态，避免系统误差。

4. 加强对材料的使用与管理，避免由于材料使用不当造成质量问题。

8. 安全措施

8.1　爆破安全措施

1. 爆破器材的加工、运输和储存按照《中华人民共和国爆破安全规程》执行。加强爆破器材的管理和检验，严禁使用不合格的爆破器材。

2. 在采场较大药量爆破前，必须有爆破设计，并报主管领导审批。

3. 爆破实施前必须有严密的安全组织领导，具体分工负责；通知其他施工班组安排好工作，在实施爆破时暂停井下的施工。

4. 在持爆破证的安全员指挥下，组织经过安全培训合格的技术工人进行装药、联线。

5. 在点火之前：严格检查网络的连接；搬走设备、工具；除点火之外的人员，其他人员一律退场并登记。

6. 爆破后控制进入爆区的时间；安全员首先进入爆破区，发现并排除不安全隐患；加强通风，防止炮烟中毒。

8.2 设备安全运行措施

制定运输车辆的维护保养、检修制度，检查落实情况，保证车辆性能的完好，尤其是刹车系统的完好性。

在斜坡道口和平硐口设信号工人，对汽车的运行进行有效组织。在运输过程中，禁止汽车超速和超载。

井下无轨运输设备及铲运机，台车等不允许无灯、无喇叭行驶。

严禁在斜坡道上停车，工作面迎头不允许停机检修。若故障处理需要停车，必须采取相应的措施。

工作中出现车轮受压过大或机身倾斜时，立即改变机械车辆的工作状况。

机动车辆要倒车时，并因此可能给司机或其他人员带来危险时，指派作业人员站在倒车的方向上提醒司机和其他人员的情况下，方可倒车。

机动车辆司机室安装挡风屏和观察窗，采用安全玻璃制作，做好保养，以免阻碍视线。

8.3 设备操作安全措施

设备安全操作人员必须获得“设备操作许可证”，只能在设备操作许可证的有效期内，进行操作。否则，应按规定到原法定发证单位申请、复核、验证或重新培训、换发新的“设备操作许可证”。

无轨运输设备，除执行井下一般安全规程外，还必须注意防火、防毒和交通安全。

铲运机等车辆、设备司机必须经过培训，考试合格后，获得“安全操作许可证”者，方可上机操作，其他人员严禁开车。

各类司机、库管人员经过安全教育，懂得各种易燃物的灭火原理，会正确使用灭火器，司机室、井下维修室等，常备干粉灭火器。

操作中不允许吸烟，油库及检修场地悬挂“禁止吸烟”和“注意防火”的警告牌。

进入工作面之前，司机要认真检查巷道顶板、两帮的岩石情况，认真观察出矿迎头的炮堆及其他安全情况，处理危险地点的大块应由专业人员来完成，决不允许司机用机械去扒、钩矿、挑矿等。

发动机未熄火或未停稳车，司机不允许离开驾驶岗位。

绝对禁止用铲斗载人和运载导火索、雷管等爆破器材。

爆破前，将所有的机动车辆开到安全地点。

8.4 顶板或坠落物安全管理

斜坡道凿岩严格按照安全技术操作规程操作，坚持执行炮眼定位，空帮、空顶距离的控制、敲帮问顶制度，并在施工作业规程中明确。

井下进行凿岩和爆破的作业地点，每天由当班负责人对顶板及周围安全情况检查一次，井下除凿岩和爆破外的作业地点，每周由安全检查员检查一遍。

井下潜在的或已发生的危及作业人员健康或安全的危险状态，当班作业结束前，来不及消除时，由当班负责人书面记载并签字；记载内容包括；危险状况，所采取的整改措施的情况。下一班负责人，在本班作业人员开始进行位于危险区的作业前，阅读上班记载要求中记载内容，并就以下几个方面提醒那些可能受到危险状态影响的作业人员；危险状况，已采取的整改措施的情况，为消除危险状态而需要做的工作。

在井下作业区撬毛期间，停止一切妨碍敲松石的作业。

8.5 噪声控制措施

斜坡道和竖井在施工期间所安装使用的通风机，距井口的距离不得小于10m，且通风机前后消声器必须齐全、可靠、有效，在距设备7m位置处噪声分级不超过85dB。

斜坡道和竖井在施工期间所安装使用空气压缩机应符合设计要求，在距设备7m位置处噪声分级不超过85dB，否则操作人员应使用防噪声海绵耳塞。

井下所用的机械作业车辆消声器必须齐全、可靠、有效。凿岩台车应安装隔声防震操作间。

8.6 烟尘控制措施

井下供给干净的高压水，在向井下送水的管道上每隔100m设一个三通闸阀出口，用于控制凿岩、爆破、装载或运输等作业时产生的粉尘。

工作面在进行装岩或装矿、放炮前、放炮后的工作之前，必须用水将其完全喷湿，方可开始工作。

井下有限空间或可能存在；有毒有害气体、蒸汽、粉尘或炮烟；或其大气中的氧气压力不足18kPa或超过23kPa时，任何人不得进入；除非对其进行清洗和通风，提供合格的大气后，人员方可进入。

8.7 安全标志及安全护栏

斜坡道和竖井井口，悬挂醒目的“施工牌板”，内容有工程名称、施工单位、工程负责人、工期等。

所有机械厂房、变电站、压风机房，设防护栏或钢丝网，并悬挂醒目的“工作重地，闲人免进”安全标志牌板。

地面炸药库，悬挂醒目的“爆炸器材危险”安全标志牌板。

井下每隔100m设立里程牌，用水泥抹平直径为200mm的圆圈，标明里程数。

井下各个交叉点设指示牌，在用水泥抹平500mm×600mm的平面写上巷道名称、安全出口指向。

9. 环保措施

9.1 文明施工措施

1. 建立健全包括工程质量、进度、文明施工等内容的岗位责任制。搞好职工培训、教育职工搞好文明施工，培养职工良好的工作作风。

2. 工程开工前，必须有施工组织设计，其内容完整，措施可行。开工手续齐全，并严格按施工组织设计施工。

3. 工地设置工程标牌，其内容完整、清晰、牢固、电气设备登台上架，施工用具完好齐全。施工现场要设专人负责管理，并经常清理杂物，做到干净整洁。吊盘及工作面作业场所做到清洁整齐，布置有序。

4. 巷道内管线悬吊统一整齐，并做到三不漏：即不漏风、不漏水、不漏电。施工现场和生活区内，严格用水、用电制度，做到无常明灯，无常流水现象。

5. 施工现场昼夜设专人值班，制定有效的治安保卫措施，责任到人奖罚分明。加强对施工场内的各种材料的管理，各种材料按照施工组织设计中的工业广场平面布置图的位置，材料、构件分类管理，整齐挂牌，编号存放。

6. 通过质量网络运行，做到项项质量有人查，道道工序有人管。坚持合理的施工工序，工序交接清楚，实行“三不交接”，即无签名不交接、工序不完整不交接、工作面不清楚不交接。

7. 加强食堂、职工宿舍的卫生管理，按照标准布置职工宿舍，经常消毒灭菌，防止疾病和食物中毒，确保职工身体健康。

8. 为预防传染病发生，办公室和宿舍、食堂、活动场所、各机械厂房等地配备足够的垃圾箱和簸箕，以便收集松散物和垃圾。垃圾箱装满时，应及时排弃，卫生要经常洒水、打扫，保持清洁卫生。所有工作人员，不许随地吐痰，要在指定的厕所大、小便。

9.2 文明施工管理制度

1. 工地门口应挂牌标明工程项目名称、建设单位名称、施工单位名称、工地负责人、施工许可证批号、计划工期等内容。

2. 工地周围应设临时围墙，出入口设专人看守，禁止非工作人员入内，并在场内明显位置张挂出安全、保卫、防火等标语、警示标志。

3. 施工现场应保持道路平坦畅通，整洁、无积水，排水系统畅通。

4. 现场的办公室、材料房、机械房、宿舍、厨房、浴室、厕所等临时建筑物应按现场平面布置图合理布置建造、挂牌、保持整齐、清洁、卫生。

5. 办公室内应张挂（贴）有现场平面布置图，各种生产计划、进度图表，安全生产管理各项规程、制度。

6. 各种设备安装牢固、辅助设施齐全，符合安全生产要求。物料堆放牢靠、整洁整齐。

7. 现场生产、工作人员持证上岗，服从指挥、严格执行安全生产制度、遵守操作规程。

8. 生产过程产生的废渣、废料按指定地点存放并及时运走，保持环境清洁卫生。控制噪声污染。

9. 现场用电、消防严格按照有关规定、规范要求执行。

10. 遵守当地施工管理规定。

9.3 环境保护

严禁干式凿岩，采用湿式凿岩，以防止凿岩粉尘的产生。

爆破前彻底清洗距工作面10m内的巷道周壁，防止爆破波扬起积尘，并使部分新产生的矿尘沾在湿润面上。

在炮烟抛掷区设置水幕，同时利用风水喷雾器迎着炮烟抛掷方向喷射，形成水雾带，有效地降尘和控制矿尘的扩散，并能降低氮氧化物的浓度。

向矿岩堆用喷雾器喷洒水雾；出矿时，在铲装点及卸载点安装喷雾器喷雾以控制装岩粉尘的产生。

锚喷支护时，要用含水5%~7%的潮料，并尽可能的低风压近距离喷射，以减少粉尘的产生。

10. 效益分析

大红山铁矿采用的无底柱分段崩落法，通过采用大结构参数并完善第三维参数，配置具有国际先进水平的主体采掘设备，应用集中化开采技术，使采切比大幅度下降、采矿强度大幅度提高、采矿生产规模也得以扩大、采矿成本不断降低，取得了巨大的经济效益和社会效益。

10.1 经济效益

主采区2008年便获得经济效益9806.72万元，2007年至2009年共获得经济效益25977.8万元。

10.2 社会效益

1）本项目完成的研究成果，高分段大间距无底柱分段崩落采矿新技术，将我国无底柱分段崩落采矿法的分段高度由目前的15m提高到20m，将我国无底柱分段崩落采矿法的技术水平向前大大推进了一步，拉近了我国与西方先进国家同类采矿方法技术水平（30m分段高）的距离，推动了我国采矿工业技术水平的发展。

2）为降低矿石损失贫化，在放矿方式上采用了以定量放矿管理为核心的多分段组合放矿的低贫化放矿管理新模式，改变了传统的以截止品位为理论依据的放矿方式，获得了良好的技术经济效果。为其他采用无底柱分段崩落采矿法的矿山提供了可供借鉴的放矿管理模式。

本工法自2006年开始应用于昆钢玉溪大红山矿业有限公司深部采区，达产时间从原计划3年缩短为2年，产量从原计划250万t/年提高到280万t/年，该工法已分别在玉溪大红山矿业有限公司深部采区480万t/年采矿工程、玉溪大红山矿业有限公司深部采区460分段、玉溪大红山矿业有限公司深部采区440分段等成运用了4年，取得了显著的社会效益。该工法运用在减少环境污染，减少矿石的贫化率上对建设节约型社会有极大的作用。

11. 应用实例

11.1 昆钢大红山铁矿工程

工程名称：大红山铁矿深部采区440m分段生产持续采切工程

地点：玉溪大红山铁矿440分段工程

工程量：采切工程量49114m^3

开竣工日期：2009年9月6日～2010年3月10日

建设单位：昆钢大红山铁矿有限公司

施工产值：950万元

工程质量等级：优良

在440水平采切工程中，10号联道和西部联道均存在以上所述的地质条件，长度约为800m，采用该工法施工后，累计节约工期35d，累计节约成本120万元，在工期和效益上都取得了显著的效果。

11.2　昆钢大红山铁矿工程

工程名称：大红山铁矿深部采区460m分段生产持续采切工程

地点：玉溪大红山铁矿460分段工程

工程量：采切工程量20.2万m^3

开竣工日期：2007年2月8日～2008年3月20日

建设单位：昆钢大红山铁矿有限公司

施工产值：3900万元

工程质量等级：优良

该工程利用该工法施工，在460水平的切割平巷和10号采矿联道施工过程中取得了明显的效果。使这两条巷道以及两边的联道施工工期提前了55d，共获经济效益150万元。

11.3　昆钢大红山铁矿工程

工程名称：昆钢大红山铁矿480wt/a采矿工程

地点：玉溪大红山铁矿深部主采区工程

工程量：中深孔进尺：520000m　　崩矿量：3900000m^3

开竣工日期：2006年12月1日～2010年6月30日

建设单位：昆钢大红山铁矿有限公司

施工产值：5.2亿元

工程质量等级：优良

在深部主采区回采工程中，采用该工法施工后，累计节约成本6720000元，经济效益和社会效益上都取得了显著的成效，得到了昆钢集团玉溪矿业公司的高度赞扬。

岩石斜井综掘机械化施工工法

GJEJGF307—2010

中煤第三建设（集团）有限责任公司　中煤第七十一工程处

王厚良　吴信远　周树清　王劲红　方体利

1. 前　　言

煤巷综掘机的应用，大大提高了煤巷的单进水平。一般煤巷综掘月单进都保持在400m左右的进度，最高单进甚至达到月进1380m的进度，这是炮掘施工难以企及的，这个状况同样存在于岩巷掘进。近年来我国一些综掘机生产厂家成功研制了系列硬岩综掘机，一经投放市场就给岩巷掘进带来一场跨越式的革命。近两年来，公司先后投入了6台岩巷综掘机（EBZ-200 4台，EBZ-230 2台），其中4台使用于斜巷（井），2台使用于平巷施工，均取得了较好的效果。同时通过两年的施工探索，总结了一套较完善的施工工艺和机械化配套系统，形成了"岩石斜井综掘机施工工法"，2010年3月24日，中国煤炭建设协会组织有关专家鉴定，该项技术达到了国内领先水平，具有广泛的推广应用价值。

2. 工 法 特 点

2.1　在斜井（巷）岩层掘进中利用硬岩综掘机进行掘进。后配可伸缩皮带排矸，实现掘进与排矸完全平行作业。

2.2　在综掘机液压前探支架的保护下，一次掘支距离可达3m左右。在液压前探支架的保护下进行拱部初次支护非常安全。

2.3　视围岩条件，巷道两帮的支护及拱部复喷可放到二运皮带后进行，更大限度实现平行作业。

2.4　岩巷综掘机掘进时与传统钻爆法掘进相比，围岩扰动小、超欠挖少、安全性好。

2.5　绞车配合矿车、行人车辅助运输，有效解决了运送材料和人员的问题。

2.6　采用掘进机内、外、强化三重喷雾装置，配合双台KCS-200型除尘风机进行除尘，基本解决了粉尘问题。

2.7　摒弃了火工品的使用，消除了煤矿建设中的一个重大危险源。

3. 适 用 范 围

适用于煤矿和非煤矿山倾角18°以内，岩石硬度F值8级以下的岩石斜井综掘机械化掘进施工。

4. 工 艺 原 理

斜井工程施工中，采用以三一重装产EBZ-200型岩巷综掘机掘进施工，装配液压前探支架进行临时支护，永久支护与出矸平行作业，采用MQT-130锚杆钻机施工；后配套为DTL80/15（800mm宽，运距1000m）型可伸缩皮带输送机运输矸石至井口；2台KCS-200型除尘风机除尘；JK-2.5/20绞车配合矿车、行人车运输物料及人员；井口设置的搅拌机拌制喷浆料；工作面配备ZP-Ⅶ型喷浆机2台，1台初喷，1台用于后方复喷；大功率对旋风机通风；计算机辅助管理等配套的机械化施工工艺。

5. 施工工艺流程及操作要点

5.1 关键技术施工工艺流程

交接班（安全检查）→找中、腰线→截割出矸→敲帮问顶→临时支护→永久支护→清理及延长皮带。详见斜岩石斜井综掘机机械化作业线布置图5.1–1及岩石斜井综掘机械化工艺流程图5.1–2。

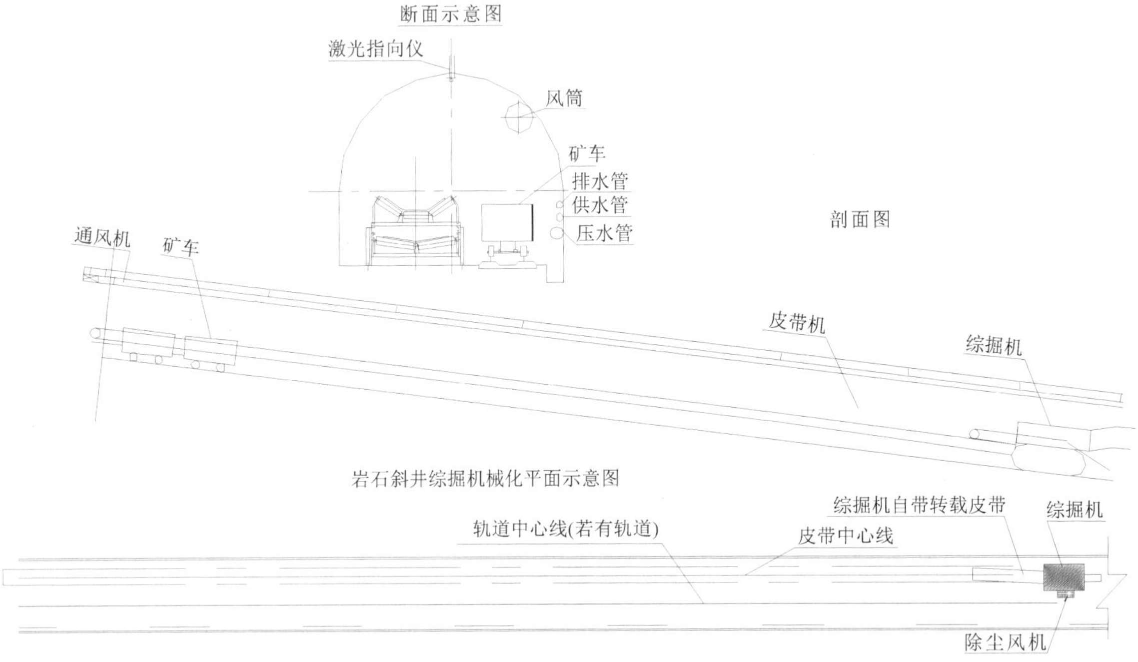

图5.1–1 岩石斜井综掘机施工机械化作业线示意图

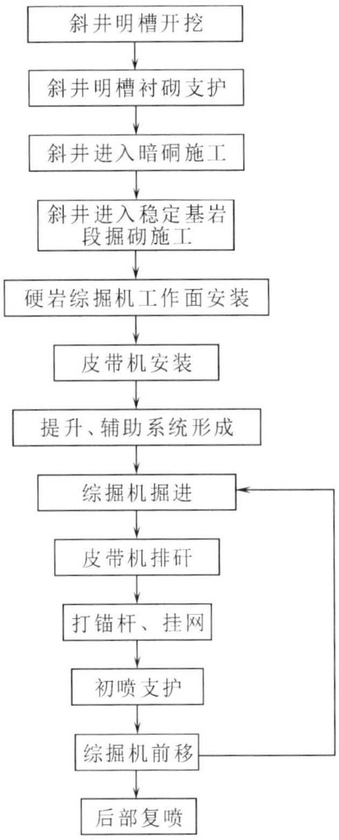

图5.1–2 岩石斜井综掘机械化施工流程图

5.1.1 掘进

巷道采用横向往复式截割，先上后下、先中间后四周的原则。综掘机截割时，先从巷道的中上部开始进刀，按照巷道的设计尺寸进行施工。待上部截割完后，退出综掘机进行支护，拱部支护完后再进行下部循环截割。

5.1.2 运输

综掘机截割的矸石装入综掘机内的刮板输送机，转运至后配套可伸缩皮带输送机运输矸石至井口，再经地面装载机装入自卸汽车排至矸石场地。

5.1.3 支护

临时支护采用液压金属前探支架，永久支护采用锚网喷支护。当巷道拱部截割成型后，先将工作面拱部活动的矸石及时凿掉，利用液压金属前探支架将顶板支护好，接着在临时支护的掩护下再进行锚网支护。顶板锚杆采用MQT–130锚杆钻机施工，施工时，先施工中顶锚杆孔，然后依次向两边施工；帮部锚杆可根据工作面岩石条件滞后工作面一段距离再进行施工，施工顺序自上而下，由后向前逐排进行。喷射混凝土可在距工作面30～50m后进行，喷厚不小于100mm。

5.1.4 除尘

采用掘进机内、外强化三重喷雾装置，配合两台KCS-200型除尘风机进行除尘，基本解决了粉尘问题。

1. 掘进机采用内、外强化三重喷雾降尘技术

在掘进机的截割头上及伸缩臂上安装雾化喷嘴，同时对喷雾装置进行改造，在外喷雾外，再加一道强化风水喷雾，形成内外强化三重喷雾降尘系统，形成水雾屏障，润湿煤体、抑制粉尘的扩散。如图5.1.4-1～图5.1.4-3。

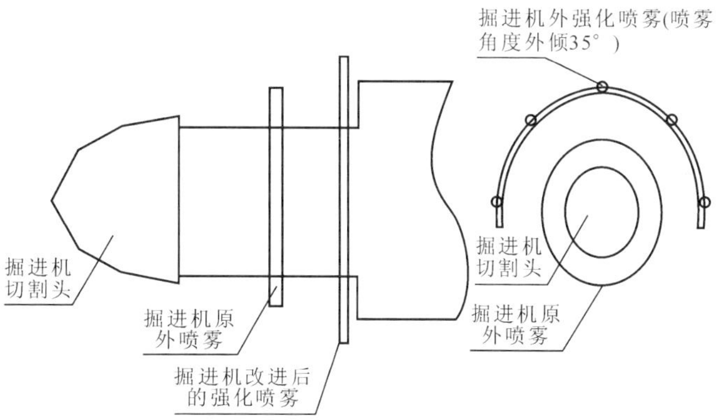

图5.1.4-1　改造的喷雾安装示意图

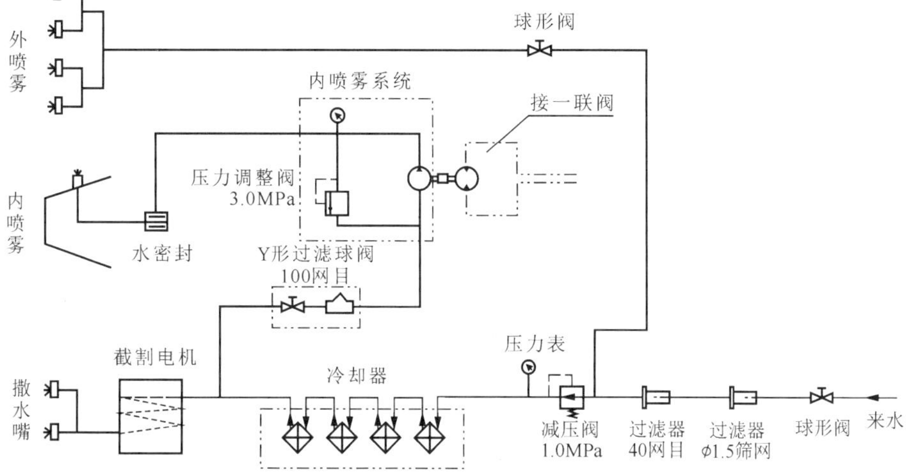

图5.1.4-2　改进前的内、外喷雾系统图

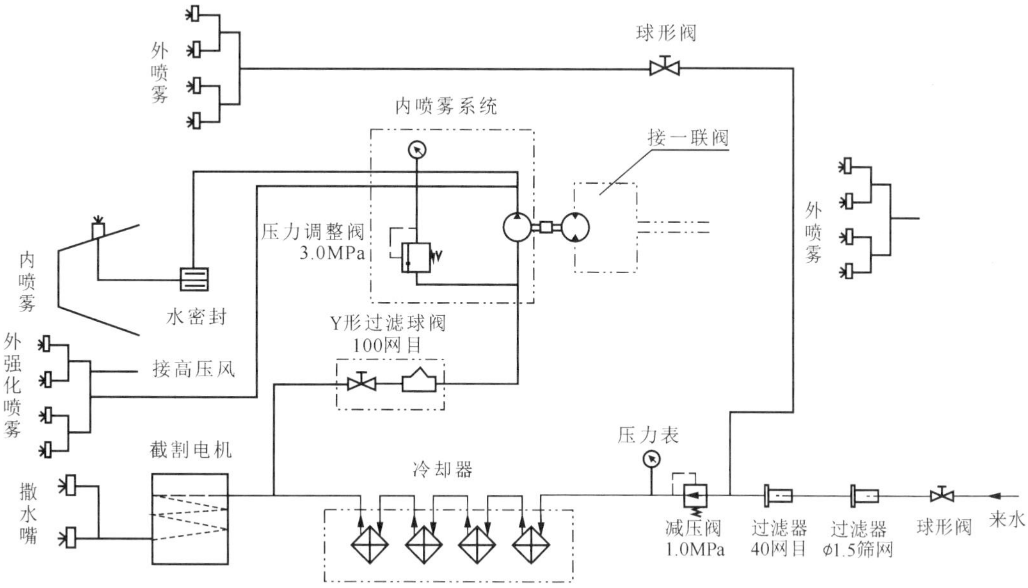

图5.1.4-3　改进后的内、外喷雾系统图

2. 巷道通风降尘

为了降低工作面的粉尘浓度，采用2台KCS-200型除尘风机配合FBDCN05.6/2×11风机向工作面进行通风降尘。

5.2 关键技术操作要点

5.2.1 接班后，司机应配合班组长检查工作面围岩和支护、通风、瓦斯及掘进机周围情况，保证工作区域安全、整洁和无障碍物。

5.2.2 对机器进行全面检查：操纵手把和各种按钮是否可靠；机械、电气、液压系统及安全保护装置是否正常；转载胶带机是否完好；切割头截齿有无掉齿和严重磨损现象等。

5.2.3 检查确认机器正常并在作业人员撤至安全地点后，方准合上电源总开关，按操作程序进行空载试运转，禁止带负荷起动。

5.2.4 开机前必须发出报警信号，按起动顺序：液压泵→胶带转载机→刮板输送机（装载机）→截割部。

5.2.5 液压泵启动后应观察压力表的指示是否符合要求，有问题时应停机汇报并检查。

5.2.6 各种操纵手把应缓慢平稳操作，严禁将手把一下从一头转换到另一头。

5.2.7 掘进岩石巷道时，应按先软后硬的程序进行。岩石易破碎的，应在巷道断面顶部开始掘进。

5.2.8 一般情况下，应从工作面下部开始截割，首先切底掏槽。切割必须考虑岩石的层理，截割头应沿层理方向移动，不应横断层理。

5.2.9 岩石硬度大于掘进机切割能力时，应停止使用掘进机，并采取其他措施。

5.2.10 根据岩石的软硬程度掌握好机器推进速度，避免发生截割电机过载和压刮板、输送机等现象，切割时应放下铲板。如果落矸量大而造成过载时，司机必须立即停车，将掘进机退出，进行处理。严禁点动开车处理，以免烧毁电动机或损坏液压马达。

5.2.11 截割头必须在旋转状态下，才能截割岩石。截割头不许带负荷起动，推进速度不宜太大，禁止超负荷运转。

5.2.12 截割头在最低工作位置时，禁止将铲板抬起。截割部与铲板间距不得小于300mm，严禁截割头与铲板相碰。

5.2.13 司机应经常注意清底及清理机体两侧的浮岩，扫底时应一刀压一刀，以免出现硬坎，防止履带前进时越垫越高。

5.2.14 岩石块度超过机器龙门的宽度和高度时，必须先行破碎后方可装运。

5.2.15 当油缸行至终止时，应立即放开手柄，避免溢流阀长时溢流，造成系统发热。

5.2.16 掘进机向前掏槽时，不准使切割臂处于左、右极限位置。

5.2.17 装载机、转载机及后配套运输设备不准超负荷运转。

5.2.18 随时注意观察机械各传动部、电机以及液压系统的运转情况，当压力表的指示出现问题时应立即停机检查。

5.2.19 运转中应注意冷却水的温度、流量，当水量不足、防尘设施不齐不准作业。

5.2.20 截割电机长期工作后，不要立即停冷却水，应等电机冷却数分钟后再关闭水路。

5.2.21 发现危急情况，必须用紧急开关切断电源，并用闭锁装置将电源闭锁，待查明原因、排除故障后方可继续开机。

5.2.22 截割头变速时，应首先切断截割电机电源，当其转速几乎为零时方可操作变速器手柄进行变速。严禁在高速运转时变速。

5.2.23 司机工作时精神要集中，开机要平稳，看好方向线，并听从迎头人员指挥。掘进机在行走时应将铲板和后支撑抬起。

5.2.24 发现有冒顶预兆或危及人员安全时，应立即停车，操作顺序如下：按下急停按钮→切断控制开关电源→把手把打到零位→将所有操作阀手把、按钮置于零位→关闭供水开关。

5.2.25 正常停机顺序：将掘进机退出迎头3～5m→停截割头→收回截割头→将截割头放在掘进机中心的最低位→所有手把回零位→停转载皮带→停油泵电机→关断电源手把并闭锁→按下紧急停止按钮→关闭供水开关。

6. 材料与设备

斜井基岩段施工采用三一重装产EBZ-200型综掘机，配合2台DTL80/15型可伸缩皮带机排矸。

由机电、试验、材料供应部门组织设备、仪器、周转材料等调运工作。确保部门组织设备、试验、检验设备、测量设备等迅速进场。其余设备和周转材料根据工作进度、工程进展情况，按计划陆续进场。

组织物资供应人员进行市场调查，按ISO9001标准、《物质采购控制程序》选择合适的供应商，落实货源，安排订货计划，设立堆放场地，搭设库房等（表6）。

大断面长斜井岩巷综掘机施工设备表 表6

序号	项目	施工设备配套方案
1	综掘机	EBZ-200 硬岩综掘机 1 台
2	伸缩皮带机	DTL80/15 型可伸缩皮带机 1 台
3	辅助提升	JK-2.5/15.5 绞车 1 台
4	辅助提升矿车	3 台 1.5t 矿车串车提升
5	搅拌机	JS-500 型 1 台
6	喷浆机	ZP-Ⅶ型 2 台
7	压风机	SA-120A 型 2 台
8	局扇	FBD-No9.6 型 2×30kW 风井 2 台
9	水泵	100D45×6，风泵
10	激光指向仪	YBJ-1
11	除尘风机	KCS-200 型（除尘器配套风机为 FBDCN05.6/2×11 型）

7. 质量控制

7.1 执行的主要规范、标准

7.1.1 《矿山井巷工程施工及验收规范》GBJ 213-90；

7.1.2 《煤矿井巷工程质量检验评定标准》MT 5009-94；

7.1.3 《混凝土结构工程施工质量验收规范》GB 50204-2002。

7.2 质量控制措施

7.2.1 加强职工职业道德教育。牢固树立“百年大计，质量为本”的思想，形成全员、全过程、全方位的质量管理网络。施工前和施工过程中不断开展技术培训和技术练兵，提高施工技术水平。

7.2.2 坚持执行“操作工人当班自检、班组互检、施工队日检、项目部旬检”的制度，防微杜渐，把质量事故消灭在萌芽状态。坚持“先期预防为主后期检查为辅”的原则。定质量目标到人，实行作业部位挂牌留名制度，谁操作谁负责，做到质量与工资收入挂钩，奖优罚劣。

7.2.3 建立健全工程技术档案，做好技术交底工作，严格原始记录、隐蔽工程记录、材料检验及验收、地质、测量成果记录等有关资料的收集整理工作。做到资料齐全、交接完善。

7.2.4 混凝土使用的水泥、骨料、水、外加剂的质量应符合规范要求。水泥、外加剂要有出厂合格证和试验报告。石子选用粒径5～25mm，砂为中粗砂，且含泥量不超过3%。水采用生活用水，并严格按相应的配合比认真配置。

7.2.5 要保证混凝土的入模温度不低于15℃，混凝土入模后，加强振捣工作，振捣过程中坚持“快插慢提、间隔均匀、分层振捣”，每层厚度不大于300mm，振捣时不得插入过深，防止扰动下层初凝混凝土。保证混凝土质量，杜绝出现蜂窝麻面现象。

7.2.6 入井支护材料必须做好防油、锈、泥措施。

7.2.7 钻眼前应在工作面上画出巷道轮廓线，方可钻眼。

7.2.8 砂、石的含水率不宜大于7%；强制搅拌机搅拌时间应不小于1min；混合料应随用随拌，不掺速凝剂的混合料存放时间不超过2h，掺速凝剂的不应超过20min；在运输过程中要防止混合料雨淋、滴水及杂物混入，喷射前应过筛。

7.2.9 喷射混凝土的表面应平整、湿润光泽、无干斑或滑移流淌现象，发现混凝土的表面干燥、下坠、滑移流淌或裂纹时，应及时清理补喷，终凝2h后应洒水养护。

8. 安全措施

8.1 项目部在施工队伍进场前应对全体人员进行劳动纪律、规章制度教育，并进行安全技术交底及安全教育。

8.2 实行项目安全责任制，并制定安全责任分级负责制，使安全责任落实到人。项目部制定安全检查制度，配备专（兼）职安全员负责安全检查并做好安全统计工作。

8.3 安监部每月对该工程进行一次大检查，项目部每旬对该工程进行一次安全自检。

8.4 安全检查中发生安全隐患和违章作业、违章指挥必须立即制止，对施工中的重大安全隐患立即下达整改通知单限期整改。对检查不合格的按有关规定进行停工限期整改和经济罚款，情节严重或整改不力的要对有关负责人追究责任。

8.5 严格执行《煤矿安全规程》和《煤矿安全建设规定》并具体实施的《安全生产管理程序》。

9. 环保措施

9.1 建筑材料存放有序，标识整齐清楚，易燃易爆物品分类存放，并有防火措施，配备足够的消防器材、设置消防水池。

9.2 工作作业区与生活区要明显划分，生活区要设置学习和娱乐场所，并制定防冻措施，食堂必须符合卫生要求。

9.3 现场应设有保健人员，做好卫生防疫的宣传教育，并制定急救措施。

9.4 严格遵守国家和地方的有关控制环境污染的法规。

9.5 制定防粉尘、防噪声措施，安设消声装置，工厂及道路经常洒水，防止尘土飞扬。井下实行湿式凿岩，出矸时洒水降尘。现场不得随意焚烧有毒、有害物质，并建立施工不扰民措施。

9.6 施工排出的污水、废水，要经过污水处理站处理，达标排放。施工和生活中的废弃物，要排放到规定地点，必要时应进行掩埋，防止扩散，造成环境污染。

9.7 施工机械的废油料必须集中存放，并做好废油的利用工作，禁止随意乱倒污染环境。

10. 效益分析

岩巷掘进中传统的钻爆法施工安全、环保、进度等方面已不能满足目前施工的需要，而岩巷综掘机是近些年推出的新产品，机械化程度高，掘进成型好，进度快。我们在实际施工工艺中摸索了一套施工管理办法，同时仍需要针对地质条件，结合现有设备对岩巷综掘机及其配套设备施工工艺技术进行针对性的改进，以满足矿井建设的需要，有着广阔的应用前景。

新能能源有限公司王家塔矿井主斜井施工中，由于采用了“岩石斜井综掘机械化施工技术”，最终工期提前30d完工，工程质量全优。新增利润37.8万元；新增税收14.5万元，节约工资成本50万元，节约人工费、电费、材料费30万元，设备维修费15万元，各项费用总创利润累计147.3万元。

皖北煤电内蒙古智能煤炭有限责任公司麻地梁煤矿回风斜井施工中，由于采用了“岩石斜井综掘机械化施工技术”，最终工期提前38d完工，工程质量全优。新增利润46.2万元，新增税收17.7万元，节约工资成本55万元，节约人工费、电费、材料费35万元，设备维修费20万元，各项费用总创利润累计173.9万元。

皖北煤电内蒙古智能煤炭有限责任公司麻地梁煤矿一号副斜井施工中，由于采用了“岩石斜井综掘机械化施工技术”，最终工期提前23d完工，工程质量全优。新增利润33.6万元，新增税收12.9万元，节约工资成本50万元，节约人工费、电费、材料费25万元，设备维修费12万元，各项费用总创利润累计133.5万元。

11. 应用实例

11.1 新能能源有限公司王家塔矿井主斜井井筒长度999m。倾角16°，直墙半圆拱形断面，净宽5.2m，净高3.8m，净断面16.8m²；其中明槽段43.53m。主斜井井筒明槽及暗槽段采用钢筋混凝土支护。基岩段采用锚网喷支护，喷厚150mm。采用ϕ20×2400mm高强树脂锚杆，杆体材质为左旋无纵筋螺纹钢，间距800mm×800mm。

采用以三一重装产EBZ-200型掘进机，后配套为DTL80/15（800mm宽，运距1000m）型可伸缩皮带输送机排矸的作业方式；JK-2.5/20绞车配合矿车、行人车运输物料及人员。2009年7月实现月进尺367m。

11.2 皖北煤电内蒙古智能煤炭有限责任公司麻地梁煤矿回风斜井，斜井长度2443.9m。倾角7°~9°，直墙半圆拱形断面，净宽4.4m，净高3.6m，净断面13.8m²；其中明槽段71.4m。明槽及暗槽段采用钢筋混凝土支护；基岩段采用锚网索喷联合支护，喷厚150mm。采用ϕ20×2200mm高强树脂锚杆，杆体材质为Ⅱ级螺纹钢筋树脂锚杆，间距800mm×800mm。

采用以三一重装产EBZ-200形掘进机，后配套为SSJ1000-160型可伸缩皮带输送机排矸的作业方式；防爆胶轮车、行人车运输物料及人员。2009年6月掘进成巷587m、8月掘进成巷481m。

11.3 皖北煤电内蒙古智能煤炭有限责任公司麻地梁煤矿一号副斜井，斜井长度2317.8m。倾角7°~9°，直墙半圆拱形断面，净宽5.3m，净高4.25m，净断面19.5m²；其中明槽段91.314m。明槽及暗槽段采用钢筋混凝土支护；基岩段采用锚网索喷联合支护，喷厚150mm。采用ϕ20×2200mm高强树脂锚杆，杆体材质为Ⅱ级螺纹钢筋树脂锚杆，间距800mm×800mm。

采用以三一重装产EBZ-200型掘进机，后配套为DTL80/15型可伸缩皮带输送机排矸的作业方式；防爆胶轮车、行人车运输物料及人员。2009年9月掘进成巷387m。

立井施工硬岩爆破液压伞钻凿岩施工工法

GJEJGF308—2010

中煤第五建设有限公司

刘传申　杨思臣　陈学伟　程志彬　马传银

1. 前　言

目前，矿山立井机械化快速施工工法中的破岩方式主要为钻爆法施工，而造孔普遍采用以压风为动力的伞型钻机，这种钻机一般有5～9台风动凿岩机同时作业，每次钻孔深度4～5m。但这种钻机存在如下几种不足：（1）噪声大。每台凿岩机噪声达130dB以上，而多台凿岩机同时作业时，其共鸣、共振的声频、声压强度已超出目前市场在用声级仪的测量范围，对作业人员身心伤害巨大。（2）钻进能力有限。在普通地层中钻进，其钻进速度比较理想，但在坚硬岩层中应用时，其钻进能力明显不足。（3）能耗高。由6部风动凿岩机组成的1台伞钻，其耗风量可达80m^3/min，这种高耗风量的风动设备，其能耗远远大于电动设备。

为提高立井的施工速度，解决凿岩问题是最主要的方向。借鉴岩石平巷施工所采用的液压凿岩台车的应用情况，革新凿岩机具，采用电动液压伞钻代替风动伞钻，提高了立井硬岩凿岩的工作效率，并解决了立井凿岩工序中的噪声和高能耗问题。

矿山建设项目中，岩石硬度大（岩石普式硬度系数多大于10，有的甚至超过20）是制约矿山建设速度的重要因素之一。立井基岩段钻爆法施工中，目前采用的是伞钻造孔、煤矿许用炸药爆破、中心回转抓岩机装矸、凿井提升机挂矸石吊桶提升、整体金属下行模板砌壁、底卸式吊桶下混凝土，机械化程度相对较高。该种施工方法中，伞钻造孔是施工过程中十分重要的一个工序，在目前施工中常用的伞钻是以压缩空气为动力，配用YGZ55型或YGZ70型风动凿岩机。风动伞钻主要由立柱、支撑臂、动臂、推进器、液压系统、风水系统、风动凿岩机等7个部分组成。操作使用主要由伞钻挂钩、伞钻下井、伞钻固定、打眼、停机收钻、提钻上井等步骤构成。

目前国内普遍使用的风动伞钻配YGZ70型凿岩钻，使用B25mm钻杆和ϕ55mm十字钻头。该风动凿岩机的工作压力、额定转矩均不能满足硬岩造孔的要求，在硬岩地层中使用时普遍出现造孔时间长、断钎杆、掉钻头、卡钻等现象。公司在山东会宝岭铁矿主井井筒施工中，使用普通伞钻每茬炮要损耗20～26个钻头，损耗16～20根钻杆，且造孔时间均在10个小时以上；公司在梁北煤矿混合井井筒施工中，遇到硬度极高的二叠系上统石千峰组（俗称“平顶山砂岩”，岩石普式硬度系数为15左右），造孔时间平均超过15h，断钎杆、掉钻头、卡钻现象普遍。

为了适应硬岩岩层的立井施工需要，提高硬岩的凿井速度，同时达到节能降耗的目的，中煤第五建设有限公司三处根据施工需要提出了改进硬岩地层造孔机具的研究课题，以提高硬岩钻孔速度。

该研究的具体内容为：（1）液压伞钻主要技术参数的优化与设计；（2）根据设计参数制作液压伞钻；（3）根据液压伞钻的现场试用情况研究伞钻的使用和维修方法；（4）液压伞钻配套钎杆及钻头的选择、试验与改进；（5）液压伞钻与原气动伞钻的不同之处是增加液压站，液压站固定在吊盘上，故研究内容还包括液压站上下井的方法和吊盘固定方法以及电力电缆的敷设、液压管路的连接方法的确定与实施。通过以上研究与应用，形成了“立井施工硬岩爆破液压伞钻凿岩工法”。

2. 工 法 特 点

液压伞钻的各项技术参数，满足立井机械化配套的要求；伞钻的操作与原风动伞钻相似，作业人员不需长时间培训；伞钻配套的钻杆和钻头能满足硬岩打眼的需要，但消耗量小于气动伞钻的消耗量；液压系统安装维修简单，管线连接简便；液压站的结构合理，既能满足液压伞钻的使用要求，又考虑了井下吊盘的空间；液压伞钻的钻孔深度和炮眼圈径与硬岩的爆破参数相适配。

液压凿岩机与气动凿岩机相比有如下优点：

（1）节约能源：对一定钻进能力的钻机来说，电动液压系统所需的功率只有气动钻机功率的1/3，功率损失小，故可节约能源。

（2）凿岩效率高，速度快：经试验对比，在同类岩石和相同孔径的条件下，凿深孔用液压凿岩机比气动凿岩的凿岩速度提高2倍以上，凿岩速度可达0.8～1.5m/min。

（3）钻杆成本低：由于液压凿岩机的转速、压力等参数可调整，因此能在不同岩石条件下选择最优的凿岩参数，以此可以使钻杆适应不同的岩层条件，减少钻杆损坏。又由于液压凿岩冲击应力波平缓，传递效率高，因此钻具和钎杆一般可节约15%～20%。

（4）降低凿岩成本：由于液压压力比气动压力高10倍左右，因此在相同的冲击功率工作时液压凿岩机活塞受力面积小，冲击活塞面积接近钎尾面积，应力传递损失小，受力均匀，寿命高，故障少，故成本费可降低30%左右。

（5）改善工作环境：由于液压凿岩机不排除废气，因而没有废气所夹杂的油污所造成的对环境的污染，提高了工作面的能见度，改善操作环境。液压凿岩除金属撞击声外，无废气排放声音，故比气动凿岩机噪声降低。

（6）采用液压凿岩机施工可提高施工质量：由于液压凿岩机能保证钻孔深度和间距的精度，故可提高炮孔的施工质量。

因此，改变现有的气动伞型钻架和气动凿岩机为液压钻架和液压凿岩机，解决了硬岩凿岩效率低的难题。

3. 适 用 范 围

立井施工硬岩爆破液压伞钻凿岩工法适用于煤炭、有色金属和其他非金属等硬岩矿山立井井筒的施工。

适用于井筒净直径5m及以上，岩石的硬度越大效果越明显。

4. 工 艺 原 理

为满足硬岩钻孔的要求，液压凿岩机的扭矩、冲击等参数必须满足使用要求。

为满足通过吊盘喇叭口的要求，伞钻收拢后的外形尺寸和液压站的外形尺寸必须能安全通过吊盘喇叭口。

为满足井筒直径的使用要求，液压伞钻支撑臂外接圆的最小直径不得设计井筒直径。

为满足最小炮眼圈径和最大炮眼圈径的要求，液压伞钻所能造孔的最小圈径不得大于设计炮眼的最小圈径，最大圈径应大于井筒荒径。

为实现快速推进，推进器的推进方式采用油缸—钢丝绳式，类型为导轨式，推进行程满足钻孔5m深的要求。

为满足液压伞钻的液压凿岩机等各种液压动作实现的需要，所配液压站的能力应满足液压伞钻所有动作的速度和压力要求。

为满足操作要求，辅助系统和操作方式应和原气动伞钻的操作习惯和使用要求基本相同。

4.1 液压凿岩机的选择

凿岩机（钻机）是立井施工中不可缺少的主要施工设备之一。

HYD200型液压凿岩机与传统风动凿岩机械相比极大的提高了生产效率，降低了采掘成本，与国外同类机型相比具有极高的性价比。由于液压凿岩机具有钻凿速度快、效率高、安全可靠、污染小、操作方便等优点，使其与传统风动凿岩机械和动辄上几十、上百万的进口凿岩机械相比更符合我国国情，也是近年来各矿山提高生产效率、降低采掘成本的首选。

HYD200型液压凿岩机为冲击回转式凿岩机，冲击机构的冲击能为200J，冲击频率大于33Hz，工作压力14～16MPa，工作流量小于45L/min，回转机构的额定转矩220N·m，额定转速200r/min，工作压力15MPa，工作流量小于45L/min。经过计算和调研比较，确定在研制的液压伞钻中采用HYD200型液压凿岩机，液压伞钻结构见图4.1。

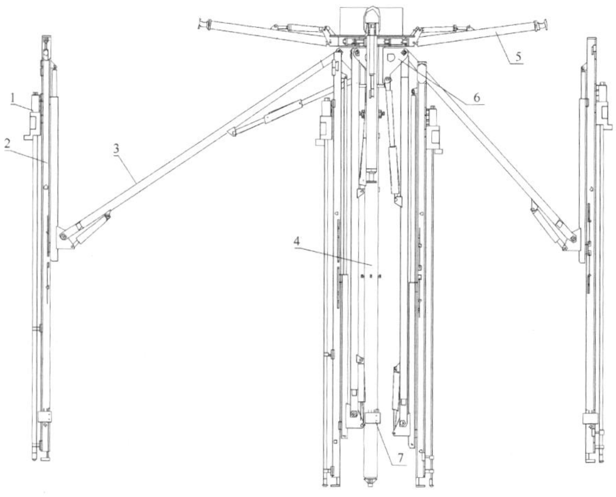

图4.1　液压伞钻结构图

1—液压凿岩机；2—推进机构；3—动臂机构；4—立桩；5—支撑臂；6—摆动臂；7—液压操作阀

4.2　推进系统

根据HYD200型液压凿岩机的选型，结合井筒技术参数，液压伞钻的钻臂确定为4个，因此推进系统的滑架也为4个。

推进系统由焊接而成的滑架以及导轨构成，上面的两个导轨用作凿岩机导向，下面的两个导轨用于整个滑架与补偿架连成一体的定向或摆动的滑架。滑架的前端设有圆形顶皮，使其在凿岩时始终顶着掌子面，以避免钻孔时移动。

在滑架上安装中扶钎器和前扶钎器，作用是避免打眼时钎杆弯曲，增强钎杆的抗弯强度。

滑架上固定推进油缸的活塞杆，当压力油通过进油口进入油缸的无杆腔，在压力油的作用下产生推力，将推进油缸的缸体向前推进，同时带动凿岩机向前推进。通过油缸—钢丝绳结构的组合，实现凿岩机的推进速度为推进油缸的推进速度的2倍。

4.3　动臂

液压伞钻的钻臂确定为4个，因此动臂也为4个。

四组动臂均匀分布在立柱周围，每组动臂由动臂体、支臂油缸、倾斜油缸、销轴等主要部件组成。

动臂用于把推进器平行移动至井筒底面所需炮眼的极坐标位置，并在各油缸锁死后实现推进器空间位置的固定。

动臂的左右摆动靠立柱部分的摆动架、摆动油缸、安装架、动臂体及液压操纵阀组成的动臂左右摆动机构来实现，左右摆角各60°。

4.4　立柱

立柱由吊环、上立柱、下立柱和调高器等组成，上立柱上安装摆动架、支撑臂、下立柱等。顶盘位于立柱顶端，其上安装辅助系统油箱、泵站、液压凿岩机的高压滤油器、气水路接头以及支撑臂等部分。上立柱中部的转臂支架作为安装摆动架的支持体，下立柱安装中央操纵多路阀，气动马达多路阀、气动马达开关阀。调高器在立柱的最下端，与立柱采用螺栓连接。调高器由导向筒、底座、调高油缸组成。

4.5　支撑臂

支撑臂均匀分布在顶盘上，装有伸缩油缸和升降油缸，撑臂时油缸上斜，收拢时垂直向下或向内倾斜。

4.6　液压系统

4.6.1　辅助动作液压系统

辅助动作液压系统由油箱、油泵装置、操纵台、支撑臂升降油路、支撑臂伸缩油路、摆动油缸油路、动臂支臂缸油路、平动油路、补偿油路、推进器倾斜油路、推进油缸油路、调高缸油路等主要部分组成。操纵台下部四联阀直接控制实现推进器平行移动和倾斜，补偿进给顶紧井底工作面，实现动臂左右摆动。下立柱上六联多路阀直接控制支撑臂的升降和支撑井壁以及调高器的升降，实现立柱在井筒位置的固定，各油路都有液压锁，实现油路自锁定位。

4.6.2 凿岩液压系统

凿岩液压系统由动力供应系统即电源（包括高压电缆、变压器、低压电缆和电气开关箱）通过两套四联泵把电能转化成液压能，控制液压凿岩机的推进、冲击和回转。

液压凿岩机的液压系统为开式系统，由防爆电机、齿轮泵、油箱、换向阀、逐步打眼阀、推进油缸和其他液压附件组成，其中泵站安装在吊盘上，通过快速接头、胶管与钻架连接。

凿岩冲击液压回路由主泵、多路换向阀、凿岩机、高压滤油器组成。

钎杆旋转液压回路由主泵、换向阀、转钎马达组成。

凿岩机的推进液压回路由主泵、多路阀、调压阀、逐步打眼阀、推进油缸组成。

5. 施工工艺流程及操作要点

5.1 本工法的工艺流程为

液压伞钻下井前的准备——下井及工作面固定——启动——钻孔——收尾工作。

5.2 操作要点

5.2.1 下井前的准备

1. 下井前将各油雾器加满油之后将油盖拧紧。

2. 检查各管路部分是否渗漏，发现问题及时处理。

3. 操纵推进油缸使凿岩机上下滑动，看其运行是否正常。

4. 检查水路是否畅通，钎杆是否直、钻头是否正常。

5. 检查吊环部分是否可靠，有无松动现象。

6. 检查各操纵手柄是否在“停止”位置，检查机器收拢位置是否正确，注意软管外露部分以及顶盘快速接头处是否符合下井尺寸，以免吊盘喇叭口碰坏管路系统。

7. 检查各快速接头是否清洁，必要时清洗后用干净的棉布或塑料将油管口包扎好，以免污物进入管路。

8. 用两根钢丝绳分别在推进器上部和下部位置捆紧，防止意外松动。

9. 在井底面中心，打一深度400mm左右的定钻架中心孔，孔径40mm左右，安放钻座。

10. 接通液压站的电源进行空载试验，以确定油泵的旋转方向是否正确。方向不正确时调整接线，正常后方可下井。

5.2.2 下井及工作面固定

1. 事先同提升机司机、井口、吊盘和工作面信号工联系好，讲明伞钻下落各深度应注意的事项，以便很好配合，确保安全操作。

2. 伞钻上下井转换挂钩时，井盖门必须关上。

3. 伞钻通过吊盘喇叭口时，应停下由信号工连接快速接头，并仔细检查是否有突出部分碰吊盘后继续下放，注意伞钻与吊盘间距离应小于9m，以免拉断管路。

4. 下放伞钻离井底300mm时，停止下放，放好底座。应将伞钻移至井筒中央，坐于底座上，此时用夺钩绳将伞钻吊正，随后由信号工接通吊盘上的总风管（先用小风吹净管口内污物）。

5. 接通球阀，启动气动马达使油泵工作，供给压力油。操作立柱油路阀升起支撑臂，伸出支撑爪，撑住井筒壁，整个伞钻垂直固定后放松稳绳少许使之拉住伞钻，确保安全。

6. 支撑臂支撑位置要避开升降人员、吊桶及吊泵等设备位置，以免碰坏。同时，在支撑臂撑住井壁后不可开动调高油缸，以免折断支撑臂。

7. 立柱固定时要求垂直井底面，以避免炮眼偏斜和产生卡钎现象。

5.2.3 启动

1. 启动前先接通电源。

2. 吊盘信号工启动电动机时，先点动数次，一是观察电动机的旋转方向是否按箭头指示方向（或面向电动机后端盖排风扇顺时针旋转），二是给液压系统充满液压油。

3. 钻机启动前先检查各手柄，应均处于中间位置上。

4. 水泵电机接通前应检查水路是否接通，打开泵头上的螺堵直到稳定的水流流出。点动数次，观察电动机的旋转方向是否按箭头指示方向旋转。

5.2.4 钻孔

1. 操纵三联换向阀动作，将钻臂推进器放到要钻孔的位置的轴线方向。

2. 操纵定位补偿阀，将滑架与工作面定好位置。

3. 打开注水节门给凿岩机供水冲洗炮孔。

4. 操纵转钎阀，使钎杆回转（逆时针为凿岩作业，顺时针为卸钎杆）。

5. 操纵凿岩推进手柄，使凿岩作业前进或后退。

6. 推动逐步打眼阀手柄，先慢速小冲击凿岩，当钎头进入岩石后推进力升高，冲击阀自动换向工作。

7. 当钎头充分进入岩石，确定不会有偏斜危险时，将逐步打眼阀手柄推到底，正式进行凿岩工作。

8. 当推进行程达到终点时，拉回冲击与回转手柄，停止冲击与回转。

9. 拉回逐步打眼阀手柄，回到原位。

10. 拉回凿岩推进手柄使凿岩机向上退回原位。

11. 将推进器移到下一个孔位继续凿岩作业。

12. 钻孔时注意事项：打眼过程中，辅助提升上下人和输送工具时，信号工应特别注意，防止碰伤支撑臂、动臂或挤压伤人；动臂移动开新眼位，补偿油缸动作，使顶尖缓缓顶紧井筒底面。凿岩过程中，推进器必须在工作面上，不能离地吊打；摆动动臂回转角度时，应注意防止互相碰撞。如一臂遇故障不能工作时，可由相邻臂帮助继续完成；钻孔时水冲洗炮孔应正常流出，如发现水不流出时，应立即退钻检查处理；钻进时严禁反转（从上向下看为顺时针）凿岩机蓄能器充氮气压力正常为6MPa；钻进速度一经调定合适后，一般不应变动，如需变动时应按要求进行调整。

5.2.5 收尾工作

1. 所有炮眼打完后，先将各动臂收拢，停在专一的位置上，卸下钎杆，将凿岩机放到最低位置，确保收拢尺寸。

2. 适当地提紧夺钩绳，收拢4个支撑臂后再收回调高油缸，使夺钩绳受力，防止伞钻倾倒，用钢丝绳上下捆紧。

3. 停止供气供水，打开吊盘上的快速接头并封堵好，准备提升到井口安全放置。

4. 提升打钻人员到地面，然后提升伞钻到地面，并用电动葫芦倒到伞钻放置处。

5.2.6 钎杆和钻头的试验和改进

冲击旋转凿岩是最常用的钻眼方法，根据炮孔的深度可分为两种，深孔凿岩和浅孔凿岩。炮孔深度小于5m的一般为浅孔，常用单支钎杆，而炮孔深度大于5m的一般划为深孔，在国外发达国家，浅孔凿岩一般采用台车钎杆或整体钎杆，而在我国绝大部分采用锥形连接钎具。

螺纹连接钎杆是指钎杆的两头具有螺纹的钎杆，根据螺纹的直径与杆体外径的关系，钎杆包括接杆钎杆、轻型接杆钎杆、钻车钎杆和MF钎杆等。这类钎杆的特点是通过杆体上的螺纹将钎尾、钎杆、套管、钎头连接成一个凿岩钎具组。钎具组对连接螺纹的基本要求是：连接紧密、能量传递效果好、耐磨性强及拆卸方便等。目前常用的螺纹形式有波形螺纹和梯形螺纹两种。

钎头是凿岩钎具组中直接对岩石作功的部件。根据冲击碎岩原理，对合金钎头的要求是：破岩有效、排粉效果好、几何形状稳定、坚固耐磨、凿岩速度快、钻孔圆直以及连接可靠和拆卸方便。而钎头的几何结构、使用寿命、凿岩速率和生产成本，则是钎头生产中主要的技术、质量和经济指标。

钎头从头部的合金分布形式主要分为一字形钎头、十字形钎头和球齿形钎头三类，一字形钎头由于价廉物美而应用广泛，十字形和球齿形钎头用于一些特定的如片状页岩、岩石特硬、岩石磨蚀性强等场所。

钎杆和钎头是凿岩机的配套消耗品，因此选择钎杆和钎头必须与所使用的凿岩机相匹配，同时还必须与所凿岩石的软硬及磨蚀性相匹配，这样才能减少消耗品的消耗，提高工作效率。实践证明，钎具的使用寿命是由钎具的内在质量、科学的选择、正确的使用三方面决定的。

一般的选择匹配原则为：大功率的凿岩机选用横面积大的钎杆，选用优质的单位面积抗冲击力强的钎杆，选用厚片、高片的硬质合金钎头或十字形钎头（增加硬质合金的体积，降低单位体积承受的冲击力），软岩选择高硬度硬质合金提高工作效率，硬岩选择高强度的硬质合金减少碎片的可能性，磨蚀性强的岩石应选择抗磨性好的硬质合金。

根据液压伞钻所选配的HYD-200液压凿岩机的性能，结合岩石完整性好、硬度大的地层特点，钎杆选用波形螺纹连接的六方钎杆，型号为B35，螺纹直径为32mm，长度为5.5m；选用直径为51mm和57mm（应用于岩石破碎地层）的钻头。在使用时，钻孔深度5m，炮眼数为67个，采用段高为3.6m整体下行金属模板，每次爆破进尺为3.8～4.0m，爆破率达到80%，B35钎杆不仅可以满足使用要求，而且不会像B25钎杆那样易于变形和折断。根据岩石的特性，在钻头的使用中根据岩石的变化，及时改变钻头规格型号可使造孔速度提高50%，爆破效率提高50%。

6. 材料与设备

根据立井施工硬岩爆破液压伞钻凿岩工法中的凿岩、提升和运输各个环节相互匹配的要求，使设备综合能力最大限度地得到发挥，取得快速、经济施工的效果。经过实践总结，液压伞钻凿岩主要配套设备选型见表6。

相关主要配套设备选型一览表 **表6**

工序	设备或设施型号	井筒净直径（m）		备注（√为优选）
		ϕ5.0～ϕ6.0	ϕ6.5～ϕ8.0	
凿岩	液压伞钻	√（1台）	√（1台）	
清底	电动液压挖掘机	√	√	1台
提升	2JK-3.6/15.5	（作主提）√	（作主提）√	深井
	2JK-3.5/20	（作主提）√	（作副提）√	
	2JK-3.0/20	（作副提）√		
	JK-2.8/15.5	（作主提）√	（作主提）√	
凿井井架		√		浅井
	ⅣG型金属凿井井架	√	√	
	Ⅴ型金属凿井井架		√	
	永久井架	√	√	
悬吊设备	双层吊盘	√	√	
	三层吊盘	√	√	
供电系统	移动变电站、开闭锁	√	√	

7. 质量控制

7.1 执行标准

本工法执行的主要规范、标准有：

1.《矿山井巷工程施工及验收规范》GBJ 213-90；

2.《煤矿井巷工程质量检验评定标准》MT 5009-94；

3.《煤矿安全规程》（2010年版）。

7.2 工程质量管理体系

1. 明确质量目标，实行目标管理

施工中，根据总体目标要求和各类标准对保证项目、基本项目及允许偏差项目的规定，明确各单位工程和分部分项工程的质量目标，制定切实可行的保证措施，认真贯彻执行。

2. 建立质量管理系统，明确职责分工

建立行政、技术和经济管理相结合的质量管理系统，明确各类工作人员的职责，以保证质量目标的实现。

7.3 质量保证主要措施

1. 设备质量的控制：所购设备和配件要尽量保持稳定的货源和稳定的质量。杜绝不合格原材料进场、入库、使用。

2. 实行专职质检员对稳钻、钻孔质量进行跟班检查验收制度，不合标准不得进行下一道工序施工，从施工过程控制上保证工程质量。

3. 严格按施工图设计、施工组织设计和施工措施组织施工，严格执行相关规范或标准，并做好有关记录。加强施工现场的组织管理，明确各工种操作人员的职责，加强自检互检。

4. 严格执行质量管理体系三个层次文件的有关规定，严格按质量管理程序要求进行施工和管理。确保工程质量总体目标的实现。

5. 施工检测

施工检测是检查钻孔施工质量好坏的最有效手段，是工期、质量、安全管理体系中的重要一环。在井筒施工钻孔过程中，施工检测是经常、反复甚至是每天都要做的事情。

1）井筒十字中心线及井筒中心线的检测：

井筒开挖后，在封口盘的井筒中心安装井中下线板，用细钢丝配锤球作为井筒施工的中心线。井筒十字中心线要定期检测。

2）井筒施工中高程的检测：在施工至井筒冻结段下部壁座等位置时，将高程导至封口盘，再从封口盘下放一检定过的长钢尺，加上比长、拉力、温度、自重等的改正，将高程传递至井下，以控制相关部位的施工高程。

3）钻孔深度的测量：对数据进行分析，为井筒施工提供可靠数据。

8. 安全措施

8.1 安全管理主要制度

1. 建立以项目经理为主要安全责任者的安全生产责任制，做到层层落实，实行下级对上级负责逐级联保制和班组互保制，对现场24h不失控。对生产中出现的安全问题，实行跟踪解决并落实措施，杜绝事故的发生。

2. 建立健全安全监督检查机构，按照安全质量标准化标准及安全生产重大隐患排查制度的要求，定期组织安全检查，做到警钟长鸣，把安全事故消灭在萌芽状态，达到安全生产的目的。

3. 严格执行一工程一措施的管理制度。工程开工前，将施工顺序、技术要求、操作要点、达到的质量标准及安全注意事项，认真向工人进行交底，切实贯彻落实。

4. 经常向职工进行技术、安全教育，提高安全意识和技术水平。对要害工种进行考核，坚持持证上岗制度。

5. 建立健全各项管理制度和安全生产岗位责任制，并严格执行。

6. 对项目部实行安全承包制度、安全风险抵押金制度、安全奖罚制，并实行安全技能账户及安全目标奖罚制度等，确保工程施工安全。

8.2 安全管理主要措施

1. 液压伞钻上下井必须按照管理规定编制专项安全技术措施。

2. 液压伞钻司机必须经培训后上岗，并遵守各项管理规定和服从指挥。

3. 液压伞钻的用电必须满足使用要求，并使用漏电保护，用电参数必须有计算说明书。

4. 井上下口的防爆插销必须满足使用要求，并按防爆要求管理。

5. 液压伞钻送电使用前，瓦检员应检测防爆插销开关及电机周围10m范围内瓦斯浓度，当瓦斯浓度超过1.5%，严禁使用；加强通风，待瓦斯浓度降为1.5%后方可使用。

6. 液压伞钻使用过程中，瓦检员应随时检测工作面回风风流中的瓦斯浓度，只有瓦斯浓度低于1.5%方可使用。

7. 液压伞钻供电采用专用开关、专用变压器、专用插销，并纳入瓦斯电闭锁控制范围内（瓦斯电闭锁即指一旦瓦斯超限，井下及井口20m范围内所有非本质安全性电气设备必须断电）。

8. 液压伞钻使用过程中应派专人负责观察、看护电缆，防止电缆破皮漏电伤人。

9. 在井下操作过程中，操作司机注意观察人及物的位置。

10. 液压伞钻工作时，支持机构应平稳。

11. 液压伞钻每次应用前应清除机器上的浮矸和杂物，然后空车运转，待机器正常后再工作。

12. 液压伞钻司机必须经过操作训练，掌握操作技术后方能操作机器。

13. 液压伞钻司机离开机器时，必须将操纵阀置于零位，并停掉电源。

14. 零件如发现磨损、变形严重或紧固件有松动情况时，应立即停止工作，进行修理或更换新零件，待修复完善后方可继续使用。

15. 液压伞钻的提升的钢丝绳应定期检查，必须符合安全规程的要求。

9. 环 保 措 施

9.1 环境目标控制

9.1.1 初始环境评审

1. 开工前明确使用的相关法律、法规及其他应遵守的要求。

2. 评价环境现状与上述要求的符合程序，包括污染物排放、化学品使用、资源能源消耗情况等。

3. 所在区域的相关环境背景资料，包括用地使用历史沿革污染物排放管网位置分布、功能区域划分等。

4. 相关方提供的报告、记录等背景资料。

9.1.2 环境因素调查

识别工程施工过程中可能存在的各种环境因素。

9.1.3 确定环境目标

对废水、废气、噪声等进行控制，做到达标排放；对固体废弃物进行控制，做到分类收集，分类处理；对危险品进行有效控制，建立危险品仓库。

9.1.4 制定环境管理方案

1. 采用电动液压设备，建少废气排放。

2. 合理控制化学品使用，禁止直接倾倒化学品和成分不明的液体。

3. 废弃的油类应禁止乱倒乱放。

4. 设备安装消声装置，施工现场噪声做到不超过85dB。

9.2 环境保护措施

1. 开工前组织全体干部职工进行环境保护学习，增强环保意识，养成良好的环保习惯。

2. 在生产区和生活区修建必要的临时排水渠道，并与永久性排水设施相连，不至引起淤积冲刷。

3. 施工废水、废油、生活污水分别进入污水沉淀池和生化处理池，净化处理后排放。生活区及生产区修建水冲式厕所，专人清扫。

4. 通风机等选用符合国家标准的低噪声设备，并采取措施，降低噪声污染。

5. 机具冲洗物包括水泥浆、淤泥等应引入污水井中，以防止未经处理的排放，还要防止污水、含水泥的废水、淤泥等杂物从工地流至邻近工地上或积累在工地上。

6. 派专人定时清理现场空罐子、油筒、包装等环境污染物，并及时清理现场积水。

10. 效益分析

立井施工硬岩爆破液压伞钻凿岩工法经实践证明具有可观的经济效益。

1. 节约能源：电动液压系统所需的功率只有气动钻机功率的1/3且功率损失小。

2. 凿岩效率高，速度快：在同类岩石和相同孔径的条件下，凿深孔用液压凿岩机比气动凿岩的凿岩速度提高两倍以上，凿岩速度达0.8～1.5m/min。

3. 钻杆成本低：减少钻杆损坏，钻具和钎杆一般可节约15%～20%。

4. 降低凿岩成本：在相同的冲击功率工作时液压凿岩机活塞受力面积小，冲击活塞面积接近钎尾面积，应力传递损失小，受力均匀，寿命高，故障少，故成本费可降低30%左右。

5. 改善工作环境：液压凿岩机不排除废气，没有废气所夹杂的油污所造成的对环境的污染，提高了工作面的能见度，改善操作环境，比气动凿岩机噪声降低。

6. 可提高施工质量：液压凿岩机能保证钻孔深度和间距的精度，可提高炮孔的施工质量。

该种工法的推广和应用，不仅给施工单位创造了可观的经济价值，对建设单位而言，基本建设工期的提前，所带来的经济价值更大。该工法的应用，提高了施工单位的施工能力，增强了市场竞争力，赢得了更好的社会信誉。该技术的应用，也进一步提高了立井井筒的机械化装备水平，为立井凿井设备的进一步研制和拓宽树立了榜样，为我国立井井筒施工水平的再次提高开创了新局面。

11. 应用实例

11.1 山东临沂会宝岭铁矿主井应用实例

2008年4月， 中煤五公司第三工程处中标山东临沂会宝岭铁矿主井井筒掘砌工程，该矿井位于山东省苍山县，设计能力300万t/年，采用立井开拓方式，工业广场内设计4个立井，分别为主井、副井、中央风井和回风井。主井井深701m，净直径5.3m。单层素混凝土井壁，壁厚300mm。井筒采用普通钻爆法施工。井筒岩石硬度f值超过17，最大达21.3。

井筒施工初期采用风动伞钻凿岩，之后采用液压伞钻凿岩。通过两种设备应用的经济效益分析利用液压伞钻施工，从节电、施工工期、材料节约等三方面的直接效益为189.9万元，

该立井在单钩、硬岩条件下，基岩段平均月成井达90m。

11.2 安徽开发矿业有限公司李楼铁矿南风井应用实例

安徽开发矿业有限公司李楼铁矿设计年产铁矿石500万t，采用立井开拓。南风井井筒净直径5.5m，

井筒设计深度601.0m，井筒表土及风化基岩段采用冻结法施工，表土层厚度121.5m，冻结深度193m，基岩段采用普通钻爆法施工。

采用“立井施工硬岩爆破液压伞钻凿岩技术”有效的解决了高硬度岩石的造孔问题，提高了造孔效率，节约了施工成本。与风动伞钻相比，缩短井筒正规循环时候，工作面环境得到了明显的改善。提高了井筒的施工质量，缩短了建井工期，取得了良好的经济和社会效益。

11.3 中钢集团刘塘坊铁矿北风井应用实例

刘塘坊矿业位于安徽省霍邱县周集镇境内，设计年产铁矿石150万t，采用立井开拓，其中北风井井筒净直径5.0m，井筒深度525m，表土段及风化基岩段采用冻结法施工，表土层厚度302m，冻结深度310m，基岩段采用普通钻爆法施工。

采用“立井施工硬岩爆破液压伞钻凿岩技术”有效的解决了高硬度岩石的造孔问题，提高了造孔效率，节约了施工成本。与风动伞钻相比，缩短了造孔时间，钎杆、钻头消耗量大幅减少，节约施工成本。同时降低了工作面噪声，保障了职工的职业健康安全，减少对环境的污染。做到了清洁生产，取得了良好的经济效益和社会效益。

白垩系含水层立井工作面预注浆施工工法

GJEJGF309—2010

江苏省矿业工程集团有限公司

杨海楼　丁育洋　左武峰　欧阳志龙

1. 前　　言

刘园子煤矿建井施工治水难点是白垩系志丹群第二段（K_{1zh2}），该含水层在井深260～380m范围，微裂隙发育，涌水量较大，此类松软微细孔—裂隙含水层水害注浆治理是建井工程界的一个世界性难题。本项目研究从注浆介质的抗渗性特征入手，探寻利用注浆材料研究新成果，结合现场注浆施工的实际条件和装备，通过长段预注浆治理特殊含水地层水害所存在的一些重要技术问题，拓展化学注浆治理松软微隙含水介质水害的应用领域，并在注浆工艺方面进行深入、广泛的探索，丰富注浆治水的经验。

为解决白垩系志丹群第二段（K_{1zh2}）治水存在的技术问题，江苏省矿业工程集团有限公司与中国矿业大学结合刘园子煤矿主、副、风立井建设合作研究了“白垩系含水层立井工作面预注浆施工技术”，并通过中国煤炭建设协会组织的技术鉴定，成果达到国内领先水平。通过制定合理的注浆治水方案，选择优质化学注浆材料，缩短了治水时间，保障了凿井施工安全、快速、顺利通过含水层，解决了刘园子煤矿井筒水害治理的技术难题，对保护矿区的地下水环境和矿工的生命安全，综合改善施工条件和环境有着现实意义；同时，提高了防治水技术水平，为类似工程施工提供了技术保障，经济效益和社会效益显著。

2. 工 法 特 点

项目组对刘园子煤矿白垩系志丹群第二段（K_{1zh2}）含水层工程地质和水文地质特征进行了深入的分析，从注浆材料、注浆孔布设、注浆工艺优化等多方面进行了创新。

2.1　根据含水层的孔-裂隙渗透特点，选用浆液聚合时间可调性强、结石强度高、析水性弱的改型高分子树脂注浆材料。

2.2　根据微裂隙和微孔隙岩体的特点，改变传统的以平均段高为注浆段高分层标准的分层模式，解决了深孔注浆钻孔底部压力耗散大、浆液扩散效果差的技术难题。

2.3　为尽量提高低压条件下的浆液渗透扩散性，采取了包括诱导注浆、复合注浆及深部套孔注浆等多种注浆优化工艺，双液注浆时尽量延长浆液的聚合时间，在深部浆液灌入性低时配合单液注浆，尽量加大浆液的扩散范围，实现单、双液混合注浆且均能胶凝，解决了孔隙和微裂隙发育可灌注性差、升压快、注浆压力高的施工技术难题。

2.4　以斜孔控制浆液的扩散范围作为布孔的依据，改变了传统的以理论计算浆液扩散范围为依据的钻孔布置方法。即在第一轮注浆孔布置的基础上，插孔布设直孔和斜孔进行复注，修补深部浆液交圈薄弱部位，提高了浆液充填效果，最大限度形成封水帷幕。

3. 适 用 范 围

本工法适用于陕北地区白垩系志丹群及同种类型微裂隙发育含水层的防治水处理。

4. 工 艺 原 理

针对刘园子煤矿建井施工治水难点——白垩系志丹群第二段（K_{1zh2}）含水层微裂隙发育、涌水量较大的特点，项目研究从注浆介质、注浆工艺等方面进行了广泛的探索。根据含水层的孔-裂隙渗透特点，选用浆液聚合时间可调性强、结石强度高、析水性弱的改型高分子树脂注浆材料。在注浆孔布设上，以斜孔控制浆液的扩散范围作为布孔的依据，即在第一轮注浆孔布置的基础上，插孔布设直孔和斜孔进行复注，修补深部浆液交圈薄弱部位，提高了浆液充填效果，最低限度形成封水帷幕。改变传统的以平均段高为注浆段高分层标准的分层模式，采取包括诱导注浆、复合注浆及深部套孔注浆等多种注浆优化工艺，双液注浆时尽量延长浆液的聚合时间，在深部浆液灌入性低时配合单液注浆，尽量加大浆液的扩散范围，实现单、双液混合注浆且均能胶凝，提高低压条件下的浆液渗透扩散性；并采取单孔少注、群孔多注的注浆方法，弥补长段注浆深部泵压耗散缺陷，还辅助以高冲积压方式提高浆液的劈裂效果，解决了孔隙和微裂隙发育可灌注性差、升压快、注浆压力高的施工技术难题。

5. 施工工艺流程及操作要点

5.1 施工工艺流程

施工准备→注浆方案设计→注浆站布置→注浆孔施工→注浆施工→注浆效果分析。

5.2 操作要点

5.2.1 注浆方案设计

1. 主井注浆方案

1）注浆段高

根据实际钻孔揭露资料，该井筒208～262m含水层分为三个注浆段高，即第一段高为208～247m（约0～21根钻杆深度）；第二段高为247～253m（约22～24根钻杆深度）；第三段高为253～262m（约25～28根钻杆深度）。

2）注浆孔布置

在原1～10号、+1～+5号注浆孔的基础上增加4个注浆斜孔（斜1号～斜4号），在工作面四周均匀布置。

3）注浆方式

本方案采用两轮注浆方式进行注浆。

第一轮是对原注浆孔1～10号、+1～+5号进行注浆。

针对第一段高（208～247m）进行集中注浆，单孔注浆量约2～3t，采用先单液后双液的注浆方式，单双液的比例控制在1∶1。第一段高统一注浆完毕后，在原孔位继续复孔钻进至第二段高（247～253m）层位，继续按照第一段高注浆方式进行注浆，单孔注浆量约6～10t，该层位是注浆的重点层位。整个层位注浆结束后开始进行第三段高（253～262m）注浆，注浆方式按照第一、第二段高方式进行，单孔注浆约3～6t。

第二轮是按照第一轮注浆方式注浆对4个注浆斜孔（斜1号～斜4号）进行注浆。

4）注浆材料

选用浆液聚合时间可调性强、结石强度高、析水性弱的改型高分子树脂注浆材料，该浆液可单、双液凝固，凝固强度高，初始黏度低，浆液的凝胶时间在几秒～几十分钟任意可调。

5）注浆压力及注浆流量

根据地层情况，应选用小流量小压力的注浆方式进行注浆，第一段高注浆压力应控制在12MPa以内，第二段高注浆压力应控制在11MPa以内，第三段高注浆压力应控制在10MPa以内。当注浆压力升高过快，应调低注浆流量，降低注浆压力，保持注浆继续进行。

6）注浆引导孔及观测孔

在同一层位注浆时，应至少保持有1个钻孔处于卸压状态，即保证在一个注浆孔注浆时应至少有1个裸孔对其进行卸压引导，使浆液能够在各个注浆孔之间相互串通。

7）注浆前压注清水

注浆压注清水有利于疏通管路，但是注水过多容易在孔口周围造成局部孔隙水压增高，造成灌注困难。因此，在注水结束后，应适当放水，降低瞬间孔隙水压。

2. 风井注浆方案

在总结主井注浆经验的基础上，风井宜采用短注短掘方案，第一阶段应重点处理24根钻杆深度以上含水层含水。采取逐步增加注浆孔方式进行，即注完4个注浆孔后，增至8个注浆孔进行套孔复注，直至该层位满足掘进要求。待该层位处理结束后，距离下一大段含水层最少应留10m的岩帽作为保护层，然后进行下一阶段的注浆掘进。

5.2.2 注浆施工方案

井筒工作面采用预注浆方案，重点注浆层段为白垩系志丹群孔裂隙含水层，对第一、二段采取分段注浆。井筒掘进接近该含水层顶面时即进行打钻探水，距离含水层10m左右施工止浆垫，然后进行钻孔、注浆。

1. 注浆站系统

注浆站布置见图5.2.2，即布置HFV-C、KBY-50/70液压注浆泵各1台，两个搅拌池及相应的搅拌机，清水池1个。地面及井下输浆管均用1吋软管，连接拐弯处采用相应直径的高压胶管，闷盖、法兰盘及阀门均采用高压产品，高压胶管耐压需在20MPa以上。

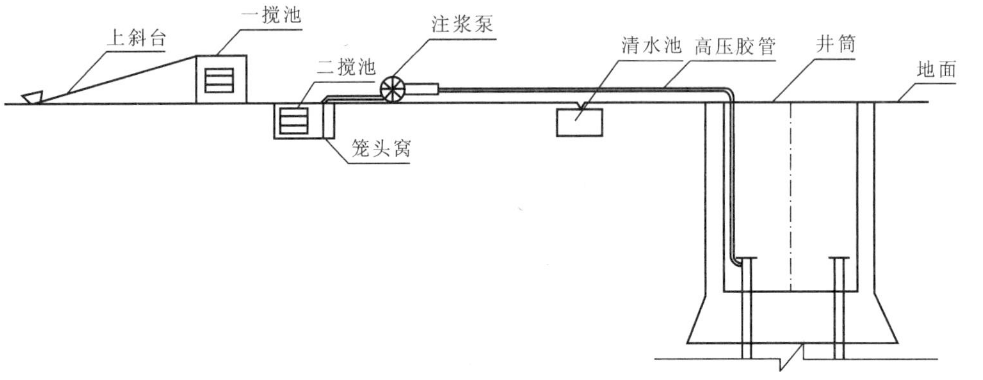

图5.2.2 注浆站系统

2. 第一段注浆方案

在掘进施工过程中，进入109～260m第一段含水层时，采用以水泥浆为主、化学浆为辅的注浆方案边掘边注。自地面安设1台注浆泵，接1吋高压胶管至迎头工作面，并随工作面向下延伸，作为边掘边注时注浆的输料管。

1）注浆参数的选择

水泥浆的配比（重量比）为水：水泥=1：0.7～1，水泥采用P.O 42.5普通硅酸盐水泥。

注浆瞬间压力≤5MPa，终孔压力为2MPa，注浆泵采用KBY-70型电动注浆泵，每井各1台。

2）在掘进过程中，掘进井壁遇淋水时，采用先堵后引，混凝土浇筑完再注浆的方法处理。

3. 第二段注浆方案

掘进施工至260m时，开始准备工作面预注浆，重点针对第二段含水层，即白垩系志丹群第一段（274.21～374.47m）。本次注浆深度120m，即260～380m。

1）止浆垫厚度及结构

预注浆止浆垫在垂深260m位置施工。为施工方便，止浆垫采用单级凸底型，其计算公式为：

$$B_N = P_0 r / [\sigma] + 0.3r \quad (5.2.2\text{-}1)$$

式中 B_N——混凝土止浆垫厚度，m；

P_0——最大注浆压力，MPa；

r——井筒掘进半径，m；

$[\sigma]$——养护10天后混凝土的允许抗压强度，取设计值的70%，MPa。

$$B_N = 12 \times 2.4 / (18 \times 0.7) + 0.3 \times 2.4 = 3\text{m} \quad (5.2.2\text{-}2)$$

止浆垫设计强度与井壁混凝土的强度相同。

止浆垫施工时，同时埋入11根ϕ108×4.5mm无缝钢管作止浆孔口管，孔口管长度为3.5m，孔口管上端焊接法兰盘，连接止水阀门或止水盘。埋设时孔口管上端高出止浆垫表面500mm。将各孔口管上端用闷盖盖好，稳固后，方可浇筑混凝土，混凝土的强度等级为C40。要有专人负责检查孔口管，防止其位移偏斜。待其凝固后，方可在孔口管内施工钻孔注浆，加固止浆垫。

2）注浆钻孔布置原则

主、风井井筒净直径为4m，外径为4.8m，井深456m，钻孔孔径ϕ59mm。注浆段每个钻孔中心距井壁500mm。注浆孔的布置，除了需要考虑便于打钻以外，主要根据裂隙的方向及其分布规律来确定，要保证注浆孔与裂隙相交。连通性较差时，必须要有足够的浆液扩散半径来保证止水效果。

考虑拟注段岩层为双重介质，微裂隙发育，浆液渗透扩散性差，且没有可供参考的注浆经验可循。因此，注浆孔采取循环插孔的布置方法，即先按一定的孔距布置一定数量的注浆孔，待全部注浆满足停注封孔标准后，再在已注孔间补打检查孔检查浆液扩散效果。如插孔涌水，说明先期注浆未达到预期效果，须在孔间补孔进行补充注浆，直至达到预期的封水要求。

3）浆液

化学浆在岩层孔、裂隙中的扩散和充填效果受多种因素影响，其中浆液的浓度、黏度和胶凝时间控制尤为关键。

为增加浆液的扩散范围，保证堵水效果，注浆采用化学浆液，即用KJ-1型改性高分子树脂（A液）和草酸溶液（B液）为注浆材料，采用双缸注浆泵按照一定比例（A液：B液=3：1～4：1）进行双液注浆。注浆过程中，根据浆液的渗透扩散情况或注浆现场压力变化情况及时调整浆液的浓度，并本着高压稀浆和先稀后浓的原则逐级调配，以控制浆液的凝胶时间。

浆液预聚体的黏度随浆液浓度的不同而变化，根据室内试验测试情况，浆液浓度在10%～50%之间，浆液预聚体黏度的变化幅度在1.7～25cp。由于浆液聚合过程中黏度变化总体上表现缓慢的特点，且可通过控制促凝剂浓度和用量进行调节，室内条件下主液（A液）黏度变化的适宜控制幅度在0.5～5cp/min。

浆液黏度变化的另一特点是，在达到絮凝状态前的黏度变化幅度较小，而絮凝至固结状态的黏度提高较快，絮凝前后浆液黏度提高幅度的大致情况是：低浓度浆液分别为0.5～2cp/min和4～10cp/min，高浓度情况下则分别为1.5～5cp/min和6.5～15cp/min，这样调节利于浆液在微小空隙空间中的渗透扩散。

由于改性高分子树脂浆液聚合过程中具有良好的可调节性，浆液的胶凝时间可通过控制浆液预聚体浓度和促凝剂用量来进行调节，浆液的胶凝时间低浓度浆液可调节幅度为5～40min，高浓度浆液可调节范围为1～20min。

注浆过程中，出现泵压较高而吃浆量较小情况下，采取单注A液方式进行浆液胶凝时间的调整，以提高浆液的渗透扩散距离。

4）注浆压力

注浆压力是表示注浆材料在地层内渗透时所遇到的阻力，它是保证浆液扩散半径的关键因素。依据井巷工程验收规范有关规定，工作面预注浆终压力为受注点静水压力的2～4倍，即注浆终压为

$$P_0=(2\sim4)rH/100\text{MPa} \qquad (5.2.2\text{-}3)$$

式中 H——受注点到静水位的水柱高度（m）；

r——水的比重。

注浆过程根据每注浆段现场压力表实测水压值后，按上式确定每一注浆段的注浆压力，一般控制在10～15MPa。

5.2.3 注浆施工过程及主要工艺参数控制

注浆施工过程发现，白垩系志丹群孔-裂隙含水层的注浆封水难度前所未遇。根据该层位孔-裂隙发育特点，在长段注浆情况下，虽然注浆压力一直保持在较高水平（基本在10MPa以上），但浆液的扩散范围极为有限。因此，除按照预定插孔注浆方案进行补孔外，也要根据注浆过程的实际情况适时进行工艺和浆液性能参数的优化调控。主风井注浆孔布置见图5.2.3。

1．初始注浆孔布置

首先按孔间距1.0m确定初始注浆孔数量：

$$N=\frac{\pi\times(D-2A)}{L} \qquad (5.2.3\text{-}1)$$

式中 N——注浆孔数，个；

D——井筒净直径，m；

A——注浆孔与井壁距离，m；

L——注浆孔间距，m。

$$N=\frac{3.14\times(4-2\times0.5)}{1.0}=10 \qquad (5.2.3\text{-}2)$$

即布置注浆钻孔10个，采用直孔等距离布置在以井中心为圆心的圆周上（图5.2.3中1～10号孔）。

2．插孔复注

10个初始钻孔完成注浆后，经插孔检查，浆液扩散距离较小，虽然检查钻孔普遍水量较初始孔明显降低，但由于初始孔注浆未形成交圈，仍残留有较大水量。为充分保障封水效果，在初始孔间残留水量较大部位插入5个直孔（图5.2.3中+1～+5号孔）和5个斜孔（图5.2.3中斜1～斜5孔）进行第二轮复注。其中，斜孔的钻孔角度按下式确定：

$$\alpha=\text{arctg}\left(\frac{S-A}{H}\right) \qquad (5.2.3\text{-}3)$$

式中 S——终孔位置在径向上超出净径的距离，$S=E+L$，m；

E——永久井壁厚度，m；

L——终孔位置超出荒径的距离，m，取2m；

H——注浆段高，m。

$$\alpha=\text{arctg}\frac{5.5+2-0.5}{90}=5^\circ \qquad (5.2.3\text{-}4)$$

即斜孔采用径向向外偏斜5°，以保证在终孔位置浆液扩散可以向外扩大2m。

3．外斜孔加密复注

第二轮插孔复注后，检查结果发现，孔间基本取得了预期的堵漏效果，但在外侧仍存在局部交圈

不完整情况。为确保掘进爆破不使注浆交圈的帷幕效果受到破坏，在薄弱部位加补了6个外斜孔。加补的6个外斜孔（图5.2.3中A1～A6孔）紧临井壁布设，偏斜角度为5°。

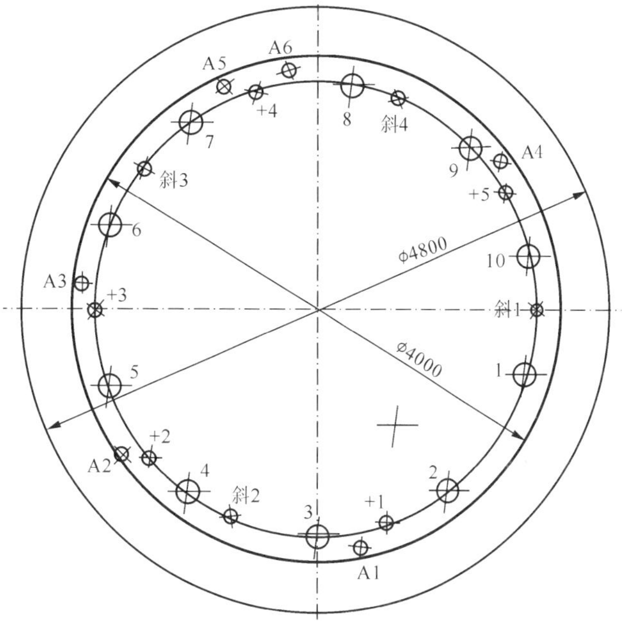

图5.2.3　主风井注浆孔布置图

5.3　注浆效果分析

井筒注浆前涌水量最大时达70m^3/h，治水时间最长时浇筑一模甚至需要72h，严重影响了工程进度。注浆之后，井筒涌水量只有5m^3/h，保证了井筒的快速掘进施工。

5.4　劳动力组织

根据本工程特点和施工进度计划合理配置劳动力。施工人员应具有丰富的施工经验、较高的专业技能，以达到优质、高效、快速施工。劳动力配置见表5.4。

劳动力配备表　　**表5.4**

工　种	人数	工 作 内 容
项目经理	1	负责本项工程的全面管理工作
项目副经理	2	负责本项工程的生产管理工作
技术负责人	1	负责本项工程的技术管理工作
质检员	2	负责本项工程的质量管理
材料员	2	负责本项工程的材料供应
安全员	3	负责本项工程的安全管理
施工员	2	负责本项工程的施工管理工作
测量员	2	负责本项工程的测量工作
钻　工	7	负责本项工程钻孔工作
拌料工	7	负责本项工程注浆材料拌合工作
注浆工	3	负责本项工程注浆工作
上、下口信号把钩工	4	负责本项工程信号把钩工作
主提司机	4	负责本项工程提升工作
机电维护工	4	负责本项工程机电维护工作
合　计	44	

6. 材料与设备

本工程适用的主要材料和设备见表6-1、表6-2。

主要设备表 表6-1

序号	设备名称	规格型号	单位	数量	备　注
1	钻　机	SGZ-300	台	2	杭州产
2	注浆泵	XPB-90E	台	1	天津产
3	注浆泵	KBY-50/70	台	1	河北产
4	水泥搅拌机	立式	台	1	自制
5	注浆泵	KBY-70	台	2	壁后注浆用
6	排水泵	D46-50×7	台	4	二级排水两用两备
7	增压机		台	1	增加钻机风压
8	潜水泵		台	4	一级排水两用两备

打钻注浆主要材料表 表6-2

序号	名 称	规 格 型 号	单位	数量	备　注
1	冲击器	CR-75	套	5	
2	钻　杆	ϕ50×5.5	m	200	包括接头
3	钻　头	ϕ130mm	个	4	
4	钻　头	ϕ75mm	个	30	
5	水　泥	42.5	t		数量根据施工而定
6	铁　皮	1.5mm	m^2		
7	XPM	纳米灌注剂	t		数量根据施工而定
8	化学浆	脲醛树脂	t		数量根据施工而定
9	化学浆	草酸	t		数量根据施工而定
10	高压胶管	ϕ25mm	m	1200	每井两趟管路
11	高压球阀	DG40 PG64	个	40	
12	压力表	KY-100，16MPa	块	10	
13	高压闸阀	Dg108 Pg64	个	2	
14	混合器		个	2	
15	孔口管	ϕ108×4.5mm	个	11	带高压盘盖
16	棉丝			若干	
17	黄泥			若干	
18	麻绳			若干	
19	水玻璃			若干	
20	排水管	ϕ108	m	800	立井排水管
21	排水管	ϕ159	m	400	地面集中排水管

7. 质 量 控 制

7.1 每次注浆前将孔口管阀门关闭，测定钻孔孔口的静水压力，以确定注浆压力。

7.2 注浆过程中，根据浆液的渗透扩散情况或注浆现场压力变化情况及时调整浆液的浓度，并本着高压稀浆和先稀后浓的原则逐级调配，以控制浆液的凝胶时间。

7.3 每次注浆结束后均应压入定量的清水，将注浆泵及输浆管中的浆液压入岩石内，清水压入量为注浆通道容积的1.5倍为宜。

7.4 定量清水压入后，应通知井下工作面打开泄压阀，关闭孔口阀。用清水冲洗注浆系统和造浆系统。

7.5 注浆泵操作司机应进行岗前培训，持证上岗。

7.6 严格执行混凝土止浆垫及孔口管埋设技术措施，保证孔口管埋设质量。

7.7 注浆前应对供电、供水、搅拌、注浆设备及井筒内提升、排水、吊挂、信号系统及劳动组织进行严格检查、落实。

7.8 制浆人员应严格浆液配比，严防水泥纸屑及其他杂物入池，放浆时要设过滤网。

7.9 各工种、工序均须遵守井筒作业规程及有关规章制度和措施。

8. 安 全 措 施

8.1 严格遵守国家有关安全的法律法规、技术标准、规范规程和地方有关的安全规定。

8.2 必须严格按照《煤矿安全规程》、《作业规程》和《操作规程》组织施工管理，施工过程中要根据施工特点对《施工作业规程》和《安全技术措施》进行不断完善。

8.3 施工前必须认真研究施工方案，编制施工技术和安全措施，并认真进行交底传达贯彻和落实。

8.4 施工人员必须经过安全培训，所有特殊工种和专业技术工种必须持证上岗。

8.5 要制定严格的安全管理制度，落实施工人员的安全责任。

8.6 现场安全设施应达到完好和正常使用状态，避免安全事故的发生。

8.7 施工机具应定期进行检查、维修，保证机械设备施工安全。

8.8 施工现场临时用电应符合规范要求，保证三级供电、分级保护。

9. 环 保 措 施

9.1 严格遵守国家有关环境保护的法律法规、标准规范、技术规程和地方有关的环保规定。

9.2 成立施工现场环境管理领导小组，建立健全环境管理体系。

9.3 在施工过程中，应自觉形成环保意识，最大限度地减少施工中产生的噪声和环境污染。

9.4 加强废弃物管理，施工现场应设置专门的废弃物临时储存场地，废弃物应分类存放，对有可能造成二次污染的废弃物必须单独储存，设置安全防范措施且有醒目的标识，减少废弃物污染。

9.5 运输、施工所用车辆和机械产生的废气和噪声等应符合环保要求。

9.6 施工现场应有防尘措施，防止物料搬运过程中产生粉尘污染。

9.7 施工场界应做好围挡和封闭，防止噪声对周边环境的影响。

9.8 对重要环境因素应采取控制措施，落实到人。

10. 效 益 分 析

10.1 安全效益

根据矿井地质资料，井筒涌水量达70m^3/h，而建井时期排水能力只有30m^3/h，远远小于含水层涌水量，如果水得不到及时治理，将有淹井的可能。现场爆破施工时，由于水的影响，可能会出现哑炮，将对井下作业人员安全造成严重威胁。掘进时，支护之前容易出现折帮现象，危及现场施工人员的安全。注浆后，涌水量减小了，减少了折帮、哑炮的出现，安全效益得到了很大提高。

10.2　工期效益

通过本次注浆，大大减少了每一施工循环所需时间。井筒注浆前涌水量最大时达70m³/h，治水时间最长时浇筑一模甚至需要72h，严重影响了工程进度。注浆之后，井筒涌水量只有5m³/h，大大缩短了每一循环所需时间，保证了井筒的快速掘进施工。

10.3　经济效益和社会效益

10.3.1　直接经济效益

通过注浆，工期至少提前3个月，减少设备租赁费用及折旧费、维持井筒正常运转及排水费、排水设备及排水泵的维修费、人工工资及后期节约设备及泵排水费用约800多万元，不包括因注浆减少折帮和哑炮产生的费用。

10.3.2　间接经济效益和社会效益

若将本矿井与邻近其他煤矿的矿井（石槽村煤矿主、副井采用地面预注浆，麦朵山煤矿主、副井先降水后冻结，造价均超过2000万元）相比，该项目所产生的间接效益超过千万元。

若将本成果推广应用于整个陇东矿区，将对此地区矿井建设产生巨大的社会效益。

11. 应 用 实 例

改性树脂浆液在煤矿井筒水害治理方面已有40多个矿井的成功范例，其中尤以井筒固砂堵水应用较多，包括兖州矿业集团兴隆庄矿主、副立井及东、西风井，太平矿主井，田庄矿主、副立井，杨庄矿副立井，邱集矿副立井等。在井筒壁后微裂隙岩体防渗应用方面，也有平庄矿务局古山矿主、副立井，淄博矿业集团唐口矿主、副立井的成功范例。另外，徐州矿务集团三河尖矿高压突水（8.3MPa水压）煤巷水闸墙采用改性树脂浆液进行防渗处理，将渗漏量从17m³/h降至不足3m³/h（两个煤巷水闸墙）。

江苏省矿业工程集团有限公司承担了甘肃华能天竣能源有限公司刘园子煤矿主、副、风立井注浆工程，刘园子煤矿主、风井井筒净直径为4m，井深456m，工作面预注浆从井口标高向下143～233m（共90m），233～354.77m（共121.77m）分五段五次注完，每段40m左右。副井井筒净直径6m，井深446m，工作面预注浆从井口标高向下135～225m（共90m），225～346.77m（共121.77m）分五段五次注完，每段40m左右。施工过程中，采用工作面超前探水、工作面预注浆、工作面排水和井壁堵、导、排水，壁后注浆综合治水方法，确保了工程的顺利施工。

多高层建筑折叠爆破拆除施工工法

GJEJGF310—2010

武汉市市政建设集团有限公司

谢先启　贾永胜　罗启军　韩传伟　刘昌邦

1. 前　言

随着我国城市化进程的加快和基础设施建设的大力推进，大量的多高层建筑物需要采用爆破拆除。因受环境条件、工期、投资等方面的制约，传统的底部单切口定向爆破和原地坍塌爆破已不能满足安全、高效、环保的要求，需要研发新的爆破拆除方式。

武汉市市政建设集团有限公司在多年从事复杂环境下多高层楼房拆除爆破工程的基础上，与武汉大学开展科技创新，取得了“双向三次折叠爆破框剪结构大楼”这一国际领先、填补国内空白的新成果，于2008年通过中国工程爆破协会鉴定，并获得2008年度中国工程爆破协会科技进步一等奖。同时，形成了多高层建筑折叠爆破新颖的施工工法，达到了倒塌范围小、爆破有害效应影响低、拆除效率高及成本低的工程要求，技术先进，具有显著的社会效益、经济效益和环境效益。

2. 工 法 特 点

2.1　利用在建筑物的适当楼层设置相同或不同方向的多个爆破切口，将建筑物划分成多个楼体单元，运用微差起爆技术，实现楼体单元的复合倾倒运动，达到缩短建筑物倒塌距离，保护周边设施的目的。

2.2　减少了钻孔、预拆除与防护工作量，提高了施工可靠性，缩短了施工工期，降低了施工成本。

2.3　有效降低爆破和塌落振动、个别飞散物、噪声和冲击波等有害效应对周边环境的影响，能满足复杂环境下拆除爆破施工的安全和环保要求。

3. 适 用 范 围

适用于临近重要设施、倒塌场地有限、爆破有害效应需严格控制的复杂环境下多高层建筑物的爆破拆除。

4. 工 艺 原 理

通过设置2个或2个以上的爆破切口，将楼房分成若干个楼体单元；采用室内模型试验、数值模拟或工程类比等方法，确定爆破切口的位置、大小、数量及切口间起爆时差。利用延时起爆技术，使各楼体单元形成同向或多向复合定向倾倒运动，楼房折叠坍塌，达到缩短倒塌距离、改善破碎效果、降低塌落振动等有害效应的目的，实现多高层楼房的安全快速拆除。

多高层楼房的折叠爆破可分为单向折叠、双向折叠、内向折叠等不同类型。

单向折叠，即各楼体单元的倒塌方向指向同一方向，见图4-1；双向折叠，即各楼体单元顺序起爆，向不同方向交替连续折叠倒塌，见图4-2；内向折叠，即自上而下对爆破切口内的承重构件如墙、柱和梁等予以充分破坏，从而在重力作用下形成内向重力矩，在外侧上部结构的重力矩作用下，上部构件和外承重墙、柱向内折叠坍塌，见图4-3。

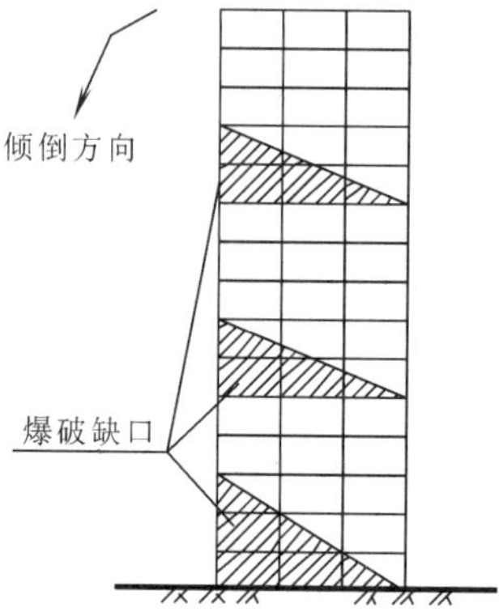

图4-1　单向折叠

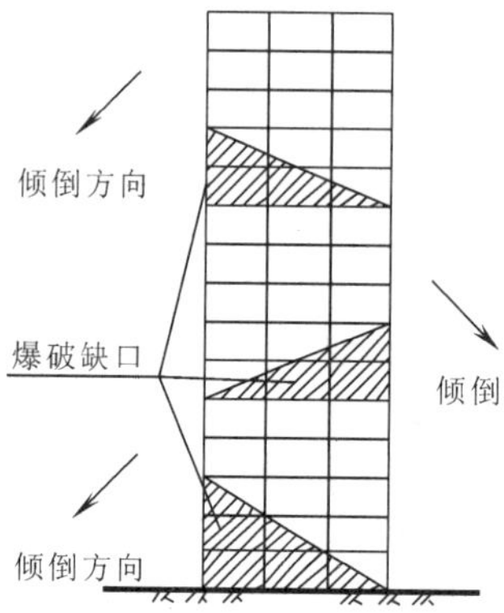

图4-2　双向折叠

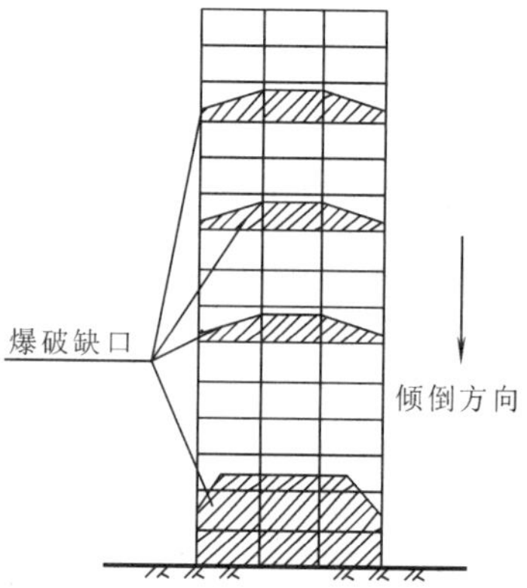

图4-3　内向折叠

5. 施工工艺流程及操作要点

5.1　施工工艺流程

施工准备→切口布置→预拆除→布孔→钻孔→验孔→安全防护→试爆→装药→网路连接→警戒→起爆→爆后检查。

5.2　操作要点

5.2.1　切口布置

根据楼房结构、环境条件等因素选择折叠倒塌的类型；在选定的折叠倒塌类型基础之上，确定切口位置和数量。

1. 当一侧有倒塌场地但距离小于楼房高度，采用单向折叠，切口的数量由下式确定：

$$n=(H-L)/h \tag{5.2.1}$$

式中　n——切口数量；

H——楼房高度，m；

L——侧最大允许倒塌距离，m；

H——切口的平均高度，m。根据结构类型及高宽比选取，通常底部切口选1～4层，上部切口2～3层。

2. 当选用单向折叠方案切口数量过多，若另一侧可提供部分倒塌场地时，选用双向折叠，切口数量参照式（5.2.1）确定。

3. 当楼房较高，体量、跨度都较大，四周既无定向倾倒条件，也无单向、双向折叠坍塌条件的情况下，采用内向折叠。一般情况下，采用隔1～2层布置1～2层爆破切口，特殊情况下逐层布设。

5.2.2　预拆除

根据拟定的爆破方案，按爆高设计要求将部分构件预拆除，其原则是不影响建筑物的稳定性。

1. 对于承重墙体，采用“化墙为柱”，预拆除的面积不超过40%。

2. 对于非承重墙体，原则上全部拆除。

3. 对于剪力墙，可采用爆破法、机械切割法或人工风镐凿除法，“化墙为柱”，预拆除的面积不超过50%。

4. 对于楼梯，处理成上下“两段铰”。见图5.2.2。

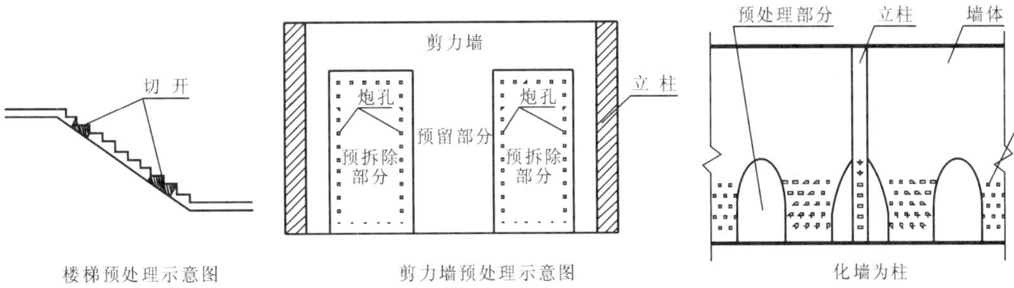

图5.2.2 预处理示意图

5.2.3 布孔

按爆高设计要求在承重墙、立柱或剪力墙上布孔。对于砖混结构，24砖墙按25cm×25cm布孔，37砖墙按40cm×40cm布孔，爆高较大的墙体可各在上部和下部布2～3排孔，中间部分可不布孔，孔深为砖墙厚度的2/3，拐角处适当加深；钢筋混凝土立柱可沿中心线或沿中心线左右相切布孔，短边大于60cm以上的立柱可布2排以上炮孔，炮孔间距35cm左右，排距20～30cm左右，炮孔深度视立柱断面尺寸及配筋状况，可按厚度的2/3～3/4控制。

5.2.4 钻孔

钻孔质量直接关系到爆破作业的成败安危，必须严格按设计要求施工。由主管工程师按设计图用红漆标孔，布孔应注意药量在空间的均匀分布，以加强破碎效果；布孔需标明孔深、药量及段别，并校核最小抵抗线及结构尺寸。立柱孔一般较高，须搭架施工，打孔顺序由上而下，上下孔均要到位，保证孔深和方向；吹净余灰，及时验收，注意保护，并注明废孔。

为缩短工期开展多作业面施工，每天按进度由工程师和施工队长下达施工任务并调度人员和机具。

5.2.5 验孔

用带有刻度的木棍检查炮孔，孔内无堵塞物，其深度、方向符合设计要求，否则应标明并进行修正；若深度超出或穿透炮孔要回填至设计标准。验孔完毕后填写炮孔验收单。

5.2.6 安全防护

采用“覆盖防护、近体防护和保护性防护相结合”的综合防护方案。

1. 立柱爆破部位用浸水草帘捆绑，有效厚度不小于15cm，草帘外侧捆绑麻袋2层，钢丝网1层。
2. 楼房四周3层以下可用双层竹笆墙加内侧挂草帘封闭，三楼以上也可在室内搭设竹笆墙防护。
3. 爆破楼层外围用帆布或安全网围裹。
4. 需保护的地面以上设施，采用搭设钢管架或竹排架，挂竹笆和安全网。
5. 地下管线等设施可用钢板加沙袋覆盖防护。

5.2.7 试爆

在具有代表性的部位进行试爆，根据爆破效果，确定合理炸药单耗和单孔装药量。试爆部位的选取以不影响结构的稳定为前提。

5.2.8 起爆时差选取

1. 切口间时差：单向折叠0.5～1.5s，双向折叠0.5～2.0s，内向折叠0.5～2.5s；切口起爆顺序自上至下，可通过孔内或孔外延时方案实现。

2. 切口内时差：排间0.3～0.5s，层间0～0.5s；可通过孔内或孔外延时方案实现，须确保先爆炮孔不得破坏后续起爆网路，否则需对网路采取保护措施。

5.2.9 装药、堵塞

装药前按设计要求加工药卷，注明重量及段别并分类保管。装药工作要明确分工，分片包干，责任到人，由主管工程师监督。装入炮孔之前要检查炮孔与药卷是否相符，所用雷管段别是否正确，然后用炮棍将插入雷管药卷轻轻推至孔底。用湿度适宜的砂质黏土做成炮泥进行堵塞，注意导爆管和雷管脚线的保护，先轻后重，接近孔口再用力捣实。装药完成后填写验收单。

5.2.10 网路连接与施工

折叠爆破一般雷管段数多，网路结点多，为了保证连接质量，宜采用分片分区连接法；各片区由专人负责，每3人一组，各小组需严格按印发的网路连接图进行作业。

导爆管起爆网路的连接形式主要有：

1. 导爆管"互动有序"接力起爆网路，见图5.2.10-1。

2. 导爆管闭合复式起爆网路，见图5.2.10-2。

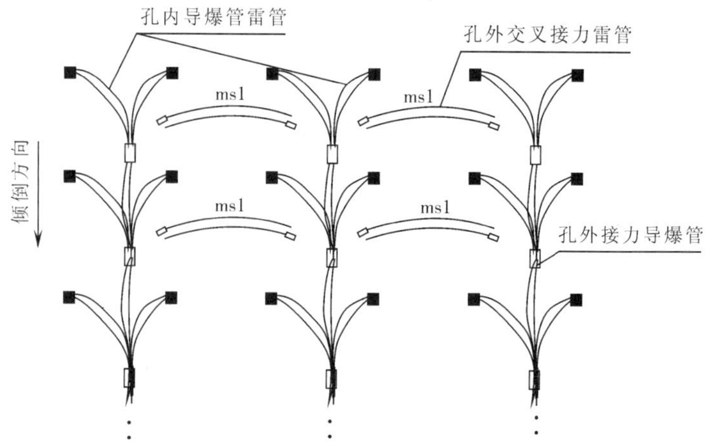

图5.2.10-1 导爆管"互动有序"接力起爆网路示意图

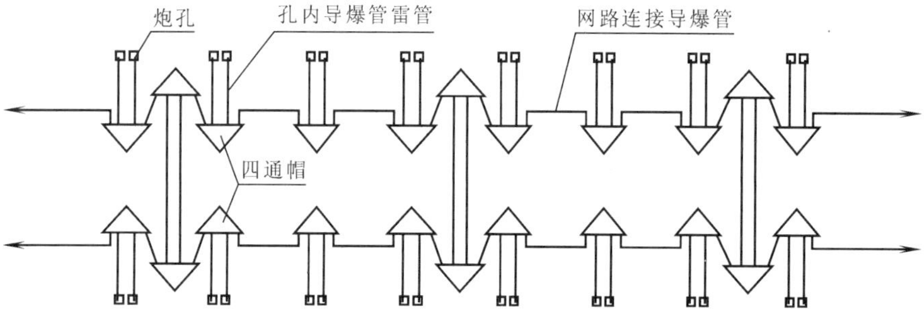

图5.2.10-2 导爆管闭合复式连接网路图

起爆网路接好后，立即封闭爆破区，任何人不得再进入。

5.2.11 警戒、爆破与爆后检查

由现场执行指挥作总体检查，并向现场领导汇报。

爆破前设置安全警戒，清理警戒区人员，按总指挥指令进入起爆准备阶段。检查线路电阻，连接起爆器，在总指挥命令下充电、起爆。

起爆5min后先由有关人员进入现场检查爆破是否完全、有无拒爆现象，待确信现场完全爆破后再解除警戒。随后，总指挥和总工程师进行效果分析，指导排除一切可能的隐患，解除警戒。

6. 材料与设备

6.1 主要材料

6.1.1 乳化炸药：其质量应符合国家《乳化炸药》GB 18095-2000的规定。

6.1.2 导爆管雷管：其质量应符合国家《导爆管雷管》GB 19417-2003的规定。

6.1.3 电雷管：其质量应符合国家《工业电雷管》GB 8031-2005的规定。

6.1.4 胶布、导线等。

6.1.5 草帘、竹笆、安全网、钢板、沙袋等防护材料。

6.2 主要机具、设备

6.2.1 空气压缩机：排气量大于$3m^3/min$，台数视工程量及工程进度而定。

6.2.2 风动凿岩机：YT18、YT25或7655 型凿岩机，台数视工程量及工程进度而定。

6.2.3 风镐、风管、大锤、刻度炮棍等。

6.2.4 液压破碎器，台数视需要而定。

7. 质量控制

7.1　质量控制标准

本工法执行《爆破安全规程》GB 6722-2003中相关的质量控制标准。

7.2　质量控制措施

7.2.1　建立健全质量管理机制，制定完善的质量管理规章及奖惩制度，严格按照ISO9002质量体系文件要求，对施工进行全过程及全员的质量控制管理。

7.2.2　所有人员均须持证上岗。在施工前按施工组织设计、质量计划、作业指导书对施工人员进行层层交底；施工中严格施工程序及工艺要求。

7.2.3　实行三级质检制度，对布孔、钻孔、孔内情况、药包制作等进行跟踪检查，及时清理、整改质量隐患。

7.2.4　施工中须认真填写详细的施工记录和验收签证记录单，对施工中发生的任何质量异常情况都要快速及时的向有关部门通报。

7.2.5　各种施工用材均须三证齐全，未经检验的“三无”材料或产品严禁进入施工流程。

8. 安全措施

8.1　认真贯彻“安全第一，预防为主”的方针，根据《爆破安全规程》GB 6722-2003、《中华人民共和国民用爆炸物品安全管理条例》、《建筑拆除工程安全技术规范》JGJ 147-2004等国家有关规定，结合施工单位实际情况和工程的具体特点，组成专职安全员和班组兼职安全员以及工地安全用电负责人参加的安全生产管理网络，执行安全生产责任制，明确各级人员的职责，抓好工程的安全生产。

8.2　施工人员应持证上岗，并进行安全施工岗前培训。

8.3　施工人员进入施工现场严格按劳保着装，班前进行安全施工技术交底，每日进行安全巡检，每月进行安全考核，奖惩兑现。对不服从安全人员检查，拒不执行安全管理制度的施工作业人员进行严肃处理，对存在安全隐患的施工部位、工序等应责令整改后施工。

8.4　严格爆炸物品管理，专人看管，随用随领，用存记账，用完归库。

8.5　按公安部门指定的路线运输爆破器材，在公安部门认可的地方存放，使用爆破器材要登记上账，剩余爆破器材要归库。

8.6　随时监测杂散电流、感应电流情况，若有异常，及时上报；爆破器材经严格检验，确保100%合格。

8.7　氧气瓶与乙炔瓶隔离存放，严格保证氧气瓶不沾染油脂、乙炔发生器有防止回火的安全装置。

8.8　施工现场临时用电严格按照《施工现场临时用电安全技术规范》的有关规范规定执行。电缆线路应采用“三相五线”连接方式，电气设备和电气线路必须绝缘良好，场内架设的电力线路其悬挂高度和线间距除安全规定要求外，将其布置在专用电杆上。室内配电柜、配电箱前要有绝缘垫，并安装漏电保护装置。

8.9　高空作业严格按照《建筑施工高处作业安全技术规范》JGJ 80-91的有关规范规定执行。

8.10　建立完善的施工安全保证体系，加强施工作业中的安全检查，确定作业标准化、规范化。

9. 环保措施

9.1　成立对应的施工环保管理机构。在施工过程中严格遵循国家和地方政府下发的有关环境保护的法律、法规和规章制度，加强对施工粉尘、设备噪声、废水及生产生活垃圾的控制和治理，遵守文明施工、防火及交通管理的规章制度，充分满足便民要求，随时接受相关单位的监督检查。

9.2 合理的现场平面布置，科学的施工计划。严格完善的材料计划供应制度。实行材料定额管理，减少现场清理工作。保持整齐、清洁的工作环境。

9.3 保证施工现场道路平整、交通畅通并适量湿润使其无大量扬尘。

9.4 警示及提示标识完备、醒目，重点地段及恶劣天气，设置专项的安全防护设施。

9.5 施工设备的使用、停放整齐有序；设备性能安全、可靠；操作人员证照齐全，规范操作。配备完善的设备检修、保养、清洁设施及制定严格的检修、保养、清洁责任制。

10. 效 益 分 析

10.1 以武汉市王家墩商务区19层框剪结构大楼爆破拆除为例，采用双向三次折叠爆破方案和原地坍塌爆破拆除方案相比，减少钻孔约1.2万个，减少炸药约600kg，减少人工约460个，减少空压机及钻机台班约36个，减少了防护器材用量，缩短工期约8d，节约直接成本约26.8万元，经济效益显著。

10.2 采用折叠爆破方案减少了火工品使用量，大大降低了爆破振动、塌落振动、飞石、冲击波、粉尘、有毒气体、噪声等爆破危害效应，减少了对附近居民区的影响，降低了减振措施费及不可预估费用支出，社会效益和环境效益十分显著。

11. 应 用 实 例

11.1 武汉市吴家山违建楼拆除工程

2003年9月，吴家山7层违法建筑楼需爆破拆除，该楼为砖混结构，地处吴家山中学附近，东侧紧邻吴家山中学围墙，最近处仅0.5m，西侧4m是ϕ1000mm供水管，5m处是10kV架空电线，7m是交通主干道，南北两侧3m外是需保护的居民楼。采取向西单向折叠倒塌方案。该方案布置两个爆破切口：其中底部爆破切口位于1～3层，上部爆破切口位于第5层；采用自上而下的起爆顺序，切口间时差1.2s。起爆后，楼房实现明显的折叠倒塌过程，爆堆集中、破碎充分，电线、水管、围墙和居民楼安然无恙，爆破取得圆满成功。如图11.1。

图11.1 吴家山违建楼爆破过程

11.2 武汉商场爆破拆除工程

11.2.1 工程概况

原武汉商场地处武汉市商业中心，北面距解放大道45m，距解放大道立交桥65m；东面6.9m为2层商业网点，紧靠商业网点之外是停车场和协和广场，2层商业网点和武汉商场之间的人行道下布有自来水管；东南角7.8m处为4层楼的配电房和一个公共厕所。南面10.3m为二栋6层居民楼；西面隔一条10m宽的人行道就是武广大楼和电信大楼，人行道下布设有电信电缆、自来水管和排水管，旁边有电缆、电线杆等，爆区环境极复杂。

该楼房为11层高空间框架结构，长66m，宽29m，最高标高47.55m，建筑面积17000m^2。立柱和主梁截面尺寸大，配筋率高达3%。楼板为现浇板，厚12cm。有楼梯和电梯井各2个。

11.2.2 施工情况

根据周围环境和楼房结构，原武汉商场11层框架结构楼房采用向北单向折叠倒塌的爆破方案，采用2个爆破切口，1～4层为第1个切口，切口角度28°；6～7层为第2个爆破切口，切口角度14°。2个切口自下而上，间隔1.02s延期起爆。

工程于2006年3月9日正式开工，2005年4月12日成功实施爆破，中央电视台新闻联播进行了报道。见图11.2.2。

图11.2.2　武汉商场爆破过程

11.3　武汉市王家墩商务区2栋19层框剪大楼爆破拆除工程

11.3.1　工程概况

待拆的2栋大楼东、西向并列排列，东边一座简称A栋，西边一座简称B栋，A、B两栋之间距离为12m，A栋楼房距北侧围墙最近处是11.4m；B栋西侧距围墙7.2m，西南侧距配电房12.8m；南侧距待拆7层楼房10.1m，东侧为道路及绿化场，距6层居民楼房16.2m。

2栋大楼同为19层，均为框-剪结构，单栋平面呈“工”字形，两边对称。单栋长36.3m，宽30.05m，高63m。横向有15排立柱，纵向有8排立柱。立柱尺寸为550mm×550mm、500mm×700mm、700mm×700mm，剪力墙大多分布在B～D轴之间和F～I轴之间，剪力墙厚250mm。剪力墙、梁、柱截面尺寸自底部至顶部无变化，楼板为现浇楼板，板厚12cm，有电梯井和楼梯各1个，总建筑面积约23000m^2。

11.3.2　施工情况

采用“切割分离、定向倒塌和双向折叠相结合”的总体爆破方案。双向折叠的楼体高63m，长22m，宽11.7m。采用三个爆破切口，分别位于1～4层、8～9层和14～15层。采用“双向交替、自上而下”的起爆方式，切口间时差为1.02s。

起爆后，框-剪结构大楼按设计在空中实现双向折叠，上部楼体把下部楼体折叠式压向地面，楼体折叠倒塌并堆积在原地6m范围内，且解体破碎十分充分，爆破效果很好。

工程于2007年12月3日正式开工，2007年12月28日成功实施爆破。

（a）　　　　（b）

图11.3.2　爆破过程及爆堆图片

（a）爆破过程；（b）爆堆效果

采石场岩体块度分区、预测与控制爆破工法

GJEJGF311—2010

广东宏大爆破股份有限公司　深圳市鹏城建筑集团有限公司

郑炳旭　邢光武　李萍丰　李战军　宋常燕

1. 前　言

在大型采石场石方爆破工程中，采用深孔台阶爆破方法控制爆破块度的粒径，实现多种规格级配爆堆的目的一直是深孔台阶爆破技术难点和研究的重点。特别是地质条件复杂的特大型采石场多种规格级配块石的爆破开采工程，严格要求爆破块度级配，爆破技术难度更大。

在三亚铁炉港花岗岩采石场，为了完成多种规格级配块石爆破开采，采用爆破块度分区、爆破块度预测技术，优化爆破参数，通过计算机模拟，爆堆图像的处理，控制块石最大规格不超过2500kg，10kg以下细石料含量降低到10%以下，满足了爆堆不同规格级配要求，形成"采石场岩体块度分区、块度预测与控制技术研究"成果，该成果于2010年9月27日通过广东省建设厅专家鉴定，鉴定结果达到国内领先水平。

该成果先后在河南舞钢、北方大红山一期、二期、三期等爆破工程中得到成功应用，取得了明显的经济和社会效益，具有良好的推广应用价值。

2. 工 法 特 点

2.1　该工法提高了资源利用率。

传统的采石场台阶爆破技术，是将整个采石场当成地质条件基本相同的前提下进行爆破设计和施工的；而本工法采用采石场内按岩石种类、岩石硬度、裂隙平均间距、炸药单耗、爆破漏斗体积和爆破块度分布指数等六项指标进行合理分区，它有效地提高了规格石料的合格率，提高了资源利用率。

2.2　该工法对爆堆级配进行了预测预报。

传统的采石场台阶爆破技术，没有采用爆破块度分布预报的数学模型，为了控制爆破块度，一般通过布孔参数及单位岩石炸药消耗量调整，施工控制过程凭借经验，容易产生过粉矿，有时也会产生特大块；而本工法采用采石场爆破块度分布预报的数学模型Kuz-Ram模型，爆破前对爆堆级配进行预测预报，爆破后对爆堆进行验证。

2.3　节能减排，减少过粉矿。

传统的台阶爆破为了加强破碎效果，一般采用强松动爆破法或弱抛掷爆破法，单位岩石炸药消耗量大，岩石过度破碎容易产生过粉矿；本工法采用深孔台阶崩塌爆破法，充分利用炸药能量和势能合理破岩，降低了单位岩石炸药消耗量，控制了最大粒径，减少过粉矿，满足控制爆破块度级配的要求。

2.4　装药结构合理，有效减少粉碴。

传统的台阶爆破为了减少钻孔工作量，增强爆破效果，一般采用全孔耦合装药结构，尽量加大单孔装药量；本工法采用全孔不均匀不耦合装药结构，不仅满足爆破块度级配需求，而且有效地减少了10kg以下碎块粉碴含量。

2.5　采用合理的布孔方式，提高块石产出率。

传统的台阶爆破一般采用梅花形布孔方式，而本工法采用长方形布孔方式，有利于减少粉矿，提高级配块石的产出率。

2.6 采用合理的起爆顺序，更有利于形成块石。

传统的台阶爆破一般采用同排炮孔按设计顺序先后起爆，而本工法采用同排炮孔同时起爆，有利于形成级配块石。

2.7 采用爆破图像处理技术指导设计和优化。

本工法与传统的台阶爆破另一个不同之处是应用爆堆块度图像处理技术，简便、快捷地检验爆堆块度分布，指导爆破参数调查和优化，提高了级配块石的产出率。

2.8 合理安排开采平台和施工道路，满足高强度爆破开采的需要。

3. 适 用 范 围

本工法适用于矿山、交通、港口、水利、水电等大型采石场多规格级配块石开采工程，也适用于复杂地质条件件的贫薄矿产开采工程。

4. 工 艺 原 理

在深孔台阶爆破工作面，采用基于岩石种类、岩石硬度、裂隙平均间距、炸药单耗、爆破漏斗体积和爆破块度分布指数等六项指标的采石爆破块度分区方法，对采石场进行了合理的分区开采。在爆破块度开采分区的基础上，应用采石场爆堆级配预报的数学模型Kuz-Ram模型，对爆堆级配进行预测预报。应用爆堆块度图像处理技术，现场简便快捷地对爆堆进行图像处理分析得出实际爆堆块度分布，通过电脑修正参数， 实现台阶深孔爆破的即时优化爆破参数设计。采用全孔不均匀不耦合装药结构进行装药，孔口不装药段则用中细砂或炮泥严密堵塞。因爆破时下部炸药要推开夹制作用较大的底部岩石， 下部装药线密度大，不耦合系数应小些，确保能将下部岩石炸开并让上部岩石崩塌下来；上部装药线密度小，上部装药一定要控制，不耦合系数宜大些，上部是控制过于粉矿的重点。按照以上控制爆破，充分利用炸药能量和岩石势能控制多规格级配开采要求。

5. 施工工艺流程及操作要点

5.1 施工工艺流程

5.1.1 工艺流程

测量放线→台阶及道路布置→爆破块度分区→爆破设计→爆破级配预测→安全评估→钻孔→清孔和验收炮孔→装炸药、雷管并堵塞炮孔口→连接起爆网路→清场、四周警戒→起爆→爆后检查：盲炮检查与排除→爆堆图像处理分析→清除斜坡上的危石→清运石渣和清底。

5.1.2 工艺流程图，参见图5.1.2。

5.2 操作要点

5.2.1 测量放线

测量放线是为了保证台阶高度、钻孔位置及深度、道路修建使其符合设计要求。

5.2.2 台阶及道路布置

平台和施工便道是高强度生产多种规格石料的关键，根据工程实际情况分别确定分级平台，采用不同爆破参数爆破。

道路是高强度生产的重要保障，根据不同平台产量设计不同宽度的道路，应按时维护便道、清理次级标高和主要标高间的必要坡道，以便机械设备的通行，满足高强度车流畅通实现高效施工。

5.2.3 爆破块度分区

针对影响采石场岩体爆破块度的主要因素，结合工程地质情况，采用基于岩石种类、岩石硬度、裂隙平均间距、炸药单耗、爆破漏斗体积和爆破块度分布指数等六项指标的采石爆破块度分区方法，对采石场进行合理的分区开采。一般可分成粉块区、小块区、中块区和大块区。

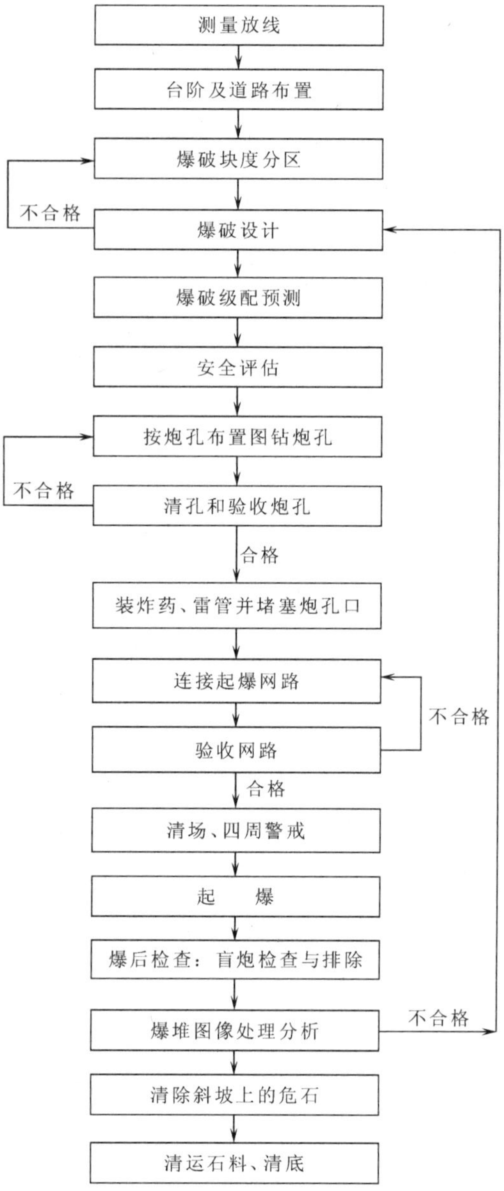

图 5.1.2　施工工艺流程图

5.2.4　爆破设计

首先根据爆破块度要求决定爆破区域，再根据规格石的级配要求及地形地质条件进行爆破设计，实现每个炮孔的爆破级配合格率最大化。

1．爆破设计的几何参数说明

如图5.2.4所示。

1）台阶高度H，m。一般$H=8\sim20$m，而台阶高度以12～15m居多。

2）钻孔直径ϕ，mm。在台阶高度为12～15m时，取ϕ=140mm。

3）台阶面倾角为α。

4）钻孔角度为β，一般情况下，为了方便炮孔不耦合装药的操作，β取90°。

5）前排抵抗线为W，m。炮孔间距a，m。炮孔排距b，m。取$b=W$，$a=1.25b$，前排炮孔上沿宽c，m。长方形布孔方式。

6）钻孔孔深L，m。$L\geqslant H$，$L=h_0+h_2+h_3$。

7）堵塞长度h_0，m。$h_0=(20\sim30)\phi$。

8）钻孔超深又称超钻h_1，m。一般取$h_1=0.3W_m$，或$h_1=(10\sim20)\phi$。

9）底部装药长度h_2，m。一般取$h_2=(1.2\sim1.3)W_m$。

10）上部装药长度h_3，m。$h_3=L-h_0-h_2$。

11）底盘抵抗线W_m，m。$W_m=(1.2\sim1.3)W$但$W_m\leqslant40\phi$。

2．布药参数说明

1）单孔负担面积S，m^2。$S=ab=aW$。

2）下部装药线密度q_2，kg/m。$q_2=(0.25/m)\pi\rho\phi^2$，式中，$\rho$为装药密度，kg/m^3；$\phi$单位为m；$m$为径向不耦合系数。

3）上部装药线密度q_3，kg/m。$q_3=(0.3\sim0.6)q_2$，一般取$q_3=0.5q_2$。

4）单孔下部装药量Q_2，kg。$Q_2=q_2h_2$。

5）单孔上部装药量Q_3，kg。$Q_3=q_3h_3$。

6）单孔装药量Q，kg。$Q=Q_2+Q_3$。

3．设计方法说明

采用抵抗线控制设计法，设计过程如下：

1）定出下部装药线密度q_2。

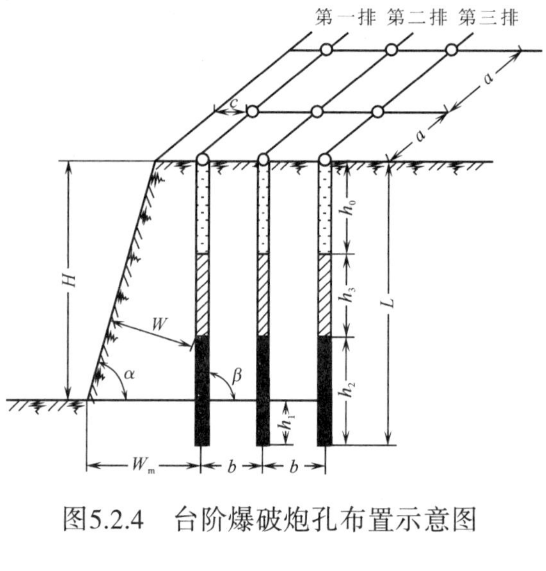

图5.2.4　台阶爆破炮孔布置示意图

2）定出设计抵抗线W。

$$W_m=1.4\sqrt{q_2} \quad (5.2.4-1)$$

按使用炸药类别、钻孔夹制条件由W_m定出计算抵抗线W'：

$$W'=k_1k_2\ W_m \quad (5.2.4-2)$$

式中　k_1——炸药系数，对2号岩石炸药中等可爆岩石时k_1=1，对其他岩石以及乳化炸药和铵油炸药按表5.2.4选取k_1值；

k_2——夹制系数，对垂直孔取k_2=1.0。

不同岩石的炸药系数k_1取值表　　**表5.2.4**

炸药名称	不同等级岩石的 k_1 值				
	Ⅰ类岩石	Ⅱ类岩石	Ⅲ类岩石	Ⅳ类岩石	Ⅴ类岩石
2号岩石	1.15	1.0	0.97	0.94	0.9
铵油炸药	1.15	0.95	0.92	0.89	0.85
乳化炸药	1.15	1.0	0.96	0.93	0.88

开孔偏差

$$\Delta W_1=1.0\phi \quad (5.2.4-3)$$

钻孔斜度偏差ΔW_2控制在3%之内，则

$$\Delta W_2=0.03L \quad (5.2.4-4)$$

设计抵抗线

$$W=W'-\Delta W_1-\Delta W_2 \quad (5.2.4-5)$$

3）定出堵塞长度h_0、超钻h_1

$$h_0=(20\sim30)\phi \quad (5.2.4-6)$$

$$h_1=0.3W_m \quad (5.2.4-7)$$

4）定出钻孔间排距和单孔负担面积。

$$b=W \quad (5.2.4-8)$$

$$a=1.25b \quad (5.2.4-9)$$

$$S=ab \quad (5.2.4-10)$$

5）计算底部装药长度和底部装药量。

底部装药长度：

$$h_2=1.3W_m \quad (5.2.4-11)$$

底部装药量：

$$Q_2=q_2h_2 \quad (5.2.4-12)$$

6）计算上部装药长度和上部装药量。

上部装药长度：

$$h_3=L-h_0-h_2 \quad (5.2.4-13)$$

上部装药量：

$$Q_3=q_3h_3 \quad (5.2.4-14)$$

7）计算单孔装药量和平均单耗。

单孔装药量：

$$Q=Q_2+Q_3 \quad (5.2.4-15)$$

平均单位耗药量：

$$q=Q/(abH) \quad (5.2.4-16)$$

5.2.5 安全评估

每一项石料开采爆破设计在向当地公安机关提出爆破作业申请前，应请有资质的爆破公司组成的专家组进行评估，安全评估的内容包括：

1. 设计和施工单位的资质是否符合规定；
2. 设计所依据资料的完整性和可靠性；
3. 设计方法和设计参数的合理性；
4. 起爆网路的准爆性；
5. 设计选择方案的可行性；
6. 存在的有害效应及可能影响的范围；
7. 保证工程环境安全措施的可靠性；
8. 对可能发生事故的预防对策和抢救措施是否适当。

将石料开采爆破设计文件和安全评估报告装订成册向当地公安机关提出申请，对符合条件的，公安机关做出批准的决定，作业单位即可进行爆破作业。

施工中如发现实际情况与评估时提交的资料不符，并对安全有较大影响时，应补充必要的爆破对象和环境的勘察及测绘工作，及时修改原设计，重大修改部分应重新上报评估。

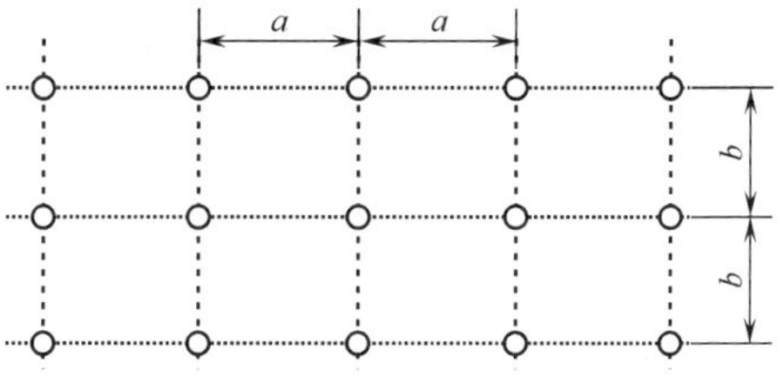

图5.2.6 炮孔平面布置示意图

5.2.6 钻孔

1. 布孔

炮孔布置形式直接影响爆破的级配，该工法炮孔平面布置成长方形，参见图5.2.6。

2. 钻机对位

钻机的对位直接影响钻孔质量，其要求为：对位准、方向正、角度精。

3. 钻孔的作业的基本要求

1）必须熟悉岩石性质，摸清不同岩层的凿岩规律；

2）掌握钻孔操作要领：孔口要完整，孔壁要光滑，保证排渣顺利；

3）钻孔基本操作方法：软岩慢打，硬岩快打。

4. 清孔和验收

炮孔钻好以后，用压缩空气清除孔底的岩粉和岩屑，测量炮孔深度及角度，验收合格后，做好炮孔防护工作，防止地表水及杂物流入孔内。

5.2.7 炸药和雷管的选择和检查

炸药宜用条状装药；当炮孔有水时，应采用抗水性良好的炸药，其爆力等参数合格；雷管宜选用非电毫秒导爆管雷管。

在实施爆破装药前，应对所有使用的爆破器材进行外观检查。雷管管体不应压扁、破损、锈蚀，加强帽不应歪斜；导爆管管内无断药，无异物或堵塞，无折伤、油污、穿孔，端头封口；乳化炸药不应稀化或变硬。

5.2.8 装药

1. 装药结构（图5.2.8）

1）采用全孔不均匀径向不耦合装药结构，炮孔下部径向不耦合系数取m=1.0~1.3，炮孔上部径向不耦合系数取m=1.5~2.0。

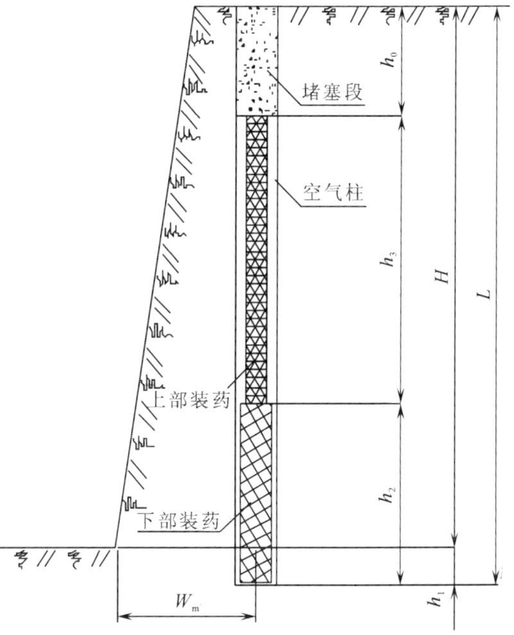

图5.2.8 炮孔装药结构示意图

2）对于钻孔直径为ϕ140mm时，上部装药段长度为

h_3，采用φ70mm、φ80mm、φ90mm和φ100mm炸药药卷，药卷直径从上向下逐渐增大；下部装药段长度为h_2，采用φ110mm炸药药卷；顶部填塞段长度为h_0，采用岩粉或炮泥逐层捣实，参见图5.2.8。当台阶高度H=15m，垂直钻孔，超深取h_1 =1m，炮孔长度L=16m时，取h_2=4m、h_3= 8m、h_0=4m。

2. 装药方法

采用人工装药，装药前每孔顶面预先按设计数量放置各种不同规格炸药，装药人员必须按装药结构及数量装药，装药必须到位。

5.2.9 连接起爆网路

宜采用毫秒导爆管雷管连接成簇并联起爆网路。同排炮孔雷管宜采用同段别雷管，后排雷管比前一排雷管延迟100~150m/s起爆。详见图5.2.9。

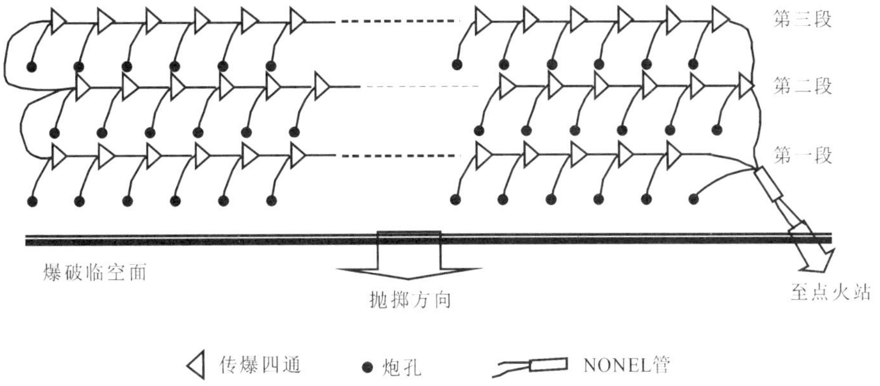

图5.2.9 起爆网路示意图

5.2.10 验收网路

1. 网路连接所用的爆破器材必须与设计一致，确保雷管的起爆时间与设计相符。

2. 网路节点传爆雷管应呈"一"字形绑扎，雷管聚能穴方向与导爆管的传爆方向相反，导爆管均匀分布在起爆雷管上，用胶布紧密包扎，并用沙包压盖。

3. 起爆导爆管的雷管与导爆管捆扎端头的距离不小于15cm。

4. 爆破网路的防护必须按设计进行，防护过程中必须确保网路安全。

5.2.11 清场、警戒和起爆

1. 深孔台阶爆破最小安全距离不得小于200m；沿山坡爆破时，下坡方向飞石安全允许距离应增大50%。

2. 根据警戒信号，对爆区进行清场，确认安全后，起爆站按指挥部指令准时起爆。

5.2.12 爆后检查和清除斜坡上的危石

起爆后15min，在烟尘消散后，由爆破技术人员对爆破工作面及警戒区内进行安全检查，其检查内容包括：

1. 确认有无盲炮；

2. 爆堆是否稳定，有无危坡、危石；

3. 警戒区内的设备、建筑物有无受损。

经确认爆区安全后报告爆破现场指挥人员，解除警戒。怀疑有盲炮时，参照5.2.13执行。

5.2.13 盲炮检查与排除

1. 盲炮的检查

深孔台阶爆破后，正常情况下的爆堆前抛明显；堆积块度均匀，爆堆高度明显低于台阶面；爆堆与未爆岩体之间的沟缝明显。

爆后检查若发现以下情况：

1）组炮孔或个别炮孔未响，爆堆不完整，没爆炮孔承担的爆破岩体完整；

2）个别炮孔爆破后，岩体出现少量裂缝，大部分未动；

3）爆破的局部区域岩体完整，局部区域的顶面明显高于爆堆面，四周可见清晰的沟缝。

出现以上三种情况，可以按盲炮进行检查处理。

2. 盲炮排除处理方法

1）处理前爆区周围100m（具体距离由爆破工程师确定）以外设立危险标志，进行警戒，无关人员不应接近。

2）派有经验的爆破员进行处理，爆破工程师参与。

3）处理方法如下：

——若爆破网路未受破坏，且最小抵抗线无变化的，可重新连线起爆；最小抵抗线变化者，应验算安全距离，并加大警戒范围后，再连线起爆。

——可在距盲炮孔口不少于10倍炮孔直径处另打平行孔装药起爆。爆破参数由爆破工程技术人员确定并经爆破领导人批准。

——所用炸药若为非抗水硝铵类炸药，且孔壁完好时，可取出部分填塞物向孔内灌水使之失效，然后做进一步处理。

——机械挖运清渣时，如发现盲炮或未爆的炸药和雷管，应立即停止机械作业，同时报告现场管理人员，安排有经验的爆破员或由爆破技术人员处理或回收。可用手持式爆炸品探测仪辅助排查未爆的炸药和雷管。

5.2.14 清运石料、清底

对爆破的爆堆，用挖掘机开挖，分选后或直接装车运走。由爆破技术人员对爆后的台阶面根底进行盲炮排查和处理。

6. 材料与设备

6.1 爆破作业所需的炸药、雷管、起爆器、塑料导爆管、导爆管四通接头等爆破器材的质量必须符合爆破器材标准《乳化炸药》GB 18095-2000、《导爆管雷管》GB 19417-2003等规定。

6.2 柴油、机油、钻头、钻杆、耐压风管等备足。

6.3 施工机具及其台数应根据工程特点、工程规模、工期要求及场地的具体条件综合考虑，合理安排。

6.4 多种规格石料开采爆破时，主要机具配备及爆破器材见表6.4-1。

例如：三亚铁炉港采石场进行多种规格石料开采爆破时，平均日产3万m^3级配石料，主要机具配备见表6.4-2。

主要机具设备及爆破器材一览表 **表6.4-1**

序号	名 称	型号	用 途
1	潜孔钻机	钻头 ϕ140mm	钻孔作业
2	液压挖掘机	斗容 1.0～1.6m^3	分选、采装
3	自卸汽车	载重量 15~30t	运输
4	推土机	功率 200 马力	道路平整清方
5	装载机		道路和场地维护
6	洒水车		道路维护
7	毫秒导爆管雷管	8 号工业雷管	引爆炸药
8	乳化炸药		用于爆破炸开岩石
9	起爆器		用于爆破作业的点火
10	塑料导爆管		用于连接起爆网路
11	导爆管四通接头		用于连接起爆网路

三亚铁炉港采石场主要机具设备及爆破器材一览表　　表6.4-2

序号	名　称	型号	数量	用　途
1	潜孔钻机	英格索兰 ϕ140	8台	钻孔作业
2	液压挖掘机	日本产 1.0～1.6m^3	40台	分选、采装
3	自卸汽车	载重量 15~30t	130辆	运输
4	推土机	日本产 200马力	2台	道路平整清方
5	装载机	Z40	1台	道路和场地维护
6	洒水车		2辆	道路维护
7	毫秒导爆管雷管	8号工业雷管		引爆炸药
8	乳化炸药	ϕ70，ϕ80，ϕ90，ϕ100，ϕ110		用于爆破炸开岩石
9	起爆器	DB-500F		用于引爆雷管
10	塑料导爆管	传爆速度 1950±50m/s		用于连接起爆网路
11	导爆管四通接头	普通塑料制品		起爆网路连接件

7. 质量控制

7.1 钻孔的孔口位置偏差不超过10cm，孔深达到设计要求。

7.2 爆破后边坡面欠挖应不超过15cm。

7.3 爆破产生的爆堆块石级配符合生产需求，大块率应不超过5%，粉矿含量小于10%。

8. 安全措施

8.1 石料开采爆破施工企业应取得“爆破施工企业资质证书”，或在其施工资质证书中标有爆破施工内容，并持有当地公安机关批准同意爆破作业的批文。爆破施工企业应设有爆破工作领导人、爆破工程技术人员、安全员、爆破员；应持有由县级以上（含县级，下同）公安机关颁发的“爆炸物品使用许可证”；设立爆破器材库的，应配备保管员。

8.2 爆破作业人员应参加专业技术培训经设区的市级人民政府公安机关考核合格，取得《爆破作业人员许可证》后，方可从事爆破作业。爆破员、保管员、安全员、押运员必须持证上岗。

8.3 爆破作业及爆破器材（雷管、炸药等）的购买、运输、储存、使用和回收处理等都应遵守《民用爆炸物品安全管理条例》及《爆破安全规程》GB 6722-2003相关规定。

8.4 针对石料开采爆破作业的特殊地质条件和环境条件，依照《爆破安全规程》GB 6722-2003及有关规定，在多种规格石料开采爆破设计中应附施工安全专项方案，一起报当地公安机关审批、备案。

8.5 起爆器、网路线、雷管、炸药等爆破器材及作业所需专用机具的技术要求如下：

8.5.1 石料开采爆破一般使用起爆器起爆，要求起爆电源功率能保证全部雷管准爆。

8.5.2 爆破使用的乳化炸药应符合国家标准《乳化炸药》GB 18095-2000。

8.5.3 爆破使用的塑料导爆管雷管应符合国家标准《导爆管雷管》GB 19417-2003。

8.5.4 导爆管的传爆速度为1950±50m/s。

8.6 在实施爆破装药前，应对所有使用的爆破器材进行外观检查。雷管管体不应压扁、破损、锈蚀，加强帽不应歪斜；导爆管管内无断药，无异物或堵塞，无折伤、油污、穿孔，端头封口；乳化炸药不应稀化或变硬。

8.7 热带风暴或台风即将来临时，雷电、暴雨雪来临时，应停止爆破作业，人员应立即撤到安全地点。

8.8 必须保证堵塞质量，爆破前将孔口加以防护，防止飞石危害。

8.9 应做好起爆网路的保护工作，防止损坏起爆网路，确保准爆。

8.10 在爆破烟尘消散后，应由爆破技术人员进行安全检查，回收处理残余爆破器材。怀疑有盲炮时，参照8.11执行。

8.11 应做好盲炮检查和排除。

检查和排除盲炮，按5.2.12盲炮检查与排除进行操作。

8.12 每次爆破后，采用挖掘机清理边坡上的危石和浮石，消除不安全因素，确保后续施工过程的安全。

9. 环保措施

9.1 使用低噪声的潜孔钻机，降低噪声。

9.2 使用有集粉尘装置的钻机，减少粉尘污染。

9.3 钻机和空压机要维修保养好，运转中防止漏油而污染环境。

9.4 施工过程中即时优化爆破参数，降低粉矿率，提高资源利用率。

9.5 保养好运输道路，保持路面平、直，旱季常洒水，确保运输顺畅，减少扬尘。

10. 效益分析

该项成果于2004年5月至2008年10月在铁炉港采石场推广应用，为1112工程提供各种规格普通块石550万m^3、合格低磁块石58万m^3，有力地保障了国防工程的建设。采用此项成果，开采成本节约了2.50元/m^3，节约施工成本约1520万元。

2006年2月5日至2007年6月在河南舞钢经山寺采矿项目应用“采石场岩体块度分区、块度预测和控制技术研究”成果，在矿石品位低、埋藏分布很不规则的条件下，完成矿石开采2798万t，每吨节约开采成本1.66元，节约成本约4645万元；工期比业主要求提前了60d，创造了显著的经济效益和社会效益。

2008年12月至2009年7月中国北方某重点国防工程中，应用“采石场岩体块度分区、块度预测和控制技术研究”成果，在地质条件相当复杂的条件下，按照业主提出的近乎苛刻的规格石级配要求，创造了日最大生产规格石料20万m^3，完成规格石开采总量约1978万m^3，开采成本约2.50元/m^3，节约施工成本约4945万元，工期比业主要求提前了45d，为国家军事工程建设作出了重大贡献。

我国露天开采前景广阔：

10.1 露天铁矿方面

据统计，我国铁矿石总储量为576亿t，其中露天矿产量占72.3%左右。

2006年的数据显示，我国铁矿石产量为5.88亿t，按露采占72.3%，矿石比重3.3和剥采1：5估算，2006年国内露天铁矿石总剥离量约为3.84亿m^3，市场容量约为142亿元。

2008年，我国产铁矿石原矿量8.24亿t。按露采占72.3%，矿石比重3.3和剥采1：5估算，2008年国内露天铁矿石总剥离量约为5.38亿m^3，市场容量约为198亿元。

10.2 露天煤矿方面

我国煤炭探明总储量约为1万亿t，其中露天煤矿约占7%左右。

2006年我国煤矿的总产量为23.8亿t，其中露天开采所占比重约为5%～6%，估算为1.2亿t，按1.5的比重及剥采比1：5计算，露天煤矿石剥离量约为4亿m^3，市场容量约为60亿元，其中内蒙古、山西两地占较大比重。

我国露天采煤的快速发展期正在到来。这个露天开采的快速发展期的标志是：在适合露天开采的煤田储量激增的前提下，采用现代先进开采技术与工艺，实现高度集中化开采，充分利用工程承包制，快速建设露天矿。2006年我国露天煤矿总产量已达到1亿t的生产规模，2010年将突破年产2亿t原煤的总生产规模，全国露天煤矿远景总生产能力将达5~7亿t，约2.5~3.5亿m^3。市场容量将达到75~105亿元。发展前景看好。

10.3　2009年后，露天采矿有270~300亿元的市场

如果这些露天煤矿采用"采石场岩体块度分区、块度预测和控制技术研究"成果，可以达到高效生产，降低能耗，减小污染，降低成本，有效地利用资源的目的。全国露天矿年产量约8亿m^3，采用该技术成果之后，节约生产成本按1.5元/m^3计，一年可以产生直接经济效益约12亿元。

除露天矿外，各种大型建设工程的土石方工程采用本技术成果的直接经济效益是非常巨大的，由此产生的间接经济效益也是相当可观的。

采石场岩体块度分区、预测与控制爆破工法，解决了多种规格块石生产的难题，减少二次破碎工作量，有效地降低粉矿含量，节约了资源，降低了综合成本，推动我国工程爆破技术创新发展。本工法创造了显著的经济效益和社会效益，具有广泛的推广应用价值。

11. 应 用 实 例

11.1　三亚铁炉港采石场二期工程，工程的主要任务是进行多种级配块石的深孔台阶爆破开采。该采石场开采的是花岗岩块石，地质条件复杂，节理、裂隙、风化沟、破碎带十分发育、裂隙水丰富；工程场地狭小，东西长仅400m，高差180m，工程施工难度很大。2003年6月22日至2004年11月28日广东宏大爆破股份有限公司应用采石场岩体块度分区、预测与控制爆破工法，完成了550万m^3合格级配块石的爆破开采工程，工程质量符合合同及规范要求，整个施工过程安全环保。由于采用该工法，开采成本比传统工艺方法节约了2.50元/m^3，共节约成本1375万元，该项工程比合同工期提前20d完成，有力地保障了国家重点工程建设。

11.2　河南舞阳市经山寺露天开采工程第一期工程，是一个负挖爆破开采工程，地质条件十分复杂，矿石品位低、埋藏分布很不规则，要求开采出来的矿石级配非常严格，爆破开采难度很大。2006年2月5日至2007年6月30日广东宏大爆破股份有限公司应用采石场岩体块度分区、预测与控制爆破工法，完成了2798万t合格矿石开采工程，工程质量符合合同及规范要求，整个施工过程安全环保。由于采用该工法，开采成本比传统工艺方法节约了1.66元/t，共节约成本4645万元，实际工期比合同工期提前了60d，创造了显著的经济效益和社会效益。

11.3　北方大红山特大型采石一标工程项目，山形比较平缓，高差约60m，场地规模大，地质条件相当复杂，施工难度非常大。2008年12月5日至2009年7月19日广东宏大爆破股份有限公司应用采石场岩体块度分区、预测与控制爆破工法，完成了1032万m^3合格级配规格石料开采工程，工程质量符合合同及规范要求，整个施工过程安全环保。由于采用该工法，施工效率和级配块石产出率都有了显著提高，创造了日最大生产合格级配石料9万m^3，开采成本比传统工艺方法节约2.50元/m^3，共节约2580万元，实际工期比合同工期提前了48d，创造了显著的经济效益和社会效益，有力地保障了国家重点工程建设。

11.4　北方大红山特大型采石二标工程项目，山形比较平缓，高差约55 m，场地规模大，地质条件相当复杂，工程要求的爆破级配近乎苛刻，爆破开采难度非常大。2008年12月28日至2009年7月18日广东宏大爆破股份有限公司应用采石场岩体块度分区、预测与控制爆破工法，完成了946万m^3合格级配规格石料开采工程，工程质量符合合同及规范要求，整个施工过程安全环保。由于采用该工法，施工效率和级配块石产出率都有了显著提高，创造了日最大生产合格级配石料11万m^3，开采成本比传统工艺方法节约2.50元/m^3，共节约2365万元，实际工期比合同工期提前了45d，创造了显著的经济效益和社会效益，有力地保障了国家重点工程建设。

大直径预应力钢筋混凝土筒仓刚性平台滑模施工工法

GJEJGF312—2010

中煤建筑安装工程公司　山西焦煤西山金信建筑有限公司
苗志同　马德迎　倪时华　刘光强　付汉江

1. 前　言

大直径预应力钢筋混凝土筒仓作为煤炭、矿山、粮食仓储等行业重要的储存设施，随着我国社会经济的发展，各类筒仓直径越来越大，传统施工技术难以满足施工需要。为此，中煤建筑安装工程公司成立了课题组，开展大直径钢筋混凝土筒仓刚性平台滑模施工技术研究，经过论证、基础研究、施工方案设计，并经过30多个直径ϕ25m以上筒仓施工验证，不断完善，总结出《大直径预应力钢筋混凝土筒仓刚性平台滑模施工工法》。

该工法关键技术为：在刚性平台中部设置内支架作为重要支撑体系，确保了平台的稳定和施工安全，实现了仓上锥壳及仓内漏斗同时施工，同时采用大吨位千斤顶无粘结预应力张拉施工工艺，确保了施工质量。该技术经煤炭信息研究院查新表明，国内未见与本技术相同的文献报道。该技术2010年10月通过中国煤炭建设协会组织的技术鉴定，技术水平达到国内同行业领先水平。2009年9月用于型钢摵弯的“电动摵弯机”获得实用新型专利（证书号：ZL 2008 2 0106586.X）。

该工法先后在大同煤业集团有限公司同忻选煤厂、内蒙古蒙泰煤业不连沟选煤厂及李家豪煤矿等工程中得到成功应用，取得了良好的经济效益和社会效益。

2. 工法特点

2.1　采用刚性辐射平台进行大直径筒仓滑模施工，确保工程施工质量。

2.2　刚性平台中部设置内支架进行支撑，确保滑模平台稳定，提高了平台的承载力。

2.3　采用刚性滑模操作平台，滑模施工完毕后，将滑模平台支撑在钢牛腿上，平台全部封闭后作为仓顶结构施工的支撑平台，仓顶结构和仓内漏斗实现同时施工，可大大减少周转材料的投入，并显著缩短施工工期。

2.4　采用后张法无粘结预应力施工技术，减小了仓壁混凝土厚度，节约了钢材。

3. 适用范围

适用于ϕ25～40m仓上结构为钢筋混凝土结构的大直径预应力钢筋混凝土筒仓滑模施工。

4. 工艺原理

运用滑模施工原理，采用自行设计的全封闭刚性辐射平台，平台中部设置内支架支撑，内支架上设置提升千斤顶，实现刚性平台内外同步滑升。滑模时内支架随滑模施工同步搭设。滑模完成后对刚性平台稍作改造，改造后的刚性平台作为仓上结构的施工支撑平台。此时仓上结构和仓内漏斗结构可同时施工，交叉作业，从而大大缩短施工工期，并节约大量周转材料的投入。

5. 施工工艺流程及操作要点

5.1 工艺流程

工艺流程图见5.1。

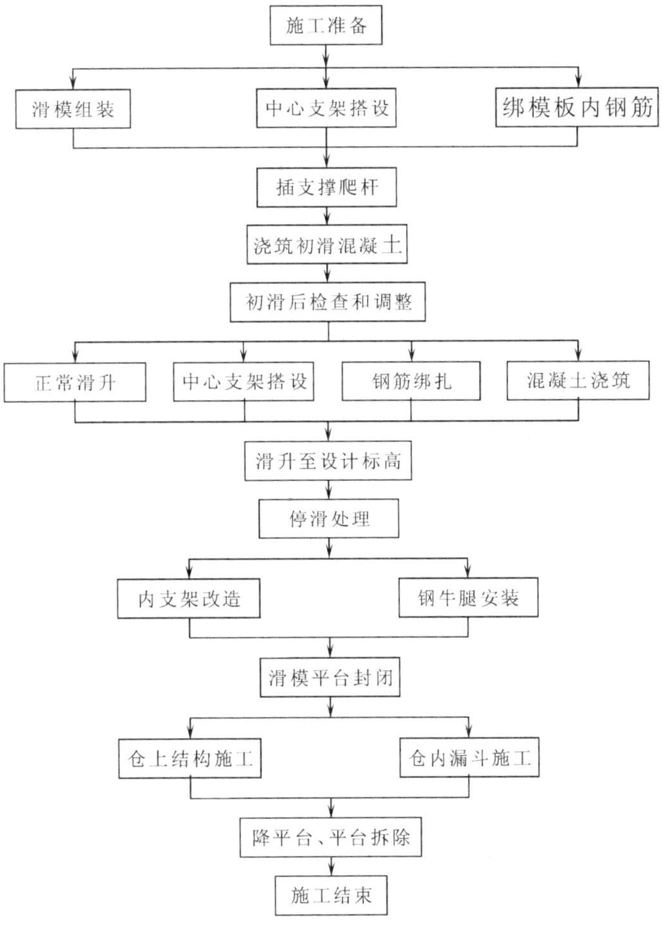

图5.1 工艺流程图

5.2 操作要点

5.2.1 施工准备

大直径筒仓滑模施工连续性强，工序集中，对材料的需求量集中而且数量大，施工准备工作应充分、详尽，确保滑模施工正常连续的进行。

1. 物资准备

滑模施工前要储备足够的滑模施工物资。水泥、砂石必须保证储备工程用量的一半以上方可以开工；加工好的钢材等保证现场有滑模施工3d所需的富余量；施工中用到的其他材料如焊条、绑丝、钢丝筛网、钢板、预应力端头承压板、螺旋筋等，在施工前根据用量计划一次性采购到位。预应力钢绞线提前下料，钢绞线下料长度应计算确定。综合考虑其曲率、张拉伸长值及混凝土压缩变形等因素，并根据不同的张拉方法和锚固形式，适当增加预留长度50～100mm。

2. 技术准备

施工前组织各专业技术人员进行图纸会审，核对建筑、结构、安装等各专业图纸是否相符。根据各专业要求绘制滑模施工图，图中标明结构钢筋配筋、预应力钢筋、预留洞口、预埋件、预留梁窝、钢牛腿位置等的做法、标高及位置，方便施工控制。

施工前进行安全技术交底。滑模施工属于连续性作业，班组多，工种多，需要相互协同作业。混凝土供应、浇筑，钢筋制作、绑扎，预应力钢筋制作、安放，混凝土外观处理、养护，预留洞口、预埋件留设等都需要协调一致。交底根据图纸及有关规定进行，按照不同的班组、不同工种及不同岗位分别进行，使参加施工人员明确自己的责任和协作配合方式。

混凝土配合比应根据混凝土强度等级、混凝土出模强度、滑模提升速度及外界大气温度等进行配比设计。混凝土外加剂根据气候条件和滑模特点合理选用，通过试验确定最佳配合比掺量，确保混凝土早期强度增长满足模板滑升速度的要求。

水平及垂直偏差控制。施工前制定测量观测方案，并安排专职人员进行观测，每班观测不少于4次，发现偏扭及时采取应对措施进行控制。控制点应在滑模组装时事先留设（观测点留置如图5.2.1），在滑模时进行观测。施工中采用全站仪进行垂直和扭转观测，发现问题及时采取措施。

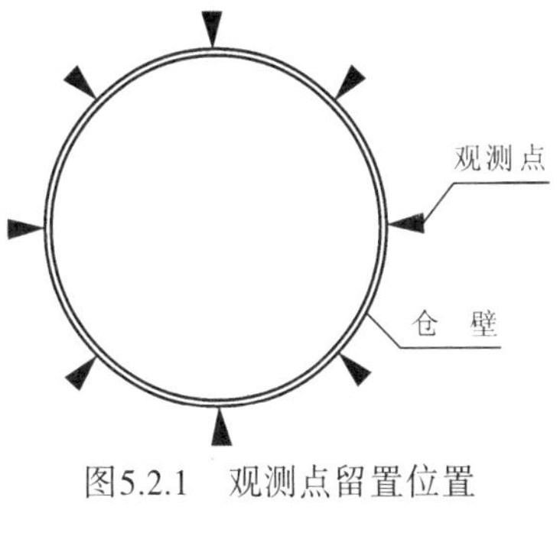

图5.2.1 观测点留置位置

5.2.2 滑模设计制作

筒仓仓壁及扶壁柱均采用液压滑升模板施工，滑模平台装置为单层刚性平台，主要由操作平台系统、模板系统、液压提升系统、配电系统及中心筒脚手架等系统构成。

1．操作平台系统设计

操作平台系统包括操作平台、吊架平台。操作平台为辐射钢桁架上铺设木方和跳板，外挑平台宽度为1300mm，吊架平台宽650mm，挑平台、吊架平台四周设防护栏杆和安全网，钢桁架安装时应抄平，水平误差不大于10mm。

操作平台设计如图5.2.2。

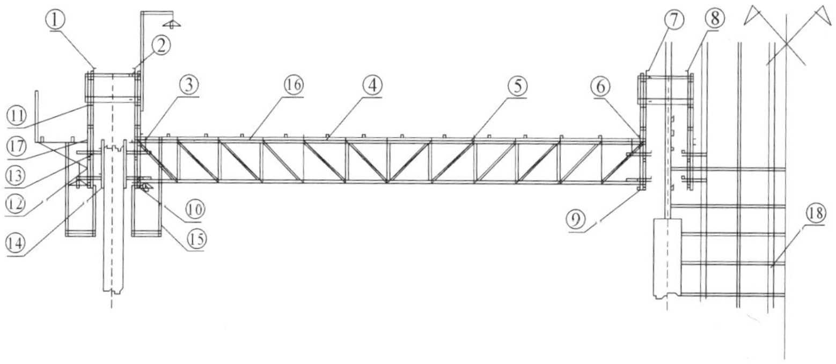

图5.2.2　滑模操作平台系统图

1—外联系围圈1；2—内联系围圈1；3—上环梁1；4—上环梁2；5—上环梁3；6—上环梁4；7—外联系围圈2；8—内联系围圈2；9—下环梁1；10—下环梁2；11—开字架；12—三角架；13—模板围圈；14—模板；15—吊架；16—桁架；17—内环梁；18—支架钢管

2．模板系统设计

模板系统包括提升架、模板、围圈、三角架、吊架，模板采用3012钢模板，模板围圈采用槽钢制作，模板单面锥度3‰，联系围圈采用槽钢制作。提升架、三角架、吊架采用型钢制作的滑模专用机具。

3．液压提升系统设计

液压提升系统由千斤顶、支承爬杆、液压操作台、高压胶油管、分油器及针型阀组成。液压控制台采用YKT-80，千斤顶采用GYD-60滚珠式千斤顶，支承爬杆采用$\phi 48\times3.5$钢管。液压千斤顶、支撑爬杆数量由计算确定。

4．配电系统设计

配电系统由照明系统和动力配电系统组成，总电源电缆采用多芯橡胶电缆，设一个二级配电柜和若干三级配电箱，采用三相五线制接线方法，确保用电安全。操作平台及内外吊架平台设置照明灯具，确保夜间施工时照明充足。

5．内筒支架系统设计

中心支架布置在内筒中，用来固定内筒的爬杆及在锥壳施工时作为刚性平台的内支点。内筒脚手架采用$\phi 48\times3.5$钢管，立杆布置原则为纵横两个方向，分别将两侧的爬杆连接。随着滑模平台的升高，加高内支架脚手架，每升高10m，用钢丝绳（风绳）在8个方向将内支架脚手架与外筒壁拉紧，使内支架脚手架不至于变形。刚性辐射平台辐射梁采用定型钢桁架，调整内筒支架直径，可适应不同直径的筒仓。

5.2.3　滑模机具安装及调试

大直径筒仓滑模安装必须按照一定的程序进行。安装时先用螺栓将相互关联的构件在安装位置组合，组合完毕后再对称地紧固螺栓。具体步骤体如下：

1. 核对筒仓中点坐标位置，保证筒仓中心位置点准确无误。标出安装位置和控制标志以及各轴线处提升架的位置。

2. 平台水平控制。根据施工结构情况确定合理的滑模安装标高基准，最大限度的减少安装找平工作量和安装难度。

3．根据中心点坐标和安装水平基准标高，搭设仓内支架。注意支架的位置和钢爬杆的位置。

4．安装筒仓中心线上的提升架、辐射桁架，与内支架支撑杆联系在一起，并重新校核内支架支撑杆的位置，如有偏差及时调整。

5．将其余部位的提升架、辐射桁架梁及围圈等构件按照顺序安装，按照既定的标高基准进行调平。

6．安装内外围圈、模板、铺设平台铺板。围圈采用槽钢制作，制作时采用专门的电动揻弯机进行加工制作，确保揻弯弧度的准确。

7．配电系统安装及照明系统安装。

8．安装千斤顶及液压系统。千斤顶打压后插入千斤顶支撑杆，支撑杆安装时接头必须按照规范要求错开。

9．检查紧固各部位链接螺栓，调整平台的水平度并按照设计要求起拱，检查模板的垂直度，确保模板锥度符合要求。

10．清理模板内和平台上的杂物，在平台上铺设铁皮，封堵模板和平台间的缝隙。

11．安装吊平台和悬挂安全网。

12．综合调试及检查验收。

5.2.4 滑模平台布置

滑模操作平台的平面布置合理与否，是滑模施工过程出现扭转、倾斜的关键，要做到荷载均匀分布。平台上材料一次堆放量不宜过大，尽量做到随用随放。施工人员尽量散开，避免荷载过分集中。荷载较大的混凝土上料平台处布设双千斤顶。

5.2.5 筒壁滑升

筒壁滑升一般从基础顶面开始，也可根据结构施工需要设置不同的初滑位置，滑模至仓顶环梁下标高停止，全部过程分为初滑、正常滑升、中间停滑、终滑几个步骤。

1．初滑。首先在滑模模板内洒水湿润，铺设混凝土同等强度等级的砂浆30～50mm，然后分层浇筑混凝土，每层浇筑厚度200mm，根据混凝土凝固时间在浇筑完后提升2～3个千斤顶行程，观察混凝土出模强度，如果混凝土出模强度适宜则转入正常滑升，如果出模强度太高或太低，可适当调整滑升速度，混凝土出模强度控制在0.2～0.4 MPa左右较为合适。

2．正常滑升。初滑正常后转入正常滑升，滑升在混凝土浇筑及振捣完成后进行。每次提升控制在200mm以内，提升时可以进行钢筋焊接、绑扎及预留洞口模板的支设。提升完毕继续进行钢筋、预应力钢筋、混凝土施工，混凝土振捣完成后进行再次提升，如此往复，直到停滑或终滑。

3．中间停滑。根据结构设计或工艺要求，存在改模或安装工艺构件等工序，在滑升过程中需要做停滑处理。当模板上口滑升至距停滑标高1m左右时开始放慢滑升速度，进行准确抄平找正工作。在滑升至距离标高200mm以前做好抄平工作，以便最后混凝土能均匀地交圈，保证停滑标高准确。停滑后进行改模或工艺构件的安装，完成后继续进行正常滑升。

4．终滑。在滑升接近终滑标高时，对滑模系统进行抄平，并将滑模系统调平，终滑工艺与中间停滑工艺相同。最后一层混凝土浇筑完成后每隔0.5～1.0h活动一次，防止没有凝固的混凝土粘模，待后浇的混凝土凝固后停止活动。

5．垂直度测量和偏扭防治。滑模施工每滑升1.0m左右进行一次垂直度观测，每滑升500mm左右进行一次偏扭观测。滑升垂直度观测由专职测量人员进行观测，观测数据要及时对值班技术人员交底。当任意3m高度上的相对扭转大于30mm时，由技术人员确定纠正方案液压提升人员组织实施。

5.2.6 纠偏纠扭措施

滑模施工中发生偏斜，可采用爬杆导向法、外力纠扭法和调整混凝土浇筑顺序等方法进行调整。

1．爬杆导向法是在滑升筒壁沿周圈等距布置4～8对双千斤顶，作为产生导向转角的预防性措施，需要纠扭时，关闭双千斤顶中一侧的油路，使千斤顶产生导向转角，进行纠扭操作。

2．外力调整法是利用导链来纠正扭转。当产生扭转时，在筒壁上等距布置2～ 4 个导链，使千斤顶与支承杆同时产生导向转角，随着模板的滑升，达到纠扭的目的。

3. 改变浇筑顺序法，即改变混凝土灌注顺序，即先集中灌注与偏差相反方向一侧的混凝土，依靠混凝土的侧压力和摩阻力迫使模板与平台位移，逐步回到正常位置，使扭转消除。

倘若发生扭转，应认真分析原因，采用相应措施，将偏差控制在允许范围内。

5.2.7 钢牛腿安装

根据施工组织工艺的需要，在仓壁滑模时需在一定标高安装钢牛腿，作为终滑后刚性平台的支撑。当仓壁滑模到一定标高后首先要安放预埋套管，牛腿预埋套管滑出模板后进行钢牛腿的安装，牛腿安装需要时间较长，需减慢滑升速度，必要时需做停滑处理。牛腿安装完成后必须要有专职人员进行检查。

5.2.8 内支架搭设

内支架是滑模平台的重要组成部分，搭设内支架时必须由专业人员进行搭设，并有专职人员进行时时检查验收，内支架搭设前必须进行安全技术交底。搭设采用$\phi 48\times3.5$钢管，支架随滑模平台的提升同步搭设，搭设时首先确定开支架和支撑爬杆的位置，然后用钢管将所有爬杆连成一体，之后按照设计步距进行搭设，使整个内支架形成整体。作为刚性平台的内部支撑，平台每滑升600mm使用短管对爬杆进行一次加固，确保爬杆稳定。

5.2.9 滑模拆除及刚性平台改造

滑模施工完成后，拆除滑模机具仅留刚性施工平台，将内筒支架上部进行改造，使钢平台中间稳固的坐落在内支架支撑上，将操作平台外圈固定在仓壁上安装的钢牛腿上，与中间支架一起形成仓上混凝土结构施工的平台。施工平台必须进行全封闭改造，并满铺一层铁皮，防止在仓上结构施工时有杂物掉落到平台下方。全封闭改造完成后即可进行仓上结构施工。

5.2.10 仓上结构施工

仓上结构施工利用改造后的刚性平台作为支撑。此时仓上结构和仓内结构可同时施工互不影响，此工艺与常规施工方法相比可显著缩短工期，降低施工成本。仓上锥壳混凝土施工采取分段环形浇筑方案，锥壳整体结构分段浇筑完毕，每段浇筑完间隔一定时间进行下段结构浇筑。仓上结构施工完成，混凝土达到设计强度以后即可进行模板和平台的拆除。仓上结构施工如图5.2.10所示。

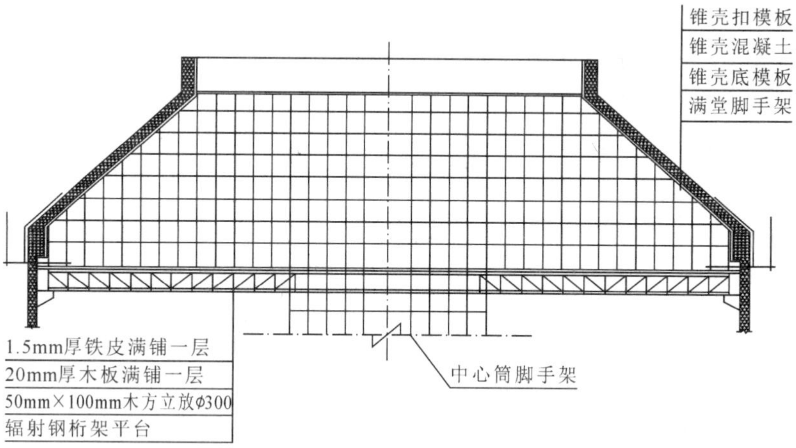

图5.2.10 仓上结构施工示意图

5.2.11 预应力钢筋铺设及张拉

无粘结预应力钢筋的位置应按设计要求进行绑扎固定，预应力钢筋的位置和高度可以用特定的骨架筋进行控制。预应力钢筋铺设时应保持平顺，偏差符合设计及规范要求。安放完毕浇筑、振捣混凝土时，严禁碰撞无粘结预应力钢筋。

在混凝土强度达到设计强度后，进行预应力钢筋的张拉。张拉自下而上逐次、对称进行，使筒壁结构对称受力。张拉应力按照计算确定，必须符合《无粘结预应力混凝土结构技术规程》JGJ 92-2004的要求。张拉完成后封堵锚固端。

5.2.12 人员配备

大直径筒仓滑模施工，关键工序筒仓仓壁滑模施工按24h两班人员配备，以ϕ34m单仓为例，滑模人员配备如表5.2.12所示。

滑模人员配备表 **表5.2.12**

序号	工　种	人数	备　注
1	管理人员	4	协调管理
2	技术人员	4	技术质量管理
3	混凝土搅拌站司机	4	混凝土搅拌
4	混凝土搅拌站配料工	12	搬运水泥、进料
5	装载机司机	2	搅拌站砂石上料
6	混凝土输送泵司机	2	泵送混凝土
7	混凝土运输工	24	滑模平台混凝土运送
8	混凝土入模工	12	滑模平台混凝土入模、清理
9	混凝土振捣工	8	入模后混凝土振捣
10	钢筋加工人员	18	钢筋加工制作
11	钢筋安装人员	40	钢筋安放、绑扎
12	预应力钢筋施工人员	20	预应力钢筋安放、绑扎
13	抹灰工	14	滑模施工仓壁抹灰、养护
14	测量工	4	观测垂直度和偏扭、标高测量
15	木工	16	预留洞口、预埋件施工
16	电焊工	8	安装爬杆、钢筋焊接
17	后勤保障人员	20	后勤保障、预备队

6. 材料与设备

材料与设备配备

主要材料与设备配备（以ϕ34m单仓为例）见表6。

主要材料设备配备表 **表6**

序号	机具名称	型号	功率（kW）	单位	数量	使用部位
1	装 载 机	ZL50		台	1	全过程
2	塔　吊	T5013	53.5	台	1	全过程
3	混凝土输送泵	HBT-80/60	110	台	1	基础、主体
4	搅拌机	750L	24.8	台	2	全过程
5	电脑配料机	PLD1200		套	2	全过程
6	切 断 机	QJ40-1	5.5	台	2	基础、主体
7	弯 曲 机	WJ40-1	5.5	台	2	基础、主体
8	调 直 机	GT6/14	11	台	2	基础、主体
9	闪光对焊机	UN1-100	100kVA	台	1	基础、主体
10	交流电焊机	BX2-500	40kVA	台	6	全过程
11	振 捣 棒		1.5	根	15	基础、主体
12	水准仪			台	1	全过程
13	经纬仪			台	1	全过程
14	液压千斤顶	6t		台	120	滑模施工

续表

序号	机具名称	型号	功率（kw）	单位	数量	使用部位
15	液压千斤顶	100t		台	4	预应力张拉
16	液压控制台		15	台	2	滑模施工
17	安全网			m^2	2000	
18	支承爬杆	$\phi 48 \times 3.5$		t	20	
19	慢速绞车	5t		台	2	
20	吊篮			台	4	预应力张拉
21	链条葫芦	5t		台	5	
22	木跳板			m^2	1000	平台铺设
23	木方	50 × 100		m^2	100	平台铺设
24	薄铁皮			m^2	1000	平台封闭

7. 质量控制

7.1 建立与施工工序相对应的质量检验系统，严格执行现行的国家、行业有关标准，保证工序质量符合规范要求。

7.2 按照《质量管理体系要求》GB/T 9001-2008，《环境管理体系　要求及使用指南》GB/T 14001-2004，《职业健康安全管理体系规范》GB/T 28001-2001三个管理体系进行管理控制，及时处理各种质量、安全和环境等问题，每班配备质检员、安全员和环境观测员各一名，发现问题及时处理。

7.3 关键工序执行自检、互检、交接检制度。

7.4 质量控制标准

7.4.1 滑模部件制作允许偏差

滑模部件制作允许偏差见表7.4.1。

滑模部件制作允许偏差　　表7.4.1

名　称	内　　容	允许偏差（mm）
模　板	表面平整度	± 1
	侧面平直度	± 1
	连接孔位置	± 0.5
围　圈	长度	−5
	弯曲长度≤3m	± 2
	弯曲长度>3m	± 4
	连接孔位置	± 0.5
提升架	高度	± 3
	宽度	± 3
	围圈支托位置	± 2
	连接孔位置	± 0.5
支撑杆	弯曲	小于（1/1000）L
	直径	−0.2 ~ +0.5

7.4.2 滑模装置组装的允许偏差

滑模装置组装的允许偏差见表7.4.2。

滑模装置组装的允许偏差 **表7.4.2**

内　　容		允许偏差（mm）
模板结构轴线与相应结构轴线位置		3
围圈位置偏差	水平	3
	垂直方向	3
提升架垂直偏差	平面内	3
	平面外	2
安放千斤顶的提升架横梁相对标高偏差		5
圆模直径偏差		−2 ~ +3
考虑倾斜度后模板尺寸偏差	上口	−1
	下口	+2
千斤顶位置安装的偏差	提升架平面内	5
	提升架平面外	5

7.4.3　施工时质量控制标准

施工质量控制标准见表7.4.3。

施工质量控制标准 **表7.4.3**

项　　目		允许偏差（mm）
轴线间的相对位移		5
筒体结构半径		半径的0.1%，不得大于10
标　　高	全　高	± 30
垂　直　度		高度的0.1%，不得大于30
墙、柱、梁、壁截面尺寸偏差		+8，−5
表面平整度	抹　灰	8
	不抹灰	5
门窗洞口及预留洞口位置偏差		15
预埋件位置偏差		20

7.4.4　钢绞线的检验及要求

进场检验应按照《预应力混凝土用钢绞线》GB/T 5224−2003的标准检测其力学性能。并检查外包层材料和内灌油脂的质量。铺设时，检查预应力钢筋的下料长度和其摆放位置的准确性和牢固程度。铺设完成后的两端外露长度为+100、−0。

8. 安全措施

8.1　严格执行国家和行业现行的安全标准、规范、规程，开展全员安全教育和岗前安全培训。

8.2　建立健全安全施工制度，按照安全质量标准化的要求，做好安全防护工作，开展安全检查，对存在的安全隐患及时整改。

8.3　临时用电按《施工现场临时用电安全技术规范》JGJ 46−2005要求布置，接线方式采用“三相五线制”。

8.4　加强施工机械管理，严格按照机械操作规程进行操作，防止机械伤害事故的发生，大型结构吊装时要严格按照施工方案进行，防止起重吊装事故的发生。

8.5　内支架施工时，要有专职技术员和安全员不间断巡检。检查支架搭设质量以及爬杆的加固是否及时。检查时采用力矩扳手进行检查，检查数量不少于20%。设专职人员对中心支架的变形进行观测，发现问题及时处理。

8.6 滑模及仓上结构施工阶段，按照方案完善安全防护设施，防止高处坠落、物体打击等事故的发生。仓上混凝土浇筑时严格按照分段施工方案进行，施工时设技术员和专职安全员随时观测平台变形情况，发现问题及时处理。

8.7 滑模施工平台、材料库棚、加工场所、有防火要求的施工部位及办公区、生活区，按要求配置消防器材。

9. 环 保 措 施

9.1 噪声大的施工设备应布置在远离生活区和办公区的位置，并搭设隔声防护棚，降低噪声污染。

9.2 保持施工现场清洁卫生，易产生扬尘的砂石料场、水泥库等应有防尘设施，干燥天气定时对施工道路等洒水，减少扬尘。

9.3 滑模施工平台上的物资应分类存放，并有防止飘落措施。

9.4 施工垃圾应及时清运，应有防遗撒措施，并在业主指定地点消纳。

9.5 施工现场车辆冲洗点、混凝土搅拌站等区域应设沉淀池，集中收集污水，经过滤沉淀后尽量利用。

9.6 施工及机械维修产生的油污、化学废弃物应集中收集处理，避免污染土壤环境。

10. 效 益 分 析

10.1 以ϕ34m单仓为例，采用本工法施工与其他施工方法（倒模法施工、柔性平台滑模）相比，滑模施工完成后仓上结构和仓内漏斗可同时施工，交叉作业，充分利用作业空间，缩短工期40～60d。

10.2 刚性平台的改造利用，大大减少了周转材料的使用。每个仓可减少投入脚手架钢管300t左右，经济效益显著。

10.3 采用预应力钢筋混凝土施工技术，减少了仓壁混凝土厚度、钢筋及混凝土用量，降低了工程造价。

10.4 采用组合构件式刚性滑模平台，滑模施工实现了工具化、定型化，刚性平台可重复使用，降低了工程施工成本。

11. 应 用 实 例

实例一：大同煤矿集团同忻选煤厂原煤仓工程

该工程由3个ϕ34m直径预应力钢筋混凝土筒仓组成，工程于2008年5月1日开工，2008年10月20日主体封顶，节约工期65d，创造经济效益358万元，工程质量受到业主、设计及监理单位的一致好评。

实例二：内蒙古蒙泰煤业不连沟选煤厂原煤仓工程

该工程由3个ϕ34m直径预应力钢筋混凝土筒仓组成，2009年5月1日开工，2009年11月30日主体封顶，节约工期45d，创造经济效益235万元，施工速度快、质量好，安全有保证，施工期间多家单位到现场观摩、学习，为企业赢得了良好的社会信誉。

实例三：李家豪煤矿产品仓工程

该工程由3个ϕ34m直径预应力钢筋混凝土筒仓组成，工程于2009年10月25日开工，2010年4月15日主体封顶，缩短工期35d，创造经济效益340万元。

小坡度斜井机械化配套快速施工工法

GJEJGF313—2010

中煤第五建设有限公司　中平能化建工集团有限公司

孟凡良　曹武昌　李明　何志清　李勇　戴传东

1. 前　言

目前，我国的煤炭资源开发重心西移，山西、内蒙、新疆大煤田正逐步启动，而西部煤炭资源普遍的特点是储量大、埋藏较浅，平硐或小坡度斜井开拓方式越来越多，而单位所承建的小坡度斜井工程也逐渐增多，为了提高小坡度斜井施工单进水平，缩短建井工期，减轻工人劳动强度，我们有责任也有义务对小坡度斜井施工进行快速施工的研究，小坡度斜井机械化配套快速施工工法是公司近年来在斜井井筒施工中总结出来的成功技术，该工法结合了国内外先进施工技术、施工设备和施工工艺，这些技术、设备和工艺经过在施工实践中的广泛应用，证明了具有很强的可操作性和充分的可靠性。公司于2008年初提出了小坡度斜井机械化配套快速施工作业线研究的申请，当年得到的中煤集团的立项审批，项目编号为MTKJ08-012。

2. 工 法 特 点

小坡度斜井机械化作业线与《大断面斜井机械化快速施工工法》施工相比，后者适用于净断面$S \geq 7m^2$以上、坡度在7°～25°之间的各种角度斜井井筒。主要存在的局限性有：1）提升绞车大，提升距离长，单钩运输时间长，提升能力偏低；2）受凿井绞车缠绳量限制，适用于斜长较短的斜井施工。而小坡度斜井施工作业线可避免上述缺陷，小坡度斜井指倾角在7°以下，又直达地面，由于倾斜角度小，其施工方法与大角度斜井筒相比，凿岩、装渣、运输方式有较多的选择余地，迎头工作面凿眼、排渣因坡度小而能够提高效率，施工操作难度较低，施工机械选择空间大，应充分利用倾角小，不便使用轨道运输这一有利因素，进行掘进施工作业线的合理配套选择，以形成打眼速度更快、装渣出渣效率更高、安全更有保障的配套机械化作业线。其具有如下技术特点：

2.1　用凿岩钻车代替手抱凿岩机，提高凿眼速度。

2.2　半圆状全断面一次光面爆破刷大施工技术：光面爆破保持井筒围岩的完整性、稳定性，爆破矸石块度比较均匀，为锚、网、喷临时支护技术的应用奠定了基础。

2.3　井下采用侧卸式装载机代替耙矸机，提高装岩的速度。

2.4　井下采用防爆胶轮车代替绞车和矿车，解决小坡度斜巷施工中矸石运输问题。

2.5　通过后期通风系统改造，解决独头掘进距离长，通风问题难以解决的问题。

2.6　运用科学合理的劳动组织，先进的施工工艺，大大提高了单进水平。

3. 适 用 范 围

3.1　本工法广泛适用于煤炭、黑色金属、有色金属、稀有金属和非金属等各类矿山工程小坡度斜井井筒或隧道等的施工；

3.2　适用于净断面$\geq 7m^2$以上的斜井井筒，最大净断面无限制；

3.3　对斜井长度无限制，斜井越长，断面越大，越能充分发挥机械化快速施工优势；

3.4　适用于在7°以下，又直通地面的斜井井筒；

3.5　适用各种水文地质和复杂地层施工；

3.6　井筒涌水量：当井筒涌水量小于$10m^3/h$时，可按工法正常施工；当井筒涌水量大于$10m^3/h$时，应采取治水措施，否则将影响机械效率的发挥，施工速度和经济效益将受到一定影响。

4. 工 艺 原 理

本工法就是以小坡度机械化作业配套为核心，即井下采用凿岩钻车代替手抱凿岩机，以提高凿眼速度；采用侧卸式装载机代替耙矸机装渣，提高装岩的速度；采用防爆胶轮车代替绞车和箕斗（或矿车），运输至地面，在地面井口附近设临时转载平台，转载卸入斯太尔汽车，运至排矸场地，解决小坡度斜巷施工中矸石运输问题；通过后期通风系统改造，解决独头掘进距离长，通风问题难以解决的问题。炮孔定位和喷浆成形采用两台“激光指向仪”不间断标定；掘进实施光面爆破，并根据不同岩性不断“优化”爆破参数，实现不超挖、不欠挖，确保工程质量。永久支护采用远距离输料喷射混凝土技术，设置两台（PZ-7B型）喷浆机，初期喷浆机设置于井口地面，后期分别将喷浆机移至井下避车硐室内。采用专业工种，固定工序作业，实现掘进支护平行作业，减少辅助及循环时间，实现快速施工。

5. 施工工艺流程及操作要点

5.1 施工工艺流程（以斜沟煤矿副斜井为例）

山西兴县斜沟煤矿副斜井施工中的小坡度斜井机械化作业线，采用CMJ17HT（改）型掘进钻车打眼，自上而下，先上部后下部凿眼，炮眼方向与掘进断面垂直，各炮眼平、直、齐，以满足光面爆破要求。采用LWC160型侧卸装载机装碴，自卸5t防爆胶轮车排矸，地面井口附近设临时转载平台，转载卸入20t斯太尔汽车，运至排矸场地。永久支护，先进行拱部锚网喷支护，采用远距离输料喷射混凝土技术，设置两台PZ-7B型喷浆机，初期喷浆机设置于井口地面，后期分别将喷浆机移至井下避车硐室内。工作面钻车凿完炮眼后，退钻车，进行装药、连线、爆破，然后出渣，同时进行钻车维护、检修。除出碴和装药、连线、爆破过程外，进行其他工序时，进行刷帮，复喷成巷。该工艺先进，设备配套合理，施工能力大，并且具有充分的可靠性。工艺流程参见图5.1。

施工中按照工艺流程依次反复循环施工。

5.2 爆破设计

每班循环出尽工作面矸石，井筒采用全断面光面爆破技术，ϕ42mm中空合金钢钎，ϕ42mm柱齿型钻头，炮眼深度2.4m，激光指向仪指向。按爆破图表进行轮尺布眼，采用分区、定钻凿眼，以避免互相影响，加快打眼速度，提高钻孔质量。施工前，对不同硬度的岩石，进行了不同的爆破参数设计，并在施工中根据爆破效果进行不断调整，以下为实践中的中硬岩石爆破设计。

炮眼布置参见图5.2。

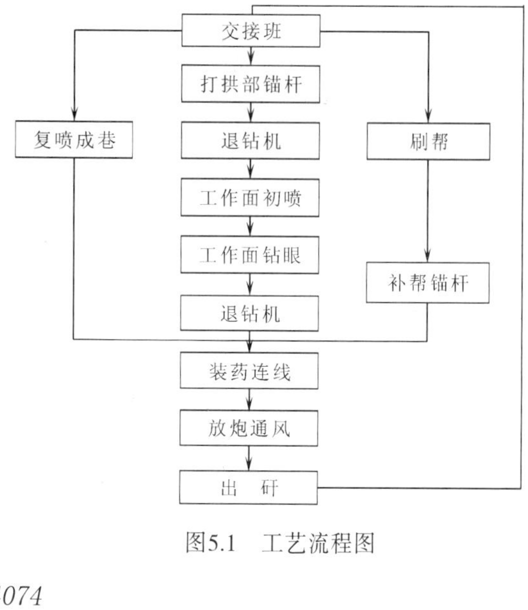

图5.1 工艺流程图

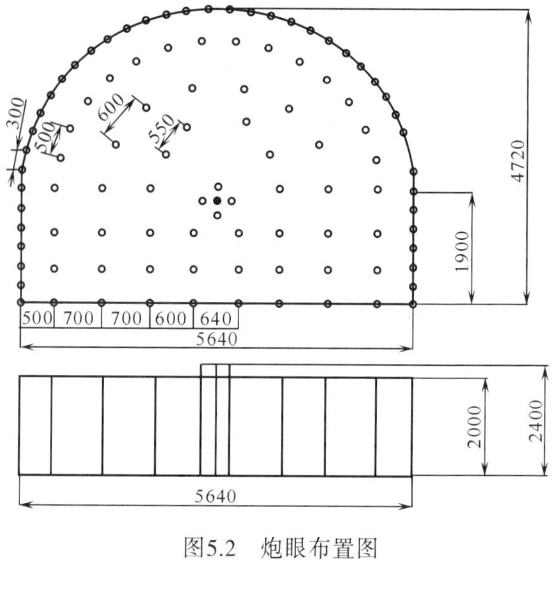

图5.2 炮眼布置图

爆破图表详见表5.2-1～表5.2-3：

副斜井基岩段爆破原始条件　　表5.2-1

序号	名　称	单位	数量	序号	名　称	单位	数量
1	掘进断面	m^2	21.4	4	岩石坚固系数	f	4~6
2	炮眼数量	个	85	5	雷管	个	84
3	炮眼深度	m	2.4	6	总装药量	kg	52.4

副斜井基岩段预期爆破效果表　　表5.2-2

序号	名　称	单位	数量	序号	名　称	单位	数量
1	炮眼利用率	%	92	5	每米巷道炸药消耗量	kg/m	23.8
2	每循环进尺	个	2.2	6	每立方岩石炸药消耗量	kg/m^3	1.11
3	每循环爆破实体	m^3	47.08	7	每立方岩石雷管消耗量	个$/m^3$	1.78
4	每米雷管消耗量	个/m	38.2	8			

副斜井基岩段爆破参数表　　表5.2-3

序号	炮 眼 名 称	炮眼个数	炮眼深度	装 药 量		爆破顺序	连线方式
				kg/眼	小计（kg）		
上台阶							串并联
1	掏槽眼	5	2600	1.2	4.8	I	
2	一阶辅助眼	10	2400	0.8	8	II	
3	二阶辅助眼	17	2400	0.6	10.2	III	
4	三阶辅助眼	17	2400	0.6	10.2	III	
5	周边眼	28	2400	0.4	11.2	IV	
6	底眼	8	2400	1.0	8	V	
合计		85			52.4		

爆破材料选用T330高威力水胶炸药，毫秒延期雷管，药卷直径35mm；装药前利用压风对每个炮眼进行清扫，严格按爆破图表要求装药，实现光面爆破，每茬炮有效循环进尺不小于2.2m。

5.3　装岩与出渣

工作面采用LWC160型侧卸装载机装矸，利用5t防爆胶轮车运输，随着井筒延伸，分阶段投入运输车辆，500m范围投入5辆，施工至1500m时，投入9辆。井下利用井筒内左侧每250m设计的避车硐室调车，让行车辆可进入避车硐室内（井筒内也可错车），井筒内空车给重车让行；距工作面最近的避车硐室内最大限度不间断停车待命，以满足工作面铲车快速装矸需要。井筒内错车示意见图5.3-1。

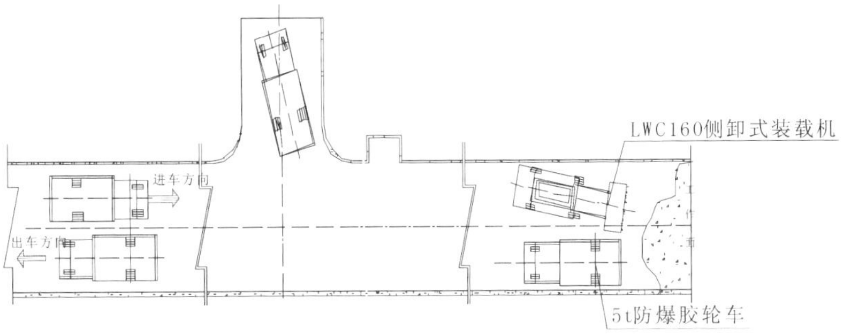

图5.3-1　井筒内错车示意图

因副斜井井筒及地面排矸运输距离较长，为提高工作面排渣速度，提高井筒施工进度，在井口地面设临时卸矸平台，5t防爆胶轮车运矸出井后，在卸矸平台上自卸矸石，溜入20t斯太尔自卸汽车，运至矸石场地。矸石转载布置见图5.3-2：

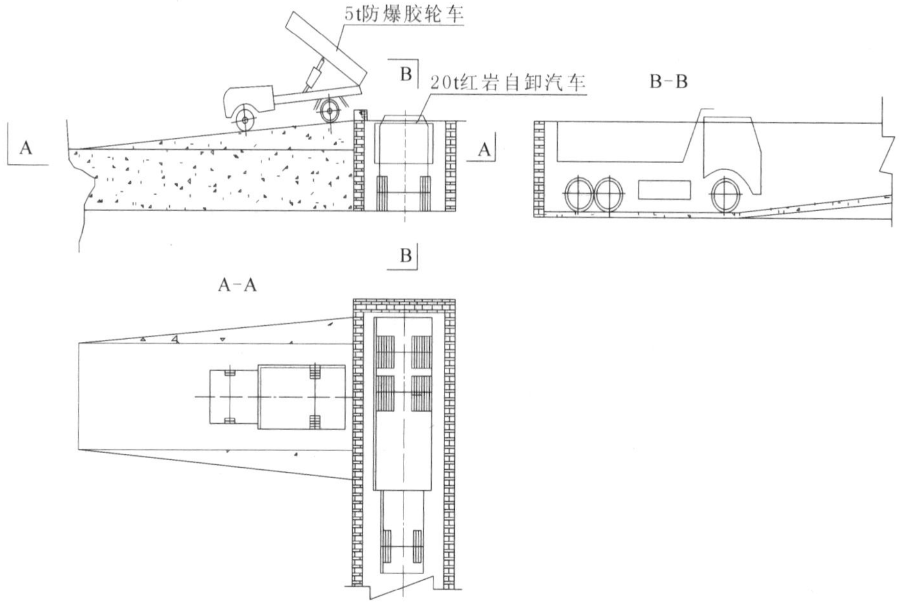

图5.3-2　矸石转载布置图

5.4　支护

利用掘进钻车由后向前先顶后帮逐排逐根凿眼，锚杆眼方向为井巷设计轮廓线的法线方向（施工时可做好眼位标志），锚杆眼深符合《井巷工程质量检验评定标准》要求，工作面搭设临时操作平台，专人安装锚杆，打一装一。利用锚杆搅拌器安装锚杆。临时支护锚杆为钢筋树脂锚杆（临时支护作为永久支护的一部分），采用端头锚固，部分采用砂浆充填，间排距700mm×700mm，树脂采用MS28/35型，每根锚杆使用2卷；托板采用Q235钢，规格150mm×150mm×8mm，钢筋网采用ϕ8mm钢筋，网格150mm×150mm，规格3.00kg/m^2。锚杆规格、预紧力及锚固力严格按设计要求施工。

喷浆料由地面集中搅拌站搅拌，电子自动计量系统计量配料，由5t防爆胶轮车运到井下喷浆机处，人工上料入喷浆机；利用PZ-7B型喷浆机喷射混凝土成巷。锚杆打装完毕后，进行工作面初喷；在工作面打装锚杆、迎头凿眼、装药、初喷时，进行井筒作业线后部喷浆成巷工作。喷浆机置于井下避车硐室内内，远距离喷射混凝土可达300m以上。

5.5　远距离通风

由于副斜井较长（2140m），井下采用防爆胶轮车排矸，尾气排放量大。若要在井口布置局扇向工作面做独头供风，一方面供风距离长，无法保证工作面的有效风量，另一方面受井筒断面的影响无法选用大直径的风筒。所以在副斜井施工完成870m处的联络巷后，进行通风系统的改造，在联络巷中安装两台（DKZ-4-NO13）辅助扇风机，形成副斜井进风，主斜井回风的井下负压通风系统。两台辅助扇风机并列运行，全压风量为4500m^3/min。这样既能解决副井独头通风距离过长，工作面有效风量无法保证的问题，同时也为主斜井进入二期工程施工增加掘进工作面创造条件。副斜井通风距离以900m里程划分，900m前可满足1000m施工需要，900m以后的满足1100m施工需要。局扇选型计算以通风距离1100m为依据，同时考虑爆破和机车尾气稀释所需风量有时须叠加的需要。两台辅扇并联运行，根据加量不加压原则，能够满足副斜井井筒及主斜井二期工程施工通风需要。

5.6　劳动组织及安全

在工程施工的管理形式上采用项目法管理，根据作业方式、工期要求按各专业工种配备劳动力。以斜沟副斜井为例，后勤及项目管理人员共同管理主、副、回风斜井，副斜井掘进队劳动力配备84人。

凿井作业制：按照作业工艺要求，采取专业和固定工序作业方式，开始采用“三八”作业制，后来随着施工速度的加快，每循环时间的缩短，又及时更改采用了“四六”制和“滚班制”，每班出尽矸石。劳动力配备见表5.6。

劳动力配备表 **表5.6**

序号	工种名称	班			次	
		一班	二班	三班	小计	备注
1	汽车司机	8	8	8	24	
2	打眼工	5	5	5	15	
3	放炮员	2	2	2	6	
4	班长	1	1	1	3	
5	机电维修工	2	2	2	6	
6	喷浆手	1	1	1	3	
7	照灯工	1	1	1	3	
8	上料工	4	4	4	12	
9	喷浆机司机	1	1	1	3	
10	刷帮工	2	2	2	6	
11	井口把钩工	1	1	1	3	三八制
合计		84				

6. 材料与设备

在井筒施工中，采用小坡度大断面斜井机械化配套作业线，作业线的配套合理程度，对施工进度、质量、安全具有关键性作用，通过实践检验后，才能形成成熟合理的配套作业线。在实际施工过程中，单位采用了掘进液压双臂钻车[CMJ17HT（改）]，配备较长（2.6m）的合金钢钎杆凿眼，工作面利用侧卸式装载机（如LWC300型）装岩，采用自卸防爆胶轮车运输至地面，地面井口附近设临时转载平台，转载卸入斯太尔汽车（20t），运至排矸场地。永久支护采用远距离输料喷射混凝土技术，设置两台喷浆机（PZ-7B型），初期喷浆机设置于井口地面，后期分别将喷浆机移至井下避车硐室内，以满足快速施工需要。采用专业工种，固定工序作业，实现掘进支护平行作业，减少辅助时间，缩短循环时间，实现快速施工。通风选用一台（FBD—NO1.0型，电机功率为2×37kW）对旋压入式局扇，配ϕ1000mm阻燃、抗静电胶质风筒；在联络巷中布置两台（DKZ—4—NO13型，电机功率为2×55kW）辅助扇风机，能够满足施工要求。斜井机械化快速施工主要配套设备选型见表6。

小坡度斜井机械化快速施工主要设备表 **表6**

序号	名称	主要技术特征	单位	数量
1	凿岩台车	CNJ17HT（改）型	台	1
2	侧卸式装载机	LWC300 型	台	1
3	防爆自卸胶轮车	WYC-13（18）/150（250）S-Z 型 5 吨	辆	9
4	喷浆机	PZ-7B 型	台	2
5	风泵	BQF-50/25 型	台	1
6	卧泵	MD25-30×9 型	台	2
7	风机	FBD-NO1.0 型 2×37kW	台	1

续表

序号	名　　称	主要技术特征	单位	数量
8	风机	DKZ-4-NO13 型 2×55kW	台	2
9	混凝土搅拌机	JS-750 型	台	4
10	自动计量系统	PL-1200 型	套	1
11	激光指向仪	DJE-1 型 127V	台	5

7. 质量控制

7.1　执行标准

本工法在煤矿斜井井筒施工中执行的规范和标准有《煤矿安全规程》(2009年版)、《煤矿建设安全规定》(试行，1997年版)、《矿山井巷工程施工及验收规范》GBJ 213-90、《煤矿井巷工程质量检验评定标准》MT 5009-94。

7.2　按照ISO9001：2000国际质量管理体系标准编制了质量管理体系文件，并已取得认证，在施工中严格执行。

7.3　斜井井筒质量要求

1. 井筒净宽不小于设计，不大于100mm；
2. 井筒净高不小于设计要求，不大于100mm；
3. 喷射混凝土强度和厚度均不小于设计值；
4. 表面平整度≤50mm；
5. 井筒竣工总漏水量≤$6m^3$，且不得有≥$0.5m^3/h$集中出水点；
6. 锚杆安装符合质量要求，拉拔力≥设计值；
7. 井筒底板（按腰线）允许偏差-30～+50mm，铺底厚度符合设计要求，底板表面平整度≤10mm；
8. 水沟、台阶符合质量要求。

8. 安全措施

8.1　认真贯彻“安全第一，预防为主”的方针，根据国家有关规定、条例，结合施工单位实际和工程具体特点，在施工项目部派驻安全监察员，项目部领导班子设专职安全副经理，施工区队设安全网员，组成全面有效的安全监督、管理系统。

8.2　装岩、运输安全措施

1. 装载机司机应经过专门培训，持证上岗，装载机的操作与检修严格按照装载机操作规程执行。
2. 装载机的状况完好，不带病作业。
3. 装载机每班必须做好维护保养和加油工作。
4. 装载机操作时，机前及两侧严禁站人，装载机装渣完毕后，必须停机。
5. 风水管线悬吊要规范。巷道内各种风水管及电缆的敷设方式、敷设地点、敷设高度、吊钩等必须符合设计和安全要求，并做到美观。
6. 加强一通三防管理，专人承包辅助扇风机、局部扇风机及风筒管理；加强瓦斯检查力度。
7. 项目部必须每班配备安检员，进行相关检查，检查要严肃认真，严谨细致；查出的问题反馈要及时准确，并填写好检查记录，记录必须真实齐全。
8. 各工程处必须针对以上专项规定制定考核办法，奖优罚劣，确保以上规定真正落到实处，切实加强斜井提升运输管理，确保斜井施工安全，提高斜井施工管理水平。

8.3 加强顶板管理，严禁空顶作业，炮后及时敲帮问顶并进行临时支护，永久支护跟装载机。

8.4 坚持“一炮三检”和“三人连锁放炮制”，炮后检查工作面，发现问题及时处理。

8.5 定期进行机电设备检查，及时排除设备故障，确保正常运转，避免失爆。

8.6 长距离喷浆要保证井上下的信号联系，发现问题及时处理。

9. 环保措施

9.1 矸石及生活垃圾应分开存放，矸石按业主及合同的要求排放到指定地点，生活垃圾经生化处理后排放。

9.2 生活区应有完善的卫生设施，并安排专人及时清扫处理。

9.3 使用环保锅炉，减少大气污染。

9.4 不随意乱倒，如燃料、油料、生活垃圾等有害物质。

9.5 井下必须采用湿式打眼、放炮采用水炮泥、洒水装岩。

9.6 地面备有通风机应设置消声罩，降低噪声。

9.7 在工厂内设临时污水沉淀池，生活用水及井下污水经沉淀后外排。

10. 效益分析

小坡度斜井机械化配套快速施工工法的实质就是充分发挥机械化施工的优势，单进水平从开始的百米左右，稳步增加到200m以上，最高进尺为272m，整个井筒施工速度，与传统方法施工相比，提前了10个月。实现了快速、优质、高效、安全施工，大大缩短建井工期，直接效益显著。

1. 施工速度提升，工期缩短；
2. 经济效益可从人工、辅助系统得到节省；
3. 矿井早投产，早收益。

最大社会效益是积累并丰富了斜井井筒施工经验和施工技术，促进了我国建井技术的发展，提高了我国矿山建设的速度，同时也提高了企业知名度，增强企业竞争力。

10.1 实例一

该工法在斜沟煤矿副斜井施工中运用后，产生直接经济效益418.98万元，间接经济效益3.75亿元，而且该工法的运用也为安全施工提供了保障，缩短了施工时间，提前了工期，提高了施工质量，得到了甲方的认可，为单位立足山西，开拓煤炭基建施工市场作出了贡献，也为同类工程的施工提供了成功范例。

10.2 实例二

该工法在新疆天山煤电106煤矿主副平硐运用后，产生直接经济效益112.76万元，而且运用该工法比计划工期提前2个月。该套作业技术为矿井的早日投产发挥了重要作用，具有很好的推广价值和经济效益。

10.3 实例三

山西汾西矿业集团新阳煤矿主斜井井筒采用该套机械化快速施工工法后，比合同工期提前了5个月完成，为矿井的早日投产发挥了重要作用，具有很好的推广价值和经济效益。

11. 应用实例

近年来中煤第五建设公司采用“小坡度斜井机械化配套快速施工工法”施工的矿井斜井井筒3个，总生产能力22.8Mt/a，月成井破110m的记录28个。除正在施工的井筒外，都取得显著效果，较突出的工程实例如下。

11.1　实例一

山西西山晋兴能源有限责任公司斜沟矿井副斜井井筒，与2007年12月开工建设， 2009年3月井筒顺利落底。

副斜井井筒掘进断面27.1m^2，倾角5.5°，长2140.8m；采用CMJ17HT（改）型掘进液压双臂钻车，配备2.6m的合金钢钎杆凿眼，工作面利用LWC300型侧卸式装载机装岩，采用5t自卸防爆胶轮车运输至地面，地面井口附近设临时转载平台，转载卸入20t斯太尔汽车，运至排矸场地。永久支护采用远距离输料喷射混凝土技术，设置两台PZ-7B型喷浆机，初期喷浆机设置于井口地面，后期分别将喷浆机移至井下避车硐室内，以满足快速施工需要。在副斜井施工完成870m处的联络巷后，进行通风系统的改造，在联络巷中安装两台DKZ-4-NO13辅助扇风机，形成副斜井进风，主斜井回风的井下负压通风系统。

凿井作业制：按照作业工艺要求，采取专业和固定工序作业方式，开始采用“三八”作业制，后来随着施工速度的加快，每循环时间的缩短，后来又采用了“四六”制和“滚班制”，每班出尽矸石。

11.2　实例二

中煤能源集团公司新疆天山煤电106煤矿主副平硐，净断面分别为15.7m^2、15.2m^2，长度均为1326m，于2009年4月开始施工，预计2010年9月份平硐施工结束。

11.3　实例三

山西省汾西矿业集团公司新阳煤矿主斜井井筒2383.4m，倾角6°，净断面19.5m^2，2006年6月份开工，2008年2月安全顺利竣工。

非煤矿山凿岩台车平巷快速掘进施工工法

GJEJGF314—2010

金诚信矿业建设集团有限公司　中国有色金属工业第十四冶金建设公司
王先成　刘文成　谭全胜　赵守昌　贾计

1. 前　　言

随着采矿业的发展和施工技术的不断提高，凿岩台车越来越多地应用于地下矿山的平巷掘进中。但目前凿岩台车在地下矿山的应用情况并不理想，主要表现在凿岩台车的单循环进尺小，炮孔利用率只有75%～85%，严重影响了凿岩台车效率的发挥。本工法通过创新的倒三角掏槽技术解决了单循环进尺小问题，将炮孔利用率提高到95%～100%；同时通过精心组织管理，独头掘进单机组月进尺超过200m，多作业面单机组月进尺超过400m。2001年11月，公司赞比亚谦比西项目部创造单机平巷掘进447.1m/月的好成绩，打破了非洲保持了35年的记录，获得了Atlas公司颁发的荣誉证书，并于2003年9月，获得了中国有色金属建设协会颁发的"优质工程证书"。为我国在国外的矿山施工获得了非常好的国际声誉。

2. 工 法 特 点

2.1　观察作业面完整情况、用凿岩台车每孔纯凿岩时间判定围岩的坚硬程度，从而判定该作业面属难爆还是易爆，该方法简单且操作性强，利于工人掌握。

2.2　针对难爆岩石炮效低的问题，应用了创新的倒三角掏槽方法，既利于工人操作又提高了炮孔利用率，可大大缩短工期。

2.3　针对围岩完整的作业面，应用了光面爆破技术；针对围岩破碎巷道成型难的作业面，应用了预裂爆破技术。降低了爆破对巷道围岩的破坏，减少了超挖量，降低了支护等级，节约了施工成本。

3. 适 用 范 围

本工法适用于非煤矿山建设，生产过程中利用凿岩台车进行开拓、采准、切割等平巷掘进施工。

4. 工 艺 原 理

4.1　判定作业面可爆性原理

4.1.1　判定作业面岩体的完整性

根据《工程岩体分级标准》GB 50218-94，工程岩体的完整程度划分见表4.1.1-1和表4.1.1-2。

作业面岩体完整程度的划分　　　　表4.1.1-1

名　称	结构面发育程度		结构面的结合程度
	组　数	平均间距（m）	
完　整	1～2	＞1.0	结合好、结合一般
较完整	1～2	＞1.0	结合差
	2～3	1.0～0.4	结合好、结合一般

续表

名称	结构面发育程度		结构面的结合程度
	组数	平均间距（m）	
较破碎	2～3	1.0～0.4	结合差
	≥3	0.4～0.2	结合好、结合一般
破碎	≥3	0.4～0.2	结合差
		≤0.2	结合一般、结合差

结构面结合程度的划分 **表4.1.1-2**

名称	结构面特征
结合好	张开度小于1mm，无充填物
	张开度1～3mm，硅质或铁质胶结；张开度大于3mm，结构面粗糙，硅质胶结
结合一般	张开度1～3mm，钙质或泥质胶结；张开度大于3mm，结构面粗糙，铁质或钙质胶结
结合差	张开度1～3mm，结构面平直，为泥质或泥质和钙质胶结；张开度大于3mm，泥质或岩屑充填

对于表4.1.1-1中完整和较完整的作业面，本工法称之为作业面完整；对于表4.1.1-1中较破碎和破碎的作业面，本工法称之为作业面破碎。

4.1.2 判定作业面岩石的坚硬程度

将凿岩台车的轴推力设置为7.5MPa，以孔深3.5m为例，如果每孔的纯凿岩时间大于等于140s，该岩石属“硬岩”；如果每孔纯凿岩时间小于140s，该岩石属“软岩”。

4.1.3 确定作业面的可爆性

如果作业面完整，同时岩石属“硬岩”，那么该作业面属难爆作业面；否则，该作业面属易爆作业面。

4.2 倒三角掏槽原理

4.2.1 选择掏槽空孔数量

凿岩台车的钻孔深度为3～3.5m，根据表4.2.1，选择2个空孔和3个空孔理论上均可。两大空孔掏槽方式见图4.2.1-1和图4.2.1-2。

掏槽空孔数量选择表 **表4.2.1**

序号	炮孔深度（m）	空孔数量最小值
1	小于3m	1
2	3～3.5m	2
3	3.5～5m	3

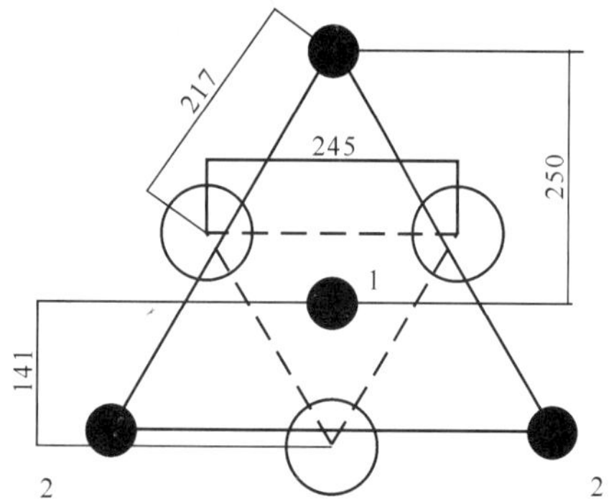

图4.2.1-1 倒三角掏槽示意图

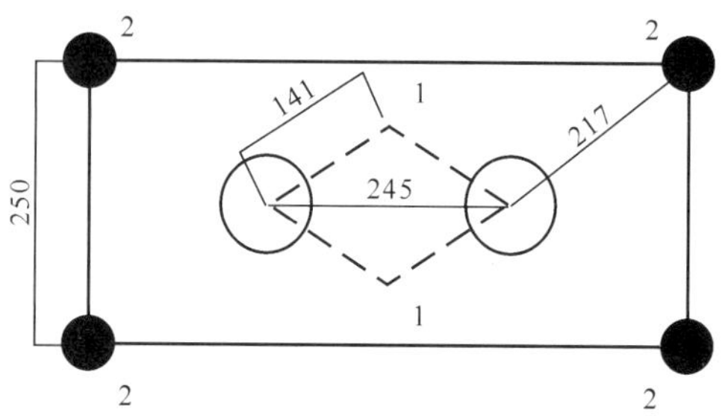

图4.2.1-2 倒三角掏槽示意图

将图4.2.1–1与图4.2.1–2比较，倒三角掏槽的补偿系数优于两大空孔掏槽。

另外掏槽方式中还有四空孔掏槽：一方面四空孔掏槽的补偿系数小于倒三角掏槽；另一方面四空孔多了一个大空孔，使凿岩时间变长，增加钻头的磨损，而且装药孔和四空孔之间容易发生穿孔现象。

综上所述，掏槽空孔的最佳数量为3个。

4.2.2 确定1段装药孔孔距

凿岩台车平巷掘进中空孔的直径为90mm，装药孔的直径为48mm。如图4.2.2所示，取1段装药孔与空孔的孔距为141mm。

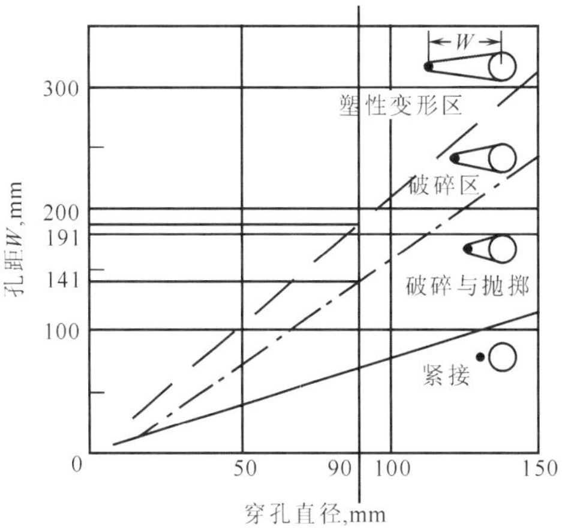

图4.2.2 孔距与空孔直径的关系

4.2.3 确定1段装药孔的位置

传统的三空孔掏槽方式中，1段装药孔位于三个空孔三角形外面，补偿系数小。而倒三角掏槽将1段装药孔移到三角形的内部，一方面空孔补偿系数大，另一方面爆破的力量从内向外掏槽效果非常好。

4.3 巷道成型爆破原理

围岩完整的作业面应用光面爆破技术，对于围岩破碎的作业面应用预裂爆破技术。

4.3.1 光面爆破技术

光面爆破效果取决于两方面：一方面是炮孔密集系数m，另一方面是爆炸能量。光面爆破要求炮孔间距小于抵抗线，即$m<1$，使应力波在两相邻炮孔间的传播距离小于应力波至临空面的传播距离，可使反射拉伸波从最小抵抗线方向折回之前造成贯穿裂缝，隔断反射拉伸波向围岩传播的可能，减少围岩破坏。本工法采用的密集系数m=0.75～0.90，效果较好。

减小药包直径，减少装药量，采用低密度和低爆速的炸药，以便控制炸药爆炸能量及其作用，降低爆炸冲击波的峰值压力，削弱它在岩石中引起的应力波强度，避免在炮孔周围产生压碎区，而使爆破作用集中到需要爆落的一侧岩石上，减弱对原岩体的破坏作用。本工法采用ϕ32mm小直径药卷，空气间隔装药。

4.3.2 预裂爆破技术

预裂爆破首先起爆周边眼，在其他炮眼未爆破之前先沿着开挖轮廓线预裂爆破出一条用以反射爆破地震应力波的裂缝。由于这个预裂面的存在，对后爆的掏槽眼、辅助眼的爆轰波能起反射和缓冲作用，减轻爆轰波对围岩的破坏影响，保持岩体的完整性，使爆破后的开挖面整齐规则。与光面爆破相比，可适当增大装药量。

5. 施工工艺流程及操作要点

5.1 工艺流程（图5.1）

5.2 操作要点

5.2.1 测量放线

在凿岩台车平巷掘进过程中，测量放线起着重要的作用。在工程开工之前，首先要校验导线点：测量人员用全站仪采用测回法观测，一个测回，一次对中，长度测量差不得大于边长的1/3000，导线最大相对闭合差不超过1/3000。导线点校验后，巷道开口和中心线用经纬仪标定，巷道腰线用水准仪标定。巷道每掘进10m，测量人员标定一次巷道中心线和腰线。

5.2.2 清理作业面

凿岩台车进入作业面之前，施工人员首先检撬顶板，确认安全后凿岩台车方可进入。凿岩台车进入后，首先用水清洗作业面，然后将作业面的浮碴清理，之后施工人员利用三角耙将岩碴耙走。经过清理作业面，施工人员可画孔位，凿岩台车可安全快捷、准确无误地钻孔。

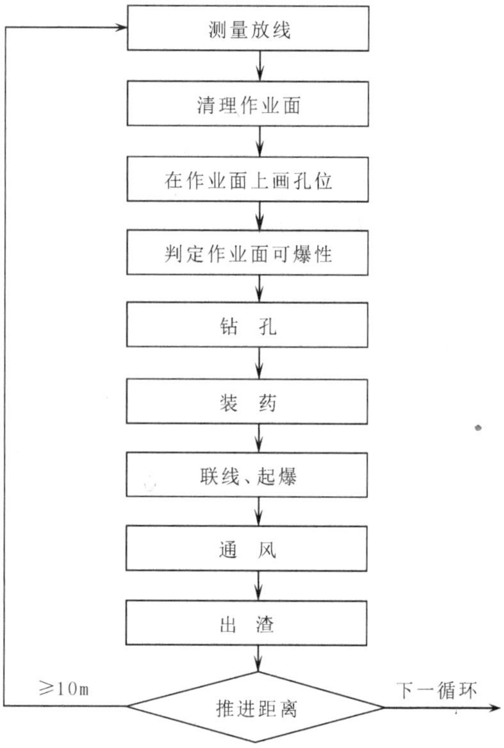

图5.1　非煤矿山凿岩台车平巷掘进施工工艺流程图

5.2.3　在作业面上画孔位

作业面炮孔类型分三种：掏槽孔、辅助孔和周边孔。在这三种炮孔中，掏槽孔和周边孔尤为重要，前者决定进尺，后者决定巷道成型。所以，在凿岩台车钻孔前，必须将掏槽孔和周边孔的孔位按照爆破设计点到作业面上。而辅助孔不需点到作业面上，由台车工自己负责布置，这样既不影响爆破效果，又可节省时间，提高施工效率。

5.2.4　判定作业面的可爆性

根据表4.1.1-1和表4.1.1-2，施工人员首先判定作业面的完整性。然后凿岩台车施工掏槽孔的三个空孔（空孔包括小孔施工和扩孔，在此只是完成小孔施工）和1段装药孔。通过这4个孔的施工，施工人员获得每孔纯凿岩的平均时间t，如果$t \geq 140s$，该岩石属“硬岩”，否则属“软岩”。如果作业面完整，岩石属“硬岩”，那么该作业面难爆，否则该作业面易爆。

5.2.5　钻孔

1. 炮孔深度：合理的炮孔深度有助于提高掘进速度和炮眼利用率，目前普遍存在加大孔深以减少作业循环次数的趋势。掏槽孔、辅助孔和周边孔的孔深相同，均为3.5m。本工法没有将掏槽孔设计超深，在所有炮孔孔深相同的情况下，爆破后作业面平整，方便下一次凿岩台车钻孔。

2. 炮孔角度：掏槽孔和辅助孔均平行于巷道中心线并保持水平；顶眼向上倾斜2°，腰眼向外倾斜2°，底眼向下倾斜3°。

3. 钻孔顺序：钻孔顺序是按照炮孔的重要性制定的。首先钻掏槽孔，之后是周边孔，最后钻辅助孔。

4. 炮孔布置图：巷道断面以4.2m×3.7m为例，难爆作业面炮孔布置见图5.2.5-1，易爆作业面炮孔布置见图5.2.5-2，图中1～7为钻孔顺序。

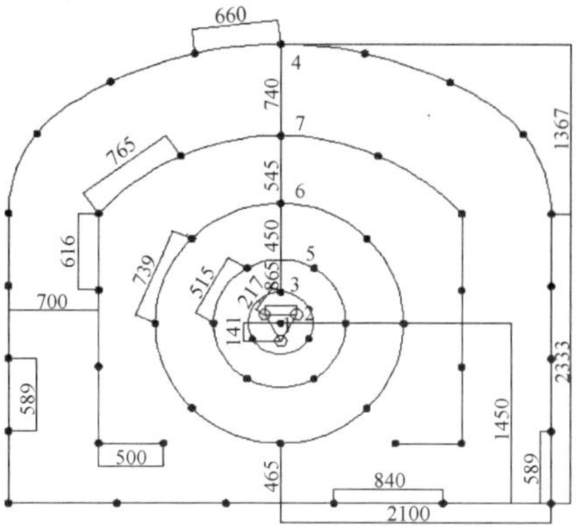

图5.2.5-1　难爆作业面炮孔布置示意图

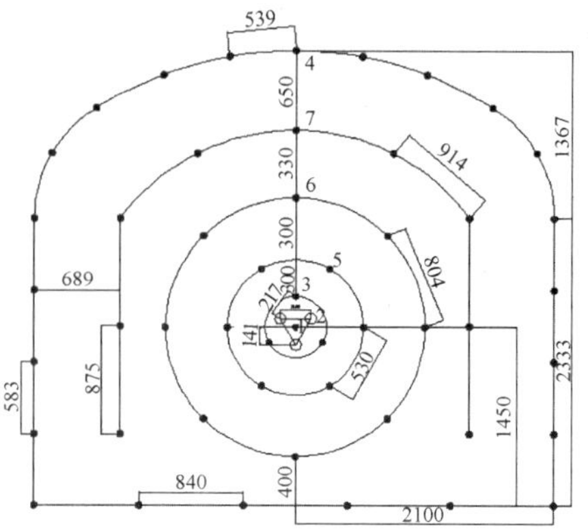

图5.2.5-2　易爆作业面炮孔布置示意图

5.2.6　装药

1. 装药系数（表5.2.6-1）

装药系数明细表　　表5.2.6-1

作业面可爆性	掏槽孔	第一圈辅助孔	第二、三圈辅助孔	顶眼、腰眼	底眼
难爆	0.90	0.75	0.70	0.55	0.8
易爆	0.85	0.70	0.60	0.50	0.75

2．炸药选择（表5.2.6-2）

炸药选择明细表　　表5.2.6-2

掏槽孔	辅助孔	顶眼、腰眼	底眼
ϕ40mm 水胶炸药	ϕ36mm^{2}号岩石炸药	ϕ32mm^{2}号岩石炸药	ϕ40mm 水胶炸药

注：对于难爆作业面和易爆作业面炸药选择相同；水胶炸药可用乳化炸药代替。

3．装药方式（表5.2.6-3）

装药方式明细表　　表5.2.6-3

名称	掏槽孔	辅助孔	顶眼、腰眼	底眼
装药结构	连续装药	连续装药	空气间隔装药	连续装药
起爆方式	双雷管孔底起爆	单雷管孔底起爆	单雷管导爆索孔底起爆	双雷管孔底起爆

注：孔口采用炮泥填塞，如果没有炮泥，可利用纸壳用水浸湿后填塞。

光面爆破和预裂爆破需将小药卷炸药、导爆索绑扎在竹竿上，竹竿长度3.5m，直径不超过10mm，竹竿提前在地面加工好。

5.2.7　连线、起爆

1．连线：将作业面所有炮孔内的塑料导爆管分成两组，左面一组，右面一组，每组在孔外再连接2发0段的塑料导爆管，这样确保每发导爆管引爆的雷管数不超过20个。最后将4发0段的塑料导爆管与起爆雷管连接。在此过程中，起爆用的雷管与导爆管捆扎端的端头距离不小于15cm，并用胶布将雷管与导爆管均匀捆扎牢固。

2．起爆：使用导爆管击发器引爆0段导爆管，0段导爆管引爆孔内的导爆管，孔内导爆管引爆炸药。

5.2.8　通风

爆破后，开动11kW的轴流风机进行压入式局部通风，结合主扇通风使炮烟尽快消散。

5.2.9　出碴

经通风吹散炮烟、等待时间超过15min，检查确认井下空气合格后，使用Toro301D出碴。

5.2.10　施工组织

采用连续工作制，每天3班，每班8h。

施工人员（1个机组）：凿岩台车每台班4个人，其中1个操作工、2个爆破工、1个辅助工。铲车每台班1个司机。操作工和辅助工负责清理作业面、钻孔；爆破工负责领药、装药、爆破。

施工设备（1个机组）：1台凿岩台车配1台Toro301D铲运机。凿岩台车和铲运机每月保养时间为2d。考虑设备故障及其他原因，每台设备每月实际工作天数不低于24d。

对于独头作业面：每班确保1炮，并在当班完成出碴，每月掘进不少于200m。

对于多作业面：凿岩台车完成2炮掘进，铲车完成2个作业面的出碴，每月掘进不少于400m。

6. 材料与设备

6.1　主要施工材料

主要施工材料见表6.1。

主要施工材料一览表 表6.1

序号	材料名称	规格型号	备注
1	水胶炸药	ϕ40mm×330mm	用于掏槽孔、底眼
2	2号岩石炸药	ϕ36mm×200mm	用于辅助孔
3	2号岩石炸药	ϕ32mm×200mm	用于顶眼、腰眼
4	导爆索		用于控制爆破
5	非电塑料导爆管	半秒	

6.2 主要施工设备

主要施工设备见表6.2。

主要施工设备一览表 表6.2

序号	设备名称	规格、型号	数量	备注
1	凿岩台车	Boomer 281	1	
2	铲装机	Toro 301D	1	
3	导爆管击发器		1	用于起爆导爆管
4	局扇	11kW	2	用于局部通风
5	全站仪	拓扑康2秒机	1	用于测量导线点
6	经纬仪	TDJ2	1	巷道开口和中心线测量
7	水准仪	FA-32	1	巷道腰线测量
8	激光指向仪	JDY-1	1	用于巷道对中

7. 质量控制

7.1 质量标准

凿岩台车平巷掘进的施工及验收执行《矿山井巷工程施工及验收规范》GBJ 213-90，其允许偏差按表7.1执行。

巷道允许偏差项目表 表7.1

项目		允许偏差（mm）	检查频率	检测方法
巷道起点标高		100		全站仪
硐室净宽半径	主要运输巷道	0～150	每10m一次	钢卷尺
	其他巷道	-50～+150	每10m一次	
巷道净高	腰线上	-30～+150	每10m一次	钢卷尺
	腰线下	-30～+150	每10m一次	

注：巷道底板应平整，局部凸凹深度不应超过设计规定100mm；巷道轮廓线应留下60%以上的眼痕。

7.2 质量保证措施

7.2.1 建立本项目工程质量责任制，在公司技术质量部指导下负责各项质量管理工作。

7.2.2 严格执行设计标准和本工程招标文件所规定的施工技术标准，确保施工图设计、施工组织设计的有效实施。

7.2.3 定期召开施工调度、质量分析会议，负责质量整改措施和纠正措施的实施，抓好施工过程控制，使施工质量在受控状态下进行。

7.2.4 巷道拱部、墙部控制爆破的炮孔严格按照设计布置，并用油漆画点；药卷与导爆索、竹竿绑扎牢固，间隔装药，药卷均匀分布。

8. 安全措施

8.1 坚决贯彻"安全第一，预防为主"的方针，以防为主，防管结合，专职管理和群众管理相结合，做到精心组织、文明施工，杜绝死亡、重伤和一级非伤亡事故。

8.2 公司总经理是安全管理的最高管理者，生产副总经理作为最高管理者代表，部署项目部安全管理工作和任命安全管理专职人员。

8.3 项目部建立了完善的施工安全保证体系，明确了各级人员的安全责任。

8.4 贯彻落实安全生产、安全例会等规章制度，做好技术交底，详细安全操作规程，加强三级安全教育。

8.5 爆破员持证上岗。

8.6 根据《矿山安全标志》GB 14161-2008，施工现场设立安全警示标识。

8.7 井下施工严格执行《金属非金属矿山安全规程》GB 16423-2006。

8.8 当凿岩台车去另一个工作面打眼时，原工作面设置良好的照明。

8.9 爆破作业与爆炸物品管理严格执行《爆破安全规程》GB 6722-2003。

8.10 井下工作面所用炸药、雷管应分别存放在加锁的专用爆破器材箱内，每次起爆时将爆破器材箱放置于警戒线以外的安全地点。

8.11 在危险区边界设置明显标志，派出岗哨，发布"预警信号"、"起爆信号"和"解除警报信号"。

8.12 优先采用有利于防止职业病和保护劳动者健康安全的新技术、新工艺、新材料，逐步替代危害员工健康安全的技术、工艺、材料及设备设施。

8.13 为所有员工参加工伤社会保险，为员工缴纳保险费。

8.14 为及时准确处理施工生产中可能发生的事故和紧急情况，制定事故应急救援预案，建立应急准备与响应网络，并设应急救援领导小组，在急救过程中采取"先人后物"的原则，依次进行。

9. 环保措施

9.1 成立施工现场环境管理领导小组，建立健全环境管理体系。

9.2 加强教育，让员工自觉形成环保意识，最大限度地减少施工中的粉尘、噪声和环境污染。

9.3 施工过程中产生的废弃物应及时分类清运，保持清洁。

9.4 优先选用先进的环保炸药，减少炸药爆炸后产生的有害成分。

9.5 对重要的环境因素采取控制措施，措施落实到人，保证施工现场的良好氛围。

10. 效益分析

10.1 本公司通过对掘进掏槽技术和控制爆破技术的理论研究和现场试验，成功地采用了创新的倒三角掏槽技术，解决了难爆作业面的掏槽进尺小、破碎工作面成型差的技术难题，为矿山凿岩台车平巷快速掘进施工提供了科学依据，使平巷掘进速度迈上了新台阶。

10.2 由于提高了炮孔利用率以及精心组织施工，单机组独头掘进月进尺不少于200m，单机组多作业面掘进月进尺不少于400m，使凿岩台车的效率得到了充分发挥，掘进台效提高20%以上。

10.3 通过判定作业面的可爆性，不仅提高了掘进效率，而且降低了单位掘进量的炸药消耗和设备、材料的损耗；通过应用控制爆破技术，减少了超挖量，降低了支护工作量；由于施工效率的提高，减少了凿岩台车和人员的投入，从而降低了施工成本。

10.4 2001年11月，谦比西项目部创造单机平巷掘进每月447.1m的好成绩，打破了非洲35年的记录，获得了Atlas公司颁发的荣誉证书，为我国在国外的矿山施工获得了非常好的国际声誉。

10.5 单位运用此工法的工程实例，仅就为建设单位早日投产的经济效益计算，已创造综合经济效益1000余万元，若计算本单位的设备、材料、人工成本的节约，创造的经济效益已达2000余万元；如果该工法能够在有色系统，甚至整个非煤矿山系统推行，经济效益还将大幅度增加。

10.6 由于该工法的应用，能够提高作业工效、缩短建设周期、降低施工成本、减轻劳动强度，施工工程多次被评为优良（质）工程，取得的社会效益、安全环保效益以及国民经济效益明显，因此，该工法必将为我国乃至世界的矿山建设做出大的贡献。

11. 应用实例

11.1 本工法在中色建设非洲矿业有限公司赞比亚谦比西铜矿中的实际应用

公司于2001年1月中标承建了“赞比亚谦比西铜矿恢复生产建设——A标段工程”。2001年11月，公司以凿岩台车单机台平巷月掘进447.1m的成绩，创造了非洲35年来的新记录，并获得了Atlas公司颁发的荣誉证书，为我国在国外的矿山施工获得了非常好的国际声誉。该工程于2002年8月竣工，获得了中国有色金属建设协会颁发的优质工程证书。本工程采用凿岩台车掘进施工，应用了易于工人掌握的判断作业面可爆性方法、创新的倒三角掏槽理论和巷道光爆成型技术，为矿山早日达产作出了重大贡献。

11.2 本工法在昆钢集团大红山铁矿中的实际应用

公司于2004年1月中标承建了昆钢大红山铁矿II1矿体30万t/a采矿工程的采切工程。2004年5月，在岩石硬度系数14、掘进断面16～21m^{2}的多工作面平巷掘进中，取得了凿岩台车单机月进尺408.6m的好成绩。该工程于2006年12月竣工。本工程采用凿岩台车掘进施工，应用了易于工人掌握的判断作业面可爆性方法、创新的倒三角掏槽理论和巷道光爆成型技术。经精心组织，安全、高效地提前完成，为矿山早日达产作出了重大贡献。

11.3 本工法在首云矿业股份有限公司首云铁矿中的实际应用

首云矿业股份有限公司首云铁矿三标段主回风井及-16m中段开拓工程于2006年10月中标承建，该工程为双轨巷，全长1200m，巷道掘进断面16.28m^2，总工程量19536m^3，设计采用喷射混凝土支护。

施工过程中公司一直秉承“安全是企业生命，质量是企业发展”的理念，不断优化施工组织设计。本工程采用凿岩台车掘进施工，应用了易于工人掌握的判断作业面可爆性方法、创新的倒三角掏槽理论和巷道光爆成型技术，断面控制成型好。经精心组织，安全、高效地提前完成，比计划工期提前了3个月，为矿山早日达产作出了重大贡献。

井下垂直下向钻孔穿强突煤层施工工法

GJEJGF315—2010

淮南矿业（集团）有限责任公司
崔兴安　赵俊峰　方有向　杨伟

1. 前　　言

强突出煤层赋存特征为高瓦斯、煤层瓦斯含量高、煤质极松软、煤层透气性低、瓦斯压力大，瓦斯治理难度大。瓦斯抽采是降低煤层瓦斯含量，减少瓦斯灾害最有效的手段，实现瓦斯抽采的关键是抽采钻孔的施工，尤其在强突出煤层中施工钻孔，极易出现喷孔、塌孔、卡钻等现象，导致钻孔成孔率低、成孔深度浅，钻孔施工非常困难。

在煤矿正常生产过程中，地质勘探孔资料直接影响着煤矿的采掘面安全接替，随着矿井的正常生产，采掘工作将进一步向下一水平进行延伸，但受原地面勘探技术条件的制约，地质资料不够完善精确；受矿井生产地面塌陷区影响，已不适宜在地面施工地质勘探孔对地质条件进行鉴别，为得到精确的地质资料，地质补勘孔的施工不得不由地面转入井下施工。

淮南矿业集团地质勘探工程处积极开展科技创新，取得了“井下垂直下向钻孔穿强突煤层施工技术”这一国内领先的新成果。由于钻孔通过采用空压机中风压排渣、钻孔孔口下套管和带压注浆护孔等技术，解决了钻孔穿强突煤层和地质补勘孔由地面转入井下施工难题。特别是中风压排渣穿强突出煤层钻进核心技术，具有先进性、独特性、安全性等特点，适用于高瓦斯突出矿井井下瓦斯治理和补充勘探工程，故有明显的社会效益和经济效益。

2. 工 法 特 点

2.1 钻孔穿强突煤层钻进具有先进性、独特性、安全性。

2.2 解决了钻孔穿强突煤层和地质补勘孔由地面转入井下施工难题。

2.3 钻孔由地面转入井下施工，减少无效钻进量，节约钻孔钻探经费，缩短工程工期，降低工程成本。

2.4 钻孔由地面转入井下施工，不使用泥浆钻进，避免泥浆加工和储运环节，可大幅减少施工人员，减轻环境污染。

3. 适 用 范 围

3.1 适用于高瓦斯突出矿井井下瓦斯治理和补充勘探工程。

3.2 需要压风排渣钻进。

3.3 含水层涌水量小于$10m^3/h$，涌水量超过$10m^3/h$时，应采取综合治水措施，否则钻孔施工进度、孔壁质量等将受到一定的影响。

3.4 孔径94~133mm，孔深150m以内的，孔径、垂直度要求较高。

4. 工 艺 原 理

ZDY-3200S型煤矿用全液压坑道钻机（图4-1），属于低转速、大转矩类型，适于采用复合片钻头施工大直径钻孔，主要用于煤矿井下施工近水平、长距离瓦斯抽放钻孔，也可用于地面和坑道近水平工程钻孔的施工。

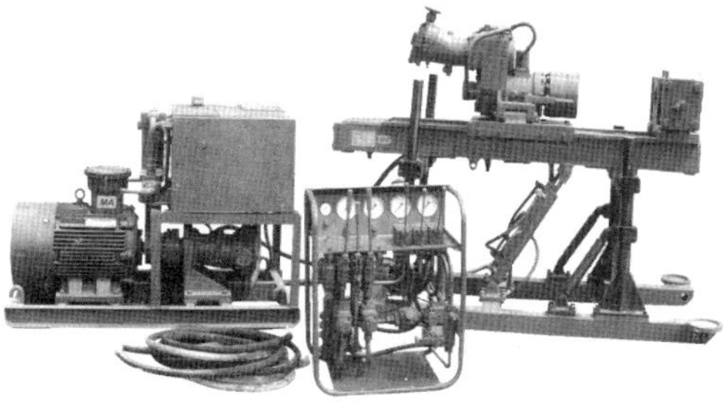

图4-1　ZDY-3200S型煤矿用全液压坑道钻机图

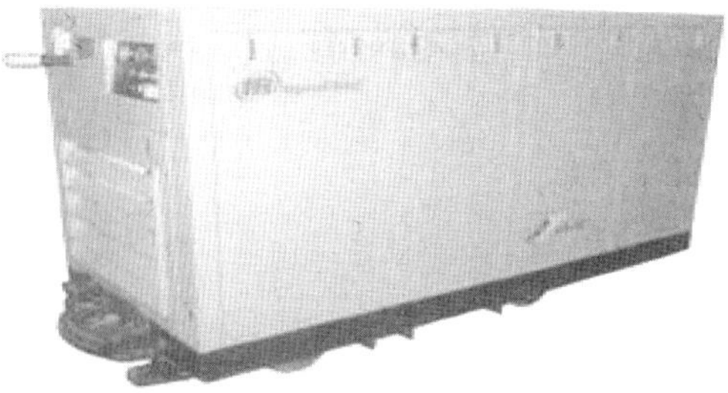

图4-2　MLGF20/12.5-132G螺杆空压机图

MLGF20/12.5-132G螺杆空压机（图4-2）属于矿用防爆型，整机和所有电气均有防爆合格证及矿用安全认证；齿轮直联，背靠背圆锥滚子轴承；易损件少，可靠性高，操作简单；具有安全、可靠、高效、耐用和低噪声等特点。

突出煤层安全钻进防喷装置（图4-3、图4-4）由单位自主研发（已获国家实用新型专利证书），该装置具有安全、可靠、使用简单的特点，可以使钻进时喷出的煤和瓦斯分别进入设定系统，从根本上消除钻孔强烈喷孔或钻孔突出带来的安全隐患。

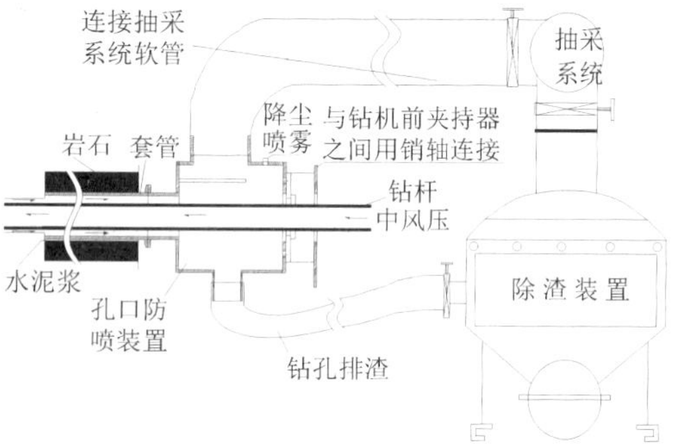

图4-3　突出煤层安全钻进防喷装置图

图4-4　孔口防喷装置图

YCJ5（A）组合测井仪（图4-5）是由YCJ5T（A）组合测井仪同步机、YCJ5G（A）组合测井仪探管和YCJ5S（A）组合测井仪测深装置组成。该仪器采用无缆（借助钻杆送取探管）测量方式，能够测量水平孔、斜孔及垂直孔，应用于含有甲烷或爆炸性气体的矿井测井，特别是对于煤矿井下采前探测，可节约从地面至井下的无效钻探费用。仪器一次可以测量自然γ和选择γ两个参数。用于确定钻孔穿过煤层和岩层的位置及深度，同时也可用于确定煤层的深度、厚度和结构；也可以划分岩性并确定岩溶发育带、断层破碎带，提供并作为岩层的对比和分析孔内构造；运用测井仪和测斜仪并与定向钻机相结合可进行断层落差判定。

YHQ-XG全方位钻孔测斜仪（图4-6）主要由测斜探管、测斜仪（同步机）组成，专供煤矿井下水平钻孔或定向钻孔进行测斜。

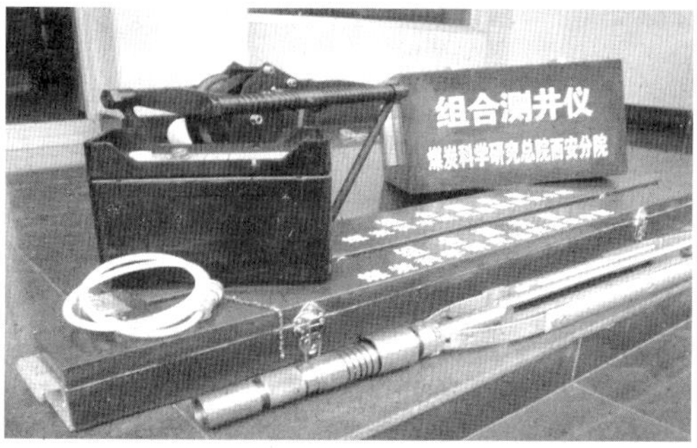

图4-5　YCJ5（A）　组合测井仪图

图4-6　YHQ-XG全方位钻孔测斜仪图

利用ZDY-3200S型煤矿用全液压坑道钻机配合MLGF20/12.5-132G螺杆空压机，先用ϕ133mm金刚石复合片钻头钻进20m，然后下ϕ127mm套管20m进行护孔，同时对钻孔进行全孔注浆封堵岩层裂隙，杜绝涌水和跨孔、塌孔对钻孔的影响，待水泥浆凝固48h再用ϕ94mm高强度金刚石复合片钻头配合突出煤层安全钻进防喷装置压风排渣穿强突煤层钻进成孔（钻孔结构见图4-7）。

在钻进过程中要密切注意瓦斯变化情况、控制钻速，避免瓦斯超限和喷孔事故的发生。对施工的钻孔及时采用YCJ5（A）组合测井仪和YHQ-XG全方位钻孔测斜仪进行测井、测斜，收集、汇总相关资料从而达到地质补勘目的。

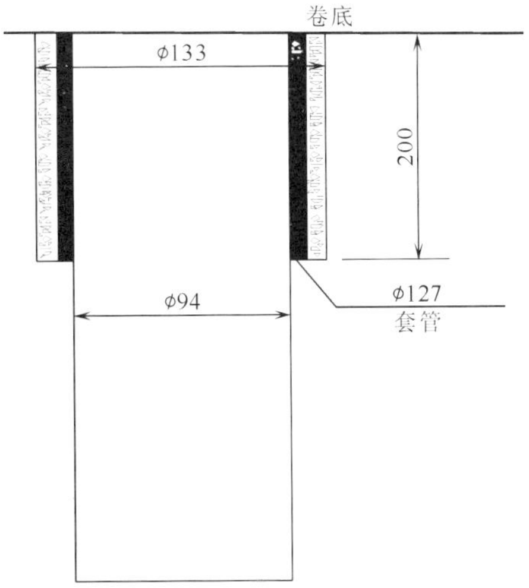

图4-7　钻孔结构图

5. 施工工艺流程及操作要点

5.1　施工工艺流程

施工准备→钻机基础→钻机就位固定→下套管钻孔钻进→下套管注浆护孔→穿强突煤层钻进成孔→测井、测斜收集、汇总数据→钻孔结束→设备撤场。

5.2　操作要点

5.2.1　钻进设备的选型：选用西安煤科院生产的ZDY-3200S液压钻机，该钻机施工钻孔倾角±90°；钻杆选用ϕ73mm高强度摩擦焊接外平钻杆；钻头选用ϕ133mm、ϕ94mm金刚石复合片钻头，该钻头适用于10级以下岩层钻进，具有钻进效率高、使用寿命长的特点。

5.2.2　钻机的稳固：用325号矿渣水泥预制混凝土钻机基础，并在规定位置将4只地脚螺栓固定，钻机就位后要将压板固定在地脚螺栓上，拧紧螺母；采用4根液压单体在巷道壁上掏槽进行稳固钻机；钻机处巷道顶部施工两个起吊锚杆，配合手拉葫芦预防钻机歪倒。

5.2.3　空压机中风压排渣：矿井系统风压低，一般在0.4~0.5MPa，风量不稳定，影响钻孔排渣，制约钻孔施工深度的提高。利用空压机产生的中风压经钻杆内孔、钻头进入孔底，在孔内形成高速风流，钻屑则悬浮在风流中被吹向孔口，从而实现排渣和钻头的冷却。尤其在强突出煤层，孔内瓦斯和压风混合，使孔内只有气、固两相流，发生阻塞的可能性减小，避免了钻屑在孔内的积聚，从而减小和避免了喷孔事故的发生，使得钻孔得以成孔。

5.2.4　注浆护孔堵水：为避免含水层和跨孔、塌孔对钻孔施工的影响，根据具体情况对钻孔下套管和带压注浆进行护孔，避免发生孔内事故，造成无法钻进。

5.2.5　钻孔测井、测斜：及时对施工结束的钻孔进行测井、测斜。测井采用西安煤科院生产的YCJ5（A）组合测井仪对煤岩性及层位进行测定；测斜采用西安煤科院生产的YHQ-XG全方位钻孔测斜仪进行测定。

5.3　操作要求

5.3.1　钻机混凝土基础用不低于325号矿渣水泥预制，并将4只地脚螺栓固定于规定位置。

5.3.2　钻机就位后要将压板固定在地脚螺栓上，拧紧螺母。

5.3.3　施工现场必须配备2只干粉灭火器和消防沙。

5.3.4　钻机用液压单体打牢，并挂防倒装置且经常检查进行加固。

5.3.5　孔内下套管时必须使用专用工具，避免套管下窜到孔底，造成钻孔报废。

5.3.6　注浆护孔堵水时严格浆液比例，确保孔内岩层裂隙及套管与孔壁之间注实。

5.3.7 在穿煤过程中要使用突出煤层安全钻进防喷装置（已获国家实用新型专利证书），防喷装置连接要牢固可靠，抽采管路要及时进行除渣，确保畅通、可靠有效。施工过程中要密切注意瓦斯变化情况，根据瓦斯浓度确定钻机钻速、钻压和钻进进度，避免瓦斯超限事故和喷孔事故的发生。

5.3.8 严格按照《钻机工操作规程》和措施要求进行操作施工。

5.3.9 全方位钻孔测斜仪和组合测井仪属高精密仪器，严禁强烈震动、碰撞；与钻杆连接时要牢固可靠；在使用过程中钻杆严禁转动；全方位钻孔测斜仪在预定测点要停留进行采样，并按顺序详细记录测量结果，组合测井仪下钻、提钻速度要≤10cm/s。

5.4 劳动力组织（表5.4）

劳动力组织 表5.4

序号	工种类别	单位	人数
1	管理人员	个	4
2	技术人员	个	3
3	钻工	个	13
4	机工	个	3
5	电工	个	3
6	专职安检员	个	1
	合计		27

6. 材料与设备

本工法所需的配套设备与材料见表6-1。

本工法所需的配套设备与材料 表6-1

序号	设备与材料	型号规格	单位	数量	用途
1	液压钻机	ZDY-3200S	套	1	钻孔钻进
2	螺杆空压机	MLGF20/12.5-132G	台	1	钻孔排渣
3	全方位钻孔测斜仪	YHQ-XG	套	1	钻孔测斜
4	组合测井仪	YCJ5（A）	套	1	钻孔测井
5	钻杆	ϕ73mm	m	150	钻探施工
6	突出煤层安全钻进防喷装置		套	1	防瓦斯喷孔
7	手拉葫芦	HSZ-3	台	2	起吊钻机
8	液压单体	DN-06	只	4	固定钻机
9	金刚石复合片钻头	FGN133G	只	1	钻孔钻进
10	金刚石复合片钻头	FGN94G	只	2	钻孔钻进
11	套管	ϕ127mm	m	20	护壁
12	矿渣水泥	325号	t	2	注浆
13	地质罗盘仪	DQY-1	只	1	确定钻孔角度
14	干粉灭火器	MFZL-4	只	2	备用灭火
15	消防沙		kg	50	备用灭火
16	管子钳		只	2	辅助卸水辫
17	铁锹		只	2	清理煤岩粉

本工法所需的液压钻机主要技术参数见表6-2。

本工法所需的液压钻机主要技术参数 **表6-2**

钻　机　型　号	ZDY3200S
钻孔深度（m）	350/100
钻杆直径（mm）	73
终孔直径（mm）	150/200
钻孔倾角（°）	0～±90
转　速（r/min）	50～175
最大扭矩（N·m）	3200
起拔能力（kN）	70
给进能力（kN）	102
电机功率（kW）	37
主机质量（kg）	1180
外形尺寸（m）	2.30×1.10×1.65

本工法所需的螺杆空压机主要技术参数见表6-3。

本工法所需的螺杆空压机主要技术参数 **表6-3**

空压机型号	MLGF-132
排气量/排气压力（m^3/min/MPa）	20/1.25
冷却风量（m^3/min）	425
机组出口温度（℃）	<80
运行环境温度（℃）	1.7～46
传动方式	齿轮直联
机组噪声[dB（A）]	82±3
冷却剂容量（L）	114
机组净重（kg）	3590
电机功率（kW）	132
电源及启动方式	380/660/1140V/3p/50Hz 直接启动
绝缘等级/防护等级	F级/IP55
外形尺寸（m）	3.50×1.25×1.8

本工法所需的YHQ-XG全方位钻孔测斜仪主要技术参数见表6-4。

本工法所需的YHQ-XG全方位钻孔测斜仪主要技术参数 **表6-4**

探管	电源/电压（V）	4节LS18650（2Ah）锂电池/7.2
	工作电压（V）/电流（mA）	10/60；10/75；5/20；
	外型尺寸（mm）	60×1350
	重量（kg）	10
同步机	电源/电压（V）	2节LS18650（2Ah）锂电池/7.2
	工作电压（V）/电流（mA）	5/40
	外型尺寸（mm）	300×160×240
	重量（kg）	5
测量道数	7道	
计数时间（s）	0.65	
测点间隔（s）	60	
记录字长	16位	
存贮容量（kB）	32（255帧）	
工作时间（h）	6	
最佳测角范围及精度	倾角：±90°/±0.167°	方位角：0～360°/±1.67°

本工法所需的YCJ5（A）组合测井仪主要技术参数见表6-5。

本工法所需的YCJ5（A）组合测井仪主要技术参数 **表6-5**

探管	电源/电压（V）	4节ZKM18650锂电池/14.4
	工作电压（V）/电流（mA）	10/140
	外型尺寸（mm）	57×1410
	重量（kg）	20
同步机	电源/电压（V）	3节GL6S锂电池/10.8
	工作电压（V）/电流（mA）	5/150
	外型尺寸（mm）	300×160×240
	重量（kg）	7.5
测量道数	2	
采样时间（s）	1或0.5	
采样方式	并行采样，数据分别存储	
记录字长	每道16位	
存贮容量（KB）	探管128，同步机511	
延迟时间	20′；40′；60′；90′；120′ 共五档	
自然γ	最高计数65535CPS	
选择γ	最高计数65535CPS	
工作时间（h）	4	
测量精度	平均计数±10%	
分层能力（cm）	≥5	

7. 质量控制

7.1 钻机混凝土基础尺寸、强度符合设计，达到质量标准要求。

7.2 钻机就位要保持水平，钻机底盘及钻机要固定牢固，防止发生移位。

7.3 开孔倾角误差不大于±1°，孔深要符合要求。

7.4 岩性较差的情况下，适当增加套管护孔长度，提高护壁的可靠性。

7.5 钻进过程中不断检查钻杆的垂直度及钻机水平情况，一旦发现倾斜与位移，应立即纠正处理。

7.6 钻进中当发现孔斜时，应立即进行上下扫孔，直到将钻孔扫直，方可继续钻进，严禁发生孔斜时，强行钻进至终孔。

7.7 防止塌孔，提高成孔质量。

7.8 在不同的煤岩层采用合理的转速和钻压，减少对孔壁稳定性产生的影响和预防瓦斯超限事故的发生。

8. 安全措施

8.1 严格执行《煤矿安全规程》、《防治煤与瓦斯突出规定》等相关规定，严格按钻机使用说明书、操作规程和措施进行操作，钻工做到持证上岗，所有人员必须佩戴并能熟练使用隔离式自救器。

8.2 起吊钻机、油箱等设备要用不小于4分钢丝绳扣，严禁用钢丝代替。起吊钻机、油箱用不少于3t的手拉葫芦，捆绑点选择要合理，起吊点使用锚索时要增加锚具，人员的身体各部位不得在设备落下或歪倒可能伤及人员范围内，以防钻机落下或歪倒伤人。

8.3 钻孔施工时必须保证风水联动装置正常、可靠；风、水管接头必须用专用U形卡卡牢并用10号钢丝与风、水管锁死以防脱落伤人。

8.4 开始钻进时，要合理给压轻压慢钻，控制钻速，保证钻孔垂直，并密切观察进尺，每钻进1m对煤、岩情况进行详细记录。

8.5 钻进期间须做到先开风后钻进，先停机后停风，缓慢开启压风，避免瓦斯超限；钻孔下风侧20m内设置两道全断面喷雾，所有施工人员做好个人防尘保护。

8.6 卸钻杆，敲钻杆时，必须使用铜锤，钻机操作人员精力集中，与接卸钻杆人员配合一致，听从一个口令，以免误动作伤人，严禁采用钻机旋转力配合牙钳接卸钻杆、水辫，防止牙钳甩动伤人或造成钻杆脱落，发生孔内事故。

8.7 钻进加尺时，要认真检查钻杆质量，弯曲、坏扣或堵塞的钻杆严禁使用。连接钻杆时接头间缠绕油线或盘根线，对准丝口，不歪斜、不漏风，人工上满丝后方准开启钻机。

8.8 钻机施工期间，钻机操作人员不得离开操纵台，确需离开操作台时，必须停机。施工点10m范围内不得从事与打钻作业无关的工作，人员不得在钻机附近随意走动。

8.9 钻孔施工过程中，若孔内有顶钻、喷孔、夹钻、透水及其他异常情况时，必须立即停止钻进，切断钻机电源，但不得拔出钻杆，待恢复正常后方可恢复作业。

8.10 钻机班长负责佩带灵敏可靠的瓦斯便携仪，悬挂于钻孔回风侧5m内的上方，若风流中瓦斯浓度≥0.8%，必须停止作业，切断钻机电源查明原因，由瓦斯检查工处理正常后方可恢复作业。

8.11 加强钻机和电器设备的检修维护，电器设备严禁失保、杜绝失爆；机修人员要加强维护，保证前夹持器能够正常、可靠、灵敏。

9. 环保措施

9.1 施工地点做到标牌清楚、齐全，各种标志醒目，施工场地整洁文明。

9.2 孔口采用除尘装置，回风侧20m范围内安设两道全断面净化喷雾，减少了煤、岩粉的生成。

9.3 及时将钻渣装袋，按规定位置进行合理堆放和处置。

9.4 每班不少于三次对施工场所及附近20m范围内洒水灭尘。

10. 效益分析

10.1 本工法将工程施工由地面转入井下，减少无效钻进量，节约工程费用80余万元。地面钻探与井下钻探工程预算分别见表10.1-1、表10.1-2。

地面钻探工程预算 **表10.1-1**

工程费用名称	单位	数量	价值	
			单价	总价
合计				927176
一、钻探				665339
孔径 ϕ94mm	m	1363.4	488.00	665339
二、地质技术工作费	项	（一）×15%		99801
三、设备调遣费	次	2	6000	12000
四、青苗赔偿费	项	2	60000	120000
五、税金	（一+二+三+四）×3.348%			30036

井下钻探工程预算 表10.1-2

工程费用名称	单位	数 量	价 值	
			单价	总价
合 计				120002
一、钻探				92273
孔径 ϕ94mm	m	223.4	413.04	92273
二、地质技术工作费	项	（一）×15%		13841
三、设备调遣费	次	2	5000	10000
四、税金		（一+二+三）×3.348%		3888

10.2 本工法将工程施工由地面转入井下，大大缩短工程工期，由地面施工两个钻孔从准备到工程竣工需要3个月时间，而改为井下施工从准备到工程竣工只需要1个月时间。更重要的是节省下来的钻探设备和人员可以再创造30~40万/月的产值，创造巨大的工期效益。

10.3 本工法将工程施工由地面转入井下，避免泥浆加工和储运环节，减轻环境污染，可大幅减少施工人员，减少人员薪酬支出。

10.4 本工法为煤层群高抽巷垂直抽采钻孔代替高抽巷抽采治理瓦斯提供了技术支撑，增加了瓦斯治理的方式，多煤层施工一条高抽巷减少了高抽巷施工数量，节约了巷道成本，节省了采掘面接替时间，具有巨大的经济和社会效益。

11. 应用实例

潘一矿东一11515煤层群高抽巷

11.1 工程概况

潘一矿11515煤层群高抽巷位于一水平东一采区，巷道标高-533.5~-575.5m，从B组抽采石门拨门向东施工，施工长度为1559.7m，巷道位于8煤上方20m处，根据原始资料8煤顶板砂岩含水层实际涌水量分析，预计最大涌水量可达到40m³/h，正常涌水量为10m³/h。钻孔将穿过高抽巷下部8、7、6、5、4-2、4-1煤，各煤层瓦斯含量及瓦斯压力见表11.1。

煤层瓦斯含量、瓦斯压力 表11.1

煤 层	瓦斯含量（m³/t）	瓦斯压力（MPa）
8	6~8	1.3
7	3.14	0.82
6	1.87	0.9
5	6.12	1.85
4-2	7.58	1.4
4-1	11.22	3.8

其中8、5、4煤属于强突出煤层。

巷道内原有两个从地面施工的勘探钻孔1号和2号，1号孔深761.69m，到1煤底板以下50m；2号孔深689.70m，仅到4煤底板以下10m。现需在已有1号和2号孔间补充11515-1和11515-2两个补勘钻孔对8煤以下的煤岩层进行精确勘探，以便准确掌握煤岩层情况，为今后采掘工作提供详细、准确的地质资料，11515-1和11515-2补勘钻孔设计孔深100m，钻孔间距300m，11515工作面（设计）平面图如图11.1-1、11515煤层群高抽巷预想地质剖面图如图11.1-2、钻孔柱状图如图11.1-3所示。

11.2 施工准备

施工设备（表11.2-1）

钻孔设备表 **表11.2-1**

钻孔类型	钻机	钻杆	钻头	排屑方式
补勘钻孔	ZDY-3200S 型钻机	ϕ73mm 光钻杆	ϕ94~133mm 复合片	压风排屑
	空压机	功率（kW）	流量（m^3/min）	额定压力（MPa）
	MLGF	132	20	1.25

钻孔施工前，3寸风、水、排管路、调度电话安装到位；混凝土基础要符合要求；现场配备2台干粉灭火器和消防沙；连接防喷装置的抽采系统安全、可靠；瓦斯传感器等各种监测、监控、瓦斯电闭锁装置严格按要求安设，并保证准确、灵敏、可靠，瓦斯传感器悬挂在钻机回风侧5~10m范围内。

瓦斯检测设备表 **表11.2-2**

瓦斯传感器	报警点	断电点	复电点	断 电 范 围
T1	≥1%CH_4	≥1.5%CH_4	<1%CH_4	钻孔施工地点 20m 范围内及回风流中非本质安全型电气设备

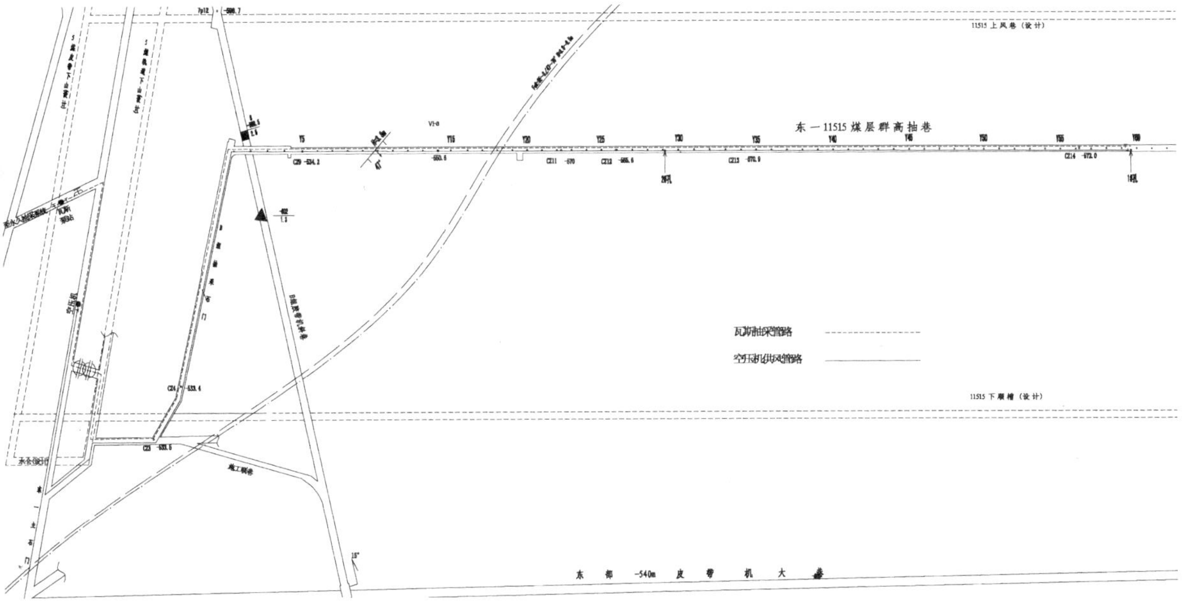

图11.1-1 11515工作面（设计）平面图

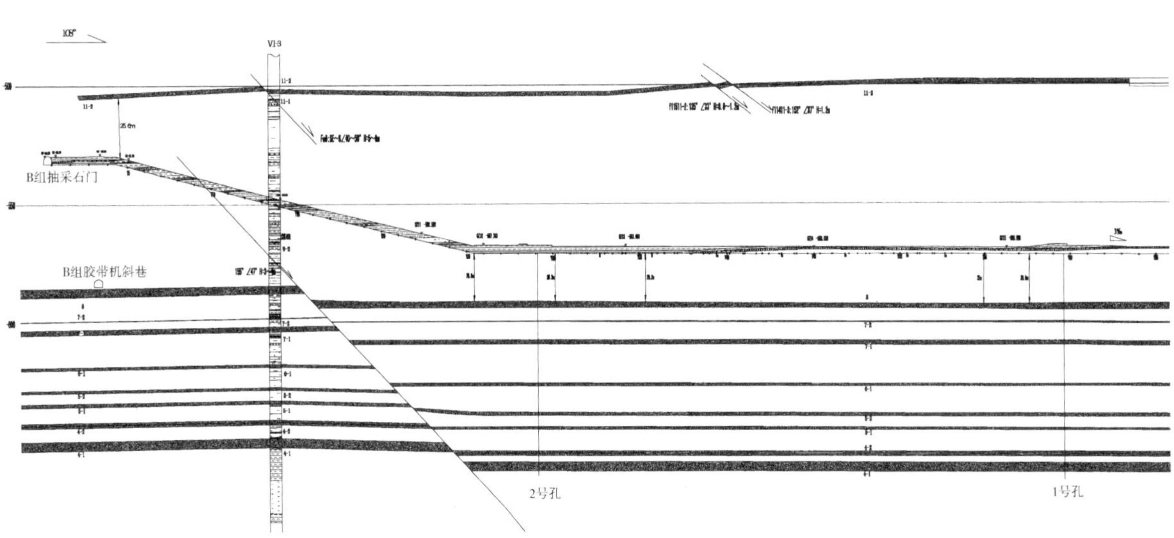

图11.1-2 11515煤层群高抽巷预想地质剖面图

5-2 煤层顶底板岩性综合柱状图

真厚（m）	柱 状（1:200）	岩 性 及 说 明
1.95～3.56 / 3.0		8煤:黑色，片状及鳞片状，局部块状，半亮型煤
3.2～4.7 / 3.4		泥岩:灰色，块状为主，岩性破碎。
4.75～7.24 / 5.7		砂质泥岩:灰色,厚层块状,坚硬,局部为粉砂岩
1.65～8.35 / 3.5		粉细砂岩:灰色，厚层状，裂隙较发育。
0.27～0.44 / 0.36		7-2煤:黑色，粉末状为主。
5.13～5.80 / 5.4		砂质泥岩:灰色，较破碎，底部近1.0m为粉砂岩。
1.7～2.55 / 2.0		7-1煤:黑色，块状及鳞片状，半暗半亮型。
2.45～3.37 / 2.8		砂质泥岩:灰色，块状，较破碎。
1.12～6.9 / 2.6		细砂岩:灰色，块状，裂隙发育。
0.6～0.63 / 0.6		炭质泥岩:深灰色，片状。
2.28～2.40 / 2.2		中细砂岩:灰色，块状，缓波状层理。
2.62～4.8 / 3.2		砂质泥岩:灰～深灰色，块状，节理发育。
0.9～4.0 / 2.45		6-1煤（与6-2煤合）:黑色，上部以块状为主，下部以鳞片状为主，中间含一层厚0.2m的泥岩夹矸。
0.28～1.26 / 0.7		含炭泥岩:灰黑色，块状，较破碎。
3.55～8.10 / 6.6		中砂岩:灰～灰白色，块状，交错层理。
2.60～6.55 / 5.9		砂泥岩互层:浅灰色，具缓波状层理。
3.0～3.35 / 3.2		中细砂岩:灰色，块状，硅质胶结，缓波状层理。
1.2～2.5 / 1.5		5-2煤:黑色，块状，半亮型。
4.25～5.0 / 4.6		粉砂岩:灰色，块状，含少量云母碎片，中夹一层0.05～0.1m的煤线。
0.58～1.42 / 1.2		5-1煤:黑色，块状及鳞片状为主，半暗型。
7.3～8.91 / 8.1		粉细砂岩:灰色，含白云母碎片。
0.8 0.3 0.7		4-2煤:黑色，块状及鳞片状为主，半暗型，夹矸为炭质泥岩。
1.04～1.32 / 1.1		泥岩:灰色，块状为主，岩性破碎。
1.62～4.47 / 3.0		粉细砂岩:灰色，含白云母碎片。
3.7～3.87 / 3.8		4-1煤:黑色，块状及鳞片状为主。
4.97～5.39 / 5.2		砂质泥岩:灰～深灰色，块状，中间常发育一层煤线或炭质泥岩(厚0.4m)。

图11.1-3　钻孔柱状图

11.3 现场实施

钻机就位后，将钻机进行固定，每班施工人员班中和接班时都要对地脚螺栓和液压单体的稳固进行检查，确保安全、可靠、有效。

钻孔采用中风压排渣钻进，先用ϕ133mm金刚石复合片钻头钻进20m，然后下ϕ127mm套管进行护孔，同时对钻孔进行全孔注浆封堵岩层裂隙，杜绝涌水和跨孔、塌孔对钻孔的影响，待水泥凝固48h后再用ϕ94mm高强度金刚石复合片钻头配合突出煤层安全钻进防喷装置穿强突煤层钻进成孔。

在穿煤过程中必须使用突出煤层安全钻进防喷装置，防喷装置与抽采系统连接，抽采系统形成的负压对孔内钻屑阻塞钻孔起到抑制作用，同时对孔内瓦斯进行抽放，避免瓦斯超限和喷孔事故的发生。

钻孔在起钻后及时对钻孔进行测井、侧斜，在测井、侧斜过程中钻杆严禁转动。组合测井仪在下钻、提钻时速度要≤10cm/s；全方位钻孔测斜仪在预定测点要停留进行采样，并按顺序详细记录测量结果。YHQ-XG全方位钻孔测斜仪校正技术数据见表11.3-1和表11.3-2。

11515-1钻孔测斜仪校正技术数据 **表11.3-1**

测点	孔深	方位	倾角	备注
1	2.50	334.62	-89	
2	7.50	327.85	-88.83	
3	12.50	331.83	-87.98	
4	17.50	333.33	-87.38	
5	22.50	328.48	-87.55	
6	27.50	330.52	-87.28	
7	32.50	331.99	-87.14	
8	37.50	332.73	-86.62	
9	42.50	333.77	-87.07	
10	47.50	330.55	-86.89	
11	52.50	339.78	-86.74	
12	57.50	337.26	-86.9	
13	62.50	344.95	-86.93	
14	67.50	353.69	-86.16	
15	72.50	334.80	-86.39	
16	77.50	332.84	-87.96	
17	82.50	338.56	-87.26	
18	87.50	336.12	-86.63	
19	92.50	335.70	-86.50	

11515-2钻孔测斜仪校正技术数据 **表11.3-2**

测点	孔深	方位	倾角	备注
1	2.50	337.95	-88.75	
2	7.50	338.76	-89.34	
3	12.50	341.25	-87.89	

续表

测点	孔深	方位	倾角	备注
4	17.50	339.31	−88.54	
5	22.50	338.13	−88.55	
6	27.50	239.00	−88.49	
7	32.50	336.69	−88.24	
8	37.50	340.66	−88.35	
9	42.50	339.74	−88.37	
10	47.50	338.39	−88.34	
11	52.50	339.00	−88.19	
12	57.50	340.30	−87.36	
13	62.50	339.83	−87.57	

工程11515−1钻孔于2009年10月12日开工，至2009年10月27日11515−2钻孔结束，历时16d。从工程前期准备到竣工仅用了30d时间，两孔孔深分别达117m和106.4m的好成绩，钻孔质量优良，数据采集达到要求。

大峡谷中塔吊配合整体爬模变截面高墩施工工法

GJEJGF316—2010

中铁十二局集团第一工程有限公司　山西路桥建设集团有限公司
周仲猛　米俊峰　张传刚　王传明　李彦

1. 前　言

临吉高速公路壶口黄河特大桥位于壶口瀑布下游15km处，河面宽度270m，两岸山体陡峭，主墩高度分别为143m、146m；下部75m为变截面，墩身最大尺寸为14m×11m，上部等截面尺寸为8m×7m。根据国内施工现状，结合本桥工期要求，单位经过反复比较与论证，确定选用塔机吊配合CB-240悬臂支架轻型爬模施工。在施工应用过程中，通过对施工工艺的不断完善，施工质量和进度效果显著，因此总结形成该工法。该工法通过了2010年山西省省级工法鉴定，被评为2011年度山西省省级工法与2010年度集团公司三级工法。采用该施工方法有效地解决了墩身变截面施工、大体积混凝土外观质量控制、操作平台安全性、循环作业衔接等技术难题，可用于同类高墩施工，具有较高的应用价值和推广前景。

2. 工法特点

2.1　适用范围广，CB-240悬臂支架轻型爬模平面模板系统为木制结构，安装便捷，节段施工速度快，一次爬升高度可达10m，一般高墩施工均可采用；变截面施工不需要做调整模板，直接对模板切割，保证外观平顺，施工便捷。

2.2　提供全方位的操作平台。操作平台设计的安全通道及工作平台易封闭，避免了高空作业安全隐患；便于施工人员进行拆卸拉杆等后续工作，保证了施工安全。

2.3　模板同支架一起吊装，模板不落地，既节省了空间又减少了模板的磨损、碰撞，增加模板的周转次数；既节约了人力又大大降低塔吊的吊次。

2.4　左右幅两个桥墩可共用塔吊、电梯和混凝土输送泵等，施工设备简单。

3. 适用范围

适用于50m以上表面为平面的高墩、混凝土墙及其他复杂桥梁索塔的施工。

4. 工艺原理

CB-2400悬臂支架轻型爬模，主要由模板、主背楞、斜撑、后移装置、受力三角架、主平台、上平台、吊平台和预埋系统组成。第一层墩身混凝土强度达到15MPa时，将受力三角架固定于墩身上，安装除吊平台外其他部件，利用上平台绑扎钢筋、浇筑混凝土和控制轴线偏位。利用塔吊同时提升模板及支架，固定在第二层墩身上，安装吊平台，混凝土施工完毕，切割多余模板，模板、支架及吊平台同时提升固定在第三层墩身上。如此循环，直至墩身施工完成。

5. 施工工艺流程及操作要点

悬臂支架轻型爬模施工第二层混凝土后可利用塔吊提升，墩身变截面处模板提升后根据坡率切割，施工平台及防护系统不用另外安装，连续施工至墩顶。

5.1 施工工艺流程

施工工艺流程如图5.1所示。

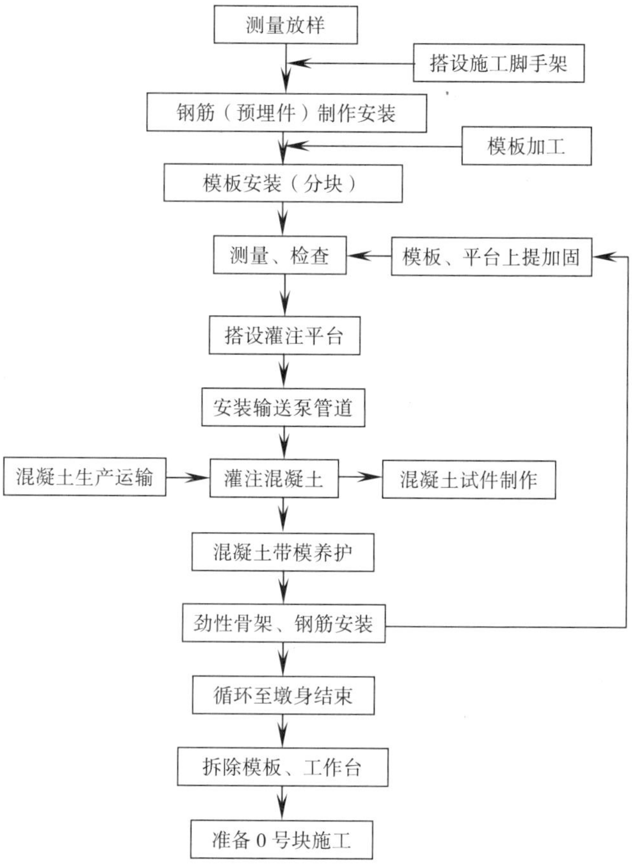

图5.1 墩身爬模施工工艺流程图

5.2 设备选用基本参数

为满足壶口黄河特大桥墩身施工时提升悬臂支架轻型爬模要求，订制168.8m高中联塔吊，根据墩高及截面变化情况，选用TC5613A型塔吊，主要技术参数如下：

最大悬臂长度：50m；额定起重量：8t；

吊物升降速度：10m/min；工作风压：不超过6级；

附着后自由高度：不大于30m。

混凝土输送采用三一重工HBT80C-2122型拖泵，其出口压力为22MPa，最大泵送垂直高度为318m。

5.3 悬臂支架轻型爬模

悬臂支架轻型爬模由爬架及平面模板组成，利用爬架将模板支架结构固定在已浇筑墩身上，并作为钢筋、模板及混凝土施工平台。

爬架主要由斜撑主背楞、主梁三角架、吊平台等组成；主梁三角架上端通过螺栓与墩身预埋爬锥连接，下端支撑在已浇筑墩身混凝土上作为系统承重构件；斜撑主背楞安装在主梁三角架上部，其上安装固定模板及操作平台；吊平台安装在主梁三角架下部，作为墩身表面清理的操作平台。

操作平台外侧采用普通脚手架钢管封闭，包裹双层防护网（一层密目安全网，一层尼龙网）；平台过道满铺5cm厚木板，供人员作业、行走及存放小型施工机具。

由于墩身截面从底部14m×11m变化至75m高度时为8m×7m，考虑塔吊性能，14m侧由3榀模板支架组成，11m侧由2榀模板支架组成；变截面施工时，模板支架提升前按照下一节段墩身截面对模板进行切割。

5.4 施工要点

5.4.1 墩身预埋件

在墩身混凝土浇筑前，根据节段高度及墩身收坡情况确定爬锥位置，安装埋件板、直径22mm精轧螺纹钢及爬锥；爬锥、埋件板与精轧螺纹钢栓接，爬锥表面涂抹黄油并缠绕塑料布，模板提升后可拆除爬锥，重复使用。

在模板就位前，通过模板面板上预留孔，将预埋件用M36×50的安装螺栓固定在模板上；每榀模板支架预埋2个爬锥，应严格控制爬锥距轴线距离及相对高差，确保模板拼装质量。

5.4.2 受力螺栓与支座的安装

混凝土浇筑完成后，卸下M36×50安装螺栓，后移模板，用受力螺栓将支座安装在预埋爬锥上。

5.4.3 模板支架就位

利用劲性骨架绑扎钢筋，墩身混凝土强度达到10MPa后将模板支架吊装就位，主梁三角架卡在受力螺栓上，插上销子，然后调整模板；吊装模板支架时人员不得同时起吊，模板到达埋件位置时通过平台过人进行加固。

5.4.4 埋件的取出

在吊平台上用扳手和爬锥卸具将受力螺栓和爬锥取出，以便重复使用，同时用砂浆抹平爬锥取出后留下的孔。

5.4.5 模板加固

墩身四角处模板通过45° 的斜拉杆连接，角部形成企口形式，因为斜拉杆为45° 方向受力，能有效保证模板角部不胀模不漏浆；同一平面模板接缝处背肋槽钢通过特制芯带连接，保证模板整体刚度。

5.4.6 混凝土施工

混凝土采用拌合楼集中拌合，输送泵输送至工作面与布料机连接，以便均匀布料；泵管利用拉杆孔自下而上固定在墩身外侧。每节段施工高度控制在6m以下，人员进入钢筋骨架内振捣。混凝土利用养护剂养护。

5.4.7 内模支架施工

墩身每25m设置有横隔板，空心墩内模采用标准模板拼装，普通钢管作为加强背肋，模板高度与外模一致；内部支架为满堂支架，支撑内模并作为布料机平台基础。

5.4.8 墩顶实体段施工

施工至墩顶实体段时，调整埋件标高使模板顶面与设计墩顶标高一致；墩顶混凝土分两次浇筑，第一次浇筑50cm，强度达到90%后拆除内部支架及模板，施工剩余250cm墩顶混凝土。

5.4.9 模板拆除

墩身施工完毕，拆除模板、斜撑主背楞及吊平台，主梁三角架保留，作为梁部0号块施工平台。

6. 材料与设备

塔吊配合悬臂支架轻型爬模进行高墩施工需要配置材料及机械设备见表6。

施工材料及设备 **表6**

序号	名称	规格型号	单位	数量	备　注
1	爬模	CB-240	套	8	墩身外模、支架
2	塔吊	TC5613A	台	4	模板提升、材料运输
3	混凝土输送泵	HBT80C-2122	台	4	泵送最大垂直高度 318m
4	混凝土布料机	自制	台	4	混凝土均匀布料
5	电梯	SW200	台	4	人员上下墩
6	柴油发电机组	350kW	台	4	应急用电
7	变压器	630kVA	台	2	含配电柜
8	混凝土搅拌机	JS120	台	2	混凝土生产
9	电动套丝机		台	8	最大可套 ϕ32钢筋

7. 质 量 控 制

大体积变截面高墩施工质量控制难点是墩身垂直度、混凝土外观质量、表面平整度等，主要采取以下措施：

7.1 编制完善的模板支架组装拆除及钢筋、混凝土施工作业指导书，对现场技术员及操作人员进行交底，保证各工序质量。

7.2 建立黄河特大桥测量控制网，墩身施工时每层混凝土4个角点都进行导线及高程复核，确保各节段墩身垂直度在规范要求范围内。

7.3 对混凝土配合比进行认真比选、反复试验，确保混凝土的工作性；严格控制原材料质量，保证混凝土拌合质量。

7.4 落实质量责任制，严格控制混凝土振捣工艺，分层浇筑，人员分片负责，根据拆模后混凝土外观质量进行奖惩。

7.5 变截面施工模板严格按照墩身坡率进行切割，模板安装前检查表面平整度，接缝情况，发现变形情况及时修正或更换。

7.6 墩身混凝土施工完毕后及时处理施工缝，表面进行凿毛；外模接头处粘贴胶带，模板就位后上紧拉杆，避免漏浆错台。

8. 安全措施

安全高于一切，根据本工法施工特点，现场主要控制以下几个方面：

8.1 建立安全施工保证体系，落实安全施工岗位责任制；建立健全安全生产责任制，签订安全生产责任书，将目标层层分解落实到人。

8.2 队伍进场后，所有人员经过项目安全监督部的三级安全教育考试合格后，方可进入现场施工；施工前，必须对工人有安全交底；进入施工现场人员必须戴好安全帽，高空作业必须用安全带，并要系牢。

8.3 塔吊等模板施工有关特殊工种人员必须持证上岗；医生检查认为不适合高空作业者不得进行高空作业。

8.4 墩下设置安全通道，现场内各种安全标牌齐全、醒目，严禁违章作业及指挥。现场危险地区悬挂“危险”或“禁止通行”的明显标志，夜间设红灯警示。

8.5 在现场高空模板施工必须有操作架，操作架上必须铺跳板，绑好防护栏杆及踢脚板；做好结构临边防护及安全网的设置。

8.6 严禁上下同时交叉作业，严防高空坠物；经常检查模板吊钩、斜支撑及平台连接处螺栓是否松动，发现问题及时组织处理。

8.7 夜间不得进行模板升降作业，遇八级（含八级）以上大风不得进行提升或进行模板前后移动作业。

8.8 平台模板移动前，调整可调斜撑使模板倾斜；平台模板移动结束后，及时将后移装置与主梁连接的销轴插好就位，在承重三角架的主梁外部与下部埋件支座之间拉好防风缆绳（或拉紧绷带），以防风荷载等引起上平台大幅晃动，发生安全事故。

8.9 适当布置灭火器，做好防火，尤其是在经常使用氧气焊具、割具的位置。

8.10 设专人定期和不定期对支架进行维修保养，保证万无一失。

9. 环保措施

主墩位于黄河河谷中，施工时必须严格注意环境保护工作，主要有以下措施：

9.1 本工法模板及支架调整在墩身上进行，节约了施工现场空间，围堰面积大大减少，确保河道通水宽度，减少弃碴。

9.2 建筑及生活垃圾集中堆放，及时清理；施工现场设置污水处理池，现场污水不得直接排入黄河。

9.3 提高工作效率，降低电力损耗，减少油污等排放。

10. 效益分析

变截面空心高墩采用塔机吊配合悬臂支架轻型爬模施工工法，成功地解决了变截面高墩施工进度缓慢及材料垂直运输问题，有效地提高了设备利用率和人员工作效率，有力地保障了梁部大悬臂及合拢段施工工期目标，安全快速优质的完成了墩身施工任务，多次受到山西省省委、交通厅及业主表扬；墩身施工完毕后拆除模板系统，爬架部分作为梁部0号块托架施工平台，减少了材料投入，增加施工安全性，社会效益和经济效益显著。

11. 应用实例

11.1 工程概况

壶口黄河特大桥位于临汾市壶口瀑布下游黄河河谷中，河床断面呈U形，水流湍急；两岸岸坡呈折线形，边坡坡率近1：0.25，设计孔跨为120+3×175+96m，现浇梁全长741m。主墩最大高度146m，桥高157m。本桥在目前黄河已建139座桥梁中墩身高度最高，同类桥型跨度最大。

11.2 应用效果

采用本工法高墩悬臂支架轻型爬模的施工方法，顺利完成了146m的变截面高墩施工，爬模每节段提升就位时间12h。2、3号主墩月进度达36m，有效的保证了施工安全与进度。墩身施工完毕后，检查轴线偏差3mm，高程误差7mm，节段间无明显施工缝，线形顺直，变截面与等截面衔接美观。

大跨度曲线连续梁转体施工工法

GJEJGF317—2010

中铁十二局集团第二工程有限公司　山西路桥建设集团有限公司
武峰　李晓超　王克勤　梁安军　李彦

1. 前　　言

目前随着桥梁技术的迅猛发展，但对于上跨结构物的桥梁施工的传统工艺一般是采用挂篮直接在上跨构造物上施工，特别是对于对修建处于交通运输繁忙的城市立交桥和铁路跨线桥。集包铁路霸王河1号特大桥连续梁采用转体施工，这种施工安全风险就大大降低了，而且施工速度快，工程质量得到保障，造价低等优点，实践证明转体施工方法比传统的施工有很大的优点，本工法是根据该桥连续梁转体施工总结完善从而形成本工法。

2. 工 法 特 点

2.1　曲线连续梁转体施工工艺复杂，施工质量标准高，球铰设置横向预偏心来平衡面外不平衡弯矩。

2.2　曲线连续梁桥梁转盘钢球铰加工要求精度高，施工平整度和就位精度要求极高。

2.3　采用转体施工施工周期短，而且施工安全风险小。

2.4　转体施工能较好地克服在高山深谷、水深急流或经常通航的河跨线桥，其优势更加明显。

3. 适 用 范 围

本工法适用于铁路与公路等跨各种道路桥梁的施工。

4. 工 艺 原 理

转体施工的原理：连续梁T构完成，拆除支架完成后，对单个转体进行称重试验，按照试验结果进行合理配重；利用专用QDCL2000-300型连续顶推千斤顶、YTB液压泵站及LSDKC-8型主控台组成整套转体系统后进行转动，转体到位前，利用转体系统的点动功能缓慢就位，准确调整轴线位置及合拢口两侧标高后对钢撑脚及环道临时固结，并在三个合拢口之间设置型钢作临时固结措施，确保结构稳定。

5. 施工工艺流程及操作要点

5.1　转体施工工艺流程（图 5.1）

5.2　转体施工操作要点

5.2.1　施工准备

由于转动要求很高，转动时间较短，施工准备内容很多，所以转体施工准备十分关键，它直接影响施工进展和施工封锁要点，施工准备工作主要有清理滑道，箱梁不平衡力测试及配重，设备测试，转体的气候条件要求，防超装置等其他转体准备工作准备。

1. 清理滑道

1）拆除砂模：分三组对称拆除，每组3人，共9人；

2）清理滑道，滑道要清理干净，不得有碎混凝土块、钢筋、木板等杂物，清理完毕后在撑脚底与滑道顶的间隙中垫10mm厚四氟乙烯板，并涂满黄油。

2. 箱梁不平衡力测试及配重

本桥属于曲线桥，采用不平衡转体，在实际配重中跨和边跨达到不平衡，并使得边跨2～3对钢撑脚与滑道面四氟滑板发生轻微接触。

3. 设备测试

1）转体过程中的液压及电器设备出厂前要进行测试和标定，并在场内进行试运转；

2）设备安装就位。按设备平面图将设备安装就位，连接好主控台、泵站、千斤顶间的信号线，接好泵站与千斤顶间的油路，连接主控台、泵站电源。

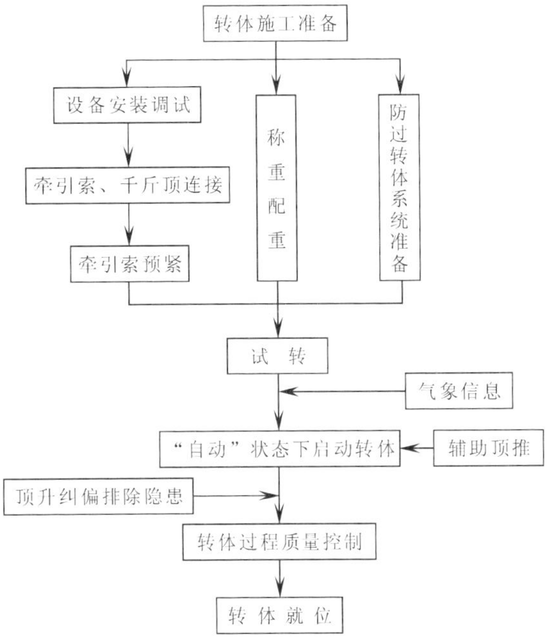

图5.1 转体施工工艺流程图

3）设备空载试运行。根据千斤顶施力值（启动牵引力按静摩擦系数μ_s=0.1，转动牵引力，按动摩擦系数μ_d=0.06考虑），反算出各泵油压值，按此油压值调整好泵站的最大允许油压，空载试运行，并检查设备运行是否正常，并在不同时间段，不同温度下进行设备的空载运行及流量控制；空载运行正常后再进行下一步工作。

4）安装牵引索。将预埋好的钢绞线牵引索顺着牵引方向绕上转盘后穿过千斤顶，并用千斤顶的夹紧装置夹持住，先用1～5kN逐根对钢绞线预压，再用牵引千斤顶在2MPa油压下对该束钢绞线整体预紧，使同一束牵引索各钢绞线持力基本一致。

5）全面检查转体结构各关键受力部位（特别是中墩负弯矩处）是否有裂纹及异常情况。拆除所有支架后用全站仪对转体结构进行观察，监测时间要求达到2h以上。

4. 转体的气候条件要求

转体施工时风速不能大于10m/s（即5级大风），转体前一周与气象部门及时沟通，保证转体不在大风及雨雪天气下进行。

5. 防超装置

为保障转体施工时转动不超过设计位置，应加设限位装置。转体前在转体就位位置滑道外缘焊接ϕ32限位螺母或钢筋，当梁体就位时在其前端放置Ⅰ32a工字钢横梁，使工字钢横梁与转盘撑脚接触位置即可转体就位位置。

6. 其他准备工作准备

1）在转体施工前，完成转体"T"构的栏杆、电缆槽等桥面附属工程，避免转体时和转体后桥面施工坠物造成京包线的行车安全。

2）在转体前将桥面的杂物和不用的机械设备清理干净，以免风大吹落物体。

3）对转体半径覆盖范围内的施工设备清理干净、场地平整、材料机具码放，做好文明现场。

4）在上转盘上安装转动角速度标尺。

5.2.2 转体施工

1. 转体系统的组成

转体系统主要由球铰、下滑道、钢撑脚、转体系统牵引索及动力系统组成。

1）牵引动力系统

根据计算使用200t连续千斤顶即可。本桥转体系统施工由具备施工经验的柳州OVM公司负责。每套自动连续转体系统由2台ZLD2000型连续提升千斤顶、2台ZLDB液压泵站和1台LSDKC-8电脑主控台通过高压油管和电缆线连接组成。

2）牵引索

转体转盘埋设有两束牵引索，每束钢绞线的数量为7根。

2. 转体结构的牵引力、安全系数及转体时间的初步计算

此桥是跨既有京包4线两侧现浇，转体重量1号墩4231.6t、2号墩4352.3t，此转体依最重的2号墩4352.3t计算。

1）转体牵引力计算

公式为 $T=2fGR/(3D)$

式中 T——牵引力（kN）；

G——转体最大总重力43523（kN）；

R——转盘半径（m）；为 1.25m；

D——牵引力偶臂（m）本桥牵引力偶臂为8m；

f——摩擦系数，取静摩擦系数取0. 1。

动力摩擦系数为：取0.06。

静摩擦力：$T=2fGR/(3D)=2\times 0.1\times 43523\times 1.25/3\times 8=45.3t<400t$

动摩擦力：$T=2fGR/(3D)=2\times 0.06\times 43523\times 1.25/3\times 8=27.2t<400t$

动力储备系数：400t/45.3t=8.8

钢绞线的安全系数：2×7（根/台）×26（t/根）/45.3（t）=8.0

定型球铰支座厂家提供的静、动摩擦系数分别为0.1和0.06。从此计算结果可以看出千斤顶动力储备和钢绞线的安全已达到了工程设计要求。

2）转体时间

根据施工图纸中要求的平转设计线速度为≤1.2m/min，再考虑箱梁的平稳和安全取线速度为0.5m/min。

转体角度最大为28°（设计为24°，根据现场实际1号墩变更为28°），箱梁辐射最大半径为49m。

转体总弧长（28×3.14159/180）×49=23.95m

转体时间为：23.95/0.5=47.9 min，考虑其他综合情况，取转体时间为50min。

当两梁端距离到1.3m（转动角速度标尺剩下10cm）时，采用10s、5s、2s和1s点动就位，所需时间50 min。

转体全过程计划要点时间约为：50+50=100min。

3. 转体施工步骤

1）试转

在上述各项准备工作完成后，正式转动前两天，进行结构转体试运转，全面检查一遍牵引动力系统、防倾保险体系等是否状态良好。试转时应做好以下两项重要数据的测试工作：

（1）启动牵引力数据的采集：启动时要采用分级加载，测定启动所需牵引力。

（2）每分钟转速，即每分钟转动主桥的角度及悬臂端所转动的水平弧度距离，应将转体速度控制在设计要求内，以控制转动的角速度为主即0.02rad/min，钢绞线伸长为0.02×400=8cm。

（3）控制采取点动方式操作，测量组应测量1s、2s点动一次悬臂端所转动水平弧线距离的数据，以供转体初步到位后，进行精确定位提供操作依据。试转过程中，应检查转体结构是否平衡稳定，有无故障，关键受力部位是否产生裂纹。如有异常情况，则应停止试转，查明原因和采取相应措整改后方可继续试转。

（4）试转的角度

根据转体前梁与京包线距离最近为4m。确定试转时的横向转动距离为2.57m，转动角度为3°，牵

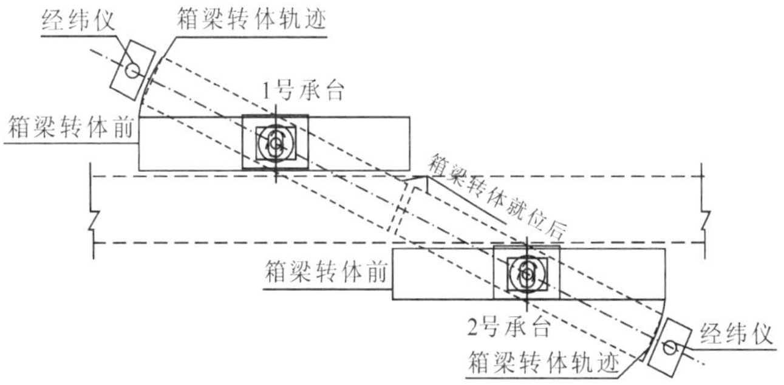

图5.2.2 转体就位控制图

引索伸长20.9cm（理论计算）。

2）正式转体

转体实施

同步转体控制见图5.2.2。同时启动，现场设同步启动指挥员，采用对讲机进行通信指挥。连续千斤顶公称油压相同，转体采用同种型号的两套液压设备，转体时控制好油表压力，并进行同步观测。

（1）试转结束，分析采集的各项数据，整理出控制转体的详细数据；

（2）转体结构旋转前要做好人员分工，根据各个关键部位、施工环节、对现场人员做好周密部署，各司其职，分工协作，由现场总指挥统一安排，具体见附表1 霸王河1号特大桥转体施工技术组人员及分工名单；

（3）液压控制系统、要点审批、气象条件、结构物等全部就绪并满足转体要求，各岗位人员到位，转体人员接到指挥长的转体命令后，启动动力系统设备，并使其在“自动”状态下运行；

（4）设备运行过程中，各岗位人员的注意力必须高度集中，时刻注意观察和监控动力系统设备的运行情况及桥面转体情况，左右幅梁每转过5°，向指挥长汇报一次，在距终点50cm以内，每转过2cm向指挥长汇报一次；

（5）转体结构接近设计位置（距设计位置的距离需由测试出的系数计算确定）时，系统“暂停”。为防止结构超转，先借助惯性转动，结束后，动力系统改由“手动”状态下改为10s、5s、2s、1s的点动操作。每点操作一次，测量人员报轴线走行现状数据一次，反复循环，直至结构轴线精确就位。整个转体施工过程中，用全站仪加强对T构两端高程的监测和转盘环道四氟走板的观察。

3）转体就位

转体就位采用全站仪中线校正，允许其中线偏差不大于2cm。

现场就位测量方案

（1）中心垂球控制：用垂球校核箱梁端中心于临时排架上的中心线是否重合；

（2）在箱梁两端的边跨直线段上布置2台全站仪，把每台仪器的视线方向设定在箱梁理论中心方向，然后进行转体就位过程观测；

（3）在箱梁的两端各布置1台水平仪，用来观测箱梁端部就位后的梁顶高程。

转体就位采用经纬仪（或全站仪）中线校正，轴线调整到位后，准确测量各悬臂端实际标高，利用千斤顶在转台位置施加力，调整合拢段两侧的标高，测量达到要求后，利用钢楔块将钢撑脚与滑道之间间隙塞死并焊接牢固。

转体精确就位后，立即进行封盘混凝土浇筑施工，完成转盘结构固结。清洗底盘上表面，焊接预留筋，立模浇注封闭转动球铰混凝土，使上转盘与下转盘连成一体。

4. 转体施工结束后工作步骤

1）精确测量，调整线形。可通过配重及千斤顶进行微调。

2）拆除转体设备，进行承台后封部分施工。

3）进行中跨合拢段施工。

4）进行边跨合拢段施工。

6. 材料与设备

本工法主要材料见表6-1。

主要材料表 表6-1

序号	材料名称	规格、型号	数量	备注
1	钢球铰	直径250cm，承载力5000t	2套	转动
2	钢锲块和钢板		各32块	用于防止钢撑脚移动和垫撑脚
3	圆钢管	ϕ600mm，厚10mm	6957kg	钢撑脚
4	32工字钢	32b	2.68t	限位用
5	四氟板	□1400×600×10mm	32块	用于滑道
6	四氟粉		3kg	涂于滑道上
7	黄油	0号	360kg	涂于滑道上
8	环氧树胶		260kg	粘贴四氟板
9	锚具	15-7H型	4套	用于固定端锚固
10	钢绞线	ϕ_j15.2，等级1860	386kg	牵引索

本工法主要设备见表6-2。

主要设备表 表6-2

序号	机具设备名称	规格型号	数量	备注
1	吊车	16t	1台	吊装钢绞线配重
2	千斤顶	QDCL2000-300	4套	牵引动力
		YDC240Q	1台	预紧牵引索
		YDTS250	4套	助推用
3	主控台	LSDKC-8	2套	主控系统
4	液压泵站	ZLDB	6台	供油系统（备用2台）
5	位移传感器	LVDT	4台	撑脚处位移测量
6	压力传感器	BLR-1型	4台	千斤顶处反力测试
7	数据采集系统	IOTECH Wave Book 512	1套	数据分析计算
8	称重测量设备		1套	称重及配重数据分析
9	全站仪	索佳SET2130R	1台	测量
	电子水准仪	PENTAXAP-128	1台	测量
	钢尺		2把	测量

7. 质量控制

7.1 质量技术培训

在转体施工之前，召开转体施工方案会，并邀请国内桥梁专家来现场对所有施工人员进行技术培训，提高质量意识，保证施工进度。

7.2 质量控制措施

7.2.1 成立专家顾问组，由专家在现场指导转体施工。

7.2.2 成立施工技术组，设定专门的技术人员控制转体施工步骤。

7.2.3 桥墩下的上、下转盘及滑道是转体运动的关键部位，要认真检查。

7.2.4 整个转体过程中，有2组测量人员监测转体结构的标高、轴线位置及平衡情况。

7.2.5 两个对称千斤顶的作用力应大小相等、方向相反，以保证上转盘仅承受与摩擦力矩相平衡的动力偶，无倾覆力矩产生。

7.2.6 转体正式开始后，其悬臂段转体速度应控制在设计要求的1.2m/min的范围内。

8. 安全措施

8.1 安全管理措施

8.1.1 严格按照《铁路营业线施工及安全管理办法》执行。

8.1.2 设立既有线防护组、应急预案组，在葫芦车站设驻站联络员，在施工现场安排专门的人员检查转体过程中对既有线的影响情况，尤其注意梁底与既有线钢立柱、回流线的距离，当距离过近时应及时通知现场指挥暂停转体岗。

8.1.3 跨线转体期间，派专人进行既有京包铁路防护，并邀请集宁工务段派专门巡线员对施工路段经行巡视检查，一经发现问题，立即进行维修，保证线路安全。

8.1.4 跨越既有京包铁路作业时，必须提前向呼铁局部门申请铁路要点封闭线路，批准给点后方可进行作业。

8.1.5 在转体施工时要设专职防护员，着装、持上岗证，所有在岗人员严格遵守《建安工人操作规程》。做好下部防护措施，严防上部施工坠落物件危及行人与施工安全。用对讲机随时汇报防护情况

8.2 安全技术措施

8.2.1 对所有在岗人员经行安全教育和技术交底，认真学习相关操作规程，所有上岗人员始终贯彻落实“安全第一”的原则。

8.2.2 在连续梁转体前，应清除梁面、梁内及在转体半径范围内影响转体的一切障碍物并派专人负责检查。

8.2.3 千斤顶张拉系统操作人员严格执行有关操作规程，服从命令，听从指挥，做好班前检查，班后保养，发现故障及时清除，确保设备处于良好状态。

8.2.4 转体就位后，迅速进行连接固定，并对合拢段钢壳进行接地处理，同时对施工范围内的路段和限界进行清理、检查，确保无误后，方可报开通线路。

9. 环保措施

为了确保该工程的环境得到有效保护，严格执行国家和当地政府的环保政策，为了保持该工程施工现场的环境卫生，本工法采取如下环保措施：

9.1 成立以项目经理为组长的环境保护领导小组，确保各项环保工作落实到位。

9.2 施工现场四周设置排水沟。

9.3 施工道路定期养护，适当洒水，减少灰尘的污染。

9.4 施工期间的施工场地进行铺设碎石垫层，各种材料和设备分类放置，废弃物及时清理，保持施工场地整洁。

9.5 尽量减少噪声的强度和敏感点受噪声干扰的时间。

10. 效益分析

10.1 社会效益

本施工工法施工简单，最大限度地减少了要点时间，缩短施工周期，减少垂直要点时间，得到了呼和浩特铁路局、蒙冀铁路有限公司、设计单位及监理单位的高度评价，社会效益明显。路内、路外多家单位参观学习，为同类工程施工提供了极有价值的参考和借鉴，社会效益特别明显。

10.2 经济效益

传统的采用防棚洞直接在既有线上方施工工期大约需要2年时间，而采用本工法施工工期仅需要12个月时间，这样就缩短了施工时间，施工成本投入也大大减少了，而且此工法施工简单，这样就减少了工作量。与传统的采用防棚洞施工节约了材料费330万元，施工时间缩短了，为企业、社会创造了良好效益施工进度加快，经济效益显著。

11. 应 用 实 例

霸王河1号特大桥位于R=1600m的曲线上，连续梁部分跨径布置为60+100+60m预应力混凝土箱梁，在里程DyK501＋126（1号墩）～DyK501＋226（2号墩）位置与既有京包铁路为4线（I级电气化）铁路相交跨越，标准中心线与既有铁路约为24°夹角。该工程具有一下特点：

11.1 该桥施工方案采用采用转体施工方案，支架上分段预压，分段浇筑形成T构，之后进行T构转体，待转体就位，线性调整完毕后，封闭球铰，利用钢壳进行中跨合拢施工，完成跨铁路部分施工，最后进行边跨合拢施工。

11.2 安全防护难度大，跨既有京包铁路4线，每5min就过一辆列车，行车密度极大，连续梁的梁底距离电气化接触网上方距离仅为30cm（这是接触网改造后的距离），用传统的吊架方法根本无法施工。

11.3 合拢段的钢壳施工技术填补国内空白。

11.4 霸王河1号特大桥的主跨100m的曲线连续梁转体施工属于国内第一。

11.5 施工结果评价

霸王河1号特大桥连续梁转体桥是内蒙古自治区第一座转体桥，同时大跨度曲线连续梁转体桥也是中铁十二局集团第一次施工，转体施工工法，得了很好的成效，并与2010年9月27日成功、安全地合拢，施工中无任何安全事故，得到呼和浩特铁路局、蒙冀铁路有限公司、中铁第一设计院、西南交通大学监理公司、北京交通大学、中铁第五设计院、重庆大学等多家单位的高度好评；路内、路外多家单位参观学习，为同类工程施工提供了极有价值的参考和借鉴。

整座大桥被建设单位评为“优质工程”，并节省了大量的钢材和劳动力，为企业创造了良好的效益。

11.6 推广前景

随着桥梁不断发展，新技术、新工艺的不断出现以及在工程中的应用，该方法会更加安全可靠、操作简洁、实施快速、降低造价，在桥梁建设中将发挥越来越大的作用，产生越来越好的社会效益和经济效益。

采用转体施工施工克服上跨构造物或交通密集公路，铁路的困难，尤其是对修建处于交通运输繁忙的城市立交桥和铁路跨线桥，其优势更加明显。 因而转体施工方法，推广应用前景十分广阔。

大型群组地脚螺栓可调式整体预埋施工工法

GJEJGF318—2010

河北省第四建筑工程公司
董富强　孟惜英　仇雨贵　李莉　张秀华

1. 前　言

在工业建筑施工中，大型设备的安装螺栓多采用基础预埋方式，随着螺栓规格的加大，埋设难度及精确度控制要求越来越高，其埋设质量将直接影响到设备安装及投产使用后设备的平稳运行。为此公司在积淀了多年同类或类似工程施工经验的基础上，利用技术创新手段完成了“大型群组地脚螺栓可调式整体预埋施工技术研究”课题，攻克了该类结构施工中的技术难题。2011年3月通过河北省住房和城乡建设厅组织同行专家进行鉴定，其关键技术达到国内领先水平。同年被审定为2010年度省级工法。工法关键技术于2010年获得中华人民共和国国家知识产权局的发明专利授权（专利号：ZL200810079281.9）。其技术核心：一是预埋地脚螺栓参与定位体系（定位支架）构成；二是上下定位板采用车间化加工制作，分单元组装，连接板与定位板采用螺栓连接；三是完全独立体系，可调整拉锚整体定位。具有简化地脚螺栓安装难度，提高地脚螺栓相互定位精确度，同时实现混凝土浇筑全过程垂直度、平面定位、标高偏差的可调可控等突出特点。

2. 工法特点

2.1　螺栓固定系统单独设置，全方位、可调式定位。预埋安装合格率可达100%。

2.2　螺栓上、下环形定位板群组整体固定，刚度大。

2.3　螺栓定位板单元间采用螺栓夹板式连接，安装加固方便，施工速度快。

3. 适用范围

适用于大型设备基础群组地脚螺栓的精确预埋施工。

4. 工艺原理

通过制作单元式控制模具，在模具上精确定位预埋螺栓位置，将组装好的下定位板固定在基槽内三角形的钢支架上后，将预埋螺栓的下端固定连接在下定位板上，将上定位板对应安装于预埋地脚螺栓上，并通过上、下固定螺母调整定位板和地脚螺栓的高度；在基槽周边布设钢筋拉锚，以调整预埋地脚螺栓的轴线位置；混凝土浇筑过程中，随时监测、校正预埋地脚螺栓位置。

5. 施工工艺流程及操作要点

5.1　**工艺流程图（图 5.1）**

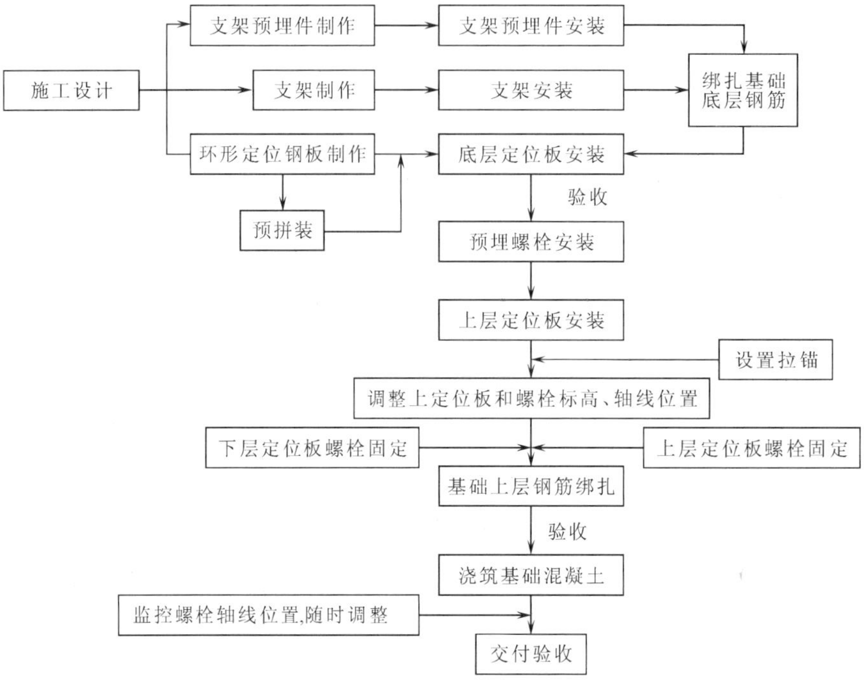

图5.1　工艺流程图

5.2　施工操作要点

5.2.1　预埋铁件制作安装

固定三角支架的预埋铁件规格为200mm × 200mm × 10mm钢板，2根ϕ8铁脚长60mm。预埋铁件表面应平整。

根据螺栓的设计位置确定三角支架的位置，在浇筑混凝土垫层前，根据支架预设位置确定预埋件位置，放线定位，在预埋件相邻两边各埋设一根短钢筋做标识，在混凝土垫层振实后找平时，把预埋铁件安装在指定位置，用水准仪抄平。

5.2.2　三角支架制作安装

三角支架采用50 × 5的角钢加工。支架宽50cm，支架高度根据工程设计确定。螺栓固定系统立面图示意见图5.2.2–1，支架和下定位板安装成型见图5.2.2–2所示。

支架底部和垫层上的预埋铁件焊牢。安装时确保马凳上表面水平，相邻支架间的高低差≤3mm。

5.2.3　环形钢板制作

环形钢板宽30cm，使用全站仪对环形钢板进行1：1放样制作。裁板完成后，依照图纸设计的螺栓位置、间距，在操作平台上利用全站仪进行螺栓孔放线，螺栓孔定位及相互间的尺寸使用尺量校核水平差。定位板单元之间采用两块30cm × 40cm连接板和16 × M18的螺栓固定，连接板与定位板单元一起放样制作。单元定位板和连接板均应做好编号和方向标识，送车间加工。

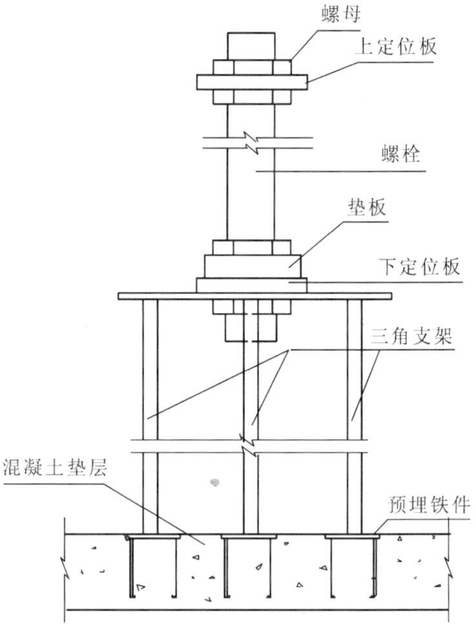

图5.2.2–1　螺栓固定系统立面图

环形钢板加工完成后进行预拼装和校验。螺栓孔距尺寸偏差在1.0mm范围内，若螺栓孔距超过允许偏差值，采用与材质相匹配的焊条进行补焊，用磨光机打磨光滑后重新成孔。直至校验合格后备用。

5.2.4　下层环形钢板安装、螺栓固定

在支架安装前，用经纬仪把每个螺栓的径向定位线投射到基础四周的模板上。并在垫层上放出螺

栓中心十字线。下定位板单元分别安装就位后通过连接板固定成整体，在基础中心搭设平台架，其标高和环形钢板标高相同。把基础中心点引测到平台上。利用垫层上的螺栓位置线，通过线坠确定环板的螺栓孔位置，并利用模板上投测的径线校核螺栓孔的径向定位。无误后，首先降下定位板与支架固定，再将支架与定位板焊接牢固。

螺栓安装：由上下两个螺母固定在下定位环形板上，通过调整螺母来调整其高度，以控制螺栓的标高。安装后的效果见图5.2.4所示。

图5.2.2-2　支架和下定位板安装成型图片

图5.2.4　螺栓安装后的效果

5.2.5　安装上层定位板

安装上层环形钢板和下层环形钢板安装方法相同，环板安装完后用两个螺母和螺栓临时固定，调整螺母以使螺栓的标高符合设计要求，上定位板与设备基础表面标高一致。

然后绑扎上层钢筋，钢筋绑扎完后再校核螺栓位置并加固环板。首先把基础中心的平台架子高度调整到与上层环板标高相同。将基础中心点引测到平台的中心钢板上作为控制点。依据四周模板上的控制线和中心控制点确定第一个螺栓位置，然后根据两个螺栓中心距离和螺栓距中心点的距离确定第二个螺栓的位置，每一个螺栓均以第一个为基准定位，并和相临的螺栓校核，以此类推，校核其余螺栓的位置。

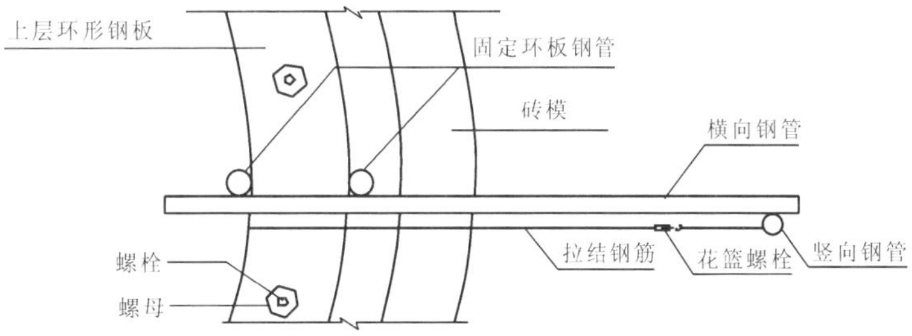

图5.2.6-1　上层环形钢板连接固定平面图

5.2.6　上层定位板固定校正

在基槽周边均匀布置钢管拉锚，用一根水平钢管和一根带花篮螺栓的$\phi 10$钢筋分别与环板相连，通过调整花篮螺栓，把螺栓的位置找正。找正后用钢管加固，见图5.2.6-1、图5.2.6-2所示。

浇筑混凝土前进行一次整体轴线尺寸的验收。验收项目包括：基础的中心线、预埋螺栓之间尺寸。验收合格，确认螺栓固定牢靠后，方可浇筑混凝土。

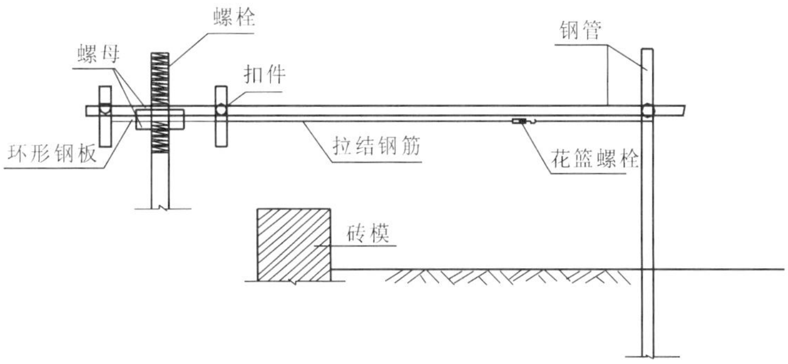

图5.2.6-2　上层环形钢板连接固定剖面图

5.2.7　基础混凝土浇筑

从中心开始向四周浇筑混凝土，浇筑时控制混凝土均匀上升，避免由于混凝土浇筑过快或上升高度不一致造成螺栓产生偏移，同时由专人利用经纬仪对轴线进行动态监测，发现偏移，及时调整。

6. 材料与设备

本工法采用的材料与设备见表6。

材料与设备表　　表6

材料名称	规格	数量	用途
钢板	－10	根据工程设计计算	定位板制作
	－20	根据工程设计计算	定位板制作
角钢	50×5	根据工程设计计算	支架制作
花篮螺栓	1000N	根据工程设计计算	调整位置
全站仪	NTS-352	1台	测量和检测
经纬仪	TDJ2	1台	测量和检测
钢结构下料、切割、钻孔设备		1套	钢板加工
电焊机	BX3-300	1台	焊接作业
力矩扳手	300N·m	1把	紧固螺栓

7. 质量控制

7.1 质量标准

7.1.1 模具放样尺寸准确，牢固可靠。支架顶面标高允许偏差≥5mm，相邻标高差≥3mm；定位板拼装后的预埋螺栓孔中心偏差1mm，其他执行《钢结构工程施工质量验收规范》GB 50205中的相关规定。混凝土工程施工质量与验收执行《混凝土结构工程施工质量验收规范》GB 50204相关规定。

7.1.2 预埋螺栓安装允许偏差应符合表7.1.2的规定。

螺栓安装允许偏差值　　表7.1.2

项次	检查项目	允许偏差（mm）	
		《混凝土结构工程施工质量验收规范》GB 50204-2002规定值	工程设计要求
1	各螺栓中心之间的相对位移	≤2	≤1
2	顶标高偏差	0～+10	0～+5
3	螺栓垂直偏差	≤L/450	≤L/500

7.2 质量保证措施

7.2.1 螺栓支架和基础钢筋网作为两个单独的系统，应在微机上排版放样，使支架位置避开钢筋的位置。

7.2.2 所有测量、放样、拼装均安排专人进行校核检查，涉及螺栓定位的逐项逐位验收。

7.2.3 预埋螺栓的顶部用塑料胶带缠裹保护，以防混凝土浇筑时污染破坏。

8. 安全措施

8.1 根据现场特点，进行安全技术书面交底。

8.2 现场用电必须严格执行《施工现场临时用电安全技术规范》JGJ 46规定，电工必须持证上岗。

8.3 搬运型材、材料、机械应轻拿轻放，防止砸伤。

8.4 操作人员使用的工具及安装用的零部件，应放入随身佩带的工具袋内，不可随便丢掷。

8.5 定位板及预埋螺栓在存放、试拼装、组装时必须进行有效支护，就位后，及时进行固定，防止倾倒伤人。

9. 环 保 措 施

9.1 操作现场做到活完料净脚下清，无建筑垃圾，建筑垃圾应定点堆放，及时清运至指定场地，严禁乱倒乱卸。

9.2 施工尽量使用低噪声设备。现场加工机具噪声超标的，设专用施工用房封闭作业。

10. 效 益 分 析

因支架和定位板均可提前在车间加工，不占用现场施工工序时间，现场拼装只使用扳手工具，操作简单，并省去常规的现场焊接时间，因此每个大型设备基础可有效缩短工期4d以上，降低了施工成本。经在邢台国泰发电有限责任公司2×300MW供热机组工程、辽宁交通水泥有限责任公司5000t/d熟料生产线工程、天瑞集团荥阳水泥有限公司12000t/d熟料水泥生产线工程应用，螺栓预埋安装精度高，质量得到业主、监理单位、设备安装单位的高度评价，创造了很好的社会效益。

11. 应 用 实 例

11.1 2008年11月～2009年1月施工了邢台国泰发电有限责任公司2×300MW供热机组10号吸收塔、事故浆液箱、工艺水箱等三个工程，共涉及大型预埋螺栓120个，螺栓最大长度2.15m，螺栓的中心位置偏差和顶面标高要求均高于现行国家规范，且预埋的精确度直接影响设备安装的顺利进行，公司经技术创新采用此工法施工，解决了大型预埋螺栓安装质量合格率低的技术难题，交付设备安装一次验收通过，避免了预埋质量不合格造成的返工返修，且缩短了施工工期，受到了建设单位和监理单位的高度赞誉。

11.2 2009年3月～2010年4月，辽宁交通水泥有限责任公司5000t/d熟料生产线工程中的大型设备基础施工应用了此工法，施工速度快，预埋精度高，保证了设备的顺利安装。

11.3 2009年4月～2010年5月，天瑞集团荥阳水泥有限公司12000t/d熟料水泥生产线工程中的大型设备基础，如原料磨、煤磨等工程应用了该工法技术，施工速度快，预埋精度高，受到业主的好评。

长距离大直径长轴找正定位施工工法

GJEJGF319—2010

内蒙古兴泰建筑有限责任公司　温州中城建设集团有限公司
韩平　王喆　王新华　潘一中　陈林

1. 前　　言

近年来，国家对环境保护工作非常重视，全民的环保意识也有了很大的提高。目前我国已强制要求发展电厂烟气脱硫装置的建设项目。电厂脱硫装置大型增压轴流风机是烟气脱硫系统中关键的动设备之一。

增压轴流风机的作用是将来自锅炉燃烧后的烟气（主要是硫化物SO_2、二氧化碳CO_2等，温度高达180^{0}C以上）加压输送至吸收塔进行脱硫净化。工作处于高温环境中；风叶直径大（4m），流量大1288111Nm^3/h，负荷重；整机体积大，重量重（90t）；安装布置位置多数比较狭小；其长轴（直径500mm、长9m）在运行中的同心度是保证正常运行的关键。

公司工程技术人员总结对多台单机容量350MW发电厂的脱硫装置静叶式增压轴流风机设备安装实践施工经验，采用长轴找正、中间转动部件定位的方法，并研制出了“长轴找正专用工装”，该方法应用于多项脱硫装置静叶式增压轴流风机设备安装均取得一次试运行成功。该技术国内领先，并通过专家鉴定，有较好的推广应用前景。

2. 工 法 特 点

2.1　包括了静叶及动叶可调两种增压轴流风机的现场设备安装施工技术。采用叶轮转动部件中间定位安装后，再分别同时进行安装前、后风筒及附件的施工步骤，与传统的安装工艺相比，可以大幅度缩短施工周期。

2.2　减少了顶置工具及吊装器具的使用量，提高了调整过程中的稳定性和安全性。

2.3　使用该工装调整范围广、精度高，微调效果好，大大提高了安装质量。从而使得ϕ500mm×9000mm传动长轴同心度找正更加方便、降低劳动强度、速度快、并提高工效。

2.4　设计的“长轴找正专用工装”，制作简单、使用方便、同规格设备可重复使用，并可在同类设备安装中进行推广应用。

3. 适 用 范 围

燃煤电厂350MW机组烟气脱硫装置中增压轴流式风机，大于350MW机组脱硫装置如属于同类型增压轴流风机设备现场安装也可以参照本工法。

4. 工 艺 原 理

4.1　增压轴流风机一般有以下主要部件组成：风筒支座及底板、叶轮部件、前导叶、前风筒、后风筒、扩压筒、导叶调节装置、传动长轴、主电机、冷却风机、干油润滑装置、主电机稀油站等。其中叶轮部件属于高精度的转动部件，整机的运行情况监控都以此为基准。该部件的安装质量直接影响整机运行性能，必须先定位、并精确找正，其他的部件安装都以此部件为基准。

4.2 利用“长轴找正专用工装”，解决了传动长轴（ϕ=500mm、L=9000mm）与叶轮端、电机端的同心度找正要求。传统的找正方法是把叶轮端、电机端的联轴器连接在一起找正同心度，二个联轴器同时调整（二个变量），长距离、大重量（电机重30t）调整难度高、劳动强度大，调整数据不容易控制。利用专用工装找正解决了上述问题，先调整叶轮端联轴器与长轴联轴器一端的精度，专用工装上下左右都能调节，调整相对简单方便。以找正并且定位的长轴为基准，再找正电机联轴器的精度。

5. 施工工艺流程及操作要点

5.1 施工工艺流程（图 5.1）

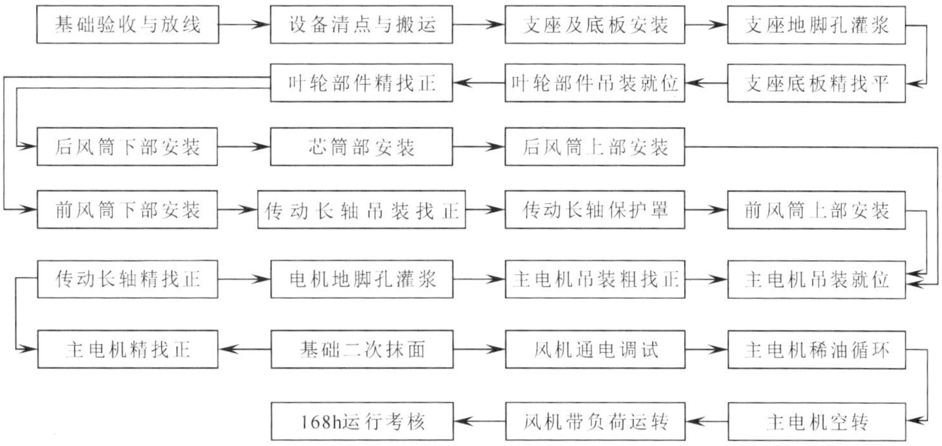

图5.1 施工工艺流程图

5.2 施工工艺操作技术要点

5.2.1 基础验收及放线：观察增压风机设备基础的外观质量、基础平面度、外型尺寸、地脚孔深度、孔壁垂直度等。然后按图纸要求尺寸用墨线弹出纵横向中心线、以及每个独立的基础纵横中心线。测量基础标高误差，以确定设备需要垫铁高度。

5.2.2 主要的纵横向中心线位置应设置中心标记。一般增压风机基础以进气口横向中心线为中心线基准，其他的横向中心线应以此为基准（图5.2.2）。

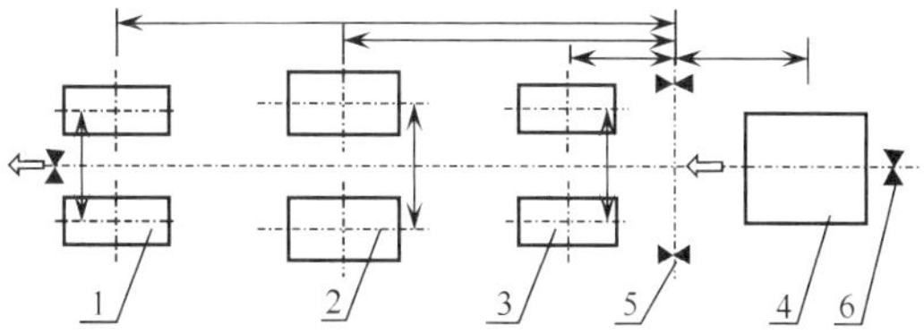

图5.2.2 轴流式增压风机设备基础图

1—后风筒支座基础；2—中间叶轮组成支座基础；3—前风筒支座基础；4—主电机基础；5—进气口横向中心线及标记；6—纵向中心线及标记

5.2.3 设备清点及搬运：主要包括设备外观的检查，如有缺陷时应记录并通知业主及时处理。一般安装现场场地比较狭窄，而设备部件体积比较大，在搬运设备部件时需要先装先搬运，待装的部件要放在不影响施工的区域。

5.2.4 支座及底板安装：按图要求进行支座就位，然后用垫铁组进行找正找平。用水准仪进行测量：

调整支座水平度误差<0.5/1000mm；

设备底座中心线与基础基准线误差<1mm；

相邻支座间标高误差<1mm；相邻组支座中心距离误差<1mm；

相邻组支座中心对角线误差<1.5mm。

为防止支座在灌浆时移动，组与组之间用匚10号槽钢临时固定（图5.2.4）。

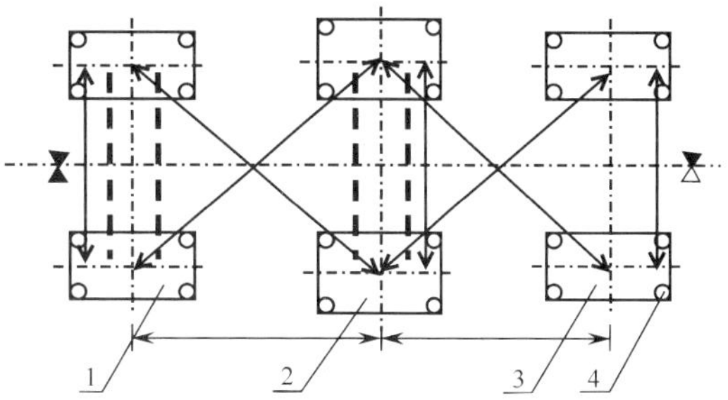

图5.2.4 支座测量示意图

1、2、3 —支座；4—平面测量点；5—加固槽钢匚10号

5.2.5 支座地脚孔灌浆：地脚孔经检查符合要求后进行灌浆。混凝土作灌浆时要求混凝土强度等级在C30以上；

成品灌浆料须搅拌均匀。灌入的混凝土必须用小型振动器振实，或用人工捣实。

5.2.6 垫铁组布置：垫铁布置必须要符合施工规范要求，合理、美观、调整方便，总厚度一般不超过50mm（不超过5块）。采用埋浆法设置垫铁：在需要放置垫铁位置的部位，表面混凝土用凿子凿出麻点，用水冲洗清理干净，用细石混凝土堆成梯形状，离设备底面有一定距离，比要放入的垫铁总厚度小5～8mm，等待30～40min后（混凝土初凝）放入垫铁，用榔头轻轻敲入。敲入垫铁后要检查垫铁与设备支座的接触面是否贴实。一般用一副成对斜垫铁即可。考虑混凝土有收缩，垫铁露出设备底座25～30mm，待混凝土硬化后打入垫铁至露出设备底座20～25mm之间，并符合规范要求（图5.2.6）。

5.2.7 支座底板精找平：待混凝土强度达到75%以上，对设备进行精确找平，复测支座底板安装的参数直至调整符合要求，并拧紧地脚螺栓。

5.2.8 叶轮部件吊装及找正：叶轮部件一般为整件吊装，重量为25t以上，根据厂房结构设计及空间位置采用汽车吊吊装比较安全、合理。吊装至底座时，设备底面要清理干净，倒角、毛刺要磨平，以有利于底面与底座贴实，如图5.2.8。

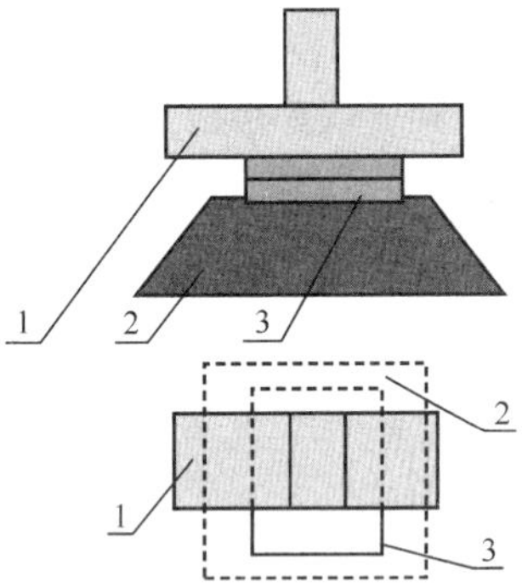

图5.2.6 埋浆法设置垫铁

1—设备底座；2—水泥墩；3—斜垫铁组

图5.2.8 叶轮部件整体安装完成

5.2.9 叶轮部件找正以整体垂直度为准，用成对斜垫铁调整垂直度（<0.04mm/1000mm）。在叶轮精加工面上用读数0.02mm/1000mm框式水平仪测量（图5.2.9）。如为动叶转子，水平度可以在主轴加工面上测量，水平度<0.04mm/1000mm。

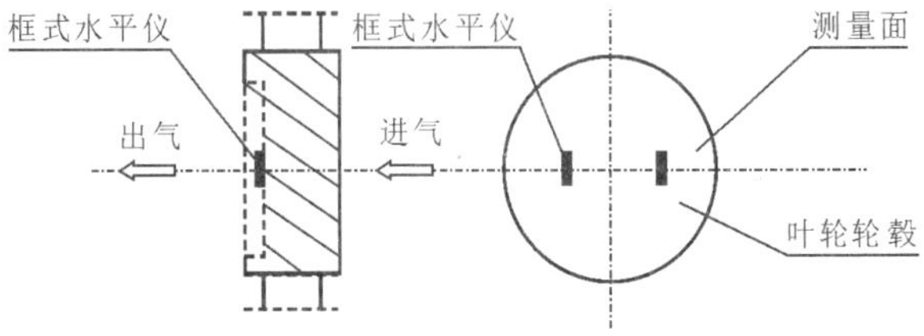

图5.2.9 叶轮部件找正

5.2.10 装配前后风筒上下部件，找正完成后与前后支座焊接固定。前后风筒壳体分上下两件用钢板制作的结构件，如有变形应进行修正，在组对时要控制连接法兰处的错位量<3mm。风筒找中心采用挂线锤方法，中心误差<3mm、风筒壳体中分面标高误差<5mm。图5.2.10-1～图5.2.10-3。

图5.2.10-1 出风口端安装

图5.2.10-2 后导叶外壳安装

图5.2.10-3　进出口下壳体安装完毕

5.2.11　组装出口部的芯筒、进口处的传动长轴吊装，利用吊车吊装芯筒就位，注意芯筒冷却风管的方位。芯筒安装水平度<1mm/1000mm，全长3mm。中心位置误差<3mm，然后焊接支撑板固定。吊装传动长轴，一端与叶轮用连接螺栓固定，靠电动机端先用临时找正支架固定。特别注意传动长轴吊装时有重力标记位置。传动长轴二标记点必须与叶轮上的一标记点在同一直线上（图5.2.11）。

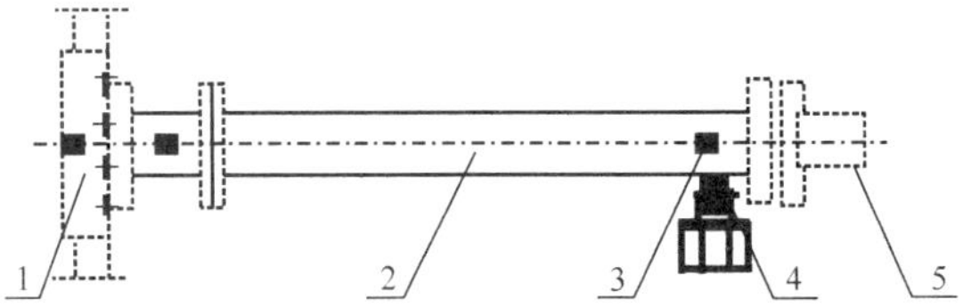

图5.2.11　传动长轴装配

1—叶轮转毂；2—传动长轴；3—重力标记；4—找正工具；5—电机端联轴器

5.2.12　传动长轴就位后，并初步找正传动长轴标高与中心位置。再进行传动长轴保护罩组装固定，考虑有加强板保护罩在安装时往往与实际尺寸不符合，通常进行修正。所以保护罩壳安装是从叶轮端向电机端安装，最后在进风端壳体上进行焊接（图5.2.12）。

5.2.13　主电机吊装与粗找正：主电机一般利用维修用吊装设施工具吊装就位，如施工现场道路与空间位置影响也可以用75t汽车吊进行吊装就位。

5.2.14　主电机联轴器一般在施工现场装配，因为联轴器尺寸比较大（外径D900mm、内径d250mm，采用现场机油加热装配，根据轴与孔配合间隙，在加热过程必须严格控制好内孔膨胀量在0.23mm以上。控制办法是现场制作量棒一根（图5.2.14），长度为内径d+0.23mm左右（两头圆弧），测量内孔膨胀量在0.23mm以上时，迅速把联轴器装在电机主轴上。

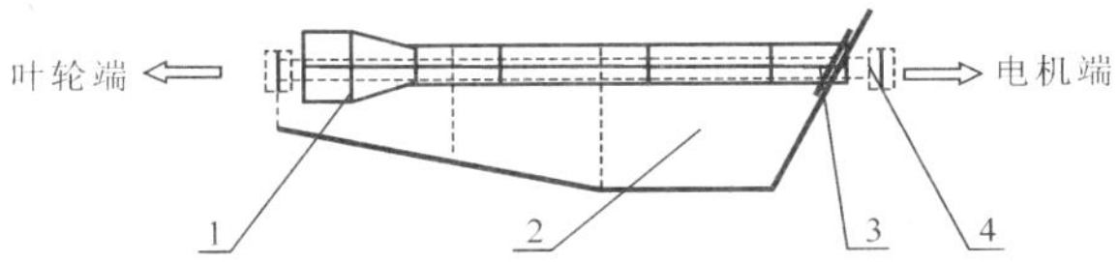

图5.2.12　长轴保护罩装配

1—保护罩；2—前风筒壳体；3—有加强板保护罩；4—传动长轴

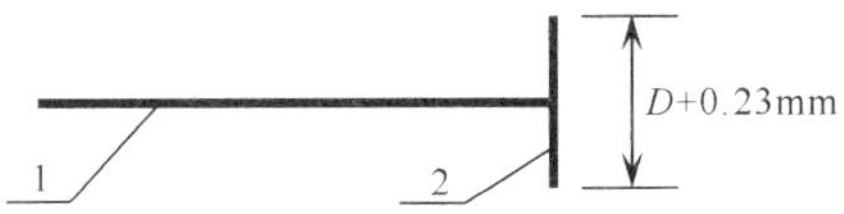

图5.2.14　量棒规格示意图

1—手柄（圆钢6mm）；2—量棒（圆钢6mm）

5.2.15　主电机在地脚孔灌浆之前应进行粗找正，必须同传动长轴联合找正。找正时采用自行设计制作的长轴找正专用工装。找正要点：开口数值及位置应符合制造厂家随机文件技术要求的规定。叶轮与传动长轴联轴器端面间隙保证下部间隙大于上部间隙，为下开口；传动长轴联轴器与电动机联轴器端面间隙保证上部间隙大于下部间隙，为上开口（图5.2.15）。

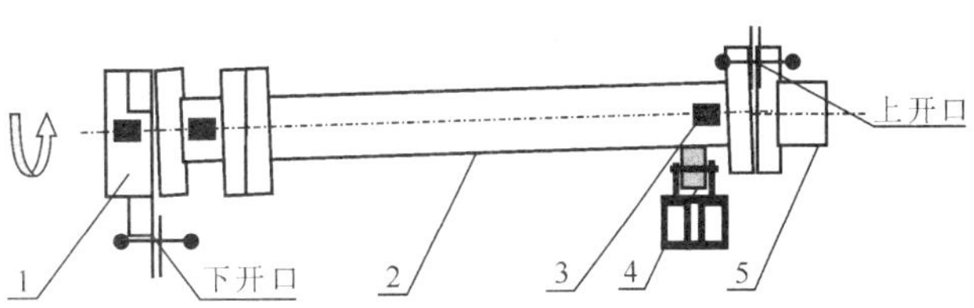

图5.2.15　主电机与长轴找正

1—叶轮转毂；2—传动长轴；3—重力标记；4—临时找正支架；5—电机端联轴器

步骤及要求：

1）找正叶轮与传动长轴联轴器的径向与端面跳动，要求叶轮与传动长轴一起转动；2）找正传动长轴与主电机联轴器的径向与端面跳动，以传动长轴为基准，主电机可以不一起转动；3）百分表座架设位置图5.2.15-1。

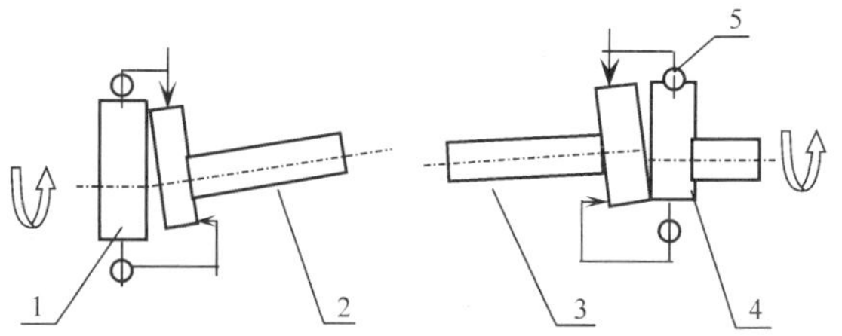

图5.2.15-1　百分表座架设

1—叶轮端；2—传动长轴联轴器；3—传动长轴联轴器；4—电机端联轴器；5—百分表及表座

2）长轴找正专用工装，必须是左右可调、上下调节，用两个轴承支撑可以旋转（图5.2.15-2、图5.2.15-3）。

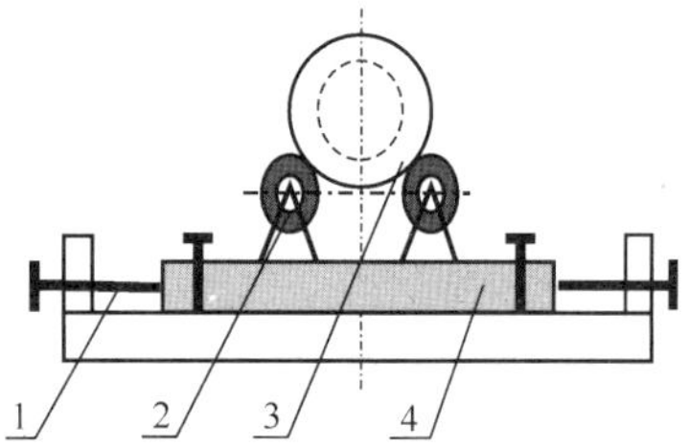

图5.2.15-2　长轴找正专用工装

1—调节螺栓；2—滚动轴承；3—传动长轴；4—底座

图5.2.15-3　长轴找正及专用调节工具

5.2.16　主电机与传动长轴联轴器径向与端面跳动数据初步找正完成，并符合要求后，主电机地脚孔进行一次灌浆。灌浆要求和斜垫铁组见本工法5.2.5和5.2.6。

5.2.17　干油管道和稀油管道配置，进油管采用不锈钢管，回油管采用镀锌管道。管道配置后，拆开与设备连接处用压缩空气进行吹扫，直至符合要求。

5.2.18　主电机灌浆混凝土强度达到75%以上，主电机与传动长轴联轴器径向与端面跳动进行精找正。找正参数必须符合设计及规范要求。

5.2.19　由于风机设备是在高温下运转，必须保证长轴窜动及膨胀量符合要求，一般控制在窜动及膨胀量5.5～8mm，在主电机找正时应保证此数值。

5.2.20　设备基础二次抹面工作，抹面工作前确认设备技术数据调整已完成，垫铁组已用电焊点焊完成，其他清理工作已结束。

5.2.21　风机整机通电调试，检查导叶开启、关闭情况是否符合设计要求，温度测量、风机振动监控装置、油压、气压测控等调试已符合要求。

5.2.22　主电机稀油站油循环，根据电机轴承座油箱体积大小，一般油循环时间在4～8h后可以检查油质情况。通常油循环在管路内进行，不通过设备轴承箱内。如果要经过设备轴承箱，必须在设备轴承箱进口处加120目以上过滤网。油循环检查合格后，还需要检查稀油站设备的过滤器前后油压差，如压差超过0.5MPa，必须清洗设备过滤器滤芯。

5.2.23　主电机空转试验，空转4～6h。运转中检查磁力中心线位置是否符合设计要求，主电机前后轴承温度是否符合设计规定，油压、油位及振动等参数是否正常。

5.2.24　主电机空转试验合格，整机进行空气负荷运行。连接电机端及长轴联轴器，并再次检查两联轴器预留膨胀量是否符合要求，如有误差利用调整垫片进行调整。整机负荷运行一般为8h。运转中检查叶轮部主轴承温度，主电机前后轴承温度，油压、油位及振动等参数是否正常，风机风量调节门动作正常无异常响声，特别检查叶轮部振动情况小于规定值径向振速＜24mm/s、轴向振速＜16mm/s。

5.2.25　通过整机进行空气负荷运行后，如无异常现象，各部位监控参数在运转时正常、并且能持续稳定，可以确定空气负荷试运行合格。

5.2.26 168h运转，是考核整机系统运转性能参数指标。整机在导入锅炉燃烧烟气工况下连续运行168h，运转时应全面检查增压轴流风机的运转性能参数，各部位监控参数在运转时应正常、机组运行在工况发生改变时，风机运行也随工况改变，各监控参数有规律性的变化，而且能持续稳定（如在大气环境温度变化时，机组运转温度也随之变化，周而复始循环往复）。见图5.2.26。

图5.2.26 风机全部安装完

5.3 劳动力组织情况

班组人员8人，其中施工负责1名、钳工3名、焊工1名、起重工1名、普工2名，以钳工操作为主，其他人员进行配合作业。

6. 材料与设备

采用的材料及机具设备见表6。

材料与机具设备表　　表6

序号	设备机具名称	型 号 规 格	单位	数量
1	汽车吊	75t、25t、16t	台	各1
2	汽车	5t、10t、20t	辆	各1
3	交流电焊机	BX300、BX450	台	各1
4	氩弧焊机	WS-300	台	1
5	手动葫芦	3t、2t、1t	台	各2
6	液压千斤顶	30t	台	4
7	螺旋千斤顶	16t	台	2
8	水准仪	SZ-3 读数1mm	台	1
9	框式水平仪	200mm 0.02/1000	台	2
10	百分表及表座	读数0.01mm	台	2
11	游标卡尺	300mm 0.02mm	台	1
12	红外线测温仪	读数0.1℃	个	1
13	袖珍式测振仪	读数0.001mm	个	1
14	双面斜垫铁	80×150×20 Q235	块	按实际量
15	平垫铁	100×150×14（16） Q235	块	50
16	灌浆料或混凝土	C30	kg	按实际量
17	长轴找正专用工装	310轴承、销轴ϕ50	套	1
18	钢板、型钢	厚度20mm、槽钢12号	kg	若干
19	吊装钢丝绳	12、15、19、30mm	m	若干
20	水泥、细砂	C325	kg	若干

7. 质量控制

7.1 施工中主要执行的规范标准

施工图设计说明和设备厂家提供的技术文件；

《电力建设施工及验收技术规范锅炉机组篇》DL/T 5047-95；

《机械设备安装工程施工及验收通用规范》GB 50231-98；

《压缩机、风机、泵安装工程施工及验收规范》GB 50275-98。

7.2 质量控制要求

7.2.1 安装主要参数控制：

整机安装标高误差：<0.5mm（以底座面测量）

静叶轮转子垂直度误差：<0.04mm/1000mm；动叶轮转子水平度误差：<0.04mm/1000mm

长轴联轴器找正误差：

与叶轮端径向（左右）<0.10mm；上下<0.15mm；

与叶轮端端面（左右）<0.08mm；上下<0.25mm（下开口规定0.2～0.25mm）；

与电机端径向（左右）<0.10mm；上下<0.15mm；

与电机端端面（左右）<0.08mm；上下<0.25mm（上开口0.2~0.25mm）；

电机主轴水平度纵向<0.05/1000mm、横向<0.2/1000mm

电机端联轴器考虑长轴膨胀量控制：5.5～8mm

检查叶轮转子与壳体之间间隙：8～10mm

7.2.2 运行主要参数控制：

叶轮部滚动轴承温度：<80℃

振动位移：径向<0.15mm；轴向<0.10mm

电机轴承温度：<65℃

稀油站进出油温温差：<40℃

冷却水进出温度温差：<40℃

7.3 质量控制措施

7.3.1 确定施工主要监控点：基础验收、设备清点验收、吊装就位、叶轮部位找正、联轴器找正、试运转。

7.3.2 叶轮与联轴器的加工面（用于精找正的基准）进行加工精度的检查，并对加工面妥善保护。

7.3.3 叶轮找正完成后，有关人员应进行现场确认，合格后方可进入下道工序。

7.3.4 试运转过程中，应测量各轴承的温升情况，前1h增加测量频次，发现异常分析原因及时处理。

7.4 运转时引起的振动或跳动的控制

7.4.1 在设备运转中如发现风机振动值超过规定或振动报警时，应检查以下内容：

1. 固定螺栓松动可能产生风机振动或跳动，检查设备的地脚螺栓、转动部连接螺栓是否不够紧、或已经松动，并用扭力拔逐个检查并处理。

2. 经过整机运转后，由于轴承磨损间隙变大、叶轮变形等造成动平衡变化，引起风机振动值超过规定或振动报警。应对风机叶轮在现场进行动静平衡检查：用手盘动叶轮转动三次，其最后停止点应不在一个位置，认为现场静平衡检查符合要求，动平衡检查需拆除叶轮后，送制造厂家在动平衡机上检查并调整。同时检查主轴承磨损情况、轴隙等数据，如超过设计标准应予更换。

3. 经过整机运转后，可能由于联轴器找正参数变化超值引起振动。应用百分表检查并找正长轴连轴器两端面间隙、轴向摆动、径向跳动偏差情况，如偏差值设计规定值应给予调整（调整方法见工法

第5章节操作）。

4. 联轴器上下开口初始差值变化超值引起振动（联轴器上下开口初始差值主要是考虑风机机座在热态膨胀后达到传动长轴呈水平状态面设置）如图7.4.1，用百分表检查长轴连轴器两端面间隙的上下开口差值，设计规定一般在0.20~0.25mm（调整方法见工法第5章节操作）。

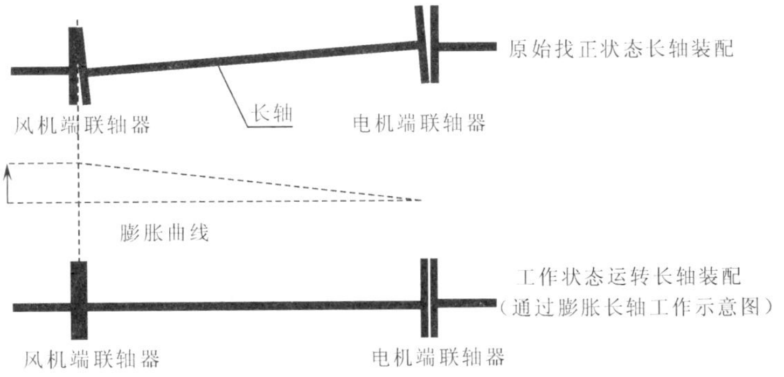

图7.4.1　上下开口初始差值变化超值引起联轴器振动示意图

5. 由于风机工作的正常温度在150° 左右，属在高温环境下运行工作。安装时是在常温下进行的，所以在安装时必须预留出足够的膨胀量。由于安装时膨胀量预留值偏小，或主轴承间隙窜动偏太，在高温下运转可能引起风机振动或撞击。应重新检查长轴联轴器两端联轴器的膨胀量值是否符合要求，一般在现场确定预留膨胀量值方法是：

$$\Delta_{膨胀量值（mm）}=\Delta_{轴承窜动量}+\Delta_{联轴器端面误差}+\Delta_{长轴膨胀量}+2\text{mm}$$

式中　$\Delta_{膨胀量值}$——实际膨胀量值（mm）；

$\Delta_{轴承窜动量}$——经检查后测量所得（mm）；

$\Delta_{联轴器端面误差}$——经检查后测量所得（两个端面值和）（mm）；

$\Delta_{长轴线膨胀量}$——按实际温度计算线膨胀量（mm）。

6. 风机旋转运动振动的产生，主要取决于旋转部件质量的不平衡程度及其对应的偏心距这两个参数。当风机传动轴系作圆周运动，不平衡质量绕轴心作圆周运动产生离心力，称为扰力（N），扰力越大其振动越大，其幅值P_0（N）计算公式（源于机械振动设计手册风机类、水泵类扰力计算公式）：

$$P_0=m_0r_0\omega_0^2\times10^{-3}=1.1\times10^{-5}m_0r_0n_0 \quad (7.4.1)$$

式中　m_0——主要旋转部份的质量（定量值）kg；

r_0——偏心当量，mm（变量值）；

n_0——转速，r/min；

ω_0——角速度，rad/s（定量值），$\omega_0=2\pi n_0/60=0.105n_0$。

从式中可知r_0偏心当量是根据旋转偏心距大小值而定。而传动轴系偏心距大小值主要由于联轴器、风叶、长轴等径向跳动与轴向跳动和膨胀预量值决定。本风机结构除正常的同心度找正以外，还要保证两个联轴器上下开口间隙（0.20～0.25mm）。通过温度膨胀，风机转动轴系（风叶-长轴-电机）同心度基本保持同心，其风机整机振动最小。如果预量上下开口间隙<0.20～0.25mm，或>0.20～0.25mm，通过温度膨胀还达不到平衡，风机转动轴系（风叶-长轴-电机）同心度不能保持同心，必然引起风机振动。

所以控制联轴器上下开口间隙及联轴器、风叶、长轴等径向跳动与轴向跳动和膨胀预量值，是控制风机振动的关键。

8. 安全措施

8.1　严格执行《安全操作规程》。

8.2　施工用电应遵守《施工现场临时用电安全技术规范》JGJ 46-2005要求。

8.3　高空作业应遵守《建筑施工高处作业安全技术规范》JGJ 80-91要求。

8.4　吊装作业时，应对吊装环境进行检查，并划出安全区域，无关人员不得进入，确保安全，吊装操作人员必须持证上岗，吊装作业过程中统一指挥，重物下和受力绳索周围人员不得停留或行走。吊装用的钢丝绳索如在设备的边缘倒角，必须要有保护措施，防止钢丝绳索损伤。

8.5 在设备安装工作与其他工序交叉进行时，须特别注意人身安全和防止设备事故的发生，及时与其他施工人员沟通协调。

8.6 电焊作业操作时，特别要求焊机接地线接线不能乱接，绝不能跨越精密仪表、配电柜、设备精加工面以防止焊接电流通过发热烧坏设备。

8.7 风机壳体内作业操作照明必须采用12V的安全电压。

8.8 脚手架搭设完毕应进行检查，验收合格后方可使用，脚手架载重不得超过270kg/m^2。搭设后脚手架不能随意拆卸、改动。

8.9 手持电动工具外壳应具备良好的绝缘。严禁使用已损坏的电动工具及配件，触保器必须按规定定期试验。

8.10 在装配联轴器时需要用无水机油来加温联轴器，在用明火加热时，周围3m以内应无可燃物或设备材料，其他施工人员应远离加热区域，防止机油沸腾时溢出烧伤。在周围应设防火措施，施工人员绝不能吸烟，以防引起火灾。

8.11 长轴专用工装安装位置必须牢固稳定，操作过程应避免物体碰撞、禁止操作人员攀登，防止已找正好的数据变化。

8.12 主电机安装位置处于高空作业区域，四周应有围护设施。

8.13 在168h试运转时，其设备周围温度比较高，观察人员在检查时应有防护措施，防止被高温气流烫伤。

8.14 制定应急预案措施，防止施工中出现的突发事件。

9. 环保措施

9.1 树立施工人员的文明施工意识，要求工料、机具堆放整齐，每天做到工完场清，保持施工环境整洁、安全。

9.2 用于设备清洗的清洗液、油循环滤出的油渣或废油应集中回收处理不能随意倾倒。

9.3 使用的机具设备应选用低噪声机械，使用空压机、发电机等高噪声设备尽量避免夜间施工。

9.4 设备表面、内部清理出的垃圾和废料，不得向下抛掷，采用袋装运到地面。

9.5 设备加油时防止油料外溢，如发生外溢情况，污染处要用水泥粉吸干并清洗干净，处理过的水泥粉应装袋后集中回收处理。

10. 效益分析

采用叶轮部件中间定位两侧同时安装的方法，缩短施工周期20% 以上；利用自行设计制作的“长轴找正专用工装”，解决了大尺寸长距离传动联轴器找正的困难，减少顶置工具用量及设置次数，节省人工用量可降低成本15%；施工质量提高，在168h联动运行考核时，整机联运调试一次成功，提高了企业信誉，取得了良好社会效益。

11. 应用实例

11.1 内蒙古高家梁煤矿洗煤厂工程一期1×330MW脱硫装置工程，安装了1套AN系列增压风机流量Q=1288111Nm^3/h。经168h联动运行考核时，整机联运调试一次成功，符合验收要求，达到设计要求的性能指标。该工程项目实际开工日期2006年3月，最终竣工日期2007年3月，工程决算造价1600万元，见图11.1。

11.2 内蒙古高家梁煤矿洗煤厂工程二期1×330MW脱硫装置工程，安装了1套AN系列增压风机流量Q=1288111Nm^3/h。经168h联动运行考核时，整机联运调试一次成功，符合验收要求，达到设计要求的性能指标。该工程项目实际开工日期2006年12月，最终竣工日期2007年4月，工程决算造价820万元。见图11.2。

图11.1 内蒙古高家梁煤矿洗煤厂工程一期1×330MW脱硫装置工程

11.3 国电江西九江电厂1×350MW脱硫装置工程，安装了1套AN系列增压风机流量Q=1342642Nm^3/h。经168h联动运行考核时，整机联运调试一次成功，符合验收要求，达到设计要求的性能指标。该工程项目开工实际日期2006年8月，最终竣工日期2007年5月，工程决算造价1600万元。见图11.3。

图11.2 内蒙古高家梁煤矿洗煤厂工程二期1×330MW脱硫装置工程

图11.3 国电江西九江电厂1×350MW脱硫装置工程

2000kW风力发电机安装工法

GJEJGF320—2010

中国十七冶集团有限公司　中国二冶集团有限公司
丁效武　刘斌　陈登明　韩露　马智慧

1. 前　言

随着风力发电技术的不断发展，风力发电机从660kW、750kW、850kW，发展到今天的1500kW、2000kW等大型风力发电机；风力发电机叶片长度也由原来的20多米，发展到今天的40多米；传统的叶片、轮毂地面组合整体吊装工艺技术，远远不适应施工场地狭小的地区，如高山、丘陵地带。

中国十七冶集团有限公司承建的华润山东蓬莱平顶山风电场项目，是目前我国从国外引进机型最成熟、单机容量最大的风力发电机——VESTAS V90 2000kW风机，其叶片长度44m，叶轮直径90m，安装高度80m，地处山东蓬莱平顶山地区，海拔高度1500多米，地势险峻，安装场地狭小。为此，根据分块组合原理，叶片、轮毂采用"单叶片空中对接"关键技术，并自主研发了大型风力发电机叶片专用T型吊具（专利号：ZL 2009 2 0172117.2）。

2007年12月中国十七冶集团有限公司《850kW风力发电机安装工法》获安徽省省级工法（工法编号:AHGF15-08),2010年8月该工法获马鞍山市科学技术进步三等奖,在此基础上,研究编制了《2000kW风力发电机安装工法》，于2010年12月获安徽省省级工法（工法编号：AHGF64-10），圆满地解决了华润山东蓬莱平顶山风电场等项目风机安装施工场地狭小的困难，取得了满意的效果。

2. 工 法 特 点

2.1　采用传统风机安装工艺时，由于叶轮整体吊装迎风面积大，安装过程难以控制，容易造成叶片损坏，加之山地、丘陵地区大功率风机叶轮整体吊装施工作业面狭小，施工过程质量、安全难以保障，而采用"单叶片空中对接"施工工艺，可减小作业平台，减少环境破坏，降低工程成本，节省投资，同时该施工工艺优化了吊装流程，不仅能提高施工效率，而且对质量、安全控制更加有效。

2.2　自主研发大型风力发电机叶片专用T形吊具专利技术，加强了叶片成品保护，实现了超长叶片安全吊装，保证了安装质量，提高了作业效率。

2.3　风机叶轮吊装由传统整体吊装的抬吊方式改为单机单片吊装，减少了施工设备的投入，降低了施工难度。

3. 适 用 范 围

本工法适用于陆地2000kW及以下各种风力发电机安装工程，特别适用于高山、丘陵地区风力发电机安装。

4. 工 艺 原 理

本工法关键技术是基于分块组合原理、空气动力学理论和力学理论基础。"单叶片空中对接"、"大型风力发电机叶片专用T形吊具"专利是分析单叶片吊装过程中受力状况，保持叶片水平的关键技术；通过偏航装置、盘车装置、变浆装置等使叶片与轮毂水平对接。有效解决了大型风力发电机在高山、丘陵地区安装场地狭小的困难，保证了风机设备安装的工期、质量和安全。

5. 施工工艺流程及操作要点

5.1 施工工艺流程

施工工艺流程如图5.1。

5.2 操作要点

5.2.1 基础环验收

1. 基础环法兰与塔筒底法兰对接标记：基础环法兰内侧面有一个明显标记，表明与塔筒底法兰的对接位置，一般这个标记对应塔筒门的方向。

2. 基础环水平度检查：用水平仪和标尺检查相隔120° 的三个方向上基础环法兰面是否水平（图5. 2. 1）。测量点位于法兰环中间，每个方向最少测量两次，最大水平误差不得超过规定值。

3. 检查基础环防腐层是否有损伤，如果有，用白色聚氨酯漆进行修补。

4. 清理法兰表面杂物。

5.2.2 电气柜临时就位

在第一节塔筒吊装前，预先将电气柜放入基础环内（图5.2.2）。

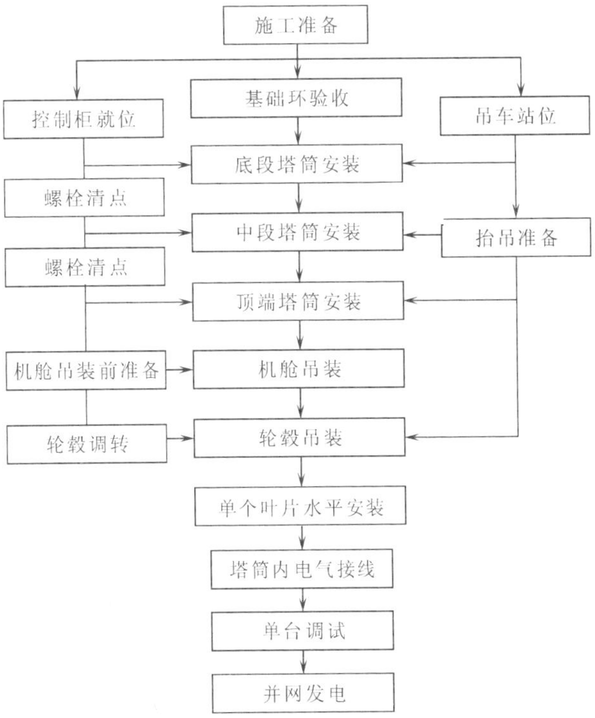

图5.1 施工工艺流程

图5.2.1 基础环验收

图5.2.2 电气柜在基础环内的放置

5.2.3 塔筒吊装

1. 底段塔筒安装

1）将4个吊装连接板固定到塔筒顶部法兰上；4个连接板应均布。固定到塔筒底部法兰上的吊装连接板必须布置在正上方位置（图5.2.3）。

图5.2.3 底段塔筒的安装

2）用吊装索具分别将500t、70t吊机的吊钩与塔筒的上下法兰上的连接板连接。

3）两吊机同时吊起塔筒，500t吊机慢慢将塔筒提升到垂直状态，拆除70t吊机的吊装索具和连接板。

4）500t吊机吊起底段塔筒慢慢降落，使其位于基础上方，通过导向棒使塔筒内法兰孔和基础环法兰孔对正。所有螺栓孔与法兰连接孔对正后，将塔筒落到基础环上。

5）在塔筒内侧将垫圈和螺母装到基础螺栓上，用电动扳手将一圈螺栓预拧紧。

6）拆除塔筒顶部法兰上的吊具和吊装连接板。

7）按照规定的紧固力矩设置液压扭力扳手，并按对角方式全部紧固螺母，然后画上标记。

2. 中段塔筒安装

1）清理底段塔筒上法兰和中段塔筒下法兰面，并在底段塔筒上法兰面上呈S状涂抹密封胶。

2）将4个吊装连接板固定到塔筒顶部法兰上，4个连接板应均布。固定到塔筒底部法兰上的吊装连接板必须布置在上方位置，对中段塔筒表面检查、清理、补漆，把中段塔筒与顶段塔筒连接螺栓放置在中段塔筒的平台上。

3）用索具分别将塔筒上下法兰上的连接板系于500t、70t吊机的吊钩上。

4）两吊机吊起塔筒，500t吊机慢慢将塔筒提升到垂直状态，拆除70t吊机的吊装索具和连接板。

5）500t吊机吊起中段塔筒至底段塔筒正上方后，慢慢降落于底段塔筒上，并要保证塔筒内的爬梯对正。

6）通过导向棒将中段塔筒底部法兰和底端塔筒顶部法兰对正后用螺栓连接，用电动扳手将所有连接螺栓预拧紧。

7）拆除塔筒顶部法兰上的吊具和吊装连接板。

8）按照规定的紧固力矩设置液压扭力扳手，并按对角方式全部紧固螺母，然后画上标记。

3. 顶段塔筒安装

1）清理中段塔筒上法兰和顶段塔筒下法兰面，并在中段塔筒法兰面上呈S状涂抹密封胶。

2）固定顶段塔筒上部吊装连接板，通过钢丝绳系到主吊钩上面，固定顶段塔筒下部连接板，通过钢丝绳系到辅吊钩上面。

3）对顶段塔筒表面检查、清理、补漆，把顶段塔筒与机舱的连接螺栓放置在上段塔筒的平台上。

4）主吊机和辅助吊机配合将上段塔筒翻身竖立，辅助吊机慢慢脱钩使塔筒重量全部由主吊机承担。主吊机回转、变幅将上段塔筒吊装到中段塔筒法兰上方。

5）通过导向棒使顶段塔筒法兰孔与中段塔筒法兰孔对正后就位，用螺栓将两法兰连接固定，先用电动扳手将所有螺栓预拧紧，吊机卸钩后拆除连接板，随后用液压扭力扳手对螺栓进行紧固，使其达到设计力矩值。

5.2.4 机舱安装

1. 安装前准备（图5.2.4）

1）机舱安装前，将电缆临时存放在机舱内。

2）安装盘车装置、超声波风向标和风速计。

3）拆下排污管并清洁机舱。

2. 安装方法

1）用两条溜绳固定在机舱的前后两侧，在吊装过程中，与吊车配合调整机舱的方向和位置。

2）把机舱专用吊具挂在主吊机上，吊机回转、变幅将专用吊具和机舱连接，确认锚固后，拆掉机舱支架连接螺栓，吊机慢慢起钩。

3）机舱就位后，将机舱底部法兰与塔筒顶部法兰进行对接并用螺栓固定。

4）用电动扳手对称地进行螺栓预紧，吊机卸钩，解除吊具。

5）用液压扭力扳手对称进行螺栓紧固，达到最终的力矩值。

图5.2.4 机舱的安装

5.2.5 轮毂安装

1. 安装轮毂专用吊具，连接轮毂翻转液压泵，调整轮毂吊具至合适位置，轮毂两侧系上一条150～200m长的绳索作为溜绳，吊装过程中，与吊车配合调整叶轮的方向和位置（图5.2.5）。

图5.2.5 轮毂的安装

2. 利用轮毂翻转液压泵调整轮毂的角度，便于轮毂顺利安装。

3. 将轮毂专用吊具安装在轮毂的吊装固定环上。

4. 徐徐提升轮毂到达安装高度后，通过500t吊车回转将轮毂安装到机舱上的对接法兰上。

5. 用螺栓将轮毂固定在机舱的固定法兰上，将螺栓对称紧固后，吊机松钩并卸下吊具。

6. 用液压扭力扳手对称进行螺栓紧固，达到最终的力矩值。

5.2.6 单叶片空中对接安装

1. 清洁叶片，将叶片专用T形吊具利用吊带与主吊车吊钩连接。T形吊具用吊带和托盘与叶片连接（图5.2.6）。

2. 叶片T形吊具的根部外侧挂上一条150～200m长的绳索作为溜绳。

3. 主吊机将单个叶片水平徐徐提升到与轮毂中心高度后，通过回转、变幅等措施，使叶片接近轮毂。

4. 通过偏航装置、盘车装置、变桨装置等使叶片水平与轮毂对接。

5. 用螺栓将单个叶片固定在轮毂的变桨轴承上，将螺栓对称紧固后，吊机松钩并卸下叶片根部与T形吊具连接的吊带。

6. 通过回转和偏航装置使叶片T形吊具和托盘脱离叶片。

7. 通过盘车装置使轮毂回转120°，具备吊装第二片叶片条件，用上述方法安装第二片叶片。

8. 用同样方法安装第三片叶片。

9. 通过盘车装置、变桨泵配合，用液压扭力扳手最后紧固叶片连接螺栓至规定力矩。

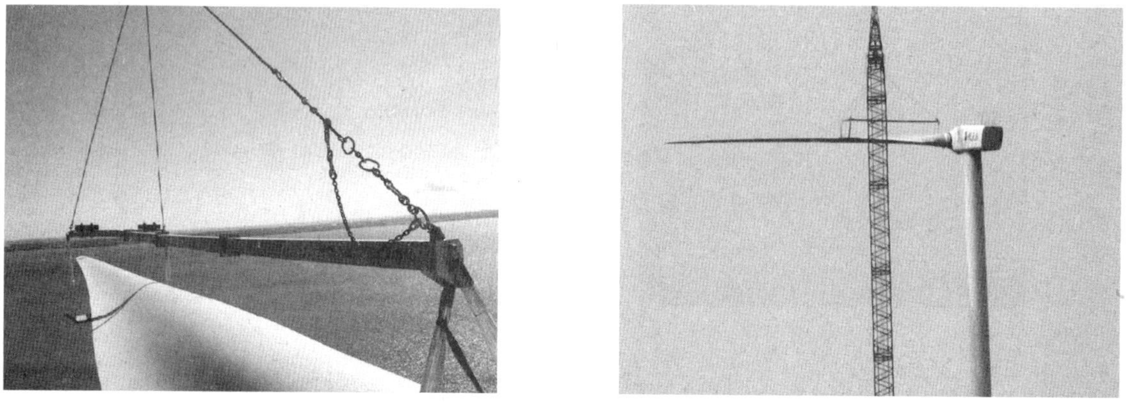

图5.2.6 单叶片空中对接安装

5.2.7 电气安装

1.电缆的安装（图5.2.7）。

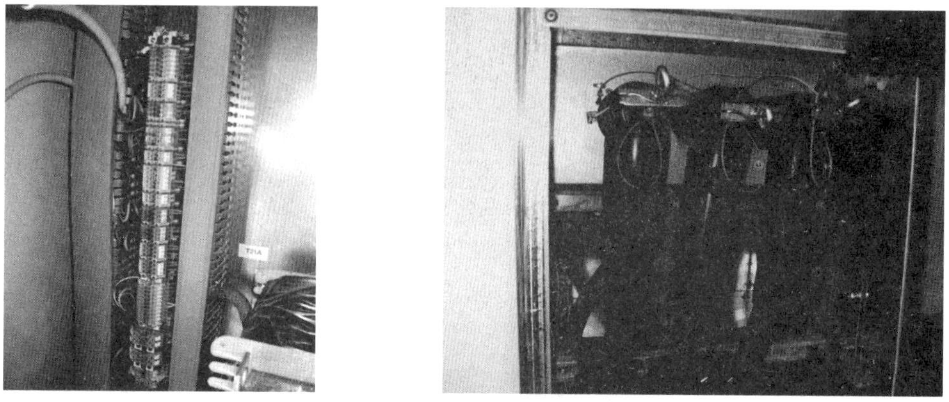

图5.2.7 电气安装

1）塔筒内高压电缆的安装。
2）机舱内电缆的安装。
3）塔筒内电缆的安装。
4）轮毂内电缆的安装。
5）按图纸进行接线校验。
2. 安装地面控制器。
3. 塔筒底部的雷电保护导体的安装。
4.清洁风力发电机组（WTGS），并对风机进行检验验收移交调试。

5.2.8 单台调试、并网发电

单台调试验收合格后，移交建设单位并网发电。

6. 材料与设备

本工法无需特别说明的材料，采用的机具设备见表6。

机具设备表 表6

序号	机械设备名称	型号规格	数量	生产能力	用于施工部位	性能
1	汽车式桁架吊	DEMAGTC2600 型	1	500t	塔筒、机舱、轮毂、叶片	良好
2	汽车吊	QY70	2	70t	卸车、抬吊、组装	良好
3	工程服务车	SZY5040XGC	2	1t	转运	良好
4	发电机	柴油发电机	1	30kW	施工现场电源	良好
5	发电机	汽油发电机	2	5kW	施工现场电源	良好
6	钢丝绳索具	ϕ40mm	1 副		塔筒卸车、倒运用	良好
7	尼龙吊带	10t	2 副		塔筒卸车用	新购
8	尼龙吊带	5t	2 副		吊配电柜用	新购
9	路基箱	6m × 2m	4 块		主吊站位用	良好
10	倒链	5t	2		吊装备用	良好
11	溜绳	ϕ20 × 200m	6		溜绳	新购
12	枕木	0.2m × 0.2m × 2m	20 根		风电机组设备卸车用	新购
13	对讲机		8 只		起重指挥用	良好
14	万用表		2 只		安全测试	良好
15	绝缘电阻测试仪		2 只		安全测试	良好
16	塞尺		1 把		安装检验	良好
17	电动扳手		2 把		安装	良好
18	液压扭力扳手	HYRORC3mxta	2 台		安装检验	专用
19	经纬仪		2 台		安装检验	良好
20	水准仪		1 台		安装检验	良好

7. 质量控制

7.1 安装执行的标准及规范

《工程测量规范》GB 50026-2007；

《钢结构工程施工质量验收规范》GB 50205-2001；

《钢结构高强螺栓连接的设计、施工及验收规程》JGJ 82-91；

《风力发电场安全规程》DL 796-2001；

《工业安装工程质量检验评定统一标准》GB 50252-94；

设备制造厂家提供的图纸和技术文件。

7.2　工程质量控制标准

风机塔筒安装质量要求如表7.2所示。

风机塔筒安装质量要求　　**表7.2**

部　位	项　　目	允许偏差	检查数量	检验方法
基础环	基础环水平度	2mm	3 处	水准仪检查
塔筒	塔筒法兰间隙	0.25mm	全部	塞尺检查
	单段塔筒垂直度	0.5*H*/1000	90° 方向两点	经纬仪检查
	整体塔筒垂直度	15mm	90° 方向两点	经纬仪检查

注：*H*为单段塔筒高度。

7.3　质量保证措施

7.3.1　质量控制的重点是基础环水平度、高强螺栓扭矩、塔筒垂直度。

7.3.2　施工全过程实行“三检制”，重点监控基础环水平度、高强螺栓扭矩、塔筒垂直度。

7.3.3　机舱吊装的质量保证措施

1. 用专用吊具对机舱各吊点进行绑扎，并调整前后吊点使机舱水平，便于机舱底座法兰面与塔筒法兰面的连接。

2. 对机舱底座法兰面进行清洗，并清除螺栓孔的杂物、毛刺。

3. 吊装过程中注意对机舱进行溜绳保护，避免碰撞塔筒和吊机。

7.3.4　采用“叶片T形吊具”和专用的风叶夹板进行包角保护，避免吊装过程中损伤风叶边缘。叶片受风面积较大，用溜绳保护，避免碰撞。

7.3.5　高强度螺栓连接法兰面应进行清洗，并清除螺栓孔的杂物、毛刺。按照要求调定液压力矩扳手的力矩值，使各连接点的紧固符合要求。紧固螺栓时按照紧固顺序和方向进行，以保证紧固均匀。连接副紧固完毕后要做防松标记。

7.3.6　塔筒安装过程中用塞尺检查法兰面间隙，如果用 0.25mm 的塞尺可以碰到连接螺栓或者可以看到连接处有间隙，法兰间必须用薄垫片垫上。

8. 安 全 措 施

8.1　制定危险源辩识、危险源评价及控制措施。

8.2　不能在风速＞10m/s时进行吊装，做好防台风、雷雨的应急预案。

8.3　吊车行走临时道路必须压实，不能下陷或积水，满足吊车行走安全要求。

8.4　起重钢索、吊具安全系数不小于6。

8.5　吊装过程中注意对机舱用溜绳保护，避免碰撞塔筒和吊机。

9. 环 保 措 施

9.1　对全体员工进行环保意识教育，使其自觉遵守相关环境保护法规。

9.2 做好文明施工及环境保护，对现场的包装箱等杂物有专人及时回收，保持现场整洁。

9.3 做好水土保护工作，砌筑必要的挡土墙、排水沟。

9.4 设备、车辆检修、清洗作业等产生污水的固定点，一律进行硬地作业，合理组织排水。将污水集中收集、处理，达标后再排放。

9.5 积极采用低噪声设备。

9.6 及时清理场地垃圾、并集中外运处理。现场的设施、设备专人管理。

9.7 工程施工前开挖排水沟，以防止雨水冲刷流失水土。施工产生的临时弃渣，其四周用尼龙袋装土，做临时护栏。新开挖形成的边坡，注意保持坡脚的稳定。

9.8 因施工营地，临时道路、土、石料场等所有临时占地，施工完成后，及时平整，恢复绿化。

10. 效 益 分 析

通过利用该工法，工程施工工艺合理，工序环环相扣，施工效率高，工期短，安全可靠，便于管理，施工质量易控制。施工成本大大降低，经济效益和社会效益好。

10.1 华润电力（风能）有限公司投资的山东蓬莱平顶山风电场项目技术经济指标及经济效益分析

采用该工法，在对25台，V90型，2000kW风力发电机安装中，缩短工期25d，节约直接成本93.75万元。

10.1.1 安装机械费节约：

500t汽车式桁架吊1台（2.3万元/台班）、70t汽车吊2台（0.23万元/台班）、40t拖车1台（0.1万元/台班）、5t装载机（0.03万元/台班）、服务车各2台（0.03万元/台班）。即：

（2.3+0.46+0.1+0.03+0.06）×25=73.75（万元）

10.1.2 人工费节约：

0.02万元/天/人×40人×25d=20（万元）

10.1.3 直接成本节约合计：73.75+20=93.75（万元）。

10.1.4 社会效益：该项目安装工期提前25d，年上网电量预计达1.1亿kV·h，按每度0.61元计算，初步估算多增加产值6710万元。

该项目投产后，进一步缓解了山东电力紧缺的状况，同时作为清洁无污染的可再生能源，为环境保护起到环保示范作用。

10.2 华润山东蓬莱徐家集 48MW 风电场项目技术经济指标及经济效益分析

10.2.1 工期缩短：

利用2000kW风力发电机安装工法进行风力发电安装，使整个安装工期提前24d。

10.2.2 成本降低：

1. 安装机械费节约

500t汽车式桁架吊1台（2.3万元/台班）、70t汽车吊2台（0.23万元/台班）、40t拖车1台（0.1万元/台班）、5t装载机（0.03万元/台班）、服务车各2台（0.03万元/台班）。即：

（2.3+0.46+0.1+0.03+0.06）×24=70.8（万元）

2. 人工费节约

0.02万元/天/人×40人×24d=19.2（万元）

3. 直接成本节约合计：70.8+19.2=90（万元）

10.2.3 社会效益：该项目投产后，年上网电量预计可达到1.1亿kV·h，按每度0.61元，初步估计年创产值约为：6710万元。不但进一步缓解了山东电力紧缺的状况，同时风力发电作为清洁无污染的可再生能源，将起到环保示范作用。

10.3　江苏华电灌云50×2MW风电场项目技术经济指标及经济效益分析

10.3.1　工期缩短：

利用2000kW风力发电机安装工法进行风力发电安装，使整个安装工期提前36d。

10.3.2　成本降低：

1．安装机械费节约

650t履带吊1台（2.67万元/台班）、80t履带吊1台（0.25万元/台班）、50t履带吊1台（0.17万元/台班）、40t拖车1台（0.1万元/台班）、服务车各2台（0.03万元/台班）。即：

（2.67+0.25+0.17+0.1+0.06）×36=117（万元）

2．人工费节约

0.02万元/天/人×40人×25d=20（万元）

3．直接成本节约合计：117+20=137（万元）

10.3.3　社会效益：该项目投产后，不但进一步缓解了江苏电力紧缺的状况，同时风力发电作为清洁无污染的可再生能源，为环境保护起到环保示范作用。

11. 应用实例

11.1　山东蓬莱平顶山（48MW）风电场项目工程

11.1.1　工程概况

华润电力(风能)开发有限公司投资的华润电力风能蓬莱平顶山48MW风电场项目，采用25台、V90型2000kW/1800kW Vestas风力发电机，总容量48MW。工程地点：山东省蓬莱平顶山。合同工期：90个工作日。

11.1.2　施工情况

工程开工日期：2009年4月26日，实际完工日期：2009年7月1日，实际工期：65个工作日，比合同工期节约25个工作日。

11.1.3　工程监测与结果评价

通过运用该工法进行风电设备安装，基础环水平度控制在1.5mm之内，塔筒法兰间隙控制在0.2mm之内，单段塔筒垂直度控制在5mm之内，整体塔筒垂直度控制在8mm之内，符合验收规范要求。

采用该工法安全、优质、高效地完成了该工程项目施工，取得了良好的经济效益和社会效益。

11.2　山东蓬莱徐家集（48MW）风电场项目工程

11.2.1　工程概况

华润电力(风能)开发有限公司投资的华润电力风能蓬莱徐家集48MW风电场项目，采用24台、V90型，2000kW Vestas风力发电机，总容量48MW。工程地点：山东省蓬莱平顶山。合同工期：90个工作日。

11.2.2　施工情况

实际开工日期：2010年1月10日，实际完工日期：2010年3月17日，实际工期：66个工作日，比合同工期节约24个工作日。

11.2.3　工程监测与结果评价

通过运用该工法进行风电设备安装，基础环水平度控制在1.5mm之内，塔筒法兰间隙控制在0.2mm之内，单段塔筒垂直度控制在5mm之内，整体塔筒垂直度控制在8mm之内，符合验收规范要求。

采用该工法安全、优质、高效地完成了该工程项目施工，取得了良好的经济效益和社会效益。

11.3　江苏华电灌云（50×2MW）风电场项目工程

11.3.1　工程概况

江苏华电灌云（50×2MW）风电场，是中国华电在江苏省投资的首个沿海滩涂风电项目，总投资约11.7亿元。工程选用50台国产（重庆海装）2MW风机，总装机容量为100MW。合同工期：150个工作日。

11.3.2 施工情况

实际完成施工用114个日历天数，缩短工期36d，工程质量优良。

11.3.3 工程监测与结果评价

通过运用该工法进行风电设备安装，基础环水平度控制在1.5mm之内，塔筒法兰间隙控制在0.2mm之内，单段塔筒垂直度控制在5mm之内，整体塔筒垂直度控制在8mm之内，符合验收规范要求。

采用该工法安全、优质、高效地完成了该工程项目施工，取得了良好的经济效益和社会效益。

干熄槽壳体分段分片安装工法

GJEJGF321—2010

中国十五冶金建设集团有限公司

何国武　肖永军　郭峰　刘海州　骆亚芳

1. 前　　言

中国十五冶金建设集团有限公司于2008～2009年承建的首钢京唐钢铁联合有限公司1×260t/h干熄焦工程2009年创安装最大的干熄焦装置世界纪录，干熄槽是干熄焦工程的重要组成部分，由于干熄槽的直径和重量都比较大，而且干熄槽壳体的安装精度要求比较高，吊装时采用分段分片施工方法进行干熄槽安装施工。

中国十五冶金建设集团有限公司于2005～2006年承建的济南信赢煤焦化有限公司150t/h干熄焦工程、于2006～2007年承建的包钢（集团）公司焦化厂9号、10号焦炉配套的125t/h干熄焦工程及于2007～2008 年承建的新余钢铁有限责任公司焦化厂5号、6号焦炉155t/h干熄焦工程也采用了此法施工，在不断总结和运用的基础上，中国十五冶金建设集团有限公司的干熄槽壳体安装技术已形成一套成熟的施工方法，2009年开发编写了企业级工法，2009年在本工法的基础上形成企业技术标准《干熄槽壳体安装工艺标准》（Q/15YSG-041-2009），2010年6月经中国有色金属建设协会评审批准为中国有色金属建设行业部级工法。本工法的关键技术"干熄槽壳体分段分片安装技术"于2010年12月经中国有色金属工业协会鉴定达到国内领先水平； 2010年4月湖北省机电查新检索中心对《干熄槽壳体分段分片安装技术》查新结论认为"该技术的新颖性尚未见国内相关文献报道"； 本工法中的"一种装配式干熄炉密封封壳装置"2010年获实用新型专利，专利号为：ZL201020523512.3。

2. 工 法 特 点

分段分片安装工法具有如下特点：首先，能够简化施工工艺（不用现场二次组装），操作方便，适用性强，容易在实际施工中推广应用，能和主体框架穿插施工，可以提前工期；其次，能够有效的利用现场的吊装设备（干熄焦工程安装中，现场要配置1台塔吊用于现场的钢结构、设备、管道的卸车、倒运及安装等工作），节省设备费用；再次，分段分片安装时施工操作人员之间的视线通畅，便于就位时的指挥控制，安全可靠度比整体就位时要高；最后，采用分段分片安装能够有效的减少壳体在安装就位过程中的变形，关键质量控制点能够得到很好的保证，壳体安装精度相对较高。

3. 适 用 范 围

本工法适用于干熄焦工程中干熄槽壳体安装施工。其他类似（直径和重量比较大）的工程施工也可借鉴本工法。

4. 工 艺 原 理

根据干熄槽壳体特点，不同段落采用不同的分段分片拼装方法，即将干熄槽壳体共分12段，第1段由5片组成，在临时平台上拼装成整体后，吊至基础安装就位；第2～9段每段分4片，实施分片安装办法；第10～12段每段分4片，分别在操作平台上拼装成整体后再吊装就位；采用对称焊和定位焊相结合等方法防止壳体变形；创新出一种适用于干熄槽气密性试验的密封装置。

5. 施工工艺流程及操作要点

5.1 干熄槽壳体安装施工工艺流程

基础检查、放线→打毛面、设置垫铁→鼓风装置下部台架就位→1段炉壳就位→1段炉壳底座压浆→十字风道、漏斗、风帽等就位→2～4段炉壳安装→1、2层托砖板定位、焊接→5段炉壳安装→6～9段炉壳安装→9段3层托砖板定位、焊接→10～12段炉壳安装→移交下道工序耐火材料施工→干熄槽防偏流板、水封槽及风量调节板安装。

5.2 操作要点

5.2.1 施工前准备

1. 施工前将干熄槽安装平台清理干净，测出干熄槽安装的0°、90°、180°和270°轴线，设置干熄槽鼓风装置和干熄槽底座垫铁。

2. 对起重机械，吊索、吊具和千斤顶等的安全性进行检测。

3. 对构件的安装质量要求、安全技术措施在施工前组织操作工人学习，做好记录并制定保证措施。

4. 准备好第一段壳体拼装时用的临时支架（每片壳体底座下布置2个临时支架，支架采用[20做成门字形，支架的高度超过地脚螺栓外露长度）。

5.2.2 预组装

每段壳体运输前需要在加工厂制作完成后进行试拼，并且要在每片壳体的上面标注轴线、分度线和拼装编号。

5.2.3 构件运输

按安装的先后顺序组织干熄槽壳体分片运输进场，在每一片壳体内侧焊接临时支撑加固，并在运输车辆上安装壳体运输托架。

5.2.4 干熄槽安装

1. 干熄槽设置在主框架中间，从工期、吊车利用率和总体效率考虑，采取干熄槽穿插在主体框架施工过程中进行安装的工艺。主体框架采用由下向上综合吊装的方法，干熄槽采用分段（上下分12段）分片（第1段分5片、第2～9段各分4片、第10～12段各分4片在现场地面临时平台上组装成整体）吊装。另外，干熄槽下接冷焦排出装置，干熄槽第1、2段安装时注意与鼓风装置穿插施工，鼓风装置与1段炉壳安装穿插工艺如见图5.2.4-1所示。

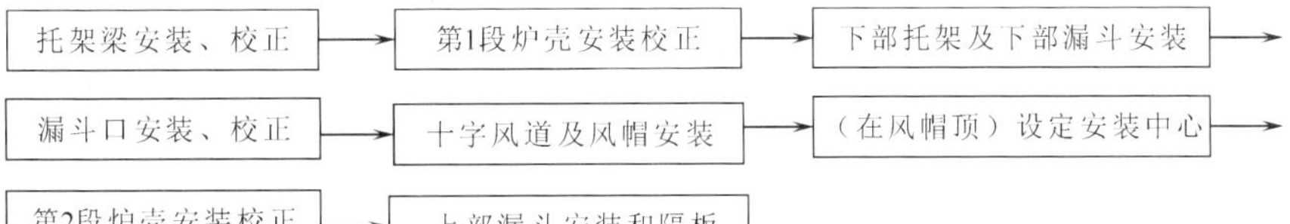

图5.2.4-1　鼓风装置与1段炉壳安装穿插工艺流程图

2. 干熄槽第1段壳体安装时要考虑到高出基础平面的地脚螺栓对壳体安装质量和安装进度的影响，第一段壳体安装时采用分片吊装、整体就位的方法进行施工。第1段壳体单片运到现场后通过400t·m的塔吊，将第一段壳体在临时支架上拼装成整体，拼装完毕采用对称焊接的方法减少焊接变形，焊接完毕后检查壳体的几何尺寸、地脚螺栓与干熄槽底座的螺栓孔位置，合格后在干熄槽侧面设置临时牛腿，用千斤顶通过牛腿将第1段壳体整体顶起，撤掉临时支架，最后再通过千斤顶将第1段壳体整体落位，就位过程中利用水准仪控制壳体标高，壳体就位后检查壳体上的轴线、分度线与土建基础上的轴线、分度线是否一一对应，如果发现偏差应及时进行调整。壳体就位后还要检查壳体中心、上口的标高、椭圆度、水平度和壳体的垂直度，同时在干熄槽内外0°、90°、180°、270°的位置设置一基准标高，检查合格后才能进行二次灌浆施工。干熄槽壳体底座的二次灌浆层薄、量大，二次灌浆施工时要将灌浆层灌满、捣实。壳体内侧用于固定的临时支撑（包括上部各段壳体内部的支撑）要待干熄槽壳体整体安装完毕后再进行割除。干熄槽安装壳体底座平面图见图5.2.4-2。

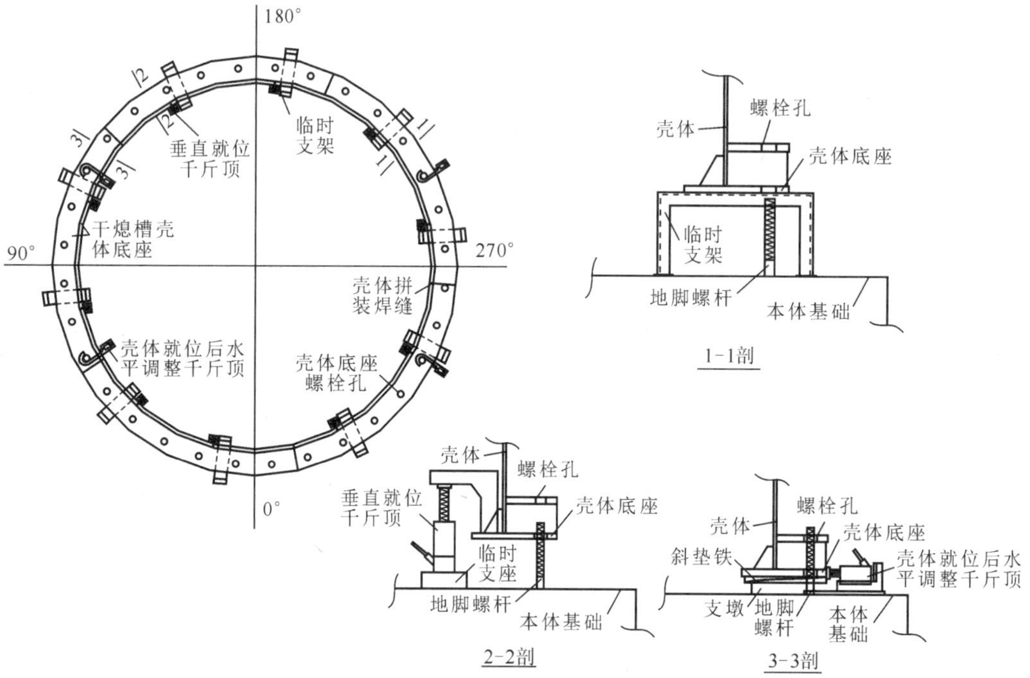

图5.2.4-2　干熄槽安装壳体底座平面图

3. 干熄槽第2～4段壳体安装时以下一段壳体的顶端为基准面进行安装，安装过程中利用壳体上的分度线控制壳体的轴线、利用钢卷尺、直钢尺和线坠控制每段壳体上口半径、椭圆度和垂直度，利用水准仪和钢卷尺控制每段壳体顶面标高和壳体上口平整度。壳体组装后通过点焊将分片的壳体焊接固定在一起，然后进行壳体整体焊接。焊接时壳体焊缝内外分别配1名焊工同时进行焊接，焊接采用对称焊接的方法减少焊接变形和漏焊，焊接完毕后对壳体的几何尺寸、壳体顶面标高、壳体上口平整度、壳体垂直度进行复核。第4段壳体安装焊接完毕后便可进行壳体内部第1层托砖板的安装，安装托砖板时利用水准仪、钢卷尺、钢板尺等测量工具，结合壳体内部标示的基准标高和分度线测量定位托砖板的水平度、标高、半径和轴线。定位焊接前先将垂直加紧板定位焊接完毕，再将水平托砖板进行间隔点焊进行定位，定位完成后再将水平托砖板与垂直托砖板和干熄槽壳体整体焊接。焊接时采用间隔对称的方法进行。在进行第2层托砖板的安装时，先安装水平托砖板下面的加劲肋，安装时要根据壳体内侧标识的标高和分度线均匀布置，加劲肋安装完毕后再进行水平托砖板安装，安装固定时主要控制托砖板的标高和整体水平度，同时检查水平托砖板到第1层托砖板之间的距离是否符合图纸尺寸，合格后再进行整体焊接。第2～4段壳体安装固定示意图见图5.2.4-3。

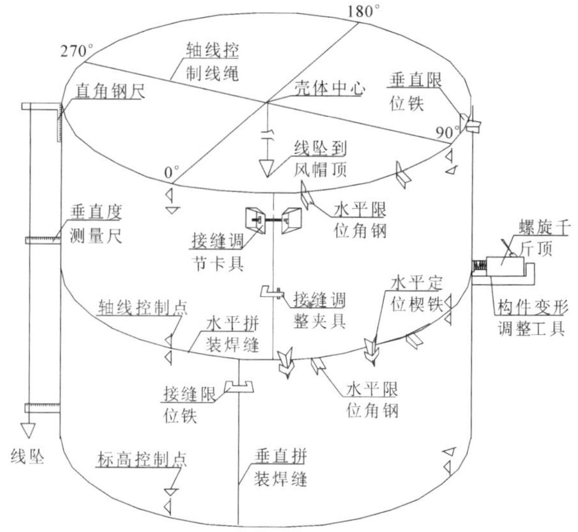

图5.2.4-3　第2～4段壳体安装固定示意图

4. 干熄槽第5段为喇叭口形状，这段壳体的安装质量关系到第5段以上壳体整体的安装质量，尤其是上口的椭圆度和上口的平整度要控制好，这是干熄槽拼装过程中关键的质量控制点。壳体组装过程中用钢卷尺检查壳体的直径，发现椭圆度偏差过大时采用手拉葫芦进行对拉调整，调整合适后对壳体进行焊接固定（用于对拉的手拉葫芦在壳体焊接完毕后再进行拆除）。干熄槽第5段开始变径，壳体安装顺序要从180° 一侧向0° 方向进行安装，本体框架32.2m平台3 / A ~ B线主梁和2 ~ 3 / A ~ B线间的次梁不能进行安装，否则本体框架32.2m平台梁将影响壳体安装。第五段壳体组装焊接完毕后，用水准仪测量上口标高，用钢板尺和石笔将上口标高沿壳体四周标示出来，检查并修正壳体上口直至平整度符合要求。第5段壳体内侧的不锈钢钢丝尽量在地面上焊接完毕。第5段壳体安装固定示意图见图5.2.4–4。

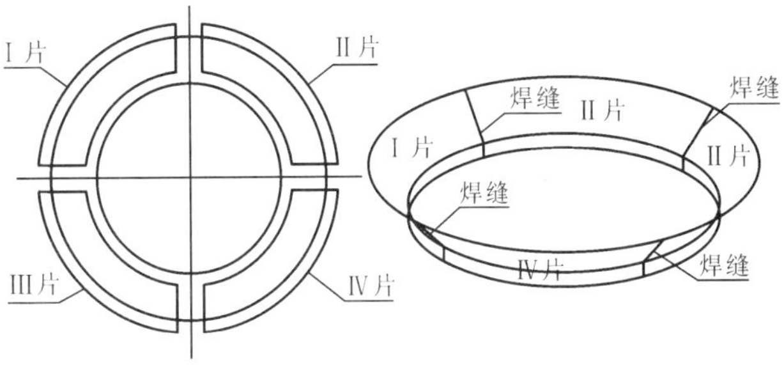

图5.2.4–4　第5段壳体安装固定示意图

5. 干熄槽第6 ~ 9段安装是整个干熄槽安装的关键，也是干熄槽安装质量控制的重中之中。本体框架32.2m平台3/A ~ B线主梁、外挑梁及2 ~ 3/A ~ B线间的次梁必须在干熄槽第9段（包括出风口）安装完毕后再将32.2m平台3/A ~ B线主梁、外挑梁及2 ~ 3/A ~ B线间的次梁安装完毕。6 ~ 9段壳体安装时首先要从180° 分度线处的干熄槽单片壳体开始向0° 线处（靠近出风口）的单片壳体安装，最后在6 ~ 9段壳体整体安装完毕后进行出风口定位安装。安装过程用经纬仪控制出风口垂直中心线与0° 线重合，壳体的垂直度和椭圆度通过设置在壳体内部和设置在壳体与本体框架梁、柱之间的手拉葫芦进行调整，而壳体的标高和水平度通过水准仪进行控制。壳体安装完毕后以上口标高为基准，用钢卷尺和钢板尺来定位内部第3层水平托砖板水平标高，垂直托砖板以内部分度线为基准均匀布置。定位焊接前先将下部垂直加劲板定位点焊固定，再将水平托砖板进行间隔定位点焊固定，用水准仪检查水平托砖板标高和平整度，最后再定位点焊固定上部加劲板，检查合格后再将水平托砖板与垂直托砖板和干熄槽壳体整体焊接。第6 ~ 9段壳体安装固定示意图见图5.2.4–5。

6. 干熄槽第10 ~ 12段安装采用整体吊装的方法，安装前将壳体在地面拼装平台上将分片的壳体组装成整体，内部用支撑固定。同时将内部的不锈钢钢丝在地面上焊接完毕。安装时主要控制安装方向（用经纬仪控制壳体安装轴线）和安装垂直度（从壳体上口中心吊线坠到鼓风装置顶部风帽中心，检查线坠是否对准风帽中心），第10 ~ 12段安装完毕后再将38.57m平台2 ~ 3/A ~ B线间的平台次梁安装完毕。第10 ~ 12段壳体安装固定示意图见图5.2.4–6。

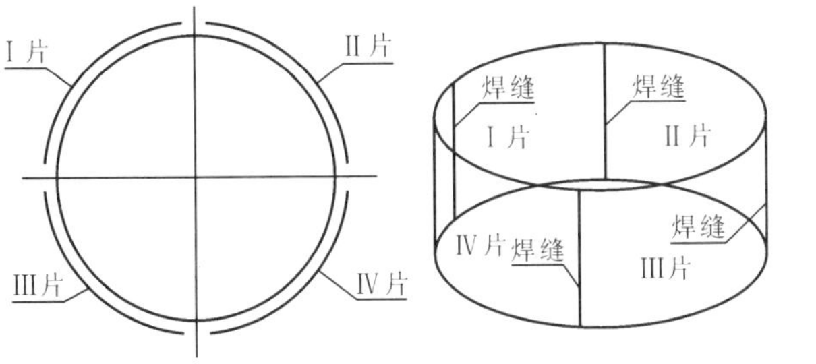

图5.2.4–5　第6 ~ 9段壳体安装固定示意图

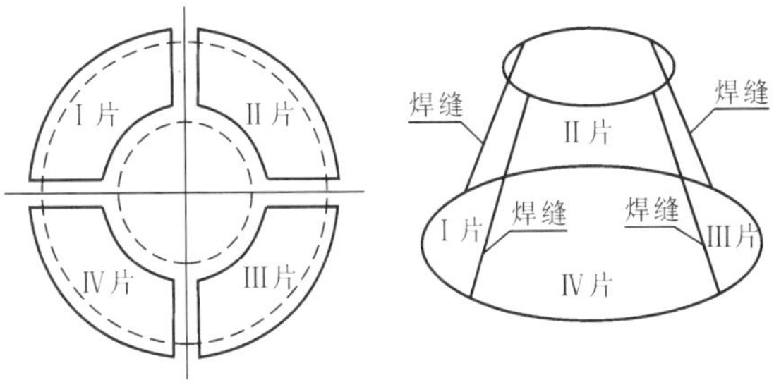

图5.2.4–6　第10 ~ 12段壳体安装固定示意图

7. 干熄槽10 ~ 12段安装完毕后，及时将干熄槽壳体内部临时支撑和内外临时操作平台等拆除清理完毕移交下道工序施工（干熄槽内部耐火材料施工）。

干熄槽内部耐火材料砌筑完斜烟道后进行斜烟道内不锈钢防偏流板安装，不锈钢防偏流板从干熄槽上口吊入，在斜烟道上方第9段壳体的内顶部设置吊耳，通过手拉葫芦将不锈钢防偏流板安装就位。

待干熄槽内部耐火材料施工完毕后，干熄槽继续进行最后的安装工作，水封槽安装和风量调节板的安装。水封槽安装就位时主要控制好水封槽的安装轴线和顶面平整度，而风量调节板安装时主要控制好风量调节板整体安装的方向（0°方向与180°方向不能颠倒）。水封槽位于干熄槽顶部并与干熄槽连接（螺栓连接）在一起，水封槽的底部落在干熄槽内部耐火砖顶部（两者之间设有膨胀缝，膨胀缝内填充耐火陶瓷纤维毡），水封槽就位前先将耐火砖顶部的耐火陶瓷纤维毡铺好，耐火陶瓷纤维毡的虚铺厚度要适当大于膨胀缝的厚度，再用密封材料将水封槽与干熄槽之间的空隙填充密实。风量调节板位于干熄槽内部斜风道顶部，安装时将事先加工好的风量调节板按照平面布置和每个斜风道（共36个）顶面上风量调节板的数量从0°线开始沿顺时针或逆时针进行安装。

5.2.5 安装过程中关键技术控制要点：

1. 安装鼓风装置下部托架时，必须严格控制其标高及水平度。

2. 供气装置下部漏斗的下口是熄焦炉的排焦口，该法兰是排出装置的安装基准面，必须严格控制其标高、中心、水平度。

3. 干熄槽第1段安装时由于受干熄槽地脚螺栓的影响，先在地脚螺栓之间设置临时支架作为干熄槽第1段拼装平台，待干熄槽第1段整体组装完毕后用千斤顶将干熄槽第1段壳体整体降低就位。

4. 干熄槽壳体内部要进行耐火材料砌筑，安装质量的好坏直接影响到下道工序耐火材料的施工。在干熄槽安装每一段时必须严格控制壳体标高、轴线、椭圆度和垂直度。另外，在内部三层托砖板施工时更要严格控制好标高、平整度、半径尺寸，尤其在进行第二层和第三层托砖板安装时还要控制好托砖板安装轴线和方位角。

5. 干熄槽设置在主框架中间，从工期、大型吊装设备利用率和总体效率考虑，采取穿插安装工艺最好。干熄槽基础检查放线，设坐浆墩与主框架同步进行，同步完成。主体框架采用由下向上综合吊装的方法，干熄槽采用分段分片安装的方法，壳体的安装进度必须始终保持比主框架“快一步”。主框架与壳体相应平台的梁、平台板等必须在壳体相应部件吊完后才可进行。

6. 干熄槽安装完毕后要进行气密性试验，干熄槽顶盖的密封是关键。

6. 材料与设备

本工法无需特别说明的材料，所需要的主要机具设备见表6。

主要机具设备设备 **表6**

序号	名　称	规格	单位	数量	备　注
1	塔吊	400t·m	台	1	
2	交流电焊机	500A	台	2	
3	螺旋千斤顶	15t	个	10	
4	经纬仪	J_2	台	1	
5	水准仪	S_3	台	1	
6	链条葫芦	3t	台	2	
7	链条葫芦	2t	台	4	
8	对讲机		对	1	

7. 质 量 控 制

7.1 施工质量执行以下标准

1. 干熄槽安装规定；

2.《冶金机械设备安装工程施工及验收规范、焦化设备》YBJ 214-88。

7.2 干熄槽安装要求

1. 干熄槽壳体组装精度见表7.2-1。

干熄槽壳体组装精度表（以拼装焊接后测定值为准） **表7.2-1**

测定项目	测定点（度）	允许偏差（mm）	检查器具
钢垫板标高差	0° 90° 180° 270°	2	塞尺
半径	0° 45° 90° 135° 180° 225° 270° 315°	−4～+10	50m钢卷尺 线坠
上口高差	0° 45° 90° 135° 180° 225° 270° 315 °	6	50m钢卷尺 水准仪
上圆周长	上部	−5～+20	50m钢卷尺
下圆周长	下部	−5～+20	50m钢卷尺
高度差	0° 90° 180° 270°	0～+10	水准仪

2. 干熄槽出风口段壳体组装精度见7.2-2。

干熄槽出风口段壳体组装精度表（以拼装焊接后测定值为准） **表7.2-2**

测定项目	测定点（度）	允许偏差（mm）	检查器具
钢垫板标高差	0° 90° 180° 270°	2	塞尺
半径	0° 45° 90° 135° 180° 225° 270° 315 °	−4～+10	50m钢卷尺 线坠
上口高差	0° 45° 90° 135° 180° 225° 270° 315°	6	50m钢卷尺 水准仪
上圆周长	上部	−5～+20	50m钢卷尺
下圆周长	下部	−5～+20	50m钢卷尺
高度差	0° 90° 180° 270°	0～+10	水准仪

3. 干熄槽鼓风装置风帽固定后，将混凝土基础上的纵、横中心线投放到风帽顶部，并做上永久性标记，作为干熄槽安装及砌炉的中心基准点。

4. 干熄槽壳体安装及焊接完毕后，其全高H应为负公差，-25～-35mm为宜（用水准仪和50m钢卷尺检查）。下部耐火砖托砖板水平度允许偏差为8mm（用水准仪检查）；上部耐火砖托砖板水平度允许偏差为7mm（用水准仪检查）。

5. 干熄槽入口处的水封槽安装时纵、横中心线的允许偏差为-5～+5mm（用钢卷尺检查）；标高的允许偏差为-6～+6mm（用水准仪检查）。

6. 干熄槽鼓风装置上、下料斗插口间隙允许偏差为-6～+11mm（用钢卷尺检查）；上部料口上口与干熄槽第1层托砖板之间的间隙为6～13mm（用钢卷尺检查）。

7. 干熄槽鼓风装置下部漏斗安装底座及下部漏斗安装后纵、横中心线对基础上的基准线的允许偏差为-5～+5mm（用钢卷尺检查）；底座支撑面水平度允许偏差为6mm（用水准仪检查）。

8. 干熄槽鼓风装置下部漏斗出口法兰面水平度允许偏差为5mm（用水准仪检查）。

7.3 质量保证措施

7.3.1 施工员负责整个吊装质量控制，质量员负责整个吊装质量监督检查。

7.3.2 干熄槽施工前要与基础土建施工队办理交接，重点检查基础的轴线尺寸、标高和预埋螺栓的位置是否正确，并签证交接手续。与构件制作单位办理钢结构交接手续，并按设计图纸设计尺寸和规范要求严格检查验收，不合格的不准进入现场。

7.3.3 对安装部位的质量要求要向操作人员交底，要落实“三检制”（自检、互检、专检），结构安装必须符合图纸要求。各种构件偏差必须控制在有关施工及验收规范之内。

7.3.4 焊工必须持有操作证方可上岗，无证者严禁上岗操作，对其所焊接部位要责任落实到个人。

7.3.5 对变形或损坏的构件及时处理，待处理好之后再进行吊装。

7.4 质量控制措施

7.4.1 干熄槽现场拼装完毕后，先将拼装焊缝进行间隔焊，检查尺寸没问题后再将整条拼装焊缝焊满，施焊时采用焊缝内外2名焊工同时施焊。施工前每隔一定距离用钢板制作的夹具将拼装焊缝两端的钢板夹紧，施工完毕后检查焊接部位是否变形，如果发生局部变形要及时用火焰校正法将变形部位调整好。

7.4.2 干熄槽现场拼装完毕，在壳体外部利用经纬仪将0°、90°、180°和270°标识出来，同时在壳体内也要将这4个基准角度标示出来，作为后期筑炉施工时的控制基准线。用水准仪将基准标高投放到壳体内外0° 、90° 、180° 和270° 4个基准角度处。另外，还要在内侧标出45°、135°、225°和315°控制基线和标高用来控制干熄槽安装标高、半径和周长。

7.4.3 干熄槽的永久性标板和标高基准点设在干熄槽内部的风帽顶端，用于壳体安装和筑炉施工时过程控制基准点。

7.4.4 在安装干熄槽第4段出风口时，用水准仪检查出风口底面标高，用线坠和钢卷尺检查出风口的垂直度和顶面标高。

7.4.5 干熄槽在制作时没有将拖砖板定位在每段壳体上，待干熄槽安装到一定的部位再将干熄槽内部的托砖板定位和焊接。利用干熄槽内部45° 间隔的控制基线和标高定位托砖板的水平位置，用水平尺检查托砖板定位后的表面平整度。托砖板安装时先定位水平托砖板下部的加劲肋，再安装水平方向的托砖板，托砖板焊接时先焊接托砖板加劲肋与干熄槽焊缝，焊接完毕检查加劲肋之间距离及顶面标高是否正确，没问题后再进行水平托砖板的焊接，焊接水平托砖板时采用间隔对称焊接进行施工，尽量减少托砖板在焊接过程中顶面变形。

7.4.6 单片壳体安装时采用壳体外部吊线坠用钢尺检查，待单片壳体组装成整体后用细钢丝通过每段壳体上口轴线点拉十字交叉线，在十字交叉线的交叉点挂线坠至风帽顶端，复核十字交叉点和风帽中点是否合格，如果偏差过大要对临时组装的壳体进行调整，直到合格为止。

8. 安 全 措 施

8.1 施工区域设置警戒线，悬挂警戒标志、标语，严禁非施工人员进入施工现场，施工人员进入现场必须戴安全帽。

8.2 高空作业人员必须系安全带，穿防护鞋。安全带必须按规范悬挂，安全牢固后方可作业。严禁酒后高空作业。

8.3 主楼梯未施工时，施工现场必须设置上下通道，施工人员只能从安全爬梯上下各层主平台，不得随意攀爬。

8.4 施工前必须坚持检查工机具，特别是钢丝绳、吊钩、吊环，严禁机具带病作业。起重机起吊要平稳，防止斜吊张拉，严禁野蛮施工和冒险作业。

8.5 高空作业人员应将工具和零星物品要放工具袋内，严禁上下乱抛工具或材料。

8.6 焊、切割设备必须遵守操作规程，非操作人员严禁使用。加强用电管理，动力线必须妥善保护，机械设备经过处必须深埋或加套管保护。

8.7 起吊大型构件两端应设置溜绳，用溜绳控制构件的自由转动，避免因惯性撞坏其他就位的构件。

8.8 在壳体拼装的水平焊缝的下方用∟50角钢和竹夹板设置临时平台（角钢和竹夹板要用钢丝固

定）进行拼装焊缝的焊接，而且在壳体上间隔一定的距离焊接固定点用于工人挂安全带。

8.9 电气设备和线络必须绝缘良好，各种电动工具按规定接零接地，并设置开关、接线箱。使用第一开关，遇有临时停电或停工休息应拉闸加锁。

8.10 在进行干熄槽内部风量调节板施工时，内部环境比较黑暗，风量调节板安装时做好内部照明和安装工人安全防护工作。

8.11 在进行干熄槽内部不锈钢防偏流板施工时与筑炉施工存在交叉作业，不锈钢防偏流板吊入时检查好钢丝绳和做好安全警戒工作。安装过程中检查吊耳的焊接质量和手拉葫芦的质量。

9. 环 保 措 施

9.1 设置专门区域，对施工中产生的固体废弃物按可回收和不可回收分类集中存放，定期处理，保持现场清洁。

9.2 施工场地及时清理清扫，尽量减少扬尘对大气的污染。防止毒害物品对人员的伤害，如防腐涂漆作业时，使用有毒害的油漆、添加剂、稀释剂时做好作业人员的防护，旁人尽量远离作业区，禁止闲杂人员进入现场。

9.3 减少噪声污染，使用低噪声的施工机械设备，把施工产生的噪声降低到最小程度。

9.4 固体高分子聚合物不焚烧，以免污染大气。

10. 效 益 分 析

10.1 直接经济效益

10.1.1 2008~2009年在首钢京唐钢铁联合有限公司1×260t/h干熄焦工程施工中，运用分段分片安装技术取得了较好的经济效益，与分段整体吊装相比提前工期10d，降低成本10.3万元。

10.1.2 2007~2008年在新余钢铁有限责任公司焦化厂5号、6号焦炉155t/h干熄焦工程施工中，运用分段分片安装技术，与分段整体吊装相比提前工期8d，降低成本7.89万元。

10.1.3 2006~2007年在包钢（集团）公司焦化厂9号、10号焦炉配套的125t/h干熄焦工程施工中，运用分段分片安装技术降低成本6.65万元，提前工期6d。

10.1.4 2005~2006年在济钢信赢煤焦化有限公司150t/h干熄焦工程施工中，采用分段分片安装技术降低成本6.29万元，提前工期4d。

10.2 社会效益

10.2.1 缩短了工期，干熄焦是一项节能环保项目，干熄焦能够早日投产可以免除对周围设备的腐蚀和对大气造成污染外，还可以利用红焦83%左右热量产生蒸汽用于发电，大大降低了炼焦能耗，为业主取得了较好的经济效益。

10.2.2 节约机械台班，实现了节能减排有利于环境保护。

10.2.3 减少人工投入，有利于工人职业健康和安全。

11. 应 用 实 例

本工法2008~2009年运用于首钢京唐钢铁联合有限公司1×260t/h干熄焦工程施工。 干熄槽位于主体框架2 ~ 3/A ~ B轴线的中部，干熄槽的最大直径为16.628m，吊装高度为38.81m，吊装工程量为180t，安装时采用400t · m塔吊。施工过程进展顺利，工程质量合格，该工程在2010年获得“全国优秀焊接工程”，并在2009年获得中国企业联合会、中国企业家协会颁发的中国企业新纪录证书“创安装最大的干熄焦装置世界纪录”。

本工法2007~2008年运用新余钢铁有限责任公司焦化厂5号、6号焦炉155t/h干熄焦工程施工，干熄槽位于主体框架2～3/A～B轴线的中部，干熄槽的最大直径为12.79m，吊装高度为30.345m，吊装工程量为134t，安装时采用400t·m塔吊，工程质量合格。

本工法2006~2007年运用于包钢（集团）公司焦化厂9号、10号焦炉配套的125t/h干熄焦工程施工，干熄槽位于主体框架2～3/A～B轴线的中部，干熄槽的最大直径为11.97m，吊装高度为29.6m，吊装工程量为130t，安装时采用300t·m塔吊，工程质量合格。

本工法2005~2006年运用于济南信赢煤焦化有限公司150t/h干熄焦工程施工，干熄槽位于主体框架2～3/A～B轴线的中部，干熄槽的最大直径为12.79m，吊装高度为30.345m，吊装工程量为134t，安装时采用125t·m塔吊，工程质量合格，该工程在2007年获得“全国优秀焊接工程”，并在2007年获得中国企业联合会、中国企业家协会颁发的中国企业新纪录证书“创国内安装最大干熄焦装置新纪录”。

套管换热器倒装法施工工法

GJEJGF322—2010

二十三冶建设集团有限公司

刘劲　肖进飞　刘超军　陈银元　石长春

1. 前　　言

套管换热器是氧化铝工程压煮溶出系统的核心设备之一，分单套管与多套管换热器。单套管换热器，即一根外管里面套一根内管，通过内外管组合后形成的两个不同的空间进行热能转换的设备。该设备在现场制作安装时由于受场地限制，施工时存在一定困难。本套施工工法采用单套管换热器倒装法施工，通过改变施工顺序、分区组对、设备与钢结构框架同时安装等创新技术的应用，有效地解决了该设备制作安装的技术难题，极大地提高了施工效率。经过中铝山西分公司扩建80万t氧化铝项目、山西鲁能晋北铝业100万t氧化铝项目、山西鲁能晋北铝业二期180万t氧化铝项目等多项工程的探索和研究，逐步形成了本施工工法。本工法关键技术已由湖南省住房和城乡建设厅组织有关专家进行专业评审鉴定，其关键技术属于国内领先水平，并评定为2010年度湖南省省级工法，工法编号：HNJSGF79-2010。与本工法相关的"一种夹套管的组装及其穿管装置"获国家发明专利，专利号：ZL 2008 1 0237481.2。"用于夹套管组装工艺中的穿管装置"获国家实用新型专利，专利号：ZL 2008 2 0211163.4。

2. 工 法 特 点

2.1　采用由上至下逐层施工的倒装法制作安装，打破了传统的由下至上逐层制作安装方法。

2.2　在钢框架内设置组装台作为制作加工场地，无需框架跨外制作场地，减少了起重设备作业场地，解决了场地狭小的施工问题。

2.3　变逐根套管吊装为单跨托梁内的套管"整体"安装（仅在中间留一个接口）加快了施工进度，工效得到了提高。

2.4　采用链条葫芦多点提升，降低了大型吊车的使用量及成本。

2.5　通过将平面划分4个作业区，有利于组织流水作业，现场组织更加有序，提高了工效。

2.6　减少了高空作业，改善了作业环境，质量安全更有保障。

3. 适 用 范 围

本工法适用于体积大、层数多的单套管或多套管（单根外管里面套4根内管）的管道换热器的制作安装，可推广应用于多层钢制设备及多层管廊的安装，也可作为其他需要倒装法安装的设备、构件等安装施工的技术参考。

4. 工 艺 原 理

该设备由套管和钢结构支承框架组成，其中套管一般为6层4排，外形尺寸一般为：长80m、宽12m、高12m；施工时先在验收合格的基础上安装钢结构支承框架立柱、纵向连系梁、剪刀支撑；然后安装顶层框架横梁，使该层横梁和立柱形成一个长方形的"Π"形结构。在长方形的"Π"形支架内搭设组装台，根据套管区钢柱分布特点，按纵横两个方向分成4个区域（图4），每个区域内各摆放HW300×300的H型钢，作为套管加工的组装台；组装台的H型钢之间用ϕ219×10无缝钢管进行连接加固，以确保组装台的牢固。然后按Ⅰ、Ⅱ、Ⅲ、Ⅳ区拼装第6层套管，每区一层4根套管进行组对，组对一层经焊接、热处理、探伤合格后进行吊装，并完善该层框架结构。以此方法依次进行五、四、三、二、一层的套管组对、吊装。待4个区的套管全部吊装完后在中部合口，两端加焊法兰弯头合拢。

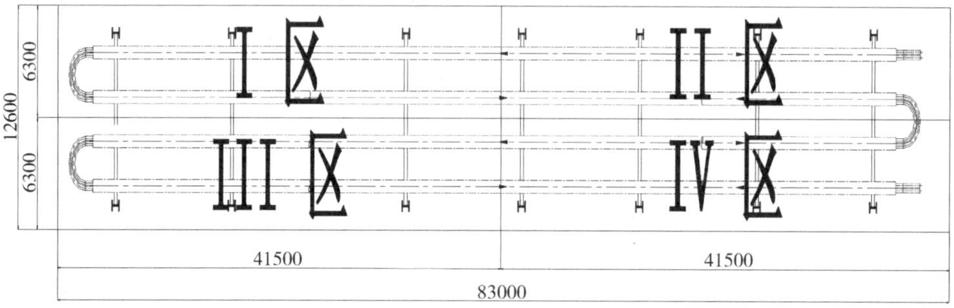

图4　制作安装平面分区图

5. 施工工艺流程及操作要点

5.1　工艺流程（图5.1）

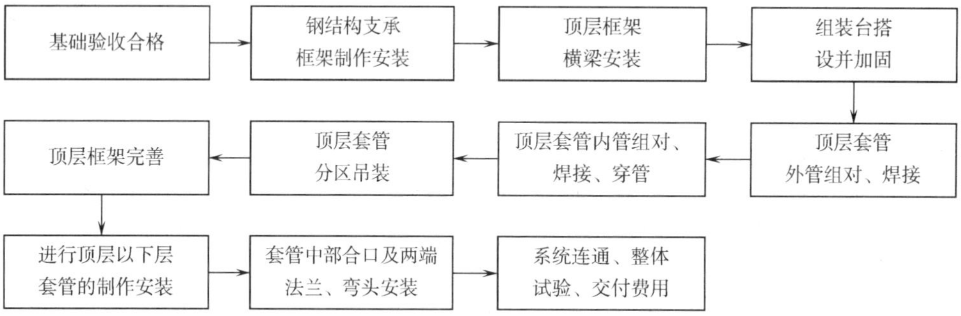

图5.1　工艺流程图

5.2　操作要点

5.2.1　套管支承框架安装

首先在验收合格的基础上安装套管支承框架的立柱，立柱安装完毕后，用水准仪分别在每根立柱的内侧确定一个标高线为+1m的统一的控制点，根据这一控制点控制第6层的连系梁的安装高度。然后安装连系梁、剪刀撑、顶层横梁，使套管支承框架形成一个可靠的结构整体。

5.2.2　组装台搭设及加固

在每个区域内的±0位置各摆放HW300×300的H型钢，宽与横向柱间距相等，H型钢之间用ϕ219×10无缝钢管进行连接加固，作为套管加工制作的组装台。

5.2.3　管道的组对与穿管

将内管和外管用吊车水平运输到组装台上，内管放置到Ⅰ或Ⅲ区，外管放置到Ⅱ或Ⅳ区。先组对内管，在内管外部先把其内管支架焊好，每根内管的支架根据设计间距要求均匀分布，支架间相对角度尽量错开，以避免损伤外管；然后组对外管，在组装台上把ϕ426×10无缝钢管摆好组对焊接，完成后临时固定并进行射线检查合格，每2根外管中间留200mm间隙以方便施工。内管成批组对焊接，焊完一批，射线检查一批，合格后在首先插入内管的管端点焊一个大小头，用卷扬机牵引大小头端部，插入外管中，形成一组套管（图5.2.3）。每个区域每层制作4组套管，每组4根内管4根外管。

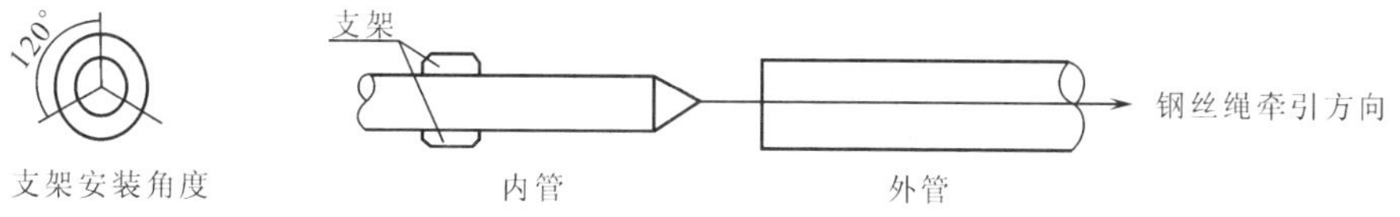

图5.2.3　穿管示意图

5.2.4　套管的吊装

经计算，每层套管重量约160t，根据以上分区，每个区域每层套管及支架的重量约为40t，采用4个20t链条葫芦分别挂在2根横梁的两端同时起吊，链条葫芦挂绳采用ϕ32钢丝绳系在上层套管的横梁上，挂绳采用绕接法（图5.2.4）。套管采用4根套管一组整榀吊装的方法：即利用上层套管横梁作为起吊支架（经技术人员核算利用该横梁作为起吊支架在吊装过程中不影响整体框架的稳定性），逐层从上到下进行吊装，链条葫芦用钢丝绳悬挂在上层套管的横梁上，用人工缓慢均匀平衡拉升链条葫芦使该层套管就位，就位后检查安装位置符合要求，立即将该层横梁与立柱按正常安装连接（高强螺栓紧固，连接板焊好），然后松开葫芦，卸下吊具，做其他区域或下一层的吊装准备。随着每层套管安装的进行，整个框架钢结构也同时安装完成。

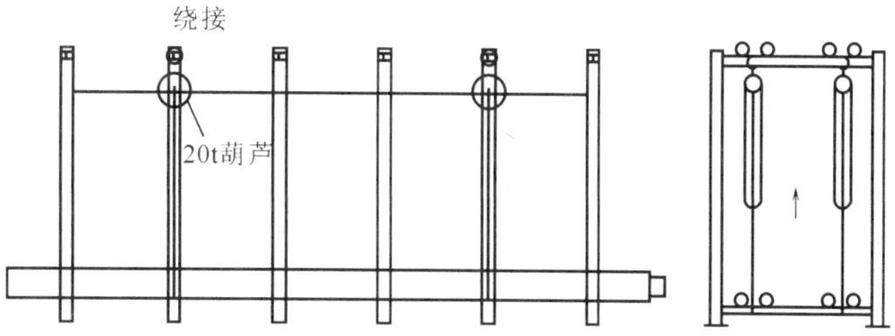

图5.2.4　链条葫芦吊装示意图

5.3　施工部署

5.3.1　施工时考虑到这4个区域套管都相同，每层都一样，所以可以采用流水施工组织方式，依次在4个区域进行拼装和吊装。

5.3.2　按区域划分图，在4个区内均搭设好组装台。如在Ⅰ、Ⅲ区内施工内管，同时在Ⅱ、Ⅳ区施工外管，进度基本保持一致。待内外管均焊接完，探伤合格后，将Ⅰ、Ⅲ区的内管拖入Ⅱ、Ⅳ区的外管中。完成后可以同时在Ⅱ、Ⅳ两个区内进行吊装准备和吊装作业，与此同时在已经腾空的Ⅰ、Ⅲ区内组对外管。Ⅱ、Ⅳ区在吊装完成后，拼接组对内管。内外管均按要求完成后，将Ⅱ、Ⅳ区的内管拖入Ⅰ、Ⅲ区的外管中。同样，在Ⅰ、Ⅲ区吊装作业时，可以在Ⅱ、Ⅳ区拼装外管……如此反复，形成流水作业。

6. 材料与设备

主要施工用料见表6-1。

施工用料表　　**表6-1**

序号	名称	型号、规格	单位	数量	备　注
1	脚手架		t	1.8	临时脚手架
2	竹跳板	2500-3000	块	120	临时脚手架
3	电缆	3×25+1×10mm	m	300	施工电源
4	配电箱	漏电保护	个	3	施工用
5	钢丝绳	ϕ32	m	200	起重用
6	钢丝绳	ϕ15	m	150	起重用
7	钢丝绳	ϕ20	m	150	起重用
8	卸扣	5t	个	20	起重用
9	卸扣	20t	个	8	起重用
10	卸扣	3t	个	8	起重用
11	焊把线	50mm^2	m	300	焊接用

主要机具设备见表6-2

机具设备表　　表6-2

序号	名　称	型号、规格	单位	数量	备　注
1	汽车吊	25t	台	2	
2	逆变氩弧焊机	WSE-315	台	10	
3	交流焊机	BX3-500	台	10	
4	X射线机	XXQ-2505	台	2	
5	卷扬机	5t	台	1	穿管
6	千斤顶	16t	台	4	
7	手拉葫芦	20t	台	4	
8	手拉葫芦	5t	台	6	
9	普通经纬仪	JD2	台	1	
10	角向磨光机	ϕ100	台	10	
11	远红外烤箱	ZYH-60	台	2	
12	焊条保温桶	TRB-5	台	10	
13	角向磨光机	ϕ150	台	10	
14	火焰坡口机	CG1-30	台	2	
15	测厚仪	LA-10	台	1	
16	热处理装置	LDS-500	台	2	
17	电动试压泵	0～16MPa	台	2	

7. 质量控制

7.1 执行的规范、标准

7.1.1 《钢制管式换热器》HGT 2650。

7.1.2 《工业金属管道设计规范》GB 50316。

7.1.3 《现场设备、工业管道焊接工程施工及验收规范》GB 50236。

7.1.4 《输送流体用无缝钢管》GB 8163。

7.1.5 《锅炉、热交换器用不锈钢无缝钢管》GB 13296。

7.1.6 《承压设备无损检测》JB 4730。

7.1.7 《气体保护焊电弧焊用碳钢、低合金钢焊丝》GB/T 8110。

7.2 质量要求

7.2.1 本设备安装应严格执行国家质量技术监督局《压力容器安全技术监察规程》的有关规定。

7.2.2 套管换热器钢结构支承框架在立柱及顶层横梁安装到位后，必须复测立柱安装标高，确保套管安装标高精度。

7.2.3 施焊前，应根据焊接工艺评定报告编制焊接作业指导书。焊工应按指定的焊接作业指导书施焊。

7.2.4 管道组对时内壁环焊缝错边量不宜超过壁厚的10%，且不大于2mm。

7.2.5 每根内管穿插焊接完毕后，应进行单根水压试验，合格后才能进行外管端封头封闭焊接。

7.2.6 管道安装应在允许偏差范围内详见表7.2.6

管道安装允许偏差 **表7.2.6**

项目内容	允许偏差（mm）
坐标（室外架空管）	25
标高（室外架空管）	20
水平管道弯曲度（DN>100）	3‰，最大80
成排管道的间距	15

8. 安全措施

8.1 由于采用倒装法并且分区组对、穿管、吊装，各区域形成流水施工作业，各工序间衔接紧凑，应特别注意各工序间的交接施工安全。

8.2 吊装应统一指挥，步调一致。吊装过程中，发现问题及隐患，必须立即停止吊装，分析原因并消除隐患后，方可继续吊装。

8.3 平台设置应稳定、牢固、管子径向临时固定（控制其滚动）必须牢靠。

8.4 吊具、吊绳每次吊装前必须进行严格的检查，对有破损的吊具及吊绳必须及时更换。

8.5 各区域外临边应及时设置防护拦杆，以防止作业人员高处坠落。

8.6 施工工作面下严禁站人，施工现场安全标识、标牌醒目，闲杂人等不得入内。

8.7 其他安全措施应严格按照常规工业建筑安装施工的安全要求实施。

9. 环保措施

9.1 项目部成立施工环保组织机构，在工程施工过程中严格遵守国家和地方政府颁布的法律、法规及规章，对施工材料、设备、废渣以及生产生活垃圾进行控制和治理。

9.2 采取降噪措施，施工过程中向周围环境排放的噪声符合国家规定的环境噪声施工现场排放标准，把有噪声污染减少到最小的程度。合理安排作业时间，将施工噪声较大的工序放在白天进行，在夜间避免进行噪声较大的工作。

9.3 对收集、储存、运输、处置固体废物的设施、设备和场所，加强管理和维护，保证其正常运行和使用。

9.4 将施工中产生的建筑垃圾和生活垃圾分类、定点堆放，并及时清运，不得乱推乱放；建筑物内的垃圾必须袋清运，严禁向外扬弃。

9.5 如果防腐涂料发生泄露，应立即用油棉将遗洒涂料回收并用棉丝蘸稀释剂将其处理干净。油棉应作为有毒有害废弃物予以处理。

9.6 危险化学品及有毒物质使用前应编制作业指导，并对操作进行培训。

9.7 进行X射线探伤时，宜在夜间限时进行，并设置警戒区域派专人值守，及时清除探伤区域内所有闲杂人员。

10. 效益分析

与传统施工方法相比较，本工法充分利用设备本体构件安装套管预热器，施工简便，易于操作，不需要过多的大型施工机械，既大量节省了施工费用，又实现了在该设备本身的区域内作业，施工平面布置科学、有序，安全施工得到了充分的保障。采用链条葫芦吊装，既降低了设备本体的受损概率，工程质量也有了充分保证。传统施工与本工法在套管的制作工序、焊接、退火、探伤等方面没有区别，不同之处在于吊装。传统方法吊装全部采用汽车吊，本工法采用链条葫芦吊装，减少了吊装费用。

11. 应用实例

本工法先后应用于中铝山西分公司扩建80万t氧化铝项目压煮溶出Ⅱ系列、山西鲁能晋北铝业100万t氧化铝工程压煮溶出Ⅰ、Ⅱ系列、山西鲁能晋北铝业二期180万t氧化铝工程压煮溶出Ⅰ、Ⅱ、Ⅲ、Ⅳ系列。

山西鲁能晋北铝业100万t氧化铝工程压煮溶出Ⅰ、Ⅱ系列工程，位于山西省原平市，该工程中四套管设备全长80m，宽10.8m，高9m，共计6层，单系列总重560378kg。施工中采用倒装法，先安装套管换热器的立柱及顶层横梁，待立柱和横梁等支承框架形成“Π”形后，在“Π”的中间搭设组装台对接第6层管道，分4个区域进行焊接、退火、探伤和安装。4个区域平行施工。每个区域每次同时施工4根套管连同该部分套管的横梁支架。吊装时利用已经安装好了的“Π”形支承框架的横梁，用4个20t的链条葫芦平衡匀速提升到安装位置，焊接好同时吊装上去的横梁（下一层套管吊装的支架）后拆除链条葫芦。按此方法，依次从上往下按第五、四、三、二、一层的顺序进行安装。通过该工法工艺，成功实现了四套管换热器的制作安装施工，取得了良好的经济效益和质量效果，本工程于2004年9月开工，2005年9月全部安装完毕，施工质量被评为中国有色金属工业（部级）优质工程、湖南省优质工程和湖南省建设工程芙蓉奖。如图11。

图11　套管换热器安装效果图

本工法后续又成功应用于山西鲁能晋北铝业二期180万t氧化铝工程压煮溶出Ⅰ、Ⅱ、Ⅲ、Ⅳ系列，其单套管换热器安装采用本工法施工取得了圆满成功。本工程2008年10月开工，2009年9月全部建成，施工质量优良。

在中铝山西分公司扩建80万t氧化铝项目中也采用了本工法。该工程中压煮溶出Ⅱ系列单套管换热器全长83m，宽12.6m，高12m，共6层，层距1.8m。工程于2003年9月开工，2005年10月竣工。本工法在该工程中应用，获得业主、设计和监理单位的一致好评。

浮法玻璃生产线锡槽制造安装工法

GJEJGF323—2010

广西建工集团第一安装有限公司　广西建工集团第二建筑工程有限责任公司
何报通　王永华　陆伟设　邓斌　凌荣超

1. 前　　言

锡槽是现代浮法玻璃生产线上最主要的核心热工设备，也是浮法玻璃生产线上技术含量最高和技术要求最高的关键设备之一，制造和安装的技术要求非常高，其制造安装质量直接关系到玻璃产品的品质和产能的高低。公司结合国内玻璃行业市场的发展情况，消化吸收国内外玻璃生产线成熟施工技术及工艺特点的基础上，通过不断改进、创新，逐渐形成了独具特色的成熟锡槽制造安装成套工艺技术，并研发总结编写形成了本工法。工法主要采用"精密水准仪、经纬仪组合的综合同步快速测量技术"、CO_2气体保护焊拼装焊接组合新工艺、槽体砖的锚固螺栓采用画线定位焊接和槽体砖"一步就位铺砖法"的新工艺、国内独创的石墨粉填充压实工艺技术和科学合理的制造安装工艺流程及高效的施工组织，其《浮法玻璃生产线锡槽制造安装技术》荣获中国安装协会2005年度"中国安装之星"，并于2006年获中国安装协会第八届科技成果三等奖。该工法的应用极大地提高了锡槽制造安装的精度、质量、工效、进度和经济效益。

2. 工 法 特 点

2.1　采用"精密水准仪、经纬仪组合的综合同步快速测量技术"，提高测量精度和测量效率，为提高锡槽制造安装精度和质量以及高效施工提供可靠测量技术保障。

2.2　选用特殊宽幅钢板用于制造槽壳底板，减少槽壳底板拼接焊缝数量，尽可能减少底板变形量，保证底板平整度。

2.3　槽壳底板的拼装焊接采用了随拼随焊、板面加压、CO_2气保焊、双位双向焊的拼装焊接组合新工艺，配合用高精密水准仪监控测量，有效地减少和防止了焊接变形，保证了焊接成型后一次性检测便符合锡槽壳体底板全长范围内的标高和水平度不超过2mm、平整度不超过1mm/m^{2}的技术要求。

2.4　槽底砖运输和吊装，采用了自行设计制造的结构简单、安全可靠、吊装效率高的杠杆内胀式吊具，并用两台架设于锡槽立柱顶上简易行走式单梁手动葫芦吊车，解决槽体大砖的吊装可靠性技术问题和施工效率低的问题，提高槽体砖吊装工效1倍以上。

2.5　槽体大砖的安装铺设，对槽体砖的锚固螺栓采用划线定位焊接和槽体砖"一步就位铺砖法"的新工艺，既提高了锚固螺栓的安装精度和槽砖安装位置的准确性，保证了砖间膨胀间隙尺寸，又极大地提高了锚固螺栓定位焊接和槽体砖安装铺设的效率，比目前国内的"两步就位铺砖法"施工工艺提高工效2倍以上。

2.6　槽体大砖锚固螺栓孔的石墨粉填充，应用研发的石墨粉螺杆挤压填充新工艺，取代了近年国内普遍采用的风铰振打的填充技术，很好地解决了国内悬而未决的填充密实度达不到设计技术指标、石墨粉易喷出、粉尘飞扬大的技术难题。采用此新工艺充填石墨粉，不但能确保充填密实度完全达到甚至高于设计密实度的要求，而且能有效地防止石墨粉尘的飞扬、减少浪费，减少噪声和污染，还可以投入多人同时操作，极大地提高施工效率、加快施工进度。

2.7　锚固螺栓孔上层XF－B封灌料充填捣打，应用了孔内封灌料用电锤配专用捣打棒捣打，孔顶部表层封灌料用振动棒加钢板压盖振打，比国内普遍采用气锤捣打的方法更方便施工，捣打得更密实，表面更平整、效率更高。

3. 适用范围

本工法适用于大型浮法玻璃生产线锡槽制造安装。

4. 工艺原理

锡槽的制造安装重点是控制锡槽的纵横向中心线、锡槽槽壳底板的标高和平整度、槽壳的焊接变形量、槽体砖铺设的标高和平整度及砖间膨胀间隙尺寸、槽体砖螺栓锚固孔的石墨粉填充密实度和孔口封灌料捣打密实度等。

本工法的制造安装基本工艺原理：

4.1 以熔窑与退火窑中心线连线作为锡槽安装中心纵向基准线，以距熔窑溢留口壁砖内侧一定尺寸作为锡槽首端横向定位基准线，以熔窑溢留口上表面标高作为锡槽安装标高基准线，采用精密水准仪、经纬仪组合的综合测量技术，同步配合快速测量和控制锡槽纵横向中心线、锡槽槽底钢结构标高、槽壳底的标高及平整度、底砖标高、锡槽进出口端标高和水平度等关键技术参数。

4.2 利用CO_2气体保护焊拼装焊接组合新工艺焊接锡槽钢槽壳、密封罩等容易变形部位，即槽壳底板采用随拼随焊、板面加压、CO_2气保焊、双位双向焊的拼装焊接组合新工艺，配合用高精密水准仪监控测量，有效地减少和防止了构件焊接变形。

4.3 槽体底砖的锚固螺栓采用在底板上直接划线定位焊接和槽体砖直接一步就位安装铺设，提高了螺栓定位和槽体砖安装位置的准确性和施工工效。

4.4 槽体砖砌筑，采用自行研发的专用砖夹吊具和锚固螺栓孔石墨粉螺杆挤压填充新工艺及专用封灌料振打工装，既加快施工进度、提高工效，又确保了安装质量和安装精度。

5. 施工工艺流程及操作要点

5.1 主要施工工艺流程

主要施工工艺流程参见图5.1。

5.2 操作要点

5.2.1 施工准备

安装前准备好叉车、起重机具、测量仪器和测量工具（包括经纬仪、水准仪、水平仪等）、千斤顶、钳工工具、专用夹具、专用石墨填充工具，以及施工方案、技术交底等。

5.2.2 基础验收

1. 基础的检查：包括基础表面质量以及预埋地脚螺栓预埋质量，预留的长度和预留孔的位置深度等。

2. 标高的检查：锡槽的基础标高必须与熔窑、退火窑的基础标高保持一致，先复测由土建提供的标高基准点，锡槽基础可按图纸要求进行，锡槽基础标高和立柱顶标高的实测的结果应低于设计标高的25～50mm为正常。

5.2.3 测量放线

1. 基准线的测量：锡槽基准线有两条，一条为纵向中心线。主要生产工艺中心线必须与熔窑、退火窑的中心线相吻合。另一条为横向中心线，即熔窑工段的1号小炉中心线为基准中心线到锡槽进口端侧板外壁沿口的距离。此两条中心线均由土建单位提供，安装单位复测，必须保持相互垂直。当两条中心线确定之后，就可引出南北两条立柱中心线以及每一节的轴线中心线。

2. 中心位置的标记：待基准线测量后，进行合理的选点作为中心标志，并用红色油漆标明作为永久性测量标记。

3. 基础的划线及处理：待中心线测量标出后，应在中心线上所示的中心点拉出一条钢丝线，利用线锤和标准钢卷尺，用墨斗来分别划出纵向立柱中心线和横向轴向中心线，然后根据每根立柱的中心线进行复核。分别画出地脚螺栓的位置。

5.2.4 钢结构主要制作方法

1. 锡槽首端、流道流槽支撑架钢结构的制作

锡槽首端、流道流槽支撑架钢结构主要包括锡槽立柱、锡槽底部纵横梁、流道流槽底横梁、槽底次梁、锡槽首端顶横梁、顶部平台及顶罩结构等，除顶罩吊挂件为精加工件外，其余构件均采用轧制型钢制作而成。支撑钢结构的制作精度将影响到最终的整个锡槽的安装精度，对锡槽底支撑需要预组装来确保其制作完成后的精度。

1） 放样、下料

放样、号料时应考虑组装、焊接后的收缩，锡槽首端顶部框架长度不足时可设置多个接头，接头部位应与构件安装连接点错开。

钢板下料均采用切割机切割下料，切割前应将钢板切割区域表面的铁锈、污物等清除干净，切割后应清除熔渣和飞溅物并用角向磨光机将切割口磨平。

2） 组装、焊接和制孔

组装和焊接时采用专用支架和夹具；在制作完成后，应将工作面和安装面磨平，以保证工作面和安装面的平面度和角度。

2. 槽壳底部支撑框架的制作

底部框架由工字钢和槽钢组装焊接而成。框架的平整度是保证槽壳底板平整度的关键。

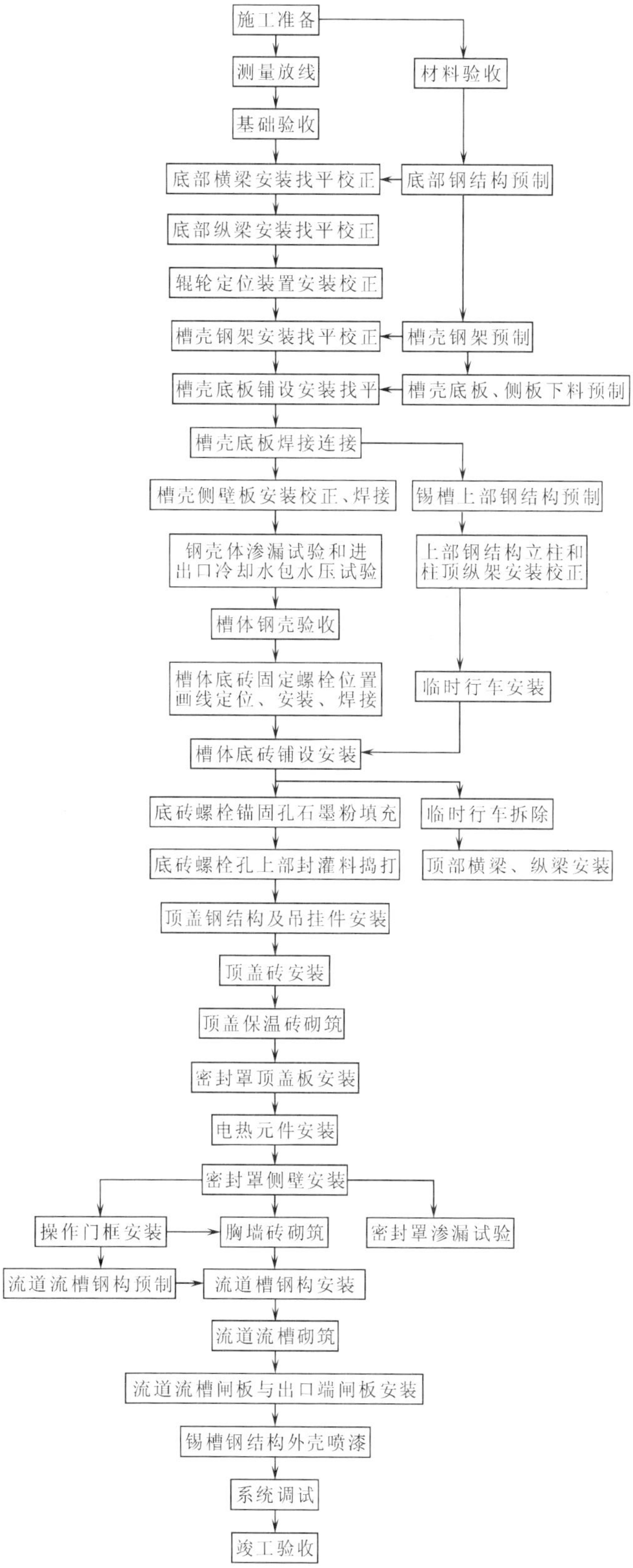

图5.1 主要施工工艺流程图

1） 放样、下料和矫正

槽壳底部支撑框架的型钢放样下料应先调直。放样和号料应根据工艺要求预留制作时的焊接收缩余量及切割等加工余量。

槽底框架型钢采用切割机切割，切割前应将切割区域表面的铁锈、污物等清除干净。切割后应清

除熔渣和飞溅物。

2）放线、定位、组装

（1）设置槽壳支撑框架组装钢平台，用δ16或δ20钢板制作。

（2）先在钢平台板上根据图纸的设计要求标示出锡槽的中心轴线。以锡槽中心线为基准线在钢板上画出底部框架横纵梁的中心轴线。

（3）将横纵梁依据轴线按顺序放置在钢平台及框架型钢边缘线，并用角钢沿纵横向交点处焊定位模进行组装拼接。底板上进行组装，组装时用水准仪及铝合金方通平尺进行检测，确保框架的平整度，检测重点在拼接位置，检查无误后用点焊方式固定，定位焊时应注意防框架变形和定位准确。

（4）将点焊定位完成的框架移至到预先组装好的组装平台上进行焊接。

（5）该组装平台的平面度≤1mm，同时在使用过程中要定期对平台上的观测点采用水准仪检测平台平整度，不合要求时及时调整达到技术要求。

3） 焊接

（1）框架的焊接用CO_2气体保护焊机进行焊接。

（2）根据设计要求以及钢材的特性选择合适的焊接材料。

（3）焊接时采用两人对称焊接，先焊主梁接头，再焊次梁接头。为保证焊接质量，可通过翻转框架使接头焊接形式尽可能变成平焊。为了确保焊接后的框架平面度，可根据工艺要求和焊接经验在焊接前预先对框架主梁进行反变形，以达到控制焊接变形的目的。

（4）焊接坡口应保持平整，不得有裂纹、分层、夹渣等缺陷，形式和尺寸应符合设计规定。坡口表面及两侧应清除水、油污、氧化皮等有害杂质。

（5）焊后对焊缝表面进行清理并作外观检查。

4）框架的钻孔

完成焊接的框架，按图纸要求在其上面画出钻孔定位线，制孔全部采用移动式摇臂钻或磁力钻利用定位模板加工，制孔中心误差不低于±0.75mm。

3. 进、出入口水包制作

1）进、出口为主要由底板和侧板及加强筋板焊接组成。其侧板须采用整块钢板制作。下料均采用切割机切割并制孔，其焊接坡口用自动切割机加工，最后采用机械法矫正。进出口端沿板的高度下料时为+1mm，待安装焊接后用磨光机修磨平直。水包各板之间及与底板拼接按图纸要求进行，应采用CO_2气体保护连续密封焊接，焊接时应采取防变形措施。焊接完成后须按图纸要求进行配制所有水包接头及金属软管，并对水包采用6bar压力24h压力试验，经验收合格后方可进行下一道工序。

2）所有焊接完成后须对底壳进行全面清理，利用组装平台上进行最终检查，主要是尺寸、平整度、焊缝检测及耐压试验。

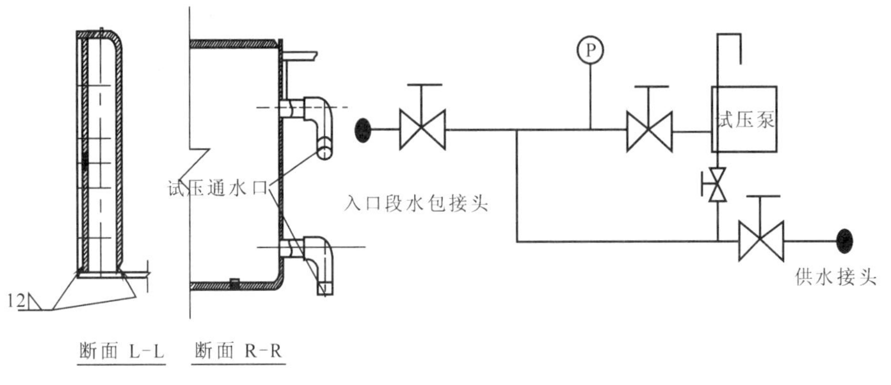

图5.2.4 进、出口水包试压示意图

4. 流道流槽钢结构制作

流道流槽处于熔窑和锡槽之间，是玻璃液出窑进锡槽的“咽喉”，因此其钢结构制作除按锡槽钢结构制作工艺和要求外，还应考虑到其耐高温性、气密性、平面度及自由膨胀的特殊技术要求。它包括支撑结构上下支撑框架结构、提升结构、顶部吊车钢结构、横向钢平台及流道外壳。

1）支撑钢结构可参照熔窑制作要求进行。其中流道壳体支撑钢构要求平整度0～1.5mm之内。

2）流道外壳由一个底部开口由工字钢、槽钢框架及侧部结构组合而成的。流道钢结构中的底部框架和钢壳的制作工艺和要求与槽底钢结构相似，制作时可按槽底钢结构有关工艺进行，其制作精度为：支撑框架结构平整度0～−1.5mm，纵向中心误差±1.5mm。

3）流道外壳为一装配单元，它由众多零件组成。各部分零件制作完成后按由下至上顺序，组成各构件如底部框架、上槽钢、侧部结构、各顶丝顶板、连接件。组装当中应严格按纵向中心线、宽度表面及平整度控制，底板的标高和平整度控制在0～−1.5mm以内。

4）上部结构除框架外均有机械加工精度及材质要求。这是由于流道重要性其连续碹、平碹等支撑支座及吊挂结构对制作精度要求相当高。

5．金属加工件的制作

锡槽的边封、操作门框、观察室门孔、槽底砖固定螺栓、石墨件、电热丝及其挂件为订购件。

锡槽金属加工件主要用于流道流槽、锡槽壳底板、顶罩（包括流道各吊挂件、锡槽顶罩吊杆、锡槽壳底板导向装置、固定装置、辊轮、入口水包、出口水包）等。各加工件需定制并进行适当转化后方可进行加工如锡槽顶罩吊杆。

1）根据工艺要求，选择合适的毛坯，确保合理的加工余量。

2）对吊杆这种长度较长的毛坯，在加工前应进行矫正处理。

3）选择合适的加工工艺、切削余量和工艺装备。

4）根据设计要求对金属加工件进行热处理。

5）对有压力要求的水包等应严格按设计试压程序要求检验并由业主确认合格。

6）加工好的零件应有防锈和润滑的处理，吊杆的丝扣应涂有黄油，棍棒的表面应涂有润滑油，在统一检验合格后，小件应按要求装箱，同类大件应进行捆扎，以便于运输及在搬运过程中遗失。

7）外购的零部件须进行品质检验，并具备相应的质保资料，合格后才能进行防锈处理和装箱。

5.2.5 钢结构安装方法

钢构件用车间桥吊吊装就位。由于槽壳底板的平整度直接关系到槽体砖上表面的平整度，设计要求槽壳底板表面平整度不大于2mm。所以，槽壳底工字钢底梁的铺设安装必须用水准仪测量控制其上表面的标高差不大于1mm；底板的采购要选择平整度好、厚度偏差小的大钢厂的产品。底板焊接前先用水准仪测量标高及校平，并用夹具夹好待焊钢板与底梁夹牢，以防止钢板翘曲和焊接变形然后用埋弧自动焊焊接，焊缝要与底板表面持平，高出部分必须磨平。

1．测量放线

1）以锡槽入口的第一根立柱（横向）中心线为基准，并复核流道、流槽的尺寸及到熔窑出口之间的尺寸，锡槽各部横向中心均以此基准进行确定。

2）锡槽的全长上应投测三条主要横向中心线（指第一根立柱、收缩段的宽段处和出口段末端）和纵向中心线，还要投测一个基准点H。如图5.2.5–1。

3）为防止纵向中心线被流道和出口段结构安装后，遮盖两头的中心标记或中心标板，在放线时应同时设一根平行于纵向中心线的辅助线以备用。两线的距离L可根据边线的地域情况决定，但要以100mm为最小单位。

4）绘制的测量图由业主确认，经业主确认后才能进行钢结构的安装。

5）锡槽钢结构安装工程选用J2—1光学经纬仪1台， S1精密水准仪1台；选用5m的钢卷尺3把，其中2把用于安装，1把用于质量检查；选用50m标准钢卷尺1把。这些测量仪器在施工之前必须经计量部门进行鉴定。而且每2～3个月要定期校验经纬仪、水准仪，校验主要轴线。

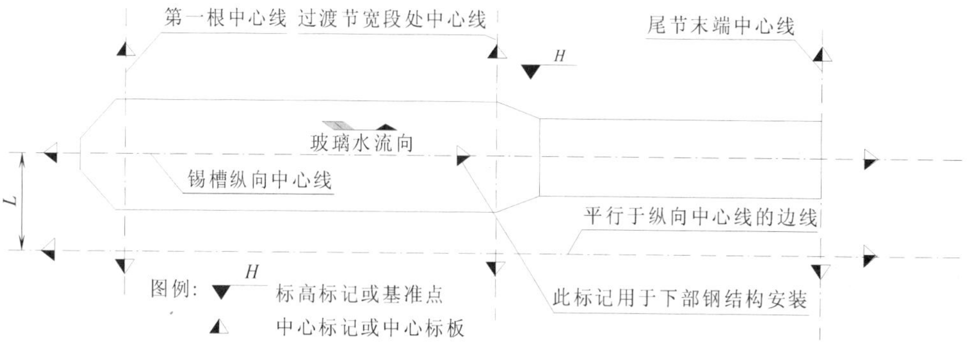

图5.2.5-1　锡槽中心线测量示意图

2. 槽壳底座支撑钢结构安装

本工程中锡槽支撑钢结构安装主要是槽壳纵横梁、流道溜槽纵横梁安装。

1）安装基准线的定位

安装基准线主要是指锡槽纵向基准中心线和横向基准中心线，锡槽纵向基准中心线是浮法玻璃主生产中心线的一段，每一段的中心线定位误差为±1.5mm，在锡槽中心线处，要设多个临时的中心点标记，便于安装浮法玻璃生产线上的设备安装。横向中心基准线是以锡槽第一根立柱中心线为基准，锡槽支撑钢结构的立柱每一行中心线，必须保证到第一根立柱中心线间距离符合规定尺寸。

2）基准标高点的测量定位

按浮法玻璃生产线的技术要求，以玻璃液面线为标高基准，其他部位的标高控制都应服从玻璃液面标高要求，但此标高在安装阶段是不存在的，因而应反映在支撑钢结构上，控制部位应确定在纵梁加工面的标高上。

3）底部纵横梁安装

先安装底横梁及其连梁后再安装底纵梁。在底横梁安装好后必须复核底横梁上部标高，使其标高在图纸设计标高控制范围内。

下横梁安装时，其底部必须先放上一组调整垫铁，按标高要求来选择垫铁的块数或者先用千斤顶调整，然后按照实际的间隙来安放调整垫铁。

3. 定位件、导向件和滚轮件支座安装。

1）定位、导向和滚轮三支座应按施工图布置就位，待锡槽槽壳焊接和确认平面度后，方可对它们进行固定（或焊接、或螺栓连接）。

2） 三支座中，导向件的导向方向应与锡槽纵向中心线平行；滚轮件的轴向中心应与锡槽的纵向中心线垂直。前者的平行度公差和后者的垂直公差都不应大于0.5/1000。

3）在槽壳底结构安装之前，先按图布置各滚轮组，安装时用水准仪测量各滚轮上楔形表面的标高，其标高偏差为0～-1mm，然后将滚轮组四周临时固定，不让滚轮组移动，但不能让楔形板点焊，待槽壳安装验收后再将楔形板点焊固定。

4. 槽壳底板的安装

安装完底座支撑钢结构之后，需沿着锡槽纵向的顶部梁上装一对手拉葫芦的自制行走导轨和两对5t的手拉葫芦，同时还要对手拉葫芦进行调试。这样做的目的是方便底壳的安装、底砖的砌筑及顶罩的安装。完成顶罩安装之后这些装置可全部拆除。

槽壳制造安装顺序：底板放样下料→槽底板铺设→底板测量校正→底板焊接→底板复测→侧板安装点焊→侧板外侧加强筋板焊接→侧板与底板焊接。

槽壳底板的安装采用“三找”方法，“三找”为找平、找正、找标高。

1）槽壳底板放样下料，槽壳底板按首节、5.6m节、过度节、4.2m节和尾节的图纸尺寸放样下半料，下料切割前要复核尺寸及对角线尺寸，宽幅尺寸误差不大于±1mm，两对角线不等误差小于2mm，用丙烷气及自动切割机切割，裁边与开坡口同步进行，注意首节与尾节底板要突出水包外缘10mm。

2）槽壳底板从宽段入口段开始铺设，分前后两头逐节地就位“三找”。就位时，要注意尽量对准纵向中心，同时不要碰动下面的导向件和滚动件。

3）对槽壳底板逐节铺设，逐节进行检查：4个角是否有翘角现象，滚轮是否有未被压住的现象。这些现象要绘制简图记录在案。

4）用水准仪对槽壳底板面进行全面的平整度和标高的测量。槽壳底板面每平方米面积上应有2个测量点。这些点应在测量前就要用记号笔将它们画出来，以进行定点测量。

5）对平整度和标高有超差的地方，可调整滚轮件支座的高度（或加垫片或处理支座的厚度）。如果槽壳底板面变形应视情况进行冷矫正或热矫正。

6）每节壳槽底板在找正之前，应对其中心画一条槽壳底板宽度上的平分中心线，并在线的两端打上标记。在找正时，要保证两标记点都在锡槽纵向中心线上。

7）槽壳底板找正可采用经纬仪配合找正，也可采用挂纵向中心线进行。挂线时，要采用固定线架，以防中心线挂设偏移。线架上挂设的中心线长度大于40m时，应分两段挂设，以减少中心线的左右摆幅。

8）槽壳底板的纵向中心线偏差不应大于±1mm，槽壳底板面上的标高偏差不应大于+1mm、-1.5mm，而平面度不应大于2mm。

9）槽壳底板“三找”确认后，第一节和第二节之间保留2mm的焊接间隙，其余几节壳体也是同样的，这样做可以在焊接的过程中对锡槽的总长度进行检验和调节。然后将每节槽壳底板用点焊固定起来，以免在焊前被碰动移位，也同时是避免没有支撑的地方发生变形现象。

10）槽壳底板的焊接和检测

槽壳底板对接焊的焊接优先使用埋弧自动焊，也可使用二氧化碳保护焊焊接。

（1）槽壳底板与槽壳底板之间的焊缝，对于锡槽纵向中心线而言，它可称为横向焊缝。

（2）槽壳底板焊缝的坡口形式见图5.2.5-2：焊缝间隙2～3mm，钝边0～2mm，坡口角度45°～55°。

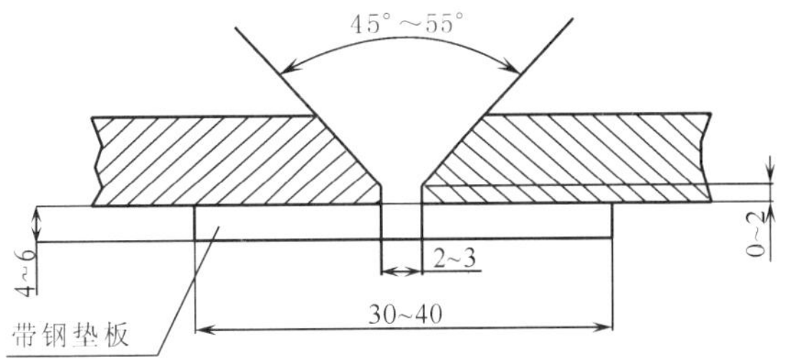

图5.2.5-2　V形坡口示意图

（3）槽壳底板的横向焊缝的焊接顺序也按照其安装“三找”的顺序进行，即从入口段开始，然后按首尾两头向中间方向顺序进行施焊，这样可以加快焊接进度，每铺设三节底板后，在底板面上加型钢重压后即可对前一对接焊缝进行焊接，使底板可自由收缩。

（4）在横焊缝焊接中，存在焊缝收缩将影响全长尺寸的问题。如果要保证焊后每节都要合乎设计及全长尺寸，应考虑每节的制作实际尺寸及其收缩量。

（5）横焊缝不仅仅是一条水平焊缝，也包括两条立、横焊缝，即槽壳的左右侧板上各有一条约450mm高的立焊缝。水平焊缝和立焊缝都要全部采用CO_2保护焊焊接。

（6）为了防止槽壳底板焊接变形翘起，可在底板上平面上用大型型钢加重压，不影响自由收缩，所有横焊缝可采用从中间（从锡槽纵向中心线处开始）向锡槽左右两端进行“分段退焊法”施焊。

（7）侧板立角焊缝也可参照“分段退焊法”。为防止侧板焊后向内侧倾斜，应每隔1～1.5m长放置临时斜撑。立焊缝采用双面施焊成型的焊接方法。

（8）横缝焊施焊时，要注意各道焊缝接头不应重合在一处，相遇的两层焊缝接头必须相互错开，至少要相距20～30mm。

（9）所有的横焊缝焊接完后，应将焊缝表面磨平。同时也将底壳上的吊耳和加肋板拆除掉，临时焊接的部位打磨干净。用着色笔对每一条焊缝检查一遍，观察焊缝是否有满焊和焊透。

（10）侧板安装焊接

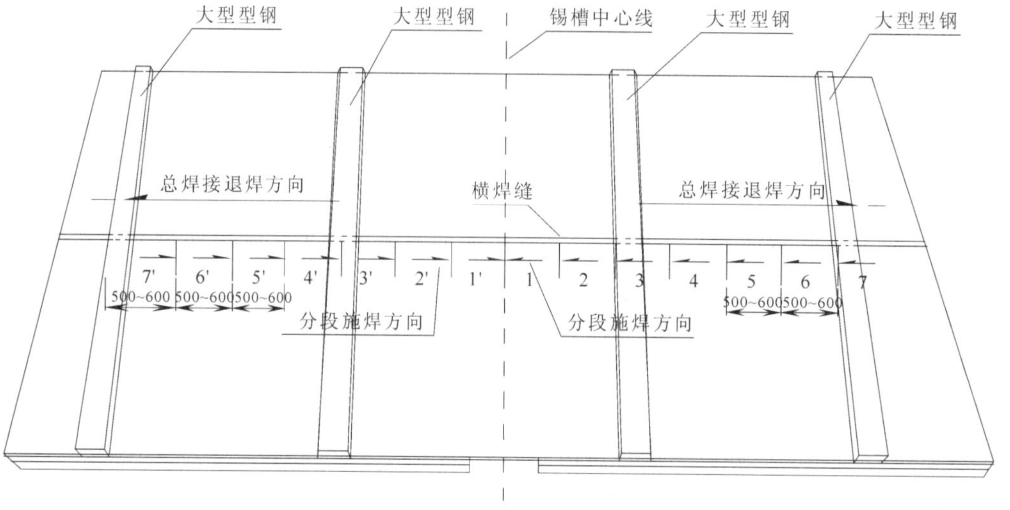

图5.2.5-3　锡槽横焊缝分段退火示意图

槽壳底板安装焊接完成，复测底板的标高、平整度符合要求后，可进侧板安装。先在槽壳底板上画出侧板内测位置线，然后组装侧板，侧板必须保证到锡槽中心线的距离和平行度，与底板面的垂直度，焊上侧后外侧的加强筋板后，再进行侧板与底板的角焊缝焊接。

所有的底焊接和检查完毕后，把底框之间的临时支撑拆除掉，磨平焊接的部位。所有底板焊缝和底板与侧板的角焊缝应做煤油渗透试验，应无渗透现象。

5. 底部框架其他构件的安装

1）入口段水包的安装也是至关重要的。水箱的横向中心线的确定也是以锡槽第1根立柱的中心线为基准的。允许偏差为±1.5mm。水包在安装完成后，在进行水包的试压工作，保证在6bar水压下保持24h。

2）出端水包安装，水包安装好后，其水包唇口上沿的水平度不大于0.10/1000，标高误差≤±0.5mm。

6. 立柱安装

1）立柱的吊装准备工作

当垫铁组的准备工作就绪后，对基准中心线复核检查，纠正偏差确认无误才可拆除中心线线架作吊装准备，对加工制作后的立柱作仔细的检查，应按次序排列编组，并将每根立柱按制作图纸进行尺寸、弯曲度、挠度等的复核工作，然后按图纸编号，排列放在起吊方便的位置上。

2）画出立柱中心线及标高线

当立柱基本尺寸复核后，应在立柱的正面上画出中心线并在立柱的中间部位用红漆画出，用红三角标出立柱等高线。

3）立柱吊装

用车间桥吊进行吊装就位立柱，立柱就位后应使立柱中心线与安装的基准线重合，在吊装时应注意立柱的对称布置情况。在立柱吊装时必须垂直状态就位，利用两根等长的吊索扎住头部保持垂直状态，进行吊装就位。

4）立柱的找正与复测垂直度

当立柱吊装就位后，就立即进行立柱找正工作，使立柱的中心线与基准中心线相吻合，利用水准仪进行标高的复测，使立柱上水平标高标记与图纸设计的基准标高保持一致。利用吊锤和标准钢卷尺进行垂直度的复测工作，使立柱上垂直标记线与基准线相吻合，符合垂直度的要求并利用临时缆风绳在四个方向上进行临时固定，用手拉葫芦可以任意调节。

5）复核立柱组的安装尺寸

当立柱组安装完成后，要进行立柱组找正工作，在顶梁安装前必须进行安装尺寸复核工作，除复核跨距尺寸外还应该进行对角线尺寸复核，将复核后的实测尺寸记录在施工记录簿内，作为施工原始记录之一。

7. 上部顶梁安装

在立柱安装后即可安装顶部纵梁（即立柱连梁），在纵梁安装后先不安装顶横梁，而是利用顶纵梁作为导轨安装临时单轨小车轨道，利用临时小车轨道吊就位底砖，底砖完工后拆除临时吊车，方可安装顶部横梁。

1）立柱上部尺寸。主要复核纵向跨距和横向跨距与梁的尺寸是否相符。

2）螺栓尺寸的复核。主要考虑梁吊装就位后，连接螺栓是否能方便安装。

3）当连接尺寸复核后，确认合格方可正式吊装上部纵横梁。

8. 锡槽顶罩（密封罩和顶板）安装

1）顶罩框架现场制作安装。现场安装时需建立专用组装平台将各段三部分组装成整体，每一节顶罩都在组装平台上完成整体的拼接和点焊工作。安装顶罩必须等到3节的底砖完成之后才能进行。

2）待罩上的横梁、纵梁和顶罩提升杆等吊挂系统到位后，即可用预装在锡槽支撑钢结构上的手拉葫芦逐步吊起顶罩从锡槽入口段向出口端推进，各节与上部的提升杆进行连接准确定位。

3）顶罩顶的纵向中心可采用经纬仪或挂中心线（全槽分两段挂线）的方法进行找正，其中心线偏差为 ± 2mm。

4）顶罩顶的横向中心线找正，同槽壳一样，以收缩段为基准挂线找横向中心，其中心线偏差也为 ± 2mm。

5）顶罩顶顶面的标高和平面度，采用水准仪测量的方法进行。

6）每节罩顶的标高和平面度的测量点应在罩顶的4个角上，高低的升降可调整提升杆上部的螺母。

7）每节罩顶“三找”合格后，节与节之间用螺栓临时连接，外部可用型钢，将罩顶与左右立柱临时固定，以免顶罩左右晃动。支撑焊接时，不要使罩顶偏离中心；更不允许中心不对时，也要“支”对中心。

8）罩顶与罩顶之间也应找正一节、固定一节，即用短角钢（两根）进行临时连接，以防止前后晃动。检查罩顶与罩顶之间是否留有设计规定的膨胀间隙至少为5mm，决不允许有顶死的现象。

9）过渡节左右侧板应最后安装，最终在线完成组装，这样做是方便锡槽的胸墙砖和顶砖砌筑时，预留进料通道。因此，收缩段的顶砖安装后，再安装过渡节的侧板。

10）安装顶罩内吊挂槽钢和耐热钢吊挂件并调整到位，以满足顶砖砌筑的要求。这个过程需要与耐材作业人员及电器安装人员密切配合。

11）在最后就位焊接侧板时，要保证侧板底面与锡槽沿口平齐密合，保证边封上下空间的设计间隙。

12）每节之间纵向要留有设计规定的膨胀间隙，绝不允许有顶死的现象。

13）顶罩上部顶板，要在罩顶的耐材和电气配线完成进行完冷调试和通电调试之后，方可进行安装、焊接。顶板4边必须密封焊接，在焊接之前要用真空吸尘器吸干净顶罩内部所有灰尘。

14）每节顶罩之间的膨胀间隙处，在安装和焊接密封条（50 × 8的钢条）时，要保证密封罩的气密性，因此焊缝不得漏焊或焊后不得漏气。同时在适当的位置焊接接线盒安装需要的螺栓。

15）保留密封条的一侧焊缝的不焊，等到烤窑时，待温度达到700℃再完成最后的一侧密封焊接。

16）为了防止顶板焊接后罩顶变形，每节罩顶上的顶板焊接，应采取间断对称焊。

17）顶罩顶板安装要与电气安装和管道安装相互配合，管道接口对位准确。

9. 流道流槽钢结构的安装

1）在安装前流道外壳应进行检查，其平整度误差为 ± 1.5mm，其他误差按照图纸设计要求。

2）外壳安装在支撑钢结构上，使其平直度达到0 ~ 1.5mm。

3）流道上方的出入平台应在全部耐火砖砌筑完成之后进行安装，并使之符合图纸的各项要求。

4）安装各闸板提升机构，并配合业主完成最后的机械调试工作。

5.2.6 锡槽砌筑施工方法

1．锡槽砌筑施工流程：

测量放线→底砖砌筑→底砖螺栓焊接→封孔、封边料施工→胸墙砌筑→顶砖安装→流道、流槽砌筑→边封安装。

2．基准面校准、设定及控制

1）熔窑、流道、流槽和锡槽纵向中心线设定并统一。

2）锡槽（横向）第一根立柱中心线测设并校准，标定于钢结构表面。

3）流道、流槽面砖标高，锡槽底砖标高统一校准并设定，以满足生产工艺要求。

3．施工准备

1）专用夹具及砌筑小车使用前必须做模拟起吊试验，专用夹具起吊底砖时，必须保证夹面完全贴紧砖面，注意起吊位置防止损坏工作面。

2）锡槽底砖螺栓专用电焊机必须由专人操作并根据施工现场实际情况进行试焊，确定电流大小及焊接时间，保证一次成功率。

3）槽底板标高检查，每段均布测若干点，根据实际标高及底砖公差调整各砖位置。

4．施工工艺原理

1）锡槽底砖施工工艺原理是首先对每一跨锡槽壳底板表面进行标高测量，确定每块砖底部和外壳之间的距离，按照玻璃液位基准面，利用专用夹具将底砖放置在锡槽壳底板上，相邻底砖用膨胀缝隔片隔开，并用防水胶带密封。一跨完整的砖铺设就绪后，开始焊接螺栓，将底砖与锡槽相连接。经扭矩扳手检测合格，测量每一个孔洞实际深度后，放入规定量的石墨粉并捣实，接着放入垫片，用螺母紧固后，螺栓与底砖的上部空隙用密封捣打料夯实。对底砖砖缝及砖表面用吸尘器清扫后，将胶合板覆盖在槽底上面。

2）流道、流槽砌筑由下至上逐层施工。首先应根据锡槽底砖顶面及工作段流道口侧墙砖顶面标高，确定第一层矮墙砖顶面标高；其次底砖砌筑整面严格找平；再次面砖层确保与工作段流道口侧墙砖顶面标高之间的膨胀间隙；最后侧墙及保温根据面砖位置干砌严密并加工。

5．主要施工方法

1）锡槽底砖

采用分段、分位划线定位控制的办法安装焊接地砖固定螺栓和铺设锡槽槽体底砖。如图5.2.6-1。

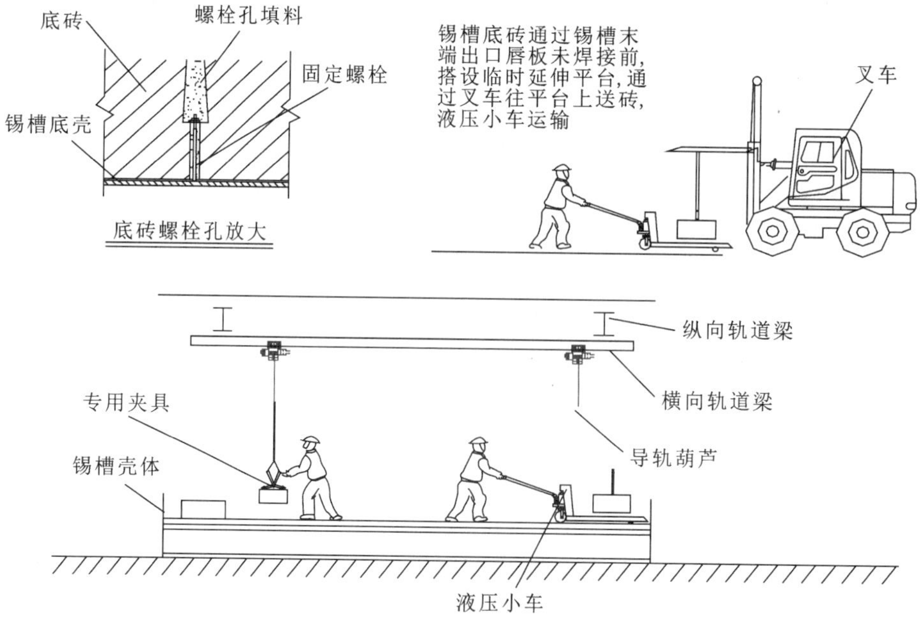

图5.2.6-1　锡槽底砖砌筑示意图

（1）锡槽底砖分为底砖、边墙砖、入口砖、出口砖，所有砖都被精确加工磨光并且6面互成直角。其制造公差应满足施工要求（否则进行加工组装），并不得受潮。

（2）按照第一根锡槽立柱基准，把进出口端边缘的位置标记在锡槽外壳上，以此作为开工基准线，这排的中心砖是决定锡槽所有底砖位置的起点。

（3）底砖膨胀缝处施工时应禁止任何东西坠入，在膨胀缝内放置不同规格的低碳钢片，钢片的厚度规格按施工图设计要求放置。

（4）出口唇砖定位之前，必须检查唇砖顶边的水平情况，以确定唇砖是否与出口唇板边在同一水平位置上。加锡口与锡渣箱需配合进行，一般等边墙砖施工至该部位后开始安装，尽量避免切割底砖。

（5）锡槽第一排底砖和出口底砖砌筑前应要求安装队提前焊接不锈钢菱形网。

（6）锡槽底砖砌筑精度±0.5之间。

2）底砖螺栓焊接、安装

（1）螺栓定位。

复测槽体底砖的外形尺寸及螺栓孔中心位置尺寸，并分别记录编号，按分段分位划线安装底砖的方法，将砖的编号相应标号编于底板的相应位置，然后据此砖的螺栓孔中心位置划定于底板上，作为螺栓的定位点，打出冲眼。

（2）焊接之前，必须做工艺性试验，以确定合适的焊接参数及规范，确保螺栓焊接质量。

（3）用相同规格的螺栓及同样材质在底板上进行模拟试焊，将焊好的螺栓用锤子敲打成倒"U"形，焊缝用着色的方法检验，无裂缝产生，即为合格。

（4）定位焊点：以各螺栓定位点洋冲眼为中心，用钢圆规按$R7$为半径画出螺杆的外圆标记，然后1人将螺杆按于所画的圆内并将螺杆垂直，另1人电焊固定，然后用钢角尺在螺杆边缘互为90号方向检查和校正螺栓与底板的垂直度。

（5）调整焊接电流，按工艺试验确定的焊接参数及规范进行正式焊接，均焊接一圈。

（6）全部螺栓焊接都必须进行检验，并满足4900N轴向拉力的指标，具体方法如下：用10～100NM扭矩扳手对螺栓进行试验，当扭矩达到14NM时，而螺栓不被拉出即为合格。

（7）当每个螺栓焊接检验合格后，把耐火石墨垫圈和石墨粉套入每一个螺栓及砖孔内，接着放入密封垫圈，再用螺母紧固。螺栓孔内用捣打料捣打密封，先用吸尘器将孔内杂物清理干净，加料分两次进行，二次捣打完，捣料表面与砖面平齐，最后再以浇料密封边墙砖与炉侧壳间的空隙。

3）石墨挡坎及石墨边衬安装

（1）将石墨挡坎装配在锡槽底砖内按工艺要求安装到位。

（2）利用炉外水平仪测量各块挡坎砖顶面标高，按各挡坎砖排列位置编号并做好记录。

（3）取出所有石墨挡坎砖，按照锡液工艺要求确定石墨挡坎实际标高逐块上刨床精加工。

（4）根据边墙砖凹槽定位各不锈钢条，按施工图纸编号确定各石墨边衬条位置并预组装。

（5）根据组装位置将在锡槽侧壳上打眼，同时将相应的石墨边衬条用耐热不锈钢沉头螺栓固定在不锈钢条上。为保证各石墨边衬条安装间隙，可适当加工石墨边衬条长度。

4）胸墙砖砌筑

（1）首先进行罩内进口横梁砖安装，预先准备好合适的支撑平台和胎架，将硅线石大块吊挂砖通过槽内液压运输小车至吊点位置，通过胎具、吊挂杆调节并固定住横梁砖，全部拼装后采用特制夹具固定并用捣打料封闭吊挂孔。然后可进行横梁砖两侧胸墙砖砌筑。

（2）胸墙上各操作门框和观察框周围的耐火混凝土，可在胸墙砌筑之前在锡槽外按图尺寸制作木模型，连同门框或窗框一起预捣制，保养期满后，直接安装于胸墙对应的位置，然后再砌胸墙砖。如图5.2.6-2。

（3）每节胸墙砖可独立进行砌筑，沿顶壳连接处断开并留设2mm缝隙，埋入墙内的顶罩连接螺栓必须去除，由下往上砌筑，采用保温泥浆砌筑。最下二层砖砖缝处设有固定件，固定件焊接在炉壳上，须根据固定件选用相应的焊条，并严格操作，确保焊缝质量和固定件焊接到位，确保侧墙砌体的垂直度，以免影响活动的安装。砌筑时依据固定件的形状加工胸墙砖，是两者连接紧密。

（4）砌筑时碰到顶罩节与节间的角钢和各工艺孔洞时，加工胸墙砖结构。

（5）胸墙上的各处观察窗、热电偶孔周围砖需仔细加工，保证接缝严密。

（6）出口横梁砖安装前也提前准备好合适平台胎架，组织3～4人配合进行作业。

5）顶盖砖安装

（1）根据已经安装的进口横梁砖位置安装顶盖砖。

（2）利用叉车、液压小车或专用运输辊道将顶盖砖运到各安装点。

（3）安装时先提前连接吊挂槽钢和含镍铸钢小吊杆，整体安装于槽内，按设计高度拉线找吊杆平底面，确保整个下表面平整度达到设计要求。可以从顶罩进、出两端同时向中间某节顶罩推进，砖缝要求均匀，相互靠紧，保证顶盖的整体性。

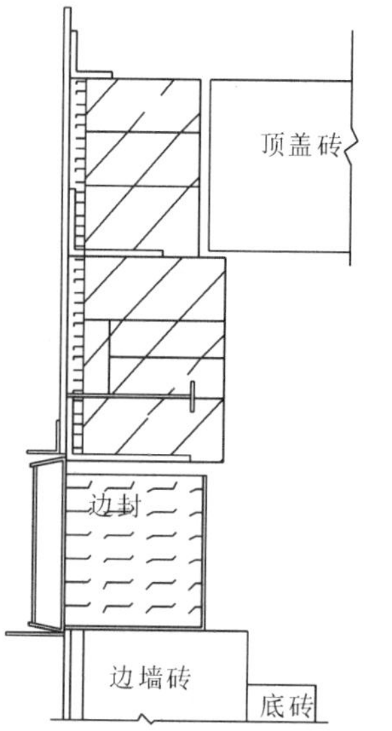

图5.2.6-2　胸墙砖砌筑示意图

（4）顶盖砖安装时，依次安装硅线石轨道砖及其上高、低保温砖，接着安装两列轨道砖间连接桥砖，最后放填充砖。三眼或六眼填充砖的朝向应按图施工，不得装反，同时放好供硅碳棒插入的绝缘瓷环。

6）流道、流槽砌筑

（1）流道直接砌筑在槽体支承钢结构上，施工前必须进行工序交接，复测支承钢结构标高及中轴线长度。首先砌筑流道矮墙及支撑大砖，将其上表面逐层按标高精确找平，其次在流道支撑大砖上干砌底砖及面砖，然后架设专用拱胎砌筑硅质斜喇叭拱，最后干砌侧墙及顶部保温砖。

（2）流道吊挂顶先在地面预先安装。

（3）流槽及平碹砌筑可在窑外进行，耐材安装于相应的钢结构槽体及燕尾钢内。在窑外首先就位、找平各钢结构，然后根据砌筑安装精度要求逐一安装各钢结构件及相应砖型并加工打磨，最终将组装好的流槽及平碹吊装就位。

5.2.7　电加热元件安装施工方法

锡槽内电气是在锡槽钢结构、顶砖结构完成，并将罩内杂物、垃圾清理干净后进行施工。

1．电阻丝加热元件的安装

1）在锡槽钢结构，顶盖及槽顶钢板安装好后，将电源引入装置按要求装在锡槽顶的钢罩钢板上，再装电阻加热元件用ϕ2.5mm耐热不锈钢Cr19NI9电焊条将焊接板与电阻丝加热元件按要求可靠焊接，焊接面积不得小于电阻丝加热元件截面的10倍，焊后一定要将焊渣清除不允许有虚假焊。

2）锡槽顶盖采用绝缘板及固定件将所有电源引入装置围起来，绝缘板与电源引入装置净空距离≥150mm，防止触电。

2．热电偶的安装

1）锡槽顶部热电偶的安装，将卡套螺纹接头处用聚四氟乙烯密封带缠绕后，旋入安装热电偶的座上，保持密封，防止漏气。锡槽底钢板热电偶的安装，先将安装位置的钢板表面用磨光机抛光，用不锈钢焊条将六角厚螺母不锈钢M12×1.5焊在钢底上，然后将压簧固定式热电偶拧紧在螺母上，使热电偶头部紧贴槽底钢板表面。

2）锡槽热电偶的倾斜安装，先将热电偶用聚四氧乙烯生料带缠包，再用热电偶将塞入的硅酸铝纤维棉紧紧推入保护管内，最后用锡槽密封泥将热电偶保护管堵死，保证密封。

3．电源引入装置与焊接板的连接

每一电源引入装置与电阻丝加热元件的连接，及零线焊接板之间的连接为两根LJ120mm^{2}的铝绞线，并套入小瓷管绝缘。

5.3 劳动力组织

劳动力组织见表5.3。

劳动力组织情况表 **表5.3**

序号	岗位或工种	所需人数	备注
1	管理人员	3人	
2	技术人员	2人	
3	钳工	12人	
4	焊工	4人	
5	起重工	4人	
6	电工	1人	临电
7	砖工	4人	
8	杂工	2人	
	合计	32人	

6. 材料与设备

6.1 材料

本工法消耗材料主要有钢板、H型钢、槽钢、角钢、圆钢、螺栓、垫片、焊条、焊丝、CO_2、氧气、乙炔气、垫铁等。

6.2 设备

6.2.1 机具设备

本工法采用的机具设备见表6.2.1。

机具设备表 **表6.2.1**

序号	机具或设备名称	型号、规格	单位	数量	用途
1	吸铁钻床	CZ-23型	台	1	
2	台钻	普通型	台	1	
3	压缩机	V-0.42/7型	台	1	
4	电动角向磨光机	SIM-150A	台	2	
5	手持式直向砂轮机	SIS-100A	台	2	
6	电动角向磨光机	SIM-100A	台	2	
7	套筒扳手	20件	套	2	
8	梅花扳手	8件	套	1	
9	灌浆使用工具		套	1	
10	冲击钻		把	2	
11	电镐		把	1	
12	砂轮切割机		台	1	

续表

序号	机具或设备名称	型号、规格	单位	数量	用　途
13	螺旋千斤顶	2t	台	2	安装调整
14	螺旋千斤顶	5t	台	2	安装调整
15	手拉葫芦	5t	个	4	吊装部件
16	手拉葫芦	3t	个	4	吊装部件
17	钢丝绳	ϕ11、ϕ17	m	各 50	
18	导向滑车		套	2	
19	卸扣	M16-M30	只	20	
20	振动棒		台	2	捣打用
21	氧-乙炔气割工具		套	5	
22	交流电焊机	YK350	台	2	
23	逆变两用焊机	WS-400	台	2	
24	CO_2气保焊机		套	3	
25	焊条烘箱	YZH1-30	台	1	
26	焊条保温筒	D100	个	4	
27	电动试压泵	DSY63／3	台	1	
28	电源开关箱		个	2	现场施工用电
29	各种钳工常用工具		批	1	

6.2.2 测量器具

本工法需用的测量器具见表6.2.2。

测量器具表 **表6.2.2**

序号	测量器具名称	型号、　规格	单位	数量	用　途
1	经纬仪	J2－1	台	1	中心线测量、放线
2	水准仪	NL-32，　0.01mm	台	1	标高及水平测量
3	方框式水平仪	200mm×200mm，0.02mm／m	把	2	精平及垂直度测量
4	铁水平尺	300mm，　0.5mm／m	把	4	初平及垂直度测量
5	游标卡尺	0～300mm，　0.02mm	把	1	
6	吊线架	自制	副	4	拉钢丝用
7	吊锤	0.5kg	只	8	垂直度测量
8	钢丝	ϕ0.35mm	m	300	中心线测量
9	标准钢卷尺	3m、5m、30m、50m	把	各 2	
10	压力表	Y-100，　1.5 级，0～1.6MPa	块	2	试压用
11	塞尺	100A13	把	2	
12	塞尺	300A13	把	1	
13	钢直尺	300	把	2	测量尺寸和划线
14	钢直尺	2000	把	1	测标高及划线
15	扭力扳手	XB30A	把	1	测量固定件扭矩
16	天平秤		把	1	测量石墨粉

7. 质量控制

7.1 锡槽安装质量主控项目与控制标准

锡槽的安装质量首先要符合设计文件的技术要求。钢结构施工安装还应符合国家标准《钢结构工程施工质量验收规范》GB 50205-2001有关规定。

锡槽安装质量主控项目与允许偏差见表7.1。

锡槽安装质量主控项目与允许偏差　　表7.1

序号	主　控　项　目	允许偏差（mm）	检查方法	备　注
1	锡槽和熔窑中心线必须一致	2	经纬仪、钢线和钢卷尺检查	
2	槽底钢壳上表面标高公差	±2	水准仪检查	
3	槽底钢壳侧壁沿口标高公差	±2	水准仪检查	
4	锡槽出口端板沿口标高公差	±1	水准仪检查	
5	底砖上表面标高公差	-1～+2	水准仪检查	
6	顶盖下表面标高公差	±2	水准仪检查	
7	底砖砖缝	+0.2～+0.5	塞尺检查	

7.2 质量保证措施

7.2.1 工程开工前组织施工人员认真学习审阅图纸，学习有关规范、规程、标准，熟悉有关技术文件，做好技术交底。

7.2.2 安装前，所有的测量仪器和测量工具均应经过有计量器具检定资质的单位检验合格，且保证在检定有效期内使用。

7.2.3 为保证锡槽的安装质量，在施工过程中采用精密水准仪、经纬仪和水平仪等精密检测仪器对锡槽安装全过程进行监控测量，以保证锡槽中心线和标高的准确和安装精度。

7.2.4 为保证各关键工序测量工作的质量，由专门的测量技术人员负责使用测量仪器进行现场测量和记录。

7.2.5 认真做好质量记录，从测量放线开始直至竣工验收，每个施工环节、施工过程均应有安装质量记录。

7.2.6 在锡槽安装过程中，严格按图纸、技术文件和规范施工，对每一道工序实行质量预控制，特别是表7.1中的质量主控项目要重点严格控制，偏差值不得超标。

7.2.7 加强工序质量检查和中间工程质量验收，实行层层控制，道道把关。由单位内部做自检、互检和交接专业检等“三检”合格后，报甲方或监理进行中间验收，经验收合格后方进行下一道工序的施工，做到“上道工序不合格决不进行下道工序施工”。

8. 安全措施

8.1 严格执行《建筑安装工人安全操作规程》中各项规定。

8.2 在施工前做好安全技术交底和三级安全教育，坚决实行安全生产责任制。

8.3 编制专项安全施工方案，制订详细的安全保证措施。

8.4 一般的安全防护、保护措施。

8.4.1 施工人员进入施工现场必须戴好安全帽，并做好“四口”、“五临边”的防护措施。

8.4.2 临边材料、机具存放要整齐和稳固。

8.5 切实做好防爆措施。现场氧气瓶与乙炔瓶距离不得小于10m，且不能暴晒。严禁工人携带易燃、易爆物品进入施工现场。

8.6 吊装安全保证措施。

8.6.1 车间的桥式吊车安装后必须经试车和特种设备检验部门检验合格后，方可投入安装工程起重作业使用。

8.6.2 吊装前，应对起重桥吊和吊装所用索具、卡环、夹具等的规格、技术性能进行细致检查和试验，发现有损坏或松动现象应立即调换或修好。重要构件吊装前应进行试吊，经检查各部正常，才可进行正式吊装。

8.6.3 吊装作业必须由起重专业人员专职指挥，吊装作业人员必须由持有起重吊装特种作业资格证的起重工进行操作，并严格按操作规程进行起重吊装作业。

9. 环 保 措 施

9.1 施工现场提倡文明施工，严格控制强噪声作业时间，特殊部位需要敲打或打磨的应尽量在车间内规定时间作业，防止施工噪声污染。

9.2 施工现场设置专门的废弃物临时储存场地，分类存放废弃物，并做好醒目标识。完工后联系环卫部门集中处理。

9.3 采取有效措施防止施工中的污水、油、废料等有害物质对人及周围环境的污染。施工中的清洗剂、清洗液等，采取先排至车间污液池集中处理，达到规定的排放标准后再排到厂区下水道。

9.4 施工现场堆放易燃、易爆的氧气乙炔场所悬挂明显的防火标志，配备充足的灭火器材，并确保其完好有效。

9.5 石墨填充时注意轻拿轻放和正确使用石墨粉螺杆挤压填充装置，减小石黑粉飞扬。

10. 效 益 分 析

10.1 经济效益

本工法与其他传统的锡槽制造安装方法相比，具有技术先进、工艺成熟可靠、制造安装控制精度高、质量好、效率高、进度快、扬尘小、节能环保、工期和施工质量保证等优点。通过实践证明，应用本工法进行制造安装的浮法玻璃生产线锡槽，能确保锡槽的制造安装精度和质量，降低施工劳动强度，提高工效，缩短施工工期，环保节能，降低成本，施工经济效益显著。以公司承担施工的南宁浮法玻璃有限公司2002年500t/d浮法玻璃生产线安装工程和2009年300t/d 浮法玻璃生产线冷修技改工程中的锡槽制造安装为例，应用了本工法后，各项技术质量指标均优于设计要求，而且施工进度明显加快，均一次试机投产成功，两项工程分别提前11d和5d交付业主投产使用，同时大大地节约了项目施工成本，取得了明显的经济效益。

10.2 社会效益

本工法已成功地应用到多项浮法玻璃生产线的锡槽安装工程中，不仅取得了显著的经济效益，同时社会效益也十分明显。由于采用了本工法，均可较大幅度地缩短玻璃厂的建设或停产冷修技改周期，提高工程质量，不仅缩短了玻璃厂的投资收益回收期，提前投产，提前产生效益，而且为提高玻璃产品品质和产能提供保证，并有效地延长了玻璃厂锡槽的使用寿命，有着良好的社会效益。对目前国内大型浮法玻璃生产线的锡槽工程施工具有积极的指导意义，可广泛应用于浮法玻璃生产线的锡槽工程安装施工中。

11. 应用实例

11.1 南宁浮法玻璃有限责任公司 300t/d 浮法玻璃生产线 2009 年冷修技改工程

11.1.1 工程概况

南宁浮法玻璃有限责任公司300t/d浮法玻璃生产线2009年冷修技改工程，于2009年9月23日开工至2009年11月27日完工，交付甲方点火烤窑，工期为65d。是一次停产停窑冷修工程，其中锡槽需将原有结构拆除后重新制作安装。锡槽钢结构非标制作安装工程量为101t，其中机加工约4.5t，精加工约3t；砌筑工程量约360t。该工程工期短，任务重，交叉作业多，施工技术要求相当高。

11.1.2 施工情况

本工程为停窑冷修工程，工期非常短，工期和锡槽各项安装质量参数的控制是一项重要的工作。在设计技术参数控制方面，采用经纬仪测量控制锡槽安装中心纵向、横向基准中心线，采用水准仪测量控制锡槽各重要安装环节标高，保证了各关键的参数符合设计文件的要求。在选择材料方面，槽壳底板是槽壳的关键部位，选择采用长12m、宽3m的钢板，减少槽底壳焊接数量，便于控制底板变形量，保证底壳平整度。在焊接工艺上，利用CO_2气体保护焊接技术焊接锡槽底壳、密封罩等容易变形部位，控制焊接变形，有效地降低由于焊接变形出现质量问题的可能性。在锡槽砌筑上，采用不断改进的专用砖夹吊具和专用石墨填充工具，运输和吊装操作方便、安全可靠，能有效的控制砌筑进度和质量。通过一系列的控制措施，既能满足设计要求保证产品的质量，又确保了施工工期。

11.2 南宁浮法玻璃有限责任公司 500t/d 浮法玻璃生产线安装工程

该工程是一条新建的浮法玻璃生产线，是南宁市2002年重点建设项目之一。锡槽全长54.3m，宽度分别为8.2m、8.2/5.8m和5.8m。锡槽制造安装内容包括冷却风机及主风管、槽底钢结构、槽壳、立柱及顶部纵横梁、槽体砖砌筑、密封罩安装—胸墙砌筑、顶盖砖安装—电热元件、顶盖板安装—流道流槽钢构件、流道流槽砌筑—出口端结构闸板等制造安装，其中，钢结构制造安装约330t，机械加工件约15t，耐火材料砌筑约450m^3。锡槽槽壳和槽体的设计制造安装主要技术指标为：1）锡槽纵向中心线与浮法联合车间生产线的中心线和熔窑中心线必须一致，偏离不得大于2mm；2）槽底钢壳上表面标高偏差不得大于±2mm，不平度偏差不大于1mm/m^2，整体不平度不大于2mm；3）锡槽钢壳侧壁沿口（不包括出口端）标高偏差不大于±2mm；4）锡槽出口端板沿口标高偏差不大于±1mm，出口端板上平面平直度误差不大于0.5mm；5）锡槽槽体砖（设计几何尺寸公差±1mm）的标高允许偏差-1～+2mm，相邻砖上表面高差不得大于1.5mm，4个侧面的膨胀间隙缝$2\sim4_{0}^{+0.5}$mm；6）顶盖砖下表面标高允许偏差±2mm。7）流道流槽底板及砖面标高偏差不大于1mm。锡槽在施工中严格按照设计要求，采用本工法进行制造安装，步步控制锡槽安装中心线、标高、平整度等重要安装质量技术参数，采用先进的焊接工艺和砌筑技术，保质量保工期，整个项目施工于2002年8月23日开工，2003年12月25日竣工交付点火烤窑，并一次试机投产成功，比合同工期提前11d，收到了很好的技术经济效果，得到了业主、设计院和当地政府的一致充分肯定和高度赞扬。公司根据该项目总结形成的《浮法玻璃生产线锡槽制造安装技术》分别荣获中国安装协会2005年度“中国安装之星”和2006年中国安装协会第八届科技成果三等奖。

采用自调节式垫板快速安装大型半自磨机施工工法

GJEJGF324—2010

攀钢集团冶金工程技术有限公司　四川省晟茂建设有限公司
王志伟　钟彪　黄亮思　刘建刚　肖波

1. 前　言

大型半自磨机主要用于各种硬度的矿石和物料的碾磨，具有破碎比大，可靠性高，适应性强，处理能力大等优点，广泛用于选矿、冶金、建筑及化工等国民经济部门。为了解决大型半自磨机、球磨机在安装过程中出现的基础付底板安装效率低、质量差；筒体金属内壁与防腐橡胶耐磨层粘结后出现的一系列质量和使用寿命低的问题，由攀钢集团冶金工程技术有限公司和四川省晟茂建设有限公司联合研究编制的《采用自调节式垫板快速安装大型半自磨机施工工法》总结归纳了大型半自磨机在安装中的各项技术参数指标，系统地总结了安装过程中的各种施工方法。该工法已于2010年8月通过了中国冶金建设协会关键技术鉴定。

此工法已成功应用在攀宏钒制品厂扩能改造工程、攀钢白马铁矿一、二期工程中取得了良好的效果，得到了业主的充分肯定，其中两项关键技术已获得国家专利申请受理（专利受理申请号：201010565573.0；201010574351.5），该工法已成功应用于攀宏钒制品厂扩能改造工程，工程获得2009年度国家优质工程银质奖。

图1　攀钢白马矿国产大型半自磨机概貌

2. 工 法 特 点

2.1　大型半自磨机的安装，为了保证设备安装质量及运行安全，付底板和轴承底座下底面接触面积应达到75%以上，并且每块付底板水平度应在0.5/1000mm，块与块水平度在1/1000mm。本工法采用螺纹自调节式垫板的新方法可快速完成垫板的安装，垫铁与坐浆堆达到80%以上的接触面积，此种方法可以简捷快速的达到自磨机安装精度要求，大大提高了自磨机安装的质量和效率。

2.2　针对大型半自磨机筒体金属与橡胶防腐耐磨层的粘结，本工法提出了新型的粘结技术，并科学合理的编制了施工工序，使得总工期提前30d。

3. 适 用 范 围

本工法适用于半自磨机、球磨机等机械设备的安装，也对其他一些大型单体设备如风机、燃气轮机、透平机的安装有一定的参考价值。

4. 工 艺 原 理

4.1 采用自调节式垫板快速安装大型半自磨机施工工法付底板（即平垫铁）调平的原理是：首先在混凝土基础上预先埋植适当长度的全丝螺杆，然后在付底板上钻相应大小的孔，并将付底板安装在螺杆上，通过上下两个螺杆调整螺帽，再结合精密水准仪，调节每个及所有付底板的水平度，使其达到水平度不大于0.5/1000mm，垫板块与块水平度不大于1/1000mm。然后在付底板周围制模，灌微收缩浆料完成垫板的安装。

4.2 自磨机筒体金属与橡胶防腐耐磨层粘结技术是利用聚异氰酸酯胶（JQ–1）和202氯丁胶按照一定的比例配合，并利用烤灯加热到50℃烘烤粘结的技术，使得自磨机筒体橡胶与金属粘结强度和使用寿命大大提高。

5. 施工工艺流程及操作要点

5.1 施工工艺流程

设备安装工艺流程见图5.1。

5.2 操作要点

5.2.1 基础复测

1. 根据土建提供的基础中间交接记录，对基础的表面状况、外形尺寸、标高、纵横中心线，特别是预埋地脚螺栓套筒孔的间距和铅垂度进行复核测量，地脚螺栓预埋套筒与各个中心线的距离误差应在±2mm以内，并测量每个地脚螺栓预埋套筒的铅垂度误差应在1/1000mm长度以内，为保证每个地脚螺栓位置的安装精度，除了控制地脚螺栓预埋套筒与中心线间的尺寸外，还应控制地脚螺栓预埋套筒间尺寸，地脚螺栓尺寸误差在±2mm以内。传动中心线与自磨机筒体中心线距离与要求尺寸相差在±2mm以内。

2. 埋设中心标点和标高点

设备基础应达到设计强度要求75%以上，基础上平面的标高应当比设备底板的下表面的标高要低 50~100mm，设备的基础表面轮廓尺寸应比设备轮廓尺寸大些，便于设备安装。对于重要设备的安装为了方便对基础的检测、数据的复查及检修，在其重要的轴向中心和纵向中心（正交）位置要埋设永久标高点和中心标点，在不影响自磨机安装位置，即基础的两端埋设标高点和中心标板，埋设位置如图5.2.1–1所示。

埋设方法如下：首先在图示标高点和中心标点位置用工具凿出一个长100mm、宽100mm、深100mm的孔洞，然后将专门特制的标高点埋入孔洞中用混凝土掩埋（图5.2.1–2）。

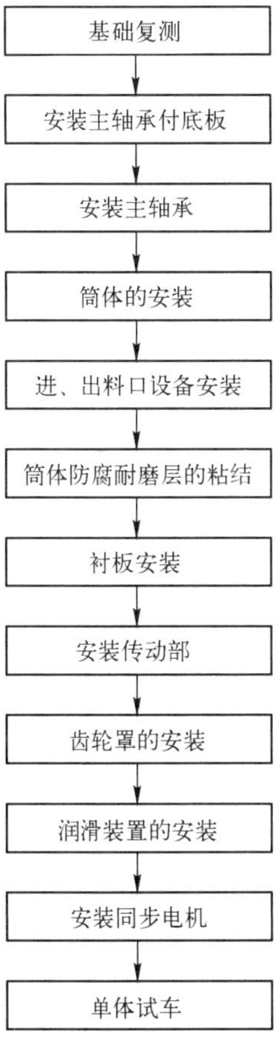

图5.1 半自磨机安装工艺流程图

中心标点和标高点埋设完毕后，以土建给的标高和中心为基准点，以设备安装基础图为依据，使用精密水准仪和经纬仪将自磨机纵横中心及标高点（图5.2.1–2）投影于标点之上，用冲子打上小而清晰的印坑（印坑大小不得超过$0.05mm^2$），并用红丹涂色标识。在纵横中心线上设置线架，在安装基础上分别用直径ϕ0.35mm的钢丝线以中心标板为基准拉上中心线和正交线，设备安装时按照施工蓝图以钢丝线为基准从而确定各部分组件的位置度，并用细线挂上专用的线锤，设备安装时均以A号标高点为基准（图5.2.1–2），其他标高点仅作为基础沉降观测和备用，不能随意代用以免影响设备安装精度，在设备安装过程中应定期与车间沉降观测基准点相比较，以掌握基础下沉情况。

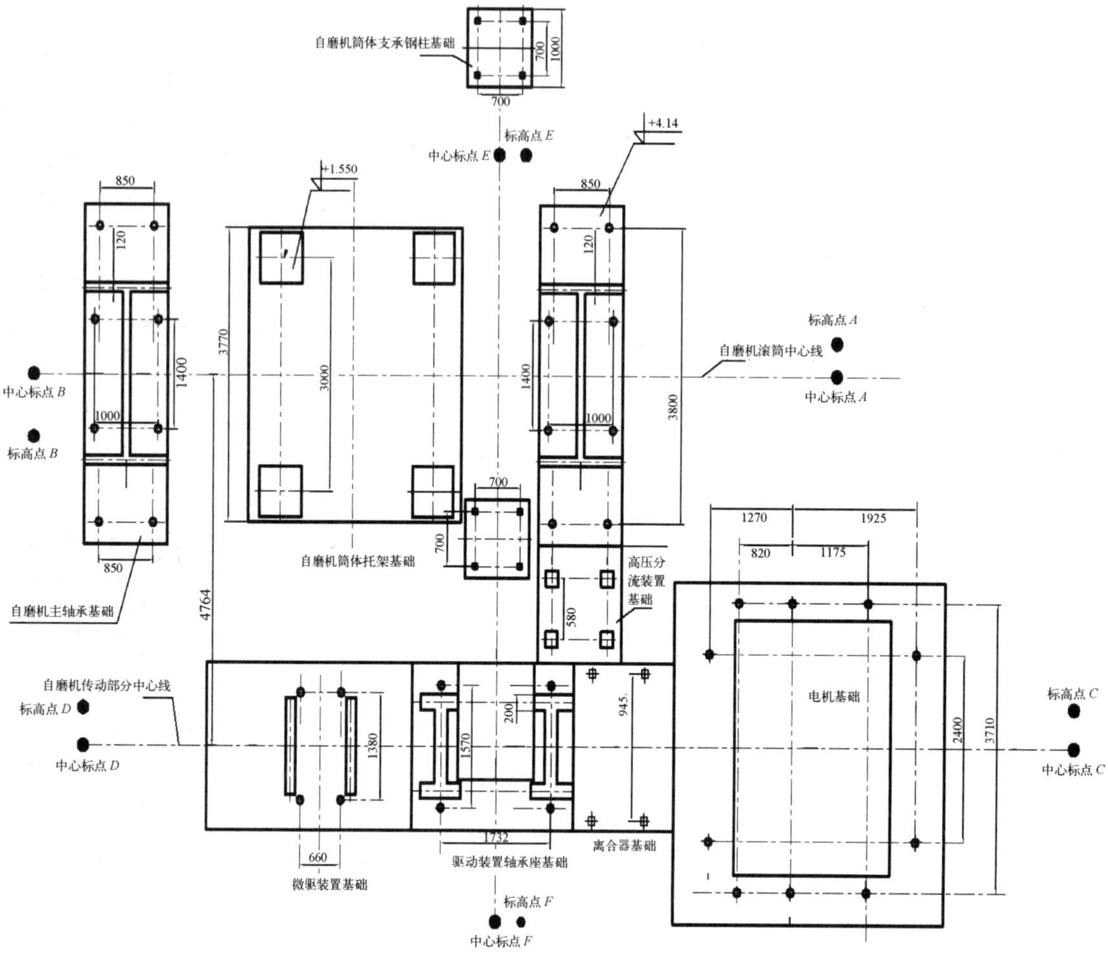

图5.2.1–1　半自磨机永久中心点、标高点埋设位置

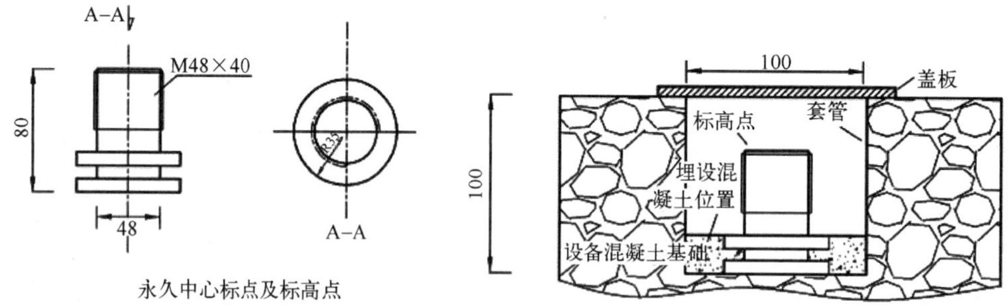

永久中心标点及标高点
（a）　　　　　　　　（b）

图5.2.1–2　中心点、标高点及埋设方法

5.2.2　安装主轴承付底板

自磨机各底板付底板（即平垫铁）调平利用调整螺钉调平方式，待每块付底板水平度调整完毕后，将每块付底板分别进行浇筑，所有付底板应在指定位置浇筑，作为底板安装的下平面。一般相邻付底板之间的距离宜为300～800mm，每一个地脚螺栓两侧应放置两个付底板。“利用螺纹自调节结合精密水准仪自磨机主轴承垫铁调平”付底板的调整方法具体操作步骤作如下：

1. 首先在安装主底板前应清除基础表面浮浆、杂物、污垢，并且在施工过程中不得使基础表面沾染油污。每一块付底板都有安装调整螺栓的安装孔（图5.2.2–1）。按照图5.2.2–1所示付底板位置，在混凝土基础上用电锤钻出与每一个付底板相对应的调整螺栓安装孔，向孔内注入环氧树脂胶，插入全螺纹螺柱，拧上底部螺母（图5.2.2-2），将每一组付底板按施工图所示位置安放完毕。同时将每个主轴承基础表面凿成麻面（注意凹坑应避开水平付底板处），在基础的边角处应铲出缺口，目的是使后面的二次浇筑更加牢固。

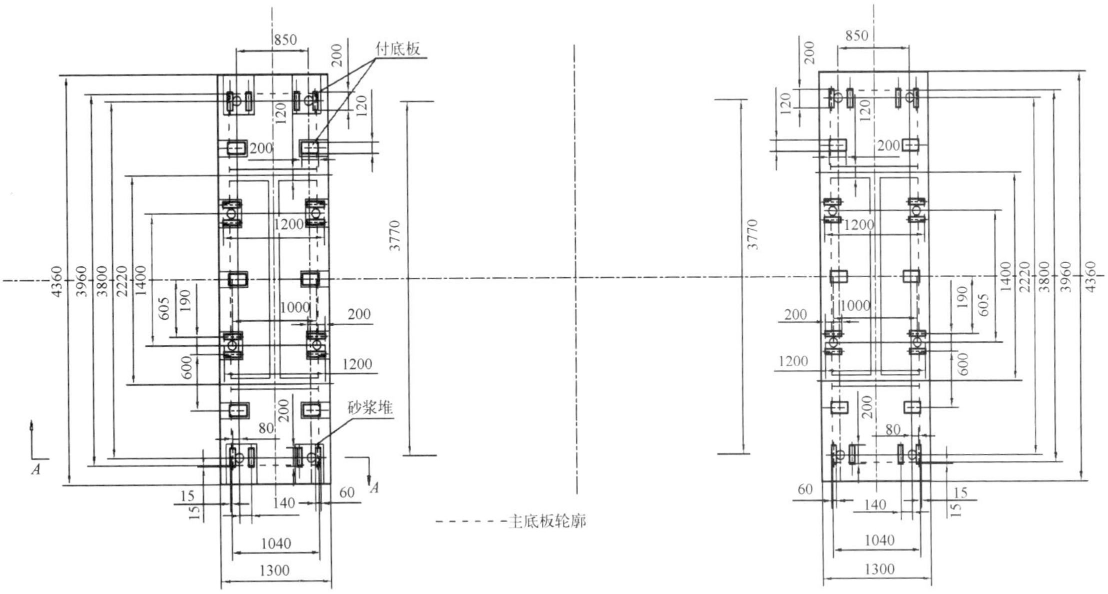

图5.2.2-1　自磨机主轴承付底板安装位置图

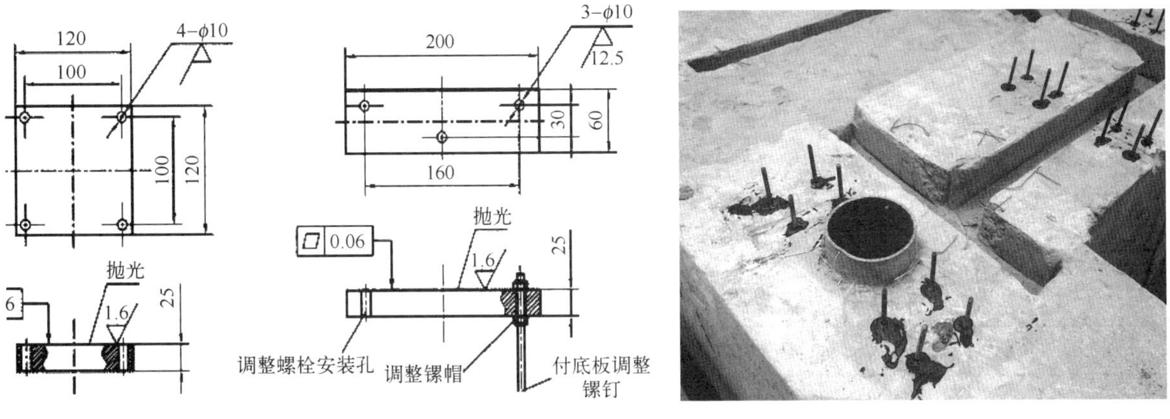

图5.2.2-2　自磨机付底板螺栓安装

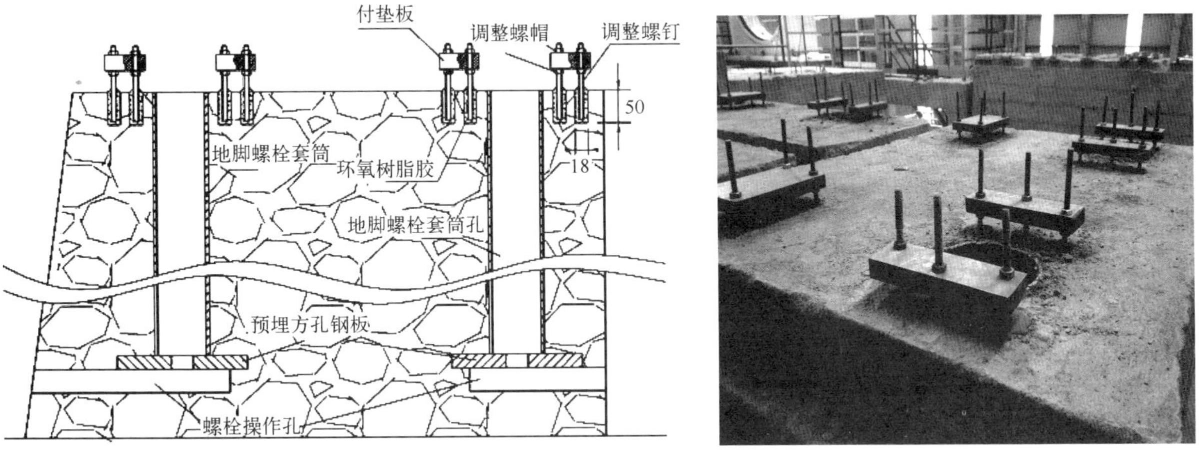

图5.2.2-3　付底板与基础安装示意图

图5.2.2-4 调整付垫板的水平度

2. 付底板安放完毕后应清除掉表面防锈油，待环氧树脂胶凝固24h后用电子水平仪测量，并用下部调整螺帽调整每块付底板的水平度和各个付底板之间的水平度，并保证每块付底板水平度在0.5/1000mm，块与块水平度在1/1000mm（图5.2.2-4），调整完毕后拧上每个调整螺钉的顶部螺母（固定每组付底板）。

3. 在灌浆之前首先用木板制作灌浆模具，而后将模具安放在每个调整好后的付底板上，并用硅树脂胶对其根部进行密封，如图5.2.2-5。

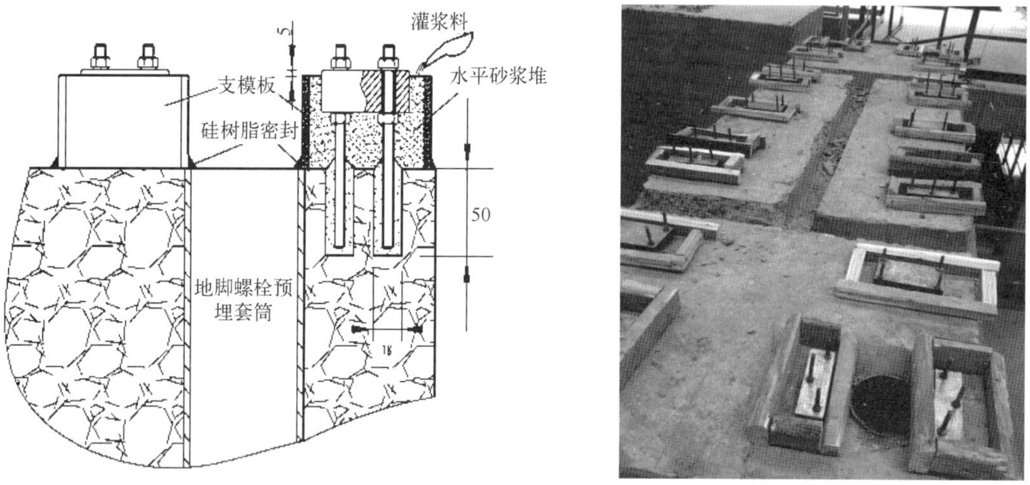

图5.2.2-5 付底板灌浆示意图

4. 付底板下的水平砂浆堆应采用微收缩的流体灌浆料。以保证付底板与混凝土的接触面积达到75%以上。配制水平砂浆堆所采用的原材料配方按照相关流体灌浆料配比。环氧树脂砂浆配比方法见表5.2.2-1。

环氧树脂砂浆配比表 **表5.2.2-1**

名称	配方			
环氧砂浆	环氧树脂	二丁酯	乙二胺	砂
	100%	17%	8%	250%
规格	6101E44	工业用	含胺量98%以上无水	直径≤1mm，含水量≤0.2%，含泥量≤2%

待水平砂浆堆凝固完毕后（养护期不得低于72h），拆掉支模板和调整螺钉顶部螺帽，用磨光机磨掉露出的螺杆，确保顶面平整（图5.2.2-6）。在安装副底板时应注意以下几点：1）付底板上表面要事先研磨，平整度要达到要求。2）单个付底板平面度具有优先权。3）砂浆堆必须捣实，不允许存在间隙，每隔3个小时浇水一次，养护期间不得碰撞和振动付底板。

几种垫板调平方法的比较情况见表5.2.2-2。

垫板调平方法的比较 **表5.2.2-2**

方法名称	基础与垫铁接触面积75%以上	收浆、漏浆情况	强度	施工效率	达到水平精度0.5/1000mm情况
螺纹自调节结合精密水准仪调平法	容易达到	无	40MPa	较高	容易
坐浆法	可以达到	有	40MPa	一般	难
斜底板基础研磨法	只有局部点接触	无	40MPa	低下	很难

图5.2.2-6　付底板的灌浆

5.2.3　安装主轴承

1．轴承主底板安装

安装主底板前应预先把地脚螺栓插入预埋套筒内并在主底板上戴上螺栓（不要拧紧），清洗检查各加工面防锈油和铁锈，用磨光机打除毛刺，与付底板接触的地方如有涂漆，必须清理到完全见金属。

首先在主轴承底板上面以底板螺栓孔为基准用画针标出两个底板的横向中心、纵向中心，（图5.2.3-1）要求与A、B两个中心标点同轴度相差不大于±1.0mm，主轴承底板各自水平度的误差不超过0.08/1000mm，且中部应高出两边，不允许出现中间凹下情况。前后两底板的相对高度差不大于0.08/1000mm，且进料端高于出料端，两个主底板横向中心线的平行度偏差不应大于0.08/1000mm。调整前后两个底板水平度可利用在付底板和底板之间加上相应的调整垫片来进行调整，垫片按下列厚度制作：0.02mm、0.05mm、0.1mm、0.15mm、0.2mm。垫片采用不锈钢钢板，不允许用镀锌铁皮和软金属制作。主底板和调整垫片之间要充分接触，用厚度 δ=0.05mm塞尺在侧面检查不得插入垫板长度的1/3为合格，并从侧面轻轻敲击调整垫片，以不松动为合格。

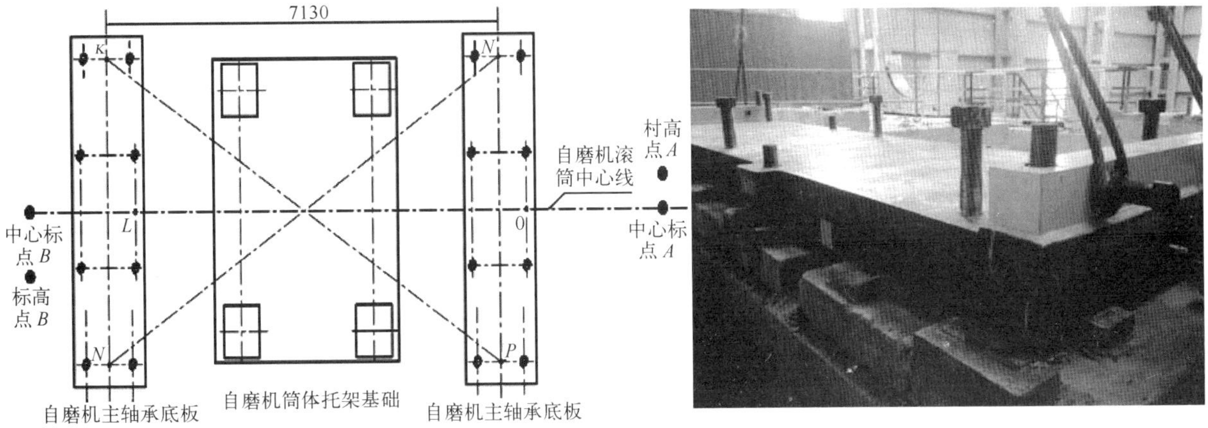

图5.2.3-1　主轴承底板安装及位置示意图

2．地脚螺栓的安装

自磨机的地脚螺栓是属于带槽锚板活动式的地脚螺栓，即地脚螺栓安装完毕后用油麻和砂子填塞套筒与螺栓之间的空隙，方便螺栓拆装（图5.2.3-2）。地脚螺栓位移误差在1～2mm以内，螺栓垂直度误差在1/1000mm以内。混凝土达到设计强度75%以上，按照设计预紧力拧紧地脚螺栓。

3．安装主轴承

在吊装主轴承之前彻底清洗主轴承底板顶面和轴承座底面，去除毛刺和油污，其间不要涂抹任何润滑油脂。轴承座与主轴承底板的接触面沿其四周应均匀接触，局部间隙不得大于0.1mm，不接触的边缘长不得超过100mm，累计总长不超过四周总长的1/4，否则，应研磨。

1）找正轴承座

两轴承位置要求（图5.2.3-3），中心线应与磨机中心线相重合偏差不大于±1mm，两轴承横向中心平行度不大于0.5/1000mm，并与主轴承底板的中心线重合。先固定出料端底座，再调整进料端底座。调整好后拧紧轴承座的螺栓，以后做任何必要的调整均须重新检查所有以前的记录。

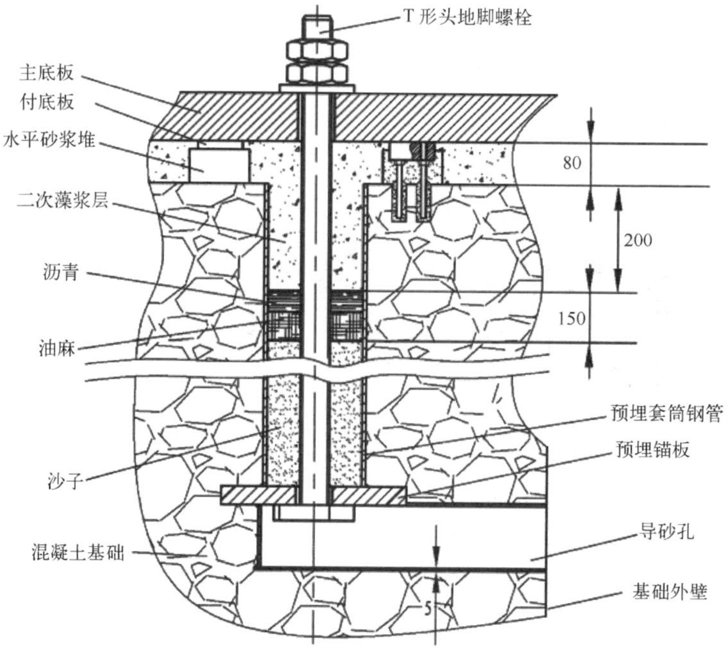

图5.2.3-2　自磨机地脚螺栓安装示意图

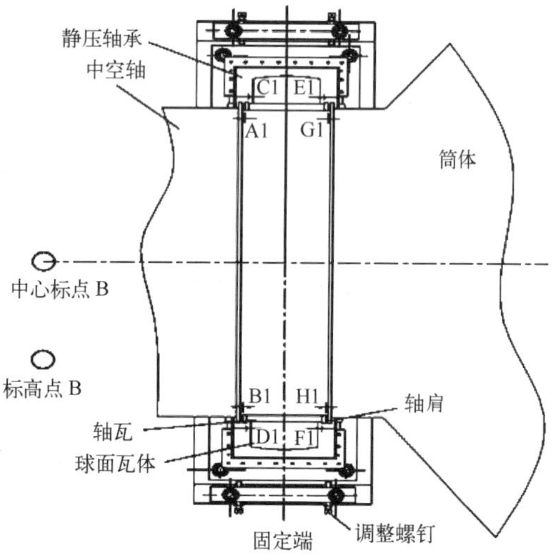

图5.2.3-3　主轴承安装示意图

将瓦体装配安装到轴承座上，找正瓦体对瓦座的中心线。按要求调整好压板与铜瓦之间的间隙后，拧紧压板。利用电子水平仪，调整两轴承体各自水平度不大于0.02/1000mm，两轴承水平度不大于0.08/1000mm，进料端要高于出料端。

自磨机筒体就位后，必须进行轴承最终调整。随着自磨机中空轴安装到轴承内，测量中空轴和轴瓦之间的间隙、轴瓦和瓦体之间的间隙要达到设计要求。

2）安装轴承盖

调整合格以后，用轴承装配连接件将轴承盖安装到轴承座上，在安装轴承盖之前，确定两端中空轴标高符合要求，轴颈和轴承座已彻底清洁，没有遗留杂物。

5.2.4　筒体的安装

筒体部由筒体、筒体托架和两端的端盖、中空轴组成。由于运输的限制，自磨机端盖分为两半，磨机筒体在长度方向上被分成两段，在圆周方向再分为两半。在装配期间，须密切注意装配标记，确定自磨机的正确装配。两半筒体、两半端盖之间，有不同数目的高强度精致定位螺栓和高强度连接螺栓连接成整体。

1．筒体托架安装

安装端盖和筒体组件的垛式支架，找正筒体液压千斤顶的位置将顶起装置就位，筒体在安装时落于顶起装置托架上。筒体托架位置度：两筒体托架中心与筒体中心相差不得大于±1mm，两筒体托架平行度不大于 0.5/1000mm，各自水平度不大于0.02/1000mm，使两托架水平度不大于0.02/1000mm。其安装示意图见图5.2.4-1。

2．筒体安装和筒体与端盖的装配

安装前彻底清洗、除锈筒体法兰及端盖的配合表面，检查法兰和止口配合表面的平整度，精确测量筒体的长度，以便实测筒体端盖组装后两中空轴中心的间距，测量各止口尺寸，注意检查对位标记。装配4个定位销便于导入螺栓孔。部件装配时，不平衡负荷会给磨机托架施加转矩，为保证磨机筒体和托架不产生移动，在顶起期间应在托架下面垫足够的枕木（图5.2.4-2）。在施工期间，应避免在托架下的作业，根据安装标记将两半筒体两两对装，所有法兰结合面必须干燥，不使用任何密封剂。

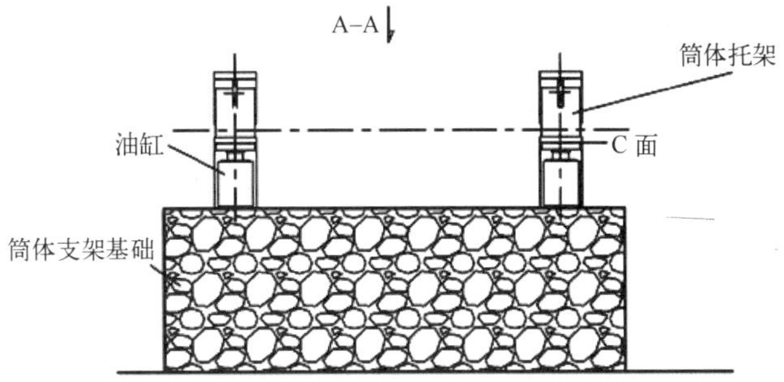

图5.2.4-1　筒体托架安装示意

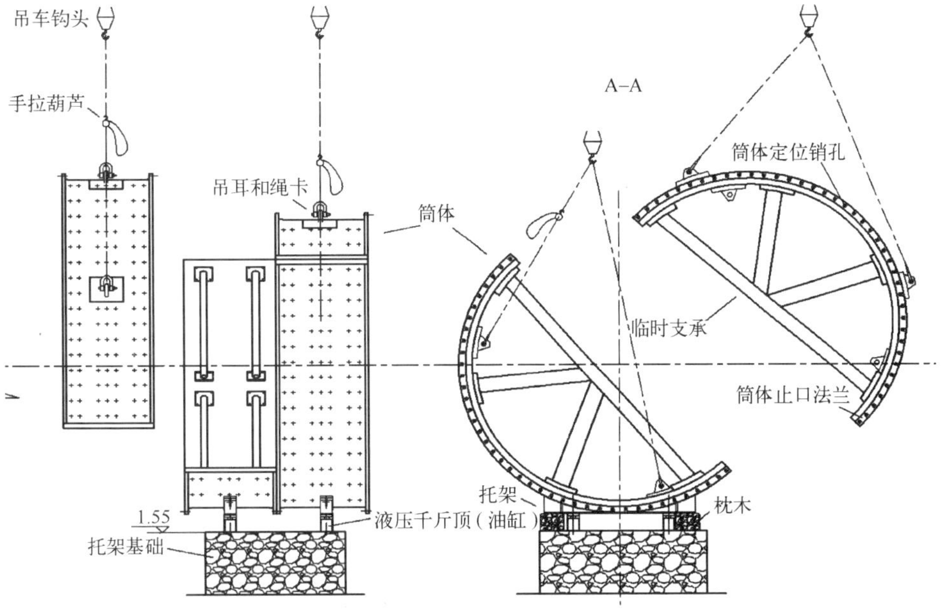

5.2.4-2　筒体吊装示意图

对装时先将筒体调平、调正，筒体利用千斤顶装置顶起高度应比正常运转高100mm，以免调整时碰伤瓦块。安装连接螺栓时，以深度千分尺或深度游标卡尺测量两筒体法兰对齐情况，并进行调整，然后按圆周等分成12个点用塞尺测量两个法兰之间间隙。调整间隙均匀且法兰对齐后，逐渐拧紧螺栓实现筒体的对接，然后精调两筒体的同心度。

筒体与端盖的装配对于端盖的检查与筒体的检查相同，端盖与筒体按照装配标记组装，现场用扭矩扳手按要求扭矩，分别对螺母按要求拧紧。调整同心度偏差在0.25mm以内，然后拧紧，检查合格后按要求力矩值复查拧紧所有螺栓。但要注意安装出料端盖时，连接螺栓应避开大齿轮连接孔。安装完之后所有法兰之间用0.03mm塞尺检查间隙不得插入。如图5.2.4-3所示。

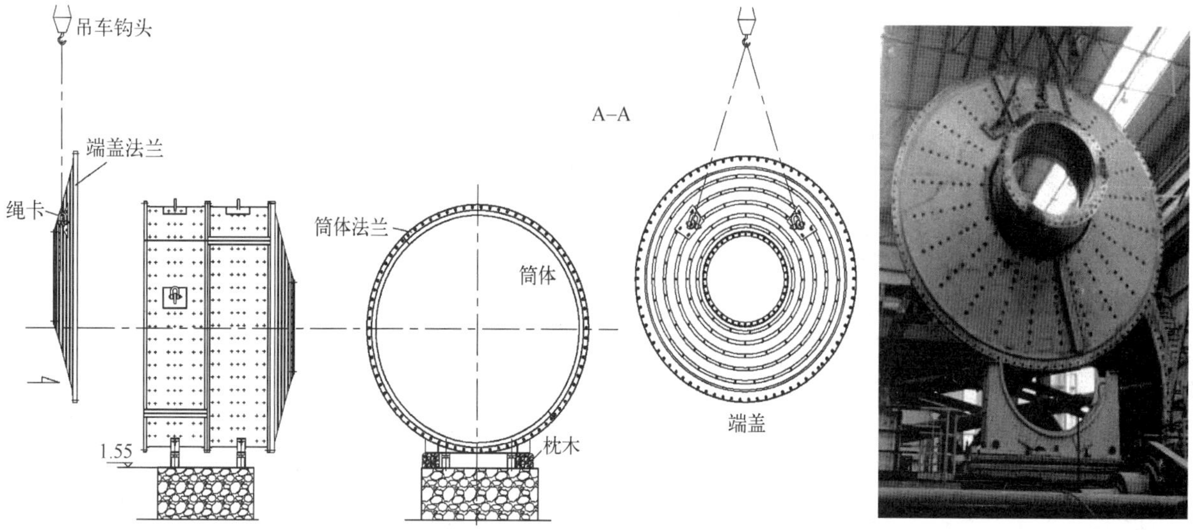

图5.2.4-3　筒体端盖的安装

3. 筒体与中空轴对接安装

中空轴与筒体端盖对接安装，用顶起装置将筒体顶起，如图5.2.4-4所示将中空轴承吊装对端盖组装，利用定位销使各个螺栓精确入位，中空轴组对后应再次将主轴承内部及端盖轴颈彻底清洗干净，避免划伤轴颈表面。在安装过程中要保持环境清洁。在落入轴承前必须向铜瓦上淋润滑油，使铜瓦整个表面上均有油膜，以免下落时损伤铜瓦表面。筒体安装在主轴承上之后，应进行检查。两端盖轴颈上母线应在同一水平面上，其相对标高偏差不应超过1mm，并使进料端高于出料端。然后最终调整主轴承底板和二次灌浆。去掉筒体内支撑。

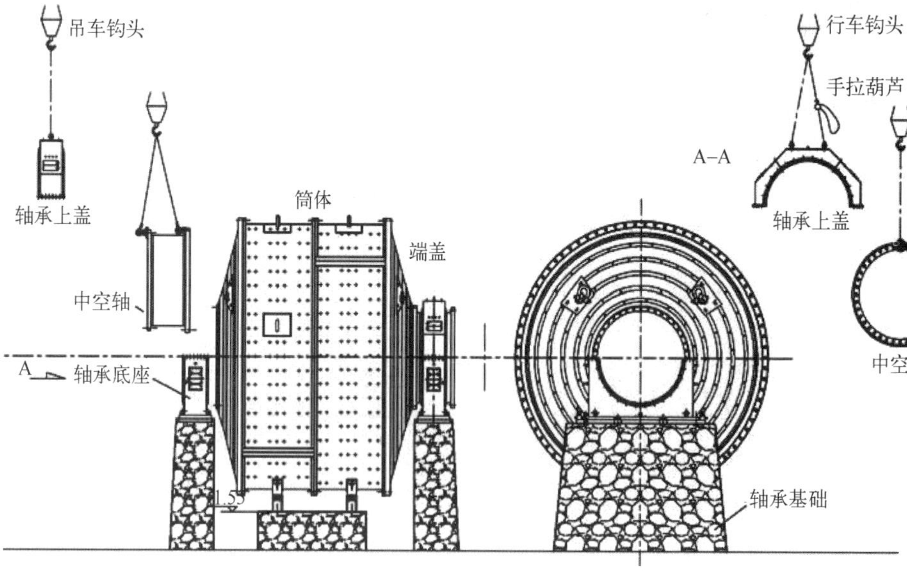

图5.2.4-4　中空轴安装示意

5.2.5　进、出料口设备安装

安装进、出料口前必须将结合面和止口彻底清理干净，不允许有油污及杂物。按要求将橡胶密封条套在进、出料口上一起装入进、出料中空轴，确保进、出料口配合圆柱面、止口与中空轴同心，进料口法兰与进料中空轴法兰之间不允许有间隙，应该彻底压紧。调整好后，按规定力矩值分两次对称均匀把紧压圈和进、出料中空轴法兰之间的连接螺栓，安装调整好后，筒体内侧进料口与中空轴配合圆柱面间隙用硅胶密封。如图5.2.5-1、图5.2.5-2所示。

图5.2.5-1　吊装出料口设备

图5.2.5-2　安装出料口设备

5.2.6　筒体防腐耐磨层的粘结

1．金属表面处理

在粘结之前要对筒体金属表面进行处理，为了粘结后的强度和性能达到要求，首先要对将要进行粘结的金属表面进行处理，表面处理是提高粘结强度的首要步骤之一：

1）在粘结之前要对需要粘结部位将灰尘及其他附着物清扫干净。

2）脱脂

现场施工环境粘结部位比较复杂，金属表面常常易被人体的汗渍、油污等污染，如果直接粘结将形成粘结界面比较弱。对复合型粘结溶剂来讲，金属表面的油脂与溶剂的相容性差，使胶粘层内聚力降低，因而粘结前必须对表面进行脱脂处理。一般是用含表面活性剂及有机溶剂的碱水进行清洗，或用有机溶剂四氯化碳直接清洗，然后进行快速水洗，同时使用pH试纸测试值为7时停止水洗，并马上进行吹扫干燥，防止返锈。

3）除锈

对表面已经锈蚀的金属表面采取机械除锈法，即使用磨光机、钢丝刷、砂布等去除铁锈。

4）金属表面粗糙化

为了提高粘结面积要对过于光滑的金属表面进行粗糙化处理，以增加胶与基材的接触面积。当胶粘剂渗入金属表面凹隙或孔隙中，固化后起“挂钩、锚固”似的嵌定作用，可大大提高剥离强度。以粗糙度在9～10为宜。

常用的方法有喷砂、手工锉钝、打磨等。在使用机械的方法处理时要防止表面过于粗糙，过于粗糙会使胶粘剂在表面的浸润受到影响，凹处容易残留或产生气泡，反而会降低粘结强度。

5）中和

经过除锈、表面粗糙化处理后，为防止金属表面残留酸液影响粘结强度，要对金属表面进行中和化处理，方法是采用氢氧化钠溶液1：10对金属浸泡5～10min，同时使用pH试纸对金属表面进行测量，达到pH值为7时水洗、干燥。

6）干燥

当水洗完毕后要对金属表面进行干燥，方法是使用压缩空气进行吹扫并用干净的绒布进行擦拭。待金属表面水分蒸发完毕即可。

2．混合胶粘剂配制

混合胶粘剂配制按照表5.2.6进行，一般溶液配制完成后要在30min之内使用完毕，否则失效。所以在配置混合胶粘剂时应采用“少量多次”以免造成浪费。

混合金属橡胶胶粘剂配方表　　表5.2.6

名称	配方（kg）		性能（≥）	
混合金属橡胶胶粘剂	聚异氰酸酯胶（JQ-1）	202氯丁胶	粘合力	剥离强度（胶条）
	1	5.5	4.5MPa	40N/cm（21cm×2.5cm）

3．涂胶

涂胶的方法有喷涂、刷涂、浸涂、辊涂等，可根据现场实际决定，必须保证胶层均匀、无气泡、无缺胶。

涂胶量是影响剥离强度的一个重要因素，通常在一定范围内剥离强度较高，如果胶层太薄，则胶粘剂不能填满基材表面凹凸不平的间隙留下空缺，使得剥离强度变低；当胶层厚度太厚时，剥离强度也将下降。根据多次试验结果和磨机筒体表面金属特性及所选用的橡胶层厚度（ δ=10mm），选择每边涂胶量厚度为1mm时达到的剥离强度最强。

涂胶方法首先在预粘结的金属表面涂一边胶水厚度为0.5mm，然后在室温下晾干，用干净的手背检测不粘手为合格，然后再涂一层胶水厚度为0.5mm，在室温下晾干同样以上述方法检查合格后备用。

在涂胶前要用锉刀对切割完成的橡胶板涂胶面进行“打毛”处理，目的是增大粘结面积，提高粘结强度。

把预备好的橡胶条均匀涂上一层胶水厚度为1mm ， 在室温下晾干，用干净的手背检测以略微粘手但不带胶为宜。注意掌握好两种材料胶水的凝固速度，尽量做到同步为宜。如图5.2.6-1

图5.2.6-1　橡胶衬垫的粘结

4．粘结

当橡胶衬垫和筒体表面涂抹的胶水达到粘结要求时，将橡胶片迅速与筒体相应部位贴合，注意此过程严禁污染涂胶面，同时使用木锤由中间向四周沿放射性轨迹均匀击打胶片，目的是使胶片与筒体完全粘合，将两者之间空气完全排除。击打完毕后使用夹具固定粘结件，保证粘结面完全贴合定位，同时施加一定的压力，使胶粘剂更好地产生塑性流动浸润被粘物表面，使胶粘剂与基材表面达到最大接触。这一过程要连续施工不可间停，要仔细检查边角部位是否贴紧。

5．胶粘剂的固化

大多数混合型胶粘剂在粘结时不立即具有较高的粘结强度，还需进行固化。聚异氰酸酯胶（JQ-1）在此种混合胶粘剂中所起的就是一种固化剂作用。所谓固化就是指液态胶粘剂变成固体的过程，固化过程也包括后熟化，即初步固化后的胶粘剂中的可反应基团进一步反应或产生结晶获得最终固化强度，使胶粘剂与基材产生足够高的粘结力的过程。为了缩短固化时间，我们采用加热的方法。加热不仅有利于胶粘剂本身的固化，还有利于胶层软化以增加对基材表面的浸润，并有利于分子运动，在粘结界面上产生分子作用力的推动力。加热对提高粘结力有利，以下是这种混合胶粘剂的在加热情况下的剥离强度变化曲线。如图5.2.6–2。

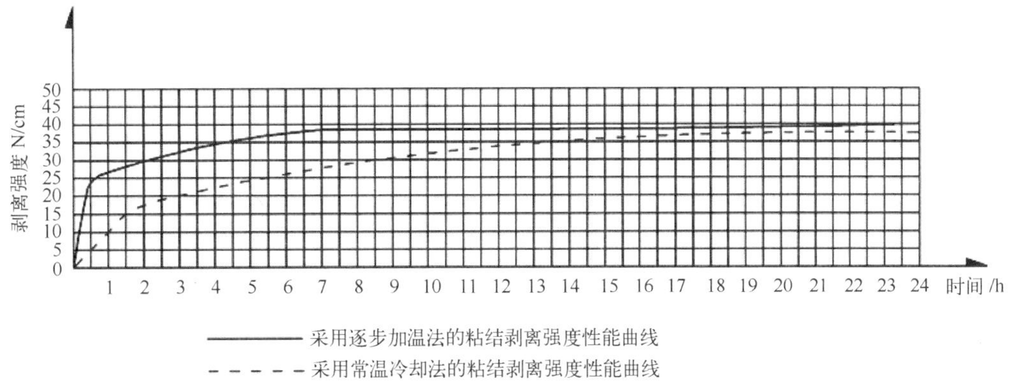

图5.2.6–2　混合胶粘剂的在加热情况下的剥离强度变化曲线

固化的加热方式有多种方式，对于传热快的金属基材可采用夹具加热，胶层受热比其他方式加热快。加热过程应以2℃/min逐步升温，达到50℃时保温30min即可。若加热过快则溶剂在软化了的胶层中气化产生气泡，严重的可将未固化、呈流粘态的胶粘剂挤出粘结区域，形成“无胶区”会影响粘结强度。

5.2.7　衬板安装

按照筒体部安装衬板，衬板安装固定时，应注意检查每块衬板的固定情况，对压紧固定面应逐一检查，不得有点状毛刺突起，否则应打磨，并应视情况填加薄钢板垫固定。一次装1/4圈磨机衬板，在拧紧所有1/4圈磨机衬板后，旋转磨机1/4圈，安装下一个1/4圈磨机衬板。在衬板用螺栓固定前磨机不能转动。在人进入磨机之前，必须用慢速驱动装置使磨机保持静止，安装衬板时应沿磨机轴线对称安装，尽量维持磨机的平衡和静止。安装完后，检查所有的螺栓。

5.2.8　安装传动装置

只有在主轴承及润滑系统完成安装，筒体能在轴承中旋转后，才能进行此部分安装。

1. 大齿轮的安装

在安装之前，所有齿面和安装表面必须彻底清洗，尤其是齿轮剖分面、齿轮与筒体结合面，处理所有的毛刺和磕碰伤。在向筒体上安装大齿轮之前，应先将下面的齿轮下罩就位，并对齿轮罩进行检查，如发现渗漏或变形，应立即消除，将其内部清洗干净。在大齿轮的螺纹孔内安装调整螺栓和锁紧螺母。在最终调整好后，锁紧螺母须拧紧以免螺栓松动。

1）安装第一个半齿轮

半齿轮起吊时应以两根等长的吊绳从两边套穿在轮辐的空档内，为防止吊绳损伤齿轮，应在吊绳上面缠上棉布。用天车配合汽车吊旋转筒体，使安装好的第一个半齿轮慢慢下转到磨机中心线以下的位置（图5.2.8–1、图5.2.8–2），下放过程应缓慢平稳。

图5.2.8–1　安装大齿轮

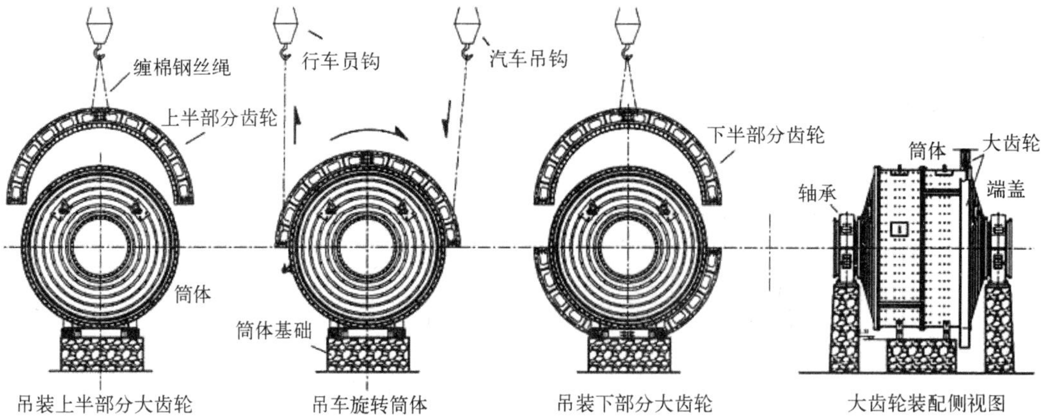

图5.2.8-2　大齿轮吊装示意图

2）安装第二个半齿轮

按装配标记安装第二个半齿轮，每隔三个螺栓孔穿入一个螺栓，要求分界面附近各有一个螺栓，与分界面约成90° 的位置上有一个螺栓，适力拧紧这些螺栓，使两个法兰金属接触但不能太紧使齿轮无法调整。

检查两半齿轮的对中情况，要求两半齿轮的错位偏差不大于0.1mm。符合要求后，安装锥销螺栓的锁紧螺母，防止操作期间松动。检查结合缝间隙，应达到用0.05mm塞尺检查，插入深不得大于20mm。

3）找正大齿轮

两半齿轮把合好后，拧上全部大齿轮和筒体、端盖的连接螺栓，利用大齿轮上径向调整螺栓调整齿圈径向位置，使大齿轮径向跳动不超过0.8mm，轴向摆动不超过0.8mm，按12个测点检测，两个测点间的允许误差不超过0.27mm。将大齿轮的轮齿等分12个点，在大齿轮的轮缘面涂写标记，用千分表在大齿轮外圆两侧30mm范围的找正带上打表找正径向跳动（图5.2.8-3中*A*和*B*）。固定千分表的钢支架要有足够的刚性，钢支架不可固定在轴承箱上，应固定在基础上。慢慢旋转大齿轮，记下每一点的读数，旋转一周后，千分表的指针应回零，误差不超过0.08mm。

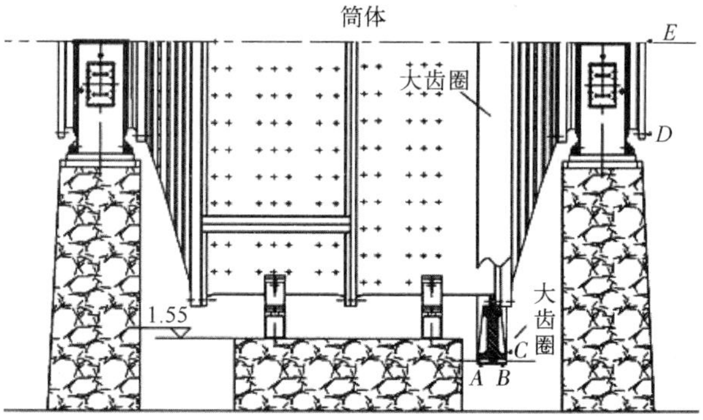

图5.2.8-3　大齿轮检测点位置

2. 小齿轮轴组的安装

1）安装小齿轮轴组底座

清除小齿轮轴承基础上所有松动的水泥和多余水分，用已确定的垂直中心线和水平中心线确定底座位置，利用薄垫片安装、调整小齿轮轴组底座，底座的高度误差不超过0.08/1000mm，与轴承座接触部分的表面纵横水平度不超过0.1mm，整个底座的水平度不超过0.15mm。小齿轮轴组地脚螺栓处理参考自磨机前后主轴承。

2）安装小齿轮组

小齿轮轴承外圈与开式轴承箱体不得有夹帮现象，箱体上下各半圆孔分界面处应按滚动轴承装配要求进行修帮。将小齿轮轴及其上轴承、密封环重新安装至轴承座，注意调整密封环的位置，使之与轴承箱的迷宫密封槽对中，彼此不得干涉，并按要求在迷宫间隙内添加润滑脂，将轴承座安装到轴承座底板上。

3）调整小齿轮

调整轴齿轮中心线与磨机中心线的平行度误差（沿轴长方向）每米不大于0.15mm。在调整过程中利用在轴承座下面垫薄垫片的方法进行调整，正确紧固轴承座后再重新检测。调整大小齿轮齿侧间隙。

齿侧间隙的误差应控制在0.25mm范围内，且每次测量齿左右两端应一致。

检查啮合点的接触和齿侧间隙。测量4点，在大齿轮上分90° 进行，大齿轮最适合的测点在大齿轮的最大（+）径向跳动处。记录所有检测数据，调整小齿轮避免因修正某一位置造成另一位置出现更多错位。要考虑磨机满负荷时会发生的变形和偏转。

给小齿轮涂薄薄的红丹色料（图5.2.8-4），检查齿轮齿面的接触情况。达到大小齿轮齿面接触率，沿齿高方向不少于40%，沿齿长方向不少于50%。

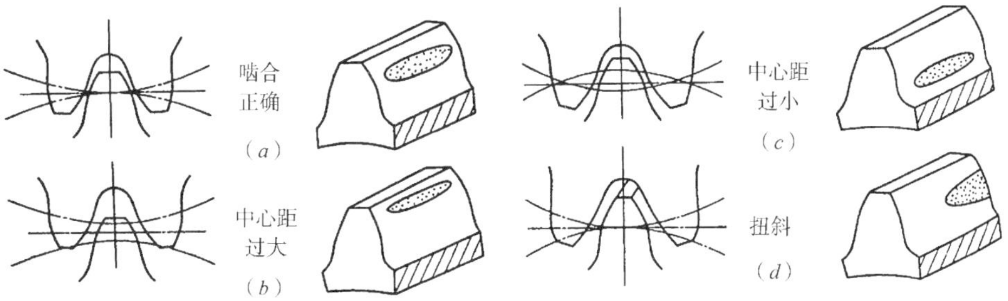

图5.2.8-4　齿轮着色检查接触示意图

5.2.9　齿轮罩的安装

齿轮罩对旋转大齿轮提供360°保护，与大齿轮间采用迷宫密封，防止灰尘和其他脏物进入大齿轮。齿轮罩由多段构成。底部留有排油孔，防止润滑剂在齿轮罩中堆积。齿轮罩由于尺寸较大刚性较差，运输中易发生变形，安装前按图纸尺寸检查各部，并按要求装上大齿轮上的密封环。要求盘车时不应有碰撞响声，安装后检查齿轮罩刚性，如需要可在适当位置增加支撑。齿轮罩与大齿轮之间保持相同间隙。

5.2.10　润滑装置的安装

喷射润滑装置安装时，其喷枪组件必须安装在齿轮罩内。喷枪上的喷嘴位置必须使润滑脂喷到大齿轮工作齿面。齿轮喷雾的控制器和润滑脂泵安装在距离齿轮罩一定距离的地方。

5.2.11　安装同步电机

主电机无刷励磁同步电机，并配套励磁柜。同步电机功率6000kW，电压10000V，转速200r/min。同步电机应以小齿轮轴为基准进行调整，气动离合器轴向锁紧装置的安装、调整必须找准同步电机的磁力线中心，以免因不同心使电机轴窜造成对小齿轮轴承的损坏。

5.2.12　单体试车

严格按照设备使用说明书和国家相关规范操作。

6. 材料与设备

施工用主要设备及机具见表6。

施工用主要设备及机具 表6

序号	名 称	单位	数量	备 注
1	不锈钢垫片	块	20	厚度0.02mm 至 0.75mm
2	外径千分尺	把	1	长度150mm至450mm，精度0.025mm，
3	不锈钢斜角规	把	3	边长0.6、1.2、1.8m，直边宽度100mm 1.2m、1.8m，边长0.6m、100mm。
4	千分表和磁力座	套	5	
5	塞尺	把	6	厚度0.02mm至1mm
6	水平尺	把	3	精度0.4mm/m，长度150mm/200mm/300mm 150mm/200mm/300mm 150mm/200mm/300mm
7	高精度光学水准仪	台	1	
8	铅锤	个	6	最小重量0.3kg至0.35kg
9	钢丝	卷	5	ϕ0.5mm至ϕ2mm
10	锉刀	把	5	
11	红外线测温枪	把	1	量程1500℃内
12	红丹粉	kg	1	
13	各种规格扳手	把	10	
14	100t汽车吊	台班	2	

7. 质量控制

7.1 本工法执行技术规范及验收标准

《机械设备安装工程施工及验收通用规范》GB 50231-98；

《机械设备安装工程手册》冶金工业出版社；

《破碎、粉磨设备安装工程施工及验收规范》GB 50276-98；

《选矿机械设备工程安装验收规范》GB 50377-2006；

《冶金机械液压、润滑和气动设备工程安装验收规范》GB 50387-2006。

7.2 技术保证措施

7.2.1 项目工程技术人员应熟悉各系统图纸及相关技术资料，并组织施工人员熟悉工程内容及结合现场工程特点编制好施工方案，并进行技术交底。

7.2.2 开展争先创优活动，为确保工程的整体质量，单位工程或分部工程开展创优质工程活动。

7.2.3 重点部位施工要进行实时监控措施，关键部位要进行质量检查复测，确保安装质量。

7.2.4 在施工中尽可能采用新技术、新工艺、新机具、新配方，促使施工质量进步。

7.2.5 制订和落实各级质量管理责任制。

8. 安全措施

8.1 各工种人员要严格按各自工种的安全操作规程施工，不得违章指挥、作业。进入施工现场的人员，必须按要求穿戴好个人劳保用品。

8.2 危险气体摆放点及施工现场等，要有可靠的防火措施，灭火器材数量要充足，存放地要有醒目的危险源标志。

8.3 要做到严格按照规章制度施工，保证用电安全。

8.4 试车时要有紧急切断和停车装置，做到令行禁止。在确认安全的情况下才能启动按钮，坚决禁止一切盲目操作行为。

8.5 所有的吊索具应进行全面细致的检查，确认安全方可使用。要指定专人统一指挥，信号明确。有特殊要求的设备吊装时应按照相关要求做防护措施。

8.6 孔洞需要搭设跳板，周围应用防落网拉设一周防止坠落（高度不能低于1.2m）。

9. 环 保 措 施

9.1 保持现场卫生，所废弃的润滑油脂、机械油等要及时回收放置在指定位置，由专业人员进行处理，保护环境卫生。

9.2 固体废弃物管理严格执行《中华人民共和国固体废物污染环境防治法》，使固体废弃物安全存放，及时清理。施工中产生的废弃物要分类堆放到指定场所，清运时采取必要手段防止散落污染环境。

9.3 噪声污染源主要来自组对打磨作业工程，通过选用低噪声设备等噪声控制措施，噪声强度可得到有效降低，可满足相关标准限值要求。运输设备噪声通过采取提高路面结构技术等级，控制车辆行驶速度等措施来降低噪声污染的影响。

10. 效 益 分 析

《采用自调节式垫板快速安装大型半自磨机施工工法》从实际应用情况来看大大提高了自磨机安装的速度和安装质量，得到了业主的充分肯定，并取得了很好的经济效益和社会效益。

10.1 经济效益

应用新技术大大缩短了自磨机的安装时间，如表10.1所示，应用“利用螺纹自调节结合精密水准仪自磨机主轴承垫铁调平方法”后攀钢白马二期及及坪200万t/年自磨机安装比原计划工期提前30d。

自磨机付底板的安装几种方法的比较 **表10.1**

序号	名 称	所用工期	工程质量	备注
1	利用“坐浆法”自磨机安装	120d	优	
2	利用基础碾磨法自磨机安装	130d	优	
3	利用“采用自调节式垫板快速安装大型半自磨机施工工法”自磨机安装	100d	优	

普通安装技工一个工日的工资为80元，则按20个技工计算30d的费用为：

节省的人工费为：80 × 20 × 30=48000元

节省的通勤费用为：300 × 30=9000元

节省管理费用估算为：2.5万元

合计为：48000元+9000元+25000元=8.2万元

由上述计算可得，应用新工法后可比没有应用新工法节省约8.2万元。

工法中利用“自磨机筒体金属与橡胶防腐耐磨层的粘结技术”较之以往的粘结方法可以大大提高橡胶防腐耐磨层的寿命，通过实验得出使用“自磨机筒体金属与橡胶防腐耐磨层的粘结技术”安装的橡胶衬层的寿命较之普通粘结技术粘结的衬层增加两年时间。节省的人工维护、备品材料费用为：40万元。

10.2 社会效益

采用自调节式垫板快速安装大型半自磨机施工工法，在指导施工中达到了预期效果，节省了时间，提高了效率，系统地规定了在自磨机安装中所要达到的技术要求，其中“利用螺纹自调节结合精密水准仪自磨机主轴承垫铁调平方法”、“自磨机筒体金属与橡胶防腐耐磨层的粘结技术”是根据自磨机安装自身实际情况而设计开发的实用新型专业技术，具有方法科学、效果突出、操作简单、经济效益好等特点，目前这两种技术已得到国家专利受理（专利受理申请号分别为：201010574351.5、201010565573.0），攀宏钒制品厂扩能改造工程获得2009年度国家优质工程银质奖。

通过利用新技术使得大型球磨机、半自磨机的安装时间大大缩短，从而使得白马一期工程提前30d投产，间接经济效益为3000万元。攀宏钒制品厂扩能改造工程提前35d投产，间接经济效益为1500万元。白马二期工程提前30d投产，间接经济效益为3500万元。共计间接经济效益8000万元。

11. 应用实例

本工法已成功应用于攀钢白马铁矿一期工程、攀宏钒制品厂扩能改造工程（2009年度国家优质工程银质奖）、攀钢白马铁矿二期工程中，安装质量完全达到国家、行业规范、标准的要求，工法中的关键技术经中国冶金建设协会组织的相关专家的鉴定，该技术处于国际领先水平，在国内外同类型设备安装中具有广泛的推广应用价值。

电解槽整体移动施工工法

GJEJGF325—2010

七冶建设有限责任公司　二十三冶建设集团有限公司
王来强　张劲松　皮忠锡　陈长月　李勇军

1. 前　　言

在现代化大型工程建设项目中，不可避免地要涉及一些特重特大型设备、非标设备的整体移动，特别是在特殊环境中，如因地震、山洪等自然灾害引发的地基下沉、倾斜等，导致大型设备在与其他设备相连接的情况下，出现整体移位，具体在有色冶炼工程来说涉及一些特大型整流变压器和电解槽的整体移动。

阿坝铝厂11万t电解铝工程在遭到2008年四川汶川“5.12”特大地震灾害后，110台特大型360KA预焙烧铝电解槽严重基础下沉（最深处1200mm），导致阿坝铝厂110台电解槽险象环生，惨不忍睹。中央及四川省领导要求阿坝铝厂在当年12月12日恢复生产，树立灾后重建的标致性工程。在这么短的时间要恢复受损如此严重，而且数量众多的大型电解槽设备，不管是在工期上，还是在技术上都是相当困难的。

七冶建设有限责任公司组织专家组多次进入受灾现场进行实地考察，并结合公司的专业技术优势开展了技术创新，取得了“电解槽整体移动施工工法”这一国内领先，国际首创的新成果，并在阿坝铝厂灾后恢复重建中使用，仅用不到5个月的时间，就恢复了生产，受到了温家宝总理的表扬。创造了世界奇迹（2008年12月12日中国电视台CCTV-1新闻联播有报道）。同时，还应用此工法解决了青海黄河水电铝型材联营项目黄河鑫业有限公司电解铝工程和青铜峡铝业股份有限公司异地改造一期项目等因地基下沉导致电解槽移位的难题。由于在处理特殊环境（包括在与其他设备相连接的情况下，无法使用大型吊装设备、场地狭窄等）中，特大型电解槽整体移动方面效果明显，技术先进，故有明显的社会效益和经济效益。

2. 工 法 特 点

2.1　采用了具有自主知识产权的顶升保护装置，即在电解槽底部两个侧边对称布置8个液压千斤顶，在摇篮架和液压千斤顶之间设置钢扁担，千斤顶顶在钢扁担的重心处，能使电解槽受力均匀，平稳上升。

2.2　使用了具有自主知识产权的易于搬运、安全可靠、结构简单、使用方便的钢支架，保证了顶升过程的安全、有效，降低了成本。

2.3　采用了具有自主知识产权的倾斜设备顶升辅助装置，使电解槽在顶升过程中能自动平稳调节，上座与被顶升的设备始终保持接触，不易打滑，易于操作，提高了安全系数，同时，使电解槽被顶的位置也不会被顶伤、变形。

2.4　电解槽整体在三维方向移动过程中平稳可靠，成本低、工期短、操作安全系数高、不损伤被移动设备，简单易行。

3. 适 用 范 围

适用于地理环境条件限制、特殊环境（地震、山洪、地质下陷、与其他设备相连接不易解体、无法使用大型机械吊装设备、场地狭窄等）条件下的电解槽整体移动工程施工，同时，也适用于各类大型设备整体移动工程施工。

4. 工 艺 原 理

采用枕木先将受损的设备的悬空位置垫实，再用千斤顶进行局部找平使设备大致处于水平，然后再使用顶升保护装置将设备平稳顶升至超过设备的安装高度，用钢支架临时支撑起设备。待土建基础修复完并达到养护期后，用枕木搭设支撑，移除临时钢支架后，再进行设备的纵横向位移，直到达到设备的安装标准后，重新安装设备的支撑梁和绝缘装置，电解槽准确就位后移除枕木。

5. 施工工艺流程及操作特点

5.1 施工工艺流程

施工准备→扁担梁、钢支撑制作→测量放线→电解槽顶升→土建基础恢复→电解槽纵向或横向移动→就位。

5.2 操作要点

5.2.1 扁担梁及钢支撑制作：

1. 扁担梁制作

扁担梁断面的大小、长度由设备的荷载和受力部位等因素确定，可用型钢与钢板组焊而成，也可用钢板组焊成箱形梁。制作中的具体要求如下：

1）根据设备的荷载及关联设备的牵连荷载计算出扁担梁的断面尺寸。

2）精确控制扁担梁的各受力点，并在此位置加加强筋。

3）严格控制扁担梁支撑点及上平面的平整度。

4）保证焊接质量。

2. 钢支撑制作

钢支撑的断面大小、高度由设备的荷载和设备所处的位置（摇篮架或端头梁与地基的距离）等因素确定。可用无缝钢管与钢板组焊而成，也可用型钢与钢板组焊而成，视现场情况而定。制作中的具体要求如下：

1）根据设备的荷载及关联设备的牵连荷载计算出钢支撑的断面尺寸。

2）钢板与钢管连接处应加焊加强筋。

3）严格控制钢支撑的上下工作面的平整度。

4）保证焊接质量。

5.2.2 在顶升和移动电解槽之前，先用测量仪器在电解车间平台和钢柱上标出电解槽安装的中心线和标高基准线，并做好标准线的保护措施。

5.2.3 电解槽顶升。

电解槽顶升，如图5.2.3所示，包括如下步骤：

1. 在电解槽底部两侧边对称均布布置8个千斤顶，在两者之间设置钢扁担，千斤顶顶在钢扁担的重心位置；

2. 布置好千斤顶后，用枕木垫好电解槽，把电解槽垫实；

3. 在电解槽一长侧边先小距离平稳顶升，达到能塞进一层枕木时立即停下来塞一层枕木后再顶升对应的另一长侧边；

4. 顶升到摇篮架、端头梁底部距地面的距离略高于原始安装高度时用钢支架支撑住电解槽；

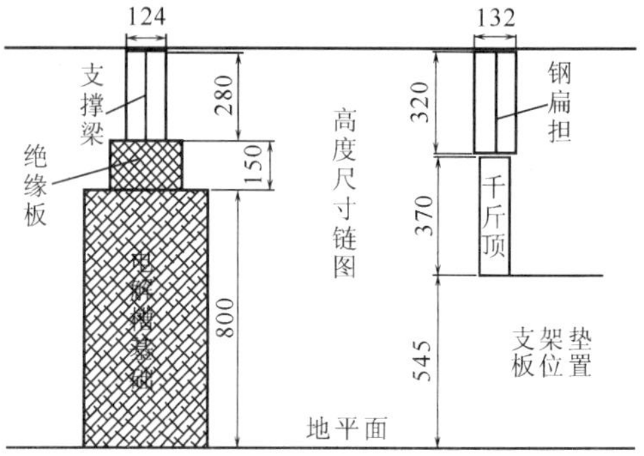

图5.2.3 电解槽顶升图

5．放下千斤顶，把千斤顶和枕木一起移开；

6．用角钢把相邻钢支架连接起来形成框架结构增大稳度。

5.2.4 电解槽基础恢复。

为节约工期，本工程采用高效混凝土（混凝土强度等级一周就可以达90%以上）现场浇筑。

5.2.5 电解槽纵向或横向移动，如图5.2.5所示。

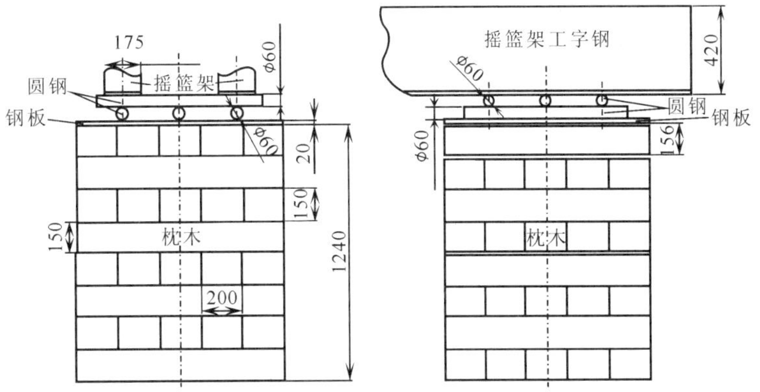

图5.2.5 电解槽纵、横向移动图

在基础已经达到养护期的电解槽下面用枕木按井字形搭好支撑架，在接近摇篮架底部时用一整块厚钢板铺在支撑架枕木上形成光滑的平台利于滚动，对准摇篮架的底部位置放上一层纵向圆钢和一层横向圆钢，布置完毕后根据现场的实际情况选取平移支撑点和移动工器具，若支撑点较近、用作顶点位置距离较小时可选择螺旋千斤顶或液压千斤顶作为动力使物件向需要的方向移动，若支撑点或固定点较远时使用手拉葫芦或电动卷扬机来作为动力使物件向需要的方向移动。

1．上述的电解槽纵向或横向移动中，具体要求如下：

1）放置钢支架时，钢支架位置不能影响土建恢复基础施工。

2）圆钢的直径大小根据被移物体的重量来选取，物体越重所需的圆钢直径越大。

3）钢扁担，包括工字钢、加强筋板，其中：加强筋板对称固定在工字钢两侧的凹槽内。

4）钢支架，包括钢板及钢管，其中：钢板固定在钢管两端，钢管内设有垂直于钢板的加强筋板。加强筋板为呈十字形交叉的两块构成。

2．上述的电解槽的整体移动方法，顶升之前还包括：

1）用枕木把能直接布置顶的地方先用枕木垫实。

2）用两三个千斤顶先顶已经坠地的角部下面的丁字板，选择丁字板是因为其位置由三块立板（此三块立板为电解槽短侧壁板和呈垂直焊接的丁字板构成）焊在底板上，这种结构能承受很大的力，用两倍甚至三倍的力尽快把倾斜部分顶起，减少顶的时间来达到减少变形的目的），当把最低点顶到与其他三点基本在一个平面后，用枕木垫实。

3）用枕木先把离地高的长侧边垫实，在坠地的长侧边两头布置千斤顶，在电解槽中部安全位置准备不同厚度的钢垫板。

4）两边同时顶升电解槽，顶升出能垫一块钢垫板的空间时立即垫进一块钢垫板。

5）当顶出的中间高度达到能架一组千斤顶时应立即在中部增加一组千斤顶同时顶升；达到可以架千斤顶和钢扁担时立即采用在千斤顶上架设钢扁担，钢扁担托住摇篮架或端头梁。

6）当三组千斤顶顶升的一边达到另一边的同一高度时用枕木垫实。

5.3 劳动力组织（表5.3）

劳动力组织情况表 **表5.3**

序号	单项工程	所需人数	备 注
1	管理人员	6	
2	技术人员	4	
3	测量工	2	
4	铆工	40	

续表

序号	单项工程	所需人数	备　注
5	电焊工	8	
6	气焊工	4	
7	起重工	40	
8	信号工	12	
9	电工	2	
10	杂工	100	
	合计	218	

6. 材料与设备

本工法所需的材料及设备见表6。

材料及设备表 **表6**

序号	名称	型号	单位	数量	用途
1	油压千斤顶		台	20	
2	电动油压泵		台	6	
3	直流机		台	2	
4	CO_2气体保护焊机		台	8	
5	道木	200×200×2000	根	400	
6	道木	200×200×1000	根	800	
7	跳板	50×200×2000	块	200	
8	跳板	50×200×2000	块	400	
9	葫芦	5t	个	10	
10	葫芦	3t	个	10	
11	葫芦	2t	个	12	
12	螺旋千斤顶	50t	台	10	
13	钢扁担梁		根	8	
14	钢支撑		根	200	

7. 质 量 控 制

7.1 工程质量控制标准

7.1.1 钢扁担梁及钢支撑制作质量执行《钢结构工程施工质量验收规范》。

7.1.2 电解槽安装质量执行《轻金属冶炼机械设备安装工程施工及验收规范》。

7.2 质量保证措施

7.2.1 电解槽顶升与移动前，应拆除电解槽位移的走台板支架、铝母线支架等影响电解槽位移及安装质量的附属构件。

7.2.2 在电解槽顶升时，顶升支撑点不能设在电解槽底部和两长侧面以保护电解槽内衬不受损伤。

7.2.3 在纵横向移动电解槽时，每次移动的距离不宜太大（≤50mm为宜），移动距离过大会损伤用于连接电解槽阴极钢棒和阴极母线之间的软母线。

7.2.4 电解槽恢复找正后，按电解槽编号认真填写安装自检记录，以备复查（电解槽之间相互连接，移动下一台时会影响已安装好的电解槽，还有余震也会影响电解槽安装质量）。

7.2.5 待所有电解槽找正完后，应重新复查安装精度直到符合相关标准为止。

8. 安 全 措 施

8.1 认真贯彻“安全第一，预防为主”的方针，根据国家有关规定、条例，结合施工单位实际情况和工程的具体特点，成立项目安全生产管理机构，组成由项目经理、专职安全员和班组兼职安全员以及工地安全用电负责人参加的安全生产组织机构，执行安全生产责任制，明确各级人员的安全职责，抓好工程的安全生产。

8.2 施工现场按符合防震、防火、防雷、防洪防触电等安全规程及安全施工要求进行布置，并完善布置各种安全标识。

8.3 各类房屋、库房、堆料场等的消防安全距离做到符合公安部的规定，室内不堆放易燃品，随时清除现场的易燃杂物，不在有火种的场所或其近旁堆放生产物质。

8.4 氧气瓶与乙炔瓶按规定距离存放，严格保证氧气瓶不沾染油脂，有防止回火的安全装置。

8.5 施工现场的临时用电严格按照《施工现场临时用电安全技术规范》的有关规定执行。

8.6 施工现场使用的手持照明灯严格使用36V安全电压。

8.7 编制电解槽顶升及位移专项安全施工方案，进行专项安全方案技术交底。

8.8 在施工作业区设置专门的安全疏通通道，余震来临时能做到有序撤离。

8.9 编制防余震事故紧急预案，并组织演练。

8.10 每周组织一次安全检查，对查出的安全隐患由项目部安全管理机构发出整改通知，责令限期整改并书面回复。

9. 环 保 措 施

9.1 成立项目部施工环境卫生管理机构，在工程施工过程中严格遵守国家和地方政府下发的有关环境保护的法律、法规和规章，加强对施工燃油、工程材料、设备、废水、废油、生产生活垃圾、弃渣的控制和治理，遵守有关废弃物处理的规章制度。

9.2 将施工现场和作业限制在工程建设允许的范围内，合理布置，规范围挡，做到标牌清楚、齐全，各种标识醒目，施工现场整洁文明。

9.3 对施工中可能影响到的各种公共设施制定可靠的防止损坏和移位的措施，加强实施中的监测、应对和验证。同时，将相关方案和要求向全体施工人员详细交底。

9.4 设立专用排浆沟、集浆池、污水和废油进行集中，认真做好无害化处理，从根本上防止施工废浆、废水废油乱流。

9.5 液压千斤顶使用前进行密封性能检查，防止出现漏油，顶升时，在液压千斤顶底部垫塑料布进行防油隔挡。

10. 效 益 分 析

10.1 本工法采用就地恢复设备安装，避免了肢解设备占用大量的场地的困难；减少大量大型机械及人工降低了恢复重建工程的费用；减少了因肢解设备产生的大量场外运输量，降低了对城镇交通的影响；避免了因拆除槽内衬产生的振动、噪声、粉尘等公害对居民的影响。为以后类似工程施工提供了可靠的决策依据和技术保证，社会效益和环境效益明显。

10.2 本工法与同类工程的工法相比，由于占用作业面小、使用的机械和机具简单易操作、工程进度块、干扰因数少、有利于文明施工、各种资源能较好利用。能确保设备完好无损，免除的肢解设备增加的大量费用，同时大大缩短了工程工期，具体单台电解槽移动修复可节约：人工费1.2万元，机械费2.3万元，材料费1.6万元，合计5.1万元；缩短工期5d。形成了较好的经济效益。

11. 应 用 实 例

11.1 阿坝铝厂 11kt/a 电解铝 360kA 特大型电解槽在遭受四川汶川“5・12”特大地震后的恢复重建工程

11.1.1 工程概况

工程结构为三联跨钢结构厂房，跨距为27m，长度为380m，两边跨各布置360kA特大型电解槽55台。2008年5月10日建成投产，同年5月12日遭受四川汶川“5・12”特大地震灾害袭击。导致整个车间一片狼藉，惨不忍睹，电解槽东倒西歪，基础下沉（最严重者下沉1500mm之多）。阿坝铝厂在接到中央和四川省领导的指示，同年12月12日要恢复生产，要求由原施工单位七冶建设有限责任公司承担灾后重建任务。单位接到通知后，立即组织有关技术人员现场勘察制定施工方案进行施工。

11.1.2 施工情况

1. 阿坝铝厂遭受四川汶川“5・12”特大地震后，电解槽损坏情况主要有以下三种：

1）对于电解槽四角部基本在一个平面上或倾斜度不是太大：（1）电解槽的绝缘板和支撑梁均未掉地，原安装高度基本没变，只是槽体纵横向移动；（2）电解槽的绝缘板和支撑梁同时掉地，但基础仍然支撑着电解槽，电解槽整体座到电解槽基础上情形。

2）对于电解槽有三角部位置在基础礅上，一角部位置下面基础严重损坏，电解槽端头梁底部离地不足370mm，无法把千斤顶直接顶在摇篮架、端头梁底部的情形。

3）对于电解槽纵向（长侧边）一边在基础上，而对面（即另一长侧边）出现严重坠地无法把千斤顶直接顶在摇篮架、端头梁底部的情形。

2. 采用的电解槽的整体移动施工，包括以下步骤：

1）用枕木把能直接布置顶的地方先用枕木垫实；

2）在电解槽底部两侧边对称均布布置8个千斤顶，在两者之间设置钢扁担，千斤顶顶在钢扁担的重心位置；在千斤顶上放置一钢扁担的目的是增大顶点与电解槽的接触面积来减小压强，减少电解槽在顶升过程中的变形程度让槽内衬在顶升时不再受到损伤；

3）布置好千斤顶后，用枕木垫好电解槽，把电解槽垫实；以防顶升时电解槽倾斜或下滑出现意外事故；

4）为了安全起见初次顶升时先不同时顶8个点，而是布置好8个顶点后分成进、出电侧（两长侧边）先后小距离平稳上升。在电解槽一长侧边先小距离平稳顶升，达到能塞进一层枕木时立即停下来塞一层枕木后再顶升对应的另一长侧边；每次顶升距离不宜过高，以防电解槽倾斜过大出安全事故和千斤顶伸出过长出现轴变形、密封圈损坏喷油等情况；

5）顶升到摇篮架、端头梁底部距地面的距离略高于原始安装高度时用钢支架支撑住电解槽，放置钢支架时钢支架位置不能影响土建恢复基础施工；

6）放下千斤顶，把千斤顶和枕木一起移开；

7）用角钢把相邻钢支架连接起来形成框架结构增大稳度；

8）土建恢复基础；

9）纵横向平移，在基础已经达到养护期的电解槽下面用枕木按井字形搭好支撑架，在接近摇篮架底部时用一整块厚钢板铺在支撑架枕木上形成光滑的平台利于滚动，对准摇篮架的底部位置放上一层纵向圆钢和一层横向圆钢（圆钢的直径大小根据被移物体的重量来选取，物体越重所需的圆钢直径越大），布置完毕后根据现场的实际情况选取平移支撑点和移动工器具，若支撑点较近、用作顶点位置距离较小时可选择螺旋千斤顶或液压千斤顶作为动力使物件向需要的方向移动，若支撑点或固定点较远时使用手拉葫芦或电动卷扬机来作为动力使物件向需要的方向移动；

10）电解槽整体就位。

11.1.3 工程监测与结果评价

阿坝铝厂2008年7月15日正式开工，在受交通、通信、电力、余震等众多因素的影响下。七冶建设有限责任公司员工发扬伟大的抗震精神，克服重重困难，于2008年12月12日胜利完成了110台360kA特大型电解槽的灾害重建任务，并一次送电成功，使用至今运行情况良好，产生了很好的经济效益和社会效益。

11.2 青海黄河水电铝型材联营项目黄河鑫业有限公司电解铝工程

11.2.1 工程概况

青海黄河水电铝型材联营项目黄河鑫业有限公司电解铝工程，为25万t/年电解铝，使用350kA电解槽型。

11.2.2 施工情况

自项目建成生产后，因地质情况原因，出现地基下沉，使电解槽产生位移。采用了电解槽整体移动施工工法，对产生位移的电解槽进行整体纠偏处理，效果显著，缩短了工期，降低了成本，安全可靠，自2009年12月18日投产以来，各项生产指标符合设计要求，运行情况良好。

11.2.3 工程监测与结果评价

项目从2009年3月15日开始进行电解槽整体处理，在建设单位分批停产后，七冶建设有限责任公司员工克服重重困难，在要求时间内高效地完成修复任务，并一次送电成功，使用至今运行情况良好，产生了很好的经济效益和社会效益。

11.3 青铜峡铝业股份有限公司异地改造一期项目

11.3.1 工程概况

青铜峡铝业股份有限公司异地改造一期项目，为20万t/年电解铝，使用350kA电解槽型。

11.3.2 施工情况

自项目建成使用后，因地质情况原因，出现地基下沉，使电解槽产生位移。采用了电解槽整体移动施工工法，对产生位移的电解槽进行整体纠偏处理，效果显著，缩短了工期，降低了成本，安全可靠，自2010年5月1日投产以来，各项生产指标符合设计要求，运行情况良好。

11.3.3 工程监测与结果评价

项目从2009年5月18日开始进行电解槽整体处理，在建设单位分批停产后，七冶建设有限责任公司员工克服重重困难，在要求时间内高效地完成修复任务，并一次送电成功，使用至今运行情况良好，产生了很好的经济效益和社会效益。

风力发电塔架结构制作施工工法

GJEJGF326-2010

中国三冶集团有限公司　济南四建（集团）有限责任公司
王延忠　郑广斌　刘大剑　张喜超　赵晓华

1. 前　言

风电是环保、绿色的清洁能源，符合国家能源产业及低碳经济政策。针对目前我国风电塔架制造行业存在的主要问题，公司在施工过程中展开了科技创新活动，研制了一整套适用于管塔式风电塔架施工的新技术，同时在施工中逐渐积累了大量实践经验，形成了风力发电塔架结构制作施工工法。其中关键技术成果已于2010年9月1日通过中国冶金建设协会组织的科技成果鉴定，鉴定结论是通过实践证明，其成果应用于工程的经济效益和社会效益明显且具有较好的推广应用前景，总体上达到国内领先水平。

其中针对于扇形钢板坡口切割过程采用了自行设计的自动切割装置，已获得国家实用新型专利，专利号为ZL200820012462.5。本工法在多项工程中得到有效应用，其中多项质量控制活动已获得中国冶金建设协会质量管理专业委员会授予的2008年度全国冶金施工系统QC成果一等奖；国家工程建设质量奖审定委员会授予的2008年全国工程建设优秀质量管理小组二等奖等荣誉。

2. 工 法 特 点

2.1 运用专利技术，实现了扇形钢板坡口的自动切割，提高了扇形钢板坡口的切割质量和切割效率。

2.2 采用半自动组对装置进行无间隙组对，降低了劳动强度，至少减少了50%筒节定位时间。

2.3 塔架筒体对接焊缝焊接时采用焊剂垫，能够使用大电流焊接，使电弧穿透能力增强，焊缝清根时刨削量减小，提高了焊缝质量及焊接效率，节省了焊接材料，并实现了对大直径筒体的焊接变形及焊接效率的有效控制。

2.4 大直径法兰焊后平面度、平行度、同轴度控制。

2.5 本工法施工顺序安排合理，能严格控制各工序施工质量，确保工程整体质量可靠。

3. 适 用 范 围

本工法适用于风力发电塔架的制作安装施工。

4. 工 艺 原 理

4.1 风机结构简介

风力发电机主要包含三部分：叶轮、机舱和塔架。大型与电网接驳的风力发电机的最常见的结构，是横轴式三叶片风轮，并安装在直立管状塔架上。叶轮及机舱由国外或国内专业的生产企业制造，塔架主要由国内生产企业制造。

塔架是风力发电机的支撑机构，是连接风机的重要部件，它承受了风力作用在叶轮上的推力、扭矩、弯矩、陀螺力矩、电机齿箱的振动及受力变化时的摆动等动载荷，建设风力发电机地区的环境温度低温可达-40℃左右，高温可达50℃左右。由于风的不可控性、随机性，有时瞬时变化可达70m/s以上，对塔架造成的瞬时冲击载荷很大。

此外风力发电机对其机舱仰角的要求较高，上下偏差范围很小，例如VESTAS 600kW风力发电机机舱（机加工要求）仰角为5°±24′。塔架的直线度、同轴度等对机舱的仰角影响很大。因此设计单位对塔架的材料、焊接工艺以及尺寸、形位公差提出了严格要求。

目前风力发电机主要采用管塔式塔架形式，这种类型的塔架用钢板卷制焊接而成，形成上小下大的圆锥管，总高度一般为50～100m之间，直径大约在3～5m左右，内部装设爬梯、电缆等直通机舱。考虑运输因素将塔架分为基础环、下段塔筒、（中段塔筒）、上段塔筒。各段塔筒端部焊接法兰，安装时用高强螺栓将各段连接在一起，其结构紧凑、安全可靠、维护方便，外形美观。

4.2 工艺原理

塔架主要是由钢板卷制焊接而成的圆锥管，为了保证塔架及其端部法兰的制作精度，提高施工质量与效率，采用无间隙组对原理进行制作。从塔架钢板下料工序开始便采取一系列措施进行严格控制，保证钢板的下料精度，为后道工序打下了坚实的基础。在卷制、组对、焊接等环节进一步采取有技术先进性的措施进行施工，边施工边检测，把每道工序的精度误差都控制在设计要求的范围之内，使最后形成的塔架产品各方面均能达到设计要求。

将制作合格的各段塔架运输到安装位置后依次吊装，由于塔架的制作精度得到了保证，所以采用高强螺栓将各段塔架连接紧固后即可达到设计的安装精度要求，无须进行调整。最后吊装机舱和叶轮，从而完成风机的整体安装。

5. 施工工艺流程及操作要点

5.1 工艺流程

原材料进场检验→板材切割→筒节卷制→筒节纵缝焊接→筒节与法兰组焊→塔架环缝组焊→塔架附件连接件组焊→成品件检验→成品件喷砂、涂装→塔架附件组装→包装出厂→运输到塔架安装位置→塔架、机舱、叶轮吊装→风机调试运行→竣工。

5.2 操作要点

5.2.1 原材料进场检验

1. 原材料入厂后，必须对原材料（包括钢材、法兰、焊材、油漆、标准件等）进行详细的质量文件审查：要求有完整合格的产品出厂证明，塔架筒体、法兰、门框材质必须具备质量证明书原件或加盖供材单位检验公章的有效复印件（钢厂注明“复印件无效”时等同于无质量证明书）。

2. 原材料应按合同、技术文件及相关规范、标准进行检验与试验，并将检验和试验的结果做好记录。

1）筒体、门框、基础环钢板须按炉批号取样送交有资质第三方进行化学成分、力学性能复验，按照《低合金高强度结构钢》GB／T 1591、《碳素结构钢》GB／T 700、《厚度方向性能钢板》GB 5313进行验收，合格后方可使用。

2）锻造法兰的尺寸及形位公差等应按图纸及技术文件要求进行检验，并按锻造批次提供试样送交有资质第三方进行100%UT、化学成分、力学性能复验，按相关标准进行验收，合格后方可使用。

3）筒体、门框、基础环钢板及锻造法兰其他方面检验，按技术文件及合同要求进行。

4）焊接材料（焊条、焊丝、焊剂）的选用应与母材相匹配，其选用等级分别根据《碳钢、低合金钢及不锈钢焊条》JB／T 56102、《气体电弧焊用碳钢、低合金钢焊丝产品质量分等》JB／T 50076、《碳素钢埋弧用焊剂产品质量分等》JB／T 56097的规定不得低于一等品，对焊接材料进行检验的要求按照技术文件的规定执行。

5）油漆及标准件的检验按技术文件及合同要求进行。

6）原材料的材质证明书、复检报告、检验、试验记录等文件，按合同要求向业主（或监理）报检，并在交货时一并提供。

3. 所用原材料应按图纸及合同要求选用，发生材料代用时必须经塔架设计单位认可并办理代用手续，并须经业主和监理人员认可。

4. 为了保证制作全程的可追溯性，每块钢板上必须标记有以下信息（不限于）：炉批号、件号、材质和质量等级等。

5.2.2 板材切割

1. 根据施工图展开筒节，采用数控切割机进行切割，数控编程时对切割、刨边、机械加工、滚圆和焊接收缩等部位应预留加工余量；每个筒节内表面都应分4个心线，作为组对与检测基准线，并标出筒节号。

2. 切割前钢板必须矫正，以保证切口平直。

3. 基础环上的椭圆孔采用数控切割机切割，必须去除所有可见的凹槽和切痕，孔周围不得有任何缺口或者槽口。其余螺栓孔钻孔后必须将周边毛刺全部清理干净。

4. 切割后切口上应无裂纹、夹层和大于1.0mm的凹陷，并应清除边缘上熔渣和飞溅物等。

5. 若在筒体上切割或打印标记，必须处理切口和切口旁边表面损坏和硬化的区域。

6. 塔架基础环纵、环焊缝坡口采用刨边机加工，塔架筒体纵、环焊缝坡口采用经公司改进并取得国家专利的半自动切割机进行加工，塔架筒体板材不等厚处应按1：4加工过渡坡口。不允许手工切割或者手工开坡口。

7. 切割允许偏差见表5.2.2–1。

切割允许偏差 **表5.2.2–1**

项　目	允许偏差
切割线	± 1.0mm
切割面垂直度	0.05t，且不应大于2.0mm
割纹深度	0.3mm
局部缺口深度	1.0mm
对角线	± 3.0mm

注：*t*为切割面厚度。

8. 边缘加工允许偏差见表5.2.2–2。

边缘加工允许偏差 **表5.2.2–2**

项　目		允许偏差
刨边线		± 1.0mm
刨边线弯曲矢高		*L*/3000，且不应大于2.0mm
相邻两边夹角		± 6′
加工面垂直度		0.025t，且不应大于0.5mm
表面粗糙度		0.03mm
坡口尺寸	钝边	± 1.0mm
	坡口角度	± 2.5°

注：*L*为弦长。

5.2.3 筒节卷制

1. 筒节采用三辊卷板机进行卷制，用弦长不小于1500mm的弧形样板反复检查，筒节的弧线与样板之间的间隙不得大于2mm，以保证筒节的圆度。

2. 检查合格后在坡口背面点焊牢固下胎，其对口错边量≤2mm，对接焊缝局部间隙不应超过3mm，以保证筒节的同轴度和上下口平行度。

5.2.4 筒节纵缝焊接

1. 筒节卷制后吊运至焊接区地面上，使纵缝处于平焊位置，用半自动埋弧焊机按照焊接文件给定的焊接参数进行焊接。焊接前应检查筒体焊接接头对口错边量不大于2mm。纵缝两端使用引弧板和引出板，其坡口形式与纵缝的坡口形式相同，长度为100mm 。纵缝里坡口焊接前应预留焊接反变形，使焊后外侧不发生苹果形凹陷。焊接时先焊里侧坡口，外侧用碳弧气刨清根后焊接。纵缝外侧采用悬臂埋弧焊机进行焊接。焊缝经外观检查、无损探伤检测合格后，检查纵缝处筒节的圆度，如有超差则应采用三辊卷板机对其进行溜圆。

2. 在焊接塔架筒体时，要求制作筒体纵缝焊接试板，产品焊接试板的制备应符合《压力容器产品焊接试板的力学性能检测》JB 4744-2000标准。产品焊接试板应按不同厚度、不同热处理、不同炉批号制作。低温塔筒产品试板要求做低温冲击试验。 焊接试板每10台须选首台做产品焊接试板。焊接试板检验项目按《压力容器产品焊接试板的力学性能检测》JB 4744-2000中规定执行。如一块试板不合格，应加倍制作试板（即另选两台产品做试板）进行复验并做金相试验，如果仍不合格应逐台制作产品焊接试板。

5.2.5 筒节与法兰组焊

1. 法兰与筒节组装时，筒节应立放在操平的平面上（与法兰连接的一端向上），并保持立放的筒节的圆度，以保证法兰组对的形位公差符合要求。由于筒节两端在下料和卷制过程中严格控制其同轴度、圆度及上下口平行度，故只需将法兰放在筒节上端，保证筒节和法兰对接时的错边、坡口间隙符合技术文件要求即可在焊缝外侧点焊牢固。应注意将筒节的纵缝放在两个法兰孔的中间。

2. 法兰与筒节组装后放在专用焊接胎具上，用悬臂焊机进行焊缝内外侧焊接，内侧焊接完成后清根，进行外侧焊接。

3. 焊接完成后焊缝经外观检查、无损探伤检测合格后与其他筒节组装。

5.2.6 塔架环缝组焊

1. 筒节与筒节组装时，先将一个筒节（可为带法兰筒节）放在组对机的可调滚轮架上，再将与之连接的另一个筒节放在组对机的固定滚轮架上，按切割时所给的定位线定位，调动可调滚轮架的4个轮使筒节外侧的错边、坡口间隙符合要求，然后在筒节坡口外侧点焊牢固。滑动可调滚轮架，再将另一个与之相连的筒节放在固定滚轮架上与之组对，依此类推直至完成此段筒体组装，并在筒体内侧相应位置打上标记。筒节与筒节对接均采用外侧对齐，筒节组装时纵缝应互相错开180° ，其最大允许错边量dx≤2mm，见图5.2.6。筒体组装完成后检查筒体的组装质量（即筒体两端面平行度和同轴度的检查），合格后方可进行环焊缝焊接。

2. 塔体装配时应尽量避免强行组装以防止焊接时焊缝产生裂纹和内应力。

3. 筒体环缝焊接采用半自动埋弧焊机在筒体内部对环缝内侧坡口进行焊接，焊接完成后在筒体外侧对环缝进行清根，清根后采用悬臂埋弧焊机焊接环缝外侧坡口。

4. 焊缝经外观检查、无损探伤检测合格后组装塔架附件连接件。

5.2.7 塔架附件连接件组焊

塔架附件连接件包括筒内平台连接板、电缆支架、爬梯连接板、门框等。焊接采用手工电弧焊或CO_2气体保护焊，焊缝不得置于塔体焊缝上。

5.2.8 成品件检验

1. 筒体任意切断面圆度公差应符合要求。

2. 检测筒体两端法兰面平行度和同轴度，把弹簧秤拴在钢卷尺上，用相同力（约为5～10kg）测量，并记录A、B、C、D四个象限斜边长如图5.2.8-1及表5.2.8-1，其相对差值在2mm以内为合格。

平行度、同轴度检测记录表　　表5.2.8-1

象　限	O_1A_1	O_1B_1	O_1C_1	O_1D_1
O_1面斜边长	—	—	—	—
O_2面斜边长	—	—	—	—

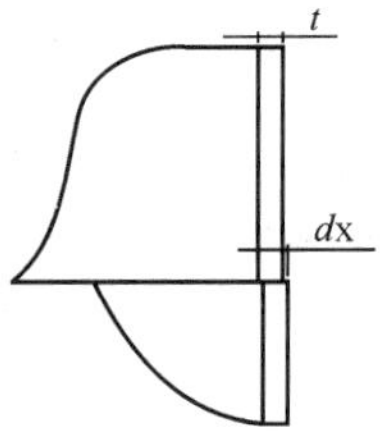

图5.2.6　筒节错边量示意图

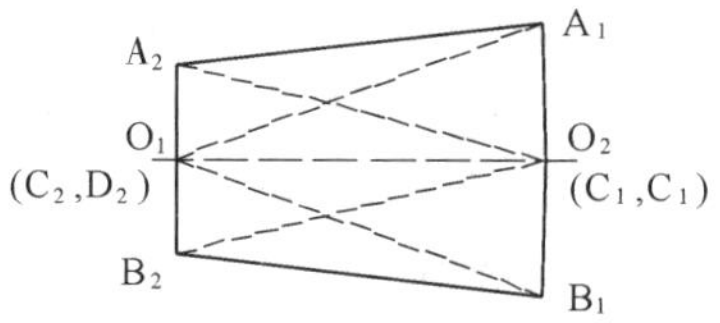

图5.2.8　筒体法兰检测示意图

3. 筒体制作完成后，其任意局部表面凹凸度不能超出最大值，见表5.2.8-2及图5.2.8-2。

4. 筒节焊接接头在环向和轴向形成的棱角见图5.2.8-3，其值应符合表5.2.8-3要求。

筒体任意局部表面凹凸度最大值　单位：mm　表5.2.8-2

t	8	10	12	14	16	18	20	24	26	28	30
dl	200	300	400	500	600	600	600	600	600	600	600
dx	1.0	1.5	2.0	2.5	3.0	3.0	3.0	3.0	3.0	3.0	3.0

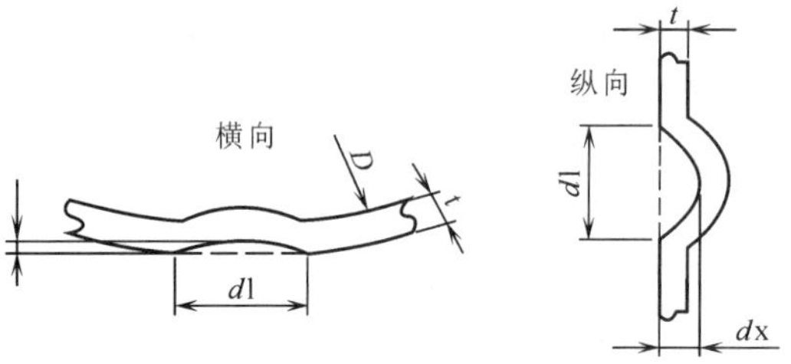

图5.2.8-2　筒体凹凸度示意图

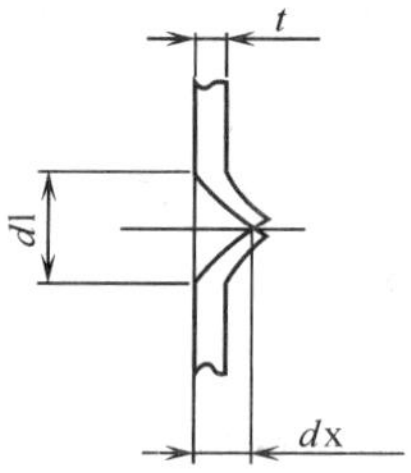

图5.2.8-3　筒节棱角示意图

筒节焊接接头形成的棱角最大值　单位：mm　表5.2.8-3

t	12	14	16	18	20	22	24	26	28	30	32
dl	600	600	600	600	600	600	600	600	600	600	600
dx	2.0	2.5	2.5	3.0	3.0	3.0	3.0	3.0	3.0	3.0	3.0

5. 法兰与筒体焊接合格后，用激光测平仪检查法兰的平面度。法兰平面度要求见表5.2.8-4。

塔架法兰焊接前后变形要求　单位：mm　表5.2.8-4

	焊接前			焊接后		
	上法兰	中法兰	下法兰	上法兰	中法兰	下法兰
平面度	0.35	0.35	0.35	0.5	0.5	1
螺栓孔位置度	ϕ 1	ϕ 1	ϕ 1	ϕ 2	ϕ 2	ϕ 2
厚度公差	0+2	0+2	0+2	0+2	0+2	0+2

5.2.9　成品件喷砂、涂装

风电场一般建在内陆大风地区和沿海多风地区。内陆地区风沙较大，沿海地区空气湿度大、盐蚀性强。塔架作为钢制结构，防腐是一个很重要的问题，应严格控制塔架的喷砂和涂装。

1. 喷砂：构件经自检、互检、专检合格后，进行构件的成品喷砂。喷砂后的钢材表面不应有浮锈、焊渣、灰尘、油污、水和毛刺等，应达到设计要求的粗糙度。

2. 涂装：涂漆采用无气喷涂。

1）塔架筒体涂漆采用甲方提供的油漆配套方案实施，涂料、涂装遍数、涂层厚度及间隔时间均应符合要求。

2）塔架法兰面喷砂后，热喷涂锌防腐，表面不涂油漆。法兰的倒角必须做与塔筒壁相同的油漆涂层。法兰孔喷砂热喷锌或者刷塔筒底漆。

3）基础环上法兰面至以下1100mm的范围内（不包括法兰上平面）按相应塔架涂装方案进行防腐处理，其余面积的防腐保证在基础环安装之前不生锈即可。

4）塔架平台、门、爬梯、电缆支架及入口梯子采用热浸锌防腐。组装的平台应拆开分别防腐，其余可拆卸附件（梯架支撑、门挂钩、接地板等）采用热浸锌处理，与塔架焊接在一起的附件允许与筒体一起进行打砂涂漆防腐，但焊接避雷螺柱必须热喷锌，其表面不允许有涂层（涂漆时采取保护措施）。

5）构件表面不应误涂、漏涂，涂层均匀、无皱皮、流坠、气泡、脱皮和返锈等缺陷。涂漆工作应进行干漆膜厚度（磁感应法）检查，附着力试验、人工老化试验及光泽度的测试。

6） 涂装完成后，构件的标志、标记和编号应清晰完整，并按照甲方要求对塔筒统一涂刷文字及图形商标，其涂刷文字及图形商标的要求见图纸及工艺文件要求。

5.2.10 塔架附件组装

为了避免破坏塔架涂层，塔架内用棉被覆盖涂层，作业人员在棉被上行走、作业。附件组装前应复查、清点零件。

1. 门板装配应保证与塔体贴合紧密，开启顺利无阻涩现象。

2. 梯子与梯架支撑应安装牢固，上下成直线，接头牢固。

3. 塔架平台面板与支撑耳板间在装配时放置厚度为3～5mm的橡胶垫。

4. 附件装配时螺栓连接部位的螺栓紧固力矩应按技术文件要求执行。

5. 塔架门套应安装密封条，确保密封条防水和老化。

5.2.11 包装出厂

为了防止塔架在运输过程中变形，法兰必须采用10号槽钢米字支撑固定（支撑用与法兰孔相配的销钉螺栓与法兰连接），如图5.2.11所示：

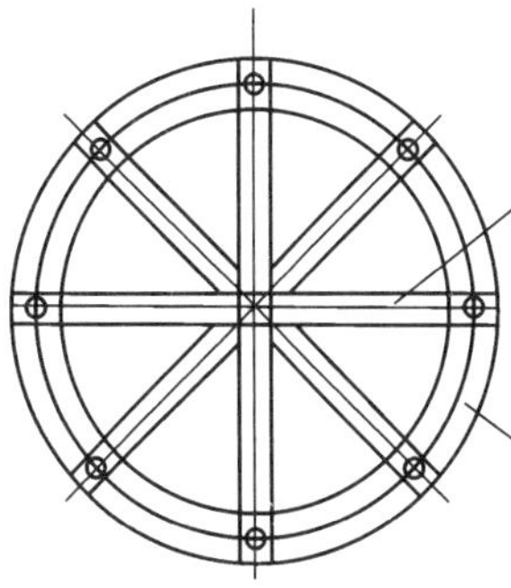

图5.2.11 法兰米字撑示意图

基础环、塔架搬运和吊装时，吊装索具必须采取可靠的防护措施，避免与防腐层直接接触损伤防腐层。在塔架外侧用防水布把塔架整体包上，防止运输过程中漆膜等破坏。

5.2.12 运输到塔架安装位置

塔架运输到安装位置后，应采用双机卸车，并使用塔架专用吊装工具，以免破坏塔架的防腐涂层。

5.2.13 塔架、机舱、叶轮吊装

1. 首先吊装基础环，基础环测平后固定，浇筑混凝土，达到设计要求强度后吊装第一节塔架。

2. 塔架吊装时，应首先对塔架内的电缆等进行加固，确保其在吊装过程中不被破坏。各段塔架连接处的高强度螺栓，其扭矩必须达到设计要求值后，吊车才能松下吊钩。

3. 风机设备吊装最重要的环节是吊装机舱和叶轮。机舱最重，吊机受力最大；叶片的受风面积最大，因此对风速要求严格，一般要求风速不大于8m/s。叶轮吊装时，要求随时注意风速的变化，上面两个叶片溜绳应按技术要求进行绑扎。叶轮与机舱对接时，需要2～4根尺寸适当的定位销进行定位，然后再慢慢松钩对接。

5.2.14 风机调试运行

风机安装完毕后，应进行调试，并经验收合格。

6. 材料与设备

6.1 施工材料

施工材料见表6.1。

施工材料 表6.1

序号	工艺装备名称	备注
1	固定组装胎架	
2	筒节固定支架	
3	电动转胎	
4	从动转胎	
5	塔架装配用卡具	
6	基础环焊接胎架	
7	筒体环焊缝胎具	
8	门框焊接加固胎具	
9	塔架成品吊耳	
10	地平车运输支架	
11	塔架涂装胎（基础环）	
12	塔架涂装用转胎	
13	塔架涂装用固定支架	
14	塔架运输用支撑	
15	塔架运输胎	
16	塔架焊接弯曲试验简易胎具	

6.2 施工机具

施工机具见表6.2。

施工机具 表6.2

序号	机具名称	规格	备注
1	双5t桥式起重机		
2	双10t桥式起重机		
3	双20t桥式起重机		
4	双32t桥式起重机		
5	25t塔吊		
6	32t龙门吊		
7	双头火焰切割机	6m×20m	
8	双头数控切割机	4m×12m	
9	多头龙门切割机	6m×20m	
10	半自动切割机		
11	刨边机		
12	九辊平板机		

续表

序号	机 具 名 称	规 格	备 注
13	三辊卷板机		
14	环缝组对机		
15	双丝悬臂焊机		
16	单丝悬臂焊机		
17	半自动埋弧焊机		
18	里缝半自动埋弧焊机		
19	CO_2气保焊机		
20	打砂机		
21	空压机		
22	喷砂罐		
23	无气喷涂机		
24	喷锌机		
25	液晶超声波探测仪		
26	*X*射线探测仪		
27	激光测平仪		
28	CC2500/450t履带吊		
29	65t汽车吊		
30	50t汽车吊		
31	水准仪		
32	经纬仪		
33	激光铅垂仪		
34	光电测距仪		

7. 质量控制

7.1 执行标准

7.1.1 设计文件（施工图、技术协议等）

7.1.2 现行国家或行业标准、规范

《低合金高强度结构钢》GB/T 1591-2008；

《碳素结构钢》GB/T 700-2006；

《热轧钢板和钢带的尺寸、外型、重量及允许偏差》GB/T 709-2006；

《厚度方向性能钢板》GB 5313-1985；

《钢制压力容器》GB 150-1998；

《形状和位置公差未注公差的规定》GB/T 1184-2008；

《钢结构焊缝外形尺寸》JB/T 7949-1999；

《钢制压力容器焊接工艺评定》JB 4708-2000；

《钢制压力容器焊接规程》JB 4709-2000；

《钢制压力容器产品焊接试板的力学性能检验》JB 4744-2000；

《金属材料室温拉伸试验方法》GB/T 228-2008；

《金属材料　夏比摆锤冲击试验方法》GB/T 229-2007；

《金属平均晶粒度测定法》YB/T 5148-1993；

《承压设备无损检测》JB 4730-2005；

《焊缝无损检测符号》GB/T 14693-1993；

《焊接质量要求　金属材料的熔化焊》GB/T 12467.1-12467.4-1998；

《焊缝磁粉检验方法和缺陷磁痕的分级》JB/T 6061-1992；

《焊缝渗透检验方法和缺陷痕迹的分级》JB/T 6062-1992；

《紧固件机械性能　螺栓、螺钉和螺柱》GB 3098.1-2000；

《钢结构用高强度大六角头螺栓》GB/T 1228-2006；

《钢结构用高强度大六角螺母》GB/T 1229-2006；

《钢结构用高强度垫圈》GB/T 1230-2006；

《钢结构用高强度大六角螺栓、大六角螺母、垫圈技术条件》GB/T 1231-2006；

《钢结构高强度螺栓连接的设计、施工及验收规程》JGJ 82-1991；

《碳钢焊条产品质量分等》JB/T 56102.1-1999；

《低合金钢焊条产品质量分等》JB/T 56102.2-1999；

《气体电弧焊用碳钢、低合金钢焊丝产品质量分等》JB/T 50076-1999；

《碳素钢埋弧焊用焊剂产品质量分等》JB/T 56097-1999；

《涂装前钢材表面锈蚀等级和除锈等级》GB 8923-1988；

《金属和其他无机盖层、热喷涂、锌、铝、及其合金》GB/T 9793-1997；

《金属覆盖层　钢铁制件热浸镀锌层技术要求及试验方法》GB/T 13912-2002；

《热喷涂金属件表面处理通则》GB/T 11373-1989；

《漆膜附着力测定法》GB/T 1720-1991；

《漆膜厚度测定法》GB/T 1764-1979。

7.2　工序控制

7.2.1　主要工序停检点控制程序见施工质量控制停检点程序图7.2.1。

7.2.2　测量用仪器、量具必须经国家专门的计量检定部门检定合格，统一使用，不得随意更换。

7.2.3　塔架组装时点焊固定所用焊接材料必须与构件焊接所用材料相同。

7.2.4　构件制作经自检、互检合格后，应备有检查记录。由专职质检人员按施工图纸及规范要求检查构件质量，填写检查记录，重要工序应通知业主参加检测。

7.3　关键工序施工质量控制

7.3.1　塔架法兰平面度、平行度、同轴度控制：

塔架两端法兰平面度、平行度及同轴度是几段塔架安装后整体直线度及法兰面接合程度的可靠保证。塔架下法兰与筒体中轴线垂直度偏差1mm，塔架顶端就会偏离中轴线10mm 以上。法兰平面度、平行度超差会使法兰受载面改变受力状况，大大影响风力发电的运行质量，从而影响其使用寿命。所以必须确保法兰的平面度、平行度、同轴度符合要求，如下：

1. 法兰在使用之前应使用激光测平仪测量其自身平面度是否

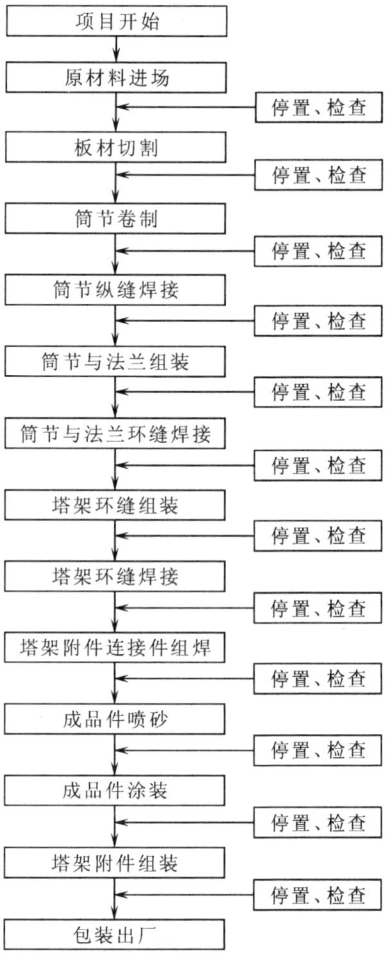

图7.2.1　施工质量控制停检点程序图

符合要求。

2. 筒节钢板下料精度是保证法兰平面度、平行度、同轴度的基本前提，所以必须严格控制筒节钢板下料误差，应采用数控切割机精密切割。

3. 法兰与筒节组装时，应保证筒节的圆度后再组装。

4. 焊接筒节与法兰的对接环缝时，由于采用不对称坡口及无间隙组对，从坡口形式上减少了焊接变形对法兰内倾或外翻的影响。

5. 筒节与筒节组装时应无间隙组装，焊接时应使环缝均匀收缩。

7.3.2 焊接质量控制

1. 焊接工艺评定　塔架筒体及与法兰、门框等焊前应按《钢制压力容器焊接工艺评定》JB 4708—2000进行工艺评定。焊接工艺评定合格后应出具完整的评定文件。根据焊接工艺评定及技术要求制定焊接工艺文件，产品的施焊范围不得超出焊接工艺评定的覆盖范围。应依据合格的焊接工艺评定编制塔筒焊接工艺作业指导书。

2. 塔筒、法兰及门框的焊接人员资质应为锅炉压力容器持证焊工，其余部件焊接应由技能熟练的焊工操作。

3. 焊件的装配质量经检验合格后方可进行焊接。焊接时不允许在筒体的任何部位引弧及焊接把手、接地线部件等。焊接塔架纵、环缝时，必须采用焊剂垫进行焊接，焊后清根时必须保证焊道内的夹渣等缺陷彻底清除。施焊完毕后，在距筒体、法兰及门框焊缝约50mm处打上焊工钢印号，要求涂防腐层后也能清晰看到。

4. 基础环下法兰的焊接。由于受原材料大小的限制，基础环下法兰分6块瓦制作，每块瓦下料时在圆周长度方向上加放2～3mm余量。基础环下法兰的拼接采用CO_2气体保护焊，须完全焊透；为确保法兰的焊接质量，焊接前，必须充分预热，用点温计进行检测。焊接时应对称施焊，控制法兰的焊接变形，保证法兰的平面度符合图纸的要求。

5. 塔架门框焊接。为保证门框处筒体法兰的平面度及减少焊接变形，采用焊接门框专用胎具将法兰及门框四周固定并设临时支撑。在筒壁上放实样时应使塔架门框与相邻筒节纵、环焊缝相互错开，纵焊缝与门框中心线相错90°。采用气割开孔及铲坡口，用角向磨光机打磨坡口，除去可见凹槽、切痕及切割氧化物等，然后组装、焊接门框。门框焊接采用CO_2气体保护焊或手弧焊。焊接前门框及塔筒必须充分预热，用点温计进行检测。施焊时应先从门框下部开始焊接，并且保证连续施焊，控制焊接的层间温度。外侧焊接完毕后内侧用气刨清根并露出外侧焊缝金属，用角向磨光机打磨清除杂质后再焊外侧。焊缝根部应完全熔透以保证焊缝的质量满足要求。

6. 焊缝返修。焊缝需要返修时，应制订返修工艺，焊缝同一部位的返修次数不应超过两次。焊缝返修次数、返修部位和返修情况应记入质量证明资料。

8. 安全措施

8.1 作业人员应遵守国家安全法规及行业、企业内部各种有关规定。

8.2 作业人员应严格按各工种的安全操作规程作业。

8.3 塔架筒节直径较大，吊装作业时天车工和架工应注意吊装物距离地面的高度，避免碰到施工作业人员及厂房内的设备。

8.4 焊工在高空焊接平台上施焊时应注意防止坠落造成伤亡。

8.5 由于制作时筒节数量比较多，应摆放在固定区域，并防止筒节滚动。

8.6 筒节卷制时应点焊牢固，防止吊装时焊缝开裂。

8.7 安装塔架时，必须在塔架内做好漏电保护措施。

8.8 吊装底节和中节塔架时，应把临时安全绳固定在塔架顶端；吊装上段塔架后，应安装塔架的永久安全绳安装，确保作业人员上下塔架的安全。

8.9 施工过程中，随时观察天气状况，及时通知强风预报。接到强风预告应马上停止作业，将吊钩升到最高位置，然后趴杆将臂杆头部触地或将臂杆放置于铁板凳上，关闭发动机，锁好操作室，人员撤离。

9. 环 保 措 施

9.1 严格遵守ISO14000环境管理体系中环保要求，确保建筑垃圾、噪声、废气、扬尘、废水的排放符合国家和地方法律、法规要求。

9.2 各类原料、物料定置堆放整齐，并设标示牌。

9.3 区域卫生干净整洁遵守施工现场的各项规章制度。

9.4 设小型垃圾堆放场地，将垃圾分类。

9.5 塔架打砂喷漆时在专用的封闭厂房内进行，以减少扬尘和有害气体污染。

9.6 施工现场必须设置消防措施，配置手提灭火器材等。

10. 效 益 分 析

10.1 本工法解决了施工工期与质量控制的矛盾，可边施工边对质量进行控制检查，大量降低质量返修成本，约占投资额的5%。

10.2 改善了施工人员作业环境，使施工安全、高效、有序进行。

10.3 社会效益显著，主要表现在：提高新型能源开发利用效率，促进社会经济的发展；减少矿物能源对环境的污染，对建设低碳节能型社会贡献卓著。

11. 应 用 实 例

11.1 华能吉林通榆风电特许权项目（二期100MW）工程

华能吉林通榆风电特许权项目位于吉林省白城市通榆县内，二期装机容量100.5MW，公司于2008年3月承建了18台套风机塔架，塔架高度67.400m。

塔架中大量的扇形钢板坡口采用了公司对半自动切割机进行改造的机具进行切割，提高了切割效率及坡口质量，这种装置已经获得了国家实用新型专利。

11.2 华能阜新风电场三期（彰北）工程

华能阜新风电场三期（彰北）工程风机位于辽宁省阜新市彰武县，装机规模为10.05万kW，预计年上网电量21541.6万kW·h。公司于2009年4月承建了本项目全部的67台套风机塔架，塔架高度67.400m。

本工程工期紧，任务量大，应用了本工法后，既保证了工期，又完成了高品质的塔架产品，受到了甲方及监理的一致好评，取得了较大的经济效益和良好的社会效益。

11.3 华能科右中风电二期（49.5MW）项目

华能科右中风电二期（49.5MW）项目风电场风机位于内蒙古科右中旗，公司于2009年承建16台套风机塔架，塔架高度67.400m。

本工程在阜新彰北工程热战正酣时开工，在生产资源、资金等方面给公司造成了很大压力，在应用了本工法之后，不仅圆满的完成了本工程及阜新彰北工程的施工，而且达到了甲方要求的工期及质量。

钛换热器焊接施工工法

GJEJGF327—2010

中国有色金属工业第十四冶金建设公司　十一冶建设集团有限责任公司
葛艳彪　李国锦　江嵩　何权　胡国春

1. 前　　言

钛是一种化学性质比较活泼的金属，有良好的耐腐蚀性和较高的强度、重量比，在航空、造船、化学、制盐工业、轻工等工业领域得到了广泛的应用，民用工业用钛中约有3／4用于容器。

由十四冶建设集团云南安装工程有限公司压力容器厂承担制造的云铜电解九、十跨七台钛换热器和云南省第二安装工程公司承接的思茅纸厂厂区工程钛换热器，采用手工钨极氩弧焊焊接，主要施工难点：

1.1　施工现场安装时，由于焊接接头形式和位置各异，焊缝和热影响区的400℃的保护比较困难，焊接时如何防止焊缝和热影响区的400℃以上的区域受污染是钛管道焊接的难题。

1.2　有的焊缝由于产生了气孔而返修时，用传统的方法即清除焊接缺陷——用角向磨光机打磨焊缝后，酸洗—水洗—干燥—再用丙酮清洗，然后进行返修，结果在返修区域会产生密集的蜂窝状的气孔，其数量和尺寸远远超过返修前，如何防止焊缝产生气孔是钛管道焊接的难题之一。

1.3　钛焊接后，焊接接头的塑性明显下降。如何保证焊接接头的性能钛管道焊接的难题之一。

针对上述难点和特点，两家公司联合成立了钛焊接专项技术攻关小组，通过到上海等地调研学习和自主试验，进行了钛管焊接专项技术攻关，解决了上述难题，完成了TA2焊接工艺评定试验和焊工培训考试，在安装工程中不断改进完善，形成了一套行之有效、具有一定技术含量的钛材焊接施工工艺，编制了《钛换热器焊接施工工法》，成功地解决了钛换热器焊接问题，制造的钛换热器质量达到优良，并一次性通过云南省特种设备检测中心的监检。

2. 工 法 特 点

2.1　防止空气污染焊接接头的方法简单有效；施工工期短，效率高，焊接接头合格率高。

2.2　采用钨极氩弧焊焊接，根据不同的接头形式制作不同形式的热影响区保护罩，制作成本低，焊工操作方便，保护效果好。

2.3　用普通的焊接设备通过严格的焊接工艺参数控制，保证了焊接接头的性能，经济适用。

2.4　利用传统的机加工方法进行坡口加工，施焊前用化学方法对焊接坡口和焊丝表面进行处理，可有效防止焊缝产生气孔。该方法简单、适用、可行，实施效果好，处理成本低，是本工法的创新点。

3. 适 用 范 围

民用工业用钛换热器焊接施工工程。

4. 工 艺 原 理

4.1　钛焊缝和热影响区的400℃以上的区域极易被空气、水分、油脂、氧化物等污染，该区域从焊件表面吸收含氢、氧、氮、碳等杂质后，机械性能会大大降低或造成焊缝金属中产生气孔，甚至造成焊接接头开裂或失效。400℃以上的区域必须用氩气保护。

4.2 钛的熔点高，热容量大，导热系数小，导热差，焊接后，焊缝和热影响区尤其是过热区的晶粒容易长大，粗大的晶粒使焊接接头的塑性明显下降。因此，要保证钛焊接后焊接热影响区获得良好的塑性，必须选择合适的线能量进行焊接。

4.3 钛管道和焊丝表面常常受到外部杂质如油脂、水分、含结晶水的表面氧化物、含碳物质、尘埃、砂粒、有机纤维、脏指印及吸附气体的污染；用角向磨光机加工坡口或用砂纸擦磨坡口后，磨料的质点（主要成分为SiC）也会造成污染。这些物质在焊接条件下，因高温受热发生分解，形成游离的氢、氧、碳，并大量溶解在熔池中或与热影响区的钛作用形成钛的化合物如TiH_2、TiC等，造成焊接接头机械性能大大降低；部分氧化物的结晶水还会和钛发生化学反应造成气孔；在接头冷却过程中，大量溶解在熔池中的氢、氧、碳大量析出形成气体造成焊接接头产生气孔，因此，焊接前，对钛和焊丝表面层清理效果的对保证焊接质量至关重要。

4.3.1 预制管道和加工坡口时，通过改变加工和表面处理方法清除焊丝表面、坡口表面及其边缘的有机物污染；控制加工和表面处理时工件温度，可防止管道和坡口污染而影响管道的性能或导致焊缝产生气孔；

4.3.2 焊接过程中，通过对保护气体纯度；焊丝、焊接坡口表面处理；焊接区域和热影响区400℃以上区域实施氩气保护，防止管道因焊接加热引起的强度、韧性下降、开裂、通过对焊工、焊接设备、焊接材料、焊接工艺参数、焊接环境的控制，防止焊接缺陷的产生，保证焊接接头的性能。

4.3.3 钛管焊接时，保护区分三部分：熔池、背面焊缝、后部焊缝以及影响区（温度400℃以上区域）。前两部分的气体保护工艺比较成熟，而后部焊缝及热影响区则需制作保护罩通氩气进行特别保护，才能保证焊缝及热影响区性能和组织满足设计和使用要求。400℃以上区域范围为80mm×60mm，保护罩的大小就由此确定，即后部长度80mm、宽度60mm。

4.3.4 钛的弹性模量仅为铁素体钢的一半，在同样的焊接应力下，钛的焊接变形量也会比铁素体大1倍，因而焊接钛时应设法固定焊件，减少焊接变形量。

4.3.5 保护罩的主体用δ=0.5mm的紫铜皮或奥氏体不锈钢制作。制作程序如下：紫铜皮上放样→下料剪切→卷边→点焊固定→焊接密封→铜网填充固定→通气导管固定→试验。

5. 施工工艺流程及操作要点

5.1 施工工艺流程（图5.1）

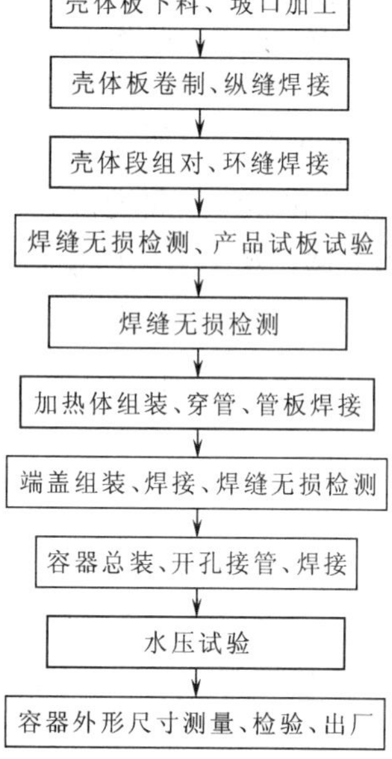

图5.1 钛换热器制造工艺流程

5.2 操作要点

5.2.1 绘制排版图（图5.2.1-1）。

用等离子切割机下料，用刨、铣、磨等机加工方法加工坡口，并严格控制尺寸。

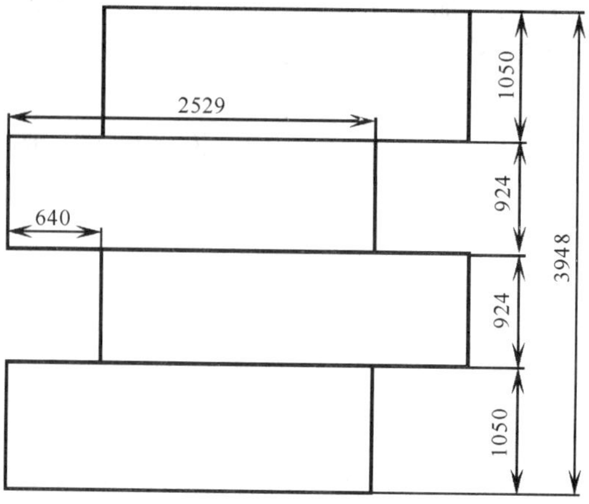

图5.2.1-1 排版图

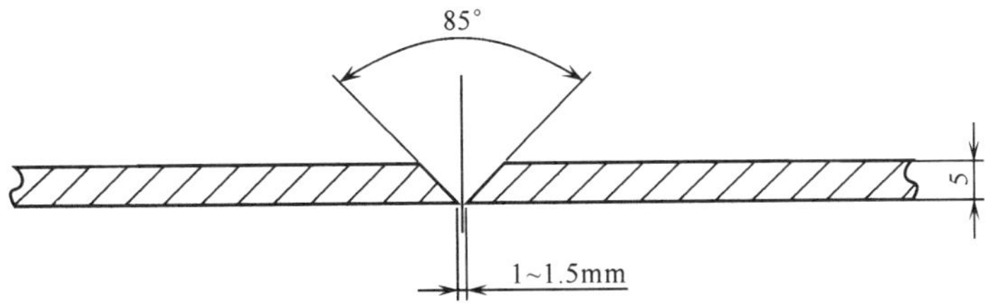

图5.2.1-2　坡口

5.2.2　壳体板卷制、组对、焊接

壳体板卷制前，卷板机滚筒表面应清理干净，以免损伤钛材表面。壳体板卷制、组对、焊接后各项允许偏差如表5.2.2。

各项允许偏差表

表5.2.2

序号	检　查　项　目	允许偏差（mm）
1	椭圆度	±2.0
2	端面垂直度	<2.0
3	长度	±2.0
4	对口错边量	A类焊缝 1.0
		B类焊缝 1.0
5	焊接接头环向棱角	<1.5
6	壳体板表面有无损伤	无
7	壳体板焊缝外观检查	
8	壳体板焊缝无损检测	无损检测报告

5.2.3　加热体组装、穿管、管板焊接

1. 将折流板孔边毛刺清理干净。

2. 将加热体壳体水平放置于V形枕木上，从一端依次进行管板、折流板、管束的组装。用4根两端丝牙长100mm、长度为4200mm，规格为M30的拉杆固定上、下管板及折流板，按照一定的顺序进行穿管作业，待管板两端管束尺寸精度满足焊接要求时，用管板焊机进行施焊作业。

5.2.4　主要焊接施工工艺及措施

采用钨极氩弧焊，并根据焊缝具体位置和形状制作专用拖护罩用氩气对焊接区域及热影响区250℃以上区域进行保护。

1. 焊接前准备工作

为了保证焊接质量，在焊接前，一定要把接头坡口和焊丝、切条表面清理干净，以除掉油污、氧化层及吸气层。具体程序为：机械清理—酸洗—水洗—干燥—除油。

机械清理：用角向磨光机打磨坡口表面，露出金属光泽后，用刮刀和锉刀将已打磨好的坡口表面的氧化物、杂质等清除干净，刮削深度0.025mm，用砂布将焊丝和坡口边缘40～60mm范围内的氧化物清除干净后，用丙酮清洗已处理好的表面，防止酸洗后产生新的残留物。

酸洗：用丙酮清洗后，将焊丝和管子坡口浸入2%～4%HF+30%～40% HNO_3+H_2O酸洗液中2～3min，搅动酸洗液或活动管子、焊丝，待管子和焊丝出现金属本色时酸洗。

水洗、干燥：酸洗后的管子和焊丝马上用水冲洗，除掉其表面残留的酸液和残留物，然后用清洁的白布揩擦干净；自然干燥后立即进行焊接，不能立即进行焊接的管口和焊丝，用白布将已处理好的表面包好，以防弄脏。

除油：在组对焊接前，用丙酮再次清洗已经经过酸洗、水洗和干燥的接头坡口和焊丝表面。防止焊接气孔的产生。

2. 拖护罩和背面保护装置制造

1）焊缝正面后端的保护：对已脱离喷嘴保护区，但仍在250℃以上的焊缝和热影响区表面采用氩气气流的拖护罩进行保护，拖护罩结构及尺寸如图5.2.4-1。

2）焊缝背面的保护：平板对接焊采用背面通氩气的气流管实施保护，保护焊缝背面不受有害气体的侵害。保护装置如图5.2.4-2。

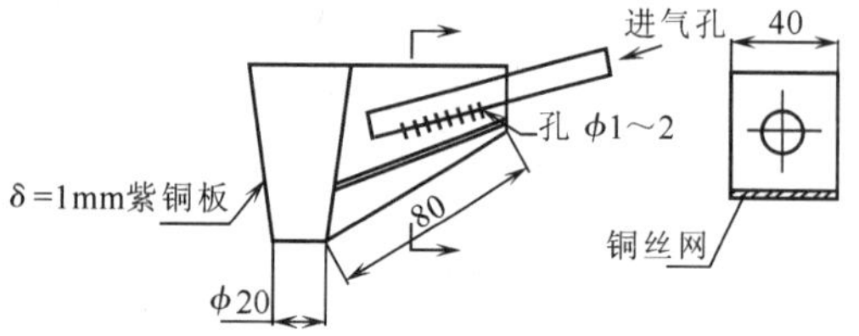

图5.2.4-1　拖护罩结构及尺寸

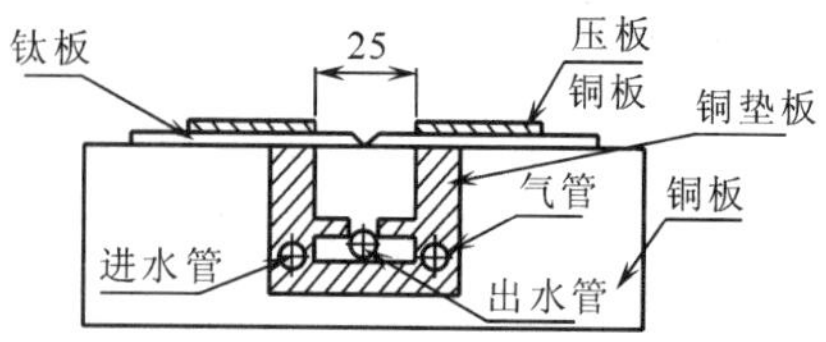

图5.2.4-2　平板对接焊背面氩气保护装置

3）管板焊接时，管板和管束表面应清理干净，不得留有影响焊接连接质量的毛刺、铁屑、油污等，采用弧形拖罩，拖罩结构图5.2.4-3。

3．工装制造

1）组装、穿管工装：为保证加热体组装的精度及加热体两端管板中心线同心度的定位精度，确保293根 φ30×2钛管穿管工序的顺利进行，在管板与筒体组装的施工过程中需设计制作专用的定位用双头螺杆，在管板中心及外围设置4根定位用螺杆。

2）穿管台架：为保证加热体筒体的水平度及穿管筒体位置精度要求，需制作专用台架，将加热筒体固定于台架上进行穿管工作。

3）吊具：为确保钛制压力容器在制作加工厂吊装工作的需要，防止吊具在另部件的组装、焊接的过程中划伤钛金属表面，专门定购6根型号为FA01的合成纤维吊装带用于容器的制作吊装工作。

4）为便于钛制换热器制造检验合格，由制造加工厂运输到安装现场，需制作成品运输专用固定支架，确保容器运输的安全，对成品实施有效的保护。

4．点固焊

1）壳体板 δ5mm拼接时需点固焊，焊点间距为100～150mm，长度约10～15mm，点焊所用的焊丝、焊接工艺参数及保护气体与正式焊接相同。

2）焊丝牌号与母材相同，表面不得有氧化层，若有需用细沙打磨，焊丝可放在温度为150～200℃的烘箱内保存，随用随取，取焊丝应戴洁净的手套，施焊前应切除端部已被氧化的部分。

3）氩气为一级氩气，即纯度为99.999%，露点在-40℃以下，杂质总含量小于0.02%，相对湿度小于5%，水分小于0.001mg/L。

4）管板焊接机专用 φ0.8mm规格的钛焊丝需委托管板焊接机厂家绕制成重量为1.0kg左右的焊丝盘供管板焊机使用。

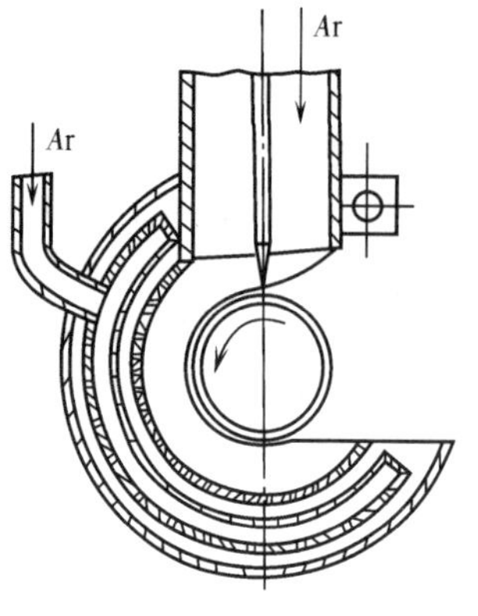

图5.2.4-3　管板焊接用弧形拖罩

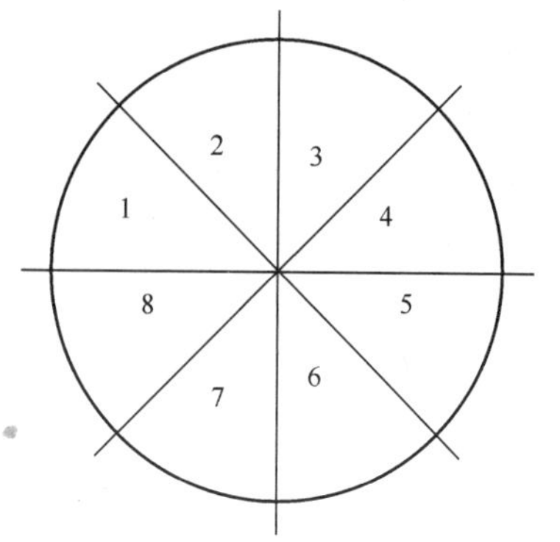

图5.2.4-4　管板焊接顺序

5．焊接

1）采用手工钨极氩弧焊，电极采用铈钨棒。

2）选用与母材成分相同的焊丝，焊丝规格 ϕ2.5mm。

选用高纯度的氩气，氩气纯度不小于99.99%。

3）氩气保护范围：确保焊接溶池、焊丝及母材上温度超过400℃的热影响区的正反面与空气隔绝。

焊枪喷嘴直径选用 ϕ16～20mm。

保护罩保证覆盖焊缝后部长度140mm、宽度60mm区域，保护罩形式——固定式，半开式、移动式保护罩。为了避免铁磁物质存在造成电弧的磁偏吹，采用厚度为1～2mm的奥氏体不锈钢或紫铜制作保护罩外壳，保护罩内加4～5层120目的铜丝网，保证保护气体通气均匀。大直径采用半开式拖罩保护，保护方法是在TIG 焊矩上附加一个弧形拖罩，宽40～60mm、高60～70mm、长120～140mm。

4）焊工按照《现场设备、工业管道焊接工程施工及验收规范》GB 50236要求考试合格。

5）使用带高频引弧装置、电流衰减装置和延时气体保护装置的焊机，如ZX7-300ST等，直流正接。

6）焊接规范：见按照公司焊接工艺评定报告编制的焊接工艺指导书或参考表5.2.4-1。

推荐使用的焊接工艺参数 **表5.2.4-1**

板厚（mm）	坡口形式	钨极直径	焊丝直径	焊接层数	焊接电源	氩气流量 L/mm
5	单V形	3.0	3.0	3	130～150	14～16

6. 管板焊接顺序：按图5.2.4-4将管板中的管孔分为8区域，每个区域又以三个管孔为一个焊接单元，依次向管板外侧进行，直至区域全部焊完第一遍，具体顺序为1—5、3—7、2—6、4—8。接着，再重新从第一区域将错开的单元按上顺序依次焊完，完成整个焊接工作，换热管与管板端头的焊接采用管板焊接机（型号Digital305-GB80）进行。

7. 钛焊缝表面的形状尺寸及外观要求：

1）焊缝和热影响区表面用10倍放大镜进行100%检查，不应有裂纹、未溶合、气孔、弧坑、夹杂等缺陷。

2）钛压力容器焊缝表面不应有咬边。

3）钛焊缝和热影响区表面颜色的规定见表5.2.4-2。

钛焊缝和热影响区表面颜色 **表5.2.4-2**

焊缝表面颜色	保护效果	质量
银白色	优	优良
金黄色	好	良好
深黄色	尚好	合格
浅蓝色	差	不合格
深蓝色	较差	不合格
暗灰色	极差	不合格

6. 材料与设备

材料及设备见表6。

材料与设备 **表6**

序号	机具、工装名称	规格与型号	单位	数量	备　注
1	等离子切割机	G180/80-D	台	2	自有
2	钨极氩弧焊	交流	台	3	自有
3	管板焊接机	GB80	台	1	自有

续表

序号	机具、工装名称	规格与型号	单位	数量	备　注
4	摇臂钻床	Z50	台	1	自有
5	摇臂钻床	Z80	台	1	自有
6	立式车床	ϕ1.0m	台	1	自有
7	刨边机	9.0m	台	1	自有
8	卷板机	W25-2500	台	1	自有
9	角向磨光机	ϕ100	台	2	自有
10	电动试压泵		台	1	自有
11	橡胶锤		把	2	自有
12	空压机	6m^2	台	2	自有
13	压力表	1.0MPa	块	2	自有
14	塑料管	*DN*15	m	30	
15	定位拉杆	M30 *L*=4200	根	4	
16	钻模板	ϕ900×δ6mm	块	7	
17	压力表 1.5 级	0～1.0MPa	只	3	表盘直径大于 100mm
18	不锈钢球阀	*DN*20	m	6	
19	镀锌钢管	*DN*20	m	25	
20	橡胶管	*DN*20	m	30	
21	生料带		盒	3	
22	耐油橡胶垫	δ=4mm	m^2	10	
23	丙酮		kg	20	
24	锥柄麻花钻	ϕ30.5	只	18	

7. 质量控制

7.1 按照公司建立的符合GB 19001、GB/T 14001、GB/T 28001标准要求的质量、环境、职业健康安全管理体系要求进行质量控制。

7.2 制造符合下列标准

《钛制焊接容器》JB／T 4745-2002；

《管壳式换热器》GB 151-1999；

《压力容器无损检测》JB 4730-94；

《钛制设备设计技术规定》CD 130A8-87。

7.3 质量控制措施

7.3.1 钛制容器的制造加工应在防尘、防风、防潮、防混合气体，清洁、宽敞、平整及道路通畅的封闭环境中进行并与钢结构作业区隔离，防止铁的污染。

7.3.2 场地施工环境改造，制造钛容器的场地应铺设橡胶或其他软质材料，以免碰伤、擦伤钛金属表面；钛制零部件不应与钢件等混放，应经常清理现场，清除切屑等杂物。为保证施工环境的要求在厂房内改造一块场地用于钛容器的组装和焊接，将钛材焊接区域与钢结构制作区分离开确保施焊的环境在无尘、无烟、防风的条件下进行。

7.3.3 检验焊接接头的力学性能和弯曲性能，制作纵焊缝产品焊接试板，制取试样，进行拉力、冷弯和必要的冲击试验。

7.4 主要质量控制点

7.4.1 材料检查验收。

7.4.2 坡口加工、组对检验。

7.4.3 焊前对母材、焊丝的清理。

7.4.4 焊接过程中对焊缝、热影响区的保护。

7.4.5 焊缝外观检验和色泽检查。

7.4.6 焊缝射线探伤。

7.4.7 试压及清洗用水（洁净水）。

8. 安 全 措 施

8.1 焊工穿白色帆布工作服、翻毛皮鞋、配焊工手套和头戴式面罩。配合焊工的工作人员配墨镜、工作靴和工作服。

8.2 酸洗、色泽检验人员戴橡胶手套进行操作。

8.3 安全用电、防火、防爆、防高空坠落、防弧光伤害措施和普通焊接相同。

9. 环 保 措 施

9.1 施工现场材料、机具、半成品及成品应按规定位置堆放整齐，场地整洁，有序。

9.2 严格遵照国家或行业的各工种劳动保护条例规定实施环境保护。

9.3 保持车间整洁干净，成品、半成品、零件、余料等材料要分别堆放，并有标识。

9.4 废料要及时清理，并在指定地点堆放，保证施工现场的清洁和施工道路的畅通。

9.5 进行射线检测时，应在检测区域内划定隔离防范警戒线，并远距离控制操作。

9.6 严格控制噪声在95dB以下，对于某些机械的噪声无法消除时，应采取相应的个人防护措施。

10. 效 益 分 析

10.1 本工法在整个过程中因施工工序的连续性，工艺的成熟能有效的利用材料，降低成本，最大限度地消除对周围环境的影响，做到了质量有保障、环境无影响、职业健康安全有保证，为以后类似工程项目提供了可靠的依据及技术指标，先进的施工工法将极大地推动施工技术的进步，取得更好的社会效益和环境效益。

10.2 本工法对钛制设备的制造及钛材焊接等方面具有较强的指导意义，有利于先进施工工艺的推广和应用，提高企业的竞争力。

11. 应 用 实 例

11.1 云铜电解九、十跨、云铜广东清远电解 100M2 列管式钛换热器制作工程

云铜电解九、十跨100M2列管式钛换热器制作工程，共计制造7台。换热器用于饱和水蒸气和电解液介质间的能量转换，换热器高度4814mm，壳体直径ϕ800，管板直径ϕ975，壳体厚度5mm，管板厚度26mm，换热器内部安装有293根$\phi 30\times 2$mm的钛管，除折流板为1Cr18Ni9Ti外其余材料均用TA2工业纯钛制造。

11.2 思茅纸厂厂区工程2万/年烧碱的氯碱车间和年产6万t纸浆纸的制浆车间的二氧化氯工段的氯气、二氧化氯气体TA2管道，拍片381张，一次合格率97.5%。

11.3 云南盐化股份有限公司10万t/年烧碱装置干氯气、湿氯气等剧毒介质TA2管道，拍片3316张，一次合格率98.1%。该项目获云南省优质工程一等奖。

11.4 云南南磷集团10万t/年烧碱装置安装过程中，安装了23种规格为$\phi 20\times2\sim\phi 159\times4.5$的工业纯钛（TA1、TA2）管道，45d完成全部安装，比同类工程同数量管道安装缩短工期15d，拍片10417张，一次合格率98.5%。

热卷箱在线安装施工工法

GJEJGF328—2010

中国十九冶集团有限公司
胡伟山　周彬辉　陆聪　熊德武　王一

1. 前　　言

由于在制造厂总装完毕后，一般不进行系统调试就进行解体、拆解包装运输，因此，现场设备在安装到位后进行整机调试，需用很长的工期。如何压缩工期，这是设备技术改造中一个重要课题。

公司在长期服务于冶金技改工程的施工实战中，多次尝试将大型设备按一定的功能模块进行预组装，实现模块化安装，以减少现场在线的装配时间；将现场在线的大量安装工作转化为线外进行，可有效提高工程施工效率，降低能耗；同时在预组装时，可将各模块提前进行功能调试，发现并提前消除设备设计和设备制造过程中的不完善因素，在现场安装时，按各模块整体吊装，在线进行调平、找正等安装工作，从而实现设备安装工作的快速化。

结合中国十九冶集团公司机械设备安装分公司在广西柳钢热轧厂原有热轧生产线上新增一台热卷箱系统安装的安装工程，总结、归纳形成本工法。

热卷箱系统安装在热轧生产线粗轧机后、飞剪机前。按常规方法安装一套热卷箱系统需要停产施工60d以上。利用热卷箱在线安装施工工法，成功将一次停产5d，二次停产6d，就完成任务，节省时间至少14d以上。

2. 工 法 特 点

2.1　需设计制作预组装的临时设备基础或操作平台。

2.2　设备按功能或结构进行预装，实现模块化。

2.3　可实现各模块的功能离线调试。

2.4　设备安装按模块进行整体吊装，速度快，劳动强度低。

2.5　整体吊装，可有效减少施工成本。

2.6　将现场安装转化为线外模块化装配，降低了在线安装的安全风险。

3. 适 用 范 围

本工法对于结构复杂、在线安装工序多的大型工业设备安装尤为适用；对于工业设备技改工程在原有生产线上新增大型设备安装工程，运用效果特别明显。

4. 工 艺 原 理

按照设备结构或设备功能，将设备自上而下或由内向外，逐层按功能系统划分成若干个单元模块（单元模块的划分还必须考虑车间内的吊装能力，力求单元模块的最大化），每个模块完成特定的子功能或者适合分项的单一结构，线外（或现场设备安装位置外）将设备预安装，并对各个功能模块进行整体调试。

分块后，各个功能模块能够实现独立包装、运输、安装现场独立吊装等。到达安装现场后，按照设备设计图，按照一定的施工顺序，将各个模块分别整体吊装就位，减少现场对各个部件的装配工序，使安装工作快速化。

系统调试所需的液压系统一般与新系统为同一个系统，因此液压系统的施工应提前进行，同时设备预安装场地应尽量靠近液压系统，以减少临时配管量。

5. 施工工艺流程及操作要点

5.1 工艺流程

针对该类工程的施工环境及条件，施工工艺流程划分为三个阶段（图5.1）。

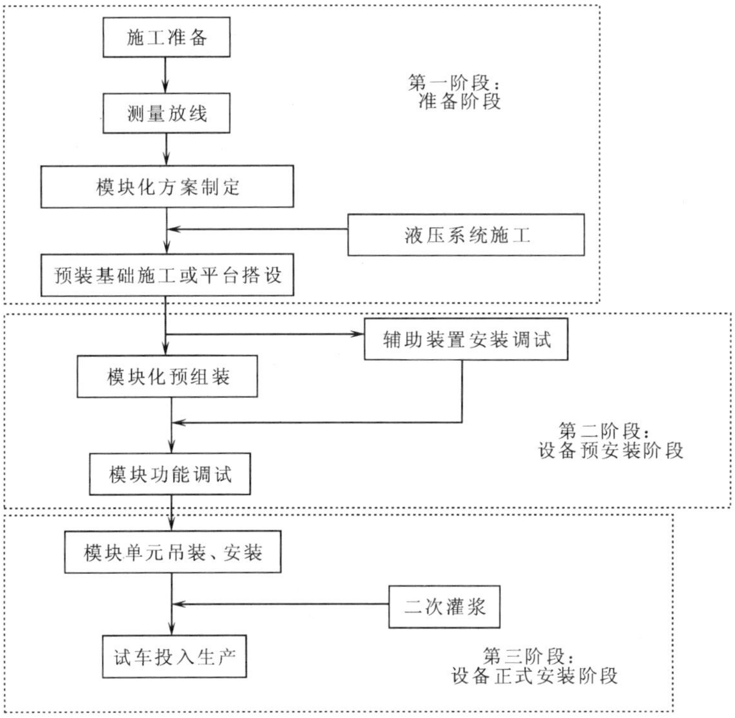

图5.1 施工工艺流程图

第一阶段：施工准备阶段，主要是为后两个阶段创造必要的施工条件（若是在线改造工程则需停产，保产措施的实施）；正式的液压系统的施工也可在此阶段开始进行。

第二个阶段：设备预安装阶段，这个阶段是在原生产线正常生产的条件下进行的，该阶段是工程量最大的一个阶段，主要的工程内容是：完成正式基础及临时基础的施工；完成设备的预安装并完成与液压系统的连接工作；完成机械设备的调试工作；完成主传动的设备安装工作（此阶段设备与主传动的连接工作不能进行）。

第三阶段：设备的正式安装阶段，这个阶段的主要工作是将设备从临时基础上按一定的功能模块解体，并将其安装到新的正式的基础上；同时进行主传动与设备主体的连接；将液压系统的管路恢复至正式的机体管道上。

5.2 操作要点

5.2.1 施工准备

1. 包括施工用水、电、气准备，施工图纸准备，现场工机具、施工材料准备。

2. 根据现场施工需要，准备必要的辅助措施，尤其在原生产线上新增或者改造设备时，为保证按规定恢复生产，必须准备好生产措施；在柳钢热轧新增热卷箱工程中，设计制作了辊道临时托架，保证在线外施工的同时，热轧生产能正常进行。辊道、临时托架见图5.2.1-1、图5.2.1-2。

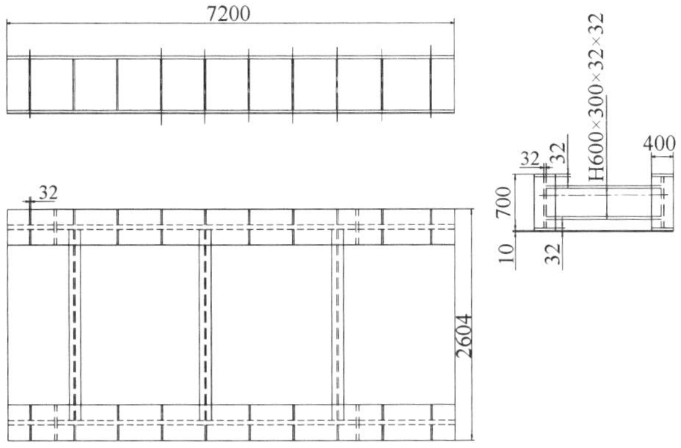

图5.2.1-1　辊道临时托架示意图

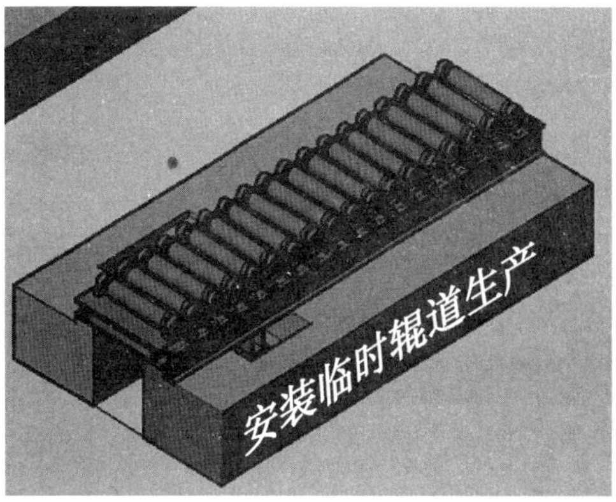

图5.2.1-2　辊道示意图

5.2.2　测量放线

根据设计将设备安装纵、横中心线按照《工程测量规范》GB 50026-2007进行测量，并埋设永久中心标板和标高点。如在施工现场进行设备模块化预组装时，在现场施工临时基础，需将临时基础的纵、横中心线按要求进行测设。

一般来说，临时基础的布置应以下两个原则考虑：1. 应尽量靠近正式基础，以便利用正式的液压系统进行线外调试；2. 测控基准点（标高）应与正式基础一致；纵向基准线应平行于正式基准线；横向基准线应与正式的基础一致。

5.2.3　模块化方案设计

在对设备进行模块化分块前，应仔细阅读图纸，进行方案策划，选择最适合所安装的设备的模块化模式，必要时，可请专家进行技术交流，对方案进行讨论、论证。以保证模块化实施的可能性。

方案设计的内容主要有：确定模块化预组装的地点（设备制造厂或现场）；由于设备的结构、安装位置、运输方式的不同，不同的大型设备的分块不尽相同，但原则上可按照设备结构或设备功能，自上而下或由内向外，逐层把系统划分成若干个单元模块，每个模块完成特定的子功能或者适合分项的单一结构，将设备模块化；单元模块的划分还必须考虑车间内的吊装能力，力求单元模块的最大化；由于组成了功能模块单元，设备的重量增大，设备重心有可能也发生了变化，因此有必要进行吊装方案的设计。

在柳钢热轧厂新增热卷箱安装时，选用现场模块化预组装的方式，现场施工设备临时基础，将热卷箱分成：托卷辊模块、2A2B辊模块、卷取单元模块、夹送辊及开尾辊组件模块、开卷臂和插入臂模块、主传动装置模块及液压系统模块进行施工，另一方面针对卷取单元的重量超出了主轧跨内单台吊车的吊装能力，同时设备重心也发生了变化；因此增加了两项吊装措施：1）根据调后的重心，在设备上焊接吊耳；2）采用双机抬吊的方法进行吊装作业。

图5.2.3-1　卷取单元模块

图5.2.3-2　夹送辊及开尾辊组件模块

图5.2.3-3　开卷臂和插入臂模块

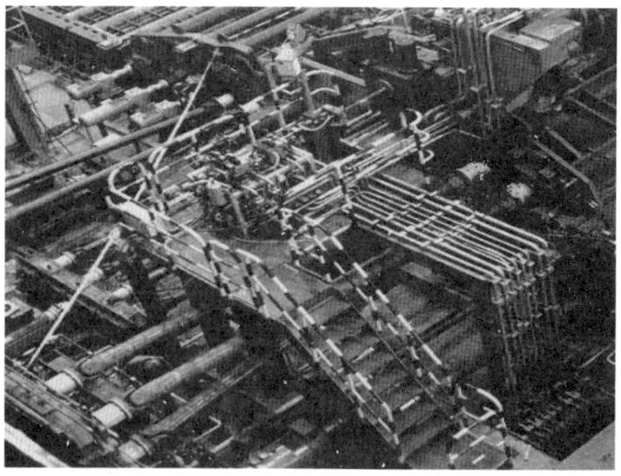

图5.2.3-4　液压系统模块

图5.2.3-5　主传动装置模块

图5.2.3-6　托卷辊模块

5.2.4　模块化预组装平台或临时组装基础施工

不论是模块化预组装平台或预组装基础，其形式的选择是根据现场条件、设备的结构特点、资源的合理利用（部分的设备运输加固支架可用作组装平台）等方面的因素决定的。

1. 对于可在设备制造厂进行模块化预装的设备，其预装平台不需要重新设计制作，可利用设备制造厂生产平台等设施进行模块预组装；但需满足设备进行预组装后，各个功能模块能顺利运到施工现场；对于运输困难的大型设备，可考虑在安装现场制作临时基础，在安装线外进行模块化预装，完成功能调试后，进行设备模块化吊装安装。安装临时基础设计尽量考虑与在线基础一样，且与原基础平行，可减少吊装距离，缩短施工时间，同时易于发现设备制造和设计方面的问题，并且能及时解决。

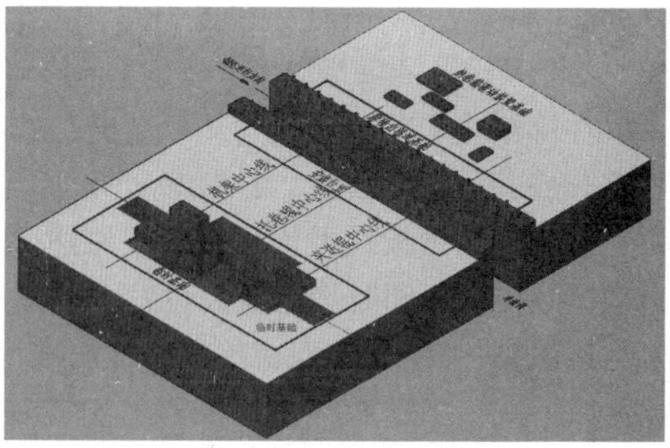

5.2.4　模块化预装临时基础示意图

图5.2.4是在施工柳钢热轧热卷箱时设计的临时基础。

2. 地脚螺栓的形式一般选择套筒螺栓，以利于我们能在临时基础和正式基础上都能应用，不造成浪费。

3. 在临时基础上，只对系统功能进行调试，设备是不受任何外加载荷，因此，对预安装设备可以不进行二次灌浆，对在临时基础安装的设备，只做临时的加固即可。

4. 临时基础的设计强度一般不要求太高，其抗压强度只要满足能承受设备本体重量即可，在设计时应尽量采用不含钢筋的素混凝土，这样可减少施工的直接成本，提高施工作业效率。但对正式基础必须有足够的养护时间，保证基础有足够的强度。所以我们对两种基础要求是“形似而神不似”：外形尺寸相同，结构强度有别。

5.2.5 模块化预组装

设备预安装的主要目的是将各模块离线提前进行功能调试，发现并提前消除设备设计和设备制造过程中的不完善因素，在线安装时，按各模块整体吊装，调平、找正，从而实现设备安装工作的快速化。为此我们可将设备预安装中，设备螺栓连接都要考虑便于模块的拆解，液压管道的连接都要考虑能快速拆卸与恢复。

具体措施是：对于用高强度螺栓连接的可以用普通螺栓替代；对于精制铰孔螺栓用加工定位销替代；对部分螺栓组可以根据受力减少数量；预安装过程中所有机体管与液压系统的连接采用液压金属软管。

1. 对于能在设备制造厂进行预组装的设备模块，应尽可能地考虑在设备制造厂进行组装，并进行各模块功能调试；在进行模块化组装时，必须考虑模块的尺寸、重量，各相关参数必须与施工现场和设备的运输密切配全，保证模块在安装过程中简单，便于操作；减少现场的安装装配量，达到模块化的效果。

2. 在设备制造厂组装好的设备功能模块，必须进行包装，控制模块的包装尺寸、准确找准设备模块重心，保证各部件不受外力作用。

3. 对于以散件到现场或组装后路途运输困难的设备，可在现场进行模块化预级装；在现场预装平台或提前施工的临时基础上按各个功能模块进行装配，保证各模块的组装精度及各模块之间的安装精度符合要求。

4. 对各个模块强度薄弱的地方进行临时措施加强。

5. 考虑各模块吊点设置及吊耳设计，宜采用图5.2.5-1、图5.2.5-2所示焊接吊耳，按下列公式进行强度校核：

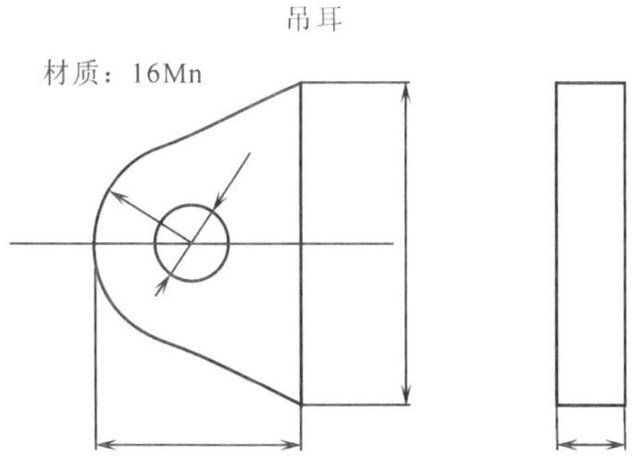

图5.2.5-1　吊耳结构图

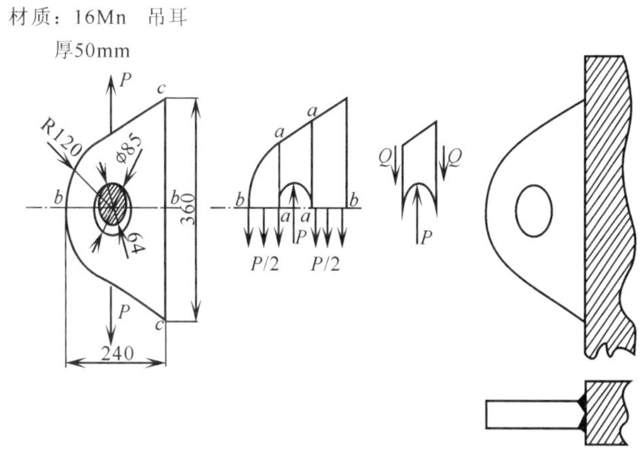

图5.2.5-2　吊耳受力图

强度校核公式：

校核吊耳的拉伸强度：　　$\sigma_{max}=N/A=P/A<[\sigma]$

式中　σ_{max}——最大拉应力；

N——每个吊耳承受的拉力；

A——危险截面面积；

$[\sigma]$——材料的许用拉应力。

校核吊耳剪切强度：　　$\tau=Q/A<[\tau]$

$\tau=Q/A<[\tau]$

式中　τ——最大剪应力；

Q——吊耳承受的剪力；

A——剪切面的面积；

$[\tau]$——材料的许用剪应力，塑性材料为0.6～0.8$[\sigma_1]$；

$[\sigma_1]$——材料的许用拉应力。

校核吊耳的挤压强度：$\sigma_{jy}=P_{jy}/A_{jy}<[\sigma_{jy}]$

$\sigma_{jy}=P_{jy}/A_{jy}<[\sigma_{jy}]$

式中 σ_{jy}——最大挤压应力；

P_{jy}——挤压面上的挤压力；

A_{jy}——挤压面积；

$[\sigma_{jy}]$——材料的许用挤压应力，对钢材一般1.5～2.5$[\sigma_1]$；

$[\sigma_1]$ ——材料的许用拉应力。

校核焊缝的剪切强度：$\tau=Q/A<[\tau]$

$\tau=Q/A<[\tau]$

式中 τ——焊缝的最大剪应力；

Q——最大剪力；

A——焊缝最窄处的截面积；

$[\tau]$——焊缝的许用剪应力。

参考书籍:《材料力学》高等教育出版社，程嘉佩主编。

6. 功能模块可为分：主机模块、驱动模块、液压系统模块、辅助装置模块等。

7. 模块在制造厂组装时，液压系统可用固定液压装置；现场组装时，将正式液压系统提前施工完成。

5.2.6 模块功能调试

模块功能调试的主要是要完成液压系统的调试，因此在完成液压系统施工并完成车间管路的冲洗后，必须将整个系统（包括临时连接软管和部分机体管道）串接起来进行系统大循环冲洗，以保证从油箱至液压执行元件各个环节的清洁度。

1. 现场进行预组装的设备模块功能调试前，应将正式的液压润滑系统施工完善，并具备生产能力；如有可能，应尽量进行PLC的调试。

2. 现场进行预装的设备模块功能调试时，其电源装置可利用现场临时电源，如条件许可也可利用现场正式生产电源；由于设备安装模块预组装位置离在线安装位置有一定的距离，可利用生产时液压动力装置，液压管道与执行机构之间采用液压长软管连接来解决。图5.2.6为柳钢热卷箱功能调度时采用的液压长软管连接图。

3. 线外完成功能调试时，逐个对液压缸及电气执行元件等进行动作调试，再进行联动动作调试，并完成控制数据记录，如有条件可以进行模拟调试，在柳钢热轧新增热卷箱工程中采用了模拟卷进行调试（图5.2.6）。

图5.2.6 液压长软管连接进行功能调试图

4. 无论是在制造厂进行功能调试还是在现场进行调试，均须按设计规定的功能动作严格调试，注意发现设备设计、制造缺陷，及时消除。

5.2.7 模块单元吊装、安装

1. 在制造厂或现场进行的设备模块化预组装，安装前施工人员必须熟悉设备模块化构成，掌握各模块的吊装工艺及现场调平、找正的方法；各设备吊装、调平、找正的顺序。

2. 新建生产线设备安装时，不受生产时间影响，可根据设备到货时间安排施工；在旧生产线上进行新增或者改造的设备安装需根据生产厂家的安排，合理安排时间穿插进行设备模块施工。

3. 吊装顺利宜采用先吊基准模块，再进行其余各模块吊装，然后进行辅助功能模块吊装，保证各模块安装准确。

4. 液压系统在拆解及恢复的过程中必须始终保持各管口的清洁，对各管口必须作封口保护；在恢复液压系统的过程中新施工的部分管道要拆下进行线外循环冲洗后才能连接入系统。

5. 以热卷箱设备安装为例说明吊装顺序：

1）主机离线调试完成后，对设备分块吊装的相连位置进行拆除。包括：稳定器推板、1号托卷辊、部分干油管道。2号托卷卷辊全部拆除，以便于吊装。

2）先安装找正2号托卷辊底座，既不影响找正其余设备测量的通视性，又可以从中间往两边同时进行机架单元和夹送辊部分的找正。

3）机架单元整体吊装就位，用两台桥式起重机抬吊。如图5.2.7。

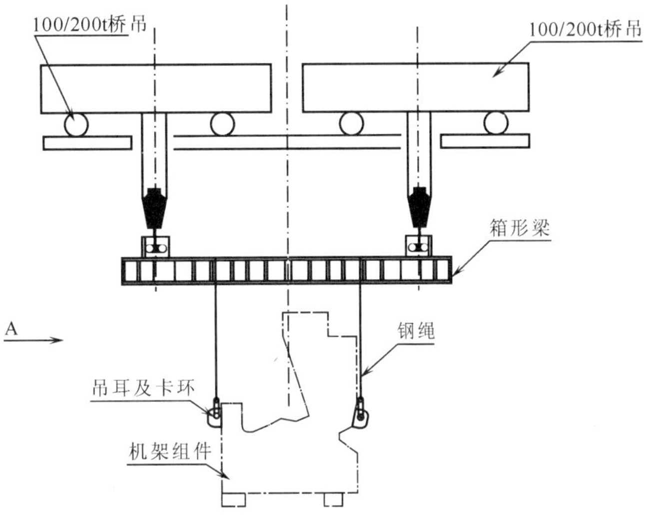

图5.2.7　机架单元整体吊装图

4）夹送辊及开尾辊组件整体吊装。

5）开卷臂和插入臂整体吊装，再安装旋转液压缸。

6）机架单元和夹送辊找正后，剩余零部件直接吊装就位。

7）传动接轴与传动侧平台、传动侧保温侧导板的安装。

8）辅助系统安装。

9）液压系统恢复及部分管道清洗。

5.2.8　试车投入生产

完成各功能模块吊装、安装达到设计要求的相应的施工验收规范要求后，对各个不能在线外进行的模块功能进行调试，合格后，进行联机调试，再进行负荷试车，最后根据生产情况投入生产。

5.3　劳动力组织（表5.3）

劳 动 力 组 织 情 况 表　　**表5.3**

序号	单项工程	所需人数	备注
1	管理人员	4	
2	技术人员	3	
3	钳工	12	
4	管工	12	
5	起重工	2	
6	焊工	5	
7	电气安装	10	
8	基础施工	20	
9	合　　计	68人	

6. 材料与设备

本工法无需特别说明的材料，可采用设备安装的通用设备，机具设备见表6。

机具设备表　　表6

序号	设备名称	设备型号	单位	数量	用途
1	平板车	10t	台	1	吊具倒运
2	手拉葫芦	10t	台	2	设备吊装
3	手拉葫芦	5t	台	2	设备吊装
4	手拉葫芦	3t	台	2	设备吊装
5	手拉葫芦	2t	台	3	设备吊装
6	钢丝绳、索具	各种	套	2	设备吊装
7	磨光机	ϕ125	台	4	设备安装
8	管子坡口机	PG-80	台	1	液压配管
9	弓　锯　床	G7025型	台	1	液压配管
10	液压弯管机	WQ27～108	台	2	液压配管
11	液压千斤顶	50t	台	2	设备找正
12	液压千斤顶	30t	台	2	设备找正
13	交流电焊机	DX3-500-3	台	2	焊接
14	直流氩弧焊机	NSA4-300	台	2	焊接
15	水平仪	0.02mm/m	台	1	测量
16	经纬仪	T2	台	1	测量
17	水准仪	NA2	台	1	测量
18	冲洗装置		台	1	管道冲洗
19	扳手	各种	把	若干	

7. 质量控制

7.1 采用的规范标准

《工程测量规范》GB 50026-2007；

《机械设备安装工程施工及验收通用规范》GB 50231-2009；

《轧机机械设备工程安装验收规范》GB 50386-2006；

《冶金机械液压、润滑和气动设备工程安装验收规范》GB 50387-2006。

7.2 以热卷箱安装为例列出各部分安装质量控制见表7.2，对于不同设备安装时，根据相关的施工验收规范进行质量控制。

热卷箱质量控制指标　　表7.2

项次	项　目	允差（mm）	检　查　方　法
1	机架中心（垂直轧线方向）	0.05	经纬仪，内径千分尺
2	机架中心（沿轧线方向）	0.10	经纬仪，内径千分尺
3	机架标高	0.05	水准仪，钢钢尺
4	所有贴合面间隙	0.05	塞尺
5	入口导槽及偏转辊上下极限与机架支承面的间隙	0.10	塞尺

续表

项次	项　　目	允差（mm）	检　查　方　法
6	弯曲辊辊架与支承处间隙	0.05	塞尺
7	成型辊上限时挡块与机架间隙	0.05	塞尺
8	1 号托卷辊下限时挡块与 2 号托卷辊架间隙	0.05	塞尺
9	稳定器与轧制中心线对称度	2.00	拉钢线，卷尺
10	稳定器与轧制中心线平行度	2.00	拉钢线，卷尺
11	开卷器花键轴台阶与铜套端面间隙（操作侧）	≥5.00	卷尺
12	开卷器花键轴台阶与铜套端面间隙（传动侧）	≥1.00	塞尺
13	2 号托卷辊中心	0.10	经纬仪，内径千分尺
14	2 号托卷辊标高	0.05	经纬仪，内径千分尺
15	保温侧导板对轧中平行度	2.00	拉钢线，卷尺
16	夹送辊中心（垂直轧线方向）	0.10	经纬仪，内径千分尺
17	夹送辊中心（沿轧线方向）	0.05	经纬仪，内径千分尺
18	夹送辊标高	0.05	经纬仪，内径千分尺
19	托卷辊标高	± 0.30	水准仪
20	托卷辊辊面水平度	0.10/1000	框式水平仪

7.3　质量保证措施

7.3.1　基础施工时，以原生产线中心线为基准，控制新基础的纵横中心线，保证设备预安装与在线安装精度。

7.3.2　预装时加强质量检查，保证各个功能模块的装配质量符合相关标准的质量要求。

7.3.3　模块吊装时，对各个部件进行加固，保证各功能模块在吊装过程中不变形，保证各个模块组件的相对位置不发生变化。

7.3.4　液压管道坡口严格采用专用坡口机进行，采用全氩弧焊施焊。

7.3.5　对施工用检测设备、测量仪器、计量用具等进行检验，须检定合格。

8. 安 全 措 施

8.1　施工区域设置围栏，严禁无关人员随意穿越。形成封闭式施工管理。

8.2　施工区域有地沟或坑、洞的地方，应增设盖板或挂设安全警戒线，悬挂醒目安全标志。

8.3　在线改造安装设备模块时，根据不同现场设置相应安全保护装置，配备专职安全人员值守，确保施工人员安全及设备安全。

8.4　特种作业人员必须持证上岗。

8.5　施工临时用电严格按照《施工现场临时用电安全技术规范》JGJ 46-2005的有关规定执行。

8.6　建立完善的施工安全保证体系，加强施工作业中的安全检查，确保作业标准化、规范化。

9. 环 保 措 施

9.1　专职人员进行文明施工和环保工作，对作业人员进行环保文明施工教育，检查、监督、培养良好的文明施工习惯。

9.2　在原有生产线上改造，注意油污，防止地面及水污染。

9.3　搞好施工环境卫生，做到工完料清、场地清。

9.4 保护好生产线油漆地坪，杜绝污染破坏。

10. 效益分析

10.1 社会效益

采用模块化施工，减少现场设备安装的装配时间，可有效降低施工现场的安全风险，在柳钢热轧新增热卷箱安装工程施工中，两次停产期工作量减少，停产施工劳动强度减轻，二次停机时间缩短至6d，停机施工操作简单，为大型设备模块化安装施工提供了参照。

10.2 经济效益

在柳钢热轧厂新增热卷箱安装工程中利用大型设备模块化安装施工方法，缩短轧线生产停机时间至少在14d以上，一条年产量300万t轧线按每天生产8000t钢卷计算（平均），可多生产钢卷11.2万t，如果热轧钢卷利润是1000元/t（当期），扣除离线基础成本费用约20万元，则每条轧线可创造效益11180万元以上。

热卷箱离线组装调试整体吊装，过程平稳，安全，施工进度快，施工质量得到保证，缩短整个工程的施工工期，保证工程提前或按期投产，使单位的施工技术水平在业主心中留下了良好的印象，为今后拓展市场打下了基础。

11. 应用实例

11.1 实例一：广西柳钢2032mm热轧热卷箱工程

该工程于2007年12月开工，2008年6月结束。工程离线设备安装约300t，在线设备安装约400t，液压润滑设备约20t，液压、稀油润滑管道约15t，给水排水配管约300m，线外预安装最重组件120t。采用热卷箱在线安装施工工法，取得了良好的效果，为单位节约成本近共计30万元， 同时也为业主赢得了良好的社会效益和经济效益。

11.2 实例二：攀钢1450热轧厂主轧线技改工程

该工程于2007年10月开工，2008年3月结束。工程离线设备安装约300t；在线设备安装约200t；液压润滑设备约20t；液压、稀油润滑管道约15t。采用热卷箱在线安装施工工法，取得了良好的效果，为单位节约成本近共计25万元，同时也为业主赢得了良好的社会效益和经济效益。

11.3 实例三：西南不锈钢有限责任公司轧钢厂主轧线热卷箱安装工程

该工程于2010年7月开工，2010年12月结束。工程离线设备安装约280t，在线设备安装约180t，液压润滑设备约19t，液压、稀油润滑管道约14t。采用热卷箱在线安装施工工法，取得了良好的效果，为单位节约成本近共计27万元，同时也为业主赢得了良好的社会效益和经济效益。

30万 m^3POC型干式储气柜结构安装施工工法

GJEJGF329-2010

中国三冶集团有限公司　中国十九冶集团有限公司

王延忠　焦洪福　苏钢　李铁　杜云彪　雷杰

1. 前　言

随着我国冶金及石油、天然气等工业的不断发展，对储存各种工业及民用气体的储气柜的各项指标的要求越来越高。目前国内POC型干式储气柜最大容积可达到300000m^3，储气压力可达11000Pa，市场前景广阔。为进一步提高企业的核心技术能力和市场竞争力，公司通过研究、试验，形成了一套完整的300000m^3POC型干式储气柜结构安装施工技术，本技术系统已于2010年9月1日通过中国冶金建设协会组织的科技成果鉴定，鉴定结论是通过实践证明，其成果应用于工程的经济效益和社会效益明显且具有较好的推广应用前景，总体上达到国内领先水平。

本工法中的关键技术获得国家发明专利两项，分别为大型球面薄壳柜顶整体安装方法，专利号为ZL200810011750.3；一种防止大跨度柜顶梁变形的施工方法，专利号为ZL200910188181.4。由公司承建的太钢300000m^3气柜荣获：中国工程建设焊接协会“全国优秀焊接工程一等奖”；国家工程建设质量奖审定委员会授予的“全国工程建设优秀质量管理小组二等奖”；中国冶金建设协会质量管理专业委员会授予的“全国冶金施工系统QC成果一等奖”。

2. 工 法 特 点

2.1　采用整体安装方法安装30万m^3POC型储气柜大型球面薄壳柜顶，这种安装方法已经取得了国家发明专利，它提高了POC型储气柜柜顶安装的质量、效率和安全性。

2.2　在柜顶梁安装时采用了一种防止大跨度柜顶梁变形的施工方法，由此方法申报的发明专利国家专利局已予受理，与传统的施工方法相比较，它更加有效地控制了柜顶梁的侧向稳定和整体挠度，且大大降低了施工成本。

2.3　采用超高结构自提升和自锁安装施工技术，在安装过程不需使用大型高耸起重设备，使施工简便，易于操作，有良好的经济效益。

2.4　大容积薄壳结构安装、焊接变形控制工艺。

2.5　大容积薄壳结构密封机构安装调试技术。

3. 适 用 范 围

本工法适用于30万m^3POC型储气柜结构安装施工。

4. 工 艺 原 理

4.1　柜体结构简介

30万m^3POC型干式储气柜采用稀油与橡胶环密封。柜本体外部结构由钢制平面底板、钢制带肋薄板组焊的圆筒形侧板、均布的H型钢立柱、多层钢制环形回廊、钢制球面薄壳柜顶、圆筒形通风气楼等构成；内部设置起密封作用的钢制球面薄壳活塞、密封机构及运行导向装置等工艺结构。基本结构形式见图4.1。

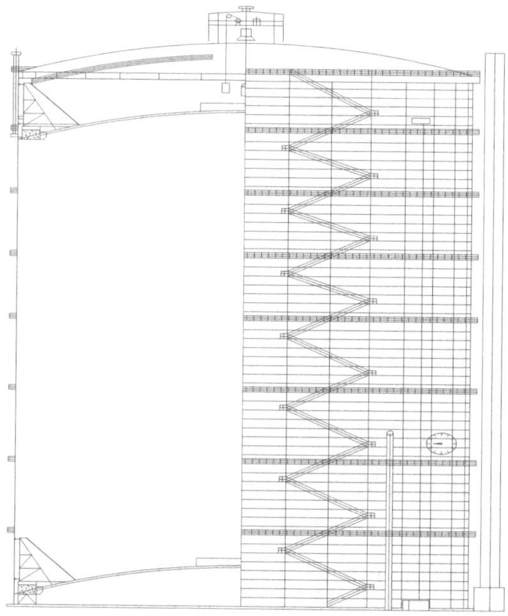

图4.1　30万m^3POC型干式储气柜立面图

4.2　安装工艺原理

采用充气浮升法进行结构安装施工。即利用储气柜活塞工作原理，使其在施工初期形成密闭容器，浮升时向活塞下部充入压缩空气并达到活塞浮升工作压力，此压力将活塞及柜顶等结构升起到预定高度后，再利用特制的鸟形钩等自锁工艺装备，将活塞等构件固定在立柱的预定位置上。然后利用自制的柜顶起重机等自提升技术安装侧板、立柱及各种附着于柜壁上的结构，达到自下而上的逐层安装的目的（图4.2）。

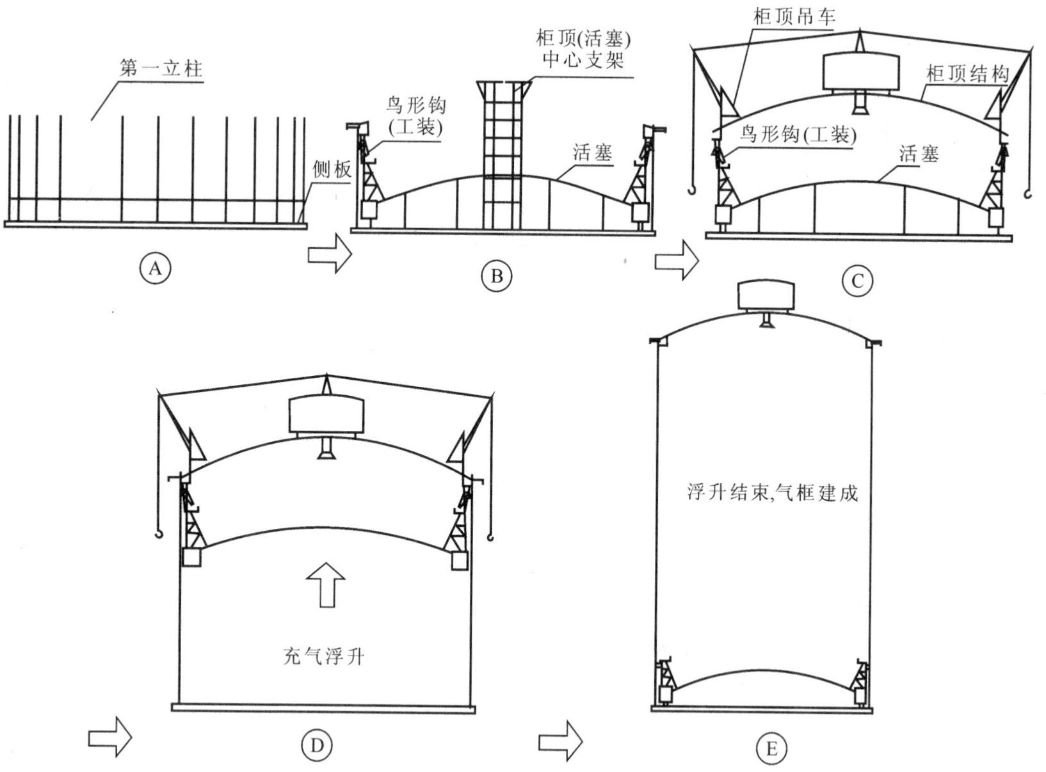

图4.2　浮升法安装施工原理图

5. 施工工艺流程及操作要点

5.1　安装工艺流程

安装工艺流程分4个施工阶段，即浮升前地面安装阶段、高空浮升安装阶段、附属工艺设备单体安装调试阶段、联合调试阶段，各阶段主要施工工艺流程如图5.1。

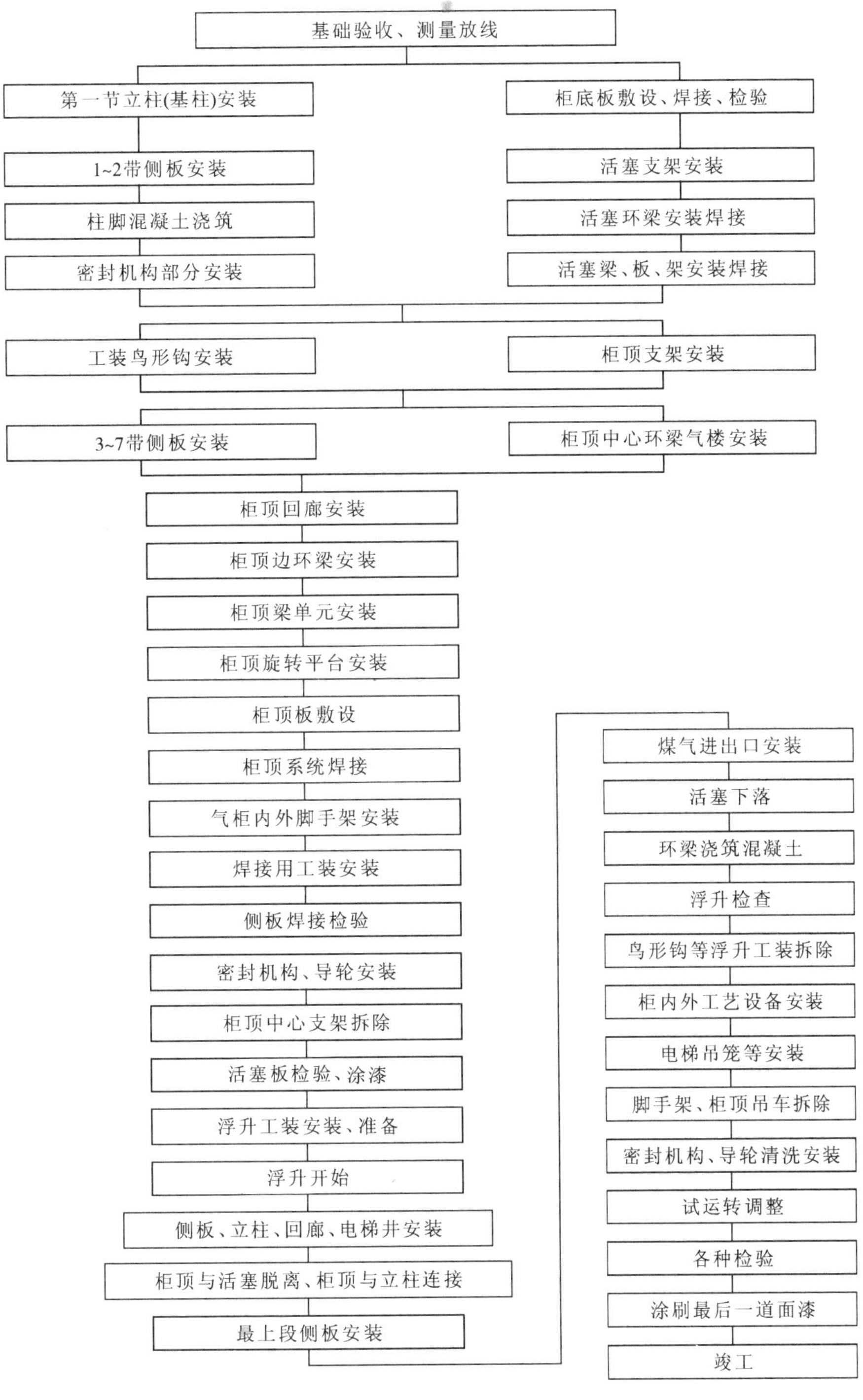

图5.1　主要施工工艺流程图

5.2 操作要点

5.2.1 基准点复测

1. 测量用仪器、量具必须经国家专门的计量检定部门检定合格，统一使用，不得随意更换。

2. 基础交接时，必须一次交清控制点、基准点和有关测量资料，并按规定复测，确定各点的准确性，做到精确定位。

3. 以柜基中心基准点为准，呈放射状分4个区域，以立柱中心至柜中心为半径依次确定4个区域（0°～90°、90°～180°、180°～270°、270°～360°）内基准柱的定位轴线及基础高程，然后确定基准柱夹角区域内各柱的基准位置轴线等，在各区域内平差，消化积累误差，达到精确定位。

5.2.2 柜底板焊接

1. 底板敷设时各板之间焊口必须用卡具临时固定。

2. 采用先短后长、先内后外，分段对称退（或跳）焊法施焊，选用同一焊接方法和适宜的规范参数，使各焊口尽量做到均匀收缩。

3. 焊接时要将底板对称分成若干的区域，区域之间焊道作为预留收缩焊道最后焊接，并预留收缩余量，保证底板焊后满足规定的几何尺寸。

5.2.3 第一节立柱（基柱）安装调整

严格复测基准轴线，按轴线安装定位，对称分区平差。基柱安装就位后逐根调整轴线、标高、垂直度。合格后拧紧地脚螺栓固定，然后浇筑柱基下部混凝土，浇筑时用测量仪器跟踪监测，确保基柱位置的准确。

5.2.4 活塞箱形环梁的安装调整

1. 安装前，利用光电测距仪、经纬仪、水准仪、钢盘尺等测量仪器及工器具在柜底板上画出安装控制基准线（每组环梁不少于5个控制点）和接口控制基准线。

2. 按基准线安装环梁，要严格控制顶面标高、外侧半径。

3. 安装时，要根据控制线将每组环梁依次就位、调整接口，在支架上部安装斜垫铁调整标高，全部调整合格后拧紧接口螺栓，进行焊接固定。

4. 接口焊接均采用分段对称退焊法施焊；立缝应先用弧形卡板固定，保证焊口成型。

5.2.5 活塞主梁及活塞板安装焊接

1. 活塞主梁采用扩大拼装法进行单元对称安装，边安装边跟踪监测。主梁挠度由临时支撑控制调整，中心支架必须稳固，保证主梁安装精度，全部安装完毕后统一调整，统一焊接固定。

2. 活塞板由外向内呈环状敷设，弧度及位置调整合格后做定位焊接。全部敷设完毕后，统一由外向内（由下至上）分区对称焊接。焊后对每条焊缝进行外观检查和100%真空试漏。

5.2.6 柜顶结构安装焊接

1. 在地面拼装平台上，将分成若干单元后的边环梁与柜顶回廊走台拼装在一起，然后分单元对称安装。全部安装完毕后，调整圆度及周长，合格后焊接固定。

2. 柜顶主梁及顶板的安装焊接要求与活塞系统相同。

5.2.7 活塞导向架安装调整

安装前，应在环梁上放出定位轴线，然后依次对称安装导向架及支撑系统，边安装边检测径、切向垂直度及标高，减少公差积累，全部安装调整合格后进行分区对称焊接。

5.2.8 工装系统（自锁及自提升系统）安装调整

1. 鸟形钩系统安装：应根据立柱、柜顶端节点的位置及活塞导向架顶部标高调整鸟形钩的位置，做到受力状态合理、钩板开启灵活、钩嘴位置准确，且与固定板及立柱面板接触严密、均匀。调整合格后，用支撑系统固定。待柜顶结构焊接完毕形成稳定结构后，鸟形钩顶部再与柜顶端部用螺栓连接固定，使柜顶载荷通过鸟形钩传到导向架立柱上。应注意上下节点必须牢固可靠，以保证浮升施工的安全。

2. 外吊（挂）脚手架安装要保证各节点的牢固可靠，与柜侧壁之间预留足够间隙，保证脚手架能随柜顶自由浮升。

3. 柜顶辅助导轮安装须在立柱垂直调整合格后进行，可使导轮与立柱基准面贴严，并且柜顶上升时可以自由转动。

4. 柜顶起重机安装调整：要严格按起重机设备规程进行。须在地面进行整机调试，使各部机械及滑车均达到合格要求，并达到正常运行状态后，再将其吊送到柜顶轨道上就位。使用前应按相关规程进行严格试吊。

5.2.9 立柱、侧板安装焊接

1. 立柱安装

1）立柱安装前必须严格检查整修，保证每根立柱的几何尺寸、直线度等指标达到标准规定。

2）安装就位时采用特制双夹模具固定，用钢冲、螺栓调整定位，确保接口准确平顺。

3）在安装和焊接过程中，用激光铅垂仪和专用卡板严格检查径、切向垂直度，如有变化则调整焊序纠偏。

4）焊后用超声波探伤仪对焊缝进行100%探伤，如有缺陷须返修，直至合格为止。

2. 侧板安装

1）必须保证侧板与立柱及上下两层侧板之间定位孔的准确定位，用钢冲校孔使定位特制切口螺栓自由通过，然后拧紧螺栓备焊。内侧焊口间隙必须均匀一致，焊道内清理干净，保证CO_2气体保护焊的焊接要求。

2）侧板焊接时必须预留上部两层侧板不焊，焊接第三层侧板，以利于控制变形。按规定的焊序施焊，对称布置焊工，采用相同的规范参数，焊速应尽量一致。

3）施焊原则：先内后外、先纵后横，最后扭断切口螺栓，进行封闭焊接。

4）为减少和控制焊后残余变形，焊前要采取刚性固定措施，利用胀圈或千斤顶预先施力，减小焊接收缩，使焊后变形趋于均匀。

5）内侧对接焊缝，焊后全部打磨光滑平顺。然后进行真空试漏检验，并按规定比例做超声波探伤检验，如有缺陷应及时返修，直至合格为止。

5.2.10 密封机构及导向轮安装调整

1. 密封机构必须严格按设计组装图安装。橡胶环与柜壁均匀贴严；帆布安装后松紧适度均匀一致；防回转处连接件与导轨面间隙均匀。

2. 导向轮安装调整：应严格控制上下导轮中心距离、标高、与立柱中心的偏差等；严格按设计规定使导轮与导轨面紧密接合；各导轮对导轨的支撑力均匀一致，松紧适度，以人力手搬不能转动为宜。

5.2.11 浮升过程活塞动态控制

1. 浮升前鼓风机及供水泵必须严格调试，保持设备完好。应设两路供电线路及备好备用设备。

2. 浮升前启动水泵，向活塞柜内注水。当水深达到浮升压差需要深度后，开启风机，缓慢向柜内充气。达到预计压力后，观察活塞是否开始升起，超过预计压力，尚未升起时应停止供气，查明原因处理后再次充气浮升。

3. 浮升过程中应对称设置专人认真观察活塞的倾斜度及旋转趋势，适当调整柜顶起重机及旋转平台的位置，保持活塞平衡。控制鼓风机供气量和供水量，使每次浮升顺利完成。

5.2.12 柜顶就位固定

1. 就位前必须根据鸟形钩的位置计算出活塞浮升高度，标记挂钩板的准确位置，焊接临时挂钩板。

2. 根据整体安装方法的发明专利使柜顶就位后，应先确定柜顶端与柱的间距尺寸。在确认立柱垂直度达到规定要求后，切割多余柱肢，焊接连接节点，最后安装、焊接立柱与顶部回廊间的连接件。

3. 柜顶与柱顶连接节点焊接完毕、检查合格后，即可解除鸟形钩与柜顶的连接节点，使活塞回落。

5.2.13 活塞运行试验

活塞运行试验应在密封机构及导轮系统二次清洗检修结束后，柜内工装全部拆除、清理结束后进行。试验过程中，每升（或降）两层侧板要统一检查一次活塞的倾斜度和密封机构、导向轮，并详细记录，以备调整。

5.2.14 活塞内混凝土施工

1. 箱形环梁现浇混凝土应分区分层浇筑，振捣到位，保证密实，上表面平整，高度一致，保证活塞工作压力要求。

2. 活塞配重块的外形要均匀一致，重量偏差均匀。入柜后按设计规定摆放整齐，并根据设计要求和活塞运行情况适当调整。

6. 材料与设备

6.1 施工材料（表 6.1）

施工材料 表6.1

序号	工艺装备名称	备注
1	活塞中心支架	
2	柜顶中心支架	
3	鸟形钩系统	
4	内外部脚手架系统	
5	接柱模具	
6	挂钩板	
7	柜顶起重机轨道系统	
8	柜顶起重机	
9	柜顶起重机锚固系统	
10	柜顶辅助导轮	
11	柜顶与立柱连接间隙垫	
12	临时挂钩板	
13	鼓风机基础台架	
14	侧板现场拼装专用胎具	
15	侧板现场焊接专用胎具	
16	侧板现场放置专用胎具	
17	无间隙钢冲	
18	扭断螺栓	
19	构件运输胎架	
20	临时密封橡胶	
21	油槽保护装置	
22	侧板焊接用防护棚	
23	安全爬梯	
24	现场临时拼装台	
25	柜顶拼装胎架	

6.2 施工机具（表 6.2）

施工机具 表6.2

序号	机具名称	规格	型号	数量	备注
1	履带式起重机	100t	QUY100	1	根据具体情况选用
2	履带式起重机	50t	QUY50	1	
3	汽车式起重机	20t		1	搬运构件
4	载重汽车	5～10t		3	构件运输
5	逆变电焊机			4	
6	CO_2气保焊机			40	
7	直流电焊机		AX-500	2	碳弧气刨用
8	角向磨光机	ϕ150		50	
9	链式起重机	3～5t		40	
10	千斤顶	16～32t		36	
11	水泵			3	
12	鼓风机	200kW		2	检修用风机
13	空气压缩机			1	碳弧气刨用
14	碳弧气刨枪	ϕ8		2	
15	真空泵/真空箱			6	
16	水柱测压计			4	
17	红外线电热干燥箱			2	二级库
18	焊条保温筒			36	
19	超声波探伤仪		PXUY-350	1	
20	对讲机			12	
21	漆膜测厚仪			1	
22	弹簧秤			2	测量用
23	水准仪		N3	1	
24	经纬仪		T2	2	
25	激光铅垂仪			1	
26	光电测距仪		DCH-2	1	
27	扭力搬手	28～76kg·m		1	
28	干湿温度仪			2	

7. 质量控制

7.1 执行标准

7.1.1 设计文件（施工图、设计说明书、技术协议、施工要领书、调试要领书等）。

7.1.2 现行国家或行业标准、规范：

《钢结构工程施工质量验收规范》GB 50205；

《工业金属管道工程施工及验收规范》GB 50235；

《建筑钢结构焊接规程》JGJ 81；

《现场设备、工业管道焊接工程施工及验收规范》GB 50236；

《涂装前钢材表面锈蚀等级和除锈等级》GB 8923；

《碳钢焊条》GB/T 5117；

《气体保护电弧焊用碳钢、低合金钢焊丝》GB/T 8110；

《钢焊缝手工超声波探伤方法和探伤结果分级》GB 11345；

《钢制焊接常压容器》JB/T 4735；

《钢制压力容器》GB 150；

《建筑工程冬期施工规程》JGJ 104；

《冶金机械设备安装工程施工及验收规范通用规定》YBJ 201。

7.1.3 本企业内部质量检验评定标准及检定表：

《新型（橡胶—稀油密封）干式储气柜结构制作工程质量检验评定标准》；

《新型（橡胶—稀油密封）干式储气柜结构安装工程质量检验评定标准》；

《稀油密封干式储气柜（含新型柜）浮升安装操作规程》；

《干式储气柜柜内混凝土工程施工质量验收标准》。

7.2 工序控制

主要工序停检点控制程序见图7.2。

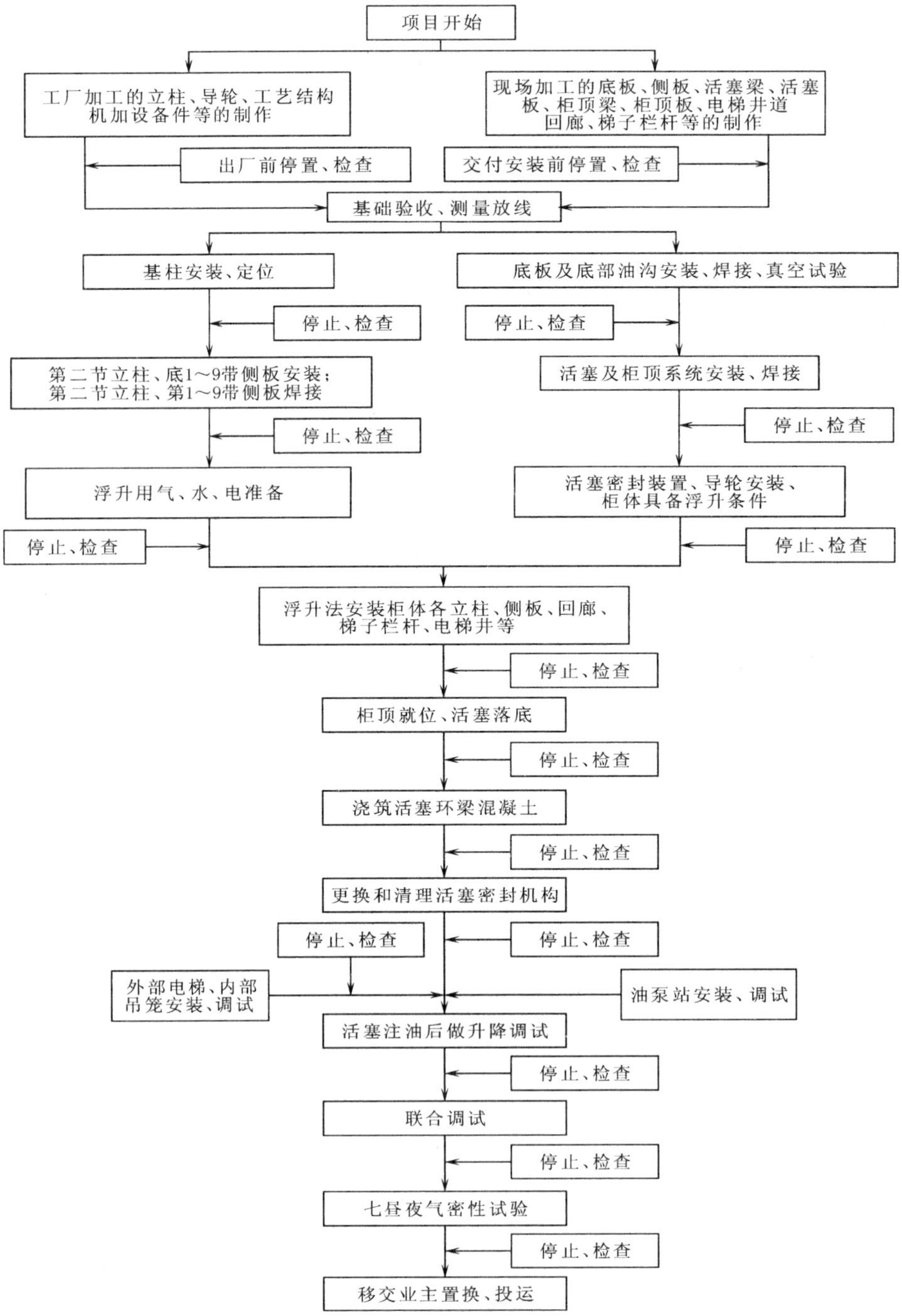

图7.2 施工质量控制停检点程序图

7.3　运行检验指标

以太钢为例见表7.3。

运行检验指标　　表7.3

序号	检　项	单位	指标	备 注
1	储气压力	kPa	10±0.15	
2	每台油泵站启动次数	次/日	≤20	
3	活塞水平倾斜度		晴天 $D/500$	最大 50mm
			阴天 $D/1000$	
4	活塞水平转动值	mm	≤15	
5	泄漏率	7 昼夜	≤2%	
6	密封油损耗量	t/半年	10	
7	活塞最大下降速度	m/min	2.3	考核时间 5min
8	防腐涂层寿命	年	5	

7.4　关键工序施工质量控制

7.4.1　立柱安装垂直度控制

1. 立柱安装前必须逐根检查其直线度、几何尺寸、端头截面的几何尺寸、坡口形式等，如有超差应及时修整，合格后方可吊装。

2. 基柱是后续立柱及柜顶、活塞安装的基准，必须严格达到规定的安装精度后，方可安装后续立柱。

3. 后续每一节立柱的控制轴线、垂直度控制点均应从地面控制轴线直接引出，消除积累误差。

4. 每安装一层侧板，必须测量一次立柱径、切向垂直度，如有变化或超差，应及时调整至合格，不得留到下一层侧板施工后调整。

5. 侧板焊接过程中，焊速等规范参数应尽可能保持一致。必须跟踪监测立柱的径、切向垂直度及弦长，如有变化应调整焊接工艺参数或采用机械方法及时调整。

6. 后续立柱安装测量时，应考虑日照温度变化产生的热影响引起的立柱垂直度的变化。因此必须在没有日照时实施观测，避免温差的影响。

7.4.2　侧板对接焊缝质量控制

1. 焊前必须经质检员严格检查安装螺栓是否拧紧，焊缝坡口形式、间隙缝等装配质量是否满足设计要求，焊道内铁锈、油污等脏物清理干净，然后方可进行焊接。

2. 必须对称布置焊工，施焊方向段落划分应严格按工艺规定执行。

3. 采用CO_2气体保护焊时，应保证焊丝伸出长度、气体纯度等满足工艺规范规定。

4. 焊丝表面必须保持干燥、干净，必要时应经烘干处理。CO_2气体必须达到规定的纯度要求；气路中应设置干燥器，减少CO_2气体的水分。

5. CO_2气体保护焊焊接电源极性采用直流反接，以利于减少飞溅，稳定电弧，增大熔深，保证焊接质量。

7.4.3　导轮安装

1. 导轮安装前，导轮架系统必须全部安装、调整固定完毕。每个支架的径、切向垂直度、轴线位移都应达到标准规定，不得超差。导轮座的表面垂直度、轴线位置、孔距、孔径必须达到标准、规范的要求，如有超差应及时处理。

2. 导轮安装前，安装人员应对导轮逐个检查其外观、几何尺寸、孔径、孔距、油孔、油线等，应完全满足设计要求后方可安装。

3. 导轮安装应以达标的立柱导轨面为基准，上、下导轮轴线，垂直度、导轮与导轨面轴线、导轮轴与导轨面的平行度，导轮轴的水平度等，必须达到有关标准规定的公差范围内后，方可将导轮固定。

4. 导轮调整固定时，应考虑日照温差影响立柱垂直度，应尽量选在日落后或日出前的时间调整，以减少温差影响。

5. 浮升前导轮安装时，不应将导轮施加过大轮压。导轮接触到的侧板壁微受力，即用手不能搬动导轮转动为宜。

7.4.4 活塞环梁混凝土浇筑

1. 环梁内混凝土浇筑的质量必须严格按设计规定执行。混凝土的强度等级、表观密度（容重）、浇筑方法、浇筑的混凝土配合比、必须严格控制。

2. 浇筑应在活塞回落之后进行，由柜壁人孔和每段环梁人孔进入浇筑区域。

3. 浇筑前应首先确定浇筑流向，按流向施工，分层浇筑，振捣密实，保证浇筑高度一致，顶面抹平控制高差在±5mm范围内。

7.4.5 运行机构调整

1. 导轮、防回转装置及密封机构调整，必须严格按设计要求的质量标准及公司的检评标准执行。本公司专职质检员严格检查验收，保证最终质量指标满足气柜正常运行需要。

2. 密封帆布必须经缩水处理后方可使用。

3. 浮升施工用的密封机构应严格按正式安装的要求进行安装。

4. 浮升施工过程中要采用适当的措施对密封帆布进行保护。

8. 安全措施

8.1 遵守国家安全法规及行业、企业内部各种有关规定。

8.2 所有施工操作的脚手架、平台等均采用自制的特殊脚手架，并设置标准维护栏杆，防止高空坠落。

8.3 柜体是由全部钢结构焊接组成，施工时用电设备较多，电缆、电线上下垂悬分布范围很大。故应特别注意用电防护，设专业电工随时检查维护，防止发生触电造成伤害，雨、雪天户外应停止施工。

8.4 浮升用的鼓风供水设备，是浮升施工的关键设备，须设专业人员操作维护。其工作时随时观察压力计的压力变化情况，随时调节进风量，控制浮升速度，保证浮升顺利进行。

8.5 各种工装卡具（如鸟形钩、中心支架、挂钩板等）的连接螺栓、焊缝等，技术人员应根据不同情况预先严格计算，考虑各种不利因素，校核强度、稳定性，保证使用需要。

8.6 施工过程中设专人操作、看管每个鸟形钩，观察其与挂钩板的咬合状况，尽量使其受力均匀，挂钩各部位销钉应与钉孔紧密配合，使截面受力良好。

8.7 柜内作业区域应配置适当的消防器材，严防电气设备及易燃易爆物品因操作不当造成火灾。

8.8 夏季雷雨天时，应采取有效防雷措施，保证安全。

1. 当柜体高度未超过附近原有建筑物高度之前，应根据有关规定做好临时避雷接地装置。

2. 柜体安装高度超过附近原有建筑物后，如遇雷雨天应停止施工。

3. 柜体结构安装施工到顶后，应及时安装避雷系统。

8.9 若在易燃易爆区域内施工，开工前公司安全保卫部门必须会同甲方有关部门针对工程实际情况共同订立《安全防火协议》，施工中双方共同遵守。

8.10 施工用气体、油漆等必须按规定隔离存放、专人看护，并将防火器材配备齐全。

9. 环保措施

9.1 施工现场应按施工需要划定施工场地，与居民区域或其他生产厂区隔开，减少施工干扰。

9.2 施工期间，尽量避免破坏场地内外的绿化带和树木等绿化设施。

9.3 油漆涂装时应有良好的通风条件，保证施工人员能够安全施工。

9.4 在居民区附近施工时，应严格控制噪声污染，夜间作业不超过晚22：00，不能影响居民和职工休息。

9.5 职工宿舍、食堂、洗浴、卫生设施齐全、整洁干净，生活垃圾定期外运到垃圾场集中处理。

10. 效 益 分 析

10.1 本工法在柜体安装中不需高耸大型起重设备，可节约起重吊装设备费216万元。

10.2 本工法解决了施工工期与质量控制的矛盾，可边施工边对质量成果进行控制检查。大量降低质量返修成本，约占投资额的5%。

10.3 高空作业施工安全度大大提高，改善了施工人员高空作业环境，使施工安全、有效进行。

10.4 社会效益显著，提高工业、民用煤气化程度，减少环境污染，改善了大气环境，对建设节约型社会有极大的推动作用。

11. 应 用 实 例

11.1 太原钢铁（集团）有限公司新建 30 万 m^3 干式高炉煤气柜制作安装工程

太钢30万m^3干式高炉煤气柜，位于山西省太原市太钢厂区内，是国内首台自行设计、建造的最大容积煤气柜，公司于2004年12月承建。其外壁直径64.6m，总高度达120.777m，储气压力10000±150Pa，采用稀油与橡胶环密封，钢构件达3300t。

在30万m^3POC型储气柜大型球面薄壳柜顶安装方面采用了整体安装方法，这种安装方法已经取得了国家发明专利，提高了POC型储气柜柜顶安装的质量、效率和安全性。

太钢30万m^3POC型干式储气柜于2006年4月顺利投产后，运行情况良好，达到了设计要求，对企业煤气管网稳定运行、环保节能、有效利用二次能源起到良好作用。30万m^3煤气柜的储气压力达到10000pa，其技术与建设从世界范围看都极具挑战性。

11.2 包钢 30 万 m^3 稀油密封圆形煤气柜工程

包钢30万m^3稀油密封圆形煤气柜，位于内蒙古包钢厂区内，于2006年12月开工，2007年12月竣工，其外壁直径及总高度等与太钢30万m^3柜相同， 储气压力略有不同，为8000±200Pa。包钢工程在太钢工程的基础上采用了防止大跨度柜顶梁变形的方法，此方法有效的防止了大跨度柜顶梁单元体在安装过程中发生变形的现象，提高了工作效率并降低了成本，可广泛用于建筑施工领域。此方法现已经获得国家发明专利。

11.3 天津天铁冶金集团有限公司 30 万 m^3 高炉煤气柜工程

天津天铁冶金集团有限公司30万m^3高炉煤气柜，位于河北省涉县天津铁厂厂区内，于2009年3月开工，2009年12月峻工，其外壁直径64.6m，总高度达121.262m，储气压力达到11000Pa，为同类型气柜之最。

天铁工程成功的应用了本工法，缩短了工期，取得了良好的经济效益和社会效益。

目前公司陆续承建的太钢、包钢、江阴、首钢、天铁等30万m^3POC型干式储气柜的施工项目，均成功应用了本工法。建成后的几台气柜，通过几年的运行证明其使用性能优于其他形式的稀油密封气柜，得到了生产使用厂家的普遍认可。

特大型环冷机设备安装施工工法

GJEJGF330—2010

中冶天工集团有限公司　中冶建工有限公司
钟晓雷　黄强　牛勇　庞健　郭永亮

1. 前　　言

环冷机是烧结矿生产过程中的主体设备，用于冷却烧结矿。随着环冷机研制技术的不断更新和规模的扩大，对环冷机设备安装的技术要求越来越高，这就需要不断探索新的施工工法。

特大型环冷机安装的主要施工难点有：水平轨安装调整；侧轨安装调整；固定密封安装调整；回转框架和近百台台车圆度调整。为解决这些施工难点，中冶天工集团有限公司和中冶建工有限公司进行了技术创新和总结，并形成了一整套先进、成熟的施工技术《特大型环冷机设备安装施工工法》，该工法已经在目前世界上最大的太钢715m^2环冷机安装中成功应用，为以后特大型环冷机设备安装提供借鉴经验。其中环冷机侧轨安装专用工具、环冷机固定密封安装专用工具和环冷机回转框架综合安装技术已获三项国家专利，《特大型烧结机主体设备安装综合技术》获得中冶集团科技创新成果奖和中国施工企业管理协会技术创新成果一等奖。

2. 工 法 特 点

2.1　采用“对边测量”法确定环冷机水平轨标高及半径，解决了普通测量方法目标不能通视的难题，极大地提高了测量的精度和速度。

2.2　针对环冷机侧轨安装精度难以保证，研制环冷机侧轨安装专用工具，缩短了安装时间，提高了施工效率，降低了施工成本。

2.3　研制环冷机固定密封安装专用工具，降低了施工难度，节约了施工时间及费用。

2.4　采用环冷机回转框架综合安装技术，控制框架的焊接变形量，保证框架的圆度。

3. 适 用 范 围

本工法适用于特大型环冷机设备的安装施工，对其他类型的环冷机设备安装也有参考作用。

4. 工 艺 原 理

4.1　采用“对边测量”法确定环冷机水平轨标高及半径的工艺原理是：小型环冷机鼓风系统一般设置在环冷机外围，测量目标可以通视；而大型环冷机鼓风系统一般设置在环冷机内圈，阻碍了测量目标的通视，需要通过概约位置与实际位置的对比测量即“对边测量”法来解决。

4.2　环冷机侧轨安装专用工具（专利技术）的工艺原理是：环冷机水平轨安装调整时，沿环冷机半径方向在内外轨梁上投设测量点。根据已经调整好的水平轨道，利用此工具设定的长度L_1和高度L_2安装调整侧轨。简图及说明如图4.2。

4.3　环冷机固定密封安装专用工具（专利技术）的工艺原理是：在环冷机水平轨调整好后，利用此工具设定的长度L_1和高度L_2直接调整固定密封的圆度和标高，简图及说明如图4.3。

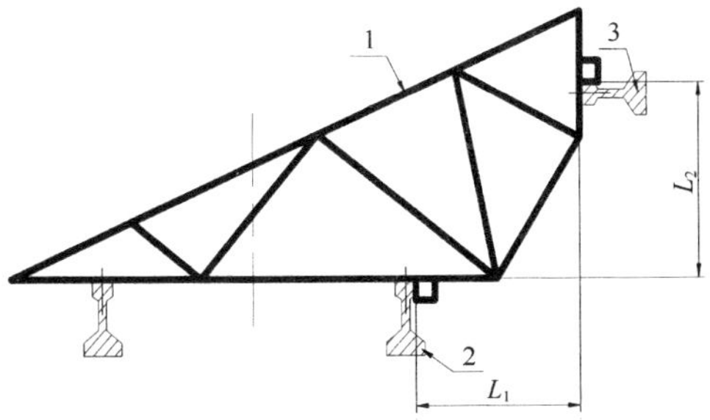

图4.2　环冷机侧轨安装专用工具工艺原理

1—专用工具；2—内水平轨；3—侧轨；

L_1—内水平轨内侧到侧轨顶面的水平距离；

L_2—水平轨顶面到侧轨上顶面标高差

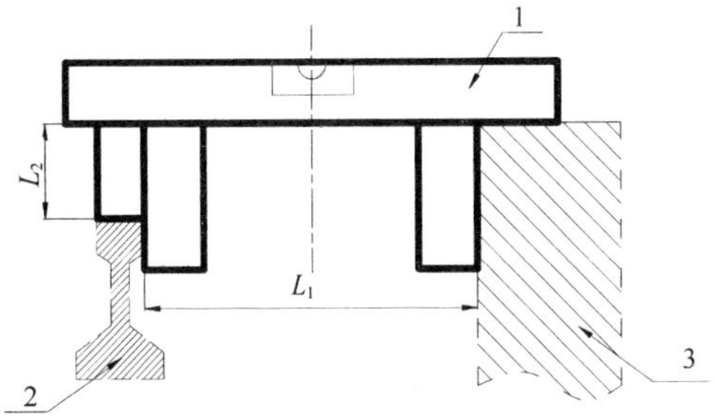

图4.3　环冷机固定密封安装专用工具的工艺原理图

1—专用工具；2—环形水平轨；3—固定密封；

L_1—环冷机水平轨侧面到固定密封侧面的水平距离；

L_2—水平轨顶面与固定密封顶面的标高差

4.4　环冷机回转框架综合安装技术（专利技术）的工艺原理是：整个回转框架及台车拼装成圆；调整侧辊轮底部垫板，使侧辊轮顶面到内框架尺寸达到设计要求；根据焊接变形量，将框架固定；根据台车数量把回转框架均分成多等份，并且给框架进行编号，按对称焊接原则，所有焊工采用同一焊接工艺；安装内、外加强板并将其点焊在内、外框架上，焊接方法和顺序与框架角板焊接相同；采用对称卸载工艺拆除固定框架的临时设施；经过时效处理，测量侧辊轮顶面与侧轨顶面间隙，达不到要求的，调整侧辊轮底部垫板。

5. 施工工艺流程及操作要点

5.1　环冷机安装工艺流程（图 5.1）

5.2　操作要点

5.2.1　环冷机基础放线

环冷机纵向中心线是烧结机纵向中心线的延伸线，其测量方法是以烧结机纵向中心线为基准，测出环冷机的纵向中心线中心 *ab*，并埋设中心标板及标记中心基准点。

以全厂区测量控制网为基准，向环冷机横向中心线投 *c* 点，在 *c* 点埋设基准板并标记中心基准点 *c*,用全站转角法测得 *d* 点，在 *d* 点埋设中心线基准板并标记中心基准点，直线 *cd* 即为环冷机横向中心线。

中心线 *ab* 与 *cd* 的交点 *O* 为环冷机中心基准点。

以烧结机的标高基准点为基准，在环冷机圆心的中心标板上投标高基准点。

环冷机测量定位如图5.2–1。

5.2.2　机架、给矿及卸矿漏斗安装

1．机架安装

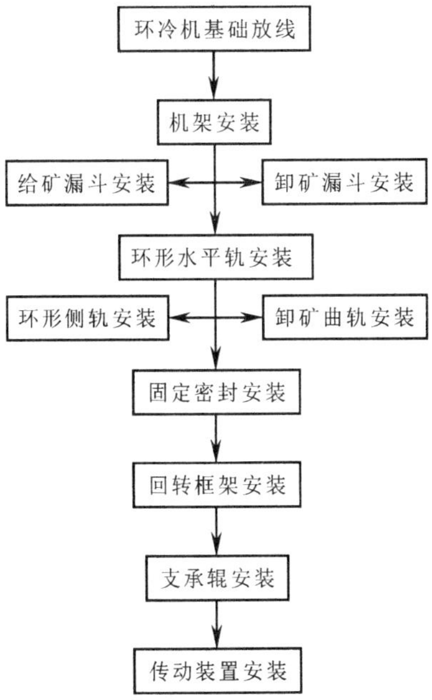

图5.1　环冷机安装工艺流程

环冷机机架为多边形而近似圆形的框架结构，由内圈结构与外圈结构所组成，立柱使用垫板坐浆法安装。配合机架安装，在安装机架横梁之前，将环冷机水平轨道以下的鼓风箱、风管、卸矿溜槽、电动小车、双层阀及板式给矿机等设备，事先吊装初步就位。

2．给矿漏斗安装

给矿漏斗的安装方法可利用厂房内桥式起重机吊装就位。料斗的本体安装后，再安装给矿斗的出

料口。在出料口内部设有控制料层厚度挡板，安装后焊接定位。

3. 卸矿漏斗安装

卸矿漏斗是在环冷机机架安装时穿插安装，先初步安装就位，待机架找正完毕后调整其位置。该料斗的安装位置，直接影响曲轨安装定位，而且料斗的下平面又与散料运输车相连接。其找正方法是根据已经调整定位的机架柱子中心线及环形水平轨中心线，而确定卸矿漏斗的纵向及横向中心线。

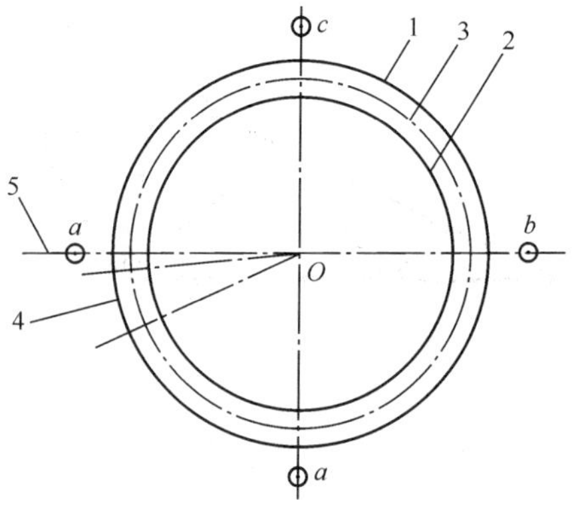

图5.2-1 环冷机测量中心线

1—外环形轨道；2—内环形轨道；3—台车环形中心线；4—卸料曲轨；5—烧结机纵向中心线延伸线

5.2.3 环形水平轨道安装

"对边测量"法适用于知道圆心点数据，但在施工现场圆心点被障碍物阻挡无法在圆心点测量全轨道曲线的情况。

1. "对边测量"法测量步骤如下：

1）只需将全站仪架设在5（环冷机平台）处任意视线较好位置；

2）将棱镜架设在1（中心测量桩）中心点上，瞄准测量；

3）再把棱镜架设在轨道半径曲线概约位置，瞄准测量；

4）测出数据就是中心点到棱镜位置的距离（也就是轨道半径）和中心点与棱镜位置的相对标高，将测出数据与设计数据对比，修正棱镜位置，则该修正点就是轨道半径和标高的设计点，做好记录；

5）重复第三和第四步，可测出其余水平轨道半径、标高。

特大型环冷机水平轨道测量示意图如图5.2-2：

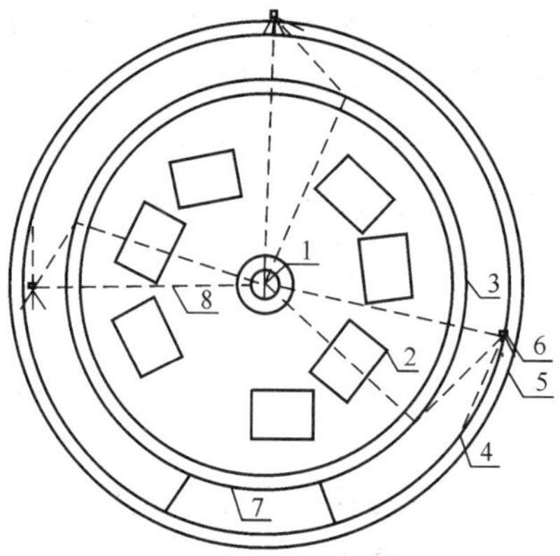

图5.2-2 特大型环冷机水平轨道测量示意图

1—中心测量桩；2—环冷风机（环冷机中间障碍物）；3—环冷机内水平轨道；4—环冷机外水平轨道；5—环冷机平台；6—测量仪器架设点；7—环冷机曲轨；8—中心点到轨道距离

2. "对边测量"法的优点主要有以下几点：

1）极大提高测量的精度和速度；

2）测量仪器可以架设在视线较好的任意位置；

3）根据测量数据与设计数据对比即可得到调整水平轨的数值。

5.2.4 环形侧轨安装

当环形水平轨安装结束后，就可以进行环形侧轨的安装。环冷机侧轨安装精度要求高，其安装精度将直接影响环冷台车运行时的平稳性和安全性。

环形水平轨安装调整时使用自行研制的侧轨安装专用工具（专利技术），使半径极限偏差控制在±1mm、标高极限偏差控制在±2mm。

5.2.5 卸矿曲轨安装

1. 安装卸矿曲轨时，先安装曲轨最低点的中段，中段定位以后再安装左右两段曲轨，各段之间采用连接板及螺栓连接，当曲轨最终调整定位后，再将连接板与曲轨焊接固定成整体。为了便于调整曲轨，除已有支承座外，可焊接几个辅助支承，待曲轨最终调整完毕时拆除。

2. 检查曲轨入口端及出口端柱子中心线位置，在柱子上做好标志，根据柱子中心线测量定位曲轨入口及出口端位置。

3. 安装临时水平轨道，以台车环形中心线为基准，检查内外临时水平轨的间距。

4. 以临时水平轨为基准，检查水平轨至曲轨最低点的高度偏差。

5. 环冷机圆心、内外曲轨最低点，这三点应连成一直线。检查这个项目的目的是防止内外曲轨产生圆周方向错位，造成台车车轮与曲轨轨面接触不良。

5.2.6 固定密封安装

在环冷机水平轨调整好后，利用环冷机固定密封安装专用工具（专利技术）调整固定密封的圆度和标高。

5.2.7 回转框架安装

环冷机水平轨道、侧轨及曲轨安装结束后，进行回转框架的安装。回转框架的圆度影响整个框架及台车的运转平稳性，安装顺序和焊接工艺直接影响回转框架的圆度。采用环冷机回转框架综合安装技术（专利技术）安装回转框架。

5.2.8 支承辊安装

调整支承辊辊面在静态下的标高，在台车回转框架及加强板全部安装完毕后，根据回转框架试运转中与支承辊辊面的实际接触状况，再适当调整其标高。运转中有个别支承辊间歇转动，是由摩擦板及回转框架的波动所形成。

5.2.9 传动装置安装

传动装置的安装操作要点如下：

1. 将传动装置及摆动机架整体吊装就位；
2. 以摩擦板上表面标高为基准，检查传动装置底座标高；
3. 测量环冷机圆心、摩擦轮中心与减速机出轴中心，该三点应在一直线上；
4. 安装从动摩擦轮，根据设计要求调整弹簧压力。

5.3 劳动力组织（表5.3）

劳动力组织情况表 表5.3

序号	工　种	所需人数	备　注
1	钳工	6	
2	测量工	3	
3	起重工	6	
4	电焊工	10	
5	气焊工	8	
6	力工	12	
7	总计	45	

6. 材料与设备

本工法使用的主要材料设备见表6。

材料设备表 表6

序 号	机具名称	规格型号	单 位	数 量	用　途
1	电焊机	BX1-500	台	10	焊接设备
2	环冷机侧轨安装专用工具		套	1	调整侧轨
3	环冷机固定密封安装专用工具		套	1	调整固定密封
4	全站仪	徕卡TCR1201	套	1	测量定位
5	精密水准仪	DSZ2	套	1	测量标高
6	槽　钢	[10	m	200	固定回转框架

7. 质 量 控 制

7.1 工程质量控制标准

特大型环冷机设备安装施工质量执行《烧结机械设备工程安装验收规范》GB 50402-2007、《机械设备安装工程施工及验收通用规范》GB 50231-2009。环冷机主要设备允许偏差按表7.1执行。

允许偏差表　　表7.1

序号	项　目	允许偏差（mm）	检测方法
1	环冷机纵向中心线	± 3mm	全站仪
2	环冷机横向中心线	± 3mm	全站仪
3	环冷机基准点标高	± 3mm	精密水准仪
4	立柱中心与其基础中心的重合度	ϕ2mm	全站仪、钢尺
5	柱子底板标高	± 2mm	精密水准仪
6	柱子安装铅垂度	1 / 2000	全站仪、钢尺
7	环冷机内水平轨半径	0 ~ +1	全站仪
8	环冷机外水平轨半径	0 ~ −1	全站仪
9	环冷机水平轨标高	± 1	全站仪
10	环冷机侧轨顶面半径	± 1	钢尺
11	环冷机侧轨标高	± 2	精密水准仪
12	内外曲轨与台车环形中心线的间距	± 2mm	钢尺
13	内曲轨最低点、外曲轨最低点与环冷机中心点连成一直线	≤1.5mm	全站仪
14	曲轨与环形水平轨接头处高低差	≤0.5mm	精密水准仪
15	环冷机固定密封半径	± 1	钢尺
16	环冷机固定密封标高	± 1	精密水准仪
17	环冷机侧辊轮与侧轨间隙	± 0.5	塞块
18	传动装置底座纵向、横向中心线	± 1mm	全站仪
19	传动装置底座标高	± 0.5mm	精密水准仪

注：公差要求与国家规范不一致处，执行的是设计要求。

7.2 质量保证措施

7.2.1 采用“对边测量”法测量环冷机水平轨之前，必须对环冷机中心测量桩进行验收、复查。

7.2.2 安装环冷机水平轨、侧轨、固定密封时，前道工序必须经过验收。

7.2.3 专用工具必须指定专业工具厂制作，加工精度达不到要求不能使用。

7.2.4 安装回转框架必须执行既定的安装顺序和焊接工艺。

7.2.5 所有的测量检测必须在环境较好的情况下进行。

7.2.6 测量检测工具必须经过质检部门校核合格后才能使用。

7.2.7 做好各项技术交底工作，贯彻图纸设计意图。

7.2.8 做好各设备的测量记录工作。

8. 安 全 措 施

环冷机安装施工中除严格遵守《建筑工程安全技术规范》外，还要注意以下几点：

8.1 环冷机现场孔洞较多，安装施工前做好覆盖和设立警示标志。

8.2 使用搭设内、外圈连通的临时通道，方便施工人员进入环冷机内圈施工。

8.3 安装环冷机机架属于高空作业，施工人员应系好安装带。

8.4 使用起重机械起吊环冷机各设备时，必须由专人操作、专人指挥，持证上岗。严格遵守"起重十不吊"的规定。

8.5 安装环冷机轨道时，需搭设临时平台及走道。

8.6 环冷机安装夜间施工时，照明不充足应停止施工。

8.7 气象条件不好时应停止施工。

9. 环保措施

环冷机安装施工中除严格遵守《中华人民共和国环境保护法》及业主厂容环境管理的有规定外，还要注意以下几点：

9.1 根据设备安装进度计划，制定相应的设备出库计划，确保施工现场无大量设备堆放，影响施工环境。

9.2 环冷机轨道垫板包装箱、连接螺栓包装盒等设备外包装，应根据业主要求存放在指定地点。

9.3 环冷机安装产生的废旧磨光片、焊条头、清洗油等废弃物禁止随意扔弃，应有专人采取集中回收堆放到指定地点集中处理。

9.4 在环冷机施工过程中，施工现场设专人监管，控制现场各种粉尘、废气、废水、有毒有害废弃物对环境的污染和危害。

10. 效益分析

10.1 与传统的施工方法相比，应用此工法提高了施工效率、降低了施工难度、缩短了工期、节约了各项施工费用，并且提高了施工质量，使设备使用寿命延长，为以后特大型环冷机设备安装提供了借鉴经验。

10.2 本工法中"环冷机侧轨安装专用工具、环冷机固定密封安装专用工具和环冷机回转框架综合安装技术" 获得三项国家专利、《特大型烧结机主体设备安装综合技术》 获得中冶集团科技创新成果奖和中国施工企业管理协会技术创新成果一等奖。这些技术创新有力地提高了企业的施工技术水平，为企业的科技进步添砖加瓦。

11. 应用实例

本工法经过多项工程的实践，都取得了良好的经济效益和社会效益，受到业主和监理的一致认同。

11.1 日钢1号415m^{2}环冷机安装工程，2008年5月开工，运用此工法环冷机在2008年9月顺利生产出烧结矿，使业主当年投资就产生经济效益。

11.2 日钢2号415m^{2}环冷机安装工程，2008年9月开工，运用此工法环冷机在2008年12月顺利生产出烧结矿，总工期缩短了30d。

11.3 太钢715m^{2}环冷机安装工程，2009年4月开工，2010年3月顺利投产。世界上最大的环冷机投产后，一切设备运转良好，受到业主和监理的一致好评。

利用柜顶作爬升式操作平台 正装大型橡胶卷帘密封干式气柜施工工法

GJEJGF331—2010

中化二建集团有限公司　中国石化集团南京工程有限公司
张晓亮　李青文　白爱明　冷辉　胡贯建　韩新兰

1. 前　　言

近年来，随着国家节能环保政策的要求和燃气行业的快速发展，橡胶卷帘密封干式气柜在冶炼、煤化工，天然气等诸多行业得到了广泛运用，但如何在较短的工期内，安全，高效、快速的达到高水平的质量要求，中化二建集团有限公司进行了多次技术攻关和科技创新，自主研发了柜顶吊工装设备，通过改进施工工艺，形成了此工法，先后应用于山东滨化滨阳燃化公司、山西安泰集团等3台大型煤气柜项目，优质高效完成了任务，一次调试成功，获得了业主的好评。

由该工法形成的专利技术《大型橡胶密封干式气柜制作方法》已于2011年3月通过国家知识产权局的受理（专利申请号：201110072791.5）。

2011年1月17日，由中国化工技术鉴定委员会对该成果进行了评估，认为该技术是大型橡胶密封干式气柜施工方法的一项创新，技术成熟，安全可靠，在国内处于领先水平。由于其成本低，进度快，技术性强，操作安全可靠，取得了良好经济效益和社会效益。

2011年3月该工法被评为全国化工施工工法（部级）。

2. 工 法 特 点

2.1　自行设计制作柜顶吊工装，工装设备主要由L形支撑滑梁、活动挂板、作业平台组成。

2.2　利用柜体结构立柱设置吊点，捯链提升柜顶。侧板采用塔吊正装，侧板安装一层，利用顶吊工装提升柜顶一层。

2.3　利用柜顶作爬升式操作平台，即柜顶在地面组焊成整体后，施工人员全部在柜顶进行操作，施工作业面大，降低了作业风险，安全可靠，工作效率高，同时有利于保证最终质量。

2.4　对称布置塔吊有效覆盖柜体施工作业面，可减少大型机械台班，降低工程成本。

2.5　自行设计制作外部悬挂移动焊接吊筐，它的运用节省了大量脚手架的租赁搭设成本。

2.6　焊机布置在柜顶随柜壁组装同步起升，不改变焊机二次线长度，保证焊接工艺参数稳定。

2.7　汽车吊进入柜作业，提高了作业效率和机动性，缩短了工期。

2.8　密封橡胶膜安装采用手扳葫芦及专用扁担起吊梁和夹具进行安装。

3. 适 用 范 围

该工法适用于各种规格的橡胶卷帘密封干式气柜的制造安装。

4. 工 艺 原 理

针对气柜体积庞大，重量大，全部为零散件安装，在施工前根据气柜特点，进行吊装设备选用和专用柜顶吊装工装研制。

在柜体外围对称安装两台塔吊，吊装零部件使用；重点是对柜顶吊装工装的设计制作。

4.1　柜顶吊工装构成

柜顶吊工装由L形支撑滑梁、挂板和作业平台组成，如图4.1示。每个立柱安装一套提升工装设备，并配备提升捯链。

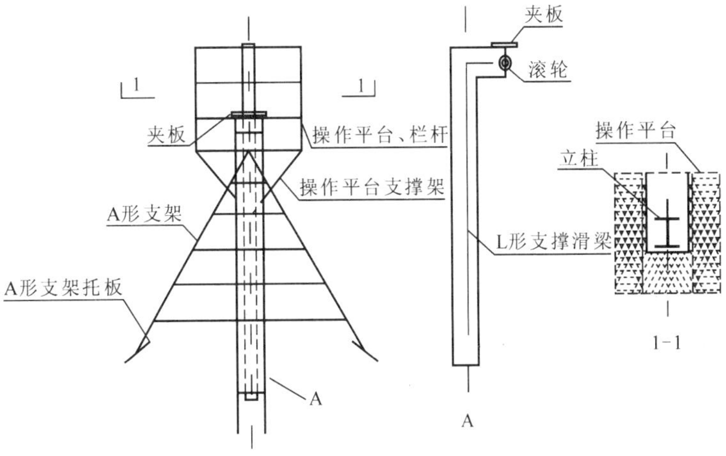

图4.1　柜顶吊工装简图

4.2　柜顶吊工装部件功能

4.2.1　L形支撑滑梁

1. 支撑滑梁为整套工装设备的关键部件，每根长约3m。安装时将L形滑梁竖立，钩头朝上的一端安装一只滚轮，与立柱紧靠；下端与柜顶骨架外圈梁临时焊接，滑梁后部用A形架将其支撑固定于顶盖，确保其稳定性。

2. 吊装时，随着手拉葫芦的提升，支撑滑梁上部滚轮会随着柜顶上升而在钢柱表面滑动，同时由于支撑滑梁与上部钢柱紧贴，保证了柜顶起吊过程中平稳无晃动。

4.2.2　挂板

挂板在整个工装过程中起着承载捯链向下的拉力，每个吊点配有两套挂板，每套挂板由两块钢板组成，其中一块钢板焊有吊耳，挂板通过4条高强度螺栓固定于立柱作为捯链提升的挂点。

4.2.3　作业平台

通过现场实践，在L形支撑滑梁的上部安装面积1.2m×1.2m操作平台，它是柜顶吊工装的组成部分，操作平台随支撑滑梁同步上升，立柱空中组对，挂板和捯链倒换操作都在平台上部进行；它随L形支撑滑梁向上同步滑动。

4.3　柜顶起吊过程

当每层侧板安装完，所有捯链同步提升柜顶起升一层。当柜顶到达指定位置停止，这时将休息挂板立即固定于滑梁钩头下部，拆除捯链，这时柜顶重量交由L形支撑滑梁承载，捯链拆除后再挂到上部的挂板，在每一次吊装程序结束，通过倒换挂板和捯链重新进行下一次作业。两套挂板上下轮流倒替作业，直至全部侧板、立柱、平台等安装完毕。柜顶吊起吊过程示意如图4.3。

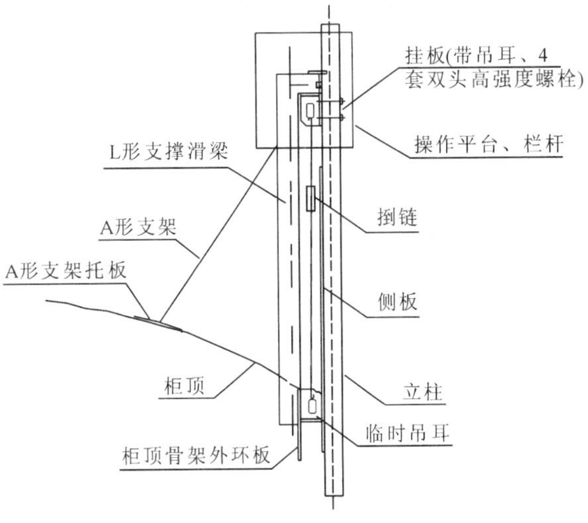

图4.3　柜顶吊起吊过程示意图

4.4　柜体的焊接

4.4.1　随着柜体的升高，通过研制了悬挂移动式焊接吊筐，解决了不搭脚手架进行柜体外部高空焊接的施工难题。吊筐上部设置两个滚轮，轮槽卡在侧板上部边缘，滚轮在钢板边缘滑动带动吊筐移动。

4.4.2　为确保吊筐的安全，绕气柜架设一道钢丝绳为安全带设置挂点，同时在滑轮靠柜内侧设置安全挡板，防止吊筐脱落，确保了高空焊接的安全。

4.4.3　两根柱间倒换位置时，人员撤离，用塔吊将吊筐安装在需要焊接的部位。

5. 施工工艺流程及操作要点

5.1　干式卷帘密封煤气柜施工工艺流程（图 5.1）

5.2　操作要点

5.2.1　基础验收

基础的验收包括：中心标识点、基准点、标高和基础线的位置，基础的强度，沉降点观测记录，检查有无遗漏的项目，各有关数据的实际复查，气柜拱顶基础标高复测。

5.2.2　底板安装

基础中心和立柱中心标定后，按照气柜底板排图，将底板由中央向外铺设，施焊前进行点固定。在底板焊接时，将底板划分为若干个区域，每个区域合理布置电焊工并严格控制焊接电流。采用分段反向焊接方法向外焊接，先焊横缝，再焊纵缝，最后焊T字焊缝。底板焊接过程中做100%的真空度检查，真空度54kPa。

5.2.3　活塞板安装

活塞板在底板上铺设焊接后，做好各点测量标记，然后按照柜底板的安装焊接方法，安装焊接活塞板。活塞板搭接长度25mm，并将活塞板上的附件全部安装完毕。活塞板接触煤气侧焊缝，在气柜活塞浮升，安装支腿后，在气柜内焊接。

活塞混凝土坝内部采用外协商品混凝浇筑捣实浇筑。

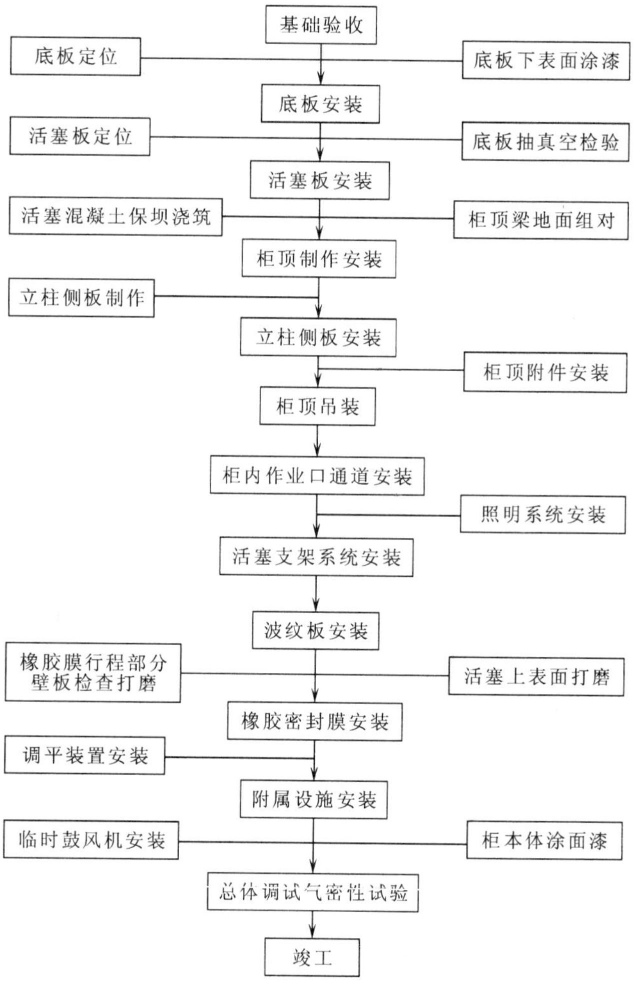

图5.1　干式卷帘密封煤气柜施工全过程工艺流程

5.2.4　柜顶制作安装

1．柜顶骨架制作首先安装临时中心支架，将柜顶骨架环梁放置在中心支架上，柜顶骨架在地面胎具预制分片组对吊装。

2．安装顶边环板及内环圈。顶边环板按制作编号进行顺次安装，打孔中心对准立柱中心，修整接头余量及接头坡口，控制焊接变形。顶内环圈调整其标高、水平、分度及中心后，与支架点固，并与活塞板连接。

3．安装预制中间梁。中间梁组装首先控制其与环板及内圈的弦长，然后调整中间支撑的高度，并使中间支撑标高基本一致。

4．柜顶板铺设由外向中心进行。

5．柜顶附件在顶板安装结束后进行。

5.2.5　立柱侧板安装

1．立柱安装

1）立柱下料、调平、端面接头坡口制作以及螺栓连接孔制作合格后吊装，直采用全站仪进行分度及切向垂直度定位，采用钢卷尺和测力器，进行半径定位及扭度控制。

2）每单元立柱分段进行安装，利用柜顶平台高空组对，第一节立柱与柱脚焊接形成基柱。

3）采用全站仪进行标高定位时，以立柱上的连接角钢孔为基准，确认立柱安装好后，对立柱锚固件进行二次灌浆。

2．侧板安装

1）先将每层角钢固定并焊接，利用塔吊将侧板吊装到安装位置，并与角钢点焊，上下侧板间（或与立柱间）的焊缝及时焊接。

2）在组装侧板密封角钢所在段的侧板时，应精调侧板的垂直度和周长后进行组对。

3．侧板焊接

1）采用悬挂移动吊筐，即在吊筐上部设置两个滚轮，其轮槽卡在侧板上部边缘，通过滚轮在钢板边缘滑行走实现吊筐的移动，柱间倒换位置时，人员撤离，利用塔吊将吊筐移到需要的焊接位置。

2）焊接顺序： 加强角钢与立柱间角焊缝→侧板立焊缝→上、下侧板间环焊缝。

3）焊接方法，立焊缝为由下向上施焊，环焊缝为一般连续焊。

4）侧板焊接后检查，无明显变形，焊缝无表面缺陷。

5）对有煤气密封要求的侧板焊缝，进行煤油渗透试验。

6）利用吊筐进行焊接作业时，采取“双保险”安全措施：一是环绕气柜立柱对接平台设置一道安全钢丝绳作为安全带系挂点；二是在吊筐行走滑轮靠柜内侧设置挡板作为保险装置，防止滑轮在侧板上一旦脱落，挡板将支撑整个吊筐于侧板上而不致掉落，从而确保了高空作业的安全。

5.2.6 柜顶吊装

1．吊顶采用正装法，柜顶随柜体同步提升，利用柜顶作操作平台，将焊机布置在柜顶并固定，焊把线呈辐射状从柜顶中心伸向侧板边缘，并在柜顶设置4个氧乙炔气瓶放置点，施工人员对每层侧板的提升安装及立柱的组对等工序，全部在整个柜顶进行操作。

2．利用同步安装的侧板爬梯作上下通道，每个立柱安装一套提升工装，每层侧板安装后，柜顶在手拉葫芦的同步提升下爬升一层，柜顶施工环境安全可靠。

3．制作若干套吊装工具，吊顶的准备工作完成并经确认后才能进行吊顶施工。

4．每个立柱安装一套提升工装设备，挂1只捯链；每层侧板安装完，所有捯链同步升起，统一指挥提升一层。

5．吊装时，随着捯链的提升，支撑滑梁上部滚轮与立柱紧靠；会随着柜顶上升而在钢柱表面滑动。

6．挂板起着承载捯链向下的拉力，每个吊点配有两套挂板，每套挂板由两块钢板组成，其中一块钢板焊有吊耳，挂板通过4条高强双头螺栓固定于立柱同一高度。

7．当柜顶起升到位后，将休息挂板立即固定于L形支撑滑梁勾头下部，拆除捯链，这时柜顶重量交由L形支撑滑梁承载，同时把拆除的捯链再挂到上部的挂板，两套挂板上下轮流倒替作业，循环操作。

8．提顶过程要统一指挥，每套吊顶机具要保证出力均匀，吊装前要在侧板一周画阶段上升刻度标记，以保证施工人员的同步操作和检查人员的实时监控，避免柜顶出现偏斜。

9．最后一层侧板安装完后，进行最后一次提升并进行柜顶固定，进行柜顶平衡度精调。

整个柜顶及顶梁固定在一天内完成。分4组从对称的4个方向依次组对柜顶与气柜立柱及侧板的连接，同时焊接牢固。

10．柜顶封顶，拆除工装。

5.2.7 柜内作业口通道安装

1．柜内构件数量庞大，安装复杂。为提高施工效率，采用25t汽车吊进柜内作业方便快捷。

2．在侧板下部预留作业通道口，采用22mm厚钢板和型钢铺设4m×10m的临时便道，经活塞混凝土坝到活塞板上，坡度平缓，结构牢靠，以保证吊车通行。

5.2.8 活塞支架系统安装

气柜内部金属构件活塞支架系统主要包括T挡板台架和T挡板、活塞挡板，构件在场外分片预制合格，从利用塔吊作业口搬入柜内，在柜内通过25t吊车更换吊装位置进行构件的柜内搬运和安装，其安装程序为：T挡板台架，活塞挡板和T挡板。T挡板台架组装焊接程序及控制要点在安装过程中应严格控制垂直度、半径及标高。

5.2.9 波纹板安装

波纹板重量轻，单片吊装，采用滑轮用人工吊装并用螺栓连接固定，先装活塞挡板波纹板，再装T挡板下段波纹板，最后安装T挡板上段波纹板。

5.2.10 橡胶膜安装

1. 准备工作

1）从柜外将密封橡胶膜连同包装箱一起搬入柜内。

2）用25t吊车先将内卷皮膜箱吊到柜中心，再将外圈皮膜箱吊到活塞板上靠边。

3）将手板葫芦固定在柜顶板30个吊装孔处，橡胶膜上口均布30个吊装点，每一吊点安装一个钢制23孔夹具和柔性夹具，软连接，部署就位。

4）再次清场，并仔细检查活塞板上的平滑度，去除毛刺焊瘤等物。

2. 密封橡胶膜安装

准备工作做好后，然后开始安装，先装内圈，后装外圈，其步骤如下：

1）小心打开放置在柜中央的皮膜箱的上面和侧面包装面板，将拆下的面板等搬出柜内，根据接缝确认一条安装基准线，使上下孔对直。

2）将第一个起吊梁穿上钢丝绳，并将一只夹具与皮膜上沿吊装孔连接，用平衡配重将皮膜用手扳葫芦逐渐展开，展开到第二只夹具位置时，将夹具与相应皮膜吊装孔连接，继续展开将第二个起吊梁穿钢丝绳，并与皮膜相连；以此类推，直至皮膜整圈与吊具相连。

3）继续起吊，调整上口水平，采用钢丝绳控制其展开直径，直至整圈皮膜完全吊离活塞板，且展开圆基本对中。

4）开始均衡统一起吊，采用钢丝绳逐渐放大其展开直径，直至吊到插入高度，整圈皮膜圆径与安装位置基本吻合。

5）将皮膜徐徐放下，插入安装位置，当接近位置时，抽掉钢丝绳，逐渐调整每个吊点高度，开始皮膜安装。

6）由安装基准位置向两侧开始组对安装皮膜的上密封圈。根据设计及皮膜厂商的要求逐步贴上密封胶泥，用夹板、导向板及螺栓垫片等逐步将皮膜安装就位，并逐渐拆除吊具。第一次螺栓紧固到80%，全部装完后进行第二次完全紧固。

7）皮膜上圈安装好后，确定安装基准，以同样的方法进行下圈密封安装。

8）检查皮膜上下安装孔有无错位，皮膜有无打皱。

9）内圈皮膜安装好后，将箱底等物件清理出柜，将外圈皮膜箱拉到柜中央，以同样的方法安装外圈皮膜。

10）橡胶膜吊装特点：橡胶膜为柔性物件，自身的强度和抗撕裂能力低，吊装时容易产生撕裂现象。橡胶膜的展开困难，吊装时要求协同一致，统一指挥。

11）密封橡胶膜安装后的柜内严禁动火作业。

5.2.11 附属设施安装

工程收尾阶段进行附属设施安装，主要包括放散管、放散管手动、自动机构安装，平衡配重装置、柜容指示器、柜顶附件、煤气进出口及人孔安装、活塞支柱的安装就位，活塞下表面T字形焊缝焊接及涂漆，侧板附件安装及作业口封闭，柜体工艺管道安装。

5.2.12 调试试运行

1. 气柜总体调试

1）全面检查柜本体结构，清除柜底、活塞、T围栏和密封膜上部的一切杂物，调试自动化仪表、声光报警和单机联动测试良好；临时鼓风机系统等前期准备工作必须充分可靠。

2）先做活塞慢速升降试验，活塞速度控制在0.2～0.5m/min，活塞每升高1m，观察记录各部分状态和数据。

3）慢速升降试验合格后，即可进行活塞的快速升降试验。活塞速度不低于0.5m/min（以能满足使用要求为准）。根据试验状态再进行细致调整，最后全部达到标准要求。

2. 整体气密性试验

向柜内充气至90%容量，密闭所有进出口，检查所有阀门、法兰等部位是否漏气，保压七昼夜，每天同一时间（一般在早晨）观测柜内的各种参数，按照气柜技术标准要求专用计算公式，气柜泄漏率小于2%为合格。

6. 材料与设备

6.1 本工法采用的主要施工机具设备（表6.1）

主要施工机具设备一览表 表6.1

序号	机械或设备名称	型号规格	数量	备 注
1	塔吊	C5513	1台	
2	塔吊	QTZ40C	1台	
3	汽车吊	25t	1台	
5	平板拖车	20t	1台	
6	手拉葫芦	10t	同立柱数	
7	手拉葫芦	1～5t	若干	
8	手扳葫芦	0.5t	同立柱数	
9	电焊机	ZX400H	5台	
10	电焊机	BX-400	根据现场实际配置	
11	焊条烘干箱	500℃	1台	
13	卷板机	20×2000mm	1台	
14	摇臂钻	ϕ25mm	1台	
15	台钻	ϕ18mm	1台	
16	磁座钻	ϕ25mm	2台	
17	角向磨光机	ϕ100～180mm	10台	
18	砂轮切割机	ϕ500mm	2台	
19	真空度测量装置		2套	
21	鼓风机	14300m^3/min	1台	
22	半自动切割机	CG-30	2台	
23	经纬仪	YDJGJ2	2台	
24	水准仪	N2	2台	
25	对讲机		10部	
26	喷砂除锈装置		2套	

6.2　本工法柜顶施工采用的专用工装设备主要部件（表6.2）

柜顶施工专用工装设备主要部件　　表6.2

序号	名　称	数　量	备　注
1	L形支撑滑梁	同立柱数	自制
2	活动挂板	每根立柱配2套	自制
3	立柱对接安装平台	同立柱数	自制
4	外部悬挂移动焊接吊筐	15～20件	自制
5	橡胶膜吊装装置	1套	自制

7. 质 量 控 制

7.1　本工法实施时应执行以下规程、标准、规范

7.1.1　《橡胶膜密封干式气柜安装精度标准》M292。

7.1.2　《钢结构工程施工质量验收规范》GB 50205-2001。

7.1.3　设计图中规定的技术标准橡胶密封煤气柜施工图。

7.1.4　《现场设备、工业管道焊接工程施工及验收规范》GB 50236-98。

7.1.5　《施工现场临时用电安全技术规范》JGJ 46-88。

7.2　关键部位、关键工序的质量要求

主要构件测量项目、部位、允许偏差　　表7.2

序号	测量项目	测量部位	允许偏差（mm）
1	柜底板	平整度（水平度）	−40～+50
2	第一节立柱	径向偏差	0～+5.0
		切向偏差	±1.0
		高度	±1.0
3	活塞支架	安装高度	0～+30.0
		平面位置偏移	≤5.0
4	T形挡板	安装高度	0～+30.0
		平面位置偏移	0～+30.0
5	第二节以上立柱	径向偏差	0～3/1000
		切向偏差	≤2/1000
6	柜顶骨架	跨度偏差（总常）	±12.0
		曲率半径	<10
7	侧板	跨三条焊缝	±1.0

7.3　质量保证措施

7.3.1　施工中必须建立健全质量保证体系，配备专职质量员，严格执行国家、设计院的有关施工验收规范和标准，实行技术交底制度，按照施工方案执行，将质量管理贯彻到施工全过程中，贯彻到每个细节中，预防为主，防控结合，避免质量通病发生。

7.3.2　柜底板的测量工具

在气柜中心架设经纬仪，以圆心至立柱划分25条射线，确定150个交点，利用水准仪及标尺进行测量，找出各点的相对标高。

7.3.3 立柱测量

在柜中心设置经纬仪，划分角度并将分度标记在基础预埋板上，确定立柱的角度位置。立柱位置分度现标记清楚，采用盘尺、弹簧拉力计确定立柱的径向位置。立柱标高的确定，采用水准仪、线坠、钢板尺等工具，通过加减垫板法，得方法确定。立柱的角度、径向尺寸、标高确定后，对立主进行固定。为了方便立柱的测量，在第一层侧板的下部标记好第一节立柱的径向和切向标记点（具体位置：H型钢边缘返线）。

7.3.4 活塞支架的测量

采用钢板尺、弹簧拉力计、盘尺进行测量、垫板找正的方法。活塞支架分度线的确定：采用水准仪、线坠、经纬仪进行确定各分度线和活塞支架的位置，做好标记。

7.3.5 T形挡板的测量

高度的调整由T形挡板的托座下部的液压千斤顶进行，其余测量工具和测量步骤与活塞支架的测量相同。

7.3.6 第二节以上立柱的测量

采用经纬仪、钢板尺、线坠测量。安装前对每节立柱做好测量标记，在H型钢翼缘板中心线上确定径向测量基准，两端距顶部350mm处由亮点明显标记，立柱安装时，每节立柱上部安装连接板，将立柱切、径向偏差测量。立柱切、径向偏差采用经纬仪进行测量。

8. 安 全 措 施

8.1 吊装施工

8.1.1 塔吊、汽车吊在投用前，必须进行安全性检查，并按规定办理允许投用手续。

8.1.2 柜内吊车在有坡度的作业面上施工，每次吊车站位前必须进行安全检查，合格后方可作业；为防止吊车发生倾覆，根据底板的坡度，制作专用楔木以保证吊车水平，提高安全系数。

8.1.3 柜顶平台在爬升过程中，顶部安装临时避雷装置。

8.1.4 吊装机械及电气设备必须定期进行检查。确认完好后方能进行吊装作业。

8.1.5 起重工指挥塔吊吊装作业时，可采用对讲机联络，确保上下信号联系准确无误。

8.1.6 钢丝绳如有扭结、变形、断丝、锈蚀等现象不得使用，编结绳扣应使各股松紧一致。

8.1.7 立柱起吊须设置两道溜绳。严禁有人在起重臂和吊装的重物下面停留或行走。

8.1.8 气柜在吊顶操作前，应进行安全技术交底并演练，做到统一口令统一提升。

8.1.9 作业吊装施工必须由持证的起重人员和吊机司机完成。

8.2 高空作业

8.2.1 悬挂移动焊接吊筐内作业要随时检查吊筐的安全措施是否落实到位，作业过程中工具等操作用具须放在专门的容器内。

8.2.2 立柱高空组对操作时，必须系好安全带。

8.2.3 高空作业人员严禁向下抛丢任何物件，上下传递物件禁止抛撒。

8.3 脚手架及工装设施

8.3.1 气柜安装的专用工装设施经检验确认合格后才能使用。

8.3.2 其他小型临时脚手的搭设、拆卸方法，经专职安全员认可后才能进行搭设施工。

8.3.3 脚手架投用后，任何人不准私自改变脚手架的结构及跳板的位置。

8.4 施工用电

8.4.1 施工现场的配电设施须有明显的标志，专人负责运行维护。所有的电气设备及器材的安装、维修等必须由持证电工进行，并不得带电作业。

8.4.2 电缆线路应采用“三相五线”接线方式。

8.4.3 电气设备的金属外壳必须接地、接零。

8.4.4 气柜本体在安装前最好能将接地施工完成，否则也必须有临时接地。

8.4.5 电气设备和电气线路必须绝缘良好。

8.4.6 鼓风机、焊机配电柜前要有绝缘垫，并安装漏电保护器。

8.4.7 手持电动工具在投用前必须测量绝缘电阻，且不得小于7Mω，否则须进行干燥处理或维修，经检验合格后方可投用。

8.5 安全防火

8.5.1 柜体内部电焊作业期间要有人监护，以防引燃柜内部防腐油漆。

8.5.2 柜体内部要配备一定数量灭火器，并保持完好、有效。

8.5.3 密封橡胶膜安装完工后柜内严禁一切动火作业。

8.6 柜内照明通风

8.6.1 柜内作业照明应充足，在正式照明系统未通电前，在柜顶6个照明灯座临时安装6盏各3000W的照明灯，光线要符合正常作业要求。

8.6.2 柜内焊接作业时，底部人孔处设置两台轴流风机，保证内部空气流通。

9. 环保措施

9.1 施工现场的各种机具设备、材料、构件、设施等，要按总平面图堆放、合理布置，并做到安全稳固，保持现场清洁文明。

9.2 施工现场的废料及垃圾应及时清理，做到工完场清，活塞混凝土坝浇筑后，要及时清理混凝土残留物。

9.3 调试鼓风机采取设立隔声罩消声措施降低噪声。

9.4 不允许在作业区内随便吸烟，要到指定地点吸烟，同时要保证作业环境良好。

9.5 对施工场地道路进行硬化，并在晴天经常洒水，防止尘土飞扬。

9.6 现场临时设施的搭建必须考虑到干净、方便，避免脏、乱、差，垃圾集中堆放，及时清理禁止焚烧。

10. 效益分析

10.1 经济效益

该施工方法提高了施工速度，降低了施工成本。

以山西安泰集团安泰集团80000m^3PRC型转炉煤气柜制作安装工程为例，柜顶吊工装的开发利用，使柜顶吊装比传统方法利用卷扬机及滑组节省装备费用14万元；塔吊的运用比雇用移动式大型汽车吊以及液压顶升装置节约机械台班近23万元；外悬挂移动焊接吊筐的利用，让焊工有了安全可靠的操作平台，实现了不搭脚手架就能完成施工任务的目标，节约施工措施费9万元；提前工期20d，节约人工成本近800个工作日，近7万元。共节约人工、材料、机械费用53万元。取得了较好经济效益。

10.2 社会效益

该项目的施工，填补了公司在橡胶密封干式施工工艺的一项空白，增加了企业气柜施工业绩，为进一步开拓市场打下了基础。该项目顺利实施成功，为后续承揽类似工程增加了业绩，为同行业积累了宝贵的施工经验。

11. 应 用 实 例

11.1 实例一

工程项目名称：安泰集团80000 m^3PRC型转炉煤气柜制作安装工程

地点：安泰集团公司炼钢二期工地。

开竣工日期：2009.10.20 ~ 2010.5.20。

实物工程量：气柜总重1300t。

应用效果：气柜安装质量优良，施工速度快，安全可靠，运行平稳。

11.2 实例二

工程项目名称：山东滨化滨阳燃化有限责任公司20000m^3橡胶膜密封干式储气柜。

地点：山东省滨州市阳信县。

开竣工日期：2007.12.12 ~ 2008.4.8。

实物工程量：气柜总重563t。

应用效果：气柜安装质量优良，施工速度快，安全可靠，运行平稳。

11.3 实例三

工程项目名称：山西安泰集团30000m^3卷帘密封干式储气柜制作安装工程。

地点：安泰集团公司炼钢一期工地。

开竣工日期：2007.4.6 ~ 2007.8.9。

实物工程量：气柜总重680t。

应用效果：气柜安装质量优良，施工速度快，安全可靠，运行平稳。

吸附塔内件安装及吸附剂装填施工工法

GJEJGF332—2010

中国石化集团南京工程有限公司
潘洪鑫　郑祥龙　王德明　孙桂宏

1. 前　言

中国石化集团南京工程有限公司承建的中国石化金陵分公司60万t/年PX装置中，规格为ϕ5800×25483×42/62的4台吸附塔的内部构件和吸附剂系美国UOP公司模拟移动床专利技术。内部构件有带环形分配室的中心管、十三层带内部分配器的格栅、十二层环形分配管和床层管、顶部和底部的格栅分配器。塔内装填有陶瓷纤维绳、吸附剂。

UOP公司的专利技术是高效率、高精度的分离技术，属于高科技的技术产品，因此对施工的要求非常严格，施工难度也很大。

中国石化集团南京工程有限公司采用了一系列优秀施工方法和科学组织管理，安装后不仅各项技术指标完全达到了UOP的技术要求，而且仅用了60d，比合同工期75d提前了15d。该工程得到了UOP专家的高度评价，得到了业主的高度赞誉。

2. 工 法 特 点

2.1 选择以塔吊为主，配合以小型汽车吊的施工方法，可以大大降低机械使用成本。

2.2 塔吊的使用，不仅覆盖了因受汽车吊站位限制无法覆盖的作业面，还相对节省了现场的吊装车辆占地。

2.3 采用设置工作间并在工作间内检查格栅的方法，可避免格栅锈蚀，更可避免格栅被污染。

2.4 4台吸附塔的工作内容相同、工序相同，采用同时操作2台吸附塔的格栅安装、吸附剂装填的流水作业法，并采用24h不间断的倒班操作，可以最大限度降低吸附剂在空气中暴露的时间，还可以充分提高劳动生产率、机械设备的使用率，从而大幅降低了工程成本。

2.5 利用特制拖鞋，准确把握与吸附剂的接触面，以标准的压实强度来保证吸附剂填装的密实程度。

2.6 采用捕集器，检查并消除吸附剂的泄漏。

2.7 进出吸附塔的挂梯做成组合式的可拆卸型，不仅使用方便且重复利用率高。

2.8 防坠器的使用可极大地提高作业人员进出设备的安全保障，降低安全风险。

2.9 对设备内部通风系统进行了科学合理的布设，保证了设备内作业人员的身体健康。

3. 适 用 范 围

本工法适用于石油化工行业吸附塔内件的安装及吸附剂的装填。

4. 工 艺 原 理

4.1 实施流水作业，且24h不间断，可最大程度压缩施工工期，最大限度减少吸附剂与空气的接触，有效保护吸附剂。

4.2 内件的重量不大，但内件的吊装以及吸附剂的装填的吊装操作是频繁发生的。塔吊的采用是利用塔吊的T形结构，用最小的占地面积、最小的吊装能力，解决同一重量、同一高度而需要频繁操作的吊装作业。

4.3 工作间是相对封闭的操作场所，可以减少格栅锈蚀和被污染。

4.4 在装剂平台上对各桶吸附剂进行称重、记录、取样，以计算各床层吸附剂的装填密度和追溯检查各桶吸附剂的稳定性。

4.5 利用装剂料斗上设置的限速滑板控制装剂速度。利用木拖鞋在装填过程中在标准压强下踩压压实，可以很好控制吸附剂装填的密实度。

4.6 利用抽排风的作用既可清除夹缝中的吸附剂，又可检查安装完毕后是否存在吸附剂泄漏。

5. 施工工艺流程及操作要点

5.1 吸附塔内件安装和吸附剂装填施工工艺流程

吸附塔内件安装和吸附剂装填施工工艺流程见图5.1。

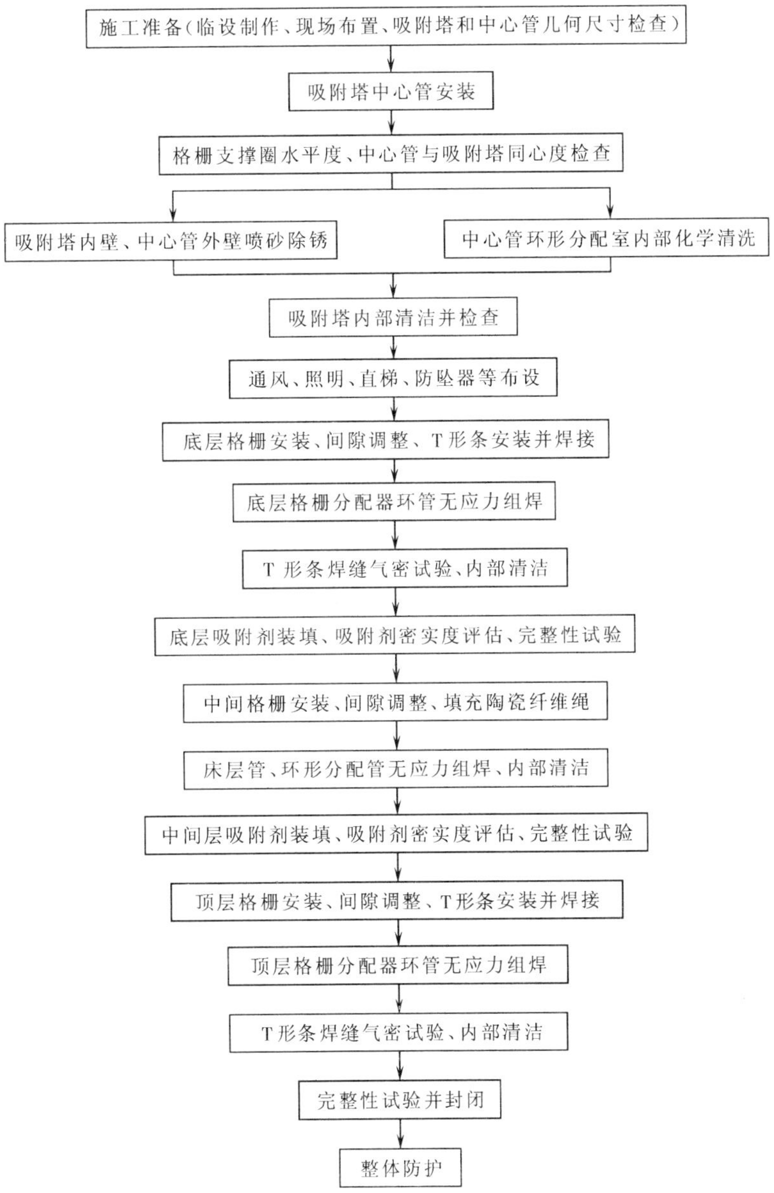

图5.1 内件安装和吸附剂装填施工工艺流程

5.2 施工准备和现场布置

5.2.1 现场设置内部构件仓库、吸附剂存储仓库和格栅检查工作间，见图5.2.1。吸附剂存储仓库在入库后的吸附剂装料桶下方垫200mm×200mm的木方与地面进行隔离。

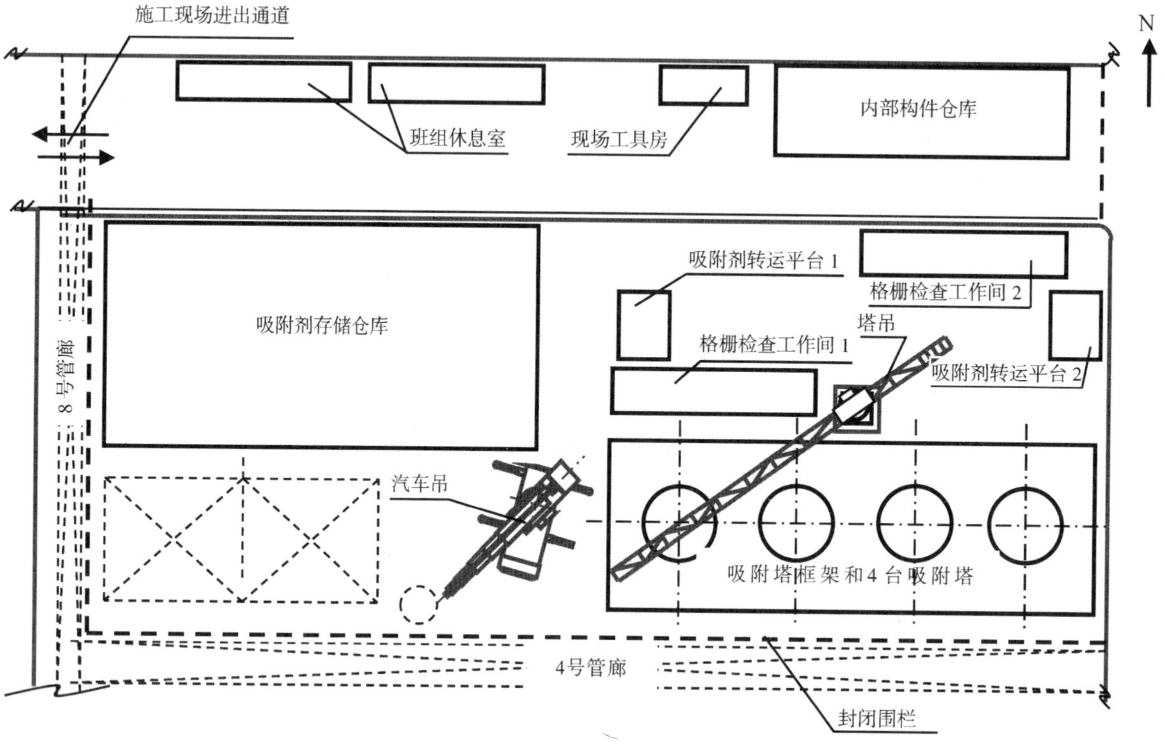

图5.2.1 现场布置示意

5.2.2 现场设置吸附剂转运平台。

5.2.3 吸附塔内设置通风与照明。

5.2.4 在吸附塔顶部的装料孔处，设置可拆卸顶的防雨棚，用以在吸附剂装填过程中遇雨的应急防护。

5.2.5 在吸附塔顶部设置防坠器，用以保证施工人员进出吸附塔的安全。

5.2.6 制作组合式的可拆卸型直梯，见图5.2.6。

5.2.7 施工人员配备连体防静电工作服、长筒橡胶手套、口罩、防尘帽、全面部防护面罩、软底鞋、防尘过滤器、封闭式防护眼镜等个人防护用品。

5.2.8 吸附塔施工现场划分出隔离区域进行封闭式管理，从事吸附塔施工的作业人员经严格的相关操作技能培训及技术交底后发放作业证，无证人员严禁进入吸附塔施工区域。

5.3 中心管安装

5.3.1 中心管结构见图5.3.1。

5.3.2 按质量验收标准对吸附塔塔体和中心管进行检查。

1．吸附塔塔体质量验收标准

1）塔体环缝组对后错边量应不大于2mm。

2）组对后形成的棱角，用长度不小于300mm的直尺检查，其值不得大于钢板厚度δ_n的1／10，且不大于3mm。

3）内径公差为$^{+8}_{0}$mm。

4）所有法兰螺栓孔应跨中布置。

5）法兰面倾斜度应不大于0.5°。

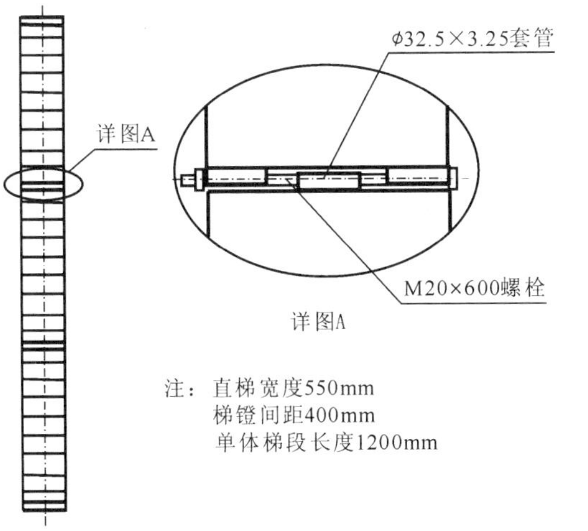

图5.2.6　组合式可拆卸型直梯

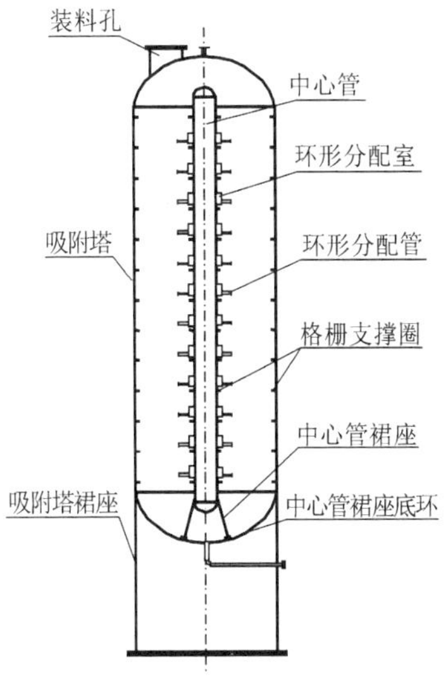

图5.3.1　吸附塔与中心管结构示意

6）液位计法兰面的倾斜度应不大于0.3°。

7）吸附塔的安装要求见表5.3.2。

吸附塔塔体安装技术要求　　**表5.3.2**

序号	检 查 项 目	允许偏差（mm）
1	中心线位置	±10
2	标高	±5
3	铅垂度	$0.5L/1000+8$
4	方位	15

2．中心管质量验收标准

1）中心管垂直度偏差应不大于12mm。

2）中心管直线度在300mm内应不大于3mm。

3）环缝组对后错边量应不大于2mm。

4）中心管椭圆度应不大于5mm。

5.3.3　中心管组焊

1.吸附塔上封头为现场组装，封顶前先将中心管裙座底环及裙座吊进塔内并在下封头处安装就位，同时将中心管临时安装并固定在中心管裙座上，待吸附塔上封头现场组焊、热处理、水压试验结束后，进行中心管的正式安装找正、现场焊缝的焊接及床层管的安装。

2．吸附塔内部搭设中心管调整用的满堂脚手架。

3．利用2台15t手拉葫芦将临时固定在裙座上的中心管提起。

4．将裙座在吸附塔下封头中心位置初步定位，用玻璃管水平仪找平裙座的上端口，测量上端口至吸附塔壁的距离，调整裙座，使上端口至吸附塔壁各点距离的差值不大于3mm，裙座找正后点焊固定在下封头的裙座底环上。

5．用手拉葫芦将中心管回落到裙座上，测量中心管顶部第一层格栅支撑圈处至吸附塔壁间的距离并记录，调整中心管与吸附塔的同心度，偏差不大于3mm，合格后用4根$\phi89\times4$的钢管做顶杠将中心管固定。固定时顶杠与中心管的连接为断续焊连接，顶杠与吸附塔不得焊接。

6．用玻璃管水平仪逐层测量吸附塔壁上格栅支撑圈与中心管上格栅支撑圈间的水平度偏差，用调整中心管与中心管裙座承插深度的方法，保证吸附塔壁上各层格栅支撑圈与中心管壁上各层格珊支撑圈上表面的水平度偏差不大于3mm。具体操作方法为：以中心管与塔壁上的下两层支撑圈为调整对象，检查支撑圈的水平度，中心管上的支撑圈与塔壁上的支撑圈间的水平度误差靠调整间隙（节点Ⅲ）的方法进行调节。中心管调整间隙见图5.3.3。

7. 调整合格后对裙座与中心管间隙处的环焊缝进行分段退步焊。

8. 焊后打磨光滑，不得有棱角和毛刺。

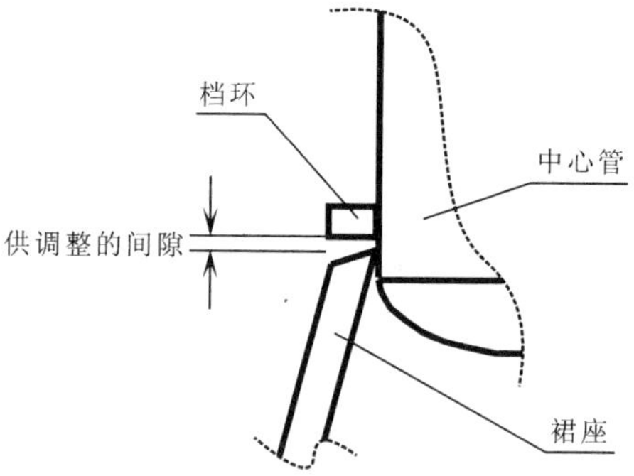

图5.3.3　中心管调整间隙示意（节点Ⅲ）

5.4　吸附塔内部除锈及化学清洗

5.4.1　环形分配室内部化学清洗

1. 将12个环形分配室上的144根环形分配管接口用带管嘴的盲板封堵，12个床层管接口用钢板封焊。

2. 用化学清洗软管连接封堵盲板上的管嘴，使各分配室联通。化学清洗液主入口设置在最上层环形分配室的分配管盲板管嘴上，主出口设在最下层分配管盲板管嘴上。

3. 清洗泵和清洗液容器设置在吸附塔外部，用化学清洗软管将主出、入口与清洗泵、清洗液容器联接。

4. 用化学清洗液将环形分配室内部的杂质、油污等清洗并带出环形分配室。

5. 清洗后环形分配室用净化风吹干，并将各管嘴密封，内部充惰性气体防护。

5.4.2　吸附塔内壁、中心管外壁、环形分配室外壁喷砂除锈及清理检查

1. 将吸附塔上各类管口用布团封堵，防止沙子进入接管。

2. 喷砂除锈时选用河沙，用细目筛网将较大的颗粒筛出，防止喷砂后各部位金属表面上出现麻坑。

3. 喷砂除锈后，将吸附塔内沙子清除，并用工业吸尘器做彻底清理。

4. 拆除封堵布团，用净化风吹扫各管口及内部的各个表面，彻底清除粉尘。

5. 拆除满堂脚手架，安装组合式的可拆卸型直梯和防坠器。除留出装料孔及通风孔外，吸附塔上的所有接管均用盲板封闭。

5.5　吸附塔内件安装

5.5.1　格栅检查与防护

1. 格栅开箱后，用叉车逐块运送至内构件检查工作间。

2. 检查格栅肋板及约翰逊网表面是否存在锈迹，肋板上的锈迹可用砂纸和抛光片打磨处理，约翰逊网表面的锈迹必须使用细目砂纸打磨。用0.2 mm的塞尺逐块检查格栅上约翰逊网网丝间的间距。

3. 检查合格的格栅用与格栅同样尺寸的伞型胶合板遮盖防护。

5.5.2　底层格栅安装、间隙调整、T形条安装焊接

1. 底层格栅安装程序见图5.5.2。

2. 底层24块伞型隔栅按分布位置就位。

3. 用撬棍调整格栅间隙，相邻两块伞形格栅的侧面肋板之间要保证13 mm的间隙，每块伞形格栅内环肋板、外环肋板与中心管外壁、吸附塔内壁的间隙为19 mm，因吸附塔及中心管的制造误差不能保证上述数据时，24块格栅间的间距要调整均匀并经

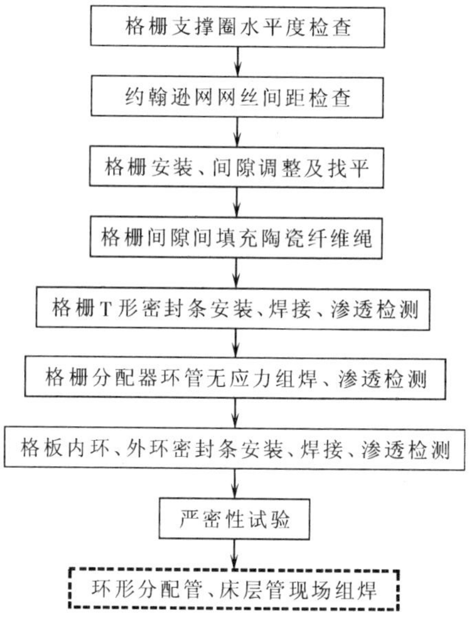

图5.5.2　底层格栅安装程序

UOP技术代表现场确认。

4．格栅若不平稳，在肋板下缘与格栅支撑圈间加塞不同厚度的金属间隙片。

5．用龙门卡点焊或用楔形块填塞间隙等手段将格栅进行固定，防止在相邻格栅间隙间填塞陶瓷纤维绳时格栅串动。

6．在格栅间隙间填充陶瓷纤维绳。

7．陶瓷纤维绳填塞后，格栅肋板的上表面用T形密封条进行密封，T形密封条采用钨极氩弧焊与肋板焊接，焊接从中心位置开始，并采用分段退焊。焊接过程中，防护格栅网丝用的胶合板不得拆除。为确保杂物不进入格栅网丝，还需要用陶瓷纤维毡对格栅边框及防护胶合板之间的部位进行遮盖防护。

8．T形密封条焊接后进行渗透检测。

9．格栅分配器环管现场无应力组焊。

10．格栅内环、外环与中心管外壁、吸附塔内壁间的间隙用环形金属密封条及环形角钢件密封焊，方法与T形密封条的焊接相同。

11．环形金属密封条及环形角钢件密封焊后进行渗透检测。

12．格栅严密性试验。用盲板封闭通气管法兰、封闭下封头接管及人孔，通入0.038kg的洁净空气，用肥皂水对格栅的T形密封条、环形密封条焊缝进行测漏试验。

5.5.3 中间层格栅安装、间隙调整及陶瓷纤维绳填充

中间层每层24块格栅安装、间隙调整、找平方法与底层格栅基本相同，但中间层格栅没有T形密封条、环形密封条和环形角钢，格栅间隙间填充陶瓷纤维绳后即可进行环形分配管的现场组焊。

中间层格栅每层安装程序见图5.5.3。

5.5.4 顶层格栅安装、间隙调整及T形条安装

顶层24块格栅安装方法与底层格栅安装基本相同，但顶层格栅间隙间不需要填充陶瓷纤维绳。

顶层格栅安装程序见图5.5.4。

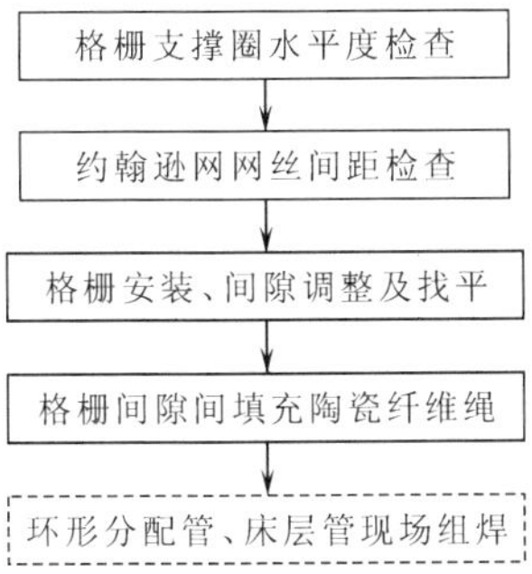

图5.5.3 中间层格栅安装程序

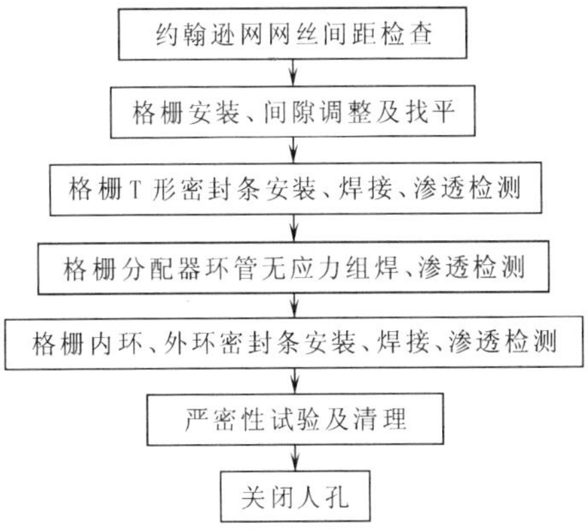

图5.5.4 顶层格栅安装程序

5.5.5 底层格栅分配器环管无应力组焊

在吸附塔床层外，底部和顶部各有一套格栅分配器环管，环管一端与24块格栅上的分配器管口连接，另一端与外部管线连接。底层格栅分配器环管见图5.5.5。

格栅分配器环管按下列要求进行无应力组焊：

1．用3组龙门架或1套管夹对每道现场组对口进行连接。

2．用金属支架在格栅分配器环管下方进行支撑。

3．在完全自由状态下检查各口的对口间隙及对口错边量。

4．与格栅分配器连接的管口进行根部焊接、渗透检测。复检与格栅分配器连接的管口间隙及错边量，合格后进行填充焊、盖面焊。采用氩弧焊。

5. 格栅分配器与外部管线连接的管口进行根部焊接及渗透检测，合格后进行填充焊及盖面焊。

5.5.6 中间层环形分配管无应力组焊

12层床层每层内有12组从中心管环形分配室引出的分配管，每组分配管与2块格栅上的内部分配器接管连接，接口型式为对接和接管与法兰的承插接。中间层环形分配管见图5.5.6。

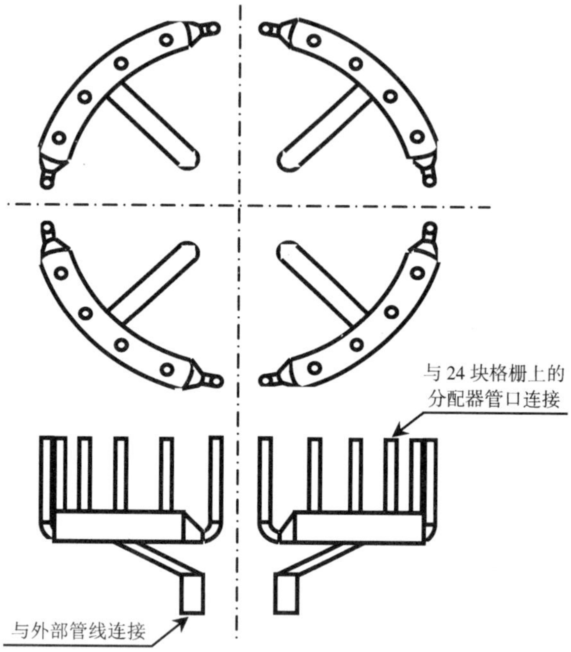

图5.5.5 底层格栅分配器环管示意

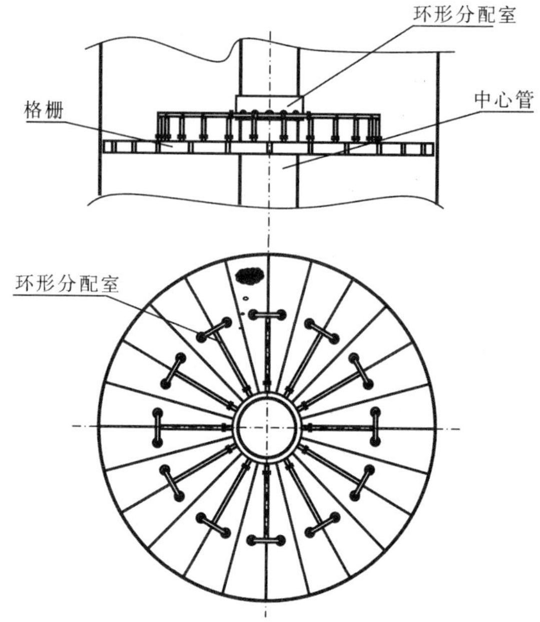

图5.5.6 中间层环形分配管示意

配管及无应力组焊按下列要求进行：

1. 安装环形分配室引出管及格栅分配器引出管的配对法兰。

2. 各组分配管对接口用龙门架或管夹固定，接管与法兰的承插口用限位档块固定。

3. 检查对接口的对口间隙及对口错边量，检查承插口的承插深度及两块配对法兰间的同轴度、法兰面间的平行度、螺栓孔对中情况等。

4. 对接口进行根部焊后渗透检测，合格后进行填充焊和盖面焊，采用氩弧焊。

5. 复查各配对法兰口处的同轴度、法兰面间的平行度、螺栓孔对中，确认其无因对接口焊接产生的外部应力。

6. 分配管承插口焊接、渗透检测。

7. 法兰螺栓力矩紧固。

5.5.7 顶层格栅与分配器环管无应力组焊

顶层格栅与分配器环管无应力组焊与底层格栅与分配器环管无应力组焊基本相同。

5.6 吸附剂装填及完整性试验操作要点

5.6.1 吸附塔各床层吸附剂装填及完整性试验工序见图5.6.1。

5.6.2 吸附剂装填

在吸附剂填装过程中，既要保护好格栅，又要保护好吸附剂。格栅上任何超过技术要求的约翰逊网网格都会使吸附剂通过格栅从床层间漏出，漏出的吸附剂不是被冲进旋转阀损坏转子板就是进入格栅堵塞锲型网间的间隙，这种堵塞会增加格栅和床层的压降，并限制吸附分离装置的生产能力。保证均匀的吸附剂装填密度，是保证通过所有床层的流量正确的前提，实现这一保证的方法是分层均匀地装入吸附剂。吸附剂必须均匀地散落在整个床层上，避免不均匀的分布密度而导致通过该床层的流量分布偏差。吸附剂装填速度应该缓慢，用以实现整个床层的均匀分布和整平。吸附剂装填要点如下：

1．清理吸附塔内的施工工具、卡具和防火石棉布，用工业吸尘器清除任何碎屑及粉尘。

2．拆除即将装填吸附剂的床层范围内的接管盲板，安装吸附剂卸料管嘴、热电偶、吸附剂采样阀门等，伸入式管配件与接管的间隙间填充陶瓷纤维绳。

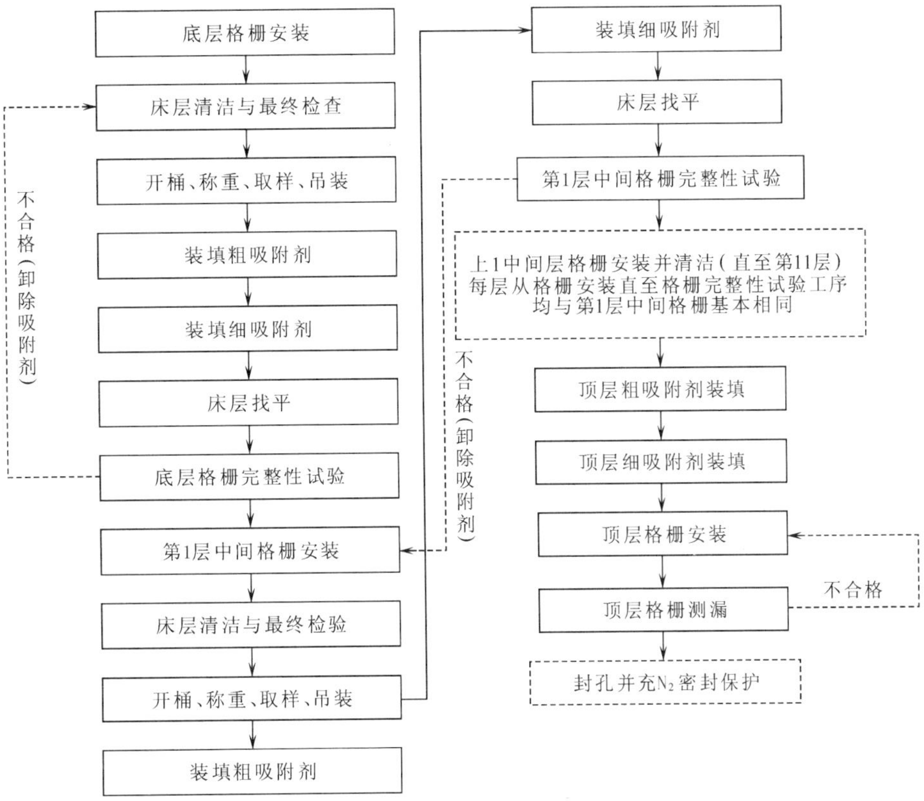

图5.6.1　各床层吸附剂装填及完整性试验工序

3．拆除格栅上的防护胶合板。

4．用棉布仔细擦拭器壁、格栅肋板及约翰逊网网丝，确保无附着物、油脂等杂质。

5．用工业吸尘器再次清除碎屑及浮尘。

6．检查并确认约翰逊网网丝间距未在施工过程中受损。

7．粗、细吸附剂按装填顺序叉运至转运平台；称重、开桶、取样、记录；装入移动料斗。

8．吸附剂从移动料斗装入吸附塔顶部装料孔处的固定料斗。

9．吸附剂的装填、整平。

1）吸附剂的装填是施工中最重要环节之一，需UOP专家全过程监控。

2）设置3个装填管（帆布袋）同时装填，吸附剂流量每个装填管每分钟为150kg。

3）先装填1 000kg粗吸附剂，再装填5 000kg的细吸附剂。

4）装填时在吸附剂上方均布设置3块临时格栅板，各站立1人负责找平至完全覆盖格栅表面，见图5.6.2-1。

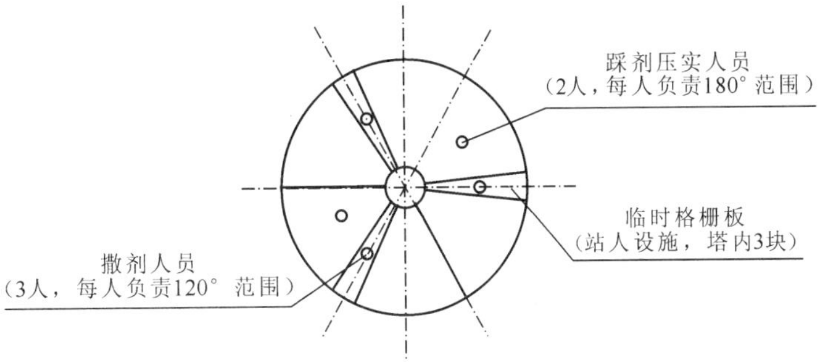

图5.6.2-1　吸附塔内作业人员分布示意

5）负责装填的3人在装填过程中均匀摆动装填管，将粗吸附剂均匀散布在格栅上，找平并完全覆盖格栅，再将吸附剂均匀散布在粗吸附剂上并找平。

6）吸附剂装填后，安排 2人连同原先3人共5人，穿木板鞋在吸附剂表面均匀踩踏压实。木板鞋见图5.6.2–2；木板鞋的规格为300mm × 150mm × 12mm和600mm × 200mm × 12mm，上述规格的木板鞋各准备15双。

7）踩踏压实时间5min。

8）也可由3人连续装填，同时2人连续踩踏压实。

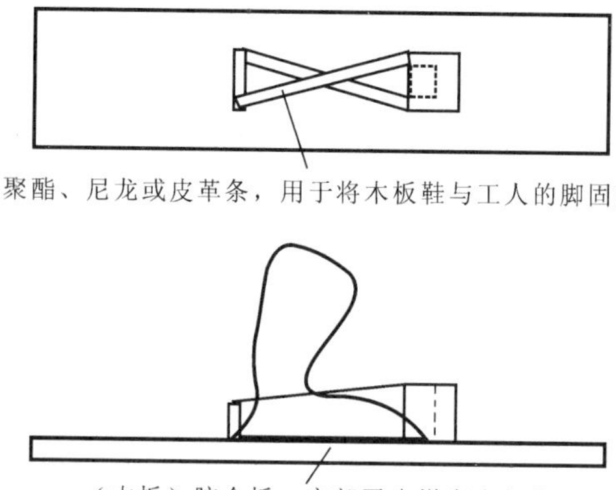

图5.6.2–2 木板鞋简图

10. 每层床层的吸附剂装填后上表面做镜面处理。用UOP提供的整平板将床层表面整平至格栅支撑圈下方6mm，将已计算并切除格栅支撑圈厚度的“下凸型”整平板搭在中心管外壁和吸附塔内壁上的格栅支撑圈上表面，利用整平板的刮平缘在吸附剂表面上按顺时针或逆时针方向推动，推动过程中增补或移除吸附剂，确保吸附剂表面的平整。

11. 记录装入桶的总桶数（包括不到一桶及整平过程中的增补量），计算装料系数并与UOP技术顾问提供的数据进行对比，应达到装填要求。

5.6.3 完整性试验

完成每个床层的吸附剂装填后，均必需测试床层下方格栅防护罩表面的完整性。方法为给吸附室加压，通过相关的床层管线及格栅完整性试验捕集篮筐排出空气，检查捕集篮筐内的排出物是否有吸附剂，以此确认格栅上是否存在过大的可导致吸附剂泄露的间隙。这一试验不仅能测试是否存在吸附剂的泄露问题，而且还可清除可能在安装期间落入格栅和管道内部的所有碎屑，所以它是吸附剂装填过程中极其重要的组成部分。完整性试验操作要点如下：

1. 在装填完吸附剂的床层伸出管线接管上安装球形阀。

2. 在吸附塔上封头伸入吸附塔的接管处安装折流板使流入的净化风分布均匀，保证完整性试验过程中通入的净化风不会破坏吸附剂的镜面。

3. 封闭吸附室。

4. 用净化风加压至0.35 kg/cm^2。

5. 打开球阀进行格栅和管道的排污，此时格栅分配器和床层管线中的碎屑可以以高速排出。重复加压和排污工序，直至无碎屑。

6. 管线吹扫清洁后，关闭球阀，在球阀出口连接UOP提供的完整性试验捕集篮筐。

7. 重新对吸附室加压至0.35 kg/cm^2。

8. 打开球阀，通过完整性试验捕集篮筐为吸附室减压，持续60s。

9. 小心地取下篮筐，将它倒扣在黑色胶皮表面上并轻轻敲击，检查所有捕集到的碎屑。如果在篮筐内发现吸附剂颗粒，则需重复进行几次完整性试验，数次试验后捕集篮筐中持续存在吸附剂颗粒，则表示完整性试验失败，需卸除吸附室内的吸附剂找寻漏点。

10. 排除吸附室内的净化风，拆除球阀后立即用盲板封闭已试验完床层的外伸接管。打开装料孔和上一床层通风孔盲板，恢复通风及照明后进行后续工序的施工。

5.7 整体防护

吸附塔内部构件和吸附剂装填工作全部结束后，为了开车前保护吸附剂不受任何损坏，将吸附塔所有接管加盲板进行隔离，用氮气（N_2）给吸附塔充压至0.35 kg/cm^2，定期观察压力，必要时再次充压。

6. 材料与设备

6.1 施工措施用料（表 6.1）

施工措施用料表 表6.1

序号	名称	规格	数量	用途	备注
1	胶皮	6mm	$10m^2$	法兰面防护	
2	胶合板		$10m^2$	法兰面防护	
3	木板	12mm	$20m^2$	制作木板鞋	
4	钢板	0.5mm	$6m^2$	格栅找平	50mm×50mm 间隙片
5	钢板	1mm	$6m^2$	格栅找平	50mm×50mm 间隙片
6	钢板	2mm	$12m^2$	格栅找平	50mm×50mm 间隙片
7	钢板	4mm	$8m^2$	格栅找平	50mm×50mm 间隙片
8	钢板	6mm	$8m^2$	格栅找平	50mm×50mm 间隙片
9	钢板	4mm	$20m^2$	料斗制作	0Cr18Ni9
10	钢板	10mm	$10m^2$	隔离片、龙门板制作	
11	铝皮	0.5mm	$60m^2$	通风筒、防雨罩制作	
12	H 型钢	HN200×200	800m	库房、转运平台制作	
13	工字钢	I12	1000m	库房、转运平台制作	
14	槽钢	[16	1200m	库房、转运平台制作	
15	槽钢	[10	1200m	库房、转运平台制作	
16	角钢	∠50×6	600m	护栏、防雨棚制作	
17	钢管	ϕ89×6	200m	防雨棚制作	
18	钢管	ϕ32.5×3.25	30m	直梯制作	
19	钢管	ϕ25×3	150m	防护栏制作	
20	圆钢	ϕ22	500m	直梯制作	
21	扁钢	-25×4	300m	防护栏制作	
22	花纹钢板	4mm	$50m^2$	转运平台制作	
23	螺栓	M20×600	60 套		可现场制作
24	电缆	VV22-3×95+1×50	200m	专用配电盘布设	
25	三芯电源线		3000m	通风、照明	
26	尼龙绳	ϕ12	200m	施工	
27	陶瓷纤维毡		$300m^2$	格栅防护	
28	防雨帆布		$2500m^2$	库房、防雨棚、防护	
29	防火石棉布		$300m^2$	格栅防护	
30	钢丝	10 号	500kg	捆扎	
31	塑料布		500kg	防雨	
32	彩条布		500kg	产品防护	
33	破布		500kg	清洁	
34	灯泡	12V	200 只	照明	
35	帆布袋管	ϕ100	100m	吸附剂装填	

6.2 施工机具（表 6.2）

施工机具表

表6.2

序号	名称	规格	数量	用途	备注
1	汽车吊	50t	1台	格栅、分配管等吊装	
2	汽车吊	25t	2台	运输及配合	
3	塔吊		1台	格栅、分配管等吊装	
4	叉车	8t	1台	吸附剂运输	
5	叉车	2t	1台	格栅运输	
6	平板拖车	20t	2台	内部构件包装箱运输	
7	双排座汽车		1台	施工用车	
8	氩弧焊机		20台	焊接	
9	空气压缩机	$3m^3$	2台	喷砂除锈、吹扫	
10	轴流风机		24台	通风	
11	隔离变压器		12台	密闭空间用电	
12	高空防坠器		4套	安全防护	
13	安全提升带		4套	安全防护	
14	手拉葫芦	5t	8台	中心管安装	
15	手拉葫芦	2t	12台	格栅安装及调整	
16	工业吸尘器		4台	清洁	
17	玻璃管水平仪		4套	内部构件找平	
18	配电盘	8回路	4套	各台吸附塔专用	
19	放大镜	10倍	8个	检查	
20	塞尺		8个	检查	
21	撬棍		12根	安装及调整	
22	手锤		12把	安装	
23	扳手	12″	12把	安装	
24	台秤		4个	吸附剂计量	
25	克丝钳		12把	吸附剂开桶	
26	螺丝刀	平口	12把	吸附剂开桶	
27	螺丝刀	十字	12把	吸附剂开桶	
28	对讲机		8对	通讯	
29	应急灯		12只	吸附塔内应急照明	
30	充电手电筒		8只	检查	

7. 质量控制

7.1 执行的法规标准

《钢制压力容器》GB 150-1998；《压力容器无损检测》JB4730.1~4730.6-2005；《大型设备吊装工程施工工艺标准》SH/T3515-2003；《压力容器安全技术监察规程》质技监局锅发[1999] 154号；《锅炉压力容器压力管道焊工考试与管理规则》国质检锅[2002]109号；《一般压力容器内构件技术条件》。中国石化集团洛阳石油化工工程公司提供的设计图纸；UOP提供的内件安装图纸及吸附塔内构件安装手册。

7.2 质量保证体系

吸附塔内部构件安装和吸附剂装填质量保证体系见图7.2。

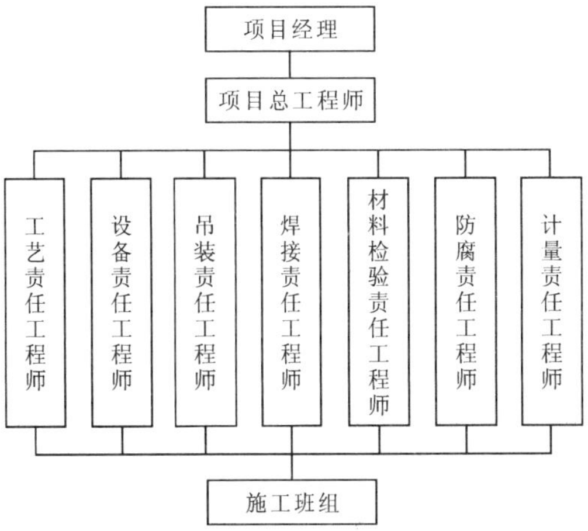

图7.2 质量保证体系

7.3 质量要求

7.3.1 一般要求

吸附塔壳体内径允许偏差为$^{+8}_{0}$mm，中心管圆度允许偏差为5 mm，吸附塔壳体及中心管安装后吸附塔内壁的格栅支撑圈与中心管外壁的格栅支撑圈平面度允许偏差为3 mm，格栅支撑圈上表面焊道、吸附塔壳体内部焊道焊后均应打磨光滑。

由于受运输的限制，吸附塔在预制厂内分段预制，现场组焊成整体。为严格控制各类数据，预制及运输过程需要采取多种保证手段：吸附塔壳体分段预制结束后，为防止运输变形应在端口处采用加固措施；中心管裙座底环按图加工曲线面，以保证裙座底环与封头面贴合；中心管与中心管裙座在图纸所示的节点Ⅲ处分断，裙座垫板安装时的位置尺寸必须与裙座安装的实际标高尺寸协调进行，划线及安装过程中产生的误差可利用裙座与中心管间调整间隙（节点Ⅲ）进行调整，中心管安装结束后吸附塔壳体内部的格栅支撑圈与中心管外部的格栅支撑圈平面度需严格控制在3mm。

7.3.2 中心管安装及焊接

1．中心管安装时要求与壳体同心，同心度允许偏差为3mm。

2．塔内壁与中心管外壁上的13层格栅支撑圈上表面平面度允许偏差为3mm。

3．中心管调整间隙的焊接选用焊条电弧焊，焊后焊道表面打磨圆滑。

4．焊接时采用分段退步焊。

7.3.3 吸附塔内壁和中心管外壁除锈

1．喷砂除锈前，先将吸附塔内壁上的各类管口和中心管环形分配室上的环形分配管管口用木楔、盲板封堵。

2．除锈用砂选用河沙，使用前将较大颗粒筛除。

3．除锈后的吸附塔内壁和中心管外壁需露出金属光泽，金属表面光滑无喷砂形成的深坑。

4．清除吸附塔内的沙子和杂物，用工业吸尘器吸净浮尘。

7.3.4 格栅安装和吸附剂装填

1．每个床层的格栅安装后要求平稳，相邻两块伞形格栅的侧面肋板之间要保证13mm的安装间隙，每块伞形格栅内环肋板、外环肋板与中心管外壁、吸附塔内壁的间隙为19mm，间隙处用陶瓷纤维绳进行填充。

2．底层格栅和顶层格栅安装完毕后，相邻两块伞形格栅侧面肋板之间的安装间隙使用T形密封条进行焊接密封，格栅与吸附塔内壁及中心管外壁处的间隙使用角钢环和环板进行焊接密封。

3．T形密封条进行焊接时采用钨级气体保护焊，从T形密封条的中间位置开始进行分段退步焊接。

4．环形分配管和床层管需要在无应力状态下进行组焊，所有焊缝均需做渗透检测。

5．吸附剂装填时，确保吸附剂不得接触水、汽。

6．装填前，每桶吸附剂需要称重计量并取样。

7．装填过程中要严格控制装填速度并不断压实，保证吸附剂的装填密实度。

8．吸附剂装填结束后，上表面刮平做镜面处理。

7.4 质量保证措施

7.4.1 吸附塔内件安装开始前，施工员首先熟悉并掌握施工图纸及技术要求。

7.4.2 编制针对性和可行性强的施工方案或技术措施。

7.4.3 及时对参与施工的工作人员进行详细的技术交底并形成交底记录。

7.4.4 从事焊接、起重、无损检测等特殊工种的人员持证上岗。

7.4.5 严格控制焊接材料的管理。

7.4.6 吸附塔格栅预组装场地保持清洁，设专人进行清扫。

7.4.7 运到现场的格栅包装箱、吸附剂容器分类摆放，摆放时不允许直接接触地面，垫高100~200mm，格栅包装箱及吸附剂容器要摆放在现场防护棚中。

7.4.8 进入吸附塔的施工人员要穿软底鞋，吸附剂安装时不允许直接穿鞋在吸附剂上踩踏。吸附剂压实时，要穿上特制的木板鞋按要求逐层压实。

7.4.9 吸附剂安装过程中，绝不允许将水或其他液体带入吸附塔内，防止液体物质因挥发或洒漏对吸附剂造成破坏。

7.4.10 格栅上的胶合板保护层不得随意拆除，拆除时按UOP现场指导专家的要求进行，胶合板防护层拆除后，利用工业吸尘器对格栅进行清洁处理。

8. 安 全 措 施

8.1 施工中遵循《石油化工施工安全技术规程》SH 3505-1999。

8.2 对每一位进入施工现场作业的员工都要进行上岗前的HSE教育，时间不少于8h并进行考核，对合格者颁发教育合格证，签订HSE承诺书，制作统一胸牌后，方可进入施工现场工作。

8.3 进入施工现场的员工必须佩戴出入现场许可证；佩戴好安全帽、防护眼镜；穿好劳动保护鞋和工作服。

8.4 进入受限空间前都必须办理受限空间许可证。

8.5 密闭空间作业必须有专人进行监护，塔内的照明必须使用12V或24V安全电压。内部的用电工具必须通过1：1隔离变压器引线。

8.6 电气线路敷设、配电箱安装、用电设备安装完成后在使用前，在具有危险的电气系统上作业，需要停、送电时，都必须办理电气作业许可证。

8.7 任何可能发生火灾、爆炸危险区域内使用明火的一切作业时，都必须办理动火作业许可证。

8.8 脚手架的搭设应符合行业标准的有关规定，脚手架搭设完工投入使用前，必须办理脚手架使用许可证。

8.9 高处作业人员必须系好安全带，戴好安全帽，衣着要灵便，安全带应做到高挂低用。

8.10 作业面应随时清理干净，严禁上下投掷工具、材料、杂物、余料和废料等。

8.11 在六级风以上和雷电、暴雨、大雾等恶劣气候条件下禁止进行露天高处作业。

8.12 射线作业前，项目施工管理部门负责将射线作业时间及地点等内容以书面形式通知到相关单位，并在显要路口进行公示。射线作业人员应勘察好现场的地形，正确设置好警戒线、警戒灯，对重要路口和人员经常出入的道口要派专人看守。

9. 环 保 措 施

9.1 防止大气污染措施

9.1.1 施工现场道路在指定专人清扫的同时还应定期洒水，防止尘土飞扬。

9.1.2 禁止在施工现场焚烧杂草和各种垃圾。

9.1.3 现场喷砂除锈时应采取严密的防护措施减少粉砂和铁锈的飞扬。

9.1.4 施工现场对甲方的绿化要爱护，花、草、树木确因需要迁移的，要与业主方协调后施工。

9.2 防止水质污染措施

9.2.1 现场各类施工车辆修理用的废油应集中收集，统一处理，严禁乱排放。

9.2.2 理化用的各类化学药品应集中库内存放，要加盖保管，着色检测用过的空瓶收集好进行统一处理，防止污染水质。

9.2.3 化学清洗所使用的液体，清洗结束后运出施工现场，存放在专用库房或在监管部门指定的地点进行处理。

9.2.4 职工宿舍、厕所应设化粪池，工地临时厕所也应设化粪池，处理后排入污水总管。

9.2.5 职工食堂污水排放时应设置隔油池，定期进行淘油以及杂物，防止直接排放污染水质。

9.3 减少噪声污染措施

9.3.1 施工用的电焊机采用低噪声的电焊机。

9.3.2 施工现场限制汽车高音喇叭的使用。

9.3.3 保证空气压缩机上的限压开关完好，避免压力过高安全阀启动。

10. 效 益 分 析

金陵分公司60万t/年对二甲苯联合装置PX装置吸附分离单元中的4台吸附塔，在借鉴2台吸附塔内件安装和吸附剂装填同时施工经验的基础上，采用4台吸附塔内件安装和吸附剂装填同时施工，取得了成功，在降低能耗及施工成本上也取得了显著的成效。同时，由于采用先进的施工方法和科学的管理，施工质量得到了有效的保证，装置开车以来，四台吸附塔运行平稳，实现了“长、满、优”目标，取得了良好的社会和经济效益，受到业主的高度评价。下面着重对成本效益进行分析：

10.1 4台吸附塔内件和吸附剂装填同时施工的方法，在原有2台吸附塔内件和吸附剂装填同时施工方法的基础上，增加部分人力资源即可满足施工的人力需求。同时由于每台塔施工工序相同，更加有利于实现流水作业，减少工序交叉间的人员闲置，极大的降低了人工成本。

10.2 选用汽车吊与塔吊配合施工的施工方法，在减少汽车吊使用需求的同时也降低了对汽车吊的能力要求，即节约了汽车吊的油耗，也极大的降低了机械使用成本。

10.3 用于半成品防护的各类措施用料重复利用率高，可有效减少辅助材料的浪费，降低了材料成本。

10.4 主要成本比较见表10.4。

主要成本比较 **表10.4**

项次\成本\方法	4台吸附塔内件安装和吸附剂装填同时施工预算成本	4台吸附塔内件安装和吸附剂装填同时施工成本	2台吸附塔内件安装和吸附剂装填同时施工成本	节省成本（同比）	成本节约率
人工成本	146万元	115万元	73万元	31万元	21.2%
机械成本	130万元	72万元	65万元	58万元	44.6%
材料成本	18万元	15万元	9万元	3万元	16.7%
水、电	8万元	5万元	4万元	3万元	37.5%
场地租赁	6万元	3万元	3万元	3万元	50%
施工机具	16万元	12万元	8万元	4万元	25%
其他	4万元	2万元	2万元	2万元	50%
总成本节省合计				**104万元**	**31.7%**

注：4台吸附塔内件安装和吸附剂装填合同工期为75d，两台吸附塔内件安装和吸附剂装填合同工期一般为60~65d，此表中两台吸附塔内件安装和吸附剂装填的工期按60d统计。

11. 应用实例

中国石化集团南京工程有限公司在多套新建、改建、扩建石化工程项目中成功使用了吸附塔内件及吸附剂装填同时施工的施工方法并取得了显著的成效。

1998年5月开工的洛阳石化总厂化纤工程16万t/年对二甲苯联合装置，合同要求竣工日期为1999年12月，装置中两台吸附塔内部构件安装和吸附剂装填的施工工期为65天。施工结束后UOP现场代表检查一次通过并在装置投产过程中一次开车成功。

扬子石油化工股份有限公司140万t/年芳烃装置改扩建项目，合同开工日期为2005年1月，竣工日期为2005年8月，吸附分离单元中的两台吸附塔内部构件安装和吸附剂装填施工工期为60d。在UOP专业工程师进行的最终检查中，取得了一次检查通过的好成绩。该工程自投用以来，质量可靠，运行安全。

金陵分公司60万t/年对二甲苯联合装置PX装置吸附分离单元中的4台吸附塔，合同开工日期为2008年5月30日，竣工日期为2008年8月15日，施工作业时间仅有75d。运用“吸附塔内件安装及吸附剂装填施工工法”进行施工，体现出了流水作业程度高、施工工序衔接紧凑、施工进度快、施工安全易于控制、施工质量控制好的工法特点。在UOP和业主联合检查中，中心管安装与壳体同心度偏差，塔内壁与中心管外壁上的格栅支撑圈上表面平面度公差，相邻格栅间的间隙、平整度、水平度及吸附剂装填时的密实度均符合UOP要求，为整个装置的平稳运行奠定了很好的基础。

大型冻结站快速安装施工工法

GJEJGF333—2010

中煤第五建设有限公司
陈占怀　郭永富　王永友　李志清　李春山

1. 前　　言

进入21世纪以来，我国矿山井筒应用冻结法凿井技术正在快速发展，冻结深度不断刷新纪录，冻结孔布置方式也有以前的单圈孔冻结发展到多圈孔冻结。随着冻结深度的不断延伸和冻结孔数量的增多，冻结站所需要的制冷能力和装机容量也大大增加，冻结站所需冷冻设备的数量和各种管路的长度也随之增加。如山东郭屯煤矿主井冻结工程，冻结深度702m，采用四圈孔冻结，冻结钻孔总量78546m，冻结站安装HJLG25ⅢTA250型螺杆式冷冻机20台作为低压机，安装HJLG20ⅢDA185型螺杆式冷冻机20台作为高压机，设备总装机容量为3460万kcal/h。安徽杨村煤矿副井井筒冻结工程，冻结深度725m，采用外圈孔、中圈孔、内圈孔加防片帮孔冻结，冻结钻孔总量99867m，冻结站安装HJLG25ⅢTA250型螺杆冷冻机26台作为低压机，安装HJLG20ⅢDA185型螺杆冷冻机26台作为高压机，设备总装机容量达4498万kcal/h。

过去井筒冻结深度大都小于400m，若采用螺杆式冷冻机制冷一般安装不超过8台套，现多达50多台套，各种管路安装量总长达5500多米。冻结站安装设备和管路的增多，导致冻结站安装任务十分繁重，若仍延用传统式的安装工艺不仅安装材料大量增加，安装工期长，安装效果不佳，且不利于冻结站运转参数的适时调节。为实现冻结站快速安装，改进落后安装工艺，节省劳动强度和安装期间的施工安全，同时实现冻结系统运行的安全性和经济性已成为冻结工程一项十分重要的任务。

2. 工 法 特 点

2.1　冻结站分区、分组安装可使系统运行合理，设备及管路运行安全平稳。

2.2　根据冻结站长度，各圈冻结孔所需的冷量，积极冻结期和维护冻结期需冷量的不同进行分区、分组安装。

2.3　分区、分组安装可合理分配劳动组织，各区、组间可同时进行安装施工，加快安装进度。

2.4　分区、分组安装可省去氨系统的总干管、分支管路的连接干管及干管间的截止阀门等。

2.5　对各圈冻结孔的盐水系统分区提供冷量，可根据井筒不同深度所需的冻结壁厚度不同，分区控制，使各类冻结孔的供冷时间及时进行调节。

2.6　分区、分组安装还为冻结站内分组设备运转参数调整便利，且不影响其他设备的正常运行。提高了冻结站设备的制冷效率，降低了能源消耗和施工成本。

2.7　分组开机在井筒冻结与掘砌施工过程中，根据井筒掘进速度和冻结壁冻结状况，冻结站设备可随时调整运转台数，以调控井筒供冷量，为井筒掘进施工创造良好条件。

2.8　冻结站预先安装信息化电脑监测、监控设备，对压力、温度、氨浓度等数据进行采集，实施监控，能够达到对制冷设备运行状况的自动调节，增加多种保护功能，提高了大型冻结站现代化施工技术水平，实现“无人则安”的安全理念。

3. 适用范围

适用于煤矿井筒冻结工程冻结站装机容量大于2000万kcal/h的大、中型冻结站。

4. 工艺原理

4.1 根据各圈冻结孔所需的冷量、不同时期冻结所需要的冷量，将冷冻机组与所需冷量根据“匹配”原则进行分区、分组。通过分区和分组，将大型冻结站安装分解成几个相对独立子系统，适应井筒冻结工程不同时期的需要。在分区的基础上将冷冻机按台套再分为若干个组进行安装，可灵活增加或减少开机台数，如防偏帮孔在井筒掘进至某一地层时，根据井帮温度，防偏帮孔可关闭，冷冻机可减机，当井筒掘过辅助冻结孔深度后可关闭，减少开机数量，到后期冻结壁全部满足施工要求时，积极冻结改为维护冻结可减机或拆除多余设备。

4.2 采用“一线总线数字化通信”方式，把各采集单元通过单根总线挂接的方式，把其信号传入计算机，利用功能强大温控软件，通过图像、数据等实时反映各采集单元的运行状况。安装信息化监测、监控系统，主要是为实现制冷冻结设备运行状态监测，包括压缩机运行工况、压力、温度、液位检测等；温度巡检部分主要包括对测温孔、冻结盐水回路温度进行实时检测与记录，报警处理子系统包括整套系统的所有的设备的运行状况发生异常时，以声光报警方式进行报警，环境监控子系统主要是对车间的环境进行监控，包括视频、氨气浓度等检测。安装该系统的目的，是保证制冷冻结三大循环系统运行正常，实现自动化检测监控 ，保证冻结工程的安全顺利施工。

5. 施工工艺流程及操作要点

5.1 工艺流程参（图5.1）

5.2 操作要点

5.2.1 冻结站设备基础首先夯实并找平，同一设备基础高差允许偏差范围±5mm。混凝土基础表面平整度用2m靠尺检查，不得大于5mm；基础施工和设备就位平行交叉施工的作业。

5.2.2 管路，分区、分组安装，严格按照冻结站安装图施工。

5.2.3 压缩机管路安装应具有一定坡度，吸气管路其坡度坡向蒸发器，坡度应大于0.02。排气管路其坡度坡向油分器或冷凝器，坡度应大于0.01，排气管路应从主管顶部或斜角接出。

5.2.4 热虹吸式贮氨器出液口与螺杆压缩机油冷进液口高差不得小于1.6m，冷凝器出液管与出液干管高差不得小于1.6m。

5.2.5 管路焊接严格按照《现场设备、工业管道焊接工程施工及验收规范》GB 50236-98进行焊接，管道封口要用专用管路封头。

5.2.6 低温管路要进行保温包扎。

5.2.7 各种设备基础的间距、高出地面的高度，安装管路的长度、高度，支撑架的高度、制作结构形式，气态、液态管路的水平度、倾斜度、弯曲度，各种阀门的安装要求，各种管路、阀门的颜色等均严格按照施工标准施工。

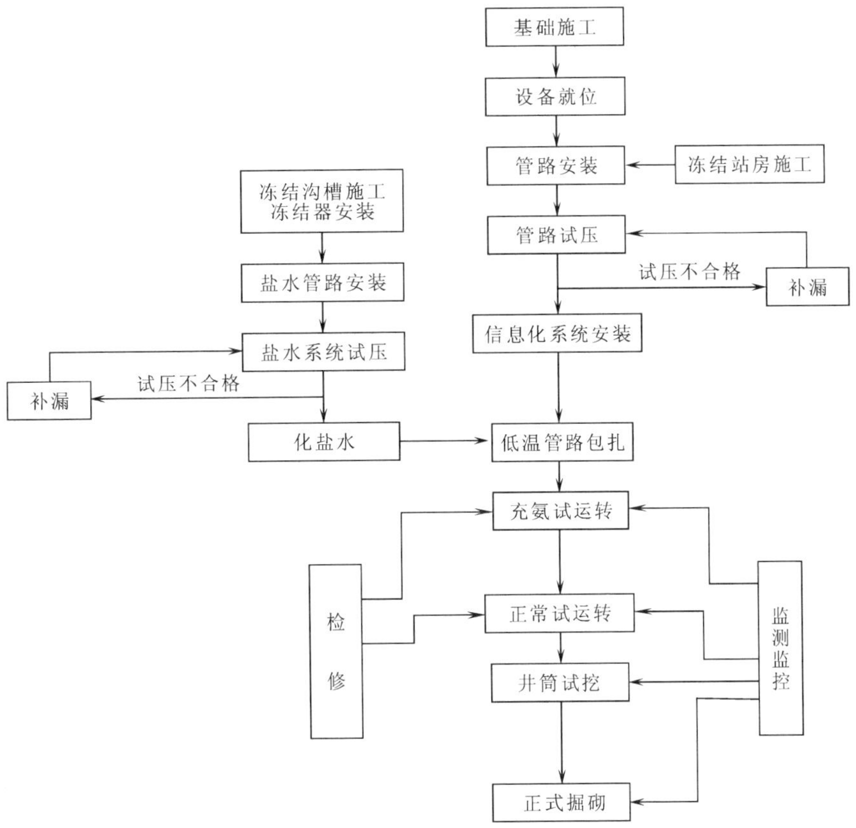

图5.1 冻结站安装施工工艺流程图

6. 材料与设备

大型冻结站安装所需的主要施工设备见表6。

主要施工设备表　　表6

序号	名　称	数量	型号	备　注
1	小型挖掘机	1台	AT135E-7	
2	四轮小吊车	1～2台	SDHHYQ8T	
3	铲车	1台	LW500E	
4	电焊机	4～6台	BX-500	
5	切割机	1台	DW715	
6	手动滑轮	4套	HSZ-1	

7. 质量控制

7.1 严格按施工组织设计、施工图纸、规范和规程施工，确保冻结站安装质量。

7.2 冻结站安装前应对所有的设备、阀门进行检修，各种管路清理干净，所用的机具准备齐全，做好设备就位、找平、找正工作。

7.3 冻结站站房和设备基础都要用经纬仪和水准仪认真放线、找平、找正，同类设备的中轴线必须在同一条直线上，设备基础的标高必须一致。

7.4 浇筑混凝土必须振捣密实，高寒地区施工要有专项施工措施。

7.5 氨管路的焊接工必须经过专门培训并取得特殊工种的电焊工证，技术水平高的焊工焊接，不得有麻面、砂眼、未焊等质量缺陷。

7.6 管路安装要做到整齐划一，美观。

7.7 三大循环系统安装完毕后，严格按施工规范要求进行压力试验和抽真空试漏。试压合格后对冷冻机低压管路和盐水系统管路、盐水箱、中冷器等低温管道、设备、阀门等进行隔热保温包扎，确保其保温性能。

7.8 各种管路按冻结文明机房标准规定的颜色进行刷漆。

7.9 冻结沟槽要安装流量检测和调控系统，以便随时检测和调整各冻结器的盐水流量。

8. 安全措施

8.1 编制冻结站安装安全技术措施和操作规程，进行岗前培训，增强工人安全防护意识，建立健全各项规章制度，并严格执行。

8.2 登高作业时必须佩带安全带，穿防滑鞋，以防高空坠落；地面作业必须戴安全帽。禁止上下同时作业。

8.3 设备和管路起吊安装时，必须有专人指挥，听从信号，各负其责。

8.4 信息化监测监控系统安装，要求安装到位，准确无误，为冻结运转时起到监测、监控的目的。

8.5 建立安全生产保证体系，严格按照企业安全质量标准化安装施工，做到管理有力、保障运行。

8.6 建立安全检查制度，实行安全生产奖罚制，及时消除事故隐患。坚持做到班组日检、项目部旬检、企业月检的安全检查。班组每日班前会上要进行安全交底。

8.7 加大安全投入，安全警示牌醒目，设备完好，满足安装施工需要。

8.8 严格执行电气安装操作规程，所有电气设备要有漏电保护与接地装置，电缆埋设要有标志，过路要有套管保护。

8.9 高压电缆及高压设备安装须做耐压试验。

8.10 施工人员要熟悉相关机械设备及器材、管材和阀门的性能，严禁违章作业。

9. 环保措施

9.1 大型冻结站快速安装施工工法是将原来的一个氨系统划分为多个氨系统，这样不但可以提高冻结站安装气密性降低运转过程中的氨泄漏，而且还有助于冷冻设备的调节和提高冷冻设备的制冷效率。

9.2 盐水系统的分区安装，可以根据井筒掘砌期间对冻结壁的不同要求适时对冻结井筒提供冷量，提高了制冷效率，节省了大量冷量。

9.3 对氨系统的局部改进，加快了冻结站初期运转时降温速度，提高了冻结完工时液氨的回收率，降低了氨气对大气的污染。

10. 效益分析

10.1 经济效益

该技术通过在安徽口孜东煤矿风立井冻结站安装过程中应用，效果明显。经计算比较，采用传统的安装工艺和方法，需用各种规格的管材8500m，实际用管材5500m，节约管材3000m，管材规格平均按ϕ127×5mm计算，每米15.04kg，共节约管材45.12t，按每吨6150元计，节约费用27.75万元。利用该安装技术提前工期30d。人工费按80元/d计算，安装需要45人，因此可节约人工费10.8万元。采用分区、分组安装，根据井筒不同时期需冷量的不同调整运转参数和开机台数，节省用电187.9万kWh，每kWh电费为0.5元，节省电费93.95万元。以上三项共节省费用132.5万元。

10.2 社会效益

对社会来讲，促进了生产力的提高，此技术安装速度快，气密性好，缩短了工期，减少了运转时氨的泄露，减少了对环境的污染。

对建设单位来说，缩短了建设周期，提前投产，提前受益，提前见效。

11. 应用实例

11.1 安徽杨村煤矿风井井筒冻结工程，冻结深度725m，冻结站长度162m，安装了48台新型螺杆式冷冻机组及其他附属设备。自2010年10月开始安装，到2010年12月结束，实际施工2个月，较设计3个月提前了1个月完成了施工任务，大大的缩短了工期，实现了一次性打压试漏成功。为以后的开机运转奠定了良好的基础。

11.2 河南程村煤矿主、副井冻结工程，冻结深度均为485m，共设一个冻结站，冻结站安装22套冷冻机及其他附属设备，站长128m，安装期比设计缩短25d，井筒提前18d开挖。

11.3 山东郭屯煤矿主井冻结工程，冻结深度702m，安装25套螺杆式冷冻机及其附属设备，安装工期比设计减少38d，井筒提前32d开挖。

超高塔类建筑主被式阻尼抗振系统直线电机底座吊装施工工法

GJEJGF334—2010

中建工业设备安装有限公司　山东百世建设集团有限公司
张成林　韩宝君　谢上冬　周宝贵　张宝华

1. 前　　言

广州新电视塔2套阻尼抗振系统分布在438.40～448.80m楼层空间里，前期大件设备在大型垂直运输机械拆除及楼层顶部钢梁封闭前已运输至438.4m楼层相应位置，直线电机底座（为一长方形厚钢板7000mm×2900mm×120mm，重23t），需安装在443.55m处水箱上。水池形成后，底座的安装空间离448.8m层钢梁底部不到5m，安装空间狭窄，现场条件要求必须将底座垂直提升至448.8m层钢梁底部临时固定，待水箱完成后，正式就位。提升高度近6m，临时悬挂时间约60d。阻尼各系统排布如图1。

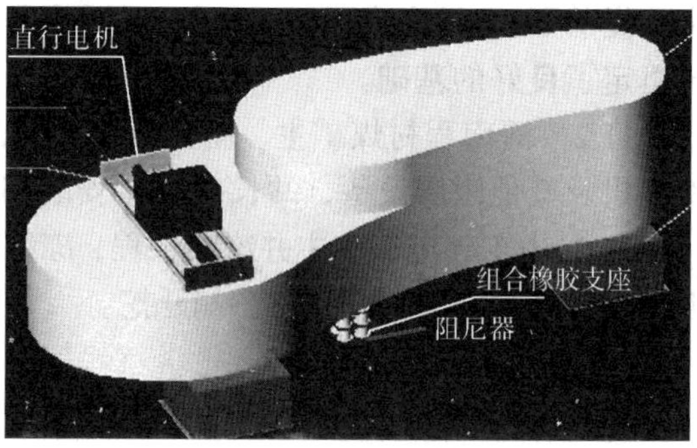

图1　阻尼系统图

在此工况下如何安全将直线电机底座悬挂起来，确保工程顺利实施是个巨大的考验。单位组织科技人员，开展科技创新，成功实现了阻尼抗振系统直线电机底座的吊装，并总结出了超高层塔类建筑主被式阻尼抗振系统直线电机底座吊装施工技术，在此基础上，形成了超高塔类建筑主被式阻尼抗振系统直线电机底座吊装施工工法。

2. 工 法 特 点

2.1　本工法采取开口花篮连接上部，手拉葫芦提升吊装到位时用开口花篮替换手拉葫芦并紧固的吊装方法，解决了手拉葫芦长时间受力不安全的问题，保证了直线电机底座悬挂60d的安全。

2.2　采用本工法，吊装工具简单，操作方便，工效高且安全可靠性程度高，适合空间狭窄环境大件物体吊装就位施工。

2.3　采用逆序作业方法，解决了阻尼抗振系统在狭小空间内与土建交叉施工的难题，确保了工期。

3. 适 用 范 围

本工法可适用于主被式阻尼器抗振系统直线电机底座吊装，尤其适用于空间狭窄环境大件物体吊装。

4. 工 艺 原 理

4.1　直线电机底座为一长方形厚钢板（$L\times W\times H$=7000mm×2900mm×120mm），加上组装在一起

的两侧挡块，重量达到近23t，如图4.1。

底座具有重量大，外形尺寸大，相对较薄，对称性高的特点。

4.2 438.4m层楼板形成后，双向滑轨支座开始组装前，将设备垂直提升至448.8m层钢梁底部临时固定，待水箱完成后，正式就位。

4.3 直线电机底座需要从438.4m临时支架上提升448.8m层钢梁底部临时固定，采用手拉葫芦提升高度近6m。由于底座提升位置与以后的安装位置一致，上部固定点处没有钢结构的主次梁，固定点设置难度大，需要增加20a工字钢作为受力点。

图4.1 直线电机底座

4.4 吊装采用开口花篮连接上部，再采用手拉葫芦提升吊装到位，最后再采用开口花篮替换手拉葫芦并紧固的吊装工艺。

5. 施工工艺流程及操作要点

5.1 施工工艺流程

施工准备→上部吊装点制作安装→下部吊装点制作安装→吊具选择→吊装→设备整体调平。

5.2 操作要点

5.2.1 施工准备

确定底座吊点，吊装底座如图5.2.1。

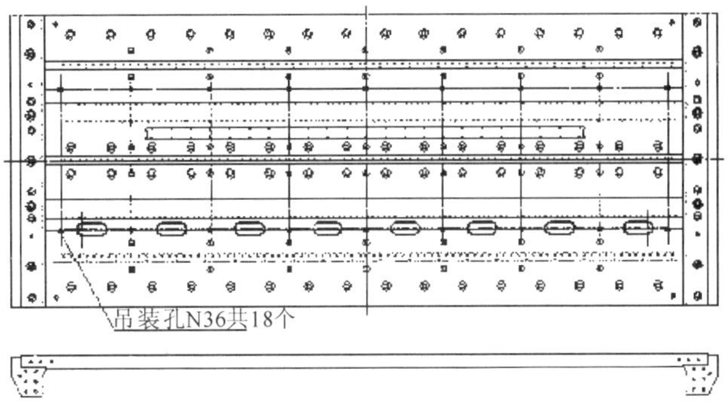

图5.2.1 吊装底座图

5.2.2 上部吊装点制作安装

1. 为保证吊装安全及控制其变形量，根据梁的分布在448.8m层设置吊点如图5.2.2-1 ~ 图5.2.2-3，每个吊点由底座上的相应的2个吊点组合而成。

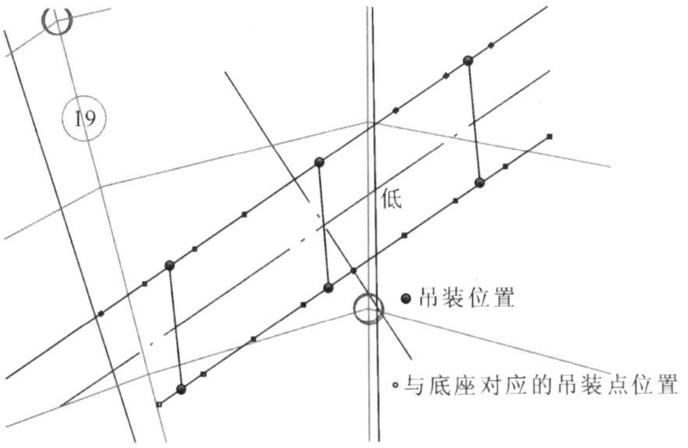

图5.2.2-1 448.8m北侧楼面吊点布置图

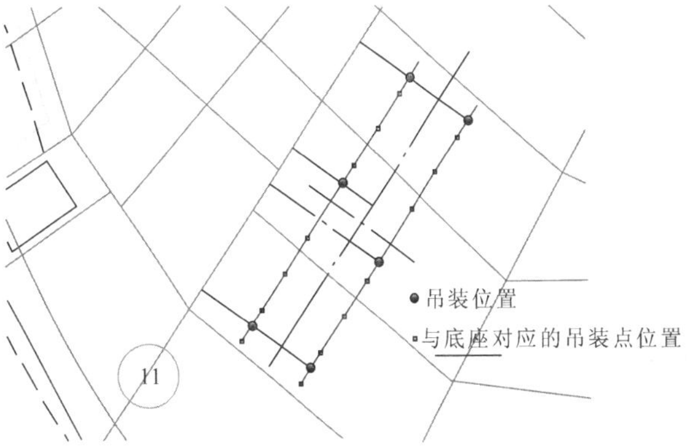

图5.2.2-2 448.8m南侧楼面吊点布置图

2. 上部吊装点具体做法

上部吊点由底座正式安装位置投影至上层楼面，在上层楼面开ϕ150孔，吊点由上部孔洞引下至448.8m层钢梁底部。

楼面上采用20a工字钢作为主承重梁，每三个点合用一条整工字钢，吊点用$\phi 89 \times 8$无缝钢管焊接于工字钢底部，ϕ89×8无缝钢管与工字钢底部采用全坡口焊接，并采取加筋板等加固固定措施，吊点具体做法如图5.2.2-4。

图5.2.2-3　上部吊点三维图

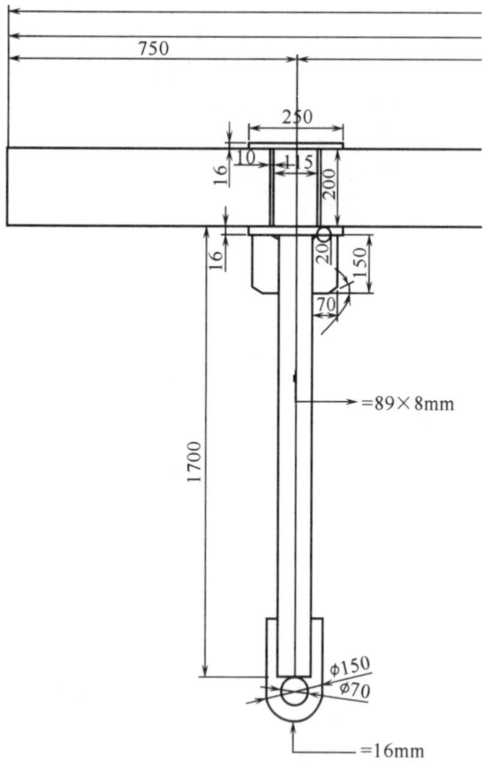

图5.2.2-4　上部吊装点做法图

5.2.3　下部吊装点制作安装

下部吊点采用两个底座上的吊装孔合成一个吊点方法，具体做法如图5.2.3。

5.2.4　吊具选择

与底座连接固定的吊环采用与吊装孔配套的M36吊环。经查吊装手册及生产厂资料，允许最大荷载每个4t，每个吊点由两个吊环通过吊装横担组成，受力均匀，因此每个吊点最大允许荷载为8t，6个吊点为48t，安全系数为2.08，考虑到6个吊点间距较大，同时均匀受力不太可能，按最不利时4个吊点受力计算，则有效荷载为32t，安全系数为1.4，满足吊装要求。M36吊环与横担采用M30高强度螺栓连接，M30高强度螺栓（10.9级）抗剪远大于4t，满足安全要求。

提升设备的选用，提升时每个吊点选用一个10t手拉葫芦。

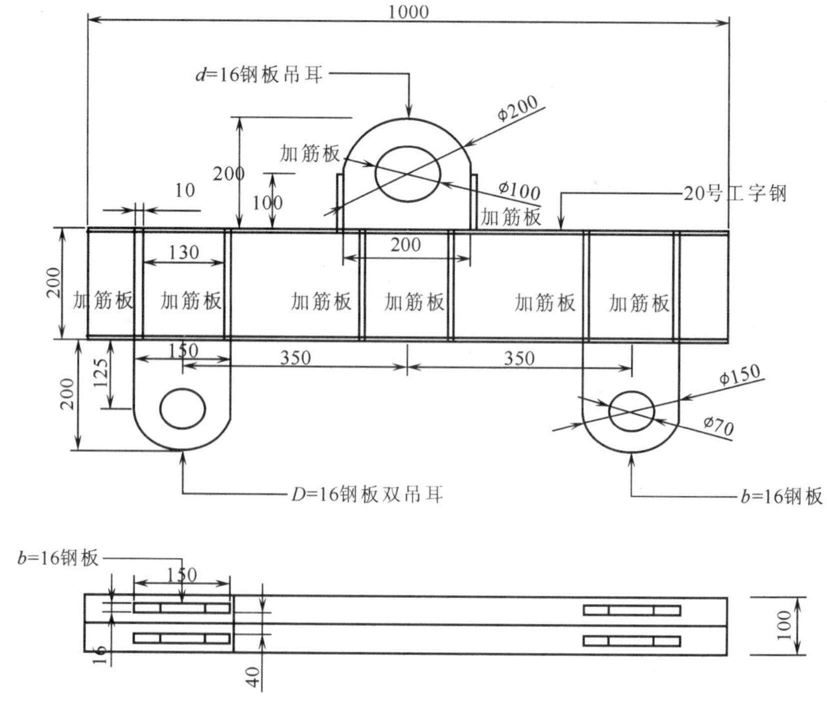

图5.2.3　下部吊装点做法图

替代葫芦固定用吊具选用开口花蓝。每个吊点选用一个额定荷载9.7t的开口花蓝（调节范围：670～1080mm）。吊具如图5.2.4。

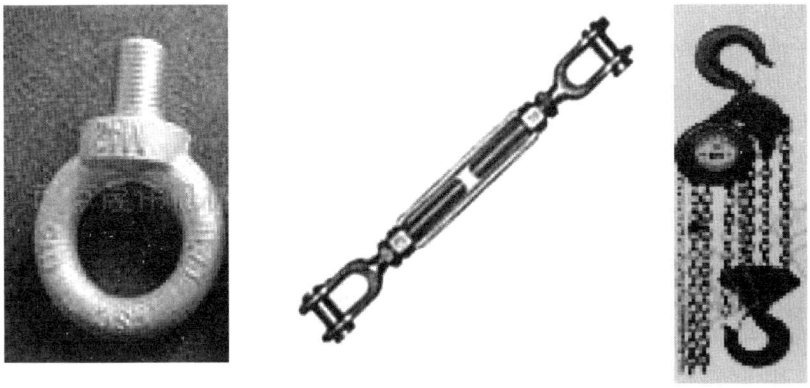

图5.2.4　吊具图

5.2.5　吊装

1．吊装流程（图5.2.5-1）

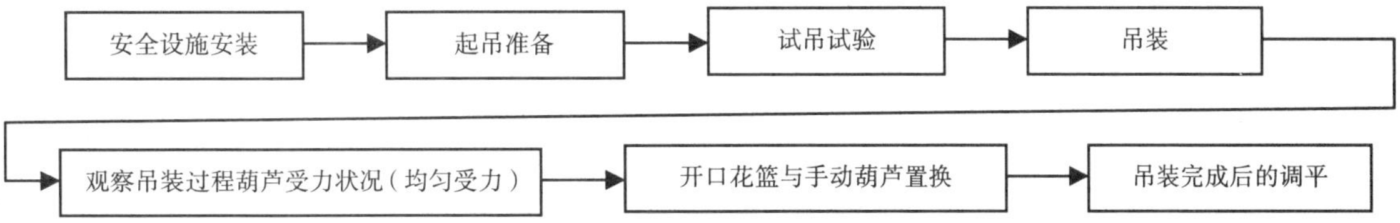

图5.2.5-1　吊装流程

2．整体吊装方法如图5.2.5-2～图5.2.5-4。

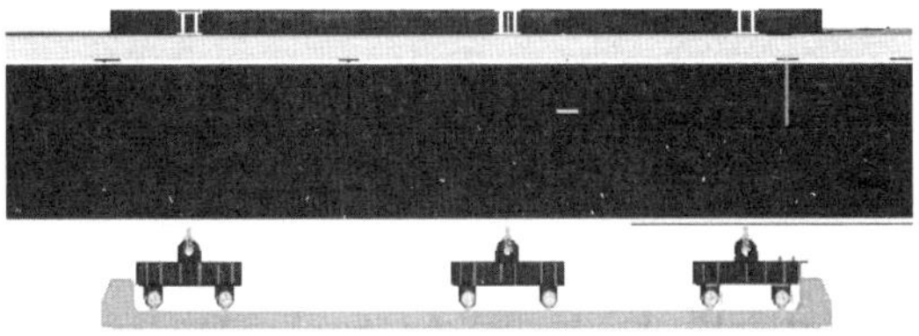

图5.2.5-2　吊装方法正视图

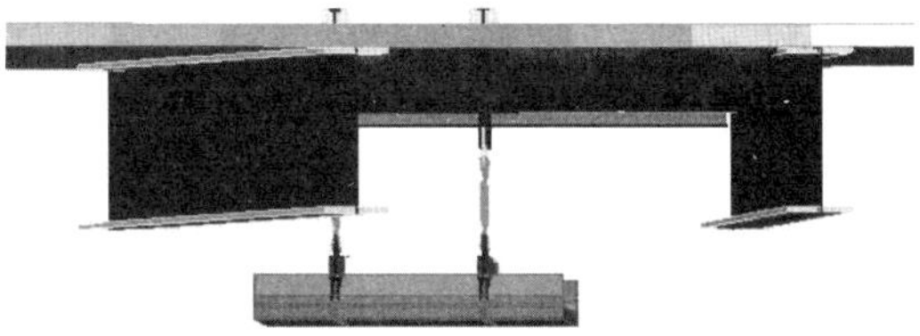

图5.2.5-3　吊装方法侧视图

3．施工技术要求

1）上部支点及下部吊点横担尺寸、选材必须严格按照方案实施，钢板采用Q235，型钢及无缝钢管必须采用正标产品。

2）关于焊接的要求：吊耳采用16钢板制作，焊接面需打不小于8mm的坡口，四面焊接，焊缝高度不低于12mm；无缝钢管与工字钢焊接必须全融透，四周按要求加焊筋板，筋板双边角焊。

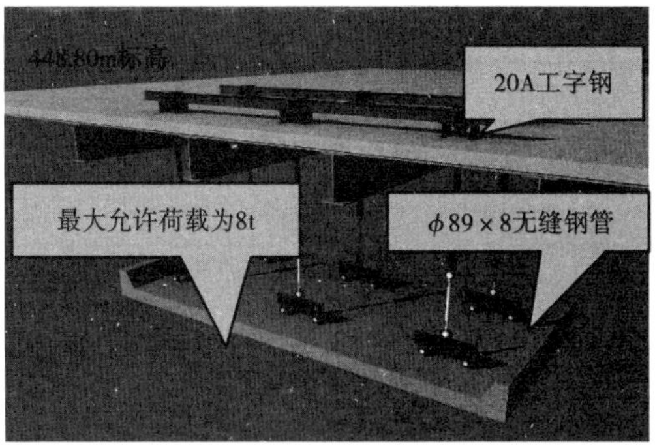

图5.2.5-4　吊装方法三维图

3）吊具必须有厂家试验合格证明及其他相关质量证明文件。设备提升时须首先做提升实验，首先用四个角上的4只葫芦将设备提升2cm左右，静置观查各受力点状态，30min内各点无任何肉眼可视缺陷时，再用6只葫芦同时提升5mm并调平后，静置12小时后观查各受力点状态，如无明显变化，可视为合格，方可进行正式提升。

4）用开口花蓝由中间开始逐一替换葫芦时，要求必须每次只能替换一个，调平后再替换第二个，依次类推，直至全部替完成。

5.2.6 设备整体调平

1）提升时，各葫芦必须同步，每提升10cm后，进行调平。

2）提升至葫芦上下钩间距850mm时，进行最后一次调平。

6. 材料与设备

6.1 施工机械、设备与材料

施工机械、设备、材料需用量见表6.1。

主要施工机械、设备、材料需用量一览表 **表6.1**

序号	机械设备名称	规格型号	单位	数量	备　注
1	工字钢	20a	m	24	主承重梁
2	无缝钢管	$\phi 89\times 8$	m	36	吊环主要承重作用位置
3	钢板	δ=16	m^2	1	用做加强肋板，加固作用
4	吊环	M36	个	12	用来穿无缝钢管的吊环
5	高强度螺栓	M30	套	48	
6	手拉葫芦	10t	个	6	提升设备
7	开口花篮	9.7t	套	8	固定钢丝绳
8	钢丝绳	6×19	m	80	
9	电焊机		台	4	焊接
10	开孔器		台	1	用来钻楼板混凝土

6.2 检验、测量设备仪器

检验、测量设备仪器一览表见表6.2。

检验、测量设备仪器一览表 **表6.2**

序号	名　称	型号规格	单位	数量
1	百分表	1mm	个	1
2	水平尺	1000mm　2mm/m	把	2
3	钢卷尺	5m	把	5
4	钢卷尺	30m	把	1
5	塞尺	100×17±0.02	个	2
6	磁力线坠		只	6

7. 质量控制

7.1 本工法执行规范和质量控制标准

《建筑工程施工质量验收统一标准》GB 50300-2001；《起重吊装常用数据手册》；《建筑工程施工现场管理规定》建设部第15号令；《建筑施工安全检查标准》JGJ 59-99。

直线电机底座临时吊装就位安全风险大，确保吊装设备及配件质量合格；整个底板（7000mm×

2900mm）的变形控制要求确保底座最终安装到位后，其最大变形量控制在3mm以内。

7.2　质量控制措施

1. 材料及吊具进场后使用前质量保证措施：材料在使用前按设计要求核对其规格、材质、型号，材料必须有制造厂的合格证明书或合格证，有必要时进行抽检，不合格的坚决退场，确保入场材料的质量。吊具必须采用专业生产厂产品，有制造厂的合格证明书各检验试验报告，必要时现场进行荷载试验。

2. 上部支撑点及下部横担制作时，对每道工序进行现场跟踪检查，确保按图施工，尤其加强焊接过程的监督，确保每道焊缝均符合设计要求。

8. 安全措施

1. 必须对每位员工进场人员、进行安全交底，施工班组必须配备专职安全员，对本班组安全负责，确保工程安全无事故。

2. 进入施工现场人员一律带好安全帽，系紧帽带；穿防滑劳保鞋；高空作业使用的人字梯；平台要牢固；梯子、平台根部必须设有防滑装置；严禁高空作业上下扔工具、物品。要系好安全带，高挂低用。特殊工种持证上岗，严禁夜间操作和加班防疲作业，杜绝立体交叉作业，吊装时工作面周边5m外拉安全警示带，严禁无关人员进入。

3. 吊装人员操作时必须系挂安全绳，安全带采用防坠自锁器系于安全绳上。

9. 环保措施

9.1　建立环境保护责任制度、卫生包干区，设立临时垃圾场点，及时清理垃圾和边角余料，做到工完场清，按政府部门的环保要求及时办理相关手续并强化实施。

9.2　尽量减少噪声及有害光源对环境的影响，施工中采用低噪声的工艺和方法，采取隔音降噪措施，对电焊光弧采取隔离措施。

9.3　合理安排施工工序，严禁在中午和夜间进行产生噪声的作业，控制电动工具使用次数。

9.4　剩余料具、包装及时回收、清退，对可再利用的废弃物尽量回收利用，各类垃圾及时清扫、清运，不得随意倾倒，一般要求每班清扫，每日清运。

9.5　材料堆放整齐，按成品、半成品分类，按规格堆放整齐，标牌清楚，多余物资及时回收，料具堆放不得挤占道路和施工作业区，现场仓库、预制场要做到内外整齐、清洁安全。

10. 效益分析

10.1　采用本技术，使阻尼器底座安装更加快速精确，大大缩短了安装时间，保证了安全，与常规其他方法（如：后置底板或采用电动葫芦吊装方法）相比，节约人工费35万元，机械费27万元，材料费45万元，合计效益为107万元。

10.2　在社会效益上，工程质量得到提高，提高了企业生产技术水平，扩大了企业的知名度和影响力，确保了施工作业的安全性；该工程的施工对环境未产生任何污染。且积累了宝贵的施工经验，为企业以后承接类似工程打下了坚实的基础。

11. 应用实例

本工法已在广州新电视塔工程中成功应用。

11.1　工程概况

广州新电视塔高610m，由一座高454m的主塔体和一个高156m的天线桅杆构成。其结构通过外部的钢斜柱、斜撑、环梁和内部的钢筋混凝土筒充分展现建筑造型，本工程设置了抗振阻尼系统。抗振阻尼系统分为主塔体和桅杆两个部分。主塔体抗振阻尼系统设计为主被动复合调谐质量阻尼器（HMD），被动调谐子系统利用438.4m层消防水箱作为主塔结构在两个主轴方向的调谐质量；主动调谐子系统安装在消防水箱上，作用在主塔结构的弱轴方向。

11.2　应用效果

本工法在广州新电视塔工程应用，成功地解决了施工空间窄，单件重量重，悬挂时间长，变形控制要求高、风险大的施工难题，而且使底座快速吊装悬挂，使得水箱顺利安全进行施工。

应用本工法，使重达23t重的阻尼器直线电机底座安全悬挂60d，且最终变形量为2.5mm，确保了底座的水平度要求，为后续的底座安装打下了坚实的基础。经过实施证明，工法应用成效显著，取得了良好的经济效益和社会效益，并可为同类型工程施工提供借鉴。

大型循环流化床锅炉炉衬砌筑施工工法

GJEJGF335—2010

湖南省火电建设公司
谭杰　陈爱军　邓运球

1. 前　　言

循环流化床（CFB）锅炉是近年来发展起来的一种新型洁净煤燃烧技术，正以其燃料适应性强、燃烧效率高、负荷调节性能好、低污染物排放等优点得到了迅速发展，其工程应用已由小型CFB锅炉发展到300MW级的电站CFB锅炉。防磨损问题是CFB锅炉运行中需要解决的重点和难点，为解决此难题，目前一般都采用炉衬作为主要防磨损的技术手段。而炉衬施工的平整度控制、炉衬密实性检测控制、主要磨损区域施工质量控制等问题则是CFB锅炉炉衬施工的重点和难点。专业人员经过认真审图，全面领会设计意图，并通过多台CFB锅炉炉衬砌筑施工的实践，形成了先进的大型流化床锅炉炉衬砌筑施工工法。由于采用了本工法，湖南省火电建设公司砌筑的CFB锅炉炉衬耐火防磨效果良好，技术先进，施工方便，为提高CFB锅炉的安全、经济运行提供了有力保障，故有明显的环保效益和经济效益。

2. 工 法 特 点

本工法的特点和难点在于如何采取有效措施确保主要磨损区域和靶区炉衬的施工质量，如何采取有效措施确保各施工平（曲）面的平整度，如何对炉衬的密实性进行检测。

3. 适 用 范 围

本工法适用于大中型循环流化床锅炉的炉衬砌筑施工。

4. 工 艺 原 理

4.1　通过采取在非主要磨损区域增加扰流装置、将靶区耐火防磨材料的性能与锚固件的密度提高一个等级、局部困难部位的炉衬施工须一次完成、合理设计模板且在应力相对集中处避免模板接口、顶板部位施工尽可能地面预制或采用自流式材料或小型高压注浆机施工、合理选用膨胀缝的形式与间距等施工技术措施确保主要磨损区域与靶区炉衬的炉衬施工质量。

4.2　通过采用工具进行简单的"四角定位"或"中心定位"确定整体施工平（曲）面，再根据膨胀缝设置的间距确定每一小块施工面，在每一小块施工面内设置定位点，然后采用模板或靠尺直接靠在定位点上用以控制整体施工平（曲）面的平整度。

4.3　通过采用超声波对主要磨损区域的炉衬进行回声检测以判定炉衬的密实性，非主要磨损区域则可采用普通的敲击方式进行密实性检测。

5. 施工工艺流程及操作要点

5.1　不定型耐火耐磨材料的浇筑与捣打施工

不定型耐火耐磨材料浇筑与捣打施工的部位主要包括：炉膛密相区、风室水冷壁、管屏、旋风分离器等受热面设备及点火风道、旋风分离器出口烟道、回料装置、外置床等非受热面设备的迎火面等。

5.1.1 施工工艺流程

施工准备→放线定位→锚固件及附件安装→作业面金属表面处理及刷沥青漆→模板安装→耐磨耐火材料搅拌→耐磨耐火材料浇筑或捣打施工→模板拆除→检验→低温烘炉（图5.1.1）。

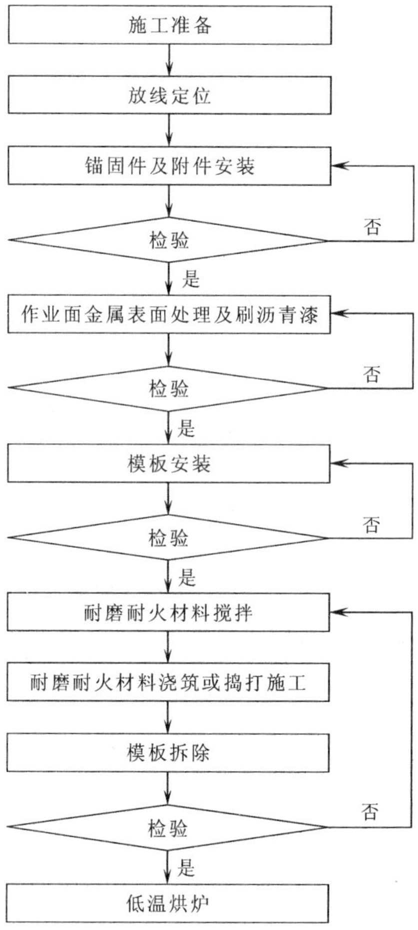

图5.1.1 不定型耐火耐磨材料的浇筑与捣打施工流程图

5.1.2 操作要点

1．各施工流程操作要点

1）施工准备

施工准备充分是炉衬砌筑施工顺利的前提，主要包括技术准备和组织准备。

（1）技术准备

锅炉炉衬施工前应具备下列条件，并办理相关交接签证才可进行施工：

①施工部位的钢结构、受热面、炉墙零件及其他装置等的组合或安装工作（包括承压部件的严密性试验）已完成，经验收合格。

②相关焊缝打磨工作结束，表面缺陷检验合格。

③施工部位的其他装置如各类开孔（如门孔、一二次风孔、石灰加入孔等）及其密封盒、工艺仪器仪表、点火装置、膨胀节及其指示等都已安装就位，并经验收合格。

④炉墙施工部位的临时设施，应全部清除，并经检查合格。

⑤材料准备充足并经现场检验（包括制作试块进行抗压强度实验等）合格，材料运输通道畅通；搅拌站设置合理，相关施工工器具准备完备。

⑥施工图纸及相应技术文件齐全，施工作业指导书（或措施）已经审批，并对所有施工人员进行了技术交底。

⑦施工防雨、防冻、防晒等防护措施准备完善。

（2）组织准备

①组织机构（图5.1.2-1）。

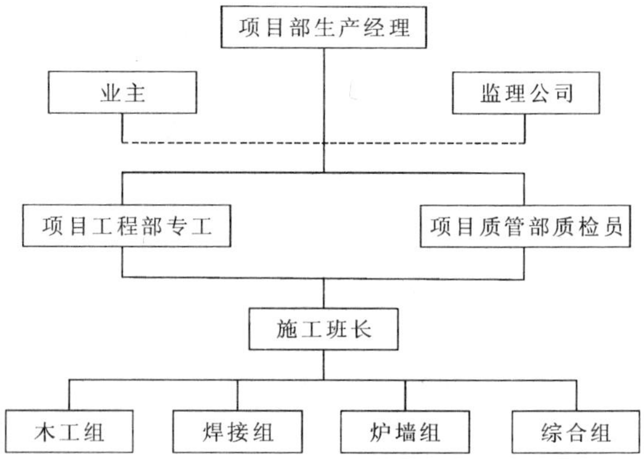

图5.1.2-1 组织机构图

②人员配备（表5.1.2-1）。

人员配备情况一览表 表5.1.2-1

序号	岗位名称	技能等级要求	数量	备注
1	专责工程师	工程师	1	有同类工程工作经验
2	班组工程师	助理工程师	1	有同类工程工作经验
3	质检工程师	质检工程师	1	有同类工程工作经验

续表

序号	岗位名称	技能等级要求	数量	备注
4	班长	高级工	1	有同类工程工作经验
5	组长	中级工	4	
6	木工	熟练木工	4	有同类工程工作经验
7	电焊工	熟练焊工	4	
8	筑炉工	熟练筑炉工	20	有同类工程工作经验
9	起重工	熟练起重工	2	
10	架子工	熟练架子工	12	
11	杂工		20	
	合计		70	

2）放线定位

（1）设备安装工作完成后，依据图纸设计的尺寸进行复检，确定炉衬施工平面标高与曲面中心。

（2）放线一般采用琴线或1mm线径钢丝。

3）锚固件及附件安装（图5.1.2-2、图5.1.2-3）

（1）锅炉承压件部位的锚固件焊接应在锅炉水压试验前完成。

（2）锚固件及附件的材质、型号、安装尺寸以及安装方向应符合图纸设计要求，安装间距误差应不大于3mm，垂直度及弯曲度不应超过3mm，托砖板不得向下倾斜。

（3）锚固件安装应按图纸要求焊接牢固，当图纸无要求时，应采用适当的焊接工艺进行焊接，焊接部位为锚固件的两边，焊缝高度应不小于3mm，焊接长度应为20mm。

（4）对特殊部位（如平顶角部、斜顶、弯拱、转角、门孔），当图纸设计没有明示时，应参照周边部位的设计增加密度进行锚固件的安装。

（5）锚固件安装完后，应对焊缝进行100%的表面检查，无裂纹。必要时应对安装的锚固件做弯曲试验。

图5.1.2-2　锚固件安装实例

图5.1.2-3　锚固件安装实例

（6）锚固件及附件在耐火砖内不应松动，必要时，锚固件安装应与耐火砖的砌筑同步进行。

（7）用于强化薄型水冷壁耐磨耐火材料衬里的销钉，必须采用自动焊接工艺。

（8）支撑金属锚固件或陶瓷锚固件的销钉可采用手工焊接工艺。

（9）锚固件头部应按设计要求安装好塑料帽，且应无遗漏。当无塑料帽设计时，应在每个锚固件的端头采用涂刷沥青等防膨胀措施。

4）作业面金属表面处理及刷沥青漆

（1）对炉墙材料接触的钢结构和设备表面，不应有严重的锈蚀和鳞皮，应清除金属表面的灰尘、浮锈和其它残留物等，并按设计要求进行沥青漆涂刷作业。

（2）对锚固支撑件安装位置周围20mm范围内的表面应进行除锈处理，除锈等级应达到《涂装前钢材表面锈蚀等级和除锈等级》GB 8923 规定的sa2.5或st3的要求。

（3）清理工作完成后应及时进行支模工作，并采取有效措施防止杂物进入。

5）模板安装

（1）支模前应核对施工作业面是否清理干净，确认后方可支模。

（2）模板的形状与施工面相符，尺寸应准确，表面应光滑且涂有一层油膏，以利脱模。

（3）模板安装牢固可靠，在施工振打过程中不得出现移位与变形现象。

（4）模板安装的平面度偏差不大于3mm/2m，全长不大于9mm。

（5）模板表面应光滑、清洁，拼接缝间隙不大于1mm，相邻两板表面高低差不大于1.5mm。

（6）预留孔洞的中心位置偏差为±10mm，标高偏差为±10mm，孔洞的尺寸偏差为±5mm。

6）耐磨耐火材料搅拌

（1）耐火浇筑搅拌时，浇筑料组成材料计量应准确，允许偏差应符合表5.1.2-2的规定。

浇筑料组成材料计量结果允许偏差 **表5.1.2-2**

序号	组成材料	允许偏差
1	水泥和掺和料	± 2%
2	粗、细骨料	± 3%
3	钢纤维含量	± 3%
4	拌合液	± 1%

（2）为保证浇筑料有良好的浇筑特性，搅拌好的浇筑料应在30min内使用完。

（3）搅拌合格的浇筑料应符合厂家技术文件要求。一般情况下，浇筑料的坍落度应为30～50mm，浇筑料应颜色一致，不得有离析和泌水现象。当无厂家设计要求时，应在现场做抛球试验或振动试验，以确定最佳拌合液的加入量。当现场环境条件发生变化时，应及时调节拌合液的加入量，以保证浇筑料质量。

（4）用干燥的搅拌器进行搅拌，第一次搅拌时宜稍微多加一点拌合液，以事先湿润搅拌设备。 在搅拌不同材料（包括不同批次的材料）时，应清洗干净相关的机具及运输工具。清洗水应经沉淀池后排出。

（5）耐磨耐火材料经搅拌后一般应在30min内施工完毕。

7）耐磨耐火材料浇筑或捣打施工

耐磨耐火材料浇筑施工应符合如下规定（图5.1.2-4、图5.1.2-5）。

图5.1.2-4 平壁耐火混凝土浇筑实例

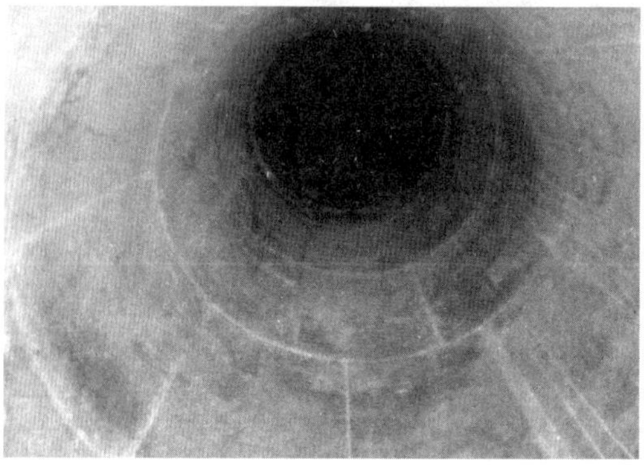

图5.1.2-5 圆筒内壁耐火混凝土浇筑实例

（1）一个独立的浇筑体内，严禁有施工缝。

（2）在保温材料上浇灌耐火浇筑料时，应在保温浇筑料养生期满后进行，一般不应少于1d。浇筑料与隔热体间的防水措施已采取并完善。

（3）自流式浇筑料的施工应取垂直堆积自流式浇筑。应防止颗粒离析和间断作业，严禁使用机械振捣。对于大于45°的墙和管道，一般不宜采用自流式浇筑。

（4）浇筑结束后剩余的浇筑料严禁重复使用。

（5）浇筑体应振捣均匀密实。根据浇筑体的实际位置选择适当的振捣器和确定振捣时间。采用插入式振动器时，应快进慢出（图5.1.2-6）。

图5.1.2-6　采用插入式振捣实例

（6）应根据振捣情况，及时调节拌合液的加入量、浇筑温度、运输等影响浇筑质量的各种因素。

（7）振捣不宜从模板外侧进行振捣。若需从模板外进行振捣，则模板需要较好稳定性，外部振捣器应布置良好，持续振捣以保证良好的振捣效果。避免振捣效果不良或造成耐火耐磨材料分凝或沉积在模板上。

（8）对个别粘度较大的浇筑料，可采用锤击的方式进行振捣。

耐磨耐火材料捣打施工应符合如下规定：

（1）在施工前应检查材料的可塑性指数，材料的可塑性指数应符合要求。

（2）搅拌好的捣打料应预压成坯。铺料应错缝靠紧、均匀，每层铺料厚度不应超过100mm。

（3）当设计厚度小于100mm时，可以不设置支撑模板；当设计厚度超过100mm，应设置支撑模板。模板应具有足够的刚度和强度，模板不应在施工中发生位移。模板应在施工完24h后拆除。

（4）捣打应从接缝处开始。锤头应垂直于表面进行捣打。捣打印痕重叠不应少于1/2，宜为2/3。捣打应反复进行，不应少于3遍。捣打应平整、密实。

（5）捣打用的锤头应为橡胶锤头（如图5.1.2-7所示）。当不是橡胶锤头时，应加橡胶垫。橡胶垫的厚度应为8～10mm当采用风动捣固机时，风压不应小于0.5MPa。

（6）捣打过程中，捣打表面变干，应喷少量雾状水润湿。捣打结束后，向火面严禁用水修磨（图5.1.2-8）。

图5.1.2-7　平壁耐磨耐火材料捣打实例

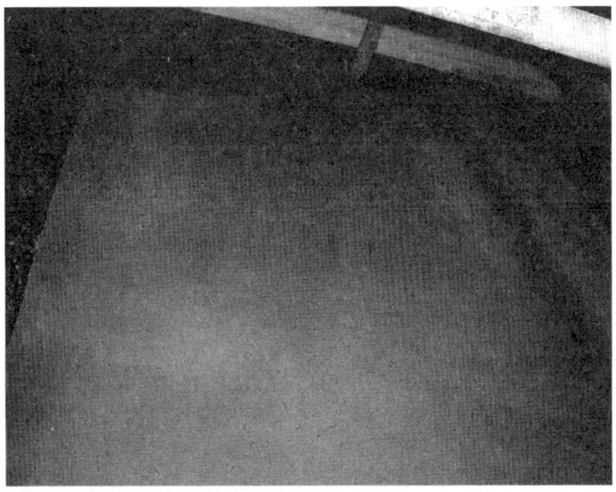

图5.1.2-8　平壁耐磨耐火捣打料实例

（7）锚固砖应设置在交接处。在捣打完毕后，应先将同形状的木模打入已捣打密实的施工体中，形成凹凸面后，再将锚固砖嵌入固定，再捣打密实锚固砖的周边。吊挂砖与模板间的间隙宜为5～8mm。捣打后，不应大于10mm。

（8）捣打完毕后，应对捣固体表面进行修整、刷毛。耐火可塑料应设置 $\phi 4$～$\phi 6$的通气孔，深度应为1/2～1/4捣固体厚度，间距150～250mm。

（9）膨胀缝应按设计要求设置。膨胀缝宽度宜为2～3mm，深度应为30～40mm。膨胀缝的两侧应捣打密实、均匀，膨胀缝应顺直（图5.1.2-9）。

（10）捣打施工宜连续进行。施工中断时，应在捣打料表面铺设保护膜遮盖。当施工中断时间较长时，接缝应设在锚固砖或吊挂砖的中心线处。当继续施工时，应将已捣实的接槎面刮去10～20mm，表面应刷毛后继续施工。硬化的材料不准使用。

（11）捣打过程中不得受污染，可塑性指数符合要求的材料可以继续使用。其它材料严禁重复使用。

图5.1.2-9　炉膛密相区膨胀缝实例

（12）可塑料施工完毕后，应用塑料布覆盖，不应立即进行烘炉。

（13）烘炉前，应对可塑料的表面进行检查。裂缝小于2mm时，应对裂缝进行修补。裂缝大于2mm时，应进行挖补处理。

（14）可塑料的修补，应在修补处挖成断面内大外小的楔形或锥形后，在表面喷洒少量雾状水湿润后，用可塑料填实，捣固平整。

8）模板拆除

（1）底模拆除时，浇筑体的抗压强度不应低于标准值的70%。

（2）侧模拆除时浇筑体的强度应能保证其表面及棱角完好，不受损伤。

（3）模板拆除应干净，不得遗留任何残留物（如铁钉、木模等）。

9）检验

炉衬拆模完成并养护7d后应及时按照有关技术规范进行检验，检验不合格的部位应及时进行返工处理，确保炉衬的施工质量。

10）低温烘炉

（1）全部炉墙养护期满后宜立即进入低、中温烘炉。如不能及时组织低、中温烘炉，从炉墙材料安装就位起，至开始低中、温烘炉止，最长时间间隔不应超过180d，宜不超过90d。全陶瓷纤维内衬可不参加低、中温烘炉。

（2）低、中温烘炉前，应根据循环流化床锅炉的类型、大小、炉墙材料及结构、烘炉曲线要求、能源利用的便利性及技术经济性等确定烘炉方式。宜采用带压烘炉方式进行低、中温烘炉，带压烘炉时最大蒸汽压力宜为锅炉额定压力的30%～70%。

（3）独立外置设备（如冷渣器、外置床、点火风道等）炉墙可在主体炉墙（如风室、炉膛、分离器、回料系统、出口烟道等）的低、中温烘炉前单独进行的烘炉。

（4）额定蒸发量在 480t/h 以下的循环流化床锅炉，可采用局部电加热或内生热烟气（如木材燃烧、油枪投油）的方法进行低、中烘炉，电热元件与炉墙间的距离应适中，燃油及火焰不得直接接触炉墙。额定蒸发量在480t/h 以上的循环流化床锅炉，应采用外生热烟气（如外置燃气或燃油烘炉机）的方法进行低、中温烘炉。

（5）烘炉机可布置在各烘炉部位门孔或某些大型开孔处，且灵活可控，单个门孔或大型开孔处可导入1～2台烘炉机的热烟气。烘炉机额定输出功率、布置台数应根据炉墙材料含水量、炉内空间大小、受热面内水容积、本体热阻等进行综合热力平衡计算确定。

（6）采用内生热烟气法进行低、中温烘炉时，最高烘炉温度不应低于300℃；采用电加热或外生热烟气法进行低、中温烘炉时，最高烘炉温度不应低于350℃。

（7）中、低温烘炉方案及温升曲线应参照材料厂家的烘炉技术要求编制。当材料厂家烘炉技术要求不明确时，各恒温点的保温时间不应小于24h，降温速率不应大于30℃/Hr，温度高于80℃时不得人为地强制冷却炉墙，不得因烘炉意外中断而导致温度的快速跌落。

（8）对含有机防爆纤维或快干剂的炉墙，各阶段的温升速率不应大于60℃/Hr，低、中烘炉总时间不应小于72h。

（9）对不含有机防爆纤维或快干剂的炉墙，各阶段的温升速率不应大于15℃/Hr，低、中烘炉总时间不应小于120h。

2．炉衬质量的控制措施

1）浇筑料（含自流料）炉衬质量的控制措施

（1）模板形状尺寸与实际结构相符，安装应牢固可靠，接口应平整。

（2）材料搅拌应严格按工艺要求或材料说明书规定的比例、搅拌时间进行搅拌。

（3）严格按工艺作业标准步骤进行浇筑、振打作业。

（4）安排施工经验丰富的人员进行旁站监控。

2）可塑料炉衬质量的控制措施

（1）材料搅拌应严格按工艺要求或材料说明书规定的比例、搅拌时间进行搅拌。

（2）严格按工艺作业标准步骤进行捣打作业。

（3）安排施工经验丰富的人员进行旁站监控。

3）炉衬施工重点监控的项目

确保炉衬施工质量的关键是全员全过程的质量监控，主要重点监控项目见表5.1.2-3。

重点监控项目一览表 **表5.1.2-3**

序号	监控项目	监控内容	监控方式	监控目的
1	材料理化性能检测	材料理化性能指标	抽样送检，报告	保证材料性能满足要求
2	材料保管温湿度监测	材料保管环境温湿度	温湿度计	防止因保管不善造成材料性能下降
3	销钉（锚固件）密度检查补焊	销钉（锚固件）密度	目视、用尺测量	保证炉衬材料支撑强度
4	作业面清理刷漆	清理干净，刷漆满足钢筋自由膨胀	目视	防止炉衬中夹有杂物降低性能，满足膨胀
5	模板尺寸校核	形状，尺寸	用尺测量，计算复核	形状相符，尺寸准确
6	模板支附牢靠性检查	形状，尺寸，牢靠性	用尺测量，手工摇动	尺寸准确，支附牢靠
7	水 pH 值检验	pH 值	pH 值试纸	水 pH 值满足要求
8	混凝土密实性检验	密实性	敲击，超声回弹	避免空洞，保证强度
9	混凝土平整度检查	平整度	目测，吊线	保证平整度
10	材料交互施工前	施工工艺	见证，停工待检	防止不合格产品进入下一工序

注：可根据施工条件和进展情况增加或减少监控次数，随时将监控信息报告给现场技术人员。

3．施工平面平整度的控制措施

1）施工平面平整度的控制措施

（1）施工作业平面应整体放基准线（即整体找平）。

（2）施工作业在基准线上再放移动作业线。

（3）在整体平面内按每个膨胀间隔采用耐磨耐火材料或不锈圆钢设置3～4个定位点。

（4）支模接口应平整、紧凑，无错口现象。

2）施工曲面平整度的控制措施

（1）按设备曲率确定圆心。

（2）按确定的圆心与炉衬厚度确定作业线，在曲面上设置定位点。

（3）按作业面曲度制作靠尺或确定模板形状与尺寸。

4．炉衬密实性的控制措施

1）耐磨耐火材料配比应准确，搅拌应充分，物料通道应畅通。

2）耐磨材料浇筑施工时，每浇筑400mm厚度左右时应使用振动棒振动1～2min，以目视表面开始返浆为止。

3）捣打作业应来回反复多次，杜绝一次捣打成型。

4）加强各工序之间的检验，发现问题应及时处理。

5）利用回声原理敲击施工完成后的炉衬，回声均匀一致即密实。

5．施工注意事项

炉衬施工过程中，有些问题是设计图纸无法细化和预料的，在烘炉与锅炉运行过程中这些问题才暴露出来，经过时间检验，施工中应对表5.1.2-4所示各部位引起注意，并加以优化。

炉衬施工工艺优化项目一览表 **表5.1.2-4**

序号	易出问题部位	设计内容	优化内容	目的
1	受热面顶部	V形抓钉	带翅膀的V形抓钉	防止耐磨材料脱落，增强结合力
2	各孔洞周边		增焊销钉，加钢纤维	增加整体强度，提高抗剥落性能
3	管屏端部		增焊U形钉，加钢纤维	增加整体强度，提高抗剥落性能
4	密相区排渣口上部	钢筋网锚固	鱼刺形扁钢爪钉锚固，加钢纤维	改善施工性能，增强整体强度与抗剥落性
5	点火风道、分离器出口烟道、返料系统	二层结构	三层结构（增加保温层与耐磨层之间不定形高强保温层）	防止底层保温制品在耐磨层施工与运行膨胀挤压中受损
6	膨胀缝	直角Z形结构	错位斜角Z形结构	消除直角处应力集中的缺点

5.2　定型耐火、保温材料的砌筑施工（图5.2）

定型耐火、保温材料的砌筑施工的部位主要包括：点火风道、旋风分离器出口烟道、回料装置、外置床等非受热面设备等。

5.2.1　进场耐火砖应按《定形耐火制品抽样验收规则》GB/T 10325-2004的要求进行抽样检查验收，应符合按《耐火制品尺寸、外观及断面的检查方法》GB/T 10326-2004的要求。

图5.2　平壁保温砖砌筑实例

1．相邻两面的裂纹严禁在角部相连（转角裂纹）。

2．裂纹宽度不应大于0.5mm。

3．所有裂纹皆为表面裂纹，裂纹深度不应大于7mm。

4．严禁有内部裂纹。

5.2.2　炉墙砌筑用灰浆应符合下列要求：

1．砌筑用泥浆的耐火度和化学成分应与耐火制品的耐火度和化学成分相适应。泥浆的选用应符合设计要求。

2．泥浆的砌筑性能应满足砌筑要求。泥浆的稠度应在280～380（单位0.1mm）。

3．泥浆应根据现场需要量及时配制。使用剩余的泥浆不得重复使用。

4．现场配制泥浆的配比应符合设计要求。水或结合剂的温度宜为5°～25°。搅拌应采用低速机械搅拌，搅拌应均匀。搅拌过程中，应避免气泡的形成。不得在已搅拌好的泥浆内任意添加水或胶粘剂。

5. 搅拌用水应符合《生活饮用水卫生标准》GB 5749-2006 的要求，严禁使用海水、碱水及含有有机悬浮物的水作为搅拌用水。

6. 泥浆配制时，应防止大颗粒的材料或杂物混入。

7. 同一搅拌用容器搅拌不同泥浆时，应清洗搅拌机和搅拌用容器。

5.2.3 严禁使用不合格的砖进行砌筑。向火面应选择使用表面质量较好的面。

5.2.4 严禁手工砍凿耐磨耐火砖，应采取机械切割设备进行耐磨耐火砖的合理切割，并做好环境污染控制。

5.2.5 砌体应错缝砌筑，错缝长度宜大于1/3砖的长度。

5.2.6 耐火砖缝厚度应为2±0.5mm。泥浆饱满度应大于90%；重要位置（如浓相区、冲刷区等）应大于95%。砖缝表面应勾缝。

5.2.7 炉墙砌体的允许误差应符合表5.2.7的要求。

炉墙砌体的允许误差 **表5.2.7**

<table>
<tr><th>序号</th><th colspan="2">项　目</th><th>允许误差（mm）</th></tr>
<tr><td rowspan="2">1</td><td rowspan="2">垂直度</td><td>每米</td><td>3</td></tr>
<tr><td>全高</td><td>15</td></tr>
<tr><td rowspan="4">2</td><td rowspan="4">平面表面平整度</td><td>相邻砖错台</td><td>0.5</td></tr>
<tr><td>侧墙面</td><td>5</td></tr>
<tr><td>挂砖墙面</td><td>7</td></tr>
<tr><td>底面</td><td>5</td></tr>
<tr><td rowspan="2">3</td><td>弧面平整度</td><td>半径≥2m</td><td>3</td></tr>
<tr><td>（半径误差）</td><td>半径＜2m</td><td>2</td></tr>
<tr><td rowspan="5">4</td><td rowspan="5">线尺寸误差</td><td>长度或宽度</td><td>± 10</td></tr>
<tr><td>矩形对角线差</td><td>15</td></tr>
<tr><td>高度</td><td>± 15</td></tr>
<tr><td>拱和拱顶跨度误差</td><td>± 10</td></tr>
<tr><td>烟道的高度和宽度</td><td>± 15</td></tr>
<tr><td rowspan="2">5</td><td rowspan="2">椭圆度</td><td>半径≥2m</td><td>15</td></tr>
<tr><td>半径＜2m</td><td>10</td></tr>
<tr><td rowspan="2">6</td><td colspan="2" rowspan="2">全墙厚度</td><td>10</td></tr>
<tr><td>-5</td></tr>
<tr><td rowspan="2">7</td><td colspan="2" rowspan="2">膨胀缝误差</td><td>-1</td></tr>
<tr><td>2</td></tr>
</table>

5.2.8 锚固件安装应平直，其弯曲度不应超过3mm。安装应垂直于砌体；不得有不拉或虚拉的现象，砌体不应松动。耐磨耐火砖砌体与锚固件之间的间隙以及其中的柔性密封填料应符合设计要求。

5.2.9 耐磨耐火砖砌体膨胀缝的设置应符合如下要求，当设计要求不明确时，膨胀缝应避开孔洞或其他应力集中部位设置，并应在隔热保温砌体的对应位置设置耐磨耐火遮缝砖。

1. 膨胀缝的设置应按设计图纸的规定进行设置。无设计时，应每2～3m设置一条膨胀缝。

2. 膨胀缝的宽度偏差不应超过2mm，膨胀缝的边界应平整。

3. 膨胀缝内应清洁，无灰浆、碎砖及其他杂物；缝内应按设计要求填塞柔性的耐火材料，当无设计时，应填塞直径稍大于间隙、相应使用温度的柔性耐火材料，膨胀缝内填塞的柔性耐火材料应与向火面炉墙表面平齐，不应超出炉墙表面。

4．膨胀缝处的炉墙应密实，无烟气通道存在。

5．膨胀缝外部炉墙应采取可靠的密封措施。

5.2.10 砌体的托砖板安装符合设计要求。水平托砖板严禁倾斜向下。托砖板与其下部砌体的间隙和填充材料应符合设计要求。

5.2.11 当托砖板下部间隙不能满足设计或膨胀要求时，应加工托砖板下部的砖。加工后的砖的厚度不应小于原砖厚度的2/3。

5.2.12 砌砖时，应使用木锤或橡胶锤找正，不应使用铁锤；砌筑弧形炉墙时，严禁将楔形砖的大小头倒置；砌体中断或返工拆砖时，应做成阶梯形的斜槎。

5.2.13 砌筑拱和拱顶时宜环砌或错砌，应借助符合要求并正确安装的拱胎进行砌筑；拱胎应在锁砖全部打紧且所有锚固件拉紧后才能拆除，拱跨大于3m时应设置拱顶下沉标志并做好记录；拱顶锁砖应对称布置，现场加工锁砖的厚度不应小于原砖厚度的2/3，锁砖设置数量应符合表5.2.13的要求。

锁砖设置数量表 **表5.2.13**

序号	拱跨度（D）	锁砖数量（块）	备　注
1	$D<3$m	1	
2	3m$<D<$6m	3	
3	$D>6$m	5	

5.2.14 在耐磨耐火拱脚砖的水平及垂直受力传递方向上，不得砌筑强度低的保温制品，大型拱顶的耐磨耐火拱脚砖应紧靠拱脚梁砌筑。

5.2.15 平吊顶、斜顶以及圆形管道炉墙的砌筑，应按照通用的砌筑规则，合理确定施工顺序，吊挂砖的抗拉强度应符合设计要求，不得存在明显裂纹。

6. 材料与设备

本工法所需的主材应根据图纸设计要求进行采购，所采用的主要工机具及设备见表6。

主要工机具及设备一览表 **表6**

序号	设备名称	设备型号	单位	数量	用　途
1	卷扬机	1.5t	台	4	物料转运
2	运料提升机		台	4	物料转运
3	强制式混凝土搅拌机	$V\geqslant250$L	台	6	物料搅拌
4	木工机床		台	2	模板制作
5	木工手提电刨		台	4	模板制作
6	直流电焊机		台	3	销钉焊接
7	振动棒	ϕ50	台	2	浇筑施工
8	振动棒	ϕ30	台	2	浇筑施工
9	手提平板振动器		台	2	浇筑施工
10	角向磨光机	ϕ125	台	6	浇筑施工
11	冲击电锤	ϕ8～ϕ20	台	1	浇筑施工
12	手拉翻斗车		台	5	物料转运
13	金刚片切割机		台	1	钢筋加工
14	对讲机		台	10	管理指挥

7. 质 量 控 制

7.1 工程质量控制标准

炉衬所使用的耐火、绝热材料及其制品，其原材料及制品的质量，应符合相应的现行国家标准或行业标准。炉衬施工质量执行《电力建设施工质量验收及评价规程（第2部分：锅炉机组）》DL/5210.2-2009。炉衬验收评定标准按表7.1执行。

炉衬验收评定执行标准一览表　　表7.1

检验项目	检验指标	质 量 标 准	重点监控	检测方法
材料	材料检验	符合《电力建设施工质量验收及评价规程（第 2 部分：锅炉机组）》DL/5210.2-2009 第 4.3.15 ~ 4.3.16 条规定	是	理化性能报告
锚固件配置与绑扎	锚固件材质检查	符合技术文件规定	是	光谱报告
	清理和涂刷沥青	油垢清除干净		检查
		沥青涂刷均匀		
	焊接和绑扎	焊接和绑扎牢固	是	检查
	间距（长、宽）	± 5mm		测量
	尺寸偏差			
	混凝土向火面保护层厚度	≥25mm		测量
硬质保温板砌筑	砌筑工艺	砌筑严密，灰浆饱满	是	目测
		一层错缝，二层压缝		
	砌筑灰缝	5 ~ 7mm		测量
保温混凝土浇筑	混凝土试块检验	符合《电力建设施工质量验收及评价规程（第 2 部分：锅炉机组）》DL/5210.2-2009 第 4.3.17 条规定		报告
	混凝土捣固	捣固均匀	是	回音检测
	混凝土养护	符合《电力建设施工及验收技术规范（锅炉机组篇）》DL/5047-95 第 9.3.8 条规定		记录
耐磨混凝土浇筑	施工部位杂物清除	清除干净	是	目测
	混凝土试块检验	符合《电力建设施工质量验收及评价规程（第 2 部分：锅炉机组）》DL/5210.2-2009 第 4.3.19 条规定		报告
	混凝土捣固	均匀密实	是	回音检测
	混凝土表面	无窝蜂、麻面、孔洞、裂纹		目测
	混凝土养护	符合《电力建设施工及验收技术规范（锅炉机组篇）》DL/5047-95 第 9.3.8 条规定		记录

7.2 质量保证措施

7.2.1 完善组织机构，确保每个作业组中至少有1名经验丰富的施工人员。

7.2.2 技术方案应具体详细、操作性强，技术人员应在施工过程中加强检查，确保按方案施工。

7.2.3 每道工序应100%自检，质量工程师应对重要工序进行现场见证。

7.2.4 按材料性能要求对炉衬进行养护。

7.2.5 材料保管过程应避免受潮与阳光直射。

7.2.6 采取顶部开孔法或炉衬表面插孔便于水分析出。

7.2.7 按设计要求合理留设膨胀缝。

7.2.8 在保温材料与耐火材料间涂刷防水层材料。

7.2.9 在炉膛密相区约2m高以内涂刷耐高温防火耐磨涂料。

8. 安 全 措 施

8.1 认真贯彻“安全第一，预防为主”的方针，根据国家相关规程规范，结合施工单位实际情况和工程的具体特点，构建专职安全员和班组兼职安全员以及工地负责人参加的安全生产管理网络，执行安全生产责任制，明确各级人员的安全职责，抓好工程的安全生产。

8.2 施工现场按符合防坠落、防火、防风、防雷、防洪、防触电等安全规定及安全施工要求进行布置，并配备设置各种安全标识。

8.3 各类房屋、库房、料场等的消防安全距离应符合公安部门的有关规定，室内不堆放易燃品；严格做到不在木工加工场、料房等处吸烟；随时清除现场的易燃杂物；不在有火种的场所或其近旁堆放生产物资。

8.4 机具操作人员具有相应操作资格证书，并按操作规程进行操作。

8.5 施工现场的临时用电严格按照《施工现场临时用电安全技术规范》的有关规定执行。

8.6 电缆线路应采用“三相五线”接线方式，设备接地与线路绝缘应良好。

8.7 施工现场使用的手持照明灯应使用36V及以下的安全电压。

8.8 室内配电柜、配电箱前要有绝缘垫，并安装漏电保护装置。

8.9 施工人员应配备齐全的劳动防护用品用具，并在施工中正确使用。

8.10 建立完善的施工安全保证体系，加强施工作业中的安全检查，确保作业标准化、规范化。

8.11 《职业健康安全风险控制措施一览表》及《环境因素及其控制措施一览表》见表8.11-1、表8.11-2。

职业健康安全风险控制措施一览表（RCP） 表8.11-1

序号	作业活动	危险/危害因素	目标和指标	控制措施	控制方法	控制时机	措施执行人	签名	检查/监督人	签名	备注
1	施工现场作业	高空落物	落物伤人事故为0	进入施工现场正确佩戴安全帽	A	D	施工人员		班长/安全员		
2	高空作业	高空坠落	高空坠落事故为0	高空作业必须在上方牢靠处系好安全带	A	D	施工人员		班长/安全员		
3	锚固件焊接作业	电弧伤害和触电		戴好防护眼镜和电焊手套	A	D	施工人员		班长/安全员		
4	保温、耐火材料高空转运	高处坠落		材料上架接稳摆好，严禁上下抛掷	A	D	施工人员		班长/安全员		
5	保温材料现场堆放	材料着火		材料应随运随用，摆放在指定部位，不得阻塞通道，并做好防火、雨措施	A	D	施工人员		班长/安全员		
6	作业现场施工废料	影响文明施工		及时清理现场，做到工完料尽场地清	A	D	施工人员		班长/安全员		
7	保温施工、耐火混凝土浇筑	粉尘危害	尘病为0	保温施工戴好口罩和手套	A	Z	施工人员		班长/安全员		
8	材料运输	粉尘危害		保温施工过程中，应配戴手套、口罩、工作帽等劳保用品，防止粉尘危害。	A	Z	施工人员		班长/安全员		

注：控制方法：W：见证；H：停工待检；S：连续监护；A：提醒；R：记录确认。

控制时机：P：作业开始前；D：每天至少一次；Z：每周一次（4Z每月一次，12Z：每季度一次）；T：活动连续过程或中断后重新开始作业。

环境因素及其控制措施一览表　　表8.11-2

序号	作业活动	环境因素		环境影响类别	现行控制措施	措施执行人	签名	检查/监督人	签名	备注
		输入	输出							
1	炉衬施工	产生边角余料、废料		每两人携带一个编制袋，下班前将其清理至保温废料垃圾堆放场	废料回收	施工人员		班长/安全员		
2	炉衬施工	材料包装箱、袋及带		材料包装箱、袋及包装带等统一回收，进行资源再利用	废料回收	施工人员		班长/安全员		
3	耐火混凝土浇筑	材料包装袋、废料		材料包装袋统一回收，进行资源再利用；下班前将废料其清理至保温废料垃圾堆放场	废料回收	施工人员		班长/安全员		

9. 环保措施

9.1 成立对应的施工环境卫生管理机构，在工程施工过程中严格遵守国家和地方政府下发的有关环境保护的法律、法规和规章，加强对工程材料、设备、废水、弃渣的控制和治理，遵守有关防火、废弃物处理的规章制度，随时接受相关单位的监督检查。

9.2 将施工场地和作业限制在工程建设允许的范围内，对施工场地进行定置管理、设置隔离围栏，做到标牌清楚、齐全、醒目，施工场地整洁文明。

9.3 运至现场的材料做到随运随用，堆放整齐，不堵塞通道。

9.4 施工时，在施工（材料堆放集中点、搅拌点、浇筑作业面等处）处垫彩条布，防止耐火保温材料四处跌落。

9.5 坚持文明施工，做到“工完、料尽、场地清”。

10. 效益分析

10.1 由于本工法优化了施工方案，简化了施工程序，能大量节省人工，加快施工进度，从而为施工单位节约了施工成本，以韶关市坪石电厂4号、5号CFB锅炉及神华新疆米东热电厂1号CFB锅炉炉衬施工为例，通过采用“大型循环流化床砌筑施工工法”进行锅炉炉衬砌筑施工，两个工程每台锅炉均较传统炉衬砌筑施工方法分别节约了施工人工费成本约12万元左右。

10.2 由于本工法较好的解决了CFB锅炉炉衬施工的平整度控制、炉衬密实性检测控制、主要磨损区域施工质量控制等问题，炉衬的施工质量得到了有效控制，炉衬的使用寿命能够最大限度的延长，能可靠减少锅炉设备的磨损，保证锅炉安全经济运行，从而为CFB锅炉的运行维护节省了大量的运行、维护、检修成本。

11. 应用实例

广东韶关坪石发电B厂4号、5号锅炉机组、神华新疆米东热电厂1号锅炉机组的锅炉炉衬施工均采用了本工法。经以上两个电厂CFB锅炉机组商业运行的实践证明，采用本工法施工的CFB锅炉炉衬施工质量良好，锅炉设备的磨损问题得到了有效控制。

低温多效蒸馏海水淡化蒸发器组合、安装工法

GJEJGF336—2010

山东电力建设第二工程公司
张仕涛　王学武　刘东现　郭延鹏　梁浩

1. 前　　言

海水淡化是解决当今世界淡水资源短缺的有效途径之一。电厂余热蒸馏海水、制取淡水的低温多效蒸馏型海水淡化设备，在国际上得到了广泛的运用。作为低温多效蒸馏型海水淡化主设备的蒸发器，由于内部构造复杂、体积重量大、安装位置高、施工环境不同等诸多因素，其组合、安装方法日趋多样化。山东电建二公司在工程实践基础上，通过对蒸发器组合及现场安装施工工艺进行技术攻关和总结，形成了本工法。该工法在天津北疆发电厂一期工程二、三、四套海水淡化工程中成功应用实施。

山东电力建设第二工程公司《浅谈海水淡化装置施工工艺》论文被评为京津冀晋蒙鲁电机工程（电力）学会第二十届学术交流会优秀论文、山东电机工程第九届发电专业学术交流会优秀论文。

2. 工 法 特 点

2.1　制作专用存放支墩，结合液压轴线车进行蒸发器装卸车。

2.2　根据罐体内部构造制作专用组合脚手架，搭设组合平台和大型穿管平台；利用现场设备基础及罐体结构搭设悬挂式脚手架。

2.3　使用红外线定位冲孔位置代替探针定位方式冲孔。

2.4　蒸发器内部换热管采用导向销引导，成排穿管。

2.5　蒸发器组合按工序分组，进行现场流水作业。

2.6　将蒸发器固定点选择在中间位置，依次向两侧进行吊装。

3. 适 用 范 围

本工法适用于低温多效蒸馏海水淡化装置蒸发器的组合、安装。

4. 工 艺 原 理

本工法通过现场制作专用工器具，结合液压轴线车装卸车、红外线定位冲孔位置、导向销引导成排穿管等技术，现场进行流水线组合施工；并对蒸发器吊装、调整等工艺进行优化，有效保证了蒸发器的组合、安装质量。

5. 施工工艺流程及操作要点

5.1　施工工艺流程（图 5.1）

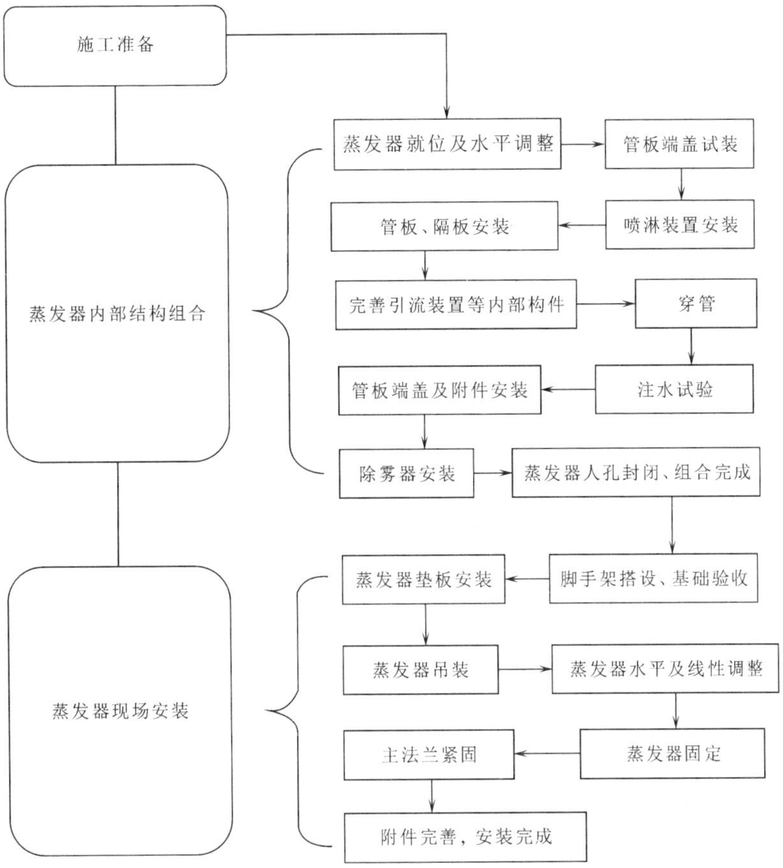

图5.1 蒸发器组合、安装工艺流程

5.2 操作要点

5.2.1 施工准备

1. 技术准备：审查、熟悉图纸，掌握蒸发器组合、安装要点，并根据施工工艺流程对各小组施工人员进行安全、技术交底。

2. 工器具准备：齐全并经检验合格。

3. 现场准备：选取尺寸约为30m×200m平整硬实的场地，然后根据蒸发器支腿情况在此场地上制作混凝土基础。

4. 材料准备：制作蒸发器临时存放支墩，制作图见5.2.1–1，效果图见5.2.1–2。

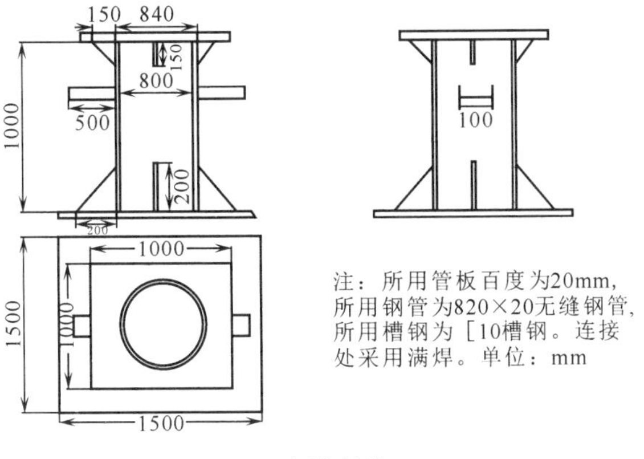

图5.2.1–1 支墩制作

图5.2.1–2 蒸发器支墩效果图

5.2.2 蒸发器就位及水平调整

1. 利用可升降液压轴线车将蒸发器运至设备组装存放区域。调升液压轴线车车板高出支墩0.1m

高度（图5.2.2-1），用叉车将临时支墩放好后，调降液压轴线车车板低于支墩0.1m高度，完成蒸发器的就位（图5.2.2-2）。

图5.2.2-1　蒸发器就位

图5.2.2-2　蒸发器就位效果

2. 脚手架制作、搭设

1）将蒸发器底部孔洞进行临时封堵牢固，然后在蒸发器内部底层铺设毛毡，防止物体掉落损坏蒸发器内部防腐层，铺设情况图5.2.2-3。

2）根据蒸发器内部结构，制作脚手架（图5.2.2-4），并用螺栓与罐体内部连接，连接时用毛毡等物隔离，以防损坏蒸发器内部防腐层（图5.2.2-5、图5.2.2-6）。

图5.2.2-3　毛毡隔离层铺设方式

图5.2.2-4　蒸发器内部脚手架管制作图

图5.2.2-5　自制脚手架管与蒸发器连接方式

图5.2.2-6　内部组合平台搭设

3）在蒸发器外部穿管侧搭设大型穿管平台，脚手架应分层搭设，每层载荷在270kg/m^{3}以上，确保安全实用（图5.2.2-7）。

3. 蒸发器水平调整：使用千斤顶调整蒸发器标高，用水平管（也可使用经纬仪）进行测量（图5.2.2-8）找正：水平测量借助于蒸发器上4个主凸缘中心凹槽，其参考点可被指定为点A：从点A到点B、从点A到点C、从点A到点D的误差均应控制在0～2mm（图5.2.2-9）。水平标高的调整通过4个基础的薄垫片来实现。

图5.2.2-7　外部穿管平台搭设

图5.2.2-8　蒸发器找正

5.2.3　管板端盖试装

1．将管板安装在罐体相应位置，现场调整后用F形夹夹牢，管板应与罐体紧密接触，变形处间隙不得大于2mm（图5.2.3-1）。

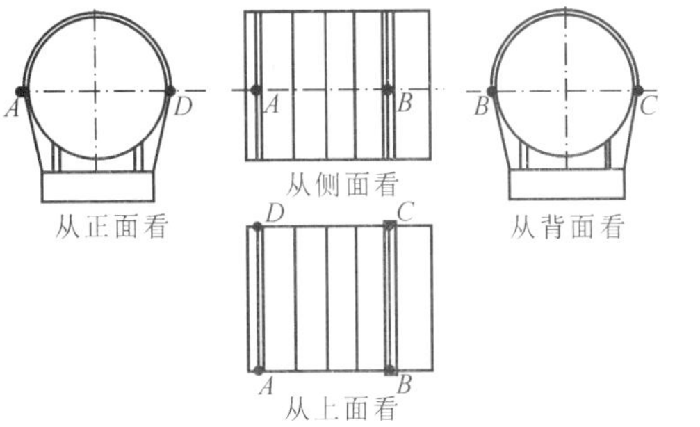

图5.2.2-9　水平管测量方法

图5.2.3-1　管板定位

2．用记号笔标记定位管板螺栓孔（图5.2.3-2），标记应准确、清晰。

3．拆除管板。

5.2.4　喷淋装置安装

1．根据施工图纸将喷淋装置支架安装在蒸发器相应位置，并用F形夹固定。

2．用水平尺将支架找平，试装喷淋装置无误后，准确标记螺栓孔位置。

3．拆除喷淋装置支架，用电钻对标记的螺栓孔进行钻孔。钻孔位置应准确，误差不大于1mm。

4．复装喷淋装置支架，找平后均匀紧固螺栓，螺栓安装方向应一致（图5.2.4-1）。

图5.2.3-2　管板标记

图5.2.4-1 支架安装图

5．安装喷淋装置水帽喷嘴（图5.2.4-2、图5.2.4-3），左右旋喷嘴不得混淆安装，紧固时应用力均匀，盲孔直接封堵。

6．连接同一排的喷淋装置，确保法兰紧固良好。

7. 将安装完毕的喷淋装置喷嘴调整整齐，确保水帽无歪斜，喷淋装置安装完成（图5.2.4-4）。

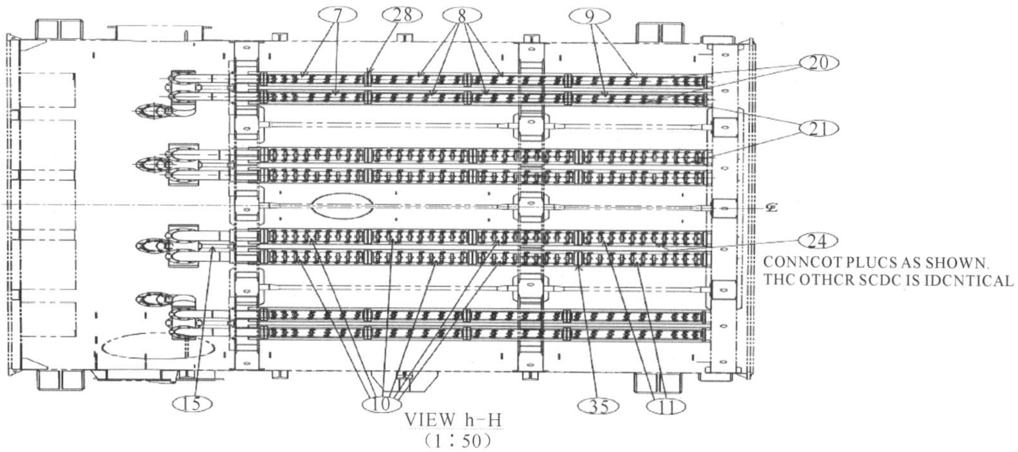

图5.2.4-2　水帽安装图

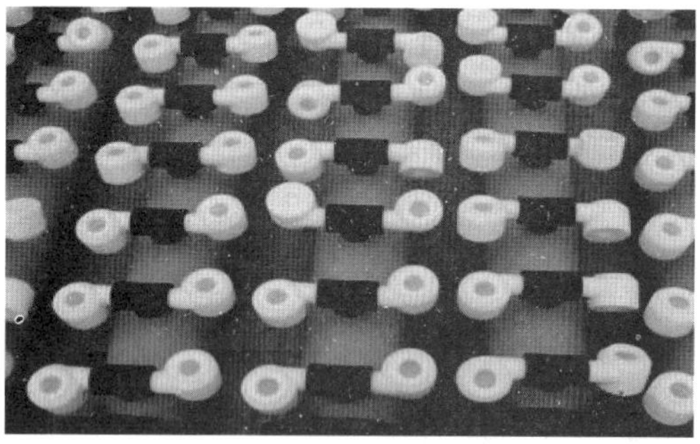

图5.2.4-3　水帽安装图

图5.2.4-4　喷淋装置安装图

5.2.5　管板、隔板安装

1. 根据施工图纸安装最上层缓冲棒及钛管用小管板（图5.2.5-1），用米尺及水平尺进行准确定位，使小管板安装水平误差控制在±1mm之内，然后用F形夹固定。

2. 将管板及隔板安装在蒸发器相应位置，使之与蒸发器接触良好，变形处间隙不得大于2mm，并用F形夹固定。

3. 管板、隔板找中心：用线坠及水平管对一块管板进行找正（图5.2.5-2），其安装误差控制在±1mm之内。然后以此管板为基准，依次对其他管板、隔板进行找中心，确保管板孔处于同一中心线，安装误差均控制在±1mm之内（图5.2.5-3）。

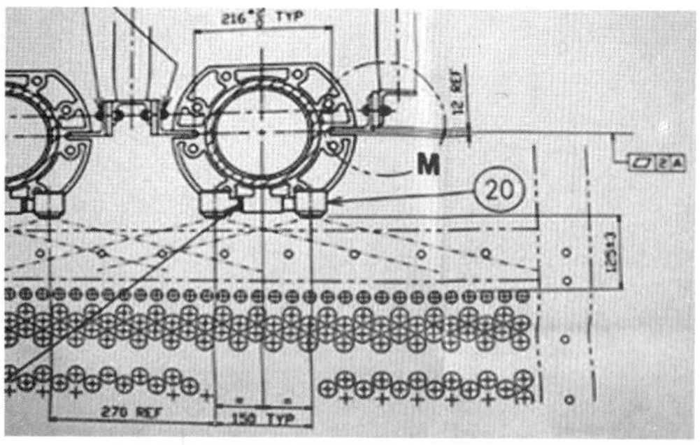

图 5.2.5-1　小管板安装图

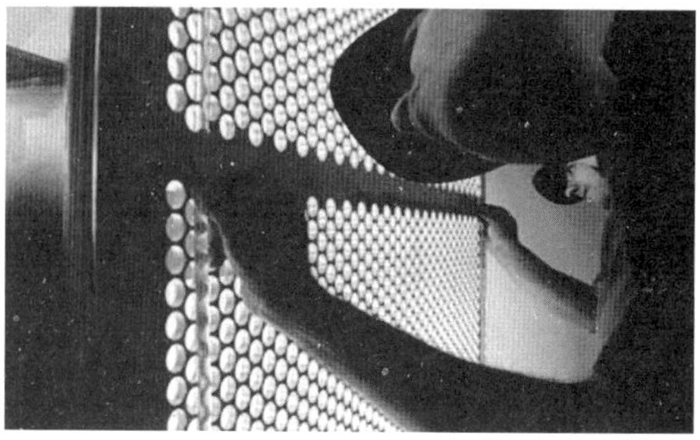

图 5.2.5-2　基准管板找正

4. 用F形夹固定管板、隔板，并准确标记螺栓孔。

5. 拆除管板、隔板。

6. 用钢钎定位螺栓孔处所标记的冲孔中心（图5.2.5-4），然后将管板及隔板放置在冲孔机平台上，用红外线定位冲孔机进行精确冲孔（图5.2.5-5）。

图5.2.5-3　多块管板找正

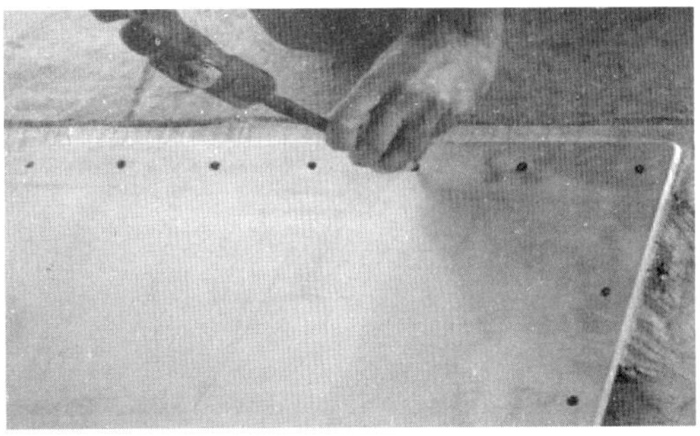

图5.2.5-4　冲孔中心定位

7. 用手摇钻去除冲孔后管板及隔板背面遗留的毛刺，以免划伤垫片。

8. 根据管板孔标记待粘结的垫片，用皮带冲完成垫片的冲孔工作，其冲孔孔径应比管板孔小一个规格。

9. 粘结垫片：首先用丙酮或酒精擦拭干净垫片及管板，其次在冲孔完毕的垫片上均匀涂粘结胶，然后进行管板垫片的粘结。垫片连接处应位于管板角位置，且连接垫片长度应长出5mm，进行挤压粘结（图5.2.5-6），整体粘结工作应在管板及垫片涂胶后8min内完成。

图5.2.5-5　红外线定位冲孔

图5.2.5-6　垫片粘结图

10. 垫片粘结后复装管板，进行螺栓的紧固。首先按图纸要求放好螺栓绝缘皮套，然后均匀紧固螺栓，紧固标准为使粘结的橡胶垫片厚度压制原来的70%。紧固完毕的螺栓应用万用电流表（图5.2.5-7）检查其是否与管板接触，如接触应重新安装。

11. 安装完毕后，对两侧管板及中间隔板放置不同样式的索环，管板索环为黑色皮套，隔板索环为黄色塑料套，不可混淆。同时，管板穿管侧放置索环应预先预留（图5.2.5-8），以方便穿管。

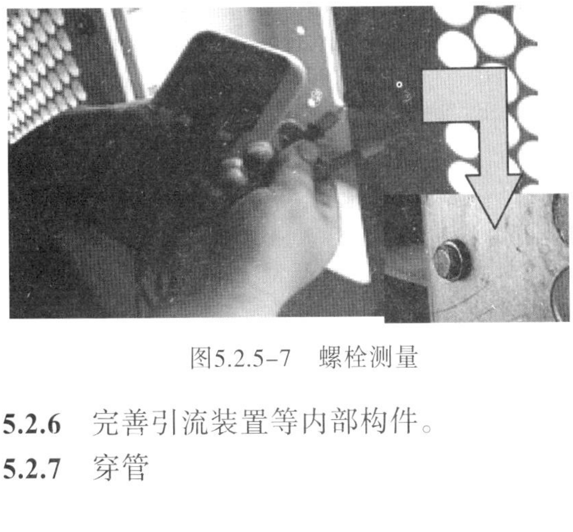

图5.2.5-7　螺栓测量

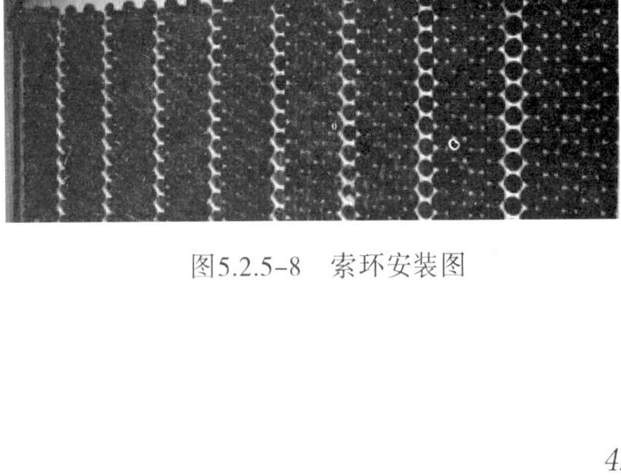

图5.2.5-8　索环安装图

5.2.6　完善引流装置等内部构件。

5.2.7　穿管

1. 在非穿管侧管板孔放置一组导向销，导向销放置前用润滑油润滑，以减少对索环的磨损。

2. 穿管采取自上而下的方式。换热管自穿管侧未放置索环处穿入，经过隔板后引至导向销，通过导向销将换热管引出。待换热管全部引入穿管侧管板内部后，在穿管侧管板内部穿管处放置另一组导向销，将换热管回撤至此组导向销上，回穿换热管。

3. 用塑料棒在非穿管端将换热管找平，穿管结束（图5.2.7）。

图5.2.7　穿管流程图

5.2.8　注水试验

1. 临时管道的安装：引外部水源管接至喷淋管道上，从底部排水口接管道引出，引至回水管建立循环，中间设循环水泵（图5.2.8-1），泵出口压力控制在0.2～0.6MPa。

2. 对罐体注水，水位距离溢出面200mm时停止注水，开循环水泵建立循环，喷淋效果应成雾化（图5.2.8-2），换热管流水应均匀（图5.2.8-3）。

图5.2.8-1　临时管安装

图5.2.8-2　喷淋效果

图5.2.8-3　流水效果

3. 喷淋过程中对换热管进行整体系统检漏，通过观察管口是否有水流出，判断换热管有无泄漏（图5.2.8-4），泄漏处应更换换热管。检漏完毕后加除污剂，对罐体进行清洗（图5.2.8-5），冲洗罐体至水澄清。

图5.2.8-4　换热管检漏

图5.2.8-5　罐体清洗

4. 检验完毕后，拆除临时管道。

5.2.9　管板端盖及附件安装

1. 对管板端盖进行冲孔，再进行垫片粘结，方法同管板冲孔、垫片粘结。

2. 将管板端盖安装于正确位置，牢固紧固螺栓，紧固方法及标准同管板紧固。

3. 安装喷淋及产品水集水管、牺牲阳极等附件。

1）喷淋及产品水集水管PE管道的组合、焊接：用PE热熔焊机（图5.2.9-1）组合管道，组合时管道平直度误差控制在±3mm之内。PE管道的焊接应由专业人员经培训合格后方可进行，并严格按照厂家说明书控制焊接参数。

2）喷淋及产品水集水管PE管道的安装：将组合完毕的PE管道按图纸进行安装，为防止管道变形，PE管道与其支吊架安装应同步进行，管道安装垂直度控制在±5mm之内，支吊架整齐美观，螺栓长短、方向一致（图5.2.9-2）。

图5.2.9-1　热熔焊机

图5.2.9-2　管道安装

3）按图纸将牺牲阳极安装于蒸发器底部，使阳极与蒸发器有效接触（图5.2.9-3）。

5.2.10　除雾器安装

1．全面检查除雾器，确保无破损，并在除雾器连接处粘结垫片。

2．将除雾器支撑安装在罐体上，用连接螺栓紧固。

3．自下而上安装除雾器，将其固定（图5.2.10）。

图5.2.9-3　牺牲阳极安装

图5.2.10　除雾器安装

4．全面清理、检查蒸发器内部，确保内部安装无遗漏，清洁无杂物。

5.2.11　蒸发器人孔封闭，组合完成。

5.2.12　脚手架搭设、基础验收

1．根据现场情况，在基础两侧用脚手架搭设悬挂式操作平台（图5.2.12），保证基础两侧海水淡化辅助泵房的同步施工。

2．预埋件检查：预埋钢板表面清洁，预埋钢板不得低于或深陷于混凝土中。

3．尺寸检查：测量各基础上预埋件标高及平整度，其标高误差控制在0～5mm之内，平整度控制在±1.0mm之内。

4．螺纹检查：将预埋件上所有螺栓上的脏物清理干净，确保螺栓能拧进套筒底部。

5．标记检查：检查蒸发器纵轴向的标记，标记应准确，轴向偏差为±2.0mm。

图5.2.12 脚手架搭设方式及效果图

5.2.13 蒸发器垫板安装

1．用磨光机对预埋件表面进行除锈清理，并用丝锥清理预埋件螺栓孔。

2．对清理完毕的预埋件进行分层刷漆，油漆采用BANNOH500万能型底漆，共3层。第一层用红棕色防锈底漆（图5.2.13-1），第二层与第三层用灰色防锈漆，刷漆应均匀，无漏刷。各层刷漆间隔时间为24h。第二层喷涂后干膜厚度控制在170～190μm，最后一层喷涂后干膜厚度控制在200～230μm。

3．调整垫板安装：根据图纸将蒸发器滑动装置放置在支座的顶部， 用螺栓进行初步固定，然后通过制动器固定滑动装置。制动器应附着在橡胶垫表面，中间无间隙，防止在起重机吊装蒸发器时橡胶垫的扭曲和移动。同时还应在每个滑动装置上放置薄垫片（图5.2.13-2），薄垫片的数量以最高的支柱所需的薄垫片的数量确定。

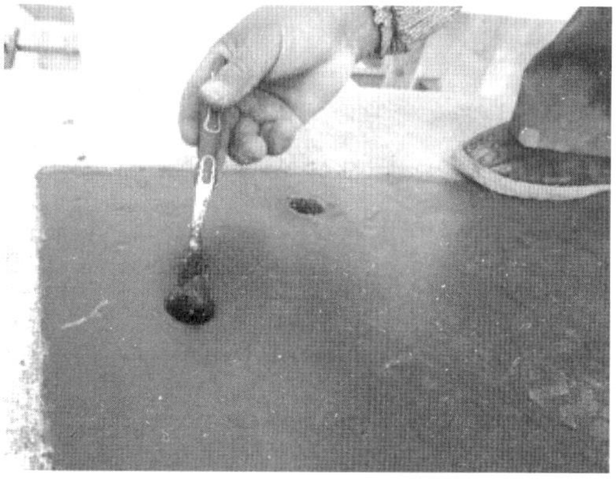

图5.2.13-1 预埋件刷漆

图5.2.13-2 蒸发器垫板安装

4．整个调整垫板系统安装后，对其进行初步的整体线性校正（图5.2.13-3）。主法兰紧固前应对滑动装置及制动器作最终调整，使其恢复滑动状态，防止蒸发器吊装就位过程中滑动装置的扭曲和移动。

5.2.14 蒸发器的吊装

1．使用液压提升轴线车将组合完毕的蒸发器运输至吊装现场。

2．大法兰粘结垫片

1） 清理垫片及蒸发器大法兰垫片胶合区的污物，并用酒精或丙酮清洗干净。

2）在法兰结合面及垫片上均匀涂抹胶粘剂，然后用木工F形夹使垫片粘接于法兰上面（图5.2.14-1），调整F形夹使垫片与蒸发器紧密接触。

粘结过程中应避免胶粘剂挤出；粘结时间不得大于1～2h；在胶粘过程中，垫片应完全、连续不断地粘贴在蒸发器法兰上，且密封的连接端点应在法兰的最高处；粘结完毕的垫片表面应光滑平整，接触密实，并连续不断的粘贴在蒸发器法兰上，无扭曲，内部无气穴。

图5.2.13-3　蒸发器调整垫板的初步校准

图5.2.14-1　垫片粘结

3．固定点蒸发器的选择：一套低温多效海水淡化主设备由14效蒸发器和1效冷凝器组成，全长131m。为减小安装线性误差，一般将蒸发器中间部位靠近中间段的一效作为固定点蒸发器（第七效），依次向两侧进行吊装（图5.2.14-2）。

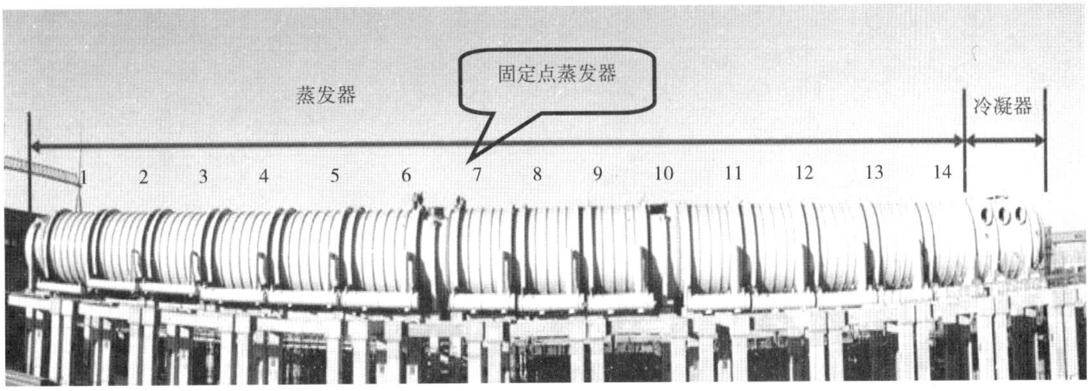

图5.2.14-2　固定点蒸发器的确定

4．固定点蒸发器的吊装：使用CC1000履带式起重机平稳起吊蒸发器（图5.2.14-3），然后缓慢放置于基础垫板上。起重机应通过蒸发器顶部的4个吊耳起吊蒸发器，悬挂起重绳索应小心谨慎，不得碰坏蒸发器外面的保温层；起吊过程中应确保蒸发器绝对水平、稳定，并严格控制蒸发器的翻转，确保蒸发器不被撞击；放置时应缓慢，避免损坏或损伤主法兰垫片，若损坏则必须更换；支腿孔与垫板螺栓孔应对齐，防止滑动装置发生偏移。

图5.2.14-3　蒸发器吊装图

5.2.15　蒸发器水平及线性调整

1．使用液压千斤顶及水平管（图5.2.15-1）进行蒸发器的水平调整。蒸发器的高度调整通过增减垫板上的薄垫片来实现。当罐体上的四个参考点从点A到点B、从点A到点C、从点A到点D的误差均控制在0～2mm内时（图5.2.15-2），蒸发器的水平调整结束。

2．根据基础纵轴向的标记，在蒸发器的水平测量后进行容器的纵轴向线性校正。在蒸发器基础中心上以细钢丝拉设装置的纵轴，然后通过蒸发器两端主法兰顶部与底部标记的中心点垂吊线坠，进行蒸发器的线性测量，通过液压千斤顶（图5.2.15-3）对蒸发器的4个支点进行左右调整，从而达到蒸发器中心与基础中心一致（图5.2.15-4），蒸发器的线性值控制在±3mm之内。

图5.2.15-1　水平管测量蒸发器水平

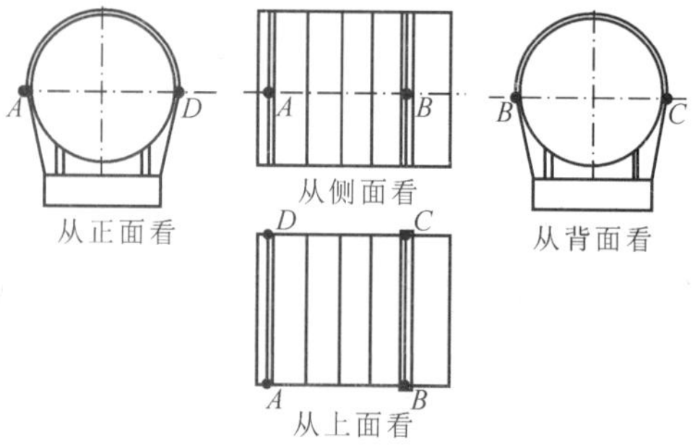

图5.2.15-2　水平测量方法

图5.2.15-3　蒸发器找正

5.2.15-4　蒸发器找正标准

5.2.16　蒸发器固定

蒸发器紧固完成后（图5.2.16），安装下一效蒸发器，待全套海水淡化主设备安装完成后，对整套设备垫板的制动器进行全面调整。

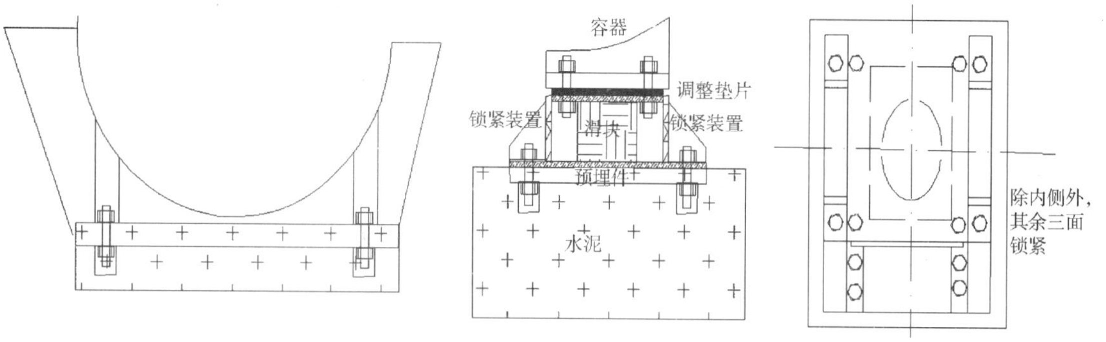

图5.2.16　蒸发器锁紧

5.2.17　主法兰紧固

1. 将与固定点蒸发器相连的蒸发器用相同方法进行吊装（图5.2.17-1）、就位、找正，使其与固定点蒸发器接触的法兰吻合良好，蒸发器主法兰应沿整个圆周平行对齐，法兰垫片无收缩、挤压或扭曲。然后用沿蒸发器等分的12个螺栓将蒸发器与固定点蒸发器相连。此时暂不进行大法兰螺栓紧固。

2. 检查大法兰垫片，确保无破损、扭曲或撕裂。

3. 在所有螺栓孔内放置螺栓，螺栓长度一致，安装方向一致。

4. 松开垫板锁紧装置，由4组人按下列步骤紧固螺栓，紧固时应确保法兰垫片均匀接触，无扭曲。

1）当每个连接件彼此成90°时，每次同时紧固一组4个连接件。

2）沿整个法兰圆周每次不同组的4个连接件逐步进行紧固。

3）对所有法兰均匀紧固，紧固时在两法兰间用量规检查“接触”状态，每紧固一次进行一次检查。当紧固至两者间隙在25mm（图5.2.17-2）时，紧固结束。考虑到蒸发器制造的原因，沿法兰的整个圆周不可能完全达到均匀的25mm的间隙。因此，法兰的紧固应满足：在圆周上至少存在4 点间隙$t=25$mm，且每点相对于另一点呈90°，4 点间的扇形区域之间的间隙为25～30 mm 时，紧固结束。如果法兰任意一点或截面间隙大于25mm时，应及时与厂家沟通，然后用厚的密封垫代替重新调整安装。

图5.2.17-1　相邻蒸发器连接图

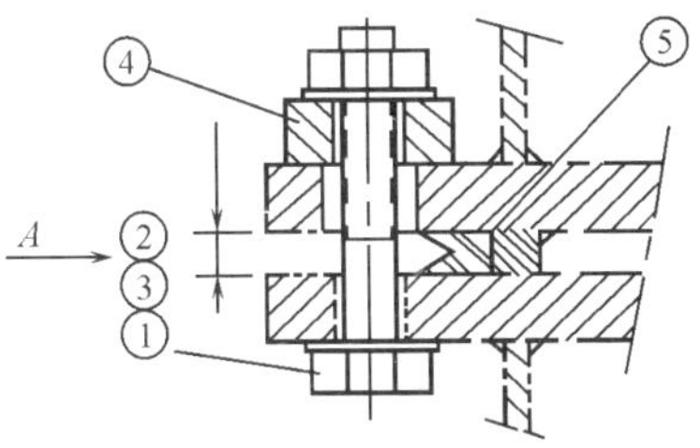

图5.2.17-2　螺栓紧固图

4．法兰紧固将导致蒸发器移动，使橡胶垫扭曲，允许的扭曲范围为5mm（图5.2.17-3）。如扭曲值大于5mm，应用液压千斤顶抬高蒸发器以释放其扭曲，4个基础一个接一个逐步进行释放。此时需要重新排列基础上的垫块系统部件，重新紧固上部和下部螺栓，确保“锁住”蒸发器，然后在制动器仍放置在位的情况下紧固橡胶垫，直至完成所有蒸发器的紧固。完成后必须再次检查蒸发器的水平和线性误差，如有偏离，须重新校正。

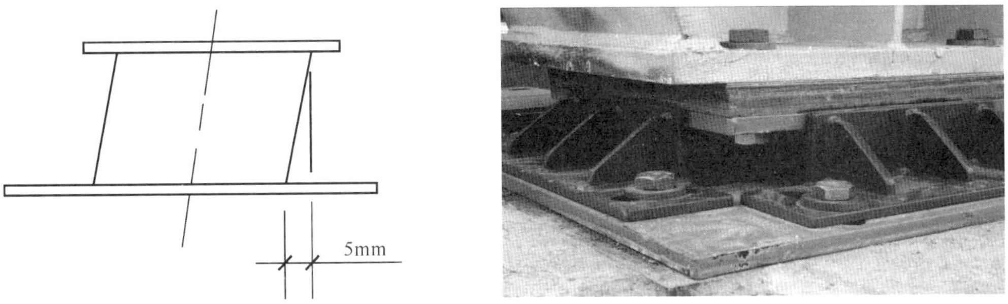

图5.2.17-3　滑动装置允许范围图

5.2.18　附件完善，安装完成

完善蒸发器本体平台、堵板等附件，蒸发器安装工作结束。

5.3　施工组织

编制总体流水作业计划，拟定流水作业组数量及人员，明确各道工序各小组流水作业顺序、时间，进行流水线作业。

5.4　人员组织

蒸发器组合、安装主要分为蒸发器就位调整、管板端盖及管板的安装、穿管、注水试验、除雾器的安装、脚手架搭设及基础验收、蒸发器垫板安装、设备的吊装、蒸发器的水平及线性调整、主法兰紧固、蒸发器固定、附件完善等主要工序，人员分配见表5.4。

所需人员分配表　　**表5.4**

序号	工　种	人数	工作职责
1	施工负责	1	施工管理
2	技术负责	1	技术管理
3	质检员	1	质量监督检查

续表

4	安全员	1	安全监督检查
5	起架工	8	脚手架搭设，起重指挥
6	安装工	40	蒸发器组合、安装
7	焊工	5	PE管道焊接，临时支撑等焊接

6. 材料与设备

6.1 材料

海水淡化蒸发器组合、安装所用措施性材料见表6.1。

所用措施性材料表 **表6.1**

名 称	单位	数量	备注
无缝钢管	m	46	
钢板	m^2	136	
木工F夹	个	120	
酒精	kg	70	
洗衣粉	包	100	用于罐体清理
毛毡	m^2	60	
∠50×5角钢	m	80	
∠100×10角钢	m	30	
细钢丝	m	300	
BANNOH500万能型底漆（灰）	kg	90	基础预埋钢板刷漆

6.2 设备

海水淡化设备组合、安装所需工器具，详见表6.2。

设备需用表 **表6.2**

序号	名 称	规格	单位	数量	备 注
1	可升降液压轴线车	200t	辆	1	蒸发器拖运
2	卡车	10t	辆	1	倒运设备及材料
3	叉车	5t	辆	1	运输支墩及卸货
4	力矩扳手	30～100N·m	把	1	紧固螺栓
5	力矩扳手	100～300N·m	把	1	紧固螺栓
6	套筒扳手		套	1	紧固螺栓
7	梅花扳手		套	1	紧固螺栓
8	冲孔机		台	1	冲孔
9	PE热熔焊机	0～350mm	台	1	PE管焊接
10	磨光机	150mm	台	3	管板端盖整修、清理基础
11	电钻		台	1	喷淋支撑钻孔
12	水泵		台	1	注水试验用
13	千斤顶	150t	台	2	水平测量用

续表

序号	名　称	规格	单位	数量	备　注
14	水平管	$\phi 8$	m	50	水平测量用
15	管板夹	100mm	个	100	试装管板
16	电流表		台	1	测量螺栓绝缘
17	磁性线坠		个	6	管板找中心用
18	电焊机	28kVA	台	3	制作蒸发器支墩
19	塑料棒		个	5	穿管用
20	导向销		个	100	穿管用
21	手锤		把	3	标记定中心
22	皮带冲	M8、M10	个	各3	粘结垫片冲孔
23	钢钎	32mm	个	2	管板冲孔定位
24	吊车	CC1000	辆	1	蒸发器吊装
25	吊车	25t	辆	1	小设备吊装用
26	水准仪		个	1	基础验收用

7. 质量控制

7.1　质量控制标准

本工法质量标准执行国家相关标准及厂家标准，由厂家人员监督验收。主要控制标准见表7.1。

主要检查验收标准　　表7.1

序号	质量控制点	验收标准	备　注
1	蒸发器水平校准	水平误差控制在±2mm	
2	管板、隔板冲孔	误差控制在±2mm	
3	喷淋装置安装	水平误差控制在±1mm	
4	管板、隔板找中心	中心误差控制在±2mm	
5	管道内部防腐层	无损坏现象	
6	PE管道安装	水平、垂直误差控制在±7mm	
7	管板、隔板螺栓紧固	绝缘良好，螺栓与罐体无接触现象	
8	穿管	换热管两端平齐	
9	注水试验	换热管无漏水现象	
10	垫板基础验收	水平误差、轴线误差控制在±5mm之内	
11	垫板的安装	水平误差、轴线误差控制在±3mm之内	
12	容器的水平测量	误差控制在±2mm之内	
13	容器的线性校准	单个及整套设备误差控制在±3mm之内	
14	大法兰的紧固	法兰紧固均匀，且至少有间距为90°的4点间隙均为25mm	
15	滑动装置控制	大法兰螺栓紧固后滑动装置偏斜不得超过5mm	

7.2　质量保证措施

7.2.1　蒸发器内部铺设毛毡，防止在蒸发器内部施工时损坏防腐层。

7.2.2　使用红外线定位进行冲孔，提高冲孔精确度，确保冲孔质量。

7.2.3　使用导向销引导换热管穿管，避免换热管及管板索环的损坏。

7.2.4 由经过专业培训的施工人员进行PE管道焊接，确保焊接质量。

7.2.5 管板、隔板及管板端盖与罐体连接螺栓均使用电流表测量，确保绝缘良好。

7.2.6 安装严格执行厂家验收标准《海水淡化设备和管道安装规范书》。

7.2.7 缆索吊装系统所有受力结构认真计算，技术上确保结构安全。

7.2.8 蒸发器吊装应平稳，用缆绳牵引，不得碰坏蒸发器表面防腐层及大法兰垫片。

7.2.9 大法兰紧固时4组人员同时紧固，用力均匀。

7.2.10 成立专门质量管理小组，实行质量责任制。

8. 安全措施

8.1 本工法安全措施遵守《电力建设安全工作规程》（第1部分：火力发电厂）DL5009.1-2002。

8.2 坚持“安全第一、预防为主”的方针，严格执行国家有关安全法律、法规。

8.3 工程建立由项目负责人、专职安全员、施工人员组成的安全小组，负责执行安全生产责任制，落实各项安全技术措施。并定期组织开展安全检查，对检查发现问题进行及时整改。

8.4 工程开工前对所有施工人员进行系统的安全教育，培训合格后方可施工。施工前，要进行安全技术交底，交底需施工人员本人签字后方可施工。

8.5 施工人员做好个人劳动防护，按规定穿戴防护用品，禁止酒后进入施工现场。

8.6 夜间施工照明充足，并办理夜间施工作业票。

8.7 起吊重物时服从指挥，不得擅自离开工作岗位，吊物下及悬臂下严禁站人，吊装区域拉设明显的警戒线，无关人员不得入内。

8.8 蒸发器安装高空作业较多，所有高空作业人员必须经体检合格，作业时系好安全带，将安全带悬挂上方牢固可靠处。

8.9 脚手架搭设必须由专门的起架工搭设，起架工应持证上岗。搭设完毕的脚手架必须经验收合格、挂牌后方可使用。

8.10 栏杆、防护网、安全扶绳等安全设施随工程进展及时搭设。

8.11 安全防护设施严禁任意拆除，必须拆除时须经安监人员同意，工作完毕及时恢复。

8.12 吊装前检查吊装用的钢丝绳、卡环等工具是否符合安规要求，发现磨损严重等情况，需要及时更换。起重机械、手拉葫芦必须性能良好，在使用期限之内。

8.13 起吊前检查起重机安全装置、吊件吊离地面10cm时应暂停起吊进行全面检查，确认正常后方可起吊。

8.14 吊物必须在空中做短时间的停留时，指挥人员不得离开工作岗位。

8.15 吊物降落前，指挥人员必须确认降落区域安全可靠方可发出降落信号。

8.16 吊件就位后所有螺栓均需初拧后方可摘钩。

8.17 施工用电必须做到“一机一闸一保护”。手持电动工具必须绝缘良好，使用切割机下料时必须戴好防护眼镜同时须避让周围的施工人员。

8.18 平台上方的所有孔洞和平台四周必须有牢固、可靠的盖板或栏杆。

8.19 施工现场配备充足的消防器材，做好防火工作。

8.20 起重作业要有专人指挥并有良好的通信联络工具。

9. 环保措施

9.1 组织施工人员学习环境法规以及环境保护知识，增强施工人员的环保意识。

9.2 施工场地和作业区域限制在工程建设允许的范围内，安装场地各种构件应合理布置，堆放整齐、有序。

9.3 施工场所应保持整洁，垃圾、废料及时清除并集中放置，做到“工完、料尽、场地清”。

9.4 施工垃圾应分类收集处理，对用过的油棉纱、破布等定点放置、妥善处理。

9.5 电钻钻孔使用的润滑油在作业过程中应妥善保管，避免遗洒现场，存放时应密闭存放。

9.6 加强现场噪声的控制，使噪声控制在最低。

10. 效 益 分 析

10.1 通过制作专用存放支墩，采用液压轴线车代替大型吊车进行蒸发器装卸，提高了安全系数。每套海水淡化设备可节省200t吊车10个台班。

10.2 将市场所售探针式冲孔机改造，将其改为红外线定位冲孔机冲孔，不需专人夹放探针，提高了冲孔速度，平均每套海水淡化装置可节省420个人工日，三套海水淡化装置共可节省1260个人工日。

10.3 使用大型穿管平台代替活动脚手架及升降机进行穿管，每套设备可节省升降机机械台班60个，16t汽车吊机械台班30个，实现了多组人员同时穿管，提高了安全系数，缩短了工期。

10.4 根据现场设备基础及蒸发器罐体结构形式搭设悬挂式脚手架，安全可靠，方便施工。天津北疆发电厂第二、三、四套海水淡化装置共可节省脚手架管租赁费用约2.4万元，并且保证了蒸发器两侧辅助泵房的同步施工。

10.5 优化蒸发器吊装顺序，三套海水淡化装置蒸发器安装共可节省1990个人工日。

10.6 本工法将多项重点技术与施工操作技巧相结合，兼顾工程安全、质量、经营管理，形成了比较科学、成熟的施工方法。具有安全系数高、操作技巧实用、质量工艺易于控制、经济效益可观的特点，具有广泛的推广应用价值。

11. 应 用 实 例

天津北疆发电厂一期工程建设2×1000MW超超临界燃煤机组，配套建设规划容量为日产20万吨淡水的海水淡化工程，本期建设的海水淡化装置制水量为日产10万t淡水（共4套）。

每套低温多效蒸馏型海水淡化主设备包含14效蒸发器，1效冷凝器。蒸发器内径7.7m，外径8.5m，长度在7.5～8.5m之间，重120～140t。通过第一套海水淡化蒸发器组合安装实践和技术攻关，形成了本工法，并应用于第二套、第三套、第四套海水淡化蒸发器的组合、安装，提高了施工质量和速度，节省了机械、人工投入，取得了良好的经济效益及社会效益。

超超临界机组热工仪表管安装工法

GJEJGF337—2010

上海电力安装第二工程公司　浙江省火电建设公司
钱明高　涂淑勇　吕国华　戴杭明　鲁魁

1. 前　　言

1000MW超超临界机组的典型参数为压力25～28MPa、温度600℃。由于容器及管道内压力和温度很高，这对于机组安全经济运行控制提出了更高的要求，特别是要求能及时准确反映机组运行中的各类参数。其中热控仪表管的安装是否规范、标准、合理、美观将是非常重要的因素之一。

为了使仪表管安装成为热控安装中的亮点，上海电力安装第二工程公司和浙江省火电建设公司都成立了攻关小组，重点对仪表管的安装顺序、焊接方法、固定器具进行变革，形成了一套成熟的安装工法。在外高桥3期、漕泾1期、玉环1、2期等几个百万机组的安装应用中，明显提升了工作效率、提高了工程质量、加快了施工进度，取得了良好的经济和社会效益。

2. 工 法 特 点

2.1　在组合场进行仪表管的预组合配置。即在施工前期，现场不具备安装条件时，把变送器、仪表阀门、排污阀门、连接管道、排污漏斗、线槽等安装于仪表架上（图2.1）。由于仪表管路组合工作量较大，就等于把整个仪表管安装的40%工作量在组合场内预先完成。这有利于更合理安排计划、压缩高峰期，并对于加快施工进度起到了关键作用。

图2.1　仪表架预组合配置典型图

2.2　仪表管安装完成后的成品保护一直是个较难解决的问题，所以我们对传统仪表管固定卡子（单孔双管卡等）（图2.2-1）进行变革，我们设计了一种多孔多管仪表管压板（图 2.2-2），此压板可根据管子多少任意切割。采用压板安装后可使管子固定强度大大提高，管子间的间距更匀称，整体工艺更美观。另外在管子与支架之间包裹0.5mm不锈钢皮，很好地解决了不锈钢管的碳腐蚀问题。

2.3　对于中低压仪表管路的连接，我们采用不锈钢套管承插焊连接法（图2.3）代替原有的对口焊接法，从技术上解决了对口焊接法有可能产生的管壁内焊瘤问题，从而有效提高了测量准确性，有利于机组的经济和安全运行。

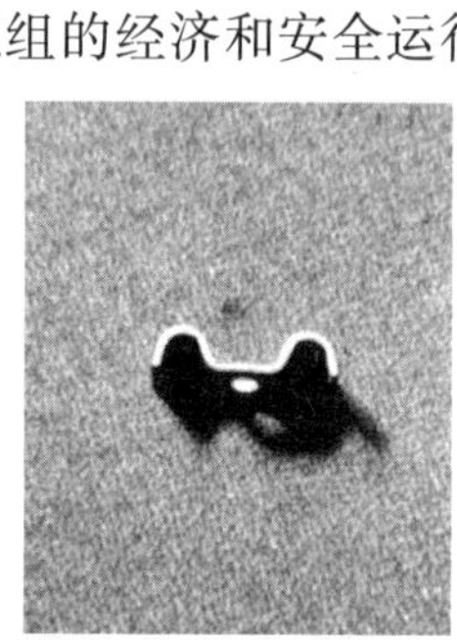

图2.2-1　传统仪表管卡子

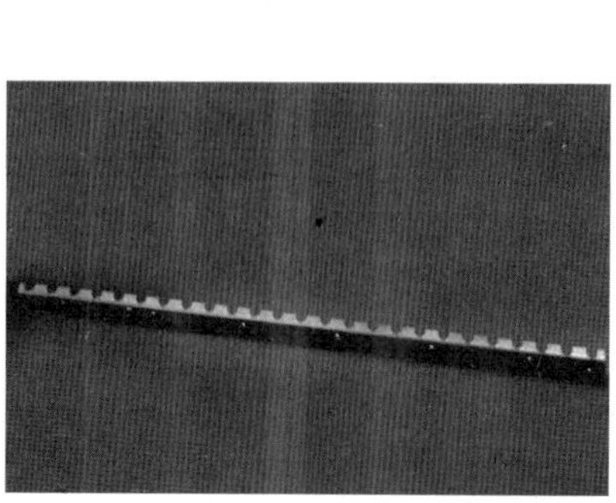

图2.2-2　多孔多管仪表管压板

图2.3　不锈钢套管

2.4 对于仪表管焊口周围颜色发黑问题，我们采用钝化膏钝化处理法。经钝化处理后，焊口处光亮如新，很好解决了焊口与管子的色差问题。对于压力较低的气源管路，采用不锈钢卡套连接法，并统一按V字形布置（图2.4）。以上优化措施有效提高了仪表管整体安装工艺。

图2.4 V字形接头布置实际效果图

3. 适 用 范 围

本工法适用于单机额定容量为1000MW及以下火力发电厂新建、扩建和改建工程中热控仪表管路的安装和检修。对于单机额定容量大于1000MW的火力发电机组，以及同类型的核电机组常规岛部分，在热控仪表管路的施工和检修中，也可以参照执行。包括：

3.1 用于测量压力，差压（流量、液位）的测量管路。

3.2 用于蒸汽、水、烟气、氢气等的取样管路。

3.3 用于气动单元组合仪表（包括气动执行机构）之间传递信号的信号管路。

3.4 用于气动设备的气源母管和支管。

3.5 用于仪表管路的防冻加热的伴热管路。

3.6 用于排放冲洗仪表管路介质的排放管路。

3.7 用于冷却测量设备的冷却管路。

4. 工 艺 原 理

4.1 热控仪表管路中，测量管路直接用于信号传递，气源管路为热控仪表与设备提供动力或信号气源，辅助管路包括伴热、排污及冷却管路等。

热控仪表管路安装包括取源阀门、导管、过程接头、二次仪表及线路组成。管路安装包括导管、管件接头及仪表阀门的安装，图4.1为典型的蒸汽压力测量管路系统示意图，系统包括一次门（取源阀）和二次门（仪表阀）前后导管、二次门及排污门、排污装置和排污管路等，一次门的安装列在取源部件安装范围内。

主管道内的压力（差压）通过取源阀门、导管、过程接头传送至二次仪表（压力表、变送器、压力控制器、分析仪表等），用于就地显示或转换成模拟量信号及开关量信号通过线路传输至分散控制系统（DCS），再通过DCS系统处理后对现场设备进行控制和调节。

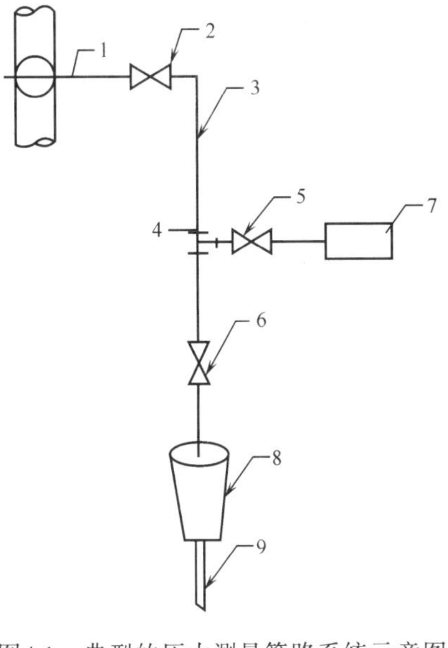

图4.1 典型的压力测量管路系统示意图

1——一次前导管；2——一次门；3——一次门后导管；4—焊接三通；5—二次门；6—排污门；7—变送器；8—排污装置；9—排污管路

4.2 百万机组热控仪表管安装工程量更加巨大，工期紧张。本工法在工程前期把仪表管安装40%工作量在组合场内预先完成。这有利于更合理安排计划、压缩高峰期。

4.3 本工法把传统的导管单根或两根固定法改变为整排固定法，使之提高整体固定强度。另外导管与支架之间包裹不锈钢皮以消除碳腐蚀，见图4.3。

4.4 本工法采用不锈钢套管承插焊连接法，从技术上解决了对口焊接法有可能产生的管壁内焊瘤问题，以消除影响测量准确性的因素。见图4.4。

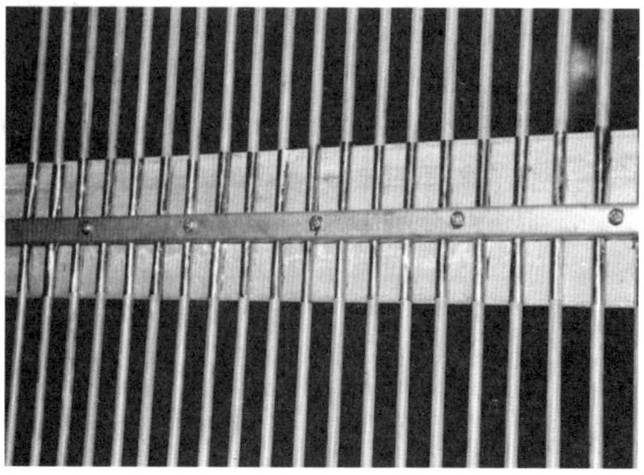

图4.3 多根仪表管整排固定、导管与支架间包裹不锈钢皮实际效果图

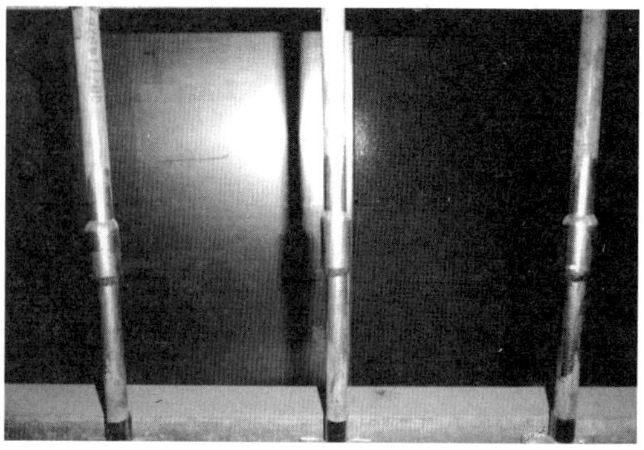

图4.4 不锈钢套管承插焊连接法实际效果图

5. 施工工艺流程及操作要点

5.1 施工工艺流程

热工仪表管施工工艺流程如下图5.1所示。

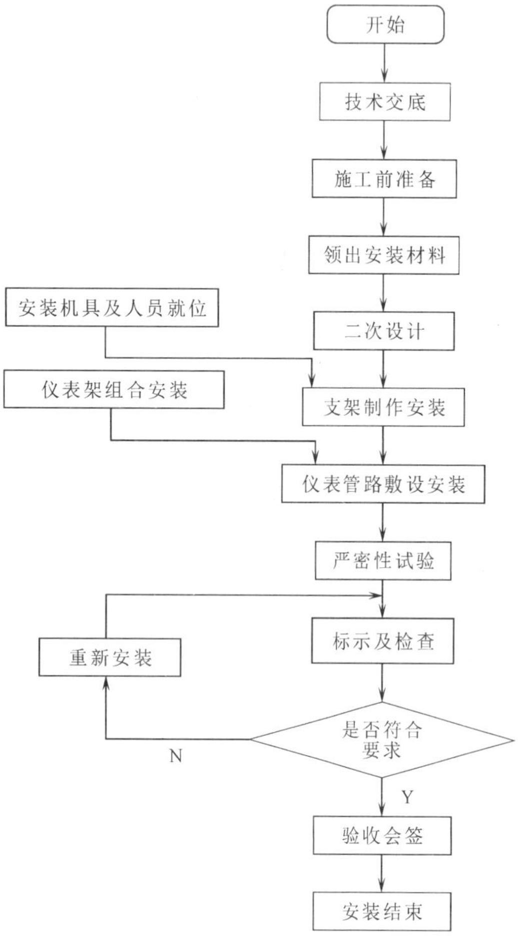

图5.1 施工工艺流程图

5.2 操作要点

5.2.1 施工准备

1. 施工所需的图纸及施工作业指导书已通过审核，施工前的开工报告已办理，且都以书面记录形式存档。

2. 施工所需专业技术人员及施工人员已经到位，并已经相关技术、安全、质量等方面的交底。

3. 施工用电源已具备，现场具有照明，道路通畅，安全设施齐全。

4. 热控仪表管路安装所需的机工具、量具及相关配件备齐。

5. 设备材料已到货，管接头等外加工件已到位，所有的合金钢部件及材料都经过100%的材质复核，并且均满足设计和规范的要求。

6. 有关机务设备及带有热控测点的管道安装完毕，取源部件施工结束。

7. 班组施工人员已熟悉相关图纸，明确安装工艺及质量要求。

5.2.2 测点核对

仪表管路安装前，根据热控系统图，确认测点安装的数量及位置，施工中具体注意以下几点：

1. 取源测点一次阀安装后，短管或者阀门上已挂设测点标识，但安装前仍需对所有测点进行逐一核对。

2．根据热控仪表导管清册，对一次阀及阀后管子的规格进行确认，若存在异种口径（内径偏差超过1mm）接口连接，则尽快落实仪表管转接头的采购。

5.2.3 路径选择

根据保温保护箱及仪表架的布置位置及箱内、仪表架上的测点设计，对安装附近区域测点再行统计整理，并结合现场实际，对少量需要调整布置位置的箱内、仪表架上测点提出调整方案，经设计确认后方可落实。

仪表管路应按设计规定的位置敷设，若设计未作规定或设计位置与现场实际情况有冲突时，可作二次设计，二次设计的原则应根据现场具体情况而定。

1．管路走向可根据现场实际情况选择合理的敷设路径，路径必须满足测量要求。

2．管路应尽量以最短的路径进行敷设，并使弯头最少，以减少测量的时滞，提高灵敏度，但对于蒸汽测量管路，为了使管内有足够的凝结水，管路不应太短。

3．管路应尽量集中敷设，其线路一般应与主体结构相平行。

4．管路避免敷设在易受机械损伤、潮湿、有腐蚀介质或有振动的场所，应敷设在不影响主体设备检修，便于维护的位置。

5．管路敷设于地下及穿过平台、隔板、墙壁时应加装保护管（罩）。

6．仪表阀门应选择在便于检修、操作的位置。

7．油管路严禁在热体表面上部与其平行布置。与热体相交叉时要与热体表面保温层隔开，其间距不应小于150mm。

8．管路敷设时应与电缆保持至少200mm的距离。

9．电控楼、集控楼和各类控制室内严禁引入水、蒸汽、油、氢气等介质的导压管。

5.2.4 支架安装

固定仪表管路的支架形式和尺寸应根据现场实际情况而定，常用带孔角钢、角钢及槽钢等来制作。管路支架的定位、找正与安装，可按下列步骤进行：

1．按照管路敷设路径要求，选择合适的支架形式及固定方式。一般采用花角铁作固定架，两侧加∟40mm×4mm的镀锌角铁保护。

2．仪表管成排敷设时，两管的间距应均匀且保证两管中心距离为2*D*（*D*为导管外径），根据仪表管的根数及管卡形式，计算出支架的宽度。

3．根据管路的坡度要求（差压管路坡度应大于1：12，其他管路坡度应大于1：100）及倾斜方向，计算出支架各支撑点的高度。

4．根据计算的尺寸制作支架。

5．仪表管路的支架固定间距应均匀：水平敷设时为1.0～1.5m，垂直敷设时为1.5～2.0m，具体根据实际情况而定。

6．安装支架时，应按选择的路径和计算好的支架高度，先装好始末端与转角处的支架，调整固定，然后在两端的支架上拉线，再逐个地安装中间的各支架。焊接时应先点焊，调整校正后再焊牢。

7．支架的固定，应注意：支架严禁焊接在合金钢和高温高压的结构上。在不允许焊接的承压容器、管道及需拆卸的设备上需要安装支架时，应用U形螺栓、抱箍或其他方式固定。

8．若支架固定在砖墙或者混凝土上，则用膨胀螺栓先将铁板固定在砖墙或者混凝土上，而后支架焊接在铁板上。成排安装的仪表管路支架应尽可能垂直安装，可减少踩踏带来的损害。

9．管路沿金属结构安装时，若结构上可以焊接，则支架直接焊接于结构上。

10．成排仪表管敷设时，考虑钢柱与墙面的二次粉刷，仪表管宜与钢柱或墙面保持100mm以上的间隙。

11．埋地、穿越楼板、网格板及墙面的仪表管路需做好相应保护措施，一般采用保护管或者保护罩。

12. 若仪表架为现场加工，则仪表架的高度一般为1250mm，其中50mm埋于最终地平下，实际有效高度为1200mm，仪表架的制作示意图可参阅图5.2.4。仪表架上测点表计进线电缆采用100mm×100mm小桥架安装。考虑大负荷机组运行参数相对较高，从安全的角度出发，涉及部分高温高压测点的仪表架应布置在远离过道的位置。

13. 对表计安装在保温保护箱内的测点，排污阀安装在保温保护箱外，单独制作仪表架固定，架子的制作可参阅图5.2.4。排污阀架宜布置在箱体边便于操作和维护的地方。

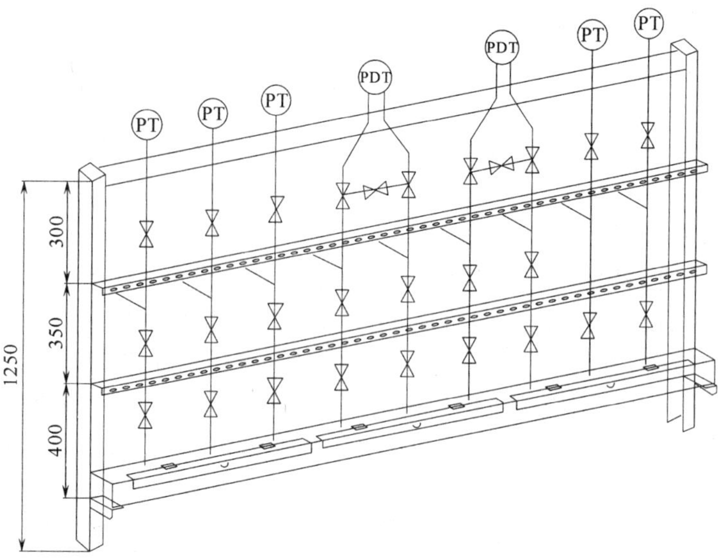

图5.2.4　仪表架示意图

5.2.5　导管弯制

导管的弯制应根据不同的材质及规格采用相应的弯制方法。对于ϕ16 mm及以下的常规金属导管可采用冷弯，即用手动弯管器进行弯制，冷弯应不影响导管的化学性能且弯头整齐一致。对于ϕ16mm以上的常规金属导管，一般采用液压弯管机弯制。对于部分特殊材质（如T91、P92等）金属导管，则采用外加工热弯。

金属导管的弯曲半径，应不小于其外径的3倍，管壁上应无裂缝、过火、凹坑、皱褶等现象，管径的椭圆度不应超过10%。

现场经常使用的手动弯管器，有固定型和携带型两种，可以购买成品也可自行加工，由于结构简单，操作方便，因而使用最为广泛。

图5.2.5-1是固定型手动弯管器外形图，它可固定在现场平台、栏杆、架子等方便操作且周围无障碍物的地方，这种弯管器适应于弯制ϕ14mm、ϕ16mm等导管。

图5.2.5-2是携带型弯管器外形图，使用时只需两手分别控住两手柄进行弯制，这种弯管器只适宜于弯制ϕ14mm及以下的导管，管径较大的导管使用这种弯管器较为费力。

图5.2.5-3是微型手动弯管器外形图，这种弯管器在工程上使用较少，适用于ϕ8mm及以下金属管路的弯制。这种弯管器使用方便，能克服大型弯管器不能满足的弧度要求。

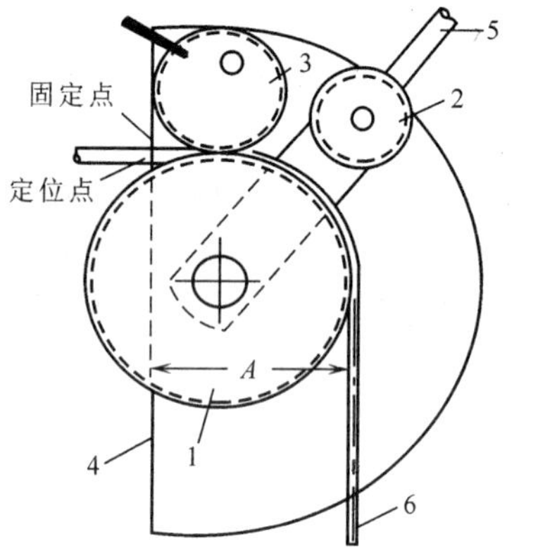

图5.2.5-1　固定型手动弯管器
1—胎具；2—主动轮；3—偏心轮；
4—固定底板；5—操作把子；6—被弯导管

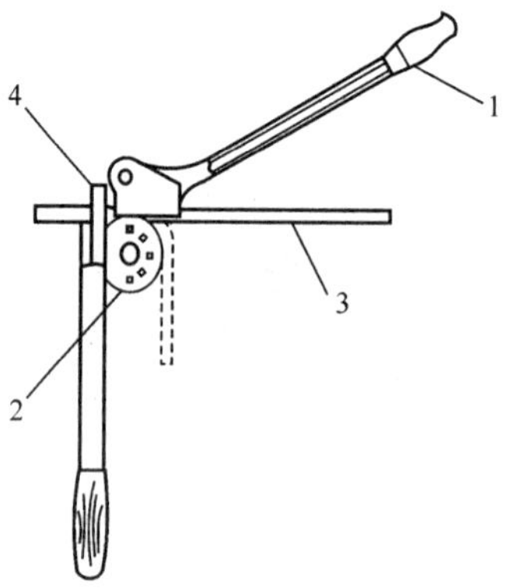

图5.2.5-2　携带型弯管器
1—操作手柄；2—胎具；
3—被弯导管；4—销紧装置

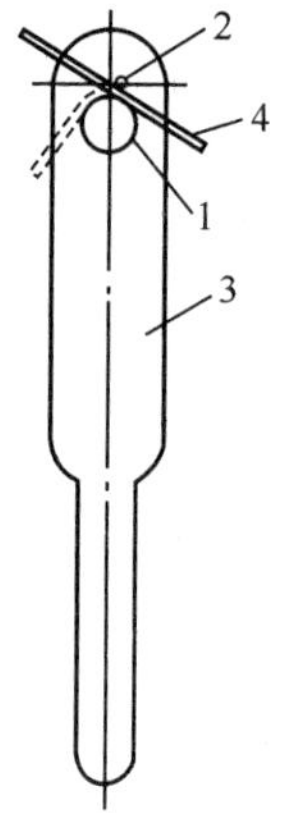

图 5.2.5-3　微型手动弯管器
1—胎具；2—支点；
3—把手（底板）；4—被弯管

导管弯制的步骤如下：

1）将导管放置在平台上进行调直。

2）选用弯管机的合适胎具（手动弯管器一般胎具大小固定）。

3）根据施工图或者现场实际测量，在导管上划出起弧点。

4）将已划线的导管放入弯管机（器），使导管的起弧点对准弯管机（器）的起弧点（此点可先行计算，并结合实践取得），然后拧紧夹具。

5）液压弯管机启动电机或开始手压，手动弯管器扳动手柄弯制导管，手柄用力时应均匀，速度缓慢，当弯曲角度大于所需角度1°～2°时停止（实际角度按经验判断）。

6）将弯管机（器）退回至起点，测量导管弯曲度，合格后松开夹具，取出导管。

5.2.6 管路敷设

1. 管路敷设一般规定

仪表管路的敷设，必须严格按照热控导管清册内设计的仪表管路规格及材质安装，同时须考虑主设备及管道的热膨胀，尽量避免敷设在膨胀体上，以保证管路不受损伤。若在膨胀体上装设取源点时，其引出管需加补偿装置，如"Ω"形膨胀弯头等。此外，对某些特殊介质或者重要信号（如氢、油、酸碱、凝汽器真空及炉膛负压等）的管路敷设，建议选用焊接式仪表阀；对过程安装的仪表管和管路接口，需做好临时封口工作。

管路固定支架安装好后，敷设线路（支架走向）应能满足管路敷设的一般规定：

1）气体及负压测量仪表管路

气体及负压测量管路主要是指锅炉风压管路、风粉管路、凝汽器真空、氢气等测量管路。管路安装坡度及倾斜方向主要考虑管内的凝结液能自动排回主管道或设备内，因此测量仪表的安装位置一般应高于测点，即管路向上敷设。如果仪表低于测点，则须在最低点加装排污门，但对炉膛负压、凝汽器真空等重要参数的测量，仪表安装位置必须高于测点，不允许加装排污门。

测量气体及负压的常规管路，若由于现场原因无法实现管路全程向上敷设，则由测点引出时，先向上引出高度不小于600mm的管段，连接头的内径不应小于管路内径，以保证环境温度变化析出的水分和尘埃能返回主设备，减少管路积水和避免堵塞。

2）液体测量管路

液体测量管路主要包括水、油、酸碱系统测量管路。管路安装坡度及倾斜方向主要考虑测量导管内的空气能自动导入主设备内，因此要求测量仪表一般低于测点位置布置，即管路向下敷设。如因客观原因测量管路向上敷设，则应在管路最高点加装排气门。但对油系统及酸碱测量管路测点除外。

流量测量管路一般向下敷设，如图5.2.6-1（*a*）所示，如确需向上敷设，当测量管路由节流装置引出时，应先垂直向下敷设一段后（不小于500mm）再向上接至仪表，并在最高点加装排气门，如图5.2.6-1（*b*）所示。

液位测量的管路必须向下敷设，并加装排污门。

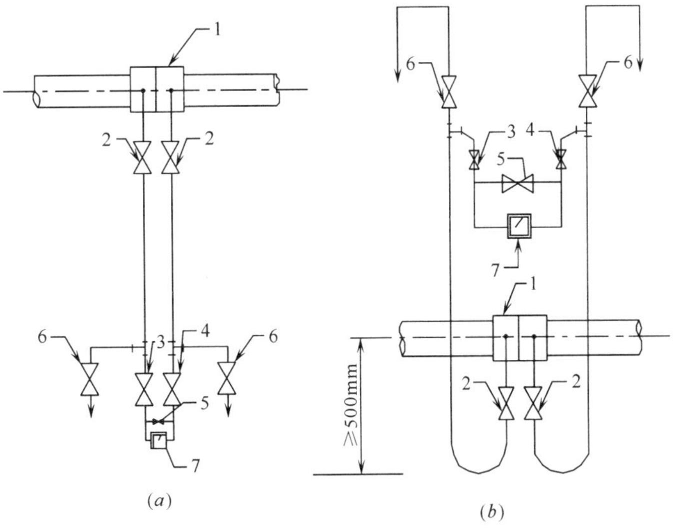

图 5.2.6-1 液体流量测量管路敷设图

（*a*）仪表低于节流装置；（*b*）仪表高于节流装置

1—节流装置；2—一次门；3—正压侧二次门；4—负压侧二次门；5—平衡门；6—排污门、排气门；7—仪表

3）蒸汽测量管路

蒸汽测量管路的敷设与液体测量管路基本相同，为了保证蒸汽的快速凝结，一次门前和门后的管路应保证足够的长度。

4）气源及信号管路的敷设

气源及信号管路的安装坡度及倾斜方向虽没有测量管路那样要求严格，但安装时也应考虑管内的凝结水能自动排出。如受环境条件限制，则在总管最低点加装排污门。信号管路压力较低，为了减少信号迟滞，管路不宜太长。采用软管的气源或信号管路应敷设在线槽或者保护管内，并保持导管平直不受拉力。

2. 管路连接

电厂热控仪表管路多为金属小管，公称通径在$\phi 4 \sim \phi 40$mm之间，管路一般采用钨极氩弧焊连接，对于设备检修需经常拆卸的部位可采用卡套式管接头、压垫式管接头、胀圈式管接头和法兰连接等方式。

氩弧焊连接：

超临界机组仪表管路中的焊接连接，以采用氩弧焊的方式为主，必须由专业合格焊工进行施焊，根据仪表管路材质，正确选择焊丝。对于超超临界大负荷机组特殊材质（如TP316H、T91、P92等）仪表管路焊接，同样采用氩弧焊方式。

仪表管焊接时，可按以下工艺步骤进行：

1）焊接及热处理要遵循相关焊接工艺规定，特殊材质仪表管路焊接后，需及时进行焊缝光谱、PT及拍片工作，以确保焊口质量合格，焊丝的选用可参阅表5.2.6-1。

母材材质与焊丝的对照表 **表5.2.6-1**

序号	类型	母材一	母材二	焊丝	备 注
1	焊口	T92	T122	TGS-12CRS	
2	焊口	A335P22	A335P22	TGS-2CM	
3	焊口	A335P22	A182CrF11	TGS-1CM	
4	焊口	T92	T92	MTS-616	
5	焊口	T91	T91	9CrMoV-N	
6	焊口	A105	1Cr18Ni9Ti	TGS-309	
7	焊口	T91	T92	TGS-9CB	
8	焊口	T91	TP316	ERNiCr-3	
9	焊口	T92	TP316	ERNiCr-3	
10	焊口	F12	1Cr18Ni9Ti	TGS-309	
11	焊口	0Cr18Ni9	0Cr18Ni9	TGS-308	
12	焊口	A335P11	1Cr18Ni9Ti	TGS-309	
13	焊口	12Cr1MoV	1Cr18Ni9Ti	TGS-309	
14	焊口	Cr1-1/4CL22	1Cr18Ni9Ti	TGS-309	
15	焊口	16Mn	1Cr18Ni9Ti	TGS-309	
16	焊口	16Mn	20G	CHG-56	
17	焊口	T91	1Cr18Ni9Ti	ERNiCr-3	
18	焊口	T92	1Cr18Ni9Ti	ERNiCr-3	
19	焊口	15CrMo	15CrMo	TGS-1CM	
20	焊口	20G	20G	CHG-56	
21	焊口	TP316	TP316	CHG-316	
22	焊口	1Cr18Ni9Ti	1Cr18Ni9Ti	TGS -308	
23	焊口	15CrMo	1Cr18Ni9Ti	TGS -309	

续表

序号	类型	母材一	母材二	焊丝	备注
24	焊口	WB36	1Cr18Ni9Ti	TGS -309	
25	焊口	20G	TP316	TGS -309	
26	焊口	20G	1Cr18Ni9Ti	TGS -309	
27	焊口	F12	15CrMo	TGS-1CM	
28	焊口	F22	15CrMo	TGS-1CM	
29	焊口	F22	20G	TIG-J50	
30	焊口	A105	20G	TIG-J50	
31	焊口	0Cr18Ni9	1Cr18Ni9Ti	TGS -308	
32	焊口	F11	T91	TIG-R40	

2）仪表管路的焊接，一般有承插焊图5.2.6-2和对焊图5.2.6-3两种形式，承插焊一般用于公称通径在ϕ16mm及以下的仪表管路上，或者是公称通径在ϕ40 mm以下，但压力相对较低的管路上（如气源管路等）。对焊常用于高压测点的仪表管路上，以增加强度，一般用于公称通径在ϕ16 mm以上，且管壁厚度大于3mm的仪表管路。

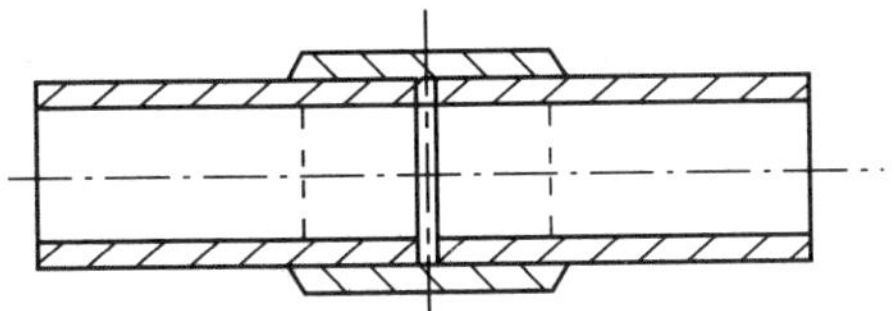
图5.2.6-2 导管承插焊示意图

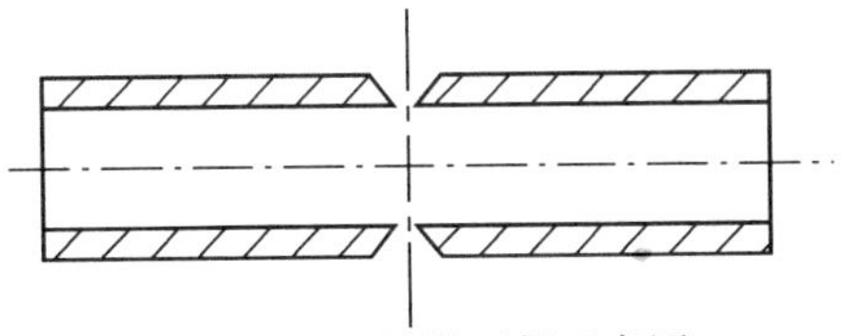
图5.2.6-3 导管对焊示意图

3）管路焊接前，由仪表管安装钳工完成仪表管的下料、去毛刺及对口，焊工对已完成对口的仪表管进行对称点焊，待校直后方可满焊。

4）不同规格的仪表导管对口焊接时，其直径相差不得超过2mm，内径偏差不得超过1mm，否则应采用异径转换接头。

5）高压仪表管路上若需要分支时，应采用相应材质及压力等级的三通接头焊接过渡，不得在导管上直接开孔焊接。

6）焊接式仪表阀在焊接时，阀芯应处于中间状态。

卡套式管接头连接：

卡套式管接头的连接，主要用于不锈钢仪表导管的连接，它利用卡套的刃口卡住并切入无缝钢管，起到密封的作用，卡套的接头如图5.2.6-4所示。高温高压系统的测量导管不提倡用卡套式接头连接。

卡套式接头的性能质量除了与材料、制造精确度、导管的椭圆度等有关外，还与装配的质量有重要关系。其装配方法如下：

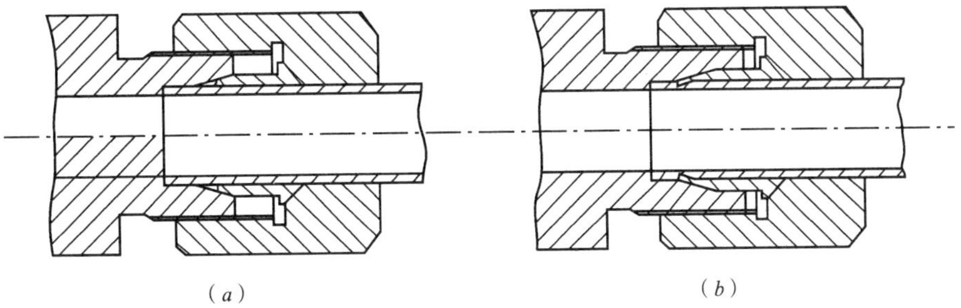
（a）　　（b）

图5.2.6-4 卡套式管接头的结构原理示意图

（a）卡套咬合前 （b）卡套咬合后

1—接头体；2—螺母；3—卡套；4—钢管；5—卡套刃口

1）卡套式管接头连接导管时，必须保证仪表导管光滑、无椭圆度现象。

2）根据安装情况，按需要的长度切断（或锯切）管子，其切面与管子的中心线的垂直度误差不得大于管子外径公差之半。

3）除去仪表管端的毛刺、金属屑及污垢。

4）如有必要（一般不需要），在卡套式接头的卡套刃口、螺纹及接触部位涂以少量的润滑油。而后按顺序将螺母、双卡套套在仪表管上（注意卡套方向不能搞错），再将管子插入接头体内锥孔底并放正卡套，用手旋入螺母至紧固后，再用工具旋紧螺母1¼圈。

5）初次旋紧后，可拆下螺母检查卡套与管子咬合的情况。若做剖面检验，其切入情况应如图5.2.6-5所示，卡套的刃口必须咬进钢管表层，其尾部沿径向收缩，应抱住被连接的管子，允许卡套在管子上稍转动，但不得松脱或径向移动，否则，应再紧固。

压垫式管接头连接：

压垫式管接头连接的形式及零件制作见图5.2.6-6和表5.2.6-2。

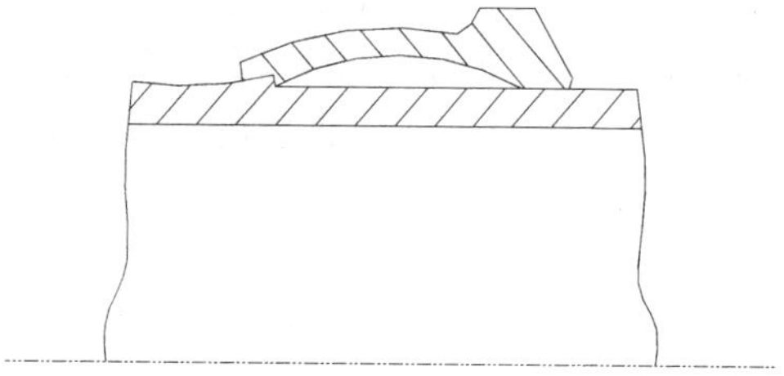

图5.2.6-5　卡套刃口切入被连接钢管的情况

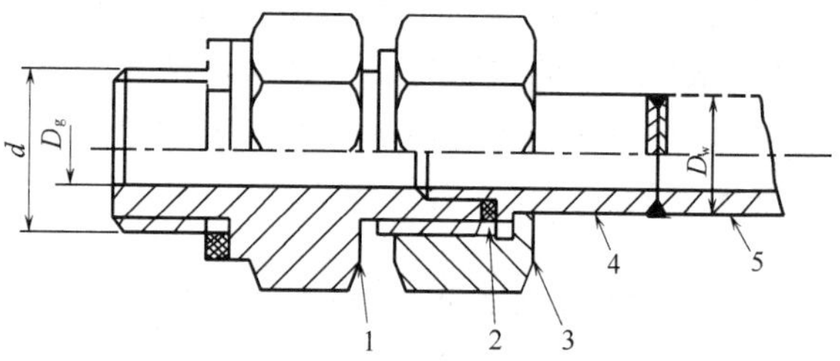

图 5.2.6-6　压垫式终端接头的连接形式

1—接头座；2—密封垫；3—锁母；4—接管嘴；5—导管

压垫式接头尺寸　　**表5.2.6-2**

d	主要尺寸（mm）													
	接头座				接管嘴					锁母			密封垫	
	d1	d2	d3	D	d1	d2	d3	d4	d5	d1	d2	D	d1	d2
M22×1.5	ϕ9	ϕ12	ϕ16	六方33.5	ϕ9	ϕ12	ϕ16	ϕ15	ϕ19.5	ϕ15.5	ϕ29	六方33.5	ϕ9.5	ϕ19.5
M20×1.5	ϕ9	ϕ10	ϕ14	六方31.2	ϕ7	ϕ10	ϕ14	ϕ13	ϕ17.5	ϕ13.5	ϕ27	六方31.2	ϕ7.5	ϕ17.5

使用压垫式管接头进行导管与导管或者导管与仪表、设备连接时，可按下列步骤进行：

1）把接管嘴穿入锁母孔中，接管嘴在孔中应呈自由状态。

2）把带有接管嘴的锁母拧入接头座或仪表或阀门的螺纹上，接管嘴与接头座间应留有密封垫的间隙，然后将接管嘴与导管对口、找正，用氩弧焊对称点焊。

3）再次找正后，卸下接头进行焊接。切忌在没卸下接头的情况下直接施焊，以避免因焊接高温传导而损坏仪表设备的内部元件。

4）正式安装接头时，结合平面内应加厚度为2～3mm的密封垫圈，其表面应光滑（齿形垫除外），内径应比接头内径大0.5mm左右，外径则应小于接头外径约0.5mm，然后拧入接头，用扳手拧紧。

5）接至仪表设备时，接头必须对准，不应强行拧入而产生附加机械应力。

胀圈式管接头连接：

主要用于气源及信号管路（如铜管和尼龙管）的连接。它利用铜胀圈作密封件来连接铜管或尼龙管。图5.2.6-7为连接铜管的胀圈式管接头。

胀圈式管接头的安装方法与卡套式管接头基本相似，起密封连接作用的是胀圈。当螺母紧压胀圈时，胀圈产生形变，胀圈内表面紧压在管子上，而胀圈腰鼓处被紧压在接头体内。接头在安装时须检查胀圈，胀圈应饱满、厚薄均匀无变形。

连管节螺纹连接：

导管使用如图5.2.6–8所示的连管节连接时，两个被连接导管管端的螺纹长度不应超过所用连管节长度的1/2，连接方法可按下列步骤（以四氟乙烯密封带密封为例）：

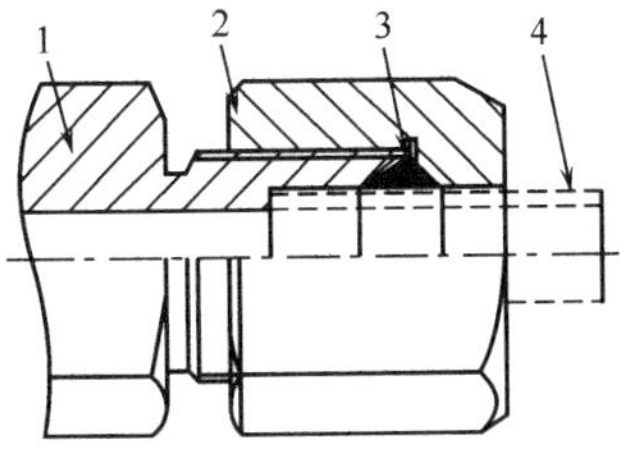

图5.2.6–7 连接铜管的膨胀圈式管接头

1—接头体；2—螺母；3—胀圈；4—铜管

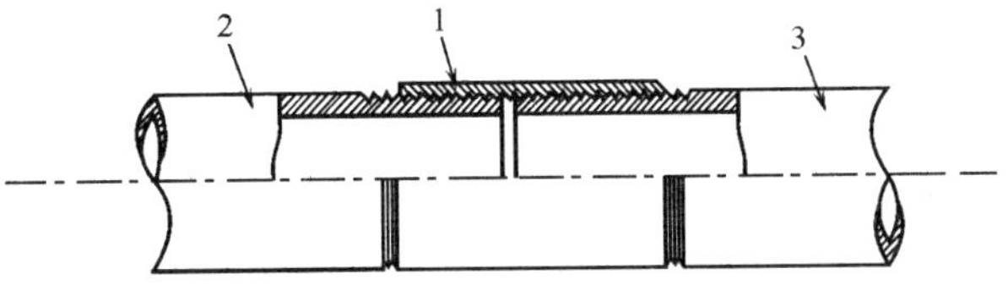

图5.2.6–8 导管使用连管节连接

1—连管节；2、3—导管

1）用圆锉除去管端螺纹第一道丝扣上的棱角与毛刺。

2）将四氟乙烯密封带缠于管子螺纹上，需避免将四氟乙烯密封带缠于第一道丝扣上，以防止进入管内，四氟乙烯密封带缠绕方向与连管节拧紧方向一致。

3）用管子钳将连管节拧到一根被连导管管端上，并拧紧。

4）用相同方法将另一根导管的管端缠上四氟乙烯密封带，并拧入连管节中紧固。

法兰连接：

在仪表管路中，法兰连接一般用于低压大口径管路的连接，或者是衬胶管与金属管路的连接，常用的结构形式为凸面板式平焊钢制管法兰，其外形如图5.2.6–9。

1）检查法兰结合平面和水线凹槽是否平整光滑，有无伤痕与裂纹等缺陷，如缺陷不大时，可进行研磨。

2）焊接前应清理法兰和导管的焊接坡口，然后仔细找正，点焊二三点，待复验无误后进行焊接。

3）密封垫圈的内外边缘与两个平面上均应无毛刺和伤痕，垫圈所选材质及尺寸应符合相关规定，垫圈装入后应进行找正，使其中心与法兰中心相吻合。

4）两法兰平面必须平行，两侧仪表管路中心应在同一轴线上，法兰螺丝孔应对正，不得强行对口。

此外，国外进口的仪表设备，如变送器，气动阀等，与导管之间的连接，多采用国际通用的NPT接头件。NPT接头与导管连接的一侧一般采用卡套式或胀圈结构，与设备连接侧的接头是锥形NPT螺纹。NPT卡套式管接头安装时，一般在NPT螺纹上缠绕四氟乙烯密封带，上紧即可，可不加装垫圈，图为5.2.6–10为NPT卡套式管接头结构。

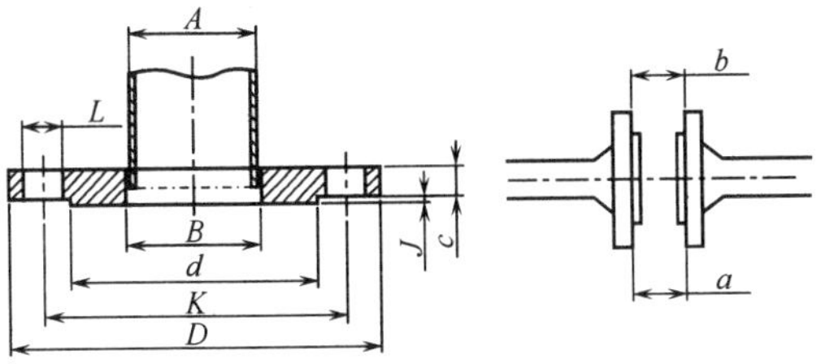

图5.2.6–9 凸面板式平焊钢钢制管法兰

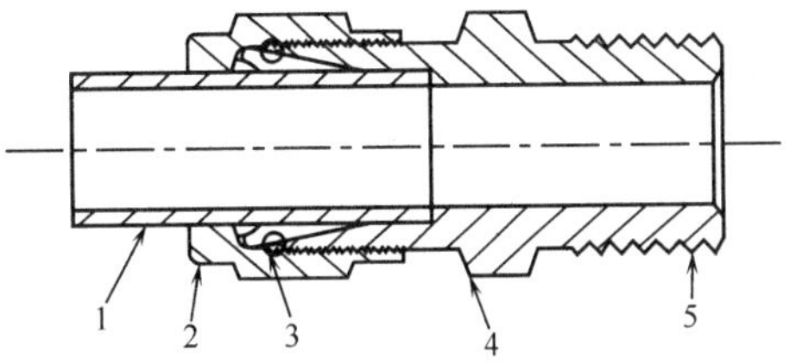

图5.2.6–10 NPT卡套式管接头结构

1—导管；2—螺母；3—卡套；4—接头体；5—NPT螺纹

在导管需要进行焊接时特别需要注意：

1）所有导管焊接采用手工全氩弧焊焊接方式。

2）导管需要分支时，应采用与导管同材质的三通，不得在导管上直接开孔焊接。

3）相同直径管子的对口焊接，不应有错口现象。

4）中低压导管采用不锈钢套管承插焊连接方式焊接，并进行着色探伤。套管按V字形排列。

5）高压导管采用对口焊接连接方式焊接，对口时两管间留有1.5mm间隙，焊后进行拍片探伤。

6）ϕ8、ϕ10气源支管采用不锈钢中间卡套接头连接方式连接，接头按V字形排列。

7）T91或T92同材质导管焊接时先预热至150℃左右再焊接，焊接后必须热处理。

8）T91或T92导管与不锈钢导管焊接时，应采用镍基焊丝焊接，焊前焊后不需热处理。

3. 仪表管路固定

仪表管路的固定，可选用可拆卸的卡子用螺母固定在已安装的支架上。成排敷设时，两导管间的净距离应保持均匀，且保证两管中心距离为2D（D为导管外径）。

卡子的形式与尺寸根据导管的直径来决定，有单孔双管卡、单孔单管卡、双孔单管卡与U形管卡等几种形式，如图5.2.6-11所示，一般使用以U形管卡为主。

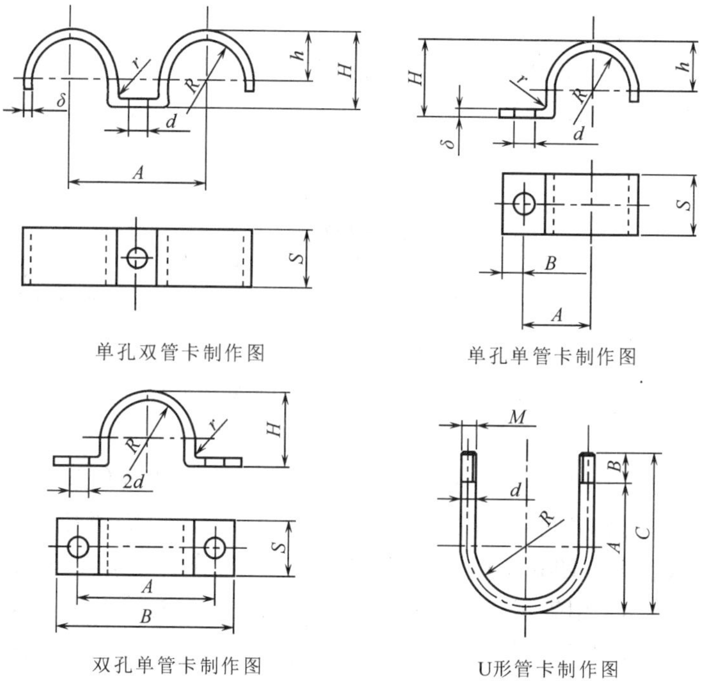

图5.2.6-11　卡子的形式

在仪表管路固定时，考虑仪表导管与固定支架一般属不同材质，不锈钢管路安装时，为防止碳离子渗透到不锈钢内使得不锈钢材质性能发生变化，造成金属电化腐蚀，需在导管与卡子之间加装薄皮不锈钢片，不锈钢片宽度为50mm，厚度为0.02～0.1mm。安装时，将不锈钢片剪成长条，包裹于仪表导管上，再用U形管卡卡住不锈钢皮，固定于管路支架（一般为∟40 mm×4 mm镀锌带孔角铁）上，要求管路表面与支架无直接接触。

成排导管采用多孔多管仪表管压板固定在支架上，成排敷设的导管间距应均匀（图5.2.6-12）。

图5.2.6-12　成排敷设的导管

4. 仪表阀安装

热控仪表管路上安装的仪表阀，主要包括测点二次阀（含平衡阀）和排污阀，通常布置于仪表架上，阀门成排安装时，相互间有一定的距离，以便操作和检修。阀门的安装方向（进出口）与介质流动方向一致，按阀体上箭头标示的方向安装，如果没有标识，可按照阀座内“低进高出”的原则确认，阀门在焊接前，阀芯应处于中间状态。

二次门、排污门的安装原则：

1）汽、水、油等介质的压力（差压）测量仪表或变送器前应装设二次门。

2）测量蒸汽或水的压力，为了冲洗管路、定期排污需要，应装设排污门，油系统的仪表管路不允许加装排污门。

3）炉膛负压、凝汽器真空等重要参数的测量，仪表安装位置高于测点，不允许加装排污门。

4）差压、流量等测点仪表二次阀和平衡阀可用仪表三阀组代替安装。

5）在设置排污阀的地方，必须配套安装排污装置。

施工完毕的仪表管路，其二次阀及排污阀上应挂有标明编号与对应测点名称的临时标志牌，并做好管路的自检工作，特别是对差压、流量等测点，管路高低压侧连接必须正确。

5.2.7　排污装置安装

从排污门排出的汽水及脏物，由保温保护箱或仪表架上的排污装置收集并经排污管路排放到指定位置或地沟。排污装置的制作大小应满足污水排放时不致飞溅的要求，排污管路的大小视排污量的多少或者变送器集中布置的多少而定，一般不会同时排污，因此常选用一寸的镀锌管或碳钢管作排污管。排污管的布置，炉侧可通过钢架、平台等集中排至落水管或雨水槽内，机侧可就近排至地沟。图5.2.7–1为以前常用的镀锌管排污装置，而图5.2.7–2 为本工法所用的方形水槽排污装置。

用方形水槽做排污装置时，一般选用100mm×100mm（厚度一般为2～3mm）的方型钢管作为基本材料，同样根据变送器支架的宽度确定方型钢管长度，用 δ =3mm的钢板将方钢两头封死。然后在方型钢管上割除40mm钢板，用∟40mm×4mm的角铁回补以装设活动盖板。角铁一侧与方型钢管的连接采用两片合页用铆钉固定，另一侧可在角铁上加设手柄。根据方型钢管的长度可分几段装设活动盖板，加工完成后的排污装置可用点焊固定于变送器支架排污阀下方，根据排污阀的位置在方型钢管上开孔，而后排污管路一头与排污阀连接，一头伸入排污孔内20mm。

此种方案制作、安装虽相对复杂，但具有较强的实用性。冲洗排污时可打开盖板观察，不冲时放下盖板，防止杂物进入。另外，该排污装置可清楚了解每根仪表管路的排污，特别是排污阀的内漏情况，为机组试运行期间进行表计投用和阀门内漏检查创造了条件。

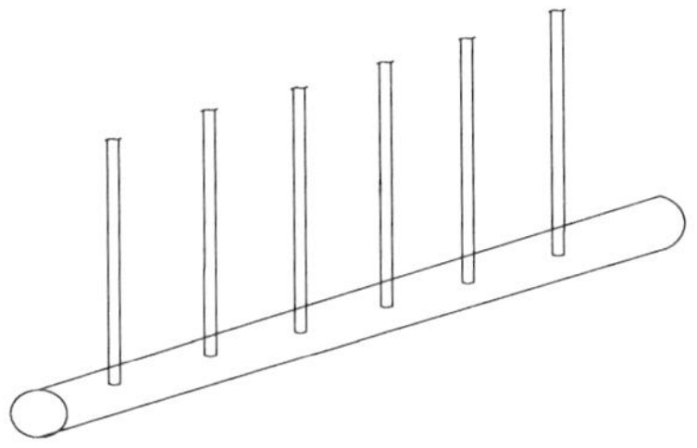

图5.2.7–1　以前常用的镀锌管排污装置

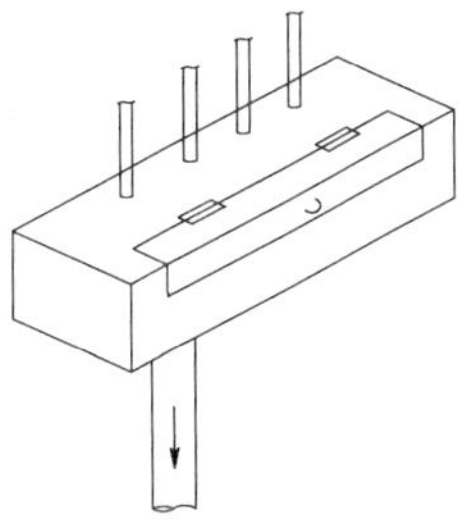

图5.2.7–2　改进后的方形水槽排污装置

5.2.8　严密性试验

仪表管路安装完毕后，在管路做防腐与防冻之前，按表5.2.8上的试验标准对仪表管路进行严密性试验。

管路严密性试验　　**表5.2.8**

序号	试验项目	试验标准
1	取源阀门及汽、水管路的严密性试验	用1.25倍工作压力进行水压试验，5min内无渗漏现象
2	气动信号管路的严密性试验	用1.5倍工作压力进行严密性试验，5min内压力降低值不应大于0.5%
3	风压管路及其切换开关的严密性试验	用0.1～0.15MPa（表压）压缩空气试验无渗漏，然后降至6000Pa压力进行试验，5min内压力降低值不应大于50Pa
4	油管路及真空管路严密性试验	用0.1～0.15MPa（表压）压缩空气进行试验，15min内压力降低值不应大于试验压力的3%
5	氢管路系统严密性试验	仪表管路及阀门随同发电机氢系统做严密性试验，标准按《电力建设施工及验收技术规范》（汽轮机组篇）DL 5011–92进行

1．被测介质为液体或蒸汽的管路严密性试验

试验应尽量随同主设备一起进行，因此须在主设备水压试验前作好一切准备工作，在主设备稳压之后，再进行仪表管路的严密性试验，待压力升至试验压力并保持5min，检查管路各处有无渗漏现象。

2．被测介质为气体的管路严密性试验

被测介质为气体的管路严密性试验，应单独进行严密性气压试验，其步骤如下：

1）卸开测点取压装置的可卸接头，用0.1～0.15MPa压缩空气或氮气从仪表侧吹洗管路，检查管路应畅通，无渗漏，管路的始端和终端位号正确。

2）在导管的仪表侧，用乳胶管接至三通，三通的另两端分别用乳胶管与压缩空气管和压力表相

连接，压缩空气压力由进气的阀门和通大气的阀门调节。

3）用手捏住乳胶管，稳压5min，观看压力表的压力下降值应符合要求。若严密性试验不合格，再用压缩空气吹管，沿管路寻找泄漏点，一般可在导管连接处和各接头处涂上肥皂水，如有肥皂泡形成，即说明不严密，需要消缺。这样，重复试验，直到合格为止。

4）气压试验合格后，取下可卸下接头处的胶皮，恢复管路。

5.2.9 设备的挂牌

1. 施工完毕的管路两端，应挂有标明仪表编号、名称和用途的标示牌。

2. 标示牌统一挂设于阀门后100mm处，保温管路挂设于阀门手柄处。

3. 标示牌统一采用电脑打印牌，字迹清晰。

6. 材料与设备

6.1 本工法所需材料（表6.1）

材料表 **表6.1**

序号	材料名称	材料规格
1	不锈钢导管	ϕ8×1、ϕ14×2、ϕ16×3、ϕ18×4、ϕ32×2
2	T91和T92导管	ϕ18×4、ϕ33.4×7.5
3	热浸锌槽钢	[6、[8
4	热浸锌角钢	∟40×4、∟50×5
5	热浸锌保护管	ϕ60×2
6	铝合金桥架	100×100
7	不锈钢双丝接头	M20×1.5～NPT1/2
8	不锈钢接管螺母	M20×1.5
9	不锈钢内接头	ϕ13、ϕ16
10	不锈钢卡套中间接头	ϕ8～ϕ8
11	不锈钢卡套端接头	ϕ8～ NPT1/4
12	不锈钢取样短管	L=100、L=250
13	T92取样短管	L=400
14	J422焊条	ϕ3.2
15	不锈钢焊丝	ϕ1.2、ϕ1.6
16	T91和T92焊丝	ϕ2.0
17	镍基焊丝	ϕ2.0

6.2 本工法所需机具设备（表6.2）

机具设备表 **表6.2**

序号	设备名称	规格型号	单位	数量	用途
1	载重汽车	2t	辆	1	材料运输
2	手工弯管机	ϕ8～ϕ18	台	6台	导管弯制
3	逆变焊机	380V	台	4台	导管焊接
4	角向砂轮机	220V	台	6台	打磨
5	型钢切割机	380V	台	2台	型钢切割
6	电钻	220V	台	4台	钻孔

续表

序号	设备名称	规格型号	单位	数量	用途
7	号牌打印机	220V	台	1台	号牌打印
8	管子割刀	$\phi 8 \sim \phi 18$	把	6把	导管切割
9	钢锯	500mm	把	4把	导管切割
10	活络扳手	10″、14″	把	6把	螺丝紧固
11	锉刀	500mm	把	4把	打磨
12	手锤	2磅	把	4把	敲击
13	卷尺	5m	把	4把	测量
14	卷尺	2m	把	6把	测量
15	水平尺	500mm	把	4把	测量
16	角尺	300mm	把	4把	测量

7. 质量控制

7.1 质量控制标准

7.1.1 《电力建设施工质量验收及评价规程》DL/T 5210.4-2009第4部分：热控仪表及控制装置。

7.1.2 《火电施工质量检验及评定标准（焊接篇）》1996版。

7.2 热控仪表管安装验收及评价标准具体见表 7.2-1 和表 7.2-2

仪表导管安装验评标准 **表7.2-1**

工序	检验项目		单位	质量标准	检验方法和器具
检查	型号规格			符合设计	核对
	外观			无裂纹、伤痕、重皮	观察
	内部			清洁、畅通	观察
管子加工	弯曲半径	金属		≥3D	用尺测量
		塑料		≥4.5D	
	椭圆度		%	≤10	用尺测量
	成排管子弯曲弧度			整齐、美观	观察
	管子表面			无裂缝、凹坑	观察
	测量管路长度	压力测量管路	m	≤150	用尺测量
		微压、真空测量管路	m	≤100	
		水位、流量测量管路	m	≤50	
管路敷设	间距	电缆与管子	mm	≥200	用尺测量
		油管路与热表面（交叉敷设时）	mm	≥150	
		水位表管与高温热表面	mm	≥150	
		两管中心距		2D	
	坡度	压力管路	%	≥1	用尺拉线测量
		差压管路		>1/12	
	坡度倾斜方向			符合《电力建设施工质量验收及评价规程》DL/T 5210.4-2009 热控篇	观察
	管对口	同径管		无错口	观察
		异径管内径差	mm	≤1	用尺测量

续表

工序	检验项目			单位	质量标准	检验方法和器具
管路敷设	焊接				符合《火电施工质量检验及评价标准（焊接篇）》1996	核对
	管子固定				牢固	观察
	不锈钢管子固定				牢固并与支架隔离	观察
	管子排列				整齐、美观	观察
	管道支架间距	无缝钢管	水平敷设	m	1.0~1.5均匀	用尺测量
			垂直敷设	m	1.5~2.0均匀	
		铜管、塑料管	水平敷设	m	0.5~0.7均匀	用尺测量
			垂直敷设	m	0.7~1.0均匀	
	尼龙管缆敷设	缆头制作			整齐、美观	观察
		缆芯连接			正确	
		敷设紧度			平直、无拉力	
	严密性				符合下表附录A	核对
	标志牌	外观			美观，整齐	观察
		内容			正确	
		字迹			完整、清晰	
	油漆				完整	观察

管路及阀门严密性试验标准 **表7.2-2**

序号	试验项目	试验标准
1	取源阀门及汽、水管路的严密性试验	用1.25倍工作压力进行水压试验，5min内无渗漏现象
2	气动信号管路的严密性试验	用1.5倍工作压力进行严密性试验，5min内压力降低值应不大于0.5%
3	风压管路及切换开关的严密性试验	用0.10~0.15MPa（表压）压缩空气试压无渗漏然后降至6kPa进行试验，5min内压力降低值不应大于50Pa
4	油管路及真空管路严密性试验	用0.10~0.15MPa（表压）压缩空气进行试验，15min内压力降低值不应大于试验压力的3%
5	氢管路系统严密性试验	仪表管路及阀门随同发电机氢系统作严密性试验，试验标准按《电力建设施工及验收技术规范（汽轮机机组篇）》DL 5011-92中附录J的规定

8. 安全措施

8.1 施工前编制专项安全技术措施，开展项目危险源辩识、施工安全风险评价、风险预防和控制，确保施工过程安全。

8.2 施工前必须进行安全技术交底，并做好相应的记录，无安全措施和未交底的项目严禁施工，施工任务单必须由安全员签证。

8.3 进入施工现场，一定要戴安全帽，扣好帽带，高空作业要系好安全带并在牢固处扣好带扣。严禁穿拖鞋、凉鞋、高跟鞋或带钉鞋，严禁酒后进入施工现场。

8.4 在高处作业时需搭设脚手架，避免在临抛设备上作业。施工现场的脚手架，必须提出申请，并由专人定期检查，检查合格后，挂好标识牌方可使用。

8.5 电动工具使用前，应进行电气及机械检查。电动工具使用后，应切断电源。使用台钻，不得带手套，防止绞伤。电动工器具定期送有关部门检查。

8.6 高空作业要做好工具及材料的保险措施，以防坠下伤人，损坏设备。

8.7 高处作业区周围的孔洞、沟道等应设盖板、安全网或围栏。

8.8 高处作业人员应配带工具袋，较大的工具应系保险绳；传递物品时，严禁抛接。

8.9 在焊接、切割地点周围5m范围内，应清除易燃易爆物品；应有防止金属飞溅引起火灾的措施，并应防止灼伤。

8.10 乙炔皮管的接头，应用夹头夹紧，及时去除乙炔皮管的破损部分，及时更换乙炔管道上泄漏的小阀门。气瓶不得倒置、暴晒，使用的气瓶必须绑扎牢固。

9. 环 保 措 施

9.1 在施工过程，严格遵守公司职业安全卫生和环境管理方针，始终坚持“安全第一，预防为主”的安全生产方针和“预防为主、综合治理”的环境保护原则，对施工活动中的高处作业、交叉作业、明火作业、对产生的施工垃圾等环境因素作为主要管理重点，创造良好的安全、文明施工环境。

9.2 施工时，要把噪声控制到最小，严禁在施工区域恶意敲打制造噪声。

9.3 施工场所应保持整洁，垃圾、废料应及时清除，做到“工完、料尽、场地清”，坚持文明施工。

9.4 施工时产生的垃圾要进行分类投放，应及时回收并放在规定场地。

9.5 电焊条头及其他废料回收，及控制归放。熔敷后剩下的焊条头不可乱扔，以防止火警事故及烫伤他人。收工时带回工具间，交焊材保管员清点，记录下数目后置于焊条头专用筒内做到文明施工。

10. 效 益 分 析

10.1 本工法对超临界机组仪表管路的安装工艺和方法作了全面阐述，能有效指导施工人员正确施工。通过上海外高桥三期（2×1000MW）2台机组、华能玉环电厂一期工程1号机组和二期工程3号机组（4×1000MW） 2台机组以及上海漕泾电厂（2×1000MW中1号机）1台机组共计5台机组的应用实践，提高施工效率达10%左右，经测算每台1000MW以上机组，按平均28500m/每台机仪表管计算可节约人工费和材料等费用共计26万元，已产生直接效益26×6=156万元。目前公司年均投产机组15台，可产生直接效益约15×26=390万元/每年。

10.2 本工法在工程施工前期，热控安装基本处于低峰期时，采用在组合场进行仪表管的预组合配置方法。合理地避开了热控安装高峰期，减轻了高峰期对劳动力的压力，缩短了整个施工期，能较好的确保工程进度。

10.3 本工法采用了较多新工艺，如不锈钢套管承插焊连接法、多孔多管仪表管压板固定法、焊口钝化膏钝化处理法、导管与支架间不锈钢皮隔离法、不锈钢卡套V字形连接法等。这些新工艺的应用，从技术上保证了热控仪表管安装得更规范、更标准、更合理、更美观。在各项目实际安装中受到监理和业主的好评。取得较好的经济和社会效益。

11. 应 用 实 例

11.1 外高桥三期 2×1000MW 超超临界机组安装

11.1.1 工程概况

外高桥电厂三期工程为两台超超临界单机容量1000MW燃煤机组。本工程的主要设备：锅炉主机设备、汽机主机设备和发电机主机设备，以上是国内首台自行设计与制造的百万等级塔式锅炉燃煤机组。

11.1.2 施工情况

本工程单台机组仪表管路安装总量为28000m左右（不包括铜缆），锅炉房共设置保温保护箱81只，排污阀支架18只，汽机房共设置仪表架24只。

在仪表管路的敷设上，严格按照热控导管清册内设计的要求进行敷设，并根据管路材质，正确选择焊丝。采用本工法指导施工后，使该工程的仪表管路安装质量和工艺有了较大改进。合理、规范的仪表管路支架制作安装，提高了工作的效率，方便了后续仪表管路的敷设。方型钢管制作的仪表架排污装置，可清楚地观察仪表管路排污和排污阀的内漏情况，具有较高的实用性，为表计的正确投用及今后电厂的维护、检修提供了方便。

本工程仪表管路安装质量评定优良，工艺整齐、美观，2009年已经达标创优和荣获“国家优质工程金质奖”。

11.2　华能玉环电厂一期工程1号机组、二期工程3号机组（4×1000MW）仪表管路安装

11.2.1　工程概况

华能玉环电厂一、二期工程是由华能国际电力股份有限公司投资建设的4×1000MW超超临界百万机组，也是全国首台超超临界百万机组所在地，公司负责1号、3号机两台机组的工程建设。

11.2.2　施工情况

华能玉环电厂单台机组仪表管路安装总量为25000m左右（不包括铜缆），锅炉房共设置保温保护箱64只，排污阀支架6只，汽机房共设置仪表架48只。

对表计安装在保温保护箱内的测点，排污阀安装在保温保护箱外，单独制作仪表架固定，排污阀架宜布置在箱体边便于操作和维护的地方。在排污装置的制作上，我们一改以往选用镀锌管制作的方法，采用方形水槽制作排污装置，可清楚了解每根仪表管路的排污与排污阀的内漏情况。

采用本工法指导施工后，使华能玉环电厂3号机组的仪表管路安装质量和工艺有了较大改进。合理、规范的仪表管路支架制作安装，提高了工作的效率，方便了后续仪表管路的敷设。方型钢管制作的仪表架排污装置，可清楚的观察仪表管路排污和排污阀的内漏情况，具有较高的实用性，为表计的正确投用及今后电厂的维护、检修提供了方便。

华能玉环电厂1号、3号机组仪表管路安装质量评定优良，工艺整齐、美观，为工程达标创优和荣获“国家优质工程金质奖”打下了坚实的基础。

11.3　漕泾2×1000MW超超临界机组（1号机组）安装

11.3.1　工程概况

上海漕泾电厂为中电投首台百万机组，作为该集团标杆工程，从一开始就提出了高标准、严要求。热工仪表管路的工程范围包括主厂房各系统的压力、流量、液位等测点的引出管路。

11.3.2　施工情况

本台机组额定主汽门前压力26.25MPa，主汽门前温度600℃。再热主汽门前压力5.56MPa，再热主汽门前温度600℃。因其压力及温度高，故高温高压部分热控仪表管设计一次门前采用进口ASTM A355 P92 一次门后采用ASTM A213 TP316H不锈钢管道。其中主蒸汽及主给水采用ASTM A355 P92和TP316H 18×4.5不锈钢管道，共4600m。再热蒸汽采用 TP316H 16×3.2不锈钢管道，共1800m。再热减温水采用 1Cr18NiTi 16×3不锈钢管道，共1200m。中低压管路采用1Cr18NiTi 14×2不锈钢管道12100 m，各类仪表管共计22000m。

在施工前期，我们对样板间的制作就提出了高标准的要求，提出精品工程要依靠严格的工法来保证。重视本工法的实施，从而保证了在有限的时间里提前策划，提前准备，提前施工，从源头上节约时间，保证质量。该工程现在已经被评为中电投标杆工程，同时精处理热控制作与安装区域被评为该集团的样板工区（图11.3）。

图11.3　精处理区成排仪表管安装图

超大型灯泡贯流式机组导水机构安装工法

GJEJGF338—2010

中国水利水电第七工程局有限公司

韩强　刘旻

1. 前　言

灯泡贯流式水电站是开发低水头水力资源的较好方式，国外水头25m以下的水电开发，已出现取代轴流式水轮机的局面。

导水机构是水轮机的重要组成部分。灯泡贯流式机组的导水机构通常都是采取坑外预组装，整体翻身吊装的安装方式。由于水头低，导水部件尺寸较大，导叶要求在内外环中可以转动，这样导叶的轴端必然与内外环之间存在间隙而非钢性连接，在导水机构整体翻身吊装过程中，从力学角度来看属于单点吊装，在设备自身重量的影响下，内外环必然发生变形，导致内外环圆度值超标，直接影响导水机构的正常安装。如果导水机构吊在空中的时间过长，内外环吊装变形由弹性变形转变成不可回复的塑性变形，那后果更加严重。所以导水机构在组装、吊装过程中的变形问题是一个重要的问题。

中国水利水电第七工程局有限公司机电安装分局研制形成的超大型灯泡贯流式机组导水机构安装工法，解决了世界上单机容量第二、国内单机容量最大的广西红水河桥巩水电站灯泡贯流式机组导水机构安装技术难题，保证了施工质量，节约了工期，经济效益显著，于2009年4月通过公司专家委员会鉴定，并申报了特大型灯泡贯流式水轮发电机组导水机构安装工艺专利（受理号：200810243090.1）、特大型灯泡贯流式水轮发电机组导水机构下游侧内外环安装定位架实用新型专利（受理号：200810243089.9）等5项发明专利，拥有自主知识产权。“57MW超大型灯泡贯流式水轮发电机组安装技术研究”获水电建设集团公司科技进步二等奖、电力行业三等奖。

2. 工法特点

2.1　导水机构采用安装间进行组装、整体吊装的方法。采取了内外配水环上游侧朝下放置的方式进行组装，增强了设备的稳定性，保证了导水机构安装质量；同时制作了导叶安装专用工具，解决了导叶吊装不能到位的问题。

2.2　针对导水机构组装、吊装过程中变形的技术难题，采取了新安装工艺，创新性设计了支持架，将导水机构的内、外环固定为一体，加强了整个导水机构的结构强度，较好地控制了导水机构的变形，保证了导水机构外环和内环的圆度，减少了吊装过程中的变形，进一步提高了安装的精度。

3. 适用范围

本工法适用于超大型灯泡贯流式机组导水机构安装。

4. 工艺原理

厂内组装采用内外配水环上游侧朝上放置的方式，该方案不合理之处在于各部件的重心偏上，容易产生设备倒塌现象，控制环很难安装，有利之处在于16个导叶便于安装。现场采取了内外配水环上游侧朝下放置的方式进行组装。在安装16个导叶时，由于吊装不能到位，另外制作了拔导叶专用工具，解决了导叶安装问题。

同时为了防止导水机构吊装过程中内外环产生的变形，除了在内外环之间焊接必要的支撑外，专门在导水机构出口端的内外环法兰面之间设计一个支持架，将内外环固定，既控制了内外环轴向位移，又控制了内外环径向位移和变形，并将内外环之间16个导叶与外环之间的间隙调为零，所有间隙留存在导叶与内环之间，将导叶与内环之间的间隙中打入锲子板。将所有导叶调至全关位置，将相临的两个导叶用钢板焊接在一起，这样所有导叶就组成一个整体，借助导叶起到钢支撑的作用，提高了导水机构的刚度，最大限度减小吊装过程中的内外环变形。

5. 施工工艺流程及操作要点

5.1 施工工艺流程（图5.1）

5.2 操作要点

5.2.1 内配水环组装

1. 检查好安装部件是否与机组号及组合标记对应，检查和清扫内配水环各分瓣组件，检查是否有划痕或损伤，如果有，用锉刀、油石处理好。

2. 检查完毕，把内配水环其中一瓣放置在事先准备好的支墩上（进水口向下），用千斤顶，楔子板调水平。

3. 吊起另一瓣（注意标记号对应），加链式葫芦调平，组合时安装好密封条涂上油脂和密封胶，依次进行组合，根据设计要求对组合螺栓施以合适扭矩，用塞尺组合面，应符合规范要求。

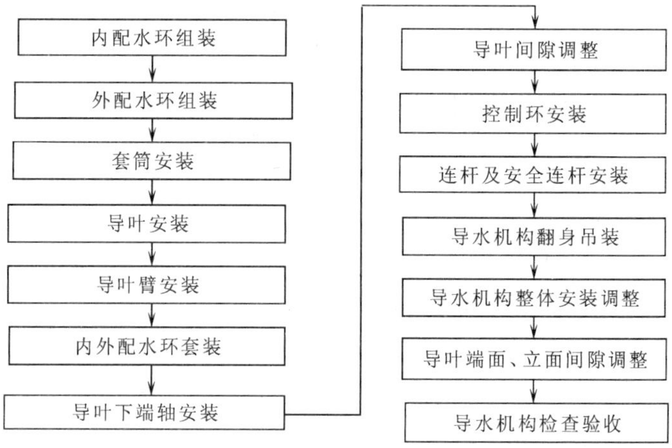

图5.1 导水机构安装流程

5.2.2 外配水环组装

1. 贯流式机组导水机构预装与常规机组最主要的不同点是钢支墩的制作准备，贯流式机组导水机构预组装用的钢支墩必须是两套，内配水环和外配水环各一套，而且两套钢支墩的高差必须与管型座内外环法兰面之间的距离一致。

2. 清理、检查外配水环分半面，清扫毛刺、高点（样板平尺检查），若有碰伤，需补焊打磨，用油石处理好组合面。

3. 将外配水环其中一瓣进水口朝下放置在事先准备好的支墩上，用千斤顶，楔子板调水平，利用型钢在内侧中间位置支撑加固，防止单瓣配水环倾倒。

4. 按照对应的标记号吊起另一瓣，为了便于组装调整，最好挂两个合适的链式葫芦。起吊组合时，安装好密封条，涂上油脂和密封胶，组合销钉涂上薄油脂，装上组合螺栓，对组合螺栓以合适扭矩，用塞尺组合面，应符合图纸要求。

5. 组装中如两瓣发生变形不能直接对正销孔，则需采用一些措施：在保证过流面和法兰面的无错牙的基础上，可用千斤顶或葫芦等方法来消除变形，也可使用码子和楔子进行局部调整。同时应注意检查钢球槽的错牙情况，控制在0.05mm范围内。注意：截断配水环组合面的密封条时，应在分瓣法兰两端靠连接法兰的部位留0.3～0.5mm余量。

6. 外配水环组装完毕后，检查调整外配水环法兰面圆度的情况，作好记录。各项检查合格后，使用千斤顶、垫板、楔子板调整内、外配水环的水平，使其不平度满足规范要求。

5.2.3 套筒安装

首先在安装间利用导叶球轴承压装工具将自润滑向心关节轴承对号装入套筒内（过盈配合，过盈量-0.04mm），转动自润滑向心关节轴承，检查是否充满防水润滑油脂。将外配水环的轴承孔涂上油脂，利用吊装工具将套筒装配全部对号装入外配水环上相应的轴孔内（注意不要忘记安装密封圈）。利用调节螺套及连接螺栓调节套筒，使套筒最终的安装位置略向里2～3mm，避免导叶安装时导叶密封面与外配水环密封面发生碰创。

5.2.4 导叶安装

导叶呈锥形，均匀分布在与机组轴线成60°的内、外配水环的锥面上，装配导叶时顺着内外配水环轴承孔的斜度进行吊装，为了便于吊装，挂3台合适的链式葫芦调整导叶长轴斜向上300°的夹角，将导叶轴缓慢滑入套筒的轴孔内（注意：正确安装导叶密封装置）。由于导叶轴与向心关节轴承是过盈配合（过盈量0.03mm），而且导叶无法吊装到位，故导叶安装时必须使用拔导叶专用工具与吊装相配合，直至导叶拉不动为止。按图纸要求安装卡环、防尘密封圈及轴承压盖。转动导叶，安装套筒端面的导叶密封装置，检查导叶端面与套筒端面应有间隙。

5.2.5 导叶臂安装

调整导叶使其两端面有间隙，将所有导叶处于关闭位置。检查导叶轴表面损伤，并去除伤痕，将导叶臂小心滑入导叶轴上，对应好导叶臂上的标记安装圆柱销钉，按标记号安装端盖，最后应检查导叶转动的灵活性。

5.2.6 内、外配水环套装

1. 在内外配水环套装工位上按照设计图纸放样，将前期制作的高低两套钢支墩均匀布置并临时固定。支墩顶面放置楔子板，根据管型座内外环之间的距离调整两套钢支墩的高差。

2. 将内配水环整体吊起防止在内圈的低支墩上，调整上法兰面水平度，偏差不得大于1mm。

3. 调整导叶的端面，尽量使所有导叶大端面与外配水环内壁之间无间隙。

4. 将外配水环和导叶整体吊起一定高度，与内配水环套装，调整内、外配水环上的X、Y十字标记重合，使同心度满足要求，并进一步检查调整外配水环法兰面的水平小于1mm。

5. 然后利用千斤顶将内配水环顶起，直至与部分导叶接触为止，同时测量调整内外配水环出水口法兰面的距离与管型座内外环进水口法兰距离一致。检查调整导叶下端轴孔与内环孔的同心度，如果导叶孔一侧有规律的偏大或偏小，则需旋转内、外环配水环来调整。

5.2.7 导叶下端轴安装

导叶下端轴孔与内环孔的同心度调整完毕后，根据图纸及厂家说明书的要求安装导叶下端轴，并使用液压拉伸器加压将连接螺栓预紧到设计要求。利用吊装工具按相应的标记安装下支座。

5.2.8 导叶的调整

复测内外配水环的水平度以及内外配水环法兰面的距离，使其与管型壳内、外环达到一致。利用套筒上的调整螺套对导叶进行轴向调整，在导叶处于关闭位置时测出导叶端面间隙，如果导叶端面间隙出现有规律的倾斜，则需旋转内外配水环调整；若出现无规律或个别导叶倾斜的情况，则通过临时工具进行调整，从而确保导叶轴线位置的正确。测量导叶间隙，若不满足要求，应根据计算出的修磨量对导叶的内环相应部位进行必要的处理。导叶在调整过程中必须采取可靠的防护措施，避免导叶自行转动造成安全事故。

5.2.9 控制环安装

清扫控制环和压环的分瓣组合缝，检查有无伤痕比处理合格。组合控制环和压环时，应调水平并在组合面涂上油脂，按一定扭矩拧紧组合螺栓，连成整园后应检查其园度及其他尺寸是否与图纸相符。

清扫控制环和外配水环上的球轴承槽，清扫密封槽及润滑油孔，安装密封条并涂润滑脂。把控制环吊起，用链式葫芦调水平，慢慢下落靠近外配水环时，在四周加千斤顶，用于解决控制环直径大，刚性差吊点间可能变形过大，不好找正，利用千斤顶配合吊车同步使控制环下落到合适的高度，装入钢球，调整好控制环与外配水环间的间隙，然后装上螺栓，按设计要求均匀拧紧压环推拉螺钉，保证钢球和外配水环滚道间隙满足要求（用百分表或塞尺检查），试验控制环灵活无发卡、摆动等现象后，安装油杯注油。

5.2.10 安全连杆及连杆装配

将控制环按关闭位置临时固定牢固，检查所有导叶应处于在关闭位置，按照图纸及出厂标记安装连杆。本电站连杆采用的是近年新引进的安全连杆结构和扰曲连杆结构相结合，间隔布置。安全连杆也称弹性连杆，它分为两段，中间是轴销结构，外面是由弹簧固定。当导叶出现卡阻现象时，连杆受力超过弹簧的整定值时，弹簧拉伸二段连杆中间的轴销传动，起到了保护导叶的作用，检查后弹簧可恢复原状。安全连杆良好的结构性能，解决了以往贯流式机组导水机构中剪断销剪断的问题。安装完连杆后，安装自动限位开关及反馈机构。

5.2.11 导水机构翻身吊装

1．导水机构的起吊准备工作

1）所有导叶均应推至与外配水环内壁接触严密，然后在每片导叶与内配水环之间安装楔子板，以保持外配水环的圆度，对称打紧导叶与内配水环间楔子板并点焊固定。

2）将所有导叶调至全关位置，将相临的两个导叶用钢板焊接在一起，这样所有导叶就组成一个整体，借助导叶起到钢支撑的作用。

3）在导水机构出口端的内外环法兰面之间设计安装一个支持架，将内外环固定，既控制了内外环轴向位移，又控制了内外环径向位移和变形。

4）控制环与外配水环之间应沿圆周方向对称焊接四块拉板，防止控制环转动和变形。

2．导水机构吊装

1）导水机构吊装用的钢丝绳必须具有5～6倍以上的安全系数，卡扣、吊环的额定起吊重量必须满足吊装要求。

2）导水机构翻身的支点必须成为弧形，以防止重心的突然变化，一般厂家提供两个翻身靴安装在外配水环-Y方向的两侧。由于外配水环离地面较高，因此应在翻身靴正下方用硬方木搭设“山墩”，“山墩”的长度和宽度应满足导水机构翻身需要，“山墩”必须使用钢钉连接固定，防止导水机构翻身过程中“山墩”倒塌造成事故。

3）校合导水机构的重心位置是否正确，如有问题应及时修改吊耳位置，避免翻身吊起后导水机构法兰面垂直度偏差过大，影响正常安装就位。同时，导水机构+Y方向的主吊耳的焊缝必须认真检查。

4）以上工作已完全准备就绪就可以慢慢起钩，待导水机构离开地面时方可把翻身工具拆除，以不妨碍导水机构的安装为止。

5）大型灯泡机组的导水机构整体重量较重，一般都在150t以上，常规的手拉葫芦无法调整，因此翻身后，应对外配水环的垂直度进行初步调整，利用吊装钢丝绳的串动调整导水机构的重心，从而调整外配水环的垂直度。

5.2.12 导水机构整体安装调整

1．导水机构进入机坑后，根据垂直度的实际偏差，利用10t或20t手拉葫芦横向拉动导水机构，调整垂直度使组合法兰平行为止，方便穿连接螺栓。

2．检查导水机构外配水环X、Y十字标记与管型座外环是否重合，并利用管型座外环正下方准备好的千斤顶及顶丝进行调节，假如有必要的话，也可以在侧面各架一个螺旋千斤顶进行调节，通过导水机构整体旋转的方式，使二者的中心重合。

3．用下面两个千斤顶和侧向的千斤顶进行调节，首先保证导叶端面间隙尽量均匀，然后兼顾少数螺丝孔的错位，调整安装内外配环连接螺栓，当达到要求后便可以分两组对称打紧螺栓，假如有少数螺丝孔错位，便可以进行适当的处理。

4．待螺栓打紧后便可以松钩拆掉吊具和支架，松开千斤顶，导水机构的整吊装完毕。

5. 取出导叶内外环端面的楔子，测量检查所有导叶端面间隙，根据测量间隙精确调整导叶内外环的相对位置，同时应考虑转动部分安装后内环的下沉量，导叶间隙符合要求后，打紧导水机构所有把合螺栓。

6. 根据图纸，钻绞相应导叶内外环组合面的定位销，并安装定位销；拆除临时支撑，并打磨干净。

5.2.13 导叶端面、立面间隙调整

测量出各个导叶端面总间隙，通过调整螺栓调整导叶内外端间隙应对称，使其满足设计要求。用桥机或链式葫芦转动控制环，关闭导叶，检查相邻导叶间的立面间隙，导叶立面间隙可借助连杆长度调整，局部间隙大则需用砂轮机或锉刀等工具修磨，如果导叶倾斜，则利用外配水环上的调节装置调整。导叶立面间隙调整工作比较费时，需要重复作到每个导叶与相邻导叶接触符合规范要求，否则必须进行研磨处理直到符合要求为止。首先随意选择相邻的四片导叶作为基准，第一片导叶的调整环尽量在中心位置并用楔子板锁定导叶（有必要可同时加上拉紧器锁定），第二、三、四片，以第一片为基准关闭，测量导叶的关闭位置，由于加工上的误差必须反复进行调整，尽量使四片导叶的关闭线相等。这四片导叶调整好后，其余各片逐个关闭检查处理。利用上述方法反复几次调整，每片导叶关闭严密后，需要整体检查一下关闭线位置和立面间隙是否为零（如反复关闭都不能达到规范要求，也可以人为的在最后一个导叶或立面间隙严重超差的导叶位置留一条缝最后处理，这样可以减少导叶的磨削个数，给施工带来方便）。各导叶的端面、立面间隙符合设计及规范要求，转动灵活，无卡阻现象，就说明完成了导水机构的最后调整。

5.3 劳动力组织（表 5.3）

劳动力组织情况表　　表5.3

序号	工　种	数量	备　注
1	管理人员	2 人	
2	技术人员	3 人	
3	水轮机工	8 人	
4	起重工	6 人	
5	普工	6 人	
6	合计	25 人	

6. 材料与设备

本工法无需特别说明的材料，采用的主要设备见表6。

主要设备　　表6

设 备 名 称	规格型号	单位	数量	备　注
全站仪	C402	台	1	
水准仪	N2	台	1	
外径千分尺	0 ~ 25	套	1	
内径千分尺	50 ~ 250	套	1	
千斤顶	50t	个	4	
游标卡尺	300	把	2	
方型水平仪	L200	个	1	
百分表		个	4	

7. 质 量 控 制

7.1 导水机构装配质量控制

7.1.1 分瓣外导水环、内导水环和控制环组合面应按设计要求涂密封胶或安装密封条，装配密封条时其两端露出量一般为1～2mm。

7.1.2 设备组合面应光洁无毛刺。合缝间隙用0.05mm塞尺检查，不能通过；允许有局部间隙，用0.10mm塞尺检查，深度不应超过组合面宽度的1/3，总长不应超过周长的20%；组合螺栓及销钉周围不应有间隙。组合缝处安装面错牙一般不超过0.10mm。

7.1.3 导水机构装配应符合下列要求：

1. 内、外导水环应调整同轴度，其偏差不大于0.5mm；
2. 导水机构上游侧内、外法兰间距离应符合设计要求，其偏差不应大于0.4mm；
3. 导叶端面间隙调整，在关闭位置时测量，内、外端面间隙分配应符合设计要求，导叶头、尾部端面间隙应基本相等，转动应灵活；
4. 导叶立面间隙允许局部最大不超过0.25mm，其长度不超过导叶高度的25%。

7.2 导水机构安装质量控制

7.2.1 内、外导水环和活动导叶整体吊入机坑时，应将内导水环和导水锥与管型座的同轴度调整到不大于0.5mm。

7.2.2 控制环与外导水环吊入机坑后，测量或调整控制环与外导水环之间的间隙，应符合设计要求。

施工前，根据工程实际条件，组织工程技术人员反复认真讨论研究，确立一套适合的技术措施和工艺流程，细到每一个环节，都制定相应的技术质量控制和检查验收标准，采用“三三制”的控制措施，即“三阶段”控制、“三检制”控制，从技术上对工程施工质量作出保证。“三检制”控制完善自身的质量检验制度，对单元工程首先进行内部“自检”，实行“三检制”即施工人员初检、技术人员复检、质量安全部终检。检查合格后，由质量安全部门组织监理单位验收。

7.3 施工遵照执行的技术标准

7.3.1 遵照国家和部颁布的所有现行的技术规范、规程、标准进行安装、调试及验收。当国家或部颁的标准及规范作出修改补充时，则以修改后的新标准及规范为准。若标准之间出现矛盾时，以高标准为准。

7.3.2 《水轮发电机组安装技术规范》GB 8564-2003。

7.3.3 《水工金属结构焊工考试规则》SL 53-92。

7.3.4 《水利水电基本建设单元工程质量等级评定标准》SDJ 294-88。

7.4 关键工序质量要求

7.4.1 内外配水环调整同轴度，其偏差不大于1.0mm。

7.4.2 导水机构上游侧内、外法兰间距离应符合设计要求，其偏差不应大于0.5mm。

7.4.3 导叶端面间隙调整，导叶外端面间隙为实际总间隙的60%～70%，内端面间隙为实际总间隙的30%～40%。

7.4.4 导叶立面间隙允许局部最大不超过0.25mm，其长度不超过高度的25%。

8. 安 全 措 施

从安全体系、安全措施、安全管理制度上实现工程的安全生产管理，首先从思想上认识安全生产的重要性和紧迫性，制定了安全工作目标，制定安全考核和奖惩办法，与主要施工负责人员签订安全考核指标；从安全技术上、措施上、制度上、人员上严把安全关，加大人力、物力、财力的投入，牢牢把握住重点、高危作业部位的安全防护；每月进行一次安全检查，对施工环节存在的安全问题，提出整改意见并要求限期落实；提高了工程参建人员安全意识，增强了安全责任。

9. 环 保 措 施

9.1 在施工过程中，严格遵守国家和地方的有关环境保护的法规和规章以及合同的有关规定，并对违反环境保护的法规和规章以及合同的有关规定所造成的环境及人员和财产损失负全部责任。

9.2 在施工前，对施工人员进行保护环境的教育，并在施工中坚持做到保护环境，保持生产、生活区域内整洁、卫生。

9.3 在施工过程中采取有效措施，注意保护饮用水源不因施工活动造成其污染。

9.4 为了保持施工区的环境卫生，在工地现场设置足够的临时卫生设备，及时清理垃圾，并运至监理单位或业主指定的地点进行堆放或处理。

9.5 采用先进的设备和技术，努力降低噪声，控制粉尘和废气浓度以及做好废水的治理和排放。

9.6 在工程施工过程中，合理地保持施工场地不出现不必要的障碍，合理布置存放设备及多余材料，及时从现场清除所有垃圾及不再需要的临时设施。防止任意堆放器材、杂物阻塞工作场地周围的通道和破坏环境。

10. 效 益 分 析

10.1 导水机构的安装坚持用科学的方法指导生产，通过优化施工，节约了工期，导水机构从吊入机坑调整到完成安装，仅仅用了4d，安装的成本得到了有效的控制，效果显著。通常导水机构整体吊装，由于外配水环圆度变形、内外配水环同心度变化等原因，导水机构吊装调整需要10d才能完成，因此直线工期缩短6d，直接施工成本降低3万元，创造间接经济效益12万元。

10.2 根据导水机构安装的现场跟踪、检测、验收、运行证明了导水机构安装质量满足规程规范和厂家有关技术标准，实现了导水机构的设计性能，为机组长期、安全运行、延长机组使用寿命和检修周期打下了坚实的基础，收益明显。

10.3 通过对桥巩导水机构的施工总结、优化和改进，取得了较高的科技研究成果，弥补了国内外在该方面的技术研究空白，为同类型水轮发电机组的设计选型、制造、安装和运行管理积累了宝贵经验。

11. 应 用 实 例

11.1 工程概况

桥巩电站水轮发电机组是全国单机容量最大的灯泡贯流式水轮发电机组，单机容量为57MW，转轮直径7.45（7.4）m，额定转速为83.3r/min，最大水头24.3m，水轮机型号：GZ（758）-WP-740（东电）、GZ5B38M-WP-745（天阿），发电机型号：SFWG57-72/9000（东电）、SFWG57-72/9000（天阿）。

11.2 施工情况

桥巩水电站于2005年1月开工，2007年11月完成主河道截流，2008年2月份1号机组开始安装。1号机于2008年7月25日进入72h带负荷试运行，7月27日顺利完成。7月28日正式投入商业运行；3号机于

2008年11月30正式投入商业运行。

11.3　工程检测与结果评价

经过3年的运行，1号、3号机在当前水头下最高带57MW负荷，未发现机组有任何异常，定、转子温升较低，通风冷却系统余量较大，经中试所多次测试和全过程监控，机组各部分系统运行情况良好，各参数符合规程规范、厂家技术要求。

事实证明：中国水利水电第七工程局有限公司机电安装分局安装的桥巩水电站57MW机组质量优良，运行指标均符合或优于设计及规范要求，实现了机组运行稳定、安全、可靠的预期目标，表明了超大型灯泡贯流式机组导水机构安装工法是成熟、可靠的。

大中型船闸人字闸门整体提升检修安装施工工法

GJEJGF339—2010

中国葛洲坝集团股份有限公司

张为明　曹毅　李波　李浩武　范品文

1. 前　言

三峡双线五级船闸为了适应围堰发电期、初期和后期不同运行水位的需要，在设计上采用了第一、二级船闸底坎及相应闸门和启闭机设备分两次建造的方案。船闸第一次建设形成了主要通航建筑物，但只能适应三峡水库水位在135.0～156.0m区间运行，第一闸首和第二闸首人字闸门底槛高程为131.0m，第一闸首人字闸门按后期要求安装，先不装启闭机，也不投入运行；第二闸首人字闸门及机电设备按135.0～156.0m通航水位安装。在水库运行水位抬升至后期运行水位145.0～175.0m时，两线船闸需在抬高水位之前和之后逐渐对船闸一、二闸首进行第二次完建：将船闸第一闸首和第二闸首人字闸门底槛由高程131.0m加高至139.0m，同时第二闸首人字闸门及机电设备也相应通过改装抬高8m，并将第一闸首人字闸门的机电设备安装到位。

由于人字闸门高×宽×厚为38.5m×20.2m×3.042m，重850t，尺寸大，重量重，倾倒失稳风险大；提升人字门也受到闸室结构等诸多条件限制，施工部位狭小，施工的安全风险很大。同时还要保证抬高重新安装的人字闸门的安装精度与原先的一致：即人字闸门门体不变形，同时上下顶、底枢同心度要一致。而且船闸完建采用“一线完建一线通航”的方式，首先进行南线船闸的完建，南线船闸完建投入运行后再进行北线船闸的完建施工。完建对三峡的客货运输影响很大，其影响的程度与完建的进度、安全、质量密切相关。特别是第二闸首人字闸门的抬高和重新安装是整个完建工程的关键，是具有挑战性的世界性难题。为节省投资，加快工期，缩短停航时间，承担施工的中国葛洲坝集团股份有限公司在船闸完建工程前一年就根据三峡总公司业主的委托，对第二闸首人字门的抬高与重新安装的技术方案进行了提前技术研究与科技攻关，专门成立了科技攻关小组，对完建的时机的选择、对二闸首人字门抬高、复位、安装方案进行了将近一年的专题科技攻关研究。通过研究人字闸门门叶特点、人字门安装使用的要求，提出了跨闸室简支梁方案即在第二闸首闸面设置两根跨闸室钢梁，跨闸室钢梁上再布置两根提升钢梁，作为提升闸门的承重系统，并在其上布置钢索液压提升系统，连续同步提升人字门到位后悬挂固定等一整套有效的施工方案和管理措施，确保了巨型人字闸门等成套设备提升的成功实施，为船闸一、二闸首顺利完建奠定了技术基础，为三峡船闸提前通航提供了技术保障。在此基础上，通过本项目研究总结出了一套大型人字门整体提升、重新安装施工的完整成果，并形成了该工法。由于技术方案先进，组织管理到位，三峡南、北两线船闸完建仅用9个月时间就顺利完成，显著提高了完建施工的进度和质量，保证了施工安全，有利于环境保护，创造了明显的社会效益和经济效益。

应用该工法施工完成并总结形成的《三峡双线五级船闸第一、二闸首完建施工技术研究与实施》科技成果获得了中国葛洲坝集团公司2007度科技进步特等奖，并同时获得2008年度湖北省科技进步二等奖。该工法值得在类似工程中推广应用。

2. 工 法 特 点

2.1　安全可靠。通过在闸室上布置提升钢梁，在钢梁上布置液压提升器，用于闸门提升与回装。

为防止吊装时重心偏离和闸门永久变形，采用两组上、下托梁，通过钢绞线及液压提升装置将人字闸门打包。每根上托梁通过销轴与扁担梁连接，在提升梁上布置液压提升器通过钢绞线连续提升扁担梁。在闸门侧面与闸墙之间布置防风装置，闸门顶部布置钢管柱支撑结构，采用顶提结合方式提起蘑菇头等综合方案确保提升闸门过程万无一失。液压提升器数量可灵活组合，最大提升重量可达数万吨。

2.2 技术先进、管理方便、实施过程周到细致。本工法采用计算机实时网络控制技术，采用先进的传感技术与计算机控制相结合，提高了施工的安全性，便于监控整个实施过程，保证了施工人员及设备设施安全。提升实施前对各级载荷下的跨闸室大梁、提门起重梁、上下托梁、扁担梁的腹板和大梁中间底部、立柱、钢绞线和提升器具、吊耳吊轴及门体结构上的应力值进行了理论计算，并在以上各处布置应变片和应变计，对提升和混凝土浇筑期间各处应力进行实时监控和分析，以便对异常情况能及时采取对策。实际提升采用分级分段加载方式，保证提升在安全状态下进行。

2.3 速度快。本工法采用了连续钢索提升，其提升能力一次提升可达数百米，避免像千斤顶顶升那样，边顶边浇混凝土，因而可大量节约时间。

2.4 提升、下降稳定，复位精度高。此工法能够保证人字门底枢和顶枢在拆装过程中的精确定位，最大精度达到了1mm；能够顺利实现顶、底枢及支枕垫块的拆装，保证门体安装回位的精度可靠性及门体钢止水的严密性。为保证底枢精确定位，在闸室底板底枢安装位置埋入了专门设计的调整支座垫板埋件，底枢固定在调整垫板上，通过X、Y两方向调节调整垫板，可实现底枢蘑菇头精确对位和就位后二次精调，为后续的底枢和顶枢精确定位工作提供了很好的条件。

2.5 提升高度大，施工范围大。传统的人字门检修方法是将闸门小范围顶起（一般不超过1m），露出空间以便底枢的检修。如果需要进行枕座、枕垫块等大范围检修与更换，则需要对闸门进行大范围的提升移位。本工法采取了在闸门上部布置液压提升器的方式对经过打包的人字闸门进行大范围提升（提升高度不限），解决了闸门安装检修施工中的空间问题。

2.6 起吊点可以微调，适用范围大。本工法在打包梁上设置有调整螺栓，可以对扁担梁上的吊耳进行微量调整，解决了大型、形状不规则、重心难以准确计算的复杂结构件吊装因重心不稳引起的倾斜和吊装不同步的问题。

3. 适用范围

本工法适用于各类大、中型船闸人字闸门的整体提升、检修、重新安装。

4. 工艺原理

小型船闸人字门的安装一般采用现场卧拼和立拼的两种方式，对于大中型船闸由于吊装条件的限制，均采用现场立拼方式。但是对于已经安装完成，并运行一段时间的大型船闸人字闸门拆装检修来说，一般性检修只是将人字门采用液压千斤顶顶升1m左右的高度，露出闸门底枢，对闸门底枢进行检查与维修。若须对支、枕垫块及闸门、启闭机系统进行检查维修，仅抬高1m是不够的，就需要采用整体拆装的方式，然而整体拆装还需要确保拆装后，人字闸门的复装精度。本工法就是利用钢索式液压提升方式对大、中型人字门进行整体提升与复位。其工作原理如下所述。

将人字闸门整体拆除，留出埋件拆装空间以便于损坏埋件的彻底检修更换。其中最关键的技术是人字闸门的拆除与回装。人字闸门升降采用钢索式液压提升方案。在闸首闸室两侧的闸面上布置4根钢支柱，钢支柱上布置2根跨闸室钢梁，跨闸室钢梁上布置2根提升钢梁，作为提升闸门的承重系统。提升钢梁上布置了若干台钢索式液压提升装置。闸门提升采用钢索式液压提升装置进行提升，每个提升器使用若干根钢铰线；闸门采用打包的方式，每扇闸门采用若干台液压提升器进行打包，每个提升器使用若干根钢铰线。根据闸门实际高度尺寸及整体提升高度的需要选择打包钢铰线长度和提升钢铰线长度。

考虑到施工时段较长，需要长期悬挂，闸门侧面与闸墙之间布置有防风装置，闸门底部布置了钢管柱支承结构。同时由于门体重心的不确定，为避免底枢在闸门提升和落位的瞬间受到破坏，闸门在提升和落位时采用顶提结合的方案。顶、提结合方案就是在布置液压提升系统的同时，在闸门底枢部位布置液压千斤顶，采用千斤顶将闸门底枢与底枢座顶离一定距离后再采用液压提升，以免损坏蘑菇头。

5. 施工工艺流程及操作要点

5.1 施工工艺流程

此工法的施工工艺流程如图5.1所示。

具体工艺细节如下：

施工准备 → 人字闸门提升钢梁的架设施工 → 人字闸门开关到指定部位→闸门打包设备布置及打包钢铰线安装→ 提升设备的布置及提升钢铰线→顶升设备准备→初紧与预提升试验 →拆除顶枢及拉杆 → 顶吊结合提升至脱离底枢 → 继续提升（提升过程中安装底部安全顶杆） →提升到位后加固顶杆并安装侧向防风装置 → 损坏部件（顶、底枢或支枕垫块、支枕座）的拆除更换 → 门体回落复装→顶底枢复装→径向跳动调整→门叶背拉杆调整→闸门联油缸→支枕垫块配合面研磨→其他附件安装。

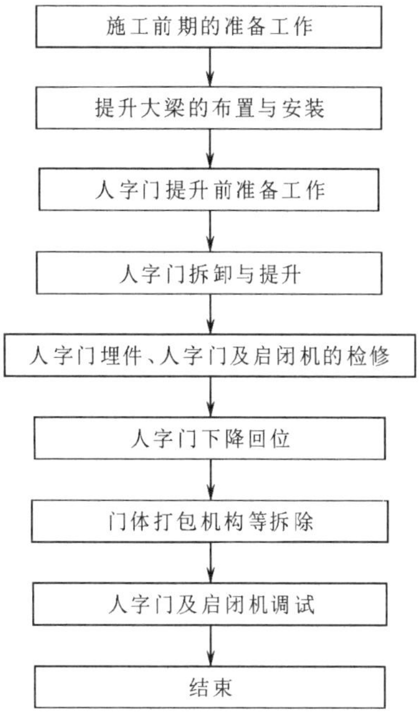

图5.1 船闸人字门整体提升检修安装施工工艺流程图

5.2 操作要点

为便于对人字闸门提升与回位操作过程阐述清楚，以三峡第二闸首完建工程人字闸门提升与回位为例说明其操作要点。三峡第二闸首人字闸门自重850t，整体提升10m，回落2m，考虑到单侧纵向四吊点提升时受力不均匀及构件姿态控制困难，采用扁担梁结构件，使2个540t型液压提升器汇集成一个吊点，即采用2吊点提升船闸门体，每个吊点的提升力为$2\times540=1080$t。

5.2.1 施工前期的准备工作

施工准备工作主要包括：

1. 人字门提升打包部件（兜底梁、打包梁、平衡梁、钢绞线等）的制造与采购。

2. 提升系统基础件、钢梁等结构件的制造等。液压设备、钢绞线、电控装置等的准备，清理检查。

3. 液压油缸及相配套的液压泵站，计算机控制系统、检测系统设备的准备。

4. 提升与下降过程中闸门监测设备的检查准备。

5. 施工测量系统的建立及布设，特别是人字门顶、底枢旋转中心点的精确测量及测量点的保护等。

6. 闸门及启闭机系统需更换、检修件的制造、准备等。

7. 现场施工用风、水、电的设计与布置。

5.2.2 测量系统的建立与施工测量

鉴于不同于人字门安装时的测量，特将此工法中的测量技术方案做一些说明。由于门体不能移走，仅在10.5°～11°开度内垂直升高，顶、底枢轴线无法象初期安装施工那样通视，给施工测量和定位带来很大的难度。二期完建前以原顶枢中心、底枢磨菇头中心和已经安装好的枕垫快（支承中心）为基准建立了测量控制网进行测量。

1. 测量工序

1）首先选择控制网点，以左、右顶枢中心点进行观测，建立顶枢中心的局域控制网。

2）选定控制网点，在人字门第一次顶升后，以左、右蘑菇头的中心点为基准进行观测，建立底枢的局域控制网。

3）当混凝土浇筑完后，用已做的测量控制网恢复蘑菇头和顶枢的中心位置和高程。

4）悬挂两钢丝，通过钢丝联系检测顶、底枢中心的同心误差。

5）加密控制点，顶枢锚杆及AB拉架的测量与放样。

2. 测量方法

1）顶枢测量控制

在▽179.0m平台闸墙外侧搭建两个观测平台，焊接槽钢和支架，安装强制对中基座；在人字门的左右两侧靠近下游边的地方建两个永久观测墩，以顶枢中心为基准组成控制网，按二等边角网进行观测。

2）底枢测量控制

在蘑菇头的下游▽160.0m平台左、右浇筑两个观测墩，在蘑菇头的上游▽139.5m高程左右侧墙焊接槽钢和支架，在槽钢顶部焊接强制对中基座并做好爬梯。人字门第一次顶升后，以底枢（蘑菇头）中心为基础组成控制网，按二等边角网进行观测。

3）高程控制

人字门升高后，用N3或N005系列水准仪测得蘑菇头的设计高程（以现有蘑菇头的高程为起算高程点）。在不被破坏或损坏的地方（测墙上）留至少两个水准点以备安装时使用。为了校核上下旋转中心是否同心，架设仪器观测悬挂的两根垂线，测得两根垂线坐标，以两根垂线的坐标测定蘑菇头的中心坐标进行校核。

4）顶枢锚杆及AB拉架的测量与放样

根据▽179.0m平台控制网测得的控制点坐标（以顶枢中心点为起算点坐标）或加密点的坐标，根据图纸的坐标和高程进行测量放样。

5.2.3 提升大梁的布置与安装

提升大梁由跨闸室大梁、提门起重梁和支承立柱组成。根据设计图纸，现场放线，确定各提升设施的安装位置；在相应位置处理好基础并安装支承立柱结构，然后安装跨闸室大梁。跨闸室大梁与支承立柱结构采用弹性橡胶支座，以避免钢梁承重后的挠度引起支承点的位移及环境温度改变引起钢梁长度变化导致增加钢梁附加应力。提门起重梁架设在跨闸室大梁的顶部，采用简支梁连接，支承部位布设橡胶支座。

所有钢结构的安装采用移动吊车进行。在三峡永久船闸第一、二闸首完建工程中，采用两台300t吊车配合液压顶推装置将重达250余吨的跨闸室大梁运过跨度为34m的闸室。

在所有钢结构的适当位置布设检测应力应变片，用于提升及下降过程中的应力应变的检测，监测起重系统的变化，确保施工安全。

提升大梁安全就位后，由于场地和施工条件的限制，难以进行负荷试验。为了确保施工过程的安全，在钢梁设计改造上留有一定裕度。同时在每个钢梁上布置应力应变测试装置，并用仪器测量挠度等方式，进行全过程监控。闸门提升时采用分级加载的方式进行提升，提升荷载分分10%、25%、50%、75%、80%、90%、100%等7级加载，每次加载停顿约1h，监控梁柱系统和闸门的状态，直至提升到位后用支柱将门体支承牢固并与闸墙加固。

5.2.4 液压提升系统的布置

利用移动式吊车把提升主梁吊装至闸首提升位置，两端搁置在简支大梁上后与滑动支座相连，穿钢绞线，安装提升扁担梁。吊装540t型液压提升器、液压泵站及配套的设施，并安装固定。

为保证吊点准确，实际设计提升器在水平方向上具有移动能力。为使提升器在沿提升主梁长度方向的移动，设置椭圆形长孔，具体如图5.2.4-1所示；为使提升器在垂直提升主梁长度的方向的移动，同时也是为了解决主梁的热胀冷缩的问题，应用了可调伸缩座，具体如图5.2.4-2所示。

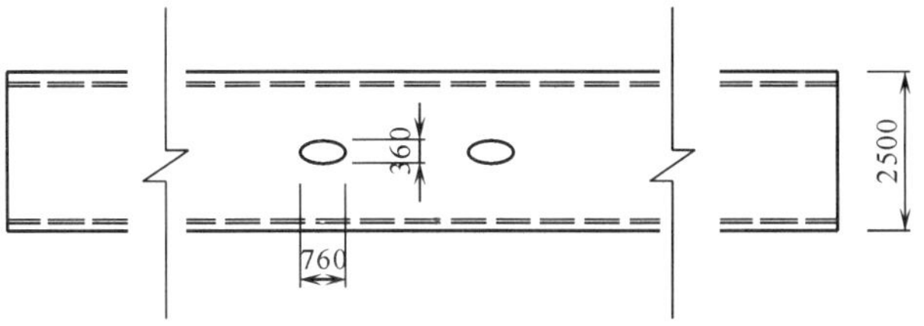

图5.2.4-1　提升主梁椭圆形开孔示意图

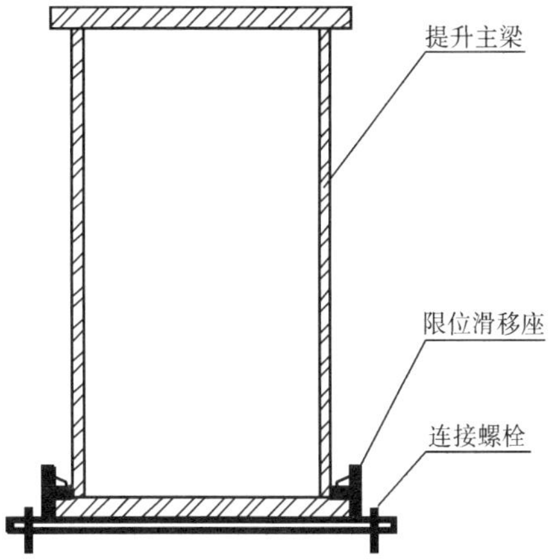

图5.2.4-2　提升主梁可调伸缩座示意图

油缸大小及钢绞线的规格、尺寸根据理论计算确定。例如：在三峡船闸完建工程中，根据计算论证，单扇闸门主提升设备采用4台540t液压提升器，打包采用8台200t液压提升器。

5.2.5　人字门打包及与提升系统的连接

如图5.2.5所示，给出了人字闸门打包示意图。具体打包程序如下所述。

1. 将闸首门体旋转至关闭位置，在闸首底部基础上测量放线，确定打包下托梁组件安放位置。

2. 在地面上将下托梁、托架及张拉液压缸组成一体，吊至定位位置。

3. 将闸首门体转至提升位置，底部放道木填实、防转，拆除启闭机液压缸，门体顶部打包处放上垫木。

4. 将上托梁吊装到闸首顶部打包位置；将带地锚的钢绞线从上托梁穿入下托梁的张拉液压缸内。

5. 启动540t液压提升器，使提升扁担梁与上托梁上的吊耳相连。

6. 启动提升器，将上托梁提升50mm左右；启动张紧液压缸，对打包的上下托梁进行张拉（两边同时进行）。当张拉力达到约600t时，停止张拉，锁紧张拉液压缸，拆除张拉缸上的油管。在张拉作业期间，保持上托梁水平，同时，监测上托梁与闸首门体的间距，如上托梁与闸首门体将接触，则及时予以调整，以保证闸首门体上部不受力。

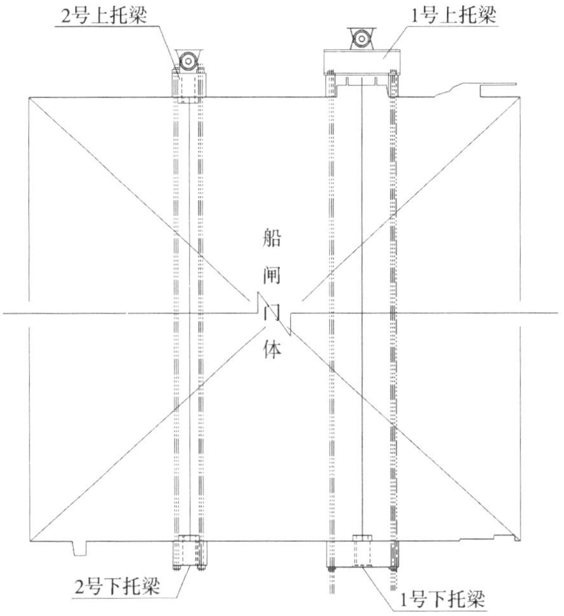

图5.2.5　人字闸门打包示意图

5.2.6　重心的调整及初步提升

1. 闸门重心的调整

因大型人字闸门为高、宽、厚比严重不对称结构，重心难以计算。为防止吊装过程中闸门倾斜，采取以下方法对重心进行调整，以确保吊装过程中的安全。

启动液压提升器，提升闸首门体约20mm，暂停提升作业；在下托梁底部指定位置处放置压力传感器，旋紧传感器，使其顶部与下托梁底部紧密接触。启动提升器，下降闸首门体，使之坐落于传感器上；根据压力传感器的数据，计算重心位置。通过提升器调位孔以及调节螺栓来调整提升作用点与闸首门体的相对位置，最终使作用点与门体的实测重心位置重合，如图5.2.6所示；重心位置找准后，启动提升器，同步提升闸首门体（因为提升作用点已与闸首重心位置重合，所以在提升过程中闸首门体不会发生侧倾，也不会损伤蘑菇头）。

2. 闸门的初步提升

闸首门体打包完毕后，在下托梁底部放置8个千斤顶（每个千斤顶的顶升能力在150t以上）；启动千斤顶，同步顶升闸首门体，同时提升器提升作业，以防止闸首门体倾覆。当顶盖脱离蘑菇头一段距离后停止顶升作业；提升器继续提升作业，同步提升闸首门体（因为顶盖在提升过程中已经脱离蘑菇头一段距离，所以即使提升点略微偏离闸首门体重心位置，也不会对蘑菇头造成任何损伤）。

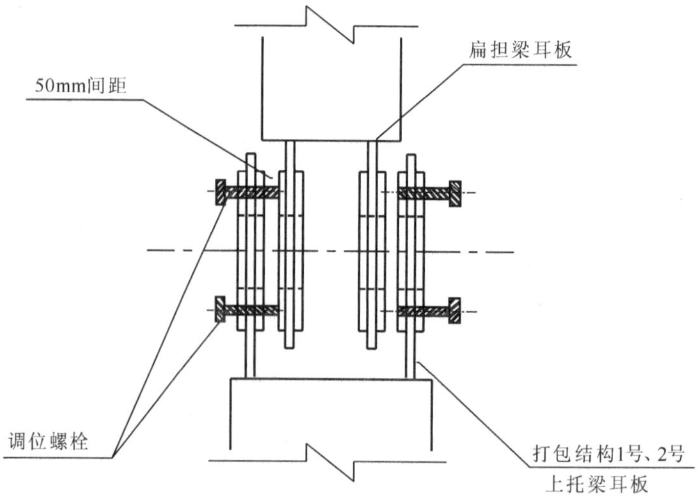

图5.2.6 螺栓调位装置示意图

5.2.7 闸门的提升与提升过程中的监测。

1. 闸门的提升

当闸门底枢顶盖与蘑菇头脱离一段距离后，启动计算机同步控制系统，整体提升约10m高度后停止提升器并将天锚锁死，将门体与预设抗风结构相连，以保证人字闸门门体长时间停置在空中时的安全。在提升过程中要实时监测油压表油压、结构上应力应变的变化及钢绞线张力的变化，若有异常，应及时停止提升和下降，分析清楚原因后再行作业。为确保作业安全，设置有专门的钢管柱，每提升一段距离就在闸门底部相应位置安装固定钢管柱，防止闸门下滑。

2. 闸门监测

闸门在打包过程中及打包后，提升前都必须对闸门门体进行监测。监测指标主要是门体状态、形体尺寸，监测手段主要是悬挂垂线，其后才用全站仪或经纬仪等。

在闸门提升过程中，在监测闸门的同时，也要对提升梁柱系统进行监测。梁柱系统的监测指标主要包括：两根提升梁的应力和挠度，两根跨闸梁的应力和挠度，立柱的应力和位移。应力应变的监测手段是梁和柱改造后安装前，在上下翼缘和两个腹板上分别布置应变片（约需布置44个测点，每个测点需贴应变片至少4片），用应力应变监测仪进行监测。梁的挠度和柱的位移用全站仪或经纬仪监测。

监测的方式如下：提升前初始监测并记录原始数据；提升载荷分10%、25%、50%、75%、80%、90%、100%等7级加载，每次加载停顿约1h，监控梁柱系统和闸门的状态。提升到位后安装底部支承柱和防风装置后，进行一次监控。以后每隔一天监控一次，一周后，每隔三天监控一次，遇到特殊天气加强监控。闸门落位前再进行一次全面的检查与监测，落位过程也要进行全过程监测。

5.2.8 闸门及埋件的调整、检修

按照计划规定的内容对闸门埋件、闸门及启闭机进行调整、检修。三峡船闸第二闸首完建工程在闸门提升10m后，主要完成了闸门底坎混凝土加高、底坎安装及二期混凝土回填、闸门底枢的拆除与重新安装调整、闸墙段支、枕垫块的拆除与加高及混凝土浇筑、环氧灌注等、启闭机室的加高及启闭机安装调试等等。这些工作均按照有关国内规范和三峡标准进行。

需要指出的是底枢的安装与回位是三峡永久船闸二闸首人字门重新安装的重点和难点之一。第二闸首人字门底枢安装主要是底座安装、相关连接件和蘑菇头的安装。安装重点主要是旋转中心的确定及底座与枕座埋件的连接。长江委勘测规划设计院在永久船闸完建施工技术条款中规定，新的底枢旋转中心即门叶旋转中心与改建前旋转中心的实际位置偏差不得大于1mm。要达到这个标准，仅靠测量仪器的精度以及技术手段是不够的，必须采取一种可对底枢中心进行微调的装置才能达到改建前后门叶旋转中心的一致性。这个微调装置的基本结构和调整原理如下：在底枢底座下增设一件尺寸和刚度较大的支承钢结构埋件，新安装的经过初步精调的底枢底座放置在它上部，然后利用X-Y方向布置的千斤顶使底枢底

座可在支承板上微量位移，来达到精确调整底枢，使新安装的门叶旋转中心与原旋转中心完全一致的目的。具体的方案是：在第五层混凝土浇筑时，先期埋设用于新增钢结构埋件安装与加固的一期插筋和型钢，在新增钢结构埋件埋设时将底座、蘑菇头等一起进行安装调整。埋件加固后，在埋件与底座、垫板、蘑菇头上打上复装定位标记。然后将底座、垫板、蘑菇头等一并拖出，再浇筑新增钢结构埋件二期混凝土。在人字闸门复装落位时首先保证底枢底座上的蘑菇头与门体上顶盖精确对中，落门后用水平千斤顶将底枢底座精确调整到原底枢中心的安装部位。新增的钢结构埋件尺寸较大，需要退火处理，并且表面需要进行机械加工才能保证底座和蘑菇头的定位和滑移。为了保证混凝土浇筑密实，新增钢结构埋件上开设了若干混凝土振捣工艺孔，混凝土浇筑时需要特别注意浇筑密实。

5.2.9 闸门的下降及回装

检修完成后，解除防风连接，启动540t提升器执行下降作业；就位时，采用顶提结合方式，以免损坏蘑菇头。底枢就位调整完成后，对提升机构进行降载。提升器的负载部分转移到底枢上，保持提升器的负载为600t，连接闸首A、B拉杆，完成安装并浇筑混凝土。

根据闸面▽179.0m上建立的测量控制网点座标（以原顶枢中心点坐标为基准），按照图纸的坐标和高程，用交会法可以放出顶枢AB拉架锚杆及AB拉架中心轴线安装控制坐标点。

待原顶枢拉杆与门体顶枢轴拆除后，根据闸面▽179.0m上建立的测量控制网点测放出来的顶枢AB拉架锚杆中心，埋设顶枢锚杆。锚杆杆身外部应按设计要求包扎隔离材料，锚杆安装垂直度为1/4000，任一锚杆杆头中心相互之间形位偏差不大于1mm，杆头顶部埋设高程偏差为0 ~ +3mm。加固牢固验收合格，然后浇筑AB拉架坑预留的混凝土。浇筑全过程中应对锚杆头的位置精度进行监测。浇筑时应埋入枕座埋件一期插筋，拆模后即可安装枕座埋件，只有枕座埋件二期混凝土浇筑后，才能安装和精调枕垫块。7d凝固期后，可以吊装顶枢拉架，并进行初步调整。顶枢拉架的精调必须等到门体安装就位，高程确定后方可进行。

顶枢拉架在人字门门体重新回装完成后进行，根据门叶实际安装高度和顶枢旋转中心实际位置进行吊装、调整。

5.2.10 闸门打包装置及提升系统的拆除

闸门及埋件全部工作完成后，拆除提升系统和打包装置。

全部启动张拉液压缸，点动放松打包钢绞线，直至闸首门体底负载全部转移到底枢后，松开张拉钢绞线。

提升器下降，将上托梁放在闸首顶部垫木上，拆除张拉钢绞线及上托梁与提升扁担梁底连接销轴，提升扁担梁，让出上托梁拆除空间。吊走上托梁，移去下托梁组件，拆除完毕。

5.2.11 闸门、启闭机连接、调试

按照国内规范和三峡标准要求，对闸门、启闭机进行连接、调试。符合要求后投入正式运行。

6. 材料与设备

6.1 材料与设备

本工法使用的主要设备如表6.1所示。

主要设备表 **表6.1**

序号	名 称	型号	能力	单位	数量	备 注
1	液压提升器	TJJ-5400	540t	台	8	主提升设备
2	液压提升器	TJJ-2000	200t	台	16	打包用提升设备
3	液压泵站含管路	TJD-30	30kW	台	4	540t 提升器用
4	液压泵站含管路	TJD-15	15kW	台	8	200t 提升器用

续表

序号	名　称	型号	能力	单位	数量	备　注
5	控制系统	YT–1	16通道	套	4	含控制电缆
6	传感系统	锚具、行程、同步		套	24	提升过程状态监测
7	钢绞线	ϕ18.00mm	1700MPa	m	9000	540t提升器用
8	钢绞线	ϕ15.24mm	1860 MPa	m	12000	200t提升器用
9	双作用千斤顶		320t	台	8	顶升用
10	液压泵站含管路	65MPa	15kW	台	2	顶升用
11	TC2003全站仪			台	1	
12	2″级经纬仪			台	2	
13	N3或Ni005（系列水准仪）			台	1	
14	精密水准尺			付	1	
15	应力应变监测仪				若干	
16	履带吊	300t		台	1	
17	汽车吊	200t		台	1	
18	组合平板车	PK150.6		台	1	
19	40t平板车	40t		台	1	

7. 质量控制

本工法主要遵守《水电水利工程钢结构闸门制造、安装和验收规范》DL/T 5018–1994和三峡工程有关标准、设计文件。人字闸门及埋件整体提升检修安装施工质量与人字闸门及埋件初次安装时的质量标准相同。列举部分如表7–1~表7–4所示。

底枢初步安装和精调后允许偏差　　**表7–1**

项　　目	初步安装允许误差	精调后允许误差
左、右蘑菇头中心距离	≤4.0 mm	拆除前与原安装位置一致
蘑菇头中心与顶枢连线的垂直度	≤2.0 mm	<1.2 mm
底座主轴线相对人字门合力线的平行度	≤2.0 mm	≤2.0 mm
底座工作面的水平度	1/2000	1/2000
蘑菇头顶面高程	± 3.0 mm	± 3.0 mm
左、右蘑菇头顶面高程差	≤2.0 mm	≤2.0 mm
左、右蘑菇头中心座标		与拆除前的中心座标任意方向的偏差值不大于0.2 mm

底坎安装允许偏差表　　**表7–2**

名　　称	允 许 偏 差
橡皮头切点与止水底座中心线偏差	3.0
止水橡皮压缩量偏差	+3.0 –1.0
止水面扭曲	1.0

顶枢安装允许偏差　　表7-3

项　　目	要　　求
拉架耳板中心面高程与门叶顶枢耳板中心面高程偏差	≤3.0 mm
顶枢拉架工作面的水平度	≤1/2000
A、B拉架中心线的交点与顶枢中心应重合，其偏差	≤2.0 mm
A杆两端允许高差	≤1.0 mm
B杆两端允许高差	≤1.0 mm

枕垫块的安装允许偏差　　表7-4

项　　目	要　　求
枕垫块端面接触间隙	≤0.05 mm
枕垫块端面接触错位	≤0.05 mm

8. 安 全 措 施

8.1　一般安全作业原则

8.1.1　加强安全管理，重视安全教育，要在施工人员中树立安全第一的思想，充分认识到安全文明施工的重要性；做到每天班前检查，班后总结，严格遵守现场条例及场外作业安全规章制度。

8.1.2　各工种人员要持证上岗，必须掌握本工种应知应会的安全操作规定，作业时严格遵守本工种安全操作规程。

8.1.3　所有施工，作业前应由技术人员按照施工方案对施工作业人员进行技术交底。每个作业人员都必须了解施工方案及工艺，熟悉操作过程和具体步骤，并明确安全责任。

8.1.4　所有进入现场人员都必须戴安全帽，穿工作服和工作鞋。

8.1.5　在施工过程中，施工人员必须严格按照施工方案的作业要求进行施工；若有特殊情况需要调整，则必须通过一定的批准程序，以保证整个施工过程的安全。

8.1.6　所有通信工具应保持完好，确保信号畅通。

8.1.7　非电气工作人员不准擅自动电。

8.1.8　非专业人员不准擅自操作控制柜。

8.1.9　操作应遵守国家起重安全技术的相关规定，严禁违章作业。

8.1.10　跨闸室钢梁吊装作业时应办理船闸停航手续。

8.2　高空作业安全注意事项

8.2.1　距地面2m以上，工作斜坡大于45°，作业面无平稳立脚地方或有振动的场合，必须系安全带；夜晚照明条件差或雨雪天气，不得登高。

8.2.2　高空作业的地面要用安全旗绳划出禁区，禁止人员和车辆进入禁区。

8.2.3　高空作业所用的工具、零件、材料等必须装入工具袋；登高时手中不准拿物件；不得将滚滑的物件或工具堆放在跳板上或平台边缘。

8.2.4　禁止垂直交叉作业，特殊情况必须经批准，在上下层间设置安全设施。

8.3　起重运输作业安全注意事项

8.3.1　起重运输人员应经专业培训合格，持有操作证，方可进行起重操作。

8.3.2　起重人员应认真勘察作业场所和工作条件，严格检查各种设备、工具、索具是否完好可靠。

8.3.3　多人起重作业要有专人负责，清楚交底，统一指挥，各操作者严格按照指挥命令准确工作；如遇操作者看不清指挥手势时，应设中转助手，准确传递信号。

8.3.4 起吊物件应先检查捆绑是否牢固，绳索经过有棱角快口处应设衬垫，然后试吊离地0.5m，经检查确认稳妥可靠后方能起吊。

8.3.5 认真做到“十不吊”，即：斜吊不吊，超载不吊，捆扎不牢不吊，指挥信号不明不吊，吊物边缘锋利无防护措施不吊，吊物上有人不吊，埋在地下的工件不吊，安全装置失灵不吊，光线阴暗看不清吊物不吊，六级以上强风不吊。

8.3.6 参加运输、吊装的人员，应明确岗位责任，掌握本工种应知应会的操作规定，实际操作过程中应指定专人指挥，指挥信号清晰、醒目、明确。

8.3.7 凡作业用起重运输、吊装设备、机具、绳索、器材等，使用前必须进行详细检查、调试，并有相关的检验记录。

8.3.8 遇六级以上大风、暴雨、大雪时，不得进行吊装作业。

8.3.9 指挥双机抬吊时，指挥人应时刻注意梁的重心的平衡，起臂、回转时两台车的操作司机必须要动作一致，服从指挥人员的操作。

8.3.10 起重机械设备操作人员和监护人员，应集中精力、服从指挥，按指挥信号操作，如有异常情况，应立即向指挥员报告。

8.3.11 起重运输设备行驶速度限制在5km/h。

8.3.12 吊装工作范围内，无关人员不准停留，严禁吊物下面站人或通过，更不允许在吊物下面工作。当重物悬挂在空中时，司机不得离开操作室。吊装时其他人员不得进入操作室，以免引起误操作。

8.3.13 液压提升及下降作业的工况为6级风以下。必须设置上下通道的安全防护措施。

8.4 电气作业安全注意事项

8.4.1 电气人员持证上岗，进入施工现场必须穿戴安全防护用品。

8.4.2 电气人员应仔细检查工具、仪器是否合格、可靠；详细了解场地情况，选好安全位置进行作业。

8.4.3 任何电器设备、线路未经验电，一律视为有电。电工检修电器设备、线路，不准带电作业，要切断电源，证实无电挂好警示牌后谨慎操作。

8.4.4 必须按规定使用保险丝，不准用其他金属丝代替；一切电器的金属外壳都必须有效接地、接零。

8.4.5 电气人员应严格遵守操作规程，严禁违章作业，切实做到“装得正确、拆得彻底、检修及时、使用安全”。

9. 环 保 措 施

9.1 成立对应的施工环境卫生管理机构，在工程施工过程中严格遵守国家和地方政府下发的有关环境保护的法律、法规和规章，加强对施工燃油、工程材料、设备、废水、生产生活垃圾、弃渣的控制和治理，遵守有关防火及废弃物处理的规章制度，做好交通环境疏导，充分满足便民要求，认真接受城市交通管理，随时接受相关单位的监督检查。

9.2 将施工场地和作业限制在工程建设允许的范围内，合理布置、规范围挡，做到标牌清楚、齐全，各种标识醒目，施工场地整洁文明。

9.3 对施工中可能影响到的各种公共设施制定可靠的防止损坏和移位的实施措施，加强实施中的监测，应对和验证，同时，将有关方案和要求向全体施工人员详细交底。

9.4 做好无害化处理。

9.5 优先选用先进的环保机械。

10. 效 益 分 析

本工法对工程中存在的关键技术和施工难点逐项进行了具体研究解决。该工法具有技术先进、综合经济效益、社会效益显著的特点。实践证明，三峡船闸南北两线第一、二闸首完建工程的人字闸门整体提升重新安装采用该工法进行施工，其整体提升重新安装调试的工期提前2个月时间，确保了三峡船闸按期复航取得了良好的经济和社会效益。

11. 应 用 实 例

三峡船闸南线、北线船闸第一、二闸首完建工程

1）工程概况

为了适应三峡工程围堰发电期，初期和后期不同运行水位的需要，船闸在设计上采用了第一级船闸底坎及第二级船闸底坎及相应闸门和启闭设备分两次建设的方案。

三峡双线五级船闸在完建前只能适应水库水位在135.0～156.0m之间运行。根据设计要求，若按最终设计规模水库水位在145.0～175.0m之间运行，必须对船闸一、二闸首进行完建。在一闸首浇筑8m高混凝土，将二闸首人字门整体提升10m，底部浇筑约8m高混凝土，以适应最终设计库水位运行的要求。

船闸完建采用“一线完建一线通航”的方式，首先进行南线船闸的完建。完建对三峡的客货运输影响很大，其影响的程度与完建的进度、安全、质量密切相关。船闸一、二闸首完建的重点和难点是第二闸首人字闸门整体拆装。如何安全、快速、优质的拆装第二闸首人字闸门是整个船闸完建的关键。

2）施工情况

南线船闸完建施工从2006年10月开始，2007年1月结束；北线船闸完建工程施工从2007年1月开始，2007年5月1日完工。南线及北线船闸均采用“大中型船闸人字闸门整体提升检修安装施工工法”施工，其安装质量满足要求，施工全过程处于安全、稳定、快速、优质的可控状态。施工质量、安全生产、文明施工等得到业主、设计单位及业主单位的高度赞扬，被国务院三峡工程质量专家组组长潘家铮院士赞誉为“创造了人间奇迹”。整个施工工期提前2个月时间。

3）结果评价

经过2007～2011年近4年的连续运行和▽175最终设计水位的运行考验，南线、北线船闸人字闸门及埋件设备状态稳定可靠，无任何故障，确保了三峡船闸的安全通航。

超大型倒锥水箱液压提升工法

GJEJGF340—2010

河北省安装工程公司　河北省第四建筑工程公司
赵银森　蒲社安　王立朝　和建青　贾荣杰

1. 前　　言

倒锥壳水塔以占地面积小、贮水量大、造型美观而得到广泛应用。水塔施工的关键和难点是水箱的施工。常用的施工方式为地面预制、整体吊装。因它所需的设备数量多，工作协调要求高，施工组织难度大，使其成为施工中的难点。公司采用液压群吊提升方法施工，成功完成了3座倒锥壳水塔的施工，经过逐步总结完善，形成本工法。

2009年经河北省建设厅专家鉴定："水箱液压提升安装技术"在大吨位高位水箱的施工技术领域居国内领先水平。同年，该工法被确定为河北省省级工法。

2. 工 法 特 点

该工法利用自制圆形钢结构提升架、采用串联液压千斤顶群吊施工方法，通过合理布置油路控制系统，实现了地面预制水箱，整体吊装，解决了同步提升施工难题。

本工法提升安全，施工便捷，能较好的保证水塔的施工安全、质量和施工工期，提高施工效率。

3. 适 用 范 围

本工法一般用于倒锥壳水塔水箱的吊装。

4. 工 艺 原 理

液压缓升群吊法提升水塔水箱。水箱地面预制，水塔筒体施工完成并达到要求的强度后，在水塔顶部设置提升架，根据水箱的重量，均匀布置液压千斤顶，通过提升杆连接顶部提升装置和底部水箱，采用液压油路控制，将水塔水箱缓升到指定高度，进行固定后进行环梁和防水的施工。

5. 施工工艺流程及操作要点

5.1　工艺流程

现场条件勘察准备→承力架、提升点、千斤顶、防坠器等提升设施的布置及安全受力计算→安装承力架→吊杆安装、固定防坠器→安装千斤顶及供油系统→安装电动油泵、接通油路→接通电源并关闭油泵针形阀→液压油泵试工作→千斤顶及油管路进油→试提升→千斤顶进油带动水箱上升→行程结束，油泵回油，千斤顶活塞下降→防坠器固定，切断上部拉杆，千斤顶回复→往复运行提升到设计标高→调整固定，浇筑支承环梁→拆除提升设施。

5.2　操作要点

5.2.1　现场条件的勘察准备预制准备

一般水箱较重，预制时为保证水箱的质量，避免水箱在浇筑混凝土时产生不均匀沉降，以水塔为中心，15m范围进行夯实，将水塔中心半径3～4m范围内回填200mm厚碎石，浇筑200mm厚C25混凝土，4～15m范围内回填200mm厚碎石，浇筑100mm厚C25混凝土；围绕筒身就地预制水箱，在水箱下环梁与混凝土地面之间铺两层油毡，作为分隔带，在下环梁两侧用长500mm、ϕ25@200的钢筋设置地锚，保证水箱下环梁的椭圆度。水箱下环梁受较大的集中荷载作用，应对吊点处的环梁截面进行抗剪验算，根据验算结果在吊点处增加抗剪钢筋。为使吊点处混凝土受力均匀，增加一块环形钢板与预埋$\phi48\times$5.5mm钢管相焊。

1．按照吊杆平面布置尺寸，预埋n（1000m^{3}水塔70）根，采用$\phi48\times5.5$mm无缝钢管，每根无缝钢管打60°坡口与水箱下环梁埋件进行焊接，并在无缝管上焊接ϕ12@100长300mm的锚固筋，使无缝管与混凝土更好的形成整体（图5.2.1-1）。

2．水箱下环梁内侧埋设4～6组埋件，用于安装导轮，防止提升过程中水箱偏移与筒体产生摩擦。

3．水塔支筒采用滑模工艺，筒体施工完成达到设计强度后，可进行水箱安装。水箱在浇筑混凝土时预留5组混凝土试块，进行抗压试验，当水箱的混凝土抗压强度达到设计强度的90%以上时，开始进行吊装，吊装前将水箱下环梁与地面接触面凿空70%左右，减小由于接触面真空而形成的大气压力。

4．水塔吊装采用顶部承力提升架放置液压千斤顶集控群升方法，利用提升吊杆进行吊装，使用防滑器进行锁固，提升时塔身四周弹出4～6条标高线，并用红漆明显标出标高尺寸，吊杆每5m用红漆作出标记，以便提升时随时观察水箱的水平度。吊装示意见图5.2.1-2。

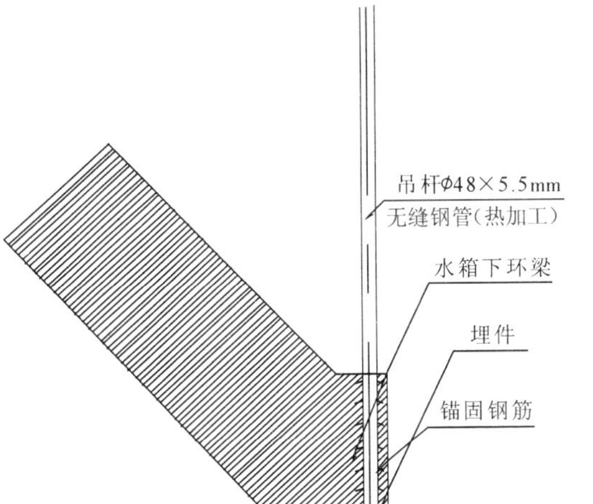

图5.2.1-1　无缝管与埋件连接示意图

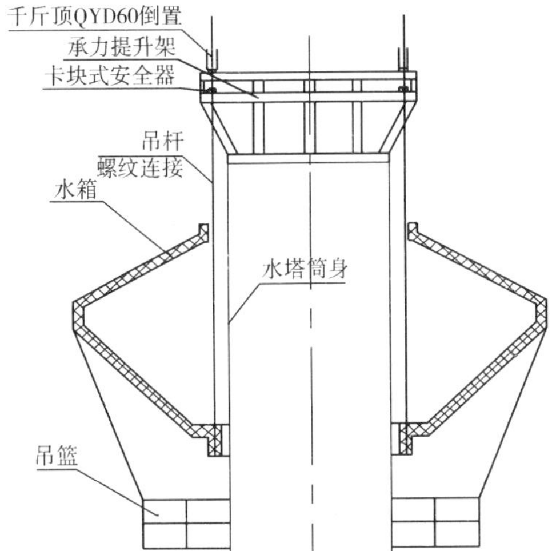

图5.2.1-2　水箱吊装示意图

5.2.2　千斤顶和吊杆数量的确定

1．总荷载的确定：

$$Q=Q_1+Q_2 \tag{5.2.2-1}$$

式中　Q——总荷载；

Q_1——水箱重量；

Q_2——吊杆重量。

圣戈班高炉1000m^{3}安全水塔水箱重Q_1=4000kN，吊杆$\phi48\times5.5$mm，总重Q_2=180kN。

$$Q=Q_1+Q_2=4000+180=4180\text{kN}。$$

2．千斤顶及吊杆数量的确定

1）千斤顶数量的确定：

$$n=Q/F \tag{5.2.2-2}$$

式中　n——千斤顶数量；

Q——总载荷；

F——每个千斤顶工作起重量。

采用QYD-60型千斤顶，每个千斤额定起重量为60kN，工作起重量F=30kN；

$$n=4180/30=140$$

每2个千斤顶串联成一组，共70组。相应吊杆数量为70根。

2）吊杆强度校核：

$$\sigma=Q/A\leqslant[\sigma] \quad (5.2.2\text{-}3)$$

式中　Q——总载荷，Q=4180kN；

A——吊杆的总截面积；

$[\sigma]$——吊杆的许用应力。

采用φ48×5.5mm无缝钢管作为吊杆，材质为20号钢。为保证在起吊局部失衡或个别部件在损坏更换时的起吊安全，取吊杆的安全系数K=2.5，$[\sigma]=\sigma_s/K=245\div2.5=88$MPa。

$$\sigma=Q/A=4180\times10^3\div(70\times3.1416\times42.5\times5.5)=81.3\text{ MPa}\leqslant[\sigma]=88\text{MPa}$$

强度满足要求。

5.2.3　液压系统的布置

液压系统布置图5.2.3-1。

总控台根据水塔提升重量选用，从总控制台给千斤顶供油，分主油路和支路控制，一般每个主油路控制的分油路为5～10路，从总控制台使用液压软管进行连接，使用电磁阀和针型阀进行控制。以1000m^{3}水塔为例，采用HY-56型液压控制台，给70×2=140只千斤顶供油，分5路向千斤顶供油，每路用电磁阀和3/4″针形阀控制油路。每路通过分油器向7根吊杆上的千斤顶供油。每根吊杆安装两台千斤顶，串联供油，在最下一台千斤顶安装3/8″针形阀控制油路。共设置75个吊装点，从控制台经DN25的软管到5个两通分油器，经3/4″软管到10个多路分油器，经3/8″软管到千斤顶。

千斤顶串接及油路连接方式见图5.2.3-2。

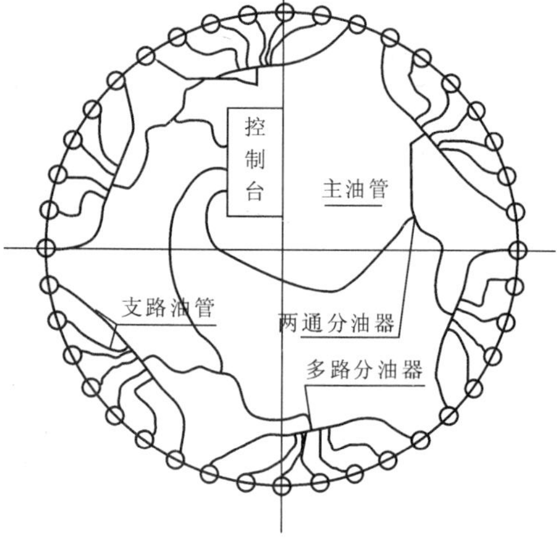

图5.2.3-1　液压系统布置示意图

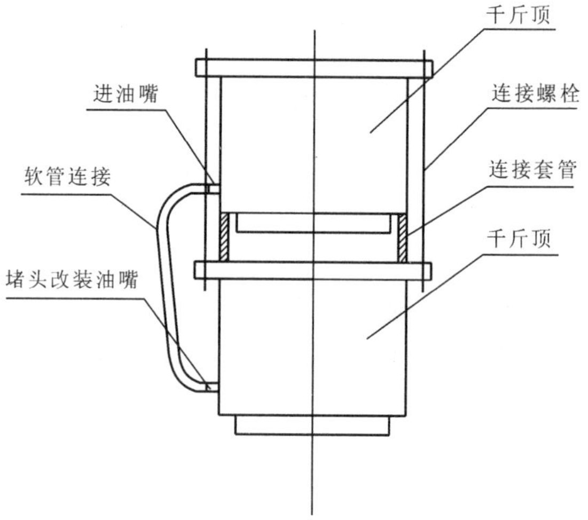

图5.2.3-2　千斤顶串接示意图

5.2.4　吊杆的对焊及焊口检验

每根吊杆的长度不要过长，一般长度L：

$$L=\text{水塔高度}+\text{提升架高度}+\text{千斤顶高度}+(0.2\sim0.25)\text{m} \quad (5.2.4)$$

本次1000m^{3}水塔吊杆焊接成42m长。

因吊杆受非对称循环变应力，接头对焊接的质量要求严格，关系到水箱提升的成败。接头用45° 坡口焊，内穿ϕ35、L=400mm圆钢，在距离对接处150mm加ϕ16圆钢销钉并进行塞焊，用手提砂轮把焊口打平磨光。施工时吊杆对焊和安装时都要注意把焊接接头错开，对焊时采用手工焊，用J426焊条焊接。焊接及连接方式见图5.2.4。

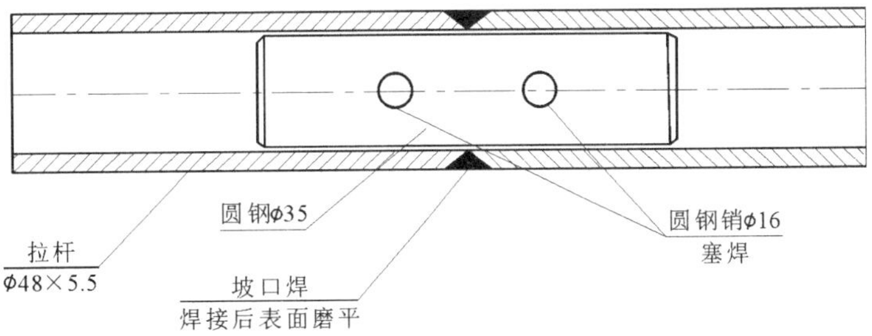

图5.2.4 吊杆焊接连接方式

5.2.5 水箱提升支架构造设计及安装

以本次施工的圣戈班高炉1000m³安全水塔为例，同类的水箱吊装支架的分析及计算方法类同。

1. 水箱提升支架见图5.2.5-1、图5.2.5-2。

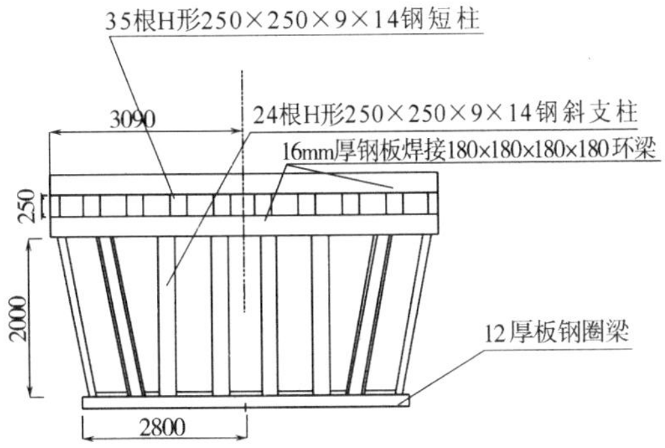

图5.2.5-1 提升支架主视图（单位：mm）

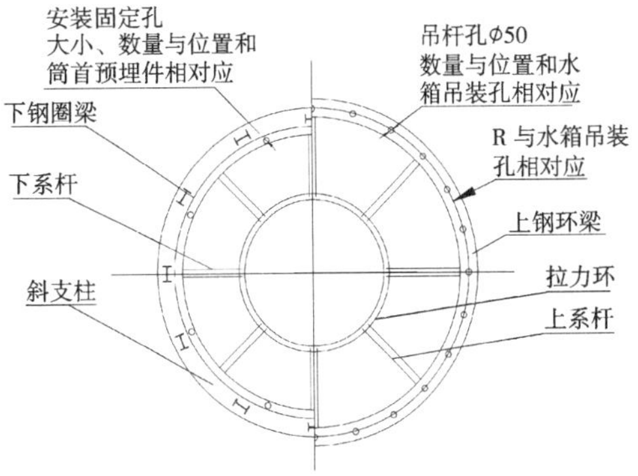

图5.2.5-2 提升支架俯视图

2. 提升架的受力计算

提升架主要是由下钢圈梁、斜支撑、下部和上部钢环梁组成的锥台形钢结构，下钢圈梁采用12mm钢板，斜支撑采用24根H形250mm × 250mm × 9mm × 14mm，钢环梁用16mm厚的钢板焊接成180 × 180mm的方管，提升架是一个锥台形钢结构，下部与焊接固定，上层钢环梁上设置70组千斤顶，下层钢环梁上设置防坠器70个。

提升架下部无筒身立柱部位，采用12根H形250mm × 250mm × 9mm × 14mm钢支撑，支撑提升架斜支撑位置。提升架剖面图见图5.2.5-3，提升架受力分析见图5.2.5-4。

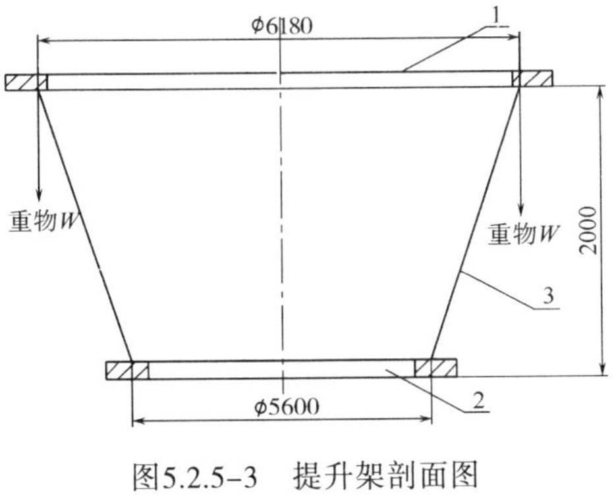

图5.2.5-3 提升架剖面图

1—上圈梁；2—下圈梁；3—斜支撑

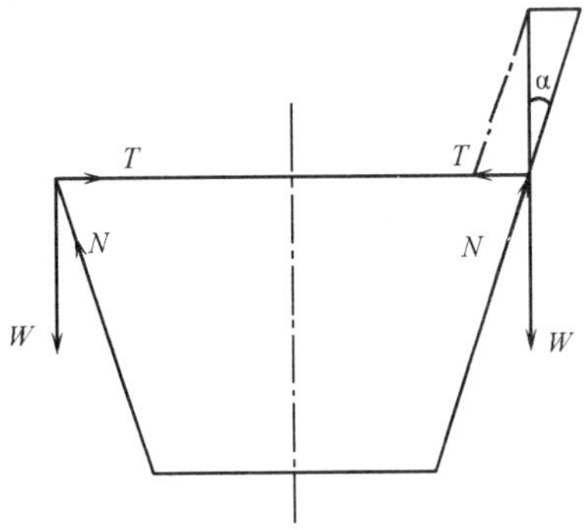

图5.2.5-4 提升架受力图

W—每根斜支撑受力；N—每根斜支撑轴向力；T—每根斜支撑处圈梁水平力

1）提升架载荷：

$$Q=K(Q_1+Q_2+Q_3) \tag{5.2.5-1}$$

式中 Q——总荷载；

Q_1——水箱重量，Q_1=4000kN；

Q_2——吊杆重量；Q_2=180kN；

Q_3——千斤顶重量；Q_3=35kN；

K——荷载系数，取k=2。

$$Q=K(Q_1+Q_2+Q_3)=(4000+180+35)\times 2=8430\text{kN}$$

每根斜支撑受力$W=Q/n$=8430/24=351.25 kN

2）斜支撑受力

（1）斜撑强度计算

每根斜撑强度应满足：

$$\sigma=N/A_n \leqslant f \quad (5.2.5\text{-}2)$$

式中 N——每根斜撑受轴向力，$N=W/\cos\alpha$=351.25/0.9896=355kN；

A_n——每根斜撑净截面面积，A_n=9218 mm^2；

f——斜撑抗压强度设计值，f=215MPa。

$$\sigma=N/A_n=355000/9218=38.5\ \text{MPa}<f=215\ \text{MPa}$$

斜撑强度满足要求。

（2）斜撑稳定性计算

每根斜撑稳定性应满足：

$$N/(\psi A)\leqslant f \quad (5.2.5\text{-}3)$$

式中 N——每根斜撑受轴向力，N=355kN；

A——每根斜撑毛截面面积，A=9218 mm^2；

ψ——斜撑的稳定系数，由《钢结构设计规范》GB 50017 附录C查得。

斜撑长细比：$\lambda=l/i$=2021/62.9=32.1，由表c-2查得ψ=0.791

$$N/(\psi A)=355000/(0.791\times 9218)=48.7\text{MPa}<f=215\text{MPa}$$

斜撑稳定性满足要求。

3）下圈梁受力计算

（1）每根斜撑对上圈梁的水平力

$$T=W\times \text{tg}\alpha=351.25\times 0.145=50.9\text{kN}$$

下圈梁的水平均布力q

$$q=\frac{T\times 24}{\pi\times D} \quad (5.2.5\text{-}4)$$

$$q=50900\times 24/(3.1416\times 5600)=69.4\text{N/mm}。$$

（2）下圈梁的强度计算

下圈梁的强度应满足

$$\sigma=(\pi Dq/4)/(bh)<f \quad (5.2.5\text{-}5)$$

式中 D——下圈梁直径，D=5600mm；

b——下圈梁宽度，b=250mm；

h——下圈梁厚度，h=12mm。

σ=（3.1416×5600×69.4/4）/（12×250）=101.7 MPa $<f$=215 MPa 强度满足要求。

5.2.6 提升架吊装

根据提升架的重量、提升高度及吊车最有利的占车位置，确定提升重量、提升高度及吊车的回转半径，根据吊车的吊装性能表确定选用的吊车。圣戈班高炉水塔提升支架总重为8.6t，用100t汽车吊接副杆将提升架安装到40m高的水塔筒体上，如图5.2.6。

筒身顶部提升架，斜支柱下钢板、千斤顶、吊杆加固及液压系统等组装后应对连接件焊缝进行检查，对油路整体进行试压，符合技术要求后才能正常使用。提升架的顶面水平度偏差不大于5mm。千斤顶安装位置的偏差不大于5mm。

图5.2.6　提升架就位

5.2.7　提升方法

1. 水箱提升前要认真做好各项检查清点工作，主要包括：

1）吊装机具是否齐备，并已经过必要的试验；

2）吊装设备的预组装，并确认不存在问题；

3）水箱与支筒间吊装缝合格，并清理干净；

4）水箱混凝土强度确认已达到或超过设计强度90%；

5）支筒顶部吊装环梁的平整度是否达到要求。

以上均经认真检测，确认无误后，才可开始提升设备的组装。

2. 提升设备的组装

提升设备的组成包括：吊装杆、千斤顶、液压泵、分油盘、油路管等。提升设备的组装程序：千斤顶→吊装杆→油压系统。

将液压控制台溢流阀压力调整到1.5MPa后收紧吊杆。用水平仪在每根吊杆上抄好水平标记线，在水箱栏杆上分8点抄好水平线，在水箱提到设计标高后，用水平仪检查这8个点评定水箱的水平度。在筒身外表面抄一条水平线，每隔1m向上翻一次。在水塔的南边和东边各架一台经纬仪、镜头十字对准钢提升架立柱的上端，观察水箱离地的瞬间，筒体的垂直度变化。

提升装置安装完成后水塔顶部、水塔底部如图5.2.7-1、图5.2.7-2。

图5.2.7-1　水塔顶部

图5.2.7-2　水塔底部

3. 试提升

液压倒置提升系统组装经检验合格后，正式提升前应进行试提升，对各重点部位（结合点、焊接等）进行检查。将水箱提升到离开底模10cm，静止24h，观察测量水箱的水平度和水塔沉降情况，如发现水箱出现倾斜偏差及时对水箱进行纠偏，调整较低处10个左右千斤顶，使水箱锥壳的水平度满足提升要求，开始组织提升。

4. 水箱初升

关闭针形阀，将液压控制台溢流阀调到6MPa。打开针形阀，向千斤顶供油，千斤顶倒拔吊杆，在油泵回油过程中吊杆回降4～5mm，千斤顶有效行程约为15mm左右。每个行程的时间为1min左右。水箱提升到离开地面25cm暂停4h，对钢提升架、液压系统管路及水箱下环梁、吊杆的下焊点进行全面检查。

5. 水箱提升

初升检查合格后，开动液控系统（液压控制方法同初升），连续提升水箱，中间不间断观察水箱水平度及吊杆的受力情况，一旦出现受力不均及水箱水平度偏差过大时，应及时纠偏。同时每提升4m静止检查水箱的塔体与水箱间距均匀、拉杆均匀受力情况等，测算提升速度。

当水箱提升到离地面2m高度后，围绕筒身挂设钢管脚手吊篮，与水箱同时上升，水箱就位后，即可在吊篮里浇筑环板混凝土和涂刷筒身外壁的乳胶漆。

水平偏差过大纠偏方法：采取液压千斤顶单个或少数供油，比如水箱经校核发现确定东侧方向偏低几个毫米，滑升时其他千斤顶都不动而只对东侧2～4个千斤顶供油，经两次核对校正后再同步提升所有吊杆。

每天晚间停滑时，将钢楔固定在水箱下滑梁与支筒间间隙处，防止夜间大风吹动水箱，水箱与支筒发生撞击。待第二天取出钢楔继续提升。

6. 钢支架安装及水箱就位

钢支架制作：钢支架应在提前预制，制作质量应符合设计和国家规范要求。

水箱吊装到设计标高后进行水箱支撑钢支架的安装。

钢支架安装：先逐个将支腿与支筒顶的埋件焊牢，再安装支架连接板，支架顶板应保证在一个水平面上，支腿上端中心应在一个圆周上，（此圆周与水箱下环梁中心圆周相同）。钢支架安装时，同时把环托梁中的预制件安好，与钢支架焊牢。

水箱就位。钢支架安装完毕，即可将水箱落在钢支架上。为保证水箱的平整与稳固，就位时应用测量仪器配合，钢支架与水箱下环梁间可用铁垫板找平。

5.2.8 环托梁施工

当水箱的底标提升到40m，水箱提升完毕，安装完成钢支架后，水箱就位，进行环托梁的绑筋支模浇筑。由于圈梁混凝土入口处较小，断面复杂，浇筑难度大，同时考虑到混凝土的收缩，在混凝土掺入适量的膨胀剂，在混凝土振捣上采用人工与机械振捣相结合的方式，保证混凝土浇筑的密实性。圈梁浇筑完成并达到强度后，拆除吊杆、设备机具和支承架，提升工艺结束。

安装完成的水塔如图5.2.8。

图5.2.8 水塔水箱吊装完成后

5.3 操作注意事项

5.3.1 提升架应与筒体结合面结合紧密，高低不平处须用垫片垫平。

5.3.2 先进行水箱下环梁的吊点锚紧，调整上部长度，保证水箱的水平度。

5.3.3 液压系统安装完毕后应进行试运转，先充油排气，然后加压至12MPa，每次持压5min，重复3次后检查各密封处是否渗漏，待各部工作正常后接通千斤通。

5.3.4 第一次提升时，以水箱离支点25mm时停止4h，以观察此阶段是否有异常现象。

5.3.5 提升时发现千斤顶不同步应及时调整进油量控制千斤顶升差。提升过程中，须随时察看水箱的水平度，发现不平随即调平。提升结束后应检查各锚固牢靠，如有问题应及时锚紧，并用楔把水箱下环梁与筒身之间空隙楔紧，水箱上环梁用钢支撑固定。

6. 材料与设备

采用的机具设备见表6（以1000m³水塔为例，其他型号的水塔根据选用增减）

机具设备表 **表6**

序号	设备名称	型号规格	单位	数量	备注
1	千斤顶	QYD60	台	160	备用20个
2	电动油泵	ZB4-500S	台	8	备用3台
3	吊车	100t	台	1	
4	提升（承力）架		个	1	预制

续表

序号	设备名称	型号规格	单位	数量	备注
5	卡块安全器		个	80	备用10个
6	电焊机		台	4	
7	吊杆（无缝管）	$\phi 48\times 5.5$　20号	m	3300m	
8	控制台	HY-56	台	1	
9	2通分油器		个	7	备用2个
10	8通分油器		台	15	备用5个
11	主供油软管	DN25	根	25	备用4个
12	支供油软管	DN10	根	75	备用5个
13	油箱	$0.5m^3$	个	1	
14	液压油		kg	1000	
15	气割		套	2	

7. 质量控制

7.1 吊装前质量控制

7.1.1 施工人员认真按照技术交底进行水箱施工。

7.1.2 检查筒体和水箱下环梁等符合要求，尤其要检查铆固点符合要求，铆固牢固。

7.1.3 水箱直径误差不得超过1/500，厚度误差不得超过1/20。

7.1.4 钢管预埋管位置应均匀准确。

7.1.5 施工人员要进行质量方面的教育，施工中要统一指挥。

7.1.6 调整水塔水箱的水平度符合要求。

7.2 吊装过程的质量控制

7.2.1 正式起吊前应进行试吊，试吊应停留足够的时间对各结合部位进行检查，应无问题，满足吊装要求。

7.2.2 过程起吊应随时对起吊水箱的水平度进行检查，高低差超过10mm，应进行调整。

8. 安全措施

8.1 总体要求

8.1.1 按安全管理标准组织管理，由安全工程师负责监督。

8.1.2 施工现场应划出距筒身周围20m的安全警界区，严禁非施工人员入内。场区不能满足此要求时，要做好防护措施。

8.1.3 施工时，必须制定安全操作规程，安全工程师做好安全技术交底，认真的进行安全活动，并做好记录。尤其是重点部位应按要求进行检查。各工种的施工人员，必须遵守各自的安全技术操作规程。

8.2 水箱施工及吊装安全技术措施

8.2.1 水箱正式提升前，应先将水箱提升至离地面0.1m处，经检查合格后，方可正式提升。

8.2.2 凡参加高空作业的人员，必须经过体检合格，凡不适应高空作业的人员严禁高空作业。

8.2.3 工作台周围设置保护围栏，内外吊梯均设安全网，保护网距支筒不大于100mm。

8.2.4 高空作业的电源应采取36V的低电压。如采用220V或380V时，线路应用绝缘电缆，并装有触电保护器。

8.2.5 施工当中遇有五级以上大风或雷、雨天气时，所有高空作业必须停止，施工人员应迅速撤至地面，并切断电源。

8.2.6 施工所用机械、电气设备、索具等要经常进行检查，严禁机械带病作业，施工人员严禁无证操作。

8.2.7 充分做好“三宝”的利用，高空作业需带安全带的必须佩戴安全带，并挂在牢固可靠的地方，施工人员进入现场必须戴好安全帽。

8.2.8 提升结束后，支承环梁未达强度前不准触动锚具。

8.2.9 提升前在塔顶用钢管搭设防护围栏，立面张设细眼安全网，安全网内彩条布封闭，以防风防雨。

8.2.10 在提升作业包括拆除提升设备时，切割的吊杆应系下，不得向外乱抛物件，以防坠物伤人，各作业人员的工具要放置稳妥。

8.2.11 水箱提升就位后要尽快进行固定，待水箱达设计标高后与水塔筒身内的预埋件固定，同时进行水箱底环托梁的施工。

8.2.12 液压及润滑油应采取措施防止泄漏，随时检查滴漏情况，随时进行油料的补充，满足安全需要。

9. 环 保 措 施

9.1 施工区域与道路间采用架子管和建设布进行隔离，现场的施工废料应及时进行清理，运载到指定的废料存放场地。

9.2 施工期间，应设专人监护，夜晚有警示灯标志。

9.3 施工工人配备工具袋，过程中需要带的小型工、机具等材料采用袋装，禁止随意放置在现场平台。

9.4 场内机具、材料按平面规划摆放整齐。

9.5 液压及润滑油应采取措施防止泄漏，随时检查滴漏情况，使用后应及时回收，禁止随意排放。

9.6 调试投运期间的环境保护。

9.7 完成施工后应及时拆除清理干净，除配合作业的人员禁止进入现场。

10. 效 益 分 析

安全水塔的施工创经济效益100多万元。

减少高空作业，提高了效率，保证了安装的工程质量和施工安全。

充分利用机械施工，节约了人工和大型台班费用。

与传统的采用钢丝绳配合锁具的提升方法相比，具有同步提升效果好，成本低，便于操作等优点。

11. 应 用 实 例

在河北前进钢铁公司580m^{3}高炉工程、圣戈班（徐州）管道有限公司新建高炉工程、河北前进钢铁公司2×1080m^{3}高炉工程安全水塔的施工中应用此方法施工，仅用了12d时间便完成了水箱的安装，质量合格、安全高效，收到良好的效果。

高耸混凝土筒体附着式鹰架施工工法

GJEJGF341—2010

江苏南通三建集团有限公司　江苏阳江建设集团有限公司
姜跃周　姜雪岐　曹光中　顾飞舟　倪孝强

1. 前　言

呼伦贝尔金新化工有限公司新建年产50万t合成氨、80万t尿素项目热电装置工程中的标志性建筑——烟囱，该烟囱高120m，筒身锥形，上口外径为5380mm，内径为4980mm，壁厚200mm，下口外径为12100mm，内径为11300mm，壁厚400mm，为钢筋混凝土结构。内衬采用耐酸砖，耐酸胶泥砌筑。防腐采用防腐隔离层，隔热层采用100厚增水珍珠岩板（耐酸性）。烟囱筒身施工按无井架移置模板施工工艺，采用《高耸混凝土筒体附着式鹰架施工工法》施工，安全、可靠、施工质量好、施工速度快。烟囱2009年4月10日开工，2009 年　10月10日竣工，工期180个日历天。

2. 适 用 范 围

本工法适用于钢筋混凝土烟囱工程施工。

3. 工 法 特 点

3.1 安全可靠,所有人员均在烟囱筒内平台上施工,所有操作平台均可靠地固定在附着式鹰架上，人员上下，施工安全可靠。不需要井架和塔吊等大型施工机械，没有拆除高大架子的施工风险，也没有塔吊等大中型施工机械装拆、施工及安全隐患和风险。

3.2 由于不用井架和塔吊等大型施工机械，大大节约了搭拆井架用周转材料及人工费和机械费，大大节约了塔吊等大型施工机械的租赁费、装拆费等费用，降低了施工成本。

3.3 施工工艺简单、施工方便。

3.4 内衬施工用的吊盘结构稳固安全，自重较轻，制作简单，操作方便。

4. 工 艺 原 理

4.1 筒身施工：积灰平台以下采用翻模的方法施工，垂直运输用15m的井架。积灰平台以上采用附着式起重设备，混凝土用一只吊笼运输，垂直吊运钢筋用扒杆。

4.2 筒身施工采用附着式起重装置配合三角架翻模的施工工艺（图4.2），翻模施工起重装置主要由鹰架、拔杆、吊笼等组成，鹰架钢格构立柱和钢桁架横梁组成，用捯链升级上移，鹰架横梁上悬挂一只吊笼，用于人员上下和混凝土运输，吊笼由5t双滚筒卷扬机起吊，并设有柔性轨道保证吊笼沿轨道运行，柔性轨道用捯链拉紧。拔杆设于一侧的立柱上，用于上下吊运钢筋等物品，使用2t单滚筒卷扬机起吊，要求每次吊运钢筋等物品重量不超过0.5t。吊笼绳索采用6×37钢丝绳，直径为17.5mm，根据现场施工检验，钢丝绳抗拉强度为1570MPa，检查维护，并做好检查记录。

4.3 本烟囱使用受压式平台砌筑内衬墙，筒身上部预埋 8 个 ϕ32的钢筋吊环，用8根直径17.5 mm规格的主钢丝绳，6根直径17.5 mm的副钢丝绳，悬挂内衬砌筑平台，用捯链拉紧和上升。垂直运输仍用筒身施工时的原料斗及原电器系统。

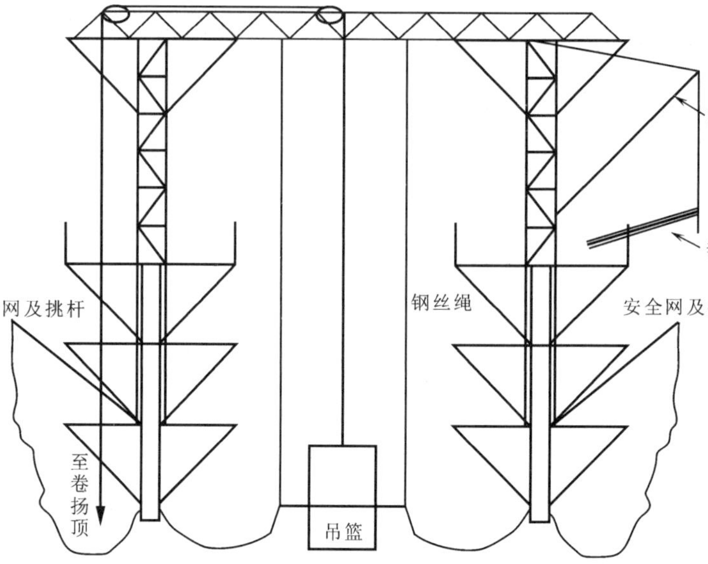

图4.2　烟囱翻模施工示意图

5. 施工工艺流程及操作要点

5.1　施工工艺流程（图 5.1）

5.2　施工操作要点

5.2.1　A形吊篮主要用于拆模，堵螺栓孔等，A形吊篮ϕ16圆钢制成，吊篮底铺优质白松脚手板二块，脚手板规格为240×40×2800mm，每二榀三角架挂一只A形吊篮，局部间距可适当调整。吊篮设置内外两种不同A形吊篮，且内外吊篮各有两种型号，A形吊篮详见A形吊篮详图4。扶手栏杆主要设于定型脚手板外侧，起安全围护作用。栏杆由6分管制成，下端插于三角架外端的ϕ12钢筋桩头中，中间和顶端夹二道ϕ14钢筋作扶手，加安全网围护。在下面拆模及翻升A型吊篮等工作时，内外面安全网系统起安全保护作用（图5.2.1-1、图5.2.1-2）。

5.2.2　模板施工一般先安装内侧模板

1. 模板采用定型钢模板和普通组合钢模及一侧带有搭接的模板边，筒壁坡度的收分利用边上的搭接模板边实现。模板外围檩选用2ϕ25围檩，内外均弯好一定的弧度，

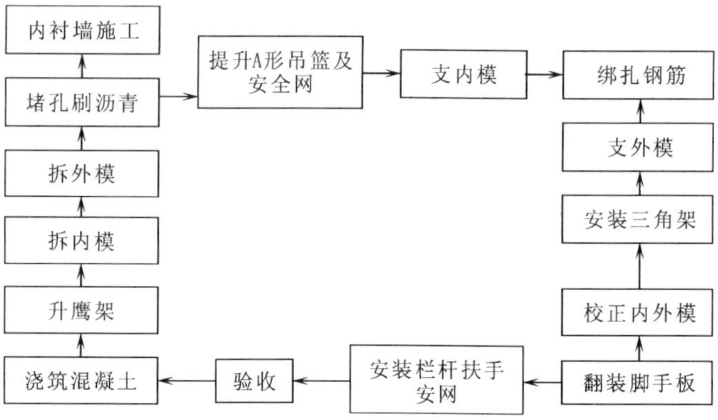

图5.1　施工工艺流程图

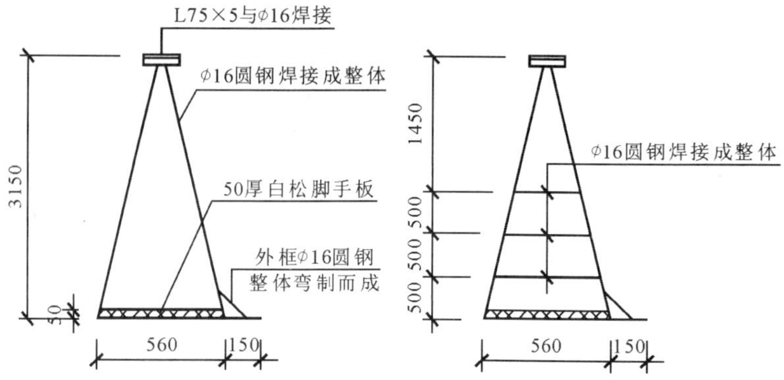

图5.2.1-1　内A形吊篮详图

说明：1. 带爬梯的吊蓝仅设一个；2. 爬梯外框整体弯曲指，其他杆件焊接而成

围檩约长3.5～4.0m。

2. 筒壁厚度用素混凝土套管控制，套管混凝土强度等级同筒身混凝土相同，套管用细石混凝土制作，套管制作用专用配置的木模制作，套管制作应比工程施工提前一个月，以保证套管混凝土的强度达到设计标号，套管两端垫二层泡沫纸，防止漏浆。详见混凝土套管图5.2.2。在内外侧定型脚板上，内模板清理刷隔离剂，然后支内模，内模半径应尽量做到正确，便于模板校正。

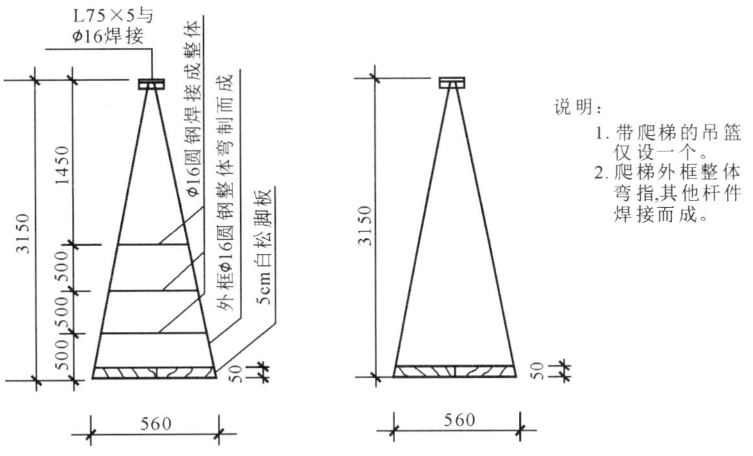

图5.2.1-2　A形吊篮详图

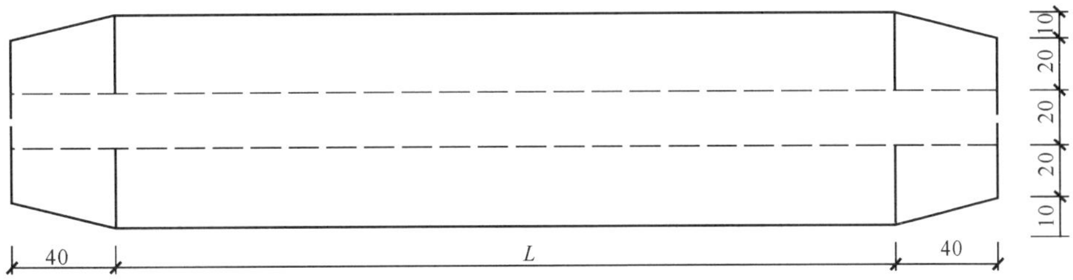

图5.2.2　筒壁厚度用素混凝土套管图

5.2.3 钢筋待内模板支好后开始绑扎，钢筋设计为立筋采用焊接接头，接头面积占总面积≤25%。环筋采用绑扎接头，立筋长6m，采取1/4错开搭接，即每施工节中接立筋总数1/4的钢筋，环筋接头应1/4错开，相邻接头间距≥1m。钢筋用摇头扒杆吊运到烟囱定型脚板上，随用随吊。

5.2.4 在外侧定型脚板上，清理刷隔离剂，等筒体钢筋绑完后，穿好套管及螺杆，然后支外模，绑好围檩后上三角架，三角架必须内外侧同时上，随后紧固对拉螺栓，装好顶杆，接着对中校正模板。

5.2.5 三角架采用角钢制成，为了适应筒壁坡度不同的情况，在其水平杆上设调节孔，以调节三角架的倾斜度，使之适应坡度变化的需要。三角架系统设有二层水平连杆，将单榀的三角架连结成整体。水平连杆也设有调节孔，以适应半径变化的需要。三角架系统设顶杆一道，顶杆设有调节螺栓，用于校正由外模板。内外三角由于坡度不同（内侧有牛腿）而设计也不同。

5.2.6 模板校正，用半径尺校正时，模板半径误差必须小于规范要求，模板系统验收合格后，本节模板工程结束。

半径和中心控制：烟囱中心由线坠挂于上部的对中架上，将底板上的中心点传递到对中架上然后用半径尺拉半径，控制筒壁的几何中心与下面底板上的中心点保持一致。

对拉螺栓由ϕ16圆钢制成，双头套丝，将下部的拔出，修正后在上面重复使用3次。

5.2.7 三角架模板系统主要在定型脚板上工作，定型脚板一般由优质的白松制作，板厚2.0cm，方木规格5cm×7cm，每3个三角架间放置2块。随着筒壁施工逐步上升，个别三角架间距调整时采取对脚板面板局部修补的办法解决。定型脚板见定型脚板详图5.2.7。

5.2.8 模板验收前安装好防护栏杆和安全网，栏杆由6分管制成，下端插于三角架外端的ϕ12钢筋桩头中，中间和顶端夹二道ϕ14钢筋作扶手，加安全网围护。

5.2.9 内外模板固定完，防护栏杆和安全网安装后，对模板的强度、刚度、稳定性、严密性、接缝的平整度、截面尺寸、半径及中心等进行验收。

5.2.10 模板验收合格后浇捣混凝土：筒身与烟道口混凝土均采用自搅拌混凝土，混凝土水灰比≤0.5，搅拌机为1台JS-500搅拌机，混凝土水平运输用1台机动翻斗车，混凝土的垂直运输用吊笼运输，从吊笼到平台采用混凝土流槽，流到各处筒壁后浇灌。从门架立柱处开始，向两边对称浇筑混凝土。

5.2.11 附着式提升架是把门式起重架立柱固定在烟囱筒壁上，随着烟囱筒壁的升高，用手拉葫芦来逐步升高提升鹰架。

附着式提升架是门式起重架，用8根$\phi108\times4.5$mm的无缝钢管作门架立柱，用24根$\phi22$对拉螺杆固定在筒壁上，利用筒壁混凝土自身强度来支撑起重架工作（利用卷扬机作动力牵引吊笼，作业人员和物料由吊笼提升）。

提升时上面安排12人，提升使用机械手拉葫芦。提升步骤如下：

1）提升人员利用吊笼上到烟囱顶部，内外侧门架立柱各2人，平台上面4人。

2）首先把手拉葫芦上端固定在混凝土筒壁上的方钢横担上，下端固定在门架柱的圆钢管上，把葫芦拉紧。两边内外侧各2个。

3）把固定门架柱圆钢管的对拉螺栓对称松开。

4）门架柱内外侧的人利用手拉葫芦使门架均匀提升到要求高度。

5）在门架提升的同时，平台上的人调整原来固定门架的4个手拉葫芦，使门架在提升过程中始终能保持平衡。

6）门架提升到要求高度后，再利用对拉螺栓把门架柱圆钢管固定在筒壁上。

7）拆除门架柱内外侧的手拉葫芦。

5.2.12 拆内外摸板，先从拆内外模开始，将内外模板、三角架拆除后吊运到内外侧定型脚板上，清理刷脱模剂。

5.2.13 模板拆除后，及时用干硬性水泥砂浆填堵穿墙螺栓孔，砂浆干后及时涂刷防腐剂。

5.2.14 内衬墙施工平台的制作安装

1．烟囱内衬砌筑，采用无脚手升降砌筑平台（简称吊盘）施工，利用捯链手动提升，见烟囱内衬砌筑平台。

2．吊盘组成及安装：

内衬吊盘是由上下两个中心钢圈、4个同心圆环形主檩条、辐射钢管（次檩条）、钢管斜撑，钢圈连杆、平台脚板、捯链、悬挂钢丝绳、8个吊环等组成。8个吊环预埋在烟囱的顶部，吊盘通过悬挂钢丝绳、5t捯链、绳扣悬挂在钢丝绳上，用捯链手动提升吊盘。

3．上下钢圈由16号槽钢拉弯而成，在上下钢圈上划出上下连接杆的位置，并钻孔，连接杆用2L75×6角钢制作，长度2m，两根一组，共8组，并在连接杆两头钻孔，最后用16mm螺栓固定在上下钢圈上，形成吊盘的核心筒体。

4．圆形主檩条有4个，最外边的用$\phi48$钢管拉弯而成，中间两个用14号槽钢拉弯而成，最里边的由16号槽钢钢圈代替。

5．将上下钢圈和圆形主檩条划分成18等分，上圆形主檩条和下钢圈之间通过节点板焊接$\phi48$连接斜撑钢管，上圆形主檩条上固定放射形$\phi48$钢管。

6．平台铺板用5cm厚优质板材铺设，铺成扇形，便于逐渐收缩半径时拆除。见图5.2.14。

7．吊盘上电器及操作设备从附着式起重设备上移来。

8．吊盘制作时，几何尺寸应正确，钢材用A3，钢圈焊接用T442焊条满焊，焊缝厚度不小于较薄连接件的厚度，吊盘安装在烟道口上进行，严格按设计要求组装，组装完毕后仔细检查。

9．吊盘组装完毕后进行试压，先将吊盘提升1m，然后进行试压，试压应根据实际情况决定，取安全系数为3，试压时应全面检查（包括上面吊环，绳扣情况），试压合格、并经公司技术部验收同意后才能使用。

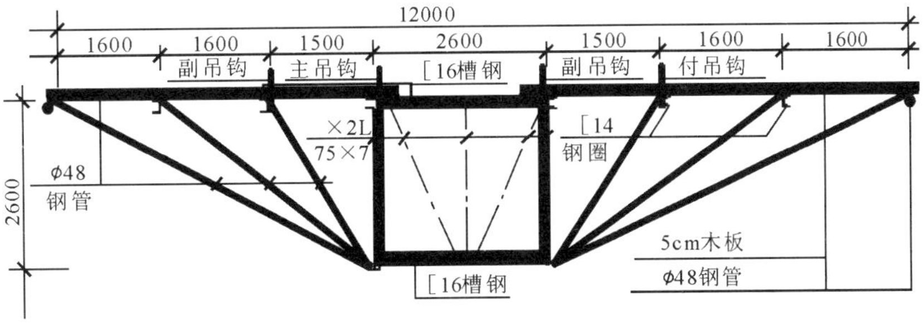

图5.2.14　烟囱内衬砌筑平台示意图

说明：1. 本烟囱使用受压式内衬砌筑平台，主绳用8根ϕ17.5规格的钢丝绳，副绳用6根ϕ17.5的钢丝绳，上部预埋ϕ32的吊环，用于悬挂内衬砌筑平台。

2. 内衬砌筑平台的上下钢圈用16号槽钢卷制而成，立杆用12根双拼2L75×7角钢螺栓连接，上下钢圈焊有连接节点板，节点板上焊有连接ϕ48连接钢，上钢圈焊有ϕ25吊环，焊条用结422，所有焊缝必须满焊。焊缝高度不小于较小连接件的厚度。

3. 平台必须试压合格才能使用。试压荷载按钢结构规范规定的安全系数计算。

5.2.15　内衬墙砌筑材料的水平运输用手推车2辆，垂直运输用吊笼运输。耐酸胶泥运到吊盘上后边砌边拌，砌筑平台上耐酸砖也是边砌边运，不宜堆放集中或堆放过多。砌筑应做到灰缝厚薄均匀，且灰缝饱满，质量达到要求，满足规范要求。

6. 材料与设备

6.1　主要材料：16号槽钢，14号槽钢，ϕ48钢管、钢管扣件，L75×6角钢，钢管扣件，直径为17.5mm的6×37钢丝绳，8根ϕ108×4.5 mm的无缝钢管，24根ϕ22对拉螺杆，8个ϕ32的钢筋吊环，对ϕ16拉螺栓，定形脚板（图6.1），ϕ25钢管，混凝土套管，方木规格50mm×70mm，20mm、50mm厚木板，ϕ25钢筋围檩。

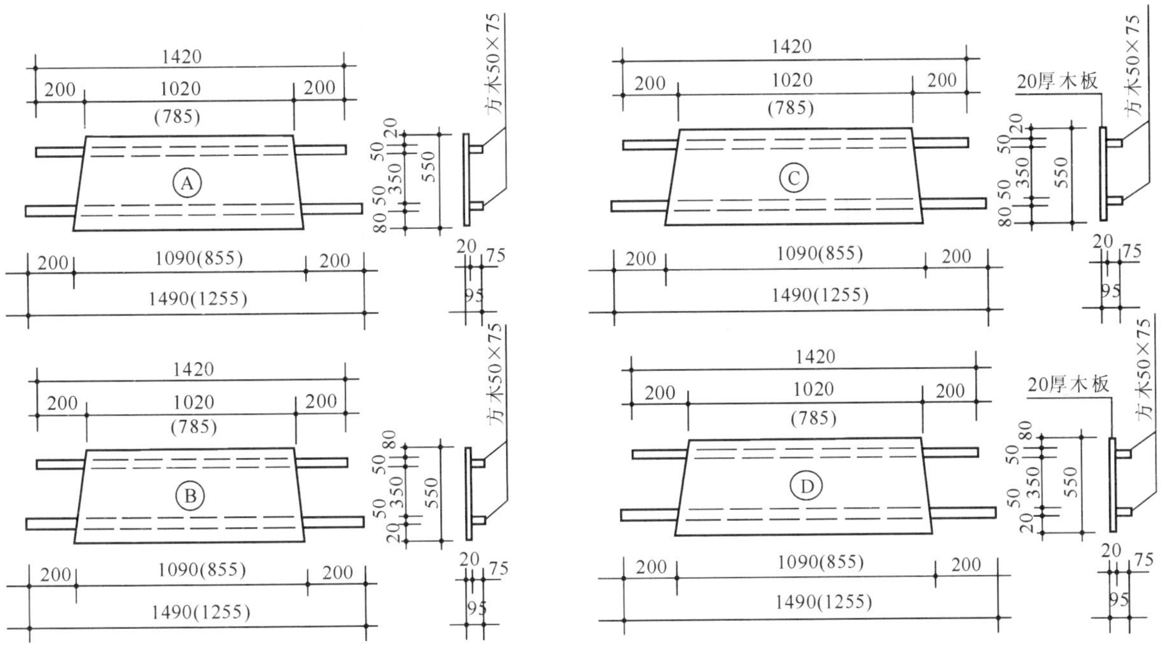

图6.1　定形脚板示意图

6.2　主要施工设备表（表 6.2）

主要施工设备表 表6.2

序号	机械或设备名称	规格型号	数量	制造年份	额定功率	生产能力	备注
1	机动反斗车	FC-1A	4台	1996	8.8	1t	自有
2	钢筋弯曲机	GW-40A	1台	1996	3	40mm	自有
3	钢筋调直机	GT4-14	1台	1996	3	14mm	自有
4	混凝土搅拌机	JS500	1台	1999	25.3	500L	自有
5	钢筋对焊机		1台	1994	100kVA		自有
6	双筒双速卷扬机	SSJ-5/3	1台	1992	30	5t	自有
7	电磁卷扬机	单筒	1台	1994		1.5t	自有
8	插入式振动器	HZ-50	5台	1995	1.2		自有
9	经纬仪		1台	1996			自有
10	水准仪		1台	1996			自有
11	交流电焊机	BX3-500YF	3台	1994	45kVA	500A	自有
12	气割工具		1套	1996			自有
13	台钻		1台	1996			自有

7. 质量控制

7.1 混凝土套管必须提前制作，保证其使用时达到筒壁设计强度，防止混凝土套管在紧对销螺栓时碎裂。

7.2 上下节模板间应带好U形卡子，切勿遗漏，防止漏浆或跑模。

7.3 壁厚控制主要在于混凝土套管的长度，在套管制作后应认真严格检查其长度，误差大于5mm应剔除。

7.4 为了保证水平施工缝的质量，支校外模板应将下节上口混凝土渣清理干净，并将掉入筒壁上表面的灰浆渣清理，浇混凝土时第一罐必用砂浆结浆，以后用“赶浆法”振捣，保证接缝良好。

7.5 螺栓孔的堵塞必须使用干硬性水泥砂浆，用钢筋从内外两侧对冲，避免筒壁渗水。

7.6 中心线的控制：中心线采用线垂吊中的办法，必须等线垂基本稳定时才正确，每板模板施工时必须在支校内模、外模校正和最后检查三次严格吊中，最后浇好混凝土后再检查一次中心和半径。

7.7 模板半径的控制：模板在翻模时用中心盘上钢尺量度，外模校正时一定要符合验收规范规定。

7.8 原材料必须经试验符合设计和规范要求，水泥、钢材等材料必须有质保书和试验合格证。

7.9 钢筋搭接和焊接必须符合有关规定。钢材焊接必须先试焊，试验合格，才能正式焊接，正式焊接也必须试验合格。

7.10 混凝土配比和出模强度由试验室及早确定。如正常情况下出模强度不够时，可掺早强剂，掺量由试配决定。

7.11 钢筋保护层垫块必须符合厚度要求，并带绑扎丝。

7.12 混凝土振捣应密实，不得出现蜂窝麻面，露筋。混凝土振捣应定人定机，并配备应急电机和振动棒，以便损坏时更换，浇灌顺序是从二点分开最后会拢，避免施工冷缝。

8. 安全措施

8.1 组织机构保证措施

8.1.1 建立以项目经理为首的由各工种负责人、班组长参加的安全管理网络，配备有专职安全员，从组织机构上保证安全。

8.1.2 建立落实强硬的各级安全奖罚责任制，从制度上确保安全。杜绝伤亡事故。

8.1.3 建立好标准化安全管理，配备齐全完整的安全（设施）和安全器材，从设施上保证安全。

8.1.4 除对进场的工人进行安全三级教育和考试以外，经常开展各种不同形式的安全活动，真正做到安全生产，警钟常鸣。

8.1.5 所有的机械必须有操作驾驶证，严禁无证乱开。特殊工种必须持证上岗。

8.2 筒身施工安全技术措施

8.2.1 安全网内外面采用封闭式，下部将安全网围挂架上，顶部栏杆上设围网，以保证操作平台上人员安全。内安全网用钢管扎成井字形方架，方格的大小宜能使电梯穿出并留有适当的间隙，紧靠筒壁处安全网用ϕ12圆钢挂于挂架上。

8.2.2 所有机电设备必须根据当地要求接零接地，并安装触电保护器等保护措施；地面总电源箱必须安装漏电保护装置。每天上班前，必须要检查一下。雨雪天气，要做好电源箱和电气设备防水防潮等防护措施。

8.2.3 鹰架上即料斗位置安装二道限位开关，一道是工作限位，一道是安全限位；料斗卷扬机前必须设置一道行程限位。

8.2.4 吊笼顶部设（锲形）卡块式安全装置，若万一吊索断裂或滑脱则卡块马上卡住道索，起到安全保护作用。

8.2.5 应根据工地情况设置危险区，危险区内严禁入内，门口设围栏和安全牌，防止落物伤人，危险区应根据当地具体条件试验划定。

8.2.6 进入烟囱危险区的施工通道上必须搭设防护架，电缆线也必须设置防护架。通道防护架用钢管搭设，上铺设4cm厚木脚板和4mm厚钢板及一层草袋，以保障施工人员人身安全。电线防护架用钢管搭设，上铺4cm厚木板。厂区道路因行人较多，该部位安全防护架可采用毛竹搭设，上铺双层竹笆，中间架空400高。

8.2.7 所有机电设备和安全装置必须指派专人定期检查，保证安全保护设施处于良好的运行状态。

8.2.8 对机械必须定人定机，机操工必须经专业培训，持证上岗，统一操作讯号，严格贯彻执行安全纪律。

8.2.9 对工人进行定期安全教育（每周召开安全列会），每天上班必须带好安全帽、系好安全带，加强安全防护意识。施工员、班组长每天上班前都要进行安全交底。

8.2.10 严格贯彻执行有关安全技术操作规程和有关法规。

8.2.11 翻模设备使用前必须先试验，试验合格后再试运行。发现情况及时处理，调试完结后才能投入使用。

8.2.12 翻模施工时，井架上必须设避雷针，避雷针必须接地良好，接地电阻≤10Ω，以防雷击。

8.2.13 烟囱筒身施工中，距外壁20m内为危险区域，必须搭设安全防护架和隔离带。

8.2.14 烟囱施工需明火作业时，要配备安全消防器材，并由厂方保安部门开具动火证方可作业。

8.3 翻模架拆除的安全措施

8.3.1 翻模架拆除的所有人员必须带好安全帽，系好安全带。

8.3.2 在烟囱顶部筒口必须用安全网满铺二层，安全网系于吊环上。

8.3.3 氧气、乙炔瓶垂直运输分开用专用吊笼吊运，并且严禁碰撞。

8.3.4 拆除人员必须保持清醒的头脑，服从统一指挥，人人明白操作程序和指挥信号，严格按步骤拆除翻模架。

8.3.5 所有物件都必须有可靠的安放之处，防止坠落，严禁向下抛掷物品。

8.3.6 拆除人员必须身体健康，无高血压心脏病等突发性危险病症，拆除前应检查身体，合格后才能高空作业。

8.4 内衬砌筑安全措施

8.4.1 吊盘安装完毕后应进行试压，先将吊盘提升1m，然后进行试压，试压应根据吊盘实际情况加荷，安全系数为3，试压时发现问题及时解决，试压合格后才能使用。

8.4.2 吊盘下部（除料斗上下口外）全部用安全网封闭，各栓绳点要牢固，使用前安全网要进行试验，并经常检查。

8.4.3 吊盘上的砂浆，砖堆放要均匀，人员应分散，不许偏向一边堆放，防止引起偏心受荷而发生意外事故。材料应边用边运，吊盘上不能堆放过多的材料。

8.4.4 在吊盘上的工作人员应戴好安全帽，系好安全带，特别是在料斗口搬砖的人员一定要固定好安全带。

8.4.5 地面施工人员一定要戴好安全帽，并在料斗上下口四周搭好防护架，防止上面东西掉下砸伤下面施工人员。

8.4.6 吊盘上的电气设备应专人操作，其他人员不得乱拉，乱接乱动，防止错误操作发生事故。

8.4.7 内衬墙砌筑必须有管理人员跟班作业，吊盘提升应服从统一指挥。

8.4.8 内衬墙砌筑应严格按图纸要求及规范要求施工，保证质量优良。

8.4.9 应定期检查烟囱顶吊环与钢丝绳连接情况，防止松动、滑动，避免出现事故。

8.5 临时用电等方面的安全措施

8.5.1 所有用电设备外壳都要安装接地线，并安装漏电保护装置。

8.5.2 移动上升电缆每隔10m用绝缘物品固定一次，防止因碰刮而造成漏电事故。

8.5.3 地面电源箱均安装漏电保护装置，每天上班之前都要进行检查。

8.5.4 所有使用电气设备，在使用前都要进行检查，确保无隐患时才能使用。

8.5.5 碰到雨雪天气，做好各种电气设施及设备的防水防潮措施。

8.5.6 在距离烟囱20m处设置安全围栏网，禁止人员随便进入，防止因高空落物而造成安全事故。

8.5.7 加强防范，提高警惕，注意做好防台风、防盗和防汛等安全保卫工作。

9. 环 保 措 施

9.1 在距离烟囱20m处设置安全围栏网。

9.2 应根据工地情况设置危险区，危险区内严禁入内，门口设围栏和安全牌，防止落物伤人，危险区应根据当地具体条件试验划定。

9.3 进入烟囱危险区的施工通道上必须搭设防护架，电缆线也必须设置防护架。通道防护架用钢管搭设，上铺设4cm厚木脚板和4mm厚钢板及一层草袋，以保障施工人员人生安全。电线防护架用钢管搭设，上铺4cm厚木板。厂区道路因行人较多，该部位安全防护架可采用毛竹搭设，上铺双层竹笆，中间架空400。

9.4 易燃易爆物品应分类仓储。

9.5 严格检查模板的严密性，混凝土浇筑要严防掉灰，现场油料设专用仓库，废油收集集中外运。

9.6 木方、木模、木脚板、钢构件切割、焊制均在专用的工棚内进行，垃圾及时清理，并做好个人劳动防护。

10. 效益分析

序号	施工方法	烟囱高	机械费（万元）	能耗费（万元）	施工时间（天）	劳动力（人）	工期(天)
1	无井架 鹰架提升 模板	60～120m 150~180m 210~240m	20 30 45	5 7 10	100 150 180	35 45 50	
2	滑模施工	60～120m 150~180m 210~240m	40 55 70	8 10 12	120 180 200	45 55 65	
3	液压提升	60～120m 150~180m 210~240m	120 160 180	9 14 15	100 200 240	40 60 70	
4	有井架	60～120m	25	4.5	120	40	

由于采用《高耸混凝土筒体附着式鹰架施工工法》施工，与滑模法、液压提升法相比，呼伦贝尔金新化工有限公司新建年产50万t合成氨、80万t尿素项目热电装置工程中的标志性建筑—120m烟囱工程节约费用234000元人民币，缩短工期20d，减少劳动量1600个工日，减少能耗费35000元人民币；江苏省太仓市玖龙纸业（太仓）有限公司自备电厂3号、4号机组扩建工程标志性建筑—150m烟囱工程节约费用196700元人民币，缩短工期30d，减少劳动量1700个工日，减少能耗费28000元人民币；成都华电珙县火力发电厂150m烟囱节约费用213300元人民币，缩短工期25天，减少劳动量1660个工日，减少能耗费40000元人民币。

11. 应用实例

11.1 呼伦贝尔金新化工有限公司新建年产50万t合成氨、80万t尿素项目热电装置工程中的标志性建筑一烟囱工程，烟囱高120m，锥形筒身，上口外径为5380mm，内径为4980mm，壁厚200mm，下口外径为12100mm，内径为11300mm，壁厚400mm，为钢筋混凝土结构。内衬采用耐酸砖，耐酸胶泥砌筑。防腐采用防腐隔离层，隔热层采用100厚增水珍珠岩板（耐酸性）。烟囱筒身施工按无井架移置模板施工工艺，采用《高耸混凝土筒体附着式鹰架施工工法》施工，安全、可靠、施工质量好、施工速度快。烟囱2009年4月10日开工，2009 年10月10日竣工。

11.2 江苏省太仓市玖龙纸业(太仓)有限公司自备电厂3号、4号机组扩建工程标志性建筑——150m烟囱工程，烟囱2009年10月开工，2010 年5月20日竣工。

11.3 成都华电珙县火力发电厂150m烟囱，2008年8月3日开工，2009年12月13日竣工。

电动升模装置组装及试验工法

GJEJGF342—2010

湖南省第四工程有限公司
匡达　朱林　江晓峰　李小春　蒋荣华

1. 前　言

从20世纪90年代初开始，公司采用电动升模施工工艺先后成功地完成多座不同高度、不同口径的烟囱。其科技成果《高耸烟囱电动升模施工技术》通过了湖南省科技厅组织的鉴定，获得1997年湖南省科学技术进步二等奖。

由于电动升模装置是由众多部件、装置在现场进行加工及组装，需要通过科学合理的施工组织，解决各部件、装置现场加工、组装的工序互相干扰及荷载试验等难题，以保证电动升模装置的质量和安全。因此，编制先进、普适性的电动升模装置组装及试验工艺方法，对电动升模施工的推广应用具有深远的指导意义。

2. 工法特点

2.1 采用网络技术将电动升模装置的组装及试验过程分解成若干项工序，使组装程序优化，缩短了装置的组装工期。

2.2 电动升模装置在电动提升装置高度以上组装，仅随升施工平台装置和电动提升装置采用轻型汽车起重机分3批进行吊装，其他部分不需要大型起吊设备，可节约吊装设备台班费用，降低施工成本。

2.3 对电动升模装置的各部件进行检查和测试，并将荷载作用在电动升模装置上的指定位置，观测相应部位的变形和应变，从而保障装置的质量和安全性能。

3. 适用范围

适用于电动升模装置的组装、试验，可推广至液压爬升装置的组装、试验。

4. 工艺原理

4.1 组装工艺原理

采用网络技术将电动升模装置的组装及试验过程分解成若干项工序，以电动提升装置、随升施工平台及垂直运输装置作为组装的关键线路，其他装置作为组装的一般线路相互穿插进行，电动升模装置试验作为过程关键控制点建立起组装和试验的标准，使组装程序优化，缩短装置的组装工期。

4.2 试验原理

电动升模装置试验是按照预定的试验目的与试验步骤，对各部件进行检查和测试，并将静荷载作用在电动升模装置上的指定位置，观测相应部位的变形和应变，根据相关的指标，分析判断电动升模装置在静力作用下的工作性能和使用能力。

4.3 电动升模装置组成

电动升模装置主要由电动提升装置、随升施工平台及垂直运输装置、单元式模板装置、电气及信号控制装置等4个部分组成（图4.3）。

4.3.1 电动提升装置

电动提升装置由操作架、提升架、工具式锚固件、电动提升设备等构成。

4.3.2 随升施工平台及垂直运输装置

随升施工平台装置由随升井架、平台辐射梁、平台板结构、中心鼓筒、上弦支撑、下弦拉索、起重拔杆装置（包括拔杆、起重卷扬机和钢丝绳）、内支模走道平台、砌筑吊平台和安全防护装置等组成。

垂直运输装置由提升吊笼、钢丝绳、卷扬机、天滑轮装置、地滑轮装置和安全防护装置等组成。

4.3.3 单元式模板装置

单元式模板装置由内、外大模板单元及收分模板等组成。

4.3.4 电气及信号控制装置

电气控制装置由总电源装置、拔杆电源及控制装置、集控电源装置、提升吊笼电源及吊笼导索控制装置等组成。

信号控制装置由无线对讲机、内部集控固定电话、电铃、信号指示灯及电视监控摄像装置等组成。

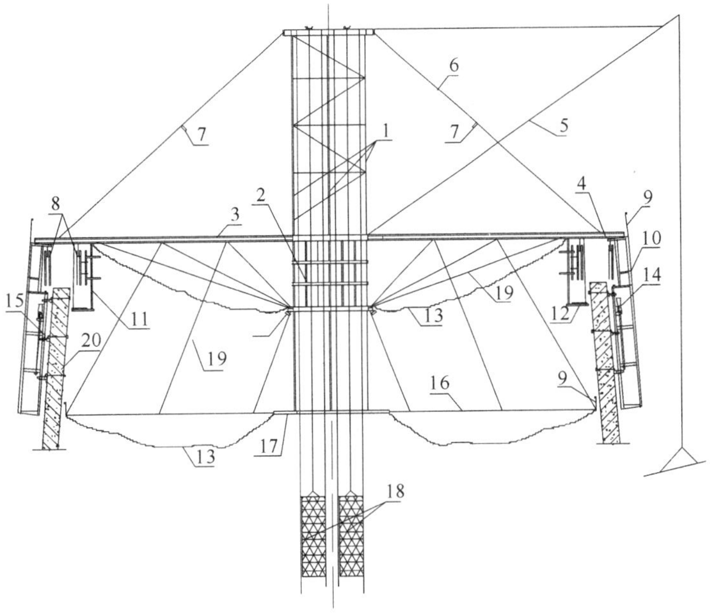

图4.3　电动升模装置组装示意图

1—随升井架；2—中心鼓筒；3—随升操作平台；4—辐射梁；5—摇头把杆；6—支撑；7—电视监控摄像头；8—模板；9—安全栏杆；10—外操作架；11—内支模架；12—内支模走道平台；13—安全网；14—电动提升机械；15—外提升架；16—砌筑平台；17—吊平台；18—吊笼；19—拉索；20—烟囱筒壁

A．电动提升装置（10、14、15）；

B．随升施工平台及垂直运输装置（1、2、3、4、5、6、9、12、13、16、17、18、19）；

C．单元式模板装置（8、11）；

D．电气及信号控制装置（7）。

5. 工艺流程及操作要点

5.1 工艺流程

电动升模装置组装及试验工艺流程如图5.1所示。

5.2 操作要点

5.2.1 电动升模装置组装前准备

1．确定电动提升装置的安装位置及标高，在烟囱筒壁相应位置预留电动提升装置所需的穿墙螺栓孔，且螺栓孔所在的筒壁混凝土强度等级不低于C20。

2．烟囱底部筒壁朝向集控室方向的部位开一个1200mm×600mm的洞口，以便卷扬机钢丝绳通过。

3．烟囱底部中心开挖3m×3m，深2m的地滑轮室，作为地滑轮装置的安装和使用场地。朝向集控室方向坑壁修整成缓坡至烟囱筒壁已开的洞口，其他三个方向的坑壁采用砖支护，坑底用15cm厚C20混凝土部填平，在坑壁和坑底相应位置预埋埋铁。

4．在积灰平台中部预留3000mm×1500mm洞口，使两个提升吊笼能上下通行的。同时预留6个洞口，使提升吊笼导索钢丝绳和扒杆钢丝绳从中穿过。

5．沿烟囱四周对地基进行加固处理，以便轻型汽车起重机能进行起重作业。

6．各种安装工具、起吊设备准备齐全。

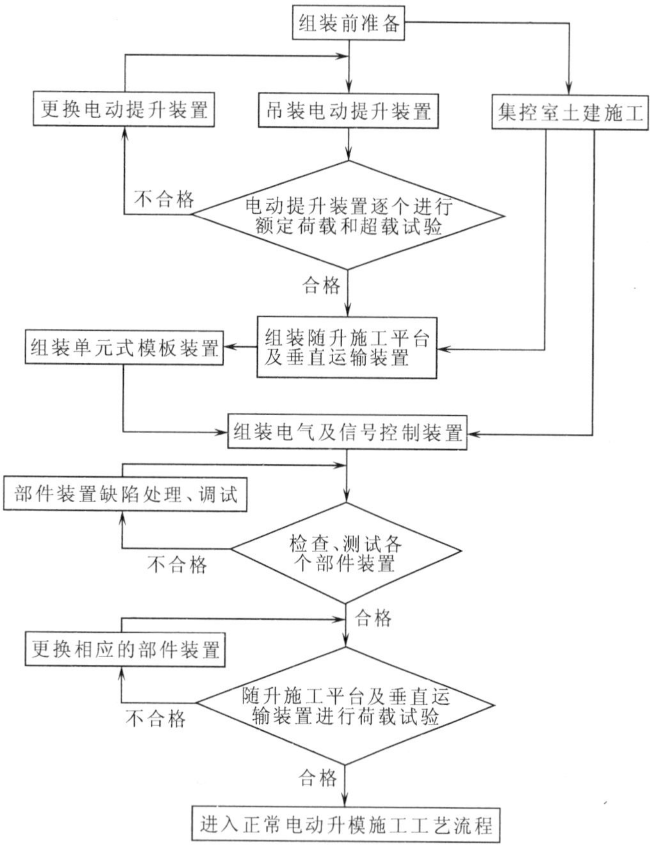

图5.1　电动升模装置组装及试验工艺流程

5.2.2　吊装电动提升装置

1. 电动提升装置的操作架和提升架在加工车间制作，与电动提升设备在地面一起进行组装。

2. 将电动提升装置的工具式锚固件安装至烟囱筒壁相应位置。

3. 在地面已组装好的电动提升装置用轻型汽车起重机沿烟囱筒壁圆周逐榀吊装就位。

4. 吊装电动提升装置的工况如图5.2.2所示。

图5.2.2　吊装电动提升装置工况

5.2.3　组装随升施工平台及垂直运输装置

1. 组装流程（图5.2.3-1）

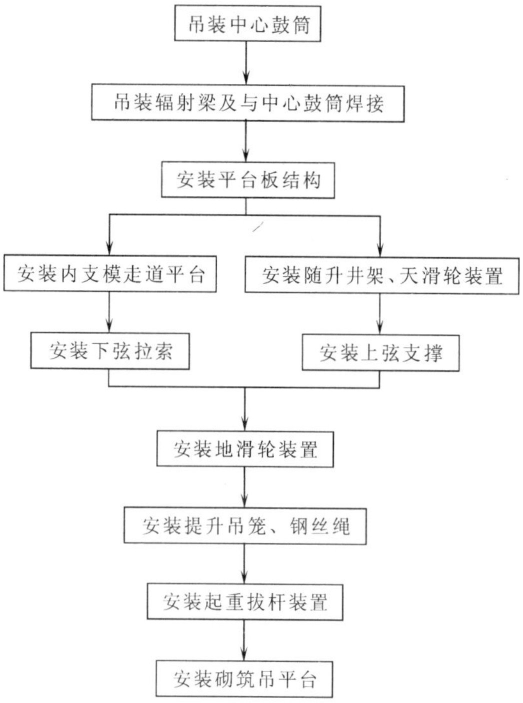

图5.2.3-1　随升施工平台及垂直运输装置组装工艺流程

2. 吊装中心鼓筒（图5.2.3-2）

1）中心鼓筒在地面进行组装，吊装前先将烟囱中心线标注在脚手架上，并标出中心鼓筒的中心线，使之重合。

2）中心鼓筒的安装脚手架搭设采用满堂脚手架，顶面用水准仪找平，满铺脚手板并且绑扎牢固，要求脚手架具有较强的稳定性。脚手架承受随升施工平台装置结构自重一半的重量，另外考虑4.0kN/m^{2}的活荷载值。

3）中心鼓筒上钢圈顶标高比电动提升装置顶标高提高20cm，以使随升施工平台装置的中心能起拱6‰～8‰。

4）中心鼓筒利用轻型汽车起重机吊装就位，鼓筒中心必须和烟囱中心重合。

5）中心鼓筒吊装完成后根据电动提升装置的相应位置，在上钢圈做好与辐射梁连接的相应分度标记。

3. 吊装辐射梁及与中心鼓筒焊接

1）辐射梁由槽钢在地面背靠背拼装而成，待电动提升装置与中心鼓筒就位后，利用轻型汽车起重机逐个吊装辐射梁。

2）根据在内将辐射梁一端支承在电动提升装置的操作架顶部的滚轮上，另一端支承在脚手架上，与中心鼓筒上钢圈的连接标记相应。

3）辐射梁就位后，将辐射梁一端与中心鼓筒上钢圈的销耳焊接牢固。

4）辐射梁与中心鼓筒连接后的工况如图5.2.3-3所示。

图5.2.3-2　吊装中心鼓筒

图5.2.3-3　辐射梁与中心鼓筒连接后的工况

4．安装平台板结构

1）平台板结构位于辐射梁上面，组成部件从下至上依次为加强钢圈、木枋和木板。

2）加强钢圈用8号槽钢分段制作成弧形，用螺栓或焊接与辐射梁连为一体，作为辐射梁之间的支撑，同时加强辐射梁的平面整体性。

3）用铁丝将80mm×100mm木枋沿烟囱径向放置，同时与加强钢圈绑扎牢固。

4）木板厚度为40mm。木板沿烟囱环向进行铺设，先铺设中心鼓筒周边区域，再铺辐射梁间的空档。

5）平台板结构安装后的工况如图5.2.3-4所示。

5．安装随升井架、天滑轮装置

1）随升井架、天滑轮装置的构件运至随升施工平台上进行现场组装。

2）井架底座的4个矩形角点区域座落于圆形的中心鼓筒上钢圈顶部，并整体焊接。井架上部由钢管焊接成空间桁架结构，同时在井架顶部焊接避雷针。

3）天滑轮装置在随升施工平台上组装完成后，通过手拉葫芦吊至随升井架顶端，调整天滑轮装置的位置，并与井架顶端焊接牢固。

4）随升井架、天滑轮装置安装后的工况如图5.2.3-5所示。

图5.2.3-4　平台板结构安装后的工况

图5.2.3-5　随升井架、天滑轮安装后的工况

6．安装上弦支撑

1）上弦支撑为可调长度的钢管（或角钢）空间桁架结构，在辐射梁与随升井架顶端之间相连，由固定件和活动标准件组成。

2）安装前，上弦支撑各组件通过手拉葫芦吊至随升施工平台。

3）上弦支撑的安装顺序按从上至下的原则进行，即先安装上部的固定件，再安装中部的活动标准件，最后安装底部的固定件。上弦支撑底部固定件安装后的工况如图5.2.3-6所示。

4）在上弦支撑的中部均用钢管连接起来，以增强上弦支撑的整体稳定性。

7. 安装内支模走道平台

1）在烟囱筒壁的内侧将弯成U形的1.8m长钢筋（或钢管扁端）焊接悬挂在辐射梁和加强钢圈下方。

2）在钢筋底端搭设水平钢管作为支模走道平台的骨架。

3）在钢管骨架上沿烟囱径向满铺脚手板，并绑扎好作为内支模走道平台。走道平台宽度为1.8m。

4）内支模走道平台安装后的工况如图5.2.3-7所示。

图5.2.3-6 上弦支撑底部固定件安装后的工况

图5.2.3-7 内支模走道平台安装后的工况

8. 安装下弦拉索

1）下弦拉索设在辐射梁下方，可采用钢管（刚性）或柔性（钢丝绳）连接。下弦拉索根据烟囱直径的大小均布设3～5道。每根拉索的一端在辐射梁下的销耳连接处，另一端与中心鼓筒的下钢圈连接。

2）下弦拉索安装后的工况如图5.2.3-8所示。

图5.2.3-8 下弦拉索安装后的工况

9. 安装地滑轮装置

1）地滑轮装置在烟囱底部预留的地滑轮室进行组装。地滑轮装置的工字钢梁水平方向与室壁预埋铁焊接，工字钢梁底部与地面预埋铁焊接。

2）滑轮放置朝向集控室方向，与筒壁洞口对应。滑轮位置定好后，将滑轮焊接在工字钢梁上。

10. 安装提升吊笼、钢丝绳

1）2 个提升吊笼运至烟囱底部地面分别安装。其中一个提升吊笼安装调试完成后，再进行另一个提升吊笼的安装调试。

2）提升钢丝绳安装顺序：

集控室卷扬机钢丝绳经地面通过筒壁洞口→经地滑轮装置转向→向上穿过积灰平台预留口→向上经天滑轮装置转向→向下穿过积灰平台预留口→向下穿过提升吊笼顶部滑轮→向上穿过积灰平台预留口→向上经天滑轮装置转向→向下穿过积灰平台预留口→向下经地滑轮装置转向→通过筒壁洞口→集控室卷扬机。

3）点动集控室卷扬机钢丝绳，使卷扬机受力，则提升吊笼被提起，移至积灰平台预留孔合适位置。

4）提升吊笼就位后，导索钢丝绳用同样方法穿过提升吊笼两侧的滑轮，以避免提升吊笼静止和运行时的水平晃动。

11. 安装起重拔杆装置

1）拔杆利用ϕ133×5的无缝钢管在地面制作，长度根据烟囱高度、筒壁坡度确定。成型的拔杆运至烟囱底部，经积灰平台预留孔吊至随升施工平台。

2）拔杆起重卷扬机也经积灰平台预留孔吊至随升施工平台，将拔杆起重卷扬机焊接在预定位置的辐射梁和梁间钢架上。

3）拔杆变幅钢丝绳安装顺序：

集控室拔杆卷扬机钢丝绳经地面通过筒壁洞口→经地滑轮装置转向→向上穿过积灰平台预留口→经拔杆滑轮装置转向→向下穿过积灰平台预留口→向下经地滑轮装置转向→通过筒壁洞口→集控室拔杆卷扬机。

12. 安装砌筑吊平台

1）受中心鼓筒与积灰平台之间净空高度的限制，中心鼓筒下的砌筑吊平台待电动升模装置爬升两模（3.2m）后，再进行组装。

2）砌筑吊平台的拉结钢丝绳悬挂在中心鼓筒下钢圈、辐射梁和加强钢圈的下方。

3）在拉结钢丝绳底端搭设水平钢管作为砌筑吊平台的骨架。

4）在钢管骨架上沿烟囱径向满铺脚手板，并绑扎好作为砌筑吊平台。

5.2.4 安装单元式模板装置

1. 根据烟囱首模采用电动升模施工的筒壁内外半径，计算所需的内外标准大模板和收分模板的规格。

2. 依据烟囱筒壁上首模电动升模所用穿墙螺孔的位置及内外标准大模板的规格，在内外标准大模板预留相应位置的穿墙螺孔。

3. 内外标准大模板均在地面组装完成后再分别吊至辐射梁下和操作架的支模架进行安装。

4. 根据标准大模板单元之间的宽度切割收分模板，然后再插入相应位置。

5. 安装完成后的模板下沿应搭接超过烟囱混凝土筒壁施工缝10cm。

5.2.5 集控室土建施工

1. 集控室的位置在烟囱底部的两个交通门中心连接线垂直的其中一侧，距离烟囱中心为40～50m。集控室按常规砖混结构建筑进行土建施工。

2. 在集控室卷扬机装置后设地锚基础，通过钢丝绳拉结卷扬机装置。

3. 集控室土建完成后，进行卷扬机装置的安装。

5.2.6 安装电气及信号控制装置

1. 随升施工平台装置的电气连线应装在辐射梁下部或侧面，并固定牢固。所有电源线均采用绝缘可靠的橡皮电缆，并配备安全可行的漏电保护器，平台的配电箱设置防雨罩。

2. 集控室的控制盘柜按设计要求放置到安装位置基础槽钢上。盘柜与基础槽钢之间应做好可靠接地。

3. 烟囱内部垂直悬吊的电缆不得有扭绞、打圈接头等现象。地面敷设的电缆不应受到挤压和损伤。

4. 信号控制除采取常规的无线对讲机、内部集控固定电话外，还在随升施工平台安置电视监控摄像头，经信号传输线与地面集控制室相连，使地面控制人员能对烟囱高空施工垂直运输系统的运行进行监视。

5.2.7 其他组装注意要点

1. 在操作架最上层操作平台上焊接1.4m高的ϕ25栏杆，沿烟囱四周将所有栏杆用两道钢丝绳连接起来，作为安全防护绳。操作架外围和底部均挂安全密目网。

2. 随升施工平台装置的吊架下方均挂设安全平网。

5.2.8 电动升模装置试验

1．试验目的

1）考核电动升模装置主要技术性能及参数是否达到设计要求，是否符合相关规定。

2）考核整个装置及主要装置部件制造和装配质量。

3）是保证顺利进行电动升模施工工艺的前提。

2．试验项目

1）电动提升装置额定荷载试验；

2）电动提升装置超载试验；

3）电动提升装置额定提升速度试验；

4）性能试验；

5）电气试验；

6）随升施工平台装置空载试验；

7）随升施工平台装置加载试验；

8）垂直运输装置额定荷载试验。

3．试验内容

1）电动提升装置额定荷载及速度试验

在电动提升装置的各层平台上施加额定荷载（人工搬运砂袋或标准砌块），检查装置各部件的质量。在施加额定荷载稳定的情况下，进行电动提升装置的提升速度试验，测试提升速度，使之与额定速度偏差≤2%，可认为提升速度试验符合要求。

2）电动提升装置超载试验

在电动提升装置的各层平台上继续施加荷载至额定荷载的1.2倍，检查装置各部件是否正常。

3）性能及电气试验

电动升模装置组装完成后，检查所有装置部件是否符合要求，对电气元件、线路进行测试。

4）随升施工平台装置空载试验

完成各装置部件的性能及电气试验后，开动电动提升装置使随升施工平台空载提升，检查随升施工平台各装置是否正常。

5）随升施工平台装置加载试验

随升施工平台自平台中心1.5m开始至平台最外沿分为2个荷载环，自外沿向中心分别按0.5kN/m²、3.5kN/m²划分（图5.2.8）。试验荷载在荷载环内均匀堆放。

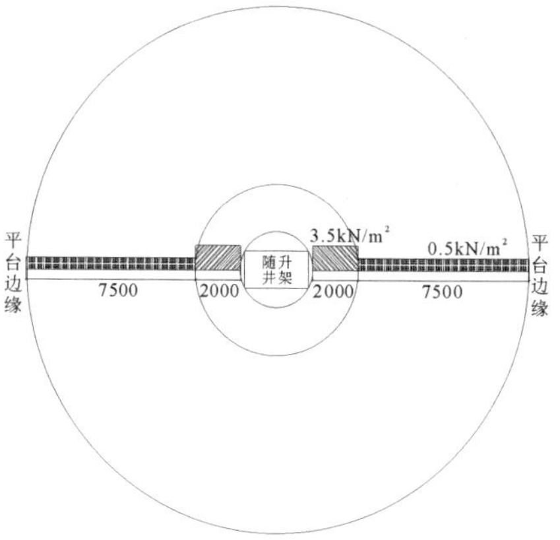

图5.2.8　随升施工平台加载试验环

加载时按15%、30%、50%、65%、75%、85%、100%分七级逐步加载，每两级加载时间相隔1h。

加载过程中测量随升施工平台各装置部件的挠度和下沉量。

6）垂直运输装置额定荷载试验

2个提升吊笼加载额定荷载，上下同时连续运行1h，检查各装置部件的性能质量。

6. 材料与设备

6.1　主要材料

钢材主要为Q235材质的角钢、槽钢、工字钢及钢管。钢丝绳选用起重设备用的光面钢丝绳。木材选用普通松木板和常规支模用木枋。荷载试验材料选用沙袋或砌块。

6.2　主要机具设备（表6.2）

机具设备表 表6.2

序号	仪器设备名称	型号规格	数量	备注
1	汽车起重机	轻型（20t以内）	1台	组装用设备
2	电焊机	BX_3350	4台	
3	氧焊器具		4套	
4	手拉葫芦	2t	6个	
5	经纬仪	DJ0-1	1台	
6	水准仪	DZS3-1	1台	
7	电子仪表	J9-1	2台	试验用仪器
8	钢直尺	500mm	5把	
9	钢卷尺	20m	5把	
10	兆欧表	ZC-7	2台	
11	钳形电表		2台	
12	经纬仪	DJ0-1	1台	
13	百分表		4只	

7. 质量控制

7.1 执行的质量标准

《电力建设施工质量验收及评定规程 第1部分：土建工程》、《烟囱工程施工及验收规范》、《钢结构设计规范》、《建筑钢结构焊接规程》《钢结构工程施工质量验收规范》。

7.2 电动升模装置组装质量检验参照《电力建设施工质量验收及评定规程 第1部分：土建工程》的标准建立企业标准（表7.2）。

电动升模装置组装质量控制标准 表7.2

项目	项目名称		允许偏差
1	内外模板环形圆心与烟囱中心位置		3mm
2	中心鼓筒位置的偏差（水平、垂直方向）		3mm
3	提升架、操作架垂直偏差	平面内	2mm
		平面外	1mm
4	电动升模丝杆垂直度偏差		1mm
5	考虑倾斜度后的模板尺寸偏差	上口	1mm
		下口	2mm
6	环形模板直径偏差		5mm
7	相同两块模板表面平整度偏差		1mm

7.3 电动升模装置试验标准（表7.3-1～表7.3-7）

荷载试验前的检查与测量 表7.3-1

序号	检验项目	规定要求
1	动力装置	功能正常
2	电气装置	正常

续表

序号	检验项目	规定要求
3	垂直运输装置	正常
4	摇头扒杆	正常
5	安全装置	正常
6	制动器	动作可靠
7	操作装置	灵敏、可靠
8	联接件	牢固、可靠
9	焊接质量	光整、无缺陷
10	提升架导轨	平直、滑动灵活
11	通信装置	灵敏、可靠

电气试验 **表7.3-2**

序号	规定要求
1	电机及电气元件≥0.5Ω
2	电气线路

空载试验（随升施工平台提升） **表7.3-3**

序号	规定要求
1	动力装置平稳，无明显冲击、振动
2	平台提升平稳，无明显倾斜、扭转、飘移
3	其他装置正常

加载试验（随升施工平台提升） **表7.3-4**

序号	规定要求
1	金属结构件无永久变形，无可见裂纹，联接件无损坏松动现象
2	平台沉降量：f_1≤1/400×平台直径=3mm
3	辐射梁挠度： f_2≤1/250×辐射梁跨度=4.7mm
4	中心鼓筒下沉量：f_3≤56mm
5	辐射梁跨中挠度：f_4≤38m
6	其他装置正常

电动提升装置额定荷载试验 **表7.3-5**

序号	规定要求	备注
1	动力装置平稳，无明显冲击、振动，无怠速现象	在施工平台组装前进行
2	提升架钢结构无永久变形	
3	操作架导轨与提升架导轨滑动良好	

电动提升装置超载试验 **表7.3-6**

序号	规定要求	备注
1	动力装置平稳，无明显振动，噪声正常	在施工平台组装前进行
2	金属结构构件无永久变形，无可见裂纹，联接件无损坏松动	

电动提升装置额定提升速度测定　　表7.3-7

序号	规定要求	备注
1	允许偏差：≤2%	1．荷载为额定荷载 2．设计 v=0.242m/min 3．在施工平台组装前进行

垂直运输装置额定荷载试验　　表7.3-8

序号	规定要求	备注
1	电气装置、操作装置、制动、高度限位装置功能及动作准确	1．两个吊笼额定荷载为2.5t×2 2．全行程连续运行1h，每一循环正常制动一次
2	卷扬机及传动机构平稳，无明显冲击、振动	

7.4　质量控制措施

7.4.1　电动升模装置各部件组装前查验材料质量证明书。操作架、提升架、随升井架、平台辐射梁、中心鼓筒和上弦支撑等部件加工前进行材料复检。

7.4.2　钢结构部件焊接过程中，进行全过程监控，以防止焊接缺陷产生。

7.4.3　施工场地、吊装位置及组装过程等须满足施工基本要求，避免运输、吊装及组装过程中装置构件变形。

7.4.4　随升施工平台装置加载试验时，每级荷载持荷15min后才读取相应数值，以确保数据准确。

7.4.5　组织建设、设计、监理及施工单位联合对已组装的电动升模装置进行检查、试验，确保下一步的工程施工质量。

8. 安全措施

8.1　执行和参照执行的安全标准

本工法执行下列标准：《烟囱工程施工及验收规范》GB 50078、《建筑机械使用安全技术规程》JGJ 33、《施工现场临时用电安全技术规范》JGJ 46和《建筑施工高处作业安全技术规范》JGJ 80等。

8.2　电动升模装置组装及试验的重大危险源

8.2.1　高空坠落伤害事故。

8.2.2　物体击伤事故。

8.2.3　设备、机具伤害事故。

8.2.4　交叉作业伤害事故。

8.2.5　触电事故。

8.3　安全控制措施

8.3.1　施工现场设置警戒区域，以防止非作业人员进入施工现场。

8.3.2　吊装作业由专人进行统一指挥。机具在使用前必须经过检查，确认安全、可靠、合格后方可进行吊装。

8.3.3　电动设备在施工前应检查其绝缘性能，并有防雨措施。

8.3.4　电动升模装置组装过程中，所有高空作业人员必须系安全带。

8.2.5　进行荷载试验时，烟囱内部及电动升模装置下方不得站人。

8.2.6　荷载试验材料堆放整齐，堆放时严禁抛掷，应两人或多人将荷载试验材料轻抬轻放。

9. 环保措施

9.1　工法实施过程中遵守国家相关的环境保护法律、法规及本公司《管理手册》的要求，严格执行企业的程序文件，对环境因素进行认真的评价。

9.2 施工场地整洁文明，各种标识齐全、醒目。

9.3 加强活动过程控制，减少废物的产生和排放，努力降低环境污染。施工现场产生的垃圾定期清理，严禁抛弃至烟囱内部及周边地面，并及时运往指定地点。

9.4 妥善保管现场木枋、木板等易燃品和氧气、乙炔等易爆品，采取相应防范措施，以免造成环境污染。

9.5 电动减速机、卷扬机采用低噪声设备，地面集控室作好隔音措施。

9.6 禁止在现场焚烧施工垃圾，防止产生有害、有毒气体。

10. 效 益 分 析

10.1 经济效益

采用本工法组装与采用“地面拼装、整体式吊装”方法相比，工期相当，节省大型履带式吊车台班费用约5万元。

10.2 社会效益

从20世纪90年代起，公司在高耸烟囱电动升模施工中均采用本工法组装、试验的电动升模装置各项技术指标均能满足正常施工的需要，无任何安全问题，树立了良好的品牌。

11. 应 用 实 例

工程应用实例一览表　　表11

工程项目	石门电厂二期烟囱	金竹山电厂扩建烟囱	常德创元电厂烟囱	岳阳华能电厂二期烟囱
筒身结构	单筒	套筒	套筒	套筒
高度	240m	210m	240m	210m
出口直径	7.2m	11.5	9.5m	7m
底部直径	28.8m	27.7m	25.4m	26.0m
组装时间	7d	7d	7d	7d
试验时间	3d	3d	3d	3d
应用效果	应用本工法组装、试验的电动升模装置，各项技术指标均能满足正常施工的需要，无任何安全问题	应用本工法组装、试验的电动升模装置，各项技术指标均能满足正常施工的需要，无任何安全问题	应用本工法组装、试验的电动升模装置，各项技术指标均能满足正常施工的需要，无任何安全问题	应用本工法组装、试验的电动升模装置各项技术指标均能满足正常施工的需要，无任何安全问题。 该工程通过第五批全国建筑业新示范工程验收。获2007年度“中国电力优质工程”奖和国家优质工程银奖

焦炉燃烧室在线热修施工工法

GJEJGF343—2010

中国十九冶集团有限公司　攀钢集团冶金工程技术有限公司
郑辉　彭强　付晓林　陈伟攀　易振翔

1. 前　　言

焦炉是一种结构复杂、长期连续生产的热工设备。它的用途是将煤在隔绝空气的条件下加热到950～1050℃干馏，从而获得焦炭和其他副产品。焦炉的燃烧室除了长期在高温条件下运行，还要承受上部砌体及设备的静荷重、装煤车及推焦机的动荷载、煤结焦时膨胀所产生的压力、推焦时与焦炭的摩擦作用以及灰分、熔渣、水分和酸性气体的侵蚀。因此焦炉在生产运行过程中，燃烧室会有不同程度的损坏。

昆钢2号焦炉建成于1966年，部分燃烧室炉墙产生直裂缝导致炉墙局部坍塌，尤其是炉头立火道更为严重，生产维护困难。研究并推广焦炉在线热修技术，对焦炉提高生产运行寿命有重要意义。

针对焦炉在线热修的工况、环境设备运行等特殊条件，我们通过在昆钢2号焦炉燃烧室检修工程研发在线热修施工工法并进行了多次的运用实践，较成功的解决了炉顶装煤车的安全运行、高温环境的改善、砌筑尺寸保证等技术难题，其施工技术已达到国内领先水平，获得一系列专利。现将本工法内容简述如下。

2. 工 法 特 点

2.1　施工环境好：在检修前对检修部位的炭化室进行高温隔热处理，施工区域由生产时的1000℃左右降为40～60℃。

2.2　检修空间大：高温隔热板由组合支撑结构，形成一个独立无障碍检修空间，方便检修操作。

2.3　方案简捷、易操作：防护板及加固装置安装均简便、快捷，可调、易实施。

2.4　施工速度快：防护板、加固装置提前加工，缩短了检修时间。

2.5　质量、安全易保证：炉顶轨道的加固方法及对砌筑质量的有效控制，保证了施工的质量与作业安全。

3. 适 用 范 围

本工法适用于大中型焦炉燃烧室的在线热修。

4. 工 艺 原 理

4.1　利用高强度、耐高温、可移动隔热防护板改善高温作业环境，保证作业人员施工作业环境。

4.2　利用大梁及托梁的组合共同承担轨道上装煤车重力及侧向力，保障装煤车安全、平稳运行。

4.3　利用硅火泥高温状态迅速粘结来对煤气管砖的修补。

4.4　利用炉柱固定定位点来保证燃烧室砌筑尺寸的质量。

5. 施工工艺流程及操作要点

5.1 施工工艺流程（图5.1）

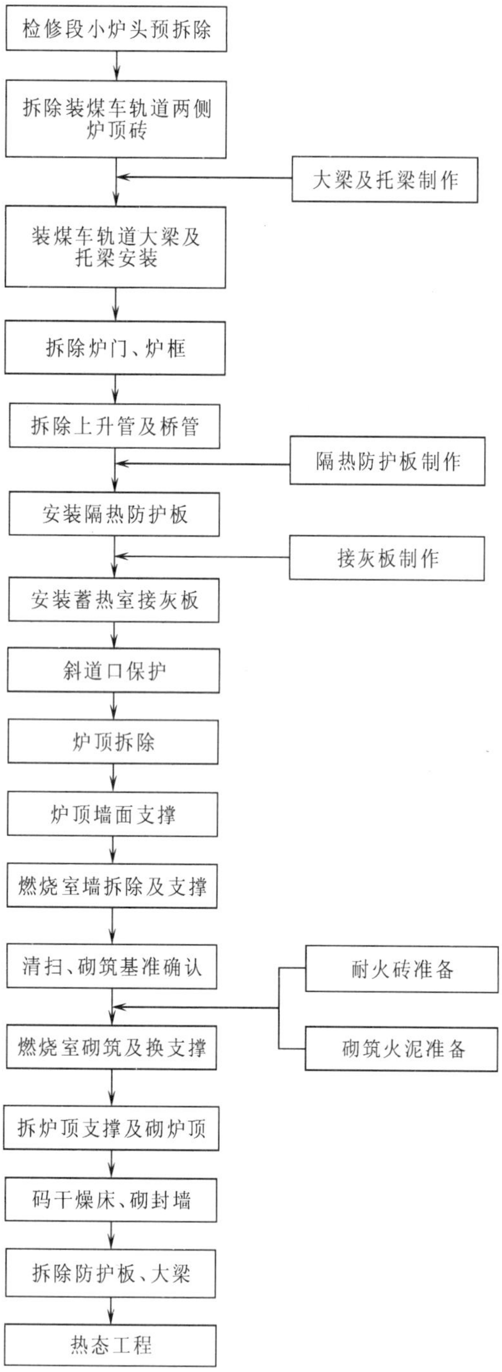

图5.1 工艺流程示意图

5.2 施工操作要点

5.2.1 隔热防护板制作（图5.2.1）

隔热防护板由骨架、隔热材料、钢板网、短支撑、滚轮构成。骨架由50mm×50mm×5mm角钢制作，它的高度与宽度依据焦炉燃烧室施工图纸确定骨架外形尺寸，一般骨架高为炭化室高度减400mm左右，宽以2～2.5m为宜。在钢构骨架下部装上两个滚轮，用绑扎丝将钢板网（两片钢板网内夹有50mm厚硅酸铝纤维板）绑在钢构骨架平面部分，最后将T形支撑（T形支撑的两端制作成圆角）焊接在骨架的上、中、下位置。T形支撑长为炭化室宽度减80mm左右。骨架两侧边角钢上均匀开5～6个腰形孔，以便片与片之间用螺栓连接成一个整体。隔热材料硅酸铝纤维毡可先用钢板网夹在一起，夹好后再逐块绑扎在骨架上。

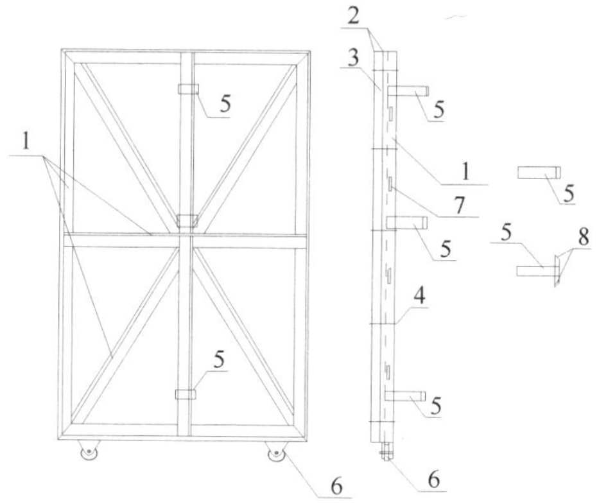

图5.2.1 隔热防护板示意图

1—钢构骨架；2—钢板网；3—硅酸铝纤维板；4—绑扎丝；5—T形支撑；6—滚轮；7—腰形孔；8—短支撑倒角

5.2.2 钢管支撑制作

为了保证两端隔热防护板的稳定，需对防护板进行支撑，支撑要求能够灵活组装、满足不同道数燃烧室墙体的检修。故支撑采用带法兰的两种钢管支撑。一种为可调支撑（图5.2.2-1），首先用ϕ76mm×6mm无缝钢管一头进行内功丝，另一头焊接法兰。内螺纹一端套入ϕ70全螺纹直螺杆，在另一头焊接100mm×200mm×8mm钢板，钢板两端进行弯折处理。

另一种为定尺支撑（图5.2.2-2），用ϕ76×6无缝钢管两头焊接法兰制作。定尺支撑的长度与炭化室中心距一致。

5.2.3 装煤车轨道大梁与托梁制作（图5.2.3）

大梁由大型型钢制作，在和托梁连接部位的腹板位置加设加筋板及相应位置的下部翼缘板焊接大梁连接板。托梁由工字钢制作，在托梁与大梁连接的上部翼缘板焊接托梁连接板。

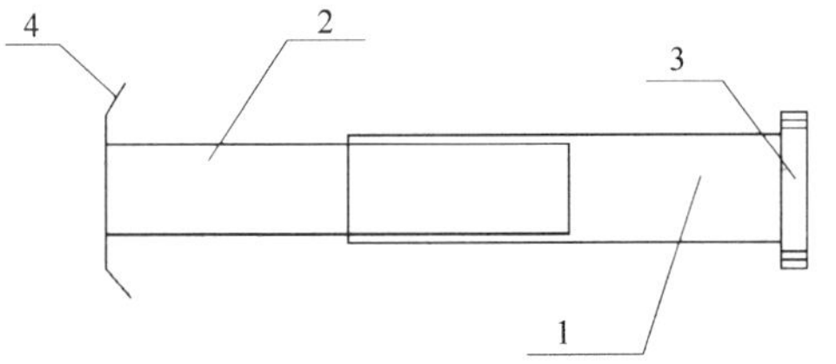

图5.2.2-1 可调支撑

1—带内螺纹ϕ766无缝钢管；2—ϕ70全螺纹直螺杆；3—法兰；4—钢板

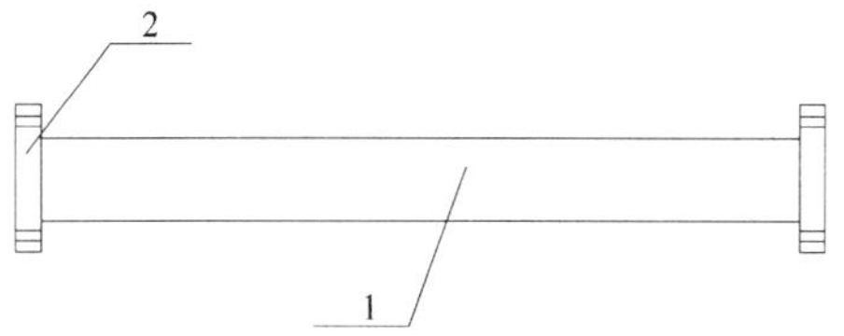

图5.2.2-2 定尺支撑

1—ϕ766无缝钢管；2—法兰

5.2.4 检修段小炉头拆除

对检修段小炉头进行拆除，以便对需要检修部分的炉门框进行拆除。在拆除小炉头的同时对装煤车轨道两侧炉顶砖进行拆除，炉顶砖拆除范围：深度和长度以能轻松放入托梁为宜。炉顶看火孔墙体暂不拆除，待炉顶轨道加固完毕后与炉顶一起拆除。

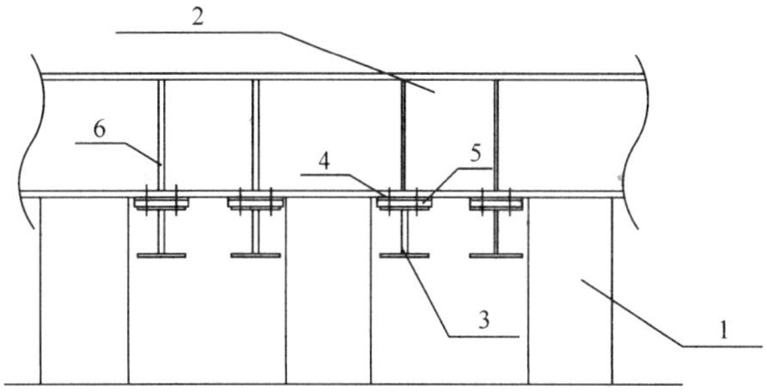

图5.2.3 大梁与托梁

1—炉顶看火孔墙体；2—大梁；3—托梁；4—大梁连接板；5—托梁连接板；6—大梁加筋板

5.2.5 装煤车轨道大梁及托梁安装

炉顶轨道两侧的炉顶砖拆除完后，放入托梁。在炉顶装煤车轨道两侧用吊车分别放置一根大梁。大梁下部用螺栓连接若干托梁，托梁托起轨道（图5.2.5-1、图5.2.5-2），使来自轨道的重力经托梁传递给大梁，最终由大梁承担。

当大梁与托梁连接完毕后，大梁两端用垫片进行调平，让托梁紧贴轨道，使之受力。当轨道完全受力于托梁时，与轨道紧贴部位的托梁上焊接轨道压板（图5.2.5-2），对轨道进行定位。

两根轨道加固好后，分别用装煤车空车和重车进行检验。如果轨道有弯曲变形，对大梁与托梁重新调整，直到轨道稳固，待大梁与托梁定位后，将大梁两端的调平垫片用电焊与大梁点牢。

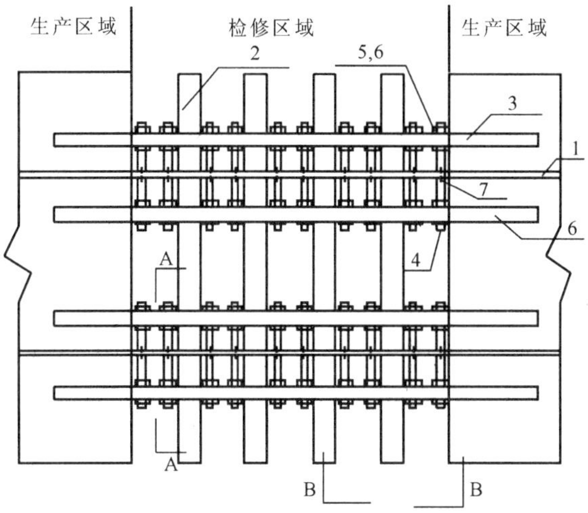

图5.2.5-1

5.2.6 当小炉头拆除完毕；炉顶轨道加固好后可以用吊车进行炉门、炉门框拆除以及桥管、上升管、封闭承插口的拆除。

5.2.7 安装隔热防护板：安装防护板前推焦机推头在待检修燃烧室区域最末两端炭化室焦侧位置，将防护板第一片挂在推焦机推头上轻轻拉入炭化室内，在拉入后一片时将两片中的腰形孔对正，并用螺栓连接，这样依次用推焦机将所需防护板拉入炭化室内。

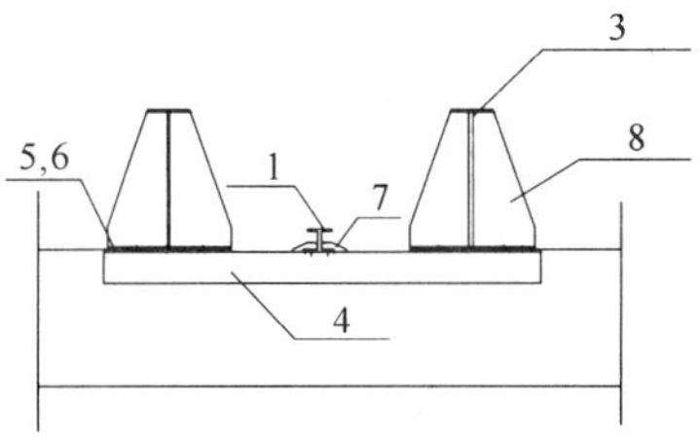

图 5.2.5-2（A-A）

1—轨道；2—炉顶看火孔墙体；3—大梁；4—托梁；5—大梁连接板；6—托梁连接板；7—轨道压板；8—大梁加筋板

5.2.8 将蓄热室封墙高度拆除500mm左右，安装蓄热室C形接灰板（图5.2.8）。接灰板长为2m左右，宽比蓄热室窄50mm，厚度为1mm。每块之间可用铁线进行连接，安装前用两根6m长ϕ15钢管放入蓄热室格子砖上，在钢管上逐块推入接灰板，推入一块连接一块。

5.2.9 在燃烧室墙找出每个斜道口位置，将燃烧室墙体的每个斜道口位置凿个孔洞，孔洞大小为能放入一只手。用石棉绳扎成的石棉把子通过孔洞将每个斜道口和煤气管砖孔塞严。

5.2.10 炉顶拆除：炉顶耐材拆除从上而下进行，同时将炉顶铁件，如看火孔座、装煤孔座一同拆除。但要注意对拉条的保护。拆除时注意留一层炉顶砖，即炭化室过顶砖不拆除。

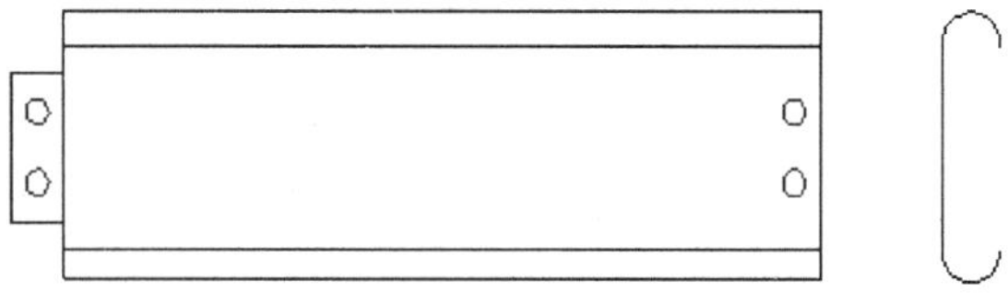

图5.2.8 C形接灰板

5.2.11 在炉顶拆除至过顶砖时，对没有拆除的炉顶墙面进行支撑。在没拆除的炉顶墙面放置高500mm的6mm厚钢板，在钢板中部放置槽钢，用可调支撑与定尺支撑对炉顶两侧墙面进行支撑。

5.2.12 在炉顶墙面支撑完后继续向下对燃烧室墙拆除，待燃烧室墙拆除至骨架最上面的T形支撑以下时，在T形支撑上放入槽钢，将可调支撑固定端放在槽钢内，将可调支撑与定尺支撑之间的法兰用螺栓进行连接（图5.2.12）。

当燃烧室墙拆除至骨架中部和下部的T形支撑以下时，按以上步骤进行支撑，直至全部拆除完燃烧室墙。在拆除燃烧室时，对整个炉顶用钢板网进行封闭，再用铁瓦和彩条布对炉顶覆盖，以防雨淋。

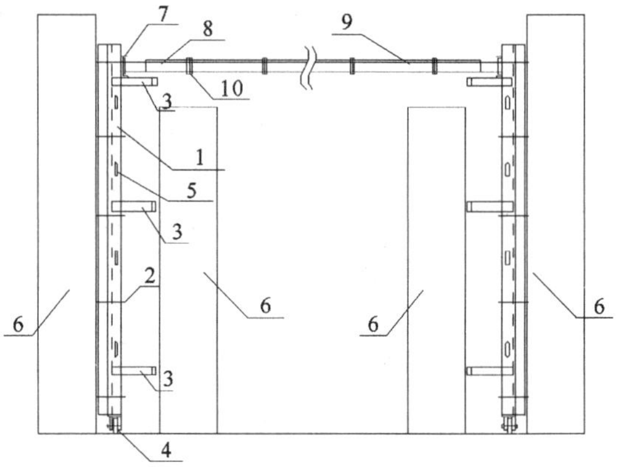

图5.2.12 隔热防护板安装示意图

1—钢构骨架；2—绑扎丝；3—T形支撑；4—滚轮；5—腰形孔；6—燃烧室墙；7—槽钢；8—可调支撑；9—定尺支撑；10—连接法兰

5.2.13 燃烧室全部拆除完后，对斜道顶面进行全面清扫。将斜道口和煤气管砖石棉把子拔出，认真清理斜道口和煤气管砖，并用空气吸尘器吸取斜道的杂物。在上部都清扫完毕后抽出蓄热室接灰板，将接灰板上的碴子清理干净后重新放入蓄热室格子砖上。最后到地下室用ϕ12钢管对煤气管进行疏通。

5.2.14 炭化室原始尺寸测量、记录，在炉柱上、下部位焊接角钢用作燃烧室砌筑线的控制。燃烧室砌筑纵中心线和正面线放在未拆除的燃烧室墙体上，炭化室横中心线放在焊接角钢上并用锯条锯出标记，按图纸尺寸分别从机焦侧分出燃烧室砌筑基准线。同样用锯条锯出深槽。将上下角钢砌筑基准线用光圆钢筋进行连接。并在光圆钢筋上锯条锯出槽作为砌筑层高线标记。砌筑时将砌筑控制线绑在光圆钢筋槽内作为砌筑尺寸的控制（图5.2.14）。

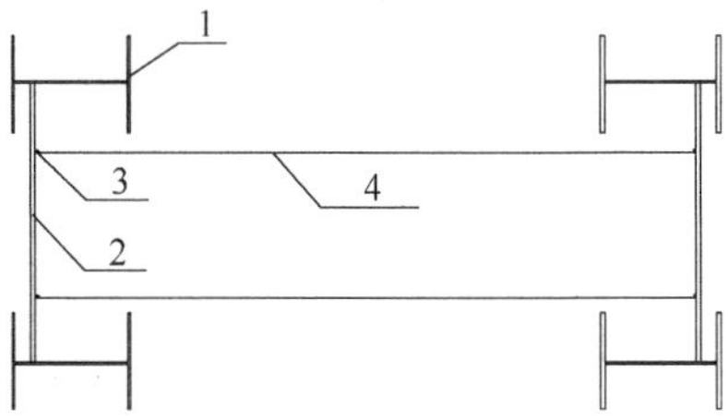

图5.2.14

5.2.15 在砌筑燃烧室前，检查煤气管砖是否通畅，检查无误后，在原煤气道砖上砌筑灯头砖，清理好管道内泥浆。在灯头砖上放置80mm高ϕ159管子，用稀泥浆（水与硅火泥配合比为1：1）经管子从煤气道砖向下灌浆，灌入后及时将下喷管堵头打开，放出稀泥浆；再用钢筋对整个煤气管砖进行清理、疏通。

5.2.16 燃烧室的砌筑依据灯头砖的位置进行燃烧室墙砖的预摆，检查砌体尺寸和砖缝。将燃烧室墙与斜道结合部位（第九层底部）铺设滑动纸。机焦两侧按6个立火道，夹板砖全炉通铺，机焦两侧各5个洞设膨胀缝，缝宽8～10mm，内设硅酸铝纤维毡，但在夹板砖中间安（放在下循环过桥砖后面），机侧炉头与第八层退台30mm（预留膨胀缝），焦侧预留35mm。按照图纸摆放好调节砖。

第10层在机焦两侧6个立火道夹板砖铺设滑动纸，机焦两侧各3个洞设膨胀缝，缝宽8～10mm，内设硅酸铝纤维毡，但在夹板砖中间安放在下循环过桥砖后面，机焦侧炉头与第9层退台20mm。第11层在机焦两侧3个立火道夹板砖铺设滑动纸，不设膨胀缝，机焦侧炉头与第10层退台10mm。第12层以上不设膨胀缝，炉头与第11层平齐。

砌筑燃烧室墙体前，盖上活动保护板后进行砌筑。炭化室内设置的活动脚手架每升一步跳时，不得超过已砌砖层，以便检查。 燃烧室墙每班砌筑完成后，对机侧、机中、炉中、焦中、焦侧等5个点的墙宽尺寸进行专控，并做好记录。此外，检查墙面的垂直度和平整度，立火道中心距和净空尺寸、燃烧室墙顶标高。合格后，经清扫、保护板取出，才可砌筑炭化室过顶砖。燃烧室炭化室墙面不得有推焦方向的逆向错台。

在砌筑下部燃烧室墙体时将第一层钢管支撑拆除，当砌筑到升第一步跳时，在T形支撑端头用木楔楔紧墙面与隔热防护板，拆除第二层钢管支撑。支撑的更换随砌筑进度进行。

5.2.17 砌筑炉顶之前，将旧炉顶墙上的支撑及钢板拆除。在燃烧室墙上画出装煤孔和上升管孔中心线和边线，然后根据燃烧室中心线量尺，拉线砌过顶砖，且下部与炭化室墙之间留设滑动缝。过顶砖胀缝之间夹设EP。砌完后的新燃烧室墙体比旧墙体低75mm，过顶砖在过新旧墙体时形成高差75mm的斜坡。其余过顶砖是平顶。过顶砖要仔细检查砖的外观，不允许使用有横向裂纹的砖。过顶砖一般不允许反向砌筑，但因砖公差原因，可适当反砌几块。

砌看火孔墙时，则在机中、焦中、炉中部位各先砌一个孔，再根据已砌的孔中拉线砌筑余下的孔。为防止泥浆掉入，孔砖砌筑时，应使用圆橡皮拔，清除孔内泥浆。

待看火孔墙砌完后，将装煤孔、上升管孔中心线、边线画在墙上，然后砌筑黏土砖。装煤车轨道下部轨枕箱不施工，待烘炉完成后再施工。

填心砌体砌筑时，应保证砖缝泥浆饱满。

上述完后，经检查确认合格后，安装铁件及炉盖，炉顶留两层不砌。砌筑时应拉通线，且砖缝泥浆饱满。表面则用靠尺检查，靠炉端墙表面则不打泥浆砌筑。待以后热态烘炉施工时，温度达1000° C以后，再进行修整砌筑。

5.2.18 当砌筑完炉顶后将防护板拉出（防护板在下次检修时可重复使用）一片拆除一片，直至全部拉出。将蓄热室接灰板和钢管从蓄热室内拉出，并清理干净。将待修燃烧室下部蓄热室封墙全部拆除，清理格子砖上的碴子及积灰，对损坏和格孔不通的格子砖进行更换。用压缩空气进行吹扫。干净后砌筑封墙。将小烟道与废气阀两叉部小翻板打开，用小铲将小烟道内的积灰清理干净。

5.2.19 以上工作做完后，用浓泥浆对炭化室底部刮平处理，进行码干燥床、砌封墙，做热态工程。热态工程按常规做法，只是温度达到1000° C以后，安装轨枕箱。

5.3 劳动力组织

劳动组织根据情况分为前期制作、耐材拆除及耐材砌筑阶段。每个阶段用不同工种，具体见表5.3。

各工种人员配备和工作任务 **表5.3**

序号	工 种	人数	工 作 任 务
1	司机	4	叉车、吊车运砖及运材料
2	操作工	4	卷扬机、切砖机的操作及保养
3	铆工	8	各种构件下料、组装
4	电焊工	5	各种构件焊接等
5	指挥人员	2	组织指挥、统筹规划、调度
6	砌筑工	12	耐火材料的砌筑
7	安装工	6	各种构件安装
8	配合工	24	耐材拆除、上砖、搬运材料等

6. 材料与设备

6.1 材料（表6.1）

主要施工材料 表6.1

材料名称	规格	单位	数量
木板	30×300×2000	m^3	5
角钢	L50×5	t	4
工字钢	I 50	t	12
工字钢	I 30	t	5
工字钢	I 18	t	3
硅酸铝纤维毯	$\delta=50mm$	m^2	120
专用脚手架		套	30
灰桶		个	18
安全带		根	20
碘钨灯管	配10个灯罩	根	50
低压灯泡		个	30
砂轮片	随切割机配	片	20
靠尺	长3m	根	2
木锤	ϕ140	把	60
钢制水平靠尺	L=3m	支	1
泥浆勺		把	20
勾缝刀		把	10
灰槽		个	12
小铁桶	ϕ300×ϕ250×250	个	10

6.2 机具设备（表6.2-1、表6.2-2）

主要施工机具 表6.2-1

序号	机具名称	数量
1	水平尺	20根
2	电动葫芦	3台
3	CO报警仪	4台

主要施工机械 表6.2-2

序号	机械名称	型号规格	数量
1	搅拌机		3台
2	测量仪		1套
3	卷扬机	3t	2台
4	切砖机	G215M	1台
5	叉车	3t	2台

7. 质量控制

7.1 隔热防护板、支撑、加固装置严格按照工艺、设计图要求加工制作。焊接质量应符合《建筑钢结构焊接技术规程》JGJ 81-2002。

7.2 砌筑严格按《工业炉砌筑工程施工及验收规范》GB 50211-2004、《工业炉砌筑工程质量检验评定标准》GB 50309-2002施工。

7.3 放线作业人员和测量人员随时跟班配合，严格控制标高、中心线、墙体等尺寸，以确保炉子线尺寸的准确性。

7.4 加强质量意识教育， 严格按操作规程施工作业。尤其是焦炉炉顶砌筑不允许“填大坑”，以保证砌筑质量。

7.5 耐火砖砌筑，采用挤浆法砌筑，确保灰浆饱满，分段测设高程，划分皮数，保证灰缝的水平度。

8. 安全措施

8.1 安全措施

8.1.1 施工用地范围应设围栏，有明显标志，以免行人误入工地造成事故。在检修区的炉顶、机侧、焦侧设安全警示牌和安全防护网。凡进入施工现场的人员均应戴安全帽。

8.1.2 施工前，作业人员必须接受规定的安全教育，并熟悉与掌握有关的安全操作规程，否则不得参与施工。

8.1.3 现场电线应随时检查，防止漏电伤人。

8.1.4 吊装作业应遵守起重操作规程，严禁起重臂下非吊装操作人员行走或工作。

8.1.5 当操作和使用各种施工机械时，应遵守该机械的安全操作规程，施工机械应由专人操作。

8.1.6 必须严格执行业主安全管理制度和作业票制度，严禁没有特种作业资质的人员从事特种作业，严禁施工人员随意动用焦炉设备、管道、阀门、电器开关等。

8.1.7 筑炉前，应详细检查作业地点、施工机械、脚手架、砌筑工具等是否符合安全施工的要求，确认无误后，方可进行作业。

8.1.8 砌筑时，不宜在墙上行走，在砌筑、运输和加工等操作时，应随时注意不要打（砸）伤手脚。

8.1.9 跳架搭设牢固，跳板铺设时，应不能出探头跳，经检查合格后，方可使用。

8.1.10 所有检修机具不准任意堆放，影响安全通道，必须堆放在指点地点，摆放稳固、牢靠，防止伤害他人。

8.1.11 上下立体交差作业，上下作业层间要搭设安全可靠的保护隔离层，严禁高空坠物。

8.1.12 施工现场不利安全的所有洞、坑、沟、井等都应设栅栏、盖板防护措施。

8.1.13 操作前，要检查防护设施、工作台、爬梯是否安全可靠，发现问题及时处理。

8.1.14 搅拌人员应戴好防护口罩和手套。

8.1.15 加煤车、推焦车、拦焦车等应处于正常运行工作状态，应委派专人监控。防止作业人员被运行的车辆伤害。

8.1.16 当四大车通过检修区域时，必须经过甲乙双方现场安全监护人员的同意。

8.1.17 禁止焦炉机机车移动时，在机车司机室操作台挂设安全牌，执行谁挂牌谁取牌制度。

8.1.18 推焦车司机、装煤车司机和拦焦车司机，在需操作车驶过检修段时，必须先下车到现场通知施工人员，提醒注意，在确保安全的前提下，方可驾车驶过检修段。

8.1.19 对加煤车、推焦车、拦焦车实行限速操作和鸣笛（打铃）警示，机车进入检修炉段前，必须有专人配合司机检查确认安全后，方可低速经过检修区域。

8.1.20 在线热修区域专设CO监测人员，确保作业环境CO浓度在允许范围，否则不得进入现场。

8.1.21 炉顶行走时，要注意装煤孔盖板及看火孔盖板，防止踩翻烧伤人员。

8.1.22 每天召开班前安全会议，安全交底到每个作业人员，由班组长签字认可。

8.1.23 在蓄热室接灰板施工前，要与甲方协调，由甲方安排专人断电、挂牌，确认无误后方可进行作业。

8.1.24 拆炉体时，要注意墙体支撑，炉体拆除结束后，马上封堵焦侧出口。

8.1.25 砌筑炉墙过程中只能从机侧出入，焦侧禁止通行，焦侧用钢板封死。

8.1.26 起重作业、接电作业必须通知甲方，操作人员持证操作。

8.1.27 砌筑炉墙时，耐火砖堆码高度不得超过1m，堆放在安全区域。

8.1.28 拆墙时，上下施工人员配合好，拆墙时不能清理。

8.1.29 进入地下室作业，必须由甲方工作人员带领及监督。

8.1.30 进入地下室作业，安装接灰板，拆砌封墙格子砖时，应清通砖煤气道（防止烫伤）。

8.1.31 每天下班之前清理好两层平台上的砖和杂物。

8.1.32 推焦车在工作行走时，任何人不得乘坐推焦车。

8.1.33 每天工作结束时，必须有人清点人数并确认。

8.2 应急预案

8.2.1 为避免焦炉煤气对人体的伤害，在焦炉检修范围及作业人员活动范围配备多台CO报警仪。一旦煤气浓度超标，迅速组织人员撤离至指定的安全位置。在距焦炉检修位置100m有一空旷处设置为安全区域，通过事先应急演示，从检修处撤离至安全区域不到1min，满足疏散要求。

8.2.2 如果发现有轻度煤气中毒现象，将中毒人员放至空旷凉爽处进行人工急救。如果是重度煤气中毒，现场设有专用应急车辆，迅速运往医院进行救治。医院距离现场为2km，5min内能赶到，能及时对中毒人员进行抢救。

8.2.3 每天工作时间限定为白天，夜晚不安排施工。现场备有绿豆汤及防暑药品，以防施工人员中暑。

8.2.4 焦炉四大车的运行有专人负责监控，并设立安全行走路线，在事前进行确认与演示，施工人员进出场均严格按行走路线行走。

9. 环保措施

9.1 减少施工所产生的噪声和环境污染。

9.2 道路要畅通、平坦、整洁，场地不得积水，建筑垃圾必须集中堆放，及时处理。

9.3 施工设备、架料等要集中堆放整齐，对进入现场的材料要有标识。

9.4 现场设施工公告牌、安全生产纪律宣传牌、防火须知牌、安全无重大事故计数牌、工地主要管理人员公示牌等。

9.5 不需要的材料要坚决清理出现场。

9.6 对施工现场进行彻底检查清扫，不留死角，施工现场所有场地都是检查清扫对象。

9.7 制定施工方案、安排工程进度时均应考虑材料的节约与费用的降低。

9.8 优先选用节能环保的施工机具，合理安排施工工艺，有效地降低施工过程中的能耗。积极推广节能新技术、新工艺，提高施工用能效率，力求避免不必要的损失。

9.9 做好施工总平面布置，合理确定临时设施，降低临时用地指标。做好施工规划，减少材料、设备的二次倒运。

9.10 采取多种措施提高用水效率。采用施工节水工艺、节水设备和设施；加强节水管理，施工用水要按定额计量。

9.11 废弃物的运输确保不遗散、不混放，送到指点场所进行处理。对可回收的废弃物做到再回收利用。

9.12 临时设施、周转材料、循环使用材料和机具的选用应充分利用易于回收材料，便于再次利用，减少现场作业与废料。

10. 效 益 分 析

10.1 可改善高温作业环境；保障装煤车安全、平稳运行；完成对煤气管砖的修补；利用炉柱固定定位点来保证燃烧室砌筑尺寸，确保了施工质量。

10.2 采用本工法，优化施工工艺，一次性可同时对多道燃烧室墙体进行检修，避免重复作业，加快施工进度。

10.3 本工艺与单道墙检修施工方法相比，具有良好的综合效益。

以昆钢2号焦炉检修为例，效益分析如表10.3。

昆钢2号焦炉检修效益分析表 **表10.3**

费用名称	单道墙施工方法（元）	在线热修施工方法（元）	节约费用（元）
材料费用	21120×5次＝105600	43200	
人工费用	90000×5次＝450000	322000	
合计	555600	371440	184160

采用整体五道墙施工法，相比单道墙施工法，工期缩短5×25−70=55d。

10.4 社会效益

焦炉燃烧室在线热修技术，是在焦炉正常生产状态下进行五道燃烧室墙同时作业。这种施工工艺在国外鲜有案例，在国内则属于首创，该项技术填补了焦炉燃烧室在线热修工程施工技术空白，并对此类工程具有重要的指导意义和借鉴价值，并可有效降低工程成本。对公司在焦炉燃烧室检修市场的竞争及对推动建筑领域施工技术进步具有重要意义。

11. 应 用 实 例

11.1 昆钢2号焦炉38～47号燃烧室检修工程

从2005年10月25日开始对昆钢2号焦炉38～47号燃烧室进行在线热修。这次检修按每五道燃烧室墙分段进行检修。

该焦炉为4.3m炭化室，炭化室长为14.080m，宽为机侧425mm、焦侧475mm，炭化室中心距为1143mm。

工程于2006年1月30日检修完，质量优良。在检修过程改善了高温作业环境，保证了生产设备正常运行，达到了冷热态砌体的统一，并且施工速度快，工序衔接合理。工程投产后，运行良好，效果显著。

11.2 昆钢2号焦炉18～22号燃烧室检修工程

从2007年10月12日开始对昆钢2号焦炉18～22号燃烧室进行在线热修。

该焦炉为4.3m炭化室，炭化室长为14.080m，宽为机侧425mm焦侧475mm，炭化室中心距为1143mm。

工程于2007年12月15日检修完，并且质量优良，该项目采用焦炉燃烧室在线热修施工工艺，工程完工投产至今运行良好，完全满足设计要求。

11.3　昆钢2号焦炉28～32号燃烧室检修工程

从2006年12月4日开始对昆钢2号焦炉28～32号燃烧室进行在线热修。

该焦炉为4.3m炭化室，炭化室长为14.080m，宽为机侧425mm焦侧475mm，炭化室中心距为1143mm。

工程于2007年2月16日检修完，其保证了质量、节约了工期，检修完的墙体投产至今运行良好，完全满足设计和使用要求。对于今后类似工程具有较强的指导作用和深远的现实意义。

焦炉抵抗墙施工工法

GJEJGF344—2010

中十冶集团有限公司
屈昕颖　王攀　徐飞宇　任泊远　呼维强

1. 前　　言

焦炉抵抗墙位于焦炉的两侧，约束焦炉的热变形。

焦炉抵抗墙为悬臂结构，设计不许留施工缝。焦炉抵抗墙由5根柱子、三道扁梁和200厚的板组成，为钢筋混凝土结构，与焦炉基础共用一个板式基础。抵抗墙示意图见图1-1、图1-2。

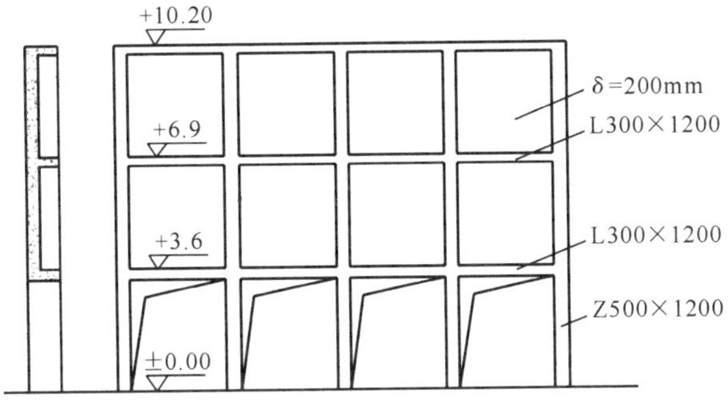

图1-1　焦炉抵抗墙立、剖面图

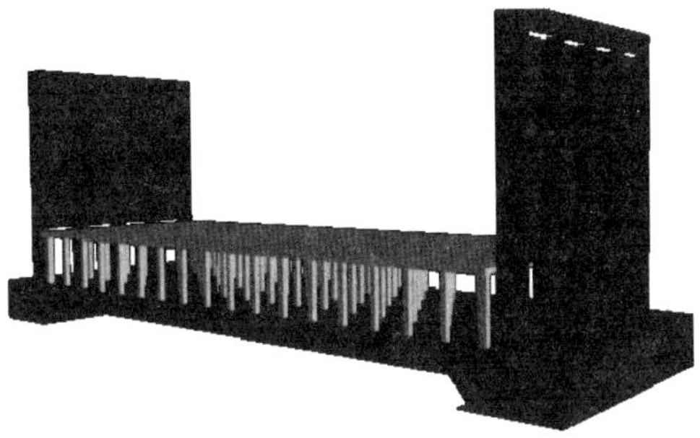

图1-2　抵抗墙及基础效果图

设计焦炉抵抗墙垂直度为±3.00mm，平整度为±3.00mm。

中十冶集团有限公司为传统的冶金建设单位，近些年完成了很多焦化厂工程，积累了丰富和成熟的施工经验。现将焦炉抵抗墙施工工艺予以总结，形成了本工法。

2. 工 法 特 点

2.1　应用本工法能实现设计要求：抵抗墙不留施工缝，且平整度、垂直度均达±3.00mm。

2.2　本工法模板采用竹胶板，加劲助采用40mm×80mm的木方，模板加固采用对拉螺栓，模板支撑采用3排架体。所用材料均为钢筋混凝土施工通用的材料。

2.3　本工法易于掌握，且安全可靠。

3. 适 用 范 围

本工法适应于焦炉抵抗墙的施工。

4. 工 艺 原 理

4.1　焦炉基础底板和焦炉抵抗墙的基础连为一体，为保证焦炉抵抗墙不留施工缝，可在距焦炉抵抗墙5m处的基础底板上留设施工缝。

4.2　用设有剪刀撑的内外三排架体来支撑模板，可保证焦炉抵抗墙的垂直度和平整度。

4.3 以三道扁梁梁口为界，逐节交替浇筑两个抵抗墙。每节的浇筑时间不得超过混凝土的初凝时间。

5. 施工工艺流程及操作要点

5.1 焦炉抵抗墙施工工艺流程

焦炉抵抗墙施工工艺流程见图5.1。

5.2 焦炉抵抗墙施工的操作要点

5.2.1 焦炉基础应测设、放定如下轴线及构件框线：焦炉基础中心线、边线，焦炉的柱子框线，抵抗墙的柱子框线，板位置线。

5.2.2 内外三排架搭设

1. 立杆间距两向均为@1100，横杆步距900～1100mm，架体距抵抗墙尺寸250mm。
2. 为满足铺梁底模板的需要，梁底标高下110mm处设横杆。
3. 为加强三排架的侧向刚度，在架内布设剪刀撑、斜撑。
4. 在三排架体的两外角，沿135° 方向向下60° 布设揽风绳。

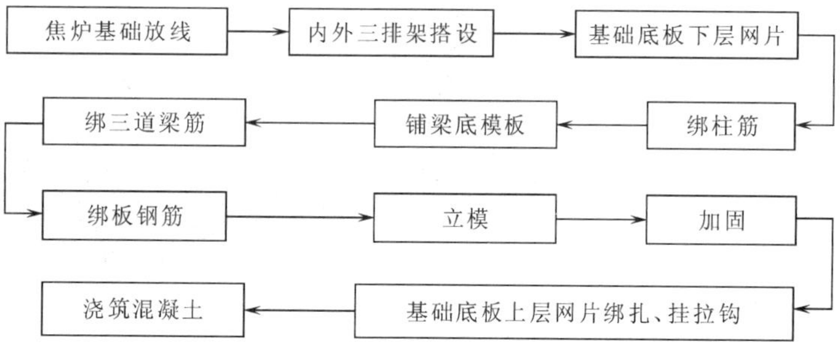

图5.1 抵抗墙工施工艺流程图

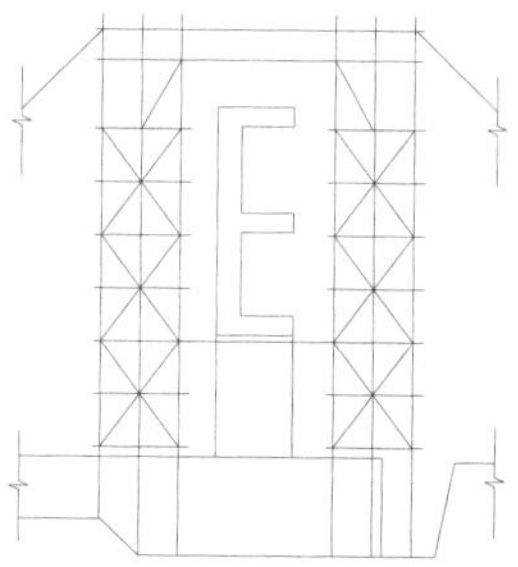

图5.2.2 三排脚手架搭设示意图

5.2.3 基础钢筋的绑扎

基础底板下层网片在柱筋之下，故在绑扎柱筋之前应先绑扎基础下层网片。考虑到钢筋的成品保护，在焦炉抵抗墙浇筑混凝土之前绑扎基础上层钢筋。

基础底板上层网片采用马蹬筋支撑。

5.2.4 抵抗墙柱钢筋绑扎

抵抗墙柱高10.2m，钢筋高11.1m。考虑到钢筋较重，难以直立，故采用上吊法，在每根主筋之上焊接吊环，将其吊于架体的顶端，抵抗墙受拉侧为双排钢筋，吊筋时应逐根逐排进行。所有主筋吊好后，在其上下先套固定箍，然后从下向上逐个套绑箍筋。为确保双排主筋间的间距，在其间绑 ϕ25的钢筋头。

5.2.5 铺梁底模板

用40mm×80mm的木方铺格栅，间距@200，铺在架体的梁底横杆上。在方木上铺梁底模板，在模板位置找正后，用铁钉将模板和木方相钉。

5.2.6 绑梁钢筋

焦炉抵抗墙扁梁为侧向受力的梁，梁主筋位于梁侧，上、下两面分布的钢筋为腰筋，上下对称的腰筋用拉钩从箍筋外相拉。

梁主筋与柱主筋的关系为：在焦炉抵抗墙的正面梁主筋之外；在背面梁主筋在柱主筋之内。梁受拉筋可在柱子中搭接，梁受压筋可在柱间中央处搭接。无论受拉接头还是受压接头均应错开，同一断面内的钢筋接头数量不应超过钢筋根数的50%。

5.2.7 绑板筋

焦炉抵抗墙侧板钢筋为双层双向同间距布筋。板筋与梁筋的关系为：焦炉抵抗墙的正面板筋网片在梁筋之外；背面网片筋穿过梁、柱筋骨架。

正面钢筋搭接接头位于跨中，背面钢筋搭接接头位于支座。同一断面，只允许有25%的钢筋接头。

5.2.8 模板安装及加固（图5.2.8–1、图5.2.8–2）：

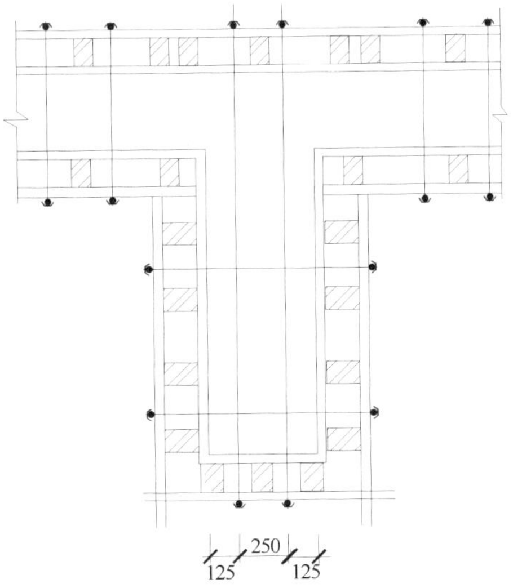

图5.2.8–1 抵抗墙模板平剖面图

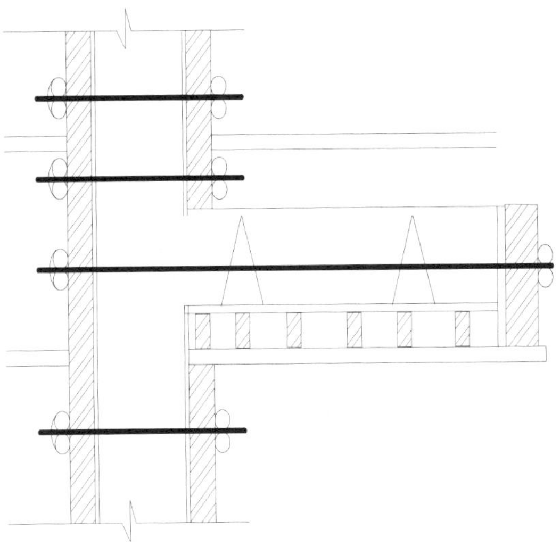

图5.2.8–2 模板立剖面图

1．采用12mm厚的竹胶板作模板，采用40mm × 80mm的木方作为模板的加劲肋，间距@200。焦炉抵抗墙的柱子前后、左右模板，梁的前后模板，板的前后模板均采用 ϕ42 × 3mm的双管作为外楞，ϕ12对拉螺栓通过燕尾卡与双管相扣。

2．模板支设应由下向上逐步进行，先立内侧模板，再立外侧模板；先立柱模，再立梁模，最后支板模。

立模前，应在柱、板钢筋骨架上绑扎撑铁，将 ϕ14钢筋切成200mm长用作板撑铁，切成500mm长用作柱撑铁。

3．对拉螺栓间距

1）柱：两向均布设对拉螺栓，纵向间距@550；

2）梁：设一层对拉螺栓，横向间距@550；

3）板：纵、横方向均按间距@550设置。

4．模板支撑

1）抵抗墙内外每1.1m必须设一支撑横杆，横杆连接于三排架体。

2）除支撑横杆外，在柱与柱之间设对撑，对撑成对布置，每节共上、中、下6根对撑。

5．混凝土浇筑

混凝土运输采用罐车，浇筑布料采用汽车泵，混凝土应分层布料，每层厚度以500mm为宜。

混凝土振捣采用插入式振捣器，每300mm一个插点。对于柱角、梁边等边角部位应增加插点。振捣棒应快插慢拔，直至混凝土充分泛浆且不再冒出气泡为止。

对于两个抵抗墙，应以基础面、梁口为界，交替进行混凝土的浇筑。但每节段的浇筑时间应以前一段不初凝来控制。

6. 材料与设备

焦炉抵抗墙施工所用材料与设备如表6所示。

抵抗墙施工主要材料与设备表　　表6

序号	设备、仪器名称	设备仪器型号	单位	数量	用途
1	电锯	JMH-40	台	1	模板制作
2	电刨	MJ104	台	1	模板制作
3	钢筋弯曲机	WJ40-1	台	1	钢筋加工
4	钢筋切断机	GQ40YF	台	1	钢筋加工
5	钢筋调直机	GTJ6-14	台	1	钢筋加工
6	对焊机	UN1-100	台	1	钢筋加工
7	搅拌站	HZS35-180	套	1	混凝土搅拌
8	混凝土运输车	$10m^3$	辆	3	混凝土运输
9	混凝土汽车输送泵	hb48	台	1	混凝土浇筑
10	材料	竹胶板、木方、钢管、扣件等			制作模板及支撑

7. 质量控制

7.1　做好技术交底工作

将图纸要求和施工方案向班组工人进行详细的交底，使工人明白以下内容：

7.1.1　设计要求、图纸所标注的标高、尺寸。

7.1.2　施工过程，施工程序。

7.1.3　施工方法，操作要点。

7.1.4　施工应达到的质量要求。

7.2　做好材料试验工作

7.2.1　工程所用钢筋应在监理方的见证下取样、封样，送试验室检验。经施工现场技术人员和监理工程师对试验报告审核后方可放行、使用。

7.2.2　混凝土配合比应在试验室试验。

7.3　严格执行工程检查验收制度，隐蔽工程制度

根据本工程的实际情况，应按基础钢筋、基础模板、抵抗墙钢筋、抵抗墙模板、混凝土工程、架子工程设定检验批进行验收，形成验收记录。对于钢筋工程还应进行隐蔽记录。

7.4　充分做好施工准备工作

充分做好施工准备工作，特别是混凝土浇筑前的准备工作必须做到万无一失，以确保混凝土连续浇筑，不可中断。

7.5　施工期间架体、模体的检测

混凝土浇筑期间，安排架工、木工监视架体、模体的情况。

7.6　检查

用经纬仪在距焦炉抵抗墙面+500mm的位置的架体各横杆上画点，据其检查抵抗墙模板平整度。

8. 安全措施

8.1　做好安全教育工作

工人入场时，应组织进行入场安全教育，突出安全意识、安全技能、事故防范等方面的内容。

8.2　做好安全技术交底工作

焦炉抵抗墙施工前，应对参与施工的所有人员进行安全技术交底。交底内容包括工程概况、施工过程、施工中存在的重大危险源和一般危险源、拟采用的安全技术措施、安全技术操作规程。

8.3　坚持班前安全检查和班前安全会议制度

每天上班前，施工员应组织各班组长对施工环境的安全性进行检查，指出存在问题，并及时处理。每天上班前，应召开班前会，在任务交底的同时，进行安全交底，强调应注意的安全事项。

8.4　严格执行高处作业的各项安全规定

8.4.1　高空作业必须正确佩戴安全帽，正确使用安全带。

8.4.2　架体之上作业面应通铺架板，人需站在架板上工作。

8.4.3　严禁立体交叉作业，上部有人作业下部不得有人。

8.4.4　架体之上放置料具要状态平衡、稳定。

8.4.5　严禁从架上向下仍东西。

9. 环 保 措 施

9.1　施工现场集中设搅拌站。搅拌站内场地应硬化。冲洗搅拌机、汽车泵、混凝土输送车应在站内指定地点进行，污水应组织排至沉淀池。

9.2　尽可能避免在夜间进行施工，避免光照、噪声对周围居民的影响。

9.3　抵抗墙拆模后，应对施工现场进行清理、清扫，将建筑垃圾收集放于垃圾台。

10. 效 益 分 析

10.1　技术效益

采用本工法能实现设计要求；抵抗墙混凝土浇筑不留施工缝；抵抗墙表面平整度、垂直度达到±3mm。

10.2　社会效益

本工法模板采用竹胶板，为推广应用的建筑业10大新技术的内容之一。我国竹资源丰富，且竹的生长周期较短，再生能力强，使用竹胶板符合“循环经济”理念，同钢模版相比，减少了对环境的污染。

10.3　经济效益

本工法采用常用的钢筋混凝土成型工艺，操作人员很容易掌握，施工效率高，15d即可完成一组抵抗墙的施工，成本消耗指标即单方钢筋混凝土施工成本没有超出我企业统计的平均值。

11. 应 用 实 例

2001完成山西孝义金达煤焦有限公司焦化技改一期工程（土建、筑炉），仅抵抗墙的施工工期为35d。

2009年完成陕西韩城龙门煤化有限公司500万t/年焦化技改项目建设工程3号、4号焦炉抵抗墙，仅抵抗墙的实际工期为28d。

2009年完洛阳榕拓焦化有限公司2号焦炉土建工程，仅抵抗墙的实际施工工期为26d。

经实测抵抗墙表面平整度、垂直度均在3mm之内，满足设计和使用要求。

大型炼钢转炉基础混凝土“分块跳仓”法施工工法

GJEJGF345—2010

中国十七冶集团有限公司　攀钢集团冶金工程技术有限公司
陈明宝

1. 前　　言

炼钢转炉基础设计一般采用钢筋混凝土整体式筏板基础，其长度、宽度、厚度尺寸较大，如马钢新区转炉基础长、宽、高尺寸分别为92m、44m、3m，混凝土施工一次性浇筑量达到10000m^3以上，如此大体积的混凝土工程中，其基础模板安装、混凝土浇筑成型工艺、控制温度防止混凝土有害裂缝发生等施工具有一定的技术难度。

为了确保大型炼钢转炉基础混凝土施工质量，中国十七冶集团有限公司、攀钢集团冶金工程技术有限公司联合设计单位开展科技创新，研究开发了大体积混凝土“分块跳仓、抗放结合”综合施工技术，其中混凝土分块跳仓技术、混凝土配合比优化技术、混凝土温控技术和螺栓直埋技术等，对转炉基础大体积混凝土的施工质量和精度控制有明显效果。

2008年《3×300t转炉基础大体积混凝土“分块跳仓、抗放结合”法施工技术》通过中冶集团技术成果鉴定，并形成《大型炼钢转炉基础混凝土“分块跳仓”法施工工法》，该工法在2010年批准为部级工法（编号：YG64—2010）。

中国十七冶集团有限公司先后在上海一钢不锈钢、宝钢集团浦钢搬迁炼钢、马钢新区炼钢、攀钢炼钢厂RH真空处理等工程转炉基础施工中成功地应用该工法，具有显著的社会效益和经济效益。

2. 工 法 特 点

2.1　采用跳仓施工法，对大体积混凝土基础进行合理分块，同时控制混凝土浇筑块体因水泥水化热引起的温升、混凝土浇筑块体的内外温差和降温速度，从而有效地控制因水泥水化热引起升温而产生有害裂缝，解决了采用整体浇筑法施工时，混凝土有害裂缝难以控制的技术难题。

2.2　进行分块跳仓的同时，在混凝土表面采取增加钢筋网片等抗裂措施，避免转炉基础大体积混凝土的有害裂缝发生。

2.3　对转炉基础进行适当的分块，使转炉基础可以进行流水施工，便于劳动力合理组合。

2.4　螺栓安装采用独立体系的钢固定架，并与钢筋支撑、模板加固的对拉螺栓杆相分离，螺栓固定架落在桩头上，保证了预埋螺栓标高和中心的精度。

3. 适 用 范 围

适用于大型炼钢转炉设备基础及公共建（构）筑物的大体积混凝土的施工。

4. 工 艺 原 理

4.1　基本原理

根据分块组合原理，采用跳仓施工法，通过伸缩缝间距计算，合理地对基础进行分块，将大体积划分为若干个小体积，分块浇筑混凝土，控制混凝土体因水泥水化热引起的温升、混凝土体的内外温差和降温速度，对混凝土内的温度应力，采用“抗放结合”的方法，同时采取相应的抗裂措施 ，避免和控制转炉基础大体积混凝土的有害裂缝发生。

例如马钢新区300t转炉大体积混凝土基础，沿基础底板长度方向分成36.8m、27m和28.2m三块，先施工两端的块体，经过短期应力释放后，再施工中间段连成整体，依靠混凝土自身抗拉强度抵抗下一段的温度收缩应力，达到抗放结合彼此约束的效果，如图4.1。

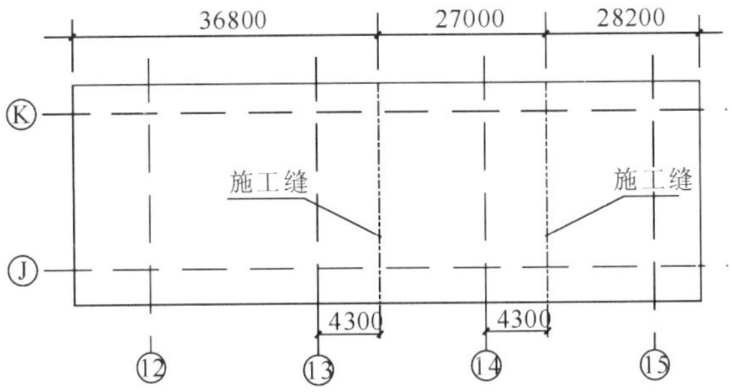

图4.1　转炉基础分段平面布置图

4.2　裂缝控制计算（以马钢新区转炉基础为例）

4.2.1　混凝土浇筑前进行裂缝控制计算（按30d龄期）

1. 计算条件

1）商品混凝土公司经实验确定配合比（表4.2.1）。

混凝土配合比　　**表4.2.1**

混凝土强度等级	拌合及捣固方法		坍落度（mm）		
C30	机械		120±20		
混凝土配合比					
Po42.5 水泥（kg/m³）	水（kg/m³）	中砂（kg/m³）	碎石（kg/m³）	其他掺料（kg/m³）	
250	172	750	1040	外加剂	5.7
				矿粉	65
				粉煤灰	75

2）基础配筋率：

u（纵向）=0.372%、u（横向）=0.3424%，混凝土入模温度T_0=14（℃）。

4.2.2　伸缩缝间距计算

伸缩缝间距计算

$$L_{lax}=1.5\left(H\cdot E_c/C_x\right)^{2/2}\cdot \mathrm{arc}h\left[\ \left|\alpha T\right|/\left(\left|\alpha T\right|-\varepsilon_p\right)\right] \qquad (4.2.2\text{-}1)$$

式中　H——板厚；

L——板长；

E_c——混凝土弹性模量；

C_x——地基水平阻力系数；

T——综合温差，包括水化热温差、气温差和收缩当量温差；

α——钢筋混凝土的线膨胀系数，取10×10^{-6}；

ε_p——混凝土的极限变形值；

arc$h$——双曲线余弦函数的反函数。

经计算伸缩缝间距L_{max}=45.99（m）≈46（m）；

通过计算，马钢新区转炉基础混凝土采用整体浇筑时，转炉基础混凝土在水泥水化热温差及收缩作用下，将不可避免地产生有害裂缝。而采用“分块跳仓”后每一块体的最大整浇长度均不超过46m，完全能避免产生有害裂缝。

4.3　施工缝处理

施工缝处理采用双层密目钢丝网加固，如图4.3。

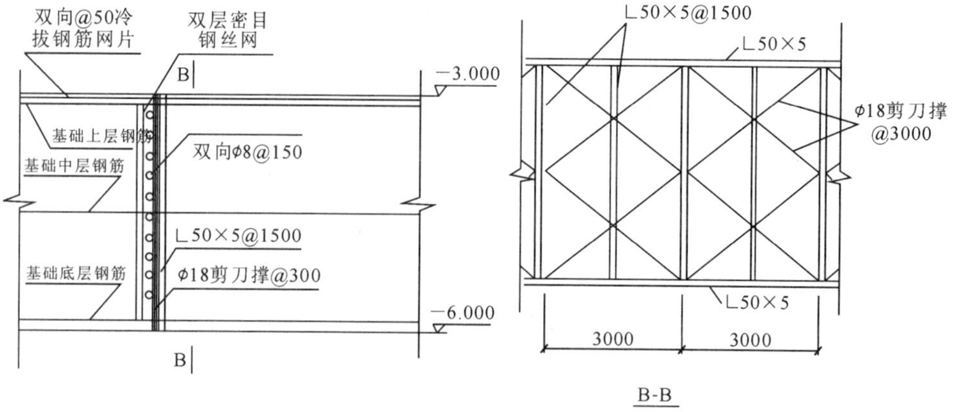

图4.3 施工缝处理示意图

5. 施工工艺流程及操作要点

5.1 施工工艺流程

测量施工→土方开挖→垫层混凝土→桩头锚固→基础四周脚手架→基础底板底层钢筋绑扎→螺栓固定架及基础上层钢筋固定架施工→基础上层钢筋安装及插筋安装→基础侧面钢筋安装→基础外侧模板安装→螺栓安装及测温探头布设→两端块浇灌混凝土→混凝土测温控制及养护→中间块浇灌混凝土→混凝土测温控制及养护→底板混凝土验收→转炉支墩施工→回填土。

5.2 操作要点

5.2.1 施工测量

1. 为保证转炉基础施工需要，将炼钢二级测量控制网在转炉区域进行加密。

2. 在控制桩四周lm范围用$\phi 48\times3.5$mm钢管进行围护，护栏高度1.2m，并涂刷红白相间油漆，以保护控制桩不被破坏。

3. 标高控制从控制桩上高程点引测，以控制基础各部位标高。

4. 中心线控制采用经纬仪、钢尺，从加密控制网引测以控制基础及其内部螺栓等的中心位置。

5.2.2 土方开挖

1. 根据图纸、施工方案确定基坑开挖尺寸和放坡系数，土方开挖采用反铲挖土机挖土，自卸汽车运土。土方由基础中部开始向两侧分层、分级放坡开挖。分级之间设置过渡平台，平台宽度2.0m，边坡采用塑料薄模覆盖。

2. 基坑的底部四周设盲沟，盲沟宽度0.4m，深度0.6m；坑底分别设置盲沟，盲沟宽度0.4m，深度0.4m。基坑四角及四边中间设$1.0\times1.0\times1.0$m集水井8座。用潜水泵抽水，排向场区排水沟。

5.2.3 验桩及截桩

1. 土方开挖后，及时对施打的桩进行桩位复测，以检查桩位是否符合设计及规范要求，并要求提出桩施工中间交接竣工资料。

2. 桩头标高与设计标高偏差在-50～+100mm之间，根据规范要求不进行桩头处理，超过上述偏差范围，需按设计要求对桩头进行处理。

3. 桩头破除采用混凝土切割机，切割至设计标高-50～+100mm之间。

4. 及时清理垫层面上混凝土碎渣，保证垫层面清洁。

5. 如桩顶标高不够高，则按设计要求进行接桩处理。

5.2.4 钢筋工程

钢筋工程先焊接桩头锚筋，绑扎底板钢筋、暗梁钢筋，再绑扎顶板钢筋及侧壁钢筋。

1. 钢筋制作

钢筋安排在加工场加工，钢筋加工后人工运输至基坑内。

2. 钢筋绑扎

1）钢筋保护层按图纸要求控制，底层钢筋利用桩头架空钢筋，架空高度100mm。基础侧面用1：2水泥砂浆垫块80mm×80mm×A ；基础底面用C15混凝土垫块100mm×100mm×A（A为钢筋保护层厚度）。

2）基础钢筋上部钢筋采用∟50×5角钢作固定架。

3）钢筋绑扎和螺栓固定合理组织施工顺序，可避免因螺栓安装而割除钢筋现象，两道工序的合理配合既保证了钢筋的质量，又保证了螺栓的精度。

4）转炉基础钢筋连接采用直螺纹连接，连接直螺纹钢筋时注意正反丝扣，套筒要拧到位，并采用力矩扳手检测。当同一根通长钢筋有几个接头时，施工下一接头要对已施工接头保护，应沿同一方向向前推进，防止直螺纹连接时钢筋转动使已施工接头丝扣松弛，直螺纹连接要进行拉伸试验和拧紧力矩试验。底板、顶板钢筋接头按50%错开（图5.2.4）。

5.2.5 模板工程

1. 转炉基础的模板采用胶合板模板，模板接缝粘贴双面胶，避免漏浆，模板安装时，先采用两块方木，把几块木模板上口及下口连接成一个整体再进行安装，以保证模板不错缝，接缝严密。（图5.2.5）

图5.2.4　转炉基础钢筋

图5.2.5　转炉基础模板

2. 模板采用50mm×100mm方木及ϕ48×3.5 mm钢管作背楞，ϕ12螺栓杆作对拉螺栓。对拉螺栓一端焊于基础水平钢筋上，螺栓杆倾角最大不超过45°，且焊于同一根钢筋上，模板加固螺杆竖向@450mm，水平@600mm。

3. 模板的质量控制完全按清水混凝土的要求控制。

5.2.6 螺栓安装

螺栓安装采用"基础预埋螺栓的中心线找正和标高调整装置"专有技术，采用型钢焊接成固定架的方法施工，固定架成独立体系，与钢筋支撑及模板加固对拉螺栓杆相分离,并在固定架上面测定螺栓的中心线及标高，以利于螺栓安装（图5.2.6）。

图5.2.6　转炉基础螺栓加固

5.2.7 混凝土施工

1. 大体积混凝土施工过程中，由于水泥水化热引起混凝土浇筑块体内部温度和温度应力剧烈变化，而可能导致混凝土发生裂缝，因此控制混凝土浇筑块体因水泥水化热引起的温升、混凝土浇灌块体的里外温差及降温速度，防止混凝土出现有害裂缝是施工的关键。

2. 大体积混凝土施工应采取温控施工技术，对混凝土的材料选择、配合比设计、拌制、运输、浇筑、混凝土的保温养护及施工过程中混凝土的温度监测等进行严格及合理的设计和控制。

3. 温度应力计算：分段后的混凝土在每段浇筑时，仍然按要求进行温度应力计算。

4. 混凝土的供应：根据混凝土的初凝时间及每层混凝土的浇筑量确定混凝土每小时供应量（混凝土每小时供应量应不小于120m^3），并安排2台输送泵车（臂长37m）分别布置于基础东西两侧，同时安排1台泵车现场备用。

5. 因转炉基础平面尺寸较大，底板较厚，采用“整体分层连续”浇筑混凝土，分层厚度经计算确定。

6. 混凝土振捣采用机械振捣，振捣工作应从浇筑层底层开始，逐渐上移。在混凝土浇筑坡度的前后布置两道振动器，第一道布置在混凝土卸料点，主要解决上部混凝土的振实；因转炉基础底板底层钢筋较密，第二道布置在混凝土坡脚处，确保下部混凝土的密实，随着混凝土浇筑工作向前推进，振动器也相应跟上。

每台泵车布料范围由2个小组负责振捣。

混凝土振捣过程中，表面的泌水处理采用1吋潜水泵抽排。

混凝土浇至顶面后4～5h左右，将混凝土表面进行找平，并在混凝土初凝前用木抹子打磨压实3遍，以闭合收水裂缝。

5.2.8 混凝土测温

1. 为了及时掌握大体积混凝土浇筑温度以及浇筑层的温升变化、内外温差、降温速度，需要对混凝土进行温度监测，确定计算实际温度应力是否满足要求，以便调整混凝土的保温措施。

2. 测温点布置

在平面方向上，沿基础中心轴线设置测温点，在基础厚度方向，南、中块平面点设置四个测温点，北块平面点设置三个测温点，混凝土上表面测温点布置在距混凝土上表面以内50mm处，混凝土底表面测温点布置在距混凝土底表面以上50mm处，测温点布置见附图5.2.8。

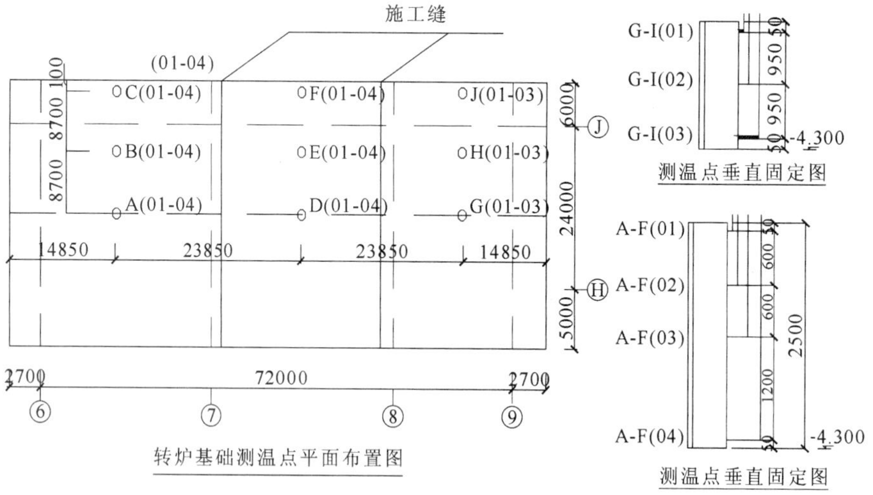

图5.2.8 测温点布置图

3. 混凝土浇灌2d至7d期间，每隔2h测温一次，7～15d，每工作班测温二次，15d至30d每昼夜测温2次，以后每昼夜测温一次，直至基坑回填完。

4. 混凝土温度测试由专人负责，认真填写测温记录，并交技术负责人审查，及时掌握混凝土温度变化动态。对于温控指标超过有关要求的，及时采取有效措施加以处理。

5. 温控指标

混凝土浇灌前温度收缩综合应力需估算控制；混凝土浇灌后根据实测温度计算，温度应力≤同龄期混凝土抗拉强度。

6. 测温设备

采用JDC—2型便携式电子测温仪4台，预埋式温度传感器33个，传感器外包2层胶布与传感器固定架绝热，传感器导线沿固定架引出，并通过固定架固定牢固。

5.2.9 混凝土的保温养护

保温养护的目的主要是降低混凝土内外温差，以及控制混凝土的降温速度，因此混凝土终凝后应及时进行保温养护。

保温措施采用在上表面洒水润湿并覆盖一层塑料薄膜和二层麻袋，保温措施应根据实际温差情况进行调整。混凝土侧面用二层草袋覆盖，以减少空气对流。

5.2.10 混凝土试块

按有关要求每200m^3留设一组标养试块，南、北、中三块分别设置四组同条件养护试块。标养试块在温度为20±2℃的标准养护室内进行养护。同条件养护试块放在基础边，并与基础同条件养护。

5.2.11 混凝土侧模拆除

需待混凝土表面温度与外界大气温度之差≤20℃时方可进行。

5.2.12 混凝土掺料

掺合矿粉和粉煤，推进废弃资源再生利用，同时节约水泥用量并降低水化热。

6. 材料与设备

6.1 主要材料

配备施工周转材料见表6.1。

施工周转材料表 **表6.1**

名称	塑料薄膜（厚度不小于0.12mm）	麻袋	跳板	钢板	钢丝网
数量	3500m^2	7000m^2	20m^3	200m^2	600m^2

6.2 主要机械设备

施工机械设备见表6.2。

机具设备表 **表6.2**

序号	机 械 名 称	规 格 型 号	单位	数量
1	水准仪	S3	台	1
2	经纬仪	J2	台	1
3	温度自动平衡记录仪	上海大华仪表厂生产的XQCJ-300型	台	1
4	插入式振动器		台	12
5	混凝土泵车	悬臂长37m	套	3
6	混凝土罐车	6m^3	台	8
7	潜水泵		台	4
8	反铲式挖土机	PC220	台	3
9	自卸汽车	15t	辆	12
10	潜水泵	4吋	台	10
11	钢筋切断机	GJ-40	台	2
12	钢筋弯曲机	WJ-40	台	2
13	闪光对焊机	150kVA	台	2
14	钢筋等强剥肋滚压直螺纹成型机		套	2
15	电焊机	交流	台	8

续表

序号	机 械 名 称	规 格 型 号	单位	数量
16	推土机	SH120	台	2
17	打夯机		台	6
18	手提电钻		台	4
19	台钻		台	2
20	气割工具		套	2
21	插入式振动器	HZ-50	台	24
22	混凝土泵车	臂长 37m	台	3
23	混凝土罐车	$8m^3$	台	12
24	空压机	$1.2m^3$	台	4

7. 质 量 控 制

7.1 施工执行的标准及规范

《大体积混凝土施工规范》GB 50496-2009；

《建筑工程施工质量验收统一标准》GB 50300-2001；

《冶金建筑工程施工质量验收规范》YB 4147-2006。

7.2 工程质量控制标准

7.2.1 跳仓最大分块尺寸≤40m。

7.2.2 跳仓间隔施工时间≥7d。

7.2.3 混凝土浇筑体表面与大气温差≤20℃。

7.2.4 设备基础模板安装的偏差应符合表7.2.4。

设备基础模板安装的允许偏差 **表7.2.4**

项 目		允许偏差（mm）
坐标位移		10
联动设备基础中心线位移		2
梁、柱、墙板中心对基础中心位移		5
模板对中心线位移		5
梁、板、柱截面尺寸		±5
平面外形尺寸		±15
凸台外形尺寸		0，-15
凹穴内空尺寸		+15，0
垂直度		3*H*/1000，且不大于 8
模板相临两板高差		2
预埋管中心位移		5
直埋螺栓	中心位移	2
	垂直度	*L*/1000
	顶标高	+20，0
预埋件、预留洞口中心位移		10

7.2.5 基础拆模后的尺寸偏差应符合表7.2.5。

设备基础尺寸的允许偏差　　表7.2.5

<table>
<tr><th colspan="2">项　　目</th><th>允许偏差（mm）</th></tr>
<tr><td colspan="2">坐标位移</td><td>20</td></tr>
<tr><td colspan="2">基础中心线位移</td><td>5</td></tr>
<tr><td colspan="2">联动基础中心线位移</td><td>2</td></tr>
<tr><td colspan="2">不同平面的标高</td><td>0，-20</td></tr>
<tr><td colspan="2">平面外形尺寸</td><td>±20</td></tr>
<tr><td colspan="2">凸台外形尺寸</td><td>0，-20</td></tr>
<tr><td colspan="2">凹穴净空尺寸</td><td>+20，-5</td></tr>
<tr><td rowspan="2">平面水平度</td><td>1m范围内</td><td>5</td></tr>
<tr><td>全长</td><td>10</td></tr>
<tr><td colspan="2">垂直度</td><td>3H/1000，且不大于10</td></tr>
<tr><td rowspan="2">直埋螺栓</td><td>中心位移</td><td>2</td></tr>
<tr><td>顶标高</td><td>+20，0</td></tr>
</table>

7.3 质量保证措施

7.3.1 大体积混凝土施工应采取温控施工技术，对混凝土的材料选择、配合比设计、拌制、运输、浇筑、混凝土的保温养护及施工过程中混凝土的温度监测等进行严格及合理的设计和控制。

7.3.2 根据混凝土的初凝时间及每层混凝土的浇筑量确定混凝土每小时供应量（混凝土每小时供应量应不小于120m^3），并安排2台输送泵车（臂长37m）分别布置于基础东西两侧，同时安排1台泵车现场备用。

7.3.3 因转炉基础平面尺寸较大，底板较厚，采用“整体分层连续”浇筑混凝土，分层厚度经计算确定。

7.3.4 混凝土振捣采用机械振捣，振捣工作应从浇筑层底层开始，逐渐上移。在混凝土浇筑坡度的前后布置两道振动器，第一道布置在混凝土卸料点，主要解决上部混凝土的振实；因转炉基础底板底层钢筋较密，第二道布置在混凝土坡脚处，确保下部混凝土的密实，随着混凝土浇筑工作向前推进，振动器也相应跟上。

7.3.5 为了及时掌握大体积混凝土浇筑温度以及浇筑层的温升变化、内外温差、降温速度，需要对混凝土进行温度监测，确定计算实际温度应力是否满足要求，以便调整混凝土的保温措施。

7.3.6 保温措施采用在上表面洒水润湿并覆盖一层塑料薄膜和二层麻袋，保温措施应根据实际温差情况进行调整。混凝土侧面用二层草袋覆盖，以减少空气对流。

8. 安 全 措 施

8.1 施工现场按符合防火、防风、防雷、防洪、防触电等安全规定及安全施工要求进行布置，并完善布置各种安全标识。

8.2 各类房屋、库房、料场等消防安全距离做到符合公安部门的规定，室内不堆放易燃品；严格做到不在木工加工场、料库等处吸烟；随时清除现场的易燃杂物；不在有火种的场所或其近旁堆放生产物资。

8.3 氧气瓶与乙炔瓶隔离存放，严格保证氧气瓶不沾染油脂、乙炔发生器有防止回火的安全装置。

8.4 施工现场的临时用电严格按照《施工现场临时用电安全技术规范》的有关规范规定执行。

8.5 电缆线路应采用"三相五线"接线方式，电气设备和电气线路必须绝缘良好，场内架设的电力线路其悬挂高度和线间距除按安全规定要求进行外，将其布置在专用电杆上。

8.6 施工现场使用的手持照明灯使用36V的安全电压。

8.7 室内配电柜、配电箱前要有绝缘垫，并安装漏电保护装置。

8.8 对将要较长时间停工的开挖作业面，不论地层好坏均应作网喷混凝土封闭。

8.9 建立完善的施工安全保证体系，加强施工作业中的安全检查，确保作业标准化、规范化。

9. 环保措施

9.1 成立对应的施工环境卫生管理机构，在工程施工过程中严格遵守国家和地方政府下发的有关环境保护的法律、法规和规章，加强对施工燃油、工程材料、设备、废水、生产生活垃圾、弃渣的控制和治理，遵守有防火及废弃物处理的规章制度，做好交通环境疏导，充分满足便民要求，认真接受城市交通管理，随时接受相关单位的监督检查。

9.2 将施工场地和作业限制在工程建设允许的范围内，合理布置、规范围挡，做到标牌清楚、齐全，各种标识醒目，施工场地整洁文明。

9.3 施工区域道路必须畅通无阻，平整无坑洼，保持整洁，无落浆，无积水，无撒落物，道路上严禁堆物，严禁在道路上乱排水、乱倒土，落下的土方及时清理。

9.4 施工现场各种机具、设备、工具、吊索具应按规定放置。

9.5 施工现场砂石料应分类集中堆放，砌体分类成垛，施工用料必须归类码放整齐，并挂牌标识。

9.6 现场周转材料、制品、半成品、成品等构配料，必须按平面布置图指定位置，按品种、规格分类码放整齐，有收、发、存制度，对周转材料要做好回收工作。

9.7 现场仓库、工具间应有专人管理，各类物品堆放整齐，有收、发、存管理制度，并保持内部整洁、地面、货架、物品无积压。

9.8 基坑排出的水经过检测合格后方可排放至污水管。

9.9 电锯等噪声较大的设备施工时应进行检测，并要求符合规范要求，否则，采取设置隔音棚等隔音措施。

10. 效益分析

10.1 节省了水泥用量。跳仓法施工与整体浇筑相比较，能减小混凝土水灰比，节约了水泥的用量。

10.2 加快了施工速度。采用"分块跳仓"法混凝土浇筑，合理调配劳动力组合，提高工效、进度，从而大大加快了施工速度，缩短施工工期30d。

11. 应用实例

本工程分别在宝钢浦钢炼钢转炉工程、马钢新区转炉工程和攀钢炼钢厂RH真空处理工程中得到了应用。

11.1 宝钢浦钢炼钢转炉工程

转炉基础位于主厂房H—J列（6）-（9）线之间，平面尺寸为77.6m×35m，底板厚度为2.8m，底板底标高▽-4.300，底板顶标高▽-1.500，底板顶面设置多种标高的柱基础及设备基础。9线－7线混凝土浇筑于2006年3月29日11时至2006年3月30日11时结束，7线－6线混凝土浇筑于2006年6月7日15

时~6月8日22时结束；支墩混凝土于6月29日5时~30日7时。主要实物工作量： 基础底板混凝土约8000m^3。

在施工过程中，通过“分块跳仓”法等施工措施，有效地解决了大体积混凝土裂缝问题，使内外温差控制在25℃以内。

11.2 马钢新区转炉工程

3×300t转炉基础采用整体筏板基础，底板几何尺寸长×宽×厚＝92m×44m×3m，整体混凝土浇筑量约14000m^3，含有主厂房高层框架柱和转炉倾动支座基础。基础底板标高为▽-6.000~▽-3.000，混凝土强度等级为C30；地基处理方式采用钻孔灌注桩，数量共465根，桩身入中风化岩内≥1.0m。

在3×300t转炉基础大体积混凝土施工过程中，合理地对基础进行分块，采用“分块跳仓”法浇筑混凝土，控制混凝土浇筑块体因水泥水化热引起的温升、混凝土浇筑块体的内外温差和降温速度，避免和控制了转炉基础大体积混凝土的有害裂缝发生。

11.3 攀钢炼钢厂 RH 真空处理工程

转炉基础大体积混凝土施工过程中，合理地对基础进行分块，采用“分块跳仓”法浇筑混凝土，控制混凝土浇筑块体因水泥水化热引起的温升、混凝土浇筑块体的内外温差和降温速度，避免和控制了转炉基础大体积混凝土的有害裂缝发生。

在施工过程中，通过“分块跳仓”法等施工措施，有效地解决了大体积混凝土裂缝问题，使内外温差控制在25℃以内。

大型高炉炉壳制作工法

GJEJGF346—2010

上海宝冶集团有限公司　中冶建工有限公司
吝健全　刘玉伟　陈文进　樊少岩　陈勇

1. 前　　言

高炉大型化具有生产效率高、能耗低、铁水质量高、环境污染少等突出优点，高炉的大型化已成为当今世界炼铁生产的发展趋势。现代化高炉已日趋大容积、高炉压、自动化和长寿化，对高炉炉壳的制作技术、制造能力要求也必然越来越高，宝冶集团有限公司工安分公司通过对福建海鑫高炉炉壳、宝钢一号高炉大修工程高炉炉壳及大型非标冶金压力容器、厚板成形钢构件的加工制作，积累了大量的宝贵经验，制定出一套完整的加工制作工艺，并在此基础上形成了本工法。

2. 工 法 特 点

2.1　大型高炉炉壳针对不同的部位采用不同的成形方法。

2.2　炉壳下料及制孔定位均采用CAD的电子图形直接转化为数控切割程序进行喷粉画线，便于检查和核对，方便准确。

2.3　炉壳上各种制孔数量多，制孔角度多样化。针对不同的孔形、孔径，分别采用不同的制孔设备和制孔方法来保证制孔的精度。

2.4　炉壳关键部位风口段在取消了风口法兰，采用直接焊接式风口大套的工艺条件下采用多次组装和二次机加工的方法来保证风口的组装精度。

2.5　炉壳构造复杂，关键工序工厂化、制造大块化，有效的提高了制造质量、降低了现场组装的难度。

3. 适 用 范 围

本工法适用于冶金行业高炉炉壳及大型非标容器、塔器、风力发电塔筒的制造。

4. 工 艺 原 理

炉壳钢板厚，各段形状不同，成形时根据不同的部位，采用不同的加工方法，保证炉壳的尺寸达到设计要求；炉壳上孔型多，角度、大小各异，制孔时采用不同的设备和不同的方法使各孔满足炉壳工艺装配需要；炉壳整体尺寸大，工厂分块多，为保证现场安装需要，在工厂进行循环预组装，做好组装标记，使得现场安装顺利、省时。

5. 施工工艺流程及操作要点

5.1　工艺流程（图 5.1–1、图 5.1–2）

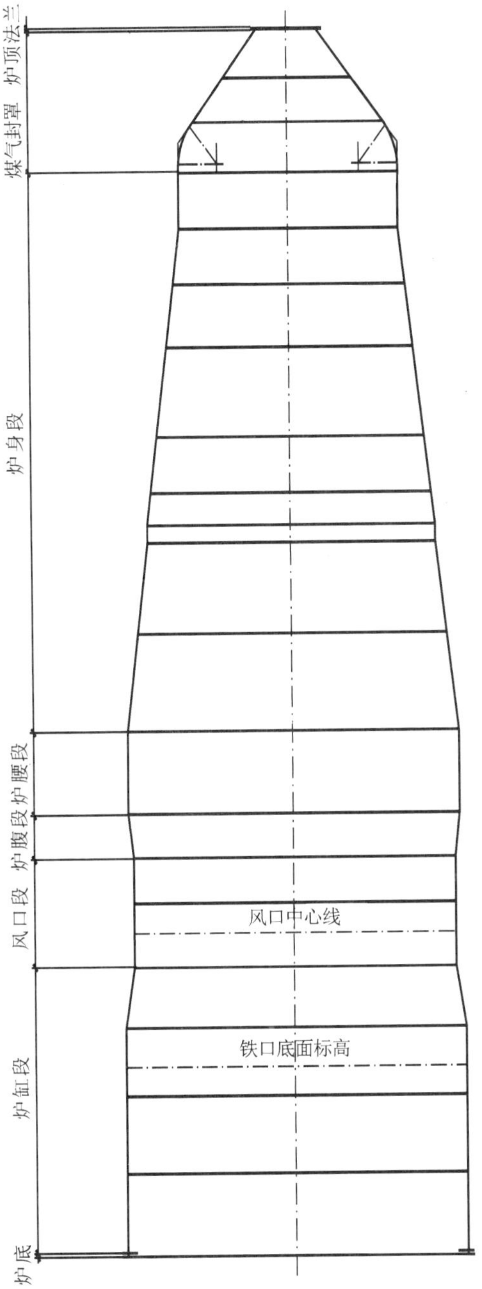

图5.1-1　大型高炉炉壳立面示意图

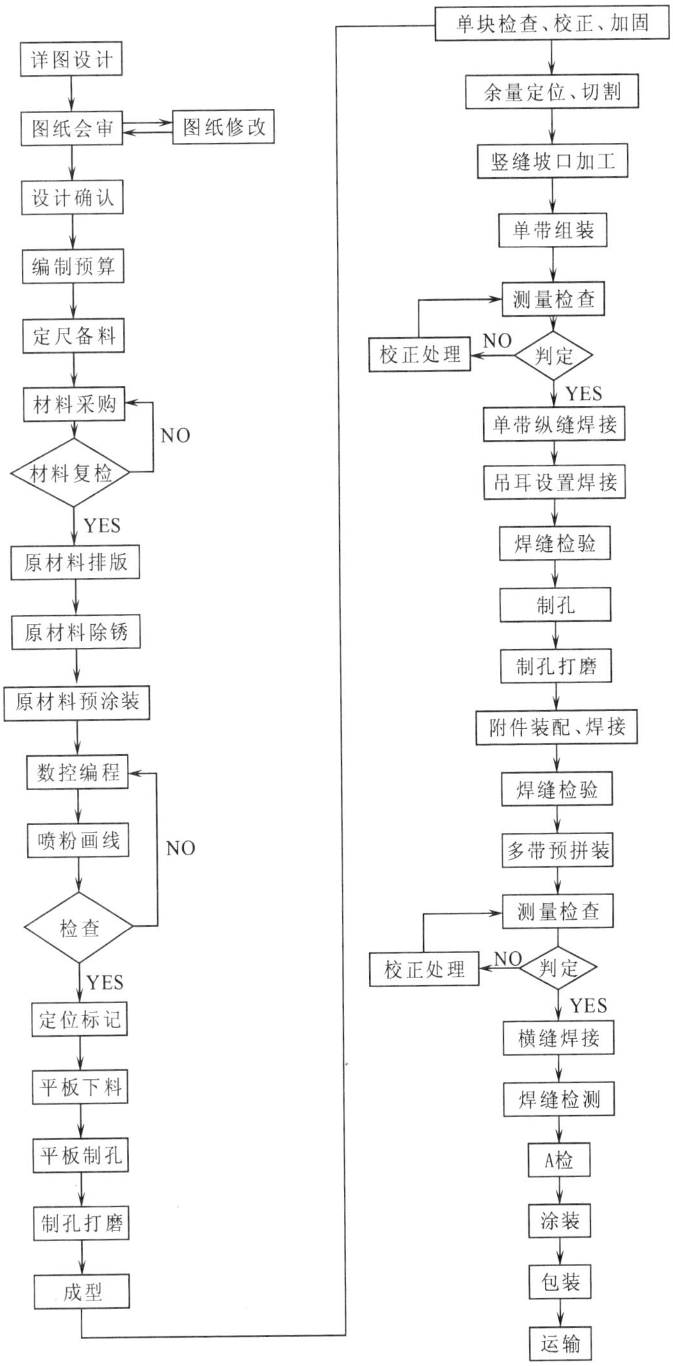

图5.1-2　大型高炉炉壳的制作工艺流程图

5.2　操作要点

5.2.1　放样、下料、坡口加工

1．炉壳板采用计算机进行1：1比例放样，将CAD的电子版图通过转化软件转化为数控切割代码后进行数控编程，钢板下料前进行喷粉，喷出切割线、检查线、孔的轮廓线和中心线等，根据转化的外径检查图进行检查。

2．炉壳板全部使用数控火焰切割机进行切割，根据喷粉时的切割程序进行切割，对不要切割的部位在CAD中删除，重新形成切割语言进行火焰切割。炉壳板厚在50～100mm，割嘴选择6号以上，切割时控制割嘴的行走速度。气割表面精度按表5.2.1-1执行，气割的误差控制按表5.2.1-2执行。

气割表面精度　　表5.2.1–1

项　目	主要构件	次要构件
表面粗糙度	50S以下	100S以下
凹陷深度	不得有缺口凹陷	在1mm以下
溶　渣	可有块状溶渣散布，但不得留有痕迹或易剥离	
上缘溶化	略成圆形，但须平滑	

气割误差控制　　表5.2.1–2

项　目	允许偏差
零件的宽度和长度	±1.5mm
切割面不垂直度	0.05t，且≤2.0mm

切割后炉壳钢板的尺寸极限偏差为±2mm，两对角线长度之差不大于3mm，并应考虑留有焊接收缩余量。

3．炉壳坡口均采用火焰进行切割，横缝坡口采用装有导向装置的半自动火焰切割机切割，竖缝坡口在余量切割后采用软轨切割机切割，对于不同板厚的对接坡口采用1∶4的比例进行过渡。

5.2.2　炉壳成形

1．炉缸、炉腹、炉腰、炉身段为直段或小锥角段，成形时采用卷板机卷制成形。卷制时先进行预弯，成形过程中采用立体样板在检查线部位进行检查，当样板与成形后炉壳间隙最大不大于2mm视为合格。检查样板的长度不得小于1.5m。样板检查见图5.2.2–1。

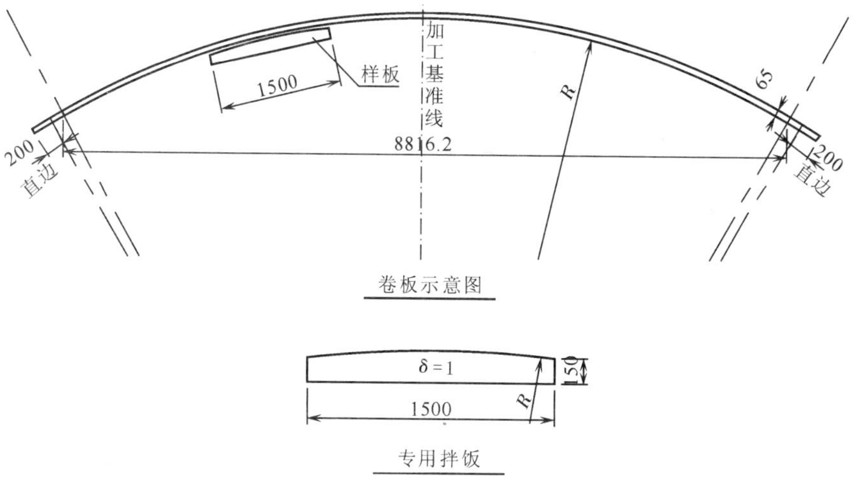

图5.2.2–1　样板检查示意图

2．煤气封罩成形

1）煤气封罩捕集段：煤气封罩捕集段为双曲面，由于尺寸较大，成形采用钢板加热后模压成形。模具采用钢板制作，分为上模和下模，内部填充耐高温的填充料，以减少模具的用钢量，模具简图见图5.2.2–2。

钢板加热采用加热炉加热，入炉时设有支垫，避免工件直接与炉底接触。入炉温度在300～400℃左右，升温速度控制在100℃/h以内，加热温度升至900～930℃，保温65～90min，放置于专用模具上压制。加热温度曲线见图5.2.2–3，成形后用立体模具进行检查。

2）煤气封罩锥体段：煤气风罩锥体段成形采用压力机压制成形，下料喷粉时喷出压制线，压制刀具采用圆型刀具，以防止压制过程中出现压痕。

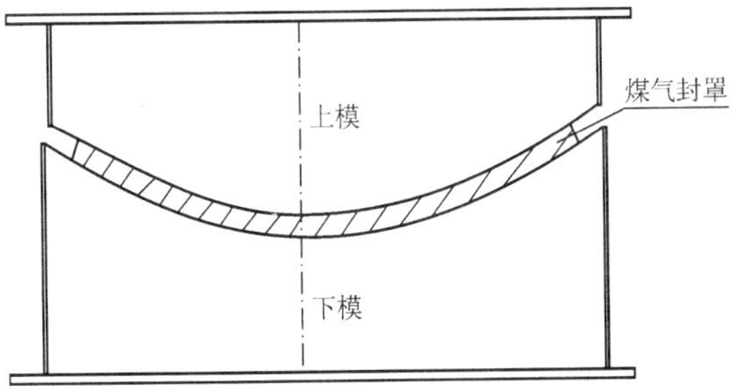

图5.2.2-2　煤气封罩模具简图

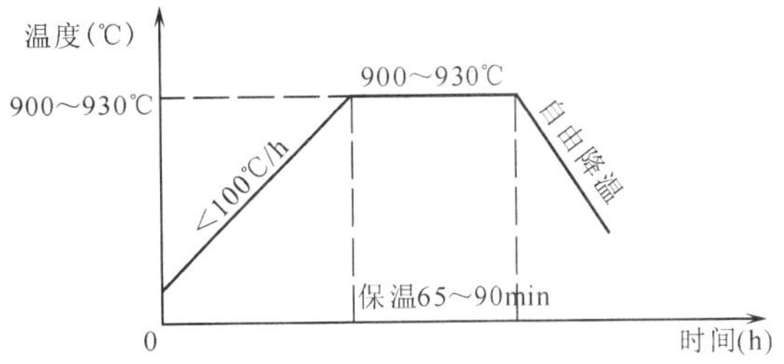

图5.2.2-3　温度曲线图

5.2.3　炉壳校正

炉壳成形后进行单块炉壳检查，在单块检查平台上放出落位线，落位画线半径比设计图纸大3mm弥补竖缝焊接收缩，设置内卡板，上口吊线锤检查上口圆度，检查项目见表5.2.3，变形部位局部火焰校正，划好余量切割线。单块检查见图5.2.3。校正后的炉壳容许偏差见表5.2.3。

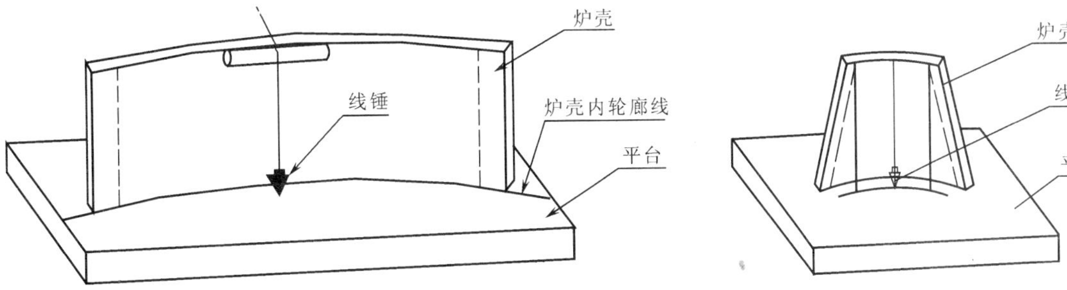

图5.2.3　单块炉壳检查示意图

成形炉壳允许偏差检查要求　　**表5.2.3**

序号	检 查 项 目	允许极限偏差允差 mm
1	炉壳弧长	≤3
2	下口与平台间隙	≤2
3	上、下口圆弧	≤2
4	上口高度	≤3
5	炉壳垂直	≤3

5.2.4　炉壳制孔

高炉炉壳由于工艺要求炉身分布着各种孔洞，有冷却壁水管孔、螺栓孔、灌浆孔、测温孔、测压孔、保护板吊挂孔等20多类孔洞，数量达万个以上，需要进行详细的计算和施工图设计，以保证材料的定购和炉壳的制造。

对各种孔洞的制孔分为二种方法进行：第一种是平板状态下制孔然后辊压成形；第二种是辊压成形后再制孔。图5.2.4-1为典型孔洞形式图，针对不同的孔洞形式，制孔方法见表5.2.4。

炉壳孔洞制孔分类　　**表5.2.4**

序号	孔 洞 形 式	孔 洞 名 称	制　　孔
形式 1	孔方向垂直炉壁 中心线交于炉中心	螺栓孔、测压孔、灌浆孔、十字测温孔	先平板状态下火焰制孔，后炉壳成形。十字测温孔成形后开孔，≤50mm 的孔机械制孔
形式 2	孔方向平行于地面 中心线平行冷却壁中心	冷却壁单水管孔、双管型冷却壁水管孔	直筒段平板状态下火焰制孔，锥体段成形后制孔，采用具有角度调节装置的切割设备进行火焰切割

续表

序号	孔洞形式	孔洞名称	制孔
形式3	平行于地面 中心线交于炉中心	铁口孔、风口孔、测温孔、煤气取样气孔、冷却板孔	风口孔、铁口孔和煤气取样孔在炉壳成形后，立式制孔，其余平板状况下平板火焰制孔
形式4	与炉壁成一定角度 中心线交于炉中心	保护板吊挂孔	平板状态下火焰制孔，采用具有角度调节装置的切割设备进行火焰切割
形式5	煤气封罩孔洞	炉顶点火孔、导出管孔、氮气孔、蒸汽孔、炉顶洒水孔、炉顶温度计孔、红外线摄像装置孔	炉壳成型后组装，在组装状态下制孔
形式6	工厂拼缝周围50mm内或跨带孔		炉壳成型后组装，焊接完后，在组装状态下制孔

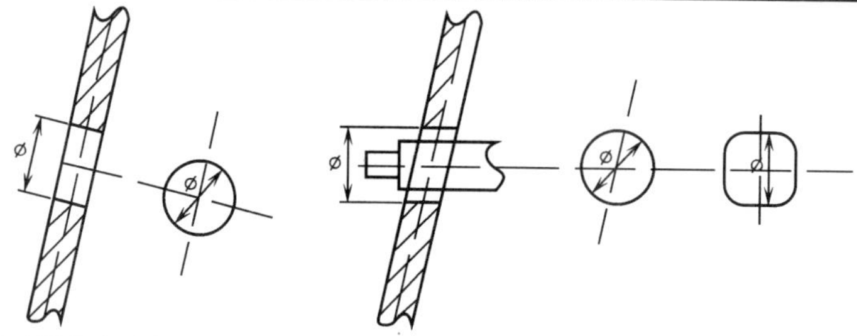
(1)螺栓孔、测温、测压孔　(2)冷却壁水管孔

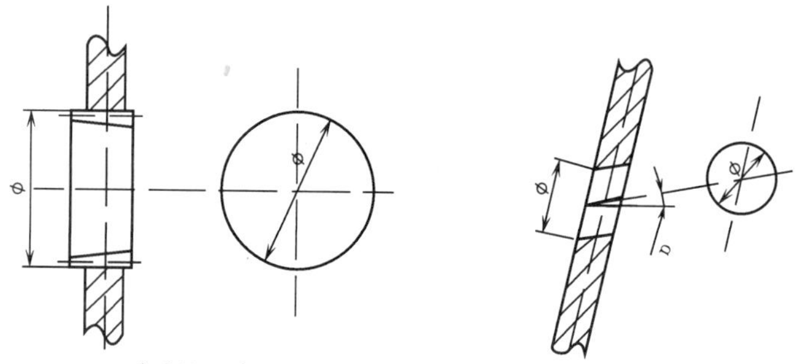
(3)风口孔　(4)炉顶温度计孔、洒水孔、装置孔

图5.2.4-1　典型孔洞形式

1. 平板状态下制孔：炉壳直段上的冷却壁水管孔包括螺栓孔、灌浆孔、测温孔、测压孔，对此类孔采用平板制孔。采用平板制孔的孔特点：

1）孔径不大，平板制孔后再成型孔径变化较小。

2）除保护板吊挂孔及冷却壁水管孔外，其他孔的孔中心线均垂直于其所在的炉带。

3）螺栓孔、灌浆孔、测温孔、测压孔等孔中心线交于炉心。

4）冷却壁中心线交于炉心，冷却壁上水管孔平行于冷却壁中心线。冷却壁水管平行于地面。

板材在成型前平板制孔，然后再卷板，板材在卷板过程中会出现板材中性层向外扩展，中性层向内收缩的情况，扩展和收缩量根据孔洞大小和板材成型后的曲率大小不同变化。但高炉炉壳半径很大，可以视板厚中心为中性层。平板状态下的开孔因板厚造成成形后板内、外壁尺寸不同，ϕ50mm左右的孔洞孔径变化只有0.3mm，可以按设计尺寸制孔，对于十字测温孔、冷却壁水管孔、冷却板孔、保护板吊挂孔等需要计算放大进行包络，图5.2.4-2为平板状态下制孔后的内外壁变化，图5.2.4-3为孔中心平行于炉中心孔径计算简图。

2. 成型后制孔工艺

1）对开孔中心不垂直于炉壳钢板的水管孔等采用具有角度调节装置的小池火焰切割机进行切割。

2）对于风口、铁口、煤气导出管孔由于开孔尺寸大，精度要求高，制孔时采用自主开发的吸附式激光跟踪火焰切割机切割。

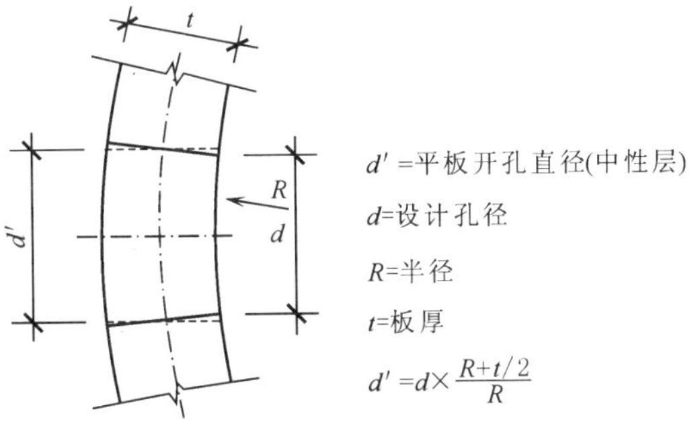

图5.2.4-2 内外层孔径变化计算图

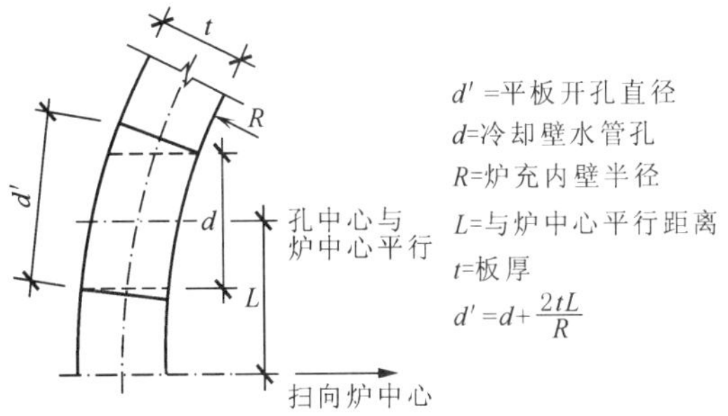

图5.2.4-3 孔中心平行于炉中心孔径计算图

5.2.5 炉壳风口段加工

1. 风口大套装配

风口大套加工时要求内外口机加平行，两口径同心，并在与中套接触面预留二次加工余量，将内口内半径缩小15mm作为焊接热处理变形的加工余量，并在大套内外口做好四芯标记，见图5.2.5-1。风口大套装配前在钢平台上进行放样，放出1/8风口段及各大套在平台上的投影，打上样冲标记，便于大套装配时进行定位检查。

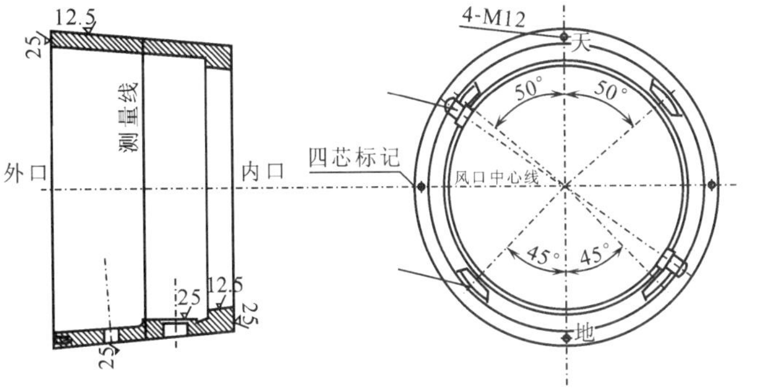

图5.2.5-1 风口大套四芯标记

大套和法兰进厂后检查四芯线，采用专用吊板进行大套和法兰的装配，大套装配过程见图5.2.5-2，大套送入风口大套孔后用导链调平，法兰的装配方法与大套相同。

装配时与风口带大套制孔四芯线对准，通过全站仪测定大套中心的安装高度和角度，利用角度调节板调整大套安装角度，高度调节板调节大套组装高度，调整合格后，调整板间焊接固定，大套与风口带点焊固定。调整及加固见图5.2.5-3。

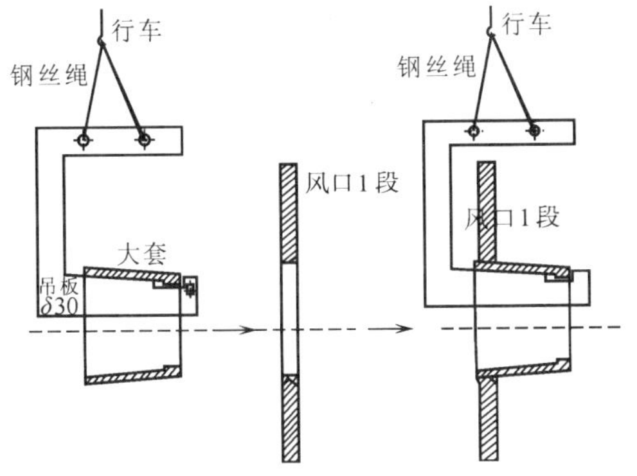

图5.2.5-2 大套装配

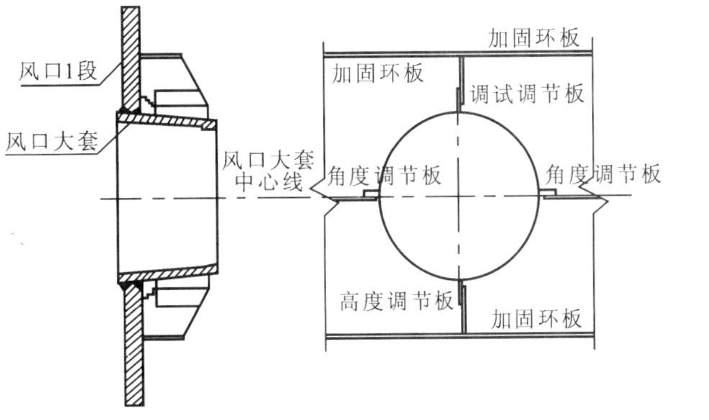

图5.2.5-3 风口大套调节及加固简图

2. 大套二次加工定位

炉壳组装调整结束后在中央测量架上放置全站仪，确定大套二次机加工的准确位置，按照测量结果重新设置大套内口四芯线，做好样冲标记，并用划规画出机加线，采用三维激光动态跟踪仪进行复核，见图5.2.5-4。

大套机加工时，以炉壳上的高度基准线为参照线将风口1段找平，炉壳垂直放置，固定在数控落地镗铣床操作台上，炉壳与操作台间设置放倾斜装置，防止加工过程中颤动或倾倒。调整中间大套中心线与镗铣轴平行，通过数控系统进行调整动力头，加工大套连接面，加工过程中注意进刀量，采用多次加工，最后用球墨铸铁锥套进行碾磨。一个大套加工完成后，旋转操作台，使大套中心与镗铣轴平行依次进行加工。

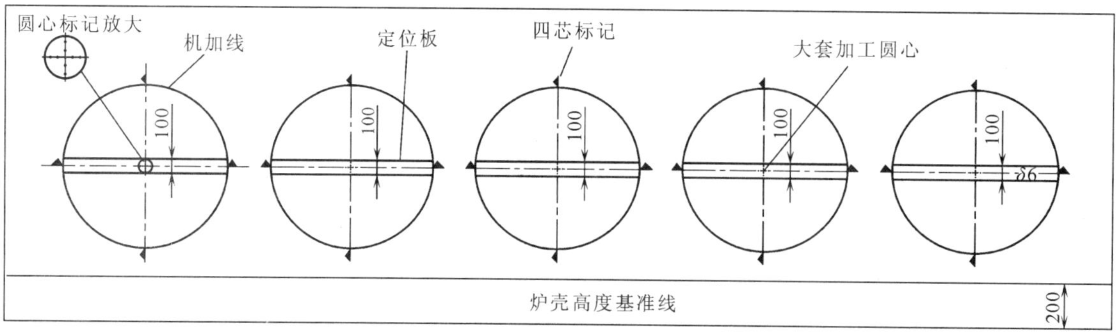

图5.2.5-4　风口大套划线定位

5.2.6　炉壳组装

1. 炉壳组装平台：炉壳组装平台采用钢平台或铸钢平台进行，组装平台表面超平，整体不平度不得大于2mm，组装平台布置见图5.2.6-1。

2. 炉壳单带预组装

炉壳组装时在组装平台中心放置测量胎架，在组装平台上标好炉壳的落位轮廓线、炉壳中心及四芯线。将炉壳按地样的落位轮廓线，按壳体下料时标记的角度线对照四芯线落位，落位后防止炉壳倾倒，设置临时支撑。在组装平台的落位轮廓线两边根据每带炉壳的斜度做好卡板，方便炉壳落位，见图5.2.6-2。

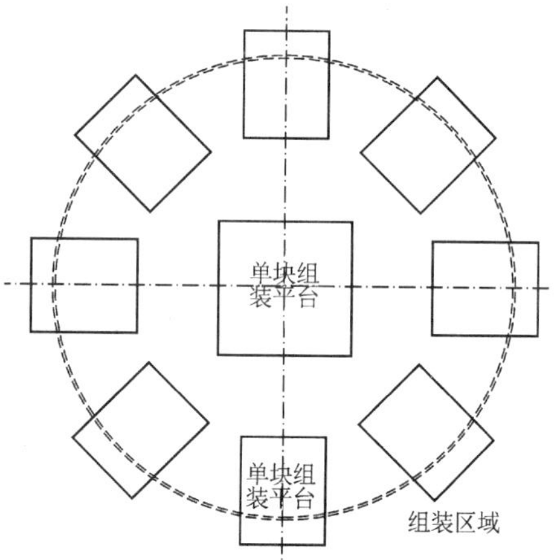

图5.2.6-1　组装平台布置及尺寸

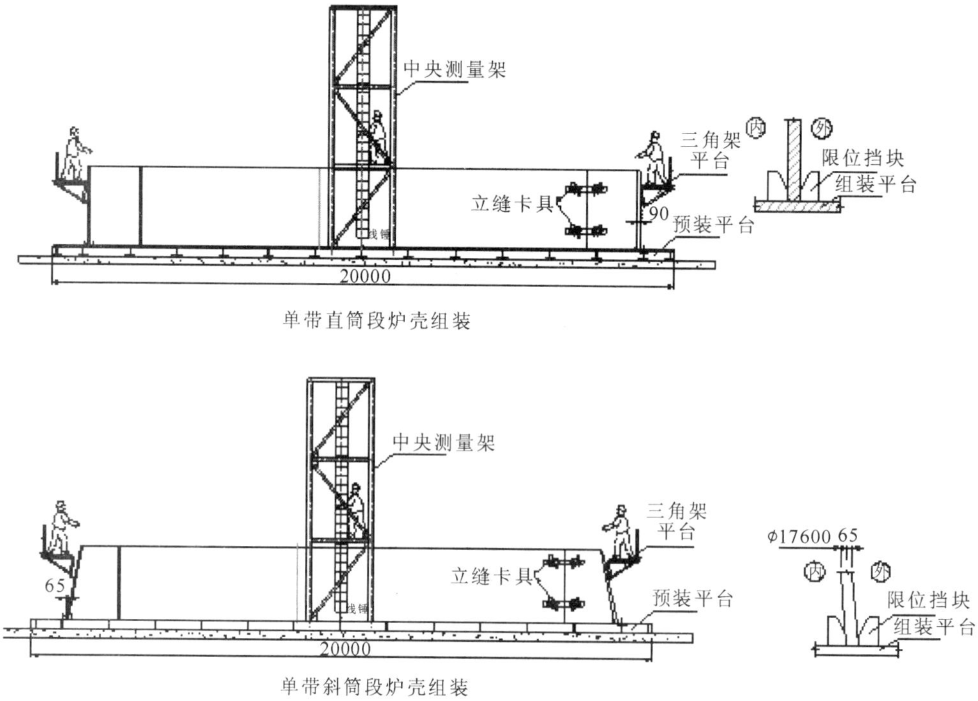

图5.2.6-2　炉壳单带组装示意图

3. 炉壳循环预组装

为了保证炉壳整体制作精度，炉壳加工完成后进行循环预组装，方便现场安装。炉壳多段组装时，第一段按照单带组装的方式先组装成整圈。然后在下带的上口焊接限位挡块。上段炉壳插入限位挡块中。然后每块用夹具连接成整圈。最后加上临时支撑，见图5.2.6-3。炉壳循环预组装见下图5.2.6-4。

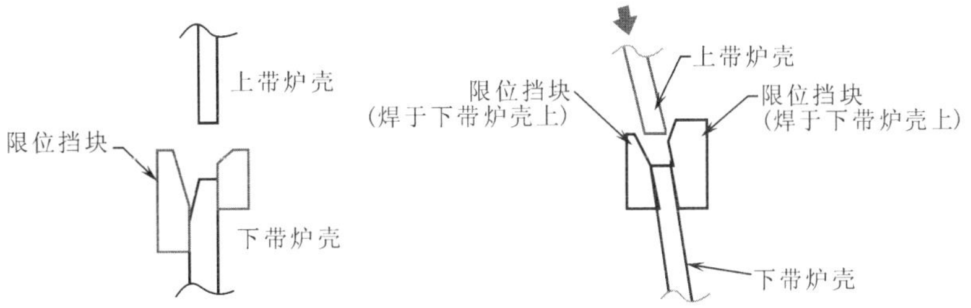

图5.2.6-3　多段炉壳组装挡板示意图

4. 炉壳组装检查

除调整块炉壳外，其他炉壳落位后对该带炉壳进行检查，检查项目如下：

1）炉壳椭圆度的检查（上下口均分16点）；

2）炉壳标高（上下口分均16点）；

3）炉壳上口水平度（上下口均分16点）；

4）炉壳上下口同心度；

5）炉壳错边量（上下口均分16点）；

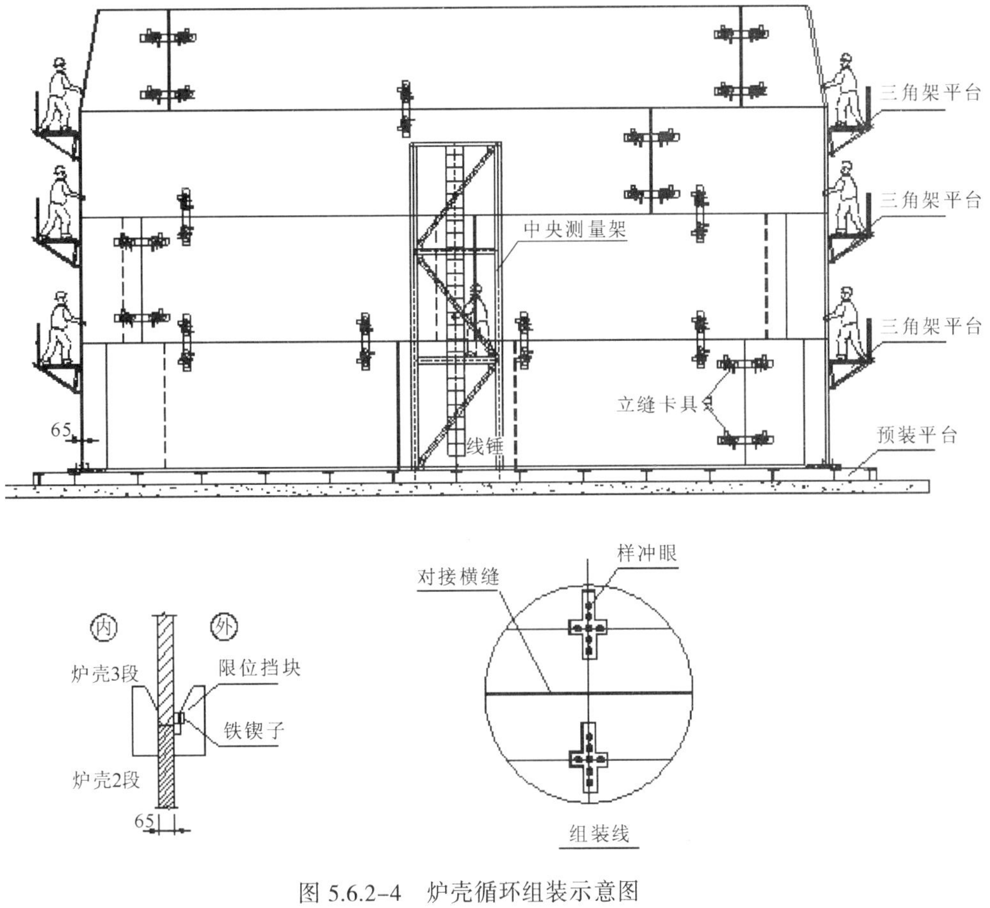

图 5.6.2-4　炉壳循环组装示意图

6）炉壳制孔检查。

炉壳预组装后尺寸允许偏差见表5.2.6。

炉壳预组装允许偏差 **表5.2.6**

序号	项目		简图	允许偏差 mm
1	炉底板	圆度	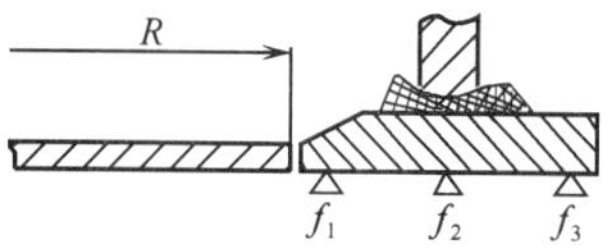	$\|R_{max}-R_{min}\|\leq R/1000$
		环板平面度		f_1、f_2、f_3：±1 圆周≤6mm
2	炉壳上口中心对预装平台检查中心的位移		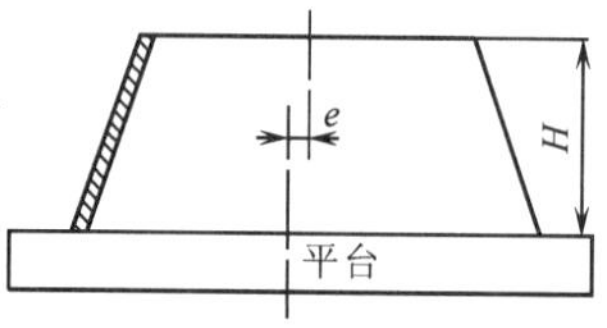	$e\leq H/1000$ 且≤5
3	炉高壳度			$H\leq\pm5$
4	炉壳椭圆度（在圆周 16 点等分检查）		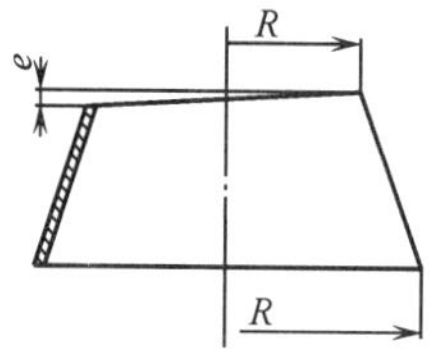	$\|R_{max}-R_{min}\|\leq 2D/1000$ 且≤8
5	炉壳上口高低差（在圆周 16 点等分检查）			$e\leq4$
6	纵缝	错边 间隙	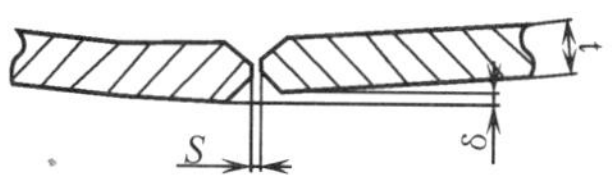	$t\leq40$ $\delta\leq3$ $t>40$ $\delta\leq5$ S=0～3
7	横缝	错边 间隙	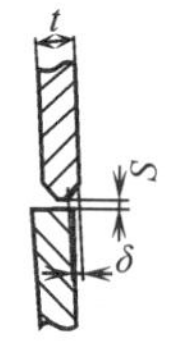	$\delta\leq t/10$，但≤5 S=0～3
8	出铁口	中心标高	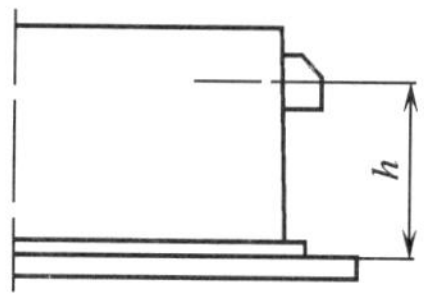	$h\leq\pm5$
		法兰面中心位置	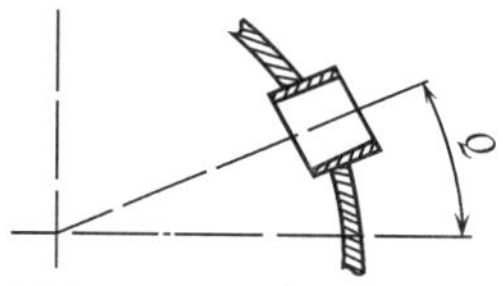	$Q\leq\pm4'$
		法兰面水平中心线水平度（在法兰全宽内）		≤3
9	风口法兰	法兰中心标高	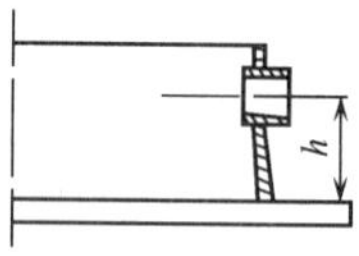	$h\leq\pm5$
		法兰中心夹角	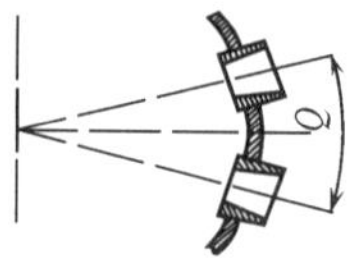	$Q\leq\pm4'$
		全部法兰中心高低差	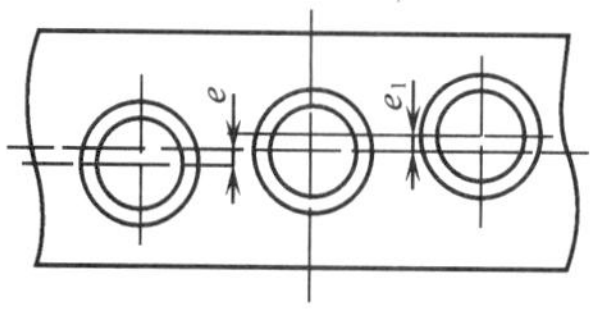	$e\leq5$
		相邻法兰中心高低差		$e_1\leq3$

续表

序号	项 目		简图	允许偏差 mm
9	风口法兰	相对法兰中心水平连线与炉体中心偏移	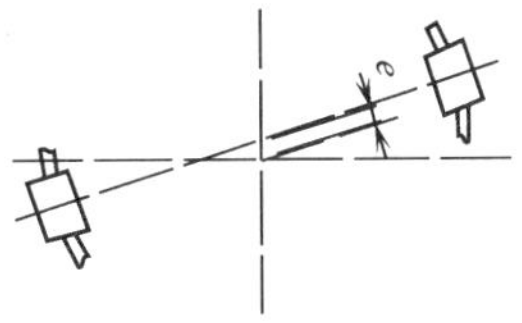	$e \leqslant 10$
		法兰面的向心度	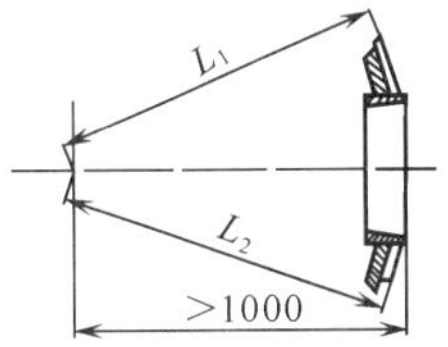	$\lvert L_1-L_2 \rvert \leqslant 2$
		法兰水平中心线水平度（在法兰直径内）		≤2
		法兰伸出炉壳表面距离	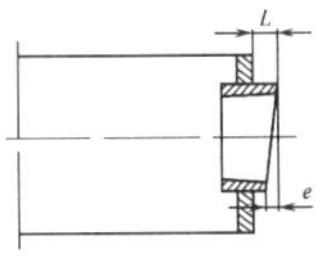	$L \leqslant 0\sim5$
		法兰垂直面的倾斜（在法兰面直径内）		$e \leqslant \pm2$
10	冷却板法兰	法兰沿炉壳圆周中心间隔	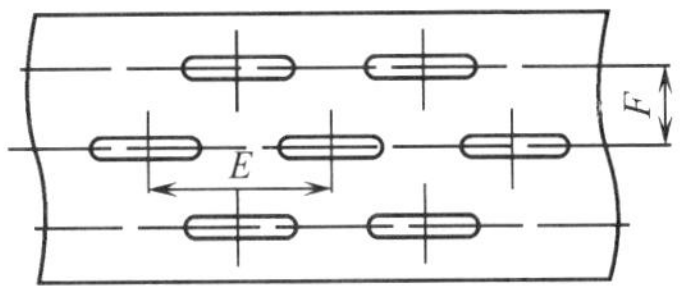	$E \leqslant \pm5$
		相邻两层法兰中心距		$F \leqslant \pm5$
		法兰水平中心线两端至炉壳表面距离		$\lvert L_1-L_2 \rvert \leqslant 2$
		法兰面垂直度（在法兰全高内）		$e \leqslant 2$
11	冷却壁孔	同组孔间距	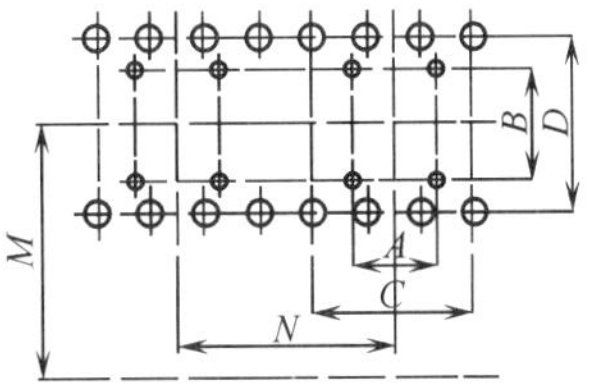	A、B、C、D ±2
		相邻组孔中心距		M、N ±3
12	炉顶法兰	圆度	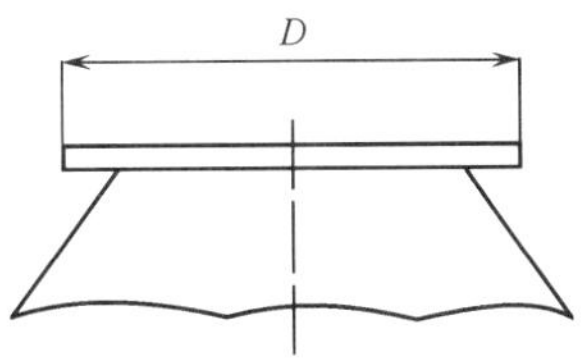	$\lvert D_{max}-D_{min} \rvert \leqslant D/1000$
		上平面任意两点高低差		≤3

5.2.7 炉壳焊接

炉壳用材料根据炉型、厂家、区域不同分为Q235C、Q345C、BB503等，表5.2.7–1中给出焊接方法和材料是以某钢厂5000m^3 高炉为参照选用，在制作时焊接材料依据母材来选用。

1. 焊接方法及焊接材料

炉壳制作主要焊缝类型、焊接方法及焊接材料选用见表5.2.7–1。

焊缝类型、焊接方法及焊接材料选用表　　表5.2.7-1

部位	母材	焊接位置	接头型式	焊接方法	焊接材料
炉壳钢板拼接	BB503	平焊	对接	埋弧自动焊	H10Mn2+SJ101
炉壳间立焊	BB503	立焊	对接	CO_2气保焊	ER50-6
				丝极电渣焊	H08MnMoA+HJ431
				自保护自动立焊	NR431
两带炉壳间横缝	BB503	横焊	对接	CO_2气保焊	ER50-6
炉底板拼接	Q235-C	平焊	对接	埋弧自动焊	H08MnA+HJ431
炉缸与炉底环板焊接	BB503	横焊	T形接头	CO_2气保焊或埋弧自动横焊	ER50-6或H10Mn2+SJ101
炉顶法兰与炉壳焊接	BB503	横焊	T形接头	CO_2气保焊	ER50-6
铁口框与炉壳焊接	Q345C+BB503	平焊	T形接头	CO_2气保焊	ER50-6
风口法兰与炉壳焊接	ZG20Mn+BB503	平焊	T形接头	CO_2气保焊	ER50-6
各部位				手工电弧焊	E5015

2. 焊接工艺

1）焊前准备

焊前进行技术和安全交底。

焊前，焊缝坡口及附近20mm（手工电弧焊、CO_2气体保护焊）或40mm（自动焊）范围内清除净油、锈等污物。

定位焊焊接方法与打底焊相同，焊接要求同正式焊接。定位焊牢固可靠，定位焊不得有裂纹、气孔、夹渣等缺陷。

施焊前，复查组装质量、定位焊质量和焊接部位的清理情况，如不符合要求修正合格后方施焊。炉壳装配质量要求见表5.2.7-2。

炉壳装配错口允许偏差　　表5.2.7-2

部位	项目	板厚	允许偏差	备　注
立焊缝	错边量	/	≤3mm	
横焊缝	错边量	δ≤40mm	≤δ/10，且≤3mm	
		δ>40mm	≤δ/10，且≤5mm	

现场施焊前检查脚手架等临时设施是否安全可靠。

预热：

（1）对于板厚大于36mm的BB503钢板，施焊前进行预热（自保护立焊除外），预热温度为120℃。预热范围为焊缝两侧，每侧宽度不小于板厚的2倍，且不小于100mm，预热测温点在距焊缝50mm处。

（2）施焊现场环境温度低于0℃时，在始焊点附近100mm范围内采用火焰预热30℃以上方可施焊。

2）焊接过程

（1）引弧在焊道内进行，不能在焊道区以外的母材上起弧。

（2）施焊中，应特别注意接头和收弧的质量，收弧时应将熔池填满。

（3）多层多道焊时，接头错开50mm以上，并连续施焊。

（4）每一层焊道焊完后及时清理检查，清除缺陷后再焊。

（5）焊缝出现裂纹时，焊工不得擅自处理，立即上报，由技术人员查清原因、订出修补工艺后，方可处理。

3）焊后

焊接完毕，焊工及时清理焊缝表面的熔渣及两侧的飞溅物，检查焊缝外观质量。检查合格后在规定部位打上焊工钢印或做好记录，利用预热设备进行消氢处理。横缝焊完后，立即升温到250℃，恒温2.5~3h，然后缓冷。对于风口大套与风口段，焊后进炉进行热处理，热处理曲线见图5.2.7。

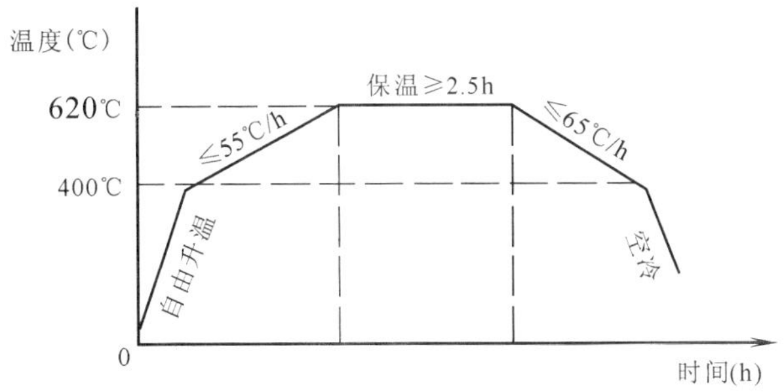

图5.2.7　风口段热处理曲线

4）焊接参数

（1）手工电弧焊焊接工艺参数见表5.2.7-3。

手工电弧焊焊接工艺参数　　**表5.2.7-3**

焊接位置	焊接材料		焊接工艺参数		
	型号	规格（mm）	电流（A）	电压（V）	备注
平、横焊	J507 J507RH	ϕ3.2	110~130	22~24	
		ϕ4	160~200	24~26	
		ϕ5	220~260	24~30	
立焊	J507 J507RH	ϕ3.2	100~120	22~24	
		ϕ4	150~170	24~26	
		ϕ5	160~240	26~30	

（2）CO_2气体保护焊焊接工艺参数见表5.2.7-4。

CO_2气体保护焊焊接工艺参数　　**表5.2.7-4**

焊接方法	焊接材料		焊接工艺参数		
	型号	规格（mm）	电流（A）	电压（V）	气流量（L/min）
GMAW	ER50-6	ϕ1.2	240~260	26~28	15~20

（3）KES法电渣焊工艺参数

KES法电渣立焊工艺参数　　**表5.2.7-5**

层次	焊材牌号	焊材规格	电流（A）	电压（V）	备注
内侧	H08MnMoA+HJ431	ϕ2.4mm	400~450	42~44	
外侧	H08MnMoA+HJ431	ϕ2.4mm	400~450	42~44	

3. 焊缝质量检验

1）外观检验

焊缝质量检验按《炼铁机械设备工程安装验收规范》GB 50372-2006进行，低碳钢焊接完毕冷却后即可进行外观检查。低合金钢焊缝焊接完毕24h后方可进行外观检查。

对接焊缝的外观质量应符合表5.2.7-6中Ⅲ级的规定。

角焊缝的焊角高度应符合设计文件的规定，其外形应平缓过渡，表面不得有裂缝、气孔、夹渣等缺陷，咬肉深度不得大于0.5mm。

2）无损检测

无损检测在外观检查合格后进行。对接焊缝及熔透T形焊缝内部质量采用超声波探伤，按《承压设备无损检测》GB 11345执行。合格级别：B类Ⅱ级。检测比例：10%。

对接焊缝外观质量标准　　表5.2.7-6

项次	项　目	等级（单位：mm）			
		Ⅰ	Ⅱ	Ⅲ	Ⅳ
1	表面裂纹、表面气孔、表面夹渣、综合性飞溅	不允许		不允许	
2	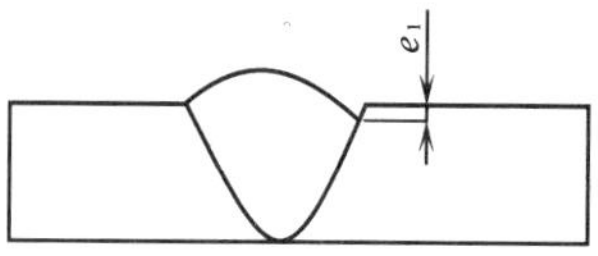 咬边	深度：$e_1 \leq 0.5$ 焊缝两侧咬边的总长度不大于焊缝全长的 10%，且小于 100			
3	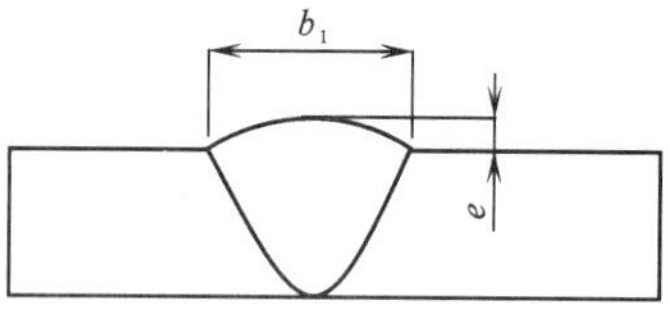 表面加强高	$e \leq 1+0.10b$ 且不大于 3		$e \leq 1+0.20b$ 且不大于 4	
4	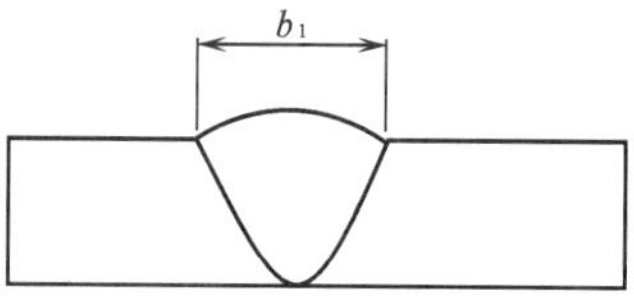 宽度	盖过每边坡口约 2			
5	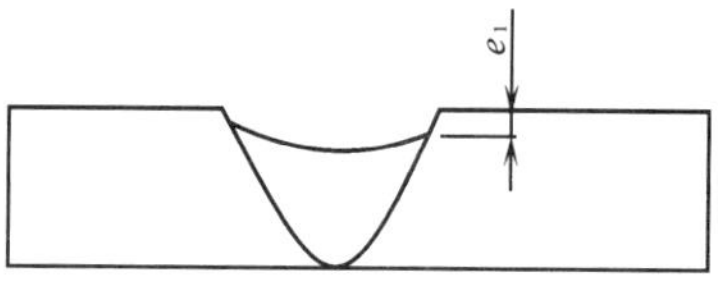 表面凹陷	不允许		不允许	
6	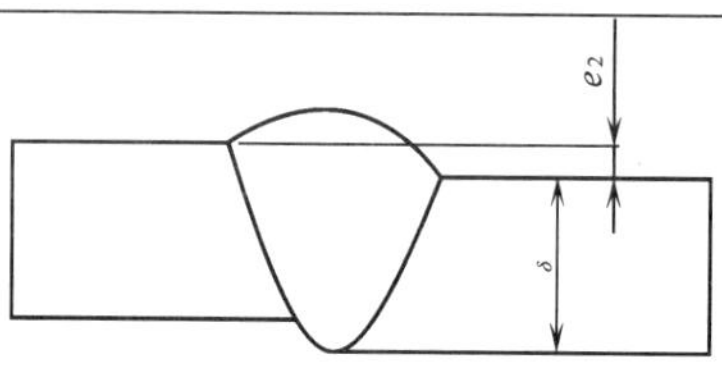 对口错边	$e_2 \leq 0.1\delta$ 且不大于 3		$e_2 \leq 0.1\delta$ 但： $\delta \leq 40$ 时，≤ 3 $\delta > 40$ 时，≤ 6	

6. 材料与设备

6.1 使用的主要材料

使用的主要材料见表6.1。

主要材料　　表6.1

名　称	型　号	数　量	用途
Co2 气保焊丝	ER50-6	500kg	风口大套焊接
钢板	-25	20t	加固、组装
槽钢	25 号	50t	加固
焊材	H08MnMoA+HJ431	500kg	立缝焊接
冲子	$\phi 30$	100 个	组装

6.2 采用的机具设备

采用的主要机具设备见表6.2。

主要机具及设备表 表6.2

名　称	规格型号	数 量	用 途
数控切割机	CSⅡ－6000D	1	用于数控喷粉、下料
三辊卷板机	W11S-100×4500	1	用于卷板成形
压力机	5000t	1	用于煤气封罩成形
摇壁钻床	ZW3725	2	用于炉壳制孔
半自动火焰切割机	RA6	4	用于坡口加工
可调角度火焰切割机	LGK-200	2	用于炉壳制孔
电渣焊机	FABARC ESW-2	3	用于炉壳竖缝焊接
吸附式激光跟踪大圆切割机	FABARC	1	用于炉壳制孔
全站仪	WILD-TC702	1	用于炉壳组装测量
落地镗铣床	HCW3-250NC	1	用于风口大套二次机加工

7. 质 量 控 制

7.1 质量控制标准

7.1.1 《高炉炉壳技术条件》YB/T 4079。

7.1.2 《冶金机械设备安装工程安装验收规范》GB 50372。

7.1.3 《承压设备无损检测》JB 4730。

7.2 关键工序质量要求

7.2.1 下料尺寸极限偏差（表7.2.1）

下料尺寸极限偏差表（mm） 表7.2.1

项　目	简　图	极 限 偏 差
下料长度 L	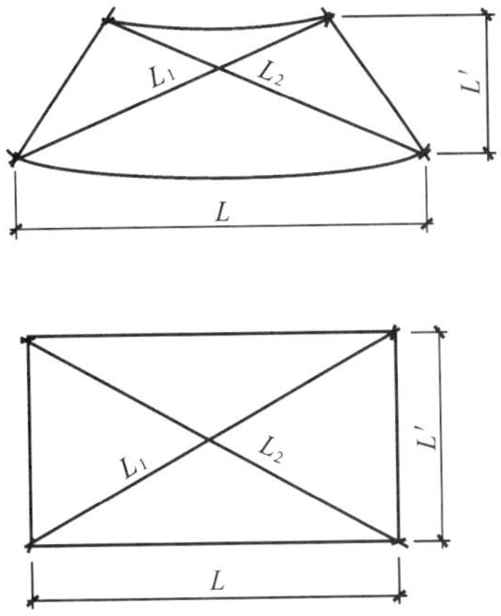	±2
下料宽度 L'		±2
对角线之差 $\|L_1-L_2\|$		3

7.2.2 炉壳成形质量要求（表7.2.2）

炉壳成形 **表7.2.2**

序号	检 查 项 目	允许极限偏差允差（mm）
1	炉壳弧长	≤3
2	下口与平台间隙	≤2
3	上、下口圆弧	≤2
4	上口高度	≤3
5	炉壳垂直	≤3

7.2.3 风口法兰组装尺寸偏差（表7.2.3）

风口法兰组装尺寸偏差（mm） **表7.2.3**

项　　目	简　　图	极限偏差
风口法兰中心线角度偏差 α 平面度	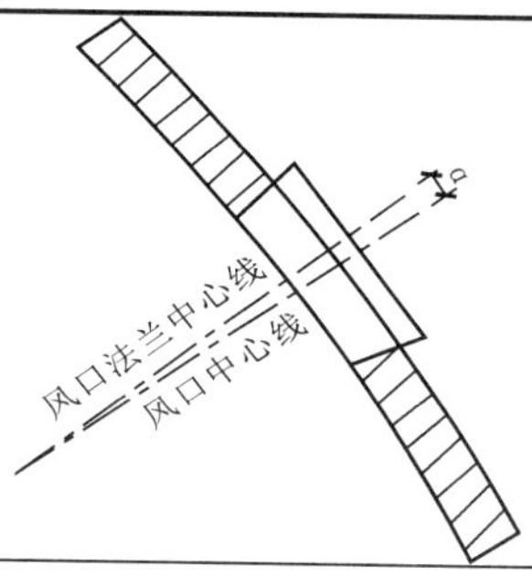	±4′
风口法兰伸出炉壳表面距离 L	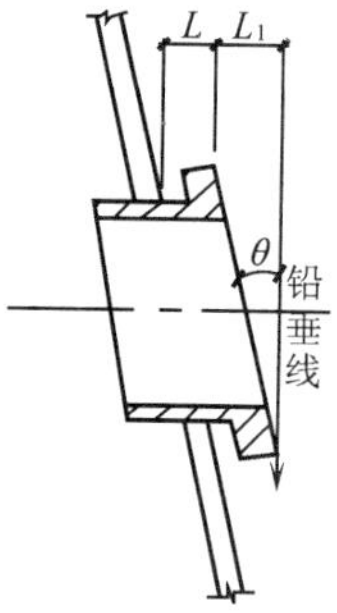	0≤L≤5
风口法兰偏角 θ 的偏斜边长偏差 L_1		±2
θ＝0时法兰垂直面倾斜 L_1		≤2
各法兰中心标高偏差△h	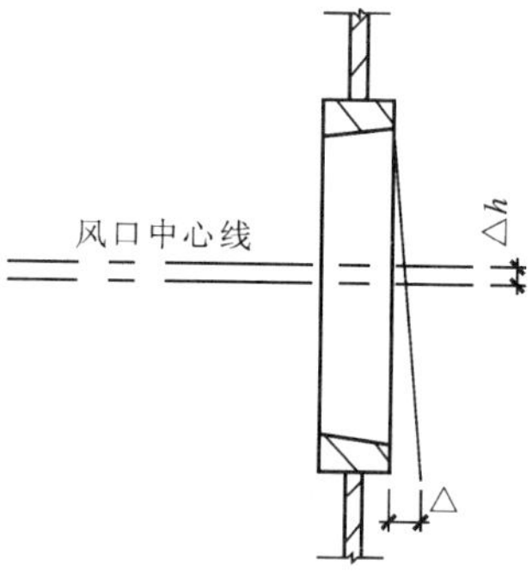	±3
相邻两法兰中心高低偏差△h		≤3
全部法兰高低差△h		≤5
风口法兰不平度△		≤2
法兰面水平中心线与法兰内圆圆周相交点 A、B 至风口同一点距离之差	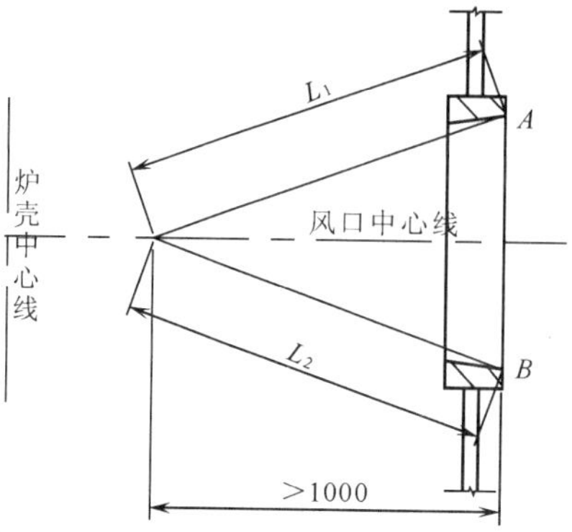	$\|L_1-L_2\|\leq 2$

7.2.4 单体炉壳预装几何形状和尺寸偏差

单体炉壳组装尺寸偏差（mm） **表7.2.4**

项目		简图	极限偏差
炉底板	圆底 D：炉底板直径	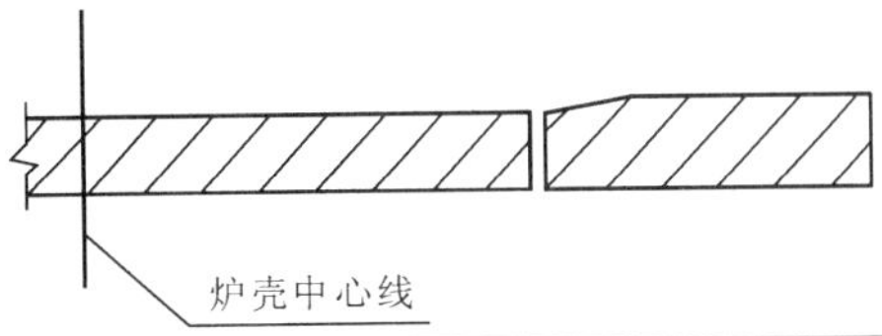	$\|D_{max}-D_{min}\|\leq 0.02D$
	平面度		≤4
单体炉壳	上口中心对预装平台上检查中心线的位移 H：预装高度	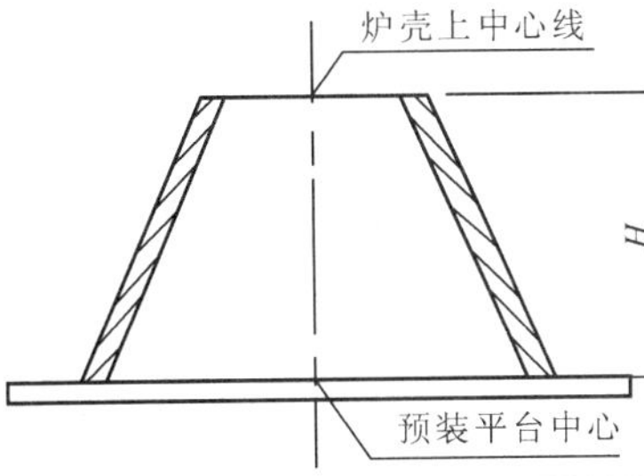	$\leq H/1000$ 当 $H\leq 3000$ 时 ≤3 当 $H>3000$ 时 ≤10
	圆度 D_i i=1、2	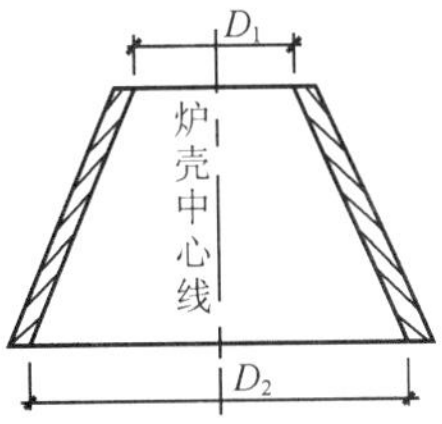	$\|D_{max}-D_{min}\|\leq 0.02D_i$
	垂直高度	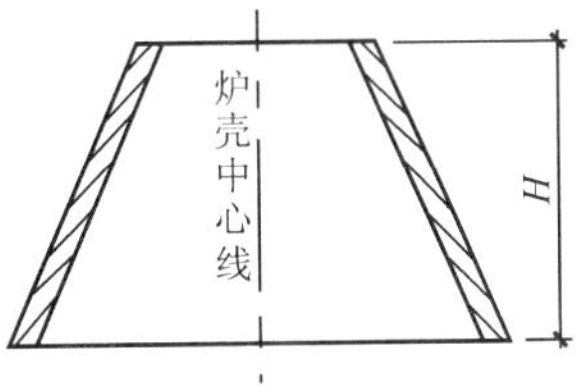	±5
	上口平面度		≤4
炉顶圈	圆度	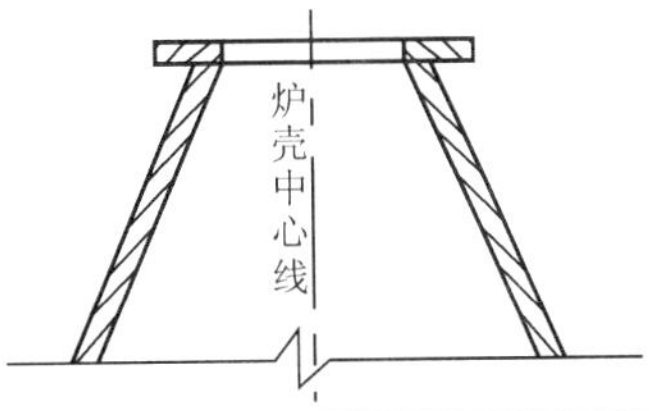	$\|D_{max}-D_{min}\|\leq D/1000$
	上平面任意两点高低差		≤4
冷却板法兰	法兰沿炉壳圆周中心间隔	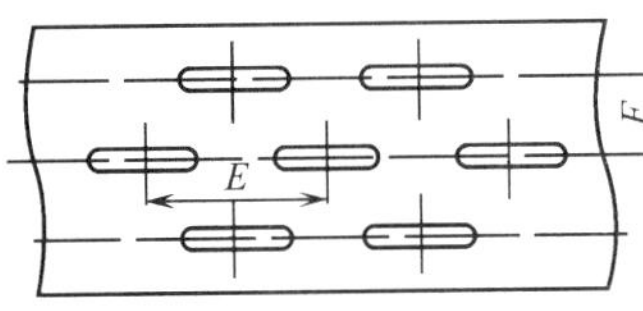	$E\leq\pm 5$
	相邻两层法兰中心距		$F\leq\pm 5$
	法兰水平中心线两端至炉壳表面距离	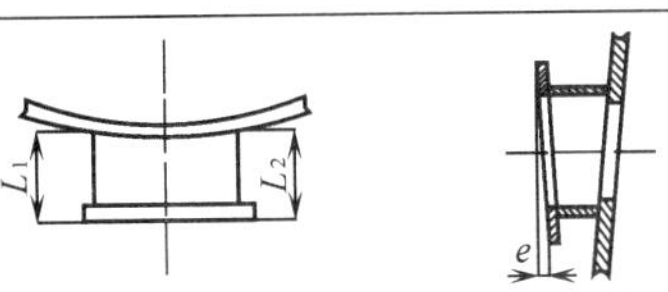	$\|L_1-L_2\|\leq 2$
	法兰面垂直度		$e\leq 2$
冷却壁孔	同组孔间距	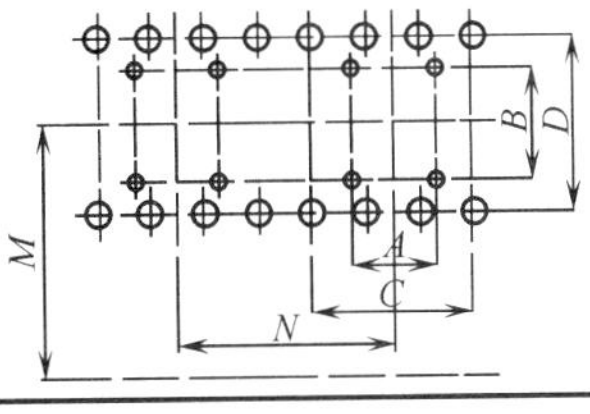	A、B、C、$D\leq\pm 2$
	相邻组孔中心距		M、$N\leq\pm 3$

7.3 质量控制措施

7.3.1 建立健全的制造质量保证体系，精心策划，落实措施，提高质量管理预见性。

7.3.2 培训专业焊工，气焊工。

7.3.3 严格工序管理，实行工序流转制度，下道工序必须在上道工序的检查合格后方可实施。

7.3.4 加工前严格按照国家标准和相关协议、合同进行材料的复检，保证原材料的质量。

7.3.5 加工前认真核对炉壳制造详图，确认无误后方可输入数控切割机进行切割语言的转换；数控切割机喷粉画线后对照设计图进行检查，以确定制孔、切割的准确性。

7.3.6 卷板采用数控卷板和人工检查相结合的施工方法，卷板前认真检查成形用样板、标记清晰，防止使用时混淆。

7.3.7 冷却水管孔、铁口、风口、煤气封罩上的各种设备孔采用平板数控喷粉定位、成形后制孔的方法来保证炉壳制孔的质量。

7.3.8 焊接式焊接后风口大套采取多次组装、二次机加工的方式来保证风口段质量。

7.3.9 炉壳校正、组对时严格检查组装地样和组装质量，不得强行组对。

7.3.10 便于现场安装，进行循环预组装，并进行调整，达到炉壳质量精度要求，做好组装标记。

7.3.11 炉壳焊接时按照焊接工艺进行预热和后热，风口段采取入炉进行热处理，消除焊接残余应力。

7.3.12 炉壳对接焊缝、风口、铁口、设备接管与炉壳的焊接，严格按照《承压设备无损检测》的要求进行焊缝的验收。

7.3.13 加工前每道工序对班组做好技术交底，施工过程中严格遵守，对质量进行全过程控制。

7.3.14 注重细部，精益求精，着力治理质量通病。

7.3.15 做好除锈涂装、成品保护，保证构件外观质量。

8. 安 全 措 施

8.1 执行的安全标准

8.1.1 《起重机械安全规程》GB/T 6067。

8.1.2 《建筑施工扣件式钢管脚手架安全技术规范》JGJ 130。

8.1.3 《建筑施工高处作业安全技术规范》JGJ 80。

8.1.4 《建筑机械使用安全技术规程》JGJ 33。

8.2 安全措施

8.2.1 认真贯彻“安全第一，预防为主”的方针，根据国家有关规定、条例，结合单位实际情况和工程的具体特点，组成专职安全员和班组兼职安全员以及车间安全用电负责人参加的安全生产管理网络，执行安全生产责任制，明确各级人员的职责，抓好工程的安全生产。

8.2.2 在生产前必须逐级进行安全技术交底，并做好记录，明确安全责任制。严格按规定做好开工前、班前安全交底。

8.2.3 氧气瓶与乙炔瓶隔离存放，严格保证氧气瓶不沾染油脂、乙炔发生器有防止回火的安全装置。

8.2.4 电渣焊和埋弧焊焊接、加热设备应注意用电安全，按规定分线路接线，对于绝缘保护层裸露的线要严禁使用。

8.2.5 加工机械设备实行进厂验收挂牌制度，并明确责任人和管理者，做好运行监视记录。一切加工机械的进场必须符合质量和安全要求，机械进场执行验收制度，实行人机配套管理。

8.2.6 卷板过程中严禁操作人员站在钢板上进行指挥和操作，卷板过程中不得移动卷板机周边护栏，防止卷板反弹伤人；卷板后缓慢将卷制后的炉壳移出卷板机。

8.2.7 炉壳钢板校正和制孔时采用型钢与钢平台进行支撑临时固定，防止炉壳倾翻。

8.2.8 吊耳、挂耳焊接牢固可靠、在挂耳上挂三角架和木挑板作为临时组装通道，用细钢丝绳作为安全带的挂点，临时组装通道使用前由安全员进行确认后方可使用。

8.2.9 炉壳组装、循环组装时，注意高空作业，佩戴好安全带，做好防护措施；组装区域做好安全警戒措施，炉壳吊运时下面不得站人，防止高空落物；炉壳组装时，采用专用卡具固定牢固后行车方可松钩，必要时用型钢进行临时固定。

8.2.10 炉壳在预热、后热、焊接过程中注意不要触摸钢板、使用红外线测温仪监测温度，防止高温灼伤。

8.2.11 炉壳的倒运，应使用专用吊具，重复使用的吊具在吊装前严格检查，吊装时根据理论计算选择合适吊点，确保吊运安全。

8.2.12 煤气封罩上设备短管的焊接，内部架设排风扇进行通风，指派专人进行监护。

8.2.13 各种施工材料要分类有序堆放整齐，对余料注意定期回收，对废料及时清理，定点设垃圾箱，保持施工现场的清洁整齐。结构运输倒运必须绑扎牢固，堆放平稳牢靠，防变形，防坍塌倾倒。

9. 环 保 措 施

9.1 炉壳制作过程中严格遵守国家和地方政府下发的有关环境保护的法律、法规和规章，加强对施工燃油、工程材料、设备、废水、生产生活垃圾、弃渣的控制和治理，遵守有防火及废弃物处理的规章制度。

9.2 机械设备必须按相关规定进行保养维修，确保机械设备的消声设备完好。

9.3 要做好对机械操作人员的教育培训，正确使用各类机具，避免因不正确使用发出刺耳的噪声。

9.4 成品车间除锈设备等产尘较大的作业必须封闭作业，有效的进行通风和灰尘的回收。

9.5 加强对作业人员的教育，有尘产生的作业动作要轻、速度要慢。

10. 效 益 分 析

大型高炉炉壳制作工法的应用，确保了炉壳的制造质量和制造周期，同时也为炉壳的制造和安装降低了成本投入。本工法已成功地应用于福建鑫海高炉炉壳、宝钢一号高炉大修工程高炉炉壳、安钢集团三号高炉等工程的制造，制造工程量15236t，完成产值15017.1万元，取得直接经济效益1163.8万元。

大型高炉炉壳制作工法的应用，为我国钢铁企业的高炉日趋大容积、高炉压、自动化和长寿化创造了更多的条件，推动了我国钢铁行业的高炉大型化向生产效率高、能源消耗低、铁水质量高、环境污染少等方面的发展，取得了显著的社会效益。

11. 应 用 实 例

本工法已经成功地应用于福建鑫海高炉炉壳、宝钢一号高炉大修工程高炉炉壳、浙江中天钢铁、浦钢中厚板分公司非标容器、英国风力发电基础桩和过渡桩卷圆工程、安钢集团三号高炉等炉体设备工程的制造，实施效果良好。

11.1 福建鑫海高炉炉壳

1. 应用地点：福建鑫海；
2. 工作量：约145t，最大板厚40mm；
3. 起止时间：2007年7月～2007年9月。

4. 应用效果：炉壳制作质量好，现场组装方便准确。

11.2 宝钢一号高炉大修工程4966m³高炉炉壳

1. 应用地点：宝钢一号高炉大修工程；

2. 工作量：约1381t，最大板厚100mm；

3. 起止时间：2007年8月～2008年5月。

4. 应用效果：炉壳制作精度高，尤其是风口段的加工，为高炉大修赢得了时间。同时组织了各钢厂的炉壳制造观摩活动，得到了宝钢领导"炉壳制造整体质量优良，达到一号高炉大修的炉壳制造的预期效果"的好评。

11.3 浦钢中厚板分公司非标容器制造

1. 应用地点：中厚板分公司二期COREX炼铁工程；

2. 工作量：约720t，最大板厚130mm；

3. 起止时间：2008年5月～2009年2月。

4. 应用效果：在非标容器类设备的制造中应用高炉炉壳制造技术，简化了设备的制作工艺，节省了制作成本，且制作质量优良。

11.4 英国风力发电站基础桩和过渡桩卷圆

1. 应用地点：上海振华港机英国海上风力发电卷圆；

2. 工作量：约11132t，最大板厚85mm；

3. 起止时间：2009年1月～2009年5月。

4. 应用效果：钢桩成型、坡口加工质量好，制作周期短，效率高，为风力发电设施的出口质量提供了有力的保证。

11.5 浙江中天钢铁高炉炉壳

1. 应用地点：浙江常州；

2. 工作量：约508t，最大板厚50mm；

3. 起止时间：2009年5月～2009年7月。

4. 应用效果：炉壳的大块化生产，大大提高了炉壳的制作质量，同时为高炉的快速大修提供了有力的保证。

11.6 安钢集团4700m³高炉炉壳

1. 应用地点：河南安阳；

2. 工作量：约1350t，最大板厚100mm；

3. 起止时间：2010年7月～2010年12月。

4. 应用效果：安钢三号高炉炉壳实现远距离的大块化、工厂化生产，应用大型高炉炉壳制作技术既保证了炉壳的制作质量，又安全快速的满足现场的安装需要，实现了炉壳的质量、安全生产的目标。

带肋冷却塔筒壁施工工法

GJEJGF347—2010

天津电力建设公司

于亮　崔虹　孙成江

1. 前　言

随着工业和城市的迅速发展，火力发电厂的兴建，需要大量的水循环以实现乏汽的冷却、凝结。带肋冷却塔筒壁设计作为一种新型的结构型式，其抗风、抗震能力、整体稳定性和抗变形的能力均优于无肋的普通塔，且外观上更加挺拔、美观、造价低。在国外较流行，而我国尚刚起步，在今后的冷却塔及筒仓的设计上不失为一个方向。

对于带肋塔筒壁的施工，从凸肋的定位、元宝钢筋的绑扎及凸肋模板体系的设计和支设、带肋筒壁的混凝土浇筑等环节都较普通无肋塔的施工增加了难度。

为此天津电力建设公司专门开展了对带肋塔施工的技术攻关，并获得“带肋双曲线筒壁模板体系”的专利授权（证书号：1447429）和华北电网有限公司“五小”创新创效优秀成果一等奖。应用本工法的宁夏水洞沟电厂一期一号间接空冷塔工程，获得2010年度自治区“西夏杯”优质工程金奖。

2. 工法特点

2.1　在原有普通双曲线冷却塔筒壁施工技术的基础上，重点对带肋双曲线筒壁的模板体系进行了改进，形成了自有的专利技术。

2.2　将3D数字信息新技术应用于模板排版效果设计中；确保带肋塔的外观效果。

2.3　由于带肋筒壁的混凝土浇筑量较普通水塔的大，采用了先进的垂直运输机械——平桥和直线电梯配合，解决了带肋塔筒壁的钢筋储运和混凝土浇筑等施工需要。

3. 适用范围

适用于双曲线带肋冷却塔及带肋筒仓的筒壁施工。

4. 工艺原理

带肋塔筒壁施工采取三层翻模法，重点对于筒壁凸肋的定位、模板体系及垂直和水平运输等进行了改进。

4.1　三角架三层翻模法

将施工三角架和模板用对拉螺栓悬挂在已成形的混凝土筒壁上，以此作为操作平台，用调径杆找正，进行其上一层模板、三角架安装和混凝土浇灌等工作。三角架及模板共设置三层，在施工过程中三层三角架、模板循环交替向上使用。

4.2　筒壁凸肋定位原理

确定凸肋半径：（图4.2）采取激光垂准仪配弯管目镜，将塔中心点投测至空中接收靶的中心；利用激光测距仪测出至接收靶斜距、该基准点和被测点水平距离和垂直距离，根据测出水平距离算出筒壁半径误差。

筒壁半径误差=R设计—R实际=R设计—（基准点至塔中心的水平距离+基准点到被测点的水平距离）。据此调整接收靶中心。

此外，利用接收靶上固定的钢尺测出被测点的斜长r，根据设计图纸计算出每两条肋之间的弦长：

半径r，圆心角a，弦长l，弦长与两条半径构成一个三角形，用余弦定理：$l^2=2r^2-2r^2\cos\alpha=2r^2(1-\cos\alpha)$

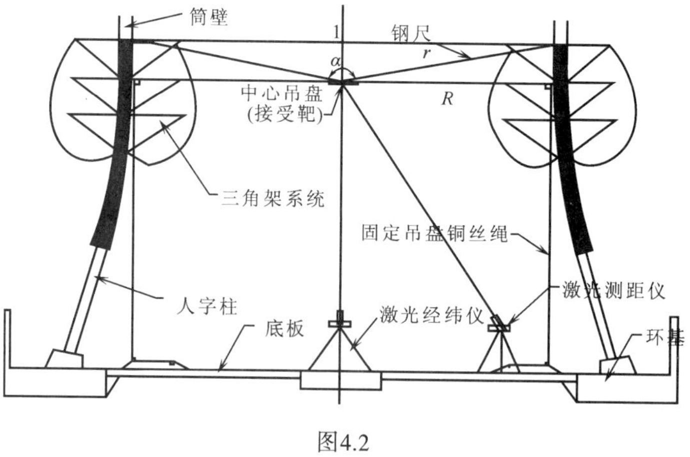

图4.2

$$l=r\sqrt{2(1-\cos\alpha)}$$

用半角公式可转化为 $l=2r\times\sin(\alpha/2)$

凸肋的顺直控制：平分筒壁周长的凸肋，利用激光经纬仪后视环梁下口n条肋后视控制点，测定每板凸肋的位置。此外，两肋间单元的模板正确排序和接缝收分量的控制，对凸肋的定位起到复核、调整作用。

4.3　带肋筒壁的模板体系

本工法采用普通双曲线薄壳结构定型模板作为内模板；外模板按单元定制，即两肋之间为一个单元，每单元采取中大边小、凸肋单独配模的方案。充分考虑到人员装拆的便利且与内模相匹配，凸肋单元的中间三种定制的外模板均两侧收分；靠近凸肋根部的外模板单侧收分。在控制定型模板加工数量，减少拼缝的前提下，既解决模板排版、制作问题，保证带肋冷却塔筒壁表面均匀、对称、过渡自然的整体效果。又通过对变截面模板间连接的对拉螺栓孔采取椭圆形或开口结构设计，模板上下接缝处延伸并采取搭接翼缘板的坡口设计等使得施工更安全、工期更短（详见1447429号专利）。

4.4　采用平桥和直线电梯作为垂直运输机械。

平桥能根据塔的高度自动升降，可用做直线电梯的附着架；前桥可以根据塔的半径变化而伸缩，并通过前桥与筒壁的连接形成塔壁施工的通道；平桥顶部配有旋转吊车和混凝土的漏槽。为施工中人员、物料（钢筋和混凝土）的水平垂直运输提供了平台。

5. 施工工艺流程及操作要点

5.1　工艺流程（图5.1）

5.2　操作要点

5.2.1　带肋筒壁的测量定位

1．投点定位，控制每条肋的位置

利用激光经纬仪垂直投测至塔中心点接受靶。接受靶由4根ϕ8钢丝绳从4个互相垂直的方向拖拉固定，用以塔心找正、调整，带肋风筒每板半径和每条凸肋的位置利用固定在塔中心圆盘上的钢尺（测量拉力200N），拉平拉直测量。每板再由塔内中心架设经纬仪设置一个永久点由此处转角，用经纬仪转角分肋定位的方式，结合复核环梁处凸肋位置的标记，进行调整。此外，结合定制单元模块化的模板拼装和接缝收分量的控制，再次复核子午肋的曲度。

2．机械影响区域由平桥节内穿尺定位。

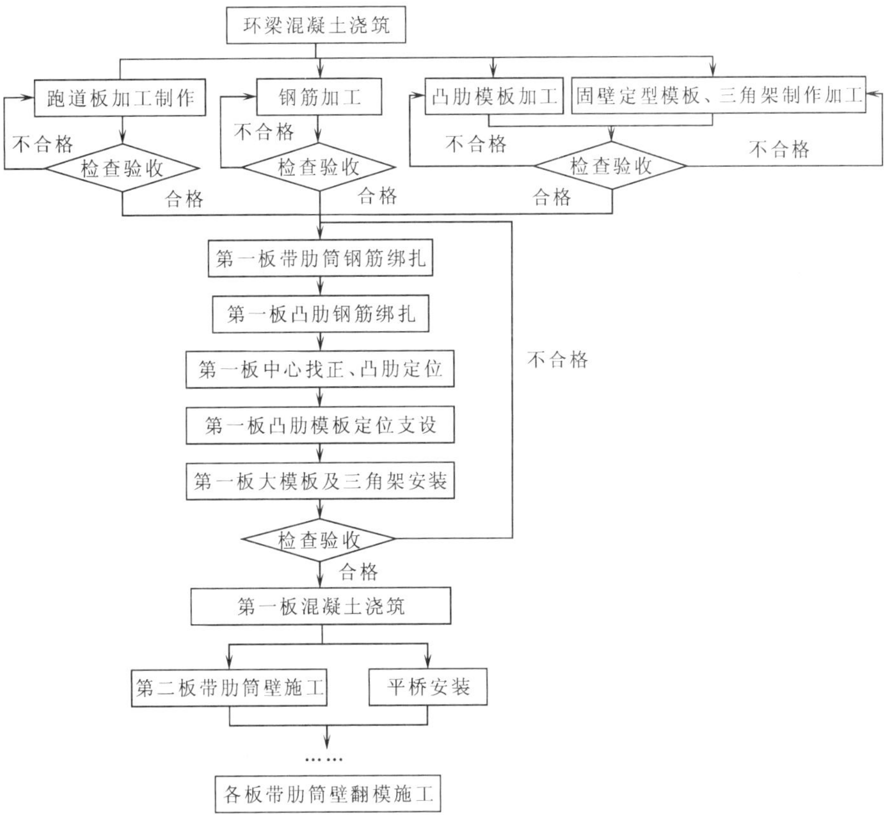

图5.1　工艺流程示意图

5.2.2　带肋筒壁的模板体系

带肋的双曲线薄壳结构筒壁的配模是一个难点和重点，公司在原有的双曲线薄壳结构模板的基础上，大胆创新，经过方案对比、筛选，确定了一套适用于带肋双曲线薄壳结构的配模系统——带肋筒壁模板体系（专利技术）。

1．应用3D数字信息技术进行筒壁模板排版设计

由于带肋冷却塔筒壁均匀设计子午肋的特殊性，需运用3D设计软件按比例进行排版设计，预测最终的排版效果，以确定排版方案（图5.2.2-1）。

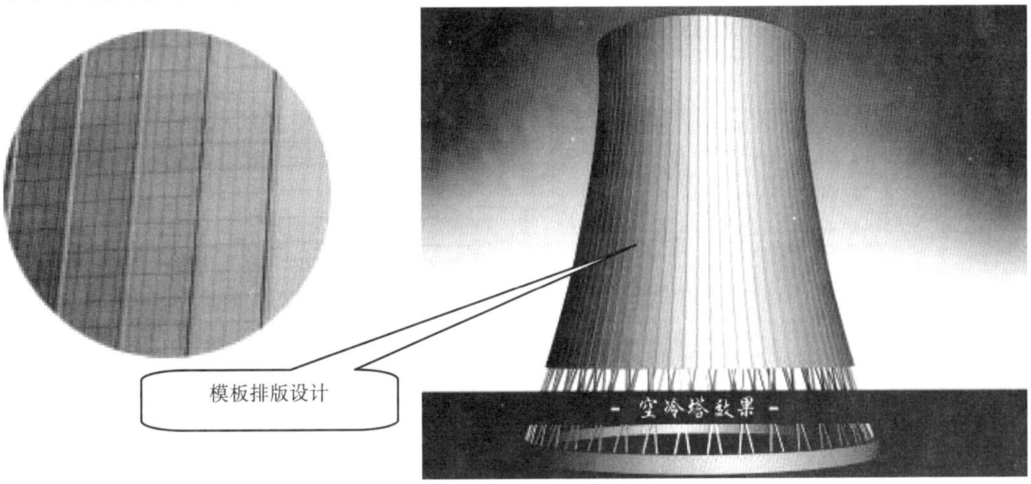

图5.2.2-1　带肋塔筒壁效果图

采用普通双曲线薄壳结构的模板为内模；外模定制高度与内模匹配，以两肋之间为一个单元，每单元采取中大边小、凸肋内外单独配模的方案。

2. 凸肋的内、外模板

首先根据设计凸肋的尺寸，计算确定凸肋处内外模板的宽度，并对凸肋的模板进行特殊设计：模板双侧收分，对拉螺栓孔由圆形改为椭圆形或开口设计，模板的上下衔接采取阴阳搭接的形式（图5.2.2–2）。

3. 凸肋单元的中间三种定制的外模板均两侧收分；靠近凸肋根部的外模板单侧收分（具体数值可以根据实际确定）。

4. 变截面模板间连接的对拉螺栓孔采取椭圆形或开口结构设计，模板上下接缝处延伸并采取搭接翼缘板改进为坡口形式，施工缝接茬效果明显改善，拆装方便、安全。

5. 模板是设计必须经过负荷计算，合格后方可加工、制作和使用（计算书见附件）。

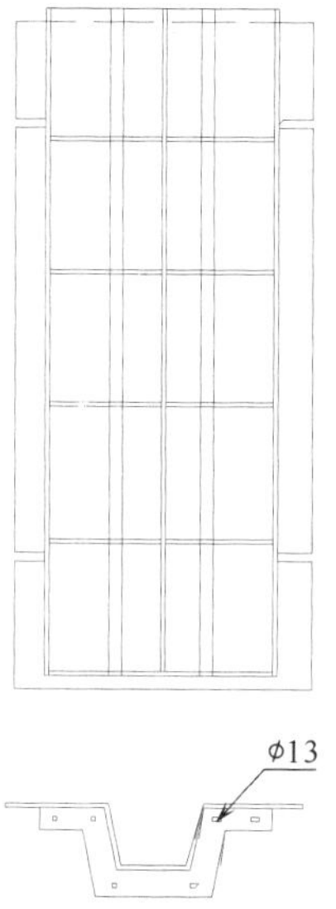

图5.2.2–2 肋部定型模板—外模

5.2.3 钢筋绑扎

钢筋的垂直运输采用平桥上自备的吊车和施工电梯来完成。钢筋绑扎顺序为：内层竖向钢筋→内层环向钢筋→安内层垫块→外层竖向钢筋→外层环筋→拉结筋→凸肋竖向筋→凸肋元宝筋→安外层垫块→预埋混凝土套管后穿对拉螺栓。钢筋绑扎完，即进行内外模安装。

主要控制凸肋元宝钢筋的加工尺寸、安装保护层厚度和竖向钢筋接头位置。根据规范规定及模板高度、钢筋接头的位置，计算出每节竖向筋长度，列出每节筒壁钢筋施工指示图表以满足接头率要求。用水泥砂浆垫块控制钢筋保护层，每块模板至少放3块。为了防止大风情况下竖向钢筋的晃动影响钢筋位置的准确性及新浇筑混凝土与钢筋间的握裹力，应在模板上方1.5m处左右绑扎1—2道环向筋，同时用“∽”型钢筋拉钩配合控制保护层和内外层钢筋间距。

5.2.4 模板的总体拼装（图5.2.4）

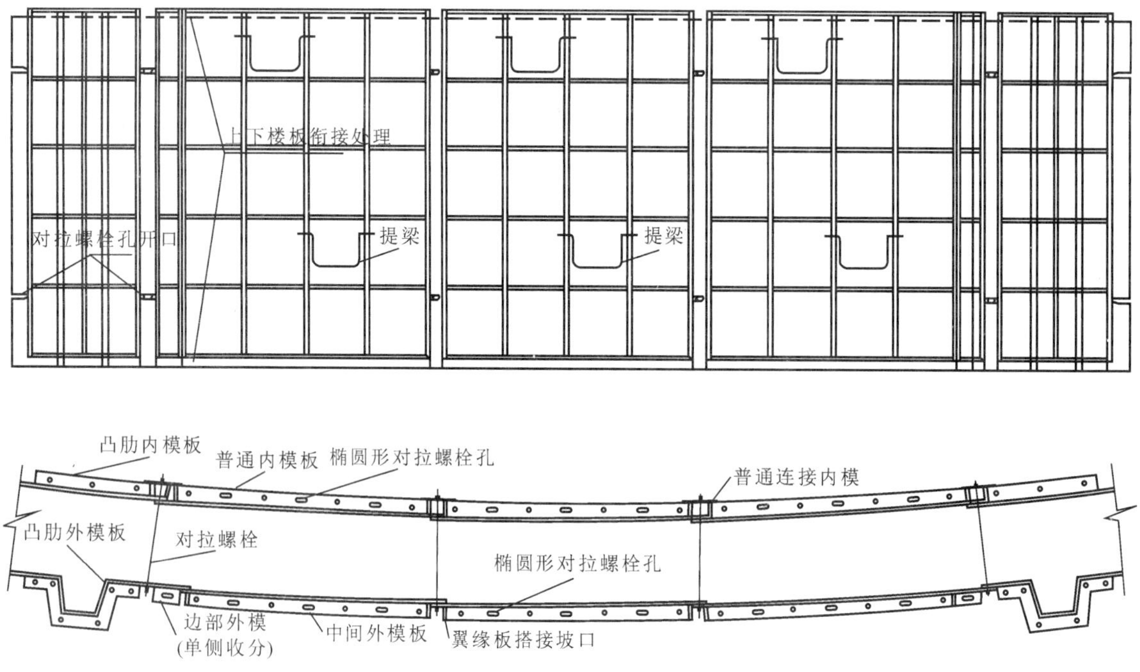

图5.2.4 带肋筒壁模板组合安装示意图

组装前将内外模板清理干净、刷好脱模剂，采用M16对穿螺栓紧固。支模时首先将凸肋处的模板定位，然后依次定位中间的三块大模板、两块边部模板（以小模板进行调节）支模，最后安装连接模板。内模与外模对称支设。

支外模板时应在施工缝处理及钢筋绑扎合格后进行，内模板安装就位后，紧固对拉螺栓，再用调径杆调整筒壁半径及弧度，使外模板上沿口半径符合设计尺寸要求。在测量模板半径时拉尺应用力均匀，避免忽松忽紧，造成人为误差，因此采用弹簧秤，拉力为200N时测设。外模安装与内模对应，模板连接卡拧紧，安装过程中，不得有灰渣等杂物落入施工缝。

模板的组合安装应加强质量验收工作，单元间模板的安装顺序严格控制，严禁出现模板错用、乱用现象。

支撑三角架系统必须经安全计算方可使用，计算见附件。三角架内外同时安装，就位后的三角架在没有上顶撑前不得作为受力支撑使用。三角架安装时通过调节斜撑角度来调整三角架的角度，使安装后的顶面保持水平。内外模板间的混凝土套管在安装前，仔细查对编号，校对长度，分清上、下层，以免放错。对拉螺栓及所有杆件间的螺丝均拧紧。内、外模板安装后，立即铺设走道板，安装栏杆、安全网等，以保证平台上面的施工人员的安全。

5.2.5 模板拆除：利用三角架吊篮板拆除模板。要顺着模板插口方向拆模，避免撬坏模板边角。模板拆除过程中同时将螺栓抽出来，以备周转使用。

5.2.6 垂直运输机械——平桥的应用（图5.2.6-1、图5.2.6-2）

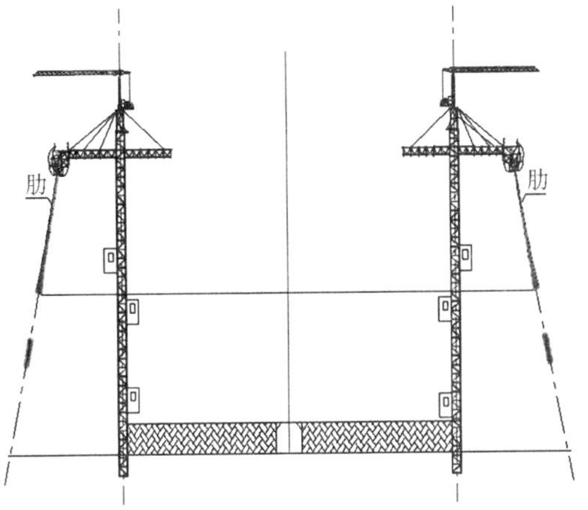

图5.2.6-1 平桥的机械布置

图5.2.6-2 平桥配合电梯作为筒壁施工的垂直运输机械

由于带肋塔风筒高度高，半径大，钢筋及混凝土量大，因此在塔内立2台YDQ26×25-7液压顶升平桥，每台附2组SC200/200多功能施工升降机，来完成垂直运输物料、浇筑混凝土及施工人员的通行。

自升式平桥既可以做为直线电梯的附着架，前桥步道可以根据塔的半径变化而伸缩与筒壁的连接，成为行走及倒运材料的平台。顶部配有旋转吊车和混凝土的漏槽，满足物料的吊运和混凝土的浇筑。

平桥的附着系统采用筒壁处预埋生根点，利用钢丝绳与筒壁连接，从而达到附着要求。

5.2.7 混凝土浇筑

由于凸肋部分混凝土截面较小，施工时均较普通冷却塔的筒壁浇筑难度加大。钢筋、模板工程检查合格后进行混凝土的浇筑，风筒前35m以下用汽车泵直接浇筑。其余使用施工电梯做垂直运输，平桥及环型走道板作为水平运输通道，小推车运输布料，人工浇筑。混凝土浇筑从两个平桥的1/4处两点开始，分别向平桥通道口处浇筑，最后汇合一处。浇筑混凝土时用直线电梯运送至漏槽并储存，然后底口处采用小推车接料并转运。

浇筑带肋塔筒壁时，需先浇筑每单元的凸肋部位，控制混凝土的砂石级配和坍落度，同时采用30（小型号）的振捣棒，避免振捣时出现用力过猛造成模板的变形及漏浆现象。

施工缝凹槽处理：带肋筒壁上下层水平施工缝，除利用上下层模板坡口延伸搭接外，施工缝进行凹槽处理，浇筑后水平缝并用木抹搓平，用钢丝刷拉毛处理。

螺栓孔处理：首先将M16对拉螺栓从筒壁中取出，然后用微膨胀混凝土，由筒壁内外两侧同时填补捣实，进行螺栓孔封堵，确保螺栓孔处筒壁表面与其他部位颜色一致。

混凝土养护：混凝土拆模后应及时涂刷混凝土养护液，涂层薄膜均匀、光滑、平整，颜色一致，无气泡、留挂和剥落等缺陷。

5.3 劳动力组织（表5.3）

劳动力组织情况表 表5.3

序号	单项工程	所需人数	备注
1	管理人员	4	
2	技术人员	3	
3	模板工	80	
4	钢筋工	30	
5	混凝土	13	
6	杂工	20	
	合计	150人	

6. 材料与设备

本工法无需特别说明的材料，采用的机具设备见表6。

机具、仪器及设备表 表6

序号	名称	规格型号	数量	备注
1	激光经纬仪		1台	
2	激光测距仪		1台	
3	水准仪	S6	1台	
4	圆盘锯	1台		
5	平刨	1台		
6	压刨	1台		
7	台式电钻	1台		
8	钢筋调直机	1台		
9	钢筋碰焊机	1台		
10	钢筋切断机	3台		
11	钢筋弯曲机	2台		
12	60型搅拌机	1台	HTZ-60	
13	汽车泵	1台	42m臂杆	
14	汽车泵	1台	37m臂杆	
15	混凝土罐车	6辆		
16	液压顶升平桥	2台		
17	直线电梯	4台		
18	小推车	30辆		
19	电焊机	6台		
20	插入式振捣器	16台		
21	振捣棒	30条		
22	角磨砂轮	20个	φ125	
23	线轴	10轴		
24	无齿锯	2台		
25	钢筋套丝机	4台		

7. 质 量 控 制

7.1 执行标准及质量要求

本工法质量标准按照《混凝土结构工程施工及验收规范》GB 50204、《电力建设施工质量验收及评定规程第1部分》土建工程DL/T 5210.1、《钢筋机械连接通用技术规程》JCJ 107、《钢筋等强度剥肋滚压直螺纹连接技术规程》Q/JY 16、《电力建设安全操作规程》DL 5009.1等相关规范以及设计图纸要求进行质量控制。带肋筒壁施工主要质量标准见表7.1.

主要质量标准　　表7.1

序号	检 查 内 容	允 许 偏 差	备 注
1	筒体中心到顶偏差（及任何一标高点中心线垂直偏差）	≤35mm	
2	任一截面筒壁厚度偏差	+10～−5mm	
3	任何截面的半径偏差	+20～−15mm	
4	内、外表面平整度（同块模板）	≤3mm	
5	上、下节水平施工缝处平整度	≤1.5mm	
6	筒体总高度偏差	± 100mm	
7	外径周长偏差	+20 ~ 0mm	
8	拆模后预埋件标高偏差	+2 ~ −5mm	
9	拆模后预埋件中心线偏差	≤10mm	
10	筒体顶中心偏差	<100mm	
11	整体观感	筒体顺直、表面平整洁净、线条流畅，色泽一致，原污染物清除干净	
12	模板拼缝	表面无错台，水平成直线，且无漏浆痕迹、起砂	
13	堵孔	表面平整、粘结牢固、无明显色差	
14	埋件、孔洞	埋件与混凝土面平齐。预留孔洞位置准确，边线顺直	

7.2 作业过程中的关键控制点（表 7.2）

关键控制点　　表7.2

序号	关键控制点	控 制 内 容	备 注
1	凸肋的定位	符合设计子午线的曲度	
2	带肋冷却塔的外模凸肋单元间的收分最大切向间隙的控制	满足设计要求	通过凸肋侧翼的收分模板来调整
3	带肋冷却塔筒壁的模板和三角支撑系统的负荷计算	见附件计算内容	
4	钢筋接头位置	大于等于 $\phi 22$ 的钢筋采用直螺纹套筒接头，其他钢筋均采用绑扎接头，HRB400 级钢筋搭接长度 42d，连接区段 54d。风筒钢筋接头：竖向钢筋同一截面接头率33%，水平钢筋同一截面接头率 25%	
5	凸肋元宝钢筋的截面尺寸和保护层	符合设计要求	
6	施工缝的处理、连接	干净、无杂物，上下层模板搭接牢固、混凝土表面凹槽处理	
7	控制拆模和翻模筒壁的强度	浇筑环梁上一节筒壁混凝土时，环梁混凝土强度不得小于 20MPa，筒壁模板拆除时所拆模板的上节混凝土强度不低于 12MPa	设计和规范要求

8. 安全措施

8.1 本工法遵照《电力建设安全工作规程》和《电力建设安全健康与环境保护管理工作规定》执行。

8.2 带肋冷却塔 筒壁的模板和三角支撑系统均经过周密的计算，计算书见附件。

8.3 冷却塔周围30m以内为危险区，施工前在危险区提前做好单排围栏或警示旗，围栏明显部位挂警示牌。

8.4 在塔内、外平铺安全网，对称拉设。

在风筒内壁与外网拉平到喉部垂直方向（图8.1），与风筒外壁方向铺设平网。

塔外平挑安全网，利用X柱交点外挑安全网宽度为10m。

将安全网一端系好，中间挂ϕ13.5钢丝绳，使塔内形成井字形，将钢丝绳绷紧系上安全网。

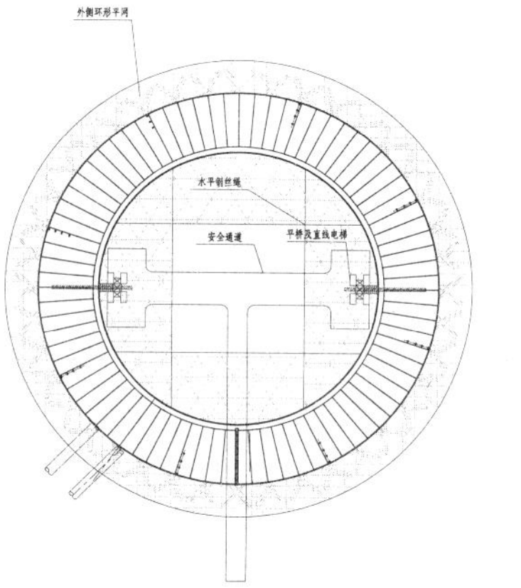

图8.1　安全网布置图

8.5 塔内安全通道设置

在冷却塔内外侧和两部直线电梯之间预留安全通道处，用脚手管搭设5m高，6m宽安全通道，通道顶部双层铺设顶层用钢板$\delta=3$mm铺设一层，第二层铺设脚手板，通道两侧挂密目网。

8.6 在内外三角架上均设兜底安全网，上端挂穿在三角架水平杆的挑杆上，从下部兜住吊篮挂在最下一层三角架斜杆上。施工平台栏杆外绑密目网。

8.7 三角架必须内外同时安装，就位后的三脚架在没有装上顶撑及环向水平连杆前，不得作为受力支架使用。三角架安装前，必须通过斜撑杆位置，使安装后的三角架顶面保持水平。对拉螺丝及所有杆件间连接螺丝，在安装后均需要拧紧。

8.8 装拆三角架及模板时，施工人员必须站在吊篮内进行操作。螺丝、模板卡等零件应装在工具袋内，撬棒、扳手应用安全绳系牢，所有工具及拆卸的杆件、零件不得向下抛落和乱放，并不得堆积在一起。

8.9 吊篮应悬挂牢固，挂点应设销环进行固定。吊篮脚手板应沿环向单向搭接、端头长出吊篮的长度不少于30cm。

9. 环保措施

9.1 运输时车辆要进行封闭，应限速行驶，防止遗撒、飞扬。定期对路面洒水，避免路面扬尘造成的大气污染。

9.2 施工现场垃圾应集中堆入并及时清运，适量洒水，在易产生扬尘的状态下洒水降尘。加强施工现场环境管理，对环境有污染的渣土、垃圾等施工剩余废料，要做到日产日清。

9.3 混凝土运输和浇筑过程中，要防止机械漏油和混凝土散落，避免造成道路污染。

9.4 现场设置固体废弃物存放点，指定专人管理。施工垃圾分类存放，并定期清理。

9.5 对有回收价值的废弃物（如钢材、零件等）及时进行回收。

9.6 施工现场做好“三无五清”工作。

9.7 施工道路两旁不得任意堆积物品，确保道路畅通。

10. 效益分析

本工法带肋筒壁模板的专利技术以最少的种类，在控制定型模板加工数量，减少拼缝的前提下，既解决模板排版、制作问题，又保证带肋空冷塔筒壁表面均匀、对称、过渡自然的整体效果；同时，通过对拉螺栓孔和外模板上下翼缘的改进，避免了曲线模板上下错缝的质量通病，并使高空的筒壁翻模施工，更安全，更方便，施工周期更短。

翻模及三脚架系统比滑模、爬模安全性能高，外观工艺更容易保证，施工便捷，造价低。如果采用滑模及爬模，模板及设备近700t。使用翻模，模板及三脚架系统仅有120t。

此外，新型液压顶升平桥与多功能施工升降机配合使用，既为多功能升降机提供附着，又为施工中钢筋垂直、水平运输和混凝土的贮存提供了平台，充分满足施工需要，平桥施工省去以往施工电梯附着的超高大型满堂红脚手架的搭拆工作，既节省了140t脚手架的使用和搭拆费用，提高了施工机械化程度，安全性大大的提高，文明施工和环境有了更好的保障。同时利用平桥顶部自带的小型下回转塔机，负责钢筋和小型建筑物料的提升；还能够提高效率，缩短了施工周期。施工工期比正常工期提前近1个月。

11. 应用实例

11.1 天津电力建设公司承建的山西阳城电厂二期8号带肋间接冷却塔工程，8号塔塔体为双曲线钢筋混凝土薄壳结构，塔高150.000m，出口直径84.536m；进风口标高26.000m，直径120.156m；喉部高度140m，直径84.2m；±0.000m处直径134.544m，间冷塔内面积为11068m^2；为2006年当时国内最大带肋间接冷却塔。该带肋塔的筒壁结构自2006年7月12日到11月28日完成了整体筒壁结构，工作历时4个月（图11.1）。

在带肋空冷塔筒壁施工中，通过本工法的首次应用，解决了带肋筒壁的配模设计、凸肋定位和带肋筒壁钢筋绑扎、混凝土浇筑及垂直水平运输等难题。特别是模板体系实现了最少的模板种类，在控制定型模板加工数量，减少拼缝的前提下，既解决模板排版、制作问题，又保证带肋空冷塔筒壁表面均匀、对称、过渡自然的整体效果；同时，通过模板的改进，避免了曲线模板上下错缝的质量通病，并使高空的筒壁翻模施工，更安全，更方便，施工工期缩短近1个月。

11.2 天津电力建设公司承建的宁夏水洞沟电厂一期工程2×660MV机组，1号带肋间接冷却塔工程，塔高172.000m，出口直径98.022m；进风口标高27.500m，直径129.03m；喉部高度145m，直径96.00m；±0.000m处直径143.302m，间冷塔内面积为13076m^2，为国内海拔最高、塔身最高，进风量最高的带肋间接冷却塔。

应用本工法施工后的带肋塔，凸肋顺直、曲线光滑、排版有序，子午肋斜率偏差控制在1%以内，在同类结构的筒壁施工中处于领先水平。该工程获得2010年度自治区“西夏杯”优质工程金奖（图11.2）。

图11.1 阳城带肋塔效果

图11.2 水洞沟带肋塔效果

附件：

一、模板计算书（以阳城项目为例）

基本计算参数：用宽1.0m×高1.3m大模板作为筒壁施工的模板，模板各分格尺寸相同均为22.5×25.95cm，基本风压w_0=50kg/m²，取高度系数K_2=4，采用ϕ50mm振捣棒，模板材料允许应力[σ]=2000kg/m²，允许挠度[f]=0.15cm。

1．计算强度及刚度

1）荷载计算：

P_a=rR=2500×0.3=750kg/m²　　r=混凝土容重，R=振捣器作用半径。

P_b=200kg/m²　　入模水平冲击力，当取0.2m³小车运输时取200kg/m²

P_c=KK_Cw_0=150kg/m²　　K=风载体形系数，对于模板k=1，K_C=高度系数（取3）。

$$q=\Sigma P_i=0.11\text{kg/cm}^2$$

2）面板强度及刚度验算

取区格最不利部位，按均布荷载作用下，两边简支、两边固定的双向板计算

查《建筑结构静力计算手册》表4-18得

当22.5/25.95=0.87时　弯矩系数M_0=0.078，挠度系数f_0=0.0023

当板厚为0.3cm时，截面抗弯矩$W=bh_2/6$=1×0.32/6=0.015cm³

截面刚度：$BC=Eh_3/12(1-\mu_2)$=2.1×106×0.33/12（1-0.32）=5192kg/cm

$M_{max}=M_0ql_2$=0.078×0.11×22.52=4.34kg·cm

$\delta_{max}=M_{max}/W$=4.34/0.015=289.6kg/cm<[σ]

$f_{max}=f_0ql_4/BC$=0.0023×0.11×22.54/5192=0.012cm<[f]

验算表明面板强度刚度满足要求。

二、三角架验算

1．计算基本数据（附表1）

计算基本数据　　**附表1**

序号	编号	名称	荷载值	备注
1	G_1	三角架系统	40kg	三角架
2	G_2	平台铺板	20kg/m	
3	G_3	安全网	17kg	
4	G_4（q_1）	小车及混凝土自重	820kg（650kg/m）	机械运输
5	G_5	施工荷载	40kg	吊兰自重
6	G_6	施工荷载	150kg	吊兰上荷载
7	G_7	风荷载	50kg/m	

2．杆件验算

1）三角架材料选用表（附表2）

三角架材料选用表　　**附表2**

序号	杆件名称	规格	计算长度（m）
1	水平杆	∠63×6	1.3
2	竖杆	∠63×6	1.3
3	斜支撑	ϕ48	1.67

2）斜撑杆

A点承受荷载有：竖向力P_0，施工荷载q_1，一层三角架重量和风力N_0。

$P_0=q_1L/2+G_1+G_2+G_3=650\times1.3/2+40+20+17=499.5$kg

$N_0=q_2L/2=50\times1.3/2=32.5$kg

取A点脱离体，进行力学计算，斜支杆按中心受压计算，得N=586kg，选用ϕ48钢管，其力学性能和稳定系数ϕ查《建筑施工手册》（第四版）得：

$F=4.89\times102$，$i=15.8$mm，$\lambda=l_0/i=1.67/15.8=106$查表5-18得$\phi=0.544$

进行力学计算得：

$\sigma=N/(F\phi)=795/4.89\times0.544=299$kg/cm^2=0.0299kN/mm^2<$f$=0.205kN/mm^2，满足要求。

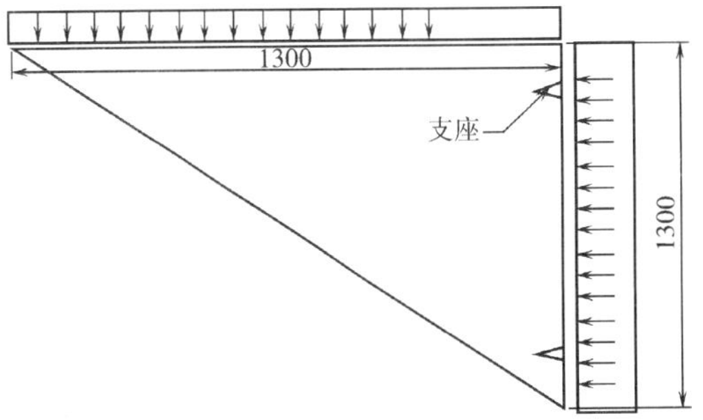

附图1　竖杆荷载示意图

3）水平杆

水平杆按两端简支梁进行计算，承受均匀分布的荷载，荷载值为650kg/m，则弯矩为137.31kg·m，轴向力为N=586kg，按压弯构件核算材料应力（材料为∠63×6）：

$\sigma=N/F+M/W=13731/15.24+586/7.29=981$ cm^2<f，满足要求。

4）竖杆

在施工过程中，第一层三角架竖杆除承受顶层施工荷载外，还承受风荷载，在计算过程中进行叠加，支点为对穿螺栓，竖杆按简支梁计算。

因为主要校核杆件强度，且杆件最大弯矩不会出现在悬臂端，所以按简支梁计算见下图，经过计算：$M_1=-3860$kg·m，$M_2=9305$kg·m，$q_2=422.5$kg，对跨中进行强度计算。

$\sigma=M_1/W=3860/5.08=760$ kg/cm^2；

$\sigma=M_2/W=9305/15.24=611$ kg/cm^2；

$\sigma=M_1/W+q_2/F=9031/15.24+422.5/7.29=650$kg/cm^2；

杆件强度满足要求。

5）对拉螺栓验算

在进行混凝土浇筑时，全部施工荷载应该由第二、三层三角架的对穿螺栓承担，经过分析，此种情况下最为不利。

强度校核：假定对穿螺栓与三角架竖杆节点重合，进行拉力及剪切力计算。经过力斜计算，k点的拉力及剪力分别为：拉力R=1132kg，剪力N=1813kg。

选用直径ϕ16的对穿螺栓，截面有效直径d_0为1.5cm，每根螺栓允许的承载力为：

$[N]=3.14\times1.6\times1.6/4\times[\tau]=3.14\times1.6\times1.6\times[1000]/4=2009>R=1132$kg，满足要求。

$[R]=3.14\times1.5\times1.5/4\times[\sigma]=3.14\times1.5\times1.5\times[1350]/4=2384>N=1813$kg，满足要求。

验算结果，对拉螺拴满足要求。

催化主风机组安装工法

GJEJGF348—2010

中国石油天然气第七建设公司　中国石油天然气第一建设公司
范文杰　刘光明　代学彦　丁仁义　郭葆军

1. 前　　言

催化主风机组是催化装置的"心脏"，是装置关键的大型转动设备，机组的安装质量直接关系到装置的安全平稳长周期运行。中国石油天然气第一建设公司和第七建设公司，先后承担了国内最大规模最先进的大连350万t/年催化装置、广西350万t/年催化装置主风机组的安装，积累了较为丰富的经验，经总结归纳形成本工法。下面以广西石化350万t/年催化裂化装置为例进行阐述，该装置的主风机组由烟机、轴流压缩机、齿轮箱和电动机组成，布置方式如图1所示。轴流压缩机与齿轮箱共用一个联合底座，烟机与电动机设计为独立底座。

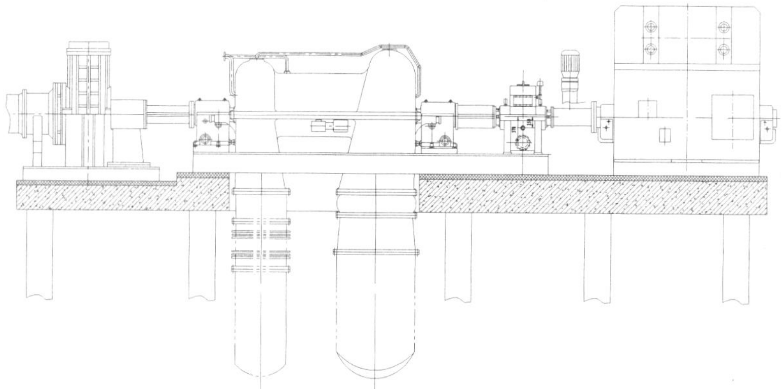

图1　催化主风机组布置图

结合机组的结构特点，我们制定了合理的安装程序与施工工艺，严格控制过程质量，确保了机组的试车投产一次成功，并且赢得了良好的评价。

2. 工法特点

2.1　机组中轴流压缩机采用无垫铁安装，电动机和烟机采用有垫铁安装，提高了安装找正效率。

2.2　合理选择齿轮箱为机组的安装找正基准，以齿轮箱为基准，向两侧延伸调整其他机器，有效缩短了机组的对中轴系长度，保证了机组安装质量和施工工期。

2.3　主风机的主要设备轴流压缩机、烟机均现场装配，零部件多，装配精度高。选用合理的装配工艺和测量手段，保证机组的装配质量。

2.4　机组对中时采用激光对中仪进行，有效消除了因轴间距过大而产生的测量误差，提高了轴对中精度，同时提高了施工工效。

2.5　机组油系统化学清洗和油冲洗等施工方法采用科学的施工管理，提高了工作效率，降低了施工成本。

2.6　优化试车操作工艺，保证投产试车一次成功。

3. 适用范围

本工法适用于催化裂化装置中烟机或电动机驱动的轴流式压缩机组的安装施工。

4. 工艺原理

4.1 本机组的气体流量大、转速高、结构复杂、零部件多、安装水平度及轴对中要求精度高，机组冷态安装时既要考虑到机组冷态轴对中要求，还要符合机组热态下的正常运行，由于机组是由多个底座组成，给机组调整带来很大的困难。

4.2 本机组以齿轮箱为整个机组的安装基准，向两侧延伸调整其他机器，有效缩短了机组的对中轴系长度，保证了机组安装质量和施工工期。

4.3 机组对中时采用激光对中仪进行，有效消除了因轴间距过大而产生的测量误差，提高了轴对中精度，同时提高了施工工效。

5. 施工工艺流程及操作要点

5.1 施工工艺流程图（图5.1）

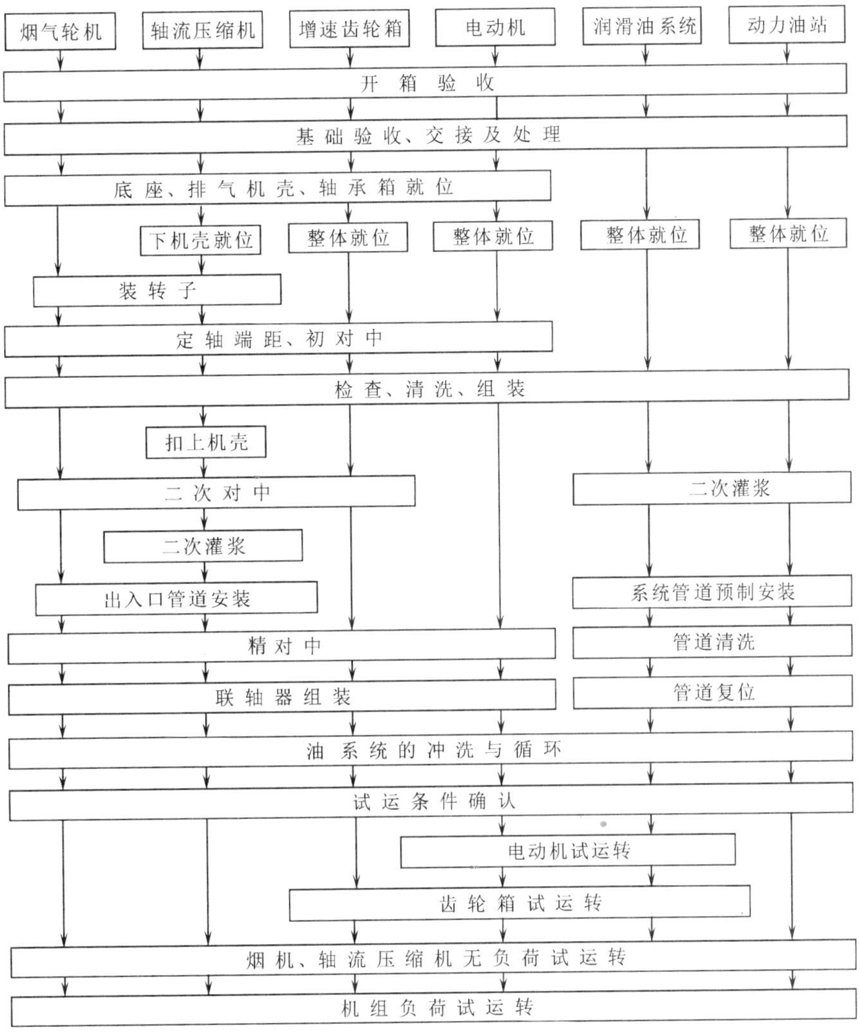

图5.1 施工工艺流程示意图

5.2 施工准备

5.2.1 随机资料齐全。

5.2.2 熟悉图纸，编写施工技术措施，向施工人员技术交底。

5.2.3 设备基础施工完毕，验收合格。

5.2.4 施工用工、卡、量具齐全，量具经校验合格，并在有效期内。

5.2.5 垫铁、手段用料准备齐全。

5.3 设备开箱验收

5.3.1 清点箱数、核对箱号，检查包装箱外观质量，按装箱单逐箱开箱验收。

5.3.2 检查随机出厂资料，应有产品装箱单、合格证（质量检验证明书）、机器安装使用说明书及随机图纸、单机试车报告等。

5.3.3 按照装箱单、图纸、技术资料等对机组进行外观检查，并核对机组及零部件、附件、备品备件、随机工具等的名称规格、型号和数量，对暂不安装的设备和随机配件应分箱保存并做好标识，保存期间应防止腐蚀、丢失、损坏及混杂。

5.4 基础验收及处理

5.4.1 测量地脚螺栓间距等安装尺寸，并与基础图进行核对。

5.4.2 基础验收按土建图及机器技术资料对基础尺寸进行复测检查，其允许偏差应符合表5.4.2的要求。

基础尺寸及位置允许偏差表　　表5.4.2

序号	项目名称	允许偏差（mm）
1	基础的坐标位置（纵、横轴线）	±20
2	基础不同平面的标高	0 −20
3	基础上平面外形尺寸 凸台上平面外形尺寸 凹穴尺寸	±20 −20 +20
4	基础平面水平度　每米 全长 放垫铁处	5 10 2
5	竖直偏差　每米 全长	5 10
6	预留地脚螺栓孔　中心位置 深度 孔壁垂直度	±10 +20 10
7	预埋活动地脚螺栓锚板　标高 中心位置 水平度（带槽锚板） 水平度（带螺纹孔的锚板）	+20 ±5 5 2
8	麻面　深度 密度	10 3～5个点/cm^2

5.4.3 对基础外观检查，不得有裂纹、脱层、孔洞、漏筋等缺陷，基础表面和地脚螺栓预留孔中不得有油污、碎石、泥土、积水等。

5.4.4 需要二次灌浆的基础表面应铲出麻点，麻点深度不小于10mm，密度为每平方分米3～5个点，同时将表面疏松层铲掉。

5.4.5 地脚螺栓锚板处基础的水平度应符合规定，锚板与基础表面接触均匀，接触面积应大于锚板面积的50%。

5.4.6 清除地脚螺栓预留孔及套管内的杂物并割去套管露出基础表面的部分。

5.4.7 根据设备底座上顶丝及立筋的位置，在基础上凿出座浆坑，座浆坑的大小应比垫板略大，深度＞30mm。

5.4.8 验收合格后，办理中间交接手续。

5.5 底座的安装

5.5.1 轴流压缩机与增速箱为联合底座，采用无垫铁方法安装，电动机、烟机底座采用有垫铁的方法安装，垫铁放置均采用座浆法进行，以保证垫铁与基础及设备底座的紧密接触，座浆层采用高强度无收缩灌浆料。

5.5.2 垫板放置后调整垫板水平度偏差不大于1mm/m，各垫板的高度偏差为±2mm，垫板顶面标高应保证底座安装后顶丝有一定的调节余量，垫板调完后对垫板进行灌浆。

5.5.3 主风机找正基准以中间的增速箱为基准，两端的设备找正以联轴器对中为基准（图5.5.3）。

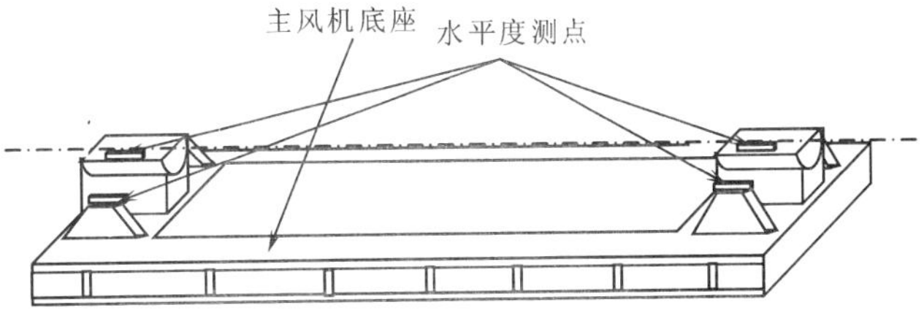

图5.5.3 主风机底座找平测点示意图

5.5.4 底座找正后，纵横向中心线偏差为±2mm，标高偏差为±1mm。

5.5.5 水平度在底座的水平加工面或机组机壳轴承箱中分面上检查，水平度的调整应符合表7.2.1要求。

5.5.6 地脚螺栓的光杆部分应无油污或氧化皮，螺纹部分应涂少量油脂，螺栓应垂直，无歪斜，地脚螺栓不应碰孔底，螺栓上的任一部位离孔壁的距离不得小于15mm；拧紧螺母后，螺栓应露出螺母1.5～3个螺距，螺母与垫圈、垫圈与底座间的接触均应良好，拧紧地脚螺栓应在混凝土达到设计强度的75%以上时进行。

5.5.7 带锚板地脚螺栓的光杆部分及锚板，应刷防锈漆；用螺母支托的钢制锚板、锚板与螺母之间应进行固定焊；当锚板直接焊在地脚螺栓上时，其角焊缝高度不应小于螺杆直径的1/2。使用沉头地脚螺栓时，其顶端应低于底座顶面2～3 mm。

5.5.8 轴流压缩机底座的调整用顶丝进行。

5.5.9 机组一次灌浆在各机器联轴器初对中后进行，二次灌浆在联轴器精对中完以后进行，二次灌浆要在检查合格后24h内进行。一次灌浆要求地脚螺栓套筒内填灌干砂，二次灌浆前应将垫铁组三面点焊固定，二次灌浆采用高强度无收缩灌浆料进行，灌浆要求连续进行，不得分次灌浆。灌浆方式如图5.5.9示。

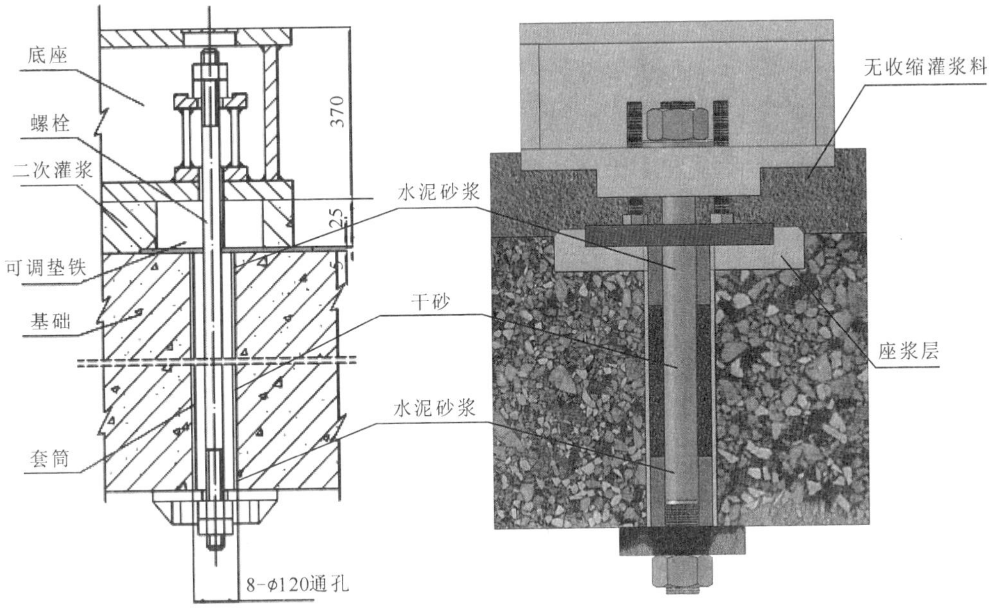

图5.5.9 底座及地脚螺栓孔的灌浆

5.6 轴流压缩机的安装

5.6.1 组装程序如图5.6.1。

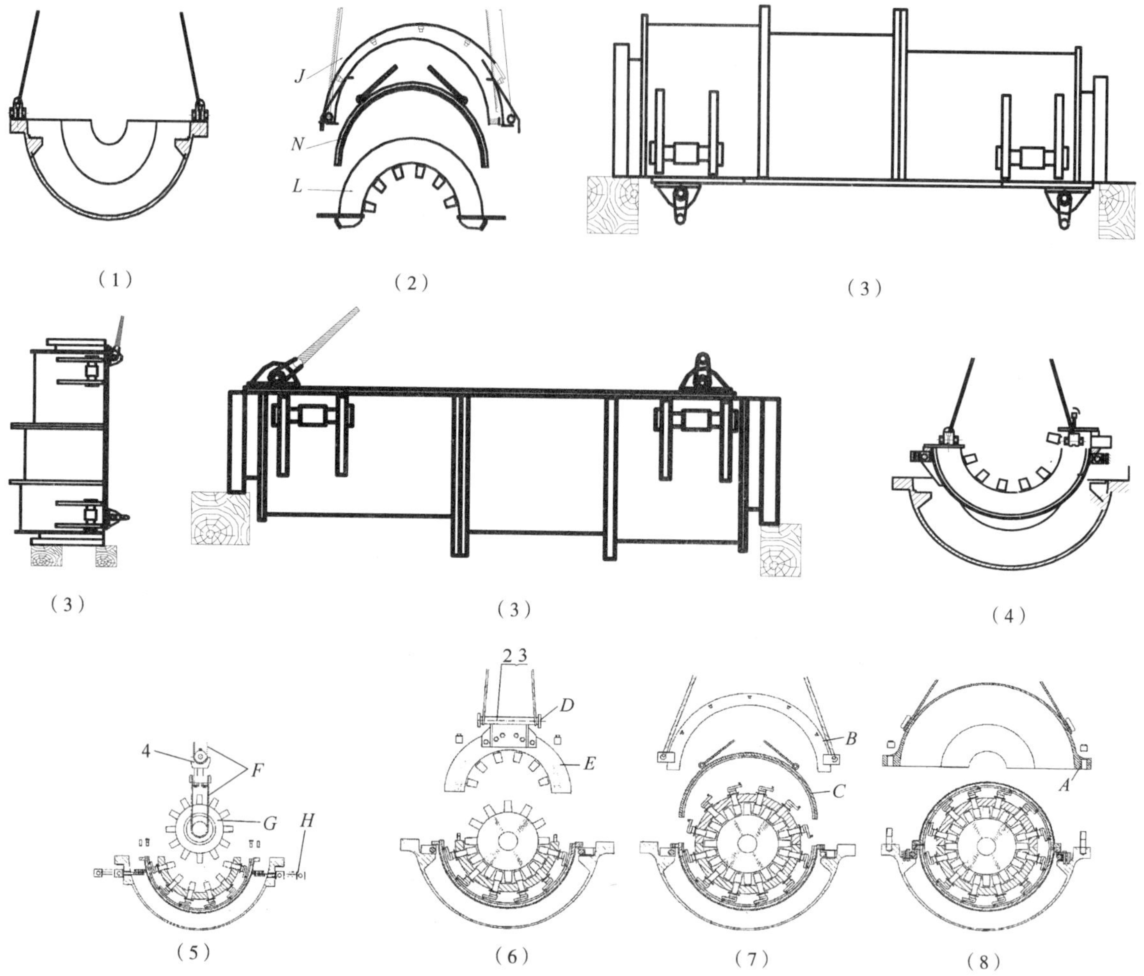

图5.6.1 AV型压缩机组装程序图

（1）—下机壳就位；（2）、（3）—下静叶承缸、导向环和调节缸组装，并将静叶承缸和调节缸翻转180°；（4）—将下静叶承缸和调节缸放入下机壳；（5）—转子吊装，各装配间隙检测；（6）、（7）—上静叶承缸和调节缸组装；（8）—上机壳组装

5.6.2 下机壳的安装

1）起吊下机壳前，拆除底座下纵向和横向的导向键，注意随设备的支撑调整垫片不得搞混，并在支承座平面涂抹二硫化钼润滑脂。

2）起吊时，应将下机壳整体水平地吊装，不得倾斜。

3）将机壳轻轻的放置在底座上，并将机壳调整到纵向、横向导向键可轻松推入的位置。

4）底座支腿支耳与主风机支腿支耳联接螺栓，机壳与垂直导向键的联接螺栓安装方法和间隙应符合主风机随机文件的要求。

5）在下机壳的水平中分面上复测水平度，如有变化可通过底座的调整螺钉调整，并且监视齿轮箱水平变化情况，要求保证齿轮箱水平的前提下调整主风机下机壳的水平。如果无法调整可通过增减垫片调整水平度，调整完成后应保证下机壳的四个摆动支撑平面均与底座接触良好，水平度偏差允许值为：纵向：0.04mm/m；横向：0.06mm/m。

6）找平时使用3m平尺检查中分面的挠度，其挠度应小于0.1mm；允许将机壳中部稍稍顶起消除挠度，直至下机壳的支撑螺栓正式拧紧。

5.6.3 风机调节缸及下静叶承缸的安装

1）安装调节缸、导向环和下静叶承缸，调整各级静叶转轴、曲柄和滑块的轴线位于同一断面内，装上各级导向环，吊装调节缸，拧紧与导向环联接螺栓，穿入不锈钢丝防松，下机壳调节缸各支撑处的垫片按照出厂时的数量和部位放置，不得装混。

2）安装下静叶承缸组件的支撑板和吊装板。

3）将下静叶承缸组件反转180°。

4）将下静叶承缸组件水平吊装进入下机壳，并在承缸出口端外圆处的凹槽内装入密封圈（承缸与机壳的配合部位不需涂抹密封胶）。

5）先将调节缸的托架吊入下机壳，并与两端传动轴相连接，使托架与下机壳呈垂直状态。

6）组装调节缸两侧的支承杆滑动支撑，然后推动调节缸，使调节缸和伺服马达的联接轴对正并连接，调整检查滑块间隙最终把紧螺栓，打入定位销。

7）所有的滑动面和转动部位涂抹二硫化钼粉，所有螺栓和螺母确保防松、紧固。

5.6.4 静叶角度及伺服电动执行机构的调整

1）使用万能角度尺测量静叶的角度，测量时万能角度尺应尽量靠紧叶片根部并垂直于叶片轴线，测量方法见图（图中“U”为静叶角度）。

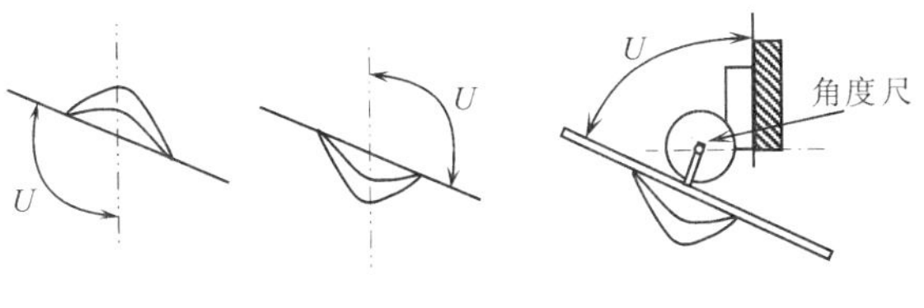

图5.6.4 静叶角度示意图

2）分别测量第一级静叶在最小角（22°）、中间角（48°）、最大角（79°）时其他各级静叶的角度，角度应符合附表的要求；

3）当第一级静叶在最小角（22°）、中间角（48°）、最大角（79°）时检查伺服电动执行机构的设定值及指针对应位置，其位置应与标尺的刻度位置相对应，同时检查对称度应不大于0.12mm。

5.6.5 轴承的安装及检查

1）在下机壳内放入支承、推力轴承及油封，并且清洗、检查各润滑油管路。

2）使用压铅丝的方法检查支承轴承瓦背垂直方向与压盖间应有0.02～0.05mm的过盈。

3）使用着色法检查主轴承与主轴颈的接触情况，其接触情况应紧密均匀，面积大于70%。

4）轴承径向间隙可使用压铅法进行检查，选用铅丝的直径应为轴承径向间隙的1.5倍。

5）止推轴承检查同组瓦块的厚度差小于0.02mm，止推瓦块与止推盘的接触面积不小于75%。

6）止推轴承的轴向间隙使用百分表检查，其间隙值应符合技术资料的规定。

5.6.6 转子的安装

1）转子吊装前对转子进行清洗，特别是轴颈及配合部位。

2）转子的吊装必须使用专用的转子吊架，使用吊装带进行吊装。

3）将下轴承上滴入透平油，水平吊入转子并使转子主推力面与推力轴承贴合，测量定子与转子的轴向相对位置尺寸。

4）转子吊装就位后应使用百分表检查各部位的径向跳动值，测定值应符合规定。

5.6.7 动叶与静叶间隙检查及上承缸的安装

1）用塞尺检查动、静叶叶顶水平方向间隙。

2）使用压铅法检查动叶与静叶顶间隙，动、静叶的顶间隙铅丝应选用比公称间隙大0.5mm的铅丝，密封间隙可采用0.5mm的铅丝。检查动叶与静叶顶间隙时，先将铅丝粘贴在每一级垂直方向三个动、静叶叶片的顶端，密封各垂直位置，使用导杆，扣合上半承缸并紧固联接螺栓。

3）拆除上半承缸，使用导杆将上半承缸吊走，逐级测量所压的铅丝厚度，一般情况取最小值，并且根据所测数据对动、静叶顶进行修整。

5.6.8 密封装置的安装及检查

1）油封的安装及检查

安装前检查油封片安装的是否牢固，并且无卷曲、裂纹歪斜等情况，组装的方向应正确，水平剖分面应平整，接触面不错口。

使用塞尺检查油封与主轴的径向间隙（图5.6.8），其间隙值应符合技术文件的规定。

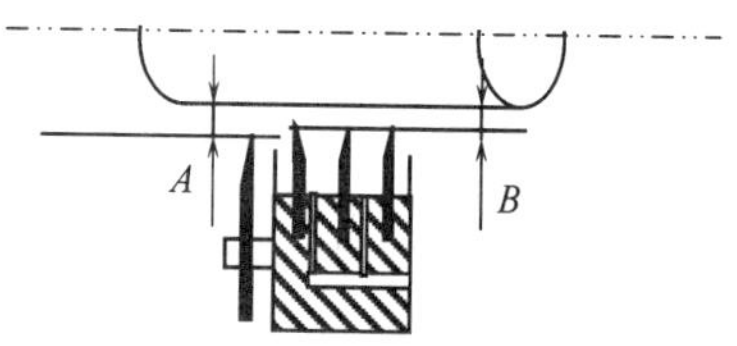

图5.6.8 油封与主轴的径向间隙

2）气封装置的安装及检查

密封套外观检查无缺陷，进、排气孔应畅通。

密封套与座孔配合紧密不松动，联接螺栓应锁紧并防松，水平剖分面应平整，接触面不错口。

密封的径向间隙检查，垂直方向使用压铅法检查，水平方向可使用塞尺进行逐片的检查，其测量值应符合技术文件的规定。

5.6.9 上承缸、上调节缸及上机壳的安装顺序和调整方法与下部的相同，上机壳安装后紧固螺栓的紧固力矩应符和技术文件的规定。

5.7 齿轮箱的安装

齿轮箱为整体到货，底座就位后，将齿轮箱整体吊装就位。

5.7.1 齿轮箱安装前准备

1）清理齿轮箱与底座接触的平面，要求无油污、毛刺、锈蚀等。

2）在齿轮箱下箱底与底座平面每一边各加一整体不锈钢垫片组，厚度不大于3mm。

3）使用塞尺检查齿轮箱底座与联合底座的结合面，0.02mm塞尺不得塞入20mm，周长部位不得小于总面积的85%。

5.7.2 齿轮箱的安装及检查

1）齿轮箱不需要进行解体检查时，可直接整体找平安装。

2）水平度可在齿轮箱的精加工平面上测量和各轴颈上测量，水平度偏差横向小于0.04mm/m，纵向小于0.05mm/m，各轴颈表面的水平度小于0.02mm/m，如有偏差可通过底座顶丝来进行调整。

3）齿轮箱调整合格后，紧固齿轮箱与底座的地脚螺栓。

5.8 烟气轮机的安装

5.8.1 烟机的结构图（图5.8.1）。

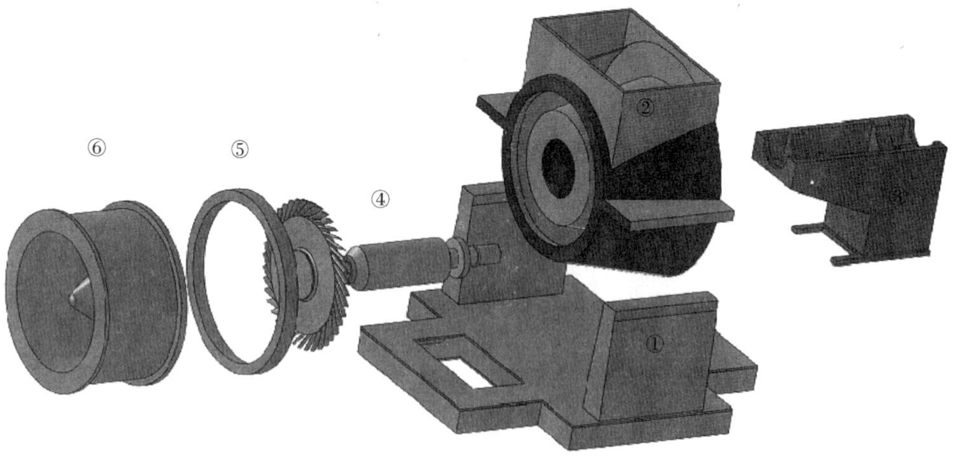

图5.8.1 烟机装配结构图

①—底座就位找正；②—烟机排气壳体安装；③—轴承座就位；
④—转子就位，轴承、气封部件装配，各装配间隙检测；
⑤—过渡环预组装，动叶片顶间隙检测；⑤、⑥—过渡环、进气锥部件安装

5.8.2 烟机安装的一般顺序为：烟机底座就位找平、找正→烟机排气机壳、轴承箱就位找平、找正→支承轴承的安装→转子的安装→止推轴承、油封、气封、汽封的安装→静叶组件安装→进气锥的

安装→上轴承箱的安装→仪表及附件安装。

5.8.3 排气机壳上各导向键及支腿联接螺栓检查（图5.8.3）

1）水平吊装就位排气机壳和下轴承箱，在轴承箱水平中分面上复查水平度，其横向水平度允许偏差为0.10mm/m，其纵向水平度允许偏差为0.05mm/m。

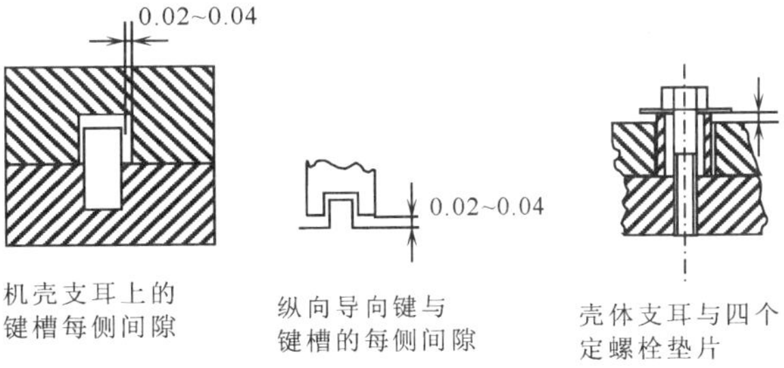

图5.8.3

2）吊装后检查横向导向键与机座的键槽接触情况，其过盈量为0.005～0.015mm，与机壳支耳上的键槽每侧间隙为0.02～0.04mm。

3）调整两个纵向导向键与键槽的每侧间隙为0.02～0.04mm，然后将其固定在机座上并安装定位销。

4）壳体支耳与四个固定螺栓垫片的间隙为0.2mm。

5.8.4 径向轴承检查及安装可参照主风机的轴承安装要求进行。

5.8.5 转子的吊装使用专用吊具，吊装时水平吊入到机壳内，应注意保护好叶片和气封片。

5.8.6 转子安装后应检查以下内容：转子叶片摆动量，转子各部位圆周跳动值，推力盘端面跳动值，轮盘的端面跳动值，轮盘与壳体的端面间隙，其间隙值应符合技术文件要求；检查叶片外表面的涂层，不应有龟裂、脱落现象。

5.8.7 检查各测温点测温元件并将连线引出至外部。

5.8.8 止推轴承、密封环板、油封、气封、汽封必须在转子装配后再安装，避免转子组装时碰坏。止推轴承、密封环板、油封、气封、汽封组装后，检查其配合间隙，应符合技术要求。

5.8.9 密封体上盖扣合时，各密封面要均匀地涂抹一薄层耐温500℃以上的密封胶。

5.8.10 轴承箱上盖扣合时，水平剖分面均匀涂抹一薄层704硅酸胶，螺栓应按次序均匀对称紧固。

5.8.11 进气机壳的安装

1）进气机壳主要由围带、静叶组件和进气锥组成。

2）安装围带前将百分表固定在转子上，检查排气机壳定位圆的跳动值，径向圆跳动允许值为0.04mm，端面圆跳动允许值为0.08mm；机壳定位圆跳动值（如图5.8.11）。

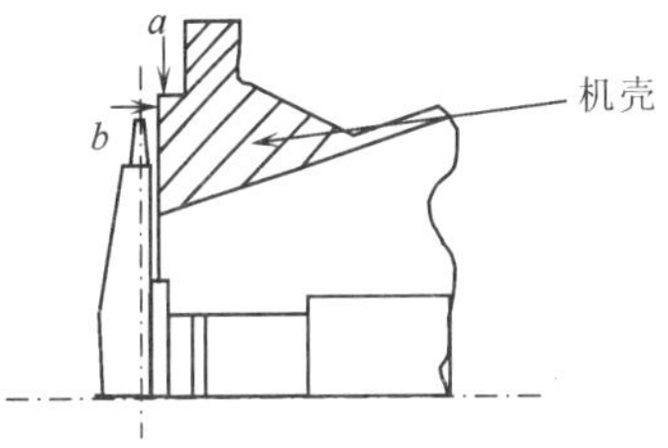

图5.8.11 机壳定位圆跳动值

3）使用塞尺测量转子轮盘与排气机壳的间距，其值应符合规定。

4）围带组装时在密封面上均匀涂一层耐温800℃的密封胶。

5）围带组装后使用塞尺检查动叶的顶间隙，其间隙为2.2～2.5mm。

6）检查进气锥螺的长度，其长度应符合技术文件的规定，安装时在螺栓上涂抹二硫化钼防咬合剂。

5.9 电动机的安装

5.9.1 电动机整体吊装就位。

5.9.2 底座与电动机间安装前加3mm垫片，以方便找正与检修。

5.9.3 电动机采用垫铁安装，垫铁安装采用座浆法，垫铁应布置在地脚螺栓两侧及底座的立筋处。

5.9.4 压铅法检查径向轴承与主轴颈的接触面积，其接触面积应大于75%，接触角度为60°～90°之间，且分布均匀。

5.9.5 电气部分的检查应按电气专业的有关规定执行。

5.9.6 检查电动机轴承、油封等部位，应符合技术文件的规定。

5.9.7 电机冷却水箱的安装应注意方位正确，水冷系统应按照随机文件的要求进行水压试验，并符合要求。

5.9.8 增速箱与电动机对中时，应将转子置于磁力中心位置，磁力中心位置见电动机标牌，对中以增速箱为基准，调整电动机。

5.10 联轴器对中

5.10.1 联轴器对中应严格按制造厂给定的冷对中曲线进行，采用激光对中仪进行找正，对中时将轴瓦上涂透平油，以防止转动转子时损伤轴瓦。

5.10.2 激光对中仪的操作方法

1）按图示，将找正用的相关基本参数输入显示器内。

2）调整激光探测器，使激光束完全射入靶区。

3）从调整端向基准端看，按机组运转方向盘动联轴器，分别在0°、90°、270°位置读取数值，显示器根据读取的数值进行计算，并显示计算结果。

4）根据显示的调整量，即时调整设备的前后支脚位置的水平偏差和垂直偏差，直到显示的数值符合技术文件要求为止。

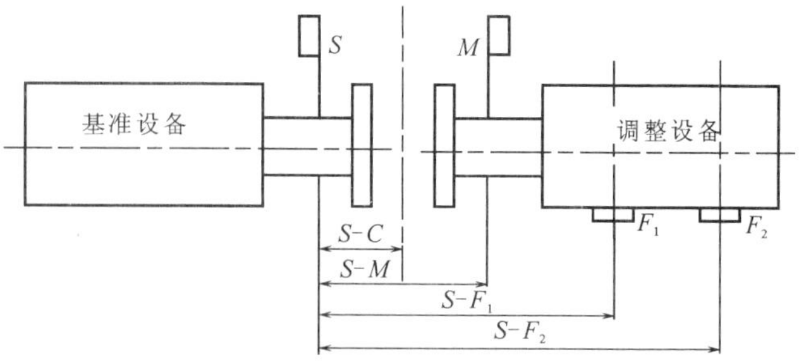

图5.10.2 激光对中仪设备找正示意图

F_1——调整设备前支脚；F_2——调整设备后支脚；
S-C——探测器S基准线到联轴器中心的距离；
S、M——激光探测器；
S-M——探测器S基准线到探测器M基准线之间的距离；
S-F_1——探测器S基准线到调整设备前支脚的距离；
S-F_2——探测器S基准线到调整设备后支脚的距离

5.10.3 联轴器对中时应保证各轴端距满足对中要求，联轴器端面间距的测量采用内径千分尺进行，测量时应将转子处于工作位置，即使主推力瓦与推力盘接触，电机转子位于磁力中心位置。

5.10.4 主风机联轴器对中曲线

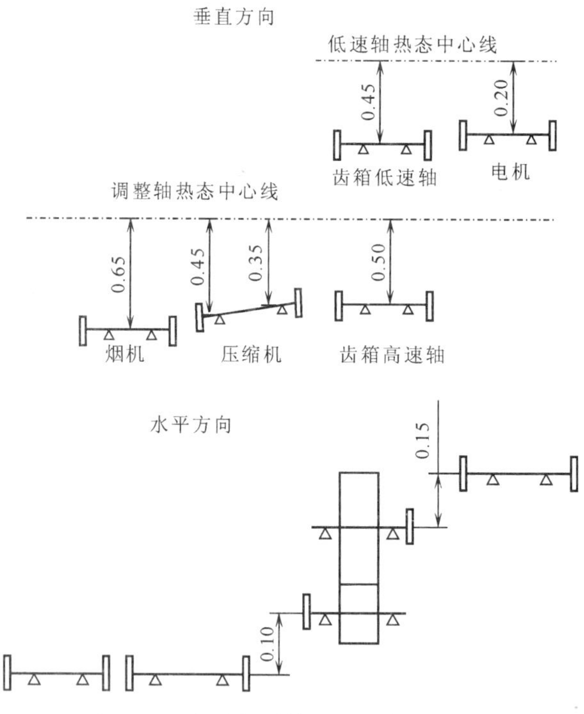

图5.10.4 主风机联轴器对中曲线示意图

5.11 二次灌浆

5.11.1 机组二次灌浆采用无收缩灌浆料。

5.11.2 灌注采用多点同时浇筑的方法，严格按照灌浆料使用说明书的配比方法进行配比，灌注的高度应高于设备底座2～3mm。

5.11.3 二次灌浆在机组找平、精对中完成后进行，采用有垫铁安装的设备应将垫铁与垫铁之间点焊。

5.11.4 二次灌浆应在机组精对中完成后24h内进行，不得分次浇灌。

5.11.5 二次灌浆达到设计强度的75%以上后，可进行工艺管道的安装。

5.12 辅属设备的安装

主风机组的附属设备主要包括润滑油站、高位油箱、入口空气过滤器及消声器的安装。

5.12.1 润滑油站的安装

1）设备整体就位于基础上，采用有垫铁安装。

2）纵、横中心线偏差要求为±5mm，水平度要求为1mm/m，水平度可在水平法兰面或加工面上测量。

3）油站油箱、过滤器管内要求清洁无杂物，在加注润滑油前和油冲洗后，均应使用面团进行清理。

4）油冷却器应进行管程的压力试验，试验压力可根据设备铭牌确定。

5.12.2 高位油箱安装前应使用面团清理设备内部，确定清洁无杂物后吊装就位。

5.12.3 主风机入口空气过滤器和消音器在安装前，应仔细清理和检查设备内部，确保无锈蚀、杂物，并使用压缩空气对角焊缝进行吹扫。

5.13 仪表设备的安装

5.13.1 仪表的校验与调整

1）设备的型号、规格、材质、测量范围等要符合设计要求。

2）外观无变形、损伤、油漆脱落，零件丢失等缺陷，外形主要尺寸要符合设计要求。

3）端子、固定件等必须完整，附件齐全，合格证及鉴定证书、产品说明书齐备。

5.13.2 校验与调整要求

1）抽调有资质的人员进行仪表的校验与调整工作，校验用的标准仪器，要具备有效的鉴定合格证。

2）基本误差、变差必须符合该仪表精度等级的允许误差。

3）仪表零位正确，偏差值不超过允许误差的1/2。

4）指针在整个行程中要无振动、磨擦和跳动现象。

5）数字显示仪表数字显示无闪烁现象。

6）做好仪表校验记录并贴上有效的校验合格标签。

5.13.3 仪表安装的要求

1）仪表安装前首先按照图纸对型号、规格、材质、位号进行核对，附件齐全、外观完好，并按设计和厂家要求进行单体调校和试验。

2）安装在工艺管道上的仪表在管道吹扫时必须将其拆下，待吹扫完成后再重新安装。

3）仪表外壳上的箭头指向必须与管道介质流向一致。

4）热电偶与相应的变送器一起使用时，要注意不同分度号的区分。

5）主轴承温度探头的安装应在轴承上盖安装前将温度探头引线引至机壳外，主风机、烟机的轴位移探头应在推力轴承安装后进行安装，安装时仪表工和钳工应配合进行。

5.14 工艺管道的安装

5.14.1 管道与机组的接口段必须在机组找平、找正、精对中完成和基础二次灌浆后安装，连接到压缩机上时，其他部分应已完成。机组向上连接的管口必须用钢板封闭，防止管道安装期间杂物进入机内，拆除各封闭钢板前必须进行共检。

5.14.2 与设备连接的管道及其支、吊架安装完毕后，在自由状态下所有螺栓应能自由穿入，法兰密封面间平行度偏差≤0.4mm，同轴度偏差以全部螺栓顺利穿入为宜，配对法兰在自由状态下的间距，以能顺利插入垫片的最小距离为宜。

5.14.3 工艺管线与机器连接的最后一道固定焊口要远离机器，管道内部应清理或吹扫合格后再将其焊接，焊接时应通知钳工在各联轴节或机壳上打上百分表进行监测，连接过程中百分表读数不得超过0.05mm。

5.14.4 润滑油管道应氩弧焊打底，不允许有急弯、折扭和压扁现象，油管连接后应在机体适当位置加以固定，回油管道坡度应符合要求，安装完毕后需进行酸洗钝化处理。

5.14.5 烟气轮机进、出口管道安装时，应在排气壳体支耳的垂直、水平位置安装百分表进行监测，垂直和水平方向的监测值小于0.05mm。

5.15 油系统循环

油循环分两个阶段进行，先进行油系统轴承外循环，即润滑油不进轴瓦，走旁路，待外循环合格后再接入轴瓦进行循环。

5.15.1 油循环前的准备工作

1）将润滑油管线酸洗钝化后清洗吹扫干净，并按油循环流程连接好。

2）将进入轴瓦的油管路断开，直接旁路回油。

3）确认油箱、高位油箱、过滤器等部件已清洗并用面团粘干净。

4）将进入轴承、齿轮箱的管道用软管短接，并在进入轴承、齿轮箱等润滑油管线上加120目临时滤网，在油箱的主回油口加120目临时滤网。

5）准备好拆卸清洗工具及材料。

6）对油泵电机进行单机试车。

5.15.2 确认有符合要求的动力电源、冷却水、加热电源、氮气等。冷却水接入冷却器前应进行冲洗，确认冷却水洁净后接入冷却器，氮气管线接入油箱前应进行吹扫，合格后接入油箱。

5.15.3 油循环操作方法

1）用滤油机往油箱中加入L—TSA46抗氧防锈型汽轮机油，加油量应符合规定，初次加油因油冷器未充满，加油量可稍多或在停机后进行补油。

2）将油箱上的氮气管线吹扫后接入油箱，向油箱内充入氮气，置换油箱内的空气，防止油氧化。

3）将油箱电加热器投用，使油加热到35℃左右。

4）全开备用油泵出、入口阀门，全开调节阀旁路阀门、试验回路阀门，将油系统进入轴瓦前节流阀调到最大流量，启动油泵。

5）打开油冷器、油过滤器放空阀，等油全部充满后将放空阀关闭。

6）油泵运转正常后，逐渐关闭试验回路阀门，将油送至机组各润滑点，检查各润滑油的回油情况。

7）润滑油升温过程中巡检各管线的密封点。

8）备用泵与主泵交替开车，进行循环，不定期切换油过滤器、油冷却器，经常清洗临时过滤网。

5.15.4 冲洗油系统管线时，先加设80目临时过滤网，油冲洗过程中用木锤敲击油管的焊缝、弯头、三通等部位，通过各条管线上的阀门手动操作改变流速及通过加热和冷却器改变油循环的温度，加快杂质从管壁上脱落，以增加冲洗效果，并且在冲洗4h后检查过滤网上的杂质，当没有硬质颗粒和其他杂质时，可以认为本阶段冲洗合格。

5.15.5 更换120目滤网重新进行油冲洗，并继续敲打焊缝和弯头处，检查滤网的间隔时间可以根据现场实际情况进行调整。

5.15.6 在润滑油管路上设置200目过滤网检查，滤网上经冲洗4h后每平方厘米可见软质颗粒不超过3点，无硬质颗粒，抽样化验，机械杂质含量应不超过0.005%，外冲洗即认为是合格，可进行轴瓦内冲洗。

5.15.7 在外部润滑油冲洗合格以后，恢复油管线，进行整个系统油冲洗，此时需将机组轴承箱的进出口盲板拆除，连接到轴承箱，并在轴承箱进油口前加设滤网。

5.15.8 油冲洗合格后，彻底抽出冲洗油，打开油箱顶盖，清净油箱内部，确认没有杂物后，安装过滤器正式滤网，加入正式运行的润滑油。

5.16 仪表联锁试验

5.16.1 机组试车前，必须对机组的所有仪表监控系统进行联锁试验，并逐项签字确认。

5.16.2 仪表报警联锁值设置试验

1．按照机组监测系统操作指标及报警停车值，对各控制点报警值采用模拟信号输入，检查报警值动作是否正确。试验时采取现场施加模拟信号的方法，施加信号时先给正常值，再慢慢加到报警值，看是否报警，到稍微大于报警值看报警情况，再看联锁停机值。

2．润滑油系统报警联锁试验

1）启动润滑油系统主泵，建立正常的工作循环，将备用油泵置于联锁位置，利用油系统试验回路，缓慢降低润滑油主管油压，当润滑油压低于0.15MPa，备用自动启动。

2）停备用油泵并将油泵操作旋钮置于远程位置，快速降低油压至0.10MPa，检查机组停机联锁情况。

3．对于振动、位移、温度、液位等其他项试验采取现场一次表端施加模拟信号的方法进行确认。

5.16.3 防喘振阀试验

在开机前对防喘振阀进行单独试验。试验包括防喘振阀的快开试验及正常调节试验，快开试验可以在紧急停机试验中完成，正常调节可以在自动操作试验中通过防喘调节器的“输出操作旋钮”或手操器来完成。

5.16.4 逆流试验

“逆流试验”设置有逆流试验硬开关，通过此试验可以完成机组安全运行，机组防喘振控制及机组逆流的试验，“试验”位置相当于给逆流保护逻辑单元提供一个“逆流信号”。因此可由开关置于“试验”位置的时间长短模拟“逆流”的持续时间，由旋向“试验”位置的次数模拟“逆流”脉冲信号的个数，并依次校验防逆流保护系统的工作状态是否正常。

5.16.5 止回阀试验

止回阀试验可以通过自动操作试验及紧急停机试验来完成。止回阀强制关闭时间应小于5s。

5.16.6 紧急停机试验

机组在启动之前应完成紧急停机试验，根据机组紧急停机逻辑程序，每个停机项目应单独试验，通过给定信号来完成试验，试验单个条件时将其他联锁停机条件投正常或解除，试验时主电机10kV AHE201柜断路器摇至试验位。紧急停机后，防喘振阀应快速打开，且开阀时间应小于3s，单向阀强制关闭，关闭时间小于5s，烟机快速切断阀关闭，关闭时间应小于1s，高温蝶阀关闭，关闭时间应小于1s，主电机跳闸，跳闸时间应小于1s。

5.16.7 按主风机逻辑图检查各系统逻辑程序。

5.16.8 仪表现场试验结果应与主控室控制画面及声光报警一一对应。

5.17 机组试运

5.17.1 试运转前应具备的条件

1）机组的各部件、阀门、润滑油系统、动力油系统，与机组相关的工艺系统、电气、仪表控制系统及水、电、气、汽等公用工程安装完毕，具备使用条件，并有齐全准确的校验记录和安装记录。

2）二次灌浆达到设计强度，土建工作全部结束。

3）编写试运转方案，准备好试运转记录表格。

4）成立有建设、设计、施工、监理、总包等单位参加的试运转组织机构，负责指挥协调试运转的全面工作。

5）向参加试运转的所有人员进行技术交底，并有交底记录。

6）现场整洁，配备必要的安全防护设施和防护用品及试运转所需的工具、量具、器具。

7）油系统油运合格。

5.17.2 电机单机试运

1. 试运准备工作

1）按有关电气规程检查电机绝缘电阻、高压部分接线，高低压配电设备以及电机等电气设备的整定、试验、调校均已完成。

2）检查各螺栓紧固情况应符合要求。

3）盘车检查转子，应无异常声响，转动灵活。

4）按操作规程启动润滑油主油泵，建立正常的润滑油系统工作循环。

2. 按启动程序启动电机，重点检查下列项目

1）应无异常噪声、声响等现象。

2）轴承温度、轴振动应符合技术文件规定。

3）电流、电压、温升不应超过规定值。

4）磁力中心线位置。

5）各紧固部位应无松动。

3. 记录启动电流、电压和启动时间，运行中每30min记录一次各项操作指标的运行值。

4. 连续运行2h，无异常情况，各项指标符合技术文件规定，视为电机空负荷试运合格，合格后停机，记录惰转时间。

5.17.3 齿轮箱无负荷试运

1）启动电动盘车器，检查盘车器及齿轮箱运转情况，盘车时间不少于20min。

2）启动后检查轴承温度、轴振动、紧固情况等。

3）连续运行2h，无异常情况，各项指标符合技术文件规定，方可停机，并记录惰转时间；

4）停机后打开齿轮箱视窗检查齿轮啮合情况，如有异常须进行处理，并重新试运转，停机检查后无问题，视为试运合格。

5.17.4 压缩机试运转

1）检查各螺栓紧固情况应符合要求。

2）复查轴流压缩机入口过滤器、消音器、出入口管道的清洁度，应符合要求。

3）启动动力油的主油泵，建立动力油的正常工作循环。

4）检查静叶角度控制仪表与机上角度标尺对应关系，并使静叶角度处于启动位置。

5）轴流压缩机出口各阀门应在指定控制位置。

6）启动电动盘车器，检查轴流压缩机内部应无异常声响，盘车器运行时间不得少于10min，然后方可启动电机。

7）启动后密切监视启动时间、电流、电压、转数变化，检查轴承温度、轴振动、轴位移数值，每30min记录一次。

8）轴流压缩机静叶开度应在最小工作角度下，进行低负荷机械试运转，连续运转时间不小于4h，各项指标符合技术要求后，进行负荷试运转。

9）静叶角度开度与运转时间可以分档次进行，轴流压缩机在设计工况下连续试运转时间为24h。

10）运转中应详细检查机组运转情况，记录有关参数，每30min记录一次。

11）机组在规定运转时间内无异常情况，可按下列步骤停机：逐渐关小静叶角度，至最小开度方可停止电动机，记录惰转时间；停动力油泵；启动盘车器，进行低速盘车，待油温正常后停止盘车。

5.17.5 烟气轮机机械试运转

1）复查烟机入口管道（即从三级旋风分离器出口至烟机一级静叶）的清洁度，经共同检查确认后方可封闭人孔。

2）检查烟机所有热力管道支吊架是否完好，管道膨胀节临时固定装置是否拆除。

3）烟机入口管道排凝阀、烟机壳体排凝阀、烟机冷却蒸汽、密封蒸汽、密封空气控制阀等灵活好用。

4）投入机组全部监测、控制仪表。

5）将轴流风机的静叶角度关到最小值，启动盘车器进行盘车，检查烟机内有无异常声音。

6）将烟机出口水封罐退水。撤水封，关大水封上水阀，开排水阀放尽存水，见烟气后立刻关排水阀，在撤水封的同时投小水封。

7）打开烟机密封系统净化风管线阀门，控制进入各密封点的风量。油封压力应稍高于润滑油压力约0.01MPa。密封空气压力应稍高于蒸汽压力0.01MPa。当烟气轮机壳体温度达到150℃时，关闭壳体排凝阀。

8）烟机冲转后按烟机升速曲线进行暖机与升速，启动后检查烟机轴承温度、轴振动、轴位移等情况，每30min记录一次。

9）连续运转时间不小于4h，各项指标符合技术要求后，视为试运转合格。

10）停机时轴流压缩机静叶开度在最小工作角度，烟气轮机入口蝶阀全关，出口水封罐上水。

5.17.6 机组负荷试运转

机组负荷试运转的条件一般是同装置一同开工和运转，由建设单位组织进行。

6. 材料与设备

6.1 施工消耗材料（表 6.1）

施工材料表 表6.1

序号	名 称	规 格	单位	数量	备 注
1	煤油		kg	200	
2	汽油	70 号	kg	200	
3	润滑油	L－TSA46	L	400	
4	润滑脂	3 号锂基	kg	5	
5	油石		块	5	
6	平锉刀	150mm、300mm 细、中	把	各 5	
7	圆锉刀	150mm、300mm 细、中	把	各 2	
8	什绵锉刀		套	3	
9	三角刮刀	300mm	把	3	
10	平面刮刀	300mm	把	2	
11	水磨砂纸	240 号、360 号	打	3	
12	砂布	80 号、120 号	打	2	
13	白棉布	900 宽	m	30	
14	破布		kg	200	
15	塑料布		kg	50	
16	红丹粉		kg	1	
17	普通密封胶	704	盒	15	
18	石棉橡胶板	$\delta=1$、$\delta=1.5$、$\delta=2$	m^2	各 3	
19	毛刷	50mm、100mm	把	各 5	
20	钢丝绳	$d=0.5$	m	50	
21	白面粉		kg	100	
22	记号笔	白、红、黑	支	各 4	
23	塑料胶带		卷	10	
24	高温密封胶	CH55 或 SL8081	盒	20	
25	斜垫铁	200×100×20/6	块	300	
26	平垫铁	200×100×20	块	150	
27	斜垫铁	140×70×16/6	块	700	
28	平垫铁	140×70×16	块	350	
29	平垫铁	140×70×12	块	350	
30	钢丝绳扣	$l=800$、2000 1t、3t	根	各 4	
31	吊装带	5t	根	2	
32	御扣	1t、3t	套	各 2	
33	橡胶板	$\delta=10$mm，$\delta=5$mm	卷	各 2	
34	不锈钢垫	$\delta=0.5$、0.75、1	m^2	各 4	
35	铜皮	$\delta=0.02$、0.05、0.1、0.2、0.5	m^2	各 4	
36	透明塑料软管	$\phi 10$	m	30	
37	铅丝	$d=0.25$、0.5、0.75、1、2、4	卷	各 20	

6.2 施工设备计划（表6.2）

施工设备表　　表6.2

序号	名　称	规　格	单位	数量	备　注
1	履带吊	400t（250t）	台	1	租用
2	汽车吊	80t	台	1	租用
3	汽车吊	50t	台	1	租用
4	货车	40t	辆	1	
5	手动捯链	5t、3t、1t	台	各2	
6	螺旋千斤顶	25t	台	4	
7	液压千斤顶	40	台	4	
8	空压机		台	1	
9	电焊机	ZX7-400	台	1	
10	台钻		台	1	
11	气焊工具		套	1	

6.3 施工计量器具计划（表6.3）

计量器具表　　表6.3

序号	名　称	规　格	单位	数量	备　注
1	条式水平仪	150mm　0.02mm/m	台	2	
2	框式水平仪	200×200mm　0.02mm/m	台	2	
3	光学合相水平仪	165mm	台	1	
4	铁水平仪	500mm　0.5 mm/m	台	2	
5	游标卡尺	150mm、300mm　0.02mm	把	各2	
6	深度卡尺	300mm　0.02mm	把	1	
7	内径千分尺	50～600mm	套	1	
8	外径千分尺	0～250mm	套	1	
9	塞尺	100mm、150mm、300mm	把	各1	
10	盘尺	30m	把	1	
11	钢板尺	150mm、1000mm	把	各1	
12	百分表	0～10mm	块	4	带磁力表座
13	百分表	0～5mm	块	1	带磁力表座
14	百分表	0～3mm	块	1	带磁力表座
15	杠杆百分表	0～3mm	块	3	带磁力表座
16	内径量表	50～160mm	套	1	
17	工形平尺	2000mm	块	1	
18	测厚仪	10mm	台	1	
19	激光对中仪		台	1	
20	同心度找正仪		套	1	
21	红外测温仪		台	1	
22	测振仪		台	1	

6.4 施工工具计划（表6.4）

施工工具表　　表6.4

序号	名　称	规　格	单位	数量	备　注
1	重型套筒扳手	21～65	套	1	
2	套筒扳手	6～36	套	1	
3	梅花扳手	8～32	套	1	
4	开口扳手	8～32	套	1	
5	呆扳手	41～70	套	1	
6	活扳手	8″ 10″ 15″ 18″	把	各1	
7	弹簧卡钳		套	1	
8	平口钳		把	1	
9	尖嘴钳		把	1	
10	敲击螺丝刀		把	1	
11	电工螺丝刀		把	2	
12	手锤	0.25kg、0.5kg	把	各1	
13	大锤		把	2	
14	管钳	250mm	把	1	
15	内六角扳手		套	1	
16	铜棒		根	1	
17	铁剪刀		把	2	
18	布剪刀		把	1	
19	锯弓		把	1	
20	角向磨光机	100mm	台	1	
21	手电钻		台	1	
22	力矩扳手		把	1	
23	台虎钳		台	1	
24	压力油壶		把	4	
25	扁錾		把	4	

7. 质 量 控 制

7.1 执行的标准规范

7.1.1 《机械设备安装工程施工验收通用规范》GB 50231-2009。

7.1.2 《压缩机、风机、泵安装工程施工及验收规范》GB 50275-98。

7.1.3 《化工机器安装工程施工及验收规范通用规定》HG 20203-2000。

7.1.4 《石油化工机器设备安装工程施工及验收通用规范》SH/T 3538-2005。

7.1.5 《催化裂化装置轴流压缩机-烟气轮机机组施工技术规程》SH/T 3516-2001。

7.1.6 《石油化工静设备安装工程施工技术规程》SH/T 3542-2007。

7.1.7 《石油化工施工安全技术规程》SH 3505-1999。

7.1.8 《石油化工设备安装工程质量检验评定标准》SH 3514-2001。

7.1.9 《石油、化学和气体工业用轴流和离心压缩机及膨胀机——压缩机》SY/T 6651-2006。

7.1.10 《大型设备吊装工程施工工艺标准》SHT 3515-2003。

7.2 关键工序质量要求

7.2.1 机组安装找正技术质量标准（表7.2.1）

安装找正技术质量标准　　表7.2.1

序号	项　目		允许偏差	备　注
1	基准设备标高		± 5mm	
2	基准设备位置		± 5mm	
3	基准设备水平	纵向	0.05mm/m	
		横向	0.10mm/m	
4	烟机底座	纵向	/	以联轴器冷对中曲线要求为准偏差方向与转子扬度一致
		横向	0.10mm/m	
5	电动机底座水平	纵向	/	以联轴器冷对中曲线要求为准偏差方向与转子扬度一致
		横向	0.10mm/m	

7.2.2 轴流压缩机各装配间隙标准

1．主轴径向跳动和端面跳动测量

部位	a	b	c	d	e	f	g	h	i	j	k	l	m
设计值	0.01	0.01	0.01	0.01	0.01	0.02	0.02	0.02	0.02	0.02	0.02	0.02	0.01

图7.2.2-1　主轴径向跳动和端面跳动测量示意图

2．各密封、油封间隙测量

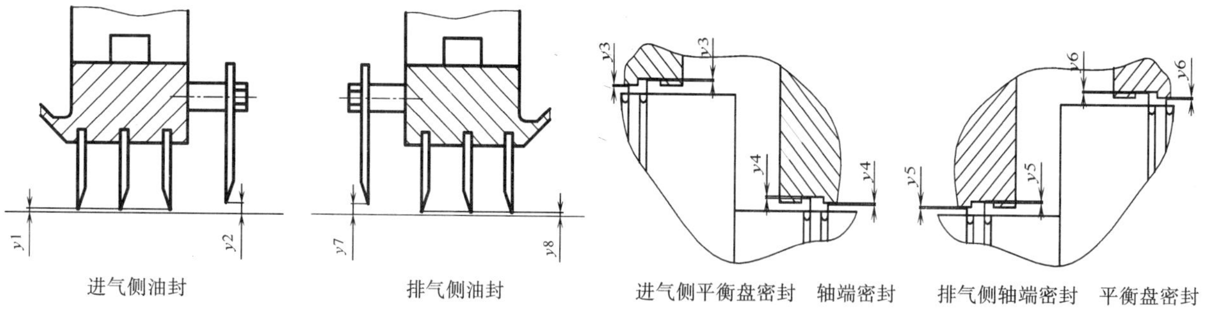

测量部位	y1		y2		y3		y4	
	min	max	min	max	min	max	min	max
设计值	0.15	0.25	0.45	0.55	0.35	0.45	0.35	0.45
测量部位	y5		y6		y7		y8	
	min	max	min	max	min	max	min	max
设计值	0.35	0.45	0.35	0.45	0.45	0.55	0.15	0.25

图7.2.2-2　密封油封间隙测量示意图

3．动叶、静叶顶部间隙测量

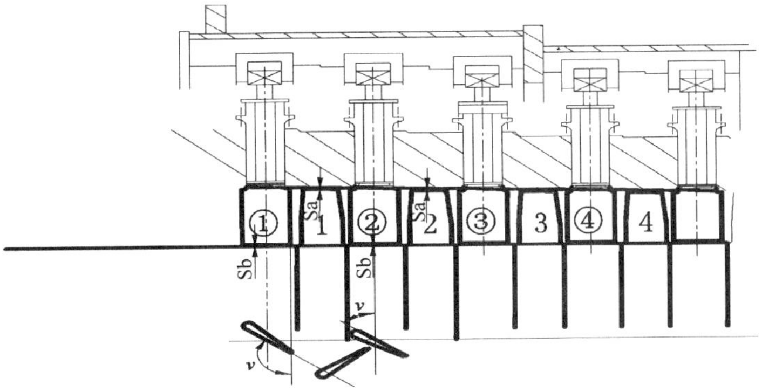

测量部位	Sa	Sb
左	$1.6^{+0.4}_{-0.2}$	$1.6^{+0.4}_{-0.2}$
右	$1.6^{+0.4}_{-0.2}$	$1.6^{+0.4}_{-0.2}$
上	$1.6^{+0.4}_{-0.2}$	$1.6^{+0.4}_{-0.2}$
下	$1.6^{+0.4}_{-0.2}$	$1.6^{+0.4}_{-0.2}$

注：1. 左、右指从进气端看。
2. 静态安装时，Sa、Sb的实测值应遵循“右”侧趋于负偏差，“左”侧趋于正偏差，“下”侧趋于负偏差，“上”侧趋于正偏差的规律。

图7.2.2-3 动叶、静叶顶部间隙测量示意图

4. 静叶角度测量

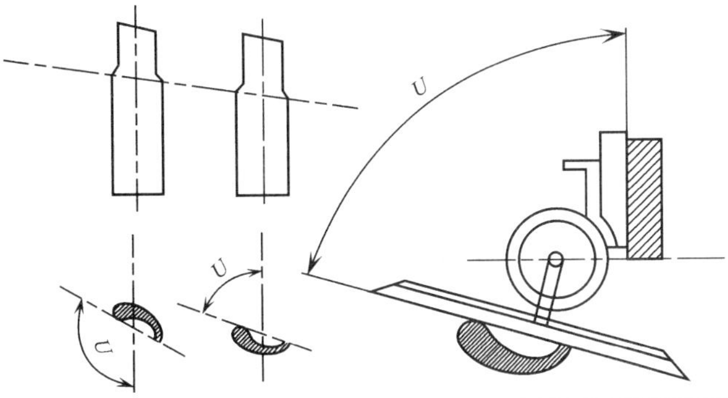

主风机静叶角度测量

设计值 级数 / 测量部	静叶角度			
	0	1	2	3
最小开度调节角度 v	150.45°	22°	29.07°	31.83°
中间位置角度 v	118°	49°	54°	55°
最大开度调节角度 v	81.78°	79°	81.66°	80.68°

设计值 级数 / 测量部	静叶角度			
	4	5	6	7
最小开度调节角度 v	33.35°	35.35°	38.86°	41.84°
中间位置角度 v	55°	57°	58°	59°
最大开度调节角度 v	78.97°	80.97°	79.17°	77.97°

设计值 级数 / 测量部	静叶角度				
	8	9	10	11	12
最小开度调节角度 v	44.44°	45.44°	46.52°	48.34°	48.34°
中间位置角度 v	60°	61°	61°	62°	62°
最大开度调节角度 v	77.18°	78.18°	76.99°	77.07°	77.07°

图7.2.2-4 静叶角度测量示意图

7.2.3 烟机装配间隙标准

1．支承轴承与推力轴承的间隙

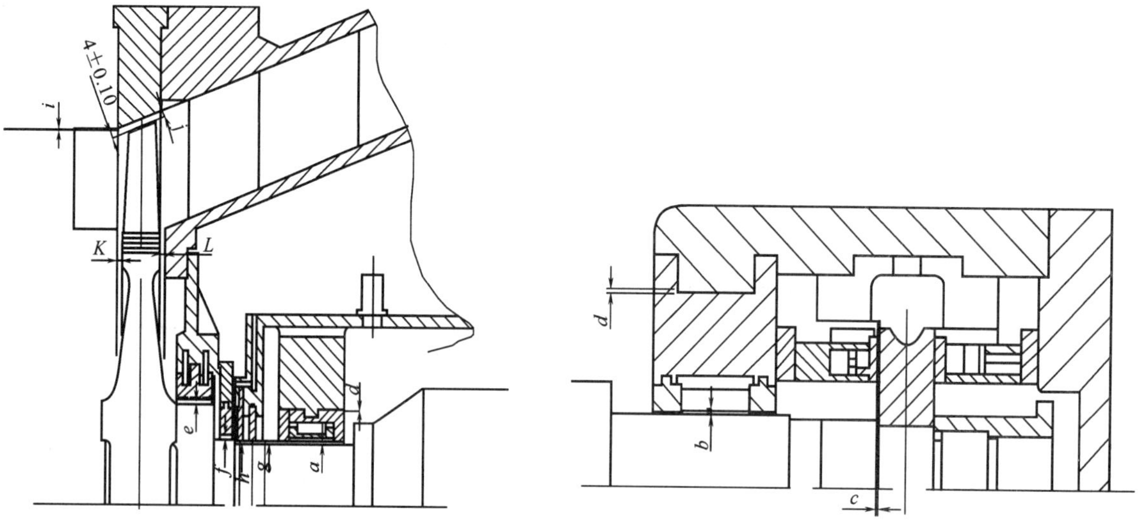

部　位		允许偏差（mm）
支撑瓦半径间隙　*a*	ϕ300	0.39～0.45
支撑瓦半径间隙　*b*	ϕ250	0.326～0.376
推力轴瓦间隙　*c*		0.56～0.71
轴瓦过盈量　*d*		0.02～0.24

图7.2.3　烟机各部位检配间隙示意图

2．油封、气封间隙（表7.2.3-1）

油封、气封间隙　　**表7.2.3-1**

部　位	允许偏差（mm）
气封半径间隙　*e*	0.25～0.30
油封半径间隙　*g*	0.325～0.37
空气封半径间隙　*h*	0.35～0.45

3．叶片顶间隙（表7.2.3-2）

叶片顶间隙　　**表7.2.3-2**

部　位	允许偏差（mm）
静叶片顶部半径间隙　*i*	0.20～0.30
动叶片顶部半径间隙　*j*	3.90～4.10

4．轮盘轮缘装配间隙（表7.2.3-3）

轮盘轮缘装配间隙　　**表7.2.3-3**

部　位	允许偏差（mm）
轮盘轮缘端面与静叶组件端面间隙　*K*	15
轮盘轮缘端面与排气机壳端面间隙　*L*	15

8. 安 全 措 施

8.1 施工前对参加施工人员进行详细的安全交底。在施工中加大安全生产宣传力度，使安全意识深入人心。建立班前安全讲话制度，将工作任务分解，落实具体的安全措施。

8.2 各工种严格遵守本工种安全操作规程及通用安全操作规程。本工程特种作业人员包括电工、焊工、起重工等必须持证上岗。

8.3 施工作业前，必须按照有关安全管理规定办理各种特种作业许可证，不得擅自随意施工。施工中注意保持环境卫生清洁，保证施工现场整洁畅通。

8.4 压缩机厂房内的施工采用全封闭管理，应保证厂房内清洁无污染、厂房内的温度湿度条件达到安装要求。厂房内设置足够的满足要求的安全警示标识。尽量避免交叉作业，无法避免时要采取隔离措施。

8.5 脚手架使用前应经严格检查，符合要求后方可使用。使用过程中不允许随意拆卸架杆，如需要拆卸个别架杆，应由专业的架子工完成，使用后及时恢复。

8.6 设备拖运就位，应选用合理的施工方法和运输线。做到吊点牢固、捆绑可靠、就位平稳。

8.7 在盘车进行转动设备的联轴器找正，以及转子、轴瓦、齿轮等各部件间隙检查、调整时，手指不得伸入与工作无关的间隙和啮合部位。

8.8 厂房内的吊装孔、楼梯、楼板及平台边缘应提前安装栏杆。基础四周与楼面之间的间隙应用盖板盖好，格栅板必须安装齐全牢固，不得松动。

8.9 在起重作业时必须明确指挥人员，指挥人员应佩戴明显的标志或特殊颜色的安全帽，当发指令时，应使用标准的信号。吊运压缩机机壳、转子等部件，应使用专用吊装工具，且应吊平绑牢，吊运时工件下方不得有人。

9. 环 保 措 施

9.1 严格遵守业主现场文明施工管理规定，切实执行公司《现场文明施工管理处罚条例》。

9.2 设置专人负责现场水电管理，杜绝常明灯、常流水，节约使用能源。

9.3 现场的电缆、导线、电焊把线等要统一规划，合理布置，不准乱拉乱扯。

9.4 施工现场要做到工完、料净、场地清，保证场地清洁和道路畅通。

9.5 施工现场废料和垃圾等及时收回废料箱和垃圾箱，并定期运送到业主指定的垃圾堆放场地。

9.6 施工现场暂时不安装的零部件要标识清楚，分类摆放，防护规范。

9.7 施工中用的各类化学清洗剂不能随便倾倒，要按业主要求集中收集并运送到业主指定的场所。

10. 效 益 分 析

10.1 社会效益

本工法采用科学的组织管理方法和先进技术，能保证轴流压缩机组的安装质量和施工进度，确保机组试车一次成功。历年来在多项国内外石化装置轴流压缩机组的施工中通过运用本工法，为机组早日试运行和装置的早日投产、早出效益奠定了坚实的技术基础。运用本工法能在保证施工质量的同时，降低成本、缩短工期，减少环境污染，不仅赢得了业主及专家的一致赞誉，也为公司闯市场，求发展赢得了信誉。

10.2 经济效益

本工法直接的经济效益是通过运用无垫铁安装，油系统进行化学清洗，联轴器对中采用激光对仪进行，管道与传动设备无应力连接等施工方法，有效地控制了安装质量，实现了机组试车一次成功，缩短了施工工期，从而节省了大量人工，降低了成本。

11. 应用实例

11.1 2009年广西石化公司350万t/年重油催化裂化装置工程中主风机组、备用主风机组的安装、调试采用本工法，缩短了施工工期，机组试车一次成功，赢得了业主的好评。

11.2 2002年，大连石化350万t/年催化裂化主风机组的安装、调试。

11.3 2006年，延安炼油厂200万t/年催化裂化主风机组的安装、调试。

热板卷生产精轧机组安装工法

GJEJGF349—2010

中国三安建设工程公司
汤立民　王福朝

1. 前　言

热板卷轧钢生产线中的精轧机组是全线的核心设备，一般由6～7架精轧机组成，国内外各设备生产厂家设计、生产的工艺设备配置也略有不同，但是其主要生产工艺流程和工艺设备却大致相同。

1998年公司承担安装的马来西亚某钢厂年产250万t1700mm薄板坯连铸连轧热板卷轧钢生产线，其工艺设备是德国西马克公司设计的具有国际先进水平的短流程精轧生产线，由6架精轧机组成的机组。

2002年至2005年公司承担了江苏某集团1700mm热板卷轧钢生产线从德国拆迁到国内安装调试的项目，其中7架精轧机是德国德马克20世纪50年代生产的设备。2002年在德国拆解、包装运回国，2003年对全线机械、电气设备进行大修、现代化改造和部件更新，2004年进行安装，2005初开始冷调试，同年6月板卷下线。

2005年公司承担了新疆某钢厂1700mm热板卷生产线的安装调试，全线设备是由国内设计、生产的国产化生产线，其中精轧机组由6架精轧机组成。

热板卷轧制全线工艺设备多，相互之间的关联尺寸较多，必须保证精轧机组的定位精度和安装精度。因此，对全线设备的安装基准测设控制、精轧机组的安装精度测量和施工工艺过程进行全面的优化控制，是精轧机组安装的重点。

本工法是在完成马来西亚某钢厂1700mm薄板坯连铸连轧的精轧机组安装调试项目后，公司的工程技术人员总结安装工艺流程、工艺方法编制成施工作业指导书，形成工法应用于江苏某集团1700mm热板卷轧钢项目的精轧机安装调试，又经新疆某钢厂1700mm热板卷生产线的精轧机安装再实践，在项目工期、质量、安全方面取得了较好的效果。在安装工程中实施，得以印证本工法是成熟的。

本工法以热板卷生产线中的精轧机组安装为主，就全线设备安装中的基准设置、设备及底座水平调整采用全站仪和DINI12高精度电子水准仪进行测量，利用薄型液压千斤顶顶升底座或轧机本体撤换垫铁，进行设备的标高、水平调整，完成调整后，再按现行规范《轧机机械设备工程安装验收规范》GB 50386—2006规定的检测方法进行复检的精密测量调整法；采用液压扭矩板子控制拧紧地脚螺栓的扭矩；采用自行设计制作的轧钢机架专用吊具进行精轧机组十余片机架的吊装上位等关键技术进行了阐述。

2. 工 法 特 点

热板卷生产线精轧机组的区域内设备安装与全线设备安装在场地的规划，各工序的衔接，精轧机组聚集了机械传动、液压、润滑、水冷却、动力配电、电气自动化、工业监视等多个系统，在同区域内实现各专业化同时施工，加之采用先进的高精度电子水准仪、全站仪进行精密测量调整法施工，自行设计制作的轧钢机架专用吊具吊装精轧机组的十余片机架，既提高了安装精度又提高了工效，缩短了工期，降低了工人的劳动强度。

3. 适 用 范 围

本工法适用于黑色冶金热板卷轧钢生产线的精轧机组或类似轧机的安装工程。

4. 工 艺 原 理

对精轧机组的机械设备、液压润滑系统、高低压供电、控制系统，水冷却系统采取按系统、区域、设备类型、单台或成组分割成若干个安装作业区域，进行专业化、优化施工工序。运用全站仪、DINI12高精度电子水准仪和薄型液压千斤顶组合形成精密测量调整法作业，自行设计制作的轧钢机专用吊具吊装精轧机架，以系统控制的原理、过程控制的方法对各台、各工序之间的交叉和衔接接口进行控制，以达到分片成组，集合成线，形成热板卷轧钢生产线全线能够贯通成一体的核心设备——精轧机组。

5. 施工工艺流程及操作要点

5.1 安装场地规划

1700mm热板卷轧钢生产线的主要工艺设备有：板坯输送设备、步进加热炉、一次高压水除鳞箱、粗轧机、轧板输送辊道、剪切机、二次高压水除鳞箱、精轧机组、层流冷却、地下卷取机、取样机、打捆机、喷印机、钢卷输送线、行车、及线外的轧辊磨床等组成。

精轧机组是关键设备。介质管道有冷却水管、液压管、稀油润滑管、干油润滑管、压缩空气管等。

电气设备主要有30kV、5kV变压器、高低压柜、MCC柜、整流器、高压直流大功率同步电机等。

精轧机组的机械设备分布在相邻两跨，精轧机组本体布置在主轧跨，精轧机的主驱动电机、传动装置布置在相邻的电机间跨，地面上安装工艺设备，地下是液压站、润滑站、水站、管廊、电缆桥架。空中有在线测量房、工艺管道、冷却水箱、行车轨道。

热板卷生产线的工艺设备布置全长约600多米，精轧机组仅是其中的一部分，与前后设备有着密切的相关尺寸链和场地衔接。在安装基准的测设和场地规划上要从全局出发，进行整体的场地规划和安装基准的测设。

全线划分为五个作业区：炉区、粗轧机区、精轧机区、卷取输送区、公辅区（高低压供电、磨辊间、冷冻水站、水处理）。

每个作业区域划分有临时堆场，用于临时放置准备安装的工艺设备、部件。设备的车间内运输主要依靠生产线上的行车进行吊运。所以，行车必须统一调度使用。

为提高效率，也为了满足业主的工期要求，采取全线分区域、按各台套设备特点编制安装工艺路线，随土建施工进度，跟进安装的流水施工作业方法。地面上的设备和地下液压、润滑站、泵站、管道、桥架具备安装条件同时进行安装施工。在各施工区域做出标志，设置通道、安全围栏，将基础坑、冲渣沟围栏，局部洞口进行遮盖。

全线能够开始进入安装的条件是：

车间上空的行车具备使用条件；设备基础达到承载条件。

围绕此两条跟进土建施工，设备基础未拆模板，就进行基础测量、放线、座浆垫铁施工；在钢结构厂房部分区段具备条件就进行行车轨道、滑线的安装和行车的安装。

以精轧机组设备安装为关键工艺路线，分区域安装、调试。

在安装施工阶段的前期，按照全线区域划分的设备临时堆放区，按区域采取先进先出的原则，组织工艺设备进车间的二次搬运，车间行车采取专人操作、指挥，所有的卸车、吊装作业统一调度，既保障了安全，又提高了行车的利用率。

5.2 全线安装基准测设

热板卷生产线从衔接炼钢的冷板坯输送辊道起到板卷输送至板卷库，工艺设备分布长度约670余米，全线以轧制线为纵向基准线，以加热炉中心线为各设备的横向中心线的基准，以轧制线标高为高程基准点，全线工艺设备据此分布。以此为划分作业区的依据。本工程由于考虑施工中由多个专业施工队，自成体系独立施工，故在测量基准中要求采用同一基准，避免基准变换造成的误差。

热板卷轧钢生产线安装全过程测量包括施工前基准测设、施工测量和沉降观测三个阶段。在每个测量阶段，测量工作要做到三个固定（定人、定仪器、定控制点），三个规定（规定日期、方法、观测路线）。

根据热板卷轧钢工艺设备的安装精度要求和《冶金工业建筑安装施工测量规程》YBJ-212-现行规范编写轧钢生产线的测量方案，确定全线工艺设备安装所需的基准线、基准点和辅助线（点），在轧钢生产线平面布置图上标出各个基准线、点的位置、测量数据，交付施工人员作为安装的基准和依据。

5.2.1 坐标基准线、标高基准点的设置

施工前测量就是轧钢生产线各区域工艺设备安装所需的坐标基准线、标高基准点的测量、设置。

基础施工承包商依据厂区坐标系在轧钢建筑物内设立了坐标轴线控制桩。

热板卷轧钢厂房内的轧制线基准、横向中心线基准以土建的坐标轴线控制桩为准引测确立。在轧钢各区域设立一条永久轧制线、一条横向中心线的坐标点和一个标高基准点。

坐标控制测量中，采用全站仪进行点位测设，在测设中借助计算机的平差程序进行误差处理，消除测量数据中由于各种因素造成的误差，得到控制点位的平差坐标值，精确测设基准控制点。标高基准点采用高精度电子水准仪（DINI12，读数精度0.01mm）测量、设定。

1. 基准线与基准点

它们是各区域工艺设备安装过程中检验平面和高程位置精度的依据，要求精确、牢固和便于应用。基准线（点）分永久性和临时性两种。永久性的需长久保存，工程完工后移交生产单位管理，必须用铜材或不锈钢材制作（图5.2.1）。

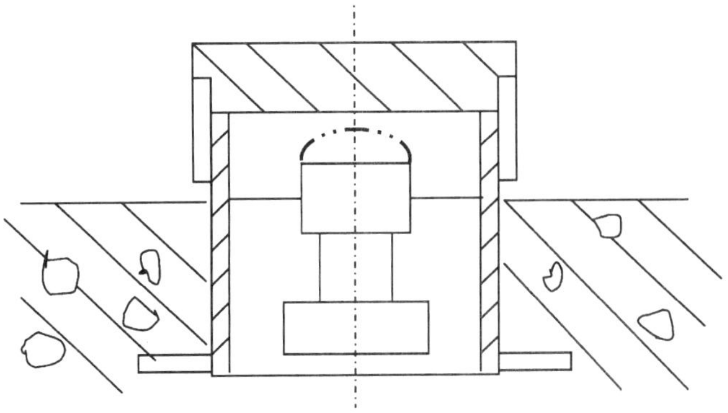

图5.2.1　基准线示意图

永久中心线标板为平头，永久标高点为圆头。外部为＞ϕ150mm保护管和盖，标板和保护管用混凝土固定。

安装工艺设备时使用的中心线、辅助线是临时性基准线，可用膨胀螺栓在地面固定钢板，然后刻线即可。

2. 基准线测设原则

1）对轧钢生产线上的各工艺设备，分区域测设一条横向中心线，作为本区域所有工艺设备的基准线，必须检查其与轧制线的正交度；

2）对独立设备与全线工艺设备间没有精密的定位尺寸要求的，可以按厂房柱子的行、列中心线或基础中心线测定基准线；

3）对轧制区域的精轧机组，应测设专门的工艺设备基准点、线及辅助线控制网，以F0精轧机的横向中心线（从传动侧到操作测的中心线）为基准测设各精轧机的横向基准辅助线，各精轧机以轧制线作为定位基准线。

3. 标高基准点测设原则

1）根据土建施工引用的轧钢厂房外的水准点引测设备安装基准点。

2）每个独立基础至少应有一个标高基准点；粗、精轧机组设备基础各设立一个标高基准点、卷取机区域设立一个标高基准点，在板卷输送区域设立3～4个辅助标高点，采用辐射式的观测方法，使各基准点的精度保持一致。

3）在轧钢生产线上，各区域的主要基准点应与原始水准点组成水准环线，按二等水准测量精度和方法观测；全部基准点的高程测设应连续进行，以避免基础沉降等因素影响。

5.2.2 沉降观测

从设备运输到基础上开始，直至试生产为止，需对基础进行定期沉降观测。按照安装进度以及沉降情况，确定沉降观测的间隔时间。根据观测记录绘出沉降曲线，得出阶段日平均沉降值、峰谷值。在精轧机组本体大件吊装完毕以前，测量频率高。根据沉降曲线，找出规律，对已安装的精轧机组的标高进行跟综观测。若发生沉降过大引起精轧机组的中心线、标高超差，待沉降趋稳，对精轧机组进行调整，纠偏。

5.2.3 设备安装过程的测量

在工艺设备安装的施工过程中，专业测量人员用全站仪、高精度电子水准仪代替常规的安装检验工具，进行测量，直接参与和控制工艺设备安装全过程的坐标、标高、找正、找平的测量、检测工作，这就是“全站仪、高精度水准仪精密测量调整法”。这种方法使安装精度、工效提高，降低了工人的劳动强度。

5.3 精轧机组安装工艺路线及要点

精轧机组区的主要工艺设备里，安装要求高，难度大的是：精轧机组底座找平，机架吊装、传动装置的调整、轧机驱动电机安装，其余的工艺设备（高压除鳞箱、热板坯输送棍道、剪切机、活套等）安装较为简单，不再累述。

精轧机组一般有6～7台精轧机，其本体主要有：轧机的底座、机架、上下横梁、压下装置、窗口衬板、支承辊锁紧装置、支承辊平衡装置、轧制厚度调节装置、支承辊换辊装置、工作辊换辊装置、工作辊弯辊装置、工作辊轴向移动装置、进口冷却装置、进口碳钢冲洗集管、中间带钢冷却集管、进出口导卫装置、轧辊传动轴、齿轮箱、驱动主电机、活套装置、支承辊、工作辊以及液压、润滑管路系统、钢平台等。

5.3.1 精轧机组安装工艺路线

以精轧机组为例，阐述其安装工艺顺序及要点（图5.3.1）。以图纸提供的专业术语，位置用语统一命名，便于安装时查对标记。

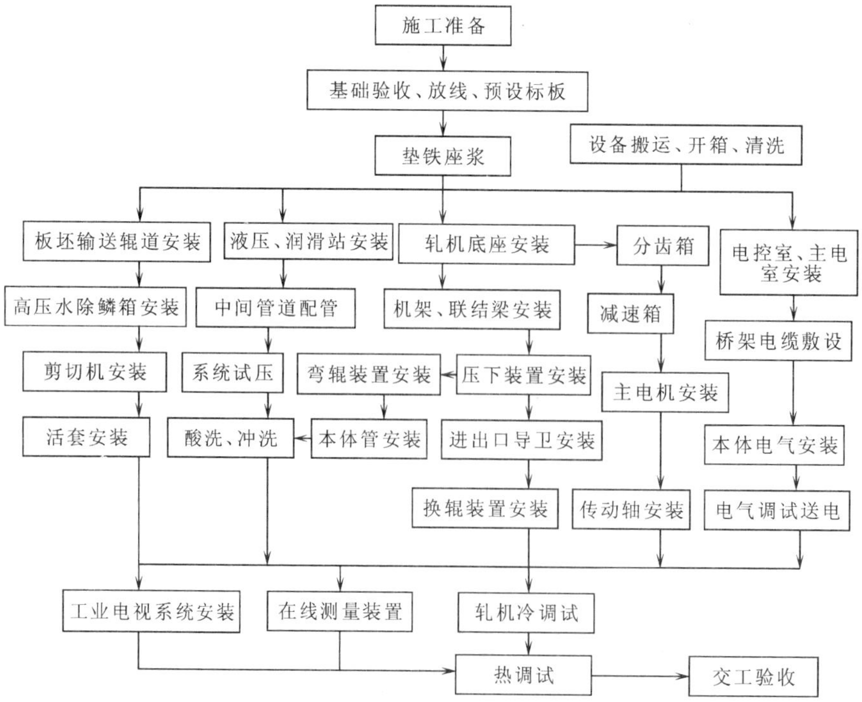

图5.3.1 精轧机组安装工艺路线图

轧制方向（DIRECTION OF ROLLING），也就是板带流向（DIRECTION OF STRIP FLOW）。

从轧制方向看精轧机组：右边为操作侧（OPERATOR SIDE）、左边为传动侧（DRIVE SIDE）、前面为进料侧（ENIRY SIDE）、后面为出料侧（DELIVERY SIDE）±0标高+900为轧制线（PASSLINE）。

5.3.2 精轧机组安装要点

1．基础验收、放线、埋设标板要点

轧机线对中心线的偏差要求很高，如何保证粗、精轧机的水平轧制和粗轧机的立轧中心线就位准确十分重要。在施工时，各施工区域必须使用同一纵向基准线（轧制线）、横向基准线和标高基准点，并确保各区域之间的正确衔接。

根据甲方提供的厂房基准线和基准点，放出各安装区域所需的基准线和基准点，并埋设标板，标板应有显著的标记，以便于识别。在放线的同时，进行设备基础有关的检验工作，对基础尺寸不合格的应及时出具检查报告交甲方进行处理，直至提供设备安装所必须的合格基础。

对于安装来说，设备的纵横中心基准线有可能被设备就位后遮挡，因此，应在设备边框外侧放一些辅助纵横中心线，并且应考虑在不同的高度平台设置，便于设备安装时的检测。

比如说：轧机底座的放线，考虑到操作检测的需要，轧制线的辅助线应设在底座上表面大约100mm，F0至F6的横向中心基准线应设在±0.00mm以上，安装轧机底座用辅助线应放在轧机底座上表面下100mm，检测机架用辅助线应放在轧机窗口的底部。

放线确定设备相关位置的尺寸，较小跨度的尺寸，拉尺测量。跨度大、重要的长度尺寸（如基准点、线间距），应采用全站仪（或激光测距仪）测量。

测定相对标高应注意， 除轧机本体之外，还有驱动等附属设备，本体与辅机之间存在相对标高差。需要比较精确的标高基准点，保证轧机本体与各辅机之间的相对标高，应在已确定的轧机底座上表面检测，确定各辅机标高，检测采用DINI12高精度电子水准仪（读数精度0.01mm）。

2．设备倒运、开箱、清洗要点

将所需安装的设备按安装的先后顺序，倒运至厂房内的暂时周转地点，然后开箱清点。设备开箱清点时应会同厂方的有关人员一起进行，开箱应细心仔细，不得野蛮拆箱，防止损坏设备及部件。开箱时如发现包装箱损坏或设备及部件损坏应及时做好记录，在设备及部件清点时一要注意检查有无损坏，二要清点规格数量，如发现和设备装箱单不符时，应及时记录，三方人员应在设备开箱清点后，在设备开箱记录表上办理签字手续。设备尤其是部件在开箱后如不马上进行安装，应及时封箱，避免丢失。开箱时如有设备的备品备件应交厂方妥善保管，防止丢失和损坏。

设备及部件在开箱后，根据安装要求分批进行清洗。清洗用洗剂或柴油、煤油清进行。在设备及部件清洗时，如发现接触面有毛刺等缺陷时应及时修整，如发现设备及部件有损坏应及时向主管技术人员汇报，由项目工程师出具报告交厂方专家进行处理。设备及部件在清洗后如不及时安装，应在机加工面和接触面涂抹机油或黄干油，防止部件生锈。

3．设备放线、垫铁布置、座浆、基础铲麻面要点

在设备基础上将设备的外轮廓线、各中心线和地脚螺栓孔的中心线，垫铁位置标出。将设备基础二次灌浆接触面，用风镐或錾子凿成麻面以便二次灌浆。设备垫铁的布置必须认真对待，要遵循尽可能靠近地脚螺栓，均匀分布，便于调整的原则。垫铁座浆时，每组垫铁的水平度应控制在0.10/1000范围内，标高偏差在-3mm至-5mm之内。若座浆垫铁的水平超差，在座浆水泥凝固后，可用角向磨光机打磨至水平度合格。详细座浆方法可见本公司编制的座浆作业指导书。

基础铲麻面时，要考虑到设备底座就位后，能够在底座下放置薄型液压千斤顶，若空间不够，必须在要放置薄型液压千斤顶的位置铲出沟槽。

4．轧机底座的安装

按要求做完垫铁座浆后，将T形地脚螺栓放到套筒里、入位，确认其与套筒配合、位置无误，可搁放底座，进行底座的找平找正工作，F0～F6轧机的14条底座是机架的基准，也是各辅机的基准，这

一工作对精轧机来说是相当重要的，F0的底座是一个标高，F1～F6轧机12条底座完全相同，它们构成约30m×4.5m的平面，平面度要求较高，标高相差0.1mm。本底座和相邻底座的水平误差0.05/1000。常规的测量方法是采用水平尺、块规、框式水平仪进行水平度测量。我们采用全站仪、DINI12高精度电子水准仪进行定位、水平调整，完成安装精度调整后，再用水平尺、块规、框式水平仪进行复检校核，以满足《轧机机械设备工程安装验收规范》对底座测量的要求。

如何测量、调整精轧机组12个底座组成的这一平面，为即达到规范的要求，又便于操作，采用全站仪、DINI12高精度电子水准仪测量，分初平、找正、精平三个工序，综合考虑标高、中心线、水平度、平行度实施调整。

初平：先用高精度水准仪加框式水平仪进行标高调整、初平，确定各条底座自身的水平以及相邻各条的标高值基本控制在一个水平上。

找正：对于各成对底座找正控制位置尺寸精度，按设备安装说明书或参照《轧机机械设备工程安装验收规范》GB 50386规范要求的方法。但必须注意一点，F0～F6之间有中间机架连接，各台轧机之间的间距、平行度要保证符合规范的安装精度要求。

底座找正、找平的检测器具可采用高精度水准仪、框式水平仪、内径千分尺、钢丝、线坠。

精平：用高精度电子水准仪测量各底座上平面，每条底座测量五个固定点（机架位置两端、中间），其读数就是标高，同一底座的相邻读数差除间距就反映了水平误差。相邻底座的读数差就是两个底座的平面误差，看是否同时满足平面度要求以及整个平面的标高要求。可以按照高精度水准仪的读数，调整垫铁厚度，以达到水平调整。

底座（包括本体）找正、找平的调整工具是采用50t、100t液压薄形千斤顶。液压薄形千斤顶放在底座下，顶起底座，更换厚或薄垫铁，达到调整水平。在使用液压薄形千斤顶时，不得偏心受力。0.1～3mm的薄垫铁采用不同厚度的不锈钢制作。

底座的调整最好以F3底座为准向两边底座进行调整，并通过检查相邻底座的水平、标高来决定前后底座的标高。调整每台底座时，其横向中心线以入口侧底座为准，保持底座与主传动中心线的平行度。

调整结束，采用液压扭矩板子将入口侧底座地脚螺栓的螺母紧固，紧固力通过油压进行控制；出口侧的底座地脚螺栓的螺母，采用锤击板子稍微紧固，具体操作按本公司编制的《冶金设备地脚螺栓紧固作业指导书》方法进行。

最终检测时，可用平尺、块规、框式水平仪进行复检，测定每台精轧机两条底座的纵横、对角水平度，以满足《轧机机械设备工程安装验收规范》GB 50386现行规范的规定。

5. 轧机机架的吊装、调整检测

底座调整完毕后，进行机架的吊装。机架分传动侧和操作侧两片机架，通过上、下横梁连接成一体。F0机架单件重量最大154t，F1～F6机架重量约90t，吊装采用车间上的100t行车加自行设计制作的专用吊具吊装F1～F6精轧机架。用车间上的90t、100t行车联合加自行设计制作的平衡吊梁、专用吊具吊F0精轧机架。详细作业方法见公司编制的《板卷轧机架吊装工法》。

就位时应在机架与底座的结合面上涂抹润滑油，以利机架的移动。吊入时要特别注意机架与底座的位置， 底座宽度与机架座的宽度之间，最大的间隙只有0.6mm，机架要吊平，否则，机架就位很容易把底座挤走。

精轧机的入口侧底座是基准底座，在吊入前可将出口侧底座地脚螺栓稍微松开，允许将出口侧底座撑开，底座就位后再用液压千斤顶将出口底座顶回。

机架安装时，先装传动侧机架，再装操作侧机架，找正并检测铅垂度。两机架间距粗调时要大于设计尺寸，已利于上、下连接梁的吊入。

同台精轧机两片机架吊装完毕，进行该台轧机上、下横梁的吊装联接，适当拧紧连接螺栓，插入底座与机架处的定位块。

F1～F6机架吊装完毕，上下横梁安装后，进行机架的检测工作。

检查：机架窗口的垂直度，两窗口的平行度，两窗口底面的水平，机架内侧的垂直度以及各机架相对纵横中心线的偏差，塞尺检查机架与底座的结合面，打紧定位块，塞尺检查上下横梁与机架结合面，按技术要求拧紧所有连接螺栓。

检查上述内容如发现偏差（安装偏差），采用薄型液压千斤顶放置在底座下，顶起底座，撤换垫铁，不允许在底座与机架之间、机架与上下横梁之间垫任何东西进行调整。

机架调整检查完后，按照现行《轧机机械设备工程安装验收规范》的要求，根据机架检测所确定的轧机纵横中心线，检查所有以前所放的线及基准标高，机架窗口各部垂直、水平，有必须调整的则调整。

测量工具：DINI12高精度电子水准仪、铟钢尺、平尺、块规、框式水平仪、钢丝、内径千分尺、耳机、塞尺、线锤。

若F0～F6所有精轧机机架的安装位置精度都符合要求，将底座和机架的地脚螺栓用液压扳子紧固，具体操作按本公司编制的《冶金设备地脚螺栓紧固作业指导书》方法拧紧，设备部件间联结螺栓用锤击板子锤击拧紧。这时可以考虑精轧机架的部件安装全面铺开。

6．机架窗口衬板的安装

机架窗口衬板安装是一件比较繁琐的工作，衬板种类多、数量多，并且装配后的尺寸精度要求高，主要是保证支承辊、工作辊、轴承座与衬板之间的滑动间隙符合要求，窗口对称衬板装好后，要用千分尺检查尺寸是否符合要求，这部分参阅图纸。安装时注意衬板与窗口结合面要刷一层厚度为0.2mm胶粘剂，所有衬板连接螺栓都要用胶粘剂。

7．压下装置

压下装置是一个轧制厚度调整的装置，控制上支承辊垂直面的上下位置，以保证轧板厚度。

F0轧机的压下装置是由电动机、行星齿轮机构、丝杠螺母副组成的机械压下装置。

F1～F6精轧机的压下装置是液压控制压下装置（HAGC）。安装时参照工艺设备制造厂家的图纸。

F0轧机压下装置的安装顺序：

螺母安装 → 压下螺杆安装 → 行星齿轮减速装置安装 → 电机安装

F1~F6精轧机压下装置的安装顺序：

压下油缸安装 → 液压阀台安装 → 配管

8．支承辊平衡装置

支承辊平衡装置主要作用是用液压缸的推力来平衡上轧辊、轴承座和压下螺杆的，使压下螺杆和上轧辊轴承之间消除间隙，避免轧钢咬入时产生冲击。

安装时应把轧机顶部钢平台先装上，然后装上横梁顶部的提升液压缸，再装前后侧的提升夹板装置，装配连接螺栓要用胶粘剂。

安装F1～F6精轧机的支承辊平衡装置时参照设备制造厂家的图纸。

9．换辊装置安装要点：

精轧机组有支撑辊和工作辊换辊两套装置。

精轧机组支撑辊换辊装置由液压油缸、滑轨、盖板组成。

精轧机组工作辊换辊装置由液压油缸、滑轨、横移平台组成。

精轧机换辊装置安装要点：

先安装支撑辊换辊装置，后安装工作辊换辊装置。

支撑辊换辊装置的安装方法与粗轧机换辊装置安装方法相同。

将支撑辊换辊装置装完，然后根据轧机的横向中心线安装横移平台的轨道及移动装置，然后再安装翻转推拉液压油缸装置。

调整横移平台上的导轨中心线与轧机架重合，调整导轨的水平、标高。

根据精轧机横向中心线安装工作辊推拉油缸装置，必须保证其轴线与精轧机横向中心线间距、标高和水平度。

调整完毕后，点焊垫铁，紧固螺栓，联结油管。

10. 工作辊弯辊装置（CVC）安装要点

在精轧机机架操作侧窗口两侧，安装弯辊装置。

工作辊弯辊装置是装在上下工作辊轴承座之间的传动、操作两侧机架窗口上。它的作用：一是提供上下反向力使上下工作辊都依俯在上下支承辊上；二是在轧机工作状态，工作辊在轧制张力的作用下，像一根承重梁挠曲变形，利用该装置在工作辊的两头施加一反向力，使工作辊强制变形，从而保证轧制带钢的厚度一致。

这部分参阅设备制造厂家的图，它主要有4个上下双向行程的液压缸以及其他部件所组成，以总成形式供货，对安装部位进行清洗、测量尺寸、涂油，然后用尼龙吊带吊装入位，连接螺栓要上胶粘剂。

11. 工作辊锁定轴向移动装置（窜辊装置）安装要点

在精轧机上，设计有窜辊装置。

工作辊锁定轴向移动装置，装在操作侧的机架上，它主要有4个锁定缸和4个轴向移动缸所组成，工作时锁定缸锁住操作侧的工作辊轴承座，移动缸使工作辊轴向移动到位，并且在操作侧工作辊轴承座上始终加一径向力，使工作辊定位。

这部分参阅设备制造厂家的图纸，安装时注意传感器装置以及液压缸的装配标记，没有特别记号的联结螺栓要用胶粘剂，定位板装配要用胶粘剂。

12. 工作辊头部接轴架安装要点

工作辊头部接轴架装在传动侧机架上，有4组液压缸及部件组成，它的作用在于工作辊换辊时，夹住工作辊的传动连接轴。

各台轧机的工作辊传动接轴架安装时，参阅设备制造厂家的图纸。

13. 中间机架、进出料板带导卫装置，活套装置以及冷却、消烟喷水集管等安装，这些装置安装较容易，按照图纸进行，不再累述。

14. 分齿箱、减速箱的安装要点

为便于称呼上的区别，一轴输入，二轴输出带动上下工作辊双向旋转，称分齿箱，一轴输入，经减速一轴输出称减速箱。

这部分辅机中间连接轴都为齿轮联轴器，齿轮联轴器都不允许有同轴度的偏移，所以这部分设备定位要准确，必需考虑同轴度的测量检查。

分齿箱、减速箱的定位找正法，见图5.3.2-1所示。

纵向找正，在输入或输出轴端固定一根长角钢，在角钢的顶端焊一螺母顶丝，在轴中心标高位置拉一根平行于纵向中心线的辅助中心线（钢丝），测量轴端到辅助中心线间距（按图纸尺寸换算），调整到正确位置，把角钢端顶丝调整到刚好靠拢钢丝，旋转轴180°，使角钢顶丝摆动到另一端，看顶丝到钢丝的距离，确定箱体调整方向，来回摆动、调整直至顶丝在两端距钢丝的距离一致。

横向找平的方法与找正的方法基本上差不多，并且简单，只要挂一线锤，旋转轴摆动角钢端顶丝上下到线锤线，观察其间距，调整箱体至上下间距一致即可。

前面提到分齿箱、减速箱，电机的中间联结轴都是齿轮联结器。如要检测同轴度的话，首先用上述方法找正找平分齿箱，做两个可调支架托住中间轴，找正找平。在靠近齿轮箱的一端轴上设置一磁座百分表，转动分齿箱轴，观察读数，调整中间轴，直到读数符合要求，另一端的做法类似，只是调整的是减速箱或电机，而不是调整中间轴。这是以分齿箱为基准，中间轴为过度基准调整减速箱或电机。

测量中间轴与分齿箱轴端面间隙以及测量与减速箱轴端面间隙，可以调整轴心线倾斜度。

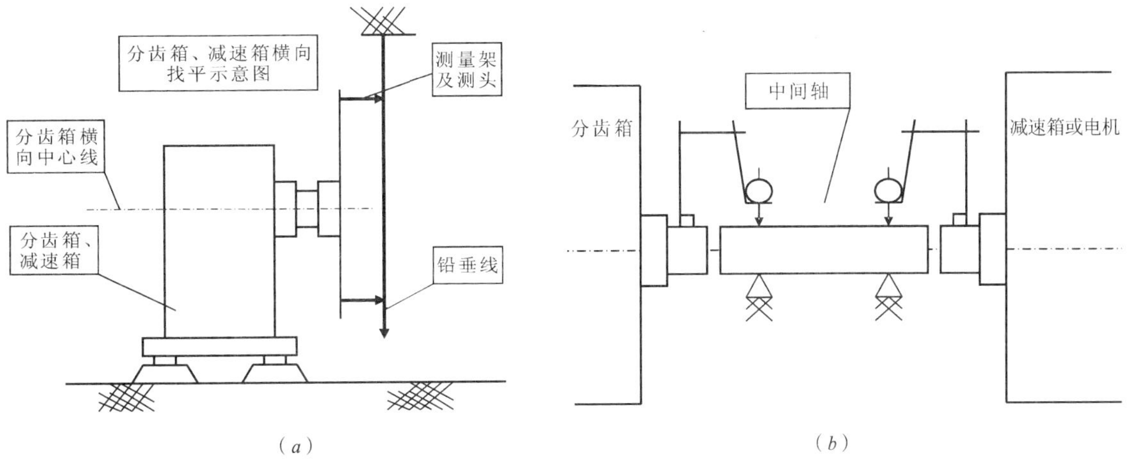

图 5.3.2-1　分齿箱、减速箱横向找平示意图

15. 主电机安装要点

F0～F6精轧机的驱动主电机是高压直流同步电机，分体到货现场组装。

驱动主电机主要由底座上、下定子，碳刷架，转子及轴承座，外壳组成。

主电机安装顺序如图5.3.2-2。

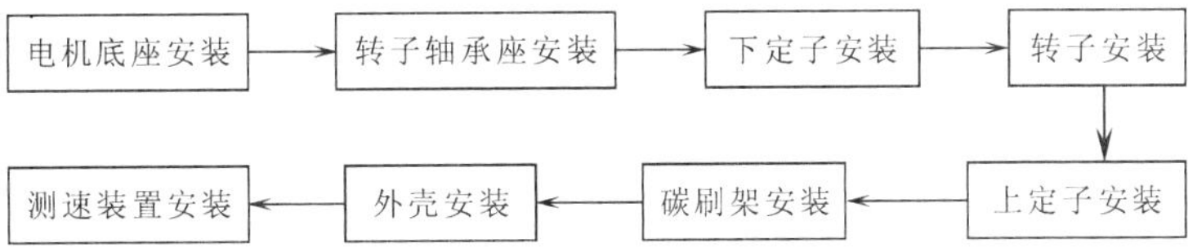

图5.3.2-2　主电机安装顺序示意图

减速箱定位找正找平后，将主电机底座吊装到基础上，再把电动机转子的轴承座安装在电机底座上，找平找正电动机底座，在减速箱轴端装测量架，在其端部设一磁座百分表，触及转子轴承座内圈，转动减速箱轴，观察读数，调整电动机底座，目的是找正转子轴承与减速箱轴的同轴度，见图5.3.2-3所示。

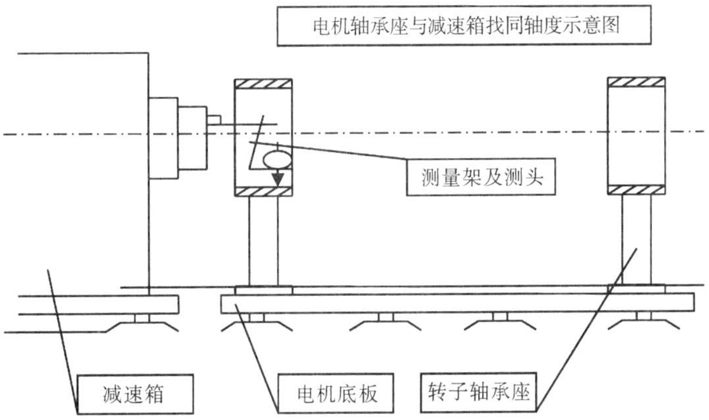

图5.3.2-3　电机轴承座与减速箱找同轴度示意图

用同一种方法将百分表触及轴承座端面，可以测量轴心线倾斜度。

前后轴承座与底座的安装都应设置定位销，一般情况下，后一个转子轴承座可以不检测。

另一种方法是将转子先放在轴承座上进行予装，利用转子轴来检测同轴度以及端面平行度，从而确定电机底座正确的位置。

电机底座找平找正后，先将下定子就位，再将转子套上中间联轴器，吊装就位。检查转子轴承间隙，调整轴承座使其间隙均匀。然后固定转子轴承座，再吊装上定子，在找正转子与定子间的气隙时，只可移动定子或在定子座与底座之间加垫片来找正间隙，不可移动电机底座或转子轴承座。调整气隙均匀后，固定上、下定子。

采用专用焊接工具，锡焊上、下定子绕组联线。检查锡焊合格后再安装碳刷架及碳刷。

全面检查主电机的安装几何尺寸，绝缘值等电气参数，合格后，然后再接电源线，装主电机罩壳。

转子与定子间气隙保证一致很重要，必须认真调整。

轧机高压直流同步主电机的安装方法详见本公司编制的《轧机传动主电机安装工法》。

16. 轧机本体管道安装

轧机设备本体管道量大，并且管道布置复杂。精轧机本体管道必须按照设备制造厂家的图纸，按水冷却、液压、润滑系统统一排布的原则，进行配管。

粗、精轧机本体设备的管道、管件、阀门开箱后，应单独存放便于寻找，以免发生张冠李戴，导致误装。

管道应按标记进行安装，特别注意任何标签不得除去，管道封口的，应检查内壁是否干净，若干净的即刻封口，管内壁如锈蚀严重应进行除锈处理或按其形状另配新管。

各精轧机相同的本体管道配管可以采取先配一台，确定尺寸后，然后照样复制其他相同的管。

设备本体管道按安装工艺指导书进行配置、焊接。

5.4 管道系统安装要点

精轧机组有水冷管道、高压水管道、压缩空气管道、液压管道、稀油润滑管道、干油润滑管道。

这些管道的安装方法大同小异，各有其特点，在安装过程中应加以注意。

高压水管道用于输送高压除磷水，流量大、压力达20MPa，应采用氩弧焊打底，手工电弧焊盖面焊接工艺。

压缩空气管道按压力和口径分别采取不同的连接方法。高压管采取氩弧焊打底，手工电弧焊盖面或手工电弧焊；低压管按口径分，≥Dg50的管，采用手工电弧焊联结，<Dg50的管，采用气焊或丝接。采用清洁水或压缩空气进行试压，水试压压力为1.25工作压力，气压试验压力为1.15工作压力。

由于管道在管廊内密布，液压管道和稀油润滑管道，安装应注意管道的排布，应便于安装和检修，避免多层管道相叠布置。管道排布按管径分类，管径相近的管道尽可能排列在一起，走向尽可能减少拐弯，避免排管交叉，排管要沿墙或顶敷设，尽可能避免悬空。管道敷设要避开高温热源。热轧碳钢管和不锈钢管采用氩弧焊打底，手工电弧焊盖面焊接工艺，热轧碳钢管道焊接前，必须酸洗、中和、冲洗、吹干、上油。冷拔管采用卡箍接头连接。软管采用相应压力等级的橡胶软管接头连接。调试前再进行循环脱脂、酸洗、钝化、油冲洗。

干油管道采用管接头连接或焊接。

5.4.1 管道安装流程（图5.4.1）

5.4.2 管道施工操作要点

管件制作、安装按常规作业方法进行施工。

热板卷轧钢生产线，各种材质、介质的管道种类很多，无损检测的工作量很大，管道的无损检测的时间和速度直接影响到质量和施工进度。我们在施工现场建立无损检测室，配备探伤设备和具有射线、超声波、磁粉等无损检测资格的探伤人员，解决了大量的射线、超声波探伤工作。不影响白天施工作业，射线探伤安排在夜间进行，既保证了质量，又提高了工效。但是夜间，必须使探伤拍片的场地、道路配置良好的照明。在通道设置门禁，防止无关人员误入射线探伤区域。

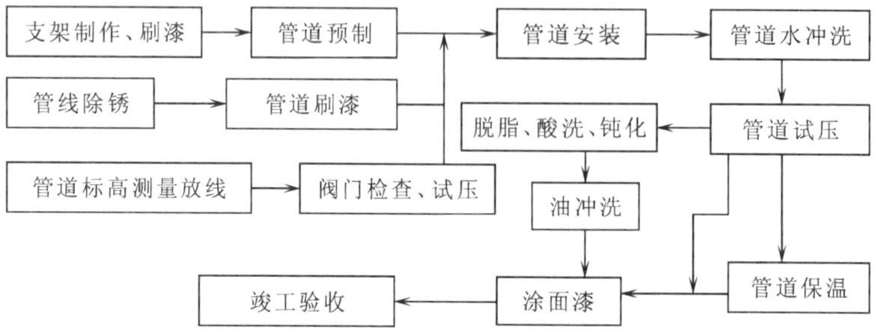

图5.4.1 管道安装流程

为保证质量和提高工效，采用在线脱脂、酸洗。采用线外油箱和冲洗泵、过滤器组成泵站对液压、润滑系统进行一次油冲洗，达到清洗洁净要求后，再用系统油箱、泵和过滤器加工作油进行二次油冲洗，以达到系统要求的精度。

管道系统压力试验是液压、润滑和气动系统安装工程的最后一道工序，用以考核系统管道的焊缝强度以及管道上连接部位的严密性。

试验压力、合格标准按照现行规范《冶金机械液压、润滑和气动设备工程安装验收规范》GB 50387要求进行。

5.5 电气系统安装要点

电气系统施工流程图如图5.5所示。

电气安装的变压器、高低压配电柜、电缆桥架、防雷接地等按照常规的安装工艺即可，不再累述。

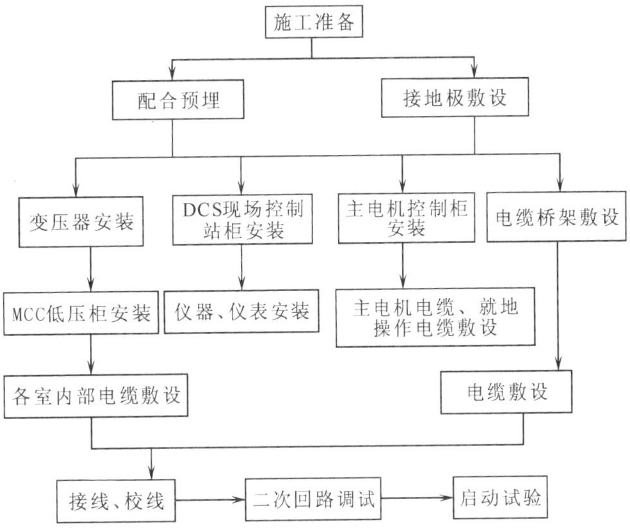

图5.5 电气系统施工流程图

5.6 电气系统调试

整个调试过程中所有参数的设定都必须满足设计及工艺要求。

直流调速的电机的动力电缆都需要用兆欧表来做绝缘试验，但必须脱开功率输出端子，以免损伤设备元件。不得用兆欧表来对任何仪器仪表电子元件测试。

调试不仅是检验安装质量、设备质量的重要环节，也是影响施工工期的主要因素，因此调试工作进展顺利与否直接影响整个施工工期。根据以往工作经验，以及调试特点，调试工作采取分散及时的方法，即：对达到调试条件的单机、单台套设备及时单机调试，对小系统内达到调试条件的做小系统内调试。基本上做到安装到位，调试跟上，逐台套、逐单一系统进行调试，为整个系统联动打好基础，也为施工工期节约时间。

板卷连续轧制全线设备较多，构成的系统也很复杂，先调试高低压供电系统、控制系统、高压驱动电机、整流、滤波装置等电气系统，再调试液压、润滑系统、水冷却系统、精轧机组等机械设备及系统。

5.6.1 电气工艺设备系统调试步骤如图5.6.1所示。

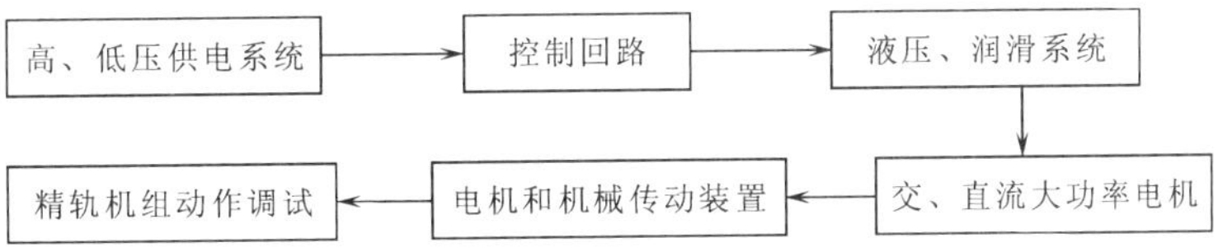

图5.6.1 调试步骤示意图

热轧线的调试包括：动力供配电系统、基础自动化系统（液压系统，通风系统，冷却系统）、主辅传动系统 仪表自动系统 二级自动化系统等。

5.6.2 高压动力供电系统调试流程、要点（图5.6.2）

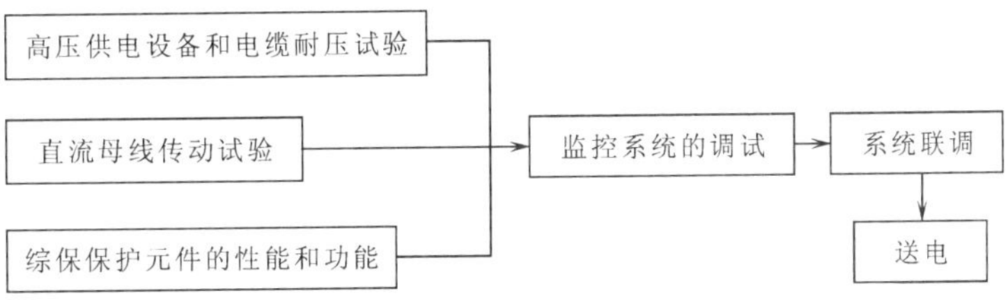

图5.6.2 高压动力供电系统调试流程、要点

调试时注意要点：

根据高压设备例行试验要求逐一对高压设备（变压器，开关柜和电缆）进行试验；

综保保护元件的性能和功能试验要求符合设计要求；

根据设计值对综保元器件进行保护设定；

验证监控功能并符合行业规定及保证远程操作可靠，显示正确，过程记录符合要求。

5.6.3 基础自动化系统调试流程、要点（图5.6.3）

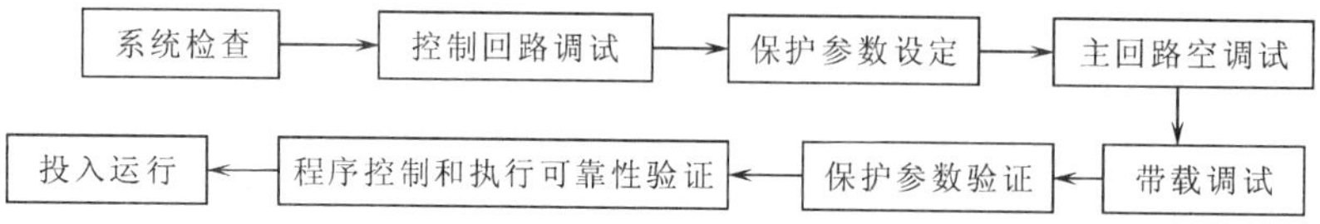

图5.6.3 调试流程、要点示意图

5.6.4 主传动系统调试流程、要点（图5.6.4）

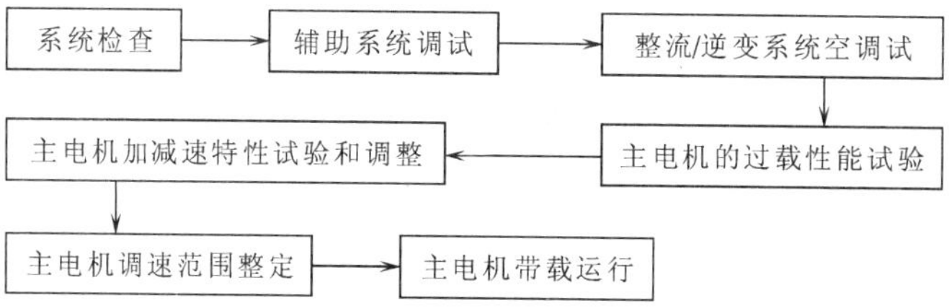

图5.6.4 调试流程、要点示意图

调试要点：

调试时同步电机注意牵入同步的时间和速度设定；

逆变系统注意逆变角的保护设定，防止逆变失败；

主传电机过载特性试验时必须转子固定牢靠，符合可承受最大过载力要求；

直流电机注意定子与转子的磁力中心对中良好，符合电机制造要求；

电抗器的电感量测量要准确，电流反馈比例和范围符合要求。

5.6.5 二级自动化系统调试流程、要点（图5.6.5）

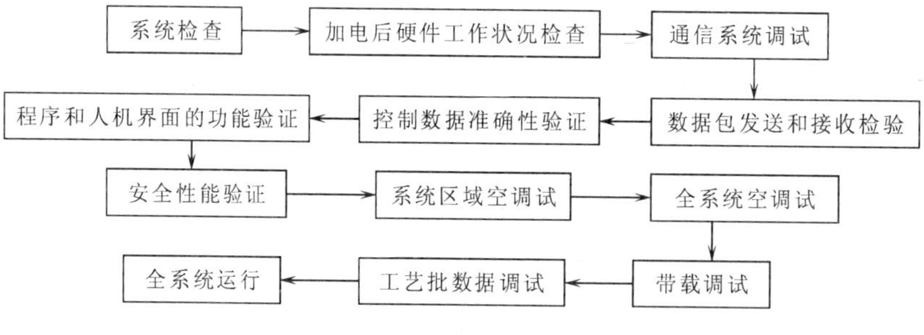

图 5.6.5 调试流程、要点示意图

调试要点：

检查通信回路施工要符合要求，保证通信网络工作稳定可靠；

连轧机组保证压下系统、活套支撑系统、轧辊速度调节系统和弯串辊调节系统的数据准确性、协调性和跟随性；

验证轧制力过载时轧辊压下系统的快速释放特性要准确可靠；

认真检查紧急事故停车的功能指令数据准确可靠，空负荷调试时必须验证。

5.6.6 公用系统电气调试步骤（图5.6.6）

各系统、单台套设备调试前，要编制详细的调试方案。

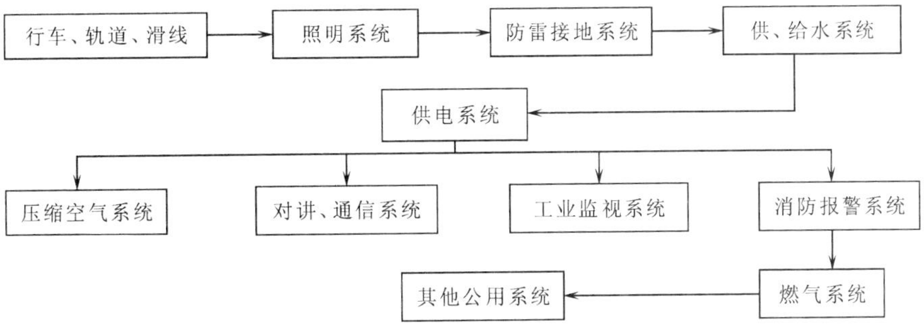

图5.6.6 电气调试步骤示意图

6. 材料与设备

热板卷轧钢生产线精轧机组所用的型材、板材、管材、桥架、电缆等材料很多，这些都是根据工艺设计施工图和工艺设备图纸，提出材料计划，按照采购流程进行评价采购。

主要施工机具、设备、检测器具见表6。

主要施工机械与机具表 **表6**

序号	机械名称	型号	规格/功率	数量（台）		
				小计	其中	
					拥有	租赁
起重运输设备及工具						
1	行车		100t	1台		
2	行车		90t	1台		
3	汽车吊	QY-200	200t	1台		☆
4	汽车吊	QY-110	110t	1台	☆	
5	汽车吊	QY-50	50	1台	☆	
6	汽车吊	QY-25	25	2台	☆	
7	叉车	CP-10	10t	4台	☆	
8	叉车	CPCD-5A	5t	3台	☆	
9	叉车	H30D	3t	2台		☆
10	运输汽车		20t	2辆		☆
11	自制轧钢机架专用吊具		180t	1套	☆	
12	链式葫芦	HS-20	20t	4个	☆	
13	链式葫芦	HS-15	15t	4个	☆	
14	链式葫芦	HS-10	10t	4个	☆	
15	链式葫芦	HS-5	5t	8个	☆	
16	链式葫芦	HS-3	3t	4个	☆	
17	链式葫芦	HS-1	1t	8个	☆	
18	链式葫芦	HS-0.5	0.5t	10个	☆	
19	液压千斤顶	薄形 H=85	100t	4个	☆	
20	液压千斤顶	薄形 H=65	50t	4个	☆	
21	液压千斤顶		20t	4个	☆	
22	液压千斤顶		10t	4个	☆	

续表

序号	机械名称	型号	规格/功率	数量（台）		
				小计	其中	
					拥有	租赁
23	螺旋千斤顶		5t	4个	☆	
24	吊索			若干	☆	
25	尼龙吊带		80t	2付	☆	
26	卡环			若干	☆	
27	移动升降车		4m	6个	☆	
28	索扣			若干	☆	
铆钳管焊工机具						
1	交直流焊机	300A		48台	☆	
2	氧乙切割工具			40付	☆	
3	砂轮切割机			12台	☆	
4	锤击扳子		M30～M160	16套	☆	
5	液压分体式扭矩扳手		M56–M120	2套	☆	
6	力矩扳子		M16～M30	2把	☆	
7	双头板子		9～27	30套	☆	
8	活板子		300	30把	☆	
9	内六角板子			16套	☆	
10	套筒扳子			8套	☆	
11	大锤		18P	10把	☆	
12	锯弓		300	16把	☆	
13	角向磨光机		120	40把	☆	
14	风镐			5把	☆	
15	电动往复锯			12把	☆	
16	电动坡口机	≤100mm		10台	☆	
17	电弓锯	500mm		1台	☆	
18	砂轮机	ϕ300mm		2台	☆	
19	氩弧焊机	200A		10台	☆	
20	气体保护焊机	300A		10台	☆	
21	液压弯管机	≤ϕ100mm		5台	☆	
22	液压弯管器	≤ϕ30mm		12台	☆	
23	台钳案		台虎钳、龙门钳各1	8张	☆	
24	压缩机		$0.4m^3/m$	3台	☆	
25	跨顶		10	4个	☆	
26	盒尺		3m	120个	☆	
27	管子割刀	Dg75、Dg50		3把	☆	
28	台钻	ϕ13		2台	☆	
29	万向摇臂钻	Z525W		1台	☆	
30	手提砂轮机	ϕ150		6台	☆	
31	喷漆设备			2套	☆	
32	电锤			4台	☆	
33						

续表

序号	机械名称	型号	规格/功率	数量（台）		
				小计	其中	
					拥有	租赁
电气施工机具						
1	电工5大件			40套	☆	
2	锯弓			18把	☆	
3	砂轮切割机			4个	☆	
4	角向磨光机			4把	☆	
5	液压压接钳			4把	☆	
6	弯管器	Dg25		8把	☆	
7	冲击电钻			16把	☆	
8						
测量仪器仪表						
1	高精度水准仪	DINI12	0.01mm	1台	☆	
2	水准仪		1mm	4台	☆	
3	全站仪		0.1mm	1台	☆	
4	框式水平仪		0.02mm/m	4台	☆	
5	平尺	4.5m		1台	☆	
6	块规			1付	☆	
7	塞尺		0.02mm	8把	☆	
8	大卷尺		50m	2把	☆	
9	数字万用表			8块	☆	
10	摇表			6块	☆	
11	弹簧称		20kg	1个	☆	
12	磁座百分表		0.01mm	4块	☆	
13	内径千分尺	2m	0.02mm	2把	☆	
14	转速表	10000转		2块	☆	
15	射线探伤设备			1套	☆	
16	超声波探伤设备			1套	☆	
17	交直流耐压器			1台	☆	
18	毫、秒表			1块	☆	
19	电抗测试仪			1台	☆	
20	手持红外测温仪			1台	☆	
21	手持红外测速表			1台	☆	
22	交直流电压发生器	~10-30V、—10~30V		1台	☆	
23	电流发生器	0-30mA		1台	☆	
24	4踪示波器			1台	☆	
25						

7. 质量控制

在项目上建立质量管理体系，是公司质量体系的一部分，执行公司质量体系文件，根据项目特点制定一些项目的专门的质量控制制度。施工中主要依据是与业主的《施工承包合同》和《热卷板轧钢生产线安装项目施工组织设计》中关于质量保证措施的要求。

7.1 工程质量管理措施

落实项目管理岗位人员，履行岗位职责，执行质量控制文件。

质量控制按公司《安装施工过程控制程序》要求执行。

工程开工前，项目经理组织并主持项目主要施工人员交底会，项目主任工程师做项目技术质量交底。分项工程开工前由有关责任工程师对施工人员进行交底，并填写《技术交底记录》。

机具和检测设备的使用和维护按本公司《机具控制程序》的规定执行，检测仪器、仪表、计量器具按本公司《检验、测量和试验设备控制程序》的规定执行。

关键工序按作业指导书和调试方案的规定实施。

各项目工程师及施工队，对其所负责的工程施工分项质量负责。其中工程师对施工方案、质量控制措施、关键或重要工序质量控制点检查及施工数据、图纸绘制、拆解标记、记录收集、整理负责；施工队对技术方案、规范、图纸及说明等技术文件、标准的执行，质量自检及施工原始数据记录负责。

7.2 施工过程质量控制

设备安装必须做施工记录、标记和绘制必要的简图。设备基础放线前要复核基准点和基准线并埋设永久标板。

严格工艺纪律，上道工序不合格不得进入下一道工序，制订的质量控制点必须经专职质检员复检合格后，报建设方（业主）代表复检确认。

7.3 工程质量控制流程

7.3.1 工程质量保证控制流程图（图7.3.1）

7.3.2 介质管道安装质量检查控制示意图（图7.3.2）

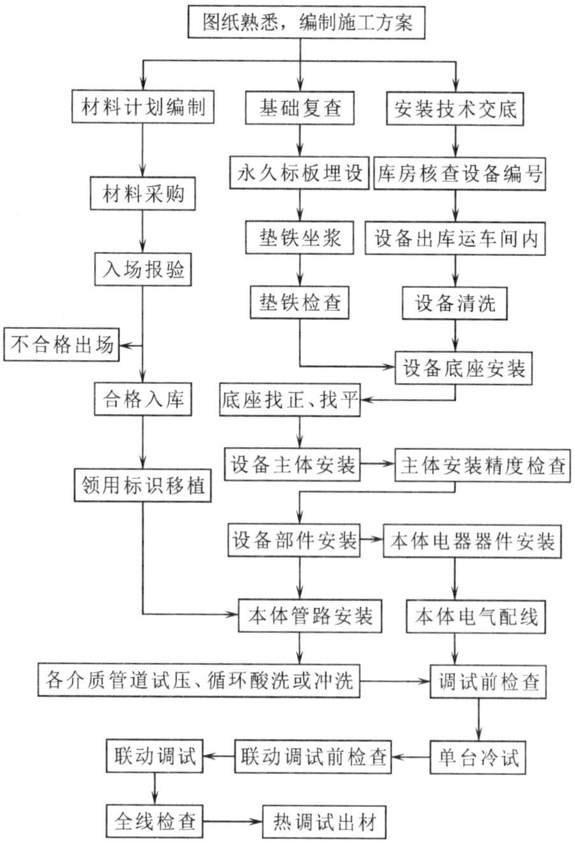

图7.3.1 工程质量保证控制流程图

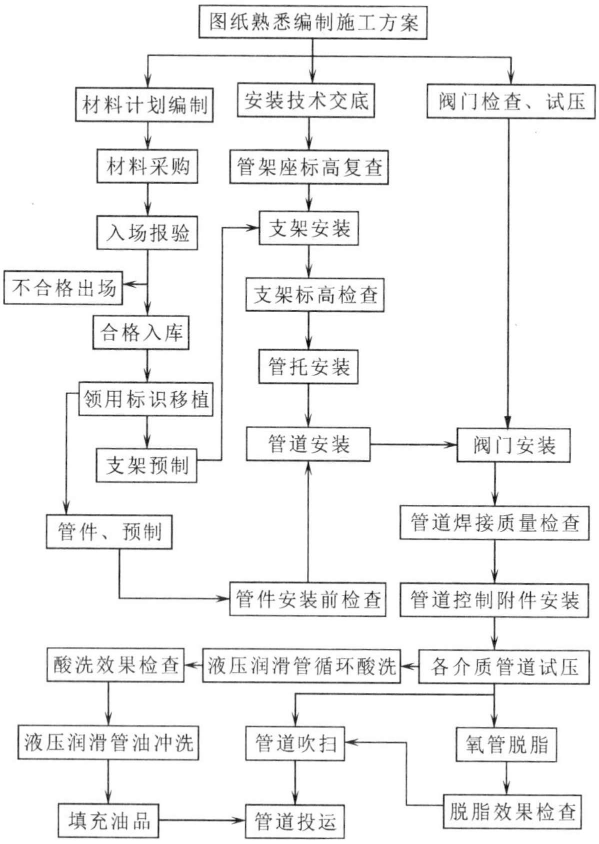

图7.3.2 介质管道安装质量检查控制图

7.3.3 电气设备及桥架缆线安装质量检查控制（图7.3.3）

7.4 工程质量检测主要控制点

施工测量：永久中心标板和永久标高基准点；主要设备放线。

设备安装：精轧机组底座找正找平；轧机主电机转子调整；所有设备单机试运转；无负荷联合调试。

电气工程：各类电气试验；控制系统模拟调试；送电；试运行。

管道安装：焊接检验；水压试验；油冲洗。

系统调试：各温度、压力、流量等技术指标测试。

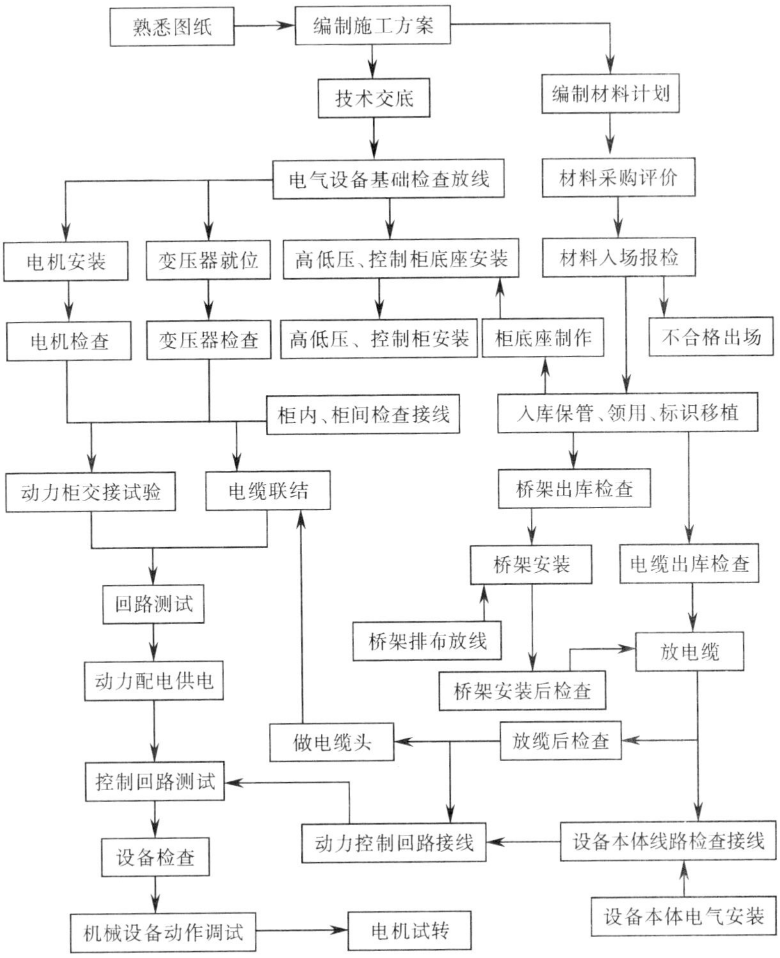

图7.3.3 电气设备及桥架缆线安装质量检查控制图

7.5 工程质量检测

主要设备安装质量检测

采用全站仪、高精度水准仪检测基准线和基准点；

采用DINI12高精度电子水准仪（分辨率0.01mm）、框式水平仪（分辨率0.02mm/1000mm）平尺、块规检测轧机底座水平及标高；

采用钢丝、线坠、内径千分尺或钢板尺检测设备对中；

X射线探伤仪检测管道焊缝；

用水压试验泵试验管道强度及严密性；

用兆欧表检测交流电机的绝缘、接地系统阻值。

7.6 工程质量文件与记录管理（图7.6）

项目经理部的质量体系文件按质量管理体系文件规定进行编制、审批、发放、使用。

所有文件分类建档、发放、收集、整理、成册管理按质量体系文件规定。

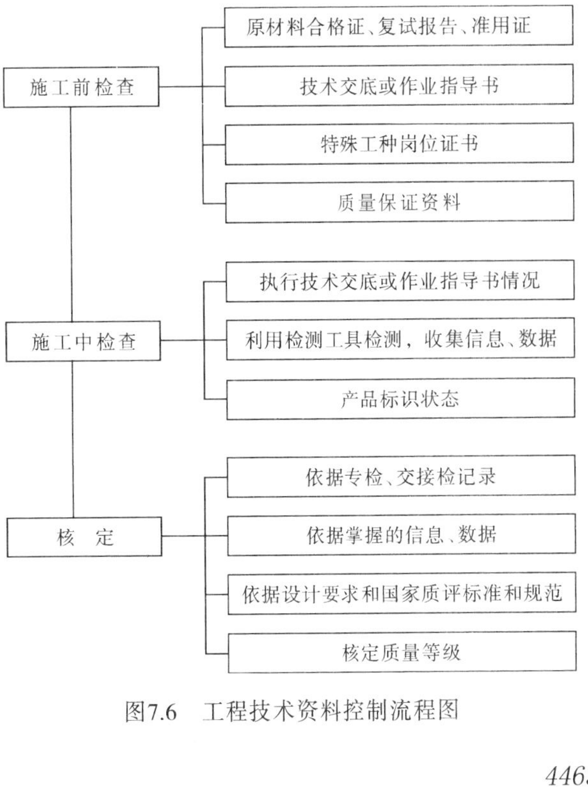

图7.6 工程技术资料控制流程图

7.7 工程施工与质量验收规范、标准

7.7.1 施工质量检验验收标准

按设计图纸要求施工外，还需遵守工艺设备产品说明书要求，冶金施工验收规范。

《冶金建筑安装工程施工测量规范》YBJ-212

《现场设备工业管道焊接工程施工及验收规范》GB 50236

《工业金属管道工程施工及验收规范》GB 50235

《起重设备安装工程施工及验收规范》GB 50278-98
《机械设备安装工程施工及验收通用规范》GB 50231
《轧机机械设备工程安装验收规范》GB 50386-2006
《冶金机械液压、润滑和气动设备工程安装验收规范》GB 50387-2006
《冶金电气设备工程安装验收规范》GB 50397-2007
《自动化仪表工程施工及验收规范》GB 50093-2002

7.7.2 施工质量检验评定标准

《建筑安装工程质量检验评定统一标准》GBJ 50300-2001
《冶金建筑工程质量检验评定标准》YBJ 232-91
《建筑电气安装工程质量检验评定标准》GBJ 303-88
《自动化仪表安装工程质量评定标准》GBJ 131-90
《工业安装工程质量检验评定统一标准》GB 50252-2010

8. 安全措施

8.1 建立安全管理体系

按照分级管理、分线负责的原则和公司三体系文件规定在项目经理部建立安全管理体系。

项目经理为安全生产第一责任人，对施工现场的安全生产、文明施工负全面责任。

专职安全员负责施工现场的安全监督；针对工程特点和现场实际制定安全技术措施，并监督落实，进行现场检查，随时纠正违章，消除事故隐患。

施工队长是安全生产各项制度的执行人，负责本施工队的安全生产工作。

各施工队兼职安全员（班组长），负责日常安全监督检查，组织每日班前安全会，并做好安全日记。

实行安全工作周检制度和安全奖罚制度，开展多种形式的安全教育活动。

8.2 安全管理措施

8.2.1 通用规定

项目工程施工前，各专业工程技术人员应以施工方案为依据，在进行技术交底的同时，也要进行专题安全技术措施交底，做到工作任务明确，施工方法明确，物体重量明确、安全措施明确。

安全设施应齐全，安全网、警示牌、围栏、孔洞盖板等应完好齐备，便于使用。

高空作业人员应进行身体检查，凡不符合高空作业要求的人员决不准登高空作业。

所有参加施工的人员严格遵守有关安全技术的各种规程、规范、施工图纸和技术文件的要求。特种作业必须执证上岗，专职安全员必须严格查岗。

施工机具安全附件必须齐全，在使用前一定要进行检查，确认安全、可靠、合格后方可能使用，各种电动机械的电源必须装有漏电保护。对于负荷较大的吊装工作，应对吊具、绳索、工机具进行必要的负荷试验或试运转，确认安全可靠后方可进行吊装。

工作场所保持整洁，材料堆放整齐，留有足够的通道。机具、设备安置合理、整齐，垃圾废料及时清理，各个施工班组均要做到工完料净场清。

做到文明施工，施工现场应保持清洁、整齐，有坑、洞的地方应加盖或护栏，并有明确的安全标志，边沿地方应有栏杆或安全网，安全措施应牢固可靠；加强劳动纪律，集中精力施工，不得在施工现场打闹、开玩笑及随地乱抛工作物。

进入施工现场的人员一律配戴安全帽，高空作业一律配戴安全带，脚手架、跳板必须搭设牢固。在工序编排上，尽可能避免立体垂直交叉作业。不可避免时，必须采取隔离措施。

8.2.2 登高作业

脚手工具必须符合安全规程要求，进入现场的脚手工具必须进行检查，合格后方可使用。

脚手架的搭设必须符合安全规程要求，搭设后应由安全员进行检查，合格后方可使用。

8.2.3 起重机具及吊装

进入现场的起重机具应确保完好，在使用前经检查认定的前提下方可使用。

重物起吊时，要由专人负责、指挥、信号要统一、明确，吊装人员精力要集中，听从指挥，严禁玩忽职守，不准酒后作业、戏笑打闹。

对所有参与起吊的人员进行方案技术交底，使所有人员明确操作要点。

利用液压汽车吊，吊装物件时要事先核对吊车性能表，不得超载吊装。吊车的站位要选择正确，在没吊重物前，吊车臂伸出长度，转角范围应事先模拟，以防万一。

起吊时，起重臂和重物下面不得通过和站人，起吊前应先进行一次试吊，无误后方可继续吊装。无关人员严禁进入吊装现场，大型设备吊装时应设有警界线，并有专人负责。

所使用的各种起重机械要按照该机械的操作规程进行操作。各种器具必须在完好状态下使用。

设备的装卸、运输必须对场地、道路、设备重心、车辆承载能力等工况进行调查、核算。

施工准备工作完成后，组织人员对以下工作进行检查：施工机具、吊装场地、设备基础状况、人员配备，工作内容的熟悉程度等。

起吊前，进行人员分工，使操作人员明确岗位。行车工，起重工必须持证上岗。

在起吊前，必须明确起吊指挥者，明确指挥手势、哨音，行车操作者、起重操作者与指挥者必须明确整个起吊、就位的程序。就位时轴承座的位置定点、定人观察，严防触碰。

捆绑的吊绳与轧机架的尖角处垫以管皮、护角、木板、小方木等保护吊绳。

正式吊装前必须进行试吊工序，试吊时间在10min左右，离地高度100mm以下，试吊后对所有机具进行一次全面检查。如有异常情况，应采取措施解决，必要时再进行一次试吊。

吊装时，应动作平稳，多台机械动作要协同一致，避免工件的振动和摆动，就位后及时找正找平，工件固定前不能解开吊装索具。

吊装过程中因故暂停，必须及时采取安全措施，并加强现场警戒，尽快排除故障。

安装人员不能穿戴带有纽扣的工作服以及戒指、项链的饰物。

安装、吊装作业区应设警戒线，并有明显标志，严禁无关人员进入和通过

8.2.4 施工用电

各种手用电动工具必须绝缘良好，并装有漏电保护器。

临时用电线路，要绑扎牢固，确保绝缘良好。

开关箱的刀闸盖要其全，刀闸保险丝容量与用电容量应相符，开关箱应有防雨雪设施，箱门要完好有锁。

临时照明线路要符合有关规定，凡与金属物接触的地方应绝缘良好，要求行灯电压36V，容器或管道内照明选用12V电压。

电焊把线与钢丝绳不要交混在一起，避免打坏钢丝绳，必要时需停止一切焊接工作，确保重大吊装的安全进行。

在金属容器内作业时应使用安全行灯照明，夜间施工应有足够的照明设备，施焊等作业时，应有通风措施。

8.2.5 消防安全保卫措施

施工现场以施工队为主建立安全防火机构，并充分发挥安全组织机构的作用。

现场施工用临时电，不得超负荷使用，并接头牢固，以免发热引起火灾。

在电气焊施工中，要检查周围环境，应远离易燃物品，否则应采取有效措施。

施工现场应配备相适应的灭火器具（如灭火器、砂桶、铁铣等）。

现场禁止动火区域，动火前必须提出申请，并采取措施，经有关部门批准后方可动火。

乙炔和氧气瓶等易爆物品，严禁碰撞和太阳直晒或接近火源，氧气瓶减压阀、表、管接头、管线，

禁止沾附油类。

施工现场严禁随意烟火，易燃物品应有专门库房，危险地方应有明显安全标志，并配备消防器材。

加强现场保卫工作和制度，防止设备丢失和损坏，制定切实可靠的各种现场保卫制度，以保证安全。

8.2.6 安全技术规程

《建筑机械使用安全技术规程》JGJ 33。

《施工现场临时用电安全技术规程》JGJ 46。

9. 环 保 措 施

下班后及时清理现场，可利用的边角料及时回收，并挂牌标识。

废弃料及垃圾及时清理，分类堆放，并按规定运送到城市指定的垃圾场内。

清洗设备时油料不得随意污染，禁止随地排放，废弃油料必须安全处理。

油漆工作注意采取有效的防护措施，保护已完项目（包括厂房设施和地面）的洁净。

现场物资材料、设备部件堆放整齐、标识清楚；垃圾、废料集中分类堆放。

所有施工人员必须着装统一，并佩带工作标识，施工作业应科学、规范、文明，杜绝野蛮操作。

10. 效 益 分 析

本工法由于采取多区域，流水式专业工序施工，有效的使用了有限的行车，减少了设备、人员的投入，充分的利用了车间内施工场地，与土建跟进施工，大大缩短了施工工期，保证了施工进度，经济和社会效益显著。由于采用本工法施工，使公司承建的热板卷轧钢生产线能够保证设备安装精度，较短工期内达到生产能力，给业主带来丰厚的投资回报。从完成国外MEGASTEEL钢厂安装项目开始，开辟了国内轧钢工艺设备安装工程的市场。就江苏某钢铁集团而言，完成热板卷轧钢安装调试项目，具有历史性意义。进入国内的冶金工程建设市场，既扩大了中机建设及所属中国三安在冶金市场的声誉，又给企业带来效益，仅江苏某集团热板卷轧钢生产线设备安装项目实施本工法，缩短工期节约费用数万元。

11. 应 用 实 例

实例一

1998年，公司在马来西亚某钢厂承建年产250万t1700mm热板卷轧钢生产线，全部工艺设备由德国SMS（西马克）公司设计、制造提供。在项目安装中，编制了各区域多个施工方案，成功地完成了安装任务，形成了本工法。

实例二

2004年，公司承担了江苏某集团年产300万t1720mm热板卷轧钢生产线安装项目，全部工艺设备是从德国拆回的二手设备，精轧机组是德马克生产的，在项目安装工程中，完善了本工法。

实例三

2005年，公司在新疆某钢铁股份有限公司承接安装的1750mm热轧卷板生产线是国内设计、制造的年产110万t全套工艺设备。在安装工程中，又成功应用本工法，在施工中， 节约了大量人力、物力，并优质、高效地完成了项目的安装任务，受到了业主及相关方的好评。

大型火力发电厂管式空冷岛安装工法

GJEJGF350—2010

江苏江安集团有限公司
杜春禄　袁日勇　石桂有　李刚　周爱萍

1. 前　言

1.1　空冷岛简介

空冷岛是空冷式换热器的简称，它是利用自然界的空气来对工艺流体进行冷却的大型工业用热交换设备。传统火电厂是通过开放式大水塔来实现循环水的冷却，需要不断地给水；而空冷岛则不需建水塔，用空气来冷却低压蒸汽使之凝结为水，水的损耗少。空冷岛将是今后大型火力发电厂逐步采用的一种新型冷却水工艺，适合我国能源发展战略和可持续发展的要求。

1.2　本工法的背景形成

公司根据内蒙磴口发电厂及昆都仑电厂等空冷岛安装施工经验开展科技创新，总结经验，形成了大型火力发电厂管式空冷岛施工工法。与传统的施工技术相比，在空冷支柱、桁架及空冷平台安装时不再是全部现场集中安装模式，而是采用模块式组合安装新技术；风机找正找平采用先进的电子水准仪及光学合相水平仪联合测量技术；专门研制了与空冷岛相对应的液压螺母及相配套设施，对高强螺栓紧固采用"液压紧固"技术等方面都有着大幅度技术创新，大大提高了空冷岛现场工业化程度。本工法关键技术经省有关部门评定为"国内领先"水平。

本工法自从2007年9月被确定为企业施工工法后，公司发文到各基层单位及项目，至今已在近一百座空冷岛安装中得到应用，为公司节约了大量人力及物力。

2. 工 法 特 点

2.1　引进lubanPDS软件技术。

2.2　运用模块式钢结构框架组装、吊装技术。

2.3　采用电子水准仪和光学合相水平仪对风机进行找正找平。

2.4　应用中厚钢板焊接技术。

2.5　研制GEA专用吊耳、吊索来吊装空冷管束。

2.6　采用"液压紧固"技术进行高强螺栓紧固。

3. 适 用 范 围

本工法适用于大型火力发电厂管式空冷岛的安装，主要包括空冷支柱、桁架、A形架、空冷管束、钢结构平台、空冷风机、减速器、变频电机（变频器和电机）等安装及调试。

4. 工 艺 原 理

4.1　运用lubanPDS软件技术，将原本分散于项目部的BIM模型汇总到PDS平台，形成企业内部数据库，可以准确快速分析出空冷岛工程量、消耗量和资金成本，并可实现多工程横向比较。

4.2 采用模块式钢结构框架组装、吊装技术，先利用250t履带吊对空冷支柱、桁架、钢结构平台等几何尺寸较大件进行预组装后整体吊装的技术进行安装，保证了设备安装进度、提高了工程质量，达到了较高的工业化程度。

4.3 风机平台台板采用电子水准仪进行找平，保证空冷平台台板水平度控制在0.01mm/m以内；风机采用光学合相水平仪进行找平找正控制，保证了风机垂直度、同心度和平行度偏差控制在0.05mm/m 之内。安装精度达到行业领先水平。

4.4 应用中厚钢板焊接技术，对空冷平台、支柱、桁架模块式钢结构利用自动焊接技术进行施工。

4.5 空冷支柱、空冷管束架吊装高度超过50m，单件最大起重量达38t、长度达23m，我们研制8个GEA专用吊耳、吊索，确保了空冷管束无损伤、断裂、脱开现象，无扭曲变形。吊装技术达到国内同行业领先水平。

4.6 专门研制与空冷岛相对应的液压螺母及配套设施，采用“液压紧固”技术，提高了高强螺栓紧固的工业化水平，保证了施工进度。

5. 施工工艺流程及操作要点

5.1 施工工艺流程（图5.1）

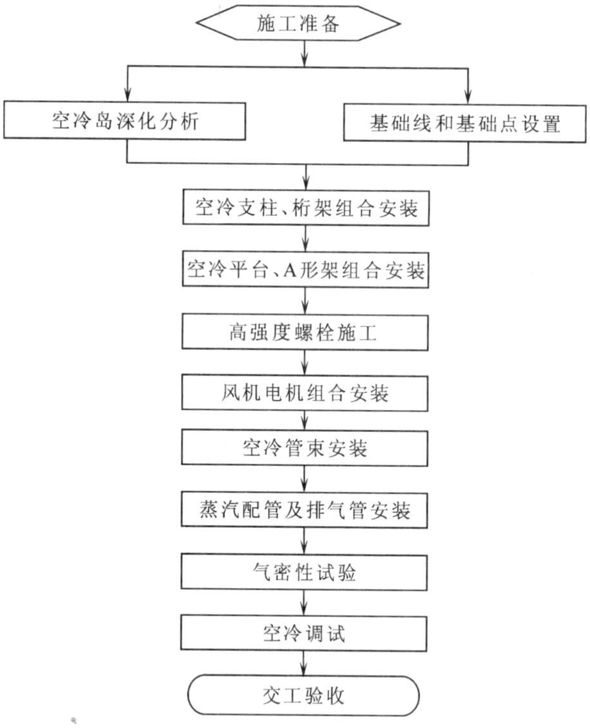

图5.1 管式空冷岛安装工艺流程图

5.2 操作要点

5.2.1 空冷岛深化分析

将空冷岛基础数据汇总到公司PDS平台，由PDS平台用三维图形及数据，简明直观反映工程实际达到的形象部位，分析出设计缺陷、实际工程量、消耗量和工程计划成本，为图纸会审、进度报量、核算提供技术支持。

5.2.2 施工前准备工作

1）图纸会审、开工报告办理；

2）根据设计图纸确定组合场地大小，并搭设组装平台；

3）根据空冷岛实际工程量，选择卷板机、自动焊机、履带吊等大型设备型号，并做好机具设备基础；

4）对计量器具进行有效性检验。

5.2.3 基础检查

1）应检查预埋地脚螺栓和预留螺栓孔底部中心位置、垂直度和顶部标高及孔的深度是否符合设计要求；

2）应检查活动式地脚螺栓的预埋钢管及带槽锚板的基础中心位置、钢管垂直度、和锚板方向和几何尺寸是否符合设计要求。

5.2.4 基础线和基础点的设置

1）空冷岛安装的基准线和基准点的设置应在厂房和设备基础施工工序完成的前题下进行，设置依据应是土建工序交接文件中的测量网点；

2）基准线和基准点的设置过程应由设备安装技术人员提出测量通知任务单；

3）设定的原则，应满足安装及检修的需要，且有利于长期保持，不被损坏。在基准线和基准点设置时，还应绘制布置图，对中心标板和基准点加以编号，并将测量结果相应记录在布置图中，用作施工过程中使用和作为交工资料的一部分在竣工后移交建设单位存入档案。

5.2.5 空冷支柱、桁架、空冷平台、A形架组合安装吊索、吊车选用

1）空冷支柱、桁架、钢结构平台最大单片重量估算为40t，长度25m，吊索选用2根ϕ39、6×37+1钢丝绳，钢丝绳长度45m，双头套四点吊装。

2）主吊机械选用250t履带吊，吊装时吊车位于两列空支柱之间，主臂47.28m，副臂42.70m，回转半径24 m时，此时吊车最大起重量为52t，可满足要求。

3）拖拉绳选用6×37+1 ϕ21钢丝绳，每榀桁架4根。

4）拖拉绳拉力选用55kN，横梁采用4根长L=2500mm，截面尺寸为220mm×160mm的枕木组成，埋深3m，拖拉绳水平夹角为30°。

5.2.6 空冷支柱、桁架组合安装

1）根据PDS平台三维图形及数据分析计算出组合模块，并出好模块大样图；

2）根据模块大样图对空冷支柱、桁架进行预组装，用高强螺栓连接，在两头之间拉上钢丝线，测量直线度和挠度，并调整至合格的范围内。如梁端接触面之间有间隙，用垫板调节。最后紧固高强螺栓使之力矩在规定的范围之内；

3）空冷支柱、桁架安装起吊前搭设上下脚手架，并进行起吊前专项安全检查；

4）安全检查后，250t履带吊开始起吊模块，吊离地面1m处，检查钢丝绳受力是否均匀，情况良好正式起钩，起吊后速度应缓慢，模块倒位后缓慢落钩，同时保证支座中心线与模块中心线相吻合，然后调整缆风绳，使吊件保持垂直，再用螺栓连接，最后将拖拉绳拉紧，锁好捯链后方可摘钩。

5.2.7 空冷平台、A形架组合安装（图5.2.7）

1）A形架由两支腿、拉筋、连梁及斜拉撑等部件组成。同样根据PDS平台三维图形及数据分析计算出空冷平台及A形架组装模块，并出好模块大样图；

2）根据模块大样图对空冷平台、A形架进行模块组装；

3）组装好的A形架模块上部放置20号工字钢，中间用14号槽钢连接，形成一个稳定的整体。以保证A形架的稳定性；

4）空冷平台、A形架安装同样用250t履带进行吊装，吊装前进行专项安全检查；

5）A形架就位后用经纬仪测量并调整垂直度，各单组A形架调整、安装后，将A形架连接成为整体。

5.2.8 风机电机组合安装（图5.2.8）

1）根据风机风口的纵、横向中心线，放置风机台板，并通过风机风口的内径来调整定位风机平台台板，通过螺栓安装到横梁上；

2）风机台板以空冷岛垫板为基准点，采用电子水准仪进行平面测量调整风机台板，平台台板水平度控制在0.01mm/m以内；

3）将电机、减速机、风机轮毂结合面止口部分打磨并清理干净，键与键槽配合能活动自如。将支板与桥架连接后翻转180°，放置在调整水平后的平台上。

图5.2.7　A形架吊装图

图5.2.8　安装好的风机

4）倾斜吊装减速机固定后，垂直吊装电机。使用吊链提升预先放置在扇桥底部的轮毂，均匀把紧螺栓，然后进行桥架部分踏板栅格、踢脚板及栏杆等附件安装，叶片在轮毂上安装必须按对角线顺序依次安装。最后将组装好的风机整体吊装到安装位置。

5）为了使风机轮毂与平台平行，合相水平仪固定在风机轮毂上部，第一次测量是先平行于风机桥架进行测量。第二次测量通过转动风机轮毂90°、交叉对风机桥架进行测量。保证风机垂直度、同心度和平行度偏差控制在0.01mm/m 之内。

6）风叶角度的调整需在水平调整完毕后进行，调整过程中需使叶片凸肩靠死卡箍，角度调整完毕后，按要求力矩拧紧卡箍螺栓，封口垫翻边锁死。

7）风机叶片安装要点

（1）取下轮毂下卡毂和卡环间$\phi 26.8 \times 30$mm的钢垫，将叶片安装在轮毂上。

（2）安装叶片时，应按对角线顺序依次安装，用U 形螺栓通过压板与下卡箍夹紧叶根圆柱段，使叶片固定在轮毂上，拧紧叶片的同时，向外拉叶片，使叶片根部后央面靠紧卡箍。

（3）叶片安装完毕后，依次调整叶片安装角度。先把角度尺调整到规定的角度，再把平直尺放距叶片尖35mm 处，然后把角度尺放在平直尺上。转动叶片使角度尺上的气泡在中间位置即可。

（4）叶片安装角度调整时，可用橡皮锤敲打叶片根部型面，但不可用力过猛，以免损伤叶片。用力距扳手拧紧U 形螺栓，每个叶片上的两个U 形螺栓应逐步拧紧。在拧紧过程中，叶片必须保持水平，最后达到200kN·m拧紧力距。重新检查叶片安装角，叶片叶尖与风筒内壁的间隙为15～20mm，如果超出了要求，可移动减速器、风筒的位置或通过调整风筒上的橡胶垫片进行调整。

（5）叶片全部安装好后，上述要求经复查合格后锁定止动垫片。

5.2.9 空冷管束组合安装

1）空冷管束组合前再次对外观进行检查，确认翅片无损伤、断裂、脱开现象，管束平整无扭曲变形。

2）运用专门研制的8个管束吊耳，将吊耳均匀地锁定在管束上并配有相应的卡环。起吊必须按照标准技术图，使用配有调整螺栓（调整绳子长度）连接两种不同长度的8根绳子起吊管束。8根绳子必须使用8个直径为22～24mm的卡环。

3）将管束放在预先准备好的组装平台上。按照图纸要求组合管束支撑架，在支撑架上组合管束。将管束从集装箱内水平吊出，平放在胶板上，用两条专用绳索将管束与垂直方向成30°角吊起放在支撑架上，管束顶部用V形连接板连接，管束组合好后，用专用扁担水平起吊管束。

4）管束联箱滑动点和导向块需打磨并清理干净。将组合的三角形管束结构吊装，从固定点开始布置管束（管束必须每组对称吊装），逐一向两侧吊装。按照规定的误差对管束进行找正。

5）管束安装和找正后，需要将上部管板的顶端和底端焊接在一起。安装1.5mm的铁皮与管板成纵向布置对管束的开口部分覆盖，防止对管束的危害，减少焊渣和其他杂物的数量。待蒸汽分配管道安装结束后，拆除铁皮。

5.2.10 高强度螺栓紧固

1）高强度螺栓的紧固应在结构安装连成整体框架，其几何尺寸经检查符合要求后进行。

2）高强度螺栓紧固分初紧、终紧两个步骤。初紧的扭矩值为设计扭矩值的50%左右；初紧后的高强螺栓应用颜色在螺母上涂上标记，终紧应使用专用扳手，对于个别不能用专用扳手终紧的大六角高强度螺栓，应用扭矩扳手按其施工扭矩值进行终紧（图5.2.10）。

图5.2.10 专门研制的液压螺母

施工扭矩值的计算：

$$T=K\times P_c\times d$$

式中 T——施工扭矩值（N·m）；

K——高强度螺栓连接副的扭矩系数，一般取值为0.13；

P_c——高强度螺栓的施工预拉力，规格为M22，性能等级10.9级的高强度螺栓其施工预拉力为210kN；

D——高强度螺栓的螺杆直径（mm）。

3）高强螺栓的初紧、终紧应在同一天内完成，终紧过的螺栓应做合格标记，避免漏紧。同一节点上螺栓的紧固顺序应由结合面的最大刚度部分开始向其自由边呈放射状进行。

4）空冷岛安装高强螺栓力矩明细表（表5.2.10）

高强螺栓力矩明细表 **表5.2.10**

Thread 螺纹	Bolt 螺栓 10.9 （Nm）
M12	90
M16	225
M20	410
M24	725
M27	1135
M30	1455
M36	2545

5.2.11 蒸汽配管及排气管安装（图 5.2.11）

1）根据PDS平台三维图形及数据分析绘制出蒸汽配管及排气管安装单线图；

2）蒸汽配管及排气管管道在组合平台上进行组合，组合好后用250t履带吊起吊就位；

3）蒸汽管道阀门安装前应按设计核对型号，并根据介质流向确定其安装方向；

4）蒸汽配管及排气管安装安装允许偏差应符合表5.2.11的规定。

图5.2.11 排气管管道安装图

管道安装允许偏差（mm） **表5.2.11**

项 目	允 许 偏 差	
	蒸汽管道	排气管道
轴线位置	10	15
高 程	±10	±10

5.2.12 气密性试验

1）气密性试验准备

（1）安装排汽管道和相关系统部件后，在低压缸排汽管道水平管道上封上一块盲板。

（2）在盲板处接一个DN50临时管道并安装一个压力表、一个闸阀、一台空气压缩机。

（3）关闭所有系统范围内的隔断阀或采取临时堵板。

2）气密性试验：

（1）用空压机给系统充空气，达到试验压力0.15bar 时，检查系统，确认空冷凝汽器已隔离到指定的边界；

（2）检查精密接头、法兰、焊缝；加压到最终压力0.3bar，关闭隔离阀，检查部位刷肥皂液，以确认是否泄露；

（3）在第一个2h内每隔15min，读取两块压力表读数，记录压力变化；

（4）保持24h，进行全面检查，如果最大压降 2 mbar/h，即认为合格，然后恢复系统。

5.2.13 空冷岛调试

1）空冷岛调试具备条件：

（1）所有安机械设备安装、电气安装、仪控安装全部结束，并经验收合格；

（2）照明、通信系统安装、调试完毕，投入运行；

（3）试运区域内道路和通道畅通、场地平整，脚手架已经拆除，电梯、梯子、步道、栏杆、护板已经安装完毕，现场清洁无杂物，已经验收投入使用；

（4）参加调试的各方已经配备足够、合格的调试人员，有明确的岗位责任制、分工；

（5）启动验收机构和组织已经建立，开始主持启动调试工作。参加调试的相关单位分工明确。人员配备齐全。调试措施已获批准执行；

2）启动调试分两次进行，第一次启动调试的目的是检查系统设备运行情况，发现问题、处理问题；第二次启动调试全面进行系统调试优化系统，使系统全面达到设计工况；

3）空冷岛各项参数经过优化全面进入设计负荷工况运行后，经调试验收委员会批准后，装置整体进入连续168h试运行。在装置整体进入连续168h稳定试运行期间，继续负责消缺工作。

6. 材料与设备

6.1 通用机械设备（表6.1）

设备需用一览表 **表6.1**

序号	名　称	规　格	单位	数量	备　注
1	履带吊	250t	台	2	吊装用
2	履带吊	50t	台	1	吊装用
3	汽车吊	25t	台	1	安装用
4	平板车	15t	台	1	运输用
5	切割机	ϕ=400mm	台	1	安装用
6	角向磨光机	ϕ=100mm	台	15	安装用
7	气割工具		套	6	安装用
8	手拉葫芦	3t、1t	台	各10	安装用
9	千斤顶	50t	台	4	安装用
10	千斤顶	500t	台	2	安装用
11	电动终拧扳手	M24、M22	台	各4	安装用，配创新液压螺母
12	电动初拧扳手	M24、M22	台	各4	安装用，配创新液压螺母
13	钢丝绳	ϕ36×37+1	m	200	安装用
14	钢丝绳	ϕ21×37+1	m	50	安装用
15	自动焊机		台	2	安装用
16	直流焊机	ZXG-500	台	12	安装用

6.2 测量仪器（表 6.2）

测量仪器一览表　　表6.2

序号	名　称	规　格	精度等级	数量	备　注
1	经纬仪			1	测量用
2	电子水准仪			1	风机找正找平
3	合像水平仪	0.01mm/m		1	风机找正找平
4	平尺	1m		1	测量用
5	卷尺	50m		5	测量用
6	盒尺	3m		30	测量用
7	盒尺	5m		10	测量用

6.3 专用设备（表 6.3）

专用设备一览表　　表6.3

序号	名　称	规　格	精度等级	数量	备　注
1	管束吊耳			8 个	创新
2	液压螺母			4 套	创新
3	支承架			4 套	安装用
4	自动焊支架			6 套	安装用

6.4 材料（表 6.4）

材料需用一览表　　表6.4

序号	名称	规格	材质	单位	数量	备　注
1	工字钢	20 号		m	290	
2	槽钢	[16		m	100	
3	无缝钢管	$\phi 89 \times 5$		m	130	
4	槽钢	14 号		m	120	
5	钢板	12mm		m^2	20	

6.5 安全器具（表 6.5）

安全器具一览表　　表6.5

序号	名　称	规　格	单位	数量	备　注
1	水平扶绳		m	1000	
2	安全网		m^2	5000	
3	速差葫芦	12m	个	10	
4	防火毯		块	160	
5	安全围栏		m	200	
6	安全帽		顶	150	
7	安全自锁器		个	20	
8	白光镜		个	50	
9	墨镜		个	50	
10	安全警示牌		块	60	

7. 质量控制

7.1 本工法应遵循下列国家、行业及地方现行有关标准规范

《空冷凝汽器安装手册》;

《火电施工质量检验及评定标准》（焊接篇） 1996版;

《电力建设施工及验收技术规范》（焊接篇） DL 5007-92;

《钢结构施工质量验收规范》GB 50205-2001;

《钢结构高强螺栓的设计、施工及验收规范》JGJ 82-91。

7.2 质量控制措施

7.2.1 应按设计图样和国家法规、标准的规定要求的检验项目和程序制定检验计划，确定检查点、控制点、审核点、停止点，实行自检与专业检验相结合。

7.2.2 原材料应有合格证等质保资料，应履行检验入库和出库手续，帐、卡、物一致，材料回收及时，做好检验并记录。

7.2.3 对工程施工质量实施事前、事中、事后全过程控制，落实技术交底制度，施工过程中的人、机、料、法、环五大因素的保证措施明确落实。

7.2.4 空冷岛基础应符合下列要求：

1）空冷岛基础找平后平面度不大于5mm;

2）空冷岛基础任意两柱距间差不大于10mm。

7.2.5 空冷支柱、桁架组合应符合下列要求：

1）组合平台应搭设平整，平面度小于3mm，以保证钢梁组合尺寸；

2）锚固构架在一个支撑区域内的高度误差不大于3mm;

3）每榀钢梁组合完后经检验尺寸无误后方可进行螺栓的终紧工作，吊装前需经质检人员确认后方可进行吊装。

7.2.6 空冷平台及A形架组合应符合下列要求：

1）A形架组合平台平面度应小于2mm，以保证A形架组合尺寸；

2）A形架各部各构件在组合前外表必须无弯曲、扭曲变形，尺寸符合图纸要求；

3）每组A形架组合校正固定后，每两榀A形架纵、横向间距误差小于3mm。

7.2.7 空冷支柱、桁架安装应符合下列要求：

1）空冷支柱及桁架找正后柱顶标高平面度应小于3mm;

2）空冷支柱及桁架应就位校正后再固定，以保证横架纵、横向间距；

3）任意两柱距间差和桁架间水平误差应不大于10mm。

7.2.8 空冷平台及A形架安装应符合下列要求：

1）A形架安装后顶梁任意两点标高差不大于5mm;

2）空冷平台、A形架用高强螺栓连接部分在施工时应能够自由穿入螺栓孔，严禁强行穿入。

7.2.9 风机、电机组合安装应符合下列要求：

1）风机、电机组合安装前应检查风机翅片无变形、弯曲，缝隙无堵塞物；

2）风机叶片迎着风为顺时针转向，叶片与风机环总间隙为80±10mm，每单元叶片间高度差≤20mm，风机叶片角度的最大允许公差±0.5°。风机轮毂水平度 0.03～0.05mm/m;

3）风机环桥架、风机驱动装置、A形架、管束的连接螺栓紧固力矩符合GEA要求，封口装置调整完毕后及时封死；

4）严禁在叶片上站立和走动。

7.2.10 空冷管束安装应符合下列要求：

1）空冷管束安装前联箱内部应无焊渣、绣皮、杂物及机械杂质；

2）管束组合安装后其腰部应在同一平面内，管束顶部管板应在一条直线上，误差≤10㎜；

3）管束搬运、存放、吊装过程中严禁碰撞、踩踏，存放地点布置合理、方式正确；

4）管束上部与蒸汽分配管的连接及焊接时须将管束上部的管口加堵防护，以防焊渣及杂物进入管子内部；

5）在安装管束前必须对其内部用压缩空气进行吹扫。

7.2.11 蒸汽管道及排汽管道安装应符合下列要求：

1）所有待安装的管材、管件在使用前均应查明规格、材质且其表面不得有裂纹、重皮、折迭、夹渣等缺陷。

2）所有系统内阀门使用前必须进行100%严密性试验。

3）管道连接时，不得进行强力对口管道，与设备的连接应在设备安装定位后方可进行，且不得有附加外力的作用。

4）管子或管件对口时，一般应做到内壁平齐，局部错位不应超过壁厚的10%，且不得大于1mm。

5）支吊架安装，必须符合设计要求。管道坡口形式应符合设计要求和焊接技术规定。

6）管道安装时，其坡向、坡度应符合设计规定。疏放水管道安装的坡度应大于2/1000，且应有补偿性，同时合理布置疏放水及排空管道，做到工艺美观。

7）不锈钢膨胀节里外盖板待安装完成验收后才可以取下，精密部件、固定件必须在整个安装工作完成后，才可以取下保护罩。所有膨胀节与管道的连接必须是无应力连接。

7.2.12 气密性试验时应注意下列事项：

1）在试验阶段，断裂环应拆除并用临时盲板来代替；

2）拆除临时加强支撑时，要将割除遗留物打磨干净，并除锈后进行涂漆处理。

7.2.13 空冷岛调试前应完成下列工作：

1）机械安装工作下列部分应全部完成：

（1）所有管道、阀门已安装完毕。

（2）所有单体调试试验已全部完成。压力容器在调试前可用。

（3）各系统经过必要的清理，工程范围清扫干净。

（4）排水系统各污水坑及管道工作已完成、投入使用。

（5）性能考核试验用测点经过试验实施单位确认安装完毕符合要求。

2）电气安装工作下列部分应全部完成：

（1）电气设备安装已结束。

（2）各部件的动力线接地良好且安装正确。

（3）检查马达参数同厂分线数据是否相符（熔断丝、双金属熔丝、保护等）。

3）仪控安装工作下列部分应全部完成：

（1）仪控系统的安装已完成。

（2）所有的数字和模拟变送器在现场已进行检查和校准。

（3）所有驱动已进行模拟检查、外观检查。

8. 安全措施

8.1 本工法应遵循的国家、行业及地方管理规范

《电力建设安全操作规程》；

《空冷凝汽器安装手册》；

《江苏江都安装工程有限公司安全操作规程》；

《建设安装工程安全技术规程》；

《建设工程施工现场消防安全技术规范》；

《电力建设安全施工管理规定》；

《电力建设安全施工管理若干规定》。

8.2 安全控制措施

8.2.1 根据工程特点对现场进行危险源分析，制定应急预案。对施工人员进行安全技术交底。

8.2.2 开工前，项目部与各班组签订安全责任书，各班组结合本工地特点制定安全管理目标及安全施工措施，责任书上有明确目标与经济挂钩的条款。

8.2.3 在各项工作中要处理好安全与效益的关系，当安全与质量和进度的关系发生冲突时，首先要服从于安全，正确处理安全与生产的关系。

8.2.4 施工用机械必须做到“一机一箱一闸一漏保护”。手持电动工具必须绝缘良好，工作时必须戴好防护眼镜同时须避让周围的施工人员。切割机下料时也必须避让周围的施工人员。

8.2.5 空冷支柱、桁架、空冷平台及A形架组合应注意安全措施：

1）组合平台周围必须道路畅通，不影响空冷设备的运输，夜间施工必须有良好的照明；

2）空冷组合场的上下通道必须按标准搭设，通道四周用密布网封闭；

3）电焊机二次线及焊钳安全可靠无漏电处，且不得与起重钢丝绳交叉搭在一起。焊接用开关刀闸等均应有漏电保护装置；

4）露天布设的电焊机应放置在干燥场所，并搭设防雨棚；

5）地线连接采用焊接、压线或螺栓连接等方法，不得缠绕匀挠。

8.2.6 空冷支柱、桁架、空冷平台及A形架安装应注意安全措施：

1）吊装前检查吊装用的钢丝绳、卡环等工具是否符合安标要求，发现磨损严重等情况时及时更换；

2）起吊前检查起重机安全装置、吊件吊离地面10cm时应暂停起吊进行全面检查，确认正常后方可起吊；

3）吊物降落前，指挥人员必须确认降落区域安全可靠方可发出降落信号；

4）钢丝绳与桁架、钢梁的棱角接触处垫以半圆管护角，并用铅丝吊索或构件拴牢，以防摘钩时落下伤人；

5）钢丝绳严禁与任何带电物体接触；

6）吊件就位后所有螺栓均需初拧后方可摘钩；

7）施工用脚手架应经有关人员检验后方可使用；

8）平台上方的所有孔洞和平台四周必须有牢固、可靠的盖板或栏杆；

9）如遇大风、大雾、大雨等恶劣气象条件时应停止作业。条件允许时必须将钢平台上和施工区域内的积水、彻底清理干净后方可继续作业。

8.2.7 空冷管束安装应注意安全措施

1）由于管束焊接工作多数为单独作业，应经常对每个工作点进行检查监督。坑道内、容器内或其他狭窄空间内焊接时，必须设专人进行监护；

2）电焊机二次线应绝缘良好，避免布置二次线时发生电弧击伤设备，导致二次事故的发生；

3）行灯变压器电压应不大于36V。

8.2.8 蒸冷配管及排气管道安装应注意安全措施

1）在蒸汽排汽管道内部焊接时应设通风装置，严禁用氧气作为通风的风源，严禁将行灯变压器带入管道内部；

2）严禁将漏气的焊炬、割炬和氧乙炔软管带入管道内。作业结束后应将火焰切割工具拉出管道外面。

8.2.9 空冷岛调试应注意安全措施

1）设备系统启动前，严格检查设备系统状态，有隐患或缺陷的设备必须处理完毕符合要求，后再启动。设备启动后检查设备运行情况，确认良好；

2）严禁在电气保护投入后，在保护屏附近使用对讲机和移动电话；

3）与电厂运行系统有关的操作必须得到电厂运行人员的许可，并有电厂人员监控方可进行操作，在试验调试完毕后，应由电厂人员在调试人员的配合下操作；

4）当有操作员站出现问题时，用由正常操作员站进行监控，同时立即排除故障。若出现全部操作员站故障时，应立即停止一切操作，并立即判断故障，并相应手动停止设备系统。

9. 环 保 措 施

9.1 本工法应遵循的国家、行业及地方管理规范

《空冷凝汽器安装手册》；

《电力建设安全健康与环境管理工作规定》；

《中华人们共和国环境保护法》；

《中华人民共和国大气污染防治法》；

《中华人民共和国放射性污染防治法》；

《中华人民共和国固体废物污染环境防治法》；

《中华人民共和国环境噪声污染防治法》；

《火电厂污染物排放标准》。

9.2 环保控制措施

1）严格执行国家和地方相关环境保护法律、法规，制定环境管理方案，对施工环境采取必要的保护措施；

2）加强生活垃圾的管理，存放在固定地点，并按相关规定及时由当地环保部门统一运输至当地垃圾处理地点；

3）施工道路设专人定期洒水清扫，防止扬尘；

4）施工现场除有符合规定的装置外，禁烧产生有毒有害烟尘的物品；

5）加强废弃物管理，施工现场设置专门的废弃物临时储存场地，废弃物应分类存放（如钢材、电焊头等）；

6）对油漆等防腐材料重点管理，存放于专门仓库，操作时防止污染水源和土壤，并严格注意防火工作，设置消防器材；

7）所用的电焊条头放入随身携带的焊条筒内，不得随意乱扔；

8）防止水源污染措施；

（1）禁止将有毒有害废弃物作土方回填；

（2）施工过程中的废水、泥浆及污水未经处理不得直接排入污水管道或河流中去；

（3）现场油料必须有存放防渗漏、使用防跑、冒、漏、滴措施；

（4）现场临时大食堂，也应有防止污水、污油污染水体措施；

（5）工地厕所，应有防蝇灭蝇及防止水体污染措施；

（6）化学药品存放要妥善保管，防止污染环境；

9）降低噪声污染措施；

（1）合理安排工期工时，尽量避免噪声污染，采取科学的施工方式，尽量避免由于施工方法不当所引起的噪声干扰；

（2）生活区域晚上11时停止一切娱乐活动，严禁高声喧哗，以免影响他人休息，给第二天的工作和安全带来不利影响。

10. 效益分析

先进合理的施工技术方法，可以在保证质量前提下缩短工期，大大降低施工成本，取得事半功倍的效果。

10.1 社会效益分析

空冷岛作为今后大型火力发电厂逐步采用的一种新型冷却工艺，适合我国能源发展战略和可持续发展的要求，将会在越来越多的火电厂建设中使用。而本工法的实施，对于空冷岛的安装无论是质量、安全还是施工进度意义都非常重大，同时能提高空冷岛安装工业化水平，控制安装资源的浪费，节约空冷岛工程造价，社会效益显著。

10.2 经济效益分析

1）人工费用

一台300MW直接空冷机组空冷岛安装电力定额综合人工为14652.4工日。采用大型火力发电厂管式空冷岛施工技术进行施工，拼装都在预制区内进行，减少了高空作业频率，形成高效的流水作业；采用先进的电子水准测量以及液压紧固技术，工效大为提高。实际施工平均40人×150天=6000工日，按每人/天做两个定额人工，节约14652.4-12000×2=2652.4工日，取每定额人工工资为50元，节约资金2652.4×50=132620元。

2）辅材费用

根据电力定额300MW直接空冷机组空冷岛安装需要钢管架手架包括扣件需要1077.3kg。采用大型火力发电厂管式空冷岛施工技术进行施工，减少了高空作业，实际使用了钢管架手架包括扣件仅为629.5kg，节约1077.3-629.5=447.8kg，按照脚手架租金每天每公斤0.15元计算，实际节约447.8×150×0.15=10075.5元。

3）机械费用

根据电力定额300MW直接空冷机组空冷岛安装需要250t履带式起重机机械台班66.2个，50t履带式起重机机械台班121.6个。采用大型火力发电厂管式空冷岛施工技术进行施工，由于工效大大增加，减少劳动强度。实际使用250t履带吊台班48个，50t履带吊台班96个，节约250t履带吊台班18.2个，50t履带式起重机机械台班25.6个，按照250t履带吊每个台班11000元，50t履带吊每个台班3500元计算，实际节约11000×18.2+3500×25.6=289800元。

4）与传统的施工进度比较

运用传统的施工方法，一台300MW直接空冷机组空冷岛安装工程正常需要180d时间，而采用本工法进行施工，实际施工仅为140d，比传统施工工期整整缩短40d。

综上所述，按照本工法进行管式空冷岛作业，与定额相比，实际节约人工2652个定额工，节约辅材448kg，节约250t履带吊18个台班，节约50t履带吊26个台班，总节约成本约43万元。

11. 应用实例

11.1 窑街劣质煤热电厂 2 200MW 直接空冷机组安装工程

1．工程概况

本工程位于甘肃省兰州市红古区空街镇。窑街劣质煤热电厂2×200MW直接空冷机组，其主要设备有空冷管束和A形架、风机、电机、齿轮箱、变频器、真空泵等均由德国SPX公司制造和进口。空冷平台、桁架、密封钢板和支撑梁、上联箱排汽分配管道、风机护网、风筒、汽机排气管道、高压清洗泵、过渡管、膨胀节、风机桥、凝结水箱、风墙、框架和起吊梁、管道、阀门和滤网等均由SPX配套，国内生产。空冷平台由SPX公司和西南电力设计院设计。每台机组空冷岛的风机总数为32台，混凝土支柱为9个。空冷岛紧邻主厂房，平台尺寸为112m×48m。空冷平台顶标高为22m，桁架高度约为4.6m（图11.1）。

图11.1 窑街劣质煤热电厂2×200MW直接空冷机组安装工程

主要工作量：

钢结构	2904t
排汽管道	1644t
蒸汽分配管道	1120t
管束和下联箱	560件

本工程于2007年6月20日开工，2007年10月20日全部结束。

2. 应用效果

本工程第一次采用大型火电厂管式空冷岛安装施工新技术工法进行施工，施工质量完全得到保证，按照预定工期顺利完成，质量验收一次合格，实际安装成本比定额造价低32万元。本工程业主非常满意，为我们在电建行业生产过程中空冷岛安装的发展奠定了坚实的基础。

为此，经公司总工程师室组织人员进行了科学的总结，报总经理批准，编制了《大型火力发电厂管式空冷岛安装施工工法》。

11.2 华电国际邹县发电厂2×600MW机组工程空冷岛安装工程

1. 工程概况

本工程位于山东邹城市。华电国际邹县发电厂2×600MW机组是超临界直接空冷抽凝式燃煤机组，采用直接空冷技术，充分利用煤矿疏干水及城市中水，同步建设干法脱硫装置。每台机组空冷岛的风机总数为32台，混凝土支柱为9个。空冷岛紧邻主厂房，平台尺寸为137.4m×60.4m。空冷平台顶标高为26.128m，桁架高度约为5.2m。平台支柱采用钢筋混凝土薄壁圆筒柱，空冷管束通过A形架支承在桁架节点上，风机及其驱动装置悬挂在风机桥上，风机桥支承在桁架梁上。在平台走道四周布置挡风墙，挡风墙高度约12m。总工程量约6000t。空冷岛设备由德国SPX公司制造和进口（图11.2）。

图11.2 华电国际邹县发电厂2×600MW机组工程空冷岛安装工程

主要工作量：

钢结构	3245t
排汽管道	1890t
蒸汽分配管道	1320t
管束和下联箱	560件

本工程于2007年10月30日开工建设，于2008年6月15日投产。

2. 应用效果

进一步完善了《大型火力发电厂管式空冷岛安装施工工法》，提高了工程施工质量、加快了施工进度，产生了明显的经济效益和社会效益。实际安装成本比定额造价低65万元。

该项目工程被业主评为优良工程。本工程风机组合安装新方法QC成果获扬州市建设优秀质量管理小组活动成果一等奖，江苏省建设优秀质量管理小组活动成果三等奖。

11.3 内蒙古华润金能热电有限公司蹬口发电厂2×330MW机组空冷岛安装工程

1. 工程概况

本工程位于内蒙古自治区磴口县。内蒙古华润金能热电有限公司蹬口发电厂新建工程2×330MW机组空冷岛安装工程，其主要设备空冷管束和A形架、桁架、下联箱、风机、电机、齿轮箱、变频器、密封板和支撑梁、上联箱蒸汽分配管道、风机护网、风筒、主蒸汽排气管道、高压清洗泵、过渡管、疏水收集热井、膨胀节、风机桥、凝结水管道、抽真空管道、风墙、框架和起吊梁、阀门和滤网、DCS，控制电缆和接线盒等均由首航艾启威设计、配套、采购和生产。钢结构平台由首航艾启威设计并生产。每台机组空冷岛的风机总数为32台。平台尺寸为132m×55m。空冷平台顶标高为27m，桁架高度约为5.6m。

图11.3　内蒙古华润金能热电有限公司蹬口发电厂2×330MW机组空冷岛安装工程

主要工作量：

钢结构	3615t
排汽管道	1920t
蒸汽分配管道	1360t
管束和下联箱	560件

工程于2008年5月20日开工，2008年10月26日竣工。

2. 应用效果

工程顺利实施，成绩显著，取得了良好的经济效益和社会效益。实际安装成本比定额造价低43万元。

采用《大型火力发电厂管式空冷岛安装施工工法》施工，质量得到了保证，工期大大缩短；成本大幅度降低，总体验收质量优良，实践证明，本工法是一种创新的施工方法。

该项目工程已获内蒙古“草原杯”。

大口径薄壁管道浅海敷设施工工法

GJEJGF351—2010

上海市基础工程有限公司
沈光　李耀良　柳立群　解泰昌　夏贤行

1. 前　　言

为了解决海岛缺水的问题，铺设海底输水管道是一个较好的解决方案。为了确保海底管道输水的经济性和安全性，上海市基础工程有限公司自行研发了大口径薄壁管道浅海敷设施工工法，该工法较好的解决了普通钢材（Q235）的螺旋焊缝钢管应用于海底管道中的技术难题，大大降低了建设成本，开拓了一片新兴的市场。

该项技术成果于2002年通过上海市科委评审，达到国际先进水平；于2003年获得上海市科技进步一等奖，2004年获得国家科技进步二等奖。已申请发明专利1项：海底管道托管架（专利申请号：2010102541348）。

2. 工 法 特 点

2.1 利用敷管船和长托架，解决了管材口径大、壁薄和强度低无法采用张力法施工的难题。

2.2 确保了整个管道的连续焊接施工，避免了海中间管道的法兰接头。

2.3 避免了采用先开挖后敷管所需的大量的人力、物力以及对环境造成的破坏。

2.4 敷管施工与埋设施工分开，有两条施工船完成平行施工，两道工序可以同步进行，有利于加快施工工期。

3. 适 用 范 围

3.1 适用水底长距离的排放和取水用管道工程，海上油气开采用有特殊要求的海底管道工程。

3.2 适用管径不大于1220mm、径厚比在71：1到87：1之间的螺旋、直缝焊接Q235钢管。

3.3 适用于水深在30m以下，水流速度小于2.5m/s，埋深小于2.7m的泥砂质海域的海底管道工程。

4. 工 艺 原 理

该工艺针对海底钢管口径大、壁厚薄、自身强度低的特点，开发出一套通过托管架保护被敷钢管，并承担悬空段钢管的受力，使钢管在无张力状态下满足施工期间应力、应变的要求，大大提高了海底管道的安全性和可靠性。主要原理为：钢管在敷管船上逐段焊接，然后通过托管架采用无张力敷管法将钢管敷设到海底。同时使用另一条埋深施工船紧跟钢管敷设船对已敷钢管进行埋深施工。埋深施工采用我司自行设计的高压水冲式海底管道埋设机进行管道沟槽开挖，靠自然回淤将管道埋在海床下。

5. 施工工艺流程及操作要点

5.1 施工工艺流程

5.1.1 主要的工艺流程为：成品管道的运输、吊装→管道的焊接→始端登陆→中间海域段敷埋管施工→终端登陆。

5.1.2 具体工艺流程见图5.1.2。

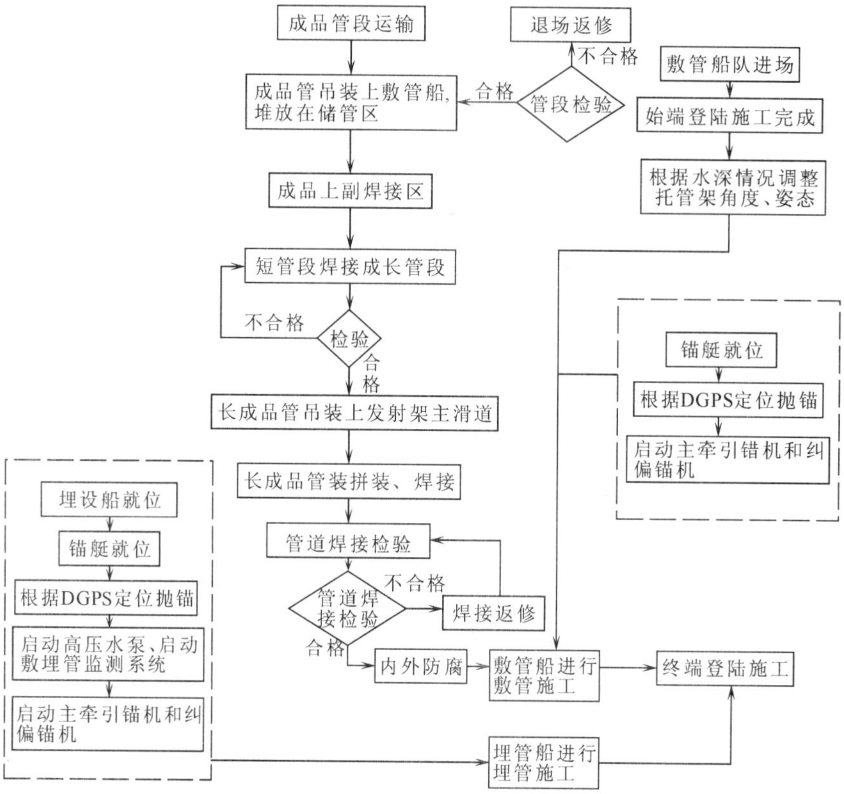

图5.1.2 工艺流程图

5.2 操作要点

5.2.1 管段在运输船、施工船上存放时，堆高应严格控制在允许范围内，管道在各种工况的吊装和起重时，吊索和管体的接触部位均应垫上衬垫或套上护套。

5.2.2 管子在铺管船上横向滚动，下部必须垫以表面光洁的枕木，纵向拖动时，管子应搁在橡胶托轮上，管子从发射架下水至托管架的地方，均应设有滑道。

5.2.3 管道的焊接采用先进的纤维素焊条，立向下全位置焊接工艺，确保焊接速度快，合格率高，成型美观。焊接完毕后对焊缝进行100%射线+100%超声波检验，极大提高钢管施工质量可靠性。

5.2.4 管段的始端登陆常规采用底拖法（底拖，管内充满水）施工，选择在浪高小于0.5m、高潮位时进行管段登陆施工，管段登陆应控制其弯曲半径在设计允许范围以内，控制管段所受张力在允许范围内。

5.2.5 敷管施工时将管道在发射架上一次拼接成一根较长的管道（常规约100m/根），然后将船上的管道和已敷设的管道在焊接站内焊接，焊接通过检验后做内外防腐、调整锚位，启动定位和监测设备，进行绞锚前进，前进一根管道的距离后一次敷管结束。随后重复以上的管道焊接等过程进行连续的敷管；而已敷管道的埋设施工则由另一条埋管船平行同步施工。具体工艺流程详图5.2.5。

5.2.6 定位系统采用DGPS，通过电脑处理可直接读取船位当前坐标、起点航距、偏航距等，船体的行进路线，随时调整船位确保埋管路由精确。

5.2.7 锚泊系统采用8个系船锚分别对称抛在铺管船左右舷两侧，在船艉设置主牵引卷扬机，当敷管船上的管段焊接、检测通过并达到强度要求后，开始进行移船敷管作业，8台移船绞车和1台350kN主牵引卷扬机同时配合绞动锚缆或松放锚缆，实现管道的敷设。

5.2.8 埋深监测系统全面支持海底管道埋设机水下埋管作业过程的监控、导航和数据管理，并详尽的采集施工中的各项数据。

5.2.9 试压过程及标准：参照《给水排水管道工程施工及验收规范》GB 50268-97进行试压。试压长度根据设计要求进行。

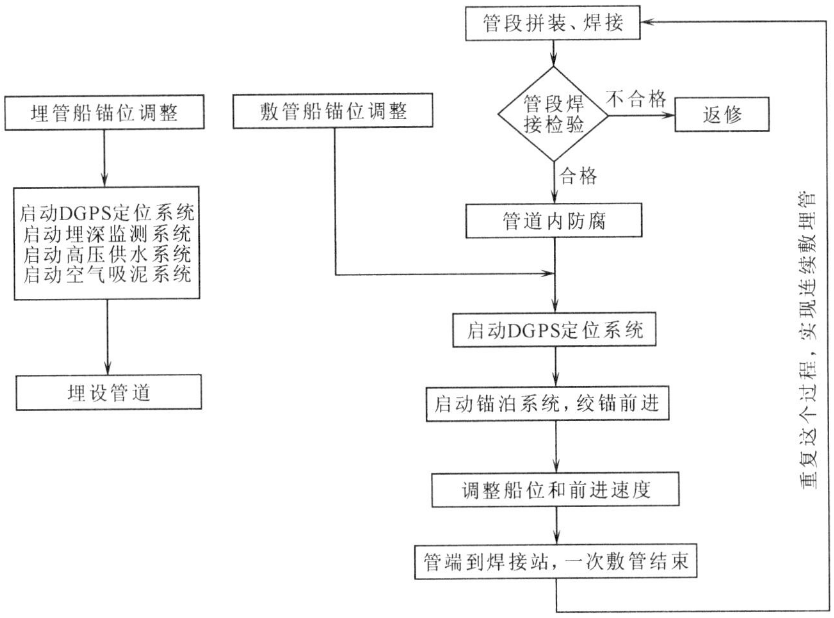

图5.2.5 敷埋管施工工艺流程图

5.2.10 终端登陆采用先开挖管沟，然后空管浮拖法登陆，再加水沉放入沟，最后回填覆盖管沟。

6. 材料与设备

6.1 材料

本工法中的管材为大口径、薄壁、低等级螺旋焊缝钢管，如Q235 ϕ1220 δ14螺旋焊缝钢管；本工法中的内外防腐需要采用管道防腐热缩带和网络互穿饮用水涂料IPN8710B。

6.2 设备（表 6.2）

主要设备表 **表6.2**

序	机械设备（船舶）名称	型号规格	单位	数量	用　途
1	敷管船	5000t	艄	1	管道焊接和敷埋
2	拖轮	1670HP	艄	1	船只拖航
3	锚艇	500HP	艄	1	起、抛锚
4	交通艇	240HP	艄	1	人员、物资运输
5	工作艇	24HP	艄	2	辅助登陆施工
6	托管架	HGT-108	台	1	管道敷设
7	埋设机	ϕ1220mm	台	1	管道埋深
8	熊谷立向下焊机	ZX7-400（S/ST-X）	台	4	管道焊接
9	碳刨机	AX500	台	1	管道焊接
10	水陆两用挖掘机	0.4m^3	台	1	登陆段管道沟槽开挖
11	GPS 定位仪	HD-8500G	台	2	敷管船定位

续表

序	机械设备（船舶）名称	型号规格	单位	数量	用　　途
12	电测系统	自主研发	套	1	埋深监测
13	测深仪	HD–27	台	1	水深测量
14	流速仪	SLC9–2	台	1	水流速度测量

7. 质 量 控 制

7.1　施工质量控制标准（表 7.1）

质量检验标准表　　表7.1

检验部位	检验时间	检验人	检验内容	达标标准	检验方式
滩涂段管线	敷管前	质量员 技术员 材料员	钢管	《钢丝网骨架塑料（聚乙烯）复合管》CJ/T 189–2004	钢卷尺、试验报告
	敷管前		内外防腐	设计要求	电火花、测厚仪
	挖泥机挖沟后		沟槽宽度	0～+30cm	钢卷尺
	挖泥机挖沟后		沟槽深度 2.5m	± 20cm	钢卷尺、测绳
	敷管后		敷管路由偏差	≥ ± 5m	DGPS 定位
	挖泥机回填后		回填土	设计要求	目测
中间海域段管线	敷埋管前	质量员 技术员 材料员	钢管	《钢丝网骨架塑料（聚乙烯）复合管》CJ/T 189–2004	钢卷尺、试验报告
	敷埋管前		内外防腐	设计要求	电火花、测厚仪
	敷埋管时		敷管路由	偏差 ± 10m	DGPS 定位
	敷埋管后		埋深 2.5m	埋深偏差≥0	埋设监测系统

7.2　质量保证措施

7.2.1　所有测量器具齐备完好，并经授权的法定计量部门校验合格且在有效使用期内。

7.2.2　管材的连接端应与管道轴线垂直，并用洁净棉絮檫净连接面上的污物，保持连接面不受潮，打磨管口直至符合焊接要求。

7.2.3　施工时提供的电源必须满足设备要求，考虑敷管船上发电机发电电压不稳定，配备一台稳压器，确保稳定电压。

7.2.4　在焊接过程中，不得移动、转动接头部位及两侧管道，不得在连接道部位及管道上施加任何压力。

7.2.5　对焊口需进行打磨除锈处理。

7.2.6　管道施工中，应对焊缝及对应位置编号，并及时认真填写焊接接头施工记录，以便对施工质量跟踪分析。

7.2.7　根据管道敷设设计中对管子的应力要求，要求生产厂家提供管子的弹性模量、最小允许曲率半径、抗拉强度等参数，计算管子的力学性能参数，以合理设计发射架的角度、托管架的长度、埋设机的长度，从而控制管子从敷管船头入海时的入水角，控制管子进入埋设机沉入沟槽底部的入沟角，确保敷管过程中管子的受力安全。

7.2.8　埋管期间，DGPS连续24h观察和记录船位，移船时，测量人员应及时将船位报给指挥，随时采取措施纠偏，防止一次纠偏量过大；非紧急状态，一般不使用拖轮纠偏；　埋深系统关键是控制管道埋深达到设计要求，埋深过程中按照水力机械埋设机设计参数牵引，通过监测系统实时监控埋设机姿态和埋深，控制埋设机牵引速度。

7.2.9 根据路由调查报告，在海床变化较大地区，应有潜水员下水探摸，确认海床变化情况，确保管道埋设深度。

7.2.10 水力机械埋设机进水高压管路派专人负责检修，观测水泵压力变化，密切注视水泵压力变化趋势，随时检修管路。

8. 安全措施

8.1 登船人员必须得到船上安全员对船舶系泊、跳板、安全网等安全设施的确认后，方可在船上安全员的指挥安排下登船。严禁超载，登船期间必须穿好救生衣，不得随意走动。

8.2 施工船舶动用明火，必须办理"船舶动用明火审批"手续，经审核批准后，方可动火。动火时，应有专人看护火源，配备相应的灭火器，当发现有火灾苗子时，在第一时间采取灭火措施。施工船上油舱、机舱等危险部位，严禁动用一切明火。

8.3 施工期间若遇突发的灾害性天气如台风、冷空气，且海况极端恶劣，天气难以及时好转，则采取及时撤离施工现场躲避风浪的措施。

8.4 管段吊装吊装时，应用牵引绳控制管材的摆动，防止碰撞伤害，牵引绳应该足够长以保证人员安全；每天都要对吊装用的钢丝绳、吊带、吊钩进行检查，及时修理或更换。

8.5 在运管船进入或离开施工作业带时，应悬挂相应信号旗，装船时管材下应放软垫，以保护管段并防止管子滑动。

8.6 管段接头焊接作业要严格遵守电气安全技术规程，移动焊接机必须先切断电源；管道焊接工必须佩戴齐安全防护用品，手持砂轮机作业时要佩戴护目镜。

8.7 管道试压前，应在管道登陆点两个端口设置警戒线，在试压设备及管口50m范围内设置警戒区，在升压、稳压和降压期间，非试压人员严禁进入警戒区。

8.8 气象保障体系应由项目主管生产的经理负责，由专人负责通过上网、电话等手段查询沿海海面天气预报，并由值班人员及时向指挥船及其他施工船只汇报。

9. 环保措施

9.1 施工期间专职环境员对工程施工期间进行环境管理，并对作业现场实施监督检查。

9.2 施工作业中的焊条头、废砂轮片、废钢丝绳和包装物等每天进行回收，统一送回营地集中处理。

9.3 施工期间产生的工业污油，由专用回收装置专人送到营地统一处理，禁止随意倾倒。

9.4 施工中使用的油漆、化学溶剂及有毒有害物品，要妥善存放、保管，制定出防止泄漏和污染的具体措施。

9.5 合理安排环境敏感区的施工季节或时间，减少对这些地区环境的影响和赔偿费用的支出。

9.6 施工完毕后恢复地貌，对所有灌溉沟渠以及供牲畜和野生动物用的人造的或天然的水源加以修整恢复到施工以前的状态。

9.7 燃油、燃气设备的尾气排放必须符合国家相关标准；减少设备使用、维修过程中产生的燃油、润滑油、液压油等液体的泄露。

10. 效益分析

10.1 采用大口径薄壁管道浅海敷设施工工法，不仅解决了采用敷管船张力法敷管施工对管材强度要求高、价格昂贵的缺点；同时与国内常用的各类拖管施工相比，更能适用于长距离（理论上海上敷管不受距离长短限制）、连续海上敷管施工作业。同时该工法将敷管和埋管施工分开，两组施工界面平行开展，大大缩短了施工周期，在确保工程安全性高的前提下大大降低了工程造价，这是海底管道敷设工程中的一项经济效益可观的创举，产生的经济效益很难用量化指标来评价。

10.2 常规的海底钢管道埋深敷设是采用大开挖然后回填的施工方法，由于需要在海底进行大量的放坡开挖，造价比较高，对施工海区的环境也将造成很大的影响。采用该工法则避免了海底下大量土方开挖，达到埋设的目的，也大大减少了施工对施工海域的环境的影响。它在海底管道工程领域将肯定会有广阔的市场。因此有明显的经济与社会效益。

11. 应用实例

11.1 舟山大陆引水一期工程

11.1.1 工程概况

跨海段钢管敷设施工，从镇海岚山水库下海，经灰鳖洋，横穿航运繁忙的金塘水道、西侯门水道和菰茨门水道，至舟山马目登陆，设计全长36.4km，实测最大水深24m，实测最大水流2.78m/s。

被敷钢管外径为1020mm，壁厚14mm，管材为Q235B。全程焊接，外防腐为三油六布，内防腐材料为8710无毒油漆。

11.1.2 工程施工情况

1998年10月6日我司施工人员进入金塘岛陆上施工现场开始四通一平工作，经近3年的不断探索、研究和艰苦实践，承受了1999年和2000年的多次强台风的严峻考验，至2001年8月25日完成主体工程的施工。

11.1.3 工程监测和结果评价

本单位工程共分10个分部，我司承担了其中9个分部的施工，8个优良，1个合格。

11.2 温州洞头陆域引供水一期工程海上段

11.2.1 工程概况

洞头陆域引供水（一期）工程海上段工程包括：瓯江南口段、霓屿岛段和海中湖段，其中瓯江南口段桩号总长度为2637m，霓屿岛段桩号总长度为6078.53m，海中湖段桩号总长度为4488m。

被敷钢管外径为1020mm，壁厚14mm，管材为Q235B。全程焊接，外防腐为3PE，内防腐材料为8710无毒油漆。

11.2.2 施工情况

2008年5月1日我司施工人员进入洞头施工现场开始四通一平工作，经近一年的不断探索、研究和艰苦实践，承受了2008年和2009年的多次强台风的严峻考验，至2009年6月16日完成主体工程的施工。

11.2.3 工程检测和结果评价

本工程单位工程质量评定表1份，部位质量评定表3份，工序质量评定表共880份，隐蔽工程质量评定表794份，质量合格。

11.3 舟山大陆引水二期工程

11.3.1 工程概况

舟山市大陆引水二期工程地跨宁波市、舟山本岛两地，横穿之间的灰鳖洋海域。跨海输水管道线路共两条，分为南线和北线，平行布置，管线长度分别为33.07km和33.10km。

钢管采用螺旋焊接钢管，管材规格为DN1220×14mm。全部钢管材质为Q235B，定尺长度为48.0m。

11.3.2 施工情况

施工船队于2009年6月进场施工，目前正在顺利施工中，平均每日敷管150～250m。截止2010年8月20日，完成了16公里海底管道的敷设。

11.3.3 工程检测及结果评价

目前已经完成的管道均通过了试压试验。

跨山谷架空管道安装施工工法

GJEJGF352—2010

成都建筑工程集团总公司

彭光明　辜碧军　胡筎　杨洪　卢文宇

1. 前　　言

随着我国工业和能源项目向山区和原材料生产地的不断靠近建设，建设地点前期基础建设往往不够完善，这也就给工程项目的建设者们带来了越来越多的挑战。

由于工程项目生产管线经常需从厂区或不同的目标点引入、排出，在管线架设过程中受自然地形条件限制，传统机械吊装作业所必须的条件往往难以满足。公司针对跨山谷架空管道施工难度大的特点，通过建立卷扬机吊装模型，对管道支撑立柱吊装采用逐榀依次推进法进行吊装，对架空管道采用高空桥式水平牵引延伸法吊装，利用计算机辅助制图和模拟，通过工程实践取得了良好的效果。通过专家组鉴定，该工法技术属国内领先。

2. 工 法 特 点

2.1　机械牵引施工技术的采用，大大提高了施工效率，加快了施工进度，缩短了施工工期。

2.2　卷扬机结合人工微调技术的采用，既解决了管道支撑立柱在吊装过程中受自然场地限制的技术难题，又解决了管道在高空组对困难的技术难题。

2.3　卷扬机高空桥式水平牵引，大量施焊在地面固定操作点进行，解决了高空焊接量大而引发的质量、安全事故，保证了施工质量和人员安全。

2.4　卷扬机机械牵引施工技术的采用，解决了传统机械吊装必须的场地问题，减少了场地技术措施费，提高了施工机具、辅助材料的重复利用率，大大降低了施工。

3. 适 用 范 围

本工法适用于山地起伏地貌及跨度较大的构筑物之间架空管道的安装，管道敷设坡度宜≤20°。

4. 工 艺 原 理

跨山谷架空管道机械牵引主要包括管道支撑立柱的吊装以及管道本体的吊装。以下从两个方面结合某项目对工艺原理进行阐述。

4.1　支架逐榀依次推进法吊装工艺原理

以介质流向为基准，令支架为J-1、J-2………J-*N*（J-*N*为支架编号，本工法按*N*=8阐述），其中支架顶部（人字型，制作要求较高）集中在加工场地预制，然后在现场进行单榀管道支撑立柱的组对，最后根据现场可利用的地形条件，起始处管道支撑立柱（1～3榀）的吊装利用吊车吊装形成一个整体后，按流向再逐榀进行扳立吊装，跨山谷架空管道支架布局如图4.1所示。

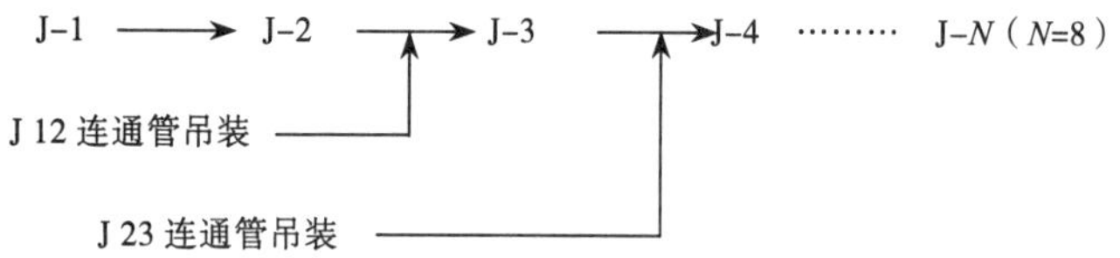

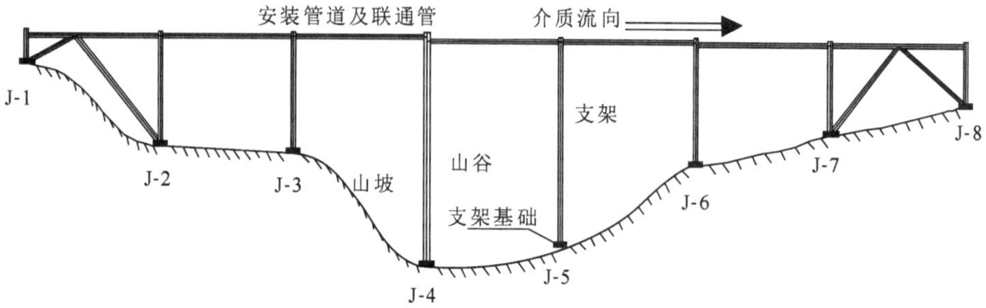

图4.1　跨山谷架空管道支架布局

4.2　管道高空桥式水平牵引工艺原理

利用安装好的管道支撑立柱作为滑动平台，并在管道支撑立柱平台上设置龙门架及滑动装置，将管道在地面工作沟槽内进行逐段组对焊接形成起始段，然后利用一台卷扬机及自然坡度进行管道的牵引，另设1台卷扬机进行牵引过程中的稳固及纠偏； 重复组对和牵引，逐渐将管道增长，最后达到管道整体牵引，如图4.2所示。

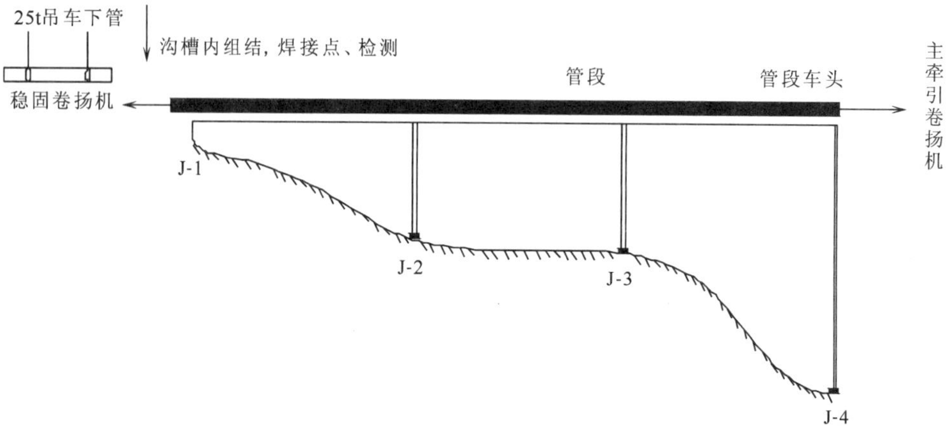

图4.2　管道高空桥式水平牵引工艺原理

5. 施工工艺流程及操作要点

5.1　施工工艺流程

本工法以贵州赤天化污水处理厂工程为例，详细介绍该工法施工工艺及操作要点，工艺流程如图5.1。

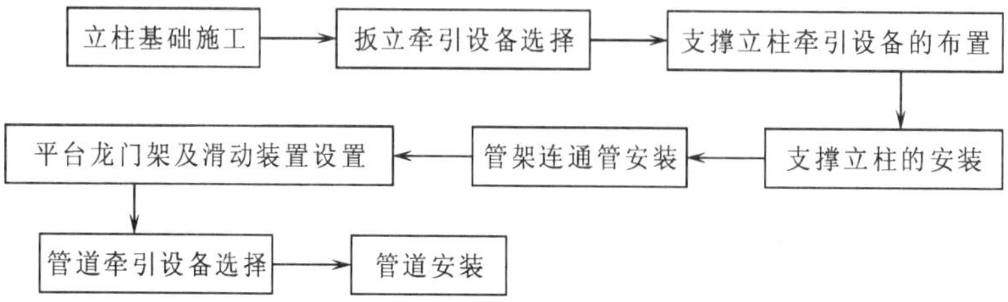

图5.1　施工工艺流程

5.2 操作要点

5.2.1 管道支撑立柱基础施工

1. 预埋锚点钢筋

考虑到管道支撑立柱扳立过程的需要，在支撑立柱基础施工时预埋 ϕ20钢筋作为锚点，具体形式如图5.2.1，预埋钢筋与基础内钢筋可靠焊接。

2. 预埋钢板

在基础混凝土浇筑过程中加强监控，防止预埋钢板跑偏，整个架空管段中心线确定后，及时打桩做出标记。

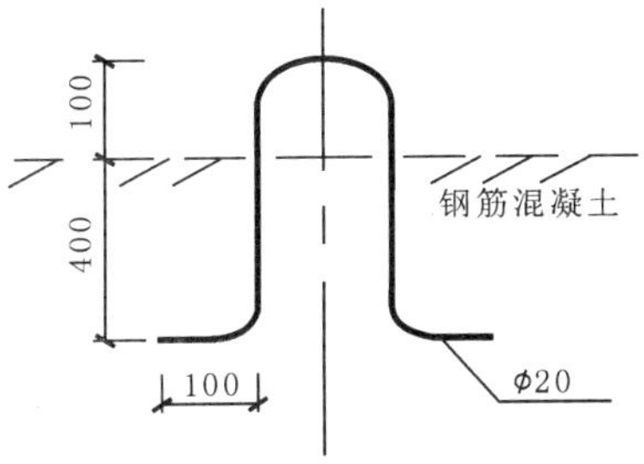

图5.2.1 管道支撑立柱基础施工

5.2.2 扳立牵引设备选择

1. 以最大一组管道支撑立柱为基础，通过受力计算，合理选择卷扬机，卷扬机的选择和相应的技术性能如表5.2.2-1。

卷扬机的选择和相应的技术性能 **表5.2.2-1**

型号	钢丝绳额定拉力（kN）	钢丝绳额定速度（$m \cdot min^{-1}$）	卷筒容绳量（m）	钢丝绳直径（mm）	外形尺寸（长×宽×高）（mm）	电机功率（kW）	整机质量（kg）
JM3	30	9～12	100～200	15.5、17.5	1400×1100×780	7.5	700～1100
JM5	50	9～12	200～300	20、21.5、24	1800×1200×800	11	1000～1700
JM8	80	9～12	400～450	26、28、30	2200×2100×1200	22	2700～3000

2. 钢丝绳选用6×37型（参数如表5.2.2-2）

钢丝绳选用6×37+1型参数 **表5.2.2-2**

作用部位	钢丝绳直径（mm）	钢丝（mm）	破断拉力（kN）
主拉钢丝绳	15.0	0.7	119.50
稳固钢丝绳	13.0	0.6	8.78

5.2.3 管道支撑立柱牵引设备的布置

选择立柱基础施工时所预埋锚固钢筋作为锚固点，其中A、E两点为卷扬机锚固点，B、C、D为滑轮设置点。

在管道支撑立柱底端焊接 δ =20mm的加固筋板，并在加固筋板上开 ϕ50孔用于手动葫芦挂钩的铰接点，目的在于使管道支撑立柱在起吊过程中不至产生轴向偏移，同时可对立柱底座进行微调。基础支墩处的平面及铰接点详图见图5.2.3-1。

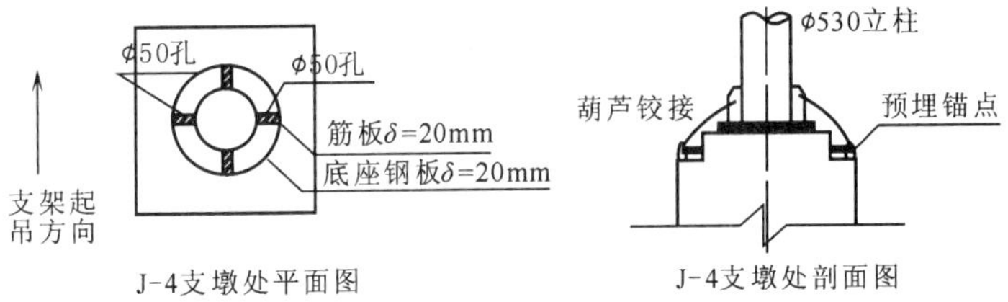

图5.2.3-1 基础支墩处的平面及铰接点

支撑立柱扳立过程具体布置见图5.2.3-2。

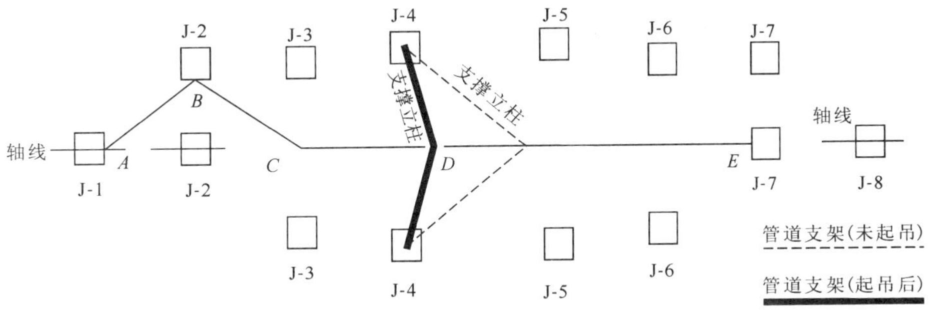

图5.2.3-2 支撑立柱扳立过程具体布置

5.2.4 管道支撑立柱的安装

1. 管道支撑立柱扳立

管道支撑立柱扳立方式如图5.2.4所示。

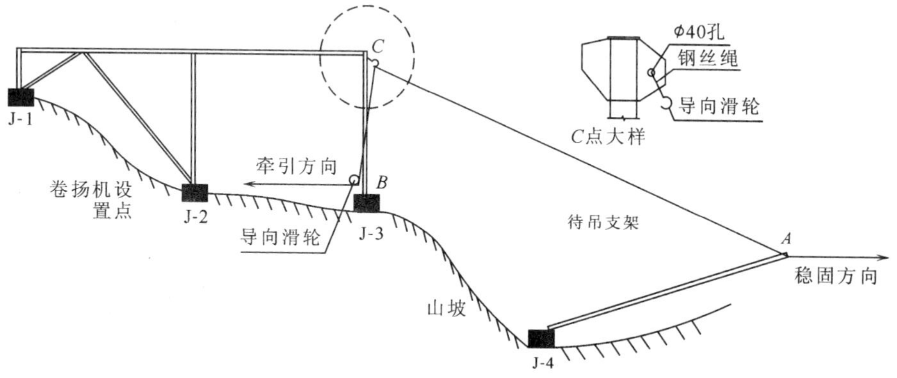

图5.2.4　管道支撑立柱扳立方式

由于管道支撑立柱是逐榀进行扳立吊装，提升及稳固用卷扬机分别设置于起吊支架长度2倍范围的安全距离外基础锚点。

A点为动滑轮设置点，该点设置动滑轮2个（5t双门滑轮），C点为定滑轮设置点，该点设置定滑轮1个（5t双门滑轮），B点为导向滑轮设置点，该点设置定滑轮1个（3t单门滑轮）。

1）管道支撑立柱扳立前应仔细检查基础锚固点、钢丝绳、滑轮组的牢固性，对卷扬机进行正式起吊前的试运转，应保证卷扬机有可靠的制动措施，确保安全后方可进行操作；

2）卷扬机将管道支撑立柱缓慢牵引，待牵引钢丝绳绷直受力后，再重新检查各部位的安全性，然后进行管道支撑立柱的扳立；

3）在管道支撑立柱扳立过程中，提升与稳固用卷扬机应同步收放，操作人员应服从统一指挥，以保持管道支撑立柱在吊装中的稳定性。因J—4管道支撑立柱跨度为8m，且在起吊前已对支架底座与基础进行处理，故不考虑在起吊过程中的横向偏移；

4）当管道支撑立柱基本达到垂直时，改用手动葫芦和卷扬机牵引相接合的方式进行管道支撑立柱微调就位。

2. 就位及底座处理

1）当支撑立柱基本就位后，采用卷扬机结合人工微调，达到设计要求；

2）支撑立柱底板与预埋钢板之间沿圆周对称方向点焊，焊接段长度为50～80mm；

3）继续完成支撑立柱底板与预埋钢板之间的焊接工作，焊接工作完成，两台卷扬机方卸去荷载拉力，对支架基础进行灌浆保护。

5.2.5 支撑立柱之间管架连通管（D325×8）安装

通过在管道支撑立柱平台上设置临时吊点，利用手动葫芦进行连通管的吊装就位并进行螺栓连接。

5.2.6 管道支撑立柱平台龙门架及滑动装置

1. 龙门架设计

龙门架采用10号槽钢（抗拉强度310MPa），主要作用为防止A段管道在牵引过程中偏移以及设置吊点用，其次为人员在支架平台上操作提供防护。见图5.2.6-1管架平台平面图及图5.2.6-2管架平台1-1剖面图。

2. 滑动装置设计

滑动装置主要为A段管道在牵引过程中降低与平台的摩擦力，达到平稳、高效的输送作用。

滑动装置采用1个深沟球轴承（外径90mm，内径50mm）而成，内套轴与固定钢板（δ=20mm）之间采用黄油润滑。见图5.2.6-3管架平台图。

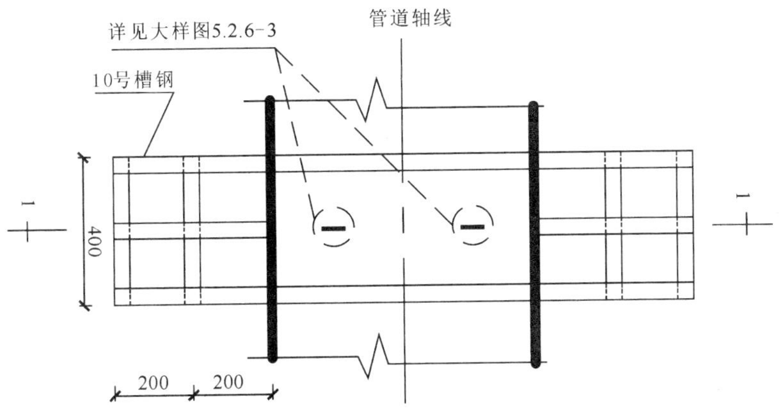

图5.2.6-1　管架平台平面图

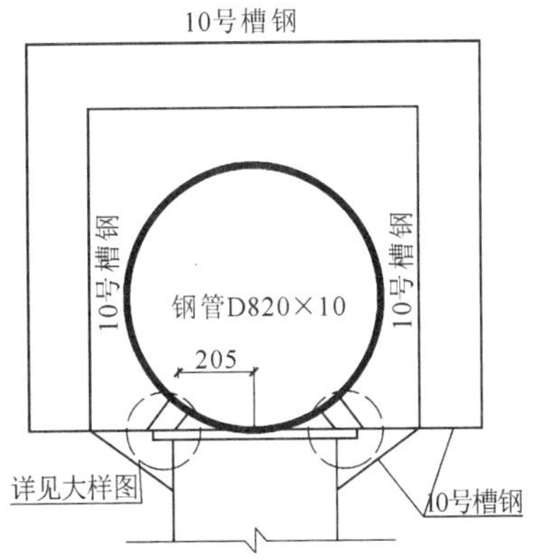

图5.2.6-2　管架平台1-1剖面图

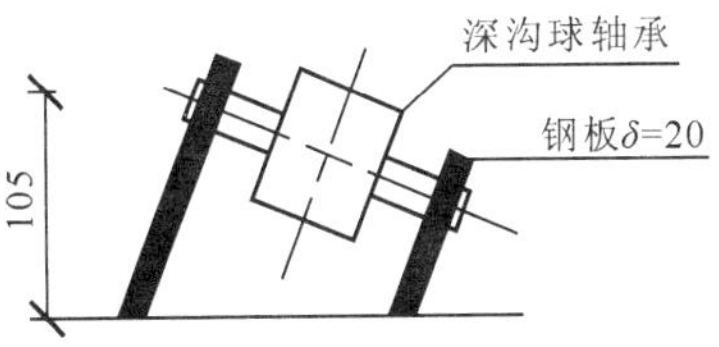

图5.2.6-3　管架平台图

（注：考虑到拆除该装置的不安全以及管道在日后带负荷运行中可能产生的滑动，滑动装置在完成管道运输作为架空管道的导向滑动支架，并在该装置外侧以16号槽钢（L=300mm）倒扣焊接在平台上作为导向滑动支架的加强。）

根据受力分析（理论情况），管架平台单个轴承受力大小约为1.2t（12kN），该轴承的基本静荷载为4200MPa，接触面积为20mm×1mm，校核如下：

C_0'（计算额定静荷载）=$4200\times10^6\times0.02\times0.001$=84kN

C_0（静荷载）=$12\times S_0$（安全系数，取S_0=4）=48kN＜C_0'

5.2.7　牵引设备选择

根据深沟球轴承的摩擦系数和受力，计算出管道在牵引过程中的最大摩擦力，然后选择牵引用卷扬机规格、型号。卷扬机的选择和相应的技术性能参见表5.2.2-1。

该牵引用卷扬机一般和管道支撑立柱扳立用卷扬机选用相同规格。

5.2.8　管道安装

1. 钢管的组对、焊接及检测

在山谷起始端管线中心线处选择组对沟槽区域，组对沟槽长度＞12m。钢管在集中堆放区进行防腐处理后，形成待运输管道，采用25t吊车将管道吊装至组对沟槽指定组对位置，进行管道的组对、焊接及检测。见图5.2.8-1组对沟槽平面图。

2. 牵引过程

管道的延伸过程采用卷扬机牵引的方式进行，其中1台3t卷扬机为主牵引用，1台3t卷扬机为稳固用。牵引时，为防止管道摩擦力引起滑动装置发热过高，相邻两跨间（13.8m）的牵引速度不应过大，牵引速度为每分钟小于2m。牵引时，同时派人随时观测连通管（D325×8）的变形情况。

1）管道端头设计

管道在牵引过程中，管道前端在离开支撑点后将出现下挠。为避免管道在相邻两平台跨距（13.8m）间因管段下挠导致管道前端不能顺利进入下一平台面，对前端头部分设置一个吊点，前端头在进入下一平台前有下挠现象（虚线部分）时可利用支架平台龙门架提升，以达到顺利过渡的目的，具体型式如图5.2.8-2。

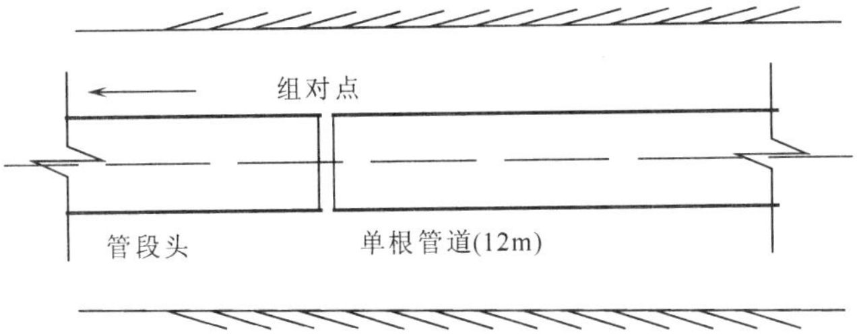

图5.2.8-1　组对沟槽平面图

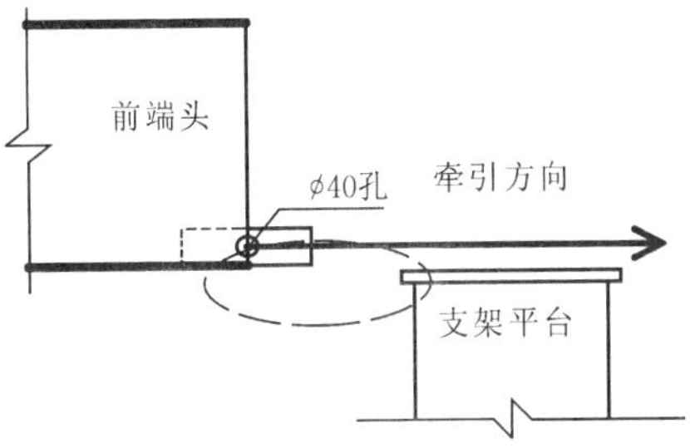

图5.2.8-2　管道端头设计

2）管道牵引中纠偏

为避免管道在长距离牵引过程中产生偏移（主要是防止下挠现象），将整个牵引过程分为6段进行，每段13.8m，即J-4⟶J-5⟶J-6⟶J-7⟶J-8。

管道前端在到达下一平台前发现有下垂现象时，利用滑轮向上提升管道端头部分，达到管道在相邻两平台跨距（13.8m）内的纠偏效果。具体做法见图5.2.8-3所示。

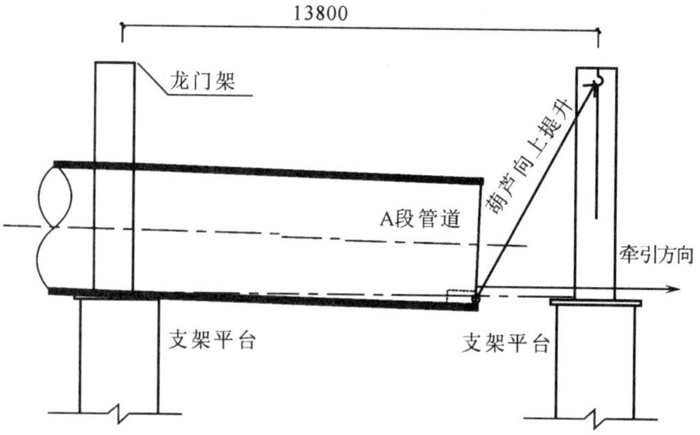

图5.2.8-3　管道牵引中纠偏

5.3　劳动力组织（表5.3）

劳动力组织　　表5.3

序号	人员名称	技术要求	数量	备　注
1	管道施工员	持施工员证	1	
2	焊接班长	5年以上管道焊接施工经验	3	
3	起重工	5年以上吊装施工经验	4	
4	管道工	2年以上管道安装施工经验	7	
5	焊工	持相应证书	8	
6	电工	持相应证书	2	
7	普工			
8	安全员	持安全员证	2	
9	质检员	持质检员证	1	

注：此表为赤天化纸业污水处理厂工程要求，其他投入施工人员视工程量大小调整。

6. 材料与设备

6.1　主要施工材料（表6.1）

主要施工材料一览表　　表6.1

使用用途	名称、规格型号	备注
钢丝绳	6×37　ϕ15.0	主拉
钢丝绳	6×37　ϕ13.0	稳固
D形卸扣	5t	吊装用
D形卸扣	3t	吊装用
D形卸扣	1t	吊装用
辅助钢材	10号槽钢等	措施增加
深沟球轴承	D100	措施增加

6.2　主要施工机械、检验设备（表6.2）

主要施工机械、检验设备一览表 表6.2

序号	工程量或材料名称	规格型号	数量	单位	备注
1	卷扬机	JM3 3t	2	台	
2	单门开口滑轮	2t	10	个	
	手动葫芦	5t	1	只	
3	手动葫芦	3t	3	只	
4	双门开口滑轮	5t	3	个	
5	单门开口滑轮	3t	1	个	
6	对讲机		6	部	
7	盘尺	50m	1	只	
8	水平尺		3	只	
9	直角尺	250×500	3	只	
10	水准仪		1	套	
11	经纬仪		1	套	

7. 质量控制

7.1 工程质量控制标准

施工质量执行《工业金属管道工程施工及验收规范》GB 50235-97的要求。卷扬机的安装使用满足《建筑卷扬机安全规程》GB 13329-91。

其关键部位、关键工序的允许偏差见表7.1。

关键部位、关键工序的允许偏差 表7.1

序号	工序名称	检查内容	允许偏差	检查方法
1	管线坐标		25mm	经纬仪及尺量检查
2	管线标高		±20mm	水准仪及尺量检查
3	卷扬机同步性	同步收放		提前培训、预演
4	管道支撑立柱起吊	试吊		逐榀
5	轴承组	转动灵活安装准确		受力转动、尺量检查

7.2 质量保证措施

7.2.1 建立质量保证体系和岗位责任制，完善质量管理制度，明确分工职责，落到人。

7.2.2 实施前进行详细的技术交底，对工程质量实施全方位、全过程控制；对施工过程的人、机、料、法和环境五大要素的保证措施进行明确和落实。

7.2.3 严格进行机械牵引的空载试运行和荷载模拟运行，以保证吊装的安全性。

7.2.4 必须保证只能由专人统一指挥吊装，各作业人员严格按指令协作配合。

7.2.5 特种作业人员必须持有效证件上岗，技术过硬、应变迅速，保证施工质量和安全。

7.2.6 严格执行轴承组的加工及受力转动检查，确保管道在水平运输中的受力均匀，避免管道跑偏。

7.2.7 严格执行管道焊口的检测，杜绝不合格品流入下道工序。

8. 安全措施

8.1 认真贯彻“安全第一，预防为主”的方针

根据国家和企业的有关规定、条例和办法，结合本工程的具体特点，建立健全以项目经理为首的安全保证体系，具体落实安全责任制。

对于参与作业的班组人员项目部逐个落实、确定，不允许中途更换作业人员（尤其是卷扬机操作人员及涉及高空操作人员）。

8.2 认真执行技术交底

吊装方案确定后，项目技术负责人首先对相关项目管理人员及施工班组长进行详细的技术交底，主要涉及到吊装的总体概况、吊装方式、具体吊装步骤。

技术交底完成后，项目安全员会同专业工长根据整个吊装过程对班组进行详细的安全技术交底，主要内容如下：

8.2.1 高空操作部分

1. 高空作业人员，必须经过体格检查和受过一定训练；

2. 管道支撑立柱爬梯、平台龙门架在加工制作时焊接必须牢固、可靠，必须保证人员上下的安全；

3. 高空作业前，项目安全员、专业工长会同班组长必须检查高空操作人员所佩带安全带是否完好，若有破损一律不得进行高空作业；

4. 在支架平台作业时必须系好安全带，扣好保险扣；

5. 在支架平台作业时严禁向下乱抛乱扔材料和工具等物件；

6. 在支架平台作业时严禁打闹嬉戏。

8.2.2 支撑立柱吊装过程

1. 吊装前，项目安全员、专业工长会同班组长划定安全区域并挂上醒目标志，非操作人员严禁进入吊装区域；

2. 吊装前，项目安全员、专业工长会同班组长应对吊装所采用机具、材料进行再次复核，确保万无一失；

3. 吊装前，卷扬机操作人员必须进行预操作，以保证在实际吊装过程中协调一致，保持立柱在起吊时的稳定；

4. 吊装时，各操作人员必须服从统一指挥，动作要协同一致。

8.2.3 上岗交底

班组长上班前，必须对组员进行上岗交底（交代当天的作业环境、气候情况，主要工作内容和各个环节的操作安全要求，以及特殊工种的配合等）、上岗检查（查上岗人员的劳动防护情况，每个岗位周围作业环境是否安全无患，机械设备的安全保险装置是否完好有效，以及各类安全技术措施的落实情况等），并做好上岗的记录。

8.3 吊装注意事项

施工现场吊装作业时严格执行“十不吊”的原则，即“重量不明不吊、雨天不吊、信号不清不吊、有起无落不吊、吊物不清不吊、夜间无照明不吊、吊索不符合规定不吊、吊物绑扎不牢固不吊、吊物上下有人不吊、六级风以上不吊”。

现场所有吊装用机具（尤其是电动机具）在进场后必须进行检查、试运转，具备可靠的制动措施后方可使用。

8.4 施工现场的临时用电严格按照《施工现场临时用电安全技术规程》的有关规定执行，卷扬机操作严格按建筑卷扬机安全规程执行。

9. 环 保 措 施

9.1 现场建立以项目经理负责，由项目环保员具体组织领导的环境管理保证体系。实行环境管理工作分工负责制，落实环境管理责任制。

9.2 保持现场内所有路面和材料堆放场地的卫生，施工垃圾及时清运，并适量洒水，减少尘土污染。

9.3 焊接场所开阔空旷，通风良好。做到工完料尽场地清。

9.4 加强废弃物管理，施工现场设立专门的废弃物临时贮存场地，废弃物应分类存放，对有可能造成二次污染的废弃物必须单独贮存、制定安全防范措施、设置醒目标识，减少废弃物污染。

9.5 尽可能采用低噪声施工设备，加强施工噪声管理，对噪声施工设备采取加隔声棚或隔声罩进行封闭或遮挡。加强环保意识的宣传，采取有力措施控制人为的施工噪声，严格管理，最大限度地减少噪声扰民。

10. 效益分析

10.1 本工法通过建立卷扬机吊装模型，一次性解决管道支撑立柱及管道的吊装问题，提高了工作效率，保证了施工质量，规避了高空安全风险。社会效益和环境效益明显。

10.2 本工法同常规的机械吊装施工方法相比，节约了大量的措施开支（主要为场平措施及搭设脚手架措施），同时缩短了工期，降低了成本，取得了良好的总体经济效益。

10.3 本工法技术的成功应用，为企业积累了宝贵的施工经验，提高了企业的施工技术水平，促进了跨山谷架空吊装技术的进步和发展，为以后类似项目提供了可靠的决策依据和技术、经济指标。

11. 应用实例

11.1 赤天化纸业污水处理厂工程

11.1.1 工程概况

1．工程地点：贵州省赤水市金华街道办事处沙湾村。

2．工程概况：赤天化纸业污水处理厂外排水管（厂区排出口至赤水河边），沿途要穿越公路、飞跨山谷，顺陡坡（约60°）而下。该工程施工道路、运输极为不便，特别是跨山谷架空部分（约162m）重型吊装设备无法进场，施工难度极大。

3. 该分项工程工期：35个日历天。

4．实物工程量：螺旋卷管（D820×9）约450m，管道支撑立柱（8跨）约32t。

11.1.2 应用效果

跨山谷架空管道机械牵引施工工法在本工程得到了成功的应用，工期缩短10d，机具使用成本节约近12万元，焊接人工费节约4.8万元。无质量安全事故，受业主及监理好评，取得了一定的社会效益和经济效益。

11.2 正源水电站压力管道工程

11.2.1 工程概况

1．工程地点：四川省九龙县洪坝乡

2．工程概况：正源水电站系大渡河中游右岸一级支流松林河上的小支流洪坝河上一级电站。压力管道为暗管，采用一条主管通过一岔管分为两条支管分别向厂房内两台机组供水的联合供水方式。主管内径2.6m；支管内径1.2m。管道敷设水平倾角19.73～46.50°，压力管道材质为Q345B、16MnR，厚度为12～20mm，岔管为卜形布置，采用内加强月牙肋岔管型式，年平均气温为16.9℃，多年平均相对湿度为69%，多年平均降雨量801.2mm，多年平均风速为2.3m/s，最大风速为20m/s。施工现场为山地，大型吊装设备无法进入施工现场，地面潮湿路滑，给工程的施工带来了较大的难度。

3．该分项工程工期：45个日历天。

4．实物工程量：主管内径2.6m，总长约450m，管道沿线共设置5个波纹补偿器。

11.2.2 应用效果

跨山谷架空管道机械牵引施工工法在本工程得到了成功的应用，工期缩短15天，机具使用成本节约近15万元，焊接人工费节约5万元。无质量安全事故，受业主及监理好评，取得了一定的社会效益和经济效益。

11.3　明礼水电站压力管道工程

11.3.1 工程概况

1．工程地点：　四川省宝兴县。

2．工程概况：明礼水电站系装机总容量为1200kW的一级电站。电站高差达380m，压力管道材质为Q345B、16MnR，厚度为12～20mm卷管制作。

3．主管内径1.1m，支管内径0.8m，管道沿线共设置8个波纹补偿器。施工现场为落差太大，不具备采用大型吊装设备进行施工的条件，地面潮湿路滑，给工程的施工带来了较大的难度。

4．该分项工程工期：40个日历天。

5．实物工程量：主管内径1.1m，总长约700m；管道沿线共设置8个波纹补偿器。

11.3.2　应用效果

跨山谷架空管道机械牵引施工工法在本工程得到了成功的应用，工期缩短10d，机具使用成本节约近15.2万元，焊接人工费节约6.8万元。无质量安全事故，受业主及监理好评，取得了一定的社会效益和经济效益。

不锈钢管道背面自保护焊钨极氩弧焊焊丝打底焊使用工法

GJEJGF353—2010

宁夏电力建设工程公司　江苏邗建集团有限公司
徐永海　汪万飞　李百年　李生录　李志杰

1. 前　　言

在石油化工、食品、医药等行业工程建设中，不锈钢管道的应用越来越普遍，焊接方法普遍采用氩弧焊打底。常用不锈钢氩弧焊（TIG）焊接背面采用充氩保护的方法来防止背面焊缝氧化，这不仅消耗大量的氩气和辅助人工，且充氩不能做到有效充氩（特别是大管径），充氩量也不好掌握。也有采用了不锈钢药芯焊丝打底的，但经常会出现仰焊部位内凹问题。2001年国内首次开发制造了背面自保护不锈钢TIG焊丝，经过几年的技术改进、技术不断成熟，彻底解决了背面充氩保护这个难题，由于价格较日本油脂公司的低，得以普遍使用。公司先后在江苏省连云港市德邦精细化有限公司3.5万t/年磷酸技改工程、江苏扬农化工集团有限公司500t/a蚍虫啉安装工程、山东金达双鹏集团4万t/年油脂水解安装工程中，先后使用了该项技术并取得了成功。

2. 工 法 特 点

2.1　有利于保护工作人员身体健康和周边环境。由于在不锈钢管道的背面自保护焊接应用中使用少量的氩气，与常规焊丝焊接比较，可减少一定空间内空气的污染浓度。从而减少了对周围工作人员身体的危害程度。

2.2　可操作性强。具有氩弧焊焊接资质能力的电焊工都可以操作，不需进行特殊的培训。采用该焊丝可进行全位置焊接，且焊接内外成型好。

2.3　背面药皮剥脱性好。该焊丝成型的药皮很薄，在焊道成型过程中，由于药皮的膨胀系数和钢材不一样，药皮由热变凉极易脱落。

2.4　焊接质量优良。经过实践证明：采用该焊丝打底的自保护焊接的不锈钢管道要比采用常规TIG焊丝打底焊接的合格率高，X射线探伤一次合格率达到97%以上。

2.5　耐腐蚀性强。焊材本身为相应的不锈钢材料，区别于药芯焊丝用药芯过渡的方法，所以耐腐蚀性强永不生锈，无磁性。

2.6　价格低于药芯焊丝和进口自保护焊丝。

3. 适 用 范 围

适用所有不锈钢管材焊接的打底焊（根据不同材质，要选配相应焊丝）。

4. 工 艺 原 理

背面自保护不锈钢钨极氩弧焊（TIG）焊丝是一种特殊的涂层焊丝，焊接时保护药皮会渗透到熔池背面，形成一层致密的保护层（较薄），使背面不受氧化。焊丝药皮的凝固点比母材高，药皮首先凝固，包住熔池中的钢水，使钢水不易流动。冷却后这层渣壳会自动脱落，用压缩空气或水冲的方法极易清除。这种焊丝的使用方法与普通TIG焊丝接近，涂层不会影响焊缝熔池形成、金属化学成分和机械性能。

5. 施工工艺流程及操作要点

5.1 工艺流程

焊接工艺流程图见图5.1。

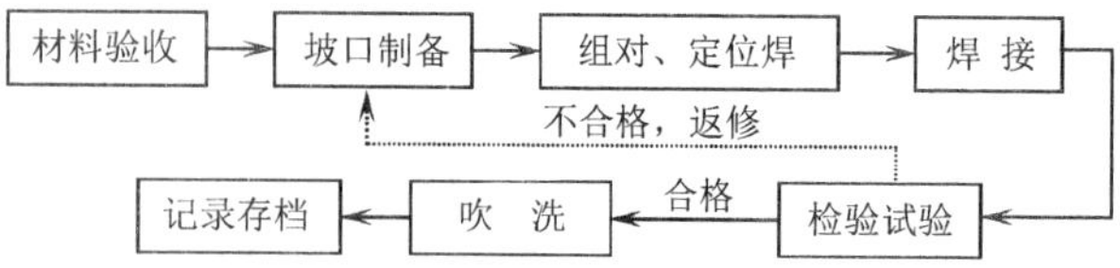

图5.1 焊接工艺流程图

5.2 操作要点

5.2.1 材料验收

1. 管材

不锈钢管道、管件材料的验收按《石油裂化用无缝钢管》GB 9948-2006、《流体输送用不锈钢焊接钢管》GB/T 12771-2000、《流体输送用不锈钢无缝钢管》GIJ/T 14976-2002、《压力管道规范工业管道第2部分：材料》GB/T 20801.2-2006、《化工装置用奥氏体不锈钢焊接钢管技术要求》HG/T 20537.3-1992、《化工装置用奥氏体不锈钢大口径焊接钢管技术要求》HG/T 20537.4-1992、《压力容器用不锈钢锻件》JB 4728-2000相关标准执行。

2. 焊材

焊接材料（包括焊条、焊丝、及焊接用气体）使用前应按设计文件和相关标准的规定进行检查和验收。焊接材料应具有质量证明文件和包装标记。

1）不锈钢管道焊接材料的验收按《焊接用不锈钢丝》YB/T 5092-2005相关规定执行。自保护焊丝有特殊涂层切忌烘烤。

2）不锈钢焊条的烘干规范可参照焊接材料说明书。

3）使用过程中应注意保持焊接材料的识别标记，以免错用。

4）氩弧焊所用氩气纯度不低于99.98%。

5.2.2 坡口制备及清理

1. 采用机械加工（砂轮切割）或等离子切割方法切割和制备坡口。管子采用砂轮切割或修磨时，应使用专用砂轮片。

2. 管子切口质量应符合下列规定：

1）切口表面应平整，无裂纹、重皮、毛刺、凸凹、缩口、熔渣、氧化物、铁屑等。

2）切口端面倾斜偏差△（图5.2.2 ）不应大于管子外径的1%，且不得超过3mm。

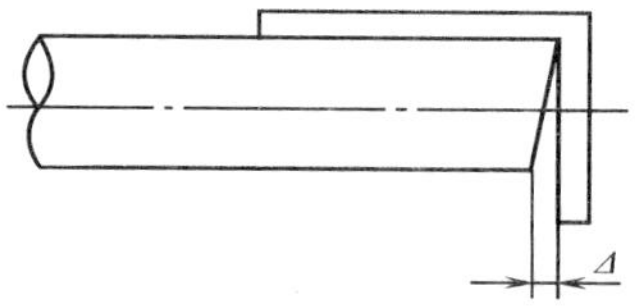

图5.2.2

3. 管子、管件的坡口形式和尺寸应符合设计文件规定，如设计文件无规定可按表5.2.2的规定确定。

常用不锈钢焊接坡口形式及尺寸 **表5.2.2**

项次	厚度 T（mm）	坡口名称	坡口形式	坡口尺寸 间隙 C（mm）	坡口尺寸 钝边 P（mm）	坡口尺寸 坡口角度 β（°）
1	1~3	I形	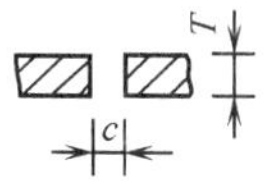	1.5±0.5	—	—
2	≤8	V形	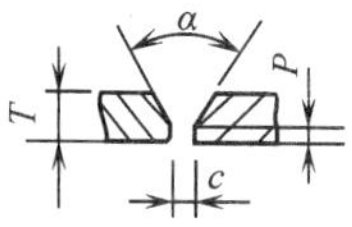	2.5±0.5	1±0.5	75±5
	8～16			3±0.5	1±0.5	70±5

4．坡口清理

焊件坡口二侧≥10mm及内外表面，应在焊接前要进行清理，去除油漆、油污、锈斑、毛刺以及加热时对焊缝或母材有害的其他物质。油污可用蒸汽脱脂，对不溶于脱脂剂的漆和其他杂物，可用氯甲烷、碱等清洗剂清洗，标记墨水可用甲醇清除，被压入焊件表面的杂物可用磨削、喷丸方法清除。

5.2.3 组对、定位焊

1．组对

1）坡口对接焊缝的组对应做到内壁齐平，内壁错边量应符合设计文件、焊接工艺指导书（WPS）的规定。一般不大于壁厚的10%，且≤1mm。

2）不等壁厚的材料对接时，按《现场设备和工业管道焊接工程施工及验收规范》GB 50236-98第10条镍及镍合金的焊接、《工业金属管道工程施工及验收规范》GB 50235-97第5条管道焊接《压力管道规范+工业管道》GB/T 20801-2006等相关规定。

图5.2.3 组对点焊

2．定位焊

1）定位焊又称点焊，如图5.2.3，所用的焊材性能，应与正式焊接所采用的焊材相同。定位焊缝焊接时，应采用与根部焊道相同的焊接材料和焊接工艺，并应由合格焊工施焊。

2）点焊厚度应与第一层焊接厚度相近，但不应超过管壁厚度的70%。焊缝根部必须焊透，点焊长度和间距，可参考表5.2.3的规定选用。点焊的位置，要求均匀、对称。点焊时与点焊后，不准用大锤敲击管子。

点焊长度和点数 **表5.2.3**

管径（mm）	点焊长度（mm）	点数（处）
80 ~ 150	15 ~ 30	4
200 ~ 300	40 ~ 50	4
350 ~ 500	50 ~ 60	5
600 ~ 700	60 ~ 70	6
800 以上	80 ~ 100	一般间距 400mm 左右

3）在焊接第一层前，应对点焊进行检查，如发现裂纹时，应完全铲除，重新点焊。定位焊缝的长度、厚度和间距应能保证焊缝在正式焊接过程中不致开裂。

4）焊接的工卡具材质宜与母材相同或为JB4708 中的同一类别号。拆除工卡具时不应损伤母材，拆除后应将残留焊疤打磨修整至与母材表面齐平。

5.2.4 焊接工艺

1．焊接环境

1）焊接的环境温度应能保证焊件的焊接温度和焊工技能不受影响。环境温度低于0℃时，应预热，预热温度不小于10℃。

2）焊接时的风速应不超过下列规定，当超过规定时，应有防风设施：

①手工电弧焊：8m/s；

②钨极气体保护焊、熔化极气体保护焊：2m/s。

3）焊接电弧1m范围内的相对湿度应不大于90%。

4）当焊件表面潮湿、覆盖有冰雪、雨水以及刮风期间，焊工及工件无保护措施时，应停止焊接。

2．焊枪、焊丝与焊件之间夹角：焊枪后倾与焊件表面的夹角角度过小，会降低氩气保护效果。

角度过大，可见度小，操作困难。理想的焊枪喷嘴后倾角度为70°~85°，焊丝与焊件表面夹角除仰焊位置为60°~70°，其他部位均为15°~20°为宜。见焊接示意图见图5.2.4-1。

3. 操作要点（以水平固定焊5G为例）

1）水平固定管的焊接在6点超前10 mm左右的位置开始引弧焊接，超前引弧起焊是为了使接头不重叠，每层接头应错开。

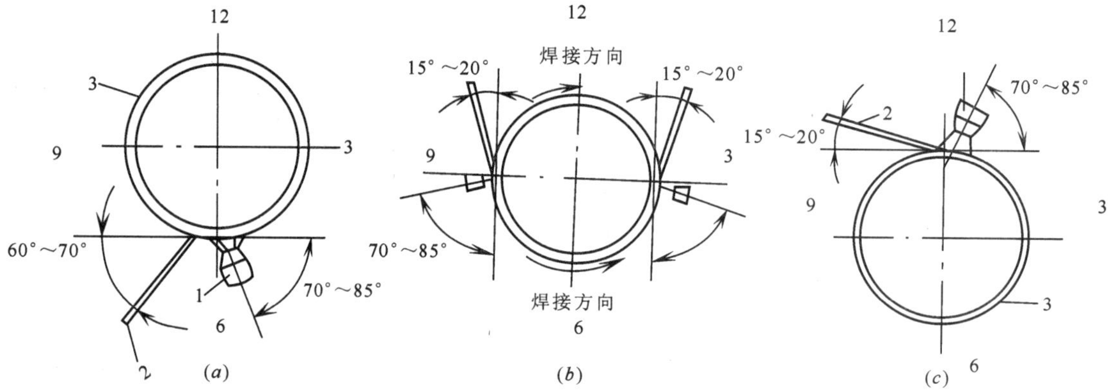

图5.2.4-1 焊接示意图

1—焊枪；2—焊丝；3—试件

2）在焊接过程中，焊枪稍作摆动，使铁水和熔化的药渣（量很少）加速分离，便于观察熔池、控制熔透。填充焊丝时，最好送至熔池的1/2处，并向内压一下，以此手法来增加根部熔透，并防止内凹，焊丝应有规则地向熔池中送入、取出，填丝的频率和动作要熟练、准确、均匀。焊丝取出的距离应保证焊丝端头在氩气保护区内，以免端头氧化，影响保护效果。见焊接示意图如图5.2.4-2。

图5.2.4-2 焊接示意图

3）当要换焊丝，磨修钨棒或焊缝接头时，需要重叠焊缝5~10 mm处引弧。电弧引燃后约停留5~10s，待引成与前焊缝相同的宽度的熔池后，焊炬即可向前移动，重叠处不加或少加焊丝，保证焊缝宽窄一致及反面的透度均匀。

4）若收弧不当，易产生弧坑及缩孔等缺陷时，因此操作时收弧十分重要，当发现上述缺陷时，应清除缺陷后再施焊。

5）通常的氩弧焊设备有“衰减”装置，收弧时应按“衰减”按钮，并加大送丝量，在焊接电流逐步减小直至熄弧后，焊枪仍保护收弧处一段时间，使焊缝不受氧化。若使用无“衰减”装置的焊机，收弧时，焊接速度适当减慢，待把熔池填满后，立即将电弧移到坡口面上，最后将电弧熄灭。

6）要获得均匀、美观的焊缝，很大程度上取决于正确掌握熔池的温度。当发现熔池增大，出现下凹时，说明熔池温度过高，这时应迅速减少焊枪与工件的夹角，并加快焊接速度。当熔池小、焊缝窄而高时，说明熔池温度低，这时应稍增大焊枪与工作的夹角，减慢焊接速度，减少焊丝填加量。打底焊焊接工艺参数见表5.2.4。填充焊、盖面焊可采用常用的焊条或TIG焊丝进行焊接，焊接方法和焊接工艺参数在此不作陈述。

自保护焊丝打底焊焊接工艺参数　　表5.2.4

层次	电源特性	钨棒直径	焊材直径	焊接电流（A）	电弧电压（V）	氩气流量（L·min）
1	直流正接	2.0~2.5	1.6~2.6	100~160	10~14	8~15

5.2.5 检验试验

1．检验

1）外观检验

焊缝焊接完毕，应及时清理焊缝表面飞溅、污垢，并检查有无裂纹、咬边、气孔等不允许缺陷。如有不允许缺陷应及时消除直至合格。

2）无损检验

按设计文件要求进行X射线或超声波等无损检测。

2．压力试验

试验介质试验压力应根据设计文件要求进行。如设计文件无要求可参照《工业金属管道工程施工及验收规范》GB 50235-97第7条管道检验、检查和试验等相关规定。

5.2.6 吹洗

一般有水冲洗、压缩空气和蒸汽吹洗三种。水冲洗应注意氯离子含量不得超过25×10^{-6}（25 ppm）；压缩空气吹扫压力不得超过容器和管道的设计压力，流速不宜小于20 m/s；蒸汽吹扫前，应先行暖管、及时排水，并应检查管道热位移，以大流量蒸汽进行吹扫，流速不应低于30m/s。直至达各自验收的合格标准方可结束。

5.2.7 记录存档

全过程的施工及检验试验等相关见证资料均应如实记录并存档。

6. 材料与设备

6.1 材料（表 6.1）

主要材料 **表6.1**

序号	名　　称	规格型号	单位	数量	备　　注
1	自保护焊丝（TIG）	2.0	kg		打底
2	不锈钢焊条或焊丝	3.2/2.0	kg		盖面、填充焊

6.2 按照本工法进行管焊接安装的主要机具（表 6.2）

主要施工机具 **表6.2**

序号	设备（机具）名称	规格型号	单位	数量	备　　注
1	氩弧焊机	WSM-350	台		逆变式
2	坡口加工机械		台		

7. 质 量 控 制

7.1 质量标准

7.1.1 施工过程及竣工验收主要依据：设计图纸、现行《现场设备和工业管道焊接工程施工及验收规范》GB 50236-98、《工业金属管道工程施工及验收规范》GB 50235-97、《压力管道规范+工业管道》GB/T 20801-2006相关规定。关键部位和工序参照如下要求：

1）焊接过程相关控制要求参照《现场设备和工业管道焊接工程施工及验收规范》GB 50236-98第10条镍及镍合金的焊接、《工业金属管道工程施工及验收规范》GB 50235-97第5管道焊接、《压力管道规范+工业管道》GB/T 20801-2006第4部分制作与安装第7条焊接等相关规定；

2）检验、试验相关控制要求参照《现场设备和工业管道焊接工程施工及验收规范》GB 50236-98

第11条焊接检验、《工业金属管道工程施工及验收规范》GB 50235-97第7条管道检验、检查和试验等相关规定；

3）吹洗相关控制要求参照《工业金属管道工程施工及验收规范》GB 50235-97第8条管道的吹扫与清洗、《压力管道规范+工业管道》GB/T 20801-2006第4部分制作与安装第12条管道清理、吹扫与清洗等相关规定。

7.2 质量控制措施

7.2.1 自保护TIG焊丝属于新材料使用前按《现场设备和工业管道焊接工程施工及验收规范》GB 50236-98第4条焊接工艺评定相关要求其进行焊接工艺评定。

1）一般按水平位置编制焊接工艺指导书和做焊接工艺评定。

2）具体焊接工艺指导书参数（略）。

3）焊接工艺评定报告书相关数据（略）。

7.2.2 施工准备工作的检查是预控制的重要环节。确保材料（管材、焊材）质量、加强质量检验、安全生产、施工进度各职能的协调与管理，积极推广应用新技术、新工艺、新材料。

7.2.3 按焊接工艺评定指导书和报告书编制焊接作业指导书，首次使用自保护焊焊丝的焊工均应经培训考核，直至合格方可参与本工作。

7.2.4 边施工边检验，发现问题及时处理解决。编制分部、分项工程作业指导书及工程质量计划，每道工序执行“三检制”。行使质量否决权，上道工序质量不合格，决不进行下道工序的施工。

7.2.5 在焊接过程中结束和中途断弧前，收弧要慢且要设法填满弧坑，以防止弧坑裂纹的形成。

7.2.6 夹渣、夹钨防止措施：焊接过程中，若焊丝端头在高温过程中脱离了氩气保护区，在空气中被氧化，当再次焊接时被氧化的焊丝端头未清理，又送入熔池中，在断口试验中判为夹渣；若钨极长度伸出量过大，焊枪动作不稳定，钨极与焊丝或钨极与熔池相碰后，又未终止焊接，从而造成夹钨。因管子是圆的，焊枪、送丝角度要随时变化，所以手法一定要稳、准，就能避免夹渣、夹钨的现象。

7.2.7 由于根部未焊透和内凹严重影响背面药渣脱落，所以应严格控制这类缺陷的发生。根部未焊透防止措施：焊接电流小，根部间隙小，焊接速度过快、焊枪角度不正常等均易产生未焊透的缺陷。根部间隙一定不能小于2mm，合适的焊接电流和正确调整焊枪角度就可避免产生未焊透。根部内凹防止措施：装配间隙小，焊接过程中焊枪摆动幅度大，致使电弧热量不能集中于根部，产生了背面焊缝低于试件表面的内凹现象。电弧热量尽量集中于根部，仰焊部位多给点焊丝可避免内凹。

8. 安全措施

8.1 带电设备必须有可靠的接地，防止触电；加强临时用电的管理，做到一机一闸并加装漏电保护装置。

8.2 焊工、电工必须执证上岗。

9. 环保措施

在施工过程中，使用氩气（Ar），对周围环境会产生一定的影响，要求施工现场做好通风措施，减少对作业人员的危害。

10. 效益分析

10.1 经济效益分析

10.1.1 自保护TIG焊丝焊接不锈钢管道的根部焊道时，可防止液态金属被空气氧化，大大改善背面成形，提高焊接质量，从而可替代传统的手工钨极氩弧焊填充实心焊丝背面充氩保护的焊接方法，可节省保护气体3／4以上，节约工时1／2～1／3，既降低了成本，又提高了生产效率。

10.1.2 采用国产焊丝价格低廉，约为进口焊丝的1／2，降低了成本，经济效益明显。

10.2 社会效益分析

10.2.1 通过本工法的实施，我们不但保证了施工质量，而且保证了施工工期。在施工过程中我们始终坚持过程精品，施工验收、资料填写与工程进度步调一致。进一步显示了公司的施工实力，赢得了业主、监理方的好评与信任。

10.2.2 在节能减排方面也符合国家节能减排政策，自保护焊丝的使用大量减少氩气排放对周围大气的污染。

11. 应用实例

本工法应用工程实例见表11。自保护TIG焊丝应用照片详见附件1各相关工程（TIG）自保护焊丝施工图片。

应用工程实例　　表11

序号	项目名称	相关实物工程量	地点	开竣工时间	建设单位	相关评价
1	3.5万t/a磷酸技改工程	不锈钢管道*DN*25～*DN*150共计约12000m	江苏连云港	2009.3～2009.6	江苏省连云港市德邦精细化有限公司	三个工程项目均保质保量的完成施工任务
2	500t/a蚍虫啉安装工程	不锈钢管道*DN*25～*DN*250共计约2000m	江苏扬州	2009.8～2009.12	江苏扬农化工集团有限公司	
3	4万t/a油脂水解安装工程	不锈钢管道*DN*25～*DN*300共计约18000m	山东高密	2010.3～2010.4	山东金达双鹏集团	

附件1 各相关工程（TIG）自保护焊丝施工图片

图附件1-1　磷酸技改工程施工照片

图附件1-2　蚍虫啉安装工程施工照片

图附件1-3　4万t/a油脂水解安装工程施工照片

埋地管道不开挖长距离内翻衬施工工法

GJEJGF354—2010

大庆油田建设集团有限责任公司

樊三新　刘玉玲　刘家发　孙卫松　迟英

1. 前　言

埋地管道不开挖修复施工常用的修复方法有：穿插聚乙烯（PE）塑料管法，挤涂水泥砂浆（或环氧胶泥）法，翻转内衬玻璃钢法和内衬不锈钢法等。这些方法普遍适用于ϕ159mm以上中、大口径钢质管道修复，并且一次修复长度不超过300m。

针对油田ϕ114mm以下小直径管道多，而且长度多在1000m以内的特点，围绕油田老区原油稳产，降低原油生产成本、延长油田管道使用寿命、安全环保和节能降耗，大庆油田建设集团有限责任公司对《油田集输系统管道、储罐大修配套技术研究》进行了立项研究，重点对管道不开挖长距离内衬玻璃钢软管修复技术进行研究，攻克了玻璃钢软管制造技术，玻璃钢软管翻衬工艺和翻衬机具研制等技术难题。

2008年10月在大庆油田采油九厂龙虎泡作业区对$\phi 89 \times 4.5$mm掺水管线进行内翻衬玻璃钢修复的技术应用，打破国外技术封锁，创国内首次对ϕ89mm管线一次反翻内衬玻璃钢300m的记录，现场试验取得圆满成功，形成了先进的管道不开挖长距离内翻衬玻璃钢修复配套施工技术。2009年6月在采油二厂南六东2号注入站扩改建工程8.8km的$\phi 114 \times 4$mm水管线修复施工中应用，2009年7月在采油二厂新南2-2污水站改造工程4.6km的$\phi 76 \times 4$mm水管线修复施工中应用，2009年8月在采油九厂葡西试验站改造工程17.37 km的$\phi 114 \times 4$mm掺水管线进行修复施工，取得良好效果。

以管道不开挖长距离内衬玻璃钢软管修复技术为核心的《油田集输系统管道、储罐大修配套技术研究》课题于2011年3月获得大庆油田有限责任公司科技创新成果二等奖。2011年4月，《埋地钢质管道不开挖长距离内翻衬修复技术》通过中国石油和化学工业协会技术鉴定，2011年4月本项工法被中国石油工程建设协会评为石油工法。该工法关键技术拥有国家专利13项，其中发明专利5项，其核心技术达到国内领先水平，国际先进水平，具有广阔的推广应用前景。

2. 工 法 特 点

2.1　修复质量好：玻璃钢衬里层连续完整，强化了管道的整体功能，抗腐蚀能力远远高于钢管本身，所以修复后的管道寿命可延长使用20年以上。

2.2　施工周期短：一次翻衬距离可达500m，只需在两端开挖操作坑，不大面积开挖土方，缩短施工工期。

2.3　修复成本低：由于保留原管道防腐保温体系不变，减少对自然地貌的破坏，不但环保而且修复成本为更换新管道成本的35%～60%。

2.4　由于内衬层光滑，可减少输送阻力，提高输送量5%～10%。

2.5　由于内衬层为聚氨酯，聚氨酯具有对称的分子结构，对外呈无极性状态，能防止垢层的附着，具有突出的防结垢性，可降低管道运行成本。

3. 适 用 范 围

本工法适用于ϕ60～ϕ700mm油田集输系统埋地钢质管道内翻衬玻璃钢修复施工。

市政管道及地面以上管道可参照执行。

4. 工 艺 原 理

本工法的核心工艺是软管翻衬技术，采用软管翻转法进行现场修复，软管翻转法的工艺原理（如图4所示）是在不破坏自然地貌、不损坏原管道的情况下将管道内污物清理干净，恢复原有通径后，将带有防渗透层并浸透热固性树脂的纤维增强软管作为衬管的成型材料，将旧管道作为内衬管的翻衬通道和成型模板，采用气压（或水压）将软管翻转并送入旧管道内，使软管的浸树脂层朝外贴于旧管道内壁，防渗透层朝里成为新管道的内壁表面。用加热（或室温）固化法使衬管的树脂固化与原管道构成钢塑复合管，原管道起维护支撑作用，衬里层起防腐作用。

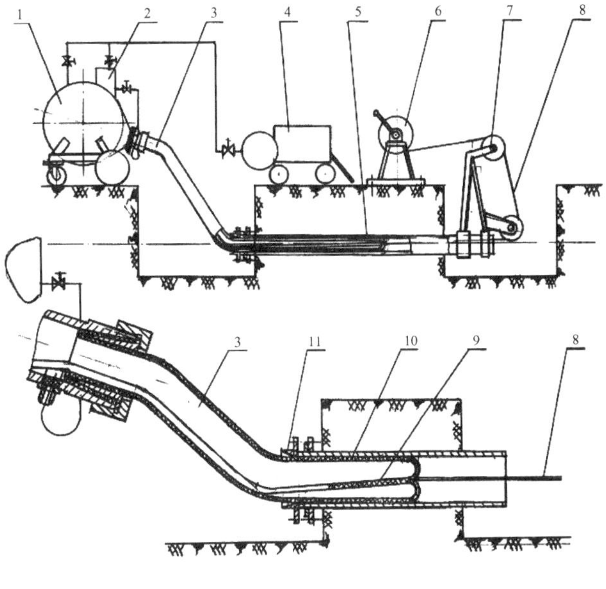

图 4　翻转内衬玻璃钢软管工艺原理示意图

1—翻转器；2—润滑油箱；3—软管；4—空气压缩机；5—被修钢管；6—牵引机；7—导向滑轮；8—牵引绳；9—在翻软管；10—已翻软管；11—翻衬入口

5. 施工工艺流程及操作要点

5.1　工艺流程

本工法主要工艺流程见图5.1。

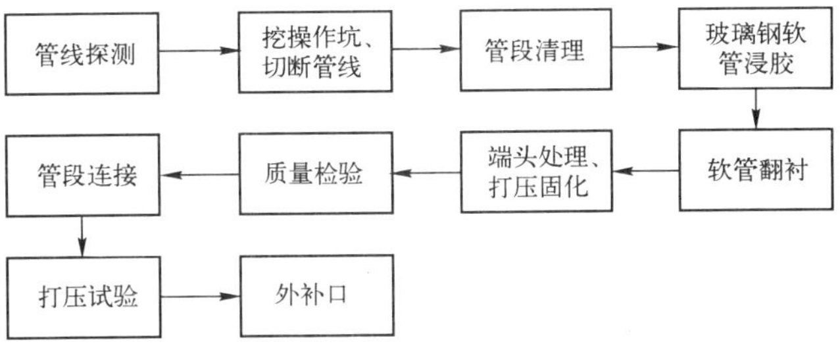

图5.1　埋地管道不开挖内翻衬玻璃钢修复工艺流程图

5.2　操作要点

5.2.1　管线探测

使用管线探测仪对埋地钢质管道进行精确定位。

1)用信号联线将管线探测仪的发射机与被测钢管连接，再将接地棒插入地下，使钢管与大地构成电流回路，使整根钢管向外发生清晰电信号。

2）用管线探测仪接收机沿线收寻发射机通过钢管发出的信号，很方便地找到被测管道敷设的位置，并用木桩标识。

5.2.2　挖操作坑、切断管线

1）根据自然状况，考虑施工方便确定一次修复管道长度和起、止点位置，并挖操作坑。操作坑（长×宽×深）尺寸以满足作业为准。

2）直径≤ϕ219mm的钢管用手动切管机切断，切下短管长度以便于管段清理和翻衬玻璃钢软管作业为目的，一般短管长度为1～1.5m。

3）在距被修管段端头35mm处焊接隔热圈，在切下的短管两端头同样距离处各焊一个隔热圈，并将短管以相同材料和结构衬入玻璃钢防腐层，两端头与被修复管段同样方式进行处理，以备管段连接时使用。

焊隔热圈时使用专用工具“隔热圈定位环”限位。

5.2.3 管段清理

管段清理包括管内结垢物的清洗和管内硬性障碍物的清除。

1. 管内结垢物的清洗

1）在管段两头分别安装清洗发射装置和清洗接收装置。根据被修管段横断面上结垢层厚度选择较小直径的钢丝刷清管器以压力水为介质清洗管内污垢，而后逐步加大清管器直径，最后用与钢管同一规格钢丝刷清管器将管内污垢清洗干净。

2）用与钢管相同规格聚氨酯碳化硅清管器以压缩空气为动力反复进行垢膜和油膜的清除。

3）用与被修钢管相同规格的聚氨酯整体清管器以压缩空气为动力排除管内污水。

4）用直径为钢管内径1.5倍软质聚氨酯泡沫清管器反复对管内污水和油膜进行吸收和干燥。当软质聚氨酯泡沫清管器内无水，表面无明显油污为止。

2. 管内硬性障碍物的清除

管内硬性障碍物包括：焊接过瘤、穿孔栽钉、变径、过桥以及断面变形等。对这些障碍物分别采取以下方法排除。

1）焊接过瘤和穿孔栽钉采取火焊开孔，割掉突出部分电焊焊接开孔。

2）变径和过桥，切掉变径管段和过桥，更换与被修管段相同规格的新管段。

3）断面变形，采用火焊烘烤、修整的方法排除。

管内硬性障碍物的暴露多数出现在清洗管内结垢物的过程中，其表征是卡住清管器使清洗作业无法继续进行。此时，必须设法找到卡堵位置，排除障碍。寻找卡堵障碍物的方法是利用跟踪检测仪监测，即在清管器上安装跟踪检测仪的发射机，地面上用接收机寻找卡堵位置。

3. 质量检测

质量检测包括通过性检测和内表面外观质量检测。

1）管道通过性能检测，利用测径清管器检测管道是否恢复原有通径。

2）利用管道内窥仪从两头进入管道内通过荧光屏外观检测清洗质量。

4. 用风送法在被修复管段内穿插一条牵引绳索，以备在软管翻转内衬玻璃钢软管时使用。

5.2.4 玻璃钢软管浸胶

1. 玻璃钢软管浸胶前的准备

1）利用穿绳工具在玻璃钢软管内贯穿一条编织扁带作牵引绳。在贯穿过程中严禁扁带扭转。

2）从胶粘剂的三组份混合搅拌开始到翻转内衬玻璃钢软管结束所用时间再多加2h作为胶粘剂的凝胶期，确定胶粘剂的配比。

根据施工现场做三组胶粘剂配比试样，按其中结果接近凝胶期的那组配比进行配料施工。

2. 按软管展开面积计算所需要胶粘剂，并用专用机具灌入玻璃钢软管内。

3. 灌有胶粘剂的玻璃钢软管经由现场作业平台进入浸胶机，在通过浸胶机的过程中，将胶料从前往后碾压使胶粘剂浸透整根软管，见图5.2.4。

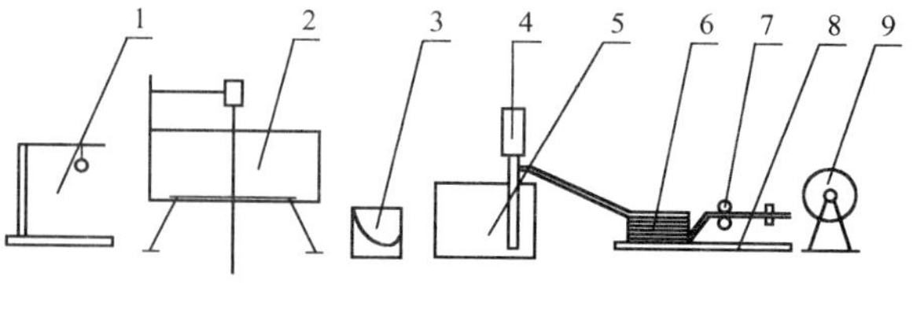

图 5.2.4 玻璃钢软管浸胶平面布置示意图

1—台秤；2—搅拌机；3—提料桶；4—气动膜料泵；5—盛胶桶；6—浸胶软管；7—浸胶机；8—作业平台；9—缠带机

4. 当浸胶软管露出浸胶机时，将软管内的编织扁带和事先缠绕在翻转器转轴上的拖拉扁带连同软管三者用特制接头连接在一起，从上方紧紧缠绕在翻转器的转轴上。

5.2.5 翻转内衬玻璃钢软管（图5.2.5）

1. 将玻璃钢软管内的牵引扁带和被修管段内牵引绳索连接在一起，而后将玻璃钢软管端头锁定在翻转器的软管出口上。

2. 启动空气压缩机往翻转器内供压缩空气，同时打开润滑油路上的阀门向翻转器内供润滑油。当翻转器内压力达到一定数值时软管开始外翻，用人工将翻出的玻璃钢软管通过翻衬入口送入被修复管段内，此时要求拉紧被修复管段内的牵引绳索，防止因松弛被撵入已翻玻璃钢软管和钢管内壁之间。当翻转器内压力上升到0.3～0.4MPa时，开始对牵引绳索施加拉力，加快翻衬速度，进入正常翻衬作业。此时，通过调整进气量使翻转器内压力稳定在0.3～0.35MPa，翻衬速度稳定在25～35m/min之间。当翻衬长度达到被修复管段长度50%时，翻衬阻力达到最大值，此时如果翻衬出现困难允许将压力提高到0.5MPa。

3. 当翻衬长度超过被修复管段长度的50%时，翻衬阻力将逐渐减小。此时为保证衬里质量，应适当控制翻衬速度，保持翻转器内压力在0.3MPa左右为宜。

4. 当翻衬接近尾声时应及时取消对牵引绳的拉力。当璃璃钢软管翻出被修管段时应立刻放开牵引绳，避免出现安全事故。

5.2.6 端头处理、打压固化

1. 在被修复管段两端分别留出35～40mm玻璃钢软管，其余部分剪掉，并将留下的软管沿轴线六等分剪成条外翻粘贴在管段外壁上，用锁定环固定。

2. 在被修管段两头分别用发射端堵头和接收端堵头密封，空气压缩机打压0.3～0.4MPa关闭阀门，稳压24h固化，见图5.2.6。

图5.2.5 玻璃钢软管翻衬作业

图5.2.6 打压固化

5.2.7 质量检验

利用管道内窥仪从管道两头分别进入管内，进行外观质量检验，以内衬层无气鼓、塌陷和破损为合格。

5.2.8 管段连接（图5.2.8-1）

1. 将5.2.2第3款中以备管段连接时使用的短管4落入在两管段1和8之间，由两头各2根托杆（图中不表示）定位，保证短管和管段同轴线。

2. 将浸满胶粘剂的无纺毡条缠绕在短管和管段接缝处成为填满端头缝隙的玻璃钢密封圈7，使玻璃钢衬里层连续完整，无钢铁裸露。

3. 将套管移至两隔热圈之间（螺丝孔朝上）搭在两隔热圈上，用小电流进行角缝焊接，必要时用水冷却，防止焊接过热烧损内衬里。

4. 从螺丝孔往环形空间灌注已混合好的胶粘剂，一要注意排除里面的空气，二要将胶粘剂灌满，而后拧入丝堵，并使胶粘剂沿螺纹缝隙溢出，见图5.2.8-2。

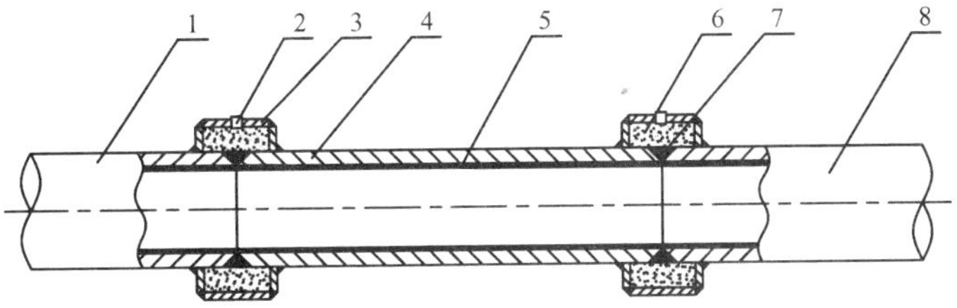

图5.2.8-1 管段组装平面示意图

1—被修管段；2—丝堵；3—套管；4—短管；5—玻璃钢内防腐层；6—胶粘剂；7—玻璃钢密封圈；8—被修管段

图5.2.8-2 管段连接

5.2.9 打压试验

按设计要求对内衬玻璃钢管道进行水压试验，被修管道两端焊接相应规格的标准封头，选择额定压力高于试验压力的柱塞泵进行打压试验，用水泵从管道一端注水，管道另一端设有排气阀，当水从排气阀溢出时关闭排气阀，逐步升高压力，当压力升到设计压力的1.5倍时稳压24h，压力无变化为合格。

5.2.10 外补口

钢管外防腐层、保温层和外保护层均按设计要求用同种材料、同种结构，按一个整体的原则进行补口。具体操作参照SY/T0415-96和SY/T0413-2002进行。

1．防腐保温管的补口

1）使用内径与防水帽处外径相同尺寸的补口模具。

2）模具必须固紧在端部防水帽处，其搭接长度不小于50mm，浇口向上，保证搭接处严密。

3）环境温度低于5℃时，模具、管道和泡沫塑料原料预热后进行发泡。

4）防护层必须用补口套，补口套的规格应与管径相配套，补口套与防护层套搭接长度应小于50mm。

2．聚乙烯防腐管的补口

1）补口前，必须对补口部位进行表面处理，表面预处理质量应达到《涂装前钢材表面锈蚀等级和除锈等级》GB/T 8923中规定的Sa2 1/2级或St3级，焊缝处的焊渣、毛刺等应清除干净。

2）补口搭接部位的聚乙烯层应打磨至表面粗糙，然后用火焰加热器对补口部位进行预热。按热收缩套（带）产品说明书的要求控制预热温度并进行补口施工。

3）收缩套（带）与聚乙烯层搭接宽度应不小于100mm，采用热收缩带时，应采用固定片固定，周向搭接宽度应小于80mm。

5.2.11 劳动组织（表5.2.11）

劳动组织 **表5.2.11**

序号	工　种	人数	备　注
1	现场指挥	1	现场组织、协调
2	压风机手	2	喷砂、除锈及翻衬
3	操作手	5	胶料制备浸胶及翻衬
4	技术负责	1	记录、收集资料、处理技术
5	联络	1	通信联络
6	安全	1	现场安全
7	火焊工	1	处理故障
8	电焊工	1	处理故障、管段连接
9	司机	2	拉运物资、接送人员

6. 材料与设备

机具设备配备见表6。

机具设备配备表 **表6**

序号	名　称	型号规格	数量
1	万能管线探测仪	RD8KPDL—A	1套
2	管道内窥仪	VIVX	1套
3	电子跟踪检测仪	DDF40—100	1台
4	空气压缩机	$9m^3/min$；0.7MPa	1台
5	空气压缩机	$0.9\sim1.25m^3/min$	1台

续表

序号	名　　称	型号规格	数量
6	清污泵		1台
7	玻璃钢软管翻转器	FZH.00	1台
8	胶粘剂搅拌机	JBJ.00	1台
9	玻璃钢软管浸胶机	NYJ.00	1台
10	现场作业平台	PT.00	1台
11	缠带机	CDJ.00	1台
12	牵引机	QYJ.00	1台
13	手动切管机	GGJ.00	1台
14	活动电焊机		1台
15	活动发电机		1台
16	火焊		1台
17	野营房		3座
18	自装自卸程车		1辆

7. 质量控制

7.1 施工技术标准及验收规范

《工业金属管道工程施工及验收规范》GB 50235-97；

《油田集输系统在役钢质旧管道内翻衬玻璃钢修复技术规范》Q/SY DQ2009-59；

《乙烯基酯树脂》Q/0900TTY 001-2010。

7.2 质量保证措施

7.2.1 利用直径为0.96DN测径清管器检测管段内径，确保管道畅通。

7.2.2 清除管内水份和80%管道内表面积上的油膜。

7.2.3 玻璃钢衬里层与钢管内壁之间无残留空气。

7.2.4 被修复管段要在0.3MPa压力下稳压24h，确保衬里层与钢管具有良好的粘接强度。

7.2.5 参加施工的人员认真执行施工程序和规范，质量管理人员做好监督检查工作。

7.2.6 施工中要严格按照操作技术规程规范施工。

8. 安全措施

8.1 凡参加施工人员执行本工种的安全操作规程。

8.2 施工过程中，操作坑两侧20m内设警戒区，任何非施工人员不得进入。

8.3 规范现场施工作业，压风机的工作压力不大于0.6MPa。

8.4 坚持安排施工的同时讲安全生产，现场施工人员应按规定穿戴劳保用品。

8.5 定期对施工设备进行检查，发现隐患，应立即采取措施。

8.6 施工现场按符合防火、防风、防雷、防触电等安全规定及安全施工要求进行布置，并完善各种安全标识。

8.7 建立完善的施工安全保证体系，加强施工作业中的安全检查，确保施工标准化和规范化。

9. 环保措施

9.1 用压缩空气为动力推动清管器清理管内污物，在管道接收端设置污物回收装置，将回收的污物交给采油矿回收队或输送到指定的地点进行处理。

9.2 将清洗管道用的清管器回收修复再利用。

9.3 现场软管浸胶时在地面铺设彩条布，在彩条布上操作以保护软管和地面不受胶的污染。

9.4 施工中开挖的操作坑在工程结束时要及时回填，恢复原有地貌。

9.5 成立施工环境卫生管理机构，在工程施工过程中严格遵守国家和地方政府下发的有关环境保护的法律、法规和规章，加强对工程材料、设备、废水、生产生活垃圾、弃渣的控制和管理，遵守有关防火和废弃物处理的规章制度。

10. 效益分析

10.1 经济效益

管线经过修复，一是恢复原有通径达到设计输液量，降低使用成本；二是衬里层与原管道形成新的结构，增加防腐保温功能。可在20年之内不再对管线进行维修，为油田节约大量资金。与新建管道相比可降低造价50%左右，节约人工40%以上，管径越大，成本降低越多，同时还可避免新建管线因征地补偿带来的附加费用。该项技术工程应用累计创经济效益368.5万元。

10.2 社会效益

翻衬玻璃钢修复旧管线技术必将以独特的技术优势，在大庆乃至全国各油田推广应用，为社会提供可观的就业岗位，成为社会提倡，企业广泛参与的高新技术产业和环境友好的一项关键技术。不仅可以降低原油生产成本，保护生态环境，打造百年油田，塑造节约型企业和环保型企业，而且能够规范管道翻衬修复的施工工艺，提高施工技术水平，还能够满足市场开发的需要，提升公司产业竞争能力。

11. 应用实例

1．2009年6月在大庆油田采油二厂南六东2号注入站扩改建工程的$\phi 114\times 4$mm水管线进行内衬修复施工，修复长度为8.8km。

2．2009年7月在大庆油田采油二厂新南2-2污水站改造工程的$\phi 76\times 4$mm水管线进行内衬修复施工，修复长度为4.6km。

3．2009年8月在大庆油田采油九厂葡西试验站改造工程的$\phi 114\times 4$mm掺水管线进行内衬修复施工，修复长度为17.37km。

长输管道清管、试压同步施工工法

GJEJGF355—2010

陕西化建工程有限责任公司
王俊杰　徐毛选　张来民　李丽红　张世杰

1. 前　　言

公司在南京天然气管道施工过程中，工期要求特别紧，管道的直径为610mm，施工进行到水压试验工序时，查阅《输油输气管道线路工程施工及验收规范》SY0401-98："长输管道分段试压前，应采用清管器进行清管，清管次数不少于两次"（第9.2.1条款）。同时，该规范第9.3.3条款规定在试压时，要加入隔离球，以防止空气存在于管内，影响试压结果判定。经我们了解在各施工单位进行清管试压时，通常是两道工序分别完成的。结合现场实际情况，公司技术人员在认真学习规范的前提下，经过认真细致的分析、沟通，认为在实际操作中可以将试压与清管两道工序合二为一。即：两个清管器（同时充当隔离球）一并安装于待试压主管内，使其相隔设定距离，两个清管器之间也充满水。在水压推动下，两个清管器一并向前行进，进行清管，同时其中一个还起到隔离排气的作用。待把清管器全部推出管道，且试压水充满管道后，即可进行试压工作。这样，既节约了试压时间又降低了工程成本，在施工实践中得到了建设单位、监理单位以及设计单位的充分肯定。为公司顺利竣工，提供了有力的保证。

2. 工 法 特 点

在长输管道施工分段清管和试压时，将试压与清管两道工序合二为一：两个清管器（同时充当隔离球）一并安装于待试压主管内，使其相隔设定的距离，两个清管器之间也充满水。在水压推动下，两个清管器一并向前行进，进行清管，同时起到隔离排气的作用。待把清管器全部推出管道，且试压水充满管道后，可进行试压工作。

3. 适 用 范 围

本工法适用于在输油输气等长输管道以水为介质进行清管和试压工序的操作。

4. 工 艺 原 理

管线较低一端作为清管试压发球进水点，较高一端为管线收球端。清管与试压注水同步进行，即在管内注水时，清管器既起管道注水时隔离球的作用，又起清管器的作用，通过黄河打压车向管内注水时的水压即推动清管器在管内由低向高端清管及隔离排气，又使这些注入的水作为试压用水。待两清管器全部进入收球装置后，使水从高端温度计口溢出时间为5～10min，以确保管内气体均排干净，然后将温度计安装好。控制低端黄河打压车的注水压力，使其缓慢向管内注水。当压力升到强度试验压力并保压4h后，通过收球装置处的针形阀排水泄压到严密性试验压力，保压24小时。试压结束后，再利用清管器进行气压通球排水。

5. 施工工艺流程及操作要点

5.1 施工程序

确定总体试压方案—准备工作—临时清管试压设施的制作—清管兼试压注水—升压—强度试验—严密性试验—泄压排水—气压通球排水。

5.2 操作重点部位描述

5.2.1 清管、试压临时装置制作

1. 清管试压首端（发球装置的预制）如图5.2.1–1所示。

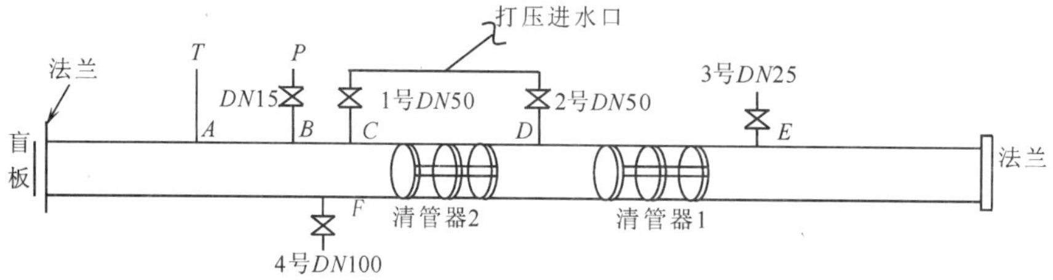

图5.2.1–1　清管试压首端示意图

利用主线管材5m长，管段的左端组焊对焊法兰一块（配盲板一块），距左端150mm的管段顶部A 点为温度计，B点为压力计，C点为1号DN50进水阀门支管，D点为2号DN50进水阀支管，E点为3号DN25的进水阀支管（通球前在第一个球前向管内注水），F点为4号ＤＮ100排水阀支管 ，将清管球置于如图所示位置，保证两球之间间距为0.6m，且在0.6m的正中处为进水D点，第一个球前端管段长度为1m，按照以上图示位置，将清管器及支管组装结束后，将此发球装置整体安装于主线低端。

2. 清管试压末端（收球装置）预制如图5.2.1–2所示。

右端为比清管试压管线大两个规格的管段（4.5m长），在其左端焊接同心异径管，在异径管左端焊接与清管试压管线同规格短节（1.5m长），在该短节的左端焊接对焊法兰一块，在收球装置右端组焊对焊法兰一块（配盲板一块），4.5m长收球管段可以保证两清管器在其内时还有1.5m长的余量，并按图示安装压力表、温度计及 5 号、 6 号DN100的排污阀门。将此收球装置制作好后，将带有左端法兰与清管试压管线高端连接。

3. 气压通球排水收球框的制作（如图5.2.1–3所示）。

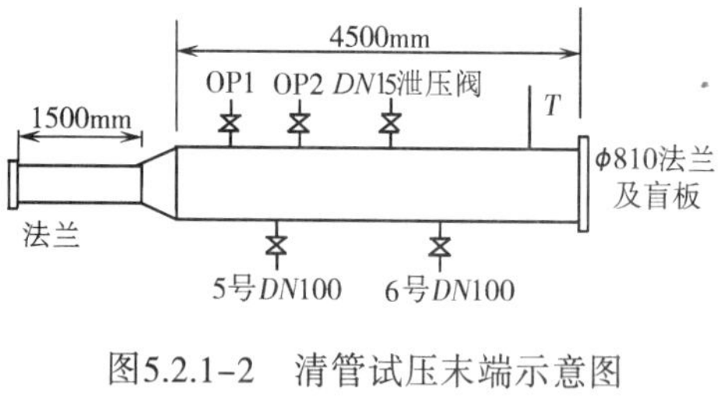

图5.2.1–2　清管试压末端示意图

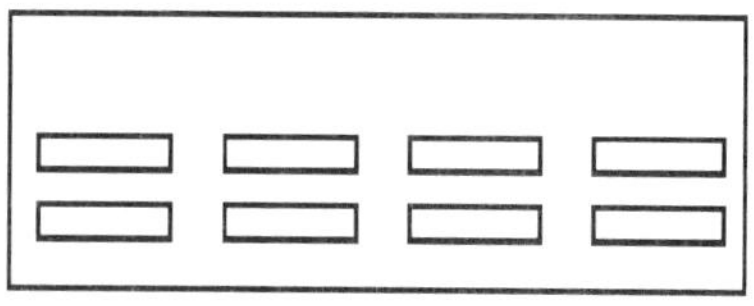

图5.2.1–3　气压通球排水收球框

利用主线管材 6m长制作气压通球排水收球框，如图5.2.1–3所示，为确保收球安全，在收球管段底部4点～8点范围沿轴向将管壁均匀抽条，使管段底部呈网格形收球框，并在框下挖5×2.5×2.5m（长×宽×高）的基坑，在气压通球清除管内积水过程中，利用4台4～6寸泵将管内推出之水从基坑内排出。

5.2.2 清管、试压、排水操作

1. 注水、清管

2. 在首端发球装置处，利用1寸泵由 3 号阀门向清管前主管内注水30～40m^{3}后关闭此阀门，再由 1号阀、2号阀门处分别向管内注水，使两清管器之间及第二个清管器与法兰盲板之间充满水。在末端收球装置处打开6号阀、关闭5号阀，暂时卸掉温度计使此孔在注水清通过程保证系统排气。

3. 缓慢开启黄河打压车，在2号阀门处向管内注水，使水带压后推动第一清管器向前清通。在第一清管器前进大约60min时（约150m）打开1号阀，关闭2号阀门，向管内注水加压推动第二清管器向前清通，从而也推动第一清管器一起前进。此后通过黄河打压车不断向管线内注水，使水推动清管器在管内前进，在清管器运行过程中由专业人员操作清管器示踪仪设施，以便能够时刻掌握清管器所在管内的位置。

4. 当第一个清管器进入收球装置后，关闭6号阀门，打开5号阀门（以防两清管器相互撞击而损伤）。当通过示踪仪确定两个清管器均进入收球装置，此时通球清管过程结束。

5.2.3 试压

关闭5号阀门，等收球装置顶部温度计接口处溢水达5～10min后，表明管内水已充满，气已排尽，此时将此处的温度计安装好。用黄河打压车向已通球注水后的管线密闭系统中缓慢补水升压，按常规进行强度试验和严密性试验。

5.2.4 泄压排水

经现场业主代表、监理及其他社会质检部门确认，强度、严密性试验达到标准要求并经现场记录资料签字确认后，打开管线两端*DN*100排水阀门进行排水，排水速度应有所控制，同时打开管线顶部的全部阀门及支管，以确保空气进入体系利于排水。

5.2.5 气压清管排水

将管线高端收球装置卸掉，再将试压首端装置按照试压时安装清管器的方式及位置将两个清管器装入发球装置，并将此装置安装于管线高端，同时将收球框安装于管线底端。利用10m³/min的打压风车先在2号阀门处加压，使第一清管器在管内运行5min（约80～100m距离）。然后打开1号阀门，关闭2号阀门，使风车推动第二个清管器在管内向前清通的同时也推动了第一清管器前进。清管速度控制在4～5km/h，清管压力宜为0.2～0.3MPa，如遇阻力可适当提高压力，直至两球先后进入管线低端收球框，则管内排水完成。

6. 材料与设备

设备与材料表　　**表6**

序号	设备名称	规格型号	数量	备注
1	黄河打压车	3m³/min	2台	一备一用
2	注水泵	0.5 m³/min	4台	
3	发电机	100 kW	2台	一备一用
4	电焊机	ZX—400	2台	
5	气割工具		1套	
6	收球筒	D610	1套	
7	发球筒	D610	2只	
8	除锈清管器	D610	2只	
9	测径清管器	D610	2只	
10	金属温度计	0℃<T<100℃	2只	
11	压力表	10MPa	4只	1.5级，φ150㎜
12	压力表	6.4MPa	6只	1.5级，φ150㎜
13	测压指挥车	小轿车	2辆	
14	客货两用车	1.5t	2辆	
15	焊条、氧气、乙炔		若干	

7. 质 量 控 制

7.1 清管、试压水质、稳压时间、压力等级符合规范要求。

7.2 每段管道清管测径完成后，经现场监理核实确认，填写通球扫线施工记录。

7.3 清管、试压前要保证各类设备完好率达到100%。

7.4 压力表等计量检测设备必须经过校验，并且有检验报告。

7.5 公路、河流穿越必须按设计要求单独试压，穿越标高、位置符合设计要求。

7.6 管道施工完后应该将管口进行封堵，清管、试压完后再次将管口进行封堵，并对其管口的封堵情况作检查，做到所有管口全部进行封堵，以免杂物灰尘进入。

7.7 通球失败应急措施见表7.7。

通球失败应急措施表 **表7.7**

通球失败现象	可能原因	解 决 措 施
接收端排量很大，但清管器停止运行或运行速度很慢	1. 清管器没有安装好； 2. 清管器中途损坏	1. 泄压后，打开发射装置检查清管器是否发出，重新装好清管器 2. 或泄压后装入新的清管器，将损坏的清管器推出，并重新清管
清管器卡住，接收端不排水或排水非常小	管道变形大或管道内有特殊杂物	利用清管器跟踪装置确定卡点，提高水压力，将清管器冲出，挖开卡点管道检查，如管道的变形超过允许的范围，应更换该段管子

8. 安 全 措 施

8.1 清管、试压前，在所有通向作业带的道路旁边放置警告标志，这些标志保持到管道减压后。这些标志有下列词语："警告—管道正在高压试验"。在管道试压时，严禁闲杂人员在管道附近逗留。

8.2 清管、试压前时，划出区域，做出通告，防止扰民。

8.3 清管：大管道施工前必须对管道内壁进行清理或拉锈，以保证管道清洁度，安装的管道在暂不碰头的情况下必须进行封口。

8.4 施工机械操作人员必须经过专门培训，考试合格后方准独立操作，机械设备的限位装置、传动部分保护、电气仪表必须保持良好状态。

8.5 安全用电：施工区内不得有裸线，过路须有穿管保护，电动机械必须有可靠接地，总开关装触电保护器，必须在晚上工作时，事先获得监理认可并提供具有足够照明强度的设备，以便工作能够安全、顺利完成，并且不对人员或工作造成损害。

9. 环 保 措 施

施工进程和施工完毕应采取相应措施减小对环境影响。建设期间对环境的影响主要来自管道施工中的清理平整施工作业带、施工便道的建设、堆管场、蓄水池和施工机械、车辆、人员践踏等活动对土壤和生态环境的影响。此外，建设期间各种机械、车辆排放的废气和产生的噪声、施工产生的固体废物的丢弃、管道试压产生的废水等，也将对环境产生一定的影响。施工时考虑的主要处理措施有：

9.1 加强施工管理，严格执行国家《土地复耕规定》，控制施工占地面积，减少地表植被的破坏；对于破坏的耕地，应将表层土推至一边堆放，恢复地貌时再覆土。

9.2 在施工过程中的临时性占地在施工完后即可恢复。固体废弃物及时清理、运走，不会对环境产生长期影响。

9.3 管道试压介质采用清洁水，试压后排放水中的主要污染物为悬浮物，处置方式是选择合适的地点排放，将水中悬浮物及时收集、运走。

9.4 施工后认真恢复地形、地貌，搞好排水系统设计，不能破坏和影响水土流失和环保。

9.5 对于油污、残渣等应设临时排污池，集中排放；施工完毕应运走至适当地方进行处理；施工过程中应在地方相关环保部门现场监督、指导下进行，达到环保相关要求方为合格。

10. 效益分析

以西安–商州天然气长输管道工程ϕ610管线50km清管、试压进行测算：

若采用传统方法人工需8.2万元，机械需60万元，材料需8.8万元，合计直接工程费77万元，试压工期为14d。

采用本技术试压清管，人工、材料、机械等费用的投入仅需传统方法的1/2，即直接工程费为38.5万元，同时管道试压周期由14d可缩短为7d。

11. 应用实例

11.1 2005年1月～2005年9月靖西输气管道扩建工程（$\phi 610\times 10$ 53km）。

11.2 2008年12月～2010年3月宝鸡至汉中天然气管道项目（$\phi 323.9\times 7.1$ 64km）。

11.3 2010年4月～2011年1月西安至商州天然气管道项目（$\phi 610\times 10$ 72km、$\phi 273\times 6.3$ 64km）。

长距离大坡度隧道内管道施工工法

GJEJGF356—2010

辽河石油勘探局油田建设工程二公司　胜利油田胜利石油化工建设有限责任公司
牟宗元　张彦军　刘洋　雷礼斌　王清元　徐军华

1. 前　　言

在大口径长输管道隧道穿越施工中，受空间限制，吊管机、挖掘机等大型设备无法使用。管道运输和布管工序传统上有辊道法、轻轨法和炮车法，传统施工方法有投入大、工期长、施工繁琐、受卷扬机容绳量和工作方向单一的限制、需要较大施工空间、机动性能差，危险系数高等诸多缺点，难以适应长距离、大坡度、小空间隧道的运布管施工。为此，公司针对川气东送管道工程第九标段长距离、大坡度隧道内管线施工项目，专门成立了“隧道运布管工艺”研发项目小组，研制出了新型隧道布管设备并将其命名为“液压侧翻式隧道布管机”（其结构见图1），该布管机已获国家发明专利（专利号：201010599256.0）。由此，我们依托该专利确定了“自下而上、单管运输、洞内组焊”的长距离、大坡度隧道内管线施工方案，并在川气东送管道工程中广泛应用，获得良好的经济和社会效益。

图1　隧道布管机结构示意图

2. 工 法 特 点

2.1　通过使用“隧道布管机”，实现了安全、高效地运管，准确、快捷地布管。

2.2　专用龙门吊架的科学设计，实现了坡面吊装的安全性和管道组对时的高效性。

2.3　管道三角支架的合理设计，实现了坡面管线焊后的管道稳定。

3. 适 用 范 围

长距离、大坡度（坡度不大于18°）、高载重（$\phi 811\times14$至$\phi 1016\times26.2$）的隧道内管道施工。

4. 工 艺 原 理

在空间受限的隧道内进行管道施工，关键工序是管材的运布和吊装，该工序通过使用隧道布管机，实现了安全、高效地运管，准确、快捷地布管，该设备的基本工作原理是以发动机为源动力，依托“L”形设计的承载系统，将管材运至隧道内指定位置，由液压侧翻卸载系统将管材布设到隧道内管墩上，管材通过专用龙门吊架进行组对焊接。运输机动车通过双向控制系统，不必调头就可开出隧道返回管场，进行下根管的运输布管，依次循环从而完成整个布管工作。

“隧道布管机”的使用为该工法的核心技术，利用它实现了大坡度隧道内快速布管的目的；通过液压装置的引入，实现了该设备的自装、自卸功能；通过驾驶位置的双向设置，实现了该设备不用调头就能原路返回的目的。

5. 施工工艺流程及操作要点

5.1 施工工艺流程（图 5.1）

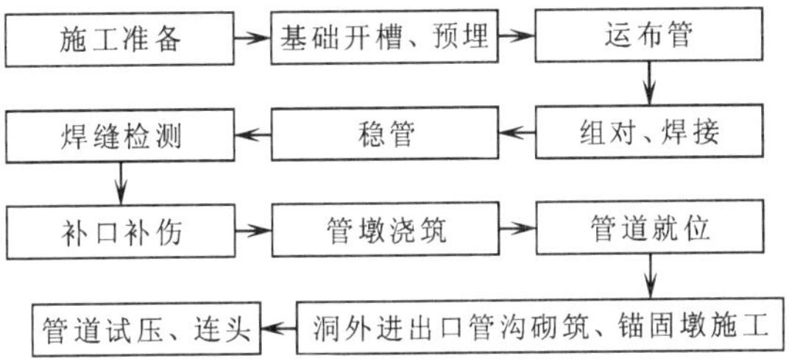

图5.1　施工工艺流程图

5.2 操作要点

5.2.1　施工准备

1．按照设计图纸和业主要求的工作界面，和业主、设计、监理等一起验收隧道，按标准隧道内应做完二次衬砌、地面为200mm混凝土，且表面平整为合格。待验收合格后方可进入隧道组织施工。

2．在管道摆放侧隧道内壁安装电缆架和照明灯架，每12～24m安装一盏防水防爆灯，防水防爆灯型号BFC6100，为保证突然停电等突发事件时人员能安全撤离，配备CBST6301型手提式防爆探照灯。

3．根据隧道内的施工情况，在隧道出口位置设1台110kW发电机和2台200kW发电机（备用1台），作为焊接、照明、通风动力电源。通过三相线（0.38/0.66kV 35mm^2/4芯）和两相线接入隧道内，然后分配至各防爆配电盘，8146系列配电盘每100m设置一个，再设置分级漏电保护器，便于小型用电机具使用。

4．在隧道外安装FBD-5.5型低噪声对悬轴流式局部通风机，每天进入隧道前30min通过鼓风机和排气管强制换气，解决隧道内空气流通不畅问题，并使用IQ350型瓦斯气体检测仪检测空气质量。

5．检测仪器配备：瓦斯气体检测仪1台、氧气浓度监测仪1台、风速仪2台、温湿度仪2台，所有仪器经专业鉴定部门校验合格。

6．为了保证隧道内外信息畅通，根据隧道长度不同安装不同数量的固定电话，电话线型号为MHY32，为煤矿用聚乙烯绝缘钢丝铠装聚氯乙烯护套通信电缆。如果隧道较短可选用对讲机。

5.2.2　基础开槽、预埋

1．测量放线：按照图纸设计，放出管道中心线，测量计算出隧道进出口高差及隧道坡度，测量放出管墩位置。

2．开槽：采用人工方式对管墩进行开槽施工，开槽宽度及深度严格按图纸要求施工。

3．预埋：管道支墩一般分为滑动支墩和固定支墩两种。

1）对于滑动支墩基槽开挖后马上进行预埋浇筑，浇筑高度至隧道地板以下150mm，当混凝土强度达到60%后垫细砂回填至地板一般高，便于布管机行走（预留钢筋不妨碍布管机行走），等到焊接完后再将上半部浇筑完成（由于滑动支墩只起到支撑，这样做并不影响其作用）。

2）对于固定支墩基槽开挖后，铺垫δ18mm厚的钢板覆盖（由于固定支墩数量很少，其投入并不多），等到管线焊接完成后再浇筑。

5.2.3　运布管

管墩基础处理完后，将进行管材的运输和布管。隧道施工运管选择自下而上的运输方向，即由低端向高端运管。运布管过程是由管材装载、管材拉运和管材卸载三部分组成。

1．装载过程：“隧道布管机”驶至临时堆管场，通过液压上管转臂将钢管从平台托起，并摆放在“隧道布管机”的“L”形承载台上，转臂继续将钢管夹紧固定，从而完成钢管装载过程（图5.2.3-1）。

（a）

（b）

图5.2.3-1　钢管装载示意图

2．由操作手驾驶“隧道布管机”驶入隧道内部，灯光打开，将钢管平稳地拉运到指定位置，完成钢管拉运过程（图5.2.3-2）。

3．卸载过程为液压侧翻自动卸载（图5.2.3-3）

依托“L”形液压承载系统实现钢管的自动翻转就位于提前准备好的临时管墩（临时固定墩由装沙的编织袋组成，高度略低于布管机承载台高度）上，从而完成自动卸载工作。这种方法速度很快，从管材解绑到就位大约需要90s左右。

图5.2.3-2　管材拉运示意图

图5.2.3-3　管材卸载示意图

5.2.4　组对、焊接

组对焊接方向正好与运布管方向相反，选择由上向下的方向施工。

1．组对：受隧道内空间限制，空压机不便使用，因此选择使用外对口器进行焊口组对（图5.2.4-1），利用两个专用龙门吊架和附带的相应吨位捯链对管道位置进行调节从而完成管口组对工作。

2．焊接：焊接采用手工打底、半自动填充盖面工艺，焊接设备使用逆变式外接电源焊机，可人工搬运，电源380V，要有接地线接地（图5.2.4-2）。

图5.2.4-1　管道组对示意图

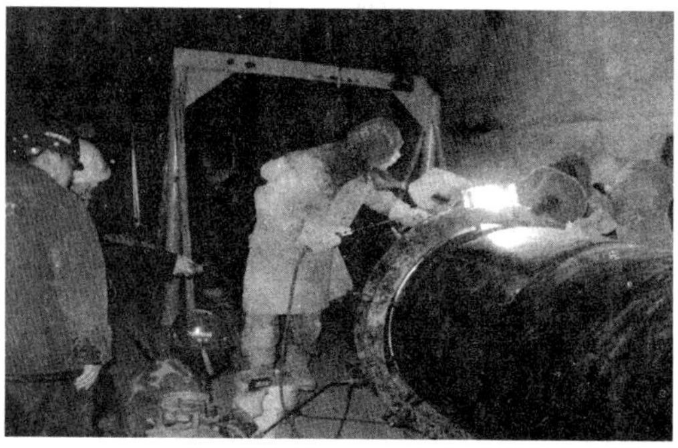

图5.2.4-2　焊接示意图

5.2.5　稳管

1. 临时支撑：管线在焊完一根后，采用临时三脚支架进行支撑，三脚长度不等，一根较长另两根等长，较长的一根作为斜向支撑在下坡方向摆放。支架顶板采用弧板设计，以钢板加胶皮的形式制作而成，既保护了防腐层又增大了摩擦力（据统计在9.2°的斜坡上，焊接ϕ1016的管材300m，管线轴向下滑20mm）。

2. 管卡稳管：在大于10°坡度的隧道中，需在第一根管材管口焊接自制牵引头，通过钢丝绳牵引连接到洞外的地锚上，通常地锚设置为两点（图5.2.5）。

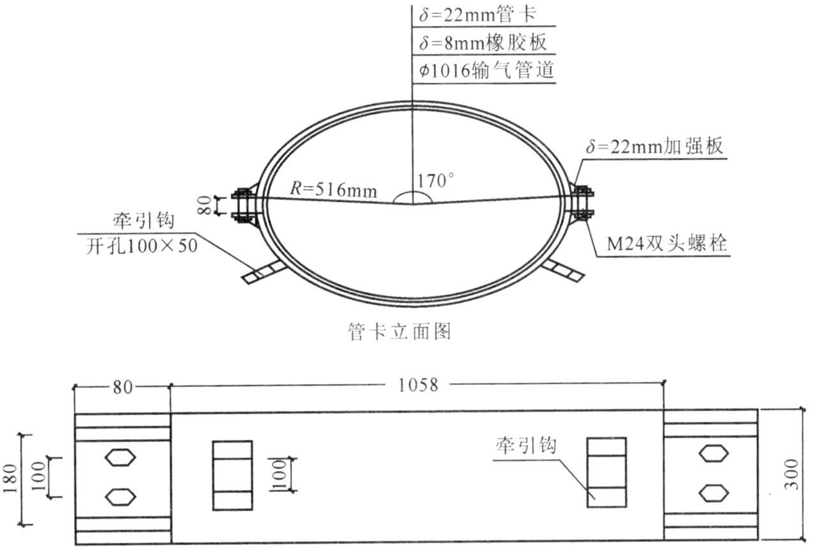

管卡平面图

图5.2.5 管卡平面图

5.2.6 焊缝检测

无损检测可每20～30道口进行一次，分别进行UT和RT检测。

5.2.7 补口补伤（图5.2.7）

1. 喷砂除锈：管材在隧道外进行喷砂除锈，按规范要求等级达到Sa2.5级即可，然后用透明胶和包装纸进行密封，做好运管准备。

2. 管道补口：用自制平板车将热收缩带和液化气瓶运至施工处，把管口密封纸撕掉（注意回收），采用角磨机打磨除去管口表面附锈，然后按规范要求进行补口施工。

3. 电火花检漏：补口结束后，用电火花检测仪对管道进行全位置检测，对发现的漏点，立即修补。

图5.2.7 管道防腐示意图

5.2.8 管墩浇筑

1. 基槽清理：防腐结束后，土建队伍立即进入现场，首先清理所有基槽内的细砂，集中堆放。

2. 混凝土运输：搅拌站设在洞外，将搅拌合格的混凝土通过输送管道（适用长度在1km以上的隧道）和输送泵打到施工处，或用自制车辆（适用长度在1km以下的隧道）运到施工处。用车运送时可将基槽堆积的细砂拉出洞外使用。

3. 支模浇筑：由于管道高度所限，支模浇筑前先使用简易龙门架将管道适当抬高，以便于浇筑为宜。然后按照规范要求组织施工，浇筑完落下捯链，管道仍然落在临时三脚支架上。

5.2.9 管道就位

待浇筑完的管墩达到一定强度后，在支墩位置上放入已预制完成的钢制支座，在钢支座弧形板及滑动垫块弧形板上铺放好 δ =8mm橡胶板，利用4台50t千斤顶将管道顶起20～30mm，撤除三脚支撑后将管道坐落在橡胶板上，安装好上半部分管卡，拧紧连接两部分管卡的紧固螺栓。

5.2.10 洞外进出口管沟砌筑、锚固墩施工

1. 隧道进出口施工：隧道进出口设计形式较多，常见有箱涵形式，施工队伍要严格按照图纸设计和土建工程相关规范施工，完成后在管道底部回填200mm厚细砂垫层，以保护管材防腐层。进出口管沟要与隧道洞门结合良好，混凝土浇筑时必须支模，按照比例要求进行送检。

2. 固定管墩施工：待管道就位以后，先撤掉基槽上铺盖的钢板，然后清理干净，再支模、绑筋、

浇筑，按图纸设计施工。等固定墩强度达到设计要求后，再取掉管道牵引头。

3．完工清理：整个土建完工后，拆除洞内所有动力、照明、通讯电缆，专人清除洞内所有工程垃圾。

5.2.11 管道试压、连头

1．隧道穿越段单独进行清管和强度及严密性试验，强度试验压力为14MPa，稳压4h，严密性试压压力为10.0MPa，稳压24h。

2．因隧道进出口端堆积大量的隧道施工时留下的弃渣，在进行连头时需要挖开大量的弃渣，铺设连头施工场地。

6. 材料与设备

6.1 施工材料（以方斗山隧道为例，见表6.1）

施工材料表 **表6.1**

序号	名称	规格型号	数量	备注
1	钢丝绳	6 '	50m	
2	钢板	$\delta=10$、18、22mm	100、30、24m^2	三脚支架、盖板、管托
3	橡胶皮	$\delta=8$mm	50m^2	保护防腐层
4	电缆线	0.38/0.66kV 35mm^2-4	3200m	焊接、动力电源线
5	电源线	2相	3200m	照明线
6	无缝钢管	$\phi40\times4$	280m	三角支架
7	枕木		6m^3	

6.2 施工主要设备（表6.2）

施工设备表 **表6.2**

序号	名称	规格型号	数量	备注
1	发电机组	200kW、110kW	3台	2台200kW、1台110kW
2	隧道布管机		1台	运管
3	熊谷电焊机	ZD7-500（IGBT）	12台	隧道内焊接
4	汽油焊机		2台	钢制支座焊接
5	吊管带	15t	20条	
6	吊车	16t	1台	
7	喷砂罐		1台	
8	清管试压设备		1套	
9	轴流通风机	FBD-5.5型	2台	备用1台
10	防爆探照灯	CBST6301	10盏	
11	氧气浓度监测仪	Z-1100	1台	
12	瓦斯浓度检测仪		1台	
13	风适度仪		1台	
14	干粉灭火器	MFZ4	50只	手提贮压式
15	GPS定位仪	GPS12XLC	1台	
16	电话		4部	

7. 质量控制

7.1 质量控制措施

7.1.1 管材装卸过程中的防腐层的保护：布管机“L”形承载台利用8mm厚的胶皮包裹，卸载时临时管墩采用细砂袋码到跟布管机等高，管材自动翻转到管墩上。

7.1.2 隧道内一般较为潮湿，所以在组对焊接前要做好充分的预热，保证焊接质量。

7.1.3 由于龙门吊架重量大，人力很难移动，所以在龙门吊架的底部安装4个钢轮，在自身重力和外力作用下前后移动。龙门吊架移动到位通过调整安装于钢轮附近的4个M65丝杠，调平龙门支架，使其自重及钢管的重力作用于丝杠支撑底板上，达到龙门吊架平稳的目的。两个捯链安装在两个龙门吊架的斜对角位置上，便于管道上下和左右位置的调整。

7.1.4 在补口补伤工序中，因隧道内气温较低、湿度较大，会对补口形成极为不利的影响，因此补口时一定掌握好烘烤火候和操作手法。为保证补口质量和提高工作效率，刚开始施工的几道补口进行100%剥离强度试验，合格后逐步加快补口速度，为了确保补口质量，应适当加大防腐补口剥离强度的抽查比例。

7.1.5 管道焊接完成后，不论是打管墩还是管道就位，都要动用千斤顶进行局部的顶升，切记在千斤顶顶端必须加垫一块弧形钢板内衬胶皮，一方面保证管道母材局部受力不变形，另一方面确保防腐层不受损。

7.2 质量标准

7.2.1 《油气长输管道工程施工及验收规范》GB 50369-2006；

7.2.2 《石油和天然气管道穿越工程施工及验收规范》SY/T 4079-95；

7.2.3 《管道下向焊接工艺规程》SY/T 4071-93；

7.2.4 《钢质管道焊接及验收》SY/T 4103-2006；

7.2.5 《石油天然气钢制管道无损检测》SY/T 4109-2005；

7.2.6 《油气输送用钢制弯管》SY/T 5257-2004；

7.2.7 《涂装前钢材表面锈蚀等级和除锈等级》 GB 8923-88；

7.2.8 《埋地钢质管道聚乙烯防腐层技术标准》 SY/T 0413-2002；

7.2.9 《辐射交联聚乙烯热收缩带（套）》SY/T 4054-2003；

7.2.10 《管道防腐层补口绝缘密封性试验方法标准》SY/T0074-93；

7.2.11 《石油建设工程质量检验评定标准 输油输气管道线路工程》 SY/T0429-2000；

7.2.12 《石油建设工程质量检验评定标准管道穿越工程》SY/T4104-95。

8. 安全措施

8.1 工程开工前，项目部邀请隧道专家对所有参与隧道施工的人员进行培训和安全教育。

8.2 由项目部HSE 监督员组织现场紧急情况的应急演练，主要是人员窒息复苏演练、紧急情况逃生演练等，通过演练促进应急措施的落实，同时完善应急方案。

8.3 严格按照《有限作业空间施工操作规程》进行，建立并严格执行隧道进出登记制度，所有进入隧道施工及参观、检查人员必须经授权许可，并进行登记。

8.4 隧道内施工用电安全尤为重要，定期专人进行线路检查，对存在问题及时整改；洞内设备机具摆放做统一安排，确保安全的施工环境和畅通的进出道路。

8.5 隧道内的动力及照明线架空安装，每20m一处设临时照明，动力线安装在洞壁远离施工操作面的地方，并保证其绝缘良好，电气设备必须安装漏电保护器，并确保有可靠的接地零线装置。

8.6 在洞口的HSE 监督员随时监督和掌握洞内人员的施工情况以及设备的动态信息，并坚决禁止非施工作业人员进入正在施工的隧道内。

8.7 在隧道内应安装应急照明灯具，防尘、防毒过滤式呼吸面具根据现场实际情况足额配备。

9. 环 保 措 施

9.1 进场施工必须办理施工申请。认真贯彻执行《中华人民共和国环境保护法》，做好保护和改善生态环境的工作，防止污染和其他危害。

9.2 施工前对施工人员进行环境保护有关法规文件的学习，加强施工过程的管理，对施工所用的具有污染性的物品要有专人管理。

9.3 现场的施工用料，要做到工完料净场地清，以免污染水体和农田，做好剩余废料回收工作。对施工中产生的废气、废水、废渣有害物质要妥善处理。

10. 效 益 分 析

10.1 经济效益

在川气东送第九标段管道施工中，隧道布管机共完成了5条隧道施工，下面将布管机运布管法同传统常用的轻轨布管法进行经济效益分析和比较（以1km距离长度隧道施工为例）。

10.1.1 轻轨法

施工工期21d：人工费和机械设备使用费28万

额外投入（轻轨费用、卷扬机、钢丝绳）：24万

相关施工费用：30万

合计费用：28+24+30=82万

10.1.2 隧道布管机法

施工工期7d：人工费和机械设备使用费8万

额外投入（布管机研制费用）：20万

相关施工费用：10万

合计费用：8+20+10=38万

单公里使用隧道布管机运布管较轻轨运管减少费用：82–38=44万。川气东送管道工程第9标段运用布管机完成布管7.5km，因此减少费用44×7.5=330万元。另外初步计算，利用“隧道布管机”的方法，可缩短2/3的工期，节省人工、设备费用60%～70%。

10.2 社会效益

在长距离大坡度隧道内管道施工过程中采用隧道布管机法进行隧道布管，成功的解决了隧道内管材的运送、布设这一难题，极大的提高了隧道管道施工的整体进度，降低了施工成本。

11. 应 用 实 例

该工法2008年12月至2009年6月成功应用到川气东送第九标段方斗山隧道、高家坝隧道、官站口2号隧道的施工中，提高了整体施工速度，节约了施工成本，出色完成长距离大坡度隧道施工。工程应用实例（图11）。

图 11　应用实例图

铝合金管对接焊接接头（带衬垫）X射线检测工法

GJEJGF357—2010

重庆工业设备安装集团有限公司
闫伟明　曾鹏飞　刘维忠　李万蜀　袁志杰

1. 前　　言

转变经济发展方式、大力发展节能环保产业已成为我国经济发展的主流趋势，对铝等有色金属的焊接及无损检测技术提出了越来越高的要求。铝合金管焊接接头的射线检测技术已成为铝合金管焊接质量保障的关键技术。现行标准未规定射线检测的具体操作工艺细则，若操作工艺不科学，容易造成检测质量不稳定、废片率高、漏判误判严重、影响检测后续作业程序的实施、延误工期、返修成本加大等不良后果。

2006年以来，公司先后承接了重庆朝阳气体有限公司重钢长寿制氧站35000m^3/h制氧机组安装等四项铝合金管焊接接头无损检测工程。通过试验、研究、创新和总结，制定出了一套行之有效的铝合金管对接焊接接头X射线检测工艺技术。通过采用优化的工艺参数及特定影像确定方法，解决了曝光参数选择不规范和特定缺陷影像识别困难的难题，确保了铝合金管对接焊接接头检测质量的可靠性，检测效率显著提高，有效曝光时间大幅降低，环保节能效益非常明显。该技术应用于上述工程中，效果良好，有两项工程荣获重庆市优质安装工程奖。

公司完成的铝合金管对接焊接接头（带衬垫）X射线检测工艺技术经权威机构查新，该技术国内领先。《铝及铝合金管对接焊接接头（带衬垫）X射线检测工艺技术规程》现已获得重庆市城乡建设委员会主持的重庆市地方标准制订的立项。以本工法为基础的《带衬垫的铝及铝合金管对接焊接接头X射线检测方法》于2011年4月申请发明专利，专利申请号：20110092512.1。

2. 工 法 特 点

2.1　采用高电压、短时间曝光方法，曝光时间显著缩短，检测效率显著提高，辐射剂量大幅降低，辐射安全防护的风险显著降低。

2.2　采用射束中心方向定量指标选择方法，提高了焊缝几何投影的质量。

2.3　采用长焦距曝光参数选用方法，底片的清晰度得到保证。

2.4　采用有效的等效透照厚度换算方法，换算出X射线检测被检件的等效厚度，确定出被检件应达到的符合标准要求的像质指数，为识别被透照底片的像质灵敏度提供依据，使X射线的检测质量得到切实保证。

2.5　对相关检测标准未涉及的影响焊接接头质量的重要缺陷影像进行正确评定，尤其作为对外观缺陷检查的补充手段，以及对铝合金管对接焊接接头的根部缺陷影像和衬垫本体缺陷或损伤影像进行正确地区分、评定，使焊接接头质量评定更为完善，使误判漏判的概率明显降低，为铝合金管焊接质量处于国内同行业先进水平提供了有力的支撑。

3. 适 用 范 围

本工法适用于壁厚为2～40㎜的铝合金管对接焊接接头的X射线检测，尤其适用于对铝合金管检修、抢修工程实施快速、高效、准确的无损检测。

4. 工 艺 原 理

4.1 利用射线胶片感光原理，采用较高的曝光电压及较短的曝光时间，降低了底片反差，扩大了有效识别区域，提高了检测效率，降低了辐射安全防护的风险。

4.2 利用几何投影原理，找出机头的倾斜角度和平移距离，提高了焊缝几何投影的质量。

4.3 利用几何成像原理，采用提高曝光焦距的方式，降低了几何不清晰度，保证了底片的清晰度，提高了底片的像质灵敏度，确保了检测质量。

4.4 利用不同材料对射线具有不同吸收系数的换算原理，采用将不同材料的实际厚度换算为铝的等效厚度的方法，正确地换算出被检件的透照厚度，为确定曝光参数和像质指数提供依据，保证了射线检测的质量。

4.5 利用不同性态缺陷的成像原理，对相关缺陷作出科学、准确的评定，避免了误判和漏判，保证了焊接的质量，降低了返修成本。

5. 施工工艺流程及操作要点

5.1 检测工艺流程（图5.1）

上述检测施工工艺流程的关键作业工序为：

射线能量的选择→射束中心方向的选择→焦距的选择→曝光参数的选择→透照方式的选择→环缝透照次数的确定→像质指数的确定→对增感屏的要求→无用射线和散射线的屏蔽→曝光曲线的制作→曝光曲线的选用→胶片处理要点→评片要求→合格底片的确定→焊接接头质量分级应注意事项。

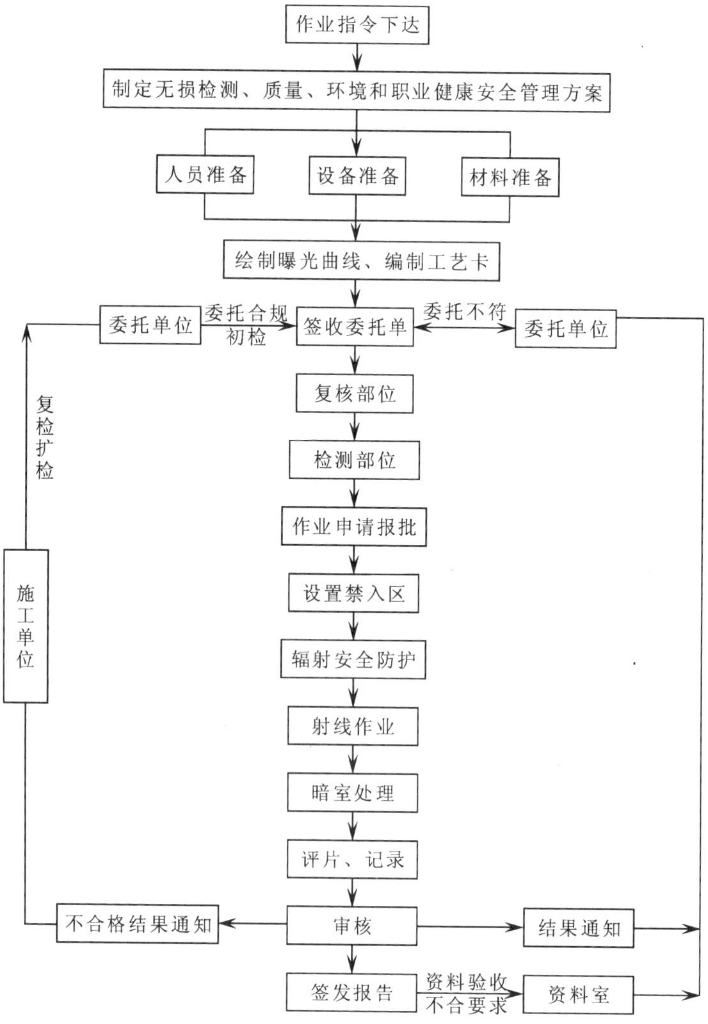

图5.1 检测工艺流程图

5.2 检测工艺操作要点

5.2.1 射线透照工艺要点

1. 能量的选择

结合焊接工艺评定实验，采用铝合金阶梯试块及铝质像质计进行试验。不同透照厚度允许采用的最高X射线管电压如图5.2.1-1所示。

上图是根据经验公式绘制而成，最高允许电压提高30kV，为缩短曝光时间，显著降低辐射剂量提供了依据。

2. 射束中心方向的选择

射束中心方向选择的正确与否，决定着被检焊缝的几何投影的质量。

1）单壁透照时射束中心方向的选择

射束中心线与被检焊缝有效段中心位置相交，且与中心位置所在切面垂直。如图5.2.1–2所示。

2）双壁单影透照时射束中心方向的选择

（1）对机时，须使射束中心线位于管轴线与射束中心线确定的平面内，并与被检段中心位置相交。

（2）确定机头相对于环焊缝中心线所在的平面的倾斜度时，利用几何原理，使射束中心线与环焊缝中心线所在平面的夹角位于30° ± 10°的范围内。如图5.2.1–3 双壁单影透照射束中心方向选择要点所示。

3）双壁双影透照时射束中心方向的选择

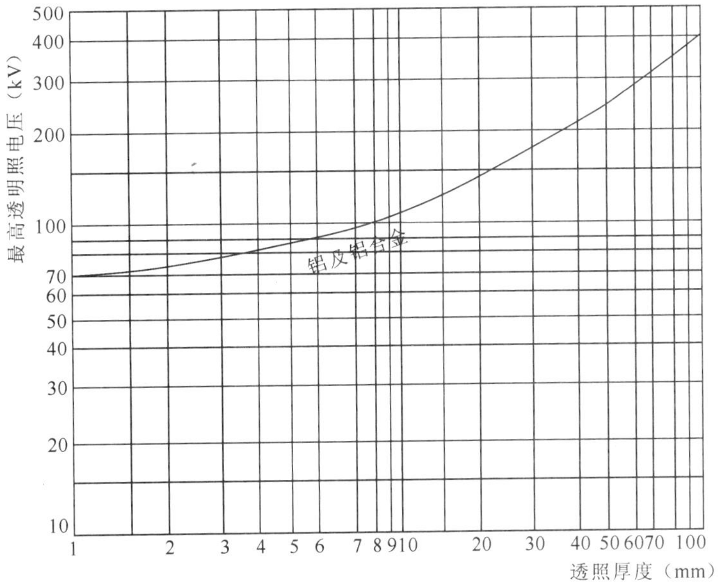

图5.2.1–1　最高透照电压与透照厚度的关系（最高允许电压）

小径管椭圆成像法如图5.2.1–4 双壁双影透照射束中心方向选择所示。

为使焊缝缺陷易于观察，椭圆焊缝影像开口距离应保持在3 ~ 10㎜的范围内。为保证根部缺陷检测的灵敏度，检测直径较小的小径管焊缝时开口要较小，检测直径较大的小径管焊缝时开口要较大。项目检测中，通过几何关系公式换算，得出检测典型小径管焊缝的机头平移距离如表5.2.1–1所示。

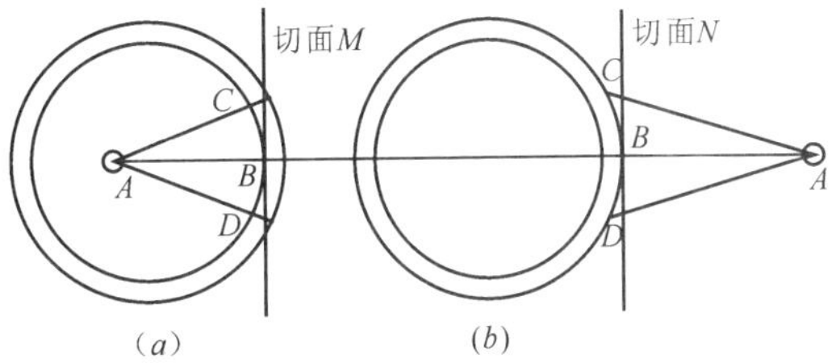

图5.2.1–2　单壁透照射束中心方向选择要点

（a）单壁内透时；（b）单壁外透时

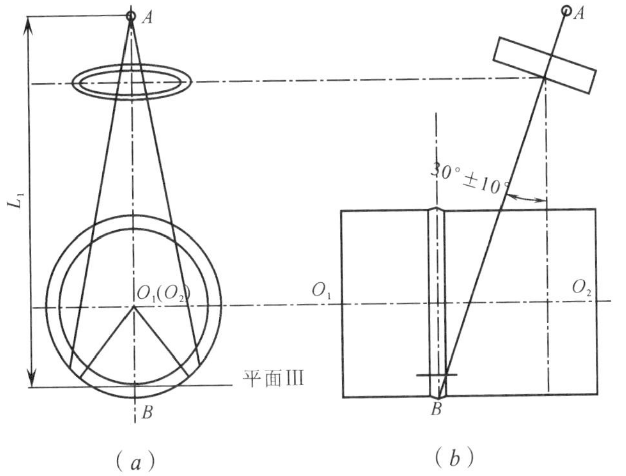

图5.2.1–3　双壁单影透照射束中心方向选择要点

（a）射束中心线AB应位于射束中心线与管轴线O_1O_2的平面内且与有效段的中心位置相交；

（b）射束中心线AB与环焊缝中心线所在平面的平角应位于30° ± 10° 的范围内

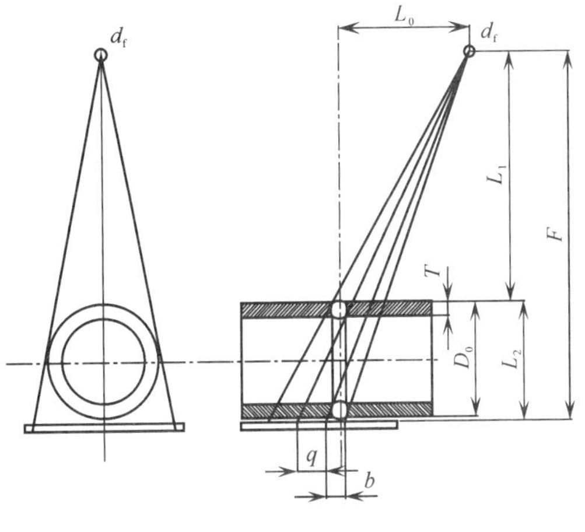

图5.2.1–4　双壁双影透照射束中心方向选择

合理地选择射束中心方向，提高了根部危险性缺陷的检出率，保证了焊缝几何投影的质量。

3. 焦距的选择

小径管焊缝检测的机头平移距离（单位：mm） 表5.2.1-1

焦距 \ 规格	$D_0$32×3	$D_0$45×3	$D_0$57×3	$D_0$68×4	$D_0$76×4	$D_0$89×3
500	190	142	117	102	95	83
600	230	173	143	125	117	103
700	271	204	169	149	140	124
800	312	235	196	172	162	144

正确地确定L_1，才能正确地确定焦距F，才能保证透照质量。

1）不同透照方式时射源距工件表面透照距离L_1的确定

（1）单壁透照、双壁双影透照时L_1的确定

为射源有效焦点至工件表面（射源测）的垂直距离。

（2）双壁单影透照时L_1的确定

为射源有效焦点至射束中心线到达的远端管道内壁表面的垂直距离。

如图5.2.1-3所示，有效焦点至平面Ⅲ之间的距离。

2）增大射源距工件表面透照距离L_1

增大射源距工件表面透照距离L_1，控制几何不清晰度在更小范围内。

按项目经验公式验算确定的L_1比标准有显著增大，AB级增大了50%，可明显提高底片的清晰度。

3）焦距F的确定

$$F=L_1+L_2 \quad (5.2.1\text{-}1)$$

式中 F——焦距，射源到胶片的距离；

L_1——射源至被检件表面距离；

L_2——被检件表面至胶片的距离。

4. 曝光量的选择与修正

曝光量由式（5.2.1-2）确定：

$$E=it \quad (5.2.1\text{-}2)$$

式中 E——曝光量，单位：mA·min；

i——管电流，单位：mA；

t——曝光时间，单位：min。

项目实验表明，铝合金管对接焊接接头射线透照曝光量的推荐值：焦距F_0=700mm时对应的曝光量E_0为7.5mA·min，在透照质量满足要求的前提下，检测效率可大幅提高。

通过模拟试验及工程实验，实际曝光量可在曝光量的推荐值的正负50%的范围内取值，但曝光量的最小值不得小于2mA·min，曝光量的最大值不得大于15mA·min。见表5.2.1-2 不同焦距的曝光量推荐值。

不同焦距的曝光量推荐值 表5.2.1-2

焦距（mm）	400	500	600	700	800	900
曝光量（mA·min）标准规定	4.9	7.7	11	15	19.6	24.8
曝光量（mA·min）工法作法	2.4	3.8	5.5	7.5	9.8	12.4

项目检测中，据此绘制曝光曲线，曝光时间可缩短几倍，检测时间可缩短50%以上。

5. 透照方式的选择（图5.2.1–5）

根据现场的管径的大小及透照条件，按表5.2.1–3透照方式选择表进行选择。

透照方式选择表 **表5.2.1–3**

焦距（mm） \ 管径（mm）	D_0≤100	$D_0$260	$D_0$358	$D_0$412	$D_0$516	$D_0$624	$D_0$856
400～500	双壁双影	双壁单影	双壁单影	/	/	单壁透照	中心内透 偏心内透
500～600	双壁双影	双壁单影	双壁单影	双壁单影	/	单壁透照	中心内透 偏心内透
600～700	双壁双影	双壁单影	双壁单影	双壁单影	双壁单影	单壁外透	中心内透 偏心内透
700～1000	双壁双影	双壁单影	双壁单影	双壁单影	双壁单影	双壁单影	双壁单影

1) 外径大于800mm的管道对接焊接接头预制焊口检测，尽量采用中心内透法检测。这样，横裂检出角小，缺陷检出率高，检测质量显著提高，检测效率可大幅提高。

2）双壁单影透照，在保证焦距不小于最小允许值的前提下，机头应置于管道表面以利于操作，提高操作效率。

6. 环缝透照次数的确定

正确地确定环缝透照次数对确保检测质量和提高检测效率具有重要意义(表5.2.1–4)。

7. 像质指数的确定

确定像质指数是确定射线检测灵敏度的关键环节，只有正确地确定出所透照底片应达到的像质指数，才能确定底片检测灵敏度是否满足要求。

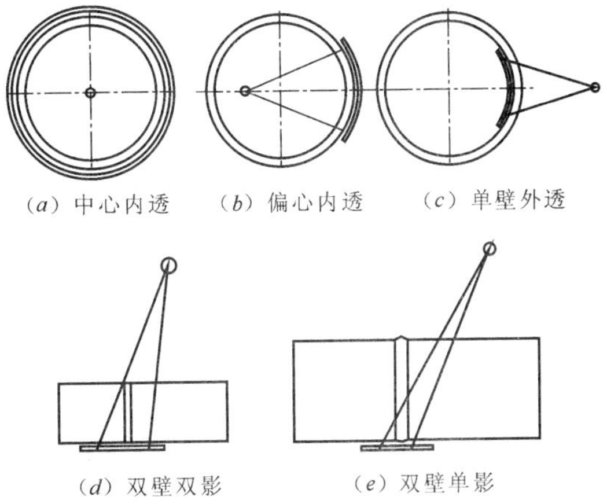

图 5.2.1–5 项目所采用的透照方式

a—中心内透；*b*—偏心内透；*c*—单壁外透；*d*—双壁双影；*e*—双壁单影

透照次数选择表（单位：次数） **表5.2.1–4**

透照方式 \ 管径（mm）	D_0≤100×4	$D_0$260×5	$D_0$358×6	$D_0$412×8	$D_0$516×8	$D_0$624×10	$D_0$856×12
双壁双影	2	/	/	/	/	/	/
双壁单影	/	5	5	4	6	7	5
单壁外透	/	/	/	/	/	/	9
偏心内透	/	/	/	/	/	/	5
中心内透	/	/	/	/	/	/	1

要正确地确定出所透照底片的像质指数，必须正确地确定出被检件的透照厚度。透照厚度的确定也为曝光参数的选择、曝光曲线的使用提供了依据。

1）透照厚度的确定

（1）常用金属材料射线透照等效系数换算

带衬垫的铝合金管对接焊接接头射线检测时，不锈钢衬垫的等效吸收系数与铝及铝合金的等效吸收系数不同。常用材料的等效系数如表5.2.1–5所示。

常用金属材料射线透照等效系数换算表 表5.2.1-5

金属	射线能量									
	100kV	150kV	220kV	250kV	400kV	1MeV	2MeV	4～25MeV	Ir（铱）	Co（钴）
铁/钢	1.0	1.0	1.0	1.0	1.0	1.0	1.0	1.0	1.0	1.0
镁	0.05	0.05	0.08	—	—	—	—	—	—	—
铝	0.08	0.12	0.18	—	—	—	—	—	0.35	0.35
铝合金	0.10	0.14	0.18	—	—	—	—	—	0.35	0.35

随着曝光电压、不锈钢合金成分、铝合金成分的不同，其等效系数也会不同。为准确掌握被检件的等效系数，应通过等效系数比对试验加以确定。

射线检测时，若所取曝光电压V位于上表所列电压值V1、V2之间，此时V所对应的等效系数k可用插入法算出。

（2）不锈钢换算成铝及铝合金的等效厚度公式

$$T_{A3}=T_3/k \quad (5.2.1\text{-}3)$$

式中 k——为相对等效系数，随不同的曝光电压而有所变化，可由表5.2.1-5直接查出；

T_3——为不锈钢的平均实际厚度；

T_{A3}——为不锈钢换算成铝的等效厚度。

（3）管对接焊接接头（带衬垫）单壁单影透照厚度的确定

根据被检件的母材壁厚、铝衬垫厚度、不锈钢衬垫壁厚加以换算确定。

（4）管对接焊接接头（带衬垫）双壁单影透照厚度的确定

根据被检件的母材壁厚、铝衬垫厚度、不锈钢衬垫壁厚及穿透层数加以换算确定。

（5）管对接焊接接头（带衬垫）双壁双影透照厚度的确定

根据被检件的母材壁厚、铝衬垫厚度、不锈钢衬垫壁厚及穿透层数加以换算确定。

2）像质指数的确定

在上述各种透照方式中，像质指数应在透照厚度被正确确定的基础上，按相关标准的像质灵敏度值对照表查取。

8．对增感屏的要求

采用铅质金属增感屏，通过屏蔽散射线，显著增强了胶片的感光度，有效地提高了胶片的清晰度和检测效率。

采用前后屏等厚的铅质增感屏，避免了操作失误。

9．无用射线和散射线屏蔽

无用射线和散射线会使胶片无效感光，若屏蔽不当，会使底片的灰雾度大幅增大而导致废片。所以，无用射线和散射线屏蔽对保证底片质量尤为重要。

1）应采用金属增感屏、铅板、滤波板等适当措施，屏蔽散射线和无用射线，限制照射场的范围。当被检件接近地面、墙面或周围非金属物体时，特别要注意透照时的背散射防护。

2）初次透射时，或检测工艺条件、或环境条件发生改变时，应进行背散射防护检查。

项目检测采用暗袋背面附“B”铅字的方式检查背反射防护情况，底片上均未出现“B”字影像，说明项目检测底片背散射防护效果良好。

10．曝光曲线的制作

项目检测时，采用了两种类型的曝光曲线。第一种类型的曝光曲线，以曝光量为参数，给出一定焦距下透照电压与透照厚度之间的关系。第二种类型的曝光曲线，以透照电压为参数，给出一定焦距下曝光量对数与透照厚度之间的关系。

1）绘制管电压与材料厚度关系的曝光曲线（第一种类型曝光曲线）

（1）需要固定的条件

固定胶片类型、增感方式、显影配方、暗室处理条件、焦距、曝光时间、底片黑度（D可取2.2～2.7）。

（2）曝光

根据现场需要，制作不同曝光电压与适宜透照厚度对应表，改变曝光电压，对铝合金阶梯试块进行曝光。将适宜厚度值填入表中。

（3）暗室处理

将上述曝光胶片，按相同条件，同时在暗室进行显、定影处理，经充分水洗后晾干。暗室处理的质量直接影响底片的质量。

（4）底片黑度测定

黑度为底片阻光率的对数值，底片越不透光，说明底片的黑度越大。使黑度控制在一定范围内，保证底片显示缺陷的灵敏度保持在较高水平。

采用专用黑度计测定底片的各阶梯黑度值，选出符合黑度值规定的阶梯厚度，填入不同曝光电压与适宜透照厚度对应表。

（5）绘制曝光曲线

在坐标纸的纵坐标轴上标示出管电压值，在坐标纸的横坐标轴上标示出材料厚度，按对应表中的数据，绘出曝光曲线。

2）绘制曝光量、管电压与材料厚度关系的曝光曲线（第二种类型曝光曲线）

（1）需要固定的条件

固定胶片类型、增感方式、显影配方、暗室处理条件、焦距、底片黑度（D取2.2～2.7）。

（2）曝光

根据需要，改变曝光时间，对阶梯试块进行曝光，填入曝光量、管电压与材料厚度关系对应表。

（3）暗室处理

同5.2.1条的第10款1）的（3）条。

（4）底片黑度测定

同5.2.1条的第10款1）的（4）条。

（5）绘制曝光曲线

以对数纵坐标为曝光量，横坐标为材料厚度，按曝光量、管电压与材料厚度关系对应表实验数据绘出曝光曲线。

11. 曝光曲线的选用

1）对项目检测条件与绘制条件相同的管焊缝，直接从曝光曲线上查出所需要的曝光参数。

2）项目检测条件与绘制条件不同时，对所获取的数据作相应的修正，从而确定出符合实际情况的曝光参数。

5.2.2 胶片处理工艺要点

其中，胶片处理的六个步骤的基本条件和操作要点如表5.2.2所示：

胶片处理操作步骤和要点表　　**表5.2.2**

步　骤	温度，℃	时间，min	药液	操作要点
显影	20±2	4～6	标准配方	预先水洗，过程中适当抖动
停显	20±4	0.5	停显液	充分抖动
定影	20±4	5～15	定影液	适当抖动
水洗	/	20～40	水	流动水冲洗一定时间
溶液漂洗	/	0.5	洗涤剂溶液	浸入溶液，使水均匀流下
干燥	≤40	/	/	水可均匀流下后干燥

5.2.3 评片要求

1. 选择具有经验的专业Ⅱ级持证人员担任项目检测的评片工作。

2. 在现场选择和布置专用评片室，注意漫反射防护及保持适度的照明和暗度。

3. 评片人员在评片前应经历一定的适暗时间。

4. 评片人员应注意铝合金管对接接头射线检测底片的评定经验的积累，注意真伪缺陷的特征，正确地定性、定位、定量和定级。

5.2.4 合格底片的确定

1. 底片上的定位和识别标记影像应显示完整，位置正确。

2. 底片评定范围内的黑度

采用AB级检测技术等级，单壁透照、双壁单影透照，黑度有效地控制在 $2.0<D<4.0$的范围内；双壁双影透照，黑度有效地控制在 $1.5<D<4.0$的范围内。检测灵敏度得到有效的保证。

5.2.5 质量分级应注意事项

项目检测中，质量分级的注意事项如表5.2.5质量分级注意事项表所示。

质量分级注意事项表 **表5.2.5**

缺陷类别	分为裂纹、未熔合、未焊透、未焊满、夹铜、夹钨、条形缺陷、圆形缺陷、凹陷及咬边共十类
Ⅰ级不允许缺陷	不允许存在裂纹、未熔合、未焊满、未焊透、夹铜、夹钨、条形缺陷
Ⅱ级不允许缺陷	不允许存在裂纹、未熔合、未焊满、未焊透、夹铜、夹钨
表面与根部缺陷	特别注意容易混淆的表面凹陷、表面咬边和根部凹陷、根部咬边的影像特征的区分
表面缺陷处理	发现存在焊接接头表面凹陷、表面咬边，按根部凹陷、根部咬边的规定评级。并告知委托方，对相应部分作外观检查
衬垫与本体缺陷	须认真区分易混淆的黑色损伤影像是源于衬垫或源于焊接接头。对衬垫损伤不定级，对本体缺陷定级，避免误判

控制好上述质量评级的关键环节，提高了项目底片评定的质量。

6. 材料与设备

所使用的主要材料名称、规格型号、主要技术指标需符合相关标准要求。所使用的主要材料设备见表6.1 项目主要器材表。

项目主要器材表 **表6.1**

序号	名称	规格型号	单位	数量	备　　注
1	X射线机	XXG-2005	台	3	有合格证、出厂质量证明书、自校报告
2	X射线机	XXGHP-2005	台	1	有合格证、出厂质量证明书、自校报告
3	观片灯	HD-55B	台	2	有合格证、出厂质量证明书、自校报告。最大观察亮度能观察黑度为4.0的底片区域
4	黑度计	TH-386	台	1	有合格证、出厂质量证明书、自校报告。标准密度试片有检定报告，在有效期内使用
5	X-γ辐射仪	JB4000（A）	台	2	有合格证、出厂质量证明书、检定证书
6	个人辐射音响报警仪	FY-2	个	6	有合格证、出厂质量证明书、自校报告
7	辐射剂量仪	GL-1	个	6	佩戴胸前，每季度复查一次，每人复查的剂量与非职业人员的剂量相当
8	胶片	AGFA C4	盒	10	有合格证、出厂质量证明书、自校报告

续表

序号	名称	规格型号	单位	数量	备　　注
9	铝合金阶梯试块	δ5×10	个	1	不带不锈钢衬垫。进行铝合金试块与被检管材等效系数比对试验，相差小于10%，直接使用。否则，修正
10	铝合金阶梯试块	δ5×10×1.5	个	1	带不锈钢衬垫。进行铝合金试块与被检管材等效系数比对试验，相差小于10%，直接使用。否则，修正
11	增感屏	0.02mm×2 Pb	副	200	每次检测前，认真检查，正面有污染、损伤、折痕、不能紧贴的不得使用
12	像质计	Al10–16	副	2	采用铝制像质计，未用其他像质计代替
13	像质计	Al6–12	副	1	采用铝制像质计，未用其他像质计代替

7. 质 量 控 制

7.1 质量控制标准

按《承压设备无损检测》JB/T 4730–2005标准，单壁透照时，射线检测像质灵敏度应达到表7.1–1单壁透照像质计灵敏度值（像质计置于源侧）；双壁双影透照时，射线检测像质灵敏度应达到表7.1–2双壁双影透照像质计灵敏度值（像质计置于源侧）；双壁单影透照像质灵敏度应达到表7.1–3双壁单影透照像质计灵敏度值（像质计置于胶片侧）。

单壁透照像质计灵敏度值（像质计置于源侧）　　表7.1-1

应识别丝号（丝径，mm）	透照厚度（W_A）的范围，mm		
	A级	AB级	B级
12（0.25）	>7～10	>10～15	>20～30
11（0.32）	>10～15	>15～25	>30～35
10（0.40）	>15～25	>25～32	>35～45
9（0.50）	>25～32	>32～40	>45～65

双壁双影透照像质计灵敏度值（像质计置于源侧）　　表7.1-2

应识别丝号（丝径，mm）	透照厚度（W_A）的范围，mm		
	A级	AB级	B级
12（0.25）	>7～11	>11～15	>22～31
11（0.32）	>11～15	>15～22	>31～40
10（0.40）	>15～22	>22～32	>40～48
9（0.50）	>22～32	>32～44	>48～56
8（0.63）	>32～44	>44～54	

双壁单影透照像质计灵敏度值（像质计置于胶片侧）　　表7.1-3

应识别丝号（丝径，mm）	透照厚度（W_A）的范围，mm		
	A级	AB级	B级
13（0.20）	>5.5～11	>11～17	>18～30
12（0.25）	>11～17	>17～26	>30～42
11（0.32）	>17～26	>26～39	>42～55
10（0.40）	>26～39	>39～51	>55～70

7.2 质量保证措施

7.2.1 检测过程质量保证措施

1. 选择射束中心方向时，用手电筒光束中心对中，用钢卷尺量取几何尺寸，将机头倾斜角控制在既定范围内。

2. 正确地计算透照厚度，通过试验的手段，按曝光参数的选用原则绘制曝光曲线，并正确地选择曝光参数。确定出被检件射线检测所需达到的像质指数。

3. 每次检测前，认真检查增感屏，符合要求的增感屏才能使用。

4. 控制好胶片处理的关键程序——显影。

适当的温度→正确地抖动方式→正确的显影时间→适时地观察显影黑度→及时停显。

5. 评片人员按表7.1.1～表7.1.3的要求，对每张底片进行确认。经审核人员审核确认，底片质量合格的所有底片的像质指数值均达到或超过标准要求的像质指数值。

6. 注意对特定真伪缺陷影像特征的识别，必要时核对实物，避免误判。

7. 对发现的超标缺陷，在规定的时间内以书面形式通知委托方，签字确认。

8. 对返修缺陷的复检应在签收复检委托单后实施复检。复检次数应在底片上如实标记。

7.2.2 质量资料管理措施

1. 核对重要器材的合格证、出厂质量证明书、自校记录或报告。符合要求，方可使用。

2. 认真核对委托单上的相关信息是否完整、正确。如有偏差，及时纠偏，签字确认后方可实施。

3. 评片人员及时正确地填写检测原始记录，审核人员及时审核，签字确认，妥善保存。

4. 检测报告采用三级签字确认制度。分别由具有专业资质的评片人员、审核人员、批准人员签字确认，并加盖单位无损检测专用章和单位公章后方才生效。

8. 安全措施

8.1 相关的安全法规

8.1.1 《职业健康安全管理体系——规范》GB/T 28001。

8.1.2 《电离辐射防护与辐射源安全基本标准》GB 18871。

8.1.3 《工业X射线检测放射卫生防护标准》GB 16357。

8.2 安全管理措施

8.2.1 射线作业安全管理措施

1. 建立安全生产连坐责任制，形成了全员管理的安全施工的良好局面。

2. 射线检测单位在射线作业前，应按委托要求，填写辐射安全作业申请表。辐射安全作业申请表应标明射线作业的时间、地点、辐射作业安全警戒区域及边界、辐射安全作业时间。辐射安全作业申请表由相关单位的代表签字确认后生效。签字齐全的辐射安全申请表应在作业现场的公示栏提前张贴公示。在上述程序完成后，检测单位方可实施检测。

3. 射线检测作业过程中、射线检测作业完毕后，射线检测人员应做好辐射安全防护措施实施的记录及检测仪器的使用记录。

8.2.2 射线检测人员安全管理措施

1. 放射工作人员上岗前，必须有省级卫生行政部门审核批准颁发的《放射工作人员证》。

2. 严格执行入场安全技术交底、班前安全技术交底制度。

3. 定期组织安全自检、互检和专检，及时消除了安全隐患。

8.2.3 检测设备安全管理措施

1. 项目领用的设备经安全性能测试检查合格后方才投入使用。

2. 检测人员使用探伤仪器时，应严格按照操作规程进行操作。

3. 检测人员操作探伤仪时，对各部件性能及其连接状况进行安全确认后，方可进行操作。

4. 必须用辐射剂量监测仪对射线机工作过程及现场的射线辐射情况进行检测，预防意外情况发生。

5. 不同型号的X射线机的电缆不得串用，接电前应先确认电源电压是否匹配。

6. 指定专人定期对设备进行检查、维护和维修。

7. 检测人员应做好每次检测的设备使用操作记录。

8.2.4 安全防护及射线剂量监测措施

1. 射线检测作业人员必须配带辐射剂量仪、个人辐射音响报警仪；每个作业区配置1台X-γ辐射仪；每个作业组配置1套应急防护器材和专用工具。

2. 在作业现场设置警戒区，在警戒区边界上设置规范的禁入警示标志。在关键路口派人监护，防止外人进入。

3. 夜间作业时，照射现场须保持足够的照明亮度，并应设置警示灯，加强巡测检查。

4. 作业期间，质量安全监督员负责对作业区进行监督检查，及时消除安全隐患。

5. 实施检测作业前，对检测作业区进行清场，清场完毕经确认后，方可实施检测。

6. 若辐射监测仪器显示辐射超标信息，须切断电源停止作业。待查明原因，排除故障后方可继续实施检测作业。

9. 环保措施

9.1 相关的环保节能法规

9.1.1 《环境管理体系——要求及使用指南》ISO 14001。

9.1.2 建设部令第15号《建设施工现场管理规定》。

9.2 环保节能的具体措施

9.2.1 建立以项目经理为首的环保节能小组，将环保节能效果与收入挂钩。

9.2.2 采用长焦距、短时间、高电压曝光技术，有效地降低了对周围环境的辐射剂量。

9.2.3 通过控制流动水的冲洗时间，有效地降低了用水量。

9.2.4 对于用“疲”的显影药水，采用2次局部补充药液的方法，使药液消耗量得以降低。

9.2.5 按规定统一固体废弃物不得随手丢弃，需统一放置于指定地点。

9.2.6 选择干净通风的房间作为晾片室，以自然风干为主，显著降低了烘片箱的使用时间。

9.2.7 失效的定影药水，项目部联系药液回收单位派人来进行“金属银”的回收，显著降低了定影液的重金属含量。

9.2.8 废药水不得倾倒、排泄，项目部负责统一存放，定期由公司联系有资质的单位回收。

10. 效益分析

10.1 经济效益分析

与普通射线检测技术相比，采用长焦距、短时间、高电压透照工艺技术，使有效曝光时间平均缩短4倍以上，检测效率提高15%以上，检测成本降低15%以上。

10.2 环保效益分析

如表10.2 采用本工法透照工艺与普通透照工艺相比辐射剂量减少量对照表所示。

采用本工法透照工艺与普通透照工艺相比辐射剂量减少量对照表　　表10.2

采用普通透照工艺检测1h边界处的辐射剂量实测值	采用本工法透照工艺检测1h边界处的辐射剂量实测值	后者与前者相比辐射剂量减少百分比
（案例一）0.5～2μGy	0.1～0.5μGy	80%～75%
（案例二）0.7～2.5μGy	0.3～1.2μGy	57%～52%
（案例三）0.6～2.4μGy	0.2～1.0μGy	67%～58%

与普通射线检测技术相比，采用长焦距、短时间、高电压透照工艺技术，使有效曝光时间占总检测时间的占比缩短至30%以内，对作业区域周围辐射剂量降低50%以上，有效地降低了辐射安全防护的风险，对保障作业区域周围非职业人员安全具有重要意义。

10.3　社会效益分析

随着本工法在相关项目工程中的应用，消除了很多焊接接头的质量缺陷，缩短了项目工程的施工周期，保证了项目工程的施工质量，保障了项目工程的运行质量，赢得了良好的社会效益。

单位在2011年重庆市环保局主持召开的辐射安全防护工作经验交流大会上被评为示范单位，单位领导受邀作先进经验交流。

11. 应 用 实 例

11.1　实例一：2009年扬子乙酰化工有限公司CO1号装置工程

2009年扬子乙酰化工有限公司CO1号装置工程，合同工期110天。通过应用本工法，实际工期90d，提前20d完成了无损检测任务。经公司派出的专职质量监督员全程核查，该工程的废片率0.5%，底片评定正确率100%，焊接接头一次焊接合格率达90%，返修复检合格率100%。

11.2　实例二：　重庆朝阳气体有限公司重钢长寿制氧站35000m^3/h制氧机组安装工程

重庆朝阳气体有限公司重钢长寿制氧站35000m^3/h制氧机组安装工程，计划工期150d。通过应用本工法，实际工期125d，提前25d完成了无损检测任务。经公司派出的专职质量监督员全程核查，该工程的废片率不超过0.4%，底片评定正确率100%，焊接接头一次焊接合格率达95%，返修复检合格率100%。

11.3　实例三：重庆朝阳气体有限公司重钢长寿制氧站18000m^3/h制氧机组安装工程

重庆朝阳气体有限公司重钢长寿制氧站18000m^3/h制氧机组安装工程，计划工期120d。通过应用本工法，实际工期104d，提前16d完成了无损检测任务。经公司派出的专职质量监督员全程核查，该工程的废片率不超过0.3%，底片评定正确率100%，焊接接头一次焊接合格率达96%，返修复检合格率100%。

11.4　第三方抽检

公司在自检的基础上委托第三方检测机构——重庆建工无损检测工程有限公司对上述工程进行了全过程抽检，抽检率30%，抽检符合率100%。

11.5　质量监检

上述三项工程均经过重庆市特种设备质量安全检测中心监检，特检中心管道部派遣质量监督人员全程监控，监检过程中共抽查上述项目射线检测底片8529张，透照底片质量合格率100%，底片评定正确率100%。对公司的无损检测工作给予充分的肯定和认可。

该工法在项目上的有效实施，真正做到了让业主满意，让监理满意，让施工单位满意，让监检单位满意。

悬挂式吊篮封网不停电跨越施工工法

GJEJGF358—2010

四川电力送变电建设公司
王光祥　景文川　吴开贤　杨小斌　彭宇辉

1. 前　言

随着经济建设的发展，新建高压输电线路跨越运行电力线路、高速公路、铁路、经济作物及其他障碍物越来越多，张力架线跨越施工越来越困难，严重影响架线施工的安全、施工进度和施工成本。四川电力送变电建设公司积极探索，成功采用了“悬挂式吊篮封网不停电跨越”技术，并形成了悬挂式吊篮封网不停电跨越施工工法，有效地解决了跨越施工制约施工的矛盾。

2. 工 法 特 点

进行了最不利事故状态分析，增加运用了ANSYS大型有限元软件进行了技术分析论证，对悬索网的绳索等零部件规格型号进行优化，保证了跨越施工最不利事故状态下被跨越运行线路的安全，成功地解决了新建线路跨越带电线路时的停电难、停电赔偿费用高、停电影响大等制约施工的难题，使其处于目前跨越施工的领先水平，具有很强的实用性和可靠性，经济效益和社会效益显著。

3. 适 用 范 围

适用于新建输电线路跨越运行电力线路、高速公路、铁路、经济作物及其他障碍物，被跨越物过高无法使用常规跨越架的跨越施工（经“悬挂式吊篮封网不停电跨越技术理论研究”的理论和计算软件计算后满足安全系数和悬索网下沉量）。

4. 工 艺 原 理

4.1　悬挂式吊篮封网不停电跨越，是在新建输电线路顺线路方向，在新建输电线路和被跨越带电线路之间架设悬挂式吊篮保护网（以下简称“悬索网”），使导引绳、牵引绳和导线都从悬索网上方通过，以防在断线及设备故障情况下，导引绳、牵引绳或导线落在被跨越带电电力线上，造成电网事故，使架线施工在可靠的安全保护下进行。悬索网的安装组数需要根据新建电力线路的回路数和导线排列方式而定，例如新建电力线路是单回路左中右排列时，则每相导线下方安装1组悬索网。

4.2　单组悬索网主要由两根绝缘承载绳及悬挂在两根承载绳上的多组相互串连的“_/”形吊篮单元结构构成，见图4.2-1所示。“_/”形吊篮单元结构为（图4.2-2）：绝缘横杆两端分别铰接有一根绝缘吊杆，吊杆另一端经绝缘绳与悬挂于承载绳上的滑车连接。相邻两组吊篮之间通过4根绝缘绳（以下简称连接绳）串连。在间隔一定距离的同组吊篮的两个滑车下面连接一根限宽支撑杆，用于保证两根承载绳的间距。相互串连的吊篮组两端通过端部锚绳锚固于地面或铁塔上。

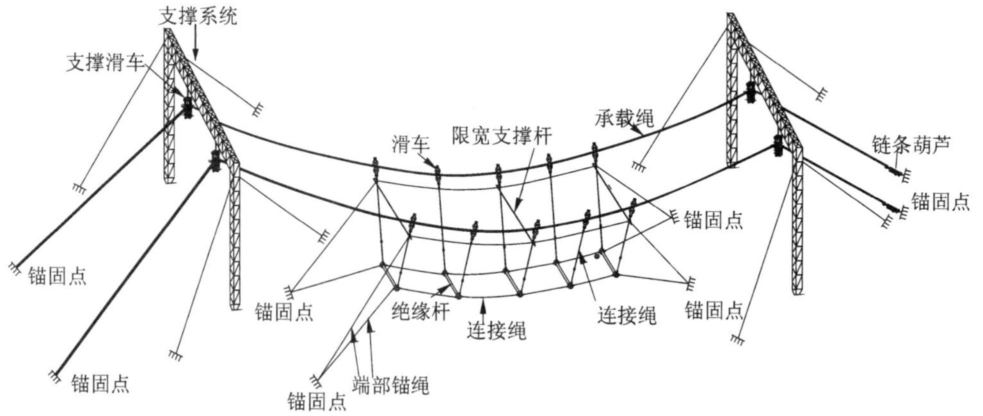

图4.2-1 悬索网整体布置示意图

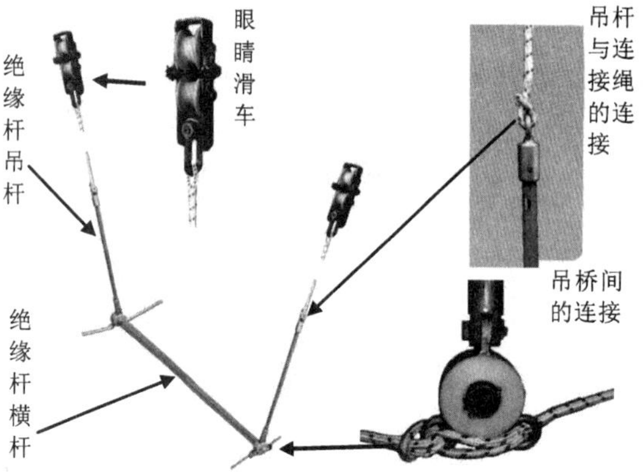

图4.2-2 单组吊篮示意图

5. 施工工艺流程及操作要点

5.1 施工工艺流程

悬索网方案设计 → 悬索网安装准备 → 悬索网安装 → 悬索网投运监护 → 悬索网拆除

5.2 操作要点

5.2.1 跨越方案设计

1. 方案初步设计

1）新建线路设计资料收集。

跨越档断面图、跨越档两端铁塔型号、铁塔图纸、导地线型号等。

2）现场查勘。

结合设计资料到现场进行查勘，调查现场地形条件，核实被跨越物的位置及相互间的距离高差等。

3）根据跨越档的设计资料和现场查勘结果，初步确定悬索网的几种布置方案。布置型式因承载绳的支撑点位置而不同，承载绳支撑点可设置在地面上、专门设立的抱杆上、新建线路跨越档两端铁塔上，支撑点位置以尽量不在铁塔上为佳。承载绳两端锚固点必须设置在地面。

4）确定的几种初步方案根据后面的理论验算进而确定可行方案。

2. 受力计算

由于悬挂式吊篮封网不停电跨越施工计算非常复杂，此部分不做详细描述。

5.2.2 悬索网安装准备

1. 工器具准备

根据确定的悬索网设计方案将需要的工器具及时运至施工现场，迪尼玛绳不得过早运至现场以免迪尼玛绳受潮。

2. 锚固系统准备

1）根据悬索网方案设计确定的锚坑数量及位置，进行锚坑的开挖，锚坑开挖后经负责人检查合格后进行地锚的埋设。

2）承载绳的端部锚固不得设置在铁塔腿部，必须按照受力计算埋设地锚。

3）铁塔不能作为锚固端，必须只能通过转向滑车锚固在地面上。

3. 支撑系统准备

1）在一些特殊情况下（如带电线路靠近铁塔或有地形可利用的条件下），利用专用钢抱杆作为支撑，抱杆的强度必须满足要求，每根抱杆必须加设4根可靠的上拉线和4根底部制动锚绳，抱杆组立方法参照铁塔组立施工中抱杆组立方法。

2）利用铁塔作为支撑方式的安装要求

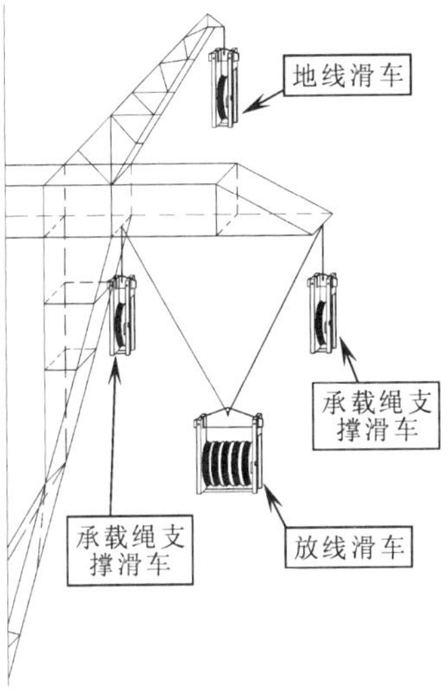

图5.2.2 承载绳支撑滑车布置

见图5.2.2所示，在跨越塔的适当位置悬挂承载绳支撑滑车，用于支撑承载绳。边相导线的跨越承载绳与中相导线的跨越承载绳支撑设置方法不同，边相导线的承载绳不仅要考虑边相导线的架设施工，还要兼顾地线架线施工。

边相导线的跨越承载绳支撑设置：在跨越塔的边相导线挂线点和距边导线挂线点大于等于6m的导线横担上，挂一对等长的钢丝绳套，钢丝绳套下面挂一个60kN单轮尼龙滑车，两个尼龙滑车要一样高。边导线的放线滑车向塔身地线滑车所在垂直面拉（但得保证一定水平距离，以免放线时导线与地线相互摩擦），见图5.2.2所示挂成“V”字型，用钢丝套固定，使边导线与地线都处在绝缘吊桥的保护范围内。

中相导线的跨越承载绳支撑设置：在中相导线挂线点两边大于等于3m的导线横担下面各挂一个60kN单轮尼龙滑车，两个尼龙滑车应平行且等高。

4. 导引绳展放

引渡悬索网承载绳的导引绳应提前展放好，导引绳规格采用ϕ1迪尼玛绳，展放方法可采用动力伞、飞艇等方法。

5.2.3 悬索网安装

1. 导引绳引渡

1）用ϕ1迪尼玛绳人力牵引ϕ3.5迪尼玛绳。

2）ϕ3.5迪尼玛绳人力牵引ϕ8迪尼玛绳。

3）后续的引渡均采用专用小张小牵两用机、小牵引机，操作布置见图5.2.3-1、图5.2.3-2。

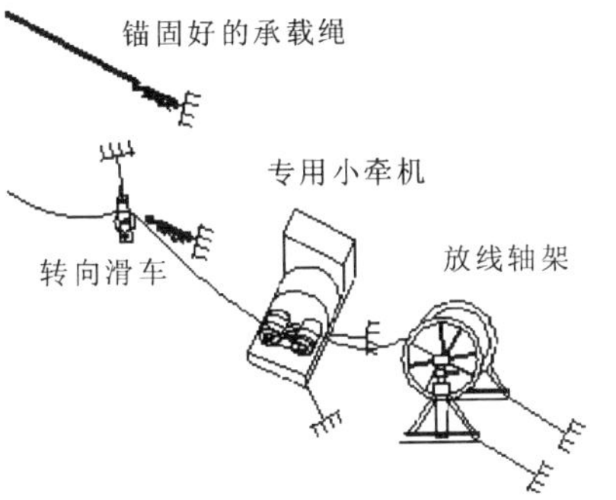

图5.2.3-1 牵引场布置示意图

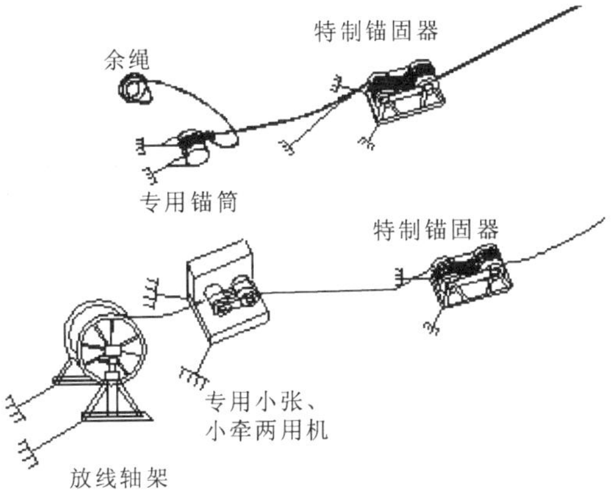

图5.2.3-2 张力场布置示意图

4）ϕ8迪尼玛绳以一牵二方式机械牵引2根ϕ8迪尼玛绳。

5）其中一根ϕ8迪尼玛绳再一牵2方式机械牵引2根ϕ8迪尼玛绳，完成后做好可靠临时锚固，另外一根ϕ8迪尼玛绳机械牵引ϕ12迪尼玛绳。

6）ϕ12迪尼玛绳再一牵二方式机械牵引2根ϕ12迪尼玛绳，完成后做好可靠临时锚固。

7）经过以上五步操作后，跨越档内拥有2根ϕ12迪尼玛绳，用于牵引承载绳，2根ϕ8迪尼玛绳，用于后续牵引吊桥。

2. 安装承载绳

1）采用专用小张、小牵机，ϕ12迪尼玛绳机械牵引ϕ25迪尼玛绳。

牵引场的布置见图5.2.3-1所示，牵引的承载绳一定要通过计划锚固此承载绳的锚固点处，若没有直接通过，可加设转向滑车，目的是使得承载绳绳头牵引到达锚固点时能够很方便的进行锚固操作。

张力场的布置见图5.2.3-2所示，张力场采用专用小张、小牵两用机，迪尼玛绳出线在牵引前就必须通过特制锚固器，以便承载绳展放完成后方便锚固。

2）承载绳的锚固

牵引端的锚固操作：待承载绳绳头牵引到达锚固点时停止牵引，直接将承载绳绳头用“U”型环与准备好的链条葫芦连接，松出牵引迪尼玛绳，完成锚固。

张力端的锚固操作：首先将特制锚固器制动装置锁定，用临时锚绳在特制锚固器后端锚固好承载绳，然后松出张力机，将缠绕在专用小张机上的承载绳取下，最后再将承载绳尾绳在固定好的专用锚筒上收紧并缠绕10圈以上后打结，用“U”型环锁住绳扣，完成锚固。

3）承载绳弧垂调整

牵引承载绳时为保证牵引迪尼玛绳的安全，张力控制比较小，所以待牵引端锚固好后承载绳的弧垂一般都没达到要求，这时利用张力场的专用小张小牵两用机回卷承载绳，当承载绳弧垂达到要求后停机进行锚固操作。

若承载绳两端都锚固好后还需要微调整弧垂时，直接通过链条葫芦调节。

3. 安装吊桥

承载绳安装完成后便可安装图5.2.3-3~图5.2.3-6所示步骤进行吊桥。

5.2.4 悬索网投运后监护管理

由于悬索网一般安装在野外，受气候、动物及村民等各种自然或人为影响较大，为了保证悬索网在投运后一直处于安全、可靠的状态，现场管理人员应做好其监护管理工作。

1. 必须设置多人24小时现场值班监护悬索网，设置人数必须保证能监护到整个系统所以包括地面锚固点、抱杆支撑点等。

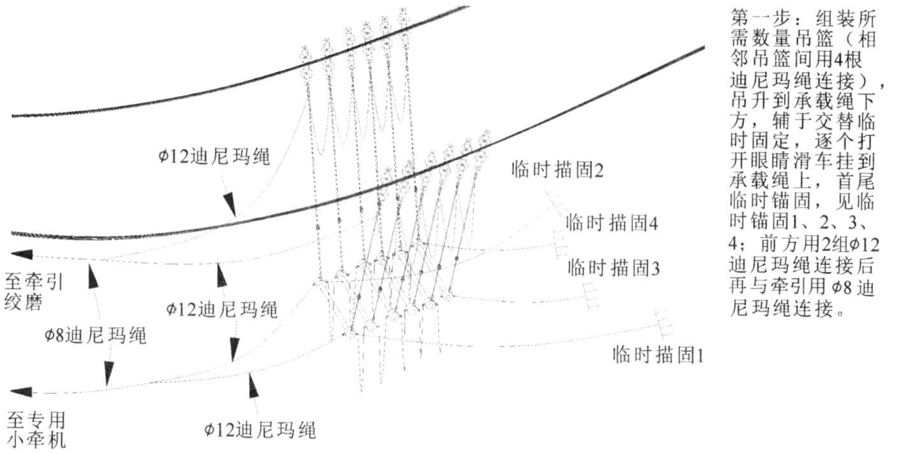

图5.2.3-3　安装吊桥示意图一

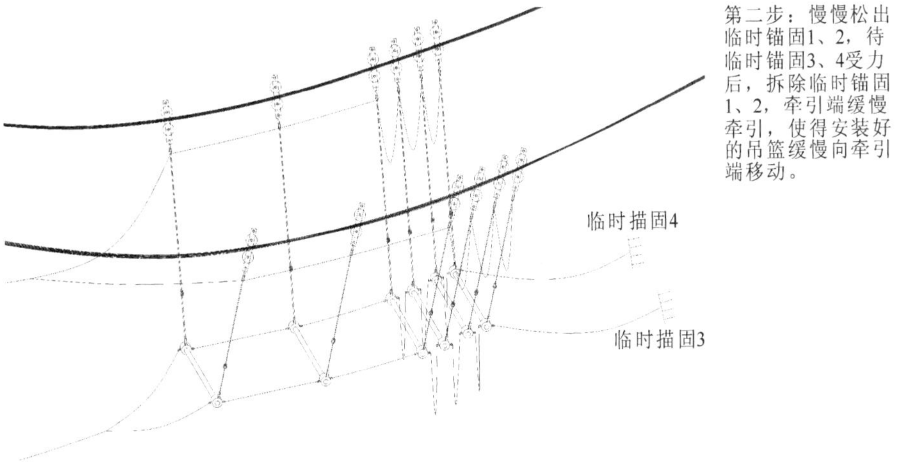

图 5.2.3-4　安装吊桥示意图二

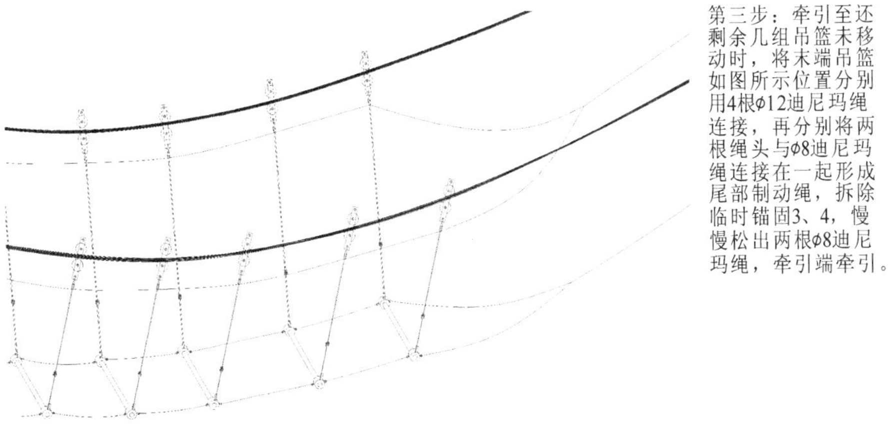

5.2.3-5　安装吊桥示意图三

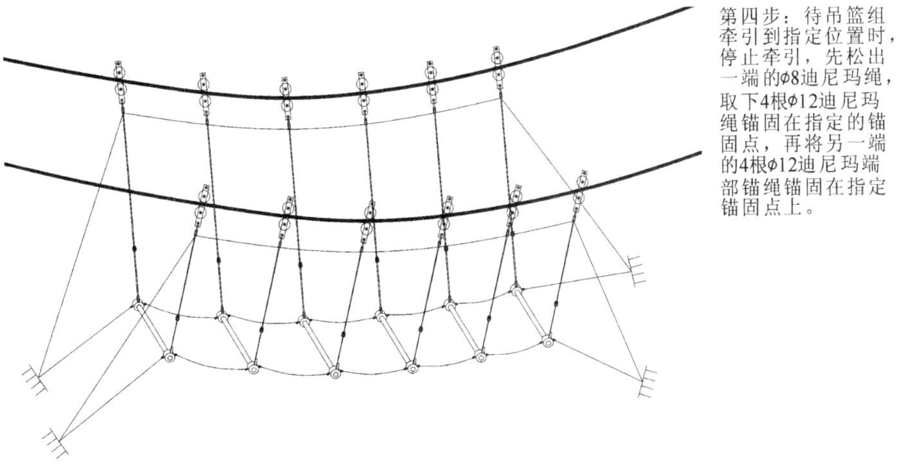

图 5.2.3-6　安装吊桥示意图四

2. 悬索网在每天使用前应对整个系统进行认真检查：

1）支撑系统是否稳固，符合要求；

2）承载绳锚固点、连接绳锚固点的坑锚是否发生变化（锚固点是否有位移现象，回填土是否有下沉现象等）；

3）悬索网的保护范围是否满足要求；

4）承载绳、连接绳等绳索是否有被破坏情况；

5）悬索网与被保护物间的距离是否满足规范要求。

3．在放线施工过程中应做好监护工作：

1）被展放的绳索是否在悬索网的保护范围内；

2）被展放的绳索与悬索网间的垂直距离是否满足技术、安全要求。

4．在保证被展放绳索与悬索网间的安全距离的情况下，应尽量降低放线张力，以提高悬索网的安全系数。

5.2.5 悬索网拆除

1．吊桥拆除

吊桥拆除示意图见图5.2.5。

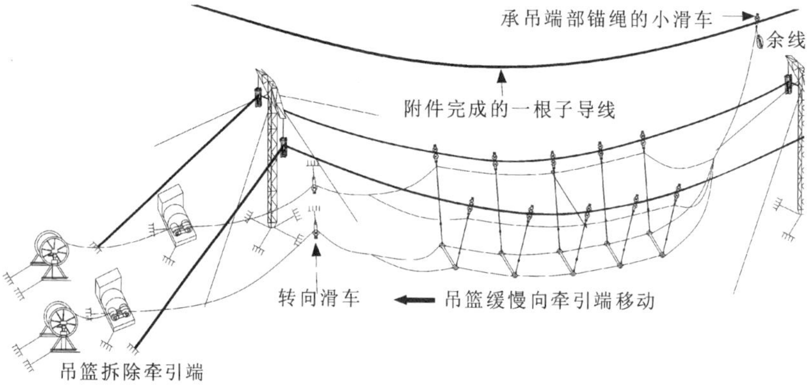

图 5.2.5　吊桥拆除示意图

1）为了保证悬索网的拆除人员及被跨越物的安全，在悬索网的拆除过程中应充分利用已展放好的导线，因此，悬索网的拆除工作应在导线附件安装完成后进行。

2）结合现场地形情况，确定吊桥的拆除方案。

一般采用机械牵引的方式拆除吊桥，即在连接绳的一端通过端部锚绳、辅助绳索与牵引机连接，连接绳的另一端通过端部锚绳、辅助绳、传递滑车在导线上简易制动，牵引端牵引机慢速牵引，导线端随着牵引同步向牵引端移动，待吊桥被牵引到支撑系统处进行拆除。为了减小牵引力，应尽量将牵引端设置在地势相对较低端。

3）从牵引端展放一根ϕ8迪尼玛绳作为牵引用的辅助绳索，通过转向滑车，绳头展放至悬索网连接绳端部锚绳的锚固点处，取下端部锚绳绳头与牵引用ϕ8迪尼玛绳连接，人力初步收紧迪尼玛绳后缠绕到专用小牵机上，做好牵引的准备工作。

4）在另一端安排高空人员在被拆除吊桥的该相导线上走线到需要拆除的连接绳的端部锚绳的斜上方，在导线上固定一个传递小滑车，放下传递绳至地面，地面人员拆除连接绳的端部锚绳，将绳头与传递绳连接好后提升至导线处，挂到承吊端部锚绳的小滑车上，高空人员制作一个简易绳扣式刹车用来稳定端部锚绳随着牵引端的牵引同步移动。

5）指挥人员确认各部位都准备好后通知牵引端开始缓慢牵引，高空人员护着导线端端部锚绳随着牵引向前移动，注意使端部锚绳略带张力保证端部锚绳下垂最低点能顺利通过带电线路。

6）每当端部锚绳距离间隔棒约2m时停止牵引，高空人员人力将端部锚绳移动到间隔棒处，用短绳把端部锚绳提升一点固定到导线上，然后取下承吊小滑车重新安装到间隔棒前面的导线上，再将端部锚绳连接到承吊小滑车上，完成操作通知继续牵引。

7）当牵引至能够拆除部分吊桥时停止牵引，用临时锚绳连接到还将继续牵引的第一组吊桥上收紧锚固好，松出牵引用迪尼玛绳后拆除能拆除的部分吊桥。

8）将牵引用迪尼玛绳头连接到待牵引的第一组吊桥上，指令清楚后继续牵引，以此重复操作直至吊桥全部拆除完毕。

9）待地面人员能接触到端部锚绳时，人力或机械牵引端部锚绳，高空人员同样配合移动，当端部锚绳尾端通过带电线路到达能够安全放下端部锚绳时停止牵引，协同高空人员将端部锚绳松落至地面将其收回。

2. 承载绳拆除

1）采取向承载绳有余线端回收承载绳。即在有余线端设置牵引场，在另一端设置张力场。

2）张力端小张力机与承载绳的连接。派专人监护承载绳距离带电线路的高度，先通过松出链条葫芦释放一定的承载绳张力，将ϕ12迪尼玛引渡绳缠绕在专用小张机上，绳头通过转向滑车连接到承载绳绳头上，收紧ϕ12迪尼玛后继续松出链条葫芦，待链条葫芦上承受的张力全部转移到ϕ12迪尼玛上时拆除链条葫芦。若承载绳与带电线路的距离还有很大余度时继续通过专用小张机松出ϕ12迪尼玛以释放承载绳张力。

3）牵引端牵引机与承载绳的连接。牵引端先将承载绳余线缠绕到专用小牵机上，将特制锚固器后端的承载绳临时锚固可靠后拆除专用锚筒，启动专用小牵机收完收紧专用小牵机至特制锚固器间的承载绳，特制锚固器的制动装置在正式牵引前打开。

4）张力端与牵引端都准备好后，牵引端开始牵引，同时专用小张机同步松出，在保证跨越点处高度的前提下尽量减小张力。

5）ϕ12迪尼玛快要放出完时停止牵引，ϕ12迪尼玛绳尾端连接上ϕ8迪尼玛绳后继续牵引。

6）ϕ8迪尼玛快要放出完时再次停止牵引，ϕ8迪尼玛绳尾端连接上ϕ3.5迪尼玛绳后继续牵引。

7）ϕ8迪尼玛绳全部到达对面时，跨越档内已经过渡到ϕ3.5迪尼玛绳了，将ϕ3.5迪尼玛绳尾端提升到架设好的导线上，同样通过高空人员护送的方式向前移动，当ϕ3.5迪尼玛绳尾端通过带电线路后将其松至地面，并将其收回。

8）同样方法拆除另外一根承载绳，承载绳拆除完毕。

3. 拆除支撑系统、回收工器具等

承载绳拆除完成后，接着拆除支撑系统（抱杆及拉线或是将承载绳支撑在铁塔上的支撑滑车等）。拆除抱杆、从塔上拆除工器具、收回地锚等都是常规施工，这里不作累述。悬索网所用的眼睛滑车、连接绳、绝缘杆、承载绳、端部锚绳、引渡绳等所以材料或工器具及时收回包装或装箱运回材料站。

5.3 劳动力组织（表 5.3）

劳动力组织表 表5.3

序号	岗 位	管理	技工	普工	合计	备 注
1	施工负责人	1			1	
2	安全负责人	2			2	
3	机械师		2		2	
4	高空人员		4	4	8	
5	地面人员		2	18	20	
合计		3	8	22	33	

6. 材料与设备

材料与设备见表6。

材料与设备表（单组悬索网所需） 表6

序号	名　　称	型号规格	单位	数量	备　注
1	迪尼玛承载绳	ϕ25×700m	根	2	
2	迪尼玛导引绳	ϕ1×700m	根	2	
3	迪尼玛导引绳	ϕ3.5×700m	根	2	
4	迪尼玛牵引绳	ϕ8×700m	根	4	
5	迪尼玛牵引绳	ϕ12×700m	根	2	
6	迪尼玛端部锚绳	ϕ12×（100—200）m	根	4	
7	吊桥间连接绳	ϕ6×3m	根	284	
8	吊桥吊杆连接绳	ϕ6×3m	根	144	
9	中间吊桥（3t）	宽度1700mm	套	60	
10	端部吊桥（4t）	宽度1700mm	套	12	
11	尼龙眼睛滑车（3t）	高强度绝缘	个	120	中间吊桥用
12	尼龙眼睛滑车（4t）	高强度绝缘	个	24	端部吊桥用
13	绝缘支撑杆	6m，0.2t	根	8	
14	U型环	3t	个	144	
15	尼龙滑车	ϕ660单轮90kN	个	12	
16	尼龙滑车	5t	个	4	
17	尼龙滑车	2t	个	4	
18	专用锚筒		个	4	
19	特制锚固器		个	4	
20	抗弯连接器	8t	个	2	
21	U形环	U–10	个	20	
22	U形环	U–16	个	10	
23	地锚	10t	个	10	
24	地锚	5t	个	16	
25	抱杆	500×500	付	8	
26	抱杆拉线	ϕ15×30m	根	32	
27	抱杆拉线	ϕ15×20m	根	32	

7. 质量控制

7.1 工程质量控制标准

悬挂式吊篮封网不停电跨越施工是送电线路施工的辅助手段，可能对送电线路铁塔及基础和展放导地线造成损伤，线路施工质量执行《架空电力线路施工及验收规范》，允许偏差见表7.1。

送电线路施工质量允许偏差 **表7.1**

项次	检查项目	规定值或允许偏差	检查方法和频率
1	混凝土表面质量	表面平整	外观检查
2	节点间主材弯曲	1 / 800	外观检查、尺子、垂线
3	保护帽	平整美观	外观检查
4	塔材损伤	符合设计要求	外观检查、游标卡尺
5	导、地线损伤	符合设计要求	外观检查、游标卡尺

7.2 质量保证措施

7.2.1 严禁利用铁塔、铁塔基础、保护帽进行绳索的锚固。

7.2.2 起吊或固定器具用的钢丝绳等器具不得与铁塔、基础、保护帽接触，无法避免时必须设置可靠的衬垫，避免磨伤铁塔。

7.2.3 已经制作好的铁塔塔脚保护帽必须遮盖好，避免器具与其发生碰撞和摩擦。

7.2.4 展放导线、地线的控制张力要适当，跨越处设置专人监护，展放导、地线不得与悬索网接触。

7.2.5 高处临时放置的器具器材必须用绳索固定好，上下传递时，必须使用传递绳，严禁直接抛扔。

8. 安全措施

8.1 针对性预防

8.1.1 如发生不可预见性事故，现场配备急救箱、急救药品，主要根据当时情况立即进行事故应急处理，有必要时成立应急领导小组，由施工班长现场临时指定人员，被指定人员无条件服从，尽量保证人身安全。

8.1.2 针对带电线路作预防

1. 在带电悬索网的搭设前，由分公司项目部与跨越线路所属的供电局取得联系，退出重合闸，施工期间发生故障跳闸时，在未取得现场指挥同意前，严禁强行送电。

2. 注意带电跨越的线路无地线时，放线施工时特别注意。迪尼玛绳蠕变性大，异常情况下必然存在集中荷载，可能使索桥直接接触带电导线，搭设施工时已考虑加大空载安全距离，但因主牵安全距离和异常情况下承载导线太长以及绳索使用安全系数等因数的制约。请务必加强管理和监控，提高机械系统安全性等。

3. 针对绝缘工器具防潮

通过烘烤，绝缘测试合格的绝缘绳在运输过程中用塑料袋密封，货箱干潮，工程车要有雨蓬。现场使用时，满足晴天或阴天，测试空气相对湿度小于75%后，将绝缘工器具摆放在防潮塑料布上，过程中防止落地（潮湿地面）。

8.2 严格执行工作票制度

跨越不停电线路应严格按DL409规定的“电力线路第二种工作票”制度进行。施工过程中，施工单位必须设安全监护人，并邀请电力运行单位进行现场监护。要严格执行安全工作票制度，施工前由施工负责人填写，施工时由负责人宣读，并监督执行，施工完后交有关职能部门。凡是进行施工作业均必须签发安全工作票，施工负责人严格按安全工作票要求组织指挥全体施工人员进行施工。安全票中的各种安全措施必须严格的进行落实。每天开工前进行站班会，交待施工任务、安全注意事项和其他相关事项，按安全工作票的要求，每个人均签字予以确认。

8.3 增大安全距离

悬索网最低点（索桥底部）与带电线路的地线垂直距离不小于1.5m（异常情况），搭设时根据计算情况控制（空载），因迪尼玛绳伸长率较大特性以及冲击荷载、集中荷载等原因，应适当增大安全距离。

8.4 防触电、防感应电

所有绝缘工具必须进行严格的绝缘检测，做好记录备查；临近带电体工作时保证与带电体的安全距离。如发生触电事故立即启动《班组应急预案》中的“触电事故预案”。因搭设工作的施工所用的需接触带电体的工器具均绝缘测试合格，所以感应电主要集中在项目部施工过程中，搭设中主要注意保证绝缘性能。

8.5 跨越施工应在晴好天气环境下进行，雨雪天、大风天不能进行带电跨越施工。

8.6 带电跨越架设承载绳和吊篮必须逐个进行检查，专人检查、专人负责。仔细检查各连接点和各受力工具的工作情况，确保万无一失。

8.7 跨越架所用工器具（U型环、拉线、棕绳、手扳葫芦）等均应经过检验及外观检查后方可使用。绝缘工具在每次使用前必须进行绝缘检测，检查时用5000V摇表在电极间距2cm的条件下测试绝缘电阻，要求绝缘电阻不小于700MΩ，绝缘绳、网的外观有严重磨损、断股、断丝、污秽及受潮时不得使用。

8.8 工器具应安全可靠、级配合理，相互匹配：承载绳应干燥，安全系数≥5；牵引绳、控制绳安全系数≥3；滑车安全系数≥2.5。

8.9 安全技术交底：开工前由项目部和带电跨越工作组共同组织针对本次搭设带电悬索网的工作进行安全技术交底，形成交底记录，签字备查。交底内容详细，主要以施工方案为主，强调安全措施，确保参加施工的每个人都心中有数，清楚本次工作的危险点及控制措施。

8.10 交叉作业，防止物体打击：搭设工作的交叉作业主要集中在承载绳锚固的两基铁塔处，要求高空人员必须将工器具及材料放在工具包中或稳固的绑在塔上，不得浮搁。地面人员正确配戴安全帽，尽量避免在作业垂直下方。

8.11 加强放线、放绳过程的监护工作，索桥应全程重点监护，特别是过走板和压接管保护套等，不得牵挂索桥或绳索，随时报告情况。

8.12 使用钢丝套将放线滑车进行二次保护。放线结束后，应对展放的导线、钢丝绳实施双保险的锚固措施（由项目部完成），以防止跑线和跑钢丝绳。

8.13 项目部仔细检查工器具及牵张设备等（落实到人头，专人对自己检查的绳索、导线负责），防止出现断线、断索的事件发生。特别是本档和相邻档不允许断线。

8.14 保证通信的畅通，严禁通信不畅进行放线作业。

8.15 严禁违章指挥和违章操作，统一指挥指令，防指令模糊、误理解操作。

8.16 滑车和索桥以及工器具必须用绳索传递，严禁抛扔、损坏或损伤。

8.17 放线施工过程中尽量避免钢丝绳和导线等在绝缘杆上摩擦通过损坏绝缘杆。

8.18 在跨越档相邻两侧杆塔上的放线滑车均应采取接地保护措施。在跨越施工前，所有接地装置必须安装完毕且与铁塔可靠连接。

8.19 架线工序具有战线长、高空作业多及交叉跨越点多的特点，各部位人员必须监守岗位。

8.20 在带电体附近作业时，作业人员的活动范围与带电体之间的最小距离应大于4m。绝缘工具的有效长度不得小于1.8m。

8.21 临近带电体作业时，上下传递物件必须用绝缘绳索，作业全过程应设专人监护。

8.22 在展放下导线时，要随时注意下导线与防护网的距离，尤其在走板过防护网时应由专人全程密切监视。距离不足1m时应通知张力场调整张力。

8.23 参加跨越施工人员应熟悉施工工器具使用方法、使用范围及额定负荷，不得使用不合格的工器具。

9. 环保措施

9.1 应针对工程性质的地方特点和环境因素制定文明施工和环境保护控制目标和具体措施。

9.2 项目部应根据公司环境因素识别的结果和环境管理的目标，负责组织编制一些专项作业指导文件，以明确对已识别的重要环境影响加以预防和控制的方法。

9.3 对施工和生活场所作统一安排，布局合理。对建筑垃圾、生活垃圾、危险废物实行定点放置管理、标识清楚。

9.4 工程材料严格按布置图分类堆放，堆放整齐。

9.5 应划定作业区，减少农作物、苗木的损坏。

9.6 施工作业点应设置废物桶/箱，及时回收施工废料，严禁随意丢弃。废弃的油料应采用专用油罐集中并明确标示，供再生处理，严禁随意倾倒。保持施工现场每个作业点整洁。

9.7 施工现场临时生活设施，应做好预防环境污染的措施，防止污水、油烟、杂物等对周围环境造成污染。生活用水，按清、污分类，合理组织排放。

10. 效益分析

随着社会的不断发展进步，人们的生产生活已经无法离开电力，若是因为新建线路的跨越施工而使运行线路停电，造成的直接和间接损失可能是无法估量的。高速公路、铁路等若受施工影响而停运的话造成的损失同样是不可弥补的。该项目的成功应用产生的经济、社会效益是巨大的，同时也解决了跨越障碍物对施工的制约。

11. 应用实例

11.1 应用工程概况

11.1.1 应用工程之一：雅安—崇州500kV 双回线路新建工程

雅安—崇州500kV 双回线路新建工程起于雅安始阳500kV变电站，止于成都崇州500kV变电站，线路长度2×101.75km。在N1—N2档同时跨越35kV电力线路禁飞Ⅰ回和禁飞Ⅱ回，由于跨越的两条35kV电力线属于地方电力，停电费用相当高。两条35kV电力线与雅崇线的交叉角均较小，对地高度近20m，如采取搭设越线架，工作量较大，如改电缆，需增加两基耐张杆及设备，工作量也较大，而且这两种方法均需停电。

11.1.2 应用工程之二：彭州—德阳500kV 线路新建工程

该工程起于彭州500kV变电站，止于德阳500kV变电站，线路长度74.392km。在N70—N71档跨越220kV云古线，该220kV线路停电影响范围广，停电赔偿费用高，并且跨越处难于采用常规跨越方法。

11.1.3 应用工程之三：彭州—崇州500kV 线路新建工程

该工程起于彭州500kV变电站，止于东关镇的崇州500kV变电站。线路全长55.035km。崇彭500kV线路N12–N13档中跨越红清线。此110kV电力线由四川侨源电力有限公司运行，产权属四川侨源电力有限公司，停电影响范围广，停电赔偿费用高，并且跨越处难于采用常规跨越方法。

11.2 施工情况及应用效果

以上三个工程描述中的跨越处带电线路跨越施工都难于采取常规跨越施工方法，均利用了跨越档两端已组立的铁塔或有利地形做支撑，以绝缘索桥和绝缘迪尼玛绳组合，架设了在新建线路顺线路方向，被跨越带电线路上方的跨越保护网，导引绳、牵引绳和导线都从绝缘吊桥上方顺利通过，成功实现跨越线路的带电跨越，整个架线过程处于安全、稳定、快速的可控状态，降低了成本，同时还有效的避免了停电对人们正常生产生活的干扰，取得了良好的经济效益和社会效益。

大型变压器差动保护系统的整组试验施工工法

GJEJGF359—2010

中冶建工有限公司　重庆一建建设集团有限公司
王明远　周忠明　刘川　王玉　张顺友

1. 前　　言

在电力系统中对大型变压器的电气差动保护系统进行整组试验，是大型变压器安装和调试的关键环节。与制造厂的工厂试验环境不同，在安装施工中，由于受许多外部条件的限制，大型变压器差动保护系统一般都无法在投运前得到系统的验证。通常只能采用负荷测试法，进行定性符合性验证，无法进行定量分析。

在施工过程中，我们认真查阅相关技术资料及文献，研究电力变压器的电磁特性，决定利用变压器的短路阻抗特性，采用低压三相380V电源，通过短路法获得大电流；真实地模拟出主变压器的三相工作状态或者特殊重大故障状态，让主变压器差动保护系统可靠动作，能定性分析、验证整套保护装置的正确性和可靠性，并能定量确定保护装置的保护定值；与采用传统方法比较，其调试技术装备简单，方法简便、安全可靠、费用低。

本工法的关键技术于2009年8月通过重庆市建委结题验收，达到国内领先水平。在此基础上总结形成本工法，并在多个后续工程中成功实施应用，并获得了很好的经济效益和社会效益。

2. 工 法 特 点

2.1　可以完全模拟变压器的三相工作状态，无需三相电流发生器。

2.2　利用变压器自身产生一次侧大电流，无需特大容量的电流发生器。

2.3　只需要三相380V交流电源，容量要求低，施工期间容易取得，对工厂生产和施工不会产生任何影响。

2.4　运用双钳相位表对二次回路相应的差动电流回路进行钳测、记录、向量计算和比较，实现对差动系统一、二次回路定性和定量的校验。

3. 适 用 范 围

该整组试验工艺适用于所有带差动保护的大型变压器系统整组试验，包括发电机-变压器系统调试。

4. 工 艺 原 理

本工法采用的整组试验方法主要是将变压器的一侧短路，在另一侧加入380V低压电源，获得短路试验电流，同时运用双钳相位表对二次回路相应的差动电流回路进行钳测、记录、向量计算和比较，实现对差动系统一、二次回路定性和定量的校验。

4.1　常规施工方法分析

差动保护系统整组试验，需要高、低压侧的三相电流互感器同时输出一定相位、幅值的电流。所以在主变压器的一次回路中必须同时产生符合要求的三相大电流。三相特大电流发生器体积庞大，重量超过800kg，而且费用高昂，只适合于制造厂工厂试验，不适合安装施工的交接试验。传统的调试方法是在变压器投运后，用带负荷的方法，即通过负荷电流来进行一系列测试的复核性试验。而这样把变压器直接接入电网，试验过程对电网运行存在潜在威胁，而且无法进行定量分析。

4.2 模拟短路整组试验施工工艺分析

4.2.1 差动保护装置整组试验中主回路大电流产生的基本原理

1. 根据变压器具有短路阻抗的特性，设想将变压器的低压侧在合适的地方（低压侧电流互感器以外）人为短路，在变压器的高压侧加入一定的电压，将会在变压器的主回路中产生短路电流，从而获得我们整组试验所需要的大电流。因此，该整组试验又称为短路整组试验。

2. 短路整组试验的目的是依靠变压器低压侧短路产生的三相大电流，借助这个短路大电流（相当于一个三相负荷电流）来校验整个继电保护系统的动作，检查是否满足继电保护可靠性、选择性、灵敏性和速动性的要求，保证设备正常的投入运行。该试验所产生的电流如果需要达到额定电流值，高压侧仅仅需要额定电压的短路阻抗百分比电压即可。而根据《新编保护继电器校验》中的规定：如果变压器差流不大于励磁电流产生的差流值（或者差压不大于150mV），则该台变压器整定值、接线、元件选型配合等保护系统正确。在保证安全经济的条件下，即使不需达到额定电流值也可。比如一台变压器的励磁电流（空载电流）为1.2%，其同侧CT额定二次电流为5A，则由励磁电流产生的差流等于1.2%×5=0.06A，0.06A便是我们衡量差流合格的标准。

通过计算，利用施工电源输入进行短路试验，能够满足试验要求，实现对差动保护定性、定量的分析校验。

4.2.2 短路整组试验施工工艺可行性分析

该试验方法的工艺可行性在于：

1. 合理地运用了变压器具有短路阻抗的特性。

2. 所产生的三相电流大小和相位能满足保护系统所需要模拟的电流。

3. 所产生的三相电流对变压器本体没有任何损害。

4. 对试验电源和试验设施要求不高，施工现场一般就能满足。

5. 二次电流回路的测量简便，用双钳相位表在保护屏的端子排上依次测出变压器高、低压侧A相、B相、C相二次保护回路的电流幅值大小和相位，易于实现对高、低压侧各相电流幅值、相位的测量。

4.3 短路整组试验工艺的先进性与新颖性

4.3.1 短路整组试验工艺的先进性在于充分利用了被试物（主变压器）的短路阻抗特性和外部方便的施工电源设施，共同创造了满足主变压器差动保护的整组试验所需要的电流。

4.3.2 短路整组试验工艺的新颖性在于灵活的运用了双钳相位表。通过它们在保护屏的端子排上依次钳测出变压器高、低压侧A相、B相、C相的二次差动保护回路电流幅值大小和相位，进而和保护屏的微机综合保护装置数据逐一比较。从而实现对主变压器无论主回路还是二次回路都能定量定性的分析。

4.3.3 该整组试验工艺适用于设计有差动保护的大型变压器系统整组试验，包括发电机—变压器系统调试。

5. 施工工艺流程及操作要点

5.1 施工工艺流程（图 5.1）

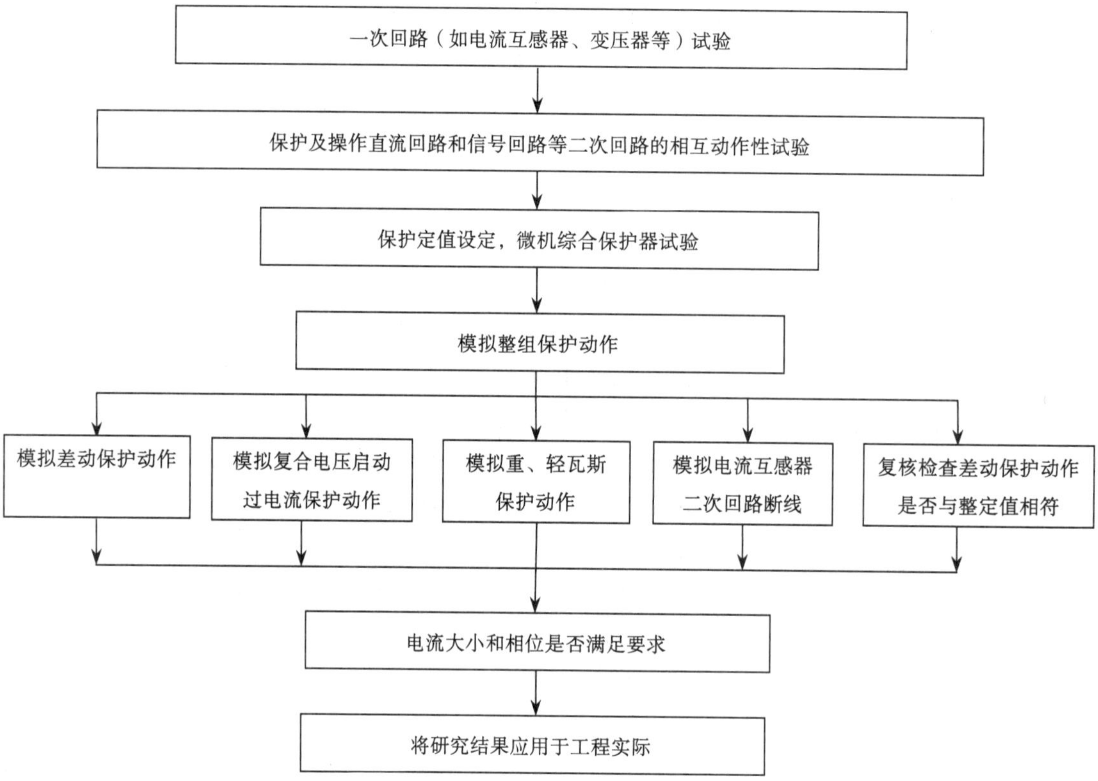

图5.1　工艺流程示意图

5.2　保护定值设定

按照设计的保护参数定值表，逐项存入保护器，并用继电保护测试仪逐一测试，保证微机综合保护器各项保护功能正常，均能可靠动作于保护回路。

某一中心电站工程中，初始定值参数如表5.2所示。

初始定值参数表　　**表5.2**

序号	定值项目		定值
1	差动速断		13A
2	TA 断线		1
3	比率差动保护		
4	4.1	最小动作电流 I_{cd}	0.7A
	4.2	最小制动电流 I_{zd}	1.7A
	4.3	比率制动系数	0.5
	4.4	谐波制动系数 K_x	0.2
	4.5	差动平衡系数 K_b	1
	4.6	闭锁系数 T_{ABS}	1
	4.7	二次接线系数 T_{AJX}	0

5.3　试验电流计算

根据主变压器铭牌数据计算短路试验的试验数据；据此用来选择短路整组试验所需要的试验电源、试验开关、电缆、铜排等，这是整个工艺过程中最基础重要的工作之一。

某一中心电站主变压器铭牌参数如表5.3所示。

变压器铭牌参数　　**表5.3**

参数	额定容量	原边电压 U_{1e}（V）	副边电压 U_{2e}（V）	原边电流 I_{1e}（A）	副边电流 I_{2e}（A）
数值	50000kVA	35000V	10000V	824.8A	2886.8A
参数	接线方式	/	短路阻抗 U_K（%）	高压侧电流互感器变比 K_1	低压侧电流互感器变比 K_2
数值	Y，d11	/	7.5%	1200/5	4000/5

参数计算

方案一：变压器二次短路，一次施加400V试验电压：

$$I_{js} = U_s / (U_{1e} / I_{1e} \times U_K) \quad (5.3\text{-}1)$$

式中　I_{js}——试验计算电流；

U_s——试验电源电压；

U_{1e}——高压侧额定电压；

I_{1e}——高压侧额定电流；

$U_k\%$——变压器短路阻抗。

$$I_{js1}=400/\{(35000/824.8)\times 7.5\%\}=125.68A$$

$$I_1 = I_{js} /K_1=125.68/(1200/5) = 0.52A$$

式中　I_1——高压侧二次回路计算电流；

K_1——高压侧电流互感器变比；

低压侧短路电流$I_{js2}= I_{js}\times K=125.68\times(35000/10000)=439.88A$

$$I_2 = I_{js2}/ K_2=439.88A / (4000/5) =0.55A$$

式中　I_2——低压侧二次回路计算电流；

K——变压器电压变比；

K_2——低压侧电流互感器变比

保护装置中有差流$I_C= I_1 - I_2= 0.03A$需要平衡。

试验电源容量$S=S_e(U/U_e)^2 100/ U_d=87kVA$

方案二：变压器一次短路，二次施加400V试验电压：

$$I_{js} = U_s/(U_{2e} / I_{2e} \times U_K) \quad (5.3\text{-}2)$$

式中　I_{js}——试验计算电流；

U_s——试验电源电压；

U_{2e}——低压侧额定电压；

I_{2e}——低压侧额定电流；

$U_K\%$——变压器短路阻抗。

$I_{js}=400/\{(10000/2886.8)\times 7.5\%\}=1539.63A$

$I_2 = 1539.63/(4000/5) = 1.92A$

$I_1 =1539.63/(35000/10000)/(1200/5)=1.83A$

保护装置中有差流$I_C= I_1 - I_2= 0.09A$需要平衡。

由于方案二所需试验电流较大，所以从安全和经济的角度，我们优先选择方案一。根据计算结果，选择该短路整组试验所需的材料设备。为安全起见，开关选择250A空气开关，进线电缆导线选择$25mm^2$，低压侧选择120 mm^2铜排在低压进线柜处短接。

5.4　准备和实施短路整组试验

按照图5.4-1完成一次回路和二次回路的接线。

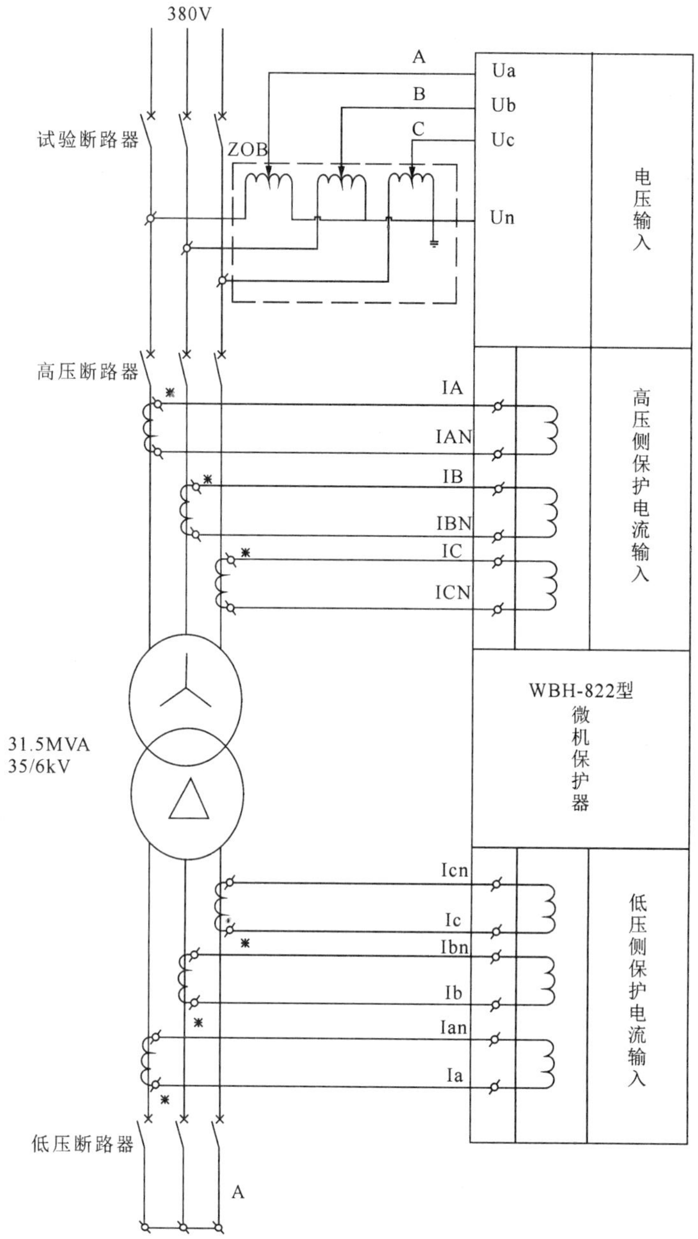

图5.4-1　整组试验接线图

用高精度的双钳相位表在保护屏的端子排位置依次钳测变压器高、低压侧A相、B相、C相的二次电流幅值大小和相位。结合保护屏微机综合保护器的显示，依次记录所测电流的大小和相位角。如表5.4所示。

测试数据（以Ua为参考电压） **表5.4**

高压A相二次电流 I_{ha} 及角度		高压B相二次电流 I_{hb} 及角度		高压C相二次电流 I_{hc} 及角度		A相差动电流 I_{opa}		B相差动电流 I_{opb}		C相差动电流 I_{opc}	
0.51	273°	0.5	153°	0.5	33°	0.34	303°	0.34	183°	0.34	63°
低压a相二次电流 I_{la} 及角度		低压b相二次电 I_{lb} 及角度		低压c相二次电流 I_{lc} 及角度		A相制动电流 I_{rea}		B相制动电流 I_{reb}		C相制动电流 I_{rec}	
0.531	123°	0.533	3°	0.533	243°	0.7	303°	0.7	183°	0.7	63°

根据以上测试数据，结合微机差动保护装置WFB-821的公式算法，可以完成对差动保护定性定量的分析，从而验证短路电流是否符合试验要求。

下面以原副边的二次侧电流的幅值和相角为依据，通过向量计算，求得各项差动电流和制动电流的幅值和相角，与实际测量值相比较。（以A相为例）

$$I_{opa}=|(I_{ha}-I_{hb})+K_b\times I_{la}| \quad (5.4-1)$$

$$\begin{aligned} I_{opa} &= |(I_{ha}-I_{hb})+K_b\times I_{la}| \\ &= |(0.51\angle 273°-0.5\angle 153°)+K_b\times 0.531\angle 123°| \\ &= 0.34\angle 303°A \end{aligned}$$

$$I_{rea}=|(I_{ha}-I_{hb})-K_b\times I_{la}|/2 \quad (5.4-2)$$

$$I_{rea}=|(I_{ha}-I_{hb})-K_b\times I_{la}|/2=0.7\angle 303°A$$

式中 I_{opa}——A 相差动电流；

I_{rea}——A 相制动电流；

I_{ha}——高压 A 相二次电流 I_{ha}（向量）；

I_{hb}——高压 B 相二次电流 I_{hb}（向量）；

K_b——差动平衡系数 K_b；

I_{la}——低压 a 相二次电流 I_{la}（向量）。

以上结果及关系用向量图表述如下(图5.4-2)：

B、C相过程类似，不再赘述。

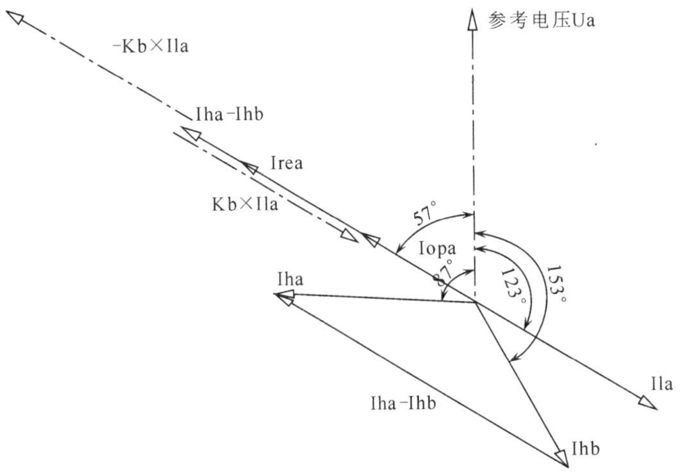

图5.4-2　向量图

5.5　监测的结果与分析

根据以上试验实测数据和绘制向量图，可以得出以下结论：

5.5.1　电流相序的正确性

正确接线下，各侧电流都是正序：A相超前B相，B相超前C相，C相超前A相。若与此不符，则有可能：二次电流回路相别和一次电流相别不对应。

5.5.2　电流幅值、相角的正确性

1. 若一相幅值偏差大于10%，则有可能：某一相CT变比接错，或某一相电流存在寄生回路。

2. 若某两相相位偏差大于10%，则有可能：某一相电流存在寄生回路，造成该相电流相位偏移。

5.6　正常差流的修正

稳态的正常情况下，差动电流应该很小，越小越好。但是由于电流互感器伏安特性、原副边二次电流回路线路长短差异等因素的存在，致使系统存在固有差流，这就需要通过反复试验来确定综保仪差动平衡系数K_b，使固有差流降到最低。

经过对差动平衡系数K_b多次进行修改并送电测量A、B、C三相差动电流，最后确定K_b=1.65，此时正常工况下的差动电流最小，数据如表5.6所示。

试验数据（以Ua为参考电压）　　**表5.6**

高压 A 相二次电流 I_{ha} 及角度		高压 B 相二次电流 I_{hb} 及角度		高压 C 相二次电流 I_{hc} 及角度		A 相差动电流 I_{opa}	B 相差动电流 I_{opb}	C 相差动电流 I_{opc}
0.51	273°	0.5	153°	0.5	33°	0.050	0.051	0.049
低压 a 相二次电流 I_{la} 及角度		低压 b 相二次电流 I_{lb} 及角度		低压 c 相二次电流 I_{lc} 及角度		A 相制动电流 I_{rea}	B 相制动电流 I_{reb}	C 相制动电流 I_{rec}
0.531	123°	0.533	2.7°	0.533	243°	0.915	0.932	0.920

5.7　模拟整组保护故障动作情况

5.7.1 模拟差动绕组极性接线错误的保护动作情况：

人为地将任意一组差动绕组极性接线相反，送电后，保护将实现动作，断路器跳闸。试验完毕，立刻恢复正确的接线。

5.7.2 模拟主变压器故障时的动作情况：

当变压器内部出现匝间、相间短路或者对地短路故障时，在相应的回路电流互感器将表现出来，送电后，依次短接I_a与I_{an}、I_b与I_{bn}、I_c与I_{cn}，保护每次均可靠动作，断路器跳闸，达到调试要求。

从上可见，采取了短路整组试验措施后，主变压器高、低压侧电流互感器差动保护绕组的电流值，无论是双钳相位表，还是微机综合保护装置上都显示直观，可比性强。试验动作情况符合继电保护效验规范，这说明该短路整组试验完全起到了整组试验的作用，达到了很好的效果。通过主变压器高、低压侧三相电流的幅值、相位和电流矢量数值模拟计算分析和试验数据所得到的规律是相一致的，所以从理论上和实践作用上都进一步得到了有力的证实。

根据上述数值模拟计算和试验结果，对本工程进行跟踪监测的结果是翔实可靠的。

6. 材料与设备

整组试验的主要材料及设备明细表 **表6**

序号	名　称	规格	数量	精度	备　注
1	电流互感器伏安特性校验仪	HGQL-H型	一台	0.5级	用于电流互感器效验
2	双钳相位表	ML12B	一台	0.5级	测量电压电流及相位
3	高低压兆欧表	PC27-5G	一台	1.0级	绝缘测试
4	数字万用表	F15B	两台	1.0级	测试
5	对讲机	建伍	三对		联络通信
6	试验电缆	VV $4\times25mm^2$	若干		进线电源
7	铜排	120 mm^2	若干		短接用
8	螺栓	M14	若干		连接紧固
9	断路器	250A	一台		试验控制

7. 质 量 控 制

严格执行《电气装置安装工程电气试验交接试验标准》GB 50150-2006、《电力装置的继电保护和自动装置设计规范》GB/T 50062-2008，按照PDCA的质量管理理论，计划、实施、检查、调整的步骤逐一落实到位。项目的研究采取了理论计算（计划）、分析、资料收集、论证、现场试验、工程应用相结合的技术路线，试验数据专人收集整理，试验过程始终处于严格受控状态。

8. 安 全 措 施

实施短路整组试验，是一项安全性要求非常高的工作。为此，试验组专门成立了安全小组，由试验负责人任组长。试验前，对所有试验人员进行安全技术交底，对试验现场进行隔离和警示；试验过程中，执行了严格的监护制度和操作规程；试验完毕，执行了工具、设备、人员清点制度。保证设备人身安全，做到万无一失。

9. 环 保 措 施

该项短路整组试验，对环境没有任何影响，不构成任何污染和破坏，符合国家环保规定。

10. 效 益 分 析

10.1 实施效果

10.1.1 经多个工程实践证明，本工法合理地运用了变压器具有短路阻抗的特性，获得短路大电流的方法，能够真实地模拟出主变压器的特殊重大故障状态，方法简便易行，安全可靠。

10.1.2 确保变压器受电一次成功，无越级跳闸等重大事故发生，试运行正常。施工中，试验设备运行正常，试验所得数据和理论计算分析基本吻合。

10.1.3 调试方法易掌握、试验电流控制适中，与传统调试方法比较能够降低施工成本，提高工效。

10.2 经济效益

与传统方法比较，本工法减少三相电流发生器试验设备投资，节约成本10万元；减少继电保护试验设备投资，节约成本5万元；减少试验人员投入，提高试验效率，创利2万元；工期节约5天/台；降低施工成本5万元/台。

10.3 社会效益

10.3.1 确保了工程工期和质量，为我国各地的冶金工业建设作出了应有贡献。

10.3.2 确保所参建电站的营运安全，避免了变电站越级跳闸产生的巨大经济损失，以及输电线路和工厂生产遭受破坏的不可估量的经济损失。

10.3.3 为我国冶金工程施工技术作出了积极探索，为类似条件下的大型变压器整组试验技术提供了很有价值的参考实例和经验。

11. 应 用 实 例

11.1 本工法于2009年4～6月应用于湖南涟钢210t转炉工程中心电站2台35kV/10kV主变压器差动保护系统调试，解决了大型变压器保护系统实施中的技术难题，简化了整组试验工艺，提高了施工效率和质量，确保了本工程合同工期，经济效益显著，按期全面完成了建设任务，为中心电站工程施工开创了新的施工工艺，为今后类似工程项目的实施提供了范例。

11.2 天津天钢2号高线（140万t/年）工程于2008年12月～2009年1月应用本工法完成了4台具有差动保护的变压器的系统调试及整组试验，试验数据与计算结果相符，保证了电站的安全运行。

11.3 重钢环保搬迁1号高炉工程于2010年7～9月，应用本工法完成了在中心电站2台35kV/10kV变压器差动保护系统调试及整组试验。试验数据与计算结果相符，保证了电站的安全运行。

在上述工程中，大型主变压器差动保护系统的整组试验方法都得到了成功运用（参见应用证明），达到又好又快的调试效果，圆满完成了工程任务。为建设单位提供了高效、安全、可靠的调试运行保证，为企业赢得了良好的经济效益和社会效益。

330kV 整流变压器安装工法

GJEJGF360—2010

七冶建设有限责任公司　中国十五冶金建设有限公司
张云胜　张玉兵　查墉　张兴　李汇

1. 前　　言

随着电解铝行业的发展，电解铝生产的规模越来越大，电解车间系列电流值由原来的250kA逐步上升到现在的350kA、400kA、420kA，甚至未来将会有更高的系列电流值出现。现在，一个系列的电解槽具备年产30万t电解铝生产能力已经是轻而易举的事，在这种情况之下，作为整个电解系统核心的整流供电就面临着很大的挑战。

例如青海黄河水电再生铝业有限公司绿色循环再生铝基合金工程，其供电整流采用的是330kV整流变压器对电解车间进行直流供电。整流变压器作为一种特殊的变压器，其安装的工艺流程直接决定着整个供电整流可靠性，如果不能够安全、可靠地完成整流变压器的安装，其造成的后果将是不可估量的。

2. 工 法 特 点

2.1　针对变压器上方有高强度建筑顶梁的变压器，在变压器吊罩过程中采用4个一定吨位的手拉葫芦在四个方位定位吊罩方式，上升过程中采用固定销对罩盖的上升方向进行有效控制，手拉葫芦能够有效的控制上升速度及高度，对设备起到很好的保护作用，减少了对大型机械的使用，有效的提高经济效益。

2.2　变压器套管安装采用在吊车提升机械配合方式，在吊车上固定滑轮使用手拉葫芦配合，这样能够有效的改变套管的角度，对套管在吊升过程中起到最好的保护作用，大量减少了在变压器上安装套管的人力物力，有效的提高了经济效益。

2.3　变压器滤油采取关闭油风冷却器方式对变压器本体进行真空热油循环，变压器本体油循环完毕后再打开油风冷却器进行循环，这样大大减少了热油循环的时间，也避免了传统的在热油循环过程中产生的死角，保证了滤油的质量，减少滤油时间，提高工作效益。

3. 适 用 范 围

330kV及以下电压等级的整流变压器施工。

4. 工 艺 原 理

利用整流变压器的吊耳作为变压器吊罩时的支点，把握住变压器上节油箱的平衡性，利用4根定位销将变压器四个角进行支持固定，同时起到导向的作用，上升过程中，着重要求四个提升的起重葫芦要保持上升同步性，当上节油箱上升到超过铁芯的位置即可。

安装高压套管时，利用了三角形的边长关系，以手拉葫芦方向、高压套管方向、吊装带方向各作为该安装环节的几何构造的一边，通过调整边长，控制夹角度数，有效调整高压套管角度。

5. 施工工艺流程及操作要点

5.1 施工工艺流程（表 5.1）

施工准备→到货验收→氮气检查→附件开箱检查→器身检查准备→注油排氮→吊罩器身检查→套管试验→变压器总体及附件安装→抽真空保持8h→真空注油→热油循环、补油及静放→油样全分析→整体密封检查→交接试验检查及投运。

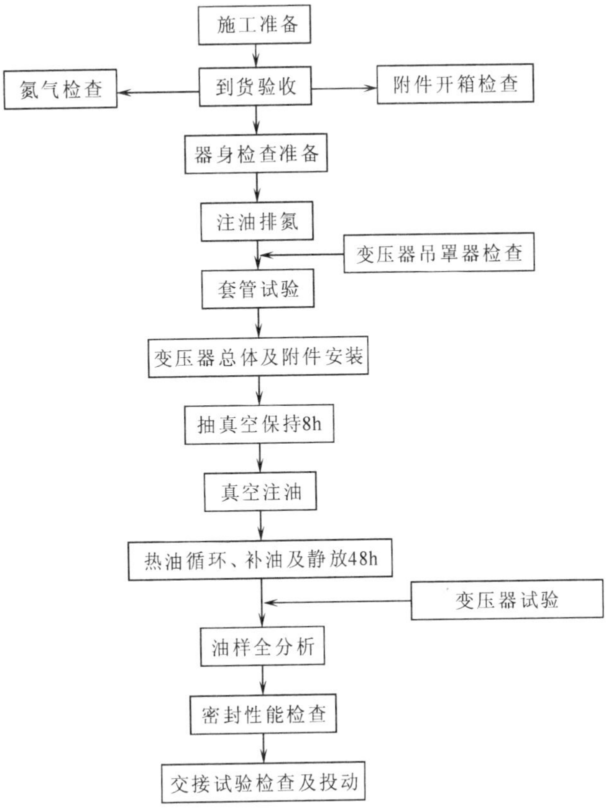

图5.1　整流变压器施工工艺流程

5.2 操作要点

5.2.1 准备工作

1．检查油箱及附件是否齐全，有无锈蚀或机械损坏等现象，变压器密封是否良好，是否渗油及变压器实际油位。

2．施工前施工人员要详细阅读有关技术资料及说明书，并邀请厂家指导配合。

3．材料准备好、明确分工、各负其责，做好安全技术交底。

4．土建部门清理现场，施工现场铺一层碎石。

5．应了解当地气象部门提供的气象资料。

6．由于在户外进行，应有防止灰尘及雨水以外侵入的措施。

5.2.2 进行器身检查

变压器到达现场后，应进行器身检查。器身检查一般为吊罩检查，也可从人孔或观察孔进入油箱内进行器身检查。

1．器身检查前的条件

1）必须选择晴天进行，周围空气、温度不宜低于0℃，相对湿度不高于75%，用真空滤油机加热变压器油，使器身温度高于环境温度10～15℃。

2）器身在空气中的时间应尽量缩短，自开始松开盖板到开始抽真空为止，必须符合以下规定：

空气中相对湿度小于75%时不得超过12h。

空气中相对湿度小于65%时不得超过16h。

3）器身检查人员必须由甲方、乙方、厂家三方在现场。进行检查器身人员必须穿全新无纽扣工作服，身上严禁携带与工作无关的金属杂物，所带工具应做好记录，并用白布带拴好。

2．器身检查前的准备工作

充油贮存的变压器在吊罩之前必须把变压器油放净。充氮贮存的变压器，必须注入满足规定的合格变压器油，进行注油排氮，绝缘油从下部注入，氮气从顶部排除，油应注至油箱顶部将氮气排出，最终油位应高出铁芯顶部，油的静置时间应不小于12h，最后按充油贮存的变压器方式进行。排氮时，注意通风，防止发生人员窒息。充氮运输的变压器当油箱中的含氧量未达到18%以上时，人员不得进入。

对于钟罩式变压器，起吊上节油箱时，应先拆除无载开关的操动杆，并记好相应位置，以便回装，有载调压开关的拆卸按有载调压开关安装使用说明书执行，拆除钟罩式油箱上开关头部法兰与开关主体的连接，将开关主体置放于支撑架上，拆除运输定位，箱沿螺栓等。吊罩时，需在箱沿的四个角设置定位销，预防钟罩上升过程中出现晃动对变压器内的铁芯造成损坏（吊罩示意图见图5.2.2）。

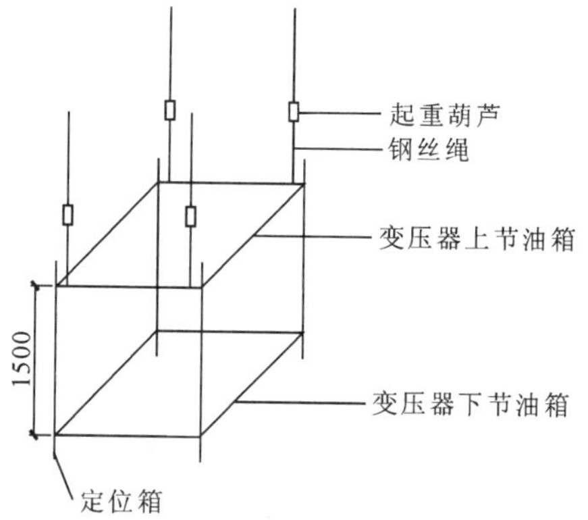

图5.2.2　整流变压器吊罩示意图

3．器身检查

1）器身检查注意事项

器身检查用梯子及带有尖角的东西，不得搭在引线绝缘件及导线夹上，不允许在导线支架上攀登。

器身上不应放置物品。

进入油箱的工具、衣物、鞋等应清洗干净，保证无异物掉入油箱内。

严禁在油箱内更换灯泡，修理检查工具。

2）器身检查内容

检查铁心有无移位、变形，铁心夹紧螺栓是否松动。

检查铁心夹件、屏蔽接地情况是否良好，无多点接地现象。

检查所有紧固件在运输过程中有无松动，器身压钉是否处于压紧状态，锁紧螺母是否处于锁紧状态。

检查器身有无移位，器身上的垫块、端圈是否松动，绝缘层无破损现象。

检查引线绝缘是否完好，引线是否保持原有状态，不得随意完折引线，引线触头无有毛刺现象，引出线绝缘距离应合格。

检查分接开关三相触头位置是否一致，是否在出厂整定位置，分接开关触头接触是否良好。

检查油箱内壁及箱壁屏蔽装置是否平整和牢固。

油箱所有异物都应清除，无其他异物。

3）器身检查时的试验

铁心对地绝缘用2500V兆欧表测量不低于200MΩ，时间为1min，同时检查接地片是否牢固。

夹件引出箱外接地的夹件也应测量夹件对地的绝缘，绝缘电阻应不低于200 MΩ，时间为1min。

线圈均压环，屏蔽对地绝缘用2500V兆欧表测量应无闪烙及击穿现象。

必要时测量线圈的绝缘电阻、吸收比及直流电阻。

器身检查完毕后，用合格的变压器油进行冲洗，并冲洗油箱底部，然后复罩上节油箱，将分接开关复位，准备下一环节的真空注油和附件组装工作。

5.2.3　附件安装

所有附件安装前必须了解使用说明书，熟悉变压器图纸，并在厂家的指导下按照规范进行安装，注意，所有附件必须经合格变压器油清洗后方可安装。

进行附件安装前仔细阅读说明书，熟悉变压器安装图纸，并在厂家指导下，按照规范《电气装置安装工程电力变压器、油浸电抗器、互感器施工及验收规范》GBJ148-90进行安装，安装的顺序必须保证先装瓷件，后装铁件，先安装上部构件，后安装下部构件的指导原则。

1．安装前的试验

参照电容器使用说明书，对套管性能进行测试。

用2500V兆欧表测量主屏绝缘电阻。

用2500V兆欧表测量未屏绝缘电阻。

测量套管的tgσ和电容量。

参照变压器出厂文件中套管式电流互感器合格证，对互感器进行测试。

测量各分接头的变比、极性。

用2500V兆欧表测量其绝缘电阻，一般不低于1MΩ。

测量互感器的伏安特性。

2．整体组装

1）储油柜的安装，安装应符合下列要求：

（1）储油柜安装前应清洁干净。

（2）胶囊式储油柜中的胶囊或隔膜式储油柜的隔膜应完整无破损，胶囊在缓慢充气胀开后，检查应无漏气现象。

（3）胶囊沿长度方向应与储油柜的长轴保持平行，不应扭偏，胶囊口的密封应良好，呼吸应通畅。

（4）油位表动作应灵活，油位或油标管的指示必须与储油柜的真实油径相符，不得出现假油位，油位表的信号接点位置正确，绝缘良好。

2）升高座的安装

（1）首先进行电流互感器的试验，再安装升高座应使电流互感器的铭牌位置面向油箱外侧，放气位置应在升高座的最高处，互感器与升高座的中心应一致。

（2）绝缘筒应安装牢固，位置不应使高压引出线与之碰撞。

（3）升高座密封垫必须完好，保证充油后不渗漏。

（4）安装时与油箱法兰处的标号对应入座。

3）套管的安装

（1）套管在安装前必须完成对套管的性能测试工作，套管经检查合格后方可安装。

（2）套管表面应无裂缝、伤痕、碰缺。

（3）高压套管穿缆的应力锥应进入套管的均压罩内，其引出端头与套管顶部接线柱连接处应擦拭干净，接触紧密。高压套管与引出线接口的密封波纹盘结构的安装应严格按照制造厂的规定进行。套管顶部结构的密封垫应安装正确，密封良好，连接引线时，不应使顶部结构松扣，充油套管的油标应面向外侧，套管末端应接地良好。

（4）充油套管的油标应面向外侧，套管末屏应接触良好。

（5）套管吊装时应注意吊装的角度，利用吊车与起重葫芦进行角度调整（吊装示意图见图5.2.3）。

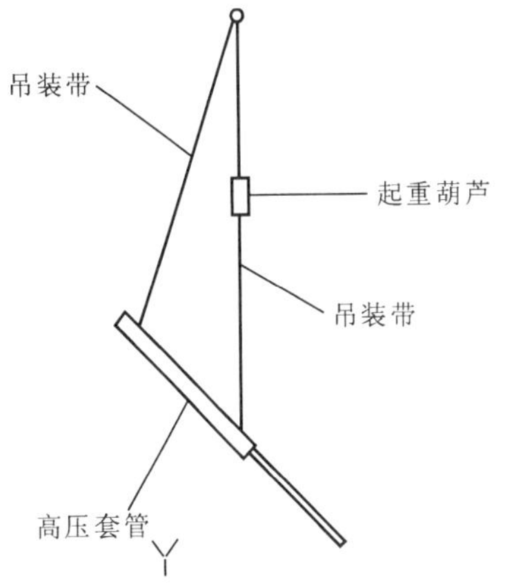

图 5.2.3 高压套管吊装示意图

4）冷却装置的安装

（1）冷却装置安装前应使气压或油压达到制造厂的压力值后进行密封试验。

（2）冷却装置安装前应用合格的绝缘油循环冲洗干净，并将残油排尽。

（3）冷却装置的连接阀门应操作灵活，开闭位置应正确，阀门及法兰连接处应密封良好。

（4）风扇电动机及叶片安装要牢固，应转动灵活，无卡阻，油泵转向正确，转动时应无异常噪声、震动或过热现象，其密封应良好，无渗油或进气现象。

5）压力释放阀的安装

（1）压力释放阀的安装方向应正确，密封面应清洁，密封良好，电接点应动作可靠准确。

（2）压力释放阀若带导油罩，应将导油罩的导油喷口朝向箱壁外侧，在将管路将其油流引向变压器下侧面。

6）气体继电器的安装

（1）气体继电器安装前，应经检验合格。

（2）气体继电器应水平安装，其顶盖上红色箭头指向储油柜，带集气盒的继电器还应检查导气管铜管是否畅通，其连接密封面应密封良好。

（3）气体继电器校验完一般挡板仍用细线绑住，安装时应拆除细线。

7）测温装置的安装

（1）测温装置安装前应进行校验，信号接点动作准确、可靠，绕组温度计应根据制造厂的规定整定。

（2）顶盖上温度计座内应注入变压器油，密封应良好，无渗油现象。

（3）膨胀式温度计细金属软管不得有压扁或急剧扭曲，其弯曲半径不得小于50mm。

8）分接开关的安装

（1）无励磁调压开关确认操动杆是否正确进入安装位置，检查三相指示位置是否一致，检查合格后方可操动，装上定位螺钉及防雨罩。

（2）有载调压开关的安装应按其安装使用书，连接开关主体、安装水平垂直传动轴、电动机构并进行档位及正反圈的校正，应保证电动机构，本体和远方档位指示一致。

9）吸湿器的安装

（1）吸湿器与储油柜连接应密封良好，管路应畅通，吸湿剂应干燥，油封油位应在油面线上或按产品的要求进行。

（2）吸湿器的油杯密封垫在安装前应取掉，以保证呼吸畅通。

5.2.4 抽真空及注油

变压器油应符合要求后，方可注入变压器中。当日不能完成器身检查和整体组装的应及时注入合格的变压器油，待第二天放出油后继续器身检查和整体组装完成后，进行抽真空和真空注油。

1. 有载调压变压器，应同变压器同时放出开关筒中的绝缘油，并用联管连接开关油室和变压器油箱，使开关和本体同时抽真空，并接好有载开关注油管路，以便同时注油。

2. 抽真空前应关闭不能抽真空附件的阀门，其他阀门处于开启位置。

3. 在油箱顶部蝶闸处或在瓦斯继电器联接法兰处，装置抽真空管路和真空表，接至真空设备。

4. 在下节油箱和闸阀处装置注油管路，通过滤油机接至油罐等待注油。

5. 将油风冷与变压器本体之间的管路阀门置于关闭状态。

6. 启动真空泵均匀提高真空度，抽真空的初一小时内，当残压达到0.02MPa时，无异常情况，继续提高真空度知道残压为133Pa，同时监视油箱的变形情况，真空持续时间不得低于8h，然后在真空状态下注入合格的变压器油，一般注油速度为4t/H。

7.注油至离箱盖100~200mm时停止注油，同时给有载开关油室注入合格的绝缘油，维持真空度不小于4h以上，即可解除真空，拆除其抽真空的管路，恢复整体组装完的状态。

5.2.5 热油循环、补油及静放

1.通过储油柜注油阀或箱顶蝶阀给变压器补充注油，油位至储油柜相对温度对应的油面高度时，再考虑变压器油风冷所能装下的变压器油数量，将其全部注入储油柜内。

2.在补充注油的同时，打开变压器本体运行时需全部打开的蝶阀，同时根据补充注油油位上升的高度给变压器所有的排气孔进行排气。

3.真空注油后，应对变压器进行热油循环，使油质达到标准的规定（油质标准参照表5.2.5执行）。

变压器油合格标准 **表5.2.5**

项　目	设备电压等级（kV）		
	500	220-330	66-110
击穿电压，kV	≥60	≥50	≥40
含水量，L/L	≤10	≤15	≤20
含气量，%（V/V）	≤1	≤1	—
介质损耗因素，90℃，%	≤0.5	≤0.5	≤0.5

4．热油循环时，滤油机油温设置在60° 左右，循环时间不少于30h，通常使全油循环3～4次。当变压器本体油温达到40℃时，将变压器本体与油风冷间的管路阀门打开，变压器本体油注入油风冷，此时将油风冷油泵打开，用真空滤油机带动变压器本体及油风冷一起运行4个小时即可。

5.2.6 整体密封检查

变压器安装完毕后，应在储油柜上用气压或油压进行整体密封试验，其压力为油箱盖上能承受0.03MPa压力，试验持续时间为24h，应无渗漏，油分析亦合格后，变压器方属正常，可进行空载运行。

5.2.7 变压器交接试验前的检查

1．检查分接开关位置三相是否一致，有载开关顶盖上的快速机构位置指示与操动箱及控制室的远程显示器位置指示是否一致。

2．所有控制、信号接线正确无误，控制、保护和信号系统运行可靠，附件整定位置正确，电机油泵类旋转方向正确。

3．所有装置再次排气（气体继电器、套管末端、有载开关头盖、升高座、集气盒、定位法兰封板、压力释放阀、冷却器、散热器、管路等）。

4．电流互感器未接负载的端子已可靠接地。

5．变压器接地系统是否可靠，油箱是否可靠接地。

6．储油柜油面高无假油位。

5.3 劳动力组织（表 5.3）

劳动力组织情况表 表5.3

序号	单 项 工 程	所需人数	备　注
1	现场指挥	1	
2	安装技术负责	1	
3	安装施工负责	1	
4	工具保管	1	
5	起重负责	2	
6	安全检查负责	1	
7	质量监督负责	1	
8	试验负责	3	
9	变压器真空处理及热油循环负责	3	
10	安装电工	10	
	合　计	24 人	

6. 材料与设备

本工法无需特别说明的材料，采用的机具设备见表6。

机具设备表 表6

序号	设 备 名 称	设备型号	单位	数量
1	吊车	25t	台	1
2	手拉葫芦	5t	个	4
3	手拉葫芦	2t	个	1
4	滑轮	1t	个	1
5	真空滤油机	300 型	台	1

续表

序号	设备名称	设备型号	单位	数量
6	温湿度计		块	1
7	升降梯	5m	个	2
8	安全带		副	4
9	白棉布		m	若干
10	胶水		kg	1
11	塑料布		卷	1
12	无纽扣耐油工作服		套	24
13	灭火器		瓶	5
14	吊装带	5t×6m	根	2
15	吊装带	2t×2m	根	2
16	钢丝绳	六分	m	50
17	电动扳手		把	4
18	力矩扳手		把	6
19	套筒扳手		套	4
20	白布带		m	若干
21	扳手	17，19，22，24，27，30，32	把	若干
22	尼龙绳		m	5
23	无水乙醇		瓶	20
24	万用表		块	1
25	兆欧表	500V，2500V，5000V	块	各1
26	变比电桥		台	1
27	直流电阻速测仪		台	1

7. 质量控制

7.1 工程质量控制标准

《电气装置安装工程高压电器施工及验收规范》GB 50147-2010；

《电气装置安装工程电力变压器、油浸电抗器、互感器施工及验收规范》GB 50148-2010；

《电力变压器》 GB 1094；

《变压器油技术条件》；

《施工现场临时用电安全技术规范》JGJ 46-2005。

7.2 质量保证措施

7.2.1 严格按设计标准和施工规范进行设计文件审核，领会设计意图，明确设计要求，消除差错。

7.2.2 施工前对整流变压器基础进行复测，保证施工项目的位置、标高符合设计要求及规范要求。

7.2.3 施工所需的检验、试验设备必须按周期进行鉴定，确保测量、试验数据准确。

7.2.4 坚持技术交底制，工程施工前必须针对施工程序、工艺、方法、技术标准等交底到每个施工人员，杜绝因技术指导错误而影响工程质量。

7.2.5 施工过程中对关键点及重要施工环节应设立专人检查，尤其是器身检查和高压套管安装，杜绝因检查过程大意而导致生产运行后发生事故的情况。

7.2.6 认真审核变压器施工班组施工自检记录是否与施工验收规范及技术要求相符，同时对工程进行实测检查，以确认其自检记录是否与实际相符。落实好质量奖罚制度，对工程质量有问题的，处以罚款外，还限期整改，符合质量验收为止，决不姑息。

7.2.7 做好施工人员的技术培训工作，提高全员质量意识和技术素质。

8. 安全措施

8.1 施工前应组织所有参加施工人员认真阅读、熟悉图纸、设备随机资料、有关施工验收规范，充分做好施工前的各项准备工作。

8.2 加强安全教育，健全安全保证体系，坚持班前安全交底，班后检查制度，树立安全第一，预防为主的指导思想。

8.3 严格执行国家有关安全法规，严格遵守本工种安全技术操作规程。

8.4 施工人员进入现场前必须戴安全帽，并对工器具进行安全检查，消除工器具的安全隐患，坚持班前开会制度，在布置当天的施工任务时要提出安全施工注意事项。

8.5 进入现场必须做好“三宝”措施，施工人员按规定正确使用劳动保护用品，进入施工现场佩戴安全帽，严禁赤膊、穿拖鞋等进入现场；在施工现场挂好安全标示，在危险处挂警示牌。

8.6 施工用电的临时配电设备必须符合国家的安全标准，施工用临时线路不能乱拉乱放，必须安放整齐，不能有安全隐患。

8.7 在现场接用电设备时，应由电工进行作业，停电作业，如果必须带电作业，要一人操作，另一人监护。

8.8 施工时不能乱放工器具及设备、材料，以免使他人及设备受到损害。

8.9 现场施工必须严格按照施工规范施工，文明施工设备及人员受损害。

8.10 安装设备时，应小心谨慎，避免使设备受到损伤，调试人员必须听从指挥，对设备的使用应爱护，不能超量和超压使用。

8.11 在施工现场准备好雨布等防雨工具，随时做好防雨措施，一旦天气出现下雨等突发状况，马上停止施工并将变压器盖好。

8.12 在变压器施工现场，不得吸烟、点火，在现场有防火措施，设置必要的消防器材。

8.13 在进行器身检查时，进入油箱人员应穿戴专用服装，所有工具系白布带，并进行登记，检查结束后，对工具进行检查并注销。

8.14 在进行变压器附件安装时，应注意瓷套管及其他附件的安全。

8.15 在变压器上方作业时，应对变压器进行遮盖，以免施工时杂物对变压器造成损害。

9. 环保措施

9.1 成立对应的施工环境卫生管理机构，在工程施工过程中严格遵守国家和地方政府下发的有关环境保护的法律、法规和规章，加强对工程材料、设备、生产垃圾、弃渣的控制和治理，遵守有防火及废弃物处理的规章制度，随时接受相关单位的监督检查。

9.2 将施工场地和作业限制在变压器安装作业允许的范围内，合理布置、规范围挡，做到标牌清楚、齐全，各种标识醒目，施工场地整洁文明。

9.3 对变压器安装过程中产生的废油要有专门的盛放器具，严禁将废弃的变压器油排入大地之中。

9.4 滤油过程中要有专人监护，防止因油管爆裂造成变压器油流失，以致造成土地污染。

10. 效 益 分 析

整流变压器施工存在的几大难点：一、设备吨位重；二、工序复杂；三、高压套管安装风险大；四、热油循环难度大，尤其是冬天，而该工法通过一些简单的施工器具就克服了以上几大难点，大大节省了施工的成本以及降低了安装过程中的存在的风险，随着电解铝行业的不断发展以及330kV整流变压器制造技术的不断完善和改进，而且现在的建设行业对施工进度的要求越来越高，如何行之有效的提高施工效益，降低施工风险，控制施工成本，是本工法无形中产生的隐形效益。

11. 应 用 实 例

青海黄河水电再生铝业有限公司绿色循环再生铝基合金工程。

11.1 工程概况

青海黄河水电再生铝业电解铝工程是青海省的重点工程，330kV受变电整流所是黄河水电再生铝业电解铝工程的心脏部分，在整个330kV供电整流系统施工中，整流变压器是整个电解铝的心脏设备，该工程共有六台整流变压器（ZHSFPTB-111000/330），整流机组通过有载调压、移相整流，二次侧输出1320V直流电源，从电气角度讲，电解槽间串联起来和整流机组形成一个直流回路，从而实现牺牲阳极保护阴极的电解铝工艺，变压器油的冷却采用的是油风冷的形式，该变压器吨位重，结构复杂，电压等级高，技术含量高，施工难度大，在施工过程中，从1号机组到6号机组施工，我们引进了先进机械设备和施工技术，制定合理施工方案，确保了该330kV整流机组的顺利竣工。

11.2 施工情况

黄河水电再生铝业有限公司绿色循环再生铝基合金工程共含有6套整流机组及其配套电气设备的安装，合同工期10个月。

单位组织人员进场施工是2008年11月，当时土建工程还正处在施工阶段，因为与土建单位交叉作业，故而施工难度极为大，进场设备的保护成为了施工初期的重要内容，但是在这样的困难条件下，通过对现场施工环境合理的布置以及充分的前期准备工作，在变压器进场后，我方随即开始进行变压器的安装，针对滤油这一环节，我方投入了代表国内最新水平的型号为ZYD-300型双极高效真空滤油机，先进机械设备和先进施工工艺的投入，使该330kV整流变压器安装得到了很好的质量保证。

该工程开工日期为2008年11月12日，竣工日期为2009年9月28日，实际整流机组投运时间为2009年5月，整流机组的安装合格率达到100%。

11.3 工程监测与结果评价

我方在安装过程中采用330kV整流变压器工法施工，为了检验该工法施工工艺的合理性，有效确保施工质量，经青海黄河水电再生铝业有限公司、监理公司和施工单位联合对该项目施工进行了整流变压器施工全过程的监控，该项目整流变压器安装的一次合格率达到100%，并且投运后能够满足生产的正常需要，施工全过程无安全事故发生，得到了业主、监理及设计方的一致好评。

11.4 青铜峡铝业股份有限公司异地改造项目

11.4.1 工程概况

青铜峡铝业股份有限公司异地改造项目是青铜峡铝业公司在青铜峡以外建设的第一个电解铝项目，该工程共有五台330kV整流变压器，整流机组通过有载调压、移相整流，二次侧输出1300V直流电源，变压器油的冷却同样采用的是油风冷的形式，该变压器吨位重，结构复杂，电压等级高，技术含量高，施工难度大，在施工过程中，从1号机组到5号机组施工，我们引进了先进机械设备和施工技术，制定合理施工方案，确保了该工程五台330kV整流机组的顺利投运。

11.4.2 施工情况

青铜峡铝业股份有限公司异地改造项目共含有5套整流机组及其配套电气设备的安装，合同工期13个月。

单位在获得该项目的安装资格后，即组织人员进场施工，随着整流机组的陆续进场，整个现场施工也逐步进入高峰，针对整流变压器的实际情况，我方采用了以上工法所描述的办法，不但节省了时间，提高了工作效率，而且创造了很大的经济价值，在安装过程中，我们及时对施工工人进行技术交底，严格把关，在先进施工方法的保证下，使该330kV整流变压器安装得到了很好的质量保证。

该工程开工日期为2008年5月10日，竣工日期为2009年5月30日，整流机组的安装合格率达到100%。

11.4.3 工程监测与结果评价

我方在安装过程中采用330kV整流变压器工法施工，该施工方案在单位的施工中已经成为了一种常用的熟练方法，能够有效确保施工质量，安装过程中，青铜峡铝业有限公司动力厂、监理公司和施工单位联合对该项目施工进行了整流变压器施工全过程的监控，该项目整流变压器安装的一次合格率达到100%，投运后能够满足生产的正常需要，施工全过程无安全事故发生。

11.5 兰州铝业股份有限公司大型预焙槽电解铝技术改造项目

11.5.1 工程概况

兰州铝业股份有限公司大型预焙槽电解铝技术改造项目是兰铝的重点项目工程，该项目的整流系统采用的是220kV整流机组，220kV供电电压属于现在最常采用的电压，该项目共含5套220kV整流机组及配套电气安装，变压器油冷却同样采用油风冷方式，与330kV整流机组的安装工艺流程相同。

11.5.2 施工情况

兰州铝业股份有限公司大型预焙槽电解铝技术改造项目合同工期为11个月，单位按照合同工期准时组织人员进场施工，施工初期，由于设备进场晚等原因，前期施工阶段迟迟无法展开全面安装，在这样的情况下，我方正常的施工时间被大大压缩了，最后一台整流机组在2009年8月中旬才进场，比合同约定进场时间晚了2个月，虽然如此，但是，我方在机组施工过程中组织精兵强将，精心组织，精密策划，以单位多年的超高压整流机组施工经验为基础，最终顺利按照甲方规定时间完成了整个改造项目的施工，确保了该项目的按时投运。

该工程开工日期为2008年11月12日，竣工日期为2009年9月28日，整流机组的安装合格率达到100%。

11.5.3 工程监测与结果评价

由于设备进场晚的原因，业主方及施工单位对我方能否按时完成整个电气安装持怀疑态度，但是，经过我方所有施工人员的齐心协力，最终克服了很多影响工期的困难，工程顺利竣工。在质量控制措施方面，我方推行了自检、互检、他检的监控制度，同时，兰州铝业股份有限公司及鑫诚监理兰铝项目部也对施工全过程进行了有效监控，最终，该项目施工全过程无伤亡事故，无重大设备损坏事故，设备投运以来运行良好，安装一次合格率达到100%，获得了业主及监理单位的一致好评。

直线电机运载系统 DC1500V 三轨接触网系统施工工法

GJEJGF361—2010

中铁电气化局集团有限公司
罗兵 陈永 吴生阳 蔡志刚 刘超

1. 前 言

广州市轨道交通四号线从萝岗区起，经科学城、东圃、琶洲、新造至南沙，全长约69km，是广州市第一条以高架为主的南北城市快速轨道交通线路。根据四号线工程特点需要选用转弯半径小、爬坡能力强的系统，并能达到节能降噪、降低工程投资与运营成本、适应保护城市环境的需要，2003年4月，广州市起动了广州市轨道交通四号线大学城专线建设。四号线采用了三轨（钢铝复合轨）接触网供电方式，作为直线电机运载系统研究的子项目与之配套的三轨接触网供电系统研究随即展开科技攻关。直流1500V架空网供电及750V接触轨供电在国内都是比较成熟的技术，但三轨接触网供电方式在国内尚是第一次采用，急需制定该类工程的施工工法。

中铁电气化局城铁公司通过对国内外三轨接触网系统的考察了解，依据广州市轨道交通四号线大学城专线段工程设计研究文件和钢铝复合轨及其配套零部件等产品的技术资料，分析三轨接触网系统结构装配原理，研究其与轨道、土建、车辆等专业的接口配合关系，通过工程安装实践—调整—验证，科学地确定技术参数，开发了直流电机运载系统三轨接触网系统施工工法，研发的专用工具接触轨数显检测尺获得了国家专利（专利号：ZJ 2007 2 0190261.X），以此指导和控制工程施工质量和规范工程验收。

2. 工 法 特 点

2.1 目前国内建设中的城市轨道交通线路采用的钢铝复合轨（三轨）多数由国外引进，钢铝复合轨（三轨）接触网系统的施工应用才刚刚起步，与之配套的施工标准、验收标准尚在总结、探索阶段。本工法为今后的同类施工提供了很好的参考依据。

2.2 本工法所制定的相关施工标准，为今后制定一套适应中国国情和行业要求的、工序合理、技术先进、安全可靠的三轨（采用钢铝复合轨）接触网系统施工标准和验收标准提供了依据。

2.3 本工法通过对施工工艺的研究，可与设计单位和国内产品制造单位互换信息、共享资源，促进设计方案的优化和产品性能及质量的改进，以保证地铁三轨接触网系统安装工程技术先进、工艺精细、经济合理、安全可靠，工程质量达到优良标准。

3. 适 用 范 围

本工法适用于地铁直流1500V三轨接触网系统施工。对类似的三轨接触网系统施工具有借鉴和指导作用。

4. 工 艺 原 理

本课题关键技术主要含以下内容：

钢铝复合轨及其附件（含中间接头、端部弯头、膨胀接头等）施工工艺；

绝缘支持结构（含绝缘支架、底座等）施工工艺；

中锚防爬器施工工艺；

电连接（含电缆接线板）施工工艺；

防护罩施工工艺；

系统接地施工工艺；

设备及附属工程施工工艺。

5. 施工工艺流程及操作要点

在对三轨接触网系统理论认识及分析的基础上，为了验证设计方案，检验产品的匹配性能，总结三轨系统的安装工序及安装工艺，中铁电化局于2004年首先在广州地铁一号线西朗试车线安装了约200米的三轨试验段。通过试验段的安装检验，达到了优化设计，改进产品质量的目的。同时，结合四号线大学城专线段的工程特点及具体情况，形成了三轨系统施工安装流程和安装工艺，在大学城专线段工程不断实践完善，安装工艺流程（施工工序）如图5所示。

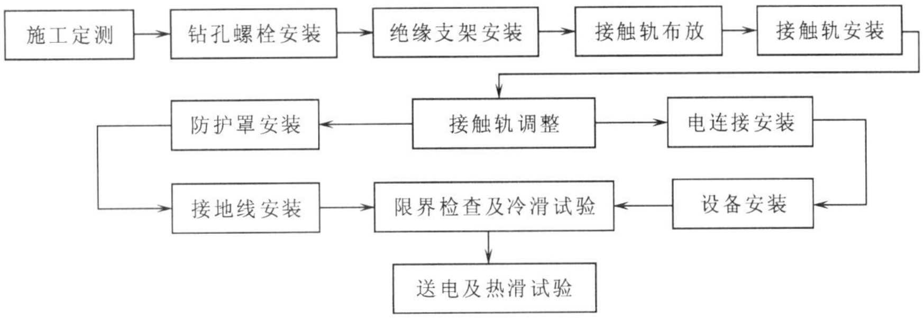

图5　安装工艺流程

5.1　施工测量

施工测量在三轨接触网系统施工中有着非常重要的作用，本工艺将测量分为两个步骤，即先进行纵向测量再进行横向测量。由纵向测量来决定接触轨的排列次序，尔后再通过横向测量来决定其限界。纵向、横向测量相结合，可以很精确的确定接触轨各绝缘支撑点的位置。

5.1.1　纵向测量

1. 工艺流程

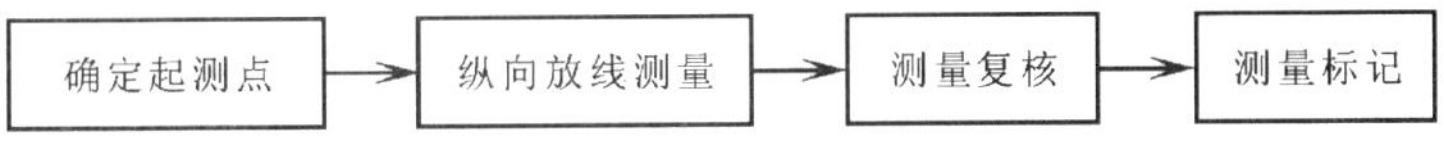

2. 操作要点

1）以车站中心标、道岔岔心标或设计图纸标明的测量起点开始测量。

2）根据起测点里程和施工图纸定位点里程，定测出第一个定位点的位置，用粉笔在钢轨轨腹上作好标记，并注明锚段号和绝缘定位号及相关说明。

3）按施工图纸上的跨距数据，沿钢轨依次测量并标记各支架安装位置，曲线段沿曲线外侧钢轨进行测量。

4）一个整锚段（指从一个膨胀接头到另一个相邻的膨胀接头或从一个膨胀接头到相邻的端部弯头的距离）测量后，应对此锚段全长再进行复核，确认无误后继续进行下一锚段的测量。

5）测量出各定位点后，用红油漆在钢轨侧面和轨枕上作出清晰明显的标记（图5.1.1）。

3. 质量标准

1）测量前应对起测点基桩进行复核，确保起测点的正确性。

2）应使用钢卷尺进行测量，严禁使用皮卷尺。

3）曲线上应沿曲线外轨进行测量，并适当增加跨距测量值。

4）测量中悬挂定位点如遇到道床伸缩缝或其他障碍物时，应根据设计原则，合理调整相邻跨距，作好记录后报设计和监理工程师确认。

4．注意事项

测量时要保证测量的精确度，以实际里程标记随时校核测量结果，以防产生累积偏差。

5.1.1 纵向测量定位

5．人员组织（表5.1.1）

表5.1.1

序号	项　目	单位	数量（人员）	备　注
1	技术负责人	人	1	全面指导测量
2	技术员	人	1	负责数据记录
3	操作工	人	2	负责拉线
4	辅助工	人	1	负责标注

5.1.2 横向测量

1．工艺流程

测量对位 → 钻孔孔位中心定测 → 钻孔孔位定测 → 数据记录

2．操作要点

1）用测量道尺测出绝缘支架底座锚固螺栓孔位的中心位置，在道床上标记出该中心点，记为“×”。同时，在测量道尺上读数，记录该处道床或轨枕平面距轨面的高度。

2）用专用测量模板标记出钻孔孔位。

3）用红油漆标记出孔位辅助标志。

3．质量标准

1）使用测量道尺，确保定测精度。使用测量道尺时须放于轨面上，横向垂直于支架定位处轨道中心线放置，道尺档板抵紧钢轨内缘，专用仪器定位棒与钻孔孔位中心重合，将定位棒放下，按设计限界来确定绝缘支架底座在道床或轨枕上的位置，同时利用定位棒上的标尺测出轨枕平面距轨面的高度。专用仪器定位棒垂直于两轨面连线，其垂直偏差不大于1‰；测量尺精度应达到1mm。

2）测量定位时应避开道床伸缩缝、道床连接缝、预留电缆沟、预埋钢管等结构或设施，但应严格遵守最大设计偏移量、最大设计跨距值等设计原则。

3）膨胀元件处、端部弯头处绝缘支架定位点严格按纵向定位标记定测。

4）定位测量时使用钢筋探测仪，探测出定位点处的钢筋分布情况，以使钻孔避开钢筋。道床的钢筋分布规则，应制作钢筋分布标尺，以使测量定位时避开钢筋。

5）制作与支架底座相同的各种专用模板，并标出中心线；定测时，先测量并划出底座中心线位置，然后套模画出钻孔孔位。

4．注意事项

1）测量时应注意观察线路能否满足接触轨安装的限界及高度要求。

2）注意观察沿线是否有可能影响接触轨安装和侵入接触轨限界的设备存在。

5．人员组织（表5.1.2）

表5.1.2

序号	项目	单位	数量（人员）	备注
1	技术负责人	人	1	全面指导测量
2	技术员	人	1	负责数据记录
3	操作工	人	2	负责拉线
4	辅助工	人	1	负责标注

5.2 螺栓钻孔安装

本工艺主要是为后续的绝缘支撑机构安装进行准备，拉力测试为本工艺较为重要的环节，可确保整个三轨接触网系统的质量。

5.2.1 工艺流程

钻孔 → 螺栓安装 → 螺栓拉力测试

5.2.2 操作要点

1．以施工测量时标记在道床上的基准点（线），套用钻孔模板，核查钻孔孔位。使用钢筋探测仪探测钻孔范围内是否有钢筋，如有钢筋要将孔位做适当调整。

2．先套模板在孔位上钻出3~5mm的凹槽，取下模板，一人持冲击电钻开始钻孔，并保持钻头垂直于安装平面，一人持吸尘器吸走孔内尘屑。

3．后切底式螺杆锚栓采用专用钻头，达到钻孔深度后，钻头挡板即抵住道床或轨枕平面，以钻头加粗部分为支点进行环状旋转，对孔洞底部进行锥形扩钻，形成柱锥钻孔。

4．钻孔完成后，测量检查孔深、孔距等尺寸并做好钻孔记录。

5．清孔：先用清孔毛刷、清孔气囊彻底清除孔内的尘屑及杂物。

6．锚栓安装：将后切底锚栓放入孔中，使用专用安装工具安装。安装时使用安装工具将锚栓膨胀套管推至低于混凝土表面至1~2mm，露出蓝色标记，即表示锚栓已安装到位。化学锚栓安装时，先按产品说明书要求的剂量向孔内注入药剂，然后迅速将锚栓垂直插入孔中至规定深度。

7．在锚栓安装固定5min后，在待测螺栓上安装好测试仪，进行拉力测试（图5.2.2-1）。

8．逐渐加大拉力至规定测试值（10kN），并保持3~5min，期间如无异常，即通过测试，做好测试记录（图5.2.2-2）。

图5.2.2-1　螺栓拉力测试装置

图5.2.2-2　螺栓拉力测试

9．如螺栓被拉出，应分析原因，并对同一作业批次的螺栓全部测试。

5.2.3 质量标准

1．套模钻孔：四个孔位的底座应使用特制模板，套模钻孔。模板是底座板孔的“克隆”品（孔位一致、孔径与钻孔孔径相同），标有底座中心线。钻孔前，模板中心线与测量中心线对准。

2．标准孔径：选用规定规格的钻头或专用钻头，严禁使用大于或小于规定直径的钻头，代替标准直径钻头钻孔。

3．掌握孔深：严格按设计孔深和角度进行钻孔，确保孔位不发生偏斜。严禁使用与规定孔深不一致的非专用钻头。

4．躲开钢筋：钻孔时，经常会碰到钢筋，测量定位时，使用钢筋探测仪探明钢筋分布，碰到钢筋时，可顺线路移位4～5cm，重新定位以避开钢筋。

5．避让接缝、预留装置等：钻孔时应避开道床伸缩缝、道床连接缝、预留电缆沟、预埋钢管等装置，孔洞到接缝边缘距离应能满足螺栓受力要求。

6．严格按照设计和产品使用说明书规定的安装方法和标准，正确安装螺杆锚栓；螺杆锚栓埋设深度、规格型号符合设计要求；按照各种螺栓的扭矩标准，采用相应的扭矩扳手操作。

7．安装前应彻底清除孔内尘屑及杂物。

8．螺栓的螺纹、镀锌层等应完好。

9．严格按设计规定的测试负荷、测试时间和抽检数量进行拉力测试。

5.2.4 注意事项

1．严格按照用水用电协议和安全规程要求安全用电，无法接引临时施工电源的区段采用自备发电机供电。

2．所有施工人员必须配带施工证件，戴好安全帽。

5.2.5 人员组织（表5.2.5）

人员组织表 **表5.2.5**

序号	项目	单位	数量（人员）	备注
1	技术员	人	1	全面指导
2	操作工	人	2	负责螺栓钻孔
3	辅助工	人	2	负责清孔
4	安装工	人	2	负责螺栓安装
5	试验工	人	2	负责拉力试验
6	防护员	人	1	负责施工安全防护

5.3 绝缘支架安装

绝缘支架为接触轨的绝缘支持机构，该机构的位置初步决定了三轨接触网系统的各项限界标准，通过对其调整可使三轨接触网系统达到设计要求的安装位置参数。

5.3.1 工艺流程

支架及底座选型 → 支架底座安装 → 整体绝缘支架安装 → 初调

5.3.2 操作要点

1．底座及绝缘支架选型

根据定位点的支架安装类型，选择相应类型的底座和绝缘支架，并检查清理轨枕安装面是否清洁，检查轨枕面是否平正，与轨道中心线的垂直度是否满足支架安装要求。

2．底座安装

依次安装支架底座、螺栓、弹簧，将底座调至与轨面平行，与轨道中心线垂直，然后使用力矩扳手紧固四个螺栓。

3．绝缘支架安装

采用道尺检查，调整使竖向安装垂直于轨面，整体绝缘支架外缘至轨面中心线的水平距离为1740mm。绝缘支架应安装牢固，部件安装正确齐全紧固，各螺栓使用扭矩扳手按规定力矩紧固，安装符合厂家说明书配装及螺栓紧固力矩要求。

4．高度、平行度、侧面限界初调

采用道尺初步调整整体绝缘支架的竖向铅垂中心线与轨面垂直，绝缘支架外缘至轨道中心线的水平距离，支架托块调至孔位中间。

5.3.3 质量标准

1. 支架底座、整体绝缘支架要根据安装类型选择不同的型式。

2. 底座与整体绝缘支架及各连接部件安装要牢靠稳固，安装调整好的绝缘支架应垂直于轨平面。

3. 所有调节孔位均应居中安装，以保证充分的调节余量。

4. 预配件、零部件中所有螺栓均应采用力矩扳手紧固，用于配合紧固的扳手应为专用扳手，严禁使用活口扳手。绝缘支架各组件间螺栓的紧固力矩严格按厂家说明书的规定力矩紧固，其他螺栓无特殊规定外，应符合表5.3.3的规定：

表5.3.3

螺栓直径mm	8	10	12	14	16	18	20	22	24
紧固力矩N.m	13	25	44	70	70	85	130	180	230

5.3.4 注意事项

1. 整体绝缘支架在运输和安装时应轻拿轻放，防止损伤绝缘支架表面，调整时应使用橡胶锤轻轻敲打就位，严禁使用金属器具敲击，以免影响支架的机械强度和电气性能。

2. 在安装接触轨托架时，应防止损伤托架和绝缘支座的防滑齿槽。

3. 接触轨扣件暂不安装。

4. 对将要安装的各零部件先进行检查，有缺陷的产品不得安装使用。

5. 施工安装时，应在作业区两端按照安全操作规程做好安全防护。

6. 车行区旁安装或存放的材料、设备应存放规范整齐，不得侵入行车限界。

7. 每次施工完毕，必须将工机具和剩余材料清理好，带出作业区域，不得随意丢弃在施工现场。

5.3.5 人员组织（表5.3.5）

表5.3.5

序号	项目	单位	数量（人员）	备注
1	技术员	人	1	全面指导
2	辅助工	人	2	负责支架底座选型撒放
3	安装工	人	3	负责初步安装
4	调整工	人	3	负责调整固定
5	防护员	人	1	负责施工安全防护

5.4 接触轨安装及调整

本环节为整套工艺的关键核心部分，我方针对该环节的特点，结合实际操作，研发了专用的辅助工机具，可有效保证装运过程中接触轨的品质、安装调整过程中接触轨的精度及效率。

5.4.1 工艺流程

接触轨配置 → 接触轨运输 → 接触轨安装 → 接触轨调整 → 中锚安装 → 防护罩安装

5.4.2 操作要点

1. 接触轨配置

1）锚段长度复核

一个接触轨锚段绝缘支架安装完成后，即对此锚段实际跨距和总长度进行复核测量。

2）接触轨根数计算

计算15m接触轨根数和预制接触轨长度，要求预制接触轨长度不能小于设计规定值。

3）接触轨合理布置

将接触轨沿线路布置，合理安排短轨的位置，保证接触轨接头距绝缘支架中心的距离不得小于设计要求。

4）预制接触轨

使用锯轨机，根据实际所需接触轨长度，切割接触轨。锯轨机垂直于接触轨纵向中心线，轨锯与接触轨纵向中心线呈90°直角，切割面应平整、垂直，切面的垂直度误差不得超过±0.3°。切割完成后，用挫刀清除切面上的残屑，使用接触轨钻孔夹具，进行钻孔。切割、钻孔后的余渣应清除干净，并用锉刀将切割平面及孔洞周边的毛刺清除。预制达标后，进行试对接，对接后接缝应密贴，无错位偏斜现象，满足接触轨安装设计要求及标准。

5）接触轨编号

按配置好的顺序给接触轨依次编号，按号依次布放。

2. 接触轨运输

利用吊车、运输车辆将接触轨转装到接触轨运输作业车组上，吊装时不准将接触轨成捆绑扎吊装，如包装符合吊装要求，可整箱吊装，吊装时不得使用钢丝绳而应用专用尼龙或布制吊装带。运输作业车组将接触轨运输至施工现场，用平板车上专用吊臂沿线布放接触轨至轨道旁，摆放端正、稳妥，不得侵入行车限界。然后8人利用接触轨搬运工具合力按安装编号将接触轨逐一布放至绝缘支架旁边（图5.4.2-1、图5.4.2-2）。

图5.4.2-1 专用吊装工具

图5.4.2-2 接触轨运输作业车

3. 接触轨安装

接触轨首先从端部弯头或膨胀接头开始。

1）接触轨端部弯头安装

确定端部弯头的安装位置，将端部弯头安装于绝缘支架上，安装紧固接触轨扣件，用临时锚固夹具在绝缘支架处两端将接触轨端部弯头卡住，防止在接触轨安装过程中顺线路移动。

2）接触轨对接安装

将接触轨（含钢铝复合轨、端部弯头、膨胀接头）和中间接头间的所有接触面，用清洁布、钢丝刷擦拭干净，并均匀涂导电油脂。

将布放好的接触轨抬起并轻轻推送到位后放于接触轨托架上，然后使用千斤顶将接触轨顶起或使用接触轨安装对接工具，调整接触轨使之处于同一直线面。

在接触轨对接端正紧贴后，将鱼尾板装上，螺栓由外朝向轨道内侧穿入，垫圈、螺母安装齐全。检查对接端正贴合、受流面过渡平顺后，用扭矩扳手均匀将螺栓紧固。紧固后再次检查接触面是否平整（图5.4.2-3）。

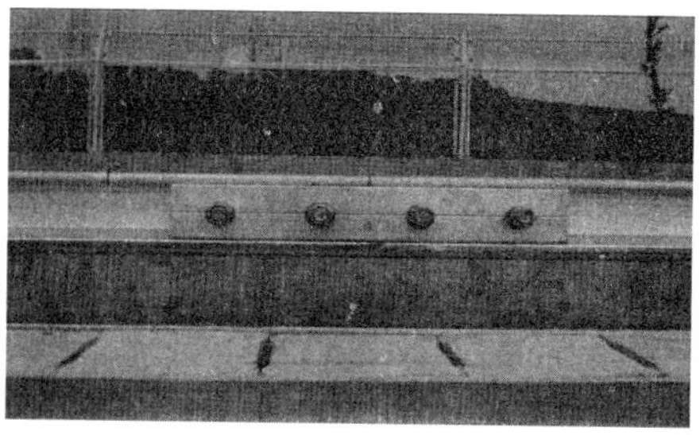

图5.4.2-3 两接触轨对接安装后

3） 膨胀接头安装

（1）用数字温度计读出安装接触轨处的环境温度读数，根据膨胀接头安装曲线查出膨胀接头预留间隙值。调整膨胀接头间隙使其满足温度曲线（图5.4.2-4）。

（2）调整好膨胀接头，使用木块和临时夹具固定，不使间隙值在安装外力的清况下发生变化。

（3）彻底清洁接触面，涂导电脂，使用千斤顶将膨胀接头调至与相邻接触轨平齐，调整膨胀接头与相邻接触轨平齐，对接面密贴、平顺后，按接触轨对接安装程序，安装中间接头（图5.4.2-5）。

（4）膨胀接头安装在绝缘支架上后用临时固定夹具对膨胀接头进行固定，防止膨胀接头在安装接触轨过程中顺线路移动和补偿间隙值发生变化。一个锚段安装完当天将中锚安装固定，保证膨胀接头的正常伸缩。

图5.4.2-4　膨胀接头预留间隙

图5.4.2-5　由中间接头与接触轨连接

4．接触轨调整

1）接触轨初调

（1）接触轨高度初调：逐点调整各定位点接触轨受流面至轨平面的高度为200mm。

（2）侧面限界初调：逐点调整各定位点接触轨中心线至轨道中心线距离为1510 mm。

（3）接触轨工作面调整：调整绝缘支架，检测接触轨接触面与轨面平行，避免接触轨面发生偏磨现象。

（4）膨胀接头、端部弯头调整：初步调整膨胀接头、端部弯头处标高和侧面限界至设计值，保证膨胀接头和端部弯头在接触轨伸缩时能顺畅滑动。

2）接触轨细调

（1）标高及侧面限界细调：在接触轨初调后，调整各定位点接触轨受流面至轨平面的高度为200 ± 5 mm，接触轨中心至线路中心线的距离为1510 ± 5mm。

（2）接触轨工作面调整：调整整体绝缘支架，检测接触轨接触面与轨面平行，避免接触轨面发生偏磨现象。

（3）膨胀接头、端部弯头细调：精细调整膨胀接头、端部弯头处高度和侧面限界值，细调接触面平行度，保证使集电靴能够平滑、顺畅滑动。

3）综合检测调整

（1）接触面标高、侧面限界综合检测：用接触轨综合测量仪逐点检查接触轨标高及侧面限界值，对超过允许偏差范围的进行调整，填写接触轨安装位置检查记录（图5.4.2-6）。

（2）膨胀接头、端部弯头处检测：利用接触轨测量仪、水平尺、钢卷尺、游标卡尺等检测膨胀接头、端部弯头的各项参数。不合格者，进行调整。

（3）绝缘距离检查：接触轨带电体距接地体的绝缘距离应满足设计要求（大于100mm），测量、检查接触轨带电体与周围接地体及其他设备的绝缘距离是否满足设计要求，做好记录。不合格者，查找原因，通知相关各方到现场处理解决问题。

（4）限界检查：检查有无其他设备侵入接触轨限界，一旦发现问题，属接触轨安装部分的及时处理，属其它设备侵入接触轨限界的，及时反馈给监理工程师和业主，妥善解决。

图 5.4.2-6　综合检测调整

5．中锚安装

1）位置定测

接触轨调整到位后，按施工图纸中锚位置，现场沿接触轨测量定出中心锚结防爬器位置。

2）安装普通防爬器（中锚）

套用钻孔模具或中锚锚固板，紧贴绝缘支架托块，采用手钻垂直于接触轨钻孔，孔的直径为17mm，孔屑清除后，将接触轨与中锚锚固的接触面擦拭干净，均匀涂抹导电油脂，安装普通防爬器套件（图5.4.2-7）。

6．防护罩安装

1）防护罩支撑卡安装

防护罩支撑卡直接卡在接触轨上，每隔约500mm放置一个（在支撑点处对称放置），将防护罩支撑卡均匀的安装于接触轨上，将其摆正、装好。

2）防护罩加工

按接触轨实际跨距测量并计算所需接触轨防护罩长度，按该长度用专用防护罩切割工具截取防护罩，各切口要磨平且保证防护罩在加工过程中无损坏。

3）防护罩安装

防护罩通过防护罩支撑卡覆盖在接触轨上，在绝缘支架、电连接等处防护罩的安装选用特殊的防护罩型式。先安装接触轨防护罩，然后安装电连接接线板防护罩、绝缘支架防护罩，并保证其紧扣于防护罩支撑卡上（图5.4.2-8）。

图5.4.2-7　防爬器（中锚）

图5.4.2-8　防护罩安装

4）检查

检查已安装的防护罩，看是否有防护罩没完全卡入防护罩支撑块的，防护罩接头是否完好，各种类型的防护罩是否安装匹配，防护罩有无损坏等；接触轨防护罩与特殊防护罩间的搭接长度不得小于100mm。

5.4.3　质量标准

1．保证第一个绝缘支架和钢铝接触轨端部弯头的距离满足设计要求。

2．接触轨接头接触面清洁，使用扭矩扳手安装，紧固力矩以设计要求为准，紧固件安装齐全。

3．接触轨对接口应密贴、钢带过渡应平滑顺直，各连接接触面要涂电力导电脂。

4．膨胀接头、接触轨端部弯头安装预留量符合设计要求，螺栓安装紧固力矩符合产品说明书和产品安装技术要求。

5．接触轨的受流面距轨平面的垂直距离为200mm，允许误差为±5mm。

6．接触轨中心距轨道中心线的水平距离为1510mm，允许误差为±5mm。

7．端部弯头末端绝缘支架处接触轨的受流面距轨平面的垂直距离为285mm，允许误差为±5mm。

8．接触轨钢带接缝平滑、无明显阶梯。

9．接触轨直线上布置时应平直，曲线上应圆顺，不应出现明显折角。

10．膨胀接头补偿间隙值应符合膨胀接头安装曲线，伸缩预留值允许偏差为±1mm。

11．防护罩要严格按设计要求尺寸进行加工，加工后的切口要打磨光滑。

12．确保防护罩已完全卡住防护罩支撑块。

13．防护罩搭接应紧密，安装稳固，搭接长度不小于100mm，搭接点要有支撑卡支撑。

5.4.4 注意事项

1．保证第一个整体绝缘支架（定位点）和接触轨端部弯头的距离为设计规定值。

2．安装膨胀接头时，从一处锚固开始，安装补偿接头，接着安装另一侧的第二处锚固，第二处锚固的安装及伸缩间隙的调整必须在同一天进行，以尽可能保证工作开始时和工作结束时的环境温度相同，补偿组件的预留值不会发生变化。

3．保证接触轨的各连接缝隙的大小和连接缝处接触轨接触面的平滑度（对齐情况）满足设计要求。

4．将所有的配合表面清理干净，并对接触轨连接面，鱼尾板与接触轨的接触面用干净的中粒度磨料铜丝刷进行打磨。

5．鱼尾板和接触轨腰面应紧密接触，以获得最佳导电性，所有接触面要涂电力复合脂。

6．安装紧固螺栓时，要保证紧固螺栓的力矩满足设计要求。

7．保证接触轨接缝到最近的绝缘支架的距离大于600mm。

8．注意保护接触轨系统，防止其他施工人员蹬踏或碰撞接触轨。

5.4.5 人员组织（表5.4.5）

人员组织表 **表5.4.5**

序号	项目	单位	数量（人员）	备注
1	技术员	人	3	全面指导
2	辅助工	人	8	负责预置选型撒放
3	安装工	人	8	负责安装对接
4	调整工	人	3	负责调整
5	防护员	人	2	负责施工安全防护

5.5 电连接安装

电连接作为非连续接触轨间的导电介质，其重要性不言而喻，本安装工艺着重于电连接电缆的预配工作，这样可有效的提高施工时的效率，减少现场施工时电缆的损耗。

5.5.1 工艺流程

电连接电缆预制 → 电连接安装

5.5.2 操作要点

1．电连接电缆预制

1）根据现场两个电连接接头的距离、接触轨与道床的高度等数据计算连接电缆的长度。

2）裁剪软电缆，截面要整齐。

3）将软电缆两端各剥开露出电缆导体，将电缆导体穿入铜铝过渡电连接线夹的压线孔内，必须将电缆导体穿到孔的根部，使用电动液压机进行压接，压模应符合规范和设计要求。

2．电连接现场安装

按电连接装配图纸要求，在需要安装电连接的两个接触轨锚段间安装电缆电连接，将电缆用电缆固定卡固定好。注意相接触的接触面均匀涂抹导电油脂。电连接电缆布置美观、合理，弯曲满足相关要求，紧固力矩应符合设计要求（图5.5.2–1、图5.5.2–2）。

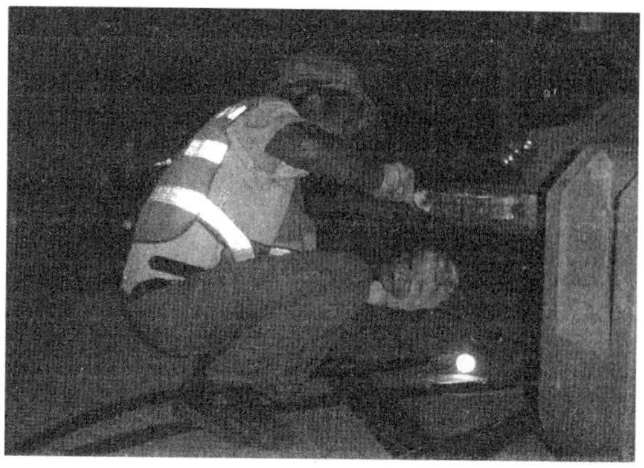

图5.5.2–1　涂抹导电油脂

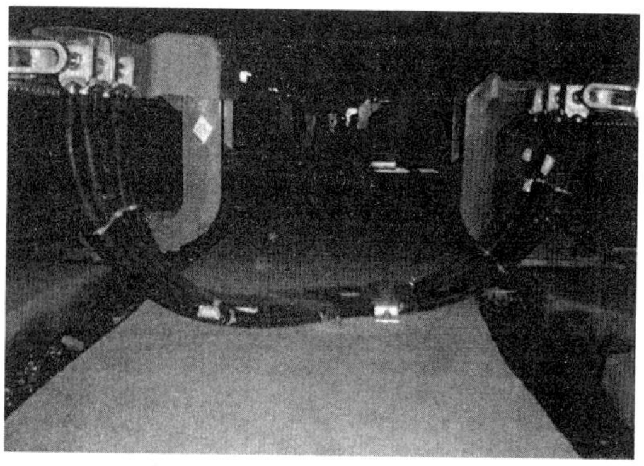

图5.5.2–2　弯曲满足要求

5.5.3　质量标准

1. 电连接电缆所用型号、材质、数量应符合设计要求，并预留足够的因温度变化使接触轨产生伸缩而需要的长度，弯曲方向与接触轨移动方向一致。电连接电缆不得损伤现象。
2. 电连接安装位置应符合设计要求，在任何情况下均应满足带电距离要求。
3. 电连接电缆与铜铝过渡线夹压接应良好，符合规范和设计要求。
4. 电连接的各接触面都应均匀涂抹导电油脂。线夹安装端正牢固，螺栓紧固力矩应符合设计要求。
5. 电连接电缆不应有损伤，否则应更换。
6. 电连接安装前应清洁电连接接头及线夹的接触面，不应有灰尘、脏物。

5.5.4　注意事项

1. 电连接电缆不应有损伤，否则应更换。
2. 电连接安装前应清洁电连接接头及线夹的接触面，不应有灰尘、脏物。

5.5.5　人员组织（表5.5.5）

人员组织表　　**表5.5.5**

序号	项目	单位	数量（人员）	备注
1	技术员	人	1	全面指导
2	辅助工	人	4	负责电缆预置做头
3	安装工	人	6	负责安装敷设
5	防护员	人	1	负责施工安全防护

5.6　设备安装

三轨接触网系统的附属设备不多，主要包括避雷器和隔离开关，其安装位置均不在接触轨本体上，都是通过电缆与接触轨本体进行连接。

5.6.1　避雷器安装

1. 工艺流程

避雷器预配 → 避雷器安装 → 电缆敷设安装

2. 操作要点

1）预配

检查避雷器是否完好，清洁避雷器绝缘子，配齐零部件，检查产品合格证、技术文件、安装手册是否齐全。检查完毕后，将其进行初步组装。

2）安装

按施工设计图纸先安装避雷器底座，再安装避雷器。

3）电缆敷设：

按设计图纸及现场测量数据预制好连接电缆，然后敷设并打卡固定，最后将电缆连接于避雷器之上（图5.6.1）。

3. 质量标准

1）避雷器本体外观应无损坏，绝缘棒应完好、整洁，零件应配备齐全，产技术资料齐全。

2） 避雷器严格按照设计和安装手册的要求进行安装。

3） 避雷器上固定螺栓紧固力矩要满足设计要求。

4） 避雷器接地极电阻值应不大于10Ω。

图5.6.1 电缆敷设

4. 注意事项

1） 避雷器要轻拿轻放，以防损伤或损坏。

2） 避雷器安装必须使用力矩扳手，紧固力矩符合技术要求。

5. 人员组织（表5.6.1）

人员组织表 **表5.6.1**

序号	项 目	单位	数量（人员）	备 注
1	技术员	人	1	全面指导
2	辅助工	人	2	负责材料预配撒放
3	安装工	人	4	负责底座及设备安装
4	防护员	人	1	负责施工安全防护

5.6.2 隔离开关安装

1. 工艺流程

底座安装 → 隔离开关安装 → 连轨电缆安装 → 隔离开关调试 → 号码牌印制

2. 操作要点

1）根据设计图纸标出的隔离开关位置进行现场测量，检查隔离开关安装位置限界和安装空间是否符合设计要求。

2）用墨斗弹出水平直线，定出固定底座钻孔孔位，重直于墙壁钻孔，安装螺栓。

3）安装固定底座，调整底座端正，保证隔离开关安装面水平。

4）将隔离开关安装在固定底座上，调整隔离开关及操动机构至墙壁的距离符合设计要求，隔离开关与操动机构处于同一垂直面上。

5）调整操动机构行程至闭合位，隔离开关刀闸处于闭合位，安装操纵杆，其安装角度符合设计要求。调整三联隔离开关处于同一水平直线上，安装隔离开关间接线板。调试隔离开关和操动机构开合同步到位，隔离开关动触头和静触头中心线重合。

6）安装隔离开关至接触轨引线电缆，电缆弯曲自然美观。实测接线端子长度，按电缆绝缘层厚度调节剥切刀深度，剥除绝缘防护层，露出裸铜线芯，严格按接线端子的压接工艺压接电缆两端接线端子。

7）将引线电缆连接到隔离开关和接触轨电连接接线板上，保证螺栓紧固力矩满足设计要求、所有接触面均匀涂抹导电油脂。

8）将所有底座用接地电缆与接地干线相连接。

9）电动隔离开关调试及配合变电所隔离开关联调。

10）按设计要求印制隔离开关号码牌。

3. 质量标准

1）隔离开关的安装位置符合设计要求，严格按设计和产品技术文件要求安装。

2）隔离开关的本体外观应无损坏，零件应配套齐全，绝缘子应完好、整洁，主触头接触良好，绝缘测试值、主回路接触电阻值应符合国家标准、设计要求或产品技术文件要求。

3）隔离开关底座安装时，应保证两底座安装面水平，且间距符合设计要求；多组隔离开关并列安装时，应保证所有底座安装面都在同一水平面上，且各底座间距符合设计要求。

4）隔离开关安装时应保证隔离开关到墙壁或其他接地体绝缘距离符合设计要求；隔离开关打开时，刀口距接地体、墙壁最小距离符合设计要求。

5）隔离开关中心线应铅垂，操纵杆垂直于操动机构轴线，连接应牢固无松动，铰接处活动灵活。

6）隔离开关应分合顺利可靠，分、合位置正确，角度符合产品技术文件要求。触头接触良好，无回弹现象。操动机构的分合闸指示与开关的实际位置一致。电动隔离开关在当地手动操作应与遥控电动操作动作一致；隔离开关机械联锁应正确可靠。

7）隔离开关刀口部分涂导电油脂，机构的连接轴、转动部分、传动杆涂润滑油。

8）隔离开关150mm^{2}直流连轨电缆连接正确规整。按接触轨随温度变化伸缩要求，预留位移长度，弯曲方向与接触轨伸缩方向相同，不应使接触轨受到扭力。电缆平行排列整齐，不能压叠；电缆支架应安装牢固，布置均匀合理。

9）隔离开关所有底座都与接地扁铜相连通，可靠接地。

4. 注意事项

1）隔离开关绝缘子应进行妥善保护，以免损伤或损坏。

2）安装调试完毕后，所有隔离开关均应处于分闸位置，所有操动机构加锁，严禁随意操作隔离开关。

3）变电所送电前，应在隔离开关电源侧进行临时接地，并悬挂接地标志。

5. 人员组织（表5.6.2）

人员组织表 表5.6.2

序号	项　目	单位	数量（人员）	备　注
1	技术员	人	2	全面指导
2	辅助工	人	4	负责底座打孔
3	安装工	人	6	负责底座及设备安装
4	调整工	人	2	负责安装后的调整
5	防护员	人	2	负责施工安全防护

5.7 接地线安装

接地线是装在绝缘支架下的金属底座上、全线贯通的金属型材（扁铜、扁铝等）地线，是三轨接触网系统接地回路的一部分。

5.7.1 工艺流程

接地扁铜及引上线预制 → 接地扁铜及引上线安装

5.7.2 操作要点

1. 根据现场实际测量结果，对接地扁铜进行加工冲孔，测量引上线或接地跳线电缆长度并进行裁切、压接接线端子。

2. 现场安装接地扁铜，并按设计扭矩要求拧紧安装紧固螺栓；敷设回所引上线电缆，并将电缆连接到变电所接地母排上。

5.7.3 质量标准

1. 接地扁铜安装要牢固可靠，施工必须按设计要求进行。

2. 电缆安装要符合设计要求及相关标准。

5.7.4 注意事项

1. 安装时注意不要磕碰、损伤或损坏接地铜排和电缆。

2．安装后注意接地扁铜的防盗保护。

5.7.5 人员组织（表5.7.5）

人员组织表 **表5.7.5**

序号	项　目	单位	数量（人员）	备　注
1	技术员	人	1	全面指导
2	辅助工	人	5	负责材料预配撒放
3	安装工	人	4	负责地线的安装固定
4	防护员	人	1	负责施工安全防护

5.8 电缆敷设及箱体安装

三轨接触网箱体安装包括均流箱和回流箱，其作用跟其名称相符，用于连接均流和回流电缆所用，属于三轨接触网回流系统与变电所回流系统的一个接口设备。

5.8.1 工艺流程

均回流箱安装 → 均回流电缆敷设 → 均回流电缆与钢轨焊接

5.8.2 操作要点

1．均回流箱安装

均（回）流箱严格按设计位置和设计要求安装，支架安装稳固，绝缘子绝缘性能良好，安装位置空间应能保证均（回）流电缆与均（回）流箱连接自然平顺（图5.8.2-1）。

2．均回流电缆敷设

1）首先确定均（回）流电缆与钢轨的焊接点，信号记轴器应已安装或位置已经确定，按照设计焊接位置，现场复核与信号记轴器的距离是否符合要求，焊接点距信号记轴器中心距离应符合信号专业要求。

2）均（回）电缆沿电缆支架敷设，敷设规整、绑扎稳固，至钢轨焊接点部分采用固定卡固定在整体道床上，电缆弯曲自然，固定卡布置均匀稳固。

3）电缆与均（回）流箱连接端，按接线端子长度剥切电缆外护套，按接线端子压接规范用电动压接机压接接线端子，接线端子与电缆导体压接紧密，电气接触良好。然后将接线端子与均（回）流箱铜母线进行可靠连接。电缆弯曲半径符合要求，弯曲自然，布置整齐美观。

4）电缆与钢轨焊接端，将电缆铜芯分成三股，分别安装压接三个50mm接线端子。接线端子与电缆导体连接紧密，电气接触良好。

3．电缆与钢轨焊接

1）用手提式磨光机将焊接点处钢轨打磨光洁。

2）将电缆沿钢轨焊接点整齐排列，使用光焊机将接线端子逐个与钢轨焊接牢固，接线端子与钢轨接触面符合要求，排列整齐美观。焊接完毕，裸露部分涂防腐漆（图5.8.2-2）。

图5.8.2-1　均回流箱体

图5.8.2-2　电缆裸露部分涂防护漆

5.8.3 质量标准

1. 均回流箱安装位置符合设计要求，安装稳固，绝缘子绝缘电阻和空气绝缘距离符合设计要求。

2. 均回流电缆与均回流箱连接牢固，接触面积符合要求，导通良好，电缆弯曲自然、布置美观。

3. 均回流电缆与钢轨的焊接位置应满足信号专业要求，安装应符合设计要求，与钢轨的焊接稳固，电气导通良好。焊接时要注意焊枪的焊接角度与线端子垂直并保持稳定。

5.8.4 注意事项

1. 应待信号专业安装好记轴器或确定其位置后，再确定均回流电缆与钢轨的焊接位置及敷设均回流箱至钢轨的电缆。

2. 均回流电缆沿整体道床敷设部分须做好保护，以防被过往车辆及人员损伤。

3. 焊接点处钢轨锈蚀必须彻底清除，焊接面平整光洁。

5.8.5 人员组织（表5.8.5）

人员组织表 **表5.8.5**

序号	项　目	单位	数量（人员）	备　注
1	技术员	人	1	全面指导
2	辅助工	人	5	负责材料预配及电缆敷设
3	安装工	人	5	负责箱体安装及电缆打卡固定
4	焊工	人	3	负责操作光焊机焊接均流电缆
5	防护员	人	1	负责施工安全防护

6. 材料与设备

6.1 主要材料

6.1.1 施工测量（表6.1.1）

测量工具表 **表6.1.1**

序号	名　称	型　号	单 位	数 量	备 注
1	粉笔		只	实需	
2	油漆	1斤装	桶	实需	红色
3	油画笔		只	实需	
4	记号笔		只	实需	

6.1.2 螺栓钻孔安装（表6.1.2）

螺栓钻孔安装工具表 **表6.1.2**

序号	名　称	型　号	单 位	数 量	备 注
1	粉笔		只	实需	
2	记号笔		只	实需	
3	锚栓	按照设计要求	套	实需	

6.1.3 绝缘支架安装（表6.1.3）

绝缘支架安装设备表 **表6.1.3**

序号	名　称	型　号	单 位	数 量	备 注
1	整体绝缘支架	按照设计要求	套	实需	
2	支架底座	按照设计要求	套	实需	
3	端部弯头支架底座	按照设计要求	套	实需	
4	垫板	按照设计要求	套	实需	

6.1.4 接触轨安装及调整（表6.1.4）

接触轨安装及调整设备 表6.1.4

序号	名称	型号	单位	数量	备注
1	钢铝复合接触轨	按照设计要求	根	实需	
2	端部弯头	按照设计要求	根	实需	
3	膨胀接头	按照设计要求	根	实需	
4	接触轨普通接头	按照设计要求	个	实需	
5	电连接用中间接头	按照设计要求	个	实需	
6	接触轨防爬器	按照设计要求	套	实需	
7	电力导电油脂	1斤装	桶	实需	
8	接触轨扣件	按照设计要求	套	实需	

6.1.5 电连接安装（表6.1.5）

电连接安装设备 表6.1.5

序号	名称	型号	单位	数量	备注
1	软电缆	按照设计要求	根	实需	
2	橡胶软管	按照设计要求	根	实需	保护电缆用
3	电缆固定卡子	按照设计要求	个	实需	
4	导电油脂	1斤装	桶	实需	
5	电缆线鼻子	按照设计要求	个	实需	与三轨连接处用

6.1.6 避雷器安装（表6.1.6）

避雷器安装设备 表6.1.6

序号	名称	型号	单位	数量	备注
1	软电缆	按照设计要求	根	实需	
2	避雷器	按照设计要求	台	实需	
3	电缆固定卡子	按照设计要求	个	实需	
4	导电油脂	1斤装	桶	实需	
5	电缆线鼻子	按照设计要求	个	实需	

6.1.7 隔离开关安装（表6.1.7）

隔离开关安装设备 表6.1.7

序号	名称	型号	单位	数量	备注
1	软电缆	按照设计要求	根	实需	
2	隔离开关	按照设计要求	台	实需	
3	开关固定底座	按照设计要求	个	实需	
4	导电油脂	1斤装	桶	实需	
5	电缆固定卡子	按照设计要求	个	实需	
6	粉笔		根	实需	
7	电缆支架	按照设计要求	个	实需	
8	电缆接线端子	按照设计要求	个	实需	

6.1.8 接地线安装（表6.1.8）

接地线安装　　表6.1.8

序号	名　称	型　号	单 位	数 量	备 注
1	软电缆	按照设计要求	根	实需	
2	接地扁铜	按照设计要求	根	实需	
3	电缆固定卡子	按照设计要求	个	实需	
4	接线端子	按照设计要求	个	实需	

6.1.9 电缆敷设及箱体安装（表6.1.9）

电缆敷设及箱体安装设备表　　表6.1.9

序号	名　称	型　号	单 位	数 量	备 注
1	软电缆	按照设计要求	根	实需	
2	焊针	按照设计要求	个	实需	
3	均、回流箱	按照设计要求	个	实需	
4	接线端子	按照设计要求	个	实需	
5	砂轮片	与打磨机配套	个	实需	

6.2 主要工机具

6.2.1 施工测量（表6.2.1）

施工测量设备表　　表6.2.1

序号	名　称	型 号	单 位	数 量	备 注
1	钢卷尺	5m	把	1	纵向定位用
2	钢卷尺	10m	把	1	纵向定位用
3	钢卷尺	50m	把	1	纵向定位用
4	测量尺	自开发	把	1	横向定位用
5	钢筋探测仪	感应式	个	1	
6	测量模板	自开发	个	1	标记用

6.2.2 螺栓钻孔安装（表6.2.2）

螺栓钻安装表　　表6.2.2

序号	名　称	型 号	单 位	数 量	备 注
1	冲击电钻	25	把	1	
2	冲击电钻	50	把	1	
3	吸尘器		个	1	
4	测量尺	自开发	把	1	
5	钢筋探测仪	感应式	个	1	
6	测量模板	自开发	个	1	
7	发电机		台	1	
8	配线盘	50m	个	1	
9	专用敲击工具	与锚栓配套	套	1	
10	拉力测试仪	专用	套	1	

6.2.3 绝缘支架安装（表6.2.3）

绝缘支架安装设备表 表6.2.3

序号	名　称	型 号	单 位	数 量	备　注
1	水平尺	1m	把	2	
2	力矩扳手		把	3	
3	平板车		台	1	运料、撒料
4	钢卷尺	5m	把	1	

6.2.4 接触轨安装及调整（表6.2.4）

接触轨安装及调整设备表 表6.2.4

序号	名　称	型 号	单 位	数 量	备　注
1	接触轨切割机具	专用	套	1	
2	接触轨钻孔夹具	专用	套	1	
3	轨道车		台	1	
4	平板车		台	2	
5	力矩扳手		套	5	
6	水平尺		把	2	
7	千斤顶		台	2	
8	电钻		台	2	
9	数字温度计		个	1	
10	专用接触轨装卸工具	专用	套	5	
11	打磨机		台	2	
12	接触轨检测尺	专用	套	2	
13	接触轨临时锚固夹具	专用	套	2	
14	膨胀接头间隙检测尺	专用	套	1	

6.2.5 电连接安装（表6.2.5）

电连接设备表 表6.2.5

序号	名　称	型 号	单 位	数 量	备　注
1	电钻		台	2	
2	力矩扳手		把	3	
3	液压钳		台	1	压制电缆头
4	电缆切割刀		把	1	

6.2.6 避雷器安装（表6.2.6）

避雷器安装设备表 表6.2.6

序号	名　称	型号	单位	数量	备　注
1	电钻		台	1	
2	力矩扳手		把	2	
3	液压钳		台	1	压制电缆头
4	电缆切割刀		把	1	
5	水平尺		把	1	
6	发电机		台	1	

6.2.7 隔离开关安装（表6.2.7）

隔离开关安装表 表6.2.7

序号	名　称	型 号	单 位	数 量	备　注
1	电钻		台	2	
2	力矩扳手		把	3	
3	液压钳		台	1	压制电缆头
4	电缆切割刀		把	1	
5	水平尺		把	1	
6	发电机		台	1	

6.2.8 接地线安装（表6.2.8）

接地线安装设备表 表6.2.8

序号	名　称	型 号	单 位	数 量	备　注
1	电钻		台	2	
2	力矩扳手		把	3	
3	切割机		台	1	
4	平板车		台	1	
5	液压钳		把	1	
6	发电机		台	1	

6.2.9 电缆敷设及箱体安装（表6.2.9）

电缆敷设及箱体安装 表6.2.9

序号	名　称	型 号	单 位	数 量	备　注
1	电钻		台	2	
2	力矩扳手		把	3	
3	液压钳		台	1	压制电缆头
4	电缆切割刀		把	1	
5	光焊机		台	1	焊接用
6	发电机		台	1	
7	打磨机		台	1	打磨焊接钢轨处

7. 质量控制

三轨接触网系统是架设在走行轨旁负责向机车提供电能的设备，为保障集电靴在接触轨上的良好取流及系统运行的稳定，工程安装质量必须得到全面有效控制，特别是关键技术点必须符合设计要求。根据平面布置原则、系统结构特点及系统运行状态分析研究，我们认为以下几个方面是系统安装的关键技术所在，它们的安装质量直接影响靴轨关系的优劣，是施工中重要技术参数控制点。

7.1 绝缘支撑跨距

绝缘支架的布置按设计平面布置图放线定测，其间距一般为5m，端部弯头及膨胀接头处跨距须按布置图严格控制。但现场情况比较复杂，特殊部位必须对跨距作适当调整，加之工程施工存在一定的偏差，需要确定一个跨距允许调整误差。在综合考虑保证接触轨系统运行的稳定可靠及支撑点合理避开道床钢筋网、轨枕、道床伸缩缝等位置，经设计院对跨距的模拟计算和广州市轨道交通四号线施工经验，确立了“绝缘支架间距调整允许误差为±0.3m，困难时布置间距不得大于5.3m。”的原则。

7.2 接触轨悬挂状态

接触轨的悬挂状态由接触轨受流面至轨平面的垂直距离、接触轨距轨道中心线的水平距离及接触轨受流面与轨平面的平行度三个参数确定。由于接触轨系统是由整体绝缘支架悬挂支撑，故上述参数是靠调整整体绝缘支架来实现。

整体绝缘支架与支架底座相连，通过锚栓将支架底座直接固定在整体道床、板式道床或混凝土轨枕上。接触轨的安装位置通过纵横向施工定测落实到道床或轨枕安装孔位上，支架底座及整体绝缘支架安装保持与走行轨面平直竖垂。通过整体绝缘支架水平和竖向的微调对接触轨状态参数进行调整。

制定接触轨的悬挂状态参数为：接触轨受流面至轨平面的垂直距离为200mm ± 5mm，端部弯头处为285mm ± 5mm，接触轨距轨道中心线的水平距离为1510mm ± 5mm。接触轨受流面在两相邻绝缘支架处相对高差不得大于2.5mm。

7.3 道岔处断轨位置设置

道岔区段接触轨的布置必须满足列车安全行驶的要求，以保证列车在正线行驶时，集电靴不碰触岔线敷设的接触轨，列车由正线驶入岔线或由岔线驶入正线时，不碰触正线敷设的接触轨，并且避开道岔转辙机等设备。在定测布置道岔断轨位置时，必须保证与理论岔心的距离符合设计要求，以避免断轨侵入集电靴限界，同时考虑到现场实际定测位置会与轨枕等发生冲突，所以需确定一个合适的负误差以满足安装要求，确定道岔处断轨位置距理论岔心距离允许偏差为＋0，-600mm。

7.4 膨胀接头补偿间隙预留

由于环境温度的变化或运行中电流产生的热量都会造成接触轨温度变化，而使接触轨产生热胀冷缩现象，为使三轨系统能适应接触轨的这种变化，特设计了膨胀接头做为温度补偿部件。大学城专线段在隧道内约90m、隧道外约75m设有一个膨胀接头。

接触轨安装时必须根据现场实际温度，按照设计提供的温度补偿曲线精确预留间隙，以保障接触轨因温度变化热胀冷缩得到正确补偿。因此对膨胀接头的补偿间隙预留值作了允许偏差为 ± 5mm的规定。

7.5 接触轨对接

接触轨之间及接触轨与端部弯头、膨胀接头之间通过中间接头进行可靠连接。集电靴在接触轨不锈钢受流面上摩擦滑动取流，因此，要求接触轨对接必须端正，接缝紧密，受流面过渡平顺，无明显硬点。

8. 安全措施

8.1 各类施工人员上岗前，必须进行安全学习，施工作业应严格执行各种安全规定。

8.2 进行接触轨、各类轨旁设备和桥上设备安装时，必须设专人防护，以保证行车及人身安全。

8.3 进行机架搬运、安装及电缆敷设工作中，应按规定配足人力和机械，并按规范的作业程序进行作业，以免造成施工人员身体伤害和机件损伤。

8.4 发电机用电时，应严格按照其使用手册操作，并提前制定临电方案，设专人进行防护及定期进行设备维护。

9. 环保措施

在广州地铁四号线近20km及北京首都机场线快轨近17km的高架段三轨接触网等工程施工过程中保护好施工范围内的绿色植被和花草、树木，注意水质、水源保护。

保持施工现场的环境清洁，施工的废料要集中堆放，待工序完工时一起清出场地，做到工完料清。

生活废品、施工用废电池等分类存放后处理，不得乱丢。野外就餐时吃饭的一次性饭盒、塑料袋等生活废品要当日下班时带出工地，不可随便抛扔。

施工用各种设备、仪表、材料要堆放整齐，标志醒目，避免杂乱无章。

遵守国家有关环境保护的法规和地方政府的规定，保护植物资源。施工驻地及施工场地严禁破坏绿化带，保持环境绿化。

提高环保意识，与当地政府一道共同做好地铁高架段沿线的环境保护工作。

对参战全体员工进行环境保护和水土保持法律、法规教育，牢固树立起环境保护意识，人人自觉遵守环保规定。

完善各类机动车辆的消音系统。调试所用机械设备废气排放量符合国家和当地环保部门对环保的要求，机动车辆都要安装PCV阀。对尾气排放超标的车辆安装净化消声器。

施工废水、生活污水的排放和垃圾处理，应符合国家和当地政府的有关规定，不得直接排入地铁高架段沿线周围的农田、耕地、饮用水源和灌溉渠道。

积极配合当地环保、卫生部门的检查和监督，协助地铁部门做好环保工作。

10. 效益分析

10.1 技术效益

三轨接触网系统施工工法，可使城市轨道交通技术标准进一步得到配套完善，它不仅保证了广州市轨道交通四号线成功运行，而且在推进国内城市轨道交通建设发展、提高国内城市轨道交通的技术水平起到了重要作用。

通过对施工工艺的研究，促进了设计方案的优化和产品性能及质量的改进，对指导广州市轨道交通四号线全线的施工安装有非常重要的意义，保证广州市轨道交通四号线 三轨接触网系统安装工程技术先进、工艺精细、经济合理、安全可靠，工程质量达到优良标准。

三轨接触网系统施工工艺的研究，不仅为广州市轨道交通四号线 三轨接触网系统的施工验收提供依据，也为三轨接触网系统今后在国内的发展应用提供成功的借鉴（如已经建成的北京首都机场线快轨三轨接触网系统），为国家制定三轨接触网系统的施工验收规范（标准）提供参考。

10.2 经济效益

该项成果应用在接触轨工程中可大大提高工作的效率，按照一般的施工工艺，广州市轨道交通四号线三轨接触网系统工程的施工要使用100人以上的施工队伍，并且施工周期要20个月的时间。在施工中采用了本工艺进行施工，进行科学化的项目管理，该工程只使用了60多人队伍，用了14个月的时间就完成了工程，节约工费48万元左右；节省的日常管理等费用9万元左右，经济效益显著。在北京首都机场线快轨 三轨接触网施工中，也节约了各项费用约60万元。

10.3 社会效益

该成果在工程实际应用中，大大提高了工作效率，有效地确保了工期节点目标，且节省了大量的劳动力，减少了不应有的返工现象，缩短了施工周期。所研发的接触轨数显检测尺获得了国家专利。该成果的制定，使城市轨道交通技术标准进一步得到配套完善，而且在推进国内城市轨道交通建设发展、提高国内城市轨道交通的技术含量起到重要作用，取得了显著的社会效益。

11. 应用实例

本成果在广州地铁四号线大学城专线段工程、广州地铁四号线2期工程三轨接触网施工中进行了成功应用。目前，成果在国内其他城市的轨道交通领域的三轨接触网系统施工中也得到了应用，如在有“国门第一线”之称的北京首都机场线快轨三轨接触网系统工程中得到了成功应用，正应用于广州地铁五号线三轨接触网系统工程和沈阳地铁一号线三轨接触网工程。

大型低温储罐拱顶气压顶升施工工法

GJEJGF362—2010

中国核工业第五建设有限公司　成都建筑工程集团总公司
莫晓军　熊道安　傅宇　周兴　范龙尧

1. 前　言

随着国民经济和工业的发展，石油化工和能源行业对原料、产品存储容器越来越大，尤其是用于存储液化石油气（LPG）、液化天然气（LNG）等低温介质的低温储罐发展迅速，由于低温罐容积越来越大，直径和重量也随着增大，传统的安装方法已经不能满足施工需要。

2003年上海化学工业园区的赛科90万t/年乙烯项目有3台大型低温储罐，包括1台50000m^3液氨储罐、1台30000m^3的乙烯储罐和1台20000m^3的丙烯储罐。该项目中50000m^3氨罐和30000m^3乙烯罐的外罐和拱顶如果采用倒装法施工难度比较高且危险大，为降低施工难度和风险，保证项目顺利实施，在总结传统气吹倒装法的基础上进行改进和创新，形成满足大型低温储罐拱顶气压顶升施工工法。该工法在项目中成功运用，并在后续的宁波台塑项目80000m^3、福建LNG160000m^3项目（一期和二期）、四川达州项目10000m^3、上海洋山LNG165000m^3等项目中成功应用并不断进行完善，形成了成熟的大型低温储罐拱顶气压顶升施工工法。

2. 工 法 特 点

拱顶气压顶升工法解决了无法采用倒装法进行施工的大型低温储罐现场建造的难题，在保证施工质量的同时降低了大型低温储罐拱顶安装的施工难度和安全风险，也降低了工程造价。

该工法实现了外罐与拱顶、悬浮吊顶及顶部接管同步施工，可缩短工期，工法中所有装置的安装均简便快捷易实施。平衡系统采用同规格钢丝绳多点位均布、施加同等预紧力实现拱顶上升过程中的平衡和稳定，并对拱顶起定位和导向作用；密封系统实现了拱顶在上升过程中罐内无人看护，保证施工作业人员安全；通过压力检测系统和监视系统实现对压力和拱顶上升速度进行控制。

本工法适用于所有大型低温储罐现场建造工程，尤其是10000m^3及以上容积的低温储罐。外罐筒体部分采用正装法可保证施工质量，另外，由于拱顶在地面基础上进行组装和焊接，在保证质量的同时提高了工作效率降低了安全风险。该工法措施材料均为一般材质和常用规格，易于得到，有良好的经济效益。

3. 适 用 范 围

本工法适用于储量在10000m^3及以上大型双壁双顶低温储罐拱顶（及其内吊平顶）气压顶升安装。

4. 工 艺 原 理

4.1　气压顶升工法是利用空气压差产生的推力使拱顶从地面上升到设计位置。

4.2　利用外罐筒体与拱顶结构，通过采取密封措施形成相对密闭的空间的结构特点，通过鼓风设备向此密闭空间强制送入大量的空气从而在内外产生压力差，当压力差产生的总浮力大于需要顶升的重量并克服摩擦阻力后，拱顶开始上浮直至安装高度，从而达到顶升拱顶的目的，可以通过风门控制进风量使气顶升的速度得到控制。

4.3 平衡系统的主要作用是保证拱顶在上升过程中保持平衡，并维持上升过程中的平稳性，同时对拱顶起定位和导向作用，防止倾翻、旋转错位和卡死。

5. 施工工艺流程及操作要点

5.1 工艺流程（图5.1）

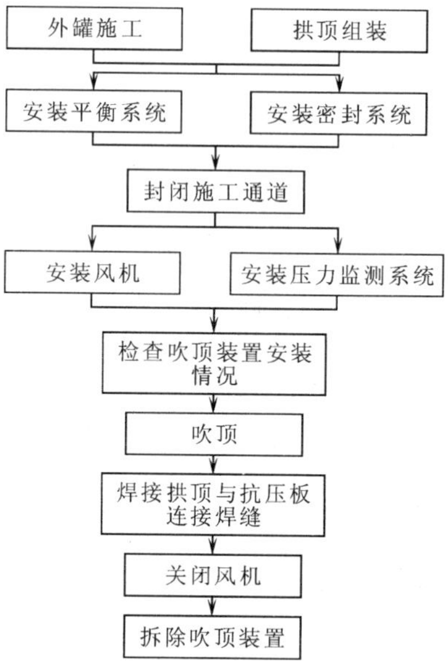

图5.1 工艺流程图

5.2 施工工艺及操作要点

5.2.1 外罐筒体施工和拱顶组装

1. 外罐筒体采用正装法施工，按照从下到上的顺序施工。

2. 拱顶组装前根据设计图纸将拱顶预制成半成品并妥善存放，存放应根据结构特点制作存放支架避免拱顶预制件在存放期间变形。

3. 预制完成后，根据拱顶结构在储罐基础上安装拱顶组装的临时支撑，支撑应与拱顶弧形结构相符，且能够完全支持拱顶重量和保持拱顶外形尺寸。支撑安装完成后按照对称施工方法利用吊车将拱顶预制件吊装到位，并采取临时固定措施防止发生意外。

5.2.2 安装平衡系统

1. 平衡系统有两种系统：贯穿式平衡系统（图5.2.2-1）和发散式平衡系统（图5.2.2-2）。

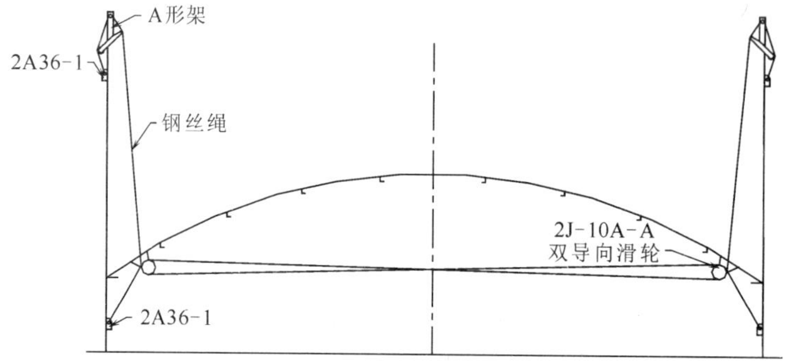

图5.2.2-1 贯穿式平衡系统立面图

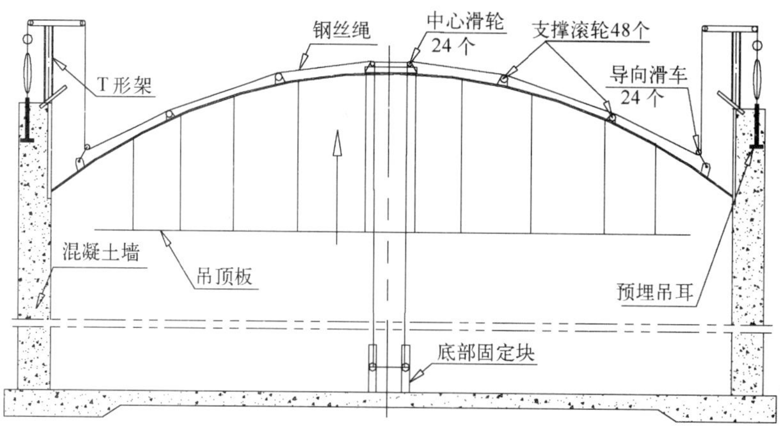

图5.2.2-2 发散式平衡系统立面图

2. 平衡系统的主要作用是保证拱顶在上升过程中保持平衡，并维持上升过程中的平稳性，同时对拱顶起定位和导向作用。

3. 贯穿式平衡系统

贯穿式平衡系统由平衡钢缆、双导向滑轮组、A形架、花篮螺丝等组成。

1）施工工艺流程（图5.2.2–3）

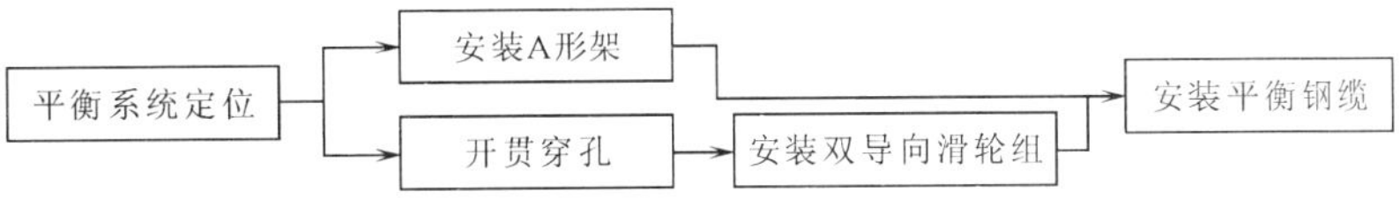

图5.2.2–3　贯穿式平衡系统施工工艺流程图

2）平衡系统定位

平衡系统中平衡钢缆数量一般成偶数，平衡钢缆在圆周上均匀分布，以保证拱顶上升的平稳。

为保证平衡系统定位准确、分布均匀，一般使用全站仪进行精确定位。

3）安装A型架

A形架直接焊接在抗压板上，A形架安装时应保持竖直状态（图5.2.2–4平衡系统A形架）。

图5.2.2–4　平衡系统A形架

4）开贯穿孔

平衡钢缆穿过拱顶的位置，开设椭圆长孔，孔应保证拱顶在上升过程中平衡钢缆不与拱顶发生摩擦而影响吹顶。孔的长度可根据拱顶上升距离计算确认，随着拱顶的上升，平衡钢缆与拱顶板间的夹角α将逐渐变小，平衡钢缆与壁板间的距离*L*将逐渐变小，如图5.2.2–5。

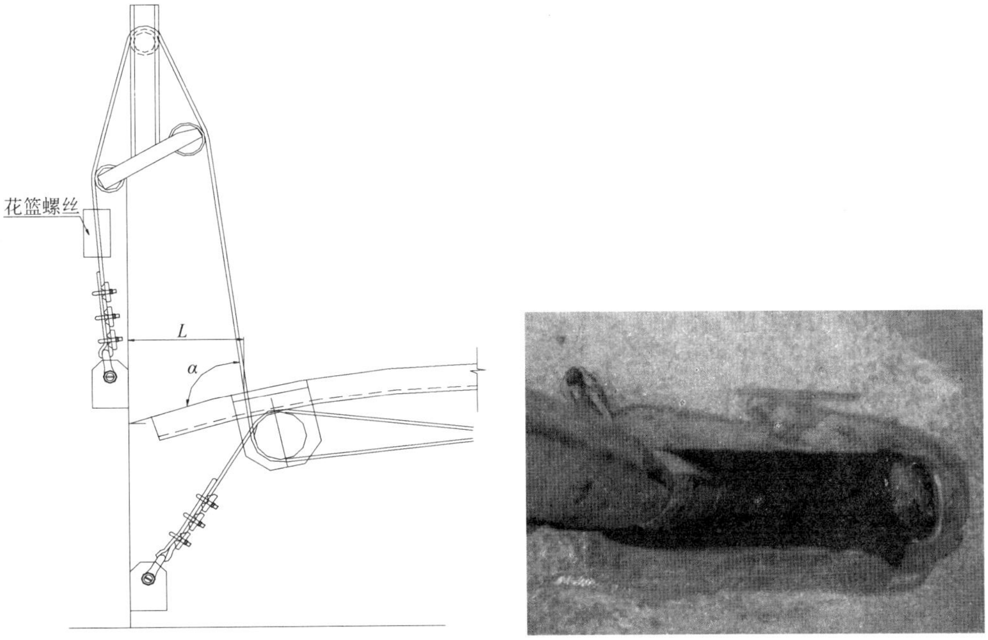

图5.2.2–5　钢缆与拱顶夹角变化和实际安装示意图

5）安装双导向滑轮组

双导向滑轮组应根据贯穿孔的位置进行安装，同时保证平衡钢缆位于贯穿孔中间，防止钢缆与拱顶摩擦。

6）安装平衡钢缆

平衡钢缆从一点开始沿着一个方向顺序安装，单根平衡钢缆中间不得有接头。钢缆一端固定在罐内侧的锚固点上，一端通过花篮螺丝固定在抗压板或者外罐外侧的吊耳上。

在吹顶前对每根平衡钢缆施加相同的预紧力。

4. 发散式平衡系统

发散式平衡系统由顶部支撑架、底部固定块、滑车、滑轮等组成。

1）施工工艺流程（图5.2.2-6）

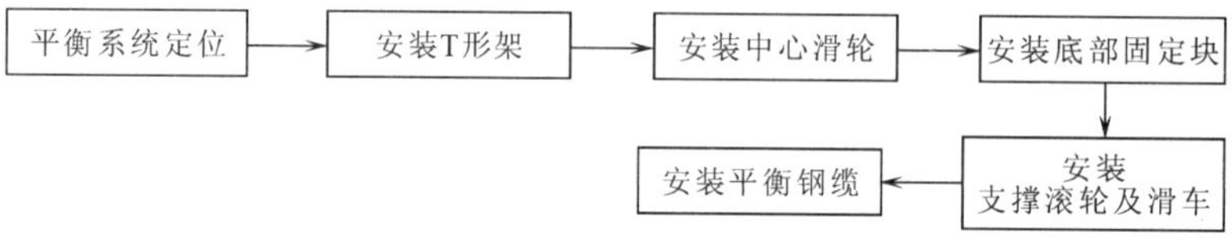

图5.2.2-6 发散式平衡系统施工工艺流程图

2）平衡系统定位

与贯穿式平衡系统相同。

3）安装T形架

➢ 确保支架是垂直安装并沿圆周对称分布；

➢ 确保支架上部的横向部件的方向是沿罐的径向，并通过罐的中心轴线。

以上两项是气压升顶的重要元素，必须确保其安装的正确性。

4）安装中心滑轮

➢ 单个滑轮的走绳方向都是指向同一个中心；

➢ 每个滑轮都能自由的旋转；

➢ 滑轮的内侧走绳应从镗孔垂直的穿过，不会与镗孔边缘产生摩擦；

➢ 每个滑轮轮轴都应涂上润滑油。

中心滑轮是由单滑轮构成的组合件，在制作过程中须严格控制以上各项。

5）安装底部固定块

底部固定块安装在中心滑轮的正下方，与罐底中心的预埋螺栓相连接，是平衡钢丝绳下部的固定点。

6）安装支撑滚轮及滑车

支撑滚轮作用是支撑钢丝绳不与拱顶接触，并引导钢丝绳运转。

➢ 滚轮底座与拱顶可靠的焊接固定；

➢ 滚轮与侧板之间有合适的间隙，轮子与轴之间能自由的旋转；

➢ 滚轮安装方须指向罐的中心，并与对应的中心滑轮成同一直线；

➢ 滚轮表面应清理干净，保持光滑，保证运行中不会损坏钢丝绳。

导向滑车是改变钢丝绳走向的部件，在升顶过程中改变钢丝绳走向和引导钢丝绳运转。导向滑车安装在拱顶的外边缘，并在“T”形架的下方，与对应的支撑滚轮成同一直线。

7）安装平衡钢缆

➢ 平衡钢丝绳安装

平衡钢丝绳的一端固定在外罐，然后跨过“T”形支撑架，绕过拱顶上侧边缘的滑轮，再跨过拱顶上部的支撑滑轮，最后绕过拱顶中心的滑轮，与罐中心底部的固定块连接固定。

首先安装有拉力计的四个钢丝绳，并对此四个钢丝绳施加相同的预紧力，然后以四个有拉力计的钢丝绳为基准安装其他各组钢丝绳。

➢ 钢丝绳的预紧和检测

（1）为了使每根钢丝绳的预紧力保持一样力度，在气升顶前必须检测钢丝绳的预紧力。以四组装有拉力计的钢丝绳的状态检测其他各组钢丝绳。可用以下两种方法进行检测：

（2）弯曲量检测法。

检测方法：使用拉力计，检测其弯曲量δ。其他每根钢丝绳都按此方法检测，通过调节花篮螺丝，使弯曲量与基准钢丝绳的弯曲量数值δ相同。

（3）振动数检测

振动检测是给立面上的基准钢丝绳以10s的振动数值，并以此为准，通过调整花篮螺丝，使其他钢丝绳的振动数与其相同。这种方法需要在一定的高度才能够检测，对于操作比较复杂，仅作为一个参考的方法。

5.2.3 密封系统

1．密封系统是在吹顶过程中在罐内保持一个密闭的空腔，使得罐内部保持一定的压力，从而产生浮力使拱顶上升。良好的密封系统能够保证吹顶的质量、提高工作效率和减少能耗。

2．密封位置主要包括拱顶与壁板之间的密封、外罐施工通道的密封及其他需要密封的位置。

1）拱顶板和壁板间存在的缝隙是吹顶时空气泄露的主要原因，在吹顶前必须封闭。由于拱顶和壁板都是圆弧形式，且壁板与拱顶板在吹升过程中有相对运动，所以此处的密封也是整个密封系统中的重点和难点。

2）两块密封板之间采用搭接形式，必须保证足够的搭接长度。用于密封的薄膜拼接处亦采用搭接形式，并用胶带粘牢。

3）外罐施工通道采用钢板进行密封，钢板与壁板及底板之间的缝隙采用焊接进行密封。密封使用的钢板与外罐壁板间采用搭接形式。在临时钢板上开设进风口、压力测试系统和人员通道。

5.2.4 压力监测系统

在吹升拱顶时为了保证拱顶的平衡，拱顶的上升速度有严格的限制，就必须严格控制风压和风量。则就需要一个能够有效的监控内部压力的系统，可采用连通管作为压力监测系统。

1．为了能够保证测量的准确性选择直径为12mm的玻璃管，玻璃管中间用透明软胶管连接。

2．计算玻璃管长度：

$$L：H=P/\rho g \tag{5.2.4}$$

式中 H——顶升压力产生的水柱高度

ρ——水的密度，$\rho=1000\text{kg/m}^3$；

g——重力加速度，$g=9.8\text{N/kg}$。

3．用透明软胶管将两根玻璃管连接成U形管形式，并固定在木板上，在木板上标出刻度线或固定卷尺来观察水柱的上升情况，水柱应达到玻璃管长度的1/3，中间不得有气泡存在。

4．在水柱的最低点处做标记，并在压力达到要求时水柱应在的位置处用红色笔做出标记；如果清水不利于观察可在水中加入少量的红色墨水。

5．玻璃管一头通罐内，一头接大气。

6．压力测试系统在整个吹顶系统中设两个，一个设在风机操控人员旁边，让风机操控人员更好的控制风量、风压。一个设在顶部平台上，以便上面的监控人员随时监控整个顶升过程。

5.2.5 动力系统

动力系统是为吹顶提供动力，由若干风机组成。

风机的选择原则应能保证吹顶过程中最大风量和风压的要求，为保证吹顶顺利进行，通常满足吹顶要求的情况下增加1~2台风机作为备用。

1．风压计算：

$$P=N/S \tag{5.2.5-1}$$

式中 P——风压；

N——吹顶总重；

S——顶升作用的面积（按拱顶最大横截面积计算）。

2. 风量计算

$$Q=kV/T \quad (5.2.5\text{-}2)$$

式中 Q——顶升需要的风量；

k——风量泄漏系数；

V——顶升所需要的空气量；

T——顶升所需要的时间。

3. 根据计算的风压和风量选择风机，并确定需要的风机数量。风机安装在外罐施工通道密封板上，风机与外罐施工通道密封之间根据实际情况制作风道进行连接。

5.2.6 吹顶

1. 吹顶由于存在一定的风险，为保证吹顶顺利进行，选择经验丰富的人员组成吹顶工作小组，主要负责吹顶各准备工作情况的检查，各系统安装质量，吹顶工作的协调。

2. 吹顶前会同有关人员共同检查密封系统、平衡系统、压力测试系统及吹顶施工准备工作。

3. 在拱顶上升的初始阶段拱顶可能会有轻微的震动，会对平衡系统和密封系统产生影响，并有可能使部分工装夹具产生松动，罐内需要4~6个人在里面检查密封系统和平衡系统，以确保其功能正常。

4. 如果当压力已经达到所需压力后而拱顶还未上升，则应停止吹顶工作，待进一步检查确认后再进行吹顶工作。

5. 如果在顶升过程中拱顶失去平衡，在平台上的工作人员必须在工作小组组长的指挥下利用花篮螺丝通过拉紧或放松钢缆的方式来调整拱顶。

6. 所有的检查工作和准备工作应在吹顶的前一天结束。

7. 在吹顶前确认每个人都知道自己的职责和工作，并清楚在何种情况下开始自己的工作。

8. 吹顶工作应在工作小组组长的统一指挥下进行。

9. 吹顶前确认所有的对讲机是否都能正常工作，并检查电池是否充满电。

10. 准备一台发电机备用，并确保在停电的情况下能马上正常工作。

11. 吹顶过程中拱顶的上升速度必须严格按照要求执行，在拱顶上升过程中或拱顶还没有完全用卡具与抗压环连接前，不允许有人员在拱顶上。如果由于特殊原因需要人员在上面工作时必须将安全带固定在可靠的位置上。

12. 在吹顶过程中人员不能站在A形架后面。

13. 当平衡钢缆离开抗压环后，将用于保护钢缆的钢管拿掉。钢管见图5.2.6。

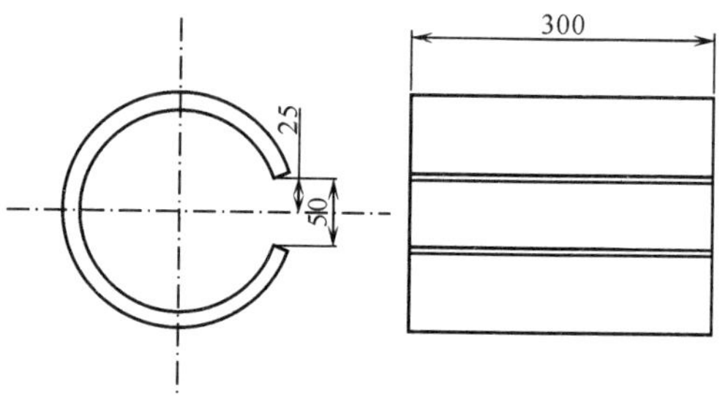

图5.2.6 钢管制作图

14. 当拱顶与抗压环紧密接触后，控制风机的风量，保持拱顶处于平衡状态，并迅速用卡具将拱顶与抗压环固定，并将拱顶点、焊在抗压环上。卡具在拱顶上应均匀分布，每隔1.2m设一个卡具。在吹顶前将U形卡焊接在拱顶板上。

15. 在拱顶与抗压环焊接牢固后关闭风机。

6. 材料与设备

吹顶主要的材料和设备见表6。

吹顶主要材料和设备一览表　　表6

序号	材料/设备名称	规格型号	用　途
1	销子	圆锥销	固定密封装置、双导向滑轮组安装、拱顶固定等，数量根据储罐直径决定
2	卡	U形	拱顶固定、施工通道密封等
3	吊耳	板式	平衡钢缆固定
4	钢板	$\delta=6$	施工通道密封
5	钢板	$\delta=8$	风道制作等
6	槽钢	16#	A形架制作等
7	钢管	$\phi 63\times3$	钢管保护等
8	钢管	$\phi 108\times8$	A形架制作
9	玻璃管	$\phi 20$	压力计制作
10	塑料管	$\phi 12$	压力计制作
11	钢丝绳	6×37FC	平衡系统
12	胶带	工业包装用	密封
13	红墨水	/	压力计制作
14	麻绳	$\phi 15$	调节压力等
15	风机	离心式	动力，包括备用
16	柴油发电机	功率	备用电源
17	双导向滑轮		平衡系统
18	花篮螺丝	5t	调节平衡系统
19	手拉葫芦	1t	安装平衡系统等
20	钢丝绳卡子	与平衡钢缆直径配套使用	固定平衡钢缆，每根钢丝端至少3个
21	卸扣	5t	固定平衡钢缆
22	手扳葫芦	2t	预紧钢缆
23	电焊机	手工焊机	焊接
24	全站仪	徕卡	测量定位
25	活口扳手	M16—M32	吹顶设备安装
26	大锤	4磅	固定拱顶
27	对讲机	1000m范围	各区域负责人之间通信

7. 质量控制

7.1 外罐直径和垂直度误差误差应符合《大型焊接压储罐设计与建造》API620或《低温工作条件下立式平底圆筒型储罐》BS EN14620规范和设计的相关规定。

7.2 拱顶板搭接焊缝应进行100%的目视检查和真空测漏试验，保证拱顶焊接质量。

7.3 密封系统必须保证严密，胶带粘贴前将粘贴区域的污渍清除干净，保持粘贴区域干燥，以保证胶带粘贴牢固。

7.4 钢缆两端使用不少于3个钢丝绳夹，保证固定牢固，防止钢缆在吹顶过程中受力脱落。

8. 安 全 措 施

8.1 认真贯彻“安全第一、预防为主”的方针，根据国家有关规定、条例，结合施工单位实际情况和工程的具体特点，组成专职安全员和班组兼职安全员以及工地安全用电负责人参加的安全生产管理网络，执行安全生产责任制，明确各级人员职责，抓好工程的安全生产。

8.2 作业开始前进行工作危险分析（JHA），评估各类风险值及产生的危害程度，并采取措施降低风险值和危害程度，并对作业人员进行交底和培训。

8.3 高空作业应设置平台，人员佩戴安全带，并对高空作业进行培训。

8.4 氧气瓶与乙炔瓶隔离存放，严格保证氧气瓶不沾染油脂，氧气瓶和乙炔瓶竖立放置，高温天气应做防高温措施，乙炔发生器有防回火安全装置。

8.5 施工现场的临时用电严格按照《施工现场临时用电安全技术规范》的有关规定执行。

8.6 动火作业区域放置灭火器。

8.7 高空作业时，作业区域附近设置小型工具箱，用于存放小型工具及零散材料，防止高空坠物伤人。

8.8 作业前建立高空作业应急预案，在现场配备高空救援应急设施，并安排专人进行维护和管理。

9. 环 保 措 施

9.1 在工程施工过程中严格遵守国家和地方政府下发的有关环境保护的法律、法规和规章，加强对施工燃油、工程材料、设备、废水、生产生活垃圾、废渣的控制和治理，遵守有关防火及废弃物处理的规章制度。

9.2 现场固定安装的施工设备如发电机、空压机等，设备下方设置接油盘防止机油、燃油泄漏造成环境污染。

9.3 现场设置专门区域堆放垃圾，有毒有害固体和液体废弃物、可回收垃圾应分类回收存放，交由具备资质单位处理，生活垃圾定期请当地环卫单位清理和处理。

9.4 现场安排专人对施工作业区域进行不间断的清扫，保持作业环境整洁。

10. 效 益 分 析

10.1 经济效益

10.1.1 采用倒装法首先完成最上层壁板的安装工作，然后安装抗压板，再来组装拱顶和吊顶，然后按照从上到下的顺序逐层组装壁板，施工逻辑顺序是完成到开始，即一个工作完成后才可以开始后面的工作，无法优化工期。而采用外罐正装拱顶气压顶升法施工，外罐按照从下到上的顺序安装壁板，在完成第一圈和第二圈壁板后，可同时安装拱顶，拱顶安装完成后安装吊顶，待外罐安装完成后，即可进行吹顶工作，可见拱顶和吊顶的安装工作与外罐壁板的安装工作在一定时间内是同时进行的，从而可以缩短工期。

10.1.2 外罐采用倒装法施工，安装每层壁板都必须准备倒装使用的液压系统或者气吹系统，而采用拱顶气压顶升法施工仅在吹顶时安装一次吹顶相应的设施即可。

10.1.3 对于外罐无法采用倒装法施工的大型低温罐，采用此工法比外罐采用正装安装后再在高空安装拱顶和吊顶的施工方法在经济效益上更具优势。

10.1.4 由此可见，此工法可缩短工期、减少施工设备投入、降低人工成本和施工措施费用。

10.2 社会效益

10.2.1 解决了大型低温储罐现场大吨位（最大单重约800t）、大直径（最大直径约82m）罐顶吊装的难题。

10.2.2 降低了大型低温储罐建造的高空作业的施工难度，平衡装置的使用使施工安全可靠，极大的降低了安全风险。

10.2.3 能够缩短工期，减少大型吊装运输设备投入，降低成本。

10.2.4 避免了液压系统由于漏油造成的环境污染问题。

10.2.5 简单、易于操作，吹顶用的风机和工具、机具为常规设备可重复使用，减少企业生产投入。

11. 应 用 实 例

11.1 福建 LNG 接收站 2 160000 m³LNG 储罐项目（一期）

11.1.1 工程概况

福建LNG接收站工程由中海油和福建闽中投资有限公司共同投资兴建，一期工程包括2台160000m³的液化天然气（LNG）储罐及配套装置、码头、对外输送管道组成。该项目由中国成达工程有限公司和美国CBI组成联合体作业该项目EPC总承包商，公司承担2台160000m³的液化天然气储罐现场建造部分的机械安装部分。该项目中160000m³LNG储罐的外罐采用预应力混凝土。

1. 结构形式：双壳层拱顶储罐；
2. 储存容积：16.0万m³（160000m³）；
3. 外罐尺寸：ϕ82000×37500（指混凝土墙壁内直径和外罐壁高度）；
4. 外罐为厚度800mm钢筋混凝土墙，内侧钢板衬贴；
5. 内罐形式：钢制圆柱储罐，悬浮吊顶；
6. 拱顶高度：H=10906mm；
7. 顶升总重量：570t。

11.1.2 应用介绍

该项目由于结构形式决定拱顶安装只能采用吹顶法施工，该项目平衡系统采用12组，供16根钢缆，单根钢缆长度122m，风机10台，吹顶速度为200mm/min，吹顶时间约为3.5h（图11.1.2-1~图11.1.2-3）。

图11.1.2-1 吹顶中

注：旗帜上右侧为中国核工业第五建设有限公司（英文简称“CNF”）原公司名“上海石化安装检修工程公司”的英文标识“SPI”，下同。

图11.1.2-2 拱顶即将上升到安装位置

图11.1.2-3 吹顶后

11.2 上海洋山 LNG 接收站项目

11.2.1 工程概况

1. 结构形式：双壳层拱顶储罐；

2. 储存容积：16.5万m^3（165000m^3）；

3. 外罐尺寸：ϕ80000×42610（指混凝土墙壁内直径和外罐壁高度）；

4. 外罐为厚度800mm钢筋混凝土墙，内侧钢板衬贴；

5. 内罐形式：钢制圆柱储罐，悬浮吊顶；

6. 拱顶高度：H=10906mm；

7. 顶升总重量：570t。

11.2.2 工法应用

1. 上海洋山LNG接收站项目在2006年11月成功应用此工法吹顶成功，该项目中平衡装置采用发散式（图11.2.2-1、图11.2.2-2）。

2. 该项目气压顶升工法获2008年度上海市科技创新二等奖。

图11.2.2-1　拱顶吹顶中

图11.2.2-2　洋山LNG低温储罐远景

锅炉蒸汽干度自控系统施工工法

GJEJGF363—2010

永升建设集团有限公司　江苏广宇建设集团有限公司
王乐宇　卢国平　杨冰　谢春刚

1. 前　言

注汽锅炉作为油田稠油开采、市政供热的蒸汽发生器，其燃烧运行品质和输出蒸汽质量与热注效果密切相关。为保证设备运行的有效性、经济性和安全性，对锅炉运行的控制操作提出越来越高的要求。锅炉设备配置了自动化的数据采集和操作界面，在一定程度上便利了操作运行，改善了设备运行的安全性。但在蒸汽干度和燃烧控制方面，则普遍处于人工手动操作控制，生产中面对工况的变化和负荷的调整仍然严重依赖人工的操作经验，不易维持良好的燃烧效率，输出的蒸汽干度容易受到燃烧波动的影响。不仅制约了热注工艺的有效性，而且不利于注汽锅炉的经济运行。注汽锅炉的燃烧过程中存在大滞后、大惯性、非线性、多变量耦合、时变等复杂控制特性，对于以传统PID控制技术为核心的控制策略来说，其诸多的不确定性导致自动控制不易投运且难以维持在最佳的运行状态下。为了提高注汽锅炉运行的有效性和经济性，解决过程中实际存在的控制难题。我们提出的控制技术正是一种适用而有效的解决方案，在总结科研成果的基础上形成了本工法。

2. 工 法 特 点

2.1　影响蒸汽干度的因素，一是在给水量不变的情况下，天然气压力及流量的波动，引起蒸汽干度变化。二是在燃料供给稳定的情况下，锅炉给水量的波动，引起蒸汽干度变化。综上所述，蒸汽干度与燃料供给、燃烧工况及锅炉给水量有关，我们认为要使锅炉安全、节能、平稳地运行，稳定燃料供给和锅炉给水量，二者的结合，是此方案的技术关键。

2.2　燃料供给稳定的自动控制。

2.3　通过调节水量控制蒸汽干度。

3. 适 用 范 围

适用于对蒸汽干度要求较高，需要实现锅炉自控要求的场所。

4. 控 制 原 理

在锅炉给水总汇管、锅炉出口分别安装电导率仪，采集给水、炉水的电导率，电导率以4～20mA直流电流信号进入PLC的输入模块，经过PLC内部运算模块计算出蒸汽的干度［$X=(b-a)/b\times100\%$，其中X为蒸汽干度、a为给水电导率、b为炉水电导率］。此计算出的干度值为测量值（过程值），在触摸屏上设定的蒸汽干度作为给定值。PLC将测量值和给定值进行运算，经PLC的输出模块输出调节信号，在火量相对稳定的情况下，对水量进行适当调节，控制柱塞泵变频器来调节柱塞泵的排量，以达到恒干度闭环控制的目的。当锅炉在点炉或运行过程中，通过PLC软件控制主燃阀的打开与关闭。当主燃阀打开时，开始累计锅炉产汽量，停炉后停止累计注汽量。

5. 施工工艺流程与操作要点

5.1 施工工艺流程（图 5.1）

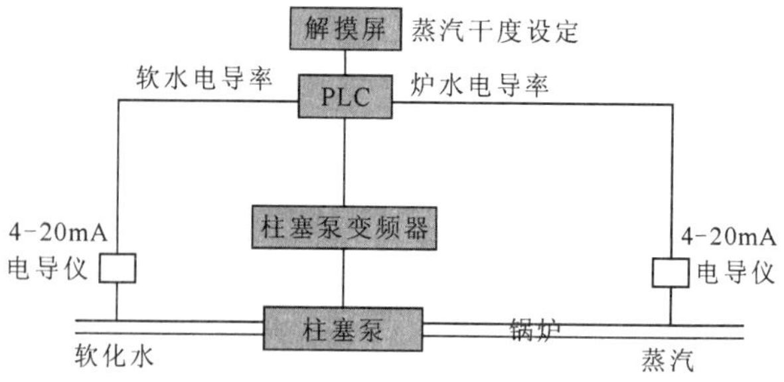

图5.1 施工工艺流程图

5.2 施工要点

5.2.1 施工顺序

每台锅炉安装一台PLC，一台触摸屏。PLC采集安装在锅炉上的各种仪表信号和执行机构的反馈信号，各种信号在PLC内部进行转换、计算、判断、存储、控制等。PLC内的数据可通过触摸屏进行显示和控制操作，实现各种实时曲线、报警、温度、压力等的显示；对锅炉的点火、运行、蒸汽干度、烟气含氧量进行全自动监控。

5.2.2 锅炉干度自控的PLC程序设计思路

干度值计算的有效性：干度测量的准确性对整个干度自控系统的性能至关重要，若由于变送器或取样器的原因造成测量出错，那么控制结果将出错。因此电导率的信号进入PLC进行计算时，必须同时满足下列条件：

1）给水电导率>1。

2）炉水电导率>给水电导率，否则计算结果将是负值，其次若炉水电导率为零，则PLC计算结果将溢出，造成PLC故障，使整个锅炉控制系统瘫痪。

3）在锅炉点火成功并进入调火状态后。

4）否则不进行计算，此时在触摸屏和上位机上显示干度值为0。

5.2.3 程序设计原理（图5.2.3）

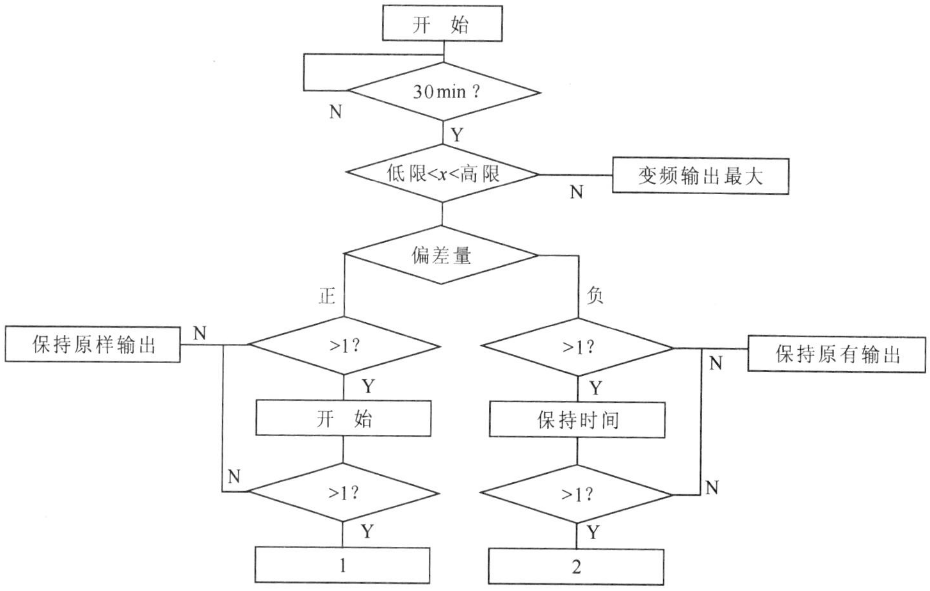

注：1. 输出=（偏差量×系数）+当前输出
2. 输出=当前输出-（偏差量×系数）
3. 偏差量=测量值-设定值

图5.2.3 程序设计原理

油田注汽锅炉的干度系统是大滞后系统，即当给水量或其他工况发生变化后，锅炉出口干度的变化要在数10h后。因此用传统的PID算法是无法完成此控制任务的，需用特殊的算法解决。另在程序设计中还增加了溢出中断，防止由于计算结果出错，造成PLC死机，（即PLC故障），一旦出现错误立即中断，并返回主程序运行，不影响锅炉正常运行。

1）蒸汽干度的设定值、干度上限报警值、干度下限报警值的设定和修改都是在触摸屏上完成的，但进行这些操作必须输入正确的口令字才能进行。

2）当干度自动控制系统有故障时，不能自动调节蒸汽干度，需人为干预来调节柱塞泵的排量，可在触摸屏及上位机上均可手动调节柱塞泵变频器的频率，从而使蒸汽干度控制在合理的范围内。

3）燃料压力基本稳定后，30min（时间可调）内达到设定值（一般为80%），控制精度1%。

4）蒸汽干度高、低报警信号不作为超限停炉信号，但有声、光报警提示。锅炉控制柜、触摸屏、上位机都同时以声、光方式报警。通过操作触摸屏、上位机可消除声音报警，光报警不能人为消除，只能报警故障消除后才能自动复位。

5）锅炉的点炉、运行及停炉由PLC实行全过程自动控制，无需人工手动/自动切换。

5.2.4 蒸汽干度在触摸屏上的监视和控制

触摸屏上显示设定干度、测量干度的动态值和百分数；测量干度的实时趋势曲线；并配有手动、自动转换操作按钮，当干度自动控制单元有故障时使用，按返回按钮后返回到主画面。

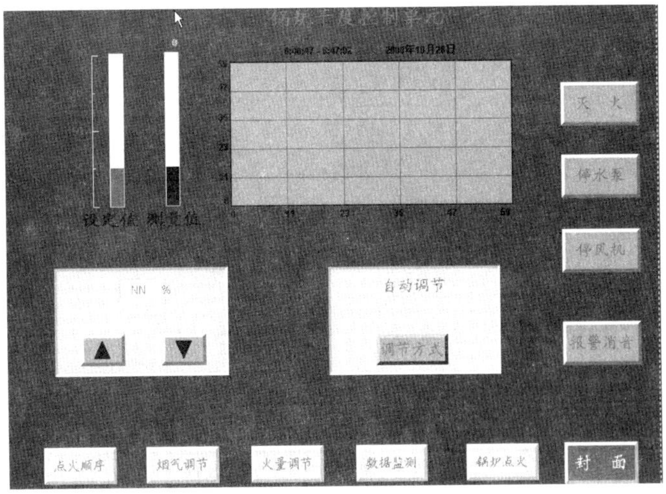

图5.2.4 蒸汽干度在触摸屏上的监视和控制

6. 材料与设备

6.1 材料与设备

控制部分配置清单详表6.1–1，动力部分配置清单详表6.1–2，仪表部分配置清单详表6.1–3。

控制部分配置清单 **表6.1–1**

序号	名 称 及 型 号	数量
1	控制器 1747–L531	5
2	空槽模块 1746–P2	5
3	1746–A7	5
4	模块 1746–IB32	5
5	模块 1746–OW16	5
6	模块 1746–NI16I	10
7	模块 1746–NO4I	5
8	触摸屏 2711P–T10C4B1	5
9	空槽模块 1746–N2	15

动力部分配置清单 **表6.1–2**

序号	名 称 及 型 号	数量	备 注
1	空气开关 600A	3	施耐德
2	空气开关 250A	2	施耐德
3	空气开关 400A	5	施耐德

续表

序号	名称及型号	数量	备注
4	空气开关 100A	5	施耐德
5	空气开关 30A	10	施耐德
6	交流接触器 400A	5	施耐德（线圈电压 110V）1 开 1 闭
7	交流接触器 100A	5	施耐德（线圈电压 110V）1 开 1 闭
8	交流接触器 60A	5	施耐德（线圈电压 110V）1 开 1 闭
9	交流接触器 30A	5	施耐德（线圈电压 380） 1 开 1 闭
10	控制变压器（1000VA）	5	380/220/110
11	电流互感器 400:5	5	
12	电流互感器 100:5	5	
13	耐温控制导线 1.0	4000m	兰色
14	三芯屏蔽电缆 3×1.0	2000m	

仪表部分配置清单 **表6.1-3**

序号	名称及型号	数量	备注
1	差压变送器 EJA130A-DMS4A-95DA	5	0-32MP
2	压力变送器 EJA530A-DBS4N-02DN	15	0-2MP
3	压力变送器 EJA530A-DDS4N-02DN	25	0-50MP
4	铠装热电阻 WZPK-233 L=200mm $\phi 6$		两线制
5	铠装热电阻 WZPK-233 L=600mm $\phi 6$		两线制
6	G1/2″（外扣）活动接头 分度号：PT100 接线盒 G1/2″（内扣）		
7	电导率变送器 200000us		
8	氧化锆探头及分析仪 GLYQ-A 沈阳星		

7. 质量控制

7.1 质量控制目标

每一个数据的采样周期小于0.01s。现场显示仪表与上位机显示误差小于0.1%。

7.2 提高传输信号可靠性

提高现场输入给PLC信号的可靠性，选择可靠性较高的变送器和各种开关，防止各种原因引起传输信号线短路，断路或接触不良。其次在程序设计时增加数字滤波程序，增加输入信号的可靠性。

8. 安全措施

在程序设计时，应考虑PLC初次或重新上电，置所有输出为零，然后再根据现场输入条件，PLC作出响应的判断，以防误动作。

9. 环保措施

该工法无须采取特殊环保措施。

10. 效益分析

该工法解决了注汽锅炉干度控制系统，实现了蒸汽干度自动控制及注汽锅炉燃烧、送风、给水各环节的综合协调控制，提高了注汽质量，降低了生产能耗，改善了设备运行水平。蒸汽干度稳定在73±3%范围内，送风节电20%以上，平均炉效提高4%，每台注汽锅炉年经济效益达到20余万元。

11. 工程实例

新港石油公司3号供热站锅炉干度自动化控制系统工程

11.1 工程概况

注汽锅炉作为油田稠油开采中向油层注汽的蒸汽发生器，其燃烧运行品质和输出蒸汽质量与热注效果密切相关。为保证设备运行的有效性、经济性和安全性，对锅炉运行的控制操作提出越来越高的要求。新港石油公司3号供热站锅炉设备已经配置了自动化的数据采集和操作界面，在一定程度上便利了操作运行，改善了设备运行的安全性。但在蒸汽干度和燃烧控制方面，则普遍处于人工手动操作控制，生产中面对工况的变化和负荷的调整仍然严重依赖人工的操作经验，不易维持良好的燃烧效率，输出的蒸汽干度容易受到燃烧波动的影响。不仅制约了热注工艺的有效性，而且不利于注汽锅炉的经济运行。注汽锅炉的燃烧过程中存在大滞后、大惯性、非线性、多变量耦合、时变等复杂控制特性，对于以传统PID控制技术为核心的控制策略来说，其诸多的不确定性导致自动控制不易投运且难以维持在最佳的运行状态下。为了提高注汽锅炉运行的有效性和经济性，解决过程中实际存在的控制难题。我们提出的控制技术正是一种适用而有效的解决方案。

11.2 施工情况

影响蒸汽干度的因素，一是在给水量不变的情况下，天然气压力及流量的波动，引起蒸汽干度变化。二是在燃料供给稳定的情况下，锅炉给水量的波动，引起蒸汽干度变化。综上所述，蒸汽干度与燃料供给、燃烧工况及锅炉给水量有关，我们认为要使锅炉安全、节能、平稳地运行，稳定燃料供给和锅炉给水量，二者的结合，是此方案的技术关键。

解决方案：

1．燃料供给稳定的自动控制：

当天然气压力降低时，其流量也随之降低，流量计将瞬时流量转换成4~20mA电流信号反馈至PLC，经PLC的PID调节器输出控制调节阀，使其开度增大，反之亦然，最终天然气流量将被稳定在整定值，达到稳定天然气流量的目的，在锅炉给水量稳定的情况下，锅炉蒸汽干度也随之稳定。

当锅炉点着后，先将锅炉工况调整好，水量控制在某值，干度达到规定值，这时，天然气流量显示某值，然后，将此值设定在触摸屏上。通过PLC控制，可使燃料供给稳定，从而达到蒸汽干度自动控制目的。

此方法能快速的根据燃料的变化，及时控制，避免了用电导法测量滞后的问题，导致控制振荡的弊端，采用此方法的前提条件是，锅炉给水量不变，但如果在运行过程中，因柱塞泵问题引起水量变化，势必造成蒸汽干度的变化，且此方法不能根据水量变化自动调节蒸汽干度。另外，当干度规定值因地质部门要求变化时，天然气流量设定值也需重新调整。

2．通过调节水量控制蒸汽干度：

在锅炉给水总汇管、锅炉出口分别安装电导率仪，采集给水、炉水的电导率，电导率以4～20mA直流电流信号进入PLC的输入模块，经过PLC内部运算模块计算出蒸汽的干度［$X=(b-a)/b\times100\%$，其中X为蒸汽干度、a为给水电导率、b为炉水电导率］。此计算出的干度值为测量值（过程值），在触摸屏上设定的蒸汽干度作为给定值。PLC将测量值和给定值进行运算，经PLC的输出模块输出调节信号，在燃料供给相对稳定的情况下，对水量进行适当调节，控制柱塞泵变频器来调节柱塞泵的排量，以达到恒干度闭环控制的目的。在锅炉点着后半小时内，蒸汽干度可稳定在设定值上。锅炉就干度来讲，是个大滞后系统，在运行中，当锅炉工况变化时，干度的变化在十几分钟后才能反应出来，因此采用此方法，存在当锅炉工况变化时，控制不是非常及时。

对比上述两种控制方法，各有优劣，如果将两种方法有机的结合，最终的解决方法是：主调火，辅调水。即当锅炉天然气的压力及流量发生变化时，通过调节阀及时调节天然气流量，使得实际的蒸汽干度还未变化，就已提前做了调整。当因柱塞泵问题引起水量变化时，可通过控制变频器来调节水量，达到控制干度的目的。

11.3 工程检测与结果评介

1. 永升建设集团有限公司在2004年5月6日承建的新港石油公司3号供热站锅炉干度自动化控制系统工程，2004年12月8日竣工交接并投入使用至今，该工法得到成功应用。

工程建成后，工程质量优良，受到业主的好评，获得了较好的社会效益、经济效益和环境效益。

2. 永升建设集团有限公司在2005年6月14日承建的新港石油公司4号供热站锅炉干度自动化控制系统工程，2005年12月18日竣工验收交接并投入施工至今，该功法成功应用了《锅炉蒸汽干度自控系统施工工法》取得了良好的经济和社会效益。

工程建成后，锅炉干度自动化控制系统投产运行至今，经过分析化验，出口蒸汽分析指标均在正常值内，各项指标均达到要求，运行稳定。工程质量优良，受到业主的好评，获得了较好的社会效益、经济效益和环境效益。

带内筒大型立式圆筒形压力容器现场整体顶喷内燃法热处理工法

GJEJGF364—2010

广西建工集团第一安装有限公司　广西建工集团第二建筑工程有限责任公司
李河　黄孙民　黄华君　邓斌　凌荣超

1. 前　言

近年来随着我国制浆造纸、化工等行业的不断发展，需要用到超大、超厚的各种带内筒的立式圆筒形压力容器，而根据设计规范的要求，压力容器制作完成后需要进行整体热处理，考虑到运输、成本等各方面条件的限制，超大、超厚的压力容器必须要在现场制作安装，同时容器整体热处理也必须在现场进行。

四川永丰年产12万t漂白竹浆林纸一体化项目中，压力容器温黑液槽和热黑液槽的壁厚达44mm，直径为7m，高度达31m，单台重量为325t，这是同类纸浆行业蒸煮系统中最大的压力容器。且温、热黑液槽内部结构特殊，设备内部有一个长20m，直径为3m的内筒。为解决这两个大型压力容器现场制作及整体热处理技术难题，公司组成技术攻关小组，不断地进行摸索、试验，形成了带内筒大型立式圆筒形压力容器现场整体顶喷内燃法热处理工法，该工法使燃料在容器内部形成理想的油汽比并充分燃烧，同时保持设备各部位加热均匀，使罐体升温到热处理所需的温度。利用此工法，分别对压力容器温黑液槽和热黑液槽进行热处理后，经业主和当地特检院检查验收，各项指标均符合《钢制压力容器》GB 150–1998和《钢制压力容器焊接规程》JB/T 4709–2000等规程、规范的要求，获得了一致好评。此工法的应用，解决了带内筒大型立式圆筒形压力容器现场整体热处理的技术难题，具有良好的社会效益和经济效益前景。

2. 工 法 特 点

2.1　利用带内筒大型立式圆筒形压力容器现场整体内燃法热处理工法对带内筒立式容器制作安装完成后进行整体热处理，由于整体受热均匀，热膨胀一致，在热处理时虽说材料强度下降，但不受折弯和剪切应力，单一的压应力不会造成筒体椭圆变形，因此在热处理过程中不需另外加固。

2.2　与传统的电加热法相比较，本工法无需在容器内部搭设脚手架安装加热板，大大减小了施工人员的劳动强度，同时也加快了施工进度。传统加热板的加热，热处理过程中容易出现局部加热板短路烧坏，无法修复导致局部热处理不合格。

2.3　由于压力容器有内筒（内筒与下封头焊接），在罐顶安装燃烧器的燃油内燃法，不需要将内筒吊高，也不需要先进行热处理后再安装内筒，大大节省了成本并加快了施工进度。

2.4　本工法安全可靠，由于配备微机接口，PC–WK型集散控制系统，自动进行工艺控制和实时控制，实现自动化、智能化，自动记录各点实测温度、加热工艺曲线。有完整的事故监测系统，能够及时发出声光报警，提醒操作人员排除故障确保热处理全过程安全运行。

3. 适 用 范 围

适用于带内筒大型立式圆筒形压力容器的现场整体热处理。

4. 工 艺 原 理

带内筒大型立式圆筒形压力容器现场整体内燃法热处理技术，采用罐顶喷气化燃料油内燃法产生热及高温热流，均匀对容器进行整体热处理。容器现场制作安装完成后，以上封头顶部人孔（或设备顶盖其他外接管口）作为燃烧器喷火口（图4）。燃烧器产生高速油气流及与由喷嘴组合一起的轴流高速风机提供助燃的空气，经电子点火装置引燃油气流注入罐体内腔，经充分燃烧产生灼热高速旋转的热气流在罐体内经过对流传导，通过内筒顶部的导流锥盖的导流，达到罐体均匀加热之目的，从而确保加热工艺的可靠。整体热处理设备采用YQ-1600型燃烧器，备有完整的硬件设备，油流量、油气比均有独立装置，在燃烧过程中自动实现了油流量、油气比的优化调节。系统配备微机接口，PC-WK型集散控制系统，由上位机执行热处理加热工艺控制，下位机为实时控制，实现自动化、智能化，对罐体各控温区进行智能控制，每3s跟踪巡检自动优化油气比，自动修正热功率系数，有效的克服了热滞后、热惰性，大大提高了控温精度。该程控装置尚具有自动记录各点实测温度，加热工艺曲线，屏幕显示热处理过程中运行状况，有完整的事故监测系统，能够及时发出声光报警，提醒操作人员排除故障确保热处理全过程安全运行。

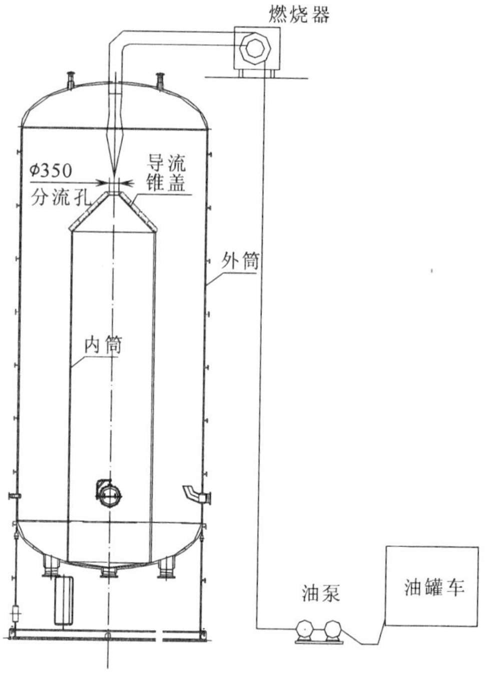

图4 热处理设备安装示意图

5. 施工工艺流程及操作要点

5.1 施工工艺流程（图5.1）

5.2 操作要点

5.2.1 热处理前的准备工作

1. 容器必须全部焊接完毕，包括内外壁板上的焊接件，并经外观检查和无损探伤检测合格，以备热处理完成后再次复查。

2. 所有无损探伤检查工作必须完成，报告齐全，报监检部门审查合格。

3. 容器外表面质量和几何尺寸应检验合格，记录齐全。

4. 热处理时罐体因受热膨胀，径向、轴向有碍膨胀的管件和物体必须拆除，以防变形。

5. 产品试板焊接应检验合格，并经监检人员确认，试板在壁板上固定应牢固可靠。

6. 所有原始资料齐全，并经质保体系责任人员签字认可，经监检单位和甲方确认。

7. 热处理系统装置必须全部安装好，各系统应调试完毕。

8. 经全面检查合格符合供电系统要求，并和有关部门联系，确保热处理期间不断电，配电柜的漏电保护器必须拆除，以防跳闸。

9. 应掌握气象资料，热处理时应避开大风与大雨天气。

10. 各岗位人员应齐全到位，并经培训上岗，分工协作。施工技术方案应向有关人员交底。

11. 罐体应处于自由状态，已配接管应与罐体分离。

5.2.2 燃油系统

燃烧器与设备顶部人孔通过过渡法兰相对接，采用一套微机系统对热处理过程进行智能化控制，以满足工艺要求，燃料采用0号柴油（按气温选标号）通过油泵送油，由电磁阀控制经喷嘴后喷出，雾化的燃烧油，由电子点火器自动点燃柴油进行燃烧。燃烧器上的鼓风机风量按预先设定的风油比助燃。

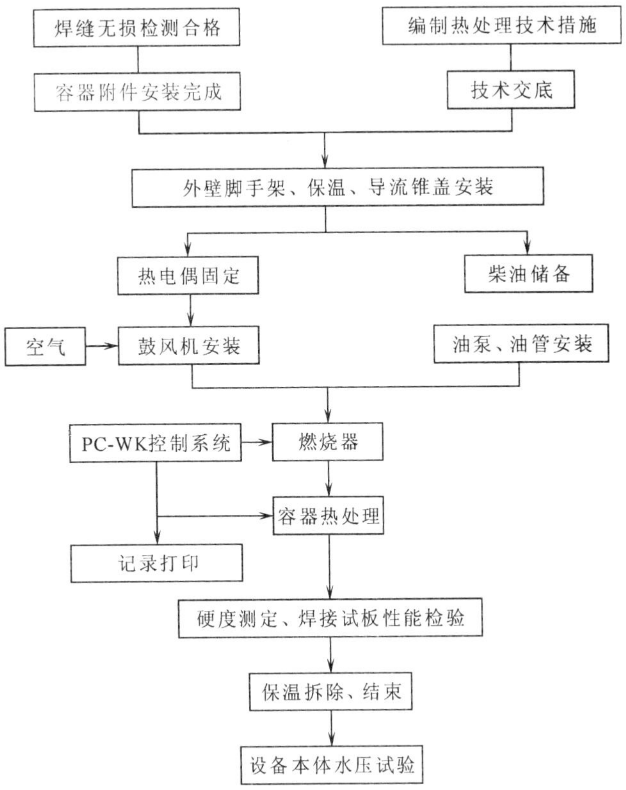

图5.1　工艺流程图

5.2.3　供油系统

依据容器大小、热处理的重量、保温棉厚度、受热面积等参数进行热工计算，确定热处理最大耗油流量，确保油泵供油量能满足最大流量需求。同时也要计算单台容器热处理总耗油量，储油罐一次装油量应保证罐体热处理全周期所需油量的1.5倍。

5.2.4　温度测量控制系统

温度测量监控系统由热电偶，补偿导线和一套PC—WK型集散控制系统对温度进行智能化测量和控制。

5.2.5　测温点布置

按照《钢制压力容器焊接工艺评定》JB/T 4708-2000、美国ASME的有关技术标准的要求，热处理在罐体上的测温点横向与纵向间最大间距不宜大于5000mm，测温点尽可能布置在容器的环焊缝上（图5.2.5），同时焊接试板上必须设置一个测温点。其中上、下封头人孔、管座附近200mm处各布置一个测温点。

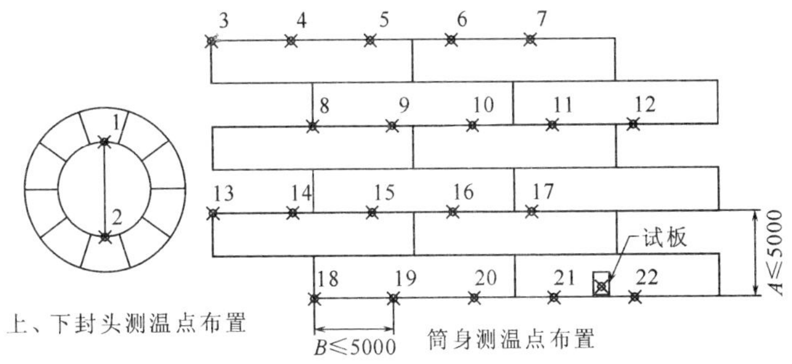

图5.2.5　测温点布置示意图

5.2.6　热电偶安装

采用储能式热电偶点焊机，按测温点布置要求将热电偶牢固地点焊在罐体壁板，试板应单独另设热电偶。热处理过程中往往因外力或操作不慎碰断电偶，又因高温期间无法补焊和修复，因此对试板、接管等关键部分采用双热电偶以备发生故障及时替代更换，在每段多布置 1 至 2 点作为备份。补偿导线应妥善固定，以防烧毁。

各热电偶型号均为K型镍铬-镍硅，补偿导线采用K型双芯线。

5.2.7　温度监测

温度监测配置两套系统，--套是EH100-24长图自动平衡记录仪1台，共可记录24个测温点，另一套是微机集散型温度监控系统，3s扫描一个测温点巡回检测各测温点的温度，并与设置的热处理工艺曲线进行比较对照，从而向燃烧器给出具体燃油控制量，同时按工艺每30min打印1份各点温度的报表。

5.2.8　温（热）黑液槽热处理过程中的型态监测

热处理前在立式容器圆周上设定4个测量点，在罐体顶部的管口上设定一点，以观察罐体随热处理温度升高的径向及轴向位移。

$$（径向）L=D\times \alpha \times t \qquad （5.2.8\text{–}1）$$

式中　α——材料的线膨胀系数（0.0000146）；

D——罐体直径，mm；

t——加热温度℃。

$$（轴向）L=H\times \alpha \times t \tag{5.2.8-2}$$

式中 α——材料的线膨胀系数（0.0000128）；

H——罐体标高mm；

t——加热温度℃。

5.2.9 保温方法

热处理中所用保温材料（常用硅酸铝针刺毯）应满足热处理要求，导热系数小，且便于施工。保温材料应分层铺设，缝间搭接50~100mm，层间接缝应错开。保温棉采用钢带和保温钉固定，安装保温棉块时要用22号钢丝在保温钉上交叉绕紧，在保温棉层外再挂上外钢带并勒紧，尤其应注意防止保温棉下塌、脱落。接管应扣上盲板保温，在热处理过程中应加强跟踪检查，及时发现保温的缺陷并进行补救。

对于罐壁上有加强圈的压力容器，为保证加强圈与罐体的热膨胀能同步（如果不同步，热处理完成后在加强圈处很可能会出现胀肚或收腰的不可逆变形），必须在加强圈上用扁钢加焊一层保温棉支撑层（图5.2.9），使加强圈能受到钢板本身的传导和壁板的热辐射两种加热方式，保证加强圈和罐体的温升和温差基本同步。

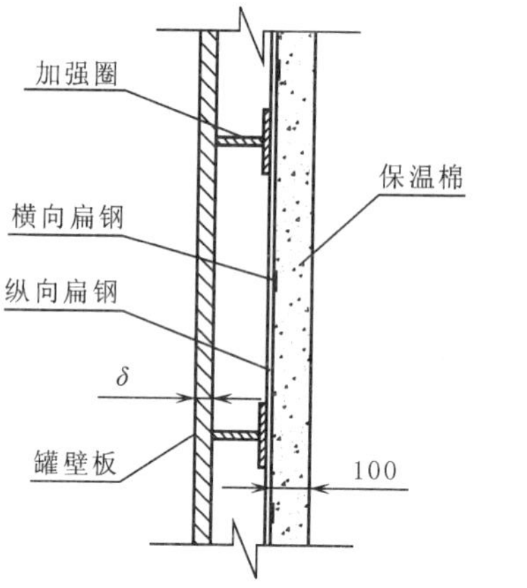

图5.2.9 保温棉支撑扁钢安装示意图

5.2.10 内筒顶部导流锥盖的安装

对于有内筒的压力容器，顶部导流锥盖的安装是热处理温度能否均匀升高的关键，也是控制热量对流分配的关键，因此内筒安装完成后利用边角料在内筒的顶部安装一个锥形网状支架，锥盖母线与内筒直径线成45°，然后在网状支架上铺设保温棉，这一部分的保温棉必须使用容重大于等于200kg且至少可以耐温达到700℃的保温，保温棉与支架必须固定牢固。在锥盖顶部留一个ϕ300~500mm的分流孔（直径大小根据内筒直径大小进行热工计算确定），以便下封头在内筒范围内的部分有热量补给。

5.2.11 下封头排烟口可调封盖的安装

由于本工法是从上往下加热，热处理时烟气、热量对流会受到负压的影响，为了控制烟气排放的速度，减少上下封头间的温度差，在下封头的排烟口（内筒内一个，内筒外两边对称各一个）上安装可调节出风量大小的封盖。

5.2.12 试板与罐体壁板同步热处理

在热处理规范中要求试板与罐体壁板采用相同工艺进行热处理。规定把试板放在壁板的外侧，靠壁板的温度传导给试板，因此试板必定滞后和低于壁板的温度。因此本工法中热处理由微机采样试板附近测温点的温度，把这一温度作为试板的设定温度，由智能仪表自动加以补温使之保持在热处理工艺要求的温差内，做到同步热处理。

5.2.13 容器混凝土基础的保护

由于受到热辐射以及烟气（特别是采用在下封头排烟的方法）的影响，立式容器混凝土基础的温度很高，为防止基础受热开裂，影响基础质量，热处理时必须采取相应的隔离保护措施，通常有以下做法：1. 使用500~600mm的湿黄土（或保温棉）覆盖在混凝土面上，然后在热处理过程中定期淋水以保证其有更好的隔热作用；2. 在基础周边安装四条（数量视基础大小定）水管，不间断地往基础上淋水给基础降温。

5.2.14 热处理效果的检验和试验

热处理完成后需要进行壳体的硬度测试，对与设备进行同步热处理的产品焊接试板进行力学性能试验，最后通过水压试验对热处理效果进行验证，各项技术指标能满足规范要求即说明热处理合格。

6. 材料与设备

6.1 施工主要机具和措施用料（表 6.1）

主要机具及措施用料表　　表6.1

序号	名　　称	规格型号	单位	数量	备　　注
1	热处理控制系统	PC-WK	套	1	罐体热处理用
2	电脑温控仪	PC-WK-480kW	套	1	试板热补偿用
3	燃烧器	YQ-1600 型			
4	电焊机	ZX7-500ST	台	2	视具体情况定
5	热电偶点焊机	TAU-L	台	1	
6	齿轮油泵		台	1	
7	油罐		台	1	
8	红外线陶瓷电加热器	1000mm × 300mm	片	2	
9	控制导线	L=80m	根		视具体情况定
10	补偿导线	K 型 2 × 1	m		视具体情况定
11	热电偶	K 型	支		视具体情况定
12	硅酸铝针刺毯	δ =100mm	t		视具体情况定
13	烟道过渡法兰		片		自制
14	燃烧器过渡法兰		片		自制
15	燃烧器过滤器		台		视具体情况定
16	控制蝶阀	DN500	台		视具体情况定
17	钢带	–30 × 3	m		视具体情况定
18	打包钢带	16 × 0.5	m		视具体情况定
19	输油胶管	1 1/2″	m		视具体情况定
20	电缆	3 × 185+1 × 70mm^2 3 × 25+1 × 16mm^2	m		视具体情况定
21	柴油	0 号	t		视具体情况定
22	点温计	0~800°	台		视具体情况定
23	槽车	10t	台		视具体情况定
24	帆布	W = 6mm	m^2	800	防风、防雨

6.2 劳动力组织及职责（表 6.2）

劳动力组织表　　表6.2

序号	岗 位 名 称	人数	职 责 范 围
1	指挥岗	1	负责指挥整个热处理工艺实施和掌握热处理全过程，各种情况及各问题的及时处理。
2	记录岗	1	每隔 30min 记录一次温度，恒温时每隔 15min 记录一次温度监视自动记录仪的温度记录
3	工艺操作岗	2	负责燃烧器及供油系统正常进行
4	仪表维护岗	1	负责测温系统及燃烧系统仪表正常运行及故障处理

续表

序号	岗位名称	人数	职责范围
5	电器机械维护岗	1	负责热处理系统电器，机械设备正常运行及故障处理
6	罐体热变形监察岗	2	负责罐体热处理升降温时变形量监测，并做好施工记录
7	保温棉检查岗	2	检查保温棉完好程度监视外层温度，如属保温棉脱落或外层温度>90℃应及时补救
8	安全防火岗	1	热处理防火措施落实及过程监控

7. 质量控制

7.1 本工法遵照执行以下标准规范

《钢制压力容器》GB 150-1998；

《压力容器安全技术监察规程》国家质量技术监督局；

《钢制压力容器焊接规程》JB/T 4709-2000；

《钢制压力容器焊接工艺评定》JB/T 4708-2000；

《碳钢、低合金钢焊接构件焊后热处理方法》JB/T 6046；

《钢制压力容器产品焊接试板的力学性能检验》JB 4744-2000。

7.2 热处理主要控制工艺参数（见图7.2热处理温度曲线，不同设备按规范确定）

恒温温度	620℃±20℃
恒温时间	2 h（$\delta \leq$50mm时，保温时间$\geq \delta/25$）
升温速度	50~120℃/h （≤400℃时可不予控制）
降温速度	50~120℃/h
恒温时的最大温差	≤65℃
升温时的最大温差	≤120℃
降温时的最大温差	≤120℃

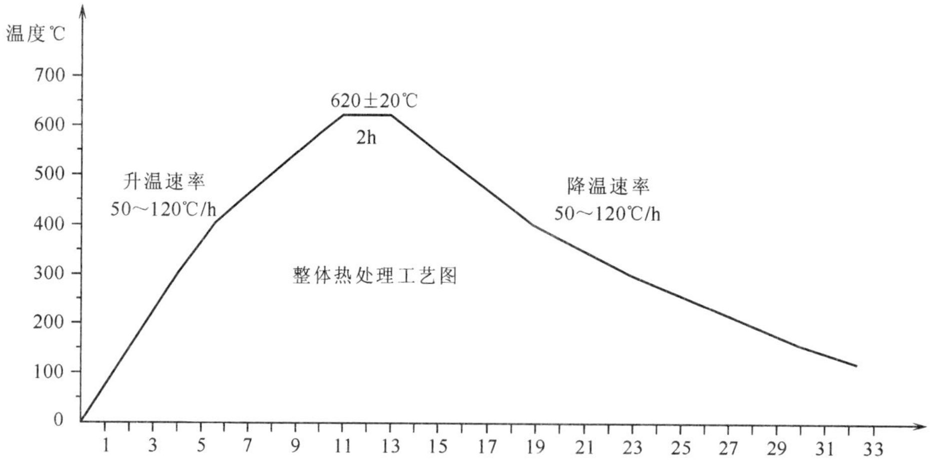

图7.2 热处理温度曲线

7.3 热处理质量主要保证措施

7.3.1 实行质量责任制：项目经理是工程施工质量的第一责任人，项目技术副经理是项目质量管理工作的主要领导，各施工队队长是本队施工质量的第一责任人，质量保证工程师和责任工程师是各专业质量责任人员，各负责人要按分工认真履行质量职责，施工中严格按照标准规范要求进行管理和验收。

7.3.2 有关技术人员必须持证上岗，而且精通本工种工作；热处理前要对施工人员进行技术交底，并做好技术交底记录。

7.3.3 所用的机具设备、仪器仪表必须经检验或检定合格。

7.3.4 热处理责任师必须责任心强，严格控制每道工序的质量。

7.3.5 热处理过程中，应有专人定时监测塔的垂直度以及热膨胀量。

7.3.6 控温人员严格按照热处理工艺控制温度，严禁过热。

7.4 热处理质量检验

7.4.1 热处理温度及恒温时间、加热及冷却速率、各阶段温差参数以及热处理报告应符合热处理工艺的规定。

7.4.2 容器热处理后应无明显变形，几何尺寸符合规范要求。

7.4.3 热处理完工后，需对产品试板进行检测，其检测项目按《钢制压力容器焊接规程》JB/T 4709-2000的要求。

7.4.4 按设计要求，热处理前后各做一次硬度测试。

8. 安 全 措 施

8.1 施工单位作业人员进入装置区域施工，必须遵守生产装置的一切规章制度，服从生产装置的安全管理和调度。作业人员必须接受生产装置的安全教育，持证上岗，无故不得进入生产区域。严禁吸烟，严禁碰触生产设备、设施，不得擅自动用装置的消防设施。

8.2 进入现场作业人员必须各负其责，遵守各自工种的安全操作规范，做好各自岗位的安全工作。施工前、施工中随时检查自身岗位的安全环境、设备器械的安全完好情况，并相互检查、提醒，施工班组的班组长为该班组的当然安全负责人。动火、用电、车辆进出、登高作业必须事先办理手续。

8.3 用电设备安全完好，专职电气人员接线无误并经有关人员认定电网合格后方能正式送电，并加强施工过程中电网值班维修，以确保电网和人身安全。确保24h内连续供电不得断电（自点火升温至熄火降温约24h）。

8.4 燃烧器、工撑支架及高空作业脚手架的制作、安装应牢固稳妥，避免安全事故的发生。脚手架搭建应符合安全规范要求，本施工现场采用钢管脚手架。脚手架应离开罐外壁250～300mm。

8.5 热处理用罐车（或储油箱）应离作业点20m以外，放置有序，输送管道及其接头应牢固密封无泄漏。施工现场应文明整洁，装置区域内的消防通道不得影响。

9. 环 保 措 施

9.1 控制好进口的油气比、送风量，尽可能使燃料完全燃烧，避免因燃料不完全燃烧产生黑烟而产生污染，同时排烟口应设置简易的烟道和水雾式烟气冷却过滤箱使烟气经过滤冷却后排往高处。

9.2 控制好烟气的排放，避免排烟过快导致热量损失而浪费柴油。

9.3 热处理完成后，保温棉、各种垃圾应按规定及时清理。

10. 效 益 分 析

10.1 热处理临时设施方面：

10.1.1 由于电加热法进行热处理需要用到很大的电量（大型压力容器电加热法热处理往往要求有超过2500kW的电容量），而施工现场很难有那么大的电容量，需要另外拉设电缆甚至要加装变压器才能满足热处理的用电要求，此项费用开支达数万元或十数万元（视施工现场的具体情况），而采用带内筒大型立式圆筒形压力容器现场整体内燃法热处理技术进行热处理所需的临时用电很少，只需要供给油泵、鼓风机、电脑自控用电。

10.1.2 电加热法需要在容器内部安装加热板，这就需要在容器内部搭设脚手架并加装固定装置，而带内筒大型立式圆筒形压力容器现场整体内燃法热处理工艺不需要进到容器内部施工，这项也节省了不少的人工开支和材料费开支。

10.2 工期方面：带内筒大型立式圆筒形压力容器现场整体内燃法热处理技术不需要安装很多的热处理临时设施（如内部脚手架、加热器固定装置、临时用电设施等），因此一台大型压力容器用此法热处理只需要3d左右即可完成（准备工作一天半，升温、恒温、降温需要一天半），与电加热法相比缩短了2/3以上工期。

10.3 热处理质量方面：由于电加热法用电量很大，加热板电流也很大，容易造成加热板熔断，一旦出现这种情况在热处理过程中因高温不可能进行修复，这就造成容器局部热处理温度达不到要求，热处理质量不合格，而带内筒大型立式圆筒形压力容器现场整体内燃法热处理工艺不存在这样的缺点。

10.4 开发立式容器热处理工艺，实现了大型塔器设备现场制作安装，避免设备分段、分片出厂，对设备的拉运、吊装都有益，大大减少大型吊装、运输设备的使用台班，综合台班使用费降低40%以上。

11. 应用实例

本工法2008年8月成功应用于四川永丰年产12万t漂白竹浆林纸一体化项目工程中的两台压力容器温黑液槽、热黑液槽（主要技术参数见表11）制作安装完成后的热处理。在实施过程中，热处理一次成功，升温速度、温差、恒温效果均理想，热处理温度曲线、质量、硬度测试均符合规范要求，而且施工进度快捷，两台压力容器的整体热处理前后仅需10天即圆满完成，得到了业主和当地特检院的赞赏。同时与以往用电加热法热处理同样的设备比较，本工法的人工、材料、临设、工期的综合成本节约了30多万元。本工法在该工程的使用取得了良好的经济效益和社会效益，证明了本工法的先进性和合理性。

温（热）黑液槽技术参数 **表11**

设备主体尺寸（mm）	DN7000×31250×44	容器类别	Ⅰ类
主体材质	16MnR	无损检测	100%UT，20%RT，100%MT
设计压力（MPa）	1.2	耐压试验（MPa）	1.68（立式）
设计温度（℃）	240	热处理要求	焊后整体退火
设备总重（kg）	325000	设备容积（m^3）	985